土木工程材料手册

（上册）

中交第一公路工程局有限公司　编

人民交通出版社股份有限公司
China Communications Press Co.,Ltd.

内 容 提 要

本手册从实用出发,以土木工程常用材料为主,分十八章汇集了"常用资料、地方材料、钢产品、常用有色金属、生铁、铸铁和铸铁制品、水泥及水泥制品、沥青、木材和竹材、爆破器材、五金制品、电工器材、化轻产品、燃料和润滑油脂、周转材料及器材、公路专用材料、房建材料、铁路专用材料和附录"等物资的有关名称、规格、技术性能和用途等资料。并在附录中汇集了国外主要产钢国家有关建筑用钢筋和预应力混凝土用钢丝、钢绞线等资料。

手册主要以产品现行的国家标准和行业标准为依据。

手册可供土木工程技术人员、材料人员和其他相关专业人员使用、参考。

图书在版编目(CIP)数据

土木工程材料手册 : 全2册 / 中交第一公路工程局
有限公司编. —北京 : 人民交通出版社股份有限公司,
2016.9

 ISBN 978-7-114-13255-1

Ⅰ. ①土… Ⅱ. ①中… Ⅲ. ①土木工程—建筑材料—
技术手册 Ⅳ. ①TU5-62

中国版本图书馆 CIP 数据核字(2016)第 185655 号

书　　名:**土木工程材料手册(上册)**
著 作 者:中交第一公路工程局有限公司
责任编辑:韩亚楠　崔　建　朱明周
出版发行:人民交通出版社股份有限公司
地　　址:(100011)北京市朝阳区安定门外外馆斜街 3 号
网　　址:http://www.ccpress.com.cn
销售电话:(010)59757973
总 经 销:人民交通出版社股份有限公司发行部
经　　销:各地新华书店
印　　刷:北京盛通印刷股份有限公司
开　　本:880×1230　1/16
印　　张:85.75
字　　数:2528 千
版　　次:2016 年 9 月　第 1 版
印　　次:2016 年 9 月　第 1 次印刷
书　　号:ISBN 978-7-114-13255-1
定　　价:320.00 元(上、下册)
(有印刷、装订质量问题的图书由本公司负责调换)

前　言

材料手册来源于工程实践,也服务于工程实践。

改革开放进入新世纪以后,社会生产力得到了极大的提升,各施工企业主营业务都在不断拓展和快速发展,过去那种设计、施工及公路、铁路、房建、机场等井水不犯河水的分界已基本不复存在。我公司如今已发展为以承建基础设施工程为主,集投资、设计、咨询、施工、监理、科研、检测、机械制造为一体的国家大型公路工程施工总承包特级企业,涵盖公路、桥梁、隧道、铁路、市政、房建、机场、港航、交通工程、钢结构等各方面业务。

工程使用物资数量大、品种多、规格复杂、质量要求高,占工程成本比例也高;同时,新工艺、新技术、新材料层出不穷;各类材料本身也在不断升级换代,带动着新的产品标准不断地涌现和现行的产品标准不断地更新,我国的多数产品标准更换周期在十年左右。因此,以现行的产品标准为依据编制一本适用企业当前主营业务范围的材料手册,对工程设计及施工的有关从业人员提高对材料的认识,更好地管理、使用材料有着十分重要的实际意义。

我公司以孙重光、贺晓红等同志为主的大批资深材料管理专家,长期对土木工程材料的使用、管理及产品标准进行深入的研究和跟踪,积累了丰富的经验,近三十多年来,结合工程实践和产品标准的更新,分别在人民交通出版社出版了《公路施工手册——常用工程材料》(1984年出版)、《道路建筑工程材料手册》(1995年出版)和《公路施工材料手册》(2002年出版)。本次公司组织编写出版的这部《土木工程材料手册》,也是我们企业在三十多年时间里连续编制的第四部材料手册。手册从实用出发,以土木工程设计、施工用料为主,汇集了工程中常用的金属材料、水泥及制品、沥青、木材及竹木制品、爆破器材、五金制品、电工器材、化轻产品、燃润料、地方材料及公路、房建、铁路专用材料等的有关名称、用途、规格、技术条件、性能要求等内容资料。手册后的附录以各产钢国家现行标准和ISO国际标准为依据,汇集了国外主要产钢国家(美国、日本、德国、英国)部分现行建筑用钢筋和预应力钢丝、钢绞线的资料,为提高用料人员对这部分材料的认识提供帮助。

手册以现行的产品标准为依据,取材于国家标准、行业标准和少量的地方标准及产品说明书等。希望能为土木工程设计及施工的技术人员、物资管理人员和其他专业人员查找资料提供参考和带来方便,以起到加深对材料的认识,更好地管理、使用材料的目的。

但由于我们水平有限,对各类工程特别是公路工程以外的工程所用材料的接触范围和深度不够充分,在资料取舍上可能有不当之处,恳请广大读者批评指正。

中交第一公路工程局有限公司
2015 年 10 月

目　录

（上册）

（下册）

第一章　常用资料

一、常用字母和符号

（一）汉语拼音字母表

表 1-1

大　写	小　写	读　音	大　写	小　写	读　音
A	a	啊	N	n	讷
B	b	玻	O	o	喔
C	c	雌	P	p	坡
D	d	得	Q	q	欺
E	e	鹅	R	r	日
F	f	佛	S	s	思
G	g	哥	T	t	特
H	h	喝	U	u	乌
I	i	衣	V	v	维
J	j	基	W	w	屋
K	k	科	X	x	希
L	l	勒	Y	y	一
M	m	摸	Z	z	资

注：①字母的手写体依照拉丁字母的一般书写习惯。
　　②V 只用来拼写外来语、少数民族语言和方言。

（二）希腊字母表

表 1-2

大　写	小　写	读　音	大　写	小　写	读　音
A	α	alpha(阿尔法)	N	ν	nu(纽)
B	β	beta(贝塔)	Ξ	ξ	xi(克西)
Γ	γ	gamma(伽马)	O	o	omicron(奥米克戎)
Δ	δ	delta(德尔塔)	Π	π	pi(派)
E	ε, ϵ	epsilon(伊普西隆)	P	ρ	rho(柔)
Z	ζ	zeta(截塔)	Σ	σ	sigma(西格马)
H	η	eta(艾塔)	T	τ	tau(陶)
Θ	ν, θ	theta(西塔)	Υ	υ	upsilon(宇普西隆)
I	ι	iota(约塔)	Φ	φ, ϕ	phi(斐)
K	χ, κ	kappa(卡帕)	X	χ	chi(喜)
Λ	λ	lambda(拉姆达)	Ψ	ψ	psi(普西)
M	μ	mu(米尤)	Ω	ω	omega(奥米伽)

注：读音栏括弧内汉字系近似读音。

(三)拉丁字母表

表 1-3

字母 (大写)	字母 (小写)	近似读音	字母 (大写)	字母 (小写)	近似读音
A	a	爱	N	n	爱恩
B	b	皮	O	o	欧
C	c	西	P	p	批
D	d	低	Q	q	克由
E	e	衣	R	r	啊耳
F	f	爱夫	S	s	爱斯
G	g	基	T	t	提
H	h	爱曲	U	u	由
I	i	啊伊	V	v	维衣
J	j	街	W	w	搭不留
K	k	开	X	x	爱克斯
L	l	爱耳	Y	y	外
M	m	爱姆	Z	z	挤

(四)化学元素符号表

表 1-4

分类	元素名称	化学符号	分类	元素名称	化学符号	分类	元素名称	化学符号
黑色金属	铬	Cr	有色金属 贵金属	铱	Ir	稀土金属	铽	Tb
黑色金属	锰	Mn	有色金属 贵金属	铂	Pt	稀土金属	镝	Dy
黑色金属	铁	Fe	有色金属 贵金属	金	Au	稀土金属	钬	Ho
有色金属 轻金属	纳	Na	有色金属 稀有金属 轻金属	锂	Li	稀土金属	铒	Er
有色金属 轻金属	镁	Mg	有色金属 稀有金属 轻金属	铍	Be	稀土金属	铥	Tm
有色金属 轻金属	铝	Al	有色金属 稀有金属 轻金属	钛	Ti	稀土金属	镱	Yb
有色金属 轻金属	钾	K	有色金属 稀有金属 轻金属	铷	Rb	稀土金属	镥	Lu
有色金属 轻金属	钙	Ca	有色金属 稀有金属 轻金属	铯	Cs	有色金属 稀有金属 分散金属	镓	Ga
有色金属 轻金属	锶	Sr	有色金属 稀有金属 高熔点金属	钒	V	有色金属 稀有金属 分散金属	锗	Ge
有色金属 轻金属	钡	Ba	有色金属 稀有金属 高熔点金属	锆	Zr	有色金属 稀有金属 分散金属	铟	In
有色金属 重金属	钴	Co	有色金属 稀有金属 高熔点金属	铌	Nb	有色金属 稀有金属 分散金属	铊	Tl
有色金属 重金属	镍	Ni	有色金属 稀有金属 高熔点金属	钼	Mo	天然放射性金属	钋	Po
有色金属 重金属	铜	Cu	有色金属 稀有金属 高熔点金属	铪	Hf	天然放射性金属	镭	Ra
有色金属 重金属	锌	Zn	有色金属 稀有金属 高熔点金属	钽	Ta	天然放射性金属	锕	Ae
有色金属 重金属	镉	Cd	有色金属 稀有金属 高熔点金属	钨	W	天然放射性金属	钍	Th
有色金属 重金属	锡	Sn	有色金属 稀有金属 高熔点金属	铼	Re	天然放射性金属	镤	Pa
有色金属 重金属	锑	Sb	有色金属 稀有金属 稀土金属	钪	Se	天然放射性金属	铀	U
有色金属 重金属	汞	Hg	有色金属 稀有金属 稀土金属	钇	Y	人造放射性金属	锝	Tc
有色金属 重金属	铅	Pb	有色金属 稀有金属 稀土金属	镧	La	人造放射性金属	钷	Pm
有色金属 重金属	铋	Bi	有色金属 稀有金属 稀土金属	铈	Ce	人造放射性金属	钫	Fr

分类			元素名称	化学符号	分类			元素名称	化学符号	分类			元素名称	化学符号
有色金属	贵金属		钌	Ru	有色金属	稀有金属	稀土金属	镨	Pr	有色金属	稀有金属	人造放射性金属	镎	Np
			铑	Rh				钕	Nd				钚	Pu
			钯	Pd				钐	Sm				镅	Am
			银	Ag				铕	Eu				锔	Cm
			锇	Os				钆	Gd				锫	Bk
	稀有金属	人造放射性金属	锎	Cf	半金属			碲	Te	非金属	气体		氮	N
			锿	Es	非金属	固体		碳	C				氧	O
			镄	Fm				磷	P				氟	F
			钔	Md				硫	S				氖	Ne
			锘	No				碘	I				氯	Cl
			铹	Lr				砹	At				氩	Ar
	半金属		硼	B		液体		溴	Br				氪	Kr
			硅	Si		气体		氢	H				氙	Xe
			砷	As				氦	He				氡	Rn
			硒	Se										

注:①砹和氡属于天然放射性非金属元素。

②汞在常温下呈液态。

③分类方法供参考。

(五)物理科学和技术中使用的数学符号(GB 3102.11—93)

1. 几何符号

表1-5

符 号	意义或读法	符 号	意义或读法
$\overline{AB},AB$	[直]线段 AB	$\square$	平行四边形
$\angle$	[平面]角	$\odot$	圆
°	度	$\perp$	垂直
′	[角]分	$/\!/$, $\parallel$	平行
″	[角]秒	$\sim$	相似
$\overgroup{AB}$	弧 AB	$\cong$	全同或全等
π	圆周率	$\triangle$	三角形

注:方括号中的文字可以略去。

2. 杂类符号

表1-6

符 号	应 用	意义或读法	符 号	应 用	意义或读法
$=$	$a=b$	a 等于 b	$\gg$	$a \gg b$	a 远大于 b
$\neq$	$a\neq b$	a 不等于 b	∞		无穷[大]或无限[大]
$\underset{def}{=\!=\!=}$	$a\xlongequal{def}d$	按定义 a 等于 b 或 a 以 b 为定义	$\cdot$	13.59	小数点
$\triangleq$	$a \triangleq b$	a 相当于 b	$\cdots$	$3.12\overset{\centerdot}{3}8\overset{\centerdot}{2}$	循环小数
$\approx$	$a\approx b$	a 约等于 b	$\%$		百分比
$\propto$	$a\propto b$	a 与 b 成正比	$(\ )$		圆括号或小括号

3

符 号	应 用	意义或读法	符 号	应 用	意义或读法
：	$a：b$	a 比 b	[]		方括号或中括号
<	$a<b$	a 小于 b	{}		花括号或大括号
>	$a>b$	a 大于 b	$\pm$		正或负
$\leqslant$	$a\leqslant b$	a 小于或等于 b	$\mp$		负或正
$\geqslant$	$a\geqslant b$	a 大于或等于 b	max		最大
$\ll$	$a\ll b$	a 远小于 b	min		最小

3. 指数函数、对数函数和三角函数符号

表 1-7

符号，表达式	意义或读法	符号，表达式	意义或读法
e	自然对数的底	$\sec x$	x 的正割
$e^x, \exp x$	x 的指数函数（以 e 为底）	$\operatorname{cosec} x, \csc x$	x 的余割
$\log_e x$	以 a 为底的 x 的对数	$\sin^m x$	$\sin x$ 的 m 次方
$\ln x, \log_e x$	x 的自然对数	$\arcsin x$	x 的反正弦
$\lg x, \log_{10} x$	x 的常用（布氏）对数	$\arccos x$	x 的反余弦
$\operatorname{lb} x, \log_a x$	x 的以 a 为底的对数	$\arctan x, \operatorname{arctg} x$	x 的反正切
$\sin x$	x 的正弦	$\operatorname{arccot} x, \operatorname{arcctg} x$	x 的反余切
$\cos x$	x 的余弦	$\operatorname{arcsec} x$	x 的反正割
$\tan x, \operatorname{tg} x$	x 的正切	$\operatorname{arccosec} x, \operatorname{arccsc} x$	x 的反余割
$\cot x, \operatorname{ctg} x$	x 的余切		

4. 运算符号

表 1-8

符号，应用	意 义 或 读 法
$a+b$	a 加 b
$a-b$	a 减 b
$ab, a \cdot b, a \times b$	a 乘以 b　注：有小数点符号时，数的相乘只能用 $\times$
$\dfrac{a}{b}, a/b, ab^{-1}$	a 除以 b 或 a 被 b 除
a^p	a 的 p 次方或 a 的 p 次幂
$a^{\frac{1}{2}}, a^{1/2}, \sqrt{a}, \sqrt{a}$	a 的 $\dfrac{1}{2}$ 次方或 a 的平方根
$a^{\frac{1}{n}}, a^{1/n}, \sqrt[n]{a}, \sqrt[n]{a}$	a 的 $\dfrac{1}{n}$ 次方或 a 的 n 次方根
$\|a\|$	a 的绝对值，a 的模
$n!$	n 的阶乘。$n\geqslant 1$ 时，$n! = 1\times 2\times 3\times \cdots \times xn$；$n=0$ 时，$n! = 1$
$\binom{n}{p}, C_h^p$	二项式系数。$C_h^p = \dfrac{n!}{p! \, (n-p)!}$
$\sum\limits_{i=1}^{n} a_i$	$a_1 + a_2 + \cdots + a_n$ 也可记为 $\sum a_i, \sum a_i = 1a_i, \sum\limits_i a_i, \sum ia_i$
$\prod\limits_{i=1}^{n} a_i$	$a_1 \cdot a_2 \cdots a_n$ 也可记为 $\Pi a_i, \Pi i a_i, \Pi\limits_i a_i, \prod\limits_{i=1}^{\infty} a_i = a_1 \cdot a_2 \cdots a_n \cdots$

(六)部分量的符号(GB 3102.1～3102.5—93)

表 1-9

符号	量的名称	序号	符号	量的名称	序号	符号	量的名称	序号
1	[平面]角	α,β,θ 等	9	距离	s	17	动能	$E_K(T)$
2	立体角	Ω	10	面积	$A(S)$	18	功率	P
3	长度	$L(l)$	11	体积,容积	V	19	电流	I
4	宽度	b	12	动量	P	20	电压	U
5	高度	h	13	力	F	21	[直流]电阻	R
6	厚度	$\delta(d,t)$	14	重力	$W(P,G)$	22	加速度	α
7	半径	r,R	15	功	$W(A)$	23	重力加速度	g
8	直径	d,D	16	能[量]	$E(W)$	24	速度	v

二、常用计量单位及换算

(一)法定计量单位

根据 1984 年 2 月 27 日国务院发布的《关于在我国统一实行法定计量单位的命令》的规定,我国的法定计量单位(简称法定单位)是以国际单位制(SI)单位为基础,同时选用了一些非国际单位制的单位构成的,它包括:

$$
法定计量单位
\begin{cases}
SI 单位
\begin{cases}
SI 基本单位 \\
SI 辅助单位 \\
SI 导出单位
\end{cases} \\
SI 词头 \\
SI 单位的十进倍数和分数单位 \\
国家选定的非国际单位制的法定计量单位
\end{cases}
$$

1. 国际制基本单位名称和定义

表 1-10

量	单位名称①	单位符号	定义
长度	米	m	米是光在真空中,在 1/299792458 秒时间间隔内所经过的距离
质量	千克,(公斤)②	kg	千克是质量单位,等于国际千克原器的质量
时间	秒	s	秒是铯-133 原子基态的两个超精细能级之间跃迁所对应的辐射的 9192631770 个周期的持续时间
电流	安[培]	A	安培是一恒定电流,若保持在处于真空中相距 1 米的两无限长,而圆截面可忽略的平行直导线内,则在此两导线之间产生的力在每米长度上等于 2×10^{-7} 牛顿
热力学温度③	开[尔文]	K	热力学温度单位开尔文是水三相点热力学温度的 1/273.16
物质的量	摩[尔]	mol	1)摩尔是一系统的物质的量,该系统中所包含的基本单元数与 0.012 千克碳-12 的原子数目相等 2)在使用摩尔时,基本单元应予指明,可以是原子、分子、离子、电子及其他粒子,或是这些粒子的特定组合
发光强度	坎[德拉]	cd	坎德拉是一光源在给定方向上的发光强度,该光源发出频率为 540×10^{12} 赫兹的单色辐射,且在此方向上的辐射强度为 1/683 瓦特每球面度

注:①去掉方括号时为单位名称的全称,去掉方括号中的字时即成为单位名称的简称,无方括号的单位名称,简称与全称同。下同。

②圆括号中的名称与它前面的名称是同义词。下同。

③除以开尔文表示的热力学温度外,也可用按式 $t=T-237.15K$ 所定义的摄氏温度,式中 t 为摄氏温度,T 为热力学温度,273.15K(T_0)是水的冰点的热力学温度(热力学温度 T_0,比水的三相点热力学温度低 0.01K)。单位"摄氏度"与单位"开尔文"相等。"摄氏度"是表示摄氏温度时用来代替"开尔文"的一个专门名称。摄氏温度间隔或温差可以用摄氏度表示,也可以用开尔文表示。

④摩尔的量值即阿弗加德罗常数,为 $6.022\,136\,7\times 10^{23}$。

2.国际制辅助单位名称和定义

表 1-11

量的名称	单位名称	单位符号	定　　　　义
平面角	弧度	rad	弧度是一圆内两条半径之间的平面角,这两条半径在圆周上截取的弧长与半径相等
立体角	球面度	sr	球面度是一个立体角,其顶点位于球心,而它在球面上所截取的面积等于以球半径为边长的正方形面积

3.国际制词头

表 1-12

因　　数	词　头	代　号	
		中　文	国　际
10^{18}	艾可萨(exa)	艾	E
10^{15}	拍它(peta)	拍	P
10^{12}	太拉(tèra)	太	T
10^{9}	吉咖(giga)	吉	G
10^{6}	兆(méga)	兆	M
10^{3}	千(kilo)	千	k
10^{2}	百(hecto)	百	h
10^{1}	十(dèci)	十	da
10^{-1}	分(déci)	分	d
10^{-2}	厘(centi)	厘	c
10^{-3}	毫(milli)	毫	m
10^{-6}	微(micro)	微	μ
10^{-9}	纳诺(nano)	纳	n
10^{-12}	皮可(pico)	皮	p
10^{-15}	飞母托(femto)	飞	f
10^{-18}	阿托(atto)	阿	a

4.常用国际制导出单位

表 1-13

类别	量的名称	单位名称	代　号		用国际制单位表示的关系式	
			国际	中文	用导出单位表示	用基本单位表示
用基本单位表示的国际制导出单位	面积	平方米	m²	米²		m²
	体积	立方米	m³	米³		m³
	速度	米每秒	m/s	米/秒		m·s⁻¹
	加速度	米每二次方秒	m/s²	米/秒²		m·s⁻²
	密度	千克每立方米	kg/m³	千克/米³		kg·m⁻³
	电流密度	安培每平方米	A/m²	安/米²		A·m⁻²
	磁场强度	安培每米	A/m	安/米		A·m⁻¹
	[物质的量]浓度	摩尔每立方米	mol/m³	摩/米³		
	比体积	立方米每千克	m³/kg	米³/千克		
	光亮度	坎德拉每平方米	cd/m²			

类别	量的名称	单位名称	代号		用国际制单位表示的关系式	
			国际	中文	用导出单位表示	用基本单位表示
用辅助单位表示的国际制导出单位	角速度	弧度每秒	rad/s	弧度/秒		
	角加速度	弧度每二次方秒	rad/s²	弧度/秒²		
	辐[射]强度	瓦特每球面度	W/sr			
	辐[射]亮度	瓦特每平方米球面度	W/(m²·sr)			
具有专门名称的国际制导出单位	频率	赫兹	Hz	赫		s⁻¹
	力,重力	牛顿	N	牛	J/m	m·kg·s⁻²
	压力,压强,应力	帕斯卡	Pa	帕	N/m²	m⁻¹·kg·s⁻²
	能[量],功,热量	焦耳	J	焦	N·m	m²·kg·s⁻²
	功率、辐[射能]通量	瓦特	W	瓦	J/s	m²·kg·s⁻³
	电荷[量]	库仑	C	库		s·A
	电压,电动势,电位(电势)	伏特	V	伏	W/A	m²·kg·s⁻³·A⁻¹
	电容	法拉	F	法	C/V	m⁻²·kg⁻¹·s⁴·A²
	电阻	欧姆	Ω	欧	V/A	m²·kg·s⁻³·A⁻²
	电导	西门子	S		A/V	m⁻²·kg⁻¹·s³·A²
	磁通[量]	韦伯	Wb	韦	V·s	m²·kg·s⁻²·A⁻¹
	磁通[量]密度,磁感应强度	特斯拉	T	特	Wb/m²	kg·s⁻²·A⁻¹
	电感	亨利	H	亨	Wh/A	m²·kg·s⁻²·A⁻²
	摄氏温度	摄氏度	℃			K
	光通量	流明	lm	流		cd·sr
	[光]照度	勒克斯	lx	勒	lm/m²	m⁻²·cd·sr
	运动黏度	二次方米每秒	m/s	米²/秒		m²·s⁻¹
	[动力]黏度	帕斯卡秒	Pa·s	帕·秒		m⁻¹·kg·s⁻¹
	力矩	牛顿米	N·m	牛·米		m²·kg·s⁻²
	表面张力	牛顿每米	N/m	牛/米		kg·s⁻²
	热流密度,辐(射)照度	瓦特每平方米	W/m²	瓦/米²		kg·s⁻³
	热容,熵	焦耳每开尔文	J/K	焦/开		m²·kg·s⁻²·K⁻¹
	比热容,比熵	焦耳每千克开尔文	J/(kg·K)			m²·s⁻²·K⁻¹
	比能	焦耳每千克	J/kg	焦/千克		m²·s⁻²
	热导率(导热系数)	瓦特每米开尔文	W/(m·K)	瓦/(米·开)		m·kg·s⁻³·K⁻¹
	能[量]密度	焦耳每立方米	J/m³	焦/米³		m⁻¹·kg·s⁻²
	电场强度	伏特每米	V/m	伏/米		m·kg·s⁻³·A⁻¹
	电荷[体]密度	库仑每立方米	C/m³	库/米³		m⁻³·s·A
	电位移	库仑每平方米	C/m²	库/米²		m⁻²·s·A
	介电常数(电容率)	法拉每米	F/m	法/米		m⁻³·kg⁻¹·s⁴·A²
	磁导率	亨利每米	H/m	亨/米		m·kg·s⁻²·A⁻²
	摩尔能[量]	焦耳每摩尔	J/mol	焦/摩尔		m²·kg·s⁻²·mol⁻¹

5.国家选定的非国际单位制单位

表 1-14

量的名称	单位名称	单位符号	换算关系和说明
时间	分	min	$1min=60s$
	[小]时	h	$1h=60min=3\,600s$
	天[日]	d	$1d=24h=86\,400s$
平面角	[角]秒	(″)	$1''=(\pi/64\,800)rad$(π 为圆周率)
	[角]分	(′)	$1'=60''=(\pi/10\,800)rad$
	度	(°)	$1°=60'=(\pi/180)rad$
旋转速度	转每分	r/min	$1r/min=(1/60)s^{-1}$
长度	海里	n mile	$1n\ mile=1\,852m$(只用于航程)
速度	节	kn	$1kn=1n\ mile/h=(1\,852/3\,600)m/s$(只用于航行)
质量	吨	t	$1t=10^3kg$
	原子质量单位	u	$1u\approx1.660\,565\,5\times10^{-27}kg$
体积	升	L(1)	$1L=1dm^3=10^{-3}m^3$
能	电子伏	eV	$1eV\approx1.602\,189\,2\times10^{-19}J$
级差	分贝	dB	$dB=0.1B$
线密度	特[克斯]	tex	$1tex=1g/km$
无功功率	乏	var	$1var=1W$
表观功率(视在功率)	伏安	VA	$1VA=1W$
面积	公顷	hm²	$1hm^2=10^4m^2$

注:①特[克斯]等于每千米长具有一克质量的线密度,用于纺织工业,一般称为公制号数。

②分贝作为声压级的单位其定义为:一声音的声压与基准声压之比的常用对数乘以 20 等于 1,则该声音的声压级为 1 分贝。规定此基准声压为 $2\times10^{-5}Pa$(空气中)或 $1\times10^{-6}Pa$(水中)。

6.常用十进倍数和分数单位

表 1-15

量的名称	单位名称	单位符号	与主单位的关系	量的名称	单位名称	单位符号	与主单位的关系
长度	千米	km	$1km=10^3m$	质量	兆克	Mg	$1Mg=10^3kg=1t$
	厘米	cm	$1cm=10^{-2}m$		克	g	$1g=10^{-3}kg$
	毫米	mm	$1mm=10^{-3}m$		毫克	mg	$1mg=10^{-6}kg$
	微米	μm	$1\mu m=10^{-6}m$		微克	μg	$1\mu g=10^{-9}kg$
面积	平方千米	km²	$1km^2=10^6m^2$	密度	克每立方米	g/m³	$1g/m^3=10^{-3}kg/m^3$
	平方分米	dm²	$1dm^2=10^{-2}m^2$		兆克每立方米	Mg/m³	$1Mg/m^3=10^3kg/m^3$
	平方厘米	cm²	$1cm^2=10^{-4}m^2$		千克每立方分米	kg/dm³	$1kg/dm^3=10^3kg/m^3$
	平方毫米	mm²	$1mm^2=10^{-6}m^2$		克每立方厘米	g/cm³	$1g/cm^3=10^{-9}kg/m^3$
体积/容积	立方分米,升	dm³,L	$1dm^3=1L=10^{-3}m^3$	力·重力	兆牛[顿]	MN	$1MN=10^6N$
	立方厘米	cm³	$1cm^3=10^{-6}m^3$		千牛[顿]	kN	$1kN=10^3N$
	立方毫米	mm³	$1mm^3=10^{-9}m^3$		毫牛[顿]	mN	$1mN=10^{-3}N$
					微牛[顿]	μN	$1\mu N=10^{-6}N$
压力/压强	兆帕[斯卡]	MPa	$1MPa=10^6Pa$	电压	兆伏[特]	MV	$1MV=10^6V$
	千帕[斯卡]	kPa	$1kPa=10^3kPa$		千伏[特]	kV	$1kV=10^3V$
	毫帕[斯卡]	mPa	$1mPa=10^{-3}Pa$		毫伏[特]	mV	$1mV=10^{-3}V$
	微帕[斯卡]	μPa	$1\mu Pa=10^{-6}Pa$		微伏[特]	μV	$1\mu V=10^{-6}V$

续表1-15

量的名称	单位名称	单位符号	与主单位的关系	量的名称	单位名称	单位符号	与主单位的关系
功率	兆瓦[特]	MW	$1MW=10^6W$	[直流]电阻	吉[咖]欧[姆]	GΩ	$1GΩ=10^9Ω$
	千瓦[特]	kW	$1kW=10^3W$		兆欧[姆]	MΩ	$1MΩ=10^6Ω$
	毫瓦[特]	mW	$1mW=10^{-3}W$		千欧[姆]	kΩ	$1kΩ=10^3Ω$
	微瓦[特]	μW	$1μW=10^{-6}W$		微欧[姆]	μΩ	$1μΩ=10^{-6}Ω$
电流	千安[培]	kA	$1kA=10^3A$	频率	太[拉]赫[兹]	THz	$1THz=10^{12}Hz$
	毫安[培]	mA	$1mA=10^{-3}A$		吉[咖]赫[兹]	GHz	$1GHz=10^9Hz$
	微安[培]	μA	$1μA=10^{-6}A$		兆赫[兹]	MHz	$1MHz=10^6Hz$
					千赫[兹]	kHz	$1kHz=10^3Hz$

(二)常用计量单位的换算

在计量单位中,国际单位制中的长度单位"米"和米制(即公制)单位中的长度单位"米"是相等的,因此,它们的面积单位和体积单位也是相等的。国际单位制中的质量和重量(力)的概念是严格区分的,并分别以单位"千克"和单位"牛顿"表示。但人们在生活和贸易中,质量习惯称为重量。

表1-16～表1-19中英美制数据是根据国际标准 ISO 31/Ⅰ～Ⅲ中的基础数据导出的。

1.长度单位换算表

表1-16

法定单位					英美制						
毫米(mm)	厘米(cm)	米(m)	千米(km)	海里(n mile)	英寸(in)	英尺(ft)	码(yd)	英里(mile)	海里(英)	英尺 美,测绘用	英里
1	0.100 0	0.001 0			0.039 37	0.003 281					
10	1	0.01			0.393 7	0.032 81					
1 000	100	1	0.001		39.370 1	3.280 84	1.093 6	0.000 621 4	0.000 54	3.280 83	
		1 000	1	0.539 96		3 280.84	1 093.61	0.621 4	0.539 61		
		1 852.0	1.852 0	1				1.150 8	0.999 36		
25.4	2.54	0.025 4			1	0.083 3	0.027 8				
304.8	30.48	0.304 8			12	1	0.333 3	0.000 19			
	91.44	0.914 4	0.000 914 4		36	3	1	0.000 57			
		1 609.344	1.609 3	0.868 96		5 280	1 760	1	0.868 42		
		1 853.184	1.853 184	1.000 64	72 960	6 080	2 026.667	1.151 52	1	6 079.988	1.151 51
304.800 6	30.480 06	0.304 800 6			1.000 002					1	0.001 89
		1 609.347	1.609 347								1

2.质量(重量)单位换算表

表1-17

法定单位			英美制							
克(g)	千克(kg)	吨(t)	克拉(carat)	格令(grain)	常衡盎司(oz)	常衡磅(lb)	英担(hundred weight)	美担	英吨(长吨)	美吨(短吨)
1	0.001		5	15.432 58	0.035 274	0.002 204 6	0.000 019 6	0.000 022		
1 000	1	0.001	5 000	15 432.58	35.274	2.204 62	0.019 68	0.022 046	0.000 984	0.001 102
	1 000	1			35 273.96	2 204.62	19.684 1	22.046 2	0.984 2	1.102 3
0.2			1							

法定单位			英美制							
克 (g)	千克 (kg)	吨 (t)	克拉 (carat)	格令 (grain)	常衡盎司 (oz)	常衡磅 (lb)	英担 (hundred weight)	美担	英吨 (长吨)	美吨 (短吨)
0.064 8				1	0.002 3	0.000 14				
28.349 5	0.028 35			437.5	1	0.062 5				
	0.453 592			7 000	16	1	0.008 9	0.01	0.000 446 4	0.000 5
	50.802 35					112	1	1.12		
	45.359 24					100		1		
	1 016.047	1.016			35 840	2 240	20	22.4	1	1.12
	907.185	0.907 2			32 000	2 000	17.857	20	0.892 9	1

3. 面积和地积单位换算表

表 1-18

法定单位				待改革单位	英美制					米制	
平方毫米 (mm²)	平方厘米 (cm²)	平方米 (m²)	平方公里 (km²)	市亩	平方英寸 (in²)	平方英尺 (ft²)	平方码 (yd²)	英亩	平方英里 (mile²)	公亩 (a)	公顷 (ha)
1	0.01	0.000 001			0.001 55	0.000 010 76					
100	1	0.000 1			0.155	0.001 076					
1 000 000	10 000	1		0.001 5	1 550	10.763 9		0.000 247 1		0.01	0.000 1
		1 000 000	1	1 500				247.105 4	0.386 1	100 00	100
		666.67	0.000 667	1		7 176		0.164 7	0.000 26	6.666 7	0.066 67
645.16	6.451 6	0.000 645			1	0.006 94	0.007 7				
92 903.04	929.03	0.092 9		0.000 14	144	1	0.111 1				
		0.836 13			1 296	9	1	0.000 207			
			0.004 047	6.070 3		43 560	4 840	1	0.001 6	40.468 6	
			2.59	3 885				640	1	25 900	259
		100	0.000 1	0.15		1 076.39		0.024 71		1	
		10 000	0.01	15						100	1

4. 体积和容积单位换算表

表 1-19

法定单位			英美制							
立方厘米 (cm³)	升 (L)	立方米 (m³)	立方英寸 (in³)	立方英尺 (ft³)	英加仑 gal(UK)	美加仑 gal(US) (液)	英蒲式耳 bu(UK)	美蒲式耳 bu(US)	板尺 (英)	桶 (石油业)
1	0.001	0.000 001	0.061 024	0.000 035 3	0.000 22	0.000 264 2				
1 000	1	0.001	61.024	0.035 3	0.22	0.264 2	0.027 496			
1 000 000	1 000	1	61 023.7	35.314 7	219.969 2	264.172 2	27.496 2		423.776	6.289 8
16.387 1	0.016 4	0.000 016 4	1	0.000 58	0.003 6	0.004 33				
28 316.85	28.317	0.028 32	1 728	1	6.228 8	7.480 5			12	
4 546.09	4.546 09	0.004 546	277.42	0.160 5	1	1.200 95	0.125	0.129		
3 785.41	3.785 41	0.003 785	231	0.133 7	0.832 7	1				
36 368.72	36.368 7	0.036 4	2 219.36	1.284 3	8	9.607 6	1	1.032 06		
	35.239 1	0.035 24	2 150.42	1.244 5	7.751 512		0.968 939	1		
		0.002 36		0.083 33					1	
	158.987	0.158 987								1

注：板尺是木材的材积单位，一板尺是一平方英尺厚一英寸。

5.部分米制单位与法定单位的换算关系

表 1-20

量的名称	米制单位		法定单位		换算关系
	名称	符号	名称	符号	
长度	[市]尺		米	m	1[市]尺=1/3m
	埃	Å			1Å=10^{-10}m
质量	[米制]克拉		千克(公斤)	kg	1[米制]克拉=2×10^{-4}kg=200mg
	[市]斤				1[市]斤=0.5kg
力、重力	达因(g·cm/s²)	dyn	顿 (kg·m/s²)	N	1dyn=10^{-5}N
	千克力(公斤力)	kgf			1kgf=9.806 65N
	吨力	tf			1tf=9 806.65N
压力、压强、应力	巴(kg/cm²)	bar	帕[斯卡]	Pa	1bar=10^5Pa=0.1MPa
	标准大气压	atm			1atm=101 325Pa
	千克力每平方厘米(工程大气压)	kgf/cm²			1kgf/cm²=9.806 65×10^4Pa
	毫米汞柱(托)(Torr)	mmHg			1mmHg=101 325/760=133.322Pa
	毫米水柱	mmH₂O			1mmH₂O=9.806 375Pa
	千克力每平方毫米	kgf/mm²			1kgf/mm²=9.806 65×10^6Pa
	牛顿每平方厘米	N/cm²			1N/cm²=10^4Pa
	牛顿每平方毫米	N/mm²			1N/mm²=10^6Pa=1MPa
[动力]黏度	泊	P	帕[斯卡]秒	Pa·s	1P=0.1Pa·s
运动黏度	斯[托克斯]	St	二次方米每秒	m²/s	1St=10^{-4}m²/s
能量	卡[路里]	cal	焦[耳] (N·m)	J	1cal=4.186 8J(国际蒸汽表卡)
	热化学卡	cal_th			1cal_th=4.184 0J
	尔格(g·cm²/s²)	erg			1erg=10^{-7}J
	千克力米	kgf·m			1kgf·m=9.806 65J
功率	[米制]马力(75kgf·m/s)		瓦[特](J/S)	W	1马力=735.498 75W

6.英寸对毫米换算表

表 1-21

英 寸	习 惯 称 呼	毫 米	英 寸	习 惯 称 呼	毫 米
1/16	半分	1.587 5	9/16	四分半	14.287 5
1/8	一分	3.175 0	5/8	五分	15.875 0
3/16	一分半	4.762 5	11/16	五分半	17.462 5
1/4	二分	6.350 0	3/4	六分	19.050 0
5/16	二分半	7.937 5	13/16	六分半	20.637 5
3/8	三分	9.525 0	7/8	七分	22.225 0
7/16	三分半	11.112 5	15/16	七分半	23.812 5
1/2	四分	12.700 0	1	1英寸	25.400 0

注:①"英尺"和"英寸"也可以分别用符号(′)和(″)代替,加在数字右上角。
②"英分"是我国的习惯称呼,在英制长度单位中是没有的。

7.功率换算表

表 1-22

千 瓦	公 制 马 力	英制马力(hp)
1	1.359 6	1.341 0
0.735 5	1	0.986 3
0.745 7	1.013 9	1

8.温度换算表

表 1-23

温 度 单 位	摄氏(℃)	华氏(℉)	开尔文(K)
换算公式	$C=\frac{5}{9}(F-32)$	$F=\frac{9}{5}C+32$	$K=C+273.15$
冰点	0	32	273.15
沸点	100	212	373.15

9.水高和水压关系表

表 1-24

单位压力	水 高 (m)									
	1	2	3	4	5	6	7	8	9	10
kgf/cm²	0.1	0.2	0.3	0.4	0.5	0.6	0.7	0.8	0.9	1
kgf/m²	1 000	2 000	3 000	4 000	5 000	6 000	7 000	8 000	9 000	10 000

三、常用公式及数据

(一)常用求面积 F 公式

三角形

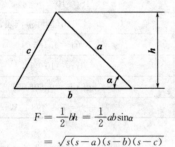

$$F=\frac{1}{2}bh=\frac{1}{2}ab\sin\alpha$$
$$=\sqrt{s(s-a)(s-b)(s-c)}$$

式中:$s=\frac{1}{2}(a+b+c)$

菱形

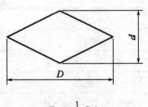

$$F=\frac{1}{2}Dd$$

长方形　　　　平行四边形

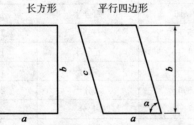

$$F=ab=ac\sin\alpha$$

正六边形

$$F=2.598c^2=3.464r^2$$

式中:$c=R$;$r=0.866R$

正方形

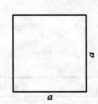

$$F=a^2$$

圆形

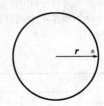

$$F=\pi r^2$$

图 1-1

梯形	弓形
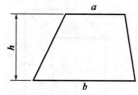 $$F=\frac{1}{2}(a+b)\cdot h$$	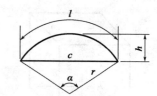 $$F=\frac{1}{2}r^2\left(\frac{\alpha\pi}{180}-\sin\alpha\right)=\frac{1}{2}\left[rl-c(r-h)\right]$$ 式中:$c=2\sqrt{h(2r-h)}$ $l=0.017\,45r\alpha$
正多边形	椭圆形
$$F=\frac{1}{2}ncr=\frac{1}{2}nc\sqrt{R^2-\frac{c^2}{4}}$$ 式中:$c=2\sqrt{R^2-r^2}$;$\alpha=\frac{360°}{n}$;n——边数	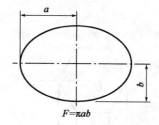 $$F=\pi ab$$
扇形	环式扇形
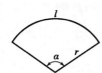 $$F=\frac{1}{2}rl=\frac{\pi r^2\alpha}{360}=0.008\,73r^2\alpha$$ 式中:$l=\frac{\pi r\alpha}{180}=0.017\,45r\alpha$	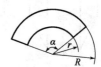 $$F=\frac{\pi\alpha}{360}(R-r^2)$$ $$=0.008\,73\alpha(R^2-r^2)$$

图 1-1

(二)常用几何体全面积 F_n 和体积 V 计算公式

球体	正圆锥体
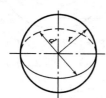 $$F_n=4\pi r^2=\pi d^2$$ $$V=\frac{4}{3}\pi r^3=\frac{1}{6}\pi d^3=0.523\,6d^3$$	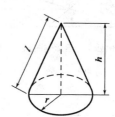 $$F_n=\pi r=(l+r)$$ $$V=\frac{1}{3}\pi r^2h=1.047\,2r^2h$$
正圆柱体	圆台
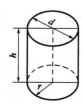 $$F_n=4\pi r(h+r)$$ $$V=\pi r^2h=\frac{\pi d^2}{4}h=0.785\,4d^2h$$	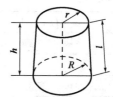 $$F_n=\pi[l(R+r)+(R^2+r^2)]$$ $$V=\frac{\pi h}{3}(R^2+r^2+Rr)$$ 式中:$l=\sqrt{h^2+(R-r)^2}$

图 1-2

正方体	长方体
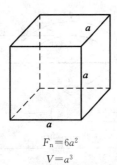 $F_n=6a^2$ $V=a^3$	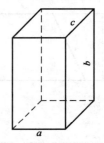 $F_n=2(ab+bc+ac)$ $V=abc$
正六角棱柱体	方棱台
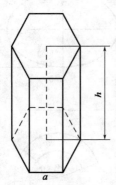 $F_n=5.196a^2+6ah$ $V=2.598a^2h$	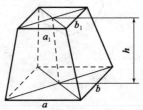 F_n=四个梯形侧面积+上、下底面积 $V=\dfrac{h}{6}(2ab+a_1b+2a_1b_1+ab_1)$
矩形棱锥体	圆环
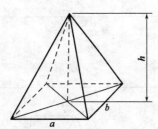 F_n=四个三角形侧面积+底面积 $V=\dfrac{1}{3}abh$	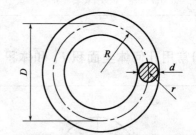 $F_n=4\pi^2Rr=9.8696Dd$ $V=2\pi^2Rr^2=\dfrac{1}{4}\pi^2Dd^2$ $=2.4674Dd^2$

图　1-2

(三)常用材料单位重量表

表1-25

名　　称	单位重量(kg/m³)	备　注	名　　称	单位重量(kg/m³)	备　注
铸铁	7 250		中碳钢(含碳0.4%)	7 820	
锻铁	7 750		高碳钢(含碳1%)	7 810	
钢材	7 850		高速工具钢(含钨9%)	8 300	
铸钢	7 800		高速工具钢(含钨18%)	8 700	
低碳钢(含碳0.1%)	7 850		不锈钢(含铬13%)	7 750	
锡	7 300		石膏粉	900	
石棉	1 000	压实	生石灰块	1 100	堆置

名 称	单位重量（kg/m³）	备 注	名 称	单位重量（kg/m³）	备 注
石棉	400	松散	生石灰粉	1 200	堆置
石棉板	1 300		熟石灰膏	1 350	
石膏	1 300～1 450	碎块	水泥	1 250	松散
紫铜	8 900		素混凝土	2 200～2 400	
96 黄铜	8 850		钢筋混凝土	2 400～2 600	
85 黄铜	8 750		泡沫混凝土	400～600	
68 黄铜	8 600		加气混凝土	550～750	
62 黄铜	8 500		沥青混凝土	2 350～2 420	
60-3 铅黄铜	8 500		沥青砂	2 300	
62-1 锡黄铜	8 450		石油沥青	1 000～1 100	
10-1-1 铝黄铜	8 200		煤沥青	1 200～1 340	
4-3 锡青铜	8 800		乳化沥青	980～1 050	
5 铝青铜	8 200		烟煤块	800	堆置
铝板	2 730		烟煤末	400～700	堆置
三号硬铝	2 730		无烟煤块	700～1 000	干、堆置
锌板	7 200		无烟煤末	840～890	堆置
铅板	11 370		焦炭	360～530	堆置
黏土	1 350	干、松	工业橡胶	1 070～1 300	
砂土	1 220	干、松	氯丁橡胶	1 230	
细砂	1 400	干	电石	2 220	
粗砂	1 700	干	有机玻璃	1190	
卵石	1 600～1 800	干	聚氯乙烯（硬）	1 380	
砂卵石	1 500～1 700	干、松	聚氯乙烯（软）	1 330	
砂卵石	1 600～1 920	干、实	泡沫塑料	200	
砂卵石	1 890～1 920	湿	华山松	437	
黏土夹卵石	1 700～1 800	干、松	红松	440	
各类岩石	见第二章表 2-2		马尾松	533	
碎石	1 400～1 500	堆置	云南松	588	
花岗岩片石	1 540	堆置	兴安落叶松	625	
石灰岩片石	1 520	堆置	长白落叶松	594	
页岩片石	1 480	堆置	臭冷松	384	
白云岩片石	1 600	堆置	杉木	376	含水 15%时的气干容量
石粉	1 600		水曲柳	686	
机制黏土砖	1 900		大叶榆	548	
灰砂砖	1 800	砂∶白灰＝92∶8	桦木	615	
矿渣砖	1 850		山杨	486	
烟灰砖	1 400～1 500		柞木	766	
400mm×240mm 黏土瓦	3 000kg/千块		楠木	610	
平板玻璃	2 560		竹材	900	

注：表列单位重量供参考。

四、技术标准及标准号编制方法

技术标准(简称标准)是从事生产、建设工作及商品流通的一种共同技术依据,是对正式生产的工业产品、重要的农产品、各类工程建设、环境保护、安全和卫生条件等所作的统一的技术法规。

(一)技术标准的分类

标准根据发布的单位和适用范围,分为国家标准、行业标准、企业标准和地方标准四种。

(1)国家标准:是指对全国经济、技术发展有重大意义,而必须在全国范围内统一技术要求的标准,由国务院标准化行政主管部门制定。

(2)行业标准:主要是指对没有国家标准,而又需要在全国某行业范围内统一技术要求的标准。行业标准由国务院有关行政主管部门制定并报国务院标准化行政主管部门备案。在公布国家标准之后,该项行业标准即行废止。

(3)企业标准:指由企业自己制定的标准,但限于没有制定国家标准和行业标准的产品。

(4)地方标准:指对没有国家标准和行业标准,而又需要在省、自治区、直辖市范围内统一工业产品的安全、卫生等要求的标准。在公布国家标准或行业标准后,该项地方标准即行废止。

国家标准、行业标准和地方标准分为强制性标准和推荐性标准。

(二)标准号的编制方法

强制性国家标准和行业标准的标准号由表示国家标准或行业标准的汉语拼音字母(表1-26)加顺序号和年号组成。顺序号和年号均采用阿拉伯数字,中间加"—"横线分开。顺序号由标准批准单位统一编排,年号用批准年份四位数字或后两位数字(2000年之前)表示,如GB 38—76是表示"螺栓技术条件",为第38号国家标准,1976年批准。

推荐性国家标准和行业标准在汉语拼音字母代号后加"/T",如GB/T 3277—91等。

企业标准由企业标准代号"Q/"、企业代号,顺序号和年号组成。企业代号可用汉语拼音字母或阿拉伯数字或两者兼用组成。顺序号和年号与国家标准相同。

地方标准由地方标准代号、地方标准顺序号和年号组成。地方标准代号由汉语拼音字母"DB"加上省、自治区、直辖市行政区划代码前两位数(表1-27)再加上斜线组成。如属推荐性标准,在斜线后加"T"组成。顺序号和年号与国家标准相同。

1.技术标准代号表

表1-26

序　号	标准名称	代　号	序　号	标准名称	代　号
1	国家标准	GB	14	建材行业标准	JC
2	教育行业标准	JY	15	石油化工行业标准	SH
3	医药行业标准	YY	16	化工行业标准	HG
4	煤炭行业标准	MT	17	石油天然气行业标准	SY
5	新闻出版行业标准	CY	18	纺织行业标准	FZ
6	测绘行业标准	CH	19	有色金属行业标准	YS
7	档案行业标准	DA	20	黑色冶金行业标准	YB
8	海洋工作行业标准	HY	21	电子行业标准	SJ
9	烟草行业标准	YC	22	广播电影电视行业标准	GY
10	民政行业标准	MZ	23	铁路运输行业标准	TB
11	地质矿产行业标准	DZ	24	民用航空行业标准	MH
12	公共安全行业标准	GA	25	林业行业标准	LY
13	汽车行业标准	QC	26	交通行业标准	JT

序 号	标准名称	代 号	序 号	标准名称	代 号
27	机械行业标准	JB	47	航空工业行业标准	HB
28	轻工行业标准	QB	48	航天工业行业标准	QJ
29	船舶行业标准	CB	49	商业行业标准	SB
30	通信行业标准	YD	50	进出口商品检验行业标准	SN
31	金融系统行业标准	JR	51	安全行业标准	AQ
32	劳动和劳动安全行业标准	LD	52	气象行业标准	QX
33	兵工民品行业标准	WJ	53	包装行业标准	BB
34	核工业行业标准	EJ	54	能源行业标准	NB
35	土地管理行业标准	TD	55	海关行业标准	HS
36	烯土行业标准	XB	56	计量行业标准	JJ
37	环境保护行业标准	HJ	57	粮食行业标准	LS
38	文化行业标准	WH	58	质检标准	CCGF
39	体育行业标准	TY	59	外经贸行业标准	WM
40	物资管理行业标准	WB	60	卫生行业标准	WS
41	城镇建设行业标准	CJ	61	邮政行业标准	YZ
42	建筑工业行业标准	JG	62	旅游行业标准	LB
43	农业行业标准	NY	63	酒店行业标准	JD
44	水产行业标准	SC	64	特种设备行业标准	TSG
45	水利行业标准	SL	65	地方标准	DB
46	电力行业标准	DL	66	企业标准	Q/

2. 省、自治区、直辖市行政区划代码

表 1-27

名 称	代 码	名 称	代 码	名 称	代 码	名 称	代 码
北京市	110000	上海市	310000	湖北省	420000	陕西省	610000
天津市	120000	江苏省	320000	湖南省	430000	甘肃省	620000
河北省	130000	浙江省	330000	广东省	440000	青海省	630000
山西省	140000	安徽省	340000	广西壮族自治区	450000	宁夏回族自治区	640000
内蒙古自治区	150000	福建省	350000	海南省	460000	新疆维吾尔自治区	650000
辽宁省	210000	江西省	360000	四川省	510000	台湾省	710000
吉林省	220000	山东省	370000	贵州省	520000	重庆市	500000
黑龙江省	230000	河南省	410000	云南省	530000		
香港特别行政区	810000	澳门特别行政区	820000	西藏自治区	540000		

第二章 地方材料

第一节 石、砂、土

一、岩石的分类及技术分级

石料是土木工程的主要材料之一,各种构造物均大量使用石料。石料的质量主要取决于加工石料所用的岩石。

1. 岩石的分类

岩石俗称石头,是自然界的产物,因此又叫天然岩石。在地壳中各种化学元素在一定条件下组成了不同的矿物,不同矿物又按一定规律组成各种岩石。组成岩石的矿物叫造岩矿物,大多数岩石是由两种以上造岩矿物组成的。

岩石的分类有多种,按岩石的成因分类如表 2-1 所示。

岩 石 分 类   表 2-1

岩石	岩浆岩	深成岩:花岗岩、正长岩、闪长岩、辉长岩、辉岩、橄榄岩
		浅成岩:花岗斑岩、正长斑岩、闪长玢岩、辉绿岩
		喷出岩:流纹斑岩、粗面岩、安山岩、玄武岩
	沉积岩	火山碎屑岩:火山集块岩、火山角砾岩、凝灰岩
		沉积碎屑岩:砾岩(角砾岩、砾岩)、砂岩(石英砂岩、长石砂岩、岩屑砂岩)、粉砂岩
		黏土岩:泥岩、页岩(黏土页岩、碳质页岩)
		化学及生物化学岩:石灰岩(泥灰岩、石灰岩)、白云岩(灰质白云岩、白云岩)
	变质岩	片理状岩:片麻岩(花岗片麻岩、角闪石片麻岩)、片岩(云母片岩、滑石片岩、绿泥石片岩)、千枚岩、板岩
		块状岩:大理岩、石英岩、蛇纹岩

注:( )中的岩石系主要亚类。

2. 常见岩石的主要物理性质

表 2-2

类别	岩石		单位质量 (t/m³)	相对密度	孔隙率 (%)	吸水率 (%)	抗压强度 (10² kPa)		软化系数	摩擦系数	弹性模量 (10³ MPa)
							干	湿			
岩浆岩	花岗岩	新鲜	2.53~2.61	2.90~2.67	0.5~2.0	<0.5	1 300~2 100	1 000~1 900	0.72~0.95	0.52~0.76	33~65
		半风化	2.50~2.58	2.90~2.64	1.5~4.0	0.5~1.1	1 000~2 000	500~1 500	0.75~0.90	0.57~0.73	7.0~22
		强风化	2.25~2.56	2.90~2.65	>2.5	>1.0	250~400	120~250	0.48~0.92	0.35~0.60	1.0~11.0
	闪长岩(新鲜)		2.49~2.78	2.66~2.84	2.1~3.1	0.4~1.0	1 300~2 000	1 000~1 600	0.78~0.81	0.56~0.70	35~40
	流纹斑岩(新鲜~半风化)		2.58~2.61	2.62~2.65	0.9~2.3	<0.5	600~2 900	450~2 900	0.75~0.95	0.47~0.75	4~23
	玄武岩(新鲜)		2.72~2.92	2.75~2.90	0.5~2.2	0.4~0.8	1 100~2 900	1 000~1 600	0.85~0.95	0.60~0.79	34~38

类别	岩石	单位质量 (t/m³)	相对密度	孔隙率 (%)	吸水率 (%)	抗压强度 (10²kPa)		软化系数	摩擦系数	弹性模量 (10³MPa)
						干	湿			
变质岩	片麻岩(新鲜)	2.65～2.79	2.69～2.82	0.7～2.2	0.1～1.0	800～1 800	700～1 800	0.75～0.95	0.64～0.78	22～35
	石英片岩 角闪石片岩	2.68～2.92	2.72～3.02	0.7～3.0	0.1～0.3	750～2 200	700～1 600	0.70～0.93	0.55～0.60	45～66
	云母片岩 绿泥石片岩	2.69～2.76	2.75～2.83	0.8～2.1	0.1～0.6	600～1 300	300～700	0.53～0.69	0.60	<10
	千枚岩	2.71～2.86	2.81～2.96	0.4～3.6	0.5～0.8	300～600	160～400	0.67～0.93	0.48	1～13
	泥质板岩	2.31～2.75	2.68～2.77	2.50～13.5	0.5～5.0	600～1 400	200～700	0.39～0.52	0.45～0.52	5～5.5
	石英岩	2.65～2.75	2.70～2.75	0.5～0.8	0.1～0.4	1 500～2 400	1 400～2 300	0.94～0.95	0.56～0.64	17～23
沉积岩	火山集块岩	2.52～2.66	2.94～2.78	2.2～7.0	0.5～1.7	500～1 400	400～1 000	0.6～0.8	0.55～0.70	
	火山角砾岩	2.46～2.87	2.58～2.90	0.4～11.2	0.2～0.5	800～2 200	600～2 100	0.57～0.95	0.60～0.81	5.6～6.7
	凝灰岩	2.29～2.64	2.61～2.78	2.0～7.4	0.5～3.5	600～1 700	330～1 500	0.52～0.86	0.45～0.66	
	石英砂岩	2.42～2.70	2.64～2.77	1.0～9.3	0.2～1.0	1 000～2 000	700～1 500	0.65～0.94	0.50～0.70	13～44
	泥质砂岩 粉砂岩	2.40～2.60	2.60～2.70	5.0～20.0	1.0～9.0	300～800	50～450	0.21～0.75	0.50～0.70	
	泥岩	2.40～2.60	2.70～2.75	3.0～7.0	0.7～3.0	200～450	100～300	0.40～0.66	0.42～0.62	1～37
	页岩	2.47～2.60	2.63～2.75	2.0～7.0	1.8～3.2	500～600	130～400	0.24～0.55	0.40～0.56	1～15
	石灰岩	2.60～2.77	2.70～2.80	1.0～3.5	0.2～3.0	700～1 600	600～1 200	0.70～0.90	0.50～0.77	26～55
	泥质灰岩 泥灰岩	2.45～2.65	2.70～2.75	1.0～10.0	1.0～3.0	130～1 000	80～500	0.44～0.54	0.60～0.70	13～53

注:选自《工程地质学》,仅供一般参考。

3. 工程岩体基本质量分级(GB 50218—2014)

表2-3

岩体基本质量级别	岩体基本质量的定性特征	岩体基本质量指标(BQ)
Ⅰ	坚硬岩,岩体完整	>550
Ⅱ	坚硬岩,岩体较完整; 较坚硬岩,岩体完整	550～451
Ⅲ	坚硬岩,岩体较破碎; 较坚硬岩,岩体较完整; 较软岩,岩体完整	450～351
Ⅳ	坚硬岩,岩体破碎; 较坚硬岩,岩体较破碎～破碎; 较软岩,岩体较完整～较破碎; 软岩,岩体完整～较完整	350～251
Ⅴ	较软岩,岩体破碎; 软岩,岩体较破碎～破碎; 全部极软岩及全部极破碎岩	≤250

注:当根据基本质量定性特征和岩体基本质量指标BQ确定的级别不一致时,应通过对定性划分和定量指标的综合分析,确定岩体基本质量级别。当两者的级别划分相差达1级及以上时,应进一步补充测试。

4. 石、砂的有关名词解释

(1)火成岩

地壳运动、地震作用,使地壳升降、褶皱、断裂,地壳深处的岩浆沿着地壳的破裂或软弱地带侵入或喷出，冷凝而成岩石，这种岩石叫岩浆岩，也叫火成岩。

（2）沉积岩

地表的岩石经风化、剥蚀下来后，通过风、流水等搬运，由于搬运力量变小，或物理、化学条件改变，就在适当的环境中沉积下来，以后由于压力的增大、温度升高或溶液的影响而发生压紧，胶结作用使之成为岩石，这种岩石叫沉积岩，也叫水成岩。

（3）变质岩

组成地壳的岩石受到地壳内部高温高压等因素的影响，使原来岩石在结构、构造或矿物成分上发生新的变化（变质矿物）形成新的岩石，这种岩石叫变质岩。

（4）石料的相对密度

是指干燥、密实的（不包括孔隙的）石料实体质量与同体积4℃水质量的比值。但生产上为简便起见，往往是用将石料吸饱水后在水中称其质量，按排水法计算其体积的方法。此法是假定饱水后，水充满试件全部与外界连通的开口孔隙，故测得的体积是包括闭口孔隙在内的体积，称为表观体积。按表观体积计算的相对密度，工程术语上称为"表观相对密度"。

（5）石料的单位体积质量

是指自然状态下（包括孔隙）的石料在规定试验条件下的单位体积质量。

碎石的单位体积质量是包括空隙（碎石之间的）和孔隙（碎石内部的）在内单位体积的质量。由于颗粒排列的松紧程度不同，又分为松散单位体积质量与紧密单位体积质量。松散单位体积质量是指自然下落方式单位体积的质量；紧密单位体积质量是指震摇后单位体积的质量。

（6）孔隙率

是指石料孔隙体积占石料总体积的百分率。石料的孔隙包括闭孔隙（不与大气相通）和开孔隙（与大气相通）。

（7）吸水率

是指石料试件在室内常温（20℃±2℃）和标准气压（101.3kPa）的条件下的最大吸水质量与试件干燥质量比的百分率。

计算式如下：

$$吸水率 = \frac{试件吸水至恒重时质量 - 试件干燥至恒重时质量}{试件干燥至恒重时质量}$$

（8）饱水率

是指石料试件在室内常温（20℃±2℃）和真空抽气（抽至真空度为残压2.666kPa）后的条件下的最大吸水质量与试件干燥质量比的百分率。

计算式如下：

$$饱水率 = \frac{试件饱水至恒重时质量 - 试件干燥至恒重时质量}{试件干燥至恒重时质量}$$

（9）饱水性系数

是指岩石的吸水率与饱水率的比值。

计算式如下：

$$饱水性系数 = \frac{吸水率}{饱水率}$$

（10）软化系数

石料在潮湿状态下强度显著降低，这是因为岩石有孔隙和含有亲水性或可溶性矿物等原因。为了表示水对石料强度的影响程度，通常用干燥状态下的抗压强度与饱水后的抗压强度的比值来表示，此值称为"软化系数"。

计算式如下:

$$软化系数 = \frac{石料饱水后的抗压强度}{石料干燥状态下的抗压强度}$$

(11)岩石的抗冻性

是指岩石抵抗冻融变化所带来破坏的性能。岩石的抗冻性与岩石的结构有关,对于结构不均、孔隙裂隙集中、大开孔隙多、粒间连接力弱、软化系数小者,其抗冻性差,反之则较好。

测定岩石抗冻性的方法有直接冻融法和硫酸钠固定性法两种。后者较前者设备简单,试验时间短。

(12)岩石的硫酸钠坚固性试验

是测定岩石抵抗经饱和硫酸钠溶液浸泡与烘干(105～110℃)的多次循环而造成的破坏和降低强度的能力。其方法与石料冻融的原理相同,所以目前多采用此法代替直接冻融试验。

(13)抗压强度

是指标准岩石试件在饱水状态下单轴受压时的极限抗压强度。试件形状有正方体和圆柱体两种。

(14)耐磨硬度

石料抵抗外界物体压入其本体的性能称为硬度。岩石硬度越高则越耐磨损。

(15)分计筛余百分率

是指某号筛上的筛余质量占试样总质量的百分率。

(16)累计筛余百分率

是指某号筛的分计筛余百分率及大于某号筛的各筛筛余百分率之总和。

(17)压碎性

碎(砾)石抵抗压碎的性能称为压碎性,以"压碎率"表示。计算式如下:

$$压碎率 = \frac{压碎试验后通过规定筛孔的碎屑质量}{压碎试验前石料试样质量}$$

二、公路工程用块状石料

工程用块状石料,由天然岩石开采加工而成,或是选用天然卵石。石料应选取石质均匀、不易风化、无裂纹的硬石。对于具有各向异性和解理的岩石,如花岗岩,正确掌握它的各向异性和解理,对工程用块状石料的开采、加工和使用都是非常重要的。花岗岩与岩浆流向一致的水平断面(解理面)叫劈面;与岩浆流向一致的纵断面叫涩面;与岩浆流向相垂直的横断面叫截面。花岗岩的三向断面的抗压强度明显不同。沿着劈面开劈,不但容易分割,而且表面较平整,加工也不易失误。涩面和截面加工时较易掉棱缺角或呈锯齿状,也容易失误。花岗岩的三向断面抗压强度以劈面最大,涩面次之,截面最小。

桥涵及其他构造物用块状石料,分为以下几种:

1. 片石

片石由爆破或楔劈法开采,厚度不小于15cm,卵形和薄片不得采用。对于一面大致平整、厚度不小于15cm的卵石,可用于桥涵附属工程。

2. 块石

由岩层或大块岩石开劈而成,形状大致方正,上下面大致平整,厚度不小于20cm,宽度约为厚度的1～1.5倍,长度约为厚度的1.5～3倍,锋棱锐角应敲除。

块石用作镶面时,应由外露面四周向内稍加修凿;后部可以不修凿,但应略小于修凿部分。

3. 粗料石

由岩石或大块岩石开劈并经粗略修凿而成,外形方正,成六面体,厚度不小于20cm,宽度约为厚度的1～1.5倍,长度约为厚度的2.5～4倍,表面凹陷深度不大于2cm。

加工镶面的粗料石,丁石长度应比相邻顺石宽度至少大 15cm,修凿面每 10cm 长度须有錾路 4～5 条,侧面修凿面应与外露面垂直,正面凹陷深度不大于 1.5cm,外露面如带细凿边缘,其宽度应为 3～5cm。

4.拱石

拱石是在片石、块石或粗料石的基础上,按照设计文件的要求加工制得。

用于砌筑拱圈的拱石应采用粗料石或块石,按拱圈放样尺寸加工成楔形。拱石的厚度应不小于 20cm,加工成楔形时其较薄端的厚度应符合设计要求的尺寸或按施工放样的要求确定;其高度应为最小厚度的 1.2～2.0 倍;长度应为最小厚度的 2.5～4.0 倍。拱石应按立纹破料,岩层面应与拱轴线垂直,各排拱石沿拱圈内弧的厚度应一致。

三、工程用碎石和砾石

碎石是由硬质岩石经人为破碎、筛分而成的粒径大于 4.75mm 的岩石颗粒。碎石一般含杂质较少,具有棱角,表面粗糙;砾石(又称卵石)是岩石经自然条件作用而形成的粒径大于 4.75mm 的岩石颗粒,砾石缺少棱角,并往往是几类岩石的混合料。

工程中碎石或砾石主要是用于混凝土(包括水泥混凝土和沥青混凝土)及路面工程作粗集料或矿料。

碎石和砾石的粒径范围常用的为 4.75～80mm。各种规格的表示方法以筛分筛子上下限尺寸(以 mm 计)作为规格尺寸称呼,例如:15～25mm 石子。由于筛分不清或储运混杂,碎、砾石的颗粒,除大部分符合"标名"的颗粒大小外,还会有少量更大或更小的颗粒(超径或逊径)。

砾石根据产地的不同分为山砾石、谷砾石、河(湖)砾石和海砾石。

(一)建设用卵石、碎石(GB/T 14685—2011)

建设用石分为卵石和碎石。适用于建设工程(除水工建筑物)中水泥混凝土及其制品。卵石是由自然风化、水流搬运和分选、堆积形成的,粒径大于 4.75mm 的岩石颗粒。

碎石是天然岩石、卵石或矿山废石经机械破碎、筛分制成的,粒径大于 4.75mm 的岩石颗粒。

卵石、碎石按技术要求分为Ⅰ类、Ⅱ类、Ⅲ类三个类别。

1.卵石、碎石的颗粒级配

表 2-4

公称粒级 (mm)		累 计 筛 余 (%)											
		方 孔 筛 (mm)											
		2.36	4.75	9.50	16.0	19.0	26.5	31.5	37.5	53.0	63.0	75.0	90
连续粒级	5～16	95～100	85～100	30～60	0～10	0							
	5～20	95～100	90～100	40～80	—	0～10							
	5～25	95～100	90～100	—	30～70	—	0～5	0					
	5～31.5	95～100	90～100	70～90	—	15～45	—	0～5	0				
	5～40	—	95～100	70～90	—	30～65	—	—	0～5	—			
单粒粒级	5～10	95～100	80～100	0～15	0								
	10～16		95～100	80～100	0～15								
	10～20		95～100	85～100	—	0～15	0						
	16～25			95～100	55～70	25～40	0～10						
	16～31.5		95～100		85～100			0～10	0				
	20～40			95～100		80～100			0～10	0			
	40～80					95～100			70～100		30～60	0～10	0

2.建设用卵石、碎石的技术要求

表 2-5

项　目		指　标		
		Ⅰ类	Ⅱ类	Ⅲ类
表观密度(kg/m³)	不小于	2 600		
连续级配松散堆积空隙率(%)	不大于	43	45	47
吸水率(%)	不大于	1.0	2.0	
坚固性采用硫酸钠溶液法试验,卵石、碎石的质量损失率(%)	不大于	5	8	12
碎石压碎指标(%)	不大于	10	20	30
卵石压碎指标(%)	不大于	12	14	16
含水率和堆积密度		报告实测值		
碱集料反应		试验后,试件应无裂缝、酥裂、胶体外溢等现象;在规定的试验龄期膨胀率应小于 0.10%		
含泥量(按质量计,%)		0.5	1.0	1.5
泥块含量(按质量计,%)	不大于	0	0.2	0.5
针、片状颗粒总含量(按质量计,%)		5	10	15
在水饱和状态下的抗压强度(MPa) 岩浆岩	不小于	80		
在水饱和状态下的抗压强度(MPa) 变质岩	不小于	60		
在水饱和状态下的抗压强度(MPa) 泥积岩	不小于	30		
有害物质限量 硫化物及硫酸盐含量(按 SO₃ 质量计,%)	不大于	0.5	1.0	
有害物质限量 有机物		合格		
有害物质限量 放射性		符合 GB 6566 的规定		

注:①针、片状颗粒是指卵石、碎石颗粒的长度大于该颗粒所属相应粒级平均粒径 2.4 倍的为针状颗粒;厚度小于平均粒径 0.4 倍的为片状颗粒。

②含泥量指卵石、碎石中粒径小于 75μm 的颗粒含量。

③泥块含量指卵石、碎石中原粒径大于 4.75mm,经水浸洗、手捏后小于 2.36mm 的颗粒含量。

④用矿山废石生产的碎石有害物质除应符合本表规定外,还应符合我国环保和安全相关标准和规范,不应对人体、生物、环境及混凝土性能产生有害影响。

3.卵石、碎石的交货和储运要求

(1)卵石、碎石按同分类、类别、公称粒级及日产量每 600t 为一批,不足 600t 亦为一批,日产量超过 2 000t,按 1 000t 为一批,不足 1 000t 亦为一批。日产量超过 5 000t,按 2 000t 为一批,不足 2 000t 亦为一批。

(2)卵石、碎石如果有两项及以上试验结果不符合要求的,该批产品不合格;如果有一项指标不符合要求,应从同一产品中加倍取样复验。复验结果仍不符合要求的,该批产品不合格。

(3)卵石、碎石应按分类、类别、公称粒级分别堆放和运输,防止人为碾压及污染产品。运输时,应有必要的防遗撒设施,严禁污染环境。

(二)混凝土用再生粗集料(GB/T 25177—2010)

混凝土用再生粗集料是由建(构)筑废物中的混凝土、砂浆、石、砖瓦等加工而成,用于配制混凝土的粒径大于 4.75mm 的颗粒,简称再生粗集料。

1.再生粗集料的分类和规格

表 2-6

名　称	类　别 (按性能要求)			规格(mm)(按粒径尺寸)	
				连续粒级	单粒级
再生粗集料	Ⅰ类	Ⅱ类	Ⅲ类	5～16、5～20、5～25、5～31.5	5～10、10～20、16～31.5

2.再生粗集料的颗粒级配

表2-7

公称粒径(mm)		累 计 筛 余 (%)							
		方 孔 筛 筛 孔 边 长 (mm)							
		2.36	4.75	9.50	16.0	19.0	26.5	31.5	37.5
连续粒级	5～16	95～100	85～100	30～60	0～10	0			
	5～20	95～100	90～100	40～80	—	0～10	0		
	5～25	95～100	90～100	—	30～70	—	0～5	0	
	5～31.5	95～100	90～100	70～90	—	15～45	—	0～5	0
单粒级	5～10	95～100	80～100	0～15	0				
	10～20		95～100	85～100		0～15	0		
	5～31.5		95～100		85～100			0～10	0

3.再生粗集料的技术要求

表2-8

项 目		指 标		
		Ⅰ类	Ⅱ类	Ⅲ类
表观密度(kg/m³)	大于	2 450	2 350	2 250
孔隙率(%)	小于	47	50	53
吸水率(按质量计,%)	小于	3.0	5.0	8.0
坚固性采用硫酸钠溶液法试验,再生粗集料经5次循环后的质量损失率(%) 小于		5.0	10.0	15.0
压碎指标(%)	小于	12	20	30
碱集料反应		试验后,试件应无裂缝、酥裂、胶体外溢等现象; 膨胀率应小于0.10%		
微粉含量(按质量计,%)	小于	1.0	2.0	3.0
泥块含量(按质量计,%)	小于	0.5	0.7	1.0
针、片状颗粒(按质量计,%)		10		
有害物质含量	硫化物及硫酸盐(按SO₃质量计,%) 小于	2.0		
	有机物	合格		
	氯化物(以氯离子质量计,%) 小于	0.06		
杂物含量(按质量计,%)	小于	1.0		

注:①针、片状颗粒是指再生粗集料的长度大于该颗粒所属相应粒级平均粒径2.4倍的为针状颗粒;厚度小于平均粒径0.4倍的为片状颗粒。

②微粉含量指再生粗集料中粒径小于$75\mu m$的颗粒含量。

③泥块含量指再生粗集料中原粒径大于4.75mm,经水浸洗,手捏后小于2.36mm的颗粒含量。

4.再生粗集料的交货和储运要求

(1)再生粗集料的组批:日产量在2 000t及2 000t以下,每600t为一批,不足600t亦为一批;日产量超过2 000t,每1 000t为一批,不足1 000t亦为一批;日产量超过5 000t,每2 000t为一批,不足2 000t亦为一批;对于建(构)筑废物来源相间,日产量不足600t的可以以连续生产不超过3天且不大于600t为一检验批。

(2)再生粗集料的检验结果,若有一项性能指标不符合要求时,则应从同一批产品中加倍取样,对不符合要求的项目进行复检,复检结果仍不符合要求的,则判定为不合格品。

（3）再生粗集料出厂时，应提供产品质量合格证。

（4）再生粗集料储存时，应按类别、规格分别堆放，防止人为碾压和产品污染。运输时，应认真清扫车船等运输设备，并采取措施防止混入杂物，防止粉尘飞扬。

（三）公路桥涵混凝土用碎石和卵石（JTG/TF 50—2011）

1.公路桥涵混凝土用碎石和卵石的技术要求

技术要求应符合表2-4；补充要求如下：

（1）Ⅰ类宜用于强度等级大于C60的混凝土；Ⅱ类宜用于强度等级为C30～C60及有抗冻、抗渗或其他要求的混凝土；Ⅲ类宜用于强度等级小于C30的混凝土。

（2）石料中不应混有草根、树叶、树枝、塑料、煤块、炉渣等杂物。

（3）岩石的抗压强度除应满足表中要求外，其抗压强度与混凝土强度等级之比应不小于1.5。岩石强度首先应由生产单位提供，工程中可采用压碎值指标进行质量控制。

（4）当石料中含有颗粒状硫酸盐或硫化物杂质时，应进行专门检验，确认能满足混凝土耐久性要求后，方可采用。

（5）采用卵石破碎成砾石时，应具有两个及以上的破碎面，且其破碎面应不小于70%。

（6）碎石、卵石的松散堆积密度大于1 350kg/m³。

（7）桥涵用碎石、卵石的坚固性试验要求应符合表2-9。

表2-9

混凝土所处环境条件	在硫酸钠溶液中循环5次后的质量损失（%）
寒冷地区，经常处于干湿交替状态	<5
严寒地区，经常处于干湿交替状态	<3
混凝土处于干燥条件，但粗集料风化或软弱颗粒过多时	<12
混凝土处于干燥条件，但有抗疲劳、耐磨、抗冲击要求或强度等级大于C40	<5

注：有抗冻、抗渗要求的混凝土用硫酸钠法进行石料坚固性试验不合格时，可再进行直接冻融试验。

2.桥涵用碎石、卵石的级配

表2-10

级配情况	公称粒级（mm）	累计筛余（按质量计，%）											
		方孔筛筛孔边长尺寸（mm）											
		2.36	4.75	9.50	16.0	19.0	26.5	31.5	37.5	53.0	63.0	75.0	90.0
连续级配	5～10	95～100	80～100	0～15	0								
	5～16	95～100	85～100	30～60	0～10	0							
	5～20	95～100	90～100	40～80		0～10	0						
	5～25	95～100	90～100		30～70		0～5	0					
	5～31.5	95～100	90～100	70～90		15～45		0～5	0				
	5～40		95～100	70～90		30～65			0～5	0			
单粒级配	10～20		95～100	85～100		0～15	0						
	16～31.5		95～100		85～100			0～10	0				
	20～40			95～100		80～100		0～10	0				
	31.5～63			95～100			75～100	45～75		0～10	0		
	40～80				95～100			70～100		30～60	0～10	0	

注：碎石、卵石在混凝土中又称作粗集料。

粗集料最大粒径宜按混凝土结构情况及施工方法选取，但最大粒径不得超过结构最小边尺寸的1/4和钢筋最小净距的3/4；在两层或多层密布钢筋结构中，最大粒径不得超过钢筋最小净距的1/2，同时不得超过 75.0mm。混凝土实心板的粗集料最大粒径不宜超过板厚的 1/3 且不得超过 37.5mm。泵送混凝土时的粗集料最大粒径，除应符合上述规定外，对碎石不宜超过输送管径的 1/3；对卵石不宜超过输送管径的 1/2.5。

（四）公路水泥混凝土路面用碎石和卵石（JTG/T F30—2014）

1. 水泥混凝土路面用碎石、破碎卵石和卵石质量标准

表 2-11

项次	项　目		技　术　要　求		
			Ⅰ级	Ⅱ级	Ⅲ级
1	碎石压碎值（%）	不大于	18.0	25.0	30.0
2	卵石压碎值（%）		21.0	23.0	26.0
3	坚固性（按质量损失计）（%）		5.0	8.0	12.0
4	针片状颗粒含量（按质量计）（%）		8.0	15.0	20.0
5	含泥量（按质量计）（%）		0.5	1.0	2.0
6	泥块含量（按质量计）（%）		0.2	0.5	0.7
7	吸水率（按质量计）（%）		1.0	2.0	3.0
8	硫化物及硫酸盐含量（按 SO_3 质量计）（%）		0.5	1.0	1.0
9	洛杉矶磨耗损失（%）		28.0	32.0	35.0
10	有机物含量（比色法）		合格	合格	合格
11	岩石抗压强度（MPa）　≥	岩浆岩	100		
		变质岩	80		
		沉积岩	60		
12	表观密度（kg/m³）　≥		2 500		
13	松散堆积密度（kg/m³）　≥		1 350		
14	孔隙率（%）　≤		47		
15	磨光值（%）　≥		35.0		
16	碱活性反应		不得有碱活性反应或疑似碱活性反应		

注：①有抗冰冻、抗盐冻要求时，应检验吸水率。

②硫化物及硫酸盐含量、碱活性反应、岩石抗压强度在石料使用前应至少检验一次。

③洛杉矶磨耗损失、磨光值仅在要求制作露石水泥混凝土面层时检测。

④路面石料应使用质地坚硬、耐久、干净的碎石、破碎卵石或卵石。极重、特重、重交通荷载等级公路面层混凝土用石料质量不应低于表中Ⅱ级的要求；中、轻交通荷载等级公路面层混凝土可使用Ⅲ级石料。

2. 公路水泥混凝土路面用再生粗集料

中、轻交通荷载等级公路面层水泥混凝土可使用再生粗集料，其质量应符合表 2-12 的规定。再生粗集料可单独或掺配新集料后使用，但应通过配合比试验验证，确定混凝土性能满足设计要求，并符合下列规定：

（1）有抗冰冻、抗盐冻要求时，再生粗集料不应低于Ⅱ级；无抗冰冻、抗盐冻要求时，可使用Ⅲ级再生粗集料。

（2）再生粗集料不得用于裸露粗集料的水泥混凝土抗滑表层。

（3）不得使用出现碱活性反应的混凝土为原料破碎生产的再生粗集料。

路面用再生粗集料的质量标准　　　　表 2-12

项次	项　目		技　术　要　求		
			Ⅰ级	Ⅱ级	Ⅲ级
1	压碎值（%）　≤		21.0	30.0	43.0
2	坚固性（按质量损失计）（%）　≤		5.0	10.0	15.0

项次	项　目		技　术　要　求		
			Ⅰ 级	Ⅱ 级	Ⅲ 级
3	针片状颗粒含量(按质量计)(%)	≤	10.0	10.0	10.0
4	微粉含量(按质量计)(%)	≤	1.0	2.0	3.0
5	泥块含量(按质量计)(%)	≤	0.5	0.7	1.0
6	吸水率(按质量计)(%)	≤	3.0	5.0	8.0
7	硫化物及硫酸盐含量(按 SO_3 质量计)(%)	≤	2.0	2.0	2.0
8	氯化物含量(以氯离子质量计)(%)	≤	0.06	0.06	0.06
9	洛杉矶磨耗损失(%)	≤	35	40	45
10	杂物含量(按质量计)(%)	≤	1.0	1.0	1.0
11	表观密度(kg/m³)	≥	2 450	2 350	2 250
12	孔隙率(%)	≤	47	50	53

注:①当再生粗集料中碎石的岩石品种变化时,应重新检测上述指标。
　　②硫化物及硫酸盐含量、氯化物含量、洛杉矶磨耗损失在再生粗集料使用前应至少检验一次。
　　③路面水泥混凝土用再生粗集料的质量指标除压碎值和洛杉矶磨耗损失指标外,其余指标都符合 GB/T 25177—2010 产品标准。

3. 各种面层水泥混凝土配合比不同种类粗集料与再生粗集料公称最大粒径规定

表 2-13

交通荷载等级		极重、特重、重		中、轻	
面层类型		水泥混凝土	纤维混凝土、配筋混凝土	水泥混凝土	碾压混凝土、砌块混凝土
最大公称粒径(mm)	碎石	26.5	16.0	31.5	19.0
	破碎卵石	19.0	16.0	26.5	19.0
	卵石	16.0	9.5	19.0	16.0
	再生粗集料	—	—	26.5	19.0

4. 水泥路面用石料(粗集料)的级配

粗集料与再生粗集料应根据混凝土配合比的公称最大粒径分为 2～4 个单粒级的集料,并掺配使用。粗集料与再生粗集料的合成级配及单粒级级配范围宜符合表 2-14 的要求。不得使用不分级的统料。

路面用粗集料与再生粗集料的级配范围　　表 2-14

方孔筛尺寸(mm)		2.36	4.75	9.50	16.0	19.0	26.5	31.5	37.5
级配类型		累　计　筛　余　(以　质　量　计)　(%)							
合成级配	4.75～16.0	95～100	85～100	40～60	0～10	—	—	—	
	4.75～19.0	95～100	85～95	60～75	30～45	0～5	0		
	4.75～26.5	95～100	90～100	70～90	50～70	25～40	0～5	0	
	4.75～31.5	95～100	90～100	75～90	60～75	40～60	20～35	0～5	0
单粒级级配	4.75～9.5	95～100	80～100	0～15	0	—	—		
	9.5～16.0	—	95～100	80～100	0～15	0	—		
	9.5～19.0	—	95～100	85～100	40～60	0～15	0		
	16.0～26.5	—	—	95～100	55～70	25～40	0～10	0	
	16.0～31.5	—	—	95～100	85～100	55～70	25～40	0～10	0

四、砂

砂按成因分为天然砂和机制砂(人工砂)。天然砂是自然生成的,经人工开采和筛分的粒径小于 4.75mm 的岩石颗粒。工程用砂主要是天然砂。天然砂按其产源分为河砂、湖砂、山砂和淡化海砂,但不包括软质、风化的岩石颗粒。

机制砂(人工砂)是经除土处理,由机械破碎、筛分制成的粒径小于 4.75mm 的岩石、矿山尾矿或工业废渣颗粒,但不包括软质、风化的颗粒。

工程用砂按其粒径的粗细程度分为粗砂、中砂和细砂。测定的方法为细度模数。

细度模数是指各号筛的累计筛余百分率之和除以 100 所得的商。

计算式如下:

$$M_x = \frac{(A_{2.5} + A_{1.25} + A_{0.63} + A_{0.315} + A_{0.16}) - 5A_5}{100 - A_5}$$

式中:　　　　　M_x——细度模数;

A_5、$A_{2.5}$——5、2.5mm 各圆孔筛的累计筛余百分率;

$A_{1.25}$、$A_{0.63}$、$A_{0.315}$、$A_{0.16}$——1.25~0.16mm 各方孔筛的累计筛余百分率。

砂按细度模数 M_x 分为:

$M_x = 3.7 \sim 3.1$ 为粗砂; $M_x = 3.0 \sim 2.3$ 为中砂; $M_x = 2.2 \sim 1.6$ 为细砂; $M_x = 1.5 \sim 0.7$ 为特细砂。

(一)建设用砂(GB/T 14684—2011)

建设用砂适用于建设工程中混凝土、混凝土制品和普通砂浆。建设用砂按细度模数分为粗砂、中砂、细砂。建设用砂按技术要求分为 I 类、II 类、III 类。

1. 砂的分类和规格

表 2-15

名称	产源	类　别			规　格		
					粗砂	中砂	细砂
建设用砂	天然砂	I 类	II 类	III 类	细度模数为 3.7~3.1	细度模数为 3.0~2.3	细度模数为 2.2~1.6
	机制砂						

2. 砂的颗粒级配

表 2-16

砂 的 分 类	天　然　砂			机　制　砂		
级配区	1 区	2 区	3 区	1 区	2 区	3 区
方筛孔	累　计　筛　余　(%)					
4.75mm	10~0	10~0	10~0	10~0	10~0	10~0
2.36mm	35~5	25~0	15~0	35~5	25~0	15~0
1.18mm	65~35	50~10	25~0	65~35	50~10	25~0
600μm	85~71	70~41	40~16	85~71	70~41	40~16
300μm	95~80	92~70	85~55	95~80	92~70	85~55
150μm	100~90	100~90	100~90	97~85	94~80	94~75

注:①对于砂浆用砂,4.75mm 筛孔的累计筛余量应为 0。
　　②砂的实际颗粒级配除 4.75mm 和 600μm 筛档外,可以略有超出,但各级累计筛余超出值总和应不大于 5%。

3.砂的级配类别

表 2-17

类　别	I	II	III
级配区	2 区	1 区、2 区、3 区	

4.建设用砂的技术要求

表 2-18

项　目				指　标		
				I 类	II 类	III 类
表观密度(kg/m³)			不小于	2 500		
松散堆积密度(kg/m³)				1 400		
孔隙率(%)			不大于	44		
坚固性	采用硫酸钠溶液法试验,砂的质量损失率(%)		不大于	8		10
	另:机制砂单级最大压碎指标(%)		不大于	20	25	30
含水率(%)				用户有要求时,报告实测值		
饱和面干吸水率(%)						
碱集料反应				试验后,试件应无裂缝、酥裂、胶体外溢等现象;在规定的试验龄期膨胀率应小于 0.10%		
天然砂	含泥量(按质量计)(%)			1.0	3.0	5.0
	泥块含量(按质量计)(%)			0	1.0	2.0
机制砂	MB 值≤1.40 或快速法试验合格	MB 值		0.5	1.0	1.4 或合格
		石粉含量(按质量计,%)		10.0		
		泥块含量(按质量计,%)		0		2.0
	MB 值>1.40 或快速法试验不合格	石粉含量(按质量计,%)		1.0	3.0	5.0
		泥块含量(按质量计,%)		0	1.0	2.0
有害物质限量	云母含量(按质量计,%)		不大于	1.0	2.0	
	轻物质含量(按质量计,%)			1.0		
	硫化物及硫酸盐含量(按 SO₃ 质量计,%)			0.5		
	氯化物(以氯离子质量计,%)			0.01	0.02	0.06
	贝壳(按质量计,%)			3.0	5.0	8.0
有机物含量				合格		
放射性				符合 GB 6566 的规定		

注:①MB 值是指每千克 0~2.36mm 粒级试样所消耗的亚甲蓝重量。
　　②含泥量指天然砂中粒径小于 75μm 的颗粒含量。
　　③石粉含量指机制砂中粒径小于 75μm 的颗粒含量。
　　④泥块含量指砂中原粒径大于 1.18mm,经水浸洗、手捏后小于 600μm 的颗粒含量。
　　⑤用矿山尾矿、工业废渣生产的机制砂有害物质除应符合本表规定外,还应符合我国环保和安全相关标准和规范,不应对人体、生物、环境及混凝土、砂浆性能产生有害影响。
　　⑥有害物质限量中贝壳指标仅适用于海砂,其他砂种不作要求。
　　⑦机制砂 MB 值≤1.40 或快速法试验合格的指标可由供需双方根据使用地区和用途,经试验验证协商确定。

5.砂的交货和储运要求

(1)砂按同分类、规格、类别及日产量每 600t 为一批,不足 600t 亦为一批;日产量超过 2 000t,按 1 000t 为一批,不足 1 000t 亦为一批。

（2）砂如果有两项及以上检验结果不符合要求的，则该批砂不合格。如果有一项指标不符合要求的，应加倍抽样复验。复验结果仍不符合要求的，该批砂为不合格。

（3）砂应按分类、规格、类别分别堆放和运输，防止人为碾压、混合及污染产品。运输时，应有必要的防遗撒设施，严禁污染环境。

（二）公路水泥混凝土用机制砂（JT/T 819—2011）

公路水泥混凝土用机制砂是经除土开采、机械破碎、筛分制成的粒径在 4.75mm 以下的岩石颗粒（不包括软质岩、风化岩石的颗粒），俗称人工砂。适用于公路工程预拌混凝土、现场拌和混凝土及混凝土制品。水泥砂浆也可参照使用。

1. 机制砂的分类和规格

表 2-19

名称	类 别 和 用 途			规 格	
	Ⅰ类	Ⅱ类	Ⅲ类	粗砂	中砂
机制砂	用于强度等级 ≥C60 的混凝土	用于强度等级 C30～<C60 及有抗冻、抗渗要求的混凝土	用于强度等级 <C30 的混凝土	细度模数为 3.9～3.1	细度模数为 3.0～2.3

2. 机制砂生产要求

表 2-20

项 目	指 标 和 要 求		
	Ⅰ类	Ⅱ类	Ⅲ类
母岩岩石抗压强度（MPa），不小于	80	60	30
母岩碱集料反应活性	不具有碱活性反应性	如果含有碱—硅酸反应活性矿物且具有碱活性反应，应根据使用要求进行碱集料反应试验	
路面、桥面用砂的母岩集料磨光值	≥35		

注：①机制砂宜采用开采的新鲜母岩制作。
　　②机制砂不宜使用具有碱—碳酸盐反应活性的岩石制作。
　　③机制砂不宜使用抗磨性较差的泥岩、页岩、板岩等水成岩类的母岩制作。

3. 机制砂的技术要求

表 2-21

项 目			指 标		
			Ⅰ类	Ⅱ类	Ⅲ类
表观密度（kg/m³）		大于	2 500		
松散堆积密度（kg/m³）			1 400		
空隙率（%）		小于	45		
坚固性（硫酸钠溶液循环浸泡五次后的质量损失率）（%）		小于	6	8	10
吸水率（%）		不大于	2		
压碎指标（%）			20	25	30
泥块含量（%）			0	0.5	1.0
石粉含量（%）	桥涵结构物	MB 值<1.40 或合格	5.0	7.0	10.0
		MB 值≥1.40 或不合格	1.0	3.0	5.0
	路面	MB 值<1.40 或合格	3.0	5.0	7.0
		MB 值≥1.40 或不合格	1.0	3.0	5.0

项　目			指　标		
			Ⅰ类	Ⅱ类	Ⅲ类
有害物质	云母含量(按质量计,%)	小于	1.0	2.0	2.0
	轻物质含量(按质量计,%)		1.0	1.0	1.0
	有机质含量		合格		
	硫化物及硫酸盐含量(按 SO₃ 质量计,%)	小于	0.5		
	氯离子含量(%)		0.01	0.02	0.06

注:①MB 值是指每千克 0~2.36mm 粒级试样所消耗的亚甲蓝重量。

　　②表中石粉含量 MB 值合格或不合格采用 JTG E42(T 0349)方法检测。

4.机制砂级配范围

表 2-22

项　目	级　配　范　围						
筛孔尺寸(mm)	0.15	0.3	0.6	1.18	2.36	4.75	9.5
Ⅰ类机制砂累计筛余(%)	90~100	80~90	40~70	15~50	5~20	0~10	0
Ⅱ类、Ⅲ类机制砂累计筛余(%)	90~100	80~95	71~85	35~70	5~50	0~10	0

注:当机制砂在Ⅱ类、Ⅲ类级配范围时,应结合 JTG/T F50,JTG F30 的技术要求验证水泥混凝土性能。

5.机制砂的交货和储运要求

(1)检验批量宜根据厂家生产规模而定。日产量 1 000t 以上的,应以同一品种、同一规格、同一类别的 1 000t 为一批;日产量 1 000t 以下的,应以 600t 为一批。不足上述量者亦作为一批。

(2)若有任一项技术指标不符合要求时,则应从同一批产品中加倍取样,对该项指标进行复检;若复检样品仍有不合格,则该批产品判为不合格。

(3)机制砂出厂时,生产厂家应提供产品合格证。产品合格证包括下列内容:

①产品名称及类别、规格;

②生产厂名;

③批量编号及供货数量;

④检验结果、日期及执行标准编号;

⑤合格证编号及发放日期;

⑥检验部门及检验人员签章。

(4)机制砂在运输前,对装运的车、船,应在装运前认真清扫杂物;运输时,应采取措施以防粉尘飞扬,防止运输过程混入杂物;在运输、装卸和堆放过程中应防止颗粒离析。

(5)机制砂应按品种、类别分别堆放,不得混放,防止久存和倒堆以及人为碾压、污染成品;堆放场地应进行硬化,完善排水系统,堆料高度不宜超过 5m;必要时,机制砂堆放处应有防雨淋措施。

(三)混凝土和砂浆用再生细集料(GB/T 25176—2010)

混凝土和砂浆用再生细集料是由建(构)筑废物中的混凝土、砂浆、石、砖瓦等加工而成,用于配制混凝土和砂浆的粒径不大于 4.75mm 的颗粒。简称再生细集料。

1.再生细集料的分类和规格

表 2-23

名　称	类　别 (按性能要求)			规　格		
				粗砂	中砂	细砂
再生细集料	Ⅰ类	Ⅱ类	Ⅲ类	细度模数为 3.7~3.1	细度模数为 3.0~2.3	细度模数为 2.2~1.6

2. 再生细集料的颗粒级配

表 2-24

方孔筛筛孔边长	累 计 筛 余 （%）		
	1 级配区	2 级配区	3 级配区
9.50mm	0	0	0
4.75mm	10～0	10～0	10～0
2.36mm	35～5	25～0	15～0
1.18mm	65～35	50～10	25～0
600μm	85～71	70～41	40～16
300μm	95～80	92～70	85～55
150m	100～85	100～80	100～75

注：再生细集料的实际颗粒级配与表中所列数字相比，除4.75mm和600μm筛档外，可以略有超出，但是超出总量应小于5%。

3. 再生细集料的技术要求

表 2-25

项 目			指 标								
			Ⅰ类			Ⅱ类			Ⅲ类		
表观密度(kg/m³)		大于	2 450			2 350			2 250		
堆积密度(kg/m³)			1 350			1 300			1 200		
空隙率(%)		小于	46			48			52		
坚固性指标	硫酸钠溶液法试验，5次循环后，饱和硫酸钠溶液中质量损失(%)	小于	8			10			12		
	单级最大压碎指标值(%)	小于	20			25			30		
			细	中	粗	细	中	粗	细	中	粗
再生胶砂需水量比		小于	1.35	1.30	1.20	1.55	1.45	1.35	1.80	1.70	1.50
再生胶砂强度比		大于	0.80	0.90	1.00	0.70	0.85	0.95	0.60	0.75	0.90
碱集料反应			试验后，试件应无裂缝、酥裂、胶体外溢等现象；膨胀率应小于0.10%								
微粉含量(按质量计)(%)	MB 值<1.40 或合格		5.0			7.0			10.0		
	MB 值≥1.40 或不合格		1.0			3.0			5.0		
	泥块含量(按质量计)(%)		1.0			2.0			3.0		
有害物质含量	云母含量(按质量计,%)	小于	2.0								
	轻物质含量(按质量计,%)		1.0								
	硫化物及硫酸盐含量(按 SO₃ 质量计,%)		2.0								
	氯化物含量(以氯离子质量计,%)		0.06								
	有机质含量(比色法)		合格								

注：①MB 值是用于确定再生细集料中粒径小于75μm的颗粒中高岭土含量的指标。
②泥块含量指再生细集料中原粒径大于1.18mm，经水浸洗、手捏后变成小于600μm的颗粒含量。
③微粉含量指再生细集料中粒径小于75μm的颗粒含量。

4. 再生细集料的交货和储运要求

同再生粗集料。

再生细集料的组批：再生细集料按同分类、同规格每600t为一批，不足600t亦为一批。

(四)公路桥涵混凝土用砂(JTG/T F50—2011)

公路桥涵混凝土用砂的各项要求符合建设用砂的各项要求。补充要求如下：

(1)砂按技术要求分为Ⅰ类、Ⅱ类、Ⅲ类。Ⅰ类宜用于强度等级大于C60的混凝土;Ⅱ类宜用于强度等级C30～C60及有抗冻、抗渗或其他要求的混凝土;Ⅲ类宜用于强度等级小于C30的混凝土和砌筑砂浆。

(2)砂中不应混有草根、树叶、树枝、塑料、煤块、炉渣等杂物。

(3)当对砂的坚固性有怀疑时,应做坚固性试验。

(4)当碱集料反应不符合表中要求时,应采取抑制碱集料反应的技术措施。

(5)Ⅰ区砂宜提高砂率配低流动性混凝土;Ⅱ区砂宜优先选用配不同强度等级的混凝土;Ⅲ区砂宜适当降低砂率保证混凝土的强度。

(6)对高性能、高强度、泵送混凝土宜选用细度模数为2.9～2.6的中砂。2.36mm筛孔的累计筛余量不得大于15%,300μm筛孔的累计筛余量宜在85%～92%范围内。

(五)公路水泥混凝土路面用砂(JTG/T F30—2014)

公路水泥混凝土路面用砂应使用质地坚硬、耐久、洁净的天然砂或机制砂,不宜使用再生细集料。路面用机制砂应符合JT/T 819—2011产品标准。其中,路面面层机制砂细度模数应在2.3～3.1之间。

极重、特重、重交通荷载等级公路面层水泥混凝土用砂的质量标准不应低于Ⅱ级;中、轻交通荷载等级公路面层水泥混凝土用砂的质量标准不应低于Ⅲ级。

配筋混凝土路面及钢纤维混凝土路面中不得使用海砂。

1.水泥混凝土路面用天然砂的质量指标

表2-26

项次	项目		技术要求		
			Ⅰ级	Ⅱ级	Ⅲ级
1	坚固性(按质量损失计)(%)	≤	6.0	8.0	10.0
2	含泥量(按质量计)(%)	≤	1.0	2.0	3.0
3	泥块含量(按质量计)(%)	≤	0	0.5	1.0
4	氯离子含量(按质量计)(%)	≤	0.02	0.03	0.06
5	云母含量(按质量计)(%)	≤	1.0	1.0	2.0
6	硫化物及硫酸盐含量(按SO₃质量计)(%)	≤	0.5	0.5	0.5
7	海砂中的贝壳类物质含量(按质量计)(%)	≤	3.0	5.0	8.0
8	轻物质含量(按质量计)(%)	≤	1.0		
9	吸水率(%)	≤	2.0		
10	表观密度(kg/m³)	≥	2 500.0		
11	松散堆积密度(kg/m³)	≥	1 400.0		
12	孔隙率(%)	≤	45.0		
13	有机物含量(比色法)		合格		
14	碱活性反应		不得有碱活性反应或疑似碱活性反应		
15	结晶态二氧化硅含量(%)	≥	25.0		

注:①碱活性反应、氯离子含量、硫化物及硫酸盐含量在天然砂使用前应至少检验一次。
②按现行《公路工程集料试验规程》(JTG E42)T 0324岩相法,测定除隐晶质、玻璃质二氧化硅以外的结晶态二氧化硅的含量。

2.水泥混凝土路面用天然砂的推荐级配范围

表2-27

砂分级	细度模数	方孔筛尺寸(mm)(试验方法 JTG E42 T 0327)							
		9.5	4.75	2.36	1.18	0.60	0.30	0.15	0.075
		通过各筛孔的质量百分率(%)							
粗砂	3.1～3.7	100	90～100	65～95	35～65	15～30	5～20	0～10	0～5
中砂	2.3～3.0	100	90～100	75～100	50～90	30～60	8～30	0～10	0～5
细砂	1.6～2.2	100	90～100	85～100	75～100	60～84	15～45	0～10	0～5

注:面层水泥混凝土使用的天然砂细度模数宜在2.0～3.7之间。

五、公路沥青路面用集料(JTG F40—2004)

沥青路面用集料包括粗集料(碎石、破碎砾石、筛选砾石、钢渣、矿渣等)、细集料(天然砂、机制砂、石屑)和填料(矿粉、粉煤灰等)等。

(一)粗集料

沥青路面用粗集料应洁净、质地坚硬、粒形良好、吸水率小、级配合理。高速公路和一级公路不得使用筛选砾石和矿渣。筛选砾石仅适用于三级及以下公路的沥青表面处治路面。

1. 沥青混合料用粗集料质量技术要求

表 2-28

指 标		单 位	高速公路及一级公路		其他等级公路
			表面层	其他层次	
石料压碎值	不大于	%	26	28	30
洛杉矶磨耗损失	不大于	%	28	30	35
表观相对密度	不小于	—	2.60	2.50	2.45
吸水率	不大于	%	2.0	3.0	3.0
坚固性	不大于	%	12	12	—
针片状颗粒含量(混合料)	不大于	%	15	18	20
其中粒径大于 9.5mm	不大于	%	12	15	—
其中粒径小于 9.5mm	不大于	%	18	20	—
水洗法小于 0.075mm 颗粒含量	不大于	%	1	1	1
软石含量	不大于	%	3	5	5

注:①坚固性试验可根据需要进行。

②用于高速公路、一级公路时,多孔玄武岩的视密度可放宽至 2.45t/m³,吸水率可放宽至 3%,但必须得到建设单位的批准,且不得用于 SMA 路面。

③对 S14 即 3～5 规格的粗集料,针片状颗粒含量可不予要求,小于 0.075mm 含量可放宽到 3%。

2. 粗集料对破碎面的要求

表 2-29

路面部位或混合料类型			具有一定数量破碎面颗粒的含量(%)	
			1 个破碎面	2 个或 2 个以上破碎面
沥青路面表面层	高速公路、一级公路	不小于	100	90
	其他等级公路	不小于	80	60
沥青路面中下面层、基层	高速公路、一级公路	不小于	90	80
	其他等级公路	不小于	70	50
SMA 混合料		不小于	100	90
贯入式路面		不小于	80	60

注:①破碎砾石应采用粒径大于 50mm,含泥量不大于 1%的砾石轧制。

②经过破碎且存放期超过 6 个月以上的钢渣可作为粗集料使用。除吸水率允许适当放宽外,各项质量指标应符合表 2-28 的要求。钢渣在使用前应进行活性检验,要求钢渣中的游离氧化钙含量不大于 3%,浸水膨胀率不大于 2%。

3.粗集料与沥青黏附性、磨光值的技术要求

表 2-30

雨量气候区			1(潮湿区)	2(湿润区)	3(半干区)	4(干旱区)
年降雨量(mm)			>1 000	1 000～500	500～250	<250
粗集料的磨光值 PSV	高速公路、一级公路表面层	不小于	42	40	38	36
粗集料与沥青的黏附性	高速公路、一级公路表面层	不小于	5	4	4	3
	高速公路、一级公路的其他层次及其他等级公路的各个层次		4	4	3	3

4.沥青混合料用粗集料规格

表 2-31

规格名称	公称粒径(mm)	通过下列筛孔(mm)的质量百分率(%)												
		106	75	63	53	37.5	31.5	26.5	19.0	13.2	9.5	4.75	2.36	0.6
S1	40～75	100	90～100	—		0～15		0～5						
S2	40～60		100	90～100	—	0～15		0～5						
S3	30～60		100	90～100		—	0～15		0～5					
S4	25～50			100	90～100	—		—	0～15	—	0～5			
S5	20～40				100	90～100			0～15	—	0～5			
S6	15～30					100	90～100	—		0～15	—	0～5		
S7	10～30						100	90～100		0～15	—	0～5		
S8	10～25							100	90～100	—	0～15	—	0～5	
S9	10～20								100	90～100	—	0～15	0～5	
S10	10～15									100	90～100	0～15	0～5	
S11	5～15									100	90～100	40～70	0～15	0～5
S12	5～10										100	90～100	0～15	0～5
S13	3～10										100	90～100	40～70	0～20	0～5
S14	3～5											100	90～100	0～15	0～3

(二)细集料

细集料主要是砂和石屑,应洁净、干燥、无风化、无杂质,并有适当的颗粒级配。

1.沥青混合料用细集料质量要求

表 2-32

项目		单位	高速公路、一级公路	其他等级公路
表观相对密度	不小于	—	2.50	2.45
坚固性(大于 0.3mm 部分)	不小于	%	12	—
含泥量(小于 0.075mm 的含量)	不大于	%	3	5
砂当量	不小于	%	60	50
亚甲蓝值	不大于	g/kg	25	
棱角性(流动时间)	不小于	s	30	

注:①坚固性试验可根据需要进行。

②细集料的洁净程度,天然砂以小于 0.075mm 含量的百分数表示,石屑和机制砂以砂当量(适用于 0～4.75mm)或亚甲蓝值(适用于 0～2.36mm 或 0～0.15mm)表示。

2.沥青混合料用天然砂规格

表 2-33

筛孔尺寸（mm）	通过各孔筛的质量百分率（%）		
	粗砂	中砂	细砂
9.5	100	100	100
4.75	90~100	90~100	90~100
2.36	65~95	75~90	85~100
1.18	35~65	50~90	75~100
0.6	15~30	30~60	60~84
0.3	5~20	8~30	15~45
0.15	0~10	0~10	0~10
0.075	0~5	0~5	0~5

注:砂的含泥量超过规定时应水洗后使用,海砂中的贝壳类材料必须筛除。热拌密级配沥青混合料中天然砂的用量通常不宜超过集料总量的 20%,SMA 和 OGFC 混合料不宜使用天然砂。

3.沥青混合料用机制砂或石屑规格

表 2-34

规格	公称粒径（mm）	水洗法通过各筛孔的质量百分率（%）							
		9.5	4.75	2.36	1.18	0.6	0.3	0.15	0.075
S15	0~5	100	90~100	60~90	40~75	20~55	7~40	2~20	0~10
S16	0~3	—	100	80~100	50~80	25~60	8~45	0~25	0~15

注:①当生产石屑采用喷水抑制扬尘工艺时,应特别注意含粉量不得超过表中要求。

②石屑是采石场破碎石料时通过 4.75mm 或 2.36mm 的筛下部分,高速公路和一级公路的沥青混合料,宜将 S14 与 S16 组合使用,S15 可在沥青稳定碎石基层或其他等级公路中使用。

③机制砂级配应符合 S16 的要求。

(三)填料(矿粉)

沥青混合料用矿粉质量要求

表 2-35

项　　目		单　　位	高速公路、一级公路	其他等级公路
表观密度	不小于	t/m³	2.50	2.45
含水率	不大于	%	1	1
粒度范围	<0.6mm	%	100	100
	<0.15mm	%	90~100	90~100
	<0.075mm	%	75~100	70~100
外观		—	无团粒结块	—
亲水系数		—	<1	T 0353
塑性指数		%	<4	T 0354
加热安定性			实测记录	T 0355

注:①沥青混合料的矿粉必须采用石灰岩或岩浆岩中的强基性岩石等憎水性石料经磨细得到的矿粉,原石料中的泥土杂质应除净。
矿粉应干燥、洁净,能自由地从矿粉仓流出。

②粉煤灰作为填料使用时,用量不得超过填料总量的 50%,粉煤灰的烧失量应小于 12%,与矿粉混合后的塑性指数应小于 4%,其余质量要求与矿粉相同。高速公路、一级公路的沥青面层不宜采用粉煤灰做填料。

六、路面基层、底基层用集料

1.路面基层和底基层用集料的规格(JTJ 034—2000)(非现行标准资料,仅供参考)

表 2-36

类型			编号	通过下列筛孔(方孔筛,mm)的质量百分率(%)												
				63	53	37.5	31.5	26.5	19	9.5	4.75	2.36	1.18	0.6	0.075	0.02
水泥稳定土	底基层				100						50~100			17~100	0~50	0~30
	基层					90~100		66~100	54~100	39~100	28~84	20~70	14~57	8~47	0~30	
	高速、一级公路	底基层	1			100					50~100			17~100	0~30	
		底基层	2			100	90~100		67~90	45~68	29~50	18~38		8~22	0~7	
		基层	3				100	90~100	72~89	47~67	29~49	17~35		8~22	0~7	
二灰级配砂砾			1			100	85~100		65~85	50~70	35~55	25~45	17~35	10~27	0~15	
			2				100		85~100	55~75	39~59	27~47	17~35	10~25	0~10	
二灰级配碎石			1			100	90~100		72~90	48~68	30~50	18~38	10~27	6~20	0~7	
			2				100		81~98	52~70	30~50	18~38	10~27	6~20	0~7	
级配碎石或级配碎砾石			1			100	90~100		73~88	49~69	29~54	17~37		8~20	0~7	
			2				100		85~100	52~74	29~54	17~37		8~20	0~7	
未筛分碎石(底基层)			1		100	85~100	69~88		40~65	19~43	10~30	8~25		6~18	0~10	
			2			100	83~100		54~84	29~59	17~45	11~35		6~21	0~10	
级配砾石			1		100	90~100	81~94		63~81	45~66	27~51	16~35		8~20	0~7	
			2			100	90~100		73~88	49~69	29~54	17~37		8~20	0~7	
			3				100		85~100	52~74	29~54	17~37		8~20	0~7	
砂砾底基层						100	80~100			40~100	25~85			8~45	0~15	
填隙碎石、粗碎石	标称尺寸(mm)	30~60	1	100	25~60		0~15		0~5							
		25~50	2		100		25~50	0~15	(0~5)*							
		20~40	3			100	35~70		0~15	0.5						
填隙料										100	85~100	50~70		30~50	0~10	

注:表中填隙碎石带 * 者为通过 16mm 筛孔的质量百分率。

2.路面基层和底基层用石料的技术要求(JTJ 034—2000)

表 2-37

路面基层和底基层类型		压碎指标值(%),不小于		针片状颗粒含量(%),不大于
		底基层	基层	
水泥稳定土中碎石或砾石	二级和二级以下公路	40	35	—
	高速公路和一级公路	30	30	
石灰稳定土中碎石或砾石	二级公路	40	30	—
	二级以下公路	40	35	
	高速公路和一级公路	35	—	
二灰稳定土中碎石或砾石	二级和二级以下公路	40	35	—
	高速公路和一级公路	35	30	
级配碎石或级配碎砾石	二级以下公路	40	35	20
	二级公路	35	30	
	高速公路和一级公路	30	26	

路面基层和底基层类型		压碎指标值(%),不小于		针片状颗粒含量(%),不大于
		底基层	基层	
级配砾石	二级以下公路(三、四级公路)	40	(35)	20
	二级公路	35	30	
	高速公路和一级公路	30	—	
填隙碎石	粗碎石	30	26	15

3. 路面基层用粉煤灰

粉煤灰作为燃煤电厂的副产品,在路面基层施工中被大量使用。根据规范的要求,路面基层用粉煤灰中 SiO_2、Al_2O_3 和 Fe_2O_3 的总含量应大于 70%,粉煤灰的烧失量应不大于 20%;粉煤灰的比表面积应大于 2 500cm^2/g(或 90% 通过 0.3mm 筛孔,70% 通过 0.075mm 筛孔)。

干粉煤灰和湿粉煤灰都可以应用,但湿粉煤灰的含水率不应超过 35%。

七、工业副产品

(一)粉煤灰(GB/T 1596—2005)

粉煤灰是燃煤电厂煤粉炉烟道中收集的粉末。粉煤灰按燃煤种类分为 F 类和 C 类:

F 类——无烟煤或烟煤的粉煤灰;C 类——褐煤或次烟煤的粉煤灰。

工程上,这类粉煤灰主要用作拌制混凝土和砂浆的掺合料。粉煤灰按质量等级分为I级、II级和III级。

1. 拌制混凝土和砂浆用粉煤灰的技术要求

表 2-38

名　　称		粉煤灰等级质量指标		
		I	II	III
细度(45μm 方孔筛筛余,%)		≤12.0	≤25.0	≤45.0
比表面积(m^2/kg)		≥600	≥400	≥150
烧失量(%)		≤5.0	≤8.0	≤15.0
需水量比(%)		≤95	≤105	≤115
含水率(%)		≤1.0		
游离氧化钙(%)	F 类粉煤灰	≤1.0		
	C 类粉煤灰	≤4.0		
SO_3(%)		≤3.0		
安定性(雷氏夹沸煮后增加距离,mm)(C 类粉煤灰)		≤5.0		
均匀性		单一样品的细度不应超过前 10 个样品细度平均值的最大偏差		
总碱量		当粉煤灰用于活性集料混凝土,需要限制掺合料的含碱量时,由买卖双方协商确定		

注:①拌制混凝土和砂浆的粉煤灰试验结果符合表中技术要求时为等级品。其中任一项不符合要求允许在同一编号加倍取样复验全部项目,复验不合格可降级处理。凡低于表中最低级别要求的为不合格产品。
②表中比表面积指标为旧《公路桥涵施工技术规范》的要求,仅做参考。
③粉煤灰的放射性应合格。

2. 粉煤灰的储运要求

粉煤灰储运过程不得受潮、混入杂质,并防止污染环境。

(二)粒化高炉矿渣粉(GB/T 18046—2008)

粒化高炉矿渣粉为粒化高炉矿渣磨细所得,用作水泥混合料和混凝土掺合料。

1.磨细矿渣技术要求

表 2-39

名 称		级 别		
		S105	S95	S75
密度(g/cm³)		≥2.8		
比表面积(m²/kg)		≥500	≥400	≥300
活性指数(%)	7d	≥95	≥75	≥55
	28d	≥105	≥95	≥75
流动度比(%)		≥95		
含水率(质量分数,%)		≤1.0		
SO₃(质量分数,%)		≤4.0		
氯离子(质量分数,%)		≤0.06		
烧失量(质量分数,%)		≤3.0		
玻璃体含量(质量分数,%)		≥85		
放射性		合格		

2.矿渣粉的储运要求

矿渣粉在储运过程中不得受潮和混入杂质,并防止污染环境。

(三)砂浆和混凝土用硅灰(GB/T 27690—2011)

硅灰为收集的冶炼硅铁合金时烟道排出的粉尘,主要成分为无定形二氧化硅。硅灰按使用状态分为硅灰(代号 SF)和硅灰浆(代号 SF-S)

1.硅灰的技术要求

表 2-40

项 目		指 标	项 目	指 标
固态量(液料)		按生产厂控制值±2%	需水量比	≤125%
总碱量		≤1.5	比表面积(BET 法)	≥15 000m²/kg
SiO₂ 含量		≥85.0	活性指数(7d 快速法)	≥105%
氯含量	%	≤0.1	放射性	Ira≤1.0h 和 Ir≤1.0
含水率(粉料)		≤3.0	抗氯离子渗透性	28d 电通量之比≤40%
烧失量		≤4.0	抑制碱集料反应性	14d 膨胀率降低值≥35%

注:①硅灰浆折算为固体含量按此表进行检验。
②抗氯离子渗透性和抑制碱集料反应性为选择性项目,由供需双方商定。

2.硅灰的储运要求

硅灰在运输和储存时不得受潮、混入杂物,同时应防止污染环境。储存期从产品生产之日起计算为 6 个月,储存时间超过储存期的应复检,合格后方能使用。

八、土

工程填方用土主要是就地取材,钻孔灌注桩用土主要为膨润土。

(一)土的工程分类(GB/T 50145—2007)

土的分类是从土的基本特性出发,以土的颗粒尺寸、物理性质为界定指标进行的。

1.土的分类代号

(1)土的基本代号

B——漂石;	G——砾;	O——有机质土;	W——级配良好。
C——黏土;	H——高液限;	P——级配不良;	
Cb——卵石;	L——低液限;	S——砂;	
F——细粒土;	M——粉土;	Sl——混合土;	

(2)土的工程分类代号

BSl——混合土漂石;	GC——黏土质砾;	MLG——含砾低液限粉土;
CbSl——混合土卵石;	GF——含细粒土砾;	MLO——有机质低液限粉土;
CH——高液限黏土;	GM——粉土质砾;	MLS——含砂低液限粉土;
CHG——含砾高液限黏土;	GP——级配不良砾;	SC——黏土质砂;
CHO——有机质高液限黏土;	GW——级配良好砾;	SF——含细粒土砂;
CHS——含砂高液限黏土;	MH——高液限粉土;	SlB——漂石混合土;
CL——低液限黏土;	MHG——含砾高液限粉土;	SlCb——卵石混合土;
CLG——含砾低液限黏土;	MHO——有机质高液限粉土;	SM——粉土质砂;
CLO——有机质低液限黏土;	MHS——含砂高液限粉土;	SP——级配不良砂;
CLS——含砂低液限黏土;	ML——低液限粉土;	SW——级配良好砂。

2.土的粒组和类别基本划分

表 2-41

粒　　组	颗　粒　名　称		粒径 d 的范围(mm)	类　　别
巨粒	漂石(块石)		>200	巨粒类土
	卵石(碎石)		>60~200	
粗粒	砾粒	粗砾	>20~60	粗粒类土(试样中粗粒组含量大于50%的土)
		中砾	>5~20	
		细砾	>2~5	
	砂砾	粗砂	>0.5~2	
		中砂	>0.25~0.5	
		细砂	>0.075~0.25	
细粒	粉粒		>0.005~0.075	细粒类土(试样中细粒组含量不小于50%的土)
	黏粒		≤0.005	

注:①巨粒类土按粒组划分。
　　②粗粒类土按粒组、级配、细粒土含量划分。
　　③细粒类土按塑性图、所含粗粒类别及有机质含量划分。

3.土的分类

1)巨粒类土的分类

表 2-42

土　　类	粒组含量		土类代号	土类名称
巨粒土	巨粒含量>75%	漂石含量大于卵石含量	B	漂石(块石)
		漂石含量不大于卵石含量	Cb	卵石(碎石)
混合巨粒土	50%<巨粒含量≤75%	漂石含量大于卵石含量	BSl	混合土漂石(块石)
		漂石含量不大于卵石含量	CbSl	混合土卵石(块石)
巨粒混合土	15%<巨粒含量≤50%	漂石含量大于卵石含量	SlB	漂石(块石)混合土
		漂石含量不大于卵石含量	SlCb	卵石(碎石)混合土

注:①巨粒混合土可根据所含粗粒或细粒的含量进行细分。
　　②试样中巨粒组含量不大于15%时,可扣除巨粒,按粗粒类土或细粒类土的相应规定分类;当巨粒对土的总体性状有影响时,可将巨粒计入砾粒组进行分类。

2)粗粒类土的分类

表2-43

类别	土类	粒组含量		土类代号	土类名称
砾类土	砾	细粒含量<5%	级配 $C_u \geqslant 5$ $1 \leqslant C_c \leqslant 3$	GW	级配良好砾
			级配:不同时满足上述要求	GP	级配不良砾
	含细粒土砾	5%≤细粒含量<5%		GF	含细粒土砾
	细粒土质砾	15%≤细粒含量<50%	细粒组中粉粒含量不大于50%	GC	黏土质砾
			细粒组中粉粒含量大于50%	GM	粉土质砾
砂类土	砂	细粒含量<5%	级配 $C_u \geqslant 5$ $1 \leqslant C_c \leqslant 3$	SW	级配良好砂
			级配:不同时满足上述要求	SP	级配不良砂
	含细粒土砂	5%≤细粒含量<15%		SF	含细粒土砂
	细粒土质砂	15%≤细粒含量<50%	细粒组中粉粒含量不大于50%	SC	黏土质砂
			细粒组中粉粒含量大于50%	GM	粉土质砾

注:①砾粒组含量大于砂粒组含量的土称砾类土。

②砾粒组含量不大于砂粒组含量的土称砂类土。

3)细粒类土的分类

(1)细粒类土的划分规定

表2-44

类别	划 分 规 定			
细粒类土	细粒土(粗粒组含量不大于25%的土)	含粗粒的细粒土(粗粒组含量大于25%且不大于50%的土)		有机质土(有机质含量小于10%且不小于5%的土)
		含砾细粒土(粗砾中砾粒含量大于砂粒含量)	含砂细粒土(粗砾中砾粒含量不大于砂粒含量)	

(2)细粒土的分类

表2-45

土的塑性指标在塑性图中的位置		土 类 代 号	土 类 名 称
$I_p \geqslant 0.73(w_L - 20)$ 和 $I_p \geqslant 7$	$w_L \geqslant 50\%$	CH	高液限黏土
	$w_L < 50\%$	CL	低液限黏土
$I_p < 0.73(w_L - 20)$ 或 $I_p < 4$	$w_L \geqslant 50\%$	MH	高液限粉土
	$w_L < 50\%$	ML	低液限粉土

注:①黏土~粉土过渡区(CL-ML)的土可按相邻土层的类别细分。

②含砾细粒土在细粒土代号后加代号G。

③含砂细粒土在细粒土代号后加代号S。

④有机质土在各相应土类代号后加代号O。有机质土一般呈灰色或暗色,有特殊气味,有弹性和海绵感。

(二)膨润土(GB/T 20973—2007)

工程用膨润土主要为钻井造浆用;膨润土还可用于铸造和冶金球团。

1. 膨润土的分类和等级

表 2-46

分类形式	类别和代号		
按属性分	钠基膨润土（NaB）	天然钠基膨润土（NNaB）	
		人工钠化膨润土（ANaB）	
	钙基膨润土（CaB）		
按用途分	铸造用膨润土（F）、冶金球团用膨润土（P）、钻井泥浆用膨润土（M）		
按等级和品种分	铸造用膨润土分一级品（Ⅰ）、二级品（Ⅱ）、三级品（Ⅲ）、四级品（Ⅳ）		
	冶金球团用膨润土	钠基膨润土	一级品（Ⅰ）、二级品（Ⅱ）、三级品（Ⅲ）
		钙基膨润土	
	钻井泥浆用膨润土分钻井膨润土、未处理膨润土、OCMA 膨润土三个品种		

注：①OCMA 膨润土是指用聚合物、苏打或其他材料对膨润土进行了处理。
②当阳离子交换量和交换性离子含量不小于 1 时为钠基膨润土；当阳离子交换量和交换性离子含量小于 1 时为钙基膨润土。

2. 膨润土的质量要求

（1）铸造用膨润土的质量指标

表 2-47

产品等级		一 级 品	二 级 品	三 级 品	四 级 品
湿压强度（kPa）	不小于	100	70	50	30
热湿拉强度（kPa）		2.5	2.0	1.5	0.5
吸蓝量（g/100g）		32	28	25	22
过筛率（75μm，干筛），质量分数（%）		85			
水分（105℃），质量分数（%）		9～13			

注：铸造用钙基膨润土热湿拉强度不作要求。

（2）冶金球团用膨润土的质量指标

表 2-48

产品属性		钠基膨润土			钙基膨润土		
产品等级		一级品	二级品	三级品	一级品	二级品	三级品
吸水率（2h）（%）	不小于	400	300	200	200	160	120
吸蓝量（g/100g）		30	26	22	30	26	22
膨胀指数（mL/2g）		15			5		
过筛率（75μm，干筛），质量分数（%）		98	95	95	98	95	95
水分（质量分数）（%）		9～13			9～13		

（3）钻井泥浆用膨润土质量指标

表 2-49

产品品种		钻井膨润土	未处理膨润土	OCMA 膨润土
黏度计 600r/min 读数	≥	30		30
屈服值/塑性黏度	≤	3	1.5	6
滤失量（cm³）	≤	15.0		16.0
75μm 筛余，质量分数（%）	≤	4.0		2.5
分散后的塑性黏度（MPa·s）	≥		10	
分散后的滤失量（cm³）	≤		12.5	
水分（质量分数）（%）	≤			13.0

3.膨润土的交货和储运要求

(1)同一标记的袋装膨润土以 60t 为一批,不足 60t 按一批计;散装膨润土以每一罐车或储仓为一批。

(2)膨润土的检验结果中某项质量指标不符合要求的,应进行复验,复验结果仍有一项指标不符合要求的,该批产品不合格。

(3)膨润土产品外包装上应标明产品名称、净重、生产厂名、厂址、商标、本标准编号和防雨防潮标识。OCMA 膨润土还应在产品名称下方以最小 6mm 黑体字给出恰当的标示,即用聚合物、苏打或其他材料对膨润土的处理类型。

每批产品应附有产品合格证。产品合格证应包括产品名称、标记、生产日期、检验日期、生产厂名称和批号,并加盖制造企业检验部门的公章及检验人员印记。

散装运输的膨润土应在货运单上填明产品名称、运输方式、运载量、生产厂名及出厂批号,同时附产品合格证。

(4)膨润土产品可采用袋装或散装。散装容器应密封。袋装可采用塑料编织袋或纸袋,每袋净重25kg±0.25kg 或 50kg±0.5kg。搬运、运输包装件时禁用手钩,禁止翻滚。运输和储存应注意防雨、防潮。

第二节　灰、砖、砌块、板和瓦

一、灰

(一)建筑石灰

石灰又称白灰,按品种分为生石灰和消石灰。其中生石灰又分为气硬性生石灰和水硬性生石灰。建筑石灰为气硬性建筑材料,包括建筑生石灰、建筑生石灰粉(JC/T 479—2013)和建筑消石灰(JC/T 481—2013)。

建筑生石灰由石灰石(包括钙质石灰石、镁质石灰石)焙烧而成,呈块状、粒状或粉状,化学成分主要为氧化钙 CaO。

建筑生石灰按化学成分分为钙质石灰(主要为氧化钙或氢氧化钙)和镁质石灰(主要有氧化钙和＞5％的氧化镁或氢氧化钙和氢氧化镁组成)。

建筑生石灰粉由建筑生石灰加工而成。

建筑消石灰以建筑生石灰为原料经水化和加工制得。

1.建筑石灰的标记

(1)建筑生石灰的标记由产品名称(代号)、加工情况(氧化钙＋氧化镁含量)和产品依据标准组成。生石灰块在代号后加 Q,生石灰粉在代号后加 QP。

示例:符合 JC/T 479—2013 的钙质生石灰粉 90 标记为:

CL 90-QP　JC/T 479—2013

(2)建筑消石灰的标记由产品名称(代号)和产品依据标准编号组成。

示例:符合 JC/T 481—2013 的钙质消石灰 90 标记为:

HCL 90　JC/T 481—2013

2. 建筑石灰的分类

表 2-50

名　称	类别和代号	名　称	代　号
建筑生石灰	钙质石灰（CL）	钙质石灰 90	CL 90
		钙质石灰 85	CL85
		钙质石灰 75	CL 75
建筑生石灰	镁质石灰（ML）	镁质石灰 85	ML 85
		镁质石灰 80	ML 80
建筑消石灰	钙质消石灰（HCL）	钙质消石灰 90	HCL 90
		钙质消石灰 85	HCL 85
		钙质消石灰 75	HCL 75
	镁质消石灰（HML）	镁质消石灰 85	HML 85
		镁质消石灰 80	HML 80

注：建筑消石灰是按扣除游离水和结合水后（CaO＋MgO）的百分含量进行分类的。

3. 建筑石灰的化学成分

表 2-51

名　称		氧化钙＋氧化镁（CaO＋MgO）	氧化镁（MgO）	二氧化碳（CO_2）	二氧化硫（SO_3）
		%			
建筑生石灰	CL 90-Q CL 90-QP	≥90	≤5	≤4	≤2
	CL 85-Q CL 85-QP	≥85	≤5	≤7	≤2
	CL 75-Q CL 75-QP	≥75	≤5	≤12	≤2
	ML 85-Q ML 85-QP	≥85	>5	≤7	≤2
	ML 80-Q ML 80-QP	≥80	>5	≤7	≤2
建筑消石灰	HCL 90 HCL 85 HCL 70	≥90 ≥85 ≥75	≤5	—	≤2
	HML 85 HML 80	≥85 ≥80	>5	—	≤2

4. 建筑石灰的物理性质

表 2-52

名　称		指　标				
		产浆量（dm³/10kg），不小于	细度，不大于		游离水（%），不大于	安定性
			0.2mm 筛余量（%）	90μm 筛余量（%）		
建筑生石灰	CL 90-Q	26	—	—	—	—
	CL 90-QP	—	2	7		
	CL 85-Q	26	—	—		
	CL 85-QP	—	2	7		
	CL 75-Q	26	—	—		
	CL 75-Q	—	2	7		
	ML 85-Q	—	—	—		

名　　　称		指　　标				
		产浆量(dm³/10kg)，不小于	细度，不大于		游离水(%)，不大于	安定性
			0.2mm 筛余量(%)	90μm 筛余量(%)		
建筑生石灰	ML 85-QP	—	2	7	—	—
	ML 80-Q	—	—	—	—	—
	ML 80-QP	—	2	7	—	—
建筑消石灰	HCL 90		2	7	2	合格
	HCL 85					
	HCL 75					
	HML 85					
	HML 80					

注：①根据用户要求，建筑生石灰的其他物理特性可按照 JC/T 478.1 进行测试。
　　②表中建筑消石灰的数值是以试样扣除游离水和化学结合水后的干基为基准。

5.建筑石灰的交货和储运要求

(1)建筑石灰的检验结果中任一项指标不符合相应等级要求的，该批产品不合格。

(2)建筑石灰产品可以散装或袋装，具体包装形式由供需双方协商确定，散装产品提供相应的标签。建筑生石灰是自热材料，不应与易燃、易爆和液体物品混装。建筑石灰在运输和储存时不应受潮和混入杂物，不宜长期储存。不同类建筑石灰应分别储存或运输，不得混杂。

(3)每批产品出厂时应向用户提供质量证明书，证明书上应注明厂名、产品名称、标记、检验结果、批号、生产日期。

6.石灰体积质量换算

表 2-53

生石灰组成　块∶粉	密实状态下单位体积质量(kg/m³)	每立方米消石灰需用生石灰质量(kg)	每立方米石灰膏需用生石灰质量(kg)	每吨生石灰消解后的体积(m³)
10∶0	1 470	355.4		2.814
9∶1	1 453	369.6		2.706
8∶2	1 439	382.7	571	2.613
7∶3	1 426	399.2	602	2.505
6∶4	1 412	417.3	636	2.396
5∶5	1 395	434.0	674	2.304
4∶6	1 379	455.6	716	2.195
3∶7	1 367	475.5	736	2.103
2∶8	1 354	501.5	820	1.994
1∶9	1 335	526.0		1.902
0∶10	1 320	557.7		1.793

注：生石灰的单位质量和制作消石灰或石灰膏的生石灰用量等，因各地生石灰质量不一，表列数据供参考。

(二)建筑石膏(GB/T 9776—2008)

建筑石膏是以天然石膏或工业副产石膏经脱水处理制得，以 β 半水硫酸钙(β-CaSO$_4$ · 1/2H$_2$O)为主要成分，不预加任何外加剂或添加物的粉状胶凝材料。

工业副产石膏是工业生产过程中产生的富含二水硫酸钙的副产品，包括烟气脱硫石膏和磷石膏。经必要的预处理后作为制备建筑石膏的原料。

建筑石膏按2h后的抗折强度分为3.0、2.0、1.6三个等级。

1. 建筑石膏的分类

表2-54

类别	天然建筑石膏	脱硫建筑石膏	磷建筑石膏
代号	N	S	P

2. 建筑石膏的标记

建筑石膏按产品名称、代号、等级及标准编号的顺序标记。

示例:等级为2.0的天然建筑石膏标记为:

建筑石膏 N 2.0 GB/T 9776—2008

3. 建筑石膏的物理力学性能

表2-55

等 级	细度(0.2mm方孔筛筛余)(%)	凝结时间(min)		2h强度(MPa)	
		初凝	终凝	抗折	抗压
3.0				≥3.0	≥6.0
2.0	≤10	≥3	≤30	≥2.0	≥4.0
1.6				≥1.6	≥3.0

注:①工业副产建筑石膏的放射性核素限量应符合 GB 6566—2010 的要求。
②建筑石膏组成中 β 半水硫酸钙(β-$CaSO_4$ · $1/2H_2O$)的含量(质量分数)应不小于 60.0%。
③工业副产建筑石膏中限制成分氧化钾(K_2O)、氧化钠(Na_2O)、氧化镁(MgO)、五氧化二磷(P_2O_5)和氟(F)的含量由供需双方商定。

4. 建筑石膏的交货和储运要求

(1)检验批量:对于年产量小于 15 万 t 的生产厂,以不超过 60t 产品为一批;对于年产量等于或大于 15 万 t 的生产厂,以不超过 120t 产品为一批。产品不足一批时以一批计。

(2)建筑石膏的检验结果,如果有任一项指标不符合要求,该批产品不合格。

(3)建筑石膏一般采用袋装或散装供应。袋装时,应用防潮包装袋包装。

(4)产品出厂应带有产品检验合格证。袋装时,包装袋上应清楚标明产品标记,以及生产厂名、厂址、商标、批量编号、净重、生产日期和防潮标志。

(5)建筑石膏在运输和储存时,不得受潮和混入杂物。

(6)建筑石膏自生产之日起,在正常运输与储存条件下,储存期为三个月。

(三)抹灰石膏(GB/T 28627—2012)

抹灰石膏(粉刷石膏)是以半水石膏($CaSO_4$ · $1/2H_2O$)和 Ⅱ 型无水硫酸钙(Ⅱ型 $CaSO_4$)单独或两者混合后作为主要胶凝材料,掺入外加剂制成的抹灰材料;适用于在建筑物室内墙面和顶棚进行抹灰用。

抹灰石膏中的有机物含量不应超过其重量的 1‰;产品所释放的有害物质应符合相关国家标准与规范的要求。

1. 抹灰石膏的标记

以符合 GB/T 28627 的面层抹灰石膏 F 为例,其标记为:

面层抹灰石膏 GB/T 28627—F

2. 抹灰石膏的分类(按用途分类)

表2-56

类别	面层抹灰石膏	底层抹灰石膏	轻质底层抹灰石膏	保温层抹灰石膏
代号	F	B	L	T

3.面层抹灰石膏的细度要求

表 2-57

筛孔尺寸	细度(%)	筛孔尺寸	细度(%)
1.0mm方孔筛筛余	0	0.2mm方孔筛筛余	≤40

4.抹灰石膏的物理力学性能

表 2-58

项　　目		面层抹灰石膏	底层抹灰石膏	轻质底层抹灰石膏	保温层抹灰石膏
抗折强度		≥3.0	≥2.0	≥1.0	—
抗压强度	MPa	≥6.0	≥4.0	≥2.5	≥0.6
拉伸黏结强度		≥0.5	≥0.4	≥0.3	—
保水率(%) 不小于		90	75	60	—
体积密度(kg/m³)		—	—	≤1 000	≤500
导热系数[W/(m·K)]		—	—	—	≤0.1
凝结时间(h)		初凝≥1,终凝≤8			

5.抹灰石膏的交货和储运要求

(1)抹灰石膏的物理力学性能,细度指标中如果有一项以上指标检验结果不符合要求的,该批产品不合格。如果只有一项指标不合格,应加倍复检。复检结果仍有不合格的,该批产品不合格。

(2)抹灰石膏一般采用袋装或罐装。袋装时,可用带有塑料内衬的包装袋包装。

(3)抹灰石膏应在室内储存,运输与储存时,不应受潮和混入杂物,不同类别的抹灰石膏应分别储运。抹灰石膏在正常储存条件下自生产之日起,储存期袋装为六个月,罐装为三个月。

二、砖和砌块

砖和砌块包括普通砖、多孔(空心)砖、透水砖、保温砖和各种砌块等。

普通砖根据制造工艺和所用原料的不同分为烧结黏土砖、粉煤灰砖、蒸压灰砂砖、煤矸石砖、页岩砖和装饰砖等。

普通砖的设计原则为:

(长+灰缝):(宽+灰缝):(厚+灰缝)=4:2:1

在实际使用中,由于灰缝大小不一,每立方米砌体的实际用砖数量并不一样。

普通砖的各部名称:长×宽的面叫大面;长×厚的面叫条面;宽×厚的面叫顶面。

(一)烧结普通砖(GB 5101—2003)

烧结普通砖包括黏土砖、页岩砖、煤矸石砖和粉煤灰砖;是以黏土、页岩、煤矸石、粉煤灰为主要原料经焙烧而成,简称砖。

烧结装饰砖是经烧结而成用于清水墙或带有装饰面的砖,简称装饰砖。

需要指出的是,烧结普通砖中的黏土砖,因其毁田取土,能耗大、块体小、施工效率低、砌体自重大、抗震性差等缺点,在我国主要大、中城市及地区已被禁止使用。利用工业废料生产的粉煤灰砖、煤矸石砖、页岩砖等以及各种砌块、板材已逐步发展起来,将逐渐取代普通烧结砖。

1.砖的标记

砖的产品标记按产品名称、类别、强度等级、质量等级和标准编号顺序编写。

示例:烧结普通砖,强度等级MU15,一等品的黏土砖,其标记为:

烧结普通砖　N　MU15 B　GB 5101

2.砖的分类和规格

表 2-59

分类、级别和公称尺寸		
种类名称	按主要原料分为黏土砖(N)、页岩砖(Y)、煤矸石砖(M)、粉煤灰砖(F)	
按抗压强度等级分	MU 30、MU 25、MU 20、MU 15、MU 10	
按质量等级分	优等品(A)	适用于清水墙和装饰墙,中等泛霜的砖不能用于潮湿部位
	一等品(B)	可用于混水墙,中等泛霜的砖不能用于潮湿部位
	合格品(C)	
规格	烧结砖	长 240mm、宽 115mm、高 53mm
	配砖	长 175mm、宽 115mm、高 53mm
	装饰砖	长 240mm、宽 115mm、高 53mm

注:①砖的外形为直角六面体。
②配砖和装饰砖的其他规格由供需双方商定。
③装饰砖可制成本色、一色或多色,装饰面也可采用砂面、光面、压光等起墙面装饰作用的图案。

3.砖的尺寸允许偏差(mm)

表 2-60

公称尺寸	优 等 品		一 等 品		合 格 品	
	样本平均偏差	样本极差	样本平均偏差	样本极差	样本平均偏差	样本极差
240	±2.0	≤6	±2.5	≤7	±3.0	≤8
115	±1.5	≤5	±2.0	≤6	±2.5	≤7
53	±1.5	≤4	±1.6	≤5	±2.0	≤6

4.砖的技术要求

表 2-61

项 目		指 标		
		强度(MPa)		
强度	强度等级	抗压强度平均值	变异系数 $\delta \leqslant 0.21$	变异系数 $\delta > 0.21$
			强度标准值	单块最小抗压强度值
		不小于		
	MU30	30.0	22.0	25.0
	MU25	25.0	18.0	22.0
	MU20	20.0	14.0	16.0
	MU15	15.0	10.0	12.0
	MU10	10.0	6.5	7.5

抗风化性能	种类	严重风化区				非严重风化区			
		5h 煮沸吸水率(%)		饱和系数		5h 煮沸吸水率(%)		饱和系数	
		不大于							
		平均值	单块最大值	平均值	单块最大值	平均值	单块最大值	平均值	单块最大值
	黏土砖	18	20	0.85	0.87	19	20	0.88	0.90
	粉煤灰砖	21	23			23	25		
	页岩砖	16	18	0.74	0.77	18	20	0.78	0.80
	煤矸石砖								
	冻融试验	试验后,每块样砖不允许出现裂纹、分层、掉皮、缺棱、掉角等破坏现象,质量损失不得大于2%							

项　目	指　标		
	强度(MPa)		
欠火砖、酥砖、螺旋纹砖	不允许		
放射性物质	符合 GB 6566 的规定		
泛霜	优等品	一等品	合格品
	无泛霜	不允许出现中等泛霜	不允许出现严重泛霜
石灰爆裂	不允许出现最大破坏尺寸大于2mm的爆裂区域	不允许出现最大破坏尺寸大于10mm的爆裂区域;每组样砖最大破坏尺寸为2～10mm的爆裂区域不得多于15处	不允许出现最大破坏尺寸大于15mm的爆裂区域;每组样砖最大破坏尺寸为2～15mm的爆裂区域不得多于15处,其中大于10mm的不得多于7处

注:①风化区的划分见表 2-62。
　②严重风化区中的 1、2、3、4、5 地区的砖必须进行冻融试验。其他地区砖的抗风化性能符合本表规定时可不做冻融试验,否则,必须进行冻融试验。
　③粉煤灰掺入量(体积比)小于 30％时,按黏土砖判定抗风化性能。
　④配件砖和其他规格的装饰砖的尺寸偏差、强度由供需双方商定。但是抗风化性能、泛霜、石灰爆裂性能、放射性物质必须符合本表规定。
　⑤与烧结普通砖规格相同的装饰砖要求必须符合表 2-59 和本表的规定。
　⑥强度变异系数　　　　　　　　　　　$\delta=\dfrac{S}{\overline{F}}$
　式中:S——10 块试样抗压强度标准差(MPa);
　　　　$\overline{F}$——10 块试样抗压强度平均值(MPa)。

5.砖的外观质量(mm)

表 2-62

项　目		优等品	一等品	合格品
两条面高度差　　　　　　　　　　　　　　　≤		2	3	4
弯曲　　　　　　　　　　　　　　　　　　　≤		2	3	4
杂质凸出高度　　　　　　　　　　　　　　　≤		2	3	4
缺棱掉角的三个破坏尺寸　　　　　不得同时大于		5	20	30
裂纹长度 ≤	a.大面上宽度方向及其延伸至条面的长度	30	60	80
	b.大面上长度方向及其延伸至顶面的长度或条顶面上水平裂纹的长度	50	80	100
完整面　　　　　　　　　　　　　　　不得少于		两条面和两顶面	一条面和一顶面	
颜色		基本一致	—	

注:①为装饰而施加的色差、凹凸纹、拉毛、压花等不算作缺陷。
　②凡有下列缺陷之一者,不得称为完整面。
　a)缺损在条面或顶面上造成的破坏面尺寸同时大于 10mm×10mm。
　b)条面或顶面上裂纹宽度大于 1mm,其长度超过 30mm。
　c)压陷、黏底、焦花在条面或顶面上的凹陷或凸出超过 2mm,区域尺寸同时大于 10mm×10mm。
　③配件砖和其他规格的装饰砖外观质量应参照本表执行。

6.全国风化区划分表

表 2-63

严重风化区		非严重风化区	
1.黑龙江省	6.宁夏回族自治区	1.山东省	6.江西省
2.吉林省	7.甘肃省	2.河南省	7.浙江省
3.辽宁省	8.青海省	3.安徽省	8.四川省
4.内蒙古自治区	9.陕西省	4.江苏省	9.贵州省
5.新疆维吾尔自治区	10.山西省	5.湖北省	10.湖南省

严重风化区		非严重风化区	
11. 河北省		11. 福建省	16. 云南省
12. 北京市		12. 台湾省	17. 西藏自治区
13. 天津市		13. 广东省	18. 上海市
		14. 广西壮族自治区	19. 重庆市
		15. 海南省	

注:①风化区用风化指数进行划分。

②风化指数是指日气温从正温降至负温或负温升至正温的每年平均天数与每年从霜冻之日起至消失霜冻之日止这一期间降雨总量(以 mm 计)的平均值的乘机。

③风化指数大于等于 12 700 为严重风化区,风化指数小于 12 700 为非严重风化区。

7. 砖的交货和储运要求

(1)烧结普通砖按 3.5 万~15 万块为一个检验批,不足 3.5 万块的按一批计。

(2)烧结普通砖的尺寸偏差、外观质量、强度及在时效范围内最近一次型式检验中的抗风化性能、石灰爆裂、泛霜和放射性物质检验结果有一项不符合要求的,该批砖不合格;外观质量检验中有欠火砖、酥砖和螺旋纹砖的,该批砖不合格。

(3)烧结普通砖出厂时,必须提供产品质量合格证。产品质量合格证主要内容包括:生产厂名、产品标记、批量及编号、证书编号、本批产品实测技术性能和生产日期等,并由检验员和承检单位签章。

(4)根据用户需求按品种、强度、质量等级、颜色分别包装,包装应牢固,保证运输时不会摇晃碰坏。

(5)砖应按品种、强度等级、质量等级分别整齐堆放,不得混杂。装卸时要轻拿轻放,避免碰撞摔打。

(二)炉渣砖(JC/T 525—2007)

炉渣砖是以煤燃烧后的残渣为主要原料,掺入适量(水泥、电石渣)石灰、石膏、经混合、压制成型、蒸养或蒸压养护而成的实心砖,代号 LZ。主要用于一般建筑物的墙体和基础部位。

炉渣砖的外形为直角六面体。按抗压强度分为 MU25、MU20、MU15 三等级。

炉渣砖的公称尺寸为:长度 240mm,宽度 115mm,高度 53mm。其他规格尺寸由供需双方协商确定。

1. 炉渣砖的标记

按产品名称(LZ)、强度等级以及标准编号顺序进行编写。

示例:强度等级为 MU20 的炉渣砖标记为:

LZ MU20 JC/T 525—2007

2. 炉渣砖的外观质量和尺寸偏差(mm)

表 2-64

项 目 名 称			合 格 品
质量外观	弯曲		≤2.0
	缺棱掉角	个数(个)	≤1
		三个方向投影尺寸的最小值	≤10
	完整面		不少于一条面和一顶面
	裂缝长度	a. 大面上宽度方向及其延伸到条面的长度	≤30
		b. 大面上长度方向及其延伸到顶面上的长度或条、顶面水平裂纹的长度	≤50
	层裂		不允许
	颜色		基本一致
尺寸偏差	长度		±2.0
	宽度		±2.0
	高度		±2.0

3.炉渣砖的技术要求

表 2-65

项　目		指　标					
强度等级		强　度（MPa）				抗　冻　性	碳化性能
	抗压强度	抗压强度平均值，不小于	变异系数δ≤0.21	变异系数δ＞0.21	冻后抗压强度(MPa)平均值,不小于	单块砖的干质量损失(%),不大于	碳化后强度(MPa)平均值,不小于
			强度标准值，不小于	单块最小抗压强度，不小于			
	MU25	25.0	19.0	20.0	22.0	2.0	22.0
	MU20	20.0	14.0	16.0	16.0		16.0
	MU15	15.0	10.0	12.0	12.0		12.0
干燥收缩率(%)，不大于		0.06					
耐火极限(h)，不小于		2					
抗渗性(mm)		用于清水墙的砖,三块中任一块水面下降高度不大于10					
放射性		符合 GB 6566 的规定					

4.炉渣砖的交货和储运要求

(1)凡干燥收缩率、抗冻性、碳化性能、抗渗性、放射性、尺寸偏差、外观质量和颜色中有一项不合格判该批产品不合格。

(2)炉渣砖出厂时,必须提供产品质量合格证。产品质量合格证主要内容包括:生产厂名、产品标记、批量及编号、证书编号、本批产品实测技术性能和生产日期等,并由检验员和承检单位签章。

(3)炉渣砖应按品种、强度等级、颜色分别包装,包装应牢固,保证运输时不会摇晃碰坏。运输和装卸时要轻拿轻放,避免碰撞摔打。

(4)炉渣砖应按品种、强度等级分别整齐堆放,不得混杂。砖龄期不足28天不得出厂。

(三)蒸压灰砂砖(GB 11945—1999)

蒸压灰砂砖是以石灰和砂为主要原料,经坯料成型、蒸压养护而成。根据砖的抗压强度和抗折强度不同分为25、20、15、10四个级别。根据外观质量、强度及抗冻性分为优等品(A)、一等品(B)和合格品(C)。

灰砂砖根据颜色分为彩色砖和本色砖。

砖的外形尺寸:长240mm,宽115mm,厚53mm。

蒸压灰砂砖15级以上可用于基础及其他建筑部位;10级砖只可用于防潮层以上的建筑部位。长期受热高于200℃、受急冷急热和有酸性介质侵蚀的建筑部位,不得使用蒸压灰砂砖。

1.灰砂砖外观质量

表 2-66

序号	项　目			指　标		
				优等品	一等品	合格品
1	尺寸偏差(mm)	长度	不大于	±2		
		宽度		±2	±2	±3
		高度		±1		

序号	项 目			指 标		
				优等品	一等品	合格品
2	对应高度差		不大于	1	2	3
3	缺棱掉角	个数(个)	不多于	1	1	2
		最大尺寸(mm)	不大于	10	15	20
		最小尺寸(mm)		5	10	10
4	裂缝	条数(条)	不多于	1	1	2
		大面上宽度方向及其延伸到条面的长度(mm)	不大于	20	50	70
		大面上长度方向及其延伸到顶面上的长度或条、顶面水平裂纹的长度(mm)		30	70	100

2.灰砂砖力学性能

表 2-67

强 度 等 级	抗压强度(MPa)		抗折强度(MPa)	
	平均值,不小于	单块值,不小于	平均值,不小于	单块值,不小于
25	25.0	20.0	5.0	4.0
20	20.0	16.0	4.0	3.2
15	15.0	12.0	3.3	2.6
10	10.0	8.0	2.5	2.0

注:优等品的强度级别不得小于15级。

3.灰砂砖的抗冻性指标

表 2-68

强度级别	冻后抗压强度(MPa)平均值,不小于	单块砖的干质量损失(%),不大于
25	20.0	2.0
20	16.0	2.0
15	12.0	2.0
10	8.0	2.0

注:优等品的强度级别不得小于15级。

(四)烧结空心砖和空心砌块(GB/T 13545—2014)

烧结空心砖和空心砌块是以黏土、页岩、煤矸石、粉煤灰、淤泥(江、河、湖等淤泥)、建筑渣土及其他固体废弃物为主要原料,经焙烧而成,主要用于建筑物非承重部位。简称空心砖和空心砌块。

空心砖和空心砌块的外形为直角六面体(图 2-1),混水墙用空心砖和空心砌块,应在大面和条面上设有均匀分布的粉刷槽或类似结构,深度不小于2mm。

在空心砖和空心砌块的外壁内侧宜设置有序排列的宽度或直径不大于10mm的壁孔,壁孔的孔型可为圆孔或矩形孔,见图 2-2、图 2-3。

1.空心砖和空心砌块的标记

空心砖和空心砌块的产品标记按产品名称、类别、规格(长度×宽度×高度)、密度等级、强度等级和标准编号顺序编写。

示例:规格尺寸 290mm×190mm×90mm、密度等级 800、强度等级 MU7.5 的页岩空心砖,其标记为:

烧结空心砖 Y(290×190×90)　800　MU7.5　GB 13545—2014

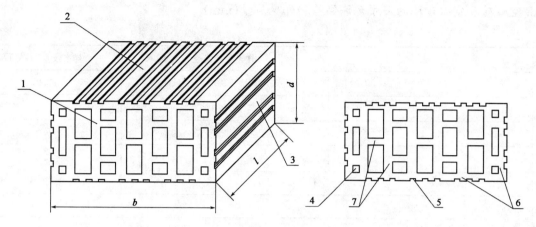

图 2-1　烧结空心砖和空心砌块示意图

1-顶面；2-大面；3-条面；4-壁孔；5-粉刷槽；6-外壁；7-肋；l-长度；b-宽度；d-高度

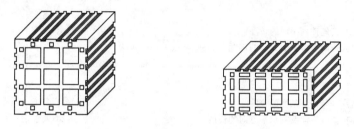

图 2-2　空心砖孔洞排列示意图

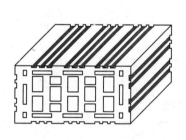 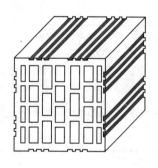

图 2-3　空心砌块孔洞排列示意图

2.空心砖和空心砌块的分类和规格

表 2-69

分类、级别和规格	
种类名称	按主要原料分为黏土空心砖和空心砌块(N)、页岩空心砖和空心砌块(Y)、煤矸石空心砖和空心砌块(M)、粉煤灰空心砖和空心砌块(F)、淤泥空心砖和空心砌块(U)、建筑渣土空心砖和空心砌块(Z)、其他固体废弃物空心砖和空心砌块(G)
按抗压强度等级分	MU10.0、MU7.5、MU5.0、MU3.5
按密度等级(级)分	800、900、1 000、1 100
规格尺寸(mm)　长度	390、290、240、190、180(175)、140
规格尺寸(mm)　宽度	190、180(175)、140、115
规格尺寸(mm)　高度	180(175)、140、115、90

3.空心砖和空心砌块的尺寸允许偏差和外观质量(mm)

表 2-70

尺寸允许偏差	尺寸	样本平均偏差	样本极差,不大于
	＞300	±3.0	7.0
	＞200～300	±2.5	6.0
	100～200	±2.0	5.0
	＜100	±1.7	4.0

	项　目		指　标
外观质量	1.弯曲	不大于	4
	2.缺棱掉角的三个破坏尺寸	不得同时大于	30
	3.垂直度差	不大于	4
	4.未贯穿裂纹长度 ①大面上宽度方向及其延伸到条面的长度	不大于	100
	②大面上长度方向或条面上水平面方向的长度	不大于	120
	5.贯穿裂纹长度 ①大面上宽度方向及其延伸到条面的长度	不大于	40
	②壁、肋沿长度方向、宽度方向及其水平方向的长度	不大于	40
	6.肋、壁内残缺长度	不大于	40
	7.完整面	不少于	一条面或一大面

注:凡有下列缺陷之一者,不能称为完整面:
　　①缺损在大面、条面上造成的破坏面尺寸同时大于 20mm×30mm;
　　②大面、条面上裂纹宽度大于 1mm,其长度超过 70mm;
　　③压陷、黏底、焦花在大面、条顶上的凹陷或凸出超过 2mm,区域尺寸同时大于 20mm×30mm。

4.空心砖和空心砌块的技术要求

表 2-71

项　目	指　标					
	密度等级	5块体积密度平均值(kg/m³)	抗压强度(MPa),不小于			
			强度等级	抗压强度平均值	变异系数≤0.21 强度标准值	变异系数＞0.21 单块最小抗压强度值
密度等级和强度等级	800	≤800	MU10	10.0	7.0	8.0
	900	801～900	MU7.5	7.5	5.0	5.8
	1 000	901～1 000	MU5.0	5.0	3.5	4.0
	1 100	1 001～1 100	MU3.5	3.5	2.5	2.8

项　目		指　标				
孔洞排列及其结构	孔型	孔洞排数(排),不少于		孔洞率(%),不小于	孔洞排列	
		宽度方向	高度方向			
	矩形孔	宽度≥200mm	4	2	40	有序或交错排列
		宽度＜200mm	3			

抗风化性能	种类	严重风化区				非严重风化区			
		5h沸煮吸水率(%)		饱和系数		5h沸煮吸水率(%)		饱和系数	
		不大于							
		平均值	单块最大值	平均值	单块最大值	平均值	单块最大值	平均值	单块最大值
抗风化性能	黏土砖和砌块	21	23	0.85	0.87	23	25	0.88	0.90
	粉煤灰砖和砌块	23	25			30	32		
	页岩砖和砌块	16	18	0.74	0.77	18	20	0.78	0.80
	煤矸石砖和砌块	19	21			21	23		
冻融试验		15次冻融循环试验后,每块砖和砌块不允许出现分层、掉皮、缺棱、掉角等冻坏现象,冻后裂纹长度不大于表2-69中外观质量第4项、第5项的规定							
泛霜		每块空心砖和空心砌块不允许出现严重泛霜							
石灰爆裂		每组空心砖和空心砌块最大破坏尺寸>2～15mm的爆裂区域不得多于10处,其中>10mm的不得多于5处;不允许出现最大破坏尺寸大于15mm的爆裂区域							
欠火砖/砌块、酥砖/砌块		不允许							
放射性核素限量		符合GB 6566的规定							

注:①风化区的划分见烧结普通砖中表2-62。

②严重风化区中的1、2、3、4、5地区的空心砖和空心砌块应进行冻融试验。其他地区空心砖和空心砌块的抗风化性能符合本表规定时可不做冻融试验,否则应进行冻融试验。

③粉煤灰掺入量(质量分数)小于30%时按黏土空心砖和空心砌块规定判定抗风化性能。

④淤泥、建筑渣土及其他固体废弃物掺入量(质量分数)小于30%时按相应产品类别规定判定抗风化性能。

5.空心砖和空心砌块的交货和储运要求

(1)空心砖和空心砌块按3.5万～15万块为一个检验批,不足3.5万块的按一批计。

(2)空心砖和空心砌块按尺寸允许偏差、外观质量、强度等级和密度等级以及在时效范围内最近一次型式检验结果进行判定,凡有一项不符合要求的,该批空心砖和空心砌块不合格。检验的样品中有欠火砖/砌块、酥砖/砌块的,该批产品不合格。

(3)空心砖和空心砌块出厂时,应提供产品质量合格证。

(4)空心砖和空心砌块应按类别、规格、强度等级、密度等级分别包装,并分类存放,不得混杂;运输时包装应牢固;装卸时应轻拿轻放,避免碰撞摔打。

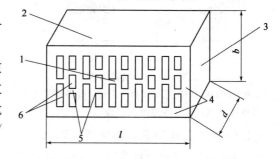

图2-4 砖各部位名称

1-大面(坐浆面);2-条面;3-顶面;4-外壁;5-肋;6-孔洞;l-长度;b-宽度;d-高度

(五)烧结多孔砖和多孔砌块(GB 13544—2011)

烧结多孔砖和多孔砌块是以黏土、页岩、煤矸石、粉煤灰、淤泥(江河湖淤泥)及其他固体废弃物等为主要原料,经焙烧制成。主要用于建筑物承重部位。

烧结多孔砌块的孔洞率大于或等于33%,孔的尺寸小而数量多,主要用于承重部位。

烧结多孔砖和多孔砌块的外形一般为直角六面体,在与砂浆的结合面上应设有增加结合力的粉刷槽和砌筑砂浆槽(图2-6、图2-7),并符合下列要求:

粉刷槽:混水墙用砖和砌块,应在条面和顶面上设有均匀分布的粉刷槽或类似结构,深度不小于2mm。

砌筑砂浆槽:砌块至少应在一个条面或顶面上设立砌筑砂浆槽。两个条面或顶面都有砌筑砂浆槽时,砌筑砂浆槽深应大于15mm且小于25mm;只有一个条面或顶面有砌筑砂浆槽时,砌筑砂浆槽深应大于30mm且小于40mm。砌筑砂浆槽宽应超过砂浆槽所在砌块面宽度的50%。

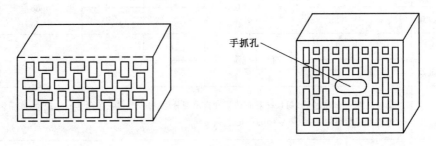

图2-5　砖孔洞排列示意图

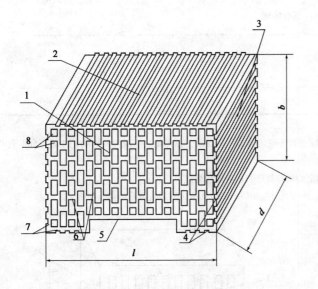

图2-6　砌块各部位名称

1-大面(坐浆面);2-条面;3-顶面;4-粉刷沟槽;5-砂浆槽;6-肋;
7-外壁;8-孔洞;l-长度;b-宽度;d-高度

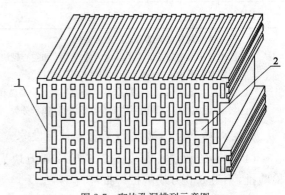

图2-7　砌块孔洞排列示意图
1-砂浆槽;2-手抓孔

1.烧结多孔砖和多孔砌块的标记

产品标记按产品名称、品种、规格、强度等级、密度等级和标准编号顺序编写。

示例:规格尺寸290mm×140mm×90mm、强度等级MU25、密度1200级的黏土烧结多孔砖,其标记为:

烧结多孔砖　N　290×140×90　MU251200　GB 13544—2011

2.烧结多孔砖和多孔砌块的分类和规格

表2-72

分　类、级　别　和　规　格	
种类名称	按主要原料分为黏土砖和黏土砌块(N)、页岩砖和页岩砌块(Y)、煤矸石砖和煤矸石砌块(M)、粉煤灰砖和粉煤灰砌块(F)、淤泥砖和淤泥砌块(U)、固体废弃物砖和固体废弃物砌块(G)

续表 2-72

分 类 、 级 别 和 规 格

按抗压强度等级分		MU30、MU25、MU20、MU15、MU10
按密度等级分	砖	1 000、1 100、1 200、1 300
	砌块	900、1000、1 100、1 200
规格尺寸(长度、宽度、高度)(mm)	砖	290、240、190、180、140、115、90
	砌块	490、440、390、340、290、240、190、180、140、115、90

3. 烧结多孔砖和多孔砌块的尺寸允许偏差和外观质量

表 2-73

	尺寸(mm)	样本平均偏差(mm)	样本极差(mm)，不大于
尺寸允许偏差	>400	±3.0	10.0
	300~400	±2.5	9.0
	200~300	±2.5	8.0
	100~200	±2.0	7.0
	<100	±1.5	6.0

	项 目		指 标 (mm)
外观质量	1. 完整面	不得少于	一条面和一顶面
	2. 缺棱掉角的三个破坏尺寸	不得同时大于	30
	3. 裂纹长度 ①大面(有孔面)上深入孔壁 15mm 以上宽度方向及其延伸到条面的长度	不大于	80
	②大面(有孔面)上深入孔壁 15mm 以上长度方向及其延伸到顶面的长度	不大于	100
	③条顶面上的水平裂纹	不大于	100
	4. 杂质在砖或砌块面上造成的凸出高度	不大于	5

注:凡有下列缺陷之一者,不能称为完整面:

①缺损在条面或顶面上造成的破坏面尺寸同时大于 20mm×30mm;

②条面或顶面上裂纹宽度大于 1mm,其长度超过 70mm;

③压陷、焦花、黏底在条面或顶面上的凹陷或凸出超过 2mm,区域最大投影尺寸同时大于 20mm×30mm。

4. 烧结多孔砖和多孔砌块的技术要求

表 2-74

项 目	指 标					
	密度等级		3 块砖或砌块干燥表观密度平均值(kg/m³)	强度等级(MPa),不小于		
	砖	砌块		强度等级	抗压强度平均值	强度标准值
密度等级和强度等级	—	900	≤900	MU30	30.0	22.0
	1 000	1 000	900~1 000	MU25	25.0	18.0
	1 100	1 100	1 000~1 100	MU20	20.0	14.0

项　目	指　标					
	密度等级		3块砖或砌块干燥表观密度平均值(kg/m³)	强度等级(MPa),不小于		
	砖	砌块		强度等级	抗压强度平均值	强度标准值
密度等级和强度等级	1 200	1 200	1 100～1 200	MU15	15.0	10.0
	1300	—	1 200～1 300	MU10	10.0	6.5

孔型、孔结构和孔洞率	孔型	孔洞尺寸(mm),不大于		最小外壁厚(mm)	最小肋厚(mm)	孔洞率(%),不小于		孔洞排列
		孔宽度 b	孔长度 L	不小于		砖	砌块	1. 所有孔宽应相等。孔采用单向或双向交错排列; 2. 孔洞排列上下、左右应对称,分布均匀,手抓孔的长度方向尺寸必须平行于砖的条面
	矩形条孔或矩形孔	13	40	12	5	28	33	

抗风化性能	种类	严重风化区				非严重风化区			
		5h沸煮吸水率(%)		饱和系数		5h沸煮吸水率(%)		饱和系数	
		不大于							
		平均值	单块最大值	平均值	单块最大值	平均值	单块最大值	平均值	单块最大值
	黏土砖和砌块	21	23	0.85	0.87	23	25	0.88	0.90
	粉煤灰砖和砌块	23	25			30	32		
	页岩砖和砌块	16	18	0.74	0.77	18	20	0.78	0.80
	煤矸石砖和砌块	19	21			21	23		

冻融试验	15 次冻融循环试验后,每块砖和砌块不允许出现裂纹、分层、掉皮、缺棱、掉角等冻坏现象
泛霜	每块砖或砌块不允许出现严重泛霜
石灰爆裂	每组砖和砌块破坏尺寸>2～15mm 的爆裂区域不得多于 15 处,其中>10mm 的不得多于 7 处;不允许出现最大破坏尺寸大于 15mm 的爆裂区域
欠火砖/砌块、酥砖/砌块	不允许
放射性核素限量	符合 GB 6566 的规定

注:①风化区的划分见烧结普通砖中表 2-62。
　②严重风化区中的 1、2、3、4、5 地区和其他地区以淤泥、固体废弃物为主要原料生产的砖和砌块必须进行冻融试验。其他地区以黏土、粉煤灰、页岩、煤矸石为主要原料生产的砖和砌块的抗风化性能符合本表规定时可不做冻融试验,否则必须进行冻融试验。
　③粉煤灰掺入量(质量比)小于 30% 时按黏土砖和砌块规定判定抗风化性能。
　④矩形孔的孔长 L、孔宽 b 满足 L≥3b 时,为矩形条孔。
　⑤孔四个角应做成过渡圆角,不得做成直尖角。
　⑥如设有砌筑砂浆槽,则砌筑砂浆槽不计算在孔洞率内。
　⑦规格大的砖和砌块应设置手抓孔。手抓孔尺寸为(30～40)mm×(75～85)mm。

5. 烧结多孔砖和多孔砌块的交货和储运要求

(1)烧结多孔砖和多孔砌块按 3.5 万～15 万块为一个检验批,不足 3.5 万块的按一批计。

(2)烧结多孔砖和多孔砌块按尺寸偏差、外观质量、强度等级、密度等级、孔型孔结构及孔洞率和在时效范围内最近一次型式检验中的抗风化性能、石灰爆裂、泛霜的技术指标进行判定,凡有一项不符合要求的,该批砖和砌块不合格。检验的样品中有欠火砖/砌块、酥砖/砌块的,该批产品不合格。

(3)烧结多孔砖和多孔砌块出厂时,必须提供产品质量合格证。

(4)烧结多孔砖和多孔砌块应按品种、规格、颜色分类存放,不得混杂;运输装卸时应轻拿轻放,严禁碰撞、扔摔,禁止翻斗倾卸。

(六)蒸压灰砂多孔砖(JC/T 637—2009)

蒸压灰砂多孔砖是以砂、石灰为主要原材料,允许掺入颜料和外加剂,经坯料制备、压制成型、高压蒸汽养护而制成。适用于防潮层以上的建筑承重部位,不得用于受热200℃以上,受急冷急热和有酸性介质侵蚀的建筑部位。

蒸压灰砂多孔砖按抗压强度分为 MU 30、MU 25、MU 20、MU 15 四个等级;按尺寸允许偏差和外观质量分为优等品(A)和合格品(C)。

蒸压灰砂多孔砖孔洞采用圆形或其他孔形。

1. 蒸压灰砂多孔砖的标记

蒸压灰砂多孔砖按产品名称、规格、强度等级、产品等级、标准编号顺序标记。

示例:强度等级为15级,优等品,规格尺寸为240mm×115mm×90mm 的蒸压灰砂多孔砖,标记为:

蒸压灰砂多孔砖 240×115×90 15 A JC/T 637—2009

2. 蒸压灰砂多孔砖的规格

表 2-75

公 称 尺 寸 (mm)		
长	宽	高
240	115	90
240	115	115

注:①经供需双方协商可生产其他规格的产品。
　　②对于不符合本表尺寸的砖,用长×宽×高的尺寸来表示。
　　③孔洞排列上下左右应对称,分布均匀;圆孔直径不大于22mm;非圆孔内切圆直径不大于15mm;孔洞外壁厚度不小于10mm;肋厚度不小于7mm;孔洞率不小于25%。孔洞应垂直于大面。

3. 蒸压灰砂多孔砖的技术要求

表 2-76

项　目		指　　标			
		抗压强度(MPa),不小于		抗　冻　性	
		平均值	单块最小值	冻后抗压强度(MPa)平均值,不小于	单块砖的干质量损失(%),不大于
强度等级	MU 30	30.0	24.0	24.0	2.0
	MU 25	25.0	20.0	20.0	
	MU 20	20.0	16.0	16.0	
	MU 15	15.0	12.0	12.0	
冻融循环次数(次)		夏热冬暖地区	夏热冬冷地区	寒冷地区	严寒地区
		15	25	35	50
碳化系数	不小于	0.85			
软化系数					
干燥收缩率(%)	不大于	0.050			
放射性		应符合 GB 6566 的规定			

4. 蒸压灰砂多孔砖的尺寸允许偏差和外观质量

表 2-77

项　　目			指　　标			
			优等品(A)		合格品(C)	
			样本平均偏差	样本极差,不大于	样本平均偏差	样本极差,不大于
尺寸允许偏差	长度	mm	±2.0	4	±2.5	6
	宽度		±1.5	3	±2.0	5
	高度			2	±1.5	4

续表 2-77

项　　目			指　　标			
			优等品（A）		合格品（C）	
			样本平均偏差	样本极差，不大于	样本平均偏差	样本极差，不大于
外观质量	缺棱掉角	最大尺寸(mm)	不大于	10		15
		大于以上尺寸的缺棱掉角个数（个）		0		1
	裂纹长度	大面宽度方向及其延伸到条面的长度(mm)		20		50
		大面长度方向及其延伸到顶面或条面长度方向及其延伸到顶面的水平裂纹长度(mm)		30		70
		大于以上尺寸的裂纹条数（条）		0		1

5.蒸压灰砂多孔砖的交货和储运要求

（1）同规格、同等级、同类别的蒸压灰砂多孔砖按 10 万块为一个检验批，不足 10 万块的按一批计。

（2）蒸压灰砂多孔砖的尺寸偏差、外观质量、强度等级、抗冻性、孔形及孔洞结构、碳化性能、软化性能、干燥收缩率和放射性检验结果中有一项不符合要求的，该批蒸压灰砂多孔砖不合格。

（3）蒸压灰砂多孔砖出厂时应提供产品质量合格证。

（4）蒸压灰砂多孔砖应按品种、规格尺寸、质量等级分别包装，包装应牢固，保证运输时不会摇晃、碰撞和损坏。用户有特殊要求时，应按客户要求包装。运输、装卸时严禁摔、掷、翻斗卸货。

（5）蒸压灰砂多孔砖应存放 3 天后出厂。储存场地应平整，产品应分级分类码放。

（七）蒸压粉煤灰多孔砖（GB 26541—2011）

蒸压粉煤灰多孔砖是以粉煤灰、生石灰（或电石渣）为主要原料，可掺加适量石膏等外加剂和其他集料，经坯料制备、压制成型、高压蒸汽养护而制成的。产品代号为 AFPB。

蒸压粉煤灰多孔砖主要用于工业与民用建筑的承重结构。

蒸压粉煤灰多孔砖的外形为直角六面体。按强度分为 MU15、MU20、MU25 三个等级。

1.蒸压粉煤灰多孔砖的标记

按产品代号（AFPB）、规格尺寸、强度等级、标准编号的顺序进行标记。

示例:规格尺寸为 240mm×115mm×90mm，强度等级为 MU15 的多孔砖标记为：

　　　AFPB　240mm×115mm×90mm　MU15　GB 26541

2.蒸压粉煤灰多孔砖的规格尺寸(mm)

表 2-78

长度 L	宽度 B	高度 H
360、330、290、240、190、140	240、190、115、90	115、90

注：①其他规格尺寸由供需双方协商后确定，如施工中采用薄灰缝，相关尺寸可作相应调整。
②多孔砖的孔洞应与砖砌筑承受压力的方向一致。铺浆面应为盲孔或半盲孔。

3.蒸压粉煤灰多孔砖技术要求

表 2-79

项　　目		指　　标			
		抗压强度（MPa）		抗折强度（MPa）	
		不小于			
	抗压强度等级	5 块平均值	单块最小值	5 块平均值	单块最小值
强度等级	MU15	15.0	12.0	3.8	3.0
	MU20	20.0	16.0	5.0	4.0
	MU25	25.0	20.0	6.3	5.0

项 目		指 标		
使用条件		抗冻指标	质量损失率(%)	抗压强度损失率(%)
抗冻性	夏热冬暖地区	D15	≤5	≤25
	夏热冬冷地区	D25		
	寒冷地区	D35		
	严寒地区	D50		
线性干燥收缩值(mm/m)	不大于	0.50		
孔洞率(%)	不小于	25～35		
吸水率(%)	不大于	20		
碳化系数	不小于	0.85		
放射性核素限量		应符合 GB 6566 的规定		

4.蒸压粉煤灰多孔砖的外观质量和尺寸偏差

表 2-80

项 目 名 称				技 术 指 标
外观质量	缺棱掉角	个数(个)	不大于	2
		三个方向投影尺寸的最大值(mm)		15
	裂纹	裂纹延伸的投影尺寸累计(mm)		20
		弯曲(mm)		1
		层裂		不允许
尺寸偏差 (mm)		长度		+2,−1
		宽度		+2,−1
		高度		±2

5.蒸压粉煤灰多孔砖的交货和储运要求

(1)同批原材料、同一工艺生产、同规格、同等级和同龄期的蒸压粉煤灰多孔砖按 10 万块为一个检验批,不足 10 万块的按一批计。

(2)各项检验结果中有一项不符合要求的,该批产品为不合格。

(3)蒸压粉煤灰多孔砖出厂时应提供产品合格证。

(4)蒸压粉煤灰多孔砖龄期不足 7 天不得出厂。

(5)蒸压粉煤灰多孔砖应按规格、龄期、强度等级分批分别码放,不得混杂。蒸压粉煤灰多孔砖堆放、运输及施工时,应有可靠的防雨措施。

(6)运输装卸要求同蒸压灰砂多孔砖。

(八)烧结保温砖和保温砌块(GB 26538—2011)

烧结保温砖和保温砌块是以黏土、页岩或煤矸石、粉煤灰,淤泥等固体废弃物为主要原料制成的,或加入成孔材料制成的实心或多孔薄壁体经焙烧而成,主要用于建筑物围护结构的保温隔热,简称砖和砌块。

砖和砌块外形多为直角六面体,砌块有各种异形。

成孔材料是指焙烧过程中自燃烧或高温分解释放出气体,或本身气孔结构在制品中可形成不同孔径气孔的材料,如污泥、各类残渣、木屑、粉煤灰漂珠、泡沫塑料微珠、石灰石、粉碎的稻草、秸秆、膨胀珍珠岩、膨胀蛭石、碎纸筋、稻壳、磨损的轮胎、硅藻土、漂白土等。

1.砖和砌块的标记

砖和砌块的产品标记按产品名称、类别、规格、密度等级、强度等级、传热系数和标准编号顺序编写。

示例1:规格尺寸240mm×115mm×53mm,密度等级900,强度等级7.5,传热系数1.00级,B类的页岩保温砖,其标记为:

烧结保温砖 YB B 240×115×53 900 MU7.5 1.00 GB 26538—2011

示例2:规格尺寸490mm×360mm×200mm,密度等级800,强度等级3.5,传热系数0.50级,A类的淤泥砌块,其标记为:

烧结保温砌块 YNB A 490×360×200 800 MU3.5 0.50 GB 26538—2011

2.砖和砌块的分类和规格

表 2-81

分类和依据	类别、级别和公称尺寸	
种类名称 (按原料品种分)	按主要原料分为黏土保温砖和保温砌块(NB)、页岩保温砖和保温砌块(YB)、煤矸石保温砖和保温砌块(MB)、粉煤灰保温砖和保温砌块(FB)、淤泥保温砖和保温砌块(YNB)、其他固体废弃物保温砖和保温砌块(QGB)	
按强度等级分	MU15.0、MU10.0、MU7.5、MU5.0、MU3.5	
按密度等级分	700级、800级、900级、1 000级	
按传热系数 K 值分	2.00、1.50、1.35、1.00、0.90、0.80、0.70、0.60、0.50、0.40 共10个质量等级	
按烧结工艺和砌筑方法分	A类	B类
	经精细工艺处理的、砌筑中采用薄灰缝,契合无灰缝的烧结保温砖和保温砌块	未经精细工艺处理的、砌筑中采用普通灰缝的烧结保温砖和保温砌块
规格(长、宽或高度)(mm)	490,360(359、365),300,250(249、248),200,100	390,290,240,190,180(175),140,115,90,53

注:砌块系列中主规格的长度、宽度或高度不少于一项分别大于365mm、240mm或115mm。但高度不大于长度或宽度的6倍,长度不超过高度的3倍。

3.砖和砌块的技术要求

表 2-82

项　目		指　标			
抗风化性能		饱和系数,不大于			
	种类	严重风化区		非严重风化区	
		平均值	单块最大值	平均值	单块最大值
	黏土砖和砌块　(NB)	0.85	0.87	0.88	0.90
	粉煤灰砖和砌块　(FB)				
	页岩砖和砌块　(YB)	0.74	0.77	0.78	0.80
	煤矸石砖和砌块　(MB)				
抗冻性	使用条件	抗冻指标		质量损失(%),不大于	
	夏热冬暖地区	D15		5	
	夏热冬冷地区	D25			
	寒冷地区	D35			
	严寒地区	D50			
	冻融试验	试验后,每块砖或砌块不允许出现分层、掉皮、缺棱、掉角等冻坏现象;冻后的裂纹长度不得大于外观质量(表2-82)中第4、5项的规定			
	欠火砖、酥砖	不允许			
	放射性核素限量	符合 GB 6566 的规定			
	泛霜	每块砖和砌块不允许出现中等泛霜			

项　　目		指　　标
石灰爆裂		不允许出现最大破坏尺寸大于10mm的爆裂区域;每组砖和砌块最大破坏尺寸>2～10mm的爆裂区域不得多于15处
吸水率(%),不大于	NB、YB、MB	20.0
	FE、YNB、QGB	24.0

	传热系数等级	单层试样传热系数K值的实测值范围
传热系数	2.00	1.51～2.00
	1.50	1.36～1.50
	1.35	1.01～1.35
	1.00	0.91～1.00
	0.90	0.81～0.90
	0.80	0.71～0.80
	0.70	0.61～0.70
	0.60	0.51～0.60
	0.50	0.41～0.50
	0.40	0.31～0.40

注:①风化区的划分见烧结普通砖中表2-63。
　　②严重风化区中的1、2、3、4、5地区及淤泥、其他固体废弃物为主要原料或加入成孔材料形成微孔的砖和砌块应进行冻融试验。其他地区砖和砌块的抗风化性能符合本表规定时可不做冻融试验,否则,应进行冻融试验。
　　③粉煤灰掺入量(体积比)小于30%时,不得按FB判定吸水率。
　　④加入成孔材料形成微孔的砖和砌块,吸水率不受限制。

4. 砖和砌块的尺寸偏差和外观质量(mm)

表2-83

	尺　　寸	A　　类		B　　类	
		样本平均偏差	样本极差,≤	样本平均偏差	样本极差,≤
尺寸偏差	>300	±2.5	5.0	±3.0	7.0
	>200～300	±2.0	4.0	±2.5	6.0
	100～200	±1.5	3.0	±2.0	5.0
	<100	±1.5	2.0	±1.7	4.0

	序　　号	项　　目		技 术 指 标
外观质量	1	弯曲		≤4
	2	缺棱掉角的三个破坏尺寸		不得同时>30
	3	垂直度差		≤4
	4	未贯穿裂纹长度	①大面上宽度方向及其延伸到条面的长度	≤100
			②大面上长度方向或条面上水平面方向的长度	≤120
	5	贯穿裂纹长度	①大面上宽度方向及其延伸到条面的长度	≤40
			②壁、肋沿长度方向、宽度方向及其水平方向的长度	≤40
	6	肋、壁内残缺长度		≤40

5.砖和砌块的抗压强度和密度等级

表 2-84

密度等级 (kg/m³)	5块密度平均 值(kg/m³)	强度等级	抗压强度(MPa),不小于			密度等级范围 (kg/m³), 不大于
			平均值	变异系数 δ≤0.21 强度标准值	变异系数 δ>0.21 单块最小抗压强度值	
700	≤700	MU3.5	3.5	2.5	2.8	800
800	701~800	MU5.0	5.0	3.5	4.0	1 000
900	801~900	MU7.5	7.5	5.0	5.8	
1 000	901~1 000	MU10.0	10.0	7.0	8.0	
—	—	MU15.0	15.0	10.0	12.0	

6.烧结保温砖和保温砌块的交货和储运要求

(1)砖和砌块按 3.5 万~15 万块为一个检验批,不足 3.5 万块的按一批计。

(2)砖和砌块的尺寸偏差、外观质量、强度等级、密度等级和欠火砖、酥砖及在时效范围内最近一次型式检验中的抗风化性能、石灰爆裂、泛霜、传热系数、吸水率和放射性核素限量检验结果,凡有一项不符合要求的,该批砖和砌块不合格。检验的样品中有欠火砖、酥砖的,该批产品不合格。

(3)砖和砌块出厂时,必须提供产品质量合格证、检验报告。

(4)砖和砌块应按类别、强度等级、传热系数质量等级分别包装,包装应牢固,保证运输时不会摇晃、碰撞和损坏。用户有特殊要求时,应按客户要求包装。

(九)烧结路面砖(GB/T 26001—2010)

烧结路面砖是以页岩、煤矸石、黏土及其他矿物为主要原料,经烧结制成的。适用于铺设人行道和车行道、广场、仓库、地面等(简称路面砖)。路面砖可具有多种尺寸、颜色和形状,可以是实心,也可有孔洞。路面砖外露表面平整,四周有倒角。

1.路面砖的标记

路面砖按产品代号、规格尺寸、强度类别、耐磨类别和标准编号顺序进行标记。

示例:规格为 100mm×100mm×50mm,强度类别 SX 类、耐磨类别 Ⅰ 类。普通型路面砖的标记为:

P 100×100×50 SX Ⅰ GB/T 26001—2010

2.路面砖的分类(按用途和使用场合分为强度类别和耐磨类别)

表 2-85

名 称	强度类别和用途				耐磨类别和使用场合			品种和代号
	F类	SX类	MX类	NX类	Ⅰ类	H类	Ⅲ类	
烧结路面砖	用于重型车辆行驶的路面砖	用于吸水饱和时并经受冰冻的路面砖	用于室外不产生冰冻条件下的路面砖	不用于室外,而允许用于吸水后免受冰冻的室内路面砖	用于人行道和交通车道	用于居民区内步道和车道	用于个人家庭内的地面和庭院	根据形状分为普通型路面砖(P)、联锁型路面砖(L)

3.路面砖的规格尺寸

表 2-86

项 目	尺 寸 (mm)	项 目	尺 寸 (mm)
长或宽	100,150,200,250,300	厚度	50,60,80,100,120

注:其他规格尺寸可根据用户要求确定。

4.路面砖的尺寸偏差

表2-87

规格尺寸范围(mm)	标准值(mm)	规格尺寸范围(mm)	标准值(mm)
≤80	±1.5	>280	±3.0
80~280	±2.5		

5.路面砖的外观质量

表2-88

项　　目		标准值(mm)
缺损的最大投影尺寸	不大于	3.0
缺棱掉角的最大投影尺寸		5.0
裂纹的最大投影尺寸		3.0
翘曲度		3.0

注:①冻融循环试验后,外观质量应符合本表的规定,且干重量损失不大于0.5%。
　　②测量路面砖缺损、缺棱掉角、裂纹及翘曲的尺寸应精确到0.5mm。
　　③测量路面砖长度、宽度和厚度时,应分别测量出两个数值,取平均值,并分别修约至0.5mm。

6.路面砖的物理性能

表2-89

项目	类　　别	指　　标					
		抗压强度(MPa)		吸水率(%)		饱和系数	
		不小于		不大于			
		平均值	单块最小值	平均值	单块最大值	平均值	单块最大值
物理性能	F类	70.0	62.8	6.0	7.0	—	—
	SX类	55.0	48.6	8.0	11.0	0.78	0.80
	MX类	30.0	25.1	14.0	17.0	无要求	
	NX类	25.0	20.4	无要求			
耐磨性能		磨坑长度(mm),不大于					
	Ⅰ类	28.0					
	Ⅱ类	32.0					
	Ⅲ类	35.0					
泛霜性能		每块砖样试验后无泛霜					
放射性核素限量		用于家庭内地面和庭院的路面砖应符合GB 6566中A类装修材料的规定					
		用于人行道和车行道的路面砖应符合GB 6566中C类装修材料的规定					

注:当路面砖不符合吸水率和饱和系数的要求时,应进行冻融循环试验。

7.路面砖的交货和储运要求

(1)路面砖所有检验结果中,如有任一项指标不符合要求,该批产品相应等级不合格。

(2)路面砖出厂时,至少应有0.5%的路面砖有明显的标记。

(3)路面砖储存场地应平整、坚实。应按品种、规格、质量等级分别堆放。散装堆垛高度不得超过1.5m。装、卸时应轻拿轻放,严禁抛、掷。运输时应避免碰撞。

(4)为方便使用,供方应提供路面砖的使用说明书,说明现场施工方法和要求及参考使用数量。

(十)透水路面砖和透水路面板(GB/T 25993—2010)

透水路面砖和透水路面板可以是无钢筋的水泥混凝土经振动加压或其他成型工艺制成;也可以是

以煤矸石、废瓷片、废陶片和黏土等无机非金属材料为主要原料,经烧结工艺制成,具有透水性能。适用铺设于市政人行道、园林景观小径、非重载路面广场等场合。简称透水块材。

透水块材面层四周的棱边宜进行倒棱(斜切或圆弧)处理。

透水块材采用的原材料应符合国家及行业相关标准的要求,无标准的原材料使用前应做检验,产品性能符合相关要求方可使用。

1.透水块材的标记

透水块材按分类、透水等级、规格、强度等级和标准编号顺序标记。

示例:规格 200mm×100mm×60mm、劈裂抗拉强度 f_{ts}3.5、透水系数达到 A 级的矩形联锁透水混凝土路面砖,标记为:

PCB-A　200mm×100mm×60mm　矩形　S　f_{ts}3.5　GB/T 25993—2010

注:在产品标记中,允许用 2～3 位的字母或阿拉伯数字,来替代标记中用来表述产品几何形状和面层外观装饰效果的汉字。生产企业或供应商可依据自身产品特点,编制企业的产品编码,并在当地技术质监管理机构备案。

2.透水块材的分类和等级

表 2-90

分类及依据	类别名称、代号及级别			
大类名称	透水路面砖		透水路面板	
按原料和工艺分	透水混凝土路面砖(PCB)	透水烧结路面砖(PFB)	透水混凝土路面板(PCF)	透水烧结路面板(PFF)
按外形分	联锁型透水路面砖(S)、普通型透水路面砖(N)		—	
按劈裂抗拉强度分	f_{ts}3.0、f_{ts}3.5、f_{ts}4.0、f_{ts}4.5		—	
按抗折强度值分	—		R_f3.0、R_f3.5、R_f4.0、R_f4.5	
按透水系数大小分	A 级、B 级			

注:①透水路面砖应同时满足以下要求:
　　a.块材厚度不小于 50mm;
　　b.块材的长与厚的比值不得大于 4;
　　c.透水系数大于规定值。
②透水路面板应同时满足以下要求:
　　a.块材长度不超过 1m;
　　b.块材的长与厚的比值不得大于 4;
　　c.透水系数大于规定值。

3.透水块材的技术要求

表 2-91

项　目			指　标	
强度等级		抗折强度等级	抗折强度(MPa),不小于	
			平均值	单块最小值
	透水混凝土路面板 透水烧结路面板	R_f3.0	3.0	2.4
		R_f3.5	3.5	2.8
		R_f4.0	4.0	3.2
		R_f4.5	4.5	3.4
		劈裂抗拉强度等级	劈裂抗拉强度(MPa),不小于	
	透水混凝土路面砖 透水烧结路面砖	f_{ts}3.0	3.0	2.4
		f_{ts}3.5	3.5	2.8
		f_{ts}4.0	4.0	3.2
		f_{ts}4.5	4.5	3.4

项目			指标		
抗冻性	使用条件	抗冻指标	单块质量损失率(%)		强度损失率(%)
	夏热冬暖地区	D15	≤5 冻后顶面缺损深度 ≤5mm		≤20
	夏热冬冷地区	D25			
	寒冷地区	D35			
	严寒地区	D50			
透水系数	透水等级 (cm/s)	A级	不小于	0.02	
		B级		0.01	
耐磨性			磨坑长度不大于35mm		
防滑性			BPN检测值不小于60		

注:单块透水混凝土路面砖和透水烧结路面砖的线性破坏荷载应不小于200N/mm。

4.透水块材的尺寸偏差和平整度(mm)

表 2-92

代号	名称	尺寸偏差							饰面层平整度不大于	
		公称尺寸	长度	宽度	厚度	对角线	厚度方向垂直度	直角度	最大凸面	最大凹面
PCB	透水混凝土路面砖	所有	±2	±2	±2	—	≤1.5	≤1.0	1.5	1.0
PCF	透水混凝土路面板	长度≤500	±2	±2	±3	±3	≤1.0		2.0	1.5
		长度>500	±3	±3	±3	±4				
PFB	透水烧结路面砖	所有	±2	±2	±2	—	≤2.0	≤2.0	1.5	1.5
PFF	透水烧结路面板	长度≤500	±3	±3	±3	±4	≤2.0	—	3.0	2.5
		长度>500	±3	±3	±3	±6				

注:①矩形透水块材对角线的公称尺寸,用公称长度和宽度按几何学计算得到,计算精确至0.5mm。
②对角线、直角度的指标值,仅适用于矩形透水块材。
③透水块材的规格由供应商确定,或客户与供应商预先商定。
④单块透水块材的厚度差≤2mm。
⑤采用分层布料其他工艺生产时,透水块材面层(饰面层)的最小厚度不宜小于8mm。
⑥透水块材的饰面层进行过物理或化学原理深加工,则加工后饰面层最小厚度不宜小于5mm。
⑦非矩形和经二次加工的透水块材的尺寸偏差限值,应由产品生产供应商与客户商定。

5.透水块材的外观质量

表 2-93

项目			顶面	其他面
裂纹	贯穿裂纹		不允许	不允许
	非贯穿裂纹	最大投影尺寸长度(mm)	≤10	≤15
		累计条数(投影尺寸长度≤2mm不计)(条)	≤1	≤2
缺棱掉角	沿所在棱边垂直方向投影尺寸的最大值(mm)		≤3	10
	沿所在棱边方向投影尺寸的最大值(mm)		≤10	20
	累计个数(三个方向投影尺寸最大值≤2mm不计)(个)		≤1	≤2
粘皮与缺损	深度≥1mm的最大投影尺寸(mm)	透水路面砖	≤8	≤10
		透水路面板	≤15	≤20
	累计个数(投影尺寸长度≤2mm不计)(个)	深度≥1mm、≤2.5mm	≤1	≤2
		深度>2.5mm	不允许	不允许

注:①经两次加工和有特殊装饰要求的透水块材,不受此规定限制。
②生产制造过程中,设计尺寸的倒棱不属于"缺棱掉角"。
③透水块材侧面的肋,不属于"粘皮"。
④透水块材侧向(厚度方面)有起连锁作用的肋条时,肋条上不宜有影响铺装的粘皮现象存在。
⑤铺装后顶面为单色的透水块材,其顶面应无明显的色差。
⑥铺装后顶面为双色或多色,或者表面经深加工处理的透水块材,应满足供需双方预先约定的要求。色质饱和度、混色程度、花纹和条纹等,应基本一致。

6.透水块材的交货和储存要求

(1)透水块材以同一批原材料、同一生产工艺生产、同一标记1 000m² 为一批,不足1 000m² 的按一批计。

(2)透水块材的尺寸偏差、外观质量、强度等级、透水系数检验结果及在时效范围内的其余检验结果,如有一项不符合要求的,该批产品为不合格。

(3)透水块材出厂时应提供产品质量合格证书。

(4)透水块材应按产品标记分批堆放,不得混杂。堆放期间,不得弄脏其饰面层。透水路面砖堆放时垛的高度不宜超过2m。透水路面板堆放时,其饰面层应有适当的防护措施,立式堆垛时垛的高度不宜超过1m。

(5)透水块材运输装卸时应捆扎牢固,宜用托盘和吊装工具;散装时应轻码轻放,禁止用翻斗车倾卸。

(6)为方便正确应用,供方应提供透水块材的使用说明书,说明现场施工方法和要求及参考使用数量。

(十一)蒸压粉煤灰砖(JC 239—2014)

蒸压粉煤灰砖是以粉煤灰、生石灰为主要原料,掺适量石膏等外加剂和其他集料,经坯料制备、压制成型、高压蒸汽养护制成的砖,适用于工业与民用建筑。产品代号为AFB。

蒸压粉煤灰砖的外形为直角六面体,大面上设有砌筑砂浆槽。

蒸压粉煤灰砖按强度分为:MU10、MU15、MU20、MU25、MU30 五个等级。

蒸压粉煤灰砖的公称尺寸为:长240mm×宽115mm×高53mm。其他规格尺寸由供需双方商定。

蒸压粉煤灰砖按产品代号(AFB)、规格尺寸、强度等级、标准编号顺序标记。

示例:规格尺寸为240mm×115mm×53mm,强度等级为MU15的砖,标记为:

AFB　240mm×115mm×53mm　MU15　JC/T 239

蒸压粉煤灰砖装卸时不得碰撞、扔摔及翻斗倾斜;储运及施工时,应有可靠的防雨措施。

1.蒸压粉煤灰砖的技术要求

表2-94

项　目		指　标			
		抗压强度(MPa)		抗折强度(MPa)	
		不小于			
		平均值	单块最小值	平均值	单块最小值
强度等级	MU10	10.0	8.0	2.5	2.0
	MU15	15.0	12.00	3.7	3.0
	MU20	20.0	16.0	4.0	3.2
	MU25	25.0	20.0	4.5	3.6
	MU30	30.0	24.0	4.8	3.8
抗冻性	使用地区	抗冻指标		质量损失率(%)	抗压强度损失率(%)
	夏热冬暖地区	D15		≤5	≤25
	夏热冬冷地区	D25			
	寒冷地区	D35			
	严寒地区	D50			
线性干燥收缩值(mm/m)	不大于	0.50			
吸水率(%)	不大于	20			
碳化系数	不小于	0.85			
放射性核素限量		应符合GB 6566的规定			

2.蒸压粉煤灰砖的外观质量和尺寸允差

表 2-95

项　目				技术指标
外观质量	缺棱掉角	个数(个)	不大于	2
		三个方向投影尺寸的最大值(mm)		15
	裂纹	裂纹延伸的投影尺寸累计(mm)		20
		层列		不允许
尺寸偏差		长度(mm)		+2 −1
		宽度(mm)		±2
		高度(mm)		+2 −1

(十二)石膏砌块(JC/T 698—2010)

石膏砌块是以建筑石膏为主要原料,经加水搅拌、浇筑成型和干燥制成的建筑石膏制品,其外形为长方体,纵横边缘分别设有榫头和榫槽。生产中允许加入纤维增强材料或其他集料,也可加入发泡剂、憎水剂。适用于建筑物中非承重内隔墙用。

1.石膏砌块标记

产品标记按产品名称、类别代号、长度、高度、厚度、标准编号顺序标记。

示例: 长×高×厚=666mm×500mm×100mm 的空心防潮石膏砌块,标记为:

石膏砌块　KF　666×500×100　JC/T 698—2010

2.石膏砌块的分类

表 2-96

产品名称	类　别　和　代　号			
	按产品结构分类		按防潮性能分类	
石膏砌块	空心石膏砌块代号(K)	实心石膏砌块代号(S)	普通石膏砌块代号(P)	防潮石膏砌块代号(F)
	带有水平或垂直方向的预制空洞的砌块	无预制空洞的砌块	在成型过程中未作防潮处理的砌块	在成型过程中经防潮处理,具有防潮性能的砌块

3.石膏砌块的规格和尺寸偏差(mm)

表 2-97

项　目	公称尺寸	尺寸偏差
长度	600、666	±3.0
宽度	500	±2.0
厚度	80、100、120、150	±1.0
孔与孔之间和孔与板之间的最小壁厚	—	≥15.0
平整度	—	≤1.0

4.石膏砌块的外观质量

表 2-98

项　目	指　标
缺角	同一砌块不应多于1处,缺角尺寸应小于 30mm×30mm
板面裂缝、裂纹	不应有贯穿裂缝;长度小于 30mm,宽度小于 1mm 的非贯穿裂纹不应多于1条
气孔	直径 5~10mm 不应多于2处;大于 10mm 不应有
油污	不应有

注:外表面不应有影响使用的缺陷。

5.石膏砌块的物理力学性能

表2-99

项　目			要　求
表观密度(kg/m³)	实心石膏砌块	不大于	1 100
	空心石膏砌块		800
断裂荷载(N)		不小于	2 000
软化系数			0.6

6.石膏砌块的交货和储运要求

(1)同一品种、规格、配方、工艺生产的石膏砌块以2 000块为一个检验批,不足2 000块的按一批计。

(2)凡断裂荷载、软化系数的检验结果有一项不符合要求的,该批产品为不合格;在检验中,凡外观质量、尺寸偏差、孔与孔之间和孔与板之间的最小壁厚、平整度、表观密度指标有一项不符合要求的,为不合格试件,不合格试件多于一块的,该批产品不合格;如只有一块试件不合格,应进行复验,复验结果仍有一块不合格的,该批产品为不合格。

(3)出厂时应附有产品质量合格证。

(4)石膏砌块在运输中应相互贴紧,并采取防御措施;装卸时应轻搬轻放,不应碰撞,防止损伤;堆放场地应干燥平整。露天堆放时应遮盖,防止雨淋、曝晒。

(十三)混凝土路面砖(GB 28635—2012)

混凝土路面砖是以水泥、集料和水为主要原料,经搅拌、成型、养护等工艺,未配置钢筋,在工厂生产而成的。主要用于路面和地面的铺装。

1.混凝土路面砖的分类和等级

表2-100

分类形式	类　别、代　号　和　等　级
按形状分	普形混凝土路面砖(N)(长方形、正方形或正多边形)
	异形混凝土路面砖(Ⅰ)(除长方形、正方形或正多边形以外的形状)
按成型材料组成分	由面层和主体两种不同配比材料制成的带面层混凝土路面砖(C)
	用同一种配比材料制成的通体混凝土路面砖(F)
按抗压强度等级分	C_c40、C_c50、C_c60
按抗折强度等级分	$C_f4.0$、$C_f5.0$、$C_f6.0$

混凝土路面砖按公称厚度规格尺寸分为60、70、80、90、100、120、150mm,其他规格尺寸及几何形状由供需双方商定。

混凝土路面砖应具有防滑性能,表面棱宜有倒角,并有为方便安装和维修的定位肋。

2.混凝土路面砖外观质量和尺寸允许偏差

表2-101

类别	项　目		要求
外观质量	铺装面粘皮或缺损的最大投影尺寸(mm)	≤	5
	铺装面缺棱或掉角的最大投影尺寸(mm)	≤	5
	铺装面裂纹		不允许
	色差、杂色		不明显
	平整度(mm)	≤	2.0
	垂直度(mm)	≤	2.0
允许偏差	长度、宽度、厚度(mm)	≤	±2.0
	厚度差(mm)	≤	2.0

注:带面层的混凝土路面砖饰面层厚度不宜小于8mm;表面修饰沟槽深度不应超过面层(料)的厚度。

3.路面砖强度等级和物理性能

表 2-102

强度等级	抗压强度等级	抗压强度(MPa),不小于		抗折强度等级	抗折强度(MPa),不小于	
		平均值	单块最小值		平均值	单块最小值
	C_c40	40	35	$C_f4.0$	4	3.2
	C_c50	50	42	$C_f5.0$	5	4.2
	C_c60	60	50	$C_f6.0$	6	5
物理性能	耐磨性a	磨坑长度(mm)			≤32	
		耐磨度			≥1.9	
	抗冻性 严寒地区 D50 寒冷地区 D35 其他地区 D25	外观质量			冻后外观无明显变化,且符合表 2-100 规定	
		强度损失率(%)			≤20	
	吸水率(%)				≤6.5	
	防滑性(BPN)				≥60	
	抗盐冻性b(剥落量,g/m²)				平均值≤1 000 且最大值<1 500	

注:①混凝土路面砖公称长度与公称厚度的比值小于或等于 4 的,应进行抗压强度试验;公称长度与公称厚度的比值大于 4 的,应进
　　行抗折强度试验。
　　②生产混凝土路面砖原材料中掺入的工业废渣应符合国家相关标准和规范的要求,不应对人、生物、环境和砖的耐久性产生有
　　害影响。
　　a. 可在磨坑长度和耐磨度中任选一项做耐磨性试验。
　　b. 不与融雪剂接触的混凝土路面砖不要求此项性能。

4.混凝土路面砖的交货状态、标志和储运要求

(1)凡外观质量、尺寸允许偏差、强度等级和物理性能中的任一项试验结果不符合要求的,均为不合格品。

(2)出厂的混凝土路面砖至少有 0.5% 的产品宜有明显的标志,标志内容应包括:制造厂名称或注册商标、产品形状、成型材料组成、厚度、强度等级、执行的标准编号、生产日期和检验合格标识。

(3)混凝土路面砖运输时应避免碰撞,装卸时应轻拿轻放,严禁抛、掷。储存场地应平整坚实,按批次、类别、规格、强度等级分别码放和储存,散装堆垛高度不应超过 1.5m。

(十四)混凝土实心砖(GB/T 21144—2007)

混凝土实心砖是以水泥、集料,以及根据需要加入的掺合料、外加剂等,经加水搅拌、成型、养护制成的,代号为 SCB,适用于建筑物和构筑物。

混凝土实心砖的主规格尺寸为:240mm×115mm×53mm。其他规格由供需双方商定。

混凝土实心砖按混凝土自身的密度分为 A 级、B 级和 C 级三个密度等级,按抗压强度分为 MU40、MU35、MU30、MU25、MU20、MU15 六个等级。

混凝土实心砖按代号、规格尺寸、强度等级、密度等级和标准编号顺序进行标记。

1.混凝土实心砖的外观质量和尺寸允许偏差

表 2-103

类别	项 目 名 称		标 准 值
外观质量	成形面高度差(mm)	不大于	2
	弯曲(mm)	不大于	2
	缺棱掉角的三个方向投影尺寸(mm)	不得同时大于	10
	裂纹长度的投影尺寸(mm)	不大于	20
	完整面(mm)	不得少于	一条面和一顶面

类别	项 目 名 称	标 准 值
允许偏差	长度(mm)	−1～+2
	宽度(mm)	−2～+2
	高度(mm)	−1～+2

注:完整面有下列缺陷之一者,不得称为完整面:
　①缺损在条面或顶面上造成的破坏尺寸同时大于 10mm×10mm;
　②条面或顶面上裂纹宽度大于 1mm,其长度超过 30mm。

2. 实心砖强度等级、密度等级和物理性能

表 2-104

项 目		指 标	
强度等级	抗压强度等级	抗压强度(MPa),不小于	
		平均值	单块最小值
	MU40	40	35
	MU35	35	30
	MU30	30	26
	MU25	25	21
	MU20	20	16
	MU15	15	12
密度等级	A 级	3 块平均值(kg/m³)	≥2 100
	B 级		1 681～2 099
	C 级		≤1 680
物理性能	最大吸水率(%)　　　　不大于	A 级,11　　　B 级,13　　　C 级,17	
	抗冻性	使用条件 / 抗冻指标 / 质量损失(%) / 强度损失(%)	
		夏热冬暖地区　F15	
		夏热冬冷地区　F25　　　　≤5　　　　≤25	
		寒冷地区　F35	
		严寒地区　F50	
	干燥收缩率(%)　　　　不大于	0.05	
	相对含水率(%)　　　　不大于	潮湿　40　　　中等　35　　　干燥　30	
	碳化系数　　　　　　　不小于	0.8	
	软化系数　　　　　　　不小于		

注:①相对含水率即混凝土实心砖的含水率与吸水率之比:

$$w = 100 \times w_1 / w_2$$

　　式中:w——混凝土实心砖的相对含水率,%;
　　　　　w_1——混凝土实心砖的含水率,%;
　　　　　w_2——混凝土实心砖的吸水率,%。
　②使用地区的湿度条件:
　　潮湿——系指年平均相对湿度大于 75% 的地区;
　　中等——系指年平均相对湿度 50%～75% 的地区;
　　干燥——系指年平均相对湿度小于 50% 的地区。
　③原材料中碎石、卵石最大粒径不宜大于 15mm。
　④密度等级为 B 级和 C 级的砖,其强度等级应不小于 MU15;密度等级为 A 级的砖,其强度等级应不小于 MU20。

3. 混凝土实心砖的交货状态和储运要求

(1)外观质量和尺寸偏差的检验,按 JC/T 466—1992(1996)二次抽样的规定,凡第一次检验结果不合格块数≥11 时,该批产品的外观质量和尺寸偏差不合格;当不合格块数>7～11 时,应进行第二次检

验；当两次检验不合格块数之和大于或等于 19 时，该批产品的外观质量和尺寸偏差不合格。

（2）凡密度、强度、干燥收缩率、相对含水率、抗冻性、碳化系数、软化系数中任意一项检验结果不合格的，则该批产品相应等级不合格。

（3）混凝土实心砖应按规格、等级分批分别堆放，不得混堆。堆放、运输时应采取防雨措施；装卸时，严禁碰撞、扔摔，应轻码轻放，禁止翻斗倾卸。

混凝土实心砖养护、堆放龄期不足 28 天的不得出厂。

(十五)承重混凝土多孔砖(GB 25779—2010)

承重混凝土多孔砖是以水泥、砂、石等为主要原材料，经配料、搅拌、成型、养护制成，简称混凝土多孔砖，代号 LPB。用于工业与民用建筑等承重结构。

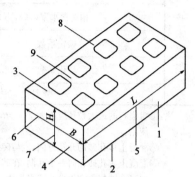

图 2-8　承重混凝土多孔砖示意图
1-条面；2-坐浆面(外壁、肋的厚度较小的面)；3-铺浆面(外壁、肋的厚度较大的面)；4-顶面；5-长度(L)；6-宽度(B)；7-高度(H)；8-外壁；9-肋

混凝土多孔砖的外形为直角六面体，常用砖型的规格尺寸：长度 360、290、240、190、140mm，宽度 240、190、115、90mm，高度 115、90mm。其他规格尺寸可由供需双方协商确定。采用薄灰缝砌筑的块型，相关尺寸可作相应调整。

承重混凝土多孔砖按抗压强度分为 MU15、MU20、MU25 三个等级。按代号、规格尺寸、强度等级、标准编号顺序标记。

1.混凝土多孔砖的外观质量和尺寸偏差

表 2-105

类别	项 目 名 称		技 术 指 标
外观质量	弯曲(mm)		≤1
	缺棱掉角	个数(个)	≤2
		三个方向投影尺寸的最大值(mm)	≤15
	裂纹延伸的投影尺寸累计(mm)		≤20
允许偏差	长度(mm)		+2，−1
	宽度(mm)		+2，−1
	高度(mm)		±2

注：砖的最小外壁厚≥18mm，最小肋厚≥15mm。

2.承重混凝土多孔砖技术要求

表 2-106

项　　目			指　　标		
强度等级	抗压强度等级		抗压强度(MPa)，不小于		
			平均值	单块最小值	
	MU15		15	12	
	MU20		20	16	
	MU25		25	20	
技术要求	最大吸水率(%)，不大于		12		
	抗冻性	使用条件	抗冻指标	单块质量损失率(%)	单块强度损失率(%)
		夏热冬暖地区	D15	≤5	≤25
		夏热冬冷地区	D25		
		寒冷地区	D35		
		严寒地区	D50		
	线性干燥收缩率(%)，不大于		0.045		

项　目		指　标		
技术要求	孔洞率(%)	25~35		
	相对含水率(%),不大于	潮湿 40	中等 35	干燥 30
	碳化系数	不小于	0.85	
	软化系数			
	放射性	符合 GB 6566 的规定		

注:①粗集料的最大粒径应不大于 9.5mm。其他材料应符合相关标准的要求,无标准的材料应用前应做相关检验,符合要求方可使用。

②混凝土多孔砖的开孔方向,应与砖砌筑上墙后承受压力的方向一致。

③混凝土多孔砖任何一个孔洞,在砖长度方向的最大值,应不大于砖长度的 1/6;在砖宽度方向的最大值应不大于砖宽度的 4/15。铺浆面宜为盲孔或半盲孔。

④使用地区的湿度条件见表 2-103 注②。

⑤线性干燥收缩率试验的标距为 150mm。

3.承重混凝土多孔砖的交货状态和储运要求

(1)在受检的 50 块混凝土多孔砖中,外观质量和尺寸偏差的不合格块数大于 7 块时,该批混凝土多孔砖为不合格。当强度等级和技术要求中的任一项指标的检验结果不合格时,该批混凝土多孔砖为不合格。

(2)混凝土多孔砖龄期不足 28 天的不得出厂。

(3)混凝土多孔砖应按规格、龄期、强度等级分批分别堆放,不得混杂,宜采用塑料薄膜包装。堆放、运输和砌筑时应采取防雨措施;装卸时,严禁碰撞、扔摔,禁止翻斗倾卸。

(十六)混凝土多孔砖(JC 943—2004)

混凝土多孔砖是以水泥为胶结材料,以砂、石为主要集料,经加水搅拌、成型、养护制成的一种多排小孔的砖,代号 CPB。主要用于工业与民用建筑的承重部位。

混凝土多孔砖按尺寸偏差和外观质量分为:一等品(B),合格品(C)。

按强度等级分为:MU10,MU15,MU20,MU25,MU30 五个级别。

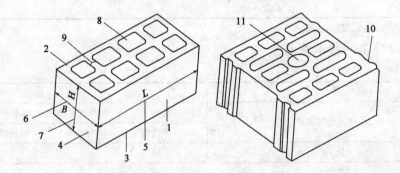

图 2-9　混凝土多孔砖示意图

1-条面;2-坐浆面(外壁、肋的厚度较小的面);3-铺浆面(外壁、肋的厚度较大的面);4-顶面;5-长度(L);6-宽度(B);7-高度(H);8-外壁;9-肋;10-槽;11-手抓孔

混凝土多孔砖按名称(代号)、强度等级、外观质量等级、标准编号顺序标记。

混凝土多孔砖的外形为直角六面体,长度尺寸为 290、240、190、180mm;宽度尺寸为 240、190、115、90mm;高度尺寸为 115、90mm。最小外壁厚不应小于 15mm,最小肋厚不应小于 10mm。

1.混凝土多孔砖的外观质量、尺寸偏差和孔洞排列

表 2-107

类别		项 目 名 称		一等品(B)	合格品(C)
外观质量	掉角缺棱	弯曲(mm)	不大于	2	2
		个数(个)		0	2
		三个方向投影尺寸的最小值(mm)		0	20
		裂纹延伸投影尺寸累计(mm)		0	20
允许偏差		长度(mm)		±1	±2
		宽度(mm)		±1	±2
		高度(mm)		±1.5	±2.5
孔洞排列		孔型		孔洞率(%)	孔洞排列
		矩形孔或矩形条孔		≥30	多排、有序交错排列
		矩形孔或其他孔形			条面方向至少2排以上

注:①孔长(L)与孔宽(B)之比 L/B≥3 为矩形条孔。
②矩形孔或矩形条孔的4个角应为半径(r)大于8mm的圆角。
③铺浆面应为半盲孔。

2.混凝土多孔砖技术要求

表 2-108

项 目			指 标		
强度等级	抗压强度等级		抗压强度(MPa),不小于		
			平均值	单块最小值	
	MU10		10	8	
	MU15		15	12	
	MU20		20	16	
	MU25		25	20	
	MU30		30	24	
技术要求	抗冻性	使用环境	抗冻指标	质量损失率(%)	强度损失率(%)
		非采暖地区	D15	≤5	≤25
		采暖地区 一般环境	D15		
		干湿交替环境	D25		
	干燥收缩率(%)		≤0.045		
	干燥收缩率(%)		相对含水率		
		<0.03	潮湿 45	中等 40	干燥 35
		0.03~0.045	潮湿 40	中等 35	干燥 30
	抗渗性(mm)		外墙3块中任一块,水面下降高度不大于10		
	放射性		GB 6566 的规定		

注:①混凝土多孔砖的原材料中粗集料的最大粒径不得大于最小肋厚。如采用石屑等破碎石材,小于0.15mm的细石粉含量不应大于20%。
②非采暖地区指最冷月份平均气温高于−5℃的地区;采暖地区指最冷月份平均气温低于等于−5℃的地区。
③相对含水率即混凝土多孔砖含水率与吸水率之比,见表 2-104 注①。
④使用地区的湿度条件:见表 2-104 注②。

3.混凝土多孔砖的交货状态和储运要求

(1)如果受检的50块混凝土多孔砖中,外观质量和尺寸偏差的不合格块数大于7时,该批混凝土多孔砖为不合格。

(2)凡强度等级、干燥收缩率、孔洞率及空洞排列、抗冻性、相对含水率、抗渗性中任一项检验结果不符合技术要求的,则该批混凝土多孔砖不合格。

(3)混凝土多孔砖的原材料和产品中的放射性不符合规定时,应停止生产和销售。

(4)混凝土多孔砖应按规格、等级分批分别堆放,不应混堆。储存、运输时应有防雨措施,装卸时严禁碰撞、扔摔,应轻码轻放,不应翻斗倾卸。

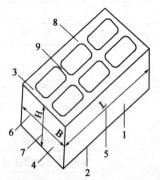

图2-10 非承重混凝土空心砖示意图
1-条面;2-坐浆面(外壁、肋的厚度较小的面);3-铺浆面(外壁、肋的厚度较大的面);4-顶面;5-长度(L);6-宽度(B);7-高度(H);8-外壁;9-肋

(十七)非承重混凝土空心砖(GB/T 24492—2009)

非承重混凝土空心砖是以水泥、集料为主要原料,掺入外加剂及其他材料,经配料、搅拌、成形、养护制成(简称空心砖),其空心率不小于25%,代号NHB。适用于工业和民用建筑等的非承重结构。

空心砖按抗压强度分为MU5、MU7.5、MU10三个强度等级。按表观密度分为1 400、1 200、1 100、1 000、900、800、700、600八个密度等级。

空心砖的规格尺寸:长度(L)为360、290、240、190、140mm,宽度(B)为240、190、115、90mm,高度(H)为115、90mm。其他规格尺寸由供需双方协商后确定。采用薄灰缝砌筑的块型,相关尺寸可作相应调整。

空心砖按代号、规格尺寸、密度等级、强度等级、标准编号顺序进行标记。

1. 空心砖的外观质量和尺寸偏差

表2-109

类别	项　目		允　许　范　围
外观质量	弯曲(mm)		≤2
	缺棱掉角	个数(个)	≤2
		三个方向投影尺寸	均不得大于所在棱边长度的1/10
	裂纹长度(mm)		≤25
允许偏差	长度(mm)		+2,−1
	宽度(mm)		+2,−1
	高度(mm)		±2

注:空心砖的最小外壁厚应≥15mm;最小肋厚应≥10mm。

2. 非承重混凝土空心砖密度等级和强度

表2-110

密度等级(kg/m³)	表观密度范围(kg/m³)	强度等级	抗压强度(MPa),不小于		密度等级范围,不大于
			平均值	单块最小值	
600	≤600	MU5	5	4	900
700	610~700				
800	710~800				
900	810~900				
1 000	910~1 000	MU7.5	7.5	6	1 100
1 100	1 010~1 100				
1 200	1 110~1 200	MU10	10	8	1 400
1 400	1 210~1 400				

3. 空心砖的技术要求

表 2-111

项　目		指　标		
使用条件		抗冻指标	质量损失率（%）	抗压强度损失率（%）
抗冻性	夏热冬暖地区	D15	≤5	≤25
	夏热冬冷地区	D25		
	寒冷地区	D35		
	严寒地区	D50		
线性干燥收缩率（%）	不大于	0.065		
相对含水率（%）		潮湿　40	中等　35	干燥　30
碳化系数	不小于	0.80		
软化系数		0.75		
放射性		符合 GB 6566 的规定		

注：①原材料中粗集料最大粒径不宜大于肋厚的 2/3。其他材料无标准的,使用前应做相关检验,符合要求方可使用。

②空心砖的铺浆面直为盲孔或半盲孔。

③线性干燥收缩率的测定标距为 150mm,测头应粘贴在条面上。

4. 空心砖的交货状态和储运要求

(1)如果受检的 50 块空心砖中,外观质量和尺寸偏差的不合格块数大于或等于 11 时,该批空心砖为不合格。如果不合格块数在 8～10 之间时,应进行复检,2 次检验总的不合格块数大于或等于 18 时,该批空心砖的外观质量和尺寸偏差为不合格。

(2)当密度等级、强度等级、线性干燥收缩率、抗冻性、碳化系数、软化系数中任一项检验结果不符合技术要求的,则该批空心砖不合格。

(3)空心砖的放射性不符合 GB 6566 标准规定时,应停止生产和销售。

(4)空心砖龄期不足 28 天不宜出厂。

(5)空心砖应按规格、等级分批分别堆放,不应混杂。储存、运输时应有防雨措施,装卸时严禁扔摔,不应翻斗倾卸。

(十八)装饰混凝土砖(GB/T 24493—2009)

装饰混凝土砖是由水泥混凝土制成的具有装饰功能的砖,代号 DCB。其饰面可采用拉纹、磨光、水刷、仿旧、劈裂、凿毛、抛丸等工艺进行二次加工。装饰混凝土砖适用于工业与民用建筑、市政、景观等工程使用,不适用于路面工程使用。

装饰混凝土砖按抗压强度分为 MU15、MU20、MU25、MU30 四个强度等级。按抗渗性分为普通型(P)和防水型(F)。

装饰混凝土砖的外形通常为直角六面体,基本尺寸为:长度 360、290、240、190、140mm;宽度 240、190、115、90mm;高度 115、90、53mm。其他规格尺寸可由供需双方协商确定,但高度应不小于 30mm。

装饰混凝土砖按代号、规格尺寸、强度等级、抗渗性、标准编号顺序标记。

1. 装饰混凝土砖的外观质量和尺寸允许偏差

表 2-112

项　目				指　标
弯曲(mm)			不大于	1
裂纹		装饰面		无
	其他面	裂纹延伸的投影长度累计(mm)	不大于	30
		条数(条)	不多于	1

项　目			指　标
缺棱掉角	装饰面	两个方向投影尺寸的最小值(mm)　　不大于	3
		两个方向投影尺寸的最大值(mm)　　不大于	5
		大于以上尺寸的缺棱掉角个数(个)　　不多于	0
	其他面	三个方向投影尺寸的最大值(mm)　　不大于	10
长度、宽度和高度允许偏差(mm)			±2

注:①有特殊装饰要求的装饰混凝土砖,不受本表规定限制。

②单色装饰混凝土砖的装饰面颜色应基本一致,无明显色差。

③双色或多色装饰混凝土砖装饰面的颜色、花纹,应满足供需双方预先约定的要求。

2. 装饰混凝土砖技术要求

表 2-113

项　目			指　标		
强度等级	抗压强度等级		抗压强度(MPa),不小于		
			平均值	单块最小值	
	MU15		15	12	
	MU20		20	16	
	MU25		25	20	
	MU30		30	24	
技术要求	防水型砖吸水率(%),不大于		11		
	抗冻性	使用条件	抗冻指标	质量损失率(%)	抗压强度损失率(%)
		夏热冬暖地区	D15	≤5	≤25
		夏热冬冷地区	D25		
		寒冷地区	D35		
		严寒地区	D50		
	线性干燥收缩率(%),不大于		0.045		
	孔洞率(%)		25~35		
	相对含水率(%),不大于		潮湿　40	中等　35	干燥　30
	碳化系数,不小于		0.80		
	软化系数,不小于				
	抗渗性(水面下降高度)(mm)		普通型(p)　—	防水型(F)　≤10	
	放射性		符合 GB 6566 的规定		

注:①使用地区的湿度条件见表 2-104 注②。

②采用双层布料工艺生产装饰混凝土砖时,饰面层混凝土的最小厚度应不小于 10mm。

③装饰混凝土砖含有孔洞时,外壁最薄处应不小于 25mm,最小肋厚应不小于 15mm。

④线性干燥收缩率试验的测定标距为 150mm。

3. 装饰混凝土砖的交货状态和储运要求

(1)如果受检的 50 块装饰混凝土砖中,外观质量和尺寸偏差的不合格块数大于 7 时,该批装饰混凝土砖的外观质量和尺寸偏差不合格。

(2)凡外观质量和尺寸偏差、强度等级、线性干燥收缩率和相对含水率、吸水率、抗冻性、抗渗性、碳化系数、软化系数、放射性中任一项检验结果不符合技术要求的,则该批装饰混凝土砖不合格。

(3)单色、双色或多色装饰混凝土砖颜色、花纹的检验,可组成 1m² 近似于正方形的装饰面,同时将订货时约定的样品以同样方式并列放置,在自然光照射下,距样品 1.5m 处目测,观察色差、颜色、花纹是否一致。

(4)装饰混凝土砖应在厂内养护 28d 龄期后方可出厂。

(5)装饰混凝土砖应按规格、花色、强度等级分批分别堆放,不应混杂。装饰混凝土砖宜采用塑料薄膜包装,堆放期间,不得弄脏饰面;储存、运输及砌筑时应有防雨、防滑措施;运输装卸时应捆扎牢固、轻码轻放,禁止翻斗车倾卸。

(十九)水泥花砖(JC 410—91)(1996 年确认)

水泥花砖是以水泥、砂、颜料为主要原料,经分层铺料、压制、养护等工序制成。面层带有各色图案,主要用于建筑物地面、楼面和内墙面踢脚等装饰。

水泥花砖按使用部位不同分为地面花砖(F),用于建筑物楼面与地面;墙面花砖(W),用于建筑物内墙面踢脚部位。

水泥花砖按外观质量和物理性能分为一等品(B)和合格品(C)。

水泥花砖按产品名称、规格尺寸、质量等级和标准编号顺序进行标记。如:F 200×200 B JC 410。

1. 水泥花砖的规格

表 2-114

品 种	长(mm)	宽(mm)	厚(mm)
墙砖(W)	200	150	10~14
	150	150	
地砖(F)	200	200	12~16
	200	150	
	150	150	

2. 水泥花砖外观质量

表 2-115

项 目			一 等 品			合 格 品		
			长	宽	厚	长	宽	厚
缺陷(mm)	正面	缺棱	长×宽>10×2,不允许			长×宽>20×2,不允许		
		掉角	长×宽>2×2,不允许			长×宽>4×4,不允许		
		掉底	长×宽<20×20,深≤$\frac{1}{3}$砖厚允许 1 处			长×宽<30×30,深≤$\frac{1}{3}$砖厚允许 1 处		
		越线	越线距离<1.0,长度<10.0允许 1 处			越线距离<2.0,长度<20.0允许 1 处		
		图案偏差	≤1.0			≤3.0		
	尺寸偏差(mm)		±0.5	±0.5	±1.0	±1.0	±1.0	±1.5
	平度偏差(mm)		0.7			1.0		
角度偏差(mm)	F		0.4			0.8		
	W		0.5			1.0		
	厚度偏差(mm)		0.5			1.0		
	裂纹、露底、起鼓		不允许					
	色差、污迹、麻面		不明显					

3.水泥花砖物理力学性能

表 2-116

项 目	品 种	规格 (mm)	一等品		合格品	
			平均值	单块最小值	平均值	单块最小值
抗折破坏荷载 (N),不小于	F	200×200	900	760	700	600
	W		600	500	500	420
	F	200×150	680	580	520	440
	W		460	380	380	320
	F	150×150	1 080	920	840	720
	W		720	610	600	500
F砖耐磨性(g),不大于		平均磨耗量	5.0		7.5	
		最大磨耗量	6.0		9.0	
分层现象			不允许		不明显	
吸水率(%)			≤14			

4.水泥花砖的储运要求

水泥花砖应光面相对装箱,密扎或散扎,室内储存,露天存放须遮盖。花砖应直立码放,倾斜度不大于15°,堆垛高不大于1.6m,层间要支垫。平放时堆放高度不大于0.8m。

花砖装卸时应轻拿、轻放,严禁抛掷碰撞,运输中要保持平稳,防止相互撞击。

(二十)蒸压泡沫混凝土砖和砌块(GB/T 29062—2012)

蒸压泡沫混凝土砖和砌块是在水泥、集料、掺合料、外加剂与水拌和的混合料中引入泡沫,形成轻质料浆,经浇注成型再蒸压养护而制成,适用于工业与民用建筑、构筑物非承重部位。泡沫剂应具有良好的稳定性,且气孔孔径大小均匀。

蒸压泡沫混凝土砖和砌块按立方体抗压强度划分为 MU3.5、MU5.0 和 MU7.5 三个等级;按干密度分为 B11、B12 和 B13 三个等级。

蒸压泡沫混凝土砖和砌块按产品名称、规格尺寸、强度等级、干密度等级和标准编号顺序进行标记。

蒸压泡沫混凝土砖和砌块规格尺寸为:长度(L)300mm,宽度(B)200、150、100mm,高度(H)150mm。其他规格尺寸由供需双方商定。

1.蒸压泡沫混凝土砖和砌块的尺寸偏差和外观质量

表 2-117

项 目		指 标
尺寸偏差(mm)	长度 L	±6
	宽度 B	±3
	高度 H	±3
缺棱掉角	最大尺寸(mm)	30
	个数(个)	2
裂纹	条数(条)	2
	任一面上的裂纹长度与裂纹方向尺寸的比值	1/8
	贯穿一棱两面的裂纹投影长度与裂纹所在面的裂纹方向尺寸总和的比值	1/4
	平面弯曲(mm)	2
	爆裂、粘模等损坏深度(mm)	5
表面疏松、层裂		不允许
表面油污		不允许

(缺棱掉角、裂纹及其后续项目的指标列标注"不大于")

2.蒸压泡沫混凝土砖和砌块的干密度、抗压强度、拉拔力、黏结性和抗冻性

表 2-118

强度等级	密度等级	干密度（kg/m³）	抗压强度（MPa），不小于		拉拔力（kN）	黏结性（MPa）	抗冻性（%），不大于	
			平均值	单块最小值	平均值	平均值	冻后干质量损失率	冻后抗压强度损失率
MU3.5	B11	≤1 150	3.5	2.8	≥1.00			
MU5.0	B12	>1 150~1 250	5	4.0	≥1.10	≥0.3	1.5	10
MU7.5	B13	>1 250~1 350	7.5	6.0	≥1.20			

注：当砌块的抗压强度同时满足 2 个及 2 个以上强度等级要求时，应以满足要求的最高强度等级为准。

3.蒸压泡沫混凝土砖和砌块的抗渗性、吸水率、导热系数、干燥收缩值和耐火极限

表 2-119

项 目		指 标		
干密度等级		B11	B12	B13
抗渗性（渗水深度）（mm）	不大于	50	45	40
吸水率（%）		25	20	15
导热系数（干态）[W/(m·K)]		0.32	0.35	0.40
干燥收缩值（mm/m）		0.40		
耐火级限（h），不小于		4		

注：①耐火极限要求大于或等于 100mm 厚墙双面抹灰 15mm 厚。
②耐火极限砌筑抹灰均采用 M5.0、M7.5 砂浆。
③客户有耐火极限要求时进行测试。
④应按规定在常温水中浸泡 24h 进行吸水率试验，浸水深度为试件作墙厚方向的三分之一。
⑤进行导热系数试验时，试件厚度应不小于 35mm。

4.蒸压泡沫混凝土砖和砌块的交货状态和储运要求

（1）当蒸压泡沫混凝土砖和砌块干密度、抗压强度、拉拔力、黏结性、抗冻性、抗渗性、吸水率、导热系数、干燥收缩值、耐火极限中的任一项指标的检验结果不符合相应等级的技术要求规定以及放射性核素限量不符合 GB 6566 标准规定的，应对该指标进行双倍抽样复检，复检仍不合格的，该批产品为该等级的不合格品。

（2）蒸压泡沫混凝土砖和砌块的储存场地应平整、无积水，按产品分类、分级堆放整齐。产品运输、装卸时，严禁摔、掷、翻斗卸货。

（二十一）普通混凝土小型砌块（GB/T 8239—2014）

普通混凝土小型砌块是以水泥、矿物掺合料、砂、石、水等为原材料，经搅拌、振动成型、养护等工艺制成的小型砌块，包括空心砌块和实心砌块。主要用于工业与民用建筑，简称砌块。

普通混凝土小型砌块包括：主块型砌块、辅助砌块和免浆砌块。

主块型砌块是外形为直角六面体，长度尺寸为 400mm 减砌筑时竖灰缝厚度，砌块高度尺寸为 200mm 减砌筑时水平灰缝厚度，条面是封闭完好的砌块。

辅助砌块是与主块型砌块配套使用的、特殊形状与尺寸的砌块，分为空心和实心两种；包括各种异形砌块，如圈梁砌块、一端开口的砌块、七分头块、半块等。

免浆砌块是砌块砌筑（垒砌）成墙片过程中，无须使用

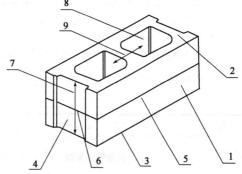

图 2-11 主块型砌块各部位的名称
1-条面；2-坐浆面（肋厚较小的面）；3-铺浆面（肋厚较大的面）；4-顶面；5-长度；6-宽度；7-高度；8-壁；9-肋

砌筑砂浆,块与块之间主要靠榫槽结构相连的砌块。

1. 砌块的标记

砌块按下列顺序标记:砌块种类、规格尺寸、强度等级(MU)、标准代号。

示例一: 规格尺寸 390mm×190mm×190mm,强度等级 MU15.0、承重结构用实心砌块,其标记为:

    LS 390×190×190 MU15.0 GB/T 8239—2014

示例二: 规格尺寸 190mm×190mm×190mm,强度等级 MU15.0、承重结构用的半块砌块,其标记为:

    LH50 190×190×190 MU15.0 GB/T 8239—2014

2. 砌块的分类和等级

表 2-120

分类方式	种 类 和 代 号、等 级		
按空心率分	空心砌块(空心率不小于 25%,代号 H)		
	实心砌块(空心率小于 25%,代号 S)		
按砌筑墙体结构和受力分	承重结构用砌块(代号 L,简称承重砌块)		
	非承重结构用砌块(代号 N,简称非承重砌块)		
常用辅助砌块代号	半块(50),七分头块(70),圈梁块(U),清扫孔块(W)		
砌块的抗压强度等级	砌块种类	承重砌块(L)	非承重砌块(N)
	空心砌块(H)	7.5、10.0、15.0、20.0、25.0	5.0、7.5、10.0
	实心砌块(S)	15.0、20.0、25.0、30.0、35.0、40.0	10.0、15.0、20.0

3. 砌块的规格尺寸、尺寸允许偏差和外观质量

表 2-121

	项目	规 格 尺 寸 （mm）	允许偏差(mm)
规格尺寸和尺寸允许偏差	长度	390	±2
	宽度	90、120、140、190、240、290	
	高度	90、140、190	+3、−2
	项 目 名 称		技术指标
外观质量	弯曲	不大于	2mm
	缺棱掉角 个数	不超过	1个
	3 个方向投影尺寸的最大值	不大于	20mm
	裂纹延伸的投影尺寸累计	不大于	30mm

注:①其他规格尺寸由供需双方商定。采用薄灰缝砌筑的块型,相关尺寸可作相应调整。

  ②对于薄灰缝砌块的高度允许偏差应控制在+1mm、−2mm。

  ③免浆砌块的尺寸允许偏差,应由企业根据块型特点自行给出。尺寸偏差不应影响垒砌和墙片性能。

  ④承重空心砌块的最小外壁厚应不小于 30mm,最小肋厚不小于 25mm。

  ⑤非承重空心砌块的最小外壁厚和最小肋厚应不小于 20mm。

4. 砌块的技术要求

表 2-122

	项 目	指 标	
强度等级	抗压强度等级	抗压强度(MPa),不小于	
		平均值	单块最小值
	MU5.0	5.0	4.0
	MU7.5	7.5	6.0

项　目		指　标	
强度等级	MU10	10.0	8.0
	MU15	15.0	12.0
	MU20	20.0	16.0
	MU25	25.0	20.0
	MU30	30.0	24.0
	MU35	35.0	28.0
	MU40	40.0	32.0

	使用条件	抗冻指标	质量损失率(%)		强度损失率(%)	
抗冻性	夏热冬暖地区	D15	平均值≤5	单块最大值≤10	平均值≤20	单块最大值≤30
	夏热冬冷地区	D25				
	寒冷地区	D35				
	严寒地区	D50				

吸水率(%)		承重砌块(L)	非承重砌块(N)
	不大于	10	14
线性干燥收缩值(mm/m)		0.45	0.65
碳化系数	不小于	0.85	
软化系数			
放射性核素限量		符合 GB 6566 的规定	

注:抗冻性的使用条件应符合 GB 50176 的规定。

5. 砌块的交货与储运要求

(1)如果受检的 32 块砌块中,外观质量和尺寸偏差的不合格块数大于 7 块时,该批砌块不合格。当所有项目的检验结果中有一项不符合技术要求的等级时,该批砌块不合格。

(2)砌块应在养护龄期满 28 天后出厂。出厂时应提供产品合格证,内容包括:厂名和商标、批量编号和砌块数量(块)、产品标记和生产日期、出厂检验报告和有效期内的型式检验报告。

(3)砌块应按同一标记分别堆放,不得混堆。宜在 10%以上的砌块上标注标识。

(4)砌块在堆放、运输和砌筑过程中应有防雨水措施:宜采用薄膜包装。装卸时,应轻码轻放,不应扔摔,不应用翻斗倾卸。

(二十二)蒸压加气混凝土砌块(GB 11968—2006)

蒸压加气混凝土砌块一般以钙质和硅质材料为基本原料加发气剂(铝粉),经搅拌成型、蒸压养护而成。它具有自重轻、隔热、保温、吸音等优点以及可锯、可刨、可钻、可钉等加工性能。

按原料分主要有水泥、矿渣、砂;水泥、石灰、砂和水泥、石灰、粉煤灰三种类型。

蒸压加气混凝土砌块(简称砌块)适用于民用与工业建筑物承重和非承重墙体及保温隔热用,代号为 ACB。

砌块的规格尺寸为,长度(L)600mm;宽度(B)100、120、125、150、180、200、240、250、300mm;高度(H)200、240、250、300mm。如需其他规格,可由供需双方商定。

砌块按抗压强度分为:A1.0,A2.0,A2.5,A3.5,A5.0,A7.5,A10 七个级别。砌块按干密度分为:B03,B04,B05,B06,B07,B08 六个级别。

砌块按尺寸偏差与外观质量、干密度、抗压强度和抗冻性分为:优等品(A)、合格品(B)两个等级。

砌块按名称(代号)、强度、干密度、规格尺寸、质量等级、标准编号顺序标记。

1. 砌块的尺寸偏差和外观质量

表 2-123

项 目				指 标	
				优等品(A)	合格品(B)
尺寸允许偏差(mm)			长度 L	±3	±4
			宽度 B	±1	±2
			高度 H	±1	±2
缺棱掉角		最小尺寸(mm),不大于		0	30
		最大尺寸(mm),不大于		0	70
		大于以上尺寸的缺棱掉角个数(个),不多于		0	2
裂纹长度		贯穿一棱两面的裂纹长度不得大于裂纹所在面的裂纹方向尺寸总和的		0	1/3
		任一面上的裂纹长度不得大于裂纹方向尺寸的		0	1/2
		大于以上尺寸的裂纹条数(条),不多于		0	2
爆裂、粘模和损坏深度(mm),不大于				10	30
平面弯曲				不允许	
表面疏松、层裂				不允许	
表面油污				不允许	

注:①长、宽、高尺寸测量应分别在两个对应面的端部进行,各量两个尺寸。测量值大于规格尺寸的取最大值,测量值小于规格尺寸的取最小值。

②裂纹长度以所在面最大的投影尺寸为准。若裂纹从一面延伸至另一面,则以两个面上的投影尺寸之和为准。

2. 砌块的抗压强度

表 2-124

强度级别	立方体抗压强度(MPa),不小于	
	平均值	单组最小值
A1.0	1.0	0.8
A2.0	2.0	1.6
A2.5	2.5	2.0
A3.5	3.5	2.8
A5.0	5.0	4.0
A7.5	7.5	6.0
A10.0	10.0	8.0

注:立方体抗压强度是采用 100mm×100mm×100mm 立方体试件,含水率为 25%～45%时测定的抗压强度。

3. 砌块的干密度、强度级别、干燥收缩、抗冻性和导热系数

表 2-125

干密度级别			B03	B04	B05	B06	B07	B08
干密度 (kg/m³)	优等品(A)不大于		300	400	500	600	700	800
	合格品(B)不大于		325	425	525	625	725	825
强度级别	优等品(A)		A1.0	A2.0	A3.5	A5.0	A7.5	A10.0
	合格品(B)				A2.5	A3.5	A5.0	A7.5
干燥收缩值	标准法(mm/m)	不大于	0.50					
	快速法(mm/m)		0.80					
抗冻性	质量损失(%)		5.0					

干密度级别			B03	B04	B05	B06	B07	B08
抗冻性	冻后强度 (MPa) 不小于	优等品(A)	0.8	1.6	2.8	4.0	6.0	8.0
		合格品(B)			2.0	2.8	4.0	6.0
导热系数(干态)[W/(m·K)],≤			0.10	0.12	0.14	0.16	0.18	0.20

注:规定采用标准法、快速法测定砌块干燥收缩值,若测定结果发生矛盾不能判定时,则以标准法测定的结果为准。

4.砌块的交货状态和储运要求

(1)如果受检的 80 块砌块中,外观质量和尺寸偏差的不合格块数大于 7 时,该批砌块的外观质量和尺寸偏差不符合相应等级。

(2)凡外观质量、尺寸偏差、立方体抗压强度、干密度、干燥收缩值、抗冻性、导热系数中任一项检验结果不符合相应等级技术要求的,则该批砌块降等或不合格。

(3)砌块应存放 5 天以上方可出厂。

(4)砌块储存堆放时应场地平整,同品种、同规格、同等级应做好标记,并做好防雨措施。运输时宜成垛绑扎或有其他包装:保温隔热用产品必须捆扎加塑料薄膜封包。运输装卸时,直用专用工具,严禁摔、掷、翻斗车自翻自卸货。

(二十三)轻集料混凝土小型空心砌块(GB/T 15229—2011)

轻集料混凝土小型空心砌块是用轻粗集料、轻砂(或普通砂)、水泥和水等原材料配制而成的干表观密度不大于 1 950kg/m³ 的混凝土制品,代号 LB。适用于工业与民用建筑。

轻集料混凝土小型空心砌块分为单排孔、双排孔、三排孔、四排孔四个类别。

砌块的主规格尺寸长×宽×高为 390mm×190mm×190mm。其他规格尺寸可由供需双方商定。

砌块的密度等级分为 700、800、900、1 000、1 100、1 200、1 300、1 400 八个级别。除自燃煤矸石掺量不小于砌块质量 35% 的砌块外,其他砌块的最大密度等级为 1 200。

砌块的强度等级分为 MU2.5,MU3.5,MU5.0,MU7.5,MU10.0 五个级别。

轻集料混凝土小型空心砌块按代号、类别(孔的排数)、密度等级、强度等级、标准编号顺序标记。

1.砌块的尺寸偏差和外观质量

表 2-126

项　目			指　标
尺寸偏差(mm)	长度		±3
	宽度		±3
	高度		±3
最小外壁厚(mm)	用于承重墙体	不 小 于	30
	用于非承重墙体		20
肋厚(mm)	用于承重墙体		25
	用于非承重墙体		20
缺棱掉角	个数(块)	不 大 于	2
	三个方向投影的最大值(mm)		20
裂缝延伸的累计尺寸(mm)			30

2.轻集料混凝土小型空心砌块的抗压强度和密度等级

表 2-127

密 度 等 级		强 度 等 级			
密度等级 （kg/m³）	干表观密度范围 （kg/m³）	强度等级	抗压强度（MPa），不小于		密度等级范围 （kg/m³），不大于
			平均值	最小值	
700	610～700	MU2.5	2.5	2	800
800	710～800	MU3.5	3.5	2.8	1 000
900	810～900	MU5.0	5	4	1 200
1 000	910～1 000	MU7.5	7.5	6	1 200
1 100	1 010～1 100				1 300
1 200	1 110～1 200	MU10.0	10	8	1 200
1 300	1 210～1 300				1 400
1 400	1 310～1 400				

注：①同一强度等级砌块的抗压强度和密度等级范围应同时满足本表的要求。

②当砌块的抗压强度同时满足两个强度等级或两个以上强度等级要求时，应以满足要求的最高强度等级为准。

③强度等级为 MU7.5 和 MU10.0、密度等级范围不大于 1 200kg/m³ 指标是指除自燃煤矸石掺量不小于砌块质量 35% 以外的其他砌块。

④强度等级为 MU7.5 和 MU10.0、密度等级范围不大于 1 300kg/m³ 和 1 400kg/m³ 是指自燃煤矸石掺量不小于砌块质量 35% 的砌块。

3.轻集料混凝土小型空心砌块的技术要求

表 2-128

项　　目			指　　标		
抗冻性	环境条件		抗冻指标	质量损失率（%）	抗压强度损失率（%）
	夏热冬暖地区		D15	≤5	≤25
	夏热冬冷地区		D25		
	寒冷地区		D35		
	严寒地区		D50		
干燥收缩率（%）			<0.03	0.03～0.045	>0.045～0.065
相对含水率 （%），不大于		潮湿	45	40	35
		中等湿度	40	35	30
		干燥	35	30	25
碳化系数			不小于	0.80	
软化系数					
吸水率（%）			不大于	18	
放射性核素限量			应符合 GB 6566 的规定		

注：①原材料中的轻集料最大粒径不宜大于 0.5mm。其他材料应符合相关标准的规定，并对砌块的耐久性、环境和人体不应产生有害影响。

②干燥收缩率不应大于 0.065%。抗冻性环境条件应符合 GB 50176 的规定。

③相对含水率为砌块出厂含水率与吸水率之比。

$$W = \frac{w_1}{w_2} \times 100$$

式中：w——砌块的相对含水率，用百分数表示（%）；

w_1——砌块出厂时的含水率，用百分数表示（%）；

w_2——砌块的吸水率，用百分数表示（%）。

④使用地区的湿度条件：

潮湿地区——年平均相对湿度大于 75% 的地区；

中等湿度地区——年平均相对湿度 50%～75% 的地区；

干燥地区——年平均相对湿度小于 50% 的地区。

4.轻集料混凝土小型空心砌块的交货状态和储运要求

(1)如果受检的 32 个砌块中,外观质量和尺寸偏差的不合格块数大于或等于 7 时,该批砌块的外观质量和尺寸偏差为不合格。

(2)当外观质量、尺寸偏差、密度等级、强度等级、干燥收缩率、吸水率、相对含水率、抗冻性、碳化系数、软化系数、放射性核素限量中任一项检验结果不符合技术要求的,则该批砌块不合格。

(3)砌块应在厂内养护 28 天龄期并检验合格后方可出厂。

(4)砌块应按类别、密度等级和强度等级分批堆放。储存、运输时应有防雨、防潮和排水措施,装卸时严禁碰撞、扔摔,应轻码轻放,不许用翻斗车倾卸。

(二十四)粉煤灰混凝土小型空心砌块(JC/T 862—2008)

粉煤灰混凝土小型空心砌块是以粉煤灰、水泥、集料、水为主要组分(也可加入外加剂等)制成,代号为 FHB。砌块的主规格尺寸为 390mm×190mm×190mm,其他规格尺寸由供需双方商定。

1.粉煤灰混凝土小型空心砌块的分类和级别

表 2-129

名称和代号	分类形式	类别、代号和等级
粉煤灰混凝土小型空心砌块(FHB)	按孔的排数分	单排孔(1)、双排孔(2)、多排孔(D)
	按密度等级分	600、700、800、900、1 000、1 200、1 400
	按抗压强度等级分	MU3.5、MU5、MU7.5、MU10、MU15、MU20

2.砌块的标记和生产要求

砌块按名称代号、分类、规格尺寸、密度等级、强度等级、标准编号顺序标记。

粉煤灰混凝土小型空心砌块原材料中水泥用量应不低于原材料干重量的 10%;对粉煤灰的含水率不作规定,但应满足生产工艺要求。粉煤灰用量应不低于原材料干重量的 20%,也不高于原材料干重量的 50%;各种集料的最大粒径不宜大于 10mm;炉底渣、灰渣混排时,0.16mm 筛筛余部分的烧失量应不大于 15%;小于 0.16mm 的细石粉含量应不大于 20%。

3.粉煤灰混凝土小型空心砌块的尺寸允许偏差和外观质量

表 2-130

项 目			指 标
尺寸及尺寸允许偏差(mm)	长度		390±2
	宽度		190±2
	高度		190±2
最小外壁厚(mm)	不小于	用于承重墙体	30
		用于非承重墙体	20
肋厚(mm)		用于承重墙体	25
		用于非承重墙体	15
缺棱掉角	个数(个)	不大于	2
	3 个方向投影的最小值(mm)		20
裂缝延伸投影的累计尺寸(mm)			20
弯曲(mm)			2

4. 粉煤灰混凝土小型空心砌块技术要求

表 2-131

项　目		指　标	
强度等级	抗压强度等级	抗压强度(MPa),不小于	
		平均值	单块最小值
	MU2.5	2.5	2.8
	MU5	5	4
	MU7.5	7.5	6
	MU10	10	8
	MU15	15	12
	MU20	20	16
密度等级	密度等级	砌块块体的密度范围(kg/m³)	
	600	≤600	
	700	610~700	
	800	710~800	
	900	810~900	
	1 000	910~1 000	
	1 200	1 010~1 200	
	1 400	1 210~1 400	

技术要求	抗冻性	使用条件	抗冻指标	质量损失率(%)	强度损失率(%)
		夏热冬暖地区	F15	≤5	≤25
		夏热冬冷地区	F25		
		寒冷地区	F35		
		严寒地区	F50		
	干燥收缩率(%)	不大于	0.060		
	相对含水率(%)		潮湿 40	中等 35	干燥 30
	碳化系数	不小于	0.80		
	软化系数				
	放射性	符合 GB 6566 的规定			

注:①相对含水率即砌块含水率与吸水率之比。见表 2-127 注③。

　　②使用地区的湿度条件:见表 2-127 注④。

5. 粉煤灰混凝土小型空心砌块的交货状态和储运要求

(1)如果受检的 32 块砌块中,外观质量和尺寸偏差的不合格块数大于 7 时,该批砌块的外观质量和尺寸偏差不合格。

(2)凡外观质量和尺寸偏差、强度等级、密度等级、干燥收缩率和相对含水率、抗冻性、碳化系数、软化系数、放射性中任一项检验结果不符合技术要求的,则该批产品不合格。

(3)产品的放射性超过 GB 6566 规定时,应停止生产和销售。

(4)砌块应在厂内养护 28d 龄期后方可出厂。

(5)砌块应按规格、密度等级、强度等级分别储存,宜采用塑料布包装。储存、运输及砌筑时应有防雨措施;装卸时严禁碰撞、扔摔,应轻码轻放,不许翻斗车倾卸。

(二十五)装饰混凝土砌块(JC/T 641—2008)

装饰混凝土砌块是由水泥混凝土制成的具有装饰功能的砌块,适用于工业与民用建筑、市政、景观等工程使用。

1.装饰混凝土砌块的分类和等级

表 2-132

分 类 形 式	类 别、代 号 和 等 级
按装饰效果分	彩色砌块、劈裂砌块、凿毛砌块、条纹砌块、磨光砌块、鼓型砌块、模塑砌块、露集料砌块、仿旧砌块
按用途分	砌体装饰砌块(Mq)、贴面装饰砌块(Fq)
按抗渗性能分	普通型(P)、防水型(F)
砌体装饰砌块抗压强度等级	MU10、MU15、MU20、MU25、MU30、MU35、MU40

装饰混凝土砌块按产品装饰效果名称、类型、规格尺寸($L \times B \times H$)、强度等级、抗渗性、标准编号顺序标记。

2.装饰混凝土砌块的基本尺寸

表 2-133

长度 L(mm)		390,290,190
宽度 B(mm)	砌体装饰砌块 M_q	290,240,190,140,90
	贴面装饰砌块 F_q	30~90
高度 H(mm)		190,90

注:其他规格尺寸可由供需双方商定。

3.装饰混凝土砌块的外观质量和尺寸允许偏差

表 2-134

项 目			指 标
弯曲(mm),不大于			2
裂纹		装饰面	无
	其他面	裂纹延伸的投影长度累计不超过长度尺寸的百分数(%)	5.0
		条数(条),不多于	1
缺棱掉角	装饰面	长度不超过边长的百分数(%)	1.5
		棱个数(个),不多于	1
		相邻两边长度不超过边长百分数(%)	0.77
		角个数(个),不多于	1
	其他面	长度不超过边长的百分数(%)	5.0
		棱角个数(个),不多于	2
长度、高度和宽度的尺寸允许偏差(mm)			±2.0

注:①经两次饰面加工和有特殊装饰要求的装饰砌块,不受上述规定限制。

②单色装饰砌块的装饰面颜色应基本一致,无明显色差。

③双色或多色装饰砌块装饰面的颜色、花纹,应满足供需双方预先约定的要求。色质饱和度、混色程度等,应基本一致。

④装饰砌块采用分层布料工艺生产时,加工后饰面层的最小厚度不宜小于10mm。

⑤装饰砌块含有孔洞时,表面经过二次加工后,外壁最薄处应不小于20mm。最小肋厚应不小于25mm。

4.装饰混凝土砌块技术要求

表 2-135

项　目		指　标	
	抗压强度等级	抗压强度(MPa),不小于	
砌体装饰砌块强度等级		平均值	单块最小值
	MU10	10	8
	MU15	15	12
	MU20	20	16
	MU25	25	20
	MU30	30	24
	MU35	35	28
	MU40	40	32
贴面装饰砌块强度		抗折强度(MPa),不小于	
		平均值	单块最小值
		4	3.2
技术要求	抗冻性	使用条件	抗冻指标	质量损失率(%)	强度损失率(%)
		夏热冬暖地区	F15	≤5	≤20
		夏热冬冷地区	F35		
		寒冷地区	F50		
		严寒地区	F75		
	干燥收缩率(%)	不大于	0.045		
	相对含水率(%)		潮湿 40	中等 35	干燥 30
	软化系数	不小于	0.80		
	抗渗性(水面下降高度)(mm)		普通型(P)—	防水型(F)≤10	
	放射性		符合 GB 6566 的规定		

注:①装饰砌块可采用天然或人工的色质集料。
　　②相对含水率即装饰砌块含水率与吸水率之比:见表 2-128 注③。
　　③使用地区的湿度条件:见表 2-128 注④。

5.装饰混凝土砌块的交货状态和储运要求

(1)如果受检的 50 块装饰混凝土砌块中,外观质量和尺寸偏差的不合格块数大于 7 时,该批装饰混凝土砌块的外观质量和尺寸偏差不合格。

(2)凡外观质量和尺寸偏差、强度等级、颜色和花纹、干燥收缩率和相对含水率、抗冻性、抗渗性、软化系数、放射性中任一项检验结果不符合技术要求的,则该批装饰混凝土砌块不合格。

(3)单色、双色或多色装饰混凝土砌块颜色、花纹的检验,可组成 1m² 的装饰面,同时将订货时约定的样品以同样方式并列放置,在自然光照射下,距样品 1.5m 处目测,观察有无明显色差,颜色、花纹的差异。

(4)产品的放射性超过 GB 6566 规定时,应停止生产和销售。

(5)装饰混凝土砌块应在厂内养护 28 天龄期后方可出厂。

(6)装饰混凝土砌块应按规格、花色、强度等级分批分别堆放,不得混杂。堆放期间,不得弄脏饰面。装饰混凝土砌块宜采用塑料布包装,储存、运输及砌筑时应有防雨措施;装运时应靠紧挤实,用吊车托架运输时要捆扎牢固,避免碰撞擦伤装饰面。装卸时,严禁碰撞、扔摔,应轻码轻放,禁止翻斗车倾卸。

(二十六)自保温混凝土复合砌块(JC/T 407—2013)

自保温混凝土复合砌块是通过在集料中加入轻质集料和(或)在实心混凝土块孔洞中填插保温材料等工艺生产的混凝土小型空心砌块。简称自保温砌块(SIB)。其所砌筑墙体具有保温功能。

1.自保温混凝土复合砌块的分类和等级

表 2-136

分 类 形 式	类 别 和 级 别		
复合类型	Ⅰ类 在集料中复合 轻质集料制成	Ⅱ类 在孔洞中填插保温 材料制成	Ⅲ类 在集料中复合轻质集料且在 孔洞中填插保温材料制成
砌块孔的排数	单排孔(1)、双排孔(2)、多排孔(3)		
按密度等级分	500、600、700、800、900、1 000、1 100、1 200、1 300		
按强度等级分	MU3.5、MU5.0、MU7.5、MU10.0、MU15.0		
砌体当量导热系数等级	EC10、EC15、EC20、EC25、EC30、EC35、EC40		
砌体当量蓄热系数等级	ES1、ES2、ES3、ES4、ES5、ES6、ES7		

2.自保温砌块的标记

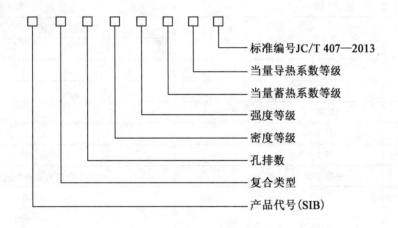

标准编号JC/T 407—2013
当量导热系数等级
当量蓄热系数等级
强度等级
密度等级
孔排数
复合类型
产品代号(SIB)

如:SIB Ⅱ(2) 1 000 MU5.0 EC20 ES4 JG/T 407—2013。

3.部分原材料的主要性能及技术指标

表 2-137

名 称	项 目		单 位	性能及技术指标	
轻质集料中聚苯颗粒	堆积密度		kg/m³	8~21	
	粒度(5mm筛孔筛余)	不大于	%	5	
填插用挤塑(XPS)、模塑(EPS)聚苯乙烯泡沫塑料				XPS	EPS
	密度	不小于	kg/m³	20	9
	导热系数(平均温度25℃)	不大于	W/(m·K)	0.035	0.05
	体积吸水率(V/V)	不大于	%	4	5
填孔用聚苯颗粒保温浆料	干密度		kg/m³	120~180	
	导热系数(平均温度25℃)	不大于	W/(m·K)	0.055	
	吸水率	不大于	%	20	

续表 2-137

名　　称	项　　目		单　位	性能及技术指标
填孔用泡沫混凝土	干密度	不大于	kg/m³	300
	导热系数（平均温度 25℃）	不大于	W/(m·K)	0.08
	吸水率	不大于	%	25

注：①砌块所用水泥、石料、砂、陶粒、煤矸石等粗、细集料应符合相应标准规定。

②砌块粗集料最大粒径不大于 10mm；细集料小于 0.15mm 的颗粒不大于 20%。

4.自保温砌块的规格尺寸及尺寸允许偏差

表 2-138

项　　目	单　位	主规格尺寸	允许偏差
长度		390、290	
宽度	mm	190、240、280	±3
厚度		190	

注：①其他规格尺寸由供需双方商定。

②自承重墙体的砌块最小外壁厚不应小于 15mm，最小肋厚不应小于 15mm。

③承重墙体的砌块最小外壁厚不应小于 30mm，最小肋厚不应小于 25mm。

5.自保温砌块技术要求和外观质量

表 2-139

项　　目			指　　标		
强度等级	强　度　等　级		砌块抗压强度（MPa），不小于		
			平均值		最小值
	MU3.5		3.5		2.8
	MU5		5		4
	MU7.5		7.5		6
	MU10		10		8
	MU15		15		12
密度等级	密度等级		砌块干表观密度的范围（kg/m³）		
	500		≤500		
	600		510～600		
	700		610～700		
	800		710～800		
	900		810～900		
	1 000		910～1 000		
	1 100		1 010～1 100		
	1 200		1 110～1 200		
	1 300		1 210～1 300		
技术要求	抗冻性	使用条件	抗冻指标	质量损失率（%）	强度损失率（%）
		夏热冬冷地区	F25	≤5	≤25
		寒冷地区	F35		
		严寒地区	F50		
	去除填插保温材料后	干燥收缩率（%）	不大于	0.065	
		质量吸水率（%）		18	
	碳化系数		不小于	0.85	

	项　目	指　标
技术要求	软化系数	≥0.85
	抗渗性	三块中任一块的水面下降高度不大于 10mm
	放射性	符合 GB 6566 的规定
外观质量	弯曲(mm)	≤3
	缺棱掉角数(个)	≤2
	缺棱掉角在长、宽、高三个方向投影尺寸的最大值(mm)	≤30
	裂缝延伸投影的累计尺寸(mm)	≤30

注:①F25、F35、F50 分别指冻融循环 25 次、35 次、50 次。
　　②抗冻性指标,针对自保温砌块Ⅱ、Ⅲ类型,应去除填插保温材料后再进行测试。

6.自保温砌块的当量导热系数及当量蓄热系数等级

表 2-140

当 量 导 热 系 数		当 量 蓄 热 系 数	
当量导热系数等级	砌体当量导热系数[W/(m·K)]	当量蓄热系数等级	砌体当量蓄热系数[W/(m²·K)]
EC10	≤0.10	ES1	1.00～1.99
EC15	0.11～0.15	ES2	2.00～2.99
EC20	0.16～0.20	ES3	3.00～3.99
EC25	0.21～0.25	ES4	4.00～4.99
EC30	0.26～0.30	ES5	5.00～5.99
EC35	0.31～0.35	ES6	6.00～6.99
EC40	0.36～0.40	ES7	≥7.00

7.自保温砌块的交货状态

如果受检的 32 块砌块中,外观质量和尺寸偏差的不合格块数大于 5 时,该批砌块的外观质量和尺寸偏差不合格。

凡强度等级、密度等级、当量导热系数和当量蓄热系数、干燥收缩率和质量吸水率、抗渗性、抗冻性、碳化系数和软化系数、放射性中任一项检验结果不符合该等级技术要求的,以及用户对生产厂及检验结果有异议的,可进行复检。复检结果仍有不符合该等级要求的,则该批产品不合格。

自保温砌块自然养护满 28 天以上方可出厂。

8.自保温块的储运要求:

砌块应按规格、等级分批、分别堆放,不应混杂。堆放、运输时应有防雨防潮、排水和防火措施;装卸时应轻码轻放,严禁碰撞、扔摔或翻斗倾卸。

(二十七)混凝土路缘石(JC 899—2002)

混凝土路缘石是以水泥和密实集料为主要原料,经振动法、压缩法或以其他能达到同等效能之方法预制的铺设在路面边缘、路面界限及导水用的界石。其可视面可以是有面层(料)或无面层(料)的、本色或彩色及凿毛加工的。

缘石按产品代号,规格尺寸,强度、质量等级和本标准编号顺序进行标记。

示例:H 型的立缘石,规格尺寸 240mm×300mm×1 000mm,抗折强度等级为 C_f4.0,一等品的标记为:

　　　　CVC　H 240×300×1 000　(C_f4.0)　(B)　JC 899—2002

1.混凝土路缘石的分类和等级

表 2-141

分类形式	类别和级别					
形状和代号	混凝土路缘石（CC）	直线形路缘石（BCC）		混凝土平缘石（CFC）	曲线形路缘石（CCC）	直线形、截面L状路缘石（RACC）
		混凝土立缘石（CVC）	混凝土平面石（CGA）			
按抗折强度等级分		$C_f6.0$、$C_f5.0$、$C_f4.0$、$C_f3.0$				
按抗压强度等级分					C_c40、C_c35、C_c30、C_c25	
按截面分		H型、T型、R型、F型、P型、RA型				
按外观质量、尺寸偏差和物理性能分		优等品（A）、一等品（B）、合格品（C）				

注:①平缘石——顶面与路面平齐的路缘石。

②立缘石——顶面高出路面的路缘石。

③平面石——铺在路面与立缘石之间的平缘石。

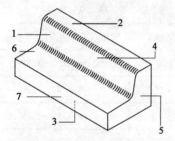

图 2-12　直线形、截面 L 状缘石示意图

1-侧面;2-顶面;3-底面;4-背面;

5-端面;6-下顶面;7-底侧面

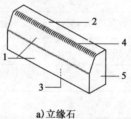

a)立缘石　　　　　b)平面石

图 2-13　直线形缘石示意图

注:图中 1～5 含义同图 2-12。

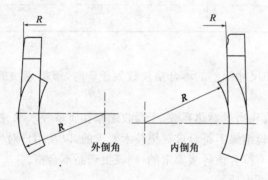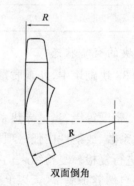

外倒角　　　内倒角

双面倒角

图 2-14　曲线形缘石示意图

2.混凝土路缘石的外观质量和尺寸允许偏差

表 2-142

类别	项　目		优等品（A）	一等品（B）	合格品（C）
外观质量	缺棱掉角影响顶面或正侧面的破坏最大投影尺寸(mm)	不大于	10	15	30
	面层非贯穿裂纹最大投影尺寸(mm)		0	10	20
	可视面粘皮(脱皮)及表面缺损最大面积(mm²)		20	30	40
	贯穿裂纹	不允许			
	分层	不允许			
	色差、杂色	不明显			

类别	项 目		优等品 (A)	一等品 (B)	合格品 (C)
尺寸 允许 偏差	长度 l(mm)		±3	+4 −3	+5 −3
	宽度 b(mm)		±3	+4 −3	+5 −3
	高度 h(mm)		±3	+4 −3	+5 −3
	平整度(mm)	不 大 于	2	3	4
	垂直度(mm)		2	3	4

注:①混凝土路缘石应边角齐全、外形完好、表面平整,可视面应有倒角。除斜面、圆弧面、边削角面构成的角以外,其他所有角应为直角。

②混凝土路缘石面层料厚度,包括倒角的表面任何一部位的厚度,应不小于4mm。

3. H、T、R、F、P 型路缘石

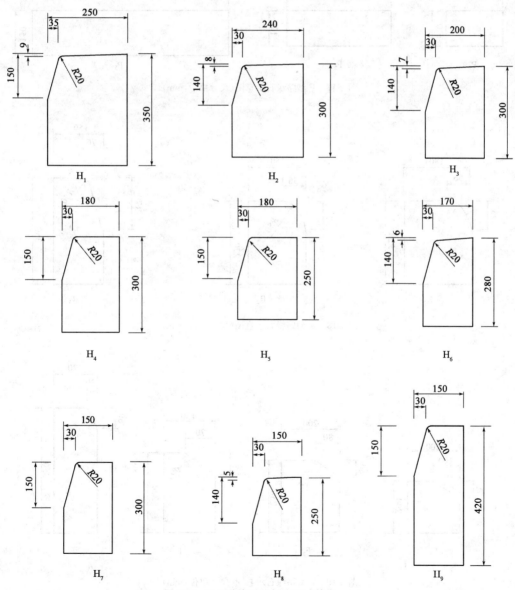

图 2-15 H 型路缘石示意图(尺寸单位:mm)

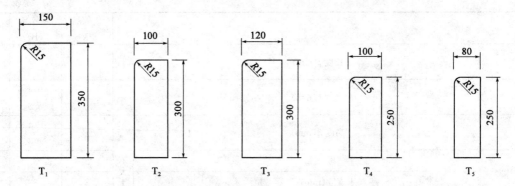

图 2-16　T 型路缘石示意图(尺寸单位:mm)

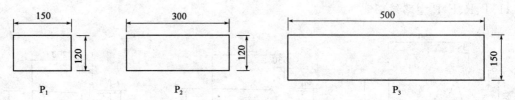

图 2-17　P 型路缘石示意图(尺寸单位:mm)

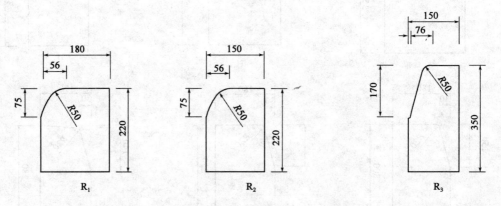

图 2-18　R 型路缘石示意图(尺寸单位:mm)

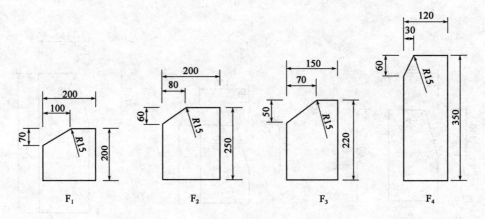

图 2-19　F 型路缘石示意图(尺寸单位:mm)

4. H、T、P、R、F 型路缘石的规格尺寸和截面参数

表 2-143

型　　号	宽度 b (mm)	高度 h (mm)	长度 l (mm)	截面模量 W_{ft} (cm³)
H_1	250	350		3 450
H_2	240	300		2 715
H_3	200	300		1 871
H_4	180	300	1 000	1 510
H_5	180	250	750	1 238
H_6	170	280	500	1 245
H_7	150	300		1 037
H_8	150	250		850
H_9	150	420		1 490
T_1	150	350		1 311
T_2	100	300	1 000	499
T_3	120	300	750	719
T_4	100	250	500 150	415
T_5	80	250		265
R_1	180	220	1 000	1 146
R_2	150	220	750	792
R_3	150	350	500	1 178
F_1	200	200	1 000	1 222
F_2	200	250	500	1 581
F_3	150	220	350	783
F_4	120	350		816
P_1	150	120	1 000	360
P_2	300	120	750	720
P_3	500	150	500	1 875

5. RA 型路缘石

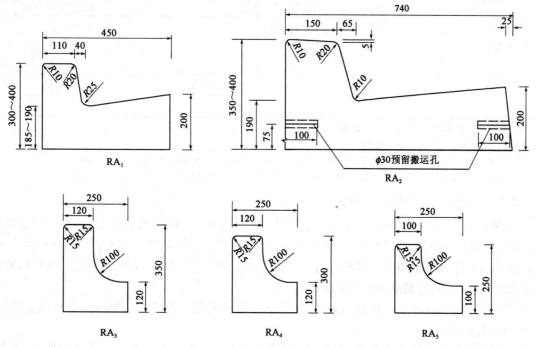

图 2-20　RA 型路缘石示意图(尺寸单位:mm)

6. RA 型路缘石规格尺寸和截面参数

型号	总宽度 b_1(mm)	顶面宽度 b_2(mm)	总高度 h_1(mm)	底座最小高度 h_2(mm)	长度 l(mm)
RA₁	450	110	300~400	185	500
RA₂	740	150	350~400	150~200	500
RA₃	250	120	350	120	250 500 750
RA₄	250	120	300	120	250 500 750
RA₅	250	100	250	100	250 500 750

7. 路缘石的力学性能和物理性能

表 2-145

<table>
<tr><td rowspan="2">力学性能</td><td>曲线形,直线形、截面L状缘石的抗压强度等级</td><td colspan="2">抗压强度(MPa),不小于</td><td rowspan="2">直线形缘石的抗折强度等级</td><td colspan="2">抗折强度(MPa),不小于</td></tr>
<tr><td>平均值</td><td>单块最小值</td><td>平均值</td><td>单块最小值</td></tr>
<tr><td></td><td>Cc25</td><td>25</td><td>20</td><td>Cf3.0</td><td>3</td><td>2.4</td></tr>
<tr><td></td><td>Cc30</td><td>30</td><td>24</td><td>Cf4.0</td><td>4</td><td>3.2</td></tr>
<tr><td></td><td>Cc35</td><td>35</td><td>28</td><td>Cf5.0</td><td>5</td><td>4</td></tr>
<tr><td></td><td>Cc40</td><td>40</td><td>32</td><td>Cf6.0</td><td>6</td><td>4.8</td></tr>
<tr><td rowspan="4">物理性能</td><td>抗冻性</td><td rowspan="2">寒冷地区
严寒地区</td><td colspan="4">经 D50 次冻融试验质量损失率,(%),不大于 —— 3</td></tr>
<tr><td>抗盐冻性</td><td colspan="4">经 ND25 次抗盐冻性试验质量损失(kg/m²),不大于 —— 0.5</td></tr>
<tr><td colspan="2" rowspan="2">吸水率(%),不大于</td><td>优等品(A)</td><td colspan="2">一等品(B)</td><td>合格品(C)</td></tr>
<tr><td>6</td><td colspan="2">7</td><td>8</td></tr>
</table>

注:①需做抗盐冻性试验时,可不做抗冻性试验。
②抽样时应抽取龄期不小于 28d 的试件。
③进行抗冻性试验时,应从缘石中切割出带有面层(料)和基层(料)的 100mm×100mm×100mm 的试块。
④寒冷地区、严寒地区冬季道路使用除冰盐除雪时及盐碱地区应进行抗盐冻试验。

8. 混凝土路缘石的交货状态、标志和储运要求

(1)如果受检的 13 块路缘石中,外观质量和尺寸偏差的不合格块数大于或等于 3 时,该批路缘石外观质量和尺寸偏差为不合格。如果不合格块数为 2 时,应进行复检,两次检验不合格总块数大于或等于 5 时,该批路缘石外观质量和尺寸偏差石为不合格。如果两次抽样检验不合格,可进行逐件检验处理,重新组成外观质量和尺寸偏差合格的批次。

(2)凡外观质量和尺寸允许偏差、力学性能、物理性能中的任一项检验结果不符合合格品的等级规定的,均为不合格品。

(3)出厂的混凝土路缘石至少有 2‰的产品在其背面或底面有明显的标志。为方便使用,供方应提

供路缘石的使用说明书,说明现场施工方法和要求及参考使用数量等。

(4)混凝土路缘石装运时应正侧面相向,排放稳实靠紧,应采取有效措施保护可视面。用吊装托架时,应捆扎牢固。运输时应避免碰撞,装卸时严禁抛、掷。汽车散装运输时,严禁倾倒卸车。储存场地应平整坚实,按种类、型号、规格、等级分别堆放,堆垛高度不宜超过1.5m。

(二十八)广场路面用天然石材(JC/T 2114—2012)

广场路面用天然石材适用于广场、道路及人行道使用。广场路面用天然石材按照产品用途分为广场石、路面石和路缘石;按照石料材质种类分为花岗石、大理石、石灰石、砂岩和板石。按照尺寸偏差、外观质量分为A级和B级两个等级。

广场石是用来铺设在广场的天然石材,宽度一般大于厚度的2倍以上。

路面石是用来铺设在道路或人行道的天然石材。

路缘石是作为道路或人行道缘饰的天然石材,主要有直线路缘石和弯曲路缘石,直线路缘石长度一般大于300mm,弯曲路缘石长度一般大于500mm。

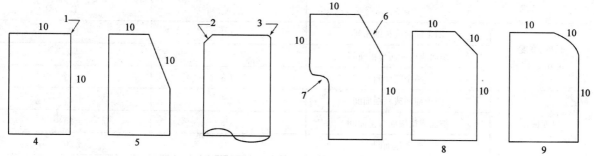

图 2-21 路缘石常规截面形状图

1-实际加工中进行倒角或圆角;2-倒角;3-圆角;4-矩形路缘石;5-斜坡路缘石;6-斜角;7-内洼面;8-斜角路缘石;9-圆角路缘石;10-表面

1. 广场路面用天然石材的标记

标记顺序为:名称(采用GB/T 17670规定的名称或编号)、分类、规格、等级、标准编号。

示例:用莱州樱花红花岗石荒料加工的900mm×600mm×50mm、A级广场石标记如下:

樱花红 (G3767) 广场石 900×600×50 A JC/T 2114—2012

2. 广场路面用天然石材的规格尺寸(mm)

表 2-146

长度、宽度系列	150、200、300、400、500、600、700、800、900、1 000、1 200、1 500、1 800
边长系列(多边形)	50、100、150、200、250、300
厚(高)度系列	50、75、100、150、200、250、300、350、400

3. 广场路面用天然石材尺寸偏差

(1)广场石尺寸偏差(mm)

表 2-147

项 目			技 术 要 求	
			A	B
长度、宽度偏差		≤700	±1	±2
		>700	±3	±5
	端面为劈裂面时边长偏差		±5	±8
厚度偏差		≤60	±3	±4
		>60	±4	±5
平面度公差	长度≤500	细面或精细面	2.0	3.0
		粗面	4.0	5.0

项 目			技 术 要 求	
			A	B
平面度公差	长度>500 且≤1 000	细面或精细面	3.0	4.0
		粗面	5.0	6.0
	长度>1 000	细面或精细面	4.0	6.0
		粗面	6.0	8.0
对角线差	<700		3	5
	≥700		5	8

（2）路面石尺寸偏差（mm）

表 2-148

项 目		技 术 要 求	
		A	B
长度、宽度（或边长）偏差	两个细面或精细面间	±3	±5
	细面或精细面与粗面间	±5	±8
	两个粗面间	±8	±10
厚度偏差	两个细面或精细面间	±5	±10
	细面或精细面与粗面间	±8	±15
	两个粗面间	±10	±20
表面平面度公差	细面或精细面	2.0	3.0
	粗面	3.0	5.0
端面垂直度公差	厚度≤60	2.0	5.0
	厚度>60	5.0	10.0

（3）路缘石尺寸偏差（mm）

表 2-149

项 目		技 术 要 求	
		A	B
长度、宽度偏差	两个细面或精细面间	±2	±3
	细面或精细面与粗面间	±4	±5
	两个粗面间	±8	±10
高度偏差	两个细面或精细面间	±5	±10
	细面或精细面与粗面间	±10	±15
	两个粗面间	±15	±20
斜面尺寸偏差	精细面	±2	±5
	细面	±5	±5
	粗面	±10	±15
平面度公差	细面或精细面	2.0	3.0
	粗面	5.0	6.0
垂直度公差		5.0	7.0

注：①斜面尺寸偏差适用于带斜面的路缘石。
　　②平面度公差适用于直线路缘石。

4.广场路面用天然石材外观缺陷

表 2-150

缺陷名称	规 定 内 容	技 术 要 求	
		A	B
缺棱	长度不超过 15mm,宽度不超过 5.0mm(长度小于 5mm,宽度小于 2.0mm 不计),周边每米长允许个数(个)	1	2
缺角	沿边长,长度≤15mm,宽度≤15mm(长度≤5mm,宽度≤5mm 不计),每块允许个数(个)		
裂纹	长度不超过两端顺延至边总长度的 1/10(长度小于 20mm 的不计),每块允许条数(条)		
色斑	面积不超过 20mm×30mm(面积小于 10mm×10mm 不计),每块允许个数(个)	2	3
色线	长度不超过两端顺延至边总长度的 1/10(长度小于 40mm 的不计),每块允许条数(条)		

注:①同一批石材应无明显色差,花纹应基本一致。
　　②表面棱应进行倒角处理,倒角一般不超过 2.0mm,特殊要求由供需双方协商确定。

5.广场路面用天然石材的物理性能

表 2-151

项 目			技 术 指 标				
			花岗石	大理石	石灰石	砂岩	板石
吸水率(%)		≤	0.60	0.50	3.00	3.00	0.25
干燥	压缩强度(MPa)	≥	100.0	52.0	55.0	68.9	—
水饱和							
干燥	抗折强度(MPa)	≥	8.0	6.9	6.9	6.9	20.0
水饱和							
耐磨性(1/cm³)		≥	25	10	10	8	8
抗冻性(%)		≥	80				
坚固性(%)		≤	0.5				

注:①石材应按照用途进行表面化学处理,并在出厂时予以注明。
　　②石材表面防滑系数应不小于 0.5。

6.广场路面用天然石材的交货和储运要求

(1)石材根据样本检验结果,如果发现的等级不合格数大于或等于规定的不合格判定数,则该批石材不符合该等级。

(2)石材外包装应注明:企业名称、商标、标记;须有"向上"和"小心轻放"的标志。对安装顺序有要求的石材,应在每块石材上标明安装序号。

(3)石材应按分类、等级等分别包装,并附产品合格证(包括产品名称、规格、等级、批号、检验员、出厂日期);石材间应加垫。包装应满足在正常条件下安全装卸、运输的要求。

(4)石材应按分类、规格、等级或工程安装部位分别码放。室外储存应加遮盖。运输过程中应防碰撞、滚摔。

三、装饰板材

(一)天然大理石建筑板材(GB/T 19766—2005)

天然大理石建筑板材适用于建筑装饰用。

1.天然大理石板材的分类和等级

表 2-152

项 目	类 别 （等级） 名 称、 代 号	
按形状分类	普通板(PX)	圆弧板(HM)
等级	按规格尺寸偏差、平面度公差、角度公差及外观质量分为优等品(A)、一等品(B)和合格品(C)	按规格尺寸偏差、直线度公差、线轮廓度公差及外观质量分为优等品(A)、一等品(B)和合格品(C)

注:圆弧板指装饰面轮廓线的曲率半径处处相同的饰面板材。

2.圆弧板的部位名称

3.天然大理石建筑板材的标记

标记顺序:荒料产地地名、花纹色调特征描述、大理石;编号(按 GB/T 17670 的规定)、类别、规格尺寸、等级、标准号。

示例:用房山汉白玉大理石荒料加工的 600mm×600mm×20mm、普型、优等品板材,标记为:

房山汉白玉大理石　M1101　PX　600×600×20　A　GB/T 19766—2005

4.天然大理石建筑板材的规格尺寸允许偏差

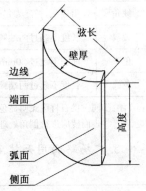

图 2-22　圆弧板部位名称图

表 2-153

类别	项 目		允 许 偏 差 （mm）		
			优等品	一等品	合格品
普型板	长度、宽度		0 −1.0		0 −1.5
	厚度 (mm)	≤12	±0.5	±0.8	±1.0
		>12	±1.0	±1.5	±2.0
	干挂板材厚度		+2.0 0		+3.0 0
圆弧板	弦长		0 −1.0		0 −1.5
	高度		0 −1.0		0 −1.5

注:圆弧板壁厚最小值应不小于20mm,各部位名称如图 2-23 所示。

5.普型板的平面度和角度允许公差

表 2-154

项目	板材长度 (mm)	允 许 公 差 （mm）		
		优等品	一等品	合格品
平面度	≤400	0.2	0.3	0.5
	>400~800	0.5	0.6	0.8
	>800	0.7	0.8	1.0
角度	≤400	0.3	0.4	0.5
	>400	0.4	0.5	0.7

注:普型板拼缝板材正面与侧面的夹角不得大于90°。

6.圆弧板的直线度和端面角度允许公差

表 2-155

项　　目		允　许　公　差　（mm）		
		优等品	一等品	合格品
直线度（按板材高度）（mm）	≤800	0.6	0.8	1.0
	>800	0.8	1.0	1.2
线轮廓度		0.8	1.0	1.2
端面角度		0.4	0.6	0.8

注：圆弧板侧面角 α（图 2-23）应不小于 90°。

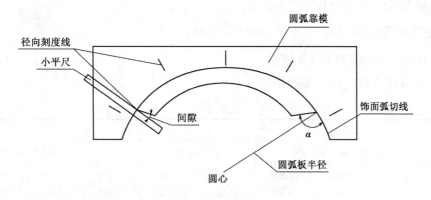

图 2-23　侧面角度示意图

7.天然大理石建筑板材正面外观缺陷的质量要求

表 2-156

名称	规　定　内　容	优等品	一等品	合格品
裂纹	长度超过 10mm 的不允许条数（条）			0
缺棱	长度不超过 8mm，宽度不超过 1.5mm（长度≤4mm，宽度≤1mm 不计），每米长允许个数（个）	0	1	2
缺角	沿板材边长顺延方向，长度≤3mm，宽度≤3mm（长度≤2mm，宽度≤2mm 不计），每块板允许个数（个）			
色斑	面积不超过 6cm² （面积小于 2cm² 不计），每块板允许个数（个）			
砂眼	直径在 2mm 以下	不明显		可以有，但不得影响装饰效果

注：①同一批板材的色调应基本调和，花纹应基本一致。
　　②板材允许黏结和修补。黏结和修补后应不影响板材的装饰效果和物理性能。

8.天然大理石建筑板材的物理性能

表 2-157

项　　目			指　　标
体积密度（g/cm³）		≥	2.30
吸水率（%）		≤	0.50
干燥压缩强度（MPa）		≥	50.0
干燥	弯曲强度（MPa）	≥	7.0
水饱和			
耐磨度（1/cm³）		≥	10

注：①为了颜色和设计效果，以两块或多块大理石组合拼接时，耐磨度差异应不大于 5，建议适用于经受严重踩踏的阶梯、地面和月台使用的石材耐磨度最小为 12。
　　②镜面板材的镜向光泽值应不低于 70 光泽单位，若有特殊要求，由供需双方协商确定。

9.天然大理石建筑板材的交货和储运要求

(1)同一品种、类别、等级的板材为一批。

(2)在规定的样本中发现的等级不合格品数大于或等于规定的不合格判定数,则该批产品不符合该等级。

(3)板材应按品种、类别、等级分别包装,并附产品合格证(包括产品名称、规格、等级、批号、检验员、出厂日期)。包装应满足在正常条件下安全装卸、运输的要求。

(4)包装箱上应注明企业名称、商标、标记;须有"向上"和"小心轻放"的标志并符合 GB/T 191—2000 中的规定。对安装顺序有要求的板材,应标明安装序号。

(5)板材在运输过程中应防碰撞、滚摔。储存时,应按板材品种、类别、等级或工程安装部位分别码放。板材应在室内储存,室外储存时应加遮盖。

(二)天然花岗石建筑板材(GB/T 18601—2009)

天然花岗石建筑板材适用于建筑装饰。

1.天然花岗石建筑板材的分类和等级

表 2-158

项 目	分 类 及 依 据								
	按表面加工程度分			按用途分		按形状分			
类别名称及代号	镜面板（JM）	细面板（YG）	粗面板（CM）	一般用途	功能用途	毛光板（MG）	普型板（PX）	圆弧板（HM）	异形板（YX）
用途和按加工质量及外观质量分的等级、代号				用于一般性装饰	用于结构性承载或特殊功能要求	按厚度偏差、平面度公差、外观质量等分为优等品(A)、一等品(B)和合格品(C)	按规格尺寸偏差、平面度公差、角度公差及外观质量等分为优等品(A)、一等品(B)和合格品(C)	按规格尺寸偏差、直线度公差、线轮廓度公差及外观质量等分为优等品(A)、一等品(B)和合格品(C)	

2.天然花岗石建筑圆弧板材的部位名称

同天然大理石建筑圆弧板材,见图 2-22。

3.天然花岗石建筑板材的标记

标记顺序为:名称、类别、规格尺寸、等级、标准编号。其中:名称采用 GB/T 17670 规定的名称或编号。

示例:用山东济南青花岗石荒料加工的 600mm×600mm×20mm、普型、镜面、优等品板材,标记为:

济南青花岗石 （G3701） PX JM 600×600×20 A GB/T 18601—2000

4.天然花岗石建筑板材规格板的尺寸系列

表 2-159

长度系列	mm	300、305、400、500、600、800、900、1 000、1 200、1 500、1 800
厚度系列		10、12、15、18、20、25、30、35、40、50

注:①长度系列 300、305、600mm 和厚度系列 10、20mm 为常用规格。
　　②圆弧板、异型板和特殊要求的普型板规格尺寸由供需双方协商确定。

5.天然花岗石普型板和圆弧板规格尺寸允许偏差(mm)

表 2-160

类别	项目		技术指标					
			镜面和细面板材			粗面板材		
			优等品	一等品	合格品	优等品	一等品	合格品
普型板	长度、宽度		0 −1.0		0 −1.5	0 −1.0		0 −1.5
	厚度	≤12	±0.5	±1.0	+1.0 −1.5	—		
		>12	±1.0	±1.5	±2.0	+1.0 −2.0	±2.0	+2.0 −3.0
圆弧板	弦长		0 −1.0		0 −1.5	0 −1.5	0 −2.0	
	高度					0 −1.0		0 −1.5

注:圆弧板壁厚最小值应不小于 18mm。

6.天然花岗石普型板平面度和角度允许公差(mm)

表 2-161

项目	板材长度 L	技术指标					
		镜面和细面板材			粗面板材		
		优等品	一等品	合格品	优等品	一等品	合格品
平面度允许公差	≤400	0.20	0.35	0.50	0.60	0.80	1.00
	400~800	0.50	0.65	0.80	1.20	1.50	1.80
	>800	0.70	0.85	1.00	1.50	1.80	2.00

角度允许公差		优等品	一等品	合格品
	≤400	0.30	0.50	0.80
	>400	0.40	0.60	1.00

注:①普型板拼缝板材正面与侧面的夹角不应大于 90°。
　　②镜面普型板板材的镜向光泽度应不低于 80 光泽单位,特殊需要和圆弧板由供需双方商定。

7.天然花岗石毛光板的平面度和角度公差(mm)

表 2-162

项目		技术指标					
		镜面和细面板材			粗面板材		
		优等品	一等品	合格品	优等品	一等品	合格品
平面度		0.80	1.00	1.50	1.50	2.00	3.00
厚度	≤12	±0.5	±1.0	+1.0 −1.5	—		
	>12	±1.0	±1.5	±2.0	+1.0 −2.0	±2.0	+2.0 −3.0

8.天然花岗石圆弧板允许公差(mm)

表 2-163

项 目		技 术 指 标					
		镜面和细面板材			粗 面 板 材		
		优等品	一等品	合格品	优等品	一等品	合格品
直线度 (按板材高度)	≤800	0.80	1.00	1.20	1.00	1.20	1.50
	>800	1.00	1.20	1.50	1.50	1.50	2.00
线轮廓度		0.80	1.00	1.20	1.00	1.50	2.00
端面角度		优等品 0.40,一等品 0.60,合格品 0.80					

注:圆弧板侧面角 α 应不小于90°,见图 2-23。

9.天然花岗石建筑板材正面外观缺陷的规定

表 2-164

缺陷名称	规 定 内 容	技 术 指 标		
		优等品	一等品	合格品
缺棱	长度≤10mm,宽度≤1.2mm(长度<5mm,宽度<1.0mm 不计),周边每米长允许个数(个)	0	1	2
缺角	沿板材边长,长度≤3mm,宽度≤3mm(长度≤2mm,宽度≤2mm 不计),每块允许个数(个)			
裂纹	长度不超过两端顺延至板边总长度的 1/10(长度小于 20mm 不计),每块板允许条数(条)			
色斑	面积≤15mm×30mm(面积<10mm×10mm 不计),每块板允许个数(个)		2	3
色线	长度不超过两端顺延至板边总长度的 1/10(长度<40mm 不计),每块板允许条数(条)			

注:①干挂板材不允许有裂纹存在。
②毛光板外观缺陷不包括缺棱和缺角。
③同一批板材的色调应基本调和,花纹应基本一致。

10.天然花岗石建筑板材的物理性能

表 2-165

项 目			技 术 指 标	
			一 般 用 途	功 能 用 途
体积密度(g/cm³)		≥	2.56	2.56
吸水率(%)		≤	0.60	0.40
压缩强度(MPa)	≥	干燥	100	131
		水饱和		
弯曲强度(MPa)	≥	干燥	8.0	8.3
		水饱和		
耐磨性(1/cm³)		≥	25	25

注:①使用在地面、楼梯踏步、台面等严重踩踏或磨损部位的花岗石石材应检验耐磨性。
②工程对石材物理性能项目及指标有特殊要求的,按工程要求执行。

11.天然花岗石建筑板材的交货和储运要求

同天然大理石建筑板材。

(三)天然石灰石建筑板材(GB/T 23453—2009)

天然石灰石建筑板材包括天然石灰石板材和石灰华(一种白色多孔的石灰岩)板材。适用于建筑装饰。

1. 天然石灰石建筑板材的分类和等级

表 2-166

项 目	分 类 及 依 据						
	按 密 度 （g/cm³） 分			按 形 状 分			
类别名称及代号	低密度石灰石	中密度石灰石	高密度石灰石	毛光板（MG）	普型板（PX）	圆弧板（HM）	异形板（YX）
密度和按加工质量及外观质量分的等级、代号	密度为1.76～2.16	密度为2.16～2.56	密度≥2.56	按厚度偏差、平面度公差、外观质量等分为优等品（A）、一等品（B）和合格品（C）	按规格尺寸偏差、平面度公差、角度公差及外观质量等分为优等品（A）、一等品（B）和合格品（C）	按规格尺寸偏差、直线度公差、线轮廓度公差及外观质量等分为优等品（A）、一等品（B）和合格品（C）	

2. 天然石灰石建筑圆弧板材的部位名称

同天然大理石建筑圆弧板材，见图 2-23。

3. 天然石灰石建筑板材的标记

标记顺序：名称、类别、规格尺寸、等级、标准编号。其中名称：采用 GB/T 17670 规定的名称或编号。

示例：用河南黑石灰石荒料加工的 600mm×600mm×20mm、普型、优等品板材，标记如下：

河南黑石灰石 （L1113） PX 600×600×20 A GB/T 23453—2009

4. 天然石灰石建筑板材规格板的尺寸系列

表 2-167

长度系列(mm)	300、305、400、500、600、800、900、1 000、1 200、1 500、1 800
厚度系列(mm)	10、12、15、18、20、25、30、35、40、50

注：①长度系列 300、305、500、600mm 和厚度系列 10、20mm 为常用规格。
②圆弧板、异型板和特殊要求的普型板规格尺寸由供需双方协商确定。

5. 天然石灰石普型板和圆弧板规格尺寸允许偏差(mm)

表 2-168

类 别	项 目		允 许 偏 差		
			优等品	一等品	合格品
普型板	长度、宽度		0 −1.0		0 −1.5
	厚度	≤12	±0.5	±0.8	±1.0
		>12	±1.0	±1.5	±2.0
圆弧形	弦长		0 −1.0		0 −1.5
	高度				

注：圆弧板壁厚最小值应不小于 20mm。

6. 天然石灰石毛光板平面度公差和厚度偏差(mm)

表 2-169

项 目		技 术 指 标		
		优等品	一等品	合格品
平面度公差		−0.80	1.00	1.50
厚度偏差	≤12	±0.5	±0.8	±1.0
	>12	±1.0	±1.5	±2.0

7. 天然石灰石圆弧板允许公差(mm)

表 2-170

项 目		允 许 公 差		
		优等品	一等品	合格品
直线度 (按板材高度)	≤800	0.60	0.80	1.00
	>800	0.80	1.00	1.20
线轮廓度		0.80	1.00	1.20
端面角度		0.40	0.60	0.80

注:圆弧板侧面角 α 应不小于90°,见图2-24。

8. 天然石灰石普型板平面度和角度允许公差(mm)

表 2-171

项目	板材长度	允 许 公 差		
		优等品	一等品	合格品
平面度允许公差	≤400	0.20	0.30	0.50
	>400~800	0.50	0.60	0.80
	>800	0.70	0.80	1.00
角度允许公差	≤400	0.30	0.40	0.50
	>400	0.40	0.50	0.70

注:①普型板拼缝板材正面与侧面的夹角不得大于90°。
②板材的镜向光泽度值由供需双方商定。

9. 天然石灰石建筑板材正面外观缺陷的规定

表 2-172

缺陷 名称	规 定 内 容		技 术 指 标		
			优等品	一等品	合格品
裂纹	长度≥10mm 的条数	(条)		0	
缺棱	长度≤8mm,宽度≤1.5mm(长度≤4mm,宽度≤1mm 的不计),每米长允许个数 (个)		0	1	2
缺角	沿板材边长顺延方向,长度≤3mm,宽度≤3mm(长度≤2mm,宽度≤2mm 的不计),每块板允许个数 (个)				
色斑	面积≤5cm²(面积<2cm² 的不计),每块板允许个数 (个)				
砂眼	直径<2mm		不明显		可以有,但不得影响 装饰效果

注:①同一批板材的色调应基本调和,花纹应基本一致。
②板材允许黏结和补修,黏结和补修后应不影响板材的装饰效果,也不应降低板材的物理性能。
③缺棱、缺角对毛光板不作要求。

10. 天然石灰石建筑板材的物理性能

表 2-173

项 目		技 术 指 标		
		低密度石灰石	中密度石灰石	高密度石灰石
吸水率(%) ≤		12.0	7.5	3.0
压缩强度(MPa) ≥	干燥	12	28	55
	水饱和			
弯曲强度(MPa) ≥	干燥	2.9	3.4	6.9
	水饱和			
耐磨性(1/cm³) ≥		10	10	10

注:①耐磨性仅适用在地面、楼梯踏步、台面等易磨损部位的石灰石石材。
②工程对天然石灰石建筑板材物理性能及项目有特殊要求的,按工程要求执行。

11.天然石灰石建筑板材的交货和储运要求

同天然大理石建筑板材。

(四)纸面石膏板(GB/T 9775—2008)

纸面石膏板适用于建筑物中用作非承重内隔墙体和吊顶用。也可用于二次饰面加工的装饰纸面石膏板的基板。

1.纸面石膏板的分类

表 2-174

种类和代号(按功能分类)				形状和代号(按形状分类)			
普通纸面石膏板(P)	耐水纸面石膏板(S)	耐火纸面石膏板(H)	耐水耐火纸面石膏板(SH)	矩形(J)	倒角形(D)	楔形(C)	圆形(Y)
				图示			
—	—	—	—				

2.纸面石膏板的规格尺寸和尺寸偏差(mm)

表 2-175

项目	规格尺寸	尺寸偏差	
公称长度	1 500、1 800、2 100、2 400、2 440、2 700、3 000、3 300、3 600、3 660	长度	−6～0
公称宽度	600、900、1 200、1 220	宽度	−5～0
公称厚度	9.5、12.0、15.0、18.0、21.0、25.0	厚度 9.5	±0.5
		≥12.0	±0.6

注:棱边形状为楔形的板材,楔形棱边宽度应为30～80mm,楔形棱边深度应为0.6～1.9mm。

3.纸面石膏板的标记

纸面石膏板按产品名称、板类代号、棱边形状代号、长度、宽度、厚度以及标准编号。

示例:长度为3 000mm、宽度为1 200mm、厚度为12.0mm、具有楔形棱边形状的普通纸面石膏板,标记为:

纸面石膏板 PC 3 000×1 200×12.0 GB/T 9775—2008

4.纸面石膏板的外观质量

表 2-176

项目	外 观 质 量 要 求
板面	板面应平整,不应有影响使用的波纹、沟槽、亏料、漏料、划伤、破损和污痕等缺陷
对角线	板材应切割成矩形,两对角线长度偏差不应大于5mm

5.纸面石膏板的物理力学性能

表 2-177

板材厚度(mm)	断裂荷载(N),不小于				面密度(kg/m²)
	纵向		横向		
	平均值	最小值	平均值	最小值	
9.5	400	360	160	140	9.5
12.0	520	460	200	180	12.0
15.0	650	580	250	220	15.0

项　　目		指　　标				
板材厚度 （mm）		断裂荷载（N），不小于				面密度 （kg/m²）
		纵向		横向		
		平均值	最小值	平均值	最小值	
18.0		770	700	300	270	18.0
21.0		900	810	350	320	21.0
25.0		1 100	970	420	380	25.0
硬度（N）	不小于	70（板材的棱边硬度和端头硬度）				
抗冲击性		经冲击后，板材背面应无径向裂纹				
黏结性		护面纸与芯材应不剥离				
吸水率（%）	不大于	10				
表面吸水量（g/m²）	不大于	160				
遇火稳定性（min）	不少于	20				
受潮挠度		供需双方商定				
剪切力						

注：①吸水率和表面吸水量仅适用于耐水纸面石膏板和耐水耐火纸面石膏板。
　　②遇火稳定性仅适用于耐火纸面石膏板和耐水耐火纸面石膏板。

6.纸面石膏板的交货和储运要求

(1)标志。产品或包装上应标明以下内容：

①生产企业名称、详细地址；

②产品的标记、产品的商标以及生产日期；

③产品的包装规格、数量。

(2)包装。产品包装出厂时应有防潮措施；包装内应附有产品合格证或检验合格章；外包装材料上标注包装储运图文标志、防潮标志、小心轻放标志等。

(3)堆放。堆放场地应坚实、平整、干燥。板材按不同型号、规格在室内分类、水平堆放。堆放时用垫条使板材和地面隔开，并不使板材在堆放时变形、受潮。运输过程中应避免撞击破损，并防止板材受潮。

四、瓦

(一)烧结瓦（GB/T 21149—2007）

烧结瓦由黏土或其他非金属原料，经成型、烧结等工艺制成，用于建筑屋面覆盖及装饰。烧结瓦通常根据形状、表面状态、吸水率不同来进行分类和具体产品命名。

1.烧结瓦的分类

表 2-178

分类形式	类　别　名　称			
按吸水率（%）分	Ⅰ类瓦　≥6	Ⅱ类瓦　6～10	Ⅲ类瓦　10～18	青瓦　≤2
按形状分	平瓦（图 2-25）、脊瓦（图 2-26）、三曲瓦（图 2-27）、双筒瓦（图 2-28）、鱼鳞瓦（图 2-29）、牛舌瓦（图 2-30）、板瓦（图 2-31）、滴水瓦（图 2-32）、筒瓦（图 2-33）、沟头瓦（图 2-34）、J 形瓦（图 2-35）、S 形瓦（图 2-36）、波形瓦（图 2-37）和其他异形瓦及其配件、饰件			
按表面状态分	有釉瓦（含表面经加工处理形成的装饰薄膜层）和无釉瓦			
按质量等级分	根据尺寸偏差和外观质量分为优等品（A）、合格品（C）			

2.瓦的标记

瓦的产品标记按产品品种、等级、规格和标准编号顺序编写。

示例:外形尺寸305mm×205mm、合格品、Ⅲ类有釉平瓦的标记为:

釉平瓦 Ⅲ C 305×205 GB/T 21449—2007

3.瓦的通常规格及主要结构尺寸

表 2-179

产品类别	规格(mm)	基 本 尺 寸 (mm)							
平瓦	400×240~ 360~220	厚度	瓦槽深度	边筋高度	搭接部分长度		瓦 爪		
					头尾	内外槽	压制瓦	挤出瓦	后爪有效高度
		10~20	≥10	≥3	50~70	25~40	具有四个瓦爪	保证两个后爪	≥5
脊瓦	$L≥300$ $b≥180$	h	l_1				d		h_1
		10~20	25~35				$>b/4$		≥5
三曲瓦、双筒瓦、 鱼鳞瓦、牛舌瓦	300×200~ 150×150	8~12	同一品种、规格瓦的曲度或弧度应保持基本一致						
板瓦、筒瓦、滴水 瓦、沟头瓦	430×350~ 110×50	8~16							
J形瓦、S形瓦	320×320~ 250×250	12~20	谷深$c≥35$,头尾搭接部分长度50~70,左右搭接部分长度30~50						
波形瓦	420×330	12~20	瓦脊高度≤35,头尾搭接部分长度30~70,内外槽搭接部分长度25~40						

注:①瓦之间以及和配件、饰件搭配使用时应保证搭接合适。
　　②对以拉挂为主铺设的瓦,应有1~2个孔,能有效拉挂的孔1个以上,钉孔或钢丝孔铺设后不能漏水。
　　③瓦的正面或背面可以有以加固、挡水等为目的的加强筋、凹凸纹等。
　　④需要黏结的部位不得附着大量釉以致妨碍黏结。
　　⑤产品规格及结构尺寸,由供需双方协定,规格以长和宽的外形尺寸表示。

4.瓦的尺寸允许偏差(mm)

表 2-180

外形尺寸范围(mm)	偏 差	
	优等品	合格品
$L(b)≥350$	±4	±6
$250≤L(b)<350$	±3	±5
$200≤L(b)<250$	±2	±4
$L(b)<200$	±1	±3

5.瓦的形状

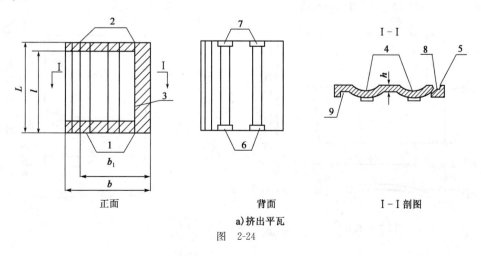

正面　　　　　　　　背面　　　　　　　Ⅰ-Ⅰ剖图

a)挤出平瓦

图 2-24

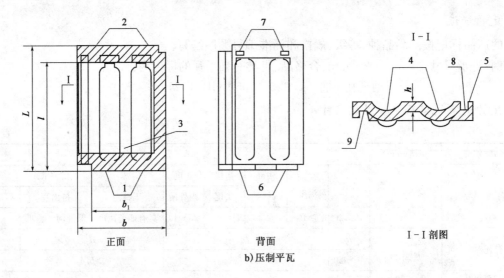

b)压制平瓦

图 2-24　平瓦类

注:平瓦正面图中的阴影中部分为搭接部分。

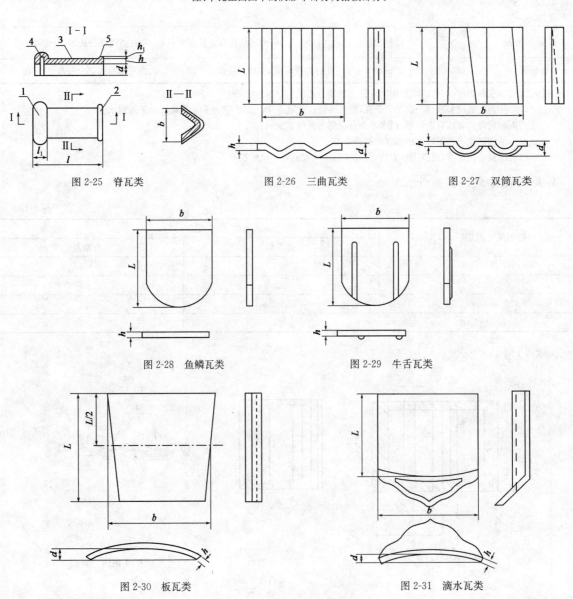

图 2-25　脊瓦类　　　　图 2-26　三曲瓦类　　　　图 2-27　双筒瓦类

图 2-28　鱼鳞瓦类　　　　　　图 2-29　牛舌瓦类

图 2-30　板瓦类　　　　　　　图 2-31　滴水瓦类

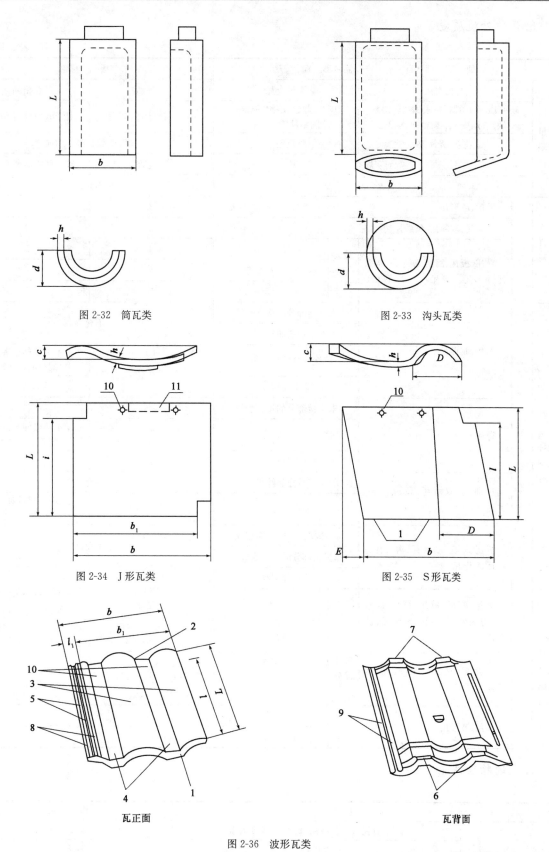

图 2-32 筒瓦类

图 2-33 沟头瓦类

图 2-34 J形瓦类

图 2-35 S形瓦类

瓦正面

瓦背面

图 2-36 波形瓦类

图 2-24～图 2-36 图注:

1-瓦头;2-瓦尾;3-瓦脊;4-瓦槽;5-边筋;6-前爪;7-后爪;8-外槽;9-内槽;10-钉孔或钢丝孔;11-挂钩;$L(l)$-(有效)长度;$b(b_1)$-(有效)宽度;h-厚度;d-曲度或弧度;c-谷深;D-峰宽;l_1-内外槽搭接部分长度;h_1-边筋高度

6.瓦的外观质量

表2-181

缺陷项目和产品类别				指　标	
表面质量缺陷项目		有釉类瓦	无釉类瓦	优等品	合格品
		缺釉、斑点、落脏、棕眼、溶洞、图案缺陷、烟熏、釉缕、釉泡、釉裂	斑点、起包、溶洞、麻面、图案缺陷、烟熏	距1m处目测不明显	距2m处目测不明显
		色差、光泽差	色差	距2m处目测不明显	
		石灰爆裂		不允许	破坏尺寸不大于5mm
		欠火、分层		不允许	
最大允许变形(mm)	产品类别	平瓦、波形瓦	不大于	3	4
		三曲瓦、双筒瓦、鱼鳞瓦、牛舌瓦	不大于	2	3
		脊瓦、板瓦、筒瓦、滴水瓦、沟头瓦、J形瓦、S形瓦　不大于	最大外形尺寸　$L \leqslant 250$	3	5
			$250 < L < 350$	4	6
			$L \geqslant 350$	5	7
裂纹长度允许范围(mm)		平瓦、波形瓦	未搭接部分的贯穿裂纹	不允许	
			边筋断裂		
			搭接部分的贯穿裂纹	不允许	不得延伸至搭接部分的1/2处
			非贯穿裂纹		≤30
		脊瓦	未搭接部分的贯穿裂纹	不允许	
			搭接部分的贯穿裂纹	不允许	不得延伸至搭接部分的1/2处
			非贯穿裂纹		≤30
		三曲瓦、双筒瓦、鱼鳞瓦、牛舌瓦	贯穿裂纹	不允许	
			非贯穿裂纹	不允许	不得超过对应边长的6%
		板瓦、筒瓦、滴水瓦、沟头瓦、J形瓦、S形瓦	未搭接部分的贯穿裂纹	不允许	
			搭接部分的贯穿裂纹		
			非贯穿裂纹	不允许	≤30
磕碰、釉粘允许范围(mm)		平瓦、脊瓦、板瓦、筒瓦、滴水瓦、沟头瓦、J形瓦、S形瓦、波形瓦	破坏部分　可见面	不允许	破坏尺寸不得同时大于10×10
			隐蔽面	破坏尺寸不得同时大于12×12	破坏尺寸不得同时大于18×18
		三曲瓦、双筒瓦、鱼鳞瓦、牛舌瓦	正面	不允许	
			背面	破坏尺寸不得同时大于5×5	破坏尺寸不得同时大于10×10
		平瓦、波形瓦	边筋	不允许	
			后爪	不允许	

7.瓦的物理性能

表2-182

项　目		指　标
弯曲破坏荷重(N) 产品类别	平瓦、脊瓦、板瓦、筒瓦、滴水瓦、沟头瓦类	≥1 200
	青瓦类	≥850
	J形瓦、S形瓦、波形瓦类	≥1 600
弯曲强度(MPa)	三曲瓦、双筒瓦、鱼鳞瓦、牛舌瓦类	≥8.0

项　目	指　标
抗冻性(经 15 次冻融循环)	不出现剥落、掉角及裂纹增加现象
耐急冷急热性(经 10 次急冷急热循环)	不出现炸裂、剥落及裂纹延长现象
吸水率(%)	Ⅰ类瓦≤6.0,6<Ⅱ类瓦≤10.0, 10<Ⅲ类瓦≤18.0,青瓦≤21.0
抗渗性	经 3h 试验,瓦背面无水滴产生

注:①耐急冷急热性要求只适用于有釉瓦类。
　　②抗渗性要求只适用于无釉瓦类。如果吸水率不大于 10% 时,可取消抗渗性要求,否则必须进行抗渗试验。
　　③其他异性瓦类和配件、饰件的物理性能要求参照本表执行。

8.瓦的交货及储运要求

(1)瓦的尺寸偏差、外观质量、抗弯曲性能及吸水率中任一项检验结果不符合要求的,该批产品不合格。

(2)产品上应有商标,图案应清晰、牢固。

(3)产品按品种、规格尺寸、质量等级、色号分别包装。包装应牢固、捆紧,保证运输时不会摇晃碰坏。特殊产品可按照用户需求包装。

产品应按品种、规格、质量等级、色号分别整齐堆放。装卸时要轻拿轻放,严禁摔扔。运输时应避免碰撞。

(4)为方便使用,供方应按 GB 50345—2004、00J202-1、00(03)J202-1、01J202-2 和 03J203 的规定提供所生产瓦的使用说明书,说明其铺设方式、黏结及固定材料和标准屋面的坡度、坡长、单件瓦的重量、每平方米参考使用数量等。必要时可协商有偿或无偿的技术服务。屋面工程质量按 GB 50207—2012 的规定进行验收。

(二)混凝土瓦(JC/T 746—2007)

混凝土瓦是由水泥、细集料和水等为主要原材料经拌和、挤压、静压成型或其他成型方法制成的用于坡屋面的屋面瓦和配件瓦的统称。混凝土瓦可以是本色的、着色的或表面经过处理的。

混凝土瓦分为:混凝土屋面瓦(简称屋面瓦)、混凝土配件瓦(简称配件瓦)。屋面瓦又分为:混凝土波形屋面瓦(简称波形瓦,图 2-37)、混凝土平板屋面瓦(简称平板瓦,图 2-38)。

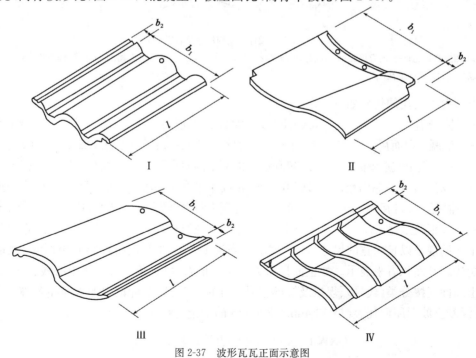

图 2-37　波形瓦瓦正面示意图

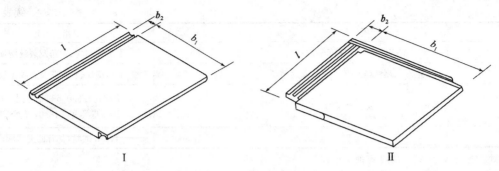

图 2-38 平板瓦瓦正面示意图

l-长度;b_1-遮盖宽度;b_2-搭接宽度

配件瓦包括:四向脊顶瓦、三向脊顶瓦、脊瓦、花脊瓦、单向脊瓦、斜脊封头瓦、平脊封头瓦、檐口瓦、檐口封瓦、檐口顶瓦、排水沟瓦、通风瓦、通风管瓦等,如图 2-39 所示。

混凝土瓦按颜色还可分为:混凝土本色瓦(简称素瓦)、混凝土彩色瓦(简称彩瓦)。

规格特异的、非普通混凝土原材料生产的、JC/T 746 标准技术指标及检验方法未涵盖的混凝土瓦,称为特殊性能混凝土瓦。

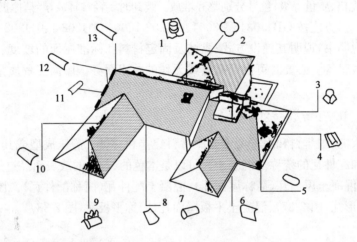

图 2-39 配件瓦结构形状及名称

1-通风管瓦;2-四向脊顶瓦;3-三向脊顶瓦;4-通风瓦;5-斜脊封头瓦;6-单向脊瓦;7-平脊封头瓦;8-排水沟瓦;9-花脊瓦;10-脊瓦;11-檐口封瓦;12-檐口瓦;13-檐口顶瓦

各种类型混凝土瓦的代号如下:

CT——混凝土瓦;

CRT——混凝土屋面瓦;

CRWT——混凝土波形屋面瓦;

CRFT——混凝土平板屋面瓦;

CFT——混凝土配件瓦;

10. CST——混凝土脊瓦;

6. CUFT——混凝土单向脊瓦;

3. CTST——混凝土三向脊顶瓦脊;

2. CFDT——混凝土四向脊顶瓦;

7. CFRT——混凝土平脊封头瓦;

5. CSRT——混凝土斜脊封头瓦;

9. CDFT——混凝土花脊瓦;

12. CCT——混凝土檐口瓦;

11. CCST——混凝土檐口封瓦;

13. CCTT——混凝土檐口顶瓦;

4. CVT——混凝土通风瓦;

1. CVPT——混凝土通风管瓦;

8. CDT——混凝土排水沟瓦。

混凝土瓦的规格以长×宽的尺寸(mm)表示。当混凝土瓦外形正面投影非矩形者,规格应选择两条边乘积能代表其面积者来表示。如正面投影为直角梯形者,以直角边长×腰中心线长表示。

混凝土屋面瓦按分类(代号)、规格及标准编号顺序标记(可以在标记中加入商品名称)。

示例:混凝土波形屋面瓦、规格 430mm×320mm 的标记为:

CRWT　430×320　JC/T 746—2007

1. 混凝土瓦的外观质量和尺寸允许偏差

表 2-183

类别	项 目		指 标
外观质量	掉角：在瓦正表面的角两边的破坏尺寸(mm)	均不得大于	8
	瓦爪残缺		允许一爪有缺陷，但小于爪高的 1/3
	边筋残缺：边筋短缺、断裂		不允许
	擦边长度(在瓦正表面上造成的破坏宽度小于 5mm 者不计)(mm)	不得超过	30
	裂纹		不允许
	分层		不允许
	涂层		瓦表面涂层完好
尺寸允许偏差(mm)	长度偏差绝对值	不大于	4
	宽度偏差绝对值		3
	方正度偏差		4
	平面性偏差		3

注：①混凝土瓦应瓦型清晰、边缘规整。屋面瓦应瓦爪齐全。
②混凝土瓦若有固定孔，其布置要确保屋面瓦或配件瓦与挂瓦条的连接完全可靠。固定孔的布置和结构应保证不影响混凝土瓦正常的使用功能。
③在遮盖宽度范围内单色混凝土瓦应无明显色泽差别，多色混凝土瓦的色泽由供需双方商定。

2. 混凝土屋面瓦的承载力标准值

表 2-184

项 目	波形屋面瓦						平板屋面瓦		
瓦脊高度 d(mm)	$d>20$			$d\leqslant20$			—		
遮盖宽度 b_1(mm)	$b_1\leqslant200$,	$200<b_1<300$,	$b_1\geqslant300$						
承载力标准值 F_c(N)	1 800	1 200	$6b_1$	1 200	900	$3b_1+300$	1 000	800	$2b_1+400$

注：①混凝土屋面瓦的承载力不得小于承载力标准值。
②混凝土屋面瓦经抗冻性能检验后，其承载力仍不得小于承载力标准值。同时外观质量应符合标准规定。
③混凝土配件瓦的承载力不作具体要求。

3. 混凝土瓦的技术要求

表 2-185

项 目		指 标
质量标准差(g)	不大于	180
吸水率(%)		10
利用工业废渣生产的，其放射性核素限量		应符合 GB 6566 的规定

注：①混凝土瓦经抗渗性能检验后，瓦的背面不得出现水滴现象。
②混凝土彩色瓦经耐热性能检验后，表面涂层应完好。
③特殊性能混凝土瓦的技术指标及检测方法由供需双方商定。
④抽样时应抽取龄期不小于 28d 的试件，抽样单上应标明是素瓦还是彩瓦，瓦脊高度和遮盖宽度。

4. 混凝土瓦的交货状态、标志和储运要求

(1)凡外观质量和尺寸允许偏差、物理、力学性能中的任一项检验结果不符合规定的，均为不合格品。

(2)如果受检的 7 块瓦中，外观质量和尺寸偏差的不合格块数大于或等于 3 时，该批瓦外观质量和尺寸偏差为不合格。如果不合格块数不超过 3 片，且物理、力学性能指标不合格项目不超过一项时，允许进行一次复检，两次检验结果仍存在不合格项目的，该批瓦为不合格。

(3)出厂的混凝土瓦在产品表面上，应有永久性的商标或生产企业简称。为方便使用，供方应提供瓦的使用说明书，介绍产品的外形结构、瓦爪高度、固定孔位置、脊瓦高度、遮盖宽度、质量、现场施工方法及参考使用数量等。

(4)混凝土瓦根据需要可散装或使用捆扎、托架或其他材料包装：宜按品种、色别分别包装；有特殊

需要可根据用户要求进行包装。包装时应采取有效措施保护可视面。装运时应垂直立放,排放稳实靠紧,避免碰撞,装卸时严禁抛、掷。储存场地应平整坚实,按品种、规格分别堆放。

(三)玻璃纤维增强水泥波瓦及其脊瓦(JC/T 567—2008)

玻璃纤维增强水泥波瓦及其脊瓦(图2-40～图2-42)是以耐碱玻璃纤维为增强材料,快硬硫铝酸盐水泥或低碱度硫铝酸盐水泥为胶凝材料制成的。玻璃纤维增强水泥瓦代号GRC。

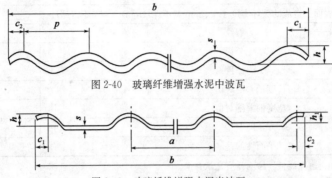

图2-40 玻璃纤维增强水泥中波瓦

图2-41 玻璃纤维增强水泥半波瓦

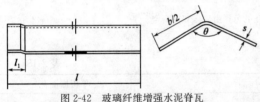

图2-42 玻璃纤维增强水泥脊瓦

玻璃纤维增强水泥中波瓦和半波瓦主要用于房屋建筑的屋面、内外墙及轻型复合屋顶的承重板。

玻璃纤维增强水泥波瓦按抗折力、吸水率和外观质量分为优等品(A)、一等品(B)、合格品(C)三个等级;按横断面形状分为中波瓦(代号ZB)和半波瓦(代号BB)。

1. 玻璃纤维增强水泥波瓦和脊瓦的形状

玻璃纤维增强水泥波瓦及其脊瓦按产品名称(代号)、类别(代号)、规格尺寸(长、宽、厚)、等级和标准编号顺序标记。如:

GRC BB 2800×965×7 A JC/T 567—2008

生产玻璃纤维增强水泥波瓦及其脊瓦原材料中可采用符合标准规定的高效减水剂、缓凝剂等混凝土外加剂。

2. 玻璃纤维波瓦的规格尺寸及尺寸偏差

表2-186

品　　种		长度 l	宽度 b	厚度 s	波距 p	波高 h	弧高 h_1	边距 c_1	边距 c_2
					(mm)				
中波瓦		$1\,800\pm10$	745 ± 10	$7^{+1.5}_{-1.0}$	131 ± 3	33^{+1}_{-2}	—	45 ± 5	45 ± 5
		$2\,400\pm10$							
半波瓦	Ⅰ型	$2\,800\pm10$	965 ± 10	$7^{+1.5}_{-1.0}$	300 ± 3	40 ± 2	30 ± 2	35 ± 5	30 ± 5
	Ⅱ型	$>2\,800\pm10$	$1\,000\pm10$	$7^{+1.5}_{-1.0}$	310 ± 3	50 ± 2	38.5 ± 2	40 ± 5	30 ± 5

3. 玻璃纤维脊瓦的规格尺寸及尺寸偏差

表2-187

长度(mm)		宽度 b	厚度 s	角度 $\theta(°)$
总长 l	搭接长 l_1		(mm)	
850 ± 10	70 ± 10	$230\times2\pm10$	$7^{+1.5}_{-1.0}$	125 ± 5

可以根据合同要求生产其他规格的波瓦和脊瓦。

4.玻璃纤维增强水泥波瓦及其脊瓦的外观质量

优等品:应表面平整、边缘整齐,不得有断裂、起层、贯穿厚度的裂纹、贯穿厚度的孔洞与夹杂物等缺陷。外形应四边方正,无掉角、掉边和表面裂纹。

一等品、合格品:应表面平整、边缘整齐,不得有断裂、起层、贯穿厚度的裂纹、贯穿厚度的孔洞与夹杂物等缺陷。方正度、掉角、掉边和表面裂纹允许范围见表2-188。

玻璃纤维波瓦和脊瓦一等品、合格品的缺陷允许范围　　　　表 2-188

外 观 缺 陷			允 许 范 围		
			中波瓦	半波瓦	脊瓦
掉角	沿瓦长度方向(mm)	不大于	100	150	20
	沿瓦宽度方向(mm)		45	25	20
	数量(个)		1		
掉边	宽度(mm)		15	15	不允许
表面裂纹(mm)			不允许因成型造成下列之一的表面裂纹: 正表面:长度>75,宽度>1.2 背面:长度>150,宽度>1.5		
方正度偏差(mm)			≤7		—

5.玻璃纤维增强水泥波瓦及其脊瓦的物理力学性能

表 2-189

类别	检验项目		指 标 要 求							
			中 波 瓦			半 波 瓦				
			优等品	一等品	合格品	优等品		一等品		合格品	
						正面	反面	正面	反面	正面	反面
波瓦	抗折力,不小于	横向(N/m)	4 400	3 800	3 250	3 800	2 400	3 300	2 000	2 900	1 700
		纵向(N)	420	400	380	790		760		730	
	吸水率(%),不大于		10	11	12	10		11		12	
	抗冻性		经 25 次冻融循环后,不得有起层等破坏现象								
	不透水性		24h 后,瓦体背面允许出现洇斑,但不允许出现水滴								
	抗冲击性		被击处不得出现龟裂、剥落、贯通孔及裂纹								
脊瓦	破坏荷载(N),不小于		590								
	抗冻性		经 25 次冻融循环后,不得有起层等破坏现象								

6.玻璃纤维增强水泥波瓦及其脊瓦的交货状态、标志和储运要求

(1)凡外观与尺寸偏差、抗折力和物理力学性能中任一项检验结果不符合该等级规定时,应取加倍数量样品进行复验,如果复验结果仍有一项不合格时,则该批产品不合格。

(2)外观与尺寸偏差在批量拒收后,可进行逐张检查处理。

(3)在波瓦正面第二或第三个波(脊瓦在外表面)应用不掉色的颜色注明产品标记、生产日期、生产单位。

(4)波瓦和脊瓦可以包装也可以散装。包装时可采用集装箱、夹具或捆扎;散装时应保证瓦底部平坦稳固。运输时,应对产品进行固定,产品底部保持平坦,减少震动,防止碰撞,装卸时严禁抛掷。堆放场地应坚实平坦,不同品种、规格、等级的波瓦应两张花弧或"井"字分别堆放,垛高不得超过 1.8m。脊瓦可侧立或平踩堆放。

(四)纤维水泥波瓦及其脊瓦(GB/T 9772—2009)

纤维水泥波瓦及其脊瓦是以矿物纤维、有机纤维或纤维素纤维作为增强纤维,以通用硅酸盐水泥为胶凝材料、采用机械化生产工艺制成的。适用于建筑。纤维水泥波瓦简称"波瓦"。

波瓦按增强纤维成分分为无棉型(代号 NA),即增强纤维中不含石棉纤维;温石棉型(代号 A),即

增强纤维中含有温石棉纤维。

波瓦按波高尺寸分为：大波瓦（DW）、中波瓦（ZW）、小波瓦（XW），脊瓦代号（JW）（图2-43）。

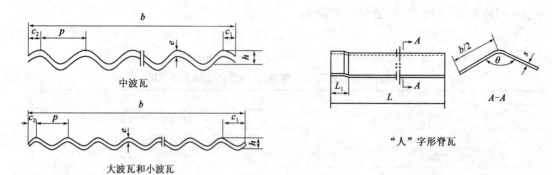

图2-43 波瓦和人字形脊瓦示意图

波瓦按抗折力分为五个强度等级：Ⅰ级、Ⅱ级、Ⅲ级、Ⅳ级、Ⅴ级。其中Ⅳ级、Ⅴ级波瓦仅适用于使用期五年以下的临时建筑。

1. 波瓦和脊瓦的形状

波瓦脊瓦按增强纤维成分（代号）、尺寸（代号）、等级、规格（长×宽×厚）、标准编号顺序标记。

生产波瓦、脊瓦的原材料中，其他增强纤维和外加材料应具有可分散性和吸附性；应使用符合 JC/T 572 规定的耐碱玻璃纤维短切纱；宜使用符合 JGJ 63 规定的拌和用水或生产过程中沉淀的循环水。

2. 波瓦的规格尺寸及尺寸偏差

表2-190

类别	长度 l	宽度 b	厚度 e		波高 h	波距 p	边距 c_1	边距 c_2	对角线差
				mm					
大波瓦（DW）	2800 ± 10	994 ± 10	7.5 ± 0.5		$\geq43\pm3$	167 ± 3	95 ± 5	64 ± 5	≤10
			6.5						
中波瓦（ZW）	1800 ± 10	745 ± 10 1138 ± 10	6.5	$^{+0.5}_{-0.3}$	$(31\sim42)\pm2$	131 ± 3	45 ± 5	45 ± 5	≤5
			6.0						
			$5.5^{+0.5}_{-0.2}$						
小波瓦（XW）	1800 ± 10	720 ± 5	$6.0^{+0.5}_{-0.3}$		$(16\sim30)\pm2$	64 ± 2	58 ± 3	27 ± 3	
			5.5	$^{+0.5}_{-0.2}$					
			5.0						
	$\leq900\pm10$		$4.2^{+0.5}_{-0}$		$(16\sim20)\pm2$				

3. 脊瓦的规格尺寸及尺寸偏差

表2-191

长度（mm）		宽度 b	厚度 s		角度 θ（°）
搭接长 l_1	总长 l	mm			
70 ± 5	850 ± 10	460	$6.0^{+0.5}_{-0.3}$		125 ± 5
		360	总宽 ±10	5.0	$^{+5.0}_{-0.2}$
60 ± 5	700 ± 10	280	4.2		

可以根据合同要求生产其他规格的波瓦和脊瓦。

4. 波瓦的外观质量

表 2-192

项 目			大 波 瓦	中 波 瓦	小 波 瓦
掉角 (mm)	沿瓦长度方向		100		50
	沿瓦宽度方向		50	35	20
掉边(mm)		不大于	15		10
裂纹(mm)			正表面:宽度1.0		
			单条长度75		
断裂			不允许		
分层			不允许		

5. 波瓦和脊瓦的物理性能

表 2-193

类 别	吸水率(%)	抗 冲 击 性	不 透 水 位	抗 冻 性
大波瓦	≤28	冲击一次后被击处背面不得出现裂纹、剥落	24h检验后不得出现水滴,但允许反面出现湿痕	经25次冻融循环,不得出现分层
中波瓦	≤28			
小波瓦	≤26			
脊瓦	≤28	—	—	

6. 波瓦的力学性能

表 2-194

等级	抗折力	大波瓦	中 波 瓦			小 波 瓦		
			厚6.5mm	厚6.0mm	厚5.5mm	厚6.0mm 厚5.5mm	厚5.0mm	厚4.2mm
I	横向(N/m)	3 800	4 200	3 800	3 500	2 800	—	—
	纵向(N)	470	350	330	320	350	—	—
II	横向(N/m)	3 300	3 800	3 400	3 000	2 700	2 400	—
	纵向(N)	450	320	310	300	340	310	—
III	横向(N/m)	2 900	3 600	3 200	2 800	2 600	2 300	2 000
	纵向(N)	430	310	300	290	330	300	260
IV	横向(N/m)	—	3 200	2 800	2 400	2 300	2 000	1 800
	纵向(N)	—	290	280	270	300	270	250
V	横向(N/m)	—	2 800	2 400	2 000	2 000	1 800	1 600
	纵向(N)	—	270	260	250	270	250	240

注:①脊瓦的破坏荷载不得低于600N。

②蒸气养护制品试验龄期不小于7天,自然养护试验龄期不小于28天。

7. 波瓦及其脊瓦的交货状态、标志和储运要求

(1)凡外观质量、形状与尺寸偏差、抗折力和物理性能中任一项检验结果不符合该等级规定时,则该批产品该等级不合格。

(2)波瓦外表面应用不掉色的颜色注明产品标记、生产厂名、生产日期。也可在产品外包装上标注标记。

（3）波瓦可采用木架、木箱或集装箱包装。人力搬运时，应侧立搬运；整垛搬运时，应用叉车提起运输；长途运输时，运输工具应平整，减少震动，防止碰撞，垛高不超过150张。装卸时严禁抛掷。堆放场地应坚实平坦，不同规格、类别的应分别堆放，平面堆放高度不得超过1.5m。

（五）钢丝网石棉水泥中波瓦（JC 447—91）（1996年确认）

钢丝网石棉水泥中波瓦是以温石棉和水泥为基本原料，夹一层钢丝网经加压成型等工艺制成。主要用于屋面板和内、外墙板。波瓦按抗折力、吸水率分为A级和B级。每一级按外观质量分为优等品、一等品和合格品三等。外观形状见图2-43。

1. 钢丝网石棉水泥中波瓦规格尺寸

表2-195

长 （mm）	宽 （mm）	厚 （mm）	波距 （mm）	波高 （mm）	波数 （个）	边距 （mm）	参考质量W （kg）
1 800±10	745±10	8.5±0.5 7.5±0.5	131±3	≥31	5.7	45±5	24 22

2. 钢丝网石棉水泥中波瓦技术性能

表2-196

检 验 项 目		A 级	B 级
抗折力（横向抗折试验 中心距为1 500mm）	横向（N/m），≥	2 700	2 000
	纵向（N），≥	450	370
吸水率（%），≤		25	26
抗冻性		经25次冻融循环后，试样不得有起层等破坏现象	
不透水性		试验后，试样背面允许有湿斑，但不得出现水滴	

注：表中1 500mm中心距的横向抗折力相当于中心距850mm的抗折力；B级为3 700N/m。

3. 钢丝网石棉水泥中波瓦的外观质量

瓦应表面平整、边缘整齐，不得有断裂、表面露网、伸出边缘的钢丝、分层与夹杂物等疵病。

优等品应无掉角、掉边、裂纹，应四边方正。

一等品、合格品外观质量

表2-197

检 验 项 目	一等品	合格品
掉角	沿瓦长度方向不得超过50mm 沿瓦宽度方向不得超过35mm	沿瓦长度方向不得超过100mm 沿瓦宽度方向不得超过45mm
	一张瓦不得多于1个	
掉边	宽度不得超过10mm	宽度不得超过15mm
	因成型而造成的表面裂纹不得超过下列之一	
裂纹	正表面：宽度1.0mm，长度75mm	正表面：宽度1.5mm，长度100mm
	背面：宽度1.5mm，长度150mm	背面：宽度2.0mm，长度300mm
方正度	≤6mm	≤7mm

4. 钢丝网石棉水泥中波瓦的储运要求

场地应坚实平坦，堆放高度不应超过1.8m，运输中应减少震动，防止碰撞，装卸时严禁抛掷。

（六）钢丝网石棉水泥小波瓦（JC/T 851—2008）

钢丝网石棉水泥小波瓦是以温石棉、水泥和钢丝网为主要原材料制成的，代号为GSBW。外观形状见图2-44。

钢丝网石棉水泥小波瓦按抗折强度分为 GW330、GW280、GW250 三个等级。按外观质量分为一等品(B)和合格品(C)。

钢丝网石棉水泥小波瓦按产品代号、规格尺寸、等级和标准编号顺序标记。如:

GSBW 1800×720×6.0 GW250 B JC/T 851—2008

生产钢丝网石棉水泥小波瓦的原材料应符合相关标准的规定,其中,纤维应使用五级(或五级)以上的温石棉纤维。也可掺入适量耐久性好、对制品性能不起有害作用的其他纤维,代用纤维含量不大于纤维总量的 30%;水泥应使用不低于 42.5 级的硅酸盐水泥或不掺有煤、碳作助磨剂及页岩、煤矸石作混合材料的普通硅酸盐水泥;钢丝网应采用不涂防锈油的低碳钢丝编织的梯形网,经丝直径不小于 0.9mm,纬丝直径不小于 0.6mm;用水应符合标准规定,也可采用生产过程中经沉淀的水。

1. 钢丝网石棉水泥小波瓦的规格尺寸

表 2-198

长度 l	宽度 b	厚度 δ	波距 p	波高 h	边距		波数（个）	参考质量（kg）
					c_1	c_2		
			mm					
$1\,800\pm10$	720 ± 5	$6.0^{+0.5}_{-0.3}$	63.5 ± 2	≥16	58 ± 3	27 ± 3	11.5	17
		$7.0^{+0.5}_{-0.3}$						20
		$8.5^{+0.5}_{-0.5}$						24

注:c_1、c_2 标示可参照图 2-44 水泥波瓦示意图。

2. 钢丝网石棉水泥小波瓦的外观质量要求

钢丝网石棉水泥小波瓦应表面平整、边缘整齐,不得有断裂、表面露网、露丝、分层与夹杂物等。

表 2-199

项 目		一等品	合格品
掉角	mm	沿瓦长度方向不大于 100,沿瓦宽度方向不大于 35	沿瓦长度方向不大于 100,沿瓦宽度方向不大于 45
		一张瓦的掉角不多于 1 个	
掉边		宽度不大于 10	宽度不大于 15
裂纹		因成型造成的下列之一裂纹	
		正表面:宽度不大于 0.2;单根长度不大于 75;背 面:宽度不大于 0.25;单根长度不大于 150	正表面:宽度不大于 0.25;单根长度不大于 75;背 面:宽度不大于 0.25;单根长度不大于 150
方正度偏差		不大于 6	—

3. 钢丝网石棉水泥小波瓦技术性能

表 2-200

等 级		GW330	GW280	GW250
抗折力（检验程序中的标准低限）	横向(N/m)	3 300	2 800	2 500
	纵向(N)	330	320	310
吸水率(%)		不大于 25		
抗冻性		经 25 次冻融循环不得有起层、剥落		
不透水性		瓦背面允许出现潮斑,但不得出现水滴		
抗冲击性		冲击两次后,被击处正、反两面均无龟裂、剥落及贯通孔		

4. 钢丝网石棉水泥小波瓦的储运

同中波瓦。

第三节 防 水 材 料

一、常用防水材料的基本要求

常用防水材料的分类、规格、用途和外观质量

表2-201

名称	标准	分 类		规格尺寸及允许偏差(mm)			定 义	用 途	外 观 质 量
				规 格 尺 寸	允许偏差				
石油沥青纸胎油毡	GB 326—2007	按卷重和物理性能分:Ⅰ型、Ⅱ型、Ⅲ型	宽	1 000	—		以石油沥青浸渍原纸,再涂盖其两面、表面涂或撒隔离材料所制成的卷材	Ⅰ型、Ⅱ型油毡适用于辅助防水、保护性隔离层、临时性建筑防水、防潮及包装;Ⅲ型油毡适用于屋面工程的多层防水	成卷油毡应卷紧、卷齐,端面里进外出不得超过10mm;在10~45℃中任一温度下展开,距卷芯1m长度外不应有超过10mm的裂纹或裂纹黏结;纸胎不应有未被浸透的浅色斑点,胎基外露和涂油不匀;毡面不应有孔洞,略伤,长度20mm以上的疙瘩、浆糊状粉浆,折迹;距卷芯1m外不应有长度100mm以上的折纹、折皱;20mm以内的裂口或长20mm以上、深20mm以内的缺陷边不应超过4处;每卷油毡中允许有一处有一处较短、并加长150mm,每批卷材中接头不应超过5%
三元丁橡胶防水卷材	JC/T 645—2012	按物理力学性能分:Ⅰ型、Ⅱ型	厚	1.2、1.5	±0.1		以废旧丁基橡胶为主,加入丁酯作改性剂,丁醇作促进剂加工制成的无胎卷材	—	成卷卷材应卷紧、卷齐,端面里进外出不得超过10mm;在环境温度为低温弯折性能规定的温度以上时容易于展开;表面应平整,不允许有孔洞,缺边,裂口和夹杂物;每卷卷材接头不应超过一个,其中较短的一端应加长150mm
			宽	1 000	不许出现负值				
			长	20m、10m		10m			
		均质卷材(H)	长	15m、20m、25m	不小于规定值的99.5%		以聚氯乙烯树脂为主要原料制成的防水卷材	适用于建筑防水工程	每卷卷材接头不应多于一处,其中较短的一端长度不应少于1.5m,接头处应剪切整齐,并加长150mm;表面应平整、边缘整齐、无裂纹、孔洞、黏结、气泡和疤痕
聚氯乙烯(PVC)防水卷材	GB 12952—2011	带纤维背衬卷材(L)	宽	1m、2m					
					允许偏差(%)	最小单值			
		按材质分	织物内增强卷材(P)	厚	1.2	−5、+10	1.05			
			玻璃纤维内增强卷材(G)		1.5		1.35			
			玻璃纤维内增强带纤维背衬卷材(GL)		1.8		1.65			
					2.0		1.85			

续表2-201

名称	标准	分类	规格尺寸及允许偏差(mm) 规格尺寸	规格尺寸及允许偏差(mm) 允许偏差	定义	用途	外观质量
石油沥青玻璃纤维胎防水卷材	GB/T 14686—2008	按单位面积质量分 15号、25号；按上表面材料分 PE膜、砂面；按力学性能分 I型、II型	公称宽度 1000；公称面积(卷) 10m²、20m²	标称的±3%；不小于标称值的-1%	以玻璃纤维毡为胎基，浸涂石油沥青，两面覆以隔离材料制成的防水卷材	—	成卷卷材应卷紧、卷齐，端面里进外出不得超过10mm；胎基不应有未被浸透的浅色斑点或胎基外露和涂油不匀，20mm以内的边缘浸裂口或裂50mm，深20mm以内的缺边4处；在10~45℃之任一温度下应易于展开，无裂纹或翘曲或黏结；距卷芯1m长度外不应有10mm以上的裂纹；每卷卷材接头不应超过1个，接头处应剪切整齐，并加长150mm
铝箔面石油沥青防水卷材	JC/T 504—2007	标号 30、40	幅宽 1000；厚度不小于 30号2.4、40号3.2	面积偏差不允许超过标称值的1%	以玻璃纤维毡为胎基，浸涂石油沥青，上表面用压纹铝箔，下表面用细砂或覆聚乙烯膜作隔离处理的防水卷材	—	铝箔与涂盖材料黏结牢固，不允许有分层和气泡现象。铝箔表面应花纹整齐，无污迹、折皱、裂纹等缺陷；铝箔应为轧制铝，不得采用塑料镀膜铝；卷材覆铝箔的一面沿纵向留70~100mm无铝箔搭接边，上可撒细砂或覆盖聚乙烯膜其余要求同石油沥青玻璃纤维胎防水卷材
道桥用改性沥青防水卷材	JC/T 974—2005	按施工方式分 热熔施工(R) SBS、APP(分I型、II型)，上表面材料(S)；热熔胶施工(J) 下表面材料为细砂(S)；自黏施工(Z) 下表面材料为聚乙烯膜(PE)、细砂(S)	长 7.5m、10m、15m、20m；宽 1m；厚 自黏施工2.5，热熔施工3.5、4.5，热熔胶施工2.5；单位面积质量(kg/m²) 厚2.5mm~2.8kg、3.5mm~3.8kg、4.5mm~4.8kg	面积负偏差不超过1%；厚度平均值不小于明示值，不超过明示值+0.5，最小单值不小于明示值-0.2	以水泥混凝土为面层的道路和桥梁表面，并在其上面铺加沥青混凝土层的改性沥青聚酯胎防水卷材。自黏施工卷材为整体具有SBS自黏胶体的以SBS为主、加入其他聚合物的橡胶改性沥青防水卷材	自黏、SBS、APP I型卷材主要用于摊铺式沥青混凝土的铺装；APP II型卷材主要用于浇注式沥青混凝土混合料的铺装。机场跑道、停车场也可参照使用	成卷卷材应卷紧、卷齐，端面里进外出不得超过10mm，自黏卷材不超过20mm；在4~60℃之任一温度下展开，距卷芯1m长度外不应有裂纹或裂口的裂纹；胎基不应有未被浸透的条纹或胎基应靠近卷材的上表面，卷材表面应平整、缺边和裂口、卷芯应有孔洞，不允许有孔洞；卷材上表面的细砂应均匀与紧密附于卷材表面，细小于或等于10m的卷材接头；10m以上的每卷小于或等于1处，接头处应剪切整齐，并整齐接头有接头的卷材表面的卷材表面不应超过2%。一批产品中有接头数不超过1处，接头处300mm。一批产品中有接头数不多于300mm

名称	标准	分类	规格尺寸及允许偏差(mm) 规格尺寸	规格尺寸及允许偏差(mm) 允许偏差	定义	用途	外观质量
弹性体改性沥青防水卷材	GB 18242—2008	按胎基分为聚酯毡(PY)、玻纤毡(G)、玻纤增强聚酯毡(PYG); 按上表面隔离材料分为聚乙烯膜(PE)、细砂(S)、矿物粒料(M); 按下表面隔离材料分为聚乙烯膜(S)、聚乙烯膜(PE)	宽 1000 厚 PY 3,4,5; G 3,4; PYG 5 公称面积(卷) 3mm厚—10,15m²; 4mm厚—10,7.5m²; 5mm厚—7.5m²	公称面积每卷±0.10m²	弹性体改性沥青防水卷材以聚酯毡、玻纤毡、玻纤增强聚酯毡为胎基,以苯乙烯—丁二烯—苯乙烯(SBS)热塑性弹性体做改性剂,两面覆以隔离材料所制成的,简称SBS防水卷材	主要用于工业与民用建筑的屋面和地下防水工程。玻纤增强聚酯毡卷材可用于机械固定单层防水,但需通过抗风荷载试验;玻纤毡卷材适用于多层防水中的底层防水	成卷卷材应卷紧、卷齐,端面里进外出不得超过10mm,在4～50℃之任一温度下展平,距卷芯1m长度外不应有裂纹或翘折,胎基应被浸渍;卷材表面应平整,不允许有孔洞、缺边和裂口,矿物料粒度应均匀并紧密地黏附于卷材表面;每卷卷材接头不应超过1个,较短的一端应少于1m,接头处应剪切整齐,并加长150mm
自粘聚合物改性沥青防水卷材	GB 23441—2009	按性能分:I型、II型; 无胎基(N类)、聚酯胎基(PY类); 按上表面材料分:聚乙烯膜(PE)、聚酯膜(PET)、无膜双面自粘(D); 细砂双面自粘(D)	宽 1000,2000 面积(卷) N类 10m²,15m²,20m²,30m² 厚 N类 1.2,1.5,2.0; PY类 2.0,3.0,4.0 (2mm厚只有I型)	面积不小于产品标记值的99%	以自粘聚合物改性沥青为基料,非外露使用的无胎基或聚酯胎增强的聚酯胎体本体自黏防水卷材	—	成卷卷材应卷紧、卷齐,端面里进外出不得超过20mm,在4～40℃之任一温度下展平,距卷芯1m长度外不应有裂纹或裂口10mm以上的黏结;PY类不应有未被浸渍的浅色条纹;卷材表面应平整,缺边和裂口、气泡、结块,上表面为细砂的、细砂应均匀一致;每卷卷材表面不应有孔洞,接头不应超过1个,较短的一端卷材表面应少于1m,接头处应剪切整齐,并加长150mm

名称	标准	分类	规格尺寸及允许偏差（mm）			定义	用途	外观质量
		按施工工艺分	规格尺寸		允许偏差			
改性沥青聚乙烯胎防水卷材	GB 18967—2009	热熔型（T）、自粘型（S）。按改性剂分：改性沥青卷材：氧化沥青卷材（O）、丁苯橡胶改性氧化沥青卷材（M）、高聚物改性沥青卷材（P）、高聚物改性沥青耐根穿刺卷材（R）。上下表面材料为聚乙烯膜	宽	1 000，1 100	—	以高密度聚乙烯膜为胎基，上下两面为改性沥青或自粘改性沥青，表面覆盖隔离材料制成的防水卷材	适用于非外露的建筑与基础设施的防水工程	成卷卷材应卷紧、卷齐，端面里进外出不得超过 20mm，在 4～45℃之任一温度下展开，距卷芯 1m 长度外不应有裂纹或其他；端面里进外出不得超过 1m 长度；卷材表面应平整，不允许有孔洞、缺边和裂口，疙瘩或其他能观察到的缺陷存在；每卷卷材接头不应超过 1 个，较短的一端接长度不应少于 1m，接头处应剪切整齐，并加长 150mm
			面积（卷）	10m²，11m²	每卷±0.2m²			
			厚（热熔型）	3.0，4.0，其中耐根穿刺卷材为 4.0	—			
			厚（自粘型）	2.0，3.0				
带自粘层的防水卷材	GB/T 23260—2009	应符合主体材料相关现行产品标准厚度。非沥青基自粘层厚度不包括自粘层，自粘层厚度不小于 0.4mm；卷重、单位面积质量包括自粘层	应符合主体材料相关现行产品标准要求。受自粘层影响，沥青基防水卷材的厚度不包括自粘层厚度，且非沥青基自粘层厚度不包括自粘层			表面覆以自粘层的冷施工防水卷材	—	应符合主体材料相关现行产品标准要求

规格尺寸及允许偏差（mm）：

名称	标准	分类	按厚度分						定义	用途	外观质量
			预铺		湿铺			允许偏差			
			P类	PY类	P类	PY类					
预铺/湿铺防水卷材	GB/T 23457—2009	预铺（Y）、湿铺（W）。按主体材料分：高分子防水卷材（P类）、沥青基聚酯胎防水卷材（PY类）。按黏结表面分：单面结合（S），双面结合（D），其中 PY 类宜为双面结合。按性能分：Ⅰ型、Ⅱ型	高分子主体材料 0.7，1.2，1.5；卷材全厚度 1.2，1.7，2.0	4.0	卷材全厚度 1.2，1.5，2.0	3.0，4.0		面积不小于产品标记值的 99%	采用后浇混凝土主体材料拌和物黏结和物黏结的防水卷材	预铺防水卷材用于地下防水工程，直接与后浇结构混凝土等粘结；湿铺防水卷材用于非外露防水工程，采用水泥砂浆与基层黏结，卷材间宜采用自粘搭接	PY 类产品胎基不应有未被浸透的条纹。其余同改性沥青聚乙烯胎防水卷材要求

续表 2-201

名称	标准	分类	规格尺寸及允许偏差(mm)		定义	用途	外观质量
			规格尺寸	允许偏差			
承载防水卷材	GB/T 21897—2008	复合高分子防水卷材	长 每卷允许有两块,最小块长度不小于10m,每卷长度不低于50m	不允许出现负值	以水泥材料与工程主体混凝土黏结,黏合结构耐久稳定,能够承受工程的法向剪切力,切向剪离力,侧向剥离力的复合高分子防水卷材	主要用于地下防水、隧道防水、衬砌路桥防水工程、屋面防水等	卷材为黑色,表面应平整、色泽均匀(漫射光照);表面不能有影响使用性能的杂质,机械损伤,折痕及异常黏着等缺陷
			宽 不小于1 000	±1%			
			厚 不小于1.0	±10%			
种植屋面用耐根穿刺防水卷材	JC/T 1075—2008	按主体材料分:改性沥青类(B)、塑料类(P)、橡胶类(R)	厚不小于 改性沥青类 4.0 / 塑料、橡胶类 1.2	—	—	适用于种植屋面使用的具有耐根穿刺能力的防水卷材。不适用于各种复合而成的卷材系统	—
坡屋面用自黏聚合物改性沥青防水垫层	JC/T 1068—2008	按上表面材料分:聚乙烯膜(PE)、聚酯膜(PET)、铝箔(AL)等	宽度 1m	规定值±3%	产品所用沥青完全为自黏性沥青。无内部增强胎基。产品表面应有防滑功能,有利于安全施工	用于坡屋面建筑中各种瓦材及其他类型防水垫层。20m的产品	垫层应表面平整、边缘整齐、无裂纹、缺口、机械损伤、气泡、孔洞、挖洞、黏塔、黏着等缺陷。成卷垫层在5~45℃之任一温度下,应易于展开,并无裂纹及断裂
			厚度 ≥0.8mm	平均不小于规定值			
			面积 不小于规定值99%	不小于规定值99%			
坡屋面用聚合物改性沥青防水垫层	JC/T 1067—2008	按上表面材料分:聚乙烯膜(PE)、铝箔(AL)、细砂(S)等	宽度 1m	规定值±3%	改性沥青防水垫层以聚酯毡(PY)、玻纤毡(G)为聚酯增强胎基。产品表面应有防滑功能,有利于安全施工	垫层有卷长20m的产品	每卷接头不超过一个,接头应剪切整齐,并长150mm作为搭接
			厚度 1.2mm、2.0mm	不小于规定值			
			面积 不小于规定值99%	不小于规定值99%			

注：①1.2mm厚规格的三元丁橡胶防水卷材中的SBS是指苯乙烯—丁二烯—苯乙烯热塑类合物；APP是指无规聚丙烯或无规聚烯烃类合物。

②道桥用改性沥青防水卷材；塑性体改性沥青防水卷材的细砂为直径不超过0.60mm的矿物颗粒；表面隔离材料不得采用表面隔离材为细砂的防水卷材。

③弹性体改性沥青防水卷材；塑性体改性沥青防水卷材的矿物粒料为细砂料的防水卷材。

④自黏聚合物改性沥青防水卷材：地下工程防水应采用表面隔离材料为细砂的防水卷材。由供需双方商定的规格，N类厚度不得小于1.2mm，PY类厚度不得小于2.0mm。

⑤预铺/湿铺改性沥青防水卷材P类预铺产品高分子主体材料厚度都应不小于1.2mm，PY类预铺产品全厚度平均值都应不小于规定值以及P类预铺/湿铺产品高分子全厚度平均值不得小于4.0mm；预铺PY类产品厚度不得小于1.2mm，湿铺PY类产品厚度不得小于3.0mm。

⑥种植屋面耐根穿刺防水卷材的生产与使用不应对人体、生物、环境造成有害影响，所涉及与使用有关的安全与环保要求和基本性能应符合相应国家或行业标准和规范的相关要求。

二、常用防水材料的物理性能

1. 石油沥青类油毡和防水卷材的物理性能

表 2-202

项 目			指 标					
			石油沥青纸胎油毡			石油沥青玻璃纤维胎防水卷材		铝箔面石油沥青防水卷材	
			Ⅰ型	Ⅱ型	Ⅲ型	Ⅰ型	Ⅱ型	30号	40号
可溶物含量 (g/m²),不小于		15号				700		1 550	2 050
		25号		—		1 200			
		试验现象				胎基不燃			
拉力(N/50mm), 不小于		纵向	240	270	340	350	500	450	500
		横向		—		250	400		
耐热度			(85±2)℃,2h涂盖层无滑动、流淌和集中性气泡			85℃,无滑动、流淌、滴落		(90±2)℃,2h涂盖层无滑动、无起泡、流淌	
柔度/低温柔度			(18±2)℃,绕 φ20mm棒或弯板无裂纹			10℃	5℃	5℃,绕半径35mm圆弧无裂纹	
						无裂纹			
分层				—				(50±2)℃,7d无分层现象	
不透水性,不小于		压力(MPa)	0.02	0.10		0.10			
		保持时间(min)	20	30	30	30 不透水			
吸水率(%),不大于			3.0	2.0	1.0				
钉杆撕裂强度(N),不小于				—		40	50		
热老化	外观					无裂纹、无起泡			
	拉力保持率 (%),不小于			—		85			
	质量损失率 (%),不大于					2.0			
	低温柔性					15℃无裂纹	10℃无裂纹		
单位面积重量(kg/m²),不小于				—		15号	25号	2.85	3.80
						PE膜面 / 砂面	PE膜面 / 砂面		
						1.2 / 1.5	2.1 / 2.4		
单位面积浸涂材料总量(g/m²),不小于			600	750	1 000		—		
每卷重量(kg)			17.5	22.5	28.5		—	单位面积重量乘以面积	

注:石油沥青纸胎油毡Ⅲ型产品的物理性能要求为强制性的,其余为推荐性的。

2. 弹性体、塑性体改性沥青防水卷材的物理性能

表 2-203

项 目			弹性体改性沥青防水卷材					塑性体改性沥青防水卷材				
			Ⅰ		Ⅱ			Ⅰ		Ⅱ		
			PY	G	PY	G	PYG	PY	G	PY	G	PYG
			指 标									
卷材下表面沥青涂盖层厚度(mm),不小于	卷材厚(mm)	3						1.0				
		4										
		5										

续表 2-203

项 目			弹性体改性沥青防水卷材					塑性体改性沥青防水卷材				
			I		II			I		II		
			PY	G	PY	G	PYG	PY	G	PY	G	PYG
			指 标									
可溶物含量(g/m²),不小于	卷材厚(mm)	3	2 100		—			2 100		—		
		4	2 900		—			2 900		—		
		5	3 500					3 500				
	试验现象		—	胎基不燃	—	胎基不燃		—	胎基不燃	—	胎基不燃	—
耐热性	(℃)		90		105			110		130		
	—		不大于2mm									
	试验现象		无流淌、滴落									
低温柔性(℃)			−20		−25			−7		−15		
			无裂缝									
拉力	最大峰拉力(N/50mm) 不小于		500	350	800	500	900	500	350	800	500	900
	次高峰拉力(N/50mm) 不小于		—				800	—				800
	试验现象		拉伸过程中,试件中部无沥青涂盖层开裂或与胎基分离现象									
延伸率	最大峰时延伸率(%) 不小于		30		40		—	25		40		—
	第二峰时延伸率(%) 不小于		—				15	—				15
	拉力保持率(%) 不小于		90									
	延伸保持率(%) 不小于		80									
热老化	低温柔性(℃)		−15		−20			−2		−10		
			无裂缝									
	尺寸变化率(%) 不大于		0.7	—	0.7		0.3	0.7	—	0.7		0.3
	质量损失(%) 不大于		1.0									
不透水性 30min(MPa)			0.3	0.2	0.3			0.3	0.2	0.3		
			不透水									
渗油性(张数) 不大于			2									
接缝剥离强度(N/mm) 不小于			1.5					1.0				
钉杆撕裂强度(N) 不小于			—				300	—				300
矿物粒料黏附性(g) 不大于			2.0									
浸水后质量增加(%) 不大于	PE,S		1.0									
	M		2.0									
人工气候加速老化/热稳定性	外观		无滑动、流淌、滴落									
	拉力保持率(%) 不小于		80									
	低温柔性(℃)		−15		−20			−2		−10		
			无裂缝									
单位面积质量(kg/m²),不小于	卷材厚(mm)	上表面材料	下表面材料									
	3	PE	PE	3.3					3.3			
		S	PE,S	3.5					3.5			
		M		4.0					4.0			

续表 2-203

项 目			弹性体改性沥青防水卷材					塑性体改性沥青防水卷材				
			I		II			I		II		
			PY	G	PY	G	PYG	PY	G	PY	G	PYG
			指 标									
单位面积质量(kg/㎡)，不小于	4	PE（PE）	4.3					4.3				
		S（PE、S）	4.5					4.5				
		M	5.0					5.0				
	5	PE（PE）	5.3					5.3				
		S（PE、S）	5.5					5.5				
		M	6.0					6.0				

注：①卷材质量为单位面积质量乘面积。
②弹性体改性沥青防水卷材和塑性体改性沥青防水卷材中钉杆撕裂强度指标仅适用于单层机械固定施工方式的卷材；矿物粒料黏附性指标仅适用于矿物粒料表面的卷材；卷材下表面沥青涂盖层厚度指标仅适用于热熔施工的卷材。

3. 聚氯乙烯(PVC)防水卷材物理性能

表 2-204

项 目				指 标				
				H	L	P	G	GL
中间胎基上面树脂层厚度(mm)			≥	—			0.40	
拉伸性能	最大拉力(N/cm)		≥	—	120	250	—	120
	拉伸强度(MPa)		≥	10.0	—	—	10.0	—
	最大拉力时伸长率(%)		≥	—	—	15		
	断裂伸长率(%)		≥	200	150	—	200	100
热处理尺寸变化率(%)			≤	2.0	1.0	0.5	0.1	0.1
低温弯折性				−25℃无裂纹				
不透水性				0.3MPa,2h 不透水				
抗冲击性能				0.5kg·m,不渗水				
抗静态荷载ª				—	—	20kg 不渗水		
接缝剥离强度(N/mm)			≥	4.0 或卷材破坏		3.0		
直角撕裂强度(N/mm)			≥	50	—	—	50	—
梯形撕裂强度(N)			≥	—	150	250		220
吸水率(%)(70℃,168h)	浸水后		≤	4.0				
	晾置后		≥	−0.40				
热老化(80℃)	时间(h)			672				
	外观			无起泡、裂纹、分层、黏结和孔洞				
	最大拉力保持率(%)		≥	—	85	85	—	85
	拉伸强度保持率(%)		≥	85	—	—	85	—
	最大拉力时伸长率保持率(%)		≥	—	—	80		
	断裂伸长率保持率(%)		≥	80	80	—	80	80
	低温弯折性			−20℃无裂纹				
耐化学性	外观			无起泡、裂纹、分层、黏结和孔洞				
	最大拉力保持率(%)		≥		85	85		85

项 目			指 标				
			H	L	P	G	GL
耐化学性	拉伸强度保持率(%)	≥	85	—	—	85	—
	最大拉力时伸长率保持率(%)	≥	—	—	80	—	—
	断裂伸长率保持率(%)	≥	80	80	—	80	80
	低温弯折性		\-20℃无裂纹				
人工气候加速老化[c]	时间(h)		1 500[b]				
	外观		无起泡、裂纹、分层、黏结和孔洞				
	最大拉力保持率(%)	≥	—	85	85	—	85
	拉伸强度保持率(%)	≥	85	—	—	85	—
	最大拉力时伸长率保持率(%)	≥	—	—	80	—	—
	断裂伸长率保持率(%)	≥	80	80	—	80	80
	低温弯折性		\-20℃无裂纹				

注:①[a]抗静态荷载仅对用于压铺屋面的卷材要求。

　　[b]单层卷材屋面使用产品的人工气候加速老化时间为 2 500h。

　　[c]非外露使用的卷材不要求测定人工气候加速老化。

②采用机械固定方法施工的单层屋面卷材,其抗风揭能力的模拟风压等级应不低于 4.3kPa(90psf)。(psf 为英制单位——磅每平方英尺,其与 SI 制单位的换算关系为 1psf=0.047 9kPa)。

4. 带自黏层的防水卷材物理力学性能

表 2-205

项 目			指标/说明
剥离强度(N/mm)	卷材与卷材	不小于	1.0
	卷材与铝板		1.5
浸水后剥离强度(N/mm)			1.5
热老化后剥离强度(N/mm)			
自黏面耐热性			70℃,2h 无流淌
持黏性(min)		不小于	15

注:受自黏层影响性能的说明:

①拉伸强度、撕裂强度:对于根据厚度计算强度的试验项目,厚度测量不包括自黏层。

②延伸率:以主体材料延伸率作为试验结果,不考虑自黏层延伸率。

③耐热性/耐热度:带自黏层的沥青基防水卷材的自黏面耐热性(度)按本表要求执行,非自黏面的按相关产品标准执行。

④尺寸稳定性、加热伸缩量、老化试验:对由于加热引起的自黏层外观变化在试验结果中不报告。

⑤低温柔性/低温弯折性:试验要求的厚度包括产品自黏层的厚度。

5. 承载防水卷材物理性能

表 2-206

项 目			指 标
断裂拉伸强度(纵/横)(N/cm)		不小于	60
拉断伸长率(纵/横)(%)		不小于	20
不透水性(30min,0.6MPa)			无渗漏
撕裂强度(纵/横)(N)		不小于	75
承载性能(MPa)	正拉强度	不小于	0.7
	剪切强度		1.3
	剥离强度		0.4
复合强度(N/mm)			1.0

项　目			指　标
低温弯折(纵/横)			−20℃,对折无裂纹
加热伸缩量(纵/横)(mm)	延伸	不大于	2
	收缩		4
热空气老化(纵/横) (80℃×168h)	断裂拉伸强度保持率(%)	不小于	65
	拉断伸长率保持率(%)		
耐碱性(纵/横) [10%Ca(OH)₂,23℃×168h]	断裂拉伸强度保持率(%)		65
	拉断伸长率保持率(%)		
黏结剥离强度(N/mm)		不小于	2.0

注：耐碱性项中的化学式为 $Ca(OH)_2$。

6. 道桥用改性沥青防水卷材物理性能

表 2-207

类别	项　目		指　标 Z	R、J SBS	R、J APP Ⅰ	R、J APP Ⅱ
卷材的通用性能	卷材下表面沥青涂盖层厚度①(mm),不小于	2.5mm	1.0	—		
		3.5mm	—	1.5		
		4.5mm	—	2.0		
	可熔物含量(g/m²),不小于	2.5mm	1 700	1 700		
		3.5mm	—	2 400		
		4.5mm	—	3 100		
	耐热性②(℃)		110	115	130	160
			无滑动、流淌、滴落			
	低温柔性③(℃)		−25	−25	−15	−10
			无裂纹			
	拉力(N/50mm) ≥		600	800		
	最大拉力时延伸率(%) ≥		40			
	盐处理	拉力保持率(%) ≥	90			
		低温柔性(℃)	−25	−25	−15	−10
			无裂纹			
		质量增加(%) ≤	1.0			
	热老化	拉力保持率(%) ≥	90			
		延伸率保持率(%) ≥	90			
		低温柔性(℃)	−20	−20	−10	−5
			无裂纹			
		尺寸变化率(%) ≤	0.5			
		质量损失(%) ≤	1.0			
	渗油性(张数) ≤		1			
	自黏沥青剥离强度(N/mm) ≥		1.0			

类别	项 目		指　标		
			Z	R、J	
				SBS	APP
					Ⅰ	Ⅱ
卷材应用性能	50℃剪切强度④（MPa）	≥	0.12		
	50℃黏结强度④（MPa）	≥	0.050		
	热碾压后抗渗性		0.1MPa,30min 不透水		
	接缝变形能力④		10 000 次循环无破坏		

注：①不包括热熔胶施工卷材。
②供需双方可以商定更高的温度。
③供需双方可以商定更低的温度。
④供需双方根据需要可以采用其他温度。

7. 自黏聚合物改性沥青防水卷材物理性能

(1)N 类卷材物理力学性能

表 2-208

类别	项 目			指　标				
				PE		PET		D
				Ⅰ	Ⅱ	Ⅰ	Ⅱ	
物理力学性能	拉伸性能	拉力(N/50mm)	≥	150	200	150	200	—
		最大拉力时延伸率(%)	≥	200		30		—
		沥青断裂延伸率(%)	≥	250		150		450
		拉伸时现象		拉伸过程中,在膜断裂前无沥青涂盖层与膜分离现象				—
	钉杆撕裂强度(N)		≥	60	110	30	40	
	耐热性			70℃滑动不超过 2mm				
	低温柔性(℃)			−20	−30	−20	−30	−20
				无裂纹				
	不透水性			0.2MPa,120min 不透水				—
	剥离强度(N/mm) ≥	卷材与卷材		1.0				
		卷材与铝板		1.5				
	钉杆水密性			通过				
	渗油性(张数)		≤	2				
	持黏性(min)		≥	20				
	热老化	拉力保持率(%)	≥	80				
		最大拉力时延伸率(%)	≥	200		30		400(沥青层断裂延伸率)
		低温柔性(℃)		−18	−28	−18	−28	18
				无裂纹				
		剥离强度卷材与铝板(N/mm)≥		1.5				
	热稳定性	外观		无起鼓、皱褶、滑动、流淌				
		尺寸变化(%)	≤	2				
单位面积质量	厚度规格(mm)			1.2		1.5		2.0
	上表面材料			PE、PET、D		PE、PET、D		PE、PET、D
	单位面积质量(kg/m²)		≥	1.2		1.5		2.0
	厚度(mm)	平均值	≥	1.2		1.5		2.0
		最小单值		1.0		1.3		1.7

注：卷材质量为单位面积质量乘面积。

（2）PY 类卷材物理力学性能

表 2-209

项　　目			指　标	
			I	II
可溶物含量(g/m²) ≥		2.0mm	1 300	—
		3.0mm	2 100	
		4.0mm	2 900	
拉伸性能	拉力(N/50mm) ≥	2.0mm	350	—
		3.0mm	450	600
		4.0mm	450	800
	最大拉力时延伸率(%) ≥		30	40
耐热性			70℃无滑动、流淌、滴落	
低温柔性(℃)			−20	−30
			无裂纹	
不透水性			0.3MPa,120min 不透水	
剥离强度(N/mm) ≥	卷材与卷材		1.0	
	卷材与铝板		1.5	
钉杆水密性			通过	
渗油性(张数) ≤			2	
持黏性(min) ≥			15	
热老化	最大拉力时延伸率(%) ≥		30	40
	低温柔性(℃)		−18	−28
			无裂纹	
	剥离强度　卷材与铝板(N/mm) ≥		1.5	
	尺寸稳定性(%) ≤		1.5	1.0
自黏沥青再剥离强度(N/mm) ≥			1.5	

注:厚度 2mm 的 PY 类卷材只有 I 型。

（3）PY 类单位面积质量、厚度

表 2-210

厚度规格(mm)		2.0		3.0		4.0	
上表面材料		PE、D	S	PE、D	S	PE、D	S
单位面积质量(kg/m²) ≥		2.1	2.2	3.1	3.2	4.1	4.2
厚度(mm)	平均值 ≥	2.0		3.0		4.0	
	最小单值	1.8		2.7		3.7	

注:卷材重量为单位面积重量乘面积。

8. 改性沥青聚乙烯胎防水卷材物理性能

（1）卷材物理性能

表 2-211

项　　目	技　术　指　标				
	T				S
	O	M	P	R	M
不透水性	0.4MPa,30min 不透水				
耐热性(℃)	90				70
	无流淌,无起泡				无流淌,无起泡

续表 2-211

项　目			技　术　指　标				
			T				S
			O	M	P	R	M
低温柔性(℃)			−5	−10	−20	−20	−20
			无裂纹				
拉伸性能	拉力(N/50mm) ≥	纵向	200			400	200
		横向					
	断裂延伸率(%) ≥	纵向	120				
		横向					
尺寸稳定性		℃	90				70
		% ≤	2.5				
卷材下表面沥青涂盖层厚度(mm) ≥			1.0				—
剥离强度(N/mm) ≥	卷材与卷材		—				1.0
	卷材与铝板						1.5
钉杆水密性			—				通过
持黏性(min) ≥			—				15
自黏沥青再剥离强度(与铝板)(N/mm) ≥							1.5
热空气老化	纵向拉力/(N/mm) ≥		200			400	200
	纵向断裂延伸率(%) ≥		120				
	低温柔性(℃)		5	0	−10	−10	−10
			无裂纹				

注:改性沥青聚乙烯胎防水卷材中高聚物改性沥青耐根穿刺防水卷材(R)的性能除符合本表要求外,其耐根穿刺与耐霉菌腐蚀性能应符合 JC/T 1075—2008 表 2"应用性能"的规定。

(2)单位面积重量及规格尺寸

表 2-212

公称厚度(mm)		2	3	4
单位面积质量(kg/m²) ≥		2.1	3.1	4.2
每卷面积偏差(m²)		±0.2		
厚度(mm)	平均值 ≥	2.0	3.0	4.0
	最小单值 ≥	1.8	2.7	3.7

注:卷材重量为单位面积重量乘面积。

9.三元丁橡胶防水卷材物理性能

表 2-213

项　目			技　术　指　标	
			Ⅰ 型	Ⅱ 型
不透水性			0.3MPa,90min 不透水	
拉伸性能	纵向拉伸强度(MPa) ≥		2.0	2.2
	纵向断裂伸长率(%) ≥		150	220
低温弯折性			−30℃,无裂纹	
耐碱性 [饱和 Ca(OH)₂,168h]	纵向拉伸强度保持率(%) ≥		80	
	纵向断裂伸长率保持率(%) ≥		80	

项 目			技 术 指 标	
			Ⅰ型	Ⅱ型
热老化处理 (80℃,168h)	纵向拉伸强度保持率(%)	≥	80	
	纵向断裂伸长率保持率(%)	≥	70	
热处理尺寸变化率(%)	收缩	≤	4	
	伸长	≤	2	
人工加速气候老化 (594h)	外观		无裂纹,无气泡,不黏结	
	纵向拉伸强度保持率(%)	≥	80	
	纵向断裂伸长率保持率(%)	≥	70	
	低温弯折性		−20℃,无裂纹	

10.种植屋面用耐根穿刺防水卷材应用性能

表 2-214

项 目		技 术 指 标
耐根穿刺性能		通过
耐霉菌腐蚀性	防霉等级	0级或1级
	拉力保持率(%) ≥	80
尺寸变化率(%)	≤	1.0

11.预铺/湿铺防水卷材物理力学性能

表 2-215

项 目				指 标				
				预铺防水卷材		湿铺防水卷材		
				P	PY	P		PY	
						Ⅰ	Ⅱ	Ⅰ	Ⅱ
可溶物含量 (g/m²),不小于	厚 (mm)	3.0		—	2 900	—		2 100	
		4.0						2 900	
拉伸性能 不小于	拉力(N/50mm)			500	800	150	200	400	600
	膜断裂伸长率(%)			400	—				
	最大拉力时伸长率(%)			—	40	30	150	30	40
钉杆撕裂强度(N)		不小于		400	200				
撕裂强度(N)				—		12	25	180	300
冲击性能				直径(10±0.1)mm,无渗漏		—			
静态荷载				20kg,无渗漏					
耐热性				70℃,2h无位移、流淌、滴落					
低温柔性(℃)				—	−25	−15	−25	−15	−25
				无裂纹					
低温弯折性				−25℃无裂纹					
渗油性(张数)		不大于		—	2	2			
防窜水性				0.6MPa,不窜水					
不透水性				—		0.3MPa,120min 不透水			
持黏性(min)		不小于		15					

续表 2-215

项　目			指　标				
			预铺防水卷材		湿铺防水卷材		
			P	PY	P		PY	
					I	II	I	II
与后浇混凝土剥离强度(N/mm),不小于	无处理		2.0		—			
	水泥粉污染表面		1.5					
	泥沙污染表面							
	紫外线老化							
	热老化							
与后浇混凝土浸水后剥离强度(N/mm)		不小于	1.5		—			
与水泥砂浆剥离强度(N/mm)　不小于	无处理		—		2.0			
	热老化		—		1.5			
与水泥砂浆土浸水后剥离强度(N/mm)　不小于			—		1.5			
卷材与卷材剥离强度(N/mm)　不小于	无处理		—		1.0			
	热处理							
热稳定性	外观		无起皱、滑动、流淌					
	尺寸变化(%)　不大于		2.0					
热老化 (70℃,168h)	拉力保持率(%)	不小于	90					
	伸长率保持率(%)		80					
	低温弯折性		−23℃,无裂纹	—		—		
	低温柔性		—	−23℃	−13℃	−23℃	−13℃	−23℃
				无裂纹		无裂纹		
单位面积质量(kg/m²)　不小于	厚 (mm)		3.0	—	3.1		3.1	
			4.0	—	4.1		4.1	

12. 聚合物沥青自黏垫层物理力学性能

表 2-216

项　目				指　标
拉力(N/25mm)			≥	70
断裂延伸率(%)			≥	200
低温柔度a(℃)				−20
耐热度,70℃		滑动(mm)	≤	2
剥离强度	垫层与铝板(N/mm)　≥	23℃		1.5
		5℃b		1.0
	垫层与垫层(N/mm)		≥	1.2
钉杆撕裂强度(N)			≥	40
紫外线处理	外观			无起皱和裂纹
	剥离强度(垫层与铝板)(N/mm)		≥	1.0
钉杆水密性				无渗水
热老化	拉力保持率(%)		≥	70
	断裂延伸率保持率(%)		≥	70
	低温柔度a(℃)			−15
持黏力(min)			≥	15

注:a根据需要,供需双方可以商定更低的温度(低温柔度)。
　　b仅适用于低温季节施工供需双方要求时。

13.聚合物改性沥青防水垫层物理力学性能

(1)垫层物理力学性能

表 2-217

项目			指标	
			聚酯毡 PY	玻纤毡 G
可溶物含量(g/m²)	不小于	1.2mm	700	
		2.0mm	1 200	
拉力(N/50mm)	不小于		300	200
延伸率(%)	不小于		20	—
耐热度(℃)			90	
低温柔度(℃)			−15	
不透水性			0.1MPa,30min 不透水	
钉杆撕裂强度(N)	不小于		50	
热老化	外观		无裂纹	
	延伸率保持率(%)	不小于	85	
	低温柔度(℃)		−10	

(2)垫层厚度及单位面积质量

表 2-218

厚度(mm)		1.2				2.0			
上表面材料		PE	S	AL	其他	PE	S	AL	其他
单位面积质量(kg/m²)	不小于	1.2	1.3	1.2	1.2	2.0	2.1	2.0	2.0
最小厚度(mm)		1.2	1.3	1.2	1.2	2.0	2.1	2.0	2.0

三、防水卷材的储存要求

(1)防水卷材应存放于通风、干燥,防止日晒雨淋的场所。除道桥用改性沥青防水卷材、弹性体改性沥青防水卷材、塑性体改性沥青防水卷材的储存温度不高于 50℃外,其他防水卷材的储存温度均不高于 45℃。

(2)防水卷材应按不同类型、不同规格分别堆放。聚氯乙烯(PVC)防水卷材、自黏聚合物改性沥青防水卷材、改性沥青聚乙烯胎防水卷材、带自黏层的防水卷材、承载防水卷材平放时高度不应超过五层,立放时应单层堆放。

(3)石油沥青玻璃纤维胎防水卷材、石油沥青纸胎油毡、铝箔面石油沥青防水卷材应立放,立放高度不超过两层。

(4)道桥用改性沥青防水卷材应立放,立放高度不超过两层;自黏型产品立放时只能单层,盒装的可以平放,高度不超过五层。

(5)三元丁橡胶防水卷材应平放成垛,垛高不超过 1m。

(6)防水卷材禁止与酸、碱、油类及有机溶剂等接触,并隔离热源。

(7)防水卷材在正常储存条件下,储存期限至少一年。

第四节　常用玻璃

玻璃主要以硅砂(SO₂)、纯碱、石灰石、白云石等经过 1 500~1 600℃高温熔化后经垂直引上、平拉、浮法或压延等方法制成。具有良好的透光性、化学稳定性、保温性、装饰性和相当的强度。玻璃作为一种重要的装饰装修材料其功能和品种已越来越多。工程上常用的主要有平板玻璃、钢化玻璃、夹层玻璃、防火玻璃、中空玻璃、保温玻璃等。

(一)平板玻璃(GB 11614—2009)和超白浮法玻璃(JC/T 2128—2012)

平板玻璃是板状的硅酸盐(钠钙硅)玻璃,用途广泛。按颜色属性分为无色透明平板玻璃和本体着色平板玻璃;按外观质量分为合格品、一等品和优等品。平板玻璃应切裁成矩形。

超白浮法玻璃是采用浮法工艺生产的,成分中三氧化二铁(Fe_2O_3)含量不大于0.015%,具有高可见光透射比的平板玻璃。适用于建筑、家电、灯饰、交通、家具、太阳能等方面。按外观质量分为合格品、一等品和优等品。

1. 平板玻璃和超白浮法玻璃的规格及尺寸偏差(mm)

表 2-219

规格 公称厚度	厚度偏差	厚薄差	长度和宽度偏差		对角线差(%), 不大于
			尺寸≤3 000	尺寸>3 000	
2、3、4、5、6	±0.2	0.2	±2	±3	
8、10	±0.3	0.3	+2 -3	+3 -4	
12			±3	±4	平均长度的0.2
15	±0.5	0.5			
19	±0.7	0.7	±5	±5	
22、25	±1.0	1.0			

注:特殊厚度和其他要求由供需双方协商。

2. 平板玻璃和超白浮法玻璃的光学特性

表 2-220

平 板 玻 璃				超白浮法玻璃	
无色透明平板玻璃可见光透射比最小值		本体着色平板玻璃透射比偏差		太阳能总透射比 (%),不小于	可见光透射比
公称厚度 (mm)	可见光透射比最小值 (%),不小于	种类	偏差(%),不大于		
2	89				
3	88	可见光 (380~780nm) 透射比	2.0	90	
4	87				
5	86			89	
6	85				
8	83	太阳光 (300~2 500nm) 直接透射比	3.0	88	换算成5mm, 标准厚度>91%
10	81			88	
12	79			87	
15	76			86	
19	72	太阳能 (300~2 500nm) 总透射比	4.0	84	
22	69			83	
25	67			82	

注:①本体着色平板玻璃颜色应均匀,同一批产品色差应符合$\Delta E_{ab}^* \leqslant 2.5$($\Delta E_{ab}^*$指均匀色空间的色差)。
②对超白浮法玻璃有特殊要求时,由供需双方协商确定。

3. 平板玻璃和超白浮法玻璃的外观质量

表 2-221

<table>
<tr><td rowspan="2">缺陷种类</td><td colspan="18">质量要求</td></tr>
<tr><td colspan="6">优等品</td><td colspan="6">一等品</td><td colspan="6">合格品</td></tr>
<tr><td rowspan="5">点状缺陷</td><td colspan="3">尺寸(mm)</td><td colspan="3">允许个数限度</td><td colspan="3">尺寸(mm)</td><td colspan="3">允许个数限度</td><td colspan="3">尺寸(mm)</td><td colspan="3">允许个数限度</td></tr>
<tr><td colspan="3">0.3～0.5</td><td colspan="3">1×S</td><td colspan="3">0.3～0.5</td><td colspan="3">2×S</td><td colspan="3">0.5～1.0</td><td colspan="3">2×S</td></tr>
<tr><td colspan="3">>0.5～1.0</td><td colspan="3">0.2×S</td><td colspan="3">>0.5～1.0</td><td colspan="3">0.5×S</td><td colspan="3">>1.0～2.0</td><td colspan="3">1×S</td></tr>
<tr><td colspan="3">>1.0</td><td colspan="3">0</td><td colspan="3">>1.0～1.5</td><td colspan="3">0.2×S</td><td colspan="3">>2.0～3.0</td><td colspan="3">0.5×S</td></tr>
<tr><td colspan="3">—</td><td colspan="3">—</td><td colspan="3">>1.5</td><td colspan="3">0</td><td colspan="3">>3.0</td><td colspan="3">0</td></tr>
<tr><td>点状缺陷密集度</td><td colspan="6">尺寸≥0.3mm 的点状缺陷最小间距不小于 300mm；直径 100mm 圆内尺寸≥0.1mm 的点状缺陷不超过 3 个</td><td colspan="6">尺寸≥0.3mm 的点状缺陷最小间距不小于 300mm；直径 100mm 圆内尺寸≥0.2mm 的点状缺陷不超过 3 个</td><td colspan="6">尺寸≥0.5mm 的点状缺陷最小间距不小于 300mm；直径 100mm 圆内尺寸≥0.3mm 的点状缺陷不超过 3 个</td></tr>
<tr><td>线道</td><td colspan="18">不允许</td></tr>
<tr><td>裂纹</td><td colspan="18">不允许</td></tr>
<tr><td rowspan="2">划伤</td><td colspan="3">允许范围(mm)</td><td colspan="3">允许条数限度</td><td colspan="3">允许范围(mm)</td><td colspan="3">允许条数限度</td><td colspan="3">允许范围(mm)</td><td colspan="3">允许条数限度</td></tr>
<tr><td colspan="3">宽≤0.1
长≤30(50)</td><td colspan="3">2×S(平板)
0.5×S(浮法)</td><td colspan="3">宽≤0.2
长≤40</td><td colspan="3">2×S</td><td colspan="3">宽≤0.5
长≤60</td><td colspan="3">3×S</td></tr>
<tr><td rowspan="5">光学变形
(入射角)</td><td colspan="2">公称厚度(mm)</td><td colspan="2">无色透明平板玻璃和超白浮法玻璃，不小于</td><td colspan="2">本体着色平板玻璃，不小于</td><td colspan="2">公称厚度(mm)</td><td colspan="2">无色透明平板玻璃和超白浮法玻璃，不小于</td><td colspan="2">本体着色平板玻璃，不小于</td><td colspan="2">公称厚度(mm)</td><td colspan="2">无色透明平板玻璃和超白浮法玻璃，不小于</td><td colspan="2">本体着色平板玻璃，不小于</td></tr>
<tr><td colspan="2">2</td><td colspan="2">50°</td><td colspan="2">50°</td><td colspan="2">2</td><td colspan="2">50°</td><td colspan="2">45°</td><td colspan="2">2</td><td colspan="2">40°</td><td colspan="2">40°</td></tr>
<tr><td colspan="2">3</td><td colspan="2">55°</td><td colspan="2">50°</td><td colspan="2">3</td><td colspan="2">55°</td><td colspan="2">50°</td><td colspan="2">3</td><td colspan="2">45°</td><td colspan="2">40°</td></tr>
<tr><td colspan="2">4～12</td><td colspan="2">60°</td><td colspan="2">55°</td><td colspan="2">4～12</td><td colspan="2">60°</td><td colspan="2">55°</td><td colspan="2">≥4</td><td colspan="2">50°</td><td colspan="2">45°</td></tr>
<tr><td colspan="2">≥15</td><td colspan="2">55°</td><td colspan="2">50°</td><td colspan="2">≥15</td><td colspan="2">55°</td><td colspan="2">50°</td><td colspan="2">—</td><td colspan="2">—</td><td colspan="2">—</td></tr>
<tr><td>断面缺陷</td><td colspan="18">公称厚度不大于 8mm 时，玻璃板边部凸出或残缺不超过玻璃板的厚度；公称厚度大于 8mm 时，玻璃板边部凸出或残缺不超过 8mm</td></tr>
<tr><td>弯曲度(%)，不超过</td><td colspan="18">0.2</td></tr>
<tr><td>虹彩</td><td colspan="12">无</td><td colspan="6">—</td></tr>
</table>

注：①S 是以平方米为单位的玻璃板面积数值，按 GB/T 8170 修约，保留小数点后两位。点状缺陷的允许个数限度及划伤的允许条数限度为各系数与 S 相乘所得的数值，按 GB/T 8170 修约至整数。

②优等品和一等品的点状缺陷中不允许有光畸变点（指浮法玻璃表面引起光学变形的斑点）；合格品中光畸变点视为 0.5～1.0mm的点状缺陷。优等品划伤指标长度(50)数为超白浮法玻璃。

③点状缺陷是气泡、夹杂物、斑点等缺陷的统称。

④虹彩仅指超白浮法玻璃。虹彩指浮法玻璃经热弯或钢化后，玻璃下表面呈现的光干涉色。

4. 平板玻璃和超白浮法玻璃的交货和储运要求

(1)当一批平板玻璃尺寸偏差、对角线差、厚度偏差、厚薄差、外观质量和弯曲度检验结果不合格块数大于或等于规定的拒收数时，该批玻璃不合格。

(2)玻璃的包装上应有标志或标签，并印有“小心轻放、易碎品、防水防湿、向上”字样或标志。

(3)玻璃应储存在通风、防潮、有防雨设施的地方；装运过程中应有防雨措施，应防止包装剧烈晃动、碰撞、滑动和倾倒。

(二)钢化玻璃

钢化玻璃包括钢化玻璃、均质钢化玻璃、半钢化玻璃和化学钢化玻璃等，已广泛应用于建筑领域、工业装备和家具等。

钢化玻璃是指普通退火玻璃经热处理工艺制成的玻璃,在玻璃表面形成了压应力层,具有机械强度和耐热冲击强度高、抗冲击性强和特殊的碎片状态等特点。

均质钢化玻璃也称热浸钢化玻璃是指经过特定工艺条件(第二次热处理工艺)处理过的钠钙硅钢化玻璃,大大降低了钢化玻璃的自爆率。

半钢化玻璃是通过控制加热和冷却过程,在玻璃表面引入永久压应力层,使玻璃的机械强度和耐热冲击性能提高,并具有特殊的碎片状态的玻璃。

化学钢化玻璃是指通过离子交换,玻璃表层碱金属离子被熔盐中的其他碱金属离子置换,使机械强度提高的玻璃。建筑用化学钢化玻璃主要用于建筑物或室内做隔断用;建筑以外主要用于仪表、光学仪器、复印机、家电面板等。

生产钢化玻璃、均质钢化玻璃、半钢化玻璃、化学钢化玻璃所使用的原片,其质量应符合相应的产品标准要求。有特殊要求的,用于生产钢化玻璃的原片,其质量由供需双方确定。

1. 钢化玻璃的分类

表 2-222

分类方法	分 类			
	钢化玻璃 (GB 15763.2—2005)	均质钢化玻璃 (GB 15763.4—2009)	半钢化玻璃 (GB/T 17841—2008)	化学钢化玻璃 (JC/T 977—2005)
按生产工艺分	垂直法钢化玻璃:在钢化过程中采用夹钳吊挂方式			—
	水平法钢化玻璃:在钢化过程中采用水平辊支撑方式			
按形状分	平面钢化玻璃			平面化学钢化玻璃
	曲面钢化玻璃		—	—
按用途分	建筑用钢化玻璃、建筑以外用钢化玻璃			建筑用代号 CSB 建筑以外用代号 CSOB
按表面应力值分	—			Ⅰ类、Ⅱ类、Ⅲ类
按压应力层厚度 (μm)分	—			A类(>12~25) B类(>25~50) C类(>50)

2. 钢化玻璃的外观质量

表 2-223

缺陷名称	说 明			
	钢化玻璃	均质钢化玻璃	半钢化玻璃	化学钢化玻璃
爆边	每片玻璃每米边长上允许有长度不超过 10mm,自玻璃边部向玻璃板表面延伸深度不超过 2mm,自板面向玻璃厚度延伸深度不超过厚度 1/3 的爆边个数 1 处			
划伤	宽度≤0.1mm 的轻微划伤,长度≤100mm 时,每平方米面积内允许存在条数 4 条			宽度≤0.1mm 的轻微划伤,长度≤60mm,每平方米面积内允许存在条数 4 条
	宽度>0.1mm 的划伤(0.1~1mm),长度≤100mm 时,每平方米面积内允许存在条数 4 条	宽度>0.1~0.5mm,长度≤100mm 时,每平方米面积内允许存在条数 3 条		—
夹钳印	夹钳印与玻璃边缘的距离≤20mm,边部变形量≤2mm			—
裂纹、缺角	不允许存在			
渍迹、污雾	—			表面不应有明显的渍迹、污雾

注:建筑用化学钢化玻璃边部应进行倒角及细磨处理。

3. 钢化玻璃的规格尺寸及允许偏差

钢化玻璃的规格尺寸及允许偏差　　表 2-224

名称	公称厚度 (mm)	平面矩形制品边长允许偏差				平面矩形制品对角线差允许值				厚度允许偏差	孔径及允许偏差	
		≤1000	>1000~ 2000	>2000~ 3000	>3000	边长≤1000	>1000~ 2000	>2000~ 3000	>3000		公称孔径	允许偏差
钢化玻璃 (GB 15763.2—2005)	3	+1 / -2	±3.0	±4	±5	±0.3	±0.4	±5.0		±2.0	—	—
	4,5,6	+2 / -3	±3.0	±4	±5	±0.3	±0.4	±5.0		±0.3		
	8,10	+2 / -3	±3.0	±4	±5	±0.3	±0.4	±5.0		±0.4	4~50	±1.0
	12	+2 / -3	±3.0	±4	±5	±0.3	±0.4	±5.0		±0.6	>50~100	±2.0
均质钢化玻璃 (GB 15763.4—2009)	15	+1 / -2	±4	±6	±7	±4.0	±5.0	±6.0		±1.0		
	19	+2 / -3	±4	±6	±7	±5.0	±6.0	±7.0				
	>19	供需双方商定				供需双方商定						
半钢化玻璃 (GB/T 17841—2008)	3	+1 / -2	±3	供需双方商定		2.0	3.0	4.0	5.0	符合所使用原片玻璃对应标准规定	4~50	±1.0
	4,5,6	+2 / -3	±3			3.0	4.0	5.0	6.0		>50~100	±2.0
	8,10,12	+2 / -3	±3			3.0	4.0	5.0	6.0			
化学钢化玻璃 (JC/T 977—2005)	2	+1 / -2	±3	供需双方商定		—	—	—	—	—		
	3	+1 / -2	±3			3.0	4.0			±0.2	4~20	±1.0
	4,5,6	+2 / -3	±3			4.0	5.0			±0.3	>20~100	±2.0
	8,10									±0.3		
	12					4.0	5.0			±0.4		

注:①其他形状的建筑用钢化玻璃、均质钢化玻璃和化学钢化玻璃及建筑以外用化学钢化玻璃的尺寸及偏差及厚度偏差由供需双方商定。

②厚度小于 2mm 及大于 12mm 的化学钢化玻璃的厚度及厚度允许偏差由供需双方商定;厚度不大于 2mm 及大于 12mm 的矩形化学钢化玻璃对角线差由供需双方商定。

③表中未作规定的公称厚度的建筑用钢化玻璃,均质钢化玻璃,其厚度允许偏差可采用表中与其相邻的较薄厚度玻璃的规定,或由供需双方商定。

④本表孔径及允许偏差只适用于公称厚度不小于 4mm 的建筑用钢化玻璃、半钢化玻璃,均质钢化玻璃和化学钢化玻璃。

⑤孔径一般不小于玻璃的公称厚度。小于玻璃公称厚度和孔径大于 100mm 的建筑用钢化玻璃、半钢化玻璃、均质钢化玻璃,化学钢化玻璃孔径的允许偏差和小于 4mm 孔径及建筑以外用的化学钢化玻璃孔径的允许偏差由供需双方商定。

4. 钢化玻璃的技术要求

表 2-225

玻璃名称	玻璃品种	最少允许碎片数 公称厚度(mm)	最少允许碎片数 最少碎片(片)	弯曲度(%)，不超过 弓形 浮法玻璃	弓形 其他	波形 浮法玻璃	波形 其他	弯曲强度（四点弯法，以95%的置信区间，5%的破损概率）(MPa)，不小于 浮法、镀膜玻璃	压花玻璃	釉面玻璃	要求 抗冲击性	霰弹袋冲击性能（4块平板玻璃试样，符合下列任一条规定）	表面应力(MPa)，不小于 浮法、镀膜玻璃	压花玻璃	其他	耐热冲击性
钢化玻璃、均质钢化玻璃	平面钢化玻璃	3	30	0.3		0.2		均质钢化玻璃 120	90	75	6块试样，破坏数不超过1块为合格；破坏数是2块时，另取6块，试样须全部不被破坏	破碎时，每块碎片重量总和不得超过相当于试样最大10块碎片的重量；保留在框内的玻璃碎片面积过65cm²的任何无贯穿裂纹的玻璃碎片长度不得超过120mm。弹袋下落高度为1200mm时，试样不破坏	90			耐200℃温差不破坏
		4~12	40													
		≥15	30													
	曲面钢化玻璃	≥4	30													
半钢化玻璃	不应有2个及2个以上的"小岛"碎片；不应有面积大于10cm²的"小岛"碎片；所有"颗粒"碎片之和不超过50cm²	—		mm/mm 0.3	0.4	mm/300mm 0.3	0.5	70	55	—	—	—	24~60			试样耐100℃温差不破坏
化学钢化玻璃		—		玻璃厚度≥2mm 弯曲度0.3%		玻璃厚度<2mm —		150（仅适用≥2mm建筑用化学钢化玻璃）			玻璃厚度(mm) <2：冲击高度(m)1.0；≥2：冲击高度(m)2.0 冲击后状态 试样不得破坏	—	分类 I类 >300~400；II类 >400~600；III类 >600			耐120℃温差不破坏

注：①钢化玻璃，均质钢化玻璃碎片状态取4块玻璃碎片状态试验，每块试样在任何50mm×50mm区域内的最少碎片数必须满足本表规定，允许有少量长度不超过75mm的长条形碎片。

②半钢化玻璃弯曲度要求适用水平法生产的平型制品，垂直法生产的平型制品的弯曲度由供需双方商定。

③本表半钢化玻璃碎片状态适用于厚度大于或等于8mm的制品，大于8mm的制品的玻璃碎片状态由供需双方商定。"小岛"碎片指面积大于或等于1cm²的碎片；"颗粒"碎片指面积小于1cm²的碎片。

④厚度小于2mm的化学钢化玻璃弯曲度由供需双方商定。

5.钢化玻璃的交货及储运要求

(1)钢化玻璃、均质钢化玻璃、半钢化玻璃的外观质量、尺寸及允许偏差、弯曲度检验结果不合格品数大于或等于规定的判定数时,该批玻璃该检验项目不合格;其他技术要求检验结果不符合要求的,该项目不合格。以上检验结果有一项不合格的该批玻璃不合格。

(2)化学钢化玻璃的厚度、尺寸、外观质量、弯曲度、表面应力的任一项检验结果不合格数大于或等于规定的判定数时,该批玻璃该检验项目不合格;其他技术要求检验结果不符合要求的,该项目不合格。以上检验结果有一项不合格的该批玻璃不合格。

(3)钢化玻璃、均质钢化玻璃、半钢化玻璃宜采用木箱或集装箱(架)包装,每箱(架)宜装同一厚度、尺寸的玻璃。玻璃之间、玻璃与箱(架)之间应采取防护措施,防止玻璃的破损和玻璃表面的划伤。

化学钢化玻璃应用集装箱、木箱或适合运输的其他包装方式包装,每块玻璃应用塑料袋或纸包装,玻璃与包装箱之间用不易引起玻璃表面划伤的轻软材料填实。

(4)每个包装上应有"朝上、小心轻放、易碎品、防水防潮"字样或标志。

(5)玻璃应储存在不结露或有防雨设施的地方,化学钢化玻璃应垂直储存于干燥的室内;运输时应有防雨措施,应防止包装剧烈晃动、碰撞、滑动和倾倒;化学钢化玻璃运输时不应平放,长度方向应与车辆运动方向相同。

(三)夹层玻璃(GB 15763.3—2009)

夹层玻璃是玻璃与玻璃和塑料等材料,用中间层分隔并通过处理使其黏结为一体的复合材料的统称。常见和大多使用的是玻璃与玻璃,用中间层分隔并通过处理使其黏结为一体的玻璃构件。

夹层玻璃由玻璃、塑料以及中间层材料组合构成。所采用的材料均应满足相应的国家标准、行业标准、相关技术条件或订货文件要求。

玻璃可选用浮法玻璃、普通平板玻璃、压花玻璃、抛光夹丝玻璃、夹丝压花玻璃等。玻璃可以是无色、本体着色、镀膜、退火、热增强或钢化的;透明、半透明、不透明的;表面处理如喷砂或酸腐蚀的等。

1.夹层玻璃的分类

表 2-226

分类方式		类 别
按品种分	安全夹层玻璃	破碎时,中间层能够限制其开口尺寸并提供残余阻力以减少割伤或扎伤的危险
	对称夹层玻璃	从两个外表面起依次向内,玻璃和塑料及中间层等材料在种类、厚度和一般特性等均相同
	不对称夹层玻璃	从两个外表面起依次向内,玻璃和塑料及中间层等材料在种类、厚度和一般特性等不相同
按形状分	平面夹层玻璃	—
	曲面夹层玻璃	—
按工艺分	干法夹层玻璃	—
	湿法夹层玻璃	—
按霰弹袋冲击性能分	Ⅰ类夹层玻璃	对霰弹袋冲击性能不作要求,该类玻璃不能作为安全玻璃使用
	Ⅱ-1类夹层玻璃	霰弹袋冲击高度可达 1 200mm,冲击结果符合规定
	Ⅱ-2类夹层玻璃	霰弹袋冲击高度可达 750mm,冲击结果符合规定
	Ⅲ类夹层玻璃	霰弹袋冲击高度可达 300mm,冲击结果符合规定

2. 夹层玻璃的尺寸允许偏差(mm)

表 2-227

尺寸允许偏差

最终产品的长度和宽度允许偏差

公称尺寸(边长)	公称厚度≤8	公称厚度>8 每块玻璃公称厚度<10	公称厚度>8 至少一块玻璃公称厚度≥10
≤1 100	+2.0 / −2.0	+2.5 / −2.0	+3.5 / −2.5
>1 100～1 500	+3.0 / −2.0	+3.5 / −2.0	+4.5 / −3.0
>1 500～2 000	+4.5 / −2.5	+5.0 / −3.0	+5.0 / −3.5
>2 000～2 500	+5.0 / −3.0	+5.5 / −3.5	+6.0 / −4.0
>2 500	+5.0 / −3.0		+6.5 / −4.5

最大允许误差

公称尺寸(边长)	最大允许误差
≤1 000	2.0
>1 000～2 000	3.0
>2 000～4 000	4.0
>4 000	6.0

厚度允许偏差

干法夹层玻璃厚度偏差：厚度偏差不能超过构成夹层玻璃的原片的原片厚度允许偏差和中间层材料厚度允许偏差的总和。中间层总厚度<2mm时,不考虑中间层的厚度偏差。中间层总厚度≥2mm时,厚度允许偏差为±0.2mm。

湿法夹层玻璃

中间层厚度	允许偏差	厚度偏差
<1	±0.4	厚度偏差不能超过构成夹层玻璃的原片厚度允许偏差和中间层材料厚度允许偏差的总和
1～<2	±0.5	
2～<3	±0.6	
≥3	±0.7	

对角线差

矩形夹层玻璃制品：长边长度不大于2 400mm时,对角线差不得大于4mm;长边长度大于2 400mm时,对角线差由供需双方商定

注:对于三层原片以上(含三层玻璃制品,原片材料总厚度超过24mm及使用钢化玻璃作为原片时,其厚度允许偏差由供需双方商定。

3.夹层玻璃的外观质量

表 2-228

项 目				要 求				
可视区点状缺陷数			缺陷尺寸 λ(mm)	>0.5~1.0	>1.0~3.0			
			玻璃面积 S(m²)	不限	≤1	>1~2	>2~8	>8
	允许缺陷数（个）	玻璃层数	2	不得密集存在	1	2	1.0m²	1.2m²
			3		2	3	1.5m²	1.8m²
			4		3	4	2.0m²	2.4m²
			≥5		4	5	2.5m²	3.0m²
可视区线状缺陷数			缺陷尺寸（长,宽）(mm)	长≤30 且宽≤0.2	长>30 或宽>0.2			
			玻璃面积 S(m²)	不限	≤5	>5~8	>8	
			允许缺陷数（个）	允许存在	不允许	1	2	
周边区缺陷				使用时装有边框的玻璃,允许存在直径不超过 5mm 的点状缺陷,如点状缺陷是气泡,气泡面积之和不应超过边缘区面积的 5%				
				使用时不带边框的玻璃的周边区缺陷,由供需双方商定				
裂口				不允许存在				
爆边				长度或宽度不得超过玻璃的厚度				
脱胶				不允许存在				
皱痕和条纹				不允许存在				

注：①可视区点状缺陷：不大于 0.5mm 的缺陷不考虑；不允许出现大于 3mm 的缺陷。

②可视区点状缺陷当出现下列情况之一时,视为密集存在：

a.两层玻璃时,出现 4 个或 4 个以上的缺陷,且彼此相距小于 200mm；

b.三层玻璃时,出现 4 个或 4 个以上的缺陷,且彼此相距小于 180mm；

c.四层玻璃时,出现 4 个或 4 个以上的缺陷,且彼此相距小于 150mm；

d.五层玻璃时,出现 4 个或 4 个以上的缺陷,且彼此相距小于 100mm。

③单层中间层单层厚度大于 2mm 时,表中可视区点状缺陷数总数允许增加 1。

4.夹层玻璃的技术要求

表 2-229

项 目	要 求			
平面夹层玻璃弯曲度(%),不超过	弓形		波形	
	0.3		0.2	
耐热性	试验后允许试样存在裂口；超出边部或裂口 13mm 部分不能产生气泡或其他缺陷			
耐湿性	试验后试样超出原始边 15mm,切割边 25mm,裂口 10mm 部分不能产生气泡或其他缺陷			
耐辐照性	试验后试样不可产生显著变色、气泡及浑浊现象；试验前后试样的可见光透射比相对变化率 ΔT 应不大于 3%			
落球冲击剥离性能	试验后中间层不得断裂、不得因碎片剥离而暴露			
霰弹袋冲击性能	在每一冲击高度试验后试样均应未破坏或安全破坏			
	Ⅰ类夹层玻璃	Ⅱ-1 类夹层玻璃	Ⅱ-2 类夹层玻璃	Ⅲ类夹层玻璃
	不作要求	三组试样在冲击高度分别为 300mm、750mm 和 1 200mm 时冲击后,全部试样未破坏或安全破坏	两组试样在冲击高度分别为 300mm 和 750mm 时冲击后,试样未破坏或安全破坏；另一组试样在冲击高度为 1 200mm 时,任何试样非安全破坏	一组试样在冲击高度分别为 300mm 时冲击后,试样未破坏或安全破坏；另一组试样在冲击高度为 750mm 时,任何试样非安全破坏

注：①原片材料使用有非无机玻璃时,弯曲度由供需双方商定。

②夹层玻璃的可见光透射比、可见光反射比由供需双方商定。

③由供需双方商定是否有必要进行抗风压性能试验。以便合理选择给定风载条件下适宜的夹层玻璃的材料、结构和规格尺寸等,或验证所选定夹层玻璃的材料、结构和规格尺寸等能否满足设计风压值的要求。

④安全破坏指破坏时试样同时满足下列要求为安全破坏：

a.破坏时允许出现裂缝或开口,但不允许出现使直径为 76mm 的球在 25N 力作用下通过的裂缝或开口；

b.冲击后试样出现碎片剥离时,称量冲击后 3min 内从试样上剥离下的碎片。碎片总重量不得超过相当于 100cm² 试样的重量,最大剥离碎片重量应小于 44cm² 试样的重量。

5.夹层玻璃的交货及包装和储运：

夹层玻璃的交货同钢化玻璃，包装和储运要求同化学钢化玻璃。

6.关键场所使用安全玻璃制品的建议

(1)门和门侧边区域

门和门侧边区域中的玻璃制品部分或全部距离地面不超过 1 500mm 时；且侧边区玻璃距离门边不大于 300mm 时：

①当玻璃制品短边大于 900mm 时，所使用的玻璃制品至少为Ⅱ-2 类；

②当玻璃制品的短边不大于 900mm 时，所使用的玻璃制品至少为Ⅲ 类；

③当玻璃制品的短边小于或等于 250mm、最大面积不超过 0.5m² 且公称厚度不小于 6mm 时，可以使用其他玻璃制品。

(2)其他场所

在浴室、游泳池等人体容易滑倒的场所及场所周围使用的玻璃制品至少为Ⅲ 类；在体育馆等运动场所使用的玻璃制品至少为Ⅲ 类。有特殊使用和设计要求时，应充分考虑霰弹袋冲击历程并采用更高冲击级别的安全玻璃制品。

(四)防火玻璃（GB 15763.1—2009）

防火玻璃是一种满足相应性能要求的特种玻璃，适用于建筑。防火玻璃按结构分为复合防火玻璃和单片防火玻璃；按耐火性能分为隔热型防火玻璃和作隔热型防火玻璃。

复合防火玻璃是两层或两层以上玻璃复合而成或由一层玻璃和有机材料复合而成，并满足相应耐火性能要求的特种玻璃。代号 FFB。

单片防火玻璃是由单层玻璃构成，并满足相应耐火性能要求的特种玻璃。代号 DFB。

隔热型防火玻璃是指耐火性能同时满足耐火完整性、耐火隔热性要求的防火玻璃（A 类）。

非隔热型防火玻璃是指耐火性能仅满足耐火完整性要求的防火玻璃（C 类）。

防火玻璃原片可选用镀膜或非镀膜的浮法玻璃、钢化玻璃，复合防火玻璃原片，还可选用单片防火玻璃。原片玻璃应分别符合 GB 11614、GB 15763.2—2005、GB/T 18915（所有部分）等相应标准和本标准相应条款的规定。

所采用其他材料也均应满足相应的国家标准、行业标准有关技术条件要求。

1.防火玻璃的标记

标记方式如下：

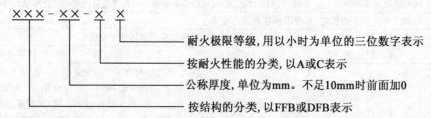

××× - ×× - × ×
— 耐火极限等级，用以小时为单位的三位数字表示
— 按耐火性能的分类，以A或C表示
— 公称厚度，单位为mm。不足10mm时前面加0
— 按结构的分类，以FFB或DFB表示

示例：一块公称厚度为 25mm、耐火性能为隔热类（A 类），耐火等级为 1.50h 的复合防火玻璃标记为：

FFB-25-A　1.50

2.防火玻璃的分类和等级

表 2-230

分类方法	类 别 （代 号） 和 等 级
按结构分	复合防火玻璃(FFB)、单片防火玻璃(DFB)
按耐火性能分	隔热型防火玻璃(A 类)、非隔热型防火玻璃(C 类)
按耐火极限等级分(h)	0.50、1.00、1.50、2.00、3.00

3. 防火玻璃的尺寸和厚度偏差(mm)

表 2-231

品种	玻璃的公称厚度 d	长度或宽度(L)允许偏差		厚度允许偏差
		$L\leqslant1\ 200$	$1\ 200<L\leqslant2\ 400$	
复合防火玻璃	$5\leqslant d<11$	±2	±3	±1.0
	$11\leqslant d<17$	±3	±4	±1.0
	$17\leqslant d<24$	±4	±5	±1.3
	$24\leqslant d<35$	±5	±6	±1.5
	$d\geqslant35$	±5	±6	±2.0

品种	玻璃的公称厚度 d	长度或宽度(L)允许偏差			厚度允许偏差
		$L\leqslant1\ 000$	$1\ 000<L\leqslant2\ 000$	$L>2\ 000$	
单片防火玻璃	5	+1 −2	±3	±4	±0.2
	6				
	8	+2 −3			±0.3
	10				
	12				±0.3
	15	±4	±4		±0.5
	19	±5	±5	±6	±0.7

注:当复合防火玻璃长度或宽度 L 大于 2 400mm 时,尺寸允许偏差由供需双方商定。

4. 防火玻璃的外观质量

表 2-232

缺陷名称	要 求	限值	
		复合防火玻璃	单片防火玻璃
气泡	直径 300mm 圈内允许长 0.5～1.0mm 的气泡	1个	—
胶合层杂质	直径 500mm 圈内允许长 2.0mm 以下的杂质	2个	—
划伤	宽度≤0.1mm,长度≤50mm 的轻微划伤,每平方米面积内不超过	4条	2条
	0.1mm<宽度<0.5mm,长度≤50mm 的轻微划伤,每平方米面积内不超过	1条	1条
爆边	每米边长允许有长度不超过 20mm,自边部向玻璃表面延伸深度不超过厚度一半的爆边	4个	不允许存在
叠差、裂纹、脱胶	脱胶、裂纹不允许存在,总叠差不应大于	3mm	—
结石、裂纹、缺角		—	不允许存在

注:复合防火玻璃周边 15mm 范围内的气泡、胶合层杂质不作要求。

5. 防火玻璃的技术要求

表 2-233

项目	要 求				
	耐火极限等级(h)	耐火隔热性时间(h),不小于		耐火完整性时间(h),不小于	
		隔热型防火玻璃	非隔热型防火玻璃	隔热型防火玻璃	非隔热型防火玻璃
耐火性能	3.00	3.00	无要求	3.00	
	2.00	2.00		2.00	
	1.50	1.50		1.50	
	1.00	1.00		1.00	
	0.50	0.50		0.50	

项目	要 求	
耐热性能	试验后,复合防火玻璃试样的外观质量应符合表 2-232	
耐寒性能		
耐紫外线辐照性	试验后,复合防火玻璃试样不应产生显著变色、气泡及浑浊现象;试验前后试样的可见光透射比相对变化率 ΔT 应不大于 10%	
可见光透射比	允许偏差最大值(明示标称值)	允许偏差最大值(未明示标称值)
	±3%	≤5%
弯曲度	弓形弯曲度不超过 0.3%	波形弯曲度不超过 0.2%
抗冲击性能	单片防火玻璃试验后不破碎	
	复合防火玻璃试验后满足以下条件之一:(1)玻璃不破碎,(2)玻璃破碎但钢球未穿透试样	
碎片状态	单片防火玻璃每块试验样品在 50mm×50mm 区域内的碎片数应不低于 40 块。允许有少量长条碎片存在,但其长度不得超过 75mm,且端部不是刀刃状;延伸至玻璃边缘的长条形碎片与玻璃边缘形成的夹角不得大于 45°	

注:①当复合防火玻璃使用在有建筑采光要求的场合时,应进行耐紫外线辐照性能测试。

②单片防火玻璃耐热性能、耐寒性能、耐紫外线辐照性能不作要求。

③复合防火玻璃碎片状态不作要求。

6.防火玻璃的交货及储运要求

同钢化玻璃。

(五)隔热涂膜玻璃(GB/T 29501—2013)

隔热涂膜玻璃是指用透明隔热涂料进行表面涂覆制备而成的具有阻挡太阳辐射热能力的玻璃。按涂覆面使用部位分为暴露型隔热涂膜玻璃(代号 B 型)和非暴露型隔热涂膜玻璃(代号 F 型);按遮蔽系数和可见光透射比的大小分为 I 型、II 型、III 型。

暴露型隔热涂膜玻璃是涂膜直接暴露于可导致其受损的外界环境下的隔热涂膜玻璃。涂膜面应用于平板玻璃的任意面或夹层玻璃的第一面和第四面的隔热涂膜玻璃属于暴露型隔热涂膜玻璃。

非暴露型隔热涂膜玻璃是涂膜不直接暴露于可导致其受损的外界环境下的隔热涂膜玻璃。涂膜面应用于中空玻璃或夹层玻璃的第二面和第三面的隔热涂膜玻璃属于非暴露型隔热涂膜玻璃。

1.隔热涂膜玻璃的标记

按产品名称、标准号、基材种类、涂膜型号、产品类型顺序标记。

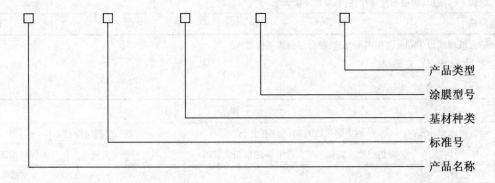

产品类型
涂膜型号
基材种类
标准号
产品名称

示例:以无色透明玻璃为基材,遮蔽系数小于或等于 0.55 的×××型号的暴露型隔热涂膜玻璃标记为:

隔热涂膜玻璃　CB/T 29501—2013　无色透明基材　×××IB 型

2. 隔热涂膜玻璃的物理性能

表 2-234

序号	试 验 项 目		暴露型(B 型)	非暴露型(F 型)
1	附着力(划格法,1mm)(级)		0	≤1
2	硬度		≥3H	≥H
3	耐水性		168h 无异常	—
4	耐酸雨		168h 无异常	—
5	耐碱性		168h 无异常	—
6	耐温变性		无异常	
7	耐燃烧性		燃烧速率不大于 100mm/min	
8	颜色均匀性		$\Delta E_{lab}^* \leq 3.0$	
9	耐紫外线老化性	外观	不起泡、不剥落、无裂纹、无明显变色	
		粉化(级)	0	
		附着力(级)	0	≤1
10	隔热温差(℃)		≥7	

3. 隔热涂膜玻璃的光学性能

表 2-235

序号	试 验 项 目	Ⅰ 型	Ⅱ 型	Ⅲ 型
1	可见光透射比(%)	≥40	≥50	≥60
2	可见光透射比偏差(%)	≤3		
3	可见光反射比(%)	≤10		
4	可见光反射比偏差(%)	≤3		
5	遮蔽系数	≤0.55	>0.55~0.65	>0.65~0.80
6	遮蔽系数偏差	≤0.03		
7	紫外线透射比(%)	≤10		
8	紫外线老化后可见光透射比保持率(%)	≥95		

注:紫外线透射比为非必检项目,由供需双方商定。

4. 隔热涂膜玻璃的外观质量

表 2-236

缺陷名称	说 明	技 术 指 标
针孔	直径<1.2mm	不允许集中
	1.2mm≤直径<1.6mm	中部:(3.0×S)个 75mm 边部:(8.0×S)个
	1.6mm≤直径<2.5mm	中部:(2.0×S)个 75mm 边部:(5.0×S)个
	直径≥2.5mm	不允许
斑点	1.0mm≤直径<2.5mm	中部:(5.0×S)个 75mm 边部:(6.0×S)个
	2.5mm≤直径<5.0mm	中部:(4.0×S)个 75mm 边部:(4.0×S)个
	直径≥5.0mm	不允许

缺 陷 名 称	说　　　明	技 术 指 标
杂质	直径<1.0mm	不允许集中
	1.0mm≤直径<3.0mm	(5.0×S)个
	直径≥3.0mm	不允许
流挂	目视可见	不允许
膜面划伤	0.1mm≤宽度<0.3mm 长度≤60mm	不限 划伤间距不得小于100mm
	宽度>0.3mm 或长度>60mm	不允许
玻璃面划伤	宽度>0.5mm 或长度>60mm	不允许

注:①针孔集中是指在任何部位直径200mm的圆内,存在4个或4个以上的缺陷。
　②S 是以平方米为单位的玻璃板面积,保留小数点后两位。
　③允许个数及允许条数为各系数与 S 相乘所得的数值,按GB/T 8170 修约至整数。
　④玻璃板的中部是指距玻璃板边缘75mm 以内的区域,其他部分为边部。

5. 隔热涂膜玻璃的交货和储运要求

(1)隔热涂膜玻璃的外观质量、物理性能和化学性能的检验结果中有两项或两项以上不符合要求的,该批产品不合格;在外观质量合格的条件下,物理性能和力学性能的如有一项检验结果不符合要求的,允许双倍复验该项目,如复验结果仍不符合要求的,该批产品不合格。

(2)隔热涂膜玻璃的储运要求同平板玻璃。

(六)中空玻璃(GB/T 11944—2012)

中空玻璃是两片或多片玻璃以有效支撑均匀隔开并周边黏结密封,使玻璃层间形成有干燥气体空间的玻璃制品。适用于建筑及建筑以外的冷藏、装饰和交通用,其他用途的中空玻璃可参照使用。

制作中空玻璃的材料有玻璃(可采用平板玻璃、镀膜玻璃、夹层玻璃、钢化玻璃、防火玻璃、半钢化玻璃和压花玻璃等)、边部密封材料、间隔材料(可选用铝间隔条、不锈钢间隔条、复合材料间隔条、复合胶条等)、干燥剂。以上材料均应符合相应标准和技术文件的要求。

制作中空玻璃的各种材料的质量与中空玻璃使用寿命密切相关,使用符合标准规范的材料生产的中空玻璃,其使用寿命一般不少于15年。

中空玻璃按形状分为:平面中空玻璃和曲面中空玻璃;按中空腔内气体分为:普通中空玻璃(中空腔内为空气)和充气中空玻璃(中空腔内充入氩气、氪气等气体)。

1. 中空玻璃的尺寸及允许偏差

表 2-237

项　　　目	允 许 偏 差		
长(宽)度 和叠差(mm)	长(宽)度	长(宽)度允许偏差	平面中空玻璃最大允许叠差
	<1 000	±2	2
	1 000~<2 000	+2 −3	3
	≥2 000	±3	4
厚度(mm)	公称厚度		
	<17	±1.0	
	17~<22	±1.5	
	≥22	±2.0	
对角线差	矩形平面中空玻璃	不大于对角线平均长度的 0.2%	

项　　目		允　许　偏　差	
胶层宽度(mm)	外道密封胶宽度	不小于	5
	复合密封胶条的胶层宽度		8,±2
	内道丁基胶层宽度	不小于	3

注:①中空玻璃的公称厚度为玻璃原片公称厚度与中空腔厚度之和。
　　②曲面和异形中空玻璃对角线差由供需双方商定。
　　③曲面和有特殊要求的中空玻璃的叠差由供需双方商定。
　　④特殊规格和有特殊要求的中空玻璃的胶层宽度由供需双方商定。

2.中空玻璃的技术要求

表 2-238

项　　目	要　　求
露点小于	−40℃
耐紫外线辐照性能	试验后试样内表面无结雾、水汽凝结或污物的痕迹且密封胶无明显变形
水气密封耐久性能	水分渗透指数 $I \leqslant 0.25$,平均值 $I_{av} \leqslant 0.20$
初始气体含量	充气中空玻璃的初始气体含量应≥85%(V/V)
气体密封耐久性能	充气中空玻璃试验后气体含量应≥80%(V/V)
U 值	由供需双方商定是否有必要进行此项试验

3.中空玻璃的外观质量

表 2-239

项　　目	要　　求
边部密封	内道密封胶应均匀连续,外道密封胶应均匀整齐,与玻璃充分黏结,且不超出玻璃边缘
玻璃	宽度≤0.2mm、长度≤30mm 的划伤允许 4 条/m²,0.2mm<宽度≤1mm、长度≤50mm 划伤允许 1 条/m²;其他缺陷应符合相应玻璃标准要求
间隔材料	无扭曲,表面平整光洁;表面无污痕、斑点及片状氧化现象
中空腔	无异物
玻璃内表面	无妨碍透视的污迹和密封胶流淌

4.中空玻璃的交货与储运要求

(1)中空玻璃的外观质量、尺寸偏差、露点、充气中空玻璃的初始气体含量中任一项检验结果不合格的,该批产品不合格。

(2)中空玻璃的包装和储运要求同化学钢化玻璃。

(七)真空玻璃(JC/T 1079—2008)

真空玻璃(图 2-44)是两片或两片以上平板玻璃以支撑物隔开,周边密封,在玻璃间形成真空层的玻璃制品。适用于建筑、家电和其他保温隔热、隔音等用途,包括用于夹层、中空等复合制品中。

真空玻璃按保温性能(K 值)分为 1 类、2 类、3 类。

真空玻璃的分类要求　　　　　　　　　　表 2-240

类　　别	K 值[W/(m²·K)]	类　　别	K 值[W/(m²·K)]
1	$K \leqslant 1.0$	3	$2.0 < K \leqslant 2.8$
2	$1.0 < K \leqslant 2.0$		

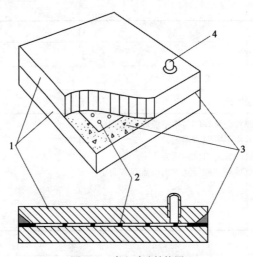

图 2-44 真空玻璃结构图
1-玻璃;2-支撑物;3-封边;4-保护帽

1. 真空玻璃的尺寸及允许偏差

表 2-241

项　目	允　许　偏　差				
公称厚度 (mm)	矩形制品边长(L)尺寸允许偏差(mm)			厚度允许偏差 (mm)	矩形制品对角线差, 不大于
	L≤1 000	1 000<L≤2 000	L>2 000		
≤12	±2.0	+2.0 −3.0	±3.0	±0.4	对角线平均长 度的 0.2%
>12		±3.0		供需双方商定	

注:真空玻璃单独使用时应用保护帽对抽气孔加以保护,保护帽的高度和形状由供需双方商定。

2. 真空玻璃的技术要求

表 2-242

项　目			要　求
弯曲度	玻璃厚度 (mm)	≤12	弓形弯曲度为 0.3%
		>12	供需双方商定
耐辐照性			试验前后样品 K 值变化率≤3%
气候循环耐久性			试验后,样品不允许出现炸裂,试验前后样品 K 值变化率≤3%
高温高湿耐久性			
隔声性能			≥30dB

3. 真空玻璃的外观质量

表 2-243

项　目		要　求
缺陷 种类	划伤	每平方米面积允许有 4 条宽度在 0.1mm 以下、长度≤100mm 的轻微划伤
		每平方米面积允许有 4 条宽度在 0.1mm~1mm、长度≤100mm 的划伤
	爆边	每片玻璃每米边长上允许有 1 个长度≤10mm、自玻璃边部向玻璃板表面延伸深度≤2mm、自板面向玻璃厚度延伸深度≤1.5mm 的爆边
	内面污迹	不允许
	裂纹	不允许

项 目		要 求
支撑物的排列质量	缺位	不允许连续缺位,非连续性缺位每平方米不允许超过3个
	重叠	不允许
	多余	每平方米不允许超过3个
封边质量		封边后的熔封接缝应保持饱满、平整,有效封边宽度≥5mm
边部加工质量		边部加工应磨边倒角,不允许有裂纹等缺陷

4.真空玻璃的交货与储运要求

真空玻璃交货时,如有一项检验结果不合格,该批产品不合格。真空玻璃的储运要求同化学钢化玻璃。

(八)中空玻璃用弹性密封胶(GB/T 29755—2013)

中空玻璃用弹性密封胶适用于非结构装配中空玻璃二道密封用双组分密封胶。单组分中空玻璃密封胶可参考使用。

中空玻璃用弹性密封胶按密封胶的聚合物种类分为聚硫(PS)、硅酮(SR)、聚氨酯(PU)等密封胶。密封胶应为细腻、均匀膏状物或黏稠体,不应有气泡、结皮或凝胶。各组分密封胶的颜色宜有明显差异。

1.中空玻璃用弹性密封胶的标记

产品按密封胶名称、聚合物种类和标准编号顺序标记。

示例:聚硫中空玻璃密封胶标记为:

中空玻璃用弹性密封胶 PS GB/T 29755—2013

2.中空玻璃用弹性密封胶的物理力学性能

表 2-244

序号	项 目		指 标
1	密度(g/cm³)	A组分	规定值±0.1
		B组分	规定值±0.1
2	下垂度	垂直(mm)	≤3
		水平	不变形
3	表干时间(h)		≤2
4	适用期(min)		≥20
5	硬度(Shore A)		30~60
6	弹性恢复率(%)		≥80
7	拉伸黏结性	拉伸黏结强度(MPa)	≥0.60
		最大拉伸强度时伸长率(%)	≥50
		黏结破坏面积(%)	≤10
8	定伸黏结性		无破坏
9	水-紫外线处理后拉伸黏结性	拉伸黏结强度(MPa)	≥0.45
		最大拉伸强度时伸长率(%)	≥40
		黏结破坏面积(%)	≤30
10	热空气老化后拉伸黏结性	拉伸黏结强度(MPa)	≥0.60
		最大拉伸强度时伸长率(%)	≥40
		黏结破坏面积(%)	≤30
11	热失重(%)		≤6.0
12	水蒸气透过率[g/(m²·d)]		报告值

注:①中空玻璃用第二道密封胶使用时关注与相接触材料的相容性或黏结性,相接触材料包括一道密封胶、中空玻璃单元接缝密封胶、间隔条、密闭垫块等,试验参考 GB 16776—2005 和 GB 24266—2009 相应规定。

②适用期也可由供需双方商定。

3. 中空玻璃用弹性密封胶的交货和储运要求

(1)凡中空玻璃用弹性密封胶的外观质量不符合要求的,该批产品不合格;物理力学性能的检验结果有 2 项及 2 项以上指标不符合要求的,该批产品不合格;在外观质量合格的条件下,物理力学性能如有 1 项检验结果不符合要求的,用备用样品对该项进行复验,如仍不合格,该批产品不合格。

(2)中空玻璃用弹性密封胶应采用密闭容器包装。最小包装桶或包装箱上应有标志,内容包括:产品名称(含组分名称);标记;生产日期、批号及储存期;净重量或净容量;制造方名称和地址;商标;使用说明及注意事项以及防雨、防潮、防日晒、防撞击等标志。

(3)中空玻璃用弹性密封胶在运输时应防日晒雨淋、撞击、挤压包装;储存时应选择干燥、通风、阴凉的场所,储存温度不超过 27℃。在正常运输、储存条件下,储存期自生产日起至少为 6 个月。

(九)中空玻璃用复合密封胶条(JC/T 1022—2007)

中空玻璃用复合密封胶条是以丁基胶为主要原料,嵌入波浪形支撑带并挤压成一定形状,内部含有干燥剂,用于中空玻璃内部分隔支撑、边部密封的制品。

按照结构和形状,中空玻璃用复合密封胶条分为矩形胶条和凹形胶条。复合密封胶条表面应光滑、无划痕、裂纹、气泡、疵点和杂质等缺陷,颜色应均匀一致。

1. 中空玻璃用复合密封胶条常用规格

表 2-245

规　格	胶条宽度(mm)	胶条厚度(mm)	支撑带宽度(mm)	支撑带厚度(mm)
矩 形 胶 条				
6MM	9	6	5.5	0.18
8MM	11	6	7.5	0.18
9MM	12	6.3	8.5	0.18
10MM	13	6.3	9.5	0.20
11MM	14	6.3	10.5	0.20
12MM	15	6.5	11.5	0.20
14MM	17	6.7	13.5	0.20
16MM	19	7	15.5	0.20
凹 形 胶 条				
9U	12.0	6.5	8.5	0.20
12U	15.0	6.5	11.5	0.20
12W	15.0	6.5	11.5	0.20
16U	19.0	7.0	15.5	0.20
16W	19.0	7.0	15.5	0.20
19U	22.0	7.0	18.5	0.20
19W	22.0	7.0	18.5	0.20
22U	25.0	7.5	21.5	0.20
22W	25.0	7.5	21.5	0.20

注:①W、U 均表示凹形胶条槽形尺寸。其中 W 形槽宽 6.90mm、槽深 3.43mm,U 形槽宽 5.59mm、槽深 3.68mm。

②其他形状和尺寸的复合密封胶条可由供需双方商定。

2. 中空玻璃用复合密封胶条尺寸允许偏差

表 2-246

项 目	允许偏差（mm）	项 目	允许偏差（mm）
胶条宽度	±0.50	支撑带厚度	+0.05、−0.03
胶条厚度	±0.50	凹形胶条槽宽	±0.30
支撑带宽度	+0.10、−0.20	凹形胶条槽深	±0.50

3. 中空玻璃用复合密封胶条技术要求

表 2-247

项 目	要 求
硬度	>40
初黏性的滚球距离（mm）	≤450
黏结性能	复合密封胶条与玻璃的拉伸黏结强度在各种暴露条件下均应大于 0.45MPa；测试样品在规定的区域内，应无玻璃与胶条的黏结失效且无内聚力的破坏
耐低温冲击性能	5 段试样试验后，只允许 1 段试样的胶层出现裂口或断裂
干燥速度	用复合密封胶条制作 10 块中空玻璃样品，在规定环境条件下放置 504h，露点应小于或等于 −40℃
耐紫外线辐照性能	用复合密封胶条制作 2 块中空玻璃样品，试验后，试样内表面应无结雾和无污染的痕迹，玻璃应无明显错位，胶条应无明显蠕变
耐温耐光性能	用复合密封胶条制作 6 块中空玻璃样品，试验后，试样的露点应小于或等于 −40℃

4. 中空玻璃用复合密封胶条的交货与储运要求

(1) 中空玻璃用复合密封胶条的外观、尺寸偏差、硬度检验结果不合格数大于或等于规定的判定数时，该批复合密封胶条该检验项目不合格；其他性能检验结果不符合要求的，该项目不合格。以上检验结果如有 1 项不合格的该批复合密封胶条不合格。

(2) 中空玻璃用复合密封胶条应缠绕在卷轴上，胶条之间用隔离纸分隔，并保持清洁、干燥，装入密封袋后用纸箱或木箱包装。包装标志应符合国家有关标准的规定，包装上应标明"朝上、轻搬正放、防雨、防潮"等字样。

(3) 运输时应有防雨、防晒措施，严禁与油脂、酸、碱等物品接触或与大件混装。堆高不应超过 5 层。

(4) 中空玻璃用复合密封胶条应存放在清洁、干燥的库房中，避免太阳直射和强紫外线照射。复合密封胶条的储存期为两年。

第三章 钢 产 品

钢产品包括钢和钢材。钢产品在金属材料中产量最大、使用最广。工程中使用的钢产品以建筑用材和各类型钢为主。

第一节 钢分类及牌号表示方法

钢是指以铁为主要元素、含碳量一般在2%以下，并含有其他元素的材料。钢一般以氧气转炉或电炉冶炼。具体冶炼方法，除需方有特殊要求并合同注明外，一般由生产厂家选择。

一、钢的分类简介

钢的分类方法很多，日常使用中，各种分类方法经常混合使用，为了便于认识，分别简介如下。

(一)按脱氧程度分类

按脱氧程度分为沸腾钢、镇静钢、半镇静钢和特殊镇静钢。

(1)沸腾钢——脱氧不充分，存有气泡，化学成分不均匀，偏析较大。

(2)镇静钢——脱氧较充分，凝固后一般没有气泡或少气泡，化学成分比较均匀，机械性能较好，可作重要钢材，但成本也较高。

(3)半镇静钢——脱氧程度，化学成分的均匀程度，钢的质量和成本等均介于沸腾钢和镇静钢之间。

(4)特殊镇静钢。

(二)按化学成分分类

(1)碳素钢——含碳量不大于1.35%，含锰量不大于1.2%，含硅量不大于0.4%，并含有少量硫、磷杂质的铁碳合金，根据含碳量多少分：

低碳钢——含碳量0.25%以下，性质软韧，易加工，但不能淬火和退火，是建筑工程的主要用钢。

中碳钢——含碳量0.25%~0.6%，性质较硬，可淬火、退火，多用于机械部件。

高碳钢——含碳量大于0.6%，性质很硬，可淬火、退火，是一般工具的主要用钢。

(2)合金钢——在碳钢的基础上加入一种或多种合金元素，以使钢材获得某些特殊性能。根据合金元素的含量分：

低合金钢——合金元素总含量一般小于3.5%；

中合金钢——合金元素总含量一般在3.5%~10%之间；

高合金钢——合金元素总含量大于10%。

(3)根据GB/T 13304.1—2008《钢分类》的规定，钢按化学成分还可以分为：

①非合金钢；

②低合金钢；

③合金钢。

(三)按工艺性质分类

(1)铸钢——用以浇铸成型的钢为铸钢,含碳量一般在0.12%～0.6%。具有较高的强度、塑性和韧性。但缩孔较大,偏析严重,冷却迅速,内应力较大,因此铸钢件必须进行热处理,以消除内应力等。在工程中铸钢件有时被用作桥梁支座、悬索桥索鞍等,但为了保证质量,需要对其进行探伤检查。

(2)压钢——以热轧、冷轧或冷拔等工艺加工成型的钢叫压钢。各种型钢大多是压钢制品。

(3)锻钢——以锤打或锻压(水压机压制)成型的钢叫锻钢。只有较重要的部件才用锻钢制品,同样的原料以锻钢件质量最高。

(四)按用途分类

1.结构钢

根据化学成分不同分为碳素结构钢和合金结构钢。

(1)碳素结构钢

主要有碳素结构钢(又叫普通碳素结构钢)和优质碳素结构钢两类。

①普通碳素结构钢——最高含碳量不超过0.24%。这是建筑工程方面的基本钢种,其产品有圆钢、方钢、扁钢、角钢、钢筋、钢板、工、槽钢等。主要用于建筑工程结构。

②优质碳素结构钢——比普通碳素结构钢杂质含量少,具有较好的综合性能。广泛用作机械制造、工具、弹簧等。优质碳素结构钢按使用加工方法不同分为:压力加工用钢(热压力加工、顶锻、冷拔)和切削加工用钢。

(2)合金结构钢

分普通低合金结构钢和合金结构钢两类。

①普通低合金结构钢——也称低合金结构钢,是在普通碳素钢基础上加入少量合金元素而成,具有高强度、高韧性和可焊性。这也是工程中大量使用的结构钢种,主要是钢筋、钢板等。

②合金结构钢——此类钢品种繁多,包括合金结构钢、合金弹簧钢、滚珠轴承钢、各种锰钢、铬钢、镍钢、硼钢等,主要用于机械和设备的制造等。工程上有时少量的用作机械维修和结构件。

2.工具钢

根据化学成分不同分碳素工具钢、合金工具钢和高速工具钢,广泛用于各种刃具、模具、量具等。

(1)碳素工具钢——通常含碳量0.65%～1.35%,并根据硫、磷含量分优质和高级优质两种,每种分8个钢号。工程中凿岩用钢钎和部分中空钢钎杆,是碳素工具钢制品。

(2)合金工具钢——通常因要求硬度大,耐磨、热处理变形小和可以在较高温度下工作的热硬性而含碳量较高。合金工具钢分量具,刃具用钢,耐冲击工具用钢,冷作模具钢,热作模具钢等。

(3)高速工具钢(锋钢)——系高合金钢,质量优于一般,但价格较贵,主要用于钻头、刃具等。

3.特殊性能钢

多为高合金钢,主要有不锈钢、耐热钢、抗磨钢、电工硅钢等。

4.专门用途钢

分有碳素钢和合金钢两种。主要有钢筋钢、桥梁钢、钢轨钢、耐候结构钢、抗震结构钢、锅炉钢、矿用钢、船用钢等。

(1)钢筋钢——主要有碳素钢筋钢、低合金钢筋钢和合金钢筋钢,轧制钢筋混凝土用光圆钢筋和带肋钢筋。

(2)桥梁钢——因要承受一定强度和较高冲击韧性,一般必须用镇静钢轧成。桥梁钢有碳素钢和普通低合金钢钢种,属于碳素钢的有Q235g钢号。

(3)钢轨钢——钢轨钢分重轨钢和轻轨钢,由于钢轨的受力情况十分复杂,故重轨全以镇静钢轧制,轻轨以镇静钢和半镇静钢轧制。钢轨钢有碳素钢、低合金钢和合金钢。

(五)按质量分类

在计价、订货和统计中,根据钢中所含有害杂质(硫、磷)的多少,将钢分为普通钢和优质钢(包括高级优质钢和特级优质钢)。

普通碳素钢、普通低合金结构钢等属于普通钢。

优质碳素结构钢、合金结构钢、滚动轴承钢、弹簧钢、易切削钢、碳素工具钢、合金工具钢、高速工具钢、不锈耐酸钢、耐热钢、耐磨钢、电工用钢等属于优质钢。

根据 GB/T 13304.2—2008《钢分类》的规定,钢按主要质量等级和主要性能及使用特性可分为:

$$(1)非合金钢\begin{cases}普通质量非合金钢\\优质非合金钢\\特殊质量非合金钢\end{cases}$$

$$(2)低合金钢\begin{cases}普通质量低合金钢\\优质低合金钢\\特殊质量低合金钢\end{cases}$$

$$(3)合金钢\begin{cases}优质合金钢\\特殊质量合金钢\end{cases}$$

其主要分类和举例见表 3-1～表 3-3。

非合金钢的主要分类及举例　　　　　　　　　　　　表 3-1

按主要特性分类	按主要质量等级分类		
	普通质量非合金钢	优质非合金钢	特殊质量非合金钢
以规定最高强度为主要特性的非合金钢	普通质量低碳结构钢板和钢带 GB 912 中的 Q195 牌号	(1)冲压薄板低碳钢 GB/T 5213 中的 DC01 (2)供镀锡、镀锌、镀铅板带和原板用碳素钢 GB/T 2518 GB/T 2520 }全部碳素钢牌号 YB/T 5364 (3)不经热处理的冷顶锻和冷挤压用钢 GB/T 6478 中表 1 的牌号	
以规定最低强度为主要特性的非合金钢	(1)碳素结构钢 GB/T 700 中的 Q215 中 A、B 级,Q235 的 A、B 级,Q275 的 A、B 级 (2)碳素钢筋钢 GB 1499.1 中的 HPB235、HPB300 (3)铁道用钢 GB/T 11264 中的 50Q、55Q GB/T 11265 中的 Q235－A (4)一般工程用不进行热处理的普通质量碳素钢 GB/T 14292 中的所有普通质量碳素钢 (5)锚链用钢 GB/T 18669 中的 CM 370	(1)碳素结构钢 GB/T 700 中除普通质量 A、B 级钢以外的所有牌号及 A、B 级规定冷成型性及模锻性特殊要求者 (2)优质碳素结构钢 GB/T 699 中除 65Mn、70Mn、70、75、80、85 以外的所有牌号 (3)锅炉和压力容器用钢 GB 713 中的 Q245R GB 3087 中的 10、20 GB 6479 中的 10、20 GB 6653 中的 HP235、HP265 (4)造船用钢 GB 712 中的 A、B、D、E GB/T 5312 中的所有牌号 GB/T 9945 中的 A、B、D、E (5)铁道用钢 GB 2585 中的 U74 GB 8601 中的 CL60B 级 GB 8602 中的 LG 60B 级、LG 65B 级 (6)桥梁用钢 GB/T 714 中的 Q235qC、Q235qD	(1)优质碳素结构钢 GB/T 699 中的 65Mn、70Mn、70、75、80、85 钢 (2)保证淬透性钢 GB/T 5216 中的 45H (3)保证厚度方向性能钢 GB/T 5313 中的所有非合金钢 GB/T 19879 中的 Q235GJ (4)汽车用钢 GB/T 20564.1 中的 CR180BH、CR220BH、CR260BH GB/T 20564.2 中的 CR260/450DP (5)铁道用钢 GB 5068 中的所有牌号 GB 8601 中的 CL60A 级 GB 8602 中的 LG60A、LG65A 级 (6)航空用钢 包括所有航空专用非合金结构钢牌号

按主要特性分类	按主要质量等级分类		
	普通质量非合金钢	优质非合金钢	特殊质量非合金钢
以规定最低强度为主要特性的非合金钢		(7)汽车用钢 YB/T 4151 中 330CL、380CL YB/T 5227 中的 12LW YB/T 5035 中的 45 YB/T 5209 中的 08Z、20Z (8)输送管线用钢 GB/T 3091 中的 Q195、Q215A、Q215B、Q235A、Q235B GB/T 8163 中的 10、20 (9)工程结构用铸造碳素钢 GB 11352 中的 ZG200-400、ZG230-450、ZG270-500、ZG310-570、ZG340-640 GB 7659 中的 ZG200-400H、ZG230-450H、ZG275-485H (10)预应力及混凝土钢筋用优质非合金钢	(7)兵器用钢 包括各种兵器用非含金结构钢牌号 (8)核压力容器用合金钢 (9)输送管线用钢 GB/T 21237 中的 L245、L290、L320、L360 (10)锅炉和压力容器用钢 GB 5310 中的所有非合金钢
以碳含量为主要特性的非合金钢	(1)普通碳素钢盘条 GB/T 701 中的所有牌号(C级钢除外) YB/T 170.2 中的所有牌号(C4D、C7D除外) (2)一般用途低碳钢丝 YB/T 5294 中的所有碳钢牌号 (3)热轧花纹钢板及钢带 YB/T 4159 中的普通质量碳素结构钢	(1)焊条用钢(不包括成品分析 S、P 不大于 0.025 的钢) GB/T 14957 中的 H08A、H08MnA、H15A、H15Mn GB/T 3429 中的 H08A、H08MnA、H15A、H15Mn (2)冷镦用钢 YB/T 4155 中的 BL1、BL2、BL3 GB/T 5953 中的 ML10~ML45 YB/T 5144 中的 ML15、ML20 GB/T 6478 中的 ML08Mn、ML22Mn、ML25~ML45、ML15Mn~ML35Mn (3)花纹钢板 YB/T 4159 优质非合金钢 (4)盘条钢 GB/T 4354 中的 25~65、40Mn~60Mn (5)非合金调质钢 (特殊质量钢除外) (6)非合金表面硬化钢 (特殊质量钢除外) (7)非合金弹簧钢 (特殊质量钢除外)	(1)焊条用钢(成品分析 S、P 不大于 0.025 的钢) GB/T 14957 中的 H08E、H08C GB/T 3429 中的 H04E、H08E、H08C (2)碳素弹簧钢 GB/T 1222 中的 65~85、65Mn GB/T 4357 中的所有非合金钢 (3)特殊盘条钢 YB/T 5100 中的 60、60Mn、65、65Mn、70、70Mn、75、80、T8MnA、T9A(所有牌号) YB/T 146 中所有非合金钢 (4)非合金调质钢 (符合本标准中的 4.1.3.2 规定) (5)非合金表面硬化钢 (符合本标准中的 4.1.3.2 规定) (6)火焰及感应淬火硬化钢 (符合本标准中的 4.1.3.2 规定) (7)冷顶锻和冷挤压钢 (符合本标准中的 4.1.3.2 规定)
非合金易切削钢		易切削结构钢 GB/T 8731 中的牌号 Y08~Y45、Y08Pb、Y12Pb、Y15Pb、Y45Ca	特殊易切削钢 要求测定热处理后冲击韧性等 GJB 1494 中的 Y75
非合金工具钢			碳素工具钢 GB/T 1298 中的全部牌号
其他非合金钢	栅栏用钢丝 YB/T 4026 中普通质量非合金钢牌号		原料纯铁 GB/T 9971 中的 YT1、YT2、YT3

低合金钢的主要分类及举例　　　　　　　　表 3-2

按主要特性分类	按主要质量等级分类		
	普通质量低合金钢	优质低合金钢	特殊质量低合金钢
可焊接合金高强度结构钢	一般用途低合金结构钢 GB/T 1591 中的 Q295、Q345 牌号的 A 级钢	(1)一般用途低合金结构钢 GB/T 1591 中的 Q295B、Q345（A 级钢以外）和 Q390（E 级钢以外） (2)锅炉和压力容器用低合金钢 GB 713 除 Q245 以外的所有牌号 GB 6653 中除 HP235、HP265 以外的所有牌号 GB 6479 中的 16Mn、15MnV (3)造船用低合金钢 GB 712 中的 A32、D32、E32、A36、D36、E36、A40、D40、E40 GB/T 9945 中的高强度钢 (4)汽车用低合金钢 GB/T 3273 中所有牌号 YB/T 5209 中的 08Z、20Z YB/T 4151 中的 440CL、490CL、540CL (5)桥梁用低合金钢 GB/T 714 中除 Q235q 以外的钢 (6)输送管线用合金钢 GB/T 3091 中的 Q295A、Q295B、Q345A、Q345B GB/T 8163 中的 Q295、Q345 (7)锚链用低合金钢 GB/T 18669 中的 CM490、CM690 (8)钢板桩 GB/T 20933 中的 Q295bz、Q390bz	(1)一般用途低合金结构钢 GB/T 1591 中的 Q390E、Q345E、Q420 和 Q460 (2)压力容器用低合金钢 GB/T 19189 中的 12MnNiVR GB 3531 中的所有牌号 (3)保证厚度方向性能低合金钢 GB/T 19879 中除 Q235GJ 以外的所有牌号 GB/T 5313 中所有低合金牌号 (4)造船用低合金钢 GB 712 中的 F32、F36、F40 (5)汽车用低合金钢 GB/T 20564.2 中的 CR300/500DPYB/T 4151 中的 590CL (6)低焊接裂纹敏感性钢 YB/T 4137 中所有牌号 (7)输送管线用低合金钢 GB/T 21237 中的 L390、L415、L450、L485 (8)舰船兵器用低合金钢 (9)核能用低合金钢
低合金耐候钢		低合金耐候钢 GB/T 4171 中所有牌号	
低合金混凝土用钢	一般低合金钢筋钢 GB 1499.2 中的所有牌号		预应力混凝土用钢 YB/T 4160 中的 30MnSi
铁道用低合金钢	低合金轻轨钢 GB/T 11264 中的 45SiMnP、50SiMnP	(1)低合金重轨钢 GB 2585 中的除 U74 以外的牌号 (2)起重机用低合金钢轨钢 YB/T 5055 中的 U71Mn (3)铁路用异型钢 YB/T 5181 中的 09CuPRE YB/T 5182 中的 09V	铁路用低合金车轮钢 GB 8601 中的 CL45 MnSiV
矿用低合金钢	矿用低合金钢 GB/T 3414 中的 M510、M540、M565 热轧钢 GB/T 4697 中的所有牌号	矿用低合金结构钢 GB/T 3414 中的 M540、M565 热处理钢	矿用低合金结构钢 GB/T 10560 中的 20Mn2A、20MnV、25MnV
其他低合金钢		(1)易切削结构钢 GB/T 8731 中的 Y08MnS、Y15Mn、Y40Mn、Y45Mn、Y45MnS、Y45MnSPb (2)焊条用钢 GB/T 3429 中的 H08MnSi、H10MnSi	焊条用钢 GB/T 3429 中的 H05MnSiTiZrAlA、H11MnSi、H11MnSiA

表 3-3

合金钢的分类

按主要质量分类	优质合金钢		特殊质量合金钢						
列号	1		2	3	4	5	6	7	8
按主要使用特性分类	工程结构用钢	其他	工程结构用钢	机械结构用钢（第4、6除外）a	不锈、耐蚀和耐热钢b	工具钢	轴承钢	特殊物理性能钢	其他
按其他特性（除上述特性以外）对钢进一步分类举例	11 一般工程结构用合金钢 GB/T 20933 中的 Q420bz；12 合金钢筋钢 GB/T 20065 中的合金钢；13 凿岩钎杆用钢 GB/T 1301 中的合金钢；14 耐磨钢 GB/T 5680 中的合金钢	16 电工用硅（铝）钢（无磁导率要求）GB/T 6983 中的合金钢；17 铁道用钢 GB/T 11264 中的 30CuCr；18 易切削钢 GB/T 8731 中的合金钢；19 其他	21 锅炉和压力容器用钢（4类除外）GB/T 19189 中的 07MnCrMoVR，07MnNiMo VDR，GB 713 中的合金钢，GB 5310 中的合金钢；22 热处理合金钢钢；23 汽车用钢 GB/T 20564.2 中的 CR 340/590DP，CR 420/780DP，CR 550/980DP；24 预应力用钢 YB/T 4160 中的合金钢；25 矿用合金钢 GB/T 10560 中的合金钢；26 输送管线用钢 GB/T 21237 中的 L555，L690；27 高锰钢	31 V、MnV、Mn（x）系钢；32 SiMn（x）系钢；33 Cr（x）系钢；34 CrMo（x）系钢；35 CrNiMo（x）系钢；36 Ni（x）系钢；37 B（x）系钢；38 其他	41 马氏体型或：411/421 Cr（x）系钢、412/422 CrNi（x）系钢、413/423 CrNi（x）系钢、414/424 CrAl（x）系钢、415/425 CrSi（x）系钢；42 铁素体型；43 奥氏体型或：431/441/451 CrNi（x）系钢、432/442/452 CrNiMo（x）系钢、433/443/453 CrNiMo＋Ti 或 Nb 钢；44 奥氏体-铁素体型或：434/444/454 CrNi＋Ti 或 Nb 钢、435/445/455 CrNi＋V、W、Co 钢；45 沉淀硬化型：436/446 CrNiSi（x）系钢、437 CrMnSi（x）系钢、438 其他	51 合金工具钢（GB/T 1299 中所有牌号）：511 Cr（x）、512 Ni（x）、CrNi（x）、513 Mo（x）、CrMo（x）、514 V（x）、CrV（x）、515 W（x）、CrW（x）系钢、516 其他；52 高速钢（GB/T 9943 中所有牌号）：521 WMo系钢、522 W钢、523 Co系钢	61 高碳铬轴承钢 GB/T 18254 中所有牌号；62 渗碳轴承钢 GB/T 3203 中所有牌号；63 不锈轴承钢 GB/T 3086 中所有牌号；64 高温轴承钢；65 无磁轴承钢	71 软磁钢（除16外）GB/T 14986 中所有牌号；72 永磁钢 GB/T 14991 中所有牌号；73 无磁钢；74 高电阻钢和合金 GB/T 1234 中所有牌号	焊接用钢 GB/T 3429 中的合金钢

注：① （x）表示该合金系列中所有牌号，还包括有其他合金元素，如 Cr（x）系，除 Cr 钢外，还包括 CrMn 钢等。
② a GB/T 3007 中所有牌号，GB/T 1222、GB/T 6478 中的合金钢。
③ b GB/T 1220、GB/T 1221、GB/T 2100、GB/T 6892 和 GB/T 12230 中的所有牌号。

二、金属材料机械性能名词解释

表 3-4

名　称	符　号	单　位	解　释
最大力	F_m	N	试样在试验中承受的最大力值
屈服强度		MPa	当金属材料呈现屈服现象时,在试验期间发生塑性变形而力不增加时的应力
下屈服强度	R_{eL}	MPa	在屈服期间,不计初始顺时效应时的最低应力值
上屈服强度	R_{eH}	MPa	试样发生屈服而力首次下降前的最高应力值
规定非比例延伸强度	R_p $R_{p0.2}$	%	非比例延伸率等于引伸计标距(L_e)规定百分率时的应力。使用的符号应附注脚说明所规定的百分率,如 $R_{p0.2}$
最大力总伸长率	A_{gt}	%	最大力时,原始标距 L_0(或参考长度 L_r)的伸长与原始标距(或参考长度 L_r)之比百分率
抗压强度	R_{mc}	MPa	试样压至破坏过程中的最大压缩应力
弹性极限	σ_e	MPa	金属受外力作用发生形变,外力去掉后能完全恢复原来形状,这种变形称弹性变形。金属能保持弹性变形的最大应力,称弹性极限
抗拉强度(拉伸强度、抗张强度)	R_m (σ_b)	MPa	试样在拉断以前所承受的最大负荷所对应的应力,称为抗拉强度。它表示材料在拉力作用下抵抗破坏的最大能力
伸长率(延伸率)	A (δ)	%	试样拉断后,其标距部分所增加的长度与原标距长度的百分比,称为伸长率。标距长度:一般对长试样取 $l_0=10d_0$ 短试样取 $l_0=5d_0$ 伸长率分别以 δ_{10} 和 δ_5 表示,l_0 为标距长,d_0 为试样直径
冲击值(冲击韧性值、冲击韧性)	α_k	J/cm²	试样承受冲击荷载折断时,其刻槽处单位横断面积上所消耗的冲击功称为冲击值。它表示金属材料对冲击负荷的抵抗能力
断面收缩率(收缩率、面缩率)	Z (ψ)	%	试样拉断后,其缩颈处横截面积的最大缩减量与原横截面面积的百分比,称为断面收缩率
冷弯试验			试样在常温下,按规定的弯曲压头直径,弯曲至规定角度,以检验金属承受冷弯的性能,叫冷弯试验。冷弯后,弯曲处无裂纹、起层、分化或断裂等情况为合格
硬度			材料抵抗硬的物体压陷表面的能力,称为硬度。根据试验方法和适用范围的不同分为布氏硬度、洛氏硬度、维氏硬度、肖氏硬度等
布氏硬度	HBW	MPa	以一定直径(一般 10mm)的淬硬钢球,用规定的负荷(一般为 29 400N)压入材料表面并保持一定时间,除去负荷后,以材料表面上凹坑的表面积来除负荷所得的商,为该材料的布氏硬度值,一般适用于 HB78~4 410MPa 范围
洛氏硬度	HR	—	以一定负荷把淬硬的钢球或顶角为 120°圆锥形金刚石压头压入材料表面上,然后以材料表面上凹坑的深度来计算硬度大小。根据试验材料可能的硬度,采用不同的压头与荷载(又称标尺),所得硬度分别用 HRC、HRB、HRA 三种不同的标度来表示。洛氏硬度适用于布氏硬度大于 HB450 的材料

三、钢产品牌号表示方法

钢产品牌号的命名,采用汉语拼音字母、化学元素符号及阿拉伯数字相结合的方法表示。为了便于国际交流和贸易,也可采用大写英文字母或国际惯例表示。

汉语拼音字母表示产品名称、用途、特性和工艺方法时,一般从代表该产品名称的汉字的汉语拼音或英文单词中选取,原则上取第一个字母,当与另一产品所取字母重复时,改取第二个字母或第三个字母,或同时选取两个汉字的汉语拼音或英文单词的第一个字母。

采用的汉语拼音字母或英文字母原则上只取一个,一般不超过三个。

化学元素符号见第一章表 1-4。产品牌号中的元素含量用质量百分数表示。

混合稀土元素的代号为"RE"。

(一)碳素结构钢和低合金结构钢牌号表示方法

碳素结构钢和低合金结构钢的牌号通常由四部分组成:

第一部分:前缀符号+强度值(以 N/mm² 或 MPa 为单位),其中通用结构钢前缀符号为代表屈服强度的拼音字母"Q",专用结构钢的前缀符号见表3-5。

第二部分(必要时):钢的质量等级,用英文字母 A、B、C、D、E、F……表示。

第三部分(必要时):脱氧方式表示符号,即沸腾钢、半镇静钢、镇静钢、特殊镇静钢分别以"F"、"b"、"Z"、"TZ"表示。镇静钢、特殊镇静钢表示符号通常可以省略。

第四部分:(必要时)产品用途、特性和工艺方法表示符号,见表3-6。

根据需要,低合金高强度结构钢的牌号也可以采用两位阿拉伯数字(表示平均含碳量,以万分之几计)加表1-4规定的元素符号及必要时加代表产品用途、特性和工艺方法的表示符号,按顺序表示。

示例:碳含量为 0.15%~0.26%,锰含量为 1.20%~1.60%的矿用钢牌号为 20MnK。

1.碳素结构钢和低合金结构钢命名符号

表 3-5

类别	产品名称	采用的汉字及汉语拼音或英文单词			采用字母	位置
		汉字	汉语拼音	英文单词		
通用结构钢	碳素结构钢	屈			Q	牌号头(前缀符号)
	低合金高强度结构钢	屈			Q	
专用结构钢	热轧光圆钢筋	热轧光圆钢筋	—	Hot Rolled Plain Bars	HPB	牌号头(前缀符号)
	热轧带肋钢筋	热轧带肋钢筋		Hot Rolled Ribbed Bars	HRB	
	细晶粒热轧带肋钢筋	热轧带肋钢筋+细	—	Hot Rolled Ribbed Bars+Fine	HRBF	
	冷轧带肋钢筋	冷轧带肋钢筋	—	Cold Rolled Ribbed Bars	CRB	
	预应力混凝土用螺纹钢筋	预应力、螺纹、钢筋	—	Prestressing、Screw、Bars	PSB	
	焊接气瓶用钢	焊瓶	HAN PING	—	HP	
	管线用钢	管线	—	Line	L	

2.产品用途、特性和工艺方法表示符号

表 3-6

产品名称	采用的汉字及汉语拼音或英文单词			采用字母	位置
	汉字	汉语拼音	英文单词		
锅炉和压力容器用钢	容	RONG	—	R	
锅炉用钢(管)	锅	GUO	—	G	
低温压力容器用钢	低容	DI RONG	—	DR	
桥梁用钢	桥	QIAO	—	Q(g)	
耐候钢	耐候	NAIHOU	—	NH	
高耐候钢	高耐候	GAO NAI HOU	—	GNH	牌号尾
汽车大梁用钢	梁	LIANG	—	L	
高性能建筑结构用钢	高建	GAO JIAN	—	GJ	
低焊接裂纹敏感性钢	低焊接裂纹敏感性	—	Crack Free	CF	
保证淬透性钢	淬透性	—	Hardenability	H	
矿用钢	矿	KUANG	—	K	
船用钢	采用国际符号				

3. **碳素结构钢和低合金结构钢牌号示例**

表 3-7

产 品 名 称	第 一 部 分	第二部分	第三部分	第 四 部 分	牌号示例
碳素结构钢	最小屈服强度 235N/mm²	A 级	沸腾钢	—	Q235AF
低合金高强度结构钢	最小屈服强度 345N/mm²	D 级	特殊镇静钢	—	Q345D
热轧光圆钢筋	屈服强度特征值 235N/mm²	—	—	—	HPB235
热轧带肋钢筋	屈服强度特征值 335N/mm²	—	—	—	HRB335
细晶粒热轧带肋钢筋	屈服强度特征值 335N/mm²	—	—	—	HRBF335
冷轧带肋钢筋	最小抗拉强度 550N/mm²	—	—	—	CRB550
预应力混凝土用螺纹钢筋	最小屈服强度 830N/mm²	—	—	—	PSB830
桥梁用钢	最小屈服强度 345N/mm²			"桥"字拼音首字母"Q"	Q345g
耐候钢	最小屈服强度 235N/mm²			耐候"NH"	Q235NH
锅炉和压力容器用钢	最小屈服强度 345N/mm²		特殊镇静钢	压力容器"容"的汉语拼音首位字母"R"	Q345R

(二)优质碳素结构钢和优质碳素弹簧钢牌号表示方法

牌号通常由五部分组成:

第一部分:以两位阿拉伯数字表示平均碳含量(以万分之几计);

第二部分(必要时):较高含锰量的优质碳素结构钢,加锰元素符号 Mn;

第三部分(必要时):钢材冶金质量,即高级优质钢、特级优质钢分别以 A、E 表示,优质钢不用字母表示;

第四部分(必要时):脱氧方式表示符号,即沸腾钢、半镇静钢、镇静钢分别以"F"、"b"、"Z"表示,但镇静钢表示符号通常可以省略;

第五部分(必要时):产品用途、特性或工艺方法表示符号见表 3-6。

优质碳素结构钢和优质碳素弹簧钢牌号示例

表 3-8

产 品 名 称	第 一 部 分	第 二 部 分	第 三 部 分	第四部分	第 五 部 分	牌号示例
优质碳素结构钢	碳含量:0.05%~0.11%	锰含量:0.25%~0.50%	优质钢	沸腾钢	—	08F
优质碳素结构钢	碳含量:0.47%~0.55%	锰含量:0.50%~0.80%	高级优质钢	镇静钢	—	50A
优质碳素结构钢	碳含量:0.48%~0.56%	锰含量:0.70%~1.00%	特级优质钢	镇静钢	—	50MnE
保证淬透性用钢	碳含量:0.42%~0.50%	锰含量:0.50%~0.85%	高级优质钢	镇静钢	保证淬透性钢表示符号"H"	45AH
优质碳素弹簧钢	碳含量:0.62%~0.70%	锰含量:0.90%~1.20%	优质钢	镇静钢	—	65Mn

(三)合金结构钢和合金弹簧钢

牌号通常由四部分组成:

第一部分:以两位阿拉伯数字表示平均碳含量(以万分之几计);

第二部分:合金元素含量,以化学元素符号及阿拉伯数字表示。具体表示方法为:平均含量小于

1.50％时,牌号中仅标明元素,一般不标明含量;平均含量为 1.50％～2.49％、2.50％～3.49％、3.50％～4.49％、4.50％～5.49％……时,在合金元素后相应写成 2、3、4、5……。

(化学元素符号的排列顺序推荐按含量值递减排列。如果两个或多个元素的含量相等时,相应符号位置按英文字母的顺序排列)。

第三部分:钢材冶金质量,即高级优质钢、特级优质钢分别以 A、E 表示,优质钢不用字母表示;

第四部分(必要时):产品用途、特性或工艺方法表示符号,见表 3-6。

合金结构钢和合金弹簧钢牌号示例 表 3-9

产品名称	第一部分	第二部分	第三部分	第四部分	牌号示例
合金结构钢	碳含量:0.22％～0.29％	铬含量:1.50％～1.80％ 钼含量:0.25％～0.35％ 钒含量:0.15％～0.30％	高级优质钢	—	25Cr2MoVA
锅炉和压力容器用钢	碳含量:≤0.22％	锰含量:1.20％～1.60％ 钼含量:0.45％～0.65％ 铌含量:0.025％～0.050％	特级优质钢	锅炉和压力容器用钢	18MnMoNbER
优质弹簧钢	碳含量:0.56％～0.64％	硅含量:1.60％～2.00％ 锰含量:0.70％～1.00％	优质钢	—	60Si2Mn

(四)工具钢

工具钢通常分为碳素工具钢、合金工具钢、高速工具钢三类。

1. 碳素工具钢

碳素工具钢牌号通常由四部分组成:

第一部分:碳素工具钢表示符号"T";

第二部分:阿拉伯数字表示平均碳含量(以千分之几计);

第三部分(必要时):较高含锰量碳素工具钢,加锰元素符号 Mn;

第四部分(必要时):钢材冶金质量,即高级优质碳素工具钢以 A 表示,优质钢不用字母表示。

示例见表 3-10。

2. 合金工具钢

合金工具钢牌号通常由两部分组成:

第一部分:平均碳含量小于 1.00％时,采用一位数字表示碳含量(以千分之几计)。平均碳含量不小于 1.00％时,不标明含碳量数字;

第二部分:合金元素含量,以化学元素符号及阿拉伯数字表示,表示方法同合金结构钢第二部分。低铬(平均铬含量小于 1％)合金工具钢,在铬含量(以千分之几计)前加数字"0"。

示例见表 3-10。

3. 高速工具钢

高速工具钢牌号表示方法与合金结构钢相同,但在牌号头部一般不标明表示碳含量的阿拉伯数字。为了区别牌号,在牌号头部可以加"C"表示高碳高速工具钢。

示例见表 3-10。

(五)轴承钢

轴承钢分为高碳铬轴承钢、渗碳轴承钢、高碳铬不锈轴承钢和高温轴承钢四大类。

1. 高碳铬轴承钢

高碳铬轴承钢牌号通常由两部分组成:

第一部分:(滚珠)轴承钢表示符号"G",但不标明碳含量。

第二部分:合金元素"Cr"符号及其含量(以千分之几计)。其他合金元素含量,以化学元素符号及阿拉伯数字表示,表示方法同合金结构钢第二部分。

示例见表3-10。

工具钢、钢轨钢、轴承钢牌号示例　　　　表3-10

产品名称	第一部分			第 二 部 分	第 三 部 分	第四部分	牌号示例
	汉字	汉语拼音	采用字母				
碳素工具钢	碳	TAN	T	碳含量:0.80%～0.90%	锰含量:0.40%～0.60%	高级优质钢	T8MnA
合金工具钢	碳含量:0.85%～0.95%			硅含量:1.20%～1.60% 铬含量:0.95%～1.25%	—	—	9SiCr
高速工具钢	碳含量:0.80%～0.90%			钨含量:5.50%～6.75% 钼含量:4.50%～5.50% 铬含量:3.80%～4.40% 钒含量:1.75%～2.20%	—	—	W6Mo5Cr4V2
	碳含量:0.86%～0.94%			钨含量:5.90%～6.70% 钼含量:4.70%～5.20% 铬含量:3.80%～4.50% 钒含量:1.75%～2.10%	—	—	CW6Mo5Cr4V2
高碳铬轴承钢	滚	GUN	G	铬含量:1.40%～1.65%	硅含量:0.45%～0.75% 锰含量:0.95%～1.25%	—	GCr15SiMn
钢轨钢	轨	GUI	U	碳含量:0.66%～0.74%	硅含量:0.85%～1.15% 锰含量:0.85%～1.15%	—	U70MnSi
冷镦钢	铆螺	MAO LUO	ML	碳含量:0.26%～0.34%	铬含量:0.80%～1.10% 钼含量:0.15%～0.25%	—	ML30CrMo

注:钢产品牌号表示方法摘自GB/T 221—2008《钢铁产品牌号表示方法》。

2. 渗碳轴承钢

在牌号头部加符号"G",采用合金结构钢的牌号表示方法。高级优质渗碳轴承钢,在牌号尾部加"A"。

例如:碳含量为0.17%～0.23%,铬含量为0.35%～0.65%,镍含量为0.40%～0.70%,钼含量为0.15%～0.30%的高级优质渗碳轴承钢,其牌号表示为"G20CrNiMoA"。

3. 高碳铬不锈轴承钢和高温轴承钢

在牌号头部加符号"G",采用不锈钢和耐热钢的牌号表示方法。

例如:碳含量为0.90%～1.00%,铬含量为17.0%～19.0%的高碳铬不锈轴承钢,其牌号表示为G95Cr18;碳含量为0.75%～0.85%,铬含量为3.75%～4.25%,钼含量为4.00%～4.50%的高温轴承钢,其牌号表示为G80Cr4Mo4V。

(六)钢轨钢、冷镦钢

钢轨钢、冷镦钢牌号通常由三部分组成:

第一部分:铜轨钢表示符号"U"、冷镦钢(铆螺钢)表示符号"ML";

第二部分:以阿拉伯数字表示平均碳含量,优质碳素结构钢同优质碳素结构钢第一部分;合金结构钢同合金结构钢第一部分;

第三部分:合金元素含量,以化学元素符号及阿拉伯数字表示,表示方法同合金结构钢第二部分。

示例见表3-10。

(七)不锈钢和耐热钢

牌号采用化学元素符号和表示各元素含量的阿拉伯数字表示。

(1)碳含量

用两位或三位阿拉伯数字表示碳含量最佳控制值(以万分之几或十万分之几计)。

①只规定碳含量上限者,当碳含量上限不大于 0.10%时,以其上限的 3/4 表示碳含量;当碳含量上限大于 0.10%时,以其上限的 4/5 表示碳含量。

例如:碳含量上限为 0.08%,碳含量以 06 表示;碳含量上限为 0.20%,碳含量以 16 表示;碳含量上限为 0.15%,碳含量以 12 表示。

对超低碳不锈钢(即碳含量不大于 0.030%),用三位阿拉伯数字表示碳含量最佳控制值(以十万分之几计)。

例如:碳含量上限为 0.030%时,其牌号中的碳含量以 022 表示;碳含量上限为 0.020%时,其牌号中的碳含量以 015 表示。

②规定上、下限者,以平均碳含量×100 表示。

例如:碳含量为 0.16~0.25%时,其牌号中的碳含量以 20 表示。

(2)合金元素含量

合金元素含量以化学元素符号及阿拉伯数字表示,表示方法同合金结构钢第二部分。钢中有意加入的铌、钛、锆、氮等合金元素,虽然含量很低,也应在牌号中标出。

例如:碳含量不大于 0.08%,铬含量为 18.00%~20.00%,镍含量为 8.00%~11.00%的不锈钢,牌号为 06Cr19Ni10。

碳含量不大于 0.030%,铬含量为 16.00%~19.00%,钛含量为 0.10%~1.00%的不锈钢,牌号为 022Cr18Ti。

碳含量为 0.15%~0.25%,铬含量为 14.00%~16.00%,锰含量为 14.00%~16.00%,镍含量为 1.50%~3.00%,氮含量为 0.15%~0.30%的不锈钢,牌号为 20Cr15Mn15Ni2N。

碳含量为不大于 0.25%,铬含量为 24.00%~26.00%,镍含量为 19.00%~22.00%的耐热钢,牌号为 20Cr25Ni20。

第二节　常用钢种的技术条件

一、碳素结构钢(GB/T 700—2006)

碳素结构钢是产量最大、使用最广的钢种。钢由氧气转炉或电炉冶炼(一般由供方自行选择)。钢材一般以热轧、控轧或正火状态交货。

1. 牌号表示方法

钢的牌号由代表屈服强度的字母、屈服强度数值、质量等级符号、脱氧方法符号等 4 个部分按顺序组成。例如:Q235AF,其中:

Q——钢材屈服强度"屈"字汉语拼音首位字母;

A、B、C、D——分别为质量等级;

F——沸腾钢"沸"字汉语拼音首位字母;

Z——镇静钢"镇"字汉语拼音首位字母;

TZ——特殊镇静钢"特镇"两字汉语拼音首位字母。

在牌号组成表示方法中,"Z"与"TZ"符号可以省略。

2. 碳素结构钢的牌号和化学成分（熔炼分析）

表 3-11

牌号	等级	厚度（或直径）(mm)	脱氧方法	C	Si	Mn	P	S	残余元素
Q195	—	—	F、Z	0.12	0.30	0.50	0.035	0.040	
Q215	A		F、Z	0.15	0.35	1.20	0.045	0.050	
	B							0.045	
Q235	A		F、Z	0.22	0.35	1.40	0.045	0.050	Cr、Ni、Cu 含量各不大于 0.30 %；N 含量不大于 0.008%，如供方能保证，可不做分析
	B			0.20[b]				0.045	
	C		Z	0.17			0.040	0.040	
	D		TZ				0.035	0.035	
Q275	A	—	F、Z	0.24	0.35	1.50	0.045	0.050	
	B	≤40	Z	0.21			0.045	0.045	
		>40		0.22					
	C		Z	0.20			0.040	0.040	
	D		TZ				0.035	0.035	

注：①经需方同意，Q235B 的碳含量可不大于 0.22%。
②沸腾钢成品钢材和钢坯的化学成分偏差不作保证。
③D 级钢应有足够细化晶粒的元素，并在质量证明书中注明细化晶粒元素的含量。当采用铝脱氧时，钢中酸溶铝含量应不小于 0.015%，或总铝含量应不小于 0.020%。
④经需方同意，A 级钢的铜含量可不大于 0.35%。此时，供方应做铜含量的分析，并在质量证明书中注明其含量。
⑤钢中砷的含量应不大于 0.080%。用含砷矿冶炼生铁所冶炼的钢，砷含量由供需双方协议规定。如原料中不含砷，可不做砷的分析。
⑥在保证钢材力学性能符合本标准规定的情况下，各牌号 A 级钢的碳、锰、硅含量可以不作为交货条件，但其含量应在质量证明书中注明。

3. 碳素结构钢的拉伸和冲击性能

表 3-12

牌号	等级	屈服强度 R_{eH}(N/mm²)，不小于						抗拉强度[②] R_m (N/mm²)	断后伸长率 A(%)，不小于					冲击试验（V 型缺口）		备注
		厚度或直径(mm)							厚度或直径(mm)					温度（℃）	冲击吸收功（纵向）(J)，不小于	
		≤16	>16~40	>40~60	>60~100	>100~150	>150~200		≤40	>40~60	>60~100	>100~150	>150~200			
Q195	—	195	185	—	—	—	—	315~430	33	—	—	—	—		—	
Q215	A	215	205	195	185	175	165	335~450	31	30	29	27	26	—	—	厚度不小于 12mm 或直径不小于 16mm 的钢材应做冲击试验
	B													+20	27	
Q235	A	235	225	215	215	195	185	370~500	26	25	24	22	21	—	—	
	B													+20	27[③]	
	C													0		
	D													−20		
Q275	A	275	265	255	245	225	215	410~540	22	21	20	18	17	—	—	
	B													+20	27	
	C													0		
	D													−20		

注：①Q195 的屈服强度值仅供参考，不作交货条件。
②厚度大于 100mm 的钢材，抗拉强度下限允许降低 20N/mm²。宽带钢（包括剪切钢板）抗拉强度上限不作交货条件。
③厚度小于 25mm 的 Q235B 级钢材，如供方能保证冲击吸收功合格，经需方同意，可不做检验。
④用 Q195 和 Q235B 级沸腾钢轧制的钢材，其厚度（或直径）不大于 25mm。
⑤A 级钢冷弯试验合格时，抗拉强度上限可以不作为交货条件。
⑥夏比（V 型缺口）冲击吸收功值按一组 3 个试样单值的算术平均值计算，允许其中 1 个试样的单个值低于规定值，但不得低于规定值的 70%。如果没有满足上述条件，可从同一抽样产品上再取 3 个试样进行试验，先后 6 个试样的平均值不得低于规定值，允许有 2 个试样低于规定值，但其中低于规定值 70%的试样只允许 1 个。
⑦做拉伸和冷弯试验时，型钢和钢棒取纵向试样；钢板、钢带取横向试样，断后伸长率允许比本表降低 2%（绝对值）。窄钢带取横向试样如果受宽度限制时，可以取纵向试样。

4. 碳素结构钢的弯曲试验

表 3-13

牌　　号	试 样 方 向	冷弯试验 180° $B=2a$[①]		备　注
		钢材厚度（或直径）(mm)		
		≤60	>60~100	
		弯心直径 d		
Q195	纵	0	—	如供方能保证冷弯试验符合本表规定,可不做检验
	横	0.5a	—	
Q215	纵	0.5a	1.5a	
	横	a	2a	
Q235	纵	a	2a	
	横	1.5a	2.5a	
Q275	纵	1.5a	2.5a	
	横	2a	3a	

注：①B 为试样宽度，a 为试样厚度（或直径）。

②钢材厚度（或直径）大于 100mm 时，弯曲试验由供需双方协商确定。

5. 碳素结构钢的交货批组

钢材应成批验收，每批由同一牌号、同一炉号、同一质量等级、同一品种、同一尺寸、同一交货状态的钢材组成。每批重量应不大于 60t。

公称容量比较小的炼钢炉冶炼的钢轧成的钢材，同一冶炼、浇铸和脱氧方法、不同炉号、同一牌号的 A 级钢或 B 级钢，允许组成混合批，但每批各炉号含碳量之差不得大于 0.02%，含锰量之差不得大于 0.15%。

二、低合金高强度结构钢（GB/T 1591—2008）

低合金高强度钢由转炉或电炉冶炼，必要时加炉外精炼。

钢材以热轧、控轧、正火、正火轧制或正火加回火、热机械轧制（TMCP）或热机械轧制加回火状态交货。

适用于一般结构和工程用结构钢钢板、钢带、型钢和钢棒等。

1. 牌号表示方法

钢的牌号由代表屈服强度的汉语拼音字母、屈服强度数值、质量等级符号三个部分组成。例如：Q345D。其中：

Q——钢的屈服强度的"屈"字汉语拼音的首位字母；

345——屈服强度数值，单位 MPa；

D——质量等级为 D 级。

当需方要求钢板具有厚度方向性能时，则在上述规定的牌号后加上代表厚度方向（Z 向）性能级别的符号，例如：Q345DZ15。

2. 低合金高强度结构钢的牌号及化学成分（熔炼分析）

表 3-14

牌号	质量等级	化学成分（质量分数）(%)													
		C	Si	Mn	P	S	Nb	V	Ti	Cr	Ni	Cu	N	Mo	B	Als
								不大于								不小于
Q345	A	≤0.20	≤0.50	≤1.70	0.035	0.035	0.07	0.15	0.20	0.30	0.50	0.30	0.012	0.10	—	—
	B				0.035	0.035										

牌号	质量等级	化学成分(质量分数)(%)														
		C	Si	Mn	P	S	Nb	V	Ti	Cr	Ni	Cu	N	Mo	B	Als
					不大于											不小于
Q345	C	≤0.20	≤0.50	≤1.70	0.030	0.030	0.07	0.15	0.20	0.30	0.50	0.30	0.012	0.10	—	0.015
	D	≤0.18			0.030	0.025										
	E				0.025	0.020										
Q390	A	≤0.20	≤0.50	≤1.70	0.035	0.035	0.07	0.20	0.20	0.30	0.50	0.30	0.015	0.10	—	—
	B				0.035	0.035										
	C				0.030	0.030										0.015
	D				0.030	0.025										
	E				0.025	0.020										
Q420	A	≤0.20	≤0.50	≤1.70	0.035	0.035	0.07	0.20	0.20	0.30	0.80	0.30	0.015	0.20	—	—
	B				0.035	0.035										
	C				0.030	0.030										0.015
	D				0.030	0.025										
	E				0.025	0.020										
Q460	C	≤0.20	≤0.60	≤1.80	0.030	0.030	0.11	0.20	0.20	0.30	0.80	0.55	0.015	0.20	0.004	0.015
	D				0.030	0.025										
	E				0.025	0.020										
Q500	C	≤0.18	≤0.60	≤1.80	0.030	0.030	0.11	0.12	0.20	0.60	0.80	0.55	0.015	0.20	0.004	0.015
	D				0.030	0.025										
	E				0.025	0.020										
Q550	C	≤0.18	≤0.60	≤2.00	0.030	0.030	0.11	0.12	0.20	0.80	0.80	0.80	0.015	0.30	0.004	0.015
	D				0.030	0.025										
	E				0.025	0.020										
Q620	C	≤0.18	≤0.60	≤2.00	0.030	0.030	0.11	0.12	0.20	1.00	0.80	0.80	0.015	0.30	0.004	0.015
	D				0.030	0.025										
	E				0.025	0.020										
Q690	C	≤0.18	≤0.60	≤2.00	0.030	0.030	0.11	0.12	0.20	1.00	0.80	0.80	0.015	0.30	0.004	0.015
	D				0.030	0.025										
	E				0.025	0.020										

注:①型材及棒材 P、S 含量可提高 0.005%,其中 A 级钢上限可为 0.045%。

②当需要加入细化晶粒元素时,钢中应至少含有 Al、Nb、V、Ti 中的一种。加入的细化晶粒元素应在质量证明书中注明含量。当细化晶粒元素组合加入时,20(Nb+V+Ti)≤0.22%,20(Mo+Cr)≤0.30%。

③当采用全铝(Al$_t$)含量表示时,Al$_t$ 应不小于 0.020%。

④钢中氮元素含量应符合表的规定,如供方保证,可不进行氮元素含量分析。如果钢中加入 Al、Nb、V、Ti 等具有固氮作用的合金元素,氮元素含量不作限制,固氮元素含量应在质量证明书中注明。

⑤各牌号的 Cr、Ni、Cu 作为残余元素时,其含量各不大于 0.30%,如供方保证,可不作分析;当需要加入时,其含量应符合表的规定或由供需双方协议规定。

⑥为改善钢的性能,可加入 RE 元素时,其加入量按钢水重量的 0.02%～0.20%计算。

⑦在保证钢材力学性能符合 GB/T 1591—2008 规定的情况下,各牌号 A 级钢的 C、Si、Mn 化学成分可不作交货条件。

3. 低合金高强度结构钢的碳当量(各牌号除 A 级钢以外的钢材)

碳当量(CEV)应由熔炼分析成分并采用公式计算。

$$CEV = C + Mn/6 + (Cr + Mo + V)/5 + (Ni + Cu)/15$$

(1)热轧、控轧状态交货钢材的碳当量

表 3-15

牌　号	碳当量(CEV)(%)		
	公称厚度或直径≤63mm	公称厚度或直径>63～250mm	公称厚度>250mm
Q345	≤0.44	≤0.47	≤0.47
Q390	≤0.45	≤0.48	≤0.48
Q420	≤0.45	≤0.48	≤0.48
Q460	≤0.46	≤0.49	—

(2)正火、正火轧制、正火加回火状态交货钢材的碳当量

表 3-16

牌号	碳当量(CEV)(%)		
	公称厚度≤63mm	公称厚度>63～120mm	公称厚度>120～250mm
Q345	≤0.45	≤0.48	≤0.48
Q390	≤0.46	≤0.48	≤0.49
Q420	≤0.48	≤0.50	≤0.52
Q460	≤0.53	≤0.54	≤0.55

(3)热机械轧制(TMCP)或热机械轧制加回火状态交货钢材的碳当量

表 3-17

牌号	碳当量(CEV)(%)			P_{cm}(%)，不大于
	公称厚度≤63mm	公称厚度>63～120mm	公称厚度>120～150mm	
Q345	≤0.44	≤0.45	≤0.45	0.20
Q390	≤0.46	≤0.47	≤0.47	0.20
Q420	≤0.46	≤0.47	≤0.47	0.20
Q460	≤0.47	≤0.48	≤0.48	0.20
Q500	≤0.47	≤0.48	≤0.48	0.25
Q550	≤0.47	≤0.48	≤0.48	0.25
Q620	≤0.48	≤0.49	≤0.49	0.25
Q690	≤0.49	≤0.49	≤0.49	0.25

注：热机械轧制(TMCP)或热机械轧制加回火状态交货钢材的碳含量不大于0.12%时，可采用焊接裂纹敏感性指数(P_{cm})代替碳当量评估钢材的可焊性。P_{cm}应由熔炼分析成分并采用以下公式计算，其值应符合表的规定。

$$P_{cm} = C + Si/30 + Mn/20 + Cu/20 + Ni/60 + Cr/20 + Mo/15 + V/10 + 5B$$

经供需双方协商，可指定采用碳当量或焊接裂纹敏感性指数作为衡量可焊性的指标，当未指定时，供方可任选其一。

4.低合金高强度结构钢的力学性能

（1）钢材的拉伸性能

表 3-18

牌号	质量等级	拉 伸 试 验																					
		以下公称厚度（直径、边长）下屈服强度（R_{eL}）（MPa）									以下公称厚度（直径、边长）抗拉强度（R_m）（MPa）							断后伸长率（A）（%）公称厚度（直径、边长）					
		≤16mm	>16~40mm	>40~63mm	>63~80mm	>80~100mm	>100~150mm	>150~200mm	>200~250mm	>250~400mm	≤40mm	>40~63mm	>63~80mm	>80~100mm	>100~150mm	>150~200mm	>250~400mm	≤40mm	>40~63mm	>63~100mm	>100~150mm	>150~250mm	>250~400mm
Q345	A	≥345	≥335	≥325	≥315	≥305	≥285	≥275			470~630	470~630	470~630	470~630	450~600	450~600		≥20	≥19	≥19	≥18	≥17	—
	B	≥345	≥335	≥325	≥315	≥305	≥285	≥275			470~630	470~630	470~630	470~630	450~600	450~600		≥20	≥19	≥19	≥18	≥17	—
	C	≥345	≥335	≥325	≥315	≥305	≥285	≥275	≥265		470~630	470~630	470~630	470~630	450~600	450~600		≥20	≥19	≥19	≥18	≥17	—
	D	≥345	≥335	≥325	≥315	≥305	≥285	≥275	≥265	≥265	470~630	470~630	470~630	470~630	450~600	450~600	450~600	≥21	≥20	≥20	≥19	≥18	≥17
	E	≥345	≥335	≥325	≥315	≥305	≥285	≥275	≥265	≥265	470~630	470~630	470~630	470~630	450~600	450~600	450~600	≥21	≥20	≥20	≥19	≥18	≥17
Q390	A	≥390	≥370	≥350	≥330	≥330	≥310				490~650	490~650	490~650	490~650	470~620			≥20	≥19	≥19	≥18		
	B	≥390	≥370	≥350	≥330	≥330	≥310				490~650	490~650	490~650	490~650	470~620			≥20	≥19	≥19	≥18		
	C	≥390	≥370	≥350	≥330	≥330	≥310				490~650	490~650	490~650	490~650	470~620			≥20	≥19	≥19	≥18		
	D	≥390	≥370	≥350	≥330	≥330	≥310				490~650	490~650	490~650	490~650	470~620			≥20	≥19	≥19	≥18		
	E	≥390	≥370	≥350	≥330	≥330	≥310				490~650	490~650	490~650	490~650	470~620			≥20	≥19	≥19	≥18		
Q420	A	≥420	≥400	≥380	≥360	≥360	≥340				520~680	520~680	520~680	520~680	500~650			≥19	≥18	≥18	≥18		
	B	≥420	≥400	≥380	≥360	≥360	≥340				520~680	520~680	520~680	520~680	500~650			≥19	≥18	≥18	≥18		
	C	≥420	≥400	≥380	≥360	≥360	≥340				520~680	520~680	520~680	520~680	500~650			≥19	≥18	≥18	≥18		
	D	≥420	≥400	≥380	≥360	≥360	≥340				520~680	520~680	520~680	520~680	500~650			≥19	≥18	≥18	≥18		
	E	≥420	≥400	≥380	≥360	≥360	≥340				520~680	520~680	520~680	520~680	500~650			≥19	≥18	≥18	≥18		

拉 伸 试 验

牌号	质量等级	以下公称厚度（直径、边长）下屈服强度（R_{eL}）（MPa）									以下公称厚度（直径、边长）抗拉强度（R_m）（MPa）							断后伸长率（A）（%）　公称厚度（直径、边长）					
		≤16mm	>16~40mm	>40~63mm	>63~80mm	>80~100mm	>100~150mm	>150~200mm	>200~250mm	>250~400mm	≤40mm	>40~63mm	>63~80mm	>80~100mm	>100~150mm	>150~200mm	>250~400mm	≤40mm	>40~63mm	>63~100mm	>100~150mm	>150~250mm	>250~400mm
Q460	C																						
	D	≥460	≥440	≥420	≥400	≥400	≥380	—	—	—	550~720	550~720	550~720	550~720	530~700	—	—	≥17	≥16	≥16	≥16	—	—
	E																						
Q500	C																						
	D	≥500	≥480	≥470	≥450	≥440	—	—	—	—	610~770	600~760	590~750	540~730	—	—	—	≥17	≥17	≥17	—	—	—
	E																						
Q550	C																						
	D	≥550	≥530	≥520	≥500	≥490	—	—	—	—	670~830	620~810	600~790	590~780	—	—	—	≥16	≥16	≥16	—	—	—
	E																						
Q620	C																						
	D	≥620	≥600	≥590	≥570	—	—	—	—	—	710~880	690~880	670~860	—	—	—	—	≥15	≥15	≥15	—	—	—
	E																						
Q690	C																						
	D	≥690	≥670	≥660	≥640	—	—	—	—	—	770~940	750~920	730~900	—	—	—	—	≥14	≥14	≥14	—	—	—
	E																						

注：① 当屈服不明显时，可测量 $R_{p0.2}$ 代替下屈服强度。
② 宽度不小于600mm的扁平材，拉伸试验取横向试样；宽度小于600mm的扁平材、型材及棒材取纵向试样，断后伸长率最小值相应提高1%（绝对值）。
③ 厚度>250~400mm的数值适用于扁平材。
④ Z向钢厚度方向断面收缩率应符合 GB/T 5313 的规定。

(2)夏比(V 型)冲击试验的试验温度和冲击吸收能量

表 3-19

牌　号	质量等级	试验温度(℃)	冲击吸收能量 kV₂(J)		
			公称厚度(直径、边长)		
			12~150mm	>150~250mm	>250~400mm
Q345	B	20	≥34	≥27	—
	C	0			
	D	-20			27
	E	-40			
Q390	B	20	≥34	—	—
	C	0			
	D	-20			
	E	-40			
Q420	B	20	≥34	—	—
	C	0			
	D	-20			
	E	-40			
Q460	C	0	≥34	—	—
	D	-20			
	E	-40			
Q500、Q550、Q620、Q690	C	0	≥55	—	—
	D	-20	≥47	—	—
	E	-40	≥31	—	—

注:①冲击试验取纵向试样。

②厚度不小于 6mm 或直径不小于 12mm 的钢材应做冲击试验,冲击试样尺寸取 10mm×10mm×55mm 的标准试样;当钢材不足以制取标准试样时,应采用 10mm×7.5mm×55mm 或 10mm×5mm×55mm 小尺寸试样,冲击吸收能量应分别为不小于表规定值的 75%或 50%,优先采用较大尺寸试样。

③钢材的冲击试验结果按一组 3 个试样的算术平均值进行计算,允许其中有 1 个试验值低于规定值,但不应低于规定值的 70%,否则,应从同一抽样产品上再取 3 个试样进行试验,先后 6 个试样试验结果的算术平均值不得低于规定值,允许有 2 个试样的试验结果低于规定值,但其中低于规定值 70%的试样只允许有 1 个。

(3)弯曲试验

表 3-20

牌　号	试样方向	180°弯曲试验 [d=弯心直径,a=试样厚度(直径)]	
		钢材厚度(直径、边长)	
		≤16mm	>16~100mm
Q345 Q390 Q420 Q460	宽度不小于 600mm 扁平材,拉伸试验取横向试样。宽度小于 600mm 的扁平材、型材及棒材取纵向试样	2a	3a

注:当需方要求做弯曲试验时,弯曲试验应符合表的规定。当供方保证弯曲合格时,可不做弯曲试验。

5.钢材交货

(1)特殊要求

根据供需双方协议,钢材可进行无损检验,其检验标准和级别应在协议或合同中明确。

根据供需双方协议,可按 GB/T 1591 标准订购具有厚度方向性能要求的钢材。

根据供需双方协议,钢材也可进行其他项目的检验。

（2）组批

钢材应成批验收。每批应由同一牌号、同一质量等级、同一炉罐号、同一规格、同一轧制制度或同一热处理制度的钢材组成，每批重量不大于 60t。钢带的组批重量按相应产品标准规定。

各牌号的 A 级钢或 B 级钢允许同一牌号、同一质量等级、同一冶炼和浇筑方法、不同炉罐号组成混合批。但每批不得多于 6 个炉罐号，且各炉罐号 C 含量之差不得大于 0.02%，Mn 含量之差不得大于 0.15%。

对于 Z 向钢的组批，应符合 GB/T 5313 的规定。

三、桥梁用结构钢（GB/T 714—2008）

桥梁用结构钢以转炉或电炉冶炼，并进行炉外精练。钢材主要有钢板、钢带（厚度不大于 100mm）和型钢（厚度不大于 40mm）。

钢材按热轧、控轧、正火、正火轧制、热机械轧制、淬火＋回火、热机械轧制＋回火等状态交货。

1. 桥梁钢牌号表示方法

钢的牌号由代表屈服强度的汉语拼音字母、屈服强度数值、桥字的汉语拼音字母、质量等级符号等几个部分组成。例如：Q420qD，其中：

Q——桥梁用钢屈服强度的"屈"字汉语拼音的首位字母；

420——屈服强度数值，单位 MPa；

q——桥梁用钢的"桥"字汉语拼音的首位字母；

D——质量等级为 D 级。

当要求钢板具有耐候性能或厚度方向性能时，则在上述规定的牌号后分别加上代表耐候的汉语拼音字母"NH"或厚度方向（Z 向）性能级别的符号，例如：Q420qDNH 或 Q420qDZ15。

2. 桥梁钢的碳当量

表 3-21

牌 号	交货状态	碳当量 CEV（%）		P_{cm}（%），不大于
		厚度≤50mm	厚度>50~100mm	
Q345q	热轧、控轧、正火/正火轧制	≤0.42	≤0.43	—
Q370q		≤0.43	≤0.44	—
Q420q		≤0.44	≤0.45	0.20
Q460q		≤0.46	≤0.50	0.23
Q345q	热机械轧制（TMCP）	≤0.38	≤0.40	—
Q370q		≤0.40	≤0.42	—
Q420q		≤0.44	≤0.46	0.20
Q460q		≤0.45	≤0.47	0.23
Q460q	淬火＋回火、热机械轧制（TMCP）、热机械轧制（TMCP）＋回火	厚度＝50mm，≤0.46	≤0.48	0.23
Q500q		厚度＝50mm，≤0.46	≤0.56	0.23
Q550q		—	—	0.25
Q620q		—	—	0.25
Q690q		—	—	0.27

注：①碳当量应由熔炼分析成分并采用下式计算：

$$CEV = C + Mn/6 + (Cr + Mo + V)/5 + (Ni + Cu)/15$$

②当各牌号钢的碳含量不大于 0.12% 时，采用焊接裂纹敏感性指数（P_{cm}）代替碳当量评估钢材的可焊性，P_{cm} 应采用下式由熔炼分析计算，其值应符合表的规定：

$$P_{cm} = C + Si/30 + Mn/20 + Cu/20 + Ni/60 + Cr/20 + Mo/15 + V/10 + 5B$$

3. 桥梁钢的牌号及化学成分

表3-22

牌号	质量等级	化学成分（质量分数）（%）														
		C	Si	Mn	P	S	Nb	V	Ti	Cr	Ni	Cu	Mo	B	N	Als
					不　大　于											
Q235q	C	≤0.17	≤0.35	≤1.40	0.030	0.030	—	—	—	0.30	0.30	0.30	—	—	0.012	
	D				0.025	0.025									0.012	
	E				0.020	0.010										
Q345q	C	≤0.20	≤0.55	0.90~1.70	0.030	0.025	0.06	0.08	0.03	0.80	0.50	0.55	0.20	—	0.012	
	D				0.025	0.020									0.012	
	E				0.020	0.010										
Q370q	C	≤0.18	≤0.55	1.00~1.70	0.030	0.025	0.06	0.08	0.03	0.80	0.50	0.55	0.20	0.004	0.012	不小于0.015
	D				0.025	0.020									0.012	
	E				0.020	0.010										
Q420q	C	≤0.18	≤0.55	1.00~1.70	0.030	0.025	0.06	0.08	0.03	0.80	0.70	0.55	0.35	0.004	0.012	
	D				0.025	0.020									0.012	
	E				0.020	0.010										
Q460q	C	≤0.18	≤0.55	1.00~1.80	0.030	0.020	0.06	0.08	0.03	0.80	0.70	0.55	0.35	0.004	0.012	
	D				0.025	0.015									0.012	
	E				0.020	0.010										
Q500q	D	≤0.18	≤0.55	1.00~1.70ᵃ	0.025	0.015	0.06	0.08	0.03	0.80	1.00	0.55	0.40	0.004	0.012	
	E				0.020	0.010									0.012	
Q550q	D	≤0.18	≤0.55		0.025	0.015	0.06	0.08	0.03	0.80	1.00	0.55	0.40	0.004	0.012	
	E				0.020	0.010									0.012	
Q620q	D	≤0.18	≤0.55		0.025	0.015	0.09	0.08	0.03	0.80	1.10	0.55	0.60	0.004	0.012	
	E				0.020	0.010									0.012	
Q690q	D	≤0.18	≤0.55		0.025	0.015	0.09	0.08	0.03	0.80	1.10	0.55	0.60	0.004	0.012	不大于0.015
	E				0.020	0.010									0.012	

（推荐使用牌号：Q500q、Q550q、Q620q、Q690q）

注：①ᵃ 当碳含量不大于0.12%时，Mn含量上限可达到2.00%。全铝含量应不小于0.020%。（Als——酸溶铝）。

②当采用全铝（Alt）含量（质量分数）计算钢中铝含量时，全铝含量应在质量证明书中注明。如供方能保证氮元素符合本表规定，可不进行氮元素含量分析。

③钢中固溶元素Nb、V、Ti可以单独加入或以任一组合形式加入。当单独加入时，其含量应符合本表所列值。若混合加入两种或两种以上时，总量不大于0.12%。

④细化晶粒元素Nb、V、Ti可以单独加入或以任一组合形式加入。当单独加入时，其含量应符合本表所列值，若混合加入两种或两种以上时，总量不大于0.12%。

⑤耐候钢、淬火加回火钢可根据供需双方协议进行调整。

⑥经供需双方协商，厚度大于15mm的保证厚度方向性能的各牌号钢板，其S元素含量应符合表3-23的规定。

表 3-23

Z向性能级别	Z15	Z25	Z35
S(%)	≤0.010	≤0.007	≤0.005

4.桥梁钢的力学性能
(1)拉伸和冲击性能

表 3-24

牌号	质量等级	拉 伸 试 验				V 型冲击试验	
		下屈服强度 R_{el}(MPa)		抗拉强度 R_m(MPa)	断后伸长率 A(%)	试验温度(℃)	冲击吸收能量 kV_2(J)
		厚度(mm)					
		≤50	>50~100				
		不 小 于					不小于
Q235q	C	235	225	400	26	0	34
	D					−20	
	E					−40	
Q345q	C	345	335	490	20	0	47
	D					−20	
	E					−40	
Q370q	C	370	360	510	20	0	47
	D					−20	
	E					−40	
Q420q	C	420	410	540	19	0	47
	D					−20	
	E					−40	
Q460	C	460	450	570	17	0	47
	D					−20	
	E					−40	
推荐使用的牌号 Q500q	D	500	480	600	16	−20	47
	E					−40	
Q550q	D	550	530	660	16	−20	47
	E					−40	
Q620q	D	620	580	720	15	−20	47
	E					−40	
Q690q	D	690	650	770	14	−20	47
	E					−40	

注:①当屈服不明显时,可测量 $R_{p0.2}$ 代替下屈服强度。

②钢板及钢带的拉伸试验取横向试样,型钢的拉伸试验取纵向试样。

③冲击试验取纵向试样。

④Q235q~Q460q 厚度不大于16mm 的钢材,断后伸长率提高1%(绝对值)。

⑤厚度不小于 6mm 或直径不小于 12mm 的钢材应做冲击试验,冲击试样尺寸取 10mm×10mm×55mm 的标准试样;当钢材不足以制取标准试样时,应采用 10mm×7.5mm×55mm 或 10mm×5mm×55mm 小尺寸试样,冲击吸收能量应分别为不小于表规定值的 75%或 50%,优先采用较大尺寸试样。

⑥钢材的冲击试验结果按 一组 3 个试样的算术平均值进行计算,允许其中有 1 个试验值低于规定值,但不应低于规定值的 70%。如果没有满足上述条件,应从同一抽样产品上再取 3 个试样进行试验,先后 6 个试样试验结果的算术平均值不得低于规定值,允许有 2 个试样的试验结果低于规定值,但其中低于规定值 70%的试样只允许有 1 个。

(2)Z向钢断面收缩率

表 3-25

项　目	Z向钢断面收缩率 Z(%)		
	Z向性能级别		
	Z15	Z25	Z35
3个试样平均值	≥15	≥25	≥35
单个试样值	≥10	≥15	≥25

注:Z向钢厚度方向断面收缩率 3 个试样的平均值应不低于表规定的平均值,仅允许其中一个试样的单值低于表规定的平均值,但不得低于表中相应级别的单个试样值。

(3)钢材的弯曲试验

表 3-26

180°弯曲试验	
厚度≤16mm	厚度>16mm
$d=2a$	$d=3a$

注:①d 为弯心直径,a 为试样厚度。
　　②钢板和钢带取横向试祥。
　　③钢材弯曲试验后试样弯曲外表面无肉眼可见裂纹。当供方保证时,可不做弯曲试验。

5.桥梁钢的订货和交货

(1)订货内容

①标准编号;

②产品名称(钢板或型钢);

③牌号;

④规格;

⑤尺寸、外形精度要求;

⑥重量;

⑦交货状态;

⑧特殊要求。

(2)表面质量

①钢材表面不应有气泡、结疤、裂纹、折叠、夹杂和压入氧化铁皮等影响使用的有害缺陷。钢材不应有目视可见的分层。

②钢材的表面允许有不妨碍检查表面缺陷的薄层氧化铁皮、铁锈及由于压入氧化铁皮和轧辊所造成的不明显的粗糙、网纹、划痕及其他局部缺陷,但其深度不应大于钢材厚度的公差之半,并应保证钢材允许的最小厚度。

③钢材的表面缺陷允许用修磨等方法清除,清理处应平滑无棱角,清理深度不应大于钢材厚度的负偏差,并应保证钢材允许的最小厚度。

④经供需双方协商,钢材表面质量可执行 GB/T 14977 的规定。

⑤根据供需双方协议,钢材可进行无损检验,其检验标准和级别应在协议或合同中明确。

⑥根据供需双方协议,钢材也可进行其他项目的检验。

(3)组批

①钢材应成批验收。每批应由同一牌号、同一炉号、同一规格、同一轧制制度及同一热处理制度的钢材组成。每批重量不大于 60t。

②对于 Z 向钢的厚度方向力学性能试验的批量规定为:在符合上述组批要求下,当 S≤0.005% 时,每批钢材的重量不大于 60t;否则,Z15 每批不大于 25t;Z25、Z35 每批为一个轧制坯轧制的钢材。

现标准与 GB/T 714—2000、ASTM A709：2005、EN 10025：2004 的牌号对照　表 3-27

标准号	GB/T 714—2008	GB/T 714—2000	ASTM A 709-05	EN 10025—3：2004	EN 10025—4：2004	EN 10025—6：2004
牌号	Q235q	Q235q	36[250]	—	—	
	Q345q	Q345q	50[345]、50W[345W]、HPS 50W、[HPS 345W]	S355N、S355NL	S355M、S355ML	—
	Q370q	Q370q	—			
	Q420q	Q420q	—	S420N、S420NL	S420M、S420ML	
	Q460q	—	—	S460N、S460NL	S460M、S460ML	S460Q、S460QL、S460QL1
	Q500q	—	HPS 70W、[HPS 485W]	—	—	S500Q、S500QL、S500QL1
	Q550q	—	—	—	—	S550Q、S550QL、S550QL1
	Q620q	—	—	—	—	S620Q、S620QL、S620QL1
	Q690q	—	—	—	—	S690Q、S690QL、S690QL1

四、优质碳素结构钢（GB 699—1999）

优质碳素结构钢按冶金质量等级分为：优质钢、高级优质钢和特级优质钢。

优质碳素结构钢按使用加工方法分为：压力加工用钢和切削加工用钢。

代号如下：压力加工用钢　　　　UP

　　　　　热压力加工用钢　　　UHP

　　　　　顶锻用钢　　　　　　UF

　　　　　冷拔坯料用钢　　　　UCD

　　　　　切削加工用钢　　　　UC

1. 优质碳素结构钢的牌号和机械性能

表 3-28

牌号	试样毛坯尺寸 (mm)	推荐热处理(℃)			抗拉强度 σ_b(MPa) (kgf/mm²)	屈服点 σ_s (MPa) (kgf/mm²)	伸长率 δ_5 (%)	断面收缩率 φ (%)	冲击韧性 $A_K(\alpha_K)$ [J(J/cm²)]	钢材交货状态硬度 HB 不大于	
		正火	淬火	回火						未热处理	退火钢
					不 大 于						
08F	25	930			295(30)	175(18)	35	60		131	
10F	25	930			315(32)	185(19)	33	55		137	
15F	25	920			355(36)	205(21)	29	55		143	
08	25	930			325(33)	195(20)	33	60		131	
10	25	930			335(34)	205(21)	31	55		137	
15	25	920			375(38)	225(23)	27	55		143	
20	25	910			410(42)	245(25)	25	55		156	
25	25	900	870	600	450(46)	275(28)	23	50	71(9)	170	
30	25	880	860	600	490(50)	295(30)	21	50	63(8)	179	
35	25	870	850	600	530(54)	315(32)	20	45	55(7)	197	
40	25	860	840	600	570(58)	335(34)	19	45	47(6)	217	187

续表 3-28

牌号	试样毛坯尺寸(mm)	推荐热处理(℃) 正火	推荐热处理(℃) 淬火	推荐热处理(℃) 回火	抗拉强度 σ_b(MPa) (kgf/mm²)	屈服点 σ_s (MPa) (kgf/mm²)	伸长率 δ_5 (%)	断面收缩率 φ (%)	冲击韧性 $A_K(\alpha_K)$ [J(J/cm²)]	钢材交货状态硬度 HB 不大于 未热处理	钢材交货状态硬度 HB 不大于 退火钢
					不 大 于						
45	25	850	840	600	600(61)	355(36)	16	40	39(5)	229	197
50	25	830	830	600	630(64)	375(38)	14	40	31(4)	241	207
55	25	820	820	600	645(66)	380(39)	13	35		255	217
60	25	810			675(69)	400(41)	12	35		255	229
65	25	810			695(71)	410(42)	10	30		255	229
70	25	790			715(73)	420(43)	9	30		269	229
75	试样		820	480	1 080(110)	880(90)	7	30		285	241
80	试样		820	480	1 080(110)	930(95)	6	30		285	241
85	试样		820	480	1 130(115)	980(100)	6	30		302	255
15Mn	25	920			410(42)	245(25)	26	55		163	
20Mn	25	910			450(46)	275(28)	24	50		197	
25Mn	25	900	870	600	490(50)	295(30)	22	50	71(9)	207	
30Mn	25	880	860	600	540(55)	315(32)	20	45	63(8)	217	187
35Mn	25	870	850	600	560(57)	335(34)	18	45	55(7)	229	197
40Mn	25	860	840	600	590(60)	355(36)	17	45	47(6)	229	207
45Mn	25	850	840	600	620(63)	375(38)	15	40	39(5)	241	217
50Mn	25	830	830	600	645(66)	390(40)	13	40	31(4)	255	217
60Mn	25	810			695(71)	410(42)	11	35		269	229
65Mn	25	810			735(75)	430(44)	9	30		285	229
70Mn	25	790			785(80)	450(46)	8	30		285	229

注:①75、80 及 85 钢用留有加工余量的试样进行热处理。
②对于直径或厚度小于 25mm 的钢材,热处理是与成品截面尺寸相同的试样毛坯上进行。
③表中所列正火推荐保温时间不少于 30min,空冷;淬火推荐保温时间不少于 30min,70、80 和 85 钢油冷,其余钢水冷;回火推荐保温时间不少于 1h。
④直径<16mm 的圆钢和厚度≤12mm 的方钢、扁钢,不作冲击韧性试验。
⑤对于截面尺寸>80mm 的钢材,允许其伸长率(δ_5)、断面收缩率(φ)比列表列数字分别降低 2 个单位及 5 个单位。
⑥切削加工用钢材或冷拔坯料用钢材交货状态硬度应符合表规定。不退火钢的硬度,供方若能保证合格时,可不做检验。高温回火或正火后的硬度指标,由供需双方协商确定。

2.优质碳素结构钢的化学成分

表 3-29

统一数字代号	牌号	化学成分(%) C	Si	Mn	Cr 不大于	Ni 不大于	Cu 不大于	P 优质钢	P 高优钢	P 特优钢	S 优质钢	S 高优钢	S 特优钢
								不大于	不大于	不大于	不大于	不大于	不大于
U20080	08F	0.05~0.11	<0.03	0.25~0.50	0.10	0.30	0.25	0.035	0.030	0.025	0.035	0.030	0.020
U20100	10F	0.07~0.13	<0.07	0.25~0.50	0.15	0.30	0.25	0.035	0.030	0.025	0.035	0.030	0.020
U20150	15F	0.12~0.18	<0.07	0.25~0.50	0.25	0.30	0.25	0.035	0.030	0.025	0.035	0.030	0.020
U20082	08	0.05~0.11	0.17~0.37	0.35~0.65	0.10	0.30	0.25	0.035	0.030	0.025	0.035	0.030	0.020

统一数字代号	牌号	化学成分(%)											
		C	Si	Mn	Cr	Ni	Cu	P			S		
								优质钢	高优钢	特优钢	优质钢	高优钢	特优钢
					不大于			不 大 于					
U20102	10	0.07~013	0.17~0.37	0.35~0.65	0.15	0.30	0.25	0.035	0.030	0.025	0.035	0.030	0.020
U20152	15	0.12~0.18	0.17~0.37	0.35~0.65	0.25	0.30	0.25	0.035	0.030	0.025	0.035	0.030	0.020
U20202	20	0.17~0.23	0.17~0.37	0.35~0.65	0.25	0.30	0.25						
U20252	25	0.22~0.29	0.17~0.37	0.50~0.80	0.25	0.30	0.25						
U20302	30	0.27~0.34	0.17~0.37	0.50~0.80	0.25	0.30	0.25						
U20352	35	0.32~0.39	0.17~0.37	0.50~0.80	0.25	0.30	0.25						
U20402	40	0.37~0.44	0.17~0.37	0.50~0.80	0.25	0.30	0.25						
U20452	45	0.42~0.50	0.17~0.37	0.50~0.80	0.25	0.30	0.25						
U20502	50	0.47~0.55	0.17~0.37	0.50~0.80	0.25	0.30	0.25						
U20552	55	0.52~0.60	0.17~0.37	0.50~0.80	0.25	0.30	0.25						
U20602	60	0.57~0.65	0.17~0.37	0.50~0.80	0.25	0.30	0.25						
U20652	65	0.62~0.70	0.17~0.37	0.50~0.80	0.25	0.30	0.25						
U20702	70	0.67~0.75	0.17~0.37	0.50~0.80	0.25	0.30	0.25						
U20752	75	0.72~0.80	0.17~0.37	0.50~0.80	0.25	0.30	0.25						
U20802	80	0.77~0.85	0.17~0.37	0.50~0.80	0.25	0.30	0.25	0.035	0.030	0.025	0.035	0.030	0.020
U20852	85	0.82~0.90	0.17~0.37	0.50~0.80	0.25	0.30	0.25						
U21152	15Mn	0.12~0.18	0.17~0.37	0.70~1.00	0.25	0.30	0.25						
U21202	20Mn	0.17~0.23	0.17~0.37	0.70~1.00	0.25	0.30	0.25						
U21252	25Mn	0.22~0.29	0.17~0.37	0.70~1.00	0.25	0.30	0.25						
U21302	30Mn	0.27~0.34	0.17~0.37	0.70~1.00	0.25	0.30	0.25						
U21352	35Mn	0.32~0.39	0.17~0.37	0.70~1.00	0.25	0.30	0.25						
U21402	40Mn	0.37~0.44	0.17~0.37	0.70~1.00	0.25	0.30	0.25						
U21452	45Mn	0.42~0.50	0.17~0.37	0.70~1.00	0.25	0.30	0.25						
U21502	50Mn	0.48~0.56	0.17~0.37	0.70~1.00	0.25	0.30	0.25						
U21602	60Mn	0.57~0.65	0.17~0.37	0.70~1.00	0.25	0.30	0.25						
U21652	65Mn	0.62~0.70	0.17~0.37	0.90~1.20	0.25	0.30	0.25						
U21702	70Mn	0.67~0.75	0.17~0.37	0.90~1.20	0.25	0.30	0.25						

注:①使用废钢冶炼的钢允许含铜量不大于0.30%。

②热压力加工用钢的含铜量应不大于0.20%。

③铅浴淬火(派登脱)钢丝用的35~85钢的含锰量为0.30%~0.60%,含铬量不大于0.10%,含镍量不大于0.15%,含铜量不大于0.20%,磷、硫含量亦应符合钢丝标准要求。

④08钢亦可用铝脱氧冶炼镇静钢,含锰量下限为0.25%,含硅量不大于0.03%,含铝量为0.02%~0.07%,此时牌号为08A1。

⑤冷冲压用沸腾钢含硅量不大于0.03%。

⑥氧气转炉冶炼的钢其含氮量应不大于0.008%。供方能保证合格时,可不做分析。

⑦经供需双方协议,08~25钢可供应含硅量不大于0.17%的半镇静钢,其牌号为08b~25b。

⑧表所列牌号为优质钢。如果是高级优质钢,在牌号后面加"A"(统一数字代号最后一位数字改为"3");如果是特级优质钢,在牌号后面加"E"(统一数字代号最后一位数字改为"6");对于沸腾钢,牌号后面为"F"(统一数字代号最后一位数字为"0");对于半镇静钢,牌号后面为"b"(统一数字代号最后一位数字为"1")。

3. 交货状态

钢材通常以热轧或热锻状态交货。如需方有要求,并在合同中注明,也可以热处理(退火正火或高温回火)状态或特殊表面状态交货。

除非合同中另有规定,冶炼方法由生产厂自行选择。

五、耐候结构钢(GB/T 4171—2008)

耐候结构钢是在结构钢里添加少量 Cu、P、Cr、Ni 等合金元素,使金属表面形成保护层以提高耐大气腐蚀性能。耐候结构钢分为高耐候钢和耐候钢两类,适用于桥梁、建筑、塔架、集装箱、车辆等结构用。

耐候结构钢系采用转炉或电炉冶炼的镇静钢,无特殊要求,冶炼方法由供方选择。

牌号表示以屈服强度(Q)、最小屈服强度值(MPa)、高耐候(GNH)或耐候(NH)和质量等级(A、B、C、D、E)按顺序组成。

1. 耐候结构钢的规格尺寸和用途

表 3-30

牌号	厚度或直径(mm)		生产方式	交货状态	用 途
	钢板或钢带,不大于	型钢,不大于			
Q295GNH	20	40	热轧	热轧、控轧或正火	桥梁、建筑、塔架、车辆、集装箱等结构件用,高耐候钢有更好的耐大气腐蚀性;焊接耐候钢有更好的焊接性能
Q355GNH					
Q265GNH	3.5	—	冷轧	退火状态	
Q310GNH					
Q235NH	100	100		热轧、控轧或正火	
Q295NH					
Q355NH					
Q415NH			热轧		
Q460NH	60	—		热轧、控轧或正火 淬火+回火	
Q500NH					
Q550NH					

2. 耐候结构钢的力学性能

表 3-31

牌号	拉 伸 试 验									180°弯曲试验 弯心直径		
	下屈服强度 R_m(N/mm²) 不小于				抗拉强度 R_m(N/mm²)	断后伸长率 A(%) 不小于						
	≤16	>16~40	>40~60	>60		≤16	>16~40	>40~60	>60	≤16	>6~16	>16
Q235NH	235	225	215	215	360~510	25	25	24	23	a	a	$2a$
Q295NH	295	285	275	255	430~560	24	24	23	22	a	$2a$	$3a$
Q295GNH	295	285	—	—	430~560	24	24	—	—	a	$2a$	$3a$
Q355NH	355	345	335	325	490~630	22	22	21	20	a	$2a$	$3a$
Q355GNH	355	345	—	—	490~630	22	22	—	—	a	$2a$	$3a$
Q415NH	415	405	395	—	520~680	22	22	20	—	a	$2a$	$3a$
Q460NH	460	450	440	—	570~730	20	20	19	—	a	$2a$	$3a$
Q500NH	500	490	480	—	600~760	18	16	15	—	a	$2a$	$3a$
Q550NH	550	540	530	—	620~780	16	16	15	—	a	$2a$	$3a$
Q265GNH	265	—	—	—	≥410	27	—	—	—	a	—	—
Q310GNH	310	—	—	—	≥450	26	—	—	—	a	—	—

注:①当屈服现象不明显时,可以采用 $R_{p0.2}$。

②a 为钢材厚度。

3. 耐候结构钢的冲击性能

表 3-32

质量等级	V 型缺口冲击试验			
	试样方向	试样尺寸(mm)	温度(℃)	冲击吸收能量 kV₂(J)
A			—	—
B			+20	≥47
C	纵向	10×10×55	0	≥34
D			−20	≥34
E			−40	≥27

注:①经供需双方协商,平均冲击功值可以≥60J。

②经供需双方协商,高耐候钢可以不做冲击试验。

③冲击试验结果按三个试样的平均值计算,允许其中一个试样的冲击吸收能量小于规定值,但不得低于规定值的 70%。

④厚度不小于 6mm 或直径不小于 12mm 的钢材应做冲击试验。对于厚度≥6～<12mm 或直径≥12～<16mm 的钢材做冲击试验时,应采用 10mm×5mm×55mm 或 10mm×7.5mm×55mm 小尺寸试样,其试验结果应不小于表规定值的 50% 或 75%。应尽可能取较大尺寸的冲击试样。

4. 耐候结构钢的牌号和化学成分

表 3-33

牌号	化学成分(质量分数)(%)								
	C	Si	Mn	P	S	Cu	Cr	Ni	其他
Q265GNH	≤0.12	0.10～0.40	0.20～0.50	0.07～0.12	≤0.020	0.20～0.45	0.30～0.65	0.25～0.50ᵉ	注 a、b
Q295GNH						0.25～0.45			
Q310GNH		0.25～0.75				0.20～0.50	0.30～1.25		
Q355GNH		0.20～0.75	≤1.00	0.07～0.15					
Q235NH	≤0.13ᶠ	0.10～0.40	0.20～0.60	≤0.030	≤0.030	0.25～0.55		≤0.65	
Q295NH	≤0.15	0.10～0.50	0.30～1.0				0.40～0.80		
Q355NH	≤0.16	≤0.50	0.50～1.50						
Q415NH	≤0.12	≤0.65	≤1.10	≤0.025	≤0.030ᵈ	0.20～0.55	0.30～1.25	0.12～0.65ᵉ	注 a、b、c
Q460NH			≤1.50						
Q500NH			≤2.0						
Q550NH	≤0.16								

注:①ᵃ 为了改善钢的性能,可以添加一种或多种微量元素:Nb 0.015～0.060%;V 0.02～0.12%;Ti 0.02～0.10%;Al≥0.020%。如上述元素组合使用,应至少保证其中一种元素含量达到上述化学成分的下限规定。

②ᵇ 可以添加下列合金元素:Mo≤0.30%;Zr≤0.15%。

③ᶜ Nb、V、Ti 三种合金元素的添加总量不应超过 0.22%。

④ᵈ 供需双方协商,S 的含量可以不大于 0.008%。

⑤ᵉ 供需双方协商,Ni 含量下限可以不做要求。

⑥ᶠ 供需双方协商,C 含量可以不大于 0.15%。

5. 钢材表面质量

(1)钢材表面不得有裂纹、结疤、折叠、气泡、夹杂和分层等对使用有害的缺陷。如有上述缺陷,允许清除,清除的深度不得超过钢材厚度公差之半。清除处应圆滑无棱角。型钢表面缺陷不得横向铲除。

(2)热轧钢材表面允许存在其他不影响使用的缺陷,但应保证钢材的最小厚度。

(3)冷轧钢板和钢带表面允许有轻微的擦伤、氧化色、酸洗后浅黄色薄膜、折印、深度或高度不大于公差之半的局部麻点、划伤和压痕。

(4)钢带允许带缺陷交货,但有缺陷的部分不得超过钢带总长度的 8%。

6. 我国耐候结构钢与国外相近牌号对照表

表3-34

GB/T 4171—2008	ISO 4952：2006	ISO 5952：2005	EN 10025-5：2004	JIS G 3114：2004	JIS G 3125：2004	ASTM			
						A242M-04	A588M-05	A606-04	A871M-03
Q235NH	S235W	HSA235W	S235J0W S235J2W	SMA400AW SMA400BW SMA400CW	—	—	—	—	—
Q295NH	—	—	—	—	—	—	—	—	—
Q295GNH	—	—	—	—	—	—	—	—	—
Q355NH	S355W	HSA355W2	S355J0W S355J2W S355K2W	SMA490AW SMA490BW SMA490CW	—	—	Grade K	—	—
Q355GNH	S355WP	HSA355W1	S355J0WP S355J2WP	—	SPA-H	Type1	—	—	—
Q415NH	S415W	—	—	—	—	—	—	—	60
Q460NH	S460W	—	—	SMA570W SMA570P	—	—	—	—	65
Q500NH	—	—	—	—	—	—	—	—	—
Q550NH	—	—	—	—	—	—	—	—	—
Q265GNH	—	—	—	—	—	—	—	—	—
Q310GNH	—	—	—	—	SPA-C	—	—	Type4	—

注：①本表只是钢级的对照，未包括牌号的质量等级。

②A242M、A588M、A606等标准中只规定一个钢级，没有牌号，但有多个化学成分与其对应，本表只列出与本标准相似的化学成分的代号。

六、抗震结构用型钢(GB/T 28414—2012)

抗震结构用型钢为热轧型钢，适用于焊接、铆接或螺栓连接。抗震结构用型钢分为 Q235KZ、Q345KZ、Q420KZ、Q460KZ 四个牌号(KZ 为抗震二字的汉语拼音字首)。

1. 抗震结构用型钢的化学成分和碳当量

表3-35

牌号	厚度e (mm)	化学成分(质量分数)(%)									碳当量(%) 不大于	裂纹敏感系数(%) 不大于
		C	Si	Mn	P	S	Cu	Ni	Cr	Mo		
		不大于			不 大 于							
Q235KZ	6≤t<50	0.20	0.35	0.50～1.40	0.030	0.035	0.60	0.45	0.35	0.15	0.35	0.26
	50≤t≤125	0.22									0.35	0.26
Q345KZ	6≤t<50	0.23	0.55	0.50～1.60	0.030	0.035	0.60	0.45	0.35	0.15	0.45(0.39)	0.28(0.26)
	50≤t≤125										0.47	0.28
Q420KZ	6≤t<50	0.18	0.55	0.50～1.60	0.030	0.035	0.60	0.45	0.35	0.15	0.46(0.43)	0.29(0.27)
	50≤t≤125	0.20									0.48	0.29

续表 3-35

牌号	厚度 e (mm)	化学成分(质量分数)(%)									碳当量(%),不大于	裂纹敏感系数(%),不大于
		C	Si	Mn	P	S	Cu	Ni	Cr	Mo		
		不大于			不大于							
Q460KZ	6≤t<50	0.18	0.55	0.50～1.60	0.030	0.035	0.60	0.45	0.35	0.15	0.47(0.44)	0.30(0.28)
	50≤t≤125	0.20									0.49	0.30

注:①Nb、V、Ti 的含量总和不应超过 0.15%。

②供需双方可协商规定表中未列出的合金元素含量。

③供需双方可协商降低 S 含量。

④碳当量和裂纹敏感系数栏中带括号内的数字为热机械轧制型钢数据。

$$碳当量\ CEV = C + \frac{Mn}{6} + \frac{Cr+Mo+V}{5} + \frac{Ni+Cu}{15}$$

经供需双方协商,可使用裂纹敏感系数最大值代替碳当量最大值。

$$裂纹敏感系数\ P_{cm} = C + \frac{Si}{30} + \frac{Mn}{20} + \frac{Cu}{20} + \frac{Ni}{60} + \frac{Cr}{20} + \frac{Mo}{15} + \frac{V}{10} + 5B$$

⑤H 型钢厚度为翼缘厚度。

2. 抗震结构用型钢力学性能

表 3-36

牌号	屈服强度 R_{eL}(MPa)				抗拉强度 (MPa)	强屈比				断后伸长率 A (%)	冲击吸收能量 (试验温度 0℃) (J)
	钢材厚度 t(mm)					钢材厚度 t(mm)					
	6≤t<12	12≤t<16	16≤t≤40	t>40		6≤t<12	12≤t<16	16≤t≤40	t>40		
Q235KZ	235～355	235～355	235～355	215～335	400～510	—	≥1.25	≥1.25	≥1.25	21	≥34
Q345KZ	345～450	345～450	335～440	325～430	490～610	≥1.20	≥1.20	≥1.20	≥1.20	20	
Q420KZ	420～530	420～530	400～510	380～490	520～680	≥1.18	≥1.18	≥1.18	≥1.18	20	
Q460KZ	460～580	460～580	440～560	420～540	550～720	≥1.10	≥1.10	≥1.10	≥1.10	16	

注:①经供需双方协商,强屈比可采用其他值。

②厚度超过 12mm 的钢材应按表要求进行试验。夏比冲击吸收能量由三次试样测量平均值表示。

3. 抗震结构用型钢状态和交货

Q460KZ 型钢以热机械轧制状态交货(在轧制过程中产品的最终变形在特定温度范围内),其他牌号产品一般以热轧状态交货(未经任何特殊轧制或热处理)。经供需双方协商,所有牌号产品都可进行热机械轧制。

抗震结构用型钢产品的形状、尺寸、重量及允许偏差符合 GB/T 706、GB/T 6728 和 GB/T 11263 标准的规定。

型钢表面不允许有影响使用的裂纹、折叠、结疤、分层和夹杂。局部细小裂纹、凹坑、凸起、麻点、刮痕等缺陷允许存在,但不能超出厚度尺寸的允许偏差。

七、合金结构钢(GB 3077—1999)

合金结构钢按质量分为:优质钢、高级优质钢(牌号后加"A")和特级优质钢(牌号后加"E")。

合金结构钢按使用加工方法分为:压力加工用钢和切削加工用钢。钢材的使用加工方法应在合同中注明,未注明者,按切削加工用钢。

代号如下:压力加工用钢　　　　UP

热压力加工　　　　UHP

顶锻用钢　　　　UF

冷拔坯料　　　　UCD

切削加工用钢　　　　UC

1. 合金结构钢牌号和机械性能

表3-37

钢组	序号	牌号	试样毛坯尺寸 (mm)	淬火 加热温度(℃) 第一次淬火	第二次淬火	冷却剂	回火 加热温度(℃)	冷却剂	抗拉强度 σ_b (MPa)	屈服点 σ_s (MPa)	断后伸长率 δ_5 (%) 不小于	断面收缩率 ψ (%) 不小于	冲击吸收功 A_{kux} (J) 不小于	钢材退火或高温回火供应状态 布氏硬度 HB100/3000 不大于
Mn	1	20Mn2	15	850	—	水、油	200	水、空	785	590	10	40	47	187
	2	30Mn2	25	880	—	水、油	440	水、空	785	635	12	45	63	207
	3	35Mn2	25	840	—	水	500	水	835	685	12	45	55	207
	4	40Mn2	25	840	—	水	500	水	885	735	12	45	55	217
	5	45Mn2	25	840	—	水、油	540	水、油	885	735	10	45	47	217
	6	50Mn2	25	820	—	油	550	水、油	930	785	9	40	39	229
MnV	7	20MnV	15	880	—	油	550	水、油	785	590	10	40	55	187
SiMn	8	27SiMn	25	920	—	水	450	水	980	835	12	40	39	217
	9	35SiMn	25	900	—	水	570	水	885	735	15	45	47	229
	10	42SiMn	25	880	—	水	590	水	885	735	15	40	47	229
SiMnMoV	11	20SiMn2MoV	试样	900	—	油	200	水、空	1 380	—	10	45	55	269
	12	25SiMn2MoV	试样	900	—	油	200	水、空	1 470	—	10	40	47	269
	13	37SiMn2MoV	25	870	—	水、油	650	水、油	980	835	12	50	63	269
B	14	40B	25	840	—	水	550	水	785	635	12	45	55	207
	15	45B	25	840	—	水	550	水	835	685	12	45	47	217
	16	50B	20	840	—	油	600	空	785	540	10	45	39	207
MnB	17	40MnB	25	850	—	油	500	水、油	980	785	10	45	47	207
	18	45MnB	25	840	—	油	500	水、油	1 030	835	9	40	39	217
MnMoB	19	20MnMoB	15	880	—	油	200	油、空	1 080	885	10	50	55	207
MnVB	20	15MnVB	15	860	—	油	200	水、空	885	635	10	45	55	207
	21	20MnVB	15	860	—	油	200	水、空	1 080	885	10	45	55	207
	22	40MnVB	25	850	—	油	520	水、油	980	785	10	45	47	207

续表 3-37

钢组	序号	牌号	试样毛坯尺寸(mm)	淬火 加热温度(℃) 第一次淬火	第二次淬火	淬火 冷却剂	回火 加热温度(℃)	回火 冷却剂	抗拉强度 σ_b (MPa)	屈服点 σ_s (MPa)	断后伸长率 δ_5 (%)	断面收缩率 ψ (%)	冲击吸收功 A_{kux} (J)	钢材退火或高温回火供应状态布氏硬度 HB100/3000 不大于
MnTiB	23	20MnTiB	15	860	—	油	200	水空	1130	930	10	45	55	187
	24	25 MnTiBRE	试样	860	—	油	200	水空	1380	—	10	40	47	229
Cr	25	15Cr	15	880	780~820	水油	200	水空	735	490	11	45	55	179
	26	15CrA	15	880	770~820	水油	180	油空	685	490	12	45	55	179
	27	20Cr	25	880	780~820	水油	200	水空	835	540	10	40	47	179
	28	30Cr	25	860	—	油	500	水油	885	685	11	45	47	187
	29	35Cr	25	860	—	油	500	水油	930	735	11	45	47	207
	30	40Cr	25	850	—	油	520	水油	980	785	9	45	47	207
	31	45Cr	25	840	—	油	520	水油	1030	835	9	40	39	217
	32	50Cr	25	830	—	油	520	水油	1080	930	9	40	39	229
CrSi	33	38CrSi	25	900	—	油	600	水油	980	835	12	50	55	255
CrMo	34	12CrMo	30	900	—	空	650	空	410	265	24	60	110	179
	35	15CrMo	30	900	—	空	650	空	440	295	22	60	94	179
	36	20CrMo	15	880	—	水油	500	水油	885	685	12	50	78	197
	37	30CrMo	25	880	—	水油	540	水油	930	785	12	50	63	229
	38	30CrMoA	15	880	—	油	540	水油	930	735	12	50	71	229
	39	35CrMo	25	850	—	油	550	水油	980	835	12	45	63	229
	40	42CrMo	25	850	—	油	560	水油	1080	930	12	45	63	217
CrMoV	41	12CrMoV	30	970	—	空	750	空	440	225	22	50	78	241
	42	35CrMoV	25	900	—	油	630	水油	1080	930	10	50	71	241
	43	12Cr1MoV	30	970	—	空	750	空	490	245	22	50	71	179
	44	25Cr2MoVA	25	900	—	油	640	空	930	785	14	55	63	241
	45	25Cr2Mo1VA	25	1040	—	空	700	空	735	590	16	50	47	241

续表3-37

钢组	序号	牌号	试样毛坯尺寸(mm)	淬火 加热温度(℃) 第一次淬火	淬火 加热温度(℃) 第二次淬火	淬火 冷却剂	回火 加热温度(℃)	回火 冷却剂	抗拉强度 σ_b(MPa)	屈服点 σ_s(MPa)	断后伸长率 δ_5(%)	断面收缩率 ψ(%)	冲击吸收功 A_{kux}(J)	钢材退火或高温回火供应状态布氏硬度 HB100/3000,不大于
									不小于		不小于			
CrMoAl	46	38CrMoAl	30	940	—	水、油	640	水、油	980	835	14	50	71	229
CrV	47	40CrV	25	880	—	油	650	油	885	735	10	50	71	241
	48	50CrVA	25	860	—	油	500	油	1 280	1 130	10	40	—	255
CrMn	49	15CrMn	15	880	—	油	200	油	785	590	12	50	47	179
	50	20CrMn	15	850	—	油	200	油	930	735	10	45	47	187
	51	40CrMn	25	840	—	油	550	油	980	835	9	45	47	229
CrMnSi	52	20CrMnSi	25	880	—	油	480	油	785	635	12	45	55	207
	53	25CrMnSi	25	880	—	油	480	油	1 080	885	10	40	39	217
	54	30CrMnSi	25	880	—	油	520	油	1 080	885	10	45	39	229
	55	30CrMnSiA	25	880	—	油	540	油	1 080	835	10	45	39	229
	56	35CrMnSiA	试样	加热到880℃,于280~310℃等温淬火			230	空、油	1 620	1 280	9	40	31	241
CrMnMo	57	20CrMnMo	15	850	—	油	200	油	1 180	885	10	45	55	217
	58	40CrMnMo	25	850	—	油	600	油	980	785	10	45	63	217
CrMnTi	59	20CrMnTi	15	880	870	油	200	油	1 080	850	10	45	55	217
	60	30CrMnTi	试样	880	850	油	200	油	1 470	—	9	40	47	229
CrNi	61	20CrNi	25	850	—	水、油	460	水、油	785	590	10	50	63	197
	62	40CrNi	25	820	—	油	500	油	980	785	10	45	55	241
	63	45CrNi	25	820	—	油	530	油	980	785	10	45	55	255
	64	50CrNi	25	820	—	油	500	油	1 080	835	8	40	39	255

续表 3-37

钢组	序号	牌号	试样毛坯尺寸 (mm)	热处理					力学性能					钢材退火或高温回火供应状态布氏硬度 HB100/3000，不大于
				淬火 加热温度(℃) 第一次淬火	淬火 加热温度(℃) 第二次淬火	淬火 冷却剂	回火 加热温度(℃)	回火 冷却剂	抗拉强度 σ_b (MPa)	屈服点 σ_s (MPa)	断后伸长率 δ_5 (%)	断面收缩率 ψ (%)	冲击吸收功 A_{kux} (J)	
									不小于		不小于			
	65	12CrNi2	15	860	780	水、油	200	水、空	785	590	12	50	63	207
	66	12CrNi3	15	860	780	油	200	水、空	930	685	11	50	71	217
	67	20CrNi3	25	830	—	水、油	480	水、油	930	735	11	55	78	241
CrNi	68	30CrNi3	25	820	—	油	500	水、油	980	785	9	45	63	241
	69	37CrNi3	25	820	—	油	500	水、油	1 130	980	10	50	47	269
	70	12Cr2Ni4	15	860	780	油	200	水、空	1 080	835	10	50	71	269
	71	20Cr2Ni4	15	880	780	油	200	水、空	1 180	1 080	10	45	63	269
CrNiMo	72	20CrNiMo	15	850	—	油	200	空	980	785	9	40	47	197
	73	40CrNiMoA	25	850	—	油	600	水、油	980	835	12	55	78	269
CrMnNiMo	74	18CrMnNiMoA	15	830	—	油	200	空	1 180	885	10	45	71	269
CrNiMoV	75	45CrNiMoVA	试样	860	—	油	460	油	1470	1 330	7	35	31	269
CrNiW	76	18Cr2Ni4WA	15	950	850	空	200	水、空	1 180	835	10	45	78	269
	77	25Cr2Ni4WA	25	850	—	油	550	水、油	1 080	930	11	45	71	269

注：①表中所列热处理温度允许调整范围：淬火±15℃，低温回火±20℃，高温回火±50℃。
②硼钢在淬火前可先经正火，正火温度应不高于其淬火温度。铬锰钛钢第一次淬火可用正火代替。
③拉力试验时钢上没有发现屈服，无法测定屈服点 σ_s 情况下，允许测定规定标称屈服强度 $\sigma_{0.2}$。
④钢材尺寸小于试样毛坯尺寸时，用原尺寸钢材进行热处理。直径小于 16mm 的圆钢和厚度小于或等于 12mm 的方钢、扁钢，不作冲击韧性试验。
⑤表中所列力学性能适用于截面尺寸小于等于 80mm 的钢材。尺寸 81～100mm 的钢材，允许其伸长率、断面收缩率及冲击吸收功（冲击功）较表中的规定分别降低 1 个单位，5 个单位及 5%。尺寸 101～150mm 的钢材，允许其伸长率、断面收缩率及冲击功（冲击功）较表中的规定分别降低 2 个单位，10 个单位及 10%。尺寸 151～250mm 的钢材，允许其伸长率、断面收缩率及冲击功较表中的规定分别降低 3 个单位，15 个单位及 15%。

2. 合金结构钢的化学成分

表3-38

钢组	序号	统一数字代号	牌号	化学成分 (%)										
				C	Si	Mn	Cr	Mo	Ni	W	B	Al	Ti	V
Mn	1	A00202	20Mn2	0.17~0.24	0.17~0.37	1.40~1.80								
	2	A00302	30Mn2	0.27~0.34	0.17~0.37	1.40~1.80								
	3	A00352	35Mn2	0.32~0.39	0.17~0.37	1.40~1.80								
	4	A00402	40Mn2	0.37~0.44	0.17~0.37	1.40~1.80								
	5	A00452	45Mn2	0.42~0.49	0.17~0.37	1.40~1.80								
	6	A00502	50Mn2	0.47~0.55	0.17~0.37	1.40~1.80								
MnV	7	A01202	20MnV	0.17~0.24	0.17~0.37	1.30~1.60								0.07~0.12
SiMn	8	A10272	27SiMn	0.24~0.32	1.10~1.40	1.10~1.40								
	9	A10352	35SiMn	0.32~0.40	1.10~1.40	1.10~1.40								
	10	A10422	42SiMn	0.39~0.45	1.10 1.40	1.10~1.40								
SiMnMoV	11	A14202	20SiMn2MoV	0.17~0.23	0.90~1.20	2.20~2.60		0.30~0.40						0.05~0.12
	12	A14262	25SiMn2MoV	0.22~0.28	0.90~1.20	2.20~2.60		0.30~0.40						0.05~0.12
	13	A14372	37SiMn2MoV	0.33~0.39	0.60~0.90	1.60~1.90		0.40~0.50						0.05~0.12
B	14	A70402	40B	0.37~0.44	0.17~0.37	0.60~0.90					0.0005~0.0035			
	15	A70452	45B	0.42~0.49	0.17~0.37	0.60~0.90					0.0005~0.0035			
	16	A70502	50B	0.47~0.55	0.17~0.37	0.60~0.90					0.0005~0.0035			
MnB	17	A71402	40MnB	0.37~0.44	0.17~0.37	1.10~1.40					0.0005~0.0035			
	18	A71452	45MnB	0.42~0.49	0.17~0.37	1.10~1.40					0.0005~0.0035			

续表 3-38

钢组	序号	统一数字代号	牌号	化学成分 (%)										
				C	Si	Mn	Cr	Mo	Ni	W	B	Al	Ti	V
MnMoB	19	A72202	20MnMoB	0.16~0.22	0.17~0.37	0.90~1.20		0.20~0.30			0.0005~0.0035			
MnVB	20	A73152	15MnVB	0.12~0.18	0.17~0.37	1.20~1.60					0.0005~0.0035			0.07~0.12
	21	A73202	20MnVB	0.17~0.23	0.17~0.37	1.20~1.60					0.0005~0.0035			0.07~0.12
	22	A73402	40MnVB	0.37~0.44	0.17~0.37	1.10~1.40					0.0005~0.0035			0.05~0.10
MnTiB	23	A74202	20MnTiB	0.17~0.24	0.17~0.37	1.30~1.60					0.0005~0.0035		0.04~0.10	
	24	A74252	25MnTiBRE	0.22~0.28	0.20~0.45	1.30~1.60					0.0005~0.0035		0.04~0.10	
Cr	25	A20152	15Cr	0.12~0.18	0.17~0.37	0.40~0.70	0.70~1.00							
	26	A20153	15CrA	0.12~0.17	0.17~0.37	0.40~0.70	0.70~1.00							
	27	A20202	20Cr	0.18~0.24	0.17~0.37	0.50~0.80	0.70~1.00							
	28	A20302	30Cr	0.27~0.34	0.17~0.37	0.50~0.80	0.80~1.10							
	29	A20352	35Cr	0.32~0.39	0.17~0.37	0.50~0.80	0.80~1.10							
	30	A20402	40Cr	0.37~0.44	0.17~0.37	0.50~0.80	0.80~1.10							
	31	A20452	45Cr	0.42~0.49	0.17~0.37	0.50~0.80	0.80~1.10							
	32	A20502	50Cr	0.47~0.54	0.17~0.37	0.50~0.80	0.80~1.10							
CrSi	33	A21382	38CrSi	0.35~0.43	1.00~1.30	0.30~0.60	1.30~1.60							
CrMo	34	A30122	12CrMo	0.08~0.15	0.17~0.37	0.40~0.70	0.40~0.70	0.40~0.55						
	35	A30152	15CrMo	0.12~0.18	0.17~0.37	0.40~0.70	0.80~1.10	0.40~0.55						
	36	A30202	20CrMo	0.17~0.24	0.17~0.37	0.40~0.70	0.80~1.10	0.15~0.25						
	37	A30302	30CrMo	0.26~0.34	0.17~0.37	0.40~0.70	0.80~1.10	0.15~0.25						
CrMo	38	A30303	30CrMoA	0.26~0.33	0.17~0.37	0.40~0.70	0.80~1.10	0.15~0.25						
	39	A30352	35CrMo	0.32~0.40	0.17~0.37	0.40~0.70	0.80~1.10	0.15~0.25						
	40	A30422	42CrMo	0.38~0.45	0.17~0.37	0.50~0.80	0.90~1.20	0.15~0.25						

续表 3-38

钢组	序号	统一数字代号	牌号	化学成分 (%)										
				C	Si	Mn	Cr	Mo	Ni	W	B	Al	Ti	V
CrMoV	41	A31122	12CrMoV	0.08~0.15	0.17~0.37	0.40~0.70	0.30~0.60	0.25~0.35						0.15~0.30
	42	A31352	35CrMoV	0.30~0.38	0.17~0.37	0.40~0.70	1.00~1.30	0.20~0.30						0.10~0.20
	43	A31132	12Cr1MoV	0.08~0.15	0.17~0.37	0.40~0.70	0.90~1.20	0.25~0.35						0.15~0.30
	44	A31253	25Cr2MoVA	0.22~0.29	0.17~0.37	0.40~0.70	1.50~1.80	0.25~0.35						0.15~0.30
	45	A31263	25Cr2Mo1VA	0.22~0.29	0.17~0.37	0.50~0.80	2.10~2.50	0.90~1.10						0.30~0.50
CrMoAl	46	A33382	38CrMoAl	0.35~0.42	0.20~0.45	0.30~0.60	1.35~1.65	0.15~0.25				0.70~1.10		
CrV	47	A23402	40CrV	0.37~0.44	0.17~0.37	0.50~0.80	0.80~1.10							0.10~0.20
	48	A23503	50CrVA	0.47~0.54	0.17~0.37	0.50~0.80	0.80~1.10							0.10~0.20
CrMn	49	A22152	15CrMn	0.12~0.18	0.17~0.37	1.10~1.40	0.40~0.70							
	50	A22202	20CrMn	0.17~0.23	0.17~0.37	0.90~1.20	0.90~1.20							
	51	A22402	40CrMn	0.37~0.45	0.17~0.37	0.90~1.20	0.90~1.20							
CrMnSi	52	A24202	20CrMnSi	0.17~0.23	0.90~1.20	0.80~1.10	0.80~1.10							
	53	A24252	25CrMnSi	0.22~0.28	0.90~1.20	0.80~1.10	0.80~1.10							
	54	A24302	30CrMnSi	0.27~0.34	0.90~1.20	0.80~1.10	0.80~1.10							
	55	A24303	30CrMnSiA	0.28~0.34	0.90~1.20	0.80~1.10	0.80~1.10							
	56	A24353	35CrMnSiA	0.32~0.39	1.10~1.40	0.80~1.10	1.10~1.40							
CrMnMo	57	A34202	20CrMnMo	0.17~0.23	0.17~0.37	0.90~1.20	1.10~1.40	0.20~0.30						
	58	A34402	40CrMnMo	0.37~0.45	0.17~0.37	0.90~1.20	0.90~1.20	0.20~0.30						
CrMnTi	59	A26202	20CrMnTi	0.17~0.23	0.17~0.37	0.80~1.10	1.00~1.30						0.04~0.10	
	60	A26302	30CrMnTi	0.24~0.32	0.17~0.37	0.80~1.10	1.00~1.30						0.04~0.10	

续表 3-38

钢组	序号	统一数字代号	牌号	化学成分（%）										
				C	Si	Mn	Cr	Mo	Ni	W	B	Al	Ti	V
CrNi	61	A40202	20CrNi	0.17~0.23	0.17~0.37	0.40~0.70	0.45~0.75		1.00~1.40					
	62	A40402	40CrNi	0.37~0.44	0.17~0.37	0.50~0.80	0.45~0.75		1.00~1.40					
	63	A40452	45CrNi	0.42~0.49	0.17~0.37	0.50~0.80	0.4~0.75		1.00~1.40					
	64	A40502	50CrNi	0.47~0.54	0.17~0.37	0.50~0.80	0.45~0.75		1.00~1.40					
	65	A41122	12CrNi2	0.10~0.17	0.17~0.37	0.30~0.60	0.60~0.90		1.50~1.90					
	66	A42122	12CrNi3	0.10~0.17	0.17~0.37	0.30~0.60	0.60~0.90		2.75~3.15					
	67	A42202	20CrNi3	0.17~0.24	0.17~0.37	0.30~0.60	0.60~0.90		2.75~3.15					
	68	A42302	30CrNi3	0.27~0.33	0.17~0.37	0.30~0.60	0.60~0.90		2.75~3.15					
	69	A42372	37CrNi3	0.34~0.41	0.17~0.37	0.30~0.60	1.20~1.60		3.00~3.50					
	70	A43122	12Cr2Ni4	0.10~0.16	0.17~0.37	0.30~0.60	1.25~1.65		3.25~3.65					
	71	A43202	20Cr2Ni4	0.17~0.23	0.17~0.37	0.30~0.60	1.25~1.65		3.25~3.65					
CrNiMo	72	A50202	20CrNiMo	0.17~0.23	0.17~0.37	0.60~0.95	0.40~0.70	0.20~0.30	0.35~0.75					
	73	A50403	40CrNiMoA	0.37~0.44	0.17~0.37	0.50~0.80	0.60~0.90	0.15~0.25	1.25~1.65					
CrMnNiMo	74	A50183	18CrNiMnMoA	0.15~0.21	0.17~0.37	1.10~1.40	1.00~1.30	0.20~0.30	1.00~1.30					
CrNiMoV	75	A51453	45CrNiMoVA	0.42~0.49	0.17~0.37	0.50~0.80	0.80~1.10	0.20~0.30	1.30~1.80					0.10~0.20
CrNiW	76	A52183	18Cr2Ni4WA	0.13~0.19	0.17~0.37	0.30~0.60	1.35~1.65		4.00~4.50	0.80~1.20				
	77	A52253	25Cr2Ni4WA	0.21~0.28	0.17~0.37	0.30~0.60	1.35~1.65		4.00~4.50	0.80~1.20				

注：①钢中硫、磷及残余的铜、铬、镍、钼含量应符合表 3-39 规定。
②钢中残余钨、钒、钛含量应作分析，结果记入质量证明书中，根据需方要求，可对残余钨、钒、钛含量加以限制。
③热压力加工用钢的铜含量应不大于 0.20%。
④带"A"字标志的牌号仅能作为高级优质钢订货，其他牌号按优质钢订货。
⑤根据需方要求，可对表中各牌号按高级优质钢（指不带"A"或"E"字标志（对有"A"字标志（全部牌号）订货，只需在所订牌号后加"A"字牌号应先去掉"A"）。需方对表中牌号化学成分提出其他要求可按特殊要求订货。
⑥统一数字代号系根据 GB/T 17616 规定列入。优质钢（带"A"钢）尾部数字为"2"，高级优质钢（带"A"钢）尾部数字为"3"，特级优质钢（带"E"钢）尾部数字为"6"。
⑦稀土成分按 0.05% 计算量加入，成品分析结果供参考。

表 3-39

钢类	P	S	Cu	Cr	Ni	Mo
	（%）　　不大于					
优质钢	0.035	0.035	0.30			0.15
高级优质钢	0.025	0.025	0.25	0.30	0.30	0.10
特级优质钢		0.015				

合金结构钢的交货状态:钢材以热轧或热锻状态交货。如需方要求并在合同中注明,也可以热处理(退火、正火或高温回火)状态交货。

根据供需双方协议,压力加工用圆钢,表面可经车削、剥皮或其他精整方法交货。

除非合同中有规定,冶炼方法由生产厂自行选择。

八、船舶及海洋工程用结构钢(GB 712—2011)

船舶及海洋工程用结构钢(简称船用钢)钢板厚度不大于 150mm,钢带及剪切板厚度不大于 25.4mm,型钢厚度或直径不大于 50mm。

船舶及海洋工程用结构钢按强度级别分为:一般强度、高强度、超高强度三类。

钢板、钢带的尺寸、重量和允许偏差符合 GB/T 709 的规定,厚度下偏差为 −0.30mm。型钢的尺寸、外形、重量、允许偏差符合相应标准规定。

1. 船舶及海洋工程用结构钢力学性能

(1)一般强度和高强度钢材

表 3-40

强度级别	牌号	拉伸试验[a,b]			V 型冲击试验							用途
					试验温度（℃）	以下厚度（mm）冲击吸收能量 kV$_2$（J）						
		上屈服强度 R_{Eh}(MPa)	抗拉强度 R_m(MPa)	断后伸长率 A(%)		≤50		>50~70		>70~150		
						纵向	横向	纵向	横向	纵向	横向	
						不 小 于						
一般强度	A[c]	≥235	400~520	≥22	20	—	—	34	24	41	27	一般强度船舶和海洋工程
	B[d]				0	27	20	34	24	41	27	
	D				−20							
	E				−40							
高强度	AH32	≥315	450~570		0	31	22	38	26	46	31	高强度船舶和海洋工程结构
	DH32				−20							
	EH32				−40							
	FH32				−60							
	AH36	≥355	490~630	≥21	0	34	24	41	27	50	34	
	DH36				−20							

续表 3-40

强度级别	牌号	拉伸试验[a,b]			V型冲击试验							用途
		上屈服强度 R_{Eh}(MPa)	抗拉强度 R_{m}(MPa)	断后伸长率 A(%)	试验温度 (℃)	以下厚度(mm)冲击吸收能量 kV_2(J)						
						≤50		>50~70		>70~150		
						纵向	横向	纵向	横向	纵向	横向	
						不　小　于						
高强度	EH36	≥355	490~630	≥21	-40	34	24	41	27	50	34	高强度船舶和海洋工程结构
	FH36				-60							
	AH40	≥390	510~660	≥20	0	41	27	46	31	55	37	
	DH40				-20							
	EH40				-40							
	FH40				-60							

注：①[a] 拉伸试验取横向试样。经船级社同意，A级型钢的抗拉强度可超上限。

②[b] 当屈服不明显时，可测量 $R_{\text{p0.2}}$ 代替上屈服强度。

③[c] 冲击试验取纵向试样，但供方应保证横向冲击性能。型钢不进行横向冲击试验。厚度大于 50mm 的 A 级钢，经细化晶粒处理并以正火状态交货时，可不做冲击试验。

④[d] 厚度不大于 25mm 的 B 级钢，以 TMCP 状态交货的 A 级钢，经船级社同意可不做冲击试验。

（2）超高强度钢材

表 3-41

强度级别	钢级	拉伸试验[a,b]			V型冲击试验			用途
		上屈服强度 R_{eH}(MPa)	抗拉强度 R_{m}(MPa)	断后伸长率 A(%)	试验温度 (℃)	冲击吸收能量 kV_2(J)		
						纵向	横向	
						不　小　于		
超高强度	AH420	≥420	530~680	≥18	0	42	28	超高强度船舶和海洋工程结构
	DH420				-20			
	EH420				-40			
	FH420				-60			
	AH460	≥460	570~720	≥17	0	46	31	
	DH460				-20			
	EH460				-40			
	FH460				-60			
	AH500	≥500	610~770	≥16	0	50	33	
	DH500				-20			
	EH500				-40			
	FH500				-60			
	AH550	≥550	670~830	≥16	0	55	37	
	DH550				-20			
	EH550				-40			
	FH550				-60			
	AH620	≥620	720~890	≥15	0	62	41	
	DH620				-20			
	EH620				-40			
	FH620				-60			

续表 3-41

强度级别	钢级	拉伸试验[a,b]			V 型冲击试验			用途
		上屈服强度 R_{eH}(MPa)	抗拉强度 R_m(MPa)	断后伸长率 A(%)	试验温度 (℃)	冲击吸收能量 kV_2(J)		
						纵向	横向	
						不小于		
超高强度	AH690	≥690	770~940	≥14	0	69	46	超高强度船舶和海洋工程结构
	DH690				−20			
	EH690				−40			
	FH690				−60			

注:①[a] 拉伸试验取横向试样。冲击试验取纵向试样,但供方应保证横向冲击性能。

②[b] 当屈服不明显时,可测量 $R_{p0.2}$ 代替上屈服强度。

(3)Z 向钢厚度方向断面收缩率

表 3-42

厚度方向断面收缩率(%)	Z 向性能级别	
	Z25	Z35
三个试样平均值	≥25	≥35
单个试样值	≥15	≥25

2. 船舶及海洋工程用结构钢的化学成分

(1)一般强度和高强度钢材

表 3-43

牌号	化学成分(质量分数)(%)														碳当量 C_{eq}
	C	Si	Mn	P	S	Cu	Cr	Ni	Nb	V	Ti	Mo	N	Als④	
A	≤0.21①	≤0.50	≥0.50	≤0.035	≤0.035	≤0.035	≤0.30	≤0.30	—					—	≤0.40
B			≥0.80②												
D		≤0.35	≥0.60	≤0.030	≤0.030									≥0.015	
E	≤0.18		≥0.70	≤0.025	≤0.025										
AH32				≤0.030	≤0.030										
AH36															
AH40															
DH32															
DH36	≤0.18							≤0.40					—		见表 3-44
DH40		≤0.50	0.90~1.60③	≤0.025	≤0.025	0.35	≤0.20		0.02~0.05	0.05~0.10	≤0.02	≤0.08		≥0.015	
EH32															
EH36															
EH40															
FH32															
FH36	≤0.16			≤0.020	≤0.020			≤0.80					≤0.009		
FH40															

注:①A 级型钢的 C 含量最大可到 0.23%。

②B 级钢材做冲击试验时,Mn 含量下限可到 0.60%。

③当 AH32~EH40 级钢材的厚度≤12.5mm 时,Mn 含量的最小值可为 0.70%。

④对于厚度大于 25mm 的 D 级、E 级钢材的铝含量应符合表中规定;可测定总铝含量代替酸溶铝含量,此时总铝含量应不小于 0.020%。经船级社同意,也可使用其他细化晶粒元素。

⑤细化晶粒元素 Al、Nb、V、Ti 可单独或以任一组合形式加入钢中。当单独加入时,其含量应符合本表的规定;若混合加入两种或两种以上细化晶粒元素时,表中细晶元素含量下限的规定不适用,同时要求 Nb+V+Ti≤0.12%。

⑥当 F 级钢中含铝时,N≤0.012%。

⑦A、B、D、E 的碳当量计算公式:$C_{eq}=C+Mn/6$。

⑧添加的任何其他元素,应在质量证明中注明。

（2）高强度船用钢材的碳当量

表 3-44

牌　号	碳当量(%)		
	钢材厚度≤50mm	50mm<钢材厚度≤100mm	100mm<钢材厚度≤150mm
AH32、DH32、EH32、FH32	≤0.36	≤0.38	≤0.40
AH36、DH36、EH36、FH36	≤0.38	≤0.40	≤0.42
AH40、DH40、EH40、FH40	≤0.40	≤0.42	≤0.45

注：①碳当量计算公式：$C_{eq}=C+Mn/6+(Cr+Mo+V)/5+(Ni+Cu)/15$。
②根据需要，可用裂纹敏感系数 P_{cm} 代替碳当量，其值应符合船级社接受的有关标准。裂纹敏感系数计算公式：
$$P_{cm}=C+Si/30+Mn/20+Cu/20+Ni/60+Cr/20+Mo/15+V/10+5B$$

（3）超高强度船用钢材的化学成分

表 3-45

牌号	化学成分(质量分数)(%)					
	C	Si	Mn	P	S	N
AH420						
AH460						
AH500	≤0.21	≤0.55	≤1.70	≤0.030	≤0.030	
AH550						
AH620						
AH690						
DH420						
DH460						
DH500	≤0.20	≤0.55	≤1.70	≤0.025	≤0.025	
DH550						
DH620						
DH690						≤0.020
EH420						
EH460						
EH500	≤0.20	≤0.55	≤1.70	≤0.025	≤0.025	
EH550						
EH620						
EH690						
FH420						
FH460						
FH500	≤0.18	≤0.55	≤1.60	≤0.020	≤0.020	
FH550						
FH620						
FH690						

注：①添加的合金化元素及细化晶粒元素 Al、Nb、V、Ti 应符合船级社认可或公认的有关标准规定。
②应采用表 3-44 中公式计算裂纹敏感系数 P_{cm} 代替碳当量，其值应符合船级社认可的标准。

3.船用钢材的交货状态和冲击检验取样批量

(1)一般强度船用钢材

表 3-46

牌号	脱氧方法	产品形式	交货状态				
			钢材厚度 t(mm)				
			$t \leqslant 12.5$	$12.5 < t \leqslant 25$	$25 < t \leqslant 35$	$35 < t \leqslant 50$	$50 < t \leqslant 150$
A	沸腾	型材	A(—)	—			—
	厚度不大于50mm除沸腾钢外任何方法;厚度大于50mm镇静处理	板材	A(—)				N(—)、TM(—)、CR(50)、AR∗(50)
		型材	A(—)				—
B	厚度不大于50mm除沸腾钢外任何方法;厚度大于50mm镇静处理	板材	A(—)		A(50)		N(50)、CR(25)、TM(50)、AR∗(25)
		型材					—
D	镇静处理	板材 型材	A(50)		—		
	镇静和细化晶粒处理	板材	A(50)		CR(50)、N(50)、TM(50)、AR∗(25)		CR(25)、N(50)、TM(50)
		型材					—
E	镇静和细化晶粒处理	板材	N(每件)、TM(每件)				
		型材	N(25)、TM(25)、AR∗(15)、CR∗(15)				—

注:①A-任何状态;AR-热轧;CR-控轧;N-正火;TM(TMCP)-温度—形变控制轧制。AR∗-经船级社特别认可后,可采用热轧状态交货;CR∗-经船级社特别认可后,可采用控制轧制状态交货。

②括号内的数值表示冲击试样的取样批量(单位为吨),(—)表示不作冲击试验。由同一块板坯轧制的所有钢板应视为一件。

③所有钢级的Z25/Z35、细化晶粒元素、厚度范围、交货状态与相应的钢级一致。

(2)超高强度船用钢材

表 3-47

钢材 等级	细化晶粒元素	产品形式	交货状态(冲击试验取样批量)	
			厚度 t(mm)	供货状态
AH420、AH460、AH500、AH550、AH620、AH690	任意	板材	$t \leqslant 150$	TM(50)、QT(50)、TM+T(50)
		型材	$t \leqslant 50$	
DH420、DH460、DH500、DH550、DH620、DH690	任意	板材	$t \leqslant 150$	TM(50)、QT(50)、TM+T(50)
		型材	$t \leqslant 50$	
EH420、EH460、EH500、EH550、EH620、EH690	任意	板材	$t \leqslant 150$	TM(每件)、QT(每件)、TM+T(每件)
		型材	$t \leqslant 50$	
FH420、FH460、FH500、FH550、FH620、FH690	任意	板材	$t \leqslant 150$	TM(每件)、QT(每件)、TM+T(每件)
		型材	$t \leqslant 50$	

注:①TM(TMCP)-温度—形变控制轧制;QT-淬火加回火;TM(TMCP)+T-温度—形变控制轧制+回火。

②括号中的数值表示冲击试样的取样批量(单位为吨)。

(3)高强度船用钢材

表 3-48

钢材等级	细化晶粒元素	产品形式	交货状态(冲击试验取样批量) 厚度 t(mm)					
			$t\leqslant12.5$	$12.5<t\leqslant20$	$20<t\leqslant25$	$25<t\leqslant35$	$35<t\leqslant50$	$50<t\leqslant150$
A32 A36	Nb 和/或 V	板材	A(50)	N(50),CR(50),TM(50)				N(50),CR(50),TM(50)
		型材	A(50)	N(50),CR(50),TM(50),AR*(25)				—
	Al 或 Al 和 Ti	板材	A(50)		AR*(25)			—
					N(50),CR(50),TM(50)			N(50),CR(25),TM(50)
		型材	A(50)	N(50),CR(50),TM(50),AR*(25)				
A40	任意	板材	A(50)	N(50),CR(50),TM(50)				N(50),TM(50),QT(每热处理长度)
		型材	A(50)	N(50),CR(50),TM(50)				—
D32 D36	Nb 和/或 V	板材	A(50)	N(50),CR(25),TM(50)				N(50),CR(25),TM(50)
		型材	A(50)	N(50),CR(50),TM(50),AR*(25)				—
	Al 或 Al 和 Ti	板材	A(50)		AR*(25)			—
					N(50),CR(25),TM(50)			N(50),CR(25),TM(50)
		型材	A(50)	N(50),CR(50),TM(25),AR*(25)				—
D40	任意	板材	N(50),CR(50),TM(50)					N(50),TM(25),QT(每热处理长度)
		型材	N(50),CR(50),TM(50)					—
E32 E36	任意	板材	N(每件),TM(每件)					—
		型材	N(25),TM(25),AR*(15),CR*(15)					—
E40	任意	板材	N(每件),TM(每件),QT(每热处理长度)					—
		型材	N(25),TM(25),QT(25)					—
F32 F36	任意	板材	N(每件),TM(每件),QT(每热处理长度)					—
		型材	N(25),TM(25),QT(25),CR*(15)					—
F40	任意	板材	N(每件),TM(每件),QT(每热处理长度)					—
		型材	N(25),TM(25),QT(25)					—

注:①A-任意状态;CR-控轧;N-正火;TM(TMCP)-温度—变形控制轧制;AR*-经船级社特别认可,可以热轧状态交货;CR*-经船级社特别认可,可以控轧状态交货;QT-淬火加回火。

②括号中的数值表示冲击试样的取样批量(单位:t),(—)表示不作冲击试验。

4.表面质量和探伤

(1)钢材表面不应有气泡、结疤、裂纹、折叠、夹杂和压入氧化铁皮等有害缺陷。钢材不应有肉眼可见的分层。

(2)钢材的表面允许有不妨碍检查表面缺陷的薄层氧化铁皮、铁锈及由于压入氧化铁皮和轧辊所造成的不明显的粗糙、网纹、划痕及其他局部缺陷,但其深度不应大于钢材厚度的负偏差,并应保证钢材允许的最小厚度。

(3)钢材的表面缺陷允许用修磨方法清除,清理处应平滑无棱角,清理后钢材任何部位的厚度不应小于公称厚度的93%,且减薄量不应大于3mm;单个修磨面积应不大于0.25m²,局部修磨面积之和不应大于总面积的2%,两个修磨面之间的距离应大于它们的平均宽度,否则认为是一个修磨面。焊补应符合中国船级社规范的规定。

(4)对于钢带,由于没有机会去除表面带缺陷部分,故允许表面带有一定的缺陷,但每卷钢带缺陷部分的长度不应大于钢带总长度的6%。

(5)Z向钢板应进行超声波探伤,探伤级别应在合同中注明。经供需双方协议,其他钢板也可进行无损检验。

5.船用钢的组批

(1)钢材应成批验收。每批应由同一牌号、同一炉号、同一交货状态、厚度差小于 10mm 的钢材组成。

(2)对于拉伸试验,每批钢材的重量不大于 50t;对于冲击试验,其批量应符合表 3-46～表 3-48 的规定。

(3)Z 向钢按轧制坯验收。当 Z25 钢硫含量不大于 0.005% 时,可按批检验,每批重量不大于 50t。

九、不锈钢和不锈钢钢板

不锈钢以不锈、耐蚀性为主要特性,钢中铬含量≥10.5%,碳含量≤1.2%。钢按晶体结构形式分为:

奥氏体型不锈钢:基体以面心立方晶体结构的奥氏体组织(γ 相)为主,无磁性,主要通过冷加工使其强化,并可能导致一定的磁性。

奥氏体—铁素体(双相)型不锈钢:基体兼有奥氏体和铁素体两相组织(其中较少相的含量一般大于15%),有磁性,可通过冷加工使其强化。

铁素体型不锈钢:基体以体心立方晶体结构的铁素体组织(α 相)为主,有磁性,一般不能通过热处理硬化,但冷加工可使其轻微强化。

马氏体型不锈钢:基体为马氏体组织,有磁性,通过热处理可调整其力学性能。

沉淀硬化型不锈钢:基体为奥氏体或马氏体组织,并能通过沉淀硬化(又称时效硬化)处理使其硬(强)化。

(一)不锈钢和耐热钢牌号汇总表(GB/T 2078—2007)

表 3-49

序号	统一数字代号	新牌号	旧牌号	序号	统一数字代号	新牌号	旧牌号
1	S35350	12Cr17Mn6Ni5N	1Cr17Mn6Ni5N	23	S30458	06Cr19Ni10N	0Cr19Ni9N
2	S35950	10Cr17Mn9Ni4N		24	S30478	06Cr19Ni9NbN	0Cr19Ni10NbN
3	S35450	12Cr18Mn9Ni5N	1Cr18Mn8Ni5N	25	S30453	022Cr19Ni10N	00Cr18Ni10N
4	S35020	20Cr13Mn9Ni4	2Cr13Mn9Ni4	26	S30510	10Cr18Ni12	1Cr18Ni12
5	S35550	20Cr15Mn15Ni2N	2Cr15Mn15Ni2N	27	S30508	06Cr18Ni12	0Cr18Ni12
6	S35650	53Cr21Mn9Ni4N	5Cr21Mn9Ni4N	28	S38108	06Cr16Ni18	0Cr16Ni18
7	S35750	26Cr18Mn12Si2N	3Cr18Mn12Si2N	29	S30808	06Cr20Ni11	
8	S35850	22Cr20Mn10Ni3Si2N	2Cr20Mn9Ni3Si2N	30	S30850	22Cr21Ni12N	2Cr21Ni12N
9	S30110	12Cr17Ni7	1Cr17Ni7	31	S30920	16Cr23Ni13	2Cr23Ni13
10	S30103	022Cr17Ni7		32	S30908	06Cr23Ni13	0Cr23Ni13
11	S30153	022Cr17Ni7N		33	S31010	14Cr23Ni18	1Cr23Ni18
12	S30220	17Cr18Ni9	2Cr18Ni9	34	S31020	20Cr25Ni20	2Cr25Ni20
13	S30210	12Cr18Ni9	1Cr18Ni9	35	S31008	06Cr25Ni20	0Cr25Ni20
14	S30240	12Cr18Ni9Si3	1Cr18Ni9Si3	36	S31053	022Cr25Ni22 Mo2N	
15	S30317	Y12Cr18Ni9	Y1Cr18Ni9	37	S31252	015Cr20Ni18Mo6CuN	
16	S30327	Y12Cr18Ni9Se	Y1Cr18Ni9Se	38	S31608	06Cr17Ni12Mo2	0Cr17Ni12Mo2
17	S30408	06Cr19Ni10	0Cr18Ni9	39	S31603	022Cr17Ni12Mo2	00Cr17Ni14M02
18	S30403	022Cr19Ni10	00Cr19Ni10	40	S31609	07Cr17Ni12Mo2	1Cr17Ni12Mo2
19	S30409	07Cr19Ni10		41	S31668	06Cr17Ni12Mo3Ti	0Cr18Ni12Mo3Ti
20	S30450	05Cr19Ni10Si2CeN		42	S31678	06Cr17Ni12Mo2Nb	
21	S30480	06Cr18Ni9Cu2	0Cr18Ni9Cu2	43	S31658	06Cr17Ni12Mo2N	0Cr17Ni12Mo2N
22	S30488	06Cr18Ni9Cu3	0Cr18Ni9Cu3	44	S31653	022Cr17Ni12Mo2N	00Cr17Ni13Mo2N

序号	统一数字代号	新 牌 号	旧 牌 号	序号	统一数字代号	新 牌 号	旧 牌 号
45	S31688	06Cr18Ni12Mo2Cu2	0Cr18Ni12Mo2Cu2	83	S11203	022Cr12	00Cr12
46	S31683	022Cr18Ni14Mo2Cu2	00Cr18Ni14Mo2Cu2	84	S11510	10Cr15	1Cr15
47	S31693	022Cr18Ni15Mo3N	00Cr18Ni15Mo3N	85	S11710	10Cr17	1Cr17
48	S31782	015Cr21Ni26Mo5Cu2		86	S11717	Y10Cr17	Y1Cr17
49	S31708	06Cr19Ni13Mo3	0Cr19Ni13Mo3	87	S11863	022Cr18Ti	00Cr17
50	S31703	022Crl9Ni13Mo3	00Crl9Ni13Mo3	88	S11790	10Cr17Mo	1Cr17Mo
51	S31793	022Cr18Ni14Mo3	00Cr18Ni14Mo3	89	S11770	10Cr17MoNb	
52	S31794	03Cr18Ni16Mo5	0Cr18Ni16Mo5	90	S11862	019Cr18MoTi	
53	S31723	022Cr19Ni16Mo5N		91	S11873	022Cr18NbTi	
54	S31753	022Cr19Ni13Mo4N		92	S11972	019Cr19Mo2NbTi	00Cr18Mo2
55	S32168	06Cr18Ni11Ti	0Cr18Ni10Ti	93	S12550	16Cr25N	2Cr25N
56	532169	07Cr19Ni11Ti	1Cr18Ni11Ti	94	S12791	008Cr27Mo	00Cr27Mo
57	S32590	45Cr14Ni14W2Mo	4Cr14Ni14W2Mo	95	S13091	008Cr30Mo2	00Cr30Mo2
58	S32652	015Cr24Ni22Mo8-Mn3CuN		96	S40310	12Cr12	1Cr12
59	S32720	24Cr18Ni8W2	2Cr18Ni8W2	97	S41008	06Cr13	0Cr13
60	S33010	12Cr16Ni35	1Cr16Ni35	98	S41010	12Cr13	1Cr13
61	S34553	022Cr24Ni17Mo5-Mn6NbN		99	S41595	04Cr13Ni5Mo	
62	S34778	06Cr18Ni11Nb	0Cr18Ni11Nb	100	S41617	Y12Cr13	Y1Cr13
63	S34779	07Cr18Ni11Nb	1Cr19Ni11Nb	101	S42020	20Cr13	2Cr13
64	S38148	06Cr18Ni13Si4	0Cr18Ni13Si4	102	S42030	30Cr13	3Cr13
65	S38240	16Cr20Ni14Si2	1Cr20Ni14Si2	103	S42037	Y30Cr13	Y3Cr13
66	S38340	16Cr25Ni20Si2	1Cr25Ni20Si2	104	S42040	40Cr13	4Cr13
67	S21860	14Cr18Ni11Si4AlTi	1Cr18Ni11Si4AlTi	105	S41427	Y25Cr13Ni2	Y2Cr13Ni2
68	S21953	022Cr19Ni5Mo3Si2N	00Cr18Ni5Mo3Si2	106	S43110	14Cr17Ni2	1Cr17Ni2
69	S22160	12Cr21Ni5Ti	1Cr21Ni5Ti	107	S43120	17Cr16Ni2	
70	S22253	022Cr22Ni5Mo3N		108	S44070	68Cr17	7Cr17
71	S22053	022Cr23Ni5Mo3N		109	S44080	85Cr17	8Cr17
72	S23043	022Cr23Ni4MoCuN		110	S41096	108Cr17	11Cr17
73	S22553	022Cr25Ni6Mo2N		111	S44097	Y108Cr17	Y11Cr17
74	S22583	022Cr25Ni7Mo3WCuN		112	S44090	95Cr18	9Cr18
75	S25554	03Cr25Ni6Mo3Cu2N		113	S45110	12Cr5Mo	1Cr5Mo
76	S25073	022Cr25Ni7Mo4N		114	S45610	12Cr12Mo	1Cr12Mo
77	S27603	022Cr25Ni7Mo4-WCuN		115	S45710	13Cr13Mo	1Cr13Mo
78	S11348	06Cr13AI	0Cr13AI	116	S45830	32Cr13Mo	3Cr13Mo
79	S11168	06Cr11Ti	0Cr11Ti	117	S45990	102Cr17Mo	9Cr18Mo
80	S11163	022Cr11Ti		118	S46990	90Cr18MoV	9Cr18MoV
81	S11173	022Cr11NbTi		119	S46010	14Cr11MoV	1Cr11MoV
82	S11213	022Cr12Ni		120	S46110	158Cr12MoV	1Cr12MoV

续表 3-49

序号	统一数字代号	新 牌 号	旧 牌 号	序号	统一数字代号	新 牌 号	旧 牌 号
121	S46020	21Cr12MoV	2Cr12MoV	133	S48380	80Cr20Si2Ni	8Cr20Si2Ni
122	S46250	18Cr12MoVNbN	2Cr12MoVNbN	134	S51380	04Cr13Ni8Mo2Al	
123	S47010	15Cr12WMoV	1Cr12WMoV	135	S51290	022Cr12Ni9Cu2NbTi	
124	S47220	22Cr12NiWMoV	2Cr12NiMoWV	136	S51550	05Cr15Ni5Cu4Nb	
125	S47310	13Cr11Ni2W2MoV	1Cr11Ni2W2MoV	137	S51740	05Cr17Ni4Cu4Nb	0Cr17Ni1Cu4Nb
126	S47410	14Cr12Ni2WMoVNb	1Cr12Ni2WMoVNb	138	S51770	07Cr17Ni7AI	0Cr17Ni7AI
127	S47250	10Cr12Ni3Mo2VN		139	S51570	07Cr15Ni7Mo2AI	0Cr15Ni7Mo2AI
128	S47450	18Cr11NiMoNbVN	2Cr11NiMoNbVN	140	S51240	07Cr12Ni4Mn5Mo3AI	0Cr12Ni4Mn5Mo3Al
129	S47710	13Cr14Ni3W2VB	1Cr14Ni3W2VB	141	S51750	09Cr17Ni5Mo3N	
130	S48040	42Cr9Si2	4Cr9Si2	142	S51778	06Cr17Ni7AITi	
131	S48045	45Cr9Si3		143	S51525	06Cr15Ni25Ti2-MoAlVB	0Cr15Ni25Ti2-MoAlVB
132	S48140	40Cr10Si2Mo	4Cr10Si2Mo				

(二)不锈钢钢板

不锈钢钢板包括不锈钢冷轧钢板和钢带(GB/T 3280—2007)和不锈钢热轧钢板和钢带(GB/T 4237—2007)等。

1. 不锈钢钢板的符号术语

表 3-50

状态术语	冷轧钢板、钢带符号	热轧钢板、钢带符号
低冷作硬化状态	H¼	
半冷作硬化状态	H½	
冷作硬化状态	H	
特别冷作硬化状态	H2	
切边钢带	EC	EC
不切边钢带	EM	EM
宽度较高精度	PW	
厚度较高精度	PT	PT
厚度高级精度		PC
长度较高精度	PL	
不平度较高精度	PF	PF

2. 不锈钢钢板的尺寸范围

表 3-51

形 态	冷轧钢板和钢带(mm)		热轧钢板和钢带(mm)	
	公称厚度	公称宽度	公称厚度	公称宽度
厚钢板	—	—	>3.0～200	600～2 500
宽钢带、卷切钢板	0.10～8.00	600～<2 100	2.0～13.0	600～2 500
纵剪宽钢带	—	—	2.0～13.0	600～2 500
纵剪宽钢带、卷切钢带Ⅰ	0.10～8.00	<600	—	—
窄钢带、卷切钢带Ⅱ	0.01～3.00	<600	—	—
窄钢带、卷切钢带			2.0～13.0	<600

注:尺寸范围的具体规定执行 GB/T 708 和 GB/T 709 标准(表 3-274)。

因不锈钢使用较少,不锈钢钢板和钢带的尺寸允许偏差等没有收录。

3. 不锈钢板的化学成分

(1) 奥氏体型钢的化学成分

表3-52

GB/T 20878 中序号	新牌号	旧牌号	化学成分(质量分数)(%)										
			C	Si	Mn	P	S	Ni	Cr	Mo	Cu	N	其他元素
9	12Cr17Ni7	1Cr17Ni7	0.15	1.00	2.00	0.045	0.030	6.00~8.00	16.00~18.00	—	—	0.10	—
10	022Cr17Ni7[a]		0.030	1.00	2.00	0.045	0.030	6.00~8.00	16.00~18.00	—	—	0.20	—
11	022Cr17Ni7N[a]		0.030	1.00	2.00	0.045	0.030	6.00~8.00	16.00~18.00	—	—	0.07~0.20	—
13	12Cr18Ni9	1Cr18Ni9	0.15	0.75	2.00	0.045	0.030	8.00~10.00	17.00~19.00	—	—	0.10	—
14	12Cr18Ni9Si3	1Cr18Ni9Si3	0.15	2.00~3.00	2.00	0.045	0.030	8.00~10.00	17.00~19.00	—	—	0.10	—
17	06Cr19Ni10[a]	0Cr18Ni9	0.08	0.75	2.00	0.045	0.030	8.00~10.50	18.00~20.00	—	—	0.10	—
18	022Cr19Ni10[a]	00Cr19Ni10	0.030	0.75	2.00	0.045	0.030	8.00~12.00	18.00~20.00	—	—	0.10	—
19	07Cr19Ni10[a]		0.04~0.10	0.75	2.00	0.045	0.030	8.00~10.50	18.00~20.00	—	—	—	—
20	05Cr19Ni10Si2N		0.04~0.06	1.00~2.00	0.80	0.045	0.030	9.00~10.00	18.00~19.00	—	—	0.12~0.18	Ce:0.03~0.08
23	06Cr19Ni10N[a]	0Cr19Ni9N	0.08	0.75	2.50	0.045	0.030	8.00~10.50	18.00~20.00	—	—	0.10~0.16	—
24	06Cr19Ni9NbN[a]	0Cr19Ni10NbN	0.08	1.00	2.50	0.045	0.030	7.50~10.50	18.00~20.00	—	—	0.15~0.30	Nb:0.15
25	022Cr19Ni10N[a]	00Cr18Ni10N	0.030	0.75	2.00	0.045	0.030	8.00~12.00	18.00~20.00	—	—	0.10~0.16	—
26	10Cr18Ni12	1Cr18Ni12	0.12	0.75	2.00	0.045	0.030	10.50~13.00	17.00~19.00	—	—	—	—
32	06Cr23Ni13	0Cr23Ni13	0.08	0.75	2.00	0.045	0.030	12.00~15.00	22.00~24.00	—	—	—	—
35	06Cr25Ni20	0Cr25Ni20	0.08	1.50	2.00	0.045	0.030	19.00~22.00	24.00~26.00	—	—	—	—
36	022Cr25Ni22Mo2N[a]		0.020	0.50	2.00	0.030	0.010	20.50~23.50	24.00~26.00	1.60~2.60	—	0.09~0.15	—
38	06Cr17Ni12Mo2[a]	0Cr17Ni12Mo2	0.08	0.75	2.00	0.045	0.030	10.00~14.00	16.00~18.00	2.00~3.00	—	0.10	—
39	022Cr17Ni12Mo2[a]	00Cr17Ni14Mo2	0.030	0.75	2.00	0.045	0.030	10.00~14.00	16.00~18.00	2.00~3.00	—	0.10	—
41	06Cr17Ni12Mo2Ti[a]	0Cr18Ni12Mo3Ti	0.08	0.75	2.00	0.045	0.030	10.00~14.00	16.00~18.00	2.00~3.00	—	—	Ti≥5C
42	06Cr17Ni12Mo2Nb		0.08	0.75	2.00	0.045	0.030	10.00~14.00	16.00~18.00	2.00~3.00	—	0.10	Nb: 10C~1.10
43	06Cr17Ni12Mo2N[a]	0Cr17Ni12Mo2N	0.08	0.75	2.00	0.045	0.030	10.00~14.00	16.00~18.00	2.00~3.00	—	0.10~0.16	—
44	022Cr17Ni12Mo2N[a]	00Cr17Ni13Mo2N	0.030	0.75	2.00	0.045	0.030	10.00~14.00	16.00~18.00	2.00~3.00	—	0.10~0.16	—
45	06Cr18Ni12Mo2Cu2	0Cr18Ni12Mo2Cu2	0.08	1.00	2.00	0.045	0.030	10.00~14.00	17.00~19.00	1.20~2.75	1.00~2.50	—	—

续表3-52

GB/T 20878 中序号	新牌号	旧牌号	化学成分（质量分数）(%)										
			C	Si	Mn	P	S	Ni	Cr	Mo	Cu	N	其他元素
48	015Cr21Ni26Mo5Cu2	—	0.020	1.00	2.00	0.045	0.035	23.00~28.00	19.00~23.00	4.00~5.00	1.00~2.00	0.10	—
49	06Cr19Ni13Mo3[a]	0Cr19Ni13Mo3	0.08	0.75	2.00	0.045	0.030	11.00~15.00	18.00~20.00	3.00~4.00	—	0.10	—
50	022Cr19Ni13Mo3	00Cr19Ni13Mo3	0.030	0.75	2.00	0.045	0.030	11.00~15.00	18.00~20.00	3.00~4.00	—	0.10	—
53	022Cr19Ni16Mo5N		0.030	0.75	2.00	0.045	0.030	13.50~17.50	17.00~20.00	4.00~5.00	—	0.10~0.20	—
54	022Cr19Ni13Mo4N		0.030	0.75	2.00	0.045	0.030	11.00~15.00	18.00~20.00	3.00~4.00	—	0.10~0.22	—
55	06Cr18Ni11Ti[a]	0Cr18Ni10Ti	0.08	0.75	2.00	0.045	0.030	9.00~12.00	17.00~19.00	—	—	0.10	Ti≥5C
58	015Cr24Ni22Mo8Mn-3CuN		0.020	0.50	2.00~4.00	0.030	0.005	21.00~23.00	24.00~25.00	7.00~8.00	0.30~0.60	0.45~0.55	—
61	022Cr24Ni17Mo5Mn-6NbN		0.030	1.00	5.00~7.00	0.030	0.010	16.00~18.00	23.00~25.00	4.00~5.00	—	0.40~0.60	Nb:0.10
62	06Cr18Ni11Nb[a]	0Cr18Ni11Nb	0.08	0.75	2.00	0.045	0.030	9.00~13.00	17.00~19.00	—	—	—	Nb:10C~1.00

注：①表中所列成分标明范围或最小值，其余均为最大值。
②[a] 为相对于 GB/T 20878 调整化学成分的牌号。

(2) 奥氏体 • 铁素体型钢的化学成分

表3-53

GB/T 20878 中序号	新牌号	旧牌号	化学成分（质量分数）(%)										
			C	Si	Mn	P	S	Ni	Cr	Mo	Cu	N	其他元素
67	14Cr18Ni11Si4AlTi	1Cr18Ni11Si4AlTi	0.10~0.18	3.40~4.00	0.80	0.035	0.030	10.00~12.00	17.50~19.50	—	—	—	Ti:0.40~0.70 Al:0.10~0.30
68	022Cr19Ni5Mo3Si2N	00Cr18Ni5Mo3Si2	0.030	1.30~2.00	1.00~2.00	0.030	0.030	4.50~5.50	18.00~19.50	2.50~3.00	—	0.05~0.10	—
69	12Cr21Ni5Ti	1Cr21Ni5Ti	0.09~0.14	0.80	0.80	0.035	0.030	4.80~5.80	20.00~22.00	—	—	—	Ti:5(C-0.02)~0.80
70	022Cr22Ni5Mo3N		0.030	1.00	2.00	0.030	0.020	4.50~6.50	21.00~23.00	2.50~3.50	—	0.08~0.20	—
71	022Cr23Ni5Mo3N		0.030	1.00	2.00	0.030	0.020	4.50~6.50	22.00~23.00	3.00~3.50	—	0.14~0.20	—
72	022Cr23Ni4MoCuN		0.030	1.00	2.50	0.040	0.030	3.00~5.50	21.50~24.50	0.05~0.60	0.05~0.60	0.05~0.20	—
73	022Cr25Ni6Mo2N		0.030	1.00	2.00	0.030	0.030	5.50~6.50	24.00~26.00	1.50~2.50	—	0.10~0.20	—
74	022Cr25Ni7Mo4W-CuN		0.030	1.00	1.00	0.030	0.010	6.00~8.00	24.00~26.00	3.00~4.00	0.50~1.00	0.20~0.30	W:0.50~1.00
75	03Cr25Ni6Mo3Cu2N		0.04	1.00	1.50	0.040	0.030	4.50~6.50	24.00~27.00	2.90~3.90	1.50~2.50	0.10~0.25	—
76	022Cr25Ni7Mo4 N		0.030	0.80	1.20	0.035	0.020	6.00~8.00	24.00~26.00	3.00~5.00	0.50	0.24~0.32	—

注：表中所列成分除标明范围或最小值，其余均为最大值。

(3)铁素体型钢的化学成分

表 3-54

GB/T 20878 中序号	新牌号	旧牌号	化学成分（质量分数）（%）										
			C	Si	Mn	P	S	Ni	Cr	Mo	Cu	N	其他元素
78	06Cr13Al	0Cr13Al	0.08	1.00	1.00	0.040	0.030	(0.60)	11.50~14.50	—	—	—	Al:0.10~0.30
80	022Cr11Ti		0.030	1.00	1.00	0.040	0.020	(0.60)	10.50~11.70	—	—	0.030	Ti≥8(C+N), Ti:0.15~0.50; Cb:0.10
81	022Cr11NbTi		0.030	1.00	1.00	0.040	0.020	(0.60)	10.50~11.70	—	—	0.030	Ti+Nb:8(C+N)+ 0.08~0.75
82	022Cr12Ni		0.030	1.00	1.50	0.040	0.015	0.30~1.00	10.50~12.50	—	—	0.030	—
83	022Cr12	00Cr12	0.030	1.00	1.00	0.040	0.030	(0.60)	11.00~13.50	—	—	—	—
84	10Cr15	1Cr15	0.12	1.00	1.00	0.040	0.030	(0.60)	14.00~16.00	—	—	—	—
85	10Cr17	1Cr17	0.12	1.00	1.00	0.040	0.030	0.75	16.00~18.00	—	—	—	—
87	022Cr17Ti[a]	00Cr17	0.030	0.75	1.00	0.035	0.030	—	16.00~19.00	—	—	—	Ti 或 Nb: 0.10~1.00
88	10Cr17Mo	1Cr17Mo	0.12	1.00	1.00	0.040	0.030	—	16.00~18.00	0.75~1.25	—	—	—
90	019Cr18MoTi		0.025	1.00	1.00	0.040	0.030	—	16.00~19.00	0.75~1.50	—	0.025	Ti,Nb,Zr 或其组合: 8×(C+N)~0.80
91	022Cr18NbTi		0.030	1.00	1.00	0.040	0.015	—	17.50~18.50	—	—	—	Ti:0.10~0.60 Nb:≥0.30+3C
92	019Cr19Mo2NbTi	00Cr18Mo2	0.025	1.00	1.00	0.040	0.030	1.00	17.50~19.50	1.75~2.50	—	0.035	(Ti+Nb):[0.20+ 4(C+N)]~0.80
94	008Cr27Mo	00Cr27Mo	0.010	0.40	0.40	0.030	0.020	—	25.00~27.50	0.75~1.50	—	0.015	(Ni+Cu)≤0.50
95	008Cr30Mo2	00Cr30Mo2	0.010	0.40	0.40	0.030	0.020	—	28.50~32.00	1.50~2.50	—	0.015	(Ni+Cu)≤0.50

注：① 表中所列成分除标明范围或最小值、其余均为最大值。括号内值为允许含有的最大值。
② "a"为相对于 GB/T 20878 调整化学成分的牌号。

207

(4) 马氏体型钢的化学成分

表 3-55

GB/T 20878 中序号	新牌号	旧牌号	化学成分(质量分数)(%)										
			C	Si	Mn	P	S	Ni	Cr	Mo	Cu	N	其他元素
96	12Cr12	1Cr12	0.15	0.50	1.00	0.040	0.030	(0.60)	11.50~13.00	—	—	—	—
97	06Cr13	0Cr13	0.08	1.00	1.00	0.040	0.030	(0.60)	11.50~13.50	—	—	—	—
98	12Cr13[a]	1Cr13	0.15	1.00	1.00	0.040	0.030	(0.60)	11.50~13.50	—	—	—	—
99	04Cr13Ni5Mo		0.05	0.60	0.50~1.00	0.030	0.030	3.50~5.50	11.50~14.00	0.50~1.00	—	—	—
101	20Cr13	2Cr13	0.16~0.25	1.00	1.00	0.040	0.030	(0.60)	12.00~14.00	—	—	—	—
102	30Cr13	3Cr13	0.26~0.35	1.00	1.00	0.040	0.030	(0.60)	12.00~14.00	—	—	—	—
104	40Cr13	4Cr13	0.36~0.45	0.80	0.80	0.040	0.030	(0.60)	12.00~14.00	—	—	—	—
107	17Cr16Ni2[a]		0.12~0.20	1.00	1.00	0.025	0.015	2.00~3.00	15.00~18.00	—	—	—	—
108	68Cr17	7Cr17	0.60~0.75	1.00	1.00	0.040	0.030	(0.60)	16.00~18.00	(0.75)	—	—	—

注：①表中所列成分除成分标明范围或最小值，其余均为最大值。括号内值为允许含有的最大值。

②[a]为相对于 GB/T 20878 调整化学成分的牌号。

（5）沉淀硬化型钢的化学成分

表 3-56

GB/T 20878 中序号	新牌号	旧牌号	化学成分（质量分数）(%)										
			C	Si	Mn	P	S	Ni	Cr	Mo	Cu	N	其他元素
134	04Cr13Ni8Mo2Al[a]		0.05	0.10	0.20	0.010	0.008	7.50~8.50	12.30~13.25	2.00~2.50	—	0.01	Al:0.90~1.35
135	022Cr12Ni9Cu2NbTi[a]		0.05	0.50	0.50	0.040	0.030	7.50~9.50	11.00~12.50	0.50	1.50~2.50	—	Ti:0.80~1.40 (Nb+Ta):0.10~0.50
138	07Cr17Ni7Al	0Cr17Ni7Al	0.09	1.00	1.00	0.040	0.030	6.50~7.75	16.00~18.00	—	—	—	Al:0.75~1.50
139	07Cr15Ni7Mo2Al	0Cr15Ni7Mo2Al	0.090	1.00	1.00	0.040	0.030	6.50~7.75	14.00~16.00	2.00~3.00	—	—	Al:0.75~1.50
141	09Cr17Ni5Mo3N[a]		0.07~0.11	0.50	0.50~1.25	0.040	0.030	4.00~5.00	16.00~17.00	2.50~3.20	—	0.07~0.13	—
142	06Cr17Ni7AlTi		0.08	1.00	1.00	0.040	0.030	6.00~7.50	16.00~17.50	—	—	—	Al:0.40 Ti:0.40~1.20

注:①表中所列成分除标明范围或最小值,其余均为最大值。
②[a] 为相对于 GB/T 20878 调整化学成分的牌号。

4. 不锈钢板的力学性能

(1)经固溶处理的奥氏体型钢的力学性能

表 3-57

GB/T 20878 中序号	新 牌 号	旧 牌 号	规定非比例延伸强度 $R_{p0.2}$(MPa)	抗拉强度 R_m (MPa)	断后伸长率 A(%)	硬度值 HBW	硬度值 HRB	硬度值 HV	密度 (20℃) (g/cm³)
			不小于			不大于			
9	12Cr17Ni7	1Cr17Ni7	205	515	40	217	95	218	7.93
10	022Cr17Ni7		220	550	45	241	100	—	7.93
11	022Cr17Ni7N		240	550	45	241	100	—	7.93
13	12Cr18Ni9	1Cr18Ni9	205	515	40	201	92	210	7.93
14	12Cr18Ni9Si3	1Cr18Ni9Si3	205	515	40	217	95	220	7.93
17	06Cr19Ni10	0Cr18Ni9	205	515	40	201	92	210	7.93
18	022Cr19Ni10	00Cr19Ni10	170	485	40	201	92	210	7.90
19	07Cr19Ni10		205	515	40	201	92	210	7.90
20	05Cr19Ni10Si2NbN		290	600	40	217	95	—	
23	06Cr19Ni10N	0Cr19Ni9N	240	550	30	201	92	220	7.93
24	06Cr19Ni9NbN	0Cr19Ni10NbN	345	685	35	250	100	260	7.98
25	022Cr19Ni10N	00Cr18Ni10N	205	515	40	201	92	220	7.93
26	10Cr18Ni12	1Cr18Ni12	170	485	40	183	88	200	7.93
32	06Cr23Ni13	0Cr23Ni13	205	515	40	217	95	220	7.98
35	06Cr25Ni20	0Cr25Ni20	205	515	40	217	95	220	7.98
36	022Cr25Ni22Mo2N		270	580	25	217	95	—	8.02
38	06Cr17Ni12Mo2	0Cr17Ni12Mo2	205	515	40	217	95	220	8.00
39	022Cr17Ni12Mo2	00Cr17Ni14Mo2	170	485	40	217	95	220	8.00
41	06Cr17Ni12Mo2Ti	0Cr18Ni12Mo3Ti	205	515	40	217	95	220	7.90
42	06Cr17Ni12Mo2Nb		205	515	30	217	95		
43	06Cr17Ni12Mo2N	0Cr17Ni12Mo2N	240	550	35	217	95	220	8.00
44	022Cr17Ni12Mo2N	00Cr17Ni13Mo2N	205	515	40	217	95	220	8.04
45	06Cr18Ni12Mo2Cu2	0Cr18Ni12Mo2Cu2	205	520	40	187	90	200	7.96
48	015Cr21Ni26Mo5Cu2		220	490	35	—	90	—	8.00
49	06Cr19Ni13Mo3	0Cr19Ni13Mo3	205	515	35	217	95	220	8.00
50	022Cr19Ni13Mo3	00Cr19Ni13Mo3	205	515	40	217	95	220	7.98
53	022Cr19Ni16Mo5N		240	550	40	223	96		8.00
54	022Cr19Ni13Mo4N		240	550	40	217	95	—	
55	06Cr18Ni11Ti	0Cr18Ni10Ti	205	515	40	217	95	220	8.03
58	015Cr24Ni22Mo8Mn3CuN		430	750	40	250	—	—	
61	022Cr24Ni17Mo5Mn6NbN		415	795	35	241	100	—	
62	06Cr18Ni11Nb	0Cr18Ni11Nb	205	515	40	201	92	210	8.03

注：①各类钢板和钢带的规定非比例延伸强度及硬度试验，仅当需方要求并在合同中注明时才进行检验。对于几种硬度试验，可根据钢板和钢带的不同尺寸和状态选择其中一种方法试验。

②表 3-58～表 3-63 同此处。

(2)经固溶处理的奥氏体·铁素体型钢力学性能

表 3-58

GB/T 20878 中序号	新 牌 号	旧 牌 号	规定非比例延伸强度 $R_{p0.2}$(MPa)	抗拉强度 R_m (MPa)	断后伸长率 A(%)	硬度值		密度 (20℃) (g/cm³)
						HBW	HRC	
			不小于			不大于		
67	14Cr18Ni11Si4AlTi	1Cr18Ni11Si4AlTi	—	715	25	—	—	7.51
68	022Cr19Ni5Mo3Si2N	00Cr18Ni5Mo3Si2	440	630	25	290	31	7.70
69	12Cr21Ni5Ti	1Cr21Ni5Ti	—	635	20	—	—	7.80
70	022Cr22Ni5Mo3N		450	620	25	293	31	7.80
71	022Cr23Ni5Mo3N		450	620	25	293	31	7.80
72	022Cr23Ni4MoCuN		400	600	25	290	31	7.80
73	022Cr25Ni6Mo2N		450	640	25	295	31	7.80
74	022Cr25Ni7Mo4WCuN		550	750	25	270		7.80
75	03Cr25Ni6Mo3Cu2N		550	760	15	302	32	7.80
76	022Cr25Ni7Mo4N		550	795	15	310	32	7.80

注:奥氏体·铁素体双相不锈钢不需要做冷弯试验。

(3)经退火处理的铁素体型钢的力学性能

表 3-59

GB/T 20878 中序号	新 牌 号	旧 牌 号	规定非比例延伸强度 $R_{p0.2}$(MPa)	抗拉强度 R_m (MPa)	断后伸长率 A(%)	冷弯 180°	硬度值			密度 (20℃) (g/cm³)
							HBW	HRB	HV	
			不小于				不大于			
78	06Cr13Al	0Cr13Al	170	415	20	$d=2a$	179	88	200	7.75
80	022Cr11Ti		275	415	20	$d=2a$	197	92	200	7.75
81	022Cr11NbTi		275	415	20	$d=2a$	197	92	200	
82	022Cr12Ni		280	450	18	—	180	88	—	
83	022Cr12	00Cr12	195	360	22	$d=2a$	183	88	200	7.75
84	10Cr15	1Cr15	205	450	22	$d=2a$	183	89	200	7.70
85	10Cr17	1Cr17	205	450	22	$d=2a$	183	89	200	7.70
87	022Cr18Ti	00Cr17	175	360	22	$d=2a$	183	89	200	7.70
88	10Cr17Mo	1Cr17Mo	240	450	22	$d=2a$	183	89	200	7.70
90	019Cr18MoTi		245	410	20	$d=2a$	217	96	230	7.70
91	022Cr18NbTi		250	430	18	—	180	88	—	
92	019Cr19Mo2NbTi	00Cr18Mo2	275	415	20	$d=2a$	217	96	230	7.75
94	008Cr27Mo	00Cr27Mo	245	410	22	$d=2a$	190	90	200	7.67
95	008Cr30Mo2	00Cr30Mo2	295	450	22	$d=2a$	209	95	220	7.64

注:①"—"表示目前尚无数据提供,需在生产使用过程中积累数据。d-弯芯直径,a-钢板厚度。
②冷轧板、带,退火状态的弯曲试验,仅当需方要求并在合同中注明时进行。

（4）经退火处理的马氏体型钢的力学性能

表 3-60

GB/T 20878 中序号	新 牌 号	旧 牌 号	规定非比例延伸强度 $R_{p0.2}$(MPa)	抗拉强度 R_m (MPa)	断后伸长率 A(%)	冷弯 180°	硬度值			密度 (20℃) (g/cm³)
							HBW	HRB	HV	
			不小于				不大于			
96	12Cr12	1Cr12	205	485	20	$d=2a$	217	96	210	7.80
97	06Cr13	0Cr13	205	415	20	$d=2a$	183	89	200	7.75
98	12Cr13	1Cr13	205	450	20	$d=2a$	217	96	210	7.70
99	04Cr13Ni5Mo		620	795	15	—	302	32[a]	—	7.79
101	20Cr13	2Cr13	225	520	18		223	97	234	7.75
102	30Cr13	3Cr13	225	540	18		235	99	247	7.76
104	40Cr13	4Cr13	225	590	15		—		—	7.75
107	17Cr16Ni2[b]		690	880~1 080	12	—	262~326			7.71
			1 050	1 350	10		388	—	—	7.71
108	68Cr17	1Cr12	245	590	15	—	255	25[a]	269	7.78

注：①[a] 为 HRC 硬度值。

②[b] 表列为淬火、回火后的力学性能。d-弯芯直径，a-钢板厚度。

③冷轧板、带，退火状态的弯曲试验，仅当合同中有要求时进行。

（5）经固溶处理的沉淀硬化型钢试样的力学性能

表 3-61

GB/T 20878 中序号	新牌号	热轧钢材厚度	冷轧钢材厚度	规定非比例延伸强度 $R_{p0.2}$ (MPa)	抗拉强度 R_m (MPa)	断后伸长率 A(%)	硬度值		密度 (20℃) (g/cm³)
							HRC	HBW	
		mm		不大于		不小于	不大于		
134	04Cr13Ni8Mo2Al		0.10~<8.0	—	—	—	38	363	7.76
135	022Cr12Ni9Cu2NbTi		0.30~8.0	1 105	1 205	3	36	331	7.70
138	07Cr17Ni7Al		0.10~<0.30	(450)	1 035	—	—		7.93
			0.30~8.0	380	1 035	20	92[a]	—	
139	07Cr15Ni7Mo2Al	2~102	0.10~<8.0	450	1 035	25	100[a]	—	7.80
141	09Cr17Ni5Mo3N		0.10~<0.30	585	1 380	(8)	30	—	
			0.30~8.0	585	1 380	12	30	—	
142	06Cr17Ni7AlTi		0.10~<1.50	515	825	(4)	32	—	
			1.50~8.0	515	825	5	32	—	

注：①[a] 为 HRB 硬度值。

②表中（　）内数字仅冷轧板有。

(6)沉淀硬化处理后的沉淀硬化型钢试样的力学性能

表3-62

GB/T 20878 中序号	新牌号	热轧钢材厚度	冷轧钢材厚度	处理温度a (℃)	非比例延伸强度 $R_{p0.2}$ (MPa)	抗拉强度 R_m(MPa)	断后伸长率b A(%)	硬度值 HRC	硬度值 HB/HBW
		mm			不小于			不小于	
134	04Cr13Ni8Mo2Al	2~<5	0.10~<0.50	510±6	1 410	1 515	6/8	45	—
		5~<16	0.50~<5.0		1 410	1 515	8/10	45	
		16~100	5.0~8.0		1 410	1 515	10/10	45	—/429
		2~<5	0.10~<0.50	538±6	1 310	1 380	6/8	43	
		5~<16	0.50~<5.0		1 310	1 380	8/10	43	
		16~100	5.0~8.0		1 310	1 380	10/10	43	—/401
135	022Cr12Ni9Cu-2NbTi	≥2	0.10~<0.50	510±6 或 482±6	1 410	1 525	—	44	
			0.50~<1.50		1 410	1 525	3/—	44	
			1.50~8.0		1 410	1 525	4/4	44	
138	07Cr17Ni7Al	2~<5	0.10~<0.30	760±15	1 035	1 240	3/—	38	
		5~16	0.30~<5.0	15±3	1 035	1 240	5/6	38	
			5.0~8.0	566±6	965	1 170	7/7	43/38	352
		2~<5	0.10~<0.30	954±8	1 310	1 450	1/—	44	
		5~16	0.30~<5.0	−73±6	1 310	1 450	3/4	44	
			5.0~8.0	510±6	1 240	1 380	6/6	43	401
139	07Cr15Ni7Mo2Al	2~<5	0.10~<0.30	760±15	1 170	1 310	3/—	40	
		5~16	0.30~<5.0	15±3	1 170	1 310	5/5	40	
			5.0~8.0	566±6	1 170	1 310	4/4	40	375
		2~<5	0.10~<0.30	954±8	1 380	1 550	2/—	46/—	
		5~16	0.30~<5.0	−73±6	1 380	1 550	4/4	46	
			5.0~8.0	510±6	1 380	1 550	4/4	45	429
		—	0.10~1.2	冷轧	1 205	1 380	1	41	—
			0.10~1.2	冷轧+482	1 580	1 655	1	46	—
141	09Cr17Ni5Mo3N	2~5	0.10~<0.30	455±8	1 035	1 275	6/8	42	
			0.30~5.0		1 035	1 275	8/8	42	
		2~5	0.10~<0.30	540±8	1 000	1 140	6/8	36	
			0.30~5.0		1 000	1 140	8/8	36	
142	06Cr17Ni7AlTi	2~<3	0.10~<0.80	510±8	1 170	1 310	3/5	39	
		≥3	0.80~<1.50		1 170	1 310	4/8	39	—/363
		—	1.50~8.0		1 170	1 310	5/—	39	
		2~<3	0.10~<0.80	538±8	1 105	1 240	3/5	37	
		≥3	0.80~<1.50		1 105	1 240	4/8	37/80	—/352
		—	1.50~8.0		1 105	1 240	5/—	37	
		2~<3	0.10~<0.80	566±8	1 035	1 170	3/5	35	
		≥3	0.80~<1.50		1 035	1 170	4/8	35/36	—/331
		—	1.50~8.0		1 035	1 170	5/—	35	

注：①a 为推荐性热处理温度，供方应向需方提供推荐性热处理制度。
②b 适用于沿宽度方向的试验，垂直于轧制方向且平行于钢板表面。
③断后伸长率和硬度值栏中，以分数表示的：分子为冷轧钢材数据，分母为热轧钢材数据；不以分数表示的为共有数据。

（7）不同冷作硬化状态钢板和钢带的力学性能

表 3-63

冷作硬化状态	GB/T 20878 中序号	新牌号	旧牌号	规定非比例延伸强度 $R_{p0.2}$（MPa）	抗拉强度 R_m（MPa）	断后伸长率 A（%）		
						厚度 <0.4mm	厚度 ≥0.4～<0.8mm	厚度 ≥0.8mm
						不小于		
H1/4 状态	9	12Cr17Ni7	1Cr17Ni7	515	860	25	25	25
	10	022Cr17Ni7		515	825	25	25	25
	11	022Cr17Ni7N		515	825	25	25	25
	13	12Cr18Ni9	1Cr18Ni9	515	860	10	10	12
	17	06Cr19Ni10	0Cr18Ni9	515	860	10	10	12
	18	022Cr19Ni10	00Cr19Ni10	515	860	8	8	10
	23	06Cr19Ni10N	0Cr19Ni9N	515	860	12	12	12
	25	022Cr19Ni10N	00Cr18Ni10N	515	860	10	10	12
	38	06Cr17Ni12Mo2	0Cr17Ni12Mo2	515	860	10	10	10
	39	022Cr17Ni12Mo2	00Cr17Ni14Mo2	515	860	8	8	8
	41	06Cr17Ni12Mo2Ti	0Cr18Ni12Mo3Ti	515	860	12	12	12
H1/2 状态	9	12Cr17Ni7	1Cr17Ni7	760	1035	15	18	18
	10	022Cr17Ni7		690	930	20	20	20
	11	022Cr17Ni7N		690	930	20	20	20
	13	12Cr18Ni9	1Cr18Ni9	760	1035	9	10	10
	17	06Cr19Ni10	0Cr18Ni9	760	1035	6	7	7
	18	022Cr19Ni10	00Cr19Ni10	760	1035	5	6	6
	23	06Cr19Ni10N	0Cr19Ni9N	760	1035	6	8	8
	25	022Cr19Ni10N	00Cr18Ni10N	760	1035	6	7	7
	38	06Cr17Ni12Mo2	0Cr17Ni12Mo2	760	1035	6	7	7
	39	022Cr17Ni12Mo2	00Cr17Ni14Mo2	760	1035	5	6	6
	43	06Cr17Ni12Mo2N	0Cr17Ni12Mo2N	760	1035	6	8	8
H 状态	9	12Cr17Ni7	1Cr17Ni7	930	1205	10	12	12
	13	12Cr18Ni9	1Cr18Ni9	930	1205	5	6	6
H2 状态	9	12Cr17Ni7	1Cr17Ni7	965	1275	8	9	9
	13	12Cr18Ni9	1Cr18Ni9	965	1275	3	4	4

注：表中未列的牌号以冷作硬化状态交货时的力学性能及硬度由供需双方协商确定并在合同中注明。

（8）沉淀硬化型钢固溶处理状态的弯曲试验

表 3-64

GB/T 20878 中序号	新牌号	热轧钢材 厚度（mm）	冷轧钢材 厚度（mm）	冷弯角度（°）	弯芯直径
135	022Cr12Ni9Cu2NbTi	2～5	0.10～5.0	180	$d=6a$
138	07Cr17Ni7Al	2～<5	0.10～<5.0	180	$d=a$
		5～7	5.0～7.0	180	$d=3a$
139	07Cr15Ni7Mo2Al	2～<5	0.10～<5.0	180	$d=a$
		5～7	5.0～7.0	180	$d=3a$
141	09Cr17Ni5Mo3N	2～5	0.10～5.0	180	$d=2a$

注：d-弯芯直径；a-试验钢板厚度。

5.不锈钢的特性和用途表(供参考)

表 3-65

类型	GB/T 20878 中序号	新 牌 号	旧 牌 号	特性和用途
奥氏体型	9	12Cr17Ni7	1Cr17Ni7	经冷加工有高的强度。用于铁道车辆,传送带螺栓螺母等
	10	022Cr17Ni7		
	11	022Cr17Ni7N		
	13	12Cr18Ni9	1Cr18Ni9	经冷加工有高的强度,但伸长率比 12Cr17Ni7 稍差。用于建筑装饰部件
	14	12Cr18Ni9Si3	1Cr18Ni9Si3	耐氧化性比 12Cr18Ni9 好,900℃以下与 06Cr25Ni20 具有相同的耐氧化性和强度。用于汽车排气净化装置、工业炉等高温装置部件
	17	06Cr19Ni10	0Cr18Ni9	在固溶态钢的塑性、韧性、冷加工性良好,在氧化性酸和大气、水等介质中耐蚀性好,但在敏态或焊接后有晶腐倾向。耐蚀性优于 12Cr18Ni9。适于制造深冲成型部件和输酸管道、容器等
	18	022Cr19Ni10	00Cr19Ni10	比 06Cr19Ni10 碳含量更低的钢,耐晶间腐蚀性优越,焊接后不进行热处理
	19	07Cr19Ni10		具有耐晶间腐蚀性
	20	05Cr19Ni10Si2N		添加 N,提高钢的强度和加工硬化倾向,塑性不降低。改善钢的耐点蚀、晶腐性,可承受更重的负荷,使材料的厚度减少。用于结构用强度部件
	23	06Cr19Ni10N	0Cr19Ni9N	在牌号 06Cr19Ni10 上加 N,提高钢的强度和加工硬化倾向,塑性不降低。改善钢的耐点蚀、晶腐性,使材料的厚度减少。用于有一定耐腐要求,并要求较高强度和减轻重量的设备、结构部件
	24	06Cr19Ni9NbN	0Cr19Ni10NbN	在牌号 06Cr19Ni10 上加 N 和 Nb,提高钢的耐点蚀、晶腐性能,具有与 06Cr19Ni10N 相同的特性和用途
	25	022Cr19Ni10N	00Cr18Ni10N	06Cr19Ni10N 的超低碳钢,因 06Cr19Ni10N 在 450~900℃ 加热后耐晶腐性将明显下降。因此对于焊接设备构件,推荐 022Cr19Ni10N
	26	10Cr18Ni12	1Cr18Ni12	与 06Cr19Ni10 相比,加工硬化性低。用于施压加工,特殊拉拔,冷镦等
	32	06Cr23Ni13	0Cr23Ni13	耐腐蚀性比 06Cr19Ni10 好,但实际上多作为耐热钢使用
	35	06Cr25Ni20	0Cr25Ni20	抗氧化性比 06Cr23Ni13 好,但实际上多作为耐热钢使用
	36	022Cr25Ni22Mo2N		钢中加 N 提高钢的耐孔蚀性,且使钢具有更高的强度和稳定的奥氏体组织。适用于尿素生产中汽提塔的结构材料,性能远优于 022Cr17Ni12Mo2
	38	06Cr17Ni12Mo2	0Cr17Ni12Mo2	在海水和其他各种介质中,耐腐蚀性比 06Cr19Ni10 好。主要用于耐点蚀材料
	39	022Cr17Ni12Mo2	00Cr17Ni14Mo2	为 06Cr17Ni12Mo2 的超低碳钢,节 Ni 钢种
	41	06Cr17Ni12Mo2Ti	0Cr18Ni12Mo3Ti	有良好的耐晶间腐蚀性,用于抵抗硫酸、磷酸、甲酸、乙酸的设备
	42	06Cr17Ni12Mo2Nb		比 06Cr17Ni12Mo2 具有更好的耐晶间腐蚀性

类型	GB/T 20878 中序号	新 牌 号	旧 牌 号	特性和用途
奥氏体型	43	06Cr17Ni12Mo2N	0Cr17Ni12Mo2N	在牌号 06Cr17Ni12Mo2 中加入 N,提高强度,不降低塑性,使材料的使用厚度减薄,用于耐腐蚀性较好的强度较高的部件
	44	022Cr17Ni12Mo2N	00Cr17Ni13Mo2N	用途与 06Cr17Ni12Mo2N 相同,但耐晶间腐蚀性更好
	45	06Cr18Ni12Mo2Cu2	0Cr18Ni12Mo2Cu2	耐腐蚀性、耐点蚀性比 06Cr17Ni12Mo2 好,用于耐硫酸材料
	48	015Cr21Ni26Mo5Cu2		高 Mo 不锈钢,全面耐硫酸、磷酸、醋酸等腐蚀,又可解决氯化物孔蚀、缝隙腐蚀和应力腐蚀问题。主要用于石化、化工、化肥、海洋开发等的塔、槽、管、换热器等
	49	06Cr19Ni13Mo3	0Cr19Ni13Mo3	耐点蚀性比 06Cr17Ni12Mo2 好,用于染色设备材料等
	50	022Cr19Ni13Mo3	00Cr19Ni13Mo3	为 06Cr19Ni13Mo3 的超低碳钢,比 06Cr19Ni13Mo3 耐晶间腐蚀性
	53	022Cr19Ni16Mo5N		高 Mo 不锈钢,钢中含 0.10%~0.20%,使其耐孔蚀性能进一步提高,此钢种在硫酸、甲酸、醋酸等介质中的耐蚀性要比一般含 2%~4%Mo 的常用 Cr-Ni 钢更好
	54	022Cr19Ni13Mo4N		
	55	06Cr18Ni11Ti	0Cr18Ni10Ti	添加 Ti 提高耐晶间腐蚀性,不推荐作装饰部件
	58	015Cr24Ni22Mo8Mn3CuN		
	61	022Cr24Ni17Mo5Mn6NbN		
	62	06Cr18Ni11Nb	0Cr18Ni11Nb	含 Nb 提高耐晶间腐蚀性
奥氏体·铁素体型	67	14Cr18Ni11Si4AlTi	1Cr18Ni11Si4AlTi	用于制作抗高温浓硝酸介质的零件和设备
	68	022Cr19Ni5Mo3Si2N	00Cr18Ni5Mo3Si2	耐应力腐蚀破裂性能良好,耐点蚀性能与 022Cr17Ni14Mo2 相当,具有较高强度,适用于含氯离子的环境,用于炼油、化肥、造纸、石油、化工等工业制造热交换器、冷凝器等
	69	12Cr21Ni5Ti	1Cr21Ni5Ti	用于化学工业、食品工业耐酸腐蚀的容器及设备
	70	022Cr22Ni5Mo3N		对含硫化氢、二氧化碳、氯化物的环境具有阻抗性,用于油井管、化工储罐用材、各种化学装置等
	71	022Cr23Ni5Mo3N		
	72	022Cr23Ni4MoCuN		具有双相组织、优异的耐应力腐蚀断裂和其他形式耐蚀的性能以及良好的焊接性,可作为储罐和容器用材
	73	022Cr25Ni6Mo2N		用于耐海水腐蚀部件等
	74	022Cr25Ni7Mo4WCuN		在 022Cr25Ni7Mo3N 钢中加入 W、Cu 提高 Cr25 型双相钢的性能。特别是耐氯化物点蚀和缝隙腐蚀性能更佳,主要用于以水(含海水、卤水)为介质的热交换设备
	75	03Cr25Ni6Mo3Cu2N		该钢具有良好的力学性能和耐局部腐蚀性能,尤其是耐磨损腐蚀性能优于一般的不锈钢。海水环境中的理想材料,适用作舰船用的螺旋推进器、轴、潜艇密封件等,而且在化工、石油化工、天然气、纸浆、造纸等应用
	76	022Cr25Ni7Mo4N		是双相不锈钢中耐局部腐蚀最好的钢,特别是耐点蚀最好,并具有高强度、耐氯化物应力腐蚀、可焊接的特点。非常适用于化工、石油、石化和动力工业中以河水、地下水和海水等为冷却介质的换热设备

类型	GB/T 20878 中序号	新 牌 号	旧 牌 号	特性和用途
铁素体型	78	06Cr13Al	0Cr13Al	从高温下冷却不产生显著硬化,用于汽轮机材料、淬火用部件、复合钢材等
	80	022Cr11Ti		超低碳钢,焊接性能好,用于汽车排气处理装置
	81	022Cr11NbTi		在钢中加入 Nb+Ti 细化晶粒,提高铁素体钢的耐晶间腐蚀性、改善焊后塑性,性能比 022Cr11Ti 更好,用于汽车排气处理装置
	82	022Cr12Ni		用于压力容器装置
	83	022Cr12	00Cr12	焊接部位弯曲性能、加工性能、耐高温氧化性能好。用于汽车排气处理装置、锅炉燃烧室、喷嘴
	84	10Cr15	1Cr15	为 10Cr17 改善焊接性的钢种
	85	10Cr17	1Cr17	耐蚀性良好的通用钢种,用于建筑内装饰、重油燃烧器部件、家庭用具、家用电器部件。脆性转变温度均在室温以上,而且对缺口敏感,不适于制作室温以下的承载备件
	87	022Cr18Ti	00Cr17	降低 10Cr17Mo 中的 C 和 N,单独或复合加入 Ti、Nb 或 Zr,使加工性和焊接性改善,用于建筑内外装饰、车辆部件、厨房用具、餐具
	88	10Cr17Mo	1Cr17Mo	在钢中加入 Mo,提高钢的耐点蚀、耐缝隙腐蚀性及强度等
	90	019Cr18MoTi		在钢中加入 Mo,提高钢的耐点蚀、耐缝隙腐蚀性及强度等
	91	022Cr18NbTi		在牌号 10Cr17 中加入 Ti 或 Nb,降低碳含量,改善加工性、焊接性能。用于温水槽、热水供应器、卫生器具、家庭耐用机器、自行车轮缘
	92	019Cr19Mo2NbTi	00Cr18Mo2	含 Mo 比 022Cr18MoTi 多,耐腐蚀性提高,耐应力腐蚀破裂性好,用于储水槽太阳能温水器、热交换器、食品机器、染色机械等
	94	008Cr27Mo	00Cr27Mo	用于性能、用途、耐蚀性和软磁性与 008Cr30Mo2 类似的用途
	95	008Cr30Mo2	00Cr30Mo2	高 Cr-Mo 系,C、N 降至极低。耐蚀性很好,耐卤离子应力腐蚀破裂、耐点蚀性好,用于制作与醋酸、乳酸等有机酸有关的设备、制造苛性碱设备
马氏体型	96	12Cr12	1Cr12	用于汽轮机叶片及高应力部件的不锈耐热钢
	97	06Cr13	0Cr13	比 12Cr13 的耐蚀性、加工成型性更优良的钢种
	98	12Cr13	1Cr13	具有良好的耐蚀性,机械加工性,一般用途,刃具类
	99	04Cr13Ni5Mo		适用于厚截面尺寸的要求焊接性能良好的使用条件,如大型的水电站转轮和转轮下环等
	101	20Cr13	2Cr13	淬火状态下硬度高,耐蚀性良好,用于汽轮机叶片
	102	30Cr13	3Cr13	比 20Cr13 淬火后的硬度高,作刃具、喷嘴、阀座、阀门等
	104	40Cr13	4Cr13	比 30Cr13 淬火后的硬度高,作刃具、餐具、喷嘴、阀座、阀门等
	107	17Cr16Ni2		用于具有较高程度的耐硝酸、有机酸腐蚀性的零件、容器和设备
	108	68Cr17	7Cr17	硬化状态下,坚硬,韧性高,用于刃具、量具、轴承

续表 3-65

类型	GB/T 20878 中序号	新 牌 号	旧 牌 号	特性和用途
沉淀硬化型	134	04Cr13Ni8Mo2Al		
	135	022Cr12Ni9Cu2NbTi		
	138	07Cr17Ni7Al	0Cr17Ni7Al	添加 Al 的沉淀硬化钢种,用于弹簧、垫圈、计器部件
	139	07Cr15Ni7Mo2Al	0Cr15Ni7Mo2Al	用于有一定耐蚀要求的高强度容器、零件及结构件
	141	09Cr17Ni5Mo3N		
	142	06Cr17Ni7AlTi		

十、碳素工具钢（GB/T 1298—2008）

碳素工具钢分热轧、锻制、冷拉及银亮钢产品。

钢材按使用加工方法分为:压力加工用钢 UP;热压力加工用钢 UHP;冷压力加工用钢 UCP;切削加工用钢 UC。按冶金质量等级分为:优质钢和高级优质钢（牌号后加 A）。

碳素工具钢的规格尺寸和允许偏差符合 GB/T 702、GB/T 14981、GB/T 905、GB/T 908 或 GB/T 3207 各标准规定。钢材的尺寸、外形及允许偏差组别应在合同中注明。

1. 碳素工具钢的牌号及化学成分

表 3-66

序号	牌号	化学成分（质量分数）（%）		
		C	Mn	Si
1	T7	0.65～0.74	≤0.40	
2	T8	0.75～0.84		
3	T8Mn	0.80～0.90	0.40～0.60	
4	T9	0.85～0.94	≤0.40	≤0.35
5	T10	0.95～1.04		
6	T11	1.05～1.14		
7	T12	1.15～1.24		
8	T13	1.25～1.35		

2. 碳素工具钢硫、磷含量及其他残余元素含量的规定

表 3-67

钢类	P	S	Cu	Cr	Ni	W	Mo	V
	质量分数,不大于（%）							
优质钢	0.035	0.030	0.25	0.25	0.20	0.30	0.20	0.02
高级优质钢	0.030	0.020	0.25	0.25	0.20	0.30	0.20	0.02

注:①供制造铅浴淬火钢丝时,钢中残余铬含量不大于 0.10%,镍含量不大于 0.12%,铜含量不大于 0.20%,三者之和不大于 0.40%。

②要求检验淬透性时,允许钢中加入少量合金元素。

3.碳素工具钢的硬度值

表 3-68

牌号	交货状态		试样淬火	
	退火	退火后冷拉	淬火温度和冷却剂	洛氏硬度,HRC 不小于
	布氏硬度,HBW,不大于			
T7			800～820℃,水	
T8	187		780～800℃,水	
T8Mn				
T9	192	241		62
T10	197			
T11	207		760～780℃,水	
T12				
T13	217			

注:①截面尺寸小于 5mm 的退火钢材不作硬度试验。根据需方要求,可作拉伸或其他试验,技术指标由双方协商规定。
　　②供方若能保证淬火硬度值符合表的规定,可不做检验。

4.碳素工具钢的珠光体组织规定

表 3-69

牌 号	合格级别(级)	牌 号	合格级别(级)
T7、T8、T8Mn、T9	1～5	T10、T11、T12、T13	2～4

注:①截面尺寸大于 60mm 的退火钢材,根据需方要求,可检验珠光体组织,合格级别由供需双方协议规定。
　　②热压力加工用钢不检验珠光体组织。
　　③截面尺寸不大于 60mm 的退火钢材应检验珠光体组织。

5.碳素工具钢退火钢材的网状碳化物规定

表 3-70

钢材公称尺寸(mm)	合格级别(级),不大于	钢材公称尺寸(mm)	合格级别(级),不大于
≤60	2	>100	双方协议
>60～100	3		

注:牌号 T7、T8 和热压力加工用钢材不检验网状碳化物。

6.碳素工具钢的脱碳层规定

表 3-71

品种	(铁素体＋过渡层)总脱碳层深度(mm),不大于
热轧、锻制钢材	$0.25+1.5\%D$
冷拉钢材≤16mm	$1.5\%D$
>16mm	$1.3\%D$
高频淬火	$1.0\%D$
扁钢及尺寸大于 100mm 钢材	双方协议

注:①D 为钢材截面的公称尺寸。
　　②扁钢的脱碳层深度在宽面上检查。
　　③银亮钢不允许有脱碳。

7.表面质量和交货

(1)压力加工用热轧和锻制钢材,表面不允许有目视可见的裂纹、折叠、结疤和夹杂。上述局部缺陷必须清除,清除深度从钢材实际尺寸算起应不大于表 3-72 的规定,清除宽度不小于深度的 5 倍。深度不大于公差之半的轻微表面缺陷可不清除。

表 3-72

钢材公称尺寸(mm)	同一截面允许清除深度(mm)
<80	公差之半
80～140	公差
>140	钢材截面尺寸的 4%

(2)热轧和锻制扁钢的表面质量由供需双方协商规定。

(3)冷拉钢材表面应洁净、光滑,不应有裂纹、折叠、结疤、夹杂和氧化皮。经退火的冷拉钢材表面允许有氧化色,钢材表面允许有深度不大于从钢材实际尺寸算起的该公称尺寸公差的麻点、划痕、发纹、凹坑、黑斑、拉痕、轻微的校直辊印及润滑剂和清理痕迹。

(4)热轧(锻)钢材以退火状态交货,经供需双方协议,也可以不退火状态交货。冷拉钢材应为退火后冷拉交货,如有特殊要求,应在合同中注明。

十一、合金工具钢(GB/T 1299—2000)

合金工具钢按使用加工方法分为:压力加工用钢和切削加工用钢。其使用和加工方法需在合同中注明。

合金工具钢材按用途分为量具刃具用钢,耐冲击工具用钢、热作模具钢、冷作模具钢、无磁模具钢和塑料模具钢。

1. 部分合金工具钢的牌号和硬度值

表 3-73

钢组	牌号	交货状态	试样淬火		
		布氏硬度 HBW10/3 000	淬火温度(℃)	冷却剂	洛氏硬度 HRC,不小于
量具刃具用钢	9SiCr	241～197	820～860	油	62
	8MnSi	≤229	800～820	油	60
	Cr06	241～187	780～810	水	64
	Cr2	229～179	830～860	油	62
	9Cr2	217～179	820～850	油	62
	W	229～187	800～830	水	62
耐冲击工具用钢	4CrW2Si	217～179	860～900	油	53
	5CrW2Si	255～207	860～900	油	55
	6CrW2Si	285～229	860～900	油	57
	6CrMnSi2Mo1V 5G3Mn1Si2Mo1V	≤229	677℃±15℃预热,885℃(盐浴)或 900℃(炉控气氛)±6℃加热,保温 5～15min 油冷,58～204℃回火		58
			677℃±15℃预热,941℃(盐浴)或 955℃(炉控气氛)±6℃加热,保温 5～15min 空冷,56～204℃回火		56

注:根据需方要求,经双方协议,制造螺纹刃具用退火状态交货的 9SiCr 钢材,其布氏硬度为 187～229HBW10/3 000。

2.部分合金工具钢的化学成分

表 3-74

钢组	牌号	化学成分(%)(m/m)								
		C	Si	Mn	P	S	Cr	W	Mo	V
					不大于					
量具刃具用钢	9SiCr	0.85~0.95	1.20~1.60	0.30~0.60	0.030	0.030	0.95~1.25			
	8MnSi	0.75~0.85	0.30~0.60	0.80~1.10	0.030	0.030				
	Cr06	1.30~1.45	≤0.40	≤0.40	0.030	0.030	0.50~0.70			
	Cr2	0.95~1.10	≤0.40	≤0.40	0.030	0.030	1.30~1.65			
	9Cr2	0.80~0.95	≤0.40	≤0.40	0.030	0.030	1.30~1.70			
	W	1.05~1.25	≤0.40	≤0.40	0.030	0.030	0.10~0.30	0.80~1.20		
耐冲击工具用钢	4CrW2Si	0.35~0.45	0.80~1.10	≤0.40	0.030	0.030	1.00~1.30	2.00~2.50		
	5CrW2Si	0.45~0.55	0.50~0.80	≤0.40	0.030	0.030	1.00~1.30	2.00~2.50		
	6CrW2Si	0.55~0.65	0.50~0.80	≤0.40	0.030	0.030	1.10~1.30	2.20~2.70		
	6CrMnSi2Mo1V	0.50~0.65	1.75~2.25	0.60~1.00	0.030	0.030	0.10~0.50		0.20~1.35	0.15~0.35
	5Cr3Mn1SiMo1V	0.45~0.55	0.20~1.00	0.20~0.90	0.030	0.030	3.00~3.50		1.30~1.80	≤0.35

注:钢中残余铜含量应不大于0.30%,"铜+镍"含量应不大于0.55%。

3.部分合金工具钢交货状态

合金工具钢以退火状态交货。

十二、高速工具钢(GB/T 9943—2008)

高速工具钢是工具钢之一,是含有碳、钨、钼、铬、钒的铁基合金,有的还含有相当数量的钴。碳和合金含量平衡配置,以获得工业切削所需的高淬硬性、高耐磨性、高红硬性和良好的韧性。高速工具钢在工具钢中具有最高的高温硬度和红硬性。

1.不同系列高速工具钢的基本要求。

表 3-75

项 目		要 求		
		低合金高速钢 HSS-L	普通高速钢 HSS	高性能高速钢 HSS-E
主要合金元素含量(质量分数)(%)	C	≥0.70	≥0.65	≥0.85
	W+1.8Mo	≥6.50	≥11.75	≥11.75
	Cr	≥3.25	≥3.50	≥3.50
	V	≥0.80	0.80~2.50	V>2.50 或 Co≥4.50 或 Al:0.80~1.20
	Co	<4.50	<4.50	
按表3-78淬火回火后硬度 HRC		≥61	≥63	≥64

2.高速工具钢的牌号分类及代号

表 3-76

序号	牌 号	ISO 4957:1999 牌号	类 别	代 号
1	W3Mo3Cr4V2	HS3-3-2	低合金高速钢	HSS-L
2	W4Mo3Cr4VSi	—		
3	W18Cr4V	HS18-0-1	普通高速钢	HSS
4	W2Mo8Cr4V	HS1-8-1		

续表 3-76

序号	牌　号	ISO 4957:1999 牌号	类　别	代　号
5	W2Mo9Cr4V2	HS2-9-2	普通高速钢	HSS
6	W6Mo5Cr4V2	HS6-5-2		
7	CW6Mo5Cr4V2	HS6-5-2C		
8	W6Mo6Cr4V2	HS6-6-2		
9	W9Mo3Cr4V	—		
10	W6Mo5Cr4V3	HS6-5-3	高性能高速钢	HSS-E
11	CW6Mo5Cr4V3	HS6-5-3C		
12	W6Mo5Cr4V4	HS6-5-4		
13	W6Mo5Cr4V2Al	—		
14	W12Cr4V5Co5	—		
15	W6Mo5Cr4V2Co5	HS6-5-2-5		
16	W6Mo5Cr4V3Co8	HS6-5-3-8		
17	W7Mo4Cr4V2Co5	—		
18	W2Mo9Cr4VCo8	HS2-9-1-8		
19	W10Mo4Cr4V3Co10	HS10-4-3-10		

3. 高速工具钢牌号及化学成分(熔炼分析)

表 3-77

序号	统一数字代号	牌　号	化学成分(质量分数)(%)									
			C	Mn	Si[a]	S	P	Cr	V	W	Mo	Co
1	T63342	W3Mo3Cr4V2	0.95~1.03	≤0.40	≤0.45	≤0.030	≤0.030	3.80~4.50	2.20~2.50	2.70~3.00	2.50~2.90	—
2	T64340	W4Mo3Cr4VSi	0.83~0.93	0.20~0.40	0.70~1.00	≤0.030	≤0.030	3.80~4.40	1.20~1.80	3.50~4.50	2.50~3.50	—
3	T51841	W18Cr4V	0.73~0.83	0.10~0.40	0.20~0.40	≤0.030	≤0.030	3.80~4.50	1.00~1.20	17.20~18.70	—	—
4	T62841	W2Mo8Cr4V	0.77~0.87	≤0.40	≤0.70	≤0.030	≤0.030	3.50~4.50	1.00~1.40	1.40~2.00	8.00~9.00	—
5	T62942	W2Mo9Cr4V2	0.95~1.05	0.15~0.40	≤0.70	≤0.030	≤0.030	3.50~4.50	1.75~2.20	1.50~2.10	8.20~9.20	—
6	T66541	W6Mo5Cr4V2	0.80~0.90	0.15~0.40	0.20~0.45	≤0.030	≤0.030	3.80~4.40	1.75~2.20	5.50~6.75	4.50~5.50	—
7	T66542	CW6Mo5Cr4V2	0.86~0.94	0.15~0.40	0.20~0.45	≤0.030	≤0.030	3.80~4.50	1.75~2.10	5.90~6.70	4.70~5.20	—
8	T66642	W6Mo6Cr4V2	1.00~1.10	≤0.40	≤0.45	≤0.030	≤0.030	3.80~4.50	2.30~2.60	5.90~6.70	5.50~6.50	—
9	T69341	W9Mo3Cr4V	0.77~0.87	0.20~0.40	0.20~0.40	≤0.030	≤0.030	3.80~4.40	1.30~1.70	8.50~9.50	2.70~3.30	—
10	T66543	W6Mo5Cr4V3	1.15~1.25	0.15~0.40	0.20~0.45	≤0.030	≤0.030	3.80~4.50	2.70~3.20	5.90~6.70	4.70~5.20	—
11	T66545	CW6Mo5Cr4V3	1.25~1.32	0.15~0.40	≤0.70	≤0.030	≤0.030	3.75~4.50	2.70~3.20	5.90~6.70	4.70~5.20	—
12	T66544	W6Mo5Cr4V4	1.25~1.40	≤0.40	≤0.45	≤0.030	≤0.030	3.80~4.50	3.70~4.20	5.20~6.00	4.20~5.00	—
13	T66546	W6Mo5Cr4V2Al	1.05~1.15	0.15~0.40	0.20~0.60	≤0.030	≤0.030	3.80~4.40	1.75~2.20	5.50~6.75	4.50~5.50	Al:0.80~1.20

序号	统一数字代号	牌 号	化学成分(质量分数)(%)									
			C	Mn	Si[a]	S	P	Cr	V	W	Mo	Co
14	T71245	W12Cr4V5Co5	1.50~1.60	0.15~0.40	0.15~0.40	≤0.030	≤0.030	3.75~5.00	4.50~5.25	11.75~13.00	—	4.75~5.25
15	T76545	W6Mo5Cr4V2Co5	0.87~0.95	0.15~0.40	0.20~0.45	≤0.030	≤0.030	3.80~4.50	1.70~2.10	5.90~6.70	4.70~5.20	4.50~5.00
16	T76438	W6Mo5Cr4V3Co8	1.23~1.33	≤0.40	≤0.70	≤0.030	≤0.030	3.80~4.50	2.70~3.20	5.90~6.70	4.70~5.30	8.00~8.80
17	T77445	W7Mo4Cr4V2Co5	1.05~1.15	0.20~0.60	0.15~0.50	≤0.030	≤0.030	3.75~4.50	1.75~2.25	6.25~7.00	3.25~4.25	4.75~5.75
18	T72948	W2Mo9Cr4VCo8	1.05~1.15	0.15~0.40	0.15~0.65	≤0.030	≤0.030	3.50~4.25	0.95~1.35	1.15~1.85	9.00~10.00	7.75~8.75
19	T71010	W10Mo4Cr4V3Co10	1.20~1.35	≤0.40	≤0.45	≤0.030	≤0.030	3.80~4.50	3.00~3.50	9.00~10.00	3.20~3.90	9.50~10.50

注:①表中牌号 W18Cr4V、W12Cr4V5Co5 为钨系高速工具钢,其他为钨钼系高速工具钢。

②[a] 电渣钢的硅含量下限不限。

③根据需方要求,为改善钢的切削加工性能,其硫含量可定为 0.06%~0.15%。

④钢中残余铜含量应不大于 0.25%,残余镍含量应不大于 0.30%。

⑤在钨系高速钢中,钼含量允许到 1.0%。钨钼二者关系,当钼含量超过 0.30%时,钨含量应减少,在钼含量超过 0.30%的部分,每 1%的钼代替 1.8%的钨,在这种情况下,在牌号的后面加上"Mo"。

4. 高速工具钢棒交货状态的硬度

表 3-78

序号	牌 号	交货硬度[a] (退火态) HBW,不大于	试样热处理制度及淬回火硬度					
			预热温度 (℃)	淬火温度(℃)		淬火介质	回火温度 (℃)	硬度 HRC,不小于
				盐浴炉	箱式炉			
1	W3Mo3Cr4V2	255		1 180~1 120	1 180~1 120		540~560	63
2	W4Mo3Cr4VSi	255		1 170~1 190	1 170~1 190		540~560	63
3	W18Cr4V	255		1 250~1 270	1 260~1 280		550~570	63
4	W2Mo8Cr4V	255		1 180~1 120	1 180~1 120		550~570	63
5	W2Mo9Cr4V2	255		1 190~1 210	1 200~1 220		540~560	64
6	W6Mo5Cr4V2	255		1 200~1 220	1 210~1 230		540~560	64
7	CW6Mo5Cr4V2	255		1 190~1 210	1 200~1 220		540~560	64
8	W6Mo6Cr4V2	262		1 190~1 210	1 190~1 210		550~570	64
9	W9Mo3Cr4V	255		1 200~1 220	1 220~1 240		540~560	64
10	W6Mo5Cr4V3	262	800~900	1 190~1 210	1 200~1 220	油或盐浴	540~560	64
11	CW6Mo5Cr4V3	262		1 180~1 200	1 190~1 210		540~560	64
12	W6Mo5Cr4V4	269		1 200~1 220	1 200~1 220		550~570	64
13	W6Mo5Cr4 V2Al	269		1 200~1 220	1 230~1 240		550~570	65
14	W12Cr4V5Mo5	277		1 220~1 240	1 230~1 250		540~560	65
15	W6Mo5Cr4V2Co5	269		1 190~1 210	1 200~1 220		540~560	64
16	W6Mo5Cr4V3Co8	285		1 170~1 190	1 170~1 190		550~570	65
17	W7Mo4Cr4V2Co5	269		1 180~1 200	1 190~1 210		540~560	66
18	W2Mo9Cr4VCo8	269		1 170~1 190	1 180~1 200		540~560	66
19	W10Mo4Cr4V3Co10	285		1 220~1 240	1 220~1 240		550~570	66

注:①[a] 退火+冷拉态的硬度,允许比退火态指标增加 50HBW。

②回火温度为 550~570℃时,回火 2 次,每次 1h;回火温度为 540~560℃时,回火 2 次,每次 2h。

③试样淬回火硬度供方若能保证可不检验。

5.高速钢的交货状态

钢棒以退火状态交货,或退火后再经其他加工方法加工后交货,具体要求应在合同注明。

十三、弹簧钢(GB/T 1222—2007)

弹簧钢圆钢、方钢直径一般不大于100mm,扁钢厚度一般不大于40mm,盘条直径一般不大于25mm。其外形尺寸及允许偏差符合GB/T 702、GB/T 908、GB/T 14981、GB/T 905等标准规定。

弹簧钢以非热处理状态交货,要求热处理状态或剥皮、磨光或其他表面状态交货,应在合同中注明。

弹簧钢按实际重量交货。

1.弹簧钢的牌号和化学成分

表3-79

序号	统一数字代号	牌号	化学成分(质量分数)(%)										
			C	Si	Mn	Cr	V	W	B	Ni	Cu[a]	P	S
										不大于			
1	U20652	65	0.62~0.70	0.17~0.37	0.50~0.80	≤0.25				0.25	0.25	0.035	0.035
2	U20702	70	0.62~0.75	0.17~0.37	0.50~0.80	≤0.25				0.25	0.25	0.035	0.035
3	U20852	85	0.82~0.90	0.17~0.37	0.50~0.80	≤0.25				0.25	0.25	0.035	0.035
4	U21653	65Mn	0.62~0.70	0.17~0.37	0.90~1.20	≤0.25				0.25	0.25	0.035	0.035
5	A77552	55SiMnVB	0.52~0.60	0.70~1.00	1.00~1.30	≤0.35	0.08~0.16		0.0005~0.0035	0.35	0.25	0.035	0.035
6	A11602	60Si2Mn	0.56~0.64	1.50~2.00	0.70~1.00	≤0.35				0.35	0.25	0.035	0.035
7	A11603	60Si2MnA	0.56~0.64	1.60~2.00	0.70~1.00	≤0.35				0.35	0.25	0.025	0.025
8	A21603	60Si2CrA	0.56~0.64	1.40~1.80	0.40~0.70	0.70~1.00				0.35	0.25	0.025	0.025
9	A28603	60Si2CrVA	0.56~0.64	1.40~1.80	0.40~0.70	0.90~1.20	0.10~0.20			0.35	0.25	0.025	0.025
10	A21553	55SiCrA	0.51~0.59	1.20~1.60	0.50~0.80	0.50~0.80				0.35	0.25	0.025	0.025
11	A22553	55CrMnA	0.52~0.60	0.17~0.37	0.65~0.95	0.65~0.95				0.35	0.25	0.025	0.025
12	A22603	60CrMnA	0.56~0.64	0.17~0.37	0.70~1.00	0.70~1.00				0.35	0.25	0.025	0.025
13	A23503	50CrVA	0.46~0.54	0.17~0.37	0.50~0.80	0.80~1.10	0.10~0.20			0.35	0.25	0.025	0.025
14	A22613	60CrMnBA	0.56~0.64	0.17~0.37	0.70~1.00	0.70~1.00			0.0005~0.0040	0.35	0.25	0.025	0.025
15	A27303	30W4Cr2VA	0.26~0.34	0.17~0.37	≤0.40	2.00~2.50	0.50~0.80	4.00~4.50		0.35	0.25	0.025	0.025
16	A76282	28MnSiB	0.24~0.32	0.60~1.00	1.20~1.60	≤0.25			0.0005~0.0035	0.35	0.25	0.035	0.035

注:[a] 根据需方要求,并在合同中注明,钢中残余铜含量应不大于0.20%。

2. 弹簧钢材的纵向力学性能

表 3-80

序号	牌号	热处理制度[a]			力学性能,不小于				
		淬火温度 (℃)	淬火 介质	回火温度 (℃)	抗拉强度 R_m (N/mm²)	屈服强度 R_{eL} (N/mm²)	断后伸长率		断面收缩率 Z (%)
							A(%)	$A_{11.3}$(%)	
1	65	840	油	500	980	785		9	35
2	70	830	油	480	1 030	835		8	30
3	85	820	油	480	1 130	980		6	30
4	65Mn	830	油	540	980	785		8	30
5	55SiMnVB	860	油	460	1 375	1 225		5	30
6	60Si2Mn	870	油	480	1 275	1 180		5	25
7	60Si2MnA	870	油	440	1 570	1 375		5	20
8	60Si2CrA	870	油	420	1 765	1 570	6		20
9	60Si2CrVA	850	油	410	1 860	1 665	6		20
10	55SiCrA	860	油	450	1 450~1 750	1 300($R_{p0.2}$)	6		25
11	55CrMnA	830~860	油	460~510	1 225	1 080($R_{p0.2}$)	9[b]		20
12	60CrMnA	830~860	油	460~520	1 225	1 080($R_{p0.2}$)	9[b]		20
13	50CrVA	850	油	500	1 275	1 130	10		40
14	60CrMnBA	830~860	油	460~520	1 225	1 080($R_{p0.2}$)	9[b]		20
15	30W4Cr2VA[c]	1 050~1 100	油	600	1 470	1 325	7		40
16	28MnSiB	900	水或油	320	1 275	1 180	5		25

注:①[a] 除规定热处理温度上下限外,表中热处理温度允许偏差为淬火:±20℃;回火:±50℃。根据需方特殊要求,回火可按±30℃
进行。

②[b] 其试样可采用下列试样中的一种。若按 GB/T 228 规定作拉伸试验时,所测断后伸长率值供参考。

试样一:标距为 50mm,平行长度 60mm,直径 14mm,肩部半径大于 15mm。

试样一:标距为 $4\sqrt{S_0}$(S_0 表示平行长度的原始横截面积,mm²),平行长度 12 倍标距长度,肩部半径大于 15mm。

③[c] 30W4Cr2VA 除抗拉强度外,其他力学性能检验结果供参考,不作为交货依据。

④表所列力学性能适用于直径或边长不大于 80mm 的棒材以及厚度不大于 40mm 的扁钢,直径或边长大于 80mm 的棒材,厚度
大于 40mm 的扁钢,允许其断后伸长率、断面收缩率较表中的规定分别降低 1%(绝对值)及 5%(绝对值)。

⑤直径或边长大于 80mm 的棒材,允许将取样用坯改锻(轧)成直径或边长为 70~80mm 后取样,检验结果应符合本表的规定。

⑥盘条通常不检验力学性能。如需方要求检验力学性能,则具体指标由供需双方协商确定。

⑦55SiMnVB 钢和 28MnSiB 钢应进行淬透性试验。

3. 弹簧钢的交货硬度

表 3-81

组 号	牌 号	交货状态	布氏硬度 HBW, 不大于
1	65 70	热轧	285
2	85 65Mn	热轧	302
3	60Si2Mn 60Si2MnA 50CrVA 55SiMnVB 55CrMnA 60CrMnA	热轧	321
4	60Si2CrA 60Si2CrVA 60CrMnBA 55SiCrA 30W4Cr2VA	热轧	供需双方协商
		热轧+热处理	321
5	所有牌号	冷拉+热处理	321
6		冷拉	供需双方协商
7	28MnSiB	热轧	302

4.弹簧钢平面扁钢公称尺寸规格(mm)

表 3-82

宽 度	厚 度																
	5	6	7	8	9	10	11	12	13	14	16	18	20	25	30	35	40
45	×	×	×	×	×	×											
50	×	×	×	×	×	×	×	×									
55	×	×	×	×	×												
60	×	×	×	×	×	×	×	×	×								
70		×	×	×	×	×	×	×	×	×	×	×	×				
75			×	×	×	×	×	×	×	×							
80				×	×	×	×	×	×	×	×	×	×				
90				×	×	×	×	×	×	×	×	×	×	×	×	×	×
100				×	×	×	×	×	×	×	×	×	×	×	×	×	×
110				×	×	×	×	×	×	×	×	×	×	×	×	×	×
120					×	×	×	×	×	×	×	×	×	×	×	×	×
140								×	×	×	×	×	×	×	×	×	×
160										×	×	×	×	×	×	×	×

注:表中"×"表示为推荐规格。

5.钢材的表面质量

(1)热轧和锻制钢材表面不应有裂纹、折叠、结疤、夹杂、分层及压入的氧化铁皮。钢材的局部缺陷必须清除,清除时不应对钢材的使用造成有害影响,清除后不应使钢材小于允许的最小尺寸,清除的宽度不小于清除深度的 5 倍。允许有从实际尺寸算起不超过公称尺寸公差之半的个别细小划痕、压痕存在。

(2)冷拉圆钢表面应符合 GB/T 3078 的规定。

(3)剥皮或磨光状态交货的钢材表面应光滑、光亮、洁净,不应有裂纹、发纹、折叠、刮痕、凹面、结疤、锈蚀和氧化皮等外部缺陷存在。但是允许有深度不超过公称直径公差之半的个别轻微的划痕、螺旋纹或润滑油痕迹存在。

第三节 常 用 钢 材

一、混凝土结构用钢材

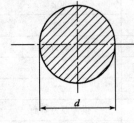

图 3-1 光圆钢筋截面图
d-钢筋直径

(一)钢筋混凝土用热轧光圆钢筋(GB 1499.1—2008)

光圆钢筋经热轧成型,横截面通常为圆形、表面光滑的成品钢筋。钢筋按屈服强度特征值分为 235 和 300 两个级别。

根据 2011 年国家发改委第九号令——产业结构调整指导目录规定HPB235 级钢筋属于淘汰产品,推广用 HPB300 级光圆钢筋取代 HPB235 级光圆钢筋。

钢以氧气转炉、电炉冶炼。

1. 钢筋牌号的构成及其含义

表 3-83

产品名称	牌 号	牌号构成	英文字母含义
热轧光圆钢筋	HPB235	由 HPB+屈服强度特征值构成	HPB—热轧光圆钢筋的英文(Hot rolled Plain Bars)缩写
	HPB300		

2. 钢筋直径,横截面积和理论重量

表 3-84

直 径		公称横截面面积 (mm^2)	理论重量 (kg/m)	实际重量与理论重量的允许偏差(%)
公称直径(mm)	允许偏差(mm)			
6(6.5)	±0.3	28.27(33.18)	0.222(0.260)	±7
8		50.27	0.395	
10		78.54	0.617	
12		113.1	0.888	
14	±0.4	153.9	1.21	±5
16		201.1	1.58	
18		254.5	2.00	
20		314.2	2.47	
22		380.1	2.98	

注:①钢筋直径的不圆度应小于等于 0.4mm。
②理论重量按密度为 7.85g/cm^3 计算。
③实际重量与理论重量的允许偏差为直条钢筋。

3. 光圆钢筋的化学成分(熔炼分析)

表 3-85

牌 号	化学成分(质量分数)(%),不大于				
	C	Si	Mn	P	S
HPB235	0.22	0.30	0.65	0.045	0.050
HPB300	0.25	0.55	1.50		

注:①钢中残余元素铬、镍、铜含量应各不大于 0.30%,供方如能保证可不作分析。
②钢筋的成品化学成分允许偏差应符合 GB/T 222 的规定。

4. 光圆钢筋的力学性能特征值

表 3-86

牌 号	屈服强度 R_{eL} (MPa)	抗拉强度 R_m (MPa)	断后伸长率 A (%)	最大力总伸长率 A_{gt} (%)	冷弯试验180° (d-弯芯直径, a-钢筋公称直径)
	不小于				
HPB235	235	370	25.0	10.0	$d=a$
HPB300	300	420			

注:①根据供需双方协议,伸长率类型可从 A 或 A_{gt} 中选定。如伸长率类型未经协议确定,则伸长率采用 A,仲裁检验时采用 A_{gt}。
②按表中规定的弯芯直径弯曲 180°后,钢筋受弯曲部位表面不得产生裂纹。

5. 钢筋质量要求

(1)钢筋应无有害的表面缺陷,按盘卷交货的钢筋应将头尾有害缺陷部分切除。

(2)试样可使用钢丝刷清理,清理后的重量、尺寸、横截面积和拉伸性能满足本部分的要求,锈皮、表面不平整或氧化铁皮不作为拒收的理由。

(3)直条钢筋的弯曲度应不影响正常使用,总弯曲度不大于钢筋总长度的0.4%。
钢筋端部应剪切正直,局部变形应不影响使用。

6.钢筋的订货要求

订货的合同至少应包括下列内容:

(1)标准编号;

(2)产品名称;

(3)钢筋牌号;

(4)钢筋公称直径、长度及重量(或数量、盘重);

(5)特殊要求。

7.钢筋的交货规定

(1)钢筋可按直条或盘卷交货。

(2)直条钢筋定尺长度应在合同中注明。按定尺长度交货的直条钢筋其长度允许偏差范围为0~+50mm。

(3)按盘卷交货的钢筋,每根盘条重量应不小于500kg,每盘重量应不小于1 000kg。

(4)钢筋按实际重量交货,也可按理论重量交货。

(5)钢筋应按批进行检查和验收,每批由同一牌号、同一炉罐号、同一尺寸的钢筋组成。每批重量通常不大于60t。超过60t的部分,每增加40t(或不足40t的余数),增加一个拉伸试验试样和一个弯曲试验试样。

(6)允许由同一牌号、同一冶炼方法、同一浇铸方法的不同炉罐号组成混合批。各炉罐号含碳量之差不大于0.02%,含锰量之差不大于0.15%。混合批的重量不大于60t。

8.钢筋重量偏差的测量

(1)测量钢筋重量偏差时,试样应从不同根钢筋上截取,数量不少于5支,每支试样长度不小于500mm。长度应逐支测量,应精确到1mm。测量试样总重量时,应精确到不大于总重量的1%。

(2)钢筋实际重量与理论重量的偏差(%):

$$重量偏差=\frac{试样实际总重量-(试样总长度\times理论重量)}{试样总长度\times理论重量}\times100$$

(二)钢筋混凝土用热轧带肋钢筋(GB 1499.2—2007)

钢筋混凝土用热轧带肋钢筋的横截面通常为圆形,且表面带肋的混凝土结构用钢材。分钢筋混凝土用普通热轧带肋钢筋和细晶粒热轧带肋钢筋。普通热轧钢筋按热轧状态交货,细晶粒热轧钢筋,是在热轧过程中,通过控轧和控冷工艺形成的细晶粒钢筋。钢筋按屈服强度特征值分为335、400、500级。带肋钢筋通常带有纵肋,也可不带纵肋。

根据2011年国家产业结构调整指导目录规定HRB335级钢筋属于淘汰产品;推广使用400MPa级及以上的钢筋。

1.钢筋牌号的构成及其含义

表3-87

类别	牌号	牌号构成	英文字母含义
普通热轧钢筋	HRB335	由HRB+屈服强度特征值构成	HRB-热轧带肋钢筋的英文(Hot rolled Ribbed Bars)缩写
	HRB400		
	HRB500		
细晶粒热轧钢筋	HRBF335	由HRBF+屈服强度特征值构成	HRBF-在热轧带肋钢筋的英文缩写后加"细"的英文(Fine)首字母
	HRBF400		
	HRBF500		

2.带纵肋的月牙肋钢筋规格尺寸及允许偏差(mm)(图 3-2)

表 3-88

公称直径 d	内径 d_1 公称尺寸	内径 d_1 允许偏差	横肋高 h 公称尺寸	横肋高 h 允许偏差	纵肋高 h_1 (不大于)	横肋宽 b	纵肋宽 a	间距 l 公称尺寸	间距 l 允许偏差	横肋末端最大间隙 (公称周长的10%弦长)
6	5.8	±0.3	0.6	±0.3	0.8	0.4	1.0	4.0		1.8
8	7.7	±0.4	0.8	+0.4 −0.3	1.1	0.5	1.5	5.5		2.5
10	9.6		1.0	±0.4	1.3	0.6	1.5	7.0	±0.5	3.1
12	11.5		1.2	+0.4 −0.5	1.6	0.7	1.5	8.0		3.7
14	13.4		1.4		1.8	0.8	1.8	9.0		4.3
16	15.4		1.5		1.9	0.9	1.8	10.0		5.0
18	17.3		1.6	±0.5	2.0	1.0	2.0	10.0		5.6
20	19.3		1.7		2.1	1.2	2.0	10.0		6.2
22	21.3	±0.5	1.9		2.4	1.3	2.5	10.5	±0.8	6.8
25	24.2		2.1	±0.6	2.6	1.5	2.5	12.5		7.7
28	27.2		2.2		2.7	1.7	3.0	12.5		8.6
32	31.0	±0.6	2.4	+0.8 −0.7	3.0	1.9	3.0	14.0		9.9
36	35.0		2.6	+1.0 −0.8	3.2	2.1	3.5	15.0	±1.0	11.1
40	38.7	±0.7	2.9	±1.1	3.5	2.2	3.5	15.0		12.4
50	48.5	±0.8	3.2	±1.2	3.8	2.5	4.0	16.0		15.5

注:①纵肋斜角 θ 为0°～30°。

②尺寸 a、b 为参考数据。

③不带纵肋的月牙肋钢筋,其内径尺寸可按本表的规定作适当调整,但重量允许偏差仍应符合表 3-92 的规定。

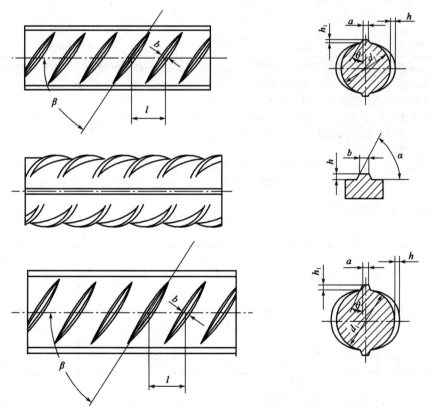

图 3-2　月牙肋钢筋(带纵肋)表面及截面形状图

d_1-钢筋内径;α-横肋斜角;h-横肋高度;β-横肋与轴线夹角;h_1-纵肋高度;θ-纵肋斜角;a-纵肋顶宽;l-横肋间距;b-横肋顶宽

3. 带肋钢筋的牌号和化学成分

表 3-89

牌　号	碳当量 不大于 C_{eq}(%)	化学成分(质量分数%)　不大于					其　他
		C	Si	Mn	P	S	
HRB335 HRBF335	0.52	0.25	0.80	1.60	0.045	0.045	根据需要钢中可加入 V、Nb、Ti 等元素
HRB400 HRBF400	0.54						
HRB500 HRBF500	0.55						

注：①碳当量 C_{eq}(百分比)值可按下式计算；碳当量 C_{eq} 的允许偏差为 +0.03%。

$$C_{eq}=C+Mn/6+(Cr+V+Mo)/5+(Cu+Ni)/15$$

②钢的氮含量应不大于 0.012%。供方如能保证可不作分析。钢中如有足够数量的氮结合元素，含氮量的限制可适当放宽。

③细晶粒热轧钢筋应做晶粒度检验，其晶粒度不粗于 9 级，如供方能保证可不做晶粒度检验。

4. 带肋钢筋的力学性能特征值

表 3-90

牌号	屈服强度 R_{eL} (MPa)	抗拉强度 R_m (MPa)	断后伸长率 A (%)	最大力总伸 长率 A_{gt} (%)
	不小于			
HRB335 HRBF335	335	455	17	7.5
HRB400 HRBF400	400	540	16	
HRB500 HRBF500	500	630	15	

注：①直径 28～40mm 各牌号钢筋的断后伸长率 A 可降低 1%；直径大于 40mm 各牌号钢筋的断后伸长率 A 可降低 2%。

②有较高要求的抗震结构适用牌号为：在已有牌号后加 E(例如：HRB400E、HRBF400E)的钢筋。该类钢筋除应满足以下 a、b、c 的要求外，其他要求与相对应的已有牌号钢筋相同。

a. 钢筋实测抗拉强度与实测屈服强度之比 R_m^0/R_{eL}^0 不小于 1.25。(R_m^0 为钢筋实测抗拉强度；R_{eL}^0 为钢筋实测屈服强度)

b. 钢筋实测屈服强度与表规定的屈服强度特征值之比 R_{eL}^0/R_{eL} 不大于 1.30。

c. 钢筋的最大力总伸长率 A_{gt} 不小于 9%。

③对于没有明显屈服强度的钢，屈服强度特征值 R_{eL} 应采用规定非比例延伸强度 $R_{p0.2}$。

④根据供需双方协议，伸长率类型可从 A 或 A_{gt} 中选定。如伸长率类型未经协议确定，则伸长率采用 A，仲裁检验时采用 A_{gt}。

5. 带肋钢筋的弯曲性能(单位：mm)

表 3-91

牌号	钢筋公称直径 d	弯曲 180°后，表面 不产生裂纹	反向弯曲无裂纹 (先正弯 90°，后反弯 20°)
		弯芯直径	弯芯直径
HRB335 HRBF335	6～25	3d	4d
	28～40	4d	5d
	>40～50	5d	6d
HRB400 HRBF400	6～25	4d	5d
	28～40	5d	6d
	>40～50	6d	7d

牌号	钢筋公称直径 d	弯曲180°后,表面不产生裂纹	反向弯曲无裂纹(先正弯90°,后反弯20°)
		弯芯直径	弯芯直径
HRB500 HRBF500	6~25	6d	7d
	28~40	7d	8d
	>40~50	8d	9d

注:根据需方要求,钢筋可进行反向弯曲性能试验。

6.钢筋的公称直径、横截面面积与理论重量

表 3-92

公称直径 (mm)	公称横截面面积 (mm²)	理论重量 (kg/m)	实际重量与理论重量的允许偏差(%)	总弯曲度
6	28.27	0.222	±7	
8	50.27	0.395		
10	78.54	0.617		
12	113.1	0.888		
14	153.9	1.21	±5	
16	201.1	1.58		直条钢筋总弯曲度不大于钢筋总长度0.4%
18	254.5	2.00		
20	314.2	2.47		
22	380.1	2.98		
25	490.9	3.85		
28	615.8	4.83	±4	
32	804.2	6.31		
36	1 018	7.99		
40	1 257	9.87		
50	1 964	15.42		

注:①理论重量按密度为 7.85g/cm³ 计算。

②钢筋实际重量与理论重量的偏差按下式计算:

$$重量偏差=\frac{试样实际总重量-(试样总长度×理论重量)}{试样总长度×理论重量}×100$$

其中:测量钢筋重量偏差时,试样应从不同根钢筋上截取,数量不少于5支,每支试样长度不小于500mm。长度应逐支测量,应精确到1mm。测量试样总重量时,应精确到不大于总重量的1%。

7.订货内容

带肋钢筋订货的合同至少应包括下列内容:

(1)标准编号;

(2)产品名称;

(3)钢筋牌号;

(4)钢筋公称直径、长度(或盘径)及重量(或数量,或盘重);

(5)特殊要求。

8.热轧带肋钢筋的交货

(1)钢筋通常按直条交货,直径不大于12mm的钢筋也可按盘卷交货。

钢筋按盘卷交货时,每盘应是一条钢筋,允许每批有5%的盘数(不足两盘时可有两盘)由两条钢筋组成。其盘重及盘径由供需双方协商确定。

（2）钢筋可按理论重量交货，也可按实际重量交货。

（3）钢筋按定尺交货时的长度允许偏差为±25mm（具体交货长度应在合同中注明）。

当要求最小长度时，其偏差为+50mm。

当要求最大长度时，其偏差为-50mm。

（4）带肋钢筋组批规则：

①钢筋应按批进行检查和验收，每批由同一牌号、同一炉罐号、同一规格的钢筋组成。每批重量通常不大于60t。超过60t的部分，每增加40t（或不足40t的余数），增加一个拉伸试验试样和一个弯曲试验试样。

②允许由同一牌号、同一冶炼方法、同一浇铸方法的不同炉罐号组成混合批，但各炉罐号含碳量之差不大于0.02%，含锰量之差不大于0.15%。混合批的重量不大于60t。

（5）带肋钢筋的表面标志：

①带肋钢筋应在其表面轧上牌号标志，还可依次轧上经注册的厂名（或商标）和公称直径毫米数字。

②钢筋牌号以阿拉伯数字或阿拉伯数字加英文字母表示，HRB335、HRB400、HRB500分别以3、4、5表示，HRBF335、HRBF400、HRBF500分别以C3、C4、C5表示。厂名以汉语拼音字头表示，公称直径毫米数以阿拉伯数字表示。

③公称直径不大于10mm的钢筋，可不轧制标志，可采用挂标牌方法。

④标志应清晰明了，标志的尺寸由供方按钢筋直径大小做适当规定，与标志相交的横肋可以取消。

⑤牌号带E（例如HRB400E、HRBF400E等）的钢筋，应在标牌及质量证明书上明示。

⑥除上述规定外，钢筋的包装、标志和质量证明书应符合GB/T 2101的有关规定。

（三）钢筋混凝土用钢筋焊接网（GB/T 1499.3—2010）

钢筋混凝土用钢筋焊接网采用GB 13788标准牌号CRB550冷轧带肋钢筋和符合GB 1499.2规定的无纵肋的热轧带肋钢筋以电阻焊方式焊接而成，如图3-3所示。

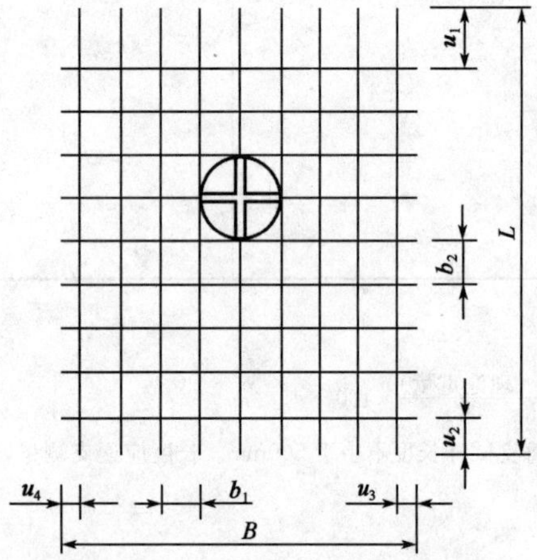

图3-3　钢筋焊接网形状

b_1—纵向间距；b_2—横向间距；u_1，u_2—纵向伸出长度；u_3，u_4—横向伸出长度；B—网片宽度；L—网片长度

注：间距为同一方向相邻钢筋中心线之间的距离，对于并筋，中心线为两根钢筋接触点的分切线。

钢筋焊接网按钢筋的牌号、直径、长度和间距分为定型钢筋焊接网和定制钢筋焊接网两种。定型钢筋焊接网在两个方向上的钢筋牌号、直径、长度和间距可以不同，但同一方向上应采用同一牌号和直径的钢筋并具有相同的长度和间距。

定型钢筋焊接网按焊接网型号，长度方向钢筋牌号×宽度方向钢筋牌号—网片长度（mm）×网片宽度（mm）内容次序标记。

例如：AIO-CRB550×CRB550—4 800mm×2 400mm。

定制钢筋焊接网采用的钢筋及其长度和间距根据需方要求，由供需双方协商确定，以设计图表示。

钢筋焊接网按实际重量交货，也可按理论重量交货。理论重量按组成钢筋公称直径和规定尺寸计算（密度7.85g/cm³）。钢筋焊接网实际重量与理论重量的允许偏差为±4%。

1.钢筋焊接网的尺寸和允许偏差

纵向钢筋间距为50mm的整倍数，横向钢筋间距为25mm的整倍数，最小间距采用100mm，间距的允许偏差为±10mm和规定间距的±5%的较大值。

钢筋的伸出长度不小于25mm。

网片长度和宽度的允许偏差为±25mm和规定长度的±0.5%的较大值。

2.钢筋焊接网的性能要求

焊接网钢筋的力学与工艺性能符合相应标准中牌号钢筋的规定。对于公称直径不小于6mm的焊接网用冷轧带肋钢筋,其最大力总伸长率(A_{gt})应不小于2.5%。钢筋的强屈比 $R_m/R_{p0.2}$ 应不小于1.05。钢筋焊接网焊点的抗剪力应不小于试样受拉钢筋规定屈服力值的0.3倍。

3. 钢筋焊接网的规格型号

(1)桥面用标准钢筋焊接网

表 3-93

序号	网片编号	网片型号		网片尺寸		伸 出 长 度				单片钢网		
		直径(mm)	间距(mm)	纵向(mm)	横向(mm)	纵向钢筋		横向钢筋		纵向钢筋根数(根)	横向钢筋根数(根)	重量(kg)
						u_1(mm)	u_2(mm)	u_3(mm)	u_4(mm)			
1	QW-1	7	100	10 250	2 250	50	300	50	300	20	100	129.9
2	QW-2	8	100	10 300	2 300	50	350	50	350	20	100	172.2
3	QW-3	9	100	10 350	2 250	50	400	50	400	19	100	210.4
4	QW-4	10	100	10 350	2 250	50	400	50	400	19	100	260.2
5	QW-5	11	100	10 400	2 250	50	450	50	450	19	100	319.0

(2)建筑用标准钢筋焊接网

表 3-94

序号	网片编号	网片型号		网片尺寸		伸 出 长 度				单片钢网		
		直径(mm)	间距(mm)	纵向(mm)	横向(mm)	纵向钢筋		横向钢筋		纵向钢筋根数(根)	横向钢筋根数(根)	重量(kg)
						u_1(mm)	u_2(mm)	u_3(mm)	u_4(mm)			
1	JW-1a	6	150	6 000	2 300	75	75	25	25	16	40	41.7
2	JW-1b	6	150	5 950	2 350	25	375	25	375	14	38	38.3
3	JW-2a	7	150	6 000	2 300	75	75	25	25	16	40	56.8
4	JW-2b	7	150	5 950	2 350	25	375	25	375	14	38	52.1
5	JW-3a	8	150	6 000	2 300	75	75	25	25	16	40	74.3
6	JW-3b	8	150	5 950	2 350	25	375	25	375	14	38	68.2
7	JW-4a	9	150	6 000	2 300	75	75	25	25	16	40	93.8
8	JW-4b	9	150	5 950	2 350	25	375	25	375	14	38	86.1
9	JW-5a	10	150	6 000	2 300	75	75	25	25	16	40	116.0
10	JW-5b	10	150	5 950	2 350	25	375	25	375	14	38	106.5
11	JW-6a	12	150	6 000	2 300	75	75	25	25	16	40	166.9
12	JW-6b	12	150	5 950	2 350	25	375	25	375	14	38	153.3

(3)定型钢筋焊接网型号

表 3-95

钢筋焊接网型号	纵 向 钢 筋			横 向 钢 筋			重量(kg/m²)
	公称直径(mm)	间距(mm)	每延米面积(mm²/m)	公称直径(mm)	间距(mm)	每延米面积(mm²/m)	
A18	18	200	1 273	12	200	566	14.43
A16	16		1 006	12		566	12.34
A14	14		770	12		566	10.49
A12	12		566	12		566	8.88

钢筋焊接网型号	纵向钢筋			横向钢筋			重量(kg/m²)
	公称直径(mm)	间距(mm)	每延米面积(mm²/m)	公称直径(mm)	间距(mm)	每延米面积(mm²/m)	
A11	11		475	11		475	7.46
A10	10		393	10		393	6.16
A9	9		318	9		318	4.99
A8	8	200	252	8	200	252	3.95
A7	7		193	7		193	3.02
A6	6		142	6		142	2.22
A5	5		98	5		98	1.54
B18	18		2 545	12		566	24.42
B16	16		2 011	10		393	18.89
B14	14		1 539	10		393	15.19
B12	12		1 131	8		252	10.90
B11	11		950	8		252	9.43
B10	10	100	785	8	200	252	8.14
B9	9		635	8		252	6.97
B8	8		503	8		252	5.93
B7	7		385	7		193	4.53
B6	6		283	7		193	3.73
B5	5		196	7		193	3.05
C18	18		1 697	12		566	17.77
C16	16		1 341	12		566	14.98
C14	14		1 027	12		566	12.51
C12	12		754	12		566	10.36
C11	11		634	11		475	8.70
C10	10	150	523	10	200	393	7.19
C9	9		423	9		318	5.82
C8	8		335	8		252	4.61
C7	7		257	7		193	3.53
C6	6		189	6		142	2.60
C5	5		131	5		98	1.80
D18	18		2 545	12		1 131	28.86
D16	16		2 011	12		1 131	24.68
D14	14		1 539	12		1 131	20.98
D12	12		1 131	12		1 131	17.75
D11	11		950	11		950	14.92
D10	10	100	785	10	100	785	12.33
D9	9		635	9		635	9.98
D8	8		503	8		503	7.90
D7	7		385	7		385	6.04
D6	6		283	6		283	4.44
D5	5		196	5		196	3.08

钢筋焊接网型号	纵 向 钢 筋			横 向 钢 筋			重量 (kg/m²)
	公称直径 (mm)	间距 (mm)	每延米面积 (mm²/m)	公称直径 (mm)	间距 (mm)	每延米面积 (mm²/m)	
E18	18		1 697	12		1 131	19.25
E16	16		1 341	12		754	16.46
E14	14		1 027	12		754	13.99
E12	12		754	12		754	11.84
E11	11		634	11		634	9.95
E10	10	150	523	10	150	523	8.22
E9	9		423	9		423	6.66
E8	8		335	8		335	5.26
E7	7		257	7		257	4.03
E6	6		189	6		189	2.96
E5	5		131	5		131	2.05
F18	18		2 545	12		754	25.90
F16	16		2 011	12		754	21.70
F14	14		1 539	12		754	18.00
F12	12		1 131	12		754	14.80
F11	11		950	11		634	12.43
F10	10	100	785	10	150	523	10.28
F9	9		635	9		423	8.32
F8	8		503	8		335	6.58
F7	7		385	7		257	5.03
F6	6		283	6		189	3.70
F5	5		196	5		131	2.57

4. 钢筋焊接网的包装、标志及质量证明书

(1)钢筋焊接网应捆扎整齐、牢固,必要时应加刚性支撑或支架,以防止运输吊装过程中钢筋焊接网产生影响使用的变形。

(2)捆扎交货的钢筋焊接网均应吊挂标牌,标明生产厂名、标准编号、钢筋焊接网型号、尺寸、批号、片数或重量、生产日期、检验印记等内容。

(3)钢筋焊接网交货时应附有质量证明书,注明生产厂名、需方名称、标准编号、交货钢筋焊接网的型号、批号、尺寸、片数或重量、各检验项目检验结果、供方质检部门印记等内容。

(4)钢筋焊接网应按批进行检查验收,每批应由同一型号、同一原材料来源、同一生产设备并在同一连续时段内制造的钢筋焊接网组成,重量不大于 60t。

(四)冷轧带肋钢筋(GB 13788—2008)

冷轧带肋钢筋系由热轧圆盘条经冷轧后,在其表面带有沿长度方向均匀分布的三面或二面呈月牙形横肋的产品,其公称直径相当于横截面积相等的光圆钢筋。

冷轧带肋钢筋按抗拉强度(MPa)分为 CRB550、CRB650、CRB800、CRB970 四个牌号,其中,CRB550 为普通钢筋混凝土用钢筋,其他牌号为预应力混凝土用钢筋。CRB 为英文"冷轧、带肋、钢筋"三个词的首位字母。

钢筋的规格范围:

CRB550 钢筋公称直径范围为 4～12mm；

其他牌号钢筋公称直径为 4、5、6mm。

1. 冷轧带肋钢筋规格尺寸和重量

表 3-96

公称直径 (mm)	公称截面积 (mm²)	理论重量 (kg/m)	横肋高（mm）		横肋顶宽 (mm)	横肋间隙 (mm)	相对肋面积 f_r, 不小于	每盘重量 (kg)	理论重量允许偏差
			中点	1/4 处					
4	12.6	0.099	0.3	0.24		4	0.036		
5	19.6	0.154	0.32	0.26		4	0.039		
6	28.3	0.222	0.40	0.32		5	0.039		
7	38.5	0.302	0.46	0.37		5	0.045		
8	50.3	0.395	0.55	0.44		6	0.045		
9	63.9	0.499	0.75	0.60		7	0.052		
10	78.5	0.617	0.75	0.60		7	0.052		
12	113.1	0.888	0.95	0.76		8.4	0.056		
4.5	15.9	0.125	0.32	0.26	～0.2d	4	0.039	≥100	±4%
5.5	23.7	0.186	0.4	0.32		5	0.039		
6.5	33.2	0.261	0.46	0.37		5	0.045		
7.5	44.2	0.347	0.55	0.44		6	0.045		
8.5	56.7	0.445	0.55	0.44		7	0.045		
9.5	70.8	0.556	0.75	0.6		7	0.052		
10.5	86.5	0.679	0.75	0.6		7.4	0.052		
11	95	0.746	0.85	0.68		7.4	0.056		
11.5	103.8	0.815	0.95	0.76		8.4	0.056		

注：①二面肋钢筋允许有高度不大于 0.5 肋高的纵肋。

②d 为公称直径。

③直条钢筋的每米弯曲度不大于 4mm，总弯曲度不大于钢筋全长的 0.40%。

2. 冷轧带肋钢筋力学性能

表 3-97

牌号	规定非比例延伸强度 $R_{p0.2}$(MPa)，不小于	抗拉强度 R_m(MPa)，不小于	伸长率（%），不小于		弯曲试验 180℃	反复弯曲次数	应力松弛初始应力应相当于公称抗拉强度的 70%
			$A_{11.3}$	A_{100}			1 000h 松弛率（%），不大于
CRB550	500	550	8.0	—	D=3d	—	
CRB650	585	650	—	4.0	—	3	8
CRB800	720	800	—	4.0	—	3	8
CRB970	875	970	—	4.0	—	3	8

注：①D 为弯心直径；d 为钢筋公称直径。

②反复弯曲试验的弯曲半径如下：钢筋直径（mm）　弯曲半径（mm）

　　　　　　　　　　　　　　　　　　4　　　　　10

　　　　　　　　　　　　　　　　　　5　　　　　15

　　　　　　　　　　　　　　　　　　6　　　　　15

③钢筋的强屈比 $R_m/R_{p0.2}$ 比值应≥1.03。经供需双方协议可用 A_{gt}≥2.0% 代替 A。

3.冷轧带肋钢筋用盘条的参考牌号和化学成分

表 3-98

钢筋牌号	盘条牌号	化学成分（%）					
		C	Si	Mn	V、Ti	S	P
CRB550	Q215	0.09～0.15	≤0.30	0.25～0.55	—	≤0.050	≤0.045
CRB650	Q235	0.14～0.22	≤0.30	0.30～0.65	—	≤0.050	≤0.045
CRB800	24MnTi	0.19～0.27	0.17～0.37	1.20～1.60	Ti：0.01～0.05	≤0.045	≤0.045
	20MnSi	0.17～0.25	0.40～0.80	1.20～1.60	—	≤0.045	≤0.045
CRB970	41MnSiV	0.37～0.45	0.60～1.10	1.00～1.40	V：0.05～0.12	≤0.045	≤0.045
	60	0.57～0.65	0.17～0.37	0.50～0.80	—	≤0.035	≤0.035

注：60 钢的 Ni、Cr、Cu 含量各不大于 0.25%。

4.交货状态：钢筋通常按盘卷交货

冷轧带肋钢筋以冷加工状态交货，允许冷轧后进行低温回火处理。钢筋每盘应由一根组成，CRB650 及以上牌号的钢筋不得有焊接接头。

CRB550 钢也可按直条交货，其长度及允许偏差、捆重由供需双方商定。

钢筋表面不得有裂纹、折叠、结疤、油污及其他影响使用的缺陷。

钢筋应按批进行检查和验收，每批应由同一牌号、同一外形、同一规格、同一生产工艺和同一交货状态的钢筋组成，每批不大于 60t。

（五）混凝土制品用冷拔低碳钢丝（JC/T 540—2006）

冷拔低碳钢丝为光面钢丝。用符合 GB/T 701 规定的热轧圆盘条为母材经一次或多次冷拔制成。

冷拔低碳钢丝分为甲、乙两级。甲级冷拔低碳钢丝适用于作预应力筋（如预应力管、自应力管、排水管、电杆、管桩及市政水泥制品的受力筋）；乙级冷拔低碳钢丝适用于作焊接网、焊接骨架、箍筋和构造钢筋。甲级冷拔低碳钢丝成品中不允许有焊接接头。

标记：冷拔低碳钢丝的代号为 CDW。

标记内容包含冷拔低碳钢丝名称、公称直径、抗拉强度、代号及标准号。

示例 1：公称直径为 5.0mm、抗拉强度为 650MPa 的甲级冷拔低碳钢丝标记为：

　　　　甲级冷拔低碳钢丝　5.0-650-CDW　JC/T 540—2006

示例 2：公称直径为 4.0mm、抗拉强度为 550MPa 的乙级冷拔低碳钢丝标记为：

　　　　乙级冷拔低碳钢丝　4.0-550-CDW　JC/T 540—2006

冷拔低碳钢丝表面不应有裂纹、小刺、油污及其他机械损伤。钢丝表面允许有浮锈，但不得出现锈皮及肉眼可见的锈蚀麻坑。

1.冷拔低碳钢丝的公称直径、允许偏差及公称横截面面积

表 3-99

公称直径 d（mm）	直径允许偏差（mm）	公称横截面面积 S（mm²）	理论重量（kg/1 000m）
3.0	±0.06	7.07	55.49
4.0	±0.08	12.57	98.67
5.0	±0.10	19.63	154.2
6.0	±0.12	28.27	221.9

注：经供需双方协商，也可生产其他直径的冷拔低碳钢丝。

2. 冷拔低碳钢丝的力学性能

表 3-100

级别	公称直径 d (mm)	抗拉强度 R_a (MPa),不小于	断后伸长率 A_{100} (%),不小于	反复弯曲次数(次/180),不小于
甲级	5.0	650	3.0	4
		600		
	4.0	700	2.5	
		650		
乙级	3.0,4.0,5.0,6.0	550	2.0	

注:甲级冷拔低碳钢丝作预应力筋用时,如经机械调直则抗拉强度标准值应降低 50MPa。

(六)预应力混凝土用钢棒(GB/T 5223.3—2005)

预应力混凝土用钢棒(PCB)按外形分为光圆钢棒(P)、螺旋槽钢棒(HG)、螺旋肋钢棒(HR)、带肋钢棒(R)四种。每种又分为普通松弛(N)和低松弛(L)两类。表面形状、类型按用户要求选定。

订货合同应包括以下内容:①产品名称;②产品代号;③公称直径;④强度、延性级别、松弛级别;⑤标准编号;⑥数量;⑦用途;⑧需方提出的其他特殊要求。

制造钢棒用原材料为低合金钢热轧圆盘条,经冷加工后(或不经冷加工)淬火和回火制得。成品钢棒不得存在电接头。

标记:预应力钢棒、公称直径、公称抗拉强度、代号、延性级别(延性35或延性25)、松弛(N或L)、标准号。

示例:公称直径为9mm,公称抗拉强度为 1 420MPa,35 级延性,低松弛预应力混凝土用螺旋槽钢棒,其标记为:

PCB 9-1420-35-L-HG-GB/T 5223.3—2005

1. 螺旋槽、螺旋肋和带肋钢棒的外形和尺寸

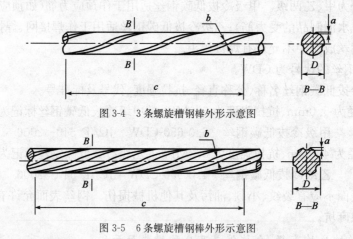

图 3-4　3 条螺旋槽钢棒外形示意图

图 3-5　6 条螺旋槽钢棒外形示意图

(1)螺旋槽钢棒的尺寸及偏差

表 3-101

公称直径 D_n (mm)	螺旋槽数量 (条)	外轮廓直径及偏差		螺旋槽尺寸				导程及偏差	
		直径 D (mm)	偏差 (mm)	深度 a (mm)	偏差 (mm)	宽度 b (mm)	偏差 (mm)	导程 (mm)	偏差 (mm)
7.1	3	7.25	±0.15	0.20		1.70			
9	6	9.15		0.30	±0.10	1.50	±0.10	公称直径的10倍	±10
10.7	6	11.10	±0.20	0.30		2.00			
12.6	6	13.10		0.45	±0.15	2.20			

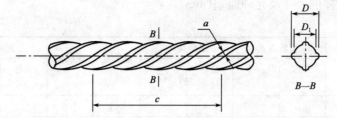

图 3-6　螺旋肋钢棒外形示意图

（2）螺旋肋钢棒的尺寸及偏差

表 3-102

公称直径 D_n (mm)	螺旋肋数量 (条)	基圆尺寸		外轮廓尺寸		单肋尺寸	螺旋肋导程 c (mm)
		基圆直径 D_1 (mm)	偏差 (mm)	外轮廓直径 D (mm)	偏差 (mm)	宽度 a (mm)	
6		5.80		6.30		2.20～2.60	40～50
7		6.73		7.46		2.60～3.00	50～60
8	4	7.75	±0.10	8.45	±0.15	3.00～3.40	60～70
10		9.75		10.45		3.60～4.20	70～85
12		11.70	±0.15	12.50	±0.20	4.20～5.00	85～100
14		13.75		14.40		5.00～5.80	100～115

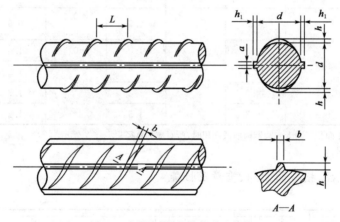

图 3-7　有纵肋带肋钢棒外形示意图

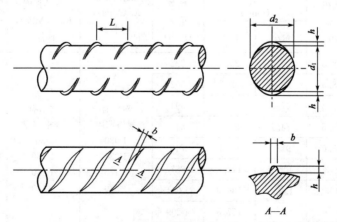

图 3-8　无纵肋带肋钢棒外形示意图

（3）有纵肋带肋钢棒的尺寸及允许偏差（mm）

表 3-103

公称直径 D_n	内径 d		横肋高 h		纵肋高 h_1		横肋宽 b	纵肋宽 a	间距 L		横肋末端最大间隙（公称周长的10%弦长）
	公称尺寸	偏差	公称尺寸	偏差	公称尺寸	偏差			公称尺寸	偏差	
6	5.8	±0.4	0.5	±0.3	0.6	±0.3	0.4	1.0	4		1.8
8	7.7		0.7	+0.4 −0.3	0.8	±0.5	0.6	1.2	5.5		2.5
10	9.6	±0.5	1.0	±0.4	1	±0.6	1.0	1.5	7	±0.5	3.1
12	11.5		1.2		1.2		1.2	1.5	8		3.7
14	13.4		1.4	+0.4 −0.5	1.4	±0.8	1.2	1.8	9		4.3
16	15.4		1.5		1.5		1.2	1.8	10		5.0

注：①公称直径是指横截面积等同于光圆钢棒横截面积时所对应的直径。
②纵肋斜角 θ 为 0°～30°。
③尺寸 a、b 为参考数据。

（4）无纵肋带肋钢棒的尺寸及允许偏差（mm）

表 3-104

公称直径 D_n	垂直内径 d_1		水平内径 d_2		横肋高 h		横肋宽 b	间距 L	
	公称尺寸	偏差	公称尺寸	偏差	公称尺寸	偏差		公称尺寸	偏差
6	5.7	±0.4	6.2	±0.4	0.5	±0.3	0.4	4	
8	7.5		8.3		0.7	+0.4 −0.3	0.6	5.5	
10	9.4	±0.5	10.3	±0.5	1.0	±0.4	1.0	7	±0.5
12	11.3		12.3		1.2		1.2	8	
14	13		14.3		1.4	+0.4 −0.5	1.2	9	
16	15		16.3		1.5		1.2	10	

注：①公称直径是指横截面积等同于光圆钢棒横截面积时，所对应的直径。
②尺寸 b 为参考数据。

2. 钢棒的公称直径、横截面面积、重量及性能

表 3-105

表面形状类型	公称直径 D_n (mm)	公称横截面面积 S_n (mm²)	横截面面积 S (mm²)		每米参考重量 (g/m)	抗拉强度 R_m (MPa)，不小于	规定非比例延伸强度 $R_{p0.2}$ (MPa)，不小于	弯曲性能	
			最小	最大				性能要求	弯曲半径 (mm)
光圆	6	28.3	26.8	29.0	222	对所有规格钢棒 1 080 1 230 1 420 1 570	对所有规格钢棒 930 1 080 1 280 1 420	反复弯曲不小于4次/180°	15
	7	38.5	36.3	39.5	302				20
	8	50.3	47.5	51.5	394				20
	10	78.5	74.1	80.4	616				25
	11	95.0	93.1	97.4	746			弯曲160°～180°后弯曲处无裂纹	弯芯直径为钢棒公称直径的10倍
	12	113	106.8	115.8	887				
	13	133	130.3	136.3	1 044				
	14	154	145.6	157.8	1 209				
	16	201	190.2	206.0	1 578				

表面形状类型	公称直径 D_n (mm)	公称横截面面积 S_n (mm²)	横截面面积 S (mm²)		每米参考重量 (g/m)	抗拉强度 R_m(MPa), 不小于	规定非比例延伸强度 $R_{p0.2}$(MPa), 不小于	弯曲性能	
			最小	最大				性能要求	弯曲半径 (mm)
螺旋槽	7.1	40	39.0	41.7	314				
	9	64	62.4	66.5	502				—
	10.7	90	87.5	93.6	707				
	12.6	125	121.5	129.9	981				
螺旋肋	6	28.3	26.8	29.0	222			反复弯曲不小于 4 次/180°	15
	7	38.5	36.3	39.5	302				20
	8	50.3	47.5	51.5	394	对所有规格钢棒 1 080 1 230 1 420 1 570	对所有规格钢棒 930 1 080 1 280 1 420		20
	10	78.5	74.1	80.4	616				25
	12	113	106.8	115.8	888			弯曲 160°~180° 后弯曲处无裂纹	弯芯直径为钢棒公称直径的 10 倍
	14	154	145.6	157.8	1 209				
带肋	6	28.3	26.8	29.0	222				
	8	50.3	47.5	51.5	394				
	10	78.5	74.1	80.4	616				
	12	113	106.8	115.8	887				
	14	154	145.6	157.8	1 209				
	16	201	190.2	206.0	1 578				

注:①原材料成分有害杂质含量(质量分数)(%)不大于:P 0.025;S 0.025;Cu 0.25 。

②经供需双方合同注明,可对钢棒进行疲劳试验,数值为:

钢棒应能经受 2×10^6 次 $0.7F_b$~$(0.7F_b-2\Delta F_a)$ 脉动负荷后而不断裂。

光圆钢棒:

$$2\Delta F_a/S_n=200MPa$$

螺旋槽、螺旋肋钢棒及带肋钢棒:

$$2\Delta F_a/S_n=180MPa$$

式中:F_b——钢棒的公称破断力,单位为牛顿(N);

$2\Delta F_a$——应力范围(两倍应力幅)的等效负荷值,单位为牛顿(N);

S_n——钢棒的公称截面积,单位为平方毫米(mm²)。

③除非生产厂家另有规定,弹性模量为 200GPa±10GPa,但不作为交货条件。

3. 钢棒的伸长特性要求

表 3-106

延 性 级 别	最大力总伸长率 A_{gt} (%)	断后伸长率($L_0=8d_n$)A(%), 不小于
延性 35	3.5	7.0
延性 25	2.5	5.0

注:①日常检验可用断后伸长率,仲裁试验以最大力总伸长率为准。

②最大力伸长率标距 $L_0=200mm$。

③断后伸长率标距 L_0 为钢棒公称直径的 8 倍,$L_0=8d_n$。

4.钢棒的最大松弛值

表 3-107

初始应力为公称抗拉强度的百分数(%)	1 000h 松弛值(%)	
	普通松弛(N)	低松弛(L)
70	4.0	2.0
60	2.0	1.0
80	9.0	4.5

注:钢棒应进行初始应力为70%公称抗拉强度时1 000h的松弛试验。假如需方有要求,也应测定初始应力为60%和80%公称抗拉强度时1 000h的松弛值,并符合本表的规定。

5.钢棒交货

产品可以盘卷交货也可直条交货。

盘卷交货的内圈盘径应不小于2 000mm;每盘钢棒由一根组成,盘重一般应不小于500kg。每批允许有10%的盘数小于500kg但不小于200kg。

直条长度及允许偏差按供需双方协议要求。

钢棒表面不得有影响使用的有害损伤和缺陷,允许有浮锈。

伸直性:取弦长为1m的钢棒,放在一平面上,其弦与弧内侧最大自然矢高应不大于5mm。仲裁时以每盘去掉一圈时的试样为准。

(七)预应力混凝土用螺纹钢筋(精轧螺纹钢筋)(GB/T 20065—2006)

预应力混凝土用螺纹钢筋是一种热轧成带有不连续的外螺纹的直条钢筋,该钢筋在任意截面处,均可用带有匹配形状的内螺纹的连接器或锚具进行连接或锚固,如图3-9所示。

预应力混凝土用螺纹钢筋以屈服强度划分级别,其代号为"PSB"加上规定屈服强度最小值表示。P、S、B分别为英文词的首位字母。例如:PSB830 表示屈服强度最小值为830MPa的钢筋。

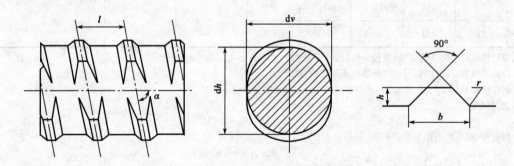

图 3-9 钢筋表面及截面形状

d_h-基圆直径;d_v-基圆直径;h-螺纹高;b-螺纹底宽;l-螺距;r-螺纹根弧;α-导角

1.钢筋的外形尺寸和允许偏差

表 3-108

公称直径(mm)	基圆直径(mm)				螺纹高(mm)		螺纹底宽(mm)		螺距(mm)		螺纹根弧 r (mm)	导角 α
	d_h		d_v		h		b		l			
	公称尺寸	允许偏差	公称尺寸	允许偏差	公称尺寸	允许偏差	公称尺寸	允许偏差	公称尺寸	允许偏差		
18	18.0	±0.4	18.0	+0.4 -0.8	1.2	±0.3	4.0	±0.5	9.0	±0.2	1.0	80°42′
25	25.0		25.0	+0.4 -0.8	1.6		6.0		12.0	±0.3	1.5	81°19′

公称直径(mm)	基圆直径(mm)				螺纹高(mm)		螺纹底宽(mm)		螺距(mm)		螺纹根弧 r (mm)	导角 α
	dh		dv		h		b		l			
	公称尺寸	允许偏差	公称尺寸	允许偏差	公称尺寸	允许偏差	公称尺寸	允许偏差	公称尺寸	允许偏差		
32	32.0	±0.5	32.0	+0.4 −1.2	2.0	±0.4	7.0		16.0	±0.3	2.0	80°40′
40	40.0	±0.6	40.0	+0.5 −1.2	2.5	±0.5	8.0	±0.5	20.0	±0.4	2.5	80°29′
50	50.0		50.0	+0.5 −1.2	3.0	+0.5 −1.0	9.0		24.0		2.5	81°19′

注:①螺纹底宽允许偏差属于轧辊设计参数。
　　②钢筋表面不得有横向裂纹、结疤和折叠。
　　③允许有不影响钢筋力学性能和连接的其他缺陷。
　　④弯曲度和端部。

钢筋的弯曲度不得影响正常使用,钢筋每米弯曲度不应大于 4mm,总弯曲度不大于钢筋总长度的 0.4%。

钢筋的端部应平齐,不影响连接器通过。

2. 钢筋规格、参数

表 3-109

公称直径(mm)	公称截面面积(mm²)	有效截面系数	理论截面面积(mm²)	理论重量(kg/m)	重量允差
18	254.5	0.95	267.9	2.11	
25	490.9	0.94	522.2	4.10	
32	804.2	0.95	846.5	6.65	±4%
40	1 256.6	0.95	1 322.7	10.34	
50	1 963.5	0.95	2 066.8	16.28	

注:①钢筋公称截面面积(不含螺纹的钢筋截面面积)与理论截面面积(含螺纹的截面面积)的比值,称有效截面系数。
　　②重量允差为钢筋实际重量与理论重量的允许偏差。

3. 钢筋的力学性能

表 3-110

级　　别	屈服强度 R_{eL}(MPa)	抗拉强度 R_m(MPa)	断后伸长率 A(%)	最大力下总伸长率 A_{gt}(%)	应力松弛性能	
					初始应力	1 000h 后应力松弛率 V_r(%)
	不　小　于					
PSB785	785	980	7			
PSB830	830	1 030	6	3.5	$0.8R_{eL}$	≤3
PSB930	930	1 080	6			
PSB1080	1 080	1 230	6			

无明显屈服时,用规定非比例延伸强度($R_{p0.2}$)代替

注:①供方在保证钢筋 1 000h 松弛性能合格的基础上,可进行 10h 松弛试验,初始应力为公称屈服强度的 80%,松弛率不大于 1.5%。
　　②伸长率类型通常选用 A,经供需双方协商,也可选用 A_{gt}。
　　③经供需双方协商,可进行疲劳试验。
　　④钢筋钢的熔炼分析中,硫、磷含量不大于 0.035%。

4. 钢筋的交货

(1)钢筋以热轧状态、轧后余热处理状态或热处理状态按直条交货。

(2)钢筋按实际重量或理论重量交货。

(3)钢筋通常按定尺长度交货,具体交货长度应在合同中注明。可按需方要求长度进行锯切再加工。

钢筋按定尺或倍尺长度交货时,长度允许偏差为0~+20mm。

(4)钢筋的标志。

钢筋按强度级别进行端头涂色,规定如下:PSB785 不涂色、PSB830 涂白色、PSB930 涂黄色、PSB1080 涂红色。

钢筋可采用挂标牌方法,钢筋按强度级别以 PSB785、PSB830,PSB930、PSB1080 表示,直径毫米数以阿拉伯数字表示。

(八)冷轧扭钢筋(JC 190—2006)

冷轧扭钢筋以 Q235 或 Q215 低碳钢热轧圆盘条经调直、冷轧、冷扭(或冷滚)成型,适用于混凝土结构。

钢筋按截面形状分为三种类型:Ⅰ型—近似矩形截面;Ⅱ型—近似正方形截面;Ⅲ型—近似圆形截面,如图 3-10 所示。

钢筋按强度分为 550 级和 650 级二级。

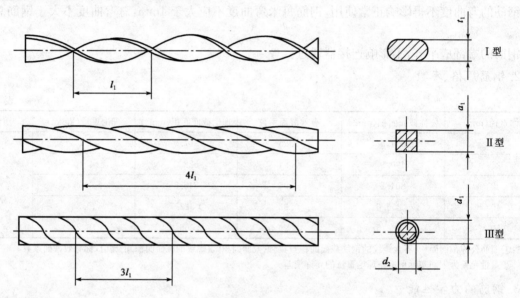

图 3-10 冷轧扭钢筋形状及截面控制尺寸

1. 钢筋标记

冷轧扭钢筋的标记由产品名称代号、强度级别代号、标志代号、主参数代号以及类型代号组成。

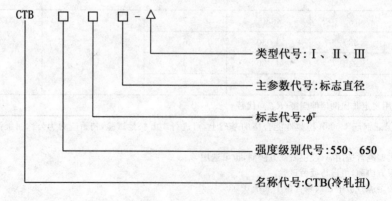

类型代号:Ⅰ、Ⅱ、Ⅲ

主参数代号:标志直径

标志代号:ϕ^T

强度级别代号:550、650

名称代号:CTB(冷轧扭)

示例 1:冷轧扭钢筋 550 级Ⅱ型,标志直径 10mm,标记为:CTB550ϕ^T10—Ⅱ。

示例 2:冷轧扭钢筋 650 级Ⅲ型,标志直径 8mm,标记为:CTB650ϕ^T8—Ⅲ。

2. 钢筋的截面控制尺寸、节距

表 3-111

强度级别	型号	标志直径 d (mm)	截面控制尺寸(mm),不小于				节距 l_1 (mm),不大于
			轧扁厚度 t_1	正方形边长 a_1	外圆直径 d_1	内圆直径 d_2	
CTB550	I	6.5	3.7	—	—	—	75
		8	4.2	—	—	—	95
		10	5.3	—	—	—	110
		12	6.2	—	—	—	150
	II	6.5	—	5.40	—	—	30
		8	—	6.50	—	—	40
		10	—	8.10	—	—	50
		12	—	9.60	—	—	80
	III	6.5	—	—	6.17	5.67	40
		8	—	—	7.59	7.09	60
		10	—	—	9.49	8.89	70
CTB650	III	6.5	—	—	6.00	5.50	30
		8	—	—	7.38	6.88	50
		10	—	—	9.22	8.67	70

3. 钢筋的公称横截面面积和理论重量

表 3-112

强度级别	型号	标志直径 d (mm)	公称横截面面积 A_s (mm²)	理论重量 (kg/m)	重量允差
CTB550	I	6.5	29.50	0.232	
		8	45.30	0.356	
		10	68.30	0.536	
		12	96.14	0.755	
	II	6.5	29.20	0.229	
		8	42.30	0.332	
		10	66.10	0.519	钢筋的实际重量与理论重量的允差不大于 −5%
		12	92.74	0.728	
	III	6.5	29.86	0.234	
		8	45.24	0.355	
		10	70.69	0.555	
CTB650	III	6.5	28.20	0.221	
		8	42.73	0.335	
		10	66.76	0.524	

注:冷轧扭钢筋定尺长度尺寸允许偏差:
①单根长度大于 8m 时,为±15mm;
②单根长度小于或等于 8m 时,为±10mm。

4. 钢筋的力学性能和工艺性能指标

表 3-113

强度级别	型号	抗拉强度 σ_b (N/mm^2)	伸长率 $A(\%)$	180°弯曲试验 (弯心直径=3d)	应力松弛率(%)(当 $\sigma_{con}=0.7f_{ptk}$)	
					10h	1 000h
CTB550	I	≥550	$A_{11.3}$≥4.5	受弯曲部位钢筋表面不得产生裂纹	—	—
	II	≥550	A≥10		—	—
	III	≥550	A≥12		—	—
CTB650	III	≥650	A_{100}≥4		≤5	≤8

注:①d 为冷轧扭钢筋标志直径。

②A、$A_{11.3}$ 分别表示以标距 $5.65\sqrt{S_0}$ 或 $11.3\sqrt{S_0}$(S_0 为试样原始截面面积)的试样拉断伸长率,A_{100} 表示标距为 100mm 的试样拉断伸长率。

③σ_{coa} 为预应力钢筋张拉控制应力;f_{ptk} 为预应力冷轧扭钢筋抗拉强度标准值。

5. 钢筋交货

冷轧扭钢筋表面不应有影响钢筋力学性能的裂纹、折叠、结疤、机械损伤或其他影响使用的缺陷。

(1)交货状态

对于 550 级 I、II 和 III 型冷轧扭钢筋均应以冷加工状态直条交货;对于 650 级 III 型钢筋,可采用冷加工状态盘条交货。

(2)标志、标签

冷轧扭钢筋产品应有标签标志,标明钢筋的型号、强度等级、规格(标志直径)和长度尺寸,并注明数量、生产企业名称、生产日期、商标以及检验印记。

冷轧扭钢筋应成捆(或成盘)交货。每捆(或每盘)应由同一型号、强度等级、规格(标志直径)和长度尺寸的钢筋组成。每捆(或每盘)应有两个以上(含两个)标签,每捆(或每盘)两端用铁丝(当钢筋定尺长度大于 6m 时,每捆至少应有 3 处)绑扎整齐、牢固。

每批冷轧扭钢筋出厂应有产品质量证明书或合格证书以及产品性能检验报告。

(3)运输和储存

冷轧扭钢筋应成捆(或成盘)运输和装卸,且应避免钢筋受弯折。

冷轧扭钢筋宜随加工随用。当需要堆放时应分型号、强度等级、规格(标志直径)整捆(或整盘)整齐堆垛,底层用干燥垫木垫牢,并在防雨条件下储存。

(4)验收分批规则和检验判定

冷轧扭钢筋验收批应由同一型号、同一强度等级、同一规格尺寸、同一台(套)轧机生产的钢筋组成,且每批不应大于 20t,不足 20t 按一批计。

当检验项目中一项或几项检验结果不符合标准相关规定时,则应从同一批钢筋中重新加倍随机抽样,对不合格项目进行复检。若试样复检后合格,则可判定该批钢筋合格,否则应根据不同项目按下列规则判定:

①当抗拉强度、伸长率、180°弯曲性能不合格或质量负偏差大于 5%时,判定该批钢筋为不合格。

②当钢筋力学与工艺性能合格,但截面控制尺寸(轧扁厚度、边长或内外圆直径)小于标准规定值或节距大于标准规定值时,该批钢筋应降直径规格使用。

(九)钢筋混凝土用余热处理钢筋(GB 13014—2013)

钢筋混凝土用余热处理钢筋系热轧后利用热处理原理进行表面控制冷却,并利用芯部余热自身完成回火处理所得的成品钢筋。其基圆上形成环状的淬火自回火组织,如图 3-11 所示。

钢筋按屈服强度特征值分为 400 级和 500 级,按用途分为可焊和非可焊。

表 3-114

类　别	牌　号	牌 号 构 成	英文字母含义
余热处理钢筋	RRB400 RRB500	由 RRB+规定的屈服强度 特征值构成	RRB——余热处理筋的英文缩写; W——焊接的英文缩写
	RRB400W	由 RRB+规定的屈服强度 特征值构成+可焊	

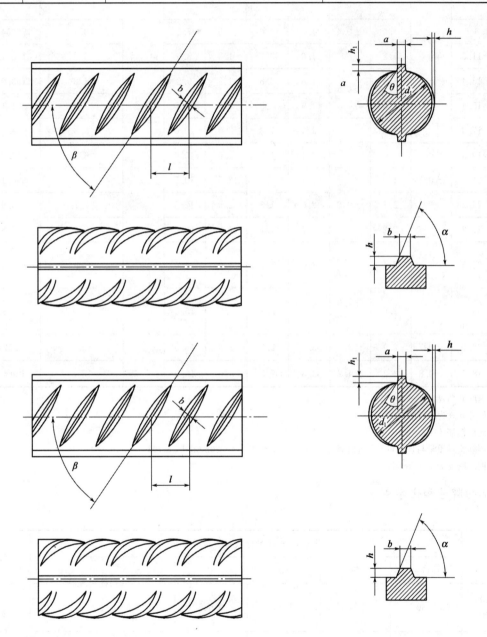

图 3-11　月牙肋钢筋(带纵肋)表面及截面形状

d_1-钢筋内径;α-横肋斜角;h-横肋高度;β-横肋与轴线夹角;h_1-纵肋高度;θ-纵肋斜角;a-纵肋顶宽;l-横肋间距;b-横肋顶宽

1. 钢筋的尺寸、参数

表 3-115

公称直径 (mm)	内径 d_1(mm)		横肋高 h(mm)		纵肋高 h_1(mm)，不大于	横肋顶宽 b (mm)	纵肋顶宽 a (mm)	间距 l(mm)		横肋末端最大间隙(公称周长的10%弦长) (mm)	公称横截面面积 (mm²)	理论重量 (kg/m)
	公称尺寸	允许偏差	公称尺寸	允许偏差				公称尺寸	允许偏差			
8	7.7		0.8	+0.4 −0.3	1.1	0.5	1.5	5.5		2.5	50.27	0.395
10	9.6		1.0	±0.4	1.3	0.6	1.5	7.0		3.1	78.54	0.617
12	11.5	±0.4	1.2		1.6	0.7	1.5	8.0	±0.5	3.7	113.1	0.888
14	13.4		1.4	+0.4 −0.5	1.8	0.8	1.8	9.0		4.3	153.9	1.21
16	15.4		1.5		1.9	0.9	1.8	10.0		5.0	201.1	1.58
18	17.3		1.6	±0.5	2.0	1.0	2.0	10.0		5.6	254.5	2.00
20	19.3		1.7		2.1	1.2	2.0	10.0		6.2	314.2	2.47
22	21.3	±0.5	1.9		2.4	1.3	2.5	10.5	±0.8	6.8	380.1	2.98
25	24.2		2.1	±0.6	2.6	1.5	2.5	12.5		7.7	490.9	3.85
28	27.2		2.2		2.7	1.7	3.0	12.5		8.6	615.8	4.83
32	31.0	±0.6	2.4	+0.8 −0.7	3.0	1.9	3.0	14.0		9.9	804.2	6.31
36	35.0		2.6	+1.0 −0.8	3.2	2.1	3.5	15.0	±1.0	11.1	1 018	7.99
40	38.7	±0.7	2.9	±1.1	3.5	2.2	3.5	15.0		12.4	1 257	9.87
50	48.5	±0.8	3.2	±1.2	3.8	2.5	4.0	16.0		15.5	1 964	15.42

注：①纵肋斜角 θ 为 0°～30°。

②尺寸 a、b 为参考数据。

③允许钢筋不带纵肋。

④钢筋实际重量与理论重量的允许偏差：8～12mm，±6%；14～20mm，±5%；22～50mm，±4%。

⑤钢的密度为 7.85kg/dm³。

2. 钢的牌号和化学成分

表 3-116

牌　号	化学成分(质量分数)(%)，不大于						其　他
	C	Si	Mn	P	S	Ceq	
RRB400 RRB500	0.30	1.00	1.60	0.045	0.045	—	根据需要可加：V、Nb、Ti 等
RRB400W	0.25	0.80	1.60	0.045	0.045	0.50	

注：①碳当量 CEV(百分比)值可按下式计算。允许偏差为 +0.02%。

$$CEV = C + Mn/6 + (Cr + V + Mo)/5 + (Cu + Ni)/15$$

②钢中铬、镍、铜的残余含量应各不大于 0.30%，其总量不大于 0.60%。经需方同意，铜的残余含量可不大于 0.35%。

③钢的氮含量应不大于 0.012%。供方如能保证可不作分析。钢中如有足够数量的氮结合元素，含氮量的限制可适当放宽。

3. 钢筋的力学性能

表 3-117

牌号	屈服强度 R_{eL}(MPa)	抗拉强度 R_m(MPa)	断后伸长率 A(%)	最大力总伸长率 A_{gt}(%)
	不小于			
RRB400	400	540	14	5.0
RRB500	500	630	13	
RRB400W	430	570	16	7.5

注：①时效后检验结果。
②直径28~40mm各牌号钢筋的断后伸长率 A 可降低1%。直径大于40mm各牌号钢筋的断后伸长率可降低2%。
③对于没有明显屈服强度的钢,屈服强度特性值 R_{eL} 应采用规定非比例延伸强度 $R_{p0.2}$。
④根据供需双方协议,伸长率类型可从 A 或 A_{gt} 中选定。如伸长率类型未经协议确定,则伸长率采用 A。伸裁试验时采用 A_{gt}。

4. 钢筋的弯曲性能

表 3-118

牌 号	公称直径 d(mm)	弯 芯 直 径(mm)
RRB400 RRB400W	8~25	4d
	28~40	5d
RRB500	8~25	6d

注：①按表中规定的弯芯直径弯曲180°后,钢筋受弯曲部位表面不得产生裂纹。
②根据需方要求,钢筋可进行反向弯曲性能试验。
反向弯曲试验的弯芯直径比弯曲试验相应增加一个钢筋直径。
反向弯曲试验：先正向弯曲90°后再反向弯曲20°。经反向弯曲试验后,钢筋受弯曲部位表面不得产生裂纹。
③经供需双方协议,可进行疲劳性能试验。疲劳试验的技术要求和试验方法由供需双方协商确定。

5. 钢筋交货

(1)钢筋按实际重量或理论重量并以余热处理状态交货。

(2)钢筋通常按定尺长度交货,具体交货长度应在合同中注明。

钢筋按定尺交货时的长度允许偏差为0~+50mm。

(3)钢筋可以盘卷交货,每盘应是一条钢筋,允许每批有5%的盘数(不足两盘时可有两盘)由两条钢筋组成。其盘重及盘径由供需双方协商确定。

(4)直条钢筋的弯曲度应不影响正常使用,总弯曲度不大于钢筋总长度的0.4%。

(5)钢筋应无有害的表面缺陷,钢筋端部应剪切正直,局部变形应不影响使用。

(6)带肋钢筋的表面标志。

①带肋钢筋应在其表面轧上牌号标志,还可依次轧上经注册的厂名(或商标)和公称直径毫米数字。

②钢筋牌号以阿拉伯数字加英文字母表示,RRB400 以 K4 表示;RRB500 以 K5 表示;RRB400W 以 KW4 表示。厂名以汉语拼音字头表示。公称直径毫米数以阿拉伯数字表示。

③公称直径不大于10mm的钢筋,可不轧制标志,采用挂标牌方法。

(十)钢筋混凝土用环氧涂层钢筋(GB/T 25826—2010)

用于制作环氧涂层的钢筋和成品钢筋,其质量应符合 GB 1499.1、GB 1499.2、GB/T 1499.3、GB 13788 等产品标准要求。钢筋表面不应有毛刺、影响涂层质量的尖角及其他缺陷,并应无油、脂或漆等的污染。环氧涂层以粉末形式喷涂在已加热的洁净钢筋表面上,固化后形成的连续涂层。涂层包含热固性环氧树脂、固化剂、颜料及其他添加料。

环氧涂层钢筋适用于处在潮湿环境或侵蚀性介质中的工业与民用房屋、一般构筑物及道路、桥梁、港口、码头等的钢筋混凝土结构中。

环氧涂层钢筋按涂层特性分为 A 类和 B 类。A 类在涂覆后可进行再加工,B 类在涂覆后不应进行再加工。

环氧涂层钢筋的名称代号为 ECR(取自钢筋混凝土用环氧涂层钢筋的英文缩写)。

环氧涂层钢筋的型号由名称代号、涂层性质、钢筋牌号、钢筋直径组成。

示例 1:用直径为 20mm、牌号为 HRB335 热轧带肋钢筋制作的 A 类环氯涂层钢筋,其产品型号为"ECRA·HRB335-20"。

示例 2:用直径为 20mm、牌号为 HRB335 热轧带肋钢筋制作的 B 类环氧涂层钢筋,其产品型号为"ECRB·HRB335-20"。

1. 环氧涂层钢筋的涂覆要求

(1)钢筋在涂覆前其表面应使用钢砂喷射清理,其质量应该达到:

①轧制氧化铁皮的残余量应不超过 5%;

②平均粗糙度应在 $50\sim70\mu m$,平均偏差采用 GB/T 3505 中 R_a 值;

③表面不应附着有氯化物;

④达到 GB/T 8923 规定的目视评定除锈等级 Sa 2½级。

(2)涂层的涂覆应尽快在净化处理后的钢筋表面上进行,且钢筋表面不得有肉眼可见的氧化现象。如果相对湿度超过 85%,应停止涂覆操作。

钢筋净化处理和涂覆涂层最长间隔时间 表 3-119

相对湿度 RH	最长时间(min)	相对湿度 RH	最长时间(min)
$RH\leqslant55\%$	180	$65\%<RH\leqslant75\%$	60
$55\%<RH\leqslant65\%$	90	$75\%<RH\leqslant85\%$	30

(3)固化后的涂层厚度应至少有 95%以上在 $180\sim300\mu m$,单个记录值不得低于 $140\mu m$。涂层厚度的上限不适用于受损涂层修补的部位。对耐腐蚀等要求较高的环境下,固化后的涂层厚度的应至少有 95%以上在 $220\sim400\mu m$,单个记录值不得低于 $180\mu m$。

(4)涂层固化后,应无孔洞、空隙、裂纹和其他目视可见的缺陷。涂层钢筋每米长度上的漏点数目不应超过 3 个。对于小于 300mm 长的涂层钢筋,漏点数目应不超过 1 个。钢筋焊接网的漏点数量不应超过表 3-120 的规定。切割端头不计入在内。

涂层钢筋焊接网的连续性 表 3-120

间 距	检测的交叉点数量(个)	最多漏点数量	间 距	检测的交叉点数量(个)	最多漏点数量
b_L 和 $b_c\leqslant100mm$	10	20 个/m^2	b_L 或 $b_c>100mm$	5	10 个/m^2

注:①b_L 是钢筋横向间距;b_c 是钢筋纵向间距。

　　②一个交叉点是指以一个焊点及以焊点为圆心半径 13mm 范围内的钢筋。

(5)涂层钢筋与混凝土之间的黏结强度,应不小于无涂层钢筋黏结强度的 85%。

(6)允许的涂层损伤和修补。

涂层在修补前,其受损涂层面积不应超过每米环氧涂层钢筋总体表面积的 0.5%(不包括切割部位)。对目视可见的涂层损伤,应该用规定的修补材料,按照修补材料的使用说明书进行修补。在修补前,应通过适当的方法除去受损部位所有的铁锈。修补后的涂层应符合以上各条的规定,受损部位的涂层厚度应不少于 $180\mu m$。

涂层钢筋的切割部位应使用相同的修补材料进行密封。

由于涂覆工艺的限制,钢筋的端部会出现约 200mm 的不完全的涂覆段。建议将钢筋端部切除或在后续加工中进行修补。

如果每米涂层钢筋损伤面积超过 0.5%,该段应舍弃。修补涂层损伤时,要注意不要将修补材料过多地涂在完好涂层上。

2.环氧涂层钢筋的保管和使用要求

(1)保管

涂层在室外存放2个月以上,应采取保护措施,避免暴露在日照、盐雾和大气中。涂层钢筋在室外储存且无覆盖物,应在该捆钢筋标签上注明室外储存的时间。涂层钢筋储存在具有腐蚀性的环境中,应采取专门保护措施。

涂层钢筋应该用不透明材料或其他合适的保护罩覆盖。对于分层堆放的钢筋捆,遮盖物料应盖严,遮盖物应固定牢固,并保持涂层钢筋周围空气流通,避免覆盖层下凝结水珠。

所有涂覆钢筋储存时应离开地面,并设有保护隔层。

涂层钢筋和成品钢筋的产品型号及批号、涂层日期,应在标牌及质量证明书上标示。

(2)使用

①涂层钢筋的锚固长度应取不小于有关设计规范规定的相同等级和规格的无涂层钢筋锚固长度的1.25倍。

②涂层钢筋的绑扎搭接长度,对受拉钢筋,应取不小于有关设计规范规定的相同等级和规格的无涂层钢筋锚固长度的1.5倍,且不小于375mm,对受压钢筋,应取不小于有关设计规范规定的相同等级和规格的无涂层钢筋锚固长度的1倍,且不小于250mm。

(3)涂层钢筋现场操作指南

①涂层钢筋在搬运过程中应小心操作,避免由于捆绑松散造成的捆与捆或钢筋之间发生磨损。

②宜采用尼龙带等较好柔韧性材料为吊索,不得使用钢丝绳等硬质材料吊装涂层钢筋,以避免吊索与涂层钢筋之间因挤压、摩擦造成涂层破损。吊装时采用多吊点以防止钢筋捆过度下垂。

③涂层钢筋在堆放时,钢筋与地面之间、钢筋与钢筋之间应用木块隔开。

④涂层钢筋与普通钢筋应分开储存。

⑤对涂层钢筋进行弯曲加工时,环境温度不宜低于5℃。钢筋弯曲机的芯轴应套以专用套筒,平板表面应铺以布毡垫层,避免涂层与金属物的直接接触挤压。涂层钢筋的弯曲直径对$d \leqslant 20$mm 钢筋,不宜小于$4d$;对$d > 20$mm 钢筋,不宜小于$6d$,且弯曲速率不宜高于8r/min。

⑥应采用砂轮锯或钢筋切割机对涂层钢筋进行切断加工。切断加工时,在直接接触涂层钢筋的部位应垫以缓冲材料;严禁采用气割方法切断涂层钢筋。切断头应以修补材料进行修补。

⑦任1m 长的涂层钢筋受损涂层面积超过其表面积的1%时,该根钢筋和成品钢筋应废弃。

⑧任1m 长的涂层钢筋受损涂层面积小于其表面积的1%时,应对钢筋和成品钢筋表面目视可见的涂层损伤进行修补。

⑨修补材料要严格按照生产厂家的说明书使用。修补前,必须用适当的方法把受损部位的铁锈清除干净。涂层钢筋在浇筑混凝土之前应完成修补。

⑩固定涂层钢筋和成品钢筋所用的支架、垫块以及绑扎材料表面均应涂上绝缘材料,例如:环氧涂层或塑料涂层材料。

⑪涂层钢筋和成品钢筋在浇筑混凝土之前,应检查涂层是否有损害。特别是钢筋两端剪切部位的涂覆。

⑫涂层钢筋铺设好后,应尽量减少在上面行走。施工设备在移动过程中应避免损害涂层钢筋。

⑬采用插入式混凝土振捣器振捣混凝土时,应在金属振捣棒外套以橡胶套或采用非金属振捣棒,并尽量避免振捣棒与钢筋的直接碰撞。

(十一)预应力混凝土用钢丝(GB/T 5223—2014)

预应力混凝土用钢丝(以下简称"钢丝")以热轧盘条为原料,经冷加工或冷加工后进行连续的稳定化处理制成。钢丝宜选用符合 GB/T 24238《预应力钢丝及钢绞线用热轧盘条》或 GB/T 24242.2《一般用途盘条》规定的牌号制造,也可采用其他牌号制造,生产厂不提供化学成分。成品钢丝不得存在电焊接头，在生产时为了连续作业而焊接的电焊接头，应切除掉。

预应力混凝土用钢丝分为冷拉或消除应力的低松弛光圆、螺旋肋和刻痕钢丝，其中，冷拉钢丝仅用于压力管道。预应力混凝土用钢丝依据设计和施工方法适宜先张法和后张法制造高效能预应力混凝土结构。

1. 钢丝的分类和标记

钢丝按加工状态分为冷拉钢丝和消除应力钢丝两类，代号为：

冷拉钢丝 WCD；消除应力低松弛钢丝 WLR。

钢丝按外形分为光圆钢丝、螺旋肋钢丝(图 3-12)和刻痕钢丝(图 3-13)三种，代号为：光圆钢丝 P；螺旋肋钢丝 H；刻痕钢丝 I。

钢丝产品标记包含下列内容：预应力钢丝、公称直径、抗拉强度等级、加工状态代号、外形代号、标准编号。

示例：直径为 7.00mm，抗拉强度为 1 570MPa 低松弛的螺旋肋钢丝，其标记为：

预应力钢丝　7.00-1 570-WLR-H-GB/T 5223—2014

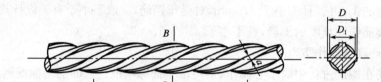

图 3-12　螺旋肋钢丝外形示意图

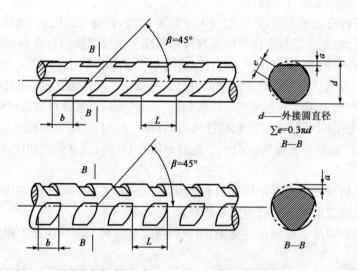

图 3-13　三面刻痕钢丝外形示意图

2. 预应力混凝土用钢丝尺寸和理论重量

(1) 光圆钢丝尺寸及允许偏差、每米理论重量

表 3-121

公称直径 d_n(mm)	直径允许偏差 (mm)	公称横截面面积 S_n(mm²)	每米理论重量 (g/m)
4.00	±0.04	12.57	98.6
4.80		18.10	142

公称直径 d_n(mm)	直径允许偏差 (mm)	公称横截面面积 S_n(mm²)	每米理论重量 (g/m)
5.00		19.63	154
6.00		28.27	222
6.25	±0.05	30.68	241
7.00		38.48	302
7.50		44.18	347
8.00		50.26	394
9.00		63.62	499
9.50		70.88	556
10.00	±0.06	78.54	616
11.00		95.03	746
12.00		113.1	888

注:钢的密度为 7.85g/cm³。

(2)螺旋肋钢丝的尺寸及允许偏差

表 3-122

公称直径 d_n(mm)	螺旋肋数量 (条)	基圆尺寸		外轮廓尺寸		单肋尺寸	螺旋肋导程 C(mm)
		基圆直径 D_1(mm)	允许偏差 (mm)	外轮廓直径 D(mm)	允许偏差 (mm)	宽度 a(mm)	
4.00	4	3.85		4.25		0.90~1.30	24~30
4.80	4	4.60		5.10		1.30~1.70	28~36
5.00	4	4.80		5.30	±0.05		
6.00	4	5.80		6.30		1.60~2.00	30~38
6.25	4	6.00		6.70			30~40
7.00	4	6.73		7.46		1.80~2.20	35~45
7.50	4	7.26	±0.05	7.96		1.90~2.30	36~46
8.00	4	7.75		8.45		2.00~2.40	40~50
9.00	4	8.75		9.45	±0.10	2.10~2.70	42~52
9.50	4	9.30		10.10		2.20~2.80	44~53
10.00	4	9.75		10.45		2.50~3.00	45~58
11.00	4	10.76		11.47		2.60~3.10	50~64
12.00	4	11.78		12.50		2.70~3.20	55~70

注:螺旋肋钢丝的公称横截面面积、每米理论重量与光圆钢丝相同。

(3)三面刻痕钢丝的尺寸及允许偏差

表 3-123

公称直径 d_n(mm)	刻痕深度		刻痕长度		节 距	
	公称深度 a(mm)	允许偏差 (mm)	公称长度 b(mm)	允许偏差 (mm)	公称节距 L(mm)	允许偏差 (mm)
≤5.00	0.12	±0.05	3.5	±0.5	5.5	±0.5
>5.00	0.15		5.0		8.0	

注:①公称直径指横截面面积等同于光圆钢丝横截面面积时所对应的直径。

②三面刻痕钢丝的横截面面积、每米理论重量与光圆钢丝相同。

③三条痕中的其中一条倾斜方向与其他两条相反。

3.预应力混凝土用钢丝的力学性能

(1)压力管道用冷拉钢丝的力学性能。

表 3-124

公称直径 d_n(mm)	公称抗拉强度 R_m(MPa)	最大力的特征值 F_m(kN)	最大力的最大值 $F_{m,max}$(kN)	0.2%屈服力 $F_{p0.2}$(kN)	每210mm扭矩的扭转次数 N	断面收缩率 Z(%)	氢脆敏感性能负载为70%最大力时,断裂时间 t/h	应力松弛性能初始力为最大力70%时,1000h应力松弛率 r(%)
					不	小 于		不大于
4.00		18.48	20.99	13.86	10	35		
5.00		28.86	32.79	21.65	10	35		
6.00	1 470	41.56	47.21	31.17	8	30		
7.00		56.57	64.27	42.42	8	30		
8.00		73.88	83.93	55.41	7	30		
4.00		19.73	22.24	14.80	10	35		
5.00		30.82	34.75	23.11	10	35		
6.00	1 570	44.38	50.03	33.29	8	30		
7.00		60.41	68.11	45.31	8	30		
8.00		78.91	88.96	59.18	7	30	75	7.5
4.00		20.99	23.50	15.74	10	35		
5.00		32.78	36.71	24.59	10	35		
6.00	1 670	47.21	52.86	35.41	8	30		
7.00		64.26	71.96	48.20	8	30		
8.00		83.93	93.99	62.95	6	30		
4.00		22.25	24.76	16.69	10	35		
5.00		34.75	38.68	26.06	10	35		
6.00	1 770	50.04	55.69	37.53	8	30		
7.00		68.11	75.81	51.08	6	30		

注:压力管道用无涂(镀)层冷拉钢丝0.2%屈服力 $F_{p0.2}$ 应不小于最大力的特征值 F_m 的75%。

(2)消除应力光圆及螺旋肋钢丝的力学性能。

表 3-125

公称直径 d_n(mm)	公称抗拉强度 R_m(MPa)	最大力的特征值 F_m(kN)	最大力的最大值 $F_{m,max}$(kN)	0.2%屈服力 $F_{p0.2}$(kN)	最大力总伸长率(L_0=200mm) A_{gt}(%)	反复弯曲性能		应力松弛性能	
						弯曲次数(次/180°)	弯曲半径 R(mm)	初始力相当于实际最大力的百分数(%)	1000h应力松弛率 r(%),不大于
					不 小 于				
4.00		18.48	20.99	16.22		3	10		
4.80		26.61	30.23	23.35		4	15		
5.00		28.86	32.78	25.32		4	15		
6.00		41.56	47.21	36.47		4	15	70	2.5
6.25	1 470	45.10	51.24	39.58	3.5	4	20		
7.00		56.57	64.26	49.64		4	20	80	4.5
7.50		64.94	73.78	56.99		4	20		
8.00		73.88	83.93	64.84		4	20		
9.00		93.52	106.25	82.07		4	25		

公称直径 d_n(mm)	公称抗拉强度 R_m(MPa)	最大力的特征值 F_m(kN)	最大力的最大值 $F_{m,max}$(kN)	0.2%屈服力 $F_{p0.2}$ (kN)	最大力总伸长率 $(L_0=200mm)$ A_{gt}(%)	反复弯曲性能 弯曲次数 (次/180°)	反复弯曲性能 弯曲半径 R (mm)	应力松弛性能 初始力相当于实际最大力的百分数(%)	应力松弛性能 1 000h 应力松弛率 r(%), 不大于
					不小于				
9.50		104.19	118.37	91.44		4	25		
10.00		115.45	131.16	101.32		4	25		
11.00	1 470	139.69	158.70	122.59		—	—		
12.00		166.26	188.88	145.90		—	—		
4.00		19.73	22.24	17.37		3	10		
4.80		28.41	32.03	25.00		4	15		
5.00		30.82	34.75	27.12		4	15		
6.00		44.38	50.03	39.06		4	15		
6.25		48.17	54.31	42.39		4	20		
7.00		60.41	68.11	53.16		4	20		
7.50	1 570	69.36	78.20	61.04		4	20		
8.00		78.91	88.96	69.44		4	20		
9.00		99.88	112.60	87.89		4	25		
9.50		111.28	125.46	97.93		4	25		
10.00		123.31	139.02	108.51		4	25		
11.00		149.20	168.21	131.30		—	—		
12.00		177.57	200.19	156.26	3.5	—	—	70	2.5
4.00		20.99	23.50	18.47		3	10	80	4.5
5.00		32.78	36.71	28.85		4	15		
6.00		47.21	52.86	41.54		4	15		
6.25	1 670	51.24	57.38	45.09		4	20		
7.00		64.26	71.96	56.55		4	20		
7.50		73.78	82.62	64.93		4	20		
8.00		83.93	93.98	73.86		4	20		
9.00		106.25	118.97	93.50		4	25		
4.00		22.25	24.76	19.58		3	10		
5.00		34.75	38.68	30.58		4	15		
6.00	1 770	50.04	55.69	44.03		4	15		
7.00		68.11	75.81	59.94		4	20		
7.50		78.20	87.04	68.81		4	20		
4.00		23.38	25.89	20.57		3	10		
5.00		36.51	40.44	32.13		4	15		
6.00	1 860	52.58	58.23	46.27		4	15		
7.00		71.57	79.27	62.98		4	20		

注:消除应力的光圆及螺旋肋钢丝 0.2%屈服力 $F_{p0.2}$ 应不小于最大力的特征值 F_m 的 88%。

(3)消除应力的刻痕钢丝的力学性能,除弯曲次数外,其他应符合表 3-125 的规定。对所有规格消除应力的刻痕钢丝,其弯曲次数均应不小于 3 次。

4. 其他力学性能要求、表面质量和交货

(1)其他力学性能要求

①对公称直径 d_n 大于 10mm 钢丝进行弯曲试验。在芯轴直径 $D=10d_n$ 条件下,试样弯曲 180° 后弯曲处应无裂纹。

②钢丝弹性模量为 (205 ± 10)GPa,但不作为交货条件。当需方要求时,应满足该范围值。

③根据供货协议,可以提供其他强度级别的钢丝,其力学性能按协议执行。

④允许用 ≥ 120h 的测试数据推算确定 1 000h 松弛值。应进行初始力为实际最大力 70% 的 1 000h 松弛试验,如需方要求,也可以做初始力为实际最大力 80% 的 1 000h 松弛试验。

⑤供方应进行镦头强度检验,镦头强度不低于母材公称抗拉强度的 95%。

⑥消除应力钢丝的伸直性。取弦长为 1m 的钢丝,放在一平面上,其弦与弧内侧最大自然矢高,所有的钢丝均不大于 20mm。

⑦经供需双方协商,合同中注明,可对钢丝进行疲劳性能试验(按 GB/T 21839 的规定进行。常温下,疲劳试验应力频率不大于 120Hz)。

钢丝应能经受 2×10^6 次 $0.7F_m \sim (0.7F_m-F_r)$ 脉动负荷后而不断裂。

光圆钢丝:

$$\frac{F_r}{S_n}=200\text{MPa}$$

螺旋肋及刻痕钢丝:

$$\frac{F_r}{S_n}=180\text{MPa}$$

式中:F_m——钢丝最大力的特征值(N);

$\quad F_r$——应力范围的等效负荷值(N);

$\quad S_n$——钢丝的公称截面积(mm^2)。

⑧经供需双方协商,合同中注明,可对消除应力钢丝进行氢脆敏感性应力腐蚀试验(按 GB/T 21839 规定进行)。在实测最大力 80% 时,试样应满足中位值不少于 5h,单根试样不少于 2h。

⑨压力管道用冷拉钢丝氢脆敏感性应力腐蚀试验期间试验力应保持在最大力的特征值 $70\%\pm2\%$。其他试验条件应符合 GB/T 21839 的要求。试验时间为 100h,单根试样断裂时间均不小于 75h 为合格。

⑩使用计算机采集数据或使用电子拉伸设备,测量总延伸率时预加负荷对试样所产生的伸长应加在总伸长内,测得的总延伸率应修约到 0.5%。

(2)表面质量

钢丝表面不得有裂纹和油污,也不允许有影响使用的拉痕、机械损伤等。允许有深度不大于钢丝公称直径 4% 的不连续纵向表面缺陷。

除非供需双方另有协议,否则钢丝表面只要没有目视可见的锈蚀凹坑,表面浮锈不应作为拒收的理由。

消除应力的钢丝表面允许存在回火颜色。

(3)订货内容

按标准订货的合同应包含以下主要内容:

①标准编号;

②产品名称;

③钢丝强度、加工状态;

④钢丝公称直径、长度(或盘径)及重量(或数量,或盘重);

⑤用途;

⑥其他要求。

(4)交货

①预应力钢丝的不圆度不得超出其直径公差的 1/2。在任何 600mm 长的刻痕钢丝上,至少 90% 的

刻痕应符合表3-123的节距和形状的要求。

②盘重：每盘钢丝由一根组成，其盘重不小于1 000kg，不小于10盘时允许有10%的盘数不足1 000kg，但不小于300kg。

每批钢丝由同一牌号、同一规格、同一加工状态的钢丝组成，每批重量不大于60t。

③盘内径：

冷拉钢丝的盘内径应不小于钢丝公称直径的100倍。

消除应力钢丝的公称直径$d \leqslant 5.0mm$的盘内径不小于1 500mm，公称直径$d > 5.0mm$的盘内径不小于1 700mm。

④重量偏差：钢丝的每米重量与每米理论重量偏差应不大于±2%。

⑤标志：钢丝应逐盘卷加拴标牌，其上注明供方名称、产品名称、标记、规格、强度级别、批号、执行标准编号、重量及件数等。

⑥质量证明书：每一合同批应附有质量证明书，其中应注明供方名称、产品名称、标记、规格、强度级别、批号、执行标准、重量及件数、需方名称、发货日期、质量检验部门印记。

(十二)桥梁缆索用热镀锌钢丝(GB/T 17101—2008)

桥梁缆索用热镀锌钢丝分为有松弛性能要求和无松弛性能要求两类。有松弛性能要求的钢丝分为Ⅰ级松弛和Ⅱ级松弛两级。钢丝镀锌层重量不小于300g/m²，钢丝应在拉拔后进行热镀锌。

产品标记：

产品标记应包含下列内容：镀锌钢丝、公称直径、强度级别、松弛类别和标准号。

示例1：公称直径为5.00mm，强度级别为1 670MPa，无松弛要求的镀锌钢丝其标记为：

镀锌钢丝 5.00-1 670-无-GB/T 17101—2008

示例2：公称直径为7.00mm，强度级别为1 770MPa，Ⅱ级松弛的镀锌钢丝其标记为：

镀锌钢丝 7.00-1 770-Ⅱ-GB/T 17101—2008

1. 缆索用热镀锌钢丝的力学性能

表 3-126

公称直径 (mm) d_0	强度级别 R_m (MPa)	规定非比例延伸强度 $R_{p0.2}$ (MPa)			断后伸长率 A (%) $L_0 = 250mm$ 不小于	反复弯曲次数		应力松弛性能			弹性模量值 (MPa)	盘径 (收线盘内径) (mm) 不小于
		无松弛要求	Ⅰ级松弛	Ⅱ级松弛		次数/180°	弯曲半径 (mm)	初始应力相当于公称抗拉强度的百分数(%)	1 000h后 r(%)，不大于			
		不小于							Ⅰ级松弛	Ⅱ级松弛		
5.00	1 670	1 340	1 340	1 490	4.0	4	15	70	7.5	2.5	(2.0 ±0.1) ×10⁵	1 500
	1 770	1 420	1 420	1 580								
	1 860	1 490	1 490	1 660								
7.00	1 670			1 490		5	20					1 800
	1 770			1 580								

注：①钢丝应能承受200万次$0.45F_m$~$(0.45F_m - 2\Delta F_a)$荷载后不断裂，其公式为：

$$2\Delta F_a / S = 360MPa$$

　　式中：F_m——钢丝的最大破断拉力(N)。

　　　　ΔF_a——1/2的应力幅值(N)。

　　　　S——钢丝的公称截面面积(mm²)。

②制造钢丝用盘条的钢牌号由生产厂选择，但硫、磷含量各不得超过0.025%，铜含量不得超过0.20%。

③制造钢丝用盘条应采用经索氏体化处理后的盘条。

④强度级别值为实际允许抗拉强度的最小值。

⑤供方在保证1 000h松弛性能合格的基础上，可用不少于120h的测试数据推算1 000h的松弛值。

⑥如需方要求，可做镦头试验，要求和方法由供需双方协商。

⑦对无松弛要求和Ⅰ级松弛的5mm钢丝，标距为$100d_0$的扭转次数应不小于8次。

2.缆索用热镀锌钢丝的尺寸和理论重量

表 3-127

钢丝公称直径(mm)	直径允许偏差	不圆度	公称截面面积(mm²)	理论重量(g/m)	盘重(kg)
	mm				
5.00	±0.06	≤0.06	19.6	153	≥400
7.00	±0.07	≤0.07	38.5	301	其中:≥800 的比例>95%

注:①钢丝的公称直径、截面积、理论重量均应包含锌层在内。
②理论重量参数密度取 7.81g/cm³。

3.缆索用热镀锌钢丝的交货状态

钢丝以盘卷状态交货,每卷由一根钢丝组成,交货成品钢丝不应有任何形式的电接头。

(1)伸直性能

①钢丝长度方向不应呈波浪形,不得存在弯折、扭曲等缺陷。

②钢丝的自然矢高:取弦长 1m 的钢丝,其弦与弧的最大自然矢高应不大于 30mm。

③钢丝的自由翘头高度:取 5m 长的钢丝,自然地放置于光滑平整的地面上,一端接触地面,翘起的一端离地面的高度应不大于 150mm。若供方制造有保证,可不做试验。

(2)表面质量

钢丝应具有连续的镀锌层表面,不应有局部脱锌、露铁等缺陷,不应有超出钢丝直径偏差范围的锌瘤存在,但允许有不影响锌层质量的局部轻微划痕。

(3)定尺和倍尺

需方要求按定尺或倍尺长度交货或有其他要求的,由供需双方商定。

(4)组批规则

钢丝一般由同一规格、同一炉号、同一生产工艺制造的钢丝组批验收,但松弛试验和疲劳试验按重量组批验收。

(十三)桥梁主缆缠绕用低碳热镀锌圆钢丝(GB/T 24215—2009)

桥梁主缆缠绕用低碳热镀锌圆钢丝用符合 GB/T 4354 或 GB/T 701 相应牌号的盘条制造。牌号由供方选择,其中硫、磷含量各不大于 0.025%。

钢丝镀锌用锌锭应符合 GB/T 470 中 Zn99.995 或 Zn99.99 牌号的规定。钢丝的镀锌层重量应不小于 300g/m²。镀锌层应牢固,钢丝在三倍钢丝直径的芯棒上紧密缠绕 8 圈,镀锌层不应开裂。

桥梁主缆缠绕用低碳热镀锌圆钢丝适用于悬索桥、斜拉桥的主缆缠绕用。

1.钢丝的力学性能

表 3-128

公称直径,d	抗拉强度,不小于	弯曲次数		扭转次数次/360°不小于	断后伸长率($L=100mm$),不小于	弹性模量,不小于	屈服强度,不小于
		次/180° 不小于	弯曲半径				
mm	N/mm²		mm	不小于	%	GPa	N/mm²
3.2≤d<3.8	520	10	10	28	12	145	350
3.8≤d≤4.5	500		15				

2.钢丝的外形尺寸和允许偏差(mm)

表 3-129

公称直径 d	允许偏差	不圆度
3.2≤d≤4.5	±0.10	≤0.10

3. 钢丝的状态和交货

钢丝表面镀锌层应光滑、连续、均匀。不得有油渍和其他残留物。每盘钢丝中允许有一个电焊接头,电接处的抗拉强度应大于 350N/mm²。有这种电接头的钢丝盘,应不超过交货量的 5%。

钢丝每盘重量一般不小于 120kg,经供需双方协议可供应其他重量。每盘应由一根钢丝组成,线盘中应明显标志出钢丝头的位置。

钢丝应成批验收,每批由同一牌号、同一尺寸、同一强度级别的钢丝组成。

钢丝应在清洁、干燥、防雨、防潮条件下整齐堆垛储存或运输。

(十四)缆索用环氧涂层钢丝(GB/T 25835—2010)

缆索用环氧涂层钢丝适用于桥梁、建筑、岩土锚固等领域中防腐要求较高的缆索结构。

缆索用环氧涂层钢丝系用符合 GB/T 5223 标准的预应力钢丝以环氧粉末经静电或其他方法均匀涂覆在钢丝表面并熔融结合固化后形成的一层致密环氧涂层保护膜的钢丝。涂层钢丝的涂层厚度应在 0.13~0.30mm 之间。

用于涂覆环氧粉末涂层的预应力钢丝,其表面不应有油、脂、漆等污染物,并通过化学方法或其他不影响钢丝性能的方法进行净化处理。净化处理后的钢丝表面不应有目视可见的锈迹。

修补材料应与环氧粉末涂层相容且性能相当。并可在工厂或工地用于修补环氧涂层钢丝的涂层受损部位及切割部位。

1. 钢丝的标记

产品标记应包含下列内容:涂层钢丝代号 ECW,公称直径,强度级别,标准号。

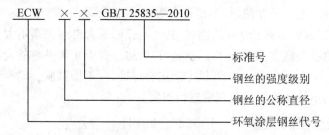

ECW ×-×-GB/T 25835—2010

标准号
钢丝的强度级别
钢丝的公称直径
环氧涂层钢丝代号

示例 1:公称直径 5.00mm 的环氧涂层钢丝,强度级别为 1 670MPa:

ECW 5-1 670-GB/T 25835—2010

示例 2:公称直径 7.00mm 的环氧涂层钢丝,强度级别为 1 770MPa:

ECW 7-1 770-GB/T 25835—2010

2. 环氧涂层钢丝的力学性能

表 3-130

公称直径 d(mm)	抗拉强度 R_m(MPa), 不小于	规定非比例延伸强度 $R_{p0.2}$(MPa)		断后伸长率 (L_0=250mm) A(%), 不小于	应力松弛性能			弹性模量 (MPa)
		无松弛或Ⅰ级松弛, 不小于	Ⅱ级松弛, 不小于		初始荷载 (公称荷载)(%) 对所有钢丝	1 000h 后应力松弛率 r(%), 不大于		
						Ⅰ级松弛	Ⅱ级松弛	
5.00	1 670	1 340	1 410	4.0	70	8	4.5	(2.0±0.1) ×10⁵
	1 770	1 420	1 500					
	1 860	1 490	1 580					
7.00	1 670	—	1 410	4.0	70	8	4.5	
	1 770		1 500					
	1 860		1 580					

注:①钢丝力学性能按公称直径计算。

②对无松弛要求和Ⅰ级松弛要求的 5mm 系列钢丝,扭转试验不小于 8 次。

③钢丝缠绕直径为 3d 的芯棒,不少于 8 圈后(速度不大于 15 圈/min)钢丝不发生断裂。

3.涂层钢丝的工艺性能、状态及交货

(1)工艺性能：

①涂层钢丝应能承受 200 万次 $0.45F_m \sim (0.45F_m - 2\Delta F_a)$ 的荷载后而不断裂。

其公式为：

$$2\Delta \frac{F_a}{S_n} = 360\text{MPa}$$

式中：F_m——预应力混凝土用钢丝的最大力，$F_m = R_m \times S_n(\text{N})$；

$\quad R_m$——预应力混凝土用钢丝的抗拉强度(MPa)；

$\quad S_n$——预应力混凝土用钢丝的公称面积(mm^2)；

$2\Delta F_a$——脉动应力幅的荷载值(N)。

②如需方要求，可做镦头试验，具体由供需双方协商。

(2)状态及交货

①在交货的成品环氧涂层钢丝中，不应存在任何形式的接头。

②环氧涂层钢丝表面应具有连续的涂层，且应无孔洞、裂纹和其他目视可见的缺陷。

③环氧涂层钢丝经附着性试验后涂层表面应无目视可见的裂纹或涂层脱落现象。

④每米长环氧涂层钢丝受损面积超过总体表面积的 0.5% 时，不允许修补(不包括切割部位)。对目视可见的涂层损伤，用符合规定的修补材料进行修补。在修补前，应采用合适的方法除锈。修补后的涂层应符合规定要求。

⑤伸直性能。

环氧涂层钢丝长度方向不应呈波浪形，不得存在弯折、扭曲等缺陷。

环氧涂层钢丝的自然矢高：取弦长 1m 的钢丝，其弦与弧的最大自然矢高不大于 30mm。

环氧涂层钢丝的自由翘头高度：取 5m 长的钢丝，自然地放置于光滑平整的台面上，一端接触台面，翘起的一端离台面的高度不大于 150mm。若供方制造有保证，可不做试验。

⑥环氧涂层钢丝采用不损伤涂层的包装带进行包装。

(十五)预应力混凝土用钢绞线(GB/T 5224—2014)

预应力混凝土用钢绞线由冷拉光圆钢丝及刻痕钢丝捻制而成，用于预应力混凝土结构。

1.预应力混凝土用钢绞线按结构分为八类

用两根钢丝捻制的钢绞线　1×2

用三根钢丝捻制的钢绞线　1×3

用三根刻痕钢丝捻制的钢绞线　1×3 I

用七根钢丝捻制的标准型钢绞线　1×7(由冷拉光圆钢丝捻制的钢绞线)

用六根刻痕钢丝和一根光圆中心钢丝捻制的钢绞线　1×7 I

用七根钢丝捻制又经模拔的钢绞线　(1×7)C(捻制后再经冷拔的钢绞线)

用十九根钢丝捻制的 1+9+9 西鲁式钢绞线　1×19S

用十九根钢丝捻制的 1+6+6/6 瓦林吞式钢绞线　1×19W

2.预应力混凝土用钢绞线的标记

预应力混凝土用钢绞线按名称(预应力钢绞线)；结构代号；公称直径；强度级别；标准编号的顺序标记。

示例1：公称直径为 15.20mm，抗拉强度为 1 860MPa 的七根钢丝捻制的标准型钢绞线标记为：

　　　　预应力钢绞线　1×7-15.20-1 860-GB/T 5224—2014

示例2：公称直径为 8.70mm，抗拉强度为 1 720MPa 的三根刻痕钢丝捻制的钢绞线标记为：

　　　　预应力钢绞线　1×3 I-8.70-1 720-GB/T 5224—2014

示例3：公称直径为 12.70mm，抗拉强度为 1 860MPa 的七根钢丝捻制又经模拔的钢绞线标记为：

预应力钢绞线 （1×7）C-12.70-1 860-GB/T 5224—2014

示例4: 公称直径为21.8mm,抗拉强度为1 860MPa的十九根钢丝捻制的西鲁式钢绞线标记为:

预应力钢绞线 1×19S-21.80-1 860-GB/T 5224—2014

3.预应力混凝土用钢绞线的技术要求和表面质量

表3-131

项 目		指 标 和 要 求
表面质量		除非需方有特殊要求,钢绞线表面不得有油、润滑脂等物质。钢绞线表面不得有影响使用性能的有害缺陷。允许有深度小于单根钢丝直径4%的轴向表面缺陷
		钢绞线表面不能有目视可见的锈蚀凹坑,允许表面有轻微浮锈
		钢绞线表面允许存在回火颜色
伸直性		取弦长1m的钢绞线,放在平面上,其弦与弧内侧最大自然矢高不大于25mm
疲劳等性能		经供需双方商定,可以进行轴向疲劳试验、偏斜拉伸试验和应力腐蚀试验
交货状态		钢绞线按盘卷交货,每盘卷捆扎应不少于六道。经双方商定,可加防潮纸、麻布等材料包装
盘卷	盘重	每盘重一般不小于1 000kg,不小于10盘时允许有10%的盘数小于1 000kg,但不小于300kg
	盘内径和卷宽	直径≤18.9mm的钢绞线的盘内径不小于750mm,>18.9mm的钢绞线的盘内径不小于1 100mm。卷宽为750mm±50mm或600mm±50mm
	组批规则	每批由同一牌号、同一规格、同一生产工艺捻制的钢绞线组成,每批重量不大于60t
疲劳试验性能		钢绞线应能经受2 000 000次0.7F_{ma}—(0.7F_{ma}—F_r)的脉动负荷而不断裂 光圆钢绞线: $$F_r/S_n=190MPa$$ 刻痕钢绞线: $$F_r/S_n=170MPa。$$ 式中:F_{ma}——钢绞线实际最大值(N); 　　　F_r——应力范围的等效负荷值(N); 　　　S_n——钢绞线公称横截面积(mm²)

4.预应力混凝土用钢绞线的结构外形和规格尺寸

(1)钢绞线的结构外形示意图

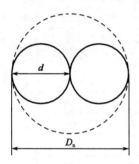

图3-14 1×2结构钢绞线外形示意图

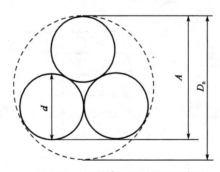

图3-15 1×3结构钢绞线外形示意图

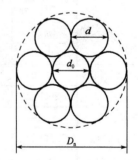

图3-16 1×7结构钢绞线外形示意图

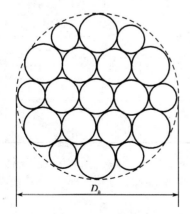

图3-17 1×19结构瓦林吞式钢绞线外形示意图

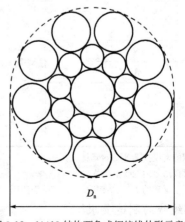

图3-18 1×19结构西鲁式钢绞线外形示意图

（2）预应力混凝土用钢绞线的规格尺寸

表 3-132

钢绞线结构	公称直径			钢绞线测量尺寸 A	测量尺寸允许偏差	钢绞线公称横截面面积 S_n	钢绞线每米理论重量	中心钢丝直径 d_0 加大范围
	钢绞线直径 D_n	钢丝直径 d	钢绞线直径允许偏差					
	mm					mm²	g/m	%
1×2	5.00	2.50	+0.15 −0.05	—		9.82	77.1	—
	5.80	2.90		—		13.2	104	—
	8.00	4.00	+0.25 −0.10	—		25.1	197	—
	10.00	5.00		—		39.3	309	—
	12.00	6.00		—		56.5	444	—
1×3	6.20	2.90	—	5.41	+0.15 −0.05	19.8	155	—
	6.50	3.00	—	5.60		21.2	166	—
	8.60	4.00	—	7.46	+0.20 −0.10	37.7	296	—
	8.74	4.05	—	7.56		38.6	303	—
	10.80	5.00	—	9.33		58.9	462	—
	12.90	6.00	—	11.20		84.8	666	—
1×3Ⅰ	8.70	4.04	—	7.54		38.5	302	—
1×7	9.50(9.53)	—	+0.30 −0.15	—		54.8	430	
	11.10(11.11)	—		—		74.2	582	
	12.70	—		—		98.7	775	
	15.20(15.24)	—	+0.40 −0.15	—		140	1 101	
	15.70	—		—		150	1 178	
	17.80(17.78)	—		—		191(189.7)	1 500	2.5
	18.90	—		—		220	1 727	
	21.60	—		—		285	2 237	
1×7Ⅰ	12.70	—	+0.40 −0.15	—		98.7	775	
	15.20(15.24)	—		—		140	1 101	
(1×7)C	12.70	—	+0.40 −0.15	—		112	890	
	15.20(15.24)	—		—		165	1 295	
	18.00	—		—		223	1 750	
1×19S (1+9+9)	17.8	—		—		208	1 652	—
	19.3	—		—		244	1 931	—
	20.3	—	0.40 −0.15	—		271	2 149	—
	21.8	—		—		313	2 482	—
	28.6	—		—		532	4 229	—
1×19W (1+6+6/6)	28.6	—		—		532	4 229	—

注：①钢的密度按 7.85g/cm³ 计。

②可按括号内的规格供货。

③用于煤矿的 1×7 结构钢绞线，应标识说明，其直径允许偏差为 −0.20～+0.60mm。

5. 钢绞线的制造要求

（1）制造钢绞线宜选用符合 GB/T 24238 或 GB/T 24242.2、GB/T 24242.4 规定的牌号制造，也可

采用其他的牌号制造,生产厂不提供化学成分。

(2)钢绞线应以热轧盘条为原料,经冷拔后捻制成钢绞线。捻制后,钢绞线应进行连续的稳定化处理。捻制刻痕钢绞线的钢丝应符合 GB/T 5223 中相应条款的规定,钢绞线公称直径≤12mm 时,其刻痕深度为 0.06mm±0.03mm;钢绞线公称直径>12mm 时,其刻痕深度为 0.07mm±0.03mm。

(3)1×2、1×3、1×7 结构钢绞线的捻距应为钢绞线公称直径的 12~16 倍,模拔钢绞线的捻距应为钢绞线公称直径的 14~18 倍。1×19 结构钢绞线其捻距为钢绞线公称直径的 12~18 倍。

(4)钢绞线内不应有折断、横裂和相互交叉的钢丝。

(5)钢绞线的捻向一般为左(S)捻,右(Z)捻应在合同中注明。

(6)成品钢绞线应用砂轮锯切割,切断后应不松散,如离开原来位置,应可以用手复原到原位。

(7)1×2、1×3、1×3Ⅰ成品钢绞线不允许有任何焊接点,其余成品钢绞线只允许保留拉拔前的焊接点,且在每 45m 内只允许有 1 个拉拔前的焊接点。

6.预应力混凝土用钢绞线的力学性能

(1)1×2 结构钢绞线力学性能

表 3-133

钢绞线结构	钢绞线公称直径 D_n(mm)	公称抗拉强度 R_m(MPa)	整根钢绞线最大力 F_m(kN),≥	整根钢绞线最大力的最大值 $F_{m,max}$(kN),≤	0.2%屈服力 $F_{p0.2}$(kN),≥	最大力总伸长率 (L_0≥400mm) A_{gt}(%),≥	应力松弛性能	
							初始负荷相当于实际最大力的百分数(%)	1 000h 应力松弛率 r(%),≤
1×2	8.00	1 470	36.9	41.9	32.5	对所有规格 3.5	对所有规格 70 80	对所有规格 2.5 4.5
	10.00		57.8	65.6	50.9			
	12.00		83.1	94.4	73.1			
	5.00	1 570	15.4	17.4	13.6			
	5.80		20.7	23.4	18.2			
	8.00		39.4	44.4	34.7			
	10.00		61.7	69.6	54.3			
	12.00		88.7	100	78.1			
	5.00	1 720	16.9	18.9	14.9			
	5.80		22.7	25.3	20.0			
	8.00		43.2	48.2	38.0			
	10.00		67.6	75.5	59.5			
	12.00		97.2	108	85.5			
	5.00	1 860	18.3	20.2	16.1			
	5.80		24.6	27.2	21.6			
	8.00		46.7	51.7	41.1			
	10.00		73.1	81.0	64.3			
	12.00		105	116	92.5			
	5.00	1 960	19.2	21.2	16.9			
	5.80		25.9	28.5	22.8			
	8.00		49.2	54.2	43.3			
	10.00		77.0	84.9	67.8			

（2）1×3结构钢绞线力学性能

续表 3-133

钢绞线结构	钢绞线公称直径 D_n(mm)	公称抗拉强度 R_m(MPa)	整根钢绞线最大力 F_m(kN)，$\geqslant$	整根钢绞线最大力的最大值 $F_{m,max}$(kN)，$\leqslant$	0.2%屈服力 $F_{p0.2}$(kN)，$\geqslant$	最大力总伸长率（$L_0\geqslant400$mm）A_{gt}(%)，$\geqslant$	应力松弛性能	
							初始负荷相当于实际最大力的百分数(%)	1000h应力松弛率 r(%)，$\leqslant$
1×3	8.60	1 470	55.4	63.0	48.8			
	10.80		86.6	98.4	76.2			
	12.90		125	142	110			
	6.20	1 570	31.1	35.0	27.4			
	6.50		33.3	37.5	29.3			
	8.60		59.2	66.7	52.1			
	8.74		60.6	68.3	53.3			
	10.80		92.5	104	81.4			
	12.90		133	150	117			
	8.74	1 670	64.5	72.2	56.8			
	6.20	1 720	34.1	38.0	30.0			
	6.50		36.5	40.7	32.1	对所有规格	对所有规格	对所有规格
	8.60		64.8	72.4	57.0		70	2.5
	10.80		101	113	88.9	3.5		
	12.90		146	163	128		80	4.5
	6.20	1 860	36.8	40.8	32.4			
	6.50		39.4	43.7	34.7			
	8.60		70.1	77.7	61.7			
	8.74		71.8	79.5	63.2			
	10.80		110	121	96.8			
	12.90		158	175	139			
	6.20	1 960	38.8	42.8	34.1			
	6.50		41.6	45.8	36.6			
	8.60		73.9	81.4	65.0			
	10.80		115	127	101			
	12.90		166	183	146			
1×3 I	8.70	1 570	60.4	68.1	53.2			
		1 720	66.2	73.9	58.3			
		1 860	71.6	79.3	63.0			

（3）1×7 结构钢绞线力学性能

续表 3-133

钢绞线结构	钢绞线公称直径 D_n(mm)	公称抗拉强度 R_m(MPa)	整根钢绞线最大力 F_m(kN)，≥	整根钢绞线最大力的最大值 $F_{m,max}$(kN)，≤	0.2%屈服力 $F_{p0.2}$(kN)，≥	最大力总伸长率 ($L_0 \geqslant$500mm) A_{gt}(%)，≥	应力松弛性能	
							初始负荷相当于实际最大力的百分数(%)	1 000h 应力松弛率 r(%)，≤
1×7	15.20 (15.24)	1 470	206	234	181			
		1 570	220	248	194			
		1 670	234	262	206			
	9.50 (9.53)		94.3	105	83.0			
	11.10 (11.11)		128	142	113			
	12.70	1 720	170	190	150			
	15.20 (15.24)		241	269	212			
	17.80 (17.78)		327	365	288			
	18.90	1 820	400	444	352			
	15.70	1 770	266	296	234			
	21.60		504	561	444			
	9.50 (9.53)		102	113	89.8	对所有规格	对所有规格	对所有规格
	11.10 (11.11)		138	153	121			
	12.70		184	203	162			
	15.20 (15.24)	1 860	260	288	229	3.5	70	2.5
	15.70		279	309	246		80	4.5
	17.80 (17.78)		355	391	311			
	18.90		409	453	360			
	21.60		530	587	466			
	9.50 (9.53)		107	118	94.2			
	11.10 (11.11)	1 960	145	160	128			
	12.70		193	213	170			
	15.20 (15.24)		274	302	241			
1×7 I	12.70	1 860	184	203	162			
	15.20 (15.24)		260	288	229			
(1×7)C	12.70	1 860	208	231	183			
	15.20 (15.24)	1 820	300	333	264			
	18.00	1 720	384	428	338			

(4)1×19 结构钢绞线力学性能

续表 3-133

钢绞线结构	钢绞线公称直径 D_n(mm)	公称抗拉强度 R_m(MPa)	整根钢绞线最大力 F_m(kN)，$\geqslant$	整根钢绞线最大力的最大值 $F_{m,max}$(kN)，$\leqslant$	0.2%屈服力 $F_{p0.2}$(kN)，$\geqslant$	最大力总伸长率 ($L_0 \geqslant 500$mm) A_{gt}(%)，$\geqslant$	应力松弛性能	
							初始负荷相当于实际最大力的百分数(%)	1 000h 应力松弛率 r(%)，$\leqslant$
1×19S (1+9 +9)	28.6	1 720	915	1 021	805	对所有规格 3.5	对所有规格 70 80	对所有规格 2.5 4.5
	17.8	1 770	368	410	334			
	19.3		431	481	379			
	20.3		480	534	422			
	21.8		554	617	488			
	28.6		942	1 048	829			
	20.3	1 810	491	545	432			
	21.8		567	629	499			
	17.8	1 860	387	428	341			
	19.3		454	503	400			
	20.3		504	558	444			
	21.8		583	645	513			
1×19W (1+6 +6/6)	28.6	1 720	915	1 021	805			
		1 770	942	1 048	829			
		1 860	990	1 096	854			

注：①钢绞线弹性模量为(195±10)GPa,可不作为交货条件。当需方要求时,应满足该范围值。

②0.2%屈服力 $F_{p0.2}$ 值应为整根钢绞线实际最大力 F_{ma} 的88%～95%。

③根据供需双方协议,可以提供表以外的强度级别的钢绞线。

④如无特殊要求,只进行初始力为70% F_{ma} 的松弛试验,允许使用推算法进行120h松弛试验确定1 000h松弛率。用于矿山支护的1×19结构的钢绞线松弛率不做要求。

7. 钢绞线的标志和质量证明书要求

(1)标志

每一钢绞线盘卷应拴挂标牌,其上注明供方名称、产品名称、标记、出厂编号、规格、强度级别、批号、执行标准编号、重量及件数等。

(2)质量证明书

每一合同批应附有质量证明书,其中应注明供方名称、产品名称、标记、规格、强度级别、批号、执行标准号、重量及件数、需方名称、试验结果、发货日期、质量检验部门印记。

(十六)预应力混凝土用刻痕钢绞线(YB/T 4451—2014)

预应力混凝土用刻痕钢绞线按结构及外形分为3丝、7丝、19丝三类,代号分别为1×3Ι、1×7Ι、1×19Ι。

三丝钢绞线由3根同直径刻痕钢丝绞制;七丝钢绞线由6根同直径刻痕钢丝和1根光圆中心钢丝绞制;十九丝钢绞线由9根同直径外层刻痕钢丝、9根同直径内层光圆钢丝和1根中心光圆钢丝绞制。

1. 刻痕钢绞线用的三面刻痕钢丝

表 3-134

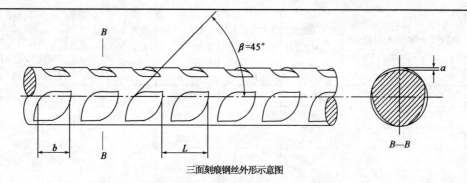

三面刻痕钢丝外形示意图

钢绞线用三面刻痕钢丝的尺寸及允许偏差

钢绞线公称直径(mm)	刻痕深度 a(mm)	刻痕长度 b(mm)	节距 L(mm)
≤12.00	0.06±0.03	3.5±0.5	5.5±0.5
>12.00	0.07±0.03	3.5±0.5	5.5±0.5

2. 刻痕钢绞线的规格尺寸

表 3-135

刻痕钢绞线结构图	刻痕钢绞线结构	公称直径 D_n(mm)	公称横截面面积 S_n(mm²)	每米重量	
				理论重量(g/m)	重量允许偏差(%)
	1×3	6.20	19.8	155	+4 −2
		6.50	21.2	166	
		8.00	32.4	255	
		8.74	38.6	303	
		9.00	41.6	326	
		10.80	58.9	462	
	1×7	9.50(9.53)	54.8	430	+4 −2
		11.10(11.11)	74.2	582	
		12.70	98.7	775	
		15.20(15.24)	140	1 101	
		15.70	150	1 178	
		17.80(17.78)	191	1 500	
		21.60	285	2 237	
	1×19S	17.8	208	1 652	+4 −2
		19.3	244	1 931	
		20.3	271	2 149	
		21.8	313	2 482	

注:计算刻痕钢绞线每米理论重量时,钢的密度为 7.85g/cm³。

3. 刻痕钢绞线的力学性能

表 3-136

刻痕钢绞线结构	钢绞线公称直径 D_n(mm)	公称抗拉强度 R_m(MPa)	公称最大力 F_m(kN),不小于	最大力最大值 $F_{m,max}$(kN),不大于	规定塑性延伸力 $F_{p0.2}$(kN),不小于	最大力总延伸率 $(L_0 \geqslant 400mm) A_{gt}$(%),不小于	应力松弛性能	
							初始力相当于实际最大力的百分数(%)	1 000h 应力松弛率 r(%),不大于
1×3	6.20	1 860	36.8	40.8	32.4	3.5	对所有规格 70	对所有规格 2.5
	6.50		39.4	43.7	35.5			
	8.00		60.3	66.7	54.3			
	8.74		71.8	79.5	64.6			
	9.00		77.4	85.7	69.6			
	10.80		110	121	99.0		80	4.5
	6.20	1 960	38.8	42.8	34.1			
	6.50		41.6	45.8	37.4			
	8.00		63.5	70.0	57.2			
1×7	9.50 (9.53)	1 770	97.0	108	87.3	3.5	对所有规格 70	对所有规格 2.5
		1 860	102	113	91.8			
	11.10 (11.11)	1 770	132	146	119			
		1 860	138	153	121			
	12.70	1 770	175	194	157			
		1 860	184	203	166			
	15.20 (15.24)	1 670	234	262	206			
		1 770	248	276	223		80	4.5
		1 860	260	288	229			
	15.70	1 770	266	296	234			
		1 860	279	309	246			
	17.80 (17.78)	1 770	338	376	304			
		1 860	355	391	311			
	21.6	1 770	504	561	444			
		1 860	530	587	466			
1×19S	17.8	1 860	387	428	341	3.5	对所有规格 70	对所有规格 2.5
	19.3	1 860	454	503	400			
	20.3	1 860	504	558	444			
	21.8	1 770	554	617	488		80	4.5
		1 860	583	645	524			

注:①规定塑性延伸力 $F_{p0.2}$ 值不小于公称最大力 F_m 的 90%。

②允许使用推算法进行 120h 松弛试验确定 1 000h 松弛率。

③刻痕钢绞线弹性模量为 (195 ± 10)GPa,但不作为交货条件。

④供需双方商定,可对产品进行疲劳性能试验。

刻痕钢绞线应能经受 2×10^6 次 $0.7F_m \sim (0.7F_m - 2\Delta F_a)$ 脉动负荷后而不断裂。

$$2\Delta \frac{F_a}{S_n} = 170MPa$$

式中:F_m——刻痕钢绞线的公称最大力(N);

$2\Delta F_a$——应力范围(两倍应力幅)的等效负荷值(N);

S_n——刻痕钢绞线的参考截面积(mm^2)。

4.刻痕钢绞线的制造条件和表面质量

(1)制造条件

①制造刻痕钢绞线用钢应为高碳钢。

②刻痕钢绞线的捻距为公称直径的12～18倍。

③刻痕钢绞线内不应有折断、横裂和相互交叉的钢丝。

④刻痕钢绞线的捻向一般为左(S)捻、右(Z)捻,需在合同中注明。

⑤捻制后,刻痕钢绞线应进行连续的稳定化处理。

⑥成品刻痕钢绞线应用砂轮锯切割,切断后应不松散,如离开原来位置,可以用手恢复到原位。

⑦1×3结构成品刻痕钢绞线不允许有任何焊接点,其余结构成品刻痕钢绞线只允许保留拉拔前的焊接点,两个焊接点之间的距离不小于45m。

⑧所有结构中仅外层钢丝应有指定的刻痕以减少刻痕钢绞线在混凝土内的纵向位移。

(2)表面质量

①除需方有特殊要求,刻痕钢绞线表面不得有油、润滑脂等。刻痕钢绞线允许有轻微的浮锈,但不得有目视可见的锈蚀麻坑。

②刻痕钢绞线表面允许有热处理可能产生的回火颜色。

(3)伸直性

取弦长为1m的刻痕钢绞线,放在一平面上,其弦与弧内侧最大自然矢高不大于25mm。

5.刻痕钢绞线的交货

(1)盘径

1×3结构的刻痕钢绞线盘内径不小于600mm,也可以成卷交货。1×7结构和1×19S结构刻痕钢绞线,直径不大于17.8mm刻痕钢绞线,盘内径不小于750mm,直径大于17.8mm刻痕钢绞线,盘内径不小于1 100mm,卷宽为(750±50)mm或(600±50)mm。

(2)盘重

1×3结构刻痕钢绞线,每盘重量不小于800kg,允许有10％盘卷小于800kg,但不小于200kg。1×7结构或1×19S结构刻痕钢绞线,每盘重量不小于1 000kg,允许有10％盘卷小于1 000kg,但不小于300kg。

(3)组批规则

钢绞线每批由同一牌号、同一规格、同一生产工艺的产品组成,每批次不大于60t。

(4)标记

钢绞线按以下内容顺序标记:刻痕钢绞线;结构外形代号;公称直径;强度级别;标准号。

示例:公称直径为6.20mm,强度级别为1 860MPa的3丝刻痕钢绞线,其标记为:

刻痕钢绞线 1×3Ⅰ-6.20-1860-YB/T 4451

公称直径为15.20mm,强度级别为1 860MPa的7丝刻痕钢绞线,其标记为:

刻痕钢绞线 1×7Ⅰ-15.20-1860-YB/T 4451

公称直径为21.8mm,强度级别为1 770MPa的19丝刻痕钢绞线,其标记为:

刻痕钢绞线 1×19SⅠ-21.8-1770-YB/T 4451

(十七)环氧涂层七丝预应力钢绞线(GB/T 21073—2007)

环氧涂层七丝预应力钢绞线是在原有钢绞线上涂覆熔融结合环氧涂层制成。

需要涂覆的预应力钢绞线应符合GB/T 5224标准或其他相关标准规定,表面应无油、脂或漆等污染物。并应通过化学方法或其他不降低钢绞线性能的方法进行净化处理。净化质量不低于GB/T 8923规定的Sa2½级。

环氧涂层七丝预应力钢绞线适用于防腐要求较高的预应力钢绞线工程,包括体内预应力钢绞线、体外预应力钢绞线、岩土锚固中的预应力钢绞线及斜拉桥钢绞线拉索等,不适用于单丝喷涂类型的环氧涂层预应力钢绞线。

嵌砂型环氧涂层钢绞线宜用作体内预应力钢绞线和岩土锚固中的预应力钢绞线;

光滑型环氧涂层钢绞线宜用作体外预应力钢绞线和斜拉桥钢绞线拉索。

环氧涂层七丝预应力钢绞线的公称直径有 9.50mm、11.10mm、12.70mm 和 15.2mm 四种。

1. 环氧涂层钢绞线的分类和标记

(1)根据钢丝间的空隙是否由熔融结合环氧涂层完全填充,将环氧涂层钢绞线分为两类:

钢丝间的空隙完全填充的钢绞线为填充型环氧涂层钢绞线,代号为 FECS。其固化后的涂层厚度在 $380 \sim 1\,140\mu m$。

钢丝间的空隙没有完全填充的钢绞线为涂装型环氧涂层钢绞线,代号为 ECS。其固化后的涂层厚度在 $650 \sim 1\,150\mu m$。

(2)根据涂层表面是否嵌入砂粒,又将环氧涂层钢绞线分为两类:

涂层表面嵌入砂粒的为嵌砂型环氧涂层钢绞线,代号为 B,涂层表面未嵌入砂粒的为光滑型环氧涂层钢绞线,代号为 S。

(3)标记示例。

标记应包含:钢丝间空隙填充类型,涂层表面嵌砂类型,预应力钢绞线公称直径,强度级别,标准号。

示例 1:填充型,涂层表面嵌砂,预应力钢绞线公称直径为 15.20mm,强度级别为 1 860MPa 的环氧涂层钢绞线,标记为:

FECS.B-15.20-1860-GB/T 21073—2007

示例 2:涂装型,涂层表面未嵌砂,预应力钢绞线公称直径为 12.7mm,强度级别为 1 860MPa 的环氧涂层钢绞线,标记为:

ECS.S-12.70-1860-GB/T 21073—2007

2. 环氧涂层钢绞线涂层的涂覆要求

(1)涂层的涂覆应尽快在净化处理后的钢绞线表面进行,其间隔时间不得超过 10min,且钢绞线表面不得有目视可见的氧化现象。

(2)采用静电喷涂方法或其他合适的方法进行涂层的涂覆(推荐使用差示扫描量热分析定期检查涂层的固化)。

(3)涂层涂覆时,钢材表面预热温度范围和涂层涂覆后的固化要求,应按照涂层材料生产厂家的说明书进行。测量将进行环氧涂层涂覆的钢绞线表面的温度(推荐使用红外线测温仪或测温笔),在连续涂覆过程中,至少每 10min 测量一次。

(4)涂层表面应为光滑型或嵌砂型。

嵌砂型环氧涂层钢绞线,应将砂粒嵌入环氧涂层的表面。

嵌砂型环氧涂层钢绞线表面的环氧涂层应能承受 66℃ 的温度,而不降低通过黏结作用从钢绞线向周围混凝土传递预应力的效果(温度高于 74℃ 时,环氧涂层开始软化并失去其通过黏结作用从钢绞线向混凝土传递载荷的能力。特别是在温度高于 93℃ 时,环氧涂层传递载荷的能力将全部丧失)。

3. 环氧涂层钢绞线的力学性能

(1)环氧涂层钢绞线应符合 GB/T 5224 或其他相关标准中整根钢绞线的最大力、规定非比例延伸力和最大力总伸长率的规定。

(2)填充型环氧涂层钢绞线,在初始负荷相当于公称最大力的 70% 并经过 1 000h 后,应力松弛率 ≤6.5%;涂装型环氧涂层钢绞线,在初始负荷相当于公称最大力的 70% 并经过 1 000h 后,应力松弛率 ≤4%。

4. 环氧涂层钢绞线的涂层连续性和附着性要求

(1)涂层连续性

涂层固化后,应无孔洞、空隙、裂纹和其他目视可见的缺陷。

环氧涂层钢绞线,应进行连续的针孔检测。如果每30m检测到的针孔多于两个,该段钢绞线应被废弃;每30m有两个或两个以下的针孔,该段钢绞线应进行修补。

(2)涂层的附着性

经弯曲试验,环氧涂层钢绞线的外半圆上,涂层不应出现目视可见的裂纹或黏结失效。

经拉伸试验,直到延伸率达到1%,涂层不应出现目视可见的裂纹。

(3)与混凝土或水泥浆的黏结

嵌砂型环氧涂层钢绞线应进行拉拔试验,以保证其黏结性能。

拉拔试验的要求　　　　　　　　　　　　　　　　表3-137

预应力钢绞线公称直径 (m)	圆柱直径 (mm)	埋入长度 (mm)	0.025mm滑移时的最小荷载 (kN)
9.50		190	9.7
11.10	150	165	9.9
12.70		150	10.5
15.20		140	11.5

5.环氧涂层钢绞线的修补要求

涂层在修补前,其受损面积不应超过每1m长环氧涂层钢绞线总体表面积的0.5%(不包括切割部位)。

对目视可见的涂层损伤,按照修补材料生产厂家的书面建议进行修补。在修补前,应通过合适的方法除去所有的铁锈。修补后的涂层应符合以前各条的规定。

由环氧粉末生产厂家推荐的修补材料,应与熔融结合环氧涂层相容且性能相当,并在混凝土中呈惰性。可在工厂或工地用于环氧涂层钢绞线受损涂层的修补或钢绞线的切割部位的涂覆。

6.环氧涂层钢绞线的包装

环氧涂层钢绞线应成盘卷包装,并采用合适的方法防止涂层的损伤(推荐使用工字轮进行盘卷包装。如果使用铁工字轮,需在与环氧涂层钢绞线接触的工字轮内侧衬垫柔性材料),包装造成的涂层损伤应进行修补。

每盘卷环氧涂层钢绞线均应有标牌,注明供方名称、重量、盘卷号、环氧涂层钢绞线的类型、预应力钢绞线的公称直径、强度级别、执行标准编号等。

从生产到运输的整个过程中,应保留环氧涂层钢绞线的盘卷号以备追溯。

(十八)填充型环氧涂层钢绞线(JT/T 737—2009)

填充型环氧涂层钢绞线分为光滑式和嵌砂式两种,其与GB/T 21037—2007不同之处:

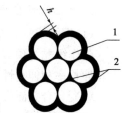

(1)涂层厚度:固化后的环氧涂层厚度为400~1 100μm。

(2)当初始荷载为被涂装的预应力钢绞线公称最大力的70%时,钢绞线1 000h后的应力松弛率应不大于6.0%。

(3)填充型环氧涂层钢绞线的公称直径有:12.70mm和15.20mm两种。

填充型环氧涂层钢绞线其他指标和要求参照GB/T 21073—2007环氧涂层七丝预应力钢绞线。

图3-19　填充型环氧涂层
钢绞线横断面图
1-预应力钢绞线;2-环氧
涂层;h-涂层厚度

(十九)缓黏结预应力钢绞线(JG/T 369—2012)

缓黏结预应力钢绞线是用缓黏结专用黏合剂和高强度聚乙烯护套涂敷的预应力钢绞线。钢绞线按护套表面有无横肋分为:①带肋缓黏结预应力钢绞线代号RPSR,适用于后张法预应力混凝土结构;②无肋缓黏结预应力钢绞线代号RPSP,适用于体外预应力结构。

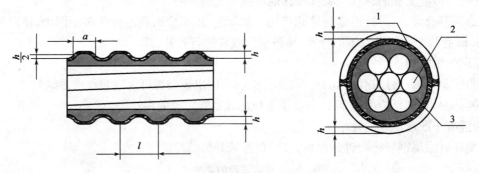

图 3-20 带肋缓黏结预应力钢绞线
1-护套;2-钢绞线;3-缓凝黏合剂;h-肋高;l-肋间距;a-肋宽

1. 缓黏结钢绞线标记

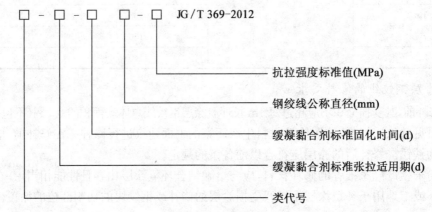

标记示例:

示例 1: 缓凝黏合剂的标准张拉适用期为 60d、标准固化时间为 180d、公称直径为 15.20mm、强度等级为 1 860MPa 的带肋缓黏结预应力钢绞线,标记为:

RPSR-60-180 15.20-1 860 JG/T 369—2012

示例 2: 缓凝黏合剂的标准张拉适用期为 60d、标准固化时间为 180d、公称直径为 15.20mm、强度等级为 1 860MPa 的无肋缓黏结预应力钢绞线,标记为:

RPSP-60-180 15.20-1 860 JG/T 369—2012

2. 缓黏结预应力钢绞线技术要求

(1)钢绞线

制作缓黏结预应力钢绞线用的钢绞线,其公称直径、整根钢绞线最大拉力、规定非比例延伸力、最大力总伸长率和伸直性等应符合 GB/T 5224 的规定。并应核对产品质量证明文件及检测报告。

缓凝黏合剂涂敷前,预应力钢绞线表面不应生锈及沾染杂质。

(2)缓凝黏合剂

用于生产缓黏结预应力钢绞线的缓凝黏合剂固化后的拉伸剪切强度、弯曲强度、抗压强度等应符合 JG/T 370 的规定,带肋缓黏结预应力钢绞线每延米缓凝胶黏剂质量应大于或等于 200g/m,无肋钢绞线缓黏结预应力钢绞线每延米缓凝胶粘剂质量应大于或等于 190g/m,并应校核产品质量证明文件及检测报告。

(3)护套

缓黏结预应力钢绞线护套材料宜采用挤塑型高密度聚乙烯树脂,其拉伸强度、弯曲屈服强度、断裂伸长率等应符合 GB/T 11116 的规定,并应校核产品质量证明文件及检测报告。

护套颜色宜根据需方要求确定,但添加的色母粒不应降低护套的性能。

3.缓黏结预应力钢绞线的主要规格和性能

表 3-138

钢绞线			缓黏结预应力钢绞线					
公称直径	公称强度	公称截面面积	护套				张拉适用期内摩擦系数 μ	
			厚度	肋宽 a	肋高 h	肋间距 l		
mm	MPa	mm²	mm	mm	mm	mm		
15.20	1 570	140	$1.0^{+0.4}_{-0.2}$	$0.4l\sim0.7l$	$\geqslant1.2$	$10.0\sim16.0$	$0.06\sim0.12$	$0.004\sim0.012$
	1 670							
	1 720							
	1 860							
	1 960							

注:①根据供需双方协商,也可生产和供应其他强度和直径的缓黏结预应力钢绞线。
②张拉适用期内早期张拉时摩擦系数宜取小值,后期张拉时摩擦系数宜取大值。
③黏结锚固:黏结长度取 75mm,自由端滑移量为 0.20mm 时的拉力 F_{20} 不应小于 5kN,最大荷载 F_u 不应小于 20kN。

4.缓黏结钢绞线的交货状态和储运要求

(1)状态:缓凝黏合剂的涂敷、护套的挤出成型及表面横肋的压制应一次连续完成,缓凝黏合剂应沿预应力钢绞线全长连续填充且均匀饱满。

缓黏结预应力钢绞线应连续生产,每盘由一根钢绞线组成,不应有接头及死弯,并且盘放内径不宜小于 1 500mm。

缓黏结预应力钢绞线的外包护套应厚薄均匀,带肋缓黏结预应力钢绞线表面横肋分明,尺寸应满足表 3-138 的要求,并且无气孔以及无明显的裂纹和损伤,轻微损伤处可采用外包聚乙烯胶带或热熔胶棒进行修补。

缓黏结预应力钢绞线的端头处应包裹严实,防止缓凝黏合剂的渗漏。

(2)组批:钢绞线,由同一规格,同一生产工艺生产的重量不大于 60t 组成一批。

(3)包装及储运。

缓黏结预应力钢绞线的捆扎带应加衬垫,防止搬运过程中损坏。包装过程中造成对护套的损伤应采用外包聚乙烯带或热熔胶棒进行修补。

缓黏结预应力钢绞线宜成盘运输。在运输、装卸过程中应轻装、轻卸,采用尼龙吊索,避免机械损伤。

缓黏结预应力钢绞线在成品堆放期间,应按不同规格分类堆放于温度变化不大、通风良好的仓库中。存放应远离热源,严禁太阳暴晒,应按产品说明书温度存放。

(二十)无黏结预应力钢绞线(JG 161—2004)

无黏结预应力钢绞线系用专用防腐润滑脂和聚乙烯管护套涂包而成。这种预应力筋与其周围混凝土之间可永久地相对滑动:适用于后张法预应力混凝土结构。

1.无黏结预应力钢绞线的标记

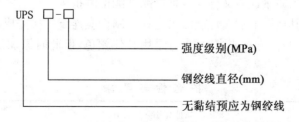

示例:公称直径为 15.20mm,强度级别为 1 860MPa 的无黏结预应力钢绞线标记为:

UPS　15.20—1 860

2.无黏结预应力钢绞线规格及性能

表 3-139

钢 绞 线			防腐润滑脂重量 W_3(g/m)，不小于	护套厚度(mm)，不小于	μ	κ
公称直径(mm)	公称截面面积(mm^2)	公称强度(MPa)				
9.50	54.8	1 720	32	0.8	0.04～0.10	0.003～0.004
		1 860				
		1 960				
12.70	98.7	1 720	43	1.0	0.04～0.10	0.003～0.004
		1 860				
		1 960				
15.20	140.0	1 570	50	1.0	0.04～0.10	0.003～0.004
		1 670				
		1 720				
		1 860				
		1 960				
15.70	150.0	1 770	53	1.0	0.04～0.10	0.003～0.004
		1 860				

注:经供需双方协商,也生产供应其他强度和直径的无黏结顶应力钢绞线。

　　μ 为无黏结预应力钢绞线与护套内壁之间的摩擦系数;

　　κ 为考虑无黏结预应力筋每米长度局部偏差的摩擦系数。

3.材质要求

（1）钢绞线

制作无黏结预应力筋用的钢绞线,其质量应符合 GB/T 5224—2003 的规定,并应附有钢绞线生产厂提供的产品质量证明文件以及检测报告。

用于制作无黏结预应力筋的钢绞线在运输和储存期间应进行妥善防腐保护,涂油包塑前其表面不得生锈及沾染具有腐蚀作用的物质或其他杂物。

（2）防腐润滑脂

用于生产无黏结预应力钢绞线的防腐润滑脂应具有良好的化学稳定性,对周围材料无侵蚀作用;能阻水防潮抗腐蚀,润滑性能好,减小摩擦阻力,在规定温度范围内高温不流淌低温不变脆。油脂生产厂应提供质量证明文件并出具产品检测报告。润滑脂涂敷应充足饱满。

防腐润滑脂的性能应符合 JG 3007 的规定。

（3）护套

制作无黏结预应力钢绞线用的护套原料应采用挤塑型高密度聚乙烯树脂,其质量应符合 GB 11116 的规定。原料供应商应提供质量证明文件及该批产品性能检测报告。

挤塑成型时不得掺加其他影响护套性能的填充料。制作应连续一次完成,护套厚度应均匀。

护套颜色宜采用黑色,当需方有要求时,也可采用其他颜色,但此时添加的色母材料不能降低护套的性能。

护套性能要求

表 3-140

拉伸强度(MPa)	弯曲屈服强度(MPa)	断裂伸长率(%)
不小于 30	不小于 10	不小于 600

4.无黏结钢绞线状态和储运要求

(1)状态

每盘无黏结预应力钢绞线应由同一根连续的钢绞线组成。

无黏结预应力钢绞线应具有良好的伸直性,其值应符合 GB/T 5224—2003 的规定。

无黏结预应力钢绞线的护套表面应光滑、无凹陷、无可见钢绞线轮廓、无裂缝、无气孔、无明显折绉和机械损伤。

无黏结预应力钢绞线护套轻微损伤处可采用外包防水聚乙烯胶带进行修补。

(2)质量文件

无黏结预应力钢绞线的供应商应向购货方提供产品质量证明文件,其内容包括:供货名称、钢绞线生产单位、防腐润滑脂生产单位、树脂牌号、需方名称、合同号、产品标记、质量、件数、执行标准号、检测报告、检验出厂日期。

无黏结预应力钢绞线制造商应具备完整的工艺文件、制造记录文件和原材料原始数据文件,该文件应具有可追溯性。

(3)包装

无黏结预应力钢绞线应采用适当包装,防止正常搬运中的损坏。无黏结预应力钢绞线盘径不应小于 1.0m,盘重不宜低于 350kg。

(4)运输

无黏结预应力钢绞线宜成盘运输。在运输、装卸过程中,吊索应外包橡胶、尼龙带等材料,并应轻装轻卸,严禁摔掷或在地上拖拉,严禁锋利物品损坏无黏结预应力钢绞线。

(5)储存

无黏结预应力钢绞线在成品堆放期间,应按不同规格分类成捆、成盘挂牌整齐堆放在通风良好的仓库中;露天堆放时,严禁放置在受热影响的场所,不宜直接与地面接触,并覆盖雨布。当每盘重量约为 2 000kg 时,成盘叠加堆放时不应超过 10 000kg。

(6)组批

每批钢绞线由≤60t 的同一钢号、同一规格、同一生产工艺组成。钢绞线按批验收。

5.无黏结钢绞线的使用要求

(1)建议采用避免破损的吊装方式装卸整盘的无黏结预应力钢绞线。

(2)无黏结预应力钢绞线下料宜采用砂轮切割机切断。

(3)在下料、运送和安装无黏结预应力钢绞线的过程中,建议采取必要措施保护护套,对局部轻微破损可进行修补,对破损严重者不能使用。

(4)腐蚀及暴露环境中使用的无黏结预应力钢绞线,需保证无黏结预应力筋与锚具结合部位的有效密封性,可通过密封装置或在钢绞线上螺旋形缠绕二层防水聚乙烯胶带使钢绞线及锚具处于油脂全封闭保护状态。

(5)无黏结预应力钢绞线不能处于过高的温度中,不能遭受焊接火花和接地电流的影响。

(6)与无黏结预应力钢绞线配套使用的锚具、连接器,其性能需符合《预应力筋用锚具、夹具和连接器应用技术规程》(JGJ 85—2002)的规定。

(7)无黏结预应力钢绞线的使用需遵守无黏结预应力混凝土结构技术规程 JGJ/T 92 的规定。

(二十一)不锈钢钢绞线(GB/T 25821—2010)

不锈钢钢绞线主要用于吊架、悬挂、栓系、固定物件及地面架空线、建筑用拉索、缆索等。钢绞线按其破断拉力分为 1 180MPa、1 320MPa、1 420MPa、1 520MPa 四级。

钢绞线用冷拉状态的钢丝选用符合 GB/T 4240 中规定的奥氏体型不锈钢制造,其牌号为:06Cr18Ni9,12Cr18Ni9,06Cr19Ni9N,06Cr17Ni12Mo2。经供需双方协议,也可采用其他牌号的不锈钢制造。

钢绞线的捻向按外层钢丝的捻向分为左捻(S)和右捻(Z)两种,如在供货协议中未作注明,则以左捻供货,相邻两层钢丝的捻向应相反。需方如有其他要求,应在供货协议中注明。

钢绞线的标记示例:钢绞线捻向为左捻 S,结构为 1×19,直径为 5.5mm,钢绞线的公称抗拉强度为 1 320MPa,其标记为:S-1×19-5.5-1 320-GB/T 25821—2010。

1. 不锈钢钢绞线的状态和供货

钢绞线应由同一牌号、同一强度级别、同一直径(中心丝可适当放大)的钢丝捻制而成。钢绞线的捻距:1×3 结构为其直径的 10~16 倍,其他结构为其直径的 8~14 倍。在钢绞线全长上,直径和捻距应均匀不松散。钢绞线应捻制平整、光滑,不应有绞接头或插接头。钢绞线不应有跳丝、松弛等缺陷,钢丝不应有开裂、折弯等缺陷。

1×3 结构的钢绞线内不允许钢丝接头,其他结构的钢绞线每一层内,钢丝的接头不得小于 50m 区段,但在成品钢绞线中任意长度上对接数不得超过一个,且应把每个钢丝对接位置用颜料和其他明显的标记在钢绞线上标出。钢丝接头应用闪光对接焊或电阻对接焊。焊点应牢固并需要修平,允许接头点直径局部稍增大。

经供需双方协商,也可提供无接头钢绞线。

钢绞线按标准长度供货。标准长度为:30m、75m、150m、300m、750m、1 500m。需方如需非标准长度供货,应在供货协议中注明。

直径不小于 8mm,长度不小于 300m 的钢绞线用工字轮包装,其他规格的以无工字轮包装。

钢绞线的标志和质量保证书应符合 GB/T 2104—2008 的规定。其内容应注明:

供方名称或商标:钢绞线直径、结构和标准号;不锈钢牌号;最小破断拉力;长度;重量;制造日期;出厂编号。

2. 不锈钢钢绞线的结构

结构	1×3	1×7	1×19	1×37	1×61	1×91
断面			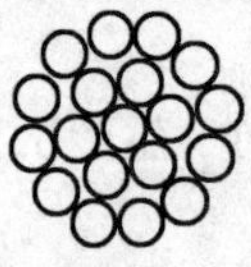	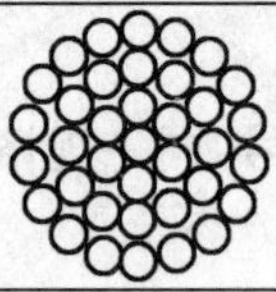	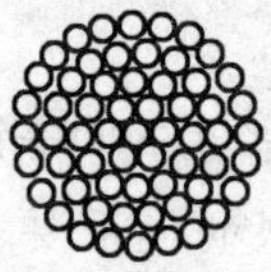	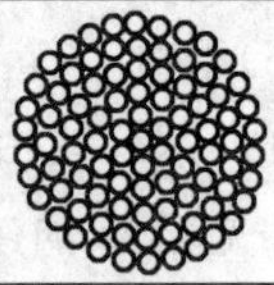

图 3-21 钢绞线断面结构

3. 钢绞线尺寸允许偏差

表 3-141

直　　径		长　　度		不 圆 度
公称直径(mm)	允许偏差(%)	钢绞线长(m)	允许偏差(%)	不大于其公称直径(%)
≤10	+6 −2	<1 000	+5 0	4
>10	+5 −2	≥1 000	+2 0	

4. 不锈钢钢绞线的规格和最小破断拉力

表 3-142

结构	钢绞线直径(mm)	最小破断拉力(kN)				参考重量(kg/100m)
		1 180MPa	1 320MPa	1 420MPa	1 520MPa	
1×3	5.0	13.9	15.5	16.7	17.9	10.3
	5.5	16.8	18.8	20.2	21.6	12.4
	6.0	20.0	22.3	24.0	25.7	14.8
	6.5	23.4	26.2	28.2	30.2	17.3

结构	钢绞线直径(mm)	最小破断拉力(kN)				参考重量(kg/100m)
		1 180MPa	1 320MPa	1 420MPa	1 520MPa	
1×3	8.0	35.5	39.7	42.7	45.7	26.2
	9.5	50.1	56.0	60.2	64.5	37.0
1×7	5.5	19.6	22.0	23.6	25.3	15.1
	6.5	27.4	30.7	33.0	35.3	21.1
	7.0	31.8	35.6	38.2	41.0	24.5
	8.0	41.5	46.5	50.0	53.5	32.0
	9.5	58.6	65.5	70.5	75.4	45.1
1×19	6.0	22.5	25.2	27.1	29.0	17.6
	8.0	40.0	44.8	48.2	51.6	31.4
	9.5	56.4	63.1	68.0	72.7	44.2
	10.0	62.5	70.0	75.2	80.6	49.0
	11.0	75.7	84.7	91.0	97.4	59.3
	12.0	90.1	101	108	116	70.6
	12.5	97.7	109	117	126	76.6
	14.0	123	137	147	158	96.0
	16.0	160	179	193	206	125
	18.0	203	227	244	261	159
	19.0	226	253	272	291	177
	22.0	303	339	364	390	237
1×37	12	85.0	95.0	102	109	70.6
	12.5	92.2	103	111	119	76.6
	14	116	129	139	149	96.0
	16	151	169	182	195	125
	18	191	214	230	246	159
	19.5	224	251	270	289	186
	21	260	291	313	335	216
	22.5	299	334	359	385	248
	24	340	380	409	438	282
	26	399	446	480	514	331
	28	463	517	557	596	384
1×61	18	183	205	221	236	156
	20	227	253	273	292	192
	22	274	307	330	353	232
	24	326	365	293	420	276
	26	383	428	461	493	324
	28	444	497	534	572	376
	30	510	570	613	657	432
	32	580	649	698	747	492
	34	655	732	788	843	555
	36	734	821	883	945	622

结构	钢绞线直径(mm)	最小破断拉力(kN)				参考重量(kg/100m)
		1 180MPa	1 320MPa	1 420MPa	1 520MPa	
1×91	30	478	535	575	—	441
	32	544	608	654	—	502
	34	614	686	739	—	566
	36	688	770	828	—	635
	38	766	858	922	—	707
	40	850	950	1 022	—	784
	42	937	1 048	1 127	—	864
	45	1 075	1 203	1 294	—	992
	48	1 223	1 368	1 472	—	1 129

注：①钢绞线内拆出的钢丝自身缠绕 2 圈不断裂。

②钢绞线的伸长率应不大于 1.5%。

5. 不锈钢钢绞线最小破断拉力和参考重量计算方法

(1)钢绞线最小破断拉力计算公式：

$$F = \frac{K'D^2R_0}{1\ 000}$$

式中：F——钢绞线最小破断拉力(kN)；

K'——最小破断拉力系数，见表 3-143；

D——钢绞线公称直径(mm)；

R_0——钢绞线公称抗拉强度(MPa)。

(2)钢绞线参考重量计算方式：

$$W = K \cdot D^2$$

式中：W——钢绞线单位长度重量(kg/100m)；

K——钢绞线重量系数，见表 3-143；

D——钢绞线公称直径(mm)。

钢绞线最小破断拉力系数和重量系数 表 3-143

钢绞线结构	1×3	1×7	1×19	1×37	1×61	1×91
最小破断拉力系数 K'	0.47	0.55	0.53	0.50	0.48	0.45
重量系数 K	0.41	0.50	0.49	0.49	0.48	0.49

(二十二)多丝大直径高强度低松弛预应力钢绞线(YB/T 4428—2014)

多丝大直径高强度低松弛预应力钢绞线(简称钢绞线)由 19 根冷拉光圆钢丝捻制成。钢绞线的结构分为西鲁式和瓦林吞式。

西鲁式——由两层相同根数的粗细两种直径的钢丝平行捻制成的钢绞线(结构代号 1×19S)；

瓦林吞式——由内外两层钢丝平行捻制，外层由粗细两种直径钢丝交替排列组成，外层钢丝根数是内层钢丝根数的两倍(结构代号 1×19W)。

钢绞线适用于桥梁、高层建筑、大型场馆、岩土锚固和巷道锚固等工程。

1. 钢绞线的标记

钢绞线按预应力钢绞线、结构代号、公称直径、抗拉强度级别和标准号顺序标记。

示例：公称直径为 28.6mm，抗拉强度级别为 1 860MPa 的瓦林吞式钢绞线其标记为：

预应力钢绞线 1×19W—28.6—1860—YB/T 4428—2014

2. 钢绞线外形结构示意图

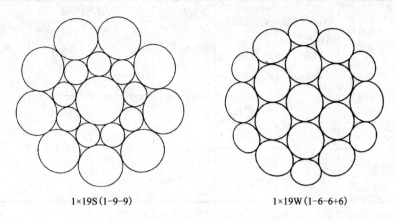

1×19S(1-9-9)　　　　　　1×19W(1-6-6+6)

图 3-22　钢绞线外形结构示意图

3. 钢绞线的技术要求

表 3-144

项　目	指 标 和 要 求
制造钢绞线的原料	制造钢绞线用盘条牌号和化学成分符合 GB/T 24238 的规定
制造要求	捻距为钢绞线公称直径的 12～18 倍
	钢绞线内应无折断、横裂和相互交叉的钢丝及其他缺陷
	钢绞线的捻向为左(S)捻、右(Z)捻，应在合同中注明
	钢绞线用砂轮锯切断后应不松散，或松散后可用手复原
	钢绞线只允许保留钢丝拉拔前的焊接点，且每 45m 长度范围内钢丝焊接点不得超过 1 个
表面质量	钢绞线表面不得有油、润滑脂等物质
	钢绞线允许有轻微的浮锈，但不得有目视可见的锈蚀麻坑。表面允许存在回火颜色
伸直性	取 1m 钢绞线，放平面上，其弦与弧内侧最大自然矢高应不大于 25mm
其他力学性能	经供需双方商定，可对产品进行疲劳试验、偏斜拉伸试验和应力腐蚀试验

4. 钢绞线的规格尺寸和力学性能

表 3-145

钢绞线结构	钢绞线公称直径 D_n(mm)	公称抗拉强度 R_m(MPa)	整根钢绞线的最大力 F_m(kN) 不小于	规定非比例延伸力 $F_{p0.2}$(kN) 不小于	最大力总伸长率($L_0 \geqslant 600mm$)A_{gt}(%)，不小于	应力松弛性能 初始负荷相当于公称最大力的百分数(%)	应力松弛性能 1 000h 应力松弛率 r(%)，不大于	参考横截面面积(mm²)	参考重量(kg/m)
1×19S (1-9-9)	17.80	1 860	387	341	3.5	70(80)	2.5(4.5)	208	1.652
		1 960	408	359					
	19.30	1 860	454	400				244	1.931
		1 960	478	422					
	20.30	1 810	491	432				271	2.149
		1 860	504	444					
	21.80	1 810	567	499				313	2.482
		1 860	583	513					

钢绞线结构	钢绞线公称直径 D_n(mm)	公称抗拉强度 R_m(MPa)	整根钢绞线的最大力 F_m(kN)，不小于	规定非比例延伸力 $F_{p0.2}$(kN)，不小于	最大力总伸长率($L_0\geqslant$600mm)A_{gt}(%)，不小于	应力松弛性能		参考横截面面积(mm²)	参考重量(kg/m)
						初始负荷相当于公称最大力的百分数(%)	1000h应力松弛率 r(%)，不大于		
1×19S (1—9—9)	28.60	1 810	963	847	3.5	70(80)	2.5(4.5)	532	4.229
		1 860	990	871					
1×9W (1—6—6+6)	28.60	1 810	963	847					
		1 860	990	871					

注:①钢绞线初始负荷相当于公称最大力的70%时,1000h应力松弛率不大于2.5%。

②钢绞线初始负荷相当于公称最大力的80%时,1000h应力松弛率不大于4.5%。

③规定非比例延伸力 $F_{p0.2}$ 不小于整根钢绞线公称最大力的88%。

④钢绞线直径允许偏差为:+0.60～-0.25mm。

⑤需方有要求时,可进行钢绞线弹性模量的检验,钢绞线弹性模量为(195±10)GPa。

⑥若无特殊要求,只进行初始负荷相当于公称最大力的70%的松弛试验,允许使用不低于120h松弛试验数据推算法确定1000h松弛率。

⑦仅直径28.6mm钢绞线有瓦林吞式结构。

5.钢绞线的交货

(1)盘重

每盘卷钢绞线的重量不小于1 000kg,允许有10%的盘卷重量小于1 000kg,但不得小于300kg。

(2)盘径

直径为17.8mm钢绞线盘卷内径不应小于800mm。其他规格的钢绞线盘卷内径不应小于1 000mm。

(3)包装

每盘卷钢绞线应捆扎结实,捆扎不少于8道。经双方协议,可加防潮、麻布等材料包装。

(4)标志

每盘钢绞线均应拴挂标牌,其上应注明供方名称、商标标记、重量、出厂编号、规格、抗拉强度、执行标准编号等。

(5)质量证明书

每一合同批应附有质量证明书,其中应注明:供方名称、地址和商标、规格、抗拉强度、需方名称、合同号、重量、件数、执行标准编号、试验结果、检验出厂日期、质量监督部门印记。

(二十三)预应力混凝土用中强度钢丝(GB/T 30828—2014)

预应力混凝土用中强度钢丝的强度范围为650～1 370MPa。钢丝按表面形状分为螺旋肋钢丝和刻痕钢丝。

螺旋肋钢丝——热轧圆盘条在拉拔过程中经螺旋模具旋转,沿钢丝表面长度方向上形成具有连续规则螺旋肋条的冷拉后稳定化处理的钢丝。螺旋肋钢丝代号H。

刻痕钢丝——热轧圆盘条在拉拔过程后,经刻痕辊冷轧,沿钢丝表面长度方向上均匀分布具有规则间隔的两面、三面或四面压痕的冷拉后稳定化处理的钢丝。刻痕钢丝代号Ⅰ。

预应力混凝土用中强度钢丝按抗拉强度分为:650、800、970、1 270、1 370MPa五个级别。

钢丝以符合GB/T 24242.2、GB/T 24242.4、GB/T 24238和GB/T 4354规定牌号的热轧盘条制造,也可采用其他牌号制造,厂方不提供化学成分。

1. 预应力混凝土用中强度钢丝的标记

钢丝按名称(中强钢丝)、直径、抗拉强度、表面形状、标准编号的顺序标记。

示例1:直径为5.00mm,抗拉强度为970MPa,螺旋肋钢丝,其标记为:

中强钢丝 5.00-970-H-GB/T 2014

示例2:直径为8.00mm,抗拉强度为1 270MPa,刻痕钢丝,其标记为:

中强钢丝 8.00-1 270-I-GB/T 2014

2. 中强度钢丝的表面质量和交货状态

表3-146

项 目		要 求
表面质量		钢丝表面不得有裂纹和油污,不允许有影响使用的拉痕、机械损伤等。允许有深度不大于直径4%的不连续的纵向表面缺陷
		除非供需双方协议,钢丝表面没有目视可见的锈蚀凹坑,表面浮锈不应作为拒收的理由
		钢丝表面允许存在回火颜色
钢丝的伸直性		取弦长1m的钢丝,放在平面上,其弦与弧内侧最大自然矢高,所有的钢丝均不大于15mm。直条钢丝每米伸直性不大于5mm,总矢高不大于钢丝全长的0.4%
钢丝交货状态		通常按盘卷交货,也可按定尺直条交货,按直条交货时,其长度及允许偏差由双方商定
盘卷	钢丝接头	每盘钢丝由一根组成,不允许有焊接头
	盘重	每盘重一般不小于1 000kg,不小于10盘时允许有10%的盘数小于1 000kg,但不小于300kg
	盘内径	直径≤5mm的钢丝的盘内径不小于1 500mm,直径>5mm的钢丝的盘内径不小于1 700mm
组批规则		每批由同一牌号、同一规格、同一强度级别、同一生产工艺制成的钢丝组成,每批重量不大于60t

3. 中强度钢丝的重量及允许偏差

表3-147

钢丝公称直径 d_n(mm)	公称截面面积 S_n(mm^2)	每米理论重量 (g/m)	重量偏差 (%)
4.00	12.57	98.6	
4.50	15.91	125	
5.00	19.63	154	
6.00	28.27	222	
7.00	38.48	302	
8.00	50.27	395	
9.00	63.62	499	±2
10.00	78.54	617	
11.00	95.03	746	
12.00	113.10	888	
14.00	153.94	1 208	

注:中强度螺旋肋钢丝和刻痕钢丝的公称直径相当于截面面积相等的光圆钢丝。钢的密度为7.85g/cm^3。

4.螺旋肋钢丝的外形、尺寸及允许偏差

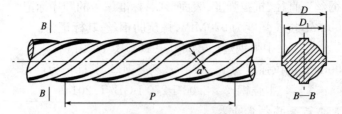

图 3-23　螺旋肋钢丝外形图断面线

螺旋肋钢丝的尺寸及允许偏差　　　　　表 3-148

| 公称直径 d_n(mm) | 螺旋肋 数量(条) | 基圆尺寸 | | 外轮廓尺寸 | | 单肋尺寸 | 螺旋肋导程 P(mm) |
		基圆直径 D_1(mm)	允许偏差 (mm)	外轮廓直径 D(mm)	允许偏差 (mm)	宽度 a(mm)	
4.00	4	3.85		4.25		0.90~1.30	24~30
4.50	4	4.30		4.80	±0.05	1.30~1.70	28~36
5.00	4	4.80		5.30			
6.00	4	5.80		6.30		1.60~2.00	30~38
7.00	4	6.73	±0.05	7.46		1.80~2.20	35~45
8.00	4	7.75		8.45		2.00~2.40	40~50
9.00	4	8.75		9.45	±0.10	2.10~2.70	42~52
10.00	4	9.75		10.45		2.50~3.00	45~58
11.00	4	10.76		11.47		2.60~3.10	50~64
12.00	4	11.78		12.50		2.70~3.20	55~70

5.三面刻痕钢丝外形、尺寸及允许偏差

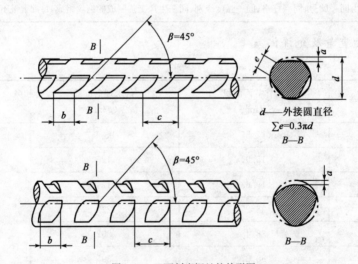

图 3-24　三面刻痕钢丝的外形图

三面刻痕钢丝尺寸及允许偏差　　　　　表 3-149

| 公称钢丝直径 (mm) | 刻痕尺寸及偏差 | | | | | |
	深度 a(mm)	允许偏差(mm)	长度 b(mm)	允许偏差(mm)	节距 c(mm)	允许偏差(mm)
≤5.00	0.12		3.5		5.5	
>5.00~8.00	0.16	±0.05	5.0	±0.5	8.0	±0.5
>8.00~14.00	0.22		5.0		8.0	

注:经供需双方协商,大于 8.00mm 以上钢丝,其刻痕长度及节距可按≤5.00mm 刻痕钢丝供应。

6. 两面、曲面刻痕钢丝外形

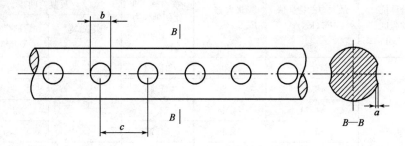

图 3-25 两面刻痕钢丝的外形图

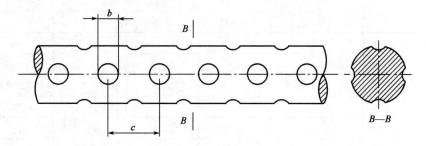

图 3-26 四面刻痕钢丝的外形图

尺寸:

两面刻痕和四面刻痕钢丝的刻痕深度、刻痕长度及节距由供需双方协商确定。

在任何 600mm 长的刻痕钢丝上,至少 90% 的刻痕应符合表 3-149 的节距和形状的要求。

7. 中强度钢丝的力学性能

表 3-150

公称直径 d_n(mm)	公称抗拉强度 R_m(MPa)	最大力的特征值 F_m(kN),≥	最大力 $F_{m,max}$(kN),≤	0.2%规定非比例延伸力 $F_{p0.2}$(kN),≥	反复弯曲		弯曲试验 180°
					次数 N ≥	弯曲半径 R(mm)	
8.00		32.68	42.73	27.78		20	—
10.00	650	51.05	66.76	43.39	4	25	—
12.00		73.52	96.14	62.49	—	—	$D=10d_n$
4.00		10.06	12.57	8.55		10	
5.00		15.70	19.63	13.35		15	
6.00		22.62	28.27	19.23		15	
7.00		30.78	38.48	26.16	4	20	
8.00	800	40.22	50.26	34.18		20	
9.00		50.90	63.62	43.27		25	
10.00		62.83	78.54	53.41		25	
11.00		76.02	95.03	64.62	—	—	$D=10d_n$
12.00		90.48	113.10	76.91	—	—	$D=10d_n$
14.00		123.15	153.94	104.68	—	—	$D=10d_n$
4.00		12.19	14.71	10.36		10	
5.00	970	19.04	22.97	16.18	4	15	
6.00		27.42	33.08	23.31		15	

续表 3-150

公称直径 d_n(mm)	公称抗拉强度 R_m(MPa)	最大力的特征值 F_m(kN)，≥	最大力 $F_{m,max}$(kN)，≤	0.2%规定非比例延伸力 $F_{p0.2}$(kN)，≥	反复弯曲		弯曲试验 180°
					次数 N，≥	弯曲半径 R(mm)	
7.00	970	37.33	45.02	31.73		20	—
8.00		48.76	58.80	41.45	4	20	—
9.00		61.71	74.44	52.45		25	—
10.00		76.18	91.89	64.75		25	—
11.00		92.18	111.19	78.35	—	—	$D=10d_n$
12.00		109.71	132.33	93.25	—	—	$D=10d_n$
14.00		149.32	180.11	126.92	—	—	$D=10d_n$
4.00	1 270	15.96	18.48	13.57		10	—
5.00		24.93	28.86	21.19		15	—
6.00		35.90	41.56	30.52		15	—
7.00		48.87	56.57	41.54	4	20	—
8.00		63.84	73.88	54.27		20	—
9.00		80.80	93.52	68.68		25	—
10.00		99.75	115.45	84.79		25	—
11.00		120.69	139.69	102.59	—	—	$D=10d_n$
12.00		143.64	166.26	122.09	—	—	$D=10d_n$
14.00		195.50	226.29	166.18	—	—	$D=10d_n$
4.00	1 370	17.22	19.73	14.64		10	—
4.50		21.78	24.97	18.52		15	—
5.00		26.89	30.82	22.86		15	—
6.00		38.73	44.38	32.92		15	—
7.00		52.72	60.41	44.81	4	20	—
8.00		68.87	78.91	58.54		20	—
9.00		87.16	99.88	74.09		25	—
10.00		107.60	123.31	91.46		25	—
11.00		130.19	149.20	110.66	—	—	$D=10d_n$
12.00		154.95	177.57	131.71	—	—	$D=10d_n$
14.00		210.90	241.69	179.26	—	—	$D=10d_n$

注：①钢丝的原始标距 $L_0=200mm$，最大力总延伸率 A_{gt} 不小于 3.5%；初始力相当于 70%最大力的特征值时，1 000h 应力松弛率不大于 2.5%。

②钢丝 0.2%规定非比例延伸力 $F_{p0.2}$ 应不小于最大力的特征值 F_m 的 85%。

③钢丝弹性模量应力(200±10)GPa，但不作为交货条件。当需方要求时，应满足该范围值。

④根据供需双方协议，可以提供本表以外其他强度级别的钢丝，其力学性能按协议执行。

8.中强度钢丝的标志和储运

(1)标志

钢丝应逐盘卷加拴标牌，其上注明供方名称、产品名称、标记、规格、强度级别、批号、执行标准号、重量及件数等。

(2)质量证明书

每一合同批应附有质量证明书，其中应注明供方名称、产品名称、标记、规格、强度级别、批号、执行标准、重量及件数、需方名称、发货日期、质量检验部门印记。

(3)运输和储存

钢丝的运输和储存应符合 GB/T 2103 的相关规定。

二、常用型材

(一)常用型材的统计分类和理论重量简易计算

1.常用钢产品分类(摘自 GB/T 15574—1995)

表 3-151

	大类名称	范 围			
轧制成品	一、大型型钢	高度≥80mm 的工字钢(I)、H 型钢(H)、槽钢([、U)			
	二、中小型型钢	高度<80mm 的槽钢、球头宽<430mm 的球扁钢、等边角钢、不等边角钢及等翼缘 T 型钢			
	三、棒材	圆钢、方钢、六角钢、(直径、边长、对边距)≥8mm,扁钢厚度≥5mm×宽度≤150mm,八角钢(对边距)≥14mm			
	四、特殊棒材和特殊中小型钢	高度<80mm 的 I 钢和 H 型钢、不等翼缘的 T 型钢、窗框钢、轮辋钢、帽型钢、梯型钢、中空钻探棒、弹簧扁钢、半圆钢、半椭圆钢、乙型钢、兀型钢等及尖角 L、U、T 型钢			
	五、盘条	直径≥5mm 的圆形、椭圆形、方形、矩形、六角形、八角形、半圆形的盘状产品			
	六、混凝土和预应力混凝土用钢筋	直径或边长≥5mm 的圆钢筋、螺纹钢筋、盘条等			
	七、铁道用钢	每米质量≤30kg 的轻轨,每米质量>30kg 的重轨、起重机钢轨、轨枕、鱼尾板、底板、轨垫板等			
	八、钢板桩	薄板桩、组合支承桩、管状支承桩			
	九、扁平成品	宽扁钢 (厚×宽)(mm)	热轧薄板 冷轧薄板 (厚)(mm)	热轧厚板 冷轧厚板 (厚)(mm)	热轧宽钢带 冷轧宽钢带 (宽)(mm)	热轧窄钢带 冷轧窄钢带 (宽)(mm)
		(>4)×(>150)	≤3	>3	≥600	<600
	十、钢管、中空型材、中空棒材	无缝钢管、直缝焊接管、螺旋焊接管、结构中空型钢等,用机械加工制成的无缝钢管			
镀涂层产品	十一、双面镀层	等厚镀层、差厚镀层钢板和钢带			
	十二、单面镀层	镀锡钢板和钢带;镀铬、氧化铬薄钢板和钢带;镀铅钢板和钢带;镀锌钢板和钢带;镀铝、铝硅合金镀层钢板和钢带;混合金属涂层钢板和钢带			
其他	十三、冷成型产品	冷弯型钢、冷成型薄板桩、冷成型平行波纹板			
	十四、钢丝	圆形、方形、六角形、八角形、半圆形、梯形、鼓形或其他形状			
	十五、钢丝绳	圆股钢丝绳、扁股钢丝绳、异形股钢丝绳			
	十六、钢绞线				

2.型材规格的表示方法及理论重量的简易计算

表 3-152

名 称	规格表示方法(mm)	理论重量(kg/m)计算式	符 号 说 明
圆钢、钢丝	直径 例:φ25	$W=0.006\,165d^2$	d-直径
方钢	边长, 例:50^2 或 50×50	$W=0.007\,85a^2$	a-边长
六角钢	对边距离(内切圆直径) 例:25	$W=0.006\,8s^2$	s-对边距离

续表 3-152

名　　称	规格表示方法(mm)	理论重量(kg/m)计算式	符号说明
八角钢	对边距离(内切圆直径) 例:15	$W=0.0065s^2$	s-对边距离
六角中空钢	对边距离(内切圆直径) 例:25	$W=0.0068D^2-0.00617d^2$	D-内切圆直径 d-芯孔直径
扁钢	厚度×宽度 例:6×20	$W=0.00785 \cdot b \cdot \delta$	b-宽度 δ-厚度
钢板	厚度或厚×宽×长 例:9或9×1400×1800	$W_{m}^2=7.85\delta$	δ-厚度
无缝钢管 或 电焊钢管	外径×壁厚或 外径×壁厚×长度-钢号 例:100×3或100×3×700-20号	$W=0.02466t(D-t)$	D-外径 t-壁厚
等边角钢	边宽²×边厚 例:75²×10或75×75×10	$W\approx0.00795d(2b-d)$	b-边宽 d-边厚
不等边角钢	长边宽×短边宽×边厚 例:100×75×10	$W\approx0.00795d(B+b-d)$	B-长边宽 b-短边宽 d-边厚
工字钢	高度×腿宽×腰厚或以型号表示 例:100×68×4.5或10号	a. $W=0.00785\times d[h+3.34(b-d)]$ b. $W=0.00785\times d[h+2.65(b-d)]$ c. $W=0.00785\times d[h+2.26(b-d)]$	h-高度 b-腿宽 d-腰厚
槽钢	高度×腿宽×腰厚或以型号表示 例:100×48×5.3或10号	a. $W=0.00785\times d[h+3.26(b-d)]$ b. $W=0.00785\times d[h+2.44(b-d)]$ c. $W=0.00785\times d[h+2.24(b-d)]$	h-高度 b-腿宽 d-腰厚

注:①W 为每米长度(钢板为每平方米)的理论重量。
　　②钢材的密度按 7.85g/cm³ 计。

(二)热轧圆钢、热轧方钢(GB/T 702—2008)

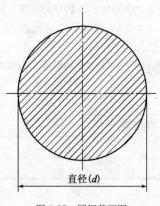

图 3-27　圆钢截面图

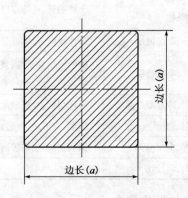

图 3-28　方钢截面图

1. 热轧圆钢和方钢的尺寸及理论重量

表 3-153

圆钢公称直径 d 方钢公称边长 a(mm)	理论重量(kg/m)		尺寸允许偏差(±mm)			圆钢	方钢
	圆钢	方钢	1组	2组	3组	不圆度,不大于	对角线长,不小于
5.5	0.186	0.237	0.20	0.30	0.40	公称直径公差的 50%	公称边长的 1.33 倍
6	0.222	0.283					

续表 3-153

圆钢公称直径 d 方钢公称边长 a(mm)	理论重量(kg/m)		尺寸允许偏差(±mm)			圆钢 不圆度,不大于	方钢 对角线长,不小于
	圆钢	方钢	1组	2组	3组		
6.5	0.260	0.332	0.20	0.30	0.40		
7	0.302	0.385					
8	0.395	0.502	0.25	0.35	0.40		
9	0.499	0.636					
10	0.617	0.785					
11	0.746	0.950					
12	0.888	1.13					
13	1.04	1.33					
14	1.21	1.54					
15	1.39	1.77					
16	1.58	2.01					
17	1.78	2.27					
18	2.00	2.54					
19	2.23	2.83					
20	2.47	3.14					
21	2.72	3.46	0.30	0.40	0.50	公称直径公差 的50%	公称边长 的1.33倍
22	2.98	3.80					
23	3.26	4.15					
24	3.55	4.52					
25	3.85	4.91					
26	4.17	5.31					
27	4.49	5.72					
28	4.83	6.15					
29	5.18	6.60					
30	5.55	7.06					
31	5.92	7.54	0.40	0.50	0.60		
32	6.31	8.04					
33	6.71	8.55					
34	7.13	9.07					
35	7.55	9.62					
36	7.99	10.2					
38	8.90	11.3					
40	9.86	12.6					
42	10.9	13.8					
45	12.5	15.9					
48	14.2	18.1					
50	15.4	19.6					
53	17.3	22.0	0.60	0.70	0.80	公称直径公差 的65%	公称边长 的1.29倍
55	18.6	23.7					

续表 3-153

圆钢公称直径 d 方钢公称边长 a(mm)	理论重量(kg/m)		尺寸允许偏差(±mm)			圆钢	方钢
	圆钢	方钢	1组	2组	3组	不圆度,不大于	对角线长,不小于
56	19.3	24.6					
58	20.7	26.4					
60	22.2	28.3					
63	24.5	31.2					
65	26.0	33.2	0.60	0.70	0.80	公称直径公差 的65%	公称边长 的1.29倍
68	28.5	36.3					
70	30.2	38.5					
75	34.7	44.2					
80	39.5	50.2					
85	44.5	56.7					
90	49.9	63.6					
95	55.6	70.8					
100	61.7	78.5	0.90	1.00	1.10		
105	68.0	86.5					
110	74.6	95.0					
115	81.5	104					
120	88.8	113					
125	96.3	123					
130	104	133					
135	112	143	1.20	1.30	1.40		
140	121	154					
145	130	165					
150	139	177					
155	148	189					
160	158	201				公称直径公差 的70%	公称边长的1.29倍 (含工具钢全部规格)
165	168	214					
170	178	227	1.60	1.80	2.0		
180	200	254					
190	223	283					
200	247	314					
210	272						
220	298						
230	326						
240	355						
250	385		2.0	2.5	3.0		
260	417						
270	449						
280	483						

续表 3-153

圆钢公称直径 d 方钢公称边长 a(mm)	理论质量(kg/m)		尺寸允许偏差(±mm)			圆钢	方钢
	圆钢	方钢	1组	2组	3组	不圆度,不大于	对角线长,不小于
290	518					公称直径公差的70%	公称边长的1.29倍(含工具钢全部规格)
300	555				5.0		
310	592						

注:①方钢不方度,应在同一横截面内,任何两边长之差不得大于公称边长公差的50%,两对角线长度之差不得大于公称边长公差的70%。

②钢材的密度为 7.85g/cm³。

2.钢材的订货和交货

(1)尺寸允许偏差组别应在订货合同中注明,未注明时按第 3 组允许偏差执行。

(2)钢材按实际重量交货。经供需双方协商,并在合同中注明,可按理论重量交货。

(3)钢材的弯曲度(不大于)。

　　1组　每米弯曲度:2.5mm;总弯曲度:钢棒长度的 0.25%。

　　2组　每米弯曲度:4mm;总弯曲度:钢棒长度的 0.40%。

弯曲度组别应在订货合同中标明,未注明者按第 2 组执行。经供需双方协商,并在合同中注明,也可供应规定之外的弯曲度。

(4)钢材的交货长度。

热轧圆钢和方钢通常长度及短尺长度　　　　表 3-154

钢 类	通 常 长 度		短尺长度(m),不小于
	截面公称尺寸(mm)	钢棒长度(m)	
普通质量钢	≤25	4~12	2.5
	>25	3~12	
优质及特殊质量钢	全部规格	2~12	1.5
	碳素和合金工具钢 ≤75	2~12	1.0
	>75	1~8	0.5(包括高速工具钢全部规格)

注:①短尺长度钢材交货量不得超过该批钢材总重量的 10%。

②定尺或倍尺长度应在合同中注明,其长度允许偏差为 +50mm。

③经供需双方协商,圆钢和方钢亦可以盘卷交货。

(三)热轧扁钢(含工具钢扁钢)(GB/T 702—2008)

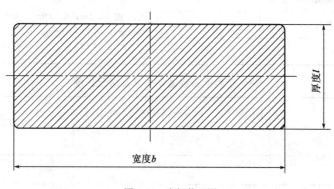

图 3-29　扁钢截面图

1. 热轧扁钢的尺寸允许偏差

表 3-155

宽 度 （mm）			厚 度 （mm）		
公称尺寸	允许偏差		公称尺寸	允许偏差	
	1组	2组		1组	2组
10～50	+0.3 −0.9	+0.5 −1.0	3～16	+0.3 −0.5	+0.2 −0.4
>50～75	+0.4 −1.2	+0.6 −1.3			
>75～100	+0.7 −1.7	+0.9 −1.8	>16～60	+1.5% −3.0%	+1.0% −2.5%
>100～150	+0.8% −1.8%	+1.0% −2.0%			
>150～200	供需双方协商				

注:在同一截面任意两点测量的厚度差不得大于厚度公差的50%。

2. 钢材的订货和交货

(1)尺寸允许偏差组别应在订货合同中注明,未注明时按第2组允许偏差执行。

(2)钢材按实际重量交货。经供需双方协商,并在合同中注明,可按理论重量交货。短尺长度钢材交货量不得超过该批钢材总重量的10%。定尺或倍尺长度应在合同中注明。

(3)热轧扁钢的弯曲度(不大于)。

　　1组　每米弯曲度:2.5mm;总弯曲度:钢棒长度的0.25%。

　　2组　每米弯曲度:4mm;总弯曲度:钢棒长度的0.40%。

热轧工具钢扁钢及宽度>150mm的热轧扁钢的弯曲度每米不得超过5mm,总弯曲度不得大于总长度的0.50%。热轧工具钢扁钢的侧面弯曲度(镰刀弯)每米不得超过5mm,总侧面弯曲度不得大于总长度的0.50%。

热轧扁钢(含工具钢)不得有显著扭转。

(4)钢材的交货长度

热轧扁钢通常长度及短尺长度　　　　表 3-156

钢　类		通常长度(m)	长度允许偏差	短 尺 长 度
普通质量钢	1组(理论重量≤19kg/m)	3～9	长度 ≤ 4m, + 30mm; 4 ～ 6m, +50mm;>6m,+70mm	≥1.5m
	2组(理论重量>19kg/m)	3～7		
优质及特殊质量钢		2～5		

热轧工具钢扁钢通常长度及短尺长度　　　　表 3-157

公称宽度(mm)	通常长度(m)	短尺长度(m)
≤50	≥2.0	≥1.5
>50～70	≥2.0	≥0.75
>70	≥1.0	—

3. 热轧扁钢的尺寸及理论重量

二）热轧扁钢的尺寸及理论重量

表 3-158

理论重量（kg/m）

公称宽度 (mm) \ 厚度 (mm)	3	4	5	6	7	8	9	10	11	12	14	16	18	20	22	25	28	30	32	36	40	45	50	56	60
10	0.24	0.31	0.39	0.47	0.55	0.63																			
12	0.28	0.38	0.47	0.57	0.66	0.75																			
14	0.33	0.44	0.55	0.65	0.77	0.88																			
16	0.38	0.50	0.63	0.75	0.88	1.00	1.15	1.26																	
18	0.42	0.57	0.71	0.85	0.99	1.13	1.27	1.41																	
20	0.47	0.63	0.78	0.94	1.10	1.26	1.41	1.57	1.73	1.88															
22	0.52	0.69	0.86	1.04	1.21	1.38	1.55	1.73	1.90	2.07															
25	0.59	0.78	0.98	1.18	1.37	1.57	1.77	1.96	2.16	2.36	2.75	3.14													
28	0.66	0.88	1.10	1.32	1.54	1.76	1.98	2.20	2.42	2.64	3.08	3.53													
30	0.71	0.94	1.18	1.41	1.65	1.88	2.12	2.36	2.59	2.83	3.30	3.77	4.24	4.71											
32	0.75	1.00	1.26	1.51	1.76	2.01	2.26	2.55	2.76	3.01	3.52	4.02	4.52	5.02											
35	0.82	1.10	1.37	1.65	1.92	2.20	2.47	2.75	3.02	3.30	3.85	4.40	4.95	5.50	6.04	6.87	7.69								
40	0.94	1.26	1.57	1.88	2.20	2.51	2.83	3.14	3.45	3.77	4.40	5.02	5.65	6.28	6.91	7.85	8.79								
45	1.06	1.41	1.77	2.12	2.47	2.83	3.18	3.53	3.89	4.24	4.95	5.65	6.36	7.07	7.77	8.83	9.89	10.60	11.30	12.72					
50	1.18	1.57	1.96	2.36	2.75	3.14	3.53	3.93	4.32	4.71	5.50	6.28	7.06	7.85	8.64	9.81	10.99	11.78	12.56	14.13					
55		1.73	2.16	2.59	3.02	3.45	3.89	4.32	4.75	5.18	6.04	6.91	7.77	8.64	9.50	10.79	12.09	12.95	13.82	15.54					
60		1.88	2.36	2.83	3.30	3.77	4.24	4.71	5.18	5.65	6.59	7.54	8.48	9.42	10.36	11.78	13.19	14.13	15.07	16.96	18.84	21.20			
65		2.04	2.55	3.06	3.57	4.08	4.59	5.10	5.61	6.12	7.14	8.16	9.18	10.20	11.23	12.76	14.29	15.31	16.33	18.37	20.41	22.96			

续表 3-158

厚度 (mm) / 理论重量 (kg/m)

公称宽度 (mm)	3	4	5	6	7	8	9	10	11	12	14	16	18	20	22	25	28	30	32	36	40	45	50	56	60
70		2.20	2.75	3.30	3.85	4.40	4.95	5.50	6.04	6.59	7.69	8.79	9.89	10.99	12.09	13.74	15.39	16.49	17.58	19.78	21.98	24.73			
75		2.36	2.94	3.53	4.12	4.71	5.30	5.89	6.48	7.07	8.24	9.42	10.60	11.78	12.95	14.72	16.48	17.66	18.84	21.20	23.55	26.49			
80		2.51	3.14	3.77	4.40	5.02	5.65	6.28	6.91	7.54	8.79	10.05	11.30	12.56	13.82	15.70	17.58	18.84	20.10	22.61	25.12	28.26	31.40	35.17	
85			3.34	4.00	4.67	5.34	6.01	6.67	7.34	8.01	9.34	10.68	12.01	13.34	14.68	16.68	18.68	20.02	21.35	24.02	26.69	30.03	33.36	37.37	40.04
90			3.53	4.24	4.95	5.65	6.36	7.07	7.77	8.48	9.89	11.30	12.72	14.13	15.54	17.66	19.78	21.20	22.61	25.43	28.26	31.79	35.32	39.56	42.39
95			3.73	4.47	5.22	5.97	6.71	7.46	8.20	8.95	10.44	11.93	13.42	14.92	16.41	18.64	20.88	22.37	23.86	26.85	29.83	33.56	37.29	41.76	44.74
100			3.92	4.71	5.50	6.28	7.06	7.85	8.64	9.42	10.99	12.56	14.13	15.70	17.27	19.62	21.98	23.55	25.12	28.26	31.40	35.32	39.25	43.96	47.10
105			4.12	4.95	5.77	6.59	7.42	8.24	9.07	9.89	11.54	13.19	14.84	16.48	18.13	20.61	23.08	24.73	26.38	29.67	32.97	37.09	41.21	46.16	49.46
110			4.32	5.18	6.04	6.91	7.77	8.64	9.50	10.36	12.09	13.82	15.54	17.27	19.00	21.59	24.18	25.90	27.63	31.09	34.54	38.86	43.18	48.36	51.81
120			4.71	5.65	6.59	7.54	8.48	9.42	10.36	11.30	13.19	15.07	16.96	18.84	20.72	23.55	26.38	28.26	30.14	33.91	37.68	42.39	47.10	52.75	56.52
125				5.89	6.87	7.85	8.83	9.81	10.79	11.78	13.74	15.70	17.66	19.62	21.58	24.53	27.48	29.44	31.40	35.32	39.25	44.16	49.06	54.95	58.88
130				6.12	7.14	8.16	9.18	10.20	11.23	12.25	14.29	16.33	18.37	20.41	22.45	25.51	28.57	30.62	32.66	36.74	40.82	45.92	51.02	57.15	61.23
140					7.69	8.79	9.89	10.99	12.09	13.19	15.39	17.58	19.78	21.98	24.18	27.48	30.77	32.97	35.17	39.56	43.96	49.46	54.95	61.54	65.94
150					8.24	9.42	10.60	11.78	12.95	14.13	16.48	18.84	21.20	23.55	25.90	29.44	32.97	35.32	37.68	42.39	47.10	52.99	58.88	65.94	70.65
160					8.79	10.05	11.30	12.56	13.82	15.07	17.58	20.10	22.61	25.12	27.63	31.40	35.17	37.68	40.19	45.22	50.24	56.52	62.80	70.34	75.36
180					9.89	11.30	12.72	14.13	15.54	16.96	19.78	22.61	25.43	28.26	31.09	35.32	39.56	42.39	45.22	50.87	56.52	63.58	70.65	79.13	84.78
200					10.99	12.56	14.13	15.70	17.27	18.84	21.98	25.12	28.26	31.40	34.54	39.25	43.96	47.10	50.24	56.52	62.80	70.65	78.50	87.92	94.20

注:①表中的粗线用以划分编钢的组别。

　　1组——理论重量≤19kg/m;

　　2组——理论重量>19kg/m。

　　②表中的理论重量按密度7.85g/cm³计算。

2) 热轧工具钢扁钢的尺寸及理论质量

表3-159

扁钢公称厚度(mm) —— 理论重量(kg/m)

公称宽度(mm)	4	6	8	10	12	16	18	20	22	25	28	32	36	40	45	50	56	63	71	80	90	100	宽度允许偏差(mm),不大于
10	0.31	0.47	0.63																				+0.70
12	0.38	0.57	0.75	0.94																			+0.80
16	0.50	0.75	1.00	1.26	1.51																		+1.20
20	0.63	0.94	1.26	1.57	1.88	2.51	2.83																
25	0.79	1.18	1.57	1.96	2.36	3.14	3.53	3.93	4.32														+1.60
32	1.00	1.51	2.01	2.51	3.01	4.02	4.52	5.02	5.53	6.28	7.03												
40	1.26	1.88	2.51	3.14	3.77	5.02	5.65	6.28	6.91	7.85	8.79	10.05	11.30										
50	1.57	2.36	3.14	3.93	4.71	6.28	7.07	7.85	8.64	9.81	10.99	12.56	14.13	15.70	17.66								+2.30
63	1.98	2.97	3.96	4.95	5.93	7.91	8.90	9.89	10.88	12.36	13.85	15.83	17.80	19.78	22.25	24.73	27.69						
71	2.23	3.34	4.46	5.57	6.69	8.92	10.03	11.15	12.26	13.93	15.61	17.84	20.06	22.29	25.08	27.87	31.21	35.11					+2.5
80	2.51	3.77	5.02	6.28	7.54	10.05	11.30	12.56	13.82	15.70	17.58	20.10	22.61	25.12	28.26	31.40	35.17	39.56	44.59				
90	2.83	4.24	5.65	7.07	8.48	11.30	12.72	14.13	15.54	17.66	19.78	22.61	25.43	28.26	31.79	35.33	39.56	44.51	50.16	56.52			
100	3.14	4.71	6.28	7.85	9.42	12.56	14.13	15.70	17.27	19.63	21.98	25.12	28.26	31.40	35.33	39.25	43.96	49.46	55.74	62.80	70.65		
112	3.52	5.28	7.03	8.79	10.55	14.07	15.83	17.58	19.34	21.98	24.62	28.13	31.65	35.17	39.56	43.96	49.24	55.39	62.42	70.34	79.13	87.92	
125	3.93	5.89	7.85	9.81	11.78	15.70	17.66	19.63	21.59	24.53	27.48	31.40	35.33	39.25	44.16	49.06	54.95	61.82	69.67	78.50	88.31	98.13	+2.8
140	4.40	6.59	8.79	10.99	13.19	17.58	19.78	21.98	24.18	27.48	30.77	35.17	39.56	43.96	49.46	54.95	61.54	69.24	78.03	87.92	98.91	109.90	
160	5.02	7.54	10.05	12.56	15.07	20.10	22.61	25.12	27.63	31.40	35.17	40.19	45.22	50.24	56.52	62.80	70.34	79.13	89.18	100.48	113.04	125.60	
180	5.65	8.48	11.30	14.13	16.96	22.61	25.43	28.26	31.09	35.33	39.56	45.22	50.87	56.52	63.59	70.65	79.13	89.02	100.32	113.04	127.17	141.30	+3.0
200	6.28	9.42	12.56	15.70	18.84	25.12	28.26	31.40	34.54	39.25	43.96	50.24	56.52	62.80	70.65	78.50	87.92	98.91	111.47	125.60	141.30	157.00	
224	7.03	10.55	14.07	17.58	21.10	28.13	31.65	35.17	38.68	43.96	49.24	56.27	63.30	70.34	79.13	87.92	98.47	110.78	124.85	140.67	158.26	175.84	
250	7.85	11.78	15.70	19.63	23.55	31.40	35.33	39.25	43.18	49.06	54.95	62.80	70.65	78.50	88.31	98.13	109.90	123.64	139.34	157.00	176.63	196.25	+3.2
280	8.79	13.19	17.58	21.98	26.38	35.17	39.56	43.96	48.36	54.95	61.54	70.34	79.13	87.92	98.91	109.90	123.09	138.47	156.06	175.84	197.82	219.80	
310	9.73	14.60	19.47	24.34	29.20	38.94	43.80	48.67	53.54	60.84	68.14	77.87	87.61	97.34	109.51	121.68	136.28	153.31	172.78	194.68	219.02	243.35	
厚度允许偏差(mm)不大于		+0.40		+0.50	+0.60			+0.80				+1.2			+1.4					+1.6			

注：表中的理论重量按密度7.85g/cm³ 计算。对于高合金钢计算理论重量时,应采用相应牌号的密度进行计算。

(四)热轧六角钢、热轧八角钢(GB/T 702—2008)

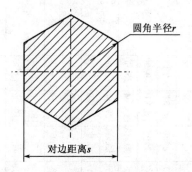

图 3-30　六角钢截面图

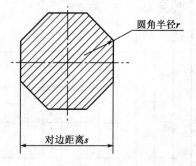

图 3-31　八角钢截面图

1. 钢材的订货和交货

(1)尺寸允许偏差组别应在订货合同中注明,未注明时按第 3 组允许偏差执行。

(2)钢材按实际重量交货。经供需双方协商,并在合同中注明,可按理论重量交货。短尺长度钢材交货量不得超过该批钢材总重量的 10%。定尺或倍尺长度应在合同中注明,其长度允许偏差为 +50mm。

(3)钢材的弯曲度(不大于)。1 组　每米弯曲度:2.5mm;总弯曲度:钢棒长度的 0.25%

2 组　每米弯曲度:4mm;总弯曲度:钢棒长度的 0.40%

3 组　每米弯曲度:6mm;总弯曲度:钢棒长度的 0.60%

弯曲度组别应在订货合同中标明。

(4)钢材的交货长度:普通钢 3~8m;优质钢 2~6m。

短尺长度:普通钢不小于 2.5m;优质钢不小于 1.5m

2. 六角钢、八角钢理论重量和尺寸允许偏差

表 3-160

对边距离 S(mm)	尺寸允许偏差(mm)			截面面积 A(cm²)		理论重量(kg/m)	
	1组	2组	3组	六角钢	八角钢	六角钢	八角钢
8				0.554 3	—	0.435	—
9				0.701 5	—	0.551	—
10				0.866	—	0.680	—
11	±0.25	±0.35	±0.40	1.048	—	0.823	—
12				1.247	—	0.979	—
13				1.464	—	1.15	—
14				1.697	—	1.33	—
15				1.949	—	1.53	—
16				2.217	2.120	1.74	1.66
17				2.503	—	1.96	—
18	±0.25	±0.35	±0.40	2.806	2.683	2.20	2.16
19				3.126	—	2.45	—
20				3.464	3.312	2.72	2.60
21				3.819	—	3.00	—
22				4.192	4.008	3.29	3.15
23				4.581	—	3.60	—
24				4.988	—	3.92	—
25	±0.30	±0.40	±0.50	5.413	5.175	4.25	4.06
26				5.854	—	4.60	—
27				6.314	—	4.96	—
28				6.790	6.492	5.33	5.10
30				7.794	7.452	6.12	5.85

对边距离	尺寸允许偏差(mm)			截面面积 A(cm²)		理论重量(kg/m)	
S(mm)	1组	2组	3组	六角钢	八角钢	六角钢	八角钢
32				8.868	8.479	6.96	6.66
34				10.011	9.572	7.86	7.51
36				11.223	10.731	8.81	8.42
38				12.505	11.956	9.82	9.39
40	±0.40	±0.50	±0.60	13.86	13.25	10.88	10.40
42				15.28	—	11.99	—
45				17.54	—	13.77	—
48				19.95	—	15.66	—
50				21.65	—	17.00	—
53				24.33	—	19.10	—
56				27.16	—	21.32	—
58				29.13	—	22.87	—
60				31.18	—	24.50	—
63	±0.60	±0.70	±0.80	34.37	—	26.98	—
65				36.59	—	28.72	—
68				40.04	—	31.43	—
70				42.43	—	33.30	—

注:表中的理论重量按密度 7.85g/cm³ 计算。表中截面面积(A)计算公式:

$$A = \frac{1}{4}nS^2\tan\frac{\phi}{2} \times \frac{1}{100}$$

六角形　$A = \frac{3}{2}S^2\tan30° \times \frac{1}{100} \approx 0.866S^2 \times \frac{1}{100}$

八角形　$A = 2S^2\tan22°30' \times \frac{1}{100} \approx 0.828S^2 \times \frac{1}{100}$

式中:n——正 n 边形边数;

ϕ——正 n 边形圆内角,$\phi = \frac{360°}{n}$。

(五)热轧圆盘条(GB/T 14981—2009)

热轧圆盘条分 A、B、C 三个精度级别,订货时合同中应注明,不注明者按 A 级精度供货。

热轧圆盘条的规格、参数　　表 3-161

公称直径	允许偏差(mm)			不圆度(mm)			横截面面积	理论重量
(mm)	A级精度	B级精度	C级精度	A级精度	B级精度	C级精度	(mm²)	(kg/m)
5							19.63	0.154
5.5							23.76	0.187
6							28.27	0.222
6.5							33.18	0.260
7							38.48	0.302
7.5	±0.30	±0.25	±0.15	≤0.48	≤0.40	≤0.24	44.18	0.347
8							50.26	0.395
8.5							56.74	0.445
9							63.62	0.499
9.5							70.88	0.556
10							78.54	0.617
10.5	±0.40	±0.30	±0.20	≤0.64	≤0.48	≤0.32	86.59	0.680
11							95.03	0.746

续表 3-161

公称直径 (mm)	允许偏差(mm)			不圆度(mm)			横截面面积 (mm²)	理论重量 (kg/m)
	A 级精度	B 级精度	C 级精度	A 级精度	B 级精度	C 级精度		
11.5							103.9	0.816
12							113.1	0.888
12.5							122.7	0.963
13							132.7	1.04
13.5	±0.40	±0.30	±0.20	≤0.64	≤0.48	≤0.32	143.1	1.12
14							153.9	1.21
14.5							165.1	1.30
15							176.7	1.39
15.5							188.7	1.48
16							201.1	1.58
17							227.0	1.78
18							254.5	2.00
19							283.5	2.23
20	±0.50	±0.35	±0.25	≤0.80	≤0.56	≤0.40	314.2	2.47
21							346.3	2.72
22							380.1	2.98
23							415.5	3.26
24							452.4	3.55
25							490.9	3.85
26							530.9	4.17
27							572.6	4.49
28							615.7	4.83
29							660.5	5.18
30							706.9	5.55
31							754.8	5.92
32							804.2	6.31
33	±0.60	±0.40	±0.30	≤0.96	≤0.64	≤0.48	855.3	6.71
34							907.9	7.13
35							962.1	7.55
36							1 018	7.99
37							1 075	8.44
38							1 134	8.90
39							1 195	9.38
40							1 257	9.87
41							1 320	10.36
42							1 385	10.88
43	±0.80	±0.50	—	≤1.28	≤0.80	—	1 452	11.40
44							1 521	11.94
45							1 590	12.48

公称直径 (mm)	允许偏差(mm)			不圆度(mm)			横截面面积 (mm²)	理论重量 (kg/m)
	A级精度	B级精度	C级精度	A级精度	B级精度	C级精度		
46							1 662	13.05
47							1 735	13.62
48	±0.80	±0.50	—	≤1.28	≤0.80	—	1 810	14.21
49							1 886	14.80
50							1 964	15.41
51							2 042	16.03
52							2 123	16.66
53							2 205	17.31
54							2 289	17.97
55	±1.00	±0.60	—	≤1.60	≤0.96	—	2 375	18.64
56							2 462	19.32
57							2 550	20.02
58							2 641	20.73
59							2 733	21.45
60							2 826	22.18

注:①钢的密度按 7.85g/cm³ 计算。

②每卷盘条由一根组成,盘条重量应不小于 1 000kg。下列两种情况允许交货,但其盘卷总数应不超过每批盘数的 5%(不足 2 盘的允许有 2 盘)。

a)由一根组成的盘重小于 1 000kg 但大于 800kg 的盘卷;

b)由两根组成的盘卷,但盘重不小于 1 000kg,每根盘条的重量不小于 300kg,并且有明显标识。

③盘条不圆度应不超过相应级别直径公差的 80%。

(六)冷拉圆钢丝、方钢丝、六角钢丝(GB/T 342—1997)

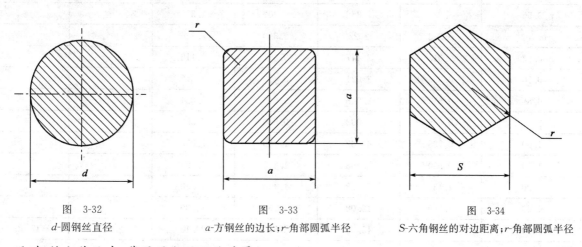

图 3-32	图 3-33	图 3-34
d-圆钢丝直径	a-方钢丝的边长;r-角部圆弧半径	S-六角钢丝的对边距离;r-角部圆弧半径

1.钢丝公称尺寸、截面面积及理论重量

表 3-162

公称尺寸 (mm)	圆 形		方 形		六 角 形	
	截面面积 (mm²)	理论重量 (kg/1 000m)	截面面积 (mm²)	理论重量 (kg/1 000m)	截面面积 (mm²)	理论重量 (kg/1 000m)
0.050	0.002 0	0.016				
0.055	0.002 4	0.019				

续表 3-162

公称尺寸 （mm）	圆 形		方 形		六 角 形	
	截面面积 （mm²）	理论重量 （kg/1 000m）	截面面积 （mm²）	理论重量 （kg/1 000m）	截面面积 （mm²）	理论重量 （kg/1 000m）
0.063	0.003 1	0.024				
0.070	0.003 8	0.030				
0.080	0.005 0	0.039				
0.090	0.006 4	0.050				
0.10	0.007 9	0.062				
0.11	0.009 5	0.075				
0.12	0.011 3	0.089				
0.14	0.015 4	0.121				
0.16	0.020 1	0.158				
0.18	0.025 4	0.199				
0.20	0.031 4	0.246				
0.22	0.038 0	0.298				
0.25	0.049 1	0.385				
0.28	0.061 6	0.484				
0.30*	0.070 7	0.555				
0.32	0.080 4	0.631				
0.35	0.096	0.754				
0.40	0.126	0.989				
0.45	0.159	1.248				
0.50	0.196	1.539	0.250	1.962		
0.55	0.238	1.868	0.302	2.371		
0.60*	0.283	2.22	0.360	2.826		
0.63	0.312	2.447	0.397	3.116		
0.70	0.385	3.021	0.490	3.846		
0.80	0.503	3.948	0.640	5.024		
0.90	0.636	4.993	0.810	6.358		
1.00	0.785	6.162	1.000	7.850		
1.10	0.950	7.458	1.210	9.498		
1.20	1.131	8.878	1.440	11.30		
1.40	1.539	12.08	1.960	15.39		
1.60	2.011	15.79	2.560	20.10	2.217	17.40
1.80	2.545	19.98	3.240	25.43	2.806	22.03
2.00	3.142	24.66	4.000	31.40	3.464	27.20
2.20	3.801	29.84	4.840	37.99	4.192	32.91
2.50	4.909	38.54	6.250	49.06	5.413	42.49
2.80	6.158	48.34	7.840	61.54	6.790	53.30
3.00*	7.069	55.49	9.000	70.65	7.795	61.19
3.20	8.042	63.13	10.24	80.38	8.869	69.62

公称尺寸 (mm)	圆 形		方 形		六 角 形	
	截面面积 (mm²)	理论重量 (kg/1 000m)	截面面积 (mm²)	理论重量 (kg/1 000m)	截面面积 (mm²)	理论重量 (kg/1 000m)
3.50	9.621	75.52	12.25	96.16	10.61	83.29
4.00	12.57	98.67	16.00	125.6	13.86	108.8
4.50	15.90	124.8	20.25	159.0	17.54	137.7
5.00	19.64	154.2	25.00	196.2	21.65	170.0
5.50	23.76	186.5	30.25	237.5	26.20	205.7
6.00*	28.27	221.9	36.00	282.6	31.18	244.8
6.30	31.17	244.7	39.69	311.6	34.38	269.9
7.00	38.48	302.1	49.00	384.6	42.44	333.2
8.00	50.27	394.6	64.00	502.4	55.43	435.1
9.00	63.62	499.4	81.00	635.8	70.15	550.7
10.0	78.54	616.5	100.00	785.0	86.61	679.9
11.0	95.03	746.0				
12.0	113.1	887.8				
14.0	153.9	1 208.1				
16.0	201.1	1 578.6				

注：①表中的理论重量是按密度为 7.85g/cm³ 计算的。对特殊合金钢丝,在计算理论重量时应采用相应牌号的密度。
②表内尺寸一栏,对于圆钢丝表示直径;对于方钢丝表示边长;对于六角钢丝表示对边距离。
③表中的钢丝直径系列采用 R20 优先系数,其中"*"符号系列补充的 R40 优先数系中的优先数系。

2. 钢丝尺寸允许偏差

钢丝尺寸的偏差应符合表 3-163 的规定,其具体要求应在相应的技术条件或合同中注明。

中间尺寸钢丝的尺寸允许偏差按相邻较大规格钢丝的规定。

(1)钢丝尺寸允许偏差－1(mm)

表 3-163

钢 丝 尺 寸	允许偏差级别					
	8	9	10	11	12	13
	允 许 偏 差					
0.05～0.10	±0.002	±0.005	±0.006	±0.010	±0.015	±0.020
>0.10～0.30	±0.003	±0.006	±0.009	±0.014	±0.022	±0.029
>0.30～0.60	±0.004	±0.009	±0.013	±0.018	±0.030	±0.038
>0.60～1.00	±0.005	±0.011	±0.018	±0.023	±0.035	±0.045
>1.00～3.00	±0.007	±0.015	±0.022	±0.030	±0.050	±0.060
>3.00～6.00	±0.009	±0.020	±0.028	±0.040	±0.062	±0.080
>6.00～10.00	±0.011	±0.025	±0.035	±0.050	±0.075	±0.100
>10.0～16.0	±0.013	±0.030	±0.045	±0.060	±0.090	±0.120

(2)钢丝尺寸允许偏差－2(mm)

钢丝尺寸	允许偏差级别					
	8	9	10	11	12	13
	允许偏差					
0.05~0.10	0 −0.004	0 −0.010	0 −0.012	0 −0.020	0 −0.030	0 −0.040
>0.10~0.30	0 −0.006	0 −0.012	0 −0.018	0 −0.028	0 −0.044	0 −0.058
>0.30~0.60	0 −0.008	0 −0.018	0 −0.026	0 −0.036	0 −0.060	0 −0.076
>0.60~1.00	0 −0.010	0 −0.022	0 −0.036	0 −0.046	0 −0.070	0 −0.090
>1.00~3.00	0 −0.014	0 −0.030	0 −0.044	0 −0.060	0 −0.100	0 −0.120
>3.00~6.00	0 −0.018	0 −0.040	0 −0.056	0 −0.080	0 −0.124	0 −0.160
>6.00~10.0	0 −0.022	0 −0.050	0 −0.070	0 −0.100	0 −0.150	0 −0.200
>10.0~16.0	0 −0.026	0 −0.060	0 −0.090	0 −0.120	0 −0.180	0 −0.240

注:钢丝尺寸允许偏差级别适用范围:圆钢丝 8~12 级;方形、六角形 10~13 级。

3. 钢丝的交货

(1)直条钢丝的通常长度为 2 000~4 000mm,允许供应长度不小于 1 500mm 的短尺钢丝,但其重量不得超过该批重量的 15%。

(2)对直条钢丝的通常长度有特殊要求时,应在相应技术条件中规定,或经供需双方协议在合同中注明。

(3)直条钢丝的定尺、倍尺长度允许偏差:

直条钢丝按定尺、倍尺交货时,其长度允许偏差为 $_0^{+50}$ mm。

按定尺或倍尺交货以及对长度允许偏差有特殊要求时,应在合同中注明。

(4)外形。

①钢丝以盘状交货。也可经供需双方协商以直条交货,但应在合同中注明。

②圆钢丝的不圆度应不大于直径公差之半。经供需双方协议,可以供应其他不圆度的钢丝。

③方钢丝的对角线差不得大于相应级别边长公差的 0.7 倍。

④对方钢丝、六角钢丝的角部圆弧半径有特殊要求时,由供需双方协议。

⑤直条方钢丝、六角钢丝不得有明显扭转。

⑥直条钢丝每米弯曲度不得大于 4mm。

⑦钢丝盘应规整,且由一根钢丝组成,当解开捆扎线时不得散乱或呈"∞"字形。

(七)热轧工字钢(GB/T 706—2008)

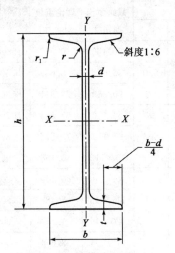

图 3-35　工字钢截面图

h-高度；b-腿宽度；d-腰厚度；t-平均腿厚度；r-内圆弧半径；r_1-腿端圆弧半径

1. 工字钢截面尺寸、截面面积、理论重量及截面特性

表 3-164

型号	截面尺寸(mm)						截面面积 (cm²)	理论重量 (kg/m)	惯性矩(cm⁴)		惯性半径(cm)		截面模数(cm³)	
	h	b	d	t	r	r_1			I_x	I_y	i_x	i_y	W_x	W_y
10	100	68	4.5	7.6	6.5	3.3	14.345	11.261	245	33.0	4.14	1.52	49.0	9.72
12	120	74	5.0	8.4	7.0	3.5	17.818	13.987	436	46.9	4.95	1.62	72.7	12.7
12.6	126	74	5.0	8.4	7.0	3.5	18.118	14.223	488	46.9	5.20	1.61	77.5	12.7
14	140	80	5.5	9.1	7.5	3.8	21.516	16.890	712	64.4	5.76	1.73	102	16.1
16	160	88	6.0	9.9	8.0	4.0	26.131	20.513	1 130	93.1	6.58	1.89	141	21.2
18	180	94	6.5	10.7	8.5	4.3	30.756	24.143	1 660	122	7.36	2.00	185	26.0
20a	200	100	7.0	11.4	9.0	4.5	35.578	27.929	2 370	158	8.15	2.12	237	31.5
20b	200	102	9.0	11.4	9.0	4.5	39.578	31.069	2 500	169	7.96	2.06	250	33.1
22a	220	110	7.5	12.3	9.5	4.8	42.128	33.070	3 400	225	8.99	2.31	309	40.9
22b	220	112	9.5	12.3	9.5	4.8	46.528	36.524	3 570	239	8.78	2.27	325	42.7
24a	240	116	8.0	13.0	10.0	5.0	47.741	37.477	4 570	280	9.77	2.42	381	48.4
24b	240	118	10.0	13.0	10.0	5.0	52.541	41.245	4 800	297	9.57	2.38	400	50.4
25a	250	116	8.0	13.0	10.0	5.0	48.541	38.105	5 020	280	10.2	2.40	402	48.3
25b	250	118	10.0	13.0	10.0	5.0	53.541	42.030	5 280	309	9.94	2.40	423	52.4
27a	270	122	8.5	13.7	10.5	5.3	54.554	42.825	6 550	345	10.9	2.51	485	56.6
27b	270	124	10.5	13.7	10.5	5.3	59.954	47.064	6 870	366	10.7	2.47	509	58.9
28a	280	122	8.5	13.7	10.5	5.3	55.404	43.492	7 110	345	11.3	2.50	508	56.6
28b	280	124	10.5	13.7	10.5	5.3	61.004	47.888	7 480	379	11.1	2.49	534	61.2
30a	300	126	9.0	14.4	11.0	5.5	61.254	48.084	8 950	400	12.1	2.55	597	63.5
30b	300	128	11.0	14.4	11.0	5.5	67.254	52.794	9 400	422	11.8	2.50	627	65.9
30c	300	130	13.0	14.4	11.0	5.5	73.254	57.504	9 850	445	11.6	2.46	657	68.5
32a	320	130	9.5	15.0	11.5	5.8	67.156	52.717	11 100	460	12.8	2.62	692	70.8
32b	320	132	11.5	15.0	11.5	5.8	73.556	57.741	11 600	502	12.6	2.61	726	76.0
32c	320	134	13.5	15.0	11.5	5.8	79.956	62.765	12 200	544	12.3	2.61	760	81.2

续表 3-164

型号	截面尺寸(mm)						截面面积(cm²)	理论重量(kg/m)	惯性矩(cm⁴)		惯性半径(cm)		截面模数(cm³)	
	h	b	d	t	r	r_1			I_x	I_y	i_x	i_y	W_x	W_y
36a		136	10.0				76.480	60.037	15800	552	14.4	2.69	875	81.2
36b	360	138	12.0	15.8	12.0	6.0	83.680	65.689	16 500	582	14.1	2.64	919	84.3
36c		140	14.0				90.880	71.341	17 300	612	13.8	2.60	962	87.4
40a		142	10.5				86.112	67.598	21 700	660	15.9	2.77	1 090	93.2
40b	400	144	12.5	16.5	12.5	6.3	94.112	73.878	22 800	692	15.6	2.71	1 140	96.2
40c		146	14.5				102.112	80.158	23 900	727	15.2	2.65	1 190	99.6
45a		150	11.5				102.446	80.420	32 200	855	17.7	2.89	1 430	114
45b	450	152	13.5	18.0	13.5	6.8	111.446	87.485	33 800	894	17.4	2.84	1 500	118
45c		154	15.5				120.446	94.550	35 300	938	17.1	2.79	1 570	122
50a		158	12.0				119.304	93.654	46 500	1 120	19.7	3.07	1 860	142
50b	500	160	14.0	20.0	14.0	7.0	129.304	101.504	48 600	1 170	19.4	3.01	1 940	146
50c		162	16.0				139.304	109.354	50 600	1 220	19.0	2.96	2 080	151
55a		166	12.5				134.185	105.335	62 900	1 370	21.6	3.19	2 290	164
55b	550	168	14.5				145.185	113.970	65 600	1 420	21.2	3.14	2 390	170
55c		170	16.5	21.0	14.5	7.3	156.185	122.605	68 400	1 480	20.9	3.08	2 490	175
56a		166	12.5				135.435	106.316	65 600	1 370	22.0	3.18	2 340	165
56b	560	168	14.5				146.635	115.108	68 500	1 490	21.6	3.16	2 450	174
56c		170	16.5				157.835	123.900	71 400	1 560	21.3	3.16	2 550	183
63a		176	13.0				154.658	121.407	93 900	1 700	24.5	3.31	2 980	193
63b	630	178	15.0	22.0	15.0	7.5	167.258	131.298	98 100	1 810	24.2	3.29	3 160	204
63c		180	17.0				179.858	141.189	102 000	1 920	23.8	3.27	3 300	214

注:①表中 r、r_1 的数据用于孔型设计,不做交货条件。

②工字钢截面面积计算公式:$hd+2t(b-d)+0.615(r^2-r_1^2)$。

2. 工字钢尺寸、外形允许偏差(mm)

表 3-165

	高　　度	允许偏差	图　示
高度 h	<100	±1.5	
	100~<200	±2.0	
	200~<400	±3.0	
	≥400	±4.0	
腿宽度 b	<100	±1.5	
	100~<150	±2.0	
	150~<200	±2.5	
	200~<300	±3.0	
	300~<400	±3.5	
	≥400	±4.0	
腰厚度 d	<100	±0.4	
	100~<200	±0.5	
	200~<300	±0.7	
	300~<400	±0.8	
	≥400	±0.9	

高 度	允 许 偏 差	图 示
外缘斜度 T	$T \leqslant 1.5\%b$ $2T \leqslant 2.5\%b$	
弯腰挠度 W	$W \leqslant 0.15d$	
弯曲度	每米弯曲度≤2mm 总弯曲度≤总长度的 0.20%	适用于上下、左右大弯曲

注:根据需方要求,工字钢的尺寸,外形及允许偏差也可按照供需双方协议。

3. 热轧工字钢的技术要求

(1)钢的牌号和化学成分(熔炼分析)应符合 GB/T 700 或 GB/T 1591 的有关规定。根据需方要求,经供需双方协议,也可按其他牌号和化学成分供货。

(2)钢的力学性能应符合 GB/T 700 或 GB/T 1591 的有关规定。根据需方要求,经供需双方协议,也可按其他力学性能指标供货。

(3)表面质量。

①钢表面不应有裂缝、折叠、结疤、分层和夹杂。

②钢表面允许有局部发纹、凹坑、麻点、刮痕和氧化铁皮压入等缺陷存在,但不应超出型钢尺寸的允许偏差。

③钢表面缺陷允许清除,清除处应圆滑无棱角,但不应进行横向清除。清除宽度不应小于清除深度的 5 倍,清除后的型钢尺寸不应超出尺寸的允许偏差。

④钢不应有大于 5mm 的毛刺;不应有明显的扭转。

4. 热轧工字钢的交货规定

(1)钢应按理论重量交货,理论重量按密度为 7.85g/cm³ 计算。经供需双方协商并在合同中注明,亦可按实际重量交货。

(2)根据双方协议,钢的每米重量允许偏差不应超过 $^{+3}_{-5}$%。

(3)钢的通常长度为 5 000～19 000mm。根据需方要求也可供应其他长度的产品。

(4)定尺长度允许偏差:

钢长度≤8m,允许偏差 $^{+50mm}_{0mm}$;

钢长度>8m,允许偏差 $^{+80mm}_{0mm}$。

(5)钢以热轧状态交货。

(6)钢的包装、标志及质量证明书应符合 GB/T 2101 的规定。

(八)热轧槽钢(GB/T 706—2008)

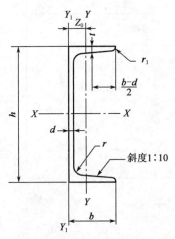

图 3-36　槽钢截面图

h-高度；b-腿宽度；d-腰厚度；t-平均腿厚度；r-内圆弧半径；r_1-腿端圆弧半径；Z_0-YY 轴与 Y_1Y_1 轴间距

1.槽钢截面尺寸、截面面积、理论重量及截面特性

表 3-166

型号	截面尺寸 (mm)						截面面积 (cm^2)	理论重量 (kg/m)	惯性矩 (cm^4)			惯性半径 (cm)		截面模数 (cm^3)		重心距离 (cm)
	h	b	d	t	r	r_1			I_x	I_y	I_{y1}	i_x	i_y	W_x	W_y	Z_0
5	50	37	4.5	7.0	7.0	3.5	6.928	5.438	26.0	8.30	20.9	1.94	1.10	10.4	3.55	1.35
6.3	63	40	4.8	7.5	7.5	3.8	8.451	6.634	50.8	11.9	28.4	2.45	1.19	16.1	4.50	1.36
6.5	65	40	4.3	7.5	7.5	3.8	8.547	6.709	55.2	12.0	28.3	2.54	1.19	17.0	4.59	1.38
8	80	43	5.0	8.0	8.0	4.0	10.248	8.045	101	16.6	37.4	3.15	1.27	25.3	5.79	1.43
10	100	48	5.3	8.5	8.5	4.2	12.748	10.007	198	25.6	54.9	3.95	1.41	39.7	7.80	1.52
12	120	53	5.5	9.0	9.0	4.5	15.362	12.059	346	37.4	77.7	4.75	1.56	57.7	10.2	1.62
12.6	126	53	5.5	9.0	9.0	4.5	15.692	12.318	391	38.0	77.1	4.95	1.57	62.1	10.2	1.59
14a	140	58	6.0	9.5	9.5	4.8	18.516	14.535	564	53.2	107	5.52	1.70	80.5	13.0	1.71
14b		60	8.0				21.316	16.733	609	61.1	121	5.35	1.69	87.1	14.1	1.67
16a	160	63	6.5	10.0	10.0	5.0	21.962	17.24	866	73.3	144	6.28	1.83	108	16.3	1.80
16b		65	8.5				25.162	19.752	935	83.4	161	6.10	1.82	117	17.6	1.75
18a	180	68	7.0	10.5	10.5	5.2	25.699	20.174	1 270	98.6	190	7.04	1.96	141	20.0	1.88
18b		70	9.0				29.299	23.000	1 370	111	210	6.84	1.95	152	21.5	1.84
20a	200	73	7.0	11.0	11.0	5.5	28.837	22.637	1 780	128	244	7.86	2.11	178	24.2	2.01
20b		75	9.0				32.837	25.777	1 910	144	268	7.64	2.09	191	25.9	1.95
22a	220	77	7.0	11.5	11.5	5.8	31.846	24.999	2 390	158	298	8.67	2.23	218	28.2	2.10
22b		79	9.0				36.246	28.453	2 570	176	326	8.42	2.21	234	30.1	2.03
24a	240	78	7.0	12.0	12.0	6.0	34.217	26.860	3 050	174	325	9.45	2.25	254	30.5	2.10
24b		80	9.0				39.017	30.628	3 280	194	355	9.17	2.23	274	32.5	2.03
24c		82	11.0				43.817	34.396	3 510	213	388	8.96	2.21	293	34.4	2.00
25a	250	78	7.0				34.917	27.410	3 370	176	322	9.82	2.24	270	30.6	2.07
25b		80	9.0				39.917	31.335	3 530	196	353	9.41	2.22	282	32.7	1.98
25c		82	11.0				44.917	35.260	3 690	218	384	9.07	2.21	295	35.9	1.92

续表 3-166

型号	截面尺寸 (mm)						截面面积 (cm²)	理论重量 (kg/m)	惯性矩 (cm⁴)			惯性半径 (cm)		截面模数 (cm³)		重心距离 (cm)
	h	b	d	t	r	r_1			I_x	I_y	I_{y1}	i_x	i_y	W_x	W_y	Z_0
27a		82	7.5				39.284	30.838	4 360	216	393	10.5	2.34	323	35.5	2.13
27b	270	84	9.5				44.684	35.077	4 690	239	428	10.3	2.31	347	37.7	2.06
27c		86	11.5				50.084	39.316	5 020	261	467	10.1	2.28	372	39.8	2.03
28a		82	7.5	12.5	12.5	6.2	40.034	31.427	4 760	218	388	10.9	2.33	340	35.7	2.10
28b	280	84	9.5				45.634	35.823	5 130	242	428	10.6	2.30	366	37.9	2.02
28c		86	11.5				51.234	40.219	5 500	268	463	10.4	2.29	393	40.3	1.95
30a		85	7.5				43.902	34.463	6 050	260	467	11.7	2.43	403	41.1	2.17
30b	300	87	9.5	13.5	13.5	6.8	49.902	39.173	6 500	289	515	11.4	2.41	433	44.0	2.13
30c		89	11.5				55.902	43.883	6 950	316	560	11.2	2.38	463	46.4	2.09
32a		88	8.0				48.513	38.083	7 600	305	552	12.5	2.50	475	46.5	2.24
32b	320	90	10.0	14.0	14.0	7.0	54.913	43.107	8 140	336	593	12.2	2.47	509	49.2	2.16
32c		92	12.0				61.313	48.131	8 690	374	643	11.9	2.47	543	52.6	2.09
36a		96	9.0				60.910	47.814	11 900	455	818	14.0	2.73	660	63.5	2.44
36b	360	98	11.0	16.0	16.0	8.0	68.110	53.466	12 700	497	880	13.6	2.70	703	66.9	2.37
36c		100	13.0				75.310	59.118	13 400	536	948	13.4	2.67	746	70.0	2.34
40a		100	10.5				75.068	58.928	17 600	592	1 070	15.3	2.81	879	78.8	2.49
40b	400	102	12.5	18.0	18.0	9.0	83.068	65.208	18 600	640	114	15.0	2.78	932	82.5	2.44
40c		104	14.5				91.068	71.488	19 700	688	1 220	14.7	2.75	986	86.2	2.42

注：①表中 r、r_1 的数据用于孔型设计，不做交货条件。

②槽钢截面面积计算公式：$hd+2t(b-d)+0.349(r^2-r_1^2)$。

2. 槽钢尺寸、外形允许偏差（mm）

表 3-167

	高　度	允许偏差	图　示
高度 h	<100	±1.5	
	100～<200	±2.0	
	200～<400	±3.0	
	≥400	±4.0	
腿宽度 b	<100	±1.5	
	100～<150	±2.0	
	150～<200	±2.5	
	200～<300	±3.0	
	300～<400	±3.5	
	≥400	±4.0	
腰厚度 d	<100	±0.4	
	100～<200	±0.5	
	200～<300	±0.7	
	300～<400	±0.8	
	≥400	±0.9	

305

高　　度	允许偏差	图　　示
外缘斜度 T	$T \leqslant 1.5\% b$ $2T \leqslant 2.5\% b$	
弯腰挠度 W	$W \leqslant 0.15d$	
弯曲度	每米弯曲度≤3mm 总弯曲度≤总长度的 0.30%	适用于上下、左右大弯曲

注:根据需方要求,槽钢的尺寸、外形及允许偏差也可按照供需双方协议。

3. 热轧槽钢的技术要求

(1)钢的牌号和化学成分(熔炼分析)应符合 GB/T 700 或 GB/T 1591 的有关规定。根据需方要求,经供需双方协议,也可按其他牌号和化学成分供货。

(2)钢的力学性能应符合 GB/T 700 或 GB/T 1591 的有关规定。根据需方要求,经供需双方协议,也可按其他力学性能指标供货。

(3)表面质量。

①钢表面不应有裂缝、折叠、结疤、分层和夹杂。

②钢表面允许有局部发纹、凹坑、麻点、刮痕和氧化铁皮压入等缺陷存在,但不应超出型钢尺寸的允许偏差。

③钢表面缺陷允许清除,清除处应圆滑无棱角,但不应进行横向清除。清除宽度不应小于清除深度的 5 倍,清除后的型钢尺寸不应超出尺寸的允许偏差。

④钢不应有大于 5mm 的毛刺;不应有明显的扭转。

4. 热轧槽钢的交货规定

(1)钢应按理论重量交货,理论重量按密度为 7.85g/cm³ 计算。经供需双方协商并在合同中注明,亦可按实际重量交货。

(2)根据双方协议,钢的每米重量允许偏差不应超过 $^{+3}_{-5}\%$。

(3)钢的通常长度为 5 000mm～19 000mm。根据需方要求也可供应其他长度的产品。

(4)定尺长度允许偏差:

钢长度≤8m,允许偏差 $^{+50mm}_{0mm}$;

钢长度>8m,允许偏差 $^{+80mm}_{0mm}$。

(5)钢以热轧状态交货。

(6)钢的包装、标志及质量证明书应符合 GB/T 2101 的规定。

(九)热轧等边角钢(GB/T 706—2008)

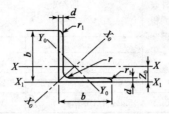

图 3-37 等边角钢截面图

b-边宽度;d-边厚度;r-内圆弧半径;r_1-边端圆弧半径;Z_0-重心距离

1. 等边角钢尺寸、外形允许偏差(mm)

表 3-168

项 目		允 许 偏 差	图 示
边宽度 b	边宽度≤56	±0.8	
	>56~90	±1.2	
	>90~140	±1.8	
	>140~200	±2.5	
	>200	±3.5	
边厚度 d	边宽度≤56	±0.4	
	>56~90	±0.6	
	>90~140	±0.7	
	>140~200	±1.0	
	>200	±1.4	
顶端直角		$\alpha \leq 50'$	
弯曲度		每米弯曲度≤3mm 总弯曲度≤总长度的 0.30%	适用于上下、左右大弯曲

注:根据需方要求,钢的尺寸、外形及允许偏差也可按照供需双方协议。

2. 等边角钢截面尺寸、截面面积、理论重量及截面特性

表 3-169

型号	截面尺寸 (mm)			截面 面积 (cm^2)	理论 重量 (kg/m)	外表 面积 (m^2/m)	惯性矩 (cm^4)				惯性半径 (cm)			截面模数 (cm^3)			重心 距离 (cm)
	b	d	r				I_x	I_{x1}	I_{x0}	I_{y0}	i_x	i_{x0}	i_{y0}	W_x	W_{x0}	W_{y0}	Z_0
2	20	3	3.5	1.132	0.889	0.078	0.40	0.81	0.63	0.17	0.59	0.75	0.39	0.29	0.45	0.20	0.60
		4		1.459	1.145	0.077	0.50	1.09	0.78	0.22	0.58	0.73	0.38	0.36	0.55	0.24	0.64
2.5	25	3		1.432	1.124	0.098	0.82	1.57	1.29	0.34	0.76	0.95	0.49	0.46	0.73	0.33	0.73
		4		1.859	1.459	0.097	1.03	2.11	1.62	0.43	0.74	0.93	0.48	0.59	0.92	0.40	0.76
3.0	30	3		1.749	1.373	0.117	1.46	2.71	2.31	0.61	0.91	1.15	0.59	0.68	1.09	0.51	0.85
		4		2.276	1.786	0.117	1.84	3.63	2.92	0.77	0.90	1.13	0.58	0.87	1.37	0.62	0.89
3.6	36	3	4.5	2.109	1.656	0.141	2.58	4.68	4.09	1.07	1.11	1.39	0.71	0.99	1.61	0.76	1.00
		4		2.756	2.163	0.141	3.29	6.25	5.22	1.37	1.09	1.38	0.70	1.28	2.05	0.93	1.04
		5		3.382	2.654	0.141	3.95	7.84	6.24	1.65	1.08	1.36	0.70	1.56	2.45	1.00	1.07

型号	截面尺寸 (mm)			截面面积 (cm²)	理论重量 (kg/m)	外表面积 (m²/m)	惯性矩 (cm⁴)				惯性半径 (cm)			截面模数 (cm³)			重心距离 (cm)
	b	d	r				I_x	I_{x1}	I_{x0}	I_{y0}	i_x	i_{x0}	i_{y0}	W_x	W_{x0}	W_{y0}	Z_0
4	40	3	5	2.359	1.852	0.157	3.59	6.41	5.69	1.49	1.23	1.55	0.79	1.23	2.01	0.96	1.09
		4		3.086	2.422	0.157	4.60	8.56	7.29	1.91	1.22	1.54	0.79	1.60	2.58	1.19	1.13
		5		3.791	2.976	0.156	5.53	10.74	8.76	2.30	1.21	1.52	0.78	1.96	3.10	1.39	1.17
4.5	45	3	5	2.659	2.088	0.177	5.17	9.12	8.20	2.14	1.40	1.76	0.89	1.58	2.58	1.24	1.22
		4		3.486	2.736	0.177	6.65	12.18	10.56	2.75	1.38	1.74	0.89	2.05	3.32	1.54	1.26
		5		4.292	3.369	0.176	8.04	15.2	12.74	3.33	1.37	1.72	0.88	2.51	4.00	1.81	1.30
		6		5.076	3.985	0.176	9.33	18.36	14.76	3.89	1.36	1.70	0.8	2.95	4.64	2.06	1.33
5	50	3	5.5	2.971	2.332	0.197	7.18	12.5	11.37	2.98	1.55	1.96	1.00	1.96	3.22	1.57	1.34
		4		3.897	3.059	0.197	9.26	16.69	14.70	3.82	1.54	1.94	0.99	2.56	4.16	1.96	1.38
		5		4.803	3.770	0.196	11.21	20.90	17.79	4.64	1.53	1.92	0.98	3.13	5.03	2.31	1.42
		6		5.688	4.465	0.196	13.05	25.14	20.68	5.42	1.52	1.91	0.98	3.68	5.85	2.63	1.46
5.6	56	3	6	3.343	2.624	0.221	10.19	17.56	16.14	4.24	1.75	2.20	1.13	2.48	4.08	2.02	1.48
		4		4.390	3.446	0.220	13.18	23.43	20.92	5.46	1.73	2.18	1.11	3.24	5.28	2.52	1.53
		5		5.415	4.251	0.220	16.02	29.33	25.42	6.61	1.72	2.17	1.10	3.97	6.42	2.98	1.57
		6		6.420	5.040	0.220	18.69	35.26	29.66	7.73	1.71	2.15	1.10	4.68	7.49	3.40	1.61
		7		7.404	5.812	0.219	21.23	41.23	33.63	8.82	1.69	2.13	1.09	5.36	8.49	3.80	1.64
		8		8.367	6.568	0.219	23.63	47.24	37.37	9.89	1.68	2.11	1.09	6.03	9.44	4.16	1.68
6	60	5	6.5	5.829	4.576	0.236	19.89	36.05	31.57	8.21	1.85	2.33	1.19	4.59	7.44	3.48	1.67
		6		6.914	5.427	0.235	23.25	43.33	36.89	9.60	1.83	2.31	1.18	5.41	8.70	3.98	1.70
		7		7.977	6.262	0.235	26.44	50.65	41.92	10.96	1.82	2.29	1.17	6.21	9.88	4.45	1.74
		8		9.020	7.081	0.235	29.47	58.02	46.66	12.28	1.81	2.27	1.17	6.98	11.00	4.88	1.78
6.3	63	4	7	4.978	3.907	0.248	19.03	33.35	30.17	7.89	1.96	2.46	1.26	4.13	6.78	3.29	1.70
		5		6.143	4.822	0.248	23.17	41.73	36.77	9.57	1.94	2.45	1.25	5.08	8.25	3.90	1.74
		6		7.288	5.721	0.247	27.12	50.14	43.03	11.20	1.93	2.43	1.24	6.00	9.66	4.46	1.78
		7		8.412	6.603	0.247	30.87	58.60	48.96	12.79	1.92	2.41	1.23	6.88	10.99	4.98	1.82
		8		9.515	7.469	0.247	34.46	67.11	54.56	14.33	1.90	2.40	1.23	7.75	12.25	5.47	1.85
		10		11.657	9.151	0.246	41.09	84.31	64.85	17.33	1.88	2.36	1.22	9.39	14.56	6.36	1.93
7	70	4	8	5.570	4.372	0.275	26.39	45.74	41.80	10.99	2.18	2.74	1.40	5.14	8.44	4.17	1.86
		5		6.875	5.397	0.275	32.21	57.21	51.08	13.31	2.16	2.73	1.39	6.32	10.32	4.95	1.91
		6		8.160	6.406	0.275	37.77	68.73	59.93	15.61	2.15	2.71	1.38	7.48	12.11	5.67	1.95
		7		9.424	7.398	0.275	43.09	80.29	68.35	17.82	2.14	2.69	1.38	8.59	13.81	6.34	1.99
		8		10.667	8.373	0.274	48.17	91.92	76.37	19.98	2.12	2.68	1.37	9.68	15.43	6.98	2.03
7.5	75	5	9	7.412	5.818	0.295	39.97	70.56	63.30	16.63	2.33	2.92	1.50	7.32	11.94	5.77	2.04
		6		8.797	6.905	0.294	46.95	84.55	74.38	19.51	2.31	2.90	1.49	8.64	14.02	6.67	2.07
		7		10.160	7.976	0.294	53.57	98.71	84.96	22.18	2.30	2.89	1.48	9.93	16.02	7.44	2.11
		8		11.503	9.030	0.294	59.96	112.97	95.07	24.86	2.28	2.88	1.47	11.20	17.93	8.19	2.15
		9		12.825	10.068	0.294	66.10	127.30	104.71	27.48	2.27	2.86	1.46	12.43	19.75	8.89	2.18
		10		14.126	11.089	0.293	71.98	141.71	113.92	30.05	2.26	2.84	1.46	13.64	21.48	9.56	2.22
8	80	5		7.912	6.211	0.315	48.79	85.36	77.33	20.25	2.48	3.13	1.60	8.34	13.67	6.66	2.15
		6		9.397	7.376	0.314	57.35	102.50	90.98	23.72	2.47	3.11	1.59	9.87	16.08	7.65	2.19
		7		10.860	8.525	0.314	65.58	119.70	104.07	27.09	2.46	3.10	1.58	11.37	18.40	8.58	2.23

型号	截面尺寸 (mm)			截面面积 (cm²)	理论重量 (kg/m)	外表面积 (m²/m)	惯性矩 (cm⁴)				惯性半径 (cm)			截面模数 (cm³)			重心距离 (cm)
	b	d	r				I_x	I_{x1}	I_{x0}	I_{y0}	i_x	i_{x0}	i_{y0}	W_x	W_{x0}	W_{y0}	Z_0
8	80	8	9	12.303	9.658	0.314	73.49	136.97	116.60	30.39	2.44	3.08	1.57	12.83	20.61	9.46	2.27
		9		13.725	10.774	0.314	81.11	154.31	128.60	33.61	2.43	3.06	1.56	14.25	22.73	10.29	2.31
		10		15.126	11.874	0.313	88.43	171.74	140.09	36.77	2.42	3.04	1.56	15.64	24.76	11.08	2.35
9	90	6	10	10.637	8.350	0.354	82.77	145.87	131.26	34.28	2.79	3.51	1.80	12.61	20.63	9.95	2.44
		7		12.301	9.656	0.354	94.83	170.30	150.47	39.18	2.78	3.50	1.78	14.54	23.64	11.19	2.48
		8		13.944	10.946	0.353	106.47	194.80	168.97	43.97	2.76	3.48	1.78	16.42	26.55	12.35	2.52
		9		15.566	12.219	0.353	117.72	219.39	186.77	48.66	2.75	3.46	1.77	18.27	29.35	13.46	2.56
		10		17.167	13.476	0.353	128.58	244.07	203.90	53.26	2.74	3.45	1.76	20.07	32.04	14.52	2.59
		12		20.306	15.940	0.352	149.22	293.76	236.21	62.22	2.71	3.41	1.75	23.57	37.12	16.49	2.67
10	100	6	12	11.932	9.366	0.393	114.95	200.07	181.98	47.92	3.10	3.90	2.00	15.68	25.74	12.69	2.67
		7		13.796	10.830	0.393	131.86	233.54	208.97	54.74	3.09	3.89	1.99	18.10	29.55	14.26	2.71
		8		15.638	12.276	0.393	148.24	267.09	235.07	61.41	3.08	3.88	1.98	20.47	33.24	15.75	2.76
		9		17.462	13.708	0.392	164.12	300.73	260.30	67.95	3.07	3.86	1.97	22.79	36.81	17.18	2.80
		10		19.261	15.120	0.392	179.51	334.48	284.68	74.35	3.05	3.84	1.96	25.06	40.26	18.54	2.84
		12		22.800	17.898	0.391	208.90	402.34	330.95	86.84	3.03	3.81	1.95	29.48	46.80	21.08	2.91
		14		26.256	20.611	0.391	236.53	470.75	374.06	99.00	3.00	3.77	1.94	33.73	52.90	23.44	2.99
		16		29.627	23.257	0.390	262.53	539.80	414.16	110.89	2.98	3.74	1.94	37.82	58.57	25.63	3.06
11	110	7	12	15.196	11.928	0.433	177.16	310.64	280.94	73.38	3.41	4.30	2.20	22.05	36.12	17.51	2.96
		8		17.238	13.535	0.433	199.46	355.20	316.49	82.42	3.40	4.28	2.19	24.95	40.69	19.39	3.01
		10		21.261	16.690	0.432	242.19	444.65	384.39	99.98	3.38	4.25	2.17	30.60	49.42	22.91	3.09
		12		25.200	19.782	0.431	282.55	534.60	448.17	116.93	3.35	4.22	2.15	36.05	57.62	26.15	3.16
		14		29.056	22.809	0.431	320.71	625.16	508.01	133.40	3.32	4.18	2.14	41.31	65.31	29.14	3.24
12.5	125	8	14	19.750	15.504	0.492	297.03	521.01	470.89	123.16	3.88	4.88	2.50	32.52	53.28	25.86	3.37
		10		24.373	19.133	0.491	361.67	651.93	573.89	149.46	3.85	4.85	2.48	39.97	64.93	30.62	3.45
		12		28.912	22.696	0.491	423.16	783.42	671.44	174.88	3.83	4.82	2.46	41.17	75.96	35.03	3.53
		14		33.367	26.193	0.490	481.65	915.61	763.73	199.57	3.80	4.78	2.45	54.16	86.41	39.13	3.61
		16		37.739	29.625	0.489	537.31	1 048.62	850.98	223.65	3.77	4.75	2.43	60.93	96.28	42.96	3.68
14	140	10	14	27.373	21.488	0.551	514.65	915.11	817.27	212.04	4.34	5.46	2.78	50.58	82.56	39.20	3.82
		12		32.512	25.522	0.551	603.68	1 099.28	958.79	248.57	4.31	5.43	2.76	59.80	96.85	45.02	3.90
		14		37.567	29.490	0.550	688.81	1 284.22	1 093.56	284.06	4.28	5.40	2.75	68.75	110.47	50.45	3.98
		16		42.539	33.393	0.549	770.24	1 470.07	1 221.81	318.67	4.26	5.36	2.74	77.46	123.42	55.55	4.06
15	150	8		23.750	18.644	0.592	521.37	899.55	827.49	215.25	4.69	5.90	3.01	47.36	78.02	38.14	3.99
		10		29.373	23.058	0.591	637.50	1 125.09	1 012.79	262.21	4.66	5.87	2.99	58.35	95.49	45.51	4.08
		12		34.912	27.406	0.591	748.85	1 351.26	1 189.97	307.73	4.63	5.84	2.97	69.04	112.19	52.38	4.15
		14		40.367	31.688	0.590	855.64	1 578.25	1 359.30	351.98	4.60	5.80	2.95	79.45	128.16	58.83	4.23
		15		43.063	33.804	0.590	907.39	1 692.10	1 441.09	373.69	4.59	5.78	2.95	84.56	135.87	61.90	4.27
		16		45.739	35.905	0.589	958.08	1 806.21	1 521.02	395.14	4.58	5.77	2.94	89.59	143.40	64.89	4.31
16	160	10	16	31.502	24.729	0.630	779.53	1 365.33	1 237.30	321.76	4.98	6.27	3.20	66.70	109.36	52.76	4.31
		12		37.441	29.391	0.630	916.58	1 639.57	1 455.68	377.49	4.95	6.24	3.18	78.98	128.67	60.74	4.39
		14		43.296	33.987	0.629	1 048.36	1 914.68	1 665.02	431.70	4.92	6.20	3.16	90.95	147.17	68.24	4.47
		16		49.067	38.518	0.629	1 175.08	2 190.82	1 865.57	484.59	4.89	6.17	3.14	102.63	164.89	75.31	4.55

型号	截面尺寸 (mm)			截面面积 (cm²)	理论重量 (kg/m)	外表面积 (m²/m)	惯性矩 (cm⁴)				惯性半径 (cm)			截面模数 (cm³)			重心距离 (cm)
	b	d	r				I_x	I_{x1}	I_{x0}	I_{y0}	i_x	i_{x0}	i_{y0}	W_x	W_{x0}	W_{y0}	Z_0
18	180	12	16	42.241	33.159	0.710	1 321.35	2 332.80	2 100.10	542.61	5.59	7.05	3.58	100.82	165.00	78.41	4.89
		14		48.896	38.383	0.709	1 514.48	2 723.48	2 407.42	621.53	5.56	7.02	3.56	116.25	189.14	88.38	4.97
		16		55.467	43.542	0.709	1 700.99	3 115.29	2 703.37	698.60	5.54	6.98	3.55	131.13	212.40	97.83	5.05
		18		61.055	48.634	0.708	1 875.12	3 502.43	2 988.24	762.01	5.50	6.94	3.51	145.64	234.78	105.14	5.13
20	200	14	18	54.642	42.894	0.788	2 103.55	3 734.10	3 343.26	863.83	6.20	7.82	3.98	144.70	236.40	111.82	5.46
		16		62.013	48.680	0.788	2 366.15	4 270.39	3 760.89	971.41	6.18	7.79	3.96	163.65	265.93	123.96	5.54
		18		69.301	54.401	0.787	2 620.64	4 808.13	4 164.54	1 076.74	6.15	7.75	3.94	182.22	294.48	135.52	5.62
		20		76.505	60.056	0.787	2 867.30	5 347.51	4 554.55	1 180.04	6.12	7.72	3.93	200.42	322.06	146.55	5.69
		24		90.661	71.168	0.785	3 338.25	6 457.16	5 294.97	1 381.53	6.07	7.64	3.90	236.17	374.41	166.65	5.87
22	220	16	21	68.664	53.901	0.866	3 187.36	5 631.62	5 063.73	1 310.99	6.81	8.59	4.37	199.55	325.51	153.81	6.03
		18		76.752	60.250	0.866	3 534.30	6 395.93	5 615.32	1 453.27	6.79	8.55	4.35	222.37	360.97	168.29	6.11
		20		84.756	66.533	0.865	3 871.49	7 112.04	6 150.08	1 592.90	6.76	8.52	4.34	244.77	395.34	182.16	6.18
		22		92.676	72.751	0.865	4 199.23	7 830.19	6 668.37	1 730.10	6.73	8.48	4.32	266.78	428.66	195.45	6.26
		24		100.512	78.902	0.854	4 517.83	8 550.57	7 170.55	1 865.11	6.70	8.45	4.31	288.39	460.94	208.21	6.33
		26		108.264	84.987	0.864	4 827.58	9 273.39	7 656.98	1 998.17	6.68	8.41	4.30	309.62	492.21	220.49	6.41
25	250	18	24	87.842	68.956	0.985	5 268.22	9 379.11	8 369.04	2 167.41	7.74	9.76	4.97	290.12	473.42	224.03	6.84
		20		97.045	76.180	0.984	5 779.34	10 426.97	9 181.94	2 376.74	7.72	9.73	4.95	319.66	519.41	242.85	6.92
		24		115.201	90.433	0.983	6 763.93	12 529.74	10 742.67	2785.19	7.66	9.66	4.92	377.34	607.70	278.38	7.07
		26		124.154	97.461	0.982	7 238.08	13 585.18	11 491.33	2 984.84	7.63	9.62	4.90	405.50	650.05	295.19	7.15
		28		133.022	104.422	0.982	7 700.60	14 643.62	12 219.39	3 181.81	7.61	9.58	4.89	433.22	691.23	311.42	7.22
		30		141.807	111.318	0.981	8 151.80	15 705.30	12 927.26	3 376.34	7.58	9.55	4.88	460.51	731.28	327.12	7.30
		32		150.508	118.149	0.981	8 592.01	16 770.41	13 615.32	3 568.71	7.56	9.51	4.87	487.39	770.20	342.33	7.37
		35		163.402	128.271	0.980	9 232.44	18 374.95	14 611.16	3 853.72	7.52	9.46	4.86	526.97	826.53	364.30	7.48

注:①截面图中的 $r_1=1/3d$ 及表中 r 的数据用于孔型设计,不做交货条件。

②等边角钢截面面积计算公式:$d(2b-d)+0.215(r^2-2r_1^2)$。

3. 热轧等边角钢的技术要求

(1)钢的牌号和化学成分(熔炼分析)应符合 GB/T 700 或 GB/T 1591 的有关规定。提据需方要求,经供需双方协议,也可按其他牌号和化学成分供货。

(2)钢的力学性能应符合 GB/T 700 或 GB/T 1591 的有关规定。根据需方要求,经供需双方协议,也可按其他力学性能指标供货。

(3)表面质量。

①钢表面不应有裂缝、折叠、结疤、分层和夹杂。

②钢表面允许有局部发纹、凹坑、麻点、刮痕和氧化铁皮压入等缺陷存在,但不应超出型钢尺寸的允许偏差。

③钢表面缺陷允许清除,清除处应圆滑无棱角,但不应进行横向清除。清除宽度不应小于清除深度的 5 倍,清除后的型钢尺寸不应超出尺寸的允许偏差。

④钢不应有大于 5mm 的毛刺;不应有明显的扭转。

4. 热轧等边角钢的交货规定

(1)钢应按理论重量交货,理论重量按密度为 7.85g/cm³ 计算。经供需双方协商并在合同中注明,亦可按实际重量交货。

(2)根据双方协议,钢的每米重量允许偏差不应超过$\pm\frac{3}{5}\%$。

(3)钢的通常长度为4 000~19 000mm。根据需方要求也可供应其他长度的产品。

(4)定尺长度允许偏差:

钢长度≤8m,允许偏差$^{+50mm}_{0mm}$;

钢长度>8m,允许偏差$^{+80mm}_{0mm}$。

(5)钢以热轧状态交货。

(6)钢的包装、标志及质量证明书应符合GB/T 2101的规定。

(十)热轧不等边角纲(GB/T 706—2008)

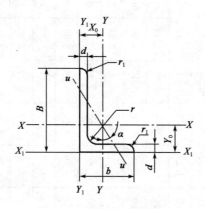

图 3-38　不等边角钢截面图

B-长边宽度;b-短边宽度;d-边厚度;r-内圆弧半径;r_1-边端圆弧半径;X_0-重心距离;Y_0-重心距离

1. 不等边角钢尺寸、外形允许偏差(mm)

表 3-170

项 目		允 许 偏 差	图 示
边宽度 B,b	长边宽度≤56	±0.8	
	>56~90	±1.5	
	>90~140	±2.0	
	>140~200	±2.5	
	>200	±3.5	
边厚度 d	长边宽度≤56	±0.4	
	>56~90	±0.6	
	>90~140	±0.7	
	>140~200	±1.0	
	>200	±1.4	
顶端直角		$\alpha\leqslant50'$	
弯曲度		每米弯曲度≤3mm 总弯曲度≤总长度的0.30%	适用于上下、左右大弯曲

注:根据需方要求,钢的尺寸、外形及允许偏差也可按照供需双方协议。

2. 不等边角钢截面尺寸、截面面积、理论重量及截面特性

表3-171

型号	截面尺寸 (mm)				截面面积 (cm²)	理论重量 (kg/m)	外表面积 (m²/m)	惯性矩 (cm⁴)					惯性半径 (cm)			截面模数 (cm³)			$\tan\alpha$	重心距离 (cm)	
	B	b	d	r				I_x	I_{x1}	I_y	I_{y1}	I_u	i_x	i_y	i_u	W_x	W_y	W_u		X_0	Y_0
2.5/1.6	25	16	3	3.5	1.162	0.912	0.080	0.70	1.56	0.22	0.43	0.14	0.78	0.44	0.34	0.43	0.19	0.16	0.392	0.42	0.86
			4		1.499	1.176	0.079	0.88	2.09	0.27	0.59	0.17	0.77	0.43	0.34	0.55	0.24	0.20	0.381	0.46	1.86
3.2/2	32	20	3	3.5	1.492	1.171	0.102	1.53	3.27	0.46	0.82	0.28	1.01	0.55	0.43	0.72	0.30	0.25	0.382	0.49	0.90
			4		1.939	1.522	0.101	1.93	4.37	0.57	1.12	0.35	1.00	0.54	0.42	0.93	0.39	0.32	0.374	0.53	1.08
4/2.5	40	25	3	4	1.890	1.484	0.127	3.08	5.39	0.93	1.59	0.56	1.28	0.70	0.54	1.15	0.49	0.40	0.385	0.59	1.12
			4		2.467	1.936	0.127	3.93	8.53	1.18	2.14	0.71	1.36	0.69	0.54	1.49	0.63	0.52	0.381	0.63	1.32
4.5/2.8	45	28	3	5	2.149	1.687	0.143	4.45	9.10	1.34	2.23	0.80	1.44	0.79	0.61	1.47	0.62	0.51	0.383	0.64	1.37
			4		2.806	2.203	0.143	5.69	12.13	1.70	3.00	1.02	1.42	0.78	0.60	1.91	0.80	0.66	0.380	0.68	1.47
5/3.2	50	32	3	5.5	2.431	1.908	0.161	6.24	12.49	2.02	3.31	1.20	1.60	0.91	0.70	1.84	0.82	0.68	0.404	0.73	1.51
			4		3.177	2.494	0.160	8.02	16.65	2.58	4.45	1.53	1.59	0.90	0.69	2.39	1.06	0.87	0.402	0.77	1.60
5.6/3.6	56	36	3	6	2.743	2.153	0.181	8.88	17.54	2.92	4.70	1.73	1.80	1.03	0.79	2.32	1.05	0.87	0.408	0.80	1.65
			4		3.590	2.818	0.180	11.45	23.39	3.76	6.33	2.23	1.79	1.02	0.79	3.03	1.37	1.13	0.408	0.85	1.78
			5		4.415	3.466	0.180	13.86	29.25	4.49	7.94	2.67	1.77	1.01	0.78	3.71	1.65	1.36	0.404	0.88	1.82
6.3/4	63	40	4	7	4.058	3.185	0.202	16.49	33.30	5.23	8.63	3.12	2.02	1.14	0.88	3.87	1.70	1.40	0.398	0.92	1.87
			5		4.993	3.920	0.202	20.02	41.63	6.31	10.86	3.76	2.00	1.12	0.87	4.74	2.07	1.71	0.396	0.95	2.04
			6		5.908	4.638	0.201	23.36	49.98	7.29	13.12	4.34	1.96	1.11	0.86	5.59	2.43	1.99	0.393	0.99	2.08
			7		6.802	5.339	0.201	26.53	58.07	8.24	15.47	4.97	1.98	1.10	0.86	6.40	2.78	2.29	0.389	1.03	2.12
7/4.5	70	45	4	7.5	4.547	3.570	0.226	23.17	45.92	7.55	12.26	4.40	2.26	1.29	0.98	4.86	2.17	1.77	0.410	1.02	2.15
			5		5.609	4.403	0.225	27.95	57.10	9.13	15.39	5.40	2.23	1.28	0.98	5.92	2.65	2.19	0.407	1.06	2.24
			6		6.647	5.218	0.225	32.54	68.35	10.62	18.58	6.35	2.21	1.26	0.98	6.95	3.12	2.59	0.404	1.09	2.28
			7		7.657	6.011	0.225	37.22	79.99	12.01	21.84	7.16	2.20	1.25	0.97	8.03	3.57	2.94	0.402	1.13	2.32

续表 3-171

型号	截面尺寸 (mm)				截面面积 (cm²)	理论重量 (kg/m)	外表面积 (m²/m)	惯性矩 (cm⁴)					惯性半径 (cm)			截面模数 (cm³)			tanα	重心距离 (cm)	
	B	b	d	r				I_x	I_{x1}	I_y	I_{y1}	I_u	i_x	i_y	i_u	W_x	W_y	W_u		X_0	Y_0
7.5/5	75	50	5	8	6.125	4.808	0.245	34.86	70.00	12.61	21.04	7.41	2.39	1.44	1.10	6.83	3.30	2.74	0.435	1.17	2.36
			6		7.260	5.699	0.245	41.12	84.30	14.70	25.37	8.54	2.38	1.42	1.08	8.12	3.88	3.19	0.435	1.21	2.40
			8		9.467	7.431	0.244	52.39	112.50	18.53	34.23	10.87	2.35	1.40	1.07	10.52	4.99	4.10	0.429	1.29	2.44
			10		11.590	9.098	0.244	62.71	140.80	21.96	43.43	13.10	2.33	1.38	1.06	12.79	6.04	4.99	0.423	1.36	2.52
8/5	80	50	5	8	6.375	5.005	0.255	41.96	85.21	12.82	21.06	7.66	2.56	1.42	1.10	7.78	3.32	2.74	0.388	1.14	2.60
			6		7.560	5.935	0.255	49.49	102.53	14.95	25.41	8.85	2.56	1.41	1.08	9.25	3.91	3.20	0.387	1.18	2.65
			7		8.724	6.848	0.255	56.16	119.33	46.96	29.82	10.18	2.54	1.39	1.08	10.58	4.48	3.70	0.384	1.21	2.69
			8		9.867	7.745	0.254	62.83	136.41	18.85	34.32	11.38	2.52	1.38	1.07	11.92	5.03	4.16	0.381	1.25	2.73
9/5.6	90	56	5	9	7.212	5.661	0.287	60.45	121.32	18.32	29.53	10.98	2.90	1.59	1.23	9.92	4.21	3.49	0.385	1.25	2.91
			6		8.557	6.717	0.286	71.03	145.59	21.42	35.58	12.90	2.88	1.58	1.23	11.74	4.96	4.13	0.384	1.29	2.95
			7		9.880	7.756	0.286	81.01	169.60	24.36	41.71	14.67	2.86	1.57	1.22	13.49	5.70	4.72	0.382	1.33	3.00
			8		11.183	8.779	0.286	91.03	194.17	27.15	47.93	16.34	2.85	1.56	1.21	15.27	6.41	5.29	0.380	1.36	3.04
10/6.3	100	63	6	10	9.617	7.550	0.320	99.06	199.71	30.94	50.50	18.42	3.21	1.79	1.38	14.64	6.35	5.25	0.394	1.43	3.24
			7		11.111	8.722	0.320	113.45	233.00	35.26	59.14	21.00	3.20	1.78	1.38	16.88	7.29	6.02	0.394	1.47	3.28
			8		12.534	9.878	0.319	127.37	266.32	39.39	67.88	23.50	3.18	1.77	1.37	19.08	8.21	6.78	0.391	1.50	3.32
			10		15.467	12.142	0.319	153.81	333.06	47.12	85.73	28.33	3.15	1.74	1.35	23.32	9.98	8.24	0.387	1.58	3.40
10/8	100	80	6	10	10.637	8.350	0.354	107.04	199.83	61.24	102.68	31.65	3.17	2.40	1.72	15.19	10.16	8.37	0.627	1.97	2.95
			7		12.301	9.656	0.354	122.73	233.20	70.08	119.98	36.17	3.16	2.39	1.72	17.52	11.71	9.60	0.626	2.01	3.0
			8		13.944	10.946	0.353	137.92	266.61	78.58	137.37	40.58	3.14	2.37	1.71	19.81	13.21	10.80	0.625	2.05	3.04
			10		17.167	13.476	0.353	166.87	333.63	94.65	172.48	49.10	3.12	2.35	1.69	24.24	16.12	13.12	0.622	2.13	3.12

续表 3-171

型号	截面尺寸 (mm)				截面面积 (cm²)	理论重量 (kg/m)	外表面积 (m²/m)	惯性矩 (cm⁴)					惯性半径 (cm)			截面模数 (cm³)			tanα	重心距离 (cm)	
	B	b	d	r				I_x	I_{x1}	I_y	I_{y1}	I_u	i_x	i_y	i_u	W_x	W_y	W_u		X_0	Y_0
11/7	110	70	6	10	10.637	8.350	0.354	133.37	265.78	42.92	69.08	25.36	3.54	2.01	1.54	17.85	7.90	6.53	0.403	1.57	3.53
			7	10	12.301	9.656	0.354	153.00	310.07	49.01	80.82	28.95	3.53	2.00	1.53	20.60	9.09	7.50	0.402	1.61	3.57
			8	10	13.944	10.946	0.353	172.04	354.39	54.87	92.70	32.45	3.51	1.98	1.53	23.30	10.25	8.45	0.401	1.65	3.62
			10	10	17.167	13.476	0.353	208.39	443.13	65.88	116.83	39.20	3.48	1.96	1.51	28.54	12.48	10.29	0.397	1.72	3.70
12.5/8	125	80	7	11	14.096	11.066	0.403	227.98	454.99	74.42	120.32	43.81	4.02	2.30	1.76	26.86	12.01	9.92	0.408	1.80	4.01
			8	11	15.989	12.551	0.403	256.77	519.99	83.49	137.85	49.15	4.01	2.28	1.75	30.41	13.56	11.18	0.407	1.84	4.06
			10	11	19.712	15.474	0.402	312.04	650.09	100.67	173.40	59.45	3.98	2.26	1.74	37.33	16.56	13.64	0.404	1.92	4.14
			12	11	23.351	18.330	0.402	364.41	780.39	116.67	209.67	69.35	3.95	2.24	1.72	44.01	19.43	16.01	0.400	2.00	4.22
14/9	140	90	8	12	18.038	14.160	0.453	365.64	730.53	120.69	195.79	70.83	4.50	2.59	1.98	38.48	17.34	14.31	0.411	2.04	4.50
			10	12	22.261	17.475	0.452	445.50	913.20	140.03	245.92	85.82	4.47	2.56	1.96	47.31	21.22	17.48	0.409	2.12	4.58
			12	12	26.400	20.724	0.451	521.59	1096.09	169.79	296.89	100.21	4.44	2.54	1.95	55.87	24.95	20.54	0.406	2.19	4.66
			14	12	30.456	23.908	0.451	594.10	1279.26	192.10	348.82	114.13	4.42	2.51	1.94	64.18	28.54	23.52	0.403	2.27	4.74
15/9	150	90	8	12	18.839	14.788	0.473	442.05	898.35	122.80	195.96	74.14	4.84	2.55	1.98	43.86	17.47	14.48	0.364	1.97	4.92
			10	12	23.261	18.260	0.472	539.24	1122.85	148.62	246.26	89.86	4.81	2.53	1.97	53.97	21.38	17.69	0.362	2.05	5.01
			12	12	27.600	21.666	0.471	632.08	1347.50	172.85	297.46	104.95	4.79	2.50	1.95	63.79	25.14	20.80	0.359	2.12	5.09
			14	12	31.856	25.007	0.471	720.77	1572.38	195.62	349.74	119.53	4.76	2.48	1.94	73.33	28.77	23.84	0.356	2.20	5.17
			15	12	33.952	26.652	0.471	763.62	1684.93	206.50	376.33	126.67	4.74	2.47	1.93	77.99	30.53	25.33	0.354	2.24	5.21
			16	12	36.027	28.281	0.470	805.51	1797.55	217.07	403.24	133.72	4.73	2.45	1.93	82.60	32.27	26.82	0.352	2.27	5.25

续表 3-171

型号	截面尺寸 (mm)				截面面积 (cm²)	理论重量 (kg/m)	外表面积 (m²/m)	惯性矩 (cm⁴)					惯性半径 (cm)			截面模数 (cm³)			tanα	重心距离 (cm)	
	B	b	d	r				I_x	I_{x1}	I_y	I_{y1}	I_u	i_x	i_y	i_u	W_x	W_y	W_u		X_0	Y_0
16/10	160	100	10	13	25.315	19.872	0.512	668.69	1362.89	205.03	336.59	121.74	5.14	2.85	2.19	62.13	26.56	21.92	0.390	2.28	5.24
			12		30.054	23.592	0.511	784.91	1635.56	239.06	405.94	142.33	5.11	2.82	2.17	73.49	31.28	25.79	0.388	2.36	5.32
			14		34.709	27.247	0.510	896.30	1908.50	271.20	476.42	162.23	5.08	2.80	2.16	84.56	35.83	29.56	0.385	2.43	5.40
			16		39.281	30.835	0.510	1003.04	2181.79	301.60	548.22	182.57	5.05	2.77	2.16	95.33	40.24	33.44	0.382	2.51	5.48
18/11	180	110	10	14	28.373	22.273	0.571	956.25	1940.40	278.11	447.22	166.50	5.80	3.13	2.42	78.96	32.49	26.88	0.376	2.44	5.89
			12		33.712	26.440	0.571	1124.72	2328.38	325.03	538.94	194.87	5.78	3.10	2.40	93.53	38.32	31.66	0.374	2.52	5.98
			14		38.967	30.589	0.570	1286.91	2716.50	369.55	631.95	222.30	5.75	3.08	2.39	107.76	43.97	36.32	0.372	2.59	6.06
			16		44.139	34.649	0.569	1443.06	3105.15	411.85	726.46	248.94	5.72	3.06	2.38	121.64	49.44	40.87	0.369	2.67	6.14
20/12.5	200	125	12		37.912	29.761	0.641	1570.90	3193.85	483.16	787.74	285.79	6.44	3.57	2.74	116.73	49.99	41.23	0.392	2.83	6.54
			14		43.687	34.436	0.640	1800.97	3726.17	550.83	922.47	326.58	6.41	3.54	2.73	134.65	57.44	47.34	0.390	2.91	6.62
			16		49.739	39.045	0.639	2023.35	4258.86	615.44	1058.86	366.21	6.38	3.52	2.71	152.18	64.89	53.32	0.388	2.99	6.70
			18		55.526	43.588	0.639	2238.30	4792.00	677.19	1197.13	404.83	6.35	3.49	2.70	169.33	71.74	59.18	0.385	3.06	6.78

注：①截面图中的 $r_1=1/3d$ 及表中 r 的数据用于孔型设计，不做交货条件。
②不等边角钢截面面积计算公式：$d(B+b-d)+0.215(r^2-2r_1^2)$。

3. 热轧不等边角钢的技术要求

(1)钢的牌号和化学成分(熔炼分析)应符合 GB/T 700 或 GB/T 1591 的有关规定。根据需方要求,经供需双方协议,也可按其他牌号和化学成分供货。

(2)钢的力学性能应符合 GB/T 700 或 GB/T 1591 的有关规定。根据需方要求,经供需双方协议,也可按其他力学性能指标供货。

(3)表面质量。

①钢表面不应有裂缝、折叠、结疤、分层和夹杂。

②钢表面允许有局部发纹、凹坑、麻点、刮痕和氧化铁皮压入等缺陷存在,但不应超出型钢尺寸的允许偏差。

③钢表面缺陷允许清除,清除处应圆滑无棱角,但不应进行横向清除。清除宽度不应小于清除深度的 5 倍,清除后的型钢尺寸不应超出尺寸的允许偏差。

④钢不应有大于 5mm 的毛刺;不应有明显的扭转。

4. 热轧不等边角钢的交货规定

(1)钢应按理论重量交货,理论重量按密度为 7.85g/cm³ 计算。经供需双方协商并在合同中注明,亦可按实际重量交货。

(2)根据双方协议,钢的每米重量允许偏差不应超过 $^{+3}_{-5}\%$。

(3)钢的通常长度为 4 000~19 000mm。根据需方要求也可供应其他长度的产品。

(4)定尺长度允许偏差:

钢长度≤8m,允许偏差 $^{+50mm}_{0mm}$;

钢长度>8m,允许偏差 $^{+80mm}_{0mm}$。

(5)钢以热轧状态交货。

(6)钢的包装、标志及质量证明书应符合 GB/T 2101 的规定。

(十一)热轧 L 型钢(GB/T 706—2008)

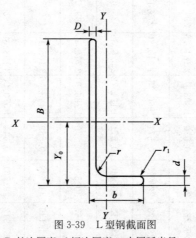

图 3-39 L 型钢截面图

B-长边宽度;b-短边宽度;D-长边厚度;d-短边厚度;r-内圆弧半径;r_1-边端圆弧半径;Y_0-重心距离

1. L 型钢截面尺寸、截面面积、理论重量及截面特性

表 3-172

型 号	截面尺寸(mm)						截面面积 (cm²)	理论重量 (kg/m)	惯性矩 I_x (cm⁴)	重心距离 Y_0 (cm)
	B	b	D	d	r	r_1				
L250×90×9×13			9	13			33.4	26.2	2 190	8.64
L250×90×10.5×15	250	90	10.5	15			38.5	30.3	2 510	8.76
L250×90×11.5×16			11.5	16	15	7.5	41.7	32.7	2 710	8.90
L300×100×10.5×15	300	100	10.5	15			45.3	35.6	4 290	10.6
L300×100×11.5×16			11.5	16			49.0	38.5	4 630	10.7

续表 3-172

型 号	截面尺寸(mm)						截面面积 (cm^2)	理论重量 (kg/m)	惯性矩 I_x (cm^4)	重心距离 Y_0 (cm)
	B	b	D	d	r	r_1				
L350×120×10.5×16	350	120	10.5	16			54.9	43.1	7 110	12.0
L350×120×11.5×18			11.5	18			60.4	47.4	7 780	12.0
L400×120×11.5×23	400	120	11.5	23	20	10	71.6	56.2	11 900	13.3
L450×120×11.5×25	450	120	11.5	25			79.5	62.4	16 800	15.1
L500×120×12.5×33	500	120	12.5	33			98.6	77.4	25 500	16.5
L500×120×3.5×35			13.5	35			105.0	82.8	27 100	16.6

注:L型钢截面面积计算公式:$BD+d(b-D)+0.215(r^2-r_1^2)$。

2. L型钢尺寸、外形允许偏差(mm)

表 3-173

项 目			允 许 偏 差	图 示
边宽度 B,b			±4.0	
边厚度	长边厚度 D		+1.6 −0.4	
	短边厚度 d	≤20	+2.0 −0.4	
		>20~30	+2.0 −0.5	
		>30~35	+2.5 −0.6	
垂直度 T			$T≤2.5\%b$	
长边平直度 W			$W≤0.15D$	
弯曲度			每米弯曲度≤3mm 总弯曲度≤总长度的0.30%	适用于上下、左右大弯曲

注:根据需方要求,钢的尺寸、外形及允许偏差也可按照供需双方协议。

3. 热轧L型钢的技术要求

(1)钢的牌号和化学成分(熔炼分析)应符合 GB/T 700 或 GB/T 1591 的有关规定。根据需方要求,经供需双方协议,也可按其他牌号和化学成分供货。

(2)钢的力学性能应符合 GB/T 700 或 GB/T 1591 的有关规定。根据需方要求,经供需双方协议,也可按其他力学性能指标供货。

(3)表面质量。

①钢表面不应有裂缝、折叠、结疤、分层和夹杂。

②钢表面允许有局部发纹、凹坑、麻点、刮痕和氧化铁皮压入等缺陷存在,但不应超出型钢尺寸的允许偏差。

③钢表面缺陷允许清除,清除处应圆滑无棱角,但不应进行横向清除。清除宽度不应小于清除深度的五倍,清除后的型钢尺寸不应超出尺寸的允许偏差。

④钢不应有大于5mm的毛刺;不应有明显的扭转。

4. 热轧 L 型钢的交货规定

(1)钢应按理论重量交货,理论重量按密度为 $7.85g/cm^3$ 计算。经供需双方协商并在合同中注明,亦可按实际重量交货。

(2)根据双方协议,钢的每米重量允许偏差不应超过 $^{+3}_{-5}\%$。

(3)钢的通常长度为 5 000~19 000mm。根据需方要求也可供应其他长度的产品。

(4)定尺长度允许偏差:

钢长度≤8m,允许偏差 $^{+50mm}_{0mm}$;

钢长度>8m,允许偏差 $^{+80mm}_{0mm}$。

(5)钢以热轧状态交货。

(6)钢的包装、标志及质量证明书应符合 GB/T 2101 的规定。

(十二)热轧 H 型钢和剖分 T 型钢(GB/T 11263—2010)

热轧 H 型钢包括宽、中、窄翼缘 H 型钢和薄壁 H 型钢;由 H 型钢剖分的 T 型钢也分为宽、中、窄翼缘三种。

型号代号:

宽翼缘 H 型钢	HW	宽翼缘剖分 T 型钢	TW
中翼缘 H 型钢	HM	中翼缘剖分 T 型钢	TM
窄翼缘 H 型钢	HN	窄翼缘剖分 T 型钢	TN
薄壁 H 型钢	HT	超厚超重 H 型钢(协议性)	W

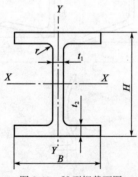
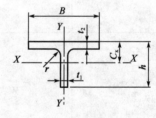

图 3-40　H 型钢截面图　　　　　　　　　　　图 3-41　剖分 T 型钢截面图

H-高度;B-宽度;t_1-腹板厚度;t_2-翼缘厚度;r-圆角半径　　　h-高度;B-宽度;t_1-腹板厚度;t_2-翼缘厚度;C_x-重心;r-圆角半径

钢的牌号、化学成分和力学性能应符合 GB 700 或 GB 712 或 GB 714 或 GB/T 1591 或 GB 4171 的有关规定。经供需双方协议,也可按其他标准供货。

规格表示方法:

H 型钢:H 与高度 H 值×宽度 B 值×腹板厚度 t_1 值×翼缘厚度 t_2 值。

如:H596×199×10×15。

剖分 T 型钢:T 与高度 h 值×宽度 B 值×腹板厚度 t_1 值×翼缘厚度 t_2 值。

如:T207×405×18×28。

1. H 型钢和剖分 T 型钢供货和计量

(1)H 型钢和剖分 T 型钢以热轧状态交货。交货长度在合同中注明,通常定尺长度为12m。交货形式可单根也可打包成捆。

成捆交货 H 型钢和剖分 T 型钢的包装规定　　　　表 3-174

包装类别	每捆重量（kg）	捆扎道次		同捆长度差（m）
		长度≤12m	长度>12m	
1	≤2 000	≥4	≥5	定尺长度允许偏差
2	>2 000～≤4 000	≥3	≥4	≤2
3	>4 000～≤5 000	≥3	≥4	无限定
4	>5 000～≤10 000	≥5	≥6	无限定

注：长度大于 24m 的 H 型钢不成捆交货。

（2）H 型钢和剖分 T 型钢应按理论重量交货（理论重量按密度为 7.85g/cm³ 计算）。经供需双方协商并在合同中注明，亦可按实际重量交货。理论重量与实际重量允许偏差的计算方法为实际重量与理论重量之差除以理论重量，以百分率表示。

H 型钢和剖分 T 型钢交货重量允许偏差　　　　表 3-175

类 别	重量允许偏差	类 别	重量允许偏差
H 型钢	每根重量偏差±6%，每批交货重量偏差±4%	剖分 T 型钢	每根重量偏差±7%，每批交货重量偏差±5%

2. H 型钢和剖分 T 型钢的表面质量和外形允许偏差

（1）H 型钢和剖分 T 型钢的表面不允许有影响使用的裂缝、折叠、结疤、分层和夹杂。允许有局部发纹、拉裂、凸凹、麻点及刮痕，但不得超过厚度尺寸允许偏差。钢的表面缺陷，允许用砂轮打磨或焊补进行清除或修补。型钢的切断面上不应有大于 8mm 的毛刺。

（2）H 型钢和剖分 T 型钢不得有明显的扭转。

（3）型钢尺寸外形允许偏差。

①H 型钢尺寸、外形允许偏差（mm）

表 3-176

项 目		允 许 偏 差	图 示
高度 H（按型号）	<400	±2.0	
	≥400～<600	±3.0	
	≥600	±4.0	
宽度 B（按型号）	<100	±2.0	
	≥100～<200	±2.5	
	≥200	±3.0	
厚度	t_1 <5	±0.5	
	≥5～<16	±0.7	
	≥16～<25	±1.0	
	≥25～<40	±1.5	
	≥40	±2.0	
	t_2 <5	±0.7	
	≥5～<16	±1.0	
	≥16～<25	±1.5	
	≥25～<40	±1.7	
	≥40	±2.0	
长度	≤7 000	+60 0	
	>7 000	长度每增加 1m 或不足 1m 时，正偏差在上述基础上加 5mm	

项　　目		允 许 偏 差	图　　示
翼缘斜度 T	高度(型号)≤300	T≤1.0%B。但允许偏差的最小值为 1.5mm	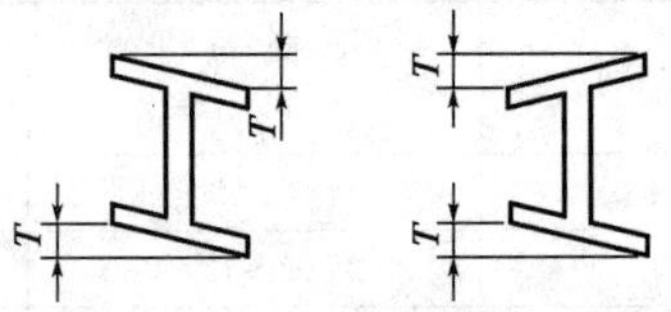
	高度(型号)>300	T≤1.2%B。但允许偏差的最小值为 1.5mm	
弯曲度(适用于上下、左右大弯曲)	高度(型号)≤300	≤长度的 0.15%	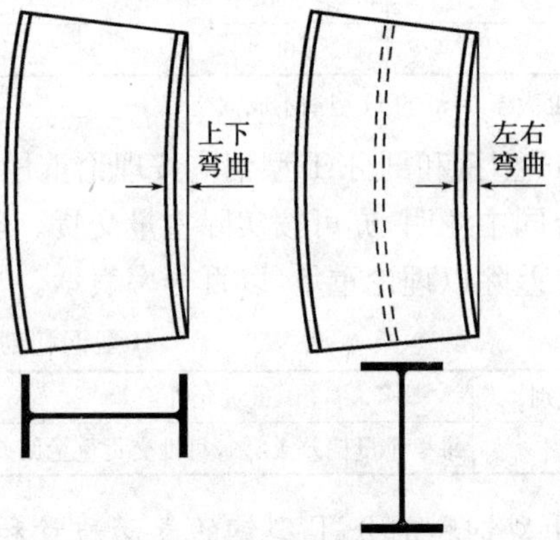
	高度(型号)>300	≤长度的 0.10%	
中心偏差 S	高度(型号)≤300 且宽度(型号)≤200	±2.5	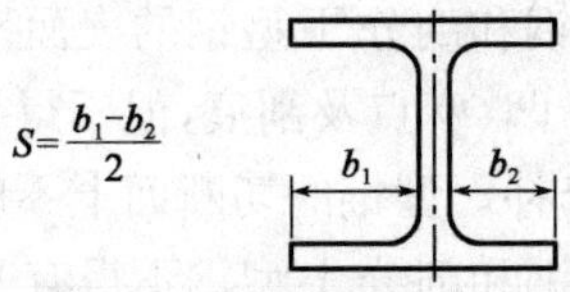 $S=\dfrac{b_1-b_2}{2}$
	高度(型号)>300 或宽度(型号)>200	±3.5	
腹板弯曲 W	高度(型号)<400	≤2.0	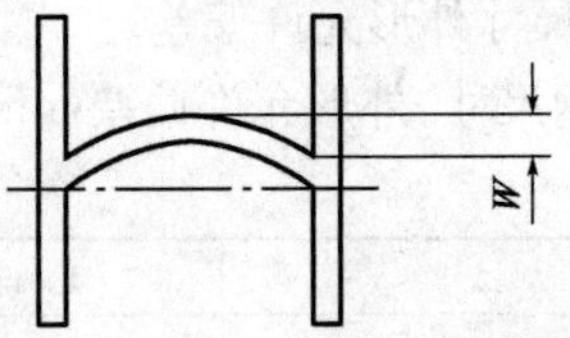
	≥400~<600	≤2.5	
	≥600	≤3.0	
翼缘弯曲 F	宽度 B≤400	≤1.5%b,但允许偏差值的最大值为 1.5mm	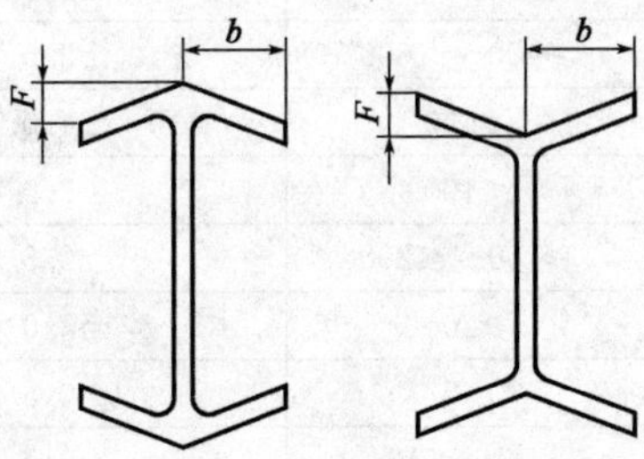
端面斜度 E		E≤1.6%(H 或 B),但允许偏差的最小值为 3.0mm	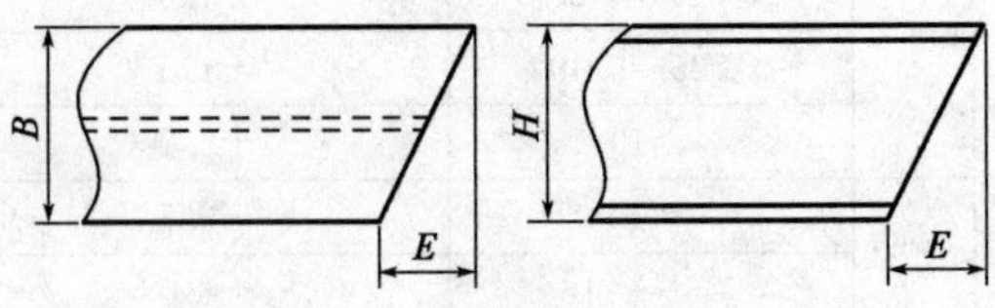
翼缘腿端外缘钝化		不得使直径等于 $0.18t_2$ 的圆棒通过	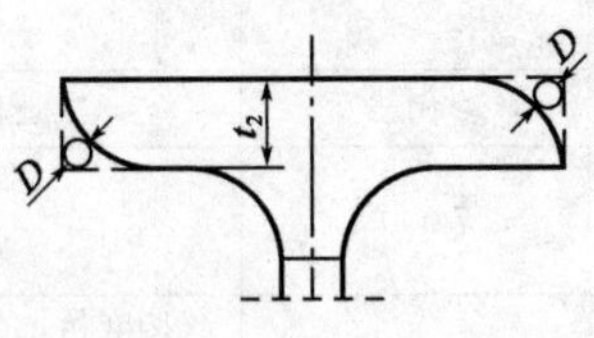

注:①尺寸和形状的测量部位见图示。
　　②弯曲度沿翼缘端部测量。

②剖分 T 型钢尺寸、外形允许偏差(mm)

表 3-177

项　目		允 许 偏 差	图　示
高度 h（按型号）	<200	+4.0 -6.0	
	≥200～<300	+5.0 -7.0	
	≥300	+6.0 -8.0	
翼缘弯曲 F'	连接部位	$F'≤B/200$ 且 $F'≤1.5$	
	一般部位 $B≤150$	$F'≤2.0$	
	$B>150$	$F'≤\dfrac{B}{150}$	

注:其他部位的允许偏差,按对应 H 型钢规格的部位允许偏差。

3. H 型钢和剖分 T 型钢的截面尺寸和理论重量

（1）H 型钢截面尺寸、截面面积、理论重量及截面特性

表 3-178

类别	型号（高度×宽度）(mm×mm)	截面尺寸(mm)					截面面积(cm²)	理论重量(kg/m)	惯性矩(cm⁴)		惯性半径(cm)		截面模数(cm³)	
		H	B	t_1	t_2	r			I_x	I_y	i_x	i_y	W_x	W_y
宽翼缘 H 型钢 HW	100×100	100	100	6	8	8	21.58	16.9	378	134	4.18	2.48	75.6	26.7
	125×125	125	125	6.5	9	8	30.00	23.6	839	293	5.28	3.12	134	46.9
	150×150	150	150	7	10	8	39.64	31.1	1 620	563	6.39	3.76	216	75.1
	175×175	175	175	7.5	11	13	51.42	40.4	2 900	984	7.50	4.37	331	112
	200×200	200	200	8	12	13	63.53	49.9	4 720	1 600	8.61	5.02	472	160
		* 200	204	12	12	13	71.53	56.2	4 980	1 700	8.34	4.87	498	167
	250×250	* 244	252	11	11	13	81.31	63.8	8 700	2 940	10.3	6.01	713	233
		250	250	9	14	13	91.43	71.8	10 700	3 650	10.8	6.31	860	292
		* 250	255	14	14	13	103.9	81.6	11 400	3 880	10.5	6.10	912	304
	300×300	* 294	302	12	12	13	106.3	83.5	16 600	5 510	12.5	7.20	1 130	365
		300	300	10	15	13	118.5	93.0	20 200	6 750	13.1	7.55	1 350	450
		* 300	305	15	15	13	133.5	105	21 300	7 100	12.6	7.29	1 420	466
	350×350	* 338	351	13	13	13	133.3	105	27 700	9 380	14.4	8.38	1 640	534
		* 344	348	10	16	13	144.0	113	32 800	11 200	15.1	8.83	1 910	646
		* 344	354	16	16	13	164.7	129	34 900	11 800	14.6	8.48	2 030	669
		350	350	12	19	13	171.9	135	39 800	13 600	15.2	8.88	2 280	776
		* 350	357	19	19	13	196.4	154	42 300	14 400	14.7	8.57	2 420	808
	400×400	* 388	402	15	15	22	178.5	140	49 000	16 300	16.6	9.54	2 520	809
		* 394	398	11	18	22	186.8	147	56 100	18 900	17.3	10.1	2 850	951
		* 394	405	18	18	22	214.4	168	59 700	20 000	16.7	9.64	3 030	985
		400	400	13	21	22	218.7	172	66 600	22 400	17.5	10.1	3 330	1 120
		* 400	408	21	21	22	250.7	197	70 900	23 800	16.8	9.74	3 540	1 170
		* 414	405	18	28	22	295.4	232	92 800	31 000	17.7	10.2	4 480	1 530
		* 428	407	20	35	22	360.7	283	119 000	39 400	18.2	10.4	5 570	1 930

续表 3-178

类别	型号 （高度×宽度） （mm×mm）	截面尺寸(mm)					截面面积 （cm²）	理论重量 （kg/m）	惯性矩(cm⁴)		惯性半径(cm)		截面模数(cm³)	
		H	B	t_1	t_2	r			I_x	I_y	i_x	i_y	W_x	W_y
宽翼缘 H 型钢 HW	400×400	*458	417	30	50	22	528.6	415	187 000	60 500	18.8	10.7	8 170	2 900
		*498	432	45	70	22	770.1	604	298 000	94 400	19.7	11.1	12 000	4 370
	500×500	*492	465	15	20	22	258.0	202	117 000	33 500	21.3	11.4	4 770	1 440
		*502	465	15	25	22	304.5	239	146 000	41 900	21.9	11.7	5 810	1 800
		*502	470	20	25	22	329.6	259	151 000	43 300	21.4	11.5	6 020	1 840
中翼缘 H 型钢 HM	150×100	148	100	6	9	8	26.34	20.7	1 000	150	6.16	2.38	135	30.1
	200×150	194	150	6	9	8	38.10	29.9	2 630	507	8.30	3.64	271	67.6
	250×175	244	175	7	11	13	55.49	43.6	6 040	984	10.4	4.21	495	112
	300×200	294	200	8	12	13	71.05	55.8	11 100	1 600	12.5	4.74	756	160
		*298	201	9	14	13	82.03	64.4	13 100	1 900	12.6	4.80	878	189
	350×250	340	250	9	14	13	99.53	78.1	21 200	3 650	14.6	6.05	1 250	292
	400×300	390	300	10	16	13	133.3	105	37 900	7 200	16.9	7.35	1 940	480
	450×300	440	300	11	18	13	153.9	121	54 700	8 110	18.9	7.25	2 490	540
	500×300	*482	300	11	15	13	141.2	111	58 300	6 760	20.3	6.91	2 420	450
		488	300	11	18	13	159.2	125	68 900	8 110	20.8	7.13	2 820	540
	550×300	*544	300	11	15	13	148.0	116	76 400	6 760	22.7	6.75	2 810	450
		*550	300	11	18	13	166.0	130	89 800	8 110	23.3	6.98	3 270	540
	600×300	*582	300	12	17	13	169.2	133	98 900	7 660	24.2	6.72	3 400	511
		588	300	12	20	13	187.2	147	114 000	9 010	24.7	6.93	3 890	601
		*594	302	14	23	13	217.1	170	134 000	10 600	24.8	6.97	4 500	700
窄翼缘 H 型钢 HN	*100×50	100	50	5	7	8	11.84	9.30	187	14.8	3.97	1.11	37.5	5.91
	*125×60	125	60	6	8	8	16.68	13.1	409	29.1	4.95	1.32	65.4	9.71
	150×75	150	75	5	7	8	17.84	14.0	666	49.5	6.10	1.66	88.8	13.2
	175×90	175	90	5	8	8	22.89	18.0	1 210	97.5	7.25	2.06	138	21.7
	200×100	*198	99	4.5	7	8	22.68	17.8	1 540	113	8.24	2.23	156	22.9
		200	100	5.5	8	8	26.66	20.9	1 810	134	8.22	2.23	181	26.7
	250×125	*248	124	5	8	8	31.98	25.1	3 450	255	10.4	2.82	278	41.1
		250	125	6	9	8	36.96	29.0	3 960	294	10.4	2.81	317	47.0
	300×150	298	149	5.5	8	13	40.80	32.0	6 320	442	12.4	3.29	424	59.3
		300	150	6.5	9	13	46.78	36.7	7 210	508	12.4	3.29	481	67.7
	350×175	*346	174	6	9	13	52.45	41.2	11 000	791	14.5	3.88	638	91.0
		350	175	7	11	13	62.91	49.4	13 500	984	14.6	3.95	771	112
	400×150	400	150	8	13	13	70.37	55.2	18 600	734	16.3	3.22	929	97.8
	400×200	*396	199	7	11	13	71.41	56.1	19 800	1 450	16.6	4.50	999	145
		400	200	8	13	13	83.37	65.4	23 500	1 740	16.8	4.56	1 170	174
	450×150	*446	150	7	12	13	66.99	52.6	22 000	677	18.1	3.17	985	90.3
		450	151	8	14	13	77.49	60.8	25 700	806	18.2	3.22	1 140	107
	450×200	*446	199	8	12	13	82.97	65.1	28 100	1 580	18.4	4.36	1 260	159,

类别	型号 （高度×宽度） （mm×mm）	截面尺寸（mm）					截面 面积 （cm²）	理论 重量 （kg/m）	惯性矩（cm⁴）		惯性半径（cm）		截面模数（cm³）	
		H	B	t_1	t_2	r			I_x	I_y	i_x	i_y	W_x	W_y
窄翼缘工型钢 HN	450×200	450	200	9	14	13	95.43	74.9	32 900	1 870	18.6	4.42	1 460	187
	475×150	* 470	150	7	13	13	71.53	56.2	26 200	733	19.1	3.20	1 110	97.8
		* 475	151.5	8.5	15.5	13	86.15	67.6	31 700	901	19.2	3.23	1 330	119
		482	153.5	10.5	19	13	106.4	83.5	39 600	1 150	19.3	3.28	1 640	150
	500×150	* 492	150	7	12	13	70.21	55.1	27 500	677	19.8	3.10	1 120	90.3
		* 500	152	9	16	13	92.21	72.4	37 000	940	20.0	3.19	1 480	124
		504	153	10	18	13	103.3	81.1	41 900	1 080	20.1	3.23	1 660	141
	500×200	* 496	199	9	14	13	99.29	77.9	40 800	1 840	20.3	4.30	1 650	185
		500	200	10	16	13	112.3	88.1	46 800	2 140	20.4	4.36	1 870	214
		* 506	201	11	19	13	129.3	102	55 500	2 580	20.7	4.46	2 190	257
	550×200	* 546	199	9	14	13	103.8	81.5	50 800	1 840	22.1	4.21	1 860	185
		550	200	10	16	13	117.3	92.0	58 200	2 140	22.3	4.27	2 120	214
	600×200	* 596	199	10	15	13	117.8	92.4	66 600	1 980	23.8	4.09	2 240	199
		600	200	11	17	13	131.7	103	75 600	2 270	24.0	4.15	2 520	227
		* 606	201	12	20	13	149.8	118	88 300	2 720	24.3	4.25	2 910	270
	625×200	* 625	198.5	13.5	17.5	13	150.6	118	88 500	2 300	24.2	3.90	2 830	231
		630	200	15	20	13	170.0	133	101 000	2 690	24.4	3.97	3 320	268
		* 638	202	17	24	13	198.7	156	122 000	3 320	24.8	4.09	3 820	329
	650×300	* 646	299	10	15	13	152.8	120	110 000	6 690	26.9	6.61	3 410	447
		* 650	300	11	17	13	171.2	134	125 000	7 660	27.0	6.68	3 850	511
		* 656	301	12	20	13	195.8	154	147 000	9 100	27.4	6.81	4 470	605
	700×300	* 692	300	13	20	18	207.5	163	168 000	9 020	28.5	6.59	4 870	601
		700	300	13	24	18	231.5	182	197 000	10 800	29.2	6.83	5 640	721
	750×300	* 734	299	12	16	18	182.7	143	161 000	7 140	29.7	6.25	4 390	478
		* 742	300	13	20	18	214.0	168	197 000	9 020	30.4	6.49	5 320	601
		* 750	300	13	24	18	238.0	187	231 000	10 800	31.1	6.74	6 150	721
		* 758	303	16	28	18	284.8	224	276 000	13 000	31.1	6.75	7 270	859
	800×300	* 792	300	14	22	18	239.5	188	248 000	9 920	32.2	6.43	6 270	661
		800	300	14	26	18	263.5	207	286 000	11 700	33.0	6.66	7 160	781
	850×300	* 834	298	14	19	18	227.5	179	251 000	8 400	33.2	6.07	6 020	564
		* 842	299	15	23	18	259.7	204	298 000	10 300	33.9	6.28	7 080	687
		* 850	300	16	27	18	292.1	229	346 000	12 200	34.4	6.45	8 140	812
		* 858	301	17	31	18	324.7	255	395 000	14 100	34.9	6.59	9 210	939
	900×300	* 890	299	15	23	18	266.9	210	339 000	10 300	35.6	6.20	7 610	687
		900	300	16	28	18	305.8	240	404 000	12 600	36.4	6.42	8 990	842
		* 912	302	18	34	18	360.1	283	491 000	15 700	36.9	6.59	10 800	1 040
	1 000×300	* 970	297	16	21	18	276.0	217	393 000	9 210	37.8	5.77	8 110	620
		* 980	298	17	26	18	315.5	248	472 000	11 500	38.7	6.04	9 630	772
		* 990	298	17	31	18	345.3	271	544 000	13 700	39.7	6.30	11 000	921
		* 1 000	300	19	36	18	395.1	310	634 000	16 300	40.1	6.41	12 700	1 080
		* 1 008	302	21	40	18	439.3	345	712 000	18 400	40.3	6.47	14 100	1 220

类别	型号 (高度×宽度) (mm×mm)	截面尺寸(mm)					截面面积 (cm²)	理论重量 (kg/m)	惯性矩(cm⁴)		惯性半径(cm)		截面模数(cm³)	
		H	B	t_1	t_2	r			I_x	I_y	i_x	i_y	W_x	W_y
薄壁H型钢HT	100×50	95	48	3.2	4.5	8	7.620	5.98	115	8.39	3.88	1.04	24.2	3.49
		97	49	4	5.5	8	9.370	7.36	143	10.9	3.91	1.07	29.6	4.45
	100×100	96	99	4.5	6	8	16.20	12.7	272	97.2	4.09	2.44	56.7	19.6
	125×60	118	58	3.2	4.5	8	9.250	7.26	218	14.7	4.85	1.26	37.0	5.08
		120	59	4	5.5	8	11.39	8.94	271	19.0	4.87	1.29	45.2	6.43
	125×125	119	123	4.5	6	8	20.12	15.8	532	186	5.14	3.04	89.5	30.3
	150×75	145	73	3.2	4.5	8	11.47	9.00	416	29.3	6.01	1.59	57.3	8.02
		147	74	4	5.5	8	14.12	11.1	516	37.3	6.04	1.62	70.2	10.1
	150×100	139	97	3.2	4.5	8	13.43	10.6	476	68.6	5.94	2.25	68.4	14.1
		142	99	4.5	6	8	18.27	14.3	654	97.2	5.98	2.30	92.1	19.6
	150×150	144	148	5	7	8	27.76	21.8	1 090	378	6.25	3.69	151	51.1
		147	149	6	8.5	8	33.67	26.4	1 350	469	6.32	3.73	183	63.0
	175×90	168	88	3.2	4.5	8	13.55	10.6	670	51.2	7.02	1.94	79.7	11.6
		171	89	4	6	8	17.58	13.8	894	70.7	7.13	2.00	105	15.9
	175×175	167	173	5	7	13	33.32	26.2	1 780	605	7.30	4.26	213	69.9
		172	175	6.5	9.5	13	44.64	35.0	2 470	850	7.43	4.36	287	97.1
	200×100	193	98	3.2	4.5	8	15.25	12.0	994	70.7	8.07	2.15	103	14.4
		196	99	4	6	8	19.78	15.5	1 320	97.2	8.18	2.21	135	19.6
	200×150	188	149	4.5	6	8	26.34	20.7	1 730	331	8.09	3.54	184	44.4
	200×200	192	198	6	8	13	43.69	34.3	3 060	1 040	8.37	4.86	319	105
	250×125	244	124	4.5	6	8	25.86	20.3	2 650	191	10.1	2.71	217	30.8
	250×175	238	173	4.5	6	13	39.12	30.7	4 240	691	10.4	4.20	356	79.9
	300×150	294	148	4.5	6	13	31.90	25.0	4 800	325	12.3	3.19	327	43.9
	300×200	286	198	6	8	13	49.33	38.8	7 360	1 040	12.2	4.58	515	105
	350×175	340	173	4.5	6	13	36.97	29.0	7 490	518	14.2	3.74	441	59.9
	400×150	390	148	6	8	13	47.57	37.3	11 700	434	15.7	3.01	602	58.6
	400×200	390	198	6	8	13	55.57	43.6	14 700	1 040	16.2	4.31	752	105

注：①表中同一型号的产品，其内侧尺寸高度一致。

②表中截面面积计算公式为：$t_1(H-2t_2)+2Bt_2+0.858r^2$。

③表中"＊"表示的规格为市场非常用规格。

(2)剖分T型钢截面尺寸、截面面积、理论重量及截面特性

表 3-179

类别	型号 (高度×宽度) (mm×mm)	截面尺寸(mm)					截面面积 (cm²)	理论重量 (kg/m)	惯性矩(cm⁴)		惯性半径(cm)		截面模数(cm³)		重心 C_x (cm)	对应H型钢系列型号
		H	B	t_1	t_2	r			I_x	I_y	i_x	i_y	W_x	W_y		
翼缘T型钢TW	50×100	50	100	6	8	8	10.79	8.47	16.1	66.8	1.22	2.48	4.02	13.4	1.00	100×100
	62.5×125	62.5	125	6.5	9	8	15.00	11.8	35.0	147	1.52	3.12	6.91	23.5	1.19	125×125
	75×150	75	150	7	10	8	19.82	15.6	66.4	282	1.82	3.76	10.8	37.5	1.37	150×150
	87.5×175	87.5	175	7.5	11	13	25.71	20.2	115	492	2.11	4.37	15.9	56.2	1.55	175×175

类别	型号(高度×宽度)(mm×mm)	截面尺寸(mm)					截面面积(cm²)	理论重量(kg/m)	惯性矩(cm⁴)		惯性半径(cm)		截面模数(cm³)		重心 C_x (cm)	对应H型钢系列型号
		H	B	t_1	t_2	r			I_x	I_y	i_x	i_y	W_x	W_y		
宽翼缘 T型钢 TW	100×200	100	200	8	12	13	31.76	24.9	184	801	2.40	5.02	22.3	80.1	1.73	200×200
		100	204	12	12	13	35.76	28.1	256	851	2.67	4.87	32.4	83.4	2.09	
	125×250	125	250	9	14	13	45.71	35.9	412	1 820	3.00	6.31	39.5	146	2.08	250×250
		125	255	14	14	13	51.96	40.8	589	1 940	3.36	6.10	59.4	152	2.58	
	150×300	147	302	12	12	13	53.16	41.7	857	2 760	4.01	7.20	72.3	183	2.85	
		150	300	10	15	13	59.22	46.5	798	3 380	3.67	7.55	63.7	225	2.47	300×300
		150	305	15	15	13	66.72	52.4	1 110	3 550	4.07	7.29	92.5	233	3.04	
	175×350	172	348	10	16	13	72.00	56.5	1 230	5 620	4.13	8.83	84.7	323	2.67	350×350
		175	350	12	19	13	85.94	67.5	1 520	6 790	4.20	8.88	104	388	2.87	
	200×400	194	402	15	15	22	89.22	70.0	2 480	8 130	5.27	9.54	158	404	3.70	
		197	398	11	18	22	93.40	73.3	2 050	9 460	4.67	10.1	123	475	3.01	
		200	400	13	21	22	109.3	85.8	2 480	11 200	4.75	10.1	147	560	3.21	400×400
		200	408	21	21	22	125.3	98.4	3 650	11 900	5.39	9.74	229	584	4.07	
		207	405	18	28	22	147.7	116	3 620	15 500	4.95	10.2	213	766	3.68	
		214	407	20	35	22	180.3	142	4 380	19 700	4.92	10.4	250	967	3.90	
中翼缘 T型钢 TM	75×100	74	100	6	9	8	13.17	10.3	51.7	75.2	1.98	2.38	8.84	15.0	1.56	150×100
	100×150	97	150	6	9	8	19.05	15.0	124	253	2.55	3.64	15.8	33.8	1.80	200×150
	125×175	122	175	7	11	13	27.74	21.8	288	492	3.22	4.21	29.1	56.2	2.28	250×175
	150×200	147	200	8	12	13	35.52	27.9	571	801	4.00	4.74	48.2	80.1	2.85	300×200
		149	201	9	14	13	41.01	32.2	661	949	4.01	4.80	55.2	94.4	2.92	
	175×250	170	250	9	14	13	49.76	39.1	1 020	1 820	4.51	6.05	73.2	146	3.11	350×250
	200×300	195	300	10	16	13	66.62	52.3	1 730	3 600	5.09	7.35	108	240	3.43	400×300
	225×300	220	300	11	18	13	76.94	60.4	2 680	4 050	5.89	7.25	150	270	4.09	450×300
	250×300	241	300	11	15	13	70.58	55.4	3 400	3 380	6.93	6.91	178	225	5.00	500×300
		244	300	11	18	13	79.58	62.5	3 610	4 050	6.73	7.13	184	270	4.72	
	275×300	272	300	11	15	13	73.99	58.1	4 790	3 380	8.04	6.75	225	225	5.96	550×300
		275	300	11	18	13	82.99	65.2	5 090	4 050	7.82	6.98	232	270	5.59	
	300×300	291	300	12	17	13	84.60	66.4	6 320	3 830	8.64	6.72	280	255	6.51	600×300
		294	300	12	20	13	93.60	73.5	6 680	4 500	8.44	6.93	288	300	6.17	
		297	302	14	23	13	108.5	85.2	7 890	5 290	8.52	6.97	339	350	6.41	
窄翼缘 T型钢 TN	50×50	50	50	5	7	8	5.920	4.65	11.8	7.39	1.41	1.11	3.18	2.95	1.28	100×50
	62.5×60	62.5	60	6	8	8	8.340	6.55	27.5	14.6	1.81	1.32	5.96	4.85	1.64	125×60
	75×75	75	75	5	7	8	8.920	7.00	42.6	24.7	2.18	1.66	7.46	6.59	1.79	150×75
	87.5×90	85.5	89	4	6	8	8.790	6.90	53.7	35.3	2.47	2.00	8.02	7.94	1.86	175×90
		87.5	90	5	8	8	11.44	8.98	70.6	48.7	2.48	2.06	10.4	10.8	1.93	
	100×100	99	99	4.5	7	8	11.34	8.90	93.5	56.7	2.87	2.23	12.1	11.5	2.17	200×100
		100	100	5.5	8	8	13.33	10.5	114	66.9	2.92	2.23	14.8	13.4	2.31	
	125×125	124	124	5	8	8	15.99	12.6	207	127	3.59	2.82	21.3	20.5	2.66	250×125

类别	型号 (高度×宽度) (mm×mm)	截面尺寸(mm)					截面 面积 (cm²)	理论 重量 (kg/m)	惯性矩(cm⁴)		惯性半径(cm)		截面模数(cm³)		重心 C_x (cm)	对应 H 型钢系 列型号
		H	B	t_1	t_2	r			I_x	I_y	i_x	i_y	W_x	W_y		
窄翼缘T型钢 TN	125×125	125	125	6	9	8	18.48	14.5	248	147	3.66	2.81	25.6	23.5	2.81	250×125
	150×150	149	149	5.5	8	13	20.40	16.0	393	221	4.39	3.29	33.8	29.7	3.26	300×150
		150	150	6.5	9	13	23.39	18.4	464	254	4.45	3.29	40.0	33.8	3.41	
	175×175	173	174	6	9	13	26.22	20.6	679	396	5.08	3.88	50.0	45.5	3.72	350×175
		175	175	7	11	13	31.45	24.7	814	492	5.08	3.95	59.3	56.2	3.76	
	200×200	198	199	7	11	13	35.10	28.0	1 190	723	5.71	4.50	76.4	72.7	4.20	400×200
		200	200	8	13	13	41.68	32.7	1 390	868	5.78	4.56	88.6	86.8	4.26	
	225×150	223	150	7	12	13	33.49	26.3	1 570	338	6.84	3.17	93.7	45.1	5.54	450×150
		225	151	8	14	13	38.74	30.4	1 830	403	6.87	3.22	108	53.4	5.62	
	225×200	223	199	8	12	13	41.48	32.6	1 870	789	6.71	4.36	109	79.3	5.15	450×200
		225	200	9	14	13	47.71	37.5	2 150	935	6.71	4.42	124	93.5	5.19	
	237.5×150	235	150	7	13	13	35.76	28.1	1 850	367	7.18	3.20	104	48.9	7.50	475×150
		237.5	151.5	8.5	15.5	13	43.07	33.8	2 270	451	7.25	3.23	128	59.5	7.57	
		241	153.5	10.5	19	13	53.20	41.8	2 860	575	7.33	3.28	160	75.0	7.67	
	250×150	246	150	7	12	13	35.10	27.6	2 060	339	7.66	3.10	113	45.1	6.36	500×150
		250	152	9	16	13	46.10	36.2	2 750	470	7.71	3.19	149	61.9	6.53	
		252	153	10	18	13	51.66	40.6	3 100	540	7.74	3.23	167	70.5	6.62	
	250×200	248	199	9	14	13	49.64	39.0	2 820	921	7.54	4.30	150	92.6	5.97	500×200
		250	200	10	16	13	56.12	44.1	3 200	1 070	7.54	4.36	169	107	6.03	
		253	201	11	19	13	64.65	50.8	3 660	1 290	7.52	4.46	189	128	6.00	
	275×200	273	199	9	14	13	51.89	40.7	3 690	921	8.43	4.21	180	92.6	6.85	550×200
		275	200	10	16	13	58.62	46.0	4 180	1 070	8.44	4.27	203	107	6.89	
	300×200	298	199	10	15	13	58.87	46.2	5 150	988	9.35	4.09	235	99.3	7.92	600×200
		300	200	11	17	13	65.85	51.7	5 770	1 140	9.35	4.14	262	114	7.95	
		303	201	12	20	13	74.88	58.8	6 530	1 360	9.33	4.25	291	135	7.88	
	312.5×200	312.5	198.5	13.5	17.5	13	75.28	59.1	7 460	1 150	9.95	3.90	338	116	9.15	625×200
		315	200	15	20	13	84.97	66.7	8 470	1 340	9.98	3.97	380	134	9.21	
		319	202	17	24	13	99.35	78.0	9 960	1 160	10.0	4.08	440	165	9.26	
	325×300	323	299	10	15	12	76.26	59.9	7 220	3 340	9.73	6.62	289	224	7.28	650×300
		325	300	11	17	13	85.60	67.2	8 090	3 830	9.71	6.68	321	255	7.29	
		328	301	12	20	13	97.88	76.8	9 120	4 550	9.65	6.81	356	302	7.20	
	350×300	346	300	13	20	13	103.1	80.9	1 120	4 510	10.4	6.61	424	300	8.12	700×300
		350	300	13	24	13	115.1	90.4	1 200	5 410	10.2	6.85	438	360	7.65	
	400×300	396	300	14	22	18	119.8	94.0	1 760	4 960	12.1	6.43	592	331	9.77	800×300
		400	300	14	26	18	131.8	103	1 870	5 860	11.9	6.66	610	391	9.27	
	450×300	445	299	15	23	18	133.5	105	2 590	5 140	13.9	6.20	789	344	11.7	900×300
		450	300	16	28	18	152.9	120	2 910	6 320	13.8	6.42	865	421	11.4	
		456	302	18	34	18	180.0	141	3 410	7 830	13.8	6.59	997	518	11.3	

（3）超厚超重 H 型钢截面尺寸、截面面积、理论重量及截面特性

表 3-180

类别	型号 （高度×宽度） （in×in）	截面尺寸(mm)					截面 面积 （cm²）	理论 重量 （kg/m）	惯性矩（cm⁴）		惯性半径（cm）		截面模数（cm³）	
		H	B	t_1	t_2	r			I_x	I_y	i_x	i_y	W_x	W_y
超厚超重H型钢 W14	W14×16	375	394	17.3	27.7	15	275.5	216	71 140	28 250	16.07	10.13	3 794	1 434
		380	395	18.9	30.2	15	300.9	237	78 780	31 040	16.18	10.16	4 146	1 572
		387	398	21.1	33.3	15	334.6	262	89 410	35 020	16.35	10.23	4 620	1 760
		393	399	22.6	36.6	15	366.3	287	99 710	38 780	16.50	10.29	5 074	1 944
		399	401	24.9	39.6	15	399.2	314	110 200	42 600	16.62	10.33	5 525	2 125
		407	404	27.2	43.7	15	442.0	347	124 900	48 090	16.81	10.43	6 140	2 380
		416	406	29.8	48.0	15	487.1	382	141 300	53 620	17.03	10.49	6 794	2 641
		425	409	32.8	52.6	15	537.1	421	159 600	60 080	17.24	10.58	7 510	2 938
		435	412	35.8	57.4	15	589.5	463	180 200	67 040	17.48	10.66	8 283	3 254
		446	416	39.1	62.7	15	649.0	509	204 500	75 400	17.75	10.78	9 172	3 625
		455	418	42.0	67.6	15	701.4	551	226 100	82 490	17.95	10.85	9 939	3 947
		465	421	45.0	72.3	15	754.9	592	250 200	90 170	18.20	10.93	10 760	4 284
		474	424	47.6	77.1	15	808.0	634	274 200	98 250	18.42	11.03	11 570	4 634
		483	428	51.2	81.5	15	863.4	677	299 500	106 900	18.62	11.13	12 400	4 994
		498	432	55.6	88.9	15	948.1	744	342 100	119 900	19.00	11.25	13 740	5 552
		514	437	60.5	97.0	15	1 043	818	392 200	135 500	19.39	11.40	15 260	6 203
		531	442	65.9	106.0	15	1 149	900	450 200	153 300	19.79	11.55	16 960	6 938
		550	448	71.9	115.0	15	1 262	990	518 900	173 400	20.27	11.72	18 870	7 739
		569	454	78.0	125.0	15	1 386	1 086	595 700	196 200	20.73	11.90	20 940	8 645
W24	W24×12.75	635	329	17.1	31.0	13	303.4	241	214 200	18 430	26.57	7.79	6 746	1 120
		641	327	19.0	34.0	13	332.7	262	235 990	19 850	26.63	7.72	7 363	1 214
		647	329	20.6	37.1	13	363.6	285	260 700	22 060	26.78	7.79	8 059	1 341
		661	333	24.4	43.9	13	433.7	341	318 300	27 090	27.09	7.90	9 630	1 627
		679	338	29.5	53.1	13	529.4	415	399 800	34 300	27.48	8.05	11 780	2 030
		689	340	32.0	57.9	13	578.6	455	444 520	38 090	27.72	8.11	12 903	2 241
		699	343	35.1	63.0	13	634.8	498	494 700	42 580	27.92	8.19	14 150	2 483
		711	347	38.6	69.1	13	702.1	551	557 510	48 400	28.18	8.30	15 682	2 790
W36	W36×12	903	304	15.2	20.1	19	256.5	201	325 200	9 442	35.61	6.07	7 203	621.2
		911	304	15.9	23.9	19	285.7	223	376 800	11 220	36.32	6.27	8 273	738.5
		915	305	16.5	25.9	19	303.5	238	406 400	12 290	36.59	6.36	8 883	805.6
		919	306	17.3	27.9	19	323.2	253	437 500	13 370	36.79	6.43	9 520	873.6
		923	307	18.4	30.0	19	346.1	271	471 600	14 520	36.91	6.48	10 218	945.8
		927	308	19.4	32.0	19	367.6	289	504 500	15 640	37.04	6.52	10 884	1 016
		932	309	21.1	34.5	19	398.4	313	548 200	17 040	37.10	6.54	11 765	1 103
	W36×16.5	912	418	19.3	32.0	24	436.1	342	624 900	39 010	37.85	9.46	13 700	1 867
		916	419	20.3	34.3	24	464.4	365	670 500	42 120	38.00	9.52	14 640	2 011
		921	420	21.3	36.6	24	493.0	387	718 300	45 280	38.17	9.58	15 600	2 156

类别	型号（高度×宽度）(in×in)	截面尺寸(mm)					截面面积(cm²)	理论重量(kg/m)	惯性矩(cm⁴)		惯性半径(cm)		截面模数(cm³)	
		H	B	t_1	t_2	r			I_x	I_y	i_x	i_y	W_x	W_y
W36	W36×16.5	928	422	22.5	39.9	24	532.5	417	787 600	50 070	38.46	9.70	16 970	2 373
		933	423	24.0	42.7	24	569.6	446	846 800	53 980	38.56	9.73	18 150	2 552
		942	422	25.9	47.0	24	621.3	488	935 390	59 010	38.80	9.75	19 860	2 797
		950	425	28.4	51.1	24	680.1	534	1 031 000	65 560	38.94	9.82	21 710	3 085
		960	427	31.0	55.9	24	745.3	585	1 143 090	72 770	39.16	9.88	23 814	3 408
		972	431	34.5	62.0	24	831.9	653	1 292 000	83 050	39.41	9.99	26 590	3 854
		996	437	40.9	73.9	24	997.7	784	1 593 000	103 300	39.95	10.18	31 980	4 728
		1 028	446	50.0	89.9	24	1 231	967	2 033 000	133 900	40.64	10.43	39 540	6 003
W40	W40×12	970	300	16.0	21.1	30	282.8	222	407 700	9 546	37.97	5.81	8 405	636
		980	300	16.5	26.0	30	316.8	249	481 100	11 750	38.97	6.09	9 818	784
		990	300	16.5	31.0	30	346.8	272	553 800	14 000	39.96	6.35	11 190	934
		1 000	300	19.1	35.9	30	400.4	314	644 200	16 230	40.11	6.37	12 880	1 082
		1 008	302	21.1	40.0	30	445.1	350	723 000	18 460	40.30	6.44	14 350	1 223
		1 016	303	24.4	43.9	30	500.2	393	807 700	20 500	40.18	6.40	15 900	1 353
		1 020	304	26.0	46.0	30	528.7	415	853 100	21 710	40.17	6.41	16 728	1 428
		1 036	309	31.0	54.0	30	629.1	494	1 028 000	26 820	40.42	6.53	19 845	1 736
		1 056	314	36.0	64.0	30	743.7	584	1 246 100	33 430	40.93	6.70	23 600	2 130
	W40×16	982	400	16.5	27.1	30	376.8	296	618 700	28 850	40.52	8.75	12 600	1 443
		990	400	16.5	31.0	30	408.8	321	696 400	33 120	41.27	9.00	14 070	1 656
		1 000	400	19.0	36.1	30	472.0	371	812 100	38 480	41.48	9.03	16 240	1 924
		1 008	402	21.1	40.0	30	524.2	412	909 800	43 410	41.66	9.10	18 050	2 160
		1 012	402	23.6	41.9	30	563.7	443	966 510	45 500	41.41	8.98	19 101	2 264
		1 020	404	25.4	46.0	30	615.1	483	1 067 480	50 710	41.66	9.08	20 931	2 510
		1 030	407	28.4	51.1	30	687.2	539	1 202 540	57 630	41.83	9.16	23 350	2 832
		1 040	409	31.0	55.9	30	752.7	591	1 331 040	64 010	42.05	9.22	25 597	3 130
		1 048	412	34.0	60.0	30	817.6	642	1 450 590	70 280	42.12	9.27	27 683	3 412
		1 068	417	39.0	70.0	30	953.4	748	1 731 940	85 110	42.62	9.45	32 433	4 082
		1 092	424	45.5	82.0	30	1 125.3	883	2 096 420	104 970	43.16	9.66	38 396	4 952
W44	W44×16	1 090	400	18.0	31.0	20	436.5	343	867 400	33 120	44.58	8.71	15 920	1 656
		1 100	400	20.0	36.0	20	497.0	390	1 005 000	38 480	44.98	8.80	18 280	1 924
		1 108	402	22.0	40.0	20	551.2	433	1 126 000	43 410	45.19	8.87	20 320	2 160
		1 118	405	26.0	45.0	20	635.2	499	1 294 000	49 980	45.14	8.87	23 150	2 468

4. 工字钢与 H 型钢型号及截面特性参数对比

按照截面积大体相近，并且绕 X 轴的抗弯强度不低于相应工字钢的原则，计算了 H 型钢有关型号与新国标中工字钢的有关型号以及性能参数对比，供有关人员使用 H 型钢时参考。

工字钢与H型钢型号及截面特性参数对比表　表 3-181

工字钢型号	H型钢型号	横截面积	抗弯强度	抗剪强度	抗弯刚度	i_x	i_y
I10	H125×60	1.16	1.34	1.00	1.67	1.20	0.87
I12	H125×60	0.94	0.90	0.76	0.94	1.00	0.81
I12	H150×75	1.00	1.22	1.04	1.53	1.23	1.02
I12.6	H150×75	0.99	1.15	1.04	1.36	1.18	1.03
I14	H175×90	1.06	1.35	1.35	1.70	1.26	1.19
I16	H175×90	0.88	0.98	1.02	1.07	1.10	1.09
I16	H198×99	0.87	1.11	1.08	1.36	1.25	1.19
I16	H200×100	1.02	1.28	1.26	1.60	1.25	1.19
I18	H200×100	0.87	0.98	1.03	1.09	1.12	1.12
I18	H248×124	1.04	1.50	1.58	2.08	1.41	1.41
I20a	H248×124	0.90	1.17	1.30	1.46	1.28	1.33
I20a	H250×125	1.04	1.34	1.49	1.68	1.28	1.33
I20b	H248×124	0.81	1.11	1.24	1.38	1.31	1.37
I20b	H250×125	0.93	1.27	1.42	1.59	1.31	1.37
I22a	H250×125	0.88	1.03	1.15	1.17	1.16	1.22
I22a	H298×149	0.97	1.37	1.45	1.86	1.38	1.42
I22b	H250×125	0.79	0.98	1.10	1.11	1.18	1.24
I22b	H298×149	0.88	1.30	1.39	1.77	1.41	1.45
I22b	H300×150	1.01	1.48	1.59	2.02	1.41	1.45
I24a	H298×149	0.85	1.11	1.23	1.38	1.27	1.36
I24b	H298×149	0.78	1.06	1.18	1.32	1.30	1.38
I25a	H298×149	0.84	1.05	1.23	1.26	1.22	1.37
I25a	H300×150	0.96	1.20	1.40	1.44	1.22	1.37
I25b	H298×149	0.76	1.00	1.13	1.20	1.25	1.37
I25b	H300×150	0.87	1.14	1.29	1.37	1.25	1.37
I25b	H346×174	0.98	1.51	1.74	2.08	1.46	1.62
I27a	H346×174	0.96	1.32	1.61	1.68	1.33	1.55

工字钢型号	H型钢型号	横截面积	抗弯强度	抗剪强度	抗弯刚度	i_x	i_y
I27b	H346×174	0.87	1.25	1.54	1.60	1.36	1.57
I28a	H346×174	0.95	1.26	1.61	1.55	1.28	1.55
I28b	H346×174	0.86	1.19	1.49	1.47	1.31	1.56
I28b	H350×175	1.03	1.44	1.85	1.80	1.32	1.59
I30a	H350×175	1.03	1.29	1.78	1.51	1.21	1.55
I30b	H350×175	0.94	1.23	1.71	1.44	1.25	1.58
I30c	H350×175	0.86	1.17	1.65	1.37	1.27	1.61
I32a	H350×175	0.94	1.11	1.60	1.22	1.15	1.51
I32a	H350×175	0.86	1.06	1.49	1.16	1.17	1.52
I32b	H400×150	0.96	1.28	1.29	1.60	1.29	1.24
I32b	H396×199	0.97	1.38	1.91	1.71	1.32	1.72
I32c	H350×175	0.79	1.01	1.39	1.11	1.20	1.52
I32c	H400×150	0.88	1.22	1.20	1.52	1.33	1.24
I32c	H396×199	0.89	1.31	1.79	1.62	1.35	1.72
I36a	H400×150	0.92	1.06	1.20	1.18	1.13	1.20
I36a	H396×199	0.93	1.14	1.79	1.25	1.15	1.67
I36b	H400×150	0.84	1.01	1.16	1.13	1.16	1.22
I36b	H396×199	0.85	1.09	1.72	1.20	1.18	1.70
I36b	H400×200	1.00	1.27	2.06	1.42	1.19	1.73
I36b	H446×199	0.99	1.37	1.89	1.70	1.30	1.65
I36c	H396×199	0.79	1.04	1.66	1.14	1.20	1.73
I36c	H400×200	0.92	1.22	1.99	1.36	1.22	1.75
I36c	H446×199	0.91	1.31	1.82	1.62	1.33	1.68
I40a	H400×200	0.97	1.07	1.87	1.08	1.06	1.65
I40a	H446×199	0.96	1.16	1.71	1.29	1.16	1.57
I40b	H400×200	0.89	1.03	1.81	1.03	1.08	1.68
I40b	H446×199	0.88	1.11	1.65	1.23	1.18	1.61

注：横截面积、抗弯强度、抗剪强度、抗弯刚度、惯性半径（i_x、i_y）均为"H型钢与工字钢性能参数对比"项下数值。

工字钢型号	H型钢型号	H型钢与工字钢性能参数对比						工字钢型号	H型钢型号	H型钢与工字钢性能参数对比					
		横截面积	抗弯强度	抗剪强度	抗弯刚度	惯性半径 i_x	惯性半径 i_y			横截面积	抗弯强度	抗剪强度	抗弯刚度	惯性半径 i_x	惯性半径 i_y
Ⅰ40b	H450×200	1.01	1.28	1.94	1.44	1.19	1.63	Ⅰ50b	H596×199	0.91	1.15	1.36	1.37	1.23	1.36
	H400×200	0.82	0.98	1.75	0.98	1.11	1.72		H600×200	1.02	1.30	1.55	1.56	1.24	1.38
Ⅰ40c	H446×199	0.81	1.06	160	1.18	1.21	1.65	Ⅰ50c	H500×200	0.81	0.90	1.42	0.92	1.07	1.47
	H450×200	0.93	1.23	1.88	1.38	1.22	1.67		H506×201	0.93	1.05	0.70	1.10	1.09	1.51
Ⅰ45a	H450×200	0.93	1.02	1.64	1.02	1.05	1.53	Ⅰ55a	H596×199	0.85	1.08	1.32	1.32	1.25	1.39
	H496×199	0.97	1.15	1.62	1.27	1.15	1.49		H600×200	0.98	1.10	1.38	1.20	1.11	1.30
Ⅰ45b	H450×200	0.86	0.97	1.58	0.97	1.07	1.56	Ⅰ55b	H600×200	0.91	1.05	1.34	1.15	1.13	1.32
	H496×199	0.89	1.10	1.57	1.21	1.17	1.52	Ⅰ55c	H600×200	0.84	1.01	1.30	1.11	1.15	1.35
	H500×200	1.01	1.25	1.81	1.38	1.17	1.54	Ⅰ56a	H596×199	0.87	0.96	1.21	1.02	1.08	1.29
Ⅰ45c	H450×200	0.79	0.93	1.53	0.93	1.09	1.59		H600×200	0.97	1.08	1.38	1.15	1.09	1.31
	H496×199	0.82	1.05	1.52	1.16	1.19	1.54	Ⅰ56b	H606×201	1.02	1.19	1.55	1.29	1.13	1.35
	H500×200	0.93	1.19	1.75	1.33	1.17	1.56	Ⅰ56c	H600×200	0.83	0.99	1.24	1.06	1.13	1.32
	H596×199	0.98	1.43	1.63	1.89	1.39	1.47		H606×201	0.95	1.15	1.48	1.24	1.14	1.35
Ⅰ50a	H500×200	0.94	1.01	1.51	1.01	1.04	1.42	Ⅰ63a	H582×300	1.09	1.14	2.65	1.05	0.99	2.03
	H596×199	0.99	1.20	1.40	1.43	1.21	1.34	Ⅰ63b	H582×300	1.01	1.08	2.50	1.01	1.00	2.05
	H506×201	1.00	1.13	1.76	1.14	1.07	1.48	Ⅰ63c	H582×300	0.94	1.03	2.39	0.97	1.02	2.06

(十三)结构用高频焊接薄壁 H 型钢(JG/T 137—2007)

结构用高频焊接薄壁 H 型钢适用于工业与民用建筑和一般构筑物等钢结构。

结构用高频焊接薄壁 H 型钢系采用 GB/T 700 中的 Q235 和 GB/T 1591 中的 Q345 牌号钢,经连续高频焊接而成。钢的化学成分和力学性能符合相应标准的规定,型钢焊接部位的强度不低于原材料的强度。

薄壁 H 型钢按外形分为:普通高频焊接薄壁 H 型钢,代号 LH 和卷边高频焊接薄壁 H 型钢,代号 CLH。

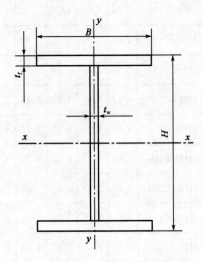

图 3-42　普通高频焊接薄壁 H 型钢截面图
H-截面高度;B-翼缘宽度;t_w-腹板厚度

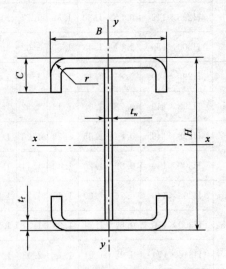

图 3-43　卷边高频焊接薄壁 H 型钢截面图
t_f-翼缘厚度;C-翼缘卷边高度;r-卷边弯曲半径

1. 代号与标记

普通高频焊接薄壁H型钢：

LH $\quad H \times B \times t_w \times t_f$ (单位:mm)

- 翼缘厚度
- 腹板厚度
- 翼缘宽度
- 截面高度
- 代号

卷边高频焊接薄壁H型钢：

CLH $\quad H \times B \times C \times t_w \times t_f$ (单位:mm)

- 翼缘厚度
- 腹板厚度
- 翼缘卷边高度
- 翼缘宽度
- 截面高度
- 代号

标记示例 1：截面高度为 200mm，翼缘宽度为 100mm，腹板厚度为 3.2mm，翼缘厚度为 4.5mm 的普通高频焊接薄壁 H 型钢表示为：

LH　200×100×3.2×4.5

标记示例 2：截面高度为 200mm，翼缘宽度为 100mm，卷边高度为 25mm，腹板及翼缘厚度均为 3.2mm 的卷边高频焊接薄壁 H 型钢表示为：

CLH　200×100×25×3.2×3.2

2. 焊接薄壁 H 型钢的尺寸允许偏差

腹板和翼缘的厚度允许偏差应符合 GB/T 709 的相关规定：

(1)普通高频焊接薄壁 H 型钢的尺寸允许偏差

表 3-182

项　目		允 许 偏 差	图　示
截面高度 H		±1.5mm	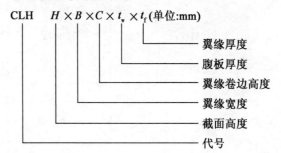
翼缘宽度 B		±1.5mm	
长度 L		+20mm 0	
翼缘倾斜度 Δ	$B \leqslant 200mm$	$B/100$	
	$B > 200mm$	2.0mm	
腹板偏心度 S $S = \dfrac{\lvert b_1 - b_2 \rvert}{2}$		2.0mm	
腹板不平度 μ		$H/100$	

项　　目	允许偏差	图　　示
端面切斜度 e	3.0mm	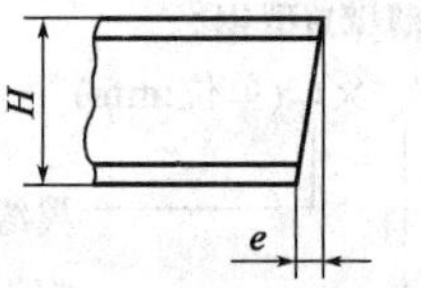
弯曲度 c	L/1 000	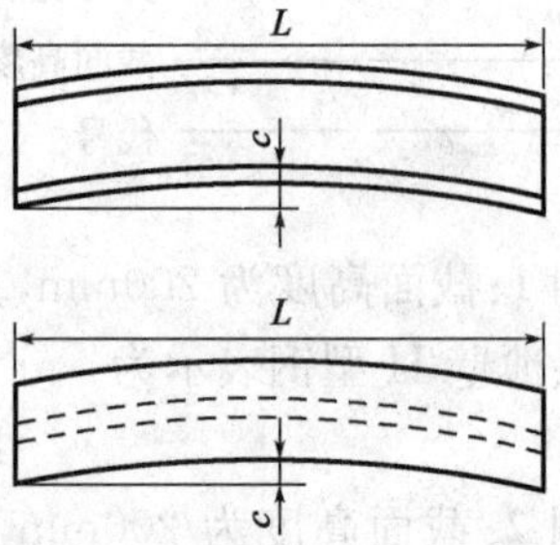

（2）卷边高频焊接薄壁 H 型钢的尺寸允许偏差

表 3-183

项　　目	允许偏差	图　　示
截面高度 H	±1.5mm	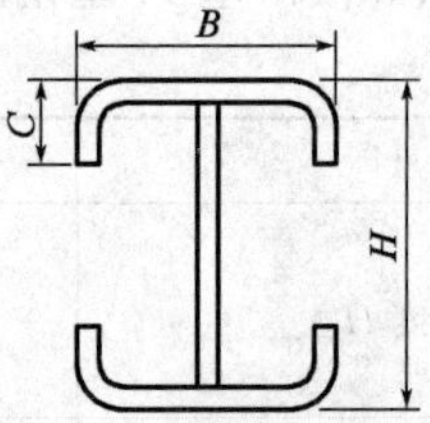
翼缘宽度 B	±1.5mm	
卷边高度 C	±1.5mm	
翼缘倾斜度 △	B/100	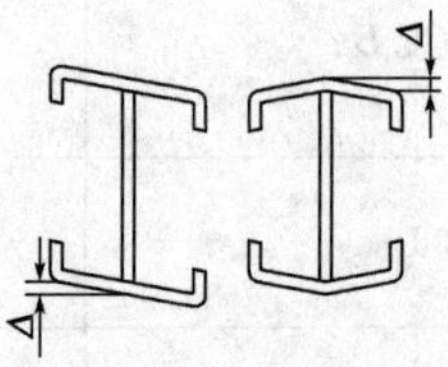
长度 L	+20mm 0	
腹板偏心度 S $S=\dfrac{|b_1-b_2|}{2}$	2.0mm	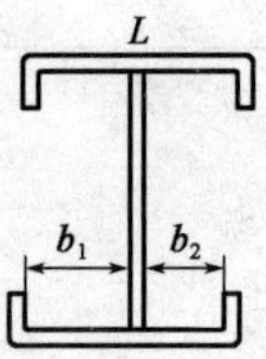
腹板不平度 μ	H/100	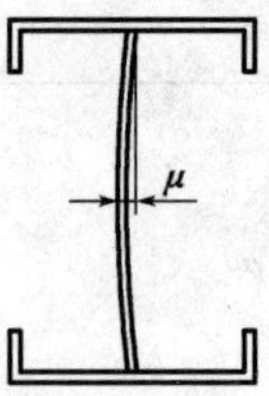

项 目	允 许 偏 差	图 示
端面切斜度 e	3.0mm	
卷边弯曲角度 α	1.5°	
卷边弯曲半径 r	0.5t₁	
弯曲度 c	L/1 000	

注:①除端面切斜度外,截面尺寸的测量位置距 H 型钢两端部不小于 150mm 处。

②卷边高频焊接薄壁 H 型钢弯曲角区域壁厚应参照 GB/T 6723 的相关规定。

3.普通高频焊接薄壁 H 型钢的型号及截面特性

表 3-184

截面尺寸(mm)				截面面积 A (cm²)	理论重量 (kg/m)	$x\text{-}x$			$y\text{-}y$		
H	B	t_w	t_f			I_x cm⁴	W_x cm³	i_x cm	I_y cm⁴	W_y cm³	i_y cm
100	50	2.3	3.2	5.35	4.20	90.71	18.14	4.12	6.68	2.67	1.12
		3.2	4.5	7.41	5.82	122.77	24.55	4.07	9.40	3.76	1.13
	100	4.5	6.0	15.96	12.53	291.00	58.20	4.27	100.07	20.01	2.50
		6.0	8.0	21.04	16.52	369.05	73.81	4.19	133.48	26.70	2.52
120	120	3.2	4.5	14.35	11.27	396.84	66.14	5.26	129.63	21.61	3.01
		4.5	6.0	19.26	15.12	515.53	85.92	5.17	172.88	28.81	3.00
150	75	3.2	4.5	11.26	8.84	432.11	57.62	6.19	31.68	8.45	1.68
		4.5	6.0	15.21	11.94	565.38	75.38	6.10	42.29	11.28	1.67
	100	3.2	4.5	13.51	10.61	551.24	73.50	6.39	75.04	15.01	2.36
		3.2	6.0	16.42	12.89	692.52	92.34	6.50	100.04	20.01	2.47
		4.5	6.0	18.21	14.29	720.99	96.13	6.29	100.10	20.02	2.34
	150	3.2	6.0	22.42	17.60	1 003.74	133.83	6.69	337.54	45.01	3.88
		4.5	6.0	24.21	19.00	1 032.21	137.63	6.53	337.60	45.01	3.73
		6.0	8.0	32.04	25.15	1 331.43	177.52	6.45	450.24	60.03	3.75

截面尺寸(mm)				截面面积 A (cm²)	理论重量 (kg/m)	x-x			y-y		
H	B	t_w	t_f			I_x cm⁴	W_x cm³	i_x cm	I_y cm⁴	W_y cm³	i_y cm
200	100	3.0	3.0	11.82	9.28	764.71	76.47	8.04	50.04	10.01	2.06
		3.2	4.5	15.11	11.86	1 045.92	104.59	8.32	75.05	15.01	2.23
		3.2	6.0	18.02	14.14	1 306.63	130.66	8.52	100.05	20.01	2.36
		4.5	6.0	20.46	16.06	1 378.62	137.86	8.21	100.14	20.03	2.21
		6.0	8.0	27.04	21.23	1 786.89	178.69	8.13	133.66	26.73	2.22
	150	3.2	4.5	19.61	15.40	1 475.97	147.60	8.68	253.18	33.76	3.59
		3.2	6.0	24.02	18.85	1 871.35	187.14	8.83	337.55	45.01	3.75
		4.5	6.0	26.46	20.77	1 943.34	194.33	8.57	337.64	45.02	3.57
		6.0	8.0	35.04	27.51	2 524.60	252.46	8.49	450.33	60.04	3.58
	200	6.0	8.0	43.04	33.79	3 262.30	326.23	8.71	1067.00	106.70	4.98
250	125	3.0	3.0	14.82	11.63	1 507.14	120.57	10.08	97.71	15.63	2.57
		3.2	4.5	18.96	14.89	2 068.56	165.48	10.44	146.55	23.45	2.78
		3.2	6.0	22.62	17.75	2 592.55	207.40	10.71	195.38	31.26	2.94
		4.5	6.0	25.71	20.18	2 738.60	219.09	10.32	195.49	31.28	2.76
		4.5	8.0	30.53	23.97	3 409.75	272.78	10.57	260.59	41.70	2.92
		6.0	8.0	34.04	26.72	3 569.91	285.59	10.24	260.84	41.73	2.77
	150	3.2	4.5	21.21	16.65	2 407.62	192.61	10.65	253.19	33.76	3.45
		3.2	6.0	25.62	20.11	3 039.16	243.13	10.89	337.56	45.01	3.63
		4.5	6.0	28.71	22.54	3 185.21	254.82	10.53	337.68	45.02	3.43
		4.5	8.0	34.53	27.11	3 995.60	319.65	10.76	450.18	60.02	3.61
		4.5	9.0	37.44	29.39	4 390.56	351.24	10.83	506.43	67.52	3.68
		6.0	8.0	38.04	29.86	4 155.77	332.46	10.45	450.42	60.06	3.44
		6.0	9.0	40.92	32.12	4 546.65	363.73	10.54	506.67	67.56	3.52
	200	4.5	8.0	42.53	33.39	5 167.31	413.38	11.02	1 066.84	106.68	5.01
		4.5	9.0	46.44	36.46	5 697.99	455.84	11.08	1 200.18	120.02	5.08
		4.5	10.0	50.35	39.52	6 219.60	497.57	11.11	1 333.51	133.35	5.15
		6.0	8.0	46.04	36.14	5 327.47	426.20	10.76	1 067.09	106.71	4.81
		6.0	9.0	49.92	39.19	5 854.08	468.33	10.83	1 200.42	120.04	4.90
		6.0	10.0	53.80	42.23	6 371.68	509.73	10.88	1 333.75	133.37	4.98
	250	4.5	8.0	50.53	39.67	6 339.02	507.12	11.20	2 083.51	166.68	6.42
		4.5	9.0	55.44	43.52	7 005.42	560.43	11.24	2 343.93	187.51	6.50
		4.5	10.0	60.35	47.37	7 660.43	612.83	11.27	2 604.34	208.35	6.57
		6.0	8.0	54.04	42.42	6 499.18	519.93	10.97	2 083.75	166.70	6.21
		6.0	9.0	58.92	46.25	7 161.51	572.92	11.02	2 344.17	187.53	6.31
		6.0	10.0	63.80	50.08	7 812.52	625.00	11.07	2 604.58	208.37	6.39
300	150	3.2	4.5	22.81	17.91	3 604.41	240.29	12.57	253.20	33.76	3.33
		3.2	6.0	27.22	21.36	4 527.17	301.81	12.90	337.58	45.01	3.52
		4.5	6.0	30.96	24.30	4 785.96	319.06	12.43	337.72	45.03	3.30

截面尺寸(mm)				截面面积 A (cm²)	理论重量 (kg/m)	x-x			y-y		
						I_x	W_x	i_x	I_y	W_y	i_y
H	B	t_w	t_f			cm⁴	cm³	cm	cm⁴	cm³	cm
300	150	4.5	8.0	36.78	28.87	5 976.11	398.41	12.75	450.22	60.03	3.50
			9.0	39.69	31.16	6 558.76	437.25	12.85	506.46	67.53	3.57
			10.0	42.60	33.44	7 133.20	475.55	12.94	562.71	75.03	3.63
		6.0	8.0	41.04	32.22	6 262.44	417.50	12.35	450.51	60.07	3.31
			9.0	43.92	34.48	6 839.08	455.94	12.48	506.76	67.57	3.40
			10.0	46.80	36.74	7 407.60	493.84	12.58	563.00	75.07	3.47
	200	4.5	8.0	44.78	35.15	7 681.81	512.12	13.10	1 066.88	106.69	4.88
			9.0	48.69	38.22	8 464.69	564.31	13.19	1 200.21	120.02	4.96
			10.0	52.60	41.29	9 236.53	615.77	13.25	1 333.55	133.35	5.04
		6.0	8.0	49.04	38.50	7 968.14	531.21	12.75	1 067.18	106.72	4.66
			9.0	52.92	41.54	8 745.01	583.00	12.85	1 200.51	120.05	4.76
			10.0	56.80	44.59	9 510.93	634.06	12.94	1 333.84	133.38	4.85
	250	4.5	8.0	52.78	41.43	9 387.52	625.83	13.34	2 083.55	166.68	6.28
			9.0	57.69	45.29	10 370.62	691.37	13.41	2 343.96	187.52	6.37
			10.0	62.60	49.14	11 339.87	755.99	13.46	2 604.38	208.35	6.45
		6.0	8.0	57.04	44.78	9 673.85	644.92	13.02	2 083.84	166.71	6.04
			9.0	61.92	48.61	10 650.94	710.06	13.12	2 344.26	187.54	6.15
			10.0	66.80	52.44	11 614.27	774.28	13.19	2 604.67	208.37	6.24
350	150	3.2	4.5	24.41	19.16	5 086.36	290.65	14.43	253.22	33.76	3.22
			6.0	28.82	22.62	6 355.38	363.16	14.85	337.59	45.01	3.42
		4.5	6.0	33.21	26.07	6 773.70	387.07	14.28	337.76	45.03	3.19
			8.0	39.03	30.64	8 416.36	480.93	14.68	450.25	60.03	3.40
			9.0	41.94	32.92	9 223.08	527.03	14.83	506.50	67.53	3.48
			10.0	44.85	35.21	10 020.14	572.58	14.95	562.75	75.03	3.54
		6.0	8.0	44.04	34.57	8 882.11	507.55	14.20	450.60	60.08	3.20
			9.0	46.92	36.83	9 680.51	553.17	14.36	506.85	67.58	3.29
			10.0	49.80	39.09	10 469.35	598.25	14.50	563.09	75.08	3.36
	175	4.5	6.0	36.21	28.42	7 661.31	437.79	14.55	536.19	61.28	3.85
			8.0	43.03	33.78	9 586.21	547.78	14.93	714.84	81.70	4.08
			9.0	46.44	36.46	10 531.54	601.80	15.06	804.16	91.90	4.16
			10.0	49.85	39.13	11 465.55	655.17	15.17	893.48	102.11	4.23
		6.0	8.0	48.04	37.71	10 051.96	574.40	14.47	715.18	81.74	3.86
			9.0	51.42	40.36	10 988.97	627.94	14.62	804.50	91.94	3.96
			10.0	54.80	43.02	11 914.77	680.84	14.75	893.82	102.15	4.04
	200	4.5	8.0	47.03	36.92	10 756.07	614.63	15.12	1 066.92	106.69	4.76
			9.0	50.94	39.99	11 840.01	676.57	15.25	1 200.25	120.03	4.85
			10.0	54.85	43.06	12 910.97	737.77	15.34	1 333.58	133.36	4.93
		6.0	8.0	52.04	40.85	11 221.81	641.25	14.68	1 067.27	106.73	4.53

截面尺寸(mm)				截面面积 A (cm²)	理论重量 (kg/m)	x-x			y-y		
H	B	t_w	t_f			I_x cm⁴	W_x cm³	i_x cm	I_y cm⁴	W_y cm³	i_y cm
	200	6.0	9.0	55.92	43.90	12 297.44	702.71	14.83	1 200.60	120.06	4.63
			10.0	59.80	46.94	13 360.18	763.44	14.95	1 333.93	133.39	4.72
350	250	4.5	8.0	55.03	43.20	13 095.77	748.33	15.43	2 083.59	166.69	6.15
			9.0	59.94	47.05	14 456.94	826.11	15.53	2 344.00	187.52	6.25
			10.0	64.85	50.91	15 801.80	902.96	15.61	2 604.42	208.35	6.34
		6.0	8.0	60.04	47.13	13 561.52	774.94	15.03	2 083.93	166.71	5.89
			9.0	64.92	50.96	14 914.37	852.25	15.16	2 344.35	187.55	6.01
			10.0	69.80	54.79	16 251.02	928.63	15.26	2 604.76	208.38	6.11
	150	4.5	8.0	41.28	32.40	11 344.49	567.22	16.58	450.29	60.04	3.30
			9.0	44.19	34.69	12 411.65	620.58	16.76	506.54	67.54	3.39
			10.0	47.10	36.97	13 467.70	673.39	16.91	562.79	75.04	3.46
		6.0	8.0	47.04	36.93	12 052.28	602.61	16.01	450.69	60.09	3.10
			9.0	49.92	39.19	13 108.44	655.42	16.20	506.94	67.59	3.19
			10.0	52.80	41.45	14 153.60	707.68	16.37	563.18	75.09	3.27
400	200	4.5	8.0	49.28	38.68	14 418.19	720.91	17.10	1 066.96	106.70	4.65
			9.0	53.19	41.75	15 852.08	792.60	17.26	1 200.29	120.03	4.75
			10.0	57.10	44.82	17 271.03	863.55	17.39	1 333.62	133.36	4.83
		6.0	8.0	55.04	43.21	15 125.98	756.30	16.58	1 067.36	106.74	4.40
			9.0	58.92	46.25	16 548.87	827.44	16.76	1 200.69	120.07	4.51
			10.0	62.80	49.30	17 956.93	897.85	16.91	1 334.02	133.40	4.61
	250	4.5	8.0	57.28	44.96	17 491.90	874.59	17.47	2 083.62	166.69	6.03
			9.0	62.19	48.82	19 292.51	964.63	17.61	2 344.04	187.52	6.14
			10.0	67.10	52.67	21 074.37	1 053.72	17.72	2 604.46	208.36	6.23
		6.0	8.0	63.04	49.49	18 199.69	909.98	16.99	2 084.02	166.72	5.75
			9.0	67.92	53.32	19 989.30	999.46	17.16	2 344.44	187.56	5.88
			10.0	72.80	57.15	21 760.27	1 088.01	17.29	2 604.85	208.39	5.98
450	200	4.5	8.0	51.53	40.45	18 696.32	830.95	19.05	1 067.00	106.70	4.55
			9.0	55.44	43.52	20 529.03	912.40	19.24	1 200.33	120.03	4.65
			10.0	59.35	46.59	22 344.85	993.10	19.40	1 333.66	133.37	4.74
		6.0	8.0	58.04	45.56	19 718.15	876.36	18.43	1 067.45	106.74	4.29
			9.0	61.92	48.61	21 536.80	957.19	18.65	1 200.78	120.08	4.40
			10.0	65.80	51.65	23 338.68	1 037.27	18.83	1 334.11	133.41	4.50
	250	4.5	8.0	59.53	46.73	22 604.03	1 004.62	19.49	2 083.66	166.69	5.92
			9.0	64.44	50.59	24 905.46	1 106.91	19.66	2 344.08	187.53	6.03
			10.0	69.35	54.44	27 185.68	1 208.25	19.80	2 604.49	208.36	6.13
		6.0	8.0	66.04	51.84	23 625.86	1 050.04	18.91	2 084.11	166.73	5.62
			9.0	70.92	55.67	25 913.23	1 151.70	19.12	2 344.53	187.56	5.75
			10.0	75.80	59.50	28 179.52	1 252.42	19.28	2 604.94	208.40	5.86

续表 3-184

截面尺寸(mm)				截面面积 A (cm²)	理论重量 (kg/m)	x-x			y-y		
						I_x	W_x	i_x	I_y	W_y	i_y
H	B	t_w	t_f			cm⁴	cm³	cm	cm⁴	cm³	cm
500	200	4.5	8.0	53.78	42.22	23 618.57	944.74	20.96	1 067.03	106.70	4.45
			9.0	57.69	45.29	25 898.98	1 035.96	21.19	1 200.37	120.04	4.56
			10.0	61.60	48.36	28 160.53	1 126.42	21.38	1 333.70	133.37	4.65
		6.0	8.0	61.04	47.92	25 035.82	1 001.43	20.25	1 067.54	106.75	4.18
			9.0	64.92	50.96	27 298.73	1 091.95	20.51	1 200.87	120.09	4.30
			10.0	68.80	54.01	29 542.93	1 181.72	20.72	1 334.20	133.42	4.40
	250	4.5	8.0	61.78	48.50	28 460.28	1 138.41	21.46	2 083.70	166.70	5.81
			9.0	66.69	52.35	31 323.91	1 252.96	21.67	2 344.12	187.53	5.93
			10.0	71.60	56.21	34 163.87	1 366.55	21.84	2 604.53	208.36	6.03
		6.0	8.0	69.04	54.20	29 877.53	1 195.10	20.80	2 084.20	166.74	5.49
			9.0	73.92	58.03	32 723.66	1 308.95	21.04	2 344.62	187.57	5.63
			10.0	78.80	61.86	35 546.27	1 421.85	21.24	2 605.03	208.40	5.75

注:①经供需双方协商,也可采用本表规定以外的型号和截面尺寸。

②根据不同的钢种,H 型钢板材的宽厚比超过现行国家标准和规范时,应按照相应的规范处理。

4. 卷边高频焊接薄壁 H 型钢的型号及截面特性

表 3-185

截面尺寸(mm)						截面面积 A (cm²)	理论重量 (kg/m)	x-x			y-y		
								I_x	W_x	i_x	I_y	W_y	i_y
H	B	C	t_w	t_f	r			cm⁴	cm³	cm	cm⁴	cm³	cm
100	100	20	2.3	2.3	3.5	8.29	6.50	147.08	29.42	4.21	73.63	14.73	2.98
			3.0	3.0	4.5	10.63	8.34	184.88	36.98	4.17	91.38	18.28	2.93
			3.2	3.2	4.8	11.28	8.86	195.07	39.01	4.16	96.01	19.20	2.92
150	100	20	2.3	2.3	3.5	9.44	7.41	367.48	49.00	6.24	73.64	14.73	2.79
			3.0	3.0	4.5	12.13	9.52	465.35	62.05	6.19	91.39	18.28	2.75
			3.2	3.2	4.8	12.88	10.11	492.08	65.61	6.18	96.02	19.20	2.73
200	100	25	3.2	3.2	4.8	15.12	11.87	988.57	98.86	8.09	111.54	22.31	2.72
	200	40	4.5	6.0	9.0	39.69	31.16	2 876.80	287.68	8.51	1 461.78	146.18	6.07
250	125	25	3.2	3.2	4.8	18.32	14.38	1 900.11	152.01	10.18	196.55	31.45	3.28
	200	40	4.5	6.0	9.0	41.94	32.93	4 750.62	380.05	10.64	1 461.82	146.18	5.90
300	150	25	3.2	3.2	4.8	21.52	16.89	3 238.12	215.87	12.27	314.46	41.93	3.82
	200	40	4.5	6.0	9.0	44.19	34.69	7 148.73	476.58	12.72	1 461.86	146.19	5.75
350	200	40	4.5	6.0	9.0	46.44	36.46	10 099.25	577.10	14.75	1 461.89	146.19	5.61
	250	40	4.5	6.0	9.0	52.44	41.17	11 875.37	678.59	15.05	2 614.48	209.16	7.06
400	200	40	4.5	6.0	9.0	48.69	38.22	13 630.30	681.52	16.73	1 461.93	146.19	5.48
	250	40	4.5	6.0	9.0	54.69	42.93	15 959.92	798.00	17.08	2 614.52	209.16	6.91

5. 结构用高频焊接薄壁 H 型钢的状态和交货

(1)交货重量

高频焊接薄壁 H 型钢可按理论重量交货。

（2）表面质量

H 型钢的表面质量应符合 GB/T 709 的相关规定，不得有气泡、裂缝、结疤、折叠和夹杂；表面不应有明显的凹面或损伤，划痕深度不大于 0.5mm，且不大于该钢材厚度允许负偏差的 1/2；端面不得有分层。

H 型钢焊缝表面应光滑连续。

（3）标志

结构用高频焊接薄壁 H 型钢成品应逐件做标志，标志内容应包含结构用高频焊接薄壁 H 型钢规格、生产企业名称缩写。

（4）型钢的成品标签内容

成品名称、型号、钢材牌号及质量等级；标准编号；检验员印记；生产企业名称或商标；生产企业详细地址。

（5）质量证明书内容

顾客名称及合同号；供方名称或商标；型号或尺寸规格；钢材牌号及质量等级、组批编号；各项检验结果；重量及件数；标准编号；检查员印记。

供方还应提供用于制造高频焊接薄壁 H 型钢的原材料质量证明书。

（6）包装和储运

结构用高频焊接薄壁 H 型钢可单根交货，也可打包成捆交货。

当打包成捆交货时，结构用高频焊接薄壁 H 型钢包装应符合 GB/T 2101 的有关规定。

结构用高频焊接薄壁 H 型钢在运输和储存时应摆放平顺，垫木布置均匀，避免因放置不当而导致结构用高频焊接薄壁 H 型钢变形。

结构用高频焊接薄壁 H 型钢在运输时应注意防锈，宜采用遮篷等方法防水防潮。

结构用高频焊接薄壁 H 型钢宜在室内储存；如需在室外堆放时，应采取必要的防水防潮措施。

（7）组批规则

结构用高频焊接薄壁 H 型钢应按每一检验组批检查和验收。每个检验组批由采用相同材料、相同设备、相同工艺生产的相同规格的产品构成。

（十四）热轧钢板桩（GB/T 20933—2014）

热轧钢板桩（以下简称"钢板桩"）主要用于堤防加固、截流围堰等防渗止水工程以及挡土墙、挡水墙、建筑基坑支护等结构基础工程。

钢板桩分为三个品种：U 型钢板桩代号为 PU；Z 型钢板桩代号为 PZ；直线型钢板桩代号为 PI。其中 P 为钢板桩英文（Pile）的首字母，U、Z、I 代表钢板桩截面形状。

1. 钢板桩的标记

钢板桩的标记为：品种代号 PU（PZ、PI）与有效宽度 W × 有效高度 H × 腹板厚度 t 表示。如：PU600×210×18.0；PZ575×260×8.8；PI500×88×11.0。

2. 钢板桩的牌号和化学成分

表 3-186

牌号	化学成分（质量分数）（%）								碳当量 CEV（%）
	不 大 于								不 大 于
	C	Si	Mn	P	S	V	Nb	Ti	
Q295P	0.16	0.50	1.50	0.035	0.035	0.15	0.060	0.20	0.40
Q345P	0.20	0.50	1.70	0.035	0.035	0.15	0.060	0.20	0.42

牌号	化学成分（质量分数）（%）								碳当量 CEV（%）
	不 大 于								不大于
	C	Si	Mn	P	S	V	Nb	Ti	
Q390P	0.20	0.50	1.70	0.035	0.035	0.20	0.060	0.20	0.44
Q420P	0.20	0.50	1.70	0.035	0.035	0.20	0.060	0.20	0.46
Q460P	0.20	0.60	1.80	0.030	0.030	0.20	0.110	0.20	0.46

注：①碳当量计算公式为：$CEV=C+Mn/6+(Cr+Mo+V)/5+(Ni+Cu)/15$。

②牌号中 Q 为屈服强度"屈"字的汉语拼音(Qu)的首字母，其后数字为屈服强度最小值，P 为钢板桩英文(Pile)的首字母。

③供需双方合同商定，也可按其他牌号和化学成分供货。

④钢的成品化学成分允许偏差应符合 GB/T 222 的规定。

⑤除 Nb、V、Ti 外，根据用户的需求，钢中还可添加适量的 Cr、Ni、Cu、Mo 等元素，以保证一定的耐候性能。

3.钢板桩的力学性能

表 3-187

牌 号	屈服强度 R_{eH}（N/mm²），不小于	抗拉强度 R_m（N/mm²）	断后伸长率 $A(\%)$，不小于
Q295P	295	390～570	23
Q345P	345	480～630	22
Q390P	390	490～650	20
Q420P	420	520～680	19
Q460P	460	550～720	17

注：供需双方合同商定，也可按其他力学性能指标供货。

4.钢板桩的外形、尺寸、重量和允许偏差

(1)U 型钢板桩的外形、尺寸及理论重量

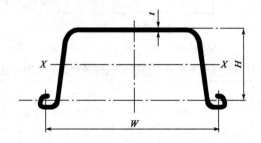

图 3-44 U 型钢板桩截面图

W-有效宽度；H-有效高度；t-腹板厚度

U 型钢板桩截面尺寸、截面面积、理论重量及截面特性

表 3-188

型号（宽度×高度）	有效宽度 W（mm）	有效高度 H（mm）	腹板厚度 t（mm）	单 根 材				每 米 板 面			
				截面面积（cm²）	理论重量（kg/m）	惯性矩 I_x（cm⁴）	截面模量 W_x（cm³）	截面面积（cm²）	理论重量（kg/m²）	惯性矩 I_x（cm⁴）	截面模量 W_x（cm³）
PU400×100	400	100	10.5	61.18	48.0	1 240	152	153.0	120.1	8 740	874
PU400×125	400	125	13.0	76.42	60.0	2 220	223	191.0	149.9	16 800	1 340
PU400×170	400	170	15.5	96.99	76.1	4 670	362	242.5	190.4	38 600	2 270

型号 （宽度×高度）	有效宽度 W （mm）	有效高度 H （mm）	腹板厚度 t （mm）	单 根 材				每米板面			
				截面 面积 （cm²）	理论 重量 （kg/m）	惯性矩 I_x （cm⁴）	截面模量 W_x （cm³）	截面 面积 （cm²）	理论 重量 （kg/m²）	惯性矩 I_x （cm⁴）	截面模量 W_x （cm³）
PU500×210	500	210	11.5	98.7	77.5	7 480	527	197.4	155.0	42 000	2 000
PU500×210	500	210	15.6	111.0	87.5	8 270	547	222.0	175.0	52 500	2 500
PU500×210	500	210	20.0	131.0	103.0	8 850	562	262.0	206.0	63 840	3 040
PU500×225	500	225	27.6	153.0	120.1	11 400	680	306.0	240.2	86 000	3 820
PU600×130	600	130	10.3	78.70	61.8	2 110	203	131.2	103.0	13 000	1 000
PU600×180	600	180	13.4	103.9	81.6	5 220	376	173.2	136.0	32 400	1 800
PU600×210	600	210	18.0	135.3	106.2	8 630	539	225.5	177.0	56 700	2 700
PU600×217.5	600	217.5	13.9	120.3	92.2	9 100	585	200.6	153.7	52 420	2 410
PU600×228	600	228	15.8	123.7	97.1	9 880	580	206.1	161.8	61 560	2 700
PU600×226	600	226	19.0	145.0	114.0	11 280	649	241.7	190.0	72 320	3 200
PU700×200	700	200	9.0	84.0	65.1	5 500	408	120.0	93.0	23 000	1 150
PU700×200	700	200	10.0	96.3	75.6	5 960	437	137.6	108.0	26 800	1 340
PU700×220	700	220	9.7	98.6	77.4	7 560	507	140.9	110.6	33 770	1 535

(2)Z 型钢板桩的外形、尺寸及理论重量

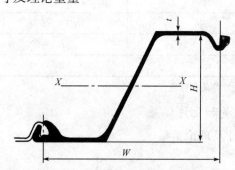

图 3-45　Z 型钢板桩截面图
W-有效宽度；H-有效高度；t-腹板厚度

Z 型钢板桩截面尺寸、截面面积、理论重量及截面特性　　　　　表 3-189

型号 （宽度×高度）	有效宽度 W （mm）	有效高度 H （mm）	腹板厚度 t （mm）	单 根 材				每 米 板 面			
				截面 面积 （cm²）	理论 重量 （kg/m）	惯性矩 I_x （cm⁴）	截面模量 W_x （cm³）	截面 面积 （cm²）	理论 重量 （kg/m²）	惯性矩 I_x （cm⁴）	截面模量 W_x （cm³）
PZ575×260	575	260	8.8	74.0	58.1	8 223	628	128.7	101.0	14 300	1 100
PZ575×260	575	260	10.8	86.4	67.9	9 340	719	150.3	118.1	16 250	1 250
PZ575×350	575	350	9.2	78.4	61.5	16 100	920	136.3	107.0	28 000	1 600

(3)直线型钢板桩的外形、尺寸及理论重量

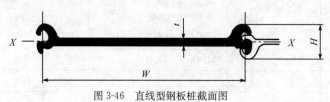

图 3-46　直线型钢板桩截面图
W-有效宽度；H-锁口总高度；t-腹板厚度

直线型钢板桩截面尺寸、截面面积、理论重量及截面特性 表 3-190

型号 （宽度×高度）	有效宽度 W （mm）	有效高度 H （mm）	腹板厚度 t （mm）	单 根 材				每米板面			
				截面 面积 （cm²）	理论 重量 （kg/m）	惯性矩 I_x （cm⁴）	截面模量 W_x （cm³）	截面 面积 （cm²）	理论 重量 （kg/m²）	惯性矩 I_x （cm⁴）	截面模量 W_x （cm³）
PI500×88	500	88	9.5	78.6	61.7	184	46	157.1	123.0	396	89
PI500×88	500	88	11.0	86.5	68.0	175	45	173.0	136.0	350	90
PI500×88	500	88	12.0	90.5	71.1	180	45	181.0	142.2	360	90
PI500×88	500	88	12.7	93.5	73.4	180	46	187.0	146.8	360	92

注：直线型钢板桩锁口拉伸力不得低于 2 000kN/m，最大值可达 5 000kN/m。

（4）钢板桩尺寸、外形的允许偏差（mm）

表 3-191

允 许 偏 差		品 种		
		U 型钢板桩	Z 型钢板桩	直线型钢板桩
有效宽度 W		$\begin{array}{c}+10\\-5\end{array}$	$\begin{array}{c}+8\\-4\end{array}$	±4
有效高度 H	≤200	±4.0	<300	±6.0	—
	>200	±5.0	≥300	±7.0	
腹板厚度	<10	±1.0	±1.0	$\begin{array}{c}+1.5\\-0.7\end{array}$
	10～16	±1.2	±1.2	$\begin{array}{c}+1.5\\-0.7\end{array}$
	≥16	±1.5	±1.5	
长度 L		$\begin{array}{c}+200\\0\end{array}$		
侧弯		≤0.20%L	≤0.20%L	≤0.20%L
翘曲		≤0.20%L	≤0.20%L	≤0.20%L
端面斜度		≤4%W	≤4%W	≤4%W

注：根据需方要求，允许偏差也可按供需双方协议规定执行。

5.钢板桩的质量要求

（1）锁口形状

钢板桩的锁口形状应保证：打桩时易于相互咬合，拉拔时易于脱离。

（2）表面质量

①钢板桩不得有影响使用的扭转及变形。

②钢板桩的表面不允许有影响使用的缺陷。若存在影响使用的缺陷，允许用砂轮等机械方法修磨或焊补进行缺陷的清理或焊补。

③清理后的钢板桩截面尺寸必须在允许偏差范围内，经供需双方协商也可根据用途适当放宽此限制。清理处与原轧制表面的交界面应圆滑无棱角，且清理宽度不得小于清理深度的 5 倍。

④焊补应按下列规定进行：

a.钢板桩的表面缺陷在焊补前应采取铲除或砂轮打磨等机械方法完全除净，然后进行堆焊修补。焊补后必须进行修磨，并保持与原轧制面一致。

b.钢板桩的焊接外缘不得存在咬边及焊瘤。加强焊缝的焊坡高度应至少高于原轧制表面 1.5mm，用铲除或砂轮打磨等机械方法清理加强焊缝焊坡后，必须保证与原轧制表面同一高度。

c.焊补必须根据钢的牌号、采用适当的工艺进行。

d. 焊补前所去除缺陷的深度,必须小于被清理面公称厚度的30%;焊补面积必须小于钢板桩检查面积的2%。

6. 钢板桩的订货和交货

(1)按标准订货的合同或订单应包含下列内容:

①标准编号;

②产品名称;

③牌号;

④型号;

⑤交货长度;

⑥重量和数量;

⑦其他特殊要求,如:特殊型号要求、特殊表面质量要求等。

(2)交货规定。

①钢板桩以热轧状态交货。

②钢板桩应按理论重量交货(理论重量按密度为7.85g/cm³计算)。经供需双方协商并在合同中注明,亦可按实际重量交货。交货的实际重量与理论重量的允许偏差应不超过±6%。

③钢板桩通常定尺长度为12 000mm。根据需方要求,也可供应其他定尺长度的产品(长度应大于6 000m,并按500mm为最小单位进级),其交货长度应在合同中注明。

④每批钢板桩应由同一牌号、同一炉号、同一规格、同一轧制制度的钢材组成,每批重量不大于60t。允许同一牌号、同一冶炼和浇筑方法、不同炉号组成混合批,但每批不得多于6个炉号,各炉号的含碳量之差不应大于0.02%,含锰量之差不应大于0.15%。

⑤钢板桩成捆交货的包装规定。

表3-192

包装类别	每捆重量 (kg)	捆扎道次	同捆长度差 (m)
		长度>10m	
1	≤5 000	≥4	无限定

注:①钢板桩可打包成捆交货也可单根交货。

　②除本表规定外,钢板桩的包装、标志及质量证明书应符合GB/T 2101的规定。

(十五)冷弯钢板桩(GB/T 29654—2013)

冷弯钢板桩是以厚度不小于2.5mm的热轧带钢为原料,经辊式成型机组冷弯成型的产品,其两侧的锁口或弯边可相互连接或搭接,以形成一种连续板桩墙结构。适用于水利工程、交通运输工程、土木建筑工程与环境科学技术等领域。

冷弯钢板桩通常采用Q235、Q295、Q345、Q390、Q420、Q355NH等牌号的钢加工。各牌号钢的化学成分应符合相应标准的规定。经供需双方协商,也可以采用其他牌号的钢种。冷弯钢板桩一般不做力学性能试验,如需方有要求时,应在合同中注明。这种情况下,通常在钢板桩未参与冷弯变形的平板部位进行取样,测得的力学性能试验数据应符合原材料相应标准的规定。

冷弯钢板桩按照产品断面形状分为五类

U型冷弯钢板桩	CRP-U	图3-47
宽型冷弯钢板桩	CRP-Z	图3-48
帽型冷弯钢板桩	CRP-M	图3-49
直线型冷弯钢板桩	CRP-X	图3-50
沟道板	CRP-G	图3-51

U型冷弯钢板桩　　　　CRP-U　　　图3-47

Z型冷弯钢板桩　　　　CRP-Z　　　图3-48

帽型冷弯钢板桩　　　　CRP-M　　　图3-49

直线型冷弯钢板桩　　　CRP-X　　　图3-50

沟道板　　　　　　　　CRP-G　　　图3-51

注:CRP为冷弯钢板桩英文缩写。

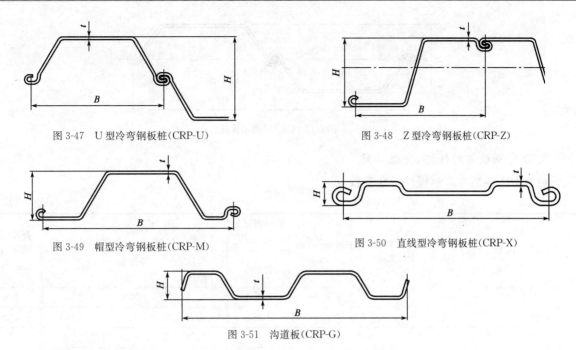

图 3-47 U 型冷弯钢板桩(CRP-U)　　　　图 3-48 Z 型冷弯钢板桩(CRP-Z)

图 3-49 帽型冷弯钢板桩(CRP-M)　　　　图 3-50 直线型冷弯钢板桩(CRP-X)

图 3-51 沟道板(CRP-G)

1. 冷弯钢板桩交货

(1) 除非另有协议, 冷弯钢板桩应以冷弯成型状态交货。

(2) 冷弯钢板桩可以按实际重量或理论重量交货。实际交货重量与理论重量的偏差为 ±6%。当以理论重量交货时, 理论重量计算的密度按 $7.85g/cm^3$ 计算, 具体要求由供需双方协商。

(3) 冷弯钢板桩所用的材料应具有可焊接性。

(4) 冷弯钢板桩表面不允许有裂纹、折叠、夹杂和端面分层等缺陷。

(5) 带有锁口的冷弯钢板桩交货时, 锁口的连接应有充分的间隙, 使冷弯钢板桩间能够良好的配合。

(6) 钢板桩包装。

① 冷弯钢板桩产品的包装可分为成捆包装和散装两种。

② 每捆由同一批号的产品组成, 每捆最大重量通常不超过 5t。

③ 对于理论重量大于 100kg/m 或单根长度大于 15m 的产品可散装交货。

2. 冷弯钢板桩的尺寸、外形及允许偏差

表 3-193

项　目	允 许 偏 差	
宽度 B	单根板桩:公称宽度 B 的 ±2%	
	锁口连接的板桩对:公称宽度 B 的 ±3%	
高度 H	H≤200	±4mm
	200<H≤300	±6mm
	300<H≤400	±8mm
	400<H	±10mm
厚度 t	应符合相应原料带钢产品标准的规定或供需双方协商	
弯曲	侧向弯曲 S≤0.25% 型材的总长	
	平面弯曲 C≤0.25% 型材的总长	
扭曲	V≤2% 型材总长, 最大为 100mm	
长度	长度允许偏差为 ±50mm	
端部垂直度	作垂直于纵轴的测量时, 切割面最高点和最低点之间的总偏差 f 不应超过型材宽度的 2%	
角度偏差	当板桩短边长度≤50mm 时, 公差应为 ±3°, 其他情况公差应为 ±2°	

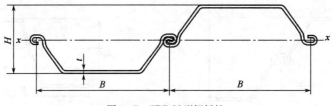

图 3-47　CRP-U 型钢板桩

3.冷弯钢板桩的规格、特性参数

(1)CRP-U 型冷弯钢板桩特性参数

表 3-194

型　　号	公称宽度 B (mm)	高度 H (mm)	厚度 t (mm)	截面面积 S_a (cm²/m) 每延米	重量 W (kg) 单根 (kg/m)	重量 W (kg) 每延米 (kg/m²)	惯性矩 I_x (cm⁴/m)	弹性截面模数 Z_x (cm³/m)
CRP-U-296	350	140.0	8.0	136.1	37.4	106.9	2 073	296
CRP-U-323	350	145.0	9.0	147.8	40.6	116.0	2 263	323
CRP-U-351	350	150.0	10.0	166.0	45.6	130.3	2 460	351
CRP-U-529	400	170.0	8.0	113.0	35.5	89.0	4 500	529
CRP-U-880	400	240.0	9.2	137.0	43.2	108.0	10 600	880
CRP-U-626	450	240.0	8.0	136.2	48.1	106.9	7 516	626
CRP-U-698	450	240.0	10.0	166.7	58.9	130.9	8 379	698
CRP-U-785	450	240.0	12.0	201.0	71.0	157.8	9 420	785
CRP-U-1015	450	360.0	8.0	148.9	52.6	116.9	18 267	1 015
CRP-U-1132	450	360.0	9.0	166.1	58.7	130.4	20 383	1 132
CRP-U-1247	450	360.0	10.0	183.9	64.9	144.3	22 443	1 247
CRP-U-600	500	240.0	6.5	100.6	39.5	79.0	7 200	600
CRP-U-714	500	240.0	8.0	121.0	47.5	95.0	8 570	714
CRP-U-772	500	240.0	8.0	127.6	50.1	100.2	9 266	772
CRP-U-804	500	240.0	9.0	136.2	53.5	107.0	9 640	804
CRP-U-894	500	240.0	10.0	151.8	59.6	119.0	10 710	894
CRP-U-863	500	240.0	10.0	160.5	63.0	126.0	10 352	863
CRP-U-960	500	240.0	12.0	194.4	76.3	152.6	11 521	960
CRP-U-1064	500	240.0	14.0	225.7	88.6	177.2	12 772	1 064
CRP-U-1047	525	360.0	8.0	140.2	57.8	110.1	18 851	1 047
CRP-U-1201	525	360.0	10.0	170.6	70.3	133.9	21 620	1 201
CRP-U-1374	525	360.0	12.0	202.9	83.6	159.2	24 726	1 374
CRP-U-1518	525	360.0	14.0	233.7	96.3	183.4	27 329	1 518
CRP-U-1094	575	360.0	8.0	133.9	60.4	105.1	19 684	1 094
CRP-U-1150	575	360.0	9.0	140.0	63.3	110.0	20 340	1 150
CRP-U-1221	575	360.0	9.0	149.9	67.6	117.6	21 979	1 221
CRP-U-1200	575	360.0	9.5	148.0	66.8	116.2	21 600	1 200
CRP-U-1250	575	360.0	10.0	155.0	70.2	122.0	22 500	1 250
CRP-U-1346	575	360.0	10.0	165.6	74.8	130.0	24 223	1 346
CRP-U-1375	575	360.0	10.0	165.7	74.8	130.1	24 746	1 375
CRP-U-1572	575	360.0	12.0	193.6	87.4	152.0	28 300	1 572

续表 3-194

型 号	公称宽度 B (mm)	高度 H (mm)	厚度 t (mm)	截面面积 S_a (cm²/m) 每延米	重量 W (kg) 单根 (kg/m)	重量 W (kg) 每延米 (kg/m²)	惯性矩 I_x (cm⁴/m)	弹性截面模数 Z_x (cm³/m)
CRP-U-1750	575	360.0	14.0	220.7	99.6	173.2	31 499	1 750
CRP-U-1874	600	350.0	12.0	220.3	103.8	172.9	32 797	1 874
CRP-U-1105	600	360.0	8.0	131.7	62.0	103.4	19 897	1 105
CRP-U-1160	600	360.0	8.0	131.8	62.1	103.5	20 765	1 160
CRP-U-1220	600	360.0	8.5	140.2	66.0	110.0	21 978	1 220
CRP-U-1234	600	360.0	9.0	147.4	69.4	115.7	22 219	1 234
CRP-U-1290	600	360.0	9.0	148.3	69.9	116.4	23 182	1 290
CRP-U-1360	600	360.0	9.5	156.5	73.7	122.9	24 375	1 360
CRP-U-1361	600	360.0	10.0	162.9	76.7	127.9	24 491	1 361
CRP-U-1420	600	360.0	10.0	164.8	77.6	129.4	25 559	1 420
CRP-U-1435	600	360.0	10.0	160.5	75.6	126.0	25 822	1 435
CRP-U-1335	600	400.0	8.0	138.6	65.3	108.8	26 697	1 335
CRP-U-1493	600	400.0	9.0	155.9	73.4	122.4	29 867	1 493
CRP-U-1651	600	400.0	10.0	173.9	81.9	136.5	33 011	1 651
CRP-U-1790	600	487.0	8.0	150.3	70.8	118.0	43 422	1 790
CRP-U-1890	600	487.0	8.5	159.7	75.2	125.4	45 988	1 890
CRP-U-2000	600	487.0	9.0	169.2	79.7	132.7	48 537	2 000
CRP-U-2100	600	487.0	9.5	178.5	84.1	140.1	51 069	2 100
CRP-U-2200	600	487.0	10.0	187.8	88.5	147.4	53 584	2 200
CRP-U-2290	610	490.0	10.5	200.7	96.1	157.6	56 098	2 290
CRP-U-2390	610	490.0	11.0	210.3	100.7	165.1	58 583	2 390
CRP-U-2490	610	490.0	11.5	219.8	105.3	172.6	61 051	2 490
CRP-U-2590	610	490.0	12.0	229.5	109.9	180.1	63 503	2 590
CRP-U-1152	650	356.0	8.0	129.4	66.0	101.6	20 500	1 152
CRP-U-1223	650	357.0	8.5	137.2	70.0	107.7	21 823	1 223
CRP-U-1364	650	359.0	9.5	152.8	78.0	119.9	24 484	1 364
CRP-U-1793	650	476.0	8.0	147.4	75.2	115.7	42 662	1 793
CRP-U-1903	650	477.0	8.5	156.4	79.8	122.8	45 390	1 903
CRP-U-2014	650	478.0	9.0	165.4	84.4	129.8	48 125	2 014
CRP-U-2124	650	479.0	9.5	174.3	88.9	136.8	50 868	2 124
CRP-U-1661	650	480.0	8.0	139.5	71.2	109.5	39 872	1 661
CRP-U-1855	650	480.0	9.0	156.1	79.6	122.5	44 521	1 855
CRP-U-2234	650	480.0	10.0	183.1	93.4	143.8	53 618	2 234
CRP-U-2033	650	500.0	10.0	185.4	94.6	145.6	50 819	2 033
CRP-U-2215	650	500.0	11.0	205.3	104.8	161.2	55 383	2 215
CRP-U-2406	650	500.0	12.0	223.9	114.3	175.8	60 145	2 406
CRP-U-2030	650	536.0	8.0	151.5	77.3	118.9	54 494	2 030
CRP-U-2165	650	537.0	8.5	160.9	82.1	126.3	58 048	2 165
CRP U 2320	650	538.0	9.0	170.3	86.9	133.7	61 621	2 320
CRP-U-2420	650	539.0	9.5	179.7	91.7	141.1	65 211	2 420

续表 3-194

型　号	公称宽度 B (mm)	高度 H (mm)	厚度 t (mm)	截面面积 S_a (cm²/m) 每延米	重量 W (kg) 单根 (kg/m)	重量 W (kg) 每延米 (kg/m²)	惯性矩 I_x (cm⁴/m)	弹性截面模数 Z_x (cm³/m)
CRP-U-2074	650	540.0	8.0	153.7	78.4	120.7	56 002	2 074
CRP-U-2296	650	540.0	9.0	168.1	85.8	131.9	62 003	2 296
CRP-U-2318	650	540.0	9.0	172.1	87.8	135.1	62 588	2 318
CRP-U-2541	650	540.0	10.0	186.7	95.3	146.6	68 603	2 541
CRP-U-2550	650	540.0	10.0	188.4	96.2	147.9	68 820	2 550
CRP-U-2559	650	540.0	10.0	187.4	95.6	147.1	69 093	2 559
CRP-U-2783	650	540.0	11.0	205.4	104.8	161.3	75 146	2 783
CRP-U-3021	650	540.0	12.0	224.7	114.7	176.4	81 570	3 021
CRP-U-2308	650	541.0	10.5	198.3	101.2	155.7	62 435	2 308
CRP-U-2416	650	542.0	11.0	207.4	105.8	162.8	65 470	2 416
CRP-U-2523	650	543.0	11.5	216.5	110.5	170.0	68 512	2 523
CRP-U-2610	650	544.0	12.0	230.0	117.3	180.5	70 979	2 610
CRP-U-2300	700	540.0	9.0	162.5	89.3	127.6	62 106	2 300
CRP-U-2545	700	540.0	10.0	180.5	99.2	141.7	68 719	2 545
CRP-U-2788	700	540.0	11.0	198.6	109.1	155.9	75 276	2 788
CRP-U-3027	700	540.0	12.0	217.2	119.4	170.5	81 718	3 027
CRP-U-2993	700	560.0	11.0	216.6	119.0	170.1	83 813	2 993
CRP-U-3246	700	560.0	12.0	236.2	129.8	185.4	90 880	3 246
CRP-U-3330	700	596.0	12.0	240.0	131.9	188.4	99 298	3 330
CRP-U-3540	700	597.0	12.7	254.0	139.6	199.4	105 634	3 540
CRP-U-3650	700	598.0	13.0	260.0	142.9	204.1	108 656	3 650
CRP-U-3750	700	399.0	13.5	270.0	148.4	212.0	112 252	3 750
CRP-U-3890	700	600.0	14.0	280.0	153.9	219.8	116 695	3 890
CRP-U-693	750	320.0	5.0	72.7	42.8	57.0	11 089	693
CRP-U-824	750	320.0	6.0	86.7	51.1	68.1	13 191	824
CRP-U-953	750	320.0	7.0	100.7	59.3	79.0	15 256	953
CRP-U-1449	750	476.0	8.0	128.0	75.3	100.4	34 498	1 449
CRP-U-1628	750	478.0	9.0	143.5	84.5	112.6	38 909	1 628
CRP-U-1840	750	478.0	9.0	149.3	87.9	117.2	43 965	1 840
CRP-U-1732	750	479.0	9.5	151.7	89.3	119.1	41 480	1 732
CRP-U-2041	750	480.0	10.0	165.4	97.4	129.8	48 985	2 041
CRP-U-2134	750	480.0	10.0	168.3	99.1	132.1	51 214	2 134
CRP-U-2304	750	540.0	9.0	157.7	92.8	123.8	62 195	2 304
CRP-U-2549	750	540.0	10.0	175.2	103.1	137.5	68 820	2 549
CRP-U-2286	750	540.0	10.0	170.5	100.4	133.8	61 718	2 286
CRP-U-2564	750	540.0	10.0	178.3	105.0	139.9	69 237	2 564
CRP-U-2792	750	540.0	11.0	192.7	113.5	151.3	75 389	2 792
CRP-U-3031	750	540.0	12.0	210.7	124.1	165.4	81 847	3 031
CRP-U-2603	750	561.0	10.5	191.9	113.0	150.7	73 019	2 603

型　号	公称宽度 B (mm)	高度 H (mm)	厚度 t (mm)	截面面积 S_a (cm^2/m) 每延米	重量 W (kg) 单根 (kg/m)	重量 W (kg) 每延米 (kg/m^2)	惯性矩 I_x (cm^4/m)	弹性截面模数 Z_x (cm^3/m)
CRP-U-2805	750	562.0	11.0	203.1	119.6	159.4	78 809	2 805
CRP-U-3045	750	564.0	12.0	225.0	132.5	176.6	85 879	3 045
CRP-U-3284	750	604.0	12.0	229.9	135.4	180.5	99 175	3 284
CRP-U-3549	750	606.0	13.0	252.6	148.7	198.3	107 531	3 549
CRP-U-3817	750	608.0	14.0	271.3	159.7	213.0	116 028	3 817
CRP-U-4002	750	610.0	15.0	308.2	181.4	241.9	122 056	4 002
CRP-U-4262	750	612.0	16.0	327.9	193.0	257.4	130 430	4 262
CRP-U-961	800	320.0	7.0	98.7	62.0	77.5	15 374	961
CRP-U-1883	800	348.0	12.0	195.2	122.6	153.3	32 763	1 883
CRP-U-2037	800	350.0	13.0	210.9	132.4	165.5	35 647	2 037
CRP-U-1159	800	356.0	8.0	118.5	74.4	93.0	20 629	1 159
CRP-U-1303	800	358.0	9.0	132.9	83.4	104.3	23 315	1 303
CRP-U-1446	800	360.0	10.0	147.2	92.4	115.5	26 026	1 446
CRP-U-973	900	320.0	7.0	95.6	67.5	75.0	15 571	973
CRP-U-1890	900	348.0	12.0	186.9	132.0	146.7	32 887	1 890
CRP-U-2045	900	350.0	13.0	201.9	142.6	158.5	35 789	2 045
CRP-U-1181	900	356.0	8.0	114.2	80.7	89.6	21 028	1 181
CRP-U-1328	900	358.0	9.0	128.1	90.5	100.6	23 770	1 328
CRP-U-1474	900	360.0	10.0	141.9	100.3	111.4	26 538	1 474

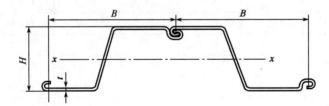

图 3-48　CRP-Z 型冷弯钢板桩

（2）CRP-Z 型冷弯钢板桩特性参数

表 3-195

型　号	公称宽度 B (mm)	高度 H (mm)	厚度 t (mm)	截面面积 S_a (cm^2/m) 每延米	重量 W (kg) 单根 (kg/m)	重量 W (kg) 每延米 (kg/m^2)	惯性矩 I_x (cm^4/m)	弹性截面模数 Z_x (cm^3/m)
CRP-Z-835	550	200.0	8.0	121.0	52.3	95.0	8 350	835
CRP-Z-940	550	200.0	9.0	136.4	58.9	107.0	9 400	940
CRP-Z-1800	610	340.0	9.0	154.0	73.8	121.0	30 600	1 800
CRP-Z-2000	610	340.0	10.0	171.0	81.7	134.0	34 000	2 000
CRP-Z-2200	610	340.0	11.0	188.0	90.3	148.0	37 400	2 200
CRP-Z-1805	630	380.0	8.0	127.2	62.9	99.8	34 293	1 805

型　号	公称宽度 B (mm)	高度 H (mm)	厚度 t (mm)	截面面积 S_a (cm²/m) 每延米	重量 W (kg) 单根 (kg/m)	每延米 (kg/m²)	惯性矩 I_x (cm⁴/m)	弹性截面模数 Z_x (cm³/m)
CRP-Z-2239	630	380.0	10.0	159.1	78.7	124.9	42 531	2 239
CRP-Z-2672	630	380.0	12.0	190.9	94.4	149.8	50 765	2 672
CRP-Z-1610	635	379.0	7.0	123.4	61.5	96.9	30 502	1 610
CRP-Z-1827	635	380.0	8.0	140.6	70.1	110.3	34 717	1 827
CRP-Z-2265	635	417.0	9.0	162.6	81.1	127.6	47 225	2 265
CRP-Z-2500	635	418.0	10.0	180.0	89.7	141.3	52 258	2 500
CRP-Z-2806	635	419.0	11.0	209.0	104.2	164.1	58 786	2 806
CRP-Z-3042	635	420.0	12.0	227.3	113.3	178.4	63 889	3 042
CRP-Z-3276	635	421.0	13.0	245.4	122.3	192.7	68 954	3 276
CRP-Z-1229	650	319.0	7.0	113.2	57.8	88.9	19 603	1 229
CRP-Z-1395	650	320.0	8.0	128.9	65.8	101.2	22 312	1 395
CRP-Z-1980	650	437.0	8.0	138.6	70.8	108.8	43 293	1 980
CRP-Z-2100	650	438.0	8.5	147.1	75.1	115.5	45 912	2 100
CRP-Z-2220	650	438.0	9.0	155.5	79.4	122.1	48 521	2 220
CRP-Z-2330	650	439.0	9.5	163.8	83.6	128.6	51 120	2 330
CRP-Z-2450	650	439.0	10.0	172.2	87.9	135.2	53 709	2 450
CRP-Z-1370	675	399.0	6.5	104.7	55.5	82.2	27 251	1 370
CRP-Z-1470	675	399.0	7.0	112.7	59.7	88.5	29 281	1 470
CRP-Z-1570	675	400.0	7.5	120.7	64.0	94.8	31 325	1 570
CRP-Z-1670	675	400.0	8.0	128.7	68.2	101.1	33 350	1 670
CRP-Z-2620	675	440.0	10.5	181.0	95.9	142.1	57 410	2 620
CRP-Z-2730	675	440.0	11.0	188.4	99.8	147.9	60 043	2 730
CRP-Z-2850	675	441.0	11.5	196.9	104.4	154.6	62 667	2 850
CRP-Z-2960	675	441.0	12.0	205.5	108.9	161.3	65 281	2 960
CRP-Z-3120	675	442.0	12.7	217.5	115.2	170.7	68 927	3 120
CRP-Z-3180	675	487.0	11.0	204.4	108.3	160.5	77 367	3 180
CRP-Z-3320	675	488.0	11.5	213.4	113.1	167.5	80 750	3 320
CRP-Z-3450	675	488.0	12.0	222.4	117.8	174.6	84 121	3 450
CRP-Z-3580	675	489.0	12.5	231.2	122.5	181.5	87 473	3 580
CRP-Z-3720	675	489.0	13.0	240.1	127.3	188.5	90 830	3 720
CRP-Z-3455	675	490.0	12.0	224.4	118.9	176.1	84 657	3 455
CRP-Z-3850	675	490.0	13.5	249.0	132.0	195.5	94 167	3 850
CRP-Z-3980	675	490.0	14.0	257.8	136.6	202.4	97 493	3 980
CRP-Z-3720	675	491.0	13.0	242.3	128.4	190.2	91 327	3 720
CRP-Z-3853	675	491.5	13.5	251.3	133.1	197.2	94 599	3 853
CRP-Z-1780	685	401.0	8.5	134.5	72.3	105.6	35 558	1 780
CRP-Z-1862	685	401.0	9.0	144.0	77.4	113.0	37 335	1 862
CRP-Z-1880	685	401.0	9.0	142.4	76.6	111.8	37 580	1 880

型 号	公称宽度 B (mm)	高度 H (mm)	厚度 t (mm)	截面面积 S_a (cm²/m) 每延米	重量 W (kg) 单根 (kg/m)	重量 W (kg) 每延米 (kg/m²)	惯性矩 I_x (cm⁴/m)	弹性截面模数 Z_x (cm³/m)
CRP-Z-1970	685	402.0	9.5	150.3	80.8	118.0	39 595	1 970
CRP-Z-2055	685	402.0	10.0	159.4	85.7	125.2	41 304	2 055
CRP-Z-2070	685	402.0	10.0	158.2	85.1	124.2	41 601	2 070
CRP-Z-1341	700	319.5	9.5	133.8	73.5	105.0	21 425	1 341
CRP-Z-983	700	350.0	5.0	76.5	42.0	60.0	17 208	983
CRP-Z-1326	700	416.5	6.5	99.5	54.7	78.1	27 616	1 326
CRP-Z-1423	700	417.0	7.0	107.0	58.8	84.0	29 671	1 423
CRP-Z-1519	700	417.5	7.5	114.4	62.9	89.8	31 715	1 519
CRP-Z-1661	700	418.0	8.0	125.7	69.1	98.7	34 706	1 661
CRP-Z-1756	700	418.0	8.5	133.3	73.2	104.7	36 793	1 756
CRP-Z-1855	700	419.0	9.0	140.9	77.4	110.6	38 871	1 855
CRP-Z-1952	700	419.5	9.5	148.5	81.6	116.6	40 939	1 952
CRP-Z-2047	700	420.0	10.0	156.1	85.7	122.5	42 997	2 047
CRP-Z-1985	700	448.0	8.0	133.5	73.3	104.8	44 470	1 985
CRP-Z-2102	700	448.5	8.5	141.6	77.8	111.1	47 138	2 102
CRP-Z-2219	700	449.0	9.0	149.7	82.3	117.5	49 821	2 219
CRP-Z-2335	700	449.5	9.5	157.7	86.7	123.8	52 480	2 335
CRP-Z-2450	700	450.0	10.0	165.7	91.1	130.1	55 128	2 450
CRP-Z-2625	700	450.5	10.5	180.0	98.7	141.3	59 119	2 625
CRP-Z-2735	700	451.0	11.0	187.9	103.3	147.5	61 680	2 735
CRP-Z-2851	700	451.5	11.5	196.2	107.8	154.0	64 356	2 851
CRP-Z-2943	700	452.0	12.0	206.6	113.5	162.2	66 512	2 943
CRP-Z-3113	700	452.5	12.5	216.7	119.1	170.1	70 426	3 113
CRP-Z-3192	700	489.0	11.0	198.6	109.1	155.9	78 051	3 192
CRP-Z-3328	700	489.5	11.5	207.3	113.9	162.7	81 443	3 328
CRP-Z-3478	700	490.0	12.0	219.1	120.4	172.0	85 209	3 478
CRP-Z-3612	700	490.5	12.5	227.9	125.2	178.9	88 594	3 612
CRP-Z-3730	700	491.0	13.0	239.4	131.5	187.9	91 568	3 730
CRP-Z-3862	700	491.5	13.5	248.2	136.4	194.8	94 916	3 862
CRP-Z-3994	700	492.0	14.0	257.0	141.2	201.7	98 251	3 994
CRP-Z-2847	700	560.0	9.0	162.5	89.3	127.6	80 408	2 847
CRP-Z-3136	700	560.0	10.0	179.6	98.7	141.0	88 719	3 136
CRP-Z-3405	700	560.0	11.0	197.1	108.3	154.7	96 535	3 405
CRP-Z-3694	700	560.0	12.0	214.8	118.0	168.6	104 846	3 694
CRP-Z-1438	750	310.5	10.5	152.1	89.6	119.4	22 329	1 438
CRP-Z-1209	750	318.5	8.5	120.1	70.7	94.3	19 251	1 209
CRP-Z-1811	750	419.5	9.5	141.5	83.3	111.1	37 982	1 811
CRP-Z-1916	750	420.5	10.5	159.0	93.5	124.8	40 296	1 916

型 号	公称宽度 B (mm)	高度 H (mm)	厚度 t (mm)	截面面积 S_a (cm²/m) 每延米	重量 W (kg) 单根 (kg/m)	重量 W (kg) 每延米 (kg/m²)	惯性矩 I_x (cm⁴/m)	弹性截面模数 Z_x (cm³/m)
CRP-Z-2496	750	451.0	11.5	181.6	106.9	142.6	56 360	2 496
CRP-Z-2640	750	452.0	12.0	193.3	113.8	151.8	59 665	2 640
CRP-Z-2794	750	453.0	13.0	211.7	124.6	166.2	63 273	2 794
CRP-Z-3425	750	491.0	13.0	224.5	132.2	176.3	84 085	3 425
CRP-Z-3632	750	492.0	14.0	240.1	141.3	188.5	89 341	3 632
CRP-Z-4104	750	520.0	13.0	241.0	141.9	189.2	106 697	4 104
CRP-Z-4805	750	520.0	15.0	292.8	172.4	229.8	124 921	4 805
CRP-Z-4323	750	521.0	14.0	256.5	151.0	201.3	112 625	4 323
CRP-Z-5099	750	521.0	16.0	311.4	183.4	244.5	132 833	5 099
CRP-Z-3855	750	522.0	15.0	268.1	157.8	210.5	100 618	3 855
CRP-Z-4231	750	550.0	13.0	240.5	141.6	188.8	116 350	4 231
CRP-Z-4532	750	551.0	14.0	258.3	152.0	202.7	124 864	4 532
CRP-Z-507	850	253.0	5.0	61.4	41.1	48.4	6 420	507
CRP-Z-604	850	254.0	6.0	73.7	49.2	57.9	7 671	604
CRP-Z-814	850	255.0	7.0	91.3	60.9	71.6	10 375	814
CRP-Z-904	850	318.0	6.0	81.5	54.4	64.0	14 381	904
CRP-Z-1027	850	319.0	7.0	97.6	65.1	76.6	16 386	1 027
CRP-Z-1102	850	320.0	8.0	109.7	73.2	86.2	17 639	1 102
CRP-Z-1212	850	379.0	7.0	100.0	66.7	78.5	22 973	1 212
CRP-Z-1307	850	380.0	8.0	112.5	75.1	88.3	24 831	1 307
CRP-Z-611	900	254.0	6.0	72.9	51.5	57.3	7 757	611
CRP-Z-1635	900	400.0	8.0	116.9	82.6	91.7	32 711	1 635
CRP-Z-1829	900	401.0	9.0	131.3	92.6	102.9	36 677	1 829
CRP-Z-2021	900	402.0	10.0	145.2	102.6	114.0	40 616	2 021

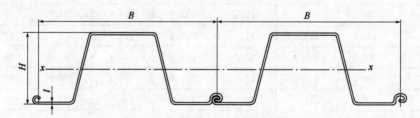

图 3-49 CRP-M 型冷弯钢板桩

(3)CRP-M 型冷弯钢板桩特性参数

表 3-196

型 号	公称宽度 B (mm)	高度 H (mm)	厚度 t (mm)	截面面积 S_a (cm²/m) 每延米	重量 W (kg) 单根 (kg/m)	重量 W (kg) 每延米 (kg/m²)	惯性矩 I_x (cm⁴/m)	弹性截面模数 Z_x (cm³/m)
CRP-M-181	333	75.0	5.0	82.4	21.5	64.7	679	181
CRP-M-944	500	162.0	10.0	179.9	70.6	141.2	25 647	944

型 号	公称宽度 B (mm)	高度 H (mm)	厚度 t (mm)	截面面积 S_a (cm²/m) 每延米	重量 W (kg) 单根 (kg/m)	重量 W (kg) 每延米 (kg/m²)	惯性矩 I_x (cm⁴/m)	弹性截面模数 Z_x (cm³/m)
CRP-M-600	600	237.0	5.0	91.1	42.9	71.5	7 838	600
CRP-M-660	600	238.0	5.5	100.1	47.2	78.6	8 618	660
CRP-M-720	600	238.0	6.0	109.3	51.5	85.8	9 398	720
CRP-M-780	600	239.0	6.5	118.3	55.7	92.9	10 176	780
CRP-M-830	600	239.0	7.0	127.3	60.0	100.0	10 954	830
CRP-M-890	600	240.0	7.5	136.5	64.3	107.1	11 732	890
CRP-M-950	600	240.0	8.0	145.5	68.6	114.3	12 508	950
CRP-M-630	650	237.0	5.0	87.9	44.9	69.0	7 837	630
CRP-M-690	650	238.0	5.5	96.8	49.3	75.9	8 618	690
CRP-M-750	650	238.0	6.0	105.5	53.8	82.8	9 398	750
CRP-M-810	650	239.0	6.5	114.2	58.3	89.7	10 179	810
CRP-M-870	650	239.0	7.0	122.9	62.8	96.5	10 958	870
CRP-M-930	650	240.0	7.5	131.7	67.2	103.4	11 738	930
CRP-M-990	650	240.0	8.0	140.5	71.7	110.3	12 517	990
CRP-M-145	700	100.0	3.0	39.0	21.4	30.6	724	145
CRP-M-223	700	150.0	3.0	41.7	22.9	32.7	1 674	223
CRP-M-329	700	150.0	4.5	63.7	35.0	50.0	2 469	329
CRP-M-442	700	180.0	5.0	73.5	40.4	57.7	3 979	442
CRP-M-566	700	180.0	6.5	95.9	52.7	75.3	5 094	566
CRP-M-606	700	180.0	7.0	103.9	57.1	81.6	5 458	606
CRP-M-650	700	237.0	5.0	85.2	46.8	66.9	7 789	650
CRP-M-720	700	238.0	5.5	93.7	51.5	73.6	8 566	720
CRP-M-780	700	238.0	6.0	102.3	56.2	80.2	9 344	780
CRP-M-840	700	239.0	6.5	110.7	60.8	86.9	10 120	840
CRP-M-900	700	239.0	7.0	119.1	65.5	93.6	10 896	900
CRP-M-960	700	240.0	7.5	127.7	70.2	100.2	11 673	960
CRP-M-1030	700	240.0	8.0	136.1	74.8	106.9	12 448	1 030
CRP-M-425	750	260.0	3.5	53.1	31.2	41.7	5 528	425
CRP-M-516	750	260.0	4.0	62.2	36.6	48.8	6 703	516
CRP-M-608	750	260.0	5.0	76.9	45.3	60.4	7 899	608
CRP-M-812	750	320.0	5.5	90.0	53.0	70.7	12 987	812
CRP-M-952	750	320.0	6.5	106.3	62.6	83.4	15 225	952
CRP-M-888	900	308.0	6.0	93.5	66.1	73.4	13 671	888
CRP-M-1033	900	309.0	7.0	109.2	77.2	85.7	15 955	1 033
CRP-M-1177	900	310.0	8.0	124.8	88.2	97.9	18 236	1 177
CRP-M-1190	900	348.0	7.0	114.7	81.1	90.1	20 705	1 190

型　号	公称宽度 B（mm）	高度 H（mm）	厚度 t（mm）	截面面积 S_a（cm²/m）	重量 W（kg）		惯性矩 I_x（cm⁴/m）	弹性截面模数 Z_x（cm³/m）
				每延米	单根（kg/m）	每延米（kg/m²）		
CRP-M-1356	900	349.0	8.0	131.3	92.7	103.0	23 667	1 356
CRP-M-1522	900	350.0	9.0	147.7	104.3	115.9	26 628	1 522
CRP-M-1685	900	351.0	10.0	164.1	115.9	128.8	29 564	1 685

注：除表 3-194～表 3-196 外，冷弯钢板桩的尺寸和外形还可由生产厂根据需方要求进行设计。

(十六)结构用冷弯空心型钢（GB/T 6728—2002、GB/T 6725—2008）

结构用冷弯空心型钢(简称冷弯型钢)属于冷弯型钢的一个类别，系用冷轧或热轧钢板或钢带在连续辊式冷弯机组上冷加工变形后采用高频电阻焊接方式，也可采用氩弧焊或其他焊接方法生成。

冷弯型钢按产品屈服强度等级分有 235、345、390 级，根据需方要求，345、390 强度级别可使用细晶粒钢生产。各牌号钢的化学成分(熔炼分析)应符合相关标准的规定。

冷弯空心型钢按外形形状分为圆形、方形、矩形和异形等各型管：

圆形冷弯空心型钢，简称圆管　　代号 Y　　图 3-52

方形冷弯空心型钢，简称方管　　代号 F　　图 3-53

矩形冷弯空心型钢，简称矩管　　代号 J　　图 3-54

异形冷弯空心型钢，简称异形管　代号 YI

1. 结构用冷弯空心型钢的状态和交货

(1)交货和长度

冷弯型钢以冷加工状态交货。如有特殊要求由供需双方协商确定。

冷弯型钢以实际重量交货。冷弯型钢的实际重量与理论重量的允许偏差为－6%～+10%。

冷弯型钢通常交货长度为 4～12m。经供需双方合同注明，可按定尺或倍尺交货，其长度允许偏差：

普通级别 4～12m：0～+70mm；

精确级别 4～6m：0～+5mm；>6～12m：0～+10mm。

冷弯型钢允许交付不小于 2m 的短尺和非定尺产品，也可以接口管形式交货，但需方在使用时应将接口管切除。短尺和非定尺产品的重量应不超过总交货量的 5%，对于理论重量大于 20kg/m 的冷弯型钢应不超过总交货量的 10%。

(2)壁厚允差和表面质量

冷弯型钢弯曲度每米不得大于 2mm，总弯曲度不得大于总长度的 0.2%。

冷弯型钢壁厚的允许偏差，当壁厚不大于 10mm 时不得超过公称壁厚的±10%；当壁厚大于 10mm 时为壁厚的±8%；(弯角及焊缝区域壁厚除外)。

冷弯型钢弯曲角度的偏差不得大于±1.5°。

冷弯型钢的表面不得有气泡、裂纹、结疤、折叠、夹杂和端面分层，允许有不大于公称厚度 10% 的轻微凹坑、凸起、压痕、发纹、擦伤和压入的氧化铁皮。表面缺陷清理后的冷弯型钢厚度不小于最小允许厚度。对表面质量有特殊要求的冷弯型钢由供需双方协商确定。

冷弯型钢焊缝处不得有开焊、搭焊、烧穿及严重错位。焊缝处的外毛刺应予以清除，内毛刺一般不清除，如有特殊要求，由供需双方协商确定。

(3)冷弯型钢的组批和包装

冷弯型钢应成批验收，每批由同一牌号、同一原料批次、同一规格尺寸的产品组成。外周长不大于 400mm 的产品每批重量不得超过 50t，外周长大于 400mm 的产品，每批重量不得超过 100t。

冷弯型钢一般采用捆扎包装交货。表面质量要求较高的冷弯型钢采用装箱包装。每箱应由同一批号的冷弯型钢组成，如有不同批号并箱时，每个批号应单独打捆再装入箱内。每箱冷弯型钢的重量不得超过4t。对于理论重量大于20kg/m的冷弯型钢可以散装交货。

2. 冷弯型钢的力学性能

表 3-197

产品屈服强度等级	壁厚 t (mm)	屈服强度 R_{eL} (MPa)	抗拉强度 R_m (MPa)	断后伸长率 A (%)
235		≥235	≥370	≥24
345	≤19	≥345	≥470	≥20
390		≥390	≥490	≥17

注：①需方如有要求并在合同中注明，可进行冲击试验。
　　②对于断面尺寸≤60mm×60mm（包括等周长尺寸的圆及矩形冷弯型钢）及边厚比≤14的冷弯型钢产品，平板部分断后伸长率应不小于17%。

3. 冷弯空心型钢的规格、参数

异型冷弯空心型钢（异形管）的截面尺寸、允许偏差参照方矩形冷弯空心型钢的允许偏差执行。外形由供需双方协商确定。

(1)圆形

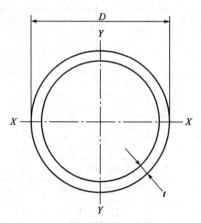

图 3-52　圆形冷弯空心型钢截面图
D-外径；t-壁厚

圆形冷弯空心型钢截面尺寸、允许偏差、截面面积、理论重量及截面特性　　表 3-198

外径 D (mm)	允许偏差 (mm)	壁厚 t (mm)	理论重量 M (kg/m)	截面面积 A (cm²)	惯性矩 I (cm⁴)	惯性半径 R (cm)	弹性模数 Z (cm³)	塑性模数 S (cm³)	扭转常数 J (cm⁴)	扭转常数 C (cm³)	每米长度表面积 A_s (m²)
21.3 (21.3)	±0.5	1.2	0.59	0.76	0.38	0.712	0.36	0.49	0.77	0.72	0.067
		1.5	0.73	0.93	0.46	0.702	0.43	0.59	0.92	0.86	0.067
		1.75	0.84	1.07	0.52	0.694	0.49	0.67	1.04	0.97	0.067
		2.0	0.95	1.21	0.57	0.686	0.54	0.75	1.14	1.07	0.067
		2.5	1.16	1.48	0.66	0.671	0.62	0.89	1.33	1.25	0.067
		3.0	1.35	1.72	0.74	0.655	0.70	1.01	1.48	1.39	0.067
26.8 (26.9)	±0.5	1.2	0.76	0.97	0.79	0.906	0.59	0.79	1.58	1.18	0.084
		1.5	0.94	1.19	0.96	0.896	0.71	0.96	1.91	1.43	0.084
		1.75	1.08	1.38	1.09	0.888	0.81	1.1	2.17	1.62	0.084
		2.0	1.22	1.56	1.21	0.879	0.90	1.23	2.41	1.80	0.084

外径 D (mm)	允许偏差 (mm)	壁厚 t (mm)	理论重量 M (kg/m)	截面面积 A (cm²)	惯性矩 I (cm⁴)	惯性半径 R (cm)	弹性模数 Z (cm³)	塑性模数 S (cm³)	扭转常数 J (cm⁴)	扭转常数 C (cm³)	每米长度表面积 As (m²)
26.8 (26.9)	±0.5	2.5	1.50	1.91	1.42	0.864	1.06	1.48	2.85	2.12	0.084
		3.0	1.76	2.24	1.61	0.848	1.20	1.71	3.23	2.41	0.084
33.5 (33.7)	±0.5	1.5	1.18	1.51	1.93	1.132	1.15	1.54	3.87	2.31	0.105
		2.0	1.55	1.98	2.46	1.116	1.47	1.99	4.93	2.94	0.105
		2.5	1.91	2.43	2.94	1.099	1.76	2.41	5.89	3.51	0.105
		3.0	2.26	2.87	3.37	1.084	2.01	2.80	6.75	4.03	0.105
		3.5	2.59	3.29	3.76	1.068	2.24	3.16	7.52	4.49	0.105
		4.0	2.91	3.71	4.11	1.053	2.45	3.50	8.21	4.90	0.105
42.3 (42.4)	±0.5	1.5	1.51	1.92	4.01	1.443	1.89	2.50	8.01	3.79	0.133
		2.0	1.99	2.53	5.15	1.427	2.44	3.25	10.31	4.87	0.133
		2.5	2.45	3.13	6.21	1.410	2.94	3.97	12.43	5.88	0.133
		3.0	2.91	3.70	7.19	1.394	3.40	4.64	14.39	6.80	0.133
		4.0	3.78	4.81	8.92	1.361	4.22	5.89	17.84	8.44	0.133
48 (48.3)	±0.5	1.5	1.72	2.19	5.93	1.645	2.47	3.24	11.86	4.94	0.151
		2.0	2.27	2.89	7.66	1.628	3.19	4.23	15.32	6.38	0.151
		2.5	2.81	3.57	9.28	1.611	3.86	5.18	18.55	7.73	0.151
		3.0	3.33	4.24	10.78	1.594	4.49	6.08	21.57	8.98	0.151
		4.0	4.34	5.53	13.49	1.562	5.62	7.77	26.98	11.24	0.151
		5.0	5.30	6.75	15.82	1.530	6.59	9.29	31.65	13.18	0.151
60 (60.3)	±0.6	2.0	2.86	3.64	15.34	2.052	5.11	6.73	30.68	10.23	0.188
		2.5	3.55	4.52	18.70	2.035	6.23	8.27	37.40	12.47	0.188
		3.0	4.22	5.37	21.88	2.018	7.29	9.76	43.76	14.58	0.188
		4.0	5.52	7.04	27.73	1.985	9.24	12.56	55.45	18.48	0.188
		5.0	6.78	8.64	32.94	1.953	10.98	15.17	65.88	21.96	0.188
75.5 (76.1)	±0.76	2.5	4.50	5.73	38.24	2.582	10.13	13.33	76.47	20.26	0.237
		3.0	5.36	6.83	44.97	2.565	11.91	15.78	89.94	23.82	0.237
		4.0	7.05	8.98	57.59	2.531	15.26	20.47	115.19	30.51	0.237
		5.0	8.69	11.07	69.15	2.499	18.32	24.89	138.29	36.63	0.237
88.5 (88.9)	±0.90	3.0	6.33	8.06	73.73	3.025	16.66	21.94	147.45	33.32	0.278
		4.0	8.34	10.62	94.99	2.991	21.46	28.58	189.97	42.93	0.278
		5.0	10.30	13.12	114.72	2.957	25.93	34.90	229.44	51.85	0.278
		6.0	12.21	15.55	133.00	2.925	30.06	40.91	266.01	60.11	0.278
114 (114.3)	±1.15	4.0	10.85	13.82	209.35	3.892	36.73	48.42	418.70	73.46	0.358
		5.0	13.44	17.12	254.81	3.858	44.70	59.45	509.61	89.41	0.358
		6.0	15.98	20.36	297.73	3.824	52.23	70.06	595.46	104.47	0.358
140 (139.7)	±1.40	4.0	13.42	17.09	395.47	4.810	56.50	74.01	790.94	112.99	0.440
		5.0	16.65	21.21	483.76	4.776	69.11	91.17	967.52	138.22	0.440
		6.0	19.83	25.26	568.03	4.742	85.15	107.81	1 136.13	162.30	0.440

外径 D (mm)	允许偏差 (mm)	壁厚 t (mm)	理论重量 M (kg/m)	截面面积 A (cm²)	惯性矩 I (cm⁴)	惯性半径 R (cm)	弹性模数 Z (cm³)	塑性模数 S (cm³)	扭转常数 J(cm⁴)	扭转常数 C(cm³)	每米长度表面积 A_s(m²)
165 (168.3)	±1.65	4.0	15.88	20.23	655.94	5.69	79.51	103.71	1 311.89	159.02	0.518
		5.0	19.73	25.13	805.04	5.66	97.58	128.04	1 610.07	195.16	0.518
		6.0	23.53	29.97	948.47	5.63	114.97	151.76	1 896.93	229.93	0.518
		8.0	30.97	39.46	1 218.92	5.56	147.75	197.36	2 437.84	295.50	0.518
219.1 (219.1)	±2.20	5.0	26.4	33.60	1 928	7.57	176	229	3 856	352	0.688
		6.0	31.53	40.17	2 282	7.54	208	273	4 564	417	0.688
		8.0	41.6	53.10	2 960	7.47	270	357	5 919	540	0.688
		10.0	51.6	65.70	3 598	7.40	328	438	7 197	657	0.688
273 (273)	±2.75	5.0	33.0	42.1	3 781	9.48	277	359	7 562	554	0.858
		6.0	39.5	50.3	4 487	9.44	329	428	8 974	657	0.858
		8.0	52.3	66.6	5 852	9.37	429	562	11 700	857	0.858
		10.0	64.9	82.6	7 154	9.31	524	692	14 310	1 048	0.858
325 (323.9)	±3.25	5.0	39.5	50.3	6436	11.32	396	512	12 871	792	1.20
		6.0	47.2	60.1	7 651	11.28	471	611	15 303	942	1.20
		8.0	62.5	79.7	10 014	11.21	616	804	20 028	1 232	1.20
		10.0	77.7	99.0	12 287	11.14	756	993	24 573	1 512	1.20
		12.0	92.6	118.0	14 472	11.07	891	1 176	28 943	1 781	1.20
355.6 (355.6)	±3.55	6.0	51.7	65.9	10 071	12.4	566	733	20 141	1 133	1.12
		8.0	68.6	87.4	13 200	12.3	742	967	26 400	1 485	1.12
		10.0	85.2	109.0	16 220	12.2	912	1 195	32 450	1 825	1.12
		12.0	101.7	130.0	19 140	12.2	1 076	1 417	38 279	2 153	1.12
406.4 (406.4)	±4.10	8.0	78.6	100	19 870	14.1	978	1 270	39 750	1 956	1.28
		10.0	97.8	125	24 480	14.0	1 205	1 572	48 950	2 409	1.28
		12.0	116.7	149	28 937	14.0	1 424	1 867	57 874	2 848	1.28
457 (457)	±4.6	8.0	88.6	113	28 450	15.9	1 245	1 613	56 890	2 490	1.44
		10.0	110.0	140	35 090	15.8	1 536	1 998	70 180	3 071	1.44
		12.0	131.7	168	41 556	15.7	1 819	2 377	83 113	3 637	1.44
508 (508)	±5.10	8.0	98.6	126	39 280	17.7	1 546	2 000	78 560	3 093	1.60
		10.0	123.0	156	48 520	17.6	1 910	2 480	97 040	3 621	1.60
		12.0	146.8	187	57 536	17.5	2 265	2 953	115 072	4 530	1.60
610	±6.10	8.0	118.8	151	68 552	21.3	2 248	2 899	137 103	4 495	1.92
		10.0	148.0	189	84 847	21.2	2 781	3 600	169 694	5 564	1.92
		12.5	184.2	235	104 755	21.1	3 435	4 463	209 510	6 869	1.92
		16.0	234.4	299	131 782	21.0	4 321	5 647	263 563	8 641	1.92

注:括号内为 ISO 4019 所列规格。

（2）方形

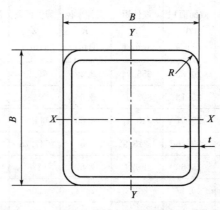

图 3-53　方形冷弯空心型钢截面图
B-边长；t-壁厚；R-外圆弧半径

方形冷弯空心型钢截面尺寸、允许偏差、截面面积、理论重量及截面特性　　　　表 3-199

边长 B (mm)	允许偏差 (mm)	壁厚 t (mm)	理论重量 M (kg/m)	截面面积 A (cm²)	惯性矩 $I_x=I_y$ (cm⁴)	惯性半径 $r_x=r_y$ (cm)	截面模数 $W_x=W_y$ (cm³)	扭转常数	
								I_t (cm⁴)	C_t (cm³)
20	±0.50	1.2	0.679	0.865	0.498	0.759	0.498	0.823	0.75
		1.5	0.826	1.052	0.583	0.744	0.583	0.985	0.88
		1.75	0.941	1.199	0.642	0.732	0.642	1.106	0.98
		2.0	1.050	1.340	0.692	0.720	0.692	1.215	1.06
25	±0.50	1.2	0.867	1.105	1.025	0.963	0.820	1.655	1.24
		1.5	1.061	1.352	1.216	0.948	0.973	1.998	1.47
		1.75	1.215	1.548	1.357	0.936	1.086	2.261	1.65
		2.0	1.363	1.736	1.482	0.923	1.186	2.502	1.80
30	±0.50	1.5	1.296	1.652	2.195	1.152	1.463	3.555	2.21
		1.75	1.490	1.898	2.470	1.140	1.646	4.048	2.49
		2.0	1.677	2.136	2.721	1.128	1.814	4.511	2.75
		2.5	2.032	2.589	3.154	1.103	2.102	5.347	3.20
		3.0	2.361	3.008	3.500	1.078	2.333	6.060	3.58
40	±0.50	1.5	1.767	2.525	5.489	1.561	2.744	8.728	4.13
		1.75	2.039	2.598	6.237	1.549	3.118	10.009	4.69
		2.0	2.305	2.936	6.939	1.537	3.469	11.238	5.23
		2.5	2.817	3.589	8.213	1.512	4.106	13.539	6.21
		3.0	3.303	4.208	9.320	1.488	4.660	15.628	7.07
		4.0	4.198	5.347	11.064	1.438	5.532	19.152	8.48
50	±0.50	1.5	2.238	2.852	11.065	1.969	4.426	17.395	6.65
		1.75	2.589	3.298	12.641	1.957	5.056	20.025	7.60
		2.0	2.933	3.736	14.146	1.945	5.658	22.578	8.51
		2.5	3.602	4.589	16.941	1.921	6.776	27.436	10.22
		3.0	4.245	5.408	19.463	1.897	7.785	31.972	11.77
		4.0	5.454	6.947	23.725	1.847	9.490	40.047	14.43

边长 B (mm)	允许偏差 (mm)	壁厚 t (mm)	理论重量 M (kg/m)	截面面积 A (cm²)	惯性矩 $I_x = I_y$ (cm⁴)	惯性半径 $r_x = r_y$ (cm)	截面模数 $W_x = W_y$ (cm³)	扭转常数 I_t (cm⁴)	扭转常数 C_t (cm³)
60	±0.60	2.0	3.560	4.540	25.120	2.350	8.380	39.810	12.60
		2.5	4.387	5.589	30.340	2.329	10.113	48.539	15.22
		3.0	5.187	6.608	35.130	2.305	11.710	56.892	17.65
		4.0	6.710	8.547	43.539	2.256	14.513	72.188	21.97
		5.0	8.129	10.356	50.468	2.207	16.822	85.560	25.61
70	±0.65	2.5	5.170	6.590	49.400	2.740	14.100	78.500	21.20
		3.0	6.129	7.808	57.522	2.714	16.434	92.188	24.74
		4.0	7.966	10.147	72.108	2.665	20.602	117.975	31.11
		5.0	9.699	12.356	84.602	2.616	24.172	141.183	36.65
80	±0.70	2.5	5.957	7.589	75.147	3.147	18.787	118.52	28.22
		3.0	7.071	9.008	87.838	3.122	21.959	139.660	33.02
		4.0	9.222	11.747	111.031	3.074	27.757	179.808	41.84
		5.0	11.269	14.356	131.414	3.025	32.853	216.628	49.68
90	±0.75	3.0	8.013	10.208	127.277	3.531	28.283	201.108	42.51
		4.0	10.478	13.347	161.907	3.482	35.979	260.088	54.17
		5.0	12.839	16.356	192.903	3.434	42.867	314.896	64.71
		6.0	15.097	19.232	220.420	3.385	48.982	365.452	74.16
100	±0.80	4.0	11.734	11.947	226.337	3.891	45.267	361.213	68.10
		5.0	14.409	18.356	271.071	3.842	54.214	438.986	81.72
		6.0	16.981	21.632	311.415	3.794	62.283	511.558	94.12
110	±0.90	4.0	12.99	16.548	305.94	4.300	55.625	486.47	83.63
		5.0	15.98	20.356	367.95	4.252	66.900	593.60	100.74
		6.0	18.866	24.033	424.57	4.203	77.194	694.85	116.47
120	±0.90	4.0	14.246	18.147	402.260	4.708	67.043	635.603	100.75
		5.0	17.549	22.356	485.441	4.659	80.906	776.632	121.75
		6.0	20.749	26.432	562.094	4.611	93.683	910.281	141.22
		8.0	26.840	34.191	696.639	4.513	116.106	1 155.010	174.58
130	±1.00	4.0	15.502	19.748	516.97	5.117	79.534	814.72	119.48
		5.0	19.120	24.356	625.68	5.068	96.258	998.22	144.77
		6.0	22.634	28.833	726.64	5.020	111.79	1 173.6	168.36
		8.0	28.921	36.842	882.86	4.895	135.82	1 502.1	209.54
140	±1.10	4.0	16.758	21.347	651.598	5.524	53.085	1 022.176	139.8
		5.0	20.689	26.356	790.523	5.476	112.931	1 253.565	169.78
		6.0	24.517	31.232	920.359	5.428	131.479	1 475.020	197.9
		8.0	31.864	40.591	1 153.735	5.331	164.819	1 887.605	247.69
150	±1.20	4.0	18.014	22.948	807.82	5.933	107.71	1 264.8	161.73
		5.0	22.26	28.356	982.12	5.885	130.95	1 554.1	196.79
		6.0	26.402	33.633	1 145.9	5.837	152.79	1 832.7	229.84
		8.0	33.945	43.242	1 411.8	5.714	188.25	2 364.1	289.03

边长 B (mm)	允许偏差 (mm)	壁厚 t (mm)	理论重量 M (kg/m)	截面面积 A (cm²)	惯性矩 $I_x = I_y$ (cm⁴)	惯性半径 $r_x = r_y$ (cm)	截面模数 $W_x = W_y$ (cm³)	扭转常数	
								I_t (cm⁴)	C_t (cm³)
160	±1.20	4.0	19.270	24.547	987.152	6.341	123.394	1 540.134	185.25
		5.0	23.829	30.356	1 202.317	6.293	150.289	1 893.787	225.79
		6.0	28.285	36.032	1 405.408	6.245	175.676	2 234.573	264.18
		8.0	36.888	46.991	1 776.496	6.148	222.062	2 876.940	333.56
170	±1.30	4.0	20.526	26.148	1 191.3	6.750	140.15	1 855.8	210.37
		5.0	25.400	32.356	1 453.3	6.702	170.97	2 285.3	256.80
		6.0	30.170	38.433	1 701.6	6.654	200.18	2 701.0	300.91
		8.0	38.969	49.642	2 118.2	6.532	249.2	3 503.1	381.28
180	±1.40	4.0	21.800	27.70	1 422	7.16	158	2 210	237
		5.0	27.000	34.40	1 737	7.11	193	2 724	290
		6.0	32.100	40.80	2 037	7.06	226	3 223	340
		8.0	41.500	52.80	2 546	6.94	283	4 189	432
190	±1.50	4.0	23.00	29.30	1 680	7.57	176	2 607	265
		5.0	28.50	36.40	2 055	7.52	216	3 216	325
		6.0	33.90	43.20	2 413	7.47	254	3 807	381
		8.0	44.00	56.00	3 208	7.35	319	4 958	486
200	±1.60	4.0	24.30	30.90	1 968	7.97	197	3 049	295
		5.0	30.10	38.40	2 410	7.93	241	3 763	362
		6.0	35.80	45.60	2 833	7.88	283	4 459	426
		8.0	46.50	59.20	3 566	7.76	357	5 815	544
		10	57.00	72.60	4 251	7.65	425	7 072	651
220	±1.80	5.0	33.2	42.4	3 238	8.74	294	5 038	442
		6.0	39.6	50.4	3 813	8.70	347	5 976	521
		8.0	51.5	65.6	4 828	8.58	439	7 815	668
		10	63.2	80.6	5 782	8.47	526	9 533	804
		12	73.5	93.7	6 487	8.32	590	11 149	922
250	±2.00	5.0	38.0	48.4	4 805	9.97	384	7 443	577
		6.0	45.2	57.6	5 672	9.92	454	8 843	681
		8.0	59.1	75.2	7 229	9.80	578	11 598	878
		10	72.7	92.6	8 707	9.70	697	14 197	1 062
		12	84.8	108	9 859	9.55	789	16 691	1 226
280	±2.20	5.0	42.7	54.4	6 810	11.2	486	10 513	730
		6.0	50.9	64.8	8 054	11.1	575	12 504	863
		8.0	66.6	84.8	10 317	11.0	737	16 436	1 117
		10	82.1	104.6	12 479	10.9	891	20 173	1 356
		12	96.1	122.5	14 232	10.8	1 017	23 804	1 574

边长 B (mm)	允许偏差 (mm)	壁厚 t (mm)	理论重量 M (kg/m)	截面面积 A (cm²)	惯性矩 $I_x=I_y$ (cm⁴)	惯性半径 $r_x=r_y$ (cm)	截面模数 $W_x=W_y$ (cm³)	扭转常数	
								I_t(cm⁴)	C_t(cm³)
300	±2.40	6.0	54.7	69.6	9 964	12.0	664	15 434	997
		8.0	71.6	91.2	12 801	11.8	853	20 312	1 293
		10	88.4	113	15 519	11.7	1 035	24 966	1 572
		12	104	132	17 767	11.6	1 184	29 514	1 829
350	±2.80	6.0	64.1	81.6	16 008	14.0	915	24 683	1 372
		8.0	84.2	107	20 618	13.9	1 182	32 557	1 787
		10	104	133	25 189	13.8	1 439	40 127	2 182
		12	123	156	29 054	13.6	1 660	47 598	2 552
400	±3.20	8.0	96.7	123	31 269	15.9	1 564	48 934	2 362
		10	120	153	38 216	15.8	1 911	60 431	2 892
		12	141	180	44 319	15.7	2 216	71 843	3 395
		14	163	208	50 414	15.6	2 521	82 735	3 877
450	±3.60	8.0	109	139	44 966	18.0	1 999	70 043	3 016
		10	135	173	55 100	17.9	2 449	86 629	3 702
		12	160	204	64 164	17.7	2 851	103 150	4 357
		14	185	236	73 210	17.6	3 254	119 000	4 989
500	±4.00	8.0	122	155	62 172	20.0	2 487	96 483	3 750
		10	151	193	76 341	19.9	3 054	119 470	4 612
		12	179	228	89 187	19.8	3 568	142 420	5 440
		14	207	264	102 010	19.7	4 080	164 530	6 241
		16	235	299	114 260	19.6	4 570	186 140	7 013

注:表中理论重量按密度 7.85g/cm³ 计算。

（3）矩形

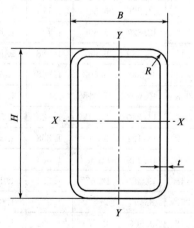

图 3-54 矩形冷弯空心型钢截面图

H-长边；B-短边；t-壁厚；R-外圆弧半径

矩形冷弯空心型钢截面尺寸、允许偏差、截面面积、理论重量及截面特性 表 3-200

边长 (mm)		允许偏差 (mm)	壁厚 t (mm)	理论重量 M (kg/m)	截面面积 A (cm²)	惯性矩 (cm⁴)		惯性半径 (cm)		截面模数 (cm³)		扭转常数	
H	B					I_x	I_y	r_x	r_y	W_x	W_y	I_t(cm⁴)	C_t(cm³)
30	20	±0.50	1.5	1.06	1.35	1.59	0.84	1.08	0.788	1.06	0.84	1.83	1.40
			1.75	1.22	1.55	1.77	0.93	1.07	0.777	1.18	0.93	2.07	1.56
			2.0	1.36	1.74	1.94	1.02	1.06	0.765	1.29	1.02	2.29	1.71
			2.5	1.64	2.09	2.21	1.15	1.03	0.742	1.47	1.15	2.68	1.95
	20	±0.50	1.5	1.30	1.65	3.27	1.10	1.41	0.815	1.63	1.10	2.74	1.91
			1.75	1.49	1.90	3.68	1.23	1.39	0.804	1.84	1.23	3.11	2.14
			2.0	1.68	2.14	4.05	1.34	1.38	0.793	2.02	1.34	3.45	2.36
			2.5	2.03	2.59	4.69	1.54	1.35	0.770	2.35	1.54	4.06	2.72
			3.0	2.36	3.01	5.21	1.68	1.32	0.748	2.60	1.68	4.57	3.00
40	25	±0.50	1.5	1.41	1.80	3.82	1.84	1.46	1.010	1.91	1.47	4.06	2.46
			1.75	1.63	2.07	4.32	2.07	1.44	0.999	2.16	1.66	4.63	2.78
			2.0	1.83	2.34	4.77	2.28	1.43	0.988	2.39	1.82	5.17	3.07
			2.5	2.23	2.84	5.57	2.64	1.40	0.965	2.79	2.11	6.15	3.59
			3.0	2.60	3.31	6.24	2.94	1.37	0.942	3.12	2.35	7.00	4.01
	30	±0.50	1.5	1.53	1.95	4.38	2.81	1.50	1.199	2.19	1.87	5.52	3.02
			1.75	1.77	2.25	4.96	3.17	1.48	1.187	2.48	2.11	6.31	3.42
			2.0	1.99	2.54	5.49	3.51	1.47	1.176	2.75	2.34	7.07	3.79
			2.5	2.42	3.09	6.45	4.10	1.45	1.153	3.23	2.74	8.47	4.46
			3.0	2.83	3.61	7.27	4.60	1.42	1.129	3.63	3.07	9.72	5.03
	25	±0.50	1.5	1.65	2.10	6.65	2.25	1.78	1.04	2.66	1.80	5.52	3.41
			1.75	1.90	2.42	7.55	2.54	1.76	1.024	3.02	2.03	6.32	3.54
			2.0	2.15	2.74	8.38	2.81	1.75	1.013	3.35	2.25	7.06	3.92
			2.5	2.62	2.34	9.89	3.28	1.72	0.991	3.95	2.62	8.43	4.60
			3.0	3.07	3.91	11.17	3.67	1.69	0.969	4.47	2.93	9.64	5.18
50	30	±0.50	1.5	1.767	2.252	7.535	3.415	1.829	1.231	3.014	2.276	7.587	3.83
			1.75	2.039	2.598	8.566	3.868	1.815	1.220	3.426	2.579	8.682	4.35
			2.0	2.305	2.936	9.535	4.291	1.801	1.208	3.814	2.861	9.727	4.84
			2.5	2.817	3.589	11.296	5.050	1.774	1.186	4.518	3.366	11.666	5.72
			3.0	3.303	4.206	12.827	5.696	1.745	1.163	5.130	3.797	13.401	6.49
			4.0	4.198	5.347	15.239	6.682	1.688	1.117	6.095	4.455	16.244	7.77
	40	±0.50	1.5	2.003	2.552	9.300	6.602	1.908	1.608	3.720	3.301	12.238	5.24
			1.75	2.314	2.948	10.603	7.518	1.896	1.596	4.241	3.759	14.059	5.97
			2.0	2.619	3.336	11.840	8.348	1.883	1.585	4.736	4.192	15.817	6.673
			2.5	3.210	4.089	14.121	9.976	1.858	1.562	5.648	4.988	19.222	7.965
			3.0	3.775	4.808	16.149	11.382	1.833	1.539	6.460	5.691	22.336	9.123
			4.0	4.826	6.148	19.493	13.677	1.781	1.492	7.797	6.839	27.82	11.06
55	25	±0.50	1.5	1.767	2.252	8.453	2.460	1.937	1.045	3.074	1.968	6.273	3.458
			1.75	2.039	2.598	9.606	2.779	1.922	1.034	3.493	2.223	7.156	3.916
			2.0	2.305	2.936	10.689	3.073	1.907	1.023	3.886	2.459	7.992	4.342

边长(mm)		允许偏差(mm)	壁厚 t (mm)	理论重量 M (kg/m)	截面面积 A (cm²)	惯性矩 (cm⁴)		惯性半径 (cm)		截面模数 (cm³)		扭转常数	
H	B					I_x	I_y	r_x	r_y	W_x	W_y	I_t(cm⁴)	C_t(cm³)
55	40	±0.50	1.5	2.121	2.702	11.674	7.158	2.078	1.627	4.245	3.579	14.017	5.794
			1.75	2.452	3.123	13.329	8.158	2.065	1.616	4.847	4.079	16.175	6.614
			2.0	2.776	3.536	14.904	9.107	2.052	1.604	5.419	4.553	18.208	7.394
	50	±0.60	1.75	2.726	3.473	15.811	13.660	2.133	1.983	5.749	5.464	23.173	8.415
			2.0	3.090	3.936	17.714	15.298	2.121	1.971	6.441	6.119	26.142	9.433
60	30	±0.60	2.0	2.620	3.337	15.046	5.078	2.123	1.234	5.015	3.385	12.57	5.881
			2.5	3.209	4.089	17.933	5.998	2.094	1.211	5.977	3.998	15.054	6.981
			3.0	3.774	4.808	20.496	6.794	2.064	1.188	6.832	4.529	17.335	7.950
			4.0	4.826	6.147	24.691	8.045	2.004	1.143	8.230	5.363	21.141	9.523
	40	±0.60	2.0	2.934	3.737	18.412	9.831	2.220	1.622	6.137	4.915	20.702	8.116
			2.5	3.602	4.589	22.069	11.734	2.192	1.595	7.356	5.867	25.045	9.722
			3.0	4.245	5.408	25.374	13.436	2.166	1.576	8.458	6.718	29.121	11.175
			4.0	5.451	6.947	30.974	16.269	2.111	1.530	10.324	8.134	36.298	13.653
70	50	±0.60	2.0	3.562	4.537	31.475	18.758	2.634	2.033	8.993	7.503	37.454	12.196
			3.0	5.187	6.608	44.046	26.099	2.581	1.987	12.584	10.439	53.426	17.06
			4.0	6.710	8.547	54.663	32.210	2.528	1.941	15.618	12.884	67.613	21.189
			5.0	8.129	10.356	63.435	37.179	2.171	1.894	18.121	14.871	79.908	24.642
80	40	±0.70	2.0	3.561	4.536	37.355	12.720	2.869	1.674	9.339	6.361	30.881	11.004
			2.5	4.387	5.589	45.103	15.255	2.840	1.652	11.275	7.627	37.467	13.283
			3.0	5.187	6.608	52.246	17.552	2.811	1.629	13.061	8.776	43.680	15.283
			4.0	6.710	8.547	64.780	21.474	2.752	1.585	16.195	10.737	54.787	18.844
			5.0	8.129	10.356	75.080	24.567	2.692	1.540	18.770	12.283	64.110	21.744
	60	±0.70	3.0	6.129	7.808	70.042	44.886	2.995	2.397	17.510	14.962	88.111	24.143
			4.0	7.966	10.147	87.945	56.105	2.943	2.351	21.976	18.701	112.583	30.332
			5.0	9.699	12.356	103.247	65.634	2.890	2.304	25.811	21.878	134.503	35.673
90	40	±0.75	3.0	5.658	7.208	70.487	19.610	3.127	1.649	15.663	9.805	51.193	17.339
			4.0	7.338	9.347	87.894	24.077	3.066	1.604	19.532	12.038	64.320	21.441
			5.0	8.914	11.356	102.487	27.651	3.004	1.560	22.774	13.825	75.426	24.819
	50	±0.75	2.0	4.190	5.337	57.878	23.368	3.293	2.093	12.862	9.347	53.366	15.882
			2.5	5.172	6.589	70.263	28.236	3.266	2.070	15.614	11.294	65.299	19.235
			3.0	6.129	7.808	81.845	32.735	3.237	2.047	18.187	13.094	76.433	22.316
			4.0	7.966	10.147	102.696	40.695	3.181	2.002	22.821	16.278	97.162	27.961
			5.0	9.699	12.356	120.570	47.345	3.123	1.957	26.793	18.938	115.436	36.774
	55	±0.75	2.0	4.346	5.536	61.75	28.957	3.340	2.287	13.733	10.53	62.724	17.601
			2.5	5.368	6.839	75.049	33.065	3.313	2.264	16.678	12.751	76.877	21.357
	60	±0.75	3.0	6.600	8.408	93.203	49.764	3.329	2.432	20.711	16.588	104.552	27.391
			4.0	8.594	10.947	117.499	62.387	3.276	2.387	26.111	20.795	133.852	34.501
			5.0	10.484	13.356	138.653	73.218	3.222	2.311	30.811	24.406	160.273	40.712

续表 3-200

边长 (mm)		允许偏差 (mm)	壁厚 t (mm)	理论重量 M (kg/m)	截面面积 A (cm²)	惯性矩 (cm⁴)		惯性半径 (cm)		截面模数 (cm³)		扭转常数	
H	B					I_x	I_y	r_x	r_y	W_x	W_y	I_t(cm⁴)	C_t(cm³)
95	50	±0.75	2.0	4.347	5.537	66.084	24.521	3.455	2.104	13.912	9.808	57.458	16.804
			2.5	5.369	6.839	80.306	29.647	3.247	2.082	16.906	11.895	70.324	20.364
100	50	±0.80	3.0	6.690	8.408	106.451	36.053	3.558	2.070	21.290	14.421	88.311	25.012
			4.0	8.594	10.947	134.124	44.938	3.500	2.026	26.824	17.975	112.409	31.35
			5.0	10.484	13.356	158.155	52.429	3.441	1.981	31.631	20.971	133.758	36.804
120	50	±0.90	2.5	6.350	8.089	143.97	36.704	4.219	2.130	23.995	14.682	96.026	26.006
			3.0	7.543	9.608	168.58	42.693	4.189	2.108	28.097	17.077	112.87	30.317
	60	±0.90	3.0	8.013	10.208	189.113	64.398	4.304	2.511	31.581	21.466	156.029	37.138
			4.0	10.478	13.347	240.724	81.235	4.246	2.466	40.120	27.078	200.407	47.048
			5.0	12.839	16.356	286.941	95.968	4.188	2.422	47.823	31.989	240.869	55.846
			6.0	15.097	19.232	327.950	108.716	4.129	2.377	54.658	36.238	277.361	63.597
	80	±0.90	3.0	8.955	11.408	230.189	123.430	4.491	3.289	38.364	30.857	255.128	50.799
			4.0	11.734	11.947	294.569	157.281	4.439	3.243	49.094	39.320	330.438	64.927
			5.0	14.409	18.356	353.108	187.747	4.385	3.198	58.850	46.936	400.735	77.772
			6.0	16.981	21.632	105.998	214.977	4.332	3.152	67.666	53.744	165.940	83.399
140	80	±1.00	4.0	12.990	16.547	429.582	180.407	5.095	3.301	61.368	45.101	410.713	76.478
			5.0	15.979	20.356	517.023	215.914	5.039	3.256	73.860	53.978	498.815	91.834
			6.0	18.865	24.032	569.935	247.905	4.983	3.211	85.276	61.976	580.919	105.83
150	100	±1.20	4.0	14.874	18.947	594.585	318.551	5.601	4.110	79.278	63.710	660.613	104.94
			5.0	18.334	23.356	719.164	383.988	5.549	4.054	95.888	79.797	806.733	126.81
			6.0	21.691	27.632	834.615	444.135	5.495	4.009	111.282	88.827	915.022	147.07
			8.0	28.096	35.791	1 039.101	519.308	5.388	3.917	138.546	109.861	1 147.710	181.85
160	60	±1.20	3	9.898	12.608	389.86	83.915	5.561	2.580	48.732	27.972	228.15	50.14
			4.5	14.498	18.469	552.08	116.66	5.468	2.513	69.01	38.886	324.96	70.085
	80	±1.20	4.0	14.216	18.117	597.691	203.532	5.738	3.348	71.711	50.883	493.129	88.031
			5.0	17.519	22.356	721.650	214.089	5.681	3.304	90.206	61.020	599.175	105.9
			6.0	20.749	26.433	835.936	286.832	5.623	3.259	104.192	76.208	698.881	122.27
			8.0	26.810	33.644	1 036.485	343.599	5.505	3.170	129.560	85.899	876.599	149.54
180	65	±1.20	3.0	11.075	14.108	550.35	111.78	6.246	2.815	61.15	34.393	306.75	61.849
			4.5	16.264	20.719	784.13	156.47	6.152	2.748	87.125	48.144	438.91	86.993
			4.0	16.758	21.317	926.020	373.879	6.586	4.184	102.891	74.755	852.708	127.06
			5.0	20.689	26.356	1 124.156	451.738	6.530	4.140	124.906	90.347	1 012.589	153.88
			6.0	24.517	31.232	1 309.527	523.767	6.475	4.095	145.503	104.753	1 222.933	178.88
			8.0	31.861	40.391	1 643.149	651.132	6.362	4.002	182.572	130.226	1 554.606	222.49
200	100	±1.30	4.0	18.014	22.941	1 199.680	410.261	7.230	4.230	119.968	82.152	984.151	141.81
			5.0	22.259	28.356	1 459.270	496.905	7.173	4.186	145.920	99.381	1 203.878	171.94
			6.0	26.101	33.632	1 703.224	576.855	7.116	4.141	170.322	115.371	1 412.986	200.1
			8.0	34.376	43.791	2 145.993	719.014	7.000	4.052	214.599	143.802	1 798.551	249.6

边长 (mm)		允许偏差 (mm)	壁厚 t (mm)	理论重量 M (kg/m)	截面面积 A (cm²)	惯性矩 (cm⁴)		惯性半径 (cm)		截面模数 (cm³)		扭转常数	
H	B					I_x	I_y	r_x	r_y	W_x	W_y	I_t (cm⁴)	C_t (cm³)
200	120	±1.40	4.0	19.3	24.5	1 353	618	7.43	5.02	135	103	1 345	172
			5.0	23.8	30.4	1 649	750	7.37	4.97	165	125	1 652	210
			6.0	28.3	36.0	1 929	874	7.32	4.93	193	146	1 947	245
			8.0	36.5	46.4	2 386	1 079	7.17	4.82	239	180	2 507	308
	150	±1.50	4.0	21.2	26.9	1 584	1 021	7.67	6.16	158	136	1 942	219
			5.0	26.2	33.4	1 935	1 245	7.62	6.11	193	166	2 391	267
			6.0	31.1	39.6	2 268	1 457	7.56	6.06	227	194	2 826	312
			8.0	40.2	51.2	2 892	1 815	7.43	5.95	283	242	3 664	396
220	140	±1.50	4.0	21.8	27.7	1 892	948	8.26	5.84	172	135	1 987	224
			5.0	27.0	34.4	2 313	1 155	8.21	5.80	210	165	2 447	274
			6.0	32.1	40.8	2 714	1 352	8.15	5.75	247	193	2 891	321
			8.0	41.5	52.8	3 389	1 685	8.01	5.65	308	241	3 746	407
250	150	±1.60	4.0	24.3	30.9	2 697	1 234	9.34	6.32	216	165	2 665	275
			5.0	30.1	38.4	3 304	1 508	9.28	6.27	264	201	3 285	337
			6.0	35.8	45.6	3 886	1 768	9.23	6.23	311	236	3 886	396
			8.0	46.5	59.2	4 886	2 219	9.08	6.12	391	296	5 050	504
260	180	±1.80	5.0	33.2	42.4	4 121	2 350	9.86	7.45	317	261	4 695	426
			6.0	39.6	50.4	4 856	2 763	9.81	7.40	374	307	5 566	501
			8.0	51.5	65.6	6 145	3 493	9.68	7.29	473	388	7 267	642
			10	63.2	80.6	7 363	4 174	9.56	7.20	566	646	8 850	772
300	200	±2.00	5.0	38.0	48.4	6 241	3 361	11.4	8.34	416	336	6 836	552
			6.0	45.2	57.6	7 370	3 962	11.3	8.29	491	396	8 115	651
			8.0	59.1	75.2	9 389	5 042	11.2	8.19	626	504	10 627	838
			10	72.7	92.6	11 313	6 058	11.1	8.09	754	606	12 987	1 012
350	250	±2.20	5.0	45.8	58.4	10 520	6 306	13.4	10.4	601	504	12 234	817
			6.0	54.7	69.6	12 457	7 458	13.4	10.3	712	594	14 554	967
			8.0	71.6	91.2	16 001	9 573	13.2	10.2	914	766	19 136	1 253
			10	88.4	113	19 407	11 588	13.1	10.1	1 109	927	23 500	1 522
400	200	±2.40	5.0	45.8	58.4	12 490	4 311	14.6	8.60	624	431	10 519	742
			6.0	54.7	69.6	14 789	5 092	14.5	8.55	739	509	12 069	877
			8.0	71.6	91.2	18 974	6 517	14.4	8.45	949	652	15 820	1 133
			10	88.4	113	23 003	7 864	14.3	8.36	1 150	786	19 368	1 373
			12	104	132	26 248	8 977	14.1	8.24	1 312	898	22 782	1 591
	250	±2.60	5.0	49.7	63.4	14 440	7 056	15.1	10.6	722	565	14 773	937
			6.0	59.4	75.6	17 118	8 352	15.0	10.5	856	668	17 580	1 110
			8.0	77.9	99.2	22 048	10 744	14.9	10.4	1 102	860	23 127	1 440
			10	96.2	122	26 806	13 029	14.8	10.3	1 340	1 042	28 423	1 753
			12	113	144	30 766	14 926	14.6	10.2	1 538	1 197	33 597	2 042

边长 (mm)		允许偏差 (mm)	壁厚 t (mm)	理论重量 M (kg/m)	截面面积 A (cm²)	惯性矩 (cm⁴)		惯性半径 (cm)		截面模数 (cm³)		扭转常数	
H	B					I_x	I_y	r_x	r_y	W_x	W_y	I_t(cm⁴)	C_t(cm³)
450	250	±2.80	6.0	64.1	81.6	22 724	9 245	16.7	10.6	1 010	740	20 687	1 253
			8.0	84.2	107	29 336	11 916	16.5	10.5	1 304	953	27 222	1 628
			10	104	133	35 737	14 470	16.4	10.4	1 588	1 158	33 473	1 983
			12	123	156	41 137	16 663	16.2	10.3	1 828	1 333	39 591	2 314
500	300	±3.20	6.0	73.5	93.6	33 012	15 151	18.8	12.7	1 321	1 010	32 420	1 688
			8.0	96.7	123	42 805	19 624	18.6	12.6	1 712	1 308	42 767	2 202
			10	120	153	52 328	23 933	18.5	12.5	2 093	1 596	52 736	2 693
			12	141	180	60 604	27 726	18.3	12.4	2 424	1 848	62 581	3 156
550	350	±3.60	8.0	109	139	59 783	30 040	20.7	14.7	2 174	1 717	63 051	2 856
			10	135	173	73 276	36 752	20.6	14.6	2 665	2 100	77 901	3 503
			12	160	204	85 249	42 769	20.4	14.5	3 100	2 444	92 646	4 118
			14	185	236	97 269	48 731	20.3	14.4	3 537	2 784	106 760	4 710
600	400	±4.00	8.0	122	155	80 670	43 564	22.8	16.8	2 689	2 178	88 672	3 591
			10	151	193	99 081	53 429	22.7	16.7	3 303	2 672	109 720	4 413
			12	179	228	115 670	62 391	22.5	16.5	3 856	3 120	130 680	5 201
			14	207	264	132 310	71 282	22.4	16.4	4 410	3 564	150 850	5 962
			16	235	299	148 210	79 760	22.3	16.3	4 940	3 988	170 510	6 694

注:表中理论重量按密度 7.85g/cm³ 计算。

4. 方形和矩形冷弯型钢的弯角外圆弧半径

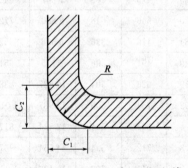

外圆弧半径 R 或 (C₁、C₂)值 表 3-201

厚度 t(mm)	R 或 (C_1、C_2)	
	碳素钢($\sigma_s \leqslant 320MPa$)	低合金钢($\sigma_s > 320MPa$)
$t \leqslant 3$	1.0~2.5t	1.5~2.5t
$3 < t \leqslant 6$	1.5~2.5t	2.0~3.0t
$6 < t \leqslant 10$	2.0~3.0t	2.0~3.5t
$t > 10$	2.0~3.5t	2.5~4.0t

5. 冷弯型钢断面特性的计算公式 注:σ_s 值指标准中规定的最低值。

圆形空心型钢 表 3-202

项 目	符 号	单 位	计 算 公 式
公称外圆直径	D	mm	—
公称厚度	t	mm	—
公称内圆直径	d	mm	$d = D - 2t$
每米长度的表面积	A_s	m²/m	$A_s = \pi D / 10^3$
截面面积	A	cm²	$A = \pi(D^2 - d^2)/(4 \times 10^2)$
单位长度的重量	M	kg/m	$M = 0.785 \times A$
惯性矩	I	cm⁴	$I = \pi(D^4 - d^4)/(64 \times 10^4)$
回转半径	R	cm	$R = (I/A)^{1/2}$
弹性模数	Z	cm³	$Z = (2I \times 10)/D$

项 目	符 号	单 位	计 算 公 式
塑性模数	S	cm³	$S=(D^3-d^3)/(6\times10^3)$
扭转惯量	J	cm⁴	$J=2I$
扭转模数	C	cm³	$C=2Z$

方、矩形空心型钢 表 3-203

项 目		符号	单位	计 算 公 式
短侧面公称长度		B	mm	—
长侧面公称长度		H	mm	—
公称厚度		t	mm	—
公称外角半径		R	mm	当 $t\leqslant6$mm 时,$R=2.0t$ 当 $6<t\leqslant10$mm 时,$R=2.5t$ 当 $t>10$mm 时,$R=3.0t$
公称内角半径		r	mm	$r=R-t$
单位长度的重量		M	kg/m	$M=0.785A$
截面面积		A	cm²	$A=[2t(B+H-2t)-(4-\pi)(R^2-r^2)]/10^2$
每米长度的表面积		A_s	m²/m	$A_s=2(H+B-4R+\pi R)$
面积的 二次惯性矩	长轴 (主轴)	I_x	cm⁴	$I_x=1/10^4[BH^3/12-(B-2t)(H-2t)^3/12$ $-4(I_z+A_zh_z^2)+4(I_s+A_sh_s^2)]$	式中: $I_z=[1/3-\pi/16-1/3(12-3\pi)]R^4$ $A_z=(1-\pi/4)R^2$ $h_z=H/2-[(10-3\pi)/(12-3\pi)]R$ 求 I_y 时用"B"代替"H" $I_s=[1/3-\pi/16-1/3(12-3\pi)]r^4$ $A_s=(1-\pi/4)r^2$ $h_s=(H-2t)/2-[(10-3\pi)/(12-3\pi)]r$ 求 I_y 时用"B"代替"H"
	短轴 (次轴)	I_y	cm⁴	$I_y=1/10^4[HB^3/12-(H-2t)(B-2t)^3/12$ $-4(I_z+A_zh_z^2)+4(I_s+A_sh_s^2)]$	
回转半径		r_x	cm	$r_x=(I_x/A)^{1/2}$
		r_y	cm	$r_y=(I_y/A)^{1/2}$
弹性截面模数		W_x	cm³	$W_x=(2I_z/H)10$
		W_y	cm³	$W_y=(2I_y/B)10$
扭转惯量		I_t	cm⁴	$I_t=1/10^4(t^3\times h/3+2KA_h)$
扭转模数		C_t	cm³	$t=10[I_t/(t+K/t)]$ 式中:$h=2[(B-t)+(H-t)]-2R_c(4-\pi)$ $R_c=(R+r)/2$ $A_h=(B-t)(H-t)-R_c^2(4-\pi)$ $K=2A_ht/h$

(十七)建筑结构用冷弯薄壁开口型钢(JG/T 380—2012)

建筑结构用冷弯薄壁开口型钢(简称"开口型钢")采用 Q235、Q345、Q390、Q235NH,Q355NH、S250GD+Z、S350GD+Z(镀锌)或 GB/T 14978 中的 S250GD+AZ、S350GD+AZ(镀铝锌)钢板或钢带经连续辊式冷弯机上冷弯成形。开口型钢厚度一般不大于 6mm。

开口型钢按截面形状分为 6 种:冷弯等边角钢 JL-JD;冷弯不等边角钢 JL-JB;冷弯等边卷边角钢 JL-JJ;冷弯等边槽钢 CL-CD;冷弯内卷边槽钢 CL-CN;冷弯斜卷边 Z 形钢 JL-ZJ。

开口型钢的标记:截面形状代号、钢材牌号和质量等级——型钢的高度×宽度×卷边×壁厚×长度——标准号 按顺序组成。

1.开口型钢的状态和交货

开口型钢可按实际重量或理论重量交货。

交货长度:开口型钢的交货长度为 4~12m。允许交付不大于该批重量 5%的不短于 2m 的短尺寸规格。根据需方要求按定尺或倍尺长度交货时,其长度允许偏差为:普通定尺 4～16m 时,+50mm;精确定尺 4m～8m 时,+5mm;8m～16m 时,+10mm。

弯曲度:开口型钢每米长度内的弯曲度不大于 2mm;总长度内不大于 0.2%。

镀锌层:开口型钢所用镀锌基板符合 GB/T 2518 和 GB/T 14978 的规定。双面镀锌量不小于 180g/m²;双面镀铝锌量不小于 100g/m²。

碳当量要求:需方要求碳当量限值指标时,Q345 和 Q355NH 钢的碳当量不大于 0.43;Q390 钢的碳当量应不大于 0.45。

2. 成品开口型钢的力学性能

表 3-204

钢材牌号(标准号)	屈服强度 R(MPa),≥	抗拉强度 R_m(MPa),≥	断后伸长率 A(%),≥
Q235(GB/T 700)	235	370	24
Q345(GB/T 1591)	345	470	20
Q390(GB/T 1591)	390	490	17
Q235NH(GB/T 4171)	235	360	24
Q355NH(GB/T 4171)	335	490	20

注:力学性能应在成品未变形的平板部分取样试验。

3. 开口型钢的包装(≥20kg/m 的型钢可以散装交货)

(1)捆扎包装要求

表 3-205

理论重量 W(kg/m)	每捆最大重量(t)	理论重量 W(kg/m)	每捆最大重量(t)
$W \leqslant 1$	1	$10 < W \leqslant 20$	5
$1 < W \leqslant 10$	3	$W \geqslant 20$	10

注:①每捆应由同一批号开口型钢组成。

②冷弯薄壁型钢包装应用钢带或扎箍捆扎牢固。长度不大于 7m 应捆扎 3 处;长度大于 7m 且不大于 10m 应捆扎 4 处;长度大于 10m 捆扎 5 处。两端头的捆扎位置距离端部不应大于 1m。

(2)箱装

表面质量要求较高的冷弯薄壁型钢宜采用木制或钢制箱包装,包装箱应坚固。其外部应用钢带或其他方法紧固。

每箱应由同一批号的冷弯薄壁型钢组成。如有不同批号并箱时,每个批号应单独打捆再装入箱内。每箱冷弯薄壁型钢重量不应超过 4t。

4. 冷弯薄壁开口型钢的规格与截面特性

冷弯等边角钢 JL-JD、冷弯不等边角钢 JL-JB、冷弯等边卷边角钢 JL-JJ、冷弯等边槽钢 JL-CD、冷弯内卷边槽钢 JL-CN、冷弯斜卷边 Z 型钢 JL-ZJ 的截面图。

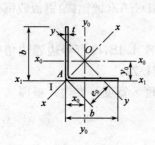
a)等边角钢JL-JD

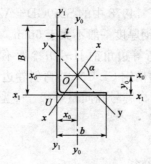
b)不等边角钢JL-JB

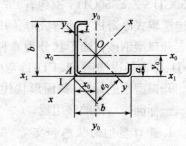
c)等边卷边角钢JL-JJ

图 3-55

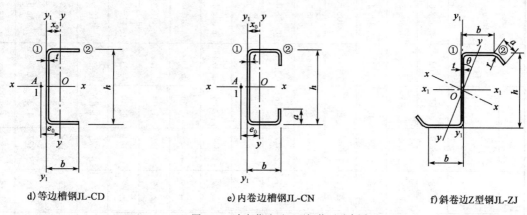

d) 等边槽钢JL-CD　　　　　e) 内卷边槽钢JL-CN　　　　　f) 斜卷边Z型钢JL-ZJ

图 3-55　冷弯薄壁开口型钢截面示意图

a-卷边高度；b-边长；h-截面高度；t-截面厚度；x_0-对 y_0 轴的重心距；e_0-重心至弯心的距离；y_0-对 x_0 轴的重心距；r-转角半径

(1)冷弯等边角钢 JL-JD 规格与截面特性

表 3-206

尺寸(mm)		截面面积	每米重量	y_0	x_0-x_0				x-x		y-y		x_1-x_1	e_0	I_y
h	t	(cm^2)	(kg/m)	(cm)	I_{x0} cm^4	i_{x0} cm	W_{x0max} cm^3	W_{x0min} cm^3	I_x cm^4	i_x cm	I_y cm^4	i_y cm	i_{x1} cm^4	cm	cm^4
50	2.0	1.92	1.50	1.35	4.83	1.59	3.57	1.33	7.85	2.02	1.82	0.97	8.35	1.67	0.026
50	2.2	2.10	1.65	1.36	5.28	1.59	3.86	1.45	8.58	2.02	1.97	0.97	9.19	1.66	0.034
50	2.5	2.37	1.86	1.38	5.92	1.58	4.29	1.64	9.66	2.02	2.19	0.96	10.45	1.64	0.049
60	2.2	2.54	1.99	1.61	9.24	1.91	5.73	2.11	14.99	2.43	3.50	1.17	15.86	2.01	0.041
60	2.5	2.87	2.25	1.63	10.41	1.90	6.38	2.38	16.90	2.43	3.91	1.17	18.04	2.00	0.060
60	3.0	3.41	2.68	1.66	12.29	1.90	7.41	2.83	20.03	2.42	4.54	1.15	21.66	1.97	0.102
70	2.5	3.37	2.65	1.88	16.71	2.23	8.89	3.26	27.09	2.83	6.34	1.37	28.63	2.35	0.070
70	3.0	4.01	3.15	1.91	19.78	2.22	10.38	3.88	32.15	2.83	7.41	1.36	34.37	2.32	0.120
70	3.5	4.65	3.65	1.93	22.76	2.21	11.77	4.49	37.10	2.83	8.42	1.35	40.13	2.30	0.190
80	3.0	4.61	3.62	2.16	29.83	2.54	13.84	5.11	48.39	3.24	11.28	1.56	51.28	2.68	0.138
80	3.5	5.35	4.20	2.18	34.39	2.54	15.75	5.91	55.91	3.23	12.87	1.55	59.86	2.65	0.218
80	4.0	6.07	4.76	2.21	38.83	2.53	17.57	6.71	63.30	3.23	14.36	1.54	68.46	2.63	0.324
80	4.5	6.78	5.32	2.24	43.15	2.52	19.29	7.49	70.53	3.23	15.78	1.53	77.08	2.60	0.458
90	3.5	6.05	4.75	2.43	49.43	2.86	20.32	7.53	80.20	3.64	18.65	1.76	85.20	3.00	0.247
90	4.0	6.87	5.39	2.46	55.89	2.85	22.73	8.54	90.89	3.64	20.88	1.74	97.42	2.98	0.366
90	4.5	7.68	6.03	2.49	62.20	2.85	25.02	9.55	101.39	3.63	23.01	1.73	109.67	2.96	0.518
90	5.0	8.48	6.66	2.51	68.36	2.84	27.20	10.54	111.70	3.63	25.03	1.72	121.93	2.93	0.707
100	4.0	7.67	6.02	2.71	77.32	3.18	28.55	10.60	125.52	4.05	29.12	1.95	133.58	3.33	0.409
100	4.5	8.58	6.74	2.74	86.15	3.17	31.50	11.86	140.14	4.04	32.16	1.94	150.35	3.31	0.579
100	5.0	9.48	7.44	2.76	94.80	3.16	34.32	13.10	154.53	4.04	35.07	1.92	167.15	3.29	0.790
100	5.5	10.37	8.14	2.79	103.26	3.16	37.02	14.32	168.68	4.03	37.84	1.91	183.97	3.26	1.046
120	4.5	10.38	8.15	3.23	151.04	3.81	46.70	17.23	244.95	4.86	57.12	2.35	259.62	4.01	0.701
120	5.0	11.48	9.01	3.26	166.48	3.81	51.05	19.05	270.45	4.85	62.51	2.33	288.57	3.99	0.957
120	5.5	12.57	9.87	3.29	181.66	3.80	55.25	20.85	295.61	4.85	67.71	2.32	317.57	3.97	1.268
120	6.0	13.65	10.72	3.31	196.58	3.79	59.30	22.63	320.43	4.84	72.72	2.31	346.60	3.94	1.638
150	4.5	13.08	10.27	3.98	299.24	4.78	75.13	27.16	483.89	6.08	114.60	2.96	506.77	5.07	0.883
150	5.0	14.48	11.37	4.01	330.39	4.78	82.40	30.06	534.95	6.08	125.84	2.95	563.22	5.05	1.207
150	5.5	15.87	12.46	4.04	361.12	4.77	89.47	32.94	585.47	6.07	136.78	2.94	619.70	5.02	1.601
150	6.0	17.25	13.54	4.06	391.44	4.76	96.35	35.79	635.47	6.07	147.42	2.92	676.24	5.00	2.070

(2)冷弯不等边角钢 JL-JB 规格与截面特性

表 3-207

尺寸 (mm) B	b	t	截面面积 (cm²)	每米重量 (kg/m)	x_0 (cm)	y_0 (cm)	$x_0\text{-}x_0$ I_{x0} (cm)	i_{x0} (cm⁴)	W_{x0max} (cm)	W_{x0min} (cm³)	$y_0\text{-}y_0$ I_{y0} (cm³)	i_{y0} (cm⁴)	W_{y0max} (cm)	W_{y0min} (cm³)	$x\text{-}x$ I_x (cm⁴)	i_x (cm)	$y\text{-}y$ I_y (cm⁴)	i_y (cm)	I_t (cm⁴)	$\tan\alpha$
50	30	2.0	1.53	1.20	1.67	0.65	4.062	1.63	2.425	0.934	1.164	0.87	1.784	0.496	4.577	1.73	0.649	0.65	0.025 7	0.388 6
50	30	2.2	1.67	1.31	1.69	0.66	4.428	1.63	2.626	1.021	1.267	0.87	1.915	0.542	4.993	1.73	0.702	0.65	0.034 0	0.389 3
50	30	2.5	1.88	1.48	1.70	0.68	4.964	1.62	2.914	1.148	1.417	0.87	2.099	0.609	5.602	1.72	0.779	0.64	0.049 7	0.390 4
60	40	2.2	2.11	1.66	1.92	0.90	8.079	1.96	4.209	1.584	3.006	1.19	3.340	0.970	9.482	2.12	1.602	0.87	0.041 1	0.465 5
60	40	2.5	2.38	1.87	1.94	0.91	9.084	1.95	4.692	1.786	8.374	1.19	3.693	1.093	10.671	2.12	1.787	0.87	0.060 1	0.466 4
60	40	3.0	2.83	2.22	1.96	0.94	10.707	1.94	5.452	2.115	3.967	1.18	4.235	1.295	12.598	2.11	2.077	0.86	0.103 0	0.468 0
70	40	2.5	2.63	2.07	2.37	0.84	13.817	2.29	5.832	2.243	3.516	1.16	4.192	1.112	15.324	2.41	2.009	0.87	0.070 5	0.357 2
70	40	3.0	3.13	2.46	2.40	0.86	16.314	2.28	6.802	2.658	4.137	1.15	4.802	1.318	18.108	2.40	2.342	0.86	0.121 0	0.358 4
70	40	3.5	3.62	2.84	2.43	0.88	18.722	2.27	7.712	3.061	4.733	1.14	5.352	1.519	20.801	2.40	2.654	0.86	0.190 8	0.359 7
80	50	3.0	3.73	2.93	2.63	1.10	25.469	2.61	9.692	3.689	8.081	1.47	7.369	2.070	29.111	2.79	4.439	1.09	0.139 0	0.416 2
80	50	3.5	4.32	3.39	2.66	1.12	29.310	2.60	11.035	4.260	9.278	1.47	8.287	2.391	33.534	2.79	5.054	1.08	0.219 4	0.417 3
80	50	4.0	4.90	3.85	2.68	1.14	33.038	2.60	12.307	4.818	10.434	1.46	9.133	2.705	37.837	2.78	5.635	1.07	0.325 5	0.418 5
80	50	4.5	5.47	4.30	2.71	1.17	36.652	2.59	13.509	5.363	11.551	1.45	9.910	3.012	42.021	2.77	6.182	1.06	0.460 6	0.419 8
90	60	3.5	5.02	3.94	2.89	1.36	43.175	2.93	14.937	5.650	16.051	1.79	11.811	3.458	50.694	3.18	8.532	1.30	0.248 0	0.465 9
90	60	4.0	5.70	4.48	2.92	1.38	48.762	2.92	16.710	6.401	18.096	1.78	13.094	3.919	57.311	3.17	9.547	1.29	0.368 1	0.466 9

续表 3-207

| 尺寸 (mm) | | | 截面面积 (cm²) | 每米重量 (kg/m) | x_0 (cm) | y_0 (cm) | x_0-x_0 | | | | y_0-y_0 | | | | x-x | | y-y | | I_t (cm⁴) | $\tan\alpha$ |
B	b	t					I_{x0} (cm)	i_{x0} (cm⁴)	W_{x0max} (cm)	W_{x0min} (cm³)	I_{y0} (cm³)	i_{y0} (cm⁴)	W_{y0max} (cm)	W_{y0min} (cm³)	I_x (cm⁴)	i_x (cm)	I_y (cm⁴)	i_y (cm)		
90	60	4.5	6.37	5.00	2.95	1.41	54.206	2.92	18.399	7.137	20.082	1.78	14.292	4.371	63.776	3.16	10.512	1.28	0.5213	0.4680
90	60	5.0	7.04	5.52	2.97	1.43	59.508	2.91	20.008	7.859	22.011	1.17	15.409	4.815	70.089	3.16	11.430	1.27	0.7113	0.4691
100	70	4.0	6.50	5.10	3.16	1.62	68.717	3.25	21.775	8.204	28.790	2.10	17.726	5.355	82.623	3.56	14.883	1.51	0.4108	0.5083
100	70	4.5	7.27	5.71	3.18	1.65	76.503	3.24	24.033	9.159	32.008	2.10	19.430	5.980	92.077	3.56	16.435	1.50	0.5821	0.5092
100	70	5.0	8.04	6.31	3.21	1.67	84.114	3.24	26.198	10.099	35.146	2.09	21.037	6.595	101.341	3.55	17.920	1.49	0.7946	0.5101
100	70	5.5	8.79	6.90	3.24	1.69	91.550	3.23	28.270	11.022	38.205	2.09	22.553	7.200	110.416	3.54	19.339	1.48	1.0525	0.5111
120	80	4.5	8.62	6.77	3.84	1.80	131.968	3.91	34.325	12.944	49.083	2.39	27.203	7.922	154.914	4.24	26.138	1.74	0.7036	0.4656
120	80	5.0	9.54	7.49	3.87	1.83	145.339	3.90	37.533	14.287	53.984	2.38	29.542	8.746	170.736	4.23	28.588	1.73	0.9613	0.4664
120	80	5.5	10.44	8.19	3.90	1.85	158.456	3.90	40.628	15.612	58.779	2.37	31.765	9.558	186.285	4.22	30.949	1.72	1.2743	0.4672
120	80	6.0	11.33	8.89	3.93	1.87	171.318	3.89	43.613	16.918	63.470	2.37	33.876	10.360	201.564	4.22	33.224	1.71	1.6477	0.4680
150	120	4.5	11.77	9.24	4.40	2.88	278.839	4.87	63.396	22.999	162.25	3.71	56.411	17.783	363.245	5.55	77.844	2.57	0.8858	0.6480
150	120	5.0	13.04	10.23	4.42	2.90	307.813	4.86	69.571	25.439	179.01	3.71	61.732	19.671	401.300	5.55	85.520	2.56	1.2113	0.6485
150	120	5.5	14.29	11.22	4.45	2.92	336.391	4.85	75.583	27.855	195.52	3.70	66.881	21.540	438.903	5.54	93.003	2.55	1.6071	0.6490
150	120	6.0	15.53	12.19	4.48	2.95	364.574	4.84	81.436	30.247	211.78	3.69	11.863	23.393	476.058	5.54	100.30	2.54	2.0797	0.6495

（3）冷弯等边卷边角钢 JL-JJ 规格及截面特性

表 3-208

尺寸(mm) B	b	t	截面面积 (cm²)	每米重量 (kg/m)	y_0 (cm)	x_0-x_0 I_{x0} (cm⁴)	i_{x0} (cm)	W_{x0max} (cm³)	W_{x0min} (cm³)	x-x I_x (cm³)	i_x (cm)	y-y I_y (cm³)	i_y (cm⁴)	x_1-x_1 i_{x1} (cm⁴)	e_0 (cm)	I_t (cm⁴)	I_z (cm⁴)	k (×10³ cm⁻¹)	W_w (cm⁴)
50	15	2.0	2.38	1.87	1.65	7.51	1.78	4.55	2.24	11.31	2.18	3.70	1.25	13.96	2.63	0.032	5.90	4.55	1.06
50	15	2.2	2.59	2.03	1.65	8.08	1.77	4.89	2.41	12.18	2.17	3.98	1.24	15.14	2.61	0.042	6.23	5.08	1.14
50	15	2.5	2.90	2.28	1.65	8.88	1.75	5.37	2.66	13.40	2.15	4.37	1.23	16.83	2.59	0.060	6.66	5.91	1.24
60	15	2.2	3.03	2.38	1.90	13.48	2.11	7.11	3.29	20.69	2.61	6.28	1.44	24.40	2.92	0.049	9.41	4.47	1.41
60	15	2.5	3.40	2.67	1.90	14.90	2.09	7.84	3.63	22.87	2.59	6.92	1.43	27.19	2.90	0.071	10.12	5.19	1.54
60	15	3.0	4.00	3.14	1.91	17.04	2.06	8.94	4.16	26.20	2.56	7.89	1.40	31.57	2.86	0.120	11.04	6.46	1.75
70	20	2.5	4.15	3.26	2.28	25.81	2.49	11.33	5.47	39.09	3.07	12.53	1.74	47.36	3.62	0.086	35.47	3.06	3.37
70	20	3.0	4.90	3.85	2.28	29.80	2.47	13.05	6.32	45.16	3.04	14.44	1.72	55.35	3.58	0.147	39.61	3.78	3.87
70	20	3.5	5.62	4.41	2.29	33.41	2.44	14.59	7.09	50.68	3.00	16.15	1.70	62.86	3.54	0.229	42.88	4.54	4.31
80	20	3.0	5.50	4.32	2.53	43.38	2.81	17.14	7.93	66.57	3.48	20.20	1.92	78.60	3.89	0.165	53.61	3.44	4.52
80	20	3.5	6.32	4.96	2.54	48.86	2.78	19.27	8.94	75.03	3.45	22.69	1.90	89.49	3.85	0.258	58.34	4.12	5.05
80	20	4.0	7.11	5.58	2.54	53.86	2.75	21.20	9.87	82.79	3.41	24.94	1.87	99.76	3.81	0.379	62.03	4.85	5.52
80	20	4.5	7.87	6.18	2.55	58.41	2.72	22.94	10.71	89.86	3.38	26.96	1.85	109.44	3.77	0.531	64.76	5.62	5.94
90	20	3.5	7.02	5.51	2.78	68.30	3.12	24.54	10.99	105.81	3.88	30.80	2.10	122.66	4.16	0.287	76.44	3.80	5.80
90	20	4.0	7.91	6.21	2.79	75.57	3.09	27.11	12.16	117.17	3.85	33.96	2.07	137.02	4.12	0.422	81.63	4.46	6.36
90	20	4.5	8.77	6.89	2.79	82.24	3.06	29.45	13.25	127.64	3.81	36.84	2.05	150.63	4.08	0.592	85.63	5.16	6.85
90	20	5.0	9.61	7.54	2.80	88.34	3.03	31.59	14.24	137.25	3.78	39.44	2.03	163.49	4.04	0.801	88.56	5.90	7.29
100	20	4.0	9.11	7.15	3.17	111.40	3.50	35.19	16.30	170.99	4.33	51.81	2.39	202.71	4.84	0.486	212.21	2.97	11.57
100	25	4.5	10.12	7.94	3.17	121.82	3.47	38.41	17.84	187.11	4.30	56.53	2.36	223.61	4.80	0.683	225.66	3.41	12.58
100	25	5.0	11.11	8.72	3.18	131.50	3.44	41.40	19.27	202.13	4.27	60.88	2.34	243.56	4.76	0.926	236.61	3.88	13.49
100	25	5.5	12.06	9.47	3.18	140.47	3.41	44.15	20.60	216.07	4.23	64.87	2.32	262.58	4.72	1.216	245.23	4.37	14.31
120	25	4.5	11.92	9.36	3.67	204.85	4.15	55.88	24.58	318.66	5.17	91.03	2.76	365.02	5.43	0.805	343.09	3.00	15.57
120	25	5.0	13.11	10.29	3.67	222.07	4.12	60.51	26.66	345.71	5.14	98.43	2.74	398.59	5.39	1.092	361.63	3.41	16.75
120	25	5.5	14.26	11.20	3.67	238.25	4.09	64.84	28.62	371.17	5.10	105.32	2.72	430.81	5.35	1.438	376.93	3.83	17.83
120	25	6.0	15.39	12.08	3.68	253.39	4.06	68.88	30.45	395.09	5.07	111.70	2.69	461.70	5.31	1.847	389.20	4.27	18.81

（4）冷弯等边槽钢 JL-CD 规格及截面特性

表 3-209

尺寸(mm) h	b	t	截面面积 (cm²)	每米重量 (kg/m)	x₀ (cm)	x-x I_x (cm⁴)	x-x i_x (cm)	x-x W_x (cm³)	y-y I_y (cm⁴)	y-y i_y (cm)	y-y W_ymax (cm³)	y-y W_ymin (cm³)	y₁-y₁ I_y1 (cm⁴)	e₀ (cm)	I_t (cm⁴)	I_w (cm⁴)	k (×10² cm⁻¹)	W_w1 (cm⁴)	W_w2 (cm⁴)
60	25	2.0	2.05	1.61	0.66	10.73	2.29	3.58	1.20	0.76	1.80	0.65	2.10	1.45	0.027	6.57	4.00	3.03	1.52
60	25	2.5	2.52	1.98	0.69	12.86	2.26	4.29	1.44	0.76	2.10	0.80	2.63	1.45	0.052	7.55	5.17	3.69	1.81
60	25	3.0	2.97	2.33	0.71	14.78	2.23	4.93	1.67	0.75	2.35	0.94	3.18	1.44	0.089	8.27	6.43	4.30	2.05
80	30	2.0	2.65	2.08	0.74	24.49	3.04	6.12	2.19	0.91	2.97	0.97	3.62	1.67	0.035	22.33	2.47	6.39	3.10
80	30	2.5	3.27	2.57	0.76	29.63	3.01	7.41	2.66	0.90	3.50	1.19	4.54	1.67	0.068	26.23	3.16	7.87	3.73
80	30	3.0	3.87	3.03	0.78	34.40	2.98	8.60	3.10	0.90	3.96	1.40	5.47	1.66	0.116	29.46	3.89	9.28	4.29
100	40	2.0	3.45	2.71	0.98	51.47	3.86	10.29	5.23	1.23	5.32	1.73	8.56	2.29	0.046	85.36	1.44	13.75	7.04
100	40	2.5	4.27	3.35	1.01	62.76	3.83	12.55	6.40	1.22	6.36	2.14	10.72	2.29	0.089	101.96	1.83	16.99	8.56
100	40	3.0	5.07	3.98	1.03	73.43	3.81	14.69	7.51	1.22	7.30	2.53	12.89	2.29	0.152	116.67	2.24	20.13	9.97
120	40	2.5	4.77	3.74	0.91	96.90	4.51	16.15	6.75	1.19	7.39	2.19	10.73	2.12	0.099	159.17	1.55	23.41	10.71
120	40	3.0	5.67	4.45	0.94	113.70	4.48	18.95	7.93	1.18	8.47	2.59	12.91	2.11	0.170	183.04	1.89	27.87	12.52
120	40	3.5	6.54	5.14	0.96	129.66	4.45	21.61	9.07	1.18	9.45	2.98	15.10	2.11	0.267	204.27	2.24	32.23	14.21
140	50	2.5	5.77	4.53	1.16	164.22	5.34	23.46	13.19	1.51	11.41	3.43	20.91	2.73	0.120	428.34	1.04	40.81	19.73
140	50	3.0	6.87	5.39	1.18	193.45	5.31	27.64	15.57	1.51	13.20	4.08	25.12	2.73	0.206	496.90	1.26	48.64	23.19
140	50	3.5	7.94	6.24	1.20	221.51	5.28	31.64	17.87	1.50	14.86	4.71	29.36	2.72	0.324	559.76	1.49	56.32	26.48
160	60	3.0	8.07	6.33	1.42	303.38	6.13	37.92	26.98	1.83	18.94	5.90	43.34	3.35	0.242	1 136.69	0.90	77.76	38.55

续表 3-209

尺寸 (mm) h	b	t	截面面积 (cm^2)	每米重量 (kg/m)	x_0 (cm)	$x\text{-}x$ I_x (cm^4)	i_x (cm)	W_x (cm^3)	$y\text{-}y$ I_y (cm^4)	i_y (cm)	$W_{y\max}$ (cm^3)	$W_{y\min}$ (cm^3)	$y_1\text{-}y_1$ I_{y1} (cm^4)	e_0 (cm)	I_t (cm^4)	I_w (cm^4)	k $(\times 10^2$ $cm^{-1})$	W_{w1} (cm^4)	W_{w2} (cm^4)
160	60	3.5	9.34	7.34	1.45	348.36	6.11	43.55	31.04	1.82	21.44	6.82	50.62	3.35	0.382	1 288.32	1.07	90.13	44.19
160	60	4.0	10.61	8.33	1.47	391.80	6.08	48.97	34.98	1.82	23.78	7.72	57.93	3.34	0.566	1 429.12	1.23	102.30	49.59
180	70	3.0	9.27	7.27	1.67	448.28	6.96	49.81	42.91	2.15	25.69	8.05	68.76	3.97	0.278	2 306.00	0.68	116.63	59.45
180	70	3.5	10.74	8.43	1.69	515.81	6.93	57.31	49.46	2.15	29.20	9.32	80.29	3.97	0.439	2 624.84	0.80	135.31	68.33
180	70	4.0	12.21	9.58	1.72	581.35	6.90	64.59	55.84	2.14	32.51	10.57	91.84	3.96	0.651	2 924.89	0.93	153.71	76.89
200	70	3.5	11.44	8.98	1.60	661.88	7.60	66.19	50.98	2.11	31.84	9.44	80.31	3.79	0.467	3 386.50	0.73	162.38	77.68
200	70	4.0	13.01	10.21	1.62	746.64	7.58	74.66	57.58	2.10	35.45	10.71	91.89	3.79	0.694	3 779.37	0.84	184.74	87.50
200	70	4.5	14.55	11.42	1.65	829.00	7.55	82.90	64.02	2.10	38.86	11.96	103.50	3.78	0.982	4 149.44	0.95	206.83	96.97
200	70	5.0	16.07	12.62	1.67	909.00	7.52	90.90	70.29	2.09	42.07	13.19	115.15	3.78	1.339	4 496.78	1.07	228.63	106.10
200	70	6.0	20.26	15.91	1.63	1 338.17	8.13	121.65	84.68	2.04	51.84	15.78	138.75	3.61	2.431	6 492.42	1.20	323.05	138.95
200	75	4.5	17.25	13.54	1.61	1 488.25	9.29	119.06	82.71	2.19	51.44	14.04	127.31	3.78	1.164	8 644.89	0.72	335.86	145.25
220	70	4.5	15.45	12.13	1.56	1 042.18	8.21	94.74	65.75	2.06	42.02	12.10	103.56	3.62	1.043	5 235.49	0.88	245.19	109.00
220	70	5.0	17.07	13.40	1.59	1 143.62	8.18	103.97	72.21	2.06	45.49	13.34	115.23	3.62	1.423	5 681.52	0.98	271.44	119.36
220	70	5.5	18.68	14.66	1.61	1 242.28	8.16	112.93	78.52	2.05	48.76	14.57	126.96	3.61	1.883	6 100.45	1.09	297.40	129.35
250	75	5.0	19.07	14.97	1.63	1 635.24	9.26	130.82	90.93	2.18	55.76	15.49	141.65	3.78	1.589	9 406.00	0.81	372.28	159.31
250	75	5.5	20.88	16.39	1.65	1 778.64	9.23	142.29	98.97	2.18	59.86	16.93	156.05	3.77	2.105	10 127.14	0.89	408.44	172.93
250	75	6.0	22.66	17.79	1.68	1 918.50	9.20	153.48	106.83	2.17	63.73	18.34	170.51	3.77	2.719	10 808.44	0.98	444.30	186.11

(5)冷弯内卷边槽钢 JL-CN 规格及截面特性

表 3-210

尺寸 (mm)				截面面积 (cm²)	每米重量 (kg/m)	x_0 (cm)	x-x			y-y				y_1-y_1	e_0 (cm)	I_t (cm⁴)	I_w (cm⁴)	k (×10² cm⁻¹)	W_{w1} (cm⁴)	W_{w2} (cm⁴)
h	b	a	t				I_x (cm⁴)	i_x (cm)	W_x (cm³)	I_y (cm⁴)	i_y (cm)	W_y (cm³)	W_y (cm³)	I_{y1} (cm⁴)						
120	50	20	1.50	3.73	2.93	1.72	83.54	4.73	13.92	13.97	1.93	8.12	4.26	25.02	4.18	0.028	476.43	0.475	33.35	34.53
120	50	20	1.80	4.44	3.48	1.72	98.53	4.71	16.42	16.34	1.02	9.51	4.98	29.44	4.14	0.048	552.24	0.578	39.49	40.29
120	50	20	2.00	4.90	3.85	1.72	108.22	4.70	18.04	17.84	1.91	10.39	5.43	32.29	4.11	0.065	599.33	0.648	43.47	43.92
120	50	20	2.20	5.36	4.21	1.72	117.66	4.69	19.61	19.28	1.90	11.24	5.87	35.05	4.09	0.086	643.73	0.719	47.38	47.40
120	50	20	2.50	6.04	4.74	1.71	131.36	4.67	21.89	21.34	1.88	12.46	6.49	39.05	4.05	0.126	705.35	0.828	53.08	52.31
120	50	20	2.75	6.59	5.17	1.71	142.36	4.65	23.73	22.95	1.87	13.41	6.98	42.24	4.02	0.166	752.25	0.921	57.68	56.13
120	50	20	3.00	7.13	5.60	1.71	152.98	4.63	25.50	24.47	1.85	14.32	7.44	45.30	3.98	0.214	795.17	1.017	62.15	59.71
140	50	20	1.50	4.03	3.17	1.60	119.95	5.45	17.14	14.72	1.91	9.21	4.33	25.02	3.94	0.030	644.05	0.425	40.34	38.36
140	50	20	1.80	4.80	3.77	1.60	141.67	5.43	20.24	17.22	1.89	10.79	5.06	29.45	3.91	0.052	747.53	0.516	47.82	44.84
140	50	20	2.00	5.30	4.16	1.59	155.73	5.42	22.25	18.81	1.88	11.79	5.52	32.29	3.88	0.071	812.01	0.579	52.70	48.95
140	50	20	2.20	5.80	4.55	1.59	169.46	5.41	24.21	20.33	1.87	12.76	5.97	35.06	3.85	0.094	873.01	0.642	57.49	52.89
140	50	20	2.50	6.54	5.13	1.59	189.44	5.38	27.06	22.50	1.86	14.14	6.60	39.06	3.82	0.136	957.98	0.739	64.50	58.49
140	50	20	2.75	7.14	5.60	1.59	205.53	5.37	29.36	24.21	1.84	15.23	7.10	42.25	3.78	0.180	1 022.95	0.823	70.19	62.87
140	50	20	3.00	7.73	6.07	1.59	221.12	5.35	31.59	25.82	1.83	16.26	7.57	45.32	3.75	0.232	1 082.73	0.908	75.72	67.00
160	60	20	1.50	4.63	3.64	1.86	183.28	6.29	22.91	23.63	2.26	12.68	5.71	39.72	4.60	0.035	1 284.08	0.323	60.11	53.32
160	60	20	1.80	5.52	4.33	1.86	216.92	6.27	27.12	27.73	2.24	14.90	6.70	46.85	4.56	0.060	1 496.70	0.391	71.36	62.48
160	60	20	2.00	6.10	4.79	1.86	238.80	6.26	29.85	30.35	2.23	16.32	7.33	51.46	4.54	0.081	1 630.59	0.438	78.72	68.32
160	60	20	2.20	6.68	5.24	1.86	260.25	6.24	32.53	32.89	2.22	17.70	7.94	55.95	4.51	0.108	1 758.29	0.486	85.96	73.95
160	60	20	2.50	7.54	5.92	1.86	291.60	6.22	36.45	36.52	2.20	19.69	8.81	62.47	4.47	0.157	1 938.40	0.558	96.59	81.99
160	60	20	3.00	8.93	7.01	1.85	341.69	6.19	42.71	42.16	2.17	22.77	10.16	72.76	4.40	0.268	2 208.76	0.683	113.71	94.36
180	70	20	2.00	6.90	5.42	2.12	346.73	7.09	38.53	45.67	2.57	21.54	9.36	76.72	5.18	0.092	2 997.10	0.344	112.00	92.50
180	70	20	2.20	7.56	5.93	2.12	378.28	7.07	42.03	49.57	2.56	23.39	10.16	83.51	5.16	0.122	3 239.06	0.381	122.38	100.26
180	70	20	2.50	8.54	6.70	2.12	424.58	7.05	47.18	55.19	2.54	26.08	11.30	93.41	5.12	0.178	3 583.21	0.437	137.68	111.41

续表 3-210

尺寸 (mm)				截面面积 (cm²)	每米重量 (kg/m)	x_0 (cm)	x-x			y-y				y_1-y_1	e_0 (cm)	I_t (cm⁴)	I_w (cm⁴)	k (×10² cm⁻¹)	W_{w1} (cm⁴)	W_{w2} (cm⁴)
h	b	a	t				I_x (cm⁴)	i_x (cm)	W_x (cm³)	I_y (cm⁴)	i_y (cm)	W_y (cm³)	W_y (cm³)	I_{y1} (cm⁴)						
180	70	20	2.75	9.34	7.33	2.11	462.20	7.04	51.36	59.68	2.53	28.23	12.21	101.39	5.08	0.235	3 853.04	0.485	150.17	120.26
180	70	20	3.00	10.13	7.95	2.11	498.96	7.02	55.44	63.98	2.51	30.31	13.09	109.14	5.05	0.304	4 107.70	0.533	162.41	128.71
200	70	20	2.00	7.30	5.73	2.01	443.49	7.79	44.35	47.22	2.54	23.49	9.46	76.73	4.97	0.097	3 756.12	0.316	130.26	101.81
200	70	20	2.20	8.00	6.28	2.01	484.05	7.78	48.40	51.25	2.53	25.52	10.27	83.52	4.95	0.129	4 061.32	0.350	142.42	110.43
200	70	20	2.50	9.04	7.09	2.01	543.62	7.76	54.36	57.07	2.51	28.45	11.43	93.42	4.91	0.188	4 496.18	0.401	160.35	122.83
200	70	20	2.75	9.89	7.76	2.00	592.09	7.74	59.21	61.71	2.50	30.80	12.35	101.41	4.87	0.249	4 837.81	0.445	175.01	132.70
200	70	20	3.00	10.73	8.42	2.00	639.52	7.72	63.95	66.17	2.48	33.06	13.24	109.16	4.84	0.322	5 160.89	0.490	189.41	142.14
220	75	20	2.00	7.90	6.20	2.09	578.62	8.56	52.60	57.47	2.70	27.53	10.62	91.90	5.20	0.105	5 437.02	0.273	163.05	122.30
220	75	20	2.20	8.66	6.80	2.09	631.90	8.54	57.45	62.42	2.68	29.93	11.53	100.09	5.17	0.140	5 885.13	0.302	178.35	132.76
220	75	20	2.50	9.79	7.68	2.08	710.29	8.52	64.57	69.58	2.67	33.40	12.84	112.04	5.13	0.204	6 526.05	0.347	200.95	147.86
220	75	20	2.75	10.71	8.41	2.08	774.21	8.50	70.38	75.31	2.65	36.19	13.90	121.69	5.09	0.270	7 031.86	0.384	219.46	159.91
220	75	25	2.75	11.93	9.37	2.21	859.84	8.49	78.17	88.95	2.73	40.23	16.82	147.29	5.39	0.358	8 766.29	0.396	259.81	210.34
250	75	20	2.20	9.32	7.32	1.95	854.16	9.57	68.33	64.82	2.64	33.31	11.67	100.10	4.90	0.150	7 803.12	0.272	216.91	150.39
250	75	20	2.50	10.54	8.27	1.94	960.75	9.55	76.86	72.25	2.62	37.18	13.00	112.05	4.86	0.219	8 659.44	0.312	244.63	167.66
250	75	20	2.75	11.54	9.06	1.94	1 047.78	9.53	83.82	78.21	2.60	40.27	14.07	121.71	4.82	0.291	9 336.60	0.346	267.38	181.47
250	75	25	3.00	12.83	10.07	2.07	1 164.73	9.53	93.18	92.52	2.69	44.77	17.03	147.31	5.11	0.385	11 535.70	0.358	313.60	235.88
280	80	20	2.20	10.20	8.01	1.99	1 160.80	10.67	82.91	78.42	2.77	39.48	13.04	118.67	5.05	0.165	11 715.40	0.232	279.80	184.40
280	80	20	2.50	11.54	9.06	1.98	1 306.74	10.64	93.34	87.51	2.75	44.10	14.55	132.93	5.01	0.240	13 020.74	0.266	315.80	205.81
280	80	20	2.75	12.64	9.92	1.98	1 426.12	10.62	101.87	94.79	2.74	47.81	15.75	144.48	4.97	0.319	14 057.08	0.295	345.40	222.99
280	80	25	3.00	14.03	11.01	2.11	1 584.90	10.63	113.21	111.93	2.82	53.13	18.99	174.21	5.26	0.421	17 206.80	0.307	402.21	285.85
300	80	20	2.20	10.64	8.35	1.91	1 368.03	11.34	91.20	79.91	2.74	41.86	13.12	118.68	4.89	0.172	13 680.37	0.220	312.60	197.80
300	80	20	2.50	12.04	9.45	1.91	1 540.51	11.31	102.70	89.16	2.72	46.75	14.63	132.94	4.85	0.251	15 209.71	0.252	353.00	220.86
300	80	20	2.75	13.19	10.35	1.91	1 681.69	11.29	112.11	96.59	2.71	50.68	15.85	144.49	4.82	0.332	16 424.92	0.279	386.24	239.38
300	80	25	3.00	14.63	11.49	2.03	1 869.34	11.30	124.62	114.14	2.19	56.33	19.11	174.22	5.10	0.439	20 035.85	0.290	448.11	305.37

（6）冷弯斜卷边 Z 型钢 JL-ZJ 规格及截面特性

表 3-211

尺寸(mm)				截面面积(cm²)	每米重量(kg/m)	θ(°)	x_1-x_1			y_1-y_1			x-x				y-y				I_{x1y1}(cm)	I_t(cm⁴)	I_w(cm⁴)	k(×10² cm⁻¹)	W_{w1}(cm⁴)	W_{w2}(cm⁴)
h	b	a	t				I_{x1}(cm⁴)	i_{x1}(cm)	W_{x1}(cm³)	I_{y1}(cm⁴)	i_{y1}(cm)	W_{y1}(cm³)	I_x(cm⁴)	i_x(cm)	W_{x1}(cm³)	W_{x2}(cm³)	I_y(cm⁴)	i_y(cm)	W_{y1}(cm³)	W_{y2}(cm³)						
120	50	20	1.50	3.75	2.95	25.81	85.99	4.79	14.33	28.01	2.73	4.53	103.70	5.26	19.34	13.89	10.31	1.66	4.02	5.54	36.61	0.028	650.46	0.408	62.67	35.35
120	50	20	1.80	4.47	3.51	25.64	101.66	4.77	16.94	32.68	2.70	5.32	122.31	5.23	22.82	16.44	12.03	1.64	4.74	6.41	43.02	0.048	755.37	0.496	74.41	41.10
120	50	20	2.00	4.94	3.88	25.53	111.83	4.76	18.64	35.63	2.69	3.83	134.34	5.22	25.07	18.10	13.12	1.63	5.21	6.95	47.14	0.066	820.95	0.555	82.08	44.70
120	50	20	2.20	5.40	4.24	25.41	121.77	4.75	20.30	38.45	2.57	6.32	146.06	5.20	27.26	19.73	14.16	1.62	5.66	7.46	51.13	0.087	883.11	0.616	89.64	48.12
120	50	20	2.50	6.09	4.78	25.24	136.28	4.73	22.71	42.45	2.64	7.03	163.10	5.18	30.44	22.12	15.64	1.50	6.31	8.17	56.88	0.127	970.13	0.709	100.77	52.94
120	50	20	2.75	6.65	5.22	25.10	148.01	4.72	24.67	45.58	2.52	7.59	176.79	5.16	33.01	24.05	16.79	1.59	6.84	8.72	61.45	0.168	1037.07	0.789	109.84	58.66
120	50	20	3.00	7.21	5.66	24.95	159.39	4.70	26.57	48.52	2.59	8.14	190.03	5.13	35.49	25.94	17.88	1.58	7.35	9.22	65.85	0.216	1099.10	0.870	118.73	50.13
140	50	20	1.50	4.05	3.18	21.12	123.02	5.51	17.57	28.01	2.63	4.53	139.69	5.87	21.56	16.99	11.34	1.67	4.58	5.39	43.15	0.030	917.50	0.357	82.43	40.86
140	50	20	1.80	4.83	3.79	20.97	145.59	5.49	20.80	32.58	2.60	5.32	165.02	5.85	25.48	20.14	13.24	1.66	5.40	6.25	50.72	0.052	1066.5	0.434	98.05	47.56
140	50	20	2.00	5.34	4.19	20.87	160.26	5.48	22.89	35.63	2.58	5.83	181.45	5.83	28.03	22.19	14.44	1.65	5.93	6.79	55.58	0.071	1159.9	0.486	108.31	51.78
140	50	20	2.20	5.84	4.59	20.76	174.64	5.47	24.95	38.45	2.57	6.32	197.50	5.81	30.52	24.21	15.59	1.63	6.45	7.30	60.30	0.094	1248.5	0.539	118.44	55.80
140	50	20	2.50	6.59	5.17	20.61	195.67	5.45	27.95	42.45	2.54	7.03	220.9	5.79	34.16	27.17	17.23	1.62	7.20	8.01	67.10	0.137	1373.0	0.620	133.40	61.46
140	50	20	2.75	7.20	5.65	20.48	212.7	5.43	30.38	45.58	2.52	7.59	239.8	5.77	37.10	29.57	18.50	1.60	7.81	8.56	72.51	0.182	1469.0	0.689	145.67	65.86
140	50	20	3.00	7.81	6.13	20.35	229.3	5.42	32.75	48.53	2.49	8.14	258.1	5.75	39.95	31.92	19.71	1.59	8.39	9.06	77.71	0.234	1558.3	0.760	157.75	69.97
160	60	20	1.50	4.65	3.65	21.36	187.0	6.34	23.37	43.19	3.05	6.01	212.9	6.77	28.77	22.35	17.24	1.93	6.01	6.54	66.37	0.035	1830.9	0.271	124.34	57.83
160	60	20	1.80	5.55	4.35	21.22	221.7	6.32	27.71	50.58	3.02	7.08	252.1	6.74	34.08	26.54	20.20	1.91	7.11	7.62	78.23	0.060	2136.8	0.328	148.04	67.57

尺寸 (mm) h	b	a	t	截面面积 (cm²)	每米重量 (kg/m)	θ (°)	x_1-x_1 I_{x1} (cm⁴)	i_{x1} (cm)	W_{x1} (cm³)	y_1-y_1 I_{y1} (cm⁴)	i_{y1} (cm)	W_{y1} (cm³)	x-x I_x (cm⁴)	i_x (cm)	W_{x1} (cm³)	W_{x2} (cm³)	y-y I_y (cm⁴)	i_y (cm)	W_{y1} (cm³)	W_{y2} (cm³)	I_{x1y1} (cm)	I_t (cm⁴)	I_w (cm⁴)	k (×10² cm⁻¹)	W_{w1} (cm⁴)	W_{w2} (cm⁴)
160	60	20	2.00	6.14	4.82	21.13	244.3	6.31	30.54	55.28	3.00	7.77	277.5	6.73	37.53	29.28	22.09	1.90	7.82	8.30	85.89	0.082	2330.2	0.367	163.62	73.75
160	60	20	2.20	6.72	5.28	21.04	266.6	6.30	33.32	59.81	2.98	8.44	302.5	6.71	40.92	31.97	23.91	1.89	8.51	8.95	93.34	0.108	2515.3	0.407	179.03	79.67
160	60	20	2.50	7.59	5.96	20.90	299.2	6.28	37.40	66.29	2.96	9.42	339.0	6.68	45.88	35.94	26.51	1.87	9.53	9.87	104.16	0.158	2777.7	0.468	201.84	88.10
160	60	20	2.75	8.30	6.52	20.79	325.8	6.26	40.72	71.41	2.93	10.20	368.6	6.56	49.91	39.18	28.57	1.86	10.35	10.59	112.83	0.209	2982.8	0.519	220.56	94.71
160	60	20	3.00	9.01	7.07	20.67	351.7	6.25	43.97	76.27	2.91	10.95	397.5	6.64	53.84	42.35	30.53	1.84	11.15	11.26	121.21	0.270	3175.8	0.572	239.03	100.95
180	70	20	1.50	5.25	4.12	21.52	269.8	7.17	29.98	62.98	3.46	7.69	307.9	7.66	36.99	28.42	24.89	2.18	7.64	7.85	96.59	0.039	3350.7	0.213	178.11	79.09
180	70	20	1.80	6.27	4.92	21.40	320.28	7.15	35.59	73.96	3.44	9.08	365.0	7.63	43.87	33.79	29.24	2.16	9.05	9.17	114.08	0.068	3922.7	0.258	212.21	92.67
180	70	20	2.00	6.94	5.45	21.32	353.3	7.14	39.26	80.99	3.42	9.98	402.3	7.62	48.4	37.30	32.03	2.15	9.97	10.02	125.41	0.092	4286.7	0.288	234.66	101.34
180	70	20	2.20	7.60	5.97	21.24	385.86	7.12	42.87	87.79	3.40	10.86	438.9	7.60	52.79	40.77	34.74	2.14	10.87	10.83	136.49	0.12	4637.1	0.32	256.90	109.70
180	70	20	2.50	8.59	6.74	21.12	433.73	7.11	48.19	97.59	3.37	12.14	492.7	7.57	59.28	45.89	38.64	2.12	12.19	11.99	152.62	0.18	5137.6	0.37	289.84	121.66
180	70	20	2.75	9.40	7.38	21.02	472.77	7.09	52.53	105.38	3.35	13.17	536.42	7.55	64.56	50.08	41.74	2.11	13.26	12.90	165.63	0.24	5532.3	0.41	316.92	131.13
180	70	20	3.00	10.21	8.01	20.92	511.05	7.08	56.78	112.84	3.32	14.17	579.18	7.53	69.73	54.19	44.71	2.11	14.30	13.77	178.24	0.31	5907.0	0.45	343.67	140.14
200	70	20	2.00	7.34	5.76	18.54	451.21	7.84	45.12	80.99	3.32	9.98	498.14	8.24	52.95	43.08	34.06	2.15	10.89	10.02	139.91	0.098	5436.30	0.263	284.35	112.81
200	70	20	2.20	8.04	6.31	18.47	492.94	7.83	49.29	87.79	3.30	10.86	543.80	8.22	57.83	47.10	36.94	2.14	11.88	10.84	152.28	0.130	5882.59	0.291	311.51	122.16
200	70	20	2.50	9.09	7.13	18.35	554.39	7.81	55.44	97.59	3.28	12.14	610.89	8.20	65.00	53.04	41.09	2.13	13.33	12.01	170.30	0.189	6520.86	0.334	351.82	135.58
200	70	20	2.75	9.95	7.81	18.26	604.57	7.79	60.46	105.38	3.25	13.17	665.56	8.18	70.85	57.91	44.40	2.11	14.51	12.93	184.83	0.251	7024.74	0.371	385.04	146.21
200	70	20	3.00	10.81	8.48	18.17	653.80	7.78	65.38	112.85	3.23	14.17	719.08	8.16	76.59	62.69	47.57	2.10	15.65	13.81	198.94	0.324	7503.67	0.408	417.93	156.34

续表 3-211

尺寸 (mm) h	b	a	t	截面面积 (cm²)	每米重量 (kg/m)	θ (°)	x₁-x₁ I_{x1} (cm⁴)	x₁-x₁ i_{x1} (cm)	x₁-x₁ W_{x1} (cm³)	y₁-y₁ I_{y1} (cm⁴)	y₁-y₁ i_{y1} (cm)	y₁-y₁ W_{y1} (cm³)	x-x I_x (cm⁴)	x-x i_x (cm)	x-x W_{x1} (cm³)	x-x W_{x2} (cm³)	y-y I_y (cm⁴)	y-y i_y (cm)	y-y W_{y1} (cm³)	y-y W_{y2} (cm³)	I_{x1y1} (cm)	I_t (cm⁴)	I_w (cm⁴)	k (×10² cm⁻¹)	W_{w1} (cm⁴)	W_{w2} (cm⁴)
220	75	20	2.00	7.94	6.23	17.61	587.54	8.60	53.41	96.36	3.48	11.19	642.59	9.00	61.74	50.95	41.32	2.28	12.61	10.99	173.40	0.106	7 884.28	0.227	361.66	136.54
220	75	20	2.20	8.70	6.83	17.54	642.20	8.59	58.38	104.55	3.47	12.18	701.90	8.98	67.46	55.74	44.85	2.27	13.76	11.90	188.84	0.140	8 540.01	0.251	396.37	148.00
220	75	20	2.50	9.84	7.72	17.44	722.80	8.57	65.71	116.35	3.44	13.63	789.21	8.96	75.90	62.81	49.94	2.25	15.45	13.20	211.38	0.205	9 480.96	0.288	447.97	164.50
220	75	20	2.75	10.78	8.46	17.35	788.71	8.55	71.70	125.77	3.42	14.79	860.47	8.94	82.79	68.61	54.02	2.24	16.83	14.24	229.60	0.272	10 226.7	0.320	490.54	177.61
220	75	25	3.00	12.01	9.43	18.44	880.16	8.56	80.01	156.67	3.61	17.77	970.68	8.99	94.02	77.08	66.16	2.35	19.46	18.64	271.44	0.360	12 732.3	0.330	565.18	229.31
250	75	20	2.20	9.36	7.35	14.74	866.71	9.62	69.34	104.55	3.34	12.18	923.38	9.93	76.97	66.70	47.87	2.26	15.30	11.97	215.43	0.151	11 387.2	0.226	502.76	168.90
250	75	20	2.50	10.59	8.31	14.65	976.04	9.60	78.08	116.36	3.32	13.63	1 039.1	9.91	86.67	75.20	53.32	2.24	17.18	13.29	241.17	0.221	12 647.7	0.259	568.91	187.84
250	75	20	2.75	11.60	9.11	14.57	1 065.6	9.58	85.25	125.78	3.29	14.79	1 133.7	9.89	94.61	82.18	57.68	2.23	18.72	14.34	261.99	0.292	13 648.0	0.287	623.62	202.92
250	75	25	3.00	12.91	10.13	15.50	1 189.5	9.60	95.16	156.68	3.48	17.77	1 275.5	9.94	106.97	92.16	70.68	2.34	21.63	18.65	310.20	0.387	16 972.1	0.296	717.17	260.89
280	80	20	2.20	10.24	8.04	13.59	1 175.8	10.71	83.98	123.29	3.47	13.57	1 241.1	11.01	91.84	80.92	58.01	2.38	17.91	13.15	270.11	0.165	17 061.6	0.193	660.13	207.96
280	80	20	2.50	11.59	9.10	13.50	1 325.1	10.69	94.65	137.36	3.44	15.20	1 397.7	10.98	103.50	91.30	64.69	2.36	20.13	14.63	302.63	0.241	18 976.3	0.221	747.51	231.60
280	80	20	2.75	12.70	9.97	13.43	1 447.5	10.68	103.39	148.62	3.42	16.51	1 526.0	10.96	113.06	99.83	70.05	2.35	21.95	15.80	328.98	0.320	20 500.8	0.245	819.91	250.48
280	80	25	3.00	14.11	11.07	14.25	1 614.4	10.70	115.31	183.95	3.61	19.74	1 713.0	11.02	127.44	111.73	85.33	2.46	25.26	20.29	388.32	0.423	25 327.2	0.254	940.38	318.80
300	80	20	2.20	10.68	8.38	12.34	1 384.7	11.39	92.32	123.29	3.40	13.57	1 448.2	11.64	99.50	89.32	59.86	2.37	18.94	13.22	289.88	0.172	19 912.0	0.182	751.94	223.43
300	80	20	2.50	12.09	9.49	12.26	1 561.0	11.36	104.07	137.36	3.37	15.20	1 631.6	11.62	112.17	100.79	66.76	2.35	21.30	14.70	324.80	0.252	22 150.8	0.209	852.02	248.88
300	80	20	2.75	13.25	10.40	12.20	1 705.6	11.34	113.71	148.62	3.35	16.51	1 781.9	11.60	122.57	110.23	72.29	2.34	23.23	15.89	353.09	0.334	23 934.2	0.232	935.05	269.23
300	80	25	3.00	14.71	11.55	12.95	1 902.2	11.37	126.81	183.95	3.54	19.74	1 998.1	11.66	137.92	123.29	88.08	2.45	26.72	20.35	417.03	0.441	29 556.8	0.240	1 071.6	342.06

三、钢管

(一)低压流体输送用焊接钢管(GB/T 3091—2015)

低压流体输送用焊接钢管适用于水、空气、采暖蒸汽、燃气等低压流体输送用。包括直缝高频电焊(ERW)钢管、直缝埋弧焊(SAWL)钢管和螺旋缝埋弧焊(SAWH)钢管。

钢的牌号和化学成分(熔炼分析)符合 GB/T 700 中牌号 Q195、Q215A、Q215B、Q235A、Q235B、Q275A、Q275B 和 GB/T 1591 中牌号 Q345A、Q345B 的规定。根据供需双方合同注明,也可采用其他的钢牌号。

钢管的外径和壁厚符合 GB/T 21835—2008 的规定(表 3-216 和表 3-217)。

1. 钢管的力学性能

表 3-212

牌　号	下屈服强度 R_{eL}(N/mm²) 不小于		抗拉强度 R_m (N/mm²) 不小于	断后伸长率 A(%) 不小于	
	$t \leqslant 16mm$	$t > 16mm$		$D \leqslant 168.3mm$	$D > 168.3m$
Q195	195	185	315	15	20
Q215A、Q215B	215	205	335	15	20
Q235A、Q235B	235	225	370	15	20
Q275A、Q275B	275	265	410	13	18
Q345A、Q345B	345	325	470	13	18

2. 钢管外径和壁厚允许偏差(mm)

表 3-213

外　径	外径允许偏差		壁厚允许偏差
	管体	管端 (距管端100mm 范围内)	
$D \leqslant 48.3$	±0.5	—	±10%t
$48.3 < D \leqslant 273.1$	±1%D	—	
$273.1 < D \leqslant 508$	±0.75%D	+2.4 −0.8	
$D > 508$	±1%D 或±10.0,两者 取较小值	+3.2 −0.8	

3. 钢管交货

钢管的通常长度为 3~12m。钢管的定尺长度应在通常长度范围内,直缝高频电焊钢管的定尺长度允许偏差为 0~+15mm;埋弧焊钢管的定尺长度允许偏差为 0~+50mm。钢管的倍尺总长度应在通常长度范围内,直缝高频电焊钢管的总长度允许偏差为 0~+15mm;埋弧焊钢管的总长度允许偏差为 0~+50mm,每个倍尺长度应留 5~15mm 的切口余量。根据需方要求,经供需双方合同注明,可供应通常长度范围以外的定尺长度和倍尺长度的钢管。

钢管按理论重量交货,也可按实际重量交货。以理论重量交货的钢管,每批或单根钢管的理论重量与实际重量的允许偏差为 ±7.5%。

钢管按焊接状态交货,根据供需双方合同注明钢管,可按焊缝热处理状态交货,也可按整体热处理状态交货。

根据供需双方合同注明,外径不大于 508mm 的钢管可镀锌交货,也可按其他保护涂层交货。

4. 钢管重量的计算

普通钢管(不镀锌)理论重量:

$$W = 0.024\,661\,5(D-t)t\,(\text{钢的密度 } 7.85\text{kg/dm}^3)$$

式中：W——钢管理论重量（kg/m）；

　　　D——钢管外径（mm）；

　　　t——管壁厚（mm）。

镀锌钢管理论重量：

$$W' = cW$$

式中：W'——镀锌钢管理论重量（kg/m）；

　　　W——普通钢管（不镀锌）理论重量（kg/m）；

　　　c——镀锌层的重量系数，见表3-214。

镀锌钢管镀锌层的重量系数　　　　　　　　　　表3-214

	公称壁厚(mm)	2.0	2.2	2.3	2.5	2.8	2.9	3.0	3.2	3.5	3.6
	系数 c	1.038	1.035	1.033	1.031	1.027	1.026	1.025	1.24	1.022	1.021
镀锌层 300g/m²	公称壁厚(mm)	3.8	4.0	4.5	5.0	5.4	5.5	5.6	6.0	6.3	7.0
	系数 c	1.020	1.091	1.017	1.015	1.014	1.014	1.014	1.013	1.012	1.011
	公称壁厚(mm)	7.1	8.0	8.8	10	11	12.5	14.2	16	17.5	20
	系数 c	1.011	1.010	1.009	1.008	1.007	1.006	1.005	1.005	1.004	1.004
镀锌层 500g/m²	公称壁厚(mm)	2.0	2.2	2.3	2.5	2.8	2.9	3.0	3.2	3.5	3.6
	系数 c	1.064	1.058	1.055	1.051	1.045	1.044	1.042	1.040	1.036	1.035
	公称壁厚(mm)	3.8	4.0	4.5	5.0	5.4	5.5	5.6	6.0	6.3	7.0
	系数 c	1.034	1.032	1.028	1.025	1.024	1.023	1.023	1.021	1.020	1.018
	公称壁厚(mm)	7.1	8.0	8.8	10	11	12.5	14.2	16	17.5	20
	系数 c	1.018	1.016	1.014	1.013	1.012	1.010	1.009	1.008	1.007	1.006

注：钢管锌层采用热浸镀锌法镀锌。镀锌层表面可进行钝化处理。

5. 管端用螺纹和沟槽连接钢管的规格尺寸和理论重量

表3-215

公称口径 (mm)	外径(mm)		壁　厚　(mm)		系列1管理论重量(kg/m)	
	系列1	系列2	普通钢管	加厚钢管	普通钢管	加厚钢管
6	10.2	10.0	2.0	2.5	0.404	0.475
8	13.5	12.7	2.5	2.8	0.678	0.739
10	17.2	16.0	2.5	2.8	0.906	0.994
15	21.3	20.8	2.8	3.5	1.28	1.54
20	26.9	26.0	2.8	3.5	1.66	2.02
25	33.7	33.0	3.2	4.0	2.41	2.93
32	42.4	42.0	3.5	4.0	3.36	3.79
40	48.3	48.0	3.5	4.5	3.87	4.86
50	60.3	59.5	3.8	4.5	5.29	6.19
65	76.1	75.5	4.0	4.5	7.11	7.95
80	88.9	88.5	4.0	5.0	8.38	10.35
100	114.3	114.0	4.0	5.0	10.88	13.48
125	139.7	141.3	4.0	5.5	13.39	18.20
150	165.1	168.3	4.5	6.0	16.52	
200	219.1	219.0	6.0	7.0		

注：①表中的公称口径系近似内径的名义尺寸，不表示外径减去两个壁厚所得的内径。

　　②表中理论重量部分为按上式计算，部分摘自 GB/T 21835—2008。

　　③外径分为系列1、系列2和系列3；系列1为通用系列，属推荐选用系列；系列2为非通用系列；系列3为少数特殊、专用系列（略）。

6. 普通焊接钢管尺寸及单位长度理论重量（摘自 GB/T 21835—2008）

表 3-216

外径 (mm)；壁厚 (mm)；单位长度理论重量（kg/m）

系列1	系列2	系列3	0.5	0.6	0.8	1.0	1.2	1.4	1.5	1.6	1.7	1.8	1.9	2.0	2.2	2.3	2.4	2.6	2.8	2.9	3.1
10.2			0.120	0.142	0.185	0.227	0.266	0.304	0.322	0.339	0.356	0.373	0.389	0.404	0.434	0.448	0.462	0.487	0.511	0.522	
	12		0.142	0.169	0.221	0.271	0.320	0.366	0.388	0.410	0.432	0.453	0.473	0.493	0.532	0.550	0.568	0.603	0.635	0.651	0.680
	12.7		0.150	0.179	0.235	0.289	0.340	0.390	0.414	0.438	0.461	0.484	0.506	0.528	0.570	0.590	0.610	0.648	0.684	0.701	0.734
13.5			0.160	0.191	0.251	0.308	0.364	0.418	0.444	0.470	0.495	0.519	0.544	0.567	0.613	0.635	0.657	0.699	0.739	0.758	0.795
		14	0.166	0.198	0.260	0.321	0.379	0.435	0.462	0.489	0.516	0.542	0.567	0.592	0.640	0.664	0.687	0.731	0.773	0.794	0.833
	16		0.191	0.228	0.300	0.370	0.438	0.504	0.536	0.568	0.600	0.630	0.661	0.691	0.749	0.777	0.805	0.859	0.911	0.937	0.986
17.2			0.206	0.246	0.324	0.400	0.474	0.546	0.581	0.616	0.650	0.684	0.717	0.750	0.814	0.845	0.876	0.936	0.994	1.02	1.08
		18	0.216	0.257	0.339	0.419	0.497	0.573	0.610	0.647	0.683	0.719	0.754	0.789	0.857	0.891	0.923	0.987	1.05	1.08	1.14
	19		0.228	0.272	0.359	0.444	0.527	0.608	0.647	0.687	0.725	0.764	0.801	0.838	0.911	0.947	0.983	1.05	1.12	1.15	1.22
	20		0.240	0.287	0.379	0.469	0.556	0.642	0.684	0.726	0.767	0.808	0.848	0.888	0.966	1.00	1.04	1.12	1.19	1.22	1.29
21.3			0.256	0.306	0.404	0.501	0.595	0.687	0.732	0.777	0.822	0.866	0.909	0.952	1.04	1.08	1.12	1.20	1.28	1.32	1.39
		22	0.265	0.317	0.418	0.518	0.616	0.711	0.758	0.805	0.851	0.897	0.942	0.986	1.07	1.12	1.16	1.24	1.33	1.37	1.44
	25		0.302	0.361	0.477	0.592	0.704	0.815	0.869	0.923	0.977	1.03	1.082	1.13	1.24	1.29	1.34	1.44	1.53	1.58	1.67
		25.4	0.307	0.367	0.485	0.602	0.716	0.829	0.884	0.939	0.994	1.05	1.10	1.15	1.26	1.31	1.36	1.46	1.56	1.61	1.70
26.9			0.326	0.389	0.515	0.639	0.761	0.880	0.940	0.998	1.06	1.11	1.17	1.23	1.34	1.40	1.45	1.56	1.66	1.72	1.82
		30	0.364	0.435	0.576	0.715	0.852	0.987	1.05	1.12	1.19	1.25	1.32	1.38	1.51	1.57	1.63	1.76	1.88	1.94	2.06
	31.8		0.386	0.462	0.612	0.760	0.906	1.05	1.12	1.19	1.26	1.33	1.40	1.47	1.61	1.67	1.74	1.87	2.00	2.07	2.19
	32		0.388	0.465	0.616	0.765	0.911	1.06	1.13	1.20	1.27	1.34	1.41	1.48	1.62	1.68	1.75	1.89	2.02	2.08	2.21
33.7			0.409	0.490	0.649	0.806	0.962	1.12	1.19	1.27	1.34	1.42	1.49	1.56	1.71	1.78	1.85	1.99	2.13	2.20	2.34
		35	0.425	0.509	0.675	0.838	1.00	1.16	1.24	1.32	1.40	1.47	1.55	1.63	1.78	1.85	1.93	2.08	2.22	2.30	2.44
	38		0.462	0.553	0.734	0.912	1.09	1.26	1.35	1.44	1.52	1.61	1.69	1.78	1.94	2.02	2.11	2.27	2.43	2.51	2.67
	40		0.487	0.583	0.773	0.962	1.15	1.33	1.42	1.52	1.61	1.70	1.79	1.87	2.05	2.14	2.23	2.40	2.57	2.65	2.82

壁 厚 （mm） 系列1 / 系列2　外径（mm）系列1 / 系列2 / 系列3

单位长度理论重量（kg/m）

外径系列1	外径系列2	外径系列3	3.2	3.4	3.6	3.8	4.0	4.37	4.5	4.78	5.0	5.16	5.4	5.56	5.6	6.02	6.3	6.35	7.1	7.92
10.2																				
	12																			
	12.7																			
13.5																				
		14																		
	16		1.01	1.06	1.10	1.14														
17.2			1.10	1.16	1.21	1.26														
		18	1.17	1.22	1.28	1.33														
	19		1.25	1.31	1.37	1.42														
		20	1.33	1.39	1.46	1.52	1.58	1.68												
21.3			1.43	1.50	1.57	1.64	1.71	1.82	1.86	1.95										
		22	1.48	1.56	1.63	1.71	1.78	1.90	1.94	2.03										
	25		1.72	1.81	1.90	1.99	2.07	2.22	2.28	2.38	2.47									
		25.4	1.75	1.84	1.94	2.02	2.11	2.27	2.32	2.43	2.52									
26.9			1.87	1.97	2.07	2.16	2.26	2.43	2.49	2.61	2.70	2.77								
		30	2.11	2.23	2.34	2.46	2.56	2.76	2.83	2.97	3.08	3.16								
	31.8		2.26	2.38	2.50	2.62	2.74	2.96	3.03	3.19	3.30	3.39								
	32		2.27	2.40	2.52	2.64	2.76	2.98	3.05	3.21	3.33	3.42								
33.7			2.41	2.54	2.67	2.80	2.93	3.16	3.24	3.41	3.54	3.63								
		35	2.51	2.65	2.79	2.92	3.06	3.30	3.38	3.56	3.70	3.80								
	38		2.75	2.90	3.05	3.21	3.35	3.62	3.72	3.92	4.07	4.18								
	40		2.90	3.07	3.23	3.39	3.55	3.84	3.94	4.15	4.32	4.43								

续表 3-216

系列 外径(mm)			壁厚 (mm) 单位长度理论重量(kg/m)																		
系列1	系列2	系列3	0.5	0.6	0.8	1.0	1.2	1.4	1.5	1.6	1.7	1.8	1.9	2.0	2.2	2.3	2.4	2.6	2.8	2.9	3.1
42.4			0.517	0.619	0.821	1.02	1.22	1.42	1.51	1.61	1.71	1.80	1.90	1.99	2.18	2.27	2.37	2.55	2.73	2.82	3.00
	44.5		0.543	0.650	0.862	1.07	1.28	1.49	1.59	1.69	1.79	1.90	2.00	2.10	2.29	2.39	2.49	2.69	2.88	2.98	3.17
48.3				0.706	0.937	1.17	1.39	1.62	1.73	1.84	1.95	2.06	2.17	2.28	2.50	2.61	2.72	2.93	3.14	3.25	3.46
	51			0.746	0.990	1.23	1.47	1.71	1.83	1.95	2.07	2.18	2.30	2.42	2.65	2.76	2.88	3.10	3.33	3.44	3.66
		54		0.79	1.05	1.31	1.56	1.82	1.94	2.07	2.19	2.32	2.44	2.56	2.81	2.93	3.05	3.30	3.54	3.65	3.89
	57			0.835	1.11	1.38	1.65	1.92	2.05	2.19	2.32	2.45	2.58	2.71	2.97	3.10	3.23	3.49	3.74	3.87	4.12
60.3				0.883	1.17	1.46	1.75	2.03	2.18	2.32	2.46	2.60	2.74	2.88	3.15	3.29	3.43	3.70	3.97	4.11	4.37
	63.5			0.931	1.24	1.54	1.84	2.14	2.29	2.44	2.59	2.74	2.89	3.03	3.33	3.47	3.62	3.90	4.19	4.33	4.62
	70				1.37	1.70	2.04	2.37	2.53	2.70	2.86	3.03	3.19	3.35	3.68	3.84	4.00	4.32	4.64	4.80	5.11
		73			1.42	1.78	2.12	2.47	2.64	2.82	2.99	3.16	3.33	3.50	3.84	4.01	4.18	4.51	4.85	5.01	5.34
76.1					1.49	1.85	2.22	2.58	2.76	2.94	3.12	3.30	3.48	3.65	4.01	4.19	4.36	4.71	5.06	5.24	5.58
	82.5				1.61	2.01	2.41	2.80	3.00	3.19	3.39	3.58	3.78	3.97	4.36	4.55	4.74	5.12	5.50	5.69	6.07
88.9					1.74	2.17	2.60	3.02	3.23	3.44	3.66	3.87	4.08	4.29	4.70	4.91	5.12	5.53	5.95	6.15	6.56
	101.6						2.97	3.46	3.70	3.95	4.19	4.43	4.67	4.91	5.39	5.63	5.87	6.35	6.82	7.06	7.53
		108					3.16	3.68	3.94	4.20	4.46	4.71	4.97	5.23	5.74	6.00	6.25	6.76	7.26	7.52	8.02
114.3							3.35	3.90	4.17	4.45	4.72	4.99	5.27	5.54	6.08	6.35	6.62	7.16	7.70	7.97	8.50
	127									4.95	5.25	5.56	5.86	6.17	6.77	7.07	7.37	7.98	8.58	8.88	9.47
	133									5.18	5.50	5.82	6.14	6.46	7.10	7.41	7.73	8.36	8.99	9.30	9.93
139.7										5.45	5.79	6.12	6.46	6.79	7.46	7.79	8.13	8.79	9.45	9.78	10.44
		141.3								5.51	5.85	6.19	6.53	6.87	7.55	7.88	8.22	8.89	9.56	9.90	10.57
		152.4								5.95	6.32	6.69	7.05	7.42	8.15	8.51	8.88	9.61	10.33	10.69	11.41
		159								6.21	6.59	6.98	7.36	7.74	8.51	8.89	9.27	10.03	10.79	11.16	11.92

续表 3-216

外径(mm) 系列			壁厚(mm) 单位长度理论重量(kg/m)																		
系列1	系列2	系列3	3.2	3.4	3.6	3.8	4.0	4.37	4.5	4.78	5.0	5.16	5.4	5.56	5.6	6.02	6.3	6.35	7.1	7.92
42.4			3.09	3.27	3.44	3.62	3.79	4.10	4.21	4.43	4.61	4.74	4.93	5.05	5.08	5.40				
	44.5		3.26	3.45	3.63	3.81	4.00	4.32	4.44	4.68	4.87	5.01	5.21	5.34	5.37	5.71				
48.3			3.56	3.76	3.97	4.17	4.37	4.73	4.86	5.13	5.34	5.49	5.71	5.86	5.90	6.28				
	51		3.77	3.99	4.21	4.42	4.64	5.03	5.16	5.45	5.67	5.83	6.07	6.23	6.27	6.68				
		54	4.01	4.24	4.47	4.70	4.93	5.35	5.49	5.80	6.04	6.22	6.47	6.64	6.68	7.12				
	57		4.25	4.49	4.74	4.99	5.23	5.67	5.83	6.16	6.41	6.60	6.87	7.05	7.10	7.57				
60.3			4.51	4.77	5.03	5.29	5.55	6.03	6.19	6.54	6.82	7.02	7.31	7.51	7.55	8.06				
	63.5		4.76	5.04	5.32	5.59	5.87	6.37	6.55	6.92	7.21	7.42	7.74	7.94	8.00	8.53				
	70		5.27	5.58	5.90	6.20	6.51	7.07	7.27	7.69	8.01	8.25	8.60	8.84	8.89	9.50	9.90	9.97		
73			5.51	5.84	6.16	6.48	6.81	7.40	7.60	8.04	8.38	8.63	9.00	9.25	9.31	9.94	10.36	10.44		
76.1			5.75	6.10	6.44	6.78	7.11	7.73	7.95	8.41	8.77	9.03	9.42	9.67	9.74	10.40	10.84	10.92		
	82.5		6.26	6.63	7.00	7.38	7.74	8.42	8.66	9.16	9.56	9.84	10.27	10.55	10.62	11.35	11.84	11.93		
88.9			6.76	7.17	7.57	7.98	8.38	9.11	9.37	9.92	10.35	10.66	11.12	11.43	11.50	12.30	12.83	12.93		
101.6			7.77	8.23	8.70	9.17	9.63	10.48	10.78	11.41	11.91	12.27	12.81	13.17	13.26	14.19	14.81	14.92		
	108		8.27	8.77	9.27	9.76	10.26	11.17	11.49	12.17	12.70	13.09	13.66	14.05	14.14	15.14	15.80	15.92		
114.3			8.77	9.30	9.83	10.36	10.88	11.85	12.19	12.91	13.48	13.89	14.50	14.91	15.01	16.08	16.78	16.91	18.77	20.78
	127		9.77	10.36	10.96	11.55	12.13	13.22	13.59	14.41	15.04	15.50	16.19	16.65	16.77	17.96	18.75	18.89	20.99	23.26
	133		10.24	10.87	11.49	12.11	12.73	13.86	14.26	15.11	15.78	16.27	16.99	17.47	17.59	18.85	19.69	19.83	22.04	24.43
139.7			10.77	11.43	12.08	12.74	13.39	14.58	15.00	15.90	16.61	17.12	17.89	18.39	18.52	19.85	20.73	20.88	23.22	25.74
		141.3	10.90	11.56	12.23	12.89	13.54	14.76	15.18	16.09	16.81	17.32	18.10	18.61	18.74	20.08	20.97	21.13	23.50	26.05
		152.4	11.77	12.49	13.21	13.93	14.64	15.95	16.41	17.40	18.18	18.74	19.58	20.13	20.27	21.73	22.70	22.87	25.44	28.22
159			12.30	13.05	13.80	14.54	15.29	16.66	17.15	18.18	18.99	19.58	20.46	21.04	21.19	22.71	23.72	23.91	26.60	29.51

续表 3-216

外径 (mm)			壁厚 (mm) 单位长度理论重量 (kg/m)															
系列1	系列2	系列3	8.0	8.74	8.8	9.53	10	10.31	11	11.91	12.5	12.7	14.2	15.09	16	16.66	17.5	19.05	20
系列			系列1	系列3	系列2	系列3	系列1	系列3	系列2	系列3	系列1	系列3	系列2	系列3	系列1	系列3	系列2	系列3	系列1
42.4																			20.62
		44.5																	
48.3																			
	51																		
		54																	
	57																		
60.3																			
	63.5																		
	70																		
		73																	
76.1																			
		82.5																	
88.9																			
	101.6																		
		108																	
114.3			20.97																
	127		23.48																
	133		24.66																
139.7			25.98																
		141.3	26.30																
		152.4	28.49																
		159	29.79	32.39															

续表 3-216

系列 外径(mm)			壁 厚 (mm)																		
系列1	系列2	系列3	0.5	0.6	0.8	1.0	1.2	1.4	1.5	1.6	1.7	1.8	1.9	2.0	2.2	2.3	2.4	2.6	2.8	2.9	3.1
			单位长度理论重量(kg/m)																		
		165								6.45	6.85	7.24	7.64	8.04	8.83	9.23	9.62	10.41	11.20	11.59	12.38
168.3										6.58	6.98	7.39	7.80	8.20	9.01	9.42	9.82	10.62	11.43	11.83	12.63
		177.8										7.81	8.24	8.67	9.53	9.95	10.38	11.23	12.08	12.51	13.36
		190.7										8.39	8.85	9.31	10.23	10.69	11.15	12.06	12.97	13.43	14.34
		193.7										8.52	8.99	9.46	10.39	10.86	11.32	12.25	13.18	13.65	14.57
219.1												9.65	10.18	10.71	11.77	12.30	12.83	13.88	14.94	15.46	16.51
		244.5												11.96	13.15	13.73	14.33	15.51	16.69	17.28	18.46
273.1														13.37	14.70	15.36	16.02	17.34	18.66	19.32	20.64
323.9																		20.60	22.17	22.96	24.53
355.6																		22.63	24.36	25.22	26.95
406.4																		25.89	27.87	28.86	30.83
457																					
508																					
		559																			
610																					
		660																			
711																					
	762																				
813																					
		864																			
914																					
		965																			

续表 3-216

外径(mm) 系列1	外径(mm) 系列2	外径(mm) 系列3	壁厚(mm) 3.2	3.4	3.6	3.8	4.0	4.37	4.5	4.78	5.0	5.16	5.4	5.56	5.6	6.02	6.3	6.35	7.1	7.92
			单位长度理论重量(kg/m)																	
		165	12.77	13.55	14.33	15.11	15.88	17.31	17.81	18.89	19.73	20.34	21.25	21.86	22.01	23.60	24.66	24.84	27.65	30.68
168.3			13.03	13.83	14.62	15.42	16.21	17.67	18.18	19.28	20.14	20.76	21.69	22.31	22.47	24.09	25.17	25.36	28.23	31.33
		177.8	13.78	14.62	15.47	16.31	17.14	18.69	19.23	20.40	21.31	21.97	22.96	23.62	23.78	25.50	26.65	26.85	29.88	33.18
		190.7	14.80	15.70	16.61	17.52	18.42	20.08	20.66	21.92	22.90	23.61	24.68	25.39	25.56	27.42	28.65	28.87	32.15	35.70
		193.7	15.03	15.96	16.88	17.80	18.71	20.40	21.00	22.27	23.27	23.99	25.08	25.80	25.98	27.86	29.12	29.34	32.67	36.29
219.1			17.04	18.09	19.13	20.18	21.22	23.14	23.82	25.26	26.40	27.22	28.46	29.28	29.49	31.63	33.06	33.32	37.12	41.25
		244.5	19.04	20.22	21.39	22.56	23.72	25.88	26.63	28.26	29.53	30.46	31.84	32.76	32.99	35.41	37.01	37.29	41.57	46.21
273.1			21.30	22.61	23.93	25.24	26.55	28.96	29.81	31.63	33.06	34.10	35.65	36.68	36.94	39.65	41.45	41.77	46.58	51.79
323.9			25.31	26.87	28.44	30.00	31.56	34.44	35.45	37.62	39.32	40.56	42.42	43.65	43.96	47.19	49.34	49.73	55.47	61.72
355.6			27.81	29.53	31.25	32.97	34.68	37.85	38.96	41.36	43.23	44.59	46.64	48.00	48.34	51.90	54.27	54.69	61.02	67.91
406.4			31.82	33.79	35.76	37.73	39.70	43.33	44.60	47.34	49.50	51.06	53.40	54.96	55.35	59.44	62.16	62.65	69.92	77.83
457			35.81	38.03	40.25	42.47	44.69	48.78	50.23	53.31	55.73	57.50	60.14	61.90	62.34	66.95	70.02	70.57	78.78	87.71
508			39.84	42.31	44.78	47.25	49.72	54.28	55.88	59.32	62.02	63.99	66.93	68.89	69.38	74.53	77.95	78.56	87.71	97.68
		559	43.86	46.59	49.31	52.03	54.75	59.77	61.54	65.33	68.31	70.48	73.72	75.89	76.43	82.10	85.87	86.55	96.64	107.64
610			47.89	50.86	53.84	56.81	59.78	65.27	67.20	71.34	74.60	76.97	80.52	82.88	83.47	89.67	93.80	94.53	105.57	117.60
		660					64.71	70.66	72.75	77.24	80.77	83.33	87.17	89.74	90.38	97.09	101.56	102.36	114.32	127.36
711							69.74	76.15	78.41	83.25	87.06	89.82	93.97	96.73	97.42	104.66	109.49	110.35	123.25	137.32
	762						74.77	81.65	84.06	89.26	93.34	96.31	100.76	103.72	104.46	112.23	117.41	118.34	132.18	147.29
813							79.80	87.15	89.72	95.27	99.63	102.80	107.55	110.71	111.51	119.81	125.33	126.32	141.11	157.25
		864					84.84	92.64	95.38	101.29	105.92	109.29	114.34	117.71	118.55	127.38	133.26	134.31	150.04	167.21
914							89.76	98.03	100.93	107.18	112.09	115.65	121.00	124.56	125.45	134.80	141.03	142.14	158.80	176.97
		965					94.80	103.53	106.59	113.19	118.38	122.14	127.79	131.56	132.50	142.37	148.95	150.13	167.73	186.94

续表 3-216

壁厚（mm）单位长度理论重量（kg/m）

外径(mm) 系列1	外径(mm) 系列2	外径(mm) 系列3	8.0	8.74	8.8	9.53	10	10.31	11	11.91	12.5	12.70	14.2	15.09	16	16.66	17.5	19.05	20	20.62
		165	30.97	33.68																
168.3			31.63	34.39	34.61	37.31	39.04	40.17	42.67	45.93	48.03	48.73								
		177.8	33.50	36.44	36.68	39.55	41.38	42.59	45.25	48.72	50.96	51.71								
		190.7	36.05	39.22	39.48	42.58	44.56	45.87	48.75	52.51	54.93	55.75								
		193.7	36.64	39.87	40.13	43.28	45.30	46.63	49.56	53.40	55.86	56.69								
219.1			41.65	45.34	45.64	49.25	51.57	53.09	56.45	60.86	63.69	64.64	71.75							
		244.5	46.66	50.82	51.15	55.22	57.83	59.55	63.34	68.32	71.52	72.60	80.65							
273.1			52.30	56.98	57.36	61.95	64.88	66.82	71.10	76.72	80.33	81.56	90.67							
323.9			62.34	67.93	68.38	73.88	77.41	79.73	84.88	91.64	95.99	97.47	108.45	114.92	121.49	126.23	132.23			
355.6			68.58	74.76	75.26	81.33	85.23	87.79	93.48	100.95	105.77	107.40	119.56	126.72	134.00	139.26	145.92			
406.4			78.60	85.71	86.29	93.27	97.76	100.71	107.26	115.87	121.43	123.31	137.35	145.62	154.05	160.13	167.84	181.98	190.58	196.18
457			88.58	96.62	97.27	105.17	110.24	113.58	120.99	130.73	137.03	139.16	155.07	164.45	174.01	180.92	189.68	205.75	215.54	221.91
508			98.65	107.61	108.34	117.15	122.81	126.54	134.82	145.71	152.75	155.13	172.93	183.43	194.14	201.87	211.69	229.71	240.70	247.84
		559	108.71	118.60	119.41	129.14	135.39	139.51	148.66	160.69	168.47	171.10	190.79	202.41	214.26	222.83	233.70	253.67	265.85	273.78
610			118.77	129.60	130.47	141.12	147.97	152.48	162.49	175.67	184.19	187.07	208.65	221.39	234.38	243.78	255.71	277.63	291.01	299.71
		660	128.63	140.37	141.32	152.88	160.30	165.19	176.06	190.36	199.60	202.74	226.15	240.00	254.11	264.32	277.29	301.12	315.67	325.14
711			138.70	151.37	152.39	164.86	172.88	178.16	189.89	205.34	215.33	218.71	244.01	258.98	274.24	285.28	299.30	325.08	340.82	351.07
	762		148.76	162.36	163.46	176.85	185.45	191.12	203.73	220.32	231.05	234.68	261.87	277.96	294.36	306.23	321.31	349.04	365.98	377.01
813			158.82	173.35	174.53	188.83	198.03	204.09	217.56	235.29	246.77	250.65	279.73	296.94	314.48	327.18	343.32	373.00	391.13	402.94
		864	168.88	184.34	185.60	200.82	210.61	217.06	231.40	250.27	262.49	266.63	297.59	315.92	334.61	348.14	365.33	396.96	416.29	428.88
914			178.75	195.12	196.45	212.57	222.94	229.77	244.96	264.96	277.90	282.29	315.10	334.52	354.34	368.68	386.91	420.45	440.95	454.30
		965	188.81	206.11	207.52	224.56	235.52	242.74	258.80	279.94	293.63	298.26	332.96	353.50	374.46	389.64	408.92	444.41	466.10	480.24

续表 3-216

外径(mm)			壁厚 (mm) 单位长度理论重量(kg/m)																		
系列1	系列2	系列3	22.2	23.83	25	26.19	28	28.58	30	30.96	32	34.93	36	38.1	40	45	50	55	60	65
		165																		
168.3																				
		177.8																		
		190.7																		
		193.7																		
219.1																				
		244.5																		
273.1																				
323.9																				
355.6																				
406.4			210.34	224.83	235.15	245.57	261.29	266.30	278.48											
457			238.05	254.57	266.34	278.25	296.23	301.96	315.91											
508			265.97	283.54	297.79	311.19	331.45	337.91	353.65	364.23	375.64.	407.51	419.05	441.52	461.66	513.82	564.75	614.44	662.90	710.12
	559		293.89	314.51	329.23	344.13	366.67	373.85	391.37	403.17	415.89	451.45	464.33	489.44	511.97	570.42	627.64	683.62	738.37	791.88
610			321.81	344.48	360.67	377.07	401.88	409.80	429.11	442.11	456.14	495.38	509.61	537.36	562.28	627.02	690.52	752.79	813.83	873.63
	660		349.19	373.87	391.50	409.37	436.41	445.04	466.10	480.28	495.60	538.45	554.00	584.34	611.61	682.51	752.18	820.61	887.81	953.78
711			377.11	403.84	422.94	442.31	471.63	480.28	503.83	519.22	535.85	582.38	599.27	632.26	661.91	739.11	815.06	889.79	963.28	1 035.54
	762		405.03	433.81	454.39	475.25	506.84	516.93	541.57	558.16	576.09	626.32	644.55	680.18	712.22	795.70	877.95	958.96	1 038.74	1 117.29
813			432.95	463.78	485.83	508.19	542.06	552.88	579.30	597.10	616.34	670.25	689.83	728.10	762.53	852.30	940.84	1 028.14	1 114.21	1 199.04
	864		460.87	493.75	517.27	541.13	577.28	588.83	617.03	636.04	656.59	714.18	735.11	776.02	812.84	908.90	1 003.72	1 097.31	1 189.67	1 280.22
914			488.25	523.14	548.10	573.42	611.80	624.07	654.02	674.22	696.05	757.25	779.50	823.00	862.17	964.39	1 065.38	1 165.13	1 263.66	1 360.94
	965		516.17	553.11	579.55	606.36	647.02	660.01	691.76	713.16	736.29	801.19	824.78	870.92	912.48	1 020.99	1 128.26	1 234.31	1 339.12	1 442.70

续表 3-216

外径(mm) 系列1	系列2	系列3	壁厚(mm) 单位长度理论重量(kg/m) 3.2	3.4	3.6	3.8	4.0	4.37	4.5	4.78	5.0	5.16	5.4	5.56	5.6	6.02	6.3	6.35	7.1	7.92
1016							99.83	109.02	112.25	119.20	124.66	128.63	134.58	138.55	139.54	149.94	156.87	158.11	176.66	196.90
1067											130.95	135.12	141.38	145.54	146.58	157.52	164.80	166.10	185.58	206.86
1118											137.24	141.61	148.17	152.54	153.63	165.09	172.72	174.08	194.51	216.82
	1168										143.41	147.98	154.83	159.39	160.53	172.51	180.49	181.91	203.27	226.59
1219											149.70	154.47	161.62	166.38	167.58	180.08	188.41	189.90	212.20	236.55
	1321														181.66	195.22	204.26	205.87	230.06	256.47
1422															195.61	210.22	219.95	221.69	247.74	276.20
	1524																235.80	237.66	265.60	296.12
1626																	251.65	253.64	283.46	316.04
	1727																		301.15	335.77
1829																			319.01	355.69
	1930																			
2032																				
	2134																			
2235																				
	2337																			
	2438																			
2540																				

单位长度理论重量(kg/m)

外径(mm) 系列1	外径(mm) 系列2	外径(mm) 系列3	壁厚(mm) 8.0	8.74	8.8	9.53	10	10.31	11	11.91	12.5	12.70	14.2	15.09	16	16.66	17.5	19.05	20	20.62
1 016			198.87	217.11	218.58	236.54	248.09	255.71	272.63	294.92	309.35	314.23	350.82	372.48	394.58	410.59	430.93	468.37	491.26	506.17
1 067			208.93	228.10	229.65	248.53	260.67	268.67	286.47	309.90	325.07	330.21	368.68	391.46	414.71	431.54	452.94	492.33	516.41	532.11
1 118			218.99	239.09	240.72	260.52	273.25	281.64	300.30	324.88	340.79	346.18	386.54	410.44	434.83	452.50	474.95	516.29	541.57	558.04
	1 168		228.86	249.87	251.57	272.27	285.58	294.35	313.87	339.56	356.20	361.84	404.05	429.05	454.56	473.04	496.53	539.78	566.23	583.47
1 219			238.92	260.86	262.64	284.25	298.16	307.32	327.70	354.54	371.93	377.81	421.91	448.03	474.68	493.99	518.54	563.74	591.38	609.40
1 321			259.04	282.85	284.78	308.23	323.31	333.26	355.37	384.50	403.37	409.76	457.63	485.98	514.93	535.90	562.56	611.66	641.69	661.27
1 422			278.97	304.62	306.69	331.96	348.22	358.94	382.77	414.17	434.50	441.39	493.00	523.57	554.79	577.40	606.15	659.11	691.51	712.63
	1 524		299.09	326.60	328.83	355.94	373.38	384.87	410.44	444.13	465.95	473.34	528.72	561.53	595.03	619.31	650.17	707.03	741.82	764.50
1 626			319.22	348.59	350.97	379.91	398.53	410.81	438.11	474.09	497.39	505.29	564.44	599.49	635.28	661.21	694.19	754.95		
	1 727		339.14	370.36	372.89	403.65	423.44	436.49	465.51	503.75	528.53	536.92	599.81	637.07	675.13	702.71	737.78	802.40		
1 829			359.27	392.34	395.02	427.62	448.59	462.42	493.18	533.71	559.97	568.87	635.53	675.03	715.38	744.62	781.80	850.32		
	1 930		379.20	414.11	416.94	451.36	473.50	488.10	520.58	563.38	591.11	600.50	670.90	712.62	755.23	786.12	825.39	897.77		
2 032			399.32	436.10	439.08	475.33	498.66	514.04	548.25	593.34	622.55	632.45	706.62	750.58	795.48	828.02	869.41	945.69	992.38	1 022.83
	2 134				461.21	499.30	523.81	539.97	575.92	623.30	653.99	664.39	742.34	788.54	835.73	869.93	913.43	993.61	1 042.69	1 074.70
2 235					483.13	523.04	548.72	565.65	603.32	652.96	685.13	696.03	777.71	826.12	875.58	911.43	957.02	1 041.06	1 092.50	1126.06
	2 337						573.87	591.58	630.99	682.92	716.57	727.97	813.43	864.08	915.93	953.34	1 001.04	1 088.98	1 142.81	1 177.93
	2 438						598.78	617.26	658.39	712.59	747.71	759.61	848.80	901.67	955.68	994.83	1 044.63	1 136.43	1 192.63	1 229.29
2 540							623.94	643.20	686.06	742.55	779.15	791.55	884.52	939.63	995.93	1 036.74	1 088.65	1 184.35	1 242.94	1 821.16

续表 3-216

壁厚（mm）单位长度理论重量（kg/m）

外径(mm) 系列1	外径(mm) 系列2	外径(mm) 系列3	22.2	23.83	25	26.19	28	28.58	30	30.96	32	34.93	36	38.1	40	45	50	55	60	65
1 016			544.09	583.08	610.99	639.30	682.24	695.96	729.49	752.10	776.54	845.12	870.06	918.84	962.78	1 077.58	1 191.15	1 303.48	1 414.58	1 524.45
1 067			572.01	613.05	642.43	672.24	717.45	731.91	767.22	791.04	816.79	889.05	915.34	966.76	1 013.09	1 134.18	1 254.04	1 372.66	1 490.05	1 606.20
1 118			599.93	643.03	673.88	705.18	752.67	767.85	804.95	829.98	857.04	932.98	960.61	1 014.68	1 063.40	1 190.78	1 316.92	1 441.83	1 565.51	1 687.96
	1 168		627.31	672.41	704.70	737.48	787.20	803.09	841.94	868.15	896.49	976.06	1 005.01	1 061.66	1 112.73	1 246.27	1 378.58	1 509.65	1 639.50	1 768.11
1 219			655.23	702.38	736.15	770.42	822.41	839.04	879.68	907.09	936.74	1 019.99	1 050.28	1 109.58	1 163.04	1 302.87	1 441.46	1 578.83	1 714.96	1 849.86
	1 321		711.07	762.33	799.03	836.30	892.84	910.93	955.14	984.97	1 017.24	1 107.85	1 140.84	1 205.42	1 263.66	1 416.06	1 567.24	1 717.18	1 865.89	2 013.36
1 422			766.37	821.68	861.30	901.53	962.59	982.12	1 029.86	1 062.09	1 096.94	1 194.86	1 230.51	1 300.32	1 363.29	1 528.15	1 691.78	1 854.17	2 015.34	2 175.27
	1 524		822.21	881.63	924.19	967.41	1 033.02	1 054.01	1 105.33	1 139.97	1 177.44	1 282.72	1 321.07	1 396.16	1 463.91	1 641.35	1 817.55	1 992.53	2 166.27	2 338.77
1 626			878.06	941.57	987.08	1 033.29	1 103.45	1 125.90	1 180.79	1 217.85	1 257.93	1 370.59	1 411.62	1 492.00	1 564.53	1 754.54	1 943.32	2 130.88	2 317.19	2 502.28
	1 727		933.35	1 000.92	1 049.35	1 098.53	1 173.20	1 197.09	1 255.52	1 294.96	1 337.64	1 457.59	1 501.29	1 586.90	1 664.01	1 866.63	2 067.87	2 267.87	2 466.64	2 664.18
1 829			989.20	1 060.87	1 112.23	1 164.41	1 243.63	1 268.98	1 330.98	1 372.84	1 418.13	1 545.46	1 591.85	1 682.74	1 764.78	1 979.83	2 193.64	2 406.22	2 617.57	2 827.69
	1 930		1 044.49	1 120.22	1 174.50	1 229.64	1 313.37	1 340.17	1 405.71	1 449.96	1 497.84	1 632.46	1 681.52	1 777.64	1 864.41	2 091.91	2 318.18	2 543.22	2 767.02	2 989.59
2 032			1 100.34	1 180.17	1 237.39	1 295.52	1 383.81	1 412.06	1 481.17	1 527.83	1 578.34	1 720.33	1 772.08	1 873.47	1 965.03	2 205.11	2 443.95	2 681.57	2 917.95	3 153.10
	2 134		1 156.18	1 240.11	1 300.28	1 361.40	1 454.24	1 483.95	1 556.63	1 605.71	1 658.83	1 808.19	1 862.63	1 969.31	2 065.65	2 318.30	2 569.72	2 819.92	3 068.88	3 316.60
2 235			1 211.48	1 299.47	1 362.55	1 426.64	1 523.98	1 555.14	1 631.36	1 682.83	1 738.54	1 895.20	1 952.30	2 064.21	2 165.28	2 430.39	2 694.27	2 956.91	3 218.33	3 478.50
	2 337		1 267.32	1 359.41	1 425.43	1 492.52	1 594.42	1 627.03	1 706.82	1 760.71	1 819.03	1 983.06	2 042.86	2 160.05	2 265.90	2 543.59	2 820.04	3 095.26	3 369.25	3 642.01
	2 438		1 322.61	1 418.77	1 487.70	1 557.75	1 664.16	1 698.22	1 781.55	1 837.82	1 898.74	2 070.07	2 132.53	2 254.95	2 365.53	2 656.17	2 944.58	3 232.63	3 518.70	3 803.91
2 540			1 378.46	1 478.71	1 550.59	1 623.63	1 734.59	1 770.11	1 857.01	1 915.70	1 979.23	2 157.93	2 223.09	2 350.79	2 466.15	2 768.87	3 070.36	3 370.61	3 669.63	3 967.42

注：系列1为通用系列（优先选用系列）；系列2为非通用系列（非优先选用系列）；系列3为特殊专用系列。

7. 精密焊接钢管尺寸及单位长度理论重量（摘自 GB/T 21835—2008）

表 3-217

外径(mm)		壁厚 (mm) 单位长度理论重量(kg/m)																							
系列 2	系列 3	0.5	(0.8)	1.0	1.2	1.5	(1.8)	2.0	(2.2)	2.5	(2.8)	3.0	(3.5)	4.0	(4.5)	5.0	(5.5)	6.0	(7.0)	8.0	(9.0)	10.0	(11.0)	12.5	(14)
8		0.092	0.142	0.173	0.201	0.240	0.275	0.296	0.315																
10		0.117	0.182	0.222	0.260	0.314	0.364	0.395	0.423	0.462															
12		0.142	0.221	0.271	0.320	0.388	0.453	0.493	0.532	0.586	0.635	0.666													
	14	0.166	0.260	0.321	0.379	0.462	0.542	0.592	0.640	0.709	0.773	0.814	0.906												
16		0.191	0.300	0.370	0.438	0.536	0.630	0.691	0.749	0.832	0.911	0.962	1.08	1.18											
	18	0.216	0.309	0.419	0.497	0.610	0.719	0.789	0.857	0.956	1.05	1.11	1.25	1.38	1.50										
20		0.240	0.379	0.469	0.556	0.684	0.808	0.888	0.966	1.08	1.19	1.26	1.42	1.58	1.72										
	22	0.265	0.418	0.518	0.616	0.758	0.897	0.988	1.07	1.20	1.33	1.41	1.60	1.78	1.94	2.10									
25		0.302	0.477	0.592	0.704	0.869	1.03	1.13	1.24	1.39	1.53	1.63	1.86	2.07	2.28	2.47	2.64								
	28	0.339	0.517	0.666	0.793	0.980	1.16	1.28	1.40	1.57	1.74	1.85	2.11	2.37	2.61	2.84	3.05								
	30	0.364	0.576	0.715	0.852	1.05	1.25	1.38	1.51	1.70	1.88	2.00	2.29	2.56	2.83	3.08	3.32	3.55	3.97							
32		0.388	0.616	0.765	0.911	1.13	1.34	1.48	1.62	1.82	2.02	2.15	2.46	2.76	3.05	3.33	3.59	3.85	4.32	4.74						
	35	0.425	0.675	0.838	1.00	1.24	1.47	1.63	1.78	2.00	2.22	2.37	2.72	3.06	3.38	3.70	4.00	4.29	4.83	5.33						
38		0.462	0.704	0.912	1.09	1.35	1.61	1.78	1.94	2.19	2.43	2.59	2.98	3.35	3.72	4.07	4.41	4.74	5.35	5.92	6.44	6.91				
	40	0.487	0.773	0.962	1.15	1.42	1.70	1.87	2.05	2.31	2.57	2.74	3.15	3.55	3.94	4.32	4.68	5.03	5.70	6.31	6.88	7.40				
45			0.872	1.09	1.30	1.61	1.92	2.12	2.32	2.62	2.91	3.11	3.58	4.04	4.49	4.93	5.36	5.77	6.56	7.30	7.99	8.63				

续表 3-217

壁 厚 (mm)

单位长度理论重量(kg/m)

外径(mm)		0.5	(0.8)	1.0	(1.2)	1.5	(1.8)	2.0	(2.2)	2.5	(2.8)	3.0	(3.5)	4.0	(4.5)	5.0	(5.5)	6.0	(7.0)	8.0	(9.0)	10.0	(11.0)	12.5	(14)
系列2	系列3																								
50			0.971	1.21	1.44	1.79	2.14	2.37	2.59	2.93	3.26	3.48	4.01	4.54	5.05	5.55	6.04	6.51	7.42	8.29	9.10	9.86			
	55		1.07	1.33	1.59	1.98	2.36	2.61	2.86	3.24	3.60	3.85	4.45	5.03	5.60	6.17	6.71	7.25	8.29	9.27	10.21	11.10	11.94		
60			1.17	1.46	1.74	2.16	2.58	2.86	3.14	3.55	3.95	4.22	4.88	5.52	6.16	6.78	7.39	7.99	9.15	10.26	11.32	12.33	13.29		
	70		1.35	1.70	2.04	2.53	3.03	3.35	3.68	4.16	4.64	4.96	5.74	6.51	7.27	8.01	8.75	9.47	10.88	12.23	13.54	14.80	16.01		
80			1.56	1.95	2.33	2.90	3.47	3.85	4.22	4.78	5.33	5.70	6.60	7.50	8.38	9.25	10.11	10.95	12.60	14.21	15.76	17.26	18.72		
	90				2.63	3.27	3.92	4.34	4.76	5.39	6.02	6.44	7.47	8.48	9.49	10.48	11.46	12.43	14.33	16.18	17.98	19.73	21.43		
100					2.92	3.64	4.36	4.83	5.31	6.01	6.71	7.18	8.33	9.47	10.60	11.71	12.82	13.91	16.05	18.15	20.20	22.20	24.14		
	110				3.22	4.01	4.80	5.33	5.85	6.63	7.40	7.92	9.19	10.46	11.71	12.95	14.17	15.39	17.78	20.12	22.42	24.66	26.86	30.06	
120							5.25	5.82	6.39	7.24	8.09	8.66	10.06	11.44	12.82	14.18	15.53	16.87	19.51	22.10	24.64	27.13	29.57	33.14	
	140						6.13	6.81	7.48	8.48	9.47	10.14	11.78	13.42	15.04	16.65	18.24	19.83	22.96	26.04	29.08	32.06	34.99	39.30	
160							7.02	7.79	8.56	9.71	10.86	11.62	13.51	15.39	17.26	19.11	20.96	22.79	26.41	29.99	33.51	36.99	40.42	45.47	
	180															21.58	23.67	25.75	29.87	33.93	37.95	41.92	45.85	51.64	
200																		28.71	33.32	37.88	42.39	46.86	51.27	57.80	
	220																		36.77	41.83	46.83	51.79	56.70	63.97	71.12
240																		40.22	45.77	51.27	56.72	62.12	70.13	78.03
	260																		43.68	49.72	55.71	61.65	67.55	76.30	84.93

注：括号内数据壁厚不推荐使用。

(二)一般结构用焊接钢管(SY/T 5768—2006)

一般结构用焊接钢管以热轧钢板或钢带作管坯,采用电阻焊或电弧焊工艺制造,在焊接、定径后不进行整体热处理。

一般结构用焊接钢管包括圆截面直缝焊接管和螺旋缝焊接管。主要用于石油工业、一般工业、土木工程和民用建筑结构中。

材料:钢管采用 GB/T 700 和 GB/T 1591 中焊接性能良好的钢制造,其化学成分及板、带的拉伸等力学性能符合相应标准规定。

1. 钢管的技术要求

表 3-218

项 目			指 标 和 要 求
钢管交货长度			通常长度 2～12m
			定尺长度在通常长度范围内,并以正偏差交货
			倍尺总长度在通常长度范围内,长度公差双方商定,倍尺长度按每倍尺留 5～10mm 切口余量
尺寸偏差	外径 D	铜管公称外径(mm)	外径极限偏差(mm)
		<60.3	±0.5
		60.3～<355.6	±1%D
		≥355.6	±0.75%D,最大为±6mm
	壁厚 t	钢管公称壁厚(mm)	壁厚极限偏差(mm)
		<3	±0.3
		3～<12	±10%t
		≥12	+10%t,−1.2mm
钢管直度			不大于钢管长度的 0.2%,或供需双方协商
管端要求			两端应切成平端
			管端也可加工成坡口,具体由双方商定
			电阻焊钢管焊缝外毛刺应清理成平齐光滑,内毛刺由双方商定
钢管理论重量			符合表 3-219 计算公式
焊缝拉伸试验			外径≥355.6mm 的电弧焊钢管应做试验,其抗拉强度不得低于母材规定的抗拉强度最小值
直缝电阻焊钢管的压扁试验			当两钢板间距离为外径的 2/3 时,其管壁和焊缝不得产生裂缝和缺陷。对于外径<60.3mm 的钢管,经双方同意可用弯曲试验代替压扁试验
弯曲试验	外径 D<60.3mm 直缝电阻焊钢管		弯曲半径≤6D,当弯曲到 90°时,钢管表面及焊缝上应无裂缝和焊缝开裂
	外径 D≥355.6mm 电弧焊钢管		应进行焊缝导向正面弯曲试验,弯模尺寸对照 GB/T 9711.1 相应钢级选取,弯曲 180°后:a)不得完全开裂;b)焊缝金属中不得出现>3.2mm 长的裂纹;c)母材、热影响区或熔合线上不得出现长度超过 3.2mm 且深度超过规定壁厚下偏差的裂纹;d)出现在试样边缘长度<6.4mm 裂纹不计
工艺质量			焊缝表面不得有裂纹、烧穿及断弧等缺陷,钢管外焊缝表面不得有凸起、焊瘤、毛刺;通过焊缝横断面磨片酸蚀检查,电弧焊缝不得未焊透及未熔合
			外径≥114.3mm 钢管表面缺陷允许修补,补焊焊缝长度应≥50mm,母材上焊接修补处修磨后的高度应≤1.5mm
其他试验			经双方协商可采用水压涡流探伤、超声波探伤等检验和对电阻焊钢管进行扩口试验

2. 一般结构用焊接钢管公称外径、公称壁厚和每米理论重量

表3-219

外径 (mm)	\多壁厚 (mm)																									
	2	2.3	2.6	2.9	3.2	3.6	4	4.5	5	5.4	(5.5)	5.6	(6)	6.3	(7)	7.1	8	8.8	(9)	10	11	(12)	12.5	(4)	14.2	16
	每米理论重量(kg/m)																									
21.3	0.95	1.08	1.20																							
26.9		1.40	1.56	1.72	1.87																					
33.7			1.99	2.20	2.41	2.67	2.93	3.24																		
42.4			2.55	2.82	3.09	3.44	3.79	4.21	4.61	4.93	5.00	5.08														
48.3				3.25	3.56	3.97	4.37	4.86	5.34	5.71	5.80	5.90														
60.3				4.11	4.51	5.03	5.55	6.19	6.82	7.31	7.43	7.55	8.03	8.39												
76.1					5.75	6.44	7.11	7.95	8.77	9.41	9.58	9.74	10.4	10.8												
88.9					6.76	7.57	8.38	9.37	10.3	11.1	11.3	11.5	12.3	12.8												
114.3						9.83	10.9	12.2	13.5	14.5	14.8	15.0	16.0	16.8	18.5	18.8	21.0									
139.7						12.1	13.4	15.0	16.6	17.9	18.2	18.5	19.8	20.7	22.9	23.2	26.0									
168.3						14.6	16.2	18.2	20.1	21.7	22.1	22.5	24.0	25.2	27.8	28.2	31.6	34.6	35.4	39.0						
219.1									26.4.	28.5	29.0	29.5	31.5	33.1	36.6	37.1	41.6	45.6	46.6	51.6	56.4	61.3	63.8			
273													39.5	41.1	45.9	46.6	52.3	57.3	58.6	64.9	71.1	77.2	80.3			
323.9													47.0	49.3	54.7	55.5	62.3	68.4	70.0	77.4	84.9	92.3	96.0			
355.6													51.7	54.3	60.2	61.0	68.6	75.3	76.9	85.2	93.5	102	106			
(377)													54.9	57.6	63.9	64.8	72.8	79.9	81.7	90.5	99.3	108	112			
406.4													59.2	62.2	68.9	69.9	78.6	86.3	88.2	97.8	107	117	121			
(426)													62.1	65.2	72.3	73.3	82.5	90.5	92.5	103	113	123	127			
457													66.7	70.0	77.7	78.8	88.6	97.3	99.4	110	121	132	137			
508														77.9	86.5	87.7	98.6	108	111	123	135	147	153			

续表3-219

壁厚 (mm)　每米理论重量 (kg/m)

外径 (mm)	2	2.3	2.6	2.9	3.2	3.6	4	4.5	5	5.4	(5.5)	5.6	(6)	6.3	(7)	7.1	8	8.8	(9)	10	11	(12)	12.5	(14)	14.2	16
(529)														81.2	90.1	91.4	103	113	115	128	140	153	159			
610														93.8	104	106	119	130	133	148	162	177	184	206	209	234
(630)														96.9	108	109	123	135	138	153	168	183	190	213	216	242
711															122	123	139	152	156	173	190	207	215	241	244	274
(720)															123	125	140	154	158	175	192	210	218	244	247	278
813															139	141	159	175	178	198	218	237	247	276	280	314
(820)															140	142	160	176	180	200	219	239	249	278	282	317
914																	179	496	201	223	245	267	278	311	315	354
(920)																	180	198	202	224	247	269	280	313	317	357
1 016																	199	219	223	248	273	297	309	346	351	395

注：①根据购方要求，并经钢管制造商与购方协议，可供应介于本表所列公称外径和公称壁厚之间中间尺寸的钢管。

②本表中括号内的公称外径和公称壁厚为保留规格。

③钢管理论重量计算符合下式：

$$M = 0.0246615(D-t)t$$

式中：M——钢管每米理论重量（kg/m）；

D——钢管外径（mm）；

t——钢管壁厚（mm）。

3.一般结构用焊接钢管的交货和标志

(1)钢管按理论重量交货,也可按实际重量交货。

钢管以无涂层状态交货,经双方协商,可涂保护性涂层,涂层应光滑及厚度均匀。

(2)标志内容。

①钢管制造商代号或商标。

②标准编号。

③钢管公称外径。

④钢管公称壁厚。

⑤钢管长度。

⑥钢的牌号。

⑦管号("♯"号后跟钢管编号)。

标记示例:由钢管制造商(代号 AB)生产的、公称外径 508mm、公称壁厚 7mm、长度 10 000mm、钢牌号 Q235A、管号♯960616 的一般结构用焊接钢管的标志如下:

AB SY/T 5768−2006

508×7×10000 Q235A ♯960616

(3)质量证明书。

钢管应由钢管制造商质量检验部门提供质量证明书,证明书应注明:

①钢管制造商的名称。

②购方名称。

③合同号。

④标准号。

⑤产品名称和公称尺寸。

⑥根(捆)数及重量。

⑦钢牌号。

⑧标准及合同中规定的各种试验结果。

⑨发运编号。

⑩发货时间。

⑪质量检验部门印记。

⑫钢管制造商认为有必要标明的其他内容。

(三)结构用直缝埋弧焊接钢管(GB/T 30063—2013)

结构用直缝埋弧焊接钢管以热轧钢板或钢带作管坯,采用双面直缝埋弧焊接方法制成。对接钢管的环焊缝可采用手工低氢型焊条电弧焊、埋弧自动焊、自动或半自动熔化焊及气体保护电弧焊工艺制造。钢管外径大于 400mm。

结构用直缝埋弧焊接钢管主要用于建筑、桥梁、塔架、桩柱、支杆和其他一般结构。

材料:钢管采用 GB/T 700 中 Q235 和 GB/T 1591 中 Q345、Q390、Q420、Q460 及 GB/T 19879 中 Q235、Q345、Q390、Q420 中部分牌号制造(表 3-221)。其化学成分符合相应标准规定。

1.钢管的技术要求

表 3-220

项　目	指　标　和　要　求
钢管交货长度	通常长度 3～12.5m
	双方商定可定尺交货,定尺长度在通常长度范围内,定尺长度允许偏差为 0～+20mm
	双方商定可倍尺交货,倍尺总长度在通常长度范围内,长度公差为 0～+50mm,倍尺长度按每倍尺留 10mm 切口余量

项 目			指 标 和 要 求		
尺寸偏差	外径 D	钢管公称外径(mm)	外径允许偏差(mm)(周长法测量)		管径差
		<500	±1.6		(钢管两管端距端面 25mm 范围,外径之差的绝对值)≤2.4
		500~<800	±2.0		
		800~<1 600	±2.5%D		≤0.3%D
		≥1 600	±4.0		≤4.8
	壁厚 t	铜管公称壁厚(mm)	壁厚允许偏差(mm)		
		≤20	±10%t		
		>20	±2.0		
钢管不圆度			外径与壁厚比≤75 的钢管,不圆度≤1%,且不超过 15mm。其他由供需商定		
钢管每米弯曲度			≤1.5mm,全长弯曲度≤钢管长度的 0.1%,且不超过 10mm		
管端要求			两端切斜应≤3mm,切口毛刺应清除		
			钢管端面以平端交货;经双方商定,管端也可加工成坡口,坡口角度 30°~35°,钝边 1.6±0.8mm		
弯曲试验		t≥10mm 钢管做侧弯试验。t<10mm 钢管,做焊缝导向弯曲试验。弯芯直径:最小屈服强度 ≤345MPa－38mm >345MPa－50mm	试样在弯模内弯曲 180°: a)不得完全断裂; b)焊缝金属中不得出现>3.2mm 长的裂纹或破裂; c)母材、热影响区或熔合线上不得出现长度超过 3.2mm 裂纹或深度超过壁厚 10%的裂纹或破裂; d)试样边缘长度<6.4mm 裂纹不计		
钢管外观质量		表面缺陷	钢管内、外表面应光滑,无折叠、裂纹、重皮、焊瘤和尖底缺陷(如划伤)。缺陷清除处的壁厚不得小于壁厚允许的最小值 不超过壁厚允许负偏差的其他局部缺陷允许存在		
	焊缝余高	t≤12.5mm	超过钢管原始表面内、外焊缝余高应≤3.2mm。超高部分允许修磨		
		t>12.5mm	超过钢管原始表面内、外焊缝余高应≤3.5mm。超高部分允许修磨		
	焊缝咬边		深度≤0.5mm 的咬边可不修磨。超过 0.5mm 咬边修磨后应满足最小壁厚要求,否则应补焊		
	径向错边	t≤12.5mm	钢管纵缝径向错边应≤1.5mm		
		t>12.5mm	钢管纵缝径向错边应≤12.5%t,且最大不超过 2.5mm		
钢管对接			经需方同意,钢管可对接交货,对接短管长度不小于 1.5m,直缝应错开 180°,环缝错边量应≤20%t,且最大值≤3.2mm。对接后弯曲度应符合要求		
宏观检验			钢管应采用 10%过硫酸铵溶液或 4%硝酸酒精溶液对焊缝截面进行酸蚀检验,内、外焊缝应完全熔透,不允许出现未焊透、未熔合或裂纹		
无损探伤			经双方商定,可对钢管每条焊缝进行超声检测或射线检测		
焊缝修补			补焊后的焊道应修磨,其剩余高度应与原钢管表面或原始内、外焊缝高度基本平齐		

2.各牌号钢管力学性能

表 3-221

标准	牌号	质量等级	屈服强度 R_{eL}（MPa）			抗拉强度 R_m（MPa）	断后伸长率 A（%）	焊接接头抗拉强度 R_m（MPa）	冲击试验[a] 试样尺寸：10mm×10mm×55mm[b]	
			壁厚（mm）						温度（℃）	三个试样平均吸收功（J）
			≤16	>16～40	>40～60					
GB/T 700	Q235	B	≥235	≥225	≥215	370～500	≥22	≥370	+20	≥27
		C							0	
	Q345	B	≥345	≥335	≥325	470～630	≥18	≥470	+20	≥34
		C							0	
GB/T 1591	Q390	B	≥390	≥370	≥350	490～650	≥18	≥490	+20	≥34
		C							0	
	Q420	B	≥420	≥400	≥380	520～680	≥17	≥520	+20	≥34
		C							0	
	Q460	C	≥460	≥440	≥420	550～720	≥15	≥550	0	≥34
		D							−20	

标准	牌号	质量等级	屈服强度 R_{eL}（MPa）				抗拉强度 R_m（MPa）	断后伸长率 A（%）	焊接接头抗拉强度 R_m（MPa）	冲击试验[a] 试样尺寸：10mm×10mm×55mm[b]	
			壁厚（mm）							温度（℃）	三个试样平均吸收功（J）
			≤16	>16～35	>35～50	>50～60					
GB/T 19879	Q235GJ	B	≥235	235～355	225～345	215～335	400～510	≥22	≥400	+20	≥34
		C								0	
	Q345GJ	B	≥345	345～465	335～455	325～445	490～610	≥18	≥490	+20	≥34
		C								0	
	Q390GJ	B	≥390	390～510	380～500	370～490	490～650	≥18	≥490	+20	≥34
		C								0	
	Q420GJ	C	≥420	420～550	410～540	400～530	520～680	≥17	≥520	0	≥34

注：①[a] 允许其中有 1 个试样的值（单个值）低于规定平均值，但应不低于规定平均值的 70%。

②[b] 如果无法截取全尺寸试样（10mm×10mm×55mm），允许使用宽度为 7.5mm 和 5.0mm 中尽可能大的小尺寸试样，其试验结果应分别不小于表中规定值的 75% 和 50%。

③母材的横向拉伸试验、母材纵向夏比 V 型缺口冲击试验应由供需双方商定并符合本表规定。

④钢管母材纵向拉伸性能和焊接接头拉伸性能应符合本表规定。

3. 结构用直缝埋弧焊钢管外径、壁厚和理论重量

表 3-222

公称外径 D (mm)	公称壁厚 t(mm) 理论重量（kg/m）																									
	6	7	8	9	10	11	12	13	14	15	16	17	18	19	20	21	22	23	25	28	30	32	36	40	45	50
406	59.19	68.88	78.52	88.12	97.7	107.2	116.6	126.0	135.3	144.6	153.9	163.1	172.2	181.3	190.4	—	—	—	—	—	—	—	—	—	—	—
426	62.15	72.33	82.47	92.55	102.6	112.6	122.5	132.4	142.2	152.0	161.8	171.5	181.1	190.7	200.3	209.7	—	—	—	—	—	—	—	—	—	—
457	66.73	77.68	88.58	99.44	110.2	121.0	131.7	142.3	153.0	163.5	174.0	184.5	194.9	205.2	215.5	225.8	236.0	—	—	—	—	—	—	—	—	—
480	70.14	81.65	93.12	104.54	115.9	127.2	138.5	149.7	160.9	172.0	183.1	194.1	205.1	216.0	226.9	237.7	248.5	259.2	—	—	—	—	—	—	—	—
508	74.28	86.49	98.65	110.75	122.8	134.8	146.8	158.7	170.6	182.4	194.1	205.8	217.5	229.1	240.7	252.2	263.7	275.1	297.8	—	—	—	—	—	—	—
529	77.39	90.11	102.79	115.42	128.0	140.5	153.0	165.4	177.8	190.1	202.4	214.7	226.8	239.0	251.1	263.1	275.1	287.0	310.7	—	—	—	—	—	—	—
559	81.83	95.29	108.71	122.07	135.4	148.7	161.9	175.0	188.2	201.2	214.3	227.2	240.2	253.0	265.9	278.6	291.4	304.0	329.2	—	—	—	—	—	—	—
584	85.53	99.61	113.64	127.62	141.6	155.4	169.3	183.1	196.8	210.5	224.1	237.7	251.3	264.7	278.2	291.6	304.9	318.2	344.6	383.9	—	—	—	—	—	—
610	89.37	104.10	118.77	133.39	148.0	162.5	177.0	191.4	205.8	220.1	234.4	248.6	262.8	276.9	291.0	305	319.0	333.0	360.7	401.9	429.1	—	—	—	—	—
630	92.33	107.55	122.72	137.83	152.9	167.9	182.9	197.8	212.7	227.5	242.3	257.0	271.7	286.3	300.9	315.4	329.3	344.3	373.0	415.7	443.9	—	—	—	—	—
660	—	—	128.63	144.49	160.3	176.1	191.8	207.4	223.0	238.6	254.1	269.6	285.0	300.4	315.7	330.9	346.1	361.3	391.5	436.4	466.1	—	—	—	—	—
711	—	—	138.70	155.81	172.9	189.9	206.9	223.8	240.6	257.5	274.2	291.0	307.6	324.2	340.8	357.3	373.8	390.2	422.9	471.6	503.8	535.8	—	—	—	—
762	—	—	148.76	167.13	185.5	203.7	222.0	240.1	258.3	276.3	294.4	312.3	330.3	348.1	366.0	383.8	401.5	419.2	454.4	506.8	541.6	576.1	644.6	—	—	—
813	—	—	158.82	178.45	198.0	217.6	237.0	256.5	275.9	295.2	314.5	333.7	352.9	372.0	391.1	410.2	429.2	448.1	485.8	542.0	579.3	616.3	689.8	762.5	—	—
864	—	—	—	—	210.6	231.4	252.1	272.8	293.5	314.1	334.6	355.1	375.5	395.9	416.3	436.6	456.8	477.0	517.3	577.3	617.0	656.6	735.1	812.8	—	—
914	—	—	—	—	222.9	245.0	266.9	288.9	310.7	332.6	354.3	376.1	397.7	419.4	440.9	462.5	484.0	505.4	548.1	611.8	654.0	696.0	779.5	862.2	964.4	—
965	—	—	—	—	235.5	258.8	282.0	305.2	328.3	351.4	374.5	397.4	420.4	443.3	466.1	488.9	511.6	534.3	579.5	647.0	691.8	736.3	824.8	912.5	1021.0	—
1016	—	—	—	—	248.1	272.6	297.1	321.6	346.0	370.3	394.6	418.8	443.0	467.2	491.3	515.5	539.5	563.2	611.0	682.2	729.5	776.5	870.1	962.8	1077.6	1191.2
1067	—	—	—	—	260.7	286.5	312.2	337.9	363.6	389.2	414.7	440.2	465.7	491.1	516.4	541.7	567.0	592.2	642.4	717.5	767.2	816.8	915.3	1013.1	1134.2	1254.0

续表 3-222

公称外径 D (mm)	公称壁厚 t(mm)（理论重量 kg/m）																					
	12	13	14	15	16	17	18	19	20	21	22	23	25	28	30	32	36	40	45	50	55	60
1118	327.3	354.3	381.2	408.0	434.8	461.6	488.3	515.0	541.6	568.1	594.6	621.1	673.9	752.7	805.0	857.0	960.6	1063.4	1190.8	1316.9	1441.8	—
1168	342.1	370.3	398.4	426.5	454.6	482.6	510.5	538.4	566.2	594.0	621.8	649.5	704.7	787.2	841.9	896.5	1005.0	1112.7	1246.3	1378.6	1509.7	—
1219	357.2	386.6	416.0	445.4	474.7	503.9	533.1	562.3	591.4	620.4	649.4	678.4	736.1	822.4	879.7	936.7	1050.3	1163.0	1302.9	1441.5	1578.8	1715.0
1321	—	—	451.3	483.1	514.9	546.7	578.4	610.1	641.7	673.3	704.8	736.2	799.0	892.8	955.1	1017.2	1140.8	1263.7	1416.1	1567.2	1717.2	1865.9
1422	—	—	486.1	520.5	554.8	589.0	623.2	657.4	691.5	725.6	759.6	793.5	861.3	962.6	1029.9	1096.9	1230.5	1363.3	1528.1	1691.8	1854.2	2015.3
1524	—	—	—	—	595.0	631.8	668.5	705.2	741.8	778.4	814.9	851.4	924.2	1033.0	1105.3	1177.4	1321.1	1463.9	1641.3	1817.6	1992.5	2166.3
1626	—	—	—	—	635.3	674.6	713.8	753.0	792.1	831.2	870.3	909.2	987.1	1103.5	1180.8	1257.9	1411.6	1564.5	1754.5	1943.3	2130.9	2317.2
1727	—	—	—	—	—	—	758.6	800.3	841.9	883.5	925.1	966.5	1049.3	1173.2	1255.5	1337.6	1501.3	1664.2	1866.6	2067.9	2267.9	2466.6
1829	—	—	—	—	—	—	803.9	848.1	892.3	936.3	980.4	1024.1	1112.2	1243.6	1331.0	1418.1	1591.9	1764.8	1979.8	2193.6	2406.2	2617.6
1930	—	—	—	—	—	—	—	—	942.1	988.7	1035.2	1081.7	1174.5	1313.4	1405.7	1497.8	1681.5	1864.4	2091.9	2318.2	2543.2	2767.0
2032	—	—	—	—	—	—	—	—	992.4	1041.5	1090.5	1139.5	1237.4	1383.8	1481.2	1578.3	1772.1	1965.0	2205.0	2444.0	2681.6	2917.9
2134	—	—	—	—	—	—	—	—	1042.7	1094.3	1145.9	1197.4	1300.3	1454.2	1556.6	1658.8	1862.6	2065.6	2318.3	2569.7	2819.9	3068.9
2235	—	—	—	—	—	—	—	—	—	—	1200.7	1254.7	1362.5	1524.0	1631.4	1738.5	1952.3	2165.2	2430.4	2694.3	2956.9	3218.3
2337	—	—	—	—	—	—	—	—	—	—	1256.0	1312.5	1425.4	1594.4	1706.8	1819.0	2042.9	2265.9	2543.6	2820.0	3095.3	3369.3
2438	—	—	—	—	—	—	—	—	—	—	1310.8	1369.8	1487.7	1664.2	1781.5	1898.7	2132.5	2365.5	2655.7	2944.6	3232.3	3518.7
2540	—	—	—	—	—	—	—	—	—	—	—	—	1550.6	1734.6	1857.0	1979.2	2223.1	2466.2	2768.9	3070.4	3370.6	3669.6

注：钢管理论重量按下式计算：

$$W = 0.024\ 6615(D-t)t$$

式中：W——钢管理论重量（kg/m）；

D——钢管公称外径（mm）；

t——钢管公称壁厚（mm）。

4.结构用直缝埋弧焊接钢管的交货和订货内容

(1)钢管按理论重量交货,经双方商定,也可按实际重量交货。钢管实际重量与理论重量的允许偏差为+10%~-5%。

(2)钢管以焊接状态交货,经双方商定,钢管可以整体热处理状态交货。

(3)钢管订货合同内容。

产品名称:标准号;尺寸规格;钢牌号;数量(总重量或总长度)。

经双方合同商定,需方可选择以下补充要求:

夏口V型缺口冲击试验;无损检测;钢管热处理;其他要求。

钢管的包装、标志和质量证明书符合GB 2102规定。

(四)桩用螺旋焊缝钢管(SY/T 5040—2000)

桩用螺旋焊缝钢管以热轧钢带作坯料,在常温下螺旋成型,螺旋缝采用双面自动埋弧焊工艺焊接。

桩用螺旋焊缝钢管主要用于房建、码头、桥梁等的基础桩基。

材料:钢管采用GB/T 700中的Q235和GB/T 1591中的Q345钢焊制。其化学成分及机械性能符合相应标准规定。

经双方协商也可采用其他适当钢种,其技术条件可双方商定。

1.钢管的技术要求

表 3-223

项　目		指标和要求	
钢管交货长度		通常长度8~12m。经双方协商,供货长度可超过通常长度	
		定尺长度一般在通常长度范围内,经双方商定,定尺长度也可超出。定尺长度极限偏差为0~+200mm	
外观质量		母材表面不允许有深度超过10%壁厚的缺欠,缺欠允许修补,修磨后的壁厚应符合极限偏差要求	
		焊缝表面不得有裂缝、断弧、弧坑和气孔。以上缺陷的焊缝允许补焊	
		壁厚 $T \leqslant 13mm$ 的钢管错边不得超过 $0.35T$,且不超过3.2mm;壁厚 $T > 13mm$ 的钢管错边不得超过 $0.25T$;错边超差的钢管,允许割开焊缝加热矫平进行修补	
尺寸偏差	外径 D	钢管公称外径(mm)	外径极限偏差(mm)(周长法测量)
			管体	管端(距端面100mm范围内)
		$\leqslant 813$	$\pm 1.0\%D$	$\pm 0.5\%D$,最大± 3.2mm
		> 813		$\pm 0.4\%D$,最大± 4.0mm
	外径 D	钢管公称外径(mm)	壁厚极限偏差(mm)
		$\leqslant 813$	$\pm 12.5\%$壁厚
		> 813	$\pm 10.0\%$壁厚
钢管直度		不大于钢管长度的0.1%	
钢管圆度		距端面10cm范围内,钢管最大外径不超标称外径1%,最小外径不小于标称外径1%	
管端要求		两端应切成平端	
		管端可加工成坡口,坡口角度45°,钝边为1.6mm。其他尺寸,具体由双方商定	
		钢管端面应平整且垂直于中心线,切斜应小于 $0.5\%D$ 且最大不超过4mm	
		距管端3cm范围内的内焊缝应磨平,但不得低于母材;需方有要求也可不磨	
焊接接头拉伸试验		焊接接头抗拉强度不得低于母材规定的抗拉强度最小值	
钢带对头焊缝		钢带对头焊缝与钢管端面距离不得小于100mm	

项 目		指 标 和 要 求
对接钢管	工艺和要求	允许采用埋弧焊或手工焊对两段各不短于 2m 的管段进行对接,对接焊缝两侧的螺旋缝必须错开 1/8 周长以上
	钢管外径 D(mm)	对接钢管环形焊缝两对边径向错位允许偏差(mm)
	≤610	2
	>610~1 016	3
	>1 016	4
	其他试验	钢管一般不进行无损探伤,经双方协商可进行无损探伤

2. 螺旋焊缝钢管的标称外径、标称壁厚和理论重量

表 3-224

外径 D (mm)	壁 厚 T (mm)									
	7.0	8.0	9.0	10.0	11.0	12.0	14.0	16.0	18.0	20.0
	理论重量 M(kg/m)									
273.1	45.94	52.30								
323.9	54.71	62.32	69.89							
355.6	60.18	68.58	76.93							
406.4	68.95	78.60	88.20	97.76						
457	77.68	88.58	99.44	110.24	120.99	131.69				
508	86.49	98.65	110.75	122.81	134.82	146.79				
610	104.10	118.77	133.39	147.97	162.49	176.97				
711	121.53	138.70	155.81	172.88	189.89	206.86				
813		158.82	178.45	198.03	217.56	237.05	275.86			
914		178.75	200.87	222.94	244.96	266.94	310.73	354.34		
1 016			223.51	248.09	272.63	297.12	345.95	394.58		
1 219			298.16	327.70	357.20	416.04	474.68			
1 422			348.22	382.77	417.27	486.13	554.79			
1 626				438.11	477.64	556.56	635.28	713.80		
1 829					537.72	626.65	715.38	803.92	892.25	
2 032						696.74	795.48	897.03	992.38	

注:①根据需方要求,经供需双方协议,可供应介于本表所列标称外径,标称壁厚之外尺寸的钢管。

②钢管的理论重量计算符合下式:$M=0.024\ 661\ 5(D-T)T$。

3. 桩用螺旋焊缝钢管的交货和标志

钢管按理论重量交货,也可按实际重量交货。

钢管以无涂层状态交货,经双方协商,可涂保护性涂层,涂层应光滑及厚度均匀。

经供需双方协定,钢管可安装管端保护器。

钢管的标志、质量证明书参照一般结构用焊接钢管。

(五)直缝电焊钢管(GB/T 13793—2008)

直缝电焊钢管是以热轧或冷轧钢带作管坯,采用高频电阻焊或焊后冷、热(镀锌)加工方法制成。直缝电焊钢管适用于一般用途。外径≤630mm。

直缝电焊钢管采用 GB/T 699 中 08、10、15、20 和 GB/T 700 中 Q195、Q215、Q235 及 GB/T 1591 中 Q295、Q345 的部分牌号制造,其化学成分应符合相应标准的规定。经供需双方协商,可采用其他易

焊接牌号的钢或钢中加入 V、Nb、Ti 细化晶粒元素。

直缝电焊钢管按制造精度分为普通精度（A）、较高精度（B）和高精度（C）。

1. 直缝电焊钢管的分类及代号

表 3-225

分 类	代 号		
	普通精度（A）	较高精度（B）	高精度（C）
外径 D	PD. A	PD. B	PD. C
壁厚 t	PT. A	PT. B	PT. C
弯曲度	PS. A	PS. B	PS. C

2. 直缝电焊钢管外径、壁厚尺寸及允许偏差

直缝电焊钢管外径（D）和壁厚（t）的尺寸应符合 GB/T 21835 的规定。经供需双方协商，可供应 GB/T 21835 规定以外尺寸的钢管。

当合同未注明钢管尺寸允许偏差级别时，带式输送机托辊用钢管外径和壁厚的允许偏差按较高精度交货；其余钢管外径和壁厚的允许偏差按普通精度交货。

（1）直缝电焊钢管外径允许偏差（mm）

表 3-226

外径（D）	普通精度（PD. A）[a]	较高精度（PD. B）	高精度（PD. C）
5~20	±0.30	±0.20	±0.10
>20~50	±0.50	±0.30	±0.15
>50~80	±1.0%D	±0.50	±0.30
>80~114.3	±1.0%D	±0.60	±0.40
>114.3~219.1	±1.0%D	±0.80	±0.60
>219.1	±1.0%D	±0.75%D	±0.5%D

注：①[a] 不适用于带式输送机托辊用钢管。

②经双方协商，可供应本表规定以外尺寸偏差的钢管。

（2）直缝电焊钢管壁厚允许偏差（mm）

表 3-227

壁厚 t	普通精度（PT. A）[a]	较高精度（PT. B）	高精度（PT. C）	同截面壁厚允许差[b]
0.50~0.60	±0.10	±0.06	+0.03 −0.05	
>0.60~0.80		±0.07	+0.04 −0.07	
>0.80~1.0	±0.10	±0.08	+0.04 −0.07	
>1.0~1.2		±0.09	+0.05 −0.09	
>1.2~1.4		±0.11		
>1.4~1.5		±0.12	+0.06 −0.11	≤7.5%t
>1.5~1.6		±0.13		
>1.6~2.0	±10%t	±0.14	+0.07 −0.13	
>2.0~2.2		±0.15		
>2.2~2.5		±0.16		
>2.5~2.8		±0.17	+0.08 −0.16	
>2.8~3.2		±0.18		

续表 3-227

壁厚(t)	普通精度(PT. A)[a]	较高精度(PT. B)	高精度(PT. C)	同截面壁厚允许差[b]
>3.2～3.8		±0.20	+0.10	
>3.8～4.0	±1.0%t	±0.22	−0.20	≤7.5%t
>4.0～5.5		±7.5%t	±5%t	
>5.5	±12.5%t	±10%t	±7.5%t	

注:①[a] 不适用于带式输送机托辊用钢管。
　　②[b] 不适合普通精度的钢管。同截面壁厚差指同一横截面上实测壁厚的最大值与最小值之差。
　　③经双方协商,可供应本表规定以外尺寸偏差的钢管。

3. 直缝电焊钢管的技术要求

表 3-228

项　目		指 标 和 要 求
钢管交货长度		通常长度:外径≤30mm 的,4～6m;外径>30～70mm 的,4～8m;外径>70mm 的,4～12m。长度≥2m 的短尺钢管不得超过该批钢管交货总数量的 5%
		双方协商可按定尺长度或倍尺长度交货。定尺长度和倍尺总长度在通常长度范围内,其允许偏差为:外径≤30mm 的,0～+15mm;外径>30～219.1mm 的,0～+20mm;外径>219.1mm 的,0～+50mm
		按倍尺长度交货的,每个倍尺长度留 5mm～10mm 切口余量
弯曲度 (mm/m)	外径≤16mm	应具有不影响使用的弯曲度
	外径>16mm	普通精度(PS. A)≤1.5　较高精度(PS. B)≤1.0　高精度(PS. C)≤0.5
不圆度 (%)	带式输送机托辊用	不大于外径允许公差的 50%
	其他	外径≤152mm 时,不大于外径允许公差的 75%;外径>152mm 时,不大于外径允许公差
钢管端面		垂直轴线切割,切口毛刺应消除;外径>114.3mm 的钢管,切口斜度≤3mm
焊缝高度		外焊缝毛刺应修磨平整;带式输送机托辊用钢管应清除内毛刺,其他钢管可不清除内毛刺交货。根据需方要求,外径>25mm 的铜管可清除内毛刺交货。钢管清除内毛刺后剩余壁厚应不小于壁厚允许的最小值
	清除内毛刺后的毛刺高度	普通精度+0.50mm　较高精度+0.50mm　同精度+0.20mm −0.20mm　　　　−0.05mm　　　　−0.05mm
表面质量		钢管内外表面不允许有裂缝、结疤、折叠、分层、搭焊、过烧缺陷存在;不大于壁厚允许负偏差的划道、刮伤、焊缝错位、烧伤、薄的氧化铁皮及外毛刺打磨痕迹允许存在
		外径>114.3mm 的钢管允许缺陷修补。每根钢管缺陷修补不得多于 3 处,每处补焊长度范围为 50～150mm,补焊长度总和≤300mm。补焊焊缝应修磨。距管端 200mm 内不允许补焊。如有液压试验规定,修补后的钢管应进行液压试验
工艺性能	压扁试验	外径>400mm 或壁厚≥外径 15%的钢管,试样长度≥63.5mm,试验时焊缝与施力方向成 90°,钢管外径压到 2/3D(Q345 为 3/4D)时,钢管任何部位不得出现裂纹。双方协商,可继续进行延性试验和完好性试验
	弯曲试验	试验时不允许带填充物,弯曲半径为钢管外径的 6 倍,弯曲角度为 90°,焊缝位于弯曲方向的外侧面,试验后焊缝处不得出现裂纹和裂口。 外径≤60mm 的钢管,可用弯曲试验代替压扁试验
	扩口试验	供需双方协商进行扩口试验。扩口试验的顶心锥度为 30°、45°或 60°中的一种,试样外径的扩口率为 6%,试样不允许出现裂缝成裂口
液压试验	带式输送机托辊用	试验时,外径≤108mm 的钢管压力为 7MPa,外径>108mm 的钢管压力为 5MPa,稳压时间≥5s,钢管不得出现渗漏现象

续表 3-228

项 目		指 标 和 要 求
液压试验	其他用途	供需双方协商进行液压试验。试验时,外径≤219.1mm 的钢管压力为 5MPa,外径>219.1mm 的钢管压力为 3MPa,稳压时间≥5s,钢管不得出现渗漏现象
涂层	镀锌	镀锌前应对钢管尺寸、外形、表面、力学性能和工艺性能进行检验
		供需双方协商,钢管可进行镀锌。镀锌钢管内外表面有完整镀锌层,不得有未镀上锌的黑斑和气泡,局部粗糙面和锌瘤允许存在;进行镀锌层均匀性试验时,试样在硫酸铜溶液中连续浸渍 5 次后不得变红(镀铜色);外径≤60.3mm 的镀锌钢管进行弯曲试验时,不得带填充物,弯曲半径为钢管外径的 8 倍,弯曲角度为 90°,焊缝位于弯曲方向外侧面,试验后试样不得出现裂缝和锌层剥落现象;供需双方协商,外径>60.3mm 的镀锌钢管可用压扁试验代替弯曲试验,压扁试样长度≥63.5mm,试验时焊缝与施力方向成 90°,钢管外径压到 3/4D 时,试样不得出现锌层剥落现象
	热镀锌层厚度 (e)	镀锌钢管应进行镀伴层厚度检验,镀锌层厚度由需方选择
		A：内、外表面(焊缝处除外)　≥75μm
		B：内、外表面(焊缝处除外)　≥55μm
		C：内、外表面(焊缝处除外)　≥45μm
	其他涂层	供需双方协商,可选择临时性涂层、特殊涂层,并确定涂层材料、部位和技术要求

4.直缝电焊钢管的力学性能

(1)钢管的力学性能

表 3-229

标 准	牌 号	下屈服强度 R_{eL}(N/mm²)	抗拉强度 R_m(N/mm²)	断后伸长率 A(%)
		不 小 于		
GB/T 699	08、10	195	315	22
	15	215	355	20
	20	235	390	19
GB/T 700	Q195	195	315	22
	Q215A,Q215B	215	335	22
	Q235A,Q235B,Q235C	235	375	20
GB/T 1591	Q295A,Q295B	295	390	18
	Q345A,Q345B,Q345C	345	470	18

注:①拉伸试验时,外径不大于 219.1mm 的钢管取纵向试样,外径大于 219.1mm 的钢管取横向试样。

②钢管力学性能试验的试样可从钢管上制取,也可从用于制管的同一钢带上取样。

扩径管、减径管的力学性能试样应在扩径或减径后取样。

③根据需方要求,经供需双方协商,并在合同中注明,B、C 级钢可作冲击试验,冲击吸收能量值由供需双方协商确定。

(2)特殊要求的钢管力学性能

表 3-230

标 准	牌 号	下屈服强度 R_{eL}(N/mm²)	抗拉强度 R_m(N/mm²)	断后伸长率 A(%)
		不 小 于		
GB/T 699	08、10	205	375	13
	15	225	400	11
	20	245	440	9
GB/T 700	Q195	205	335	14
	Q215A,Q215B	225	355	13
	Q235A,Q235B,Q235C	245	390	9

标 准	牌 号	下屈服强度 R_{eL}(N/mm²)	抗拉强度 R_m(N/mm²)	断后伸长率 A(%)
		不 小 于		
GB/T 1591	Q295A、Q295B	—	—	—
	Q345A、Q345B、Q345C	—	—	—

注:①本表规定的力学性能,供需双方应合同确定。

②表3-229注②、注③适用本表。

(3)钢管焊缝抗拉强度

表 3-231

标 准	牌 号	焊缝抗拉强度 R_m(N/mm²)
GB/T 699	08、10	315
	15	355
	20	390
GB/T 700	Q195	315
	Q215A、Q215B	335
	Q235A、Q235B、Q235C	375
GB/T 1591	Q295A、Q295B	390
	Q345A、Q345B、Q345C	470

注:根据需方要求,经供需双方协商,并在合同中注明,外径不小于 219.1mm 的钢管可进行焊缝横向拉伸试验。焊缝横向拉伸试验取样部位应垂直焊缝,焊缝位于试样的中心,抗拉强度值应符合本表的规定。

5. 直缝电焊钢管的订货、交货状态、重量和标志

(1)钢管订货合同内容

标准编号、产品名称、钢的牌号(等级)、数量(总重量或总长度)、制造方法、规格尺寸和交货状态。

经双方合同确定,需方可补充下列要求:用途、液压试验种类、制造精度、管端状态、清除内毛刺、镀锌层厚度和其他要求。

(2)钢管的交货

直缝电焊钢管以焊接状态(不热处理状态)交货;经供需双方协商,可以整体热处理或焊缝热处理状态交货;也可采用热浸镀锌法在钢管内、外表面进行镀锌后交货。

直缝电焊钢管按理论重量交货,也可按实际重量交货。

(3)钢管的理论重量计算公式

①非镀锌钢管单位长度理论重量计算公式(钢的密度按 7.85kg/dm³)

$$W = 0.024\,661\,5(D-t)t$$

式中:W——钢管的每米理论重量(kg/m);

D——钢管的外径(mm);

t——钢管的壁厚(mm)。

②镀锌钢管单位长度理论重量计算公式:

$$W' = CW$$

式中:W'——镀锌钢管的每米理论重量(kg/m);

C——镀锌钢管比原管增加的重量系数,见表 3-232;

W——钢管镀锌前的每米理论重量(g/m)。

③镀锌钢管的重量系数:

表 3-232

壁厚 t(mm)		1.2	1.4	1.5	1.6	1.8	2.0	2.2	2.5	2.8	3.0	3.2	3.5	3.8	4.0	4.2
系数 C	A	1.111	1.096	1.089	1.084	1.074	1.067	1.061	1.054	1.048	1.044	1.042	1.038	1.035	1.033	1.032
	B	1.082	1.070	1.065	1.061	1.054	1.049	1.044	1.039	1.035	1.033	1.031	1.028	1.026	1.024	1.023
	C	1.067	1.057	1.054	1.050	1.044	1.040	1.036	1.032	1.029	1.027	1.025	1.023	1.021	1.020	1.019

壁厚 t(mm)		4.5	4.8	5.0	5.4	5.6	6.0	6.5	7.0	8.0	9.0	10.0	11.0	12.0	12.7	13.0
系数 C	A	1.030	1.028	1.027	1.025	1.024	1.022	1.020	1.019	1.017	1.015	1.013	1.012	1.011	1.008	1.010
	B	1.022	1.020	1.020	1.018	1.018	1.016	1.015	1.014	1.012	1.011	1.010	1.008	1.008	1.006	1.008
	C	1.018	1.017	1.016	1.015	1.014	1.013	1.012	1.011	1.010	1.009	1.008	1.007	1.007	1.004	1.006

注:本表规定壁厚之外的钢管需要镀锌时,镀锌钢管的重量系数由供需双方协商确定。

(4)钢管的包装、标志和质量证明书应符合 GB/T 2102 的规定。

(六)建筑结构用冷弯矩形钢管(JG/T 178—2005)

建筑结构用冷弯矩形钢管系采用冷轧或热轧钢带,经连续辊式冷弯及高频直缝焊接生产形成。成型方式包括直接成方和先圆后方。按产品截面形状分为:冷弯正方形钢管(图 3-56)和冷弯长方形钢管(图 3-57)两种。

建筑结构用冷弯矩形钢管按产品屈服强度等级分有 235、345、390 级。各牌号钢的化学成分(熔炼分析)应符合相关标准的规定。

产品按性能和质量要求等级分为:

较高级(Ⅰ级),在提供原料的化学性能和产品的机械性能前提下,还必须保证原料的碳当量,产品的低温冲击性能、疲劳性能及焊缝无损检测可作为协议条款。

普通级(Ⅱ级),仅提供原料的化学性能和机械性能。

产品按成型方式分:直接成方(方变方),以 Z 表示;先圆后方(圆变方),以 X 表示。

建筑结构用冷弯矩形钢管适用于建筑结构和桥梁等其他结构,Ⅰ级钢管适用于建筑、桥梁等结构中的主要构件及承受较大动力荷载的场合,Ⅱ级钢管适用于建筑结构中一般承载能力的场合。

标记示例:

用原料钢种牌号为 Q235B,产品截面尺寸是 500mm×400mm×16mm,产品性能和质量要求等级达到Ⅰ级,采用直接成方成型方式制造的冷弯矩形钢管标记为:

Q235B-500×400×16　　(Ⅰ/Z)—JG/T 178—2005

1. 建筑结构用冷弯矩形钢管的状态和交货

冷弯矩形钢管以冷加工状态交货。如有特殊要求由供需双方协商确定。

冷弯矩型钢管以实际重量交货。实际重量与理论重量的允许偏差为:−6%～+10%。

冷弯矩型钢管通常交货长度为 4～16m。经供需双方合同注明,可供应其他长度产品。

冷弯矩型钢管允许交付不小于 2m 的短尺和非定尺产品,也可以接口管形式交货,但需方在使用时应将接口切除。对于理论重量不大于 20kg/m 的钢管,短尺和非定尺产品的重量应不超过总交货量的5%,对于理论重量大于 20kg/m 的钢管,应不超过总交货量的 10%。

冷弯矩型钢管的表面不得有气泡、裂纹、结疤、折叠、夹杂和端面分层,允许有不大于公称厚度 10%(Ⅱ级)和 5%(Ⅰ级)的轻微凹坑、凸起、压痕、发纹、擦伤和压入的氧化铁皮。表面缺陷清理后的冷弯矩型钢管厚度不小于最小允许厚度。Ⅰ级钢管表面不允许有连续性、周期性擦伤和划伤。对表面质量有特殊要求的冷弯型钢,由供需双方协商确定。

冷弯矩型钢管焊缝处不得有漏焊、搭焊、烧穿。焊缝处的外毛刺应予以清除,内毛刺一般不清除,如有特殊要求,由供需双方协商确定。焊缝缺陷清理后的钢管厚度不小于最小允许厚度。

冷弯矩型钢管应成批验收,每批由同一牌号、同一炉罐号、同一规格尺寸的产品组成,每批重量不得超过100t。

冷弯矩型钢管一般采用捆扎包装交货,每捆应由同一炉批号的钢管组成。每捆最大重量为:理论重量不大于20kg/m的钢管5t;理论重量大于20kg/m的钢管10t。表面质量要求较高的冷弯矩型钢管采用装箱包装。对于外周长大于1 200mm的冷弯矩型钢管,可以散装交货。

2.制管用钢的牌号

表 3-233

产品屈服强度等级	对应国内原料牌号
235	Q235B、Q235C、Q235D、Q235qC、Q235qD
345	Q345A、Q345B、Q345C、Q345D、Q345qC、Q345qD、StE355、B480GNQR
390	Q390A、Q390B、Q390C

3.Ⅰ级产品钢管的力学性能

表 3-234

产品屈服强度等级	壁厚 (mm)	屈服强度 (MPa)	抗拉强度 (MPa)	延伸率 (%)	(常温)冲击功 (J)	碳当量 Ceq (%)
235	4~12	≥235	≥375	≥23	—	≤0.36
	>12~22				≥27	
345	4~12	≥345	≥470	≥21	—	≤0.43
	>12~22				≥27	
390	4~12	≥390	≥490	≥19	—	≤0.45
	>12~22				≥27	

注:①为改善钢材性能,390可以加入矾、铌、锡、氮等微量元素。
　　②碳当量(Ceq)的计算
　　Ceq(%)＝C＋Mn/6＋Si/24＋Ni/40＋Cr/5＋Mo/4＋V/14
　　③Ⅱ级产品仅提供原料的屈服强度、抗拉强度及延伸率,具体应符合相应标准的规定。

4.Ⅰ级产品的屈强比

表 3-235

产品屈服强度等级	外周长 (mm)	壁厚 (mm)	屈强比(%)	
			直接成方	先圆后方
235	≥800	12~22	≤80	≤90
345			≤80	≤90
390			≤85	≤90

注:①当外周长小于800mm时,屈强比可由供需双方协商确定。
　　②Ⅰ级产品在低温场合使用时,其低温冲击性能(试验温度、冲击功值)按有关标准执行。
　　③Ⅰ级产品在直接受动力荷载并且需考核疲劳性能时,疲劳性能指标由供需双方协商确定。

5.冷弯矩形钢管的外形允许偏差

表 3-236

考 核 指 标	Ⅰ级	Ⅱ级
壁厚 t	4mm≤t≤10mm　　±8%t 10mm<t≤22mm　　±6%t 适用于平板部分	4mm≤t≤10mm　　±10%t 10mm<t≤22mm　　±8%t 适用于平板部分
直角度	90°±1.0°	90°±1.5°
弯角处外圆弧半径	t≤6mm(1.5~2.5)t 6mm<t≤10mm(2~3)t t>10mm(2.5~3.5)t	

考 核 指 标	Ⅰ级	Ⅱ级
凹凸度	≤0.5%边长	≤0.6%边长
弯曲度	≤1.5mm/m,总弯曲度≤0.15%定尺长度	≤2mm/m,总弯曲度≤0.2%定尺长度
扭曲度	2mm+0.5mm/m	—
定尺精度	普通精度 0～+50mm 精定尺 0～+5mm	普通精度 0～+70mm 精定尺 0～+15mm
锯切质量	100mm≤边长≤300mm, 锯切斜度≤3mm 300mm<边长≤500mm, 锯切斜度≤5mm 且端部无锯切毛刺	100mm≤边长≤300mm, 锯切斜度≤4mm 300mm<边长≤500mm, 锯切斜度≤6mm 端部较小变形和毛刺允许存在

注:①所指平板部分不包括焊缝及角部。
　　②凹凸度的测量不包括焊缝面。

6.冷弯矩形钢管的规格、参数

(1)方形管

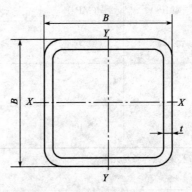

图 3-56　冷弯正方形钢管截面图
B-边长;t-壁厚

冷弯正方形钢管外形尺寸、允许偏差及截面特性　　表 3-237

边长 (mm)	尺寸 (mm)	壁厚 (mm)	理论重量 (kg/m)	截面面积 (cm²)	惯性矩 (cm⁴)	惯性半径 (cm)	截面模数 (cm³)	扭 转 常 数	
B	$\pm\Delta$	t	M	A	$I_x=I_y$	$r_x=r_y$	$W_{el,x}=W_{el,y}$	I_t(cm⁴)	C_t(cm³)
100	±0.80	4.0	11.7	11.9	226	3.9	45.3	361	68.1
		5.0	14.4	18.4	271	3.8	54.2	439	81.7
		6.0	17.0	21.6	311	3.8	62.3	511	94.1
		8.0	21.4	27.2	366	3.7	73.2	644	114
		10	25.5	32.6	411	3.5	82.2	750	130
110	±0.90	4.0	13.0	16.5	306	4.3	55.6	486	83.6
		5.0	16.0	20.4	368	4.3	66.9	593	100
		6.0	18.8	24.0	424	4.2	77.2	695	116
		8.0	23.9	30.4	505	4.1	91.9	879	143
		10	28.7	36.5	575	4.0	104.5	1032	164
120	±0.90	4.0	14.2	18.1	402	4.7	67.0	635	101
		5.0	17.5	22.4	485	4.6	80.9	776	122
		6.0	20.7	26.4	562	4.6	93.7	910	141
		8.0	26.8	34.2	696	4.5	116	1 155	174
		10	31.8	40.6	777	4.4	129	1 376	202

边长 (mm)	尺寸 (mm)	壁厚 (mm)	理论重量 (kg/m)	截面面积 (cm²)	惯性矩 (cm⁴)	惯性半径 (cm)	截面模数 (cm³)	扭 转 常 数	
B	$\pm\Delta$	t	M	A	$I_x=I_y$	$r_x=r_y$	$W_{el,x}=W_{el,y}$	$I_t(cm^4)$	$C_t(cm^3)$
130	±1.00	4.0	15.5	19.8	517	5.1	79.5	815	119
		5.0	19.1	24.4	625	5.1	96.3	998	145
		6.0	22.6	28.8	726	5.0	112	1 173	168
		8.0	28.9	36.8	883	4.9	136	1 502	209
		10	35.0	44.6	1 021	4.8	157	1 788	245
		12	39.6	50.4	1 075	4.6	165	1 998	268
135	±1.00	4.0	16.1	20.5	582	5.3	86.2	915	129
		5.0	19.9	25.3	705	5.3	104	1 122	157
		6.0	23.6	30.0	820	5.2	121	1 320	183
		8.0	30.2	38.4	1 000	5.0	148	1 694	228
		10	36.6	46.6	1 160	4.9	172	2 021	267
		12	41.5	52.8	1 230	4.8	182	2 271	294
		13	44.1	56.2	1 272	4.7	188	2 382	307
140	±1.10	4.0	16.7	21.3	651	5.5	53.1	1 022	140
		5.0	20.7	26.4	791	5.5	113	1 253	170
		6.0	24.5	31.2	920	5.4	131	1 475	198
		8.0	31.8	40.6	1 154	5.3	165	1 887	248
		10	38.1	48.6	1 312	5.2	187	2 274	291
		12	43.4	55.3	1 398	5.0	200	2 567	321
		13	46.1	58.8	1 450	4.9	207	2 698	336
150	±1.20	4.0	18.0	22.9	808	5.9	108	1 265	162
		5.0	22.3	28.4	982	5.9	131	1 554	197
		6.0	26.4	33.6	1 146	5.8	153	1 833	230
		8.0	33.9	43.2	1 412	5.7	188	2 364	289
		10	41.3	52.6	1 652	5.6	220	2 839	341
		12	47.1	60.1	1 780	5.4	237	3 230	380
		14	53.2	67.7	1 915	5.3	255	3 566	414
160	±1.20	4.0	19.3	24.5	987	6.3	123	1 540	185
		5.0	23.8	30.4	1 202	6.3	150	1 894	226
		6.0	28.3	36.0	1 405	6.2	176	2 234	264
		8.0	36.9	47.0	1 776	6.1	222	2 877	333
		10	44.4	56.6	2 047	6.0	256	3 490	395
		12	50.9	64.8	2 224	5.8	278	3 997	443
		14	57.6	73.3	2 409	5.7	301	4 437	486
170	±1.30	4.0	20.5	26.1	1191	6.7	140	1 856	210
		5.0	25.4	32.3	1 453	6.7	171	2 285	256
		6.0	30.1	38.4	1 702	6.6	200	2 701	300
		8.0	38.9	49.6	2 118	6.5	249	3 503	381

边长 (mm)	尺寸 (mm)	壁厚 (mm)	理论重量 (kg/m)	截面面积 (cm²)	惯性矩 (cm⁴)	惯性半径 (cm)	截面模数 (cm³)	扭 转 常 数	
B	$\pm\Delta$	t	M	A	$I_x = I_y$	$r_x = r_y$	$W_{el,x} = W_{el,y}$	I_t(cm⁴)	C_t(cm³)
170	±1.30	10	47.5	60.5	2 501	6.4	294	4 233	453
		12	54.6	69.6	2 737	6.3	322	4 872	511
		14	62.0	78.9	2 981	6.1	351	5 435	563
180	±1.40	4.0	21.8	27.7	1 422	7.2	158	2 210	237
		5.0	27.0	34.4	1 737	7.1	193	2 724	290
		6.0	32.1	40.8	2 037	7.0	226	3 223	340
		8.0	41.5	52.8	2 546	6.9	283	4 189	432
		10	50.7	64.6	3 017	6.8	335	5 074	515
		12	58.4	74.5	3 322	6.7	369	5 865	584
		14	66.4	84.5	3 635	6.6	404	6 569	645
190	±1.50	4.0	23.0	29.3	1 680	7.6	176	2 607	265
		5.0	28.5	36.4	2 055	7.5	216	3 216	325
		6.0	33.9	43.2	2 413	7.4	254	3 807	381
		8.0	44.0	56.0	3 208	7.3	319	4 958	486
		10	53.8	68.6	3 599	7.2	379	6 018	581
		12	62.2	79.3	3 985	7.1	419	6 982	661
		14	70.8	90.2	4 379	7.0	461	7 847	733
200	±1.60	4.0	24.3	30.9	1 968	8.0	197	3 049	295
		5.0	30.1	38.4	2 410	7.9	241	3 763	362
		6.0	35.8	45.6	2 833	7.8	283	4 459	426
		8.0	46.5	59.2	3 566	7.7	357	5 815	544
		10	57.0	72.6	4 251	7.6	425	7 072	651
		12	66.0	84.1	4 730	7.5	473	8 230	743
		14	75.2	95.7	5 217	7.4	522	9 276	828
		16	83.8	107	5 625	7.3	562	10 210	900
220	±1.80	5.0	33.2	42.4	3 238	8.7	294	5 038	442
		6.0	39.6	50.4	3 813	8.7	347	5 976	521
		8.0	51.5	65.6	4 828	8.6	439	7 815	668
		10	63.2	80.6	5 782	8.5	526	9 533	804
		12	73.5	93.7	6 487	8.3	590	11 149	922
		14	83.9	107	7 198	8.2	654	12 625	1 032
		16	93.9	119	7 812	8.1	710	13 971	1 129
250	±2.00	5.0	38.0	48.4	4 805	10.0	384	7 443	577
		6.0	45.2	57.6	5 672	9.9	454	8 843	681
		8.0	59.1	75.2	7 229	9.8	578	11 598	878
		10	72.7	92.6	8 707	9.7	697	14 197	1 062
		12	84.8	108	9 859	9.6	789	16 691	1 226
		14	97.1	124	11 018	9.4	881	18 999	1 380
		16	109	139	12 047	9.3	964	21 146	1 520

边长 (mm)	尺寸 (mm)	壁厚 (mm)	理论重量 (kg/m)	截面面积 (cm²)	惯性矩 (cm⁴)	惯性半径 (cm)	截面模数 (cm³)	扭 转 常 数	
B	$\pm\Delta$	t	M	A	$I_x = I_y$	$r_x = r_y$	$W_{el,x} = W_{el,y}$	$I_t(\text{cm}^4)$	$C_t(\text{cm}^3)$
280	±2.20	5.0	42.7	54.4	6 810	11.2	486	10 513	730
		6.0	50.9	64.8	8 054	11.1	575	12 504	863
		8.0	66.6	84.8	10 317	11.0	737	16 436	1 117
		10	82.1	104	12 479	10.9	891	20 173	1 356
		12	96.1	122	14 232	10.8	1 017	23 804	1 574
		14	110	140	15 989	10.7	1 142	27 195	1 779
		16	124	158	17 580	10.5	1 256	30 393	1 968
300	±2.40	6.0	54.7	69.6	9 964	12.0	664	15 434	997
		8.0	71.6	91.2	12 801	11.8	853	20 312	1 293
		10	88.4	113	15 519	11.7	1 035	24 966	1 572
		12	104	132	17 767	11.6	1 184	29 514	1 829
		14	119	153	20 017	11.5	1 334	33 783	2 073
		16	135	172	22 076	11.4	1 472	37 837	2 299
		19	156	198	24 813	11.2	1 654	43 491	2 608
320	±2.60	6.0	58.4	74.4	12 154	12.8	759	18 789	1 140
		8.0	76.6	97	15 653	12.7	978	24 753	1 481
		10	94.6	120	19 016	12.6	1 188	30 461	1 804
		12	111	141	21 843	12.4	1 365	36 066	2 104
		14	128	163	24 670	12.3	1 542	41 349	2 389
		16	144	183	27 276	12.2	1 741	46 393	2 656
		19	167	213	30 783	12.0	1 924	53 485	3 022
350	±2.80	6.0	64.1	81.6	16 008	14.0	915	24 683	1 372
		7.0	74.1	94.4	18 329	13.9	1 047	28 684	1 582
		8.0	84.2	108	20 618	13.9	1 182	32 557	1 787
		10	104	133	25 189	13.8	1 439	40 127	2 182
		12	124	156	29 054	13.6	1 660	47 598	2 552
		14	141	180	32 916	13.5	1 881	54 679	2 905
		16	159	203	36 511	13.4	2 086	61 481	3 238
		19	185	236	41 414	13.2	2 367	71 137	3 700
380	±3.00	8.0	91.7	117	26 683	15.1	1 404	41 849	2 122
		10	113	144	32 570	15.0	1 714	51 645	2 596
		12	134	170	37 697	14.8	1 984	61 349	3 043
		14	154	197	42 818	14.7	2 253	70 586	3 471
		16	174	222	47 621	14.6	2 506	79 505	3 878
		19	203	259	54 240	14.5	2 855	92 254	4 447
		22	231	294	60 175	14.3	3 167	104 208	4 968
400	±3.20	8.0	96.5	123	31 269	15.9	1 564	48 934	2 362
		9.0	108	138	34 785	15.9	1 739	54 721	2 630

边长 (mm)	尺寸 (mm)	壁厚 (mm)	理论重量 (kg/m)	截面面积 (cm²)	惯性矩 (cm⁴)	惯性半径 (cm)	截面模数 (cm³)	扭 转 常 数	
B	$\pm\Delta$	t	M	A	$I_x=I_y$	$r_x=r_y$	$W_{el,x}=W_{el,y}$	I_t (cm⁴)	C_t (cm³)
		10	120	153	38 216	15.8	1 911	60 431	2 892
		12	141	180	44 319	15.7	2 216	71 843	3 395
400	±3.20	14	163	208	50 414	15.6	2 521	82 735	3 877
		16	184	235	56 153	15.5	2 808	93 279	4 336
		19	215	274	64 111	15.3	3 206	108 410	4 982
		22	245	312	71 304	15.1	3 565	122 676	5 578
		9.0	122	156	50 087	17.9	2 226	78 384	3 363
		10	135	173	55 100	17.9	2 449	86 629	3 702
		12	160	204	64 164	17.7	2 851	103 150	4 357
450	±3.40	14	185	236	73 210	17.6	3 254	119 000	4 989
		16	209	267	81 802	17.5	3 636	134 431	5 595
		19	245	312	93 853	17.3	4 171	156 736	6 454
		22	279	355	104 919	17.2	4 663	17 791	7 257
		9.0	130	166	61 128	19.1	2 547	95 412	3 845
		10	144	184	67 289	19.1	2 804	105 488	4 236
		12	171	218	78 517	18.9	3 272	125 698	4 993
480	±3.50	14	198	252	89 722	18.8	3 738	145 143	5 723
		16	224	285	100 407	18.7	4 184	164 111	6 426
		19	262	334	115 475	18.6	4 811	191 630	7 428
		22	300	382	129 413	18.4	5 392	217 978	8 369
		9.0	137	174	69 324	19.9	2 773	108 034	4 185
		10	151	193	76 341	19.9	3 054	119 470	4 612
		12	179	228	89 187	19.8	3 568	142 420	5 440
500	±3.60	14	207	264	102 010	19.7	4 080	164 530	6 241
		16	235	299	114 260	19.6	4 570	186 140	7 013
		19	275	350	131 591	19.4	5 264	217 540	8 116
		22	314	400	147 690	19.2	5 908	247 690	9 155

注:表中理论重量按钢密度 7.85g/cm³ 计算。

（2）长方形管

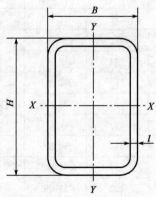

图 3-57　冷弯长方形钢管截面图

H-边长；B-短边；l-壁厚

冷弯长方形钢管外形尺寸、允许偏差及截面特性

表 3-238

边长 (mm)		尺寸允许偏差(mm)	壁厚 (mm)	理论重量 (kg/m)	截面面积 (cm²)	惯性矩 (cm⁴)		惯性半径 (cm)		截面模数 (cm³)		扭转常数	
H	B	±Δ	t	M	A	I_x	I_y	r_x	r_y	$W_{el,x}$	$W_{el,y}$	I_t(cm⁴)	C_t(cm³)
120	80	±0.90	4.0	11.7	11.9	294	157	4.4	3.2	49.1	39.3	330	64.9
			5.0	14.4	18.3	353	188	4.4	3.2	58.8	46.9	401	77.7
			6.0	16.9	21.6	106	215	4.3	3.1	67.7	53.7	166	83.4
			7.0	19.1	24.4	438	232	4.2	3.1	73.0	58.1	529	99.1
			8.0	21.4	27.2	476	252	4.1	3.0	79.3	62.9	584	108
140	80	±1.00	4.0	13.0	16.5	429	180	5.1	3.3	61.4	45.1	411	76.5
			5.0	15.9	20.4	517	216	5.0	3.2	73.8	53.9	499	91.8
			6.0	18.8	24.0	570	248	4.9	3.2	85.3	61.9	581	106
			8.0	23.9	30.4	708	293	4.8	3.1	101	73.3	731	129
150	100	±1.20	4.0	14.9	18.9	594	318	5.6	4.1	79.3	63.7	661	105
			5.0	18.3	23.3	719	384	5.5	4.0	95.9	79.8	807	127
			6.0	21.7	27.6	834	444	5.5	4.0	111	88.8	915	147
			8.0	28.1	35.8	1 039	519	5.4	3.9	138	110	1 148	182
			10	33.4	42.6	1 161	614	5.2	3.8	155	123	1 426	211
160	60	±1.20	4.0	13.0	16.5	500	106	5.5	2.5	62.5	35.4	294	63.8
			4.5	14.5	18.5	552	116	5.5	2.5	69.0	38.9	325	70.1
			6.0	18.9	24.0	693	144	5.4	2.4	86.7	48.0	410	87.0
	80	±1.20	4.0	14.2	18.1	598	203	5.7	3.3	71.7	50.9	493	88.0
			5.0	17.5	22.4	722	214	5.7	3.3	90.2	61.0	599	106
			6.0	20.7	26.4	836	286	5.6	3.3	104	76.2	699	122
			8.0	26.8	33.6	1 036	344	5.5	3.2	129	85.9	876	149
180	65	±1.20	4.0	14.5	18.5	709	142	6.2	2.8	78.8	43.8	396	79.0
			4.5	16.3	20.7	784	156	6.1	2.7	87.1	48.1	439	87.0
			6.0	21.2	27.0	992	194	6.0	2.7	110	59.8	557	108
180	100	±1.30	4.0	16.7	21.3	926	374	6.6	4.2	103	74.7	853	127
			5.0	20.7	26.3	1 124	452	6.5	4.1	125	90.3	1 012	154
			6.0	24.5	31.2	1 309	524	6.4	4.1	145	104	1 223	179
			8.0	31.5	40.4	1 643	651	6.3	4.0	182	130	1 554	222
			10	38.1	48.5	1 859	736	6.2	3.9	206	147	1 858	259
200			4.0	18.0	22.9	1 200	410	7.2	4.2	120	82.2	984	142
			5.0	22.3	28.3	1 459	497	7.2	4.2	146	99.4	1 204	172
			6.0	26.1	33.6	1 703	577	7.1	4.1	170	115	1 413	200
			8.0	34.4	43.8	2 146	719	7.0	4.0	215	144	1 798	249
			10	41.2	52.6	2 444	818	6.9	3.9	244	163	2 154	292

边长 (mm)		尺寸允许偏差(mm)	壁厚 (mm)	理论重量 (kg/m)	截面面积 (cm²)	惯性矩 (cm⁴)		惯性半径 (cm)		截面模数 (cm³)		扭 转 常 数	
H	B	$\pm\Delta$	t	M	A	I_x	I_y	r_x	r_y	$W_{el,x}$	$W_{el,y}$	$I_t(cm^4)$	$C_t(cm^3)$
200	120	±1.40	4.0	19.3	24.5	1 353	618	7.4	5.0	135	103	1 345	172
			5.0	23.8	30.4	1 649	750	7.4	5.0	165	125	1 652	210
			6.0	28.3	36.0	1 929	874	7.3	4.9	193	146	1 947	245
			8.0	36.5	46.4	2 386	1 079	7.2	4.8	239	180	2 507	308
			10	44.4	56.6	2 806	1 262	7.0	4.7	281	210	3 007	364
	150	±1.50	4.0	21.2	26.9	1 584	1 021	7.7	6.2	158	136	1 942	219
			5.0	26.2	33.4	1 935	1 245	7.6	6.1	193	166	2 391	267
			6.0	31.1	39.6	2 268	1 457	7.5	6.0	227	194	2 826	312
			8.0	40.2	51.2	2 892	1 815	7.4	6.0	283	242	3 664	396
			10	49.1	62.6	3 348	2 143	7.3	5.8	335	286	4 428	471
			12	56.6	72.1	3 668	2 353	7.1	5.7	367	314	5 099	532
			14	64.2	81.7	4 004	2 564	7.0	5.60	400	342	5 691	586
220	140	±1.50	4.0	21.8	27.7	1 892	948	8.3	5.8	172	135	1 987	224
			5.0	27.0	34.4	2 313	1 155	8.2	5.8	210	165	2 447	274
			6.0	32.1	40.8	2 714	1 352	8.1	5.7	247	193	2 891	321
			8.0	41.5	52.8	3 389	1 685	8.0	5.6	308	241	3 746	407
			10	50.7	64.6	4 017	1 989	7.8	5.5	365	284	4 523	484
			12	58.5	74.5	4 408	2 187	7.7	5.4	401	312	5 206	546
			13	62.5	79.6	4 624	2 292	7.6	5.4	420	327	5 517	575
250	150	±1.60	4.0	24.3	30.9	2 697	1 234	9.3	6.3	216	165	2 665	275
			5.0	30.1	38.4	3 304	1 508	9.3	6.3	264	201	3 285	337
			6.0	35.8	45.6	3 886	1 768	9.2	6.2	311	236	3 886	396
			8.0	46.5	59.2	4 886	2 219	9.1	6.1	391	296	5 050	504
			10	57.0	72.6	5 825	2 634	9.0	6.0	466	351	6 121	602
			12	66.0	84.1	6 458	2 925	8.8	5.9	517	390	7 088	684
			14	75.2	95.7	7 114	3 214	8.6	5.8	569	429	7 954	759
250	200	±1.70	5.0	34.0	43.4	4 055	2 885	9.7	8.2	324	289	5 257	457
			6.0	40.5	51.6	4 779	3 397	9.6	8.1	382	340	6 237	538
			8.0	52.8	67.2	6 057	4 304	9.5	8.0	485	430	8 136	691
			10	64.8	82.6	7 266	5 154	9.4	7.9	581	515	9 950	832
			12	75.4	96.1	8 159	5 792	9.2	7.8	653	579	11 640	955
			14	86.1	110	9 066	6 430	9.1	7.6	725	643	13 185	1 069
			16	96.4	123	9 853	6 983	9.0	7.5	788	698	14 596	1 171
260	180	±1.80	5.0	33.2	42.4	4 121	2 350	9.9	7.5	317	261	4 695	426
			6.0	39.6	50.4	4 856	2 763	9.8	7.4	374	307	5 566	501
			8.0	51.5	65.6	6 145	3 493	9.7	7.3	473	388	7 267	642
			10	63.2	80.6	7 363	4 174	9.5	7.2	566	646	8 850	772
			12	73.5	93.7	8 245	4 679	9.4	7.1	634	520	10 328	884
			14	84.0	107	9 147	5 182	9.3	7.0	703	576	11 673	988

边长(mm)		尺寸允许偏差(mm)	壁厚(mm)	理论重量(kg/m)	截面面积(cm²)	惯性矩(cm⁴)		惯性半径(cm)		截面模数(cm³)		扭 转 常 数	
H	B	±Δ	t	M	A	I_x	I_y	r_x	r_y	$W_{el.x}$	$W_{el.y}$	I_t(cm⁴)	C_t(cm³)
300	200	±2.00	5.0	38.0	48.4	6 241	3 361	11.4	8.3	416	336	6 836	552
			6.0	45.2	57.6	7 370	3 962	11.3	8.3	491	396	8 115	651
			8.0	59.1	75.2	9 389	5 042	11.2	8.2	626	504	10 627	838
			10	72.7	92.6	11 313	6 058	11.1	8.1	754	606	12 987	1 012
			12	84.8	108	12 788	6 854	10.9	8.0	853	685	15 236	1 167
			14	97.1	124	14 287	7 643	10.7	7.9	952	764	17 307	1 311
			16	109	139	15 617	8 340	10.6	7.8	1 041	834	19 223	1 442
350	200	±2.10	5.0	41.9	53.4	9 032	3 836	13.0	8.5	516	384	8 475	647
			6.0	49.9	63.6	10 682	4 527	12.9	8.4	610	453	10 065	764
			8.0	65.3	83.2	13 662	5 779	12.8	8.3	781	578	13 189	986
			10	80.5	102	16 517	6 961	12.7	8.2	944	696	16 137	1 193
			12	94.2	120	18 768	7 915	12.5	8.1	1 072	792	18 962	1 379
			14	108	138	21 055	8 856	12.4	8.0	1 203	886	21 578	1 554
			16	121	155	23 114	9 698	12.2	7.9	1 321	970	24 016	1 713
350	250	±2.20	5.0	45.8	58.4	10 520	6 306	13.4	10.4	601	504	12 234	817
			6.0	54.7	69.6	12 457	7 458	13.4	10.3	712	594	14 554	967
			8.0	71.6	91.2	16 001	9 573	13.2	10.2	914	766	19 136	1 253
			10	88.4	113	19 407	11 588	13.1	10.1	1 109	927	23 500	1 522
			12	104	132	22 196	13 261	12.9	10.0	1 268	1 060	27 749	1 770
			14	119	152	25 008	14 921	12.8	9.9	1 429	1 193	31 729	2 003
			16	134	171	27 580	16 434	12.7	9.8	1 575	1 315	35 497	2 220
350	300	±2.30	7.0	68.6	87.4	16 270	12 874	13.6	12.1	930	858	22 599	1 347
			8.0	77.9	99.2	18 341	14 506	13.6	12.1	1 048	967	25 633	1 520
			10	96.2	122	22 298	17 623	13.5	12.0	1 274	1 175	31 548	1 852
			12	113	144	25 625	20 257	13.3	11.9	1 464	1 350	37 358	2 161
			14	130	166	28 962	22 883	13.2	11.7	1 655	1 526	42 837	2 454
			16	146	187	32 046	25 305	13.1	11.6	1 831	1 687	48 072	2 729
			19	170	217	36 204	28 569	12.9	11.5	2 069	1 904	55 439	3 107
400	200	±2.40	6.0	54.7	69.6	14 789	5 092	14.5	8.6	739	509	12 069	877
			8.0	71.6	91.2	18 974	6 517	14.4	8.5	949	652	15 820	1 133
			10	88.4	113	23 003	7 864	14.3	8.4	1 150	786	19 368	1 373
			12	104	132	26 248	8 977	14.1	8.2	1 312	898	22 782	1 591
			14	119	152	29 545	10 069	13.9	8.1	1 477	1 007	25 956	1 796
			16	134	171	32 546	11 055	13.8	8.0	1 627	1 105	28 928	1 983

边长 (mm)		尺寸允许偏差(mm)	壁厚 (mm)	理论重量 (kg/m)	截面面积 (cm²)	惯性矩 (cm⁴)		惯性半径 (cm)		截面模数 (cm³)		扭转常数	
H	B	$\pm\Delta$	t	M	A	I_x	I_y	r_x	r_y	$W_{el,x}$	$W_{el,y}$	I_t (cm⁴)	C_t (cm³)
400	250	±2.50	5.0	49.7	63.4	14 440	7 056	15.1	10.6	722	565	14 773	937
			6.0	59.4	75.6	17 118	8 352	15.0	10.5	856	668	17 580	1 110
			8.0	77.9	99.2	22 048	10 744	14.9	10.4	1 102	860	23 127	1 440
			10	96.2	122	26 806	13 029	14.8	10.3	1 340	1 042	28 423	1 753
			12	113	144	30 766	14 926	14.6	10.2	1 538	1 197	33 597	2 042
			14	130	166	34 762	16 872	14.5	10.1	1 738	1 350	38 460	2 315
			16	146	187	38 448	19 628	14.3	10.0	1 922	1 490	43 083	2 570
400	300	±2.60	7.0	74.1	94.4	22 261	14 376	15.4	12.3	1 113	958	27 477	1 547
			8.0	84.2	107	25 152	16 212	15.3	12.3	1 256	1 081	31 179	1 747
			10	104	133	306 094	19 726	15.2	12.2	1 530	1 315	38 407	2 132
			12	122	156	35 284	22 747	15.0	12.1	1 764	1 516	45 527	2 492
			14	141	180	39 979	25 748	14.9	12.0	1 999	1 717	52 267	2 835
			16	159	203	44 350	28 535	14.8	11.9	2 218	1 902	58 731	3 159
			19	185	236	50 309	32 326	14.6	11.7	2 515	2 155	67 883	3 607
450	250	±2.70	6.0	64.1	81.6	22 724	9 245	16.7	10.6	1 010	740	20 687	1 253
			8.0	84.2	107	29 336	11 916	16.5	10.5	1 304	953	27 222	1 628
			10	104	133	35 737	14 470	16.4	10.4	1 588	1 158	33 473	1 983
			12	123	156	41 137	16 663	16.2	10.3	1 828	1 333	39 591	2 314
			14	141	180	46 587	18 824	16.1	10.2	2 070	1 506	45 358	2 627
			16	159	203	51 651	20 821	16.0	10.1	2 295	1 666	50 857	2 921
450	350	±2.80	7.0	85.1	108	32 867	22 448	17.4	14.4	1 461	1 283	41 688	2 053
			8.0	96.7	123	37 151	25 360	17.4	14.3	1 651	1 449	47 354	2 322
			10	120	153	45 418	30 971	17.3	14.2	2 019	1 770	58 458	2 842
			12	141	180	52 650	35 911	17.1	14.1	2 340	2 052	69 468	3 335
			14	163	208	59 898	40 823	17.0	14.0	2 662	2 333	79 967	3 807
			16	184	235	66 727	45 443	16.9	13.9	2 966	2 597	90 121	4 257
			19	215	274	76 195	51 834	16.7	13.8	3 386	2 962	104 670	4 889
450	400	±3.00	9.0	115	147	45 711	38 225	17.6	16.1	2 032	1 911	65 371	2 938
			10	127	163	50 259	42 019	17.6	16.1	2 234	2 101	72 219	3 272
			12	151	192	58 407	48 837	17.4	15.9	2 596	2 442	85 923	3 846
			14	174	222	66 554	55 631	17.3	15.8	2 958	2 782	99 037	4 398
			16	197	251	74 264	62 055	17.2	15.7	3 301	3 103	111 766	4 926
			19	230	293	85 024	71 012	17.0	15.6	3 779	3 551	130 101	5 671
			22	262	334	94 835	79 171	16.9	15.4	4 215	3 959	147 482	6 363

边长 (mm)		尺寸允许 偏差(mm)	壁厚 (mm)	理论重量 (kg/m)	截面面积 (cm²)	惯性矩 (cm⁴)		惯性半径 (cm)		截面模数 (cm³)		扭 转 常 数	
H	B	$\pm\Delta$	t	M	A	I_x	I_y	r_x	r_y	$W_{el,x}$	$W_{el,y}$	$I_t(cm^4)$	$C_t(cm^3)$
500	200	±3.10	9.0	94.2	120	36 774	8 847	17.5	8.6	1 471	885	23 642	1 584
			10	104	133	40 321	9 671	17.4	8.5	1 613	967	26 005	1 734
			12	123	156	46 312	11 101	17.2	8.4	1 853	1 110	30 620	2 016
			14	141	180	52 390	12 496	17.1	8.3	2 095	1 250	34 934	2 280
			16	159	203	58 015	13 771	16.9	8.2	2 320	1 377	38 999	2 526
500	250	±3.20	9.0	101	129	42 199	14 521	18.1	10.6	1 688	1 161	35 044	2 017
			10	112	143	46 324	15 911	18.0	10.6	1 853	1 273	38 624	2 214
			12	132	168	53 457	18 363	17.8	10.5	2 138	1 469	45 701	2 585
			14	152	194	60 659	20 776	17.7	10.4	2 426	1 662	58 778	2 939
			16	172	219	67 389	23 015	17.6	10.3	2 696	1 841	37 358	3 272
500	300	±3.30	10	120	153	52 328	23 933	18.5	12.5	2 093	1 596	52 736	2 693
			12	141	180	60 604	27 726	18.3	12.4	2 424	1 848	62 581	3 156
			14	163	208	68 928	31 478	18.2	12.3	2 757	2 099	71 947	3 599
			16	184	235	76 763	34 994	18.1	12.2	3 071	2 333	80 972	4 019
			19	215	274	87 609	39 838	17.9	12.1	3 504	2 656	93 845	4 606
500	400	±3.40	9.0	122	156	58 474	41 666	19.4	16.3	2 339	2 083	76740	3 318
			10	135	173	64 334	45 823	19.3	16.3	2 573	2 291	84 403	3 653
			12	160	204	74 895	53 355	19.2	16.2	2 996	2 668	100 471	4 298
			14	185	236	85 466	60 848	19.0	16.1	3 419	3 042	115 881	4 919
			16	209	267	95 510	67 957	18.9	16.0	3 820	3 398	130 866	5 515
			19	245	312	109 600	77 913	18.7	15.8	4 384	3 896	152 512	6 360
			22	279	356	122 539	87 039	18.6	15.6	4 902	4 352	173 112	7 148
500	450	±3.50	10	143	183	70 337	59 941	19.6	18.1	2 813	2 664	101 581	4 132
			12	170	216	82 040	69 920	19.5	18.0	3 282	3 108	121 022	4 869
			14	196	250	93 736	79 865	19.4	17.9	3 749	3 550	139 716	5 580
			16	222	283	104 884	89 340	19.3	17.8	4 195	3 971	157 943	6 264
			19	260	331	120 595	102 683	19.1	17.6	4 824	4 564	184 368	7 238
			22	297	378	135 115	115 003	18.9	17.4	5 405	5 111	209 643	8 151

边长 (mm)		尺寸允许 偏差(mm)	壁厚 (mm)	理论重量 (kg/m)	截面面积 (cm²)	惯性矩 (cm⁴)		惯性半径 (cm)		截面模数 (cm³)		扭转常数	
H	B	$\pm\Delta$	t	M	A	I_x	I_y	r_x	r_y	$W_{el,x}$	$W_{el,y}$	$I_t(cm^4)$	$C_t(cm^3)$
500	480	±3.60	10	148	189	73 939	69 499	19.8	19.2	2 958	2 896	112 236	4 420
			12	175	223	86 328	81 146	19.7	19.1	3 453	3 381	133 767	5 211
			14	203	258	98 697	92 763	19.6	19.0	3 948	3 865	154 499	5 977
			16	229	292	110 508	103 853	19.4	18.8	4 420	4 327	174 736	6 713
			19	269	342	127 193	119 515	19.3	18.7	5 088	4 980	204 127	7 765
			22	307	391	142 660	134 031	19.1	18.5	5 706	5 585	232 306	8 753

注:①表中理论重量按钢密度 7.85g/cm³ 计算。

②矩形管的截面特性计算公式参照结构用冷弯空心型钢(表 3-203)。

(七)碳素结构钢电线套管(YB/T 5305—2008)

碳素结构钢电线套管为电阻焊钢管。钢管采用热轧或冷轧钢带成型后电阻焊接的工艺制成。钢的牌号和化学成分(熔炼分析)符合 GB/T 700 标准中 Q195、Q215A、215B、Q235A、Q235B、Q235C、Q275A、Q275B、Q275C 的规定。钢管的力学性能不作为交货条件,根据供需双方合同注明,可进行钢管力学性能试验。

1. 钢管的分类

钢管按管端加工状态分为平端电线套管和带螺纹电线套管。

钢管按表面状态分为镀锌电线套管和焊管电线套管。

2. 钢管的规格尺寸和允许偏差

钢管的外径(D)和壁厚(t)符合 GB/T 21835 标准中外径范围为 12.7~168.3mm;壁厚范围为 0.5~3.2mm 的规格和理论重量(表 3-216)。

钢管外径和壁厚的允许偏差(mm) 表 3-239

公称外径 D	公称外径允许偏差	公称壁厚允许偏差
12.7≤D≤48.3	±0.3	
48.3<D≤88.9	±0.5	±10.0%t
88.9<D≤168.3	±0.75%D	

3. 钢管的交货状态

钢管全长,弯曲度不大于总长度的 0.2%,钢管的每米弯曲度不大于 3.0mm/m。

钢管的外表面不允许有裂纹和结疤。不超过壁厚负偏差的压痕、直道、划伤、凹坑以及经打磨或清除后外毛刺痕迹允许存在。

钢管按轧制后焊接状态或按合同要求交货。

钢管交货长度:

钢管的通常长度为 3~12m。根据合同,钢管可按定尺长度或倍尺长度交货,钢管的定尺长度和倍尺总长度应在通常长度范围内,定尺长度和倍尺总长度的允许偏差为 0~+20mm;每个倍尺长度应留 5~10mm 的切口余量。

钢管按理论重量交货,也可按实际重量交货。以理论重量交货的钢管,每批或单根钢管的理论重量与实际重量的允许偏差为 ±7.5%。

钢管理论重量的计算、镀锌及镀锌层的重量系数同低压流体输送用焊接钢管。

根据双方合同,钢管可选择临时性涂层、特殊涂层,并对涂层材料、部位和技术要求进行确定。

4. 电线套管管螺纹的基本尺寸及其公差

表 3-240

1	2	3	4	5	6	7	8	9	10	11	12	13	14	15	16	17	18	19
尺寸代号	每25.4mm内所包含的牙数 n	螺距 P (mm)	牙高 h (mm)	基准平面内的基本直径 大径(基准)基本 $d=D$ (mm)	中径 $d_2=D_2$ (mm)	小径 $d_1=D_1$ (mm)	基准距离 基本 (mm)	极限偏差 $\pm T_1/2$ mm	圈数	最大 (mm)	最小 (mm)	装配余量 mm	圈数	外螺纹的有效螺纹不小于基准距离分别为 基本 (mm)	最大 (mm)	最小 (mm)	圆柱内螺纹直径的极限偏差(±) 径向 (mm)	轴向圈数 $T_2/2$
1/16	28	0.907	0.581	7.723	7.142	6.561	4	0.9	1	4.9	3.1	2.5	2¾	6.5	7.4	5.6	0.071	1¼
1/8	28	0.907	0.581	9.728	9.147	8.566	4	0.9	1	4.9	3.1	2.5	2¾	6.5	7.4	5.6	0.071	1¼
1/4	19	1.337	0.856	13.157	12.301	11.445	6	1.3	1	7.3	4.7	3.7	2¾	9.7	11	8.4	0.104	1¼
3/8	19	1.337	0.856	16.662	15.806	14.950	6.4	1.3	1	7.7	5.1	3.7	2¾	10.1	11.4	8.8	0.104	1¼
1/2	14	1.814	1.162	20.955	19.793	18.631	8.2	1.8	1	10.0	6.4	5.0	2¾	13.2	15	11.4	0.142	1¼
3/4	14	1.814	1.162	26.441	25.279	24.117	9.5	1.8	1	11.3	7.7	5.0	2¾	14.5	16.3	12.7	0.142	1¼
1	11	2.309	1.479	33.249	31.770	30.291	10.4	2.3	1	12.7	8.1	6.4	2¾	16.8	19.1	14.5	0.180	1¼
1¼	11	2.309	1.479	41.910	40.431	38.952	12.7	2.3	1	15.0	10.4	6.4	2¾	19.1	21.4	16.8	0.180	1¼
1½	11	2.309	1.479	47.803	46.324	44.845	12.7	2.3	1	15.0	10.4	6.4	2¾	19.1	21.4	16.8	0.180	1¼
2	11	2.309	1.479	59.614	58.135	56.656	15.9	2.3	1	18.2	13.6	7.5	3¼	23.4	25.7	21.1	0.180	1¼
2½	11	2.309	1.479	75.184	73.705	72.226	17.5	3.5	1½	21.0	14.0	9.2	4	26.7	30.2	23.2	0.216	1½
3	11	2.309	1.479	87.884	86.405	84.926	20.6	3.5	1½	24.1	17.1	9.2	4	29.8	33.3	26.3	0.216	1½
4	11	2.309	1.479	113.030	111.551	110.072	25.4	3.5	1½	28.9	21.9	10.4	4½	35.8	39.3	32.3	0.216	1½
5	11	2.309	1.479	138.430	136.951	135.472	28.6	3.5	1½	32.1	25.1	11.5	5	40.1	43.6	36.6	0.216	1½
6	11	2.309	1.479	163.830	162.351	160.872	28.6	3.5	1½	32.1	25.1	11.5	5	40.1	43.6	36.6	0.216	1½

(八)装饰用焊接不锈钢管(YB/T 5363—2006)

装饰用焊接不锈钢管适用于市政设施、车船制造、道桥护栏、建筑装饰、钢结构网架、医疗器械、家具、一般机械结构部件等的装饰用。钢管采用氩弧焊,等离子焊,感应焊等方法制造。

钢管按表面交货状态分为:表面未抛光状态 SNB;表面抛光状态 SB;表面磨光状态 SP;表面喷砂状态 SA。

钢管按截面形状分为圆管 R,方管 s,矩形管 Q 三种。

钢管一般以通常长度交货,通常长度的范围为 1~8m;钢管的定尺长度为 6m,全长允许偏差为 0~+15mm;经供需双方协商,可生产 1m 至小于 6m 的定尺长度。

钢管可按实际重量交货,也可按理论重量交货。以理论重量交货时,钢管的每米理论重量按下式计算:

$$W = \frac{\pi}{1\,000}\rho t(D - t)$$

式中:W——钢管每米理论重量(kg/m);

t——钢管的壁厚(mm);

ρ——钢管的钢密度(kg/dm³)(不锈钢的密度:0Cr18Ni9 为 7.93kg/dm³、1Cr18Ni9 为 7.93kg/dm³);

D——钢管的外径(mm)。

钢管的外表面应清洁,不得有裂纹、划伤、折叠、分层、氧化皮和明显的焊边缺陷。

1. 钢管的尺寸允许偏差

表 3-241

供货状态	外 径 (mm)		壁 厚 (mm)	
	外径 D	允许偏差	壁 厚	允许偏差
磨光、抛光状态 (SB、SP)	≤25	±0.20	0.4~1.00	±0.05
	>25~40	±0.22		
	>40~50	±0.25		
	>50~60	±0.28	>1.00~1.90	±0.10
	>60~70	±0.30		
	>70~80	±0.35		
	>80	±0.5%D		
未抛光、喷砂状态 (SNB、SA)	≤25	±0.25	≥2.00	±0.15
	>25~50	±0.30		
	>50	±1.0%D		

注:钢管的弯曲度;外径<89.0mm,弯曲度≤1.5mm/m;外径≥89.0mm,弯曲度≤2.0mm/m。

2. 制管用钢的牌号及化学成分

表 3-242

牌号	各化学成分的质量分数(%)						
	C	Si	Mn	P	S	Ni	Gr
0Cr18Ni9	≤0.07	≤1.00	≤2.00	≤0.035	≤0.030	8.00~11.00	17.00~19.00
1Cr18Ni9	≤0.15	≤1.00	≤2.00	≤0.035	≤0.030	8.00~10.00	17.00~19.00

注:经供需双方协商,可供应表中所列以外的牌号。

3. 钢管的力学性能

表 3-243

牌 号	推荐热处理制度	屈服强度 $\sigma_{p_{0.2}}$(MPa) ≥	抗拉强度 σ_b(MPa) ≥	断后伸长率 δ_5(%) ≥	硬度 HB ≤
0Cr18Ni9	1 010～1 150℃急冷	205	520	35	187
1Cr18Ni9	1 010～1 150℃急冷	205	520	35	187

4. 钢管的标记示例和钢管表面粗糙度

1)标记

(1)采用牌号为 0Cr18Ni9 的钢,截面形状为圆形,交货表面为抛光状态,外径 25.4mm,壁厚 1.2mm,长度为 6 000mm 定尺的管,其标记为:

0Cr18Ni9—25.4×1.2×6 000—YB/T 5363—2006

注:钢管以圆截面形状,抛(磨)光状态交货的,可不标注其代号。

(2)采用牌号为 1Cr18Ni9 的钢,截面形状为方形,交货表面为喷砂状态,边长 30mm,壁厚 1.4mm,长度为 6 000mm 定尺的方形管,其标记为:

1Cr18Ni9—S. SA30×30×1.4×6 000—YB/T 5363—2006

2)表面粗糙度(光亮度)

(1)圆管外径小于等于 63.5mm 时,其表面粗糙度不低于 $R_a0.8\mu m$(即 400 号)。

圆管外径大于 63.5mm 时,其表面粗糙度不低于 $R_a1.6\mu m$(即 320 号)。

(2)方形管和矩形管的表面粗糙度应不低于 $R_a1.6\mu m$(即 320 号)。

5. 装饰用焊接不锈钢圆管规格(mm)

表 3-244

外径	壁 厚																		
	0.4	0.5	0.6	0.7	0.8	0.9	1.0	1.2	1.4	1.5	1.6	1.8	2.0	2.2	2.5	2.8	3.0	3.2	3.5
6	×	×	×																
8	×	×	×																
9	×	×	×	×	×														
10	×	×	×	×	×	×	×	×											
12			×	×	×	×	×	×	×	×	×								
(12.7)			×	×	×	×	×	×	×	×	×								
15			×	×	×	×	×	×	×	×	×								
16			×	×	×	×	×	×	×	×	×								
18			×	×	×	×	×	×	×	×	×								
19			×	×	×	×	×	×	×	×	×	×							
20			×	×	×	×	×	×	×	×	×	×	○						
22				×	×	×	×	×	×	×	×	×	○	○					
25				×	×	×	×	×	×	×	×	×	○	○	○				
28				×	×	×	×	×	×	×	×	×	○	○	○	○			
30				×	×	×	×	×	×	×	×	×	○	○	○	○	○		
(31.8)				×	×	×	×	×	×	×	×	×	○	○	○	○	○		
32				×	×	×	×	×	×	×	×	×	○	○	○	○	○		
38				×	×	×	×	×	×	×	×	×	○	○	○	○	○	○	○
40				×	×	×	×	×	×	×	×	×	○	○	○	○	○	○	○
45					×	×	×	×	×	×	×	×	○	○	○	○	○	○	○
48					×	×	×	×	×	×	×	×	○	○	○	○	○	○	○
51					×	×	×	×	×	×	×	×	○	○	○	○	○	○	○
56					×	×	×	×	×	×	×	×	○	○	○	○	○	○	○

外径	0.4	0.5	0.6	0.7	0.8	0.9	1.0	1.2	1.4	1.5	1.6	1.8	2.0	2.2	2.5	2.8	3.0	3.2	3.5
57						×	×	×	×	×	×	×	○	○	○	○	○	○	○
(63.5)						×	×	×	×	×	×	×	○	○	○	○	○	○	○
65						×	×	×	×	×	×	×	○	○	○	○	○	○	○
70						×	×	×	×	×	×	×	○	○	○	○	○	○	○
76.2						×	×	×	×	×	×	×	○	○	○	○	○	○	○
80						×	×	×	×	×	×	×	○	○	○	○	○	○	○
83						×	×	×	×	×	×	×	○	○	○	○	○	○	○
89						×	×	×	×	×	×	×	○	○	○	○	○	○	○
95						×	×	×	×	×	×	×	○	○	○	○	○	○	○
(101.6)						×	×	×	×	×	×	×	○	○	○	○	○	○	○
102								×	×	×	×	×	○	○	○	○	○	○	○
108									×	×	×	×	○	○	○	○	○	○	○
114										×	×	×	○	○	○	○	○	○	○
127											×	×	○	○	○	○	○	○	○
133													○	○	○	○	○	○	○
140													○	○	○	○	○	○	○
159														○	○	○	○	○	○
168.3															○	○	○	○	○
180																	○		○
193.7																			○
219																			○

注：（ ）为不推荐使用；×为采用冷轧板（带）制造；○为采用冷轧板（带）或热轧板（带）制造。

6.装饰用焊接不锈钢方管、矩形管规格（mm）

表 3-245

	边长×边长	0.4	0.5	0.6	0.7	0.8	0.9	1.0	1.2	1.4	1.5	1.6	1.8	2.0	2.2	2.5	2.8	3.0	3.2	3.5
方管	15×15	×	×	×	×	×	×	×												
	20×20		×	×	×	×	×	×	×	×	×	×	×	○						
	25×25			×	×	×	×	×	×	×	×	×	×	○	○	○				
	30×30				×	×	×	×	×	×	×	×	×	○	○	○				
	40×40						×	×	×	×	×	×	×	○	○	○				
	50×50							×	×	×	×	×	×	○	○	○				
	60×60								×	×	×	×	×	○	○	○				
	70×70									×	×	×	×	○	○	○				
	80×80										×	×	×	○	○	○	○			
	85×85											×	×	○	○	○	○			
	90×90											×	×	○	○	○	○	○		
	100×100												×	○	○	○	○	○		
	110×110												×	○	○	○	○	○		
	125×125												×	○	○	○	○	○		
	130×130													○	○	○	○	○		
	140×140													○	○	○	○	○		
	170×170														○	○	○	○		
矩形管	20×10		×	×	×	×	×	×	×	×	×									
	25×15			×	×	×	×	×	×	×	×									
	40×20					×	×	×	×	×	×	×	×							

边长×边长		壁 厚																		
		0.4	0.5	0.6	0.7	0.8	0.9	1.0	1.2	1.4	1.5	1.6	1.8	2.0	2.2	2.5	2.8	3.0	3.2	3.5
矩形管	50×30						×	×	×	×	×	×	×							
	70×30							×	×	×	×	×	×	○						
	80×40							×	×	×	×	×	×	○						
	90×30						×	×	×	×	×	×	×	○	○					
	100×40								×	×	×	×	×	○	○					
	110×50									×	×	×	×	○	○					
	120×40									×	×	×	×	○	○					
	120×60									×	×	×	○	○	○					
	130×50									×	×	×	○	○	○					
	130×70										×	×	○	○	○					
	140×60										×	×	○	○	○					
	140×80											×	○	○	○					
	150×50											×	○	○	○					
	150×70											×	○	○	○					
	160×40											×	○	○	○					
	160×60												○	○	○	○				
	160×90												○	○	○	○				
	170×50												○	○	○	○				
	170×80												○	○	○	○				
	180×70												○	○	○	○				
	180×80												○	○	○	○	○			
	180×100												○	○	○	○	○			
	190×60													○	○	○	○	○		
	190×70													○	○	○	○	○		
	190×90													○	○	○	○	○		
	200×60													○	○	○	○	○		
	200×80													○	○	○	○	○		
	200×140															○	○	○		

注：×为采用冷轧板（带）制造；○为采用冷轧板（带）或热轧板（带）制造。

（九）无缝钢管

无缝钢管包括输送流体用无缝钢管（GB/T 8163—2008）和结构用无缝钢管（GB/T 8162—2008）等。输送流体用无缝钢管由 10、20、Q295、Q345、Q390、Q420、Q460 牌号的钢制造。结构用无缝钢管由碳素结构钢（Q235、Q275）、优质碳素结构钢（10、15、20、25、35、45、20Mn、25Mn）、低合金高强度结构钢和合金结构钢制造。

钢管采用热轧（挤压、扩）或冷拔（轧）无缝方法制造。需方指定某一种方法制造钢管时，应在合同中注明。

热轧（挤压、扩）钢管以热轧状态或热处理状态交货。要求热处理状态交货时，需在合同中注明。冷拔（轧）钢管以热处理状态交货，根据供需双方合同注明，也可以冷拔（轧）状态交货。

钢管的通常长度为 3～12.5m。根据供需双方合同注明，钢管可按定尺长度或倍尺长度交货，钢管的定尺长度应在通常长度范围内，全长允许偏差规定：定尺长度不大于 6m 的为 0～+10mm；定尺长度大于 6m 的为 0～+15mm；钢管的倍尺长度应在通常长度范围内，全长允许偏差为 0～+20mm，每个倍尺长度应按下述规定留出切口余量：外径不大于 159mm 钢管为 5～10mm；外径大于 159mm 钢管为 10～15mm。

钢管按实际重量交货，亦可按理论重量交货。钢管的外径（D）、壁厚（S）和理论重量的计算符合 GB/T 17395 的规定（表 3-254 和表 3-255）。根据供需双方合同注明，交货钢管的理论重量与实际重量的偏差：单支钢管±10%；每批最小为 10t 的钢管±7.5%。

根据供需双方合同注明,钢管的不圆度和壁厚不均应分别不超过外径和壁厚公差的80%。

钢管的内外表面不允许有目视可见的裂纹、折叠、结疤、轧折和离层。

1. 钢管的弯曲度

表 3-246

钢管公称壁厚(mm)	每米弯曲度(mm/m)	全长弯曲度
≤15	≤1.5	
>15~30	≤2.0	不大于钢管总长度1.5‰
>30 或外径≥351	≤3.0	

2. 钢管的外形尺寸允许偏差

(1)钢管的外径允许偏差(mm)

表 3-247

钢 管 种 类	允 许 偏 差
热轧(挤压、扩)铜管	±1%D 或±0.50,取其中较大者
冷拔(轧)钢管	±1%D 或±0.30,取其中较大者

(2)热轧(挤压、扩)钢管壁厚允许偏差(mm)

表 3-248

钢 管 种 类	钢管公称外径	S/D	允 许 偏 差
热轧(挤压)钢管	≤102	—	±12.5%S 或±0.40,取其中较大者
	>102	≤0.05	±15%S 或±0.40,取其中较大者
		>0.05~0.10	±12.5%S 或±0.40,取其中较大者
		>0.10	+12.5%S −10%S
热扩钢管	—		±15%S

(3)冷拔(轧)钢管壁厚允许偏差(mm)

表 3-249

钢 管 种 类	钢管公称壁厚	允 许 偏 差
冷拔(轧)	≤3	+15%S −10%S 或±0.15,取其中较大者
	>3	+12.5%S −10%S

3. 输送流体用无缝钢管的力学性能

表 3-250

牌 号	质量等级	拉 伸 性 能					冲 击 试 验	
		抗拉强度 R_m (MPa)	下屈服强度 R_{eL}(MPa)			断后伸长率 A (%)	温度 (℃)	吸收能量 (kV$_2$/J)
			壁厚(mm)					
			≤16	>16~30	>30			
			不 小 于					不小于
10	—	335~475	205	195	185	24	—	—
20	—	410~530	245	235	225	20	—	—
Q295	A	390~570	295	275	255	22	—	—
	B						+20	34

续表 3-250

牌号	质量等级	拉伸性能					冲击试验	
		抗拉强度 R_m (MPa)	下屈服强度 R_{eL} (MPa)			断后伸长率 A (%)	温度 (℃)	吸收能量 (kV$_2$/J)
			壁厚(mm)					
			≤16	>16~30	>30			
			不 小 于					不小于
Q345	A	470~630	345	325	295	20	—	—
	B						+20	
	C						0	34
	D					21	−20	
	E						−40	27
Q390	A	490~650	390	370	350	18	—	—
	B						+20	
	C						0	34
	D					19	−20	
	E						−40	27
Q420	A	520~680	420	400	380	18	—	—
	B						+20	
	C						0	34
	D					19	−20	
	E						−40	27
Q460	C	550~720	460	440	420	17	0	34
	D						−20	
	E						−40	27

注:①拉伸试验时,如不能测定屈服强度,可测定规定非比例延伸强度 $R_{p0.2}$ 代替 R_{eL}。

②牌号为 Q295、Q345、Q390、Q420、Q460,质量等级为 B、C、D、E 的钢管,当外径不小于 70mm 且壁厚不小于 6.5mm 时,应进行冲击试验。

4. 结构用无缝钢管 Q235、Q275 钢的化学成分(熔炼分析)

表 3-251

牌号	质量等级	化学成分(质量分数)(%)					
		C	Si	Mn	P	S	Alt(全铝)
					不大于		
Q235	A	≤0.22	≤0.35	≤1.40	0.030	0.030	—
	B	≤0.20					—
	C	≤0.17			0.030	0.030	
	D				0.025	0.025	≥0.020
Q275	A	≤0.24	≤0.35	≤1.50	0.030	0.030	—
	B	≤0.21					—
	C	≤0.20			0.030	0.030	
	D				0.025	0.025	≥0.020

注:①残余元素 Cr、Ni 的含量应各不大于 0.30%,Cu 的含量应不大于 0.20%。

②当分析 Als(酸溶铝)时,Als≥0.015%。

③其他牌号钢的化学成分应符合相关标准。

5. 结构用无缝钢管的力学性能

(1)优质碳素结构钢、低合金高强度结构钢和牌号为 Q235、Q275 的钢管的力学性能。

表 3-252

牌 号	质量等级	抗拉强度 R_m (MPa)	下屈服强度 R_{eL}(MPa) 壁厚(mm)			断后伸长率 A (%)	冲击试验 温度 (℃)	吸收能量 kV_2(J)
			≤16	>16~30	>30			
			不 小 于					不小于
10	—	≥335	205	195	185	24	—	—
15	—	≥375	225	215	205	22	—	—
20	—	≥410	245	235	225	20	—	—
25	—	≥450	275	265	255	18	—	—
35	—	≥510	305	295	285	17	—	—
45	—	≥590	335	325	315	14	—	—
20Mn	—	≥450	275	265	255	20	—	—
25Mn	—	≥490	295	285	275	18	—	—
Q235	A	375~500	235	225	215	25	—	
	B						+20	27
	C						0	
	D						−20	
Q275	A	415~540	275	265	255	22	—	
	B						+20	27
	C						0	
	D						−20	
Q295	A	390~570	295	275	255	22	—	
	B						+20	34
Q345	A	470~630	345	325	295	22	—	—
	B						+20	34
	C						0	
	D					21	−20	
	E						−40	27
Q390	A	490~650	390	370	350	18	—	—
	B						+20	34
	C						0	
	D					19	−20	
	E						−40	27
Q420	A	520~680	420	400	380	18	—	—
	B						+20	34
	C						0	
	D					19	−20	
	E						−40	27

续表 3-252

牌 号	质量等级	抗拉强度 R_m（MPa）	下屈服强度 R_{eL}（MPa） 壁厚（mm）			断后伸长率 A（%）	冲击试验 温度（℃）	吸收能量 kV_2（J）
			≤16	>16～30	>30			
			不 小 于					不小于
Q460	C	550～720	460	440	420	17	0	34
	D						−20	
	E						−40	27

注：①拉伸试验时，如不能测定屈服强度，可测定规定非比例延伸强度 $R_{p0.2}$ 代替 R_{eL}。
　　②低合金高强度结构钢和牌号为 Q235、Q275 的钢管，当外径不小于 70mm 且壁厚不小于 6.5mm 时，应进行冲击试验。

（2）合金结构钢钢管的力学性能。

表 3-253

序号	牌号	热 处 理					力 学 性 能			钢管退火或高温回火供应状态布氏硬度（HBW）
		淬火（正火）			回火		抗拉强度 R_m（MPa）	下屈服强度 R_{eL}（MPa）	断后伸长率 A（%）	
		温度（℃）		冷却剂	温度（℃）	冷却剂				
		第一次淬火	第二次淬火				不小于			不大于
1	40Mn2	840	—	水、油	540	水、油	885	735	12	217
2	45Mn2	840	—	水、油	550	水、油	885	735	10	217
3	27SiMn	920	—	水	450	水、油	980	835	12	217
4	40MnB	850	—	油	500	水、油	980	785	10	207
5	45MnB	840	—	油	500	水、油	1 030	835	9	217
6	20Mn2B	880[b]	—	油	200	水、空	980	785	10	187
7	20Cr	880[b]	800	水、油	200	水、空	835[a]	540[a]	10[a]	179
							785[a]	490[a]	10[a]	179
8	30Cr	860	—	油	500	水、油	885	685	11	187
9	35Cr	860	—	油	500	水、油	930	735	11	207
10	40Cr	850	—	油	520	水、油	980	785	9	207
11	45Cr	840	—	油	520	水、油	1 030	835	9	217
12	50Cr	830	—	油	520	水、油	1 080	930	9	229
13	38CrSi	900	—	油	600	水、油	980	835	12	255
14	12CrMo	900	—	空	650	空	410	265	24	179
15	15CrMo	900	—	空	650	空	440	295	22	179
16	20CrMo	880[b]	—	水、油	500	水、油	885[a]	685[a]	11[a]	197
							845[a]	635[a]	12[a]	197
17	35CrMo	850	—	油	550	水、油	980	835	12	229
18	42CrMo	850	—	油	560	水、油	1 080	930	12	217
19	12CrMoV	970	—	空	750	空	440	225	22	241
20	12Cr1MoV	970	—	空	750	空	490	245	22	179

续表 3-253

序号	牌号	热 处 理					力 学 性 能			钢管退火或高温回火供应状态布氏硬度(HBW)
		淬火(正火)			回火		抗拉强度 R_m (MPa)	下屈服强度 R_{eL} (MPa)	断后伸长率 A (%)	
		温度(℃)		冷却剂	温度(℃)	冷却剂				
		第一次淬火	第二次淬火				不小于			不大于
21	38CrMoAl	940	—	水、油	640	水、油	980[a]	835[a]	12[a]	229
							930[a]	785[a]	14[a]	229
22	50CrVA	860	—	油	500	水、油	1 275	1 130	10	255
23	20CrMn	850	—	油	200	水、空	930	735	10	187
24	20CrMnSi	880[b]	—	油	480	水、油	785	635	12	207
25	30CrMnSi	880[b]	—	油	520	水、油	1 080	885[a]	8[a]	229
							980[a]	835[a]	10[a]	229
26	35CrMnSiA	880[b]	—	油	230	水、空	1 620	—	9	229
27	20CrMnTi	880[b]	870	油	200	水、空	1 080	835	10	217
28	30CrMnTi	880[b]	850	油	200	水、空	1 470	—	9	229
29	12CrNi2	860	780	水、油	200	水、空	785	590	12	207
30	12CrNi3	860	780	油	200	水、空	930	685	11	217
31	12CrNi4	860	780	油	200	水、空	1 080	835	10	269
32	40CrNiMoA	850	—	油	600	水、油	980	835	12	269
33	45CrNiMoVA	860	—	油	460	油	1 470	1 325	7	269

注：①表中所列热处理温度允许调整范围：淬火±20℃，低温回火±30℃，高温回火±50℃。

②硼钢在淬火前可先正火，铬锰钛钢第一次淬火可用正火代替。

③[a] 可按其中一种数据交货。

④[b] 于 280～320℃ 等温淬火。

⑤对壁厚不大于 5mm 的钢管不做布氏硬度试验。

⑥拉伸试验时，如不能测定屈服强度，可测定规定非比例延伸强度 $R_{p0.2}$ 代替 R_{eL}。

6. 无缝钢管的组批规则

(1)钢管按批进行检查和验收。

(2)若钢管在切成单根后不再进行热处理，则从一根管坯轧制的铜管截取的所有管段都应视为一根。

(3)每批应由同一牌号、同一炉号、同一规格和同一热处理制度(炉次)的钢管组成。每批钢管的数量不应超过如下规定：

①外径不大于 76mm，并且壁厚不大于 3mm：400 根；

②外径大于 351mm：50 根；

③其他尺寸：200 根。

(4)当需方事先未提出特殊要求时，10、15、20、25、35、45、Q235、Q275、20Mn、25Mn 可以不同炉号的同一牌号、同一规格的钢管组成一批。

(5)剩余钢管的根数，如不少于上述规定的 50% 时则单独列为一批，少于上述规定的 50% 时可并入同一牌号、同一炉号和同一规格的相邻一批中。

7. 无缝钢管的规格尺寸和理论重量

(1) 普通钢管的外径和壁厚及单位长度理论重量(摘自 GB/T 17395—2008)

表3-254

外径(mm)			壁厚 (mm) 单位长度理论重量(kg/m)															
系列1	系列2	系列3	0.25	0.30	0.40	0.50	0.60	0.80	1.0	1.2	1.4	1.5	1.6	1.8	2.0	2.2(2.3)	2.5(2.6)	2.8
	6		0.035	0.042	0.055	0.068	0.080	0.103	0.123	0.142	0.159	0.166	0.174	0.186	0.197			
	7		0.042	0.050	0.065	0.080	0.095	0.122	0.148	0.172	0.193	0.203	0.213	0.231	0.247	0.260	0.277	
	8		0.048	0.057	0.075	0.092	0.109	0.142	0.173	0.201	0.228	0.240	0.253	0.275	0.296	0.315	0.339	
	9		0.054	0.064	0.085	0.105	0.124	0.162	0.197	0.231	0.262	0.277	0.292	0.320	0.345	0.369	0.401	0.428
10(10.2)			0.060	0.072	0.095	0.117	0.139	0.182	0.222	0.260	0.297	0.314	0.331	0.364	0.395	0.423	0.462	0.497
	11		0.066	0.079	0.105	0.129	0.154	0.201	0.247	0.290	0.331	0.351	0.371	0.408	0.444	0.477	0.524	0.566
	12		0.072	0.087	0.114	0.142	0.169	0.221	0.271	0.320	0.366	0.388	0.410	0.453	0.493	0.532	0.586	0.635
		13(12.7)	0.079	0.094	0.124	0.154	0.183	0.241	0.296	0.349	0.401	0.425	0.450	0.497	0.543	0.586	0.647	0.704
13.5			0.082	0.098	0.129	0.160	0.191	0.251	0.308	0.364	0.418	0.444	0.470	0.519	0.567	0.613	0.678	0.739
		14	0.085	0.101	0.134	0.166	0.198	0.260	0.321	0.379	0.435	0.462	0.489	0.542	0.592	0.640	0.709	0.773
		16	0.097	0.116	0.154	0.191	0.228	0.300	0.370	0.438	0.504	0.536	0.568	0.630	0.691	0.749	0.832	0.911
17(17.2)			0.103	0.124	0.164	0.203	0.243	0.320	0.395	0.468	0.539	0.573	0.608	0.675	0.740	0.803	0.894	0.981
		18	0.109	0.131	0.174	0.216	0.257	0.339	0.419	0.497	0.573	0.610	0.647	0.719	0.789	0.857	0.956	1.05
	19		0.116	0.138	0.183	0.228	0.272	0.359	0.444	0.527	0.608	0.647	0.687	0.764	0.838	0.911	1.02	1.12
	20		0.122	0.146	0.193	0.240	0.287	0.379	0.469	0.556	0.642	0.684	0.726	0.808	0.888	0.966	1.08	1.19
21(21.3)					0.203	0.253	0.302	0.399	0.493	0.586	0.677	0.721	0.765	0.852	0.937	1.02	1.14	1.26
		22			0.213	0.265	0.317	0.418	0.518	0.616	0.711	0.758	0.805	0.897	0.986	1.07	1.20	1.33
	25				0.243	0.302	0.361	0.477	0.592	0.704	0.815	0.869	0.923	1.03	1.13	1.24	1.39	1.53
		25.4			0.247	0.307	0.367	0.485	0.602	0.716	0.829	0.884	0.939	1.05	1.15	1.26	1.41	1.56
27(26.9)					0.262	0.327	0.391	0.517	0.641	0.764	0.884	0.943	1.00	1.12	1.23	1.35	1.51	1.67
	28				0.272	0.339	0.405	0.537	0.666	0.793	0.918	0.980	1.04	1.16	1.28	1.40	1.57	1.74

续表 3-254

| 外径(mm) | | | 壁厚 (mm)　单位长度理论重量(kg/m) | | | | | | | | | | | | | | | |
系列1	系列2	系列3	(2.9)3.0	3.2	3.5(3.6)	4.0	4.5	5.0	(5.4)5.5	6.0	(6.3)6.5	7.0(7.1)	7.5	8.0	8.5	(8.8)9.0	9.5	10
	6																	
	7																	
	8																	
	9																	
10(10.2)			0.518	0.537	0.561													
	11		0.592	0.616	0.647													
	12		0.666	0.694	0.734	0.789												
	13(12.7)		0.740	0.773	0.820	0.888												
13.5			0.777	0.813	0.863	0.937												
		14	0.814	0.852	0.906	0.986												
	16		0.962	1.01	1.08	1.18	1.28	1.36										
17(17.2)			1.04	1.09	1.17	1.28	1.39	1.48										
		18	1.11	1.17	1.25	1.38	1.50	1.60										
	19		1.18	1.25	1.34	1.48	1.61	1.73	1.83	1.92								
	20		1.26	1.33	1.42	1.58	1.72	1.85	1.97	2.07								
21(21.3)			1.33	1.40	1.51	1.68	1.83	1.97	2.10	2.22								
		22	1.41	1.48	1.60	1.78	1.94	2.10	2.24	2.37								
	25		1.63	1.72	1.86	2.07	2.28	2.47	2.64	2.81	2.97	3.11						
		25.4	1.66	1.75	1.89	2.11	2.32	2.52	2.70	2.87	3.03	3.18						
27(26.9)			1.78	1.88	2.03	2.27	2.50	2.71	2.92	3.11	3.29	3.45						
	28		1.85	1.96	2.11	2.37	2.61	2.84	3.05	3.26	3.45	3.63						

续表 3-254

单位长度理论重量(kg/m)

外径(mm) 系列1	系列2	系列3	壁厚(mm) 0.25	0.30	0.40	0.50	0.60	0.80	1.0	1.2	1.4	1.5	1.6	1.8	2.0	2.2(2.3)	2.5(2.6)	2.8
		30			0.292	0.364	0.435	0.576	0.715	0.852	0.987	1.05	1.12	1.25	1.38	1.51	1.70	1.88
	32(31.8)				0.312	0.388	0.465	0.616	0.765	0.911	1.06	1.13	1.20	1.34	1.48	1.62	1.82	2.02
34(33.7)					0.331	0.413	0.494	0.655	0.814	0.971	1.13	1.20	1.28	1.43	1.58	1.73	1.94	2.15
		35			0.341	0.425	0.509	0.675	0.838	1.00	1.16	1.24	1.32	1.47	1.63	1.78	2.00	2.22
	38				0.371	0.462	0.553	0.734	0.912	1.09	1.26	1.35	1.44	1.61	1.78	1.94	2.19	2.43
	40				0.391	0.487	0.583	0.773	0.962	1.15	1.33	1.42	1.52	1.70	1.87	2.05	2.31	2.57
42(42.4)									1.01	1.21	1.40	1.50	1.59	1.78	1.97	2.16	2.44	2.71
		45(44.5)							1.09	1.30	1.51	1.61	1.71	1.92	2.12	2.32	2.62	2.91
48(48.3)									1.16	1.38	1.61	1.72	1.83	2.05	2.27	2.48	2.81	3.12
	51								1.23	1.47	1.71	1.83	1.95	2.18	2.42	2.65	2.99	3.33
		54								1.56	1.82	1.94	2.07	2.32	2.56	2.81	3.18	3.54
	57								1.31	1.65	1.92	2.05	2.19	2.45	2.71	2.97	3.36	3.74
60(60.3)									1.38	1.74	2.02	2.16	2.30	2.58	2.86	3.14	3.55	3.95
	63(63.5)								1.46	1.83	2.13	2.28	2.42	2.72	3.01	3.30	3.73	4.16
	65								1.53	1.89	2.20	2.35	2.50	2.81	3.11	3.41	3.85	4.30
	68								1.58	1.98	2.30	2.46	2.62	2.94	3.26	3.57	4.04	4.50
	70								1.65	2.04	2.37	2.53	2.70	3.03	3.35	3.68	4.16	4.64
		73							1.70	2.12	2.47	2.64	2.82	3.16	3.50	3.84	4.35	4.85
76(76.1)									1.78	2.21	2.58	2.76	2.94	3.29	3.65	4.00	4.53	5.05
	77								1.85		2.61	2.79	2.98	3.34	3.70	4.06	4.59	5.12
	80										2.71	2.90	3.09	3.47	3.85	4.22	4.78	5.33

续表 3-254

外径(mm)			壁厚(mm) 单位长度理论重量(kg/m)														
系列1	系列2	系列3	(2.9)3.0	3.2	3.5(3.6)	4.0	4.5	5.0	(5.4)5.5	(6.3)6.5	7.0(7.1)	7.5	8.0	8.5	(8.8)9.0	9.5	10
		30	2.00	2.11	2.29	2.56	2.83	3.08	3.32	3.77	3.97	4.16	4.34				
	32(31.8)		2.15	2.27	2.46	2.76	3.05	3.33	3.59	4.09	4.32	4.53	4.74				
34(33.7)			2.29	2.43	2.63	2.96	3.27	3.58	3.87	4.41	4.66	4.90	5.13				
		35	2.37	2.51	2.72	3.06	3.38	3.70	4.00	4.57	4.83	5.09	5.33	5.56	5.77		
	38		2.59	2.75	2.98	3.35	3.72	4.07	4.41	5.05	5.35	5.64	5.92	6.18	6.44	6.68	6.91
	40		2.74	2.90	3.15	3.55	3.94	4.32	4.68	5.37	5.70	6.01	6.31	6.60	6.88	7.15	7.40
42(42.4)			2.89	3.06	3.32	3.75	4.16	4.56	4.95	5.69	6.04	6.38	6.71	7.02	7.32	7.61	7.89
		45(44.5)	3.11	3.30	3.58	4.04	4.49	4.93	5.36	6.17	6.56	6.94	7.30	7.65	7.99	8.32	8.63
48(48.3)			3.33	3.54	3.84	4.34	4.83	5.30	5.76	6.65	7.08	7.49	7.89	8.28	8.66	9.02	9.37
	51		3.55	3.77	4.10	4.64	5.16	5.67	6.17	7.13	7.60	8.05	8.48	8.91	9.32	9.72	10.11
		54	3.77	4.01	4.36	4.93	5.49	6.04	6.58	7.61	8.11	8.60	9.08	9.54	9.99	10.43	10.85
	57		4.00	4.25	4.62	5.23	5.83	6.41	6.99	8.10	8.63	9.16	9.67	10.17	10.65	11.13	11.59
60(60.3)			4.22	4.48	4.88	5.52	6.16	6.78	7.39	8.58	9.15	9.71	10.26	10.80	11.32	11.83	12.33
	63(63.5)		4.44	4.72	5.14	5.82	6.49	7.15	7.80	9.06	9.67	10.27	10.85	11.42	11.99	12.53	13.07
	65		4.59	4.88	5.31	6.02	6.71	7.40	8.07	9.38	10.01	10.64	11.25	11.84	12.43	13.00	13.56
	68		4.81	5.11	5.57	6.31	7.05	7.77	8.48	9.86	10.53	11.19	11.84	12.47	13.10	13.71	14.30
	70		4.96	5.27	5.74	6.51	7.27	8.02	8.75	10.18	10.88	11.56	12.23	12.89	13.54	14.17	14.80
		73	5.18	5.51	6.00	6.81	7.60	8.38	9.16	10.66	11.39	12.11	12.82	13.52	14.21	14.88	15.54
76(76.1)			5.40	5.75	6.26	7.10	7.93	8.75	9.56	11.14	11.91	12.67	13.42	14.15	14.87	15.58	16.28
	77		5.47	5.82	6.34	7.20	8.05	8.88	9.70	11.30	12.08	12.85	13.61	14.36	15.09	15.81	16.52
	80		5.70	6.06	6.60	7.50	8.38	9.25	10.11	11.78	12.60	13.41	14.21	14.99	15.76	16.52	17.26

续表 3-254

单位长度理论重量(kg/m) — 壁 厚 (mm)

外径(mm) 系列1	系列2	系列3	11	12(12.5)	13	14(14.2)	15	16	17(17.5)	18	19	20	22(22.2)	24	25	26	28	30
34(33.7)	32(31.8)	30																
	38																	
	40	35																
42(42.4)		45(44.5)	9.22	9.77														
48(48.3)	51		10.04	10.65														
			10.85	11.54														
	57	54	11.66	12.43	13.14	13.81												
			12.48	13.32	14.11	14.85												
60(60.3)	63(63.5)		13.29	14.21	15.07	15.88	16.65	17.36										
			14.11	15.09	16.03	16.92	17.76	18.55										
	65		14.65	15.68	16.67	17.61	18.50	19.33										
	68		15.46	16.57	17.63	18.64	19.61	20.52										
	70		16.01	17.16	18.27	19.33	20.35	21.31	22.22									
76(76.1)	73		16.82	18.05	19.24	20.37	21.46	22.49	23.48	24.41	25.30							
	77		17.63	18.94	20.20	21.41	22.57	23.68	24.74	25.75	26.71	27.62						
	80		17.90	19.24	20.52	21.75	22.94	24.07	25.15	26.19	27.18	28.11						
			18.72	20.12	21.48	22.79	24.05	25.25	26.41	27.52	28.58	29.59						

续表 3-254

单位长度理论重量(kg/m)

| 外径(mm) | | | 壁 厚 (mm) | | | | | | | | | | | | | | | |
系列1	系列2	系列3	0.25	0.30	0.40	0.50	0.60	0.80	1.0	1.2	1.4	1.5	1.6	1.8	2.0	2.2(2.3)	2.5(2.6)	2.8
		83(82.5)									2.82	3.01	3.21	3.60	4.00	4.38	4.96	5.54
	85										2.89	3.09	3.29	3.69	4.09	4.49	5.09	5.68
89(88.9)											3.02	3.24	3.45	3.87	4.29	4.71	5.33	5.95
	95										3.23	3.46	3.69	4.14	4.59	5.03	5.70	6.37
	102(101.6)										3.47	3.72	3.96	4.45	4.93	5.41	6.13	6.85
		108									3.68	3.94	4.20	4.71	5.23	5.74	6.50	7.26
114(114.3)												4.16	4.44	4.98	5.52	6.07	6.87	7.68
	121											4.42	4.71	5.29	5.87	6.45	7.31	8.16
	127													5.56	6.17	6.77	7.68	8.58
	133																8.05	8.99
		142(141.3)																
	146																	
		152(152.4)																
		159																
168(168.3)																		
		180(177.8)																
		194(193.7)																
	203																	
219(219.1)																		
		232																
		245(244.5)																
		267(267.4)																

续表 3-254

壁厚（mm）　单位长度理论重量（kg/m）

外径(mm) 系列1	系列2	系列3	(2.9)3.0	3.2	3.5(3.6)	4.0	4.5	5.0	(5.4)5.5	6.0	(6.3)6.5	7.0(7.1)	7.5	8.0	8.5	(8.8)9.0	9.5	10
		83(82.5)	5.92	6.30	6.86	7.79	8.71	9.62	10.51	11.39	12.26	13.12	13.96	14.80	15.62	16.42	17.22	18.00
	85		6.07	6.46	7.03	7.99	8.93	9.86	10.78	11.69	12.58	13.47	14.33	15.19	16.04	16.87	17.69	18.50
89(88.9)			6.36	6.77	7.38	8.38	9.38	10.36	11.33	12.28	13.22	14.16	15.07	15.98	16.87	17.76	18.63	19.48
	95		6.81	7.24	7.90	8.98	10.04	11.10	12.14	13.17	14.19	15.19	16.18	17.16	18.13	19.09	20.03	20.96
102(101.6)			7.32	7.80	8.50	9.67	10.82	11.96	13.09	14.21	15.31	16.40	17.48	18.55	19.60	20.64	21.67	22.69
		108	7.77	8.27	9.02	10.26	11.49	12.70	13.90	15.09	16.27	17.44	18.59	19.73	20.86	21.97	23.08	24.17
114(114.3)			8.21	8.74	9.54	10.85	12.15	13.44	14.72	15.98	17.23	18.47	19.70	20.91	22.12	23.31	24.48	25.65
	121		8.73	9.30	10.14	11.54	12.93	14.30	15.67	17.02	18.35	19.68	20.99	22.29	23.58	24.86	26.12	27.37
	127		9.17	9.77	10.66	12.13	13.59	15.04	16.48	17.90	19.32	20.72	22.10	23.48	24.84	26.19	27.53	28.85
	133		9.62	10.24	11.18	12.73	14.26	15.78	17.29	18.79	20.28	21.75	23.21	24.66	26.10	27.52	28.93	30.33
140(139.7)			10.14	10.80	11.78	13.42	15.04	16.65	18.24	19.83	21.40	22.96	24.51	26.04	27.57	29.08	30.57	32.06
		142(141.3)	10.28	10.95	11.95	13.61	15.26	16.89	18.51	20.12	21.72	23.31	24.88	26.44	27.98	29.52	31.04	32.55
	146		10.58	11.27	12.30	14.01	15.70	17.39	19.06	20.72	22.36	24.00	25.62	27.23	28.82	30.41	31.98	33.54
		152(152.4)	11.02	11.74	12.82	14.60	16.37	18.13	19.87	21.60	23.32	25.03	26.73	28.41	30.08	31.74	33.39	35.02
		159			13.42	15.29	17.15	18.99	20.82	22.64	24.45	26.24	28.02	29.79	31.55	33.29	35.03	36.75
168(168.3)					14.20	16.18	18.14	20.10	22.04	23.97	25.89	27.79	29.69	31.57	33.43	35.29	37.13	38.97
		180(177.8)			15.23	17.36	19.48	21.58	23.67	25.75	27.81	29.87	31.91	33.93	35.95	37.95	39.95	41.92
		194(193.7)			16.44	18.74	21.03	23.31	25.57	27.82	30.06	32.28	34.50	36.70	38.89	41.06	43.23	45.38
	203				17.22	19.63	22.03	24.41	26.79	29.15	31.50	33.84	36.16	38.47	40.77	43.06	45.33	47.60
219(219.1)										31.52	34.06	36.60	39.12	41.63	44.13	46.61	49.08	51.54
		232								33.44	36.15	38.84	41.52	44.19	46.85	49.50	52.13	54.75
		245(244.5)								35.36	38.23	41.09	43.93	46.76	49.58	52.38	55.77	57.95
		267(267.4)								38.62	41.76	44.88	48.00	51.10	54.19	57.26	60.33	63.38

外径 (mm) 系列 1	系列 2	系列 3	壁厚 (mm) 单位长度理论重量 (kg/m) 11	12(12.5)	13	14(14.2)	15	16	17(17.5)	18	19	20	22(22.2)	24	25	26	28	30
		83(82.5)	19.53	21.01	22.44	23.82	25.15	26.44	27.67	28.85	29.99	31.07	33.10					
	85		20.07	21.60	23.08	24.51	25.89	27.23	28.51	29.74	30.93	32.06	34.18					
89(88.9)			21.16	22.79	24.37	25.89	27.37	28.80	30.19	31.52	32.80	34.03	36.35	38.47				
	95		22.79	24.56	26.29	27.97	29.59	31.17	32.70	34.18	35.61	36.99	39.61	42.02				
		102(101.6)	24.69	26.63	28.53	30.38	32.18	33.93	35.64	37.29	38.89	40.44	43.40	46.17	47.47	48.73	51.10	
		108	26.31	28.41	30.46	32.45	34.40	36.30	38.15	39.95	41.70	43.40	46.66	49.71	51.17	52.58	55.24	57.71
114(114.3)			27.94	30.19	32.38	34.53	36.62	38.67	40.67	42.62	44.51	46.36	49.91	53.27	54.87	56.43	59.39	62.15
	121		29.84	32.26	34.62	36.94	39.21	41.43	43.60	45.72	47.79	49.82	53.71	57.41	59.19	60.91	64.22	67.33
	127		31.47	34.03	36.55	39.01	41.43	43.80	46.12	48.39	50.61	52.78	56.97	60.96	62.89	64.76	68.36	71.77
	133		33.10	35.81	38.47	41.09	43.65	46.17	48.63	51.05	53.42	55.74	60.22	64.51	66.59	68.61	72.50	76.20
140(139.7)			34.99	37.88	40.72	43.50	46.24	48.93	51.57	54.16	56.70	59.19	64.02	68.66	70.90	73.10	77.34	81.38
		142(141.3)	35.54	38.47	41.36	44.19	46.98	49.72	52.41	55.04	57.63	60.17	65.11	69.84	72.14	74.38	78.72	82.86
	146		36.62	39.66	42.64	45.57	48.46	51.30	54.08	56.82	59.51	62.15	67.28	72.21	74.60	76.94	81.48	85.82
		152(152.4)	38.25	41.43	44.56	47.65	50.68	53.66	56.60	59.48	62.32	65.11	70.53	75.76	78.30	80.79	85.62	90.26
		159	40.15	43.50	46.81	50.06	53.27	56.43	59.53	62.59	65.60	68.56	74.33	79.90	82.62	85.28	90.46	95.44
168(168.3)			42.59	46.17	49.69	53.17	56.60	59.98	63.31	66.59	69.82	73.00	79.21	85.23	88.17	91.05	96.67	102.10
		180(177.8)	45.85	49.72	53.54	57.31	61.04	64.71	68.34	71.91	75.44	78.92	85.72	92.33	95.56	98.74	104.96	110.98
		194(193.7)	49.64	53.86	58.03	62.15	66.22	70.24	74.21	78.13	82.00	85.82	93.32	100.62	104.20	107.72	114.63	121.33
	203		52.09	56.52	60.91	65.25	69.55	73.79	77.98	82.13	86.22	90.26	98.20	105.95	109.74	113.49	120.84	127.99
219(219.1)			56.43	61.26	66.04	70.78	75.46	80.10	84.69	89.23	93.71	98.15	106.88	115.42	119.61	123.75	131.89	139.83
		232	59.95	65.11	70.21	75.27	80.27	85.23	90.14	95.00	99.81	104.57	113.94	123.11	127.62	132.09	140.87	149.45
		245(244.5)	63.43	68.95	74.38	79.76	85.08	90.36	95.59	100.77	105.90	110.98	120.99	130.80	135.64	140.42	149.84	159.07
		267(267.4)	69.45	75.46	81.43	87.35	93.22	99.04	104.81	110.53	116.21	121.83	132.93	143.83	149.20	154.53	165.04	175.34

续表 3-254

壁厚 (mm) — 单位长度理论重量 (kg/m)

| 外径 (mm) | | | 壁厚 (mm) 单位长度理论重量 (kg/m) | | | | | | | | | | | |
系列 1	系列 2	系列 3	32	34	36	38	40	42	45	48	50	55	60	65
		83(82.5)												
	85													
89(88.9)														
	95													
	102(101.6)													
		108												
114(114.3)														
	121		70.24											
	127		74.97											
	133		79.71	83.01	86.12									
140(139.7)			85.23	88.88	92.33									
		142(141.3)	86.81	90.56	94.11									
	146		89.97	93.91	97.66	101.21	104.57							
		152(152.4)	94.70	98.94	102.99	106.83	110.48							
		159	100.22	104.81	109.20	113.39	117.39	121.19	126.51					
168(168.3)			107.33	112.36	117.19	121.83	126.27	130.51	136.50					
		180(177.8)	116.80	122.42	127.85	133.07	138.10	142.94	149.82	156.26	160.30			
		194(193.7)	127.85	134.16	140.27	146.19	151.92	157.44	165.36	172.83	177.56			
	203		134.95	141.71	148.27	154.63	160.79	166.76	175.34	183.48	188.66	200.75		
219(219.1)			147.57	155.12	162.47	169.62	176.58	183.33	193.10	202.42	208.39	222.45		
		232	157.83	166.02	174.01	181.81	189.40	196.80	207.53	217.81	224.42	240.08	254.51	267.70
		245(244.5)	168.09	176.92	185.55	193.99	202.22	210.26	221.95	233.20	240.45	257.71	273.74	288.54
		267(267.4)	185.45	195.37	205.09	214.60	223.93	233.05	246.37	259.24	267.58	287.55	306.30	323.81

外径(mm)			壁 厚 （mm） 单位长度理论重量（kg/m）															
系列 1	系列 2	系列 3	3.5(3.6)	4.0	4.5	5.0	(5.4、)5.5	6.0	(6.3)6.5	7.0(7.1)	7.5	8.0	8.5	(8.8)9.0	9.5	10	11
273									42.72	45.92	49.11	52.28	55.45	58.60	61.73	64.86	71.07
	299(298.5)										53.92	57.41	60.90	64.37	67.83	71.27	78.13
		302									54.47	58.00	61.52	65.03	68.53	72.01	78.94
		318.5									57.52	61.26	64.98	68.69	72.39	76.08	83.42
325(323.9)											58.73	62.54	66.35	70.14	73.92	77.68	85.18
	340(339.7)											65.50	69.49	73.47	77.43	81.38	89.25
	351											67.67	71.80	75.91	80.01	84.10	92.23
356(355.6)														77.02	81.18	85.33	93.59
		368												79.68	83.99	88.29	96.85
	377													81.68	86.10	90.51	99.29
	402													87.23	91.96	96.67	106.07
406(406.4)														88.12	92.89	97.66	107.15
		419												91.00	95.94	100.87	110.68
	426													92.55	97.58	102.59	112.58
	450													97.88	103.20	108.51	119.09
457														99.44	104.84	110.24	120.99
	473													102.99	108.59	114.18	125.33
	480													104.54	110.23	115.91	127.23
	500													108.98	114.92	120.84	132.65
508														110.76	116.79	122.81	134.82
	530													115.64	121.95	128.24	140.79
		560(559)												122.30	128.97	135.64	148.93
610														133.39	140.69	147.97	162.50

壁厚（mm）

单位长度理论重量（kg/m）

外径(mm) 系列1	系列2	系列3	12(12.5)	13	14(14.2)	15	16	17(17.5)	18	19	20	22(22.2)	24	25	26	28	30
273			77.24	83.36	89.42	95.44	101.41	107.33	113.20	119.02	124.79	136.18	147.38	152.90	158.38	169.18	179.78
	299(298.5)		84.93	91.69	98.40	105.06	111.67	118.23	124.74	131.20	137.61	150.29	162.77	168.93	175.05	181.13	199.02
		302	85.82	92.65	99.44	106.17	112.85	119.49	126.07	132.61	139.09	151.92	164.54	170.78	176.97	189.20	201.24
		318.5	90.71	97.94	105.13	112.27	119.36	126.40	133.39	140.34	147.23	160.87	174.31	180.95	187.55	200.60	213.45
325(323.9)			92.63	100.03	107.38	114.68	121.93	129.13	136.28	143.38	150.44	164.39	178.16	184.96	191.72	205.09	218.25
	340(339.7)		97.07	104.84	112.56	120.23	127.85	135.42	142.94	150.41	157.83	172.53	187.03	194.21	201.34	215.44	229.35
	351		100.32	108.36	116.35	124.29	132.19	140.03	147.82	155.57	163.26	178.50	193.54	200.99	208.39	223.04	237.49
356(355.6)			101.80	109.97	118.08	126.14	134.16	142.12	150.04	157.91	165.73	181.21	196.50	204.07	211.60	226.49	241.19
		368	105.35	113.81	122.22	130.58	138.89	147.16	155.37	163.53	171.64	187.72	203.61	211.47	219.29	234.78	250.07
	377		108.02	116.70	125.33	133.91	142.45	150.93	159.36	167.75	176.08	192.61	208.93	217.02	225.06	240.99	256.73
	402		115.42	124.71	133.96	143.16	152.31	161.41	170.46	179.46	188.41	206.17	223.73	232.44	241.09	258.26	275.22
406(406.4)			116.60	126.00	135.34	144.64	153.89	163.09	172.24	181.34	190.39	208.34	226.10	234.90	243.66	261.02	278.18
		419	120.45	130.16	139.83	149.45	159.02	168.54	178.01	187.43	196.80	215.39	233.79	242.92	251.99	269.99	287.80
	426		122.52	132.41	142.25	152.04	161.78	171.47	181.11	190.71	200.25	219.19	237.93	247.23	256.48	274.83	292.98
	450		129.62	140.10	150.53	160.92	171.25	181.53	191.77	201.95	212.09	232.21	252.14	262.03	271.87	291.40	310.74
457			131.69	142.35	152.95	163.51	174.01	184.47	194.88	205.23	215.54	236.01	256.28	266.34	276.36	296.23	315.91
	473		136.43	147.48	158.48	169.42	180.33	191.18	201.98	212.73	223.43	244.69	265.75	276.21	286.62	307.28	327.75
	480		138.50	149.72	160.89	172.01	183.09	194.11	205.09	216.01	226.89	248.49	269.90	280.53	291.11	312.12	332.93
	500		144.42	156.13	167.80	179.41	190.98	202.50	213.96	225.38	236.75	259.34	281.73	292.86	303.93	325.93	347.93
508			146.79	158.70	170.56	182.37	194.14	205.85	217.51	229.13	240.70	263.68	286.47	297.19	309.06	331.45	353.65
	530		153.30	165.75	178.16	190.51	202.82	215.07	227.28	239.44	251.55	275.62	299.49	311.35	323.17	346.64	369.92
		560(559)	162.17	175.37	188.51	201.61	214.65	227.65	240.60	253.50	266.34	291.89	317.25	329.85	342.40	367.36	392.12
610			176.97	191.40	205.78	220.10	234.38	248.61	262.79	276.92	291.01	319.02	346.84	360.68	374.46	401.88	429.11

续表 3-254

外径(mm)			壁厚（mm）单位长度理论重量(kg/m)														
系列1	系列2	系列3	32	34	36	38	40	42	45	48	50	55	60	65	70	75	80
273			190.19	200.40	210.41	220.23	229.85	239.27	253.03	266.34	274.98	295.69	315.17	333.42	350.44	366.22	380.77
	299(298.5)		210.71	222.20	233.50	244.59	255.49	266.20	281.88	297.12	307.04	330.96	353.65	375.10	395.32	414.31	432.07
		302	213.08	224.72	236.16	247.40	258.45	269.30	285.21	300.67	310.74	335.03	358.09	379.91	400.50	419.86	437.99
		318.5	226.10	238.55	250.81	262.87	274.73	286.39	303.52	320.21	331.08	357.41	382.50	406.36	428.99	450.38	470.54
325(323.9)			231.23	244.00	256.58	268.96	281.14	293.13	310.74	327.90	339.10	366.22	392.12	416.78	440.21	462.40	483.37
	340(339.7)		243.06	256.58	269.90	283.02	295.94	308.66	327.38	345.66	357.59	386.57	414.31	440.83	466.10	490.15	512.96
	351		251.75	265.80	279.66	293.32	306.79	320.06	339.59	358.68	371.16	401.49	430.59	458.46	485.09	510.49	534.66
356(355.6)			255.69	269.99	284.10	298.01	311.72	325.24	345.14	364.60	377.32	408.27	437.99	466.47	493.72	519.74	544.53
		368	265.16	280.06	294.75	309.26	323.56	337.67	358.46	378.80	392.12	424.55	455.75	485.71	514.44	541.94	568.20
	377		272.26	287.60	302.75	317.69	332.44	346.99	368.44	389.46	403.22	436.76	469.06	500.14	529.98	558.58	585.96
	402		291.99	308.57	324.94	341.12	357.10	372.88	396.19	419.05	434.04	470.67	506.06	540.21	573.13	604.82	635.28
406(406.4)			295.15	311.92	328.49	344.87	361.05	377.03	400.63	423.78	438.98	476.09	511.97	546.62	580.04	612.22	643.17
		419	305.41	322.82	340.03	357.05	373.87	390.49	415.05	439.17	455.01	493.72	531.21	567.46	602.48	636.27	668.82
	426		310.93	328.69	346.25	363.61	380.77	397.74	422.82	447.46	463.64	503.22	541.57	578.68	614.57	649.22	682.63
	450		329.87	348.81	367.56	386.10	404.45	422.60	449.46	475.87	493.23	535.77	577.08	617.16	656.00	693.61	729.98
457			335.40	354.68	373.77	392.66	411.35	429.85	457.23	484.16	501.86	545.27	587.44	628.38	668.08	706.55	743.79
	473		348.02	368.10	387.98	407.66	427.14	446.42	474.98	503.10	521.59	566.97	611.11	654.02	695.70	736.15	775.36
	480		353.55	373.97	394.19	414.22	434.04	453.67	482.75	511.38	530.22	576.46	621.47	665.25	707.79	749.09	789.17
	500		369.33	390.74	411.95	432.96	453.77	474.39	504.95	535.06	554.89	603.59	651.07	697.31	742.31	786.09	828.63
508			375.64	397.45	419.05	440.46	461.66	482.68	513.82	544.53	564.75	614.44	662.90	710.13	756.12	800.88	844.41
	530		393.01	415.89	438.58	461.07	483.37	505.46	538.24	570.57	591.88	644.28	695.46	745.40	794.10	841.58	887.82
		560(559)	416.68	441.06	465.22	489.19	512.96	536.54	571.53	606.08	628.87	684.97	739.85	793.49	845.89	897.06	947.00
610			456.14	482.97	509.61	536.04	562.28	588.33	627.02	665.27	690.52	752.79	813.83	873.64	932.21	989.55	1 045.65

续表 3-254

外径(mm)			壁 厚 (mm) 单位长度理论重量(kg/m)					
系列 1	系列 2	系列 3	85	90	95	100	110	120
273			394.09					
	299(298.5)		448.59	463.88	477.94	490.77		
		302	454.88	470.54	484.97	498.16		
		318.5	489.47	507.16	523.63	538.86		
325(323.9)			503.10	521.59	538.86	554.89		
	340(339.7)		534.54	554.89	574.00	591.88		
	351		557.60	579.30	599.77	619.01		
356(355.6)			568.08	590.40	611.48	631.34		
		368	593.23	617.03	639.60	660.93		
	377		612.10	637.01	660.68	683.13		
	402		664.51	692.50	719.25	744.78		
406(406.4)			672.89	701.37	728.63	754.64		
		419	700.14	730.23	759.08	786.70		
	426		714.82	745.77	775.48	803.97		
	450		765.12	799.03	831.71	863.15		
457			779.80	814.57	848.11	880.42		
	473		813.34	850.08	885.60	919.88		
	480		828.01	865.62	902.00	937.14		
	500		869.94	910.01	948.85	986.46	1 057.98	
508			886.71	927.77	967.60	1 006.19	1 079.68	
	530		932.82	976.60	1 019.14	1 060.45	1 139.36	1 213.35
		560(559)	995.71	1 043.18	1 089.42	1 134.43	1 220.75	1 302.13
610			1 100.52	1 154.16	1 206.57	1 257.74	1 356.39	1 450.10

壁 厚 (mm) — 单位长度理论重量(kg/m)

外径(mm) 系列1	系列2	系列3	9	9.5	10	11	12(12.5)	13	14(14.2)	15	16	17(17.5)	18	19	20	22(22.2)
	630		137.83	145.37	152.90	167.92	182.89	197.81	212.68	227.50	242.28	257.00	271.67	286.30	300.87	329.87
		660	144.49	152.40	160.30	176.06	191.77	207.43	223.04	238.60	254.11	269.58	284.99	300.35	315.67	346.15
		699					203.31	219.93	236.50	253.03	269.50	285.93	302.30	318.63	334.90	367.31
711							206.86	223.78	240.65	257.47	274.24	290.96	307.63	324.25	340.82	373.82
	720						209.52	226.66	243.75	260.80	277.79	294.73	311.62	328.47	345.26	378.70
	762														365.98	401.49
		788.5													379.05	415.87
813															391.13	429.16
	864														416.29	456.83
914																
	965															
1016																

壁 厚 (mm) — 单位长度理论重量(kg/m)

外径(mm) 系列1	系列2	系列3	24	25	26	28	30	32	34	36	38	40	42	45	48
	630		358.68	373.01	387.29	415.70	443.91	471.92	499.74	527.36	554.79	582.01	609.04	649.22	688.95
		660	376.43	391.50	406.52	436.41	466.10	495.60	524.90	554.00	582.90	611.61	640.12	682.51	724.46
		699	399.52	415.55	431.53	463.34	494.96	526.38	557.60	588.62	619.45	650.08	680.51	725.79	770.62
711			406.62	422.95	439.22	471.63	503.84	535.85	567.66	599.28	630.69	661.92	692.94	739.11	784.83
	720		411.95	428.49	444.99	477.84	510.49	542.95	575.21	607.27	639.13	670.79	702.26	749.09	795.48
	762		436.81	454.39	471.92	506.84	541.57	576.09	610.42	644.55	678.49	712.23	745.77	795.71	845.20
		788.5	452.49	470.73	488.92	525.14	561.17	597.01	632.64	668.08	703.32	738.37	773.21	825.11	876.57
813			466.99	485.83	504.62	542.06	579.30	616.34	653.18	689.83	726.28	762.54	798.59	852.30	905.57
	864		497.18	517.28	537.33	577.28	617.03	656.59	695.95	735.11	774.08	812.85	851.42	908.90	965.94
914				548.10	569.39	611.80	654.02	696.05	737.87	779.50	820.93	862.17	903.20	964.39	1025.13
	965			579.55	602.09	647.02	691.76	736.30	780.64	824.78	868.73	912.48	956.03	1020.99	1085.50
1016				610.99	634.79	682.24	729.49	776.54	823.40	870.06	916.52	962.79	1008.86	1077.59	1145.87

续表 3-254

外径(mm)			壁厚(mm)												
系列 1	系列 2	系列 3	50	55	60	65	70	75	80	85	90	95	100	110	120
			单位长度理论重量(kg/m)												
	630		715.19	779.92	843.43	905.70	966.73	1 026.54	1 085.11	1 142.45	1 198.55	1 253.42	1 307.06	1 410.64	1 509.29
		660	752.18	820.61	887.82	953.79	1 018.52	1 082.03	1 144.30	1 205.33	1 265.14	1 323.71	1 381.05	1 492.02	1 598.07
		699	800.27	873.51	945.52	1 016.30	1 085.85	1 154.16	1 221.24	1 287.09	1 351.70	1 415.08	1 477.23	1 597.82	1 713.49
711			815.06	889.79	963.28	1 035.54	1 106.56	1 176.36	1 244.92	1 312.24	1 378.33	1 443.19	1 506.82	1 630.38	1 749.00
	720		826.16	902.00	976.60	1 049.97	1 122.10	1 193.00	1 262.67	1 331.11	1 398.31	1 464.28	1 529.02	1 654.79	1 775.63
	762		877.95	958.96	1 038.74	1 117.29	1 194.61	1 270.69	1 345.53	1 419.15	1 491.53	1 562.68	1 632.60	1 768.73	1 899.93
		788.5	910.63	994.91	1 077.96	1 159.77	1 240.35	1 319.70	1 397.82	1 474.70	1 550.35	1 624.77	1 697.95	1 840.62	1 978.35
813			940.84	1 028.14	1 114.21	1 199.05	1 282.65	1 365.02	1 446.15	1 526.06	1 604.73	1 682.17	1 758.37	1 907.08	2 050.86
		864	1 003.73	1 097.32	1 189.67	1 280.80	1 370.69	1 459.35	1 546.77	1 632.97	1 717.92	1 801.65	1 884.14	2 045.43	2 201.78
914			1 065.38	1 165.14	1 263.66	1 360.95	1 457.00	1 551.83	1 645.42	1 737.78	1 828.90	1 918.79	2 007.45	2 181.07	2 349.75
	965		1 128.27	1 234.31	1 339.12	1 442.70	1 545.05	1 646.16	1 746.04	1 844.68	1 942.10	2 038.28	2 133.22	2 319.42	2 500.68
1 016			1 191.15	1 303.49	1 414.59	1 524.45	1 633.09	1 740.49	1 846.66	1 951.59	2 055.29	2 157.76	2 259.00	2 457.77	2 651.61

注:①括号内尺寸为相应的 ISO 4200 的规格。
②理论重量按钢的密度为 7.85kg/dm³ 计。
③系列 1 为通用系列;系列 2 为非通用系列;系列 3 为少数特殊、专用系列。
④钢管的理论重量按公式计算:

$$W = \pi \rho (D - S) S / 1000$$

式中:W——钢管的理论重量(kg/m);
π——取 3.1416;
ρ——钢的密度(kg/dm³);
D——钢管的公称外径(mm);
S——钢管的公称壁厚(mm)。

(2)精密钢管的外径和壁厚及单位长度理论重量(摘自 GB/T 17395—2008)

表 3-255

外径(mm)		壁厚 (mm) 单位长度理论重量(kg/m)																				
系列2	系列3	0.5	(0.8)	1.0	(1.2)	1.5	(1.8)	2.0	(2.2)	2.5	(2.8)	3.0	(3.5)	4	(4.5)	5	(5.5)	6	(7)	8	(9)	10
4		0.043	0.063	0.074	0.083																	
5		0.055	0.083	0.099	0.112																	
6		0.068	0.103	0.123	0.142	0.166	0.186	0.197														
8		0.092	0.142	0.173	0.201	0.240	0.275	0.296	0.315	0.339												
10		0.117	0.182	0.222	0.260	0.314	0.364	0.395	0.423	0.462												
12		0.142	0.221	0.271	0.320	0.388	0.453	0.493	0.532	0.586	0.635	0.666										
	12.7	0.150	0.235	0.289	0.340	0.414	0.484	0.528	0.570	0.629	0.684	0.718										
14		0.166	0.260	0.321	0.379	0.462	0.542	0.592	0.640	0.709	0.773	0.814	0.906									
16		0.191	0.300	0.370	0.438	0.536	0.630	0.691	0.749	0.832	0.911	0.962	1.08	1.18								
18		0.216	0.339	0.419	0.497	0.610	0.719	0.789	0.857	0.956	1.05	1.11	1.25	1.38	1.50							
20		0.240	0.379	0.469	0.556	0.684	0.808	0.888	0.966	1.08	1.19	1.26	1.42	1.58	1.72	1.85						
22		0.265	0.418	0.518	0.616	0.758	0.897	0.986	1.07	1.20	1.33	1.41	1.60	1.78	1.94	2.10						
25		0.302	0.477	0.592	0.704	0.869	1.03	1.13	1.24	1.39	1.53	1.63	1.86	2.07	2.28	2.47	2.64	2.81				
28		0.339	0.537	0.666	0.793	0.980	1.16	1.28	1.40	1.57	1.74	1.85	2.11	2.37	2.61	2.84	3.05	3.26	3.63	3.95		
30		0.364	0.576	0.715	0.852	1.05	1.25	1.38	1.51	1.70	1.88	2.00	2.29	2.56	2.83	3.08	3.32	3.55	3.97	4.34		
32		0.388	0.616	0.765	0.911	1.13	1.34	1.48	1.62	1.82	2.02	2.15	2.46	2.76	3.05	3.33	3.59	3.85	4.32	4.74		
35		0.425	0.675	0.838	1.00	1.24	1.47	1.63	1.78	2.00	2.22	2.37	2.72	3.06	3.38	3.70	4.00	4.29	4.83	5.33		
38		0.462	0.734	0.912	1.09	1.35	1.61	1.78	1.94	2.19	2.43	2.59	2.98	3.35	3.72	4.07	4.41	4.74	5.35	5.92	6.44	6.91
40		0.487	0.773	0.962	1.15	1.42	1.70	1.87	2.05	2.31	2.57	2.74	3.15	3.55	3.94	4.32	4.68	5.03	5.70	6.31	6.88	7.40
42			0.813	1.01	1.21	1.50	1.78	1.97	2.16	2.44	2.71	2.89	3.32	3.75	4.16	4.56	4.95	5.33	6.04	6.71	7.32	7.89

续表 3-255

单位长度理论重量（kg/m）

外径（mm）		壁　厚　（mm）																	
系列2	系列3	(0.8)	1.0	(1.2)	1.5	(1.8)	2.0	(2.2)	2.5	(2.8)	3.0	(3.5)	4	(4.5)	5	(5.5)	6	(7)	8
	45	0.872	1.09	1.30	1.61	1.92	2.12	2.32	2.62	2.91	3.11	3.58	4.04	4.49	4.93	5.36	5.77	6.56	7.30
48		0.931	1.16	1.38	1.72	2.05	2.27	2.48	2.81	3.12	3.33	3.84	4.34	4.83	5.30	5.76	6.21	7.08	7.89
50		0.971	1.21	1.44	1.79	2.14	2.37	2.59	2.93	3.26	3.48	4.01	4.54	5.05	5.55	6.04	6.51	7.42	8.29
	55	1.07	1.33	1.59	1.98	2.36	2.61	2.86	3.24	3.60	3.85	4.45	5.03	5.60	6.17	6.71	7.25	8.29	9.27
60		1.17	1.46	1.74	2.16	2.58	2.86	3.14	3.55	3.95	4.22	4.88	5.52	6.16	6.78	7.39	7.99	9.15	10.26
63		1.23	1.53	1.83	2.28	2.72	3.01	3.30	3.73	4.16	4.44	5.14	5.82	6.49	7.15	7.80	8.43	9.67	10.85
70		1.37	1.70	2.04	2.53	3.03	3.35	3.68	4.16	4.64	4.96	5.74	6.51	7.27	8.02	8.75	9.47	10.88	12.23
76		1.48	1.85	2.21	2.76	3.29	3.65	4.00	4.53	5.05	5.40	6.26	7.10	7.93	8.75	9.56	10.36	11.91	13.42
80		1.56	1.95	2.33	2.90	3.47	3.85	4.22	4.78	5.33	5.70	6.60	7.50	8.38	9.25	10.11	10.95	12.60	14.21
	90			2.63	3.27	3.92	4.34	4.76	5.39	6.02	6.44	7.47	8.48	9.49	10.48	11.46	12.43	14.33	16.18
100				2.92	3.64	4.36	4.83	5.31	6.01	6.71	7.18	8.33	9.47	10.60	11.71	12.82	13.91	16.05	18.15
	110			3.22	4.01	4.80	5.33	5.85	6.63	7.40	7.92	9.19	10.46	11.71	12.95	14.17	15.39	17.78	20.12
120						5.25	5.82	6.39	7.24	8.09	8.66	10.06	11.44	12.82	14.18	15.53	16.87	19.51	22.10
130						5.69	6.31	6.93	7.86	8.78	9.40	10.92	12.43	13.93	15.41	16.89	18.35	21.23	24.07
	140					6.13	6.81	7.48	8.48	9.47	10.14	11.78	13.42	15.04	16.65	18.24	19.83	22.96	26.04
150						6.58	7.30	8.02	9.09	10.16	10.88	12.65	14.40	16.15	17.88	19.60	21.31	24.69	28.02
160						7.02	7.79	8.56	9.71	10.86	11.62	13.51	15.39	17.26	19.11	20.96	22.79	26.41	29.99
170												14.37	16.38	18.37	20.35	22.31	24.27	28.14	31.96
	180														21.58	23.67	25.75	29.87	33.93
190																25.03	27.23	31.59	35.91
200																	28.71	33.32	37.88
	220																		36.77	41.83

续表 3-255

| 外径(mm) | | 壁厚(mm) 单位长度理论重量(kg/m) | | | | | | | | | | | |
系列2	系列3	(7)	8	(9)	10	(11)	12.5	(14)	16	(18)	20	(22)	25
	45			7.99	8.63	9.22	10.02						
48				8.66	9.37	10.04	10.94						
50				9.10	9.86	10.58	11.56						
	55			10.21	11.10	11.94	13.10	14.16					
60				11.32	12.33	13.29	14.64	15.88	17.36				
63				11.99	13.07	14.11	15.57	16.92	18.55				
70				13.54	14.80	16.01	17.73	19.33	21.31				
76				14.87	16.28	17.63	19.58	21.41	23.68				
80				15.76	17.26	18.72	20.81	22.79	25.25	27.52			
	90			17.98	19.73	21.43	23.89	26.24	29.20	31.96	34.53	36.89	
100				20.20	22.20	24.14	26.97	29.69	33.15	36.40	39.46	42.32	46.24
	110			22.42	24.66	26.86	30.06	33.15	37.09	40.84	44.39	47.74	52.41
120				24.64	27.13	29.57	33.14	36.60	41.04	45.28	49.32	53.17	58.57
130				26.86	29.59	32.28	36.22	40.05	44.98	49.72	54.26	58.60	64.74
	140			29.08	32.06	34.99	39.30	43.50	48.93	54.16	59.19	64.02	70.90
150				31.30	34.53	37.71	42.39	46.96	52.87	58.60	64.12	69.45	77.07
160				33.52	36.99	40.42	45.47	50.41	56.82	63.03	69.05	74.87	83.23
170				35.73	39.46	43.13	48.55	53.86	60.77	67.47	73.98	80.30	89.40
	180			37.95	41.92	45.85	51.64	57.31	64.71	71.91	78.92	85.72	95.56
190				40.17	44.39	48.56	54.72	60.77	68.66	76.35	83.85	91.15	101.73
200				42.39	46.86	51.27	57.80	64.22	72.60	80.79	88.78	96.57	107.89
220				46.83	51.79	56.70	63.97	71.12	80.50	89.67	98.65	107.43	120.23
240		40.22	45.77	51.27	56.72	62.12	70.13	78.03	88.39	98.55	108.51	118.28	132.56
260		43.68	49.72	55.71	61.65	67.55	76.30	84.93	96.28	107.43	118.38	129.13	144.89

注:① 括号内尺寸不推荐使用。
② 理论重量按钢的密度为7.85kg/dm²计。计算公式同表3-254注。
③ 系列2为非通用系列;系列3为特殊、专用系列。

(十)不锈钢无缝钢管

不锈钢无缝钢管包括结构用不锈钢无缝钢管(GB/T 14975—2012)和流体输送用不锈钢无缝钢管(GB/T 14976—2012)。

结构用不锈钢无缝钢管适用于一般结构或机械结构,流体输送用不锈钢无缝钢管适用于流体输送。钢管由不锈钢制造。

钢管分类:钢管采用热轧(挤压、扩)(代号 W-H)或冷拔(轧)(代号 W-C)无缝方法制造。钢管按尺寸精度分为普通级(PA)和高级(PC)两级,需方要高级尺寸精度,需在合同中注明。

交货:钢管以热处理并酸洗状态交货。根据供需双方合同中注明,奥氏体型冷拔(轧)钢管也可以冷加工状态交货。其弯曲度、力学性能等由供需双方协商。

钢管的通常长度:热轧(挤压、扩)钢管,为 2~12m;冷拔(轧)钢管,为 1~12m。根据供需双方合同中注明,钢管可按定尺长度或倍尺长度交货,钢管的定尺长度和倍尺长度应在通常长度范围内,全长允许偏差规定为 0~10mm。每个倍尺长度应留出切口余量,结构用不锈钢无缝钢管为 5~10mm;流体输送用不锈钢无缝钢管为:$D \leqslant 159$mm,5~10mm;$D > 159$mm,10~15mm。

钢管按实际重量交货。根据供需双方合同中注明,钢管可按理论重量交货,理论重量与实际重量的偏差按双方协商,并在合同中注明。钢管的外径(D)、壁厚(S)符合 GB/T 17395 的规定(表 3-260)。

钢管的外形要求:

钢管的每米弯曲度不大于如下:壁厚≤15mm 的为 1.5mm/m;壁厚>15mm 的为 2mm/m;热扩管为 3.0mm/m。根据供需双方合同中注明,钢管的全长弯曲度不大于钢管总长的 0.15%,结构用不锈钢无缝钢管且不超过 12mm。

根据供需双方合同中注明,钢管的不圆度和壁厚不均应分别不超过外径和壁厚公差的 80%。

钢管的内外表面不允许有目视可见的裂纹、折叠、结疤、轧折和离层等。

1. 不锈钢无缝钢管理论重量的计算

$$W = \frac{\pi}{1\,000} \rho S(D-S)$$

式中:W——钢管理论重量(kg/m);

$\quad \pi$——取 3.141 6;

$\quad \rho$——钢的密度(kg/dm³),钢的密度见表 3-259。

$\quad S$——钢管的公称壁厚(mm);

$\quad D$——钢管的公称外径(mm)。

按公称外径和最小壁厚交货钢管,应采用平均壁厚计算理论重量,其平均壁厚是按壁厚及其允许偏差计算出来的壁厚最大值与最小值的平均值。

2. 不锈钢无缝钢管的尺寸偏差

(1)钢管公称外径和公称壁厚的允许偏差(mm)

表 3-256

管别	热轧(挤、扩)钢管				冷拔(轧)钢管			
		尺寸		允许偏差 普通级PA	允许偏差 高级PC	尺寸		允许偏差 普通级PA	允许偏差 高级PC
结构用钢管	公称外径 D	<76.1	±1.25%D	±0.60	公称外径 D	<12.7	±0.30	±0.10
		76.1~<139.7		±0.80		12.7~<38.1	±0.30	±0.15
		139.7~<273.1		±1.20		38.1~<88.9	±0.40	±0.30
		273.1~<323.9	±1.5%D	±1.60		88.9~<139.7		±0.40
						139.7~<203.2		±0.80
		≥323.9		±0.6%D		203.2~<219.1	±0.9%D	±1.10
						219.1~<323.9		±1.60
						≥323.9		±0.5.%D
	公称壁厚 S	所有壁厚	+15%S −12.5%S	±12.5%S	公称壁厚 S	所有壁厚	+12.5%S −10%S	±10%S
流体输送用钢管	公称外径 D	68~159	±1.25%D	±1%D	公称外径 D	6~10	±0.20	±0.15
						>10~30	±0.30	±0.20
						>30~50	±0.40	±0.30
		>159	±1.5%D			>50~219	±0.85%D	±0.75%D
						>219	±0.9%D	±0.8%D
	公称壁厚 S	<15	+15%S −12.5%S	±12.5%S	公称壁厚 S	≤3	±12%S	±10%S
		≥15	+20%S −15%S			>3	+12.5%S −10%S	±10%S

(2)钢管最小壁厚的允许偏差(mm)

表 3-257

制 造 方 式	尺 寸	允 许 偏 差	
		普通级PA	高级PC
热轧(挤、扩)钢管 W-H	$S_{min}<15$	$+25\%S_{min}$ 0	$+22.5\%S_{min}$ 0
	$S_{min}≥15$	$+32.5\%S_{min}$ 0	
冷拔(轧)钢管 W-C	所有壁厚	$+22\%S$ 0	$+20\%S$ 0

3. 不锈钢无缝钢管用钢的牌号和化学成分

表3-258

组织类型	序号	GB/T 20878 序号	统一数字代号	牌　号	化学成分(质量分数)(%)										
					C	Si	Mn	P	S	Ni	Cr	Mo	Cu	N	其他
奥氏体型	1	13	S30210	12Cr18Ni9	0.15	1.00	2.00	0.040 (0.35)	0.030	8.00~ 10.00	17.00~ 19.00	—	—	0.10	—
	2	17	S30408	06Cr19Ni10	0.08	1.00	2.00	0.040 (0.35)	0.030	8.00~ 11.00	18.00~ 20.00	—	—	—	—
	3	18	S30403	022Cr19Ni10	0.030	1.00	2.00	0.040 (0.35)	0.030	8.00~ 12.00	18.00~ 20.00	—	—	—	—
	4	23	S30458	06Cr19Ni10N	0.08	1.00	2.00	0.040 (0.35)	0.030	8.00~ 11.00	18.00~ 20.00	—	—	0.10~0.16	—
	5	24	S30478	06Cr19Ni9NbN	0.08	1.00	2.50	0.040 (0.35)	0.030	7.50~ 10.50	18.00~ 20.00	—	—	0.15~0.30	Nb:0.15
	6	25	S30453	022Cr19Ni10N	0.030	1.00	2.00	0.040 (0.35)	0.030	8.00~ 11.00	18.00~ 20.00	—	—	0.10~0.16	—
	7	32	S30908	06Cr23Ni13	0.08	1.50	2.00	0.040 (0.35)	0.030	12.00~ 15.00	22.00~ 24.00	—	—	—	—
	8	35	S31008	06Cr25Ni20	0.08	1.50	2.00	0.040 (0.35)	0.030	19.00~ 22.00	24.00~ 26.00	—	—	—	—
	9	37	S31252	015Cr20Ni18Mo6CuN	0.02	0.80	1.00	0.030	0.010	17.50~ 18.50	19.50~ 20.50	6.00~6.50	0.50~ 1.00	0.18~ 0.22	—
	10	38	S31608	06Cr17Ni12Mo2	0.08	1.00	2.00	0.040 (0.35)	0.030	10.00~ 14.00	16.00~ 18.00	2.00~3.00	—	—	—
	11	39	S31603	022Cr17Ni12Mo2	0.030	1.00	2.00	0.040 (0.35)	0.030	10.00~ 14.00	16.00~ 18.00	2.00~3.00	—	—	—
	12	40	S31609	07Cr17Ni12Mo2	0.040~ 0.10	1.00	2.00	0.040 (0.035)	0.030	10.00~ 14.00	16.00~ 18.00	2.00~3.00	—	—	—

续表 3-258

组织类型	序号	GB/T 20878 统一数字代号	牌号	化学成分(质量分数)(%)										
				C	Si	Mn	P	S	Ni	Cr	Mo	Cu	N	其他
	13	41 S31668	06Cr17Ni12Mo2Ti	0.08	1.00	2.00	0.040 (0.35)	0.030	10.00~14.00	16.00~18.00	2.00~3.00	—	—	Ti:5C~0.70
	14	43 S31668	06Cr17Ni12Mo2N	0.08	1.00	2.00	0.040 (0.35)	0.030	10.00~13.00	16.00~18.00	2.00~3.00	—	0.10~0.16	—
	15	44 S31653	022Cr17Ni12Mo2N	0.030	1.00	2.00	0.040 (0.35)	0.030	10.00~13.00	16.00~18.00	2.00~3.00	—	0.10~0.16	—
	16	45 S31688	06Cr18Ni12Mo2Cu2	0.08	1.00	2.00	0.040 (0.35)	0.030	10.00~14.00	17.00~19.00	1.20~2.50	1.00~2.50	—	—
	17	46 S31683	022Cr18Ni14Mo2Cu2	0.030	1.00	2.00	0.040 (0.35)	0.030	12.00~16.00	17.00~19.00	1.20~2.75	1.00~2.50	—	—
奥氏体型	(18)	48 S39042	015Cr21Ni26Mo5Cu2	0.020	1.00	2.00	0.045	0.030	23.00~28.00	19.00~23.00	4.00~5.00	1.00~2.00	0.10	—
	19	49 S31708	06Cr19Ni13Mo3	0.08	1.00	2.00	0.040 (0.35)	0.030	11.00~15.00	18.00~20.00	3.00~4.00	—	—	—
	20	50 S31703	022Cr19Ni13Mo3	0.030	1.00	2.00	0.040 (0.35)	0.030	11.00~15.00	18.00~20.00	3.00~4.00	—	—	—
	21	55 S32168	06Cr18Ni11Ti	0.08	1.00	2.00	0.040 (0.35)	0.030	9.00~12.00	17.00~19.00	—	—	—	Ti:5C~0.70
	22	56 S32169	07Cr19Ni11Ti	0.04~0.10	0.75	2.00	0.030 (0.30)	0.030	9.00~13.00	17.00~20.00	—	—	—	Ti:4C~0.60
	23	62 S34778	06Cr18Ni11Nb	0.08	1.00	2.00	0.040 (0.35)	0.030	9.00~12.00	17.00~19.00	—	—	—	Nb:10C~1.10
	24	63 S34779	07Cr18Ni11Nb	0.04~0.10	1.00	2.00	0.040 (0.35)	0.030	9.00~12.00	17.00~19.00	—	—	—	Nb:8C~1.10
	(25)	66 S38340	16Cr25Ni20Si2	0.20	1.50~2.50	1.50	0.040	0.030	18.00~21.00	24.00~27.00	—	—	—	—

续表 3-258

组织类型	序号	GB/T 20878 统一数字代号	牌　　号	化学成分（质量分数）（%）										
				C	Si	Mn	P	S	Ni	Cr	Mo	Cu	N	其他
铁素体型	26	S11348	06Cr13Al	0.08	1.00	1.00	0.040 (0.35)	0.030	(0.60)	11.50~ 14.50	—	—	—	Al:0.10~ 0.30
	27	S11510	10Cr15	0.12	1.00	1.00	0.040 (0.35)	0.030	(0.60)	14.00~ 16.00	—	—	—	—
	28	S11710	10Cr17	0.12	1.00	1.00	0.040 (0.35)	0.030	(0.60)	16.00~ 18.00	—	—	—	—
	29	S11863	022Cr18Ti	0.030	0.75	1.00	0.040 (0.35)	0.030	(0.60)	16.00~ 19.00	—	—	—	Ti或Nb: 0.10~1.00
	30	S11972	019Cr19Mo2NbTi	0.025	1.00	1.00	0.040 (0.35)	0.030	1.00	17.50~ 19.50	1.75~2.50	—	0.035	(Ti+Nb): [0.20+ 4(C+N)]~ 0.80
马氏体型	31	S41008	06Cr13	0.08	1.00	1.00	0.040 (0.35)	0.030	(0.60)	11.50~ 13.50	—	—	—	—
	32	S41010	12Cr13	0.15	1.00	1.00	0.040 (0.35)	0.030	(0.60)	11.50~ 13.50	—	—	—	—
	(33)	S42020	20Cr13	0.16~0.25	1.00	1.00	0.040	0.030	(0.60)	12.00~ 14.00	—	—	—	—

注：①表中所列成分除注明范围或最小值外，其余均为最大值。括号内值为允许添加的最大值。
②奥氏体型中，除015Cr20Ni18Mo6CuN、015Cr21Ni26Mo5Cu2、07Cr19Ni11Ti、16Cr25Ni20Si2外，其他牌号的P含量比GB/T 20878 中对应牌号的P含量加严了要求；015Cr21Ni26Mo5Cu2
比GB/T 20878 中对应牌号的S含量加严了要求；06Cr17Ni12Mo2Ti比GB/T 20878 中对应牌号的Ti含量增加了上限要求。
③流体输送用管无序号为9,18,25和33牌号钢。
④化学成分表中P含量括号外为结构用管指标，括号内为流体输送用管指标。

土木工程材料手册(上册)

4. 不锈钢无缝钢管的推荐热处理制度，力学性能，硬度及密度

表 3-259

组织类型	GB/T 20878 序号	统一数字代号	牌号	推荐热处理制度	力学性能			硬度 HBW/HV/HRB (结构用钢管) 不大于	密度 ρ (kg/dm³)
					抗拉强度 R_m (MPa) 不小于	规定塑性延伸强度 $R_{p0.2}$ (MPa) 不小于	断后伸长率 A (%) 不小于		
奥氏体型	13	S30210	12Cr18Ni9	1 010～1 150℃,水冷或其他方式快冷	520	205	35	192HBW/200HV/90HRB	7.93
	17	S30438	06Cr19Ni10	1 010～1 150℃,水冷或其他方式快冷	520	205	35	192HBW/200HV/90HRB	7.93
	18	S30403	022Cr19Ni10	1 010～1 150℃,水冷或其他方式快冷	480	175	35	192HBW/200HV/90HRB	7.90
	23	S30458	06Cr19Ni10N	1 010～1 150℃,水冷或其他方式快冷	550	275	35	192HBW/200HV/90HRB	7.93
	24	S30478	06Cr19Ni9NbN	1 010～1 150℃,水冷或其他方式快冷	685	345	35	—	7.98
	25	S30453	022Cr19Ni10N	1 010～1 150℃,水冷或其他方式快冷	550	245	40	192HBW/200HV/90HRB	7.93
	32	S30908	06Cr23Ni13	1 030～1 150℃,水冷或其他方式快冷	520	205	40	192HBW/200HV/90HRB	7.98
	35	S31008	06Cr25Ni20	1 030～1 180℃,水冷或其他方式快冷	520	205	40	192HBW/200HV/90HRB	7.98
	37	S31252	015Cr20Ni18Mo6CuN	≥1 150℃,水冷或其他方式快冷	655	310	35	220HBW/230HV/96HRB	8.00
	38	S31608	06Cr17Ni12Mo2	1 010～1 150℃,水冷或其他方式快冷	520	205	35	192HBW/200HV/90HRB	8.00
	39	S31603	022Cr17Ni12Mo2	1 010～1 150℃,水冷或其他方式快冷	480	175	35	192HBW/200HV/90HRB	8.00
	40	S31609	07Cr17Ni12Mo2	≥1 040℃,水冷或其他方式快冷	515	205	35	192HBW/200HV/90HRR	7.98
	41	S31668	06Cr17Ni12Mo2Ti	1 000～1 100℃,水冷或其他方式快冷	530	205	35	192HBW/200HV/90HRB	7.90
	44	S31653	022Cr17Ni12Mo2N	1 010～1 150℃,水冷或其他方式快冷	550	245	40	192HBW/200HV/90HRB	8.04
	43	S31658	06Cr17Ni12Mo2N	1 010～1 150℃,水冷或其他方式快冷	550	275	35	192HBW/200HV/90HRB	8.00
	45	S31688	06Cr18Ni12Mo2Cu2	1 010～1 150℃,水冷或其他方式快冷	520	205	35	—	7.96
	46	S31683	022Cr18Ni14Mo2Cu2	1 010～1 150℃,水冷或其他方式快冷	480	180	35	—	7.96
	48	S31782	015Cr21Ni26Mo5Cu2	≥1 100℃,水冷或其他方式快冷	490	215	35	192HBW/200HV/90HRB	8.00

续表 3-259

组织类型	GB/T 20878 序号	序号	统一数字代号	牌号	推荐热处理制度	抗拉强度 R_m (MPa)	规定塑性延伸强度 $R_{p0.2}$ (MPa) 不小于	断后伸长率 A (%)	硬度 HBW/HV/HRB (结构用钢管) 不大于	密度 ρ (kg/dm³)
奥氏体型	19	49	S31708	06Cr19Ni13Mo3	1 010~1 150℃,水冷或其他方式快冷	520	205	35	192HBW/200HV/90HRB	8.00
	20	50	S31703	022Cr19Ni13Mo3	1 010~1 150℃,水冷或其他方式快冷	480	175	35	192HBW/200HV/90HRB	7.98
	21	55	S32168	06Cr18Ni11Ti	920~1 150℃,水冷或其他方式快冷	520	205	35	192HBW/200HV/90HRB	8.03
	22	56	S32169	07Cr19Ni11Ti	冷拔(轧)≥1 100℃,热轧(挤,扩)≥1 050℃,水冷或其他方式快冷	520	205	35	192HBW/200HV/90HRB	7.93
	23	62	S34778	06Cr18Ni11Nb	980~1 150℃,水冷或其他方式快冷	520	205	35	192HBW/1200HV/190HRB	8.03
	24	63	S34779	07Cr18Ni11Nb	冷拔(轧)≥1 100℃,热轧(挤,扩)≥1 050℃,水冷或其他方式快冷	520	205	35	192HBW/200HV/90HRB	8.00
	(25)	66	S38340	16Cr25Ni20Si2	1 030~1 180℃,水冷或其他方式快冷	520	205	40	192HBW/200HV/90HRB	7.98
铁素体型	26	78	S11348	06Cr13Al	780~830℃,空冷或缓冷	415	205	20	207HBW/95HRB	7.75
	27	84	S11510	10Cr15	780~850℃,空冷或缓冷	415	240	20	190HBW/90HRB	7.70
	28	85	S11710	10Cr17	780~850℃,空冷或缓冷	410	245	20	190HBW/90HRB	7.70
	29	87	S11863	022Cr18Ti	780~950℃,空冷或缓冷	415	205	20	190HBW/90HRB	7.70
	30	92	S11972	019Cr19Mo2NbTi	800~1 050℃,空冷	415	275	20	217HBW/230HV/96HRB	7.75
马氏体型	31	97	S41008	06Cr13	800~900℃,缓冷或750℃空冷	370	180	22	—	7.75
	32	98	S41010	12Cr13	800~900℃,缓冷或750℃空冷	410	205	20	207HBW/95HRB	7.70
	(33)	101	S42020	20Cr13	800~900℃,缓冷或750℃空冷	470	215	19	—	7.75

注:①规定塑性延伸强度 $R_{p0.2}$ 的检测为结构用钢管指标,壁厚≥1.7mm 钢管的硬度检测,需在双方合同中注明。
②硬度指标为结构用钢管指标,钢管的硬度检测应在供方需方合同中注明。
③流体输送用管无序号为 9、18、25、33 牌号钢。

5. 不锈钢管的外径和壁厚(GB/T 17395—2008)

表 3-260

外径(mm)			壁厚 (mm)													
系列1	系列2	系列3	0.5	0.6	0.7	0.8	0.9	1.0	1.2	1.4	1.5	1.6	2.0	2.2(2.3)	2.5(2.6)	2.8(2.9)
	6		●	●	●	●	●	●	●							
	7		●	●	●	●	●	●	●							
	8		●	●	●	●	●	●	●							
	9		●	●	●	●	●	●	●							
10(10.2)			●	●	●	●	●	●	●	●	●	●	●			
	12		●	●	●	●	●	●	●	●	●	●	●			
		12.7	●	●	●	●	●	●	●	●	●	●	●	●	●	●
13(13.5)			●	●	●	●	●	●	●	●	●	●	●	●	●	●
		14	●	●	●	●	●	●	●	●	●	●	●	●	●	●
	16		●	●	●	●	●	●	●	●	●	●	●	●	●	●
17(17.2)			●	●	●	●	●	●	●	●	●	●	●	●	●	●
		18	●	●	●	●	●	●	●	●	●	●	●	●	●	●
	19		●	●	●	●	●	●	●	●	●	●	●	●	●	●
	20		●	●	●	●	●	●	●	●	●	●	●	●	●	●
21(21.3)			●	●	●	●	●	●	●	●	●	●	●	●	●	●
		22	●	●	●	●	●	●	●	●	●	●	●	●	●	●
	24		●	●	●	●	●	●	●	●	●	●	●	●	●	●
	25		●	●		●		●	●	●	●	●	●	●	●	●
		25.4								●	●	●	●	●	●	●
27(26.9)										●	●	●	●	●	●	●
		30								●	●	●	●	●	●	●
	32(31.8)								●	●	●	●	●	●	●	●

外径(mm)			壁厚 (mm)											
系列1	系列2	系列3	3.0	3.2	3.5(3.6)	4.0	4.5	5.0	5.5(5.6)	6.0	(6.3)6.5	7.0(7.1)	7.5	8.0
	6													
	7													
	8													
	9													
10(10.2)														
	12													
		12.7	●	●										
13(13.5)			●	●										
		14	●	●	●									
	16		●	●	●	●								
17(17.2)			●	●	●	●								
		18	●	●	●	●	●							
	19		●	●	●	●	●							
	20		●	●	●	●	●							
21(21.3)			●	●	●	●	●	●						
		22	●	●	●	●	●	●						
	24		●	●	●	●	●	●						
	25		●	●	●	●	●	●	●	●				
		25.4	●	●	●	●	●	●	●	●				
27(26.9)			●	●	●	●	●	●	●	●				
		30	●	●	●	●	●	●	●	●	●			
	32(31.8)		●	●	●	●	●	●	●	●	●			

| 外径(mm) | | | 壁 厚 (mm) | | | | | | | | | | | | | | |
系列1	系列2	系列3	1.0	1.2	1.4	1.5	1.6	2.0	2.2 (2.3)	2.5 (2.6)	2.8 (2.9)	3.0	3.2	3.5 (3.6)	4.0	4.5	5.0
34(33.7)			●	●	●	●	●	●	●	●	●	●	●	●	●	●	●
		35	●	●	●	●	●	●	●	●	●	●	●	●	●	●	●
	38		●	●	●	●	●	●	●	●	●	●	●	●	●	●	●
	40		●	●	●	●	●	●	●	●	●	●	●	●	●	●	●
42(42.4)			●	●	●	●	●	●	●	●	●	●	●	●	●	●	●
		45(44.5)	●	●	●	●	●	●	●	●	●	●	●	●	●	●	●
48(48.3)			●	●	●	●	●	●	●	●	●	●	●	●	●	●	●
	51		●	●	●	●	●	●	●	●	●	●	●	●	●	●	●
		54					●	●	●	●	●	●	●	●	●	●	●
	57						●	●	●	●	●	●	●	●	●	●	●
60(60.3)								●	●	●	●	●	●	●	●	●	●
	64(63.5)							●	●	●	●	●	●	●	●	●	●
	68							●	●	●	●	●	●	●	●	●	●
	70						●	●	●	●	●	●	●	●	●	●	●
	73						●	●	●	●	●	●	●	●	●	●	●
76(76.1)							●	●	●	●	●	●	●	●	●	●	●
		83(82.5)					●	●	●	●	●	●	●	●	●	●	●
89(88.9)							●	●	●	●	●	●	●	●	●	●	●
	95						●	●	●	●	●	●	●	●	●	●	●
		102(101.6)					●	●	●	●	●	●	●	●	●	●	●
	108						●	●	●	●	●	●	●	●	●	●	●
114(114.3)							●	●	●	●	●	●	●	●	●	●	●

| 外径(mm) | | | 壁 厚 (mm) | | | | | | | | | | | | |
系列1	系列2	系列3	5.5 (5.6)	6.0	(6.3) 6.5	7.0 (7.1)	7.5	8.0	8.5	(8.8) 9.0	9.5	10	11	12 (12.5)	14 (14.2)
34(33.7)			●	●	●										
		35	●	●	●										
	38		●	●	●										
	40		●	●	●										
42(42.4)			●	●	●	●	●								
		45(44.5)	●	●	●	●	●	●	●						
48(48.3)			●	●	●	●	●	●	●						
	51		●	●	●	●	●	●	●	●					
		54	●	●	●	●	●	●	●	●	●	●			
	57		●	●	●	●	●	●	●	●	●				
60(60.3)			●	●	●	●	●	●	●	●	●	●			
	64(63.5)		●	●	●	●	●	●	●	●	●	●			
	68		●	●	●	●	●	●	●	●	●	●	●		
	70		●	●	●	●	●	●	●	●	●	●			
	73		●	●	●	●	●	●	●	●	●	●	●		
76(76.1)			●	●	●	●	●	●	●	●	●	●	●		
		83(82.5)	●	●	●	●	●	●	●	●	●	●	●	●	●
89(88.9)			●	●	●	●	●	●	●	●	●	●	●	●	●

外径(mm)			壁 厚 (mm)												
系列1	系列2	系列3	5.5(5.6)	6.0	(6.3)6.5	7.0(7.1)	7.5	8.0	8.5	(8.8)9.0	9.5	10	11	12(12.5)	14(14.2)
	95		●	●	●	●	●	●	●	●	●	●	●	●	●
	102(101.6)		●	●	●	●	●	●	●	●	●	●	●	●	●
	108		●	●	●	●	●	●	●	●	●	●	●	●	●
114(114.3)			●	●	●	●	●	●	●	●	●	●	●	●	●

外径(mm)			壁 厚 (mm)												
系列1	系列2	系列3	1.6	2.0	2.2(2.3)	2.5(2.6)	2.8(2.9)	3.0	3.2	3.5(3.6)	4.0	4.5	5.0	5.5(5.6)	6.0
	127		●	●	●	●	●	●	●	●	●	●	●	●	●
	133		●	●	●	●	●	●	●	●	●	●	●	●	●
140(139.7)			●	●	●	●	●	●	●	●	●	●	●	●	●
	146			●	●	●	●	●	●	●	●	●	●	●	●
	152			●	●	●	●	●	●	●	●	●	●	●	●
	159			●	●	●	●	●	●	●	●	●	●	●	●
168(168.3)				●	●	●	●	●	●	●	●	●	●	●	●
	180			●	●	●	●	●	●	●	●	●	●	●	●
	194			●	●	●	●	●	●	●	●	●	●	●	●
219(219.1)				●	●	●	●	●	●	●	●	●	●	●	●
	245			●	●	●	●	●	●	●	●	●	●	●	●
	273			●	●	●	●	●	●	●	●	●	●	●	●
325(323.9)						●	●	●	●	●	●	●	●	●	●
	351					●	●	●	●	●	●	●	●	●	●
356(355.6)						●	●	●	●	●	●	●	●	●	●
	377					●	●	●	●	●	●	●	●	●	●
406(406.4)						●	●	●	●	●	●	●	●	●	●
	426								●	●	●	●	●	●	●

外径(mm)			壁 厚 (mm)									
系列1	系列2	系列3	(6.3)6.5	7.0(7.1)	7.5	8.0	8.5	(8.8)9.0	9.5	10	11	12(12.5)
	127		●	●	●	●	●	●	●	●	●	●
	133		●	●	●	●	●	●	●	●	●	●
140(139.7)			●	●	●	●	●	●	●	●	●	●
	146		●	●	●	●	●	●	●	●	●	●
	152		●	●	●	●	●	●	●	●	●	●
	159		●	●	●	●	●	●	●	●	●	●
168(168.3)			●	●	●	●	●	●	●	●	●	●
	180		●	●	●	●	●	●	●	●	●	●
	194		●	●	●	●	●	●	●	●	●	●
219(219.1)			●	●	●	●	●	●	●	●	●	●
	245		●	●	●	●	●	●	●	●	●	●
	273		●	●	●	●	●	●	●	●	●	●
325(323.9)			●	●	●	●	●	●	●	●	●	●
	351		●	●	●	●	●	●	●	●	●	●
356(355.6)			●	●	●	●	●	●	●	●	●	●
	377		●	●	●	●	●	●	●	●	●	●
406(406.4)			●	●	●	●	●	●	●	●	●	●
	426		●	●	●	●	●	●	●	●	●	●

外径(mm)			壁　厚　(mm)										
系列1	系列2	系列3	14(14.2)	15	16	17(17.5)	18	20	22(22.2)	24	25	26	28
	127		●										
	133		●										
140(139.7)			●	●	●								
	146		●	●	●								
	152		●	●	●								
	159		●	●	●								
168(168.3)			●	●	●	●	●						
	180		●	●	●	●							
	194		●	●	●	●	●						
219(219.1)			●	●	●	●	●	●	●	●	●	●	●
	245		●	●	●	●	●	●	●	●	●	●	●
273			●	●	●	●	●	●	●	●	●	●	●
325(323.9)			●	●	●	●	●	●	●	●	●	●	●
	351		●	●	●	●	●	●	●	●	●	●	●
356(355.6)			●	●	●	●	●	●	●	●	●	●	●
	377		●	●	●	●	●	●	●	●	●	●	●
406(406.4)			●	●	●	●	●	●	●	●	●	●	●
	426		●	●	●	●	●	●					

注:①括号内尺寸为相应的英制单位。

②"●"表示常用规格。

③系列 1 为通用系列;系列 2 为非通用系列;系列 3 为少数特殊、专用系列。

(十一)冷拔异形钢管(GB/T 3094—2012)

冷拔异形钢管采用无缝钢管经冷拔成型方法制造。根据供需双方合同注明,钢管可采用焊接钢管经冷拔成型方法制造。冷拔焊接钢管的焊缝应避开圆角处。

钢管以优质碳素结构钢 10、20、35、45;碳素结构钢 Q195、Q215、Q235;低合金高强度结构钢 Q345和 Q390 等牌号制造,根据供需双方协商,可供应合金结构钢及其他牌号钢管。各牌号化学成分(熔炼分析)应符合相关标准规定。当需方要求进行成品化学分析时,应在合同中注明。

冷拔异形钢管按截面形状分为六类:

方形钢管 (D-1),见图 3-58;

矩形钢管 (D-2),见图 3-59;

椭圆形钢管 (D-3),见图 3-60;

平椭圆形钢管 (D-4),见图 3-61;

内外六角形钢管 (D-5),见图 3-62;

直角梯形钢管 (D-6),见图 3-63。

冷拔异形钢管按精度分为普通级和高级。

1. 冷拔异形钢管交货

钢管以冷拔状态交货,经供需双方合同注明,钢管可以热处理状态交货。

钢管按实际重量交货。经供需双方合同注明,亦可按理论重量交货。

钢管的通常长度为 2~9m。根据供需双方合同注明,钢管可按定尺长度或倍尺长度交货。定尺长度和倍尺长度应在通常长度范围内。定尺长度允许偏差为 $0\sim+15\,\text{mm}$,倍尺总长度允许偏差为 $0\sim+10\,\text{mm}$。每个倍尺长度应留 $5\sim10\,\text{mm}$ 的切口余量。

钢管的内外表面不允许有裂纹、折叠、结疤、轧折和离层。冷加工状态交货钢管的内外表面,允许存在制造过程中的磷酸盐和润滑剂附着层。根据供需双方合同注明,供方可对磷酸盐和润滑剂附着层予以去除。不超过壁厚负偏差的其他局部缺陷允许存在。

冷拔焊接钢管不允许有搭焊、过烧存在。钢管焊缝的外毛刺应清除,剩余高度应不大于 $0.5\,\text{mm}$;钢管焊缝的内毛刺允许存在。根据供需双方合同注明,可对内毛刺做特殊规定。

钢管的两端端面应与钢管轴线垂直,切口毛刺应予清除。

每批应由同一牌号、同一炉号、同一规格和同一热处理制度或炉次(若适用)的钢管组成。每批钢管的数量应不超过如下规定:

周长≤240mm:400 根;

周长>240mm:200 根。

2.冷拔异形钢管的外形尺寸及允许偏差

(1)冷拔异形钢管的尺寸允许偏差(mm)

表 3-261

尺　　寸		允　许　偏　差	
		普　通　级	高　　级
边长 A、B	≤30	±0.30	±0.20
	>30~50	±0.40	±0.30
	>50~75	±0.80%A、±0.80%B	±0.7%A、±0.7%B
	>75	±1%A、±1%B	±0.8%A、±0.8%B
壁厚 S	≤1.0	±0.18	±0.12
	>1.0~3.0	+15%S −10%S	+12.5%S −10%S
	>3.0	+12.5%S −10%S	±10%S

注:当需方未在合同中注明钢管尺寸允许偏差级别时,钢管的尺寸允许偏差应符合普通级尺寸精度的规定。当需方要求高级尺寸精度时,应在合同中注明。

(2)冷拔异形钢管的弯曲度

表 3-262

精　度　等　级	弯曲度(mm/m)	全长(L)弯曲度
普通级	≤3.0	≤0.3%L
高级	≤2.0	≤0.2%L

注:当需方未在合同中注明钢管弯曲度等级时,钢管的弯曲度应符合普通级精度的规定。当需方要求高级精度时,应在合同中注明。

(3)方形、矩形和直角梯形钢管的扭转值规定

表 3-263

钢管边长(mm)	允许扭转值(mm/m)
≤30	≤1.5
>30~75	≤2.0
>75	≤2.5

注:①钢管不允许有明显扭转。

②供需双方合同商定,可供应本表规定以外扭转值的钢管。

（4）冷拔异形钢管的外圆角半径（mm）

表3-264

壁厚(S)	S≤6	6<S≤10	S>10
外圆角半径(R)	≤2.0S	≤2.5S	≤3.0S

3.热处理状态钢管的力学性能

表3-265

序号	牌号	质量等级	抗拉强度 R_m (MPa)	下屈服强度 R_{eL} (MPa)	断后伸长率 A (%)	冲击试验	
						温度 (℃)	吸收能量 kV_2 (J)
			不小于				不小于
1	10	—	335	205	24	—	—
2	20	—	410	245	20	—	—
3	35	—	510	305	17	—	—
4	45	—	590	335	14	—	—
5	Q195	—	315~430	195	33	—	—
6	Q215	A	335~450	215	30		
		B				+20	27
7	Q235	A	370~500	235	25		27
		B				+20	
		C				0	
		D				−20	
8	Q345	A	470~630	345	20		34
		B				+20	
		C				0	
		D			21	−20	
		E				−40	27
9	Q390	A	490~650	390	18	—	—
		B				+20	34
		C				0	
		D			19	−20	
		E				−40	27

注：①冷拔状态交货的钢管，不作力学性能试验。

②以热处理状态交货的 Q195、Q215、Q235、Q345 和 Q390 钢管，当周长不小于 240mm 且壁厚不小于 10mm 时，应进行冲击试验，其夏比 V 型缺口冲击吸收能量(kV_2)应符合表的规定。冲击试样宽度应为 10mm、7.5mm 或 5mm 中尽可能的较大尺寸；如无法截取宽度为 5mm 的试样时，可不进行冲击试验。

③表中的冲击吸收能量为标准尺寸试样夏比 V 型缺口冲击吸收能量要求值，当采用小尺寸冲击试样时，小尺寸试样的夏比 V 型缺口冲击吸收能量要求值应为标准尺寸试样冲击吸收能量要求值乘以以下的递减系数：试样尺寸(高×宽)10mm×10mm：1.0；10mm×7.5mm：0.75；10mm×5mm：0.50。

③合金结构钢钢管的纵向力学性能和周长不小于 240mm 且壁厚不小于 10mm 的合金结构钢钢管标准试样的冲击吸收能量应符合 GB/T 3077 的规定。

④冷拔焊接钢管的力学性能试验取样位置应位于母材区域。

4. 冷拔异形钢管的规格、参数

(1)方形钢管(D-1)

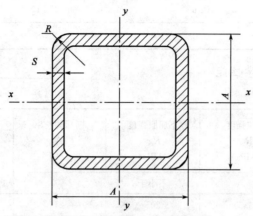

图 3-58　方形钢管(D-1)截面图

方形钢管的尺寸、理论重量和物理参数　　　　　　　表 3-266

基本尺寸		截面面积	理论重量[a]	惯性矩	截面模数
A	S	F	G	$J_x = J_y$	$W_x = W_y$
mm		cm²	kg/m	cm⁴	cm³
12	0.8	0.347	0.273	0.072	0.119
	1	0.423	0.332	0.084	0.140
14	1	0.503	0.395	0.139	0.199
	1.5	0.711	0.558	0.181	0.259
16	1	0.583	0.458	0.216	0.270
	1.5	0.831	0.653	0.286	0.357
18	1	0.663	0.520	0.315	0.351
	1.5	0.951	0.747	0.424	0.471
	2	1.211	0.951	0.505	0.561
20	1	0.743	0.583	0.442	0.442
	1.5	1.071	0.841	0.601	0.601
	2	1.371	1.076	0.725	0.725
	2.5	1.643	1.290	0.817	0.817
22	1	0.823	0.646	0.599	0.544
	1.5	1.191	0.935	0.822	0.748
	2	1.531	1.202	1.001	0.910
	2.5	1.843	1.447	1.140	1.036
25	1.5	1.371	1.077	1.246	0.997
	2	1.771	1.390	1.535	1.228
	2.5	2.143	1.682	1.770	1.416
	3	2.485	1.951	1.955	1.564
30	2	2.171	1.704	2.797	1.865
	3	3.085	2.422	3.670	2.447
	3.5	3.500	2.747	3.996	2.664
	4	3.885	3.050	4.256	2.837

基 本 尺 寸		截面面积	理论重量[a]	惯性矩	截面模数
A	S	F	G	$J_x = J_y$	$W_x = W_y$
mm		cm²	kg/m	cm⁴	cm³
32	2	2.331	1.830	3.450	2.157
	3	3.325	2.611	4.569	2.856
	3.5	3.780	2.967	4.999	3.124
	4	4.205	3.301	5.351	3.344
35	2	2.571	2.018	4.610	2.634
	3	3.685	2.893	6.176	3.529
	3.5	4.200	3.297	6.799	3.885
	4	4.685	3.678	7.324	4.185
36	2	2.651	2.081	5.048	2.804
	3	3.805	2.987	6.785	3.769
	4	4.845	3.804	8.076	4.487
	5	5.771	4.530	8.975	4.986
40	2	2.971	2.332	7.075	3.537
	3	4.285	3.364	9.622	4.811
	4	5.485	4.306	11.60	5.799
	5	6.571	5.158	13.06	6.532
42	2	3.131	2.458	8.265	3.936
	3	4.525	3.553	11.30	5.380
	4	5.805	4.557	13.69	6.519
	5	6.971	5.472	15.51	7.385
45	2	3.371	2.646	10.29	4.574
	3	4.885	3.835	14.16	6.293
	4	6.285	4.934	17.28	7.679
	5	7.571	5.943	19.72	8.763
50	2	3.771	2.960	14.36	5.743
	3	5.485	4.306	19.94	7.975
	4	7.085	5.562	24.56	9.826
	5	8.571	6.728	28.32	11.33
55	2	4.171	3.274	19.38	7.046
	3	6.085	4.777	27.11	9.857
	4	7.885	6.190	33.66	12.24
	5	9.571	7.513	39.11	14.22
60	3	6.685	5.248	35.82	11.94
	4	8.685	6.818	44.75	14.92
	5	10.57	8.298	52.35	17.45
	6	12.34	9.688	58.72	19.57

基本尺寸		截面面积	理论重量[a]	惯性矩	截面模数
A	S	F	G	$J_x = J_y$	$W_x = W_y$
mm		cm^2	kg/m	cm^4	cm^3
65	3	7.285	5.719	46.22	14.22
	4	9.485	7.446	58.05	17.86
	5	11.57	9.083	68.29	21.01
	6	13.54	10.63	77.03	23.70
70	3	7.885	6.190	58.46	16.70
	4	10.29	8.074	73.76	21.08
	5	12.57	9.868	87.18	24.91
	6	14.74	11.57	98.81	28.23
75	4	11.09	8.702	92.08	24.55
	5	13.57	10.65	109.3	29.14
	6	15.94	12.51	124.4	33.16
	8	19.79	15.54	141.4	37.72
80	4	11.89	9.330	113.2	28.30
	5	14.57	11.44	134.8	33.70
	6	17.14	13.46	154.0	38.49
	8	21.39	16.79	177.2	44.30
90	4	13.49	10.59	164.7	36.59
	5	16.57	13.01	197.2	43.82
	6	19.54	15.34	226.6	50.35
	8	24.59	19.30	265.8	59.06
100	5	18.57	14.58	276.4	55.27
	6	21.94	17.22	319.0	63.80
	8	27.79	21.82	379.8	75.95
	10	33.42	26.24	432.6	86.52
108	5	20.17	15.83	353.1	65.39
	6	23.86	18.73	408.9	75.72
	8	30.35	23.83	491.4	91.00
	10	36.62	28.75	564.3	104.5
120	6	26.74	20.99	573.1	95.51
	8	34.19	26.84	696.8	116.1
	10	41.42	32.52	807.9	134.7
	12	48.13	37.78	897.0	149.5
125	6	27.94	21.93	652.7	104.4
	8	35.79	28.10	797.0	127.5
	10	43.42	34.09	927.2	148.3
	12	50.53	39.67	1 033.2	165.3

续表 3-266

基 本 尺 寸		截面面积	理论重量[a]	惯性矩	截面模数
A	S	F	G	$J_x = J_y$	$W_x = W_y$
mm		cm²	kg/m	cm⁴	cm³
130	6	29.14	22.88	739.5	113.8
	8	37.39	29.35	906.3	139.4
	10	45.42	35.66	1 057.6	162.7
	12	52.93	41.55	1 182.5	181.9
140	6	31.54	24.76	935.3	133.6
	8	40.59	31.86	1 153.9	164.8
	10	49.42	38.80	1 354.1	193.4
	12	57.73	45.32	1 522.8	217.5
150	8	43.79	34.38	1 443.0	192.4
	10	53.42	41.94	1 701.2	226.8
	12	62.53	49.09	1 922.6	256.3
	14	71.11	55.82	2 109.2	281.2
160	8	46.99	36.89	1 776.7	222.1
	10	57.42	45.08	2 103.1	262.9
	12	67.33	52.86	2 386.8	298.4
	14	76.71	60.22	2 630.1	328.8
180	8	53.39	41.91	2590.7	287.9
	10	65.42	51.36	3 086.9	343.0
	12	76.93	60.39	3 527.6	392.0
	14	87.91	69.01	3 915.3	435.0
200	10	73.42	57.64	4 337.6	433.8
	12	86.53	67.93	4 983.6	498.4
	14	99.11	77.80	5 562.3	556.2
	16	111.2	87.27	6 076.4	607.6
250	10	93.42	73.34	8 841.9	707.3
	12	110.5	86.77	10 254.2	820.3
	14	127.1	99.78	11 556.2	924.5
	16	143.2	112.4	12 751.4	1 020.1
280	10	105.4	82.76	12 648.9	903.5
	12	124.9	98.07	14 726.8	1 051.9
	14	143.9	113.0	16 663.5	1 190.2
	16	162.4	127.5	18 462.8	1 318.8

注:[a] 当 $S \leqslant 6mm$ 时,$R = 1.5S$,方形钢管理论重量推荐计算公式见式(1);当 $S > 6mm$ 时,$R = 2S$,方形钢管理论重量推荐计算公式见式(2)。

$$G = 0.015\ 7S(2A - 2.858\ 4S) \tag{1}$$

$$G = 0.015\ 7S(2A - 3.287\ 6S) \tag{2}$$

式中:G——方形钢管的理论重量(钢的密度按 7.85kg/dm³)(kg/m);

　　　　A——方形钢管的边长(mm);

　　　　S——方形钢管的公称壁厚(mm)。

（2）矩形钢管(D-2)

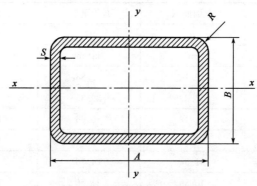

图 3-59　矩形钢管(D-2)截面图

矩形钢管的尺寸、理论重量和物理参数　　　　表 3-267

基本尺寸			截面面积	理论重量[a]	惯性矩		截面模数	
A	B	S	F	G	J_x	J_y	W_x	W_y
mm			cm²	kg/m	cm⁴		cm³	
10	5	0.8	0.203	0.160	0.007	0.022	0.028	0.045
		1	0.243	0.191	0.008	0.025	0.031	0.050
12	6	0.8	0.251	0.197	0.013	0.041	0.044	0.069
		1	0.303	0.238	0.015	0.047	0.050	0.079
14	7	1	0.362	0.285	0.026	0.080	0.073	0.115
		1.5	0.501	0.394	0.080	0.099	0.229	0.141
		2	0.611	0.480	0.031	0.106	0.090	0.151
	10	1	0.423	0.332	0.062	0.106	0.123	0.151
		1.5	0.591	0.464	0.077	0.134	0.154	0.191
		2	0.731	0.574	0.085	0.149	0.169	0.213
16	8	1	0.423	0.332	0.041	0.126	0.102	0.157
		1.5	0.591	0.464	0.050	0.159	0.124	0.199
		2	0.731	0.574	0.053	0.177	0.133	0.221
	12	1	0.502	0.395	0.108	0.171	0.180	0.213
		1.5	0.711	0.558	0.139	0.222	0.232	0.278
		2	0.891	0.700	0.158	0.256	0.264	0.319
18	9	1	0.483	0.379	0.060	0.185	0.134	0.206
		1.5	0.681	0.535	0.076	0.240	0.168	0.266
		2	0.851	0.668	0.084	0.273	0.186	0.304
	14	1	0.583	0.458	0.173	0.258	0.248	0.286
		1.5	0.831	0.653	0.228	0.342	0.326	0.380
		2	1.051	0.825	0.266	0.402	0.380	0.446
20	10	1	0.543	0.426	0.086	0.262	0.172	0.262
		1.5	0.771	0.606	0.110	0.110	0.219	0.110
		2	0.971	0.762	0.124	0.400	0.248	0.400
	12	1	0.583	0.458	0.132	0.298	0.220	0.298
		1.5	0.831	0.653	0.172	0.396	0.287	0.396
		2	1.051	0.825	0.199	0.465	0.331	0.465

续表 3-267

基 本 尺 寸			截面面积	理论重量[a]	惯 性 矩		截面模数	
A	B	S	F	G	J_x	J_y	W_x	W_y
mm			cm²	kg/m	cm⁴		cm³	
25	10	1	0.643	0.505	0.106	0.465	0.213	0.372
		1.5	0.921	0.723	0.137	0.624	0.274	0.499
		2	1.171	0.919	0.156	0.740	0.313	0.592
	18	1	0.803	0.630	0.417	0.696	0.463	0.557
		1.5	1.161	0.912	0.567	0.956	0.630	0.765
		2	1.491	1.171	0.685	1.164	0.761	0.931
30	15	1.5	1.221	0.959	0.435	1.324	0.580	0.883
		2	1.571	1.233	0.521	1.619	0.695	1.079
		2.5	1.893	1.486	0.584	1.850	0.779	1.233
	20	1.5	1.371	1.007	0.859	1.629	0.859	1.086
		2	1.771	1.390	1.050	2.012	1.050	1.341
		2.5	2.143	1.682	1.202	2.324	1.202	1.549
35	15	1.5	1.371	1.077	0.504	1.969	0.672	1.125
		2	1.771	1.390	0.607	2.429	0.809	1.388
		2.5	2.143	1.682	0.683	2.803	0.911	1.602
	25	1.5	1.671	1.312	1.661	2.811	1.329	1.606
		2	2.171	1.704	2.066	3.520	1.652	2.011
		2.5	2.642	2.075	2.405	4.126	1.924	2.358
40	11	1.5	1.401	1.100	0.276	2.341	0.501	1.170
	20	2	2.171	1.704	1.376	4.184	1.376	2.092
		2.5	2.642	2.075	1.587	4.903	1.587	2.452
		3	3.085	2.422	1.756	5.506	1.756	2.753
	30	2	2.571	2.018	3.582	5.629	2.388	2.815
		2.5	3.143	2.467	4.220	6.664	2.813	3.332
		3	3.685	2.893	4.768	7.564	3.179	3.782
50	25	2	2.771	2.175	2.861	8.595	2.289	3.438
		3	3.985	3.129	3.781	11.64	3.025	4.657
		4	5.085	3.992	4.424	13.96	3.540	5.583
	40	2	3.371	2.646	8.520	12.05	4.260	4.821
		3	4.885	3.835	11.68	16.62	5.840	6.648
		4	6.285	4.934	14.20	20.32	7.101	8.128
60	30	2	3.371	2.646	5.153	15.35	3.435	5.117
		3	4.885	3.835	6.964	21.18	4.643	7.061
		4	6.285	4.934	8.344	25.90	5.562	8.635
	40	2	3.771	2.960	9.965	18.72	4.983	6.239
		3	5.485	4.306	13.74	26.06	6.869	8.687
		4	7.085	5.562	16.80	32.19	8.402	10.729

续表 3-267

基 本 尺 寸			截面面积	理论重量[a]	惯 性 矩		截面模数	
A	B	S	F	G	J_x	J_y	W_x	W_y
mm			cm²	kg/m	cm⁴		cm³	
70	35	2	3.971	3.117	8.426	24.95	4.815	7.130
		3	5.785	4.542	11.57	34.87	6.610	9.964
		4	7.485	5.876	14.09	43.23	8.051	12.35
	50	3	6.685	5.248	26.57	44.98	10.63	12.85
		4	8.685	6.818	33.05	56.32	13.22	16.09
		5	10.57	8.298	38.48	66.01	15.39	18.86
80	40	3	6.685	5.248	17.85	53.47	8.927	13.37
		4	8.685	6.818	22.01	66.95	11.00	16.74
		5	10.57	8.298	25.40	78.45	12.70	19.61
	60	4	10.29	8.074	57.32	90.07	19.11	22.52
		5	12.57	9.868	67.52	106.6	22.51	26.65
		6	14.74	11.57	76.28	121.0	25.43	30.26
90	50	4	10.29	8.074	41.53	105.4	16.61	23.43
		5	12.57	9.868	48.65	124.8	19.46	27.74
	70	4	11.89	9.330	91.21	135.0	26.06	30.01
		5	14.57	11.44	108.3	161.0	30.96	35.78
		6	15.94	12.51	123.5	184.1	35.27	40.92
100	50	3	8.485	6.661	36.53	108.4	14.61	21.67
		4	11.09	8.702	45.78	137.5	18.31	27.50
		5	13.57	10.65	53.73	163.4	21.49	32.69
	80	4	13.49	10.59	136.3	192.8	34.08	38.57
		5	16.57	13.01	163.0	231.2	40.74	46.24
		6	19.54	15.34	186.9	265.9	46.72	53.18
120	60	4	13.49	10.59	82.45	245.6	27.48	40.94
		5	16.57	13.01	97.85	294.6	32.62	49.10
		6	19.54	15.34	111.4	338.9	37.14	56.49
	80	4	15.09	11.84	159.4	299.5	39.86	49.91
		6	21.94	17.22	219.8	417.0	54.95	69.49
		8	27.79	21.82	260.5	495.8	65.12	82.63
140	70	6	23.14	18.17	185.1	558.0	52.88	79.71
		8	29.39	23.07	219.1	665.5	62.59	95.06
		10	35.43	27.81	247.2	761.4	70.62	108.8
	120	6	29.14	22.88	651.1	827.5	108.5	118.2
		8	37.39	29.35	797.3	1 014.4	132.9	144.9
		10	45.43	35.66	929.2	1 184.7	154.9	169.2
150	75	6	24.94	19.58	231.7	696.2	61.80	92.82
		8	31.79	24.96	276.7	837.4	73.80	111.7
		10	38.43	30.16	314.7	965.0	83.91	128.7

续表 3-267

基 本 尺 寸			截面面积	理论重量[a]	惯　性　矩		截面模数	
A	B	S	F	G	J_x	J_y	W_x	W_y
mm			cm²	kg/m	cm⁴		cm³	
150	100	6	27.94	21.93	451.7	851.8	90.35	113.6
		8	35.79	28.10	549.5	1 039.3	109.9	138.6
		10	43.43	34.09	635.9	1 210.4	127.2	161.4
160	60	6	24.34	19.11	146.6	713.1	48.85	89.14
		8	30.99	24.33	172.5	851.7	57.50	106.5
		10	37.43	29.38	193.2	976.4	64.40	122.1
	80	6	26.74	20.99	285.7	855.5	71.42	106.9
		8	34.19	26.84	343.8	1 036.7	85.94	129.6
		10	41.43	32.52	393.5	1 201.7	98.37	150.2
180	80	6	29.14	22.88	318.6	1 152.6	79.65	128.1
		8	37.39	29.35	385.4	1 406.5	96.35	156.3
		10	45.43	35.66	442.8	1 640.3	110.7	182.3
	100	8	40.59	31.87	651.3	1 643.4	130.3	182.6
		10	49.43	38.80	757.9	1 929.6	151.6	214.4
		12	57.73	45.32	845.3	2 170.6	169.1	241.2
200	80	8	40.59	31.87	427.1	1 851.1	106.8	185.1
		12	57.73	45.32	543.4	2 435.4	135.9	243.5
		14	65.51	51.43	582.2	2 650.7	145.6	265.1
	120	8	46.99	36.89	1 098.9	2 441.3	183.2	244.1
		12	67.33	52.86	1 459.2	3 284.8	243.2	328.5
		14	76.71	60.22	1 598.7	3 621.2	266.4	362.1
220	110	8	48.59	38.15	981.1	2 916.5	178.4	265.1
		12	69.73	54.74	1 298.6	3 934.5	236.1	357.7
		14	79.51	62.42	1 420.5	4 343.1	258.3	394.8
	200	10	77.43	60.78	4 699.0	5 445.9	469.9	495.1
		12	91.33	71.70	5 408.3	6 273.3	540.8	570.3
		14	104.7	82.20	6 047.5	7 020.7	604.8	638.2
240	180	12	91.33	71.70	4 545.4	7 121.4	505.0	593.4
250	150	10	73.43	57.64	2 682.9	5 960.2	357.7	476.8
		12	86.53	67.93	3 068.1	6 852.7	409.1	548.2
		14	99.11	77.80	3 408.5	7 652.9	454.5	612.2
	200	10	83.43	65.49	5 241.0	7 401.0	524.1	592.1
		12	98.53	77.35	6 045.3	8 553.5	604.5	684.3
		14	113.1	88.79	6 775.4	9 604.6	677.5	768.4
300	150	10	83.43	65.49	3 173.7	9 403.9	423.2	626.9
		14	113.1	88.79	4 058.1	12 195.7	541.1	813.0

基本尺寸			截面面积	理论重量[a]	惯性矩		截面模数	
A	B	S	F	G	J_x	J_y	W_x	W_y
mm			cm²	kg/m	cm⁴		cm³	
300	150	16	127.2	99.83	4 427.9	13 399.1	590.4	893.3
	200	10	93.43	73.34	6 144.3	11 507.2	614.4	767.1
		14	127.1	99.78	7 988.6	15 060.8	798.9	1 004.1
		16	143.2	112.39	8 791.7	16 628.7	879.2	1 108.6
400	200	10	113.4	89.04	7 951.0	23 348.1	795.1	1 167.4
		14	155.1	121.76	10 414.8	30 915.0	1 041.5	1 545.8
		16	175.2	137.51	11 507.0	34 339.4	1 150.7	1 717.0

注:[a] 当 $S \leqslant 6mm$ 时,$R = 1.5S$,矩形钢管理论重量推荐计算公式见式(3);当 $S > 6mm$ 时,$R = 2S$,矩形钢管理论重量推荐计算公式见式(4)。

$$G = 0.015\,7S(A + B - 2.858\,4S) \tag{3}$$
$$G = 0.015\,7S(A + B - 3.287\,6S) \tag{4}$$

式中:G——矩形钢管的理论重量(钢的密度按 7.85kg/dm³)(kg/m);

A、B——矩形钢管的长、宽(mm);

S——矩形钢管的公称壁厚(mm)。

(3)椭圆形钢管(D-3)

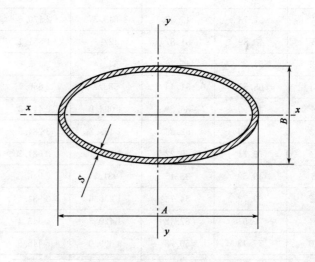

图 3-60 椭圆形钢管(D-3)截面图

椭圆形钢管的尺寸、理论重量和物理参数　　表 3-268

基本尺寸			截面面积	理论重量[a]	惯性矩		截面模数	
A	B	S	F	G	J_x	J_y	W_x	W_y
mm			cm²	kg/m	cm⁴		cm³	
10	5	0.5	0.110	0.086	0.003	0.011	0.013	0.021
		0.8	0.168	0.132	0.005	0.015	0.018	0.030
		1	0.204	0.160	0.005	0.018	0.021	0.035
	7	0.5	0.126	0.099	0.007	0.013	0.021	0.026
		0.8	0.195	0.152	0.010	0.019	0.030	0.038
		1	0.236	0.185	0.012	0.022	0.034	0.044

基本尺寸			截面面积	理论重量[a]	惯 性 矩		截面模数	
A	B	S	F	G	J_x	J_y	W_x	W_y
mm			cm²	kg/m	cm⁴		cm³	
12	6	0.5	0.134	0.105	0.006	0.019	0.020	0.031
		0.8	0.206	0.162	0.009	0.028	0.028	0.046
		1.2	0.294	0.231	0.011	0.036	0.036	0.061
	8	0.5	0.149	0.117	0.012	0.022	0.029	0.037
		0.8	0.231	0.182	0.017	0.033	0.042	0.055
		1.2	0.332	0.260	0.022	0.044	0.055	0.073
18	9	0.8	0.319	0.251	0.032	0.101	0.072	0.112
		1.2	0.464	0.364	0.043	0.139	0.096	0.155
		1.5	0.565	0.444	0.049	0.164	0.109	0.182
	12	0.8	0.357	0.280	0.063	0.120	0.104	0.133
		1.2	0.520	0.408	0.086	0.166	0.143	0.185
		1.5	0.636	0.499	0.100	0.197	0.166	0.218
24	8	0.8	0.382	0.300	0.033	0.208	0.081	0.174
		1.2	0.558	0.438	0.043	0.292	0.107	0.243
		1.5	0.683	0.536	0.049	0.346	0.121	0.289
	12	0.8	0.432	0.339	0.081	0.249	0.136	0.208
		1.2	0.633	0.497	0.112	0.352	0.186	0.293
		1.5	0.778	0.610	0.131	0.420	0.218	0.350
30	18	1	0.723	0.567	0.299	0.674	0.333	0.449
		1.5	1.060	0.832	0.416	0.954	0.462	0.636
		2	1.382	1.085	0.514	1.199	0.571	0.800
34	17	1.5	1.131	0.888	0.410	1.277	0.482	0.751
		2	1.477	1.159	0.505	1.613	0.594	0.949
		2.5	1.806	1.418	0.583	1.909	0.685	1.123
43	32	1.5	1.696	1.332	2.138	3.398	1.336	1.581
		2	2.231	1.751	2.726	4.361	1.704	2.028
		2.5	2.749	2.158	3.259	5.247	2.037	2.440
50	25	1.5	1.696	1.332	1.405	4.278	1.124	1.711
		2	2.231	1.751	1.776	5.498	1.421	2.199
		2.5	2.749	2.158	2.104	6.624	1.683	2.650
55	35	1.5	2.050	1.609	3.243	6.592	1.853	2.397
		2	2.702	2.121	4.157	8.520	2.375	3.098
		2.5	3.338	2.620	4.995	10.32	2.854	3.754
60	30	1.5	2.050	1.609	2.494	7.528	1.663	2.509
		2	2.702	2.121	3.181	9.736	2.120	3.245
		2.5	3.338	2.620	3.802	11.80	2.535	3.934
65	35	1.5	2.286	1.794	3.770	10.02	2.154	3.084
		2	3.016	2.368	4.838	13.00	2.764	4.001
		2.5	3.731	2.929	5.818	15.81	3.325	4.865

续表 3-268

基本尺寸			截面面积	理论重量[a]	惯 性 矩		截面模数	
A	B	S	F	G	J_x	J_y	W_x	W_y
mm			cm²	kg/m	cm⁴		cm³	
70	35	1.5	2.403	1.887	4.036	12.11	2.306	3.460
		2	3.173	2.491	5.181	15.73	2.960	4.495
		2.5	3.927	3.083	6.234	19.16	3.562	5.474
76	38	1.5	2.615	2.053	5.212	15.60	2.743	4.104
		2	3.456	2.713	6.710	20.30	3.532	5.342
		2.5	4.280	3.360	8.099	24.77	4.263	6.519
80	40	1.5	2.757	2.164	6.110	18.25	3.055	4.564
		2	3.644	2.861	7.881	23.79	3.941	5.948
		2.5	4.516	3.545	9.529	29.07	4.765	7.267
84	56	1.5	3.228	2.534	13.33	24.95	4.760	5.942
		2	4.273	3.354	17.34	32.61	6.192	7.765
		2.5	5.301	4.162	21.14	39.95	7.550	9.513
90	40	1.5	2.992	2.349	6.817	24.74	3.409	5.497
		2	3.958	3.107	8.797	32.30	4.399	7.178
		2.5	4.909	3.853	10.64	39.54	5.321	8.787

注：[a]椭圆形钢管理论重量推荐计算公式：

$$G = 0.012\,3S(A + B - 2S)$$

式中：G——椭圆形钢管的理论重量（钢的密度按 7.85kg/dm³）（kg/m）；

A、B——椭圆形钢管的长轴、短轴（mm）；

S——椭圆形钢管的公称壁厚（mm）。

（4）平椭圆形钢管（D-4）

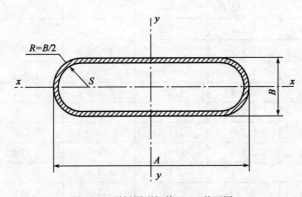

图 3-61　平椭圆形钢管（D-4）截面图

平椭圆形钢管的尺寸、理论重量和物理参数　　　　表 3-269

基本尺寸			截面面积	理论重量[a]	惯 性 矩		截面模数	
A	B	S	F	G	J_x	J_y	W_x	W_y
mm			cm²	kg/m	cm⁴		cm³	
10	5	0.8	0.186	0.146	0.006	0.007	0.024	0.014
		1	0.226	0.177	0.018	0.021	0.071	0.042
14	7	0.8	0.268	0.210	0.018	0.053	0.053	0.076
		1	0.328	0.258	0.021	0.063	0.061	0.090

基 本 尺 寸			截面面积	理论重量[a]	惯 性 矩		截面模数	
A	B	S	F	G	J_x	J_y	W_x	W_y
mm			cm²	kg/m	cm⁴		cm³	
18	12	1	0.466	0.365	0.089	0.160	0.149	0.178
		1.5	0.675	0.530	0.120	0.219	0.199	0.244
		2	0.868	0.682	0.142	0.267	0.237	0.297
24	12	1	0.586	0.460	0.126	0.352	0.209	0.293
		1.5	0.855	0.671	0.169	0.491	0.282	0.409
		2	1.108	0.870	0.203	0.609	0.339	0.507
30	15	1	0.740	0.581	0.256	0.706	0.341	0.471
		1.5	1.086	0.853	0.353	1.001	0.470	0.667
		2	1.417	1.112	0.432	1.260	0.576	0.840
35	25	1	0.954	0.749	0.832	1.325	0.666	0.757
		1.5	1.407	1.105	1.182	1.899	0.946	1.085
		2	1.845	1.448	1.493	2.418	1.195	1.382
40	25	1	1.054	0.827	0.976	1.889	0.781	0.944
		1.5	1.557	1.223	1.390	2.719	1.112	1.360
		2	2.045	1.605	1.758	3.479	1.407	1.740
45	15	1	1.040	0.816	0.403	2.137	0.537	0.950
		1.5	1.536	1.206	0.558	3.077	0.745	1.367
		2	2.017	1.583	0.688	3.936	0.917	1.750
50	25	1	1.254	0.984	1.264	3.423	1.011	1.369
		1.5	1.857	1.458	1.804	4.962	1.444	1.985
		2	2.445	1.919	2.289	6.393	1.831	2.557
55	25	1	1.354	1.063	1.408	4.419	1.127	1.607
		1.5	2.007	1.576	2.012	6.423	1.609	2.336
		2	2.645	2.076	2.554	8.296	2.043	3.017
60	30	1	1.511	1.186	2.221	5.983	1.481	1.994
		1.5	2.243	1.761	3.197	8.723	2.131	2.908
		2	2.959	2.323	4.089	11.30	2.726	3.768
63	10	1	1.343	1.054	0.245	4.927	0.489	1.564
		1.5	1.991	1.563	0.327	7.152	0.655	2.271
		2	2.623	2.059	0.389	9.228	0.778	2.929
70	35	1.5	2.629	2.063	5.167	14.02	2.952	4.006
		2	3.473	2.727	6.649	18.24	3.799	5.213
		2.5	4.303	3.378	8.020	22.25	4.583	6.358
75	35	1.5	2.779	2.181	5.588	16.87	3.193	4.499
		2	3.673	2.884	7.194	21.98	4.111	5.862
		2.5	4.553	3.574	8.682	26.85	4.961	7.160
80	30	1.5	2.843	2.232	4.416	18.98	2.944	4.746
		2	3.759	2.951	5.660	24.75	3.773	6.187
		2.5	4.660	3.658	6.798	30.25	4.532	7.561

基本尺寸			截面面积	理论重量[a]	惯 性 矩		截面模数	
A	B	S	F	G	J_x	J_y	W_x	W_y
mm			cm²	kg/m	cm⁴		cm³	
85	25	1.5	2.907	2.282	3.256	21.11	2.605	4.967
		2	3.845	3.018	4.145	27.53	3.316	6.478
		2.5	4.767	3.742	4.945	33.66	3.956	7.920
90	30	1.5	3.143	2.467	5.026	26.17	3.351	5.816
		2	4.159	3.265	6.445	34.19	4.297	7.598
		2.5	5.160	4.050	7.746	41.87	5.164	9.305

注:[a]平椭圆形钢管理论重量推荐计算公式:

$$G = 0.015\ 7S(A + 0.570\ 8B - 1.570\ 8S)$$

式中:G——椭圆形钢管的理论重量(钢的密度按 7.85kg/dm³)(kg/m);

A、B——平椭圆形钢管的长、宽(mm);

S——平椭圆形钢管的公称壁厚(mm)。

(5)六角形钢管(D-5)

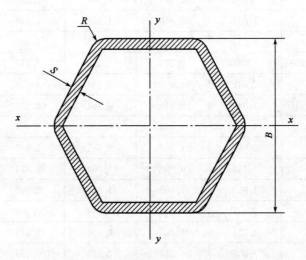

图 3-62　内外六角形钢管(D-5)截面图

内外六角形钢管的尺寸、理论重量和物理参数　　　　　表 3-270

基本尺寸		截面面积	理论重量[a]	惯性矩	截 面 模 数	
B	S	F	G	$J_x = J_y$	W_x	W_y
mm		cm²	kg/m	cm⁴	cm³	
10	1	0.305	0.240	0.034	0.069	0.060
	1.5	0.427	0.335	0.043	0.087	0.075
	2	0.528	0.415	0.048	0.096	0.084
12	1	0.375	0.294	0.063	0.105	0.091
	1.5	0.531	0.417	0.082	0.136	0.118
	2	0.667	0.524	0.094	0.157	0.136
14	1	0.444	0.348	0.104	0.149	0.129
	1.5	0.635	0.498	0.138	0.198	0.171
	2	0.806	0.632	0.163	0.232	0.201
19	1	0.617	0.484	0.278	0.292	0.253
	1.5	0.895	0.702	0.381	0.401	0.347

基 本 尺 寸		截面面积	理论重量[a]	惯性矩	截 面 模 数	
B	S	F	G	$J_x = J_y$	W_x	W_y
mm		cm²	kg/m	cm⁴	cm³	
19	2	1.152	0.904	0.464	0.489	0.423
21	1	0.686	0.539	0.381	0.363	0.314
	2	1.291	1.013	0.649	0.618	0.535
	3	1.813	1.423	0.824	0.785	0.679
27	1	0.894	0.702	0.839	0.622	0.538
	2	1.706	1.339	1.482	1.098	0.951
	3	2.436	1.912	1.958	1.450	1.256
32	2	2.053	1.611	2.566	1.604	1.389
	3	2.956	2.320	3.461	2.163	1.873
	4	3.777	2.965	4.139	2.587	2.240
36	2	2.330	1.829	3.740	2.078	1.799
	3	3.371	2.647	5.107	2.837	2.457
	4	4.331	3.400	6.187	3.437	2.977
41	3	3.891	3.054	7.809	3.809	3.299
	4	5.024	3.944	9.579	4.673	4.046
	5	6.074	4.768	11.00	5.366	4.647
46	3	4.411	3.462	11.33	4.926	4.266
	4	5.716	4.487	14.03	6.100	5.283
	5	6.940	5.448	16.27	7.074	6.126
57	3	5.554	4.360	22.49	7.890	6.833
	4	7.241	5.684	28.26	9.917	8.588
	5	8.845	6.944	33.28	11.68	10.11
65	3	6.385	5.012	34.08	10.48	9.080
	4	8.349	6.554	43.15	13.28	11.50
	5	10.23	8.031	51.20	15.76	13.64
70	3	6.904	5.420	43.03	12.29	10.65
	4	9.042	7.098	54.70	15.63	13.53
	5	11.10	8.711	65.16	18.62	16.12
85	4	11.12	8.730	101.3	23.83	20.64
	5	13.70	10.75	121.7	28.64	24.80
	6	16.19	12.71	140.4	33.03	28.61
95	4	12.51	9.817	143.8	30.27	26.21
	5	15.43	12.11	173.5	36.53	31.63
	6	18.27	14.34	201.0	42.31	36.64
105	4	13.89	10.91	196.7	37.47	32.45
	5	17.16	13.47	238.2	45.38	39.30
	6	20.35	15.97	276.9	52.74	45.68

注:[a] 内外六角形钢管理论重量推荐计算公式:

$$G = 0.027\,19S(B - 1.186\,2S)$$

式中:G——内外六角形钢管的理论重量(按 $R = 1.5S$,钢的密度按 7.85kg/dm³)(kg/m);

　　　B——内外六角形钢管的对边距离(mm);

　　　S——内外六角形钢管的公称壁厚(mm)。

（6）直角梯形钢管（D-6）

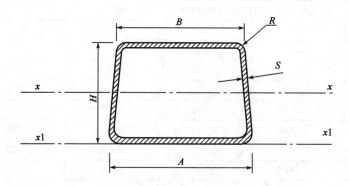

图 3-63　直角梯形钢管(D-6)截面图

直角梯形钢管的尺寸、理论重量和物理参数　　　　　　　　表 3-271

基本尺寸				截面面积	理论重量[a]	惯性矩	截面模数	
A	B	H	S	F	G	J_x	W_{xu}	W_{xb}
mm				cm²	kg/m	cm⁴	cm³	
	20	35	2	2.312	1.815	3.728	2.344	1.953
35	25	30	2	2.191	1.720	2.775	1.959	1.753
	30	25	2	2.076	1.630	1.929	1.584	1.504
45	32	50	2	3.337	2.619	11.64	4.935	4.409
	40	30	1.5	2.051	1.610	2.998	2.039	1.960
	35	60	2.2	4.265	3.348	21.09	7.469	6.639
	40	30	1.5	2.138	1.679	3.143	2.176	2.021
	40	35	1.5	2.287	1.795	4.484	2.661	2.471
50	45	30	1.5	2.201	1.728	3.303	2.242	2.164
	45	30	2	2.876	2.258	4.167	2.828	2.730
	45	40	2	3.276	2.572	8.153	4.149	4.006
55	50	40	2	3.476	2.729	8.876	4.510	4.369
60	55	50	1.5	3.099	2.433	12.50	5.075	4.930

注：[a] 直角梯形钢管理论重量推荐计算公式：

$$G = \left\{ S\left[A + B + H + 0.283\,185S + \frac{H}{\sin\alpha} - \frac{2S}{\sin\alpha} - 2S\left(\tan\frac{180° - \alpha}{2} + \tan\frac{\alpha}{2} \right) \right] \right\} 0.007\,85$$

$$\alpha = \arctan\frac{H}{A - B}$$

式中：G——直角梯形钢管的理论重量（按 $R=1.5S$，钢的密度按 7.85kg/dm³）（kg/m）；

　　　A——直角梯形钢管的下底（mm）；

　　　B——直角梯形钢管的上（mm）。

　　　H——直角梯形钢管的高（mm）；

　　　S——直角梯形钢管的公称壁厚（mm）。

四、钢板和钢带

　　钢板钢带品种繁多，几乎每个钢种都有钢板钢带产品。工程结构和工程施工用钢板主要为碳素结构钢板、低合金结构钢板和一些特性钢板，如桥梁钢板、耐候结构钢板、建筑结构用钢板、建筑用低屈服强度钢板、耐火结构用钢板等。合金结构钢板、不锈钢钢板和镀层钢板也有少量使用。

一）常用钢板、钢带的名称和牌号

工程常用钢板、钢带名称和牌号（钢号）　　　　　　　表 3-272

序号	名　　称	标　准　号	规格尺寸执行标准	牌号（钢号）
1	优质碳素结构钢热轧薄钢板和钢带	GB/T 710—2008	GB/T 709—2006	08、08Al、10、15、20、25、30、35、40、45、50
2	优质碳素结构钢热轧厚钢板和钢带	GB/T 711—2008		08F、08、10F、10、15F、15、20、25、30、35、40、45、50、55、60、65、70、20Mn、25Mn、30Mn、40Mn、50Mn、60Mn、65Mn
3	碳素结构钢和低合金结构钢热轧薄钢板和钢带	GB/T 912—2008		符合 GB/T 700 和 GB/T 1591 的各牌号规定
4	碳素结构钢和低合金结构钢热轧厚钢板和钢带	GB/T 3274—2007		
5	优质碳素结构钢热轧钢带	GB/T 8749—2008	GB/T 8749—2008	08、08Al、10、15、20、25、30、35、40、45
6	碳素结构钢和低合金结构钢热轧钢带	GB/T 3524—2015	GB/T 3524—2015	Q195、Q215、Q235、Q255、Q275、Q295、Q345
7	碳素结构钢冷轧薄钢板和钢带	GB/T 11253—2007	GB/T 708—2006	Q195、Q215、Q235、Q275
8	优质碳素结构钢冷轧钢板和钢带	GB/T 13237—2013		08Al、08、10、15、20、25、30、35、40、45、50、55、60、65、70
9	耐候结构钢（钢板、钢带）	GB/T 4171—2008	GB/T 708—2006 GB/T 709—2006	Q235NH、Q295NH、Q355NH、Q415NH、Q460NH、Q500NH、Q550NH、Q265GNH、Q295GNH、Q310GNB、Q355GNH
10	建筑结构用钢板	GB/T 19879—2015	GB/T 709—2006	Q235GJ、Q345GJ、Q390GJ、Q420GJ、Q460GJ、
11	建筑用低屈服强度钢板	GB/T 28905—2012		LY100、LY160、LY225
12	耐火结构用钢板及钢带	GB/T 28415—2012		Q235FR、Q345FR、Q390FR、Q420FR、Q460FR
13	桥梁用结构钢（钢板）	GB/T 714—2008		GB/T 714—2008
14	船舶及海洋工程用结构钢（钢板）	GB/T 712—2011		GB 712—2011
15	合金结构钢热轧厚钢板	GB/T 11251—2009	GB/T 709—2006	45Mn2、27SiMn、40B、45B、50B、15Cr、20Cr、30Cr、35Cr、40Cr、20CrMnSiA、25CrMnSiA、30CrMnSiA、35CrMnSiA、
16	合金结构钢薄钢板	YB/T 5132—2007	GB/T 709—2006 GB/T 708—2006	40B、45B、50B、15Cr、20Cr、30Cr、35Cr、40Cr、50Cr、12CrMo、15CrMo、20CrMo、30CrMo、35CrMo、12CrMoV、12Cr1MoV、20CrNi、40CrNi、20CrMnTi、30CrMnSi、12Mn2A、16Mn2A、45Mn2A、50BA、15CrA、38CrA、20CrMnSiA、25CrMnSiA、30CrMnSiA、35CrMnSiA

序号	名　称	标　准　号	规格尺寸执行标准	牌号(钢号)
17	不锈钢冷轧钢板和钢带	GB/T 3280—2007	GB/T 708—2006	GB/T 20878—2007 序号中:奥氏体型 9、10、11、13、14、17、18、19、20、23、24、25、26、32、35、36、38、39、41、42、43、44、45、48、49、50、53、54、55、58、61、62;奥氏体、铁素体型 67、68、69、70、71、72、73、74、75、76;铁素体型 78、80、81、82、83、84、85、87、88、90、91、92、94、95;马氏体型 96、97、98、99、101、102、104、107、108;沉淀硬化型 134、135、138、139、141、142
18	不锈钢热轧钢板和钢带	GB/T 4237—2007	GB/T 709—2006	
19	连续热镀锌钢板和钢带	GB/T 2518—2008	GB/T 2518—2008 GB/T 25052—2010	GB/T 2518—2008 中结构用钢有:S220GD＋Z、S220GD＋ZF、S250GD＋Z、S250GD＋ZF、S280GD＋Z、S280GD＋ZF、S320GD＋Z、S320GD＋ZF、S350GD＋Z、S350GD＋ZF、S550GD＋Z、S550GD＋ZF、
20	厚度方向性能钢板	GB/T 5313—2010		Z15、Z25、Z35
21	热轧花纹钢板和钢带	YB/T 4159—2007	YB/T 4159—2007	GB/T 700、GB/T 712、GB/T 4171

注:钢板、钢带的包装、标志、和质量证明书应符合 GB/T 247 的规定。
　　钢板、钢带应成批验收,每批由同一牌号、同一炉号、同一规格和同一热处理制度的钢板和钢带组成。

二)常用钢板、钢带的规格尺寸和允许偏差

1. 钢板和钢带的状态分类和代号

表 3-273

部位	分类名称	热轧钢板和钢带(宽≥600mm)	冷轧钢板和钢带(宽≥600mm)	宽度<600mm 的冷轧钢带	连续热浸镀层钢板和钢带 GB/T 25052	优碳钢宽度<600mm 的热轧钢带
边缘状态	切边	EC	EC	EC	—	EC
	不切边	EM	EM	EM	—	EM
尺寸精度	普通厚度精度	PT. A	PT. A	PT. A	PT. A	PT. A
	较高厚度精度	PT. B	PT. B	PT. B	PT. B	PT. B
	普通宽度精度	—	PW. A	PW. A	PW. A	—
	较高宽度精度		PW. B	PW. B	PW. B	
	普通长度精度	—	PL. A	—	PL. A	—
	较高长度精度		PL. B		PL. B	
不平度	普通不平度精度	—	PF. A	—	PF. A	—
	高级不平度精度		PF. B		PF. B	

2.钢板和钢带的公称尺寸范围

表 3-274

名 称		热轧钢板和钢带 (宽≥600mm) GB/T 709—2006	冷轧钢板和钢带 (宽≥600mm) GB/T 708—2006	宽<600mm 的 冷轧钢带 GB/T 15391—2010	连续热镀锌 钢板和钢带 GB/T 2518—2008	优碳钢宽度< 600mm 的热轧钢带 GB/T 8749—2008
		公称尺寸范围(mm)				
单轧 钢板	公称厚度	3～400	0.3～4.00	—	0.3～5.0	—
	公称宽度	600～4 800	600～2 050	—	600～2 050	—
	公称长度	2 000～20 000	1 000～6 000	—	1 000～8 000	—
钢带 和连 轧钢 板	公称厚度	0.8～25.4	0.3～4.00	≤3.00	0.3～5.0	≤12
	公称宽度	600～2 200	600～2 050	6～<600	600～2 050	<600
	纵切钢带公称宽度	120～900	0.3～4.00		<600	—

在表列尺寸范围内,钢板钢带的推荐公称尺寸(其他尺寸由供需双方协商):

1)热轧钢板和钢带

单轧钢板厚度:厚度小于 30mm 的按 0.5mm 倍数的任何尺寸;厚度 30mm 以上的按 1mm 倍数的任何尺寸。钢带(含连轧钢板)厚度:按 0.1mm 倍数的任何尺寸。

单轧钢板宽度:按 10mm 或 50mm 倍数的任何尺寸。钢带(含连轧钢板)宽度:按 10mm 倍数的任何尺寸。

钢板长度:按 50mm 或 100mm 倍数的任何尺寸。

2)冷轧钢板和钢带

厚度(含纵切钢带):厚度小于 1mm 的按 0.05mm 倍数的任何尺寸;厚度 1mm 以上的按 0.1mm 倍数的任何尺寸。

宽度(含纵切钢带):按 10mm 倍数的任何尺寸。

长度:按 50mm 倍数的任何尺寸。

3.钢板和钢带的尺寸允许偏差和状态

1)热轧钢板和钢带(GB/T 709—2006)

(1)单轧钢板尺寸允许偏差

热单轧钢板分四种厚度偏差种类:N 类偏差:正负偏差相等;A 类偏差:负偏差;B 类偏差:固定负偏差为 0.3mm;C 类偏差:负偏差为 0 和规定正偏差。

单轧钢板的厚度允许偏差符合 N 类的规定,其他类型或其他偏差要求应在合同注明。

单轧钢板的厚度允许偏差

表 3-275

偏差类别	公称厚度 (mm)	下列公称宽度的厚度允许偏差(mm)			
		≤1 500	>1 500～2 500	>2 500～4 000	>4 000～4 800
N 类偏差	3.00～5.00	±0.45	±0.55	±0.65	—
	>5.00～8.00	±0.50	±0.60	±0.75	—
	>8.00～15.0	±0.55	±0.65	±0.80	±0.90
	>15.0～25.0	±0.65	±0.75	±0.90	±1.10
	>25.0～40.0	±0.70	±0.80	±1.00	±1.20
	>40.0～60.0	±0.80	±0.90	±1.10	±1.30
	>60.0～100	±0.90	±1.10	±1.30	±1.50
	>100～150	±1.20	±1.40	±1.60	±1.80
	>150～200	±1.40	±1.60	±1.80	±1.90

偏差类别	公称厚度(mm)	下列公称宽度的厚度允许偏差(mm)			
		≤1 500	>1 500~2 500	>2 500~4 000	>4 000~4 800
N类偏差	>200~250	±1.60	±1.80	±2.00	±2.20
	>250~300	±1.80	±2.00	±2.20	±2.40
	>300~400	±2.00	±2.20	±2.40	±2.60
A类偏差	3.00~5.00	+0.55 −0.35	+0.70 −0.40	+0.85 −0.45	—
	>5.00~8.00	+0.65 −0.35	+0.75 −0.45	+0.95 −0.55	—
	>8.0~15.0	+0.70 −0.40	+0.85 −0.45	+1.05 −0.55	+1.20 −0.60
	>15.0~25.0	+0.85 −0.45	+1.00 −0.50	+1.15 −0.65	+1.50 −0.70
	>25.0~40.0	+0.90 −0.50	+1.05 −0.55	+1.30 −0.70	+1.60 −0.80
	>40.0~60.0	+1.05 −0.55	+1.20 −0.60	+1.45 −0.75	+1.70 −0.90
	>60.0~100	+1.20 −0.60	+1.50 −0.70	+1.75 −0.85	+2.00 −1.00
	>100~150	+1.60 −0.80	+1.90 −0.90	+2.15 −1.05	+2.40 −1.20
	>150~200	+1.90 −0.90	+2.20 −1.00	+2.45 −1.15	+2.50 −1.30
	>200~250	+2.20 −1.00	+2.40 −1.20	+2.70 −1.30	+3.00 −1.40
	>250~300	+2.40 −1.20	+2.70 −1.30	+2.95 −1.45	+3.20 −1.60
	>300~400	+2.70 −1.30	+3.00 −1.40	+3.25 −1.55	+3.50 −1.70
B类偏差	3.00~5.00	−0.30	+0.60	+0.80 −0.30	+1.00 −0.30	—
	>5.00~8.00		+0.70	+0.90	+1.20	—
	>8.00~15.0		+0.80	+1.00	+1.30	+1.50
	>15.0~25.0		+1.00	+1.20	+1.50	+1.90
	>25.0~40.0		+1.10	+1.30	+1.70	+2.10
	>40.0~60.0		+1.30	+1.50	+1.90 −0.30	+2.30
	>60.0~100		+1.50	+1.80	+2.30	+2.70
	>100~150		+2.10	+2.50	+2.90	+3.30
	>150~200		+2.50	+2.90	+3.30	+3.50
	>200~250		+2.90	+3.30	+3.70	+4.10
	>250~300		+3.30	+3.70	+4.10	+4.50
	>300~400		+3.70	+4.10	+4.50	+4.90

偏差类别	公称厚度 (mm)	下列公称宽度的厚度允许偏差(mm)			
		≤1 500	>1 500～2 500	>2 500～4 000	>4 000～4 800
	3.00～5.00	+0.90	+1.10	+1.30	—
	>5.00～8.00	+1.00	+1.20	+1.50	—
	>8.00～15.0	+1.10	+1.30	+1.60	+1.80
	>15.0～25.0	+1.30	+1.50	+1.80	+2.20
	>25.0～40.0	+1.40	+1.60	+2.00	+2.40
C类偏差	>40.0～60.0	+1.60	+1.80	+2.20	+2.60
	>60.0～100	+1.80	+2.20	+2.60	+3.00
	>100～150	+2.40	+2.80	+3.20	+3.60
	>150～200	+2.80	+3.20	+3.60	+3.80
	>200～250	+3.20	+3.60	+4.00	+4.40
	>250～300	+3.60	+4.00	+4.40	+4.80
	>300～400	+4.00	+4.40	+4.80	+5.20

注：≤1 500、>1 500～2 500、>2 500～4 000、>4 000～4 800 各栏下限均为 0。

切边单轧钢板的宽度允许偏差(mm) 表 3-276

公 称 厚 度	公 称 宽 度	允 许 偏 差
3～16	≤1 500	+10 0
	>1 500	+15 0
>16	≤2 000	+20 0
	>2 000～3 000	+25 0
	>3 000	+30 0

注：不切边单轧钢板的宽度允许偏差由供需双方协商。

单轧钢板的长度允许偏差(mm) 表 3-277

公 称 长 度	允 许 偏 差	公 称 长 度	允 许 偏 差
2 000～4 000	+20 0	>10 000～15 000	+75 0
>4 000～6 000	+30 0	>15 000～20 000	+100 0
>6 000～8 000	+40 0	>20 000	由供需双方协商
>8 000～10 000	+50 0		

(2)钢带(包括连轧钢板)的尺寸允许偏差

钢带(包括连轧钢板)的厚度允许偏差 表 3-278

公称厚度 (mm)	钢带厚度允许偏差[a](mm)							
	普通精度 PT. A				较高精度 PT. B			
	公称宽度				公称宽度			
	600～1 200	>1 200～ 1 500	>1 500～ 1 800	>1 800	600～1 200	>1 200～ 1 500	>1 500～ 1 800	>1 800
0.8～1.5	±0.15	±0.17	—	—	±0.10	±0.12	—	—
>1.5～2.0	±0.17	±0.19	±0.21	—	±0.13	±0.14	±0.14	—
>2.0～2.5	±0.18	±0.21	±0.23	±0.25	±0.14	±0.15	±0.17	±0.20
>2.5～3.0	±0.20	±0.22	±0.24	±0.26	±0.15	±0.17	±0.19	±0.21
>3.0～4.0	±0.22	±0.24	±0.26	±0.27	±0.17	±0.18	±0.21	±0.22
>4.0～5.0	±0.24	±0.26	±0.28	±0.29	±0.19	±0.21	±0.22	±0.23
>5.0～6.0	±0.26	±0.28	±0.29	±0.31	±0.21	±0.22	±0.23	±0.25
>6.0～8.0	±0.29	±0.30	±0.31	±0.35	±0.23	±0.24	±0.25	±0.28
>8.0～10.0	±0.32	±0.33	±0.34	±0.40	±0.26	±0.26	±0.27	±0.32
>10.0～12.5	±0.35	±0.36	±0.37	±0.43	±0.28	±0.29	±0.30	±0.36
>12.5～15.0	±0.37	±0.38	±0.40	±0.46	±0.30	±0.31	±0.33	±0.39
>15.0～25.4	±0.40	±0.42	±0.45	±0.50	±0.32	±0.34	±0.37	±0.42

注:①[a] 规定最小屈服强度 R_e≥345MPa 的钢带,厚度偏差应增加 10%。
②需方要求按较高精度供货,应在合同中注明。

钢带(含连轧钢板)的宽度允许偏差 表 3-279

公称宽度(mm)	不切边钢带	切边钢带
	允许偏差(mm)	
≤1 200	+20 0	+3 0
>1 200～1 500		+5 0
>1 500	+25 0	+6 0

纵切钢带的宽度允许偏差 表 3-280

公 称 宽 度 (mm)	公称厚度(mm)		
	≤4.0	>4.0～8.0	>8.0
120～160	+1 0	+2 0	+2.5 0
>160～250	+1 0	+2 0	+2.5 0
>250～600	+2 0	+2.5 0	+3 0
>600～900	+2 0	+2.5 0	+3 0

连轧钢板的长度允许偏差 表 3-281

公称长度(mm)	允许偏差(mm)
2 000～8 000	+0.5%×公称长度
>8 000	+40 0

(3)热轧钢板和钢带的状态

热单轧钢板的不平度 表 3-282

公称厚度 (mm)	钢类 L				钢类 H			
	下列公称宽度钢板的不平度,不大于(mm)							
	≤3 000		>3 000		≤3 000		>3 000	
	测 量 长 度							
	1 000	2 000	1 000	2 000	1 000	2 000	1 000	2 000
3~5	9	14	15	24	12	17	19	29
>5~8	8	12	14	21	11	15	18	26
>8~15	7	11	11	17	10	14	16	22
>15~25	7	10	10	15	10	13	14	19
>25~40	6	9	9	13	9	12	13	17
>40~400	5	8	8	11	8	11	11	15

注:钢类 L:规定的最低屈服强度值≤460MPa,未经淬火或淬火加回火处理的钢板。

钢类 H:规定的最低屈服强度值>460~700MPa 以及所有淬火或淬火加回火的钢板。

热连轧钢板的不平度 表 3-283

公称厚度 (mm)	公称宽度 (mm)	不平度,不大于(mm)		
		规定的屈服强度,R_e		
		<220MPa	220~320MPa	>320MPa
≤2	≤1 200	21	26	32
	>1 200~1 500	25	31	36
	>1 500	30	38	45
>2	≤1 200	18	22	27
	>1 200~1 500	23	29	34
	>1 500	28	35	42

注:如用户对钢带的不平度有要求,在用户开卷设备能保证质量的前提下,供需双方可以协商规定。

热单轧钢板的镰刀弯应不大于实际长度的 0.2%;钢板的切斜应不大于实际宽度的 1%。

热轧钢带(包括纵切钢带)和连轧钢板的镰刀弯 表 3-284

产品类型	公称长度 (mm)	公称宽度 (mm)	镰刀弯,不大于(mm)		测量长度
			切边	不切边	
连轧钢板	<5 000	≥600	实际长度×0.3%	实际长度×0.4%	实际长度
	≥5 000	≥600	15	20	任意 5 000mm 长度
钢带	—	≥600	15	20	任意 5 000mm 长度
	—	<600	15	—	—

2)冷轧钢板和钢带(GB/T 708—2006)

屈服强度 280MPa 冷轧钢板和钢带厚度允许偏差(mm) 表 3-285

公称厚度 (mm)	普通精度 PT. A			较高精度 PT. B		
	公称宽度			公称宽度		
	≤1 200	>1 200~1 500	>1 500	≤1 200	>1 200~1 500	>1 500
≤0.40	±0.04	±0.05	±0.06	±0.025	±0.035	±0.045
>0.40~0.60	±0.05	±0.06	±0.07	±0.035	±0.045	±0.050

续表 3-285

公称厚度 （mm）	普通精度 PT. A			较高精度 PT. B		
	公 称 宽 度			公 称 宽 度		
	≤1 200	>1 200～ 1 500	>1 500	≤1 200	>1 200～ 1 500	>1 500
>0.60～0.80	±0.06	±0.07	±0.08	±0.040	±0.050	±0.050
>0.80～1.00	±0.07	±0.08	±0.09	±0.045	±0.060	±0.060
>1.00～1.20	±0.08	±0.09	±0.10	±0.055	±0.070	±0.070
>1.20～1.60	±0.10	±0.11	±0.11	±0.070	±0.080	±0.080
>1.60～2.00	±0.12	±0.13	±0.13	±0.080	±0.090	±0.090
>2.00～2.50	±0.14	±0.15	±0.15	±0.100	±0.110	±0.110
>2.50～3.00	±0.16	±0.17	±0.17	±0.110	±0.120	±0.120
>3.00～4.00	±0.17	±0.19	±0.19	±0.140	±0.150	±0.150

注：①距钢带焊缝处 15m 内的厚度允许偏差比表规定值增加 60%；距钢带两端各 15m 内的厚度允许偏差比表规定值增加 60%。
②规定最小屈服强度为 280～<360MPa 的钢板和钢带的厚度允许偏差比表规定值增加 20%；规定最小屈服强度为不小于 360MPa 的钢板和钢带的厚度允许偏差比表规定值增加 40%。

切边钢板、钢带的宽度允许偏差（mm）　　　　　表 3-286

公称宽度	宽度允许偏差	
	普通精度 PW. A	较高精度 PW. B
≤1 200	+4 0	+2 0
>1 200～1 500	+5 0	+2 0
>1 500	+6 0	+3 0

注：不切边钢板、钢带的宽度允许偏差由供需双方商定。

纵切钢带的宽度允许偏差（mm）　　　　　表 3-287

公称厚度	公 称 宽 度				
	≤125	>125～250	>250～400	>400～600	>600
≤0.40	±0.3 0	±0.6 0	±1.0 0	±1.5 0	±2.0 0
>0.40～1.0	±0.5 0	±0.8 0	±1.2 0	±1.5 0	±2.0 0
>1.0～1.8	±0.7 0	±1.0 0	±1.5 0	±2.0 0	±2.5 0
>1.8～4.0	+1.0 0	+1.3 0	+1.7 0	+2.0 0	+2.5 0

冷轧钢板的长度允许偏差（mm）　　　　　表 3-288

公称长度	长度允许偏差	
	普通精度 PL. A	较高精度 PL. B
≤2 000	+6 0	+3 0
>2 000	+0.3‰×公称长度 0	+0.15‰×公称长度 0

冷轧钢板的不平度规定　　　　表 3-289

规定的最小屈服强度（MPa）	公称宽度（mm）	不平度,不大于(mm)					
		普通精度 PF. A			较高精度 PF. B		
		公称厚度（mm）					
		<0.70	0.70～<1.20	≥1.20	<0.70	0.70～<1.20	≥1.20
<280	≤1 200	12	10	8	5	4	3
	>1 200～1 500	15	12	10	6	5	4
	>1 500	19	17	15	8	7	6
280～<360	≤1 200	15	13	10	8	6	5
	>1 200～1 500	18	15	13	9	8	6
	>1 500	22	20	19	12	10	9

注：①规定最小屈服强度≥360MPa 钢板的不平度供需双方协议确定。

②当用户对钢带的不平度有要求时,在用户对钢带进行充分平整矫直后,表中规定值也适用于用户从钢带切成的钢板。

（1）镰刀弯

冷轧钢板和钢带的镰刀弯在任意 2 000mm 长度上应不大于 6mm;钢板的长度不大于 2 000mm 时,其镰刀弯应不大于钢板实际长度的 0.3%。纵切钢带的镰刀弯在任意 2 000mm 长度上应不大于 2mm。

（2）切斜

冷轧钢板应切成直角,切斜应不大于钢板宽度的 1%。

3）宽度小于 600mm 的冷轧钢带（GB/T 15391—2010）

冷轧钢带的厚度允许偏差（mm）　　　　表 3-290

公称厚度（mm）	普通精度,PT. A		较高精度,PT. B	
	公 称 宽 度		公 称 宽 度	
	<250	250～<600	<250	250～<600
≤0.10	±0.010	±0.015	±0.005	±0.010
>0.10～0.15	±0.010	±0.020	±0.005	±0.015
>0.15～0.25	±0.015	±0.030	±0.010	±0.020
>0.25～0.40	±0.020	±0.035	±0.015	±0.025
>0.40～0.70	±0.025	±0.040	±0.020	±0.030
>0.70～1.00	±0.035	±0.050	±0.025	±0.035
>1.00～1.50	±0.045	±0.060	±0.035	±0.045
>1.50～2.50	±0.060	±0.080	±0.045	±0.060
>2.50～3.00	±0.075	±0.090	±0.060	±0.070

注：①钢带距头尾 15m 长度范围内的厚度允许偏差比表中规定值增加 50%。

②钢带距焊缝处 10m 长度范围内的厚度允许偏差比表中规定值增加 100%。

冷轧切边钢带的宽度允许偏差（mm）　　　　表 3-291

公称厚度	普通精度,PW. A			较高精度,PW. B		
	公 称 宽 度			公 称 宽 度		
	<125	125～<250	250～<600	<125	125～<250	250～<600
≤0.50	±0.15	±0.20	±0.25	±0.10	±0.13	±0.18
>0.50～1.00	±0.20	±0.25	±0.30	±0.13	±0.18	±0.20
>1.00～3.00	±0.30	±0.35	±0.40	±0.20	±0.25	±0.30

注：根据需方要求,经供需双方协商,可供应限制宽度负偏差或正偏差的切边钢带。

冷轧不切边钢带的宽度允许偏差(mm)　　　　　表 3-292

公称宽度	宽度允许偏差	
	普通精度,PW.A	较高精度,PW.B
<125	+3.0 0	+2.0 0
125～<250	+4.0 0	+3.0 0
250～<400	+5.0 0	+4.0 0
400～<600	+6.0 0	+5.0 0

冷轧钢带的镰刀弯规定(mm)　　　　　表 3-293

公称宽度	不切边,EM	切边,EC
	不　大　于	
<125	4.0	3.0
125～250	3.0	2.0
250～<400	2.5	1.5
400～<600	2.0	1.0

冷轧钢带的不平度:横切定尺钢带的每米不平度应不大于10mm。

4)优质碳素结构钢宽度小于 600mm 的热轧钢带(GB/T 8749—2008)

钢带厚度允许偏差(mm)　　　　　表 3-294

公称厚度	钢带厚度允许偏差			
	普通厚度精度 PT.A		较高厚度精度 PT.B	
	公称宽度		公称宽度	
	≤350	>350	≤350	>350
≤1.5	±0.13	±0.15	±0.10	±0.11
>1.5～2.0	±0.15	±0.17	±0.12	±0.13
>2.0～2.5	±0.18	±0.18	±0.14	±0.14
>2.5～3.0		±0.20		±0.15
>3.0～4.0	±0.19	±0.22	±0.16	±0.17
>4.0～5.0	±0.20	±0.24	±0.17	±0.19
>5.0～6.0	±0.21	±0.26	±0.18	±0.21
>6.0～8.0	±0.22	±0.29	±0.19	±0.23
>8.0～10.0	±0.24	±0.32	±0.20	±0.26
>10.0～12.0	±0.30	±0.35	±0.25	±0.28

注:需方要求按较高厚度精度供货,应在合同中注明。

钢带宽度允许偏差(mm)　　　　　表 3-295

钢带宽度	允　许　偏　差	
	不切边	切边
≤200	+2.5 -1.0	±1.0

续表 3-295

钢带宽度	允 许 偏 差	
	不切边	切边
>200～300	+3.0 -1.0	±1.0
>300～350	+4.0 -1.0	
>350～450	0～+10.0	±1.5
>450	0～+15.0	

注:根据需方要求,经供需双方协商,钢带宽度偏差可在公差范围内进行适当调整。

钢带三点差(mm)   表 3-296

钢带宽度	三点差,不大于	钢带宽度	三点差,不大于
≤150	0.12	>350～450	0.17
>150～200	0.14	>450	0.18
>200～350	0.15		

钢带镰刀弯规定:不切边钢带每 5m 不大于 20mm;切边钢带每 5m 不大于 15mm。

4. 钢板重量计算和交货

钢板按理论或实际重量交货,钢带按实际重量交货。

钢板按理论重量交货时,理论计重采用公称尺寸,碳钢密度为 $7.85g/cm^3$,其他钢种按相应标准规定。

当钢板的厚度允许偏差为限定负偏差或正偏差时,理论计重所采用的厚度为允许的最大厚度和最小厚度的平均值。

非镀层钢板理论计重的方法   表 3-297

计 算 顺 序	计 算 方 法	结 果 的 修 约
基本重量[kg/(mm·m²)]	7.85(厚度 1mm,面积 1m² 的重量)	—
单位重量(kg/m²)	基本重量[kg/(mm·m²)]×厚度(mm)	修约到有效数字 4 位
钢板的面积(m²)	宽度(m)×长度(m)	修约到有效数字 4 位
一张钢板的重量(kg)	单位重量(kg/m²)×面积(m²)	修约到有效数字 3 位
总重量(kg)	各张钢板重量之和	千克的整数值

常用钢板单位重量   表 3-298

厚度 (mm)	理论重量 (kg/m²)	厚度 (mm)	理论重量 (kg/m²)	厚度 (mm)	理论重量 (kg/m²)	厚度 (mm)	理论重量 (kg/m²)
0.10	0.785	0.75	5.888	2.20	17.270	8.00	62.80
0.20	1.570	0.80	6.280	2.50	19.625	9.00	70.65
0.25	1.963	0.90	7.065	2.80	21.980	10.00	78.50
0.27	2.1195	1.00	7.850	3.00	23.550	11.00	86.35
0.30	2.355	1.10	8.635	3.20	25.120	12.0	94.20
0.35	2.748	1.20	9.420	3.50	27.475	13.0	102.5
0.40	3.140	1.25	9.813	3.80	29.83	14.0	109.90
0.45	3.533	1.30	10.205	4.00	31.40	15.0	117.75
0.50	3.925	1.40	10.990	4.50	35.325	16	125.60
0.55	4.318	1.50	11.775	5.00	39.25	17	133.45
0.60	4.710	1.60	12.560	5.50	43.175	18	141.30
0.65	5.103	1.80	14.130	6.00	47.10	19	149.15
0.70	5.495	2.00	15.700	7.00	54.95	20	157.0

续表 3-298

厚度 (mm)	理论重量 (kg/m²)	厚度 (mm)	理论重量 (kg/m²)	厚度 (mm)	理论重量 (kg/m²)	厚度 (mm)	理论重量 (kg/m²)
21	164.85	29	227.65	42	329.7	55	431.75
22	172.7	30	235.5	44	345.4	56	439.6
23	180.55	32	251.2	45	353.25	58	455.3
24	188.4	34	266.9	46	361.1	60	471.0
25	196.25	35	274.75	48	376.8	65	510.25
26	204.1	36	282.6	50	392.5	70	549.50
27	211.95	38	298.3	52	408.0	75	588.75
28	219.8	40	314.0	54	423.9	80	628.00

注：表列理论重量按 7.85g/cm³ 计算。

三）常用特性钢板、钢带

一）建筑用低屈服强度钢板（GB/T 28905—2012）

牌号表示方法：牌号由 LY（低屈服英文词首字母）＋屈服强度目标值（MPa）按顺序排列。低屈服强度钢板，厚度不大于 100mm，用于制造建筑抗震耗能等结构件。

1. 低屈服强度钢板牌号及化学成分

表 3-299

牌号	化学成分（质量分数）[a]（%）					
	C	Si	Mn	P	S	N
LY100	≤0.03	≤0.10	≤0.40	≤0.025	≤0.015	≤0.006
LY160	≤0.05	≤0.10	≤0.50	≤0.025	≤0.015	≤0.006
LY225	≤0.10	≤0.10	≤0.60	≤0.025	≤0.015	≤0.006

[a] 由供方选择，根据需要可添加 Nb、V、Ti、B 等其他合金元素

注：钢中残余元素铜、铬、镍的含量应各不大于 0.30%，供方如能保证可不作分析。

2. 低屈服强度钢板的尺寸、外形、重量及允许偏差

符合 GB/T 709 规定。

3. 低屈服强度钢板力学性能

表 3-300

牌号	拉 伸 试 验				V 型冲击试验	
	下屈服强度 R_{eL} （MPa）	抗拉强度 R_m （MPa）	断后伸长率 A_{50mm}（%）， 不小于	屈强比， 不大于	试验温度 （℃）	冲击吸收能量 kV_2（J）， 不小于
LY100	80～120	200～300	50	0.60	0	27
LY160	140～180	220～320	45	0.80	0	27
LY225	205～245	300～400	40	0.80	0	27

注：①拉伸试验规定值适用于横向试样。

拉伸试样尺寸：厚度≤50mm，采用 $L_0=50$mm，$b=25$mm；厚度＞50mm，采用 $L_0=50$mm，$d=14$mm；对于厚度＞25mm～50mm，也可采用 $L_0=50$mm，$d=14$mm，但仲裁时为 $L_0=50$mm，$b=25$mm。

②屈服现象不明显时，屈服强度采用 $R_{p0.2}$。

③冲击试验规定值适用于纵向试样。

④冲击值为一组三个试样试验结果的平均值，允许其中一个试样的试验结果小于规定值，但不得小于规定值的 70%。

如冲击试验结果不符合规定要求，且三个试样的平均值不小于规定值的 85% 时，可以在同一取样产品上另取三个试样进行检验，前后六个试样的试验结果（平均值）应不小于规定值，并且其中低于规定值的试样最多只能有两个，只允许其中一个值小于规定值的 70%。

4.低屈服强度钢板的状态和交货

钢由氧气转炉或电炉冶炼的镇静钢生产。除非需方有特殊要求,否则冶炼方法由供方选择。

铜板以热轧、控轧或热处理状态交货。

铜板表面不允许存在裂纹、气泡、结疤、折叠和夹杂等对使用有害的缺陷。钢板不得有分层。如有上述缺陷,允许清理,清理深度从钢板实际尺寸算起,不得大于钢板厚度公差之半,并应保证钢板的最小厚度。缺陷清理处应平滑无棱角。钢板不允许焊补。

其他缺陷允许存在,但深度从钢板实际尺寸算起,不得超过厚度允许公差之半,并应保证缺陷处厚度不超过钢板允许最小厚度。

(二)建筑结构用钢板(GB/T 19879—2005)

建筑结构用钢板厚度为6~100mm,适用于制造高层建筑结构、大跨度结构和其他重要建筑结构。

牌号表示方法:

钢板的牌号由代表屈服强度的汉语拼音字母(Q)、屈服强度数值、代表高性能建筑结构用钢的汉语拼音字母(GJ)、质量等级符号(B、C、D、E)组成,如Q345GJC;对于厚度方向性能钢板,在质量等级后加上厚度方向性能级别(Z15、Z25 或 Z35),如Q345GJCZ25。

1.建筑结构用钢板的牌号和化学成分

表 3-301

牌号	质量等级	厚度(mm)	化学成分(质量分数)(%)											
			C	Si	Mn	P	S	V	Nb	Ti	Als	Cr	Cu	Ni
Q235GJ	B	6~100	≤0.20	≤0.35	0.60~1.20	≤0.025	≤0.015	—	—	—	≥0.015	≤0.30	≤0.30	≤0.30
	C													
	D													
	E		≤0.18			≤0.020								
Q345GJ	B	6~100	≤0.20	≤0.55	≤1.60	≤0.025	≤0.015	0.020~0.150	0.015~0.060	0.010~0.030	≥0.015	≤0.30	≤0.30	≤0.30
	C													
	D													
	E		≤0.18			≤0.020								
Q390GJ	C	6~100	≤0.20	≤0.55	≤1.60	≤0.025	≤0.015	0.020~0.200	0.015~0.060	0.010~0.030	≥0.015	≤0.30	≤0.30	≤0.70
	D													
	E		≤0.18			≤0.020								
Q420GJ	C	6~100	≤0.20	≤0.55	≤1.60	≤0.025	≤0.015	0.020~0.200	0.015~0.060	0.010~0.030	≥0.015	≤0.40	≤0.30	≤0.70
	D													
	E		≤0.18			≤0.020								
Q460GJ	C	6~100	≤0.20	≤0.55	≤1.60	≤0.025	≤0.015	0.020~0.200	0.015~0.060	0.010~0.030	≥0.015	≤0.70	≤0.30	≤0.70
	D													
	E		≤0.18			≤0.020								

注:①允许用全铝含量来代替酸溶铝含量的要求,此时全铝含量应不小于0.020%。

②Cr、Ni、Cu为残余元素时,其含量应各不大于0.30%。

③为了改善钢板的性能,可添加微合金化元素 V、Nb、Ti 等,当单独添加时,微合金化元素含量应不低于表中所列的下限;若混合加入,则表中其下限含量不适用。混合加入时,V、Nb、Ti 总和不大于0.22%。

④应在质量证明书中注明用于计算碳当量或焊接裂纹敏感性指数的化学成分。

2. 对于厚度方向性能钢板，$P \leqslant 0.020$，S含量的规定

表 3-302

厚度方向性能级别	硫含量（质量分数）（%）	厚度方向性能级别	硫含量（质量分数）（%）
Z15	$\leqslant 0.010$	Z35	$\leqslant 0.005$
Z25	$\leqslant 0.007$		

3. 钢板的碳当量或焊缝裂纹敏感性指数

表 3-303

牌号	交货状态	规定厚度下的碳当量 CE（%）		规定厚度下的焊接裂纹敏感性指数 P_{cm}（%）	
		≤50mm	>50~100mm	≤50mm	>50~100mm
Q235GJ	AR、N、NR	$\leqslant 0.36$	$\leqslant 0.36$	$\leqslant 0.26$	$\leqslant 0.26$
Q345GJ	AR、N、NR、N+T	$\leqslant 0.42$	$\leqslant 0.44$	$\leqslant 0.29$	$\leqslant 0.29$
	TMCP	$\leqslant 0.38$	$\leqslant 0.40$	$\leqslant 0.24$	$\leqslant 0.26$
Q390GJ	AR、N、NR、N+T	$\leqslant 0.45$	$\leqslant 0.47$	$\leqslant 0.29$	$\leqslant 0.30$
	TMCP	$\leqslant 0.40$	$\leqslant 0.43$	$\leqslant 0.26$	$\leqslant 0.27$
Q420GJ	AR、N、NR、N+T	$\leqslant 0.48$	$\leqslant 0.50$	$\leqslant 0.31$	$\leqslant 0.33$
	TMCP	$\leqslant 0.43$	供需双方协商	$\leqslant 0.29$	供需双方协商
Q460GJ	AR、N、NR、N+T、Q+T、TMCP	供需双方协商			

注：①AR：热轧；N：正火；NR：正火轧制；T：回火；Q：淬火；TMCP：温度—形变控轧控冷。

②碳当量（CE）或焊接裂纹敏感性指数（P_{cm}）：各牌号所有质量等级钢板的碳当量或焊接裂纹敏感性指数应符合本表的相应规定，应采用熔炼分析值并根据公式（1）或公式（2）计算碳当量或焊接裂纹敏感性指数，一般以碳当量交货。经供需双方协商并在合同中注明，钢板的碳当量可用焊接裂纹敏感性指数替代。

$$CE(\%) = C + Mn/6 + (Cr + Mo + V)/5 + (Ni + Cu)/15 \qquad (1)$$

$$P_{cm}(\%) = C + Si/30 + Mn/20 + Cu/20 + Ni/60 + Cr/20 + Mo/15 + V/10 + 5B \qquad (2)$$

4. 建筑结构用钢板的力学性能

表 3-304

牌号	质量等级	屈服强度 R_{eH}（N/mm²） 钢板厚度（mm）				抗拉强度 R_m（N/mm²）	伸长率 A（%）	冲击功（纵向）A_{kV}（J）		180°弯曲试验 d=弯心直径 a=试样厚度 钢板厚度（mm）		屈服比，不大于
		6~16	>16~35	>35~50	>50~100			温度（℃）	不小于	≤16	>16	
Q235GJ	B	≥235	235~355	225~345	215~335	400~510	≥23	20	34	$d=2a$	$d=3a$	0.80
	C							0				
	D							-20				
	E							-40				
Q345GJ	B	≥345	345~465	335~455	325~445	490~610	≥22	20	34	$d=2a$	$d=3a$	0.83
	C							0				
	D							-20				
	E							-40				
Q390GJ	C	≥390	390~510	380~500	370~490	490~650	≥20	0	34	$d=2a$	$d=3a$	0.85
	D							-20				
	E							-40				

续表 3-304

牌号	质量等级	屈服强度 R_{eH}(N/mm²)				抗拉强度 R_m (N/mm²)	伸长率 A (%)	冲击功（纵向）A_{KV}(J)		180°弯曲试验 d=弯心直径 a=试样厚度		屈服比，不大于
		钢板厚度(mm)						温度(℃)	不小于	钢板厚度(mm)		
		6～16	>16～35	>35～50	>50～100					≤16	>16	
Q420GJ	C	≥420	420～550	410～540	400～530	520～680	≥19	0	34	$d=2a$	$d=3a$	0.85
	D							−20				
	E							−40				
Q460GJ	C	≥460	460～600	450～590	440～580	550～720	≥17	0	34	$d=2a$	$d=3a$	0.85
	D							−20				
	E							−40				

注：①1N/mm²=1MPa。

②拉伸试样采用系数为 5.65 的比例试样。

③伸长率按有关标准进行换算时，表中伸长率 $A=17\%$ 与 A_{50}mm$=20\%$ 相当。

④若供方能保证弯曲性能符合本表规定，可不作弯曲试验。若需方要求作弯曲试验，应在合同中注明。

⑤冲击功值按一组三个试样算术平均值计算，允许其中一个试样值低于表中规定值，但不得低于规定值的 70%。

夏比(V 型缺口)冲击试验结果不符合上述规定时，应从同一张钢板（或同一样坯上）再取 3 个试样进行试验，前后两组 6 个试样的算术平均值不得低于规定值，允许有 2 个试样小于规定值，但其中小于规定值 70% 的试样只允许有 1 个。

⑥厚度小于 12mm 的钢板应采用小尺寸试样进行夏比(V 型缺口)冲击试验。钢板厚度>8～12mm 时，试样尺寸为 7.5mm×10mm×55mm；钢板厚度 6～8mm 时，试样尺寸为 5mm×10mm×55mm。其试验结果应分别不小于表中规定值的 75% 或 50%。

5. 当厚度≥15mm 的钢板要求厚度方向性能时，其厚度方向性能级别的断面收缩率

表 3-305

厚度方向性能级别	断面收缩率 Z(%)	
	三个试样平均值	单个试样值
Z15	≥15	≥10
Z25	≥25	≥15
Z35	≥35	≥25

6. 建筑结构用钢板的状态和交货

(1)钢板的尺寸、外形、重量及允许偏差应符合 GB/T 709 的规定，厚度负偏差限定为 −0.3mm。

(2)钢板的交货状态为热轧、正火、正火轧制、正火+回火、淬火+回火或温度—形变控轧控冷。交货状态由供需双方商定，并在合同中注明。

(3)表面质量。

钢板表面不允许存在裂纹、气泡、结疤、折叠、夹杂和压入的氧化铁皮。钢板不得有分层。

钢板表面允许有不妨碍检查表面缺陷的薄层氧化铁皮、铁锈、由压入氧化铁皮脱落所引起的不显著的表面粗糙、划伤、压痕及其他局部缺陷，但其深度不得大于厚度公差的一半，并应保证钢板的最小厚度。

钢板表面缺陷允许修磨清理，但应保证钢板的最小厚度。修磨清理处应平滑无棱角。需要焊补时，应按 GB/T 14977 的规定进行。

(4)超声波检验。

厚度方向性能钢板应逐张进行超声波检验，检验方法按 GB/T 2970 的规定，其验收级别应在合同中注明。其他牌号的钢板根据用户要求，并在合同中注明，也可进行超声波检验。

(三)耐火结构用钢板及钢带（GB/T 28415—2012）

耐火结构用钢板及钢带的厚度不大于 100mm，适用于具有耐火性能的建筑结构。

牌号表示法：由代表屈字的(Q)、屈服强度值(MPa)、耐火英文字头(FR)、质量等级符号，按顺序组成，如：Q420FRD。当要求钢板具有厚度方向性能时，在上述牌号后加上代表厚度方向(Z)性能级别符

号,如:Q420FRDZ25。

1. 耐火钢板、钢带的化学成分

表3-306

牌号	质量等级	化学成分(质量分数)(%)										
		C	Si	Mn	P	S	Mo	Nb	Cr	V	Ti	Als
		不 大 于										不小于
Q235FR	B、C	0.20	0.35	1.30	0.025	0.015	0.50	0.04	0.75	—	0.05	0.015
	D、E	0.18			0.020							
Q345FR	B、C	0.20	0.55	1.60	0.025	0.015	0.90	0.10	0.75	0.15	0.05	0.015
	D、E	0.18			0.020							
Q390FR	C	0.20	0.55	1.60	0.025	0.015	0.90	0.10	0.75	0.20	0.05	0.015
	D、E	0.18			0.020							
Q420FR	C	0.20	0.55	1.60	0.025	0.015	0.90	0.10	0.75	0.20	0.05	0.015
	D、E	0.18			0.020							
Q460FR	C	0.20	0.55	1.60	0.025	0.015	0.90	0.10	0.75	0.20	0.05	0.015
	D、E	0.18			0.020							

注:①可用全铝含量代替酸溶铝含量,全铝含量应不小于0.020%。

②为改善钢板的性能,可添加本表之外的其他微量合金元素。

③Z向钢的化学成分除应符合表规定外,还应符合GB/T 5313的规定。

2. 耐火钢板、钢带的碳当量

表3-307

牌 号	交货状态	规定厚度下的碳当量 CEV(质量分数)(%)		规定厚度下的焊接裂纹敏感性指数 P_{cm}(质量分数)(%)	
		≤63mm	>63~100mm	≤63mm	>63~100mm
Q235FR	AR、CR、N、NR	≤0.36	≤0.36	—	
	TMCP	≤0.32	≤0.32	≤0.20	
Q345FR	AR、CR	≤0.44	≤0.47	—	
	N、NR	≤0.45	≤0.48		
	TMCP、TMCP+T	≤0.44	≤0.45	≤0.20	
Q390FR	AR、CR	≤0.45	≤0.48	—	
	N、NR	≤0.46	≤0.48		
	TMCP、TMCP+T	≤0.46	≤0.47	≤0.20	
Q420FR	AR、CR	≤0.45	≤0.48	—	
	N、NR	≤0.48	≤0.50		
	TMCP、TMCP+T	≤0.46	≤0.47	≤0.20	
Q460FR	N、Q+T	协议			
	TMCP、TMCP+T				

注:①AR—热轧;CR—控轧;N—正火;NR—正火轧制;Q+T—淬火+回火(调质);TMCP—热机械轧制;TMCP+T—热机械轧制+回火。

②碳当量计算公式:$CEV=C+Mn/6+(Cr+Mo+V)/5+(Ni+Cu)/15$。

③焊接裂纹敏感性指数计算公式:$P_{cm}=C+Si/30+Mn/20+Cu/20+Ni/60+Cr/20+Mo/15+V/10+5B$。

④经供需双方协商,可用焊接裂纹敏感性指数(P_{cm})代替碳当量。

3.钢板、钢带的高温力学性能

表 3-308

牌 号	600℃规定塑性延伸强度 $R_{p0.2}$（N/mm²）	
	厚度≤63mm	厚度>63～100mm
Q235FR	≥157	≥150
Q345FR	≥230	≥223
Q390FR	≥260	≥253
Q420FR	≥280	≥273
Q460FR	≥307	≥300

注：经供需双方协议并注明取样批次，可做钢板及钢带的高温力学性能检验。

4.耐火钢板、钢带的室温力学性能

表 3-309

牌号	质量等级	拉 伸 试 验						V 型冲击试验[b]		180°弯曲试验	
		以下厚度(mm)上屈服强度 R_{eH}(N/mm²)			抗拉强度 R_m (N/mm²)	断后伸长率 A (%)	屈强比 R_{eH}/R_m	试验温度 ℃	吸收能量 KV_2/(J)	钢板厚(mm)	
		≤16	>16～63	>63～100						≤16	>16
Q235FR	B	≥235	235～355	225～345	≥400	≥23	≤0.80	20	≥34		
	C							0			
	D							−20			
	E							−40			
Q345FR	B	≥345	345～465	335～455	≥490	≥22	≤0.83	20	≥34		
	C							0			
	D							−20			
	E							−40			
Q390FR	C	≥390	390～510	380～500	≥490	≥20	≤0.85	0	≥34	$d=2a$	$d=3a$
	D							−20			
	E							−40			
Q420FR	C	≥420	420～550	410～540	≥520	≥19	≤0.85	0	≥34		
	D							−20			
	E							−40			
Q460FR	C	≥460	460～600	450～590	≥550	≥17	≤0.85	0	≥34		
	D							−20			
	E							−40			

注：①当屈服不明显时，可测量 $R_{p0.2}$，代替上屈服强度。

②拉伸取横向试样、冲击试验取纵向试样。

③厚度不大于 12mm 钢材，可不作屈强比。

④弯曲试验中：d-弯心直径；a-试样厚度。

⑤厚度不小于 6mm 的钢板及钢带，应做冲击试验，冲击试样尺寸取 10mm×10mm×55mm 标准试样；当钢板及钢带厚度不足以制取标准试样时，应采用 10mm×7.5mm×55mm 或 10mm×5mm×55mm 小尺寸试样，冲击吸收能量应分别为不小于本表规定值的 75％或 50％，优先采用较大尺寸试样。

⑥钢板及钢带的冲击试验结果按一组 3 个试样的算术平均值进行计算，允许其中有 1 个试验值低于规定值，但不应低于规定值的 70％，否则，应从同一抽样产品上再取 3 个试样进行试验，先后 6 个试样试验结果的算术平均值不得低于规定值，允许有 2 个试样的试验结果低于规定值，但其中低于规定值 70％的试样只允许有一个。

⑦Z 向钢厚度方向断面收缩率应符合 GB/T 5313 的规定。

5.耐火结构用钢板钢带的状态和交货

(1)钢板的交货状态符合表 3-307 的规定。

(2)钢板及钢带的尺寸、外形、重量及允许偏差应符合 GB/T 709 的规定,其中厚度负偏差不超过一0.3mm。

(3)表面质量。

钢板及钢带表面下应有裂纹、气泡、结疤、夹杂、折叠和压入的氧化铁皮等有害缺陷。钢板不应有肉眼可见的分层。

钢板及钢带表面允许存在不妨碍检查表面缺陷的薄层氧化铁皮或锈蚀,或由于压入氧化铁皮脱落所引起的不显著的粗糙、压痕等其他局部缺陷,但深度应不大于钢板的厚度公差的一半,并应保证钢板的最小厚度。

钢板表面缺陷允许修磨清除,修磨处应平滑无棱角,并应保证钢板的最小厚度。

钢带允许有缺陷存在,但有缺陷的部分不应大于总长度的 8%。

(4)超声波检验。

厚度方向性能钢板应逐张进行超声波检验,并应符合 GB/T 2970 的规定,其合格级别应在协议或合同中明确。

(四)高强度结构用调质钢板(GB/T 16270—2009)

高强度结构用调质钢板一般厚度不大于 150mm。钢板以调质(淬火+回火)状态交货。

钢板的规格尺寸、外形及允许偏差符合 GB/T 709 的规定。

1.牌号命名方法

钢的牌号由代表屈服强度的汉语拼音首位字母,规定最小屈服强度数值、质量等级符号(C、D、E、F)三个部分按顺序排列。

示例: Q460E

Q——钢材屈服强度的"屈"字汉语拼音的首位字母;

460——规定最小屈服强度的数值,单位 MPa;

E——质量等级符号。

2.钢的牌号、化学成分和碳当量

表 3-310

牌号	化学成分(质量分数)(%),不大于													碳当量 CEV		
	C	Si	Mn	P	S	Cu	Cr	Ni	Mo	B	V	Nb	Ti	产品厚度(mm)		
														≤50	>50~100	>100~150
Q460C Q460D	0.20	0.80	1.70	0.025	0.015	0.50	1.50	2.00	0.70	0.005 0	0.12	0.06	0.05	0.47	0.48	0.50
Q460E Q460F				0.020	0.010											
Q500C Q500D	0.20	0.80	1.70	0.025	0.015	0.50	1.50	2.00	0.70	0.005 0	0.12	0.06	0.05	0.47	0.70	0.70
Q500E Q500F				0.020	0.010											
Q550C Q550D	0.20	0.80	1.70	0.025	0.015	0.50	1.50	2.00	0.70	0.005 0	0.12	0.06	0.05	0.65	0.77	0.83
Q550E Q550F				0.020	0.010											

续表 3-310

牌号	化学成分(质量分数)(%)不大于													碳当量 CEV		
	C	Si	Mn	P	S	Cu	Cr	Ni	Mo	B	V	Nb	Ti	产品厚度(mm)		
														≤50	>50~100	>100~150
Q620C	0.20	0.80	1.70	0.025	0.015	0.50	1.50	2.00	0.70	0.0050	0.12	0.06	0.05	0.65	0.77	0.83
Q620D																
Q620E				0.020	0.010											
Q620F																
Q690C	0.20	0.80	1.80	0.025	0.015	0.50	1.50	2.00	0.70	0.0050	0.12	0.06	0.05	0.65	0.77	0.83
Q690D																
Q690E				0.020	0.010											
Q690F																
Q800C	0.20	0.80	2.00	0.025	0.015	0.50	1.50	2.00	0.70	0.0050	0.12	0.06	0.05	0.72	0.82	—
Q800D																
Q800E				0.020	0.010											
Q800F																
Q890C	0.20	0.80	2.00	0.025	0.015	0.50	1.50	2.00	0.70	0.0050	0.12	0.06	0.05	0.72	0.82	—
Q890D																
Q890E				0.020	0.010											
Q890F																
Q960C	0.20	0.80	2.00	0.025	0.015	0.50	1.50	2.00	0.70	0.0050	0.12	0.06	0.05	0.82	—	—
Q960D																
Q960E				0.020	0.010											
Q960F																

注:①根据需要,生产厂可添加其中一种或几种合金元素,最大值应符合表中规定,其含量应在质量证明书中报告。

②钢中至少应添加 Nb、Ti、V、Al 中的一种细化晶粒元素,其中至少一种元素的最小量为 0.015%(对于 Al 为 Als)。也可用 Alt 替代 Als,此时最小量为 0.018%。

③$CEV = C + Mn/6 + (Cr + Mo + V)/5 + (Ni + Cu)/15$。

④根据需方要求,经供需双方协商并在合同中注明,可以提供碳当量 CET,$CET = C + (Mn + Mo)/10 + (Cr + Cu)/20 + Ni/40$。

3. 钢板的力学性能

表 3-311

牌号	拉 伸 试 验							冲 击 试 验			
	屈服强度 R_{eH}(MPa) 不小于			抗拉强度 R_m(MPa)			断后伸长率 A(%)	冲击吸收能量(纵向) kV_2(J)			
	厚度(mm)			厚度(mm)				试验温度(℃)			
	≤50	>50~100	>100~150	≤50	>50~100	>100~150		0	−20	−40	−60
Q460C	460	440	400	550~720	500~670		17	47			
Q460D									47		
Q460E										34	
Q460F											34
Q500C	500	480	440	590~770	540~720		17	47			
Q500D									47		
Q500E										34	
Q500F											34
Q550C	550	530	490	640~820	590~770		16	47			
Q550D									47		
Q550E										34	
Q550F											34

续表 3-311

牌号	拉 伸 试 验						断后伸长率 A(%)	冲 击 试 验			
	屈服强度 R_{eH}(MPa) 不小于			抗拉强度 R_m(MPa)				冲击吸收能量(纵向) kV_2(J)			
	厚度(mm)			厚度(mm)				试验温度(℃)			
	≤50	>50~100	>100~150	≤50	>50~100	>100~150		0	−20	−40	−60
Q620C	620	580	560	700~890		650~830	15	47			
Q620D									47		
Q620E										34	
Q620F											34
Q690C	690	650	630	770~940	760~930	710~900	14	47			
Q690D									47		
Q690E										34	
Q690F											34
Q800C	800	740	—	840~1 000	800~1 000	—	13	34			
Q800D									34		
Q800E										27	
Q800F											27
Q890C	890	830	—	940~1 100	880~1 100	—	11	34			
Q890D									34		
Q890E										27	
Q890F											27
Q960C	960	—	—	980~1 150	—	—	10	34			
Q960D									34		
Q960E										27	
Q960F											27

注：①拉伸试验适用于横向试样，冲击试验适用于纵向试样。
②当屈服现象不明显时，采用 $R_{p0.2}$。
③夏比摆锤冲击功，按一组三个试样算术平均值计算，允许其中一个试样单个值低于表中规定值，但不得低于规定值的70%。
④当钢板厚度小于12mm的钢板进行夏比摆锤冲击试验应采用辅助试样。厚度>8~<12mm 钢板辅助试样尺寸为 10mm×7.5mm×55mm，其试验结果不小于规定值的75%；厚度 6~8mm 钢板辅助试样尺寸为 10mm×5mm×55mm，其试验结果不小于规定值的50%。厚度小于 6mm 的钢板不做冲击试验。
⑤经供需双方协商并在合同中注明，钢板可逐张进行超声波检测，检测方法按 GB/T 2970 的规定，检测标准和合格级别应在合同中注明。

4. 调质钢板的表面质量

(1)钢板表面不允许存在裂纹、气泡、结疤、折叠和夹杂等缺陷。钢板不得有分层。如有上述缺陷，允许清理，清理深度从钢板实际尺寸算起，不得大于钢板厚度公差的一半，并应保证钢板的最小厚度。缺陷清理处应平滑无棱角。

(2)其他缺陷允许存在，但深度从钢板实际尺寸算起，不得超过厚度允许公差的一半，并应保证缺陷处厚度不超过钢板允许最小厚度。

(3)经供需双方协商，并在合同中注明，钢板允许焊补。如调质处理后进行焊补，应再次进行调质处理。

(4)经供需双方协商，并在合同中注明，表面质量可按 GB/T 14977 的规定。

(五)厚度方向性能钢板（GB/T 5313—2010）

厚度方向性能钢板为厚度 15~400mm 的镇静钢钢板。厚度方向性能级别是对钢板的抗层状撕裂能力提供的一种量度，系采用厚度方向拉伸试验的断面收缩率来评定。

厚度方向性能钢板应进行超声波探伤检验，其探伤方法和合格级别由供需双方协议注明。

1. 厚度方向性能钢板牌号表示方法

厚度方向性能钢板的牌号，由产品原牌号＋厚度方向性能级别代号组成。

例如:Q345GJD Z25,其中 Q345GJD 为 GB/T 19879 中的原牌号,Z25 为厚度方向性能级别。

2.厚度方向性能钢板的技术要求

表 3-312

厚度方向性能级别	钢的硫含量要求(质量分数)不大于	断面收缩率 Z(%)	
		三个试样的最小平均值	单个试样最小值
Z15	0.010	15	10
Z25	0.007	25	15
Z35	0.005	35	25

注:经供需双方协商并合同注明,可要求厚度方向试验时的抗拉强度值。

3.厚度方向性能钢板的检验批组

Z25、Z35 级钢板应逐轧制张进行厚度方向性能检验;

Z15 级钢板可按批进行厚度方向性能检验,每批由同一牌号、同一炉号、同一厚度、同一交货状态的钢板组成,每批重量不大于 50t。如需方要求,也可逐张检验。

(六)连续热镀锌钢板及钢带(摘自 GB/T 2518—2008、GB/T 25052—2010)

连续热镀锌钢板及钢带公称厚度(含基板厚度和镀层厚度)为 0.3~5.0mm(GB/T 2518)、0.2~6.5mm(GB/T 25052)。主要使用于对成形性和耐腐蚀性有要求的内外覆盖件和结构件。

结构用连续热镀锌钢板及钢带的牌号命名按以下顺序:结构用钢 S,最小屈服强度值 MPa,钢种特性不规定 G,热镀 D+镀层代号 Z(纯锌)或 ZF(锌铁合金)组成。

1.连续热镀锌钢板及钢带的分类和代号

表 3-313

项目	类 别		代号	特 征
表面质量分类	普通级表面		FA	表面允许有缺欠,如小锌粒、压印、划伤、凹坑、色泽不均、黑点、条纹、轻微钝化斑、锌起伏等。该表面通常不进行平整(光整)处理
	较高级表面		FB	较好的一面允许有小缺欠,如光整压印、轻微划伤、细小锌花,锌起伏和轻微钝化斑。另一面至少为表面质量 FA 面,该面通常进行平整(光整)处理
	高级表面		FC	较好的一面必须对缺欠进一步限制,即不应有影响高级涂漆表面外观质量的缺欠,另一面至少为表面质量 FB,该表面通常进行平整(光整)处理
镀层种类	纯锌镀层		Z	
	锌铁合金镀层		ZF	
镀层表面结构	纯锌镀层(Z)	普通锌花	N	锌层在自然条件下凝固得到的肉眼可见的锌花结构
		小锌花	M	通过特殊控制方法得到的肉眼可见的细小锌花结构
		无锌花	F	通过特殊控制方法得到的肉眼不可见的细小锌花结构
	锌铁合金镀层(ZF)	普通锌花	R	通过对纯锌镀层的热处理后获得的镀层表面结构,该表面结构通常灰色无光

项目	表面处理类别	代号	表面处理类别	代号
表面处理	铬酸钝化	C	磷化+涂油	PO
	涂油	O	耐指纹膜	AF
	铬酸钝化+涂油	CO	无铬耐指纹膜	AFS
	无铬钝化	CS	自润滑膜	SL
	无铬钝化+涂油	COS	无铬自润滑膜	SLS
	磷化	P	不处理	U

续表 3-313

镀层形式	镀层重量(g/m²)	镀层代号	镀层形式	镀层重量(g/m²)	镀层代号
推荐公称镀层重量代号	双面等厚镀层 Z				
	60	60	双面等厚镀层 Z	350	350
	80	80		450	450
	100	100		600	600
	120	120	双面等厚镀层 ZF	60	60
	150	150		90	90
	180	180		120	120
	200	200		140	140
	220	220	双面差厚镀层 Z	30/40	30/40
	250	250		40/60	40/60
	275	275		40/100	40/100

注:①经供需双方协商,等厚公称镀层重量也可用单面镀层重量进行表示,如:热镀锌镀层 Z250,可以表示为 Z125/125。

②对于纯锌镀层,如要求表面结构为明显锌花,应在订货时注明。

2.热镀锌钢板、钢带的尺寸范围

表 3-314

项　　目		公称尺寸(mm)
公称厚度		0.30～5.0
公称宽度	钢板及钢带	600～2 050
	纵切钢带	<600
公称长度	钢板	1 000～8 000
公称内径	钢带及纵切钢带	610 或 508

注:经供需双方协商,也可提供其他尺寸规格的钢板及钢带。纵切钢带特指由钢带(母带)经纵切后获得的窄钢带,宽度一般在 600mm 以下。

3.结构用热镀锌钢板、钢带的力学性能

表 3-315

牌　　号	屈服强度 R_{eH} 或 $R_{p0.2}$(MPa),不小于	抗拉强度 R_m(MPa),不小于	断后伸长率 A_{50}(%),不小于
S220GD+Z,S220GD+ZF	220	300	20
S250GD+Z,S250GD+ZF	250	330	19
S280GD+Z,S280GD+ZF	280	360	18
S320GD+Z,S320GD+ZF	320	390	17
S350GD+Z,S350GD+ZF	350	420	16
S550GD+Z,S550GD+ZF	550	560	—

注:①无明显屈服时采用 $R_{p0.2}$,否则采用 R_{eH}。

②试样为 GB/T 228 中的 P6 试样,试样方向为纵向。

③除 S550GD+Z 和 S550GD+ZF 外,其他牌号的抗拉强度可要求 140MPa 的范围值。

④当产品公称厚度大于 0.5mm,但不大于 0.7mm 时,断后伸长率允许下降 2%;当产品公称厚度不大于 0.5mm 时,断后伸长率允许下降 4%。

⑤受时效影响,存储时间越长,所有牌号钢均可能产生拉伸应变痕,建议用户尽快使用。

4. 结构用钢的化学成分

表 3-316

牌　号	化学成分(熔炼分析)(质量分数)(%),不大于				
	C	Si	Mn	P	S
S220GD+Z,S220GD+ZF					
S250GD+Z,S250GD+ZF					
S280GD+Z,S280GD+ZF	0.20	0.60	1.70	0.10	0.045
S320GD+Z,S320GD+ZF					
S350GD+Z,S350GD+ZF					
S550GD+Z,S550GD+ZF					

注:需方如对化学成分有要求,应在订货时协商。

5. 结构用镀层钢板、钢带的尺寸偏差

结构用镀层钢板和钢带厚度允许偏差　　　表 3-317

强度级别(MPa)	公称厚度(mm)	下列公称宽度时的厚度允许偏差[a](mm)					
		普通精度 PT. A			高级精度 PT. B		
		≤1 200	>1 200~1 500	>1 500	≤1 200	>1 200~1 500	>1 500
最小屈服强度<260	0.20~0.40	±0.04	±0.05	±0.06	±0.030	±0.035	±0.040
	>0.40~0.60	±0.04	±0.05	±0.06	±0.035	±0.040	±0.045
	>0.60~0.80	±0.05	±0.06	±0.07	±0.040	±0.045	±0.050
	>0.80~1.00	±0.06	±0.07	±0.08	±0.045	±0.050	±0.060
	>1.00~1.20	±0.07	±0.08	±0.09	±0.050	±0.060	±0.070
	>1.20~1.60	±0.10	±0.11	±0.12	±0.060	±0.070	±0.080
	>1.60~2.00	±0.12	±0.13	±0.14	±0.070	±0.080	±0.090
	>2.00~2.50	±0.14	±0.15	±0.16	±0.090	±0.100	±0.110
	>2.50~3.00	±0.17	±0.17	±0.18	±0.110	±0.120	±0.130
	>3.00~5.00	±0.20	±0.20	±0.21	±0.15	±0.16	±0.17
	>5.00~6.50	±0.22	±0.22	±0.23	±0.17	±0.18	±0.19
最小屈服强度260~<360 和 S550GD+Z 或 ZF	0.20~0.40	±0.05	±0.06	±0.07	±0.035	±0.040	±0.045
	>0.40~0.60	±0.05	±0.06	±0.07	±0.040	±0.045	±0.050
	>0.60~0.80	±0.06	±0.07	±0.08	±0.045	±0.050	±0.060
	>0.80~1.00	±0.07	±0.08	±0.09	±0.050	±0.060	±0.070
	>1.00~1.20	±0.08	±0.09	±0.11	±0.060	±0.070	±0.080
	>1.20~1.60	±0.11	±0.13	±0.14	±0.070	±0.080	±0.090
	>1.60~2.00	±0.14	±0.15	±0.16	±0.080	±0.090	±0.110
	>2.00~2.50	±0.16	±0.17	±0.18	±0.110	±0.120	±0.130
	>2.50~3.00	±0.19	±0.20	±0.20	±0.130	±0.140	±0.150
	>3.00~5.00	±0.22	±0.24	±0.25	±0.17	±0.18	±0.19
	>5.00~6.50	±0.24	±0.25	+0.26	⊥0.19	±0.20	±0.21

注:[a] 钢带焊缝附近 10m 范围的厚度允许偏差可超过规定值的 50%。对双面镀层重量之和不小于 450g/m² 的产品,其厚度允许偏差应增加±0.01mm。

镀层钢板的宽度允许偏差 表3-318

公称宽度	宽度允许偏差	
	普通精度 PW. A	较高精度 PW. B
600~1 200	+5 0	+2 0
>1 200~1 500	+6 0	+2 0
>1 500~1 800	+7 0	+3 0
>1 800	+8 0	+3 0

镀层纵切钢带的宽度允许偏差 表3-319

精度级别	公称厚度 (mm)	宽度允许偏差(mm)			
		公称宽度(mm)			
		<125	125~<250	250~<400	400~<600
普通精度 PW. A	<0.6	+0.4 0	+0.5 0	+0.7 0	+1.0 0
	0.6~<1.0	+0.5 0	+0.6 0	+0.9 0	+1.2 0
	1.0~<2.0	+0.6 0	+0.8 0	+1.1 0	+1.4 0
	2.0~<3.0	+0.7 0	+1.0 0	+1.3 0	+1.6 0
	3.0~<5.0	+0.8 0	+1.1 0	+1.4 0	+1.7 0
	5.0~<6.5	+0.9 0	+1.2 0	+1.5 0	+1.8 0
高级精度 PW. B	<0.6	+0.2 0	+0.2 0	+0.3 0	+0.5 0
	0.6~<1.0	+0.2 0	+0.3 0	+0.4 0	+0.6 0
	1.0~<2.0	+0.3 0	+0.4 0	+0.5 0	+0.7 0
	2.0~<3.0	+0.4 0	+0.5 0	+0.6 0	+0.8 0
	3.0~<5.0	+0.5 0	+0.6 0	+0.7 0	+0.9 0
	5.0~<6.5	+0.6 0	+0.7 0	+0.8 0	+1.0 0

镀层钢板长度允许偏差(mm)　　　　　　　　　　表 3-320

公称长度	长度允许偏差	
	普通精度 PL. A	高级精度 PL. B
＜2 000	+6 0	+3 0
≥2 000～8 000	+0.3％×公称长度 0	+0.15％×公称长度 0
＞8 000	双方协议	

6.镀层钢板的不平度规定

表 3-321

最小屈服强度 (MPa)	公称宽度 (mm)	不平度,不大于(mm)							
		普通精度 PF. A				高级精度 PF. B			
		公称厚度(mm)							
		＜0.7	0.7～＜1.6	1.6～＜3.0	3.0～＜6.5	＜0.7	0.7～＜1.6	1.6～＜3.0	3.0～＜6.5
＜260	＜1 200	10	8	8	15	5	4	3	8
	1 200～＜1 500	12	10	10	18	6	5	4	9
	≥1 500	17	15	15	23	8	7	6	12
260～＜360	＜1 200	13	10	10	18	8	6	5	9
	1 200～＜1 500	15	13	13	25	9	8	6	12
	≥1 500	20	19	19	28	12	10	9	14

注:最小屈服强度不小于 360MPa 的钢板的不平度需双方协议确定。

1)镰刀弯

钢板和钢带的镰刀弯在任意 2 000mm 长度上应不大于 5mm;钢板的长度小于 2 000mm 时,其镰刀弯应不大于钢板实际长度的 0.25％。对于纵切钢带,当规定的屈服强度不大于 280MPa 时,其镰刀弯在任意 2 000mm 长度上应不大于 2mm;当规定的屈服强度大于 280MPa 时,其镰刀弯供需双方协商。

2)切斜

钢板应切成直角,切斜应不大于钢板宽度的 1％。

7.连续热镀锌钢板及钢带的订货和交货

订货要求用户需提供以下信息:

产品名称、标准号、牌号、镀层种类及镀层重量代号、尺寸及其精度(长、宽、厚及钢 带内径等)、不平度精度、镀层表面结构、表面处理、表面质量、重量、包装方式、其他(如光整、表面朝向等)。

钢板及钢带经热镀或热镀加平整(或光整)后交货。钢板及钢带表面不应有漏镀、镀层脱落和肉眼可见裂纹。不切边钢带边部允许存在微小锌层裂纹和白边。由于钢带生产过程的 局部缺陷不易发现和去除,但允许有缺陷部分不能超过每卷总长度的 6％。

钢板通常按理论重量交货,其计算方法符合表 3-322 的规定。钢带按实际重量交货。

(七)热轧花纹钢板和钢带(YB/T 4159—2007)

钢板和钢带用钢的牌号和化学成分(熔炼分析)应符合 GB/T 700、GB/T 712、GB/T 4171 的规定。力学性能如需方要求并在合同中注明,可进行拉伸、弯曲试验,其性能指标应符合标准的规定或按双方协议。

热轧花纹钢板和钢带按花纹形状分为菱形 LX(图 3-67)、扁豆形 BD(图 3-68)、圆豆形 YD(图 3-69)和组合形 ZH(图 3-70)四种。每种按边缘状态分为切边 EC 和不切边 EM。

热轧花纹钢板和钢带按标准编号-花纹代号-钢牌号-钢板厚度×宽度(切边代号)×长度的顺序标记。

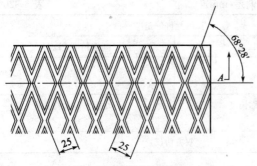

图 3-64　菱形花纹示意图

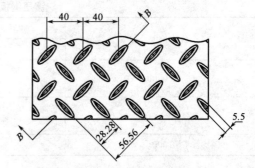

图 3-65　扁豆形花纹示意图

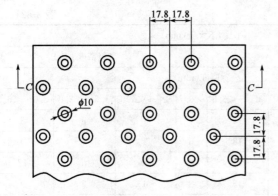

图 3-66　圆豆形花纹示意图

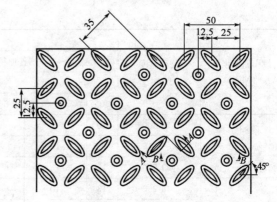

图 3-67　组合形花纹示意图

1. 花纹钢板和钢带的尺寸(mm)

表 3-322

基 本 厚 度	宽 度	长 度	
2.0～10.0	600～1 500	钢板	2 000～12 000
		钢带	—

注:①经供需双方协议,可供应本标准规定尺寸以外的钢板和钢带。
　　②图中各项尺寸为生产厂加工轧辊时控制用,不作为成品钢板和钢带检查的依据。

2. 花纹板的厚度、允许偏差和不平度

表 3-323

基本厚度(mm)	允许偏差(mm)	纹高(mm)	钢板不平度(mm/m)
2.0	±0.25	≥0.4	≤15
2.5	±0.25	≥0.4	
3.0	±0.30	≥0.5	≤12
3.5	±0.30	≥0.5	
4.0	±0.40	≥0.6	
4.5	±0.40	≥0.6	
5.0	+0.40 −0.50	≥0.6	
5.5	+0.40 −0.50	≥0.7	
6.0	+0.40 −0.50	≥0.7	≤10
7.0	+0.40 −0.50	≥0.7	
8.0	+0.50 −0.70	≥0.9	
10.0	+0.50 −0.70	≥1.0	

3. 花纹钢板的理论重量

表 3-324

基本厚度 (mm)	钢板理论重量(kg/m²)			
	菱形	圆豆形	扁豆形	组合形
2.0	17.7	16.1	16.8	16.5
2.5	21.6	20.4	20.7	20.4
3.0	25.9	24.0	24.8	24.5
3.5	29.9	27.9	28.8	28.4
4.0	34.4	31.9	32.8	32.4
4.5	38.3	35.9	36.7	36.4
5.0	42.2	39.8	40.1	40.3
5.5	46.6	43.8	44.9	44.4
6.0	50.5	47.7	48.8	48.4
7.0	58.4	55.6	56.7	56.2
8.0	67.1	63.6	64.9	64.4
10.0	83.2	79.3	80.8	80.27

4. 钢板状态和交货

1)订货信息

标准编号;牌号;产品类别(钢板或钢带);规格;花纹形状;边缘状态;用途;其他要求。

2)状态

钢板和钢带表面不得有气泡、结疤、拉裂、折叠和夹杂。钢板和钢带不得有分层,表面允许有薄层氧化铁皮、铁锈、由氧化铁皮脱落所形成的表面粗糙和高度或深度不超过允许偏差的其他局部缺陷。花纹应完整,花纹上允许有高度不超过厚度公差一半的局部的轻微毛刺。

在连续生产钢带的过程中,因局部的表面缺陷不易被发现和去除,钢带允许带缺陷交货,但有缺陷部分不得超过每卷钢带总长度的8%。

3)交货

钢板和钢带以热轧状态交货。通常以不切边状态供货,根据需方要求并在合同中注明,也可以切边状态供货。

钢板和钢带按实际重量交货。根据需方要求,也可按理论重量交货。

4)组批

钢板和钢带应按批检查和验收。每批由同一炉号、同一牌号、同一规格、同一花纹形状的钢板或钢带组成,也可由同一牌号、同一规格、同一花纹形状、不同炉号组成混合批,但最大批量不得超过200t。

(八)优质碳素结构钢冷轧钢板和钢带(GB/T 13273—2013)

优质碳素结构钢冷轧钢板和钢带的厚度不大于4mm,宽度不小于600mm。

1. 分类和代号

优质碳素结构钢冷轧钢板和钢带按边缘状态分为:切边,代号EC;不切边,代号EM。

钢板、钢带按表面质量分为三个级别。

表面质量级别、代号和特征

表 3-325

级 别	名 称	特 征
FB	较高级表面	表面允许有少量不影响成形性的缺陷,如小气泡、小划痕、小辊印、轻微划伤及氧化色等存在
FC	高级表面	产品两面中较好的一面无目视可见的明显缺陷,另一面至少应达到FB表面的要求
FD	超高级表面	产品两面中较好的一面不应有影响涂漆后的外观质量或电镀后的外观质量的缺陷,另一面至少应达到FB的要求

2. 钢板、钢带的尺寸、外形、重量及允许偏差

符合 GB/T 708 标准规定。

3. 钢的牌号和化学成分

表 3-326

牌号	化学成分[a]（质量分数）（%）								
	C	Si	Mn	Al_s（酸溶铝）	P	S	Ni	Cr	Cu
					不大于				
08Al	≤0.10	≤0.03	≤0.45	0.015～0.065	0.030	0.030	0.30	0.10	0.25
08	0.05～0.11	0.17～0.37	0.35～0.65	—	0.035	0.035	0.30	0.25	0.25
10	0.07～0.13	0.17～0.37	0.35～0.65	—	0.035	0.035	0.30	0.25	0.25
15	0.12～0.18	0.17～0.37	0.35～0.65	—	0.035	0.035	0.30	0.25	0.25
20	0.17～0.23	0.17～0.37	0.35～0.65	—	0.035	0.035	0.30	0.25	0.25
25	0.22～0.29	0.17～0.37	0.50～0.80	—	0.035	0.035	0.30	0.25	0.25
30	0.27～0.34	0.17～0.37	0.50～0.80	—	0.035	0.035	0.30	0.25	0.25
35	0.32～0.39	0.17～0.37	0.50～0.80	—	0.035	0.035	0.30	0.25	0.25
40	0.37～0.44	0.17～0.37	0.50～0.80	—	0.035	0.035	0.30	0.25	0.25
45	0.42～0.50	0.17～0.37	0.50～0.80	—	0.035	0.035	0.30	0.25	0.25
50	0.47～0.55	0.17～0.37	0.50～0.80	—	0.035	0.035	0.30	0.25	0.25
55	0.52～0.60	0.17～0.37	0.50～0.80	—	0.035	0.035	0.30	0.25	0.25
60	0.57～0.65	0.17～0.37	0.50～0.80	—	0.035	0.035	0.30	0.25	0.25
65	0.62～0.70	0.17～0.37	0.50～0.80	—	0.035	0.035	0.30	0.25	0.25
70	0.67～0.75	0.17～0.37	0.50～0.80	—	0.035	0.035	0.30	0.25	0.25

注：[a] 可用 Al_t（全铝）代替 Al_s 的测定，此时 Al_t 应为 0.020%～0.070%。

4. 钢板、钢带的力学性能

表 3-327

牌号	抗拉强度[a,b] R_m（N/mm²）	以下公称厚度（mm）的断后伸长率[c] A_{80mm} （$L_0=80mm$，$b=20mm$）（%）					
		≤0.6	>0.6～1.0	>1.0～1.5	>1.5～2.0	>2.0～≤2.5	>2.5
08Al	275～410	≥21	≥24	≥26	≥27	≥28	≥30
08	275～410	≥21	≥24	≥26	≥27	≥28	≥30
10	295～430	≥21	≥24	≥26	≥27	≥28	≥30
15	335～470	≥19	≥21	≥23	≥24	≥25	≥26
20	355～500	≥18	≥20	≥22	≥23	≥24	≥25
25	375～490	≥18	≥20	≥21	≥22	≥23	≥24
30	390～510	≥16	≥18	≥19	≥21	≥21	≥22
35	410～530	≥15	≥16	≥18	≥19	≥19	≥20
40	430～550	≥14	≥15	≥17	≥18	≥18	≥19
45	450～570	—	≥14	≥15	≥16	≥16	≥17
50	470～590	—	—	≥13	≥14	≥14	≥15
55	490～610	—	—	≥11	≥12	≥12	≥13
60	510～630	—	—	≥10	≥10	≥10	≥11
65	530～650	—	—	≥8	≥8	≥8	≥9
70	550～670	—	—	≥6	≥6	≥6	≥7

注：① [a] 拉伸试验取横向试样。

② [b] 在需方同意的情况下，25、30、35、40、45、50、55、60、65 和 70 牌号钢板和钢带的抗拉强度上限值允许比规定值提高 50MPa。

③ [c] 经供需双方协商，可采用其他标距。

5.弯曲试验

表 3-328

牌 号	180°弯曲试验	
	以上公称厚度(mm)的弯曲压头直径 d	
	≤2	>2
08Al 08 10 15 20 25	0	1a

注:①试样的宽度 b≥20mm,仲裁时 b=20mm。

②弯曲试验取横向试样,a 为试样厚度。

③当需方要求时,可做弯曲试验。试验后,试样外表面不得有目视可见的裂纹、断裂或起层。

6.钢的金相组织

(1)晶粒度

08、08Al、10、15、20 牌号的厚度大于 0.5mm 的钢板和钢带的晶粒度应为 6 级或更细,并允许以薄饼形晶粒交货。

(2)游离渗碳体

08、08Al、10 牌号的钢板和钢带允许有游离渗碳体组织存在,按 B 系列评级的级别应不大于 3 级。

(3)带状组织

15、20 牌号的钢板和钢带的带状组织级别应不大于 3 级。

(4)脱碳层

根据需方要求,35、40、45、50、55、60、65 和 70 牌号的钢板和钢带应检查表面脱碳层,完全脱碳层深度(从实际尺寸算起),一面不得大于钢板和钢带实际厚度的 2.5%,两面不得大于 4.0%。

7.钢板、钢带状态和交货

(1)表面质量

①钢板和钢带表面不得有气泡、裂纹、结疤、折叠和夹杂等对使用有害的缺陷,钢板和钢带不应有分层。

②钢板表面上的局部缺欠可用修磨方法清除,但应保证钢板的最小允许厚度。

③对于钢带,由于没有机会切除带缺陷部分,因此允许带缺陷交货,但有缺陷部分应不超过每卷总长度的 6%。

(2)交货状态

①钢板和钢带以退火后平整状态交货。对于单轧钢板,可以退火状态交货。经供需双方协议,也可以其他热处理状态交货,此时力学性能由供需双方协商。

②钢板和钢带通常涂油后供货,所涂油膜应能用碱性溶液或其他常用的除油液去除。在通常的包装、运输、装卸及储存条件下,供方应保证自生产完成之日起 6 个月内不生锈。经供需双方协议并在合同中注明,也可不涂油供货。

注:对于需方要求的不涂油产品,供方不承担产品锈蚀的风险,订货时,供方应告知需方,在运输、装卸、储存和使用过程中,不涂油产品表面易产生轻微划伤。

8.钢板、钢带的订货内容

订货单或合同中应提供:产品名称;标准编号;牌号;产品规格及尺寸,外形精度;带卷尺寸(内径、外径);表面质量级别,边缘状态;包装方式;重量;用途;其他特殊要求。

如订货合同中未注明尺寸及不平度精度、表面质量级别、边缘状态和包装方式等信息,则产品按普通级尺寸及不平度精度、较高级表面质量的切边钢板或钢带供货,并按供方提供的包装方式包装。

五、钢丝绳和镀锌钢绞线

(一)钢丝绳

钢丝绳包括一般用途钢丝绳、重要用途钢丝绳、粗直径钢丝绳、索道用钢丝绳等。工程中常用的主要为一般用途圆股钢丝绳和重要用途钢丝绳。一般用途钢丝绳适用于机械、建筑、船舶、渔业、林业、矿业、货运索道等行业;重要用途钢丝绳适用于大型吊装、繁忙起重、索道、地面缆车、船舶和海上设施等。

钢丝绳订货合同应包括以下主要内容:标准号;产品名称;结构(标记代号);公称直径;捻法;表面状态;公称抗拉强度;数量(长度);用途;其他要求。

钢丝绳按订货长度供货,用 m 表示,并符合下列长度允许偏差:≤400m:0～+5%;>400～1 000m:0～+20m;>1 000m:0～+2%。

需方对钢丝绳的验收,可委托有钢丝绳检定资格的检测部门进行,验收的依据是标准和订货合同及供方质量证明书,验收期(从出厂日期算起)不应超过一年。需方要求100%拆股试验的,需在订货合同中注明。

钢丝绳的标记示例:

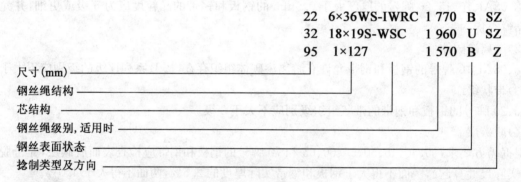

$$\begin{array}{llll}
22 & 6\times36WS\text{-}IWRC & 1\ 770 & B & SZ \\
32 & 18\times19S\text{-}WSC & 1\ 960 & U & SZ \\
95 & 1\times127 & 1\ 570 & B & Z \\
\end{array}$$

尺寸(mm)
钢丝绳结构
芯结构
钢丝绳级别,适用时
钢丝表面状态
捻制类型及方向

注:①各特性之间的间隔在实际应用中通常不留空间。
②钢丝绳的标记,其股的结构由中心向外层进行标记。

1. 钢丝绳的标记代号

表 3-329

类别	名 称	代 号	特点、用途或表示方法
按捻制方法分	(1)按捻制方向: 右向捻 左向捻	Z S	股在绳中(或丝在股中)螺旋线方向自左、向上、向右 股在绳中(或丝在股中)螺旋线方向自右、向上、向左
	(2)按绳与股的捻制方法: 右交互捻 左交互捻 右同向捻 左同向捻	ZS SZ ZZ SS	交互捻是丝在股中捻向与股在绳中捻向相反。此种绳不易松散和扭转但刚性大,寿命较短; 同向捻是丝在股中捻向与股在绳中捻向相同,此种绳内钢丝接触好,表面平滑,挠性好,磨损小,使用寿命长,但易松散和扭转
	(3)按股内各层钢丝之间相互接触状态分: 点接触		点接触:股内相邻层钢丝捻向不同,互相交叉时呈点状接触,或捻向虽同捻距不同,仍呈点状接触者,均为点接触钢丝绳,点接触钢丝绳,接触应力高,使用寿命短
	线接触		线接触:股内各层钢丝间捻向相同,捻距相同,即全长平行捻制,使各根钢丝始终平行,呈线状接触者为线接触钢丝绳,线接触钢丝绳接触应力小,使用寿命长

续表 3-329

类别	名　称	代　号	特点、用途或表示方法
按捻制方法分	其中①西鲁式	S	又叫外粗式,表示绳中每股钢丝其外层钢丝较内层为粗,内、外层钢丝根数相等。
	②瓦林吞式	W	又叫粗细式钢丝绳,表示钢丝绳中每股钢丝其外层有粗有细,混合排列,外层钢丝的根数为内层钢丝根数的二倍。在结构式中,同一层中的不同直径钢丝用"/"符号隔开。
	③填充式	Fi	表示钢丝绳中每股钢丝的外层与内层根数相等,但内层钢丝粗细相间,其中细丝填充在内层粗丝之间。在结构式中填充丝用"F"注明。
	面接触	T	在股的总数后面加上代号"T"。面接触适于异型截面的钢丝

类别	名　称	代　号	特点、用途或表示方法
按钢丝表面状态分	(1)光面钢丝 (2)A级镀锌钢丝 (3)AB级镀锌钢丝 (4)B级镀锌钢丝	U A AB B	制绳用钢丝公称抗拉强度级别(MPa)

光面和B级镀锌	—	1 570	1 670	1 770	1 870	1 960	2 160	△△△
AB级镀锌	—	1 570	1 670	1 770	1 870	1 960	—	
A级镀锌	1 470	1 570	1 670	1 770	1 870	—	—	

一般用途钢丝绳1 960、2 160MPa钢丝性能由厂家自定,但要确保绳的拆股性能

类别	名　称	代　号	特点、用途或表示方法
按绳芯分	(1)纤维芯(天然或合成的) (2)天然纤维芯 (3)合成纤维芯 (4)独立钢丝绳芯 (5)钢丝股芯	FC NF(NFC) SF(SFC) IWR(IWRC) IWS(WSC)	

2. 钢丝绳的分类

钢丝绳按其股断面、股数和股外层钢丝的数目分类,如果需方没有明确要求某种结构的钢丝绳时,在同一组别内,结构的选择由供方自行确定。

(1)一般用途圆股钢丝绳分类(GB/T 20118—2006)

表 3-330

组别	类别	分 类 原 则	典 型 结 构		直径范围 (mm)	强度级别 (MPa)
			钢丝绳	股		
1	单股钢丝绳	1个圆股,每股外层丝可到18根,中心丝外捻制1~3层钢丝	1×7	(1+6)	0.6~12	1 570~1 870
			1×19	(1+6+12)	1~16	
			1×37	(1+6+12+18)	1.4~22.5	
2	6×7	6个圆股,每股外层丝可到7根,中心丝(或无)外捻制1~2层钢丝,钢丝等捻距	6×7	(1+6)	1.8~36	1 570~1 870
			6×9W	(3+3/3)	14~36	
3	6×19(a)	6个圆股,每股外层丝8~12根,中心丝外捻制2~3层钢丝,钢丝等捻距	6×19S	(1+9+9)	6~36	1 570~2 160
			6×19W	(1+6+6/6)	6~40	
			6×25Fi	(1+6+6F+12)	8~44	
			6×25WS	(1+5+5/5+10)	13~40	
			6×31WS	(1+6+6/6+12)	12~46	
	6×19(b)	6个圆股,每股外层丝12根,中心丝外捻制2层钢丝	6×19	(1+6+12)	3~46	1 570~1 870

续表 3-330

组别	类别	分类原则	典型结构		直径范围（mm）	强度级别（MPa）
			钢丝绳	股		
4	6×37(a)	6 个圆股，每股外层丝 14～18 根，中心丝外捻制 3～4 层钢丝，钢丝等捻距	6×29Fi	(1+7+7F+14)	10～44	1 570～2 160
			6×36WS	(1+7+7/7+14)	12～60	
			6×37S（点线接触）	(1+6+15+15)	10～60	
			6×41WS	(1+8+8/8+16)	32～60	
			6×49SWS	(1+8+8+8/8+16)	36～60	
			6×55SWS	(1+9+9+9/9+18)	36～60	
	6×37(b)	6 个圆股，每股外层丝 18 根，中心丝外捻制 3 层钢丝	6×37	(1+6+12+18)	5～60	1 570～1 870
5	6×61	6 个圆股，每股外层丝 24 根，中心丝外捻制 4 层钢丝	6×61	(1+6+12+18+24)	40～60	1 570～1 870
6	8×19	8 个圆股，每股外层丝 8～12 根，中心丝外捻制 2～3 层钢丝，钢丝等捻距	8×19S	(1+9+9)	11～44	1 570～2 160
			8×19W	(1+6+6/6)	10～48	
			8×25Fi	(1+6+6F+12)	18～52	
			8×26WS	(1+5+5/5+10)	16～48	
			8×31WS	(1+6+6/6+12)	14～56	
7	8×97	8 个圆股，每股外层丝 14～18 根，中心丝外捻制 3～4 层钢丝，钢丝等捻距	8×36WS	(1+7+7/7+14)	14～60	1 570～2 160
			8×41WS	(1+8+8/8+16)	40～60	
			8×49SWS	(1+8+8+8/8+16)	44～60	
			8×55SWS	(1+9+9+9/9+18)	44～60	
8	18×7	钢丝绳中有 17 或 18 个圆股，在纤维芯或钢芯外捻制 2 层股，外层 10～12 个股，每股外层丝 4～7 根，中心丝外捻制一层钢丝	17×7	(1+6)	6～44	1 570～2 160
			18×7	(1+6)	6～44	
9	18×19	钢丝绳中有 17 或 18 个圆股，在纤维芯或钢芯外捻制 2 层股，外层 10～12 个股，每股外层丝 8～12 根，中心丝外捻制 2～3 层钢丝	18×19W	(1+6+6/6)	14～44	1 570～2 160
			18×19S	(1+9+9)	14～44	
			18×19	(1+6+12)	10～44	
10	34×7	钢丝绳中有 34～36 个圆股，在纤维芯或钢芯外捻制 3 层股，外层 17～18 个股，每股外层丝 4～8 根，中心丝外捻制一层钢丝	34×7	(1+6)	16～44	1 570～1 870
			36×7	(1+6)	16～44	
11	35W×7	钢丝绳中有 24～40 个圆股，在钢芯外捻制 2～3 层股，外层 12～18 个股，每股外层丝 4～8 根，中心丝外捻制一层钢丝	35W×7	(1+6)	12～50	1 570～2 160
			24W×7	(1+6)	12～50	
12	6×12	6 个圆股，每股外层丝 12 根，股纤维芯外捻制一层钢丝	6×12	(FC+12)	8～32	1 470～1 770
13	6×24	6 个圆股，每股外层丝 12～16 根，股纤维芯外捻制 2 层钢丝	6×24	(FC+9+15)	8～40	1 470～1 700
			6×24S	(FC+12+12)	10～44	
			6×24W	(FC+8+8/8)	10～44	
14	6×15	6 个圆股，每股外层丝 15 根，股纤维芯外捻制一层钢丝	6×15	(FC+15)	10～32	1 470～1 770

续表 3-330

组别	类别	分类原则	典型结构 钢丝绳	股	直径范围（mm）	强度级别（MPa）
15	4×19	4 个圆股，每股外层丝 8～12 根，中心丝外捻制 2～3层钢丝，钢丝等捻距	4×19S	(1+9+9)	8～28	1 570～2 160
			4×25Fi	(1+6+6F+12)	12～34	
			4×26WS	(1+5+5/5+10)	12～31	
			4×31WS	(1+6+6/6+12)	12～36	
16	4×37	4 个圆股，每股外层丝 14～18 根，中心丝外捻制 3～4层钢丝，钢丝等捻距	4×36WS	(1+7+7/7+14)	14～42	1 570～2 160
			4×41WS	(1+8+8/8+16)	26～46	

注：①3 组和 4 组内推荐用(a)类钢丝绳。

　　②12～14 组仅为纤维芯，其余组别的钢丝绳可由需方指定纤维芯或钢芯。

　　③(a)为线接触，(b)为点接触。

（2）重要用途钢丝绳分类(GB/T 8918—2006)

表 3-331

组别	类别		分类原则	典型结构 钢丝绳	股	直径范围 mm	强度级别（MPa）
1		6×7	6 个圆股，每股外层丝可到 7 根，中心丝(或无)外捻制 1～2 层钢丝，钢丝等捻距	6×7	(1+6)	8～36	1 570～1 960
				6×9W	(3+3/3)	14～36	
2		6×19	6 个圆股，每股外层丝 8～12 根，中心丝外捻制 2～3 层钢丝，钢丝等捻距	6×19S	(1+9+9)	12～36	1 570～1 960
				6×19W	(1+6+6/6)	12～40	
				6×25Fi	(1+6+6F+12)	12～44	
				6×26WS	(1+5+5/5+10)	20～40	
				6×31WS	(1+6+6/6+12)	22～46	
3	圆股钢丝绳	6×37	6 个圆股，每股外层丝 14～18 根，中心丝外捻制 2～3 层钢丝，钢丝等捻距	6×29Fi	(1+7+7F+14)	14～44	1 570～1 960
				6×36WS	(1+7+7/7+14)	18～60	
				6×37S (点线接触)	(1+6+15+15)	20～60	
				6×41WS	(1+8+8/8+16)	32～56	
				6×49SWS	(1+8+8+8/8+16)	36～60	
				6×55SWS	(1+9+9+9/9+18)	36～64	
4		8×19	8 个圆股，每股外层丝 8～12 根，中心丝外捻制 2～3 层钢丝，钢丝等捻距	8×19S	(1+9+9)	20～44	1 570～1 960
				8×19W	(1+6+6/6)	18～48	
				6×25Fi	(1+6+6F+12)	16～52	
				6×26WS	(1+5+5/5+10)	24～48	
				6×31WS	(1+6+6/6+12)	26～56	
5		8×37	8 个圆股，每股外层丝 14～18 根，中心丝外捻制 3～4 层钢丝，钢丝等捻距	8×36WS	(1+7+7/7+14)	22～60	1 570～1 960
				8×41WS	(1+8+8/8+16)	40～56	
				8×49SWS	(1+8+8+8/8+16)	44～64	
				8×55SWS	(1+9+9+9/9+18)	44～64	
6		18×7	钢丝绳中有 17 或 18 个圆股，每股外层丝 4～7 根，在纤维芯或钢芯外捻制 2 层股	17×7	(1+6)	12～60	1 570～1 960
				18×7	(1+6)	12～60	
7		18×19	钢丝绳中有 17 或 18 个圆股，每股外层丝 8～12 根，钢丝等捻距，在纤维芯或钢芯外捻制 2 层股	18×19W	(1+6+6/6)	24～60	1 570～1 960
				18×19S	(1+9+9)	28～60	

续表 3-331

组别	类别		分类原则	典型结构		直径范围	强度级别
				钢丝绳	股	mm	（MPa）
8	圆股钢丝绳	34×7	钢丝绳中有 34～36 个圆股，每股外层丝可到 7 根，在纤维芯或钢芯外捻制 3 层股	34×7	（1+6）	16～60	1 570～1 960
				36×7	（1+6）	20～60	
9		35W×7	钢丝绳中有 24～40 个圆股，每股外层丝 4～8 根，在纤维芯或钢芯（钢丝）外捻制 3 层股	35W×7	（1+6）	16～60	
				24W×7			
10	异形股钢丝绳	6V×7	6 个三角形股，每股外层丝 7～9 根，三角形股芯外捻制 1 层钢丝	6V×18	（/3×2+3/+9）	20～36	1 570～1 960
				6V×19	（/1×7+3/+9）	20～36	
11		6V×19	6 个三角形股，每股外层丝 10～14 根，三角形股芯或纤维芯外捻制 2 层钢丝	6V×21	（FC+9+12）	18～36	
				6V×24	（FC+12+12）	18～36	
				6V×30	（6+12+12）	20～38	
				6V×34	（/1×7+3/+12+12）	28～44	
12		6V×37	6 个三角形股，每股外层丝 15～18 根，三角形股芯外捻制 2 层钢丝	6V×37	（/1×7+3/+12+15）	32～52	
				6V×37S	（/1×7+3/+12+15）	32～52	
				6V×43	（/1×7+3/+15+18）	38～58	
13		4V×39	4 个扇形股，每股外层丝 15～18 根，纤维股芯外捻制 3 层钢丝	4V×39S	（FC+9+15+15）	16～36	
				4V×48S	（FC+12+18+18）	20～40	
14		6Q×19 +6V×21	钢丝绳中有 12～14 个股，在 6 个三角形股外，捻制 6～8 个椭圆股	6Q×19+6 V×21	外股（5+14） 内股（FC+9+12）	40～52	
				6Q×33+ 6V×21	外股（5+13+15） 内股（FC+9+12）	40～60	

注：①13 组及 11 组中异形股钢丝绳中 6V×21、6V×24 结构仅为纤维绳芯，其余组别的钢丝绳，可由需方指定纤维芯或钢芯。

②三角形股芯的结构可以相互代替，或改用其他结构的三角形股芯，但应在订货合同中注明。

③重要用途钢丝绳钢丝的抗拉强度不得低于公称抗拉强度值。

3. 钢丝绳的最小破断拉力公式

$$F_0 = \frac{K' \cdot D^2 \cdot R_0}{1\,000}$$

式中：F_0——钢丝绳最小破断拉力（kN）；

D——钢丝绳公称直径（mm）；

R_0——钢丝绳公称抗拉强度（MPa）；

K'——某一指定结构钢丝绳的最小破断拉力系数（K' 值见表 3-332、表 3-333）。

表 3-332

一般用途钢丝绳重量系数和最小破断拉力系数

组别	类别	钢丝绳重量系数 K			$\dfrac{K_2}{K_{1n}}$	$\dfrac{K_2}{K_{1p}}$	最小破断拉力系数 K'		$\dfrac{K_2'}{K_1'}$
		天然纤维芯钢丝绳	合成纤维芯钢丝绳	钢芯钢丝绳			纤维芯钢丝绳	钢芯钢丝绳	
		K_{1n}	K_{1p}	K_2			K_1'	K_2'	
		kg/100m·mm²							
1	1×7	—	—	0.522	—	—	—	0.540	—
	1×19	—	—	0.507	—	—	—	0.530	—
	1×37	—	—	0.501	—	—	—	0.490	—
2	6×7	0.351	0.344	0.387	1.10	1.12	0.332	0.359	1.08

组别	类别	钢丝绳重量系数 K			$\dfrac{K_2}{K_{1n}}$	$\dfrac{K_2}{K_{1p}}$	最小破断拉力系数 K'		$\dfrac{K_2'}{K_1'}$
		天然纤维芯钢丝绳	合成纤维芯钢丝绳	钢芯钢丝绳			纤维芯钢丝绳	钢芯钢丝绳	
		K_{1n}	K_{1p}	K_2			K_1'	K_2'	
		kg/100m·mm²							
3	6×19(a) 6×37(a)	0.380	0.371	0.418	1.10	1.13	0.330	0.356	1.08
4	6×19(b)	0.351	0.344	0.400	1.14	1.16	0.307	0.332	1.08
	6×37(b)	0.346	0.337	0.400	1.16	1.19	0.295	0.319	1.08
5	6×61	0.361	0.354	0.398	1.10	1.12	0.283	0.306	1.08
6 7	8×19 8×37	0.357	0.344	0.435	1.22	1.26	0.293	0.346	1.18
8 9	18×7 18×19	0.390		0.430	1.10	1.10	0.310	0.328	1.06
10	34×7	0.390		0.430	1.10	1.10	0.308	0.318	1.03
11	35W×7	—		0.460	—	—	—	0.360	
12	6×12	0.251	0.231	—			0.209	—	
13	6×24	0.318	0.304	—			0.280	—	
14	6×15	0.200	0.185	—			0.180	—	
15 16	4×19 4×37	0.410					0.360		

注：①在3组、6组钢丝绳中，当股内钢丝的数目为19根或19根以下时，重量系数应比表中所列的数小3%。

②在13组钢丝绳中，股为等捻距结构钢丝绳的重量系数和最小破断拉力系数，应分别比表中所列的数大4%。

③K_{1p}重量系数是对聚丙烯纤维芯钢丝绳而言。

重要用途钢丝绳重量系数和最小破断拉力系数　　　　　表 3-333

组别	类别	钢丝绳重量系数 K			$\dfrac{K_2}{K_{1n}}$	$\dfrac{K_2}{K_{1p}}$	最小破断拉力系数 K'		$\dfrac{K_2'}{K_1'}$
		天然纤维芯钢丝绳	合成纤维芯钢丝绳	钢芯钢丝绳			纤维芯钢丝绳	钢芯钢丝绳	
		K_{1n}	K_{1p}	K_2			K_1'	K_2'	
		kg/100m·mm²							
1	6×7	0.351	0.344	0.387	1.10	1.12	0.332	0.359	1.08
2 3	6×19 6×37	0.380	0.371	0.418	1.10	1.13	0.330	0.356	1.08
4 5	8×19 8×37	0.357	0.344	0.435	1.22	1.26	0.293	0.346	1.18
6 7	18×7 18×19	0.390		0.430	1.10	1.10	0.310	0.328	1.06
8	34×7	0.390		0.430	1.10	1.10	0.308	0.318	1.03
9	35W×7	—		0.460	—	—	—	0.360	
10	6V×7	0.412	0.404	0.437	1.06	1.08	0.375	0.398	1.06
11 12	6V×19 6V×37	0.405	0.397	0.429	1.06	1.08	0.360	0.382	1.06

续表 3-333

组别	类别	钢丝绳重量系数 K			$\dfrac{K_2}{K_{1n}}$	$\dfrac{K_2}{K_{1p}}$	最小破断拉力系数 K'		$\dfrac{K'_2}{K'_1}$
		天然纤维芯钢丝绳	合成纤维芯钢丝绳	钢芯钢丝绳			纤维芯钢丝绳	钢芯钢丝绳	
		K_{1n}	K_{1p}	K_2			K'_1	K'_2	
		kg/100m·mm²							
13	4V×39	0.410	0.402	—	—	—	0.360	—	—
14	6Q×19+6V×21	0.410	0.402	—	—	—	0.360	—	—

注：①在 2 组和 4 组钢丝绳中，当股内钢丝的数目为 19 根或 19 根以下时，重量系数应比表中所列的数小 3%。

②在 11 组钢丝绳中，股含纤维芯 6V×21、6V×24 结构钢丝绳的重量系数和最小破断拉力系数，应分别比表中所列的数小 8%，6V×30 结构钢丝绳的最小破断拉力系数，应比表中所列的数小 10%；在 12 组钢丝绳中，股为线接触结构 6V×37S 钢丝绳的重量系数和最小破断拉力系数则应分别比表中所列的数大 3%。

③K_{1P} 重量系数是对聚丙烯纤维芯钢绳而言。

4. 镀锌钢丝绳的锌层重量

镀锌钢丝绳中所有钢丝都应是镀锌的。如果锌层重量不符合下表规定，而其他性能符合光面钢丝绳要求，则可按光面钢丝绳交货。

(1)一般用途钢丝绳最小锌层重量

表 3-334

钢丝公称直径 d(mm)	最小锌层重量(g/m²)		
	B级镀锌钢丝	AB级镀锌钢丝	A级镀锌钢丝
0.15≤d<0.2	10	—	—
0.2≤d<0.25	14	—	—
0.25≤d<0.4	19	—	—
0.4≤d<0.5	28	57	71
0.5≤d<0.6	38	66	86
0.6≤d<0.7	48	81	104
0.7≤d<0.8	57	81	114
0.8≤d<1	66	90	124
1≤d<1.2	76	104	142
1.2≤d<1.5	86	114	157
1.5≤d<1.9	95	124	171
1.9≤d<2.5	104	142	195
2.5≤d<3.2	119	157	218
3.2≤d<4	128	180	238
4≤d≤4.4	142	190	247

(2)重要用途钢丝绳最小锌层重量

表 3-335

钢丝公称直径 d(mm)	B级	AB级	A级
	最小锌层重量(g/m²)		
0.6≤d<0.7	50	85	110
0.7≤d<0.8	60	85	120
0.8≤d<1	70	95	130

钢丝公称直径 d(mm)	B级	AB级	A级
	最小锌层重量(g/m²)		
1≤d<1.2	80	110	150
1.2≤d<1.5	90	120	165
1.5≤d<1.9	100	130	180
1.9≤d<2.5	110	150	205
2.5≤d<3.2	125	165	230
3.2≤d<3.5	135	190	250
3.5≤d<3.7	135	190	250
3.7≤d<4	135	190	250
4≤d≤4.4	150	200	260

5. 钢丝绳实测直径的允许偏差和不圆度

表 3-336

类　别	钢丝绳公称直径 D (mm)	允许偏差(%D)		不圆度　不大于(%D)	
		股全部为钢丝的 钢丝绳	带纤维股芯的 钢丝绳	股全部为钢丝的 钢丝绳	带纤维股芯的 钢丝绳
一般用途钢丝绳	0.6≤D<4	+8 0	—	7	—
	4≤D<6	+7 0	—	6	—
	6≤D<8	+6 0	—	5	—
	D≥8	+6 0	+7 0	4	6
重要用途圆股钢丝绳		+5 0		4	

6. 钢丝绳的包装和标志

钢丝绳包装分桶装、工字轮包装、无工字轮包装三种,包装类型应在合同中注明。

交货的钢丝绳包装外部应附有牢固清晰的标牌,注明:①供方名称和商标、地址;②钢丝绳名称;③产品标准号;④钢丝绳的直径、结构、表面状态、捻法和长度;⑤钢丝绳净重和毛重;⑥钢丝绳公称抗拉强度;⑦钢丝绳破断拉力或钢丝破断拉力总和;⑧钢丝绳出厂编号;⑨钢丝绳制造日期;⑩QS标志;⑪生产许可证号(需要时);⑫检查员印记。

交货钢丝绳应附有质量证明书,注明:①供方名称、地址、电话、商标;②钢丝绳名称;③产品标准编号;④钢丝绳的直径、结构、表面状态、捻法和长度;⑤钢丝绳净重;⑥钢丝绳公称抗拉强度;⑦钢丝绳中试验钢丝的公称直径和公称抗拉强度;⑧实测钢丝绳破断拉力或钢丝破断拉力总和;⑨钢丝绳中钢丝试验结果(具体按产品标准要求);⑩钢丝绳出厂编号;⑪技术监督部门印记;⑫生产许可证号(需要时);⑬质量证明书编号;⑭质量证明书审核员的印记或签名;⑮开具质量证明书日期。

7. 钢丝绳的规格和参数(GB/T 8918—2006;GB/T 20118—2006)

图和表列数据包括一般用途钢丝绳和重要用途钢丝绳。没有括号的组号和直径范围数据为一般用途钢丝绳。括号( )内的组号为重要用途钢丝绳的组号,括号( )内的直径范围为重要用途钢丝绳的直径范围。

1）一般用途　第1组单股绳类

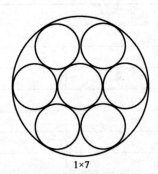

1×7

图 3-68　表 3-337 结构图

1×7 结构钢丝绳规格、参数　　　　　表 3-337

钢丝绳公称直径 (mm)	参考重量 (kg/100m)	钢丝绳公称抗拉强度（MPa）			
		1 570	1 670	1 770	1 870
		钢丝绳最小破断拉力（kN）			
0.6	0.19	0.31	0.32	0.34	0.36
1.2	0.75	1.22	1.30	1.38	1.45
1.5	1.17	1.91	2.03	2.15	2.27
1.8	1.69	2.75	2.92	3.10	3.27
2.1	2.30	3.74	3.98	4.22	4.45
2.4	3.01	4.88	5.19	5.51	5.82
2.7	3.80	6.18	6.57	6.97	7.36
3	4.70	7.63	8.12	8.60	9.09
3.3	5.68	9.23	9.82	10.4	11.0
3.6	6.77	11.0	11.7	12.4	13.1
3.9	7.94	12.9	13.7	14.5	15.4
4.2	9.21	15.0	15.9	16.9	17.8
4.5	10.6	17.2	18.3	19.4	20.4
4.8	12.0	19.5	20.8	22.0	23.3
5.1	13.6	22.1	23.5	24.9	26.3
5.4	15.2	24.7	26.3	27.9	29.4
6	18.8	30.5	32.5	34.4	36.4
6.6	22.7	36.9	39.3	41.6	44.0
7.2	27.1	43.9	46.7	49.5	52.3
7.8	31.8	51.6	54.9	58.2	61.4
8.4	36.8	59.8	63.6	67.4	71.3
9	42.3	68.7	73.0	77.4	81.8
9.6	48.1	78.1	83.1	88.1	93.1
10.5	57.6	93.5	99.4	105	111
11.5	69.0	112	119	126	134
12	75.2	122	130	138	145

注：最小钢丝破断拉力总和＝钢丝绳最小破断拉力×1.111。

2)一般用途 第1组单股绳类

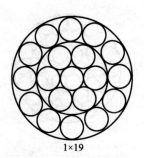

1×19

图 3-69 表 3-338 结构图

1×19 结构钢丝绳规格、参数 表 3-338

钢丝绳公称直径 (mm)	参考重量 (kg/100m)	钢丝绳公称抗拉强度(MPa)			
		1 570	1 670	1 770	1 870
		钢丝绳最小破断拉力(kN)			
1	0.51	0.83	0.89	0.94	0.99
1.5	1.14	1.87	1.99	2.11	2.23
2	2.03	3.33	3.54	3.75	3.96
2.5	3.17	5.20	5.53	5.86	6.19
3	4.56	7.49	7.97	8.44	8.92
3.5	6.21	10.2	10.8	11.5	12.1
4	8.11	13.3	14.2	15.0	15.9
4.5	10.3	16.9	17.9	19.0	20.1
5	12.7	20.8	22.1	23.5	24.8
5.5	15.3	25.2	26.8	28.4	30.0
6	18.3	30.0	31.9	33.8	35.7
6.5	21.4	35.2	37.4	39.6	41.9
7	24.8	40.8	43.4	46.0	48.6
7.5	28.5	46.8	49.8	52.8	55.7
8	32.4	56.6	56.6	60.0	63.4
8.5	36.6	60.1	63.9	67.8	71.6
9	41.1	67.4	71.7	76.0	80.3
10	50.7	83.2	88.6	93.8	99.1
11	61.3	101	107	114	120
12	73.0	120	127	135	143
13	85.7	141	150	159	167
14	99.4	163	173	184	194
15	114	187	199	211	223
16	130	213	227	240	254

注:最小钢丝破断拉力总和=钢丝绳最小破断拉力×1.111。

3) 一般用途　第1组单股绳类

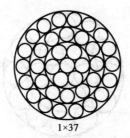

图 3-70　表 3-339 结构图

1×37 结构钢丝绳规格、参数　　　　　　　　　　表 3-339

钢丝绳公称直径 (mm)	参考重量 (kg/100m)	钢丝绳公称抗拉强度（MPa）			
		1 570	1 670	1 770	1 870
		钢丝绳最小破断拉力（kN）			
1.4	0.98	1.51	1.60	1.70	1.80
2.1	2.21	3.39	3.61	3.82	4.04
2.8	3.93	6.03	5.42	6.80	7.18
3.5	6.14	9.42	10.0	10.6	11.2
4.2	8.84	13.6	14.4	15.3	16.2
4.9	12.0	18.5	19.6	20.8	22.0
5.6	15.7	24.1	25.7	27.2	28.7
6.3	19.9	30.5	32.5	34.4	36.4
7	24.5	37.7	40.1	42.5	44.9
7.7	29.7	45.6	48.5	51.4	54.3
8.4	35.4	54.3	57.7	61.2	64.7
9.1	41.5	63.7	67.8	71.5	75.9
9.8	48.1	73.9	78.6	83.3	88.0
10.5	55.2	84.8	90.2	95.6	101
11	60.6	93.1	99.0	105	111
12	72.1	111	118	125	132
12.5	78.3	120	128	136	143
14	98.2	151	160	170	180
15.5	120	185	197	208	220
17	145	222	236	251	265
18	162	249	265	281	297
19.5	191	292	311	330	348
21	221	339	361	382	404
22.5	254	389	414	439	464

注：最小钢丝破断拉力总和＝钢丝绳最小破断拉力×1.176。

4)一般用途 第2组 6×7类
重要用途 （第1组 6×7类）

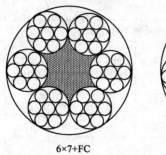

6×7+FC

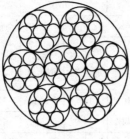

6×7+IWS

直径：1.8~36mm
(8~36mm)

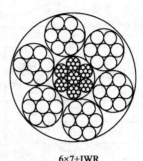

6×7+IWR

直径：1.8~36mm

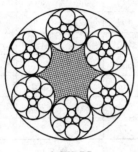

6×9W+FC

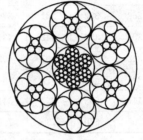

6×9W+IWR

直径：14~36mm
(14~36mm)

图3-71 表340 结构图

**第2组 6×7类(第1组 6×7类)6×7＋FC、6×7＋IWS、6×7＋IWR、
6×9W＋FC、6×9＋IWS 结构钢丝绳规格、参数**

表 3-340

钢丝绳公称直径(mm)	参考重量(kg/100m)			钢丝绳公称抗拉强度(MPa)									
				1 570		1 670		1 770		1 870		1 960	
				钢丝绳最小破断拉力(kN)									
	天然纤维芯钢丝绳	合成纤维芯钢丝绳	钢芯钢丝绳	纤维芯钢丝绳	钢芯钢丝绳	纤维芯钢丝绳	钢芯钢丝绳	纤维芯钢丝绳	钢芯钢丝绳	纤维芯钢丝绳	钢芯钢丝绳	纤维芯钢丝绳	钢芯钢丝绳
1.8	1.14	1.11	1.25	1.69	1.83	1.80	1.94	1.90	2.06	2.01	2.18		
2	1.40	1.38	1.55	2.08	2.25	2.22	2.40	2.35	2.54	2.48	2.69		
3	3.16	3.10	3.48	4.69	5.07	4.99	5.40	5.29	5.72	5.59	6.04		
4	5.62	5.50	6.19	8.34	9.02	8.87	9.59	9.40	10.2	9.93	10.7		
5	8.78	8.60	9.68	13.0	14.1	13.9	15.0	14.7	15.9	15.5	16.8		
6	12.6	12.4	13.9	18.8	20.3	20.0	21.6	21.2	22.9	22.4	24.2		
7	17.2	16.9	19.0	25.5	27.6	27.2	29.4	28.8	31.1	30.4	32.9		
8	22.5	22.0	24.8	33.4	36.1	35.5	38.4	37.6	40.7	39.7	43.0	41.6	45.0
9	28.4	27.9	31.3	42.2	45.7	44.9	48.6	47.6	51.5	50.3	54.4	52.7	57.0
10	35.1	34.4	38.7	52.1	56.4	55.4	60.0	58.8	63.5	62.1	67.1	65.1	70.4
11	42.5	41.6	46.8	63.1	68.2	67.1	72.5	71.1	76.9	75.1	81.2	78.7	85.1
12	50.5	49.5	55.7	75.1	81.2	79.8	86.3	84.6	91.5	89.4	96.7	93.7	101
13	59.3	58.1	65.4	88.1	95.3	93.7	101	99.3	107	105	113	110	119

钢丝绳公称直径 (mm)	参考重量 (kg/100m)			钢丝绳公称抗拉强度(MPa)									
				1 570		1 670		1 770		1 870		1 960	
				钢丝绳最小破断拉力(kN)									
	天然纤维芯钢丝绳	合成纤维芯钢丝绳	钢芯钢丝绳	纤维芯钢丝绳	钢芯钢丝绳	纤维芯钢丝绳	钢芯钢丝绳	纤维芯钢丝绳	钢芯钢丝绳	纤维芯钢丝绳	钢芯钢丝绳	纤维芯钢丝绳	钢芯钢丝绳
14	68.8	67.4	75.9	102	110	100	118	115	125	122	132	128	138
16	89.9	88.1	99.1	133	144	142	153	150	163	159	172	167	180
18	114	111	125	169	183	180	194	190	206	201	218	211	228
20	140	138	155	208	225	222	240	235	254	248	269	260	281
22	170	166	187	252	273	268	290	284	308	300	325	315	341
24	202	198	223	300	325	319	345	338	366	358	387	375	405
26	237	233	262	352	381	375	405	397	430	420	454	440	476
28	275	270	303	409	442	435	470	461	498	487	526	510	552
30	316	310	348	469	507	499	540	529	572	559	604	586	633
32	359	352	396	534	577	568	614	602	651	636	687	666	721
34	406	398	447	603	652	641	693	679	735	718	776	752	813
36	455	446	502	676	730	719	777	762	824	805	870	843	912

注:①最小钢丝破断拉力总和=钢丝绳最小破断拉力×1.134(纤维芯)或1.214(钢芯)。

②一般用途钢丝绳无1 960MPa强度级别。

5)一般用途　第3组 6×19a 类

　　重要用途　(第2组 6×19 类)

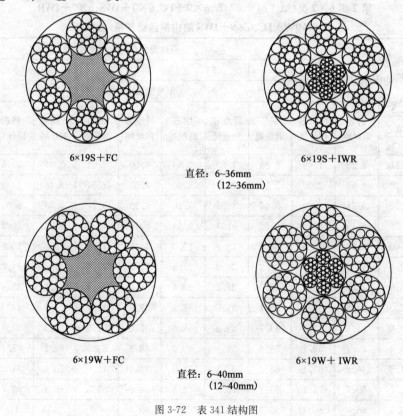

6×19S＋FC　　　　　　　　　　6×19S＋IWR

直径:6~36mm
(12~36mm)

6×19W＋FC　　　　　　　　　　6×19W＋IWR

直径:6~40mm
(12~40mm)

图 3-72　表 341 结构图

第3组6×19a类(第2组6×19类)

6×19S＋FC、6×19S＋IWS、6×19W＋FC、

6×19W＋IWS 结构钢丝绳规格、参数

表 3-341

钢丝绳公称直径(mm)	参考重量 (kg/100m)			钢丝绳公称抗拉强度(MPa)											
				1 570		1 670		1 770		1 870		1 960		2 160	
				钢丝绳最小破断拉力(kN)											
	天然纤维芯钢丝绳	合成纤维芯钢丝绳	钢芯钢丝绳	纤维芯钢丝绳	钢芯钢丝绳	纤维芯钢丝绳	钢芯钢丝绳	纤维芯钢丝绳	钢芯钢丝绳	纤维芯钢丝绳	钢芯钢丝绳	纤维芯钢丝绳	钢芯钢丝绳	纤维芯钢丝绳	钢芯钢丝绳
6	13.3	13.0	14.6	18.7	20.1	19.8	21.4	21.0	22.7	22.2	24.0	23.3	25.1	25.7	27.7
7	18.1	17.6	19.9	25.4	27.4	27.0	29.1	28.6	30.9	30.2	32.6	31.7	34.2	34.9	37.7
8	23.6	23.0	25.9	33.2	35.8	35.3	38.0	37.4	40.3	39.5	42.6	41.4	44.6	45.6	49.2
9	29.9	29.1	32.8	42.0	45.3	44.6	48.2	47.3	51.0	50.0	53.9	52.4	56.5	57.7	62.3
10	36.9	36.0	40.6	51.8	55.9	55.1	59.5	58.4	63.0	61.7	66.6	64.7	69.8	71.3	76.9
11	44.6	43.5	49.1	62.7	67.6	66.7	71.9	70.7	76.2	74.7	80.6	78.3	84.4	86.2	93.0
12	53.1	51.8	58.4	74.6	80.5	79.4	85.6	84.1	90.7	88.9	95.9	93.1	100	103	111
13	62.3	60.8	68.5	87.6	94.5	93.1	100	98.7	106	104	113	109	118	120	130
14	72.2	70.5	79.5	102	110	108	117	114	124	121	130	127	137	140	151
16	94.4	92.1	104	133	143	141	152	150	161	158	170	166	179	182	197
18	119	117	131	168	181	179	193	189	204	200	216	210	226	231	249
20	147	144	162	207	224	220	238	234	252	247	266	259	279	285	308
22	178	174	196	251	271	267	288	283	305	299	322	313	338	345	372
24	212	207	234	298	322	317	342	336	363	355	383	373	402	411	443
26	249	243	274	350	378	373	402	395	426	417	450	437	472	482	520
28	289	282	318	406	438	432	466	458	494	484	522	507	547	559	603
30	332	324	365	466	503	496	535	526	567	555	599	582	628	642	692
32	377	369	415	531	572	564	609	598	645	632	682	662	715	730	787
34	426	416	469	599	646	637	687	675	728	713	770	748	807	824	889
36	478	466	525	671	724	714	770	757	817	800	863	838	904	924	997
38	532	520	585	748	807	796	858	843	910	891	961	934	1 010	1 030	1 110
40	590	576	649	829	894	882	951	935	1 010	987	1 070	1 030	1 120	1 140	1 230

注:①最小钢丝破断拉力总和＝钢丝绳最小破断拉力×1.214(纤维芯)或1.308(钢芯)。

②重要用途钢丝绳无2 160MPa强度级别。

6）一般用途　第3组 6×196类

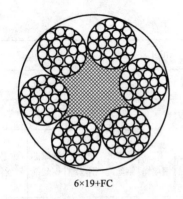
6×19+FC

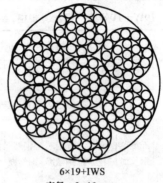
6×19+IWS
直径：3～46mm

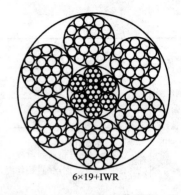
6×19+IWR

图3-73　表3-342 结构图

6×19＋FC、6×19＋IWS、6×19＋IWR 结构钢丝绳规格、参数　　表3-342

钢丝绳公称直径（mm）	参考重量（kg/100m）			钢丝绳公称抗拉强度（MPa）							
				1 570		1 670		1 770		1 870	
				钢丝绳最小破断拉力（kN）							
	天然纤维芯钢丝绳	合成纤维芯钢丝绳	钢芯钢丝绳	纤维芯钢丝绳	钢芯钢丝绳	纤维芯钢丝绳	钢芯钢丝绳	纤维芯钢丝绳	钢芯钢丝绳	纤维芯钢丝绳	钢芯钢丝绳
3	3.16	3.10	3.60	4.34	4.69	4.61	4.99	4.89	5.29	5.17	5.59
4	5.62	5.50	6.40	7.71	8.34	8.20	8.87	8.69	9.40	9.19	9.93
5	8.78	8.60	10.0	12.0	13.0	12.8	13.9	13.6	14.7	14.4	15.5
6	12.6	12.4	14.4	17.4	18.8	18.5	20.0	19.6	21.2	20.7	22.4
7	17.2	16.9	19.6	23.6	25.5	25.1	27.2	26.6	28.8	28.1	30.4
8	22.5	22.0	25.6	30.8	33.4	32.8	35.5	34.8	37.6	36.7	39.7
9	28.4	27.9	32.4	39.0	42.2	41.6	44.9	44.0	47.6	46.5	50.3
10	35.1	34.4	40.0	48.2	52.1	51.3	55.4	54.4	58.8	57.4	62.1
11	42.5	41.6	48.4	58.3	63.1	62.0	67.1	65.8	71.1	69.5	75.1
12	50.5	50.0	57.6	69.4	75.1	73.8	79.8	78.2	84.6	82.7	89.4
13	59.3	58.1	67.6	81.5	88.1	86.6	93.7	91.8	99.3	97.0	105
14	68.8	67.4	78.4	94.5	102	100	109	107	115	113	122
16	89.9	88.1	102	123	133	131	142	139	150	147	159
18	114	111	130	156	169	166	180	176	190	186	201
20	140	138	160	193	208	205	222	217	235	230	248
22	170	166	194	233	252	248	268	263	284	278	300
24	202	198	230	278	300	295	319	313	338	331	358
26	237	233	270	326	352	346	375	367	397	388	420
28	275	270	314	378	409	402	435	426	461	450	487
30	316	310	360	434	469	461	499	489	529	517	559
32	359	352	410	494	534	525	568	557	602	588	636
34	406	398	462	557	603	593	641	628	679	664	718
36	455	446	518	625	676	664	719	704	762	744	805
38	507	497	578	696	753	740	801	785	849	829	896
40	562	550	640	771	834	820	887	869	940	919	993
42	619	607	706	850	919	904	978	959	1 040	1 010	1 100
44	680	666	774	933	1 010	993	1 070	1 050	1 140	1 110	1 200
46	743	728	846	1 020	1 100	1 080	1 170	1 150	1 240	1 210	1 310

注：最小钢丝破断拉力总和＝钢丝绳最小破断拉力×1.226（纤维芯）或1.321（钢芯）。

7)一般用途　第 3 组和第 4 组 6×19a 类和 6×37a 类

　　重要用途　（第 2 组 6×19 类和第 3 组 6×37 类）

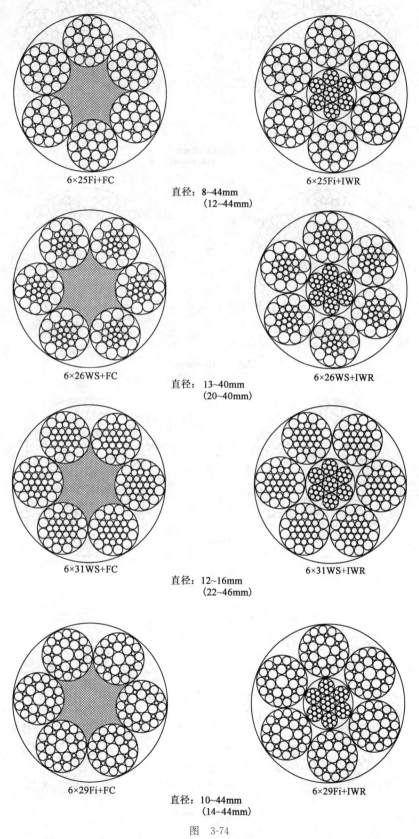

6×25Fi+FC　　　　　　　　　6×25Fi+IWR

直径：8~44mm
（12~44mm）

6×26WS+FC　　　　　　　　　6×26WS+IWR

直径：13~40mm
（20~40mm）

6×31WS+FC　　　　　　　　　6×31WS+IWR

直径：12~16mm
（22~46mm）

6×29Fi+FC　　　　　　　　　6×29Fi+IWR

直径：10~44mm
（14~44mm）

图　3-74

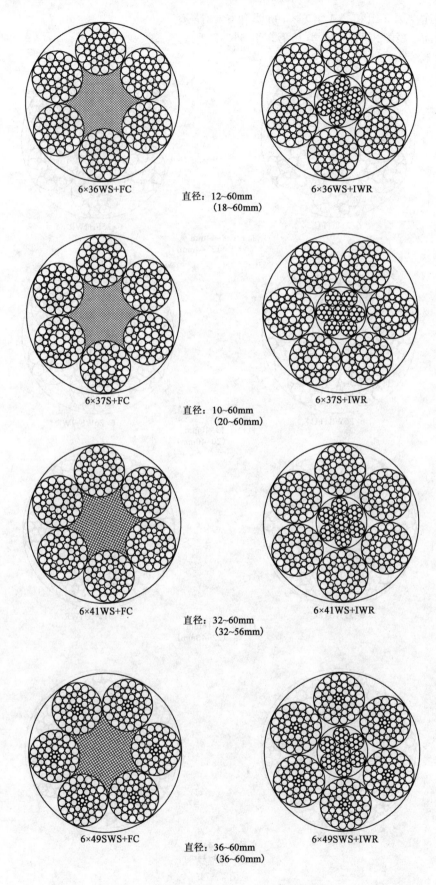

6×36WS+FC   直径：12~60mm   6×36WS+IWR
                   (18~60mm)

6×37S+FC   直径：10~60mm   6×37S+IWR
                   (20~60mm)

6×41WS+FC   直径：32~60mm   6×41WS+IWR
                   (32~56mm)

6×49SWS+FC   直径：36~60mm   6×49SWS+IWR
                   (36~60mm)

图 3-74

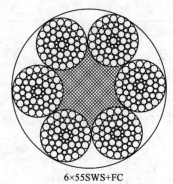 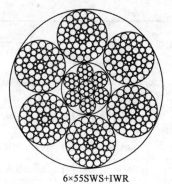

6×55SWS+FC　　　　　　　　　6×55SWS+IWR

直径：36~60mm
（36~64mm）

图 3-74　表 3-343 结构图

第 3 组和第 4 组 6×19a 类和 6×37a 类（第 2 组和第 3 组 6×19 和 6×37 类）

6×25Fi＋FC、6×25Fi＋IWR、6×26WS＋FC、6×26WS＋IWR、6×29Fi＋FC、6×29Fi＋IWR、
6×31WS＋FC、6×31WS＋IWR、6×36WS＋FC、6×36WS＋IWS、6×37S＋FC、6×37S＋IWR、
6×41WS＋FC、6×41WS＋IWR、6×49SWS＋FC、6×49SWS＋IWR、6×55SWS＋FC、6×55SWS＋IWR

结构钢丝绳规格、参数　　　　　　　　　　　　　　表 3-343

钢丝绳公称直径(mm)	参考重量(kg/100m)			钢丝绳公称抗拉强度(MPa)											
				1 570		1 670		1 770		1 870		1 960		2 160	
				钢丝绳最小破断拉力(kN)											
	天然纤维芯钢丝绳	合成纤维芯钢丝绳	钢芯钢丝绳	纤维芯钢丝绳	钢芯钢丝绳	纤维芯钢丝绳	钢芯钢丝绳	纤维芯钢丝绳	钢芯钢丝绳	纤维芯钢丝绳	钢芯钢丝绳	纤维芯钢丝绳	钢芯钢丝绳	纤维芯钢丝绳	钢芯钢丝绳
8	24.3	23.7	26.8	33.2	35.8	35.3	38.0	37.4	40.3	39.5	42.6	41.4	44.7	45.6	49.2
10	38.0	37.1	41.8	51.8	55.9	55.1	59.5	58.4	63.0	61.7	66.6	64.7	69.8	71.3	76.9
12	54.7	53.4	60.2	74.6	80.5	79.4	85.6	84.1	90.7	88.9	95.9	93.1	100	103	111
13	64.2	62.7	70.6	87.6	94.5	93.1	100	98.7	106	104	113	109	118	120	130
14	74.5	72.7	81.9	102	110	108	117	114	124	121	130	127	137	140	151
16	97.3	95.0	107	133	143	141	152	150	161	158	170	166	179	182	197
18	123	120	135	168	181	179	193	189	204	200	216	210	226	231	249
20	152	148	167	207	224	220	238	234	252	247	266	259	279	285	308
22	184	180	202	251	271	267	288	283	305	299	322	313	338	345	372
24	219	214	241	298	322	317	342	336	363	355	383	373	402	411	443
26	257	251	283	350	378	373	402	395	426	417	450	437	472	482	520
28	298	291	328	406	438	432	466	458	494	484	522	507	547	559	603
30	342	334	376	466	503	496	535	526	567	555	599	582	628	642	692
32	389	380	428	531	572	564	609	598	645	632	682	662	715	730	787
34	439	429	483	599	646	637	687	675	728	713	770	748	807	824	889
36	492	481	542	671	724	714	770	757	817	800	863	838	904	924	997
38	549	536	604	748	807	796	858	843	910	891	961	934	1 010	1 030	1 110
40	608	594	669	829	894	882	951	935	1 010	987	1 070	1 030	1 120	1 140	1 230
42	670	654	737	914	986	972	1 050	1 030	1 110	1 090	1 170	1 140	1 230	1 260	1 360
44	736	718	809	1 000	1 080	1 070	1 150	1 130	1 220	1 190	1 290	1 250	1 350	1 380	1 490
46	804	785	884	1 100	1 180	1 170	1 260	1 240	1 330	1 310	1 410	1 370	1 480	1 510	1 630

钢丝绳公称直径(mm)	参考重量 (kg/100m)			钢丝绳公称抗拉强度(MPa)												
				1 570		1 670		1 770		1 870		1 960		2 160		
				钢丝绳最小破断拉力(kN)												
	天然纤维芯钢丝绳	合成纤维芯钢丝绳	钢芯钢丝绳	纤维芯钢丝绳	钢芯钢丝绳	纤维芯钢丝绳	钢芯钢丝绳	纤维芯钢丝绳	钢芯钢丝绳	纤维芯钢丝绳	钢芯钢丝绳	纤维芯钢丝绳	钢芯钢丝绳	纤维芯钢丝绳	钢芯钢丝绳
48	876	855	963	1 190	1 290	1 270	1 370	1 350	1 450	1 420	1 530	1 490	1 610	1 640	1 770
50	950	928	1 040	1 300	1 400	1 380	1 490	1 460	1 580	1 540	1 660	1 620	1 740	1 780	1 920
52	1 030	1 000	1 130	1 400	1 510	1 490	1 610	1 580	1 700	1 670	1 800	1 750	1 890	1 930	2080
54	1 110	1 080	1 220	1 510	1 630	1 610	1 730	1 700	1 840	1 800	1 940	1 890	2 030	2 080	2 240
56	1 190	1 160	1 310	1 620	1 750	1 730	1 860	1 830	1 980	1 940	2 090	2 030	2 190	2 240	2 410
58	1 280	1 250	1 410	1 740	1 880	1 850	2 000	1 960	2 120	2 080	2 240	2 180	2 350	2 400	2 590
60	1 370	1 340	1 500	1 870	2 010	1 980	2 140	2 100	2 270	2 220	2 400	2 330	2 510	2 570	2 770
62	1 460	1 430	1 610	1 990	2 150	2 120	2 290	2 250	2 420	2 370	2 560	2 490	2 680	—	—
64	1 560	1 520	1 710	2 120	2 290	2 260	2 440	2 390	2 580	2 530	2 730	2 650	2 860	—	—

注:①最小钢丝破断拉力总和=钢丝绳最小破断拉力×1.226(纤维芯)或1.321(钢芯),其中 6×37S 纤维芯为1.191,钢芯为1.283。

②重要用途钢丝绳无 2 160MPa 强度级别。

8)一般用途 第 4 组 6×37b 类

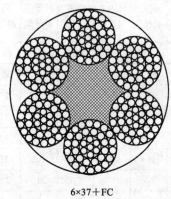
6×37+FC

6×37+IWR

直径:5~60mm

图 3-75 表 3-344 结构图

第 4 组 6×37b 类

6×37+FC、6×37+IWR 结构钢丝绳规格、参数 表 3-344

钢丝绳公称直径(mm)	参考重量 (kg/100m)			钢丝绳公称抗拉强度(MPa)							
				1 570		1 670		1 770		1 870	
				钢丝绳最小破断拉力(kN)							
	天然纤维芯钢丝绳	合成纤维芯钢丝绳	钢芯钢丝绳	纤维芯钢丝绳	钢芯钢丝绳	纤维芯钢丝绳	钢芯钢丝绳	纤维芯钢丝绳	钢芯钢丝绳	纤维芯钢丝绳	钢芯钢丝绳
5	8.65	8.43	10.0	11.6	12.5	12.3	13.3	13.1	14.1	13.8	14.9
6	12.5	12.1	14.4	16.7	18.0	17.7	19.2	18.8	20.3	19.9	21.5
7	17.0	16.5	19.6	22.7	24.5	24.1	26.1	25.6	27.7	27.0	29.2
8	22.1	21.6	25.6	29.6	32.1	31.5	34.1	33.4	36.1	35.3	38.2

钢丝绳公称直径（mm）	参考重量（kg/100m）			钢丝绳公称抗拉强度（MPa）							
				1 570		1 670		1 770		1 870	
				钢丝绳最小破断拉力（kN）							
	天然纤维芯钢丝绳	合成纤维芯钢丝绳	钢芯钢丝绳	纤维芯钢丝绳	钢芯钢丝绳	纤维芯钢丝绳	钢芯钢丝绳	纤维芯钢丝绳	钢芯钢丝绳	纤维芯钢丝绳	钢芯钢丝绳
9	28.0	27.3	32.4	37.5	40.6	39.9	43.2	42.3	45.7	44.7	48.3
10	34.6	33.7	40.0	46.3	50.1	49.3	53.3	52.2	56.5	55.2	59.7
11	41.9	40.8	48.4	56.0	60.6	59.6	64.5	63.2	68.3	66.7	72.2
12	49.8	48.5	57.6	66.7	72.1	70.9	76.7	75.2	81.3	79.4	85.9
13	58.5	57.0	67.6	78.3	84.6	83.3	90.0	88.2	95.4	93.2	101
14	67.8	66.1	78.4	90.8	98.2	96.6	104	102	111	108	117
16	88.6	86.3	102	119	128	126	136	134	145	141	153
18	112	109	130	150	162	160	173	169	183	179	193
20	138	135	160	185	200	197	213	209	226	221	239
22	167	163	194	224	242	238	258	253	273	267	289
24	199	194	230	267	288	284	307	301	325	318	344
26	234	228	270	313	339	333	360	353	382	373	403
28	271	264	314	363	393	386	418	409	443	432	468
30	311	303	360	417	451	443	479	470	508	496	537
32	354	345	410	474	513	504	546	535	578	565	611
34	400	390	462	535	579	570	616	604	653	638	690
36	448	437	518	600	649	638	690	677	732	715	773
38	500	487	578	669	723	711	769	754	815	797	861
40	554	539	640	741	801	788	852	835	903	883	954
42	610	594	706	817	883	869	940	921	996	973	1 050
44	670	652	774	897	970	954	1 030	1 010	1 090	1 070	1 150
46	732	713	846	980	1 060	1 040	1 130	1 100	1 190	1 170	1 260
48	797	776	922	1 070	1 150	1 140	1 230	1 200	1 300	1 270	1 370
50	865	843	1 000	1 160	1 250	1 230	1 330	1 300	1 410	1 380	1 490
52	936	911	1 080	1 250	1 350	1 330	1 440	1 410	1 530	1 490	1 610
54	1 010	983	1 170	1 350	1 450	1 440	1 550	1 520	1 650	1 610	1 740
56	1 090	1 060	1 250	1 450	1 570	1 540	1 670	1 640	1 770	1 730	1 870
58	1 160	1 130	1 350	1 560	1 680	1 660	1 790	1 760	1 900	1 860	2010
60	1 250	1 210	1 440	1 670	1 800	1 770	1 920	1 880	2030	1 990	2150

注：最小钢丝破断拉力总和＝钢丝绳最小破断拉力×1.249(纤维芯)或1.336(钢芯)。

9）一般用途　第 5 组 6×61 类

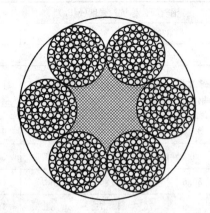

图 3-76　表 3-345 结构图

第 5 组 6×61 类

6×61＋FC、6×61＋IWR 结构钢丝绳规格、参数　　　　　　表 3-345

钢丝绳公称直径（mm）	参考重量（kg/100m）			钢丝绳公称抗拉强度（MPa）							
				1 570		1 670		1 770		1 870	
				钢丝绳最小破断拉力（kN）							
	天然纤维芯钢丝绳	合成纤维芯钢丝绳	钢芯钢丝绳	纤维芯钢丝绳	钢芯钢丝绳	纤维芯钢丝绳	钢芯钢丝绳	纤维芯钢丝绳	钢芯钢丝绳	纤维芯钢丝绳	钢芯钢丝绳
40	578	566	637	711	769	756	818	801	867	847	916
42	637	624	702	784	847	834	901	884	955	934	1 010
44	699	685	771	860	930	915	989	970	1 050	1 020	1 110
46	764	749	842	940	1 020	1 000	1 080	1 060	1 150	1 120	1 210
48	832	816	917	1 020	1 110	1 090	1 180	1 150	1 250	1 220	1 320
50	903	885	995	1 110	1 200	1 180	1 280	1 250	1 350	1 320	1 430
52	976	957	1 080	1 200	1 300	1 280	1 380	1 350	1 460	1 430	1 550
54	1 050	1 030	1 160	1 300	1 400	1 380	1 490	1 460	1 580	1 540	1 670
56	1 130	1 110	1 250	1 390	1 510	1 480	1 600	1 570	1 700	1 660	1 790
58	1 210	1 190	1 340	1 490	1 620	1 590	1 720	1 690	1 820	1 780	1 920
60	1 300	1 270	1 430	1 600	1 730	1 700	1 840	1 800	1 950	1 910	2060

注：最小钢丝破断拉力总和＝钢丝绳最小破断拉力×1.301（纤维芯）或 1.392（钢芯）。

10）一般用途　第 6 组 8×19 类
　　重要用途　（第 4 组 8×19 类）

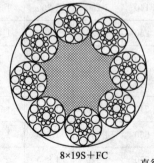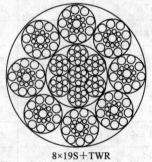

8×19S＋FC　　　　　　　　　　　8×19S＋TWR

直径：11~44mm
　　　（20~44mm）

图　3-77

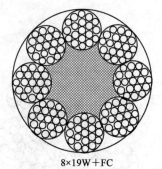
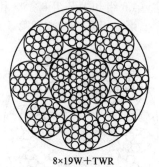

8×19W＋FC   8×19W＋TWR

直径：10~48mm
(18~48mm)

图 3-77 表 3-346 结构图

第 6 组 8×19 类(第 4 组 8×19 类)
8×19S＋FC、8×19S＋IWR、8×19W＋FC、
8×19W＋IWR 结构钢丝绳规格、参数

表 3-346

钢丝绳公称直径(mm)	参考重量(kg/100m)			钢丝绳公称抗拉强度(MPa)											
				1 570		1 670		1 770		1 870		1 960		2 160	
				钢丝绳最小破断拉力(kN)											
	天然纤维芯钢丝绳	合成纤维芯钢丝绳	钢芯钢丝绳	纤维芯钢丝绳	钢芯钢丝绳	纤维芯钢丝绳	钢芯钢丝绳	纤维芯钢丝绳	钢芯钢丝绳	纤维芯钢丝绳	钢芯钢丝绳	纤维芯钢丝绳	钢芯钢丝绳	纤维芯钢丝绳	钢芯钢丝绳
10	34.6	33.4	42.2	46.0	54.3	48.9	57.8	51.9	61.2	54.8	64.7	57.4	67.8	63.3	74.7
11	41.9	40.4	51.1	55.7	65.7	59.2	69.9	62.8	74.1	66.3	78.3	69.5	82.1	76.6	90.4
12	49.9	48.0	60.8	66.2	78.2	70.5	83.2	74.7	88.2	78.9	93.2	82.7	97.7	91.1	108
13	58.5	56.4	71.3	77.7	91.8	82.7	97.7	87.6	103	92.6	109	97.1	115	107	126
14	67.9	65.4	82.7	90.2	106	95.9	113	102	120	107	127	113	133	124	146
16	88.7	85.4	108	118	139	125	148	133	157	140	166	147	174	162	191
18	112	108	137	149	176	159	187	168	198	178	210	186	220	205	242
20	139	133	169	184	217	196	231	207	245	219	259	230	271	253	299
22	168	162	204	223	263	237	280	251	296	265	313	278	328	306	362
24	199	192	243	265	313	282	333	299	353	316	373	331	391	365	430
26	234	226	285	311	367	331	391	351	414	370	437	388	458	428	505
28	271	262	331	361	426	384	453	407	480	430	507	450	532	496	586
30	312	300	380	414	489	440	520	467	551	493	582	517	610	570	673
32	355	342	432	471	556	501	592	531	627	561	663	588	694	648	765
34	400	386	488	532	628	566	668	600	708	633	748	664	784	732	864
36	449	432	547	596	704	634	749	672	794	710	839	744	879	820	969
38	500	482	609	664	784	707	834	749	884	791	934	829	979	914	1 080
40	554	534	675	736	869	783	925	830	980	877	1 040	919	1 090	1 010	1 200
42	611	589	744	811	958	863	1 020	915	1 080	967	1 140	1 010	1 200	1 120	1 320
44	670	646	817	891	1 050	947	1 120	1 000	1 190	1 060	1 250	1 110	1 310	1 230	1 450
46	733	706	893	973	1 150	1 040	1 220	1 100	1 300	1 160	1 370	1 220	1 430	1 340	1 580
48	798	769	972	1 060	1 250	1 130	1 330	1 190	1 410	1 260	1 490	1 320	1 560	1 460	1 720

注：①最小钢丝破断拉力总和＝钢丝绳最小破断拉力×1.214(纤维芯)或1.360(钢芯)。

②重要用途钢丝绳无 2 160MPa 强度级别。

11)一般用途　第 6 组和第 7 组 8×19 和 8×37 类
　　重要用途　（第 4 组 8×19 类和第 5 组 8×37 类）

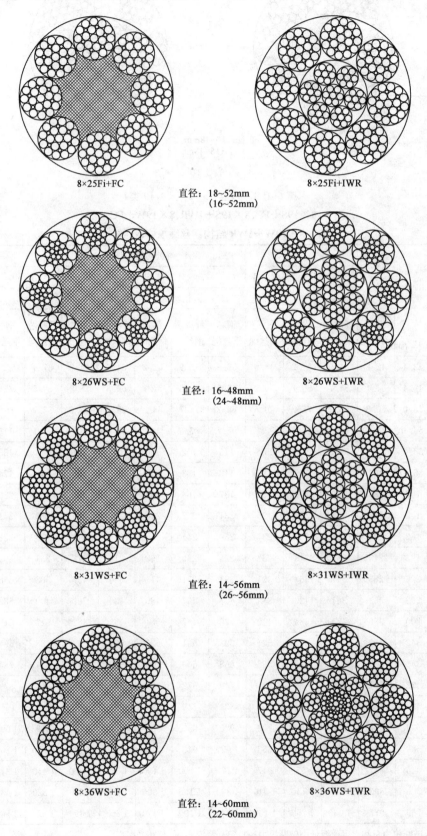

8×25Fi+FC　　　　　　　　　　　　8×25Fi+IWR

直径：18~52mm
（16~52mm）

8×26WS+FC　　　　　　　　　　　　8×26WS+IWR

直径：16~48mm
（24~48mm）

8×31WS+FC　　　　　　　　　　　　8×31WS+IWR

直径：14~56mm
（26~56mm）

8×36WS+FC　　　　　　　　　　　　8×36WS+IWR

直径：14~60mm
（22~60mm）

图　3-78

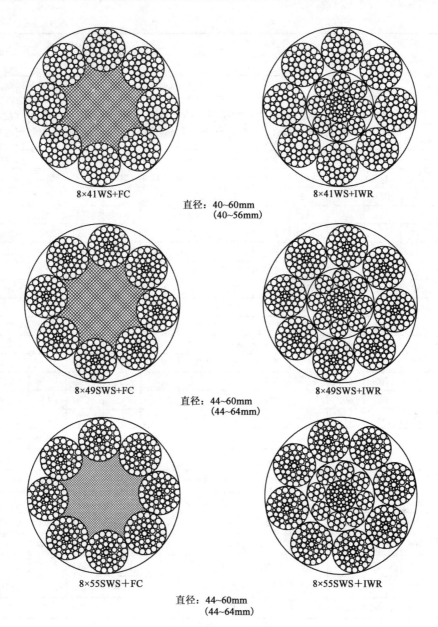

8×41WS+FC　　　　8×41WS+IWR

直径：40~60mm
（40~56mm）

8×49SWS+FC　　　　8×49SWS+IWR

直径：44~60mm
（44~64mm）

8×55SWS＋FC　　　　8×55SWS＋IWR

直径：44~60mm
（44~64mm）

图 3-78　表 3-347 结构图

第 6 组和第 7 组 8×19 类和 8×37 类（第 4 组 8×19 类和第 5 组 8×37 类）
8×25Fi＋FC、8×25Fi＋IWR、8×26WS＋FC、8×26WS＋IWR、
8×31WS＋FC、8×31WS＋IWR、8×36WS＋FC、8×36WS＋IWR、
8×41WS＋FC、8×41WS＋IWR、8×49WS＋FC、8×49WS＋IWR、
8×55SWS＋FC、7×55SWS＋IWR 结构钢丝绳规格、参数　　　　表 3-347

钢丝绳公称直径（mm）	参考重量（kg/100m）			钢丝绳公称抗拉强度（MPa）											
				1 570		1 670		1 770		1 870		1 960		2 160	
				钢丝绳最小破断拉力											
	天然纤维芯钢丝绳	合成纤维芯钢丝绳	钢芯钢丝绳	纤维芯钢丝绳	钢芯钢丝绳	纤维芯钢丝绳	钢芯钢丝绳	纤维芯钢丝绳	钢芯钢丝绳	纤维芯钢丝绳	钢芯钢丝绳	纤维芯钢丝绳	钢芯钢丝绳	纤维芯钢丝绳	钢芯钢丝绳
14	70.0	67.4	85.3	90.2	106	95.9	113	102	120	107	127	113	133	124	146
16	91.4	88.1	111	118	139	125	148	133	157	140	166	147	174	162	191

钢丝绳公称直径（mm）	参考重量（kg/100m）		钢丝绳公称抗拉强度（MPa）												
			1 570		1 670		1 770		1 870		1 960		2 160	
			钢丝绳最小破断拉力（kN）												
	天然纤维芯钢丝绳	合成纤维芯钢丝绳	钢芯钢丝绳	纤维芯钢丝绳	钢芯钢丝绳	纤维芯钢丝绳	钢芯钢丝绳	纤维芯钢丝绳	钢芯钢丝绳	纤维芯钢丝绳	钢芯钢丝绳	纤维芯钢丝绳	钢芯钢丝绳	纤维芯钢丝绳	钢芯钢丝绳
18	116	111	141	149	176	159	187	168	198	178	210	186	220	205	242
20	143	138	174	184	217	196	231	207	245	219	259	230	271	253	299
22	173	166	211	223	263	237	280	251	296	265	313	278	328	306	362
24	206	198	251	265	313	282	333	299	353	316	373	331	391	365	430
26	241	233	294	311	367	331	391	351	414	370	437	388	458	428	505
28	280	270	341	361	426	384	453	407	480	430	507	450	532	496	586
30	321	310	392	414	489	440	520	467	551	493	582	517	610	570	673
32	366	352	445	471	556	501	592	531	627	561	663	588	694	648	765
34	413	398	503	532	628	566	668	600	708	633	748	664	784	732	864
36	463	446	564	596	704	634	749	672	794	710	839	744	879	820	969
38	516	497	628	664	784	707	834	749	884	791	934	829	979	914	1 080
40	571	550	696	736	869	783	925	830	980	877	1 040	919	1 090	1 010	1 230
42	630	607	767	811	958	863	1 020	915	1 080	967	1 140	1 010	1 200	1 120	1 320
44	691	666	842	890	1 050	947	1 120	1 000	1 190	1 060	1 250	1 110	1 310	1 230	1 450
46	755	728	920	973	1 150	1 040	1 220	1 100	1 300	1 160	1 370	1 220	1 430	1 340	1 580
48	823	793	1 000	1 060	1 250	1 130	1 330	1 190	1 410	1 260	1 490	1 320	1 560	1 460	1 720
50	892	860	1 090	1 150	1 360	1 220	1 440	1 300	1 530	1 370	1 620	1 440	1 700	1 580	1 870
52	965	930	1 180	1 240	1 470	1 320	1 560	1 400	1 660	1 480	1 750	1 550	1 830	1 710	2 020
54	1 040	1 000	1 270	1 340	1 580	1 430	1 680	1 510	1 790	1 600	1 890	1 670	1 980	1 850	2 180
56	1 120	1 080	1 360	1 440	1 700	1 530	1 810	1 630	1 920	1 720	2 030	1 800	2 130	1 980	2 340
58	1 200	1 160	1 460	1 550	1 830	1 650	1 940	1 740	2 060	1 840	2 180	1 930	2 280	2 130	2 510
60	1 290	1 240	1 570	1 660	1 960	1 760	2 080	1 870	2 200	1 970	2 330	2 070	2 440	2 280	2 690
62	1 370	1 320	1 670	1 770	2 090	1 880	2 220	1 990	2 350	2 110	2 490	2 210	2 610	—	—
64	1 460	1 410	1 780	1 880	2 230	2 000	2 370	2 120	2 510	2 240	2 650	2 350	2 780	—	—

注：①最小钢丝破断拉力总和＝钢丝绳最小破断拉力×1.226(纤维芯)或1.374(钢芯)。
　　②重要用途钢丝绳无2 160MPa强度级别。

12)一般用途　第8组和第9组18×7和18×19类

重要用途　（第6组18×7类和第7组18×19类）

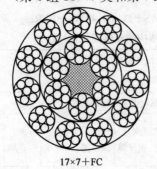

17×7＋FC

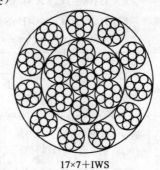

17×7＋IWS

直径：6~44mm
（12~60mm）

图　3-79

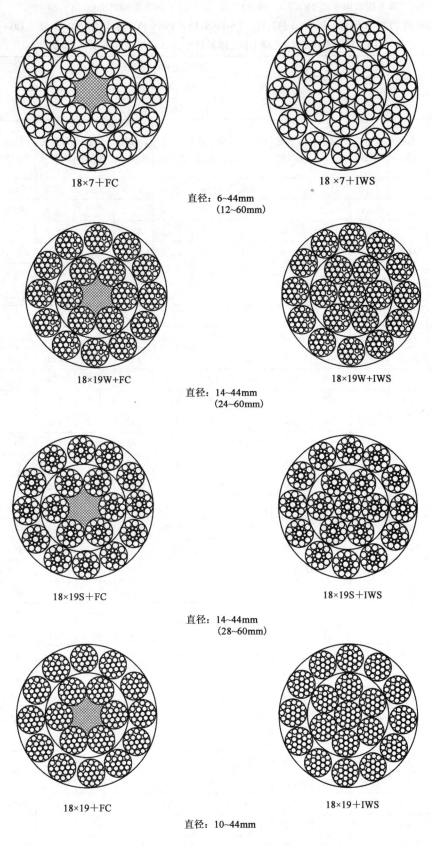

18×7＋FC

18 ×7＋IWS

直径：6~44mm
（12~60mm）

18×19W+FC

18×19W+IWS

直径：14~44mm
（24~60mm）

18×19S＋FC

18×19S＋IWS

直径：14~44mm
（28~60mm）

18×19＋FC

18×19＋IWS

直径：10~44mm

图 3-79　表 3-348 结构图

第8组和第9组18×7和18×19类(第6组18×7类和第7组18×19类)

17×7+FC、17×7+IWS、18×7+FC、18×7+IWS、18×19S+FC、18×19S+IWS、18×19W+FC、18×19W+IWS、18×19+FC、18×19+IWS 结构钢丝绳规格、参数

表 3-348

钢丝绳公称直径(mm)	参考重量(kg/100m)		钢丝绳公称抗拉强度(MPa)											
			1 570		1 670		1 770		1 870		1 960		2 160	
			钢丝绳最小破断拉力(kN)											
	纤维芯钢丝绳	钢芯钢丝绳	纤维芯钢丝绳	钢芯钢丝绳	纤维芯钢丝绳	钢芯钢丝绳	纤维芯钢丝绳	钢芯钢丝绳	纤维芯钢丝绳	钢芯钢丝绳	纤维芯钢丝绳	钢芯钢丝绳	纤维芯钢丝绳	钢芯钢丝绳
6	14.0	15.5	17.5	18.5	18.6	19.7	19.8	20.9	20.9	22.1	21.9	23.1	24.1	25.5
7	19.1	21.1	23.8	25.2	25.4	26.8	26.9	28.4	28.4	30.1	29.8	31.5	32.8	34.7
8	25.0	27.5	31.1	33.0	33.1	35.1	35.1	37.2	37.1	39.3	38.9	41.1	42.9	45.3
9	31.6	34.8	39.4	41.7	41.9	44.4	44.4	47.0	47.0	49.7	49.2	52.1	54.2	57.4
10	39.0	43.0	48.7	51.5	51.8	54.8	54.9	58.1	58.0	61.3	60.8	64.3	67.0	70.8
11	47.2	52.0	58.9	62.3	62.6	66.3	66.4	70.2	70.1	74.2	73.5	77.8	81.0	85.7
12	56.2	61.9	70.1	74.2	74.5	78.9	79.0	83.6	83.5	88.3	87.5	92.6	96.4	102
13	65.9	72.7	82.3	87.0	87.5	92.6	92.7	98.1	98.0	104	103	109	113	120
14	76.4	84.3	95.4	101	101	107	108	114	114	120	119	126	131	139
16	99.8	110	125	132	133	140	140	149	148	157	156	165	171	181
18	126	139	158	167	168	177	178	188	188	199	197	208	217	230
20	156	172	195	206	207	219	219	232	232	245	243	257	268	283
22	189	208	236	249	251	265	266	281	281	297	294	311	324	343
24	225	248	280	297	298	316	316	334	334	353	350	370	386	408
26	264	291	329	348	350	370	371	392	392	415	411	435	453	479
28	306	331	382	404	406	429	430	455	454	481	476	504	525	555
30	351	387	438	463	466	493	494	523	522	552	547	579	603	638
32	399	440	498	527	530	561	562	594	594	628	622	658	686	725
34	451	497	563	595	598	633	634	671	670	709	702	743	774	819
36	505	557	631	667	671	710	711	752	751	795	787	833	868	918
38	563	621	703	744	748	791	792	838	837	886	877	928	967	1 020
40	624	688	779	824	828	876	878	929	928	981	972	1 030	1 070	1 130
42	688	759	859	908	913	966	968	1 020	1 020	1 080	1 070	1 130	1 180	1 250
44	755	832	942	997	1 000	1 060	1 060	1 120	1 120	1 190	1 180	1 240	1 300	1 370
46	825	910	1 030	1 090	1 100	1 160	1 160	1 230	1 230	1 300	1 200	1 360	—	—
48	899	991	1 120	1 190	1 190	1 260	1 260	1 340	1 340	1 410	1 400	1 480	—	—
50	975	1 080	1 220	1 290	1 290	1 370	1 370	1 450	1 450	1 530	1 520	1 610	—	—
52	1 050	1 160	1 320	1 390	1 400	1 480	1 480	1 570	1 570	1 660	1 640	1 740	—	—
54	1 140	1 250	1 420	1 500	1 510	1 600	1 600	1 690	1 690	1 790	1 770	1 870	—	—
56	1 220	1 350	1 530	1 610	1 620	1 720	1 720	1 820	1 820	1 920	1 910	2 020	—	—
58	1 310	1 450	1 640	1 730	1 740	1 840	1 850	1 950	1 950	2 060	2 040	2 160	—	—
60	1 400	1 550	1 750	1 850	1 860	1 970	1 980	2 090	2 090	2 210	2 190	2 310	—	—

注:①最小钢丝破断拉力总和=钢丝绳最小破断拉力×1.283,其中17×7为1.250。

②重要用途钢丝绳无2 160MPa强度级别。

13）一般用途 第10组 34×7类
重要用途 （第8组 34×7类）

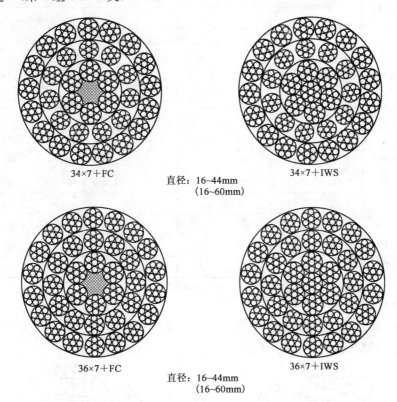

34×7＋FC   直径：16~44mm   34×7＋IWS
（16~60mm）

36×7＋FC   直径：16~44mm   36×7＋IWS
（16~60mm）

图 3-80 表 3-349 结构图

第10组 34×7类（第8组 34×7类）

34×7＋FC、34×7＋IWS、36×7＋FC、36×7＋IWS 结构钢丝绳规格、参数   表 3-349

钢丝绳公称直径（mm）	钢丝绳参考重量（kg/100m）		钢丝绳公称抗拉强度（MPa）									
			1 570		1 670		1 770		1 870		1 960	
			钢丝绳最小破断拉力（kN）									
	纤维芯钢丝绳	钢芯钢丝绳	纤维芯钢丝绳	钢芯钢丝绳	纤维芯钢丝绳	钢芯钢丝绳	纤维芯钢丝绳	钢芯钢丝绳	纤维芯钢丝绳	钢芯钢丝绳	纤维芯钢丝绳	钢芯钢丝绳
16	99.8	110	124	128	132	136	140	144	147	152	155	160
18	126	139	157	162	167	172	177	182	187	193	196	202
20	156	172	193	200	206	212	218	225	230	238	241	249
22	189	208	234	242	249	257	264	272	279	288	292	302
24	225	248	279	288	296	306	314	324	332	343	348	359
26	264	291	327	337	348	359	369	380	389	402	408	421
28	306	337	379	391	403	416	427	441	452	466	473	489
30	351	387	435	449	463	478	491	507	518	535	543	561
32	399	440	495	511	527	544	558	576	590	609	618	638
34	451	497	559	577	595	614	630	651	666	687	698	721
36	505	557	627	647	667	688	707	729	746	771	782	808
38	563	621	698	721	743	767	787	813	832	859	872	900
40	624	688	774	799	823	850	872	901	922	951	966	997
42	688	759	853	881	907	937	962	993	1 020	1 050	1 060	1 100

钢丝绳公称直径(mm)	钢丝绳参考重量(kg/100m)		钢丝绳公称抗拉强度(MPa)									
			1 570		1 670		1 770		1 870		1 960	
			钢丝绳最小破断拉力(kN)									
	纤维芯钢丝绳	钢芯钢丝绳	纤维芯钢丝绳	钢芯钢丝绳	纤维芯钢丝绳	钢芯钢丝绳	纤维芯钢丝绳	钢芯钢丝绳	纤维芯钢丝绳	钢芯钢丝绳	纤维芯钢丝绳	钢芯钢丝绳
44	755	832	936	967	996	1 030	1 060	1 090	1 120	1 150	1 170	1 210
46	825	910	1 020	1 060	1 090	1 120	1 150	1 190	1 220	1 260	1 280	1 320
48	899	991	1 110	1 150	1 190	1 220	1 260	1 300	1 330	1 370	1 390	1 440
50	975	1 080	1 210	1 250	1 290	1 330	1 360	1 410	1 440	1 490	1 510	1 560
52	1 050	1 160	1 310	1 350	1 390	1 440	1 470	1 520	1 560	1 610	1 630	1 690
54	1 140	1 250	1 410	1 460	1 500	1 550	1 590	1 640	1 680	1 730	1 760	1 820
56	1 220	1 350	1 520	1 570	1 610	1 670	1 710	1 770	1 810	1 860	1 890	1 950
58	1 310	1 450	1 630	1 680	1 730	1 790	1 830	1 890	1 940	2 000	2 030	2 100
60	1 400	1 550	1 740	1 800	1 850	1 910	1 960	2 030	2 070	2 140	2 170	2 240

注:①最小钢丝破断拉力总和=钢丝绳最小破断拉力×1.334,其中34×7为1.300。
②一般用途钢丝绳无1 960MPa强度级别。

14)一般用途　第11组 35W×7 类
　　　重要用途　(第9组 35W×7 类)

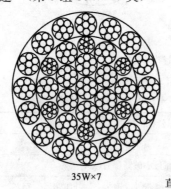

35W×7

直径:12~50mm
(16~60mm)

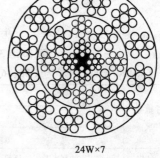

24W×7

图 3-81　表 3-350 结构图

第11组 35W×7 类(第9组 35W×7 类)
35W×7、24W×7、结构钢丝绳规格、参数　　　　　　　　　表 3-350

钢丝绳公称直径(mm)	钢丝绳参考重量(kg/100m)	钢丝绳公称抗拉强度(MPa)					
		1 570	1 670	1 770	1 870	1 960	2 160
		钢丝绳最小破断拉力(kN)					
12	66.2	81.4	86.6	91.8	96.9	102	112
14	90.2	111	118	125	132	138	152
16	118	145	154	163	172	181	199
18	149	183	195	206	218	229	252
20	184	226	240	255	269	282	311
22	223	274	291	308	326	342	376
24	265	326	346	367	388	406	448
26	311	382	406	431	455	477	526

续表 3-350

钢丝绳公称直径 (mm)	钢丝绳 参考重量 (kg/100m)	钢丝绳公称抗拉强度(MPa)					
		1 570	1 670	1 770	1 870	1 960	2 160
		钢丝绳最小破断拉力(kN)					
28	361	443	471	500	528	553	610
30	414	509	541	573	606	635	700
32	471	579	616	652	689	723	796
34	532	653	695	737	778	816	899
36	596	732	779	826	872	914	1 010
38	664	816	868	920	972	1 020	1 120
40	736	904	962	1 020	1 080	1 130	1 240
42	811	997	1 060	1 120	1 190	1 240	1 370
44	891	1 090	1 160	1 230	1 300	1 370	1 510
46	973	1 200	1 270	1 350	1 420	1 490	1 650
48	1 060	1 300	1 390	1 470	1 550	1 630	1 790
50	1 150	1 410	1 500	1 590	1 680	1 760	1 940
52	1 240	1 530	1 630	1 720	1 820	1 910	—
54	1 340	1 650	1 750	1 860	1 960	2 060	—
56	1 440	1 770	1 890	2 000	2 110	2 210	—
58	1 550	1 900	2 020	2 140	2 260	2 370	—
60	1 660	2 030	2 160	2 290	2 420	2 540	—

注:①最小钢丝破断拉力总和＝钢丝绳最小破断拉力×1.287。
②重要用途钢丝绳无 2 160MPa 强度级别。

15）一般用途　第 12 组 6×12 类

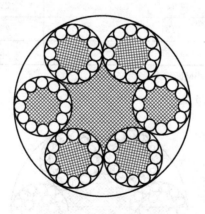

图 3-82　表 3-351 结构图

6×12＋7FC 结构钢丝绳规格、参数　　　　　　　　　　　　表 3-351

钢丝绳公称直径 (mm)	参考重量 (kg/100m)		钢丝绳公称抗拉强度(MPa)			
			1 470	1 570	1 670	1 770
	天然纤维芯 钢丝绳	合成纤维芯 钢丝绳	钢丝绳最小破断拉力(kN)			
8	16.1	14.8	19.7	21.0	22.3	23.7
9	20.3	18.7	24.9	26.6	28.3	30.0

钢丝绳公称直径 (mm)	参考重量 (kg/100m)		钢丝绳公称抗拉强度(MPa)			
			1 470	1 570	1 670	1 770
	天然纤维芯 钢丝绳	合成纤维芯 钢丝绳	钢丝绳最小破断拉力(kN)			
9.3	21.7	20.0	26.6	28.4	30.2	32.0
10	25.1	23.1	30.7	32.8	34.9	37.0
11	30.4	28.0	37.2	39.7	42.2	44.8
12	36.1	33.3	44.2	47.3	50.3	53.3
12.5	39.2	36.1	48.0	51.3	54.5	57.8
13	42.4	39.0	51.9	55.5	59.0	62.5
14	49.2	45.3	60.2	64.3	68.4	72.5
15.5	60.3	55.5	73.8	78.8	83.9	88.9
16	64.3	59.1	78.7	84.0	89.4	94.7
17	72.5	66.8	88.8	94.8	101	107
18	81.3	74.8	99.5	106	113	120
18.5	85.9	79.1	105	112	119	127
20	100	92.4	123	131	140	148
21.5	116	107	142	152	161	171
22	121	112	149	159	169	179
24	145	133	177	189	201	213
24.5	151	139	184	197	210	222
26	170	156	208	222	236	250
28	197	181	241	257	274	290
32	257	237	315	336	357	379

注:最小钢丝破断拉力总和=钢丝绳最小破断拉力×1.136。

16)一般用途 第13组 6×24类

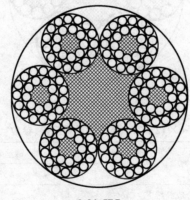

6×24+7FC
直径:8~40mm

图 3-83 表 3-352 结构图

6×24+7FC 结构钢丝绳规格、参数 表3-352

钢丝绳公称直径 (mm)	参考重量 (kg/100m)		钢丝绳公称抗拉强度(MPa)			
			1 470	1 570	1 670	1 770
	天然纤维芯 钢丝绳	合成纤维芯 钢丝绳	钢丝绳最小破断拉力(kN)			
8	20.4	19.5	26.3	28.1	29.9	31.7
9	25.8	24.6	33.3	35.6	37.9	40.1
10	31.8	30.4	41.2	44.0	46.8	49.6
11	38.5	36.8	49.8	53.2	56.6	60.0
12	45.8	43.8	59.3	63.3	67.3	71.4
13	53.7	51.4	69.6	74.3	79.0	83.8
14	62.3	59.6	80.7	86.2	91.6	97.1
16	81.4	77.8	105	113	120	127
18	103	98.5	133	142	152	161
20	127	122	165	176	187	198
22	154	147	199	213	226	240
24	183	175	237	253	269	285
26	215	206	278	297	316	335
28	249	238	323	345	367	389
30	286	274	370	396	421	446
32	326	311	421	450	479	507
34	368	351	476	508	541	573
36	412	394	533	570	606	642
38	459	439	594	635	675	716
40	509	486	659	703	748	793

注:最小钢丝破断拉力总和=钢丝绳最小破断拉力×1.150(纤维芯)。

17)一般用途 第13组 6×24 类

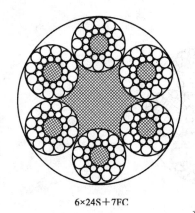

6×24S+7FC   6×24W+7FC

直径:10~44mm

图 3-84 表 3-353 结构图

6×24S＋7FC、6×24W＋7FC 结构钢丝绳规格、参数　　　　表 3-353

钢丝绳公称直径（mm）	参考重量（kg/100m）		钢丝绳公称抗拉强度(MPa)			
			1 470	1 570	1 670	1 770
	天然纤维芯钢丝绳	合成纤维芯钢丝绳	钢丝绳最小破断拉力(kN)			
10	33.1	31.6	42.8	45.7	48.6	51.5
11	40.0	38.2	51.8	55.3	58.8	62.3
12	47.7	45.5	61.6	65.8	70.0	74.2
13	55.9	53.4	72.3	77.2	82.1	87.0
14	64.9	61.9	83.8	90.0	95.3	101
16	84.7	80.9	110	117	124	132
18	107	102	139	148	157	167
20	132	126	171	183	194	206
22	160	153	207	221	235	249
24	191	182	246	263	280	297
26	224	214	289	309	329	348
28	260	248	335	358	381	404
30	298	284	385	411	437	464
32	339	324	438	468	498	527
34	383	365	495	528	562	595
36	429	410	554	592	630	668
38	478	456	618	660	702	744
40	530	506	684	731	778	824
42	584	557	755	806	857	909
44	641	612	828	885	941	997

注：最小钢丝破断拉力总和＝钢丝绳最小破断拉力×1.150(纤维芯)。

18）一般用途　第 14 组 6×15 类

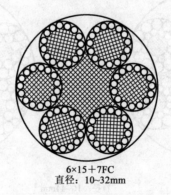

6×15＋7FC
直径：10~32mm

图 3-85　表 3-354 结构图

6×15＋7FC 结构钢丝绳规格、参数　　　表 3-354

钢丝绳公称直径 (mm)	参考重量 (kg/100m)		钢丝绳公称抗拉强度(MPa)			
			1 470	1 570	1 670	1 770
	天然纤维芯 钢丝绳	合成纤维芯 钢丝绳	钢丝绳最小破断拉力(kN)			
10	20.0	18.5	26.5	28.3	30.1	31.9
12	28.8	26.6	38.1	40.7	43.3	45.9
14	39.2	36.3	51.9	55.4	58.9	62.4
16	51.2	47.4	67.7	72.3	77.0	81.6
18	64.8	59.9	85.7	91.6	97.4	103
20	80.0	74.0	106	113	120	127
22	96.8	89.5	128	137	145	154
24	115	107	152	163	173	184
26	135	125	179	191	203	215
28	157	145	207	222	236	250
30	180	166	238	254	271	287
32	205	189	271	289	308	326

注:最小钢丝破断拉力总和＝钢丝绳最小破断拉力×1.136。

19)一般用途　第15组和第16组 4×19 类和 4×37 类

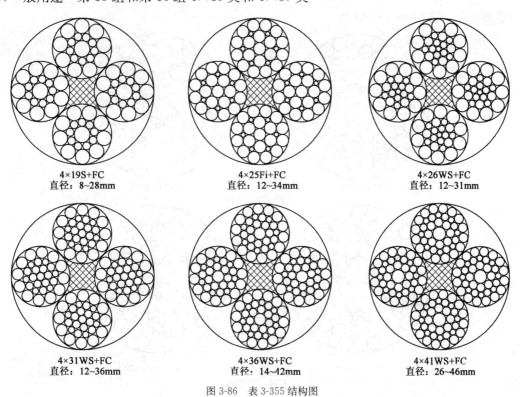

4×19S+FC
直径:8~28mm

4×25Fi+FC
直径:12~34mm

4×26WS+FC
直径:12~31mm

4×31WS+FC
直径:12~36mm

4×36WS+FC
直径:14~42mm

4×41WS+FC
直径:26~46mm

图 3-86　表 3-355 结构图

第 15 组和第 16 组 4×19 类和 4×37 类

4×19S＋FC、4×25Fi＋FC、4×26WS＋FC、4×31WS＋FC、

4×36WS＋FC、4×41WS＋FC 结构钢丝绳规格、参数　　　　　表 3-355

钢丝绳公称直径（mm）	参考重量（kg/100m）	钢丝绳公称抗拉强度（MPa）					
		1 570	1 670	1 770	1 870	1 960	2 160
		钢丝绳最小破断拉力（kN）					
8	26.2	36.2	38.5	40.8	43.1	45.2	49.8
10	41.0	56.5	60.1	63.7	67.3	70.6	77.8
12	59.0	81.4	86.6	91.8	96.9	102	112
14	80.4	111	118	125	132	138	152
16	105	145	154	163	172	181	199
18	133	183	195	206	218	229	252
20	164	226	240	255	269	282	311
22	198	274	291	308	326	342	376
24	236	326	346	367	388	406	448
26	277	382	406	431	455	477	526
28	321	443	471	500	528	553	610
30	369	509	541	573	606	635	700
32	420	579	616	652	689	723	796
34	474	653	695	737	778	816	899
36	531	732	779	826	872	914	1 010
38	592	816	868	920	972	1 020	1 120
40	656	904	962	1 020	1 080	1 130	1 240
42	723	997	1 060	1 120	1 190	1 240	1 370
44	794	1 090	1 160	1 230	1 300	1 370	1 510
46	868	1 200	1 270	1 350	1 420	1 490	1 650

注：最小钢丝破断拉力总和＝钢丝绳最小破断拉力×1.191。

20）重要用途　第 10 组 6V×7 类

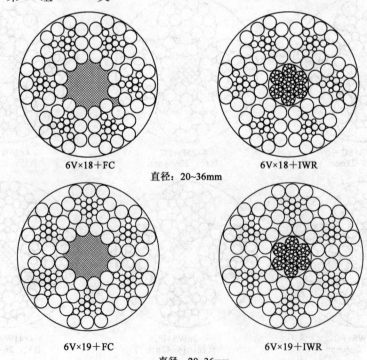

6V×18＋FC　　　　　　　　6V×18＋IWR

直径：20~36mm

6V×19＋FC　　　　　　　　6V×19＋IWR

直径：20~36mm

图 3-87　表 3-356 结构图

（第10组）6V×18＋FC、6V×18＋IWR、6V×19＋FC、6V×19＋IWR

结构钢丝绳规格、参数　　　　　　　　　　　　　　　　表3-356

钢丝绳公称直径（mm）	钢丝绳参考重量（kg/100m）			钢丝绳公称抗拉强度（MPa）									
				1 570		1 670		1 770		1 870		1 960	
				钢丝绳最小破断拉力（kN）									
	天然纤维芯钢丝绳	合成纤维芯钢丝绳	钢芯钢丝绳	纤维芯钢丝绳	钢芯钢丝绳	纤维芯钢丝绳	钢芯钢丝绳	纤维芯钢丝绳	钢芯钢丝绳	纤维芯钢丝绳	钢芯钢丝绳	纤维芯钢丝绳	钢芯钢丝绳
20	165	162	175	236	250	250	266	266	282	280	298	294	312
22	199	196	212	285	302	303	322	321	341	339	360	356	378
24	237	233	252	339	360	361	383	382	406	404	429	423	449
26	279	273	295	398	422	423	449	449	476	474	503	497	527
28	323	317	343	462	490	491	521	520	552	550	583	576	612
30	371	364	393	530	562	564	598	597	634	631	670	662	702
32	422	414	447	603	640	641	681	680	721	718	762	753	799
34	476	467	505	681	722	724	768	767	814	811	860	850	902
36	534	524	566	763	810	812	861	860	913	909	965	953	1 010

注：最小钢丝破断拉力总和＝钢丝绳最小破断拉力×1.156(纤维芯)或1.191(钢芯)。

21)重要用途　第11组 6V×19 类

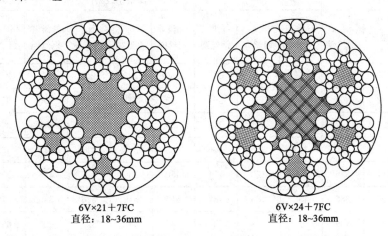

6V×21＋7FC
直径：18~36mm

6V×24＋7FC
直径：18~36mm

图3-88　表3-359结构图

（第11组）6V×21＋7FC、6V×24＋7FC 结构钢丝绳规格、参数　　　　表3-357

钢丝绳公称直径（mm）	钢丝绳参考重量（kg/100m）		钢丝绳公称抗拉强度（MPa）				
			1 570	1 670	1 770	1 870	1 960
	天然纤维芯钢丝绳	合成纤维芯钢丝绳	钢丝绳最小破断拉力（kN）				
18	121	118	168	179	190	201	210
20	149	146	208	221	234	248	260
22	180	177	252	268	284	300	314
24	215	210	300	319	338	357	374
26	252	247	352	374	396	419	439
28	292	286	408	434	460	486	509
30	335	329	468	498	528	557	584
32	382	374	532	566	600	634	665
34	431	422	601	639	678	716	750
36	483	473	674	717	760	803	841

注：最小钢丝破断拉力总和＝钢丝绳最小破断拉力×1.177(纤维芯)。

22) 重要用途　第 11 组 6V×19 类

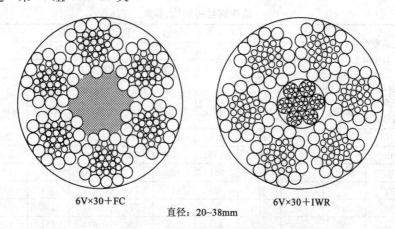

6V×30＋FC　　　　　　　　　　6V×30＋IWR

直径：20~38mm

图 3-89　表 3-358 结构图

（第 11 组）6V×30＋FC、6V×30＋IWR 结构钢丝绳规格、参数　　　　　　表 3-358

钢丝绳公称直径（mm）	钢丝绳参考重量（kg/100m）			钢丝绳公称抗拉强度（MPa）									
				1 570		1 670		1 770		1 870		1 960	
				钢丝绳最小破断拉力（kN）									
	天然纤维芯钢丝绳	合成纤维芯钢丝绳	钢芯钢丝绳	纤维芯钢丝绳	钢芯钢丝绳	纤维芯钢丝绳	钢芯钢丝绳	纤维芯钢丝绳	钢芯钢丝绳	纤维芯钢丝绳	钢芯钢丝绳	纤维芯钢丝绳	钢芯钢丝绳
20	162	159	172	203	216	216	230	229	243	242	257	254	270
22	196	192	208	246	261	262	278	278	295	293	311	307	326
24	233	229	247	293	311	312	331	330	351	349	370	365	388
26	274	268	290	344	365	366	388	388	411	410	435	429	456
28	318	311	336	399	423	424	450	450	477	475	504	498	528
30	365	357	386	458	486	487	517	516	548	545	579	572	606
32	415	407	439	521	553	554	588	587	623	620	658	650	690
34	468	459	496	588	624	625	664	663	703	700	743	734	779
36	525	515	556	659	700	701	744	743	789	785	833	823	873
38	585	573	619	735	779	781	829	828	879	875	928	917	973

注：最小钢丝破断拉力总和＝钢丝绳最小破断拉力×1.177(纤维芯)或 1.213(钢芯)。

23) 重要用途　（第 11 组 6V×19 类和第 12 组 6V×37 类）

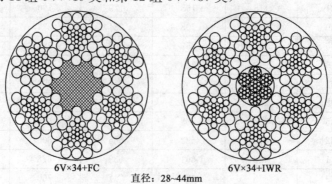

6V×34+FC　　　　　　　　　　6V×34+IWR

直径：28~44mm

图　3-90

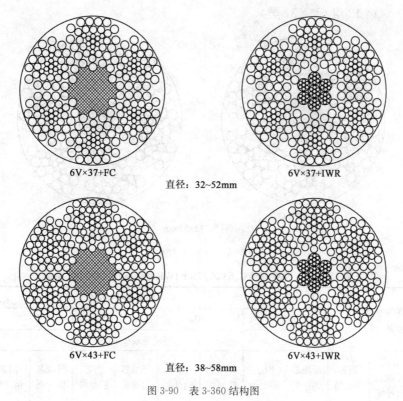

6V×37+FC　　　　　　6V×37+IWR

直径：32~52mm

6V×43+FC　　　　　　6V×43+IWR

直径：38~58mm

图 3-90　表 3-360 结构图

（第 11 组和第 12 组）6V×34＋FC、6V×34＋IWR、6V×37＋FC、6V×37＋IWR、

6V×43＋FC、6V×43＋IWR 结构钢丝绳规格、参数　　　　　　表 3-359

钢丝绳公称直径（mm）	钢丝绳参考重量（kg/100m）			钢丝绳公称抗拉强度（MPa）										
				1 570		1 670		1 770		1 870		1 960	
				钢丝绳最小破断拉力（kN）										
	天然纤维芯钢丝绳	合成纤维芯钢丝绳	钢芯钢丝绳	纤维芯钢丝绳	钢芯钢丝绳	纤维芯钢丝绳	钢芯钢丝绳	纤维芯钢丝绳	钢芯钢丝绳	纤维芯钢丝绳	钢芯钢丝绳	纤维芯钢丝绳	钢芯钢丝绳
28	318	311	336	443	470	471	500	500	530	528	560	553	587
30	364	357	386	509	540	541	574	573	609	606	643	635	674
32	415	407	439	579	614	616	653	652	692	689	731	723	767
34	468	459	496	653	693	695	737	737	782	778	826	816	866
36	525	515	556	732	777	779	827	826	876	872	926	914	970
38	585	573	619	816	866	868	921	920	976	972	1 030	1 020	1 080
40	648	635	686	904	960	962	1 020	1 020	1 080	1 080	1 140	1 130	1 200
42	714	700	757	997	1 060	1 060	1 130	1 120	1 190	1 190	1 260	1 240	1 320
44	784	769	831	1 090	1 160	1 160	1 240	1 230	1 310	1 300	1 380	1 370	1 450
46	857	840	908	1 200	1 270	1 270	1 350	1 350	1 430	1 420	1 510	1 490	1 580
48	933	915	988	1 300	1 380	1 390	1 470	1 470	1 560	1 550	1 650	1 630	1 730
50	1 010	993	1 070	1 410	1 500	1 500	1 590	1 590	1 690	1 680	1 790	1 760	1 870
52	1 100	1 070	1 160	1 530	1 620	1 630	1 720	1 720	1 830	1 820	1 930	1 910	2 020
54	1 180	1 160	1 250	1 650	1 750	1 750	1 860	1 860	1 970	1 960	2 080	2 060	2 180
56	1 270	1 240	1 350	1 770	1 880	1 890	2 000	2 000	2 120	2 110	2 240	2 210	2 350
58	1 360	1 340	1 440	1 900	2 020	2 020	2 150	2 140	2 270	2 260	2 400	2 370	2 520

注：6V×34 最小钢丝破断拉力总和＝钢丝绳最小破断拉力×1.177（纤维芯）或 1.213（钢芯）。

24) 重要用途 （第 12 组 6V×37 类）

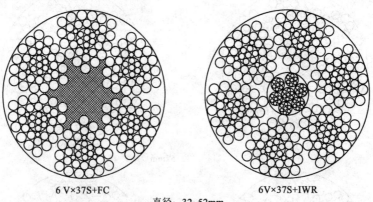

6 V×37S+FC　　　　　　　　6V×37S+IWR

直径：32~52mm

图 3-91　表 3-360 结构图

（第 12 组）6V×37S＋FC、6V×37S＋IWR 结构钢丝绳规格、参数　　　　　　表 3-360

钢丝绳公称直径（mm）	钢丝绳参考重量（kg/100m）			钢丝绳公称抗拉强度（MPa）									
				1 570		1 670		1 770		1 870		1 960	
				钢丝绳最小破断拉力（kN）									
	天然纤维芯钢丝绳	合成纤维芯钢丝绳	钢芯钢丝绳	纤维芯钢丝绳	钢芯钢丝绳	纤维芯钢丝绳	钢芯钢丝绳	纤维芯钢丝绳	钢芯钢丝绳	纤维芯钢丝绳	钢芯钢丝绳	纤维芯钢丝绳	钢芯钢丝绳
32	427	419	452	596	633	634	673	672	713	710	753	744	790
34	482	473	511	673	714	716	760	759	805	802	851	840	891
36	541	530	573	754	801	803	852	851	903	899	954	942	999
38	602	590	638	841	892	894	949	948	1 010	1 000	1 060	1 050	1 110
40	667	654	707	931	988	991	1 050	1 050	1 110	1 110	1 180	1 160	1 230
42	736	721	779	1 030	1 090	1 090	1 160	1 160	1 230	1 220	1 300	1 280	1 360
44	808	792	855	1 130	1 200	1 200	1 270	1 270	1 350	1 340	1 420	1 410	1 490
46	883	865	935	1 230	1 310	1 310	1 390	1 390	1 470	1 470	1 560	1 540	1 630
48	961	942	1 020	1 340	1 420	1 430	1 510	1 510	1 600	1 600	1 700	1 670	1 780
50	1 040	1 020	1 100	1 460	1 540	1 550	1 640	1 640	1 740	1 730	1 840	1 820	1 930
52	1 130	1 110	1 190	1 570	1 670	1 670	1 780	1 770	1 880	1 870	1 990	1 970	2 090

25) 重要用途 （第 13 组 4V×39 类）

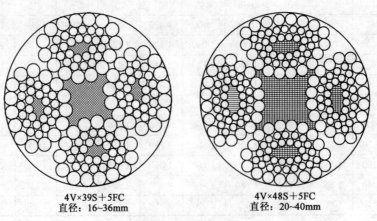

4V×39S+5FC　　　　　　　　4V×48S+5FC
直径：16~36mm　　　　　　　直径：20~40mm

图 3-92　表 3-361 结构图

(第 13 组)4V×39S+5FC 4V×48S+5FC 结构钢丝绳规格、参数 表 3-361

钢丝绳公称直径(mm)	钢丝绳参考重量(kg/100m)		钢丝绳公称抗拉强度(MPa)				
			1 570	1 670	1 770	1 870	1 960
	天然纤维芯钢丝绳	合成纤维芯钢丝绳	钢丝绳最小破断拉力(kN)				
16	105	103	145	154	163	172	181
18	133	130	183	195	206	218	229
20	164	161	226	240	255	269	282
22	198	195	274	291	308	326	342
24	236	232	326	346	367	388	406
26	277	272	382	406	431	455	477
28	321	315	443	471	500	528	553
30	369	362	509	541	573	606	635
32	420	412	579	616	652	689	723
34	474	465	653	695	737	778	816
36	531	521	732	779	826	872	914
38	592	580	816	868	920	972	1 020
40	656	643	904	962	1 020	1 080	1 130

注:最小钢丝破断拉力总和=钢丝绳最小破断拉力×1.191(纤维芯)。

26)重要用途 (第 14 组 6Q×19+6V×21 类)

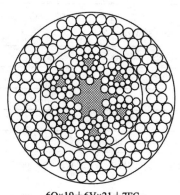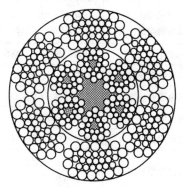

6Q×19+6V×21+7FC
直径:40~52mm

6Q×33+6V×21+7FC
直径:40~60mm

图 3-93 表 3-362 结构图

(第 14 组)6Q×19+6V×21+7FC、6Q×33+6V×21+7FC 结构钢丝绳规格、参数 表 3-362

钢丝绳公称直径(mm)	钢丝绳参考重量(kg/100m)		钢丝绳公称抗拉强度(MPa)				
			1570	1 670	1 770	1 870	1 960
	天然纤维芯钢丝绳	合成纤维芯钢丝绳	钢丝绳最小破断拉力(kN)				
40	656	643	904	962	1 020	1 080	1 130
42	723	709	997	1 060	1 120	1 190	1 240
44	794	778	1 090	1 160	1 230	1 300	1 370
46	868	851	1 200	1 270	1 350	1 420	1 490
48	945	926	1 300	1 390	1 470	1 550	1 630
50	1 030	1 010	1 410	1 560	1 590	1 680	1 760

续表 3-362

钢丝绳公称直径（mm）	钢丝绳参考重量（kg/100m）		钢丝绳公称抗拉强度（MPa）				
			1570	1670	1770	1870	1960
	天然纤维芯钢丝绳	合成纤维芯钢丝绳	钢丝绳最小破断拉力（kN）				
52	1 110	1 090	1 530	1 630	1 720	1 820	1 910
54	1 200	1 170	1 650	1 750	1 860	1 960	2 060
56	1 290	1 260	1 770	1 890	2 000	2 110	2 210
58	1 380	1 350	1 900	2 020	2 140	2 260	2 370
60	1 480	1 450	2 030	2 160	2 290	2 420	2 540

注：最小钢丝破断拉力总和＝钢丝绳最小破断拉力×1.250（纤维芯）。

8. 钢丝绳主要用途推荐表（GB 8918—2006）

表 3-363

用途	名称	结构	备注
立井提升	三角股钢丝绳	6V×37S 6V×37 6V×34 6V×30 6V×43 6V×21	
	线接触钢丝绳	6×19S 6×19W 6×25Fi 6×29Fi 6×26WS 6×31WS 6×36WS 6×41WS	推荐同向捻
	多层股钢丝绳	18×7 17×7 35W×7 24W×7	用于钢丝绳罐道的立井
		6Q×19+6V×21 6Q×33+6V×21	
开凿立井提升（建井用）	多层股钢丝绳及异形股钢丝绳	6Q×33+6V×21 17×7 18×7 34×7 36×7 6Q×19+6V×21 4V×39S 4V×48S 35W×7 24W×7	
立井平衡绳	钢丝绳	6×37S 6×36WS 4V×39S 4V×48S	仅适用于交互捻
	多层股钢丝绳	17×7 18×7 34×7 36×7 35W×7 24W×7	仅适用于交互捻
斜井提升（绞车）	三角股钢丝绳	6V×18 6V×19	
	钢丝绳	6×7 6×9W	推荐同向捻
高炉卷扬	三角股钢丝绳	6V×37S 6V×37 6V×30 6V×34 6V×43	
	线接触钢丝绳	6×19S 6×25Fi 6×29Fi 6×26WS 6×31WS 6×36WS 6×41WS	
立井罐道及索道	三角股钢丝绳	6V×18 6V×19	
	多层股钢丝绳	18×7 17×7	推荐同向捻
露天斜坡卷扬	三角股钢丝绳	6V×37S 6V×37 6V×30 6V×34 6V×43	
	线接触钢丝绳	6×36WS 6×37S 6×41WS 6×49SWS 6×55SWS	推荐同向捻
石油钻井	线接触钢丝绳	6×19S 6×19W 6×25Fi 6×29Fi 6×26WS 6×31WS 6×36WS	也可采用钢芯
钢绳牵引胶带运输机、索道及地面缆车	线接触钢丝绳	6×19S 6×19W 6×25Fi 6×29Fi 6×26WS 6×31WS 6×36WS 6×41WS	推荐同向捻 6×19W 不适合索道
挖掘机（电铲卷扬）	线接触钢丝绳	6×19S+IWR 6×25Fi+IWR 6×19W+IWR 6×29Fi+IWR 6×26WS+IWR 6×31WS+IWR 6×36WS+IWR 6×55SWS+IWR 6×49SWS+IWR 35W×7 24W×7	推荐同向捻
	三角股钢丝绳	6V×30 6V×34 6V×37 6V×37S 6V×43	

用　途	名　称	结　构	备　注
起重机	大型浇铸吊车 线接触钢丝绳	6×19S＋IWR　6×19W＋IWR　6×25Fi＋IWR　6×36WS＋IWR　6×41WS＋IWR	
	港口装卸、水利工程及建筑用塔式起重机 多层股钢丝绳	18×19S　18×19W　34×7　36×7　35W×7　24W×7	
	四股扇形股钢丝绳	4V×39S　4V×48S	
	繁忙起重及其他重要用途 线接触钢丝绳	6×19S　6×19W　6×25Fi　6×29Fi　6×26WS　6×31WS　6×36WS　6×37S　6×41WS　6×49SWS　6×55SWS　8×19S　8×19W　8×25Fi　8×26WS　8×31WS　8×36WS　8×41WS　8×49SWS　8×55SWS	
	四股扇形股钢丝绳	4V×39S　4V×48S	
热移钢机(轧钢厂推钢台)	线接触钢丝绳	6×19S＋IWR　6×19W＋IWR　6×25Fi＋IWR　6×29Fi＋IWR　6×31WS＋IWR　6×37S＋IWR　6×36WS＋IWR	
船舶装卸	线接触钢丝绳	6×19W　6×25Fi　6×29Fi　6×31WS　6×36WS　6×37S	镀锌
	多层股钢丝绳	18×19S　18×19W　34×7　36×7　35W×7　24W×7	
	四股扇形股钢丝绳	4V×39S　4V×48S	
拖船、货网	钢丝绳	6×31WS　6×36WS　6×37S	镀锌
船舶张拉桅杆吊桥	钢丝绳	6×7＋IWS　6×19S＋IWR	镀锌
打捞沉船	钢丝绳	6×37S　6×36WS　6×41WS　6×49SWS　6×31WS　6×55SWS　8×19S　8×19W　8×31WS　8×36WS　8×41WS　8×49SWS　8×55SWS	镀锌

注：①腐蚀是主要报废原因时，应采用镀锌钢丝绳。

　　②钢丝绳工作时，终端不能自由旋转，或虽有反拨力，但不能相互纠合在一起的工作场合，应采用同向捻钢丝绳。

(二)镀锌钢绞线(非混凝土用)(YB/T 5004—2012)

镀锌钢绞线用于架空电力地线、通信电缆、吊架、悬挂、栓系及固定物件等用。

钢绞线按断面结构分为 1×3、1×7、1×19、1×37 四种；钢绞线的钢丝镀锌层级别分为 A、B、C 三级，锌层级别应在订货时注明，否则由供方决定。

钢绞线按公称抗接强度分为 1 270MPa、1 370MPa、1 470MPa、1 570MPa、1 670MPa 五级。

镀锌钢绞线捻距不大于其直径的 14 倍，外层钢丝的捻向为右捻，相邻内层钢丝的捻向应相反。

1. 镀锌钢绞线的结构示意图及标记示例

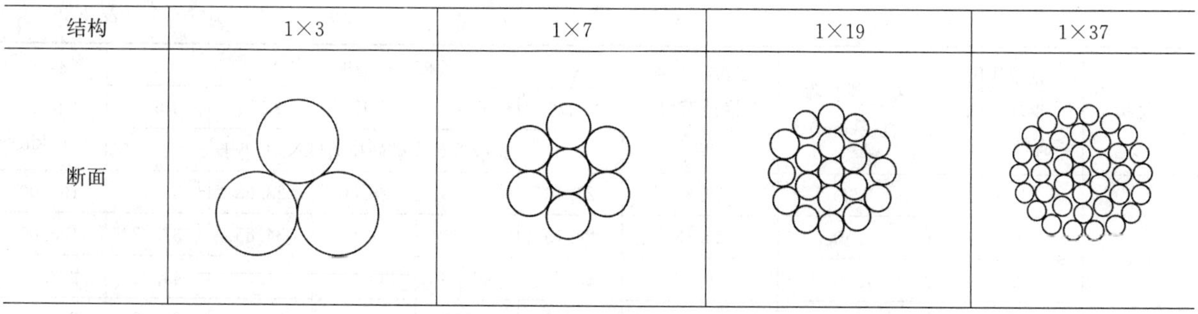

结构	1×3	1×7	1×19	1×37
断面				

图 3-94　钢绞线结构

标记示例:结构 1×7、公称直径 9.0mm、抗拉强度 1 670MPa、B 级锌层的钢绞线标记为:

1×7－9.0—1670—B—YB/T 5004—2012

2.镀锌钢绞线内拆股钢丝力学性能

表 3-364

钢丝公称直径 d(mm)	公称抗拉强度(MPa)					伸长率(%)(L_0＝200mm)	扭转(次/360°)(L_0＝100d)				
							公称抗拉强度(MPa)				
							1 270	1 370	1 470	1 570	1 670
						不小于					
1.00	1 270	1 370	1 470	1 570	1 670	2.0	18	16		14	12
1.10											
1.20											
1.30											
1.40											
1.50											
1.60											
1.70											
1.80						3.0	16	14		12	10
2.00											
2.20											
2.40						3.0	16	14		12	10
2.60											
2.80							14	12		10	8
3.00	1 270	1 370	1 470	1 570	1 670						
3.20											
3.50						3.5	14	12		10	8
3.80											
4.00											

注:此表中未涵盖尺寸的钢丝性能按较大规格钢丝考核。

3.镀锌钢绞线公称直径和最小破断拉力

表 3-365

结构	钢绞线用钢丝公称直径(mm)	钢绞线公称直径(mm)	钢绞线公称横截面积(mm²)	公称抗拉强度(MPa)					参考重量(kg/km)
				1 270	1 370	1 470	1 570	1 670	
				钢绞线最小破断拉力(kN)不小于					
1×3	2.90	6.20	19.82	23.16	24.98	26.80	28.63	30.45	160.00
	3.20	6.40	24.13	28.19	30.41	32.63	34.85	37.07	195.00
	3.50	7.50	28.86	33.72	36.38	39.03	41.69	44.34	233.00
	4.00	8.60	37.70	44.05	47.52	50.99	54.45	57.92	304.00

结构	钢绞线用钢丝公称直径(mm)	钢绞线公称直径(mm)	钢绞线公称横截面积(mm²)	公称抗拉强度(MPa)					参考重量(kg/km)
				1 270	1 370	1 470	1 570	1 670	
				钢绞线最小破断拉力(kN)不小于					
1×7	1.00	3.00	5.50	6.43	6.93	7.44	7.94	8.45	43.70
	1.20	3.60	7.92	9.25	9.98	10.71	11.44	12.17	62.90
	1.40	4.20	10.78	12.60	13.59	14.58	15.57	16.56	85.60
	1.60	4.80	14.07	16.44	17.73	19.03	20.32	21.62	112.00
	1.80	5.40	17.81	20.81	22.45	24.09	25.72	27.36	141.00
	2.00	6.00	21.99	25.69	27.72	29.74	31.76	33.79	175.00
	2.20	6.60	26.61	31.10	33.55	36.00	38.45	40.88	210.00
	2.60	7.80	37.17	43.43	46.85	50.27	53.69	57.11	295.00
	3.00	9.00	49.50	57.86	62.42	66.98	71.54	76.05	411.90
	3.20	9.60	56.30	65.78	70.96	76.14	81.32	86.50	447.00
	3.50	10.50	67.35	78.69	84.89	91.08	97.28	103.48	535.00
	3.80	11.40	79.39	91.76	100.10	107.40	114.70	121.97	630.00
	4.00	12.00	87.96	102.8	110.90	119.00	127.00	135.14	698.00
1×19	1.60	8.00	38.20	43.66	47.10	50.54	53.98	57.41	304.00
	1.80	9.00	48.35	55.26	59.62	63.97	68.32	72.67	385.00
	2.00	10.00	59.69	68.23	73.60	78.97	84.34	89.71	475.00
	2.20	11.00	72.20	82.58	89.00	95.58	102.09	108.52	569.00
	2.30	11.50	78.94	90.23	97.33	104.40	111.50	118.65	628.00
	2.60	13.00	100.90	115.30	124.40	133.50	142.60	151.65	803.00
	2.90	14.50	125.50	143.40	154.70	166.00	177.30	188.63	999.00
	3.20	16.00	152.80	174.70	188.40	202.20	215.90	229.66	1 220.00
	3.50	17.50	182.80	208.90	225.40	241.80	258.30	274.75	1 460.00
	4.00	20.00	238.80	272.90	294.40	315.90	337.40	358.92	1 900.00
1×37	1.60	11.20	74.39	80.30	86.63	92.95	99.27	105.60	595.00
	1.80	12.60	94.15	101.6	109.60	117.60	125.60	133.65	753.00
	2.00	14.00	116.20	125.40	135.30	145.20	155.10	164.95	930.00
	2.30	16.10	153.70	165.90	179.00	192.00	205.10	218.18	1 230.00
	2.60	18.20	196.40	212.00	228.70	245.40	262.10	278.79	1 570.00
	2.90	20.30	244.40	263.80	284.60	305.40	326.20	346.93	1 950.00
	3.20	22.40	297.60	321.30	346.60	371.90	397.10	422.44	2 380.00
	3.50	24.50	356.00	384.30	414.60	444.80	475.10	505.34	2 050.00
	4.00	28.00	465.00	502.00	541.50	581.00	620.50	660.07	3 720.00

注:生产表中未列入的中间规格钢绞线,最小破断拉力按公式计算。

（镀锌钢丝的密度按 7.78g/cm³ 计算）。

钢绞线最小破断拉力＝钢绞线内钢丝破断拉力总和×换算系数

换算系数：1×3 结构为 0.92

1×7 结构为 0.92

1×19 结构为 0.90

1×37 结构为 0.85

4.镀锌钢绞线钢丝的锌层重量

表 3-366

钢丝公称直径 d(mm)	锌层重量(g/m²)不小于			缠绕试验芯杆直径
	A	B	C	
1.0	110	160	—	
1.2	110	160	—	
1.4	130	160	—	8d
1.6	130	180	—	
1.8	160	180	—	
2.0	160	200	230	
2.3	200	220	250	
2.6	200	230	260	
2.9	230	250	280	
3.2	230	275	300	10d
3.5	250	275	320	
3.8	250	275	330	
4.0	250	300	350	

注：钢丝镀锌用锌锭应采用 GB/T 470 中的 Zn99.995 或 Zn99.99 锌锭。

5.镀锌钢绞线的捻制要求及供货

1)钢绞线捻制

钢绞线内钢丝(含中心钢丝)应为同一直径、同一强度、同一锌层级别。

钢绞线的直径和捻距应均匀,切断后不松散。

钢绞线内钢丝应紧密绞合,不应有交错、断裂或折弯。整条钢绞线无跳线、蛇形等缺陷。

1×3 结构钢绞线和架空地线不允许接头,其他类钢绞线内钢丝接头应用电焊对接,任意两接头间距不得小于 50m,接头应做防腐蚀处理。

2)钢绞线供货

无特殊要求时,钢绞线长度不得小于 200m,其长度偏差为：

公称长度	允许偏差
<1 000m	+3%
≥1 000m	+1.5%

钢绞线按实际重量供货,如需方要求按长度供货,应在合同中注明。

六、凿岩钎杆用中空钢(GB/T 1301—2008)

凿岩钎杆用中空钢(代号为 ZK)根据外形分为中空六角形(代号 H)和中空圆形(代号 R)。其规格表示方法为:中空钢外形代号加中空钢截面尺寸(六角中空钢为对边距,圆形中空钢为直径),如 H25、R32 等。

1. 中空钢的牌号、化学成分和硬度值

表 3-367

牌　号	化学成分(质量分数)(%)										硬度 HRC
	C	Si	Mn	Cr	Mo	Ni	V	P	S	Cu	
ZK95CrMo	0.90~1.00	0.15~0.40	0.15~0.40	0.18~1.20	0.15~0.30			≤0.025	≤0.025	≤0.25	34~44
ZK55SiMnMo	0.50~0.60	1.10~1.40	0.60~0.90		0.40~0.55			≤0.025	≤0.025	≤0.25	
ZK40SiMnCrNiMo	0.36~0.45	1.30~1.60	0.60~1.20	0.60~0.90	0.20~0.40	0.40~0.70		≤0.025	≤0.025	≤0.25	
ZK35SiMnMoV	0.29~0.41	0.60~0.90	1.30~1.60		0.40~0.60		0.70~0.15	≤0.025	≤0.025	≤0.25	26~44
ZK23CrNi3Mo	0.19~0.27	0.15~0.40	0.50~0.80	1.15~1.45	0.15~0.40	2.70~3.10		≤0.025	≤0.025	≤0.25	
ZK22SiMnCrNi2Mo	0.18~0.26	1.30~1.70	1.20~1.50	0.15~0.40	0.20~0.45	1.65~2.00		≤0.025	≤0.025	≤0.25	

注:①脱碳层:中空钢外表面的单边脱碳层深度(铁素体+1/2 过渡层)当基本尺寸不大于 25.3mm 时,应不大于[0.15+1.0%$H(D)$]mm;当基本尺寸大于 25.3mm 时,应不大于1.0%$H(D)$mm。

②在制钎杆时,还要进行热处理的中空钢,交货硬度可适当放宽。

2. 圆形中空钢规格尺寸和允许偏差

表 3-368

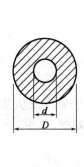

规格代号	对边距离(mm)			芯孔直径(mm)			偏心度(mm)		理论重量(kg/m)
	基本尺寸 H	允许偏差		基本尺寸 d	允许偏差		Ⅰ级	Ⅱ级	
		Ⅰ级	Ⅱ级		Ⅰ级	Ⅱ级			
R32	32.2	±0.3	+0.8 −0.4	9.2	±0.5	+0.8 −1.2	0.7	1.4	6.83
R39	39.0	±0.3	+1.0 −0.4	13.0	±0.8	±1.6	1.0	1.7	8.27
				14.5					8.02
R46	45.8	±0.4	+1.2 −0.6	15.0	±0.9	±1.9	1.2	1.9	11.46
				17.0					11.07
R52	52.0	±0.5	+1.5 −0.7	19.0	±1.0	±2.0	1.4	2.0	14.35
				21.5					13.72

注:①芯孔直径包括非圆的长轴和短轴尺寸。

②基本尺寸表示设计或控制点。对于基本尺寸≥32mm 的中空钢,应确保同一支两端的芯孔尺寸及允许偏差为同一等级。

③偏心度=最大壁厚差/2,最大壁厚差=最大壁厚−最小壁厚。

④理论重量按基本尺寸,钢的密度为 7.85g/cm³。

3. 六角形中空钢规格尺寸和允许偏差

表 3-369

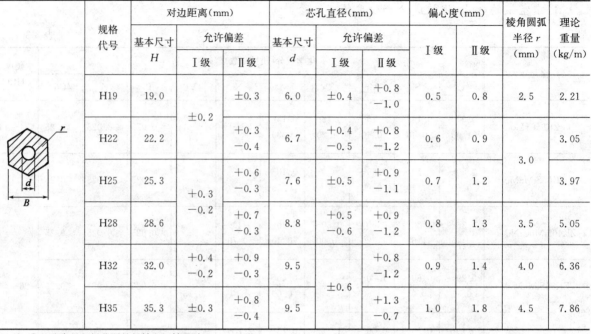

规格代号	对边距离(mm)			芯孔直径(mm)			偏心度(mm)		棱角圆弧半径 r (mm)	理论重量 (kg/m)
	基本尺寸 H	允许偏差		基本尺寸 d	允许偏差		Ⅰ级	Ⅱ级		
		Ⅰ级	Ⅱ级		Ⅰ级	Ⅱ级				
H19	19.0	±0.2	±0.3	6.0	±0.4	+0.8 −1.0	0.5	0.8	2.5	2.21
H22	22.2		+0.3 −0.4	6.7	+0.4 −0.5	+0.8 −1.2	0.6	0.9	3.0	3.05
H25	25.3	+0.3 −0.2	+0.6 −0.3	7.6	±0.5	+0.9 −1.1	0.7	1.2		3.97
H28	28.6		+0.7 −0.3	8.8	+0.5 −0.6	+0.9 −1.2	0.8	1.3	3.5	5.05
H32	32.0	+0.4 −0.2	+0.9 −0.3	9.5	±0.6	+0.8 −1.2	0.9	1.4	4.0	6.36
H35	35.3	±0.3	+0.8 −0.4	9.5		+1.3 −0.7	1.0	1.8	4.5	7.86

注:①芯孔直径包括非圆的长轴和短轴尺寸。
　②基本尺寸表示设计或控制点。对于基本尺寸≥32mm 的中空钢,应确保同一支两端的芯孔尺寸及允许偏差为同一等级。
　③偏心度＝最大壁厚差/2,最大壁厚差＝最大壁厚－最小壁厚。六角形中空钢壁厚指芯孔到六角形对边的垂线距离。
　④理论重量按基本尺寸,钢的密度为 7.85g/cm³。

4. 中空钢的状态和交货

(1)长度

中空钢通常长度为 6 000～7 000mm。

经供需双方协商,中空钢可短尺交货。

按定、倍尺长度交货时,总长度的允许偏差 0～＋60mm。

(2)外形

芯孔不允许有尖角(尖角半径＜0.5 倍芯孔半径)或明显畸形出现,尺寸超出范围的中空钢在不影响用户使用的情况下可以交货。

中空钢的每米弯曲度不大于 2mm,总弯曲度不大于总长度的 0.2%。

大规格中空钢端部应正直。

六角形中空钢棱角圆弧半径 r 值仅供参考,不作为交货依据。

圆形中空钢不圆度不大于外径尺寸公差的 0.5 倍。

六角形钢材的同一截面上任意两个对边距离之差,不得大于对边尺寸的公差。

中空钢材表面不应有裂纹、结疤、夹杂、折叠等缺陷。表面的局部缺陷应予清除,清除深度从基本尺寸(H 或 D)算起应不大于该尺寸的允许偏差。深度小于尺寸允许偏差之半的个别划痕、压痕、麻点可不清除。

中空钢芯孔表面不应有裂纹、折叠等缺陷。

中空钢应无明显扭转。

(3)中空钢交货状态

中空钢交货状态为热轧。

5. 中空钢钎杆

工程用中空钢钎杆分为凿岩用硬质合金整体钎(GB/T 26280—2010)、凿岩用锥体连接中空六角形钎杆(GB/T 6481—2002)和凿岩用螺纹连接钎杆(GB/T 6482—2007)。

(1)凿岩用硬质合金整体钎

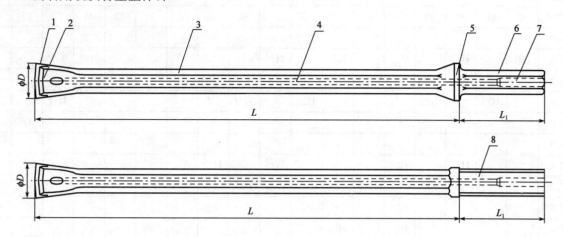

图 3-95 整体钎各部名称

1-钎刃;2-钎头;3-杆体;4-冲洗孔;5-钎肩;6-锻造钎肩尾柄;7-水针孔;8-波纹螺纹尾柄;L_1-尾柄长度;L-整体钎有效长度;D-整体钎钎头直径

整体钎常用钎头类型分为一字形、三刃形、十字形、球齿形和复合片齿形等,常用钎头合金分布示意图见图 3-99。

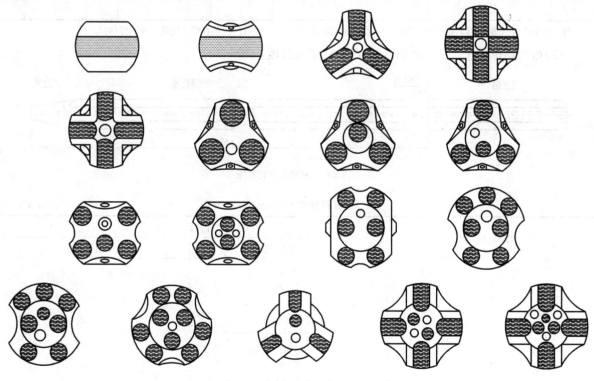

图 3-96 常用钎头合金分布示意图

锻造钎肩尾柄的整体钎头部直径 D 与钎杆有效长度 L 的优选系列　　　　　　表 3-370

钎杆长 L(m)	钎头直径 $D_{-0.1~+0.5}$(mm)																	
	42	41	40	39	38	37	36	35	34	33	32	31	30	29	28	27	26	25
0.4														H19				
0.5																		

续表 3-370

钎杆长 L(m)	钎头直径 $D_{-0.1\sim+0.5}$ (mm)																	
	42	41	40	39	38	37	36	35	34	33	32	31	30	29	28	27	26	25
0.6										·								
0.8	H25		H22				H25		H22						H19			
1.2																		
1.6		H25		H22				H25		H22						H19		
1.8																		
2.0																		
2.4			H25		H22				H25		H22						H19	
3.2				H25		H22			H25		H22							H19
3.6																		
4.0					H25		H22					H22						
4.8						H25		H22						H22				
5.6							H25		H22									
6.0																		
6.4								H25		H22								
7.2																		
9.6																		

注:表内 H 为六角中空钢,数字为对边距 mm 数。除锻造钎肩尾柄的整体钎外,还有螺纹尾柄式整体钎(略)。

(2)凿岩用锥体连接中空六角形钎杆规格(定尺长度)

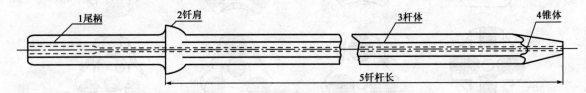

图 3-97　锥体连接钎杆图

钎杆规格尺寸(mm)　　　　　　表 3-371

规 格 代 号	钎杆长度 L		
	公称尺寸		允许偏差
H19	800		
	1 200		
	1 600		
	1 800		
H22	2 000		±10
	2 200		
	2 400		
H25	2 600		
	3 200		
	4 000		
	4 800		

注:①钎杆杆体的弯曲度每米不大于 1.5mm。
　　②钎杆尾柄端部 30mm 内的硬度为 HRC49～HRC57。机加工钎杆锥体表面粗糙度 Ra 不大于 12.5μm。

(3)凿岩用螺纹连接钎杆

螺纹连接钎杆分类及代号　　　　　　　　　　表 3-372

分　类	代　号	螺纹名义直径 (mm)	中空钢杆体	
			形状	尺寸(H 或 D)(mm)
接杆钎杆 (J)	JH 22-22	22	六角	22
	JH 25-25	25		25
	JH 28-28	28		28
	JH 32-32	32	圆	32
	JD 32-32			
	JD 38-38	38		38
	JD 38-38T	38		
	JD 45-45T	45		45
	JD 51-51T	51		51
轻型接杆钎杆 (QJ)	QJ 22-25	25		22
	QJ 25-28	28		25
	QJ 25-32	32		
	QJ 28-32			28
	QJ 32-38	38		32
尾钎杆 (W)	JW 22-22	22	六角	22
	JW 25-25	25		25
	JW 28-28	28		28
	QJW 22-25	25		22
	QJW 25-28	28		25
	QJW 25-32	32		
	QJW 28-32			28
掘进钻车钎杆 (ZC)	ZC 25-25/32	25/32		25
	ZC 28-25/32			28
	ZC 28-28/32	28/32		28
	ZC 28-28/32	28/38		28
	ZC 32-28/38			32
	ZC 32-32/38	32/38		
	ZC 35-32/38			35
快接钎杆 (MF 钎杆) (KJ)	KJH 28-28	28/28		28
	KJH 32-32	32/32		32
	KJD 32-32			
	KJD 38-38	38/38	圆	38
	KJD 38-38T			
	KJD 45-45T	45/45		45
	KJD 51-51T	51/51		51

注:T 代表梯形螺纹,无 T 代表波形螺纹。H-六角中空钢;D-圆形中空钢。

螺纹钎杆连接套代号

表 3-373

代　　号	螺纹公称直径(mm)	配用钎杆代号示例
LJ 22 LJZ 22	22	JH 22-22　　JW 22-22
LJ 25 LJZ 25	25	JH 25-25　　JW 25-25 QJ 22-25　　QJW 22-25
LJ 28 LJZ 28	28	JH 28-28　　JW 28-28 QJ 25-28　　QJW 25-28
LJ 32 LJZ 32	32	JH 32-32　　JD 32-32　　QJ 25-32　　QJ 28-32 QJW 25-32　　QJW 28-32 ZC 25-25/32　　ZC 28-25/32　　ZC 28-28/32
LJZ 38	38	JD 38-38　　QJ 32-38 ZC 28-28/38　　ZC 32-28/38　　ZC 32-32/38　　ZC 35-32/38
LJZ 38T		JD 38-38T　　KJD 38-38T
LJZ 45T	45	JD 45-45T　　KJD 45-45T
LJZ 51T	51	JD 51-51T　　KJD 51-51T

注:T 代表梯形螺纹,无 T 代表波形螺纹。LJ——直通式连接套;LJZ——中止台式连接套。

螺纹连接钎杆长度及允许偏差(mm)

表 3-374

代　　号	长 度 L	
	基本尺寸	允许偏差
JW 22-22　　JW 25-25　　JW 28-28 QJW 22-25　　QJW 25-28　　QJW 25-32　　QJW 28-32	1000　1 200　1 600　1 800 2 400　3 200　4 000	
JH 22-22　　JH 25-25　　JH28 -28　　JH 32-32 JD 32-32　　JD 38-38　　JD 38-38T　　JD 45-45T　　JD 51-51T	800　1 000　1 100　1 200 1 530　1 830　2 440　3 050 3 660	±10
QJ 22-25　　QJ 25-28　　QJ 25-32　　QJ 28-32　　QJ 32-38		
ZC 25-25/32　　ZC 28-25/32 ZC 28-28/32　　ZC 28-28/38 ZC 32-28/38　　ZC 32-32/38　　ZC 35-32/38	3 050　3 700　4 300　4 700 4 900　5 525	
KJH 28-28　　KJH 32-32　　KJD 32-32 KJD 38-38　　KJD 38-38T　　KJD 45-45T　　KJD 51-51T	1 220　1 530　1 830　3 050 3 660	

注:①T 代表梯形螺纹,无 T 代表波形螺纹。
　　②钎杆应平直,其直线度允许偏差为 1.3mm/m,钎杆整体直线度允许偏差应不大于总长度的 0.13%。

七、混凝土结构用成型钢筋制品(GB/T 29733—2013)

混凝土结构用成型钢筋制品是按规定形状、尺寸通过工厂化机械加工制成的普通钢筋制品。分为单件成型钢筋制品和组合成型钢筋制品。

钢筋的规格、性能和表面质量应符合 GB 1499.1、GB 1499.2、GB 13014、GB 13788、GB 50666 和 YB/T 4260 的规定。

成型钢筋制品表面不应有裂纹、油污、焊渣、颗粒状或片状铁锈。

成型钢筋制品的附件(如钢筋丝头保护帽、标签等)应齐全、完整,并符合国家现行标准的规定。

1. 成型钢筋制品的标记

单件成型钢筋制品标记:

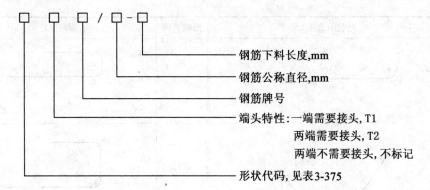

钢筋下料长度,mm
钢筋公称直径,mm
钢筋牌号
端头特性:一端需要接头,T1
两端需要接头,T2
两端不需要接头,不标记
形状代码,见表3-375

示例:2010 型,两端需要接头 T2,钢筋牌号 HRB400,钢筋公称直径 22mm,钢筋下料长度 2 000mm 的单件成型钢筋制品,标记为:2010 T2 HRB400/22—2000。

组合成型钢筋制品标记:

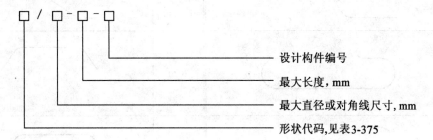

设计构件编号
最大长度,mm
最大直径或对角线尺寸,mm
形状代码,见表3-375

示例:ZGY100 型,最大直径 1 500mm,最大长度 16 000mm,设计构件编号为 123456 的组合成型钢筋制品,标记为:ZGY100/1 500-16 000-123456。

注:钢筋焊接网标记应符合 GB/T 1499.3 的有关规定。

2. 成型钢筋制品的形状代码

(1)单件成型钢筋制品形状及代码

表 3-375

形状代码	形状示意图	形状代码	形状示意图
0000		1020	
1000		1030	
1010		2010	

形状代码	形状示意图	形状代码	形状示意图
2011		3011	
2020		3012	
2021		3013	
2030		3020	
2031		3021	
2040		3022	
2041		3030	
2050		3031	
2060		4010	
3010		4011	

形状代码	形状示意图	形状代码	形状示意图
4012		5013	
4013		5020	
4020		5021	
4021		5022	
4030		5023	
4031		5024	
4040		5025	
5010		5026	
5011		5030	

形状代码	形状示意图	形状代码	形状示意图
5031		6022	
5032		6023	
5033		7011	
6010		7012	
6011		8010	
6012		8020	
6013		8021	
6020		8030	
6021		8031	

形状代码	形状示意图	形状代码	形状示意图
8040		8050	
8041		8051	

注：①本表形状代码第一位数字代表单件成型钢筋制品的弯折次数(不含端头弯钩)。其中 8 代表圆弧状或螺旋状连续弯曲,9 代表所有其他弯折(曲)类型。

②本表形状代码第二位数字代表单件成型钢筋制品端头弯钩特征:0——无弯钩;1——一端弯钩;2——两端弯钩。

③本表形状代码第三、四位数字代表单件成型钢筋制品的形状。

(2)组合成型钢筋制品形状及代码

表 3-376

形状代码	形 状 示 意 图
ZGY100	
ZGY200	
ZGJ100	

形状代码	形状示意图
ZGF100	
ZGF110	
ZGF200	
ZGF210	
ZGD100	
ZGD200	

形状代码	形状示意图
ZGT100	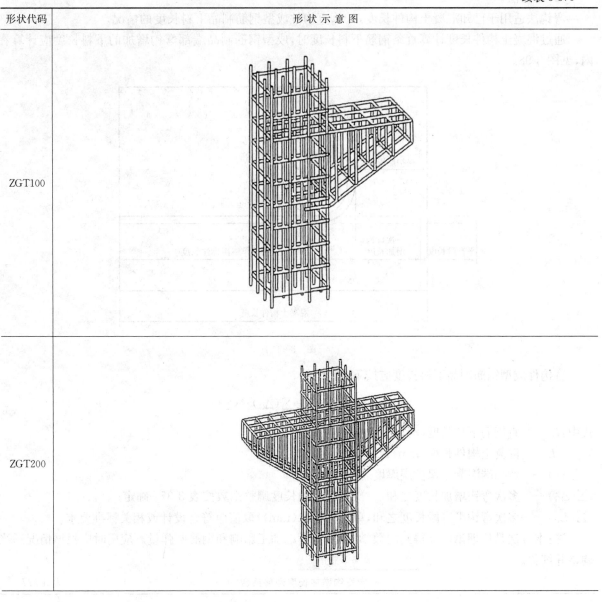
ZGT200	

本表中未列出的图样由生产者自定义,其组合成型钢筋制品形状代码应为:

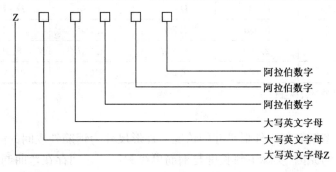

Z □ □ □ □ □

阿拉伯数字
阿拉伯数字
阿拉伯数字
大写英文字母
大写英文字母
大写英文字母Z

3.成型钢筋制品下料长度计算方法。

(1)成型钢筋制品生产前应进行原材钢筋下料长度计算。对不同已知条件和成型钢筋制品形状,可分别采用弯钩法或弯曲法计算。

(2)弯钩法。

弯钩法适用于已知混凝土构件长度,计算直构件成型钢筋制品下料长度的情况。

通过混凝土构件长度计算直条钢筋下料长度时,成型钢筋制品端部弯钩增加的下料长度应计算在内,见图3-98。

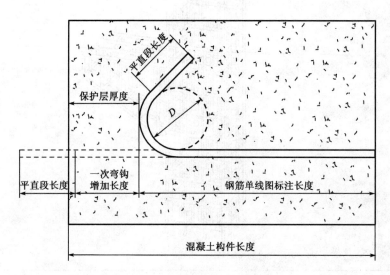

图 3-98

直构件成型钢筋制品下料长度应按下式计算:

$$L_z = L - \sum(c) + \sum(\Delta_G) + \sum(L_P)$$

式中:L_z——直钢筋下料长度(mm);

L——混凝土构件长度(mm);

$\sum(c)$——弯钩端混凝土保护层厚度之和(mm);

$\sum(\Delta_G)$——多次弯钩增加长度之和,一次弯钩增加长度调整系数按表3-377确定;

$\sum(L_P)$——多次弯钩平直段长度之和,单位为毫米(mm),取值应符合设计或相关标准要求。

注:本方法是从理论推导得到的数学模型,未考虑加工影响和钢筋回弹量。应用时应根据情况适当调整并细化。

一次弯钩增加长度调整系数(Δ_G)   表 3-377

弯钩角度	弯 弧 内 直 径					
	$D=2.5d$	$D=4d$	$D=6d$	$D=7d$	$D=12d$	$D=16d$
90°	0.50d	0.93d	1.50d	1.78d	3.21d	4.35d
135°	1.87d	2.89d	4.25d	4.92d	8.31d	11.03d
180°	3.25d	4.86d	7.00d	8.07d	13.42d	17.71d

注:D为弯弧内直径;d为钢筋原材公称直径。

(3)弯曲法

弯曲法适用于已知成型钢筋制品外形尺寸的情况。外形尺寸为钢筋外皮间的测量尺寸。

钢筋弯曲时由于弯弧的原因,实际下料长度与钢筋单线图尺寸之间存在弯曲调整值,见图3-99。

弯曲成型钢筋制品下料长度应按下式计算:

$$L_w = \sum(L_a) + \sum(L_b) - \sum(\Delta_w)$$

式中:L_w——弯曲成型钢筋制品下料长度(mm);

$\sum(L_a)$——直段外皮长度之和(mm);

$\sum(L_b)$——斜段外皮长度之和(mm);

$\sum(\triangle_w)$——多次弯曲调整值之和,一次弯曲调整系数按表3-376确定。

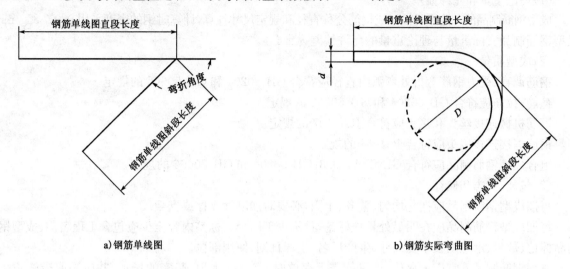

a)钢筋单线图　　　　　　　　　　　　b)钢筋实际弯曲图

图　3-99

一次弯曲调整系数($\triangle_w$)　　　　　　　　　　表 3-378

弯弧内直径	弯 钩 角 度				
	30°	45°	60°	90°	135°
$D=2.5d$	$0.29d$	$0.49d$	$0.77d$	$1.75d$	$0.38d$
$D=4d$	$0.30d$	$0.52d$	$0.85d$	$2.08d$	$0.11d$
$D=6d$	$0.31d$	$0.56d$	$0.96d$	$2.51d$	$-0.25d$
$D=7d$	$0.32d$	$0.58d$	$1.01d$	$2.72d$	$-0.42d$
$D=12d$	$0.35d$	$0.69d$	$1.28d$	$3.80d$	$-1.31d$
$d=16d$	$0.37d$	$0.77d$	$1.50d$	$4.66d$	$-2.03d$

注:D-弯弧内直径;d-钢筋原材公称直径。

4.成型钢筋制品允许尺寸偏差

表 3-379

序号	项 目		偏 差 值
1	调直直线度(mm/m)		≤4
2	调直切断长度(mm)		±5
3	纵向钢筋长度方向全长的净尺寸(mm)		±10
4	弯折角度(°)		≤3
5	弯起钢筋的弯折位置(mm)		±20
6	箍筋内净尺寸(mm)		±5
7	闪光对焊封闭箍筋	接头处弯折角(°)	≤3
		接头处轴线偏移(mm)	≤2
		接头所在直线边直线度(mm)	≤5
8	组合成型钢筋制品	主筋间距(mm)	±10
		箍筋间距(mm)	±20
		高度、宽度、直径(mm)	±5
		总长度(mm)	±25 或规定长度0.5%的较大值

注:成型钢筋制品的尺寸应符合设计要求。

5.成型钢筋制品的交货状态和储运要求

（1）理论重量和允许偏差

成型钢筋制品的理论重量按组成钢筋公称直径和规定尺寸计算，计算时钢的密度采用 $0.007\,85\,g/mm^3$。成型钢筋制品实际重量与理论重量的允许偏差为 $\pm6\%$。

（2）成型质量

钢筋调直、受力钢筋弯折处弯弧内直径应符合 GB 50204 和 GB 50666 的规定。

箍筋、拉筋应符合 GB 50204 和 GB 50666 的规定。

钢筋机械连接丝头和接头应符合 JGJ 107 的规定。

钢筋焊接连接接头应符合 JGJ 18 的规定。

组合成型钢筋制品应符合 GB/T 1499.3、GB 50204 和 GB 50666 的规定。

（3）包装、标志和储存

每捆成型钢筋制品应捆扎均匀、整齐、牢固，必要时加刚性支撑或支架。

每捆成型钢筋制品应在明显处悬挂标签，且不少于两个。标签内容至少应包含工程名称、成型钢筋制品标记、数量、示意图及主要尺寸、生产厂名、生产日期、使用部位。

成型钢筋制品不宜露天存放，当只能露天存放时，宜选择平坦、坚实的场地，并应采取措施防止锈蚀、碾轧和污染。

同一工程中同类型构件的成型钢筋制品应按施工先后顺序和规格分类码放整齐。

（4）出厂时至少提供的文件

成型钢筋制品出厂时应至少提供以下文件：

①所用材料的检验合格报告；

②成型钢筋制品质量证明书；

③成型钢筋制品出厂合格证；

④配送清单。配送清单至少应包括工程名称与应用结构部位、标记与数量、配送日期。

八、钢筋机械连接用套筒（JG/T 163—2013）

钢筋机械连接用套筒是连接两根钢筋，通过钢筋与套筒的机械咬合作用或钢筋端面的承压作用来传递钢筋的轴向拉力或压力的钢套筒。钢筋机械连接用套筒适用于 GB/T 1499.2 及 GB 13014 规定的直径 12mm～50mm 的各类钢筋。连接光圆钢筋、不锈钢钢筋及国外钢筋可参考使用。

1.套筒分类（按钢筋机械连接接头类型分类）

表 3-380

套筒螺纹类型	钢筋头部螺纹形式及代号	套筒型式		套筒外观质量
		名　称	代号	
直螺纹套筒	镦粗直螺纹（D）剥肋滚轧直螺纹（B）直接滚轧直螺纹（G）	直螺纹标准型套筒	B	1.套筒外观可为加工表面或为无缝钢管、圆钢的自然表面 2.无肉眼可见裂纹或其他缺陷 3.套筒外圆及内孔应有倒角 4.套筒表面不应有明显起皮的严重锈蚀 5.套筒表面应有标记和标志；挤压套筒应有挤压标识 6.套筒出厂前应有防锈措施
		直螺纹异径型套筒	Y	
		直螺纹正反丝型套筒	F	
		直螺纹扩口型套筒	K	
锥螺纹套筒	锥螺纹（Z）	锥螺纹标准型套筒	B	
		锥螺纹异径型套筒	Y	
挤压套筒（J）		挤压标准型套筒	B	
		挤压异径型套筒	Y	

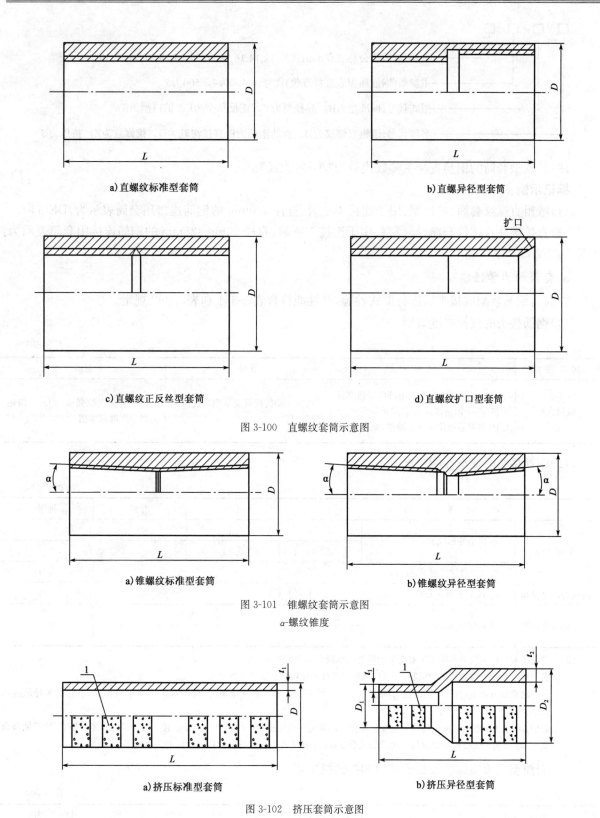

a) 直螺纹标准型套筒

b) 直螺异径型套筒

c) 直螺纹正反丝型套筒

d) 直螺纹扩口型套筒

图 3-100 直螺纹套筒示意图

a) 锥螺纹标准型套筒

b) 锥螺纹异径型套筒

图 3-101 锥螺纹套筒示意图

α-螺纹锥度

a) 挤压标准型套筒

b) 挤压异径型套筒

图 3-102 挤压套筒示意图

1-挤压标识

2.套筒的标记

套筒的标记应由名称代号、形式代号、主参数(钢筋强度级别)代号、主参数(钢筋公称直径)代号等四部分组成。

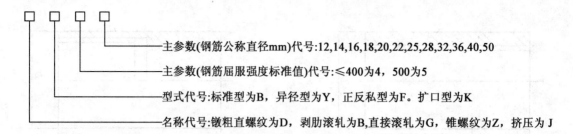

主参数(钢筋公称直径mm)代号:12,14,16,18,20,22,25,28,32,36,40,50

主参数(钢筋屈服强度标准值)代号:≤400为4,500为5

型式代号:标准型为B,异径型为Y,正反私型为F。扩口型为K

名称代号:镦粗直螺纹为D,剥肋滚轧为B,直接滚轧为G,锥螺纹为Z,挤压为J

注:异径型套筒的钢筋直径主参数代号为"小径/大径"。

标记示例:

(1)墩粗直螺纹套筒、扩口型、用于连接 400 级、直径 400mm 的钢筋连接用套筒表示为:DK 440。

(2)直接滚轧直螺纹套筒、异径型、用于连接 500 级、直径 20mm/25mm 的钢筋连接用套筒表示为:GY 5 20/25。

3.套筒的力学性能

套筒与钢筋装配成接头后进行型式检验,其性能符合表 3-381 和表 3-382 规定。

(1)钢筋接头的抗拉强度级别

表 3-381

接头等级	Ⅰ级	Ⅱ级	Ⅲ级
抗拉强度	接头实测抗拉强度≥钢筋抗拉强度标准值,断于钢筋或接头实测抗拉强度≥1.10 倍钢筋抗拉强度标准值,断于接头	接头实测抗拉强度≥钢筋抗拉强度标准值	接头实测抗拉强度≥1.25 倍钢筋屈服强度标准值

(2)钢筋接头的变形性能要求

表 3-382

接头等级			Ⅰ级	Ⅱ级	Ⅲ级
单向拉伸	u_0 残余变形(mm) 不大于	$d\leqslant32$	0.10	0.14	
		$d>32$	0.14	0.16	
	最大力总伸长率 A_{sgt}(%) 不小于		6.0		3.0
高应力反复拉压	u_{20} 残余变形(mm) 不大于		0.3		
大变形反复拉压	残余变形(mm) 不大于	u_4	0.3		0.6
		u_8	0.6		

注:①套筒实测受拉承载力不应小于被连接钢筋受拉承载力标准值的 1.1 倍。

②套筒用于有疲劳性能要求的钢筋接头时,其抗疲劳性能应符合 JGJ 107 的规定。

③当频遇荷载组合下,构件中钢筋应力明显高于 0.6 倍钢筋屈服强度标准值时,设计部门可对单向拉伸 u_0 的加载峰值提出调整。

④表中:u_0-接头加载至 0.6 钢筋屈服强度标准值并卸载后在规定标距内的残余变形;u_{20}-接头经高应力反复拉压 20 次后的残余变形;u_4-接头经大变形反复拉压 4 次后的残余变形;u_8-接头经大变形反复拉压 8 次后的残余变形。

(3)套筒型式检验螺纹接头安装时的拧紧扭矩值

表 3-383

钢筋直径(mm)		12～16	18～20	22～25	28～32	36～40	50
拧紧扭矩 (N·m)	直螺纹	100	200	260	320	360	460
	锥螺纹	100	180	240	300	360	460

注:①本表中的扭矩值,对直螺纹接头是最小安装拧紧扭矩值。

②本表中的扭矩值,对锥螺纹接头是安装标准扭矩值,安装时不得超拧。

4. 钢筋机械连接用 45 号钢直螺纹套筒最小尺寸参数表(mm)

表 3-384

适用钢筋强度级别	套筒类型	型号	尺寸	钢筋直径					
				12	14	16	18	20	22
≤400 级	镦粗直螺纹	标准型正反丝型	外径 D	19.0	22.0	25.0	28.0	31.0	34.0
			长度 L	24.0	28.0	32.0	36.0	40.0	44.0
	剥肋滚轧直螺纹	标准型正反丝型	外径 D	18.0	21.0	24.0	27.0	30.0	32.5
			长度 L	28.0	32.0	36.0	41.0	45.0	49.0
	直接滚轧直螺纹	标准型正反丝型	外径 D	18.5	21.5	24.5	27.5	30.5	33.0
			长度 L	28.0	32.0	36.0	41.0	45.0	49.0

适用钢筋强度级别	套筒类型	型号	尺寸	钢筋直径					
				25	28	32	36	40	50
≤400 级	镦粗直螺纹	标准型正反丝型	外径 D	38.5	43.0	48.5	54.0	60.0	—
			长度 L	50.0	56.0	64.0	72.0	80.0	—
	剥肋滚轧直螺纹	标准型正反丝型	外径 D	37.0	41.5	47.5	53.0	59.0	74.0
			长度 L	56.0	62.0	70.0	78.0	86.0	106.0
	直接滚轧直螺纹	标准型正反丝型	外径 D	37.5	42.0	48.0	53.5	59.5	74.0
			长度 L	56.0	62.0	70.0	78.0	86.0	106.0

适用钢筋强度级别	套筒类型	型号	尺寸	钢筋直径					
				12	14	16	18	20	22
500 级	镦粗直螺纹	标准型正反丝型	外径 D	20.0	23.5	26.5	29.5	32.5	36.0
			长度 L	24.0	28.0	32.0	36.0	40.0	44.0
	剥肋滚轧直螺纹	标准型正反丝型	外径 D	19.0	22.5	25.5	28.5	31.5	34.5
			长度 L	32.0	36.0	40.0	46.0	50.0	54.0
	直接滚轧直螺纹	标准型正反丝型	外径 D	19.5	23.0	26.0	29.0	32.0	35.0
			长度 L	32.0	35.0	40.0	46.0	50.0	54.0

适用钢筋强度级别	套筒类型	型号	尺寸	钢筋直径					
				25	28	32	36	40	50
500 级	镦粗直螺纹	标准型正反丝型	外径 D	41.0	45.5	51.5	57.5	63.5	—
			长度 L	50.0	56.0	64.0	72.0	80.0	—
	剥肋滚轧直螺纹	标准型正反丝型	外径 D	39.5	44.0	50.5	56.5	62.5	78.0
			长度 L	62.0	68.0	76.0	84.0	92.0	112.0
	直接滚轧直螺纹	标准型正反丝型	外径 D	40.0	44.5	51.0	57.0	63.0	78.5
			长度 L	62.0	68.0	76.0	84.0	92.0	112.0

注:①表中最小尺寸是指套筒原材料采用符合 GB/T 699 中 45 号钢力学性能要求(实测屈服强度和极限强度分别不应小于 355MPa、600MPa)、套筒生产企业有良好质量控制水平时可选用的最小尺寸。

②对外表面未经切削加工的套筒,当套筒外径≤50mm 时,应在表中所列最小外径尺寸基础上增加不应小于 0.4mm;当套筒外径>50mm 时,应在表中所列最小外径尺寸基础上增加不应小于 0.8mm。

③实测套筒最小尺寸应在至少不少于 2 个方向测量,取最小值判定。

5.套筒的尺寸允许偏差

表 3-385

套筒类型	外径 D (mm)		允许偏差(mm)			
			外径 D	壁厚 t	长度 L	螺纹公差
圆柱形直螺纹套筒	加工表面		±0.50	—	±1.0	符合 GB/T 197 中 6H 规定
	非加工表面	>20～30	±0.50	—		
		>30～50	±0.60	—		
		>50	±0.80	—		
锥螺纹套筒	≤50		±0.50	—		螺纹精度符合相应设计规定
	>50		±0.80	—		
标准型挤压套筒	≤50		±0.50	+0.12t −0.10t	±2.0	—
	>50		±0.01D			—

注：非圆柱形套筒的尺寸偏差、异径挤压套筒的尺寸及偏差应符合设计规定。

6.套筒的原材料要求

1)螺纹套筒

(1)套筒原材料直采用牌号为 45 号的圆钢、结构用无缝铜管,其外观及力学性能应符合 GB/T 699、GB/T 8162 和 GB/T 17395 的规定。

(2)套筒原材料当采用 45 号钢的冷拔或冷轧精密无缝钢管时,应进行退火处理,并应符合 GB/T 3639 的相关规定,其抗拉强度不应大于 800MPa,断后伸长率 δ_5 不宜小于 14%。45 号钢的冷拔或冷轧精密无缝钢管的原材料应采用牌号为 45 号的管坯钢,并符合 YB/T 5222 的规定。

(3)采用各类冷加工工艺成型的套筒,宜进行退火处理,且套筒设计时不应利用经冷加工提高的强度减少套筒横截面面积。

(4)套筒原材料可选用经接头型式检验证明符合 JGJ 107 中接头性能规定的其他钢材。

(5)需要与型钢等钢材焊接的套筒,其原材料应符合可焊性的要求。

2)挤压套筒

挤压套筒的原材料应根据被连接钢筋的牌号选用适合压延加工的钢材,直选用牌号为 10 号和 20 号的优质碳素结构钢或牌号为 Q235 和 Q275 的碳素结构钢,其外观及力学性能应符合 GB/T 700、GB/T 702 和 GB/T 8162 的规定,且实测力学性能应符合表 3-386 的规定。

挤压套筒原材料的力学性能

表 3-386

项 目	性 能 指 标	项 目	性 能 指 标
屈服强度(MPa)	205～350	断后伸长率 δ_5(%)	≥20
抗拉强度(MPa)	335～500	硬度(HRBW)	50～80

7.套筒的交货状态和储运要求

(1)标志

套筒表面应刻印清晰、持久性标志。标志应包括标记和厂家代号、可追溯原材料性能的生产批号。厂家代号可以是字符或图案。生产批号代号可以是数字或数字与符号组合。

套筒表面的标志可单排也可双排排列。当双排排列时,名称代号、特性代号、主参数代号应列为一排。

示例 1:剥肋滚轧直螺纹、正反丝型、用于连接 HRB500、直径 25mm 的钢筋连接套筒、厂家代号为 ××××、生产批号为 11211,表示为:BZ 5 25 ×××× 11211。

示例 2:锥螺纹、标准型、用于连接 HRB400、直径 14mm 的钢筋连接套筒、厂家代号为 ××××、生产批号为 11211 表示为:ZB 4 25 ×××× 11211。

示例 3:直接滚轧直螺纹、异径型、用于连接 HRB400、直径 20mm/25mm 的钢筋连接套筒、厂家代号为××××,生产批号为 11211,表示为:GY 4 22/25 ×××× 11211。

(2)包装材料与表面标识

套筒出厂应采用纸箱、编织袋或其他可靠包装。包装物表面上应标明产品名称、套筒型式、数量、适用钢筋规格、制造日期、生产批号、生产厂名称、地址、电话等。

(3)套筒生产可追溯性要求

套筒应按规定在其外表面刻印标志;

套筒批号应与原材料检验报告、发货或出库凭单、产品检验记录、产品合格证、产品质量证明书等记录相对应;

套筒批号有关记录的保存不应少于 3 年。

(4)套筒出厂要求

套筒出厂,包装内应附产品合格证,同时向用户提交产品质量证明书。

产品合格证内容:

生产厂家名称:产品名称、型式:适用钢筋牌号、接头性能等级:生产批号、生产日期;质检员签章。

产品质量证明书内容:

类型:型式、规格:适用钢筋强度等级:产品生产批号:执行标准:检验尺寸项目、尺寸参数及检验结论:检验合格签章:生产厂家名称、地址、电话。

(5)储运要求

套筒在储运过程应妥善保护,避免雨淋、沾污或损伤。

第四章　常用有色金属

第一节　常用有色金属的分类和牌号表示方法

一、有色金属的分类

有色金属产品分为冶炼产品、加工产品和铸造产品三部分。

(1)纯金属冶炼产品分为工业纯度及高纯度两类。

(2)纯金属及合金加工产品,按金属及合金系统分类,如铝及铝合金,铜及铜合金(纯铜、黄铜、青铜、白铜),镍及镍合金等。

(3)铸造产品分为铸件和铸锭。按不同的合金系统又可分为铸造铝合金、铸造镁合金、铸造黄铜、铸造青铜等。

(4)部分产品,按专门用途分类,如焊料、轴承合金等。

二、常用有色金属及合金产品牌号表示方法

(一)冶炼产品

纯金属的冶炼产品,均用化学元素符号结合顺序号或表示主成分的数字表示。元素符号和顺序号(或数字)中间划一短横线"-"。

(1)工业纯度金属,用顺序号表示,其纯度随顺序号增加而降低。

如:一号铜用 Cu-1 表示;

二号铜用 Cu-2 表示。

(2)高纯度金属,用表示主成分的数字表示。短横线后加一个"0"以示高纯。"0"后第一个数字表示主成分"9"的个数。

如:主成分为 99.999% 的高纯铟,表示为 In-05。

(3)海绵状金属则在元素符号前冠以"H"("海"字汉语拼音的首字母)。

如:一号海绵钛表示为 HTi-1。

(二)加工和铸造用铜和铜合金(GB/T 29091—2012)

1.加工铜及高铜合金(铜含量96%～<99.3%)的牌号表示方法

(1)铜以"T+顺序号"或"T+第一主添加元素化学符号+各添加元素含量(数字间用"-"隔开)"命名。

示例1:铜含量(含银)≥99.90%的二号纯铜,示例为:

示例2：银含量为 0.06%～0.12% 的银铜，示例为：

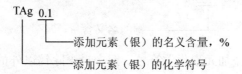

示例3：银含量为 0.08%～0.12%、磷含量为 0.004%～0.012% 的银铜，示例为：

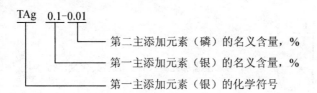

(2)无氧铜以"TU＋顺序号"或"TU＋添加元素的化学符号＋各添加元素含量"命名。

示例4：氧含量≤0.002% 的一号无氧铜，示例为：

示例5：银含量为 0.15%～0.25%、氧含量≤0.003% 的无氧银铜，示例为：

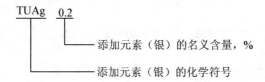

(3)磷脱氧铜以"TP＋顺序号"命名。

示例6：磷含量为 0.015%～0.040% 的二号磷脱氧铜，示例为：

(4)高铜合金以"T＋第一主添加元素化学符号＋各添加元素含量(数字间以"-"隔开)"命名。

示例7：铬含量为 0.50%～1.5%、锆含量为 0.05%～0.25% 的高铜，示例为：

注：铜和高铜合金中不体现铜的含量。

2.黄铜的牌号表示方法

(1)普通黄铜以"H＋铜含量"命名。

示例1：含铜量为 63.5%～68.0% 的普通黄铜，示例为：

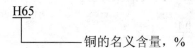

H65

铜的名义含量，%

(2)复杂黄铜以"H+第二主添加元素化学符号+铜含量+除锌以外的各添加元素含量(数字间以"-"隔开)"命名。

示例2:铅含量为0.8%～1.9%、铜含量为57.0%～60.0%的铅黄铜,示例为:

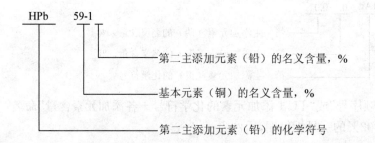

HPb   59-1

第二主添加元素（铅）的名义含量，%

基本元素（铜）的名义含量，%

第二主添加元素（铅）的化学符号

注:黄铜中锌为第一主添加元素,但牌号中不体现锌的含量。

3.青铜的牌号表示方法

青铜以"Q+第一主添加元素化学符号+各添加元素含量(数字间以"-"隔开)"命名。

示例1:铝含量为4.0%～6.0%的铝青铜,示例为:

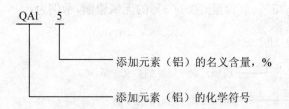

QAl   5

添加元素（铝）的名义含量，%

添加元素（铝）的化学符号

示例2:含锡量为6.0%～7.0%、含磷量为0.10%～0.25%的锡磷青铜,示例为:

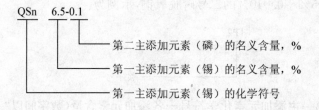

QSn   6.5-0.1

第二主添加元素（磷）的名义含量，%

第一主添加元素（锡）的名义含量，%

第一主添加元素（锡）的化学符号

4.白铜的牌号表示方法

(1)普通白铜以"B+镍含量"命名。

示例1:镍(含钴)含量为29%～33%的白铜,示例为:

B30

镍的名义含量，%

(2)铜为余量的复杂白铜,以"B+第二主添加元素化学符号+镍含量+各添加元素含量(数字间以"-"隔开)"命名。

示例2:镍含量为9.0%～11.0%、铁含量为1.0%～1.5%、锰含量为0.5%～1.0%的铁白铜,示例为:

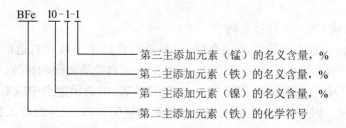

第三主添加元素（锰）的名义含量，%
第二主添加元素（铁）的名义含量，%
第一主添加元素（镍）的名义含量，%
第二主添加元素（铁）的化学符号

（3）锌为余量的锌白铜，以"B＋锌元素化学符号＋第一主添加元素（镍）含量＋第二主添加元素（锌）含量＋第三主添加元素含量（数字间以"-"隔开）"命名。

示例 3：铜含量为 $60.0\%\sim63.0\%$、镍含量为 $14.0\%\sim16.0\%$、铅含量为 $1.5\%\sim2.0\%$、锌为余量的含铅锌白铜，示例为：

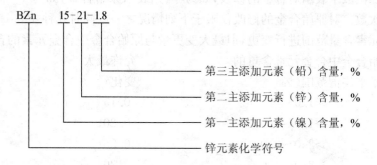

第三主添加元素（铅）含量，%
第二主添加元素（锌）含量，%
第一主添加元素（镍）含量，%
锌元素化学符号

5.铸造铜及铜合金牌号的命名方法

在加工铜及铜合金牌号的命名方法的基础上，牌号的最前端冠以"铸造"一词汉语拼音的第一个大写字母"Z"。

6.再生铜及铜合金牌号的命名方法

在加工铜及铜合金牌号的命名方法的基础上，牌号的最前端冠以"再生"英文单词 recycling 的第一个大写字母"R"。

（三）变形铝及铝合金（GB/T 16474—2011）

变形铝及铝合金的牌号以国际四位数字体系表示。

未命名为国际四位数字体系牌号的变形铝及铝合金，采用四位字符牌号（但试验铝及铝合金采用前缀×加四位字符牌号）命名。

1.国际四位数字体系牌号

（1）国际四位数字体系牌号组别的划分

国际四位数字体系牌号的第 1 位数字表示组别，如下所示：

①纯铝（铝含量不小于 99.00%）　　1×××

②合金组别按下列主要合金元素划分

a. Cu　　　　　　　　　　　2×××

b. Mn　　　　　　　　　　　3×××

c. Si　　　　　　　　　　　4×××

d. Mg　　　　　　　　　　　5×××

e. Mg＋Si　　　　　　　　　6×××

f. Zn　　　　　　　　　　　7×××

h. 其他合金　　　　　　　　8×××

i. 备用组　　　　　　　　　　　　　9×××

（2）国际四位数字体系 1××× 牌号系列

在 1××× 中，最后两位数字表示最低铝含量，与最低铝含量中小数点右边的两位数字相同。如 1060 表示最低铝含量为 99.60％ 的工业纯铝。第二位数字表示对杂质范围的修改，若是零，则表示该工业纯铝的杂质范围为生产中的正常范围；如果为 1～9 的自然数，则表示生产中应对某一种或几种杂质或合金元素加以专门控制。例如，1350 工业纯铝是一种铝含量应 ≥99.50％ 的电工铝，其中有三种杂质应受到控制，即 $w(V+Ti) \leqslant 0.02\%$，$w(B) \leqslant 0.05\%$，$w(Ca) \leqslant 0.03\%$。

（3）国际四位数字体系 2×××～8××× 牌号系列

在 2×××～8××× 系列中，牌号最后两位数字无特殊意义，仅表示同一系列中的不同合金，但有些是表示美国铝业公司过去用的旧牌号中的数字部分，如 2024 合金，即过去的 24S 合金。不过，这样的合金为数甚少。第二位数字表示对合金的修改，如为零，则表示原始合金，如为 1～9 中的任一整数，则表示对合金的修改次数。对原始合金的修改仅限于下列情况之一或同时几种：

①对主要合金元素含量范围进行变更，但最大变更量与原始合金中合金元素的含量关系如下：

原始合金中合金元素含量的算术平均值范围（％）	允许最大变化量（％）
≤1.0	0.15
>1.0～2.0	0.20
>2.0～3.0	0.25
>3.0～4.0	0.30
>4.0～5.0	0.35
>5.0～6.0	0.40
>6.0	0.50

②增加或删除了极限含量算术平均值不超过 0.30％ 的一个合金元素，或增加或删除了极限含量算术平均值不超过 0.40％ 的一组组合元素形式的合金元素。

③用一种作用相同合金元素代替另一种合金元素。

④改变杂质含量范围。

⑤改变晶粒细化剂含量范围。

⑥使用高纯金属，将铁、硅含量最大极限值分别降至 0.12％、0.10％ 或更小。

2. 四位字符体系牌号

四位字符体系牌号的第一、三、四位为阿拉伯数字，第二位为英文大写字母（C、I、L、N、O、P、Q、Z 字母除外）。牌号的第一位数字表示铝及铝合金的组别（组别划分同国际四位数字体系牌号）。

（1）纯铝的牌号命名法

铝含量不低于 99.00％ 时为纯铝，其牌号用 1××× 系列表示。牌号的最后两位数字表示最低铝百分含量。当最低铝百分含量精确到 0.01％ 时，牌号的最后两位数字就是最低铝百分含量中小数点后面的两位。牌号第二位的字母表示原始纯铝的改型情况。如果第二位字母为 A，则表示为原始纯铝；如果是 B～Y 的其他字母，则表示为原始纯铝的改型，与原始纯铝相比，其元素含量略有改变。

（2）铝合金的牌号命名法

铝合金的牌号用 2×××～8××× 系列表示。牌号的最后两位数字没有特殊意义，仅用来区分同一组中不同的铝合金。牌号第二位的字母表示原始合金的改型情况。如果牌号第二位的字母是 A，则表示为原始合金；如果是 B～Y 的其他字母，则表示为原始合金的改型合金。改型合金与原始合金相比，化学成分的变化，仅限于下列任何一种或几种情况［参照国际四位数字体系牌号系列中第（1）～（5）条］。

第二节 铜及铜合金

一、铜及铜合金牌号和状态表示方法

(一)加工铜及铜合金牌号汇总(GB/T 5231—2012)

表 4-1

分类	代号	牌号	分类	代号	牌号	分类	代号	牌号
无氧铜	C10100	TU00	镉铜	C16200	TCd1	铜锌合金	C21000	H95
	T10130	TU0	铍铜	C17300	TBe1.9-0.4	普通黄铜	C22000	H90
	T10150	TU1		T17490	TBe0.3-1.5		C23000	H85
	T10180	TU2		C17500	TBe0.6-2.5		C24000	H80
	C10200	TU3		C17510	TBe0.4-1.8		T26100	H70
银无氧铜	T10350	TU00Ag0.06		T17700	TBe1.7		T26300	H68
	C10500	TUAg0.03		T17710	TBe1.9		C26800	H66
	T10510	TUAg0.05		T17715	TBe1.9-0.1		C27000	H65
	T10530	TUAg0.1		T17720	TBe2		T27300	H63
	T10540	TUAg0.2	镍铬铜	C18000	TNi2.4-0.6-0.5		T27600	H62
	T10550	TUAg0.3	铬铜	C18135	TCr0.3-0.3		T28200	H59
锆无氧铜	T10600	TUZr0.15		T18140	TCr0.5	硼砷黄铜	T22130	HB 90-0.1
纯铜	T10900	T1		T18142	TCr0.5-0.2-0.1		T23030	HAs 85-0.05
	T11050	T2		T18144	TCr0.5-0.1		C26130	HAs 70-0.05
	T11090	T3		T18146	TCr0.7		C26330	HAs 68-0.04
银铜	T11200	TAg0.1-0.01		T18148	TCr0.8	铜锌铅合金 铅黄铜	C31400	HPb89-2
	T11210	TAg0.1		C18150	TCr1-0.15		C33000	HPb66-0.5
	T11220	TAg0.15		T18160	TCr1-0.18		T34700	HPb63-3
磷脱氧铜	C12000	TP1		T18170	TCr0.6-0.4-0.05		T34900	HPb63-0.1
	C12200	TP2		C18200	TCr1		T35100	HPb62-0.8
	T12210	TP3	镁铜	T18658	TMg0.2		C35300	HPb62-2
	T12400	TP4		C18661	TMg0.4		C36000	HPb62-3
碲铜	T14440	TTe0.3		T18664	TMg0.5		T36210	HPb62-2-0.1
	T14450	TTe0.5-0.008		T18667	TMg0.8		T36220	HPb61-2-1
	C14500	TTe0.5	铅铜	C18700	TPb1		T36230	HPb61-2-0.1
	C14510	TTe0.5-0.02	铁铜	C19200	TFe1.0		C37100	HPb61-1
硫铜	C14700	TS0.4		C19210	TFe0.1		C37700	HPb60-2
锆铜	C15000	TZr0.15		C19400	TFe2.5		T37900	HPb60-3
	T15200	TZr0.2	钛铜	C19910	TTi3.0-0.2		T38100	HPb59-1
	T15400	TZr0.4					T38200	HPb59-2
弥散无氧铜	T15700	TUA10.12					T38210	HPb58-2
							T38300	HPb59-3
							T38310	HPb58-3
							T38400	HPb57-4

分类	代号	牌号	分类	代号	牌号	分类	代号	牌号
铜锌锡合金、复杂黄铜　锡黄铜	T41900	HSn90-1	复杂黄铜　铝黄铜	C68700	HA177-2	铬青铜	T55600	QCr4.5-2.5-0.6
	C44300	HSn72-1		T68900	HA167-2.5	锰青铜	T56100	QMn1.5
	T45000	HSn70-1		T69200	HA166-6-3-2		T56200	QMn2
	T45010	HSn70-1-0.01		T69210	HA164-5-4-2		T56300	QMn5
	T45020	HSn70-1-0.01-0.04		T69220	HA161-4-3-1.5	铜铬、铜锰、铜铝合金　铝青铜	T60700	QA15
	T46100	HSn65-0.03		T69230	HA161-4-3-1		C60800	QA16
	T46300	HSn62-1		T69240	HA160-1-1		C61000	QA17
	T46410	HSn60-1		T69250	HAl59-3-2		T61700	QA19-2
铋黄铜	T49230	HBi60-2	镁黄铜	T69800	HMg60-1		T61720	QA19-4
	T49240	HBi60-1.3	镍黄铜	T69900	HNi65-5		T61740	QAl9-5-1-1
	C49260	HBi60-1.0-0.05		T69910	HNi56-3		T61760	QAl10-3-1.5
复杂黄铜　铋黄铜	T49310	HBi60-0.5-0.01	铜锡、铜锡磷、铜锡铅合金　锡青铜	T50110	QSn0.4		T61780	QAl10-4-4
	T49320	HBi60-0.8-0.01		T50120	QSn0.6		T61790	QAl10-4-4-1
	T49330	HBi60-1.1-0.01		T50130	QSn0.9		T62100	QAl10-5-5
	T49360	HBi59-1		T50300	QSn0.5-0.025		T62200	QAl11-6-6
	C49350	HBi62-1		T50400	QSn1-0.5-0.5	铜硅合金　硅青铜	C64700	QSi0.6-2
锰黄铜	T6710C	HMn64-8-5-1.5		C50500	QSn1.5-0.2		T64720	QSi1-3
	T67200	HMn62-3-3-0.7		C50700	QSn1.8		T64730	QSi3-1
	T67300	HMn62-3-3-1		T50800	QSn4-3		T64740	QSi3.5-3-1.5
	T67310	HMn62-13		C51000	QSn5-0.2	铜镍合金　普通白铜	T70110	B0.6
	T67320	HMn55-3-1		T51010	QSn5-0.3		T70380	B5
	T67330	HMn59-2-1.5-0.5		C51100	QSn4-0.3		T71050	B19
	T67400	HMn58-2		T51500	QSn6-0.05		C71100	B23
	T67410	HMn57-3-1		T51510	QSn6.5-0.1		T71200	B25
	T67420	HMn57-2-2-0.5		T51520	QSn6.5-0.4		T71400	B30
铁黄铜	T67600	HFe59-1-1		T51530	QSn7-0.2	铁白铜	C70400	BFe5-1.5-0.5
	T67610	HFe58-1-1		C52100	QSn8-0.3		T70510	BFe7-0.4-0.4
锑黄铜	T68200	HSb61-0.8-0.5		T52500	QSn15-1-1		T70590	BFe10-1-1
	T68210	HSb60-0.9		T53300	QSn4-4-2.5		C70610	BFe10-1.5-1
硅黄铜	T68310	HSi80-3		T53500	QSn4-4-4		T70620	BFe10-1.6-1
	T68320	HSi75-3					T70900	BFe16-1-1-0.5
	C68350	HSi62-0.6					C71500	BFe30-0.7
	T68360	HSi61-0.6					T71510	BFe30-1-1
							T71520	BFe30-2-2
						锰白铜	T71620	BMn3-12
							T71660	BMn40-1.5
							T71670	BMn43-0.5
						铝白铜	T72400	BAl6-1.5
							T72600	BAl13-3

续表 4-1

分类	代号	牌号	分类	代号	牌号	分类	代号	牌号
铜镍锌合金	C73500	BZn18-10	铜镍锌合金	T76210	BZn12-26	铜镍锌合金	T77500	BZn40-20
	T74600	BZn15-20		T76220	BZn12-29		T78300	BZn15-21-1.8
	C75200	BZn18-1B		T76300	BZn18-20		T79500	BZn15-24-1.5
	T75210	BZnl8-17		T76400	BZn22-16		C79800	BZn10-41-2
	T76100	BZn9-29		T76500	BZn25-18		C79860	BZn12-37-1.5
	T76200	BZn12-24		C77000	BZn18-26			

(二)铜及铜合金的状态表示方法(GB/T 29094—2012)

铜及铜合金状态表示方法分三级表示。

一级状态用一个大写的英文字母表示,代表产品的基本生产方式。

在一级状态后加一位阿拉伯数字或一个大写英文字母表示二级状态,代表产品功能或具体生产工艺。

在二级状态后加 1~3 位阿拉伯数字表示三级状态,代表产品的最终成型方式。

1. 制造状态(M)的表示方法

表 4-2

一级状态代号	状态名称	二级状态代号	状态名称	三级状态代号	状态名称
M	制造状态——通过铸造或热加工的初级制造而得到的状态	M0	铸造态	M01	砂型铸造
				M02	离心铸造
				M03	石膏型铸造
				M04	压力铸造
				M05	金属型铸造(永久型铸造)
				M06	熔型铸造
				M07	连续铸造
				M08	低压铸造
		M1	热锻	M10	热锻—空冷
				M11	热锻—淬火
		M2	热轧	M20	热轧
				M25	热轧+再轧
		M3	热挤压	M30	热挤压
		M4	热穿孔	M40	热穿孔
				M45	热穿孔+再轧

注:①以制造状态供货的主要是铸件和热加工产品,一般不需要进一步的热处理。

②M 后的第一个数字是随材料变形程度的加大而递增的。

2. 冷加工状态(H)的表示方法

表 4-3

一级状态代号	状态名称	小类	二级状态代号	状态名称	三级状态代号	状态名称
H	冷加工状态——通过不同冷加工方法及控制变形量而得到的状态	以冷变形量满足标准要求为基础的冷加工状态	H0	硬,弹	H00	1/8 硬
					H01	1/4 硬
					H02	1/2 硬
					H03	3/4 硬
					H04	硬

一级状态代号	状态名称	小类	二级状态代号	状态名称	三级状态代号	状态名称
H	冷加工状态——通过不同冷加工方法及控制变形量而得到的状态	以冷变形量满足标准要求为基础的冷加工状态	H0	硬、弹	H06	特硬
					H08	弹性
			H1	高弹	H10	高弹性
					H12	特殊弹性
					H13	更高弹性
					H14	超高弹性
		以适应特殊产品满足标准要求为基础的冷加工状态	H5	拉拔	H50	热挤压＋拉拔
					H52	热穿孔＋拉拔
					H55	轻拉,轻冷加工
					H58	常规拉拔
			H6	冷成型	H60	冷锻
					H63	铆接
					H64	旋压
					H66	冲压
			H7	冷弯	H70	冷弯
			H8	硬态拉拔	H80	拉拔(硬)
					H85	拉拔电线(1/2硬)
					H86	拉拔电线(硬)
			H9	异型冷加工	H90	翅片成型
		冷加工后进行热处理的状态	HR	冷加工＋消除应力	HR01	1/4硬＋应力消除
					HR02	半硬＋应力消除
					HR04	硬＋应力消除
					HR06	特硬＋应力消除
					HR08	弹性＋应力消除
					HR10	高弹性＋应力消除
					HR12	特殊弹性＋应力消除
					HR50	拉拔＋应力消除
					HR90	翅片成形＋应力消除
			HT	冷加工＋有序强化	HT04	硬＋有序强化
					HT08	弹性＋有序强化
			HE	冷加工＋端部退火	HE80	硬态拉拔＋端部退火

注：①H_0、H_1 状态适用于板、带、棒、线材等产品类型。

②$H_5 \sim H_9$ 状态供货的产品,一般不需要进一步的热处理。

3. 退火状态(O)的表示方法

表 4-4

一级状态代号	状态名称	小类	二级状态代号	状态名称	三级状态代号	公称平均晶粒尺寸(mm)
O	退火状态——通过退火来改变产品力学性能或晶粒度要求而得到的状态	为满足公称平均晶粒尺寸的退火状态	OS	有晶粒尺寸要求的退火	OS005	0.005
					OS010	0.010
					OS015	0.015
					OS025	0.025

续表 4-4

一级状态代号	状态名称	小类	二级状态代号	状态名称	三级状态代号	公称平均晶粒尺寸(mm)
O	退火状态——通过退火来改变产品力学性能或晶粒度要求而得到的状态	为满足公称平均晶粒尺寸的退火状态	OS	有晶粒尺寸要求的退火	OS030	0.030
					OS035	0.035
					0S045	0.045
					OS050	0.050
					OS060	0.060
					OS065	0.065
					OS070	0.070
					OS100	0.100
					OS120	0.120
					OS150	0.150
					OS200	0.200
		为满足力学性能的退火状态	O1	铸造态＋热处理	O10	铸造＋退火(均匀化)
					O11	铸造＋沉淀热处理
			O2	热锻轧＋热处理	O20	热锻＋退火
					O25	热轧＋退火
			O3	热挤压＋热处理	O30	热挤压＋退火
					O31	热挤压＋沉淀热处理
			O4	热穿孔＋热处理	O40	热穿孔＋退火
			O5	调质退火	O50	轻退火
			O6	退火	O60	软化退火
					O61	退火
					O65	拉伸退火
					O68	深拉退火
			O7	完全软化退火	O70	完全软化退火
			O8	退火到特定性能	O80	退火到1/8硬
					O81	退火到1/4硬
					O82	退火到1/2硬

4. 热处理状态(T)表示方法

表 4-5

一级状态代号	状态名称	二级状态代号	状态名称	三级状态代号	状态名称
T	热处理状态——适用于固溶热处理或固溶热处理后再冷加工或热处理而得到的状态	TQ	淬火硬化	TQ00	淬火硬化
				TQ30	淬火硬化＋退火
				TQ50	淬火硬化＋调质退火
				TQ55	淬火硬化＋调质退火＋冷拉＋应力消除
				TQ75	中间淬火
		TB	固溶热处理	TB00	固溶热处理
		TF	固溶热处理＋沉淀热处理	TF00	固溶热处理＋沉淀热处理
				TF01	沉淀热处理板——低硬化
				TF02	沉淀热处理板——高硬化

续表 4-5

一级状态代号	状态名称	二级状态代号	状态名称	三级状态代号	状态名称
T	热处理状态——适用于固溶热处理或固溶热处理后再冷加工或热处理而得到的状态	TX	固溶热处理+亚稳分解热处理	TX00	亚稳分解硬化
		TD	固溶热处理+冷加工	TD00	固溶热处理+冷加工(1/8 硬)
				TD01	固溶热处理+冷加工(1/4 硬)
				TD02	固溶热处理+冷加工(1/2 硬)
				TD03	固溶热处理+冷加工(3/4 硬)
				TD04	固溶热处理+冷加工(硬)
				TD08	固溶热处理+冷加工(弹性)
		TH	固溶热处理+冷加工+沉淀热处理	TH01	固溶热处理+冷加工(1/4 硬)+沉淀热处理
				TH02	固溶热处理+冷加工(1/2 硬)+沉淀热处理
				TH03	固溶热处理+冷加工(3/4 硬)+沉淀热处理
				TH04	固溶热处理+冷加工(硬)+沉淀热处理
				TH08	固溶热处理+冷加工(弹性)+沉淀热处理
		TS	冷加工+亚稳分解热处理	TS00	冷加工(1/8 硬)+亚稳分解硬化
				TS01	冷加工(1/4 硬)+亚稳分解硬化
				TS02	冷加工(1/2 硬)+亚稳分解硬化
				TS03	冷加工(3/4 硬)+亚稳分解硬化
				TS04	冷加工(硬)+亚稳分解硬化
				TS06	冷加工(特硬)+亚稳分解硬化
				TS08	冷加工(弹性)+亚稳分解硬化
				TS10	冷加工(高弹性)+亚稳分解硬化
				TS12	冷加工(特殊弹性)+亚稳分解便化
				TS13	冷加工(更高弹性)+亚稳分解硬化
				TS14	冷加工(超高弹性)+亚稳分解硬化
		TL	沉淀热处理或亚稳分解热处理+冷加工	TL00	沉淀热处理或亚稳分解热处理+冷加工(1/8 硬)
				TL01	沉淀热处理或亚稳分解热处理+冷加工(1/4 硬)
				TL02	沉淀热处理或亚稳分解热处理+冷加工(1/2 硬)
				TL04	沉淀热处理或亚稳分解热处理+冷加工(硬)
				TL08	沉淀热处理或亚稳分解热处理+冷加工(弹性)
				TL10	沉淀热处理或亚稳分解热处理+冷加工(高弹性)
		TR	沉淀热处理或亚稳分解热处理+冷加工+应力消除	TR01	沉淀热处理或亚稳分解热处理+冷加工(1/4 硬)+应力消除
				TR02	沉淀热处理或亚稳分解热处理+冷加工(1/2 硬)+应力消除
				TR04	沉淀热处理或亚稳分解热处理+冷加工(硬)+应力消除
		TM	加工余热淬火硬化	TM00	加工余热淬火+冷加工(1/8 硬)
				TM01	加工余热淬火+冷加工(1/4 硬)
				TM02	加工余热淬火+冷加工(1/2 硬)
				TM03	加工余热淬火+冷加工(3/4 硬)
				TM04	加工余热淬火+冷加工(硬)
				TM06	加工余热淬火+冷加工(特硬)
				TM08	加工余热淬火+冷加工(弹性)

5.焊接管状态(W)表示方法

表4-6

一级状态代号	状态名称	二级状态代号	状态名称	三级状态代号	状态名称
				WM50	由退火带材焊接
				WM00	由1/8硬带材焊接
				WM01	由1/4硬带材焊接
				WM02	由1/2硬带材焊接
				WM03	由3/4硬带材焊接
				WM04	由硬带材焊接
		WM	焊接状态	WM06	由特硬带材焊接
				WM08	由弹性带材焊接
				WM10	由高弹性带材焊接
				WM15	由退火带材焊接+消除应力
				WM20	由1/8硬带焊接+消除应力
				WM21	由1/4硬带焊接+消除应力
				WM22	由1/2硬带焊接+消除应力
				WM24	由3/4硬带焊接+消除应力
	焊接管状态——适用于由各种状态的带材焊接加工成管材而得到的状态	WO	焊接后退火状态	WO50	焊接+轻退火
				WO60	焊接+软退火
W				WO61	焊接+退火
		WC	焊接后轻冷加工	WC55	焊接+轻冷加工
				WH00	焊接+拉拔(1/8硬)
				WH01	焊接+拉拔(1/4硬)
				WH02	焊接+拉拔(1/2硬)
				WH03	焊接+拉拔(3/4硬)
		WH	焊接后冷拉状态	WH04	焊接+拉拔(硬)
				WH06	焊接+拉拔(特硬)
				WH55	焊接+冷轧或轻拉
				WH58	焊接+冷轧或常规拉拔
				WH80	焊接+冷轧或硬拉
				WR00	由1/8硬带焊接+拉拔+应力消除
				WR01	由1/4硬带焊接+拉拔+应力消除
		WR	焊接管+冷拉+应力消除	WR02	由1/2硬带焊接+拉拔+应力消除
				WR03	由3/4硬带焊接+拉拔+应力消除
				WR04	由硬带焊接+拉拔+应力消除
				WR06	由特硬带焊接+拉拔+应力消除

6.铜及铜合金的新、旧状态代号对照表

表4-7

旧代号	旧状态名称	新代号	新状态名称
R	热加工	M1~M4	热加工
M	退火(焖火)	O60	软化退火

旧代号	旧状态名称	新代号	新状态名称
M_2	轻软	O50	轻软退火
C	淬火	TQ00	淬火硬化
CY	淬火后冷轧(冷作硬化)	TQ55	淬火硬化与调质退火、冷拉与应力消除
CZ	淬火(自然时效)	TF00	沉淀热处理
CS	淬火(人工时效)		
CYS	淬火后冷轧、人工时效	TH04	固溶热处理+冷加工(硬)+沉淀热处理
CY_2S	淬火后冷轧(1/2 硬)、人工时效	TH02	固溶热处理+冷加工(1/2 硬)+沉淀硬化
CY_4S	淬火后冷轧(1/4 硬)、人工时效	TH01	固溶热处理+冷加工(1/4 硬)+沉淀硬化
CSY	淬火、人工时效、冷作硬化	TL00~TL10	沉淀热处理或亚稳分解热处理+冷加工
CZY	淬火、自然时效、冷作硬化		
Y	硬	H04、H80	硬、拉拔(硬)
Y_1	3/4 硬	H03	3/4 硬
Y_2	1/2 硬	H02、H55	1/2 硬
Y_4	1/4 硬	H01	1/4 硬
T	特硬	H06	特硬
TY	弹硬	H08	弹性

二、铜及铜合金产品的力学性能

(一)铜及铜合金棒

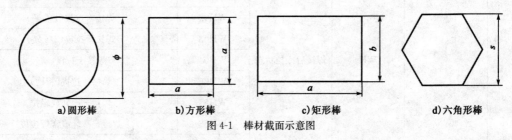

a)圆形棒　　　**b)方形棒**　　　**c)矩形棒**　　　**d)六角形棒**

图 4-1　棒材截面示意图

1. 再生铜及铜合金棒材力学性能(GB/T 26311—2010)

表 4-8

牌　号	状　态	抗拉强度 R_m(MPa)	伸长率 A(%)	失锌层深度(μm)	
		不　小　于		纵向	横向
RT3	M	205	40		
	Y	315	—		
RHPb59-2	Z	250	—	—	—
	R	360	12		
	Y_2	360	10		
RHPb58-2	Z	250	—		
	R	360	7		
	Y_2	320	5		

续表 4-8

牌 号	状 态	抗拉强度 R_m(MPa)	伸长率 A(%)	失锌层深度(μm)	
		不 小 于		纵向	横向
RHPb57-3	Z	250	—		
	R	—	—		
	Y_2	320	5		
RHPb56-4	Z	250	—		
	R	—	—		
	Y_2	320	5		
RHPb62-2-0.1	R	250	22	最大 250 平均 200	最大 120 平均 80
	Y_2	300	20		

注:①本表规定之外的状态或牌号,性能由供需双方协商确定。

②失锌层深度为需方要求时的耐脱锌腐蚀性能规定。

2.铜及铜合金挤制棒材的力学性能(YS/T 649—2007)

表 4-9

牌 号	直径(对边距)(mm)	抗拉强度 R_m(MPa)	断后伸长率 A(%)	布氏硬度 HBW
T2、T3、TU1、TU2、TP2	≤120	≥186	≥40	—
H96	≤80	≥196	≥35	—
H80	≤120	≥275	≥45	—
H68	≤80	≥295	≥45	—
H62	≤160	≥295	≥35	—
H59	≤120	≥295	≥30	—
HPb59-1	≤160	≥340	≥17	—
HSn62-1	≤120	≥365	≥22	—
HSn70-1	≤75	≥245	≥45	—
HMn58-2	≤120	≥395	≥29	—
HMn55-3-1	≤75	≥490	≥17	—
HMn57-3-1	≤70	≥490	≥16	—
HFe58-1-1	≤120	≥295	≥22	—
HFe59-1-1	≤120	≥430	≥31	—
HAl60-1-1	≤120	≥440	≥20	—
HAl66-6-3-2	≤75	≥735	≥8	—
HAl67-2.5	≤75	≥395	≥17	—
HAl77-2	≤75	≥245	≥45	—
HNi56-3	≤75	≥440	≥28	—
HSi80-3	≤75	≥295	≥28	—
QAl9-2	≤45	≥490	≥18	110~190
	>45~160	≥470	≥24	—
QAl9-4	≤120	≥540	≥17	110~190
	>120	≥450	≥13	
QAl10-3-1.5	≤16	≥610	≥9	130~190
	>16	≥590	≥13	

续表 4-9

牌　号	直径(对边距)(mm)	抗拉强度 R_m(MPa)	断后伸长率 A(%)	布氏硬度 HBW
QAl10-4-4 QAl10-5-5	≤29	≥690	≥5	170～260
	>29～120	≥635	≥6	
	>120	≥590	≥6	
QAl11-6-6	≤28	≥690	≥4	—
	>28～50	≥635	≥5	
QSi1-3	≤80	≥490	≥11	
QSi3-1	≤100	≥345	≥23	
QSi3.5-3-1.5	40～120	≥380	≥35	
QSn4-0.3	60～120	≥280	≥30	
QSn4-3	40～120	≥275	≥30	
QSn6.5-0.1、 QSn6.5-0.4	≤40	≥355	≥55	
	>40～100	≥345	≥60	
	>100	≥315	≥64	—
QSn7-0.2	40～120	≥355	≥64	≥70
QCd1	20～120	≥196	≥38	≤75
QCr0.5	20～160	≥230	≥35	—
BZn15-20	≤80	≥295	≥33	
BFe10-1-1	≤80	≥280	≥30	
BFe30-1-1	≤80	≥345	≥28	
BAl13-3	≤80	≥685	≥7	
BMn40-1.5	≤80	≥345	≥28	

注:①直径大于 50mm 的 QAl10-3-1.5 棒材,当断后伸长率 A 不小于 16% 时,其抗拉强度可不小于 540MPa。

②需方有要求并在合同中注明时,可选择布氏硬度试验。当选择硬度试验时,则不进行拉伸试验。

3. 铜及铜合金拉制圆形棒、方形棒和六角形棒材的力学性能(GB/T 4423—2007)

表 4-10

牌　号	状　态	直径(对边距)(mm)	抗拉强度 R_m(MPa)	断后伸长率 A(%)	布氏硬度 HBW
			不　小　于		
T2、T3	Y	3～40	275	10	—
		40～60	245	12	—
		60～80	210	16	—
	M	3～80	200	40	—
TU1、TU2、TU3	Y	3～80	—		
H96	Y	3～40	275	8	
		40～60	245	10	
		60～80	205	14	
	M	3～80	200	40	
H90	Y	3～40	330	—	
H80	Y	3～40	390	—	
	M	3～40	275	50	

续表 4-10

牌　号	状　态	直径(对边距) (mm)	抗拉强度 R_m (MPa)	断后伸长率 A (%)	布氏硬度 HBW
			不　小　于		
H68	Y_2	3～12	370	18	—
		12～40	315	30	—
		40～80	295	34	—
	M	13～35	295	50	—
H65	Y	3～40	390	—	—
	M	3～40	295	44	—
H62	Y_2	3～40	370	18	—
		40～80	335	24	—
HPb61-1	Y_2	3～20	390	11	—
HPb59-1	Y_2	3～20	420	12	—
		20～40	390	14	—
		40～80	370	19	—
HPb63-0.1 H63	Y_2	3～20	370	18	—
		20～40	340	21	—
HPb63-3	Y	3～15	490	4	—
		15～20	450	9	—
		20～30	410	12	—
	Y_2	3～20	390	12	—
		20～60	360	16	—
HSn62-1	Y	4～40	390	17	—
		40～60	360	23	—
HMn58-2	Y	4～12	440	24	—
		12～40	410	24	—
		40～60	390	29	—
HFe58-1-1	Y	4～40	440	11	—
		40～60	390	13	—
HFe59-1-1	Y	4～12	490	17	—
		12～40	440	19	—
		40～60	410	22	—
QAl9-2	Y	4-40	540	16	—
QAl9-4	Y	4～40	580	13	—
QAl10-3-1.5	Y	4～40	630	8	—
QSi3-1	Y	4～12	490	13	—
		12～40	470	19	—
QSi1.8	Y	3～15	500	15	—
QSn6.5-0.1 QSn6.5-0.4	Y	3～12	470	13	—
		12～25	440	15	—
		25～40	410	18	—

牌 号	状 态	直径(对边距)(mm)	抗拉强度 R_m (MPa)	断后伸长率 A (%)	布氏硬度 HBW
			不 小 于		
QSn7-0.2	Y	4~40	440	19	130~200
	T	4~40	—	—	≥180
QSn4-0.3	Y	4~12	410	10	—
		12~25	390	13	—
		25~40	355	15	—
QSn4-3	Y	4~12	430	14	—
		12~25	370	21	—
		25~35	335	23	—
		35~40	315	23	—
QCd1	Y	4~60	370	5	≥100
	M	4~60	215	36	≤75
QCr0.5	Y	4~40	390	6	—
	M	4~40	230	40	—
QZr0.2 QZr0.4	Y	3~40	294	6	130[a]
BZn15-20	Y	4~12	440	6	—
		12~25	390	8	—
		25~40	345	13	—
	M	3~40	295	33	—
BZn15-24-1.5	T	3~18	590	3	—
	Y	3~18	440	5	—
	M	3~18	295	30	—
BFe30-1-1	Y	16~50	490	—	—
	M	16~50	345	25	—
BMn40-1.5	Y	7~20	540	6	—
		20~30	490	8	—
		30~40	440	11	—

注:①直径或对边距离小于 10mm 的棒材不做硬度试验。

②[a] 此硬度值为经淬火处理及冷加工时效后的性能参考值。

③锆青铜导电率在 20℃不应小于 85%IACS(或电阻系数不大于 0.020 283 5Ω·mm²/m)(此数值为经淬火处理及冷加工时效后的性能参考值)。

4. 铜及铜合金拉制矩形棒材的力学性能(GB/T 4423—2007)

表 4-11

牌 号	状 态	高 度 (mm)	抗拉强度 R_m (MPa)	断后伸长率 A (%)
			不 小 于	
T2	M	3~80	196	36
	Y	3~80	245	9
H62	Y₂	3~20	335	17
		20~80	335	23

牌 号	状 态	高 度 (mm)	抗拉强度 R_m (MPa)	断后伸长率 A (%)
			不 小 于	
HPb59-1	Y_2	5～20	390	12
		20～80	375	18
HPb63-3	Y_2	3～20	380	14
		20～80	365	19

(二)铜及铜合金管

1.铜及铜合金挤制管的力学性能(YS/T 662—2007)

表 4-12

牌 号	壁厚 (mm)	抗拉强度 R_m(MPa) 不小于	断后伸长率 A(%) 不小于	布氏硬度 HBW	牌 号	壁厚 (mm)	抗拉强度 R_m(MPa) 不小于	断后伸长率 A(%) 不小于	布氏硬度 HBW
T2、T3、TU1、TU2、TP1、TP2	≤65	185	42	—	QAl9-2	≤50	470	16	—
H96	≤42.5	185	42	—	QAl9-4	≤50	450	17	—
H80	≤30	270	43	—	QAl10-3-1.5	≤16	590	14	140～200
H68	≤30	295	45	—		≥16	540	13	135～200
H65、H62	≤42.5	295	43	—	QAl10-4-4	≤30	635	6	170～230
HPb59-1	≤42.5	390	24	—	QSi3.5-3-1.5	≤30	360	35	—
HPb59-1-1	≤42.5	430	31	—	QCr0.5	≤37.5	220	35	—
HSn62-1	≤30	320	25	—	BFe10-1-1	≤25	280	28	—
HSi80-3	≤30	295	28	—	BFe30-1-1	≤25	345	25	—
KMn58-2	≤30	395	29	—					
KMn57-3-1	≤30	490	16	—					

注:①外径大于 200mm 的管材可不做拉伸试验,但必须保证管材的纵向室温力学性能符合本表的规定。

②除 TU1、TU2、T2、T3、TP1、TP2、H96、QCr0.5、BFe10-1-1 和 BFe30-1-1 牌号以外,外径不大于 150mm 的其他管材,应进行断口检验。管材的断口应致密、无缩尾。不允许有超出 YS/T 336 规定的气孔、分层和夹杂等缺陷。

2.铜及铜合金拉制黄铜、白铜管的力学性能(GB/T 1527—2006)

表 4-13

牌 号	状 态	拉 伸 试 验		硬 度 试 验	
		抗拉强度 R_m(MPa) 不小于	伸长率 A(%) 不小于	维氏硬度 HV	布氏硬度 HB
H96	M	205	42	45～70	40～65
	M_2	220	35	50～75	45～70
	Y_2	260	18	75～105	70～100
	Y	320	—	≥95	≥90
H90	M	220	42	45～75	40～70
	M_2	240	35	50～80	45～75
	Y_2	300	18	75～105	70～100
	Y	360	—	≥100	≥95

牌　号	状　态	拉 伸 试 验		硬 度 试 验	
		抗拉强度 R_m(MPa) 不小于	伸长率 A(%) 不小于	维氏硬度 HV	布氏硬度 HB
H85、H85A	M	240	43	45～75	40～70
	M_2	260	35	50～80	45～75
	Y_2	310	18	80～110	75～105
	Y	370	—	≥105	≥100
H80	M	240	43	45～75	40～70
	M_2	260	40	55～85	50～80
	Y_2	320	25	85～120	80～115
	Y	390	—	≥115	≥110
H70、H68、H70A、H68A	M	280	43	55～85	50～80
	M_2	350	25	85～120	80～115
	Y_2	370	18	95～125	90～120
	Y	420	—	≥115	≥110
H65、HPb66-0.5、H65A	M	290	43	55～85	50～80
	M_2	360	25	80～115	75～110
	Y_2	370	18	90～120	85～115
	Y	430	—	≥110	≥105
H63、H62	M	300	43	60～90	55～85
	M_2	360	25	75～110	70～105
	Y_2	370	18	85～120	80～115
	Y	440	—	≥115	≥110
H59、HPb59-1	M	340	35	75～105	70～100
	M_2	370	20	85～115	80～110
	Y_2	410	15	100～130	95～125
	Y	470	—	≥125	≥120
HSn70-1	M	295	40	60～90	55～85
	M_2	320	35	70～100	65～95
	Y_2	370	20	85～110	80～105
	Y	455	—	≥110	≥105
HSn62-1	M	295	35	60～90	55～85
	M_2	335	30	75～105	70～100
	Y_2	370	20	85-110	80～105
	Y	455	—	≥110	≥105
HPb63-0.1	半硬(Y_2)	353	20	—	110～165
	1/3 硬(Y_3)	—	—	—	70～125

续表 4-13

牌　号	状态	拉　伸　试　验		硬　度　试　验	
		抗拉强度 R_m (MPa) 不小于	伸长率 A(%) 不小于	维氏硬度 HV	布氏硬度 HB
BZn15-20	软(M)	295	35	—	—
	半硬(Y₂)	390	20	—	—
	硬(Y)	490	8	—	—
BFe10-1-1	软(M)	290	30	75～110	70～105
	半硬(Y₂)	310	12	105	100
	硬(Y)	480	8	150	145
BFe30-1-1	软(M)	370	35	135	130
	半硬(Y₂)	480	12	85～120	80～115

注：①维氏硬度试验负荷由供需双方协商确定。软(M)状态的维氏硬度试验仅适用于壁厚大于或等于0.5mm的管材。

②布氏硬度试验仅适用于壁厚大于或等于3mm的管材。

3. 拉制纯铜管的力学性能(GB/T 1527—2006)

表 4-14

牌　号	状　态	壁　厚 (mm)	拉　伸　试　验		硬　度　试　验	
			抗拉强度 R_m (MPa)不小于	伸长率 A(%) 不小于	维氏硬度 HV	布氏硬度 HB
T2、T3、TU1、TU2、TP1、TP2	软(M)	所有	200	40	40～65	35～60
	轻软(M₂)	所有	220	40	45～75	40～70
	半硬(Y₂)	所有	250	20	70～100	65～95
	硬(Y)	≤6	290	—	95～120	90～115
		>6～10	265	—	75～110	70～105
		>10～15	250	—	70～100	65～95
	特硬(T)	所有	360	—	≥110	≥150

注：①特硬(T)状态的抗拉强度仅适用于壁厚小于或等于3mm的管材；壁厚大于3mm的管材，其性能由供需双方协商确定。

②维氏硬度试验负荷由供需双方协商确定。软(M)状态的维氏硬度试验仅适用于壁厚大于或等于1mm的管材。

③布氏硬度试验仅适用于壁厚大于或等于3mm的管材。

④需方有要求并在合同中注明时，可选择维氏硬度或布氏硬度试验。当选择硬度试验时，拉伸试验结果仅供参考。

(三)铜及铜合金板和带

1. 无氧铜板和带的力学性能(GB/T 14594—2005)

表 4-15

牌　号	状　态	拉　伸　试　验		维氏硬度 HV
		抗拉强度 R_m(MPa)	断后伸长率 $A_{11.3}$(%)	
TU0、TU1、TU2	M	195～260	≥40	45～65
	Y₄	215～275	≥30	50～70
	Y₂	245～315	≥15	85～110
	Y	≥275	—	≥100

注：①厚度小于0.2mm的带材，其力学性能由供需双方商定。

②厚度不小于0.2mm的产品，其力学性能应符合本表的规定。需方有要求并在合同中注明时，方予进行硬度试验。拉伸试验和硬度试验均要求时，硬度试验结果仅供参考；仅选择硬度试验时，试验结果可作为仲裁的依据。

2. 铜及铜合金板材的力学性能(GB/T 2040—2008)

表 4-16

牌　号	状　态	拉　伸　试　验			硬　度　试　验		
		厚度 (mm)	抗拉强度 R_m (MPa)	断后伸长率 $A_{11.3}$(%)	厚度 (mm)	维氏硬度 HV	洛氏硬度 HRB
T2、T3 TP1、TP2 TU1、TU2	R	4～14	≥195	≥30	—	—	—
	M		≥205	≥30		≤70	—
	Y_1		215～275	≥25		60～90	—
	Y_2	0.3～10	245～345	≥8	≥0.3	80～110	
	Y		295～380	—		90～120	
	T		≥350	—		≥110	
H96	M	0.3～10	≥215	≥30			
	Y		≥320	≥3			
H90	M	0.3～10	≥245	≥35			
	Y_2		330～440	≥5			
	Y		≥390	≥3			
H85	M	0.3～10	≥260	≥35	≥0.3	≤85	—
	Y_2		305～380	≥15		80～115	
	Y		≥350	≥3		≥105	
H80	M	0.3～10	≥265	≥50	—	—	
	Y		≥390	≥3			
H70、H68	R	4～14	≥290	≥40	—	—	—
H70 H68 H65	M	0.3～10	≥290	≥40	≥0.3	≤90	—
	Y_1		325～410	≥35		85～115	
	Y_2		355～440	≥25		100～130	
	Y		410～540	≥10		120～160	
	T		520～620	≥3		150～190	
	TY		≥570	—		≥180	
H63 H62	R	4～14	≥290	≥30	—	—	—
	M	0.3～10	≥290	≥35	≥0.3	≤95	—
	Y_2		350～470	≥20		90～130	
	Y		410～630	≥10		125～165	
	T		≥585	≥2.5		≥155	
H59	R	4～14	≥290	≥25	—	—	—
	M	0.3～10	≥290	≥10	≥0.3		—
	Y		≥410	≥5		≥130	
HPb59-1	R	4～14	≥370	≥18	—	—	—
	M	0.3～10	≥340	≥25	—	—	—
	Y_2		390～490	≥12			
	Y		≥440	≥5			
HPb60-2	Y	—	—	—	0.5～2.5	165～190	—
					2.6～10	—	75～92

牌　号	状　态	拉　伸　试　验			硬　度　试　验		
		厚度 （mm）	抗拉强度 R_m （MPa）	断后伸长率 $A_{11.3}$（%）	厚度 （mm）	维氏硬度 HV	洛氏硬度 HRB
HPb60-2	T	—	—	—	0.5～1.0	≥180	—
HMn58-2	M	0.3～10	≥380	≥30	—	—	—
	Y₂		440～610	≥25			
	Y		≥585	≥3			
HSn62-1	R	4～14	≥340	≥20	—	—	—
	M	0.3～10	≥295	≥35			
	Y₂		350～400	≥15			
	Y		≥390	≥5			
HMn57-3-1	R	4～8	≥440	≥10	—	—	—
HMn55-3-1	R	4～15	≥490	≥15	—	—	—
HAl60-1-1	R	4～15	≥440	≥15	—	—	—
HAl67-2.5	R	4～15	≥390	≥15	—	—	—
HAl66-6-3-2	R	4～8	≥685	≥3	—	—	—
HNi65-5	R	4～15	≥290	≥35	—	—	—
QAl5	M	0.4～12	≥275	≥33	—	—	—
	Y		≥585	≥2.5			
QAl7	Y₂	0.4～12	585～740	≥10	—	—	—
	Y		≥635	≥5			
QAl9-2	M	0.4～12	≥440	≥18	—	—	—
	Y		≥585	≥5			
QAl9-4	Y	0.4～12	≥585	—	—	—	—
QSn6.5-0.1	R	9～14	≥290	≥38	—	—	—
	M	0.2～12	≥315	≥40	≥0.2	≤120	—
	Y₄	0.2～12	390～510	≥35		110～155	—
	Y₂	0.2～12	490～610	≥8	≥0.2	150～190	—
	Y	0.2～3	590～690	≥5		180～230	—
		＞3～12	540～690	≥5		180～230	—
	T	0.2～5	635～720	≥1		200～240	—
	TY		≥690	—		≥210	—
QSn6.5-0.4 QSn7-0.2	M	0.2～12	≥295	≥40	—	—	—
	Y		540～690	≥8			
	T		≥665	≥2			
QSn4-3 QSn4-0.3	M	0.2～12	≥290	≥40	—	—	—
	Y		540～690	≥3			
	T		≥635	≥2			
QSn8-0.3	M	0.2～5	≥345	≥40	≥0.2	≤120	—
	Y₄		390～510	≥35		100～160	—
	Y₂		490～610	≥20		150～205	—
	Y		590～705	≥5		180～235	—
	T		≥685	—		≥210	—

牌 号	状 态	拉 伸 试 验			硬 度 试 验		
		厚度 (mm)	抗拉强度 R_m (MPa)	断后伸长率 $A_{11.3}$(%)	厚度 (mm)	维氏硬度 HV	洛氏硬度 HRB
QCd1	Y	0.5~10	≥390	—	—	—	—
QCr0.5 QCr0.5-0.2-0.1	Y	—	—	—	0.5~15	≥110	—
QMn1.5	M	0.5~5	≥205	≥30	—	—	—
QMn5	M	0.5~5	≥290	≥30	—	—	—
	Y		≥440	≥3			
QSi3-1	M	0.5~10	≥340	≥40	—	—	—
	Y		585~735	≥3			
	T		≥685	≥1			
QSn4-4-2.5 QSn4-4-4	M	0.8~5	≥290	≥35	≥0.8	—	—
	Y_3		390~490	≥10			65~85
	Y_2		420~510	≥9			70~90
	Y		≥510	≥5			—
BZn15-20	M	0.5~10	≥340	≥35	—	—	—
	Y_2		440~570	≥5			
	Y		540~690	≥1.5			
	T		≥640	≥1			
BZn18-17	M	0.5~5	≥375	≥20	≥0.5	—	—
	Y_2		440~570	≥5		120~180	
	Y		≥540	≥3		≥150	
B5	R	7~14	≥215	≥20	—	—	—
	M	0.5~10	≥215	≥30			
	Y		≥370	≥10			
B19	R	7~14	≥295	≥20	—	—	—
	M	0.5~10	≥290	≥25			
	Y		≥390	≥3			
BFe10-1-1	R	7~14	≥275	≥20	—	—	—
	M	0.5~10	≥275	≥28			
	Y		≥370	≥3			
BFe30-1-1	R	7~14	≥345	≥15	—	—	—
	M	0.5~10	≥370	≥20			
	Y		≥530	≥3			
BAl6-1.5	Y	0.5~12	≥535	≥3	—	—	—
BAl13-3	CYS		≥635	≥5			
BMn40-1.5	M	0.5~10	390~590	实测	—	—	—
	Y		≥590	实测			
BMn3-12	M	0.5~10	≥350	≥25	—	—	—

注:①厚度超出规定范围的板材,其性能由供需双方商定。
　　②板材的横向室温力学性能应符合本表的规定,除铅黄铜板(HPb60-2)和铬青铜板(QCr0.5、QCr0.5-0.2-0.1)外,其他牌号板
　　材在拉伸试验、硬度试验之间任选其一,未作特别说明时,仅提供拉伸试验。

3. 铜及铜合金带材的力学性能(GB/T 2059—2008)

表 4-17

牌 号	状 态	拉 伸 试 验			硬 度 试 验	
		厚度 (mm)	抗拉强度 R_m (MPa)	断后伸长率 $A_{11.3}$(%)	维氏硬度 HV	洛氏硬度 HRB
T2、T3 TU1、TU2 TP1、TP2	M	≥0.2	≥195	≥30	≤70	—
	Y_4		215~275	≥25	60~90	
	Y_2		245~345	≥8	80~110	
	Y		295~380	≥3	90~120	
	T		≥350	—	≥110	
H96	M	≥0.2	≥215	≥30	—	—
	Y		≥320	≥3		
H90	M	≥0.2	≥245	≥35	—	
	Y_2		330~440	≥5		
	Y		≥390	≥3		
H85	M	≥0.2	≥260	≥40	≤85	—
	Y_2		305~380	≥15	80~115	
	Y		≥350	—	≥105	
H80	M	≥0.2	≥265	≥50	—	—
	Y		≥390	≥3		
H70 H68 H65	M	≥0.2	≥290	≥40	≤90	—
	Y_4		325~410	≥35	85~115	
	Y_2		355~460	≥25	100~130	
	Y		410~540	≥13	120~160	
	T		520~620	≥4	150~190	
	TY		≥570	—	≥180	
H63、H62	M	≥0.2	≥290	≥35	≤95	—
	Y_2		350~470	≥20	90~130	
	Y		410~630	≥10	125~165	
	T		≥585	≥2.5	≥155	
H59	M	≥0.2	≥290	≥10	—	—
	Y		≥410	≥5	≥130	
HPb59-1	M	≥0.2	≥340	≥25	—	—
	Y_2		390~490	≥12		
	Y		≥440	≥5		
	T	≥0.32	≥590	≥3		
HMn58-2	M	≥0.2	≥380	≥30	—	—
	Y_2		440~610	≥25		
	Y		≥585	≥3		
HSn62-1	Y	≥0.2	390	≥5	—	—
QAl5	M	≥0.2	≥275	≥33	—	—
	Y		≥585	≥2.5		

牌　号	状　态	拉　伸　试　验			硬　度　试　验	
		厚度 (mm)	抗拉强度 R_m (MPa)	断后伸长率 $A_{11.3}$(%)	维氏硬度 HV	洛氏硬度 HRB
QAl7	Y_2	≥0.2	585～740	≥10	—	—
	Y		≥635	≥5		
QAl9-2	M	≥0.2	≥440	≥18	—	
	Y		≥585	≥5		
	T		≥880	—		
QAl9-4	Y	≥0.2	≥635			
QSn4-3 QSn4-0.3	M	＞0.15	≥290	≥40	—	
	Y		540～690	≥3		
	T		≥635	≥2		
QSn6.5-0.1	M	＞0.15	≥315	≥40	≤120	
	Y_4		390～510	≥35	110～155	
	Y_2		490～610	≥10	150～190	
	Y		590～690	≥8	180～230	
	T		635～720	≥5	200～240	
	TY		≥690	—	≥210	
QSn7-0.2 QSn6.5-0.4	M	＞0.15	≥295	≥40	—	
	Y		540～690	≥8		
	T		≥665	≥2		
QSn8-0.3	M	≥0.2	≥345	≥45	≤120	
	Y_4		390～510	≥40	100～160	
	Y_2		490～610	≥30	150～205	
	Y		590～705	≥12	180～235	
	T		≥685	≥5	≥210	
QSn4-4-4 QSn4-4-2.5	M	≥0.8	≥290	≥35	—	—
	Y_3		390～490	≥10		65～85
	Y_2		420～510	≥9		70～90
	Y		≥490	≥5		
QCd1	Y	≥0.2	≥390	—	—	—
QMn1.5	M	≥0.2	≥205	≥30	—	—
QMn5	M	≥0.2	≥290	≥30	—	—
	Y	≥0.2	≥440	≥3		
QSi3-1	M	≥0.15	≥370	≥45		
	Y	≥0.15	635～785	≥5		
	T	≥0.15	735	≥2		
BZn15-20	M	≥0.2	≥340	≥35		
	Y_2		440～570	≥5		
	Y		540～690	≥1.5		
	T		≥640	≥1		

牌 号	状 态	拉 伸 试 验			硬 度 试 验	
		厚度(mm)	抗拉强度 R_m（MPa）	断后伸长率 $A_{11.3}$(%)	维氏硬度 HV	洛氏硬度 HRB
BZn18-17	M	≥0.2	≥375	≥20	—	—
	Y_2		440～570	≥5	120～180	
	Y		≥540	≥3	≥150	
B5	M	≥0.2	≥215	≥32	—	—
	Y		≥370	≥10		
B19	M	≥0.2	≥290	≥25	—	—
	Y		≥390	≥3		
BFe10-1-1	M	≥0.2	≥275	≥28	—	—
	Y		≥370	≥3		
BFe30-1-1	M	≥0.2	≥370	≥23	—	—
	Y		≥540	≥3		
BMn3-12	M	≥0.2	≥350	≥25	—	—
BMn40-1.5	M	≥0.2	390～590	实测数据	—	—
	Y		≥635			
BAl13-3	CYS	≥0.2	供实测值		—	—
BAl6-1.5	Y		≥600	≥5	—	—

注：①厚度超出规定范围的带材，其性能由供需双方商定。
②拉伸试验、硬度试验任选其一，未作特别说明时，提供拉伸试验。

（四）铜及铜合金箔

铜及铜合金箔的力学性能（GB/T 5187—2008） 表 4-18

牌 号	状 态	抗拉强度 R_m(MPa)	伸长率 $A_{11.3}$(%)	维氏硬度 HV
T1、T2、T3 TU1、TU2	M	≥205	≥30	≤70
	Y_4	215～275	≥25	60～90
	Y_2	245～345	≥8	80～110
	Y	≥295	—	≥90
H68、H65、H62	M	≥290	≥40	≤90
	Y_4	325～410	≥35	85～115
	Y_2	340～460	≥25	100～130
	Y	400～530	≥13	120～160
	T	450～600	—	150～190
	TY	≥500	—	≥180
QSn6.5-0.1 QSn7-0.2	Y	540～690	≥6	170～200
	T	≥650	—	≥190
QSn8-0.3	T	700～780	≥11	210～240
	TY	735～835	—	230～270
QSi3-1	Y	≥635	≥5	—
BZn15-20	M	≥340	≥35	—
	Y_2	440～570	≥5	—

牌　号	状　态	抗拉强度 R_m（MPa）	伸长率 $A_{11.3}$（%）	维氏硬度 HV
BZn15-20	Y	≥540	≥1.5	—
BZn18~18 BZn18-26	Y_2	≥525	≥8	180～210
	Y	610～720	≥4	190～220
	T	≥700	—	210～240
BMn40-1.5	M	390～590	—	—
	Y	≥635	—	—

注：①厚度不大于 0.05mm 的黄铜、白铜箔材的力学性能仅供参考。

②维氏硬度试验、拉伸试验任选其一，未作特别说明时，提供维氏硬度试验结果。

（五）铜及铜合金线材

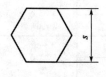

a)圆形　　　　　　　　b)方形　　　　　　　　c)正六角形

图 4-2　线材截面示意图

铜及铜合金线材的室温纵向力学性能（GB/T 21652—2008）　　　表 4-19

牌　号	状　态	直径（对边距） （mm）	抗拉强度 R_m （MPa）	伸长率 A_{100mm} （%）
TU1 TU2	M	0.05～8.0	≤255	≥25
	Y	0.05～4.0	≥345	—
		>4.0～8.0	≥310	≤10
T2 T3	M	0.05～0.3	≥195	≥15
		>0.3～1.0	≥195	≥20
		>1.0～2.5	≥205	≥25
		>2.5～8.0	≥205	≥30
	Y_2	0.05～8.0	255～365	—
	Y	0.05～2.5	≥380	—
		>2.5～8.0	≥365	—
H62 H63	M	0.05～0.25	≥345	≥18
		>0.25～1.0	≥335	≥22
		>1.0～2.0	≥325	≥26
		>2.0～4.0	≥315	≥30
		>4.0～6.0	≥315	≥34
		>6.0～13.0	≥305	≥36
	Y_3	0.05～0.25	≥360	≥8
		>0.25～1.0	≥350	≥12
		>1.0～2.0	≥340	≥18
		>2.0～4.0	≥330	≥22
		>4.0～6.0	≥320	≥26
		>6.0～13.0	≥310	≥30

牌　号	状　态	直径(对边距) (mm)	抗拉强度 R_m (MPa)	伸长率 A_{100mm} (%)
H62 H63	Y_4	0.05～0.25	≥380	≥5
		>0.25～1.0	≥370	≥8
		>1.0～2.0	≥360	≥10
		>2.0～4.0	≥350	≥15
		>4.0～6.0	≥340	≥20
		>6.0～13.0	≥330	≥25
	Y_2	0.05～0.25	≥430	—
		>0.25～1.0	≥410	≥4
		>1.0～2.0	≥390	≥7
		>2.0～4.0	≥375	≥10
		>4.0～6.0	≥355	≥12
		>6.0～13.0	≥350	≥14
	Y_1	0.05～0.25	590～785	—
		>0.25～1.0	540～735	—
		>1.0～2.0	490～685	—
		>2.0～4.0	440～635	—
		>4.0～6.0	390～590	—
		>6.0～13.0	360～560	—
	Y	0.05～0.25	785～980	—
		>0.25～1.0	685～885	—
		>1.0～2.0	635～835	—
		>2.0～4.0	590～785	—
		>4.0～6.0	540～735	—
		>6.0～13.0	490～685	—
	T	0.05～0.25	≥850	—
		>0.25～1.0	≥830	—
		>1.0～2.0	≥800	—
		>2.0～4.0	≥770	—
H65	M	0.05～0.25	≥335	≥18
		>0.25～1.0	≥325	≥24
		>1.0～2.0	≥315	≥28
		>2.0～4.0	≥305	≥32
		>4.0～6.0	≥295	≥35
		>6.0～13.0	≥285	≥40
	Y_8	0.05～0.25	≥350	≥10
		>0.25～1.0	≥340	≥15
		>1.0～2.0	≥330	≥20
		>2.0～4.0	≥320	≥25
		>4.0～6.0	≥310	≥28
		>6.0～13.0	≥300	≥32

牌　号	状　态	直径（对边距） （mm）	抗拉强度 R_m （MPa）	伸长率 A_{100mm} （%）
H65	Y_4	0.05～0.25	≥370	≥6
		>0.25～1.0	≥360	≥10
		>1.0～2.0	≥350	≥12
		>2.0～4.0	≥340	≥18
		>4.0～6.0	≥330	≥22
		>6.0～13.0	≥320	≥28
	Y_2	0.05～0.25	≥410	—
		>0.25～1.0	≥400	≥4
		>1.0～2.0	≥390	≥7
		>2.0～4.0	≥380	≥10
		>4.0～6.0	≥375	≥13
		>6.0～13.0	≥360	≥15
	Y_1	0.05～0.25	540～735	—
		>0.25～1.0	490～685	—
		>1.0～2.0	440～635	—
		>2.0～4.0	390～590	—
		>4.0～6.0	375～570	—
		>6.0～13.0	370～550	—
	Y	0.05～0.25	685～885	—
		>0.25～1.0	635～835	—
		>1.0～2.0	590～785	—
		>2.0～4.0	540～735	—
		>4.0～6.0	490～685	—
		>6.0～13.0	440～635	—
	T	0.05～0.25	≥830	—
		>0.25～1.0	≥810	—
		>1.0～2.0	≥800	—
		>2.0～4.0	≥780	—
H68 H70	M	0.05～0.25	≥375	≥18
		>0.25～1.0	≥355	≥25
		>1.0～2.0	≥335	≥30
		>2.0～4.0	≥315	≥35
		>4.0～6.0	≥295	≥40
		>6.0～8.5	≥275	≥45
	Y_8	0.05～0.25	≥385	≥18
		>0.25～1.0	≥365	≥20
		>1.0～2.0	≥350	≥24
		>2.0～4.0	≥340	≥28
		>4.0～6.0	≥330	≥33
		>6.0～8.5	≥320	≥35

牌 号	状 态	直径(对边距) (mm)	抗拉强度 R_m (MPa)	伸长率 A_{100mm} (%)
	Y_4	0.05~0.25	≥400	≥10
		>0.25~1.0	≥380	≥15
		>1.0~2.0	≥370	≥20
		>2.0~4.0	≥350	≥25
		>4.0~6.0	≥340	≥30
		>6.0~8.5	≥330	≥32
	Y_2	0.05~0.25	≥410	—
		>0.25~1.0	≥390	≥5
		>1.0~2.0	≥375	≥10
		>2.0~4.0	≥355	≥12
		>4.0~6.0	≥345	≥14
		>6.0~8.5	≥340	≥16
H68 H70	Y_1	0.05~0.25	540~735	—
		>0.25~1.0	490~685	—
		>1.0~2.0	440~635	—
		>2.0~4.0	390~590	—
		>4.0~6.0	345~540	—
		>6.0~8.5	340~520	—
	Y	0.05~0.25	735~930	—
		>0.25~1.0	685~885	—
		>1.0~2.0	635~835	—
		>2.0~4.0	590~785	—
		>4.0~6.0	540~735	—
		>6.0~8.5	490~685	—
	T	0.1~0.25	≥800	—
		>0.25~1.0	≥780	—
		>1.0~2.0	≥750	—
		>2.0~4.0	≥720	—
		>4.0~6.0	≥690	—
H80	M	0.05~12.0	≥320	≥20
	Y_2	0.05~12.0	≥540	—
	Y	0.05~12.0	≥690	—
H85	M	0.05~12.0	≥280	≥20
	Y_2	0.05~12.0	≥455	—
	Y	0.05~12.0	≥570	—
H90	M	0.05~12.0	≥240	≥20
	Y_2	0.05~12.0	≥385	—
	Y	0.05~12.0	≥485	—
H96	M	0.05~12.0	≥220	≥20

牌　号	状　态	直径(对边距) (mm)	抗拉强度 R_m (MPa)	伸长率 A_{100mm} (%)
H96	Y_2	0.05～12.0	≥340	—
	Y	0.05～12.0	≥420	—
HPb59-1	M	0.5～2.0	≥345	≥25
		>2.0～4.0	≥335	≥28
		>4.0～6.0	≥325	≥30
	Y_2	0.5～2.0	390～590	—
		>2.0～4.0	390～590	—
		>4.0～6.0	375～570	—
	Y	0.5～2.0	490～735	—
		>2.0～4.0	490～685	—
		>4.0～6.0	440～635	—
HPb59-3	Y_2	1.0～2.0	≥385	—
		>2.0～4.0	≥380	—
		>4.0～6.0	≥370	—
		>6.0～8.5	≥360	—
	Y	1.0～2.0	≥480	—
		>2.0～4.0	≥460	—
		>4.0～6.0	≥435	—
		>6.0～8.5	≥430	—
HPb61-1	Y_2	0.5～2.0	≥390	≥10
		>2.0～4.0	≥380	≥10
		>4.0～6.0	≥375	≥15
		>6.0～8.5	≥365	≥15
	Y	0.5～2.0	≥520	—
		>2.0～4.0	≥490	—
		>4.0～6.0	≥465	—
		>6.0～8.5	≥440	—
HPb62-0.8	Y_2	0.5～6.0	410～540	≥12
	Y	0.5～6.0	450～560	—
HPb63-3	M	0.5～2.0	≥305	≥32
		>2.0～4.0	≥295	≥35
		>4.0～6.0	≥285	≥35
	Y_2	0.5～2.0	390～610	≥3
		>2.0～4.0	390～500	≥4
		>4.0～6.0	390～590	≥4
	Y	0.5～6.0	570～735	—
HSn60-1 HSn62-1	M	0.5～2.0	≥315	≥15
		>2.0～4.0	≥305	≥20
		>4.0～6.0	≥295	≥25

牌　　号	状　　态	直径(对边距) (mm)	抗拉强度 R_m (MPa)	伸长率 A_{100mm} (%)
HSn60-1 HSn62-1	Y	0.5~2.0	590~835	—
		>2.0~4.0	540~785	—
		>4.0~6.0	490~735	—
HSb60-0.9	Y_2	0.8~12.0	≥330	≥10
	Y	0.8~12.0	≥380	≥5
HPb61-0.8-0.5	Y_2	0.8~12.0	≥380	≥8
	Y	0.8~12.0	≥400	≥5
HBi60-1.3	Y_2	0.8~12.0	≥350	≥8
	Y	0.8~12.0	≥400	≥5
HMn62-13	M	0.5~6.0	400~550	≥25
	Y_4	0.5~6.0	450~600	≥18
	Y_2	0.5~6.0	500~650	≥12
	Y_1	0.5~6.0	550~700	—
	Y	0.5~6.0	≥650	—
QSn6.5-0.1 QSn6.5-0.4 QSn7-0.2 QSn5-0.2 QSi3-1	M	0.1~1.0	≥350	≥35
		>1.0~8.5		≥45
	Y_4	0.1~1.0	480~680	—
		>1.0~2.0	450~650	≥10
		>2.0~4.0	420~620	≥15
		>4.0~6.0	400~600	≥20
		>6.0~8.5	380~580	≥22
	Y_2	0.1~1.0	540~740	—
		>1.0~2.0	520~720	—
		>2.0~4.0	500~700	≥4
		>4.0~6.0	480~680	≥8
		>6.0~8.5	460~660	≥10
	Y_1	0.1~1.0	750~950	—
		>1.0~2.0	730~920	—
		>2.0~4.0	710~900	—
		>4.0~6.0	690~880	—
		>6.0~8.5	640~860	—
	Y	0.1~1.0	880~1 130	—
		>1.0~2.0	860~1 060	—
		>2.0~4.0	830~1 030	—
		>4.0~6.0	780~980	—
		>6.0~8.5	690~950	—
QSn4-3	M	0.1~1.0	≥350	≥35
		>1.0~8.5		≥45
	Y_4	0.1~1.0	460~580	≥5

牌　号	状　态	直径（对边距）(mm)	抗拉强度 R_m (MPa)	伸长率 A_{100mm} (%)
QSn4-3	Y_4	>1.0~2.0	420~540	≥10
		>2.0~4.0	400~520	≥20
		>4.0~6.0	380~480	≥25
		>6.0~8.5	360~450	—
	Y_2	0.1~1.0	500~700	
		>1.0~2.0	480~680	
		>2.0~4.0	450~650	
		>4.0~6.0	430~630	
		>6.0~8.5	410~610	
	Y_1	0.1~1.0	620~820	
		>1.0~2.0	600~800	
		>2.0~4.0	560~760	—
		>4.0~6.0	540~740	
		>6.0~8.5	520~720	
	Y	0.1~1.0	880~1 130	
		>1.0~2.0	860~1 060	
		>2.0~4.0	830~1 030	—
		>4.0~6.0	780~980	
QSn4-4-4	Y_2	0.1~8.5	≥360	≥12
	Y	0.1~8.5	≥420	≥10
QSn15-1-1	M	0.5~1.0	≥365	≥28
		>1.0~2.0	≥360	≥32
		>2.0~4.0	≥350	≥35
		>4.0~6.0	≥345	≥36
	Y_4	0.5~1.0	630~780	≥25
		>1.0~2.0	600~750	≥30
		>2.0~4.0	580~730	≥32
		>4.0~6.0	550~700	≥35
	Y_2	0.5~1.0	770~910	≥3
		>1.0~2.0	740~880	≥6
		>2.0~4.0	720~850	≥8
		>4.0~6.0	680~810	≥10
	Y_3	0.5~1.0	800~930	≥1
		>1.0~2.0	780~910	≥2
		>2.0~4.0	750~880	≥2
		>4.0~6.0	720~850	≥3
	Y	0.5~1.0	850~1 080	—
		>1.0~2.0	840~980	
		>2.0~4.0	830~960	
		>4.0~6.0	820~850	

牌　号	状　态	直径(对边距) (mm)	抗拉强度 R_m (MPa)	伸长率 A_{100mm} (%)
QAl7	Y_2	1.0～6.0	≥550	≥8
	Y	1.0～6.0	≥600	≥4
QAl9-2	Y	0.6～1.0	≥580	—
		＞1.0～2.0		≥1
		＞2.0～5.0		≥2
		＞5.0～6.0	≥530	≥3
QCr1、QCr1-0.18	CYS CSY	1.0～6.0	≥420	≥9
		＞6.0～12.0	≥400	≥10
QCr4.5-2.5-0.6	M	0.5～6.0	400～600	≥25
	CYS,CSY	0.5～6.0	550～850	—
QCdl	M	0.1～6.0	≥275	≥20
	Y	0.1～0.5	590～880	—
		＞0.5～4.0	490～735	
		＞4.0～6.0	470～685	
B19	M	0.1～0.5	≥295	≥20
		＞0.5～6.0		≥25
	Y	0.1～0.5	590～880	—
		＞0.5～6.0	490～785	
BFe10-1-1	M	0.1～1.0	≥450	≥15
		＞1.0～6.0	≥400	≥18
	Y	0.1～1.0	≥780	—
		＞1.0～6.0	≥650	
BFe30-1-1	M	0.1～0.5	≥345	≥20
		＞0.5～6.0		≥25
	Y	0.1～0.5	685～980	—
		＞0.5～6.0	590～880	
BMn3-12	M	0.05～1.0	≥440	≥12
		＞1.0～6.0	≥390	≥20
	Y	0.05～1.0	≥785	—
		＞1.0～6.0	≥685	
BMn40-1.5	M	0.05～0.20	≥390	≥15
		＞0.20～0.50		≥20
		＞0.50～6.0		≥25
	Y	0.05～0.20	685～980	—
		＞0.20～0.50	685～880	
		＞0.50～6.0	635～835	
BZn9-29 BZn12-26	M	0.1～0.2	≥320	≥15
		＞0.2～0.5		≥20
		＞0.5～2.0		≥25
		＞2.0～8.0		≥30

牌　号	状　态	直径(对边距) (mm)	抗拉强度 R_m (MPa)	伸长率 A_{100mm} (％)
BZn9-29 BZn12-26	Y_8	0.1～0.2	400～570	≥12
		＞0.2～0.5	380～550	≥16
		＞0.5～2.0	360～540	≥22
		＞2.0～8.0	340～520	≥25
	Y_4	0.1～0.2	420～620	≥6
		＞0.2～0.5	400～600	≥8
		＞0.5～2.0	380～590	≥12

注：①线材的硬度检验，由供需双方商定。
②伸长率为试样在标距内的断裂值。
③直径≥0.3mm 的 TU1、TU2 线材应在氢气退火后经≥10 次的反复弯曲试验无裂纹。
④直径为 0.3～8.5mm 的硅青铜线和硬态锡青铜线应经≥3 次的反复弯曲试验无裂纹。

三、铜及铜合金型材的牌号、规格和理论重量

(一)型材理论重量的简易计算和相对密度换算系数

1. 铜及铜合金型材理论重量的简易计算

表 4-20

名称	规格表示方法(mm)	相对密度	理论重量(kg/m)分节此列数计算公式	符号说明
圆棒 圆线	直径	8.9	$W=0.006\ 99d^2$	d-直径
		8.8	$W=0.006\ 9d^2$	
		8.5	$W=0.006\ 675\ 9d^2$	
方棒	边长	8.9	$W=0.008\ 9a^2$	a-边长
		8.8	$W=0.008\ 8a^2$	
		8.5	$W=0.008\ 5a^2$	
六角棒	对边距离 (内切圆直径)	8.9	$W=0.007\ 707\ 4S^2$	S-对边距离
		8.8	$W=0.007\ 621S^2$	
		8.5	$W=0.007\ 361S^2$	
圆管	外径×壁厚	8.9	$W=0.027\ 96t(D-t)$	D-外径 t-壁厚
		8.6	$W=0.027\ 02t(D-t)$	
		8.5	$W=0.026\ 7t(D-t)$	
		7.5	$W=0.023\ 56t(D-t)$	
板、带	厚度	8.9	$W_{m^2}=8.9\delta$	δ-壁厚
		8.5	$W_{m^2}=8.5\delta$	

2. 铜及铜合金相对密度换算系数

表 4-21

牌　号	相对 密度	换算系数				
		以8.9为1	以8.8为1	以8.7为1	以8.6为1	以8.5为1
T1、T2、T3、TU1、TU2、TP1、TP2 QCr0.5、QCr0.5-0.2-0.1 QCr0.6-0.4-0.05、QSn4-4-4 B5、B10、B19、B30、BMn40-1.5	8.9	1.000	1.011	1.023	1.035	1.047

牌　号	相对密度	换算系数				
		以 8.9 为 1	以 8.8 为 1	以 8.7 为 1	以 8.6 为 1	以 8.5 为 1
H90、H96 QCd1、QMn1.5、QSn4-3、QSn4-0.3、QSn6.5-0.1、QSn6.5-0.4	8.8	0.989	1.000	1.011	1.023	1.035
BAl6-1.5	8.7	0.978	0.989	1.000	1.012	1.024
QMn5 BZn15-20	8.6	0.966	0.977	0.989	1.000	1.012
H59、H62、H65、H68、H80、HPb59-1、HSn62-1、HMn58-2、HMn57-3-1、HMn55-3-1、HAl60-1-1、HAl67-2.5、HAl66-6-3-2、HNi65-5 BAl13-3	8.5	0.955	0.966	0.977	0.988	1.000
QSi3-1 BMn3-12	8.4	0.944	0.955	0.966	0.977	0.988
QAl5	8.2	0.921	0.932	0.943	0.953	0.965
QAl7	7.8	0.876	0.886	0.897	0.907	0.918
QAl9-2	7.6	0.854	0.864	0.874	0.884	0.894
QAl9-4	7.5	0.843	0.852	0.862	0.872	0.882

(二)铜及铜合金棒的牌号、规格和理论重量

1. 再生铜及铜合金棒的牌号、状态和规格(GB/T 26311—2010)

表 4-22

合金牌号	产品状态	直径(对边距)(mm)	长度(mm)
RT3	硬(Y)、软(M)	7~80	500~5 000
RHPb59-2、RHPb58-2、RHPb57-3、RHPb56-4	铸(Z)、挤制(R)、半硬(Y₂)		
RHPb62-2-0.1	挤制(R)、半硬(Y₂)		

注:①经双方协商,可供其他规格棒材,具体要求应在合同中注明。

　　②合金牌号前面"R"取"Recycling"含义,表示再生铜及铜合金牌号。

2. 铜及铜合金挤制棒材的牌号、状态、规格(YS/T 649—2007)

表 4-23

牌　号	状　态	直径或长边对边距[①](mm)		
		圆形棒	矩形棒[②]	方形棒、六角形棒
T2、T3	挤制(R)	30~300	20~120	20~120
TU1、TU2、TP2		16~300	—	16~120
H96、HFe58-1-1、HAl60-1-1		10~160	—	10~120
HSn62-1、HMn58-2、HFe59-1-1		10~220	—	10~120
H80、H68、H59		16~120	—	16~120
H62、HPb59-1		10~220	5~50	10~120
HSn70-1、HAl77-2		10~160	—	10~120
HMn55-3-1、HMn57-3-1、HAl66-6-3-2、HAl67-2.5		10~160	—	10~120
QAl9-2		10~200		30~60
QAl9-4、QAl10-3-1.5、QAl10-4-4、QAl10-5-5		10~200		—
QAl11-6-6、HSi80-3、HNi56-3		10~160		

牌　号	状　态	直径或长边对边距① (mm)		
		圆形棒	矩形棒②	方形棒、六角形棒
QSi1-3		20～100	—	—
QSi3-1		20～160	—	—
QSi3.5-3-1.5、BFe10-1-1、BFe30-1-1、BAl13-3、BMn40-1.5		40～120	—	—
QCd1		20～120	—	—
QSn4-0.3	挤制(R)	60～180	—	—
QSn4-3、QSn7-0.2		40～180	—	40～120
QSn6.5-0.1、QSn6.5-0.4		40～180	—	30～120
QCr0.5		18～160	—	—
BZn15-20		25～120	—	—

注：①直径或对边距为 10～50mm 的棒材，供应长度为 1 000～5 000mm；直径或对边距为 50～75mm 的棒材，供应长度为 500～5 000mm；直径或对边距为 75～120mm 的棒材，供应长度为 500～4 000mm；直径或对边距大于 120mm 的棒材，供应长度为 300～4 000mm。

　　②矩形棒的对边距指两短边的距离。

3. 铜及铜合金拉制棒牌号、状态和规格(GB/T 4423—2007)

表 4-24

牌　号	状　态	直径(对边距)(mm)	
		圆形棒、方形棒、六角形棒	矩形棒
T2、T3、TP2、H96、TU1、TU2	Y(硬) M(软)	3～80	3～80
H90	Y(硬)	3～40	
H80、H65	Y(硬) M(软)	3～40	
H68	Y₂(半硬) M(软)	3～80 13～35	
H62	Y₂(半硬)	3～80	3～80
HPb59-1	Y₂(半硬)	3～80	3～80
H63、HPb63-0.1	Y₂(半硬)	3～40	—
HPb63-3	Y(硬) Y₂(半硬)	3～30 3～60	3～80
HPb61-1	Y₂(半硬)	3～20	
HFe59-1-1、HFe58-1-1、HSn62-1、HMn58-2	Y(硬)	4～60	—
QSn6.5-0.1、QSn6.5-0.4、QSn4-3、QSn4-0.3、QSi3-1、QAl9-2、QAl9-4、QAl10-3-1.5、QZr0.2、QZr0.4	Y(硬)	4～40	—
QSn7-0.2	Y(硬) T(特硬)	4～40	—

续表 4-24

牌　号	状　态	直径(对边距)(mm)	
		圆形棒、方形棒、六角形棒	矩形棒
QCd1	Y(硬) M(软)	4～60	—
QCr0.5	Y(硬) M(软)	4～40	—
QSi1.8	Y(硬)	4～15	—
BZn15-20	Y(硬) M(软)	4～40	—
BZn15-24-1.5	T(特硬) Y(硬) M(软)	3～18	—
BFe30-1-1	Y(硬) M(软)	16～50	—
BMn40-1.5	Y(硬)	7～40	—

注：①经双方协商，可供其他规格棒材，具体要求应在合同中注明。
　　②拉制矩形棒的截面宽高比如下：
　　　高度≤10mm，宽高比为≤2；
　　　高度>10～20mm，宽高比为≤3；
　　　高度>20mm，宽高比为≤3.5。

4. 铜及铜合金棒的理论重量

表 4-25

规格(mm)	纯　铜　棒			铜　合　金　棒					
	方	圆	六角	方		圆		六角	
	理论重量(kg/m)								
	相对密度 8.9	相对密度 8.9	相对密度 8.9	相对密度 8.8	相对密度 8.5	相对密度 8.8	相对密度 8.5	相对密度 8.8	相对密度 8.5
5	0.223	0.175	0.193	0.220	0.213	0.173	0.167	0.191	0.184
5.5	0.269	0.211	0.233	0.266	0.257	0.209	0.202	0.231	0.223
6	0.320	0.252	0.277	0.317	0.306	0.248	0.240	0.274	0.265
6.5	0.376	0.295	0.326	0.372	0.359	0.292	0.282	0.322	0.311
7	0.436	0.343	0.378	0.431	0.417	0.338	0.327	0.373	0.361
7.5	0.501	0.393	0.434	0.495	0.478	0.388	0.376	0.429	0.414
8	0.570	0.447	0.493	0.563	0.544	0.442	0.427	0.488	0.471
8.5	0.643	0.505	0.557	0.636	0.614	0.499	0.482	0.551	0.532
9	0.721	0.566	0.624	0.713	0.689	0.559	0.541	0.617	0.596
9.5	0.803	0.631	0.696	0.794	0.767	0.623	0.602	0.688	0.664

规格(mm)	纯 铜 棒			铜 合 金 棒					
				理论重量(kg/m)					
	方	圆	六角	方		圆		六角	
	相对密度 8.9			相对密度 8.8	相对密度 8.5	相对密度 8.8	相对密度 8.5	相对密度 8.8	相对密度 8.5
10	0.89	0.699	0.771	0.880	0.850	0.690	0.668	0.762	0.736
11	1.077	0.846	0.933	1.065	1.029	0.835	0.808	0.922	0.891
12	1.282	1.007	1.110	1.267	1.224	0.994	0.961	1.097	1.060
13	1.504	1.181	1.303	1.487	1.437	1.166	1.128	1.288	1.244
14	1.744	1.370	1.511	1.725	1.666	1.352	1.308	1.494	1.443
15	2.003	1.573	1.734	1.980	1.913	1.553	1.502	1.715	1.656
16	2.278	1.789	1.973	2.253	2.176	1.766	1.709	1.951	1.884
17	2.572	2.020	2.227	2.543	2.457	1.994	1.929	2.202	2.127
18	2.884	2.265	2.497	2.851	2.754	2.236	2.163	2.469	2.385
19	3.213	2.523	2.782	3.177	3.069	2.491	2.410	2.751	2.657
20	3.560	2.796	3.083	3.520	3.400	2.760	2.670	3.048	2.944
21	3.925	3.083	3.399	3.881	3.749	3.043	2.944	3.361	3.246
22	4.308	3.383	3.730	4.259	4.114	3.340	3.231	3.689	3.563
23	4.708	3.698	4.077	4.655	4.497	3.650	3.532	4.032	3.894
24	5.126	4.026	4.439	5.069	4.896	3.974	3.845	4.390	4.240
25	5.563	4.369	4.817	5.500	5.313	4.313	4.172	4.763	4.601
26	6.016	4.725	5.210	5.949	5.746	4.664	4.513	5.152	4.976
27	6.488	5.096	5.619	6.415	6.197	5.030	4.867	5.556	5.366
28	6.978	5.480	6.043	6.899	6.664	5.410	5.234	5.975	5.771
29	7.485	5.879	6.482	7.401	7.149	5.803	5.614	6.409	6.191
30	8.010	6.291	6.937	7.920	7.650	6.210	6.008	6.859	6.625
32	9.114	7.158	7.892	9.011	8.704	7.066	6.836	7.804	7.538
34	10.29	8.080	8.910	10.17	9.826	7.976	7.717	8.810	8.509
35	10.90	8.563	9.442	10.78	10.41	8.453	8.178	9.336	9.017
36	11.53	9.059	9.989	11.40	11.02	8.942	8.652	9.877	9.540
38	12.85	10.09	11.13	12.71	12.27	9.964	9.640	11.00	10.63
40	14.24	11.18	12.33	14.08	13.60	11.04	10.68	12.19	11.78
42	15.70	12.33	13.60	15.52	14.99	12.17	11.78	13.44	12.98

续表4-25

规格(mm)	纯 铜 棒			铜 合 金 棒					
	理论重量(kg/m)								
	方	圆	六角	方		圆		六角	
	相对密度 8.9			相对密度 8.8	相对密度 8.5	相对密度 8.8	相对密度 8.5	相对密度 8.8	相对密度 8.5
44	17.23	13.53	14.92	17.04	16.46	13.36	12.92	14.75	14.25
45	18.02	14.15	15.61	17.82	17.21	13.97	13.52	15.43	14.91
46	18.83	14.79	16.31	18.62	17.99	14.60	14.13	16.13	15.58
48	20.51	16.10	17.76	20.28	19.58	15.90	15.38	17.56	16.96
50	22.25	17.48	19.27	22.00	21.25	17.25	16.69	19.05	18.40
52	24.07	18.90	20.84	23.80	22.98	18.66	18.05	20.61	19.90
54	25.95	20.38	22.47	25.66	24.79	20.12	19.47	22.22	21.46
55	26.92	21.14	23.31	26.62	25.71	20.87	20.19	23.05	22.27
56	27.91	21.92	24.17	27.60	26.66	21.64	20.94	23.90	23.08
58	29.94	23.51	25.93	29.60	28.59	23.21	22.46	25.64	24.76
60	32.04	25.16	27.75	31.68	30.60	24.84	24.03	27.44	26.50
65	37.60	29.53	32.56	37.18	35.91	29.15	28.21	32.20	31.10
70	43.61	34.25	37.77	43.12	41.65	33.81	32.71	37.34	36.07
75	50.06	39.32	43.35	49.50	47.81	38.81	37.55	42.87	41.41
80	56.96	44.74	49.33	56.32	54.40	44.16	42.73	48.77	47.11
85	64.30	50.50	55.69	63.58	61.41	49.85	48.23	55.06	53.18
90	72.09	56.62	62.43	71.28	68.85	55.89	54.07	61.73	59.62
95	80.32	63.08	69.56	79.42	76.71	62.27	60.25	68.78	66.43
100	89.00	69.90	77.07	88.00	85.00	69.00	66.76	76.21	73.61
105	98.12	77.06	84.97	97.02	93.71	76.07	73.60	84.02	81.16
110	107.69	84.58	93.26	106.48	102.85	83.49	80.78	92.21	89.07
115	117.70	92.44	101.93	116.38	112.41	91.25	88.29	100.79	97.35
120	128.16	100.66	110.99	126.72	122.40	99.36	96.13	109.74	106.00
130				148.72	143.65	116.61	112.82	128.79	124.40
140				172.48	166.60	135.24	130.85	149.37	144.28
150				198.00	191.25	155.25	150.21	171.47	165.62
160				225.28	217.60	176.64	170.90	195.10	188.44

注：①表中规格：圆棒为直径,方棒为边长,八角棒为对边距。
②H96黄铜棒相对密度为8.8,H59、H62、H68、H80等相对密度为8.5,其他牌号铜合金棒相对密度及换算系数见表4-21。
③铜及铜合金棒按加工精度分为高精级和普通级,订货时应注明。

(三)铜及铜合金管的牌号、规格和理论重量

1、铜及铜合金挤制管的牌号、状态和规格(YS/T 662—2007)

表 4-26

牌 号	状 态	规格(mm)		
		外径	壁厚	长度
TU1、TU2、T2、T3、TP1、TP2	挤制(R)	30～300	5～65	300～6 000
H96、H62、HPb59-1、HFe59-1-1		20～300	1.5～42.5	
H80、H65、H68、HSn62-1、HSi80-3、HMn58-2、HMn57-3-1		60～220	7.5～30	
QA19-2、QA19-4、QAl10-3-1.5、QAl10-4-4		20～250	3～50	600～6 000
QSi3.5-3-1.5		80～200	10～30	
QCr0.5		100～220	17.5～37.5	500～3 000
BFe10-1-1		70～250	10～25	300～3 000
BFe30-1-1		80～120	10～25	

2. 铜及铜合金拉制管的牌号、状态和规格(GB/T 1527—2006)

表 4-27

牌 号	状 态	规格(mm)			
		圆形		矩(方)形	
		外径	壁厚	对边距	壁厚
T2、T3、TU1、TU2、TP1、TP2	软(M)、轻软(M₂)硬(Y)、特硬(T)	3～360	0.5～15	3～100	1～10
	半硬(Y₂)	3～100			
H96、H90	软(M)、软(M₂)半硬(Y₂)硬(Y)	3～200	0.2～10		0.2～7
H85、H80、H85A		3～200			
H70、H68、H59、HPb59-1、HSn62-1、HSn70-1、H70A、H68A		3～100			
H65、H63、H62、HPb66-0.5、H65A		3～200			
HPb63-0.1	半硬(Y₂)	18～31	6.5～13	—	—
	1/3 硬(Y₃)	8～31	3.0～13		
BZn15-20	硬(Y)、半硬(Y₂)、软(M)	4～40	0.5～8	—	—
BFe10-1-1	硬(Y)、半硬(Y₂)、软(M)	8～160			
BFe30-1-1	半硬(Y₂)、软(M)	8～80			

注:①外径≤100mm 的圆形直管,供应长度为 1 000～7 000mm;其他规格的圆形直管供应长度为 500～6 000mm。

②矩(方)形直管的供应长度为 1 000～5 000mm。

③外径≤30mm、壁厚<3mm 的圆形管材和圆周长≤100mm 或圆周长与壁厚之比≤15 的矩(方)形管材,可供应长度≥6 000mm 的盘管。

3. 铜及铜合金管的推荐规格

(1)挤制铜及铜合金圆形管规格（GB/T 16866—2006）

表 4-28

公称外径 (mm)	公称壁厚 (mm)																										
	1.5	2.0	2.5	3.0	3.5	4.0	4.5	5.0	6.0	7.5	9.0	10.0	12.5	15.0	17.5	20.0	22.5	25.0	27.5	30.0	32.5	35.0	37.5	40.0	42.5	45.0	50.0
20,21,22	○	○	○	○																							
23,24,25,26	○	○	○	○	○																						
27,28,29			○	○	○	○	○	○																			
30,32			○	○	○	○	○	○	○																		
34,35,36			○	○	○		○	○	○																		
38,40,42,44			○	○	○		○	○	○	○																	
45,46,48				○	○		○	○	○	○																	
50,52,54,55			○	○	○		○	○	○	○	○	○															
56,58,60						○	○	○	○	○	○	○															
62,64,65,68,70						○	○	○	○	○	○	○	○														
72,74,75,78,80						○	○	○	○	○	○	○	○	○	○												
85,90										○	○	○	○	○	○												
95,100										○	○	○	○	○	○	○	○										
105,110											○	○	○	○	○	○	○	○	○	○							
115,120												○	○	○	○	○	○	○	○	○							
125,130												○	○	○	○	○	○	○	○	○	○	○	○				
135,140												○	○	○	○	○	○	○	○	○	○	○					
145,150													○	○	○	○	○	○	○	○	○	○	○				
155,160													○	○	○	○	○	○	○	○	○	○	○	○	○		
165,170													○	○	○	○	○	○	○	○	○	○	○	○	○		
175,180														○	○	○	○	○	○	○	○	○	○	○	○		
185,190,195,200														○	○	○	○	○	○	○	○	○	○	○	○	○	
210,220															○	○	○	○	○	○	○	○	○	○	○	○	
230,240,250																○	○	○	○	○	○	○	○	○	○	○	
260,280																	○	○		○	○	○	○	○	○	○	○
290,300																		○		○	○	○	○	○	○	○	

注："○"表示推荐规格，需要其他规格的产品应由供需双方商定。

（2）拉制铜及铜合金圆形管规格（GB/T 16866—2006）

表 4-29

公称外径 (mm)	公称壁厚 (mm)																									
	0.2	0.3	0.4	0.5	0.6	0.75	1.0	1.25	1.5	2.0	2.5	3.0	3.5	4.0	4.5	5.0	6.0	7.0	8.0	9.0	10.0	11.0	12.0	13.0	14.0	15.0
3,4	○	○	○					○																		
5,6,7	○	○	○	○																						
8,9,10,11,12,13,14,15	○	○	○	○	○	○	○		○	○		○														
16,17,18,19,20		○	○	○	○	○	○		○	○	○	○														
21,22,23,24,25,26,27,28,29,30			○	○	○	○	○		○	○	○	○	○	○	○											
31,32,33,34,35,36,37,38,39,40				○	○	○	○		○	○	○	○	○	○	○	○										
42,44,45,46,48,49,50						○	○		○	○	○	○	○	○	○	○	○									
52,54,55,56,58,60						○	○		○	○	○	○	○	○	○	○	○	○								
62,64,65,66,68,70							○		○	○	○	○	○	○	○	○	○	○	○							
72,74,75,76,78,80									○	○	○	○	○	○	○	○	○	○	○	○						
82,84,85,86,88,90,92,94,96,100										○	○	○	○	○	○	○	○	○	○	○	○	○	○	○	○	○
105,110,115,120,125,130,135,140,145,150												○	○	○	○	○	○	○	○	○	○	○	○	○	○	○
155,160,165,170,175,180,185,190,195,200														○	○	○	○	○	○	○	○	○	○	○	○	○
210,220,230,240,250														○	○	○	○	○	○	○	○	○	○	○	○	
260,270,280,290,300,310,320,330,340,350,360														○	○	○										

注："○"表示推荐规格，需要其他规格的产品应由供需双方商定。

4. 紫铜管和黄铜管理论重量

表 4-30

外径	壁厚	理论重量		外径	壁厚	理论重量		外径	壁厚	理论重量	
		紫铜管	黄铜管			紫铜管	黄铜管			紫铜管	黄铜管
mm		kg/m		mm		kg/m		mm		kg/m	
3	0.5	0.035	0.033		0.5	0.147	0.140	15	3.5	1.125	1.075
	0.75	0.047	0.045		0.75	0.215	0.205	16	0.5		0.207
4	0.5	0.049	0.047	11	1.0	0.280	0.267		0.75		0.305
	0.75	0.068	0.065		1.5	0.398	0.380		1.0	0.419	0.401
	1.0	0.084	0.080		2.0	0.503	0.481		1.5	0.608	0.581
5	0.5	0.063	0.060		2.5	0.594	0.567		2.0	0.783	0.748
	0.75	0.089	0.085		3.0	0.671	0.641		2.5	0.944	0.901
	1.0	0.112	0.107	12	0.5	0.161	0.154		3.0	1.090	1.041
	1.5	0.147			0.75	0.236	0.225		3.5	1.223	1.168
6	0.5	0.077	0.073		1.0	0.308	0.294		4.0	1.342	
	0.75	0.110	0.105		1.5	0.440	0.421		4.5	1.447	
	1.0	0.140	0.134		2.0	0.559	0.534	17	0.5		0.220
	1.5	0.189			2.5	0.664	0.634		0.75		0.325
	2.0	0.224			3.0	0.755	0.721		1.0	0.447	0.427
7	0.5	0.091	0.087		3.5	0.832	0.794		1.5	0.650	0.621
	0.75	0.131	0.125	13	0.5	0.175	0.167		2.0	0.839	0.801
	1.0	0.168	0.160		0.75	0.257	0.245		2.5	1.014	0.968
	1.5	0.231			1.0	0.336	0.320		3.0	1.174	1.121
	2.0	0.28			1.5	0.482	0.461		3.5	1.321	1.262
8	0.5	0.105	0.100		2.0	0.615	0.587		4.0	1.454	1.388
	0.75	0.152	0.145		2.5	0.734	0.701		4.5	1.573	1.502
	1.0	0.196	0.187		3.0	0.839	0.801	18	0.5		0.234
	1.5	0.273	0.260		3.5	0.930	0.888		0.75		0.345
	2.0	0.336	0.320	14	0.5	0.189	0.180		1.0	0.475	0.454
	2.5	0.384	0.367		0.75	0.278	0.265		1.5	0.692	0.661
9	0.5	0.119	0.113		1.0	0.363	0.347		2.0	0.895	0.854
	0.75	0.173	0.165		1.5	0.524	0.501		2.5	1.083	1.035
	1.0	0.224	0.214		2.0	0.671	0.641		3.0	1.258	1.202
	1.5	0.315	0.300		2.5	0.804	0.768		3.5	1.419	1.355
	2.0	0.391	0.374		3.0	0.923	0.881		4.0	1.566	1.495
	2.5	0.454	0.434		3.5	1.028	0.981		4.5	1.699	1.622
	0.5	0.133	0.127	15	0.5	0.203	0.194	19	0.5		0.247
	0.75	0.194	0.185		0.75	0.299	0.285		0.75		0.365
	1.0	0.252	0.240		1.0	0.391	0.374		1.0	0.503	0.481
	1.5	0.356	0.340		1.5	0.566	0.541		1.5	0.734	0.701
	2.0	0.447	0.427		2.0	0.727	0.694		2.0	0.951	0.908
	2.5	0.524	0.501		2.5	0.874	0.834		2.5	1.153	1.101
	3.0	0.587	0.561		3.0	1.007	0.961		3.0	1.342	1.282

外径	壁厚	理论重量		外径	壁厚	理论重量		外径	壁厚	理论重量	
		紫铜管	黄铜管			紫铜管	黄铜管			紫铜管	黄铜管
mm		kg/m		mm		kg/m		mm		kg/m	
19	3.5	1.517	1.448	23	4.0	2.125	2.029		2.0	1.398	1.335
	4.0	1.678	1.602		4.5	2.328	2.223		2.5	1.713	1.635
	4.5	1.824	1.742		5.0	2.576	2.403		3.0	2.013	1.922
20	1.0	0.531	0.507		6.0		2.723	27	3.5	2.300	2.196
	1.5	0.776	0.741	24	1.0	0.643	0.614		4.0	2.572	2.456
	2.0	1.007	0.961		1.5	0.944	0.901		4.5	2.831	2.703
	2.5	1.223	1.168		2.0	1.230	1.175		5.0	3.076	2.937
	3.0	1.426	1.362		2.5	1.503	1.435		6.0		3.364
	3.5	1.615	1.542		3.0	1.761	1.682		7.0		3.738
	4.0	1.789	1.709		3.5	2.006	1.916	28	1.0	0.755	0.721
	4.5	1.950	1.862		4.0	2.237	2.136		1.5	1.111	1.061
	5.0		2.003		4.5	2.453			2.0	1.454	1.388
	6.0		2.243		5.0	2.656	2.537		2.5	1.782	1.702
21	1.0	0.559	0.534		6.0		2.884		3.0	2.097	2.003
	1.5	0.818	0.781		7.0		3.177		3.5	2.398	2.290
	2.0	1.062	1.015	25	1.0	0.671	0.641		4.0	2.684	2.563
	2.5	1.293	1.235		1.5	0.986	0.941		4.5	2.957	2.824
	3.0	1.510	1.442		2.0	1.286	1.228		5.0	3.215	3.071
	3.5	1.713	1.635		2.5	1.573	1.502		6.0		3.524
	4.0	1.901	1.816		3.0	1.845	1.762		7.0		3.925
	4.5	2.076	1.982		3.5	2.104	2.009	29	1.0	0.783	0.748
	5.0	2.237	2.136		4.0	2.349	2.243		1.5	1.153	1.101
	6.0		2.403		4.5	2.579			2.0	1.510	1.442
22	1.0	0.587	0.561		5.0	2.796	2.670		2.5	1.852	1.769
	1.5	0.860	0.821		6.0		3.044		3.0	2.181	2.083
	2.0	1.118	1.068		7.0		3.364		3.5	2.495	2.383
	2.5	1.363	1.302	26	1.0	0.699	0.668		4.0	2.796	2.670
	3.0	1.594	1.522		1.5	1.028	0.981		4.5	3.083	2.944
	3.5	1.810	1.729		2.0	1.342	1.282		5.0	3.355	3.204
	4.0	2.013	1.922		2.5	1.643	1.569		6.0		3.685
	4.5	2.202	2.103		3.0	1.929	1.842		7.0		4.112
	5.0	2.377	2.270		3.5	2.202	2.103	30	1.0	0.811	0.774
	6.0		2.563		4.0	2.460	2.350		1.5	1.195	1.141
23	1.0	0.615	0.587		4.5	2.705			2.0	1.566	1.495
	1.5	0.902	0.861		5.0	2.936	2.804		2.5	1.922	1.836
	2.0	1.174	1.121		6.0		3.204		3.0	2.265	2.163
	2.5	1.433	1.368		7.0		3.551		3.5	2.593	2.476
	3.0	1.678	1.602	27	1.0	0.727	0.694		4.0	2.908	2.777
	3.5	1.908	1.822		1.5	1.069	1.021		4.5	3.208	3.064

外径	壁厚	理论重量		外径	壁厚	理论重量		外径	壁厚	理论重量	
		紫铜管	黄铜管			紫铜管	黄铜管			紫铜管	黄铜管
mm		kg/m		mm		kg/m		mm		kg/m	
30	5.0	3.495	3.338		1.0	0.923	0.881		2.5	2.412	2.303
	6.0	4.026	3.845		1.5	1.363	1.302		3.0	2.852	2.723
	7.0		4.299		2.0	1.789	1.709		3.5	3.278	3.131
31	1.0	0.839	0.801		2.5	2.202	2.103	37	4.0	3.691	3.524
	1.5	1.237	1.181		3.0	2.600	2.483		4.5	4.089	3.905
	2.0	1.622	1.549		3.5	2.985	2.850		5.0	4.474	4.272
	2.5	1.992	1.902	34	4.0	3.355	3.204		6.0		4.966
	3.0	2.349	2.243		4.5	3.712	3.544		7.0		5.607
	3.5	2.691	2.570		5.0	4.054	3.872		10.0		7.209
	4.0	3.020	2.884		6.0	4.697	4.486		1.0	1.035	0.988
	4.5	3.334	3.184		7.0		5.046		1.5	1.531	1.462
	5.0	3.635	3.471		10.0		6.408		2.0	2.013	1.922
	6.0		4.005		1.0	0.951	0.908		2.5	2.481	2.370
	7.0		4.486		1.5	1.405	1.342		3.0	2.936	2.804
	10.0		5.607		2.0	1.845	1.762		3.5	3.376	
32	1.0	0.867	0.828		2.5	2.272	2.169		4.0	3.803	3.631
	1.5	1.279	1.222		3.0	2.684	2.563		4.5	4.215	4.025
	2.0	1.678	1.602	35	3.5	3.083	2.944	38	5.0	4.613	4.406
	2.5	2.062	1.969		4.0	3.467	3.311		6.0	5.368	5.126
	3.0	2.433	2.323		4.5	3.838	3.665		7.0	6.067	5.794
	3.5	2.789	2.663		5.0	4.194	4.005		7.5	6.396	
	4.0	3.132	2.990		6.0		4.646		8.0	6.710	
	4.5	3.460	3.304		7.0		5.233		8.5	7.011	
	5.0	3.775	3.604		10.0		6.675		9.0	7.298	
	6.0	4.362	4.165		1.0	0.979	0.935		10.0	7.829	7.476
	7.0		4.673		1.5	1.447	1.382		1.0	1.062	1.015
	10.0		5.874		2.0	1.901	1.816		1.5	1.573	1.502
33	1.0	0.895	0.854		2.5	2.342	2.236		2.0	2.069	1.976
	1.5	1.321	1.262		3.0	2.768	2.643		2.5	2.551	2.436
	2.0	1.734	1.655	36	3.5	3.180	3.037		3.0	3.020	2.884
	2.5	2.132	2.036		4.0	3.579	3.418		3.5	3.474	
	3.0	2.516	2.403		4.5	3.963	3.785	39	4.0	3.914	3.738
	3.5	2.887	2.757		5.0	4.334	4.139		4.5	4.341	4.145
	4.0	3.243	3.097		6.0	5.033	4.806		5.0	4.753	4.539
	4.5	3.586	3.424		7.0		5.420		6.0		5.287
	5.0	3.914	3.738		10.0		6.942		7.0		5.981
	6.0		4.325		1.0	1.007	0.961		8.0		
	7.0		4.859	37	1.5	1.489	1.422		9.0		
	10.0		6.141		2.0	1.957	1.869		10.0		7.743

续表 4-30

外径	壁厚	理论重量		外径	壁厚	理论重量		外径	壁厚	理论重量	
		紫铜管	黄铜管			紫铜管	黄铜管			紫铜管	黄铜管
mm		kg/m		mm		kg/m		mm		kg/m	
40	1.0	1.090	1.041		8.5	7.962			6.0	6.543	6.248
	1.5	1.615	1.542	42	9.0	8.304			6.5		6.682
	2.0	2.125	2.029		10.0	8.947			7.0	7.437	7.102
	2.5	2.621	2.503		1.0	1.174		45	7.5	7.864	7.509
	3.0	3.104	2.964		1.5	1.741			8.0	8.276	
	3.5	3.572			2.0	2.293			8.5	8.675	
	4.0	4.026	3.845		2.5	2.831			9.0	9.059	8.651
	4.5	4.467	4.265		3.0	3.355			10.0	9.786	
	5.0	4.893	4.673	43	3.5	3.865			1.0	1.258	1.202
	6.0	5.704	5.447		4.0	4.362			1.5	1.866	1.782
	7.0	6.459	6.168		4.5	4.844			2.0	2.460	2.350
	7.5	6.815			5.0	5.312			2.5	3.041	2.904
	8.0	7.158			6.0	6.207			3.0	3.607	3.444
	8.5	7.486			9.0				3.5	4.159	3.972
	9.0	7.801			1.0	1.202	1.148	46	4.0	4.697	4.486
	10.0	8.388	8.010		1.5	1.782	1.702		4.5	5.222	
	1.0	1.118			2.0	2.349	2.243		5.0	5.732	5.474
	1.5	1.657			2.5	2.901	2.770		6.0	6.710	6.408
	2.0	2.181			3.0	3.439	3.284		6.5		6.855
	2.5	2.691			3.5	3.963	3.785		7.0		7.289
41	3.0	3.187		44	4.0	4.474	4.272		7.5		7.710
	3.5	3.670			4.5	4.970			9.0		8.891
	4.0	4.138			5.0	5.452	5.207		1.0	1.286	
	4.5	4.592			6.0	6.375	6.088		1.5	1.908	
	5.0	5.033			7.0	7.242	6.915		2.0	2.516	
	6.0	5.872			7.5	7.654			2.5	3.111	
	1.0	1.146	1.095		8.0	8.052		47	3.0	3.691	
	1.5	1.699	1.622		8.5	8.437			3.5	4.257	
	2.0	2.237	2.136		9.0	8.807			4.0	4.809	
	2.5	2.761	2.637		10.0	9.506			4.5	5.347	
	3.0	3.271	3.124		1.0	1.230	1.175		5.0	5.872	
	3.5	3.768	3.598		1.5	1.824	1.742		6.0	6.878	
42	4.0	4.250	4.058		2.0	2.405	2.296		1.0	1.314	1.255
	4.5	4.718			2.5	2.971	2.837		1.5	1.950	1.862
	5.0	5.173	4.940	45	3.0	3.523	3.364		2.0	2.572	2.456
	6.0	6.039	5.767		3.5	4.061	3.878	48	2.5	3.180	3.037
	7.0	6.850	6.542		4.0	4.585	4.379		3.0	3.775	3.605
	7.5	7.235			4.5	5.096			3.5	4.355	4.159
	8.0	7.605			5.0	5.592	5.340		4.0	4.921	4.699

续表 4-30

外径	壁厚	理论重量 紫铜管	理论重量 黄铜管	外径	壁厚	理论重量 紫铜管	理论重量 黄铜管	外径	壁厚	理论重量 紫铜管	理论重量 黄铜管
mm	mm	kg/m		mm	mm	kg/m		mm	mm	kg/m	
48	4.5	5.473		52	4.0	5.368	5.126	56	2.0	3.020	2.884
	5.0	6.011	5.741		4.5	5.976	5.707		2.5	3.740	3.571
	6.0	7.046	6.728		5.0	6.571	6.275		3.0	4.446	4.245
	6.5		7.202		6.0	7.717	7.369		3.5	5.138	4.906
	7.0		7.663		7.5		8.911		4.0	5.816	5.554
	7.5		8.110		10.0		11.21		4.5	6.480	6.188
	9.0		9.372		12.5		13.18		5.0	7.130	6.809
49	1.0	1.342			15.0		14.82		6.0	8.388	8.010
	1.5	1.992		54	1.0	1.482	1.415		6.5		8.591
	2.0	2.628			1.5	2.202			7.5		9.712
	2.5	3.250			2.0	2.908	2.777		10.0		12.28
	3.0	3.858			2.5	3.600	3.438		12.5		14.52
	3.5	4.453			3.0	4.278	4.085		15.0		16.42
	4.0	5.033			3.5	4.942	4.719	58	1.0	1.594	1.522
	4.5	5.599			4.0	5.592	5.340		1.5	2.370	
	5.0	6.151			4.5	6.228	5.947		2.0	3.132	2.990
	6.0	7.214			5.0	6.850	6.542		2.5	3.879	3.705
50	1.0	1.370	1.308		6.0	8.052	7.690		3.0	4.613	4.406
	1.5	2.034	1.942		7.5		9.312		3.5	5.333	5.093
	2.0	2.684	2.563		10.0		11.75		4.0	6.039	5.767
	2.5	3.320	3.171		12.5		13.85		4.5	6.731	6.428
	3.0	3.942	3.765		15.0		15.62		5.0	7.409	7.076
	3.5	4.550	4.345	55	1.0	1.510	1.442		6.0	8.724	8.330
	4.0	5.145	4.913		1.5	2.244			6.5		8.938
	4.5	5.725			2.0	2.964	2.830		7.5		10.11
	5.0	6.291	6.008		2.5	3.670	3.504		10.0		12.82
	6.0	7.381	7.049		3.0	4.362	4.165		12.5		15.19
	7.0		8.037		3.5	5.040	4.813		15.0		17.22
	7.5	8.912	8.511		4.0	5.704	5.447	60	1.0	1.650	1.575
	10.0	11.18	10.68		4.5	6.354	6.068		1.5	2.453	
	12.5	13.11	12.52		5.0	6.990	6.675		2.0	3.243	3.097
	15.0	14.68	14.02		6.0	8.220	7.850		2.5	4.019	3.838
	17.05	15.90			7.5	9.961	9.512		3.0	4.791	4.566
52	1.0	1.426	1.362		10.0	12.58	12.02		3.5	5.529	5.280
	1.5	2.118			12.5	14.85	14.18		4.0	6.263	5.981
	2.0	2.796	2.670		15.0	16.78	16.02		4.5	6.983	6.668
	2.5	3.460	3.304		17.5	18.35			5.0	7.689	7.343
	3.0	4.110	3.925	56	1.0	1.538	1.469		6.0	9.059	8.651
	3.5	3.746	4.532		1.5	2.286			6.5		9.285

续表 4-30

外径	壁厚	理论重量 紫铜管	理论重量 黄铜管	外径	壁厚	紫铜管	黄铜管	外径	壁厚	紫铜管	黄铜管
	mm	kg/m			mm	kg/m			mm	kg/m	
60	7.5	11.01	10.51	64	12.5		17.19	68	3.0	5.452	5.207
	10.0	13.98	13.35		15.0		19.62		3.5	6.312	6.028
	12.5	16.60	15.85	65	1.5	2.663			4.0	7.158	6.835
	15.0	18.87	18.02		2.0	3.523			4.5	7.990	
	17.5	20.80			2.5	4.369			5.0	8.807	8.411
62	1.5	2.537			3.0	5.201			6.0	10.40	
	2.0	3.355	3.204		3.5	6.018	5.747		6.5		10.67
	2.5	4.159			4.0	6.822	6.515		7.0	11.94	11.40
	3.0	4.949	4.726		4.5	7.612	7.269		7.5		12.12
	3.5	5.725	5.467		5.0	8.388	8.010		8.0	13.42	
	4.0	6.487	6.194		6.0	9.898	9.452		9.0	14.85	14.18
	4.5	7.235			6.5		10.15		10.0	16.22	15.49
	5.0	7.969	7.610		7.0	11.35	10.84		11.5		17.35
	6.0	9.395			7.5	12.06	11.51		12.5		18.52
	6.5		9.632		8.0	12.75	12.18		15.0		21.23
	7.0	10.76	10.28		9.0	14.09	13.46	70	1.5	2.873	
	7.5		10.91		10.0	15.38	14.69		2.0	3.803	3.631
	8.0	12.08			11.5		16.43		2.5	4.718	
	9.0	13.34	12.74		12.5	18.35	17.52		3.0	5.620	5.367
	10.0	14.54	13.88		15.0	20.97	20.03		3.5	6.508	6.214
	11.5		15.51		17.5	23.24			4.0	7.381	7.049
	12.5		16.52		20.0	25.16			4.5	8.241	
	15.0		18.82	66	1.5	2.705			5.0	9.087	8.678
64	1.5	2.621			2.0	3.579	3.418		6.0	10.74	
	2.0	3.467	3.311		2.5	4.439			6.5		11.02
	2.5	4.299			3.0	5.284	5.046		7.0	12.33	11.77
	3.0	5.117	4.886		3.5	6.116	5.841		7.5	13.11	12.52
	3.5	5.921	5.654		4.0	6.934	6.622		8.0	13.87	
	4.0	6.710	6.408		4.5	7.738			9.0	15.35	14.66
	4.5	7.486			5.0	8.528			10.0	16.78	16.02
	5.0	8.248	7.877		6.0	10.07			11.5		17.96
	6.0	9.730			6.5				12.5	20.10	19.19
	6.5		9.979		7.0	11.55	11.03		15.0	23.07	22.03
	7.0	11.16	10.65		8.0	12.97			17.5	25.69	
	7.5		11.31		9.0	14.34			20.0	27.96	
	8.0	12.53			10.0	15.66		72	1.5	2.957	
	9.0	13.84	13.22		1.5	2.789			2.0	3.914	3.738
	10.0	15.10	14.42	68	2.0	3.691	3.524		2.5	4.858	4.639
	11.5		16.12		2.5	4.578			3.0	5.788	5.527

外径	壁厚	理论重量 紫铜管	理论重量 黄铜管	外径	壁厚	理论重量 紫铜管	理论重量 黄铜管	外径	壁厚	理论重量 紫铜管	理论重量 黄铜管
mm		kg/m		mm		kg/m		mm		kg/m	
72	3.5	6.703			3.0	6.039			4.5	9.248	
	4.0	7.605	7.262		3.5	6.997			5.0	10.21	9.746
	4.5	8.493			4.0	7.941	7.583		6.0	12.08	
	5.0	9.367	8.945		4.5	8.870			6.5		12.41
	6.0	11.07			5.0	9.786	9.345		7.0	13.90	13.27
	6.5		11.37		6.0	11.58			7.5		14.12
	7.0	12.72	12.15		6.5		11.89	78	8.0	15.66	
	7.5		12.92		7.0	13.31	12.71		9.0	17.36	16.58
	8.0	14.32		75	7.5	14.15	13.52		10.0	19.01	18.16
	9.0	15.85	15.14		8.0	14.99			11.5		20.42
	10.0	17.34	16.55		9.0	16.61	15.86		12.5		21.86
	11.5		18.58		10.0	18.17	17.36		15.0		25.23
	12.5		19.86		11.5		19.50		17.5		28.27
	15.0		22.83		12.5	21.84	20.86		20.0		30.97
	17.5		25.47		15.0	25.16	24.03		1.5	3.292	
	20.0		27.77		17.5	28.13	26.87		2.0	4.362	4.165
74	1.5	3.041			20.0	30.76	29.37		2.5	5.417	5.173
	2.0	4.026	3.845		22.5	33.03			3.0	6.459	6.168
	2.5	4.998	4.773		25.0	34.95			3.5	7.486	
	3.0	5.955	5.687	76	1.5	3.125			4.0	8.500	8.117
	3.5	6.899			2.0	4.138	3.952		4.5	9.499	
	4.0	7.829	7.476		2.5	5.138	4.906		5.0	10.49	10.01
	4.5	8.744			3.0	6.123	5.847	80	6.0	12.41	
	5.0	9.646	9.212		3.5	7.095			6.5		12.76
	6.0	11.41			4.0	8.052	7.690		7.0	14.29	13.64
	6.5		11.71	76	4.5	8.996			7.5	15.20	14.52
	7.0	13.11	12.52		5.0	9.926			8.0	16.10	
	7.5		13.32		6.0	11.74			9.0	17.87	17.06
	8.0	14.76			7.0	13.50	12.90		10.0	19.57	18.69
	9.0	16.36	15.62		7.5				11.5		21.03
	10.0	17.89	17.09		8.0	15.21			12.5	23.59	22.53
	11.5		19.19		9.0	16.86			15.0	27.26	26.03
	12.5		20.53		10.0	18.45			17.5	30.58	29.20
	15.0		23.63	78	1.5	3.208			20.0	33.55	32.04
	17.5		26.40		2.0	4.250	4.058		22.5	36.17	
	20.0		28.84		2.5	5.277	5.040		25.0	38.45	
75	1.5	3.083			3.0	6.291	6.008	82	1.5	3.376	
	2.0	4.082			3.5	7.291			2.0	4.474	4.272
	2.5	5.068			4.0	8.276	7.903		2.5	5.557	5.307

外径	壁厚	理论重量		外径	壁厚	理论重量		外径	壁厚	理论重量	
		紫铜管	黄铜管			紫铜管	黄铜管			紫铜管	黄铜管
mm		kg/m		mm		kg/m		mm		kg/m	
82	3.0	6.627	6.328	85	17.5	33.03	31.54	90	5.0	11.88	
	3.5	7.682			20.0	36.35	34.71		6.0	14.09	
	4.0	8.724	8.330		22.5	39.32	37.55		7.0	16.24	15.51
	4.5	9.751			25.0	41.94	40.05		7.5	17.30	16.52
	5.0	10.76			27.5	44.21			8.0	18.34	
	6.0	12.75			30.0	46.13			9.0	20.38	
	7.0	14.68	14.02	86	1.5	3.544			10.0	22.37	21.36
	8.0	16.55			2.0	4.697	4.486		12.5	27.09	25.87
	9.0	18.37			2.5	5.837	5.574		15.0	31.46	30.04
	10.0	20.13			3.0	6.962	6.648		17.5	35.47	33.88
84	1.5	3.460			3.5	8.073			20.0	39.14	37.38
	2.0	4.585	4.379		4.0	9.171	8.758		22.5	42.46	40.55
	2.5	5.697	5.440		4.5	10.25			25.0	45.44	43.39
	3.0	6.794	6.488		5.0	11.32			27.5	48.06	
	3.5	7.878			6.0	13.42			30.0	50.33	
	4.0	8.947	8.544		7.0	15.46	14.77	92	1.5	3.796	
	4.5	10.00			8.0	17.45			2.0	5.033	4.806
	5.0	11.04			9.0	19.38			2.5	6.256	
	6.0	13.09			10.0	21.25			3.0	7.465	7.129
	7.0	15.07	14.39	88	1.5	3.628			3.5	8.661	8.270
	8.0	17.00			2.0	4.809	4.592		4.0	9.842	9.398
	9.0	18.87			2.5	5.976	5.707		4.5	11.01	
	10.0	20.69			3.0	7.130	6.809		5.0	12.16	
85	1.5	3.502			3.5	8.269			6.0	14.43	
	2.0	4.641			4.0	9.395	8.971		7.0	16.64	
	2.5	5.767			4.5	10.51			8.0	18.79	17.94
	3.0	6.878			5.0	11.60			9.0	20.89	
	3.5	7.976			6.0	13.76			10.0	22.93	
	4.0	9.059			7.0	15.85	15.14	94	1.5	3.879	
	4.5	10.13			8.0	17.89			2.0	5.145	4.913
	5.0	11.18			9.0	19.88			2.5	6.396	
	6.0	13.25			10.0	21.81			3.0	7.633	7.289
	7.0	15.27		90	1.5	3.712			3.5	8.856	8.457
	7.5	16.25	15.52		2.0	4.921	4.699		4.0	10.07	9.612
	8.0	17.22			2.5	6.116	5.841		4.5	11.26	
	9.0	19.12			3.0	7.298	6.969		5.0	12.44	
	10.0	20.97	20.03		3.5	8.465			6.0	17.76	
	12.5	25.34	24.20		4.0	9.618	9.185		7.0	17.03	
	15.0	29.36	28.04		4.5	10.76			8.0	19.24	18.37

续表 4-30

外径	壁厚	理论重量 紫铜管	黄铜管	外径	壁厚	理论重量 紫铜管	黄铜管	外径	壁厚	理论重量 紫铜管	黄铜管
mm		kg/m		mm		kg/m		mm		kg/m	
94	9.0	21.39			6.0	15.10			2.5	6.815	
	10.0	23.49		96	7.0	17.42			3.0	8.136	7.770
	7.5	18.35	17.52		8.0	19.68	18.80		3.5	9.443	9.081
	10.0	23.77	22.70		9.0	21.89			4.0	10.74	10.25
	12.5	28.83	27.53		10.0	24.05			4.5	12.02	
	15.0	33.55	32.04		1.5	4.047			5.0	13.28	
95	17.5	37.92	36.21		2.0	5.368	5.126		6.0	15.77	
	20.0	41.94	40.05		2.5	6.675			7.0	18.20	
	22.5	45.61	43.55		3.0	7.969	7.610		7.5	19.40	18.52
	25.0	48.93	46.73		3.5	9.248	8.831	100	8.0	20.58	19.65
	27.5	51.90	49.56	98	4.0	10.51	10.04		9.0	22.90	
	30.0	54.52	52.07		4.5	11.76			10.0	25.16	24.03
	1.5	3.963			5.0	13.00			12.5	30.58	29.20
	2.0	5.256	5.020		6.0	15.43			15.0	35.65	34.04
	2.5	6.536			7.0	17.81			17.5	40.37	38.55
96	3.0	7.801	7.449		8.0	20.13	19.22		20.0	44.74	42.72
	3.5	9.052	8.644		9.0	22.4			22.5	48.76	46.56
	4.0	10.29	9.826		10.0	24.60			25.0	52.43	50.06
	4.5	11.51		100	1.5	4.131			27.5	55.75	53.23
	5.0	12.72			2.0	5.480	5.233		30.0	58.72	56.07

注:表中紫铜管按相对密度 8.9 计,黄铜管按相对密度 8.5 计,其他铜合金管的按铜及铜合金相对密度换算系数换算,见表 4-21。

5. 挤制铝青铜管和锌白铜管理论重量

表 4-31

外径	壁厚	理论重量 白铜	青铜	外径	壁厚	理论重量 白铜	青铜	外径	壁厚	理论重量 白铜	青铜
mm		kg/m		mm		kg/m		mm		kg/m	
4	0.5	0.047			1.0	0.162		9	2.0	0.378	
	0.75	0.066		7	1.25	0.194			2.5	0.439	
	1.0	0.081			1.5	0.223			0.5	0.128	
	0.5	0.061			0.5	0.101			0.75	0.187	
5	0.75	0.086			0.75	0.147			1.0	0.243	
	1.0	0.108		8	1.0	0.189		10	1.25	0.296	
	1.25	0.127			1.25	0.228			1.5	0.345	
	0.5	0.074			1.5	0.263			2.0	0.432	
	0.75	0.106			2.0	0.324			2.5	0.507	
6	1.0	0.135			0.5	0.115			0.5	0.142	
	1.25	0.160			0.75	0.167			0.75	0.208	
	1.5	0.182		9	1.0	0.216		11	1.0	0.270	
	0.5	0.088			1.25	0.262			1.25	0.329	
7	0.75	0.127			1.5	0.304			1.5	0.385	

外径	壁厚	理论重量		外径	壁厚	理论重量		外径	壁厚	理论重量	
		白铜	青铜			白铜	青铜			白铜	青铜
mm		kg/m		mm		kg/m		mm		kg/m	
11	2.0	0.486		15	3.0	0.973		20	2.5	1.182	
	2.5	0.574			3.5	1.088			3.0	1.378	1.202
	3.0	0.648			4.0	1.189			3.5	1.560	
12	0.5	0.155		16	0.5	0.209		21	4.0	1.729	1.508
	0.75	0.228			0.75	0.309			3.0		1.272
	1.0	0.297			1.0	0.405			4.0		1.602
	1.25	0.363			1.25	0.498		22	0.75	0.431	
	1.5	0.426			1.5	0.588			1.0	0.567	
	2.0	0.540			2.0	0.757			1.25	0.701	
	2.5	0.642			2.5	0.912			1.5	0.831	
	3.0	0.730			3.0	1.054			2.0	1.081	
	3.5	0.804			3.5	1.182			2.5	1.317	
13	0.5	0.169			4.0	1.297			3.0	1.540	1.343
	0.75	0.248		18	0.5	0.236			3.5	1.750	
	1.0	0.324			0.75	0.350			4.0	1.945	1.696
	1.25	0.397			1.0	0.459		24	0.75	0.471	
	1.5	0.466			1.25	0.566			1.0	0.621	
	2.0	0.594			1.5	0.669			1.25	0.768	
	2.5	0.709			2.0	0.865			1.5	0.912	
	3.0	0.811			2.5	1.047			2.0	1.189	
	3.5	0.898			3.0	1.216			2.5	1.452	
	4.0	0.973			3.5	1.371			3.0	1.702	
14	0.5	0.182			4.0	1.153			3.5	1.939	
	0.75	0.269		19	0.5	0.250			4.0	2.162	1.885
	1.0	0.351			0.75	0.370			5.0		2.238
	1.25	0.431			1.0	0.486		25	0.75	0.491	
	1.5	0.507			1.25	0.600			1.0	0.648	
	2.0	0.648			1.5	0.709			1.25	0.802	
	2.5	0.777			2.0	0.919			1.5	0.952	
	3.0	0.892			2.5	1.115			2.0	1.243	
	3.5	0.993			3.0	1.297			2.5	1.520	
	4.0	1.081			3.5	1.466			3.0	1.783	
15	0.5	0.196			4.0	1.621			3.5	2.033	
	0.75	0.289		20	0.5	0.263			4.0	2.270	
	1.0	0.378			0.75	0.390		26	1.0	0.676	
	1.25	0.464			1.0	0.513			1.25	0.836	
	1.5	0.547			1.25	0.633			1.5	0.993	
	2.0	0.703			1.5	0.750			2.0	1.297	
	2.5	0.844			2.0	0.973			2.5	1.587	

外径	壁厚	理论重量		外径	壁厚	理论重量		外径	壁厚	理论重量	
		白铜	青铜			白铜	青铜			白铜	青铜
mm		kg/m		mm		kg/m		mm		kg/m	
26	3.0	1.864		35	3.0	2.594		43	10.0		7.775
	3.5	2.128			3.5	2.979		44	5.0		4.594
	4.0	2.378	2.073		4.0	3.350			7.5		6.450
	5.0		2.474		5.0		3.534		10.0		8.010
28	1.0	0.730		36	1.0	0.946		45	5.0		4.712
	1.25	0.903			1.25	1.174			7.5		6.626
	1.5	1.074			1.5	1.398			10.0		8.246
	2.0	1.405			2.0	1.837		46	5.0		4.830
	2.5	1.723			2.5	2.263			7.5		6.803
	3.0	2.027			3.0	2.675			10.0		8.482
	3.5	2.317			3.5	3.074		48	5.0		5.065
	4.0	2.594	2.262		4.0	3.459			7.5		7.156
	5.0		2.709		5.0		3.652			10.0		8.953
30	1.0	0.784		38	1.0	1.000		50	5.0		5.301
	1.25	0.971			1.25	1.241			7.5		7.510
	1.5	1.155			1.5	1.479			10.0		9.424
	2.0	1.513			2.0	1.945		55	7.5		8.393
	2.5	1.858			2.5	2.398			10.0		10.60
	3.0	2.189			3.0	2.837			12.5		12.52
	3.5	2.506			3.5	3.263			15.0		14.14
	4.0	2.810	2.450		4.0	3.675		60	7.5		9.277
	5.0		2.945		5.0		3.887			10.0		11.78
31	5.0		3.063	40	1.0	1.054			12.5		13.99
32	1.0	0.838			1.25	1.309			15.0		15.90
	1.25	1.039			1.5	1.560		65	7.5		10.16
	1.5	1.236			2.0	2.054			10.0		12.96
	2.0	1.621			2.5	2.533			12.5		15.46
	2.5	1.993			3.0	2.999			15.0		17.67
	3.0	2.351			3.5	3.452			17.5		19.58
	3.5	2.695			4.0	3.891			20.0		21.20
	4.0	3.026			5.0		4.123	70	7.5		11.04
	5.0		3.181	41	5.0		4.241		10.0		14.14
33	5.0		3.298		7.5		5.919			12.5		16.93
34	5.0		3.416		10.0		7.304			15.0		19.44
35	1.0	0.919		42	5.0		4.359			17.5		21.65
	1.25	1.140			7.5		6.096			20.0		23.56
	1.5	1.358			10.0		7.539	75	7.5		11.93
	2.0	1.783		43	5.0		4.476			10.0		15.31
	2.5	2.195			7.5		6.273			12.5		18.41

续表 4-31

外径	壁厚	白铜	青铜	外径	壁厚	白铜	青铜	外径	壁厚	白铜	青铜
mm		kg/m		mm		kg/m		mm		kg/m	
75	15.0	21.20		85	22.5		33.13	95	22.5		38.43
75	17.5	23.71		85	25.0		35.34	95	25.0		41.23
75	20.0	25.92		90	7.5		14.58	95	27.5		43.73
80	7.5	12.81		90	10.0		18.85	95	30.0		45.94
80	10.0	16.49		90	12.5		22.82	100	10.0		21.20
80	12.5	19.88		90	15.0		26.51	100	12.5		25.77
80	15.0	22.97		90	17.5		29.89	100	15.0		30.04
80	17.5	25.77		90	20.0		32.98	100	17.5		34.01
80	20.0	28.27		90	22.5		35.78	100	20.0		37.70
85	7.5	13.69		90	25.0		38.29	100	22.5		41.08
85	10.0	17.67		95	10.0		20.03	100	25.0		44.18
85	12.5	21.35		95	12.5		24.30	100	27.5		46.97
85	15.0	24.74		95	15.0		28.27	100	30.0		49.48
85	17.5	27.83		95	17.5		31.95				
85	20.0	30.63		95	20.0		35.34				

注:①锌白铜管相对密度按 8.6 计,挤制铝青铜管相对密度按 7.5 计。
　　②铜及铜合金管按加工精度分为高精级、高普通级,订货时应注明。

(四)铜及铜合金板和带的牌号、规格和理论重量

1. 铜和铜合金板的牌号、状态和规格(GB/T 2040—2008)

表 4-32

牌　号	状　态	规　格 (mm)		
		厚　度	宽　度	长　度
T2、T3、TP1、TP2、TU1、TU2	R	4~60	≤3 000	6 000
	M、Y4、Y2、Y、T	0.2~12	≤3 000	6 000
H96、H80	M、Y			
H90、H85	M、Y2、Y	0.2~10		
H65	M、Y1、Y2、Y、T、TY			
H70、H68	R	4~60		
	M、Y4、Y2、Y、T、TY	0.2~10		
H63、H62	R	4~60		
	M、Y2、Y、T	0.2~10		
H59	R	4~60	≤3 000	≤6 000
	M、Y	0.2~10		
HPb59-1	R	4~60		
	M、Y2、Y	0.2~10		
HPb60-2	Y、T	0.5~10		
HPb58-2	M、Y2、Y	0.2~10		
HSn62-1	R	4~60		
	M、Y2、Y	0.2~10		

续表 4-32

牌　号	状　态	规　格（mm）		
		厚　度	宽　度	长　度
HMn55-3-1、HMn57-3-1 HAl60-1-1、HAl67-2.5 HAl66-6-3-2、HNi65-5	R	4～40	≤1 000	≤2 000
QSn6.5-0.1	R	9～50	≤600	≤2 000
	M、Y₄、Y₂、Y、T、TY	0.2～12		
QSn6.5-0.4、QSn4-3、 QSn4-0.3、QSn7-0.2	M、Y、T	0.2～12	≤600	≤2 000
QSn8-0.3	M、Y₄、Y₂、Y、T	0.2～5	≤600	≤2 000
BAl6-1.5	Y	0.5～12	≤600	≤1 500
BAl13-3	CYS			
BZn15-20	M、Y₂、Y、T	0.5～10	≤600	≤1 500
BZn18-17	M、Y₂、Y	0.5～5	≤600	≤1 500
B5、B19、BFe10-1-1、 BFe30-1-1	R	7～60	≤2 000	≤4 000
	M、Y	0.5～10	≤600	≤1 500
QAl5	M、Y	0.4～12	≤1 000	≤2 000
QAl7	Y₂、Y			
QAl9-2	M、Y			
QAl9-4	Y			
QCd1	Y	0.5～10	200～300	800～1 500
QCr0.5、 QCr0.5-0.2-0.1	Y	0.5～15	100～600	≥300
QMn1.5	M	0.5～5	100～600	≤1 500
QMn5	M、Y			
QSi3-1	M、Y、T	0.5～10	100～1 000	≥500
QSn4-4-2.5、 QSn4-4-4	M、Y₃、Y₂、Y	0.8～5	200～600	800～2 000
BMn40-1.5	M、Y	0.5～10	100～600	800～1 500
BMn3-12	M			

注：经供需双方协商，可以供应其他规格的板材。

2. 无氧铜板和带的牌号、状态和规格（GB/T 14594—2005）

表 4-33

牌　号	供应状态	形　状	规　格（mm）		
			厚　度	宽　度	长　度
TU0、TU1、TU2	M(软)、Y₂(半硬)、Y(硬)	板	0.4～10.0	200～1 000	1 000～2 500
	M(软)、Y₄(1/4 硬)、 Y₂(半硬)、Y(硬)	带	0.05～4.0	≤1 000	—

注：经供需双方协商，也可供应其他状态、规格的产品。

3. 铜及铜合金带的牌号、状态和规格（GB/T 2059—2008）

表 4-34

牌　号	状　态	厚　度（mm）	宽　度（mm）
T2、T3、TU1、TU2、TP1、TP2	软(M)、1/4 硬(Y_4)半硬(Y_2)、硬(Y)、特硬(T)	>0.15～<0.50	≤600
		0.50～3.0	≤1 200
H96、H80、H59	软(M)、硬(Y)	>0.15～<0.50	≤600
		0.50～3.0	≤1 200
H85、H90	软(M)、半硬(Y_2)、硬(Y)	>0.15～<0.50	≤600
		0.50～3.0	≤1 200
H70、H68、H65	软(M)、1/4 硬(Y_4)、半硬(Y_2)硬(Y)、特硬(T)、弹硬(TY)	>0.15～<0.50	≤600
		0.50～3.0	≤1 200
H63、H62	软(M)、半硬(Y_2)、硬(Y)、特硬(T)	>0.15～<0.50	≤600
		0.50～3.0	≤1 200
HPb59-1、HMn58-2	软(M)、半硬(Y_2)、硬(Y)	>0.15～0.20	≤300
		>0.20～2.0	≤550
HPb59-1	特硬(T)	0.32～1.5	≤200
HSn62-1	硬(Y)	>0.15～0.20	≤300
		>0.20～2.0	≤550
QAl5	软(M)、硬(Y)	>0.15～1.2	≤300
QAl7	半硬(Y_2)、硬(Y)		
QAl9-2	软(M)、硬(Y)、特硬(T)		
QAl9-4	硬(Y)		
QSn6.5-0.1	软(M)、1/4 硬(Y_4)、半硬(Y_2)、硬(Y)、特硬(T)、弹硬(TY)	>0.15～2.0	≤610
QSn7-0.2、QSn6.5-0.4、QSn4-3、QSn4-0.3	软(M)、硬(Y)、特硬(T)	>0.15～2.0	≤610
QSn8-0.3	软(M)、硬(Y)、半硬(Y_2)、硬(Y)、特硬(T)	>0.15～2.6	≤610
QSn4-4-4、QSn4-4-2.5	软(M)、1/3 硬(Y_3)、半硬(Y_2)、硬(Y)	0.8～1.2	≤200
QCd1	硬(Y)	>0.15～1.2	
QMn1.5	软(M)	>0.15～1.2	≤300
QMn5	软(M)、硬(Y)		
QSi3-1	软(M)、硬(Y)、特硬(T)	>0.15～1.2	≤300
BZn 18-17	软(M)、半硬(Y_2)、硬(Y)	>0.15～1.2	≤610
BZn15-20	软(M)、半硬(Y_2)、硬(Y)、特硬(TY)	>0.15～1.2	≤400
B5、B19、BFe10-1-1、BFe30-1-1、BMn40-1.5、BMn3-12	软(M)、硬(Y)		
BAl13-3	淬火＋冷加工＋人工时效(CYS)	>0.15～1.2	≤300
BAl6-1.5	硬(Y)		

注：经供需双方协商，也可供应其他规格的带材。

4.铜及铜合金板的理论重量

表 4-35

厚度(mm)	理论重量(kg/m²)			厚度(mm)	理论重量(kg/m²)			厚度(mm)	理论重量(kg/m²)		
	相对密度 8.9	相对密度 8.8	相对密度 8.5		相对密度 8.9	相对密度 8.8	相对密度 8.5		相对密度 8.9	相对密度 8.8	相对密度 8.5
0.2	1.78	1.76	1.70	3.0	26.70	26.40	25.50	25.0	222.50	220.00	212.50
0.25	—	2.20	2.13	3.5	31.15	30.80	29.75	26.0	231.40	228.80	221.00
0.3	2.67	2.64	2.55	4.0	35.60	35.20	34.00	27.0	—	237.60	229.50
0.35	—	3.08	2.98	4.5	40.05	39.60	38.25	28.0	249.20	246.40	238.00
0.4	3.56	3.52	3.40	5.0	44.50	44.00	42.50	29.0	—	255.20	246.50
0.45	—	3.96	3.83	5.5	48.95	48.40	46.75	30.0	267.00	264.00	255.00
0.5	4.45	4.40	4.25	6.0	53.40	52.80	51.00	32.0	284.80	281.60	272.00
0.55	—	4.84	4.68	6.5	57.85	57.20	55.25	34.0	302.60	299.20	289.00
0.6	5.34	5.28	5.10	7.0	62.30	61.60	59.50	35.0	311.50	308.00	297.50
0.7	6.23	6.16	5.95	7.5	66.75	66.00	63.75	36.0	320.40	316.80	306.00
0.8	7.12	7.04	6.08	8.0	71.20	70.40	68.00	38.0	338.20	334.40	323.00
0.9	8.01	7.92	7.65	9.0	80.10	79.20	76.50	40.0	356.00	352.00	340.00
1.0	8.90	8.80	8.50	10.0	89.00	88.00	85.00	42.0	373.80	369.60	357.00
1.1	9.79	9.68	9.35	11.0	97.90	96.80	93.50	44.0	391.60	387.20	374.00
1.2	10.68	10.56	10.20	12.0	106.80	105.60	102.00	45.0	400.50	396.00	382.50
1.3	11.57	—	—	13.0	115.70	114.40	110.50	46.0	409.40	404.80	391.00
1.35	—	11.88	11.48	14.0	124.60	123.20	119.00	48.0	427.20	422.40	408.00
1.5	13.35	13.20	12.75	15.0	133.50	132.00	127.50	50.0	445.00	440.00	425.00
1.6	14.24	—	—	16.0	142.40	140.80	136.00	52.0	462.80	457.60	442.00
1.65	—	14.52	14.03	17.0	151.30	149.60	144.50	54.0	480.60	475.20	459.00
1.8	16.02	15.84	15.30	18.0	160.20	158.40	153.00	56.0	498.40	492.80	476.00
2.0	17.80	17.60	17.00	19.0	169.10	167.20	161.50	58.0	516.20	510.40	493.00
2.2	19.58	—	—	20.0	178.00	176.00	170.00	60.0	534.00	528.00	510.00
2.25	—	19.80	19.13	21.0	186.90	184.80	178.50	65.0	578.50	572.00	552.50
2.5	22.25	22.00	21.25	22.0	195.80	193.60	187.00	70.0	623.00	616.00	595.00
2.75	—	24.20	23.38	23.0	204.70	202.40	195.50	75.0	667.50	660.00	637.50
2.8	24.92	—	—	24.0	213.60	211.20	204.00				

注:纯铜板相对密度为8.9。黄铜板牛 H96 和 H90 的相对密度为 8.8,H62、H65、H68、H80 等的相对密度为 8.5。其他牌号铜合金板的相对密度和换算系数见表 4-21。

5.铜及铜合金带的理论重量

表 4-36

厚度(mm)	理论重量(kg/m²)			厚度(mm)	理论重量(kg/m²)			厚度(mm)	理论重量(kg/m²)		
	相对密度 8.9	相对密度 8.8	相对密度 8.5		相对密度 8.9	相对密度 8.8	相对密度 8.5		相对密度 8.9	相对密度 8.8	相对密度 8.5
0.05	0.45	0.44	0.43	0.25	2.23	2.20	2.13	0.85	7.57	7.48	7.23
0.06	0.53	0.53	0.51	0.30	2.67	2.64	2.55	0.90	8.01	7.92	7.65
0.07	0.62	0.62	0.06	0.35	3.12	3.08	2.98	0.95	8.46	8.36	8.08
0.08	0.71	0.70	0.68	0.40	3.56	3.52	3.40	1.00	8.90	8.80	8.50
0.09	0.80	0.79	0.77	0.45	4.01	3.96	3.83	1.10	9.79	9.68	9.35
0.10	0.89	0.88	0.85	0.50	4.45	4.40	4.25	1.20	10.68	10.56	10.20
0.12	1.07	1.06	1.02	0.55	4.90	4.84	4.68	1.30	11.57	11.44	11.05
0.15	1.34	1.32	1.28	0.60	5.34	5.28	5.10	1.40	12.46	12.32	11.90
1.16	1.42	1.41	1.36	0.65	5.79	5.72	5.53	1.50	13.35	13.20	12.75
0.18	1.60	1.58	1.53	0.70	6.23	6.16	5.95	2.00	17.80	17.60	17.00
0.20	1.78	1.76	1.70	0.75	6.68	6.60	6.38				
0.22	1.96	1.94	1.87	0.80	7.12	7.04	6.80				

注:纯铜带相对密度为8.9。黄铜带中 H90 和 H96 相对密度为 8.8,H62、H65、H68、H90 等相对密度为 8.5。其他牌号铜合金带的相对密度和换算系数见表 4-21。

(五)铜及铜合金箔的牌号、规格和理论重量

1. 铜及铜合金箔的牌号、状态和规格(GB/T 5187—2008)

表 4-37

牌　号	状　态	厚度(mm)×宽度(mm)
T1、T2、T3、TU1、TU2	软(M)、1/4 硬(Y₄)、半硬(Y₂)、硬(Y)	
H62、H65、H68	软(M)、1/4 硬(Y₄)、半硬(Y₂)、硬(Y)、特硬(T)、弹硬(TY)	
QSn6.5-0.1、QSn7-0.2	硬(Y)、特硬(T)	
QSi3-1	硬(Y)	(0.012～<0.025)×≤300
QSn8-0.3	特硬(T)、弹硬(TY)	(0.025～0.15)×≤600
BMn40-1.5	软(M)、硬(Y)	
BZn15-20	软(M)、半硬(Y₂)、硬(Y)	
BZn18-18、BZn18-26	半硬(Y₂)、硬(Y)、特硬(T)	

2. 纯铜及黄铜箔的理论重量

表 4-38

厚度(mm)	理论重量(kg/m^2)		厚度(mm)	理论重量(kg/m^2)	
	纯铜箔	黄铜箔		纯铜箔	黄铜箔
0.008	0.0712		0.020	0.178	0.17
0.010	0.089	0.085	0.030	0.267	0.255
0.012	0.1068	0.102	0.040	0.356	0.34
0.015	0.1335	0.1275	0.050	0.445	0.425

注:表中理论重量,纯铜箔按相对密度 8.9 计算;黄铜箔按相对密度 8.5 计算;其他可参照表 4-21 系数计算。

(六)铜及铜合金线的牌号、规格和理论重量

1. 铜及铜合金线的牌号、状态、规格(GB/T 21652—2008)

表 4-39

类别	牌　号	状　态	直径(对边距)(mm)
纯铜线	T2、T3	软(M),半硬(Y₂),硬(Y)	0.05～8.0
	TU1、TU2	软(M),硬(Y)	0.05～8.0
黄铜线	H62、H63、H65	软(M),1/8 硬(Y₈),1/4 硬(Y₄),半硬(Y₂),3/4 硬(Y₁),硬(Y)	0.05～13.0
		特硬(T)	0.05～4.0
	H68、H70	软(M),1/8 硬(Y₈),1/4 硬(Y₄),半硬(Y₂),3/4 硬(Y₁),硬(Y)	0.05～8.5
		特硬(T)	0.1～6.0
	H80、H85、H90、H96	软(M),半硬(Y₂),硬(Y)	0.05～12.0
	HSn60-1、HSn62-1	软(M),硬(Y)	0.5～6.0
	HPb63-3、HPb59-1	软(M),半硬(Y₂),硬(Y)	
	HPb59-3	半硬(Y₂),硬(Y)	1.0～8.5
	HPb61-1	半硬(Y₂),硬(Y)	0.5～8.5
	HPb62-0.8	半硬(Y₂),硬(Y)	0.5～6.0
	HSb60-0.9;HSb61-0.8-0.5; HBi60-0.3	半硬(Y₂),硬(Y)	0.8～12.0
	HMn62-13	软(M),1/4 硬(Y₄),半硬(Y₂),3/4 硬(Y₁),硬(Y)	0.5～6.0

续表 4-39

类别	牌　号	状　态	直径(对边距)(mm)
青铜线	QSn6.5-0.1；QSn6.5-0.4 QSn7-0.2；QSn5-0.2；QSi3-1	软(M),1/4 硬(Y₄),半硬(Y₂),3/4 硬(Y₁),硬(Y)	0.1～8.5
	QSn4-3	软(M),1/4 硬(Y₄),半硬(Y₂),3/4 硬(Y₁)	0.1～8.5
		硬(Y)	0.1～6.0
	QSn4-4-4	半硬(Y₂)	0.1～8.5
	QSn15-1-1	软(M),1/4 硬(Y₄),半硬(Y₂),3/4 硬(Y₄),硬(Y)	0.5～6.0
	QAl7	半硬(Y₂),硬(Y)	1.0～6.0
	QAl9-2	硬(Y)	0.6～6.0
	QCr1；QCr1-0.18	固溶+冷加工+时效(CYS),固溶+时效+冷加工(CYS)	1.0～12.0
	QCr4.5-2.5-0.6	软(M),固溶+冷加工+时效(CYS),固溶+时效+冷加工(CYS)	0.5～6.0
	QCd1	软(M),硬(Y)	0.1～5.0
白铜线	B19	软(M),硬(Y)	0.1～6.0
	BFc10-1-1,BFc30-1-1		
	BMn3-12	软(M),硬(Y)	0.05～6.0
	BMn40-1.5		
	BZn9-29,BZn12-26, BZn15-20,BZn18-20	软(M),1/8 硬(Y₈),1/4 硬(Y₄),半硬(Y₂),3/4 硬(Y₁),硬(Y)	0.1～8.0
		特硬(T)	0.5～4.0
	BZn22-16,BZn25-18	软(M),1/8 硬(Y₈),1/4 硬(Y₄),半硬(Y₂),3/4 硬(Y₁),硬(Y)	0.1～8.0
		特硬(T)	0.1～4.0
	BZn40-20	软(M),1/4 硬(Y₄),半硬(Y₂),3/4 硬(Y₁),硬(Y)	1.0～6.0

2.铜及铜合金圆形线的理论重量

表 4-40

直径 (mm)	理论重量(kg/km) 相对密度 8.9	相对密度 8.8	相对密度 8.6	相对密度 8.5	直径 (mm)	理论重量(kg/km) 相对密度 8.9	相对密度 8.8	相对密度 8.6	相对密度 8.5	直径 (mm)	理论重量(kg/km) 相对密度 8.9	相对密度 8.8	相对密度 8.6	相对密度 8.5
0.02	0.003	0.003	0.003	0.003	0.18	0.226	0.224	0.219	0.216	0.48	1.610	1.590	1.556	1.538
0.03	0.006	0.006	0.006	0.006	0.19	0.252	0.249	0.244	0.241	0.5	1.748	1.725	1.689	1.669
0.04	0.011	0.011	0.011	0.011	0.20	0.280	0.276	0.270	0.267	0.53	1.963	1.938	1.897	1.875
0.05	0.017	0.017	0.017	0.017	0.21	0.308	0.304	0.298	0.294	0.56	2.192	2.164	2.118	2.094
0.06	0.025	0.025	0.024	0.024	0.22	0.338	0.334	0.327	0.323	0.6	2.516	2.484	2.432	2.403
0.07	0.034	0.034	0.033	0.033	0.24	0.403	0.397	0.389	0.385	0.63	2.774	2.739	2.681	2.650
0.08	0.045	0.044	0.043	0.043	0.25	0.437	0.431	0.422	0.417	0.67	3.138	3.097	3.032	2.997
0.09	0.057	0.056	0.055	0.054	0.26	0.473	0.466	0.457	0.451	0.7	3.425	3.381	3.310	3.271
0.10	0.070	0.069	0.068	0.067	0.28	0.548	0.541	0.530	0.523	0.75	3.932	3.881	3.799	3.755
0.11	0.085	0.083	0.082	0.081	0.32	0.716	0.707	0.692	0.684	0.8	4.474	4.416	4.323	4.273
0.12	0.101	0.099	0.097	0.096	0.34	0.808	0.798	0.781	0.772	0.85	5.050	4.985	4.880	4.823
0.13	0.118	0.117	0.114	0.113	0.36	0.906	0.894	0.875	0.865	0.9	5.662	5.589	5.471	5.407
0.14	0.137	0.135	0.132	0.131	0.38	1.009	0.996	0.975	0.964	0.95	6.308	6.227	6.096	6.025
0.15	0.157	0.155	0.152	0.150	0.4	1.118	1.104	1.081	1.068	1	6.990	6.900	6.754	6.676
0.16	0.179	0.177	0.173	0.171	0.42	1.233	1.217	1.191	1.178	1.05	7.706	7.607	7.447	7.360
0.17	0.202	0.199	0.195	1.193	0.45	1.415	1.397	1.368	1.352	1.1	8.458	8.349	8.173	8.078

续表 4-40

直径(mm)	理论重量(kg/km) 相对密度 8.9	相对密度 8.8	相对密度 8.6	相对密度 8.5
1.15	9.244	9.125	8.933	8.829
1.2	10.066	9.936	9.726	9.613
1.3	11.813	11.661	11.415	11.282
1.4	13.700	13.524	13.239	13.085
1.5	15.728	15.525	15.197	15.021
1.6	17.894	17.664	17.291	17.090
1.7	20.201	19.941	19.520	19.293
1.8	22.648	22.356	21.884	21.630
1.9	25.234	24.909	24.383	24.100
2	27.960	27.600	27.018	26.704
2.1	30.826	30.429	29.787	29.441
2.2	33.832	33.396	32.691	32.311
2.4	40.262	39.744	38.905	38.453
2.5	43.688	43.125	42.215	41.724
2.6	47.252	46.644	45.660	45.129
2.8	54.802	54.096	52.954	52.339
3	62.910	62.100	60.790	60.083
3.2	71.578	70.656	69.165	68.361
3.4	80.804	79.764	78.081	77.173
3.6	90.590	89.424	87.537	86.520
3.8	100.936	99.636	97.534	96.400
4	111.840	110.400	108.070	106.814
4.2	123.304	121.716	119.148	117.763
4.5	141.548	139.725	136.777	135.187
4.8	161.050	158.976	155.621	153.813
5	174.750	172.500	168.860	166.898
5.3	196.349	193.821	189.731	187.526

注:①其他相对密度铜线可按表 4-21 的换算系数计算。

②直径或对边距大于 5mm 的铜线的理论重量可参照铜棒(表 4-25)。

3. 铜及铜合金方形、六角形线的理论重量

表 4-41

对边距离(mm)	方形 相对密度 8.9	方形 相对密度 8.8	六角形 相对密度 8.6	六角形 相对密度 8.5
0.02	0.004	0.003	0.003	0.003
0.03	0.008	0.008	0.007	0.007
0.04	0.014	0.014	0.012	0.012
0.05	0.022	0.021	0.019	0.018
0.06	0.032	0.031	0.028	0.026
0.07	0.004	0.042	0.038	0.036
0.08	0.057	0.054	0.049	0.047
0.09	0.072	0.069	0.062	0.060
0.10	0.089	0.085	0.077	0.074
0.11	0.108	0.103	0.093	0.089
0.12	0.128	0.122	0.111	0.106
0.13	0.150	0.144	0.130	0.124
0.14	0.174	0.167	0.151	0.144
0.15	0.200	0.191	0.173	0.166
0.16	0.228	0.218	0.197	0.188
0.17	0.257	0.246	0.223	0.213
0.18	0.288	0.275	0.250	0.238
0.19	0.321	0.307	0.278	0.266
0.20	0.356	0.340	0.308	0.294
0.21	0.392	0.375	0.340	0.325
0.22	0.431	0.411	0.373	0.356
0.24	0.513	0.490	0.444	0.424
0.25	0.556	0.531	0.482	0.460
0.26	0.602	0.575	0.521	0.498
0.28	0.698	0.666	0.604	0.577
0.32	0.911	0.870	0.789	0.754
0.34	1.029	0.983	0.891	0.851
0.36	1.153	1.102	0.999	0.954
0.38	1.285	1.227	1.113	1.063
0.40	1.424	1.360	1.233	1.178
0.42	1.570	1.499	1.360	1.298
0.45	1.802	1.721	1.561	1.491
0.48	2.051	1.958	1.776	1.696
0.50	2.225	2.125	1.927	1.840
0.53	2.500	2.388	2.165	2.068
0.56	2.791	2.666	2.417	2.308
0.60	3.204	3.060	2.775	2.650
0.63	3.532	3.374	3.059	2.922
0.67	3.995	3.816	3.460	3.304
0.70	4.361	4.165	3.777	3.607
0.75	5.006	4.781	4.335	4.141
0.80	5.696	5.440	4.933	4.711
0.85	6.430	6.141	5.569	5.318
0.90	7.209	6.885	6.243	5.962
0.95	8.032	7.671	6.956	6.643
1.00	8.900	8.500	7.707	7.361
1.05	9.812	9.371	8.487	8.116
1.10	10.769	10.285	9.326	8.907
1.15	11.770	11.241	10.193	9.735
1.20	12.816	12.240	11.099	10.600
1.30	15.041	14.365	13.026	12.440
1.40	17.444	16.660	15.107	14.428
1.50	20.025	19.125	17.342	16.562
1.60	22.784	21.760	19.731	18.844
1.70	25.721	24.565	22.274	21.273
1.80	28.836	27.540	24.972	23.850
1.90	32.129	30.685	27.824	26.573
2.00	35.600	34.000	30.830	29.444
2.10	39.249	37.485	33.990	32.462
2.20	43.076	41.140	37.304	35.627
2.40	51.564	48.960	44.395	42.399
2.50	55.625	53.125	48.171	46.006
2.60	60.164	57.460	52.102	49.760
2.80	69.776	66.640	60.426	57.710
3.00	80.100	76.500	69.367	66.249
3.20	91.136	87.040	78.924	75.377
3.40	102.884	98.260	89.089	85.093
3.60	115.334	110.160	99.888	95.399
3.80	128.516	122.740	111.295	106.293
4.00	142.400	136.000	123.318	117.776
4.20	156.996	149.940	135.959	129.848
4.50	180.225	172.125	156.075	149.060
4.80	205.056	195.840	177.578	169.597
5.00	222.500	212.500	192.685	184.025
5.30	250.001	238.765	216.501	206.770

注:①纯铜线和无氧铜线相对密度按 8.9 计,黄铜线相对密度按 8.5 计,其他相对密度铜线可按表 4-21 的换算系数计算。

②直径或对边距大于 5mm 的铜线的理论重量可参照铜棒(表 4-25)。

第三节　铝及铝合金

一、铝及铝合金的牌号和状态表示方法

(一)变形铝牌号汇总(四位数字牌号)(GB/T 3190—2008)

表 4-42

序号	牌号	比重(旧牌号)	序号	牌号	比重(旧牌号)	序号	牌号	比重(旧牌号)	序号	牌号	比重(旧牌号)	序号	牌号	比重(旧牌号)
1	1035	2.71(L4)	33	2014A		65	3207A		97	5059		129	6082	
2	1040		34	2214		66	3307		98	5082		130	6082A	
3	1045		35	2017	2.79	67	4004		99	5182		131	7001	
4	1050	2.71	36	2017A		68	4032		100	5083	2.67(LF4)	132	7003	(LC12)
5	1050A	2.71(L3)	37	2117		69	4043		101	5183		133	7004	
6	1060	2.71(L2)	38	2218		70	4043A		102	5383		134	7005	
7	1065		39	2618		71	4343		103	5086	2.66	135	7020	
8	1070	2.70	40	2618A		72	4045		104	6101		136	7021	
9	1070A	2.71(L1)	41	2219	(LY19,147)	73	4047		105	6101A		137	7022	
10	1080	2.71	42	2519		74	4047A		106	6101B		138	7039	
11	1080A	2.71	43	2024	2.78	75	5005	2.70	107	6201		139	7049	
12	1085		44	2024A		76	5005A		108	6005		140	7049A	
13	1100	2.71(L5-1)	45	2124		77	5205		109	6005A		141	7050	
14	1200	2.70(L5)	46	2324		78	5006		110	6105		142	7150	
15	1200A		47	2524		79	5010		111	6106		143	7055	
16	1120		48	3002		80	5019		112	6009		144	7072	
17	1230		49	3102		81	5049		113	6010		145	7075	2.85
18	1235	2.71	50	3003	LF21	82	5050	2.69	114	6111		146	7175	
19	1435		51	3103		83	5050A		115	6016		147	7475	
20	1145	2.70	52	3103A		84	5150		116	6043		148	7085	
21	1345		53	3203		85	5250		117	6351		149	8001	
22	1350	2.71	54	3004	2.72	86	5051		118	6060		150	8006	2.74
23	1450		55	3004A		87	5251	2.66	119	6061	(LD30)	151	8011	(LT98)
24	1260		56	3104		88	5052	2.68	120	6061A		152	8011A	2.71
25	1370	2.71	57	3204		89	5154		121	6262		153	8014	
26	1275		58	3005		90	5154A		122	6063	(LD31)	154	8021	
27	1185		59	3105		91	5454	2.69	123	6063A		155	8021B	
28	1285		60	3105A		92	5554	2.69	124	6463		156	8050	
29	1385		61	3006		93	5754		125	6463A		157	8150	
30	2004		62	3007		94	5056	(LF5-1)	126	6070	(LD2·2)	158	8079	7.72
31	2011		63	3107		95	5356		127	6181		159	8090	
32	2014	2.80	64	3207		96	5456	2.66	128	6181A				

序号	字符牌号	比重	曾用牌号	序号	字符牌号	比重	曾用牌号	序号	字符牌号	比重	曾用牌号
1	1A99	2.71	LG5	39	2A21		214	77	5A66	2.68	LT66
2	1B99		—	40	2A23		—	78	5A70		—
3	1C99		—	41	2A24		—	79	5B70		—
4	1A97	2.71	LG4	42	2A25		225	80	5A71		
5	1B97		—	43	2B25		—	81	5B71		
6	1A95	2.71	—	44	2A39		—	82	5A90		
7	1B95		—	45	2A40		—	83	6A01		6N01
8	1A93	2.71	LG3	46	2A49		149	84	6A02	2.70	LD2
9	1B93		—	47	2A50		LD5	85	6B02		LD2-1
10	1A90	2.71	LG2	48	2B50		LD6	86	6R05		
11	1B90		—	49	2A70		LD7	87	6A10		—
12	1A85	2.71	LG1	50	2B70		LD7-1	88	6A51		651
13	1A80		—	51	2D70		—	89	6A60		—
14	1A80A		—	52	2A80		LD8	90	7A01		LB1
15	1A60		—	53	2A90		LD9	91	7A03		LC3
16	1A50	2.71	LB2	54	2A97		—	92	7A04	2.85	LC4
17	1R50		—	55	3A21	2.73	LF21	93	7B04		
18	1R35		—	56	4A01		LT1	94	7C04		
19	1A30	2.71	L4-1	57	4A11		LD11	95	7D04		—
20	1B30		—	58	4A13		LT13	96	7A05		705
21	2A01		LY1	59	4A17		LT17	97	7B05		7N01
22	2A02		LY2	60	4A91		491	98	7A09	2.85	LC9
23	2A04		LY4	61	5A01		2102、LF15	99	7A10		LC10
24	2A06	2.76	LY6	62	5A02	2.68	LF2	100	7A12		—
25	2B06		—	63	5B02		—	101	7A15		LC15、157
26	2A10		LY10	64	5A03	2.67	LF3	102	7A19		919、LC19
27	2A11	2.80	LY11	65	5A05	2.65	LF5	103	7A31		183-1
28	2B11		LY8	66	5B05		LF10	104	7A33		LB733
29	2A12	2.78	LY12	67	5A06	2.64	LF6	105	7B50		
30	2B12		LY9	68	5B06		LF14	106	7A52		LC52、5210
31	2D12		—	69	5A12		LF12	107	7A55		
32	2E12		—	70	5A13		LF13	108	7A68		
33	2A13		LY13	71	5A25		—	109	7B68		
34	2A14	2.80	LD10	72	5A30		2103、LF16	110	7D68		7A60
35	2A16	2.84	LY16	73	5A33		LF33	111	7A85		
36	2B16		LY16-1	74	5A41	2.64	LT41	112	7A88		—
37	2A17		LY17	75	5A43	2.68	LF43	113	8A01		
38	2A20		LY20	76	5A46		—	114	8A06	2.71	L6

(二)变形铝及铝合金的状态代号(GB/T 16475—2008)

状态代号分为基础状态代号和细分状态代号。基础状态代号用一个英文大写字母表示。细分状态代号用基础状态代号后缀一位或多位阿拉伯数字或英文大写字母来表示,这些阿拉伯数字或英文大写字母表示影响产品特性的基本处理或特殊处理。

示例状态代号中的"×"表示未指定的任意一位阿拉伯数字,如"H2×"可表示"H21～H29"之间的任何一种状态,"H××4"可表示"H114～H194",或"H224～H294"或"H324～H394"之间的任何一种状态;"_"表示未指定的任意一位或多位阿拉伯数字,如"T_5_1"可表示末位两位数字为"51"的任何一种状态,如"T351、T651、T6151、T7351、T7651"等。

1.自由加工状态(F)

在成型过程中对加工硬化和热处理条件无特殊要求,该状态产品对力学性能不作规定。

2.退火状态(O)的表示方法

表 4-43

基础状态		细分状态	
代号	表示状态	代号	表示状态
O	退火状态——适用于经完全退火后获得的最低强度的产品状态	01	高温退火后慢速冷却状态
		02	热机械处理状态
		03	均匀化状态

3.加工硬化状态(H)的表示方法

表 4-44

基础状态		细分状态					
代号	状态名称	H后第一位数字		H后第二位数字		H后第三位数字或字母	
		代号	表示状态	代号	释　义	代号	释　义
H	加工硬化状态——通过加工硬化提高强度的产品	H1	单纯加工硬化的状态	1～9	表示产品的最终加工硬化程度,其抗拉强度极限值(MPa): 1-O 状态与 H×2 状态的中间值; 2-O 状态与 H×4 状态的中间值; 3-H×2 状态与 H×4 状态的中间值; 4-O 状态与 H×8 状态的中间值; 5-H×4 状态与 H×6 状态的中间值; 6-H×4 状态与 H×8 状态的中间值; 7-H×6 状态与 H×8 状态的中间值; 8-硬状态①; 9-超硬状态,其值超 H×8 至少 10MPa	数字或字母	表示影响产品特性,是产品特性仍接近其两位数字状态的特殊处理(H112、H116、H321 状态除外②)。如:H32A-是对 H32 状态进行强度和变曲性能改良;H××4-用 H××坯料制作花纹板等,其力学性能与坯料不同
		H2	加工硬化后不完全退火状态				
		H3	加工硬化后稳定化处理状态				
		H4	加工硬化后涂漆(层)处理状态				

注:①H×8 状态抗拉强度值以 O 状态最小抗拉强度(MPa)+H×8 状态与 O 状态的最小抗拉强度差值(MPa)表示。共有 11 档:小于或等于 40+55;45～60+65;65～80+75;85～100+85;105～120+90;125～160+95;165～200+100;205～240+105;245～280+110;285～320+115;大于或等于 325+120。

②H112——适用于经热加工成型但不经冷加工而获得一些加工硬化的产品,该状态产品对力学性能有要求。

H116——适用于镁含量大于或等于 3.0%的 5×××系合金制成的产品。这些产品最终经加工硬化后,具有稳定的拉伸性能和在快速腐蚀试验中具有合适的抗腐蚀能力。腐蚀试验包括晶间腐蚀试验和剥落腐蚀试验。这种状态的产品适用于温度不大于 65℃的环境。

H321——适用于镁含量大于或等于 3.0%的 5×××系合金制成的产品。这些产品最终经热稳定化处理后,具有稳定的拉伸性能和在快速腐蚀试验中具有合适的抗腐蚀能力。腐蚀试验包括晶间腐蚀试验和剥落腐蚀试验。这种状态的产品适用于温度不大于 65℃的环境。

4. 热处理状态(T)表示方法

表 4-45

基础状态		T 后附加数字(1～10)表示的状态		T1～T10 后附加数字表示的状态
代号	状态名称	代号	释义(基本处理状态)	代号和释义
T	不同于 F、O、H 状态的热处理状态——适用于固溶热处理后经过(或不经过)加工硬化达到稳定的状态	T1	高温成型＋自然时效	以数字表示影响产品特性的特殊处理。其中: 51、510、511-拉伸消除应力状态; 52-压缩消除应力状态; 54-拉抻和压缩相结合消除应力状态; T7×-过时效状态(其中 T79-初级过时效;T76、T74-中级过时效;T73-完全过时效); T81-适用固溶热处理后经 1%冷加工变形后进行人工时效的产品; T87-适用固溶热处理后经 7%冷加工变形后进行人工时效的产品
		T2	高温成型＋冷加工＋自然时效	
		T3	固溶热处理＋冷加工＋自然时效	
		T4	固溶热处理＋自然时效	
		T5	高温成型＋人工时效	
		T6	固溶热处理＋人工时效	
		T7	固溶热处理＋过时效	
		T8	固溶热处理＋冷加工＋人工时效	
		T9	固溶热处理＋人工时效＋冷加工	
		T10	高温成型＋冷加工＋人工时效	

5. 固溶热处理状态(W)

适用于经固溶热处理后,在室温下自然时效的一种不稳定状态,该状态不作为产品交货状态。

6. 铝及铝合金的新、旧状态对照

表 4-46

旧代号	新代号	旧代号	新代号
M	O	CYS	T_51、T_52 等
R	热处理不可强化合金:H112 或 F	CZY	T2
R	热处理可强化合金:T1 或 F	CSY	T9
Y	H×8	MCS	T62*
Y₁	H×6	MCZ	T42*
Y₂	H×4	CGS1	T73
Y₄	H×2	CGS2	T76
T	H×9	CGS3	T74
CZ	T4	RCS	T5
CS	T6		

注: * 原以 R 状态交货的、提供 CZ、CS 试样性能的产品,其状态可分别对应新代号 T42、T62。

二、常用铝及铝合金产品的力学性能

(一)铝及铝合金挤压棒材(GB/T 3191—2010)

1.挤压棒材的室温纵向拉伸力学性能

表4-47

牌　号	供货状态	试样状态	直径(方棒、六角棒指内切圆直径)(mm)	抗拉强度 R_m(MPa)	规定非比例延伸强度 $R_{P0.2}$(MPa)	断后伸长率(%)	
						A	A_{50mm}
				不 小 于			
1070A	H112	H112	≤150.00	55	15	—	—
1060	O	O	≤150.00	60～95	15	22	
	H112	H112		60	15	22	
1050A	H112	H112	≤150.00	65	20		
1350	H112	H112	≤150.00	60	—	25	
1200	H112	H112	≤150.00	75	20		
1035、8A06	O	O	≤150.00	60～120	—	25	
	H112	H112		60	—	25	
2A02	T1、T6	T62、T6	≤150.00	430	275	10	
2A06	T1、T6	T62、T6	≤22.00	430	285	10	
			>22.00～100.00	440	295	9	
			>100.00～150.00	430	285	10	
2A11	T1、T4	T42、T4	≤150.00	370	215	12	
2A12	T1、T4	T42、T4	≤22.00	390	255	12	
			>22.00～150.00	420	255	12	
2A13	T1、T4	T42、T4	≤22.00	315	—	4	
			>22.00～150.00	345	—	4	
2A14	T1、T6、T6511	T62、T6、T6511	≤22.00	440	—	10	
			>22.00～150.00	450	—	10	
2014、2014A	T4、T4510、T4511	T4、T4510、T4511	≤25.00	370	230	13	11
			>25.00～75.00	410	270	12	
			>75.00～150.00	390	250	10	—
			>150.00～200.00	350	230	8	
2014、2014A	T6、T6510、T6511	T6、T6510、T6511	≤25.00	415	370	6	5
			>25.00～75.00	460	415	7	
			>75.00～150.00	465	420	7	
			>150.00～200.00	430	350	6	
			>200.00～250.00	420	320	5	
2A16	T1、T6、T6511	T62、T6、T6511	≤150.00	355	235	8	
2017	T4	T42、T4	≤120.00	345	215	12	
2017A	T4、T4510、T4511	T4、T4510、T4511	≤25.00	380	260	12	10
			>25.00～75.00	400	270	10	
			>75.00～150.00	390	260	9	

牌　号	供货状态	试样状态	直径(方棒、六角棒指内切圆直径)(mm)	抗拉强度 R_m(MPa)	规定非比例延伸强度 $R_{P0.2}$(MPa)	断后伸长率(%) A	A_{50mm}
				不　小　于			
2017A	T4、T4510、T4511	T4、T4510、T4511	>150.00～200.00	370	240	8	—
			>200.00～250.00	360	220	7	—
2024	O	O	≤150.00	≤250	≤150	12	10
	T3、T3510、T3511	T3、T3510、T3511	≤50.00	450	310	8	6
			>50.00～100.00	440	300	8	
			>100.00～200.00	420	280	8	
			>200.00～250.00	400	270	8	
2A50	T1、T6	T62、T6	≤150.00	355	—	12	
2A70、2A80、2A90	T1、T6	T62、T6	≤150.00	355		8	
3102	H112	H112	≤250.00	80	30	25	23
3003	O	O	≤250.00	95～130	35	25	20
	H112	H112		90	30	25	20
3103	O	O	≤250.00	95	35	25	20
	H112	H112		95～135	35	25	20
3A21	O	O	≤150.00	≤165		20	20
	H112	H112		90		20	—
4A11、4032	T1	T62	100.00～200.00	360	290	2.5	2.5
5A02	O	O	≤150.00	≤225	—	10	—
	H112	H112		170	70	—	
5A03	H112	H112	≤150.00	175	80	13	13
5A05	H112	H112	≤150.00	265	120	15	15
5A06	H112	H112	≤150.00	315	155	15	15
5A12	H112	H112	≤150.00	370	185	15	15
5052	H112	H112	≤250.00	170	70	—	—
	O	O		170～230	70	17	15
5005、5005A	H112	H112	≤200.00	100	40	18	16
	O	O	≤60.00	100～150	40	18	16
5019	H112	H112	≤200.00	250	110	14	12
	O	O	≤200.00	250～320	110	15	13
5049	H112	H112	≤250.00	180	80	15	15
5251	H112	H112	≤250.00	160	60	16	14
	O	O		160～220	60	17	15
5154A、5454	H112	H112	≤250.00	200	85	16	16
	O	O		200～275	85	18	18
5754	H112	H112	≤150.00	180	80	14	12
			>150.00～250.00	180	70	13	—
	O	O	≤150.00	180～250	80	17	15

牌　号	供货状态	试样状态	直径(方棒、六角棒指内切圆直径)(mm)	抗拉强度 R_m(MPa)	规定非比例延伸强度 $R_{P0.2}$(MPa)	断后伸长率(%)	
						A	A_{50mm}
				不　小　于			
5083	O	O	≤200.00	270～350	110	12	10
	H112	H112		270	125	12	10
5086	O	O	≤250.00	240～320	95	18	15
	H112	H112	≤200.00	240	95	12	10
6101A	T6	T6	≤150.00	200	170	10	10
6A02	T1、T6	T62、T6	≤150.00	295	—	12	12
6005、6005A	T5	T5	≤25.00	260	215	8	—
	T6	T6	≤25.00	270	225	10	8
			>25.00～50.00	270	225	8	—
			>50.00～100.00	260	215	8	—
6110A	T5	T5	≤120.00	380	360	10	8
	T6	T6	≤120.00	410	380	10	8
6351	T4	T4	≤150.00	205	110	14	12
	T6	T6	≤20.00	295	250	8	6
			>20.00～75.00	300	255	8	—
			>75.00～150.00	310	260	8	—
			>150.00～200.00	280	240	6	—
			>200.00～250.00	270	200	6	—
6060	T4	T4	≤150.00	120	60	16	14
	T5	T5		160	120	8	6
	T6	T6		190	150	8	6
6061	T6	T6	≤150.00	260	240	9	—
	T4	T4		180	110	14	
6063	T4	T4	≤150.00	130	65	14	12
			>150.00～200.00	120	65	12	—
	T5	T5	≤200.00	175	130	8	6
	T6	T6	≤150.00	215	170	10	8
			>150.00～200.00	195	160	10	—
6063A	T4	T4	≤150.00	150	90	12	10
			>150.00～200.00	140	90	10	—
	T5	T5	≤200.00	200	160	7	5
	T6	T6	≤150.00	230	190	7	5
			>150.00～200.00	220	160	7	—
6463	T4	T4	≤150.00	125	75	14	12
	T5	T5		150	110	8	6
	T6	T6		195	160	10	8
6082	T6	T6	≤20.00	295	250	8	6
			>20.00～150.00	310	260	8	—

续表 4-47

牌　号	供货状态	试样状态	直径（方棒、六角棒指内切圆直径）(mm)	抗拉强度 R_m(MPa)	规定非比例延伸强度 $R_{P0.2}$(MPa)	断后伸长率(%)	
						A	A_{50mm}
				不　小　于			
6082	T6	T6	>150.00~200.00	280	240	6	—
			>200.00~250.00	270	200	6	—
7003	T5	T5	≤250.00	310	260	10	8
	T6	T6	≤50.00	350	290	10	8
			>50.00~150.00	340	280	10	8
7A04、7A09	T1、T6	T62、T6	≤22.00	490	370	7	—
			>22.00~150.00	530	400	6	—
7A15	T1、T6	T62、T6	≤150.00	490	420	6	—
7005	T6	T6	≤50.00	350	290	10	8
			>50.00~150.00	340	270	10	—
7020	T6	T6	≤50.00	350	290	10	8
			>50.00~150.00	340	275	10	—
7021	T6	T6	≤40.00	410	350	10	8
7022	T6	T6	≤80.00	490	420	7	5
			>80.00~200.00	470	400	7	—
7049A	T6、T6510、T6511	T6、T6510、T6511	≤100.00	610	530	5	4
			>100.00~125.00	560	500	5	—
			>125.00~150.00	520	430	5	—
			>150.00~180.00	450	400	3	—
7075	O	O	≤200.00	≤275	≤165	10	8
	T6、T6510、T6511	T6、T6510、T6511	≤25.00	540	480	7	5
			>25.00~100.00	560	500	7	—
			>100.00~150.00	530	470	6	—
			>150.00~250.00	470	400	5	—

注：H112 状态的非热处理强化铝合金棒材，性能达到 O 状态规定时，可按 O 状态供货。

2. 供货合同有"高强"要求棒材的室温纵向力学性能

表 4-48

牌　号	供货状态	试样状态	棒材直径（方棒、六角棒内切圆直径）(mm)	抗拉强度 R_m(MPa)	规定非比例延伸强度 $R_{P0.2}$(MPa)	断后伸长率 A(%)
				不　小　于		
2A11	T1、T4	T42、T4	20.00~120.00	390	245	8
2A12	T1、T4	T42、T4	20.00~120.00	440	305	8
6A02	T1、T6	T62、T6	20.00~120.00	305	—	8
2A50	T1、T6	T62、T6	20.00~120.00	380	—	10
2A14	T1、T6	T62、T6	20.00~120.00	460	—	8
7A14、7A09	T1、T6	T62、T6	≤20.00~100.00	550	450	6
			>100.00~120.00	530	430	6

3.供货合同有高温持久试验要求棒材的纵向拉伸性能

表 4-49

牌　号	温度（℃）	应　力（MPa）	保温时间(h)
2A202[a]	270±3	64	100
		78	50
2A16	300±3	69	100

注：[a]2A02 合金棒材,78MPa 应力、保温 50h 的试验结果不合格时,以 64MPa 应力、保温 100h 的试验结果作为高温持久纵向拉伸力学性能是否合格的最终判定依据。

(二)铝及铝合金管

1.铝及铝合金热挤压无缝圆管的力学性能(GB/T 4437.1—2000)

表 4-50

合金牌号	供货状态	试样状态	壁厚（mm）	抗拉强度 σ_b(MPa)	规定非比例伸长应力 $\sigma_{P0.2}$(MPa)	伸长率(%)	
						50mm	δ
				不　小　于			
1070A、1060	O	O	所有	60～95	—	25	22
	H112	H112	所有	60	—	25	22
1050A、1035	O	O	所有	60～100	—	25	23
100、1200	O	O	所有	75～105	—	25	22
	H112	H112	所有	75	—	25	22
2A11	O	O	所有	≤245	—	—	10
	H112	H112	所有	350	195	—	10
2017	O	O	所有	≤245	≤125	—	16
	H112、T4	T4	所有	345	215	—	12
2A12	O	O	所有	≤245	—	—	10
	H112、T4	T4	所有	390	255	—	10
2017	O	O	所有	≤245	≤130	12	—
	H112	T4	≤18	395	260	12	10
			>18	395	260	—	9
3A21	H112	H112	所有	≤165	—	—	—
3003	O	O	所有	95～130	—	25	22
	H112	H112	所有	95	—	25	22
5A02	H112	H112	所有	≤225	—	—	—
5052	O	O	所有	170～240	70	—	—
5A03	H112	H112	所有	175	70	—	15
5A05	H112	H112	所有	225	110	—	15
5A06	O、H112	O、H112	所有	315	145	—	15
5083	O	O	所有	270～350	110	11	12
	H112	H112	所有	270	110	12	20
5454	O	O	所有	215～285	85	14	12
	H112	H112	所有	215	85	12	10
5086	O	O	所有	240～315	95	14	12
	H112	H112	所有	240	95	12	10

续表 4-50

合金牌号	供货状态	试样状态	壁 厚（mm）	抗拉强度 σ_b(MPa)	规定非比例伸长应力 $\sigma_{P0.2}$(MPa)	伸长率(%) 50mm	伸长率(%) δ
				不 小 于			
6A02	O	O	所有	≤145	—	—	17
	T4	T4	所有	205	—	—	14
	H112、T6	T6	所有	295	—	—	8
6061	T4	T4	所有	180	110	16	14
	T6	T6	≤6.3	260	240	8	—
			>6.3	260	240	10	9
6063	T4	T4	≤12.5	130	70	14	12
			>12.5~23	125	60	—	12
	T6	T6	所有	205	170	10	9
7A04、7A09	H112、T6	T6	所有	530	400	—	5
7075	H112、T6	T6	≤6.3	540	485	7	
			>6.3 ≤12.5	560	505	7	6
			>12.5	560	495		6
7A15	H112、T6	T6	所有	470	420		6
8A06	H112	H112	所有	≤120			20

注：管材的室温纵向力学性能应符合本表的规定。但表中 5A05 合金规定非比例伸长应力仅供参考，不作为验收依据。外径 185～300mm，其壁厚大于 32.5mm 的管材，室温纵向力学性能由供需双方另行协商或附试验结果。

2. 铝及铝合金拉(轧)制无缝管的力学性能(GB/T 6893—2010)

表 4-51

牌 号	状态	壁 厚（mm）		室温纵向拉伸力学性能				
				抗拉强度 R_m(MPa)	规定非比例伸长应力 $R_{P0.2}$(MPa)	断后伸长率(%) 全截面试样 A_{50mm}	断后伸长率(%) 其他试样 A_{50mm}	断后伸长率(%) 其他试样 A^a
				不 小 于				
1035、1050A、1050	O	所有		60～95	—	—	22	25
	H14	所有		100～135	70	—	5	6
1060、1070A、1070	O	所有		60～95	—	—		
	H14	所有		85	70	—		
1100	O	所有		70～105	—	—	16	20
1200	H14	所有		110～145	80	—	4	5
2A11	O	所有		≤245			10	
	T4	外径 ≤22	≤1.5	375	195		13	
			>1.5~2.0				14	
			>2.0~5.0				—	
		外径 >22~50	≤1.5	90	225		12	
			>1.5~5.0				13	
		>50	所有	390	225		11	

续表 4-51

牌　号	状　态	壁　厚 (mm)		室温纵向拉伸力学性能				
				抗拉强度 R_m (MPa)	规定非比例伸长应力 $R_{P0.2}$ (MPa)	断后伸长率(%)		
						全截面试样	其他试样	
						A_{50mm}	A_{50mm}	A^a
				不　小　于				
2017	O	所有		≤245	≤125	17	16	16
	T4	所有		375	215	13	12	12
2A12	O	所有		≤245	—		10	
	T4	外径 ≤22	≤2.0	410	225		13	
			>2.0~5.0				—	
		外径 >22~50	所有	420	275		12	
		>50	所有	420	275		10	
2A14	T4	外径≤22	1.0~2.0	360	205		10	
			>2.0~5.0	360	205			
		外径>22	所有	360	205		10	
2024	O	所有		≤240	≤140	—	10	12
	T4	0.63~1.2		440	290	12	10	—
		>1.2~5.6		440	290	14	10	—
3003	O	所有		95~130	35	—	20	25
	H14	所有		130~165	110	—	4	6
3A21	O	所有		≤135	—		—	
	H14	所有		135	—			
	H18	外径<60,壁厚 0.5~5.0		185	—			
		外径≥60,壁厚 2.0~5.0		175	—			
	H24	外径<60,壁厚 0.5~5.0		145	—		8	
		外径≥60,壁厚 2.0~5.0		135	—		8	
5A02	O	所有		≤225	—		—	
	H14	外径≤55,壁厚≤2.5		225	—		—	
		其他所有		195	—		—	
5A03	O	所有		175	80		15	
	H34	所有		215	125		8	
5A05	O	所有		215	90		15	
	H32	所有		245	145		8	
5A06	O	所有		315	145		15	
5052	O	所有		170~230	55	—	17	20
	H14	所有		230~270	180	—	4	5
5056	O	所有		≤315	100		16	
	H32	所有		305	—		—	
5083	O	所有		270~350	110		14	16
	H32	所有		280	200	—	4	6

牌 号	状 态	壁厚(mm)	室温纵向拉伸力学性能				
			抗拉强度 R_m(MPa)	规定非比例伸长应力 $R_{P0.2}$(MPa)	断后伸长率(%)		
					全截面试样	其他试样	
					A_{50mm}	A_{50mm}	A^a
			不 小 于				
5074	O	所有	180～250	80	—	14	16
6A02	O	所有	≤155	—		14	
	T4	所有	205	—		14	
	T6	所有	305	—		8	
6061	O	所有	≤150	≤110		14	16
	T4	所有	205	110		14	16
	T6	所有	290	240		8	10
6063	O	所有	≤130	—		15	20
	T6	所有	220	190		8	10
7A04	O	所有	≤265			8	
7020	T6	所有	350	280	—	8	10
8A06	O	所有	≤120	—		20	
	H14	所有	100	—		5	

注:^{a} A 表示原始标距(L_0)为 $5.65\sqrt{S_0}$ 的断后伸长率。

3. 铝及铝合金热挤压有缝管的纵向室温力学性能(GB/T 4437.2—2003)

表 4-52

牌 号	供应状态	试样状态	壁 厚 (mm)	抗拉强度 R_a(MPa)	规定非比例延伸强度 $R_{P0.2}$ (MPa)	断后伸长率(%)	
						标距 50mm	A_5
				不 小 于			
1070A、1060	O	O	所有	60～95	—	25	22
	H112	H112	所有	60		25	22
1050A、1035	O	O	所有	60～100	—	25	23
	H112	H112	所有	60		25	23
1100、1200	O	O	所有	75～105	—	25	22
	H112	H112	所有	75		25	22
2A11	O	O	所有	≤245	—	—	10
	H112、T4	T4	所有	350	195		10
2017	O	O	所有	≤245	≤125	—	16
	H112、T4	T4	所有	345	215		12
2A12	O	O	所有	≤245	—	—	10
	H112、T4	T4	所有	390	255		10
2024	O	O	所有	≤245	≤130	12	10
	H112、T4	T4	≤18	395	260	12	10
			＞18	395	260	—	9
3003	O	O	所有	95～130	—	25	22

牌 号	供应状态	试样状态	壁 厚 (mm)	抗拉强度 R_a(MPa)	规定非比例延伸强度 $R_{P0.2}$ (MPa)	断后伸长率(%)	
						标距 50mm	A_5
				不 小 于			
3003	H112	H112	所有	95	—	25	22
5A02	H112	H112	所有	≤225	—	—	—
5052	O	O	所有	170～240	70	—	—
5A03	H112	H112	所有	175	70	—	15
5A05	H112	H112	所有	225	—	—	15
5A06	O、H112	O、H112	所有	315	145	—	15
5083	O	O	所有	270～350	110	14	12
	H112	H112	所有	270	110	12	10
5454	O	O	所有	215～285	85	14	12
	H112	H112	所有	215	85	12	10
5086	O	O	所有	240～315	95	14	12
	H112	H112	所有	240	95	12	10
6A02	O	O	所有	≤145	—	—	17
	T4	T4	所有	205	—	—	14
	H112、T6	T6	所有	295	—	—	8
6005A	T5	T5	≤6.30	260	215	7	—
			>6.30	260	215	9	8
6005	T5	T5	≤3.20	260	240	8	—
			>3.21～25.00	260	240	10	9
6061	T4	T4	所有	180	110	16	14
	T6	T6	≤6.30	265	245	8	—
			>6.30	265	245	10	9
6063	T4	T4	≤12.50	130	70	14	12
			>12.50～25.00	125	60	—	12
	T6	T6	所有	205	180	10	8
	T5	T5	所有	160	110	—	8
6063A	T5	T5	≤10.00	200	160	—	5
			>10.00	190	150	—	5
	T6	T6	≤10.00	230	190	—	5
			>10.00	220	180	—	4

注:超出表中范围的管材,性能指标双方协商或提供性能指标实测值的范围。

(三)铝及铝合金箔力学性能(GB/T 3198—2010)

表 4-53

牌 号	状 态	厚度 T(mm)	室温拉伸试验结果		
			抗拉强度 R_m(MPa)	伸长率(%),不小于	
				A_{50mm}	A_{100mm}
1050、1060、1070、1100、1145、1200、1235	O	0.004 5～<0.006 0	40～95	—	—
		0.006 0～0.009 0	40～100	—	—
		>0.009 0～0.025 0	40～105	—	1.5
		>0.025 0～0.004 0	50～105	—	2.0
		>0.040 0～0.090 0	55～105	—	2.0
		>0.090 0～0.140 0	60～115	12	—
		>0.140 0～0.200 0	60～115	15	—
	H22	0.004 5～0.025 0	—	—	—
		>0.025 0～0.040 0	90～135	—	2
		>0.040 0～0.090 0	90～135	—	3
		>0.090 0～0.140 0	90～135	4	—
		>0.140 0～0.200 0	90～135	6	—
	H14、H24	0.004 5～0.025 0	—	—	—
		>0.025 0～0.040 0	110～160	—	2
		>0.040 0～0.090 0	110～160	—	3
		>0.090 0～0.140 0	110～160	4	—
		>0.140 0～0.200 0	110～160	6	—
	H16、H26	0.004 5～0.025 0	—	—	—
		>0.025 0～0.090 0	125～180	—	1
		>0.090 0～0.200 0	125～180	2	—
	H18	0.004 5～0.006 0	≥115	—	—
		>0.006 0～0.200 0	≥140	—	—
	H19	>0.006 0～0.200 0	≥150	—	—
2A11	O	>0.003 0～0.049 0	≤195	1.5	—
		>0.049 0～0.200 0	≤195	3.0	—
	H18	0.030 0～0.049 0	≥205	—	—
		>0.049 0～0.200 0	≥215	—	—
2A12	O	>0.030 0～0.049 0	≤195	1.5	—
		>0.049 0～0.200 0	≤205	3.0	—
	H18	>0.030 0～0.049 0	≥225	—	—
		>0.049 0～0.020 0	≥245	—	—
3003	O	0.009 0～0.012 0	80～135	—	—
		>0.018 0～0.200 0	80～140	—	—
	H22	>0.020 0～0.050 0	90～130	—	3.0
		>0.050 0～0.200 0	90～130	10.0	—
	H14	>0.030 0～0.200 0	140～170	—	—
	H24	>0.030 0～0.200 0	140～170	1.0	—
	H16	>0.100 0～0.200 0	≥180	—	—
	H26	>0.100 0～0.200 0	≥180	1.0	—
	H18	>0.010 0～0.200 0	≥190	1.0	—
	H19	>0.018 0～0.100 0	≥200	—	—

(四)铝及铝合金板、带力学性能(GB/T 3880.2—2012)

表 4-54

牌号	旧牌号	供应状态	试样状态	厚度(mm)	抗拉强度 R_m(MPa)	规定非比例延伸强度 $R_{P0.2}$(MPa)	断后伸长率[a](%) A50mm	A	弯曲半径[b] 90°	180°
							不 小 于			
1070	—	O	O	>0.20~0.30	55~95	—	15	—	0t	—
				>0.30~0.50			20	—	0t	—
				>0.50~0.80			25	—	0t	—
				>0.80~1.50			30	—	0t	—
				>1.50~6.00		15	35	—	0t	—
				>6.00~12.50			35	—	—	—
				>12.50~50.00			—	30	—	—
		H12	H12	>0.20~0.30	70~100	—	2	—	0t	—
				>0.30~0.50			3	—	0t	—
				>0.50~0.80			4	—	0t	—
				>0.80~1.50			6	—	0t	—
				>1.50~3.00		55	8	—	0t	—
				>3.00~6.00			9	—	0t	—
		H22	H22	>0.20~0.30	70	—	2	—	0t	—
				>0.30~0.50			3	—	0t	—
				>0.50~0.80			4	—	0t	—
				>0.80~1.50			6	—	0t	—
				>1.50~3.00		55	8	—	0t	—
				>3.00~6.00			9	—	0t	—
		H14	H14	>0.20~0.30	85~120	—	1	—	0.5t	—
				>0.30~0.50			2	—	0.5t	—
				>0.50~0.80			3	—	0.5t	—
				>0.80~1.50			4	—	1.0t	—
				>1.50~3.00		65	5	—	1.0t	—
				>3.00~6.00			6	—	1.0t	—
		H24	H24	>0.20~0.30	85	—	1	—	0.5t	—
				>0.30~0.50			2	—	0.5t	—
				>0.50~0.80			3	—	0.5t	—
				>0.80~1.50			4	—	1.0t	—
				>1.50~3.00		65	5	—	1.0t	—
				>3.00~6.00			6	—	1.0t	—
		H16	H16	>0.20~0.50	100~135	—	1	—	1.0t	—
				>0.50~0.80			2	—	1.0t	—
				>0.80~1.50			3	—	1.5t	—
				>1.50~4.00		75	4	—	1.5t	—

续表 4-54

牌号	旧牌号	供应状态	试样状态	厚度(mm)	室温拉伸试验结果		断后伸长率[a](%)		弯曲半径[b]	
					抗拉强度 R_m(MPa)	规定非比例延伸强度 $R_{P0.2}$(MPa)	A_{50mm}	A	90°	180°
					不 小 于					
1070	—	H26	H26	>0.20~0.50	100	—	1	—	1.0t	—
				>0.50~0.80			2	—	1.0t	—
				>0.80~1.50	100	75	3	—	1.5t	—
				>1.50~4.00			4	—	1.5t	—
		H18	H18	>0.20~0.50	120	—	1	—		
				>0.50~0.80			2	—		
				>0.80~1.50			3	—		
				>1.50~3.00			4	—		
		H112	H112	>4.50~6.00	75	35	13	—		
				>6.00~12.50	70	35	15	—		
				>12.50~25.00	60	25	—	20		
				>25.00~75.00	55	15	—	25		
		F	—	>2.50~150.00			—			
1070A	L₁	O H111	O H111	>0.20~0.50	60~90	15	23	—	0t	0t
				>0.50~1.50			25	—	0t	0t
				>1.50~3.00			29	—	0t	0t
				>3.00~6.00			32	—	0.5t	0.5t
				>6.00~12.50			35	—	0.5t	0.5t
				>12.50~25.00			—	32	—	—
		H12	H12	>0.20~0.50	80~120	55	5	—	0t	0.5t
				>0.50~1.50			6	—	0t	0.5t
				>1.50~3.00			7	—	0.5t	0.5t
				>3.00~6.00			9	—	1.0t	—
		H22	H22	>0.20~0.50	80~120	50	7	—	0t	0.5t
				>0.50~1.50			8	—	0t	0.5t
				>1.50~3.00			10	—	0.5t	0.5t
				>3.00~6.00			12	—	1.0t	—
		H14	H14	>0.20~0.50	100~140	70	4	—	0t	0.5t
				>0.50~1.50			4	—	0.5t	0.5t
				>1.50~3.00			5	—	1.0t	1.0t
				>3.00~6.00			6	—	1.5t	—
		H24	H24	>0.20~0.50	100~140	60	5	—	0t	0.5t
				>0.50~1.50			6	—	0.5t	0.5t
				>1.50~3.00			7	—	1.0t	1.0t
				>3.00~6.00			9	—	1.5t	—
		H16	H16	>0.20~0.50	110~150	90	2	—	0.5t	1.0t
				>0.50~1.50			2	—	1.0t	1.0t

牌号	旧牌号	供应状态	试样状态	厚度(mm)	室温拉伸试验结果 抗拉强度 R_m(MPa)	规定非比例延伸强度 $R_{P0.2}$(MPa)	断后伸长率[a](%) A_{50mm}	A	弯曲半径[b] 90°	180°
					不　小　于					
1070A	L_1	H16	H16	>1.50~4.00	110~150	90	3	—	1.0t	1.0t
		H26	H26	>0.20~0.50	110~150	80	3	—	0.5t	—
				>0.50~1.50			3	—	1.0t	—
				>1.50~4.00			4	—	1.0t	—
		H18	H18	>0.20~0.50	125	105	2	—	1.0t	—
				>0.50~1.50			2	—	2.0t	—
				>1.50~3.00			2	—	2.5t	—
		H112	H112	>6.00~12.50	70	20	20	—	—	—
				>12.50~25.00		20	—	20	—	—
		F	—	2.50~150.00		—				
1060	L_2	O	O	>0.20~0.30	60~100	15	15	—	—	—
				>0.30~0.50			18	—	—	—
				>0.50~1.50			23	—	—	—
				>1.50~6.00			25	—	—	—
				>6.00~80.00			25	22	—	—
		H12	H12	>0.50~1.50	80~120	60	6	—	—	—
				>1.50~6.00			12	—	—	—
		H22	H22	>0.50~1.50	80	60	6	—	—	—
				>1.50~6.00			12	—	—	—
		H14	H14	>0.20~0.30	95~135	70	1	—	—	—
				>0.30~0.50			2	—	—	—
				>0.50~0.80			2	—	—	—
				>0.80~1.50			4	—	—	—
				>1.50~3.00			6	—	—	—
				>3.00~6.00			10	—	—	—
		H24	H24	>0.20~0.30	95	70	1	—	—	—
				>0.30~0.50			2	—	—	—
				>0.50~0.80			2	—	—	—
				>0.80~1.50			4	—	—	—
				>1.50~3.00			6	—	—	—
				>3.00~6.00			10	—	—	—
		H16	H16	>0.20~0.30	110~135	75	1	—	—	—
				>0.30~0.50			2	—	—	—
				>0.50~0.80			2	—	—	—
				>0.80~1.50			3	—	—	—
				>1.50~4.00			5	—	—	—
		H26	H26	>0.20~0.30	110	75	1	—	—	—

续表 4-54

牌号	旧牌号	供应状态	试样状态	厚度（mm）	室温拉伸试验结果 抗拉强度 R_m（MPa）	规定非比例延伸强度 $R_{P0.2}$（MPa）	断后伸长率[a]（%） A_{50mm}	A	弯曲半径[b] 90°	180°
1060	L_2	H26	H26	>0.30~0.50	110	75	2	—	—	—
				>0.50~0.80			2	—	—	—
				>0.80~1.50			3	—	—	—
				>1.50~4.00			5	—	—	—
		H18	H18	>0.20~0.30	125	85	1	—	—	—
				>0.30~0.50			2	—	—	—
				>0.50~1.50			3	—	—	—
				>1.50~3.00			4	—	—	—
		H112	H112	>4.50~6.00	75	—	10	—	—	—
				>6.00~12.50	75		10	—	—	—
				>12.50~40.00	70		—	18	—	—
				>40.00~80.00	60		—	22	—	—
		F	—	>2.50~150.00						
1050	—	O	O	>0.20~0.50	60~100	—	15	—	0t	—
				>0.50~0.80			20	—	0t	—
				>0.80~1.50			25	—	0t	—
				>1.50~6.00		20	30	—	0t	—
				>6.00~50.00			28	28	—	—
		H12	H12	>0.20~0.30	80~120	—	2	—	0t	—
				>0.30~0.50			3	—	0t	—
				>0.50~0.80			4	—	0t	—
				>0.80~1.50			6	—	0.5t	—
				>1.50~3.00		65	8	—	0.5t	—
				>3.00~6.00			9	—	0.5t	—
		H22	H22	>0.20~0.30	80	—	2	—	0t	—
				>0.30~0.50			3	—	0t	—
				>0.50~0.80			4	—	0t	—
				>0.80~1.50			6	—	0.5t	—
				>1.50~3.00		65	8	—	0.5t	—
				>3.00~6.00			9	—	0.5t	—
		H14	H14	>0.20~0.30	95~130	—	1	—	0.5t	—
				>0.30~0.50			2	—	0.5t	—
				>0.50~0.80			3	—	0.5t	—
				>0.80~1.50			4	—	1.0t	—
				>1.50~3.00		75	5	—	1.0t	—
				>3.00~6.00			6	—	1.0t	—
		H24	H24	>0.20~0.30	95	—	1	—	0.5t	—

不小于

牌号	旧牌号	供应状态	试样状态	厚度（mm）	室温拉伸试验结果				弯曲半径b	
					抗拉强度 R_m（MPa）	规定非比例延伸强度 $R_{P0.2}$（MPa）	断后伸长率a（%）		90°	180°
							A_{50mm}	A		
					不　小　于					
1050	—	H24	H24	>0.30~0.50	95	—	2	—	0.5t	—
				>0.50~0.80			3	—	0.5t	—
				>0.80~1.50			4	—	1.0t	—
				>1.50~3.00		75	5	—	1.0t	—
				>3.00~6.00			6	—	1.0t	—
		H16	H16	>0.20~0.50	120~150	—	1	—	2.0t	
				>0.50~0.80			2	—	2.0t	
				>0.80~1.50		85	3	—	2.0t	
				>1.50~4.00			4	—	2.0t	
		H26	H26	>0.20~0.50	120	—	1	—	2.0t	
				>0.50~0.80			2	—	2.0t	
				>0.80~1.50		85	3	—	2.0t	
				>1.50~4.00			4	—	2.0t	
		H18	H18	>0.20~0.50	130	—	1	—	—	
				>0.50~0.80			2	—	—	
				>0.80~1.50			3	—	—	
				>1.50~3.00			4	—	—	
		H112	H112	>4.50~6.00	85	45	10	—	—	
				>6.00~12.50	80	45	10	—	—	
				>12.50~25.00	70	35	—	16	—	
				>25.00~50.00	65	30	—	22	—	
				>50.00~75.00	65	30	—	22	—	
		F	—	>2.50~150.00	—				—	—
1050A	L₃	O / H111	O / H111	>0.20~0.50	>65~95	20	10	—	0t	0t
				>0.50~1.50			22	—	0t	0t
				>1.50~3.00			26	—	0t	0t
				>3.00~6.00			29	—	0.5t	0.5t
				>6.00~12.50			35	—	1.0t	1.0t
				>12.50~80.00			—	32	—	—
		H12	H12	>0.20~0.50	>85~125	65	2	—	0t	0.5t
				>0.50~1.50			4	—	0t	0.5t
				>1.50~3.00			5	—	0.5t	0.5t
				>3.00~6.00			7	—	1.0t	1.0t
		H22	H22	>0.20~0.50	>85~125	55	4	—	0t	0.5t
				>0.50~1.50			5	—	0t	0.5t
				>1.50~3.00			6	—	0.5t	0.5t
				>3.00~6.00			11	—	1.0t	1.0t

续表 4-54

牌号	旧牌号	供应状态	试样状态	厚度 (mm)	室温拉伸试验结果				弯曲半径b	
					抗拉强度 R_m(MPa)	规定非比例延伸强度 $R_{P0.2}$(MPa)	断后伸长率a(%)			
							A_{50mm}	A	90°	180°
					不　小　于					
1050A	L_3	H14	H14	>0.20~0.50	>105~145	85	2	—	0t	1.0t
				>0.50~1.50			2	—	0.5t	1.0t
				>1.50~3.00			4	—	1.0t	1.0t
				>3.00~6.00			5	—	1.5t	—
		H24	H24	>0.20~0.50	>105~145	75	3	—	0t	1.0t
				>0.50~1.50			4	—	0.5t	1.0t
				>1.50~3.00			5	—	1.0t	1.0t
				>3.00~6.00			8	—	1.5t	1.5t
		H16	H16	>0.20~0.50	>120~160	100	1	—	0.5t	—
				>0.50~1.50			2	—	1.0t	—
				>1.50~4.00			3	—	1.5t	—
		H26	H26	>0.20~0.50	>120~160	90	2	—	0.5t	—
				>0.50~1.50			3	—	1.0t	—
				>1.50~4.00			4	—	1.5t	—
		H18	H18	>0.20~0.50	135	120	1	—	1.0t	—
				>0.50~1.50	140		2	—	2.0t	—
				>1.50~3.00			2	—	3.0t	—
		H28	H28	>0.20~0.50	140	110	2	—	1.0t	—
				>0.50~1.50			2	—	2.0t	—
				>1.50~3.00			3	—	3.0t	—
		H19	H19	>0.20~0.50	155	140	1	—	—	—
				>0.50~1.50	150	130		—	—	—
				>1.50~3.00				—	—	—
		H112	H112	>6.00~12.50	75	30	20	—	—	—
				>12.50~80.00	70	25	—	20	—	—
		F	—	2.50~150.00					—	—
1145	L_{5-1}	O	O	>0.20~0.50	60~100		15	—	—	—
				>0.50~0.80			20	—	—	—
				>0.80~1.50			25	—	—	—
				>1.50~6.00		20	30	—	—	—
				>6.00~10.00			28	—	—	—
		H12	H12	>0.20~0.30	80~120		2	—	—	—
				>0.30~0.50		—	3	—	—	—
				>0.50~0.80			4	—	—	—
				>0.80~1.50			6	—	—	—
				>1.50~3.00		65	8	—	—	—
				>3.00~4.50			9	—	—	—

续表 4-54

牌号	旧牌号	供应状态	试样状态	厚度(mm)	抗拉强度 R_m(MPa)	规定非比例延伸强度 $R_{P0.2}$(MPa)	A_{50mm}	A	90°	180°
					室温拉伸试验结果		断后伸长率[a](%)		弯曲半径[b]	
					不 小 于					
1145	L5-1	H22	H22	>0.20~0.30	80	—	2	—	—	—
				>0.30~0.50			3	—	—	—
				>0.50~0.80			4	—	—	—
				>0.80~1.50			6	—	—	—
				>1.50~3.00			8	—	—	—
				>3.00~4.50			9	—	—	—
		H14	H14	>0.20~0.30	95~125	—	1	—	—	—
				>0.30~0.50			2	—	—	—
				>0.50~0.80			3	—	—	—
				>0.80~1.50			4	—	—	—
				>1.50~3.00		75	5	—	—	—
				>3.00~4.50			6	—	—	—
		H24	H24	>0.20~0.30	95	—	1	—	—	—
				>0.30~0.50			2	—	—	—
				>0.50~0.80			3	—	—	—
				>0.80~1.50			4	—	—	—
				>1.50~3.00			5	—	—	—
				>3.00~4.50			6	—	—	—
		H16	H16	>0.20~0.50	120~145	—	1	—	—	—
				>0.50~0.80			2	—	—	—
				>0.80~1.50		85	3	—	—	—
				>1.50~4.50			4	—	—	—
		H26	H26	>0.20~0.50	120	—	1	—	—	—
				>0.50~0.80			2	—	—	—
				>0.80~1.50			3	—	—	—
				>1.50~4.50			4	—	—	—
		H18	H18	>0.20~0.50	125	—	1	—	—	—
				>0.50~0.80			2	—	—	—
				>0.80~1.50			3	—	—	—
				>1.50~4.50			4	—	—	—
		H112	H112	>4.50~6.50	85	45	10	—	—	—
				>6.50~12.50	80	45	10	—	—	—
				>12.50~25.00	70	35	—	16	—	—
		F	—	>2.50~150.00		—				
1200	L5	O H111	O H111	>0.20~0.50	75~105	25	19	—	0t	0t
				>0.50~1.50			21	—	0t	0t
				>1.50~3.00			24	—	0t	0t

续表 4-54

牌号	旧牌号	供应状态	试样状态	厚度(mm)	室温拉伸试验结果				弯曲半径[b]	
					抗拉强度 R_m(MPa)	规定非比例延伸强度 $R_{P0.2}$(MPa)	断后伸长率[a](%)		90°	180°
							A_{50mm}	A		
					不 小 于					
1200	L₅	O H111	O H111	>3.00~6.00	75~105	25	28	—	0.5t	0.5t
				>6.00~12.50			33	—	1.0t	1.0t
				>12.50~80.00			—	30	—	—
		H12	H12	>0.20~0.50	95~135	75	2	—	0.t	0.5t
				>0.50~1.50			4	—	0t	0.5t
				>1.50~3.00			5	—	0.5t	0.5t
				>3.00~6.00			6	—	1.0t	1.0t
		H22	H22	>0.20~0.50	95~135	65	4	—	0t	0.5t
				>0.50~1.50			5	—	0t	0.5t
				>1.50~3.00			6	—	0.5t	0.5t
				>3.00~6.00			10	—	1.0t	1.0t
		H14	H14	>0.20~0.50	105~155	95	1	—	0t	1.0t
				>0.50~1.50	115~155		3	—	0.5t	1.0t
				>1.50~3.00			4	—	1.0t	1.0t
				>3.00~6.00			5	—	1.5t	1.5t
		H24	H24	>0.20~0.50	115~155	90	3	—	0t	1.0t
				>0.50~1.50			4	—	0.5t	1.0t
				>1.50~3.00			5	—	1.0t	1.0t
				>3.00~6.00			7	—	1.5t	
		H16	H16	>0.20~0.50	120~170	110	1	—	0.5t	—
				>0.50~1.50	130~170	115	2	—	1.0t	—
				>1.50~4.00			3	—	1.5t	—
		H26	H26	>0.20~0.50	130~170	105	2	—	0.5t	—
				>0.50~1.50			3	—	1.0t	—
				>1.50~4.00			4	—	1.5t	—
		H18	H18	>0.20~0.50	150	130	1	—	1.0t	—
				>0.50~1.50			2	—	2.0t	—
				>1.50~3.00			2	—	3.0t	—
		H19	H19	>0.20~0.50	160	140	1	—	—	—
				>0.50~1.50			1	—	—	—
				>1.50~3.00			1	—	—	—
		H112	H112	>6.00~12.50	85	35	16	—	—	—
				>12.50~80.00	80	30	—	16	—	—
		F	—	>2.50~150.00		—			—	—
3003	LF-21	O H111	O H111	>0.20~0.50	95~135	35	15	—	0t	0t
				>0.50~1.50			17	—	0t	0t
				>1.50~3.00			20	—	0t	0t

牌号	旧牌号	供应状态	试样状态	厚度（mm）	室温拉伸试验结果				弯曲半径b	
					抗拉强度 R_m(MPa)	规定非比例延伸强度 $R_{P0.2}$(MPa)	断后伸长率a(%)		90°	180°
					不　小　于		A_{50mm}	A		
3003	LF-21	O H111	O H111	>3.00~6.00	95~135	35	23	—	1.0t	1.0t
				>6.00~12.50			24	—	1.5t	—
				>12.50~50.00			—	23	—	—
		H12	H12	>0.20~0.50	120~160	90	3	—	0t	1.5t
				>0.5~1.50			4	—	0.5t	1.5t
				>1.50~3.00			5	—	1.0t	1.5t
				>3.00~6.00			6	—	1.0t	—
		H22	H22	>0.20~0.50	120~160	80	6	—	0t	1.0t
				>0.50~1.50			7	—	0.5t	1.0t
				>1.50~3.00			8	—	1.0t	1.0t
				>3.00~6.00			9	—	1.0t	—
		H14	H14	>0.20~0.50	145~195	125	2	—	0.5t	2.0t
				>0.5~1.50			2	—	1.0t	2.0t
				>1.50~3.00			3	—	1.0t	2.0t
				>3.00~6.00			4	—	2.0t	—
		H24	H24	>0.20~0.50	145~195	115	4	—	0.5t	1.5t
				>0.5~1.50			4	—	1.0t	1.5t
				>1.50~3.00			5	—	1.0t	1.5t
				>3.00~6.00			6	—	2.0t	—
		H16	H16	>0.20~0.50	170~210	150	1	—	1.0t	2.5t
				>0.50~1.50			2	—	1.5t	2.5t
				>1.50~4.00			2	—	2.0t	2.5t
		H26	H26	>0.20~0.50	170~210	140	2	—	1.0t	2.0t
				>0.50~1.50			3	—	1.5t	2.0t
				>1.50~4.00			3	—	2.0t	2.0t
		H18	H18	>0.20~0.50	190	170	1	—	1.5t	—
				>0.50~1.50			2	—	2.5t	—
				>1.50~3.00			2	—	3.0t	—
		H28	H28	>0.20~0.50	190	160	2	—	1.5t	—
				>0.50~1.50			2	—	2.5t	—
				>1.50~3.00			3	—	3.0t	—
		H19	H19	>0.20~0.50	210	180	1	—	—	—
				>0.50~1.50			2	—	—	—
				>1.50~3.00			2	—	—	—
		H112	H112	>4.50~12.50	115	70	10	—	—	—
				>12.50~80.00	100	40	—	18	—	—
		F	—	>2.50~150.00		—			—	—

续表 4-54

牌号	旧牌号	供应状态	试样状态	厚度（mm）	抗拉强度 R_m（MPa）	规定非比例延伸强度 $R_{P0.2}$（MPa）	断后伸长率a（%）A_{50mm}	断后伸长率a（%）A	弯曲半径b 90°	弯曲半径b 180°
5005 5005A	—	H14	H14	>0.20~0.50	145~185	120	2	—	0.5t	2.0t
				>0.50~1.50			2	—	1.0t	2.0t
				>1.50~3.00			3	—	1.0t	2.5t
				>3.00~6.00			4	—	2.0t	—
		H24 H34	H24 H34	>0.20~0.50	145~185	110	3	—	0.5t	1.5t
				>0.5~1.50			4	—	1.0t	1.5t
				>1.50~3.00			5	—	1.0t	2.0t
				>3.00~6.00			6	—	2.0t	—
		H16	H16	>0.20~0.50	165~205	145	1	—	1.0t	
				>0.50~1.50			2	—	1.5t	
				>1.50~3.00			3	—	2.0t	
				>3.00~4.00			3	—	2.5t	
		H26 H36	H26 H36	>0.20~0.50	165~205	135	2	—	1.0t	
				>0.5~1.50			3	—	1.5t	
				>1.50~3.00			4	—	2.0t	
				>3.00~4.00			4	—	2.5t	
		H18	H18	>0.20~0.50	185	165	1	—	1.5t	
				>0.50~1.50			2	—	2.5t	
				>1.50~3.00			2	—	3.0t	
		H28 H38	H28 H38	>0.20~0.50	185	160	1	—	1.5t	
				>0.50~1.50			2	—	2.5t	
				>1.50~3.00			3	—	3.0t	
		H19	H19	>0.20~0.50	205	185	1	—		
				>0.50~1.50			2	—		
				>1.50~3.00			2	—		
		H112	H112	>6.00~12.50	115		8	—	—	—
				>12.50~40.00	105	—	—	10	—	—
				>40.00~80.00	100		—	16	—	—
		F	—	>2.50~150.00						
		O H111	O H111	>0.20~0.50	100~145	35	15	—	0t	0t
				>0.50~1.50			19	—	0t	0t
				>1.50~3.00			20	—	0t	0.5t
				>3.00~6.00			22	—	1.0t	1.0t
				>6.00~12.50			24	—	1.5t	—
				>12.50~50.00			—	20	—	—
		H12	H12	>0.20~0.50	125~165	95	2	—	0t	1.0t
				>0.50~1.50			2	—	0.5t	1.0t

注：表中"不小于"适用于室温拉伸试验结果各项。

牌号	旧牌号	供应状态	试样状态	厚度(mm)	室温拉伸试验结果					弯曲半径[b]	
					抗拉强度 R_m(MPa)	规定非比例延伸强度 $R_{P0.2}$(MPa)	断后伸长率[a](%)			90°	180°
							A_{50mm}	A			
					不　小　于						
5005 5005A	—	H12	H12	>1.50～3.00	125～165	95	4	—		1.0t	1.5t
				>3.00～6.00			5	—		1.0t	—
		H22 H32	H22 H32	>0.20～0.50	125～165	80	4	—		0t	1.0t
				>0.5～1.50			5	—		0.5t	1.0t
				>1.50～3.00			6	—		1.0t	1.5t
				>3.00～6.00			8	—		1.0t	—

注：①[a] 当 A_{50mm} 和 A 两栏均有数值时，A_{50mm} 适用于厚度不大于12.5mm的板材，A 适用于厚度大于12.5mm的板材。

②[b] 弯曲半径中的 t 表示板材的厚度，对表中既有90°弯曲也有180°弯曲的产品，当需方未指定采用90°弯曲或180°弯曲时，弯曲半径由供方任选一种。

三、常用铝及铝合金型材的牌号、规格和理论重量

(一)型材理论重量的简易计算和相对密度换算系数

1. 铝及铝合金型材理论重量的简易计算

表4-55

名　称	规格表示方法(mm)	相对密度	理论重量(kg/m)计算公式	符　号　说　明
圆棒 圆线	直径	2.85	$W=0.002\,24d^2$	d-直径 W-理论重量(下同)
		2.8	$W=0.002\,2d^2$	
方棒	边长	2.85	$W=0.002\,85a^2$	a-边长
		2.8	$W=0.002\,8a^2$	
六角棒	对边距离(内切圆直径)	2.85	$W=0.002\,468s^2$	s-对边距离
		2.8	$W=0.002\,425s^2$	
圆管	外径×壁厚	2.85	$W=0.008\,95t(D-t)$	D-外径 t-壁厚
		2.8	$W=0.008\,8t(D-t)$	
		2.71	$W=0.008\,51t(D-t)$	
		2.65	$W=0.008\,33t(D-t)$	
方管	边长×壁厚	2.8	$W_1=0.005\,6t_1(2A-2.858\,4t_1)$	当 $t_1 \leqslant 6mm$ 时，$R=1.5t_1$ 当 $t_2>6mm$ 时，$R=2t_2$ A-边长 t-壁厚 R-弯曲外圆弧半径
			$W_2=0.005\,6t_2(2A-3.287\,6t_1)$	
正六边形管	对边距×壁厚	2.8	$W=0.009\,7t(B-1.186\,2t)$	B-对边距离；$R=1.5t$ t-壁厚 R-弯角外圆弧半径
正八边形管	对边距×壁厚	2.8	$W=0.009\,278\,3t(B-t)$	B-对边距离 t-壁厚
椭圆形管	长轴×短轴×壁厚	2.8	$W=0.004\,39t(A+B-2t)$	A-长轴；B-短轴 t-壁厚
板、带	厚度	2.85	$W_{m^2}=2.85\delta$	δ-厚度
		2.8	$W_{m^2}=2.8\delta$	

2. 铝及铝合金相对密度换算系数

表 4-56

牌 号	旧牌号	相对密度	换 算 系 数					
			以 2.85 为 1	以 2.80 为 1	以 2.71 为 1	以 2.70 为 1	以 2.65 为 1	以 2.67 为 1
7A04、7A09	LC4、LC9	2.85	1.000	1.018	1.052	1.056	1.075	1.067
6A02、6061	LD2、LD21、LD30	2.70	0.947	0.964	0.966	1.000	1.019	1.011
2A14、2A11	LD10、LY11	2.80	0.982	1.000	1.033	1.037	1.057	1.049
5A02、5A43、5A66	LF2、LF43、LT66	2.68	0.940	0.957	0.989	0.993	1.011	1.004
5A03	LF4、LF3	2.67	0.937	0.954	0.985	0.989	1.008	1.00
5A05	LF5、LF11	2.65	0.930	0.946	0.978	0.981	1.000	0.992 5
5A06、5A41	LF6、LT41	2.64	0.926	0.943	0.974	0.978	0.996	0.988 8
3A21	LF21	2.73	0.958	0.975	1.007	1.011	1.030	1.022
	LQ1、LQ2	2.74	0.961	0.979	1.011	1.015	1.034	1.026
纯铝、8A06	LT62、L1～L6	2.71	0.951	0.968	1.000	1.004	1.023	1.015
2A06	LY6	2.76	0.968	0.986	1.018	1.022	1.042	1.034
2A12	LY12	2.78	0.975	0.993	1.026	1.030	1.049	1.041
2A16	LY16	2.84	0.996	1.014	1.048	1.052	1.072	1.064

(二)铝及铝合金棒的牌号、规格和理论重量

1. 铝及铝合金挤压棒的牌号、状态和规格(GB/T 3191—2010)

表 4-57

牌 号		供货状态	试样状态	规 格
Ⅱ类 (2×××系、7×××系合金及含镁量平均值 大于或等于 3%的 5×××系合金的棒材)	Ⅰ类 (除Ⅱ类外的其他棒材)			
—	1070A	H112	H112	
—	1060	O	O	
		H112	H112	
—	1050A	H112	H112	
	1350	H112	H112	
—	1035	O	O	
		H112	H112	圆棒直径:
—	1200	H112	H112	5～600mm;
2A02	—	T1、T6	T62、T6	方棒、六角棒
2A06	—	T1、T6	T62、T6	对边距离:
2A11	—	T1、T4	T42、T4	5～200mm;
2A12	—	T1、T4	T42、T4	长度:1～6m
2A13	—	T1、T4	T42、T4	
2A14	—	T1、T6、T6511	T62、T6、T6511	
2A16	—	T1、T6、T6511	T62、T6、T6511	
2A50	—	T1、T6	T62、T6	
2A70	—	T1、T6	T62、T6	

牌　号		供货状态	试样状态	规　格
Ⅱ类 (2×××系、7×××系合金及含镁量平均值 大于或等于3%的5×××系合金的棒材)	Ⅰ类 (除Ⅱ类外的其他棒材)			
2A80	—	T1、T6	T62、T6	
2A90	—	T1、T6	T62、T6	
2014、2014A		T4、T4510、T4511	T4、T4510、T4511	
		T6、T6510、T6511	T6、T6510、T6511	
2017	—	T4	T42、T4	
2017A	—	T4、T4510、T4511	T4、T4510、T4511	
2024		O	O	
		T3、T3510、T3511	T3、T3510、T3511	
—	3A21	O	O	
		H112	H112	
—	3102	H112	H112	
—	3003、3103	O	O	
		H112	H112	
—	4A11	T1	T62	
—	4032	T1	T62	
—	5A02	O	O	圆棒直径:
		H112	H112	5～600mm;
5A03	—	H112	H112	方棒、六角棒
5A05	—	H112	H112	对边距离:
5A06	—	H112	H112	5～200mm;
5A12	—	H112	H112	长度:1～6m
—	5005、5005A	H112	H112	
		O	O	
5019	—	H112	H112	
		O	O	
5049		H112	H112	
	5251	H112	H112	
		O	O	
	5052	H112	H112	
		O	O	
5154A	—	H112	H112	
		O	O	
—	5054	H112	H112	
		O	O	
5754	—	H112	H112	
		O	O	
5083	—	H112	H112	

牌　　号		供货状态	试样状态	规　　格
Ⅱ类 (2×××系、7×××系合金及含镁量平均值大于或等于 3‰的 5×××系合金的棒材)	Ⅰ类 (除Ⅱ类外的其他棒材)			
5083	—	O	O	
5086	—	H112	H112	
		O	O	
—	6A02	T1、T6	T62、T6	
	6101A	T6	T6	
—	6005、6005A	T5	T5	
		T6	T6	
7A04	—	T1、T6	T62、T6	圆棒直径：
7A09	—	T1、T6	T62、T6	5～600mm；
7A015	—	T1、T6	T62、T6	方棒、六角棒
7003	—	T5	T5	对边距离：
		T6	T6	5～200mm；
7005	—	T6	T6	长度：1～6m
7020	—	T6	T6	
7021	—	T6	T6	
7022	—	T6	T6	
7049A	—	T6、T6510、T6511	T6、T6510、T6511	
7075	—	O	O	
		T6、T6510、T6511	T6、T6510、T6511	
—	8A06	O	O	
		H112	H112	

注：棒材按加工精度分为普通级、高精级和超高精级，订货时应注明。

2.铝及铝合金棒的理论重量

表 4-58

规格 (mm)	理论重量(kg/m)			规格 (mm)	理论重量(kg/m)			规格 (mm)	理论重量(kg/m)		
	圆	方	六角		圆	方	六角		圆	方	六角
5.0	0.056	0.071	0.062	13.0	0.379	0.482	0.417	30.0	2.016	2.265	2.221
5.5	0.068	0.086	0.075	14.0	0.439	0.559	0.484	32.0	2.294	2.918	2.527
6.0	0.081	0.103	0.089	15.0	0.504	0.641	0.555	34.0	2.589	3.295	2.853
6.5	0.095	0.120	0.104	16.0	0.573	0.730	0.632	35.0	2.744	3.491	3.023
7.0	0.110	0.140	0.121	17.0	0.647	0.824	0.713	36.0	2.903	3.694	3.199
7.5	0.126	0.160	0.139	18.0	0.726	0.923	0.800	38.0	3.235	4.115	3.564
8.0	0.143	0.182	0.158	19.0	0.809	1.029	0.891	40.0	3.584	4.560	4.949
8.5	0.162	0.206	0.178	20.0	0.896	1.140	0.987	41.0	3.765	4.791	4.149
9.0	0.181	0.231	0.200	21.0	0.988	1.257	1.088	42.0	3.951	5.027	4.354
9.5	0.202	0.257	0.223	22.0	1.084	1.379	1.195	45.0	4.536	5.771	4.998
10.0	0.224	0.285	0.247	24.0	1.290	1.642	1.422	46.0	4.740	6.031	5.222
10.5	0.247	0.314	0.272	25.0	1.400	1.781	1.543	48.0	5.161	6.566	5.686
11.0	0.271	0.345	0.299	26.0	1.514	1.927	1.668	50.0	5.600	7.125	6.170
11.5	0.296	0.377	0.326	27.0	1.633	2.078	1.799	51.0	5.826	7.413	6.149
12.0	0.323	0.410	0.355	28.0	1.756	2.234	1.935	52.0	6.057	7.706	6.673

续表 4-58

规格 (mm)	理论重量(kg/m)			规格 (mm)	理论重量(kg/m)			规格 (mm)	理论重量(kg/m)		
	圆	方	六角		圆	方	六角		圆	方	六角
55.0	6.776	8.621	7.466	85.0	16.184	20.591	17.831	135.0	40.824	51.941	44.979
58.0	7.535	9.587	8.302	90.0	18.144	23.085	19.991	140.0	43.904	55.860	48.373
59.0	7.797	9.921	8.591	95.0	20.216	25.721	22.274	145.0	47.096	59.921	51.890
60.0	8.064	10.260	8.885	100.0	22.400	28.500	24.680	150.0	50.400	64.125	55.530
62.0	8.611	10.955	9.487	105.0	24.696	31.421	27.210	160.0	57.344	72.960	63.181
63.0	8.891	11.312	9.795	110.0	27.104	34.485	29.863	170.0	64.736	82.365	71.325
65.0	9.464	12.041	10.427	115.0	29.624	37.691	32.639	180.0	72.576	92.340	79.963
70.0	10.976	13.965	12.093	120.0	32.256	41.040	35.539	190.0	80.864	102.885	89.095
75.0	12.600	16.031	13.883	125.0	35.000	44.531	38.563	200.0	89.600	114.000	98.720
80.0	14.336	18.240	15.795	130.0	37.856	48.165	41.709				

注:①规格是指圆棒的直径、方棒的边长、六角棒的对边距离(内切圆直径)。

②表列重量是按相对密度 2.85 计算的,如需按其他相对密度计算,可按相对密度换算系数换算,见表 4-56。

(三)铝及铝合金管的牌号、规格和理论重量

铝及铝合金管分无缝管和有缝管、拉(轧)制管和热挤压管。管根据加工精度分为普通级、高精级,个别指标如弯曲度还分有超高精级。订货时应在合同中注示。

1. 铝及铝合金热挤压无缝圆管的牌号、状态和规格(GB/T 4437.1—2000)

表 4-59

牌 号	状 态	规格尺寸
1070A、1060、1100、1200、2A11、2017、2A12、2024、3003、3A21、5A02、5052、5A03、5A05、5A06、5083、5086、5454、6A02、6061、6063、7A09、7075、7A15、8A06	H112、F	符合 GB/T 4436
1070A、1060、1050A、1035、1100、1200、2A11、2017、2A12、2024、5A06、5083、5454、5086、6A02	O	
2A11、2017、2A12、6A02、6061、6063	T4	
6A02、6061、6063、7A04、7A09、7075、7A15	T6	

注:用户如果需要其他合金状态,可经双方协商确定。

2. 铝及铝合金拉(轧)制无缝管的牌号、状态和规格(GB/T 6893—2010)

表 4-60

牌 号	状 态	规格尺寸
1035、1050、1050A、1060、1070、1070A、1100、1200、8A06	O、H14	符合 GB/T 4436
2017、2024、2A11、2A12	O、T4	
2A14	T4	
3003	O、H14	
3A21	O、H14、H18、H24	
5052、5A02	O、H14	
5A03	O、H34	
5A05、5056、5083	O、H32	
5A06、5754	O	
6061、6A02	O、T4、T6	
6063	O、T6	
7A04	O	
7020	T6	

3. 铝及铝合金热挤压有缝管的牌号、状态和规格(GB/T 4437.2—2003)

表 4-61

牌　号	状　态	牌　号	状　态
1070A、1060、1050A、1035、1100、1200	O、H112、F	5A06、5083、5454、5086	O、H112、F
2A11、2017、2A12、2024	O、H112、T4、F	6A02	O、H112、T4、T6、F
3003	O、H112、F	6005A、6005	T5、F
5A02	H112、F	6061	T4、T6、F
5052	O、F	6063	T4、T5、T6、F
5A03、5A05	H112、F	6063A	T5、T6、F

有缝管包括圆管、方管、矩形管和正多边形(六边形、八边形)管。具体的规格尺寸参照《铝及铝合金管材外形尺寸及允许偏差》(GB/T 4436)标准。

4. 铝及铝合金管的截面典型规格(GB/T 4436—2012)

(1)冷拉有缝正方形管和无缝正方形管的截面典型规格

表 4-62

边　长(mm)	壁　厚(mm)						
	1.00	1.50	2.00	2.50	3.00	4.50	5.00
10.00			—	—	—	—	—
12.00			—	—	—	—	—
14.00				—	—	—	—
16.00				—	—	—	—
18.00					—	—	—
20.00					—	—	—
22.00	—					—	—
25.00	—					—	—
28.00	—						—
32.00	—						—
36.00	—						—
40.00	—						—
42.00	—						
45.00	—						
50.00	—	—					
55.00	—	—					
60.00	—	—					
65.00	—	—					
70.00	—	—					

注:空白处表示可供规格。

（2）冷拉有缝矩形管和无缝矩形管的截面典型规格

表 4-63

边长（宽×高）（mm）	壁厚（mm）						
	1.00	1.50	2.00	2.50	3.00	4.50	5.00
14.00×10.00				—	—	—	—
16.00×12.00				—	—	—	—
18.00×10.00				—	—	—	—
18.00×14.00					—	—	—
20.00×12.00					—	—	—
22.00×14.00					—	—	—
25.00×15.00						—	—
28.00×16.00						—	—
28.00×22.00							—
32.00×18.00							—
32.00×25.00							
36.00×20.00							
36.00×28.00							
40.00×25.00	—						
40.00×30.00	—						
45.00×30.00	—						
50.00×30.00	—						
55.00×40.00	—						
60.00×40.00	—	—					
70.00×50.00	—	—					

注：空白处表示可供规格。

（3）冷拉有缝椭圆形管和无缝椭圆形管的截面典型规格（mm）

表 4-64

长　轴	短　轴	壁　厚	长　轴	短　轴	壁　厚
27.00	11.50	1.00	67.50	28.50	2.00
33.50	14.50	1.00	74.00	31.50	1.50
40.50	17.00	1.00			2.00
		1.50	81.00	34.00	2.50
47	20.00	1.00		37.00	2.00
		1.50	87.50	40.00	
54	23.00	1.50	94.5	40.00	
		2.00	101.00	43.00	2.50
60.50	25.50	1.50	108.00	45.50	
		2.00	114.50	48.50	
67.50	28.50	1.50			

(4)冷拉、冷扎有缝圆管和无缝圆管的截面典型规格

表4-65

外径 (mm)	壁 厚 (m)										
	0.50	0.75	1.00	1.50	2.00	2.50	3.00	3.50	4.00	4.50	5.00
6.00				—	—	—	—	—	—	—	—
8.00						—	—	—	—	—	—
10.00							—	—	—	—	—
12.00								—	—	—	—
14.00								—	—	—	—
15.00								—	—	—	—
16.00									—	—	—
18.00									—	—	—
20.00										—	—
22.00											
24.00											
25.00											
26.00	—										
28.00	—										
30.00	—										
32.00	—										
34.00	—										
35.00	—										
36.00	—										
38.00	—										
40.00	—										
42.00	—										
45.00	—										
48.00	—										
50.00	—										
52.00	—										
55.00	—										
58.00	—										
60.00	—										
65.00	—	—	—								
70.00	—	—	—								
75.00	—	—	—								
80.00	—	—	—	—							
85.00	—	—	—	—							
90.00	—	—	—	—							
95.00	—	—	—	—							
100.00	—	—	—	—	—						
105.00	—	—	—	—	—						
110.00	—	—	—	—	—						
115.00	—	—	—	—	—	—					
120.00	—	—	—	—	—	—	—				

注:空白处表示可供规格。

（5）挤压无缝圆管的截面典型规格

表4-66

外径(mm)	壁厚 (mm)																						
	5.00	6.00	7.00	7.50	8.00	9.00	10.00	12.50	15.00	17.50	20.00	22.50	25.00	27.50	30.00	32.50	35.00	37.50	40.00	42.50	45.00	47.50	50.00
25.00	—	—																					
28.00		—	—	—																			
30.00			—	—	—	—																	
32.00				—	—	—	—																
34.00						—	—	—															
36.00							—	—	—														
38.00								—	—	—													
40.00									—	—	—												
42.00									—	—	—	—											
45.00										—	—	—	—										
48.00										—	—	—	—	—									
50.00											—	—	—	—	—								
52.00											—	—	—	—	—	—							
55.00												—	—	—	—	—	—						
58.00												—	—	—	—	—	—	—					
60.00											—	—	—	—	—	—	—	—	—				
62.00												—	—	—	—	—	—	—	—	—			
65.00												—	—	—	—	—	—	—	—	—	—	—	
70.00												—	—	—	—	—	—	—	—	—	—	—	—

续表4-66

外径 (mm)	壁厚 (mm)																						
	5.00	6.00	7.00	7.50	8.00	9.00	10.00	12.50	15.00	17.50	20.00	22.50	25.00	27.50	30.00	32.50	35.00	37.50	40.00	42.50	45.00	47.50	50.00
75.00													—	—	—	—	—	—	—	—	—	—	—
80.00													—	—	—	—	—	—	—	—	—	—	—
85.00														—	—	—	—	—	—	—	—	—	—
90.00															—	—	—	—	—	—	—	—	—
95.00																—	—	—	—	—	—	—	—
100.00																	—	—	—	—	—	—	—
105.00																		—	—	—	—	—	—
110.00																			—	—	—	—	—
115.00																			—	—	—	—	—
120.00	—	—	—																—	—	—	—	—
125.00	—	—	—																—	—	—	—	—
130.00	—	—	—																—	—	—	—	—
135.00	—	—	—	—	—	—													—	—	—	—	—
140.00	—	—	—	—	—	—													—	—	—	—	—
145.00	—	—	—	—	—	—													—	—	—	—	—
150.00	—	—	—	—	—	—													—	—	—	—	—
155.00	—	—	—	—	—	—													—	—	—	—	—
160.00	—	—	—	—	—	—														—	—	—	—
165.00	—	—	—	—	—	—															—	—	—

续表4-66

外径(mm)	壁　厚　(mm)																						
	5.00	6.00	7.00	7.50	8.00	9.00	10.00	12.50	15.00	17.50	20.00	22.50	25.00	27.50	30.00	32.50	35.00	37.50	40.00	42.50	45.00	47.50	50.00
170.00	—	—	—	—	—	—														—	—	—	—
175.00	—	—	—	—	—	—														—	—	—	—
180.00	—	—	—	—	—	—														—	—	—	—
185.00	—	—	—	—	—	—														—	—	—	—
190.00	—	—	—	—	—	—														—	—	—	—
195.00	—	—	—	—	—	—														—	—	—	—
200.00	—	—	—	—	—	—														—	—	—	—
205.00	—	—	—	—	—	—	—	—															
210.00	—	—	—	—	—	—	—	—															
215.00	—	—	—	—	—	—	—	—															
220.00	—	—	—	—	—	—	—	—															
225.00	—	—	—	—	—	—	—	—															
230.00	—	—	—	—	—	—	—	—															
235.00	—	—	—	—	—	—	—	—															
240.00	—	—	—	—	—	—	—	—															
245.00	—	—	—	—	—	—	—	—															
250.00	—	—	—	—	—	—	—	—															
260.00	—	—	—	—	—	—	—	—															

续表4-66

外径 (mm)	壁 厚 (mm)																						
	5.00	6.00	7.00	7.50	8.00	9.00	10.00	12.50	15.00	17.50	20.00	22.50	25.00	27.50	30.00	32.50	35.00	37.50	40.00	42.50	45.00	47.50	50.00
270.00																							
280.00																							
290.00																							
300.00																							
310.00																							
320.00																							
330.00																							
340.00																							
350.00																							
360.00																							
370.00																							
380.00																							
390.00																							
400.00																							
450.00																							

注：空白处表示可供规格。挤压有缝圆管、矩形管、正方形管、正六边形管和正八边形管的截面规格由供需双方商定。

5. 铝及铝合金管的理论重量（相对密度按2.8计）

表 4-67

外径	壁厚	圆管	方管	六角管	八角管	外径	壁厚	圆管	方管	六角管	八角管	外径	壁厚	圆管	方管	六角管	八角管
mm		理论重量(kg/m)				mm		理论重量(kg/m)				mm		理论重量(kg/m)			
6	0.5	0.024	0.030	0.026	0.026	14	0.75	0.087	0.109	0.095	0.092	20	2	0.317	0.384	0.342	0.334
6	0.75	0.035	0.041	0.037	0.037	14	1	0.114	0.141	0.124	0.121	20	2.5	0.385	0.460	0.413	0.406
6	1	0.044	0.051	0.047	0.046	14	1.5	0.165	0.199	0.178	0.174	20	3	0.448	0.528	0.479	0.473
7	0.5	0.029	0.035	0.031	0.030	14	2	0.211	0.250	0.226	0.223	20	3.5	0.508	0.588	0.538	0.536
7	0.75	0.041	0.050	0.044	0.043	14	2.5	0.253	0.292	0.268	0.267	20	4	0.563	0.640	0.592	0.594
7	1	0.053	0.062	0.056	0.056	14	3	0.290	0.326	0.304	0.306	22	0.5	0.095	0.119	0.104	0.100
7	1.5	0.073	0.082	0.076	0.077	15	0.5	0.064	0.080	0.070	0.067	22	0.75	0.140	0.176	0.154	0.148
8	0.5	0.033	0.041	0.036	0.035	15	0.75	0.094	0.117	0.103	0.099	22	0.8	0.149	0.187	0.163	0.157
8	0.75	0.048	0.058	0.052	0.050	15	1	0.123	0.152	0.134	0.130	22	1	0.185	0.230	0.202	0.195
8	1	0.062	0.074	0.066	0.065	15	1.5	0.178	0.216	0.192	0.188	22	1.2	0.219	0.273	0.240	0.232
8	1.5	0.086	0.098	0.091	0.090	15	2	0.229	0.272	0.245	0.241	22	1.5	0.270	0.334	0.294	0.285
8	2	0.106	0.115	0.109	0.111	15	2.5	0.275	0.320	0.292	0.290	22	1.8	0.320	0.392	0.347	0.337
9	0.5	0.037	0.046	0.041	0.039	15	3	0.317	0.360	0.333	0.334	22	2	0.352	0.429	0.381	0.371
9	0.75	0.054	0.067	0.059	0.057	16	0.5	0.068	0.086	0.075	0.072	22	2.5	0.429	0.516	0.462	0.452
9	1	0.070	0.085	0.076	0.074	16	0.75	0.101	0.125	0.110	0.106	22	3	0.501	0.595	0.537	0.529
9	1.5	0.099	0.115	0.105	0.104	16	0.8	0.107	0.133	0.117	0.113	22	3.5	0.569	0.666	0.606	0.601
9	2	0.123	0.138	0.129	0.130	16	1	0.132	0.163	0.144	0.139	22	4	0.633	0.729	0.670	0.668
10	0.5	0.042	0.052	0.046	0.044	16	1.2	0.156	0.192	0.170	0.165	22	4.5	0.692	0.785	0.728	0.731
10	0.75	0.061	0.075	0.066	0.064	16	1.5	0.191	0.233	0.207	0.202	22	5	0.747	0.832	0.780	0.789
10	1	0.079	0.096	0.086	0.084	16	2	0.246	0.294	0.265	0.260	24	0.5	0.103	0.130	0.114	0.109
10	1.5	0.112	0.132	0.120	0.118	16	2.5	0.297	0.348	0.316	0.313	24	0.75	0.153	0.193	0.168	0.162
10	2	0.141	0.160	0.148	0.148	16	3	0.343	0.394	0.362	0.362	24	1	0.202	0.253	0.221	0.213
10	2.5	0.165	0.180	0.171	0.174	16	3.5	0.385	0.431	0.403	0.406	24	1.5	0.297	0.367	0.324	0.313
11	0.5	0.046	0.058	0.051	0.049	18	0.5	0.077	0.097	0.084	0.081	24	2	0.387	0.474	0.420	0.408
11	0.75	0.068	0.083	0.074	0.071	18	0.75	0.114	0.142	0.125	0.120	24	2.5	0.473	0.572	0.510	0.499
11	1	0.088	0.107	0.095	0.093	18	1	0.149	0.186	0.163	0.158	24	3	0.554	0.662	0.595	0.585
11	1.5	0.125	0.149	0.134	0.132	18	1.5	0.218	0.266	0.236	0.230	24	3.5	0.631	0.745	0.674	0.666
11	2	0.158	0.182	0.167	0.167	18	2	0.281	0.339	0.303	0.297	24	4	0.703	0.819	0.748	0.742
11	2.5	0.187	0.208	0.195	0.197	18	2.5	0.341	0.404	0.365	0.360	24	4.5	0.771	0.885	0.815	0.814
12	0.5	0.051	0.063	0.055	0.053	18	3	0.396	0.461	0.421	0.418	24	5	0.835	0.944	0.877	0.881
12	0.75	0.074	0.092	0.081	0.078	18	3.5	0.446	0.510	0.470	0.471	25	0.5	0.108	0.136	0.118	0.114
12	1	0.097	0.118	0.105	0.102	20	0.5	0.086	0.108	0.094	0.090	25	0.75	0.160	0.201	0.176	0.169
12	1.5	0.138	0.166	0.149	0.146	20	0.75	0.127	0.159	0.139	0.134	25	0.8	0.170	0.214	0.187	0.180
12	2	0.176	0.205	0.187	0.186	20	0.8	0.135	0.169	0.148	0.143	25	1	0.211	0.264	0.231	0.223
12	2.5	0.209	0.236	0.219	0.220	20	1	0.167	0.208	0.183	0.176	25	1.2	0.251	0.313	0.275	0.265
12	3	0.237	0.259	0.246	0.251	20	1.2	0.198	0.246	0.216	0.209	25	1.5	0.310	0.384	0.338	0.327
14	0.5	0.059	0.074	0.065	0.063	20	1.5	0.244	0.300	0.265	0.257	25	1.8	0.367	0.452	0.400	0.387

续表 4-67

外径	壁厚	圆管	方管	六角管	八角管	外径	壁厚	圆管	方管	六角管	八角管	外径	壁厚	圆管	方管	六角管	八角管
mm		理论重量(kg/m)				mm		理论重量(kg/m)				mm		理论重量(kg/m)			
25	2	0.404	0.496	0.439	0.427	28	5	1.011	1.168	1.071	1.067	34	3.5	0.939	1.137	1.014	0.990
25	2.5	0.495	0.600	0.535	0.522	28	6	1.161	1.219	1.216	1.225	34	4	1.055	1.267	1.136	1.113
25	3	0.580	0.696	0.624	0.612	30	0.75	0.193	0.243	0.212	0.204	34	4.5	1.167	1.389	1.252	1.232
25	3.5	0.662	0.784	0.708	0.698	30	1	0.255	0.320	0.280	0.269	34	5	1.275	1.504	1.362	1.345
25	4	0.739	0.864	0.786	0.779	30	1.2	0.304	0.380	0.333	0.321	34	6	1.477	1.622	1.566	1.559
25	4.5	0.811	0.936	0.859	0.856	30	1.5	0.376	0.468	0.411	0.397	34	7	1.662	1.763	1.746	1.754
25	5	0.879	1.000	0.925	0.928	30	1.8	0.446	0.553	0.487	0.471	34	7.5	1.747	1.820	1.828	1.844
26	0.75	0.166	0.209	0.183	0.176	30	2	0.492	0.608	0.536	0.520	34	8	1.829	1.868	1.903	1.930
26	1	0.220	0.275	0.241	0.232	30	2.5	0.604	0.740	0.656	0.638	34	9	1.978	1.936	2.038	2.088
26	1.5	0.323	0.401	0.353	0.341	30	3	0.712	0.864	0.770	0.752	34	10	2.110	1.967	2.149	2.227
26	2	0.422	0.518	0.459	0.445	30	3.5	0.815	0.980	0.878	0.861	36	0.75	0.232	0.293	0.256	0.245
26	2.5	0.517	0.628	0.559	0.545	30	4	0.914	1.088	0.981	0.965	36	1	0.308	0.387	0.338	0.325
26	3	0.607	0.730	0.654	0.640	30	4.5	1.009	1.188	1.077	1.065	36	1.2	0.367	0.461	0.403	0.387
26	3.5	0.692	0.823	0.742	0.731	30	5	1.099	1.280	1.168	1.160	36	1.5	0.455	0.569	0.498	0.480
26	4	0.774	0.909	0.825	0.816	30	6	1.266	1.353	1.333	1.336	36	1.8	0.541	0.674	0.592	0.571
26	4.5	0.851	0.986	0.903	0.898	30	7	1.416	1.450	1.474	1.494	36	2	0.598	0.742	0.653	0.631
26	5	0.923	1.056	0.974	0.974	30	7.5	1.484	1.484	1.536	1.566	36	2.5	0.736	0.908	0.802	0.777
27	0.75	0.173	0.218	0.190	0.183	32	0.75	0.206	0.260	0.226	0.217	36	3	0.870	1.066	0.945	0.919
27	1	0.229	0.286	0.251	0.241	32	1	0.273	0.342	0.299	0.288	36	3.5	1.000	1.215	1.082	1.055
27	1.5	0.336	0.418	0.367	0.355	32	1.2	0.325	0.407	0.356	0.343	36	4	1.125	1.357	1.214	1.188
27	2	0.440	0.541	0.478	0.464	32	1.5	0.402	0.502	0.440	0.424	36	4.5	1.246	1.490	1.339	1.315
27	2.5	0.539	0.656	0.583	0.568	32	1.8	0.478	0.593	0.522	0.504	36	5	1.363	1.616	1.459	1.438
27	3	0.633	0.763	0.683	0.668	32	2	0.528	0.653	0.575	0.557	36	6	1.583	1.756	1.682	1.670
27	3.5	0.723	0.862	0.776	0.763	32	2.5	0.648	0.796	0.705	0.684	36	7	1.785	1.920	1.882	1.883
27	4	0.809	0.953	0.864	0.854	32	3	0.765	0.931	0.828	0.807	36	7.5	1.879	1.988	1.973	1.983
27	4.5	0.890	1.037	6.946	9.939	32	3.5	0.877	1.058	6.946	8.925	36	8	1.969	2.047	2.059	2.078
27	5	0.967	1.112	1.023	1.021	32	4	0.985	1.177	1.058	1.039	36	9	2.136	2.138	2.212	2.255
28	0.75	0.180	0.226	0.197	0.190	32	4.5	1.088	1.289	1.165	1.148	36	10	2.286	2.191	2.343	2.412
28	1	0.237	0.298	0.260	0.251	32	5	1.187	1.392	1.265	1.253	38	0.75	0.246	0.310	0.270	0.259
28	1.2	0.283	0.353	0.310	0.298	32	6	1.372	1.488	1.449	1.447	38	1	0.325	0.410	0.357	0.343
28	1.5	0.349	0.434	0.382	0.369	32	7	1.539	1.607	1.610	1.624	38	1.5	0.481	0.602	0.527	0.508
28	1.8	0.415	0.513	0.452	0.438	32	7.5	1.616	1.652	1.682	1.705	38	2	0.633	0.787	0.692	0.668
28	2	0.457	0.563	0.498	0.482	34	0.75	0.219	0.277	0.241	0.231	38	2.5	0.780	0.964	0.850	0.823
28	2.5	0.560	0.684	0.608	0.591	34	1	0.290	0.365	0.319	0.306	38	3	0.923	1.133	1.003	0.974
28	3	0.659	0.797	0.712	0.696	34	1.5	0.429	0.535	0.469	0.452	38	3.5	1.062	1.294	1.150	1.120
28	3.5	0.754	0.902	0.810	0.796	34	2	0.563	0.698	0.614	0.594	38	4	1.196	1.446	1.291	1.262
28	4	0.844	0.998	0.903	0.891	34	2.5	0.692	0.852	0.753	0.731	38	4.5	1.325	1.591	1.427	1.399
28	4.5	0.930	1.087	0.990	0.981	34	3	0.818	0.998	0.886	0.863	38	5	1.451	1.728	1.556	1.531

外径	壁厚	名　称				外径	壁厚	名　称				外径	壁厚	名　称			
		圆管	方管	六角管	八角管			圆管	方管	六角管	八角管			圆管	方管	六角管	八角管
mm		理论重量(kg/m)				mm		理论重量(kg/m)				mm		理论重量(kg/m)			
38	6	1.688	1.891	1.799	1.781	42	8	2.391	2.585	2.525	2.524	48	12.5	3.901	3.843	4.025	4.117
38	7	1.908	2.077	2.018	2.013	42	9	2.611	2.742	2.737	2.756	48	15	4.352	3.922	4.398	4.593
38	7.5	2.011	2.156	2.119	2.122	42	10	2.813	2.863	2.925	2.969	50	0.75	0.325	0.411	0.358	0.343
38	8	2.110	2.227	2.214	2.227	42	12.5	3.242	3.003	3.297	3.421	50	1	0.431	0.544	0.474	0.455
38	9	2.295	2.339	2.387	2.422	45	0.75	0.292	0.369	0.321	0.308	50	1.5	0.640	0.804	0.702	0.675
38	10	2.462	2.415	2.537	2.598	45	1	0.387	0.488	0.425	0.408	50	2	0.844	1.056	0.925	0.891
40	0.75	0.259	0.327	0.285	0.273	45	1.5	0.574	0.720	0.629	0.605	50	2.5	1.044	1.300	1.141	1.102
40	1	0.343	0.432	0.377	0.362	45	2	0.756	0.944	0.828	0.798	50	3	1.240	1.536	1.352	1.308
40	1.2	0.409	0.515	0.449	0.432	45	2.5	0.934	1.160	1.020	0.986	50	3.5	1.431	1.764	1.558	1.510
40	1.5	0.508	0.636	0.557	0.536	45	3	1.108	1.368	1.207	1.169	50	4	1.618	1.984	1.757	1.707
40	1.8	0.605	0.755	0.662	0.638	45	3.5	1.277	1.568	1.388	1.348	50	4.5	1.800	2.196	1.951	1.900
40	2	0.668	0.832	0.730	0.705	45	4	1.442	1.760	1.563	1.522	50	5	1.978	2.400	2.139	2.088
40	2.5	0.824	1.020	0.899	0.870	45	4.5	1.602	1.944	1.732	1.691	50	6	2.321	2.697	2.498	2.449
40	3	0.976	1.200	1.061	1.030	45	5	1.758	2.120	1.896	1.856	50	7	2.646	3.018	2.833	2.793
40	3.5	1.123	1.372	1.218	1.185	45	6	2.057	2.361	2.206	2.171	50	7.5	2.802	3.164	2.992	2.957
40	4	1.266	1.536	1.369	1.336	45	7	2.339	2.626	2.493	2.468	50	8	2.954	3.302	3.146	3.117
40	4.5	1.405	1.692	1.514	1.482	45	7.5	2.473	2.744	2.628	2.609	50	9	3.244	3.549	3.435	3.424
40	5	1.539	1.840	1.654	1.624	45	8	2.602	2.854	2.758	2.746	50	10	3.517	3.759	3.702	3.711
40	6	1.794	2.025	1.915	1.893	45	9	2.849	3.045	2.999	3.006	50	12.5	4.121	4.123	4.268	4.349
40	7	2.031	2.234	2.154	2.143	45	10	3.077	3.199	3.217	3.247	50	15	4.616	4.258	4.689	4.871
40	7.5	2.143	2.324	2.264	2.262	45	12.5	3.572	3.423	3.661	3.769	52	0.75	0.338	0.428	0.372	0.357
40	8	2.251	2.406	2.369	2.375	45	15	3.956	3.418	3.961	4.175	52	1	0.448	0.566	0.493	0.473
40	9	2.453	2.541	2.562	2.589	48	0.75	0.312	0.394	0.343	0.329	52	1.5	0.666	0.838	0.731	0.703
40	10	2.638	2.639	2.731	2.783	48	1	0.413	0.522	0.454	0.436	52	2	0.879	1.101	0.963	0.928
40	12.5	3.022	2.723	3.054	3.189	48	1.5	0.613	0.770	0.673	0.647	52	2.5	1.088	1.356	1.190	1.148
42	0.75	0.272	0.344	0.299	0.287	48	2	0.809	1.011	0.886	0.854	52	3	1.292	1.603	1.411	1.364
42	1	0.360	0.454	0.396	0.380	48	2.5	1.000	1.244	1.093	1.055	52	3.5	1.492	1.842	1.626	1.575
42	1.5	0.534	0.670	0.586	0.564	48	3	1.187	1.469	1.294	1.253	52	4	1.688	2.073	1.835	1.781
42	2	0.703	0.877	0.769	0.742	48	3.5	1.369	1.686	1.490	1.445	52	4.5	1.879	2.297	2.038	1.983
42	2.5	0.868	1.076	0.947	0.916	48	4	1.547	1.894	1.679	1.633	52	5	2.066	2.512	2.236	2.180
42	3	1.029	1.267	1.119	1.086	48	4.5	1.721	2.095	1.864	1.816	52	6	2.427	2.832	2.614	2.561
42	3.5	1.185	1.450	1.286	1.250	48	5	1.890	2.288	2.042	1.995	52	7	2.769	3.175	2.969	2.923
42	4	1.336	1.625	1.447	1.410	48	6	2.216	2.563	2.381	2.338	52	7.5	2.934	3.332	3.138	3.097
42	4.5	1.484	1.793	1.601	1.566	48	7	2.523	2.861	2.697	2.663	52	8	3.095	3.481	3.301	3.266
42	5	1.627	1.952	1.751	1.716	48	7.5	2.671	2.996	2.847	2.818	52	9	3.403	3.750	3.610	3.591
42	6	1.899	2.160	2.032	2.004	48	8	2.813	3.123	2.991	2.969	52	10	3.693	3.983	3.896	3.897
42	7	2.154	2.391	2.290	2.273	48	9	3.086	3.347	3.261	3.257	52	12.5	4.341	4.403	4.510	4.581
42	7.5	2.275	2.492	2.410	2.401	48	10	3.341	3.535	3.508	3.526	52	15	4.880	4.594	4.981	5.149

外径	壁厚	圆管	方管	六角管	八角管	外径	壁厚	圆管	方管	六角管	八角管	外径	壁厚	圆管	方管	六角管	八角管
mm		理论重量(kg/m)				mm		理论重量(kg/m)				mm		理论重量(kg/m)			
55	0.75	0.358	0.453	0.394	0.378	60	1.5	0.771	0.972	0.848	0.814	65	7	3.570	4.194	3.852	3.767
55	1	0.475	0.600	0.522	0.501	60	2	1.020	1.280	1.119	1.076	65	7.5	3.792	4.424	4.084	4.001
55	1.5	0.706	0.888	0.775	0.745	60	2.5	1.264	1.580	1.384	1.334	65	8	4.009	4.646	4.311	4.231
55	2	0.932	1.168	1.022	0.983	60	3	1.503	1.872	1.644	1.587	65	9	4.431	5.061	4.746	4.676
55	2.5	1.154	1.440	1.263	1.218	60	3.5	1.739	2.156	1.897	1.835	65	10	4.836	5.439	5.158	5.103
55	3	1.372	1.704	1.498	1.447	60	4	1.969	2.432	2.145	2.078	65	12.5	5.770	6.223	6.088	6.089
55	3.5	1.585	1.960	1.728	1.672	60	4.5	2.196	2.700	2.388	2.317	65	15	6.594	6.778	6.873	6.959
55	4	1.794	2.208	1.951	1.893	60	5	2.418	2.960	2.624	2.551	65	17.5	7.308	7.102	7.515	7.712
55	4.5	1.998	2.448	2.169	2.108	60	6	2.849	3.369	3.080	3.006	65	20	7.913	7.196	8.013	8.350
55	5	2.198	2.680	2.382	2.320	60	7	3.262	3.802	3.513	3.442	70	1.5	0.903	1.140	0.993	0.953
55	6	2.585	3.033	2.789	2.728	60	7.5	3.462	4.004	3.720	3.653	70	2	1.196	1.504	1.313	1.262
55	7	2.954	3.410	3.173	3.117	60	8	3.657	4.198	3.922	3.860	70	2.5	1.484	1.860	1.627	1.566
55	7.5	3.132	3.584	3.356	3.305	60	9	4.036	4.557	4.309	4.259	70	3	1.767	2.208	1.935	1.865
55	8	3.306	3.750	3.534	3.489	60	10	4.396	4.879	4.673	4.639	70	3.5	2.046	2.548	2.237	2.159
55	9	3.640	4.053	3.872	3.841	60	12.5	5.220	5.523	5.481	5.509	70	4	2.321	2.880	2.534	2.449
55	10	3.956	4.319	4.187	4.175	60	15	5.935	5.938	6.145	6.263	70	4.5	2.591	3.204	2.824	2.735
55	12.5	4.671	4.823	4.874	4.929	60	17.5	6.539	6.122	6.666	6.901	70	5	2.857	3.520	3.110	3.015
55	15	5.275	5.098	5.417	5.567	62	5	2.506	3.072	2.721	2.644	70	6	3.376	4.041	3.662	3.563
58	0.75	0.378	0.478	0.416	0.398	62	6	2.954	3.504	3.196	3.117	70	7	3.877	4.586	4.192	4.092
58	1	0.501	0.634	0.551	0.529	62	7	3.385	3.959	3.649	3.572	70	7.5	4.121	4.844	4.448	4.349
58	1.5	0.745	0.938	0.819	0.786	62	7.5	3.594	4.172	3.866	3.792	70	8	4.361	5.094	4.699	4.602
58	2	0.985	1.235	1.080	1.039	62	8	3.798	4.377	4.078	4.008	70	9	4.827	5.565	5.183	5.094
58	2.5	1.220	1.524	1.336	1.287	62	9	4.194	4.758	4.484	4.426	70	10	5.275	5.999	5.643	5.567
58	3	1.451	1.805	1.585	1.531	62	10	4.572	5.103	4.867	4.825	70	12.5	6.319	6.923	6.694	6.669
58	3.5	1.677	2.078	1.829	1.770	62	12.5	5.440	5.803	5.724	5.741	70	15	7.253	7.618	7.601	7.654
58	4	1.899	2.342	2.068	2.004	62	15	6.198	6.274	6.437	6.541	70	17.5	8.078	8.082	8.365	8.524
58	4.5	2.117	2.599	2.300	2.234	62	17.5	6.847	6.514	7.006	7.225	70	20	8.792	8.316	8.984	9.278
58	5	2.330	2.848	2.527	2.459	65	1.2	0.673	0.851	0.741	0.710	75	1.2	0.779	0.985	0.857	0.822
58	6	2.743	3.235	2.963	2.895	65	1.5	0.837	1.056	0.921	0.884	75	1.5	0.969	1.224	1.066	1.023
58	7	3.139	3.645	3.377	3.312	65	1.8	1.000	1.259	1.098	1.055	75	1.8	1.158	1.460	1.273	1.222
58	7.5	3.330	3.836	3.575	3.514	65	2	1.108	1.392	1.216	1.169	75	2	1.284	1.616	1.410	1.355
58	8	3.517	4.019	3.767	3.711	65	2.5	1.374	1.720	1.505	1.450	75	2.5	1.594	2.000	1.748	1.682
58	9	3.877	4.355	4.134	4.092	65	3	1.635	2.040	1.789	1.726	75	3	1.899	2.376	2.080	2.004
58	10	4.220	4.655	4.479	4.453	65	3.5	1.892	2.352	2.067	1.997	75	3.5	2.200	2.744	2.407	2.322
58	12.5	5.000	5.243	5.238	5.277	65	4	2.145	2.656	2.340	2.264	75	4	2.497	3.104	2.728	2.635
58	15	5.671	5.602	5.854	5.984	65	4.5	2.394	2.952	2.606	2.526	75	4.5	2.789	3.456	3.043	2.943
60	0.75	0.391	0.495	0.430	0.412	65	5	2.638	3.240	2.867	2.783	75	5	3.077	3.800	3.352	3.247
60	1	0.519	0.656	0.571	0.547	65	6	3.112	3.705	3.371	3.284	75	6	3.640	4.377	3.954	3.841

外径	壁厚	圆管	方管	六角管	八角管	外径	壁厚	圆管	方管	六角管	八角管	外径	壁厚	圆管	方管	六角管	八角管
mm		理论重量(kg/m)				mm		理论重量(kg/m)				mm		理论重量(kg/m)			
75	7	4.185	4.978	4.532	4.416	85	4	2.849	3.552	3.116	3.006	95	2.5	2.033	2.560	2.233	2.146
75	7.5	4.451	5.264	4.812	4.697	85	4.5	3.185	3.960	3.480	3.361	95	3	2.427	3.048	2.663	2.561
75	8	4.713	5.542	5.087	4.973	85	5	3.517	4.360	3.838	3.711	95	3.5	2.816	3.528	3.086	2.971
75	9	5.222	6.069	5.619	5.511	85	6	4.167	5.049	4.536	4.398	95	4	3.200	4.000	3.504	3.377
75	10	5.715	6.559	6.129	6.031	85	7	4.800	5.762	5.211	5.066	95	4.5	3.581	4.464	3.917	3.778
75	12.5	6.869	7.623	7.301	7.249	85	7.5	5.110	6.104	5.540	5.393	95	5	3.956	4.920	4.323	4.175
75	15	7.913	8.458	8.329	8.350	85	8	5.416	6.438	5.864	5.715	95	6	4.695	5.721	5.118	4.954
75	17.5	8.847	9.062	9.214	9.336	85	9	6.014	7.077	6.493	6.346	95	7	5.416	6.546	5.891	5.715
75	20	9.671	9.436	9.955	10.206	85	10	6.594	7.679	7.099	6.959	95	7.5	5.770	6.944	6.268	6.089
75	22.5	10.386	9.580	10.551	10.960	85	12.5	7.968	9.023	8.514	8.408	95	8	6.119	7.334	6.640	6.458
80	1.2	0.831	1.052	0.915	0.877	85	15	9.232	10.138	9.786	9.742	95	9	6.805	8.085	7.367	7.181
80	1.5	1.035	1.308	1.139	1.092	85	17.5	10.386	11.022	10.913	10.960	95	10	7.473	8.799	8.070	7.886
80	1.8	1.238	1.561	1.360	1.306	85	20	11.430	11.676	11.896	12.062	95	12.5	9.067	10.423	9.728	9.568
80	2	1.372	1.728	1.507	1.447	85	22.5	12.364	12.100	12.735	13.047	95	15	10.550	11.818	11.242	11.134
80	2.5	1.703	2.140	1.869	1.798	85	25	13.188	12.293	13.431	13.917	95	17.5	11.924	12.982	12.611	12.583
80	3	2.031	2.544	2.226	2.143	90	1.2	0.937	1.187	1.032	0.989	95	20	13.188	13.916	13.837	13.917
80	3.5	2.354	2.940	2.577	2.484	90	1.5	1.167	1.476	1.285	1.232	95	22.5	14.342	14.620	14.919	15.135
80	4	2.673	3.328	2.922	2.821	90	1.8	1.396	1.763	1.535	1.473	95	25	15.386	15.093	15.857	16.237
80	4.5	2.987	3.708	3.261	3.152	90	2	1.547	1.952	1.701	1.633	95	27.5	16.320	15.337	16.651	17.222
80	5	3.297	4.080	3.595	3.479	90	2.5	1.923	2.420	2.112	2.030	100	1.5	1.299	1.644	1.430	1.371
80	6	3.904	4.713	4.245	4.119	90	3	2.295	2.880	2.517	2.422	100	1.8	1.554	1.964	1.710	1.640
80	7	4.493	5.370	4.872	4.741	90	3.5	2.662	3.332	2.917	2.809	100	2	1.723	2.176	1.895	1.819
80	7.5	4.781	5.684	5.176	5.045	90	4	3.024	3.776	3.310	3.192	100	2.5	2.143	2.700	2.355	2.262
80	8	5.064	5.990	5.475	5.344	90	4.5	3.383	4.212	3.698	3.570	100	3	2.558	3.216	2.808	2.700
80	9	5.618	6.573	6.056	5.929	90	5	3.737	4.640	4.080	3.943	100	3.5	2.969	3.724	3.256	3.134
80	10	6.154	7.119	6.614	6.495	90	6	4.431	5.385	4.827	4.676	100	4	3.376	4.224	3.699	3.563
80	12.5	7.418	8.323	7.908	7.828	90	7	5.108	6.154	5.551	5.391	100	4.5	3.778	4.716	4.135	3.987
80	15	8.572	9.298	9.057	9.046	90	7.5	5.440	6.524	5.904	5.741	100	5	4.176	5.200	4.566	4.407
80	17.5	9.616	10.042	10.063	10.148	90	8	5.768	6.886	6.252	6.086	100	6	4.959	6.057	5.410	5.233
80	20	10.550	10.556	10.925	11.134	90	9	6.409	7.581	6.930	6.764	100	7	5.724	6.938	6.231	6.040
80	22.5	11.375	10.840	11.643	12.004	90	10	7.034	8.239	7.585	7.422	100	7.5	6.099	7.364	6.632	6.437
85	1.2	0.884	1.119	0.974	0.933	90	12.5	8.517	9.723	9.121	8.988	100	8	6.471	7.782	7.029	6.829
85	1.5	1.101	1.392	1.212	1.162	90	13.5	9.080	10.253	9.695	9.582	100	9	7.201	8.589	7.803	7.599
85	1.8	1.317	1.662	1.448	1.389	90	14.5	9.625	10.745	10.247	10.157	100	10	7.913	9.359	8.555	8.350
85	2	1.459	1.840	1.604	1.540	90	15.5	10.153	11.201	10.775	10.714	100	12.5	9.616	11.123	10.334	10.148
85	2.5	1.813	2.280	1.991	1.914	90	16.5	10.662	11.620	11.280	11.252	100	15	11.210	12.658	11.970	11.830
85	3	2.163	2.712	2.372	2.282	90	17.5	11.155	12.002	11.762	11.772	100	17.5	12.693	13.962	13.461	13.395
85	3.5	2.508	3.136	2.747	2.647	95	2	1.635	2.064	1.798	1.726	100	20	14.067	15.036	14.808	14.845

外径	壁厚	圆管	方管	六角管	八角管	外径	壁厚	圆管	方管	六角管	八角管	外径	壁厚	圆管	方管	六角管	八角管
mm		理论重量(kg/m)				mm		理论重量(kg/m)				mm		理论重量(kg/m)			
100	22.5	15.331	15.880	16.011	16.179	110	9	7.992	9.597	8.677	8.434	120	4.5	4.570	5.724	5.009	4.822
100	25	16.485	16.493	17.071	17.396	110	10	8.792	10.479	9.526	9.278	120	5	5.055	6.320	5.536	5.335
100	27.5	17.529	16.877	17.986	18.498	110	12.5	10.715	12.523	11.548	11.308	120	7.5	7.418	9.044	8.088	7.828
100	30	18.463	17.030	18.758	19.484	110	15	12.529	14.338	13.426	13.221	120	8	7.878	9.574	8.582	8.313
105	1.5	1.365	1.728	1.503	1.440	110	17.5	14.232	15.922	15.159	15.019	120	9	8.783	10.605	9.551	9.269
105	1.8	1.633	2.065	1.797	1.723	110	20	15.826	17.276	16.749	16.701	120	10	9.671	11.599	10.497	10.206
105	2	1.811	2.288	1.992	1.911	110	22.5	17.309	18.400	18.195	18.266	120	12.5	11.814	13.923	12.761	12.467
105	2.5	2.253	2.840	2.476	2.378	110	25	18.683	19.293	19.497	19.716	120	15	13.847	16.018	14.882	14.613
105	3	2.690	3.384	2.954	2.839	110	27.5	19.947	19.957	20.656	21.050	120	17.5	15.771	17.882	16.858	16.643
105	3.5	3.123	3.920	3.426	3.296	110	30	21.101	20.390	21.670	22.267	120	20	17.584	19.516	18.691	18.556
105	4	3.552	4.448	3.893	3.748	110	32.5	22.145	20.594	22.540	23.369	120	22.5	19.287	20.920	20.379	20.354
105	4.5	3.976	4.968	4.353	4.196	115	3	2.954	3.720	3.245	3.117	120	25	20.881	22.093	21.924	22.035
105	5	4.396	5.480	4.808	4.639	115	3.5	3.431	4.312	3.766	3.621	120	27.5	22.365	23.037	23.325	23.601
105	6	5.222	6.393	5.701	5.511	115	4	3.904	4.896	4.281	4.119	120	30	23.738	23.750	24.582	25.051
105	7	6.031	7.330	6.570	6.365	115	4.5	4.372	5.472	4.790	4.614	120	32.5	25.002	24.234	25.695	26.385
105	7.5	6.429	7.784	6.996	6.785	115	5	4.836	6.040	5.294	5.103	125	7.5	7.748	9.464	8.452	8.176
105	8	6.823	8.230	7.417	7.200	115	6	5.750	7.065	6.283	6.068	125	8	8.229	10.022	8.970	8.684
105	9	7.596	9.093	8.240	8.016	115	7	6.647	8.114	7.250	7.014	125	9	9.179	11.109	9.988	9.686
105	10	8.352	9.919	9.041	8.814	115	7.5	7.089	8.624	7.724	7.480	125	10	10.111	12.159	10.982	10.670
105	12.5	10.166	11.823	10.941	10.728	115	8	7.526	9.126	8.193	7.942	125	12.5	12.364	14.623	13.368	13.047
105	15	11.869	13.498	12.698	12.525	115	9	8.388	10.101	9.114	8.851	125	15	14.507	16.858	15.610	15.309
105	17.5	13.463	14.942	14.310	14.207	115	10	9.232	11.039	10.011	9.742	125	17.5	16.540	18.862	17.707	17.454
105	20	14.946	16.156	15.779	15.773	115	12.5	11.265	13.223	12.154	11.888	125	20	18.463	20.636	19.661	19.484
105	22.5	16.320	17.140	17.103	17.222	115	15	13.188	15.178	14.154	13.917	125	22.5	20.277	22.180	21.471	21.398
105	25	17.584	17.893	18.284	18.556	115	17.5	15.001	16.902	16.009	15.831	125	25	21.980	23.493	23.137	23.195
105	27.5	18.738	18.417	19.321	19.774	115	20	16.705	18.396	17.720	17.628	125	27.5	23.574	24.577	24.660	24.877
105	30	19.782	18.710	20.214	20.876	115	22.5	18.298	19.660	19.287	19.310	125	30	25.057	25.430	26.038	26.443
105	32.5	20.716	18.774	20.963	21.861	115	25	19.782	20.693	20.711	20.876	125	32.5	26.431	26.054	27.272	27.892
110	2.5	2.363	2.980	2.597	2.493	115	27.5	21.156	21.497	21.990	22.325	130	7.5	8.078	9.884	8.816	8.524
110	3	2.822	3.552	3.100	2.978	115	30	22.420	22.070	23.126	23.659	130	8	8.581	10.470	9.358	9.055
110	3.5	3.277	4.116	3.596	3.458	115	32.5	23.574	22.414	24.117	24.877	130	9	9.574	11.613	10.424	10.104
110	4	3.728	4.672	4.087	3.934	120	1.5	1.563	1.980	1.721	1.649	130	10	10.550	12.719	11.467	11.134
110	4.5	4.174	5.220	4.572	4.405	120	1.8	1.871	2.367	2.059	1.974	130	12.5	12.913	15.323	13.974	13.627
110	5	4.616	5.760	5.051	4.871	120	2	2.075	2.624	2.284	2.190	130	15	15.166	17.698	16.338	16.005
110	6	5.486	6.729	5.992	5.790	120	2.5	2.583	3.260	2.840	2.725	130	17.5	17.309	19.842	18.557	18.266
110	7	6.339	7.722	6.910	6.689	120	3	3.086	3.888	3.391	3.257	130	20	19.342	21.756	20.632	20.412
110	7.5	6.759	8.204	7.360	7.133	120	3.5	3.585	4.508	3.936	3.783	130	22.5	21.266	23.440	22.563	22.441
110	8	7.174	8.678	7.805	7.571	120	4	4.079	5.120	4.475	4.305	130	25	23.079	24.893	24.351	24.355

外径	壁厚	名称				外径	壁厚	名称				外径	壁厚	名称			
		圆管	方管	六角管	八角管			圆管	方管	六角管	八角管			圆管	方管	六角管	八角管
mm		理论重量(kg/m)				mm		理论重量(kg/m)				mm		理论重量(kg/m)			
130	27.5	24.782	26.117	25.994	26.153	150	22.5	25.222	28.480	26.931	26.616	165	30	35.608	38.870	37.686	37.576
130	30	26.376	27.110	27.494	27.834	150	25	27.475	30.493	29.204	28.994	165	32.5	37.861	40.614	39.891	39.954
130	32.5	27.860	27.874	28.849	29.400	150	27.5	29.618	32.277	31.333	31.256	165	35	40.004	42.127	41.952	42.215
135	10	10.990	13.279	11.953	11.598	150	30	31.651	33.830	33.318	33.401	165	37.5	42.037	43.410	43.869	44.361
135	12.5	13.463	16.023	14.581	14.207	150	32.5	33.574	35.154	35.159	35.431	165	40	43.960	44.463	45.642	46.390
135	15	15.826	18.538	17.066	16.701	150	35	35.388	36.247	36.856	37.344	170	10	14.067	17.199	15.350	14.845
135	17.5	18.079	20.822	19.406	19.078	155	10	12.748	15.519	13.894	13.453	170	12.5	17.309	20.923	18.828	18.266
135	20	20.222	22.876	21.603	21.340	155	12.5	15.661	18.823	17.008	16.527	170	15	20.441	24.418	22.162	21.572
135	22.5	22.255	24.700	23.655	23.485	155	15	18.463	21.898	19.978	19.484	170	17.5	23.464	27.682	25.352	24.761
135	25	24.178	26.293	25.564	25.515	155	17.5	21.156	24.742	22.804	22.325	170	20	26.376	30.716	28.398	27.834
135	27.5	25.991	27.657	27.329	27.428	155	20	23.738	27.356	25.485	25.051	170	22.5	29.178	33.520	31.300	30.792
135	30	27.695	28.790	28.950	29.226	155	22.5	26.211	29.740	28.023	27.660	170	25	31.871	36.093	34.058	33.633
135	32.5	29.288	29.694	30.427	30.908	155	25	28.574	31.893	30.418	30.154	170	27.5	34.454	38.437	36.672	36.358
140	10	11.430	13.839	12.438	12.062	155	27.5	30.827	33.817	32.668	32.531	170	30	36.926	40.550	39.142	38.968
140	12.5	14.012	16.723	15.188	14.787	155	30	32.970	35.510	34.774	34.793	170	32.5	39.289	42.434	41.468	41.461
140	15	16.485	19.378	17.794	17.396	155	32.5	35.003	36.974	36.736	36.938	170	35	41.542	44.087	43.651	43.839
140	17.5	18.848	21.802	20.255	19.890	155	35	36.926	38.207	38.555	38.968	170	37.5	43.685	45.510	45.689	46.100
140	20	21.101	23.996	22.573	22.267	160	10	13.188	16.079	14.380	13.917	170	40	45.718	46.703	47.584	48.246
140	22.5	23.244	25.960	24.747	24.529	160	12.5	16.210	19.523	17.615	17.106	175	10	14.507	17.759	15.836	15.309
140	25	25.277	27.693	26.778	26.674	160	15	19.123	22.738	20.706	20.180	175	12.5	17.859	21.623	19.435	18.846
140	27.5	27.200	29.197	28.664	28.704	160	17.5	21.925	25.722	23.653	23.137	175	15	21.101	25.258	22.890	22.267
140	30	29.014	30.470	30.406	30.618	160	20	24.618	28.476	26.456	25.979	175	17.5	24.233	28.662	26.201	25.573
140	32.5	30.717	31.514	32.004	32.415	160	22.5	27.200	31.000	29.116	28.704	175	20	27.255	31.836	29.368	28.762
145	10	11.869	14.399	12.923	12.525	160	25	29.673	33.293	31.631	31.314	175	22.5	30.168	34.780	32.392	31.835
145	12.5	14.562	17.423	15.795	15.367	160	27.5	32.036	35.357	34.002	33.807	175	25	32.970	37.493	35.271	34.793
145	15	17.144	20.218	18.522	18.092	160	30	34.289	37.190	36.230	36.185	175	27.5	35.663	39.977	38.006	37.634
145	17.5	19.617	22.782	21.105	20.702	160	32.5	36.432	38.794	38.314	38.446	175	30	38.245	42.230	40.598	40.360
145	20	21.980	25.116	23.544	23.195	160	35	38.465	40.167	40.253	40.592	175	32.5	40.718	44.254	43.046	42.969
145	22.5	24.233	27.220	25.839	25.573	160	37.5	40.388	41.310	42.049	42.621	175	35	43.081	46.047	45.349	45.463
145	25	26.376	29.093	27.991	27.834	160	40	42.202	42.223	43.701	44.535	175	37.5	45.334	47.610	47.509	47.840
145	27.5	28.409	30.737	29.998	29.980	165	10	13.628	16.639	14.865	14.381	175	40	47.477	48.943	49.525	50.102
145	30	30.332	32.150	31.862	32.009	165	12.5	16.760	20.223	18.221	17.686	180	10	14.946	18.319	16.321	15.773
145	32.5	32.146	33.334	33.582	33.923	165	15	19.782	23.578	21.434	20.876	180	12.5	18.408	22.323	20.041	19.426
150	10	12.309	14.959	13.409	12.989	165	17.5	22.694	26.702	24.502	23.949	180	15	21.760	26.098	23.618	22.963
150	12.5	15.111	18.123	16.401	15.947	165	20	25.497	29.596	27.427	26.906	180	17.5	25.002	29.642	27.050	26.385
150	15	17.804	21.058	19.250	18.788	165	22.5	28.189	32.260	30.208	29.748	180	20	28.134	32.956	30.339	29.690
150	17.5	20.386	23.762	21.954	21.514	165	25	30.772	34.693	32.844	32.473	180	22.5	31.157	36.040	33.484	32.879
150	20	22.859	26.236	24.515	24.123	165	27.5	33.245	36.897	35.337	35.083	180	25	34.069	38.893	36.484	35.953

外径	壁厚	圆管	方管	六角管	八角管	外径	壁厚	圆管	方管	六角管	八角管	外径	壁厚	圆管	方管	六角管	八角管
mm		理论重量(kg/m)				mm		理论重量(kg/m)				mm		理论重量(kg/m)			
180	27.5	36.871	41.517	39.341	38.910	195	25	37.366	43.093	40.124	39.432	230	22.5	41.048	48.640	44.404	43.317
180	30	39.564	43.910	42.054	41.751	195	27.5	40.498	46.137	43.345	42.737	230	25	45.059	52.893	46.618	47.550
180	32.5	42.147	46.074	46.623	44.477	195	30	43.520	48.950	46.422	45.926	230	27.5	48.960	56.917	52.688	51.667
180	35	44.619	48.007	47.048	47.086	195	32.5	46.433	51.534	49.355	49.000	230	30	52.752	60.710	56.614	55.668
180	37.5	46.982	49.710	49.329	49.580	195	35	49.235	53.887	52.144	51.957	230	32.5	56.434	64.274	60.397	59.554
180	40	49.235	51.183	51.466	51.957	195	37.5	51.928	56.010	54.789	54.799	230	35	60.005	67.607	64.035	63.323
185	10	15.386	18.879	16.806	16.237	195	40	54.510	57.903	57.290	57.524	230	37.5	63.467	70.710	67.530	66.976
185	12.5	18.958	23.023	20.648	20.006	200	10	16.705	20.559	18.262	17.628	230	40	66.819	73.583	70.880	70.513
185	15	22.420	26.938	24.346	23.659	200	12.5	20.606	25.123	22.468	21.746	230	42.5	70.061	76.226	74.087	73.935
185	17.5	25.772	30.622	27.900	27.196	200	15	24.398	29.458	26.530	25.747	230	45	73.193	78.639	77.149	77.240
185	20	29.014	34.076	31.310	30.618	200	17.5	28.079	33.562	30.448	29.632	230	47.5	76.216	80.821	80.068	80.429
185	22.5	32.146	37.300	34.576	33.923	200	20	31.651	37.436	34.222	33.401	230	50	79.128	82.774	82.843	83.503
185	25	35.168	40.293	37.698	37.112	200	22.5	35.113	41.080	37.852	37.054	250	15	30.992	37.858	33.810	32.705
185	27.5	38.080	43.057	40.676	40.186	200	25	38.465	44.493	41.338	40.592	250	17.5	35.772	43.362	38.941	37.750
185	30	40.883	45.590	43.510	43.143	200	27.5	41.707	47.677	44.680	44.013	250	20	40.443	48.636	43.928	42.679
185	32.5	43.575	47.894	46.200	45.984	200	30	44.839	50.630	47.878	47.318	250	22.5	45.004	53.680	48.772	47.492
185	35	46.158	49.967	48.747	48.710	200	32.5	47.861	53.354	50.932	50.508	250	25	49.455	58.493	53.471	52.189
185	37.5	48.631	51.810	51.149	51.319	200	35	50.774	55.847	53.843	53.581	250	27.5	53.796	63.077	58.027	56.770
185	40	50.994	53.423	53.408	53.813	200	37.5	53.576	58.110	56.609	56.538	250	30	58.027	67.430	62.438	61.235
190	10	15.826	19.439	17.292	16.701	200	40	56.269	60.143	59.232	59.380	250	32.5	62.148	71.554	66.706	65.584
190	12.5	19.507	23.723	21.255	20.586	210	15	25.717	31.138	27.986	27.138	250	35	66.160	75.447	70.830	69.818
190	15	23.079	27.778	25.074	24.355	210	17.5	29.618	35.522	32.146	31.256	250	37.5	70.061	79.110	74.810	73.935
190	17.5	26.541	31.602	28.749	28.008	210	20	33.410	39.676	36.163	35.257	250	40	73.853	82.543	78.646	77.936
190	20	29.893	35.196	32.280	31.545	210	22.5	37.091	43.600	40.036	39.142	250	42.5	77.534	85.746	82.337	81.821
190	22.5	33.135	38.560	35.668	34.967	210	25	40.663	47.293	43.764	42.911	250	45	81.106	88.719	85.885	85.590
190	25	36.267	41.693	38.911	38.272	210	27.5	44.125	50.757	47.349	46.564	250	47.5	84.568	91.461	89.290	89.244
190	27.5	39.289	44.597	42.011	41.461	210	30	47.477	53.990	50.790	50.102	250	50	87.920	93.974	92.550	92.781
190	30	42.202	47.270	44.966	44.535	210	32.5	50.719	56.994	54.087	53.523	260	15	32.311	39.538	35.266	34.097
190	32.5	45.004	49.714	47.778	47.492	210	35	53.851	59.767	57.240	56.828	260	17.5	37.311	45.322	40.640	39.374
190	35	47.697	51.927	50.445	50.334	210	37.5	56.873	62.310	60.249	60.018	260	20	42.202	50.876	45.870	44.535
190	37.5	50.279	53.910	52.969	53.059	210	40	59.786	64.623	63.115	63.091	260	22.5	46.982	56.200	50.956	49.580
190	40	52.752	55.663	55.349	55.668	210	42.5	62.588	66.706	65.836	66.048	260	25	51.653	61.293	55.898	54.509
195	10	16.265	19.999	17.777	17.164	210	45	65.281	68.559	68.413	68.890	260	27.5	56.214	66.157	60.696	59.322
195	12.5	20.057	24.423	21.861	21.166	210	47.5	67.863	70.181	70.847	71.615	260	30	60.665	70.790	65.350	64.019
195	15	23.738	28.618	25.802	25.051	210	50	70.336	71.574	73.136	74.225	260	32.5	65.006	75.194	69.861	68.600
195	17.5	27.310	32.582	29.598	28.820	230	15	28.354	34.498	30.898	29.922	260	35	69.237	79.367	74.227	73.065
195	20	30.772	36.316	33.251	32.473	230	17.5	32.695	39.442	35.544	34.503	260	37.5	73.358	83.310	78.450	77.414
195	22.5	34.124	39.820	36.760	36.011	230	20	36.926	44.156	40.046	38.968	260	40	77.370	87.023	82.528	81.647

续表 4-67

外径	壁厚	名 称				外径	壁厚	名 称				外径	壁厚	名 称			
		圆管	方管	六角管	八角管			圆管	方管	六角管	八角管			圆管	方管	六角管	八角管
mm		理论重量(kg/m)				mm		理论重量(kg/m)				mm		理论重量(kg/m)			
260	42.5	81.271	90.506	86.463	85.764	300	22.5	54.895	66.280	59.692	57.930	380	7.5	24.563	30.884	27.017	25.921
260	45	85.063	93.759	90.254	89.765	300	25	60.445	72.493	65.605	63.787	380	8	26.165	32.870	28.772	27.612
260	47.5	88.744	96.781	93.900	93.651	300	27.5	65.885	78.477	71.374	69.528	380	9	29.356	36.813	32.265	30.980
260	50	92.316	99.574	97.403	97.420	300	30	71.215	84.230	76.999	75.152	380	10	32.530	40.719	35.735	34.329
270	5	11.649	14.720	12.816	12.293	300	32.5	76.435	89.754	82.480	80.661	380	12.5	40.388	50.323	44.308	42.621
270	6	13.927	17.481	15.311	14.696	300	35	81.546	95.047	87.817	86.054	380	15	48.136	59.698	52.738	50.797
270	7	16.186	20.266	17.782	17.081	300	37.5	86.546	100.110	93.010	91.331	380	17.5	55.774	68.842	61.024	58.858
270	7.5	17.309	21.644	19.009	18.266	300	40	91.437	104.943	98.059	96.492	380	20	63.302	77.756	69.166	66.802
270	8	18.428	23.014	20.230	19.447	300	42.5	96.217	109.546	102.964	101.537	380	22.5	70.721	86.440	77.164	74.631
270	9	20.652	25.725	22.655	21.794	300	45	100.888	113.919	107.726	106.466	380	25	78.029	94.893	85.018	82.343
270	10	22.859	28.399	25.057	24.123	300	47.5	105.449	118.061	112.343	111.279	380	27.5	85.227	103.117	92.729	89.939
270	12.5	28.299	34.923	30.961	29.864	300	50	109.900	121.974	116.817	115.976	380	30	92.316	111.110	100.295	97.420
270	15	33.629	41.218	36.722	35.489	350	5	15.166	19.200	16.699	16.005	380	32.5	99.295	118.874	107.717	104.784
270	17.5	38.850	47.282	42.339	40.998	350	6	18.147	22.857	19.970	19.150	380	35	106.163	126.407	114.996	112.033
270	20	43.960	53.116	47.811	46.390	350	7	21.110	26.538	23.218	22.277	380	37.5	112.922	133.710	122.130	119.165
270	22.5	48.960	58.720	53.140	51.667	350	7.5	22.584	28.364	24.833	23.833	380	40	119.571	140.783	129.121	126.182
270	25	53.851	64.093	58.325	56.828	350	8	24.055	30.182	26.442	25.385	380	42.5	126.110	147.626	135.968	133.082
270	27.5	58.632	69.237	63.366	61.873	350	9	26.983	33.789	29.644	28.474	380	45	132.539	154.239	142.370	139.867
270	30	63.302	74.150	68.263	66.802	350	10	29.893	37.359	32.822	31.545	380	47.5	138.859	160.621	149.229	146.536
270	32.5	67.863	78.834	73.016	71.615	350	12.5	37.091	46.123	40.668	39.142	380	50	145.068	166.774	155.644	153.088
270	35	72.314	83.287	77.625	76.312	350	15	44.180	54.658	48.370	46.622	400	5	17.364	22.000	19.126	18.324
270	37.5	76.655	87.510	82.090	80.893	350	17.5	51.158	62.962	55.928	53.987	400	6	20.784	26.217	22.882	21.933
270	40	80.886	91.503	86.411	85.358	350	20	58.027	71.036	63.342	61.235	400	7	24.187	30.458	26.615	25.524
270	42.5	85.008	95.266	90.588	89.707	350	22.5	64.786	78.880	70.612	68.368	400	7.5	25.881	32.564	28.473	27.312
270	45	89.019	98.799	94.622	93.941	350	25	71.435	86.493	77.738	75.384	400	8	27.572	34.662	30.325	29.096
270	47.5	92.920	102.101	98.511	98.058	350	27.5	77.974	93.877	84.721	82.285	400	9	30.939	38.829	34.012	32.650
270	50	96.712	105.174	102.257	102.059	350	30	84.403	101.030	91.559	89.070	400	10	34.289	42.959	37.676	36.185
300	5	12.968	16.400	14.272	13.685	350	32.5	90.722	107.954	98.253	95.738	400	12.5	42.586	53.123	46.735	44.941
300	6	15.509	19.497	17.058	16.367	350	35	96.932	114.647	104.804	102.291	400	15	50.774	63.058	55.650	53.581
300	7	18.032	22.618	19.820	19.029	350	37.5	103.031	121.110	111.210	108.728	400	17.5	58.851	72.762	64.422	62.105
300	7.5	19.287	24.164	21.193	20.354	350	40	109.021	127.343	117.473	115.048	400	20	66.819	82.236	73.049	70.513
300	8	20.538	25.702	22.559	21.674	350	42.5	114.900	133.346	123.591	121.253	400	22.5	74.677	91.480	81.532	78.806
300	9	23.026	28.749	25.276	24.299	350	45	120.670	139.119	129.566	127.342	400	25	82.425	100.493	89.872	86.982
300	10	25.497	31.759	27.969	26.906	350	47.5	126.330	144.661	135.397	133.314	400	27.5	90.063	109.277	98.067	95.042
300	12.5	31.596	39.123	34.602	33.343	350	50	131.880	149.974	141.084	139.171	400	30	97.591	117.830	106.119	102.987
300	15	37.586	46.258	41.090	39.664	380	5	16.485	20.880	18.155	17.396	400	32.5	105.009	126.154	114.027	110.815
300	17.5	43.465	53.162	47.435	45.869	380	6	19.729	24.873	21.717	20.820	400	35	112.318	134.247	121.791	118.527
300	20	49.235	59.836	53.635	51.957	380	7	22.956	28.890	25.256	24.225	400	37.5	119.516	142.110	129.411	126.124

外径	壁厚	名　称				外径	壁厚	名　称				外径	壁厚	名　称			
		圆管	方管	六角管	八角管			圆管	方管	六角管	八角管			圆管	方管	六角管	八角管
mm		理论重量(kg/m)				mm		理论重量(kg/m)				mm		理论重量(kg/m)			
400	40	126.605	149.743	136.886	133.604	450	9	34.895	43.869	38.380	36.825	450	32.5	119.296	144.354	129.800	125.892
400	42.5	133.583	157.146	144.219	140.969	450	10	38.685	48.559	42.529	40.824	450	35	127.704	153.847	138.778	134.764
400	45	140.452	164.319	151.407	148.217	450	12.5	48.081	60.123	52.802	50.740	450	37.5	136.001	163.110	147.611	143.520
400	47.5	147.211	171.261	158.451	155.350	450	15	57.368	71.458	62.930	60.539	450	40	144.189	172.143	156.300	152.161
400	50	153.860	177.974	165.351	162.366	450	17.5	66.544	82.562	72.915	70.223	450	42.5	152.266	180.946	164.846	160.685
450	5	19.562	24.800	21.553	20.644	450	20	75.611	93.436	82.756	79.791	450	45	160.234	189.519	173.247	169.093
450	6	23.422	29.577	25.794	24.717	450	22.5	84.568	104.080	92.453	89.244	450	47.5	168.092	197.861	181.504	177.385
450	7	27.264	34.378	30.012	28.771	450	25	93.415	114.493	102.005	98.580	450	50	175.840	205.974	189.618	185.562
450	7.5	29.178	36.764	32.113	30.792	450	27.5	102.152	124.677	111.414	107.800						
450	8	31.089	39.142	34.208	32.807	450	30	110.779	134.630	120.679	116.904						

注:①其他相对密度的管材可参照表 4-56 计算理论重量。

②以上数据仅供参考。

6.椭圆形铝及铝合金管的理论重量(相对密度按 2.8 计)

表 4-68

外　径		壁厚	理论重量	外　径		壁厚	理论重量	外　径		壁厚	理论重量
长轴	短轴			长轴	短轴			长轴	短轴		
mm			kg/m	mm			kg/m	mm			kg/m
27	11.5	1	0.642	60.5	25.5	1.5	2.189	87.5	37	2	4.238
33.5	14.5	1	0.809	60.5	25.5	2	2.884	87.5	40	2.5	5.385
40.5	17	1	0.976	67.5	28.5	1.5	2.453	94.5	40	2	4.589
40.5	17	1.5	1.437	67.5	28.5	2	3.235	101	43	2.5	6.110
47	20	1	1.143	74	31.5	1.5	2.704	108	45.5	2.5	6.528
47	20	1.5	1.688	74	31.5	2	3.570	114.5	48.5	2.5	6.946
54	23	1.5	1.952	81	34	2	3.904				
54	23	2	2.567	81	34	2.5	4.836				

注:①其他相对密度的管材可参照表 4-56 计算理论重量。

②以上数据供参考。

(四)铝及铝合金箔的牌号、规格和理论重量

1.部分铝箔的牌号、状态及规格尺寸(GB/T 3198—2010)

表 4-69

牌　号	状　态	规　格 (mm)			
		厚　度	宽　度	管芯内径	卷外径
1050、1060、1070、1100、1145、1200、1235	O	0.004 5~0.2	50~1 820	75	150~1 200
	H22	>0.004 5~0.2		76.2	
	H14、H24	0.004 5~0.006		150	
	H14、H24	0.004 5~0.2		152.4	
	H18	0.004 5~0.2		300	
	H19	>0.006~0.2		400	
				406	
2A11、2A12	O、H18	0.03~0.2			

续表 4-69

牌　号	状　态	规　格（mm）			
		厚　度	宽　度	管芯内径	卷外径
3003	O	0.009～0.02	50～1 820	75	100～1 500
	H22	0.02～0.2		76.2	
	H14、H24	0.03～0.2		150	
	H16、H26	0.1～0.2		152.4	
	H18	0.01～0.2		300	
	H19	0.018～0.1		400	
				406	

2、铝及铝合金箔的理论重量

表 4-70

厚度（mm）	理论重量（kg/m²）		厚度（mm）	理论重量（kg/m²）		厚度（mm）	理论重量（kg/m²）	
	相对密度 2.7	相对密度 2.8		相对密度 2.7	相对密度 2.8		相对密度 2.7	相对密度 2.8
0.004	0.010 8	0.011 2	0.012	0.032 4	0.033 6	0.070	0.189 0	0.196 0
0.004 5	0.012 15	0.012 6	0.014	0.037 8	0.039 2	0.080	0.216	0.224
0.005	0.013 5	0.014 0	0.016	0.043 2	0.044 8	0.100	0.270	0.280
0.006	0.016 2	0.016 8	0.020	0.054 0	0.056	0.120	0.324	0.336
0.007	0.018 9	0.019 6	0.025	0.067 5	0.071 4	0.150	0.405	0.420
0.007 5	0.020 25	0.021 0	0.030	0.081 0	0.084	0.180	0.486	0.504
0.008	0.021 6	0.022 4	0.040	0.108 0	0.112	0.200	0.540	0.560
0.009	0.024 3	0.025 2	0.050	0.135 0	0.140	0.22	0.594	0.616
0.010	0.027 0	0.028 0	0.060	0.162 0	0.168	0.25	0.675	0.70

注：其他相对密度的产品可根据表 4-56 的换算系数计算。

四、铝及铝合金板和带

（一）一般工业用铝及铝合金板和带（GB/T 3880.1～3—2012）

1. 铝及铝合金板和带的牌号、类别、状态及厚度（部分）

表 4-71

牌　号	铝或铝合金类别	状　态	板材厚度（mm）	带材厚度（mm）
1070	A	O	>0.20～50.00	>0.20～6.00
		H12、H22、H14、H24	>0.20～6.00	>0.20～6.00
		H16、H26	>0.20～4.00	>0.20～4.00
		H18	>0.20～3.00	>0.20～3.00
		H112	>4.50～75.00	—
		F	>4.50～150.00	>2.50～8.00
1070A	A	O、H111	>0.20～25.00	—
		H12、H22、H14、H24	>0.20～6.00	—
		H16、H26	>0.20～4.00	—
		H18	>0.20～3.00	—
		H112	>6.00～25.00	—
		F	>4.50～150.00	>2.50～8.00
1060	A	O	>0.20～80.00	>0.20～6.00

牌 号	铝或铝合金类别	状 态	板材厚度（mm）	带材厚度（mm）
1060	A	H12、H22	>0.50～6.00	>0.50～6.00
		H14、H24	>0.20～6.00	>0.20～6.00
		H16、H26	>0.20～4.00	>0.20～4.00
		H18	>0.20～3.00	>0.20～3.00
		H112	>4.50～80.00	—
		F	>4.50～150.00	>2.50～8.00
1050	A	O	>0.20～50.00	>0.20～6.00
		H12、H22、H14、H24	>0.20～6.00	>0.20～6.00
		H16、H26	>0.20～4.00	>0.20～4.00
		H18	>0.20～3.00	>0.20～3.00
		H112	>4.50～75.00	—
		F	>4.50～150.00	>2.50～8.00
1050A	A	O	>0.20～80.00	>0.20～6.00
		H111	>0.20～80.00	—
		H12、H22、H14、H24	>0.20～6.00	>0.20～6.00
		H16、H26	>0.20～4.00	>0.20～4.00
		H18、H28、H19	>0.20～3.00	>0.20～3.00
		H112	>6.00～80.00	—
		F	>4.50～150.00	>2.50～8.00
1145	A	O	>0.20～10.00	>0.20～6.00
		H12、H22、H14、H24、H16、H26、H18	>0.20～4.50	>0.20～4.50
		H112	>4.50～25.00	—
		F	>4.50～150.00	>2.50～8.00
1100	A	O	>0.20～80.00	>0.20～6.00
		H12、H22、H14、H24	>0.20～6.00	>0.20～6.00
		H16、H26	>0.20～4.00	>0.20～4.00
		H18、H28	>0.20～3.20	>0.20～3.20
		H112	>6.00～80.00	—
		F	>4.50～150.00	>2.50～8.00
1200	A	O	>0.20～80.00	>0.20～6.00
		H111	>0.20～80.00	—
		H12、H22、H14、H24	>0.20～6.00	>0.20～6.00
		H16、H26	>0.20～4.00	>0.20～4.00
		H18、H19	>0.20～3.00	>0.20～3.00
		H112	>6.00～80.00	—
		F	>4.50～150.00	>2.50～8.00
3003	A	O	>0.20～50.00	>0.20～6.00
		H111	>0.20～50.00	—
		H12、H22、H14、H24	>0.20～6.00	>0.20～6.00

续表 4-71

牌　号	铝或铝合金类别	状　态	板材厚度(mm)	带材厚度(mm)
3003	A	H16、26	>0.20~4.00	>0.20~4.00
		H18、H28、H19	>0.20~3.00	>0.20~3.00
		H112	>4.50~80.00	—
		F	>4.50~150.00	>2.50~8.00
5050	A	O、H111	>0.20~50.00	—
		H12	>0.20~3.00	
		H22、H32、H14、H24、H34	>0.20~6.00	
		H16、H26、H36	>0.20~4.00	
		H18、H28、H38	>0.20~3.00	
		H112	6.00~80.00	
		F	2.50~80.00	

2. 铝及铝合金板、带与厚度对应的宽度和长度(mm)

表 4-72

板、带材厚度	板材的宽度和长度		带材的宽度和内径	
	板材的宽度	板材的长度	带材的宽度	带材的内径
>0.20~0.50	500.0~1 660.0	500~4 000	≤1 800.00	
>0.50~0.80	500.0~2 000.0	500~10 000	≤2 400.00	
>0.80~1.20	500.0~2 400.0ᵃ	1 000~10 000	≤2 400.00	75、150、200、300、405、505、605、650、750
>1.20~3.00	500.0~2 400.0	1 000~10 000	≤2 400.00	
>3.00~8.00	500.0~2 400.0	1 000~15 000	≤2 400.00	
>8.00~15.00	500.0~2 500.0	1 000~15 000	—	—
>15.00~250.00	500.0~3 500.0	1 000~20 000	—	—

注：①带材是否带套筒及套筒材质，由供需双方商定后在订货单(或合同)中注明。
　　②ᵃA 类合金最大宽度为 2 000.0mm

3. 板、带材铝及铝合金分类

表 4-73

牌号系列	铝或铝合金类别	
	A	B
1×××	所有	—
2×××	—	所有
3×××	Mn 的最大含量不大于 1.8%，Mg 的最大含量不大于 1.8%，Mn 的最大含量与 Mg 的最大含量之和不大于 2.3%。如：3003、3103、3005、3105、3102、3A21	A 类外的其他合金，如：3004、3104
4×××	Si 的最大含量不大于 2%。如：4006、4007	A 类外的其他合金，如：4015
5×××	Mg 的最大含量不大于 1.8%，Mn 的最大含量不大于 1.8%，Mg 的最大含量与 Mn 的最大含量之和不大于 2.3%。如：5005、5005A、5050	A 类外的其他合金，如：5A02、5A03、5A05、5A06、5040、5049、5449、5251、5052、5154A、5454、5754、5082、5182、5083、5383、5086
6×××	—	所有
7×××	—	所有
8×××	不可热处理强化的合金。如 8A06、8011、8011A、8079	可热处理强化的合金

4.板、带铝及铝合金的尺寸偏差等级

表 4-74

尺寸 项目	尺 寸 偏 差 等 级	
	板　材	带　材
厚度	冷轧板材:高精级、普通级 热轧板材:不分级	冷轧带材:高精级、普通级 热轧带材:不分级
宽度	冷轧板材:高精级、普通级 热轧板材:不分级	冷轧带材:高精级、普通级 热轧带材:不分级
长度	冷轧板材:高精级、普通级 热轧板材:不分级	—
不平度	高精级、普通级	—
侧边 弯曲度	冷轧板材:高精级、普通级 热轧板材:高精级、普通级	冷轧带材:高精级、普通级 热轧带材:不分级
对角线	高精级、普通级	—

5.铝及铝合金板理论重量

表 4-75

厚度 (mm)	理论重量(kg/m²)			厚度 (mm)	理论重量(kg/m²)			厚度 (mm)	理论重量(kg/m²)		
	相对密度 2.85	相对密度 2.7	相对密度 2.65		相对密度 2.85	相对密度 2.7	相对密度 2.65		相对密度 2.85	相对密度 2.7	相对密度 2.65
0.3	0.855	0.810	0.795	3.5	9.975	9.450	9.275	30	85.500	81.000	79.500
0.4	1.140	1.080	1.060	4.0	11.400	10.800	10.600	35	99.750	94.500	92.750
0.5	1.425	1.350	1.325	5.0	14.250	13.500	13.250	40	114.000	108.000	106.000
0.6	1.710	1.620	1.590	6.0	17.100	16.200	15.900	50	142.500	135.000	132.500
0.7	1.995	1.890	1.855	7.0	19.950	18.900	18.550	60	171.00	162.000	159.000
0.8	2.280	2.160	2.120	8.0	22.800	21.600	21.200	70	199.500	189.000	185.500
0.9	2.565	2.430	2.385	9.0	25.650	24.300	23.850	80	228.000	216.000	212.000
1.0	2.850	2.700	2.650	10	28.500	27.000	26.500	90	256.500	243.000	238.500
1.2	3.420	3.240	3.180	12	34.200	32.400	31.800	100	285.000	270.000	265.000
1.5	4.275	4.050	3.975	14	39.900	37.800	37.100	110	313.500	297.000	291.500
1.8	5.130	4.860	4.770	15	42.750	40.500	39.750	120	342.000	324.000	318.000
2.0	5.700	5.400	5.300	16	45.600	43.200	42.400	130	370.500	351.000	344.500
2.3	6.555	6.210	6.095	18	51.300	48.600	47.700	140	399.000	378.000	371.000
2.5	7.125	6.750	6.625	20	57.000	54.000	53.000	150	427.500	405.000	397.500
2.8	7.980	7.560	7.420	22	62.700	59.400	58.300				
3.0	8.550	8.100	7.950	25	71.250	67.500	66.250				

注:其他相对密度的铝及铝合金板的理论重量可根据换算系数换算,见表4-56。

(二)建筑用铝及铝合金波纹板(GB/T 4438—2006)

铝及铝合金波纹板适用于工程围护材料及建筑装饰材料。

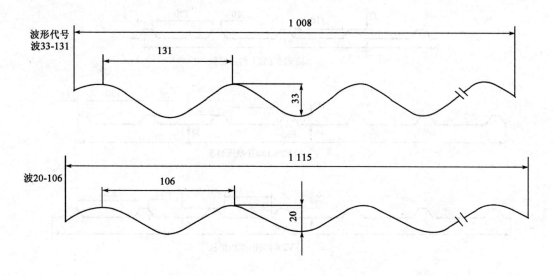

图4-3　波纹板示意图(尺寸单位:mm)

1.波纹板的牌号、状态和规格尺寸

表4-76

牌　号	状　态	波型代号	规　格　(mm)				
			坯料厚度	长度	宽度	波高	波距
1050A、1050、1060、1070A、1100、1200、3003	H18	波 20-106	0.60～1.00	2 000～10 000	1 115	20	106
		波 33-131			1 008	33	131

注:需方需要其他波型时,可供需双方协商并在合同中注明。

2.波纹板标记示例

用3003合金制造的、供应状态为 H18、波型代号为波 20-106,坯料厚度为 0.80mm,长度为 3 000mm的波纹板,标记为:

波 20-106　　3003-H18　　0.8×1 115×3 000　　GB/T 4438—2006

3.波纹长、宽尺寸允许偏差

表4-77

波型代号	宽度及允许偏差		波高及允许偏差		波距及允许偏差		长度允许偏差(mm)
	宽度(mm)	允许偏差(mm)	波高(mm)	允许偏差(mm)	波距(mm)	允许偏差(mm)	
波 20-106	1 115	+25 -10	20	±2	106	±2	+25 -10
波 33-131	1 008	+25 -10	25	±2.5	131	±3	

注:波高和波距偏差为5个波的平均尺寸与其公称尺寸的差。

4.波纹板坯料的力学性能

波纹板坯料的力学性能应符合表4-54规定。

(三)建筑用铝及铝合金压型板(GB/T 6891—2006)

1. 铝及铝合金压型板图形

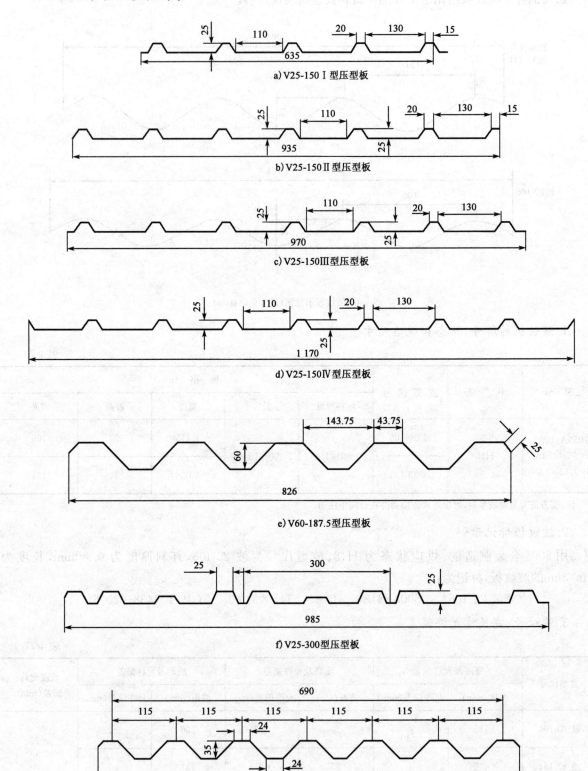

a) V25-150 Ⅰ型压型板

b) V25-150 Ⅱ型压型板

c) V25-150Ⅲ型压型板

d) V25-150Ⅳ型压型板

e) V60-187.5型压型板

f) V25-300型压型板

g) V35-115 Ⅰ型压型板

图 4-4

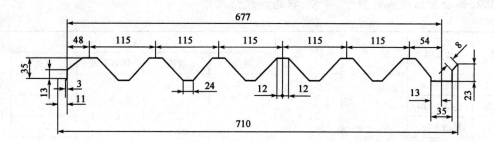

h) V35-115Ⅱ型压型板

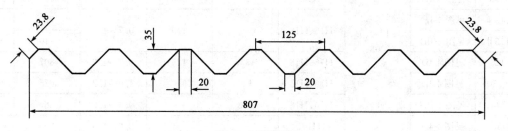

i) V35-125型压型板

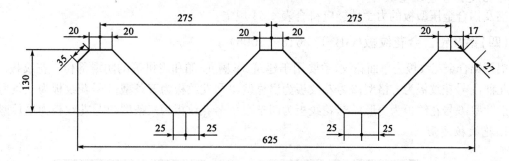

j) V130-550型压型板

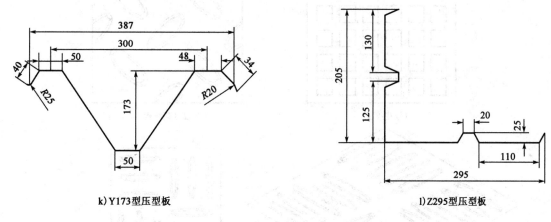

k) Y173型压型板　　　　　　　　　　　　　　l) Z295型压型板

图 4-4　铝及铝合金压型板图(尺寸单位:mm)

2. 标记示例

用 3003 合金制造的、供应状态为 H18、型号为 V60-187.5、坯料厚度为 1.00mm、宽度为 826mm、长度为 3 000mm 的压型板,标记为:

V60-187.5　　　3003-H18　　　1.0×8.26×3 000　　　GB/T 6891—2006

3. 铝及铝合金压型板的型号、牌号、状态和规格尺寸

表4-78

型 号	板 型	牌 号	状 态	规 格 (mm)				
				波高	波距	坯料厚度	宽度	长度
V25-150 I	见图4-4a)	1050A、1050、1060、1070A、1100、1200、3003、5005	H18	25	150	0.6～1.0	635	1 700～6 200
V25-150 II	见图4-4b)						935	
V25-150 III	见图4-4c)						970	
V25-150 IV	见图4-4d)						1170	
V60-187.5	见图4-4e)		H16、H18	60	187.5	0.9～1.2	826	1 700～3 200
V25-300	见图4-4f)		H16	25	300	0.6～1.0	985	1 700～5 000
V35-115 I	见图4-4g)		H16、H18	35	115	0.7～1.2	720	≥1 700
V35-115 II	见图4-4h)						710	
V35-125	见图4-4i)		H16、H18	35	125	0.7～1.2	807	≥1 700
V130-550	见图4-4j)		H16、H18	130	550	1.0～1.2	625	≥6 000
Y173	见图4-4k)		H16、H18	173	—	0.9～1.2	387	≥1 700
Z295	见图4-4l)		H18	—	—	0.6～1.0	295	1 200～2 500

4. 铝及铝合金压型板

铝及铝合金压型板的力学性能应符合表4-54规定。

(四)铝及铝合金花纹板(GB/T 3618—2006)

铝及铝合金花纹板为单面花纹,主要用于建筑、车辆、船舶和飞机等的防滑部位。花纹板的花纹图案分为九种:1号花纹板为方格型;2号花纹板为扁豆型;3号花纹板为五条型;4号花纹板为三条型;5号花纹板为指针型;6号花纹板为菱形;7号花纹板为四条型;8号花纹板为三条型;9号花纹板为星月型。

1. 花纹板图形

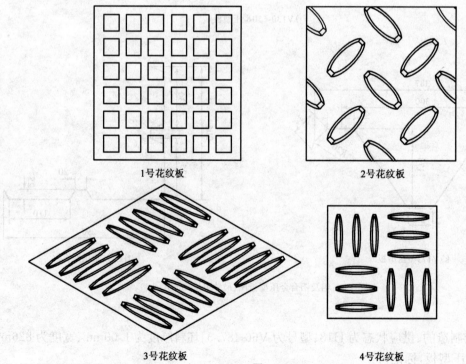

1号花纹板　　　　　2号花纹板

3号花纹板　　　　　4号花纹板

图 4-5

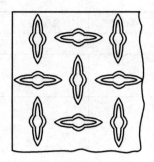
5号花纹板

6号花纹板

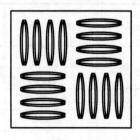
7号花纹板

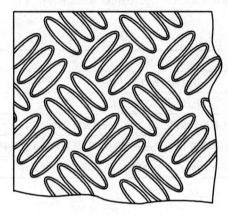
8号花纹板

9号花纹板

图 4-5　花纹板示意图

2. 铝及铝合金花纹板的牌号、状态和规格

表 4-79

花纹代号	花纹图案	牌　号	状　态	底板厚度	筋高	宽度	长度
				mm			
1 号	方格型	2A12	T4	1.0~3.0	1.0		
2 号	扁豆型	2A11、5A02、5052	H234	2.0~4.0	1.0		
		3105、3003	H194				
3 号	五条型	1×××、3003	H194	1.5~4.5	1.0		
		5A02、5052、3105、5A43、3003	O、H114				
4 号	三条型	1×××、3003	H194	1.5~4.5	1.0	1 000~1 600	2 000~10 000
		2A11、5A02、5052	H234				
5 号	指针型	1×××	H194	1.5~4.5	1.0		
		5A02、5052、5A43	O、H114				
6 号	菱形	2A11	H234	3.0~8.0	0.9		
7 号	四条型	6061	O	2.0~4.0	1.0		
		5A02、5052	O、H234				
8 号	三条型	1×××	H114、H234、H194	1.0~4.5	0.3		

续表 4-79

花纹代号	花纹图案	牌 号	状 态	底板厚度	筋高	宽度	长度
				mm			
8号	三条型	3003	H114、H194	1.0~4.5	0.3	1 000~1 600	2 000~10 000
		5A02、5052	O、H114、H194				
9号	星月型	1×××	H114、H234、H194	1.0~4.0	0.7		
		2A11	H194				
		2A12	T4	1.0~3.0			
		3003	H114、H234、H194	1.0~4.0			
		5A02、5052	H114、H234、H194				

注:①2A11、2A12 合金花纹板双面可带有 1A50 合金包覆层,其每面包覆层平均厚度应不小于底板公称厚度的 4%。

②花纹板状态代号的说明,见表 4-80。

表 4-80

新状态代号	状态代号含义
T4	花纹板淬火自然时效
O	花纹板成品完全退火
H114	用完全退火(O)状态的平板,经过一个道次的冷轧得到的花纹板材
H234	用不完全退火(H22)状态的平板,经过一个道次的冷轧得到的花纹板材
H194	用硬状态(H18)的平板,经过一个道次的冷轧得到的花纹板材

3. 铝及铝合金花纹板的力学性能

表 4-81

花纹代号	牌 号	状 态	抗拉强度 R_m(MPa)	规定非比例延伸强度 $R_{P0.2}$(MPa)	断后伸长率 A_{50}(%)	弯曲系数
			不 小 于			
1号、9号	2A12	T4	405	255	10	—
2号、4号、6号、9号	2A11	H234、H194	215	—	3	—
4号、8号、9号	3003	H114、H234	120	—	4	4
		H194	140	—	3	8
3号、4号、5号、8号、9号	1×××	H114	80	—	4	2
		H194	100	—	3	6
3号、7号		O	≤150	—	14	3
2号、3号	5A02、5052	H114	180	—	3	3
2号、4号、7号、8号、9号		H194	195	—	3	8
3号	5A43	O	≤100	—	15	2
		H114	120	—	4	4
7号	6061	O	≤150	—	12	—

注:①计算截面面积所用的厚度为底板厚度。

②1号花纹板的室温拉伸试验结果应符合本表的规定,当需方对其他代号的花纹板的室温拉伸试验性能或任意代号的花纹板的弯曲系数有要求时,供需双方应参考本表中的规定具体协商,并在合同中注明。

4. 铝及铝合金花纹板的理论重量

表 4-82

底板厚度 （mm）	铝及铝合金牌号					
	2A12	2A11				
	花纹代号					
	1 号	2 号	3 号	4 号	6 号	7 号
	单位面积理论重量（kg/m²）					
1.00	3.452					5.668
1.20	4.008					6.228
1.50	4.842					7.628
1.80	5.676	6.340	5.719	5.500		9.028
2.00	6.232	6.900	6.279	6.060		10.428
2.59	7.622	8.300	7.679	7.460		11.828
3.00	9.012	9.700	9.079	8.860		
3.50		11.100	10.479	10.260		
4.00		12.500	11.879	11.660	12.343	
4.50					13.743	
5.00					15.143	
6.00					17.943	
7.00					20.743	

注：①其他牌号铝及铝合金花纹板可参照表 4-56 计算理论重量。

②相对密度：2A11 为 2.8；2A12 为 2.78。

第四节 其他常用有色金属

(一)锌锭(GB/T 470—2008)

锌锭在工程上常用于桥梁缆索的热铸锚。锌锭按化学成分分为 5 个牌号。

锌锭的牌号及化学成分

表 4-83

牌 号	化学成分（质量分数）（%）							
	Zn 含量， 不小于	杂质，不大于						
		Pb	Cd	Fe	Cu	Sn	Al	总和
Zn99.995	99.995	0.003	0.002	0.001	0.001	0.001	0.001	0.005
Zn99.99	99.99	0.005	0.003	0.003	0.002	0.001	0.002	0.01
Zn99.95	99.95	0.030	0.01	0.02	0.002	0.001	0.01	0.05
Zn99.5	99.5	0.45	0.01	0.05	—	—	—	0.5
Zn98.5	98.5	1.4	0.01	0.05	—	—	—	1.5

注：①需方如对锌锭的化学成分、形状、重量有特殊要求时，由供需双方商定。

②锌锭表面不允许有熔洞、缩孔、夹层、浮渣及外来夹杂物，但允许有自然氧化膜。

③锌锭单重为 18～30kg。锭的底面允许有凹沟及铸腿，便于集装和使用。

(二)铸造用锌合金锭(GB/T 8738—2014)

1. 铸造用锌合金锭牌号及化学成分

表 4-84

牌 号	代号	化学成分(质量分数)(%)									
		Zn	Al	Cu	Mg	Fe	Pb	Cd	Sn	Si	Ni
ZnAl4	Z×01	余量	3.9～4.3	0.03	0.03～0.06	0.02	0.003	0.003	0.0015	—	0.001
ZnAl4Cu0.4	Z×02	余量	3.9～4.3	0.25～0.45	0.03～0.06	0.02	0.003	0.003	0.0015	—	0.001
ZnAl4Cu1	Z×03	余量	3.9～4.3	0.7～1.1	0.03～0.06	0.02	0.003	0.003	0.0015	—	0.001
ZnAl4Cu3	Z×04	余量	3.9～4.3	2.7～3.3	0.03～0.06	0.02	0.003	0.003	0.0015	—	0.001
ZnAl6Cu1	Z×05	余量	5.6～6.0	1.2～1.6	0.005	0.02	0.003	0.003	0.001	0.02	0.001
ZnAl8Cu1	Z×06	余量	8.2～8.8	0.9～1.3	0.02～0.03	0.035	0.005	0.005	0.002	0.02	0.001
ZnAl9Cu2	Z×07	余量	8.0～10.0	1.0～2.0	0.03～0.06	0.05	0.005	0.005	0.002	0.05	—
ZnAl11Cu1	Z×08	余量	10.8～11.5	0.5～1.2	0.02～0.06	0.05	0.005	0.005	0.002	—	—
ZnAl11Cu5	Z×09	余量	10.0～12.0	4.0～5.5	0.03～0.06	0.05	0.005	0.005	0.002	0.05	—
ZnAl27Cu2	Z×10	余量	25.5～28.0	2.0～2.5	0.012～0.02	0.07	0.005	0.005	0.002	—	—
ZnAl17Cu4	Z×11	余量	6.5～7.5	3.5～4.5	0.01～0.03	0.05	0.005	0.005	0.002	—	—

注:有范围值的元素为添加元素,其他为杂质元素,数值为最高限量。

2. 各牌号铸造锌合金铸件主要力学性能参考表

表 4-85

牌 号	抗拉强度 R_m(MPa)	断后伸长率 A(%)	布氏硬度 HBS	力学性能对应的铸造工艺和铸态
ZnAl4	250	1	80	Y
ZnAl4Cu0.4	160	1	85	JF
ZnAl4Cu1	270	2	90	Y
	175	0.5	80	JF
ZnAl4Cu3	320	2	95	Y
	220	0.5	90	SF
	240	1	100	JF
ZnAl6Cu1	180	1	80	SF
	220	1.5	80	JF
ZnAl8Cu1	220	2	80	Y
	250	1	80	SF
	225	1	85	JF
ZnAl9Cu2	275	0.7	90	SF
	315	1.5	105	JF
ZnAl11Cu1	300	1.5	80	Y
	280	1	90	SF
	310	1	90	JF
ZnAl11Cu5	275	0.5	80	SF
	295	1.0	100	JF
ZnAl27Cu2	350	1	90	Y
	400	3	110	SF
	420	1	110	JF
ZnAl17Cu4	320	1	90	Y
	395	3	100	SF
	410	1	100	JF

注①本表中 Y 代表压铸,S 代表砂型铸,J 代表金属型铸,F 代表铸态。
②本表数据仅供用户选择牌号时参考,不做验收依据。

表 4-86

(三)铸造铜及铜合金(GB/T 1176—2013)

1. 部分铸造铜及铜合金主要元素化学成分

序号	合金牌号	合金名称	主要元素含量(质量分数)(%)											Cu
			Sn	Zn	Pb	P	Ni	Al	Fe	Mn	Si	其他	
1	ZCu99	99 铸造纯铜											≥99.0
2	ZCuSn3Zn8Pb6Ni1	3-8-6-1 锡青铜	2.0~4.0	6.0~9.0	4.0~7.0		0.5~1.5						其余
3	ZCuSn3Zn11Pb4	3-11-4 锡青铜	2.0~4.0	9.0~13.0	3.0~6.0								其余
4	ZCuSn5Pb5Zn5	5-5-5 锡青铜	4.0~6.0	4.0~6.0	4.0~6.0								其余
5	ZCuSn10P1	10-1 锡青铜	9.0~11.5			0.8~1.1							其余
6	ZCuSn10Pb5	10-5 锡青铜	9.0~11.0		4.0~6.0								其余
7	ZCuSn10Zn2	10-2 锡青铜	9.0~11.0	1.0~3.0									其余
8	ZCuPb9Sn5	9-5 铅青铜	4.0~6.0		8.0~10.0								其余
9	ZCuPb10Sn10	10-10 铅青铜	9.0~11.0		8.0~11.0								其余
10	ZCuPb15Sn8	15-8 铅青铜	7.0~9.0		13.0~17.0								其余
11	ZCuPb17Sn4Zn4	17-4-4 铅青铜	3.5~5.0	2.0~6.0	14.0~20.0								其余
12	ZCuPb20Sn5	20-5 铅青铜	4.0~6.0		18.0~23.0								其余
13	ZCuPb30	30 铅青铜			27.0~33.0								其余

2. 部分铸造铜及铜合金室温力学性能

表 4-87

序号	合金牌号	铸造方法	室温力学性能，不低于			
			抗拉强度 R_m（MPa）	屈服强度 $R_{P0.2}$（MPa）	伸长率 A（%）	布氏硬度 HBW
1	ZCu99	S	150	40	40	40
2	ZCuSn3Zn8Pb6Ni1	S	175		8	60
		J	215		10	70
3	ZCuSn3Zn11Pb4	S、R	175		8	60
		J	215		10	60
4	ZCuSn5Pb5Zn5	S、J、R	200	90	13	60*
		Li、La	250	100	13	65*
5	ZCuSn10P1	S、R	220	130	3	80*
		J	310	170	2	90*
		Li	330	170	4	90*
		La	360	170	6	90*
6	ZCuSn10Pb5	S	195		10	70
		J	245		10	70
7	ZCuSn10Zn2	S	240	120	12	70*
		J	245	140	6	80*
		Li、La	270	140	7	80*
8	ZCuPb9Sn5	La	230	110	11	60
9	ZCuPb10Sn10	S	180	80	7	65*
		J	220	140	5	70*
		Li、La	220	110	6	70*
10	ZCuPb15Sn8	S	170	80	5	60*
		J	200	100	6	65*
		Li、La	220	100	8	65*
11	ZCuPb17Sn4Zn4	S	150		5	55
		J	175		7	60
12	ZCuPb20Sn5	S	150	60	5	45*
		J	150	70	6	55*
		La	180	80	7	55*
13	ZCuPb30	J				25

注：①力学性能试样允许取自铸件本体，取样部位需经需方认可。

②拉伸试样采用工作部分直径为 14mm、标距为 70mm 的短比例试样。经需方认可，允许使用工作部分直径为其他尺寸的短比例试样。砂型铸件本体试样的抗拉强度不应低于本表中规定值的 80%，伸长率不应低于表中规定值的 50%。

③铸造方法：S-砂型铸造；J-金属型铸造；La-连续铸造；Li-离心铸造；R-熔模铸造。

④有"*"符号的数据为参考值。

(四)铸造铝合金(GB/T 1173—2013)

1. 铸造铝合金化学成分

表 4-88

合金种类	合金牌号	合金代号	主要元素(质量分数)(%)							
			Si	Cu	Mg	Zn	Mn	Ti	其他	Al
Al-Si合金	ZAlSi7Mg	ZL101	6.5~7.5		0.25~0.45					余量
	ZAlSi7MgA	ZL101A	6.5~7.5		0.25~0.45			0.08~0.20		余量
	ZAlSi12	ZL102	10.0~13.0							余量
	ZAlSi9Mg	ZL104	8.0~10.5		0.17~0.35		0.2~0.5			余量
	ZAlSi5Cu1Mg	ZL105	4.5~5.5	1.0~1.5	0.4~0.6					余量
	ZAlSi5Cu1MgA	ZL105A	4.5~5.5	1.0~1.5	0.4~0.55					余量
	ZAlSi8Cu1Mg	ZL106	7.5~8.5	1.0~1.5	0.3~0.5		0.3~0.5	0.10~0.25		余量
	ZAlSi7Cu4	ZL107	6.5~7.5	3.5~4.5						余量
	ZAlSi12Cu2Mg1	ZL108	11.0~13.0	1.0~2.0	0.4~1.0		0.3~0.9			余量
	ZAlSi12Cu1Mg1Ni1	ZL109	11.0~13.0	0.5~1.5	0.8~1.3				Ni0.8~1.5	余量
	ZAlSi5Cu6Mg	ZL110	4.0~6.0	5.0~8.0	0.2~0.5					余量
	ZAlSi9Cu2Mg	ZL111	8.0~10.0	1.3~1.8	0.4~0.6		0.10~0.35	0.10~0.35		余量
	ZAlSi7Mg1A	ZL114A	6.5~7.5		0.45~0.75			0.10~0.20	Be 0~0.07	余量
	ZAlSi5Zn1Mg	ZL115	4.8~6.2		0.4~0.65	1.2~1.8			Sb 0.1~0.25	余量
	ZAlSi8MgBe	ZL116	6.5~8.5		0.35~0.55			0.10~0.30	Be 0.15~0.40	余量
	ZAlSi7Cu2Mg	ZL118	6.0~8.0	1.3~1.8	0.2~0.5		0.1~0.3	0.10~0.25		余量

续表 4-88

合金种类	合金牌号	合金代号	主要元素(质量分数)(%)							
			Si	Cu	Mg	Zn	Mn	Ti	其他	Al
Al-Cu 合金	ZAlCu5Mn	ZL201		4.5~5.3			0.6~1.0	0.15~0.35		余量
	ZAlCu5MnA	ZL201A		4.8~5.3			0.6~1.0	0.15~0.35		余量
	ZAlCu10	ZL202		9.0~11.0						余量
	ZAlCu4	ZL203		4.0~5.0						余量
	ZAlCu5MnCdA	ZL204A		4.6~5.3			0.6~0.9	0.15~0.35	Cd 0.15~0.25	余量
	ZAlCu5MnCdVA	ZL205A		4.6~5.3			0.3~0.5	0.15~0.35	Cd 0.15~0.25 V 0.05~0.3 Zr 0.15~0.25 B 0.005~0.6	余量
	ZAlR5Cu3Si2	ZL207	1.6~2.0	3.0~3.4			0.9~1.2		Zr 0.15~0.2 Ni 0.2~0.3 RE 4.4~5.0	余量
Al-Mg 合金	ZAlMg10	ZL301			9.5~11.0					余量
	ZAlMg5Si	ZL303	0.8~1.3		4.5~5.5		0.1~0.4			余量
	ZAlMg8Zn1	ZL305			7.5~9.0	1.0~1.5		0.10~0.20	Be 0.03~0.10	余量
Al-Zn 合金	ZAlZn11Si7	ZL401	6.0~8.0		0.1~0.3	9.0~13.0				余量
	ZAlZn6Mg	ZL402			0.5~0.65	5.0~6.5	0.2~0.5	0.15~0.25	Cr 0.4~0.6	余量

注:"RE"为"含铈混合稀土",其中混合稀土总量不应少于 98%,铈含量不少于 45%。

2. 铸造铝合金的力学性能

表 4-89

合金种类	合金牌号	合金代号	铸造方法	合金状态	力学性能,不小于		
					抗拉强度 R_m(MPa)	伸长率 A(%)	布氏硬度 HBW
Al-Si 合金	ZA1Si7Mg	ZL101	S、J、R、K	F	155	2	50
			S、J、R、K	T2	135	2	45
			JB	T4	185	4	50
			S、R、K	T4	175	4	50
			J、JB	T5	205	2	60
			S、R、K	T5	195	2	60
			SB、RB、KB	T5	195	2	60
			SB、RB、KB	T6	225	1	70
			SB、RB、KB	T7	195	2	60
			SB、RB、KB	T8	155	3	55
	ZA1Si7MgA	ZL101A	S、R、K	T4	195	5	60
			J、JB	T4	225	5	60
			S、R、K	T5	235	4	70
			SB、RB、KB	T5	235	4	70
			J、JB	T5	265	4	70
			SB、RB、KB	T6	275	2	80
			J、JB	T6	295	3	80
	ZA1Si12	ZL102	SB、JB、RB、KB	F	145	4	50
			J	F	155	2	50
			SB、JB、RB、KB	T2	135	4	50
			J	T2	145	3	50
	ZA1Si9Mg	ZL104	S、R、J、K	F	150	2	50
			J	T1	200	1.5	65
			SB、RB、KB	T6	230	2	70
			J、JB	T6	240	2	70
	ZA1Si5Cu1Mg	ZL105	S、J、R、K	T1	155	0.5	65
			S、R、K	T5	215	1	70
			J	T5	235	0.5	70
			S、R、K	T6	225	0.5	70
			S、J、R、K	T7	175	1	65
	ZA1Si5Cu1MgA	ZL105A	SB、R、K	T5	275	1	80
			J、JB	T5	295	2	80
	ZA1Si8Cu1Mg	ZL106	SB	F	175	1	70
			JB	T1	195	1.5	70
			SB	T5	235	2	60
			JB	T5	255	2	70
			SB	T6	245	1	80

续表 4-89

合金种类	合金牌号	合金代号	铸造方法	合金状态	力学性能,不小于		
					抗拉强度 R_m(MPa)	伸长率 A(%)	布氏硬度 HBW
1Al-Si 合金	ZA1Si8Cu1Mg	ZL106	JB	T6	265	2	70
			SB	T7	225	2	60
			JB	T7	245	2	60
	ZA1Si7Cu4	ZL107	SB	F	165	2	65
			SB	T6	245	2	90
			J	F	195	2	70
			J	T6	275	2.5	100
	ZA1Si12Cu2Mg1	ZL108	J	T1	195	—	85
			J	T6	255	—	90
	ZA1Si12Cu1Mg1Ni1	ZL109	J	T1	195	0.5	90
			J	T6	245	—	100
	ZA1Si5Cu6Mg	ZL110	S	F	125	—	80
			J	F	155	—	80
			S	T1	145	—	80
			J	T1	165	—	90
	ZA1Si9Cu2Mg	ZL111	J	F	205	1.5	80
			SB	T6	255	1.5	90
			J,JB	T6	315	2	100
	ZA1Si7Mg1A	ZL114A	SB	T5	290	2	85
			J,JB	T5	310	3	95
	ZA1Si5Zn1Mg	ZL115	S	T4	225	4	70
			J	T4	275	6	80
			S	T5	275	3.5	90
			J	T5	315	5	100
	ZA1Si8MgBe	ZL116	S	T4	255	4	70
			J	T4	275	6	80
			S	T5	295	2	85
			J	T5	335	4	90
	ZA1Si7Cu2Mg	ZL118	SB,RB	T6	290	1	90
			JB	T6	305	2.5	105
Al-Cu 合金	ZA1Cu5Mg	ZL201	S,J,R,K	T4	295	8	70
			S,J,R,K	T5	335	4	90
			S	T7	315	2	80
	ZA1Cu5MgA	ZL201A	S,J,R,K	T5	390	8	100
	ZA1Cu10	ZL202	S,J	F	104	—	50
			S,J	T6	163	—	100
	ZA1Cu4	ZL203	S,R,K	T4	195	6	60
			J	T4	205	6	60

续表 4-89

合金种类	合金牌号	合金代号	铸造方法	合金状态	力学性能,不小于		
					抗拉强度 R_m(MPa)	伸长率 A(%)	布氏硬度 HBW
Al-Cu合金	ZAlCu4	ZL203	S、R、K	T5	215	3	70
			J	T5	225	3	70
	ZAlCu5MnCdA	ZL204A	S	T5	440	4	100
	ZAlCu5MnCdVA	ZL205A	S	T5	440	7	100
			S	T6	470	3	120
			S	T7	460	2	110
	ZAlR5Cu3Si2	ZL207	S	T1	165	—	75
			J	T1	175	—	75
Al-Mg合金	ZAlMg10	ZL301	S、J、R	T4	280	9	60
	ZAlMg5Si	ZL303	S、J、R、K	F	143	1	55
	ZAlMg8Zn1	ZL305	S、J、R、K	T4	290	8	90
Al-Zn合金	ZAlZn11Si7	ZL401	S、R、K	T1	195	2	80
			J	T1	245	1.5	90
	ZAlZn6Mg	ZL402	J	T1	235	4	70
			S	T1	220	4	65

注:①铸造方法:S-砂型铸造;J-金属型铸造;R-熔模铸造;K-壳型铸造;B-变质处理。
　　②硬度值除需方规定按本表要求检验外,仅作参考,不作验收依据。

第五节　凿岩用硬质合金及硬质合金钎头

一、地质、矿山工具用硬质合金(GB/T 18376.2—2014)

1. 硬质合金牌号表示方法

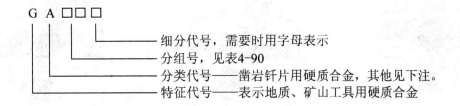

注:分类代号如下。
凿岩钎片用硬质合金 A;地质勘探用硬质合金 B;煤炭采掘用硬质合金 C;矿山、油田钻头用硬质合金 D;复合片基体用硬质合金 E;铲雪片用硬质合金 F;挖掘齿用硬质合金 W;其他用硬质合金 Z。

2.地质、矿山工具用硬质合金牌号、分组号、化学成分和力学性能

表 4-90

特征代号	分组号	基本化学成分(质量分数)(%)			力 学 性 能		
		Co	其他	WC	洛氏硬度 HRA 不小于	维氏硬度 HV 不小于	抗弯强度(MPa) 不小于
G	05	3～6	<1	余量	88.5	1 250	1 800
	10	5～9	<1	余量	87.5	1 150	1 900
	20	6～11	<1	余量	87.0	1 140	2 000
	30	8～12	<1	余量	86.5	1 080	2 100
	40	10～15	<1	余量	86.0	1 050	2 200
	50	12～17	<1	余量	85.5	1 000	2 300
	60	15～25	<1	余量	84.0	820	2 400

注:洛氏硬度和维氏硬度中任选一项。

3.地质、矿山用硬质合金的作业条件推荐

表 4-91

牌　号	作 业 条 件	合金性能	
GA05	适应于单轴抗压强度小于 60MPa 的软岩或中硬岩	↑	↓
GA10	适应于单轴抗压强度为 60～120MPa 的中硬岩		
GA20、GA30	适应于单轴抗压强度为 120～200MPa 的中硬岩或硬岩	耐	韧
GA40	适应于单轴抗压强度为 120～200MPa 的中硬岩或坚硬岩	磨 性 性	
GA50、GA60	适应于单轴抗压强度大于 200MPa 的坚硬岩或极坚硬岩	↑	↓

二、凿岩用硬质合金钎头(GB/T 6480—2002)

1.凿岩用硬质合金钎头的类型图

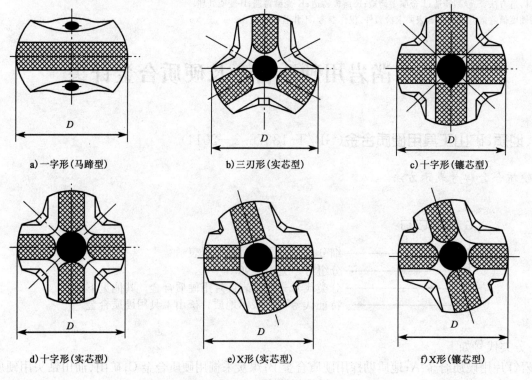

a) 一字形(马蹄型)　　　b) 三刃形(实芯型)　　　c) 十字形(镶芯型)

d) 十字形(实芯型)　　　e) X形(实芯型)　　　f) X形(镶芯型)

图 4-6

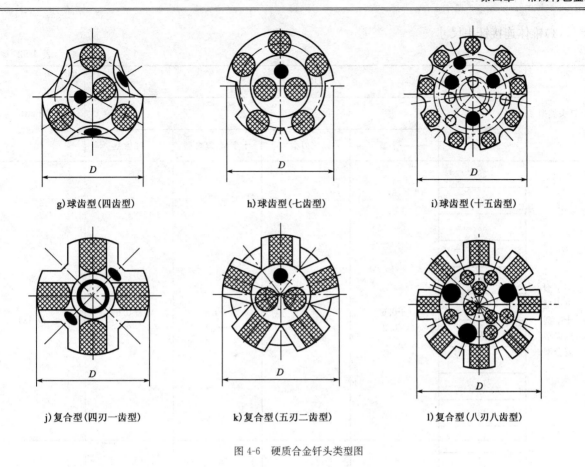

g)球齿型(四齿型)　　h)球齿型(七齿型)　　i)球齿型(十五齿型)

j)复合型(四刃一齿型)　　k)复合型(五刃二齿型)　　l)复合型(八刃八齿型)

图 4-6　硬质合金钎头类型图

2.锥体连接钎头

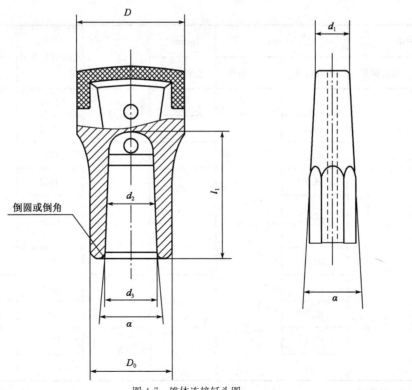

图 4-7　锥体连接钎头图

D-钎头大端直径;D_0-钎头小端直径;d_2-钎头锥子孔小端直径;α-锥度;d_3-钎头锥孔大端直径;l_1-钎头锥孔高度;d_1-钎杆锥体小端直径

(1)锥体连接钎头尺寸

表 4-92

钎头类型	D(mm)						D_0(mm)
	公称尺寸	允 许 偏 差					
		一字型	三刃型	十字型、复合型		球齿型	
一字型 三刃型 十字型 球齿型 复合型	28	+0.6 0.3	+0.4 −0.1	+0.4 −0.1		+0.6 0	≤(D−3)
	30						
	32						
	34						
	36						
	38						
	40						
	41						
	42						
	43						
	45						
	46						

(2)锥体连接尺寸

表 4-93

d_3(mm)		d_2(mm)		l_1(mm)	α(°)	配用钎杆代号	d_1(mm)	
公称尺寸	允许偏差	公称尺寸	允许偏差	公称尺寸			公称尺寸	允许偏差
18.9	+0.2 0	16.2	+0.2 0	≥48	4.8	H19	16.0	0 −0.2
22.0		19.5		≥51		H22[a]	19.1	
19.0		15.2		≥47	7	H19	15.0	
21.8		18.2				H22	18.0	
23.5		20.2				H22[b]	20.0	+0.2 −0.4
23.5		20.2				H25	20.0	
21.8		16.2		≥54	7	H22[a]	16.0	0 −0.2
24.4		20.0				H25[a]	19.7	
22.0		15.4		≥48	12	H22[a]	14.9	
25.1		18.4				H25[a]	17.9	

注:[a] 国际标准钎杆锥体。

　　[b] 锻造钎杆锥体。

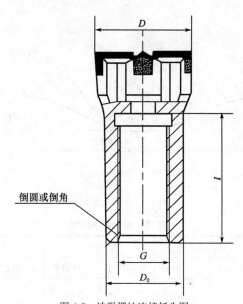

图 4-8　波形螺纹连接钎头图

D-钎头大端直径；D_0-钎头小端直径；G-钎头螺纹直径；l-钎头内孔深度

3. 波形螺纹连接杆头

(1)波形螺纹连接钎头尺寸(mm)

表 4-94

钎头类型	D 公称尺寸	D 允许偏差 十字型、复合型	D 允许偏差 X型	D 允许偏差 球齿型	D_0	G	l
十字型 球齿型 复合型	36					22	≤70
	38						
	41						
	41	+0.40 0.10	+0.60 0	+0.60 0	≤D-3	25	
	42						
	44						
	45						
	48				≤D-5		
	51						
	41				≤D-3	28	≤80
	42						
	44						
	45						
	48						
	51						
	48					32	
	50						
	51						
	55				≤D-5		
	57						
	60						
	64						
X型 球齿型 复合型	64		+0.60 0	+0.90 0		38	≤90
	70						
	76						
	89						
	102	+0.90 0				45	≤110
	115					51	
	127						

（2）波形螺纹尺寸

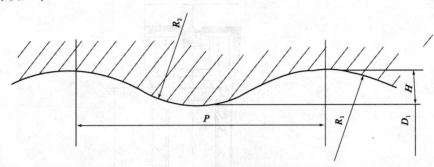

图 4-9　内螺纹放大图

波 形 螺 纹 尺 寸

表 4-95

螺纹公称直径 G	D_1(mm)		H(mm)		R_1(mm)		R_2(mm)		P(mm)	螺纹旋向
	公称尺寸	允许偏差	公称尺寸	允许偏差	公称尺寸	允许偏差	公称尺寸	允许偏差		
22	18.86									
25	21.76									
28	24.95	+0.25 0	1.5	+0.20 0	5.5	±0.40	5	±0.40	12.7	左旋
32	28.36									
38	35.01									

第五章 生铁、铸铁和铸铁制品

第一节 生铁和铸铁

一、生铁、铸铁及牌号表示方法

生铁是含碳量（质量分数）大于 2%，且其他元素含量不超过表 5-1 所规定极限值的铁碳合金（超过该极限值的为铁合金。）

生铁在熔融条件下可进一步加工成钢或铸铁。生铁可以液态铁水、固态铸锭及类似的固体块或颗粒状态交货。

生铁中其他元素的极限值（质量分数）　　　　　　　　　　　表 5-1

元　素	极限值（%）	元　素	极限值（%）
Mn	≤30.0	Cr	≤10.0
Si	≤8.0	其他合金元素总量	≤10.0
P	≤3.0		

生铁按照化学成分进行分类，主要有炼钢用生铁、铸造用生铁、球墨铸铁用生铁等。

炼钢用生铁：性质硬而脆，难以切削加工，断口呈白色，又称为白口铁。一般含碳量在 3.0%～5.5%。

铸造用生铁：性质较软，易于切削加工，断口呈灰色，又称为灰口铁。一般含碳量在 3.3%～4.6%。

铸铁是将生铁经过配料、重熔并浇铸成铸铁件的产品。

铸铁分为灰口铸铁、可锻铸铁、球墨铸铁等。

灰口铸铁：又叫作灰铸铁，断面呈灰色，性质较软、较脆，耐磨、耐压、耐蚀，并具有较好的减振性和较小的缺口敏感性，价格较低，可切削加工。

可锻铸铁：俗称马铁、玛钢，是将白口铸铁坯件通过石墨化或氧化脱碳处理（可锻化退火处理）制得。可锻铸铁根据金相组织分为：黑心可锻铸铁、珠光体可锻铸铁和白心可锻铸铁。可锻铸铁有较高的机械性能，较好的塑性、韧性，可承受一定的冲击，但可锻铸铁并不能锻造。

球墨铸铁：在铁水浇铸前加入铜、镁、稀土等球化剂进行球化处理，使石墨呈球状分布于基体组织中，故叫球墨铸铁。球墨铸铁的强度和延伸率比可锻铸铁好，并可以进行锻造和压延，性能接近铸钢，但比铸钢更耐磨，抗氧化性、减振性及缺口敏感性也很好。

1. 生铁牌号表示方法（GB/T 221—2008）

表 5-2

产品名称	第一部分			第二部分	牌号示例	说　明
	采用汉字	汉语拼音	采用字母			
炼钢用生铁	炼	LIAN	L	含硅量为 0.85%～1.25% 的炼钢用生铁，阿拉伯数字为 10	L10	

703

产品名称	第一部分			第 二 部 分	牌号示例	说 明
	采用汉字	汉语拼音	采用字母			
铸造用生铁	铸	ZHU	Z	含硅量为 2.80%～3.20% 的铸造用生铁,阿拉伯数字为 30	Z30	生铁产品牌号由两部分组成:第一部分为表示产品用途、特性及工艺方法的大写汉语拼音字母;第二部分为表示主要元素平均含量(以千分之几计)的阿拉伯数字
球墨铸铁用生铁	球	QIU	Q	含硅量为 1.00%～1.40% 的球墨铸铁用生铁,阿拉伯数字为 12	Q12	
耐磨生铁	耐磨	NAI MO	NM	含硅量为 1.60%～2.00% 的耐磨生铁,阿拉伯数字为 18	NM18	
脱碳低磷粒铁	脱粒	TUO LI	TL	含碳量为 1.20%～1.60% 的炼钢用脱碳低磷粒铁,阿拉伯数字为 14	TL14	
含钒生铁	钒	FAN	F	含钒量不小于 0.40% 的含钒生铁,阿拉伯数字为 04	F04	

2. 铸铁名称、代号及牌号表示方法(GB/T 5612—2008)

表 5-3

铸铁名称	代号	牌号表示方法实例	说 明
灰铸铁	HT		铸铁产品牌号以本表中代号、阿拉伯数字或化学元素符号表示(混合稀土元素用"RE"表示)。
灰铸铁	HT	HT250,HT Cr-300	以化学成分表示的铸铁牌号
奥氏体灰铸铁	HTA	HTA Ni20Cr2	(1)当以化学成分表示铸铁的牌号时,合金元素符号及名义含量(质量分数)排列在铸铁代号之后。
冷硬灰铸铁	HTL	HTL CrlNilMo	(2)在牌号中常规碳、硅、锰、硫、磷元素一般不标注,有特殊作用时,才标注其元素符号及含量。
耐磨灰铸铁	HTM	HTM CulCrMo	(3)合金化元素的含量大于或等于 1% 时,在牌号中用整数标注,数值的修约按 GB/T 8170 执行;小于 1% 时,一般不标注,只有对该合金特性有较大影响时,才标注其合金化元素符号。
耐热灰铸铁	HTR	HTR Cr	(4)合金化元素按其含量递减次序排序,含量相等时按元素符号的字母顺序排列。
耐蚀灰铸铁	HTS	HTS Ni2Cr	以力学性能表示的铸铁牌号
球墨铸铁	QT		(1)当以力学性能表示铸铁的牌号时,力学性能值排列在铸铁代号之后。当牌号中有合金元素符号时,抗拉强度值排列于元素符号及含量之后,之间用"-"隔开。
球墨铸铁	QT	QT400-18	(2)牌号中代号后面有一组数字时,该组数字表示抗拉强度值,单位为 MPa;当有两组数字时,第一组表示抗拉强度值,单位为 MPa,第二组表示伸长率值,单位为 %,两组数字间用"-"隔开。
奥氏体球墨铸铁	QTA	QTA Ni30Cr3	
冷硬球墨铸铁	QTL	QTL Cr Mo	
抗磨球墨铸铁	QTM	QTM Mn8-30	
耐热球墨铸铁	QTR	QTR Si5	
耐蚀球墨铸铁	QTS	QTS Ni20Cr2	
蠕墨铸铁	RuT	RuT420	
可锻铸铁	KT		
白心可锻铸铁	KTB	KTB350-04	铸铁牌号结构形式示例:
黑心可锻铸铁	KTH	KTH350-10	
珠光体可锻铸铁	KTZ	KTZ650-02	
白口铸铁	BT		
抗磨白口铸铁	BTM	BTM Cr15Mo	
耐热白口铸铁	BTR	BTR Cr16	
耐蚀白口铸铁	BTS	BTS Cr28	

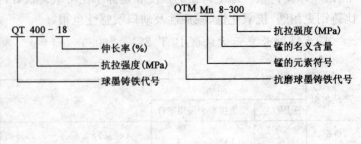

二、生铁、铸铁的技术条件

(一)生铁

1.铸造用生铁的牌号和化学成分(GB/T 718—2005)

表 5-4

牌　号			Z14	Z18	Z22	Z26	Z30	Z34
化学成分 (质量分数) (%)	C		≥3.30					
	Si		≥1.25～1.60	>1.60～2.00	>2.00～2.40	>2.40～2.80	>2.80～3.20	>3.20～3.60
	Mn	1组	≤0.50					
		2组	>0.50～0.90					
		3组	>0.90～1.30					
	P	1级	≤0.060					
		2级	>0.060～0.100					
		3级	>0.100～0.200					
		4级	>0.200～0.400					
		5级	>0.400～0.900					
	S	1类	≤0.030					
		2类	≤0.040					
		3类	≤0.050					

注:①当生铁铸成块状时,各牌号生铁应铸成单重2～7kg小块,而大于7kg与小于2kg的铁块之和,每批中应不超过总重量的10%。
　　②根据需方要求,可供应单重不大于40kg的铁块。同时铁块上应有1～2道深度不小于铁块厚度2/3的凹槽。
　　③铁块表面要洁净,如表面有炉渣和砂粒,应清除掉,但允许附有石灰和石墨。

2.球墨铸铁用生铁的牌号和化学成分(GB/T 1412—2005)

表 5-5

牌　号			Q_{10}	Q_{12}
化学成分 (质量分数) (%)	C		≥3.40	
	Si		0.50～1.00	>1.00～1.40
	Ti	1挡	≤0.050	
		2挡	>0.050～0.080	
	Mn	1组	≤0.20	
		2组	>0.20～0.50	
		3组	>0.50～0.80	
	P	1级	≤0.050	
		2级	>0.050～0.060	
		3级	>0.060～0.080	
	S	1类	≤0.020	
		2类	>0.020～0.030	
		3类	>0.030～0.040	
		4类	≤0.045	

注:同铸造用生铁。

(二)灰铸铁件(GB/T 9439—2010)

根据直径φ30mm 单铸试棒加工的标准拉伸试样所测得的最小抗拉强度值,将灰铸铁分为 HT100、HT150、HT200、HT225、HT250、HT275、HT300 和 HT350 八个牌号。

1. 灰铸铁的牌号和力学性能

表 5-6

牌 号	铸件壁厚(mm)		最小抗拉强度 R_m(强制性值),不小于		铸件本体预期抗拉强度 R_m,不小于
	大于	不大于	单铸试棒	附铸试棒或试块	
			MPa		
HT100	5	40	100	—	—
HT150	5	10	150	—	155
	10	20		—	130
	20	40		120	110
	40	80		110	95
	80	150		100	80
	150	300		90 [③]	—
HT200	5	10	200	—	205
	10	20		—	180
	20	40		170	155
	40	80		150	130
	80	150		140	115
	150	300		130 [③]	—
HT225	5	10	225	—	230
	10	20		—	200
	20	40		190	170
	40	80		170	150
	80	150		155	135
	150	300		145 [③]	—
HT250	5	10	250	—	250
	10	20		—	225
	20	40		210	195
	40	80		190	170
	80	150		170	155
	150	300		160 [③]	—
HT275	10	20	275	—	250
	20	40		230	220
	40	80		205	190
	80	150		190	175
	150	300		175 [③]	—
HT300	10	20	300	—	270
	20	40		250	240
	40	80		220	210
	80	150		210	195
	150	300		190 [③]	—

续表 5-6

牌　号	铸件壁厚(mm)		最小抗拉强度 R_m（强制性值），不小于		铸件本体预期抗拉强度 R_m，不小于
	大于	不大于	单铸试棒	附铸试棒或试块	
				MPa	
HT350	10	20	350	—	315
	20	40		290	280
	40	80		260	250
	80	150		230	225
	150	300		*210* ③	—

注：①当铸件壁厚超过 300mm 时，其力学性能由供需双方商定。
　②当某牌号的铁液浇铸壁厚均匀、形状简单的铸件时，壁厚变化引起抗拉强度的变化，可从本表查出参考数据，当铸件壁厚不均匀或有型芯时，此表只能给出不同壁厚处大致的抗拉强度值，铸件的设计应根据关键部位的实测值进行。
　③表中斜体字数值表示指导值，其余抗拉强度值均为强制性值，铸件本体预期抗拉强度值不作为强制性值。

2. 灰铸铁的硬度等级和铸件硬度

表 5-7

硬 度 等 级	铸件主要壁厚(mm)		铸件上的硬度范围(HBW)	
	大于	不大于	不小于	不大于
H155	5	10	—	185
	10	20	—	170
	20	40	—	160
	40	**80**	—	**155**
H175	5	10	140	225
	10	20	125	205
	20	40	110	185
	40	**80**	**100**	**175**
H195	4	5	190	275
	5	10	170	260
	10	20	150	230
	20	40	125	210
	40	**80**	**120**	**195**
H215	5	10	200	275
	10	20	180	255
	20	40	160	235
	40	**80**	**145**	**215**
H235	10	20	200	275
	20	40	180	255
	40	**80**	**165**	**235**
H255	20	40	200	275
	40	**80**	**185**	**255**

注：①黑体数字表示与该硬度等级所对应的主要壁厚的最大和最小硬度值。
　②在供需双方商定的铸件某位置上，铸件硬度差可以控制在 40HBW 硬度值范围内。
　③各硬度等级的硬度是指主要壁厚为＞40～80mm 的灰铸铁件的上限硬度值。

3. 灰铸铁φ30mm 单铸试棒和φ30mm 附铸试棒的力学性能

表 5-8

力学性能	材料牌号[a]						
	HT150	HT200	HT225	HT250	HT275	HT300	HT350
	基 体 组 织						
	铁素体+珠光体	珠 光 体					
抗拉强度 R_m(MPa)	150～250	200～300	225～325	250～350	275～375	300～400	350～450
屈服强度 $R_{p0.1}$(MPa)	98～165	130～195	150～210	165～228	180～245	195～260	228～285
伸长率 A(%)	0.3～0.8	0.3～0.8	0.3～0.8	0.3～0.8	0.3～0.8	0.3～0.8	0.3～0.8
抗压强度 σ_{db}(MPa)	600	720	780	840	900	960	1 080
抗压屈服强度 $\sigma_{d0.1}$(MPa)	195	260	290	325	360	390	455
抗弯强度 σ_{dB}(MPa)	250	290	315	340	365	390	490
抗剪强度 σ_{aB}(MPa)	170	230	260	290	320	345	400
扭转强度[b] τ_{tB}(MPa)	170	230	260	290	320	345	400
弹性模量[c] E(GPa)	78～103	88～113	95～115	103～118	105～128	108～137	123～143
泊松比 ν	0.26	0.26	0.26	0.26	0.26	0.26	0.26
弯曲疲劳强度[d] σ_{bW}(MPa)	70	90	105	120	130	140	145
反压应力疲劳极限[e] σ_{zdW}(MPa)	40	50	55	60	68	75	85
断裂韧性 K_{IC}(MPa·$\sqrt{m}$)	320	400	440	480	520	560	650

注:①[a] 当对材料的机加工性能和抗磁性能有特殊要求时,可以选用 HT100,如果试图通过热处理的方式改变材料金相组织而获得所要求的性能时,不宜选用 HT100。

②[b] 扭转疲劳强度 τ_{tw}(MPa)$\approx$0.42R_m。

③[c] 取决于石墨的数量、形态以及加载量。

④[d] $\sigma_{bW}\approx$(0.35～0.50)R_m。

⑤[e] $\sigma_{zdW}\approx$0.53$\sigma_{bW}\approx$0.26R_m。

4. 灰铸铁φ30mm 单铸试棒和φ30mm 附铸试棒的物理性能

表 5-9

特 性		材料牌号						
		HT150	HT200	HT225	HT250	HT275	HT300	HT350
密度 ρ(kg/mm³)		7.10	7.15	7.15	7.20	7.20	7.25	7.30
热容 c [J/(kg·K)]	20～200℃	460						
	20～600℃	535						
线膨胀系数 α [μm/(m·K)]	-20～600℃	10.0						
	20～200℃	11.7						
	20～400℃	13.0						

特　　性		HT150	HT200	HT225	HT250	HT275	HT300	HT350
热传导率 Λ [W/(m·K)]	100℃	52.5	50.0	49.0	48.5	48.0	47.5	45.5
	200℃	51.0	49.0	48.0	47.5	47.0	46.0	44.5
	300℃	50.0	48.0	47.0	46.5	46.0	45.0	43.5
	400℃	49.0	47.0	46.0	45.0	44.5	44.0	42.0
	500℃	48.5	46.0	45.0	44.5	43.5	43.0	41.5
电阻率 $\rho(\Omega·mm^2/m)$		0.80	0.77	0.75	0.73	0.72	0.70	0.67
矫磁性 $H_o(A/m)$		560~720						
室温下的最大磁导率 μ(Mh/m)		220~330						
$B=1T$ 时的磁滞损耗(J/m³)		2 500~3 000						

注:当对材料的机加工性能和抗磁性能有特殊要求时,可以选用 HT100。如果试图通过热处理的方式改变材料金相组织而获得所要求的性能时,不宜选用 HT100。

(三)球墨铸铁件(GB/T 1348—2009)

铸件材料牌号等级依照单铸试样、附铸试样或本体试样测出的力学性能分为 14 个牌号。

球墨铸铁件的力学性能以抗拉强度和伸长率两个指标为验收指标。除特殊情况外,一般不做屈服强度试验。但当需方对屈服强度有要求时,经供需双方商定,屈服强度也可作为验收指标。

抗拉强度和硬度是相互关联的,当需方认为硬度性能对使用很重要时,硬度指标也可作为检验项目。

1.球墨铸铁的力学性能

(1)球墨铸铁单铸试样的力学性能

表 5-10

材料牌号	抗拉强度 R_m(MPa) 不小于	屈服强度 $R_{P0.2}$(MPa) 不小于	伸长率 A(%) 不小于	布氏硬度(HBW)	主要基体组织
QT350-22L	350	220	22	≤160	铁素体
QT350-22R	350	220	22	≤160	铁素体
QT350-22	350	220	22	≤160	铁素体
QT400-18L	400	240	18	120~175	铁素体
QT400-18R	400	250	18	120~175	铁素体
QT400-18	400	250	18	120~175	铁素体
QT400-15	400	250	15	120~180	铁素体
QT450-10	450	310	10	160~210	铁素体
QT500-7	500	320	7	170~230	铁素体+珠光体
QT550-5	550	350	5	180~250	铁素体+珠光体
QT600-3	600	370	3	190~270	珠光体+铁素体
QT700-2	700	420	2	225~305	珠光体
QT800-2	800	480	2	245~335	珠光体或素氏体
QT900-2	900	600	2	280~360	回火马氏体或屈氏体+素氏体
QT500-10	500	360	10	QT-200HBWZ 185~215	铁素体

注:①字母"L"表示该牌号有低温(−20℃或−40℃)下的冲击性能要求;字母"R"表示该牌号有室温(23℃)下的冲击性能要求。
②伸长率是从原始标距 $L_0=5d$ 上测得的,d 是试样上原始标距处的直径。

(2)球墨铸铁附铸试样力学性能

表 5-11

材料牌号	铸件壁厚(mm)	抗拉强度 R_m（MPa）	屈服强度 $R_{P0.2}$（MPa）	伸长率 $A(\%)$	布氏硬度 HBW	主要基体组织
		不 小 于				
QT350-22AL	≤30	350	220	22	≤160	铁素体
	>30～60	330	210	18		
	>60～200	320	200	15		
QT350-22AR	≤30	350	220	22	≤160	铁素体
	>30～60	320	220	18		
	>60～200	320	210	15		
QT350-22A	≤30	350	220	22	≤160	铁素体
	>30～60	330	210	18		
	>60～200	320	200	15		
QT400-18AL	≤30	380	240	18	120～175	铁素体
	>30～60	370	230	15		
	>60～200	360	220	12		
QT400-18AR	≤30	400	250	18	120～175	铁素体
	>30～60	390	250	15		
	>60～200	370	240	12		
QT400-18A	≤30	400	250	18	120～175	铁素体
	>30～60	390	250	15		
	>60～200	370	240	12		
QT400-15A	≤30	400	250	15	120～180	铁素体
	>30～60	390	250	14		
	>60～200	370	240	11		
QT450-10A	≤30	450	310	10	160～210	铁素体
	>30～60	420	280	9		
	>60～200	390	260	8		
QT500-7A	≤30	500	320	7	170～230	铁素体＋珠光体
	>30～60	450	300	7		
	>60～200	420	290	5		
QT550-5A	≤30	550	350	5	180～250	铁素体＋珠光体
	>30～60	520	330	4		
	>60～200	500	320	3		
QT600-3A	≤30	600	370	3	190～270	珠光体＋铁素体
	>30～60	600	360	2		
	>60～200	550	340	1		
QT700-2A	≤30	700	420	2	225～305	珠光体
	>30～60	700	400	2		
	>60～200	650	380	1		

续表 5-11

材料牌号	铸件壁厚（mm）	抗拉强度 R_m（MPa）	屈服强度 $R_{P0.2}$（MPa）	伸长率 A(%)	布氏硬度 HBW	主要基体组织
		不　小　于				
QT800-2A	≤30	800	480	2	245～335	珠光体或索氏体
	>30～60	由供需双方商定				
	>60～200					
QT900-2A	≤30	900	600	2	280～360	回火马氏体或索氏体＋屈氏体
	>30～60	由供需双方商定				
	>60～200					
QT500-10A	≤30	500	360	10	185～215	铁素体
	>30～60	490	360	9		
	>60～200	470	350	7		

注：①从附铸试样测得的力学性能并不能准确地反映铸件本体的力学性能，但与单铸试棒上测得的值相比，更接近于铸件的实际性能值。

②伸长率是在原始标距 $L_0 = 5d$ 上测得的，d 是试样上原始标距处的直径。

2. 球墨铸铁按硬度分类

表 5-12

材料牌号	布氏硬度范围 HBW	其 他 性 能[a]	
		抗拉强度 R_m（MPa）不小于	屈服强度 $R_{P0.2}$（MPa）不小于
QT-130HBW	<160	350	220
QT-150HBW	130～175	400	250
QT-155HBW	135～180	400	250
QT-185HBW	160～210	450	310
QT-200HBW	170～230	500	320
QT-215HBW	180～250	550	350
QT-230HBW	190～270	600	370
QT-265HBW	225～305	700	420
QT-300HBW	245～335	800	480
QT-330HBW	270～360	900	600
QT-200HBWZ	185～215	500	360

注：①300HBW 和 330HBW 不适用于厚壁铸件。

②[a] 当硬度作为检验项目时，这些性能值供参考。

③经供需双方同意，可采用较低的硬度范围，硬度差范围在 30～40 可以接受，但对铁素体加珠光体基体的球墨铸铁，其硬度差应小于 40。

④牌号 HBWZ 中 Z 表示与 200HBW 的硬度值不同。

3.球墨铸铁的冲击性能

(1)球墨铸铁 V 形缺口单铸试样的冲击功

表 5-13

牌　号	最小冲击功(J)					
	室温(23±5)℃		低温(−23±2)℃		低温(−40±2)℃	
	三个试样平均值	个别值	三个试样平均值	个别值	三个试样平均值	个别值
QT350-22L	—	—	—	—	12	9
QT350-22R	17	14	—	—	—	—
QT400-18L	—	—	12	9	—	—
QT400-18R	14	11	—	—	—	—

注:①冲击功是从砂型铸造的铸件或者导热性与砂型相当的铸型中铸造的铸块上测得的。用其他方法生产的铸件的冲击功应满足经双方协商的修正值。
　　②如需方有要求时,冲击性能应符合本表规定。

(2)球墨铸铁 V 形缺口附铸试样的冲击功

表 5-14

牌　号	铸件壁厚(mm)	最小冲击功(J)					
		室温(23±5)℃		低温(−20±2)℃		低温(−40±2)℃	
		三个试样平均值	个别值	三个试样平均值	个别值	三个试样平均值	个别值
QT350-22AR	≤60	17	14	—	—	—	—
	>60~200	15	12	—	—	—	—
QT350-22AL	≤60	—	—	—	—	12	9
	>60~200	—	—	—	—	10	7
QT400-18AR	≤60	14	11	—	—	—	—
	>60~200	12	9	—	—	—	—
QT400-18AL	≤60	—	—	12	9	—	—
	>60~200	—	—	10	7	—	—

注:①从附铸试样测得的力学性能并不能准确地反映铸件本体的力学性能,但与单铸试棒上测得的值相比更接近于铸件的实际性能值。
　　②如需方有要求时,冲击性能应符合本表规定。

4. 球墨铸铁的力学性能和物理性能

表 5-15

性　能	单　位	QT350-22	QT400-18	QT450-10	QT500-7	QT550-5	QT600-3	QT700-2	QT800-2	QT900-2	QT500-10
剪切强度	MPa	315	360	405	450	500	540	630	720	810	—
扭转强度	MPa	315	360	405	450	500	540	630	720	810	—
弹性模量 E（拉伸和压缩）	GPa	169	169	169	169	172	174	176	176	176	170
泊松比 ν	—	0.275	0.275	0.275	0.275	0.275	0.275	0.275	0.275	0.275	0.28~0.029
无缺口疲劳极限[a]（旋转弯曲）（ϕ10.6mm）	MPa	180	195	210	224	236	248	280	304	304	225
有缺口疲劳极限[b]（旋转弯曲）（ϕ10.6mm）	MPa	114	122	128	134	142	149	168	182	182	140
抗压强度	MPa	—	700	700	800	840	870	1 000	1 150	—	—
断裂韧性 K_{IC}	MPa·$\sqrt{m}$	31	30	28	25	22	20	15	14	14	28
300℃时的热传导率	W/($\sqrt{K·m}$)	36.2	36.2	36.2	35.2	34	32.5	31.1	31.1	31.1	—
20~500℃时的比热容量	J/(kg·K)	515	515	515	515	515	515	515	515	515	—
20~400℃时的线膨胀系数	μm(m·K)	12.5	12.5	12.5	12.5	12.5	12.5	12.5	12.5	12.5	—
密度	kg/dm³	7.1	7.1	7.1	7.1	7.1	7.2	7.2	7.2	7.2	7.1
最大渗透性	μH/m	2 136	2 136	2 136	1 596	1 200	866	501	501	501	—
磁带损耗（B=1T）	J/m³	600	600	600	1 345	1 800	2 248	2 700	2 700	2 700	—
电阻率	μΩ·m	0.50	0.50	0.50	0.51	0.52	0.53	0.54	0.54	0.54	—
主要基体组织	—	铁素体	铁素体	铁素体	铁素体-珠光体	铁素体-珠光体	珠光体-铁素体	珠光体	珠光体或索氏体	回火马氏体或索氏体+屈氏体[c]	铁素体

注：①除非另有说明，本表中所列数值都是常温下的测定值。

②a 对抗拉强度是 370MPa 的球墨铸铁件的试样无缺口的试样，退火铁素体球墨铸铁件的疲劳极限强度大约是抗拉强度的 0.5 倍。在珠光体球墨铸铁和（淬火+回火）球墨铸铁中，这个比率随着抗拉强度的增加而减少，疲劳极限强度大约是抗拉强度的 0.4 倍。当抗拉强度超过 740MPa 时，这个比率将进一步减少。

③b 对直径 ϕ10.6mm 的 45°圆角 R0.25mm 的 V 形缺口试样，退火球墨铸铁件无缺口疲劳极限强度降低到 370MPa 疲劳极限强度的 0.63 倍。这个比率随着铁素体球墨铸铁件抗拉强度的增加而减少。对中等强度的球墨铸铁件，珠光体球墨铸铁件和（淬火+回火）球墨铸铁件，有缺口试样的疲劳极限大约是无缺口是球墨铸铁试样的疲劳极限强度的 0.6 倍。

④c 对大型铸件，可能是珠光体，也可能是回火马氏体或屈氏体+索氏体。

第二节 铸 铁 制 品

一、给水、气用铸铁管

铸铁管主要用于输送水及燃气等,以公称口径×壁厚×有效长度来表示。铸铁管的接口形式有承插式、承插带法兰式(柔性接口)、法兰式和自锚式接口等。

(一)承插式连续铸铁管(GB/T 3422—2008)

承插式连续铸铁管是连续铸造的灰口铸铁直管,适用于水和气的输送。

铸铁管按壁厚分为 LA、A、B 三级。

铸铁管按公称直径(口径)从 75~1 200mm 共有 16 种规格。

灰口铸铁组织致密,易于切削和钻孔。

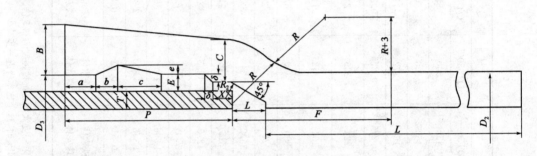

图 5-1 承插式连续铸铁管接口图

1. 连续铸铁管的标记

公称直径为 500mm、壁厚为 A 级、有效长度为 5 000mm 的连续铸造灰口铸铁直管,其标记为:

连铸管 A-500-5000 GB/T 3422—2008

2. 承插式连续铸铁管的力学性能

管环抗弯强度和表面硬度 表 5-16

公称直径 (mm)	管环抗弯强度(MPa) 不小于	表面硬度 HB 不大于
≤300	3.4	
350~700	2.8	210
≥800	2.4	

铸铁管的水压试验压力 表 5-17

公称直径 (mm)	最小试验压力(MPa)		
	LA	A	B
≤450	2.0	2.5	3.0
≥500	1.5	2.0	2.5

注:用于输气管道的铸铁管,需做气密性试验。

3. 连续铸铁管的壁厚及重量

表 5-18

公称直径 D_N (mm)	外径 D_2 (mm)	壁厚 T(mm) LA级	A级	B级	承口凸部重量 (kg)	直部1m重量(kg) LA级	A级	B级	总重量(kg) 4000 LA级	4000 A级	4000 B级	5000 LA级	5000 A级	5000 B级	6000 LA级	6000 A级	6000 B级
75	93.0	9.0	9.0	9.0	4.8	17.1	17.0	17.1	73.2	73.2	73.2	90.3	90.3	90.3			
100	118.0	9.0	9.0	9.0	6.23	22.2	22.2	22.2	95.1	95.1	95.1	117	117	·117			
150	169.0	9.0	9.2	10.0	9.09	32.6	33.3	36.0	139.5	142.3	153.1	172.1	175.6	189	205	209	225
200	220.0	9.2	10.1	11.0	12.56	43.9	48.0	52.0	188.3	204.6	220.6	232.1	252.6	273	276	301	325
250	271.6	10.0	11.0	12.0	16.54	59.2	64.8	70.5	253.3	275.7	298.5	312.5	340.5	369	372	405	440
300	332.8	10.8	11.9	13.0	21.86	76.2	83.7	91.1	326.7	356.7	386.3	402.9	440.4	477	479	524	568
350	374.0	11.7	12.8	14.0	26.96	95.9	104.6	114.0	410.6	445.4	483	506.5	550	597	602	655	711
400	425.6	12.5	13.8	15.0	32.78	116.8	128.5	139.3	500	546.8	590	616.8	675.3	729	734	804	869
450	476.8	13.3	14.7	16.0	40.14	139.4	153.7	166.8	597.7	654.9	707.3	737.1	808.6	874	877	962	1041
500	528.0	14.2	15.6	17.0	46.88	165.0	180.8	196.5	706.9	770	832.9	871.9	951	1029	1037	1132	1226
600	630.8	15.8	17.4	19.0	62.71	219.8	241.4	262.9	941.9	1028	1114	1162	1270	1377	1382	1511	1640
700	733.0	17.5	19.3	21.0	81.19	283.2	311.6	338.2	1214	1328	1434	1497	1639	1772	1780	1951	2110
800	836.0	19.2	21.1	23.0	102.63	354.7	388.9	423.0	1521	1658	1795	1876	2047	2218	2231	2436	2641
900	939.0	20.8	22.9	25.0	127.05	432.0	474.5	516.9	1855	2025	2195	2287	2499	2712	2719	2974	3228
1000	1041.0	22.5	24.8	27.0	156.46	518.4	570.0	619.3	2230	2436	2734	2748	3006	3253	3266	3576	3872
1100	1144.0	24.2	26.6	29.0	194.04	613.0	672.3	731.4	2646	2883	3120	3259	3566	3851	3872	4228	4582
1200	1246.0	25.8	28.4	31.0	223.46	712.0	782.2	852.0	3071	3352	3631	3783	4134	4483	4495	4916	5335

注：① 计算重量时，铸铁相对密度采用 7.20。承口重量为近似值。
② 总重量＝直部 1m 重量×有效长度＋承口凸部重量（计算结果，四舍五入，保留三位有效数字）。

715

4. 连续铸铁管承口尺寸(mm)

表 5-19

公称直径 D_N	承口内径 D_3	B	C	E	P	l	F	δ	X	R
75	113.0	26	12	10	90	9	75	5	13	32
100	138.0	26	12	10	95	10	75	5	13	32
150	189.0	26	12	10	100	10	75	5	13	32
200	240.0	28	13	10	100	11	77	5	13	33
250	293.6	32	15	11	105	12	83	5	18	37
300	344.8	33	16	11	105	13	85	5	18	38
350	396.0	34	17	11	110	13	87	5	18	39
400	447.6	36	18	11	110	14	89	5	24	40
450	498.8	37	19	11	115	14	91	5	24	41
500	552.0	40	21	12	115	15	97	6	24	45
600	654.8	44	23	12	120	16	101	6	24	47
700	757.0	48	26	12	125	17	106	6	24	50
800	860.0	51	28	12	130	18	111	6	24	52
900	963.0	56	31	12	135	19	115	6	24	55
1 000	1 067.0	60	33	13	140	21	121	6	24	59
1 100	1 170.0	64	36	13	145	22	126	6	24	62
1 200	1 272.0	68	38	13	150	23	130	6	24	64

5. 铸铁管的尺寸偏差(mm)

表 5-20

公称直径	插口外径偏差	承口		壁厚负偏差		长度偏差
		内径偏差	深度偏差	管体	承口	
75～450	+2 −4	+4 −2	±5			
500	+3 −5	+5 −3		1+0.05T	1+0.05C	±20
600～800						
900～1 200	+4 −6	+6 −4	±10			

6. 铸铁管的交货状态和储运要求

(1)表面质量

铸铁管内、外表面不允许有妨碍使用的明显缺陷,凡是使壁厚减薄的各种局部缺陷,其深度不得大于(2+0.05T)mm。

局部缺陷可以修补,但修补后输水管应符合水压试验的规定;输气管应符合水压试验和气密性的规定。

(2)涂覆

管体内外表面可涂沥青质或其他防腐材料。若要求用水泥砂浆衬里或表面不涂涂料时,由供需双方商定。涂料应不溶于水,不得使水产生异味,有害杂质含量应符合卫生部饮用水有关规定。

涂覆前,内外表面应光洁,并无铁锈、铁片。

涂覆后,内外表面应光洁,涂层均匀、黏附牢固,并无因气候冷热而发生异常。

（3）铸铁管的弯曲度(mm)

表 5-21

公　称　直　径	弯曲度,不大于	说　　　明
≤150	2L	管的端面与轴线相垂直;
200～450	1.5L	L-管的有效长度
≥500	1.25L	

（4）交货重量和长度

铸铁管按理论重量交货。每根铸铁管重量允许负偏差为 5%。切取试样的铸铁管按完整长度验收。

铸铁管的定尺长度符合表 5-18 有效长度的规定。同一批订货、同一直径管,只能供应一种定尺。短尺管重量应不大于订货量的 10%。其允许的短尺长度应符合表 5-22 规定。

铸铁管的供货长度(mm)

表 5-22

有效长度	允许短尺长度			
4 000	500	1 000	—	—
5 000、6 000			1 500	2 000

（5）标志、包装和储运

铸铁管应在承口处铸出制造厂名称或商标、公称直径、年份及厚度级符号"LA""A""B"。

公称直径等于或大于 200mm 的铸铁管,应在插口端紧缠草绳,草绳宽度不小于 100mm,高度不小于 12mm。公称直径小于 200mm 的铸铁管,可成捆装车,每捆不超过 3t。

车船联运或长途运输,装卸次数多时,应在插口端套上胶圈或塑料圈,宽度不小于 50mm,高度不小于 15mm。

质量证明书内容:制造厂名称;产品名称、规格、厚度级别;水压试验的压力;每批数量;标准编号;标准要求的各项检验结果。

在搬运铸铁管过程中,应防止碰伤摔坏。

铸铁管装车时,伸出车体外部分不准超过管子长度的 1/4。

储存管子的地面应松软平坦,硬地面应垫木块。

管垛上每层铸铁管应将承插口相间平放,并用木块掩好,上下相邻的两层管方向成 90°。

管垛高度不得超过 3m,垛旁设支柱,防止管子滚动。

（二）柔性机械接口灰口铸铁管(GB/T 6483—2008)

灰口铸铁管分为柔性机械接口灰口铸铁直管和梯唇型橡胶圈接口连续铸铁直管,适用于输送水和煤气。柔性机械接口可以实现接口角度一定范围的偏转。

铸铁管按壁厚分为 LA、A 和 B 型三级。

铸铁管的公称直径(口径)从 75～600mm 共有 10 种规格。

铸铁管的接口形式分为 N 型、N1 型、X 型胶圈机械接口(图 5-2)和梯唇型橡胶圈承插口(图 5-3)。

1. 柔性机械接口灰口铸铁管的标记

铸铁管按名称、接口形式、壁厚级别、公称直径、有效长度、标准号顺序标记。

标记示例:

公称直径为 300mm,壁厚为 A 级,有效长度为 5 000mm 的 N(N_1)型胶圈机械接口铸铁管,其标记为:

$$N(N_1)机铸管\quad A\text{-}300\text{-}5000\quad GB/T\ 6483\text{—}2008$$

2. 铸铁管接口形式图

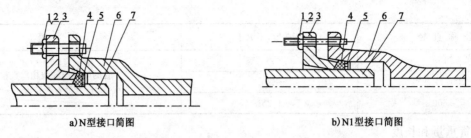

a)N型接口简图　　　　　　　　b)N1型接口简图

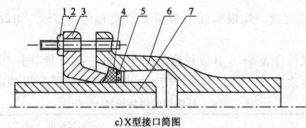

c)X型接口简图

图 5-2　柔性机械接口示意图

1-螺栓;2-螺母;3-压兰;4-胶圈;5-支承环;6-管体承口;7-管体插口

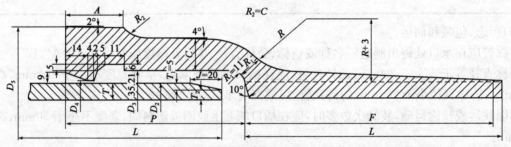

图 5-3　梯唇型橡胶圈接口铸铁管示意图(尺寸单位:mm)

3. 柔性机械接口铸铁管的力学性能

管环抗弯强度和表面硬度　　　　　　　　　　　　　　表 5-23

公称直径(mm)	管环抗弯强度(MPa) 不小于	表面硬度 HBW 不大于
≤300	3.33	210
≥350	2.74	

注:①板条抗拉强度应不小于140MPa。

　　②铸铁管材质为灰口铸铁,组织致密,易于切削、钻孔。

铸铁管的试验压力　　　　　　　　　　　　　　表 5-24

公称直径 (mm)	水压最小试验压力(MPa)			气密性试验压力(MPa) 不低于
	LA	A	B	
≤450	2.0	2.5	3.0	0.3
≥500	1.5	2.0	2.5	

注:气密性试验介质采用压缩空气。

4. 铸铁管的尺寸偏差

铸铁管的尺寸偏差(mm)　　　　　　　　　　　　表 5-25

公称直径	插口外径 偏差	承口		插口椭圆度 偏差	壁厚负偏差		长度偏差
		内径偏差	深度偏差		管体	承口	
≤300	±2.0	±1.5	±5.0	≤4.0	1±0.05T	1±0.05C	±20
350~600	±3.0	±2.0		≤5.0			

注:梯唇型橡胶圈接口铸铁管插口端的坡口长度允许偏差为-5mm。

　　高度:$T_1 \geqslant 4mm$;$T_2 \geqslant 3mm$。

5. 柔性机械接口（N型、N₁型和X型）灰铸铁管规格尺寸及重量

表5-26

公称直径(mm)	直部外径(mm)	壁厚(mm) LA级	壁厚 A级	壁厚 B级	承口凸部重量(kg)	直部1m重量(kg) LA级	1m A级	1m B级	4000 LA级	4000 A级	4000 B级	5000 LA级	5000 A级	5000 B级	6000 LA级	6000 A级	6000 B级	外径 N,N₁	外径 X	插口压兰重量(kg/个)	螺栓孔直径(mm)	螺栓孔个数 N,N₁	个数 X	胶圈 N	胶圈 N₁	胶圈 X	支撑圈 N	支撑圈 N₁	支撑圈 X
100	118.0	9.0	9.0	9.0	11.5	22.2	22.2	22.2	100	100	100	123	123	123	145	145	145	250	262	6	23	4							
150	169.0	9.0	9.2	10.0	15.5	32.6	33.3	36.0	146	149	160	179	182	196	211	215	232	300	313	7	23	6		30×13	30×13	34×8	13×8	12×12	8×15
200	220.0	9.2	10.0	11.0	20.6	43.9	48.0	52.0	196	213	229	240	261	281	284	309	333	350	366	10	23	6							
250	271.6	10.0	11.0	12.0	29.2	59.2	64.8	70.5	266	288	311	325	353	382	384	418	454	408	418	12	23	6							
300	322.8	10.8	11.9	13.0	36.2	76.2	83.7	91.1	341	371	401	417	455	492	493	538	583	466	471	16	23	8							
350	374.0	11.7	12.8	14.0	42.7	95.9	104.6	114.0	426	461	499	522	566	613	618	670	723	516	524	18	23	10	12	36×15	34×14		15×8	13×12	
400	425.6	12.5	13.8	15.0	52.5	116.8	128.5	139.3	520	567	670	637	695	809	753	824	888	570	578	21	23	12	10						
450	475.8	13.3	14.7	16.0	62.1	139.4	153.7	166.8	620	677	729	759	831	896	899	984	1 060	624	638	24	23	12	12						
500	528.0	14.2	15.6	17.0	74.0	165.0	180.8	196.5	784	797	860	899	976	1 060	1 070	1 160	1 250	674	682	27	24	14		38×16	36×16	36×8	16×8	15×12	
600	630.8	15.8	17.4	19.0	100.6	219.8	241.4	262.9	980	1 070	1 150	1 200	1 310	1 420	1 420	1 550	1 680	792	792	36	24	16							

注：①计算重量时，铸铁密度采用7.20g/cm³。
②总重量＝直部1m重量×有效长度＋承口口凸部重量（计算结果四舍五入，保留三位有效数字）。

6. 梯唇型橡胶圈接口铸铁管的规格尺寸及重量

表 5-27

公称直径 D_N (mm)	外径 D_2 (mm)	壁厚 T (mm) LA级	A级	B级	D3	D4	D5	承口尺寸 (mm) A	C	P	F	R	重量 (kg) 承口凸部	直部1m LA级	A级	B级	总重量(kg) 5000 LA级	A级	B级	6000 LA级	A级	B级	橡胶圈工作直径 D_0 (mm)
75	93.0	9.0	9.0	9	115	101	169	36	14	90	70	25	6.69	17.1	17.1	17.1	92	92	92	109	109	109	116.0
100	118.0	9.0	9.0	9	140	126	194	36	14	95	70	25	8.28	22.2	22.2	22.2	119	119	119	141	141	141	141.0
150	169.0	9.0	9.2	10	191	177	245	36	14	100	70	25	11.4	32.6	33.3	36.0	174	178	191	207	211	227	193.0
200	220.0	9.2	10.1	11	242	228	300	38	15	100	71	26	15.5	43.9	48.0	52.0	235	255	275	279	308	327	244.5
250	271.6	10.0	11.0	12	294	280	376	38	15	105	73	26	19.9	59.2	64.8	70.5	316	344	372	375	409	443	297.0
300	322.8	10.8	11.9	13	345	331	411	38	16	105	75	27	24.4	76.2	83.7	91.1	405	443	480	482	527	571	348.5
400	425.6	12.5	13.8	15	448	434	520	40	18	110	78	29	36.5	116.8	128.5	139.3	620	679	733	737	808	872	452.0
500	528.0	14.2	15.6	17	550	536	629	40	19	115	82	30	50.1	165.0	180.8	196.5	875	945	1 033	1 040	1 135	1 229	556.0
600	630.8	15.8	17.4	19	653	639	737	42	20	120	84	31	65.0	219.8	241.4	262.9	1 165	1 273	1 380	1 384	1 514	1 643	659.5

注：①计算重量时，铸铁密度采用 7.20g/cm³，承口重量为近似值。
②总重量＝直部 1m 重量×有效长度＋承口凸部重量（计算结果，保留整数）。
③胶圈工作直径 $D_0=1.01D_3$（计算结果取整到 0.5mm）。

7. 铸铁管用螺栓、螺母

螺栓及六角螺母以可铸铁或球墨铸铁为材质,采用砂型或金属型铸造,机械加工成型。

（1）螺栓及六角螺母的图形及尺寸

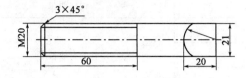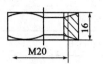

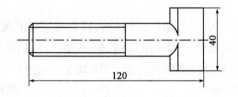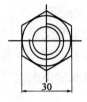

图 5-4　螺栓图（尺寸单位:mm）　　　　图 5-5　六角螺母图（尺寸单位:mm）

（2）螺栓及六角螺母的化学成分（%）

表 5-28

牌　号	C	Si	Mn	S	P	RE	Mg
KT30-6	2.6～2.8	1.5～.18	0.55～0.70	≤0.2	≤0.1	—	—
QT42-10	3.5～3.8	2.3～3.0	0.40～0.80	≤0.03		0.02～0.05	0.035～0.07

（3）螺栓及六角螺母力学性能

表 5-29

牌　号	抗拉强度（MPa）	断后伸长率（%）	基本组织
KT30-6	294(30kg)	6	铁素体
QT42-10	412(42kg)	10	

注:①铸铁不得有气孔、砂眼等铸造缺陷。
　　②飞边、毛刺等应用砂轮磨光修平。
　　③螺纹尺寸精度应符合 GB 197 中的 3 级精度。
　　④螺母的螺孔与外六方的同轴度为ϕ1.5。
　　⑤螺栓及六角螺母的不加工部位精度应不低于铸造 3 级精度。

8. 铸铁管的交货状态和储运要求

（1）表面质量

铸铁管内、外表面不允许有妨碍使用的明显缺陷,凡是使壁厚减薄的各种局部缺陷,其深度不得大于$(2+0.05T)$mm。经需方同意,局部缺陷可以修补,但修补后输水管应重新进行水压试验和气密性试验。

承、插口密封工作面除符合上述要求外,还不得有连续的轴向沟纹和麻面,工作面应光滑平整,不影响密封性能。

（2）涂覆

管体内外表面可涂沥青质或其他防腐材料。若要求用水泥砂浆衬里或内表面不涂涂料时,由供需双方商定。

给水用铸铁管涂料应不溶于水,不得使水产生异味,有害杂质含量应符合卫生部饮用水有关规定。

涂覆前,内外表面应光洁,并无铁锈、铁片。

涂覆后,内外表面应光洁,涂层均匀、黏附牢固,并无因气候冷热而发生异常。

(3)铸铁管的弯曲度(mm)

表 5-30

公称直径	弯曲度,不大于	说 明
≤150	2L	
200~450	1.5L	L-管的有效长度
≥500	1.25L	

(4)交货重量和长度

铸铁管按理论重量交货。每根铸铁管重量允许负偏差为 5%,切取试样的铸铁管按完整长度验收。

铸铁管的定尺长度应符合表 5-26、表 5-27 有效长度的规定。同一批订货、同一直径管,只能供应一种定尺。短尺管重量应不大于订货量的 10%。其允许的短尺长度应符合表 5-31 规定。

铸铁管的供货长度(mm)

表 5-31

有 效 长 度	允 许 短 尺 长 度			
4 000	500	1 000	—	—
5 000、6 000			1 500	2 000

(5)标志、包装和储运

质量证明书内容:制造厂名称;产品名称、规格、厚度级别;水压试验的压力;气密性试验的压力;每批数量;标准编号;标准要求的各项检验结果。

柔性机械接口灰口铸铁管的标志、包装和储运要求同承插式连续铸铁管。

(三)灰口铸铁管件(GB/T 320—2008)

灰口铸铁管件分承插式连接、法兰连接和柔性机械接口灰口铸铁管件。柔性机械接口铸铁管件的接口形式分为 N 型、N1 型和 X 型(接口形式见图 5-1 和图 5-2)。

灰口铸铁管件的公称直径(口径)从 75~1 500mm,分为 17 种。

(1)力学性能

灰口铸铁管件的抗拉强度不小于 140MPa;管件的表面硬度 HBW 应不大于 230;管件中心部分的硬度应不大于 215。

管件的水压试验压力:公称直径 D_N≤300mm   试验压力为 2.5MPa;

公称直径 D_N≥350mm,试验压力为 2.0MPa。

用于输气的管件,需做气密性试验。

(2)交货

管件按理论重量交货,铸铁相对密度为 7.20,承口重量为估算值。每根管件重量允许偏差为 ±8%,其中弯管、多支管、非标准管件的重量允许偏差为 ±12%。

(3)表面质量

管件内外表面应光洁,不允许有任何妨碍使用的明显缺陷。受铸造工艺的限制和影响,但又不影响使用的铸造缺陷允许存在。

管件上局部薄弱处应不多于两处。局部减薄后的厚度不小于 GB/T 3422 中同口径离心直管 G 级的最小厚度。受减小壁厚影响的面积小于内腔截面积的 1/10。

征得需方同意,局部缺陷可予修补,但修补后的管件应重新按标准进行水压试验。

(4)涂覆

管件内外表面可涂沥青或其他防腐材料。若要求内表面不涂涂料时,由供需双方商定。

输水管与水接触的涂料应不溶于水,不得使水产生异味,有害杂质含量应符合卫生部饮用水的有关规定。

涂覆前,内外表面应光洁,并无铁锈、铁片。

涂覆后,内外表面应光洁,涂层均匀、黏附牢固,并无因气候冷热而发生异常。

管件应为灰口铸铁,组织应致密,易于切削、钻孔。

1. 管件的名称、图示和口径(公称直径)

表 5-32

管件名称	图示符号	灰铸铁管件	灰铸铁柔性机械接口管件	管件名称	图示符号	灰铸铁管件	灰铸铁柔性机械接口管件
		公称口径(mm)				公称口径(mm)	
承盘短管	⊢⊣	75~1 500	100~600	盲法兰盘		75~1 500	—
插盘短管	⊢	75~1 500	100~600	双承丁字管		75~1 500	100~600
套管		75~1 500	—	承插渐缩管		75~1 500	
90°双承弯管	90°	75~1 500	100~600	插承渐缩管		75~1 500	150~600
45°双承弯管	45°	75~1 500	100~600	90°承插弯管	90°	75~700	100~600
$22\frac{1}{2}°$双承弯管	$22\frac{1}{2}°$	75~1 500	100~600	45°承插弯管	45°	75~700	100~600
$11\frac{1}{4}°$双承弯管	$11\frac{1}{4}°$	75~1 500	100~600	$22\frac{1}{2}°$承插弯管	$22\frac{1}{2}°$	75~700	100~600
全承丁字管		75~1 500	—	$11\frac{1}{4}°$承插弯管	$11\frac{1}{4}°$	75~700	100~600
全承十字管		200~1 500	—	乙字管		75~500	100~600
插堵		75~1 500	100~600	承插单盘排气管		150~1 500	—
承堵		75~300	100~600	承插泄水管		75~1500	—
90°双盘弯管	90°	75~1 000	—	三承十字管			100~600
45°双盘弯管	45°	75~1 000	—	可卸接头			100~600
三盘丁字管		75~1 000	—				

注:公称直径(口径)代号:D_N(直线上主管);d_n(直角上支管或小口端)。

2.灰口铸铁管件

表 5-33

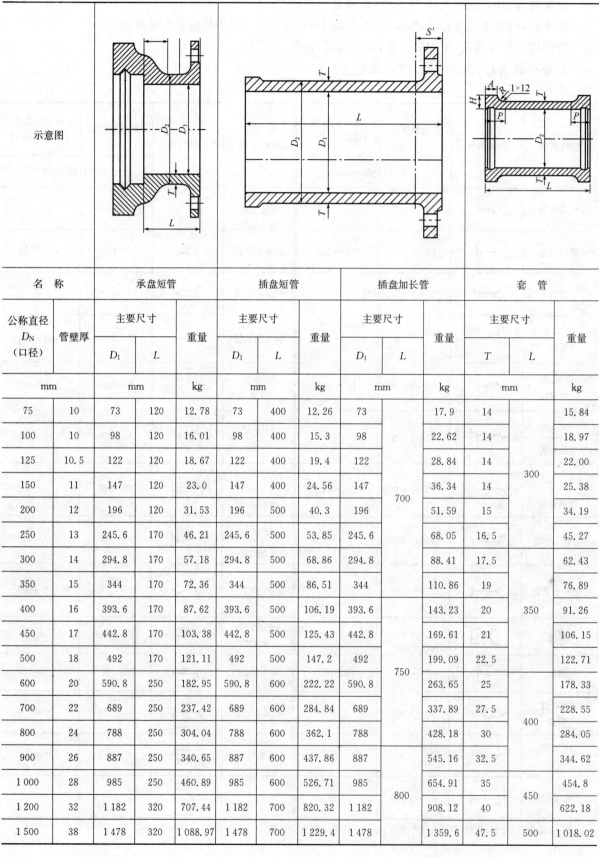

名 称	承盘短管			插盘短管			插盘加长管			套 管		
公称直径 D_N（口径）	管壁厚	主要尺寸		重量	主要尺寸		重量	主要尺寸		重量	主要尺寸		重量
		D_1	L		D_1	L		D_1	L		T	L	
mm	mm			kg	mm		kg	mm		kg	mm		kg
75	10	73	120	12.78	73	400	12.26	73		17.9	14		15.84
100	10	98	120	16.01	98	400	15.3	98		22.62	14		18.97
125	10.5	122	120	18.67	122	400	19.4	122		28.84	14	300	22.00
150	11	147	120	23.0	147	400	24.56	147		36.34	14		25.38
200	12	196	120	31.53	196	500	40.3	196	700	51.59	15		34.19
250	13	245.6	170	46.21	245.6	500	53.85	245.6		68.05	16.5		45.27
300	14	294.8	170	57.18	294.8	500	68.86	294.8		88.41	17.5		62.43
350	15	344	170	72.36	344	500	86.51	344		110.86	19		76.89
400	16	393.6	170	87.62	393.6	500	106.19	393.6		143.23	20	350	91.26
450	17	442.8	170	103.38	442.8	500	125.43	442.8		169.61	21		106.15
500	18	492	170	121.11	492	500	147.2	492	750	199.09	22.5		122.71
600	20	590.8	250	182.95	590.8	600	222.22	590.8		263.65	25		178.33
700	22	689	250	237.42	689	600	284.84	689		337.89	27.5	400	228.55
800	24	788	250	304.04	788	600	362.1	788		428.18	30		284.05
900	26	887	250	340.65	887	600	437.86	887		545.16	32.5		344.62
1 000	28	985	250	460.89	985	600	526.71	985	800	654.91	35	450	454.8
1 200	32	1 182	320	707.44	1 182	700	820.32	1 182		908.12	40		622.18
1 500	38	1 478	320	1 088.97	1 478	700	1 229.4	1 478		1 359.6	47.5	500	1 018.02

表 5-34

名　称		90°双承弯管			45°双承弯头			22½°双承弯管			11¼°双承弯管		
公称直径 D_N（口径）	管壁厚	主要尺寸		重量	主要尺寸		重量	主要尺寸		重量	主要尺寸		重量
		R	U		R	U		R	U		R	U	
mm	mm	mm		kg	mm		kg	mm		kg	mm		kg
75	10	137	193.7	19.26	280	214.3	19.35	280	109.2	17.28	280	54.9	16.25
100	10	155	219.2	24.97	300	229.6	24.97	300	117	21.9	300	58.8	20.46
125	10.5	177.5	251	31.09	325	248.8	30.35	325	126.8	26.34	325	63.7	24.33
150	11	200	282.8	39.01	350	267.9	37.47	350	136.6	32.06	350	68.6	29.36
200	12	245	346.5	58.41	400	306.2	54.42	400	156.1	45.55	400	78.4	41.11
250	13	290	410.1	85.84	450	344.4	78.08	450	175.6	64.64	450	88.2	57.92
300	14	335	473.8	115.0	500	382.7	101.94	500	195.1	82.74	500	98	73.14
350	15	380	537.4	153.51	550	421	133.42	550	214.6	107.11	550	107.8	93.95
400	16	425	601	196.22	600	459.2	167.12	600	234.1	132.19	600	117.6	112.02
450	17	470	664.7	247.49	650	497.5	207.22	650	253.6	162.09	650	127.4	139.53
500	18	515	728.3	306.96	700	535.8	253.14	700	273.1	196.06	700	137.2	167.52
600	20	605	855.6	452.78	800	612.3	363.8	800	312.1	276.99	800	156.8	233.58
700	22	695	982.9	637.64	900	688.9	501.48	900	351.1	376.43	900	176.4	313.9
800	24	785	1 110.1	868.21	1 000	765.4	670.87	1 000	390.2	497.76	1 000	196.1	411.21
900	26	875	1 237.4	1 146.8	1 100	841.9	872.68	1 100	429.2	640.74	1 100	215.7	524.77
1 000	28	965	1 364.7	1 484.72	1 200	918.5	1 116.87	1 200	468.2	814.54	1 200	235.3	663.37
1 200	32	1 415	1 619.3	2 330.63	1 400	1 071.6	1 716.4	1 400	546.2	1 233.3	1 400	274.5	991.75
1 500	38	1 415	2 001.1	4 118.09	1 700	1301.2	2 961.62	1700	663.3	2 091.71	1 700	333.3	1 656.75

表 5-35

示意图				

名　称	全承(四承)十字管			插　堵			90°双盘弯管			45°双盘弯管		
公称直径 D_N （口径）	管壁厚	主要尺寸		重量	主要尺寸		重量	主要尺寸		重量	主要尺寸		重量
		L	H		T_1	P		S'	U		S'	U	
mm		mm		kg	mm		kg	mm		kg	mm		kg
75	10	—	—	—	21	90	7.86	48	193.7	13.22	48	253.3	14.06
100	10	—	—	—	22	95	10.67	48.5	219.2	16.59	48.5	286.3	17.82
125	10.5	—	—	—	22.5	95	12.45	48.5	251	21.91	48.5	328.4	23.74
150	11	—	—	—	23	100	15.41	49.5	282.8	29.43	49.5	369.7	31.99
200	12	380	190	91.68	24.5	100	22.61	50.5	346.5	44.97	50.5	452.4	49.63
250	13	450	225	131.54	26	105	32.83	51.5	410.1	65.08	51.5	535.8	72.25
300	14	520	260	171.35	27.5	105	43.14	57.5	473.8	89.95	57.5	619.2	100.63
350	15	590	295	224.83	29	110	57.01	59	537.4	122.27	59	386.5	102.18
400	16	660	330	281.73	30	110	71.4	60	601	160.26	60	459.2	131.16
450	17	730	365	350.32	31.5	115	89.19	61	664.7	201.39	61	497.5	161.12
500	18	800	400	426.93	33	115	109.10	62	728.3	251.22	62	535.8	197.4
600	20	940	470	616.09	36	120	158.39	63	855.6	370.42	63	612.3	281.44
700	22	1 080	540	852.85	38.5	125	218.47	64	982.9	526.56	64	688.9	390.4
800	24	1 220	610	1 145.19	41.5	130	294.31	71	1 110.1	733.33	71	765.4	535.99
900	26	1 360	680	1 692.09	44	135	382.31	73	1 237.4	963.3	73	841.9	689.18
1 000	28	1 500	750	1 916.01	47	140	490.82	75	1 364.7	1 249.24	75	918.5	881.39
1 200	32	1 780	890	2 960.46	52.5	150	768.82	—	—	—	—	—	—
1 500	38	—	—	—	61	165	1 307.42	—	—	—	—	—	—

名 称		承堵			盲法兰盘			90°承插弯管			45°承插弯管		
公称直径 D_N（口径）	管壁厚	主要尺寸		重量	主要尺寸		重量	主要尺寸		重量	主要尺寸		重量
		T_1	L		T_1	M		S	U		S	U	
mm		mm		kg	mm		kg	mm		kg	mm		kg
75	10	21	130	3.07	21	4	5.03	150	353.5	17.97	200	306.1	17.44
100	10	22	135	4.49	22	4.5	6.41	150	353.5	22.97	200	306.1	22.27
125	10.5	22.5	140	6.3	22.5	4.5	8.43	200	424.2	32.54	200	382.6	30.07
150	11	23	145	8.51	23	4.5	11.15	200	424.2	40.0	200	382.6	36.91
200	12	24.5	150	14.36	24.5	4.5	16.87	200	565.6	65.47	200	459.2	55.66
250	13	26	155	21.42	26	4.5	24.01	250	565.6	93.01	200	459.2	77.26
300	14	27.5	160	29.16	27.5	4.5	32.06	250	777.8	141.42	200	535.8	105.21
350	15				29	5	43.7	250	777.8	176.92	200	612.3	142.13
400	16				30	5	56.35	250	848.5	226.84	200	688.8	184.51
450	17				31.5	5	69.83	250	848.5	270.94	200	765.4	234.32
500	18				33	5	86.6	250	989.9	351.5	200	841.9	292.19
600	20				36	5	127.26	300	1131.3	527.34	200	995.0	434.62
700	22				38.5	5	179.06	300	1271.7	734.47	200	1148.1	615.75
800	24				41.5	5	247.37						
900	26				44	5	315.64						
1000	28				47	6	410.99						
1200	32				52.5	6	641.11						
1500	38				61	6	1116.22						

表 5-37

示意图				

名　称		$22\frac{1}{2}°$承插弯管			$11\frac{1}{4}°$承插弯管			乙字管			承插泄水管		
公称直径 D_N（口径）	管壁厚	主要尺寸		重量	主要尺寸		重量	主要尺寸		重量	主要尺寸		重量
		S	U		R	U		H	L		泄水口径 d_n	$H+J$	
mm	mm	mm		kg	mm		kg	mm		kg	mm		kg
75	10	150	312.1	16.5	3 000	588.1	19.38	200	346.4	18.46	—	—	—
100	10	150	312.1	21.05	3 000	588.1	24.11	200	346.4	24.06	—	—	—
125	10.5	150	390.1	28.5	3 000	588.1	29.95	225	389.7	30.97	—	—	—
150	11	150	390.1	34.95	3 000	588.1	36.79	250	433	42.05	—	—	—
200	12	150	468.2	53.79	4 000	784.1	63.06	300	519.6	68.29	—	—	—
250	13	150	468.2	73.46	4 000	784.1	85.95	300	519.6	93.01	—	—	—
300	14	150	546.3	100.93	4 000	784.1	109.31	300	519.6	118.38	—	—	—
350	15	—	624.3	117.79	5 000	980.2	160.84	350	606.2	160.98	—	—	—
400	16	—	702.3	154.87	5 000	980.2	195.62	400	692.8	211.33	—	—	—
450	17	—	780.4	198.98	5 000	980.2	233.7	450	779.4	270.94	—	—	—
500	18	—	858.4	250.69	6 000	1 176.2	315.93	500	866	340.63	—	—	—
600	20	—	1 041.5	379.38	6 000	1 176.2	422.78	—	—	—	—	—	—
700	22	—	1 170.5	545.03	6 000	1 176.2	545.03	—	—	—	300	1 050	530.61
800	24	—	—	—	—	—	—	—	—	—	300	1 060	661.03
900	26	—	—	—	—	—	—	—	—	—	300	1 150	851.52
1 000	28	—	—	—	—	—	—	—	—	—	400	1 180	1 068.53
1 200	32	—	—	—	—	—	—	—	—	—	400	1 240	1 513.19
1 500	38	—	—	—	—	—	—	—	—	—	500	1 410	2 504.49

示意图

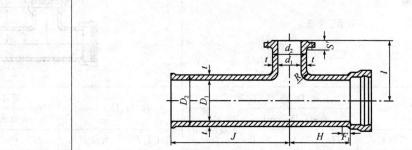

名　称		承插单盘 100mm 排气管			承插单盘 150mm 排气管		
公称直径 D_N（口径）	壁厚	主要尺寸		重量	主要尺寸		重量
		$J+H$	d_1		$J+H$	d_1	
mm		mm		kg	mm		kg
75	10						
100	10						
125	10.5						
150	11	680	98	46.77	680	147	51.63
200	12	700	98	63.33	700	147	67.74
250	13	710	98	83.69	710	147	87.68
300	14	730	98	105.93	730	147	109.72
350	15	740	98	131.49	740	147	134.96
400	16	760	98	160.76	760	147	163.93
450	17	770	94	192.77	770	143	196.05
500	18	790	94	229.01	790	143	232.10
600	20	810	94	309.3	810	143	312.2
700	22	840	90	408.14	840	139	411.56
800	24	860	90	518.72	860	139	521.75
900	26	920	90	667.16	920	139	670.43
1 000	28	960	86	829.68	960	135	833.14
1 200	32	1 040	86	1 220.15	1 040	135	1 223.52
1 500	38	1 140	82	1 973.32	1 140	131	1 976.78

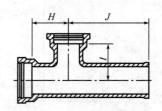

双承丁字管

| 公称口径 (mm) | | 灰口铸铁丁字管 | | | |
直线上 D_N	直角上 d_n	有效长度(mm) H	I	J	重量(kg)
75	75	160	140	450	26.92
100	75	180	160	500	34.32
	100				36.94
150	75	190	180	510	41.42
	100				44.02
	125				45.64
125	75	190	190	570	50.45
	100				53.00
	125				54.52
	150				57.12
200	75	225	280	570	66.57
	100				69.16
	125				70.71
	150		250	590	78.59
	200				84.89
250	75	225	280	570	92.26
	100				94.95
	125				96.61
	150				99.26
	200		300	600	108.77
	250				117.73
300	75	240	280	570	115.58
	100				118.08
	125				119.50
	150				121.88
	200				131.39
	250	300	300	600	145.35
	300				152.91
350	200	270	310	610	162.54
	250				196.75
	300	360	340	720	204.5
	350				214.37

| 公称口径 (mm) | | 灰口铸铁丁字管 | | | |
直线上 D_N	直角上 d_n	有效长度(mm) H	I	J	重量(kg)
400	200	290	350	650	206.79
	250	410	390	780	249.93
	300				257.55
	350				268.13
	400				278.71
450	250	330	380	680	257.24
	300	440	420	820	311.77
	350				322.16
	400				332.44
	450				344.76
500	250	340	410	680	298.75
	300	480	460	850	374.43
	350				384.51
	400				394.35
	450				406.68
	500				420.85
600	300	410	490	760	438.66
	350	550	530	920	535.41
	400				545.45
	450				556.82
	500				570.67
	600				603.10
700	350	620	600	980	720.91
	400				730.30
	450				741.52
	500				754.73
	600				786.17
	700				825.21
800	400	470	600	800	743.28
	450	690	670	1 030	963.04
	500				975.27
	600				1 004.06
	700				1 043.69
	800				1 091.20

| 公称口径（mm） | | 灰口铸铁丁字管 | | | |
直线上 D_N	直角上 d_n	H	I	J	重量(kg)
900	450				1 056.41
	500	600	690	940	1 066.73
	600				1 092.51
	700				1 317.77
	800	770	750	1 090	1 365.67
	900				1 421.39
1 000	500				1 354.19
	600	680	770	990	1 380.06
	700				1 412.19
	800				1 672.60
	900	840	820	1 140	1 782.22
	1 000				1 795.60
1 200	600	650	850	950	1 791.05
	700				2 110.74
	800	810	910	1 100	2 148.12
	900				2 193.61
	1 000	970	950	1 250	2 550.59
	1 200				2 789.44
1 500	800	1 250	1 100	1 500	4 224.22
	900				4 263.47
	1 000				4 506.65
	1 200			1 650	4 714.85
	1 500				4 920.30

表5-40

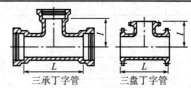

三承丁字管　　三盘丁字管

公称口径（mm）		灰口铸铁丁字管					
		全承(三承)丁字管			三盘丁字管		
直线上 D_N	直角上 d_n	有效长度(mm)		重量(kg)	有效长度(mm)		重量(kg)
		L	I		L	I	
75	75	212	106	25.47	360	180	20.22
100	75	240	116	30.58	400	190	24.58
	100		120	32.60		200	25.95
125	75	275	128.5	36.05	450	202.5	30.19
	100		132.5	38.01		212.5	31.5
	125		137.5	39.90		225	33.73
150	75	310	141	43.24	500	215	38.78
	100		145	45.16		225	40.04
	125		150	46.97		237.5	42.18
	150		155	49.46		250	45.36
200	75	380	166	60.84	600	240	57.43
	100		170	62.72		250	58.67
	125		175	64.45		262.5	60.74
	150		180	66.80		275	63.78
	200		190	72.17		300	69.98

丁字管

公称口径（mm）		灰口铸铁丁字管					
		全承（三承）丁字管			三盘丁字管		
直线上 D_N	直角上 d_n	有效长度(mm)		重量	有效长度(mm)		重量
		L	I	（kg）	L	I	（kg）
250	75	450	191	85.71	700	265	79.63
	100		195	87.54		275	82.81
	125		200	89.21		287.5	84.82
	150		205	91.43		300	87.73
	200		215	96.80		325	93.59
	250		225	104.86		350	101.36
300	75	520	216	112.22	800	290	111.23
	100		220	114.00		300	112.37
	125		225	115.63		312.5	114.32
	150		230	117.75		325	117.18
	200		240	122.91		350	122.84
	250		250	130.59		375	130.19
	300		260	138.04		400	139.18
(350)	200	590	265	157.89	850	325	152.97
	250		275	165.33		325	157.19
	300		285	172.20		425	171.31
	350		295	182.33		425	180.51
400	200	660	290	196.62	900	350	190.72
	250		300	203.73		350	194.62
	300		310	210.37		450	208.51
	350		320	220.25		450	217.37
	400		330	230.46		450	227.09
450	250	730	325	250.61	950	375	234.56
	300		335	256.80		475	248.00
	350		345	266.15		475	256.33
	400		355	276.15		475	265.85
	450		365	288.37		475	274.61
500	250	800	350	303.78	1 000	400	281.79
	300		360	309.87		500	295.12
	350		370	318.78		500	303.0
	400		380	327.70		500	311.45
	450		390	339.52		500	320.80
	500		400	353.60		500	330.91
600	300	940	410	442.51	1 100	550	405.34
	350		420	450.74		550	412.56
	400		430	459.41		550	420.74
	450		440	469.63		550	427.49
	500		450	482.84		550	437.73
	600		470	515.31		550	458.98

续表 5-40

公 称 口 径 （mm）		灰 口 铸 铁 丁 字 管					
		全承(三承)丁字管			三盘丁字管		
直线上 D_N	直角上 d_n	有效长度(mm)		重量	有效长度(mm)		重量
		L	I	（kg）	L	I	（kg）
700	350	1 080	470	619.45	1 200	600	553.31
	400		480	627.51			560.89
	450		490	637.08			566.99
	500		500	648.97			575.9
	600		520	679.08			594.8
	700		540	718.98			620.73
800	400	1 220	530	838.27	1 300	650	739.06
	450		540	847.29			744.38
	500		550	857.39			751.79
	600		570	884.63			767.74
	700		590	922.42			791.55
	800		610	971.79			824.59
900	450	1 360	590	1 101.88	1 400	700	939.7
	500		600	1 111.18			946.03
	600		620	1 136.31			959.96
	700		640	1 170.17			979.83
	800		660	1 217.32			1 010.68
	900		680	1 275.12			1 038.75
1 000	500	1 500	650	1 419.46	1 500	750	1 186.81
	600		670	1 442.61			1 198.75
	700		690	1 474.07			1 216.24
	800		710	1 515.41			1 241.27
	900		730	1 571.26			1 267.32
	1 000		750	1 641.99			1 304.37
1 200	600	1 780	770	2 217.36			
	700		790	2 244.3			
	800		810	2 280.05			
	900		830	2 326.61			
	1 000		850	2 390.05			
	1 200		890	2 625.90			
1 500	700	2 200	940	3 885.88			
	800		960	3 914.93			
	900		980	3 951.46			
	1 000		1 000	4 001.45			
	1 200		1 040	4 203.77			
	1 500		1 100	4 477.26			

表 5-41

渐缩管

承插渐缩管　　　　　　　　插承渐缩管

公称口径 (mm)		有效尺寸(mm)					重量(kg)	
D_N	d_n	A	B	C	E	W	承插	插承
100	75	50	200	200	50	300	20.57	19.35
125	75	50	200	200	50	300	22.87	21.83
	100						24.89	25.08
150	100	55	200	200	50	300	28.44	27.80
	125						31.01	30.17
200	100	60	200	200	50	300	36.29	33.73
	125						38.89	36.15
	150				55		41.73	39.83
250	100	70	200	200	50	400	51.79	45.40
	125				55		54.86	48.29
	150				60		58.19	52.46
	200						62.42	58.58
300	100	80	200	200	50	400	63.07	53.67
	125				55		66.21	56.64
	150				60		69.62	60.88
	200				70		76.95	70.11
	250						85.26	82.27
350	150	80	200	200	55	400	82.96	70.07
	200				60		90.44	79.45
	250				70		98.91	91.77
	300				80		107.93	103.80
400	150	90	200	220	55	500	106.67	92.44
	200				60		115.32	102.99
	250				70		125.06	116.58
	300				80		135.42	129.95
	350						146.63	145.29
450	200	100	200	230	60	500	133.96	117.50
	250				70		143.89	131.28
	300				80		154.44	144.84
	350				90		165.83	160.36
	400						178.63	177.46

灰 口 铸 铁 渐 缩 管（承 插、插 承）

续表 5-41

公称口径 (mm)	灰口铸铁渐缩管 (承插、插承)							
	有效尺寸(mm)						重量(kg)	
D_N	d_n	A	B	C	E	W	承插	插承
500	250	110	200	230	70	500	164.29	145.34
	300				80		175.03	159.14
	350		220				189.06	174.86
	400				90		202.56	192.14
	450		230		100		218.21	211.92
600	300	120	200	230	80	500	220.92	190.56
	350						235.32	206.66
	400		220		90		249.21	224.32
	450		230		100		265.24	244.48
	500				110		280.68	266.21
700	400	130	220	240	90	700	352.48	312.33
	450				100		372.15	336.13
	500		230		110		391.40	361.67
	600				120		433.18	417.92
800	450	140	230	240	100	700	445.9	386.68
	500				110		463.69	410.67
	600				120		506.53	467.98
	700				130		562.86	533.63
900	500	150	230	260	110	700	545.15	474.76
	600				120		589.06	533.14
	700				130		640.51	599.86
	800				140		693.77	676.40
1 000	500	170	230	260	110	700	645.31	534.15
	600				120		690.28	539.59
	700		240		130		742.80	661.37
	800				140		797.11	738.97
	900		260		150		866.52	825.75
1 200	700	190	240	280	130	800	1 026.89	875.48
	800				140		1 088.37	960.25
	900		260		150		1 165.25	1 054.50
	1 000				170		1 237.67	1 167.87
1 500	900	230	260	300	150	800	1 633.6	1 357.10
	1 000				170		1 706.88	1 471.33
	1 200		280		190		1 891.32	1 725.27

表 5-42.

3. 柔性机械接口管件

名称		插盘短管			承盘短管			可卸接头			90°双承弯管			90°单承弯管			45°双承弯管		
公称直径 DN (口径)	管壁厚	主要尺寸		重量	主要尺寸		重量	主要尺寸		重量	主要尺寸		重量	主要尺寸		重量	主要尺寸		重量
		D_4	L		D_4	L		T	L		R	U		U	I		R	U	
mm	mm	mm	mm	kg	mm	mm	kg	mm	mm	kg	mm	mm	kg	mm	mm	kg	mm	mm	kg
100	10	118	400	15.1	118	120	18.8	11	300	21.8	155	219.2	30.6	353.5	180	25.8	300	229.6	30.6
150	11	169	400	24.3	169	120	26.5	12	300	29.1	200	282.8	46.1	424.2	180	43.5	350	267.9	44.5
200	12	220	500	39.9	220	120	35.9	13	350	40.1	245	346.5	67.1	565.6	190	69.8	400	306.2	63.1
250	13	271.6	500	53.2	271.6	170	52.8	14	350	57.2	290	410.1	99.0	565.6	190	99.7	450	344.4	91.3
300	14	322.8	500	68.1	322.8	170	65.7	15	350	70.4	335	473.8	132.0	777.8	190	149.9	500	382.7	119.0
350	15	374	500	85.7	374	170	80.1	16	400	85.4	380	537.4	169.1	777.8	200	184.7	550	421	149.0
400	16	425.6	500	104.7	425.6	170	88.0	17	400	105.0	425	601	217.0	848.5	200	237.2	600	459.2	187.9
450	17	476.8	500	123.8	476.8	170	115.2	18	450	132.5	470	664.7	271.0	848.5	200	282.7	650	497.5	230.8
500	18	528	500	145.7	528	170	136.2	20	550	178.4	515	728.3	337.2	989.3	200	366.6	700	535.8	283.4
600	20	630.8	600	220.1	630.8	250	204.0	22	550	241.5	605	855.6	494.9	1 131.3	200	548.4	800	612.3	405.9

表 5-43

名称	公称直径 D_N（口径）	管壁厚	插堵 主要尺寸 L	插堵 主要尺寸 f	插堵 重量	$11\frac{1}{4}°$ 单承弯管 主要尺寸 U	$11\frac{1}{4}°$ 单承弯管 主要尺寸 L	$11\frac{1}{4}°$ 单承弯管 重量	$11\frac{1}{4}°$ 双承弯管 主要尺寸 R	$11\frac{1}{4}°$ 双承弯管 主要尺寸 U	$11\frac{1}{4}°$ 双承弯管 重量	$22\frac{1}{2}°$ 单承弯管 主要尺寸 U	$22\frac{1}{2}°$ 单承弯管 主要尺寸 L	$22\frac{1}{2}°$ 单承弯管 重量	$22\frac{1}{2}°$ 双承弯管 主要尺寸 R	$22\frac{1}{2}°$ 双承弯管 主要尺寸 U	$22\frac{1}{2}°$ 双承弯管 重量	$45°$ 单承弯管 主要尺寸 U	$45°$ 单承弯管 主要尺寸 L	$45°$ 单承弯管 重量
示意图	mm	mm	mm	mm	kg	mm	mm	kg	mm	mm	kg	mm	mm	kg	mm	mm	kg	mm	mm	kg
	100	10	117		13.4	588.1	180	36.9	300	58.8	26.1	312.1	180	23.9	300	117	27.5	306.1	180	25.1
	150	11	123		19.4	588.1	180	52.3	350	68.6	36.4	390.1	180	38.5	350	136.6	39.1	382.6	180	40.4
	200	12	125		26.4	784.1	190	87.4	400	78.4	49.8	468.2	190	58.1	400	156.1	54.2	459.2	190	59.9
	250	13	131		37.9	784.1	190	117.5	450	88.2	71.1	468.2	190	80.1	450	175.6	77.8	459.2	190	83.9
	300	14	133		48.7	784.1	190	147.8	500	98	90.2	546.3	190	109.5	500	195.1	99.8	535.8	190	113.7
	350	15	139	27	61.3	980.2	200	208.6	550	107.8	109.5	624.3	200	165.6	550	214.6	122.7	612.3	200	149.9
	400	16	140	29	77.1	980.2	200	233.9	600	117.6	132.7	702.3	200	213.3	600	234.1	152.9	688.8	200	194.9
	450	17	146	31	94.1	980.2	200	300.5	650	127.4	163.1	780.4	200	266.8	650	253.1	183.6	765.4	200	246.1
	500	18	147	33	114.7	1176.2	200	394.8	700	137.2	197.8	858.4	200	329.8	700	273.1	226.3	841.9	200	307.3
	600	20	153	35	190.4	1176.2	200	531.8	800	156.8	275.7	1041.5	200	488.4	800	312.1	319.1	995	200	455.7

表 5-44

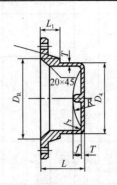
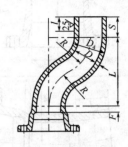

名　称		承　堵			乙　字　管		
公称直径 D_N（口径）	管壁厚	主要尺寸		重量	主要尺寸		重量
		L	L_1		$F+S$	L	
mm		mm		kg	mm		kg
100	10	105	55	8.9	75+180	346.4	28.6
150	11	110	55	11.9	75+200	433	47.6
200	12	110	55	17.7	77+250	519.6	72.6
250	13	115	55	24.8	83+250	519.6	99.6
300	14	120	55	33.2	85+250	519.6	126.9
350	15	125	55	49.1	87+250	606.2	168.8
400	16	125	55	62.2	89+250	692.8	221.7
450	17	130	55	76.3	91+250	779.4	282.7
500	18	130	55	91.0	97+250	866	355.7
600	20	130	55	132.8	101+250	1 039.2	557.7

表 5-45

三承十字管

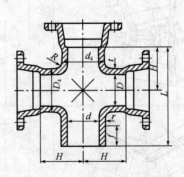

名　称		三承十字管			名　称		三承十字管		
类　别		柔性接口灰铸铁十字管			类　别		柔性接口灰铸铁十字管		
公称口径(mm)		有效长度(mm)		管件重量(kg)	公称口径(mm)		有效长度(mm)		管件重量(kg)
直线上 D_N	直角上 d_n	L	$H+H$		直线上 D_N	直角上 d_n	L	$H+H$	
100	100	620	240	51.8		100	680	340	83.9
150	100	715	290	66.9	200	150	770	360	97.6
	150	725	310	70.0		200	780	380	112.2

名　称		三承十字管			名　称		三承十字管		
类　别		柔性接口灰铸铁十字管			类　别		柔性接口灰铸铁十字管		
公称口径(mm)		有效长度(mm)		管件重量	公称口径(mm)		有效长度(mm)		管件重量
直线上 D_N	直角上 d_n	L	$H+H$	(kg)	直线上 D_N	直角上 d_n	L	$H+H$	(kg)
250	100	765	390	114.0	450	250	1 005	650	314.2
	150	775	410	125.0		300	1 155	670	345.9
	200	815	430	140.5		350	1 165	690	368.4
	250	825	450	159.7		400	1 175	710	396.1
300	100	790	440	143.7		450	1 185	730	426.0
	150	800	460	154.3	500	250	1 030	700	372.2
	200	840	480	169.1		300	1 210	720	406.1
	250	850	500	187.5		350	1 220	740	428.3
	300	860	520	206.6		400	1 230	760	455.0
350	200	875	530	201.6		450	1 240	780	484.6
	250	995	550	228.0		500	1 250	800	520.8
	300	1 005	570	248.6	600	300	1 170	820	536.6
	350	1 015	590	270.6		350	1 340	840	574.4
400	200	940	580	246.4		400	1 350	860	601.4
	250	1 080	600	274.2		450	1 360	880	629.9
	300	1 090	620	295.1		500	1 370	900	665.9
	350	1 100	640	318.0		600	1 390	940	746.0
	400	1 110	660	345.5					

表 5-46

双承丁字管

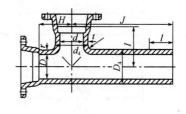

公称口径(mm)		柔性接口灰铸铁丁字管			
		有效长度(mm)			重量(kg)
直线上 D_N	直角上 d_n	H	I	J	
75	75	—	—	—	—
100	75				
	100	180	160	500	51.1
125	75	—	—	—	—
	100				
	125				

739

公称口径(mm)		柔性接口灰铸铁丁字管			
		有效长度(mm)			重量(kg)
直线上 D_N	直角上 d_n	H	I	J	
150	75	—	—	—	—
	100	190	190	570	70.3
	125	—	—	—	—
	150	190	190	570	77.6
200	75	—	—	—	—
	100	225	230	510	89.5
	125	—	—	—	—
	150	255	250	590	102.2
	200				111.6
250	75	—	—	—	—
	100	225	280	570	120.3
	125	—	—	—	—
	150	225	280	570	127.7
	200	225	300	600	140.2
	250				154.2
300	75	—	—	—	—
	100	240	280	570	147.4
	125	—	—	—	—
	150	240	280	570	154.4
	200	240	300	600	167.1
	250	300			186.0
	300				197.9
350	200	270	310	610	201.6
	250	360	340	720	240.7
	300				252.3
	350				265.9
400	200	290	350	650	252.5
	250				300.6
	300	410	390	780	312.6
	350				326.3
	400				344.4
450	250	330	380	680	312.2
	300				371.1
	350	440	420	820	384.8
	400				402.5
	450				419.2

续表 5-46

公称口径 （mm）		柔性接口灰铸铁丁字管			
		有效长度(mm)			重量(kg)
直线上 D_N	直角上 d_n	H	I	J	
500	250	340	410	680	361.1
	300	480	460	850	426.1
	350				454.6
	400				471.8
	450				488.6
	500				510.4
600	300	410	490	760	519.1
	350	550	530	920	619.2
	400				636.6
	450				652.4
	500				673.9
	600				720.4

表 5-47

插承渐缩管					

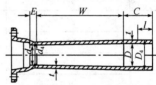

公称口径（mm）		柔性接口灰铸铁渐缩管(插承)			
		有效尺寸(mm)			重量(kg)
D_N	d_n	C	W	E	
100	75				
125	75				
	100				
150	100	200	300	75	30.6
	125				
200	100	200	300	75	36.5
	125				
	150	200	300	75	43.3
250	100	200	400	75	48.2
	125				
	150	200	400	75	55.9
	200	200	400	77	62.9
300	100	200	400	75	56.5
	125				
	150	200	400	75	64.4
	200	200	400	77	74.4
	250	200	400	83	88.9

| 公称口径（mm） | | 柔性接口灰铸铁渐缩管（插承） | | | |
| | | 有效尺寸（mm） | | | 重量（kg） |
D_N	d_n	C	W	E	
350	150	200	400	75	73.6
	200			77	83.8
	250			83	98.4
	300			85	112.3
400	150	220	500	75	95.9
	200			77	107.3
	250			83	123.2
	300			85	138.5
	350			87	153.1
450	200	230	500	77	121.8
	250			83	137.9
	300			85	153.4
	350			87	168.1
	400			89	187.8
500	250	230	500	83	151.9
	300			85	167.7
	350			87	182.6
	400			89	202.5
	450			91	223.7
600	300	230	500	85	199.1
	350			87	214.4
	400			89	234.7
	450			91	256.3
	500			97	281.3

（四）水及燃气用球墨铸铁管及管件（GB/T 13295—2013）

水及燃气用球墨铸铁管接口方式有承口、插口和法兰连接等；具体形式有法兰接口、机械柔性接口（包括 K 型、N1 型、S 型）、滑入式柔性接口（包括 T 型）和自锚式接口等。

球墨铸铁管的规格按公称直径 D_N 分为 30 个规格；具体尺寸有 D_N40mm、D_N50mm、D_N60mm、D_N65mm、D_N80mm、D_N100mm、D_N125mm、D_N150mm、D_N200mm、D_N250mm、D_N300mm、D_N350mm、D_N400mm、D_N450mm、D_N500mm、D_N600mm、D_N700mm、D_N800mm、D_N900mm、D_N1 000mm、D_N1 100mm、D_N1 200mm、D_N1 400mm、D_N1 500mm、D_N1 600mm、D_N1 800mm、D_N2 000mm、D_N2 200mm、D_N2 400mm、D_N2 600mm。其中，燃气用管的公称直径不大于 700mm（其接口形式一般用 N1 型和 S 型），并依据壁厚等级系数 K 进行分级。

球墨铸铁管适用于输送温度为 0～50℃的各种用途的水和设计压力为中压 A 级以下级别的人工煤气、天然气和液化石油气等。球墨铸铁管适用于有压或无压输送、地上或地下铺设。

1. 球墨铸铁管的分级

（1）壁厚分级

球墨铸铁管可依据壁厚等级系数 K 进行分级。K 取 8、9、10、11、12 等数。

球墨铸铁管的公称壁厚可按下式计算：

$$公称壁厚(mm) = K(0.5 + 0.001D_N)$$

式中：D_N——公称直径(mm)。

需方在订货时需注明壁厚等级系数 K 的数值，否则均按 K9 级供货。

输水用壁厚分级管的允许工作压力可通过下式计算：

$$PFA = \frac{2 \times e_{min} \times R_m}{D \times SF}, \quad PMA = 1.20PFA, \quad PEA = 1.20PAF + 0.5$$

输气用管的设计压力为中压 A 级及以下级别。

（2）压力分级

球墨铸铁管可按允许工作压力 C 级，且最大规格至 $D_N 1\,000$。

其中：柔性接口由 C 加上 10 倍的允许工作压力(MPa)数表示。

法兰接口以法兰盘的 PN 值进行分级。

柔性接口的首选压力等级为 C25、C30、C40。其他 C50、C64 和 C100 也允许选用。

法兰接口的首选压力等级为 PN10、PN16、PN25 和 PN40。

部件允许压力的关系如下：

允许工作压力 　　　　　　$PFA = C/10$ (MPa)

最大允许工作压力 　　　　$PMA = 1.20 \times PFA$ (MPa)

最大现场允许试验压力 　　$PEA = 1.20 \times PFA + 0.5$ (MPa)

管线系统内的允许压力应受限于管线系统内所有部件的最低压力等级，允许压力见表 5-51 和表 5-52。

管的最小壁厚 e_{min} 通过下式计算：

$$e_{min} = \frac{PFA \times SF \times DE}{2 \times R_m + PFA \times SF}$$

式中：e_{min}——管的最小壁厚(mm)；

　　PFA——允许工作压力(MPa)；

　　SF——安全系数取值为 3；

　　DE——管的公称外径(mm)；

　　R_m——球墨铸铁的最小抗拉强度(MPa)，$R_m = 420$MPa，见表 5-49。

2. 球墨铸铁管的标准长度和有效长度

（1）球墨铸铁管的标准长度和允许偏差　　　　　　　　　　　　　　　　　表 5-48

接 口 类 别		公 称 直 径 D_N (mm)	标 准 长 度 (m)	允 许 公 差 (mm)	
承插管		40～50	3	−30 +70	经供需双方协商： $D_N \leqslant 600$ 时，可±3； $D_N > 600$ 时，可±4
		60～600	4、5、5.5、6、9		
		700～800	4、5.5、6、7、9		
		900～2 600	4、5、5.5、6、7、8.15、9		
法兰接口管	整体铸造法兰	40～2600	0.5、1、2、3、4	±10	
	可调节法兰、焊接法兰或螺纹连接	40～500	2、3、4、5		
		600～1 000	2、3、4、5、6		
		1 100～2 600	4、5、6、7		

（2）球墨铸铁管的有效长度

法兰管的标准长度等于全长，也就是有效长度。

承插管的标准长度等于全长减去承口深度。有效长度等于标准长度加上插口顶端至承口底端空隙长度。当以管线长度订货时,制造商可以通过测量单支管的铺设长度来确定所需管的数量。

3.球铁管的力学性能

表 5-49

铸 件 类 型	最小抗拉强度 R_m (MPa)	最小断后伸长率 $A(\%)$		布氏硬度 HBW
	$D_N 40 \sim 2\,600$	$D_N 40 \sim 1\,000$	$D_N 1\,100 \sim 2\,600$	
离心铸造管	420	10	7	≤230
非离心铸造管、管件、附件	420	5	5	≤250

注:①根据供需双方的协议,可检验规定塑性延伸强度($P_{P0.2}$)的值。($P_{P0.2}$)应符合以下要求:

当公称直径为 $D_N 40 \sim D_N 1\,000$,$A \geqslant 12\%$时,允许 $P_{P0.2} \geqslant 270$MPa;

当公称直径为 $D_N > D_N 1\,000$,$A \geqslant 10\%$时,允许 $P_{P0.2} \geqslant 270$MPa;

其他情况下 $P_{P0.2} \geqslant 300$MPa。

公称直径 $D_N 40 \sim D_N 1\,000$ 压力分级时离心铸造管设计最小壁厚不小于 10mm 时或公称直径 $D_N 40 \sim D_N 1\,000$ 壁厚分级时离心铸造管壁厚级别超过 K12 时,最小断后伸长率应为 7%。

②各种部件的硬度应可以用标准工具对其进行切割、钻孔、打眼和/机械加工。

4.球墨铸铁管承插管允许压力(最大值)

表 5-50

D_N(mm)	K9 管			K10 管		
	PFA(MPa)	PMA(MPa)	PEA(MPa)	PFA(MPa)	PMA(MPa)	PEA(MPa)
40	6.4	7.7	9.6	6.4	7.7	9.6
50	6.4	7.7	9.6	6.4	7.7	9.6
60	6.4	7.7	9.6	6.4	7.7	9.6
65	6.4	7.7	9.6	6.4	7.7	9.6
80	6.4	7.7	9.6	6.4	7.7	9.6
100	6.4	7.7	9.6	6.4	7.7	9.6
125	6.4	7.7	9.6	6.4	7.7	9.6
150	6.4	7.7	9.6	6.4	7.7	9.6
200	6.2	7.4	7.9	6.4	7.7	9.6
250	5.4	6.5	7.0	6.1	7.3	7.8
300	4.9	5.9	6.4	5.6	6.7	7.2
350	4.5	5.4	5.9	5.1	6.1	6.6
400	4.2	5.1	5.6	4.8	5.8	6.3
450	4.0	4.8	5.3	4.5	5.4	5.9
500	3.8	4.6	5.1	4.4	5.3	5.8
600	3.6	4.3	4.8	4.1	4.9	5.4
700	3.4	4.1	4.6	3.8	4.6	5.1
800	3.2	3.8	4.3	3.6	4.3	4.8
900	3.1	3.7	4.2	3.5	4.2	4.7
1 000	3.0	3.6	4.1	3.4	4.1	4.6

5.球铁管压力分级管和带法兰接口部件的允许压力(最大值)

(1)带有法兰接口部件的允许压力

表 5-51

压力等级 PN	允许工作压力 PFA (MPa)	最大允许工作压力 PMA (MPa)	现场允许试验压力 PEA (MPa)
10	1.0	1.2	1.7
16	1.6	2.0	2.5
25	2.5	3.0	3.5
40	4.0	4.8	5.3

(2)带有柔性接口部件的允许压力

表 5-52

压力等级 C	允许工作压力 PFA (MPa)	最大允许工作压力 PMA (MPa)	现场允许试验压力 PEA (MPa)
25	2.5	3.0	3.5
30	3.0	3.6	4.1
40	4.0	4.8	5.3

(3)一定压力等级时,C 级管所适用的最小公称直径:

C25 为 D_N350;

C30 为 D_N300;

C40~C100 为 D_N40。

一定压力等级时,法兰接口管和带有法兰管件所适用的最大公称直径:

PN10 为 $D_N2\ 600$;

PN16 为 $D_N2\ 600$;

PN25 为 $D_N1\ 200$;

PN40 为 D_N600。

6.球墨铸铁管的状态及交货

(1)涂层

球墨铸铁管通常以内、外涂覆的状态交货。涂覆前内、外表面应无铁锈和杂物,涂覆后内、外表面涂层应均匀,黏附牢固,不因气候变化而发生异常。

输送原水和饮用水的球墨铸铁管一般做水泥浆内衬。其内衬水泥砂浆在养生 28 天后的抗压强度应不小于 50MPa。具体要求应满足 GB/T 17219 和 GB/T 17457 的相关规定。

球墨铸铁管的外涂层一般为锌涂层和与锌相容的合成树脂终饰层,压力分级管的锌涂层平均重量不小于 $200g/m^2$,局部最小值不小于 $170g/m^2$。

(2)交货长度

短尺管重量应不大于订货量的 10%。输水管的最大允许缩短长度为 50cm,输气管的最大允许缩短长度为 30cm。切取试样的铸铁管按完整长度验收。

(3)标记内容

制造商名称或标志;生产年份;球墨铸铁;公称直径;法兰部件法兰 PN 级别;标准号;壁厚等级系数 K 或允许工作压力 C;插口插入深度标识;产品批号;可切割标识等。

(4)质量证明书

制造商名称或商标;标准号;产品名称、规格;产品批号;水压试验数值或气密性试验数值;力学性能数值;内外涂层种类等。

（5）组批

管按批进行检查验收，每批由同一直径、同一接口形式、同一壁厚等级、同一定尺长度、同一退火制度的球墨铸铁管组成。

7. 球墨铸铁管的规格尺寸及重量

重量计算：球墨铸铁的密度按 7.050kg/dm³ 计；长度按标准长度计算（包括截取性能试样后的球铁管），短尺管按实际长度计算重量。

由于 GB/T 3295—2013 标准对球铁管各部件没有给出重量，为了方便使用，本手册列出了 GB/T 3295—2008 标准所给出的各部件数据，仅供参考。

（1）T 型接口球墨铸铁管

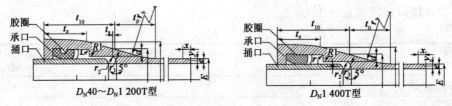

$D_N40 \sim D_N1 200$T型　　　　$D_N1 400$T型

图 5-6　T 型接口球铁管示意图

T 型接口球铁管的重量（K9 级）　　　表 5-53

公称直径 D_N(mm)	壁厚 e(mm)	承口凸部重量（kg）	直管每米重量（kg）	标准工作长度 L_u(m)								T 型胶圈	
				3	4	5	5.5	6	7	8.15	9	截面最大尺寸(mm)	
				总重量（kg）								厚度	宽度
40		1.8	6.6	22	—					—	—		24
50		2.1	8	26	—					—	—		
60		2.4	9.4	—	40	49	54	59		—	—		
65	6	2.5	10.1	—	43	53	58	63		—	—	16	26
80		3.4	12.2	—	52	64	71	77		—	—		
100		4.3	14.9	—	64	79	86	95		—	—		
125		5.7	18.3	—	79	97	106	119		—	—		
150	6	7.1	21.8	—	94	116	127	144		—	—		
200	6.3	10.3	30.1	—	131	161	176	194		—	—	18	30
250	6.8	14.2	40.2	—	175	215	235	255		—	—		32
300	7.2	18.6	50.8	—	222	273	298	323		—	—	20	34
350	7.7	23.7	63.2	—	276	340	371	403		—	—		
400	8.1	29.3	75.5	—	331	407	445	482		—	—	22	38
450	8.6	38.3	89.7	—	397	487	532	575		—	—	23	
500	9	42.8	104.3	—	460	564	616	669		—	—	24	42
600	9.9	59.3	137.3	—	608	746	814	882		—	—	26	46
700	10.8	79.1	173.9	—	775	949	1 036	1 123	1 129		—	33.5	55
800	11.7	102.6	215.2	—	963	1 179	1 286	1 394	1 609	—	—	35.5	60
900	12.6	129.9	260.2	—	1 171	1 431	1 561	1 691	1 951	2 251	2 472	37.5	65
1 000	13.5	161.3	309.3	—	1 398	1 708	1 862	2 017	2 326	2 682	2 954	39.5	70
1 100	14.4	194.7	362.8	—	1 646	2 009	2 190	2 372	2 734	3 152	3 460	41.5	74
1 200	15.3	237.7	420.1	—	1 918	2 338	2 548	2 758	3 178	3 661	4 019	43.5	78
1 400	17.1	385.3	547.2	—	2 574	3 121	3 395	3 669	4 216	4 845	5 310	41.5	80

（2）K 型接口球墨铸铁管

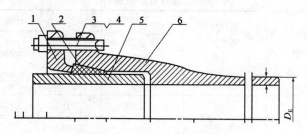

图 5-7　K 型接口球铁管示意图

1-压兰；2-胶圈；3-螺栓；4-螺母；5-插口；6-承口

K 型接口球铁管的重量（K9 级）　　表 5-54

公称直径 D_N(mm)	壁厚 e(mm)	承口凸部重量 (kg)	直管每米重量 (kg)	标准工作长度 L_u(m)						
				4	5	5.5	6	7	8.15	9
				总重量(kg)						
100	6	5.9	14.9	66	80	88	95	—	—	—
150		8.4	21.8	96	117	128	139	—	—	—
200	6.3	11	30.1	131	162	177	192	—	—	—
250	6.8	14.1	40.2	175	215	235	255	—	—	—
300	7.2	22.4	50.8	226	276	302	327	—	—	—
350	7.7	27.2	63.2	280	343	375	406	—	—	—
400	8.1	31.5	75.5	334	409	447	485	—	—	—
450	8.6	37.3	89.7	396	486	531	576	—	—	—
500	9	42.8	104.3	460	564	616	669	—	—	—
600	9.9	55.4	137.3	605	742	811	879	—	—	—
700	10.8	73.9	173.9	770	943	1 030	1 117	1 291	—	—
800	11.7	90.2	215.2	951	1 166	1 274	1 381	1 597	—	—
900	12.6	115.6	260.2	1 156	1 417	1 547	1 677	1 937	2 236	2 457
1 000	13.5	146.6	309.3	1 384	1 693	1 848	2 002	2 312	2 667	2 930
1 100	14.4	172.4	362.8	1 624	1 986	2 168	2 349	2 712	3 129	3 438
1 200	15.3	201	420.1	1 881	2 302	2 512	2 722	3 142	3 625	3 982
1 400	17.1	265.8	547.2	2 455	3 002	3 275	3 549	4 096	4 725	5 191
1 500	18	298.8	616.7	2 766	3 382	3 619	3 999	4 616	5 325	5 849
1 600	18.9	375.4	690.3	3 137	3 827	4 172	4 517	5 208	6 001	6 588
1 800	20.7	490.6	850.1	3 891	4 741	5 166	5 591	6 441	7 419	8 142
2 000	22.5	626.4	1 026.3	4 732	5 758	6 271	6 784	7 811	8 991	9 863
2 200	24.3	784.2	1 218.3	5 657	6 876	7 485	8 094	9 312	10 713	11 749
2 400	26.1	1 108	1 427.2	6 817	8 244	8 958	9 671	11 098	12 740	13 953
2 600	27.9	1 295	1 652.4	7 905	9 557	10 383	11 209	12 862	14 762	16 167

(3)N₁ 型接口球铁管

N₁ 型接口球铁管的重量(K9 级)　　　　　　表 5-55

公称直径 D_N(mm)	壁厚 e(mm)	承口凸部重量 (kg)	直管每米重量 (kg)	标准工作长度 L_u(m)			
				4	5	5.5	6
				总重量(kg)			
100	6	10.3	14.9	70	85	92	100
150	6	13.9	21.8	101	123	134	145
200	6.3	17.9	30.1	138	168	183	199
250	6.8	22.6	40.2	183	224	244	264
300	7.2	27.3	50.8	231	281	307	332
350	7.7	32.3	63.2	285	348	380	412
400	8.1	38	75.5	340	416	453	491
500	9	48.4	104.3	466	570	622	674
600	9.9	59.4	137.3	609	746	815	883

注:N₁ 型接口示意图见图 5-2b)。

(4)S 型接口球铁管

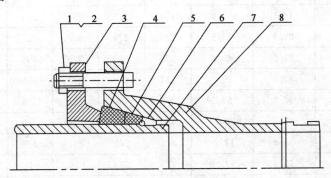

图 5-8　S 型接口示意图

1-螺母;2-螺栓;3-压兰;4-密封圈;5-隔离圈;6-支撑圈;7-管体插口;8-管体承口

S 型接口球铁管的重量(K9 级)　　　　　　表 5-56

公称直径 D_N(mm)	壁厚 e(mm)	承口凸部重量 (kg)	直管每米重量 (kg)	标准工作长度 L_u(m)			
				4	5	5.5	6
				总重量(kg)			
100	6	9.0	14.9	69	84	91	98
150		11.7	21.8	99	121	132	143
200	6.3	17.8	30.1	138	168	183	198
250	6.8	21.8	40.2	183	223	243	263
300	7.2	27.5	50.8	231	282	307	332
350	7.7	33.5	63.2	286	350	381	413
400	8.1	40.4	75.5	342	418	456	493
500	9	50.4	104.3	468	572	624	676
600	9.9	65.2	137.3	614	752	820	889
700	10.8	85.4	173.9	781	955	1 042	1 129

（5）球墨铸铁管压兰、螺栓、密封圈等的规格尺寸

表 5-57

公称直径 D_N (mm)	S 型接口 压兰法兰盘 外径 (mm)	螺孔直径 (mm)	螺孔个数 (个)	螺栓规格 (mm)	压兰重量 (kg)	胶圈尺寸:宽度×厚度或直径 (mm×mm)	支撑圈	隔离圈	N1 型接口 压兰法兰盘 外径 (mm)	螺孔直径 (mm)	螺孔个数 (个)	螺栓规格 (mm)	压兰重量 (kg)	胶圈 尺寸:宽度×厚度 (mm×mm)	支撑圈	K 型接口 压兰法兰盘 外径 (mm)	螺孔直径 (mm)	螺孔个数 (个)	螺栓规格 (mm)	压兰重量 (kg)	胶圈尺寸 宽度×厚度 (mm×mm)
40																					
50																					
60																					
65																					
80																					
100	252	23	4	M20×120	3	38×17			262	23	4	M20×120	6	30×13	12×12	234	23	4	M20×95	4.1	45×15
125	297		6		7.2		8	9.6	313		6					288		6		5.7	
150	365				7.7	18×43			366				7.8			341		8		7.5	
200	418		8		11.5	19×37			418		8		9.8			395	23		M20×100	9.5	
250	465				12.7	19×38	10	12	471	23			11.8	34×14	13×12	455				12.2	
300	517				17.2	20×40			524		10		15.7			508		10		14.6	
350	517		12		20.4	20×42			578				17.6			561		12		17.2	
400													20.7			614				17.7	
450																			M20×110		49×18
500	678	24	12	M20×130	24.9	20.5×35	12	14	686	24	14	M20×130	26.5	36×16	15×12	667	23	14		22.9	
600	792		14		28	21×37			794		16		32.5			773				28.5	
700	910		16		36.5	22×41										892	27	16	M24×120	38.6	61×21
800																999		20		47.4	

续表 5-57

公称直径 D_N (mm)	S型接口	N1型接口	K型接口 外径(mm)	螺孔直径(mm)	螺孔个数(个)	螺栓规格(mm)	压兰重量(kg)	胶圈尺寸 宽度×厚度(mm×mm)
900			1 123	33	20	M30×130	61.9	61×21
1 000			1 231	33	20	M30×130	63.8	62×21
1 100			1 338	33	24	M30×140	68.5	62×21
1 200			1 444	33	24	M30×140	82.5	62×21.5
1 400			1 657	33	28	M30×150	104	62×21.5
1 500			1 766	33	28	M30×150	119	62×21.5
1 600			1 874	33	30	M30×150	123	62×21.5
1 800			2 089	33	34	M30×160	162	80×27
2 000			2 305	33	36	M30×160	196	80×27
2 200			2 519	33	40	M30×170	238	80×27
2 400			2 734	33	44	M30×170	318	80×27
2 600			2 949	33	48	M30×180	378	80×27

（S型接口包含：压兰法兰盘外径、螺孔直径、螺孔个数、螺栓规格、压兰重量，胶圈尺寸:宽度×厚度或直径，支撑圈，隔离圈；N1型接口包含：压兰法兰盘外径、螺孔直径、螺孔个数、螺栓规格、压兰重量，胶圈:支撑圈尺寸:宽度×厚度）

注:①螺栓和六角螺母的材质应为球墨铸铁。
②螺栓和六角螺母抗拉强度 R_m 应不小于 420MPa,伸长率 A 应不小于 5%。
③表面不得有气孔,砂眼等铸造缺陷,飞边,毛刺应磨光修平。
④螺纹公差精度应符合现行 GB/T 197 中的中等精度等级。
⑤螺母的螺孔与外六角方的同轴度为 ϕ1.5mm。
⑥螺栓及六角螺母的非加工部位应不低于现行 GB/T 6414 中 CT12 级精度。

（6）K9 级法兰重量

表 5-58

公称直径 D_N(mm)	壁厚 e(mm)	直管每米重量 (kg)	标准工作长度 L_u(m)						
			0.5	2	3	4	5	6	7
			重量(不含法兰盘)(kg)						
40	6	6.6	3.3	13	20	26	33	40	—
50	6	8	4	16	24	32	40	48	—
60	6	9.4	4.7	19	28	38	47	56	—
65	6	10.1	5.1	20	30	40	51	61	—
80	6	12.2	6.1	24	37	49	61	73	—
100	6	14.9	7.5	30	45	60	75	89	—
125	6	18.3	9.2	37	55	73	92	110	—
150	6	21.8	11	44	65	87	109	131	—
200	6.3	30.1	15	60	90	120	151	181	—
250	6.8	40.2	20	80	121	161	201	241	—
300	7.2	50.8	25	102	152	203	254	305	—
350	7.7	63.2	32	126	190	253	316	379	—
400	8.1	75.5	38	151	227	302	378	453	—
450	8.6	89.7	45	179	269	359	449	538	—
500	9	104.3	52	209	313	417	522	626	—
600	9.9	137.3	69	275	412	549	687	824	—
700	10.8	173.9	87	348	522	696	870	1 043	—
800	11.7	215.2	108	430	646	861	1 076	1 291	—
900	12.6	260.2	130	520	781	1 041	1 301	1 561	—
1 000	13.5	309.3	155	619	928	1 237	1 547	1 856	—
1 100	14.4	362.8	181	726	1 088	1 451	1 814	2 177	2 540
1 200	15.3	420.1	210	840	1 260	1 680	2 101	2 521	2 941
1 400	17.1	547.2	274	1 094	1 642	2 189	2 736	3 283	3 830
1 500	18	616.7	308	1 233	1 850	2 467	3 084	3 700	4 317
1 600	18.9	690.3	345	1 381	2 071	2 761	3 452	4 142	4 832
1 800	20.7	850.1	425	1 700	2 550	3 400	4 251	5 101	5 951
2 000	22.5	1 026.3	513	2 053	3 079	4 105	5 132	6 158	7 184
2 200	24.3	1 218.3	609	2 437	3 655	4 873	6 092	7 310	8 528
2 400	26.1	1 427.2	714	2 854	4 282	5 709	7 136	8 563	9 990
2 600	27.9	1 652.4	826	3 305	4 957	6 610	8 562	9 914	11 567

注:法兰管的总重量等于表中给出的重量加上所采用法兰盘的重量,见图 5-9 和表 5-59。

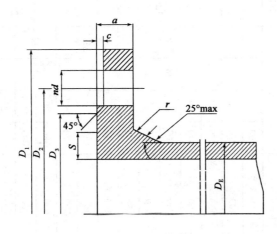

图 5-9　法兰盘示意图

(7)法兰盘规格尺寸和重量

表 5-59

公称直径 D_N (mm)	PN10 法兰盘						PN16 法兰盘						PN25 法兰盘						PN40 法兰盘					
	盘外径 D_1 (mm)	厚度 a (mm)	孔径 d (mm)	规格	个数 (个)	重量 (kg)	盘外径 D_1 (mm)	厚度 a (mm)	孔径 d (mm)	规格	个数 (个)	重量 (kg)	盘外径 D_1 (mm)	厚度 a (mm)	孔径 d (mm)	规格	个数 (个)	重量 (kg)	盘外径 D_1 (mm)	厚度 a (mm)	孔径 d (mm)	规格	个数 (个)	重量 (kg)
80	200	19	19	M16	8	2.9	200	19	19	M16	8	2.9	200	19	19	M16	8	2.9	200	19	19	M16	8	2.9
100	220	19				3.3	220	19				3.3	235	19				3.8	235	19				3.8
150	285	20	23	M20	8	4.9	285	20	23	M20	8	4.0	300	20	23	M20	12	5.9	300	26	23	M20		8.0
200	340	22				6.8	340	22				6.6	360	22				8.7	375	30	28	M24		14
250	400	24.5	28	M24	12	9.8	400	24.5	28	M24	12	9.2	425	24.5	28	M24	16	13.1	450	34.5	31	M27		23.2
300	455	24.5				12.8	455	26.5				12.4	485	27.5				18	515	39.5	34	M30	12	33.5
350	505	26.5	31	M27	16	14.1	520	28	31	M27	16	17.2	555	30	31	M27	20	25.5	580	44	37	M33		46.7
400	565	26.5				16.3	580	30				21.9	620	32				33.2	660	48	40	M36	16	66.9
450	615	30	34	M30	20	18.1	640	31.5	34	M30	20	26.7	670	34.5	34	M30	24	42.2	685	50	43	M39		75.5
500	670	32.5				21.8	715	36	37	M33	24	37	730	36.5				48.7	755	52	49	M45	20	82.3
600	780	35	37	M33	24	30.8	840	39.5				57.3	845	42	37	M33	28	71.5	890	58				124
700	895	37.5				40.5	910	43	40	M36	28	65.6	960	46.5	40	M36		90.3						
800	1015	40	40	M36	28	54.8	1025	46.5				74	1085	51	43	M39	32	123						
900	1115	42.5				64.8	1125	50	43	M39	32	88.2	1185	55.5				149						
1000	1230	45	43	M39	32	81.4	1255	53.5				123	1320	60	49	M45	36	201						
1100	1340	46				105	1355	57	49	M45	36	141	1420	64.5				224						
1200	1455	49	49	M45	36	121	1485	60				185	1530	69	56	M52		285						
1400	1675				40	148	1685	65	56	M52	40	216	1755	74	62	M56	40	368						
1600	1915					206	1930					308	1975	81				486						

8.常用球墨铸铁管件的尺寸和重量

由于 GB/T 13259—2013 标准没有给出球墨铸铁管件的具体尺寸和重量,为了方便使用,下列为新兴铸管股份有限公司的部分常用产品数据,仅供参考。

常用球墨铸铁管件的名称和符号　　　　　　　　　　表 5-60

序　号	名　　称	图示符号	直径范围(mm)	表　号
1	盘插		40~2 600	表 5-61
2	承插		40~1 800	
3	盘承		40~2 600	表 5-62
4	双插		40~2 600	
5	双承乙字管		100~300	表 5-63
6	承插乙字管		100~300	表 5-64
7	双承 90°弯头		40~1 800	表 5-65
8	双承 45°弯头		40~2 600	
9	双承 22.5°弯头		40~2 600	
10	双承 11.25°弯头		40~2 600	
11	承插 11.25°弯头		40~2 600	表 5-66
12	承插 22.5°弯头		40~2 600	
13	承插 45°弯头		40~2 600	
14	承插 90°弯头		40~1 800	
15	双盘 45°弯头		40~2 600	表 5-67
16	双盘 22.5°弯头		40~2 600	
17	双盘 11.25°弯头		40~2 600	
18	双盘 90°弯头		40~1 400	
19	承插单支承三通		80~2 600	表 5-68
20	承插单支盘三通		80~2 600	表 5-69
21	全盘三通		80~2 600	表 5-70
22	全承四通		80~600	表 5-71
23	承插双承四通		80~600	表 5-72
24	双承渐缩管		100~2 600	表 5-73
25	双盘渐缩管		100~2 600	表 5-73
26	K 型插堵		80~2 600	表 5-74
27	K 型承堵		80~2 600	
28	T 型插堵		40~1 800	
29	T 型承堵		40~1 800	

（2）常用球铁管件的尺寸和重量

表 5-61

示意图	盘插	承插

规格及壁厚			插盘的尺寸和重量			承插的尺寸和重量		

D_N (mm)	e (mm)	L (mm)	整体重量(kg)			L(mm)	整体重量(kg)	
			PN10	PN16	PN25		T 型	K 型
40	7	335	4.3	4.3	4.3	250	3.8	—
50	7	340	5.2	5.2	5.2	250	4.5	—
60	7	345	6.0	6.0	6.0	250	5.2	—
65	7	345	6.6	6.6	6.6	250	5.5	—
80	7	350	7.8	7.8	7.8	255	6.6	8.0
100	7.2	360	9.6	9.6	10.2	255	8.1	10.1
125	7.5	370	12.4	12.4	13.0	265	10.9	12.8
150	7.8	380	15.6	15.6	16.6	270	13.2	15.7
200	8.4	400	22.5	22.5	24.5	285	20.3	21.8
250	9	420	32.0	31.5	35.5	300	28.9	29.6
300	9.6	440	43.0	42.5	47.5	315	41.9	44.2
350	10.2	460	52.0	55.0	64.0	335	49.1	54.1
400	10.8	480	64.0	70.4	81.0	355	59.5	65.8
450	11.4	500	79.0	88.0	103.0	365	69.5	78.5
500	12	520	94.0	109.0	121.0	385	86.6	94.2
600	13.2	560	133.0	159.0	173.0	425	123.3	129.6
700	14.4	600	179.0	197.0	228.0	460	179.2	174.7
800	15.6	600	226.0	245.0	294.0	475	233.1	219.9
900	16.8	600	272.0	295.0	356.0	500	299.7	280.7
1 000	18	600	328.0	369.0	447.0	515	369.5	348.5
1 100	19.2	600	386.0	424.4	508.4	540	456.5	420.1
1 200	20.4	600	456.0	520.0	620.0	565	558.2	502.2
1 400	22.8	710	664.0	732.0	884.0	620	838.2	692.1
1 500	24	750	790.4	866.4	1 017	—	—	—
1 600	25.2	780	922.0	1 024	1 173	650	1 156	941.0
1 800	27.6	850	1 196	1 322	1 562	700	1 468	1 244
2 000	30	920	1 534	1 687	2 040			
2 200	32.4	990	1 948	2 115	—			
2 400	34.8	1 060	2 409	2 611	—			
2 600	37.2	1 130	2 918	3 153	—			

表 5-62

盘承

双插

规格	盘承的尺寸和重量									双插的尺寸和重量			
D_N(mm)	e(mm)	d(mm)	L(mm)	T 型(整体重量, kg)			K 型(整体重量, kg)			e(mm)		重量(kg/m)	
				PN10	PN16	PN25	PN10	PN16	PN25	K12	K14	K12	K14
40	7	67	125	4.7	4.7	4.7	—	—	—	7	7.6	7.6	8.2
50	7	78	125	5.4	5.4	5.4	—	—	—	7	7.7	9.2	10.0
60	7	88	125	6.2	6.2	6.2	—	—	—	7	7.8	10.9	12.0
65	7	93	125	6.7	6.7	6.7	—	—	—	7	7.9	11.6	13.0
80	7	109	130	7.6	7.6	7.6	9.0	9.0	9.0	7	8.1	14.1	16.1
100	7.2	130	130	9.1	9.1	9.6	11.4	11.4	12.4	7.2	8.4	17.7	20.4
125	7.5	156	135	11.9	11.9	12.5	13.8	13.8	14.4	7.5	8.8	22.7	26.4
150	7.8	183	135	14.2	14.2	15.2	16.7	16.7	17.6	7.8	9.1	28.0	32.4
200	8.4	235	140	20.5	20.0	22.0	22.7	22.7	24.5	8.4	9.8	39.7	46.1
250	9	288	145	30.0	32.0	33.3	30.7	30.3	34.0	9	10.5	52.8	61.3
300	9.6	340	150	37.0	36.5	42.0	45.4	45.1	50.3	9.6	11.2	67.3	78.1
350	10.2	393	155	45.0	48.0	56.0	52.9	55.7	63.6	10.2	11.9	83.1	96.5
400	10.8	445	160	55.0	60.0	71.0	62.2	68.7	77.9	10.8	12.6	100.0	116.2
450	11.4	498	165	66.5	86.2	87.5	72.8	82.1	92.5	11.4	13.3	118.3	137.5
500	12	550	170	78.0	93.0	104.0	85.7	100.1	110.5	12	14	138.2	160.6
600	13.2	655	180	108.0	135.0	149.0	114.6	139.6	152.0	13.2	15.4	182.0	211.3
700	14.4	760	190	144.0	159.0	216.0	161.0	175.0	211.0	14.4	16.8	231.0	268.4
800	15.6	865	200	189.0	235.0	287.0	206.0	225.0	274.0	15.6	18.2	285.5	332.1
900	16.8	970	210	262.5	284.1	340.1	243.5	265.1	321.1	16.8	19.6	345.4	401.7
1 000	18	1 075	220	328.3	366.0	458.0	307.3	345.0	417.6	18	21	410.6	478.0
1 100	19.2	1180	230	406.0	442.6	526.6	367.8	406.2	490.2	19.2	22.4	482.0	560.4
1 200	20.4	1285	240	496.0	554.3	664.0	456.0	521.0	664.0	20.4	23.8	558.0	649.0
1 400	22.8	1492	310	759.4	820.2	959.9	613.3	674.1	813.8	22.8	26.6	727.0	846.0
1 500	24	1 596	330	1 007	1 083	1 233	724.6	800.6	950.6	24	28	819.0	953.2
1 600	25.2	1 699	330	1 185	1 278	1 438	897.0	990.0	1 176	25.2	29.4	917.0	1 067
1 800	27.6	1 905	350	1 308	1 421	1 638	1 137	1 263	1 503	27.6	32.2	1 130	1 315
2 000	30	2 107	370	—	—	—	1 428	1 581	1 933	30	35	1 364	1 587
2 200	32.4	2 316	390	—	—	—	1 783	1 950	—	32.4	37.8	1 619	1 884
2 400	34.8	2 521	410	—	—	—	2 140	2 465	—	34.8	40.6	1 897	2 207
2 600	37.2	2 728	480	—	—	—	2 679	3 045	—	37.2	43.4	2 196	2 556

表 5-63

示意图	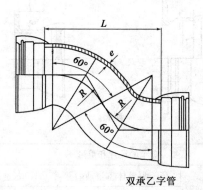 双承乙字管

规格	双承乙字管的尺寸和重量				
D_N(mm)	e(mm)	L(mm)	R(mm)	整体重量(kg)	
				T 型	K 型
100	7.2	310	150	13.7	17.8
150	7.8	310	150	21.4	26.4
200	8.4	400	200	36.8	39.8
250	9	530	250	59.0	60.4
300	9.6	630	300	91.4	96.0

表 5-64

示意图	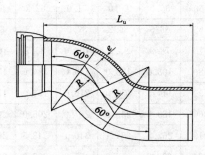 承插乙字管

规格	承插乙字管的尺寸和重量				
D_N(mm)	e(mm)	L_u(mm)	R(mm)	整体重量(kg)	
				T 型	K 型
100	7.2	470	150	12.9	14.9
150	7.8	475	150	20.4	22.9
200	8.4	600	200	35.7	37.2
250	9.0	700	250	54.8	55.5
300	9.6	800	300	81.8	84.1

表5-65

规格尺寸			双承90°弯头的尺寸和重量			双承45°弯头的尺寸和重量			双承22.5°弯头的尺寸和重量			双承11.25°弯头的尺寸和重量		
D_N(mm)	e(mm)	R(mm)	t(mm)	T型	K型	t(mm)	T型	K型	t(mm)	T型	K型	t(mm)	T型	K型
				整体重量(kg)			整体重量(kg)			整体重量(kg)			整体重量(kg)	
40	7	40	60	4.2	—	40	4.0	—	30	3.8	—	25	3.7	—
50	7	50	70	5.3	—	40	5.0	—	30	4.8	—	25	4.7	—
60	7	60	80	6.3	—	45	5.3	—	35	5.5	—	25	5.4	—
65	7	65	85	6.9	—	50	6.3	—	35	6.0	—	25	5.9	—
80	7	80	100	8.6	11.1	50	7.7	10.3	40	7.3	9.9	30	7.1	9.7
100	7.2	90	110	11.4	16.2	60	10.1	14.9	40	9.3	14.1	30	8.9	12.3
125	7.5	122	145	15.7	19.0	75	13.6	16.9	50	12.6	15.9	35	11.9	15.2
150	7.8	150	170	20.5	25.5	85	17.4	22.5	55	15.9	21.0	35	14.8	18.2
200	8.4	200	220	33.0	37.4	110	27.0	31.4	65	24.0	28.4	40	22.0	24.2
250	9	245	270	48.5	51.3	130	38.5	41.3	75	33.5	36.3	50	30.5	32.7
300	9.6	295	320	68.0	80.5	150	53.0	65.3	85	44.5	55.5	55	40.5	53.4
350	10.2	345	370	98.4	109.0	175	70.0	80.5	95	58.0	68.2	60	52.0	62.6
400	10.8	395	420	129.0	139.0	195	80.0	99.4	110	74.0	84.4	65	65.0	73.6

示意图：双承90°弯头　双承45°弯头　双承22.5°弯头　双承11.25°弯头

续表 5-65

规格尺寸			双承90°弯头的尺寸和重量			双承45°弯头的尺寸和重量			双承22.5°弯头的尺寸和重量			双承11.25°弯头的尺寸和重量		
D_N(mm)	e(mm)	R(mm)	t(mm)	整体重量(kg) T型	K型	t(mm)	整体重量(kg) T型	K型	t(mm)	整体重量(kg) T型	K型	t(mm)	整体重量(kg) T型	K型
450	11.4	440	470	163.0	172.0	220	123.0	132.0	120	93.0	110.0	70	70.5	88.5
500	12	490	520	204.0	210.0	240	139.0	145.4	130	110.0	117.6	75	96.0	102.7
600	13.2	590	620	303.0	300.0	285	202.0	198.0	150	157.0	154.0	85	134.0	135.4
700	14.4	690	720	436.0	428.0	330	282.0	302.0	175	248.0	240.0	95	216.0	180.8
800	15.6	785	820	595.0	572.0	370	378.0	395.0	195	331.0	308.0	110	286.0	231.3
900	16.8	885	920	793.0	778.0	415	496.0	539.0	220	432.0	417.0	120	374.0	298.7
1000	18	985	1020	1045	986.0	460	635.0	734.0	240	550.0	469.0	130	473.0	380.5
1100	19.2	1080	1120	1358	1176	505	842.5	769.7	260	710.0	568.0	140	600.0	455.0
1200	20.4	1180	1220	1663	1624	550	986.0	937.0	285	851.0	689.0	150	724.0	541.0
1400	22.8	1180	1220	2419	2419	515	1509	1273	260	1241	857.0	130	1047	672.0
1500	24	1225	1270	2985	2598	540	1803	1415	270	1410	994.6	140	1198	785.6
1600	25.2	1230	1290	3444	3014	565	2117	1740	280	1628	1198	140	1376	1007
1800	27.6	1260	1320	4283	3833	610	2615	2296	305	2037	1588	155	1704	1331
2000	30	1300				660	—	2970	330	—	2144	165	—	1702
2200	32.4	1350				710	—	3762	355	—	2707	190	—	2183
2400	34.8	1400				755	—	4854	380	—	3458	205	—	2898
2600	37.2	1500				805	—	5943	400	—	4309	215	—	3512

表 5-66

承插90°弯头　　承插45°弯头　　承插22.5°弯头　　承插11.25°弯头　　示意图

D_N (mm)	e (mm)	R (mm)	承插11.25°弯头的尺寸和重量				承插22.5°弯头的尺寸和重量				承插45°弯头的尺寸和重量				承插90°弯头的尺寸和重量			
			t (mm)	L (mm)	整体重量(kg) T型	整体重量(kg) K型	t (mm)	L (mm)	整体重量(kg) T型	整体重量(kg) K型	t (mm)	L (mm)	整体重量(kg) T型	整体重量(kg) K型	t (mm)	L (mm)	整体重量(kg) T型	整体重量(kg) K型
40	7	40	25	205	3.7	—	30	210	3.7	—	40	220	3.9	—	60	240	4.1	—
50	7	50	25	205	4.3	—	30	210	4.4	—	40	220	4.6	—	70	250	4.9	—
60	7	60	25	205	5.0	—	35	215	5.2	—	45	225	5.4	—	80	260	5.9	—
65	7	65	25	205	5.3	—	35	215	5.5	—	50	230	5.8	—	85	265	6.4	—
80	7	80	30	210	7.4	7.4	40	220	7.7	8.1	50	235	8.1	8.4	100	280	9.0	9.3
100	7.2	90	30	210	9.4	11.7	40	220	9.8	10.2	60	245	10.6	13.0	110	300	11.9	14.3
125	7.5	122	35	215	10.6	12.5	50	230	11.2	13.1	75	255	12.3	14.2	145	325	14.4	16.3
150	7.8	150	35	215	16.0	15.7	55	235	16.8	16.2	85	265	18.2	20.7	170	350	21.4	23.9
200	8.4	200	40	220	23.2	25.4	65	245	25.2	22.8	110	290	28.2	30.4	220	400	34.2	36.4
250	9	245	50	230	32.2	33.6	75	255	35.2	31.1	130	310	40.2	36.7	270	450	54.1	51.6
300	9.6	295	55	235	42.2	47.6	85	265	46.2	46.5	150	330	54.6	42.9	320	500	69.6	75.0
350	10.2	345	60	240	53.3	58.5	95	275	59.0	56.9	175	355	71.3	69.3	370	550	99.7	90.5
400	10.8	395	65	245	70.5	75.7	110	290	79.5	84.7	195	375	89.9	95.1	420	600	130.0	135.0

续表 5-66

规格尺寸			承插 11.25°弯头的尺寸和重量				承插 22.5°弯头的尺寸和重量				承插 45°弯头的尺寸和重量				承插 90°弯头的尺寸和重量			
D_N (mm)	e (mm)	R (mm)	t (mm)	L (mm)	整体重量 (kg) T型	K型	t (mm)	L (mm)	整体重量 (kg) T型	K型	t (mm)	L (mm)	整体重量 (kg) T型	K型	t (mm)	L (mm)	整体重量 (kg) T型	K型
450	11.4	440	70	270	97.0	101.0	120	320	107.0	87.8	220	420	125.0	109.5	470	670	165.0	148.5
500	12	490	75	275	102.0	104.0	130	330	117.0	104.2	240	440	139.0	142.0	520	720	205.0	183.3
600	13.2	590	85	285	138.0	136.0	150	350	161.0	142.7	285	485	200.0	198.0	620	820	301.0	268.3
700	14.4	690	95	345	216.0	208.0	175	425	248.0	240.0	330	580	310.0	302.0	720	900	379.0	374.0
800	15.6	785	110	360	286.0	263.0	195	445	331.0	308.0	370	620	418.0	357.3	820	1000	521.0	508.0
900	16.8	885	120	370	374.0	359.0	220	470	432.0	388.0	415	665	554.0	778.0	920	1100	694.0	675.0
1 000	18	985	130	430	473.0	473.0	240	540	550.0	425.0	460	760	710.0	710.0	1 020	1 200	896.0	875.0
1 100	19.2	1 080	140	440	475.5	439.1	260	560	588.7	552.3	505	805	805.5	769.0	1 120	1 300	1 139	1 103
1 200	20.4	1 180	150	450	724.0	724.0	285	585	851.0	669.0	550	850	985.0	929.0	1 220	1 400	1 422	1 366
1 400	22.8	1 180	130	430	1047	1047	260	560	1241	833.1	515	815	1329	1183	1 220	1 400	1 924	1 778
1 500	24	1 225	140	440	1097	1091	270	570	1320	961.3	540	840	1568	1374	1 270	1 525	2 332	2 138
1 600	25.2	1 230	140	500	1146	1134	280	640	1398	1377	565	885	1845	1631	1 290	1 555	2 685	2 470
1 800	27.6	1 260	155	515	1434	1209	305	665	2245	1837	610	890	2282	2085	1 320	1 560	3 320	3 095
2 000	30	1 300	165	565	—	1573	330	730	—	2373	660	920	—	2 656				
2 200	32.4	1 350	190	590	—	1985	355	755	—	2505	710	990	—	3 378				
2 400	34.8	1 400	205	605	—	2516	380	780	—	3168	755	1 025	—	4 243				
2 600	37.2	1 500	215	615	—	3008	400	800	—	3805	805	1 120	—	5 272				

表 5-67

双盘90°弯头

双盘11.25°弯头

双盘22.5°弯头

双盘45°弯头

示意图

规格尺寸(mm)			双盘45°弯头的尺寸和重量				双盘22.5°弯头的尺寸和重量				双盘11.25°弯头的尺寸和重量				双盘90°弯头的尺寸和重量			
D_N	e	R	L(mm)	整体重量(kg)			L(mm)	整体重量(kg)			L(mm)	整体重量(kg)			L(mm)	整体重量(kg)		
				PN10	PN16	PN25		PN10	PN16	PN25		PN10	PN15	PN25		PN10	PN16	PN25
40	7	40	140	5.6	5.6	5.6	75	4.7	4.7	4.7	65	4.6	4.6	4.6	140	5.6	5.6	5.6
50	7	50	150	6.8	6.8	6.8	75	5.6	5.6	5.6	65	5.4	5.4	5.4	150	6.8	6.8	6.8
60	7	60	160	7.8	7.8	7.8	80	6.3	6.3	6.3	70	6.1	6.1	6.1	160	7.8	7.8	7.8
65	7	65	165	8.7	8.7	8.7	80	7.1	7.1	7.1	70	6.8	6.8	6.8	165	8.7	8.7	8.7
80	7	80	130	9.3	9.3	9.3	80	9.2	9.2	9.2	70	9.2	9.2	9.2	165	9.6	9.6	9.6
100	7.2	90	140	11.3	11.3	12.4	85	11.5	11.5	12.6	75	11.5	11.5	12.5	180	11.9	11.9	12.9
125	7.5	122	150	14.6	14.6	15.9	95	14.0	14.0	15.0	80	11.4	11.4	12.6	200	15.6	15.6	16.9
150	7.8	150	160	18.6	18.6	21.0	100	18.6	18.6	20.8	85	17.2	17.2	19.5	220	20.2	20.2	22.0
200	8.4	200	180	27.5	27	31.5	110	27.0	27.0	31.0	90	24.3	24.4	28.8	260	31.0	30.5	34.5
250	9	245	350	55.0	54.0	62.0	125	37.9	37.1	46.0	100	34.7	33.8	42.8	350	50.0	49.5	57.0
300	9.6	295	400	78.0	77.0	88.0	140	51.0	50.3	63.0	110	46.4	45.7	58.4	400	70.0	70.0	81.0
350	10.2	345	300	76.0	83.0	97.2	155	61.1	67.9	87.2	120	54.9	61.8	81.0	450	90.0	96.0	113.0
400	10.8	395	325	96.0	107.0	129.0	165	74.8	90.7	113.1	130	66.8	82.7	105.1	500	116.0	127.0	149.0
450	11.4	440	350	116.0	133.8	158.0	180	87.3	110.0	135.4	135	76.6	99.3	124.7	550	143.0	161.0	181.8
500	12	490	375	145.0	175.0	198.0	190	107.8	142.9	168.3	140	93.6	128.7	154.1	600	181.0	211.0	235.0

续表 5-67

示意图

规格尺寸(mm)			双盘45°弯头 的尺寸和重量				双盘22.5°弯头的尺寸和重量				双盘11.25°弯头的尺寸和重量				双盘90°弯头的尺寸和重量			
			L(mm)	整体重量(kg)			L(mm)	整体重量(kg)			L(mm)	整体重量(kg)			L(mm)	整体重量(kg)		
D_N	e	R		PN10	PN16	PN25		PN10	PN16	PN25		PN10	PN15	PN25		PN10	PN16	PN25
600	13.2	590	425	212.0	266.0	294.0	220	154.7	215.7	246.0	160	134.7	195.7	225.9	700	272.0	325.0	353.0
700	14.4	690	480	296.0	326.0	387.6	300	216.5	250.9	330.2	205	206.6	241.0	320.3	800	399.0	429.0	473.6
800	15.6	785	530	403.0	442.0	528.0	330	294.9	330.3	422.3	230	270.0	308.0	367.3	900	552.0	590.0	653.0
900	16.8	885	580	519.0	567.0	668.7	360	373.0	416.2	528.2	245	303.0	351.0	450.2	1000	722.0	770.0	840.8
1000	18	985	630	668.0	751.0	880.6	390	477.2	552.6	697.8	265	382.0	465.0	607.0	1100	937.0	1020	1163
1100	19.2	1080	695	841.2	918.0	1137	420	595.9	672.7	840.7	320	502.0	592.0	826.0	—	—	—	—
1200	20.4	1180	750	1050	1178	1345	450	736.6	853.2	1035	360	639.2	755.8	937.2	1300	1490	1619	1728
1400	22.8	1180	775	1388	1524	1852	460	1021	1157	1388	380	873.8	995.4	1275	1470	2199	2335	2640
1500	24	1225	810	1665	1788	2088	—	—	—	—	—	—	—	—	—	—	—	—
1600	25.2	1230	845	1915	2119	2416	470	1284	1468	1789	400	1203	1382	1664	—	—	—	—
1800	27.6	1260	910	2465	2717	3215	480	1640	1864	2229	410	1415	1641	2075	—	—	—	—
2000	30	1300	920	3149	3455	3907	520	2081	2357	2914	415	1711	1985	2629	—	—	—	—
2200	32.4	1350	930	3446	3804	—	550	2593	2908	—	420	2075	2390	—	—	—	—	—
2400	34.8	1400	945	4277	4719	—	580	2995	3409	—	450	2502	2916	—	—	—	—	—
2600	37.2	1500	1005	5175	5695	—	600	3548	3983	—	480	3028	3463	—	—	—	—	—

表 5-68

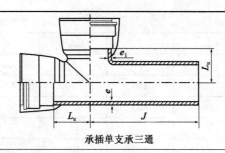

承插单支承三通

承插单支承三通的尺寸和重量

主管（mm）				支管（mm）			整体重量（kg）	
D_N	e	L_u	J	d_n	e_1	L_u	T 型	K 型
80	8.1	85	275	80	8.1	85	13.1	15.9
100	8.4	85	275	80	8.1	95	15.6	19
		95	275	100	8.4	95	16.9	21.7
125	8.7	85	280	80	8.1	105	17.7	21.0
		95	290	100	8.4	110	19.8	23.0
		110	295	125	8.7	110	22.0	24.8
150	9.1	85	275	80	8.1	120	22.6	26.5
		100	280	100	8.4	120	24.6	29.5
		115	305	125	8.7	125	26.8	31.8
		130	310	150	9.1	125	28.9	34.0
200	9.8	90	275	80	8.1	145	31.4	34.3
		100	280	100	8.4	145	33.2	37.8
		115	305	125	8.7	145	35.7	40.4
		130	310	150	9.1	150	38.2	42.9
		160	340	200	9.8	155	44.0	48.4
250	10.5	90	300	80	8.1	170	41.3	43.2
		100	300	100	8.4	170	43.8	47.6
		115	315	125	8.7	175	48.0	51.7
		130	310	150	9.1	175	51.9	55.8
		160	340	200	9.8	180	56.7	60.3
		190	370	250	10.5	190	64.0	66.8
300	11.2	95	300	80	8.1	195	54.7	58.4
		105	285	100	8.4	195	57.5	65.3
		120	320	125	8.7	200	60.1	64.3
		130	310	150	9.1	200	67.1	75.1
		160	340	200	9.8	205	72.3	79.9
		190	370	250	10.5	210	82.7	89.5
		220	400	300	11.2	220	91.3	100.0
350	11.9	90	300	80	8.1	220	66.8	73.2
		100	310	100	8.4	220	69.9	77.5
		120	325	125	8.7	225	75.9	83.5
		125	340	150	9.1	225	81.8	89.5
		160	340	200	9.8	230	87.1	94.5

续表 5-68

主管（mm）				支管（mm）			整体重量（kg）	
D_N	e	L_u	J	d_n	e_1	L_u	T 型	K 型
350	11.9	190	370	250	10.5	235	99.1	106.0
		220	400	300	11.2	240	109.0	120.0
		250	430	350	11.9	250	118.0	129.0
400	12.6	95	300	80	8.1	240	78.7	806
		105	310	100	8.4	245	84.2	91.8
		120	330	125	8.7	250	91.5	98.9
		135	340	150	9.1	250	98.7	106.0
		165	345	200	9.8	255	103.0	110.0
		190	375	250	10.5	260	118.0	125.0
		220	400	300	11.2	270	128.0	138.0
		250	430	350	11.9	270	139.0	149.0
		280	460	400	12.6	280	152.0	163.0
450	13.3	95	320	80	8.1	270	103.0	108.0
		105	330	100	8.4	270	107.0	114.0
		120	345	125	8.7	270	111.5	118.5
		135	360	150	9.1	280	116.0	123.0
		165	390	200	9.8	280	127.0	133.0
		195	415	250	10.5	290	138.0	144.0
		220	445	300	11.2	290	150.0	159.0
		250	460	350	11.9	300	162.0	171.0
		280	500	400	12.6	300	172.0	181.0
		310	525	450	13.3	310	185.0	193.0
500	14	95	320	80	8.1	290	111.0	116.0
		110	330	100	8.4	295	115.0	120.0
		120	345	125	8.7	300	125.5	131.0
		135	360	150	9.1	300	136.0	141.0
		165	390	200	9.8	310	140.0	145.0
		195	395	250	10.5	310	161.0	165.0
		225	425	300	11.2	320	174.0	182.0
		255	455	350	11.9	320	186.0	194.0
		280	485	400	12.6	330	199.0	207.0
		310	525	450	13.3	335	212.0	238.0
		340	540	500	14	340	231.0	237.0
600	15.4	100	325	80	8.1	340	161.0	162.0
		110	330	100	8.4	345	165.0	166.0
		125	345	125	8.7	350	172.5	173.0
		140	360	150	9.1	350	180.0	180.0
		170	390	200	9.8	360	183.0	183.0
		200	415	250	10.5	360	210.0	210.0
		225	430	300	11.2	370	227.0	234.0

主管(mm)				支管(mm)			整体重量(kg)	
D_N	e	L_u	J	d_n	e_1	L_u	T 型	K 型
600	15.4	255	455	350	11.9	370	241.0	245.0
		285	485	400	12.6	380	252.0	256.0
		315	525	450	13.3	385	274.0	277.0
		345	545	500	14	390	287.0	289.0
		400	600	600	15.4	400	334.0	332.0
700	16.8	100	345	80	8.1	390	217.0	207.0
		115	345	100	8.4	400	224.0	215.0
		130	360	125	8.7	400	232.0	223.5
		145	370	150	9.1	400	241.0	232.0
		170	400	200	9.8	410	259.0	250.0
		200	430	250	10.5	410	277.0	267.0
		230	480	300	11.2	420	297.0	290.0
		260	510	350	11.9	420	317.0	310.0
		290	540	400	12.6	430	337.0	329.0
		315	525	450	13.3	435	361.0	350.0
		350	595	500	14	440	380.0	370.0
		405	655	600	15.4	450	430.0	416.0
		460	715	700	16.8	460	486.0	470.0
800	18.2	105	355	80	8.1	440	278.0	254.0
		115	355	100	8.4	445	287.0	264.0
		130	370	125	8.7	450	297.0	274.0
		145	380	150	9.1	450	307.0	284.0
		175	410	200	9.8	460	330.0	305.0
		205	440	250	10.5	460	352.0	328.0
		235	450	300	11.2	470	374.0	353.0
		260	485	350	11.9	470	398.0	376.0
		290	540	400	12.6	480	420.0	398.0
		320	535	450	13.3	485	448.0	422.0
		350	600	500	14	490	472.0	447.0
		405	660	600	15.4	500	526.0	497.0
		465	690	700	16.8	510	586.0	556.0
		520	775	800	18.2	520	655.0	618.0
900	19.6	110	410	80	8.1	490	349.0	322.0
		120	425	100	8.4	500	360.0	333.0
		135	435	125	8.7	500	373.0	346.0
		150	455	150	9.1	500	386.0	359.0
		180	485	200	9.8	510	410.0	383.2
		205	515	250	10.5	510	437.0	408.0
		235	535	300	11.2	520	462.0	438.0
		265	565	350	11.9	520	490.0	464.0

主管(mm)				支管(mm)			整体重量(kg)	
D_N	e	L_u	J	d_n	e_1	L_u	T 型	K 型
900	19.6	295	590	400	12.6	530	518.0	491.0
		325	610	450	13.3	535	547.0	518.0
		350	600	500	14	540	574.0	546.0
		410	660	600	15.4	550	635.0	602.0
		470	720	700	16.8	560	700.0	667.0
		525	815	800	18.2	570	774.0	733.0
		585	835	900	19.6	580	858.0	815.0
1 000	21	110	420	80	8.1	540	433.0	434.0
		125	435	100	8.4	550	443.0	445.0
		140	445	125	8.7	550	459.0	460.0
		150	465	150	9.1	550	474.0	475.0
		180	495	200	9.8	560	502.0	503.0
		210	525	250	10.5	560	533.0	533.0
		240	545	300	11.2	570	564.0	568.0
		270	575	350	11.9	570	594.0	597.0
		295	600	400	12.6	580	626.0	628.0
		325	620	450	13.3	585	659.0	658.0
		355	650	500	14	590	690.0	690.0
		415	715	600	15.4	600	758.0	754.0
		470	770	700	16.8	610	831.0	825.0
		530	830	800	18.2	620	913.0	901.0
		585	880	900	19.6	630	1 000	985.0
		645	945	1 000	21	645	1 096	1 096
1 100	22.4	115	435	80	8.1	590	507.0	472.0
		125	450	100	8.4	600	521.5	487.1
		140	460	125	8.7	600	536.2	501.7
		155	480	150	9.1	600	555.9	522.0
		185	510	200	9.8	610	591.6	556.7
		215	540	250	10.5	610	627.1	591.4
		240	560	300	11.2	620	658.2	624.1
		270	590	350	11.9	620	689.6	658.2
		300	615	400	12.6	630	721.2	691.1
		330	635	450	13.3	635	749.7	722.3
		360	665	500	14	640	786.9	758.1
		415	725	600	15.4	650	859.2	829.1
		475	715	700	16.8	660	910.3	869.4
		530	835	800	18.2	670	1 031	981.0
		590	890	900	19.6	680	1 126	1 070
		650	1 060	1 000	21	695	1 293	1 236
		705	1 005	1 100	22.4	710	1 346	1 274

续表 5-68

主管（mm）				支管（mm）			整体重量（kg）	
D_N	e	L_u	J	d_n	e_1	L_u	T 型	K 型
		120	475	80	8.1	640	631.5	632.0
		130	490	100	8.4	650	648.1	649.0
		145	500	125	8.7	650	665.0	667.5
		160	515	150	9.1	650	685.0	686.0
		185	545	200	9.8	660	725.0	726.0
		215	575	250	10.5	660	766.0	766.0
		245	605	300	11.2	670	816.0	819.0
		275	630	350	11.9	670	845.0	849.0
1 200	23.8	305	655	400	12.6	680	884.0	886.0
		330	675	450	13.3	685	929.0	928.0
		360	710	500	14	690	966.0	966.0
		420	675	600	15.4	700	1 054	1 050
		475	820	700	16.8	710	1 143	1 138
		535	835	800	18.2	720	1 239	1 226
		595	895	900	19.6	730	1 339	1 325
		650	950	1 000	21	745	1 447	1 447
		765	1 070	1 200	23.8	770	1 697	1 697
		125	500	80	8.1	740	918.3	773.6
		135	515	100	8.4	750	939.8	795.7
		150	525	125	8.7	750	961.5	817.3
		165	540	150	9.1	750	986.7	843.1
		195	570	200	9.8	760	1 039	894.4
		220	600	250	10.5	760	1 087	941.3
		250	630	300	11.2	770	1 143	998.8
		280	655	350	11.9	770	1 186	1 045
		310	680	400	12.6	780	1 232	1 093
1 400	26.6	340	700	450	13.3	785	1 274	1 137
		365	735	500	14	790	1 327	1 188
		425	790	600	15.4	800	1 428	1 288
		485	845	700	16.8	810	1 544	1 393
		540	905	800	18.2	820	1 658	1 499
		600	900	900	19.6	830	1 727	1 562
		655	960	1 000	21	845	1 854	1 687
		715	1 065	1 100	22.4	860	2 034	1 852
		775	1 075	1 200	23.8	870	2 145	1 943
		890	1 190	1 400	26.6	890	2 514	2 222
		200	720	200	9.8	860	1 546	1 332
1 600	29.4	230	750	250	10.5	860	1 611	1 396
		255	780	300	11.2	870	1 674	1 461
		315	830	400	12.6	880	1 786	1 578

续表 5-68

主管(mm)				支管(mm)			整体重量(kg)	
D_N	e	L_u	J	d_n	e_1	L_u	T 型	K 型
1 600	29.4	385	885	500	14	890	1 919	1 712
		430	935	600	15.4	900	2 023	1 814
		545	1 050	800	18.2	920	2 296	2 068
		665	1 165	1 000	21	945	2 591	2 355
		780	1 275	1 200	23.8	970	2 910	2 639
		895	1 380	1 400	26.6	990	3 299	2 938
		1 010	1 490	1 600	29.4	1 010	3 572	3 322
1 800	32.2	250	720	200	9.8	960	1 896	1 673
		235	750	250	10.5	960	1 979	1 755
		265	780	300	11.2	970	2 063	1 841
		320	830	400	12.6	980	2 201	1 983
		380	885	500	14	990	2 339	2 122
		435	935	600	15.4	1 000	2 506	2 288
		555	1 050	800	18.2	1 020	2 808	2 570
		670	1 165	1 000	21	1 045	3 146	2 901
		785	1 275	1 200	23.8	1 070	3 509	3 229
		900	1 380	1 400	26.6	1 090	3 936	3 566
		1 015	1 490	1 600	29.4	1 110	4 420	3 981
		1 135	1 595	1 800	32.2	1 130	4 886	4 437
2 000	35	210	720	200	9.8	1 060	—	2 058
		240	750	250	10.5	1 060	—	2 156
		270	780	300	11.2	1 070	—	2 257
		325	830	400	12.6	1 080	—	2 428
		385	885	500	14	1 090	—	2 596
		445	935	600	15.4	1 100	—	2 766
		560	1 050	800	18.2	1 120	—	3 129
		675	1 165	1 000	21	1 145	—	3 513
		790	1 275	1 200	23.8	1 170	—	3 893
		905	1 380	1 400	26.6	1 190	—	4 275
		1 025	1 490	1 600	29.4	1 210	—	4 740
		1 140	1 595	1 800	32.2	1 230	—	5 220
		1 255	1 705	2 000	35	1 255	—	5 777
2 200	37.8	215	720	200	9.8	1 160	—	2 488
		245	750	250	10.5	1 160	—	2 601
		275	780	300	11.2	1 170	—	2 719
		335	830	400	12.6	1 180	—	2 930
		390	885	500	14	1 190	—	3 119
		450	935	600	15.4	1 200	—	3 321
		565	1050	800	18.2	1 220	—	3 747
		680	1 165	1 000	21	1 245	—	4 191

主管(mm)				支管(mm)			整体重量(kg)	
D_N	e	L_u	J	d_n	e_1	L_u	T 型	K 型
2 200	37.8	795	1 275	1 200	23.8	1 270	—	4 628
		915	1 380	1 400	26.6	1 290	—	5 073
		1 030	1 490	1 600	29.4	1 310	—	5 580
		1 145	1 595	1 800	32.3	1 330	—	6 102
		1 260	1 705	2 000	35	1 355	—	6 692
		1 375	1 810	2 200	37.8	1 380	—	7 340
2 400	40.6	225	720	200	9.8	1 260	—	3 070
		250	750	250	10.5	1 260	—	3 195
		280	780	300	11.2	1 270	—	3 332
		340	830	400	12.6	1 280	—	3 578
		395	885	500	14	1 290	—	3 800
		455	935	600	15.4	1 300	—	4 035
		570	1050	800	18.2	1 320	—	4 530
		685	1 165	1 000	21	1 345	—	5 042
		805	1 275	1 200	23.8	1 370	—	5 552
		920	1 380	1 400	26.6	1 390	—	6 047
		1 035	1 490	1 600	29.4	1 410	—	6 611
		1 150	1 595	1 800	32.2	1 430	—	7 185
		1 265	1 705	2 000	35	1 455	—	7 822
		1 385	1 810	2 200	37.8	1 480	—	8 514
		1 500	1 920	2 400	40.6	1 500	—	9 374
2 600	43.4	230	720	200	9.8	1 360	—	3 616
		260	750	250	10.5	1 360	—	3 773
		285	780	300	11.2	1 370	—	3 918
		345	830	400	12.6	1 380	—	4 202
		405	885	500	14	1 390	—	4 472
		460	935	600	15.4	1 400	—	4 731
		575	1 050	800	18.2	1 420	—	5 300
		695	1 165	1 000	21	1 445	—	5 898
		810	1 275	1 200	23.8	1 470	—	6 466
		925	1 380	1 400	26.6	1 490	—	7 027
		1 040	1 490	1 600	29.4	1 510	—	7 655
		1 155	1 595	1 800	32.2	1 530	—	8 288
		1 275	1 705	2 000	35	1 555	—	8 993
		1 390	1 810	2 200	37.8	1 580	—	9 721
		1 505	1 920	2 400	40.6	1 600	—	10 617
		1 620	2 025	2 600	43.4	1 620	—	11 504

注：尺寸符合 ISO 2531，壁厚按 K14。

表 5-69

示意图	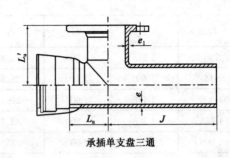

承插单支盘三通

承插单支盘三通尺寸和重量

主管(mm)				支管(mm)			整体重量(kg)					
							PN10		PN16		PN25	
D_N	e	L_u	J	d_n	e_1	L'_u	T 型	K 型	T 型	K 型	T 型	K 型
80	8.1	85	275	80	8.1	165	14.0	14.7	14.0	14.7	14.0	14.7
100	8.4	85	275	80	8.1	175	16.4	18.7	16.4	18.7	16.4	18.7
		95	285	100	8.4	180	17.8	20.1	17.8	20.1	17.8	20.1
125	8.7	85	275	80	8.1	190	18.7	20.6	18.7	20.6	18.7	20.6
		100	285	100	8.4	195	20.5	22.3	20.3	22.2	20.9	22.8
		110	285	125	8.7	200	21.8	23.7	21.8	23.7	22.4	24.3
150	9.1	85	275	80	8.1	205	23.7	26.1	23.7	26.1	23.7	26.1
		100	285	100	8.4	210	25.4	27.6	25.4	27.6	25.1	27.6
		110	285	125	8.7	215	27.8	30.2	27.7	30.2	27.7	30.2
		130	310	150	9.1	220	30.2	32.7	30.2	32.7	30.2	32.7
200	9.8	90	275	80	8.1	235	32.5	34.5	32.5	34.5	32.5	34.5
		100	280	100	8.4	240	34.3	36.3	34.3	36.3	34.3	36.3
		110	285	125	8.7	240	37.3	39.3	37.3	39.3	37.3	39.3
		130	310	150	9.1	250	40.2	42.2	40.2	42.2	40.2	42.2
		150	340	200	9.8	260	46.6	48.6	47.0	49.0	48.5	50.5
250	10.5	90	315	80	8.1	265	43.4	44.8	43.4	44.8	43.4	44.8
		100	325	100	8.4	270	44.9	46.4	44.9	46.4	45.0	45.8
		115	325	125	8.7	255	51.1	52.6	51.1	52.6	51.7	52.8
		130	360	150	9.1	280	57.3	58.7	57.3	58.7	58.3	59.7
		150	385	200	9.8	290	57.9	59.1	57.9	59.1	59.7	61.1
		180	415	250	10.5	300	65.7	67.6	66.7	68.1	70.2	71.1
300	11.2	90	340	80	8.1	295	58.8	61.1	58.8	61.1	58.8	61.1
		105	355	100	8.4	300	62.1	64.4	62.0	64.3	62.6	64.9
		115	360	125	8.7	285	64.1	66.4	64.1	66.4	64.7	67.0
		130	390	150	9.1	310	70.9	76.3	71.9	76.3	71.9	77.3
		160	415	200	9.8	320	77.6	79.9	77.6	79.9	79.4	81.7
		190	445	250	10.5	330	87.3	89.6	87.0	89.3	90.6	92.9
		215	475	300	11.2	340	97.8	100.1	97.9	99.8	112.7	115.0

主管(mm)				支管(mm)			整体重量(kg)					
							PN10		PN16		PN25	
D_N	e	L_u	J	d_n	e_1	L'_u	T型	K型	T型	K型	T型	K型
350	11.9	95	345	80	8.1	325	68.3	73.3	68.3	73.3	68.3	73.3
		100	355	100	8.4	330	72.7	77.7	72.6	77.6	73.2	78.2
		115	360	125	8.7	315	73.4	78.4	73.4	78.4	74.0	79.0
		135	390	150	9.1	340	85.2	90.2	85.2	90.2	85.2	90.2
		160	415	200	9.8	350	88.7	93.7	88.7	93.7	90.5	95.5
		190	445	250	10.5	350	106.0	110.0	116.0	120.0	127.0	131.0
		210	475	300	11.2	350	114.0	122.0	120.0	124.0	131.0	135.0
		240	500	350	11.9	380	121.0	125.5	123.3	128.3	132.0	136.2
400	12.6	95	355	80	8.1	355	80.9	87.2	80.9	87.2	80.9	87.2
		105	355	100	8.4	360	84.2	89.3	84.2	89.2	84.2	89.8
		115	360	125	8.7	345	92.0	97.0	92.0	97.0	92.0	97.0
		135	390	150	9.1	370	99.8	104.0	99.8	104.0	99.6	104.0
		160	415	200	9.8	380	105.0	109.0	104.0	109.0	106.0	110.8
		190	445	250	10.5	390	120.0	125.0	120.0	125.0	123.0	129.0
		220	475	300	11.2	400	134.0	138.0	133.0	137.0	139.0	143.0
		240	500	350	11.9	400	144.0	148.0	146.0	151.0	155.0	160.0
		280	530	400	12.6	420	152.0	158.3	158.5	164.8	167.7	174.0
450	13.3	95	355	80	8.1	370	97.2	106.2	97.2	106.2	97.2	106.2
		110	355	100	8.4	390	106.0	110.0	107.0	111.0	107.0	111.0
		115	360	125	8.7	405	113.0	117.0	113.0	117.0	115.5	117.0
		135	390	150	9.1	400	120.0	124.0	120.0	123.0	124.0	127.0
		165	415	200	9.8	410	130.0	134.0	130.0	134.0	132.0	136.0
		195	445	250	10.5	420	141.0	145.0	140.0	144.0	144.0	148.0
		220	475	300	11.2	430	156.0	158.0	155.0	158.0	161.0	164.0
		240	500	350	11.9	440	165.0	169.0	168.01	172.0	177.0	181.0
		280	530	400	12.6	450	180.0	184.0	185.0	189.0	196.0	200.0
		310	555	450	13.3	460	191.0	195.0	199.0	203.0	215.0	219.0
500	14	95	355	80	8.1	400	113.1	117.7	113.1	117.7	113.1	117.7
		110	355	100	8.4	420	116.0	121.3	116.0	121.3	116.0	121.8
		120	360	125	8.7	420	127.0	130.7	127.0	130.7	127.0	131.4
		140	390	150	9.1	425	138.0	140.0	138.0	140.0	138.0	141.0
		165	415	200	9.8	440	142.0	146.0	141.0	146.0	143.0	147.8
		190	445	250	10.5	440	165.0	168.0	164.0	167.0	168.0	171.0
		220	475	300	11.2	440	178.0	181.0	178.0	181.0	183.0	186.0
		245	500	350	11.9	450	192.0	194.0	195.0	197.0	203.0	206.0
		280	530	400	12.6	480	198.0	203.4	240.0	209.9	215.0	219.1
		300	555	450	13.3	480	219.0	222.0	227.0	230.0	243.0	245.0
		340	580	500	14	500	231.0	237.3	246.0	251.7	258.0	262.1

续表 5-69

主管(mm)				支管(mm)			整体重量(kg)					
							PN10		PN16		PN25	
D_N	e	L_u	J	d_n	e_1	L'_u	T 型	K 型	T 型	K 型	T 型	K 型
600	15.4	100	355	80	8.1	460	162.7	162.0	162.7	162.0	163.0	162.0
		100	355	100	8.4	460	166.0	164.0	166.0	164.0	167.0	165.0
		120	360	125	8.7	465	174.5	172.5	174.5	172.5	175.5	173.5
		130	390	150	9.1	470	183.0	181.0	183.0	181.0	184.0	182.0
		170	415	200	9.8	500	184.0	187.8	184.0	187.8	186.0	189.6
		190	445	250	10.5	490	215.0	201.7	215.0	201.3	219.0	205.0
		215	475	300	11.2	500	231.0	228.0	230.0	228.0	235.0	233.0
		245	500	350	11.9	510	247.0	245.0	250.0	248.0	258.0	256.0
		285	530	400	12.6	540	253.0	255.9	258.0	262.4	269.0	271.6
		305	555	450	13.3	530	279.0	277.0	288.0	286.0	303.0	301.0
		335	580	500	14	540	299.0	297.0	303.0	301.0	326.0	324.0
		400	635	600	15.4	580	333.5	339.8	359.0	364.8	373.0	377.2
700	16.8	105	345	80	8.1	490	238.0	238.0	238.0	238.0	238.0	240.0
		115	345	100	8.4	490	242.0	243.0	242.0	243.0	243.0	244.0
		125	361	125	8.7	495	244.0	244.0	244.0	244.0	245.0	245.0
		140	370	150	9.1	500	246.0	246.0	246.0	246.0	247.0	247.0
		170	385	200	9.8	525	249.0	249.0	249.0	249.0	251.0	251.0
		195	430	250	10.5	515	275.0	275.0	275.0	275.0	278.5	279.0
		220	440	300	11.2	520	300.0	301.0	300.0	301.0	306.0	307.0
		250	475	350	11.9	530	312.0	313.0	315.0	316.0	324.0	325.0
		285	495	400	12.6	555	329.0	329.0	338.0	334.0	344.0	345.0
		305	525	450	13.3	545	369.0	370.0	378.0	379.0	391.0	392.0
		340	560	500	14	550	391.0	392.0	406.0	407.0	418.0	419.0
		385	595	600	15.4	565	421.0	422.0	445.0	445.0	456.0	457.0
		460	690	700	16.8	600	476.0	476.0	487.0	488.0	525.0	525.0
800	18.2	120	355	80	8.1	550	299.0	290.0	299.0	290.0	299.0	290.0
		130	355	100	8.4	550	304.0	295.0	304.0	295.0	305.0	295.0
		145	371	125	8.7	555	306.0	296.5	306.0	296.5	306.0	297.5
		155	381	150	9.1	560	308.0	298.0	308.0	298.0	309.0	299.0
		175	395	200	9.8	585	311.0	302.0	311.0	301.0	313.0	303.0
		210	441	250	10.5	585	351.0	342.0	351.0	341.0	355.0	346.0
		240	451	300	11.2	585	371.0	362.0	371.0	362.0	377.0	368.0
		265	485	350	11.9	590	388.0	379.0	390.5	381.5	399.0	390.0
		290	505	400	12.6	615	405.0	396.0	410.0	401.0	412.0	412.0
		320	535	450	13.3	615	463.5	454.5	473.5	464.5	485.0	476.0
		345	571	500	14	615	522.0	513.0	537.0	528.0	549.0	540.0
		405	605	600	15.4	645	588.0	579.0	612.0	603.0	624.0	614.0
		460	700	700	16.8	655	620.0	626.0	635.0	600.0	669.0	660.0
		520	760	800	18.2	675	640.0	631.0	655.0	646.0	708.0	699.0

主管(mm)				支管(mm)			整体重量(kg)					
							PN10		PN16		PN25	
D_N	e	L_u	J	d_n	e_1	L'_u	T型	K型	T型	K型	T型	K型
900	19.6	120	440	80	8.1	605	356.1	337.1	356.1	337.1	356.1	337.1
		130	450	100	8.4	610	364.9	345.9	364.9	345.9	365.4	346.4
		145	465	125	8.7	615	378.0	359.0	378.0	359.0	378.6	359.6
		155	485	150	9.1	620	391.3	372.3	391.3	372.3	392.2	373.2
		180	515	200	9.8	645	416.5	397.5	416.6	397.6	418.4	399.4
		210	545	250	10.5	645	443.7	424.7	443.1	424.4	447.0	428.0
		240	565	300	11.2	650	467.5	448.5	467.2	448.2	482.4	463.4
		265	600	350	11.9	660	484.1	475.1	496.9	477.9	504.8	485.8
		295	630	400	12.6	675	522.7	503.7	529.2	510.2	538.5	519.4
		320	660	450	13.3	680	547.6	528.6	556.9	537.9	567.3	548.3
		345	700	500	14	690	580.3	561.3	594.7	575.7	605.1	586.1
		410	760	600	15.4	705	645.4	626.4	670.4	651.4	662.8	663.8
		460	795	700	16.8	720	699.5	680.5	713.6	694.6	746.1	727.1
		520	855	800	18.2	735	776.4	757.4	794.1	775.1	840.1	821.1
		585	905	900	19.6	750	853.2	834.2	874.8	855.8	930.8	911.8
1 000	21	120	450	80	8.1	670	434.6	413.6	434.6	413.6	434.6	413.6
		130	460	100	8.4	670	448.4	426.8	448.4	426.8	448.9	427.3
		145	475	125	8.7	675	463.8	442.2	463.8	442.2	464.4	442.8
		155	495	150	9.1	680	475.8	454.8	475.8	454.8	476.7	455.7
		180	525	200	9.8	705	505.1	484.1	505.2	484.2	507.0	486.0
		210	555	250	10.5	705	536.8	515.8	526.5	515.5	540.1	519.1
		240	575	300	11.2	710	564.2	543.2	563.9	542.9	579.1	558.1
		265	610	350	11.9	720	595.3	574.3	598.1	577.1	606.0	585.0
		295	640	400	12.6	735	628.2	607.2	634.7	613.7	643.9	622.9
		320	670	450	13.3	740	657.1	636.1	666.4	645.4	676.8	655.8
		345	710	500	14	750	694.3	673.3	708.7	687.7	719.1	698.1
		410	770	600	15.4	765	768.0	747.0	793.0	772.0	805.4	784.4
		465	805	700	16.8	780	829.7	808.7	843.8	822.8	876.3	855.3
		520	865	800	18.2	795	911.3	890.3	929.0	908.0	975.0	954.0
		580	915	900	19.6	810	991.1	970.1	1 013	991.7	1 069	1 048
		645	980	1 000	21	825	1 096	1 075	1 133	1 112	1 206	1 185
1 100	22.4	120	465	80	8.1	730	528.7	492.3	528.7	492.3	528.7	492.3
		130	475	100	8.4	730	540.6	504.2	540.5	504.1	541.1	504.7
		145	490	125	8.7	735	558.4	522.0	558.4	522.0	559.0	522.6
		155	510	150	9.1	740	576.4	540.0	576.4	540.0	577.4	541.0
		180	540	200	9.8	745	609.4	573.0	609.4	573.0	611.2	574.8
		210	570	250	10.5	755	646.3	609.9	645.9	609.5	649.6	613.2
		240	590	300	11.2	760	677.5	641.1	677.2	640.8	692.4	656.0
		265	625	350	11.9	770	713.2	676.8	716.0	679.6	723.9	687.5
		300	655	400	12.6	795	754.6	718.2	761.1	724.7	770.3	733.9

续表 5-69

主管(mm)				支管(mm)			整体重量(kg)					
							PN10		PN16		PN25	
D_N	e	L_u	J	d_n	e_1	L_u'	T 型	K 型	T 型	K 型	T 型	K 型
1 100	22.4	325	685	450	13.3	795	787.2	750.8	796.5	760.1	806.9	770.5
		350	725	500	14.0	795	827.6	791.2	842.0	805.6	852.4	816.0
		415	785	600	15.4	825	913.4	877.0	938.4	902.0	950.8	914.4
		470	820	700	16.8	830	978.6	942.2	992.7	956.3	1 026	988.8
		525	880	800	18.2	835	1 065	1 028	1 082	1 046	1 128	1 092
		585	930	900	19.6	850	1 150	1 113	1 171	1 135	1 227	1 191
		640	995	1 000	21	870	1 257	1 220	1 294	1 258	1 367	1 331
		695	1 045	1 100	22.4	880	1 359	1 323	1 399	1 361	1 481	1 445
1 200	23.8	120	500	80	8.1	790	649.9	593.9	649.9	593.9	649.9	593.9
		130	510	100	8.4	790	663.6	607.6	663.5	607.5	664.1	608.1
		145	525	125	8.7	795	684.0	628.0	684.0	628.0	684.6	628.6
		155	545	150	9.1	800	704.7	648.7	704.7	648.7	705.7	649.7
		180	570	200	9.8	805	739.3	683.3	739.3	683.3	741.1	685.1
		210	600	250	10.5	815	781.4	725.4	781.1	725.1	784.7	728.7
		240	630	300	11.2	820	823.5	767.5	823.2	767.2	838.4	782.4
		265	660	350	11.9	830	861.1	805.1	863.9	807.9	871.8	815.8
		295	690	400	12.6	835	902.6	846.6	909.1	853.1	918.3	862.3
		325	720	450	13.3	845	943.9	887.9	953.2	897.2	963.6	907.6
		355	760	500	14	850	993.8	937.8	1 009	952.2	1 019	962.6
		420	820	600	15.4	885	1 091	1 035	1 116	1 060	1 128	1 072
		470	855	700	16.8	885	1 159	1 103	1 173	1 117	1 205	1 149
		535	915	800	18.2	915	1 267	1 211	1 285	1 229	1 331	1 275
		595	965	900	19.6	920	1 358	1 302	1 379	1 323	1 435	1 379
		650	1 030	1 000	21	945	1 476	1 420	1 514	1 458	1 586	1 530
		760	1 145	1 200	23.8	955	1 710	1 654	1 768	1 712	1 859	1 803
1 400	26.6	170	525	80	8.1	870	979.3	833.2	979.3	833.2	979.3	833.2
		210	535	100	8.4	875	1 023	876.2	1 023	876.1	1 023	876.7
		225	550	125	8.7	880	1 049	902.4	1 049	902.4	1 050	903.0
		240	570	150	9.1	880	1 079	932.8	1 079	932.8	1 080	933.7
		270	595	200	9.8	890	1 128	981.0	1 128	981.1	1 129	982.9
		280	625	250	10.5	895	1 164	1 018	1 163	1 017	1 167	1 021
		325	655	300	11.2	905	1 230	1 084	1 229	1 083	1 245	1 099
		355	685	350	11.9	910	1 281	1 135	1 284	1 138	1 292	1 146
		385	715	400	12.6	920	1 334	1 188	1 340	1 194	1 349	1 203
		415	745	450	13.3	925	1 385	1 239	1 394	1 248	1 405	1259
		440	785	500	14	935	1 444	1 298	1 458	1 312	1 469	1 322
		515	845	600	15.4	980	1 573	1 426	1 598	1 451	1 610	1 464
		560	880	700	16.8	990	1 652	1 506	1 666	1 520	1 698	1 552

续表 5-69

主管(mm)				支管(mm)			整体重量(kg)					
							PN10		PN16		PN25	
D_N	e	L_u	J	d_n	e_1	L_u'	T 型	K 型	T 型	K 型	T 型	K 型
1 400	26.6	630	940	800	18.2	1 010	1 783	1 637	1 801	1 655	1 847	1 701
		675	990	900	19.6	1 020	1 879	1 733	1 901	1 755	1 957	1 811
		750	1 055	1 000	21	1 040	2 030	1 884	2 067	1 921	2 140	1 994
		790	1 105	1 100	22.4	1 045	2 136	1 990	2 174	2 028	2 258	2 112
		850	1 170	1 200	23.8	1 050	2 281	2 135	2 340	2 194	2 430	2 284
		965	1 270	1 400	26.6	1 070	2 556	2 410	2 617	2 471	2 757	2 611
1 600	29.4	220	755	80	8.1	1 015	1 605	1 390	1 605	1 390	1 605	1 390
		225	755	100	8.4	1 025	1 612	1 397	1 612	1 397	1 612	1 397
		260	755	150	9.1	1 025	1 646	1 431	1 646	1 431	1 647	1 432
		290	730	200	9.8	1 030	1 658	1 443	1 658	1 443	1 660	1 445
		320	760	250	10.5	1 040	1 725	1 510	1 724	1 509	1 728	1 513
		345	790	300	11.2	1 045	1 786	1 571	1 785	1 570	1 801	1 586
		405	860	400	12.6	1 060	1 927	1 712	1 934	1 719	1 943	1 728
		465	895	500	14	1 080	2 066	1 846	2 080	1 860	2 091	1 871
		520	915	600	15.4	1 090	2 121	1 906	2 146	1 931	2 158	1 943
		640	970	800	18.2	1 120	2 335	2 120	2 353	2 138	2 399	2 184
		750	1 090	1 000	21	1 150	2 622	2 407	2 659	2 444	2 732	2 517
		870	1 210	1 200	23.8	1 180	2 949	2 734	3 007	2 792	3 098	2 883
		985	1 315	1 400	26.6	1 210	3 270	3 055	3 331	3 116	3 471	3 256
		1 100	1 430	1 600	29.4	1 240	3 675	3 460	3 767	3 552	3 927	3 712
1 800	32.2	300	730	200	9.8	1 150	2 040	1 816	2 041	1 816	2 042	1 818
		320	760	250	10.5	1 150	2 110	1 885	2 109	1 885	2 113	1 888
		350	790	300	11.2	1 155	2 191	1 967	2 191	1 966	2 206	1 982
		410	860	400	12.6	1 170	2 367	2 143	2 374	2 149	2 383	2 158
		470	915	500	14	1 185	2 516	2 291	2 530	2 306	2 541	2 316
		525	970	600	15.4	1 200	2 675	2 450	2 700	2 475	2 712	2 487
		640	1 090	800	18.2	1 230	2 999	2 775	3 017	2 792	3 063	2 838
		760	1 210	1 000	21	1 260	3 348	3 124	3 386	3 162	3 459	3 234
		875	1 315	1 200	23.8	1 290	3 699	3 474	3 757	3 533	3 848	3 623
		990	1 430	1 400	26.6	1 320	4 074	3 849	4 134	3 910	4 274	4 050
		1 110	1 540	1 600	29.4	1 350	4 512	4 287	4 604	4 380	4 764	4 540
		1 225	1 615	1 800	32.2	1 380	4 919	4 692	5 030	4 805	5 247	5 022
2 000	35	300	730	200	9.8	1 250	—	2 230	—	2 230	—	2 232
		330	760	250	10.5	1 260	—	2 320	—	2 320	—	2 324
		360	790	300	11.2	1 265	—	2 428	—	2 428	—	2 433
		415	860	400	12.6	1 280	—	2 621	—	2 628	—	2 637
		475	915	500	14	1 295	—	2 799	—	2 814	—	2 824
		530	970	600	15.4	1 310	—	2 966	—	2 991	—	3 004

续表 5-69

主管(mm)				支管(mm)			整体重量(kg)					
							PN10		PN16		PN25	
D_N	e	L_u	J	d_n	e_1	L_u'	T 型	K 型	T 型	K 型	T 型	K 型
2 000	35	640	1 090	800	18.2	1 340	—	3 362	—	3 380	—	3 426
		765	1 210	1 000	21	1 370	—	3 778	—	3 815	—	3 888
		880	1 315	1 200	23.8	1 400	—	4 180	—	4 239	—	4 329
		1 000	1 430	1 400	26.6	1 430	—	4 614	—	4 674	—	4 814
		1 110	1 540	1 600	29.4	1 460	—	5 081	—	5 174	—	5 334
		1 230	1 615	1 800	32.2	1 490	—	5 519	—	5 632	—	5 849
		1 345	1 725	2 000	35	1 520	—	6 072	—	6 209	—	6 531
2 200	37.8	310	730	200	9.8	1 360	—	2 687	—	2 687	—	2 689
		335	760	250	10.5	1 370	—	2 795	—	2 795	—	2 798
		365	790	300	11.2	1 380	—	2 910	—	2 910	—	2 925
		420	860	400	12.6	1 395	—	3 151	—	3 157	—	3 166
		480	915	500	14	1 410	—	3 361	—	3 375	—	3 386
		540	970	600	15.4	1 420	—	3 567	—	3 592	—	3 605
		655	1 090	800	18.2	1 445	—	4 036	—	4 053	—	4 099
		770	1 210	1 000	21	1 480	—	4 500	—	4 538	—	4 610
		890	1 315	1 200	23.8	1 510	—	4 970	—	5 028	—	5 119
		1 000	1 430	1 400	26.6	1 540	—	5 443	—	5 504	—	5 644
		1 120	1 540	1 600	29.4	1 570	—	5 981	—	6 073	—	6 233
		1 235	1 615	1 800	32.2	1 600	—	6 447	—	6 560	—	6 777
		1 350	1 725	2 000	35	1 630	—	7 036	—	7 173	—	7 495
		1 465	1 830	2 200	37.8	1 660	—	7 699	—	7 857	—	—
2 400	40.6	310	730	200	9.8	1 470	—	3 285	—	3 285	—	3 287
		340	760	250	10.5	1 480	—	3 422	—	3 421	—	3 425
		370	790	300	11.2	1 490	—	3 556	—	3 556	—	3 571
		430	860	400	12.6	1 505	—	3 848	—	3 854	—	3 863
		490	915	500	14	1 520	—	4 093	—	4 107	—	4 118
		545	970	600	15.4	1 530	—	4 324	—	4 349	—	4 361
		660	1 090	800	18.2	1 560	—	4 866	—	4 883	—	4 929
		780	1 210	1 000	21	1 590	—	5 410	—	5 448	—	5 521
		895	1 315	1 200	23.8	1 620	—	5 932	—	5 990	—	6 081
		1 010	1 430	1 400	26.6	1 650	—	6 481	—	6 541	—	6 681
		1 125	1 540	1 600	29.4	1 680	—	7 068	—	7 161	—	7 321
		1 240	1 615	1 800	32.2	1 710	—	7 578	—	7 692	—	7 908
		1 360	1 725	2 000	35	1 740	—	8 228	—	8 365	—	8 687
		1 472	1 830	2 200	37.8	1 770	—	8 920	—	9 078	—	—
		1 590	1 935	2 400	40.6	1 800	—	9 666	—	9 873	—	—
2 600	43.4	320	730	200	9.8	1 580	—	3 878	—	3 878	—	3 880
		350	760	250	10.5	1 590	—	4 036	—	4 035	—	4 039

主管(mm)				支管(mm)			整体重量(kg)					
D_N	e	L_u	J	d_n	e_1	L'_u	PN10		PN16		PN25	
							T 型	K 型	T 型	K 型	T 型	K 型
2 600	43.4	380	790	300	11.2	1 600	—	4 191	—	4 191	—	4 205
		435	860	400	12.6	1 615	—	4 514	—	4 521	—	4 530
		495	915	500	14	1 630	—	4 797	—	4 812	—	4 822
		550	970	600	15.4	1 640	—	5 065	—	5 090	—	5 102
		670	1 090	800	18.2	1 670	—	5 698	—	5 716	—	5 762
		785	1 210	1 000	21	1 700	—	6 309	—	6 347	—	6 149
		900	1 315	1 200	23.8	1 730	—	6 899	—	6 957	—	7 048
		1 015	1 430	1 400	26.6	1 750	—	7 509	—	7 570	—	7 710
		1 130	1 540	1 600	29.4	1 790	—	8 172	—	8 264	—	8 425
		1 250	1 615	1 800	32.2	1 820	—	8 746	—	8 859	—	9 076
		1 365	1 725	2 000	35	1 850	—	9 442	—	9 579	—	9 901
		1 480	1 830	2 200	37.8	1 880	—	10 191	—	10 349	—	—
		1 595	1 935	2 400	40.6	1 910	—	10 968	—	11 175	—	—
		1 710	2 035	2 600	43.4	1 940	—	11 827	—	12 045	—	—

注：尺寸符合 ISO 2531 标准，壁厚按 K14 计。

表 5-70

示意图

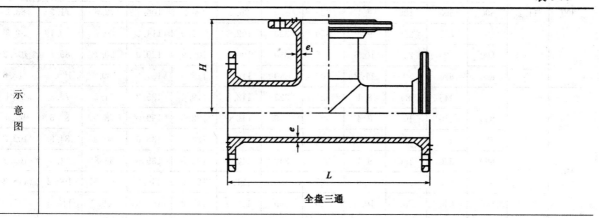

全盘三通

全盘三通的尺寸和重量

主管(mm)			支管(mm)				整体重量(kg)					
D_N	e	L		d_n	e_1	H		系列 A			系列 B		
		系列 A	系列 B			系列 A	系列 B	PN10	PN16	PN25	PN10	PN16	PN25
80	8.1	330	330	80	8.1	165	165	15.6	15.6	15.6	15.6	15.6	15.6
100	8.4	360	330	80	8.1	175	170	18.4	18.4	19.5	17.6	17.5	18.6
		360	360	100	8.4	180	180	19.4	19.4	21.0	19.4	19.4	21.0
125	8.7	400	350	80	8.1	190	185	23.0	23.0	24.5	21.3	21.3	22.5
		400	370	100	8.4	195	195	24.0	24.0	26.0	22.9	22.8	24.6
		400	400	125	8.7	200	200	25.5	25.5	27.5	25.5	25.5	27.5
150	9.1	440	360	80	8.1	205	200	28.5	28.5	31.0	25.6	25.6	27.5
		440	380	100	8.4	210	205	29.5	29.5	32.0	27.2	27.2	29.6

续表 5-70

主管(mm)				支管(mm)				整体重量(kg)					
D_N	e	L		d_n	e_1	H		系列 A			系列 B		
		系列A	系列B			系列A	系列B	PN10	PN16	PN25	PN10	PN16	PN25
150	9.1	440	410	125	8.7	215	215	31.0	31.0	34.0	29.7	29.7	32.2
		440	440	150	9.1	220	220	32.5	32.5	36.0	32.5	32.5	36.0
200	9.8	520	380	80	8.1	235	225	42.0	41.5	46.0	34.9	35.0	38.6
		520	400	100	8.4	240	230	43.0	42.0	47.5	36.7	36.8	40.9
		520	435	125	8.7	240	240	44.5	43.8	49.3	39.8	39.9	44.1
		520	460	150	9.1	250	245	46.0	45.5	51.0	42.6	42.7	47.3
		520	520	200	9.8	260	260	49.5	49.0	56.0	49.4	49.5	54.9
250	10.5	700	405	80	8.1	265	265	66.0	65.3	72.6	47.9	47.2	54.5
		700	425	100	8.4	275	270	68.0	67.0	75.0	50.1	49.3	57.2
		700	455	125	8.7	290	275	68.7	67.9	75.9	53.3	52.5	60.5
		700	485	150	9.1	300	280	70.6	69.9	78.1	56.8	56.1	64.3
		700	540	200	9.8	325	290	76.0	75.0	85.0	63.8	63.1	72.2
		700	600	250	10.5	350	300	82.0	81.0	93.0	72.8	71.7	82.7
300	11.2	800	425	80	8.1	290	295	91.5	90.9	101.3	62.3	61.7	72.1
		800	450	100	8.4	300	300	94.0	93.0	105.0	65.2	64.6	75.5
		800	480	125	8.7	310	300	94.0	93.4	104.4	68.7	68.1	79.1
		800	505	150	9.1	325	310	96.0	95.4	106.7	72.5	71.9	83.2
		800	565	200	9.8	350	320	102.0	101.0	114.0	80.7	80.1	92.3
		800	620	250	10.5	375	330	106.9	105.9	120.0	90.1	89.1	103.2
		800	680	300	11.2	400	340	116.0	115.0	131.0	100.9	100.0	115.6
350	11.9	850	445	80	8.1	325	325	113.8	119.4	135.2	74.7	79.3	96.1
		850	470	100	8.4	325	330	116.0	122.0	139.0	78.0	82.6	99.9
		850	480	125	8.7	325	330	116.0	122.0	138.0	80.2	84.8	102.2
		850	530	150	9.1	325	340	117.2	122.8	139.5	86.8	91.4	109.1
		850	585	200	9.8	325	350	121.0	128.0	146.0	95.5	100.2	118.8
		850	645	250	10.5	325	360	123.9	129.2	148.6	106.3	110.5	131.0
		850	680	300	11.2	425	365	136.2	141.5	162.5	115.1	119.4	141.4
		850	760	350	11.9	425	380	142.0	151.0	176.0	128.3	135.2	160.4
400	12.6	900	470	80	8.1	350	355	140.9	153.9	172.3	91.0	104.0	122.4
		900	490	100	8.4	350	360	143.0	154.0	177.0	94.3	107.2	126.2
		900	500	125	8.7	350	345	142.8	155.8	174.8	96.2	109.2	128.2
		900	550	150	9.1	350	370	144.2	157.2	176.5	104.2	117.2	136.5
		900	610	200	9.8	350	380	148.0	159.0	184.0	114.6	127.6	147.8
		900	665	250	10.5	350	390	150.6	163.3	185.3	125.8	138.4	160.5
		900	725	300	11.2	450	400	162.7	175.4	199.0	138.4	151.1	174.7
		900	760	350	11.9	450	410	167.4	183.2	209.5	147.2	162.5	189.3
		900	840	400	12.6	450	420	174.0	191.0	225.0	163.3	182.8	210.4
450	13.3	950	470	80	8.1	375	370	169.7	188.3	209.1	103.6	122.2	143.0

续表 5-70

主管(mm)			支管(mm)				整体重量(kg)					
D_N	e	L		d_n	e_1	H		系列A			系列B		
		系列A	系列B			系列A	系列B	PN10	PN16	PN25	PN10	PN16	PN25
450	13.3	950	515	100	8.4	375	375	170.5	189.0	210.4	110.7	129.2	150.6
		950	530	125	8.7	375	375	171.6	190.2	211.6	113.8	132.4	153.8
		950	570	150	9.1	375	400	172.9	191.5	213.2	121.5	140.1	161.8
		950	630	200	9.8	375	410	175.5	194.1	216.7	133.1	151.7	174.3
		950	690	250	10.5	375	420	179.1	197.3	221.8	146.1	164.3	188.8
		950	745	300	11.2	475	430	190.8	209.1	235.1	159.2	177.5	203.5
		950	790	350	11.9	475	440	195.2	216.6	245.3	169.9	190.8	220.0
		950	860	400	12.6	475	450	201.1	226.2	256.2	185.9	211.0	241.0
		950	920	450	13.3	475	460	207.0	234.9	266.1	200.8	228.7	259.9
500	14	1 000	515	80	8.1	400	400	207.4	236.2	257.0	129.5	158.3	179.1
		1 000	535	100	8.4	400	400	210.0	241.0	265.0	133.5	162.3	183.6
		1 000	560	125	8.7	400	405	209.3	238.1	259.5	138.7	167.5	188.9
		1 000	600	150	9.1	400	410	210.6	239.4	261.1	146.6	175.4	197.2
		1 000	650	200	9.8	400	415	215.0	245.0	271.0	157.5	186.3	208.9
		1 000	680	250	10.5	400	430	216.5	244.9	269.4	166.9	195.3	219.8
		1 000	740	300	11.2	500	450	228.1	256.6	282.6	182.4	210.9	236.9
		1 000	810	350	11.9	500	465	232.2	263.8	292.5	198.3	229.4	258.6
		1 000	885	400	12.6	500	480	242.0	276.0	311.0	216.9	252.2	282.2
		1 000	940	450	13.3	500	490	242.9	281.0	312.2	231.9	270.0	301.2
		1 000	1 000	500	14	500	500	252.0	297.0	332.0	252.0	297.0	332.0
600	15.4	1 100	525	80	8.1	450	450	296.0	346.0	370.8	174.5	224.5	249.3
		1 100	550	100	8.4	450	450	296.7	346.7	372.0	180.5	230.5	255.8
		1 100	580	125	8.7	450	450	297.8	347.8	373.2	187.9	237.9	263.3
		1 100	650	150	9.1	450	455	299.0	349.0	374.7	204.2	254.2	279.9
		1 100	700	200	9.8	450	460	305.0	358.0	388.0	217.1	267.2	293.8
		1 100	740	250	10.5	450	480	304.4	354.0	382.5	230.1	279.8	308.2
		1 100	810	300	11.2	550	500	315.6	365.3	395.3	250.4	300.1	330.1
		1 100	885	350	11.9	550	520	319.3	372.1	404.8	270.9	323.2	356.4
		1 100	930	400	12.6	550	530	329.0	387.0	427.0	285.9	342.4	376.4
		1 100	970	450	13.3	550	540	328.6	387.9	423.1	299.7	359.0	394.2
		1 100	1 000	500	14	550	545	336.1	400.5	435.7	314.2	378.6	413.8
		1 100	1 100	600	15.4	550	550	355.0	434.0	477.0	355.0	434.0	477.0
700	16.8	520	535	80	8.1	505	500	223.3	251.5	316.5	227.2	255.4	320.4
		540	550	100	8.4	510	500	229.5	257.6	323.2	232.0	260.1	325.7
		570	580	125	8.7	510	505	238.5	266.7	332.3	241.1	269.3	334.9
		595	600	150	9.1	520	510	246.8	275.0	340.9	247.8	276.0	341.9
		650	650	200	9.8	525	525	258.0	298.0	359.3	258.0	298.0	359.3
		705	700	250	10.5	530	525	282.5	310.3	379.0	280.8	308.6	377.3

续表 5-70

主管(mm)				支管(mm)				整体重量(kg)					
D_N	e	L		d_n	e_1	H		系列 A			系列 B		
		系列 A	系列 B			系列 A	系列 B	PN10	PN16	PN25	PN10	PN16	PN25
700	16.8	760	750	300	11.2	540	530	301.6	329.5	399.7	295.1	323.0	393.2
		815	800	350	11.9	550	540	319.4	350.4	423.3	314.4	344.9	418.3
		870	870	400	12.6	555	555	343.0	379.0	447.1	343.0	379.0	447.1
		925	990	450	13.3	560	555	356.5	394.0	469.4	363.4	400.9	476.3
		980	1 000	500	14	570	560	378.6	421.2	496.6	382.4	425.0	500.4
		1 090	1 180	600	15.4	585	575	425.4	478.6	556.0	447.4	500.6	578.0
		1 200	1 200	700	16.8	600	600	477.0	523.0	618.7	477.0	523.0	618.7
800	18.2	560	540	80	8.1	565	560	298.0	333.4	425.4	291.3	326.7	418.7
		580	560	100	8.4	570	560	305.4	340.8	433.3	298.6	334.0	426.5
		610	590	125	8.7	570	565	316.4	351.8	444.4	309.6	345.0	437.6
		635	610	150	9.1	580	570	326.2	361.6	454.6	317.6	353.0	445.9
		690	690	200	9.8	585	585	347.0	382.4	476.2	347.0	382.4	476.2
		745	720	250	10.5	590	585	368.8	403.8	499.5	360.2	395.2	490.9
		800	760	300	11.2	600	590	391.3	426.4	523.6	392.6	427.7	524.9
		855	830	350	11.9	610	600	412.4	450.6	550.5	406.1	443.8	544.2
		910	910	400	12.6	615	615	441.0	484.0	586.0	441.0	484.0	586.0
		965	960	450	13.3	620	615	455.9	500.6	603.0	453.5	498.2	600.6
		1 020	1 020	500	14	630	620	481.0	530.8	633.2	478.4	529.2	631.6
		1 350	1 050	600	15.4	645	645	606.5	666.9	771.3	506.9	567.3	671.7
		1 350	1 200	700	16.8	660	665	628.1	677.6	802.1	579.7	629.2	753.7
		1 350	1 350	800	18.2	675	675	659.7	715	850.8	659.7	715.0	850.8
900	19.6	600	580	80	8.1	630	620	371.6	414.8	526.8	363.4	406.6	518.6
		620	600	100	8.4	630	620	380.4	423.6	536.1	372.2	415.3	527.9
		650	630	125	8.7	630	625	393.5	436.7	549.3	385.3	428.5	541.1
		675	650	150	9.1	635	630	404.8	448.0	561.0	394.6	437.8	550.8
		730	730	200	9.8	645	645	436.0	484.A	598.0	436.0	484.B	598.0
		785	760	250	10.5	650	645	455.1	497.9	613.6	444.7	487.6	603.2
		840	800	300	11.2	660	650	481.3	524.2	641.4	464.5	507.4	624.6
		895	870	350	11.9	670	660	506.1	552.1	672.0	495.1	540.6	661.0
		950	950	400	12.6	675	675	541.0	594.0	715.2	541.0	594.0	715.2
		1 005	980	450	13.3	680	675	556.6	609.1	731.5	545.9	598.4	720.8
		1 060	1 040	500	14	690	680	585.3	642.9	765.3	575.7	633.3	755.7
		1 500	1 050	600	15.4	705	705	787.0	860.0	969.6	596.2	664.4	788.8
		1 500	1 200	700	16.8	720	710	796.9	854.2	998.7	674.2	731.5	876.0
		1 500	1 350	800	18.2	735	725	825.6	886.5	1 045	762.1	823.0	981.0
		1 500	1 500	900	19.6	750	750	856.2	924.0	1 089	856.2	924.0	1 089
1 000	21	640	620	80	8.1	690	680	470.4	545.8	691.0	460.7	536.1	681.3
		660	640	100	8.4	690	680	480.7	556.1	701.8	470.9	546.3	692.0

续表 5-70

D_N	e	主管(mm) L		支管(mm) d_n	e_1	H		整体重量(kg) 系列 A			系列 B		
		系列 A	系列 B			系列 A	系列 B	PN10	PN16	PN25	PN10	PN16	PN25
1 000	21	690	670	125	8.7	690	685	496.0	571.4	717.2	486.3	561.7	707.5
		715	690	150	9.1	695	690	509.3	584.7	730.8	497.2	572.6	718.7
		770	770	200	9.8	705	705	546.0	629.0	775.6	546.0	629.0	775.6
		825	800	250	10.5	710	705	567.8	642.8	791.7	555.6	630.6	779.5
		880	840	300	11.2	720	710	598.1	673.2	823.6	578.0	653.3	803.7
		935	910	350	11.9	730	720	626.9	705.1	858.2	614.0	691.7	845.3
		990	990	400	12.6	735	735	668.0	755.0	910.0	668.0	755.0	910.0
		1 045	1 020	450	13.3	740	735	685.4	770.1	925.7	672.7	757.4	913.0
		1 100	1 040	500	14	750	740	717.7	807.5	963.1	687.5	777.3	932.9
		1 650	1 050	600	15.4	765	765	1 007	1 095	1 253	707.9	808.3	965.9
		1 650	1 200	700	16.8	780	770	1 014	1 103	1 281	795.6	885.1	1 063
		1 650	1 350	800	18.2	795	785	1 040	1 133	1 325	893.3	986.4	1 178
		1 650	1 500	900	19.6	810	800	1 068	1 165	1 366	991.5	1 089	1 290
		1 650	1 650	1 000	21	825	825	1 110	1 229	1 441	1 110	1 229	1 441
1 100	22.4	680	610	80	8.1	745	740	579.7	656.5	824.5	540.4	617.2	785.2
		700	640	100	8.4	750	740	591.8	668.6	837.1	558.0	634.7	803.3
		730	670	125	8.7	750	745	609.6	686.4	855.0	575.9	652.7	821.3
		755	700	150	9.1	755	750	625.0	701.8	870.7	594.0	670.8	839.7
		810	750	200	9.8	765	755	658.3	735.2	905.0	624.3	701.1	870.9
		865	810	250	10.5	770	765	692.4	768.9	940.5	661.3	737.7	909.4
		920	860	300	11.2	780	770	727.1	803.6	976.8	692.7	769.2	942.4
		975	920	350	11.9	790	780	760.3	839.9	1 016	728.6	807.7	984.1
		1 030	980	400	12.6	795	795	794.3	877.6	1 055	766.3	849.6	1 027
		1 085	1 030	450	13.3	800	795	827.5	913.6	1 092	796.0	882.1	1 061
		1 140	1 090	500	14	810	800	864.2	955.4	1 134	834.6	925.8	1 105
		1 800	1 210	600	15.4	825	825	1 248	1 350	1 530	916.6	1 019	1 199
		1 800	1 480	700	16.8	840	830	1 265	1 356	1 556	1 083	1 174	1 375
		1 800	1 540	800	18.2	855	845	1 290	1 385	1 599	1 141	1 236	1 450
		1 800	1 600	900	19.6	870	860	1 315	1 413	1 637	1 199	1 297	1 521
		1 800	1 660	1 000	21	885	875	1 354	1 469	1 709	1 271	1 385	1 626
		1 800	1 780	1 100	22.4	900	890	1 402	1 517	1 769	1 385	1 500	1 752
1 200	23.8	635	610	80	8.1	805	795	654.9	771.5	952.9	638.5	755.1	936.5
		660	640	100	8.4	810	800	671.9	788.5	970.4	658.8	775.3	957.3
		690	70	125	8.7	810	805	692.4	809.0	991.0	679.3	795.9	977.9
		715	700	150	9.1	820	810	710.1	826.7	1 009	700.1	816.7	999.0
		775	750	200	9.8	825	815	751.4	868.1	1 052	734.7	851.4	1 035
		830	810	250	10.5	830	825	790.3	906.6	1 092	777.1	893.3	1 079
		890	870	300	11.2	840	830	833.1	949.4	1 136	819.3	935.6	1 123

| 主管(mm) | | | | 支管(mm) | | | | 整体重量(kg) | | | | | |
| D_N | e | L | | d_n | e_1 | H | | 系列 A | | | 系列 B | | |
		系列 A	系列 B			系列 A	系列 B	PN10	PN16	PN25	PN10	PN16	PN25
1 200	23.8	950	930	350	11.9	850	840	913.1	1 033	1 222	860.3	979.2	1 169
		1 005	990	400	12.6	855	845	912.9	1 036	1 227	902.0	1 026	1 216
		1 065	1 040	450	13.3	860	855	954.0	1 080	1 272	937.0	1 063	1 255
		1 120	1 100	500	14	870	860	995.3	1 127	1 319	980.7	1 112	1 304
		1 240	1 240	600	15.4	885	885	1 101	1 256	1 450	1 101	1 256	1 450
		1 355	1 330	700	16.8	900	890	1 177	1 308	1 522	1 158	1 289	1 503
		1 470	1 470	800	18.2	915	915	1 291	1 439	1 666	1 291	1 439	1 666
		1 590	1 570	900	19.6	930	920	1 376	1 514	1 752	1 359	1 497	1 735
		1 700	1 700	1 000	21	945	945	1 494	1 664	1 918	1 494	1 664	1 918
		1 930	1 910	1 200	23.8	975	955	1 734	1 909	2 181	1 708	1 883	2 155
1 400	26.6	950	820	80	8.1	900	870	1 101	1 223	1 502	990.5	1 113	1 392
		970	860	100	8.4	905	875	1 119	1 242	1 522	1 025	1 147	1 427
		1 000	880	125	8.7	910	880	1 145	1 267	1 547	1 043	1 165	1 445
		1 030	900	150	9.1	910	885	1 172	1 293	1 574	1 061	1 183	1 463
		1 085	910	200	9.8	920	890	1 220	1 342	1 623	1 071	1 193	1 474
		1 140	960	250	10.5	930	900	1 270	1 391	1 674	1 116	1 237	1 520
		1 200	1 140	300	11.2	935	905	1 323	1 445	1 729	1 270	1 392	1 676
		1 260	1 210	350	11.9	940	915	1 375	1 500	1 787	1 331	1 454	1 742
		1 320	1 250	400	12.6	950	920	1 429	1 557	1 845	1 366	1 494	1 783
		1 380	1 270	450	13.3	960	930	1 481	1 612	1 902	1 384	1 515	1 805
		1 430	1 290	500	14	965	960	1 527	1 663	1 953	1 408	1 544	1 834
		1 550	1 350	600	15.4	980	980	1 639	1 818	2 077	1 469	1 616	1 908
		1 670	1 440	700	16.8	995	990	1 753	1 889	2 201	1 557	1 693	2 005
		1 780	1 560	800	18.2	1 010	1 010	1 886	2 041	2 367	1 680	1 819	2 145
		1 900	1 670	900	19.6	1 025	1 020	1 985	2 129	2 464	1 789	1 932	2 268
		2 015	1 760	1 000	21	1 040	1 040	2 131	2 309	2 661	1 897	2 056	2 408
		2 130	1 880	1 100	22.4	1 055	1 055	2 245	2 405	2 769	2 034	2 194	2 557
		2 250	1 980	1 200	23.8	1 070	1 070	2 394	2 574	2 944	2 441	2 621	2 991
		2 480	2 200	1 400	26.6	1 100	1 100	2 695	2 877	3 296	2 458	2 640	3 059
1 500	28	1 575	1 575	600	15.4	1 035	1 035	1 886	2 063	2 375	1 886	2 063	2 375
		2 040	2 040	1 000	21	1 095	1 095	2 410	2 600	2 972	2 410	2 600	2 972
1 600	29.4	1 140	920	200	9.8	1 030	1 040	1 636	1 820	2 143	1 402	1 586	1 909
		1 200	980	250	10.5	1 040	1 040	1 703	1 887	2 211	1 468	1 652	1 976
		1 250	1 150	300	11.2	1 045	1 045	1 758	1 943	2 268	1 652	1 836	2 162
		1 370	1 270	400	12.6	1 060	1 055	1 889	2 080	2 410	1 780	1 967	2 295
		1 490	1 300	500	14	1 075	1 070	2 022	2 221	2 551	1 818	2 017	2 348
		1 600	1 380	600	15.4	1 090	1 090	2 167	2 398	2 731	1 912	2 122	2 455
		1 835	1 580	800	18.2	1 120	1 120	2 452	2 675	3 041	2 153	2 355	2 722

| 主管(mm) | | | 支管(mm) | | | | 整体重量(kg) | | | | | |
| D_N | e | L | | d_n | e_1 | H | | 系列A | | | 系列B | | |
		系列A	系列B			系列A	系列B	PN10	PN16	PN25	PN10	PN16	PN25
1 600	29.4	2 065	1 780	1 000	21	1 150	1 150	2 740	2 986	3 378	2 408	2 630	3 023
		2 300	2 000	1 200	23.8	1 180	1 180	3 058	3 327	3 738	2 714	2 957	3 368
		2 530	2 260	1 400	26.6	1 210	1 210	3 366	3 611	4 071	3 078	3 323	3 783
		2 760	2 480	1 600	29.4	1 240	1 240	3 770	4 047	4 528	3 471	3 748	4 229
1 800	32.2	1 190	940	200	9.8	1 140	1 140	2 043	2 269	2 705	1 715	1 938	2 376
		1 250	1 010	250	10.5	1 150	1 145	2 126	2 352	2 789	1 810	2 033	2 474
		1 310	1 180	300	11.2	1 155	1 150	2 208	2 434	2 872	2 036	2 259	2 701
		1 420	1 320	400	12.6	1 170	1 165	2 357	2 590	3 033	2 223	2 449	2 894
		1 540	1 400	500	14	1 185	1 185	2 513	2 753	3 197	2 329	2 566	3 013
		1 655	1 410	600	15.4	1 200	1 200	2 694	2 972	3 418	2 356	2 604	3 053
		1 885	1 600	800	18.2	1 230	1 230	3 023	3 299	3 779	2 621	2 862	3 344
		2 120	1 800	1 000	21	1 260	1 260	3 375	3 669	4 176	2 918	3 179	3 688
		2 350	2 080	1 200	23.8	1 290	1 290	3 740	4 056	4 580	3 347	3 629	4 156
		2 580	2 320	1 400	26.6	1 320	1 320	4 077	4 364	4 937	3 735	4 019	4 596
		2 810	2 540	1 600	29.4	1 350	1 350	4 515	4 833	5 427	4 160	4 476	5 073
		3 050	2 760	1 800	32.2	1 380	1 380	4 986	5 325	5 976	4 604	4 941	5 594
2 000	35	1 240	980	200	9.8	1 250	1 240	2 532	2 807	3 452	2 119	2 393	3 039
		1 300	1 055	250	10.5	1 260	1 245	2 632	2 905	3 553	2 242	2 516	3 163
		1 360	1 200	300	11.2	1 265	1 250	2 729	3 003	3 652	2 475	2 748	3 397
		1 470	1 350	400	12.6	1 280	1 285	2 909	3 189	3 843	2 717	2 993	3 645
		1 590	1 450	500	14	1 295	1 295	3 095	3 383	4 037	2 872	3 161	3 815
		1 705	1 500	600	15.4	1 310	1 310	3 300	3 642	4 298	2 947	3 246	3 902
		1 940	1 720	800	18.2	1 340	1 340	3 674	3 965	4 655	3 306	3 597	4 287
		2 170	2 060	1 000	21	1 370	1 370	4 112	4 459	5 175	3 964	4 275	4 992
		2 400	2 160	1 200	23.8	1 400	1 400	4 484	4 816	5 551	4 066	4 398	5 133
		2 635	2 360	1 400	26.6	1 430	1 430	4 966	5 340	6 123	4 431	4 766	5 550
		2 870	2 600	1 600	29.4	1 460	1 460	5 408	5 775	6 579	4 916	5 282	6 086
		3 100	2 820	1 800	32.2	1 490	1 490	5 902	6 289	7 150	4 946	5 333	6 194
		3 330	2 950	2 000	35	1 520	1 520	6 462	6 873	7 839	5 417	5 828	6 794
2 200	37.8	1 120	1 000	200	9.8	1 360	1 340	2 806	3 120	—	2 579	2 893	—
		1 175	1 080	250	10.5	1 370	1 345	2 913	3 228	—	2 733	3 048	—
		1 230	1 250	300	11.2	1 375	1 350	3 019	3 334	—	3 056	3 370	—
		1 340	1 380	400	12.6	1 390	1 355	3 231	3 552	—	3 301	3 618	—
		1 450	1 480	500	14	1 405	1 360	3 431	3 760	—	3 481	3 810	—
		1 560	1 560	600	15.4	1 420	1 365	3 675	4 034	—	3 622	3 962	—
		1 780	1 820	800	18.2	1 450	1 375	4 071	4 403	—	4 106	4 439	—
		2 000	2 120	1 000	21	1 480	1 385	4 506	4 859	—	4 667	5 019	—
		2 220	2 220	1 200	23.8	1 510	1 410	5 026	5 413	—	4 872	5 245	—

续表 5-70

主管(mm)			支管(mm)				整体重量(kg)					
D_N	e	L		d_n	e_1	H		系列 A			系列 B		
		系列 A	系列 B			系列 A	系列 B	PN10	PN16	PN25	PN10	PN16	PN25
2 200	37.8	2 440	2 400	1 400	26.6	1 540	1 440	5 430	5 805	—	5 230	5 606	—
		2 660	2 650	1 600	29.4	1 570	1 470	5 949	6 356	—	5 770	6 177	—
		2 880	2 880	1 800	32.2	1 600	1 520	6 474	6 934	—	6 295	6 723	—
		3 100	2 950	2 000	35	1 630	1 540	7 051	7 502	—	6 535	6 987	—
		3 320	3 100	2 200	37.8	1 660	1 550	7 714	8 186	—	7 093	7 565	—
2 400	40.6	1 180	1 040	200	9.8	1 470	1 440	3 372	3 787	—	3 062	3 476	—
		1 235	1 120	250	10.5	1 480	1 445	3 498	3 912	—	3 242	3 656	—
		1 290	1 290	300	11.2	1 485	1 450	3 621	4 035	—	3 619	4 033	—
		1 400	1 420	400	12.6	1 500	1 455	3 868	4 289	—	3 906	4 323	—
		1 510	1 520	500	14	1 515	1 460	4 102	4 530	—	4 115	4 544	—
		1 620	1 610	600	15.4	1 530	1 465	4 418	4 849	—	4 303	4 741	—
		1 840	1 860	800	18.2	1 560	1 475	4 843	5 274	—	4 843	5 275	—
		2 060	2 180	1 000	21	1 590	1 485	5 344	5 796	—	5 538	5 990	—
		2 280	2 280	1 200	23.8	1 620	1 500	5 963	6 432	—	5 759	6 231	—
		2 500	2 450	1 400	26.6	1 650	1 520	6 391	6 866	—	6 134	6 609	—
		2 720	2 690	1 600	29.4	1 680	1 550	6 968	7 474	—	6 714	7 220	—
		2 940	2 920	1 800	32.2	1 710	1 580	7 614	8 145	—	7 266	7 793	—
		3 160	2 980	2 000	35	1 740	1 600	8 171	8 722	—	7 471	8 022	—
		3 380	3 150	2 200	37.8	1 770	1 620	8 871	9 442	—	8 083	8 652	—
		3 600	3 300	2 400	40.6	1 800	1 650	9 605	10 226	—	8 616	9 237	—
2 600	43.4	1 240	1 080	200	9.8	1 580	1 550	4 052	4 486	—	3 641	4 076	—
		1 295	1 160	250	10.5	1 590	1 555	4 196	4 630	—	3 849	4 283	—
		1 350	1 320	300	11.2	1 595	1 560	4 339	4 773	—	4 259	4 694	—
		1 460	1 450	400	12.6	1 610	1 570	4 624	5 064	—	4 592	5 029	—
		1 570	1 550	500	14	1 625	1 580	4 894	5 342	—	4 835	5 284	—
		1 680	1 650	600	15.4	1 640	1 585	5 214	5 711	—	5 077	5 537	—
		1 900	1 890	800	18.2	1 670	1 595	5 744	6 195	—	5 677	6 129	—
		2 120	2 210	1 000	21	1 700	1 605	6 316	6 788	—	6 478	6 951	—
		2 340	2 310	1 200	23.8	1 730	1 620	6 906	7 399	—	6 728	7 222	—
		2 560	2 490	1 400	26.6	1 760	1 640	7 585	8 128	—	7 181	7 676	—
		2 780	2 720	1 600	29.4	1 790	1 650	8 141	8 668	—	7 790	8 317	—
		3 000	2 950	1 800	32.2	1 820	1 660	8 779	9 326	—	8 381	8 929	—
		3 220	3 020	2 000	35	1 850	1 670	9 505	10 128	—	8 592	9 164	—
		3 440	3 180	2 200	37.8	1 880	1 675	10 212	10 803	—	9 160	9 753	—
		3 660	3 350	2 400	40.6	1 910	1 680	10 988	11 629	—	9 687	10 329	—
		3 880	3 450	2 600	43.4	1 940	1 725	11 860	12 512	—	10 211	10 863	—

注:尺寸符合 ISO 2531 标准,壁厚按 K14 计。

表 5-71

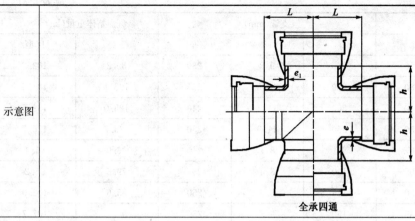

全承四通

全承四通的尺寸和重量

主管（mm）			支管（mm）				整体重量（kg）	
D_N	e	L	d_n	e_1	h		T 型	K 型
80	8.1	85	80	8.1	85		15.4	21.0
100	8.4	85	80	8.1	95		17.2	24.1
		95	100	8.4	95		19.8	29.3
125	8.7	85	80	8.1	105		21.1	27.7
		95	100	8.4	110		23.0	30.8
		110	125	8.7	110		26.8	34.4
150	9.1	85	80	8.1	120		22.6	30.4
		100	100	8.4	120		26.6	36.4
		115	125	8.7	120		29.9	38.7
		130	150	9.1	125		33.6	43.8
200	9.8	90	80	8.1	145		31.9	37.7
		100	100	8.4	145		34.4	43.4
		115	125	8.7	145		39.4	46.2
		130	150	9.1	150		41.7	51.2
		160	200	9.8	155		51.8	59.7
250	10.5	90	80	8.1	170		44.0	48.2
		100	100	8.4	170		46.4	52.4
		115	125	8.7	175		51.0	56.2
		130	150	9.1	175		57.9	65.8
		160	200	9.8	180		64.2	71.4
		190	250	10.5	190		77.0	80.7
300	11.2	95	80	8.1	195		62.5	69.9
		105	100	8.4	195		65.2	73.9
		120	125	8.7	200		70.2	78.6
		130	150	9.1	200		73.0	82.6
		160	200	9.8	205		84.6	92.2
		190	250	10.5	210		97.9	103.9
		220	300	11.2	220		120.2	129.4
350	11.9	95	80	8.1	220		67.1	79.9
		105	100	8.4	220		70.1	84.2
		130	150	9.1	225		78.7	93.7

主管(mm)			支管(mm)			整体重量(kg)	
D_N	e	L	d_n	e_1	h	T 型	K 型
350	11.9	150	200	9.8	230	89.2	102.2
		180	250	10.5	235	103.1	114.5
		210	300	11.2	240	125.0	139.6
		250	350	11.9	250	136.7	156.7
400	12.6	95	80	8.1	240	76.0	91.4
		105	100	8.4	245	79.6	96.2
		120	125	8.7	250	85.6	102.0
		135	150	9.1	250	90.1	107.7
		165	200	9.8	255	103.5	119.1
		190	250	10.5	260	117.0	131.0
		220	300	11.2	270	140.4	157.6
		250	350	11.9	270	148.7	171.3
		280	400	12.6	280	164.5	189.7
450	13.3	95	80	8.1	270	86.2	107.0
		105	100	8.4	270	89.9	112.0
		120	125	8.7	270	96.2	118.0
		135	150	9.1	280	101.9	124.9
		165	200	9.8	280	116.0	137.0
		195	250	10.5	290	132.3	151.7
		220	300	11.2	290	153.7	176.3
		250	350	11.9	300	164.4	192.4
		280	400	12.6	300	178.4	209.0
		310	450	13.3	310	196.8	232.8
500	14	95	80	8.1	290	103.1	121.1
		110	100	8.4	295	109.0	128.3
		120	125	8.7	300	114.7	133.7
		135	150	9.1	300	120.4	140.6
		165	200	9.8	310	136.4	154.6
		195	250	10.5	310	152.7	169.3
		225	300	11.2	320	177.8	197.6
		255	350	11.9	320	187.7	212.9
		280	400	12.6	330	202.8	230.6
		310	450	13.3	335	220.2	253.4
		340	500	14	340	246.1	276.5
600	15.4	100	80	8.1	340	139.9	155.3
		110	100	8.4	345	145.2	161.8
		125	125	8.7	350	153.8	170.2
		140	150	9.1	350	160.9	178.5
		170	200	9.8	360	179.5	195.1

续表 5-71

主管(mm)			支管(mm)			整体重量(kg)	
D_N	e	L	d_n	e_1	h	T 型	K 型
600	15.4	200	250	10.5	360	198.3	212.3
		225	300	11.2	370	223.7	240.9
		255	350	11.9	370	235.6	258.2
		285	400	12.6	380	254.1	279.3
		315	450	13.3	385	273.0	303.6
		345	500	14	390	299.7	327.5
		400	600	15.4	400	355.4	380.6

注:尺寸符合 GB/T 13295 标准,壁厚按 K14 计。

表 5-72

示意图

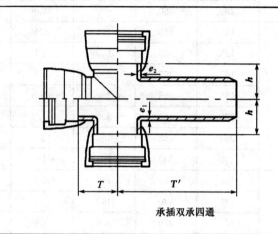

承插双承四通

承插双承四通的尺寸和重量

D_N(mm)	e_1(mm)	T(mm)	T'(mm)	d_n(mm)	e_2(mm)	h(mm)	整体重量(kg)	
							T 型	K 型
80	8.1	85	260	80	8.1	85	16.1	20.3
100	8.4	85	270	80	8.1	95	18.7	23.5
		95	275	100	8.4	95	20.1	26.2
150	9.1	85	280	80	8.1	120	24.8	30.1
		100	280	100	8.4	120	26.9	33.4
		130	310	150	9.1	125	33.4	40.9
200	9.8	90	280	80	8.1	145	33.5	37.4
		100	280	100	8.4	145	35.4	40.1
		130	310	150	9.1	150	42.5	49.2
		160	340	200	9.8	155	52.9	57.4
250	10.5	90	280	80	8.1	170	43.5	46.6
		100	80	100	8.4	170	45.3	49.1
		130	310	150	9.1	175	53.1	58.9
		160	340	200	9.8	180	63.9	67.8
		190	370	250	10.5	190	77.2	79.3
300	11.2	105	285	100	8.4	195	60.3	65.7

续表 5-72

D_N(mm)	e_1(mm)	T(mm)	T'(mm)	d_n(mm)	e_2(mm)	h(mm)	整体重量(kg) T型	整体重量(kg) K型
300	11.2	130	310	150	9.1	200	68.1	75.5
		160	340	200	9.8	205	79.6	85.1
		190	370	250	10.5	210	92.8	96.5
		220	400	300	11.2	220	114.1	121.0
400	12.6	105	290	100	8.4	245	79.9	89.4
		135	315	150	9.1	250	89.4	100.8
		165	345	200	9.8	255	102.7	112.2
		190	375	250	10.5	260	117.4	125.1
		220	400	300	11.2	270	138.1	149.6
		280	460	400	12.6	280	163.0	181.9
500	14	110	310	100	8.4	290	110.8	121.6
		135	335	150	9.1	295	122.3	135.0
		165	365	200	9.8	300	138.4	149.2
		195	395	250	10.5	315	154.7	163.7
		225	425	300	11.2	320	180.3	192.5
		280	485	400	12.6	330	206.1	226.3
		340	540	500	14	340	246.9	269.7
600	15.4	110	315	100	8.4	350	146.3	155.8
		140	340	150	9.1	355	160.1	171.5
		170	370	200	9.8	360	178.9	188.4
		200	400	250	10.5	365	197.8	205.5
		225	430	300	11.2	370	226.4	237.3
		285	485	400	12.6	380	254.6	273.5
		345	545	500	14	390	299.7	321.2
		400	600	600	15.4	400	362.0	369.9

注:尺寸符合 GB/T 13295 标准,壁厚按 K14 计。

表 5-73

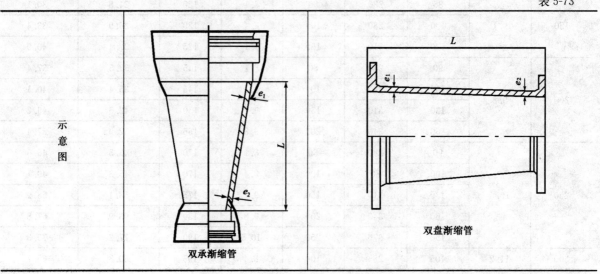

双承渐缩管　　　　双盘渐缩管

续表 5-73

规格尺寸				双承渐缩管的尺寸和重量			双盘渐缩管的尺寸和重量		
D_N	e_1	d_n	e_2	L(mm)	整体重量(kg)		L(mm)	整体重量(kg)	
mm					T 型	K 型		PN10	PN16	PN25
100	7.2	80	7	90	8.5	12.3	200	9.3	9.3	9.8
150	7.8	80	7	190	13.5	17.5	300	16.4	16.4	16.0
		100	7.2	150	13.8	18.7	280	16.0	16.0	17.5
200	8.4	80	7	290	20.5	23.0	600	25.1	25.1	26.9
		100	7.2	250	20.5	25.2	600	26.7	26.7	29.1
		150	7.8	150	21.0	26.0	300	22.0	21.5	25.0
250	9	80	7	390	28.5	31.0	—	—	—	—
		100	7.2	330	28.5	32.2	600	33.0	32.6	36.8
		150	7.8	250	29.0	33.2	600	38.1	37.7	42.3
		200	8.4	150	29.0	33.0	300	30.0	29.5	35.5
300	9.6	80	7	490	39.0	42.9	700	42.0	41.7	46.9
		100	7.2	430	39.0	46.9	700	44.0	43.6	49.4
		150	7.8	350	39.5	46.9	650	47.4	47.1	53.2
		200	8.4	250	39.5	46.8	600	50.7	50.5	57.5
		250	9	150	38.5	45.7	300	40.5	39.5	49.0
350	10.2	80	7	600	51.5	57.9	750	50.3	53.1	61.0
		100	7.2	560	51.5	58.6	750	52.5	55.2	63.7
		150	7.8	460	52.0	60.1	700	56.0	58.8	67.7
		200	8.4	360	52.0	60.1	650	59.4	62.3	72.0
		250	9	260	51.0	74.3	600	63.4	65.8	77.4
		300	9.6	160	49.5	64.9	300	49.5	52.0	66.0
400	10.8	80	7	700	64.0	71.4	800	60.6	67.1	61.9
		100	7.2	660	65.0	72.3	800	62.9	69.4	79.1
		150	7.8	560	66.5	78.4	750	66.6	73.1	83.7
		200	8.4	460	67.0	78.3	700	69.5	76.0	87.0
		250	9	360	66.0	77.2	650	74.2	80.4	93.2
		300	9.6	260	64.0	80.1	600	78.1	84.3	98.7
		350	10.2	160	62.0	78.0	300	58.0	67.0	86.0
450	11.4	80	7	800	87.9	88.5	900	74.1	83.4	93.8
		100	7.2	760	87.9	94.2	900	76.7	86.0	96.9
		150	7.8	660	88.9	95.3	800	77.4	86.7	98.0
		200	8.4	560	89.2	95.3	750	81.0	90.4	102.6
		250	9	460	88.9	94.2	700	85.2	94.2	108.2
		300	9.6	360	88.1	97.1	650	89.3	98.3	113.9
		350	10.2	260	86.0	95.0	600	91.1	103.2	121.5
		400	10.8	160	83.1	92.0	300	72.4	86.6	113.0
500	12	80	7	900	101.0	109.8	950	88.8	103.2	113.6
		100	7.2	860	102.0	106.0	950	91.6	105.9	116.9

789

规格尺寸				双承渐缩管的尺寸和重量			双盘渐缩管的尺寸和重量			
D_N	e_1	d_n	e_2	L(mm)	整体重量(kg)		L(mm)	整体重量(kg)		
mm					T 型	K 型		PN10	PN16	PN25
500	12	150	7.8	760	101.0	114.0	900	95.8	110.2	121.6
		200	8.4	660	101.0	114.0	800	95.7	110.1	122.3
		250	9	560	101.0	113.0	750	100.0	114.1	128.1
		300	9.6	460	100.0	116.0	700	104.2	118.3	133.9
		350	10.2	360	98.0	115.0	650	106.1	123.3	141.6
		400	10.8	260	94.0	111.0	600	110.0	130.0	153.0
		450	11.4	160	99.5	106.0	300	76.9	100.6	121.4
600	13.2	80	7	1100	152.0	153.0	1050	122.4	147.4	159.8
		100	7.2	1060	152.0	153.0	1 050	125.6	150.6	163.5
		150	7.8	960	153.0	159.0	1 000	130.1	155.1	168.5
		200	8.4	860	154.0	159.0	—	—	—	—
		250	9	760	153.0	158.0	900	139.5	164.1	180.2
		300	9.6	660	152.0	161.0	800	138.3	163.0	180.6
		350	10.2	560	151.0	159.0	750	140.4	168.2	188.5
		400	10.8	460	142.0	156.0	700	142.9	174.4	196.0
		450	11.4	360	149.0	151.0	650	143.8	178.1	200.9
		500	12	260	131.0	145.0	600	149.0	190.0	216.0
700	14.4	200	8.4	1 080	215.9	212.9	1 100	181.1	195.3	229.6
		250	90	980	216.1	212.3	1 050	186.8	200.6	236.7
		300	9.6	880	218.5	216.3	1 000	192.4	206.2	243.9
		350	10.2	780	212.4	212.9	900	188.3	205.2	245.6
		400	10.8	680	206.7	208.5	800	183.5	204.1	245.8
		450	11.4	580	199.6	204.1	750	184.7	208.1	251.0
		500	12	480	194.0	204.0	700	187.7	216.2	259.1
		600	13.2	280	178.0	187.0	600	195.0	236.0	288.0
800	15.6	400	10.8	880	285.0	277.9	1 030	260.8	285.0	340.2
		450	11.4	780	277.7	273.5	900	247.8	274.8	331.2
		500	12	680	272.2	266.6	800	241.2	273.3	329.7
		600	13.2	480	252.0	257.0	700	245.7	288.4	346.8
		700	14.4	280	229.0	236.0	600	250.0	285.0	374.0
900	16.8	400	10.8	1 080	387.4	366.6	1 100	311.5	339.6	404.8
		450	11.4	980	372.2	362.2	1 050	314.1	345.0	411.4
		500	12	880	366.8	355.4	1 000	318.8	354.8	421.2
		600	13.2	680	349.4	336.7	800	300.2	346.8	415.2
		700	14.4	480	337.4	327.0	700	301.9	337.6	426.1
		800	15.6	280	312.7	294.0	600	308.0	352.0	468.0
1 000	18	600	13.2	880	476.0	445.0	1 000	398.6	461.3	546.3
		700	14.4	680	446.3	420.8	800	371.6	423.4	528.5

续表 5-73

规格尺寸				双承渐缩管的尺寸和重量			双盘渐缩管的尺寸和重量			
D_N	e_1	d_n	e_2	L(mm)	整体重量(kg)		L(mm)	整体重量(kg)		
mm					T 型	K 型		PN10	PN16	PN25
1 000	18	800	15.6	480	392.0	403.0	700	376.2	431.6	550.2
		900	16.8	280	354.0	368.0	600	373.0	438.0	585.0
1 100	19.2	600	13.2	1 080	588.5	558.4	1 100	479.1	542.5	638.9
		700	14.4	880	576.5	535.6	1 000	483.9	536.4	652.9
		800	15.6	680	552.0	502.4	800	454.4	510.5	640.5
		900	16.8	480	521.0	465.6	700	448.1	508.1	648.1
		1 000	18	280	479.2	421.8	600	444.4	520.5	677.1
1 200	20.4	600	13.2	1 280	745.0	691.8	1 150	555.2	638.5	741.6
		700	14.4	1 080	729.6	669.1	1 100	578.0	650.4	773.6
		800	15.6	880	710.7	636.0	1 000	587.2	653.5	799.9
		900	16.8	680	674.3	599.3	800	539.9	619.8	766.5
		1 000	18	480	632.6	555.6	700	536.7	632.7	796.0
		1 100	19.2	280	584.8	492.4	600	527.6	624.3	799.0
1 400	22.8	600	13.2	960	844.4	704.6	—	—	—	—
		700	14.4	860	855.6	705.0	850	554.7	629.6	801.8
		800	15.6	760	859.5	700.2	950	665.7	744.2	929.9
		900	16.8	660	862.8	697.7	1 100	786.5	868.9	1 065
		1 000	180	560	861.6	694.5	1 000	788.0	886.5	1 099
		1 100	19.2	460	861.4	678.9	800	723.6	822.8	1 047
		1 200	20.4	360	862.2	660.1	850	814.0	947.0	1 064
1 500	24	1 400	22.8	—	—	—	600	786.0	922.8	1 213
1 600	25.2	800	15.6	960	1 207	978.7	—	—	—	—
		900	16.8	860	1 220	985.7	—	—	—	—
		1 000	18	760	1 211	974.1	1 650	1 354	1 484	1 717
		1 200	20.4	560	1 212	940.9	1 000	1 055	1 205	1 456
		1 400	22.8	360	1 244	936.0	910	1 103	1 273	1 551
		1 100	19.2	—	—	—	1 465	1 310	1 441	1 689
1 800	27.6	1 000	18	960	1 547	1 301	1 760	1 620	1 770	2 060
		1 200	20.4	760	1 549	1 269	1 710	1 747	1 899	2 199
		1 400	22.8	560	1 581	1 210	1 340	1 588	1 760	2 067
		1 500	24	—	—	—	1 550	1 886	2 060	2 416
		1 600	25.2	360	1 605	1 235	970	1 436	1 664	2 135
2 000	30	1 000	18	1 160	—	1 696	2 160	2 177	2 351	2 746
		1 200	20.4	960	—	1 663	2 140	2 369	2 545	2 951
		1 400	22.8	760	—	1 605	1 770	2 218	2 414	2 826
		1 500	24	—	—	—	1 585	2 137	2 335	2 796
		1 600	25.2	560	—	1 560	1 400	2 070	2 299	2 324
		1 800	27.6	360	—	1 566	1 030	1 800	2 079	2 715

续表 5-73

规格尺寸				双承渐缩管的尺寸和重量			双盘渐缩管的尺寸和重量			
D_N	e_1	d_n	e_2	L(mm)	整体重量(kg)		L(mm)	整体重量(kg)		
mm					T 型	K 型		PN10	PN16	PN25
2 200	32.4	1 000	18	1 360	—	2 243	2 160	2 475	2 670	—
		1 200	20.4	1 160	—	2 325	2 140	2 673	2 869	—
		1 400	22.8	960	—	2 288	1 770	2 488	2 703	—
		1 600	25.2	760	—	2 266	1 400	2 301	2 551	—
		1 800	27.6	560	—	2 211	1 130	2 124	2 394	—
		2 000	30	360	—	2 134	1 090	2 250	2 570	—
2 400	34.8	1 000	18	1 460	—	2 780	2 160	2 760	3 005	—
		1 200	20.4	1 360	—	2 865	2 140	2 964	3 209	—
		1 400	22.8	1 160	—	2 946	1 770	2 741	3 006	—
		1 600	25.2	960	—	2 892	1 400	2 514	2 813	—
		1 800	27.6	760	—	2 872	1 360	2 651	2 971	—
		2 000	30	560	—	2 797	1 260	2 703	3 047	—
		2 200	32.4	360	—	2 374	1 150	2 765	3 134	—
2 600	37.2	1 000	18	1 560	—	3 177	2 160	3 082	3 337	—
		1 200	20.4	1 460	—	3 259	2 140	3 291	3 547	—
		1 400	22.8	1 360	—	3 328	1 770	3 028	3 303	—
		1 600	25.2	1 160	—	3 285	1 550	2 985	3 294	—
		1 800	27.6	960	—	3 208	1 460	3 058	3 388	—
		2 000	30	760	—	3 109	1 360	3 114	3 468	—
		2 200	32.4	560	—	2 971	1 260	3 175	3 550	—
		2 400	34.8	360	—	2 877	1 210	3 311	3 748	—

表 5-74

示意图							
名称	K 型插堵			K 型承堵			T 型插堵			T 型承堵		

公称直径	K 型插堵 主要尺寸		重量	K 型承堵 主要尺寸		重量	T 型插堵 主要尺寸		重量	T 型承堵 主要尺寸		重量
D_N	T	L		L	L_1		e	H		e_1	L	
mm	mm		kg	mm		kg	mm		kg	mm		kg
40							16		3.7	16	190	1.6
50							16		4.2	16	190	2
60							16		4.8	16	190	2.4

名称	K 型插堵			K 型承堵			T 型插堵			T 型承堵		
公称直径 D_N	主要尺寸		重量	主要尺寸		重量	主要尺寸		重量	主要尺寸		重量
	T	L		L	L_1		e	H		e_1	L	
mm	mm		kg	mm		kg	mm		kg	mm		kg
65							16		5.3	16	190	2.6
80	10	80	6.5	86	34	4.5	18		7.3	16	190	3.3
100	10	80	8.5	87	35	5.7	18		8.5	18	200	4.6
125	10	80	10.4				18		11.3	18	212	7
150	10	80	12.3	88	36	8.8	18		14.1	18	225	9.5
200	12	80	18.4	89	37	13	18		19.8	18	250	14.8
250	12	80	22	90	38	17.6	19.5		27.4	19.5	250	21.5
300	12	110	34	95	39	25.2	23		42.8	23	275	33.5
350	12	110	47.3	96	40	32.7	24	58	61.7	24	275	45.5
400	12	110	56	100	41	42.9	25	64	76.3	25	275	56
450	12	110	69.5	105	43	52.5	26	72	93.7	26	275	68.5
500	15	110	83	105	43	63.6	27	82	107	27	275	81
600	15	110	138	110	44	87.7	29.5	96	132	29.5	300	123
700	18	120	170	125	45	166	31	110	202	30	320	170
800	18	120	225	130	47	250	33	81	275	30	330	220
900	18	120	300	130	48	333	35	86	353	30	350	298
1 000	22	130	370	135	49	434	37	94	454	35	360	400
1 100	22	130	475	136	50	553	39	102	493.2	35	380	520
1 200	22	130	580	137	51	671	41	105	613.7	35	390	600
1 400	25	130	1 027	140	53	710	43	111	1 018	40	410	850
1 500	30	130	1 234	140	54	747.2	44	124	1 337	40	420	976
1 600	30	160	1 441	160	55	816	45	130	1 656	40	450	1 133
1 800	35	170	1 941	165	57	1 123	48	150	2 165	45	480	1 564
2 000	35	180	2 541	170	59	1 515						
2 200	40	190	2 710	175	62	1 808						
2 400	45	250	2 880	180	65	2 340						
2 600	50	260	3 280	185	68	2 870						

二、建筑排水柔性接口承插式铸铁管及管件(CJ/T 178—2013)

建筑排水用柔性接口铸铁管及管件的材料为灰口铸铁,抗拉强度不小于150MPa,其中,RC_1 型 A1 级直管的抗拉强度应不小于200MPa。建筑排水柔性接口具有抗振性能。

1. 排水用柔性接口铸铁管的分类

铸铁管按直管的结构形式分为承插口直管(图5-11,RC型)和无承口直管(图5-13,RC_1 型),无承口直管根据壁厚不同分为 A 级和 A1 级。机械式接口形式也分为 RC 型(图5-10)和 RC_1 型(图5-12)。

2. RC 型铸铁管

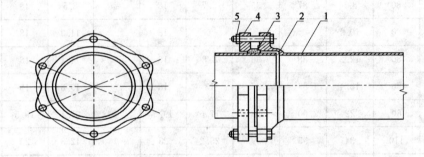

图 5-10　RC 型接口图

1-承口端;2-插口端;3-橡胶密封圈;4-法兰压盖(六耳);5-螺栓螺母

注:法兰压盖有三耳、四耳、六耳和八耳。

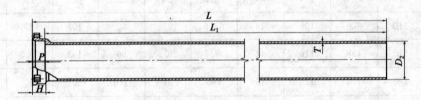

图 5-11　RC 型管材图

RC 型管材壁厚及重量　　　　　　　　　　表 5-75

公称直径 D_N(mm)	外径 D_2(mm)	壁厚 T(mm)	承口凸部重量(kg)	直部1 000mm重量(kg)	重量(kg)			总长度 L(mm)	承口端法兰螺栓孔(mm)
					有效长度 L_1(mm)				
					500	1 000	1 500	1 830	
50	61	4.5	0.94	5.75	3.82	6.69	9.57	11.24	3×12
75	86	5.0	1.20	9.16	5.78	10.36	14.94	17.61	
100	111	5.0	1.56	11.99	7.56	13.46	19.55	23.02	3×14
125	137	5.5	2.64	16.36	10.82	19.00	27.18	31.92	3×14,4×14
150	162	5.5	3.20	19.47	12.94	22.67	32.41	38.01	3×16
200	214	6.0	4.40	28.23	18.50	32.60	46.70	54.24	4×16
250	268	7.0	10.70	42.00	31.20	52.40	73.50	85.20	6×20
300	320	7.0	14.30	50.60	38.70	64.00	89.20	102.50	8×20

3. RC 型管件规格尺寸

表 5-76

名称	公称直径 D_N	45°弯头 主要尺寸		45°弯头 重量	90°弯头 主要尺寸		90°弯头 重量	90°门弯 主要尺寸		90°门弯 重量	Y 型四通 主要尺寸		Y 型四通 重量	立管检查口 主要尺寸		立管检查口 重量	套 袖 主要尺寸			套 袖 重量
示意图	mm	L_1	L_2	kg	L_1	L_2	kg	L_1	L_2	kg	$L+L_1$	L_2	kg	L_1	L	kg	D_3	L	螺栓孔	kg
		mm	mm		mm	mm		mm	mm		mm	mm		mm	mm			mm		kg
	50	50	110	1.84	105	175	2.24	105	175	2.44	235	125	4.42	78	200	2.34	67	65	3×12	1.99
	75	56	120	2.80	117	187	3.5	117	187	3.9	255	145	7.5	90	275	4.40	92	65	3×12	2.8
	100	60	130	4.06	130	210	5.06	130	210	5.66	309	184	10.68	100	320	6.36	117	65	3×14	3.38
	125	63	130	5.84	142	222	7.64	142	222	8.74	351	211	16.92	120	355	10.04	145	65	3×14	6.85
	150	65	165	7.70	155	235	9.80	155	235	11.3	390	240	22	130	395	12.8	170	65	4×16	7.72
	200	80	195	11.70	180	270	14.60	180	270	17.3	465	305	31.2	165	470	16,7	224	90	4×16	10.80
	250	90	200	22	225	350	30.7	225	350	33				240	600	37				
	300	105	220	29.5	270	395	41.5	270	395	44.5				280	652	49				

表 5-77

名称	P 型存水弯			S 型存水弯			立管横盖检查口			90°加长门弯		
	主要尺寸		重量	主要尺寸		重量	主要尺寸		重量	主要尺寸		重量
公称直径 D_N	L_3+L_4	H		L_1+L_2+A	H		L	B		L_2	L_1	
mm	mm	mm	kg	mm	mm	kg	mm	mm	kg	mm	mm	kg
50	247.5	70.5	4.24	265	58	5.14	200	105	2.34	—	—	—
75	290	71	7.40	280	59	8.30	275	105	4.4	—	—	—
100	330	69	11.76	335	59	12.66	320	159	6.36	520	184	10.50
125	382.5	73.5	18.74	415	61	19.34	—	—	—	—	—	—
150	—	—	—	—	—	—	395	159	12.8	—	—	—
200	—	—	—	—	—	—	—	—	—	—	—	—
250	—	—	—	—	—	—	—	—	—	—	—	—
300	—	—	—	—	—	—	—	—	—	—	—	—

表5-78

名称	公称直径 DN (mm)	dn (mm)	H型通气管 L₁ (mm)	L₂ (mm)	重量 (kg)	y型通气管 L (mm)	L₁ (mm)	重量 (kg)	h型通气管 L₁ (mm)	F (mm)	重量 (kg)	变径弯头 L₁ (mm)	L₂ (mm)	重量 (kg)	Ty型加长三通(a) L₁ (mm)	L₃ (mm)	重量 (kg)	Ty型加长三通(b) L₁ (mm)	L₃ (mm)	L₂ (mm)	重量 (kg)
	100	50	—	—	—	—	—	—	—	—	—	—	—	—	—	—	—	600	185	90	10.8
		75	432	327	11.76	392	322	8.23	447	70	9.05	—	—	—	340	480	12.10	600	208	90	13.1
		100	461	350	13.82	442	362	9.88	487	80	10.06	300	355	10.20	385	500	14.20	600	232	105	14.2
		150	—	—	—	—	—	—	—	—	—	—	—	—	—	—	—	—	—	—	—
	150	100	561	340	20.86	492	408	15.41	537	90	15.13	—	—	—	—	—	—	—	—	—	—

797

表 5-79

名称		变径接头			Ty型三通			y型三通			Ty型四通		
公称直径		主要尺寸		重量	主要尺寸		重量	主要尺寸		重量	主要尺寸		重量
D_N	d_n	L_1	L		X	L		L_2	L		X	L	
mm		mm		kg	mm		kg	mm		kg	mm		kg
50	50	—	—	—	110	200	3.44	130	230	3.6	110	200	4.87
75	50	65	159	1.68	110	220	4.54	140	255	4.94	110	220	5.86
	75	—	—	—	170	275	6.3	145	273	5.6	170	275	8.88
100	50	65	159	2.06	175	270	6.7	150	270	5.10	175	270	8.6
	75	65	159	2.45	208	305	7.76	155	305	7.16	208	305	10.64
	100	—	—	—	203	320	9.12	180	318	8.02	203	320	12.84
125	50	65	164	3.15	213	315	9.8	190	305	9.3	213	315	12.3
	75	65	164	3.57	209	315	10.13	185	315	9.84	209	305	12.8
	100	65	164	3.70	204	355	11.20	195	315	12.3	204	355	14.11
	125	—	—	—	231	355	14.14	220	345	12.6	231	355	20.51
150	50				246	355	12.54	220	345	11.64	246	355	14.97
	75	65	166	4.12	241	355	13.30	220	345	12.1	241	355	16.30
	100	65	166	4.38	236	355	15.0	210	355	12.96	236	315	19.19
	125	65	164	5.49	231	355	16.26	220	375	14.64	231	355	22.57
	150	—	—	—	263	398	18.8	255	395	17.20	263	398	26.65
200	100	65	173	5.51	—	—	—	—	—	—	—	—	—
	125	65	173	5.98	—	—	—	—	—	—	—	—	—
	150	65	171	6.06	—	—	—	—	—	—	—	—	—
	200	—	—	—	293	470	25.6	340	460	23.9	293	470	35.88
250	150	90	208	11.41	—	—	—	—	—	—	—	—	—
	200	90	240	12.40	—	—	—	—	—	—	—	—	—
	250	—	—	—	375	580	55.0	—	—	—	—	—	—
300	300	—	—	—	450	695	77.70	—	—	—	—	—	—

示意图

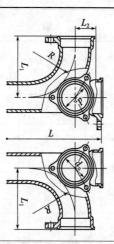

90°四通

名　称					公称直径		主要尺寸		重量	公称直径		主要尺寸		重量
公称直径		主要尺寸		重量	D_N	d_n	L_1	L		D_N	d_n	L_1	L	
D_N	d_n	L_1	L		mm		kg		mm	kg		mm		kg
mm		mm		kg		50	118	365	10.08	200	100			
50	50	—	—	—	125	75	133	365	10.66		125			
75	50	118	273	6.88		100	148	365	12.07		150			
	75	133	293	7.33		125								
100	50	138	278	6.94		50	118	387	11.88	250	150			
	75	133	318	8.55	150	75	133	407	13.13		200			
	100	148	368	10.82		100	148	407	14.42					
						125				300				
						150								

4. RC₁ 型铸铁管

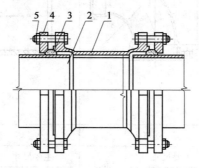

图 5-12　RC₁ 型接口形式图

1-RC₁ 型管件；2-管材；3-橡胶密封圈；4-法兰压盖(分为三耳、四耳、六耳、八耳)；5-螺栓螺母

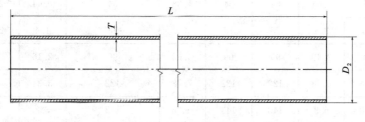

图 5-13　RC₁ 型管材图

RC₁ 型管材壁厚及重量

表 5-81

公称直径 D_N(mm)	A 级			A₁ 级				管件承口端法兰螺栓孔(mm)
	外径 D_2(mm)	壁厚 T (mm)	重量(kg) ($L=3\,000$mm)	外径 D_2(mm)	壁厚 T(mm)		重量(kg) ($L=3\,000$mm)	
					标准	公差		
50	61	4.3	16.50	58	3.5	−0.5	13.00	3×12
75	86	4.4	24.40	83	3.5	−0.5	18.90	3×12
100	111	4.8	34.60	110	3.5	−0.5	25.20	3×14
125	137	4.8	43.10	135	4.0	−0.5	35.40	3×14,4×14
150	162	4.8	51.20	160	4.0	−0.5	42.20	3×16 4×16
200	214	5.8	81.90	210	5.0	−1.0	69.30	3×16 4×16
250	268	6.4	113.60	274	5.5	−1.0	99.80	6×20
300	318	7.0	148.00	326	6.0	−1.0	129.70	8×20

5. RC₁ 型管件规格尺寸

表 5-82

名称	45°弯头			90°弯头			堵 头		立管检查口		
公称直径 D_N	主要尺寸		重量	主要尺寸		重量	主要尺寸	重量	主要尺寸		重量
	L	R		L	R		L		L	L_1	
mm	mm		kg	mm		kg	mm	kg	mm		kg
50	20	48	1.08	54	54	1.38	54	0.64	200	78	3.03
75	28	68	2.4	78	78	3.2	78	1.4	275	90	6.45
100	35	84	3.42	99	99	4.62	99	2.16	320	100	9.42
125	43	104	6.28	122	122	7.78	122	3.34	355	120	12.68
150	50	120	6.9	143	143	9.5	143	3.8	395	130	15.15
200	58	140	13.0	160	160	16.8	160	6.3	470	165	33.28

示意图				
名称	套袖	乙字弯管	P存水弯	S存水弯

公称直径 D_N	主要尺寸		主要尺寸			主要尺寸			主要尺寸		
	L	重量	L	L_2	重量	L	H	重量	L	H	重量
mm	mm	kg	mm		kg	mm		kg	mm		kg
50	75	1.03	250	100	2.88	150	51	2.78	156	51	3.18
75	90	2.34	280	140	4.5	190	54	5.2	212	54	7.2
100	105	2.92	322	140	7.62	228	53	8.22	260	53	10.52
125	115	5.38	300	150	11.18	260	54	13.18	312	54	16.18
150	125	5.4	268	150	11.6	310	53	18.4	360	53	23.4
200	145	9.9	320	160	15.3						

表 5-83

示意图				
名称	H型通气管	变径接头	h型通气管	Ty型三通

公称直径 D_N	d_n	主要尺寸		重量	主要尺寸		重量	主要尺寸		重量	主要尺寸		重量
		L	L_1		L	L_1		L	L_2		L	L_3	
mm		mm		kg	mm		kg	mm		kg	mm		kg
50	50										113	92	2.42
75	50				83	31	1.74				120	111	4.04
	75	280	180	8.92				214	150	6.33	182	130	5.5
100	50				95	38	2.30	202	150	6.67	124	127	5.76
	75	240	160	9.79	94	31	2.76	238	160	7.82	165	145	6.78
	100	280	200	12.35				258	180	8.73	207	165	8.08

名称		H 型通气管			变径接头			h 型通气管			Ty 型三通		
公称直径		主要尺寸		重量	主要尺寸		重量	主要尺寸		重量	主要尺寸		重量
D_N	d_n	L	L_1		L	L_1		L	L_2		L	L_3	
mm		mm		kg	mm		kg	mm		kg	mm		kg
125	50				111	50	2.98						
	75				108	41	3.34	196	160	8.93	185	181	8.88
	100				112	40	3.7	243	180	10.50	209	180	10.64
	125	350	250	18.67				282	190	12.42	250	210	12.82
150	50												
	75				117	48	3.9				170	175	10.90
	100	300	200	16.87	117	43	4.16	241	190	12.6	213	195	12.36
	125	380	250	22.13	118	40	5.54	290	210	15.39	255	214	14.74
	150	430	300	26.64				350	240	19.28	300	237	18.20
200	100				141	59	6.56				226	237	22.96
	125										271	254	21.64
	150	460	300	36.78	131	43	8.0	350	270	26.5	305	276	29.20
	200	520	360	44.54				434	300	33.88	384	282	33.70

表 5-84

示意图

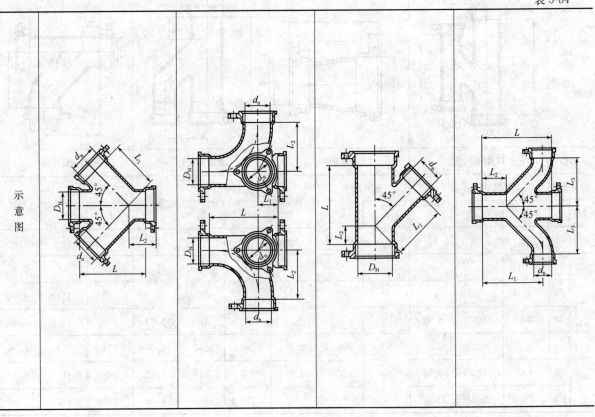

续表 5-84

名称		Y型四通			90°四通			y型三通			Ty型四通		
公称直径(mm)		主要尺寸		重量	主要尺寸		重量	主要尺寸		重量	主要尺寸		重量
		L	L_1		L	L_2		L	L_1		L	L_3	
D_N	d_n	mm		kg	mm		kg	mm		kg	mm		kg
50	50	118	95	3.04				125	100	2.32	113	92	3.84
75	50	142	115	4.31	125	70	4.28	125	122	3.94	120	111	5.86
	75	182	125	6.11	155	80	5.4	167	135	5.10	152	130	8.61
100	50	143	134	5.06	160	105	6.4	127	142	5.16	124	127	6.7
	75	181	144	6.88	180	105	7.32	164	154	6.52	165	145	10.78
	100	219	156	8.6	190	105	8.04	200	185	6.38	207	165	13.35
125	50												
	75	183	165	8.97	185	110	11.08	169	174	8.08	170	161	12.83
	100	221	177	10.86	195	110	12.4	220	184	10.14	209	180	15.18
	125	261	189	14.33	210	110	13.36	240	184	11.42	250	210	17.64
150	50												
	75	154	184	10.28	205	125	11.8	172	193	9.9	170	175	12.9
	100	191	197	12.47	210	125	12.92	206	202	11.56	213	195	17.51
	125	230	209	15.83	225	125	15.08	240	230	13.74	255	214	18.08
	150	267	220	19.87	237	125	17.3	279	235	14.8	306	237	26.1
200	100				235	150	19.12	210	241	17.96	226	245	25.42
	125				250	150	21.48	240	254	20.14	271	276	26.18
	150				262	150	24.2	274	264	22.2	325	276	29.2
	200				290	150	28.6	349	267	26.2	364	285	50.0

6.建筑排水柔性接口铸铁管法兰压盖和胶圈的规格尺寸

表 5-85

公称直径 D_N (mm)	法兰压盖			橡胶密封圈		法兰压盖的交货说明
	螺栓孔中心大圆	压盖厚度	压盖螺栓孔	宽度	厚度	
	mm		个数×mm	mm		
50	108	16	3×12	24	20	1.法兰压盖的材质与直管及管件相同； 2.法兰压盖按理论重量交货，每件的重量偏差为−8%
75	137	17				
100	166	18	3×14			
125	205	20	3×14,4×14	28	23.5	
150	227	24	3×16,4×16		24	
200	284	26		34	32	
250	370	28	6×20	38	46.5	
300	434	30	8×20		20.5	

注：橡胶密封圈的工作温度应在50℃以下。

7. 建筑排水柔性接口铸铁管的状态和交货

管材、管件按理论重量交货。每根管材重量允许负偏差为 15%；每只管件重量允许负偏差为 15%。管材长度允许偏差为 ±20mm；管件各分支方向长度允许偏差为 ±5mm。

(1)性能要求

RC$_1$ 型 A1 级管材的管环的压环强度三次测得的平均值不应小于 350MPa；每次测得的强度值不应小于 300MPa。

管材及接口在承受管内水压为 0.35MPa、时间为 3min，不得有渗漏水的现象。

(2)表面质量

管材及管件的内外表面应光洁、平整，不允许有裂缝、冷隔、蜂窝及其他妨碍使用的明显缺陷。允许存在不影响使用性能的冷铸花纹；不影响使用的铸造缺陷允许修补，但修补后局部凸起处应磨平，修补后应符合标准的要求。

承、插口密封工作面除符合上述要求外，不应有连续沟纹、麻面和凸起的棱线。

RC 型、RC$_1$ 型承口法兰盘轮廓应清晰，不应有影响使用的缺陷存在。

(3)涂覆

管材及管件内外表面应涂防腐材料，涂覆前内外表面应干燥、无锈、无附着颗粒或杂质，如油润滑脂等，涂层应均匀，黏结牢固。

外涂层颜色宜为黑色或棕红色。

涂层材料宜为石油沥青、煤沥青或环氧树脂漆、环氧煤沥青等。

(4)标志和质量证明书

管材、管件应标有制造厂或商标及规格型号。

质量证明书内容：制造厂名称及厂址；产品名称、型号、规格、接口形式；试验水压；每批数量；标准编号；标准要求的各项检验结果。

(5)储运要求

车船联运或长途运输，在插口端宜用橡胶圈或草绳捆扎保护。就地使用的管材及管件，可简化包装。用户对包装另有要求的，由供需双方协商解决。

管材及管件在搬运过程中，不应滚、摔、拖。

储存管材的仓库场地，地面应平坦，宜垫木块，防止管子滚动。管垛每层应将承插口相间平放，管身紧贴，并用木块垫好，上下相邻的两层管成 90° 堆放，管垛高度不应超过 2m。

管件应以同一品种、同一规格码放成垛，排列整齐。

第六章　水泥及水泥制品

水泥是土木建筑施工中大量使用的主要材料之一，被广泛用于桥涵、路面、隧道、房建等构造物的混凝土工程和各种砌筑工程。

水泥品种很多，按水硬性矿物名称主要分为：

硅酸盐水泥：主要水硬性矿物为硅酸三钙、硅酸二钙、铝酸三钙、铁铝酸四钙。

铝酸盐水泥：主要水硬性矿物为铝酸钙。

硫铝酸盐水泥：主要水硬性矿物为无水硫铝酸钙和硅酸二钙。

铁铝酸盐水泥：主要水硬性矿物为无水铁铝酸钙、硫铝酸钙和硅酸二钙。

氟铝酸盐水泥：主要水硬性矿物为氟铝酸钙和硅酸二钙。

水泥按用途和性能又分为：

通用水泥：一般用于土木建筑工程的水泥。以水泥的硅酸盐矿物名称命名，可冠以混合材料名称或其他适当名称命名。如硅酸盐水泥、普通硅酸盐水泥、矿渣硅酸盐水泥等。

特种水泥：具有特殊性能或用途的水泥。以水泥的主要矿物名称、特性或用途命名，可冠以不同型号或混合材料名称命名。如铝酸盐水泥、硫铝酸盐水泥、快硬硅酸盐水泥、低热矿渣硅酸盐水泥、G级油井水泥等。

第一节　水　　泥

一、主要水泥的分类

表 6-1

类别	组别	名　称	类型/强度等级
硅酸盐类水泥	通用水泥	硅酸盐水泥（波特兰水泥）	42.5、42.5R、52.5、52.5R、62.5、62.5R
		普通硅酸盐水泥（普通水泥）	42.5、42.5R、52.5、52.5R
		矿渣硅酸盐水泥（矿渣水泥）	32.5、32.5R、42.5、42.5R、52.5、52.5R
		火山灰硅酸盐水泥（火山灰水泥）	
		粉煤灰硅酸盐水泥（粉煤灰水泥）	
		复合硅酸盐水泥（复合水泥）	32.5R、42.5、42.5R、52.5、52.5R
	特种水泥	抗硫酸盐硅酸盐水泥（抗硫酸盐水泥）	32.5、42.5
		中热硅酸盐水泥（中热水泥）	42.5
		低热硅酸盐水泥（低热水泥）	
		低热矿渣硅酸盐水泥（低热矿渣水泥）	32.5
		低热微膨胀水泥	32.5
		彩色硅酸盐水泥（彩色水泥）	27.5、32.5、42.5

类别	组别	名 称	类型/强度等级
硅酸盐类水泥	特种水泥	道路硅酸盐水泥(道路水泥)	32.5、42.5、52.5
		白色硅酸盐水泥(白水泥)	32.5、42.5、52.5
		海工硅酸盐水泥	32.5L、32.5、42.5
		钢渣硅酸盐水泥	32.5、42.5
		钢渣道路水泥	32.5、42.5
铝酸盐类水泥	特种水泥	铝酸盐水泥	CA-50、CA-60、CA-70、CA-80
		快硬硫铝酸盐水泥	42.5、52.5、62.5、72.5
		快硬铁铝酸盐水泥	
		复合硫铝酸盐水泥	32.5、42.5、52.5
		快凝快硬硫铝酸盐水泥	32.5、42.5、52.5
其他		无声破碎剂	SCA-Ⅰ、SCA-Ⅱ、SCA-Ⅲ

注:强度等级后"R"表示早强;"L"表示早期强度低。

二、水泥的技术条件和适用范围

硅酸盐类通用水泥是产量最大、使用最广的水泥,主要有六大品种,即硅酸盐水泥、普通水泥、矿渣水泥、火山灰水泥、粉煤灰水泥和复合硅酸盐水泥。

(一)通用水泥的特性和适用范围

1. 硅酸盐水泥(代号 P·Ⅰ 和 P·Ⅱ)

硅酸盐水泥俗称纯熟料水泥,国际上通称为波特兰水泥,硅酸盐水泥分 P·Ⅰ 和 P·Ⅱ 两种类型。

凡以适当成分的生料,烧至部分熔融,所得以硅酸钙为主要成分的硅酸盐水泥熟料,加入适量的石膏,磨细制成的水硬性胶凝材料,即不掺加混合材料的为 P·Ⅰ 型硅酸盐水泥。在硅酸盐水泥熟料粉磨时掺加不超过水泥质量5%的石灰石或粒化高炉矿渣混合材料和适量石膏磨细而成的为 P·Ⅱ 型硅酸盐水泥。

(1)特点

凝结硬化快,早期强度高,混凝土3天龄期的抗压强度比同强度等级普通水泥混凝土高;强度等级高,可满足配制高强度等级混凝土的需要;耐磨性、抗冻性、抗渗性都比普通水泥好;施工中掺外加剂时,效果更好。耐软水浸蚀和耐硫酸盐等盐类浸蚀性能差。

(2)适用范围

预应力混凝土构件,悬臂浇筑的预应力桥,公路路面混凝土工程;要求早期强度高、拆模块的工程,严寒地区遭受反复冰冻的工程和水下工程;有抗渗要求的工程;各种地下工程和隧道的喷射衬砌;不适用于受流动的淡水和有水压作用的工程,也不适用于受海水和矿物水作用的工程和有耐热要求的工程。水化热高,不适用于大体积的混凝土工程。

2. 普通硅酸盐水泥(简称普通水泥,代号 P·O)

凡由硅酸盐水泥熟料>5%～20%混合材料、适量石膏磨细制成的水硬性胶凝材料,称为普通硅酸盐水泥。

掺活性混合材料时,最大掺量不得超过水泥质量的 20％,其中允许用不超过水泥质量 5％的窑灰或不超过水泥质量 8％的非活性混合材料来代替。

(1)特点

普通硅酸盐水泥因混合材料含量少,其特性和使用范围大体上和硅酸盐水泥相同;早期强度和水化热仅低于硅酸盐水泥,但比矿渣水泥、火山灰水泥、粉煤灰水泥高;在低温环境中凝结硬化较矿渣水泥、火山灰水泥快,耐冻性比矿渣水泥、火山灰水泥好。

(2)适用范围

一般地上工程,水下工程和水中反复冰冻的工程,有抗渗要求的工程,有耐磨要求的公路路面混凝土工程。水化热较高,不宜用于大体积混凝土工程。

3.矿渣硅酸盐水泥(简称矿渣水泥,代号 P·S·A 和 P·S·B)

以硅酸盐水泥熟料和粒化高炉矿渣,加入适量石膏磨细制成的水硬性胶凝材料,称为矿渣硅酸盐水泥。水泥中粒化高炉矿渣掺加量按质量百分比计为＞20％～70％,并分为 A 型和 B 型。水泥中矿渣掺量＞20％～50％的为 A 型矿渣水泥,代号 P·S·A;矿渣掺量＞50％～70％的为 B 型矿渣水泥,代号 P·S·B。允许用石灰石(其中三氧化二铝含量不应大于 2.5％)、矿岩、窑灰、粒化高炉矿渣粉、粉煤灰和火山灰质混合材料中的任一种材料代替矿渣,代替数量不超过水泥质量的 8％。

(1)特点

早期强度低,凝结较慢,低温(10℃以下)更甚。但在保持湿润的条件下,后期强度增进较快;宜于蒸汽养护,在较高温(60℃以上)并保持湿润的情况下,强度发展较快;有较好的抗软水浸蚀和抗硫酸盐浸蚀的能力;耐热性较好,水化热低;抗冻性差,干缩性大,常有泌水现象。

(2)适用范围

地下淡水或海水中的工程,经常受水压作用的工程;大体积混凝土工程;极宜用于较迟承受设计荷载并易保持湿润的工程;也可以用于寒冷地区水位升降范围内的混凝土工程和路面工程;需要早期达到要求强度的工程不宜使用;在低温环境中,需要强度发展较快的工程,如不能采取加热保温措施,则不宜使用;不宜在有抗渗要求的工程中使用。

4.火山灰质硅酸盐水泥(简称火山灰水泥,代号 P·P)

以硅酸盐水泥熟料和火山灰质混合材料,加入适量石膏磨细制成的水硬性胶凝材料,称火山灰质硅酸盐水泥。水泥中火山灰质混合材料掺加量按质量百分比计为＞20％～40％。

(1)特点

水化热较低,耐水性好。对硫酸盐类浸蚀的抵抗力较好;早期强度低,凝结硬化慢,低温(10℃以下)尤甚,在保持潮湿的情况下,后期强度增进较快;在高温(60℃以上)并保持潮湿的环境中(如蒸汽)强度发展比普通水泥快;抗冻性差,干缩率较大,吸水性比普通水泥、矿渣水泥略大。

(2)适用范围

地下、水中,尤其是海水中的工程及经常受水压作用的工程,但含烧黏土性火山灰水泥不应采用;大体积混凝土工程,高湿条件下的地上工程;泌水性 N[1],凝结慢,易于集中搅拌、运输较远的混凝土工程;极适宜于蒸汽养护的构件和蒸汽养护的混凝土工程;不宜用于反复冻融及干湿变化的结构和干燥环境中的工程;不宜用于要求耐磨的工程。

5.粉煤灰硅酸盐水泥(简称粉煤灰水泥,代号 P·F)

以硅酸盐水泥熟料和粉煤灰,加入适量石膏磨细制成的水硬性胶凝材料,称为粉煤灰硅酸盐水泥。水泥中粉煤灰掺加量以质量百分比计为＞20％～40％。

(1)特性

干缩性小,抗裂性好,配制混凝土时和易性好,流动度大;水化热低,对碱—集料反映能起一定的抑制作用;早期强度低,但后期强度增长较快,露天施工时要精心养护。

(2)适用范围

大体积水工建筑,地下和潮湿环境中的构造物,蒸汽养护的构件和一般工业民用建筑;不宜用于有耐磨要求的工程和低温环境中施工要求早强的混凝土(不包括蒸汽养护);也不宜用于干燥环境中的工程和受水流冲刷及严寒地区水位升降范围内的混凝土结构。

6.复合硅酸盐水泥(简称复合水泥,代号P·C)

以硅酸盐水泥熟料、不少于两种的混合材料,适量石膏磨细制成的水硬性胶凝材料称复合硅酸盐水泥。水泥中混合材料总掺量按质量百分比计应>20%~50%,允许用不超过水泥质量8%的窑灰代替部分混合材料;掺矿渣时混合材料掺量不可与矿渣硅酸盐水泥重复。

混合材料包括矿渣、火山灰、粉煤灰、矿渣粉等活性混合材料和石灰石(其中三氧化二铝含量不应大于2.5%)、砂岩、窑灰等非活性混合材料。

(二)通用水泥技术条件(GB 175—2007 及修改单 2 号)

1.通用水泥强度等级及各龄期强度指标

表 6-2

品　种	强度等级(标号)	抗压强度(MPa)不小于		抗折强度(MPa)不小于	
		3d	28d	3d	28d
硅酸盐水泥	42.5	17.0	42.5	3.5	6.5
	42.5R	22.0		4.0	
	52.5	23.0	52.5	4.0	7.0
	52.5R	27.0		5.0	
	62.5	28.0	62.5	5.0	8.0
	62.5R	32.0		5.5	
普通硅酸盐水泥	42.5	17.0	42.5	3.5	6.5
	42.5R	22.0		4.0	
	52.5	23.0	52.5	4.0	7.0
	52.5R	27.0		5.0	
矿渣硅酸盐水泥 火山灰质硅酸盐水泥 粉煤灰硅酸盐水泥	32.5	10.0	32.5	2.5	5.5
	32.5R	15.0		3.5	
	42.5	15.0	42.5	3.5	6.5
	42.5R	19.0		4.0	
	52.5	21.0	52.5	4.0	7.0
	52.5R	23.0		4.5	
复合硅酸盐水泥	32.5R	15.0	32.5	3.5	5.5
	42.5	15.0	42.5	3.5	6.5
	42.5R	19.0		4.0	
	52.5	21.0	52.5	4.0	7.0
	52.5R	23.0		4.5	

2.通用水泥各项技术指标

表 6-3

指　　标		硅酸盐水泥		普通硅酸盐水泥	矿渣硅酸盐水泥		火山灰质硅酸盐水泥	粉煤灰硅酸盐水泥	复合硅酸盐水泥
		Ⅰ	Ⅱ		A	B			
不溶物(%)	不大于	0.75	1.5	—					
氧化镁(%)		5.0		5.0	6.0	—		6.0	
三氧化硫(%)		3.5		3.5	4.0			3.5	
烧失量(%)		3.0	3.5	5.0					
氯离子(%)		0.06							
安定性		用沸煮法检验合格							
凝结时间	初凝	不得早于 45min							
	终凝	不迟于 390min		不迟于 600min					
碱含量(%) 不大于		0.60(按 $Na_2O+0.658K_2O$ 计算值)							
细度		比表面积不小于 300m²/kg		80μm 方孔筛筛余不大于 10% 或 45μm 方孔筛筛余不大于 30%					

注:①如果水泥压蒸试验合格,允许硅酸盐水泥、普通水泥中的氧化镁含量放宽到 6%。
②如果矿渣硅酸盐水泥(P·S·A 型)、火山灰质硅酸盐水泥、粉煤灰硅酸盐水泥、复合硅酸盐水泥中的氧化镁含量大于 6%,需进行水泥压蒸安定性试验并合格。
③当用户对水泥中的氯离子有更低要求时,该指标由买卖双方确定。
④凡检验结果不符合不溶物、氧化镁、三氧化硫、烧失量、氯离子、凝结时间、安定性和水泥强度中的任一项技术要求的均为不合格品。
⑤碱含量和细度为选择性指标。如果使用活性集料,用户要求提供低碱水泥时,水泥中的碱含量应不大于 0.60% 或由买卖双方协商确定。

三、专用水泥和特性水泥

(一)专用水泥和特性水泥的特性和适用范围

1.道路硅酸盐水泥(GB 13693—2005)

以适当成分生料烧至部分熔融,所得以硅酸钙为主要成分和较多量的铁铝酸钙的硅酸盐水泥熟料,加不大于 10% 活性混合材料和适量石膏磨细制成的水硬性胶凝材料,称为道路硅酸盐水泥(简称道路水泥,代号 P·R)。

适用范围:适用于道路路面和对耐磨、抗干缩等性能要求较高的其他混凝土工程。

2.钢渣硅酸盐水泥(GB 13590—2006)

以硅酸盐水泥熟料和转炉或电炉钢渣为主要组分,加入适量粒化高炉矿渣、石膏,磨细制成的水硬性胶凝材料,称为钢渣硅酸盐水泥(代号 P·SS)。其中,水泥中钢渣掺入量按质量百分比计不应少于 30%。

适用范围:可用于一般工业与民用建筑、地下工程和防水工程、大体积混凝土工程和道路工程等。

3.中热硅酸盐水泥、低热硅酸盐水泥和低热矿渣硅酸盐水泥(GB 200 —2003)

中热硅酸盐水泥是以适当成分的硅酸盐水泥熟料,加入适量石膏,磨细制成的具有中等水化热的水硬性胶凝材料(简称中热水泥,代号 P·MH)。

低热矿渣硅酸盐水泥是以适当成分的硅酸盐水泥熟料,加入按质量百分比计为 20%～60% 的矿渣和适量石膏,磨细制成的具有低水化热的水硬性胶凝材料(简称低热矿渣水泥,代号 P·SLH),允许用不超过混合材料总量 50% 的磷渣或粉煤灰代替部分矿渣。

低热硅酸盐水泥是以适当成分的硅酸盐水泥熟料,加入适量石膏,磨细制成的具有低水化热的水硬性胶凝材料,称为低热硅酸盐水泥(简称低热水泥,代号 P·LH)。

适用范围:主要适用于要求水化热较低的大坝和大体积混凝土工程。

4. 抗硫酸盐硅酸盐水泥(GB 748—2005)

以特定矿物组成的硅酸盐水泥熟料,加入适量石膏,磨细制成的具有抵抗中等浓度硫酸根离子侵蚀的水硬性胶凝材料,称为中抗硫酸盐硅酸盐水泥(简称中抗硫水泥,代号 P·MSR)。磨细制成的具有抵抗较高浓度硫酸根离子侵蚀的水硬性胶凝材料,称为高抗硫酸盐硅酸盐水泥(简称高抗硫水泥,代号 P·HSR)。

适用范围:适用于一般受硫酸盐侵蚀的海港、水利、地下、隧道、引水、道路和桥涵基础等工程。

水泥的抗硫酸盐性:中抗硫酸盐水泥 14d 线膨胀率应不大于 0.060%;高抗硫酸盐水泥 14d 线膨胀率应不大于 0.040%。

5. 白色硅酸盐水泥(GB/T 2015—2005)

以白色硅酸盐水泥熟料(氧化铁含量少)加适量石膏及不超过水泥质量 10% 的石灰石或窑灰,经磨细后制成的水硬性胶凝材料,称为白色硅酸盐水泥(简称白水泥,代号 P·W)。

白水泥的白度值应不低于 87。

适用范围:主要用于建筑装饰,可配成白色和彩色灰浆、砂浆或制造各种彩色和白色混凝土,如水磨石、斩假石等。

不同强度等级和白度的水泥应分别储运,不得混杂。

6. 铝酸盐水泥(GB 201—2000)

以铝酸钙为主的铝酸盐水泥熟料,磨细制成的水硬性胶凝材料,称为铝酸盐水泥(代号 CA)。铝酸盐水泥按 Al_2O_3 含量百分数分为四类:CA-50、CA-60、CA-70、CA-80。

特点和用于土建工程的注意事项:

(1)一般不得与硅酸盐类水泥、石灰等能析出氢氧化钙的胶凝物质混合使用,使用前拌和设备等必须冲洗干净。

(2)不得用于接触碱性溶液的工程。

(3)自混凝土硬化开始应立即浇水养护。一般不宜浇筑大体积混凝土。

(4)若用蒸汽养护加速混凝土硬化时,养护温度不得高于 50℃。

(5)未经试验不得加入任何外加物。

(6)不得与未硬化的硅酸盐类水泥混凝土接触使用,可以与具有脱模强度的硅酸盐类水泥混凝土接触使用,但接茬处不应长期处于潮湿状态。

(7)用于钢筋混凝土时,钢筋保护层的厚度不得小于 6cm。

(8)铝酸盐水泥混凝土硬化快,早期强度高,但后期强度降低较大,其稳定强度往往在 28 天以后,应按最低稳定强度设计。

(9)水泥出厂防潮纸袋包装,储运中要防止受潮,并与其他品种水泥分别储运,不得混杂。

适用范围:需抢建、抢修的紧急工程和需要早期强度高的特殊工程;冬季施工工程;抵抗硫酸盐侵蚀和冻融交替的工程;配制耐热混凝土和膨胀水泥、自应力水泥等。

7. 彩色硅酸盐水泥(JC/T 870—2012)

彩色硅酸盐水泥以硅酸盐水泥熟料、石膏(或白色硅酸盐水泥)、混合材料及着色剂磨细或混合制成。其中,水泥中的混合材料按质量百分比计,应不超过 50%,着色剂应对人体及水泥性能无害。

基本色分:红色、黄色、蓝色、绿色、棕色和黑色等。用户需要其他颜色的彩色硅酸盐水泥时,由供需双方协商。

适用范围:彩色硅酸盐水泥主要用于建筑装饰。

8. 钢渣道路水泥(GB 25029—2010)

以转炉钢渣或电炉钢渣和道路硅酸盐水泥熟料、粒化高炉矿渣、适量石膏,磨细制成的水硬性胶凝材料,称为钢渣道路水泥,代号 S·R。其中,熟料加石膏的成分为 50%~90%;钢渣或钢渣粉的掺入量按质量百分比计,应为 10%~40%;粒化高炉矿渣或矿渣粉≤10%。

适用范围:钢渣道路水泥适用于道路路面和对耐磨、抗干缩等性能要求较高的其他工程。

9. 快硬硫铝酸盐水泥和快硬铁铝酸盐水泥(JC 933—2003)

以适当成分的生料,经煅烧所得以无水硫铝酸钙和硅酸二钙为主要矿物成分的水泥熟料和石灰石、适量石膏共同磨细制成的,具有早期强度高的水硬性胶凝材料,称为快硬硫铝酸盐水泥,代号 R·SAC。其中,水泥熟料和适量石膏按质量百分比计,应不少于 90%,石灰石的掺入量按质量百分比计,应不大于 10%。

以适当成分的生料,经煅烧所得以无水硫铝酸钙、铁相和硅酸二钙为主要矿物成分的水泥熟料和石灰石、适量石膏共同磨细制成的,具有早期强度高的水硬性胶凝材料,称为快硬铁铝酸盐水泥,代号 R·FAC。其中,水泥熟料和适量石膏按质量百分比计,应不少于 85%,石灰石的掺入量按质量百分比计,应不大于 15%。

快硬硫铝酸盐水泥和快硬铁铝酸盐水泥以 3 天抗压强度分为 42.5、52.5、62.5、72.5 四个等级。

快硬硫铝酸盐水泥和快硬铁铝酸盐水泥适用于要求早强、高强、耐蚀、抗冻、抗渗等工程。如冬季施工、抢修抢建工程、喷射混凝土工程等。

10. 复合硫铝酸盐水泥(JC/T 2152—2012)

以硫铝酸盐水泥熟料和适量石膏、非活性混合材料及活性混合材料制成的水硬性胶凝材料,称为复合硫铝酸盐水泥,代号 C·SAC。其中,水泥熟料和石膏按质量百分比计,应>60%~85%,非活性混合材料及活性混合材料应>15%~40%(其中,活性混合材料应不少于 5%,非活性混合材料中石灰石的三氧化二铝含量按质量百分比计,应不大于 2.5%)。

复合硫铝酸盐水泥分为 32.5、42.5 和 52.5 三个强度等级。

复合硫铝酸盐水泥主要用于素混凝土。当钢筋锈蚀试验符合要求时,也可用于钢筋混凝土。

11. 低热微膨胀水泥(GB 2938—2008)

以粒化高炉矿渣为主要成分,加入适量硅酸盐水泥熟料和石膏,磨细制成的具有低水化热和微膨胀性能的水硬性胶凝材料,称为低热微膨胀水泥,代号 LHEC。其中,硅酸盐水泥熟料中的硅酸钙矿物按质量百分比计,应不少于 66%,氧化钙和氧化硅的质量比应不小于 2.0。熟料强度等级要求达到 42.5;游离氧化钙含量按质量百分比计,不得超过 1.5%;氧化镁含量按质量百分比计,不得超过 6%。

助磨剂的加入量不应超过水泥质量的 0.5%。

低热微膨胀水泥强度等级为 32.5 级。

12. 海工硅酸盐水泥(GB/T 31289—2014)

以硅酸盐水泥熟料和适量天然石膏、矿渣粉、粉煤灰、硅灰粉磨制成的具有较强抗海水侵蚀性能的水硬性胶凝材料,称为海工硅酸盐水泥,代号 P·O·P。其中,硅酸盐水泥熟料及天然石膏按质量百分比计为 30%~50%,矿渣粉、粉煤灰和硅灰按质量百分比共计 50%~70%,且硅灰含量≤5%。硅酸盐水泥熟料 3 天抗压强度≥30MPa,28 天抗压强度≥52.5MPa。

海工硅酸盐水泥分为 32.5L、32.5 和 42.5 三个强度等级。L 表示早期强度低。

适用范围:海工硅酸盐水泥适用于受到海水侵蚀的海洋建筑工程、内陆地区接触氯盐等配筋混凝土。

海工硅酸盐水泥使用注意事项：

(1)海工硅酸盐水泥不得与其他品种水泥混合使用。

(2)采用海工硅酸盐水泥配置混凝土时，不宜在现场掺加细磨矿物掺合料。

(3)全年气温较高地区宜选用32.5L、32.5等级海工硅酸盐水泥，气温较低地区或配制高强度混凝土时宜选用42.5等级海工硅酸盐水泥。

(4)海工硅酸盐水泥配置的混凝土，施工后需保持7d以上的湿气养护。

13.快凝快硬硫铝酸盐水泥（双快水泥）（JC 933—2003）

快凝快硬硫铝酸盐水泥以无水硫铝酸钙和硅酸二钙为主要矿物成分的硫铝酸盐水泥熟料，掺加适量的石灰石、石膏磨细制成，具有凝结快、早期强度发展快的特点，简称双快水泥，代号QR·SAC。水泥中硫铝酸盐水泥熟料与石膏含量不小于85%，石灰石含量不大于15%。

双快水泥适用于建筑、道路、隧道、水利等土木工程的紧急抢修和堵漏用。

(二)专用水泥和特性水泥技术条件

1.部分硅酸盐类专用水泥和特性水泥各龄期强度和技术条件

表6-4

标准号			GB 13693—2005	GB 13590—2006	GB 200—2003						748—2005	GB/T 2015—2005	GB 2938—2008
名称			道路硅酸盐水泥	钢渣硅酸盐水泥	中热硅酸盐水泥	低热硅酸盐水泥	低热矿渣硅酸盐水泥	抗硫酸盐硅酸盐水泥	白色硅酸盐水泥	低热微膨胀水泥
项目			3天 28天	3天 28天	3天 7天 28天	3天 7天 28天	3天 7天 28天	3天 28天	3天 28天	1天 3天 7天 28天
强度等级和各龄期强度	抗压强度(MPa)不小于	32.5	16 / 32.5	10 / 32.5	— / — / —	— / — / —	— / 12 / 32.5	10 / 32.5	12 / 32.5	— / — / 18 / 32.5
		42.5	21 / 42.5	15 / 42.5	12 / 22 / 42.5	— / 13 / 42.5	— / — / —	— / 15 / 42.5	17 / 42.5	—
		52.5	26 / 52.5	—	—	—	—	—	22 / 52.5	—
	抗折强度(MPa)不小于	32.5	3.5 / 6.5	2.5 / 5.5	— / — / —	— / — / —	— / 3.0 / 5.5	2.5 / 6	3 / 6	— / — / 5 / 7
		42.5	4 / 7	3.5 / 6.5	3 / 4.5 / 6.5	— / 3.5 / 6.5	—	— / 3 / 6.5	3.5 / 6.5	—
		52.5	5 / 7.5	—	—	—	—	—	4 / 7	—
成分和技术性能指标 %;不大于	不溶物								1.5	
	氧化镁		5		5	5	(5)	5	(5)	(6)
	三氧化硫		3.5	4	3.5			2.5	3.5	4～7
	铝酸三钙		(5)		(6)	(6)	(8)	中抗 5 / 高抗 3		
	硅酸钙矿物		—							(≥66)
	硅酸二钙		—			(40)				
	硅酸三钙		—		(55)			中抗 55 / 高抗 50		
	铁铝酸四钙		(≥16)		—					
	游离氧化钙		旋窑1.0 立窑1.8		(1)	(1)	(1.2)			(1.5)

续表 6-4

成分和技术性能指标（"%,不大于"适用于氯离子、碱含量、烧失量、28天干缩率各行）

标准号	GB 13693—2005	GB 13590—2006	GB 200—2003			GB 748—2005	GB/T 2015—2005	GB 2938—2008
名称	道路硅酸盐水泥	钢渣硅酸盐水泥	中热硅酸盐水泥	低热硅酸盐水泥	低热矿渣硅酸盐水泥	抗硫酸盐硅酸盐水泥	白色硅酸盐水泥	低热微膨胀水泥
项目	3天　28天	3天　28天	3天　7天　28天	3天　7天　28天	3天　7天　28天	3天　28天	3天　28天	1天　3天　7天　28天
氯离子	—	—	—	—	—	—	—	0.06
碱含量	由供需双方商定（适用于全部水泥）							
烧失量	3	—	3	3	3	3	—	—
28天干缩率	0.1	—	—	—	—	—	—	—
细度　80μm方孔筛余	—	—	—	—	—	—	10	—
细度　比表面积(m²/kg)	300~450	≥350	≥250	≥250	≥250	≥280	≥300	≥300
凝结时间　初凝,不早于(min)	90	45	60	60	60	45	45	45
凝结时间　终凝,不迟于(h)	10	12	12	12	12	10	10	12
耐磨性(kg/m²)	28天磨耗量≤3	—	—	—	—	—	—	—
白度,不低于	—	—	—	—	—	—	87	—
安定性(沸煮法检验)	必须合格	必须合格	合格	合格	合格	必须合格	合格	合格
线膨胀率(%)	—	—	—	—	—	—	—	≥0.05　—　≥0.10　≤0.60

注：①表中（　）内的数字为水泥熟料中含量。

②凡氧化镁、三氧化硫、初凝时间、安定性中任一项指标达不到规定数值时，均为废品。其他成分和技术性能指标中任一项达不到规定数值、强度低于商品强度等级及水泥包装标志中水泥品种、强度等级、生产者名称和出厂编号不全的为不合格品（白水泥的白度指标达不到规定数值时，也为不合格品）。

③用氧化镁含量大于 13% 的钢渣制成的钢渣硅酸盐水泥，经压蒸安定性检验必须合格。

④经压蒸安定性检验合格，中热硅酸盐水泥、低热硅酸盐水泥和白色硅酸盐水泥熟料中氧化镁含量允许放宽到 6.0%。

⑤水泥中的碱含量由供需双方商定。若使用活性集料，用户要求提供低碱水泥时，道路硅酸盐水泥、抗硫酸盐硅酸盐水泥、中热硅酸盐水泥和低热硅酸盐水泥中的碱含量不应超过 0.60%，低热矿渣硅酸盐水泥中的碱含量不应超过 1.0%。

⑥低热水泥 28 天水化热应不大于 310kJ/kg。3 天和 7 天水化热指标见表 6-6。

⑦低热微膨胀水泥中的硅酸盐水泥熟料强度等级要求达到 42.5 以上；硅酸盐水泥熟料中的氧化钙和氧化硅质量比不小于 2.0。碱含量（质量分数）按 $Na_2O+0.658K_2O$ 计算值表示。低热微膨胀水泥 3 天和 7 天水化热指标见表 6-6。

2. 铝酸盐水泥各类别化学成分和各龄期强度（GB 201—2000）

表 6-5

类型		Al₂O₃	SiO₂	Fe₂O₃	R₂O (Na₂O+0.658K₂O)	S (全硫)	Cl
化学成分(%)	CA-50	≥50,<60	≤8.0	≤2.5	≤0.40	≤0.1	≤0.1
	CA-60	≥60,<68	≤5.0	≤2.0			
	CA-70	≥68,<77	≤1.0	≤0.7			
	CA-80	≥77	≤0.5	≤0.5			

水泥类型		抗压强度(MPa)				抗折强度(MPa)				凝结时间	
		6h	1天	3天	28天	6h	1天	3天	28天	初凝(min)	终凝(h)
各龄期强度	CA-50	20	40	50	—	3.0	5.5	6.5	—	≥30	≤6
	CA-60	—	20	45	85	—	2.5	5.0	10.0	≥60	≤18
	CA-70	—	30	40	—	—	—	5.0	6.0	≥30	≤6
	CA-80	—	25	30	—	—	—	4.0	5.0	≥30	≤6

注：①6h 抗拉、抗折强度和 S、Cl 含量，当用户需要时，生产厂应提供结果及化学成分的测定方法。

②细度：比表面积不小于 300m²/kg 或 0.045mm 筛余不大于 20%，由供需双方商定，在无约定的情况下发生争议时以比表面积为准。

3. 中热水泥、低热水泥、低热矿渣水泥和低热微膨胀水泥的水化热指标

表 6-6

品　　种	标准号	强度等级	水化热(kJ/kg)，不大于	
			3 天	7 天
中热水泥	GB 200—2003	42.5	251	293
低热水泥		42.5	230	260
低热矿渣水泥		32.5	197	230
低热微膨胀水泥	GB 2938—2008	32.5	185	220

4. 海工硅酸盐水泥和彩色硅酸盐水泥各龄期强度和技术条件

表 6-7

标准号		GB/T 31289—2014				JC/T 870—2012			
标准名称		海工硅酸盐水泥				彩色硅酸盐水泥			
项目	强度等级	抗压强度(MPa)不小于		抗折强度(MPa)不小于		抗压强度(MPa)不小于		抗折强度(MPa)不小于	
		3 天	28 天	3 天	28 天	3 天	28 天	3 天	28 天
各龄期强度	27.5	—		—		7.5	27.5	2	5
	32.5L	8.0	32.5	2.5	5.5				
	32.5	10.0		3.0		10	32.5	2.5	5.5
	42.5	15.0	42.5	3.5	6.5	15	42.5	3.5	6.5
化学成分和物理性能	三氧化硫(%)	不大于	4.50				4		
	氯离子(%)		0.060				—		
	烧失量(%)		3.50				—		
	碱含量(%)		按 Na$_2$O+0.658K$_2$O 计算值表示。若使用活性集料，用户要求提供低碱水泥时，水泥中的碱含量应≤0.60% 或由双方商定						
	凝结时间　初凝不早于(min)		45				60		
	终凝不迟于(min)		600				600		
	安定性		用沸煮法合格				用沸煮法合格		
	细度(%)		45μm 方孔筛筛余 6~20				80μm 方孔筛筛余≤6		
	抗氯离子渗透性		28 天水泥氯离子扩散系数≤1.5×10^{-12}m^2/s				—		
	抗硫酸盐侵蚀性		28 天抗蚀系数 K_c≥0.99				—		

注：①海工硅酸盐水泥碱含量为选择性指标。
　　②彩色硅酸盐袋装水泥每袋净含量 50kg 或 25kg。
　　③凡检验结果不符合三氧化硫、细度、凝结时间、安定性、强度、色差中任一项技术要求的为不合格品。

5. 钢渣道路水泥各龄期强度和技术条件(GB 25029—2010)

表 6-8

项目	强度等级	抗压强度(MPa) 不小于		抗折强度(MPa) 不小于	
		3 天	28 天	3 天	28 天
各龄期强度	32.5	16.0	32.5	3.5	6.5
	42.5	21.0	42.5	4.0	7.0
成分和技术要求	三氧化硫(%)	不大于	4.0		
	28 天干缩率(%)		0.1		
	耐磨性(kg/m^2)		28 天磨耗量 3.0		
	比表面积(m^2/kg)		≥350		
	氯离子含量(质量分数)(%)		≤0.06		
	凝结时间　初凝不早于(h)		1.5		
	终凝不迟于(h)		10		
	安定性		采用压蒸法检验，压蒸膨胀率≤0.50%		

注：①水泥中的碱含量为选择性指标，由供需双方商定。若使用活性集料，用户要求提供低碱水泥时，水泥中的碱含量应不超过 0.60%（碱含量按 Na$_2$O+0.658K$_2$O 计算值表示）。
　　②凡检验结果不符合表中任何一项技术指标的为不合格品。

6. 快硬硫铝酸盐水泥、快硬铁铝酸盐水泥、快凝快硬硫铝酸盐水泥和复合硫铝酸盐水泥各龄期强度和技术条件

表 6-9

标准号		强度等级	JC 933—2003			JC/T 2282—2014			JC/T 2152—2012		
标准名称			快硬硫铝酸盐水泥、快硬铁铝酸盐水泥			快凝快硬硫铝酸盐水泥			复合硫铝酸盐水泥		
项目			1天	3天	28天	4h	1天	28天	1天	3天	28天
强度等级和各龄期强度	抗压强度(MPa) 不小于	32.5	—	—	—	10	20.0	32.5	25.0	32.5	35.0
		42.5	33.0	42.5	45.0	15	30.0	42.5	30.0	42.5	45.0
		52.5	42.0	52.5	55.0	20	40.0	52.5	40.0	52.5	55.0
		62.5	50.0	62.5	65.0	—	—	—	—	—	—
		72.5	56.0	72.5	75.0	—	—	—	—	—	—
	抗折强度(MPa) 不小于	32.5	—	—	—	3.0	5.0	6.0	4.5	5.5	6.0
		42.5	6.0	6.5	7.0	3.5	5.5	6.5	5.0	6.0	6.5
		52.5	6.5	7.0	7.5	4.0	6.0	7.0	5.5	6.5	7.0
		62.5	7.0	7.5	8.0	—	—	—	—	—	—
		72.5	7.5	8.0	8.5	—	—	—	—	—	—
成分和技术要求	石灰石中 氧化钙(%)		≥50			≥45					
	石灰石中 三氧化二铝(%)		≤2			≤2					
	氯离子含量(%)					≤0.06					
	比表面积(m²/kg)		≥350			≥400					
	凝结时间 初凝不早于(min)		25			3			25		
	凝结时间 终凝不迟于(min)		180			12			180		
	细度(45μm 筛余)(%) 不大于								25		
	碱度(水泥加水后 1h 的 pH 值)					≥0.01			≤10.5		
	28天自由膨胀率(%)		—			0.06~0.20			0.00~0.15		
	钢筋锈蚀(选择性指标)								钢筋锈蚀试验合格		

注：①用户有要求时，快硬硫铝酸盐水泥、快硬铁铝酸盐水泥、复合硫铝酸盐水泥的凝结时间可以变动。

②当用户要求复合硫铝酸盐水泥低碱度时，其碱度和 28 天自由膨胀率指标执行本标准本表要求。

③双快水泥 3 天的自由膨胀率不小于 0.04%。

四、水泥的包装、试验报告和储运要求

1.包装

水泥可以袋装或散装。袋装水泥每袋净重 50kg，且不得少于标志重量的 98%（通用类硅酸盐水泥、钢渣道路水泥、彩色硅酸盐水泥和海工硅酸盐水泥应不少于 99%）；随机抽取 20 袋总重量（含包装袋）不得少于 1 000kg。其他包装形式由供需双方协商确定，但有关袋装重量要求，必须符合上述原则规定。

水泥袋上应清楚标明：工厂名称、地址、生产许可证标志（QS）及编号、产品名称、代号、净含量、强度等级、执行标准号、包装年月日和出厂编号。包装袋两侧应采用不同颜色印有水泥名称和强度等级。

硅酸盐水泥和普通硅酸盐水泥采用红色，矿渣硅酸盐水泥采用绿色，火山灰质硅酸盐水泥、粉煤灰硅酸盐水泥和复合硅酸盐水泥采用黑色或蓝色，海工硅酸盐水泥采用蓝色，其他水泥采用黑色印刷。白色硅酸盐水泥包装袋两侧还应印有白度。

散装时应提交与袋装标志相同内容的卡片。

2.试验报告

当用户需要时，水泥厂在水泥发出日起 7 天内（铝酸盐水泥为 6 天内，中热水泥、低热水泥和低热矿渣水泥为 11 天内）寄发水泥品质试验报告。试验报告中应包括除 28 天强度和海工硅酸盐水泥的氯离子扩散系数以外的各标准所规定的各项技术要求及试验结果。28 天强度和海工硅酸盐水泥的氯离子扩散系数数值应在水泥发出日起 32 天内补报。试验报告还应填报混合材料名称和掺加量及合同约定的其他技术要求，属旋窑或立窑生产，并应附有该水泥的品质指标。

3.运输保管

水泥极易受潮变质，如直接着水（雨淋水浸）会水化凝固，不能再用。水泥储存日久，会吸收空气中的水分和二氧化碳，逐渐受潮结块硬化，降低强度直至不能使用，所以水泥在运输、装卸与保管中，应特别注意防水防潮，并防止混入杂物。

水泥仓库要严防漏雨渗水，门窗要完好严密，库房要设在地势高、排水良好的干燥地点，库房地面应高于库外，以防雨水渗入库内。施工现场临时库房，可在仓库周围挖排水沟，以防雨水渗入。

水泥进库应按生产厂、品种、强度等级、批号分别堆垛，严防混存。袋装水泥堆垛高度一般以 10 袋为宜，最多不超过 12 袋。要堆放整齐，便于点数，垛堆离墙壁不应少于 50cm，垛底最好以垫木垫底，离地面 20～30cm。

露天堆放更应选择地势高、平坦、干燥和排水良好的地方。垛底用垫木垫高。应高出地面 40cm，并垫上一层油毡或其他防潮材料，水泥垛要苫盖严实。

在正常仓储条件下，快硬硫铝酸盐水泥、快硬铁铝酸盐水泥、复合硫铝酸盐水泥的袋装水泥的保质期为 45 天，超时应重新检验。

散装水泥应有专门的运输罐车运输和专门的水泥储存罐储存，运输和气泵卸载过程应防止污染环境。不同品种及不同标号的水泥不得混装及混存。水泥具有吸湿性，罐存水泥不宜储存太久，应尽快使用。

第二节　无声破碎剂

凡经高温煅烧以氧化钙为主体的无机化合物，掺入适量外加剂共同粉磨制成的经水化反应而具有高膨胀性能的非爆破性破碎用粉状材料，称为无声破碎剂，代号 SCA。

无声破碎剂与水调成浆体灌入岩石或混凝土构筑物的钻孔中,依靠本身水化产生的膨胀压,可将岩石或混凝土安全破碎。适用于混凝土构筑物、岩石等脆性材料、沉井工程及其他特殊工程的安全破碎与拆除,也可用于花岗石、大理石、玉石等石材的开采和切割。

无声破碎剂根据膨胀压值分为优等品与合格品。根据使用温度条件分为 SCA-I、SCA-II、SCA-III三个型号。

1.无声破碎剂的膨胀压和使用温度(JC 506—2008)

表 6-10

型　号	使用温度范围 (℃)	试验温度 (℃)	等　级	膨胀压(MPa)　不小于		
				8h	24h	48h
SCA-I	25～40	35±1	优等品	30	55	
			合格品	23	48	
SCA-II	10～30	25±1	优等品	20	45	
			合格品	16	38	
SCA-III	−5～15	10±1	优等品		25	35
			合格品		15	25

注:无声破碎剂初凝不得早于10min,终凝不得迟于150min。

2.无声破碎剂设计参数(供参考)

表 6-11

被破碎物体	钻　孔　参　数				SCA 使用量 (kg/m³)
	孔径(mm)	孔距(cm)	孔深	抵抗线(cm)	
软质岩破碎	35～50	40～60	H	40～60	8～10
中硬质岩破碎	35～65	30～60	105%H	30～50	10～15
岩石切割	30～40	20～30	H	100～200	5～15
无筋混凝土破碎	35～50	40～60	80%H	30～40	8～10
钢筋混凝土破碎	35～50	15～30	H	20～30	15～25

注:H 为物体的破碎高度。

3.无声破碎剂的使用和安全注意事项

无声破碎剂的使用温度在 10℃ 以上时,施工后一般不需加覆盖物(雨天除外)。若产生裂纹,可用水浇缝,以加快其膨胀作用。

无声破碎剂的使用温度在 10℃ 以下时,施工后须用草席覆盖保温,或通入蒸汽进行养护。

当无声破碎剂在负温条件下使用时,施工中可加入1%～2%抗冻剂(抗冻剂的掺量应通过试配确定),或用 40～60℃ 热水进行搅拌。亦可采用一种耗电少、破碎效果显著的电热法加温,即在每个孔中放置一根 0.5mm 电热丝和一根塑料电线,将它们串联或并联后接在 220V 可调变压器上,将电压降至 50～100V,利用低压大电流不断加热,以保持无声破碎剂浆体在 40～50℃ 下进行水化。

无声破碎剂填充后 2～3h 内,勿靠近孔口直视,以防偶尔发生喷出现象时伤害眼睛。施工时需戴防护眼镜。

无声破碎剂对皮肤有轻度腐蚀性,施工时需戴乳胶防护手套,若溅到皮肤上,应立即用水冲洗干净。

无声破碎剂包装:产品用 PVC 塑料袋密封包装,每袋净重(5±0.1)kg,每 4 袋装入一个大塑料袋再装入纸箱内;无声破碎剂储存有效期自生产之日起计为一年半,应储于干燥场所,严防受潮。

第三节 水 泥 制 品

水泥制品中的混凝土砖、砌块、瓦和路缘石等并入第二章地方材料中介绍。

一、混凝土板

(一)蒸压加气混凝土板(GB 15762—2008)

蒸压加气混凝土板主要用于民用与工业建筑物。按使用功能分为:屋面板(JWB)、楼板(JLB)、外墙板(JQB)、隔墙板(JGB)等常用品种。

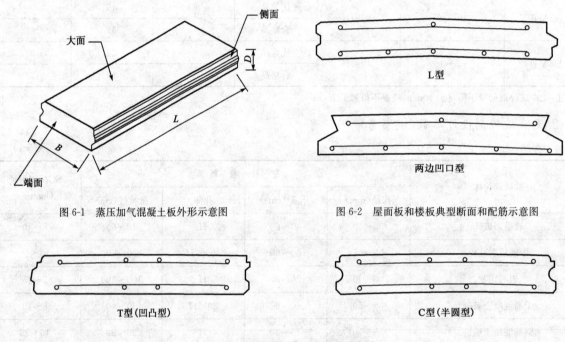

图 6-1 蒸压加气混凝土板外形示意图

图 6-2 屋面板和楼板典型断面和配筋示意图

图 6-3 外墙板典型断面和配筋示意图

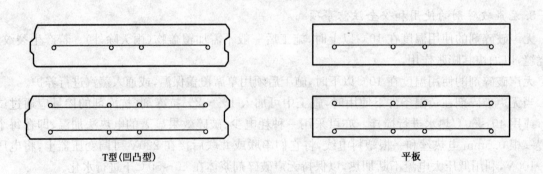

图 6-4 隔墙板典型断面和配筋示意图

注:当隔墙板配单层网片时,其厚度不应大于100mm。

蒸压加气混凝土板非常用品种有:

(1)板厚<75mm 的薄板,使用时需固定在结构构件或基层墙体上,可作为装饰板、防火板等;

(2)表面进行加工处理形成一定图案的花纹板(也称艺术板),通常为具有装饰功能的墙板(图 6-5);

(3)重度级别为 B03 或 B04 的低密度板,一般用于建筑物的辅助保温隔热,而不单独作为墙体使用;

(4)适用于外墙转角处的转角板(图 6-6),转角板应合理配筋,保证其使用功能;

(5)由板材切割而成的、应用于门窗洞口的过梁,分为承重过梁或非承重过梁,内部配筋应分别经计算和试验确认。

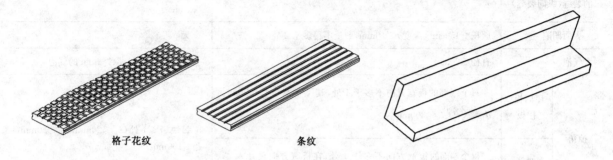

格子花纹　　　　　　条纹

图 6-5　花纹板外观示意图　　　　　图 6-6　转角板外形示意图

蒸压加气混凝土板按蒸压加气混凝土强度分为 A2.5、A3.5、A5.0、A7.5 四个级别。其中,屋面板、楼板和外墙板应达到 A3.5、A5.0、A7.5 的强度级别,隔墙板应达到 A2.5、A3.5、A5.0、A7.5 的强度级别。

蒸压加气混凝土板按蒸压加气混凝土干密度分为 B04、B05、B06、B07 四个密度级别。

蒸压加气混凝土屋面板、楼板、外墙板按品种代号、标准号、干密度级别、制作尺寸(长×宽×厚)、荷载允许值(N/m²)顺序标记。

如:屋面板 JWB—GB 15762—B06—4 800×600×175—2 000

蒸压加气混凝土隔墙板按品种代号、标准号、干密度级别、制作尺寸(长×宽×厚)顺序标记。

如:JGB—GB 15762—B04—3 500×600×100

1.蒸压加气混凝土板的规格尺寸及尺寸允许偏差

表 6-12

项　目		指　标		
		常　用　规　格	尺寸允许偏差	
			屋面板、楼板	外墙板、隔墙板
长度 L		1 800～6 000(300 模数进位)	±4	
宽度 B		600	$\begin{array}{c}0\\-4\end{array}$	
厚度 D	mm	75、100、125、150、175、200、250、300	±2	
		120、180、240		
侧向弯曲			≤L/1 000	
对角线差			≤L/600	
表面平整			≤5	≤3

注:其他非常用规格和单项工程的实际制作尺寸由供需双方商定。

2.蒸压加气混凝土板的缺陷和外观质量

(1)蒸压加气混凝土板外观缺陷限值和外观质量

表 6-13

项 目		允许修补的缺陷限值	外观质量
大面上平行于板宽的裂缝（横向裂缝）		不允许	无
大面上平行于板长的裂缝（纵向裂缝）		宽度<0.2mm，数量不大于 3 条，总长≤$L/10$	无
大面凹陷		面积≤150cm²，深度 t≤10mm，数量不得多于 2 处	无
大气泡		直径≤20mm	无直径>8mm、深>3mm 的气泡
掉角	屋面板、楼板	每个端部的板宽方向不多于 1 处，其尺寸为 b_1≤100mm、d_1≤$\frac{2}{3}D$、l_1≤300mm	每块板≤1 处（b_1≤20mm，d_1≤20mm，l_1≤100mm）
	外墙板、隔墙板	每个端部的板宽方向不多于 1 处，在板宽方向尺寸 b_1≤150mm、板厚方向 d_1≤$\frac{4}{5}D$、板长方向的尺寸 l_1≤300mm	
侧面损伤或缺棱		≤3m 的板不多于 2 处，>3m 的板不多于 3 处；每处长度 l_2≤300mm，深度 b_2≤50mm	每侧≤1 处（b_2≤10mm，l_2≤120mm）

注：①修补材颜色、质感宜与蒸压加气混凝土一致，性能应匹配。
②若板材经修补，则外观质量为修补后的要求。

(2)蒸压加气混凝土板部分外观缺陷图

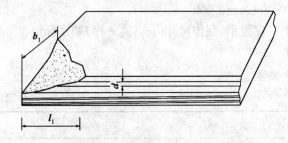

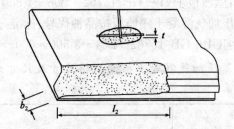

图 6-7　掉角示意图　　　　　　图 6-8　大面凹陷或气泡、侧面损伤或缺棱示意图

3.蒸压加气混凝土板的基本性能

表 6-14

强 度 级 别		A2.5	A3.5	A5.0	A7.5
干密度级别		B04	B05	B06	B07
干密度(kg/m³)		≤425	≤525	≤625	≤725
抗压强度(MPa)	平均值	≥2.5	≥3.5	≥5.0	≥7.5
	单组最小值	≥2.0	≥2.8	≥4.0	≥6.0
干燥收缩值(mm/m)	标准法	≤0.50			
	快速法	≤0.80			
抗冻性	质量损失(%)	≤5.0			
	冻后强度(MPa)	≥2.0	≥2.8	≥4.0	≥6.0
导热系数(干态)[W/(m·K)]		≤0.12	≤0.14	≤0.16	≤0.18

4.纵向钢筋保护层要求

表 6-15

项　　目	基本尺寸(mm)	允　许　偏　差(mm)	
		屋面板、楼板、外墙板	隔墙板
距大面的保护层厚度 c_1	20	±5	+5 −10
距端部的保护层厚度 c_2	10	+5 −10	

注:①配单层网的隔墙板和有特殊要求的其他板材,其基本尺寸和允许偏差由供需双方协商确定。
　　②纵向钢筋保护层厚度从钢筋外缘算起。花纹板从钢筋外缘至凹槽底面。
　　③蒸压加气混凝土板中配置的钢筋应作防锈处理,经试验后,钢筋的锈蚀面积不大于 5%;钢筋的黏着力应不小于 1.0MPa。

5.蒸压加气混凝土屋面板、楼板、外墙板的承载能力和短期挠度以及隔墙板的承载能力

均应符合标准规定。

6.蒸压加气混凝土板的交货状态

如果蒸压加气混凝土板外观质量、尺寸偏差、基本性能(干密度、抗压强度、干燥收缩值、抗冻性、导热系数)、防锈能力、钢筋黏着力、纵向钢筋保护层厚度、结构性能中仅有 1 项不合格,应对该项目进行加倍抽样检验,若检验仍不合格的,则该批板不合格。如果有 2 项及 2 项以上不合格,应加倍抽样进行全部项目检验,若仍有 1 项不合格的,该批板不合格。

用户有权按标准要求对产品进行复验。复验项目及地点按双方合同约定。复验应在购货合同生效后或购方收到货后的 20d 内进行。

在每块蒸压加气混凝土板上应进行标记。标记的内容包括:产品标记、产品追溯号(如生产日期、底板号等)、认证号、屋面板和楼板的受力方向等。

蒸压加气混凝土板在出釜后应存放 5d 并检验合格。

7.蒸压加气混凝土板的储运要求

蒸压加气混凝土屋面板、楼板储存时,宜按使用方向平放;墙板应侧立放置。堆放场地应坚实、平整、干燥,堆放时板不得直接接触地面,堆高时应注意安全,不得破坏板材外观和性能。露天储存时应有防雨措施。蒸压加气混凝土板在运输时需用专用工具,应绑扎牢固或包装运输。

(二)预应力混凝土空心板(GB/T 14040—2007)

预应力混凝土空心板是采用先张法工艺生产而成(简称空心板,代号 YKB),适用于一般房屋建筑的楼板和屋面板。预应力轻集料混凝土空心板的代号为 QYKB。

空心板应按标准的规定和经规定程序批准的设计图纸生产。

空心板的空心由多个圆孔或其他异形孔组成,其截面示意见图 6-9 和图 6-10。孔形尺寸应能满足空心板混凝土成形要求、受力计算要求及空心板截面各部位尺寸要求的规定。

空心板纵向侧边应呈双齿形边槽,双齿形边槽的尺寸参考图 6-11。

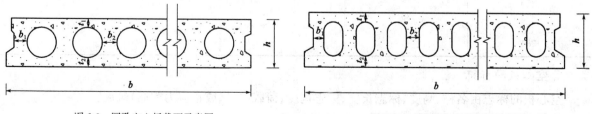

图 6-9　圆孔空心板载面示意图　　　　　　图 6-10　异形孔空心板截面示意图

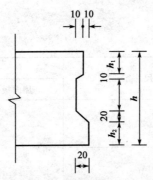

图 6-11　双齿形边槽尺寸示意图

b-板宽；b_1-边肋宽度；b_2-中肋宽度；h-板高；t_1-板面厚度；t_2-板底厚度

注：图中边槽上齿高度 h_1、下齿高度 h_2 应为空心板高度 h 的 1/4～1/3。

1. 空心板的主要规格尺寸

表 6-16

高度(mm)	标志宽度(mm)	标 志 长 度 (m)
120	500、600、900、1 200	2.1、2.4、2.7、3.0、3.3、3.6、3.9、4.2、4.5、4.8、5.1、5.4、5.7、6.0
150	600、900、1 200	3.6、3.9、4.2、4.5、4.8、5.1、5.4、5.7、6.0、6.3、6.6、6.9、7.2、7.5
180 200	600、900、1 200	4.8、5.1、5.4、5.7、6.0、6.3、6.6、6.9、7.2、7.5、7.8、8.1、8.4、8.7、9.0
240 250	900、1 200	6.0、6.3、6.6、6.9、7.2、7.5、7.8、8.1、8.4、8.7、9.0、9.3、9.6、9.9、10.2、10.5、10.8、11.4、12.0
300	900、1 200	7.5、7.8、8.1、8.4、8.7、9.0、9.3、9.6、9.9、10.2、10.5、10.8、11.4、12.0、12.6、13.2、13.8、14.4、15.0
360 380	900、1 200	9.0、9.3、9.6、9.9、10.2、10.5、10.8、11.4、12.0、12.6、13.2、13.8、14.4、15.0、15.6、16.2、16.8、17.4

推荐的规格尺寸：高度宜为 120、180、240、300、360mm。标志宽度宜为 900、1 200mm。标志长度不宜大于高度的 40 倍。

2. 空心板截面各部位尺寸

表 6-17

板高 h	边肋宽 b_1	中肋宽 b_2	板面厚 t_1	板底厚 t_2
	mm，不小于			
120 150 180 200	25	25	20	20
240 250 300 360 380	30	30	25	25

3. 空心板的标记

空心板的标志由名称、高度、标志长度、标志宽度、荷载序号（或预应力配筋）组成。

表示方式：

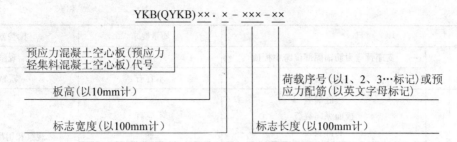

注：①预应力配筋 A、B 分别代表公称直径 5mm、7mm 的 1 570MPa 螺旋肋钢丝；C 代表公称直径 9mm 的 1 470MPa 螺旋肋钢丝；
D、E、F、G 分别代表公称直径 9.5mm、11.1mm、12.7mm、15.2mm 的 1 860MPa 七股钢绞线。
②同一设计中应选择荷载序号或预应力配筋两者中的一种表达。
标记示例：YKB 24.12-102-1　　　　YKB 18.9-63-B

4. 预应力混凝土空心板的生产要求

生产空心板的预应力筋宜采用强度标准值为 1 570MPa 的螺旋肋钢丝、强度标准值为 1 860MPa 的七股钢绞线，也可采用其他强度标准值不小于 1 470MPa 的螺旋肋钢丝、钢绞线。其材质和性能应符合相关产品标准的规定。

不同规格空心板的预应力筋种类 表 6-18

板　高　（mm）	预应力筋种类	公称直径（mm）
120、150、180、200	1 570MPa 螺旋肋钢丝	5、7
	1 470MPa 螺旋肋钢丝	9
240、250、300、360、380	1 860MPa 七股钢绞线	9.5、11.1、12.7、15.2

非预应力筋宜采用热轧带肋钢筋及其焊接网片，也可采用其他钢筋及其焊接网片，其性能应符合国家有关标准的规定。

吊环应采用未经冷加工的 HPB235 级热轧钢筋或 Q235 热轧盘条制作，预埋件应采用 Q235 钢制作。其材质应符合国家有关标准的规定。

空心板的混凝土强度等级不应低于 C30。轻集料混凝土强度等级不应低于 LC30。

放张预应力筋时的混凝土强度必须符合设计要求；当设计无明确要求时，不得低于设计混凝土立方体抗压强度标准值的 75%。

空心板预应力筋的混凝土保护层应符合设计要求，且不应小于 20mm。预应力筋之间的净间距对螺旋肋钢丝不应小于 15mm，对七股钢绞线不应小于 25mm，且不应小于钢筋公称直径的 1.5 倍。预应力筋与空心板内孔净间距不应小于钢筋公称直径，且不应小于 10mm。

空心板预应力筋的张拉控制应力应符合设计要求。预应力筋张拉锚固后实际建立的预应力总值与检验规定值的偏差不应超过 ±5%。浇筑混凝土前发生断裂或滑脱的预应力筋应予以更换。

空心板预应力筋实际建立的预应力总值的检验，应采用千斤顶或张拉应力测定仪器在张拉后 1h 量测检查。

5. 空心板的外观质量

表 6-19

项　目		质量要求	检验方法
露筋	主筋	不应有	观察
	副筋	不宜有	
孔洞	任何部位	不应有	观察

续表 6-19

项 目		质量要求	检验方法
蜂窝	支座预应力筋锚固部位跨中板顶	不应有	观察
	其余部位	不宜有	观察
裂缝	板底裂缝 板面纵向裂缝 肋部裂缝	不应有	观察和用尺、刻度放大镜量测
	支座预应力筋挤压裂缝	不宜有	
	板面横向裂缝 板面不规则裂缝	裂缝宽度不应大于 0.10mm	
板端部缺陷	混凝土疏松、夹渣或外伸主筋松动	不应有	观察、摇动 外伸主筋
外表缺陷	板底表面	不应有	观察
	板顶、板侧表面	不宜有	
外形缺陷		不宜有	观察
外表沾污		不应有	观察

注:①露筋指板内钢筋未被混凝土包裹而外露的缺陷。

②孔洞指混凝土中深度和长度均超过保护层厚度的孔穴。

③蜂窝指板混凝土表面缺少水泥砂浆而形成石子外露的缺陷。

④裂缝指伸入混凝土内的缝隙。

⑤板端部缺陷指板端处混凝土疏松、夹渣或受力筋松动等缺陷。

⑥外表缺陷指板表面麻面、掉皮、起砂和漏抹等缺陷。

⑦外形缺陷指板端头不直、倾斜、缺棱掉角、棱角不直、翘曲不平、飞边、凸肋和疤瘤等缺陷。

⑧外表沾污指构件表面有油污或其他黏杂物。

⑨对不影响结构性能及安装使用性能的外观质量缺陷,允许采用提高一个强度等级的细石混凝土或水泥砂浆及时修补。

6. 空心板的尺寸允许偏差

表 6-20

项号	项 目		允许偏差	检 验 方 法
1	长度(mm)		+10,-5	用尺量测平行于板长度方向的任何部位
2	宽度(mm)		±5	用尺量测垂直于板长度方向底面的任何部位
3	高度(mm)		±5	用尺量测与边竖向垂直的任何部位
4	侧向弯曲(mm)		$L/750$ 且≤20	拉线用尺量测,侧向弯曲最大处
5	表面平整(mm)		5	用 2m 靠尺和塞尺,量测靠尺与板面两点间的最大缝隙
6	主筋保护层厚度(mm)		+5,-3	用尺或用钢筋保护层厚度测定仪量测
7	预应力筋与空心板内孔净间距(mm)		+5,0	用尺量测板端面
8	对角线差(mm)		10	用尺量测板面两个对角线
9	预应力筋在板宽方向的中心位置与规定位置偏差(mm)		<10	用尺量测板端面
10	预埋件	中心位置偏移(mm)	10	用尺量测纵、横两个方向中心线,取其中较大值
		与混凝土面平整(mm)	<5	用平尺和钢板尺量测
11	板端预应力筋外伸长度(mm)		+10,-5	用尺在板端面量测
12	板端预应力筋内缩值(mm)		5	用尺在板端面量测
13	翘曲		$L/750$	用调平尺在板两端量测
14	板自重		+7%,-5%	用衡器称量

注:①L 为板的标志长度。

②第 11 项适用于设计要求预应力筋外伸的构件。

③第 12 项适用于设计不要求预应力筋外伸的构件。

④第 13、14 项仅用于型式检验。

7.预应力混凝土空心板的标志和储运要求

(1)空心板出厂标志的内容包括:产品标记、生产日期(年、月、日)、检验合格章、制造厂名称或商标。

(2)预应力混凝土空心板应按型号、品种和生产日期分别堆放。堆放时的支垫位置应符合设计要求,应在空心板的两端设置垫土,垫土应上下对齐,垫平垫实,不得有一角存在脱空现象。堆放场地应平整夯实,堆放层数不宜超过 10 层,堆高不宜超过 2.5m。预应力混凝土空心板装运时的吊装、支垫位置和方法应符合空心板的受力状态,并符合设计要求。

(三)预应力混凝土肋形屋面板(GB/T 16728—2007)

预应力混凝土肋形屋面板的跨度为 6m,采用先张法生产。主要用于工业建筑中,民用建筑中的肋形屋面板可参考使用。

预应力混凝土肋形屋面板(简称板)分为:屋面板、檐口板、嵌板、嵌板檐口板四类。各类板的平、剖面及截面各部位尺寸见图 6-12~图 6-15。

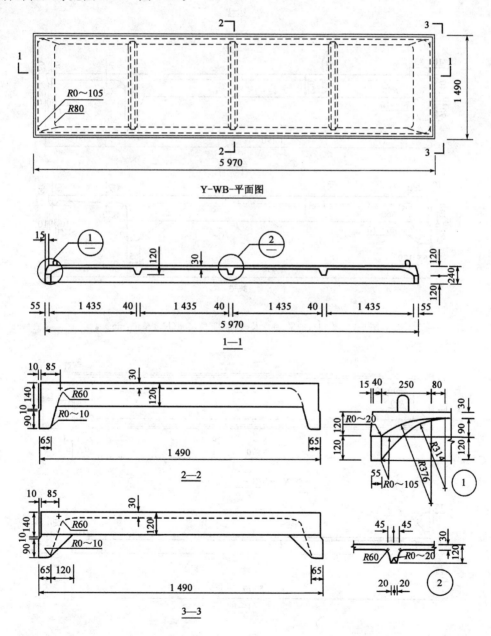

图 6-12　屋面板的平、剖面及截面各部位尺寸(尺寸单位:mm)

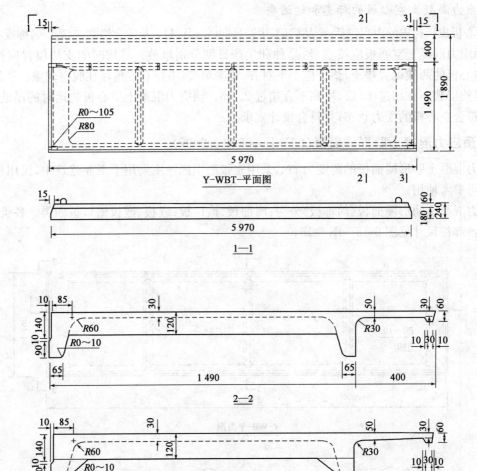

图 6-13　檐口板的平、剖面及截面各部位尺寸(尺寸单位:mm)

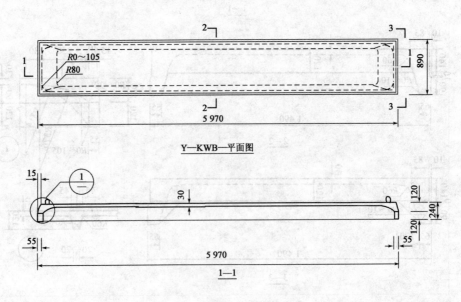

图　6-14

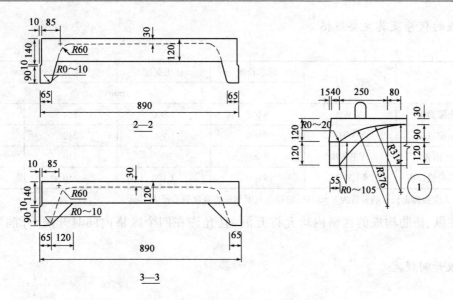

图 6-14　嵌板的平、剖面及截面各部位尺寸(尺寸单位:mm)

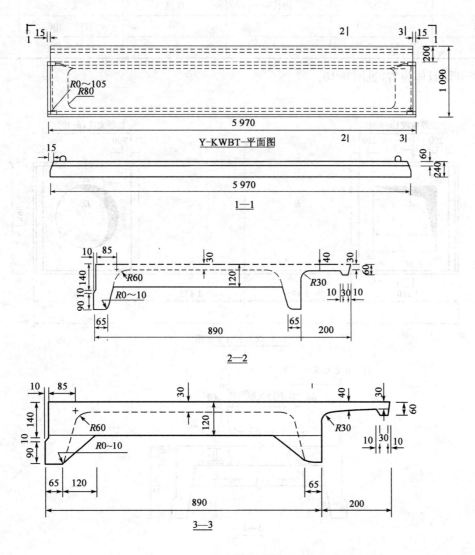

图 6-15　嵌板檐口板的平、剖面及截面各部位尺寸(尺寸单位:mm)

1.各类板的代号及其主要规格

表 6-21

名　称	代　号	标志长度	标志宽度	纵肋高度	面板厚
		mm			
预应力混凝土屋面板	Y-WB	6 000	1 500	240	30
预应力混凝土檐口板	Y-WBT	6 000	1 900	240	30
预应力混凝土嵌板	Y-KWB	6 000	900	240	30
预应力混凝土嵌板檐口板	Y-KWBT	6 000	1 100	240	30

注:板的制作长度和标志长度的差值为 30mm;板的制作宽度和标志宽度的差值为 10mm。

屋面板在纵、横肋构成的区格内均允许开洞,且允许在四个区格内同时开洞,开洞区格面板需加厚。

2.屋面板开洞规定

表 6-22

开洞形式	开洞尺寸(mm)		加厚尺寸(mm)		备注
	直径ϕ	边长a	厚度	宽度	
圆形	300~1 100	—	50	直径+400	
正方形	—	300~1 100	50	边长+400	

屋面板开洞具体位置,见图 6-16。

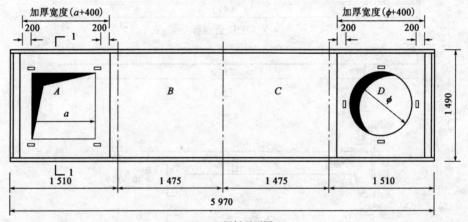

Y—WB—X开洞板平面图

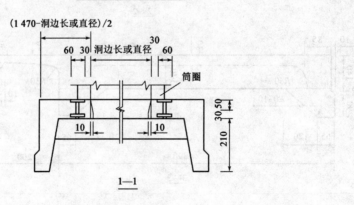

1—1

图 6-16　屋面板开洞位置图(尺寸单位:mm)

3.屋面板的标记和生产要求

板的标记由板代号、荷载等级、主筋类别组成,其表示方法如下:

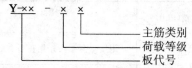

如:荷载等级为2级,主筋类别为冷拉HRB335级热轧带肋钢筋的预应力混凝土屋面板的标记为 Y-WB-2。

生产板的各种原材料质量应符合有关国家、行业现行标准的规定。

其中:水泥宜采用强度等级不低于32.5的普通硅酸盐水泥、硅酸盐水泥,蒸汽养护时也可采用强度等级不低于32.5的矿渣硅酸盐水泥。砂子宜采用中砂,粗集料宜采用粒径为5~20mm的碎石。混凝土中严禁使用含氯盐的外加剂。板的混凝土强度等级不应低于C30。纵肋主筋预应力钢筋可采用冷拉热轧钢筋、螺旋肋钢丝,也可采用其他适合用于肋形板的钢筋种类和符合国家现行标准的预应力钢筋。非预应力筋宜采用冷轧带肋钢筋CRB550、热轧钢筋HPB235级和HRB335级。吊钩应采用未经冷加工的HPB235(Q235)级钢筋制作,预埋钢板应采用Q235-B制作。

板的混凝土保护层厚度应满足环境类别要求,一类环境类别时,纵肋主筋保护层不应小于25mm,横肋及面板保护层不应小于10mm。

预应力筋实际建立的预应力总值与检验规定值偏差为±5%。

当设计无明确要求时,预应力放张时的混凝土立方体抗压强度不得低于设计混凝土强度等级值的75%。

4.板的外观质量及检验方法

表6-23

项 目		质 量 要 求	检 验 方 法
露筋	主筋	不应有	观察
	副筋	外露总长度不超过500mm	观察、用尺量测
孔洞	任何部位	不应有	观察
蜂窝	主要受力部位	不应有	观察
	次要部位	总面积不超过所在板面面积的1%,且每处不超过0.01m²	观察或用百格网量测
裂缝	板面纵向裂缝	缝宽不大于0.15mm,且缝长度总和不大于$L/4$,挑檐部位不应有	观察和用尺、刻度放大镜量测
	板面横向裂缝	长度不超过板宽的1/2,且不延伸到侧边,缝宽不大于0.15mm	
	肋裂	不应有	
	角裂	仅允许一个角裂,且不延伸到板面	
外形缺陷		不宜有	观察
外表缺陷		不应有	观察
外表沾污		不应有	观察

注:①露筋指板内钢筋未被混凝土包裹而外露的缺陷。
　　②孔洞指混凝土中深度和长度均超过保护层厚度的孔穴。
　　③蜂窝指板混凝土表面缺少水泥砂浆而形成石子外露的缺陷。
　　④裂缝指伸入混凝土内的缝隙。
　　⑤外形缺陷指板端头不直、倾斜、缺棱掉角、飞边和凸肋疤瘤。
　　⑥外表缺陷指板表面麻面、掉皮、起砂和漏抹。
　　⑦外表沾污指构件板表面有油污或黏杂物。
　　⑧主要受力部位指弯矩剪力较大部位。
　　⑨不超过规定的露筋、蜂窝和不影响结构性能及使用性能的缺陷,允许用强度等级高一级的细石混凝土及时修补。

5.板的部分项目允许偏差及检测方法

表 6-24

项　　目		允许偏差(mm)	检　测　方　法
长度		+10,−5	用尺量测平行于板长度方向的纵肋底部两端部位
宽度		±5	用尺量测垂直于板长度方向两纵肋底部外侧的任何部位
高度		+5,−3	用尺量测竖向垂直于面板的纵肋底至板面的任何部位
面板厚度		+4,−2	用尺量测竖向垂直于面板的面板的纵肋底至面板底的量测高度部位附近的部位
肋宽	纵肋	+4,−2	用尺量测
	横肋		用尺量测
侧向弯曲		L/750	拉线用尺量测侧向弯曲最大处
表面平整		5	用 2m 靠尺和楔形塞尺,量测靠尺与板面两点间的最大缝隙
预埋件	中心位置偏移	10	用尺量测纵、横两个方向中心线,取其中较大值
	与混凝土面平整	5	用平尺和钢板尺量测
预留孔洞	中心位置偏移	10	用尺量测纵、横两个方向中心线,取其中较大值
	规格尺寸	+10,0	用尺量测
主筋保护层厚度		±3	用尺或钢筋保护层厚度测定仪量测
对角线差		7	用尺量测板面两个对角线差
翘曲		L/750	用调平尺在板两端、四角量测

6.屋面板的交货状态和储运要求

(1)板的结构性能包括承载力、挠度、抗裂(或裂缝宽度)应符合设计要求,并按规定对使用阶段及制作、运输、安装等施工阶段进行检验验证。

(2)板应设有永久性标志,内容包括:产品标记(标注在板端侧面)、制造厂名称或商标、生产日期(年、月、日)、检验合格章。

(3)板应按型号、质量等级、品种和生产日期分别堆放,并注意受力方向。堆放时的支承位置应符合其受力情况设置垫木,垫木顶面高程一致,距板端位置应符合设计要求,并应上下对齐,垫平垫实。堆放场地应平整夯实,堆放时应使板与地面之间留有一定空隙,并有排水措施。板装运时的支承位置和方法应符合其受力状态,并固定牢靠。

(四)叠合板用预应力混凝土底板(GB/T 16727—2007)

叠合板用预应力混凝土底板主要用于房屋建筑楼盖与屋盖。按底板截面形式分为叠合板用预应力混凝土实心底板,代号 YSD;叠合板用预应力混凝土空心底板,代号 YKD。

1.预应力混凝土实心底板

预应力混凝土实心底板的规格:

预应力混凝土实心底板的厚度 50mm(当标志长度小于 3 600mm 时,板厚可取 40mm);标志长度 3 000~4 800mm;标志宽度 600mm、1 200mm。

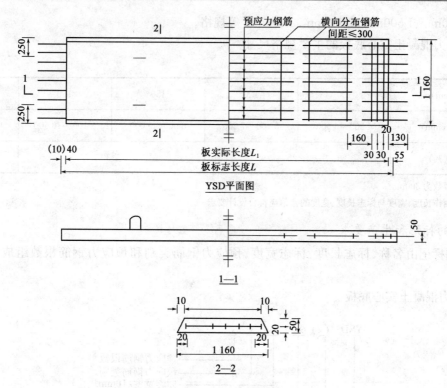

图 6-17　预应力混凝土实心底板示例图(尺寸单位:mm)

2.预应力混凝土空心底板

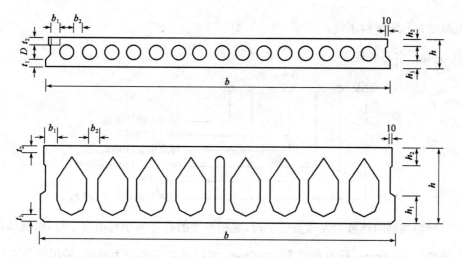

图 6-18　预应力混凝土空心板模板示例图(尺寸单位:mm)

b-板宽;b_1-边肋宽度;b_2-中肋宽度;h-板高;h_2-下齿高度;h_1-上齿高度;t_1-板底厚度;t_2-板面厚度

(1)预应力混凝土空心底板模板尺寸

表 6-25

h	b_1	b_2	h_1	h_2	t_1	t_2
mm						
100、120、150	≥25			≥30	≥30	
180、200				≥35		

(2)预应力混凝土空心底板的规格

预应力混凝土空心底板的标志宽度以 600mm 和 1 200mm 为主,实际需要时也可增加 500mm、

900mm、1 000mm、1 500mm、1 800mm、2 400mm 等规格。

(3)预应力混凝土空心底板的主要规格尺寸

表 6-26

厚度(mm)	100	120	150	180	200
标志长度(mm)	4 500~6 000	5 400~7 200	6 000~9 000	8 100~10 500	9 000~11 100
空心率(%)	≥25		≥30		≥34

注:①板长模数为 300mm。

②板的制作长度、宽度与标志长度、宽度的差值应符合设计要求。

3.底板的标记和生产要求

(1)板的标记由名称、标志长度、标志宽度、预应力钢筋类别和预应力钢筋根数组成,其表示方法如下:

①预应力混凝土实心底板

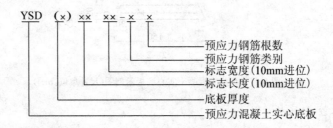

注:底板厚度为 50mm 时不注。

②预应力混凝土空心底板

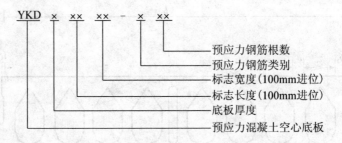

注:预应力钢筋类别的符号为大写英文字母,底板厚度的符号为小写英文字母,由具体设计约定。

如:标志长度为 3 600mm,标志宽度为 1 200mm,并以 B 代表预应力钢筋,采用钢筋直径为 5mm 的 CRB800 级冷轧带肋钢筋,钢筋根数为 15 根的预应力混凝土实心底板的标记为:YSD3612-B15。

(2)用于生产底板的各种原材料质量应符合国家、行业现行有关标准的规定。

其中,水泥宜采用强度等级不低于 32.5 的普通硅酸盐水泥、硅酸盐水泥,蒸汽养护时也可采用强度等级不低于 32.5 的矿渣硅酸盐水泥。砂子宜采用中砂,粗集料宜采用粒径为 5~20mm 的碎石。混凝土中严禁使用含氯盐的外加剂。板的混凝土强度等级不应低于 C30。预应力钢筋宜采用冷轧带肋钢筋 CRB550、消除应力低松弛螺旋肋钢丝和钢绞线,也可采用符合国家标准的其他种类的预应力钢筋。非预应力筋宜采用冷轧带肋钢筋 CRB550、热轧钢筋 HPB235 级和 HRB335 级。吊钩应采用未经冷加工的 HPB235(Q235)级钢筋制作,预埋钢板应采用 Q235-B 制作。

预应力筋实际建立的预应力总值与检验规定值偏差为±5%。

(3)当设计无明确要求时,预应力放张时的混凝土立方体抗压强度不得低于设计标准值的 75%。

4.底板的外观质量

表 6-27

项 目		质 量 要 求	检 验 方 法
露筋	主筋	不应有	观察
	副筋	不宜有	观察、用尺量测
孔洞	任何部位	不应有	观察
蜂窝	主要受力部位	不应有	观察
	次要部位	总面积不超过所在板面面积的1%,且每处不超过0.01m²(实心板不应有)	观察或用百格网量测
裂缝	板面纵向裂缝	缝宽不大于0.15mm,缝长度总和不大于L/4,且单条不大于600mm	观察和用尺、刻度放大镜量测
	板面横向裂缝	长度不超过板宽的1/3,且不延伸到侧边,缝宽不大于0.1mm	
	肋裂	不应有	
	板底裂缝	不应有	
	角裂	仅允许一个角裂,且不延伸到板面	
板端部缺陷	混凝土酥松或外伸主筋松动	不应有	观察、摇动
外表缺陷	板底表面	不应有	观察
	板顶、板侧表面	不宜有(实心板不应有)	
外形缺陷		影响安装及使用功能的不应有,其他不宜有(实心板不应有)	观察
外表沾污		不应有	观察

注:①露筋指板内钢筋未被混凝土包裹而外露的缺陷。
　　②孔洞指混凝土中深度和长度均超过保护层厚度的孔穴。
　　③蜂窝指板混凝土表面缺少水泥砂浆而形成石子外露的缺陷。
　　④裂缝指伸入混凝土内的缝隙。实心板不允许有垂直预应力钢筋方向的横向裂缝。实心板出现平行于预应。
　　　力筋的纵向裂缝时,应按设计要求处理,但网状裂纹、龟裂水纹等不在此限。
　　⑤板端部缺陷指板端处混凝土疏松或受力筋松动等缺陷。
　　⑥外形缺陷指板端头不直、倾斜、缺棱掉角、飞边和凸肋疤瘤。
　　⑦外表缺陷指板表面麻面、掉皮、起砂和漏抹。
　　⑧外表沾污指构件板表面有油污或黏杂物。
　　⑨主要受力部位指弯矩剪力较大部位。
　　⑩板上表面应加工成密实的粗糙面。当表面无结合筋时,底板上表面应做成凹凸不小于4mm的人工粗糙面,设计中应标明对
　　　板上表面粗糙程度的技术要求和检验方法。
　　⑪板底应平直。板底平整度的允许偏差对板底不吊顶者为4mm;对有吊顶者为5mm。对板底平整度的检查方法应检查生产平
　　　台,不宜采用直接检查板的方法。
　　⑫对不超过规定的蜂窝和不影响结构性能及安装使用性能的缺陷,可用强度等级高一级的细石混凝土及时修补并再次检查。
　　⑬当预应力钢筋调直时,对发生死弯、劈裂、小刺、夹心、颈缩、机械损伤、氧化铁皮、肉眼可见麻坑现象应予以剪去。

5.底板的尺寸允许偏差与检测方法

表 6-28

项 目	允许偏差	检 测 方 法
长度(mm)	+10,-5	用尺量测平行于板长度方向的任何部位
宽度(mm)	±5	用尺量测垂直于板长度方向底面的任何部位
高度(mm)	+5,-3	用尺量测与长边竖向垂直的任何部位
对角线(mm)	10	用尺量测板面两个对角线差
侧向弯曲(mm)	L/750 且≤20	拉线用尺量测侧向弯曲最大处
翘曲(mm)	L/750	用调平尺在板两端量测
表面平整度(mm)	5	用2m靠尺和楔形塞尺,量测靠尺与板面两点间的最大缝隙
板底平整度(mm)	4,5	在板侧立情况下,用2m靠尺和楔形塞尺,量测靠尺与板底两点间的最大缝隙
预应力钢筋间距(mm)	5	用尺量测
预应力钢筋在板宽方向的中心位置与规定位置偏差(mm)	<10	用尺量测
预应力钢筋保护层厚度(mm)	+5,-3	用尺或钢筋保护层厚度测定仪量测
预应力钢筋外伸长度(mm)	+30,-10	用尺在板两端量测

项 目		允许偏差	检 测 方 法
预埋件	中心位置偏移(mm)	10	用尺量测纵、横两个方向中心线,取其中较大值
	与混凝土面平整(mm)	5	用平尺和钢板尺量测
预留孔洞	中心位置偏移(mm)	10	用尺量测纵、横两个方向中心线,取其中较大值
	规格尺寸(mm)	+10,0	用尺量测
板自重		±7%	用衡器量测

注:①板自重仅用于型式试验。
　　②L 为板长。

6. 底板的标志要求和储存要求

同预应力混凝土肋形屋面板。

(五)水泥刨花板(GB/T 24312—2009)

水泥刨花板是用水泥为胶凝材料、刨花(由木材、麦秸、稻草、竹材等制成)为增强材料并加入其他化学添加剂,通过成型、加压和养护等工序制成。

1. 水泥刨花板的分类

表 6-29

分类形式	类 别
按结构分	单层结构、三层结构、多层结构、渐变结构等水泥刨花板
按增强材料分	木材水泥刨花板、麦秸水泥刨花板、稻草水泥刨花板、竹材水泥刨花板和其他增强材料的水泥刨花板
按生产方式分	平压水泥刨花板、模压水泥刨花板
按外观质量和理化性能分	优等品、合格品

2. 水泥刨花板的规格尺寸

水泥刨花板的幅面尺寸:长度 2 440～3 600mm;宽度 615～1 250mm。

水泥刨花板的公称厚度为 4mm、6mm、8mm、10mm、12mm、15mm、20mm、25mm、30mm、36mm、40mm 等。

其他幅面尺寸及厚度的水泥刨花板,由供需双方商定。

3. 水泥刨花板的尺寸偏差

长度和宽度的允许偏差为±5mm。厚度的允许偏差见表 6-30。

水泥刨花板厚度允许偏差　　表 6-30

公称厚度	未 砂 光 板				砂光板
	<12mm	12mm≤h<15mm	15mm≤h<19mm	≥19mm	±0.3
允许偏差(mm)	±0.7	±1.0	±1.2	±1.5	

4. 板边缘直度、翘曲度和垂直度允许偏差

表 6-31

项 目	指 标	项 目	指 标
板边缘直度(mm/m)	±1	垂直度(mm/m)	≤2
翘曲度(%)	≤1.0		

注:厚度不大于 10mm 的板,不测翘曲度。

5.水泥刨花板的外观质量和理化性能

表 6-32

类别	项目	指标	
		优等品	合格品
外观质量	边角残损	不允许	<10mm,不计;10～20mm,不超过 3 处
	断裂透痕		<10mm,不计;10～20mm,不超过 1 处
	局部松软		宽度<5mm 不计; 宽度 5～10mm,或长度≤1/10 板长,1 处
	板面污染		污染面积≤100mm²
理化性能	密度(kg/m³)	≥1 000	
	含水率(%)	6～16	
	浸水 24h 厚度膨胀率(%)	≤2	
	静曲强度(MPa)	≥10.0	≥9.0
	内结合强度(MPa)	≥0.5	≥0.3
	弹性模量(MPa)	≥3 000	
	浸水 24h 静曲强度(MPa)	≥6.5	≥5.5
	垂直板面握螺钉力(N)	≥600	
	燃烧性能	B 级	

注:①表中密度指标是刨花板含水率为 9%时所测得的值。
　　②当产品应用场合有抗冲击性要求或用户需要时,对刨花板应进行抗冲击性能检测,检测结果不得出现贯穿裂纹。

6.水泥刨花板的交货状态和储运要求

水泥刨花板成批交付时,应进行外观质量、规格尺寸、理化性能检验,凡有 1 项不合格的,应拒收该批产品。

如果用户要求对交付的产品进行检验时,应从到货之日起三个月内向供方提出,并请法定检验单位按 GB/T 24312 标准进行检验。

水泥刨花板以立方米(m³)为计量单位(允许偏差不得计算在内)。成批交货时,计量应精确到 0.01m³,测算单张刨花板时应精确到 0.000 1m³。

产品应加盖产品名称或商标、规格、等级、生产日期和检验员代号的标记。

水泥刨花板的储运要求:

水泥刨花板应按不同类型、规格、等级分别妥善包装。每个包装应挂有注明产品名称、生产厂名、厂址、执行标准、商标、规格、张数、防潮以及盖有合格章的标签。储存环境应干燥、通风良好。堆放场地必须坚实。露天储存时应有防雨遮盖,堆垛下部应有防潮措施。堆垛高度不宜超过 1.8m。水泥刨花板在储运时应平整堆放,注意防潮、防雨、防晒、防变形。

(六)涂装水泥刨花板(GB/T 28996—2012)

涂装水泥刨花板是适用于外墙的、表面经涂饰的水泥刨花板。刨花板按表面状态分为平面型和浮雕型两种。

1.涂装水泥刨花板的规格尺寸

涂装水泥刨花板基本厚度为 12、14、15、20、26mm 等;长度为 2 440～3 600mm;宽度为 615～1 250mm。

涂装水泥刨花板的长度和宽度的尺寸允许偏差为±1.0mm;

涂装水泥刨花板厚度尺寸允许偏差　　　　表 6-33

厚度	mm	≤14	15～17	18～19	20～23	24～26
允许偏差		±1	±1.2	±1.4	±1.6	±2

2.涂装水泥刨花板的边缘直度、平整度、垂直度允许偏差

表 6-34

项　目	单　位	指标值
边缘直度	mm/m	±1
平整度	mm	≤幅面对角线长×0.5％
垂直度	mm/m	≤2

注:厚度不大于10mm的不测平整度。

3.涂装水泥刨花板的外观质量

表 6-35

缺陷名称	要　求
裂纹、透裂、漏涂	不允许
缺损、表面夹杂物、表面龟裂	不明显
花纹以外的凹凸、污斑、擦伤、划痕	不明显
色泽不均	不明显

注:不明显指在视距3m处不能清晰地观察到的缺陷。

4.涂装水泥刨花板的理化性能

表 6-36

项　目	单　位	指　标
含水率	％	≤16
静曲强度	MPa	≥9.0
涂层附着性能	％	涂层的剥离面积不大于5
耐人工气候老化性能 白色和浅色	—	600h 不起泡、不剥落、无裂纹 粉化,不大于1级 变色,不大于2级 其他色,商定
耐冻融循环性试验	—	表面的剥离面积率小于2％,无明显的层间剥离,并且厚度变化率小于10％
耐透水性能	mm	减水高度不大于10
吸水引起的弯曲变形	mm	≤2
抗冲击性能	—	不产生透裂
表面耐洗刷性能	次	≥2 000
燃烧性能	—	B级

注:厚度小于14mm的板不测抗冲击性能。

5.涂装水泥刨花板的交货状态和储运要求

涂装水泥刨花板成批交付时,应进行外观质量、规格尺寸、理化性能检验,凡有1项不合格的,该批产品为不合格。

产品应加盖产品名称、商标、规格、生产日期和检验员代号的标志。

涂装水泥刨花板的包装、储运要求同水泥刨花板。

(七)纤维增强低碱度水泥建筑平板(JC/T 626—2008)

纤维增强低碱度水泥建筑平板以温石棉、短切中碱玻璃纤维或以抗碱玻璃纤维等为增强材料,以低

碱度硫铝酸盐水泥为胶结材料制成的,简称"平板"。主要用于室内的非承重内隔墙和吊顶平板等。

平板按石棉掺入量分为:掺石棉纤维增强低碱度水泥建筑平板,代号为 TK;无石棉纤维增强低碱度水泥建筑平板,代号为 NTK。按尺寸偏差和物理力学性能分为:优等品(A)、一等品(B)、合格品(C)。

生产平板的原材料中应使用五级和五级以上的温石棉和强度等级不低于 42.5 的低碱度硫铝酸盐水泥;宜选用直径 15μm 左右、长度为 15～25mm 的短切中碱玻璃纤维或抗碱玻璃纤维。NTK 板必须采用抗碱玻璃纤维。

平板按分类(代号)、规格、等级和标准编号顺序标记。

标记示例:TK　1 800×900×6　A　JC/T 626—2008。

1.平板的规格尺寸及尺寸允许偏差

表 6-37

项　目		指　标			
		尺寸	尺寸允许偏差		
			优等品	一等品	合格品
长度	mm	1 200,1 800,2 400,2 800	±2	±5	±8
宽度		800,900,1 200			
厚度		4,5,6	±0.2	±0.5	±0.6
厚度不均匀度　不大于	%		8	10	12

注:①其他规格或边缘未经切削的板材,由供需双方商定。
　②厚度不均匀度指同块板厚度的极差除以公称厚度。

2.平板的外观质量

板的下面应平整、光滑、边缘整齐,不应有裂缝、孔洞;经加工的板的边缘垂直度的偏差不应大于 3mm/m;边缘平直度、长或宽的偏差不应大于 2mm/m;板的缺角(长×宽)不能大于 30mm×20mm,且一张板缺角不能多于一个;板的平整度不应超过 5mm。

3.平板的物理力学性能

表 6-38

项　目		TK			NTK	
		优等品	一等品	合格品	一等品	合格品
抗折强度(MPa)	≥	18	13	7.0	13.5	7.0
抗冲击强度(kJ/m²)	≥	2.8	2.4	1.9	1.9	1.5
吸水率(%)	≤	25	28	32	30	32
密度(g/cm³)	<	1.8	1.8	1.6	1.8	1.6

4.平板的交货状态和储运要求

(1)凡外观质量、尺寸允许偏差、物理力学性能的检验结果,有 1 项不符合规定的,则该批量产品不符合相应等级要求。

(2)平板的正面应用不褪色的颜料标明生产厂名称、生产日期和产品规格。平板可采用集装箱或捆扎包装。包装上应注明标记和批号。运输和装卸时,产品应固定,不得抛掷和碰撞,并应有防雨措施。平板应按不同等级、规格分别堆放,并防雨淋,堆放场地必须平坦、坚实,堆放高度一般不得超过 1.5m。

(八)纤维增强硅酸钙板

纤维增强硅酸钙板分为无石棉硅酸钙板(JC/T 564.1—2008)和温石棉硅酸钙板(JC/T 564.2—2008)两类。

纤维增强硅酸钙板是以无机矿物纤维或纤维素纤维等松散短纤维为增强材料，以硅质、钙质材料为主体胶结材料，经成型、在高温高压饱和蒸汽中加速固化反应，形成硅酸钙胶凝体而制成的板材。

无石棉硅酸钙板是以非石棉类纤维为增强材料制成的纤维增强硅酸钙板，制品中石棉成分含量为零，简称硅钙板，代号为 NA。

温石棉硅酸钙板是以单一温石棉纤维或与其他增强纤维混合作为增强材料制成的纤维增强硅酸钙板，制品中含有温石棉成分，简称硅钙板，代号为 A。

硅钙板主要用于建筑物内墙板、外墙板、吊顶板、车厢、海上建筑、船舶内隔板等，兼有防火、隔热、防潮功能。

硅钙板的力学性能规定适用于硅钙板进行后续表面涂装、浸渍等工艺处理后的装饰性板材基材的力学性能，但不适用于经处理后的产品的耐老化性能。

1. 硅钙板的分类和等级

表 6-39

分 类 形 式		类 别
按密度分		D0.8、D1.1、D1.3、D1.5
按表面处理状态分		未砂光板(NS)、单面砂光板(LS)、双面砂光板(PS)
抗折强度等级	温石棉硅钙板	Ⅰ级、Ⅱ级、Ⅲ级、Ⅳ级、Ⅴ级
	无石棉硅钙板	Ⅱ级、Ⅲ级、Ⅳ级、Ⅴ级

2. 产品的标记和生产要求

(1)硅钙板按代号、密度类别、强度等级、表面处理状态、规格(长×宽×厚)、标准编号顺序标记。

如：A-D 1.1-Ⅲ-LS 2 440×1 220×6 JC/T 564.2—2008；

NA-D 1.1-Ⅲ-LS 2 440×1 220×6 JC/T 564.1—2008。

(2)生产硅钙板的原材料应符合国家、行业现行标准的有关规定。其中：宜优先采用长径比 L/D：$(20\sim30):1$、SiO_2 含量>50%、CaO 含量>46%的硅灰石；纸浆的纤维长度为 $1.6\sim2.7\text{mm}$；石英粉中的 SiO_2 含量不宜低于70%，烧失量不大于1.5%；生产不同密度的板材时，可加入适量对制品不产生损害作用的无机填料及絮凝剂。

3. 硅钙板的外观质量

表 6-40

项 目	质 量 要 求
正表面	不得有裂纹、分层、脱皮，砂光面不得有未砂部分
背面	砂光板未砂面积小于总面积的5%
掉角	长度方向≤20mm，宽度方向≤10mm，且一张板≤1个
掉边	掉边深度≤5mm

4. 硅钙板的规格尺寸

表 6-41

项 目		公 称 尺 寸
长度	mm	500～3 600(500、600、900、1 200、2 400、2 440、2 980、3 200、3 600)
宽度		500～1 250(500、600、900、1 200、1 220、1 250)
厚度		4、5、6、8、9、10、12、14、16、18、20、25、30、35

注：①长度、宽度只规定了范围，括号内的尺寸为常用规格，实际产品规格可在此范围内按建筑模数的要求进行选择。

②可按供需双方合同要求生产其他规格的产品。

5.硅钙板的尺寸偏差

表 6-42

项 目			尺 寸 偏 差
长度	mm	＜1 200	±2
		1 200～2 440	±3
		＞2 440	±5
宽度		≤900	0　－3
		＞900	±3
厚度		NS	±0.5
		LS	±0.4
		PS	±0.3
厚度不均匀度	％,不大于	NS	5
		LS	4
		PS	3
边缘直线度(mm)　不大于			3
对角线差	mm,不大于	长度＜1 200	3
		长度 1 200～2 440	5
		长度＞2 440	8
平整度(mm)			未砂面≤2;砂光面≤0.5

6.硅钙板的物理力学性能

表 6-43

项 目		密 度 类 别				纵横强度比(％) 不小于
		D0.8	D1.1	D1.3	D1.5	
密度(g/cm³)		≤0.95	0.95＜D≤1.2	1.2＜D≤1.4	＞1.4	—
导热系数(W/m·K) 不大于		0.2	0.25	0.3	0.35	—
含水率	％,不大于	10				—
湿胀率		0.25				—
热收缩率		0.5				—
不燃性		GB 8624　A 级　不燃材料				
抗冲击性(无石棉硅 钙板无此要求)		—		落球法试验 1 次,板面无 贯通裂纹		
不透水性		—		24h 检验后允许板反面 出现湿痕,但不得出现水滴		
抗冻性		—		经 25 次冻融循环,不得 出现破裂、分层		
抗折强度 (MPa)	Ⅰ级	—	4	5	6	58
	Ⅱ级	5	6	8	9	
	Ⅲ级	6	8	10	13	
	Ⅳ级	8	10	12	16	
	Ⅴ级	10	14	18	22	

注:①蒸压养护制品试样龄期为出压蒸釜后不小于 24h。
　　②抗折强度为试件干燥状态下测试的结果,以纵、横向抗折强度的算术平均值为检验结果;纵横强度比为同块试件纵向抗折强度与横向抗折强度之比。
　　③干燥状态是指试样在(105±5)℃干燥箱中烘干一定时间的状态,当板的厚度≤20mm 时,烘干时间不低于 24h,而当板的厚度＞20mm 时,烘干时间不低于 48h。
　　④表中列出的抗折强度指标为用变量法作抗折强度评定时的标准低限值(L)。

7.硅钙板的交货状态和储运要求

(1)当外观质量、尺寸偏差、物理力学性能的检验结果有1项不合格时,应对该项目进行复验,如果复验结果仍不合格时,该项目为不合格,该批产品应降级处理。

(2)硅钙板的背面应用不褪色的颜料标明产品标记、生产厂名称或商标、生产日期或批号;标志应标注在硅钙板的外包装上。

(3)硅钙板可采用木架、木箱或集装箱包装。应有防潮措施。人力搬运时,应侧立搬运;整垛搬运时应使用叉车提起搬运;长途运输时,运输工具应平整,减少振动,防止碰撞。装卸时严禁抛掷。硅钙板应按不同等级、类别、规格分别堆放,单垛高度不宜超过1.5m,堆放场地必须平坦、坚实。

(九)外墙用非承重纤维增强水泥板(JG/T 396—2012)

外墙用非承重纤维增强水泥板,包括非承重纤维增强水泥板和非承重低密度纤维增强水泥板,是以非石棉的无机矿物纤维、有机合成纤维或纤维素纤维(不包括木屑和钢纤维)单独或混合作为增强材料,以水泥或水泥中掺入硅质、钙质材料为基材制成的外墙非承重用板材,代号为WFX。适用于建筑外墙用围护墙板、面板和衬板。

外墙用无涂装纤维增强水泥板是指在使用前,经六面防水处理但未涂装的纤维增强水泥板,代号为W。

外墙用涂装纤维增强水泥板是指在使用前,经六面防水处理,并在板面涂装耐候性涂料的纤维增强水泥板,代号为T。

外墙用非承重低密度纤维增强水泥板是以水泥、硅质材料及纤维等为主要材料,经高压蒸汽养护制成的表观密度为 $1.0\sim<1.2g/cm^3$ 的外墙非承重低密度板材,简称低密度板。适用于非严寒地区,且高度在13m以下的建筑。

1.外墙用非承重纤维增强水泥板的分类

表 6-44

名称和代号	类 别 和 等 级			
	按表面加工处理分	按表面加工方式分	按断面分	按饱水状态抗折强度分
外墙用非承重纤维增强水泥板(WFX)	无涂装纤维增强水泥板(W)	—	—	Ⅰ级、Ⅱ级、Ⅲ级、Ⅳ级
	涂装纤维增强水泥板(T)			
外墙用非承重低密度纤维增强水泥板(低密度板)	—	工厂涂装的低密度板(表面涂装全部在工厂完成)	低密度空心板 低密度实心板	Ⅰ级、Ⅱ级
		现场涂装的低密度板(工厂预做底涂、现场做面涂)		

2.外墙用非承重纤维增强水泥板标记

外墙用非承重纤维增强水泥板(WFX),标记由产品名称、表面加工处理、表观密度、饱水状态抗折强度等级、规格尺寸(长×宽×厚)mm、标准号顺序组成。

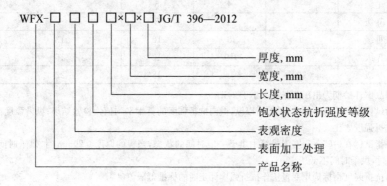

如：WFX-W1.5 Ⅱ 2 440×1 220×6 JG/T 396—2012

3. 纤维增强水泥板和低密度板的规格尺寸

表 6-45

名 称	项 目	公 称 尺 寸(mm)
纤维强度水泥板	长度	600～3 600
	宽度	150～1 250
	厚度	6～30
低密度板	全长及有效长度	900～3 300
	全宽及有效宽度	160～1 100
	厚度	14～26

注：①上述产品规格仅规定了范围，实际产品规格可在此范围内按建筑模数的要求进行选择。
　　②无搭接部分低密度板的有效宽度和长度为全宽和全长；有搭接部分低密度板的有效长度为全宽和全长分别减掉板缝重叠部
　　　分后的值，见图 6-19。

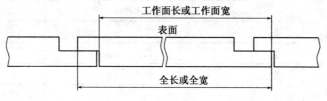

图 6-19　板缝搭接示意图

4. 纤维增强水泥板尺寸允许偏差和外观质量

表 6-46

项 目	尺 寸	允 许 偏 差(mm)
公称长度、公称宽度	≤1 000	±1
	＞1 000～2 000	±2
	＞2 000	±3
公称厚度	＜8	±0.5
	8～20	±0.8
	＞20	±1.0
对角线尺寸		≤4
板面平整度		≤1.0mm/2m
边缘直线度	板的面积≥0.4m² 或长宽比＞3 时	≤1mm/m
边缘垂直度		≤2mm/m
外观质量	正表面应平整、边缘整齐，不应有裂纹、分层、脱皮、起鼓等缺陷	

5.低密度板尺寸允许偏差和外观质量

表 6-47

低密度板厚度(mm)	允许偏差 (mm)		
	厚度	全长及工作面长度a	全宽及工作面宽度b
14	±1.0		
15～17	±1.2		
18～19	±1.4	±1	±1
20～23	±1.6		
24～26	±2.0		
对角线 不大于	2		
外观质量	表面应平整、边缘整齐,不应有裂纹、分层、脱皮等缺陷		

6.纤维增强水泥板和低密度板的力学性能

表 6-48

项 目		指 标	
		饱水状态抗折强度(MPa)	
		纤维增强水泥板	低密度板
强度等级 不小于	Ⅰ	7	4
	Ⅱ	13	7
	Ⅲ	18	—
	Ⅳ	24	—
抗冲击性		落球法试验冲击5次,板面无贯通裂缝	

注:①纤维增强水泥板抗折强度值为纵横两向的算术平均值。
　　②当纤维增强水泥平板长宽比≤7时,平板较弱方向的抗折强度不应小于平均抗折强度的70%。
　　③低密度板的力学性能不应带涂层检验。
　　④用于力学性能检验的纤维增强水泥板不应经防水处理或涂装处理。

7.纤维增强水泥板和低密度板的物理性能

表 6-49

项 目		指 标 要 求	
		纤维增强水泥板	低密度板
表观密度(D)(g/cm³)		≥1.2	1.0≤D<1.2
吸水率(%)		≤22	≤22
不透水性		24h检验后允许板反面出现湿痕,但不应出现水滴	水面降低的高度≤10mm
湿度变形(%)		≤0.07	≤0.07
导热系数(λ)		生产企业应该给出λ值	—
耐久性	抗冻性	冻融循环后,板面不应出现破裂分层;冻融循环试件与对比试件饱水状态抗折强度的比值应≥0.80	冻融循环100次后板面不应出现破裂分层;冻融循环试件与对比试件饱水状态抗折强度的比值应≥0.80
	耐热雨性能	经50次热雨循环,板面不应出现可见裂纹、分层或其他缺陷	—
	耐热水性能	60℃水中浸泡56d后的试件与对比试件饱水状态抗折强度的比值应≥0.80	
	耐干湿性能	浸泡—干燥循环50次后的试件与对比试件饱水状态抗折强度的比值应≥0.75	

项　目		指标要求	
		纤维增强水泥板	低密度板
燃烧性能		不低于 GB 8624—2012 不燃性 A2 级要求	不低于 GB 8624—2012 不燃性 A2 级要求
放射性		内照射指数 $I_{Ra}{\leqslant}1.0$ 外照射指数 $I_{\gamma}{\leqslant}1.0$	I_{Ra}（内照射指数）${\leqslant}1.0$ I_{γ}（外照射指数）${\leqslant}1.0$
由吸水引起的翘曲(mm)			${\leqslant}2$
耐人工气候老化 4 000h(8 000MJ/m²)	白色和浅色	—	不起泡、不脱落、不开裂
	粉化(级)		${\leqslant}0$
	色差(ΔE)		${\leqslant}5.0$
	失光(级)		${\leqslant}2$

注：①纤维增强水泥板冻融循环次数为严寒地区 100 次，寒冷地区 75 次，夏热冬冷地区 50 次，夏热冬暖地区 25 次。
　　②低密度板可带涂层进行物理性能检验，但必须在检验报告中明示。
　　③纤维增强水泥板进行物理性能检验时，不应经防水处理或涂装处理。

8.涂装板涂层的质量要求

表 6-50

项　目		质量要求
容器中状态		搅拌后均匀无硬块
涂膜外观		正常
光泽度偏差		${\leqslant}10$
铅笔硬度		${\geqslant}H$
耐冲击性(kg·cm)		${\geqslant}30$
附着力(级)	划格法	${\leqslant}0$
	划圈法	${\leqslant}1$
耐酸性(化学纯硫酸 50g/L)(168h)		无异常
耐砂浆性(24h)		无变化
耐水性(168h)		无异常
耐洗刷性(次)		${\geqslant}10\,000$
耐污染性		通过
耐沾污性(白色和浅色)(%)(含铝粉、珠光颜料的涂料除外)		${\leqslant}5$
耐溶剂(丁酮)擦试性(次)		${\geqslant}100$
耐磨耗性(L/μm)		${\geqslant}5$
耐盐雾性(4 000h)		不次于 1 级
耐温差性	外观	无变化
	剥离强度下降率(%)	${\leqslant}10$
	涂层附着力 （级） 划格法	0
	划圈法	1
耐人工气候老化 4 000h(8 000MJ/m²)	白色和浅色 粉化(级) 色差(ΔE) 失光(级)	不起泡、不脱落、不开裂 ${\leqslant}0$ ${\leqslant}5.0$ ${\leqslant}2$

注：①划圈法为仲裁方法。
　　②浅色是指以涂料为主要成分，添加适量色浆后配置成的浅色涂料形成的涂膜所呈现的浅颜色，按 GB/T 15608—2006 中4.3.2 规定明度值为 6～9 之间（三刺激值中的 $Y_{D65}{\geqslant}31.26$）。

9. 纤维增强水泥板的交货状态、标志和储运要求

(1)纤维增强水泥板交货时,宜进行六面防水处理。

(2)凡在检验样品中,板材的外观质量、尺寸允许偏差出现 2 张或 2 张以上不合格时,该批产品不合格;当出现 1 张不合格(检验项目 1 项或 1 项以上不合格)时,应加倍取样进行复验,如仍有 1 项不合格的,该批产品不合格。

(3)凡在检验样品中,板材的物理性能、力学性能出现 2 项或 2 项以上不合格时,该批产品不合格;当出现 1 项不合格时,应加倍取样对不合格项进行复验,如仍出现不合格项的,该批产品不合格。

(4)在纤维增强水泥板的背面,应采用不掉色的颜色注明产品标记、生产厂名、商标及生产日期或批号。标志应标注在产品外包装上。

(5)纤维增强水泥板可采用木架、木箱或集装箱包装,应有防潮措施。人力搬运时,应侧立搬运;整垛搬运时,应用叉车提起运输;长途运输时,运输工具应平整,减少振动,防止碰撞;装卸时严禁抛掷。堆放场地应坚实平坦,不同规格、类别、等级的产品应分别堆放,单垛高度不应超过 1.5m。

(十)木丝水泥板(JG/T 357—2012)

木丝水泥板是以普通硅酸盐水泥、白色硅酸盐水泥或矿渣硅酸盐水泥为胶凝材料,木丝为加筋材料,加水搅拌后经铺装成型、保压养护、调湿处理等工艺制成的板材,代号 WWCB。

木丝水泥板按密度分为中密度木丝水泥板和高密度木丝水泥板。

中密度木丝水泥板:密度为 $300\sim550kg/m^3$,分类代号为 Ⅰ 型;

高密度木丝水泥板:密度大于 $550\sim1\,200kg/m^3$,分类代号为 Ⅱ 型。

1. 木丝水泥板的标记

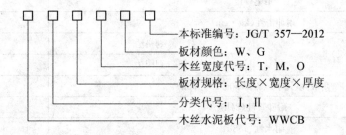

其中:

(1)木丝宽度代号:木丝宽度不小于 3mm 的代号为 T,木丝宽度在大于 1mm 至小于 3mm 之间的代号为 M,木丝宽度不大于 1mm 的代号为 O;

(2)板材颜色:白色水泥标记为 W,其他水泥标记为 G;

(3)板材规格:板材长度、宽度和厚度以毫米为单位。

如:长度 1 200mm,宽度 600mm,厚 25mm,木丝宽度不大于 1mm 的白色中密度木丝水泥板表示为:WWCB-Ⅰ-[1 200×600×25]-O-W-JG/T 357—2012。

2. 木丝水泥板的常用规格

表 6-51

项　　　目	规 格 尺 寸(mm)
长度 L	1 200~3 600(以 300 为模数进位)
宽度 B	600
厚度 D	12、15、20、25、35、50、75、100

注:其他非常用规格和单项工程的实际制作尺寸由供需双方协商确定。

3. 木丝水泥板尺寸允许偏差

表 6-52

项　　目		允许偏差(mm)
平整度	$D \leqslant 25$	±2.0
	$D > 25$	±3.0
长度	$L \leqslant 1\ 200$	±2.0
	$L > 1\ 200$	±4.0
宽度	$B \leqslant 600$	±2.0
	$B > 600$	±3.0
厚度	$D \leqslant 25$	±2.0
	$D > 25$	±3.0
对角线差	$D \leqslant 25$	≤2.0
	$D > 25$	≤3.0

4. 木丝水泥板的外观质量

木丝水泥板的表面应均匀平整,不应有明显的凹陷,不应翘曲、扭曲;木丝分布应均匀、无杂物;产品不应有妨碍使用的缺棱、缺角。

5. Ⅰ型木丝水泥板的技术性能

表 6-53

项　　目		性　能　指　标						
厚度(mm)		15	20	25	35	50	75	100
密度(kg/m³)		400~550	400~550	400~550	400~550	300~400	300~350	300~350
抗折强度(MPa)　大于	标态	2.0	1.80	1.50	1.30	1.00	0.80	0.5
	浸水 24h	1.8	1.5	1.2	1.0	0.8	0.6	0.4
压缩 10%的压缩应力(MPa)　不小于		0.2	0.2	0.2	0.2	0.15	0.15	0.15
吸水厚度膨胀率(%)　不大于		1						
板面握钉力(N)	不小于	300						
抗弯承载力,板自重倍数		1.5						
干燥收缩值(mm/m)　不大于		1.5						
导热系数(25℃)[W/(m·K)]		≤0.08						
燃烧性能		B1 级						
甲醛含量(mg/L)		≤0.1						
落锤冲击(1 000g/1m)		表面没有出现裂纹及明显的凹陷						
放射性		A 类装修材料　内照射指数≤1.0,外照射指数≤1.3						
降噪系数		达到设计及有关标准的要求						

注:①木丝水泥板的密度也可根据工程性质与设计要求确定。

　　②对试样的板面需用水泥净浆抹灰封闭后,再进行导热系数测定。

6. Ⅱ型木丝水泥板的技术性能

表 6-54

项　　目		性　能　指　标	
厚度(mm)		12	25
密度(kg/m³)		800~1 200	
抗折强度(MPa)　大于	标态	3.5	5.5
	浸水 24h	3.0	5.0

项 目		性 能 指 标
吸水厚度膨胀率(%)	不大于	1
干燥收缩值(mm/m)		1.8
板面握钉力(N)	不小于	500
抗弯承载力,板自重倍数		1.5
燃烧性能		B1 级
落锤冲击(1 000g/1m)		表面没有出现裂纹及明显的凹陷
放射性		A 类装修材料 内照射指数≤1.0,外照射指数≤1.3
甲醛含量(mg/L)		≤0.1
隔声性能		达到设计及有关标准的要求

注:①木丝水泥板的其他密度可根据工程性质与设计要求确定。
　　②如需要保温性能指标,由供需双方协商确定。

7. 木丝水泥板的交货状态和储运要求

(1)当外观质量、尺寸偏差、技术性能的检验结果有 1 项不合格时,应加倍抽样对该项目进行复检,如果复检结果仍不合格的,则该批产品不合格。如果有 2 项或 2 项以上不合格的,应加倍抽样对全部项目进行复检,如果复检结果仍有 1 项不合格的,则该批产品不合格。

(2)木丝水泥板可包装或散装。包装应牢固、可靠并方便运输;散装应保证底部平坦、稳固。运输工具应保持底部平整,固定好产品,不应立装。装卸、运输时,应防止碰撞、雨淋。人力搬运、装卸单张板时,应侧立搬运,严禁抛掷。

木丝水泥板应按不同用途分别堆放在干燥、通风良好的环境中,堆放场地应平坦、坚实。堆垛高度不宜超过 2m。露天储存时应有防雨遮盖,堆垛下部应有防潮措施。

二、混凝土输、排水管

(一)预应力混凝土管(GB 5696—2006)

预应力混凝土管是指在混凝土管壁内建立有双向预应力的预制混凝土管,包括一阶段管和三阶段管。

1. 预应力混凝土管的分类和用途

表 6-55

管子名称和代号	类别名称和代号		接头形式	公称内径(mm)	工作压力(MPa)	覆土深度(m)	结构形式	管子外保护层	主要用途
预应力混凝土管	一阶段管(振动挤压工艺)	传统一阶段管(YYG)	滚动密封胶圈柔性接头(YYG、YYGS、SYG)	400~3 000	≤1.2	≤10	整体式	混凝土	城市给水系统、排水系统、工业和水利输水管线、农田灌溉、工厂管网和深覆土涵管等
		一阶段逊他布管(YYGS)							
	三阶段管(管芯缠绕工艺)	传统三阶段管(SYG)	滑动密封胶圈柔性接头(SYGL)				复合式	水泥砂浆	
		三阶段罗克拉管(SYGL)							

注:YYG——传统的一阶段管;YYGS——采用瑞典"逊他布"管型尺寸制造的管子,简称一阶段逊他布管;SYG——传统的三阶段管;SYGL——采用澳大利亚罗克拉管型尺寸制造的管子,简称三阶段罗克拉管。

2. 预应力混凝土管的标记和生产要求

(1)预应力混凝土管的产品标记由管子代号(YYG、YYGS、SYG、SYGL)、公称内径、有效长度、工作压力(P)、覆土深度(H)和标准号组成。

如:公称内径为1 600mm、管子有效长度为5 000mm、工作压力为0.8MPa、覆土深度为4m的一阶段管,标记为:YYG　1 600×5 000/P0.8/H4　GB 5696—2006。

(2)预应力混凝土管管体混凝土内必须设置纵向预应力钢筋,由纵向预应力钢筋建立的纵向预应力值不得低于2.0MPa。

(3)预应力混凝土管的混凝土强度、保护层水泥砂浆的抗压强度和吸水率:一阶段管管体混凝土的强度等级不得低于C50;三阶段管管芯混凝土的强度等级不得低于C40。

保护层水泥砂浆28d龄期的立方体(试件尺寸:25mm×25mm×25mm)抗压强度不得低于45MPa,其吸水率的平均值不应超过9%,单个值不应超过11%。

3.一阶段振动挤压工艺预应力混凝土管

(1)YYG 管图

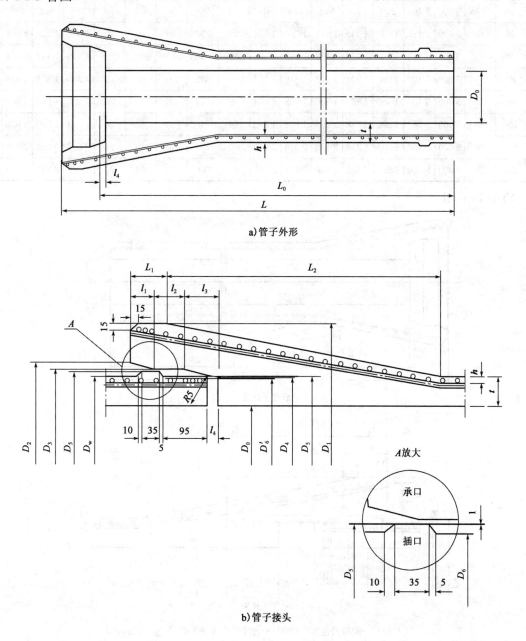

a)管子外形

b)管子接头

图 6-20　一阶段管(YYG)管子外形及接头图(尺寸单位:mm)

（2）一阶段管（YYG）基本尺寸及参考重量

表 6-56

公称内径 D_0	管壁厚度 t	保护层厚度 h	有效长度 L_0	管体长度 L	管体外径 D_w	承口细部尺寸									插口细部尺寸			安装间隙 l_4	参考重量 (t)
						承口外径 D_1	外导坡直径 D_2	工作面直径 D_3	内倒坡直径 D_4	平直段长度 L_1	斜坡投影长度 L_2	l_1	l_2	l_3	工作面直径 D_6	D_6'	止胶台外径 D_5		
											mm								
400	50	15	5 000	5 160	500	684	548	524	494	70	504	50	60	70	500	492	516	20	1.0
500	50	15	5 000	5 160	600	784	648	624	594	70	504	50	60	70	600	592	616	20	1.2
600	55	15	5 000	5 160	710	904	758	734	704	70	504	50	60	70	710	702	726	20	1.6
700	55	15	5 000	5 160	810	1 004	858	834	804	70	532	50	60	70	810	802	826	20	1.8
800	60	15	5 000	5 160	920	1 124	968	944	914	70	560	50	60	70	920	912	936	20	2.3
900	65	15	5 000	5 160	1 030	1 248	1 082	1 056	1 024	80	599	50	60	70	1 030	1 022	1 048	20	2.8
1 000	70	15	5 000	5 160	1 140	1 368	1 192	1 166	1 134	80	626	50	60	70	1 140	1 132	1 158	20	3.3
1 200	80	15	5 000	5 160	1 360	1 608	1 412	1 386	1 354	80	682	50	60	70	1 360	1 352	1 378	20	4.6
1 400	90	15	5 000	5 160	1 580	1 850	1 636	1 608	1 574	80	714	50	60	70	1 580	1 572	1 600	20	6.0
1 600	100	20	5 000	5 160	1 800	2 098	1 866	1 838	1 802	90	740	50	60	70	1 808	1 800	1 830	20	7.6
1 800	115	20	5 000	5 160	2 030	2 352	2 100	2 066	2 030	90	770	60	60	70	2 032	2 024	2 058	20	9.8
2 000	130	20	5 000	5 160	2 260	2 602	2 330	2 296	2 260	90	800	60	60	70	2 262	2 254	2 288	20	12.3

（3）YYGS 管图

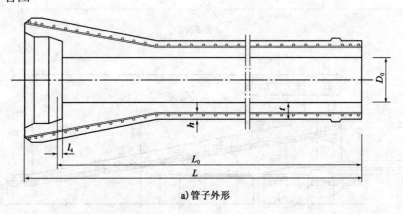

a) 管子外形

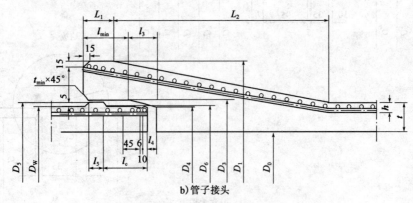

b) 管子接头

图 6-21　一阶段逊他布管（YYGS）管子外形及接头图（尺寸单位：mm）

（4）一阶段逊他布管（YYGS）基本尺寸及参考重量

表 6-57

公称内径 D_0	管壁厚度 t	保护层厚度 h	有效长度 L_0	管体长度 L	管体外径 D_w	承口细部尺寸								插口细部尺寸				安装间隙 l_4	参考重量
						承口外径 D_1	外导坡长度 t_{min}	工作面直径 D_3	内倒坡直径 D_4	平直段长度 L_1	斜坡投影长度 L_2	L_{min}	l_3	工作面直径 D_6	插口长度 l_5	止胶台宽度 l_5	止胶台外径 D_5		(t)
mm																			
400	50	15	5 000	5 160	500	684	13	524	494	25	574	110	70	500	110	35	516	20	1.0
500	50	15	5 000	5 160	600	784	13	624	594	25	574	110	70	600	110	35	616	20	1.2
600	65	15	5 000	5 165	730	955	13	754	722	25	650	150	35	730	121	24	748	20	2.0
700	65	15	5 000	5 165	830	1 060	13	854	822	25	655	150	35	830	121	24	848	20	2.3
800	65	15	5 000	5 175	930	1 165	13	954	922	25	670	150	45	930	126	29	948	20	2.6
900	70	15	5 000	5 175	1 040	1 275	13	1 064	1 032	25	685	150	45	1 040	126	29	1 058	20	3.2
1 000	75	15	5 000	5 175	1 150	1 395	13	1 174	1 142	25	715	150	45	1 150	126	29	1 168	20	3.8
1 200	85	15	5 000	5 175	1 370	1 640	13	1 396	1 362	25	780	150	45	1 370	126	29	1 390	20	5.1
1 400	95	15	5 000	5 195	1 590	1 890	15	1 616	1 582	25	855	160	55	1 590	136	29	1 610	20	6.7
1 600	105	20	5 000	5 205	1 810	2 135	15	1 836	1 802	25	925	160	65	1 810	141	29	1 830	20	8.5
1 800	115	20	5 000	5 205	2 030	2 375	15	2 056	2 022	25	985	160	65	2 030	141	29	2 050	20	10.5
2 000	125	20	5 000	5 205	2 250	2 620	15	2 276	2 242	25	1 045	160	65	2 250	141	29	2 270	20	12.8

4.三阶段管芯缠丝工艺预应力混凝土管

(1)SYG 管图

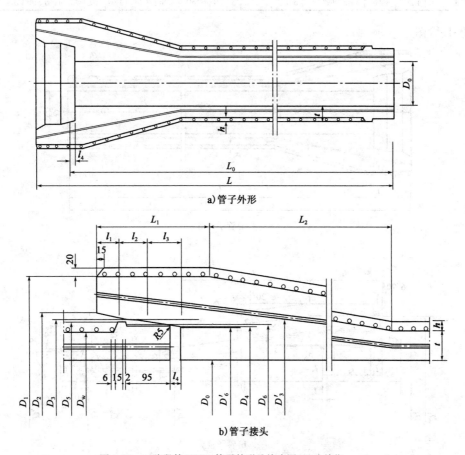

a) 管子外形

b) 管子接头

图 6-22　三阶段管(SYG)管子外形及接头图(尺寸单位:mm)

(2)三阶段管(SYG)基本尺寸及参考重量

表 6-58

公称内径 D_0	管芯厚度 t	保护层厚度 h	有效长度 L_0	管体长度 L	管芯外径 D_w	承口细部尺寸											插口细部尺寸			安装间隙 l_4	参考重量 (t)
						承口外径 D_1	外导坡直径 D_2	工作面直径 D_3	工作面直径 D_3'	内倒坡直径 D_4	平直段长度 L_1	斜坡投影长度 L_2	l_1	l_2	l_3	工作面直径 D_6	工作面直径 D_6'	止胶台外径 D_5		
						mm														
400	38	20	5 000	5 160	476	644	545	524	518	494	220	554	50	65	65	500	492	516	20	1.18
500	38	20	5 000	5 160	576	764	650	624	618	594	220	612	50	65	65	600	592	616	20	1.46
600	43	20	5 000	5 160	686	882	760	734	728	704	230	648	50	65	65	710	702	726	20	1.89
700	43	20	5 000	5 160	786	1 004	860	834	828	804	230	726	50	60	70	810	802	826	20	2.23
800	48	20	5 000	5 160	896	1 120	970	944	938	914	240	740	50	60	70	920	912	936	20	2.72
900	54	20	5 000	5 160	1 008	1 228	1 080	1 056	1 050	1 024	240	756	50	60	70	1 030	1 022	1 048	20	3.29
1 000	59	20	5 000	5 160	1 118	1 348	1 199	1 166	1 160	1 134	240	790	50	60	70	1 140	1 132	1 158	20	3.90
1 200	69	20	5 000	5 160	1 338	1 580	1 410	1 386	1 380	1 354	240	864	50	60	70	1 360	1 352	1 378	20	5.25
1 400	80	20	5 000	5 160	1 560	1 818	1 634	1 608	1 602	1 574	240	900	50	60	70	1 580	1 572	1 600	20	6.67
1 600	95	20	5 000	5 160	1 790	2 081	1 864	1 838	1 832	1 802	190	1 075	50	110	20	1 808	1 800	1 830	20	9.86
1 800	109	20	4 000	4 170	2 018	2 320	2 088	2 066	2 060	2 028	190	1 140	60	110	20	2 032	2 024	2 058	20	9.61
2 000	124	20	4 000	4 170	2 248	2 556	2 318	2 296	2 290	2 258	190	1 230	60	110	20	2 262	2 254	2 288	20	11.00
2 200	120	25	4 000	4 170	2 440	2 782	2 528	2 498	2 492	2 454	195	1 356	60	120	20	2 458	2 450	2 490	30	13.50
2 400	135	25	4 000	4 215	2 670	3 048	2 773	2 728	2 722	2 682	240	1 475	90	120	20	2 688	2 680	2 720	30	16.70
2 600	150	25	4 000	4 200	2 900	3 308	3 004	2 958	2 952	2 912	250	1 620	90	120	20	2 916	2 908	2 950	30	19.95
2 800	165	25	4 000	4 200	3 130	3 568	3 230	3 188	3 182	3 141	260	1 740	90	120	20	3 145	3 137	3 180	30	23.70
3 000	180	25	4 000	4 200	3 360	3 828	3 464	3 418	3 412	3 370	260	1 860	90	120	20	3 374	3 366	3 410	30	27.76

(3)SYGL 管图

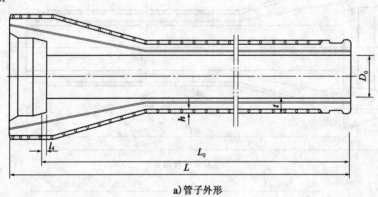

a) 管子外形

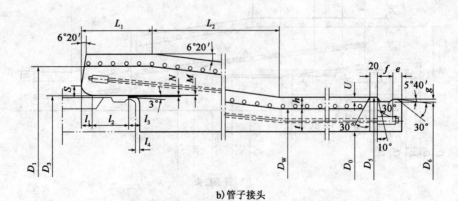

b) 管子接头

图 6-23　三阶段罗克拉管(SYGL)管子外形及接头图(尺寸单位:mm)

(4)三阶段罗克拉管(SYGL)基本尺寸及参考重量

表 6-59

公称内径 D_0	管芯厚度 t	保护层厚度 h	有效长度 L_0	管芯外径 D_w	胶圈直径	承口细部尺寸										插口细部尺寸						安装间隙 l_4	管子重量 (t)
						外导坡高度 S	承口外径 D_1	工作面直径 D_3	平直段长度 L_1	斜坡投影长度 L_2	M	N	l_1	l_2	l_3	e	f	g	胶槽深度 U	止胶台外径 D_5	工作面直径 D_6		
						mm																	
620	40	26	5 000	700	22	14	879	759	160	806	2.5	2	30	76	26	20	35	7	11	752	730	6	2.1
700	45	26	5 000	790	22	14	973	849	161	824	2.5	2	30	80	26	20	35	7	11	842	820	6	2.49
800	50	26	5 000	900	22	14	1 089	959	165	850	2.5	2	30	84	26	20	35	7	11	952	930	6	3.02
900	55	26	5 000	1 010	22	14	1 205	1 069	175	883	2.5	2	30	94	26	20	35	7	11	1 062	1 042	6	3.63
1 000	60	26	5 000	1 120	25	16	1 324	1 180	185	918	3	2	36	95	29	22	40	8	13	1 172	1 146	7	4.26
1 200	70	26	5 000	1 340	25	16	1 560	1 400	190	990	3	2	36	105	29	22	40	8	13	1 392	1 366	7	5.70
1 400	80	26	5 000	1 560	25	16	1 798	1 620	200	1 071	3	2	36	110	29	22	40	8	13	1 612	1 586	7	7.34
1 500	85	26	5 000	1 690	28	17	1 917	1 731	212	1 113	3.5	2	39	115	33	25	43	9	14	1 722	1 694	7	8.30
1 600	90	26	5 000	1 780	28	17	2 036	1 841	215	1 152	3.5	2	39	118	33	25	43	9	14	1 832	1 804	8	9.37

5.预应力混凝土管成品管子的外观质量

表 6-60

项 目	外 观 质 量 要 求	允许修补的缺陷
承口工作面	不应有蜂窝、脱皮现象,缺陷凹凸度不大于 2mm	环向连续碰伤长度不超过 250mm 且不降低接头密封性能和结构性能时,应予修补; 一阶段管承插口端面外露的纵向钢筋头应清除掉并至少深入 5mm,残留的凹坑应用砂浆或无毒防腐的材料填平; 管壁混凝土内外表面出现的凹坑或气泡,当任一方向的长度或深度大于 10mm 时,应用水泥砂浆或环氧水泥砂浆填补并用镘刀刮平
插口工作面	不应有蜂窝、刻痕、脱皮、缺边等现象	
管体内壁	应平整,不应有露石,不宜有浮渣;局部凹坑深度不应大于壁厚的 1/5 或 10mm	
管体外壁	保护层不应有脱落和不密实的现象;一阶段管保护层空鼓面积累计不得超过 40cm²	
内外表面	不得出现结构性裂缝;插口端安装线内的保护层厚度不得超过止胶台的高度(插口端安装线的具体位置为:$l_1 + l_2 + l_3 - l_4$ 或 $l_{min} + l_3 - l_4$)	

6.预应力混凝土管尺寸允许偏差

(1)一阶段(YYG、YYGS)成品管子尺寸允许偏差

表 6-61

公称内径	内径 D_0	保护层厚度 h	承　口		插　口	
			工作面直径 D_3	工作面长度 l_2	工作面直径 D_6	止胶台外径 D_5
		mm				
400～900	+6 -4	-2	±2	-2	±1	±2
1 000～1 400	+12 -4		+3 -2	-3	±2	
1 600～2 000	+14 -4	-3		-4		

(2)三阶段(SYG、SYGL)成品管子尺寸允许偏差

表 6-62

公称内径	内径 D_0	保护层厚度 h	承　口		插　口	
			工作面直径 D_3	工作面长度 l_2	工作面直径 D_6	止胶台外径 D_5
		mm				
400～1 000	+4 -6	-2	+2 -1	-2	±1	±2
1 200～3 000	±8		±2	-3	±2	

7.预应力混凝土管的抗渗性和抗裂性

成品管子的抗渗检验压力值应为管道工作压力的 1.5 倍,最低的抗渗检验压力值应为 0.2MPa。

抗渗检验压力下管体不应出现冒汗、淌水、喷水;管体出现的任何单个潮片面积不应超过 $20cm^2$,管体任意外表面每平方米面积出现的潮片数量不得超过 5 处。在抗渗检验过程中,管子的接头处不应滴水。

成品管子在抗裂检验内压下恒压 3min,管体不得出现开裂。

(1)一阶段管抗裂内压检验指标

表 6-63

公称内径(mm)	工　作　压　力　(MPa)					
	0.2	0.4	0.6	0.8	1.0	1.2
400	0.76	1.03	1.28	1.54	1.70	1.86
500	0.84	1.11	1.34	1.57	1.76	1.95
600	0.89	1.16	1.39	1.62	1.81	2.00
700	0.97	1.24	1.47	1.70	1.89	2.08
800	0.99	1.26	1.49	1.73	1.92	2.10
900	1.01	1.28	1.51	1.74	1.93	2.11
1 000	1.02	1.29	1.52	1.75	1.94	2.12
1 200	1.06	1.33	1.56	1.80	1.99	2.17
1 400	1.10	1.37	1.60	1.84	2.03	2.21
1 600	1.12 (1.27)	1.39 (1.54)	1.62 (1.77)	1.85 (2.00)	2.04 (2.19)	2.22 (2.37)
1 800	1.12 (1.27)	1.39 (1.54)	1.62 (1.77)	1.85 (2.00)	2.04 (2.19)	2.22 (2.37)
2 000	1.12 (1.27)	1.39 (1.54)	1.62 (1.77)	1.85 (2.00)	2.04 (2.19)	2.22 (2.37)

注:①本表数据适用铺设条件:素土基础、管顶覆土深度 0.8～2.0m,地面允许两辆汽—20 并列。

②制造厂应根据管道的实际铺设使用条件进行管子结构验算。

③表中括号的数据为立式水压检验指标,其余为卧式水压检验指标。

（2）三阶段管抗裂内压检验指标

表 6-64

公称内径(mm)	工作压力（MPa）					
	0.2	0.4	0.6	0.8	1.0	1.2
400	0.68	0.95	1.18	1.41	1.60	1.8
500	0.75	1.02	1.25	1.49	1.67	1.86
600	0.78	1.05	1.29	1.52	1.71	1.89
700	0.84	1.11	1.34	1.57	1.76	1.94
800	0.87	1.14	1.38	1.61	1.79	1.98
900	0.88	1.15	1.38	1.61	1.80	1.98
1 000	0.92	1.19	1.42	1.65	1.84	2.02
1 200	0.98	1.22	1.45	1.68	1.87	2.05
1 400	0.98	1.25	1.49	1.72	1.91	2.09
1 600	0.98 (1.13)	1.25 (1.40)	1.49 (1.64)	1.72 (1.87)	1.91 (2.06)	2.09 (2.24)
1 800	0.98 (1.13)	1.25 (1.40)	1.49 (1.64)	1.72 (1.87)	1.91 (2.06)	2.09 (2.24)
2 000	0.98 (1.13)	1.25 (1.40)	1.49 (1.64)	1.72 (1.87)	1.91 (2.06)	2.09 (2.24)
2 200	1.03 (1.22)	1.30 (1.49)	1.54 (1.73)	1.77 (1.96)	— (—)	— (—)
2 400	1.03 (1.23)	1.30 (1.50)	1.57 (1.76)	— (—)	— (—)	— (—)
2 600	1.03 (1.25)	1.30 (1.52)	— (—)	— (—)	— (—)	— (—)
2 800	1.03 (1.25)	1.30 (1.52)	— (—)	— (—)	— (—)	— (—)
3 000	1.03 (1.25)	1.30 (1.53)	— (—)	— (—)	— (—)	— (—)

注：同一阶段管。

8.预应力混凝土管管子接头允许相对转角

表 6-65

公称内径(mm)	管子接头允许相对转角(°)	公称内径(mm)	管子接头允许相对转角(°)
400~700	1.5	1 600~3 000	0.5
800~1 400	1.0		

注：①依管线工程实际情况,在进行管子结构设计时可以适当增加管子接头允许相对转角。
　　②管子接头转角试验在抗渗检验压力下恒压 5min,达到规定的允许相对转角时,管子接头不应出现渗漏水现象。

9.预应力混凝土管的使用规定

（1）当预应力混凝土管用于输送具有腐蚀性的污水或海水,或用于含有腐蚀性介质的土壤环境中以及架空铺设时,应按规定对管体混凝土或水泥砂浆保护层进行防腐处理。

（2）管子的铺设使用应符合 GB 50268 的规定。

（3）管子和橡胶密封圈应配套供应,可按表 6-66 选用密封圈。

承插口接头用圆形橡胶密封圈 表 6-66

管子公称内径(mm)	胶圈截面尺寸(mm)		胶圈环径尺寸(mm)	
	截面直径	公 差	圆环内径	公 差
400	24	±0.5	447	±5
500	24	±0.5	536	±5
600	24	±0.5	635	±5
700	24	±0.5	725	±5
800	24	±0.5	824	±5
900	26	±0.5	923	±5
1 000	26	±0.5	1 022	±5
1 200	26	±0.5	1 220	±5
1 400	28	±0.5	1 418	±5
1 600	28	±0.5	1 624	±6
1 800	32	±0.5	1 825	±6
2 000	32	±0.6	2 032	±6
2 200	34	±0.6	2 190	±6
2 400	34	±0.6	2 394	±6
2 600	36	±0.6	2 598	±6
2 800	36	±0.6	2 802	±6
3 000	36	±0.6	3 007	±6

10. 预应力混凝土管的交货状态和储运要求

(1)凡外观质量(承口及插口工作面)、尺寸偏差(承口及插口工作面直径、保护层厚度)、物理力学性能(抗渗性、抗裂内压、混凝土抗压强度、保护层水泥砂浆抗压强度及吸水率)中任一项检验结果不符合规定的,该批管子为不合格。但是,外观质量(管体外壁及内壁、纵筋头处理)、尺寸偏差(管子内径、止胶台外径、承口工作面长度)的检验结果,最多允许两项超差。

使用单位有权对交付使用的管子与厂方配合进行产品质量复验。复验结果不合格的,所发生的费用由厂方承担;复验结果合格的,所发生的费用由使用单位承担。

(2)预应力混凝土管的标志内容:企业名称、产品商标、生产许可证编号、产品标记、生产日期和"严禁碰撞"等字样。

(3)预应力混凝土管的储运要求:

管子吊运和堆放时,应采取必要的措施防止管子碰伤。成品管子应按不同管子品种、公称内径、工作压力、覆土深度分别堆放,不得混放。在干燥气候条件下,应加强成品管子的后期洒水保养工作。

预应力混凝土管的堆放层数要求 表 6-67

公称内径(mm)	堆放层数	公称内径(mm)	堆放层数
400~500	5	1 400~1 600	2
600~800	4	≥1 800	1 或立放
900~1 200	3		

注:对于公称直径小于1 000mm的管子,如采取措施可适当增加堆放层数。

(二)钢筒混凝土管

钢筒混凝土管包括预应力钢筒混凝土管(GB/T 19685—2005)和顶进施工法用钢筒混凝土管(JC/T 2092—2011)。

预应力钢筒混凝土管是国内近十多年发展起来的新型管道材料。该管道材料是一种具备高强度、高抗渗性和高密封性的复合型管材,其集合了薄钢板、中厚钢板、异型钢、普通钢筋、高强预应力钢丝、高强混凝土、高强砂浆和橡胶密封圈等原辅材料制造而成。该管道材料不仅综合了普通预应力混凝土输水管和钢管的优点,而且尤其适用于大口径、高工作压力和高覆土的工程环境。

预应力钢筒混凝土管(代号 PCCP)是指在带有钢筒的混凝土管芯外侧缠绕环向预应力钢丝并制作水泥砂浆保护层而制成的管子。

预应力钢筒混凝土管(PCCP)按其结构分为内衬式预应力钢筒混凝土管(PCCPL)和埋置式预应力钢筒混凝土管(PCCPE);按管子的接头密封类型又分为单胶圈预应力钢筒混凝土管(PCCPSL、PCCPSE)和双胶圈预应力钢筒混凝土管(PCCPDL、PCCPDE)。

内衬式预应力钢筒混凝土管(PCCPL)是由钢筒和混凝土内衬组成管芯并在钢筒外侧缠绕环向预应力钢丝,然后制作水泥砂浆保护层而制成。

埋置式预应力钢筒混凝土管(PCCPE)是由钢筒和钢筒内、外两侧混凝土层组成管芯并在管芯混凝土外侧缠绕环向预应力钢丝,然后制作水泥砂浆保护层制成。

顶进施工法用钢筒混凝土管(代号 JCCP)是指将双层或多层钢筋骨架设置在钢筒的内外两侧并连同钢筒一起置于模内,再采用立式振动方法浇灌管壁混凝土制成的适用于顶进法施工的管子,管子接头钢环有单胶圈和双胶圈两种形式。

1. 钢筒混凝土管的分类和用途

表 6-68

管子名称和代号	类别名称和代号		公称内径(mm)	覆土深度(m)	工作压力(MPa)	主 要 用 途
预应力钢筒混凝土管(PCCP)	内衬式钢筒混凝土管(PCCPL)	单胶圈(PCCPSL)	400~4 000	≤10	≤2.0	城市给水、排水干管,工业输水管线,农田灌溉,工厂管网,电厂补给水管及冷却水循环系统,倒虹吸管,压力隧道管线和深覆土涵管等;
		双胶圈(PCCPDL)				
	埋置式钢筒混凝土管(PCCPE)	单胶圈(PCCPSE)				
		双胶圈(PCCPDE)				
顶进施工法用钢筒混凝土管(JCCP)	单胶圈顶进施工法用钢筒混凝土管		1 000~4 000		≤1.0	顶进施工法用钢筒混凝土管还可作顶进施工保护套管
	双胶圈顶进施工法用钢筒混凝土管					

2. 钢筒混凝土管的产品标记

钢筒混凝土管标记由管子代号、公称内径、有效长度、工作压力(P)、覆土深度(H)和标准号组成。

如:公称内径为 1 000mm、管子有效长度为 5 000mm、工作压力为 0.8MPa、覆土深度为 4m 的单胶圈内衬式预应力钢筒混凝土管标记为:

　　　　PCCPSL　1 000×5 000 / P0.8 / H4　GB/T 19685—2005

如:公称内径为 2 200mm、管子有效长度为 3 000mm、工作压力为 0.8MPa、覆土深度为 4m 的双胶圈顶进施工法用钢筒混凝土管标记为:

　　　　JCCP　2 200×3 000 /P0.8 / H4(双)　JC/T 2092—2011

3. 钢筒混凝土管的生产要求

制造钢筒混凝土管的原辅材料应符合国家、行业有关标准的规定。其中,采用活性掺合材料作为水泥的替代物时,水泥强度等级不应低于 42.5。制造钢筒用薄钢板的最小屈服强度不应低于 215MPa。制造承插口接头钢环所用的承口钢板的最小屈服强度不应低于 205MPa。加强用钢筋的最小屈服强度不应低于 335MPa。管子接头用橡胶密封圈应采用圆形截面的实心胶圈,胶圈的尺寸和体积应与承插口钢环的胶槽尺寸和配合间隙相匹配。橡胶密封圈允许拼接,每根橡胶密封圈最多允许拼接两处,两处拼接点之间的距离不应小于 600mm。

　　钢筒混凝土管制管用混凝土强度等级不得低于 C40;内衬式管脱模时管芯混凝土立方体抗压强度不应低于 30MPa;埋置式管脱模时管芯混凝土立方体抗压强度以及顶进施工法管脱模时的混凝土强度不应低于 20MPa。

　　预应力钢筒混凝土管保护层水泥砂浆 28d 龄期的立方体抗压强度不得低于 45MPa。保护层水泥砂浆吸水率的平均值不应超过 9%,单个值不应超过 11%。

4. 内衬式预应力钢筒混凝土管

（1）内衬式管示意图

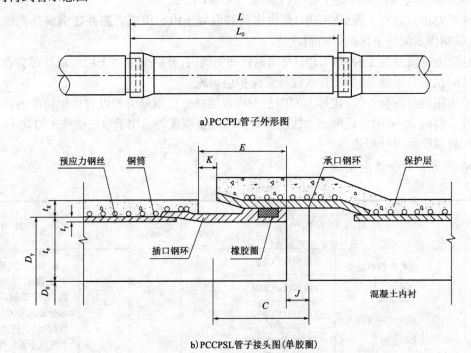

a) PCCPL管子外形图

b) PCCPSL管子接头图(单胶圈)

c) PCCPDL管子接头图(双胶圈)

图 6-24　内衬式预应力铜筒混凝土管(PCCPL)示意图

注:钢筒也可焊接在承插口钢环的外侧,钢筒外径 D_y 由设计确定。

（2）内衬式预应力钢筒混凝土管(PCCPL)基本尺寸

表 6-69

管子种类	公称内径 D_0	最小管芯厚度 t_c	保护层净厚度	钢筒厚度 t_y	承口深度 C	插口长度 E	承口工作面内径 B_b	插口工作面外径 B_s	接头内间隙 J	接头外间隙 K	胶圈直径 d	有效长度 L_0	管子长度 L	参考重量
					mm									t/m
单胶圈	400	40					493	493						0.23
	500	40					593	593						0.28
	600	40					693	693						0.31
	700	45					803	803						0.41
	800	50	20	1.5	93	93	913	913	15	15	20	5 000	5 078	0.50
	900	55					1 023	1 023				6 000	6 078	0.60
	1 000	60					1 133	1 133						0.70
	1 200	70					1 353	1 353						0.94
	1 400	90					1 593	1 593						1.35
双胶圈	1 000	60					1 133	1 133						0.70
	1 200	70	20	1.5	160	160	1 353	1 353	25	25	20	5 000	5 135	0.94
	1 400	90					1 593	1 593				6 000	6 135	1.35

5. 埋置式预应力钢筒混凝土管

(1)埋置式管示意图

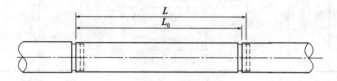

a)PCCPL管子外形图

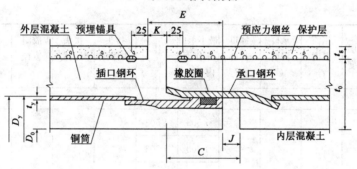

b)PCCPSE管子接头图(单胶圈)

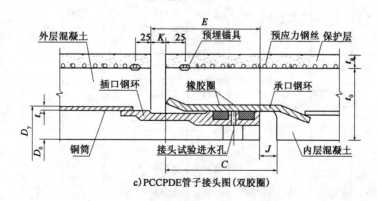

c)PCCPDE管子接头图(双胶圈)

图 6-25　埋置式预应力钢筒混凝土管(PCCPE)示意图(尺寸单位:mm)

注:钢筒也可焊接在承插口钢环的内侧,钢筒外径 D_y 由设计确定。

(2)埋置式预应力钢筒混凝土管(PCCPE)基本尺寸(单胶圈接头)

表 6-70

公称内径 D_0	最小管芯厚度 t_c	保护层净厚度	钢筒厚度 t_y	承口深度 C	插口长度 E	最小承口工作面内径 B_b	最小插口工作面外径 B_s	接头内间隙 J	接头外间隙 K	胶圈直径 d	有效长度 L_0	管子长度 L	参考重量
						mm							t/m
1 400	100					1 503	1 503						1.48
1 600	100					1 703	1 703						1.67
1 800	115					1 903	1 903						2.11
2 000	125	20	1.5	108	108	2 103	2 103	25	25	20	5 000 6 000	5 083 6 083	2.52
2 200	140					2 313	2 313						3.05
2 400	150					2 513	2 513						3.53
2 600	165					2 713	2 713						4.16
2 800	175					2 923	2 923						4.72
3 000	190					3 143	3 143						5.44
3 200	200					3 343	3 343						6.07
3 400	220	20	1.5	150	150	3 553	3 553	25	25	20	5 000 6 000	5 125 6 125	7.05
3 600	230					3 763	3 763						7.77
3 800	245					3 973	3 973						8.69
4 000	260					4 183	4 183						9.67

(3)埋置式预应力钢筒混凝土管(PCCPE)基本尺寸(双胶圈接头)

表 6-71

公称内径 D_0	最小管芯厚度 t_c	保护层净厚度	钢筒厚度 t_y	承口深度 C	插口长度 E	最小承口工作面内径 B_b	最小插口工作面外径 B_s	接头内间隙 J	接头外间隙 K	胶圈直径 d	有效长度 L_0	管子长度 L	参考重量
						mm							t/m
1 400	100					1 503	1 503						1.48
1 600	100					1 703	1 703						1.67
1 800	115					1 903	1 903						2.11
2 000	125	20	1.5	160	160	2 103	2 103	25	25	20	5 000 6 000	5 135 6 135	2.52
2 200	140					2 313	2 313						3.05
2 400	150					2 513	2 513						3.53
2 600	165					2 713	2 713						4.16
2 800	175					2 923	2 923						4.72
3 000	190					3 143	3 143						5.44
3 200	200					3 343	3 343						6.07
3 400	220	20	1.5	160	160	3 553	3 553	25	25	20	5 000 6 000	5 135 6 135	7.05
3 600	230					3 763	3 763						7.77
3 800	245					3 973	3 973						8.69
4 000	260					4 183	4 183						9.67

6.顶进施工法用钢筒混凝土管
(1)顶进施工法用钢筒混凝土管图

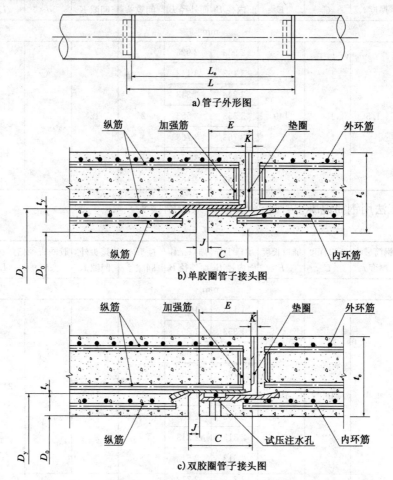

a)管子外形图

b)单胶圈管子接头图

c)双胶圈管子接头图

图 6-26　顶进施工法用钢筒混凝土管示意图

注:①必要时应在管体上设置注浆孔,注浆孔的位置、尺寸和数量由设计确定。

②图中 D_y 为钢筒外径,由设计确定。

(2)顶进施工法用钢筒混凝土管规格与尺寸(单胶圈接头)

表 6-72

公称内径 D_0	管壁厚度 t_c	钢筒最小厚度 t_y	承口深度 C	插口长度 E	承口工作面内径 B_b	插口工作面外径 B_s	接头内间隙 J	接头外间隙 K	胶圈直径 d_j	有效长度 L_0	管子长度 L	参考重量
					mm							t/m
1 000	120				1 133	1 133						1.08
1 200	140				1 353	1 353						1.56
1 400	140				1 503	1 503						1.80
1 600	160				1 703	1 703						2.34
1 800	180	1.5	108	98	1 903	1 903	25	15	20	3 000 2 500	3 083 2 583	2.97
2 000	200				2 103	2 103						3.66
2 200	220				2 313	2 313						4.43
2 400	240				2 513	2 513						5.27
2 600	260				2 713	2 713						6.19

续表 6-72

公称内径 D_0	管壁厚度 t_c	钢筒最小厚度 t_y	承口深度 C	插口长度 E	承口工作面内径 B_b	插口工作面外径 B_s	接头内间隙 J	接头外间隙 K	胶圈直径 d_j	有效长度 L_0	管子长度 L	参考重量
					mm							t/m
2 800	280				2 923	2 923						7.18
3 000	300				3 143	3 143						8.24
3 200	320				3 343	3 343						9.38
3 400	340	1.5	150	140	3 553	3 553	25	15	20	3 000 2 500	3 125 2 625	10.60
3 600	360				3 763	3 763						11.87
3 800	380				3 973	3 973						12.77
4 000	400				4 183	4 183						14.15

（3）顶进施工法用钢筒混凝土管规格与尺寸（双胶圈接头）

表 6-73

公称内径 D_0	管壁厚度 t_c	钢筒最小厚度 t_y	承口深度 C	插口长度 E	承口工作面内径 B_b	插口工作面外径 B_s	接头内间隙 J	接头外间隙 K	胶圈直径 d_j	有效长度 L_0	管子长度 L	参考重量
					mm							t/m
1 000	120				1 133	1 133						1.08
1 200	140				1 353	1 353						1.56
1 400	140				1 503	1 503						1.80
1 600	160				1 703	1 703						2.34
1 800	180	1.5	160	150	1 903	1 903	25	15	20	3 000 2 500	3 135 2 635	2.97
2 000	200				2 103	2 103						3.66
2 200	220				2 313	2 313						4.43
2 400	240				2 513	2 513						5.27
2 600	260				2 713	2 713						6.19
2 800	280				2 923	2 923						7.18
3 000	300				3 143	3 143						8.24
3 200	320				3 343	3 343						9.38
3 400	340	1.5	160	150	3 553	3 553	25	15	20	3 000 2 500	3 135 2 635	10.60
3 600	360				3 763	3 763						11.87
3 800	380				3 973	3 973						12.77
4 000	400				4 183	4 183						14.15

7. 钢筒混凝土管承插口钢环

（1）钢环示意图

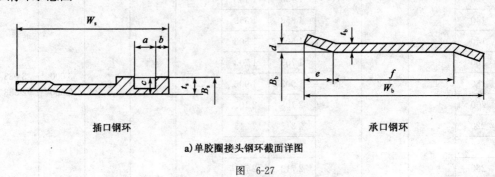

插口钢环　　　　　　　　　　承口钢环

a) 单胶圈接头钢环截面详图

图 6-27

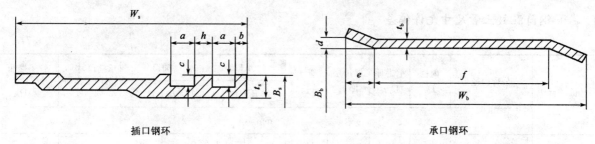

插口钢环　　　　　　　　　　　　承口钢环

b)双胶圈接头钢环截面详图

图6-27　接头钢环截面详图

（2）预应力钢筒混凝土管承插口钢环基本尺寸

表6-74

钢环种类	公称内径（mm）	插口钢环（mm）					承口钢环（mm）				
		t_s	W_s	a	b	c	h	t_b	W_b	d	e	f
单胶圈	400～1 200	16.0	140	22.0	10.0	11.1	—	6.0～8.0	130	7.0	26.0	76
	1 400～2 600	16.0	140	22.0	10.0	11.1	—	8.0	165	7.0	26.0	110
	2 800～4 000	16.2	184	21.8	10.0	11.4	—	8.0～10.0	203	10.0	26.0	114
双胶圈	1 000～2 600	19.0	205	21.0	10.0	11.0	16.0	8.0	216	10.0	26.0	127
	2 800～4 000	19.0	205	21.0	10.0	11.0	16.0	8.0～10.0	216	10.0	26.0	127

（3）顶进施工法用钢筒混凝土管钢环基本尺寸

表6-75

钢环种类	公称内径（mm）	插口钢环（mm）					承口钢环（mm）				
		t_s	W_s	a	b	c	h	t_b	W_b	d	e	f
单胶圈	1 000～2 600	16.0	140	22.0	10.0	11.1	—	8.0	165	7.0	26.0	110
	2 800～4 000	16.2	184	21.8	10.0	11.4	—	8.0～10.0	203	10.0	26.0	114
双胶圈	1 000～2 600	19.0	205	21.0	10.0	11.0	16.0	8.0	216	10.0	26.0	127
	2 800～4 000	19.0	205	21.0	10.0	11.0	16.0	8.0～10.0	216	10.0	26.0	127

8.钢筒混凝土管的外观质量

表6-76

项　目	预应力钢筒混凝土管		顶进施工法用钢筒混凝土管
	内衬式	埋置式	
承、插口端部	端部管芯混凝土不应有缺料、掉角、孔洞等瑕疵		端部应平整,管端混凝土不应有缺料、孔洞等瑕疵
管内表面	管子内壁混凝土表面应平整光洁,不应出现浮渣、露石和严重的浮浆层	管子内壁混凝土表面应平整光洁,不应出现直径或深度大于10mm孔洞或凹坑以及蜂窝麻面等不密实现象	内外表面应平整,不应出现露筋、蜂窝、空鼓和局部不密实等现象
管子外保护层	不应出现任何空鼓、分层及剥落现象		
承、插口钢环	工作面应光洁,不应粘有混凝土、水泥浆及其他脏物		
内表面裂缝	环向裂缝或螺旋状裂缝宽度不大于0.5mm		裂缝宽度不得超过0.05mm
	距管子插口端300mm范围内出现的环向裂缝宽度不大于1.5mm		
	成品管子内表面沿管子纵轴线的平行线成±15°夹角范围内不允许存在裂缝长度大于150mm的纵向可见裂缝		
外表面裂缝	覆盖在预应力钢丝表面上的水泥砂浆保护层不允许存在任何可见裂缝;覆盖在非预应力钢丝区域的水泥砂浆保护层出现的可见裂缝宽度不大于0.25mm		不允许存在任何可见裂缝(表面龟裂不在此限)

861

9. 钢筒混凝土管尺寸允许偏差

表 6-77

项　目	公称内径	内径 D_0	管芯厚度 t_c	保护层厚 t_g	管子总长 L	承口		插口		承插口/接头钢环工作面椭圆度	管子端面倾斜度/垂直度
						内径 B_b	深度 C	外径 B_s	长度 E		
					mm						
预应力钢筒混凝土管	400～1 200	±5	±4	−1	±6	+1.0 +0.2	±3	−0.2 −1.0	±3	0.5%或 12.7mm （取小值）	≤6
	1 400～3 000	±8	±6				±4		±4		≤9
	3 200～4 000	±10	±8		±10		±5		±5		≤13
顶进施工法用钢筒混凝土管	1 000～4 000	±8	±6	−1	±6	+1.0 +0.2	±1	−1.0 −0.2	±4	0.5%或 10mm （取小值）	≤9

10. 预应力钢筒混凝土管管子接头允许相对转角

表 6-78

公称内径（mm）	管子接头允许相对转角（°）	
	单胶圈接头	双胶圈接头
400～1 000	1.5	—
1 200～4 000	1.0	0.5

注：①依管线工程实际情况，在进行管子结构设计时可以适当增加管子接头允许相对转角。

②管子接头转角试验在设计确定的工作压力下恒压 5min，达到规定的允许相对转角时，管子接头不应出现渗漏水。

11. 钢筒混凝土管抗裂内压和外压

成品管子在抗裂检验内压下至少恒压 5min，管体不得出现爆裂、局部凸起或出现其他渗漏现象；顶进施工法用钢筒混凝土管管体裂缝宽度不得超过 0.2mm，预应力钢筒混凝土管管体预应力区水泥砂浆保护层不应出现长度大于 300mm、宽度大于 0.25mm 裂缝或其他的剥落现象。

覆土深度为 0.8～2.0m、工作压力为 0.4～2.0MPa 的预应力钢筒混凝土管的抗裂内压见表 6-79。

预应力钢筒混凝土管成品管子在进行外压试验时，管体预应力区水泥砂浆保护层不应出现长度大于 300mm、宽度大于 0.25mm 的裂缝或其他的剥落现象，管子内壁不得开裂。

预应力钢筒混凝土管抗裂检验内压　　　　表 6-79

管型	公称内径（mm）	工作压力（MPa）								
		0.4	0.6	0.8	1.0	1.2	1.4	1.6	1.8	2.0
内衬式管	400	0.70	0.95	1.18	1.46	1.74	2.02	2.30	2.58	2.86
	500	0.70	0.95	1.18	1.46	1.74	2.02	2.30	2.58	2.86
	600	0.70	0.95	1.18	1.46	1.74	2.02	2.30	2.58	2.86
	700	0.70	0.95	1.18	1.46	1.74	2.02	2.30	2.58	2.86
	800	0.70	0.95	1.19	1.47	1.75	2.03	2.31	2.59	2.87
	900	0.70	0.95	1.21	1.49	1.77	2.05	2.33	2.61	2.89
	1 000	0.70	0.94	1.22	1.50	1.78	2.06	2.34	2.62	2.90
	1 200	0.70	0.97	1.25	1.53	1.81	2.09	2.37	2.65	2.93
	1 400	0.70	1.04	1.32	1.60	1.88	2.16	2.44	2.72	3.00

续表 6-79

管型	公称内径（mm）	工作压力（MPa）								
		0.4	0.6	0.8	1.0	1.2	1.4	1.6	1.8	2.0
埋置式管	1 200	0.88	1.16	1.44	1.72	2.00	2.28	2.56	2.84	3.12
	1 400	0.90	1.18	1.46	1.74	2.02	2.30	2.58	2.86	3.14
	1 600	0.92	1.20	1.48	1.76	2.04	2.32	2.60	2.88	3.16
	1 800	0.94	1.22	1.50	1.78	2.06	2.34	2.62	2.90	3.18
	2 000	0.98	1.26	1.54	1.82	2.10	2.38	2.66	2.94	3.22
	2 200	1.00	1.28	1.56	1.84	2.12	2.40	2.68	2.96	3.24
	2 400	1.14	1.42	1.70	1.98	2.26	2.54	2.82	3.10	3.38
	2 600	1.16	1.44	1.72	2.00	2.28	2.56	2.84	3.12	3.40
	2 800	1.18	1.46	1.74	2.02	2.30	2.58	2.86	3.14	3.42
	3 000	1.20	1.48	1.76	2.04	2.32	2.60	2.88	3.16	3.44
	3 200	1.20	1.48	1.76	2.04	2.32	2.60	2.88	3.16	3.44
	3 400	1.21	1.49	1.77	2.05	2.33	2.61	2.89	3.17	3.45
	3 600	1.26	1.54	1.82	2.10	2.38	2.66	2.94	3.22	3.50
	3 800	1.25	1.53	1.81	2.09	2.37	2.65	2.93	3.21	3.49
	4 000	1.26	1.54	1.82	2.10	2.38	2.66	2.94	3.22	3.50

注：①表列数据适用于铺设条件为：管顶覆土深度为 0.8～2m，工作压力为 0.4～2MPa，土弧基础（90°）；两辆汽—20 并列。
②制造厂应根据管线的实际铺设使用条件进行管子结构验算。

12. 钢筒混凝土管的防护和使用规定

(1) 防护要求

成品管子运至堆场之前，对管子承插口钢环的外露部分应采用有效的防腐材料加以保护，以防止钢环发生锈蚀，饮水工程管道用防腐材料不得对管内水质产生任何不利影响。

当管子用于输送具有腐蚀性的污水或海水或用于含有腐蚀性介质的土壤环境中以及架空铺设时，应按规定对预应力钢筒混凝土管的管体混凝土或水泥砂浆保护层、管壁混凝土进行防腐处理。

(2) 使用规定

管子的铺设使用应符合 GB 50268 的规定。预应力钢筒混凝土管管子铺设安装后接头的安装间隙应采用无毒材料进行填充。顶进施工法用钢筒混凝土管在进行顶管施工时，管子接头之间应设置符合要求的木垫圈。橡胶密封圈应与管子配套供应，橡胶密封圈需要拼接时应符合相关规定。

13. 预应力钢筒混凝土管的配件和异形管

配件主要包括：合龙管、干线阀门连通管、弯头、T 形三通、Y 形三通、变径管、铠装管及用于连接支线、人孔、排气阀、泄水阀所需的各类出口管件。

配件用钢板的最小厚度   表 6-80

公称直径范围(mm)	最小厚度(mm)	公称直径范围(mm)	最小厚度(mm)
400～500	4.0	1 600～2 000	10.0
600～900	5.0	2 000～2 200	12.0
1 000～1 200	6.0	2 200～2 400	14.0
1 400～1 600	8.0		

注：对于直径大于 2 400mm 的配件，所用钢板厚度由制造厂设计确定或由业主确定。

异形管主要有斜口管、短管及带有出口管件的标准管。斜口管主要用于管线的拐弯；短管主要用于调节管线的长度；带有出口管件的标准管主要是指在管体指定位置开孔，以用于连接出口管件、排气阀、泄水阀及其他支线的管子。

配件和异形管的制作应与业主提出的图纸或由制造厂提出的经由业主认可的图纸相符。

14. 钢筒混凝土管的交货状态和储运要求

(1)预应力钢筒混凝土管除外观质量（管体外壁及内壁、修补质量及漏修情况）、尺寸偏差（管子内径、承口深度、插口长度、承口和插口椭圆度、端面倾斜度）的检验结果最多允许两项超差外，凡外观质量（承口及插口工作面、管体裂缝）、尺寸偏差（承口及插口工作面内径和外径、保护层厚度）、物理力学性能（内压和外压抗裂性能、管芯混凝土抗压强度、保护层水泥砂浆抗压强度及吸水率）中任一项检验结果不符合规定的，该批管子为不合格。

(2)顶进施工法用钢筒混凝土管除外观质量（管体外壁及内壁、修补质量及漏修情况）、尺寸偏差（管子内径、管子长度、承口深度、插口长度、承口和插口椭圆度、端面垂直度）的检验结果最多允许两项超差外，凡外观质量（承口及插口工作面、管体裂缝）、尺寸偏差（承口及插口工作面内径和外径、管壁厚度）、物理力学性能（抗裂内压、混凝土抗压强度）中任一项检验结果不符合规定的，该批管子为不合格。

(3)管子的标志内容：企业名称、产品商标、生产许可证编号、产品标记、生产日期和"严禁碰撞"等字样。

(4)预应力钢筒混凝土管的储运要求同预应力混凝土管。管子允许堆放层数见表6-81。

顶进施工法用钢筒混凝土管在吊装管子时，严禁用钢丝绳穿心吊。长途运输时，管子的承、插口端应妥善包扎，以防管子碰伤。成品管子应按不同管子品种、公称内径及工作压力分别堆放，不得混放。在干燥气候条件下，应加强成品管子的后期洒水保养工作。橡胶密封圈应存放在洁净、干燥、阴凉的地方，避免受阳光照射。

管子允许堆放层数　　　　　　　　　　　　　　　　　　　表 6-81

管子名称	公称内径(mm)	堆放层数
预应力钢筒混凝土管	400～500	4
	600～900	3
	1 000～1 200	2
	≥1 400	1 或立放
顶进施工法用钢筒混凝土管	1 000～1 600	2
	≥1 800	1 或立放

注：公称直径小于1 000mm的管子如采取措施，可适当增加堆放层数。

（三）自应力混凝土输水管（GB 4084—1999）

自应力混凝土输水管（图 6-28、图 6-29）是利用自应力水泥膨胀力张拉钢筋或钢丝网而产生预应力的混凝土管，管子按配筋分为钢筋管（Ⅰ型）和钢丝网管，钢丝网管又分为两半模成型管（Ⅱ型）和整体模成型管（Ⅲ型）两种。

```
                        ┌── 钢筋管（Ⅰ型）
自应力混凝土输水管 ──┤                    ┌── 两半模成型管（Ⅱ型）
                        └── 钢丝网管 ──┤
                                            └── 整体模成型管（Ⅲ型）
```

管子结构形式为承插式，工作压力为0.4～1.2MPa。

1. 自应力混凝土输水管工作压力指标

表 6-82

类　型	公称内径（mm）	压 力 指 标 MPa(kgf/cm²)	
		工作压力	出厂检验压力
工压—4		0.4(4)	0.8(8)
工压—5		0.5(5)	1.0(10)
工压—6	100～800	0.6(6)	1.2(12)
工压—8		0.8(8)	1.4(14)
工压—10		1.0(10)	1.7(17)
工压—12		1.2(12)	2.0(20)

注：①管子在检验压力下应不渗水、不开裂、接头处不滴水。

②在检验压力下，管子外表面砂眼漏水不多于 3 点，合缝漏水不超过 2 处，每处长度≤20cm 者允许修整，修整后的管仍应符合①的规定。

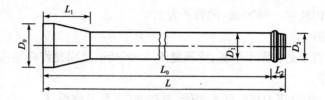

图 6-28　自应力混凝土输水管图（Ⅰ型、Ⅱ型）

2. 自应力混凝土管各部尺寸和参考重量

表 6-83

项　　目		各 部 尺 寸（mm）									
公称内径 D_0		100	150	200	250	300	350	400	500	600	800
管体外径 D_1	Ⅰ	150	200	260	320	380	440	490	610	720	960
	Ⅱ	150	200	260	310	370	430	480	590	700	920
	Ⅲ	154	204	260	310	370	430	480	590	700	920
管体壁厚	Ⅰ	25	25	30	35	40	45	45	55	60	80
	Ⅱ	25	25	30	30	35	40	40	45	50	60
	Ⅲ	27	27	30	30	35	40	40	45	50	60
外保护层厚		7	7	7	7	7	7	7	7	7	7
管长	L_0	3 000	3 000	3 000	3 000	4 000	4 000	4 000	4 000	4 000	4 000
	L	3 080	3 080	3 080	3 080	4 088	4 088	4 107	4 107	4 117	4 140 (4 135)
接头尺寸 插口	止胶台外径 D_2 Ⅰ	164	214	274	334	397	457	514	634	743	984
	Ⅱ	164	214	274	324	386	447	503	613	723	945
	Ⅲ	154	204	260	310	370	430	480	590	700	920
	插头长 L_2	80	80	80	80	88	88	107	107	117	140(135)
	承插间隙	10	15	15	15	17	17	20	20	25	25(30)
承口	承口外径 D_9 Ⅰ	240	290	365	435	510	580	640	780	910	1 214
	Ⅱ	240	290	365	424	490	555	617	740	870	1 114
	Ⅲ	231	281	351	401	473	543	596	716	848	1 091
	工作面内径 Ⅰ	169	219	279	339	402	462	519	639	751	994
	Ⅱ	169	219	279	329	392	452	509	619	732	954
	Ⅲ	159	209	265	315	376	436	487	597	708	929
	承口投影长 L_1 Ⅰ	260	260	295	320	365	390	422	467	552	687
	Ⅱ	260	260	295	358	379	393	442	477	535	618
	Ⅲ	268	268	308	308	347	375	401	429	497	580

项　目		各部尺寸(mm)									
参考重量 (kg/根)	Ⅰ	90	115	180	260	470	615	700	1 070	1 415	2 536
	Ⅱ	90	115	180	225	419	556	634	907	1 222	2 030
	Ⅲ	95	132	190	232	430	573	650	905	1 200	1 916

注:800mm管括号内的数为Ⅱ型、Ⅲ型管的数。

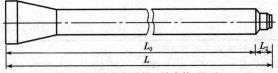

图 6-29　自应力混凝土输水管(Ⅲ型)

自应力钢筋混凝土输水管接头采用圆形截面橡胶圈密封。管道在铺设时允许接头转角;内径100～350mm的管子为2.0°,内径400～800mm的管子为1.5°。

自应力管设计原则:

(1)各压力等级的管子是在素土平基、管顶复土0.8～2m、地面允许两辆汽—15级汽车及相应等级的工作压力的条件设计。

(2)φ600～φ800mm的自应力钢丝网水泥管,系按90°土弧基础设计。

自应力混凝土输水管根据外观质量及水压检验结果分为一等品(B)和合格品(C)。

管子标记:

自应力混凝土输水管按名称(代号 Z)、类别(罗马数字)、质量等级、公称内径(mm)×有效长度(m)、压力等级及标准编号顺序表示。

如:Z(Ⅰ)B　600×4　6　GB 4084

　　Z(Ⅲ)C　800×4　4　GB 4084

3. 自应力输水管的储存、运输

管子堆放时各层间应用支垫隔开,上、下支垫要对齐,管子悬臂长度不得超过管长的1/5,管子堆放层数不超过表6-84的规定。

表 6-84

管公称内径(mm)	100～150	200～250	300～400	500～600	800
堆放层数	8	7	5	3	2

在装卸管子时,应轻装轻放,严禁抛掷和碰撞。长途运输时,承、插口应包扎,管子要固定牢靠,防止滚动、碰撞,管子超过车厢(支点)的长度不得大于管长的1/5。

(四)混凝土和钢筋混凝土排水管(GB/T 11836—2009)

混凝土和钢筋混凝土排水管是采用离心、悬辊、芯模振动、立式挤压等方法生产成型,主要用于雨水、污水、引水及农田排灌等重力流管道。

管道适用于开槽施工和顶进施工等方法。

混凝土管(代号 CP)指管壁内不配钢筋的混凝土圆管。

钢筋混凝土管(代号 RCP)指管壁内配有单层或多层钢筋的混凝土圆管。

1. 混凝土和钢筋混凝土排水管分类

混凝土和钢筋混凝土排水管按外压荷载分级,其中,混凝土管分为Ⅰ、Ⅱ两级;钢筋混凝土管分为Ⅰ、Ⅱ、Ⅲ三级。按施工方法分为开槽施工管和顶进施工管(DRCP)。

混凝土和钢筋混凝土排水管按连接方式分为柔性接头管和刚性接头管。柔性接头管按接头形式分为承插口管、钢承口管、企口管、双插口管和钢承插口管。其中,柔性接头管的承插口管、钢承口管的形式分为 A、B、C 三型。

刚性接头管按接头形式分为平口管、承插口管和企口管。

混凝土和钢筋混凝土排水管的分类和口径范围　　　　表 6-85

名　称	施工方法	类型和代号	外压荷载级别	连接方式	接头形式和口径范围(mm)		
混凝土和钢筋混凝土排水管	开槽施工管	混凝土管(CP)	Ⅰ级Ⅱ级	柔性接头管、刚性接头管	柔性接头管	承插口管	A 型　600～1 200 B 型　300～1 500 C 型　300～800
						钢承口管	A 型　600～3 000 B 型　600～3 000 C 型　600～3 500
						企口管	1 350～3 000
	顶进施工管(DRPC)	钢筋混凝土管(RCP)	Ⅰ级Ⅱ级Ⅲ级			双插口管	600～3 000
						钢承插口管	300～3 200
					刚性接头管	承插口管	100～600
						平口管	200～3 000
						企口管	100～3 000

注:混凝土管的规格范围为 100～600mm,有效长度为 1m。

2. 混凝土和钢筋混凝土排水管规格和内水压检验指标

(1)混凝土管规格、外压荷载级别和内水压力检验指标

表 6-86

公称内径 D_0 (mm)	有效长度 L (mm)≥	Ⅰ 级 管			Ⅱ 级 管		
		壁厚 t (mm)≥	破坏荷载 (kN/m)	内水压力 (MPa)	壁厚 t (mm)≥	破坏荷载 (kN/m)	内水压力 (MPa)
100		19	12		25	19	
150		19	8		25	14	
200		22	8		27	12	
250		25	10		33	15	
300	1 000	30	10	0.02	40	18	0.04
350		35	12		45	19	
400		40	14		47	19	
450		45	16		50	19	
500		50	18		55	21	
600		—	21		65	24	

(2)钢筋混凝土管的规格、外压荷载和内水压力检验指标

表 6-87

公称内径 D_0 (mm)	有效长度 L(mm)≥	Ⅰ 级 管				Ⅱ 级 管				Ⅲ 级 管			
		壁厚 t(mm)≥	裂缝荷载 (kN/m)	破坏荷载 (kN/m)	内水压力 (MPa)	壁厚 t(mm)≥	裂缝荷载 (kN/m)	破坏荷载 (kN/m)	内水压力 (MPa)	壁厚 t(mm)≥	裂缝荷载 (kN/m)	破坏荷载 (kN/m)	内水压力 (MPa)
200		30	12	18		30	15	23		30	19	29	
300		30	15	23		30	19	29		30	27	41	
400		40	17	26		40	27	41		40	35	53	
500		50	21	32		50	32	48		50	44	68	
600		55	25	38		60	40	60		60	53	80	
700		60	28	42		70	47	71		70	62	93	
800		70	33	50		80	54	81		80	71	107	

公称内径 D_0 (mm)	有效长度 L(mm) $\geqslant$	Ⅰ 级 管				Ⅱ 级 管				Ⅲ 级 管			
		壁厚 t(mm) $\geqslant$	裂缝荷载 (kN/m)	破坏荷载 (kN/m)	内水压力 (MPa)	壁厚 t(mm) $\geqslant$	裂缝荷载 (kN/m)	破坏荷载 (kN/m)	内水压力 (MPa)	壁厚 t(mm) $\geqslant$	裂缝荷载 (kN/m)	破坏荷载 (kN/m)	内水压力 (MPa)
900		75	37	56		90	61	92		90	80	120	
1 000		85	40	60		100	69	100		100	89	134	
1 100		95	44	66		110	74	110		110	98	147	
1 200		100	48	72		120	81	120		120	107	161	
1 350		115	55	83		135	90	135		135	122	183	
1 400		117	57	86		140	93	140		140	126	189	
1 500		125	60	90		150	99	150		150	135	203	
1 600		135	64	96		160	106	159		160	144	216	
1 650	2 000	140	66	99	0.06	165	110	170	0.10	165	148	222	0.10
1 800		150	72	110		180	120	180		180	162	243	
2 000		170	80	120		200	134	200		200	181	272	
2 200		185	84	130		220	145	220		220	199	299	
2 400		200	90	140		230	152	230		230	217	326	
2 600		220	104	156		235	172	260		235	235	353	
2 800		235	112	168		255	185	280		255	254	381	
3 000		250	120	180		275	198	300		275	273	410	
3 200		265	128	192		290	211	317		290	292	438	
3 500		290	140	210		320	231	347		320	321	482	

3.混凝土和钢筋混凝土排水管规格尺寸

(1)柔性接头 A 型承插口管

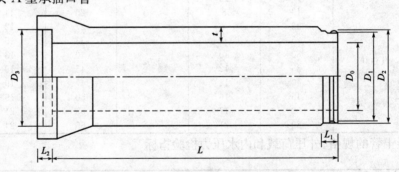

图 6-30　柔性接头 A 型承插口管图

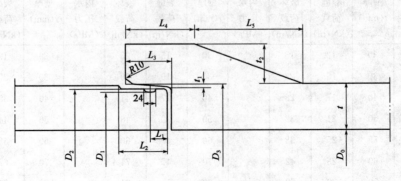

图 6-31　ϕ600～ϕ1 200 柔性接头 A 型承插口管接头图（尺寸单位：mm）

φ600～φ1 200 柔性接头 A 型承插口管接头细部尺寸　　　　　表 6-88

管内径 D_0	管壁厚 t	插口尺寸（mm）				承口尺寸（mm）					
mm		D_1	D_2	L_1	L_2	D_3	t_1	t_2	L_3	L_4	L_5
600	75	705	725	37	102	728	3	59	99	140	150
800	92	924	944	37	102	947	3	67	99	140	169
1 000	110	1 148	1 168	37	110	1 172	4	76	106	140	192
1 200	125	1 363	1 383	37	110	1 386	4	73	106	156	185

（2）柔性接头 B 型承插口管

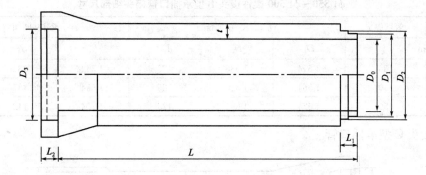

图 6-32　柔性接头 B 型承插口管图

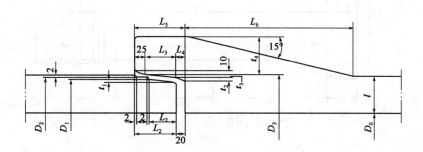

图 6-33　φ300～φ1 200 柔性接头 B 型承插口管接头图（尺寸单位：mm）

φ300～φ1 200 柔性接头 B 型承插口管接头细部尺寸　　　　　表 6-89

管内径 D_0	管壁厚 t	插口尺寸（mm）					承口尺寸（mm）							
mm		D_1	D_2	t_1	L_1	L_2	D_3	t_2	t_3	t_4	L_3	L_4	L_5	L_6
300	40	362	376	2	60	95	384	10	2	50	70	20	120	194
400	45	472	486	2	60	95	494	10	2	55	70	20	120	212
500	55	592	606	2	60	95	614	10	2	65	70	20	120	250
600	60	700	716	3	75	110	726	12	3	70	80	25	130	272
700	70	820	836	3	75	110	846	12	3	80	80	25	130	310
800	80	940	956	3	75	110	966	12	3	90	80	25	130	347
900	90	1 060	1 076	3	75	110	1 086	12	3	100	80	25	130	384
1 000	100	1 180	1 196	3	75	110	1 206	12	3	110	80	25	130	422
1 100	110	1 298	1 316	3	75	110	1 326	12	3	120	80	25	130	459
1 200	120	1 418	1 436	3	75	110	1 446	12	3	130	80	25	130	496

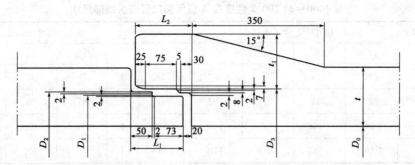

图 6-34　$\phi 1\,350 \sim \phi 1\,500$ 柔性接头 B 型承插口管接头图（尺寸单位:mm）

$\phi 1\,350 \sim \phi 1\,500$ 柔性接头 B 型承插口管接头细部尺寸　　　　表 6-90

管内径 D_0	管壁厚 t	插口尺寸（mm）			承口尺寸（mm）		
mm		D_1	D_2	L_1	D_3	t_1	L_2
1 350	135	1 514	1 536	125	1 544	132	135
1 400	140	1 564	1 586	125	1 594	137	135
1 500	150	1 674	1 696	125	1 704	142	135

（3）柔性接头 C 型承插口管

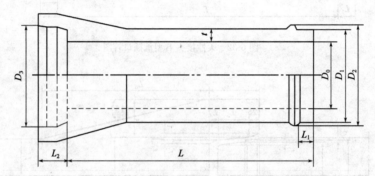

图 6-35　柔性接头 C 型承插口管图

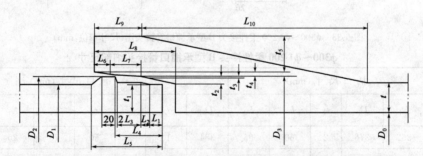

图 6-36　$\phi 300 \sim \phi 800$ 柔性接头 C 型承插口管接头图（尺寸单位:mm）

$\phi 300 \sim \phi 800$ 柔性接头 C 型承插口管接头细部尺寸　　　　表 6-91

管内径 D_0	管壁厚 t	插口尺寸（mm）							承口尺寸（mm）								
mm		D_1	D_2	t_1	L_1	L_2	L_3	L_4	L_5	D_3	t_2	t_3	t_4	t_5	L_6	L_7	L_8	L_9	L_{10}
300	40	382	397	38	18	15	25	60	88	402	11.5	0.5	4.5	49.5	20	35	105	55	310
400	45	496	514	45	20	15	35	72	107	519	13.0	0.5	5.5	55.0	27	45	127	72	350
500	55	616	634	55	20	15	35	72	107	639	13.0	0.5	5.5	65.0	27	45	127	72	395
600	60	726	743	59	20	20	40	82	117	751	13.0	0.5	5.5	74.0	27	50	142	77	475
800	80	966	984	79	25	20	50	97	140	994	15.0	0.5	7.0	103.0	35	60	165	95	592

（4）柔性接头 A 型钢承口管

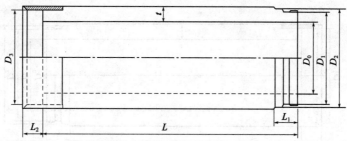

图 6-37　柔性接头 A 型钢承口管图

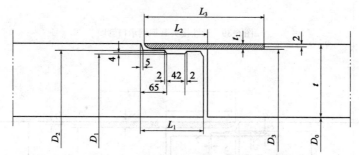

图 6-38　$\phi600\sim\phi3\,000$ 柔性接头 A 型钢承口管接头图（尺寸单位：mm）

$\phi600\sim\phi3\,000$ 柔性接头 A 型钢承口管接头细部尺寸　　　表 6-92

管内径 D_0	管壁厚 t	插 口 尺 寸（mm）			钢 承 口 尺 寸（mm）			
mm		D_1	D_2	L_1	D_3	t_1	L_2	L_3
600	60	678	698		704			
700	70	798	818		824			
800	80	918	938		944			
900	90	1 038	1 058	145	1 064	6	140	≥250
1 000	100	1 158	1 178		1 184			
1 100	110	1 278	1 298		1 304			
1 200	120	1 398	1 418		1 424			
1 350	135	1 574	1 594		1 600			
1 400	140	1 634	1 654		1 660			
1 500	50	1 754	1 774		1 780			
1 600	160	1 874	1 894	145	1 900	8	140	≥250
1 650	165	1 934	1 954		1 960			
1 800	180	2 114	2 134		2 140			
2 000	200	2 346	2 370		2 376			
2 200	220	2 586	2 610		2 616			
2 400	230	2 806	2 830		2 836			
2 600	235	3 016	3 040	145	3 046	10	140	≥250
2 800	255	3 256	3 280		3 286			
3 000	275	3 496	3 520		3 526			

注：当采用 16 锰钢板时，承口钢板厚度可适当减薄。

(5)柔性接头 B 型钢承口管

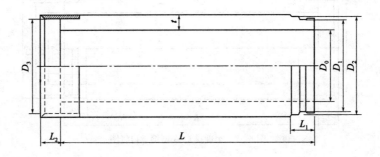

图 6-39　柔性接头 B 型钢承口管图

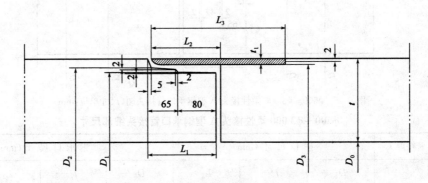

图 6-40　ϕ600～ϕ3 000 柔性接头 B 型钢承口管接头图(尺寸单位:mm)

ϕ600～ϕ3 000 柔性接头 B 型钢承口管接头细部尺寸　　表 6-93

管内径 D_0	管壁厚 t	插 口 尺 寸 (mm)			钢 承 口 尺 寸 (mm)			
mm		D_1	D_2	L_1	D_3	t_1	L_2	L_3
600	60	678	698		704			
700	70	798	818		824			
800	80	918	938		944			
900	90	1 038	1 058	145	1 064	6	140	≥250
1 000	100	1 158	1 178		1 184			
1 100	110	1 278	1 298		1 304			
1 200	120	1 398	1 418		1 424			
1 350	135	1 574	1 594		1 600			
1 400	140	1 634	1 654		1 660			
1 500	150	1 754	1 774	145	1 780	8	140	≥250
1 600	160	1 874	1 894		1 900			
1 650	165	1 934	1 954		1 960			
1 800	180	2 114	2 134		2 140			

管内径 D_0	管壁厚 t	插口尺寸（mm）			钢承口尺寸（mm）			
mm		D_1	D_2	L_1	D_3	t_1	L_2	L_3
2 000	200	2 346	2 370		2 376			
2 200	220	2 586	2 610		2 616			
2 400	230	2 806	2 830		2 836			
2 600	235	3 016	3 040	145	3 046	10	140	≥250
2 800	255	3 256	3 280		3 286			
3 000	275	3 496	3 520		3 526			

注：当采用 16 锰钢板时，承口钢板厚度可适当减薄。

（6）柔性接头 C 型钢承口管

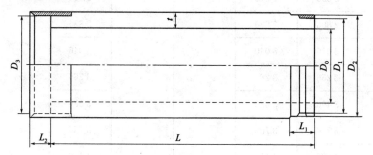

图 6-41　柔性接头 C 型钢承口管图

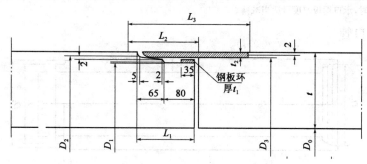

图 6-42　$\phi600 \sim \phi3\,500$ 柔性接头 C 型钢承口管接头图（尺寸单位：mm）

$\phi600 \sim \phi3\,500$ 柔性接头 C 型钢承口管接头细部尺寸　　　　　表 6-94

管内径 D_0	管壁厚 t	插口尺寸（mm）				钢承口尺寸（mm）			
mm		D_1	D_2	t_1	L_1	D_3	t_2	L_2	L_3
600	60	678	698			704			
700	70	798	818			824			
800	80	918	938			944			
900	90	1 038	1 058	8	145	1 064	6	140	≥250
1 000	100	1 158	1 178			1 184			
1 100	110	1 278	1 298			1 304			
1 200	120	1 398	1 418			1 424			

管内径 D_0	管壁厚 t	插 口 尺 寸(mm)				钢 承 口 尺 寸(mm)			
mm		D_1	D_2	t_1	L_1	D_3	t_2	L_2	L_3
1 350	135	1 574	1 594			1 600			
1 400	140	1 634	1 654			1 660			
1 500	150	1 754	1 774			1 780			
1 600	160	1 874	1 894	8	145	1 900	8	140	≥250
1 650	165	1 934	1 954			1 960			
1 800	180	2 114	2 134			2 140			
2 000	200	2 346	2 370			2 376			
2 200	220	2 586	2 610			2 616			
2 400	230	2 806	2 830			2 836			
2 600	235	3 016	3 040	8	145	3 046	10	140	≥250
2 800	255	3 256	3 280			3 286			
3 000	275	3 496	3 520			3 526			
3 200	290	3 726	3 750			3 756			
3 500	320	4 086	4 110			4 116			

注：当采用 16 锰钢板时，承口钢板厚度可适当减薄。

（7）柔性接头企口管

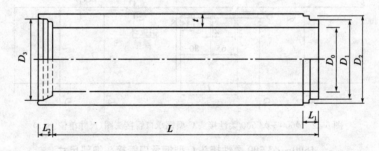

图 6-43　柔性接头企口管图

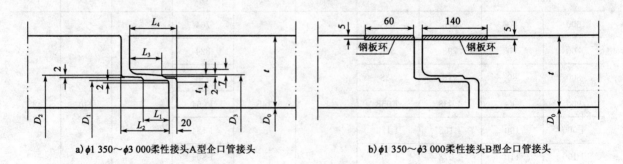

a) $\phi 1\ 350 \sim \phi 3\ 000$ 柔性接头A型企口管接头　　　　b) $\phi 1\ 350 \sim \phi 3\ 000$ 柔性接头B型企口管接头

图 6-44　柔性接头企口管接头图(尺寸单位：mm)

φ1 350~φ3 000 柔性接头企口管接头细部尺寸　　　　　表 6-95

管内径 D_0	管壁厚 t	插口尺寸（mm）				钢承口尺寸（mm）			
mm		D_1	D_2	L_1	L_2	D_3	t_1	L_3	L_4
1 350	160	1 468	1 488	68	125	1 496	9	90	125
1 400	160	1 518	1 538			1 546			
1 500	165	1 622	1 642	73	135	1 650	9	100	135
1 600	165	1 722	1 742			1 750			
1 650	165	1 772	1 792			1 800			
1 800	180	1 932	1 952			1 960			
2 000	200	2 152	2 172	73	135	2 182	10	100	135
2 200	220	2 362	2 382			2 392			
2 400	230	2 572	2 594	73	135	2 602	10	100	135
2 600	235	2 778	2 800			2 808			
2 800	255	2 998	3 020			3 028			
3 000	275	3 208	3 230			3 238			

注：A、B 型接头除端头有无钢板外，其他尺寸都相同。

（8）柔性接头双插口管

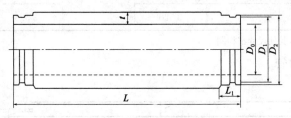

图 6-45　柔性接头双插口管图

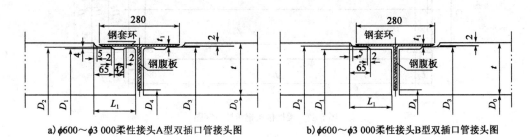

a) φ600~φ3 000柔性接头A型双插口管接头图　　　b) φ600~φ3 000柔性接头B型双插口管接头图

图 6-46　柔性接头双插口管接头图（尺寸单位：mm）

φ600~φ3 000 柔性接头双插口管接头细部尺寸　　　　　表 6-96

管内径 D_0	管壁厚 t	插口尺寸（mm）			钢套环（mm）		
mm		D_1	D_2	L_1	D_3	D_4	t_1
600	60	678	698		704	624	
700	70	798	818		824	724	
800	80	918	938		944	624	
900	90	1 038	1 058	145	1 064	924	6
1 000	100	1 158	1 178		1 184	1 024	
1 100	110	1 278	1 298		1 304	1 124	
1 200	120	1 398	1 418		1 424	1 224	

管内径 D_0	管壁厚 t	插 口 尺 寸（mm）			钢 套 环（mm）		
mm		D_1	D_2	L_1	D_3	D_4	t_1
1 350	135	1 574	1 594		1 600	1 374	
1 400	140	1 634	1 654		1 660	1 424	
1 500	160	1 754	1 774		1 780	1 524	
1 600	150	1 874	1 894	145	1 900	1 624	8
1 650	165	1 934	1 954		1 960	1 674	
1 800	180	2 114	2 134		2 140	1 824	
2 000	200	2 346	2 370		2 376	2 024	
2 200	220	2 586	2 610		2 616	2 224	
2 400	230	2 806	2 830		2 836	2 424	
2 600	235	3 016	3 040	145	3 046	2 628	10
2 800	255	3 256	3 280		3 286	2 828	
3 000	275	3 496	3 520		3 526	3 028	

注：A、B 型接头除有无凹槽外，其他尺寸都相同。

（9）柔性接头钢承插口管

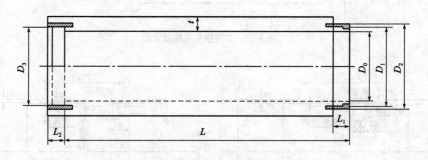

图 6-47　柔性接头钢承插口管图

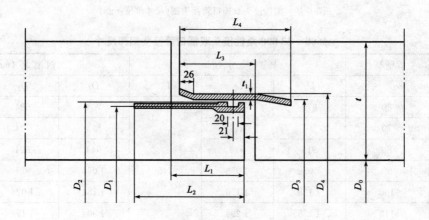

图 6-48　ϕ300～ϕ3 200 柔性接头钢承插口管接头图（尺寸单位：mm）

φ300～φ3 200 柔性接头钢承插口管接头细部尺寸　　　　　　表 6-97

管内径 D_0	管壁厚 t	钢插口尺寸（mm）				钢承口尺寸（mm）				
mm		D_1	D_2	L_1	L_2	D_3	D_4	L_3	L_4	t_1
300	50	349	369			371	385			
400	55	444	464			466	480			
500	55	544	564			566	580			
600	60	649	669			671	685			
700	70	768	789			791	805			
800	80	869	889	95	150	891	905	95	140	4-6
900	90	989	1 009			1 011	1 025			
1 000	100	1 109	1 129			1 131	1 145			
1 100	110	1 119	1 139			1 141	1 155			
1 200	120	1 339	1 359			1 361	1 375			
1 350	135	1 519	1 539			1 541	1 555			
1 400	140	1 579	1 599			1 601	1 615			
1 500	150	1 679	1 699			1 701	1 715			
1 600	160	1 799	1 819			1 821	1 835			
1 650	165	1 859	1 879			1 881	1 895			
1 800	180	2 029	2 049	100	150	2 051	2 065	100	150	6-8
2 000	200	2 249	2 269			2 271	2 285			
2 200	220	2 489	2 509			2 511	2 525			
2 400	230	2 709	2 729			2 731	2 745			
2 600	235	2 909	2 929			2 931	2 945			
2 800	255	3 139	3 159			3 161	3 175			
3 000	275	3 359	3 379	150	220	3 381	3 395	150	210	8-10
3 200	290	3 589	3 609			3 611	3 625			

(10)刚性接头平口管

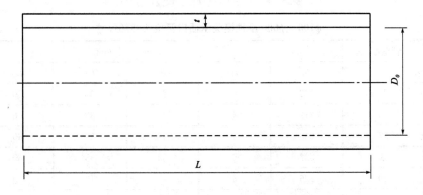

图 6-49　φ200～φ3 000 刚性接头平口管管体图

φ200～φ3 000 刚性接头平口管管体尺寸

表 6-98

管内径 D_0(mm)	管壁厚 t(mm)	管长度 L(mm)	管内径(D_0)mm	管壁厚(t)mm	管长度 L(mm)
200	30		1 350	115	
300	30		1 500	125	
400	40		1 650	140	
500	50		1 800	150	
600	55		2 000	170	
700	60	2 000	2 200	185	2 000
800	70		2 400	200	
900	75		2 600	220	
1 000	85		2 800	235	
1 100	95		3 000	250	
1 200	100				

注:平口管一般用于混凝土基础铺设,使用Ⅰ级管。图 6-49、表 6-98 按Ⅰ级管壁厚制作。

(11)刚性接头承插口管

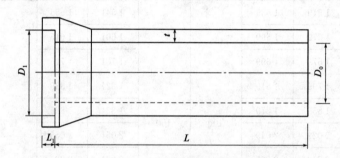

图 6-50　刚性接头承插口管图

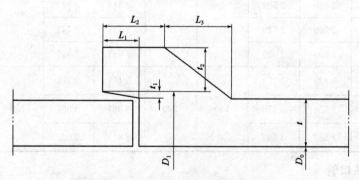

图 6-51　φ100～φ600 刚性接头承插口管接头图

φ100～φ600 刚性接头承插口管接头细部尺寸

表 6-99

管内径 D_0	管壁厚 t	管 体 尺 寸 (mm)					
mm		D_1	t_1	t_2	L_1	L_2	L_3
100	25	162	4	25	38	50	50
150	25	212	4	25	38	60	65
200	27	268	4	27	38	60	65
250	3	332	5	33	38	60	65
300	40	396	5	40	43	70	73
350	45	456	5	45	43	70	73

管内径 D_0	管壁厚 t	管体尺寸（mm）					
mm		D_1	t_1	t_2	L_1	L_2	L_3
400	47	510	5	47	43	70	73
450	50	566	5	50	43	70	73
500	55	628	6	55	50	80	80
600	65	748	6	65	50	80	80

注：图 6-50、图 6-51、表 6-99 尺寸适应于挤压成型混凝土排水管。

(12)刚性接头企口管

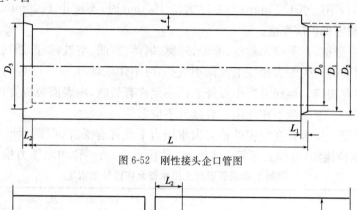

图 6-52　刚性接头企口管图

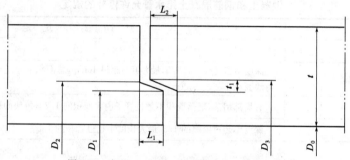

图 6-53　ϕ1 100～ϕ3 000 刚性接头企口管接头图

ϕ1 100～ϕ3 000 刚性接头企口管接头细部尺寸　　表 6-100

管内径 D_0	管壁厚 t	插口尺寸（mm）			承口尺寸（mm）		
mm		D_1	D_2	L_1	D_3	t_1	L_2
1 100	110	1 172	1 186	30	1 196	10	40
1 200	120	1 282	1 296	30	1 306	10	40
1 350	135	1 446	1 460	30	1 470	10	40
1 400	140	1 498	1 512	30	1 522	10	40
1 500	150	1 600	1 620	35	1 630	15	45
1 600	160	1 704	1 724	35	1 746	15	45
1 650	165	1 764	1 784	35	1 794	15	45
1 800	180	1 930	1 950	35	1 960	15	45
2 000	200	2 136	2 166	40	2 176	20	50
2 200	220	2 356	2 386	40	2 396	20	50
2 400	240	2 576	2 606	40	2 596	20	50
2 600	235	2 786	2 826	40	2 786	25	50
2 800	255	3 006	3 046	45	3 006	25	55
3 000	275	3 226	3 266	50	3 226	25	60

4.排水管标记

混凝土和钢筋混凝土排水管按施工方法(开槽施工不标记)、名称、外压荷载级别、规格(公称内径×有效长度)和标准号顺序标记。

如：CP Ⅰ 600×1 000 GB/T 11836、RCP Ⅱ 1 800×2 000 GB/T 11836、DRCP Ⅱ 2 400×2 000 GB/T 11836。

5.排水管的混凝土强度、保护层厚度及外观质量要求

制管用混凝土强度等级不得低于C30,用于制作顶管的混凝土强度等级不得低于C40。

环筋的内、外混凝土保护层厚度：当壁厚小于或等于40mm时,不应小于10mm；当壁厚大于40mm且小于等于100mm时,不应小于15mm；当壁厚大于100mm时,不应小于20mm。对有特殊防腐要求的管子,应根据需要确定保护层厚度。

管子内、外表面应平整,管子应无黏皮、麻面、蜂窝、坍落、露筋、空鼓,局部凹坑深度不应大于5mm。如果芯模振动工艺脱模时产生的表面拉毛及微小气孔,可不作处理。

混凝土管不允许有裂缝。钢筋混凝土管外表面不允许有裂缝,内表面裂缝宽度不得超过0.05mm,但表面龟裂和砂浆层的干缩裂缝不在此限。合缝处不应漏浆。

混凝土和钢筋混凝土排水管在规定的检验内水压力下允许有潮片,但潮片面积不得大于总外表面积的5%,且不得有水珠流淌(壁厚大于等于150mm的雨水管,可不作内水压力检验)。

混凝土和钢筋混凝土排水管允许修补的规定 表6-101

项 目			允 许 修 补 规 定
表面凹深 不超过		mm	10
黏皮、麻面、蜂窝			深度不超过壁厚的1/5,最大值不超过10mm,总面积不超过相应内或外表面积的1/20,每块面积不超过100cm²
内表面			有局部坍落,坍落面积不超过管子内表面积的1/20,每块面积不超过100cm²
合缝漏浆			深度不超过壁厚的1/5,最大长度不超过管长的1/5
端面碰伤、纵向长度 不超过			100
端面碰伤 环向长度 不超过	mm	公称内径 D_0	碰伤环向长度限值
		100～200	45
		300～500	60
		600～900	80
		1 000～1 600	105
		1 650～2 400	120
		2 600～3 000	150
		3 200～3 500	200

6.混凝土和钢筋混凝土排水管尺寸允许偏差

(1)柔性接头承插口管、钢承口管、企口管、钢承插口管和刚性接头企口管尺寸允许偏差

表6-102

管子形式	公称内径 D_0(mm)	管子尺寸(mm)			接头尺寸(mm)				
		D_0	t	L	D_1	D_2	D_3	L_1	L_2
柔性接头承插口管	300～800	+4 −8	+8 −2	+18 −10	±2	±2	±2	±3	+4 −3
	900～1 500	+6 −10	+10 −3	+18 −12	±2	±2	±2	±3	+4 −3

续表 6-102

管子形式	公称内径 D_0 (mm)	管子尺寸(mm)			接头尺寸(mm)				
		D_0	t	L	D_1	D_2	D_3	L_1	L_2
柔性接头钢承口管	600～800	+4 −8	+8 −2	+18 −10	±2	±2	±2	±3	±2
	900～1 500	+6 −10	+10 −3	+18 −12	±2	±2	±2	±3	±2
	1 600～2 400	+8 −12	+12 −4	+18 −12	±2	±2	±2	±3	±2
	2 600～3 500	+10 −14	+14 −5	+18 −12	±2	±2	±2	±3	±2
柔性接头企口管	1 350～1 500	+6 −10	+10 −3	+18 −12	±2	±2	±2	±3	+4 −3
	1 600～2 400	+8 −12	+12 −4	+18 −12	±2	±2	±2	±3	+4 −3
	2 600～3 000	+10 −14	+14 −5	+18 −12	±2	±2	±2	±3	+4 −3
柔性接头钢承插口管	300～800	+4 −8	+8 −2	+18 −10	±2	±2	±2	±3	±2
	900～1 500	+6 −10	+10 −3	+18 −12	±2	±2	±2	±3	±2
	1 600～2 400	+8 −12	+12 −4	+18 −12	±2	±2	±2	±3	±2
	2 600～3 200	+10 −14	+14 −5	+18 −12	±2	±2	±2	±3	±2
刚性接头企口管	1 100～1 500	+6 −10	+10 −3	+18 −12	±3	±3	±3	±3	±3
	1 650～1 800	+8 −12	+12 −4	+18 −12	±3	±3	±3	±4	±4
	2 000～2 400	+8 −12	+12 −4	+18 −12	±3	±3	±3	±5	±5
	2 600～3 000	+10 −14	+14 −5	+18 −12	±3	±3	±3	±6	±6

(2)柔性接头双插口管尺寸允许偏差

表 6-103

公称内径 D_0 (mm)	管子尺寸(mm)			接头尺寸(mm)		
	D_0	t	L	D_1	D_2	L_1
600～800	+4 −8	+8 −2	+18 −10	±2	±2	±3
900～1 500	+6 −10	+10 −3	+18 −12	±2	±2	±3
1 600～2 400	+8 −12	+12 −4	+18 −12	±2	±2	±3
2 600～3 000	+10 −14	+14 −5	+18 −12	±2	±2	±3

（3）刚性接头平口管尺寸允许偏差

表 6-104

公称内径 D_0(mm)	管 子 尺 寸 （mm）		
	D_0	t	L
200～800	+4 −8	+8 −2	+18 −10
900～1 500	+6 −10	+10 −3	+18 −12
1 600～2 400	+8 −12	+12 −4	+18 −12

（4）刚性接头承插口管尺寸允许偏差

表 6-105

公称内径 D_0(mm)	管子尺寸(mm)			接头尺寸(mm)	
	D_0	t	L	D_1	L_1
100～600	+4 −8	+8 −2	+18 −10	±4	±6

（5）其他方面的允许偏差规定

表 6-106

项 目				允 许 偏 差
管子弯曲度 δ				管子有效长度的 0.3%
管子端面倾斜 S(mm)	开槽施工	公称内径<1 000	不 大 于	10
		公称内径≥1 000		公称内径的 1%，并不得大于 15mm
	顶进施工	公称内径<1 200		3
		1 200≤公称内径<3 000		4
		公称内径≥3 000		5

7.排水管的交货状态和储运要求

（1）凡混凝土抗压强度、外观质量、尺寸偏差、力学性能中任一项检验结果不符合规定的,该批管子为不合格。

（2）使用单位有权对交付使用的管子对外压荷载、内水压力与厂方配合进行复检。检验结果不合格的,所发生的费用由厂方承担;复验结果合格的,所发生的费用由使用方承担。

（3）混凝土和钢筋混凝土排水管的管子表面应标明:企业名称、商标、生产许可证编号、产品标记、生产日期和"严禁碰撞"字样等。

（4）根据用户要求,为防止在运输过程中管子损坏,管子两端可用软质物品包扎。

管子起吊应轻起轻落,严禁直接用钢丝绳穿心吊。装卸时不允许管子自由滚动和随意抛掷,运输途中严禁碰撞。管子应按品种、规格、外压荷载级别及生产日期分别堆放,堆放场地要平整。

表 6-107

公称内径 D_0(mm)	100～200	250～400	450～600	700～900	1 000～1 400	1 500～1 800	≥2 000
层数	7	6	5	4	3	2	1

(五)混凝土和钢筋混凝土排水管用橡胶密封圈(JC/T 946—2005)(2012 年确认)

混凝土和钢筋混凝土排水管用橡胶密封圈是用天然橡胶、合成橡胶制成的,简称橡胶密封圈,代号PQ。适用于管道内输送介质为雨水、污水的混凝土和钢筋混凝土无压排水管及钢筋混凝土低压排水管接口用;不适用于输送饮用水及输送有特殊腐蚀作用的工业污水的管道接口用。

1. 橡胶密封圈的分类和等级

表 6-108

名称和代号	分类形式	类别和等级
混凝土和钢筋混凝土排水管用橡胶密封圈(PQ)	按断面形状分	实心、空心、圆形、椭圆形、齿形、楔形、q形等
	按安装方式分	内嵌式、装配式
	按就位方式分	滑动式、滚动式
	按原材料分	天然橡胶、合成橡胶
	硬度(IRHD)等级	30(30)、40(40)、50(50)、60(60)、70(70)

注:表中括号内的数字代表硬度数值。

2. 橡胶密封圈的标记

橡胶密封圈按产品名称(PQ)、产品分级、胶种(英文字母)、主要尺寸及标准号顺序进行标记。如:内径为 826mm,断面尺寸为(宽×高)36mm×28mm 的用丁苯橡胶制造的硬度为 50 级的橡胶密封圈标记为:PQ 50 SBR ϕ826×(36×28) JC/T 946。

3. 橡胶密封圈的外观质量

表 6-109

项 目	外观质量要求
颜色	应均匀,不应有游离硫、石蜡等喷出物
材质	须致密,无肉眼可见的杂质、气孔、裂缝及其他有碍使用的缺陷
单个密封圈上	凹凸不平整高度不应超过 1mm、面积不应超过 6mm²,且不应多于 3 处
表面	毛刺须除净,其厚度不应超过 0.4mm,剪损宽度不应超过 0.8mm
平面及合模缝	无平面扭曲现象;合模缝错位不应超过断面公差
带接头的密封圈	接头处应平顺,无分离迹象,接头处错位不应超过 0.5mm

4. 橡胶密封圈的断面尺寸公差

表 6-110

	断面尺寸(直径 d、宽 b、高 h)(mm)	公差(mm)
	10~25	−0.2~+0.5
	>25~63	−0.5~+1.0

5. 橡胶密封圈的物理力学性能

表 6-111

项 目	单 位	级 别				
		30	40	50	60	70
公称硬度	IRHD	30^{+4}_{-4}	40^{+5}_{-4}	50^{+5}_{-4}	60^{+5}_{-4}	70^{+5}_{-4}
拉伸强度 ≥	MPa	9				
扯断伸长率 ≥	%	400	400	375	300	200
压缩永久变形 ≤ 23℃×72h 70℃×24h −10℃×72h	%	12 20 40	12 20 40	12 20 40	12 20 50	15 20 50
压缩应力松弛 ≤ 23℃×7d	%	13	13	14	15	16

续表 6-111

项 目	单 位	级 别				
		30	40	50	60	70
浸水溶胀性能 （蒸馏水） 70℃×7d 体积变化	%			−1～+8		
低温性能 −25℃×72h 压缩永久变形 ≤	%	60	60	60	60	70
接头结合强度 （拉伸度 100%）				拼接区无分离现象		

注:低温性能为根据用户要求的可选项目。

6.橡胶密封圈的化学性能

表 6-112

项 目	单 位	指 标
热空气老化性能 70℃×7d		
硬度变化	IRHD	−5～+8
拉伸强度变化 ≤	%	−20
扯断伸长率变化	%	−30～+10
耐臭氧		试样无裂纹
耐油性 70℃×72h		
在油中的体积变化		
1 号油	%	−10～+10
3 号油	%	−50～+50
防霉 ≤	级	2
耐酸碱性(10%浓度)23℃×7d		
拉伸强度保持率 ≥	%	80
扯断伸长率保持率 ≥	%	80

注:耐油性、防霉、耐酸碱性为根据用户要求的可选项目。

7.橡胶密封圈的交货状态和储运要求

(1)在一个检查批中,橡胶密封圈的外观质量和尺寸公差应逐件检查,并抽取三件样本进行接头结合强度及硬度检验。如果有 2 件或 3 件不合格,则该检查批为不合格。如果有 1 件不合格,再取 3 件样本进行复检,如果仍有 1 件、2 件或 3 件不合格的,则该批产品为不合格。外观质量不合格的,缺陷经修补一次达到合格的仍视为合格。

(2)橡胶密封圈出厂应有合格证书,在产品包装上应注明:厂名、合格证书编号、产品标记、数量、制造年月。

(3)橡胶密封圈应有塑料袋包装,必要时根据用户要求采用塑料袋和纸(木)箱(编织袋)双层包装。在运输过程中,应防止阳光直射、雨雪淋浸,严禁与油脂类、酸碱类、化学药品及其他对橡胶有害的物质相接触。装卸时应避免橡胶密封圈的外包装因挤压、碰撞被损坏。

8.橡胶密封圈的使用规定

在使用橡胶密封圈时,从打开包装到安装就位,应始终保持清洁。

不得使用冻硬的橡胶密封圈,如在 5℃以下存放时,在使用前应将其升温至 15～25℃不少于 24h。

橡胶密封圈的安装就位应该保持其正确位置,不得扭曲,并保护其不受机械损坏。

管道安装时,对滑动胶圈及管口的相对滑动部位应涂刷对橡胶材质无不良反应的润滑剂。

(六)预应力与自应力混凝土管用橡胶密封圈(JC/T 748—2010)

预应力与自应力混凝土管用橡胶密封圈适用于预应力混凝土管、自应力混凝土管、预应力钢筒混凝土管等管道密封。密封圈的横断面形状为圆形,整圈为圆环形。

1.橡胶密封圈的分级(按硬度分)

表 6-113

级别(级)	40	50	60	70
硬度(IRHD)	40	50	60	70

注:70级的硬度等级为供需双方的协商选项。

2.橡胶密封圈的形状

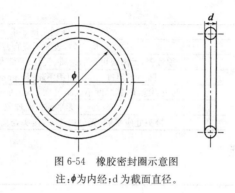

图 6-54　橡胶密封圈示意图
注:ϕ为内经;d为截面直径。

3.橡胶密封圈制品尺寸公差

表 6-114

截面直径	尺寸公差	合模缝错位公差
$d \leqslant 18$	0.20	0.35
$18 < d \leqslant 22$	0.25	0.5
$d > 22$	0.30	0.6

注:①表中的公差也可经供需双方协商确定。
　　②橡胶密封圈的尺寸公差执行 GB/T 3672 的有关规定。
　　③橡胶密封圈的尺寸,应同 GB 5696、GB 4084 和 GB/T 19685 相配合。

4.橡胶密封圈的标记及生产要求

产品按产品名称、公称直径及断面尺寸、标准号顺序进行标记。

如:　GQ-D_N 800×ϕ20-JC/T 748—2010

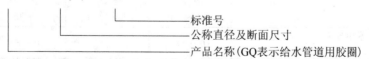

标准号
公称直径及断面尺寸
产品名称(GQ表示给水管道用胶圈)

橡胶密封圈的胶料中不得使用再生胶,其成分中不应析出含量(指在检验水中),超过 GB 5749 规定的限量数的有毒物质。胶圈成分应具有化学稳定性,不应析出含任何对输送的液体、密封圈、管道或配件寿命有害的物质。

与公称内径ϕ1 600mm 及其以下的管子相配套的橡胶密封圈,应用模压法制作。

与公称内径大于ϕ1 600mm 的管子相配的橡胶密封圈,可用压出法制作胶条后,做成带接头的胶圈,每个胶圈最多可以有 1 个接头。

对带有接头的橡胶密封圈的接头应进行硫化,强度要求见表 6-117 注④。

5. 橡胶密封圈化学稳定性指标

表 6-115

试 验 项 目		限 量
游离硫黄分析	游离硫黄	0.5%以下
溶解试验	气味	无异常现象
	浊度	1 度以下
	色度	5 度以下
	高锰酸钾消耗量	5mg/L 以下
	剩余氯减量	1.5mg/L 以下

6. 橡胶密封圈的外观质量

表 6-116

项 目	外观质量要求
颜色	应均匀,表面不应有游离硫
材质	须致密,无肉眼可见的杂质、气孔、裂缝及其他有碍使用的缺陷
单个密封圈上	凹凸不超过 1mm、面积不超过 6mm² 且不应多于 3 处
表面	飞边须除净,其厚度不应超过 0.4mm,剪损宽度不应超过 0.8mm
平面扭曲	无平面扭曲现象
带接头的密封圈	接头处应平顺,无分离迹象,接头处错位不应超过 0.5mm

7. 橡胶密封圈的物理性能

表 6-117

性 能	单 位	硬度级别			
		40	50	60	70
		性能指标			
公称硬度	IRHD	40	50	60	70
硬度允许公差	IRHD	+5 −4	+5 −4	+5 −4	+5 −4
最小扯断伸长率	%	400	375	300	200
最小拉伸强度	MPa	14	13	12	11
最大压缩永久变形					
23℃±2℃,72h	%	12	12	12	15
70℃,24h	%	20	20	20	20
−10℃,72h	%	40	40	50	50
−25℃,72h	%	60	60	60	70
热老化性能(70℃、7d)					
最大硬度变化	IRHD	−5～+8	−5～+8	−5～+8	−5～+8
最大拉伸强度变化率	%	−20	−20	−20	−20
最大扯断伸长率变化率	%	−30～+10	−30～+10	−30～+10	−30～+10
浸水溶胀性能,70℃蒸馏水中浸泡 168h 最大体积变化	%	0～+8	0～+8	0～+8	0～+8
最大压缩应力松弛					
23℃±2℃,7d	%	13	14	15	16
23℃±2℃,100d	%	19	20	22	23
耐臭氧	试样无裂纹				

注:①在同一橡胶密封圈或试件上所测得硬度值之差,应不超过 4 IRHD。

②70 级的硬度等级指标,可由供需双方协商采用。

③压缩耐寒系数为选择性指标。根据特殊需要,供需双方就检验规则与指标达成协议后,可进行测定。对公称硬度数为 40、50 的橡胶密封圈,测值应不小于 0.80。

④对带接头的橡胶密封圈,须进行结合强度试验。将接头处拉伸至其原长的 2 倍,转 360°无剥落、裂缝、分离迹象为合格。

8.橡胶密封圈的交货和储运要求

(1)外观质量、尺寸偏差和硬度、压缩永久变形、拉伸强度中任一项不符合要求的,该批橡胶密封圈为不合格。

(2)对每个橡胶密封圈,应打印出明显不易磨损并包括以下内容的标志:

①厂名或商标;②制造年代;③胶种代号;④橡胶公称硬度数。

(3)橡胶密封圈应有塑料袋或纸箱(麻袋)包装。包装的橡胶密封圈应清洁,不应受到污物、灰尘、油脂类的污染。

在包装上注明生产许可证编号、获证时间、厂名、厂址、产品名称与规格、制造时的年份、月份以及其他的标志。

(4)橡胶密封圈在运输过程中,应防止阳光直射、雨淋雪盖,严禁与油脂类、酸碱类、化学药品及其他对人身和橡胶有害的材料相接触。装卸时,应避免橡胶密封圈的外包装被损坏。

(5)储存以及存货的循环和清洗规定均按 GB/T 5721 进行。

(6)使用注意事项:

①在使用橡胶密封圈时应保持清洁,安装中不得使用对胶圈有害的润滑剂。

②不得安装使用冻硬胶圈。橡胶密封圈一般应在 5℃以上保存。如在 5℃以下存放时,要避免橡胶密封圈受扭转。使用前应将其温度升到 15～25℃近 24h。

③橡胶密封圈套在待装管的插口上后及在安装过程中,应保持橡胶密封圈的环面平顺、无扭曲现象,并保护橡胶密封圈不受机械损坏。

三、混凝土电缆管

(一)电力电缆用承插式混凝土导管(GB/T 27794—2011)

电力电缆用承插式混凝土导管是由工厂制造、现场安装、用橡胶圈柔性密封、连杆连接的电力电缆用的混凝土预制导管,简称导管,代号 DH。

导管按孔数分为 2 孔管、4 孔管、6 孔管三种,按孔径分为 125mm、150mm 两种。

导管的标记按导管代号、孔径×公称长度、孔数及标准编号顺序标记。

如孔径为 150mm、公称长度为 1 000mm、孔数为 4 孔的导管标记为:

DH 150×1 000—4　GB/T 27794—2011

导管混凝土设计强度等级不得低于 C40。出厂时,混凝土抗压强度不应低于混凝土设计强度的 100%。

1.导管的外观质量

表 6-118

项　　目	外　观　要　求
起皮、黏皮、麻面	孔内壁表面局部起皮深度不超过 4mm,各孔累计面积不超过内表面积的 1/100,预制导管外表面局部黏皮与麻面的深度不超过 5mm,累计面积不超过外表面积的 1/20,可以修补;修补后的孔内壁表面和预制导管外表面应光滑平整;孔内壁表面不应有凸出或凸起物
承插口凹槽、麻面与插口合缝错缝	承插口工作面局部凹槽与麻面的深度不超过 3mm,宽度不超过 10mm,单根长度不超过 50mm,插口合缝处的错缝长度不超过 50mm,可以修补;修补后工作面应光滑平整
端部局部磕损	局部磕损沿管轴长度未达到承插口工作面,面积不超过 50cm²,可以修补;修补后尺寸和外观应达到标准要求
蜂窝	不允许
坍落	不允许
表面裂缝	不允许

注:水纹、龟裂不在表面裂缝之内。

2.导管的形状图

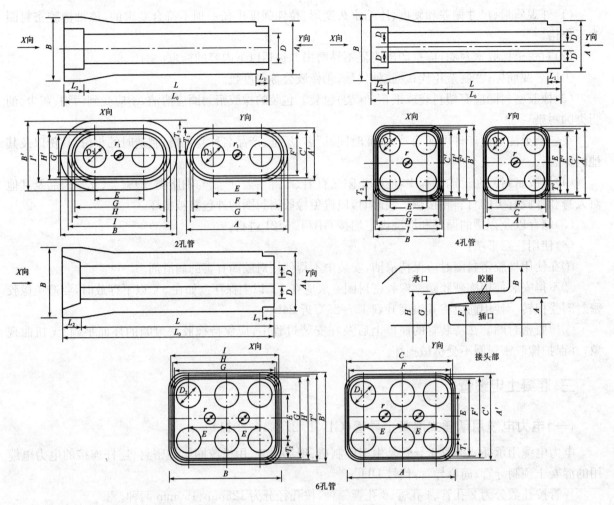

图 6-55　2孔、4孔、6孔导管示意图

3.导管的规格尺寸

表 6-119

类　别		2孔管(mm)		4孔管(mm)		6孔管(mm)	
孔　径		125	150	125	150	125	150
L		1 000					
L_0		1 050					
L_1		38					
L_2		50					
插口部	D_1	125	150	125	150	125	150
	E	176	200	150	176	150	176
	T_1	90	102	90	102	90	102
	A	356	404	330	380	480	556
	A'	180	204	330	380	330	380
	C	344	392	318	368	468	544
	C'	168	192	318	368	318	368
	F	338	386	312	362	462	538
	F'	162	186	312	362	312	362

续表 6-119

类　别		2 孔管(mm)		4 孔管(mm)		6 孔管(mm)	
孔　径		125	150	125	150	125	150
承口部	D_2	125	150	125	150	125	150
	E	176	200	150	176	150	176
	T_2	124	136	124	136	124	136
	B	424	472	398	448	548	624
	B'	248	272	398	448	398	448
	G	356	404	330	380	480	556
	G'	180	204	330	380	330	380
	H	362	410	336	386	486	562
	H'	186	210	336	386	336	386
	I	368	416	342	392	492	568
	I'	192	216	342	392	342	392

4.导管的尺寸允许偏差

表 6-120

项　目	允许偏差(mm)
L_0	±6
L_1	±2
L_2	±2
D_1、D_2	±3
E	±2
C、C'	±1
F、F'	+2 −1
G、G'	±1
H、H'	±1
承插口端面与管轴的垂直度	±2

5.导管的力学性能

表 6-121

项　目		指　标		
		2 孔导管	4 孔导管	6 孔导管
管体破坏弯矩(kN·m)	不	8	10	18
管体外压破坏荷载(kN)	小	100	150	200
接头部剪切破坏荷载(kN)	于	15	30	40

6.导管的接头密封性能

导管在 0.10MPa 水压下保持 15min,接头处不应渗水、漏水。

7. 导管的交货状态、标志和储运要求

（1）凡导管的混凝土强度、外观质量、尺寸偏差中任一项检验结果不符合规定的，该批产品为不合格。

（2）导管的标志应清晰明显地印在导管管身外表面的中部，内容包括：产品标记、"下有电缆"的字样、产品执行标准、制造厂厂名或商标、制造日期。

（3）导管的承插口处应用草绳、草片、草包等包装，以防碰撞损坏。产品应按类型、规格及生产日期分别堆放。堆放场地应平整，可采用立式或卧式堆放。采用立式堆放时，堆放层数为1层，并应垫以草垫或厚度不小于5mm的砂层。采用卧式堆放时，承口部位应交叉放置，堆放层数不应超过表6-122的规定。导管层与层之间应用垫木隔开，每层垫木的支承点应在同一平面，各层垫木位置应在同一垂直线上。导管在起吊及装卸时，应轻起轻放，严禁抛掷、碰撞、滚落。运输时，导管应固定牢靠，可采用立式或卧式堆放。采用立式堆放时，堆放层数为1层，导管下应垫草垫，导管间应用草包等隔离；采用卧式堆放时，堆放层数不应超过表6-122的规定，层间应垫草包。

导管卧式堆放层数 表6-122

孔　　数	2孔	4孔	6孔
堆放层数	4	3	3

注：2孔或6孔导管采用卧式堆放时，其横截面中的长边应与地面平行。

（二）纤维水泥电缆管及其接头（JC 980—2005）（2012年确认）

纤维水泥电缆管及接头是以无机矿物纤维、有机合成纤维或植物纤维为增强材料生产的，适用于电力、通信及其他领域保护电线或电缆的纤维水泥管以及用相同类别（或更高类别）的电缆管管材加工制成的管道连接件。

1. 电缆管及其接头的分类

表6-123

名称和代号	分类形式	类 别 和 等 级		
		A类	B类	C类
电缆管（FCP） 接头（FCJ）	按外压荷载、抗折荷载分	适用于电缆排管混凝土包封工程及人行道中直埋	适用于车行道路面中直埋或架空铺设	
电缆管（FCP）	按质量等级分	按外观质量和尺寸偏差分为优等品、一等品和合格品		

2. 电缆管的标记

电缆管及其接头按名称（代号）、荷载级别、规格[公称内径（mm）×壁厚（mm）—长度（m）]、产品等级和标准编号顺序标记。

如荷载级别为B类、公称内径为175mm、壁厚为14mm、长度为3m的一等品电缆管标记为：

FCP　B　175×14—3　一等品　JC 980—2005

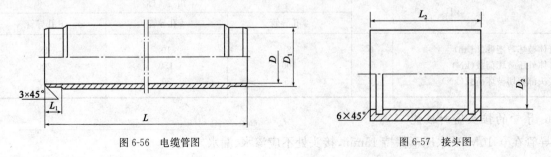

图6-56　电缆管图　　　　　　　　　图6-57　接头图

3. 电缆管及其接头的规格尺寸

表 6-124

类　别	公称直径	内径 D	参考壁厚	长度 L	电缆管车削面		接头		
					D_1	L_1	D_2	参考壁厚	L_2
	mm			m	mm				
A类	100	100	10		116		122	18	
	125	125	11		143		149		
	150	150	12		170		176		
	175	175			195		201		
	200	200	13		222		228		
B类	100	100	11	2,3,4	118	65	124	20	150
	125	125	13		147		153		
	150	150	14		174		180		
	175	175			199		205		
	200	200	15		226		232		
C类	150	150	17		180		186	22	
	175	175	18		207		213		
	200	200	19		234		240		

注：经供需双方协议，也可生产其他规格尺寸的电缆管。

4. 电缆管及其接头的生产要求

生产电缆管及其接头的原材料应符合国家、行业的有关标准。如果电缆管使用在有腐蚀性水质或硫酸盐含量高的土壤中时，应采用抗硫酸盐硅酸盐水泥或采取表面防腐处理。其他增强纤维应具有可分散性和吸附性，纤维直径不宜大于 15μm。水镁石应满足表 6-125 的要求。

水镁石的技术要求

表 6-125

代　号	含砂量　不大于	主体纤维长度(mm)不小于	主体纤维含量(%)不小于	夹杂物含量(%)
3-40		4.75	40	
4-30		4.75	30	
4-20	1.5%	4.75	20	≤0.04
4-10		4.75	10	
5-60		1.4	60	

5. 电缆管及其接头的外观质量

表 6-126

产品等级	未加工外表面	内表面	车削面	端面质量
优等品	外壁不得有伤痕、脱皮			
一等品	伤痕、脱皮深度≤2mm，单处面积≤10cm²，总面积≤50cm²	内壁光滑，不得有黏皮、凸起	不得有伤痕、脱皮、起鳞	不得有毛刺、起层
合格品	伤痕、脱皮深度≤2mm，单处面积≤20cm²，总面积≤100cm²			

6. 电缆管及其接头的尺寸偏差

表 6-127

名 称	项 目		允 许 偏 差		
			优等品	一等品	合格品
电缆管	长度 L(mm)		±10	±15	±20
	内径 D(mm)	<150	±0.5	±1.0	±1.5
		≥150	±1.0	±1.5	±2.0
	车削面外径 D_1(mm)		±0.5	±0.5	±1.0
	管身弯曲		试通器能自由通过		
	椭圆度(%)		1.0	2.0	
接头	内径 D_2(mm)		+2 −1	+2 −1	
	长度 L_2(mm)		±3	±5	

7. 电缆管及其接头的物理力学性能

表 6-128

分 类	公称内径(mm)	电 缆 管			接 头
		抗折荷载(kN)	外压荷载(kN/m)	抗渗性	外压荷载(kN/m)
A 类	100	5.0	17.0	0.1MPa 静水压力下恒压 60s,管子外表面无洇湿,接头处不滴水	17.0
	125	9.0			
	150	12.0			
	175	17.0			
	200	22.0			
B 类	100	6.0	27.0		27.0
	125	11.0			
	150	16.0			
	175	20.0			
	200	26.0			
C 类	150	21.0	48.0		48.0
	175	25.0			
	200	30.0			
管壁吸水率(%) 不大于		23			
抗冻性		反复交替冻融 25 次后,外观不出现龟裂、起层现象			

注:抗折荷载中心净支距应为 1 000mm。

8. 电缆管及其接头的交货状态、标志和储运要求

(1)凡外观质量、尺寸偏差、物理力学性能、抗渗性、吸水率及抗冻性中任一项检验结果不符合该等级要求时,该批产品该等级不合格。

(2)电缆管外表面应用不掉色的颜色注明产品标记、生产厂名、生产日期;接头应用不掉色的颜色注明产品标记、生产厂名。

(3)用各种运输工具运送电缆管及接头时,必须使其固定,在运输中减少震动,防止碰撞,装卸时严禁抛掷。电缆管及接头的堆放场地须坚实平坦,不同规格尺寸、类别的管子及接头应分别堆放,并固定好最下一层,堆放高度不超过 1.5m。电缆管车削面应适当防护。

四、钢筋混凝土井管(JC/T 448—2011)

钢筋混凝土井管是采用离心、悬辊或其他成型工艺制作而成,主要用于供水和排水管井用。管井所处的水文地质环境和应用环境对钢筋混凝土井管应无腐蚀作用,当工作环境对钢筋混凝土井管有腐蚀性时,应采取防护措施。

钢筋混凝土井管(简称井管)按其用途分为井壁管(代号 J)和过滤管(代号 G);按下管方式分为悬吊法(D)和托盘法(T)两种;悬吊法按设计成井深度分为 1D、2D、3D 和 4D 四种类型;托盘法按设计成井深度分为 1T、2T 和 3T 三种类型。

1. 井管的类型

表 6-129

下管方式	悬 吊 法 (D)				托 盘 法 (T)		
井管类型	1D	2D	3D	4D	1T	2T	3T
设计成井深度(m)	100	200	300	400	100	150	200

2. 井管的结构

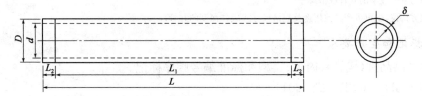

图 6-58　悬吊法下管的井壁管结构图

d-公称内径;L-管长;L_2-钢箍宽度;D-外径;L_1-除钢箍外的管体长度;δ-井管壁厚

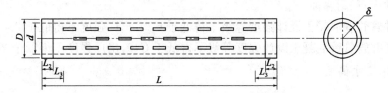

图 6-59　悬吊法下管的过滤管结构图

d-公称内径;L-管长;L_3-过滤管端壁长度;D-外径;L_2-钢箍宽度;δ-井管壁厚

注:滤孔形状主要有条形和圆形两种。

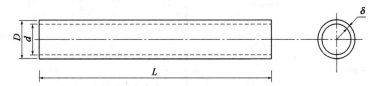

图 6-60　托盘法下管的井壁管结构图

d-公称内径;L-管长;D-外径;δ-井管壁厚

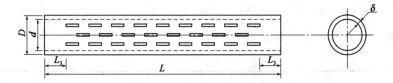

图 6-61　托盘法下管的过滤管结构图

d-公称内径;D-外径;L-管长;L_3-过滤管端壁长度;δ-井管壁厚

注:滤孔形状主要有条形和圆形两种。

3.井管的规格尺寸

表 6-130

规　　格		悬吊法下管的井管					托盘法下管的井管				
公称内径 d		200	250	300 (300)	350 (350)	400 (400)	250	300	350	400	450
外径 D		260	310	360 (360)	420 (410)	480 (470)	320	370	430	480	540
壁厚 δ	mm	30	30	30 (30)	35 (30)	40 (35)	35	35	40	40	45
保护层厚度 c		≥5					≥10				
管长 L		≥2 000,以 500 递增									
钢箍宽度 L_2		≥50					—				
钢箍厚度		≥5					—				
过滤管端壁长度 L_3		250～300					150				
过滤管开孔率	%	≥15									

注:①括号内值为悬辊成型的井管规格尺寸。

②经供需双方协议,也可生产其他用途及规格尺寸或成井深度的井管。

4.井管的标记和生产要求

(1)井管按产品品种(代号)、内径、类型和标准编号顺序标记。

如:J φ300－3D JC/T 448—2011

(2)制作井管的原材料应符合国家、行业有关标准。严禁使用氯盐类外加剂或其他对钢筋有腐蚀作用的外加剂。若使用掺合料,掺合料不得对制品性能和水质产生有害影响,使用前必须进行试验验证。过滤管用缠丝必须无毒、耐腐蚀。

普通混凝土井管管壁混凝土设计强度等级不得低于C30,出厂强度不得低于28d强度的80%。

预应力混凝土井管管壁混凝土设计强度等级不得低于C40,出厂强度不得低于28d强度的80%。

5.管体的允许尺寸偏差

表 6-131

项　　目	允许尺寸偏差	项　　目	允许尺寸偏差
内径 d	+4mm −6mm	钢箍失圆	<3mm
外径 D	±3mm	弯曲度	<1/1 000
壁厚 δ	+4mm −3mm	接口端面倾斜	≤3mm
保护层厚度 c	+2mm 0	过滤管开孔率的百分数	±10%
管长 L	+3mm −5mm		

注:钢箍失圆为钢箍直径最大处与最小处的偏差,适用于悬吊法下管的井管。

6.井管的外观质量和允许修补限值

表 6-132

项　　目	外 观 质 量	允 许 修 补 限 值
管体内外壁	应光洁平整,不得有蜂窝、孔洞和露筋,不得出现环向和纵向裂缝以及明显裂纹;内壁不得有浮渣和浮浆	在主筋不裸露的情况下,外壁每米长度内局部麻面和黏皮的面积不超过同长度面积的10%

续表 6-132

项　目	外观质量	允许修补限值
管模合缝处	不应漏浆	漏浆深度与宽度均不超过 3mm;长度不超过管长的 5%且累计长度不超过管长的 10%
管端面混凝土	不得有蜂窝、麻面及裂缝	—
管箍内壁混凝土	不得超出管箍端面,不得低于端面 2mm	—
管箍与管体的连接颈部	不应漏浆	漏浆深度不超过 3mm;环向漏浆长度不大于周长的 1/4
过滤管的孔壁	光滑	损伤深度不大于 10mm

7.悬吊法下管的井管标准抗拉荷载(轴向抗拉强度)

表 6-133

品种	类型		井　管　内　径　(mm)				
			200	250	300	350	400
井壁管	1D	kN	45	53	63	86	112
	2D		89	107	126	170	224
	3D		134	160	189	257	—
	4D		178	214	252	—	—
过滤管	1D		32	37	44	60	78
	2D		62	75	88	120	157
	3D		94	112	132	180	—
	4D		125	150	177	—	—

注:①当标准抗拉荷载加荷至标准抗拉荷载的 100%时,井壁管和过滤管的裂缝宽度不得超过 0.20mm。
②井壁管不采用其他辅助施工工艺。
③当分层取水,荷载超标及作其他特殊用途时,应另行设计制作过滤管。
④井壁管在 0.06MPa 内水压力下,不得有水珠流淌,外表面允许有潮片出现,但潮片面积应小于总外表面积的 2%。

8.托盘法下管的井管轴向抗压承载力

表 6-134

类　型		井　管　内　径　(mm)				
		250	300	350	400	450
1T	kN	170	200	265	300	378
2T		254	300	397	450	567
3T		340	400	530	600	757

注:当加荷至轴向抗压承载力 100%时,井管不得开裂。

9.井管的交货状态、标志和储运要求

(1)井管的混凝土抗压强度、外观质量、尺寸偏差、轴向抗拉或轴向抗压强度中任一项检验结果不符合要求的,该批井管不合格。

(2)每根管子都应在管子表面标明:企业名称、产品标记、生产日期和严禁碰撞字样。

(3)井管的包装:可用草绳或软织物包扎井管两端;缠丝过滤管管体应用草绳或草袋包装,防止缠丝损伤。

(4)井管按其品种、规格、类型分批堆放,堆放场地应平整,井管纵向支承呈线接触,底层井管的两端

必须设置垫木。堆放层数不应超过表 6-135 的规定。

井管的允许堆放层数 表 6-135

井管内径(mm)	200	250	300	350	400	450
堆放层数	8	8	6	5	5	3

(5)井管在装卸及搬运中,必须轻装轻放,严禁抛掷和碰撞。运输中装车堆放层数对直径小于300mm 的井管,不超过 4 层;对直径 300～450mm 的井管,不超过 3 层,并防止滚动。管身超出车厢长度不超过管长的 1/5,运输中的支承应符合堆放规定。

五、混凝土桩

(一)预制钢筋混凝土方桩(JC 934—2004)

预制钢筋混凝土方桩是采用振动或离心成型,外周截面为正方形的用作桩基的预制钢筋混凝土构件。分为预制钢筋混凝土实心方桩和预制钢筋混凝土空心方桩两大类。

1.混凝土方桩的分类

表 6-136

名 称	类别和代号	桩体截面	按截面配筋率分	质量等级	用 途
预制钢筋混凝土方桩	预制钢筋混凝土实心方桩(简称实心方桩)(代号 ZH)	正方形	A 型、B 型、C 型	按外观质量和尺寸偏差分为合格品和不合格品	主要用于工业与民用建筑、铁道、公路、港口、水利等工程
	预制钢筋混凝土空心方桩(简称空心方桩)(代号 KZH)	截面外周为正方形、截面内有圆孔	A 型、B 型		

2.混凝土方桩的标记

混凝土方桩按照类别代号、截面尺寸、混凝土强度等级、长度、型号、标准编号顺序标记。

如:ZH 400—C40—12 B JC 934

3.实心方桩和空心方桩的结构形状

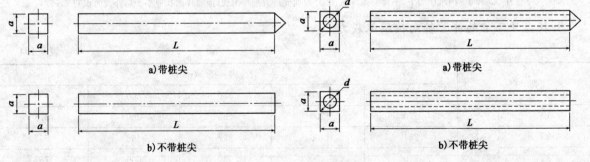

a)带桩尖   a)带桩尖

b)不带桩尖   b)不带桩尖

图 6-62 实心方桩的结构形状示意图   图 6-63 空心方桩的结构形状示意图

注:方桩的长度应包括桩身、接头和桩尖,不包括附加配件。

4.方桩的外观质量

表 6-137

项 目	质 量 要 求
露筋	不应有
孔洞	不应有
蜂窝	桩顶及桩尖处不应有,局部蜂窝不超过全部桩体表面积的 0.5%,并不得过分集中

项　　目	质　量　要　求
裂缝	宽度不得大于 0.25mm,横向裂缝长度不超过边长的一半
桩端混凝土疏松或外伸主筋松动	不应有
外形缺陷	不宜有,局部掉角深度不得大于 10mm
空心方桩内表面混凝土塌落	不应有

5.钢筋混凝土方桩的规格型号、配筋率和混凝土强度等级

表 6-138

产品名称	规格(mm)	型　号	配筋率(%)	混凝土强度等级 不小于	主筋混凝土保护层 厚度(mm) 不小于
实心方桩	200×200	A	A 型方桩配筋率 不得小于 0.6%,B 型方桩配筋率不得 小于 1.0%,C 型方 桩配筋率不得小于 1.2%		40
	250×250	A		C30	
		B			
	300×300	A			
		B			
		C		C40	
	350×350	A		C30	
		C		C40	
	400×400	A		C30	
		B			
		C		C40	
	450×450	A		C30	
		B			
		C		C40	
	500×500	A		C30	
		B			
		C		C40	
空心方桩	300×300(∮150)	A		C30	
	350×350(∮170)	A			
		B			
	400×400(∮200)	A			
	450×450(∮220)	A			
		B			

注:①空心方桩产品规格括号内的数值为方桩截面内圆孔的直径。

②根据供需双方协议也可生产其他规格的方桩。

③桩的主筋应经计算后确定,打入式预制桩的最小配筋率不宜小于 0.8%,静压预制桩的最小配筋率不宜小于 0.6%。

④港口工程用方桩,其混凝土强度和混凝土保护层厚度应符合港工有关规范的规定。

⑤桩的混凝土强度达到设计强度的 100%时才能沉桩。锤击法沉桩时,混凝土的龄期不得少于 28 天。若采取技术措施并经试验验证混凝土抗拉强度及抗压强度不低于 28 天龄期的强度指标,则可不受龄期的限制。

6.方桩的尺寸允许偏差

表 6-139

项　　　　目	允许偏差（mm）	项　　　　目	允许偏差（mm）
桩长	±20	锚筋孔的垂直度	≤1%
横截面边长	±5	桩顶平面对桩中心线的倾斜	≤3
桩顶对角线之差	≤10	锚筋预留孔深	+20
保护层厚度	±5	浆锚预留孔位置	5
桩身弯曲矢高	小于1‰桩长，且不大于20	浆锚预留孔径	±5
桩尖中心线	<10		

7.方桩的交货状态、标志和储运要求

（1）凡混凝土抗压强度、外观质量、尺寸偏差中任一项检验结果不符合要求时，该批产品不合格。

（2）方桩的永久标志应将制造厂的厂名或产品注册商标，标在方桩表面距端头 1 000～1 500mm 处。方桩的临时标志应包括方桩标记（不含标准编号）、制造日期或方桩编号，位置略低于永久标志。

（3）方桩的堆放场地须坚实平坦，应按规格、长度、型号分别堆放，桩尖齐向一端，层间需放置高于吊钩的垫木，垫木支撑点应在同一垂直线上，堆放层数不宜超过四层。吊装方桩时应根据桩长采用一点吊或二点吊、三点吊（图 6-64），起吊时应使每个吊点受力均匀。装卸时应轻起轻放，严禁抛掷、碰撞、滚落，运输时应捆绑牢固，防止滑动和滚落，支撑要求与堆放要求一致。桩的混凝土强度达到设计强度的70％时方可起吊，达到 100％时才能运输。

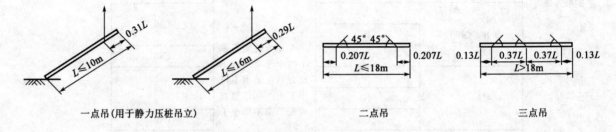

一点吊(用于静力压桩吊立)　　　　二点吊　　　　三点吊

图 6-64　方桩吊装时吊点的位置

(二)预应力离心混凝土空心方桩(JC/T 2029—2010)

预应力离心混凝土空心方桩主要用于工业与民用建筑、港口、市政、桥梁、铁路、公路、水利等工程。

预应力离心混凝土空心方桩按混凝土强度等级分为：预应力离心混凝土空心方桩（代号为 KFZ）、预应力离心高强混凝土空心方桩（代号为 HKFZ）。按桩身结构抗弯性能分为 A 型、AB 型、B 型和 C 型等四种型号。

1.空心方桩的规格、型号及基本尺寸

表 6-140

规　　格		型　号	单节桩长 L(m) 不大于	规　　格		型　号	单节桩长 L(m) 不大于
边长 a(mm)	内径 d(mm)			边长 a(mm)	内径 d(mm)		
250	150	A	12	350	200/220	A	13
		AB				AB	
300	160/180	A	13	400	240/270	A	15
		AB				AB	
						B	

续表 6-140

规　格		型　号	单节桩长 L(m) 不大于	规　格		型　号	单节桩长 L(m) 不大于
边长 a(mm)	内径 d(mm)			边长 a(mm)	内径 d(mm)		
450	250/320	A	15	750	490/530	A	30
		AB				AB	
		B				B	
						C	
500	300/370	A	15	800	540/580	A	30
		AB				AB	
		B				B	
						C	
550	350/410	A	15	850	590/610	A	30
		AB				AB	
		B				B	
						C	
600	400/460	A	15	900	640/680	A	30
		AB				AB	
		B				B	
						C	
650	420/480	A	15	950	670/710	A	30
		AB				AB	
		B				B	
		C				C	
700	460/500	A	30	1 000	760	A	30
		AB				AB	
		B				B	
		C				C	

2. 空心方桩的结构形状

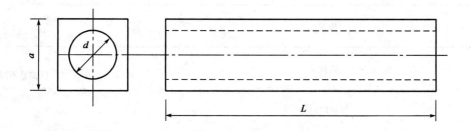

图 6-65　空心方桩的结构形状图

L-长度；a-边长；d-截面内径

注：空心方桩的长度应包括桩身的接头，不包附加配件。

3. 空心方桩的标记和生产要求

空心方桩按代号、边长、内径、型号、长度和标准编号顺序标记。

如：KFZ　300(160)　A 12　JC 2029—2010

预应力离心混凝土空心方桩用混凝土强度等级不得低于 C60，预应力离心高强混凝土空心方桩用混凝土强度等级不得低于 C80。预应力钢筋的混凝土保护层厚度不得小于 30mm（外边长为 250mm 与 300mm 空心方桩的混凝土保护层厚度不得小于 25mm）。

空心方桩的混凝土抗压强度在放张预应力筋时不宜低于 45MPa。

4. 空心方桩的外观质量

表 6-141

项　目		外 观 质 量 要 求
黏皮和麻面		局部黏皮和麻面累计面积≤桩身外表面积的 0.5％，每处黏皮和麻面的深度≤5mm
桩身合缝漏浆		漏浆深度≤10mm，每处漏浆长度≤300mm，累计长度≤空心方桩长度的 10％，或对称漏浆的搭接长度≤100mm
混凝土局部磕损		每处面积≤6 400mm²，混凝土局部磕损深度≤10mm
内外表面露筋		不允许
表面裂缝		不得出现环向和纵向裂缝（不含龟裂、水纹和内壁浮浆层中的收缩裂缝）
桩端面平整度		方桩端面混凝土和预应力钢筋镦头不得高出端板平面
断筋、脱头		不允许
内表面混凝土塌落		不允许
桩与端板结合面	漏浆	漏浆深度≤10mm，漏浆长度≤桩横截面周长的 1/4，每处漏浆长度≤30mm
	空洞和蜂窝	不允许

注：当存在黏皮和麻面、桩身合缝漏浆、混凝土局部磕损、桩与端板结合面的漏浆、空洞和蜂窝的缺陷时，必须进行修补，检验合格后方可出厂。

5. 空心方桩的尺寸和保护层厚度允许偏差

表 6-142

项　目		允许偏差（mm）
桩长 L		+0.7％L −0.5％L
端部倾斜		≤0.5％ a
边长 a		+5 −4
内径 d		+5 负偏差不限
保护层厚度		+10 0
桩身弯曲度		≤L/500
端板	外侧平面度	≤1.5
	边长	±1
	内径	±2
	厚度	正偏差不限 0

6. 空心方桩的抗弯性能和抗拉性能

表 6-143

规 格		型号	抗裂弯矩检验值 M_{cr}(kN·m)	极限弯矩检验值 M_u(kN·m)	桩身结构控制和裂缝控制抗拉承载力(kN)		
边长 a(mm)	内径 d(mm)				桩身结构控制	一级裂缝控制	二级裂缝控制
250	150	A	19	28	257	219	347
		AB	23	38	362	297	424
300	160/180	A	34/32	50/48	322/322	279/277	478/461
		AB	41/39	68/65	515/515	426/422	626/606
350	200/220	A	52/50	78/75	322/322	284/282	543/523
		AB	64/61	106/101	515/514	438/435	698/676
400	240/270	A	76/72	114/107	515/515	447/443	774/736
		AB	94/88	154/145	723/723	610/602	937/895
		B	111/104	200/187	1 005/1 005	814/801	1 141/1 094
450	250/320	A	112/98	168/147	772/515	664/449	1 102/797
		AB	137/120	226/199	1 085/723	904/613	1 341/961
		B	163/143	293/257	1 508/1 005	1 202/821	1 639/1 169
500	300/370	A	149/130	224/195	772/772	672/660	1 183/1 066
		AB	183/159	302/263	1 085/1 085	919/895	1 430/1 302
		B	217/189	390/340	1 508/1 507	1 229/1 187	1 740/1 593
550	350/410	A	193/172	289/258	1 029/1 029	886/871	1 474/1 357
		AB	236/211	390/348	1 447/1 447	1 206/1 178	1 794/1 664
		B	280/250	504/449	2 010/2 010	1 604/1 554	2 192/2 040
600	400/460	A	244/217	365/325	1 286/804	1 099/702	1 767/1 255
		AB	299/266	493/439	1 809/1 286	1 491/1 078	2 159/1 631
		B	354/315	637/567	2 513/1 809	1 975/1 453	2 643/2 005
650	420/480	A	316/286	473/429	1 543/1 286	1 319/1 101	2 129/1 790
		AB	387/351	639/579	2 170/1 543	1 791/1 299	2 600/1 988
		B	458/416	825/748	3 015/2 512	2 373/1 985	3 183/2 673
		C	530/480	1 060/961	3 517/3 015	2 695/2 306	3 504/2 995
700	460/500	A	390/368	586/552	1 543/1 543	1 334/1 323	2 257/2 160
		AB	479/451	790/745	2 170/2 170	1 818/1 798	2 741/2 635
		B	567/535	1 020/962	3 517/3 015	2 759/2 387	3 685/3 224
		C	655/618	1 310/1 236	4 522/4 020	3 382/3 019	4 305/3 856

| 规格 | | 型号 | 抗裂弯矩检验值 M_{cr}(kN·m) | 极限弯矩检验值 M_u(kN·m) | 桩身结构控制和裂缝控制抗拉承载力(kN) | | |
边长 a(mm)	内径 d(mm)				桩身结构控制	一级裂缝控制	二级裂缝控制
750	490/530	A	482/457	723/685	1 800/1 800	1 555/1 543	2 621/2 518
		AB	591/560	975/924	2 532/2 532	2 119/2 079	3 184/3 072
		B	700/663	1 259/1 194	3 517/3 517	2 822/2 738	3 888/3 758
		C	809/766	1 617/1 533	5 025/4 522	3 788/3 421	4 854/4 395
800	540/580	A	573/543	859/814	2 058/2 058	1 772/1 758	2 943/2 829
		AB	702/665	1 159/1 098	2 894/2 894	2 411/2 386	3 582/3 457
		B	832/788	1 498/1 418	4 020/4 020	3 206/3 161	4 378/4 232
		C	962/911	1 923/1 821	5 527/5 020	4 167/3 792	5 338/4 864
850	590/610	A	674/657	1 011/985	2 315/2 315	1 988/1 981	3 269/3 208
		AB	826/805	1 363/1 328	3 256/3 256	2 703/2 690	3 984/3 916
		B	979/953	1 762/1 716	4 522/4 522	3 591/3 566	4 871/4 793
		C	1 131/1 102	2 262/2 204	5 527/5 527	4 240/4 205	5 520/5 432
900	640/680	A	785/743	1 178/1 115	2 315/2 315	2 002/1 987	3 394/3 261
		AB	963/911	1 589/1 503	3 618/3 618	2 996/2 963	4 388/4 237
		B	1 140/1 079	2 053/1 943	5 020/5 020	3 976/3 918	5 369/5 192
		C	1 318/1 247	2 636/2 494	6 030/5 527	4 622/4 236	6 015/5 510
950	670/710	A	930/884	1 394/1 325	2 572/2 572	2 226/2 212	3 794/3 656
		AB	1 140/1 083	1 881/1 787	3 979/3 618	3 305/3 009	4 873/4 453
		B	1 350/1 283	2 430/2 310	5 527/5 020	4 390/4 000	5 958/5 444
		C	1 560/1 483	3 120/2 966	7 035/6 532	5 357/4 966	6 924/6 410
1 000	760	A	1 013	1 520	2 830	2 429	3 987
		AB	1 242	2 050	3 980	3 302	4 860
		B	1 471	2 649	5 528	4 386	5 944
		C	1 700	3 401	7 035	5 350	6 908

注:空心方桩接头处极限弯矩不得低于桩身极限弯矩。

7. 空心方桩的交货状态、标志和储运要求

(1)凡混凝土抗压强度、抗裂弯矩、外观质量、尺寸偏差中任一项检验结果不符合要求时,该批产品不合格。

(2)空心方桩的标志应标在外表面距端头 1 000~1 500mm 处。标识内容:制造厂的厂名或产品注册商标、空心方桩标记、制造日期或空心方桩编号、合格标识。

(3)空心方桩的堆放场地须坚实平坦,应按类别、规格、长度、型号分别堆放,堆放层数见表 6-144。长度不大于 15m 的空心方桩应将两个支点放在垫木上,支点的位置同二吊点位置;长度大于 15m 的空心方桩及拼接桩,最下层应采用多支点堆放,垫木应均匀放置且在同一水平面上,并采取防滑、防滚措施。如果堆场地基经过加固处理,也可采用着地平放。

空心方桩堆放层数　　　　　　　　　　　　表 6-144

空心方桩边长(mm)	250～400	500～600	650～1 000
堆放层数(不超过)	9	7	5

　　长度小于 15m 的空心方桩宜采用两头勾吊法或二点吊,二点吊位置见图 6-66,吊钩与桩身水平夹角不得小于 45°。长度大于 15m 且小于 30m 的空心方桩或拼接桩应采用四点吊,四点吊位置见图6-67。长度大于 30m 的空心方桩或拼接桩应采用多点吊,吊点位置应符合设计要求,允许偏差为±20cm。装卸时应轻起轻放,严禁抛掷、碰撞、滚落。运输时应捆绑牢固,防止滑动和滚落,支撑要求与堆放要求一致。

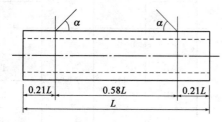

图 6-66　两点吊的吊点位置示意图

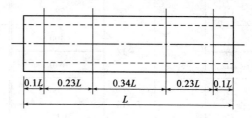

图 6-67　四点吊的吊点位置示意图

(三)先张法预应力混凝土管桩(GB 13476—2009 和 2014 年第一号修改单)

　　采用离心成型的先张法预应力混凝土管桩主要用于工业与民用建筑、港口、市政、桥梁、铁路、公路、水利等工程,简称管桩。

　　管桩按混凝土强度等级分为预应力混凝土管桩,代号为 PC。预应力高强混凝土管桩,代号为 PHC。按混凝土有效预压应力值分为 A 型、AB 型、B 型和 C 型。按外径分为优选系列规格和非优选系列规格。

　　1.管桩的标记和生产要求

　　管桩的产品标记。如:PHC 500 A 100—12　GB 13476

　　预应力混凝土管桩用混凝土强度等级不得低于 C60,预应力高强混凝土管桩用混凝土强度等级不得低于 C80。

　　A 型、AB 型、B 型和 C 型管桩的混凝土有效预压应力值分别为 4.0N/mm²、6.0N/mm²、8.0N/mm²、10.0N/mm²,其计算值应在各自规定值的±5%范围内。

　　建筑物(构筑物)基础用管桩的预应力钢筋的混凝土保护层厚度不得小于 40mm。地基处理和临时性设施基础用管桩的预应力钢筋的混凝土保护层厚度不得小于 25mm。用于特殊要求环境下的管桩,保护层厚度参照相关标准或规程执行。

　　预应力钢筋放张时,管桩的混凝土抗压强度不得低于 45MPa。

　　2.管桩的结构形状

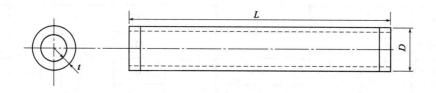

图 6-68　管桩的结构形状

t-壁厚;*L*-长度;*D*-外径

3.优选系列管桩的基本尺寸

表 6-145

外径 D (mm)	型号	厚度 t(mm) PC、PHC	长度 L (m)	预应力钢筋最小配筋面积(mm²)	外径 D (mm)	型号	厚度 t(mm) PC、PHC	长度 L (m)	预应力钢筋最小配筋面积(mm²)
300	A	70	7～11	240	700	A	130	7～15	1 170
	AB			384		AB			1 664
	B			512		B			2 340
	C			720		C			3 250
400	A	95	7～12	400	800	A	110	7～30	1 350
	AB			640		AB			1 875
	B		7～13	900		B			2 700
	C			1 170		C			3 750
500	A	100	7～14	704		A	130	7～30	1 440
	AB		7～15	990		AB			2 000
	B			1 375		B			2 880
	C			1 625		C			4 000
	A	125	7～14	768	1 000	A	130	7～30	2 048
	AB		7～15	1 080		AB			2 880
	B			1 500		B			4 000
	C			1 875		C			4 928
600	A	110	7～15	896	1 200	A	150	7～30	2 700
	AB			1 260		AB			3 750
	B			1 750		B			5 625
	C			2 125		C			6 930
	A	130	7～15	1 024	1 300	A	150	7～30	3 000
	AB			1 440		AB			4 320
	B			2 000		B			6 000
	C			2 500		C			7 392
700	A	110	7～15	1 080	1 400	A	150	7～30	3 125
	AB			1 536		AB			4 500
	B			2 160		B			6 250
	C			3 000		C			7 700

注：①根据供需双方协议，也可生产其他规格、型号、长度的管桩。
②管桩的长度应包括桩身和接头。

4.优选系列管桩的结构配筋(最小配筋面积对应的结构配筋)

表 6-146

外径 D (mm)	型号	壁厚 t (mm)	预应力钢筋分布圆直径 Dp (mm)	预应力钢筋配筋	螺旋筋直径不小于 (mm)	外径 D (mm)	型号	壁厚 t (mm)	预应力钢筋分布圆直径 Dp (mm)	预应力钢筋配筋	螺旋筋直径不小于 (mm)
300	A	70	230	6φ7.1	4	700	A	130	600	13φ10.7	
	AB			6φ9.0			AB			26φ9.0	
	B			8φ9.0			B			26φ10.7	
	C			8φ10.7			C			26φ12.6	
400	A	95	308	10φ7.1/7φ9.0		800	A	110	690	15φ10.7	6
	AB			10φ9.0/7φ10.7			AB			15φ12.6	
	B			10φ10.7			B			30φ10.7	
	C			13φ10.7			C			30φ12.6	
500	A	100	406	11φ9.0	5		A	130		16φ10.7	
	AB			11φ10.7			AB			16φ12.6	
	B			11φ12.6			B			32φ10.7	
	C			13φ12.6			C			32φ12.6	
	A	125		12φ9.0		1 000	A	130	880	32φ9.0	6
	AB			12φ10.7			AB			32φ10.7	
	B			12φ12.6			B			32φ12.6	
	C			15φ12.6			C			32φ14.0	8
600	A	110	506	14φ9.0		1 200	A	150	1 060	30φ10.7	6
	AB			14φ10.7			AB			30φ12.6	
	B			14φ12.6			B			45φ12.6	8
	C			17φ12.6			C			45φ14.0	
	A	130		16φ9.0		1 300	A	150	1 160	24φ12.6	7
	AB			16φ10.7			AB			48φ10.7	
	B			16φ12.6			B			48φ12.6	8
	C			20φ12.6			C			48φ14.0	
700	A	110	590	12φ10.7	6	1 400	A	150	1 260	25φ12.6	7
	AB			24φ9.0			AB			50φ10.7	
	B			24φ10.7			B			50φ12.6	8
	C			24φ12.6			C			50φ14.0	

注:①如果采用不同于本表中规定的钢筋直径进行等面积代换,代换后预应力钢筋最小配筋面积应符合表 6-145 的规定。钢筋的间距不小于 2 倍钢筋直径,且应大于粗集料最大粒径的 4/3。

②GB/T 5223.3 中低松弛螺旋槽钢棒的最大直径为φ12.6mm,对于直径大于 1 000mm 的 C 型管桩,采用φ12.6mm 钢筋配筋时,钢筋的间距太密,不利于浇灌混凝土,建议采用质量符合要求的φ14.0mm 的钢筋。

③预应力钢筋应沿其分布圆周均匀配置,最小配筋率不得低于 0.5%,并不得少于 6 根,间距允许偏差为±5mm。预应力钢筋最小配筋面积应符合表 6-145 中的规定。

④管桩两端螺旋筋加密区长度为外径的 3~5 倍,且不得小于 2 000mm,螺旋筋的净距不得大于 45mm,其余部分螺旋筋的螺距为 80mm。螺距允许偏差为±5mm。

⑤钢筋应清除油污,切断前应保持平直,不应有局部弯曲,切断后端面应平整。同根管桩中钢筋长度的相对差值:长度小于或等于 15m 时不得大于 1.5mm,长度大于 15m 时不得大于 2mm。

⑥钢筋镦头部位的强度不得低于该材料抗拉强度的 90%。

5.优选系列管桩的抗弯性能

表 6-147

外径 D (mm)	型号	壁厚 t (mm)	抗裂弯矩 (kN·m)	极限弯矩 (kN·m)	外径 D (mm)	型号	壁厚 t (mm)	抗裂弯矩 (kN·m)	极限弯矩 (kN·m)
300	A	70	25	37	700	A	130	275	413
	AB		30	50		AB		332	556
	B		34	62		B		388	698
	C		39	79		C		459	918
400	A	95	54	81	800	A	110	392	589
	AB		64	106		AB		471	771
	B		74	132		B		540	971
	C		88	176		C		638	1 275
500	A	100	103	155		A	130	408	612
	AB		125	210		AB		484	811
	B		147	265		B		560	1 010
	C		167	334		C		663	1 326
	A	125	111	167	1 000	A	130	736	1 104
	AB		136	226		AB		883	1 457
	B		160	285		B		1 030	1 854
	C		180	360		C		1 177	2 354
600	A	110	167	250	1 200	A	150	1 177	1 766
	AB		206	346		AB		1 412	2 330
	B		245	441		B		1 668	3 002
	C		285	569		C		1 962	3 924
	A	130	180	270	1 300	A	150	1 334	2 000
	AB		223	374		AB		1 670	2 760
	B		265	477		B		2 060	3 710
	C		307	615		C		2 190	4 380
700	A	110	265	397	1 400	A	150	1 524	2 286
	AB		319	534		AB		1 940	3 200
	B		373	671		B		2 324	4 190
	C		441	883		C		2 530	5 060

注：①当抗弯试验加载至表中抗裂弯矩时,桩身不得出现裂缝。

②当抗弯试验加载至表中极限弯短时,管桩不得出现下列任何一种情况:

a)受拉区混凝土裂缝宽度达到 1.5mm;

b)受拉钢筋被拉断;

c)受压区混凝土破坏。

③管桩接头处极限弯矩不得低于桩身极限弯矩。

6. 优选系列管桩的抗剪性能

表 6-148

外径 D (mm)	型号	壁厚 t (mm)	抗裂剪力 (kN)	外径 D (mm)	型号	壁厚 t (mm)	抗裂剪力 (kN)
300	A	70	96	700	A	130	435
	AB		111		AB		498
	B		124		B		556
	C		136		C		610
400	A	95	173	800	A	110	468
	AB		200		AB		520
	B		224		B		573
	C		245		C		652
500	A	100	239		A	130	526
	AB		271		AB		584
	B		302		B		648
	C		331		C		725
	A	125	284	1 000	A	130	695
	AB		327		AB		774
	B		364		B		858
	C		399		C		930
600	A	110	316	1 200	A	150	946
	AB		362		AB		1 056
	B		404		B		1 175
	C		443		C		1 334
	A	130	362	1 300	A	150	1 018
	AB		417		AB		1 149
	B		465		B		1 302
	C		510		C		1 408
700	A	110	390	1 400	A	150	1 092
	AB		437		AB		1 236
	B		481		B		1 385
	C		545		C		1 511

7. 非优选系列管桩的基本尺寸

表 6-149

外径 D (mm)	型号	壁厚 t (mm)	长度 L (m)	预应力钢筋分布圆直径 D_p(mm)	预应力钢筋最小面积(mm²)	预应力钢筋配筋
350	A	80	7~11	280	320	8 φ7.1
	AB				512	8 φ9.0
	B				640	10 φ9.0
	C				900	10 φ10.7

续表 6-149

外径 D （mm）	型号	壁厚 t （mm）	长度 L （m）	预应力钢筋分布 圆直径 D_p (mm)	预应力钢筋最小 面积(mm²)	预应力钢筋配筋
450	A	95	7～12	358	512	8 ϕ9.0
	AB				720	8 ϕ10.7
	B		7～13		1 080	12 ϕ10.7
	C				1 350	15 ϕ10.7
550	A	110	7～15	456	768	12 ϕ9.0
	AB				1 080	12 ϕ10.7
	B				1 500	12 ϕ12.6
	C				1 875	15 ϕ12.6
	A	125			896	14 ϕ9.0
	AB				1 260	14 ϕ10.7
	B				1 750	14 ϕ12.6
	C				2 125	17 ϕ12.6

注：如果采用不同于本表中规定的钢筋直径进行等面积代换，代换后预应力钢筋最小配筋面积应符合本表的规定，钢筋的间距不小于 2 倍钢筋直径，且应大于粗集料最大粒径的 4/3。

8. 非优选系列管桩的抗弯性能和抗剪性能

表 6-150

外径 D(mm)	型号	壁厚 t(mm)	抗裂弯矩(kN·m)	极限弯矩(kN·m)	抗裂剪力(kN)
350	A	80	36	54	129
	AB		44	73	148
	B		51	92	166
	C		61	122	181
450	A	95	79	120	204
	AB		98	165	230
	B		117	210	259
	C		132	265	283
550	A	110	125	188	262
	AB		154	254	302
	B		182	328	337
	C		211	422	369
	A	125	137	207	316
	AB		169	279	364
	B		200	361	407
	C		232	464	445

9. 管桩的外观质量

表 6-151

项　目	外　观　质　量　要　求
黏皮和麻面	局部黏皮和麻面累计面积不应大于桩总外表面的 0.5%；每处黏皮和麻面的深度不得大于 5mm，且应修补
桩身合缝漏浆	漏浆深度不应大于 5mm，每处漏浆长度不得大于 300mm，累计长度不得大于管桩长度的 10%，或对称漏浆的搭接长度不得大于 100mm，且应修补

项　目		外　观　质　量　要　求
局部磕损		局部磕损深度不应大于 5mm,每处面积不得大于 5 000mm² ,且应修补
内外表面漏筋		不允许
表面裂缝		不得出现环向和纵向裂缝,但龟裂、水纹和内壁浮浆层中的收缩裂缝不在此限
桩端面平整度		管桩端面混凝土和预应力钢筋镦头不得高出端板平面
断筋、脱头		不允许
桩套箍凹陷		凹陷深度不应大于 10mm
内表面混凝土塌落		不允许
接头和桩套箍与桩身结合面	漏浆	漏浆深度不应大于 5mm,漏浆长度不得大于周长的 1/6,且应修补
	空洞与蜂窝	不允许

10.管桩的尺寸允许偏差

表 6-152

项　目		允 许 偏 差（mm）
桩长 L		$\pm 0.5\%L$
端部倾斜　不大于		$0.5\%D$
外径 D	300～700mm	+5 −2
	800～1 400mm	+7 −4
壁厚 t		+20 0
保护层厚度		+5 0
桩身弯曲度	$L\leqslant15m$	$\leqslant L/1 000$
	$15m<L\leqslant30m$	$\leqslant L/2 000$
端板	端面平整度	$\leqslant 0.5$
	外径	0 −1
	内径	0 −2
	厚度	正偏差不限 0

11.管桩的交货状态、标志和储运要求

(1)凡混凝土抗压强度、抗裂性能、外观质量和尺寸允许偏差中任一项检验结果不符合要求的,该批管桩不合格。

(2)管桩的标志应位于距端头 1 000～1 500mm 处的管桩外表面。内容包括制造厂的厂名或产品注册商标、管桩标记、制造日期或管桩编号、合格标识。

(3)管桩的储运要求同空心方桩。

管桩的堆放层数　　　　　　　　　表 6-153

外径 D(mm)	300～400	500～600	700～1 000	1 200	1 300～1 400
堆放层数	9	7	5(4)	4(3)	3(2)

注:管桩及拼接桩长度超过 15m 时,采用括号内数字。

(四)预制高强混凝土薄壁钢管桩(JG/T 272—2010)

预制高强混凝土薄壁钢管桩是在采用 Q235B 或 Q345B 的钢板(钢带)经卷曲成型焊接制成的钢管内浇筑混凝土,经离心成型,混凝土抗压强度不低于 80MPa,具有承受较大竖向荷载和水平荷载的新型基桩制品,代号为 TSC。适用于工业与民用建筑、港口、市政、桥梁、铁路、公路、水利、电力等工程。

预制高强混凝土薄壁钢管桩按采用的钢管材质牌号分为两种型号:采用 Q235B 的为Ⅰ型,采用 Q345B 的为Ⅱ型。

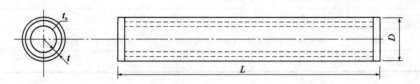

图 6-69　薄壁钢管桩结构形状示意图

L-长度;D-外径;t-桩壁厚度;t_s-钢管厚度

1.薄壁钢管桩的规格和标记

按截面外径,预制高强混凝土薄壁钢管桩分为:400mm、500mm、600mm、800mm、1 000mm、1 200mm等规格。

预制高强混凝土薄壁钢管桩的标记用代号、桩分类、桩公称直径、桩壁厚度、钢管厚度、单节桩长、标准编号七部分按顺序标记。

示例:预制高强混凝土薄壁钢管桩为Ⅰ型、桩公称直径 400mm、桩壁厚度 90mm、钢管厚度 6mm、单节长度 12m 的预制高强混凝土薄壁钢管桩,其标记为:

TSC-Ⅰ-400-90-6-12　JG/T 272—2010

2.薄壁钢管桩的基本尺寸

表 6-154

公称直径 D_0(mm)	外径 D(mm)	桩壁厚度 t(mm)	钢管厚度 t_s(mm)	单节桩长 L(m)
400	396	90	6、7、8、9、10	≤15
500	496	100	6、7、8、9、10、12、14	≤15
600	596	110	6、7、8、9、10、12、14、16	≤15
800	796	110	6、7、8、9、10、12、14、16、18	≤40
1 000	996	130	8、9、10、12、14、16、18、20	≤40
1 200	1 196	150	8、9、10、12、14、16、18、20	≤40

注:预制高强混凝土薄壁钢管桩的长度应包括桩身和接头,不包括附加配件;桩壁厚度包括钢管厚度及混凝土层。

3.薄壁钢管桩、桩身轴向承载力设计值

表 6-155

公称直径 D_0	钢管厚度	桩壁厚度	桩身轴向承载力设计值(kN)	
	mm		Ⅰ型	Ⅱ型
400	6	90	3 796	4 182
	7		3 954	4 403
	8		4 112	4 624
	9		4 269	4 843
	10		4 425	5 062

公称直径 D_0	钢管厚度	桩壁厚度	桩身轴向承载力设计值(kN)	
	mm		I 型	II 型
500	6	100	5 282	5 767
	7		5 482	6 046
	8		5 681	6 325
	9		5 880	6 602
	10		6 077	6 879
	12		6 470	7 428
	14		6 859	7 972
600	6	110	6 953	7 537
	7		7 194	7 874
	8		7 435	8 211
	9		7 675	8 546
	10		7 914	8 880
	12		8 389	9 545
	14		8 861	10 205
	16		9 330	10 861
800	6	110	9 708	10 490
	7		10 032	10 943
	8		10 356	11 395
	9		10 678	11 846
	10		11 000	12 296
	12		11 641	13 193
	14		12 279	14 085
	16		12 913	14 972
	18		13 545	15 854
1 000	8	130	14 828	16 132
	9		15 233	16 698
	10		15 638	17 264
	12		16 445	18 392
	14		17 248	19 516
	16		18 048	20 635
	18		18 845	21 749
	20		19 639	22 858

公称直径 D_0	钢管厚度	桩壁厚度	桩身轴向承载力设计值(kN)	
mm			Ⅰ型	Ⅱ型
1 200	8	150	20 039	21 607
	9		20 528	22 289
	10		21 015	22 971
	12		21 987	24 331
	14		22 957	25 686
	16		23 922	27 036
	18		24 885	28 382
	20		25 844	29 723

注:预制高强混凝土薄壁钢管桩桩身轴向承载力设计值应根据试验确定,若没有试验资料时,可以参照本表选用。

4. 预制高强混凝土薄壁钢管桩的外观质量

表 6-156

项 目	类别	外 观 质 量 要 求
桩端面平整度	B	桩端部的混凝土不应高出端板平面
桩内表面混凝土塌落	A	不允许
桩身钢板凹陷	B	凹陷深度不应大于 5mm
桩内表面露筋	A	不允许
桩内壁混凝土裂缝	A	不允许,但桩内壁浮浆层中收缩裂缝不在此限

5. 预制高强混凝土薄壁钢管桩的尺寸允许偏差

表 6-157

项 目		类 别	允 许 偏 差 (mm)
桩长 L		B	$\pm 0.5\% L$
外径 D	396~596mm	A	$+5, -2$
	796~1 196mm		$+7, -4$
桩身弯曲度		A	$\leqslant 0.1\% L$,且 $\leqslant 10$
端板	外径	B	$0, -1$
	内径	B	$0, -2$
桩端部倾斜		A	$\leqslant 0.5\% D_0$
桩壁厚度		A	$+10, 0$

6.预制高强混凝土薄壁钢管桩抗弯性能

表 6-158

公称直径	钢管厚度	桩壁厚度	桩身极限弯矩 （kN·m）		公称直径	钢管厚度	桩壁厚度	桩身极限弯矩 （kN·m）	
mm			Ⅰ型	Ⅱ型	mm			Ⅰ型	Ⅱ型
400	6	90	291	373	800	9	110	1 751	2 243
	7		333	426		10		1 920	2 458
	8		374	478		12		2 248	2 877
	9		413	529		14		2 566	3 286
	10		452	579		16		2 877	3 685
500	6	100	465	596		18		3 180	4 078
	7		532	682	1 000	8	130	2 524	3 238
	8		598	766		9		2 802	3 592
	9		662	848		10		3 074	3 939
	10		725	928		12		3 605	4 616
	12		847	1 085		14		4 121	5 275
	14		966	1 237		16		4 623	5 918
600	6	110	680	874		18		5 114	6 550
	7		780	1 000		20		5 596	7 171
	8		877	1 124	1 200	8	150	3 697	4 751
	9		972	1 245		9		4 109	5 274
	10		1 065	1 363		10		4 512	5 787
	12		1 246	1 595		12		5 299	6 788
	14		1 421	1 820		14		6 063	7 762
	16		1 592	2 040		16		6 808	8 714
800	6	110	1 223	1 571		18		7 536	9 647
	7		1 403	1 800		20		8 250	10 564
	8		1 579	2 024					

7.预制高强混凝土薄壁钢管桩的钢管防腐处理

用于腐蚀环境下的预制高强混凝土薄壁钢管桩的钢管应进行防腐处理,并应根据陆上工程、海港和河港工程的不同使用条件,采取下列防腐措施:

(1)防护层保护,即外壁采用热喷涂锌(铝)加环氧沥青油漆封闭,或加覆多层防腐涂层。在采用保护层时应符合以下要求:

①预制高强混凝土薄壁钢管桩防护层所用的涂料质量应符合设计要求;

②钢管防护层底层涂装前应将钢管表面的铁锈、氧化层、油污、水气杂物等清理干净;钢管宜采用喷元或喷砂等工艺除锈,涂装前钢管表面粗糙度应符合有关规定;

③防护层底层涂装应在钢管成型后、浇筑混凝土前进行。拼接桩,在焊缝两侧各100mm范围内,焊接前不涂底,待拼装焊接后再进行补涂;

④防护层涂层施工应在预制高强混凝土薄壁钢管桩出厂前进行,并根据涂料的性质和涂层层数、厚度确定合理的施工工艺。

(2)增加钢管厚度的预留腐蚀余量。

(3)采用阴极保护。

8.预制高强混凝土薄壁钢管桩的交货状态与储运要求

(1)凡混凝土抗压强度、外观质量、尺寸偏差中任一项检验结果不符合要求时,该批产品为不合格。

(2)预制高强混凝土薄壁钢管桩的标志应标在钢管桩外表面距端头 1.5m 处。标识内容:制造厂的厂名或产品注册商标、预制高强混凝土薄壁钢管桩标记、制造日期或钢管桩编号、合格标识。

(3)预制高强混凝土薄壁钢管桩的堆放场地须坚实平坦,应按规格、长度分别堆放,堆放层数见表6-159。长度不大于15m的钢管桩,堆放时,最下层应按两支点法的位置放在垫木上(图6-70);长度大于15m时,最下层应采用四支点堆放(图6-71)。垫木应均匀放置且在同一水平面上,并采取防滑、防滚措施。如果堆场地基经过加固处理,也可采用着地平放。

预制高强混凝土薄壁钢管桩堆放层数 表 6-159

公称直径(mm)	400	500～600	800～1 200
堆放层数	9	7	5

(4)长度小于15m的预制高强混凝土薄壁钢管桩,宜采用两头勾吊法或二点吊;长度大于15m且小于40m的预制高强混凝土薄壁钢管桩或拼接桩,应采用四点吊(吊点位置与二支点或四支点同)。吊点位置应符合设计要求,允许偏差为±200mm。除两头勾吊外,吊索应与预制高强混凝土薄壁钢管桩纵轴线垂直。

(5)薄壁钢管桩装卸时应轻起轻放,严禁抛掷、碰撞、滚落。运输时应捆绑牢固,采用可靠的防滑、防滚等安全措施。支撑要求同堆放要求。各层间应设置垫木,垫木应上下对齐,材质一致,同层垫木应保持同一平面。

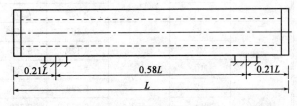

图 6-70　两支点法位置示意图

图 6-71　四支点法位置示意图

六、混凝土电杆

环形混凝土电杆(GB 4623—2014)适用于电力电杆、通信电杆、照明支柱、信号支柱等,不包括横担、卡盘、底盘等配件。

环形混凝土电杆按外形分为锥形杆(代号 Z)和等径杆(代号 D)两种,同时又分为整根杆和组装杆;按不同配筋方式分为钢筋混凝土电杆(代号 G)、预应力混凝土电杆(代号 Y)和部分预应力混凝土电杆(代号 BY)三种。锥形杆的主要杆段系列见图 6-73。

钢筋混凝土电杆指纵向受力钢筋为普通钢筋的混凝土电杆。

预应力混凝土电杆指纵向受力钢筋为预应力钢筋的混凝土电杆,抗裂检验系数允许值$[y_{cr}]=1.0$。

部分预应力混凝土电杆指纵向受力钢筋为预应力钢筋与普通钢筋组合而成或全部为预应力钢筋的混凝土电杆,抗裂检验系数允许值$[y_{cr}]=0.8$。

钢筋混凝土电杆用混凝土强度等级应≤C40,脱模时的混凝土抗压强度不低于设计的混凝土强度等级值的 60%;预应力混凝土电杆和部分预应力混凝土电杆用混凝土强度等级应≥C50,脱模时的混凝土抗压强度不低于设计的混凝土强度等级值的 70%。电杆出厂时,混凝土抗压强度不得低于设计的混凝土强度等级值。混凝土质量控制应符合 GB 50164 规定。

环形混凝土电杆所用原材料均应符合国家或行业相关标准规定。

环形混凝土电杆接头采用钢板圈、法兰盘或其他接头形式。钢板圈、法兰盘按设计图纸制造,质量应符合 GB 50250 的规定。法兰盘应进行热浸镀锌或热喷涂锌防腐处理。

环形混凝土电杆脱模后或出厂前,带钢板圈、法兰盘接头端顶部及不带接头端应采取有效防腐措施处理。电杆不带钢板圈(或法兰盘)的一端或两端外露纵向受力钢筋头应切除。锥形杆梢端或等径杆上端用混凝土或砂浆封实。

环形混凝土电杆按外形代号、电杆梢径或直径(mm)、杆长(m)、开裂检验弯矩(kN·m)或开裂检验荷载代号(kN)、品种代号和标准号顺序标记。

1. 环形混凝土电杆的形状

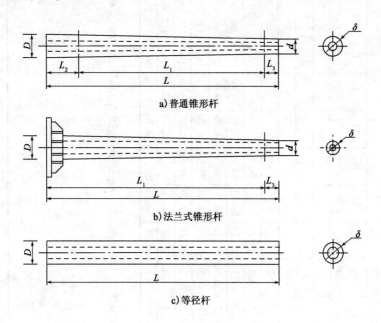

图 6-72　锥形杆和等径杆示意图

L-杆长;L_1-荷载点高度;L_2-支持点高度;L_3-梢端至荷载点高度;D-根茎(或直径);d-梢径;δ-壁厚

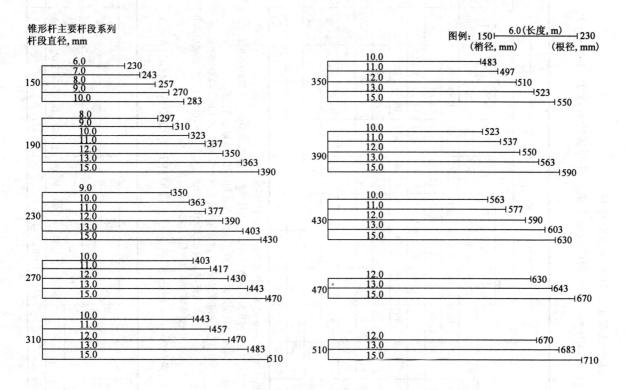

图 6-73　锥形杆主要杆段系列示意图(锥度为 1:75)

2. 环形混凝土电杆开裂检验弯矩

(1) φ150～φ270mm 钢筋混凝土锥形杆开裂检验弯矩[a]（kN·m）

表 6-160

L	L_1	L_2[b]	梢径 (mm) 150						190						230				270				
			开裂检验荷载 P(kN)																				
			B	C	D	E	F	G	G	I	J	K	L	M	L	M	N	O	O	P	Q	R	S
m	m	m	1.25	1.50	1.75	2.00	2.25	2.50	2.50	3.00	3.50	4.00	5.00	6.00	5.00	6.00	7.00	8.00	8.00	9.00	10.00	11.00	13.00
6.00	4.75	1.00	5.94	7.13	8.31	9.50	10.69	11.88															
7.00	5.55	1.20	6.94	8.33	9.71	11.10	12.49	13.88															
8.00	6.45	1.30	8.06	9.68	11.29	12.90	14.51	16.13	16.13														
9.00	7.25	1.50		10.88	12.69	14.50	16.31	18.13	18.13	21.75	25.38	29.00	36.25	43.50									
10.00	8.05	1.70		12.08	14.09	16.10	18.11	20.13	20.13	24.15	28.18	32.20	40.25	48.30	40.25	48.30	56.35	64.40	64.40	72.45	80.50	88.55	104.65
11.00	8.85	1.90								26.55	30.98	35.40	44.25	53.10	44.25	53.10	61.95	70.80	70.80	79.65	88.50	97.35	115.05
12.00	9.75	2.00								29.25	34.13	39.00	48.75	58.50	48.75	58.50	68.25	78.00	78.00	87.75	97.50	107.25	126.75
13.00	10.55	2.20								31.65	36.93	42.20	52.75	63.30	52.75	63.30	73.85	84.40	84.40	94.95	105.50	116.05	137.15
15.00	12.25	2.50								36.75	42.88	49.00	61.25	73.50	61.25	73.50	85.75	98.00	98.00	110.25	122.50	134.75	159.25
18.00	15.25	2.50										61.00	76.25	91.50	76.25	91.50	106.75	122.00	122.00	137.25	152.50	167.75	198.25
21.00	18.25	2.50											91.25	109.50	91.25	109.50	127.75	146.00	146.00	164.25	182.50	198.25	

注：①B、C、D……是不同开裂检验荷载的代号。

②[a] 本表所列开裂检验荷载 (M_k) 为用悬臂式试验时，取梢端至荷载点距离 (L_a) 为 0.25m，在开裂检验荷载作用下限定支持点 (L_2) 断面处的弯矩。电杆实际设计使用时，应根据工程需要确定梢端至荷载点距离和支持点位置，其埋置深度应通过计算相应计算弯矩进行检验。

③[b] 根据电杆的埋置方式，其埋置深度应通过计算确定，并采取有效加固措施。

④杆长≥12m 的电杆可采用分段制作。经供需双方协议，也可生产其他规格和开裂检验弯矩的电杆。

⑤承载力检验弯矩为开裂检验弯矩的 2 倍。

(2) φ310～φ510mm 钢筋混凝土锥形杆开裂检验弯矩[a]（kN·m）

表 6-161

L	L_1	L_2[b]	梢径 (mm) 310			350	390	430	470	510			
			开裂检验荷载 P(kN)										
			O	Q	S	T	U	U_1	U	U_1	U_2	U_3	V
m	m	m	8.00	10.00	13.00	15.00	18.00	21.00	18.00	21.00	24.00	27.00	30.00
10.00	8.05	1.70	64.40	80.50	104.65								

续表 6-161

| L | L_1(m) | L_2^b | 310 | | | | 350 | | | | 390 | | | | 430 | | | | 470 | | | | 510 |
| | | | 梢径(mm) 开裂检验荷载 P(kN) | | | | | | | | | | | | | | | | | | | | |
			O(8.00)	Q(10.00)	S(13.00)	T(15.00)	R(11.00)	S(13.00)	T(15.00)	U(18.00)	S(13.00)	T(15.00)	U(18.00)	U_1(21.00)	T(15.00)	U(18.00)	U_1(21.00)	U_2(24.00)	U(18.00)	U_1(21.00)	U_2(24.00)	U_3(27.00)	V(30.00)
11.00	8.85	1.90	70.80	88.50	115.05																		
12.00	9.75	2.00	78.00	97.50	126.75	146.25	107.25	126.75	146.25	175.50	126.75	146.25	175.50	204.75	146.25	175.50	204.75	234.00	175.50	204.75	234.00	263.25	292.50
13.00	10.55	2.20	84.40	105.50	137.15	158.25	116.05	137.15	158.25	189.90	137.15	158.25	189.90	221.55	158.25	189.90	221.55	253.20	189.90	221.55	253.20	284.85	316.50
15.00	12.25	2.50	98.00	122.50	159.25	183.75	134.75	159.25	183.75	220.50	159.25	183.75	220.50	257.25	183.75	220.50	257.25	294.00	220.50	257.25	294.00	330.75	367.50
18.00	15.25	2.50	122.00	152.50	198.25	228.75	167.75	198.25	228.75	274.50	198.25	228.75	274.50	320.25	228.75	274.50	320.25						
21.00	18.25	2.50	146.00	182.50	237.25	273.75	200.75	237.25	273.75		237.25	273.75			273.75								

注:O,Q,S……是不同开裂检验荷载的代号。

同表 6-160。

(3)φ150~φ310mm 预应力混凝土锥形杆开裂检验弯矩[a]（kN·m）

表 6-162

| L | L_1 | L_2^b | 150 | | | | | | 190 | | | | 230 | | | | 270 | | | | 310 |
| | | | 梢径(mm) 开裂检验荷载 P(kN) | | | | | | | | | | | | | | | | | | |
			B(1.25)	C(1.50)	C_1(1.65)	D(1.75)	E(2.00)	F(2.25)	G(2.50)	I(3.00)	J(3.50)	K(4.00)	I(3.00)	J(3.50)	K(4.00)	L(5.00)	K(4.00)	L(5.00)	M(6.00)	N(7.00)	L(5.00)	M(6.00)	N(7.00)	O(8.00)
6.00	4.75	1.00	5.94	7.13	7.84	8.31	9.50	10.69																
7.00	5.55	1.20	6.94	8.33	9.16	9.71	11.10	12.49																
8.00	6.45	1.30	8.06	9.68	10.64	11.29	12.90	14.51	16.13	19.35			19.35											
9.00	7.25	1.50			11.96	12.69	14.50	16.31	18.13	21.75	25.38	29.00	21.75	25.38	29.00	36.25	29.00	36.25			36.25			
10.00	8.05	1.70			13.28	14.09	16.10	18.11	20.13	24.15	28.18	32.20	24.15	28.18	32.20	40.25	32.20	40.25			40.25			
11.00	8.85	1.90							22.13	26.55	30.98	35.40	26.55	30.98	35.40	44.25	35.40	44.25			44.25			
12.00	9.75	2.00							24.38	29.25	34.13	39.00	29.25	34.13	39.00	48.75	39.00	48.75	58.50	68.25	48.75	58.50	68.25	78.00
13.00	10.55	2.20								31.65	36.93	42.20	31.65	36.93	42.20	52.75	42.20	52.75	63.30	73.85	52.75	63.30	73.85	84.40
15.00	12.25	2.50								36.75	42.88	49.00	36.75	42.88	49.00	61.25	49.00	61.25	73.50	85.75	61.25	73.50	85.75	98.00
18.00	15.25	2.50									53.38	61.00		53.38	61.00		61.00							

注:B,C,D……是不同开裂检验荷载的代号。

同表 6-160。

表 6-163

(4)ϕ150～ϕ270mm 部分预应力混凝土锥形杆开裂检验弯矩[a]（kN·m）

梢径（mm）／开裂检验荷载 P（kN）

L	L_1	L_2[b]	150					190						230				270					
(m)	(m)	(m)	C	D	E	F	G	G	I	J	K	L	M	L	M	N	O	O	P	Q	R	S	T
			1.50	1.75	2.00	2.25	2.50	2.50	3.00	3.50	4.00	5.00	6.00	5.00	6.00	7.00	8.00	8.00	9.00	10.00	11.00	13.00	15.00
6.00	4.75	1.00	7.13	8.31	9.50	10.69	11.88																
7.00	5.55	1.20	8.33	9.71	11.10	12.49	13.88																
8.00	6.45	1.30	9.68	11.29	12.90	14.51	16.13	16.13	19.35														
9.00	7.25	1.50	10.88	12.69	14.50	16.31	18.13	18.13	21.75	25.38	29.00	36.25											
10.00	8.05	1.70	12.08	14.09	16.10	18.11	20.13	20.13	24.15	28.18	32.20	40.25	48.30	40.25	48.30	56.35	64.40	64.40	72.45	80.50	88.55	104.65	120.75
11.00	8.85	1.90						22.13	26.55	30.98	35.40	44.25	53.10	44.25	53.10	61.95	70.80	70.80	79.65	88.50	97.35	115.05	132.75
12.00	9.75	2.00							29.25	34.13	39.00	48.75	58.50	48.75	58.50	68.25	78.00	78.00	87.75	97.50	107.25	126.75	146.25
13.00	10.55	2.20							31.65	36.93	42.20	52.75	63.30	52.75	63.30	73.85	84.40	84.40	94.95	105.50	116.05	137.15	158.25
15.00	12.25	2.50							36.75	42.88	49.00	61.25	73.50	61.25	73.50	85.75	98.00	98.00	110.25	122.50	134.75	159.25	183.75
18.00	15.25	2.50										76.25	91.50	76.25	91.50	106.75	122.00	122.00	137.25	152.50	167.75	198.25	228.75
21.00	18.25	2.50										91.25	109.50	91.25	109.50	127.75	146.00	146.00	164.25	182.50	200.75	237.25	273.75
24.00	21.25	2.50																170.00	191.25	212.50	233.75	276.25	318.75
27.00	24.25	2.50																194.00	218.25	242.50	266.75	315.25	363.75
30.00	27.25	2.50																218.00	245.25	272.50	299.75	354.25	408.75

注：C、D、E……是不同开裂检验荷载的代号。

同表 6-160。

(5) φ310～φ510mm 部分预应力混凝土锥形杆开裂检验弯矩[a]

表 6-164

梢径 (mm) ／ 开裂检验荷载 P(kN)

L	L_1	L_2[b]	310 R 11.00	310 S 13.00	310 T 15.00	310 U 18.00	350 S 13.00	350 T 15.00	350 U 18.00	350 U_1 21.00	390 T 15.00	390 U 18.00	390 U_1 21.00	390 U_2 24.00	430 U 18.00	430 U_1 21.00	430 U_2 24.00	430 U_3 27.00	470 U_3 27.00	470 V 30.00	470 V_1 35.00	470 V_2 40.00	510 V_2 40.00	510 V_3 45.00	510 V_4 50.00
	m	m																							
10.00	8.05	1.70	88.55	104.65	120.75	144.90	104.65	120.75	144.90	169.05	120.75	144.90	169.05	193.20	144.90	169.05	193.20	217.35							
11.00	8.85	1.90	97.35	115.05	132.75	159.30	115.05	132.75	159.30	185.85	132.75	159.30	185.85	212.40	159.30	185.85	212.40	238.95							
12.00	9.75	2.00	107.25	126.75	146.25	175.50	126.75	146.25	175.50	204.75	146.25	175.50	204.75	234.00	175.50	204.75	234.00	263.25	263.25	292.50	341.25	390.00	390.00	438.75	487.50
13.00	10.55	2.20	116.05	137.15	158.25	189.90	137.15	158.25	189.90	221.55	158.25	189.90	221.55	253.20	189.90	221.55	253.20	284.85	284.85	316.50	369.25	422.00	422.00	474.75	527.50
15.00	12.25	2.50	134.75	159.25	183.75	220.50	159.25	183.75	220.50	257.25	183.75	220.50	257.25	294.00	220.50	257.25	294.00	330.75	330.75	367.50	428.75	490.00	490.00	551.25	612.50
18.00	15.25	2.50	167.75	198.25	228.75	274.50	198.25	228.75	274.50	320.25	228.75	274.50	320.25	366.00	274.50	320.25	366.00	411.75	411.75	457.50	533.75				
21.00	18.25	2.50	200.75	237.25	273.75	328.50	237.25	273.75	328.50		273.75	328.50			328.50										
24.00	21.25	2.50	233.75	276.25	318.75	382.50	276.25	318.75	382.50		318.75	382.50			382.50										
27.00	24.25	2.50	266.75	315.25	363.75		315.25	363.75			363.75														
30.00	27.25	2.50	299.75	354.25	408.75		354.25	408.75			408.75														

注：R、S、T……是不同开裂检验荷载的符号。
　　同表 6-160。

（6）等径杆开裂检验弯矩[a]（kN·m）

表 6-165

直径（mm）	长度：3.0m、4.5m、6.0m、9.0m、12.0m、15.0m									
	开裂检验弯矩（kN·m）									
300	20	25	30	35	40	45	50	60		
350	30	40	50	60	70	80	90	100	120	
400	40	45	50	60	70	80	90	100	120	140
500	70	75	80	85	90	95	100	105		
550	90	115	135	155	180					

注：①[a]用简支式试验时，开裂检验弯矩 M_k 即在开裂检验荷载作用下两加荷点间断面处的最大弯矩。

②杆长≥12m 的电杆可分段制作。其他规格和开裂检验弯矩的电杆，由供需双方商定。

③承载力检验弯矩为开裂检验弯矩的 2 倍。

3. 环形混凝土电杆的力学性能

（1）钢筋混凝土电杆加荷至表 6-160、表 6-161 规定的开裂检验弯矩时，裂缝宽度不应大于 0.20mm；锥形杆杆长小于 10m 时，杆顶挠度不应大于 $(L_1+L_3)/35$；杆长等于或大于 10m、小于或等于 12m 时，杆顶挠度不应大于 $(L_1+L_3)/32$；杆长大于 12m、小于或等于 18m，杆顶挠度不应大于 $(L_1+L_3)/25$。加荷至开裂检验弯矩卸荷后，残余裂缝宽度不应大于 0.05mm。

（2）预应力混凝土电杆加荷至表 6-162 规定的开裂检验弯矩时，不应出现裂缝；锥形杆杆长小于或等于 12m 时，杆顶挠度不应大于 $(L_1+L_3)/70$；杆长大于 12m、小于或等于 18m 时，杆顶挠度不应大于 $(L_1+L_3)/50$。

（3）部分预应力混凝土电杆加荷至表 6-163、表 6-164 规定的开裂检验弯矩的 80% 时，不应出现裂缝。加荷至开裂检验弯矩时，裂缝宽度不应大于 0.10mm；锥形杆杆长小于或等于 12m 时，杆顶挠度不应大于 $(L_1+L_3)/50$；杆长大于 12m、小于或等于 18m 时，杆顶挠度不应大于 $(L_1+L_3)/35$。

（4）等径杆、杆长大于 18m 的锥形杆及对挠度和裂缝宽度有特殊要求的电杆，其开裂检验弯矩时的挠度和裂缝宽度由供需双方协议规定。

（5）加荷至承载力检验弯矩（表 6-160～表 6-165 规定的开裂检验弯矩的 2 倍）时，不应出现下列任一种情况：

①受拉区混凝土裂缝宽度达到 1.5mm 或受拉钢筋被拉断；

②受压区混凝土破坏；

③挠度：按悬臂式试验的锥形杆，杆顶挠度大于 $(L_1+L_3)/10$；按简支式试验的等径杆：直径小于 400mm，挠度大于 $L_0/50$；直径等于或大于 400mm，挠度大于 $L_0/70$。

4. 环形混凝土电杆的外观质量

表 6-166

项　目		项目类型	质　量　要　求
表面裂缝[a]		A	预应力混凝土电杆和部分预应力混凝土电杆不应有环向和纵向裂缝。钢筋混凝土电杆不应有纵向裂缝，环向裂缝宽度不应大于 0.05mm
漏浆	模边合缝处	A	模边合缝处不应漏浆，但如漏浆深度不大于 10mm、每处漏浆长度不大于 300mm、累计长度不大于杆长的 10%、对称漏浆的搭接长度不大于 100mm 时，允许修补
	钢板圈（或法兰盘）与杆身结合面	A	钢板圈（或法兰盘）与杆身结合面不应漏浆，但如漏浆深度不大于 10mm、环向累计长度不大于 1/4 周长、纵向长度不大于 15mm 时，允许修补
	局部碰伤	B	局部不应碰伤，但如碰伤深度不大于 10mm、每处面积不大于 50cm² 时，允许修补
	内、外表面露筋	A	不允许

项 目	项目类型	质 量 要 求
麻面、黏皮	B	不应有麻面或黏皮,但如每米长度内麻面或黏皮总面积不大于相同长度外表面积的 5%时,允许修补
内表面混凝土塌落	A	不允许
蜂窝	A	不允许
接头钢板圈坡口至混凝土端面距离	B	钢板圈坡口至混凝土端面距离应大于钢板厚度的 1.5 倍且不小于 20mm

注:① ^{a} 表面裂缝中不计龟纹和水纹。

② 纵向受力钢筋的净混凝土保护层厚度不应小于 15mm。

5. 环形混凝土电杆的标志和储运要求

(1)电杆的永久标志内容为制造厂的厂名或商标,应标记在电杆表面上。标志位置应在埋深线以上 1.5m 处。电杆的临时标志内容包括产品标记和制造日期等,标志位置略低于永久标志。

(2)电杆堆放场地应坚实平整,应按品种、规格、荷载级别、生产日期分别堆放。锥形杆梢径大于 270mm 和等径杆直径大于 400mm 时,堆放层数不宜超过 4 层;锥形杆梢径小于或等于 270mm 和等径杆直径小于或等于 400mm 时,堆放层数不宜超过 6 层。

电杆堆垛应放在支垫物上,层与层之间用支垫物隔开,每层支承点应在同一平面上,各层支垫物位置应在同一垂直线上。堆放时,杆长小于或等于 12m 时,宜采用两支点支承;杆长大于 12m 时,宜采用三支点支承。电杆支点位置见图 6-74。若堆场地基经过特殊处理,也可采用其他堆放形式。

(3)电杆起吊时,不分长短均应采用两支点法。支点处应套上软质物,以防碰伤。装卸、起吊应轻起轻放,不得抛掷、碰撞。每次吊运数量:梢径大于或等于 190mm 的电杆,不宜超过 3 根;梢径小于 190mm 的电杆,不宜超过 5 根;如果采取有效措施,每次吊运数量可适当增加。

电杆由高处滚向低处,应采取牵制措施,不得自由滚落。

(4)电杆在运输过程中的支承要求应符合上述(2)的有关规定。

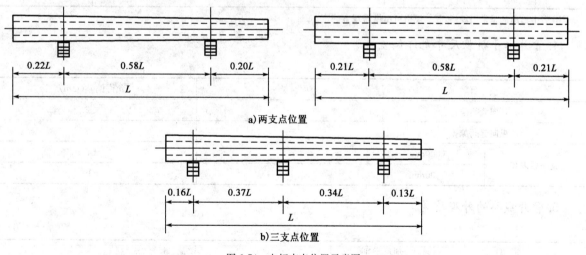

图 6-74 电杆支点位置示意图

七、盾构法隧道混凝土管片

(一)预制混凝土衬砌管片(GB/T 22082—2008)

预制混凝土衬砌管片是以钢筋、混凝土为主要原材料制成,适用于盾构法施工的公路、铁路、水工、电力、市政等隧道工程。预制混凝土衬砌管片的混凝土设计强度等级不低于 C50。管片脱模时的混凝土强度应不低于 15MPa(吸盘脱模)和 20MPa(其他方式脱模)。管片出厂时的混凝土强度不得低于设计强度。

管片是隧道预制衬砌环的基本单元,按管片的类型分有钢筋混凝土管片、钢纤维混凝土管片、钢管片、铸铁管片和复合管片等。

1. 预制混凝土衬砌管片的分类

表 6-167

名称	类型	类别和代号			块　数
		按成环后的隧道线型分	按拼装位置分	按隧道断面形状分	
预制混凝土衬砌管片	钢筋混凝土管片	直线段管片(Z)、曲线段管片(Q)、通用管片(T)	曲线段管片分为:左曲管片(ZQ)、右曲管片(YQ)和竖曲管片(SQ)	标准块(B)、邻接块(L1、L2)、封闭块(F)	圆形(Y)、椭圆形(TY)、矩形(J)、双圆形(SY)等	根据隧道直径大小,管片块数可分为4~10块
	钢纤维混凝土管片				
	钢管片				
	铸铁管片				
	复合管片				

2. 衬砌管片的标记

管片按隧道形状、分类代号、块数、规格、管片在环内的位置、标准编号进行标记。

如:圆形隧道、直线段管片、6 块、厚度为 350mm、宽度为 1 200mm、内径 5 400mm、标准块的管片标记为:

Y—Z—6—350×1.2×5.4—B　GB/T 22082—2008

3. 管片的规格和尺寸允许偏差

表 6-168

项目名称	厚度(mm)	宽度(mm)	内径(mm)	钢筋保护层厚度(mm)
公称尺寸	300,350,500,550,600,650	1 000,1 200,1 500,1 800,2 000	3 000,5 400,5 500,12 000,13 700	
项目类别	A	A	—	B
允许偏差	$^{+3}_{-1}$	±1	—	±5

注:表中给出的是常用规格,其他规格可由供需双方确定。

4. 管片水平拼装尺寸允许偏差

表 6-169

项　目		项目类别	允许偏差(mm)
环向缝间隙		—	≤2
纵向缝间隙		—	≤2
成环后内径	≤6 000mm	—	±5
	>6 000mm	—	±10

5. 管片成品的外观质量

表 6-170

项　目	项目类别	质量要求
贯穿裂缝	A	不允许
拼接面裂缝	B	拼接面方向长度不超过密封槽且宽度小于 0.20mm
非贯穿性裂缝	B	内表面不允许,外表面裂缝宽度不超过 0.20mm
内、外表面露筋	A	不允许
孔洞	A	不允许
麻面、黏皮、蜂窝	B	表面麻面、黏皮、蜂窝总面积不大于表面积的 5%允许修补

续表 6-170

项　目	项目类别	质量要求
疏松、夹渣	B	不允许
缺棱掉角、飞边	B	不应有,允许修补
环、纵向螺栓孔	B	畅通、内圆面平整,不得有塌孔

注:在设计检漏试验压力的条件下,恒压 2h,不得出现漏水现象,渗水深度不超过 50mm。

当有设计要求时,抗弯性能和抗拔性能应符合设计要求。

6.管片的交货状态、标志和储运要求

(1)凡混凝土抗压强度、外观质量、尺寸偏差、水平拼装中任一项检验结果不符合要求时,该批产品不合格。

(2)管片的永久标志内容为生产厂标记,应标在管片的内弧面。

管片的临时标志内容应包括管片标记、管片编号(每一片管片应独立编号)、模具编号、生产日期、检验状态。临时标志应喷涂于管片的弧面或端侧面,该标志在施工现场组装结束之前应清晰易识别,不得消失。

(3)管片的堆放场地须坚实平整,按型号分别码放,可采用侧面立放或内弧面向上平放。管片间应用垫木分隔。应根据管片的大小、自重,计算后决定管片的堆放高度。管片内弧面向上平放超过五层或侧面立放超过三层时,应进行受力验算。吊装时应采取防护措施,防止损坏管片。运输时管片应放在支垫物上,层间用垫木隔开,每层支撑点在同一平面上,各层支垫物在同一直线上。

(二)盾构法隧道管片用橡胶密封垫(GB 18173.4—2010)

盾构法隧道管片用橡胶密封垫主要用于地铁、公路、铁路、给排水、电力工程等盾构法隧道接缝的防水。

橡胶密封垫按功能分为:弹性橡胶密封垫[包括氯丁橡胶(CR)密封垫、三元乙丙橡胶(EPDM)密封垫];遇水膨胀橡胶密封垫和弹性橡胶与遇水膨胀橡胶复合密封垫三类。

橡胶密封垫的结构形式、规格尺寸及公差应符合经规定程序批准的图样及技术文件要求。无公差要求时,其允许偏差应符合 GB/T 3672.1—2002 中 E2 级的要求。

1.橡胶密封垫的外观质量

表 6-171

缺陷名称	质　量　要　求	
	工作面部分	非工作面部分
气泡	直径为 0.50～1.00mm 的气泡,每米不允许超过 3 处	直径在 1.00～2.00mm 的气泡,每米不允许超过 4 处
杂质	面积为 2～4mm² 的杂质,每米不允许超过 3 处	面积为 4～8mm² 的杂质,每米不允许超过 3 处
接头缺陷	不允许有裂口及"海绵"现象。高度为 1.00～1.50mm 的凸起,每米不超过 2 处	不允许有裂口及"海绵"现象。高度为 1.00～1.50mm 的凸起,每米不超过 4 处
凹痕	深度不超过 0.50mm、面积 3～8mm² 的凹痕,每米不超过 2 处	深度不超过 1.00mm、面积 5～10mm² 的凹痕,每米不超过 4 处
中孔偏心	中心孔周边对称部位厚度差不应超过 1mm	

注:工作面指管片拼装后密封垫与密封垫之间的接触面及密封垫上与密封垫沟槽的接触面。

2. 弹性橡胶密封垫成品的物理性能

表 6-172

项 目			指 标		
			氯丁橡胶	三元乙丙橡胶	
				Ⅰ型	Ⅱ型
硬度（邵尔 A）（度）			50～60	50～60	60～70
硬度偏差（°）			±5	±5	±5
拉伸强度（MPa）		不小于	10.5	9.5	10
拉断伸长率（%）			350	350	330
压缩永久变形（%）	70℃×24$_{-\frac{0}{2}}$h，25%		30	25	25
	23℃×72$_{-\frac{0}{2}}$h，25%		20	20	15
热空气老化 70℃×96h	硬度变化（度）	不大于	8	6	6
	拉伸强度降低率（%）		20	15	15
	拉断伸长率降低率（%）		30	30	30
防霉等级			不低于二级	不低于二级	不低于二级

注：①Ⅰ型为无孔密封垫。Ⅱ型为有孔密封垫。
　　②复合密封垫弹性橡胶物理性能指标应符合本表的规定。
　　③弹性橡胶密封垫成品截面构造如果不具备切片制样的条件，用硫化胶料标准试样测试。

3. 遇水膨胀橡胶密封垫胶料的物理性能

表 6-173

项 目			技 术 指 标	
硬度（邵尔 A）（度）			42±10	45±10
拉伸强度（MPa）			3.5	3
拉断伸长率（%）		不小于	450	350
体积膨胀倍率（%）			250	400
反复浸水试验	拉伸强度（MPa）		3	2
	拉断伸长率（%）		350	250
	体积膨胀倍率（%）		250	300
低温弯折（−20℃×2h）			无裂纹	无裂纹

注：①遇水膨胀橡胶密封垫成品切片测试时，拉伸强度、拉断伸长率、反复浸水试验中的拉伸强度、拉断伸长率性能指标应达到本表
　　规定指标的80%。
　　②遇水膨胀橡胶物理性能指标应符合本表的规定。

4.橡胶密封垫的交货状态和储运要求

(1)凡规格尺寸、外观质量有一项不符合要求的,应对该产品进行100%检验。

如果弹性橡胶密封垫成品、复合密封垫弹性橡胶、遇水膨胀橡胶及遇水膨胀橡胶密封垫胶料的物理性能中,有不合格项的,应取双倍进行复试,复试结果仍不合格的,该批产品或该批胶料不合格。

(2)产品盘卷捆扎,盘卷应整齐、牢固,用编织袋或纸箱包装,遇水膨胀橡胶应内衬塑料袋封口包装。包装内附产品合格证,合格证内容包括:规格、生产日期、标准号、检验合格印章。如有特殊包装要求,由供需双方协商确定。运输过程中,应避免重物挤压和过高堆叠;避免阳光直射、雨雪浸淋;不应与有可能对产品造成腐蚀的酸、碱、油及有机溶剂以及尖利物器接触。储存时,仓库应无阳光直射,温度$-15\sim +35℃$,相对湿度不大于95%且通风良好。不允许堆叠过高或重压。在运输和储存符合规定的条件下,自生产之日起一年内,橡胶密封垫、橡胶及胶料的各项性能应符合规定。

第七章　沥　青

沥青是公路铺筑路面的主要物资,也是房屋、桥梁、涵洞等构造物常用的主要防水材料和嵌缝材料。沥青是由一些极其复杂的高分子碳氢化合物和它们的一些非金属(氧、硫、氮等)衍生物所组成的混合物。

一、沥青的分类

沥青分为两大类:

第一类是由石油系统得到的称地沥青。地沥青按其产源不同又可分为天然沥青和石油沥青两种。

天然沥青,系指石油在天然条件下,经长时间的地球物理因素作用而最后所形成的产物;石油沥青,系指石油经各种炼制加工后所得到的产品。

第二类是由各种有机物(煤、页岩、木材等)干馏而得的焦油,经再加工所得到的产物,称为焦油沥青。焦油沥青按其加工的有机物名称而命名,如煤干馏所得到的煤焦油,经再加工后所得的沥青,称为煤沥青。页岩沥青按其技术性质接近石油沥青,按生产工艺接近焦油沥青。

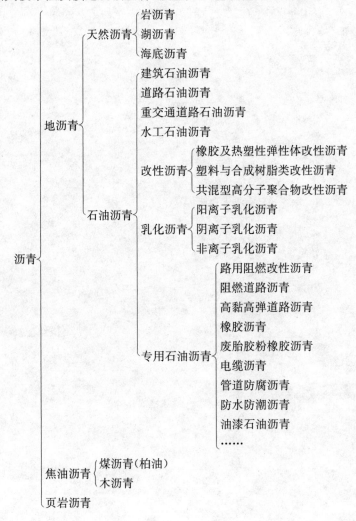

二、天然沥青

天然沥青是石油在漫长天然的特殊地质条件下被氧化、聚合而成的沥青矿产物。其物理和化学性能与石油沥青基本一致。其中,南美的特立尼达湖产沥青(简称 TLA)是世界上最著名的天然湖沥青。

特立尼达湖沥青具有多方面独特的优良性能,如:TLA 与普通石油沥青混融性好;含氮量高,黏附性强;抗水害性好;温度稳定性好;对燃油、微生物等侵蚀的抵抗力强;耐候性好;不含或少含蜡等特性。被广泛用作于国产沥青的改性剂。

特立尼达湖沥青我国从 20 世纪 70 年代开始引进使用,目前已广泛使用于机场、高速公路、桥梁和市政建设等重点工程上。

三、石油沥青

(一)常用石油沥青

石油沥青呈黑色或黑褐色,性质较柔软,常温下呈固体、半固体或液体。石油沥青是炼制石油的副产品,是炼制石油的残油(渣油),经过再减压蒸馏或氧化等工艺制成。

石油沥青根据用途不同分为:道路石油沥青、重交通道路石油沥青、建筑石油沥青、水工石油沥青、油漆沥青、管道防腐沥青、防水防潮沥青、电缆沥青和各种改性石油沥青及乳化沥青等。

1. 各种常用沥青的主要用途

(1)建筑石油沥青:建筑石油沥青有 10、30、40 号三个牌号。适用于建筑屋面和地下防水工程的胶结料及制造涂料、油毡、油纸和防腐材料等。

(2)道路石油沥青:道路石油沥青有 60、100、140、180 和 200 号五个牌号。适用于铺筑路面,也可用于屋面防水、制造油纸、油毡和绝缘材料。

(3)重交通道路石油沥青:是近几年生产的含蜡量较低的石油沥青。重交通道路石油沥青有 AH-30、AH-50、AH-70、AH-90、AH-110 和 AH-130 号六个牌号。适用于铺筑高速公路、一级公路和城市快速路及主干路等重交通量道路。

(4)水工石油沥青:水工石油沥青有 1、2、3 号三个牌号。适用于水利水电工程;其中,1、2 号沥青适用于水工结构心墙和面板防渗层与整平胶结层等;3 号沥青用于水工结构封闭层等。

2. 常用石油沥青技术条件

表 7-1

名称	牌号	针入度 (1/10mm) 25℃,100g,5s	针入度 46℃,100g,5s 不小于	针入度 0℃,200g,5s 不小于	延度 (cm) 25℃(5cm/min)	延度 (cm) 15℃ 不小于	溶解度(三氯乙烯)(%) 不小于	蒸发后针入度比(25℃)(%)	闪点(开口杯法)(℃)	软化点(环球法)(℃) 不低于	蒸发后质量变化(163℃,5h)(%) 不大于	密度(25℃)(g/cm³)	蜡含量(%) 不大于	薄膜烘箱试验(163℃,5h) 质量变化(%) 不大于	薄膜烘箱试验(163℃,5h) 针入度比(%) 不小于	薄膜烘箱试验(163℃,5h) 延度(25℃)(cm) 不小于
建筑石油沥青 (GB/T 494—2010)	10号	10~25	报告	3	1.5	—	99.0	65	260	95	1	—	—	—	—	—
	30号	26~35		6	2.5	—				75		—	—	—	—	—
	40号	36~50		6	3.5	—				60		—	—	—	—	—
道路石油沥青 (NB/SH/T 0522—2010)	200号	200~300	—	—	20	(20)	99.0	—	180	30~80	—	报告	4.5	1.3	报告	报告
	180号	150~200	—	—	100	(100)		—	200	35~48	—			1.2		
	140号	110~150	—	—	100	(100)		—	230	38~51	—			1.0		
	100号	80~110	—	—	90	(90)		—		42~55	—					
	60号	50~80	—	—	70	(70)		—		45~58	—					
重交通道路石油沥青 (GB/T 15180—2010)	AH-130	120~140	—	—	—	100	99.0	—	230	38~51	—	报告	3.0	1.3	45	100
	AH-110	100~120	—	—	—			—		40~53	—			1.2	48	50
	AH-90	80~100	—	—	—			—		42~55	—			1.0	50	40
	AH-70	60~80	—	—	—	80		—	260	44~57	—			0.8	55	30
	AH-50	40~60	—	—	—	报告		—		45~58	—			0.6	58	报告
	AH-30	20~40	—	—	—			—		50~65	—			0.5	60	

注:①建筑石油沥青针入度报告和重交通道路石油沥青薄膜烘箱试验延度的报告应为实测值。

②建筑石油沥青蒸发后针入度比是指测定蒸发损失后样品的25℃针入度与原25℃针入度之比乘以100后所得的百分比。

③如果道路石油沥青25℃延度达不到,15℃延度达到时,也认为是合格的,指标要求与25℃延度一致。

④测定溶解度:建筑石油沥青用三氯乙烯、三氯甲烷、四氯化碳或苯;道路石油沥青用三氯乙烯、三氯甲烷或苯。

3.水工石油沥青技术条件 （SH/T 0799—2007）

表 7-2

项　目		质　量　指　标		
		1号	2号	3号
针入度(25℃,100g,5s)(1/10mm)		70～90	60～80	40～60
延度(15℃,5cm/min)(cm)	不小于	150	150	80
延度(4℃,1cm/min)(cm)	不小于	20	15	—
软化点(环球法)(℃)		44～52	46～55	48～60
溶解度(三氯乙烯)(%)	不小于	99.0	99.0	99.0
脆点(℃)	不大于	−12	−10	−8
闪点(开口杯法)(℃)	不低于	230	230	230
蜡含量(蒸馏法)(%)	不大于	2.2	2.2	2.2
灰分(%)	不大于	0.5	0.5	0.5
密度(25℃)(g/cm³)		报告	报告	报告
薄膜烘箱试验(163℃,5h) 质量变化(%)	不大于	0.6	0.5	0.4
针入度比(%)	不小于	65	65	65
延度(15℃,5cm/min)(cm)	不小于	100	80	10
延度(4℃,1cm/min)(cm)	不小于	6	4	—
脆点(℃)	不大于	−8	−6	−5
软化点升高(℃)	不大于	6.5	6.5	6.5

（二）改性沥青

改性沥青是掺加橡胶、树脂、高分子聚合物、磨细的橡胶粉或其他填料等外掺剂(改性剂)，或采取对沥青轻度氧化加工等措施，使沥青或沥青混合料的性能得以改善制成的沥青结合料。改性沥青主要用于机场跑道、防水桥面、停车场、运动场、重交通路面、交叉路口和路面转弯处等特殊场合的铺装应用。改性沥青还可应用到公路网的养护和补强。改性沥青防水卷材和涂料主要用于高档建筑物的防水工程。

改性沥青分为橡胶及热塑性弹性体改性沥青、塑料与合成树脂类改性沥青和共混型高分子聚合物改性沥青三类。

橡胶及热塑性弹性体改性沥青包括：天然橡胶改性沥青、SBS 改性沥青(使用最为广泛)、丁苯橡胶改性沥青、氯丁橡胶改性沥青、顺丁橡胶改性沥青、丁基橡胶改性沥青、废橡胶和再生橡胶改性沥青、其他橡胶类改性沥青(如乙丙橡胶、丁腈橡胶等)。

塑料与合成树脂类改性沥青包括：聚乙烯改性沥青、乙烯-乙酸乙烯聚合物改性沥青、聚苯乙烯改性沥青、香豆桐树脂改性沥青、环氧树脂改性沥青、α-烯烃类无规聚合物改性沥青。

共混型高分子聚合物改性沥青是用两种或两种以上聚合物同时加入到沥青中对沥青进行改性。这里所说的两种以上的聚合物可以是两种单独的高分子聚合物，也可以是事先经过共混形成高分子互穿网络的所谓高分子合金。

目前，聚合物改性道路沥青、废胎胶粉橡胶沥青已广泛使用于公路和道路的修建和维护；用弹性体和塑性体改性沥青制造的防水卷材和涂料主要用于工业与民用建筑的屋面和地下防水工程。

1. 聚合物改性道路沥青

聚合物改性道路沥青是以热塑性弹性体（SBS）、丁苯橡胶（SBR）、乙烯-醋酸乙烯共聚物（EVA）、聚乙烯（PE）为改性外掺材料制作的。

聚合物改性沥青按改性材料的不同，分为 SBS 类（Ⅰ类）、SBR 类（Ⅱ类）和 EVA、PE 类（Ⅲ类）。按针入度和软化点不同，Ⅰ、Ⅲ 类聚合物改性沥青分为 A、B、C、D 四个等级，Ⅱ 类分为 A、B 两个等级。

聚合物改性道路沥青技术要求（SH/T 0734—2003）　　　　表7-3

项　目		SBS类（Ⅰ类）				SBR类（Ⅱ类）		EVA、PE类（Ⅲ类）			
		Ⅰ－A	Ⅰ－B	Ⅰ－C	Ⅰ－D	Ⅱ－A	Ⅱ－B	Ⅲ－A	Ⅲ－B	Ⅲ－C	Ⅲ－D
针入度(25℃,100g,5s)(1/10mm)		100~150	75~100	50~75	40~75	≥100	≥80	≥80	≥60	≥40	≥30
针入度指数 PI		报告									
延度(5℃,5cm/min)(cm)	>	50	40	30	20	60	50				
软化点(℃)	>	45	50	60	65	45	48	51	54	57	60
黏度(135℃)(Pa·s)		<3				>0.3		0.15~1.5			
闪点(开口杯)(℃)	>	230				230		230			
溶解度(%)	≥	99				99					
离析(软化点差)(℃)		≤2.5						无改性剂明显析出、凝聚④			
弹性恢复(25℃)(%)	≥	65	70	75	80						
黏韧性(N·m)		≥5									
韧性(N·m)		≥2.5									
旋转薄膜烘箱后　质量损失(%)	≤	1.0									
旋转薄膜烘箱后　针入度比(25℃)(%)	>	50	55	60	65	50	55	50	55	58	60
旋转薄膜烘箱后　延度(5℃,5cm/min)(cm)	>	30	25	20	15	30	20				

注：①针入度指数由实测 15℃、25℃、30℃ 等不同温度下的针入度按式 $\lg P = AT + K$ 直线回归求得参数 A 后。以下式求得：$PI = (20 - 500A)/(1 + 50A)$，该试验式的直线回归的相关系数 R 不得低于 0.997。

②如果生产者能保证沥青在泵送和施工条件下安全使用，135℃ 黏度可不作要求。

③GB/T 11148《石油沥青溶解度测定法》可以代替 SH/T 0738—2003《聚合物改性沥青 1,1,1-三氯乙烷溶解度测定法》，但必须在报告中注明；仲裁试验用前者。EVA、PE 类（Ⅲ类）改性沥青对溶解度不作要求；SBS（或 SBR）改性沥青中如加入 PE 等三氯乙烷不溶物后，则不得称为 SBS（或 SBR）改性沥青，其溶解度指标按照具体工程上的技术要求处理。

④EVA、PE 类聚合物改性沥青离析中"凝聚"要求的定性观测法见 SH/T 0740—2003《聚合物改性沥青离析试验法》的附录 A。

⑤老化试验以旋转薄膜烘箱试验（RTFOT）为准，允许以薄膜烘箱（TFOT）代替，但必须在报告中注明，且不得作为仲裁试验。

2. 防水用塑性体、弹性体改性沥青

防水用弹性体改性沥青是以苯乙烯—丁二烯—苯乙烯（SBS）热塑性弹性体为改性剂制作的。简称 SBS 改性沥青。按软化点、低温柔度和弹性恢复率的不同，分为Ⅰ型和Ⅱ型。

防水用塑性体改性沥青是以无规聚丙烯（APP）或非晶态聚 α-烯烃（APAO、APO）为改性剂制作的改性沥青，分为Ⅰ型和Ⅱ型。

防水用弹性体改性沥青技术要求　（GB/T 26528—2011）；

防水用塑性体改性沥青技术要求　（GB/T 26510—2011）。

表7-4

项 目			技 术 指 标			
			SBS弹性体改性沥青		塑性体改性沥青	
			Ⅰ型	Ⅱ型	Ⅰ型	Ⅱ型
软化点 （℃）		不小于	105	115	125	145
低温柔度 （无裂纹）（℃）			−20 通过	−25 通过	−7 通过	−15 通过
弹性恢复 （%）		不小于	85	90	—	—
渗油性	渗出张数	不大于	2			
离析	软化点变化率（%）		20		—	
可溶物含量（%）		不小于	97			
闪点（℃）			230			

（三）乳化沥青

乳化沥青是沥青（石油沥青、煤沥青）经机械作用分裂为细微颗粒，分散在含有表面活性物质（乳化剂——稳定剂）的水介质中而形成的一种乳胶体。具有不燃、无臭、干燥快的特点，而最突出的优点是能在潮湿的基层上使用，但因是水剂，不宜在5℃以下环境中施工。

乳化沥青分为阳离子乳化沥青、阴离子乳化沥青和非离子乳化沥青三种。

乳化沥青的乳化剂主要有：阴离子乳化剂，如硬脂酸钠等；阳离子乳化剂；非离子乳化剂，如脂肪酸酯、醚和醇及石灰浆、黏土等。

要特别指出的，阴离子乳液和阳离子乳液不能掺混，否则会使沥青颗粒凝聚。

乳化沥青的稳定剂常采用水玻璃、氢氧化钠、石花菜等。

1.乳化沥青的分类及适用范围

表7-5

分 类	类 型	品 种 代 号	适 用 范 围
阳离子 乳化沥青 （SH/T 0624—95 2004年确认）	贯入洒布用 （G）	G—1	贯入式路面及表面处治
		G—2	透层油及沥青稳定土
		G—3	黏层油、表面处治及贯入式主层路面
	拌和用 （B）	B—1	拌制粗粒式常温沥青混合料
		B—2	拌制中粒式及细粒式常温沥青混合料
		B—3	拌制砂粒式常温沥青混合料及稀浆封层
阴离子 乳化沥青 （SH/T 0798— 2007）	快凝型	RS—1	贯入式碎石路面及表面处治
		RS—2	
	中凝型	MS—1	开级配混合料、碎石封层与即时修补
		MS—2	
		MS—3	
	慢凝型	SS—1	密级配混合料及洒布处理
		SS—2	
非离子乳化沥青 （JTG F40—2004）	喷洒用	PN—2	透层油
	拌和用	BN—1	与水泥稳定集料同时使用（基层路拌或再生）

2. 乳化沥青技术要求(SH/T 0624—95,2004年确认;SH/T 0798—2007;JTG F40—2004)

表7-6

项 目	阴离子乳化沥青						阳离子乳化沥青							非离子乳化沥青	
							快凝型		中凝型			慢凝型		喷洒用	拌和用
	G-1	G-2	G-3	B-1	B-2	B-3	RS-1	RS-2	MS-1	MS-2	MS-3	SS-1	SS-2	PN2	BN1
恩氏黏度(25℃)(E)	3~15	1~16		3~40										1~6	2~30
附着度 不小于		2/3													
粗集料拌和试验				均匀											
密集料拌和试验					均匀										
颗粒电荷	正														
储存稳定性(5d)(%) 不大于	5													5	
储存稳定性(24h)(%)							1	1	1	1	1	1	1		1
冷冻安定性							无粗粒,无结块								
筛上剩余量(%) 不大于	0.3						0.1	0.1	0.1	0.1	0.1	0.1	0.1	0.1	0.1
水泥拌和性试验(%)												2	2		3
蒸发残留物含量(%) 不小于	60	50		57			55	60	55	55	55	55	55	50	55

续表 7-6

项目	阳离子乳化沥青						阴离子乳化沥青							非离子乳化沥青	
							快凝型		中凝型			慢凝型		喷洒用	拌和用
	G-1	G-2	G-3	B-1	B-2	B-3	RS-1	RS-2	MS-1	MS-2	MS-3	SS-1	SS-2	PN2	BN1
蒸发残留物试验 针入度(25℃,100g,5s)(1/10mm)	80~200	80~300	40~160	40~200	40~300	40~200	50~200	50~200	50~200	50~200	40~90	50~200	40~90	50~300	60~300
蒸发残留物试验 延度(25℃)(cm) 不小于	40	40	40	40	40	40	—	—	—	—	—	—	—	—	—
蒸发残留物试验 溶解度(%) 干	98	98	98	97	97	97	—	—	97.5	97.5	97.5	—	—	97.5	—
蒸发残留物试验 延度(15℃)(5cm/min)(cm)	—	—	—	—	—	—	—	—	≥40	≥40	≥40	—	—	≥40	—
赛波特黏度(25℃)(s)	20~100	20~100	20~100	20~100	20~100	20~100	20~100	—	20~100	≥100	≥100	20~100	—	—	—
赛波特黏度(50℃)(s)	—	—	—	—	—	—	—	75~400	—	—	—	—	—	—	—
破乳能力(35mL,1.11g/L CaCl₂)(%)不小于	—	—	—	—	—	—	60	60	—	—	—	—	—	慢裂	—
裹覆能力 干集料上	—	—	—	—	—	—	—	—	好	好	好	—	—	—	—
裹覆能力 喷水后黏附程度	—	—	—	—	—	—	—	—	中	中	中	—	—	—	—
和抗水性 湿集料上	—	—	—	—	—	—	—	—	中	中	中	—	—	—	—
和抗水性 喷水后黏附程度	—	—	—	—	—	—	—	—	中	中	中	—	—	—	—

注:①阴离子乳化沥青溶解度的溶剂为三氯乙烯。

②阴离子乳化沥青应在交货后 14 天内进行试验,如果非因冷冻导致分离,充分混合后的阴离子乳化沥青应是均匀的。因受冷冻导致分离的阴离子乳化沥青不进行交货与试验。

③非离子乳化沥青指标为公路沥青路面施工技术规范中指标,并非产品标准。

④乳化沥青对集料的要求:阳离子乳化沥青可适用各种集料品种;阴离子乳化沥青适用于碱性石料。

3. 乳化沥青的储运要求

装不同离子型乳化沥青的容器不得混用。

乳化沥青应存放在立式罐中,并保持适当搅拌,储存期以不离析、不冻结、不破乳为度。

(四)专用石油沥青

以用途或功能命名的专用石油沥青有:路用阻燃改性沥青、阻燃道路沥青、橡胶沥青、废胎胶粉橡胶沥青、高黏高弹道路沥青、电缆沥青、管道防腐沥青、防水防潮沥青、油漆石油沥青等。

1. 专用石油沥青的主要特性和用途

(1)路用阻燃改性沥青:以 SBS 或 SBR 改性沥青为原料,通过添加阻燃剂而制得,具有阻燃特性;适用于公路隧道沥青路面。产品按改性剂的种类分为阻燃 SBS 改性沥青、阻燃 SBR 改性沥青;按阻燃等级又分为Ⅰ型和Ⅱ型。

(2)阻燃道路沥青:以道路石油沥青为原料,通过添加阻燃剂而制得,具有阻燃特性;适用于公路隧道沥青路面。产品按针入度分为 70 号和 90 号;按阻燃等级又分为Ⅰ型和Ⅱ型。

(3)橡胶沥青:由道路石油沥青或重交通道路石油沥青、废橡胶粉、添加剂等,在工厂内用湿法生产,充分搅拌混合,使橡胶颗粒在沥青中溶胀并破碎后对沥青改性制成。为满足应用性能,橡胶粉含量至少达到质量分数的 15%。橡胶沥青适用于道路路面工程。产品分为类型Ⅰ、类型Ⅱ和类型Ⅲ。

(4)废胎胶粉橡胶沥青:以道路石油沥青和占沥青质量 17.6%~30% 的废胎胶粉,一定比例软组材料经专用设备搅拌加工而制得。适用于各等级公路的结构层和路面功能层(包括防水黏结层、应力吸收层、黏层等)。城市道路和机场道面可参照使用。

(5)高黏高弹道路沥青:以重交通道路石油沥青或减压渣油为原料,经沥青改性工艺制成的黏度(60℃)大于 20 000 Pa·s,弹性恢复(25℃)大于 85% 的沥青。产品根据用途分为 AVE-Ⅰ型(用于排水性路面和桥面铺装)、AVE-2 型(用于应力吸收层)。

(6)电缆沥青:用作电缆外护层的防腐涂层。产品按冷弯温度分为 1 号和 2 号;1 号适用于南方电缆,2 号适用于北方电缆。

(7)防水防潮石油沥青:适用于作油毡的涂覆材料及建筑屋面和地下防水的黏结材料。其中,3 号感温性一般,质地较软,用于一般温度下的室内和地下结构;4 号感温性较小,用于一般地区可行走的缓坡屋顶防水;5 号感温性小,用于一般地区暴露屋顶或气温较高地区的屋顶;6 号感温性最小,质地较软,主要用于寒冷地区的屋顶及其他防水防潮工程。

(8)管道防腐沥青:适用于金属管道防腐。产品按输送介质温度分为 1 号和 2 号;1 号适用介质温度 ≤50℃,2 号适用介质温度为 51~80℃。

(9)油漆石油沥青:适用于制取各种沥青漆。1 号具有高软化点、高黑亮度,主要用作沥青烘干清漆;2 号适用于一般装饰和防腐的沥青清漆,3 号适于制作有防腐要求的沥青清漆。

2. 专用石油沥青技术要求

(1)路用阻燃改性沥青和阻燃道路沥青技术要求

表 7-7

| 项 目 | 路用阻燃改性沥青（NB/SH/T 0821—2010） | | | | 阻燃道路沥青（NB/SH/T 0820—2010） | | | | |
| | SBS 改性沥青类 | | SBR 改性沥青类 | | 70 号阻燃道路沥青 | | | 90 号阻燃道路沥青 | |
	I 型	II 型	I 型	II 型	I 型	II 型		I 型	II 型
氧指数（%）不小于	23	25	23	25	23	25		23	25
针入度（25℃，100g，5s）(1/10mm)	40~75		60~100		60~80			80~100	
延度（5℃，5cm/min）(cm)	-20		40				—		
延度（15℃，5cm/min）(cm)	60				80	60		80	60
软化点（℃）不小于	60		48				45		
溶解度（%）不小于	90						90		
闪点（开口杯法）（℃）	230						230		
弹性恢复（25℃）（%）不小于	75		—				—		
黏度（135℃）(Pa·s)不大于	3		3				—		
离析（软化点差值）（℃）不大于	2.5	3	2.5	3			2.5		
蜡含量（%）不大于	3		3				3.0		
密度（25℃）(g/cm³)							实测记录		
烘箱试验	旋转薄膜烘箱（RTFOT）试验后残留物				薄膜烘箱（TFOT）试验（163℃，5h）				
质量变化（%）不大于	1		1		0.8		1.0		
针入度比（%）不小于	60		55		55		50		
延度（5℃，5cm/min）(cm)不小于	15	10	15	10			—		
延度（15℃，5cm/min）(cm)不小于	—	10	—	10	15	10		15	10

注：路用阻燃改性沥青老化试验以 RTFOT 为准，允许以 TFOT 代替 RTFOT 为准，但必须在报告中注明，且不得作为仲裁试验。

（2）高黏高弹道路沥青的技术要求（GB/T 30516—2014）

表 7-8

项　目		单位	质量指标	
			AVE-1	AVE-2
针入度(25℃,5s,100g)		1/10mm	40～80	60～100
延度(5cm/min,5℃)	不小于	cm	20	30
延度(5cm/min,15℃)		cm	报告	报告
软化点(环球法)	不小于	℃	70	75
黏度(60℃)	不小于	mm²/s	20 000	20 000
黏度(135℃)		Pa·s	报告	报告
弹性恢复(25℃)	不小于	%	85	85
离析(软化点差)	不大于	℃	2.5	2.5
闪点(开口杯)	不小于	℃	230	230
黏韧性(25℃)		N·m	—	报告
韧性(25℃)		N·m	—	报告
薄膜烘箱试验(163℃,5h)	质量变化　　不大于	%	1.0	0.6
	针入度比　(25℃)　不小于	%	65	60
	延度　　　(5℃)　不小于	cm	15	20

注：①产品为现场制作和桶装时，离析可不做要求，也可以在满足运输施工要求的情况下，由供需双方商定。

②表中 AVE 为高黏高弹道路沥青英文单词首字母。

（3）橡胶沥青技术要求（NB/SH/T 0818—2010）

表 7-9

指标名称			类型Ⅰ	类型Ⅱ	类型Ⅲ
黏度(175℃)	(Pa·s)	不小于		1 500	
		不大于		5 000	
针入度(25℃,100g,5s)	(1/10mm)	不小于		25	50
		不大于		75	100
针入度(4℃,200g,60s)	(1/10mm)	不小于	10	15	25
软化点	(℃)		58	54	52
弹性恢复(25℃)	(%)		25	20	10
闪点	(℃)			230	
薄膜烘箱(TFOT)或旋转薄膜烘箱(RTFOT)试验后性质					
针入度(4℃)为原沥青的	(%)	不小于		75	

橡胶沥青废橡胶粉技术指标

表 7-10

检 测 项 目		检 测 单 位	含　　量
水的质量分数		%	0.75
灰分的质量分数		%	8
丙酮抽出物的质量分数		%	12
橡胶烃的质量分数	不大于	%	45
炭黑的质量分数		%	28
铁的质量分数		%	0.01
纤维的质量分数		%	0.5

(4)废胎胶粉橡胶沥青技术指标　(JT/T 798—2011)

表 7-11

气 候 分 区	寒　区	温　区	热　区
基质沥青	110 号、90 号、70 号	90 号、70 号	70 号、50 号
180℃旋转黏度(Pa·s)	1.5～3.5	2.0～4.0	2.0～5.0
25℃针入度(0.1mm,100g,5s)	60～100	40～80	30～70
软化点(℃)	>50	>58	>65
弹性恢复(25℃)(%)	>50	>55	>60
延度(5℃,1cm/min)(cm)	>10	>10	>5

注:气候分区见 JTG F40—2004 的附录 A。

废胎胶粉橡胶沥青的储运要求:

橡胶沥青应采用具有搅拌装置和保温装置的沥青罐进行运输和储存。沥青罐上应明确标明生产时间、出厂黏度等关键参数。

橡胶沥青原则上应在一天内使用完毕。当由于不可抗力,如需临时储存时,宜将橡胶沥青的温度降到 145～155℃,并缓慢搅拌,并应在三天内使用完毕,只允许有一次升温过程;使用前应检测橡胶沥青的指标是否满足技术要求,如果不满足要求,则应重新加工或掺加一定剂量(掺量一般小于 10%)的废胎胶粉重新预混、反应,直至满足技术要求。

(5)电缆沥青、防水防潮石油沥青、管道防腐沥青、油漆石油沥青技术要求

四、煤沥青

煤沥青系煤焦油经高温加工而成。煤沥青分低温煤沥青、中温煤沥青和高温煤沥青。

煤沥青的耐久性次于石油沥青,容易老化,韧性较差,对温度敏感性较大,冬季易脆硬,夏季易软化。

煤沥青由于含有蒽、酚等有毒物质,对人和生物有毒害,在装卸和使用中,应遵守安全操作规程,以防中毒。

表 7-12

名称	牌号	软化点(℃)	针入度 1/10mm (25℃,100g)	闪点(开口)(℃)	垂度 70℃ (mm)	黏附率 0℃(%)	冷弯 φ20mm 0℃	冷弯 φ20mm -10℃	热稳定性 200℃,24h 软化点升高(℃)	热稳定性 200℃,24h 针入度比(%)	脆点(℃)不高于	针入度指数不小于	蒸发损失(%)	溶解度(%)不小于	蒸发后针入度比(%)不小于	含蜡量(裂解法)(%)	延度 25℃(cm)	灰分(%)	油溶性(沥青:亚麻油)
电缆沥青 (SH/T 0001—90 2004年确认)	1 号	85~100	≥35	≥260	≤60	≥95	合格	—	≤15										完全
	2 号						—	合格		≥80									
防水防潮石油沥青 (SH/T 0002—90 1998年确认)	3 号	≥85	25~45	≥250					(300±5)℃,5h 加热前后试样脆点差值不大于5℃		−5	3		98					
	4 号	≥90	20~40								−10	4	≤1	98					
	5 号	≥100	20~40	≥270	≤8						−15	5		95					
	6 号	≥95	30~50		≤10						−20	6		92					
管道防腐沥青 (SH/T 0098—91 2005年确认)	1 号	95~110	≥15	≥230		实测					−3			99	60	—	≥2		
	2 号	125~140	≥5								0		≤1				≥1		
油漆石油沥青 (SH/T 0523—92 1998年确认)	1 号	140~165	≤6	≥260										99.5		≤5.5		≤0.3	1 : 0.5
	2 号	125~140	≤8																1 : 1
	3 号	105~125	≤10																1 : 1

注：①蒸发损失后样品的针入度与原针入度之比乘以100后所得的百分比称蒸发后针入度比。
②测定溶解度，普通石油沥青用三氯甲烷、四氯化碳或苯；管道防腐沥青用三氯乙烯。

1. 煤沥青技术要求(GB/T 2290—2012)

表 7-13

指标名称		低温沥青		中温沥青		高温沥青	
		1号	2号	1号	2号	1号	2号
软化点 (℃)		35～45	46～75	80～90	75～95	95～100	95～120
甲苯不溶物含量(%)				15～25	≤25	≥24	—
灰分	(%) 不大于	—	—	0.3	0.5	0.3	—
水分				5	5	4	5
喹啉不溶物				10	—	—	—
结焦值							

注:①水分只作为生产操作中的控制指标,不作为质量考核依据。

②喹啉不溶物含量每月至少测定一次。

2. 煤沥青的包装和储运

煤沥青需装入洁净的槽车、编织袋或其他包装中发给需方,槽车及包装上还应标明:产品名称、产品标准编号、商标、净重、供方名称和地址。

煤沥青需存放在室外或带有通风口的库房内,液态沥青及低温沥青需存放在储槽内。

每批出厂的产品都应附有质量证明书,证明书的内容包括:供方名称、产品名称、批号、毛重、净重、商标、发货日期和本标准规定的各项检验结果、质量等级、本标准编号等。

3. 煤沥青和石油沥青的鉴别

(1)煤沥青和石油沥青物理性质比较

表 7-14

项 目	石油沥青	煤沥青
比重	近于1.0	1.25～1.28
气味	加热后有松香味	加热后有臭味
毒性	无	有刺激性、有毒性
延性	较好	低温易脆
温度敏感性	较小	较大
大气稳定性	较高	较低
抗腐蚀性	差	强

(2)煤沥青和石油沥青的简易判别

①取样品一小块,溶于30倍重的苯内,完全溶化后,滴一滴于滤纸上,滤纸上斑痕完全化开,呈均匀的棕色的是石油沥青;滤纸上斑痕分内外两圈,内圈呈黑色,外圈呈棕色的是煤沥青。

②取沥青放白纸上,喷洒少许煤油,纸上油斑是褐色的为石油沥青,纸上油斑为绿黄色的是煤沥青。

地沥青和煤沥青由于大气稳定性、塑性(地沥青较好)不同,冷热胀缩性不同,所以不可混合使用,否则易发生沉淀变质现象。

五、沥青添加剂

(一)热拌用沥青再生剂(NB/SH/T 0819—2010)

热拌用沥青再生剂适用于老化或损坏的沥青混凝土中的沥青的重复利用,即在老化或损坏的沥青中加入再生剂使其恢复性能。沥青再生剂产品按 60℃ 运动黏度分为 6 类。

热拌用沥青再生剂技术要求   表 7-15

指 标 名 称		再 生 剂 类 别					
		RA1	RA5	RA25	RA75	RA250	RA500
60℃黏度　　　(mm²/s)		50～175	176～900	901～4 500	4 501～12 500	12 501～37 500	37 501～60 000
闪点(℃)　　不低于		220					
饱和分(%)　　不大于		30					
25℃密度(g/cm³)		报告					
外观		表观均匀、无分层现象					
薄膜烘箱(TFOT)或旋转薄膜烘箱(RTFOT)试验后性质							
黏度比	不大于	3					
质量变化(±)(%)		3	4	4	3	3	3

注:①60℃黏度按 SH/T 0654 标准规定的方法测试,但必须将测试温度调整为 60℃。
②黏度比为:薄膜烘箱试验后样品黏度/薄膜烘箱试验前样品黏度;仲裁时选用薄膜烘箱试验。
③闪点、饱和分含量指标为出厂检验项目;密度、烘箱试验指标为供需双方协商选用的检验项目。

(二)高黏度添加剂(GB/T 860.2—2013)

高黏度添加剂是以高分子聚合物为主要成分,经过一定工艺合成并制备成均匀粒子状的改性材料,以增强沥青绝对黏度、增强沥青与集料之间的黏结性能。可在沥青混合料拌和过程中快速、均匀熔融分散,显著提高沥青混合料强度、水稳性、高低温和抗飞散、耐疲劳等多种性能,适用于各种热拌沥青混合料。

1.高黏度添加剂和高黏度添加剂改性沥青技术要求

表 7-16

	指　　标	单　　位	技 术 要 求
高黏度添加剂	外观	—	颗粒状,均匀、饱满
	单粒颗粒质量	g	≤0.03
	密度	g/cm³	≤1.0
	熔融指数	g/10min	≥2.0
	灰分含量	%	≤1.0
高黏度添加剂改性沥青	针入度(25℃,100g,5s)	1/10mm	≥40
	软化点	℃	≥80
	延度(5℃)	cm	≥30
	溶解度	%	≥99
	弹性恢复(25℃)	%	≥95
	黏韧性(25℃)	N·m	≥25
	韧性(25℃)	N·m	≥20

续表 7-16

指　标		单　位	技 术 要 求
高黏度添加剂改性沥青	RTFOT 薄膜加热试验残留物　质量变化率	%	≤0.2
	针入度残留率	%	≥80
	延度(5℃)	cm	≥20
	60℃动力黏度	Pa·s	≥50 000
	闪点	℃	≥230
	运动黏度(170℃)	Pa·s	≤3.0

注:高黏度添加剂改性沥青以 70 号沥青为基质沥青。

2.高黏度添加剂改性沥青混合料技术要求

表 7-17

指　标	单　位	不同结构类型沥青路面	
		排水沥青混合料	密级配沥青混合料
马歇尔试件击实次数	次	双面 50	双面 75
空隙率	%	16~24	3~6
马歇尔稳定度	kN	≥5.0	≥8.0
析漏损失(185℃)	%	≤0.6	—
飞散损失	%	≤10	—
浸水飞散损失	%	≤15	—
浸水残留稳定度	%	≥85	≥85
冻融劈裂抗拉强度比	%	≥80	≥80
低温弯曲破坏应变	με	≥2 800	≥3 000
车辙试验动稳定度	次/mm	≥5 000	≥5 000
浸水车辙试验动稳定度	次/mm	≥3 000	≥3 000
四点弯曲疲劳寿命(200με,15℃,20Hz)	次	200 000	300 000

注:四点弯曲疲劳寿命为选做项目。

3.高黏度添加剂的标志、包装和储运要求

(1)高黏度添加剂宜采用防潮、耐磨、不易破损的附有内膜的袋状包装。包装上应包括下列内容:产品名称和型号、净质量、生产单位名称与地址。

(2)产品在运输时应避免日晒、玷污和划伤,保持外包装完好无损;产品应存放于干燥的库房里,温度不超过 40℃,储存期不宜超过 24 个月。

(三)抗车辙剂(JT/T 860.1—2013)

抗车辙剂是以高分子聚合物为主要成分,经过一定工艺制成的均匀粒子状改性材料,可在沥青混合料拌和过程中快速、均匀熔融分散,显著提高沥青混合料抗车辙性能,同时满足沥青混合料其他性能要求。

1.抗车辙剂技术要求

表 7-18

抗车辙剂技术要求			抗车辙剂改性沥青
名　称	单　位	技 术 指 标	
外观	—	颗粒状、均匀、饱满、无结块	将 7%用量(抗车辙剂与沥青质量比)抗车辙剂加入到道路石油沥青中制备成改性沥青,其软化点应比原样沥青软化点提高 25℃以上
单个颗粒质量	g	≤0.03	
熔融指数	g/10min	≥1.0	
密度	g/cm³	≤1.0	
灰分含量	%	≤5	

2.抗车辙剂改性沥青混合料技术要求

表7-19

指标名称			单位	技术要求
马歇尔试验稳定度			kN	≥10
流值			mm	1.5～4.0
残留稳定度	半干区、干旱区		%	≥80
	潮湿区、湿润区			≥85
冻融劈裂强度比	半干区、干旱区		%	≥75
	潮湿区、湿润区			≥80
低温弯曲破坏应变	冬冷区、冬温区		με	≥2 500
	冬严寒区、冬寒区			≥2 800
车辙试验动稳定度	标准试验条件(60℃,0.7MPa)	0.15%掺量	次/mm	≥3 000
		0.3%掺量		≥6 000
	模拟高温重载条件(70℃,0.9MPa)			≥4 500
	浸水车辙(60℃,0.7MPa)			≥6 000
动态模量	45℃,10Hz		MPa	≥2 000
	45℃,0.1Hz			≥500

注:①表中参数适用于各种密级配沥青混合料。
　　②试验采用 A 级 70 号或 90 号沥青。
　　③模拟高温重载条件车辙试验、动态模量试验作为重交通道路选做指标。
　　④浸水车辙试验为南方多雨地区选做指标。

3.抗车辙剂的包装、标志和储运要求

同高黏度添加剂。

(四)沥青混合料改性添加剂——天然沥青(JT/T 860.5—2014)

天然沥青是自然综合作用下生成的固态沥青,其中,常混有一定的矿物质。天然沥青按形成的环境可分为岩沥青、湖沥青、海底沥青等。目前常用的作为改性剂的天然沥青主要为岩沥青和湖沥青。

天然沥青作为改性剂使用时分为"干法"工艺和"湿法"工艺。干法工艺——天然沥青不经过与基质沥青混溶环节、直接投入拌和沥青混合料。湿法工艺——将天然沥青与基质沥青均匀混溶制成天然改性沥青后,用于生产沥青混合料。

天然沥青改性剂的掺量以占改性后沥青总质量(含天然沥青)的百分率计。

1.天然岩沥青的技术要求

(1)天然岩沥青的相关技术要求

表7-20

类别	指标		单位	技术要求				
				新疆岩沥青	青川岩沥青	印尼布敦岩沥青(BRA)	伊朗岩沥青	北美岩沥青(Gilsonite)
岩沥青	颜色		—	黑色粉末	黑色粉末	黑色、褐色粉末	黑色粉末	黑色粉末
	灰分		%	≤5	≤15	≤80	≤30	≤2
	含水率		%	≤2				
	粒度范围	4.75mm	%	100				
		2.36mm		95～100				
		1.18mm		＞80				

续表 7-20

类别	指 标		单位	技 术 要 求				
				新疆岩沥青	青川岩沥青	印尼布敦岩沥青（BRA）	伊朗岩沥青	北美岩沥青（Gilsonite）
添加岩沥青后改性沥青	软化点（比原沥青提高值）不小于		℃	5				
	运动黏度（135℃）		Pa·s	不大于原基质沥青				
	TFOT（或 RTFOT）后残留物	质量变化	%	不大于原基质沥青				
		针入度比（25℃）	%	不小于原基质沥青				
添加岩沥青后改性沥青混合料	马歇尔试验稳定度		kN	≥8				
	流值		mm	1.5～4.0				
	残留稳定度		%	≥85				
	冻融劈裂强度比		%	≥80				
	动稳定度		次/mm	≥3 000				

注：①本表仅列出了我国道路工程上常用的几种岩沥青,如有其他种类,可参照本表技术体系进行要求。

②本表参数适用于各种密级配沥青混合料,本表外其他指标可参照相关规范或设计文件执行。

③试验根据项目情况采用 A 级 70 号或 90 号沥青为基质沥青。

（2）天然湖沥青的相关技术要求

表 7-21

类 别	指 标		单位	技 术 要 求
湖沥青	灰分		%	≤38
	含水率		%	≤2
	软化点 $T_{R\&B}$		℃	≥90
添加湖沥青后改性沥青	运动黏度（135℃）		Pa·s	不大于原基质沥青
	TFOT（或 RTFOT）后残留物	质量变化	%	不大于原基质沥青
		针入度比（25℃）	%	不小于原基质沥青
添加湖沥青后改性沥青混合料	马歇尔试验稳定度		kN	≥8
	流值		mm	1.5～4.0
	残留稳定度		%	≥85
	冻融劈裂强度比		%	≥80
	动稳定度		次/mm	≥2 000
	低温弯曲破坏应变		με	≥2 800

注：①本表参数适用于各种 AC、SMA、SUPPAVE 等密级配沥青混合料。

②试验根据项目情况采用 A 级 70 号或 90 号沥青为基质沥青。

③湖沥青动稳定度在达不到设计或规范要求时,可采取复合改性技术措施。

2. 天然沥青的储运要求

沥青在运输时应避免日晒,玷污和划伤。产品应存放于≤40℃干燥的库房内;储存期不宜超过 24 个月。

（五）沥青混合料改性添加剂——阻燃剂（JT/T 860.3—2014）

阻燃剂是由一种或多种阻燃材料经过一定工艺生产的,能对沥青及混合料有阻燃作用。

阻燃剂、加入阻燃剂的沥青及沥青混合料的技术要求　　　　　　表 7-22

类别	指　标	单位	技 术 要 求
阻燃料	外观	—	均匀且无结块
加入阻燃剂的沥青	氧指数	%	≥25
	烟密度	%	≤75
	针入度(25℃,100g,5s)(比原沥青减小值)	1/10mm	≤15
	软化点	℃	不小于原沥青
	闪点(比原沥青增加值)	℃	≥15
加入阻燃剂的沥青混合料	浸水残留稳定度	%	不小于原沥青混合料
	冻融劈裂抗拉强度比	%	
	动稳定度	次/mm	

注:添加阻燃剂的沥青及沥青混合料的其他指标应符合 JTG F40 中相关要求。

阻燃剂的储运要求和储存期同天然沥青。

(六)沥青混合料改性添加剂——抗剥落剂(JT/T 860.4—2014)

抗剥落剂能与集料表面形成物理作用或与集料表面形成化合键结合,以增强沥青与集料的黏附性能,通常用以提高沥青混合料的水稳定性。抗剥落剂的添加量以占改性后沥青总质量(含抗剥落剂)的百分率,以百分比(%)计。

抗剥落剂的相关技术要求　　　　　　表 7-23

类别	指　标		单位	技 术 要 求
抗剥落剂	水分及挥发性物质含量,不大于		%	10
	气味		—	使用中无明显外散刺激性气味
	外观		—	色泽均匀、液态抗剥落剂无分层、斑点等异常情况
添加抗剥落剂后改性沥青	黏附性	老化前,不小于	级	4
		老化后,不小于	级	3
		老化前后比较,不大于	级	1
		添加抗剥落剂前后,不小于	级	1
添加抗剥落剂后改性沥青混合料	残留稳定度,不小于	普通沥青	%	80
		改性沥青	%	85
	冻融劈裂强度比,不小于	普通沥青	%	80
		改性沥青	%	85

注:添加抗剥落剂后沥青和沥青混合料其他指标可参照 JTG D50 中相应的技术要求。

抗剥落剂的储运要求同天然沥青,有效储存期为 12 个月。

六、沥青制品

建筑防水沥青嵌缝油膏(JC/T 207—2011)

建筑防水沥青嵌缝油膏适用于冷施工型工程,简称油膏。油膏按耐热性和低温柔性分为 702 和 801 两个型号。油膏应为黑色均匀膏状,无结块或未浸透的填料。

油膏按产品名称、型号、标准编号的顺序标记。如:建筑防水沥青嵌缝油膏 801 JC/T 207—2011。

油膏的物理力学性能　　　　　　　　　表 7-24

项　　目			技 术 指 标	
			702	801
密度(g/cm³)		≥	规定值±0.1	
施工度(mm)		≥	22.0	20.0
耐热性	温度(℃)		70	80
	下垂值(mm)	≤	4.0	
低温柔性	温度(℃)		−20	−10
	黏结状况		无裂纹、无剥离	
拉伸黏结性(%)		≥	125	
浸水后拉伸黏结性(%)		≥	125	
渗出性	渗出幅度(mm)	≤	5	
	渗出张数(张)	≤	4	
挥发性(%)			2.8	

注:规定值由生产商提供或供需双方商定。

油膏的储运要求:

油膏应用密闭的铁桶或内置塑料袋的纸箱等包装,每件 25kg;或按供需双方商定的规格包装;

运输与储存时,应不得碰撞、挤压,远离火源、热源。在正常的运输和储存情况下,自生产之日起产品储存期不小于一年。

第八章 木材和竹材

第一节 木 材

木材是工程施工中不可缺少的材料之一,主要用作工程构造物的模型板、支撑脚手板、脚手杆、垫木和各种房架及门窗构件等。

一、木材的分类

1. 按树种分类

一般分为针叶树和阔叶树两大类。

2. 按质量等级分类

特级原木只规定缺陷允许限度,不分等级;针叶树加工用原木和阔叶树加工原木按缺陷允许程序分为一、二、三等三个等级。

直接用原木,包括坑木、檩条、小径原木和电杆、椽材,有具体质量要求,不分等级。

杉原条分一、二两个等级。

锯材,包括针叶树锯材和阔叶树,锯材分特等和一、二、三等四个等级。

枕木分一、二两个等级。

3. 木材按材种分类

表 8-1

名称	定　义	品　　种
原条	系只经过修枝、去皮,而未按一定规格进行加工造材的伐倒木	1. 杉原条 2. 水杉原条 3. 柳杉原条
原木	系树木伐倒后,经过修枝,并按规定截成一定长度的木材	1. 直接用原木,包括坑木、房建檩条、电杆、椽材 2. 锯切用原木,包括针叶树锯切用原木、阔叶树锯切用原木 3. 特级原木 4. 小径原木 5. 小原条 6. 脚手杆
成材	指按照一定尺寸加工成型的锯材和人造板	1. 锯材:包括针叶树锯材、阔叶树锯材、毛边锯材 2. 枕木 3. 罐道木 4. 人造板材,包括胶合板、纤维板、刨花板

二、常用木材的构造、性质和用途

表 8-2

序号	树种	主要产地	主要识别特征	一般性质	主要用途
1	红松（果松、海松、朝鲜松、红果松）	东北长白山、小兴安岭	树皮灰红褐色,皮沟不深,鳞状开裂;内皮浅驼色,裂缝呈红褐色。边材浅黄褐色,在原木断面有明显的油脂圈;心材黄褐微带肉红。年轮窄而均匀,纹理较直,树脂道粗多。属软松类。有松脂气味	材质轻软,纹理直,结构中等。干燥性能良好,干缩率小,易加工,切削面光滑,油漆和胶接均甚易。耐久性比马尾松强	建筑、车辆、船舶、桥梁、乐器、雕刻、家具、木模、造纸和枕木(罐道木)等
2	樟子松（蒙古赤松、海拉尔松）	东北大兴安岭	树干基部外皮灰褐色,块状开裂,裂片内层红棕色;上部呈薄片状剥落,裂片淡黄褐色。边材黄白色;心材浅黄褐色。早晚材急变,年轮明显。树脂道在夏材呈白色小点。属硬松类	较红松略硬,纹理匀直,结构中等,易加工,刨旋都不起毛。耐久性强,干缩率小,强度中弱	建筑、枕木、车辆、船舶、桥梁、桩木、桅杆、胶合板、包装箱
3	马尾松（木松、松树、松材、青松、纵杨）	长江流域以南,珠江流域及台湾	外皮深红褐色微灰,纵裂,长方形剥落;内皮枣红色微黄。边材浅黄褐色,甚宽,常有青变;心材深黄褐色微红。树脂道大而多,呈针孔状。轮生节明显。属硬松类	材质硬度中,纹理直或斜不匀,结构中至粗。不耐腐,松脂气味显著,针着力强,干缩率中或小,易受白蚁侵蚀	枕木、坑木、胶合板、火柴、包装箱、造纸、薪柴、培养药用茯苓
4	落叶松（黄花松,东北产）（红杉,西北,西南产）	东北大、小兴安岭及长白山,西北、西南及华南	树皮暗灰色,皮沟深,裂片内鲜紫红色或红褐色,折断后断面深褐色;肉皮淡肉红色。边材黄白色微带褐色;心材黄褐至棕褐色。区别明显。手摸感到起突不平,纹理直而不匀。树脂道小而少。长白落叶松裂片内颜色较暗,不及兴安落叶松鲜艳	树质坚硬,结构较粗,不易于干燥和防腐处理,干燥收缩大,易开裂,不易加工,耐磨损,磨损后材面凹凸不平	桥梁、枕木、桩木、车辆、船舶、跳板、消防云梯
5	鱼鳞云杉（鱼鳞松、白松、沙松、红皮云杉、罗汉松）	东北、天山	树皮灰褐色至暗棕色,表层常呈灰白色,鳞片状剥落,剥落后留下近似圆形的凹痕。木材浅驼色,略带黄白。树脂道小而少,肉眼不明显,略有松脂气味,年轮明显	材质轻,纹理直,结构细而匀,富有弹性,共振性良好。易干燥、胶结、油漆、着色等较易,干缩率大。结构强度和耐腐性中等,干燥后不易变形	航空、乐器、建筑、造纸或化学纤维原料,车辆修造、枕木、桩木、电柱等
6	臭冷杉（臭松、白松、白果松）	东北、河北、山西、西南、内蒙古、台湾	树皮暗灰色,平滑不开裂,有瘤状突起,老龄时呈不规则开裂。材色淡黄白色略带绿色。本种与沙松近似,但板面不易刨光。无树脂道,无松脂气味。木纹匀直,年轮明晰,强度中	材质轻软,纹理直,结构略粗。易加工,易干燥,油漆和胶接均较易,干缩率中小	造纸或化学纤维原料、建筑、火柴、牙签、包装箱、枕木、桩木、电柱和车辆材
7	杉木（建杉、广杉、西杉、杭杉、徽杉、东湖木、西湖木）	长江流域及其以南	树皮灰褐色,纵向浅裂,易剥成长条状,内皮红褐色。边材浅黄褐色;心材浅红褐色至暗红褐色,髓斑显著。有杉木气味,年轮明显	纹理直而匀,结构中等或粗。易干燥、不翘裂,易加工,切削面易起毛,耐久性强,干缩率小,油饰性差	门窗、屋架、地板、船舶、桥梁、电杆、枕木、家具、农具、盆、桶、包装箱。树皮在林区代瓦用。小径的可做脚手杆
8	柏木（柏树、垂丝柏、璎珞柏）	中南、西南、江西、安徽、浙江	树皮暗红褐色,平滑。边材黄褐色;心材淡橘黄色。年轮明显。木材有光泽,摸到有油腻感。有柏木香气;大头小尾(树干)	材质致密,纹理直或斜,结构细。易加工,切削面光滑,干燥易开裂,耐久,干缩率小,耐腐蚀性强,握钉力强	船舶、家具、车辆、木模、文具、细木工用材,也作枕木、电柱、桩木等

序号	树种	主要产地	主要识别特征	一般性质	主要用途
9	毛白杨（大叶杨、白杨、响杨）	华北、西北、华东	树皮暗青灰色，平滑，有棱形凹痕或裂沟。木材浅黄白色，髓心周围因腐朽常呈红褐色。散孔材。无特殊气味	材质轻柔，纹理直，结构细，正常木干燥易，但生长不正常的(有偏宽年轮)不易加工，含胶质木纤维，常有夹锯现象，不易刨光	火柴、舌板、食品包装箱、造纸或化学纤维原料。房屋建筑和作胶合板等
10	色木（槭树）	东北、华北、安徽	树皮灰褐色，浅纵裂，裂沟近于平行或交叉状；内皮淡橙黄色，质脆弱易折断。木材淡红褐色，有光泽。由于初期腐朽，常呈现灰褐色斑点或条纹。散孔材，年轮狭而匀，间以深色细线，略明显。与本种近似的有白牛子，内皮剥落后可见许多刺状突起；柠筋子与色木近似，唯材质更为硬重	材质略轻软，纹理直，结构细，手摸光滑，耐磨损，弹性大，强度中，木质软致略重，干缩率中，耐腐蚀性差，握钉力强	家具、地板、纱管、木梭、乐器(小提琴背、边板、钢琴)、把柄、槌头、胶合板、玩具、伞柄、车船装饰
11	紫椴（椴木、籽椴）	东北、山东、山西、河北	树皮土黄色，一般平滑，纵裂，裂沟浅，表面单层翘离；内皮粉黄色较厚，木材黄白色略带褐，有腻子气味，与杨树区别，表面不规则，弦面波痕略明显。与本种近似的有糠椴，但较松软，旋切易起毛，质稍差。散孔材。年轮明晰，宽而匀，形成浅色界限	材质略轻软，纹理直，结构细，手摸光滑。易加工，易雕刻，不耐磨。干缩率中，不易开裂，强度中弱	胶合板、铅笔、火柴、乐器、茶叶箱、蜂房、雕刻，绘图板、牙签、纱管、食品包装箱。树皮用制绳索。不宜割制普通锯材
12	荷木（木禾、柯木、荷树、拐柴）	福建、浙江、江西、湖南、安徽、广东、广西	外皮灰褐色至黑褐色，不规则剥落；内皮棕红色，含有草酸盐针状结晶，毛刺状，碰到皮肤发痒。木材浅黄褐色至浅红褐色。散孔材。与本种近似的、不易区别的，有枫香。在原木或带树皮时易区别，木荷材质较硬重，多单管孔。枫香材色带灰	纹理直或斜，结构细。干燥易翘裂，切削面光滑，油漆和胶结性能良好	纱管、走梭板、文具、手榴弹柄、农具、家具、玩具。树皮捻碎后，撒于瓜果上防虫害
13	拟赤杨（赤杨叶、罗卜树）	黄河流域以南	树皮灰白色，平滑。木材浅红褐色。辐射孔材。木射线异形，在放大镜下可见直立细胞	材质轻软，纹理直，结构中。易切削，但不够光滑，易干燥，不耐腐	家具、火柴、茶叶箱、造纸、木屐、日用品、种子可榨油点灯
14	水曲柳	东北、内蒙古、华北	树皮灰白色微黄、皮沟纺锤形；内皮淡黄色，味苦，干后浅驼色，浸入水中半小时，溶液绿蓝色。边材窄、黄白色；心材褐色略黄。环孔材。与水曲柳近似的，还有花曲柳，但心、边材区别不明显，材色较浅，黄白色。加工后易与榆木混淆，年轮明显，髓线细少	材质光滑，纹理直，结构中等。易加工，不易干燥，耐久，油漆和胶结均易。耐磨，强度较高，富有弹性和韧性，握钉力强	飞机螺旋桨、胶合板、家具、把柄、车船内部装饰、运动器材、嵌木地板、枪托
15	麻栎（橡树、橡碗树、青冈、柞树、栎材、杏冈、大叶栎）	北起辽宁，南至广东	树皮暗灰色，皮厚而粗糙，坚硬；内皮米黄色，多石细胞。边材暗褐色；心材红褐色至暗红褐色。髓线有宽、狭两种。环孔材。与本种近似的有栓皮栎。木质有光泽，无特殊气味，年轮明显	材质坚硬，纹理直或斜，结构粗。耐磨损、强度高、干燥困难，干缩率很大，耐腐蚀性强	地板、农具、把柄、枕木、纺织器材、运动器材、船舶维修。木材可培养香菇和银耳
16	柞木（蒙古栎、橡木、柞栎）	东北、内蒙古、华北	外皮厚，黑褐色，龟裂；内皮淡褐色。边材淡黄白色带褐；心材暗褐色微色。环孔材。原木断面有较明显的木射线。有光泽，无特殊气味，年轮宽而明晰，材质重	材质坚韧，纹理直或斜，结构较麻栎致密，手摸至光滑。耐磨损，不易锯解，切面光滑。耐蚀性强，握钉力强	运动器材、船舶、地板、胶合板、车辆、电杆横担木、把柄、纺织器材、军工用材

序号	树种	主要产地	主要识别特征	一般性质	主要用途
17	青冈栎（铁槠、青栲、椆树）	长江流域以南	外皮深灰色，薄而光滑，无皮沟；内皮似菊花状。木材灰褐至红褐红，边材色较浅。辐射孔材	材质坚硬，富有弹性，纹理直，结构中。不易加工，切削面光滑。耐腐性强，油漆或胶结性能良好	同柞木
18	黄檀（不知春、檀树、檀木）	山东、河南、长江流域以南	树皮薄灰黄褐色，外皮翘离常成不规则薄片剥落；内皮淡黄色，原木断面不规则。树皮剥落后，材面出现布格纹。髓心常因腐朽变黑色。色泽淡黄褐色，常有黑斑。与本种树皮近似的，有叫"白檀"。其实木材构造差异很大。所谓"白檀"是山矾科，灰木属	材质硬，坚韧，富有弹性。纹理斜，结构中，切面光滑，耐腐，但易虫蛀	把柄、车轴、滑轮、木梭、手榴弹柄、纱管、运动器材、木榔头、耐磨用材、算盘珠、打梭棒、旋车零件、军工用材
19	黄菠萝（黄蘖、黄柏、黄柏栗）	东北	老龄木树皮暗褐色，木栓层发达，灰黄色；内皮鲜黄色，味苦。边材淡黄色；心材灰褐色微红。环孔材，心材管孔含有褐色树胶；肉眼下呈小红点。年轮明显、色深且狭窄	纹理直，结构中等。易加工，干燥后不易翘曲，耐腐性强。强度中等，收缩率小，握钉力中等	枪托、家具、胶合板、车辆、船舶、航空。木栓可代软木用，内皮药用，根亦药用
20	核桃楸（楸木、胡桃楸、山核桃）	东北、华北	树皮暗灰褐色，平滑，交叉纵裂，裂沟梭形。边材较狭，灰白色带褐；心材淡灰褐色稍带紫。半散孔材。髓心呈隔膜状。原木端面不正圆。材面呈大波浪形。年轮宽而明显，无特殊气味	木材富韧性，易加工，切削面光滑，干燥不易翘曲。强度中等，富有韧性，干缩率小，易于打磨，握钉力强	枪托、飞机螺旋桨、胶合板、家具、细木工、乐器、雕刻、车辆装修、木工用材
21	桦木（白桦、粉桦、兴安白桦）	东北	表面平滑，粉白色并带有白粉，老龄时灰白色，成片状剥落，表皮有横生纺锤形或线形皮孔；内皮肉红色。材黄白色略带褐，与本种同属的有枫桦，但它材质黄褐色，光而细腻，坚硬而重，断面有干心子，加工后易与色木混淆。散孔材，年轮和心材不明显	纹理直，结构细，易干燥，不翘裂，旋切后，切削面光滑。不耐腐，常有假心材，强度中等，干缩率大，握钉力强，易劈裂	胶合板、航空、木材层积塑料、纱管、造纸或化学纤维
22	刺槐（洋槐）	全国各地	树皮暗褐色，有深裂，内皮纤维质。边材狭，浅黄色；心材暗黄褐色带绿。环孔材，心材管孔含有丰富的侵填体	纹理直，结构略粗。切削困难，但切面光滑，易翘曲、开裂，耐久性强，但边材易遭虫蛀，油漆和胶结性能良好	农具、把柄、扁担、车辆、坑木、枕木、电杆的横担木、运动器材、薪材
23	白皮榆（春榆、山榆、东北榆）	东北、河北、山东、江苏、浙江	树皮淡灰褐色，老龄木灰白色，带状开裂，裂沟浅；内皮柔韧，肉红色或粉黄色。树皮浸水后有黏液。边材狭，暗黄色；心材暗紫灰褐色。环孔材。与本种近似的，在东北还有大叶榆（树皮裂片短，常翘起）、黄榆（材色带黄，重硬）。原木端头灰白色。黄心子	纹理直，结构粗。干燥易开裂。有特殊臭味，湿材更浓，材质硬重，强度和耐久性中等	家具、车辆、农具、枕木、包装箱。树皮可制线香
24	樟木（香樟、小叶樟、乌樟）	长江流域以南	树皮黄褐色略带暗灰，柔软，边材宽，黄褐至灰褐色；心材红褐色。散孔材。木材有显著樟脑气味。年轮明显，宽窄不匀，髓线细少，木材有光泽	纹理交错，结构细。易加工，切削后光滑，干燥后不易变形，耐久性、耐腐蚀性强，能抗虫蛀，干缩率小	家具、衣箱、船舶、木模。木材可蒸制樟脑、樟油
25	桉树	华南、西南、台湾	树皮粗糙呈暗褐色，内皮为淡红色，木质有光泽，边材深红褐色常灰色，心材红色，年轮宽而不匀，不明显，木射线细少，色浅	纹理交错，结构细，木质重，强度中等，干燥较难，易开裂、翘曲，能耐腐，不易加工，切削面光滑，握钉力强，易劈裂	建筑、枕木、电柱、桩木，造纸，胶合板

三、木材的缺陷

木材的缺陷是确定木材质量好坏的标准,也是评定木材等级的依据。

木 材 缺 陷 分 类　　　　　　　　　　　　　表 8-3

原 木 缺 陷 (GB/T 155—2006)

大　类	分　类	种　类	细　类
节子	表面节	健全节、腐朽节	
	隐生节		
	活节		
	死节		
	漏节		
裂纹	端裂	径裂、环裂	单径裂、复径裂(星裂)
	纵裂	冻裂和震击裂、干裂、浅裂、深裂、贯通裂、炸裂	
干形缺陷	弯曲	单向弯曲、多向弯曲	
	树包		
	根部肥大	大兜、凹兜	
	椭圆体		
	尖削		
结构缺陷	扭转纹		
	应力木	应压木、应拉木	
	双心或多心木		
	偏心材		
	偏枯		
	夹皮	内夹皮、外夹皮	
	树瘤		
	伪心材(阔叶)		
	内含边材		
由真菌造成的缺陷	心材变色及条斑		
	边材变色	青变、边材色斑	
	窒息木(只限阔叶)		
	腐朽	边材腐朽、心材腐朽	
	空洞		
伤害	昆虫伤害(虫眼)	表层虫眼、浅层虫眼	
		深层虫眼	小虫眼、大虫眼
	寄生植物伤害		
	鸟眼		
	夹杂异物		
	烧伤		
	机械损伤	树皮剥伤、树号、刀伤、锯伤、撕裂、剪断、抽心、锯口偏斜、风折木	

锯 材 缺 陷 (GB/T 4823—2013)

大　类	分　类	种　类	细　类
生长缺陷	节子	按连生程度分	活节、死节
		按节子材质分	健全节、腐朽节、漏节
		按断面形状分	圆形节(含椭圆形节)、条状节、掌状节
		按分布密度分	散生节、簇生节
		按位置分	材面节、端面节、材棱节
	生长裂纹	轮裂	环裂、弧裂
		径裂	单径裂、星裂
	构造缺陷	斜纹	
		乱纹	
		涡纹	
		应力木	应压木、应拉木
		伪心材	
		树脂囊	
		髓心	髓心材
		内含边材	
	损伤	机械损伤	
		夹皮	单面夹皮、贯通夹皮
		树脂瘤	
		髓斑	
生物危害	变色	化学变色	
		真菌变色	雾菌变色、变色菌变色、腐朽菌变色
	腐朽	按颜色与环境分	白腐、褐腐、软腐
		按腐朽位置分	材面腐朽、材端腐朽
	蛀孔	虫眼	表面虫眼和虫沟、针孔虫眼、小虫眼、大虫眼
		蜂窝状孔洞	
加工缺陷	锯割缺陷	缺棱	钝棱、锐棱
		锯口缺陷	瓦楞状锯痕、波纹状锯痕、毛刺糙面、锯口偏斜
干燥缺陷	变形	翘曲	横弯、顺弯、翘弯
		扭曲	
		棱形变形	
	干裂	端裂	
		表裂	
		内裂	
		贯通裂纹	

四、木材尺寸检量

材长以米为单位，量至厘米，不足 1cm 的舍去；直径以厘米为单位，量至毫米，不足 1mm 的舍去 ≤14cm的，四舍五入至厘米。宽度和厚度以毫米为单位，不足 1mm 的不计；材积以立方米为单位。

(一)杉原条的尺寸检量

1. 长度检量

从大头斧口(锯口)量至梢端短径足 6cm 处止,以 1m 进位,不足 1m 的,由梢端舍去,经舍去后的长度为检尺长。大头或小头打有水眼的,应除去水眼检量长度。

2. 直径检量

离大头斧口(或锯口或水眼)2.5m 处检量,以 2cm 进位,不足 2cm 时,凡足 1cm 进位,不足 1cm 的舍去,经进舍后的直径为检尺径。如用卡尺检量,以长短径的平均数经进舍后为检尺径。

3. 遇有缺陷时的尺寸检量

(1)检量直径遇有节子、树瘤等不正常现象时,应向梢端方向移至正常部位检量,如直径检量部位遇有夹皮、偏枯、外伤和节子脱落而形成的凹陷部位,应恢复其原形检量。

(2)大头劈裂,已脱落,其中所余断面厚度(进位尺寸)相当于检尺径的不计;小于检尺径的,应扣除到相当于检尺径的长度,重新确定检尺长,但原检尺长不变。大头劈裂未脱落的,其中最大一块端头断面厚度(指进舍后尺寸),相当于检尺径的不计;小于检尺径的,材长应扣除劈裂全长的 1/2 后量起,重新确定检尺长,原检尺径不变。劈裂长度自 2.5m 以上的,其检尺径仍在离大头 2.5m 处检量,已脱落的,以其长短径的平均数,经进舍后为检尺径,原检尺长不变,未脱落的,仍以原直径(扣除裂隙后的直径)经进舍后为检尺径,检尺长度按上述规定扣除。

(3)尾梢劈裂,不论是否脱落,其材长均量至所余最大一块厚度(实足尺寸)不小于 6cm 处为止。

(二)原木的尺寸检量

1. 长度检量

如量得的实际长度小于原木标准规定的检尺长(简称长级),但不超过负偏差,仍按标准规定的检尺长计算;如超过负偏差,则按下一级检尺长计算。

(1)锯口偏时,应取大小头两端断面之间相距最短处取直检量(图 8-1)。

(2)伐木下楂断面,如该断面的短径,经进舍后不小于检尺径的,材长自大头端部量起;小于检尺径的,应让去小于检尺径的长度(图 8-2)。

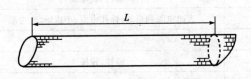

图 8-1 原木锯口偏斜检量示意图

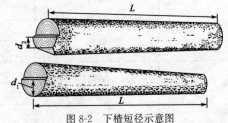

图 8-2 下楂短径示意图

L-材长;d_1-下楂面短径,$d_1 \geqslant$ 检尺径;d_2-下楂面短径;$d_2 <$ 检尺径

2. 直径的检量

通过小头断面中心先量短径,再通过短径的中心垂直量取长径(原木直径、短径、长径的检量一律扣除树皮和根部肥大部分),其长短径之差不小于 2cm 的,以其长短径平均数,经进舍后为检尺径(简称径级);长短径之差小于 2cm 的,以短径经进舍后为检尺径。

检尺径大于 14cm 的,以 2cm 为一个进级单位,实际尺寸不足 2cm 时,足 1cm 的进级,不足 1cm 的舍去;检尺径不大于 14cm 的,以 1cm 为一个进级单位,实际尺寸不足 1cm 时,足 0.5cm 的进级,不足 0.5cm 的舍去。

(1)原木小头下锯偏斜量取检尺径时,应将尺杆保持与材长成垂直方向检量(图 8-3)。

(2)原木的实际长度超过检尺长,其检尺径仍在小头端面量取。

(3)小头断面有偏枯、外夹皮的,检量检尺径须通过偏枯、夹皮处时,可用钢板尺杆横贴原木表面检量(图 8-4)。

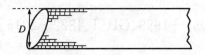

图8-3 原木检尺径偏斜时检量示意图

小头断面节子脱落的,量取直径时,应恢复原形检量。

(4)双心材、三心材以及中间细两头膨大的原木,其检尺径均在树干正常部位(最细处)量取。

(5)双丫树的两个干岔,以较大一个断面量取检尺径和检尺长;另一个分岔按节子处理(图8-5)。

(6)两根原木干身连在一起的,应分别检量尺寸和评定材质。

(7)劈裂材(含撞裂)按下列方法检量:

①未脱落的劈裂材,顺材长方向检量劈裂长度,按纵裂计算。量取检尺径时如需通过裂缝,其裂缝与检量方向形成的最小夹角大于等于45°的,应减去通过裂缝长二分之一处的裂缝垂直宽度;最小夹角小于45°的,应减去通过裂缝长二分之一处的裂缝垂直宽度的一半。

②小头已脱落的劈裂材,劈裂厚度不超过小头同方向原有直径10%的不计;超过10%的应予让径级。2块以上劈裂应分别计算。

让径级(检尺径)则先量短径,再通过短径垂直量取长径,以其长短径的平均数,经进舍后为检尺径。

(检尺长),检尺径在让去部位劈裂长度后的检尺长部位检量。

③大头已脱落的劈裂材,该断面短径经进舍后不小于检尺径的不计;小于检尺径的,以大头短径经进舍后为检尺径(图8-6)。

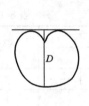

图8-4 原木检尺径有外夹皮时检量示意图

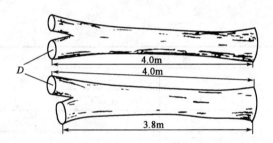

图8-5 双丫材检量示意图

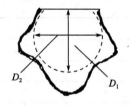

图8-6 已脱落劈裂材检量示意图

④小头断面存在两块以上脱落的劈裂材,让尺方法按②条规定进行。

⑤大小头同时存在劈裂的,应分别按上述①至④条的各项规定进行。

劈裂材让径级或让长级,应以其中损耗材积较小的一个因子为准。

⑥集材、运材(含水运)中,端头或材身磨损,按以下方法检量:

a. 小头磨损厚度不超过同方向原有直径10%的,或者大头磨损后,其断面短径经进舍后不小于检尺径的,这种大小头磨损均不计;如小头超过10%,应让检尺径;小于检尺径的,应以大头短径经进舍后为检尺径。让径级或长级均按劈裂材的让尺方法检量。

b. 材身磨损的原木,按外伤处理。

(三)锯材的尺寸检量

锯材尺寸检量以整边锯材锯割当时检量的尺寸为准。

(1)长度检量:沿材长方向检量两端面间的最短距离。实际材长小于检尺长,但不超过下偏差,仍按检尺长计算;如超过下偏差限度,则按下一级长度计算。

(2)宽度检量:平行整边锯材宽度在长度范围内让出两端各15cm的任意无钝棱部位检量最窄处宽度。梯形整边锯材宽度在材长二分之一处检量锯材宽度。

锯材宽度以毫米为单位,量至毫米,不足1mm的舍去。锯材实际宽度小于检尺宽,但不超过宽度下偏差,仍按检尺宽计算;如超过宽度下偏差,应按下一级检尺宽计算。

(3)厚度检量:在长度范围内让出两端各15cm的任意部位检量最窄处厚度。厚度以毫米为单位,量至毫米,不足1mm的舍去。实际厚度小于检尺厚,但不超过厚度下偏差,仍按检尺厚计算;如超过厚度下偏差，应按下一级锯材厚度计算。

五、木材检验用工具和号印（GB/T 44—2013、GB/T 5039—1999、GB/T 4822—2015、LY/T 1511—2002）

（一）检量工具

（1）检量使用的钢板尺、尺杆、卡尺、卷尺和篾尺，其刻度的最小单位为毫米（原条尺杆、皮尺为厘米）。

（2）用篾尺围量直径的，应在刻度上进行换算，以直径表示：

$$直径 = \frac{圆周长}{3.141\,6} \quad 或 \quad 直径 = 0.318\,3 \times 圆周长$$

（3）篾尺和卡尺由各省（区）林业部门根据当地习惯自行制作，但一经采用某种用尺后，在供需交接上应按同一种用尺进行检量。

钢卷尺、钢板尺应采用经国家质检部门认证认可，由专业工厂生产，精度为 1mm。

（二）号印标志

（1）号印以钢印为原则（根据各地不同情况，也可用色笔、毛刷和勾字等方法，标志在断面或靠近端头 50cm 的材身上）。

（2）径级号印代表符号。

表 8-4

径　级　（cm）												符号
原　木						原　条						
10	20	30	40	50	……	10	20	30	40	50	……	0
	11							—				1
2	12	22	32	42	52	……	12	22	32	42	52	……	2
3	13							—				3
4	14	24	34	44	54	……	14	24	34	44	54	……	4
5	15							—				5
6	16	26	36	46	56	……	16	26	36	46	56	……	6
7	17							—				7
8	18	28	38	48	58	……	8	18	28	38	48	……	8
9								—				9

（3）等级号印代表符号。

表 8-5

种　类	特　等	一　等	二　等	三　等	等　外
原条	—	△	⊖	—	◈
原木	—	△	⊖	⬨	—
锯材	○	△	⊖	⬨	—

(4)原木材种号印代表符号。

表8-6

材种名称	特级原木	坑木	锯切用原木	旋切用原木	刨切用原木	枕资	檩材
代表符号	T	K	J	X1	B	Z1	L
材种名称	车立柱	电杆	椽材	短原木	造纸材	次加工原木	小径原木
代表符号	C3	D1	C1	D2	Z2	C2	X2

注:对于小径级或材种单一的原木,可不必每根进行标志,但必须单独归楞,并有楞标标志。

(5)原木、原条长级可用色笔或毛刷以阿拉伯数字标志,也可用勾字方法标志。

(6)为便于交接和分清原木检验工作中的责任,原木断面上应加盖检验责任号印、检验小组(检验员)号印代表符号,以阿拉伯数字标志,或用色笔标志,由各省(区)、直辖市林业主管部门统一制作。

六、木材材种的规格、质量标准及保管

(一)杉原条(GB/T 5039—1999)

杉原条包括杉木、水杉、柳杉,是只经打枝、去皮而没有经加工造材的伐倒木。

小径杉原条主要用作脚手杆、房桁架和门窗料;中、大径杉原条主要用作建筑结构料、跳板、模板、电器线路维修用支柱、支架、车船用材和家具等。

1. 杉原条规格尺寸

表8-7

尺 寸 范 围		尺 寸 进 级		梢 端 直 径
检尺长(m)	检尺径(cm)	检尺长(m)	检尺径(cm)	
自5以上	小径 8~12 中径 14~18 大径 20 以上	1	2	6~12cm (6cm实足尺寸)

2. 杉原条质量标准

表8-8

缺陷名称	检 量 方 法	限 度	
		一等	二等
漏节	在全材长范围内的个数不得超过	不许有	2个
边材腐朽	厚度不得超过检尺径的	不许有	15%
心材腐朽	面积不得超过检尺径断面面积的	不许有	16%
虫眼	在检尺长范围内的虫眼个数不得超过	不许有	不限
外夹皮	深度不得超过检尺径的	15%	40%
弯曲	最大拱高不得超过该弯曲内曲水平长的	3%	6%
外伤、偏枯	深度不得超过检尺径的	15%	40%

注:本表未列缺陷不计。

(二)坑木(GB 142—2013)

坑木是用于煤矿矿井作支柱、支架等用的原木,包括松科和硬阔叶树种。

1.坑木的规格尺寸

表 8-9

树 种	尺 寸		尺 寸 进 级		检尺长偏差(cm)
	检尺长(m)	检尺径(cm)	检尺长(m)	检尺径(cm)	
松科树种和硬阔叶树种	2.2～4.0	12～24	0.2	<14cm 的按 1cm 进级,足 0.5cm 的进级,不足 0.5cm 的舍去	+6 −2
	5.0、6.0		—	≥14cm 的按 2cm 进级,足 1cm 的进级,不足 1cm 的舍去	

注:杉松冷杉、泡桐、拟赤杨、枫香、桤木、青榨槭、漆木、盐肤木等树种不允许用做坑木。

2.坑木的允许缺陷

表 8-10

缺陷名称	允许限度	缺陷名称	允许限度
漏节	全材长范围内不许有	弯曲	最大弯曲拱高与内曲水平长之比:检尺长 4.0m 以下的≤3%;检尺长 4.0m、5.0m、6.0m 的≤5%
边材腐朽	全材长范围内不许有	外伤、偏枯	径向深度与检尺径之比≤10%
心材腐朽	全材长范围内不许有	炸裂、风折木	检尺长范围内不许有
虫眼	检尺长范围内不许有	裂纹	纵裂长度与检尺长之比≤30%

(三)小径原木(GB/T 11716—2009)

小径原木包括针、阔叶树种,检尺径为 4～16cm,主要用于农业、轻工业、手工业木制品和市场民用等。

1.小径原木尺寸

表 8-11

树 种	尺 寸		尺 寸 进 级		长级公差(cm)
	检尺长(m)	检尺径(cm)	检尺长(m)	检尺径	
针叶树阔叶树	2～6	东北、内蒙古地区 4～16,其他地区 4～13	0.2	≥14cm 的按 2cm 进级,<14cm 的按 1cm 进级	+6 −2

注:检尺径不足 1cm 的舍去。

2.小径原木的允许缺陷范围

表 8-12

缺陷名称	检量方法		限度
漏节	在全材长范围内不超过		1个
边材腐朽	腐朽厚度不得超过检尺径		10%
心材腐朽	腐朽直径不得超过检尺径的	小头	不许有
		大头	20%
虫眼	任意材长 1m 范围内的个数不得超过		10个
弯曲	最大拱高不得超过检尺长的	2～3.8m	3%
		4～6m	4%

注:表中未列的缺陷不计。

(四)小原条(LY/T 1079—2015)

小原条树种为所有针叶、阔叶树;小原条是森林采伐、抚育间伐产出的,只经打枝,未经造材加工的小径树干材,主要作家具、农具、工具、民用建筑和防汛护堤等用料。

956

1. 小原条的规格尺寸

表 8-13

树种	检尺长(m)	检尺径(cm)	梢径(cm)
针叶、阔叶树种	≥3	≥4	≥3

2. 小原条的质量标准

表 8-14

缺陷名称	检量要求	允许限度
漏节	在全材长范围内	不许有
边材腐朽	径向深度与检尺径之比	≤10%
心材腐朽	小头心材腐朽	不许有
	大头心材腐朽直径与检尺径之比	≤20%
虫眼	检尺长任意 1m 范围内个数	≤3
弯曲	拱高与该弯曲内曲水平长之比	≤3%
外伤、偏枯	径向深度与检尺径之比	≤10%

3. 小原条的尺寸检量

(1)检尺长

自 3m 以上。从根端锯口或斧口量至梢端短径足 3cm 处,以 0.5m 进级,不足 0.5m 的由梢端舍去,经进舍后的长度为检尺长。

(2)检尺径

自 4cm 以上。从根端锯口或斧口 2.5m 处检量,短径足 4cm 以上,以 1cm 进级,实际尺寸不足 1cm 时,足 0.5cm 时增进,不足 0.5cm 的舍去,经进舍后的直径为检尺径。

(3)梢径

梢端直径范围:3~5cm(3cm 为实足尺寸)

(五)檩材(LY/T 1157—2008)

檩材是直接用于民建房屋屋顶结构的原木,包括针叶树、杨木和所有硬阔叶树种。

1. 檩材的规格尺寸

表 8-15

树种	尺寸		尺寸进级		长级公差(cm)
	检尺长(m)	检尺径(cm)	检尺长(m)	检尺径(cm)	
针叶树、杨木和硬阔叶树种	3~6	8~16	0.2	<14 的按 1[a]	+6 −2
				≥14 的按 2[b]	

注:[a]实际尺寸不足 1cm 时,足 0.5cm 进级,不足 0.5cm 舍去。

　　[b]实际尺寸不足 2m 时,足 1cm 进级,不足 1cm 舍去。

2. 檩材的质量标准

表 8-16

缺陷名称	检量方法	限度
漏节	在全材长范围内	不许有
边材腐朽	在全材长范围内	不许有
心材腐朽	腐朽直径不得超过检尺径的	小头不许有,大头 10%

续表 8-16

缺陷名称	检 量 方 法		限 度
虫眼	检尺长范围内		不许有
弯曲	检尺长 3～4.8m	最大拱高不得超过	5cm
	检尺长 5～6m		7cm
外伤、偏枯	深度不得超过检尺径的		10%
风折木、炸裂	在全材长范围内		不许有

注：本表未列的缺陷不计。

(六)椽材(LY/T 1158—2008)

椽材是民房屋顶木结构中，设置在檩条上作支架屋面和瓦片的木条。

1. 椽材的规格尺寸

表 8-17

主要树种	尺 寸		尺 寸 进 级		长级公差(cm)	
	检尺长(m)	检尺径(cm)	检尺长(m)	检尺径		
阔叶树材	1～6	3～12	<2m 按 0.1m，≥2m 按 0.2m	1cm，不足 0.5cm 的舍去	<2m $^{+3}_{<2m}$	≥2m $^{+6}_{-2}$

2. 椽材的质量标准

表 8-18

缺陷名称	检 量 方 法	限 度
漏节	在全材长范围内	不许有
边材腐朽	在全材长范围内	不许有
心材腐朽	腐朽直径不得超过检尺径的	小头不许有，大头 10%
虫眼	最多 1m 长范围内的个数不得超过	2 个
弯曲	最大弯曲拱高不得超过检尺长的	1%
外夹皮	长度不得超过检尺长的	30%
外伤、偏枯	深度不得超过检尺径的	10%

注：本表未列的缺陷不计。

(七)脚手杆(LY/T 1504—2013)

脚手杆主要作建筑、维修、施工搭架使用，包括竖杆和横杆。

1. 脚手杆的规格尺寸

表 8-19

树 种	尺 寸		尺 寸 进 级		长级公差(cm)
	检尺长(m)	检尺径(cm)	检尺长(m)	检尺径	
杉木、云杉、红松、樟子松、落叶松、柳杉、色木、水曲柳、柞木等	4～10	5～10	1	1cm；不足 1cm，足 0.5cm 的增进；不足 0.5cm 的舍去	$^{+6}_{-2}$

2.脚手杆的质量标准

表 8-20

缺 陷 名 称		允 许 限 度
漏节、边材腐朽、心材腐朽、风折木		全材长范围内不许有
虫眼、偏枯、外伤		全材长范围内不许有
弯曲	检尺长 4～6m	弯曲最大拱高不得超过 7cm
	检尺长 7～10m	弯曲最大拱高不得超过 10cm

注:本表中未列缺陷不计。

(八)电杆(LY/T 1294—2012)

电杆是指直接用原木生产和使用的通信电杆,包括樟子松、马尾松、落叶松和杉木等树种。

1.电杆的规格尺寸

表 8-21

树 种	尺 寸		尺 寸 进 级		长级公差(cm)
	检尺长(m)	检尺径(cm)	检尺长(m)	检尺径	
樟子松、马尾松	6～7	12～16	0.2	<14cm 的按 1cm 进级	+6
落叶松、杉木	6～10			≥14cm 的按 2cm 进级	−2

注:其他规格尺寸由供需双方商定。

2.电杆的质量标准

表 8-22

缺 陷 名 称	检 量 要 求	允 许 限 度
漏节	全材长范围内	不许有
边材腐朽	全材长范围内	不许有
心材腐朽	腐朽直径不超过检尺径的	小头:不许有
		大头:10%
弯曲	最大拱高不超过该弯曲内曲水平长的	1.5%
虫眼	检尺长范围内	不许有
外伤、偏枯	深度不得超过检尺径的	10%

注:枯立木、风折木、双丫木、端头贯通开裂及小头劈裂厚度超过检尺径10%的原木均不用作电杆。

(九)锯材(GB/T 153—2009、GB/T 4817—2009)

锯材分针叶树锯材和阔叶树锯材,锯材根据外观质量分为:特等、一等、二等和三等四个等级。树种包括针叶树和阔叶树。

针叶树:红松、马尾松、樟子松、落叶松、云杉、冷杉、铁杉、杉木、柏木、云南松、华山松等;

阔叶树:柞木、麻栎、榆木、杨木、槭木、桦木、泡桐、青冈、荷木、枫香、槠木等。

1.锯材的规格尺寸

表 8-23

树、材种	分类	尺 寸 范 围			尺 寸 进 级		公 差	
		长(m)	厚度(mm)	宽度(mm)	长度(m)	宽度(mm)	长度	宽、厚(mm)
针叶树锯材	薄板	1～8	12,15,18,21	30～300	不足 2m 的,按 0.1m 进级 自 2m 以上的按 0.2m 进级	10	<2m 的,$^{+3}_{-1}$cm ≥2m 的,$^{+6}_{-2}$cm	<30 的,±1 ≥30 的,±2
	中板		25,30,35					
	厚板		40,45,50,60					
	方材		25×20,25×25,30×30,40×30, 60×40,60×50,100×55,100×60					

树、材种	分类	尺寸范围			尺寸进级		公差	
		长(m)	厚度(mm)	宽度(mm)	长度(m)	宽度(mm)	长度	宽、厚(mm)
阔叶树锯材	薄板	1~6	12,15,18,21	30~300	不足2m的,按0.1m进级 自2m以上的,按0.2m进级	10	<2m的, $^{+3}_{-1}$ cm ≥2m的, $^{+6}_{-2}$ cm	<30的±1 ≥30的±2
	中板		25,30,35					
	厚板		40,45,50,60					
	方材	25×20,25×25,30×30,40×30, 60×40,60×50,100×55,100×60						

注:表中未列的规格尺寸由供需双方商定。

2. 锯材的质量标准

表 8-24

缺陷名称	检量方法	允许限度							
		针叶树锯材				阔叶树锯材			
		特等锯材	普通锯材			特等锯材	普通锯材		
			一等	二等	三等		一等	二等	三等
活节、死节	最大尺寸不得超过材宽的	15%	30%	40%	不限	死节15%	死节30%	死节40%	不限
	任意材长1m范围内的个数不得超过	4个	8个	12个	不限	死节3个	死节6个	死节8个	不限
腐朽	面积不得超过所在材面面积的	不许有	2%	10%	30%	不许有	2%	10%	30%
裂纹、夹皮	长度不得超过材长的	5%	10%	30%	不限	10%	15%	40%	不限
虫眼	任意材长1m范围内的个数不得超过	1个	4个	15个	不限	1个	2个	8个	不限
钝棱	最严重缺角尺寸,不得超过材宽的	5%	10%	30%	40%	5%	10%	30%	40%
弯曲	横弯最大拱高不得超过内曲水平长的	0.3%	0.5%	2%	3%	0.5%	1%	2%	4%
	顺弯最大拱高不得超过内曲水平长的	1%	2%	3%	不限	1%	2%	3%	不限
斜纹	斜纹倾斜程度不得超过	5%	10%	20%	不限	5%	10%	20%	不限

注:①长度不足1m的不分等级,其缺陷允许限度不低于三等。
②表中有两项缺陷并列的,表示两项缺陷都算;某材种注明其中一项的,则该材种只计算列明的缺陷。

(十)毛边锯材(LY/T 1352—2012)

毛边锯材包括所有针、阔叶树种。毛边锯材按外观质量分为一等和二等。

1.毛边锯材的尺寸

表 8-25

分 类	尺 寸			尺 寸 进 级		公 差	
	厚度(mm)	宽度(mm)	长度(m)	宽度(mm)	长度	长度	宽度、厚度(mm)
薄毛边锯材	12,15,18,21	自 50 以上	针叶树 1~8 阔叶树 1~6	10	<2m 的,按 0.1m 进级 ≥2m 的,按 0.2m 进级	<2m 的, +3 −1cm ≥2m 的, +6 −2 cm	≤30 的,±1 ≥30 的,±2
中毛边锯材	25,30,35	自 50 以上					
厚毛边锯材	40,45,50, 55,60	自 60 以上					
特厚毛边锯材	70,80,90,100	自 100 以上					

2.毛边锯材的质量标准

表 8-26

缺 陷 名 称	检 量 要 求	允 许 限 度	
		一 等	二 等
活节及死节	最大尺寸不得超过材宽的	20%	不限
	任意材长 1m 范围内个数	≤4 个	不限
腐朽	面积不得超过所在材面面积的	2%	20%
裂纹、夹皮	长度不得超过材长的	10%	30%
弯曲	横弯最大拱高不得超过该弯曲内曲水平长的	3%	6%
	顺弯最大拱高不得超过该弯曲内曲水平长的	3%	不限
斜纹	材长范围内纹理倾斜程度	20%	不限
虫眼	任意材长 1m 范围内个数	≤3 个	不限

长度<1m 的锯材不分等级,其缺陷允许限度不低于二等品的要求

注:①毛边上的节子与虫眼不予计算。

②毛边上的腐朽面积与材面上的腐朽面积累计计算。

③材面上的髓心部出现凹陷沟条时,按裂纹计算。

3.毛边锯材的检量

长度、厚度执行 GB/T 4822 的规定。

宽度:在材长范围内最窄处的同一横断面上量取两材面宽度的平均数,≥5mm 的进位,<5mm 的舍去。

(十一)木枕(枕木)(GB 154—2013)

木枕(枕木)按用途分为普通木枕、道岔木枕和桥梁木枕,适用于铁路标准轨距(1 435mm)。普通木枕根据外形尺寸分为 Ⅰ 型普通木枕和 Ⅱ 型普通型木枕。木枕根据外观质量分为一等品和二等品。

木枕树种包括:

普通木枕、道岔木枕:枫香、落叶松、马尾松、湿地松、云南松、云杉、冷杉、铁杉、樟子松、辐射松及其他进口适用树种。

桥梁木枕:落叶松、华山松、思茅松、高山松、云南松、云杉、冷杉、铁杉、红松、樟子松及其他进口适用树种。

1. 木枕(枕木)的规格尺寸

表 8-27

名　称		尺　　寸			公　　差		
		枕长(m)	材宽(mm)	枕高(mm)	枕长(cm)	材宽(mm)	枕高(mm)
普通木枕（枕木）	Ⅰ型	2.50	220	160			
	Ⅱ型	2.50	200	145			
道岔木枕(枕木)		2.60~5.00（按0.15m或0.20m进级）	220	160			
			240				
			260				
桥梁木枕(枕木)		3.00	220	240	±4	±10	±5
				260			
				280			
			240	260			
				280			
				300			
		3.20	220	280			
			240	300			
		3.40	240	300			
		4.20~4.80	200	220			
				240			
			220	260			
				280			
			240	300			

2. 木枕的质量标准

表 8-28

缺陷名称			允　许　限　度	
			一　等　品	二　等　品
活节、死节			枕面铺轨范围内最大尺寸不得超过6cm	枕面铺轨范围内最大尺寸不得超过8cm
腐朽	断面	深度	只允许一端有,不超过枕长的2%	
		面积	腐朽面积不超过所在断面面积的3%	
	材面		允许轻微腐朽,其面积不超过所在材面面积的1%	
裂纹夹皮	纵裂、外夹皮		长度不超过40cm	长度不超过60cm
	轮裂、内夹皮		弦长不超过10cm	弦长不超过20cm
弯曲			顺弯不得超过1%	顺弯不得超过2%
			横弯不得超过4%	横弯不得超过6%
虫眼			枕面铺轨范围内个数不得超过5个	不限
钝棱	普通木枕的枕面	Ⅰ型	最大缺角尺寸不得超过60mm	
		Ⅱ型	最大缺角尺寸不得超过50mm	
	道岔木枕的枕面		最大缺角尺寸不得超过60mm	
	桥梁木枕的枕面		最大缺角尺寸不得超过40mm,且单侧不超过30mm	

续表8-28

缺陷名称		允许限度	
		一等品	二等品
钝棱	普通木枕、桥梁木枕的枕底	最大缺角尺寸不得超过10mm	
	道岔木枕的枕底	最大缺角尺寸不得超过20mm	

注:①枕面是与铁轨接触的木枕表面。枕面铺轨范围长度:

　　普通木枕:自两端头30～70cm范围内的长度。

　　道岔木枕:自两端头除去35cm后中间部位的长度。

　　桥梁木枕:自两端头除去55cm后中间部位的长度。

②一等品适用于桥梁木枕和道岔木枕;一等品、二等品适用于普通木枕。

③缺棱的棱角尺寸可以在枕面的一侧,也可以在枕面的两侧。

3.木枕材积计算

普通木枕按根折合立方米计算;桥梁木枕和道岔木枕按立方米计算,单材积可从表8-42中查得。

(十二)罐道木(GB 4820—2013)

罐道木是矿山竖井专用的木材。

1.罐道木的规格尺寸

表8-29

树 种	尺 寸		尺寸允许偏差	
	长度(m)	宽度和厚度(mm)	长度(cm)	宽度和厚度(mm)
冷杉、云杉、华山松、红松、广东松、樟子松、水曲柳	6、8	≥210 常用尺寸: 210×210,240×240, 270×270,300×300	+6 −2	±4

2.罐道木的质量标准

表8-30

缺陷名称	允许限度
活节、死节	最大尺寸不得超过材宽的20%
腐朽	全材长范围内不许有
虫眼	任意1m材长范围内不得超过6个
弯曲	最大弯曲拱高不得超过内曲面水平长的1%
裂纹、夹皮	长度不得超过材长的10%
	贯通断面的不许有
钝棱	最大尺寸不得超过材宽的20%(贯通全材长的不许有)

(十三)特级原木(GB/T 4812—2006)

特级原木是用于高级建筑、装修、文物装饰、家具、乐器和各种特殊用途的优质原木。

特级原木树种包括:红松、云杉、沙松、樟子松、华山松、柏木、杉木、落叶松、马尾松、水曲柳、核桃楸、檫木、黄樟、香椿、楠木、榉木、槭木、麻栎、柞木、青冈、荷木、红锥、榆木、椴木、枫桦、西南桦、白桦等。

1.特级原木的规格尺寸

表8-31

树 种	尺 寸		尺 寸 进 级		长级公差
	检尺长(m)	检尺径(cm)	检尺长(m)	检尺径(cm)	(cm)
针叶树	4～6	24以上(柏木、杉木20以上)	0.2	2	+6
阔叶树	2～6	24以上			0

2.特级原木质量标准

表 8-32

缺陷名称	允许限度	
	针叶树	阔叶树
活节、死节	任意 1m 材长范围内，节子直径不超过检尺径 15% 的允许：	
	2个	1个
树包（隐生节）	全材长范围内凸出原木表面高度不超过 30mm 的允许：1个	
心材腐朽	腐朽直径不得超过检尺径的： 小头，不允许 大头，10%	
边材腐朽	距大头端面 1m 范围内，大头边腐厚度不得超过检尺径的 5%，边材腐朽弧长不得超过该两面圆周的 1/4，其他部位不允许	
裂纹	纵裂长度不得超过检尺长的： 杉木，15% 其他树种，10% 贯通断面开裂不允许 断面弧裂拱高或环裂半径不得超过检尺径的：20% 断面的环裂、弧裂的裂缝在 25cm² 的正方形中允许有 2 条（裂纹没有起点限制）	
劈裂	大头及小头劈裂脱落厚度不得超过同方向直径的：5%	
弯曲	最大拱高与该段内弯曲水平长相比不得超过：	
	1%	1.5%
扭转纹	小头 1m 长范围内，倾斜高度不得超过检尺径的：10%	
偏心	小头断面中心与髓心之间距离不得超过检尺径的：10%	
外伤	径向深度不得超过检尺径的：10%	
外夹皮	距大头断面 1m 范围内，长度不得超过检尺长的：10% 其他部位不允许	
抽心	小头断面不允许 大头抽心直径不得超过检尺径的：10%	
虫眼	全材长范围内及端面自 3mm 以上的均不允许	

注：除本表所列缺陷外，如漏节、树瘤、偏枯、风折木、双心，在全材长范围内均不允许，其他未列入缺陷不计。

(十四)锯切用原木(GB/T 143—2006)

锯切用原木包括针叶树和阔叶树树种。锯切用原木各分为三个等级。

1.锯切用原木的规格尺寸

表 8-33

树种	尺寸		尺寸进级		长级公差(cm)
	检尺长(m)	检尺径(cm)	检尺长(m)	检尺径(cm)	
针叶树	2～8	东北、内蒙古、新疆地区≥18cm；其他产区≥14cm	0.2	2	+6
阔叶树	2～6				−2

2.锯切用原木的材质要求

表 8-34

缺陷名称	检量方法	树种	允许限度		
			一等	二等	三等
活节(仅计针叶,阔叶不限)、死节	节子直径不得超过检尺径的	针叶	15%	40%	不限
		阔叶	20%		
	任意材长 1m 范围内的个数不得超过	针叶	5个	10个	不限
		阔叶	2个	4个	

缺 陷 名 称	检 量 方 法	树种	允 许 限 度		
			一等	二等	三等
漏节	全长范围内的个数不得超过	针阔	不允许	1个	2个
边材腐朽	腐朽厚度不得超过检尺径的	针阔	不允许	10%	20%
心材腐朽	腐朽直径不得超过检尺径的	针阔	小头不允许,大头15%	40%	60%
虫眼	虫眼最多的1m范围内的个数不得超过	针叶	不允许	25个	不限
		阔叶		5个	
纵裂、外夹皮	长度不得超过检尺长的	针阔	阔叶、杉木20%,其他针叶10%	40%	不限
环裂、弧裂	环裂最大半径(或弧裂拱高)不得超过检尺径的	针阔	20%	40%	不限
弯曲	最大弯曲拱高不得超过内曲水平长的	针阔	1.5%	3%	6%
扭转纹	小头1m长范围内的纹理倾斜高度不得超过检尺径的	针阔	20%	50%	不限
偏枯	径向深度不得超过检尺径的	针阔	20%	40%	不限
外伤	径向深度不得超过检尺径的	针阔	20%	40%	60%
风折木	检尺长范围内的个数不得超过	针叶	不允许	2个	不限

注:本表未列缺陷不予计算。

3.锯切用原木的常用树种和主要用途

(1)针叶树种及主要用途

①落叶松:建筑、纺织机械部件、机台木、木枕、船舶、车辆维修。

②樟子松:建筑、罐道木、家具、模具、船舶、车辆维修。

③马尾松:建筑、造纸、火柴、木枕、车辆维修。

④海南五针松、广东松:建筑、体育器具、家具、模具、罐道木、船舶、车辆维修。

⑤红松、华山松:建筑、乐器、家具、模具、工艺美术、罐道木、船舶、车辆维修、纺织机械部件、桥梁木枕。

⑥云南松、思茅松、高山松:建筑、木枕、罐道木、机台木、家具、船舶、车辆维修。

⑦鸡毛松:建筑、家具、铅笔、船舶维修、车辆维修。

⑧云杉:建筑、乐器、罐道木、跳板、木枕、车辆维修、家具。

⑨冷杉、铁杉:建筑、木枕、车辆维修、家具。

⑩杉木、柳杉、水杉:建筑、船舶、跳板、家具。

⑪柏木:装饰、工艺美术、雕刻制品、模具、家具。

(2)阔叶树种及主要用途

①樟木、楠木:高级装饰、家具、工艺雕刻。

②黄檀:高级装饰、家具、纺织木梭、体育器具。

③檫木:船舶维修、建筑、装饰、家具、文教用具。

④麻栎、柞木:船舶维修、体育器具、装饰、家具、纺织机械部件、木枕、机台木。

⑤红锥、栲木、槠木:纺织机械部件、船舶维修、体育器具、木枕、机台木、高级装饰、家具、模具、包装。

⑥荷木:文教用具、家具、体育器具、乐器。

⑦水曲柳:高级装饰、家具、体育器具。

⑧核桃楸、黄波罗:高级装饰、家具、体育器具、家具。

⑨榆木、榉木:装饰、家具、木枕、机台木。

⑩红青冈、白青冈:纺织木梭、体育器具、机台木、文教用具。

⑪槭木(色木):纺织木梭、乐器、家具、体育器具、文教用具。

⑫栗木:纺织机械部件、家具、船舶、车辆维修。

⑬山枣、桉木:船舶、车辆维修、家具、文教用具。

⑭椵木:铅笔、火柴、工艺雕刻。

⑮拟赤杨:火柴、铅笔、包装。

⑯枫香:家具、木枕、包装。

⑰枫杨:火柴、包装、木枕。

⑱杨木:火柴、民用建筑。

⑲桦木:家具、木枕、机台木、文教用具。

⑳泡桐:装饰、乐器、体育器具、家具。

注:以上未列树种及主要用途由各省(区)林业主管部门另行规定。

七、木材的材积

(一)木材的材积计算公式

1. 杉原条材积计算公式

检尺径小于等于8cm的杉原条:

$$V = 0.490\,2 \times L/10\,000$$

检尺径大于等于10cm且检尺长小于等于19m的杉原条:

$$V = 0.394 \times (3.279 + D)^2 \times (0.707 + L)/10\,000$$

检尺径大于等于10cm且检尺长大于等于20m的杉原条:

$$V = 0.39 \times (3.50 + D)^2 \times (0.48 + L)/10\,000$$

2. 小原条材积计算公式

$$V = (5.5L + 0.38D^2L + 16D - 30)/10\,000$$

3. 原木材积计算公式

检尺径为8~120cm、检尺长0.5~1.9m的短原木:

$$V = 0.8L(D + 0.5L)^2 \div 10\,000$$

检尺径为4~13cm、检尺长2.0~10.0的小径原木:

$$V = 0.7854L(D + 0.45L + 0.2)^2 \div 10\,000$$

检尺径14~120cm、检尺长2.0~10.0m的原木:

$$V = 0.7854L[D + 0.5L + 0.005L^2 + 0.000125L(14 - L)^2(D - 10)]^2 \div 10\,000$$

检尺径14~120cm、检尺长自10.2m以上的超长原木:

$$V = 0.8L(D + 0.5L)^2 \div 10\,000$$

式中:V——材积(m^3);

　　　L——检尺长(m);

　　　D——检尺径(cm)。

4. 锯材材积计算公式

$$V = L \cdot W \cdot T/1\,000\,000$$

式中:V——锯材材积(m^3);

　　　L——锯材长度(m);

　　　W——锯材宽度(mm);

　　　T——锯材厚度(mm)。

5. 根据物资统计规定(供参考)

1m^3原木折锯材0.66m^3;

1m^3锯材折原木1.515m^3。

（二）木材材积表

1.杉原条材积表（GB/T 4815—2009）

表8-35

检尺径 (cm)	检尺长（m）／材积（m³）										
	5	6	7	8	9	10	11	12	13	14	15
8	0.025	0.029	0.034	0.039	0.044	0.049	—	—	—	—	—
10	0.040	0.047	0.054	0.060	0.067	0.074	0.081	0.088	0.095	0.102	0.109
12	0.052	0.062	0.071	0.080	0.089	0.098	0.108	0.117	0.126	0.135	0.144
14	0.067	0.079	0.091	0.102	0.114	0.126	0.138	0.149	0.161	0.173	0.185
16	0.084	0.098	0.113	0.128	0.142	0.157	0.171	0.186	0.201	0.215	0.230
18	0.102	0.120	0.137	0.155	0.173	0.191	0.209	0.227	0.245	0.262	0.280
20	—	0.143	0.165	0.186	0.207	0.229	0.250	0.271	0.293	0.314	0.335
22	—	—	0.194	0.219	0.244	0.270	0.295	0.320	0.345	0.370	0.395
24	—	—	—	0.255	0.285	0.314	0.343	0.373	0.402	0.431	0.461
26	—	—	—	—	0.328	0.362	0.395	0.429	0.463	0.497	0.531
28	—	—	—	—	—	0.413	0.451	0.490	0.528	0.567	0.605
30	—	—	—	—	—	—	0.511	0.554	0.598	0.642	0.685
32	—	—	—	—	—	—	—	0.623	0.672	0.721	0.770
34	—	—	—	—	—	—	—	—	0.751	0.805	0.860
36	—	—	—	—	—	—	—	—	—	0894	0.955
38	—	—	—	—	—	—	—	—	—	—	1.055
40	—	—	—	—	—	—	—	—	—	—	1.159
42	—	—	—	—	—	—	—	—	—	—	—
44	—	—	—	—	—	—	—	—	—	—	—
46	—	—	—	—	—	—	—	—	—	—	—
48	—	—	—	—	—	—	—	—	—	—	—
50	—	—	—	—	—	—	—	—	—	—	—
52	—	—	—	—	—	—	—	—	—	—	—
54	—	—	—	—	—	—	—	—	—	—	—
56	—	—	—	—	—	—	—	—	—	—	—
58	—	—	—	—	—	—	—	—	—	—	—
60	—	—	—	—	—	—	—	—	—	—	—

续表 8-35

检尺长 (m)

材积 (m³)

检尺径(cm)	16	17	18	19	20	21	22	23	24	25	26	27	28	29	30
8	—	—	—	—	—	—	—	—	—	—	—	—	—	—	—
10	0.116	0.123	0.130	0.137	0.146	0.153	0.160	0.167	0.174	0.181	0.188	0.195	0.202	0.210	0.217
12	0.154	0.163	0.172	0.181	0.192	0.201	0.211	0.220	0.229	0.239	0.248	0.257	0.267	0.276	0.286
14	0.197	0.208	0.220	0.232	0.245	0.257	0.268	0.280	0.292	0.304	0.316	0.328	0.340	0.352	0.364
16	0.245	0.259	0.274	0.289	0.304	0.319	0.333	0.348	0.363	0.378	0.393	0.408	0.422	0.437	0.452
18	0.298	0.316	0.334	0.352	0.369	0.387	0.405	0.423	0.441	0.459	0.477	0.495	0.513	0.531	0.549
20	0.357	0.378	0.399	0.421	0.441	0.463	0.484	0.506	0.527	0.549	0.570	0.592	0.613	0.635	0.656
22	0.421	0.446	0.471	0.496	0.519	0.545	0.570	0.595	0.621	0.646	0.672	0.697	0.722	0.748	0.773
24	0.490	0.519	0.548	0.578	0.604	0.634	0.663	0.693	0.722	0.752	0.781	0.810	0.840	0.869	0.899
26	0.564	0.598	0.632	0.666	0.695	0.729	0.763	0.797	0.831	0.865	0.899	0.933	0.967	1.001	1.034
28	0.644	0.683	0.721	0.760	0.793	0.831	0.870	0.909	0.947	0.986	1.025	1.063	1.102	1.141	1.180
30	0.729	0.773	0.816	0.860	0.896	0.940	0.984	1.028	1.071	1.115	1.159	1.203	1.247	1.290	1.334
32	0.819	0.868	0.917	0.966	1.007	1.056	1.105	1.154	1.203	1.252	1.301	1.351	1.400	1.449	1.498
34	0.915	0.970	1.024	1.079	1.123	1.178	1.233	1.288	1.343	1.397	1.452	1.507	1.562	1.617	1.672
36	1.016	1.076	1.137	1.198	1.246	1.307	1.368	1.429	1.490	1.550	1.611	1.672	1.733	1.794	1.855
38	1.122	1.189	1.256	1.323	1.376	1.443	1.510	1.577	1.644	1.711	1.779	1.846	1.913	1.980	2.047
40	1.233	1.307	1.381	1.454	1.511	1.585	1.659	1.733	1.807	1.880	1.954	2.028	2.102	2.176	2.249
42	1.350	1.430	1.511	1.592	1.654	1.734	1.815	1.896	1.977	2.057	2.138	2.219	2.299	2.380	2.461
44	1.471	1.559	1.648	1.736	1.802	1.890	1.978	2.066	2.154	2.242	2.330	2.418	2.506	2.594	2.682
46	1.599	1.694	1.790	1.886	1.957	2.053	2.148	2.244	2.339	2.435	2.530	2.626	2.722	2.817	2.913
48	1.731	1.835	1.938	2.042	2.118	2.222	2.325	2.429	2.532	2.636	2.739	2.842	2.946	3.049	3.153
50	1.869	1.980	2.092	2.204	2.286	2.398	2.509	2.621	2.733	2.844	2.956	3.068	3.179	3.291	3.402
52	2.011	2.132	2.252	2.373	2.460	2.580	2.701	2.821	2.941	3.061	3.181	3.301	3.421	3.541	3.662
54	2.160	2.289	2.418	2.547	2.641	2.770	2.899	3.028	3.157	3.285	3.414	3.543	3.672	3.801	3.930
56	2.313	2.452	2.590	2.728	2.828	2.966	3.104	3.242	3.380	3.518	3.656	3.794	3.932	4.070	4.208
58	2.472	2.620	2.768	2.916	3.021	3.168	3.316	3.463	3.611	3.758	3.906	4.054	4.201	4.349	4.496
60	2.636	2.794	2.951	3.109	3.221	3.378	3.535	3.692	3.850	4.007	4.164	4.321	4.479	4.636	4.793

2. 小原条材积表(LY/T 1079—2015)

表 8-36

检尺径(cm)	检尺长(m)														
	3	3.5	4	4.5	5	5.5	6	6.5	7	7.5	8	8.5	9	9.5	10
	材积(m³)														
4	0.006 9	0.007 5	0.008 0	0.008 6	0.009 2	0.009 8	0.010 3	0.010 9	0.011 5	0.012 6	0.012 7	0.013 2	0.013 8	0.014 4	0.015 0
5	0.009 5	0.010 3	0.011 0	0.011 8	0.012 5	0.013 3	0.014 0	0.014 8	0.015 5	0.016 3	0.017 0	0.017 8	0.018 5	0.019 3	0.020 0
6	0.012 4	0.013 3	0.014 3	0.015 2	0.016 2	0.017 1	0.018 1	0.019 1	0.020 0	0.021 0	0.021 9	0.022 9	0.023 9	0.024 8	0.025 8
7	0.015 4	0.016 6	0.017 8	0.019 1	0.020 3	0.021 5	0.022 7	0.023 9	0.025 1	0.026 3	0.027 5	0.028 7	0.029 9	0.031 1	0.032 3
8	—	—	—	0.023 2	0.024 7	0.026 2	0.027 7	0.029 2	0.030 7	0.032 2	0.033 7	0.035 1	0.036 6	0.038 1	0.039 6
9	—	—	—	0.027 7	0.029 5	0.031 4	0.033 2	0.035 0	0.036 8	0.038 6	0.040 4	0.042 2	0.044 1	0.045 9	0.047 7
10	—	—	—	0.032 6	0.034 8	0.036 9	0.039 1	0.041 3	0.043 5	0.045 6	0.047 8	0.050 0	0.052 2	0.054 3	0.056 5

3. 小径原木材积表(GB/T 11716—2009)

表 8-37

检尺长(m)	检尺径(cm)									
	4	5	6	7	8	9	10	11	12	13
	材积(m³)									
2.0	0.004 1	0.005 8	0.007 9	0.10 3	0.013	0.016	0.019	0.023	0.027	0.031
2.2	0.004 7	0.006 6	0.008 9	0.011 6	0.015	0.018	0.022	0.026	0.030	0.035
2.4	0.005 3	0.007 4	0.010 0	0.012 9	0.016	0.020	0.024	0.028	0.033	0.038
2.6	0.005 9	0.008 3	0.011 1	0.014 3	0.018	0.022	0.026	0.031	0.037	0.042
2.8	0.006 6	0.009 2	0.012 2	0.015 7	0.020	0.024	0.029	0.034	0.040	0.046
3.0	0.007 3	0.010 1	0.013 4	0.017 2	0.021	0.026	0.031	0.037	0.043	0.050
3.2	0.008 0	0.011 1	0.014 7	0.018 8	0.023	0.028	0.034	0.040	0.047	0.054
3.4	0.008 8	0.012 1	0.016 0	0.020 4	0.025	0.031	0.037	0.043	0.050	0.058
3.6	0.009 6	0.013 2	0.017 3	0.022 0	0.027	0.033	0.040	0.046	0.054	0.062
3.8	0.010 4	0.014 3	0.018 7	0.023 7	0.029	0.036	0.042	0.050	0.058	0.066
4.0	0.011 3	0.015 4	0.020 1	0.025 4	0.031	0.038	0.045	0.053	0.062	0.071
4.2	0.012 2	0.016 6	0.021 6	0.027 3	0.034	0.041	0.048	0.057	0.065	0.075
4.4	0.013 2	0.017 8	0.023 1	0.029 1	0.036	0.043	0.051	0.060	0.069	0.080
4.6	0.014 2	0.019 1	0.024 7	0.031 0	0.038	0.046	0.054	0.064	0.074	0.084
4.8	0.015 2	0.020 4	0.026 3	0.033 0	0.040	0.049	0.058	0.067	0.078	0.089
5.0	0.016 3	0.021 8	0.028 0	0.035 1	0.043	0.051	0.061	0.071	0.082	0.094
5.2	0.017 5	0.023 2	0.029 8	0.037 2	0.045	0.054	0.064	0.075	0.086	0.099
5.4	0.018 6	0.024 7	0.031 6	0.039 3	0.048	0.057	0.068	0.079	0.091	0.104
5.6	0.019 9	0.026 2	0.033 4	0.041 6	0.051	0.060	0.071	0.083	0.095	0.109
5.8	0.021 1	0.027 8	0.035 4	0.043 8	0.053	0.064	0.075	0.087	0.100	0.114
6.0	0.022 4	0.029 4	0.037 3	0.046 2	0.056	0.067	0.078	0.091	0.105	0.119

4. 坑木材积表(GB/T 142—2013)

表 8-38

检尺径 (cm)	检 尺 长 (m)											
	2.2	2.4	2.6	2.8	3.0	3.2	3.4	3.6	3.8	4.0	5.0	6.0
	材 积 (m³)											
12	0.030	0.033	0.037	0.040	0.043	0.047	0.050	0.054	0.058	0.062	0.082	0.105
13	0.035	0.038	0.042	0.046	0.050	0.054	0.058	0.062	0.066	0.071	0.094	0.119
14	0.040	0.045	0.049	0.054	0.058	0.063	0.068	0.073	0.078	0.083	0.111	0.142
16	0.052	0.058	0.063	0.069	0.075	0.081	0.087	0.093	0.100	0.106	0.141	0.179
18	0.065	0.072	0.079	0.086	0.093	0.101	0.108	0.116	0.124	0.132	0.174	0.219
20	0.080	0.088	0.097	0.105	0.114	0.123	0.132	0.141	0.151	0.160	0.210	0.264
22	0.096	0.106	0.116	0.126	0.137	0.147	0.158	0.169	0.180	0.191	0.250	0.313
24	0.114	0.125	0.137	0.149	0.161	0.174	0.186	0.199	0.212	0.225	0.293	0.366

注:径级 12cm、13cm 的材积按小径原木材积计算公式计算,径级 14～24cm 的材积按 14cm 以上原木材积计算公式计算。

5. 椽材和檩材材积表(LY/T 1158—2008、LY/T 1157—2008)

表 8-39

品种	椽材 检尺长(m)	椽材检尺径(cm)									
		3	4	5	6	7	8	9	10	11	12
		材 积 (m³)									
椽材	1.0	0.001 0	0.001 6	0.002 4	0.003 4	0.004 5	0.006	0.007	0.009	0.011	0.013
	1.1	0.001 1	0.001 8	0.002 7	0.003 8	0.005 0	0.006	0.008	0.010	0.012	0.014
	1.2	0.001 2	0.002 0	0.003 0	0.004 2	0.005 5	0.007	0.009	0.011	0.013	0.015
	1.3	0.001 4	0.002 2	0.003 3	0.004 6	0.006 1	0.008	0.010	0.012	0.014	0.017
	1.4	0.001 5	0.002 5	0.003 6	0.005 0	0.006 6	0.008	0.011	0.013	0.015	0.018
	1.5	0.001 7	0.002 7	0.004 0	0.005 5	0.007 2	0.009	0.011	0.014	0.017	0.020
	1.6	0.001 8	0.002 9	0.004 3	0.005 9	0.007 8	0.010	0.012	0.015	0.018	0.021
	1.7	0.002 0	0.003 2	0.004 7	0.006 4	0.008 4	0.011	0.013	0.016	0.019	0.022
	1.8	0.002 2	0.003 5	0.005 0	0.006 9	0.009 0	0.011	0.014	0.017	0.020	0.024
	1.9	0.002 4	0.003 7	0.005 4	0.007 3	0.009 6	0.012	0.015	0.018	0.022	0.025
	2.0	0.002 6	0.004 1	0.005 8	0.007 9	0.010 3	0.013	0.016	0.019	0.023	0.027
	2.2	0.003 0	0.004 7	0.006 6	0.008 9	0.011 6	0.015	0.018	0.022	0.026	0.030
	2.4	0.003 5	0.005 3	0.007 4	0.010 0	0.012 9	0.016	0.020	0.024	0.028	0.033
	2.6	0.003 9	0.005 9	0.008 3	0.011 1	0.014 3	0.018	0.022	0.026	0.031	0.037
	2.8	0.004 4	0.006 6	0.009 2	0.012 2	0.015 7	0.020	0.024	0.029	0.034	0.040
	3.0	0.004 9	0.007 3	0.010 1	0.013 4	0.017 2	0.021	0.026	0.031	0.037	0.043
	3.2	0.005 4	0.008 0	0.011 1	0.014 7	0.018 8	0.023	0.028	0.034	0.040	0.047
	3.4	0.006 0	0.008 8	0.012 1	0.016 0	0.020 4	0.025	0.031	0.037	0.043	0.050
	3.6	0.006 6	0.009 6	0.013 2	0.017 3	0.022 0	0.027	0.033	0.040	0.046	0.054
	3.8	0.007 2	0.010 4	0.014 3	0.018 7	0.023 7	0.029	0.036	0.042	0.050	0.058
	4.0	0.007 9	0.011 3	0.015 4	0.020 1	0.025 4	0.031	0.038	0.045	0.053	0.062

品种	椽材检尺长（m）	椽材检尺径（cm）									
		3	4	5	6	7	8	9	10	11	12
		材　积（m³）									
椽材	4.2	0.008 5	0.012 2	0.016 6	0.021 6	0.027 3	0.034	0.041	0.048	0.057	0.065
	4.4	0.009 3	0.013 2	0.017 8	0.023 1	0.029 1	0.036	0.043	0.051	0.060	0.069
	4.6	0.010 0	0.014 2	0.019 1	0.024 7	0.031 0	0.038	0.046	0.054	0.064	0.074
	4.8	0.010 8	0.015 2	0.020 4	0.026 3	0.033 0	0.040	0.049	0.058	0.067	0.078
	5.0	0.011 7	0.016 3	0.021 8	0.028 0	0.035 1	0.043	0.051	0.061	0.071	0.082
	5.2	0.012 5	0.017 5	0.023 2	0.029 8	0.037 2	0.045	0.054	0.064	0.075	0.086
	5.4	0.013 4	0.018 6	0.024 7	0.031 6	0.039 3	0.048	0.057	0.068	0.079	0.091
	5.6	0.014 4	0.019 9	0.026 2	0.033 4	0.041 6	0.051	0.060	0.071	0.083	0.095
	5.8	0.015 4	0.021 1	0.027 8	0.035 4	0.043 8	0.053	0.064	0.075	0.087	0.100
	6.0	0.016 4	0.022 4	0.029 4	0.037 3	0.046 2	0.056	0.067	0.078	0.091	0.105

品种	檩材检尺长（m）	檩材检尺径（cm）							
		8	9	10	11	12	13	14	16
		材　积（m³）							
檩材	3.0	0.021	0.026	0.031	0.037	0.043	0.050	0.058	0.075
	3.2	0.023	0.028	0.034	0.040	0.047	0.054	0.063	0.081
	3.4	0.025	0.031	0.037	0.043	0.050	0.058	0.068	0.087
	3.6	0.027	0.033	0.040	0.046	0.054	0.062	0.073	0.093
	3.8	0.029	0.036	0.042	0.050	0.058	0.066	0.078	0.010
	4.0	0.031	0.038	0.045	0.053	0.062	0.071	0.083	0.006
	4.2	0.034	0.041	0.048	0.057	0.065	0.075	0.089	0.113
	4.4	0.036	0.043	0.051	0.060	0.069	0.080	0.094	0.120
	4.6	0.038	0.046	0.054	0.064	0.074	0.084	0.100	0.126
	4.8	0.040	0.049	0.058	0.067	0.078	0.089	0.105	0.134
	5.0	0.043	0.051	0.061	0.071	0.082	0.094	0.111	0.141
	5.2	0.045	0.054	0.064	0.075	0.086	0.099	0.117	0.148
	5.4	0.048	0.057	0.068	0.079	0.091	0.104	0.123	0.155
	5.6	0.051	0.060	0.071	0.083	0.095	0.109	0.129	0.163
	5.8	0.053	0.064	0.075	0.087	0.100	0.114	0.136	0.171
	6.0	0.056	0.067	0.078	0.091	0.105	0.119	0.142	0.179

6. 电杆材积表（LY/T 1294—2012）

表 8-40

检尺长（m）	检　尺　径（cm）			
	12	13	14	16
	材　积（m³）			
6.0	0.105	0.119	0.142	0.179
6.2	0.109	0.125	0.149	0.187
6.4	0.114	0.130	0.156	0.195

检尺长(m)	检 尺 径 （cm）			
	12	13	14	16
	材 积 （m³）			
6.6	0.119	0.136	0.162	0.203
6.8	0.124	0.141	0.169	0.211
7.0	0.130	0.147	0.176	0.220
7.2	0.135	0.153	0.184	0.229
7.4	0.140	0.159	0.191	0.238
7.6	0.146	0.165	0.199	0.247
7.8	0.151	0.171	0.206	0.256
8.0	0.157	0.177	0.214	0.265
8.2	0.163	0.184	0.222	0.274
8.4	0.168	0.190	0.230	0.284
8.6	0.174	0.197	0.239	0.294
8.8	0.180	0.204	0.247	0.304
9.0	0.187	0.210	0.256	0.314
9.2	0.193	0.217	0.264	0.324
9.4	0.199	0.224	0.273	0.335
9.6	0.206	0.231	0.282	0.345
9.8	0.212	0.239	0.292	0.356
10.0	0.219	0.246	0.301	0.367

7. 原木材积表(部分)(GB/T 4814—2013)

表 8-41

检尺径(cm)	检 尺 长 （m）				
	1.0	1.1	1.2	1.3	1.4
	材 积 （m³）				
8	0.006	0.006	0.007	0.008	0.008
9	0.007	0.008	0.009	0.010	0.011
10	0.009	0.010	0.011	0.012	0.013
11	0.011	0.012	0.013	0.014	0.015
12	0.013	0.014	0.015	0.017	0.018
13	0.015	0.016	0.018	0.019	0.021
14	0.017	0.019	0.020	0.022	0.024
16	0.022	0.024	0.026	0.029	0.031
18	0.027	0.030	0.033	0.036	0.039
20	0.034	0.037	0.041	0.044	0.048
22	0.041	0.045	0.049	0.053	0.058
24	0.048	0.053	0.058	0.063	0.068
26	0.056	0.062	0.068	0.074	0.080
28	0.065	0.072	0.079	0.085	0.092
30	0.074	0.082	0.090	0.098	0.106

检尺径(cm)	检 尺 长 （m）				
	1.0	1.1	1.2	1.3	1.4
	材　积　（m³）				
32	0.085	0.093	0.102	0.111	0.120
34	0.095	0.105	0.115	0.125	0.135
36	0.107	0.118	0.129	0.140	0.151
38	0.119	0.131	0.143	0.155	0.168
40	0.131	0.145	0.158	0.172	0.186
42	0.145	0.159	0.174	0.189	0.204
44	0.158	0.175	0.191	0.207	0.224
46	0.173	0.191	0.208	0.226	0.244
48	0.188	0.207	0.227	0.246	0.266
50	0.204	0.225	0.246	0.267	0.288
52	0.221	0.243	0.266	0.288	0.311
54	0.238	0.262	0.286	0.311	0.335
56	0.255	0.281	0.308	0.334	0.360
58	0.274	0.302	0.330	0.358	0.386
60	0.293	0.323	0.353	0.383	0.413

检尺径(cm)	检 尺 长 （m）				
	1.5	1.6	1.7	1.8	1.9
	材　积　（m³）				
8	0.009	0.010	0.011	0.011	0.012
9	0.011	0.012	0.013	0.014	0.015
10	0.014	0.015	0.016	0.017	0.018
11	0.017	0.018	0.019	0.020	0.022
12	0.020	0.021	0.022	0.024	0.025
13	0.023	0.024	0.026	0.028	0.030
14	0.026	0.028	0.030	0.032	0.034
16	0.034	0.036	0.039	0.041	0.044
18	0.042	0.045	0.048	0.051	0.055
20	0.052	0.055	0.059	0.063	0.067
22	0.062	0.067	0.071	0.076	0.080
24	0.074	0.079	0.084	0.089	0.095
26	0.086	0.092	0.098	0.104	0.110
28	0.099	0.106	0.113	0.120	0.127
30	0.113	0.121	0.129	0.137	0.146
32	0.129	0.138	0.147	0.156	0.165
34	0.145	0.155	0.165	0.175	0.186
36	0.162	0.173	0.185	0.196	0.208
38	0.180	0.193	0.205	0.218	0.231
40	0.199	0.213	0.227	0.241	0.255

续表 8-41

检尺径(cm)	检 尺 长 (m)				
	1.5	1.6	1.7	1.8	1.9
	材 积 (m³)				
42	0.219	0.234	0.250	0.265	0.280
44	0.240	0.257	0.274	0.290	0.307
46	0.262	0.280	0.299	0.317	0.335
48	0.285	0.305	0.325	0.344	0.364
50	0.309	0.330	0.352	0.373	0.395
52	0.334	0.357	0.380	0.403	0.426
54	0.360	0.384	0.409	0.434	0.459
56	0.386	0.413	0.440	0.466	0.493
58	0.414	0.443	0.471	0.500	0.528
60	0.443	0.473	0.504	0.534	0.565

检尺径(cm)	检 尺 长 (m)				
	2.0	2.2	2.4	2.5	2.6	2.8
	材 积 (m³)				
4	0.004 1	0.004 7	0.005 3	0.005 6	0.005 9	0.006 6
5	0.005 8	0.006 6	0.007 4	0.007 9	0.008 3	0.009 2
6	0.007 9	0.008 9	0.010 0	0.010 5	0.011 1	0.012 2
7	0.010 3	0.011 6	0.012 9	0.013 6	0.014 3	0.015 7
8	0.013	0.015	0.016	0.017	0.018	0.020
9	0.016	0.018	0.020	0.021	0.022	0.024
10	0.019	0.022	0.024	0.025	0.026	0.029
11	0.023	0.026	0.028	0.030	0.031	0.034
12	0.027	0.030	0.033	0.35	0.037	0.040
13	0.031	0.035	0.038	0.040	0.042	0.046
14	0.036	0.040	0.045	0.047	0.049	0.054
16	0.047	0.052	0.058	0.060	0.063	0.069
18	0.059	0.065	0.072	0.076	0.079	0.086
20	0.072	0.080	0.088	0.092	0.097	0.105
22	0.086	0.096	0.106	0.111	0.116	0.126
24	0.102	0.114	0.125	0.131	0.137	0.149
26	0.120	0.133	0.146	0.153	0.160	0.174
28	0.138	0.154	0.169	0.177	0.185	0.201
30	0.158	0.176	0.193	0.202	0.211	0.230
32	0.180	0.199	0.219	0.230	0.240	0.260
34	0.202	0.224	0.247	0.258	0.270	0.293
36	0.226	0.251	0.276	0.289	0.302	0.327
38	0.252	0.279	0.307	0.321	0.335	0.364
40	0.278	0.309	0.340	0.355	0.371	0.402

检尺径(cm)	检尺长（m）					
	2.0	2.2	2.4	2.5	2.6	2.8
	材　积　（m³）					
42	0.306	0.340	0.374	0.391	0.408	0.442
44	0.336	0.372	0.409	0.428	0.447	0.484
46	0.367	0.406	0.447	0.467	0.487	0.528
48	0.399	0.442	0.486	0.508	0.530	0.574
50	0.432	0.479	0.526	0.550	0.574	0.622
52	0.467	0.518	0.569	0.594	0.620	0.672
54	0.503	0.558	0.613	0.640	0.668	0.724
56	0.541	0.599	0.658	0.688	0.718	0.777

检尺径(cm)	检尺长（m）				
	3.0	3.2	3.4	3.6	3.8
	材　积　（m³）				
4	0.0073	0.0080	0.0088	0.0096	0.0104
5	0.0101	0.0111	0.0121	0.0132	0.0143
6	0.0134	0.0147	0.0160	0.0173	0.0187
7	0.0172	0.0188	0.0204	0.0220	0.0237
8	0.021	0.023	0.025	0.027	0.029
9	0.026	0.028	0.031	0.033	0.036
10	0.031	0.034	0.037	0.040	0.042
11	0.037	0.040	0.043	0.046	0.050
12	0.043	0.047	0.050	0.054	0.058
13	0.050	0.054	0.058	0.062	0.066
14	0.058	0.063	0.068	0.073	0.078
16	0.075	0.081	0.087	0.093	0.100
18	0.093	0.101	0.108	0.116	0.124
20	0.114	0.123	0.132	0.141	0.151
22	0.137	0.147	0.158	0.169	0.180
24	0.161	0.174	0.186	0.199	0.212
26	0.188	0.203	0.217	0.232	0.247
28	0.217	0.234	0.250	0.267	0.284
30	0.248	0.267	0.286	0.305	0.324
32	0.281	0.302	0.324	0.345	0.367
34	0.316	0.340	0.364	0.388	0.412
36	0.353	0.380	0.406	0.433	0.460
38	0.393	0.422	0.451	0.481	0.510
40	0.434	0.466	0.498	0.531	0.564
42	0.477	0.512	0.548	0.583	0.619
44	0.522	0.561	0.599	0.638	0.678
46	0.570	0.612	0.654	0.696	0.739
48	0.619	0.665	0.710	0.756	0.802
50	0.671	0.720	0.769	0.819	0.869

检尺径(cm)	检 尺 长 （m）				
	3.0	3.2	3.4	3.6	3.8
	材 积 （m³）				
52	0.724	0.777	0.830	0.884	0.938
54	0.780	0.837	0.894	0.951	1.009
56	0.838	0.899	0.960	1.021	1.083

检尺径(cm)	检 尺 长 （m）				
	4.0	4.2	4.4	4.6	4.8
	材 积 （m³）				
4	0.0113	0.0122	0.0132	0.0142	0.0152
5	0.0154	0.0166	0.0178	0.0191	0.0204
6	0.0201	0.0216	0.0231	0.0247	0.0263
7	0.0254	0.0273	0.0291	0.0310	0.0330
8	0.031	0.034	0.036	0.038	0.040
9	0.038	0.041	0.043	0.046	0.049
10	0.045	0.048	0.051	0.054	0.058
11	0.053	0.057	0.060	0.064	0.067
12	0.062	0.065	0.069	0.074	0.078
13	0.071	0.075	0.080	0.084	0.089
14	0.083	0.089	0.094	0.100	0.105
16	0.106	0.113	0.120	0.126	0.134
18	0.132	0.140	0.148	0.156	0.165
20	0.160	0.170	0180	0.190	0.200
22	0.191	0.203	0.214	0.226	0.238
24	0.225	0.239	0.252	0.266	0.279
26	0.262	0.277	0.293	0.308	0.324
28	0.302	0.319	0.337	0.354	0.372
30	0.344	0.364	0.383	0.404	0.424
32	0.389	0.411	0.433	0.456	0.479
34	0.437	0.461	0.486	0.511	0.537
36	0.487	0.515	0.542	0.570	0.598
38	0.541	0.571	0.601	0.632	0.663
40	0.597	0.630	0.663	0.697	0.731
42	0.656	0.692	0.729	0.766	0.803
44	0.717	0.757	0.797	0.837	0.877
46	0.782	0.825	0.868	0.912	0.955
48	0.849	0.896	0.942	0.990	1.037
50	0.919	0.969	1.020	1.071	1.122

检尺径(cm)	检 尺 长 （m）				
	4.0	4.2	4.4	4.6	4.8
	材　积　（m³）				
52	0.992	1.046	1.100	1.155	1.210
54	1.067	1.125	1.184	1.242	1.301
56	1.145	1.208	1.270	1.333	1.396

检尺径(cm)	检 尺 长 （m）				
	5.0	5.2	5.4	5.6	5.8
	材　积　（m³）				
4	0.016 3	0.017 5	0.018 6	0.019 9	0.021 1
5	0.021 8	0.023 2	0.024 7	0.026 2	0.027 8
6	0.028 0	0.029 8	0.031 6	0.033 4	0.035 4
7	0.035 1	0.037 2	0.039 3	0.041 6	0.043 8
8	0.043	0.045	0.048	0.051	0.053
9	0.051	0.054	0.057	0.060	0.064
10	0.061	0.064	0.068	0.071	0.075
11	0.071	0.075	0.079	0.083	0.087
12	0.082	0.086	0.091	0.095	0.100
13	0.094	0.099	0.104	0.109	0.114
14	0.111	0.117	0.123	0.129	0.136
16	0.141	0.148	0.155	0.163	0.171
18	0.174	0.182	0.191	0.201	0.210
20	0.210	0.221	0.231	0.242	0.253
22	0.250	0.262	0.275	0.287	0.300
24	0.293	0.308	0.322	0.336	0.351
26	0.340	0.356	0.373	0.389	0.406
28	0.391	0.409	0.427	0.446	0.465
30	0.444	0.465	0.486	0.507	0.528
32	0.502	0.525	0.548	0.571	0.595
34	0.562	0.588	0.614	0.640	0.666
36	0.626	0.655	0.683	0.712	0.741
38	0.694	0.725	0.757	0.788	0.820
40	0.765	0.800	0.834	0.869	0.903
42	0.840	0.877	0.915	0.953	0.990
44	0.918	0.959	0.999	1.040	1.082
46	0.999	1.043	1.088	1.132	1.177
48	1.084	1.132	1.180	1.228	1.276
50	1.173	1.224	1.276	1.327	1.379
52	1.265	1.320	1.375	1.431	1.486
54	1.360	1.419	1.478	1.538	1.597
56	1.459	1.522	1.586	1.649	1.712

续表 8-41

检尺径(cm)	检 尺 长 (m)				
	6.0	6.2	6.4	6.6	6.8
	材 积 (m³)				
4	0.022 4	0.023 8	0.025 2	0.026 6	0.028 1
5	0.029 4	0.031 1	0.032 8	0.034 6	0.036 4
6	0.037 3	0.039 4	0.041 4	0.043 6	0.045 8
7	0.046 2	0.048 6	0.051 1	0.053 6	0.056 2
8	0.056	0.059	0.062	0.065	0.068
9	0.067	0.070	0.073	0.077	0.080
10	0.078	0.082	0.086	0.090	0.094
11	0.091	0.095	0.100	0.104	0.109
12	0.105	0.109	0.114	0.119	0.124
13	0.119	0.125	0.130	0.136	0.141
14	0.142	0.149	0.156	0.162	0.169
16	0.179	0.187	0.195	0.203	0.211
18	0.219	0.229	0.238	0.248	0.258
20	0.264	0.275	0.286	0.298	0.309
22	0.313	0.326	0.339	0.352	0.365
24	0.366	0.380	0.396	0.411	0.426
26	0.423	0.440	0.457	0.474	0.491
28	0.484	0.503	0.522	0.542	0.561
30	0.549	0.571	0.592	0.614	0.636
32	0.619	0.643	0.667	0.691	0.715
34	0.692	0.719	0.746	0.772	0.799
36	0.770	0.799	0.829	0.858	0.888
38	0.852	0.884	0.916	0.949	0.981
40	0.938	0.973	1.008	1.044	1.079
42	1.028	1.067	1.105	1.143	1.182
44	1.123	1.164	1.206	1.247	1.289
46	1.221	1.266	1.311	1.356	1.401
48	1.324	1.372	1.421	1.469	1.518
50	1.431	1.483	1.535	1.587	1.639
52	1.542	1.597	1.653	1.709	1.765
54	1.657	1.716	1.776	1.835	1.895
56	1.776	1.839	1.903	1.967	2.030

检尺径(cm)	检 尺 长 (m)				
	7.0	7.2	7.4	7.6	7.8
	材 积 (m³)				
4	0.029 7	0.031 3	0.033 0	0.034 7	0.036 4
5	0.038 3	0.040 3	0.042 3	0.044 4	0.046 5

检尺径(cm)	检 尺 长 （m）				
	7.0	7.2	7.4	7.6	7.8
	材 积 （m³）				
6	0.048 1	0.050 4	0.052 8	0.055 2	0.057 8
7	0.058 9	0.061 6	0.064 4	0.067 3	0.070 3
8	0.071	0.074	0.077	0.081	0.084
9	0.084	0.088	0.091	0.095	0.099
10	0.098	0.102	0.106	0.111	0.115
11	0.113	0.118	0.123	0.128	0.133
12	0.130	0.135	0.140	0.146	0.151
13	0.147	0.153	0.159	0.165	0.171
14	0.176	0.184	0.191	0.199	0.206
16	0.220	0.229	0.238	0.247	0.256
18	0.268	0.278	0.289	0.300	0.310
20	0.321	0.333	0.345	0.358	0.370
22	0.379	0.393	0.407	0.421	0.435
24	0.442	0.457	0.473	0.489	0.506
26	0.509	0.527	0.545	0.563	0.581
28	0.581	0.601	0.621	0.642	0.662
30	0.658	0.681	0.703	0.726	0.748
32	0.740	0.765	0.790	0.815	0.840
34	0.827	0.854	0.881	0.909	0.937
36	0.918	0.948	0.978	1.008	1.039
38	1.014	1.047	1.080	1.113	1.146
40	1.115	1.151	1.186	1.223	1.259
42	1.221	1.259	1.298	1.337	1.377
44	1.331	1.373	1.415	1.457	1.500
46	1.446	1.492	1.537	1.583	1.628
48	1.566	1.615	1.664	1.713	1.762
50	1.691	1.743	1.796	1.848	1.901
52	1.821	1.877	1.933	1.989	2.045
54	1.955	2.015	2.075	2.135	2.195
56	2.094	2.158	2.222	2.286	2.349

检尺径(cm)	检 尺 长 （m）				
	8.0	8.2	8.4	8.6	8.8
	材 积 （m³）				
4	0.038 2	0.040 1	0.042 0	0.044 0	0.046 0
5	0.048 7	0.050 9	0.053 2	0.055 6	0.058 0
6	0.060 3	0.063 0	0.065 7	0.068 5	0.071 3
7	0.073 3	0.076 4	0.079 5	0.082 8	0.086 1
8	0.087	0.091	0.095	0.098	0.102
9	0.103	0.107	0.111	0.115	0.120
10	0.120	0.124	0.129	0.134	0.139

检尺径(cm)	检 尺 长 （m）				
	8.0	8.2	8.4	8.6	8.8
	材 积 （m³）				
11	0.138	0.143	0.148	0.153	0.159
12	0.157	0.163	0.168	0.174	0.180
13	0.177	0.184	0.190	0.197	0.204
14	0.214	0.222	0.230	0.239	0.247
16	0.265	0.274	0.284	0.294	0.304
18	0.321	0.332	0.343	0.355	0.366
20	0.383	0.395	0.408	0.422	0.435
22	0.450	0.464	0.479	0.494	0.509
24	0.522	0.539	0.555	0.572	0.589
26	0.600	0.618	0.637	0.656	0.676
28	0.683	0.704	0.725	0.746	0.767
30	0.771	0.795	0.818	0.842	0.865
32	0.865	0.891	0.917	0.943	0.969
34	0.965	0.993	1.021	1.050	1.078
36	1.069	1.100	1.131	1.162	1.194
38	1.180	1.213	1.247	1.281	1.315
40	1.295	1.332	1.368	1.405	1.442
42	1.416	1.456	1.495	1.535	1.575
44	1.542	1.585	1.628	1.671	1.714
46	1.674	1.720	1.766	1.812	1.859
48	1.811	1.860	1.910	1.959	2.009
50	1.954	2.006	2.059	2.112	2.166
52	2.101	2.158	2.214	2.271	2.328
54	2.255	2.315	2.375	2.436	2.496
56	2.413	2.477	2.542	2.606	2.670

检尺径(cm)	检 尺 长 （m）				
	9.0	9.2	9.4	9.6	9.8
	材 积 （m³）				
4	0.048 1	0.050 3	0.052 5	0.054 7	0.057 1
5	0.060 5	0.063 0	0.065 7	0.068 3	0.071 1
6	0.074 3	0.077 3	0.080 3	0.083 4	0.086 6
7	0.089 5	0.092 9	0.096 5	0.100 1	0.103 7
8	0.106	0.110	0.114	0.118	0.122
9	0.124	0.129	0.133	0.138	0.143
10	0.144	0.149	0.154	0.159	0.164

检尺径(cm)	检 尺 长 （m）				
	9.0	9.2	9.4	9.6	9.8
	材 积 （m³）				
11	0.164	0.170	0.176	0.182	0.188
12	0.187	0.193	0.199	0.206	0.212
13	0.210	0.217	0.224	0.231	0.239
14	0.256	0.264	0.273	0.282	0.292
16	0.314	0.324	0.335	0.345	0.356
18	0.378	0.390	0.402	0.414	0.427
20	0.448	0.462	0.476	0.490	0.504
22	0.525	0.540	0.556	0.572	0.588
24	0.607	0.624	0.642	0.660	0.678
26	0.695	0.715	0.734	0.754	0.775
28	0.789	0.811	0.833	0.855	0.878
30	0.889	0.913	0.938	0.962	0.987
32	0.995	1.022	1.049	1.076	1.103
34	1.107	1.136	1.166	1.195	1.225
36	1.225	1.257	1.289	1.321	1.354
38	1.349	1.384	1.419	1.454	1.489
40	1.479	1.517	1.555	1.593	1.631
42	1.615	1.656	1.697	1.737	1.779
44	1.757	1.801	1.845	1.889	1.933
46	1.905	1.952	1.999	2.046	2.094
48	2.059	2.109	2.160	2.210	2.261
50	2.219	2.273	2.327	2.381	2.435
52	2.385	2.442	2.500	2.557	2.615
54	2.557	2.618	2.679	2.740	2.802
56	2.735	2.799	2.864	2.929	2.995

检尺径(cm)	检 尺 长 （m）				
	10.0	10.2	10.4	10.6	10.8
	材 积 （m³）				
14	0.301	0.304	0.307	0.316	0.325
16	0.367	0.371	0.374	0.385	0.396
18	0.440	0.444	0.448	0.460	0.473
20	0.519	0.524	0.528	0.543	0.557
22	0.604	0.610	0.616	0.632	0.649
24	0.697	0.703	0.709	0.728	0.747
26	0.795	0.803	0.810	0.831	0.852
28	0.900	0.909	0.917	0.940	0.964
30	1.012	1.022	1.031	1.057	1.083

检尺径(cm)	检 尺 长 (m)				
	10.0	10.2	10.4	10.6	10.8
	材 积 (m³)				
32	1.131	1.141	1.151	1.180	1.209
34	1.255	1.267	1.278	1.310	1.341
36	1.387	1.400	1.412	1.446	1.481
38	1.525	1.539	1.553	1.590	1.627
40	1.669	1.684	1.700	1.740	1.781
42	1.820	1.837	1.854	1.897	1.941
44	1.978	1.996	2.014	2.061	2.108
46	2.142	2.161	2.181	2.232	2.283
48	2.312	2.334	2.355	2.409	2.464
50	2.489	2.512	2.535	2.593	2.652
52	2.673	2.698	2.722	2.784	2.847
54	2.863	2.890	2.916	2.982	3.049
56	3.060	3.088	3.116	3.187	3.257
58	3.263	3.293	3.323	3.398	3.473
60	3.473	3.505	3.537	3.616	3.695
62	3.690	3.723	3.757	3.841	3.925
64	3.912	3.948	3.984	4.073	4.161
66	4.142	4.180	4.218	4.311	4.405
68	4.378	4.418	4.458	4.556	4.655

检尺径(cm)	检 尺 长 (m)				
	11.0	11.2	11.4	11.6	11.8
	材 积 (m³)				
14	0.335	0.344	0.354	0.364	0.374
16	0.407	0.418	0.429	0.441	0.453
18	0.486	0.499	0.512	0.526	0.539
20	0.572	0.587	0.602	0.618	0.633
22	0.666	0.683	0.700	0.717	0.735
24	0.766	0.785	0.804	0.824	0.844
26	0.873	0.895	0.916	0.938	0.961
28	0.988	1.012	1.036	1.060	0.085
30	1.109	1.136	1.162	1.189	1.217
32	1.238	1.267	1.296	1.326	1.356
34	1.373	1.405	1.437	1.470	1.503
36	1.516	1.551	1.586	1.621	1.657
38	1.665	1.703	1.742	1.780	1.819
40	1.822	1.863	1.905	1.947	1.989
42	1.986	2.030	2.075	2.120	2.166
44	2.156	2.204	2.253	2.301	2.351
46	2.334	2.386	2.438	2.490	2.543

续表 8-41

检尺径(cm)	检 尺 长 （m）				
	11.0	11.2	11.4	11.6	11.8
	材 积 （m³）				
48	2.519	2.574	2.630	2.686	2.743
50	2.711	2.770	2.829	2.889	2.950
52	2.910	2.973	3.063	3.100	3.165
54	3.115	3.183	3.250	3.319	3.387
56	3.328	3.400	3.472	3.544	3.617
58	3.548	3.624	3.701	3.777	3.855
60	3.775	3.856	3.937	4.018	4.100
62	4.010	4.095	4.180	4.266	4.352
64	4.251	4.340	4.431	4.521	4.612
66	4.499	4.593	4.688	4.784	4.880
68	4.754	4.854	4.954	5.054	5.155

检尺径(cm)	检 尺 长 （m）				
	12.0	12.2	12.4	12.6	12.8
	材 积 （m³）				
14	0.384	0.394	0.405	0.415	0.426
16	0.465	0.477	0.489	0.501	0.514
18	0.553	0.567	0.581	0.595	0.610
20	0.649	0.665	0.681	0.697	0.714
22	0.753	0.771	0.789	0.807	0.826
24	0.864	0.884	0.905	0.925	0.946
26	0.983	1.006	1.029	1.052	1.075
28	1.110	1.135	1.160	1.186	1.212
30	1.244	1.272	1.300	1.328	1.357
32	1.386	1.417	1.448	1.479	1.510
34	1.536	1.569	1.603	1.637	1.671
36	1.693	1.730	1.767	1.804	1.841
38	1.859	1.898	1.938	1.978	2.019
40	2.031	2.074	2.117	2.161	2.205
42	2.212	2.258	2.305	2.352	2.399
44	2.400	2.450	2.500	2.550	2.601
46	2.596	2.649	2.703	2.757	2.812
48	2.799	2.857	2.914	2.972	3.030
50	3.011	3.072	3.133	3.195	3.257
52	3.229	3.295	3.360	3.426	3.492
54	3.456	3.525	3.595	3.665	3.736
56	3.690	3.764	3.838	3.912	3.987
58	3.932	4.010	4.089	4.168	4.247
60	4.182	4.264	4.347	4.431	4.515

检尺径(cm)	检 尺 长 （m）				
	12.0	12.2	12.4	12.6	12.8
	材 积 （m³）				
62	4.439	4.526	4.614	4.702	4.791
64	4.704	4.796	4.889	4.982	5.075
66	4.977	5.074	5.171	5.269	5.368
68	5.257	5.359	5.462	5.565	5.668

检尺径(cm)	检 尺 长 （m）				
	13.0	13.2	13.4	13.6	13.8
	材 积 （m³）				
14	0.437	0.448	0.459	0.471	0.482
16	0.527	0.539	0.552	0.566	0.579
18	0.624	0.639	0.654	0.669	0.684
20	0.730	0.747	0.764	0.781	0.799
22	0.845	0.864	0.883	0.902	0.922
24	0.967	0.989	1.010	1.032	1.054
26	1.099	1.122	1.146	1.171	1.195
28	1.238	1.264	1.291	1.318	1.345
30	1.386	1.415	1.444	1.473	1.503
32	1.542	1.573	1.606	1.638	1.671
34	1.706	1.741	1.776	1.811	1.847
36	1.879	1.916	1.955	1.993	2.032
38	2.059	2.101	2.142	2.184	2.226
40	2.249	2.293	2.338	2.383	2.428
42	2.446	2.494	2.542	2.591	2.640
44	2.652	2.704	2.756	2.808	2.860
46	2.867	2.922	2.977	3.033	3.089
48	3.089	3.148	3.208	3.267	3.327
50	3.320	3.383	3.446	3.510	3.574
52	3.559	3.626	3.694	3.762	3.830
54	3.807	3.878	3.950	4.022	4.095
56	4.063	4.138	4.214	4.291	4.368
58	4.327	4.407	4.487	4.569	4.650
60	4.599	4.684	4.769	4.855	4.941
62	4.880	4.969	5.060	5.150	5.241
64	5.169	5.263	5.358	5.454	5.550
66	5.467	5.566	5.666	5.766	5.867
68	5.772	5.877	5.982	6.087	6.193

续表 8-41

检尺径(cm)	检 尺 长 （m）				
	14.0	14.2	14.4	14.6	14.8
	材 积 （m³）				
14	0.494	0.506	0.518	0.530	0.542
16	0.592	0.606	0.620	0.634	0.648
18	0.700	0.716	0.732	0.748	0.764
20	0.816	0.834	0.852	0.870	0.889
22	0.942	0.962	0.982	1.003	1.023
24	1.076	1.099	1.121	1.144	1.167
26	1.220	1.245	1.270	1.295	1.321
28	1.372	1.400	1.427	1.455	1.484
30	1.533	1.564	1.594	1.625	1.656
32	1.704	1.737	1.770	1.804	1.838
34	1.883	1.919	1.955	1.992	2.029
36	2.071	2.110	2.150	2.190	2.230
38	2.268	2.311	2.354	2.397	2.440
40	2.474	2.520	2.566	2.613	2.660
42	2.689	2.739	2.789	2.839	2.889
44	2.913	2.966	3.020	3.074	3.128
46	3.146	3.203	3.260	3.318	3.376
48	3.388	3.449	3.510	3.572	3.634
50	3.639	3.704	3.769	3.835	3.901
52	3.899	3.968	4.037	4.107	4.178
54	4.168	4.241	4.315	4.389	4.464
56	4.445	4.523	4.601	4.680	4.759
58	4.732	4.814	4.897	4.980	5.064
60	5.028	5.115	5.202	5.290	5.379
62	5.332	5.424	5.517	5.609	5.703
64	5.646	5.743	5.840	5.938	6.036
66	5.968	6.070	6.173	6.276	6.379
68	6.300	6.407	6.515	6.623	6.731

8. 枕木材积表(GB/T 449—2009)

表 8-42

宽×厚 (mm×mm)	材长 (m)												
	2.5	2.6	2.8	3.0	3.2	3.4	3.6	3.8	4.0	4.2	4.4	4.6	4.8
	材积 (m³)												
200×145	0.0725	—	—	—	—	—	—	—	—	—	—	—	—
200×220	—	—	—	0.1320	—	—	—	—	—	0.1848	—	—	0.2112
200×240	—	—	0.1440	—	—	—	—	—	—	0.2016	—	—	0.2304
220×160	0.080	—	—	—	—	—	—	—	—	—	—	—	—
220×260	—	—	—	0.1716	—	—	—	—	—	0.2402	—	—	0.2746
220×280	—	—	—	0.1971	—	—	—	—	—	0.2587	—	—	0.2957
240×160	—	0.0998	0.1075	0.1152	0.1229	0.1306	0.1382	0.1459	0.1536	0.1613	0.1690	0.1766	0.1843
240×300	—	—	—	—	0.2304	0.2448	—	—	—	0.3024	—	—	0.3456

9. 罐道木和机台木材积表(GB/T 449—2009)

表 8-43

材长 (m)	宽×厚(mm×mm)											
	210×210	220×220	230×230	240×240	250×250	260×260	270×270	280×280	290×290	300×300	310×310	320×320
	材积 (m³)											
4.0	0.176	0.194	0.212	0.230	0.250	0.270	0.292	0.314	0.336	0.360	0.384	0.410
4.5	0.198	0.218	0.238	0.259	0.281	0.304	0.328	0.353	0.378	0.405	0.432	0.461
5.0	0.221	0.242	0.265	0.288	0.313	0.338	0.365	0.392	0.421	0.450	0.481	0.512
5.2	0.229	0.252	0.275	0.300	0.325	0.352	0.379	0.408	0.437	0.468	0.500	0.532
5.4	0.238	0.261	0.286	0.311	0.338	0.365	0.394	0.423	0.454	0.486	0.519	0.553
5.5	0.243	0.266	0.291	0.317	0.344	0.372	0.401	0.431	0.463	0.495	0.529	0.563
5.6	0.247	0.271	0.296	0.323	0.350	0.379	0.408	0.439	0.471	0.504	0.538	0.573
5.8	0.256	0.281	0.307	0.334	0.363	0.392	0.423	0.455	0.488	0.522	0.557	0.594
6.0	0.625	0.290	0.317	0.346	0.375	0.406	0.437	0.470	0.505	0.540	0.577	0.614
6.2	0.273	0.300	0.328	0.357	0.388	0.419	0.452	0.486	0.521	0.558	0.596	0.635
6.4	0.282	0.310	0.339	0.369	0.400	0.433	0.467	0.502	0.538	0.576	0.615	0.655
6.5	0.287	0.315	0.344	0.374	0.406	0.439	0.474	0.510	0.547	0.585	0.625	0.666
6.6	0.291	0.319	0.349	0.380	0.413	0.446	0.481	0.517	0.555	0.594	0.634	0.676
6.8	0.300	0.329	0.360	0.392	0.425	0.460	0.496	0.533	0.572	0.612	0.653	0.696
7.0	0.309	0.339	0.370	0.403	0.438	0.473	0.510	0.549	0.589	0.630	0.673	0.717
7.2	0.318	0.348	0.381	0.415	0.450	0.487	0.525	0.564	0.606	0.648	0.692	0.737
7.4	0.326	0.358	0.391	0.426	0.463	0.500	0.539	0.580	0.622	0.666	0.711	0.758
7.5	0.331	0.363	0.397	0.432	0.469	0.507	0.547	0.588	0.631	0.675	0.721	0.768
7.6	0.335	0.368	0.402	0.438	0.475	0.514	0.554	0.596	0.639	0.684	0.730	0.778
7.8	0.344	0.378	0.413	0.449	0.488	0.527	0.569	0.612	0.656	0.702	0.750	0.799
8.0	0.353	0.387	0.423	0.461	0.500	0.541	0.583	0.627	0.673	0.720	0.769	0.819

10. 部分方材材积表(GB/T 449—2009)

表 8-44

材长 (m)	宽×厚(mm×mm)								
	25×20	25×25	35×50	35×60	45×60	45×70	45×80	60×110	100×55
	材 积 （m³)								
0.3	0.000 15	0.000 19	0.000 53	0.000 63	0.000 81	0.000 95	0.001 08	0.001 98	0.001 65
0.4	0.000 20	0.000 25	0.000 70	0.000 84	0.001 08	0.001 26	0.001 44	0.002 64	0.002 20
0.5	0.000 25	0.000 31	0.000 88	0.001 05	0.001 35	0.001 58	0.001 80	0.003 30	0.002 75
0.6	0.000 30	0.000 38	0.001 05	0.001 26	0.001 62	0.001 89	0.002 16	0.003 96	0.003 30
0.7	0.000 35	0.000 44	0.001 23	0.001 47	0.001 89	0.002 21	0.002 52	0.004 62	0.003 85
0.8	0.000 40	0.000 50	0.001 40	0.001 68	0.002 16	0.002 52	0.002 88	0.005 28	0.004 40
0.9	0.000 45	0.000 56	0.001 58	0.001 89	0.002 43	0.002 84	0.003 24	0.005 94	0.004 95
1.0	0.000 50	0.000 63	0.001 75	0.002 10	0.002 70	0.003 15	0.003 60	0.006 60	0.005 50
1.1	0.000 55	0.000 69	0.001 93	0.002 31	0.002 97	0.003 47	0.003 96	0.007 26	0.006 05
1.2	0.000 60	0.000 75	0.002 10	0.002 52	0.003 24	0.003 78	0.004 32	0.007 92	0.006 60
1.3	0.000 65	0.000 81	0.002 28	0.002 73	0.003 51	0.004 10	0.004 68	0.008 58	0.007 15
1.4	0.000 70	0.000 88	0.002 45	0.002 94	0.003 78	0.004 41	0.005 04	0.009 24	0.007 70
1.5	0.000 75	0.000 94	0.002 63	0.003 15	0.004 05	0.004 73	0.005 40	0.009 90	0.008 25
1.6	0.000 80	0.001 00	0.002 80	0.003 36	0.004 32	0.005 04	0.005 76	0.010 56	0.008 80
1.7	0.000 85	0.001 06	0.002 98	0.003 57	0.004 59	0.005 36	0.006 12	0.011 22	0.009 35
1.8	0.000 90	0.001 13	0.003 15	0.003 78	0.004 86	0.005 67	0.006 48	0.011 88	0.009 90
1.9	0.000 95	0.001 19	0.003 33	0.003 99	0.005 13	0.005 99	0.006 84	0.012 54	0.010 45
2.0	0.001 0	0.001 3	0.003 5	0.004 2	0.005 4	0.006 3	0.007 2	0.013 2	0.011 0
2.2	0.001 1	0.001 4	0.003 9	0.004 6	0.005 9	0.006 9	0.007 9	0.014 5	0.012 1
2.4	0.001 2	0.001 5	0.004 2	0.005 0	0.006 5	0.007 6	0.008 6	0.015 8	0.013 2
2.5	0.001 3	0.001 6	0.004 4	0.005 3	0.006 8	0.007 9	0.009 0	0.016 5	0.013 8
2.6	0.001 3	0.001 6	0.004 6	0.005 5	0.007 0	0.008 2	0.009 4	0.017 2	0.014 3
2.8	0.001 4	0.001 8	0.004 9	0.005 9	0.007 6	0.008 8	0.010 1	0.018 5	0.015 4
3.0	0.001 5	0.001 9	0.005 3	0.006 3	0.008 1	0.009 5	0.010 8	0.019 8	0.016 5
3.2	0.001 6	0.002 0	0.005 6	0.006 7	0.008 6	0.010 1	0.011 5	0.021 1	0.017 6
3.4	0.001 7	0.002 1	0.006 0	0.007 1	0.009 2	0.010 7	0.012 2	0.022 4	0.018 7
3.6	0.001 8	0.002 3	0.006 3	0.007 6	0.009 7	0.011 3	0.013 0	0.023 8	0.019 8
3.8	0.001 9	0.002 4	0.006 7	0.008 0	0.010 3	0.012 0	0.013 7	0.025 1	0.020 9
4.0	0.002 0	0.002 5	0.007 0	0.008 4	0.010 8	0.012 6	0.014 4	0.026 4	0.022 0
4.2	0.002 1	0.002 6	0.007 4	0.008 8	0.011 3	0.013 2	0.015 1	0.027 7	0.023 1
4.4	0.002 2	0.002 8	0.007 7	0.009 2	0.011 9	0.013 9	0.015 8	0.029 0	0.024 2
4.6	0.002 3	0.002 9	0.008 1	0.009 7	0.012 4	0.014 5	0.016 6	0.030 4	0.025 3
4.8	0.002 4	0.003 0	0.008 4	0.010 1	0.013 0	0.015 1	0.017 3	0.031 7	0.026 4
5.0	0.002 5	0.003 1	0.008 8	0.010 5	0.013 5	0.015 8	0.018 0	0.033 0	0.027 5
5.2	0.002 6	0.003 3	0.009 1	0.010 9	0.014 0	0.016 4	0.018 7	0.034 3	0.028 6
5.4	0.002 7	0.003 4	0.009 5	0.011 3	0.014 6	0.017 0	0.019 4	0.035 6	0.029 7
5.6	0.002 8	0.003 5	0.009 8	0.011 8	0.015 1	0.017 6	0.020 2	0.037 0	0.030 8
5.8	0.002 9	0.003 6	0.010 2	0.012 2	0.015 7	0.018 3	0.020 9	0.038 3	0.031 9
6.0	0.003 0	0.003 8	0.010 5	0.012 6	0.016 2	0.018 9	0.021 6	0.039 6	0.033 0
6.2	0.003 1	0.003 9	0.010 9	0.013 0	0.016 7	0.019 5	0.022 3	0.040 9	0.034 1
6.4	0.003 2	0.004 0	0.011 2	0.013 4	0.017 3	0.020 2	0.023 0	0.042 2	0.035 2
6.6	0.003 3	0.004 1	0.011 6	0.013 9	0.017 8	0.020 8	0.023 8	0.043 6	0.036 3
6.8	0.003 4	0.004 3	0.011 9	0.014 3	0.018 4	0.021 4	0.024 5	0.044 9	0.037 4
7.0	0.003 5	0.004 4	0.012 3	0.014 7	0.018 9	0.022 1	0.025 2	0.046 2	0.038 5
7.2	0.003 6	0.004 5	0.012 6	0.015 1	0.019 4	0.022 7	0.025 9	0.047 5	0.039 6
7.4	0.003 7	0.004 6	0.013 0	0.015 5	0.020 0	0.023 3	0.026 6	0.048 8	0.040 7
7.6	0.003 8	0.004 8	0.013 3	0.016 0	0.020 5	0.023 9	0.027 4	0.050 2	0.041 8
7.8	0.003 9	0.004 9	0.013 7	0.016 4	0.021 1	0.024 6	0.028 1	0.051 5	0.042 9
8.0	0.004 0	0.005 0	0.014 0	0.016 8	0.021 6	0.025 2	0.028 8	0.052 8	0.044 0

11.普通锯材材积表(部分)(GB/T 449—2009)

表 8-45

材长(m)	2.0							
材宽(mm)	材 厚 (mm)							
	12	15	18	21	25	30	35	40
	材 积 (m³)							
30	0.000 7	0.000 9	0.001 1	0.001 3	0.001 5	0.001 8	0.002 1	0.002 4
40	0.001 0	0.001 2	0.001 4	0.001 7	0.002 0	0.002 4	0.002 8	0.003 2
50	0.001 2	0.001 5	0.001 8	0.002 1	0.002 5	0.003 0	0.003 5	0.004 0
60	0.001 4	0.001 8	0.002 2	0.002 5	0.003 0	0.003 6	0.004 2	0.004 8
70	0.001 7	0.002 1	0.002 5	0.002 9	0.003 5	0.004 2	0.004 9	0.005 6
80	0.001 9	0.002 4	0.002 9	0.003 4	0.004 0	0.004 8	0.005 6	0.006 4
90	0.002 2	0.002 7	0.003 2	0.003 8	0.004 5	0.005 4	0.006 3	0.007 2
100	0.002 4	0.003 0	0.003 6	0.004 2	0.005 0	0.006 0	0.007 0	0.008 0
110	0.002 6	0.003 3	0.004 0	0.004 6	0.005 5	0.006 6	0.007 7	0.008 8
120	0.002 9	0.003 6	0.004 3	0.005 0	0.006 0	0.007 2	0.008 4	0.009 6
130	0.003 1	0.003 9	0.004 7	0.005 5	0.006 5	0.007 8	0.009 1	0.010 4
140	0.003 4	0.004 2	0.005 0	0.005 9	0.007 0	0.008 4	0.009 8	0.011 2
150	0.003 6	0.004 5	0.005 4	0.006 3	0.007 5	0.009 0	0.010 5	0.012 0
160	0.003 8	0.004 8	0.005 8	0.006 7	0.008 0	0.009 6	0.011 2	0.012 8
170	0.004 1	0.005 1	0.006 1	0.007 1	0.008 5	0.010 2	0.011 9	0.013 6
180	0.004 3	0.005 4	0.006 5	0.007 6	0.009 0	0.010 8	0.012 6	0.014 4
190	0.004 6	0.005 7	0.006 8	0.008 0	0.009 5	0.001 4	0.013 3	0.015 2
200	0.004 8	0.006 0	0.007 2	0.008 4	0.010 1	0.012 0	0.014 0	0.016 0
210	0.005 0	0.006 3	0.007 6	0.008 8	0.010 5	0.012 6	0.014 7	0.016 8
220	0.005 3	0.006 6	0.007 9	0.009 2	0.011 0	0.013 2	0.015 4	0.017 6
230	0.005 5	0.006 9	0.008 3	0.009 7	0.011 5	0.013 8	0.016 1	0.018 4
240	0.005 8	0.007 2	0.008 6	0.010 1	0.012 0	0.014 4	0.016 8	0.019 2
250	0.006 0	0.007 5	0.009 0	0.010 5	0.012 5	0.015 0	0.017 5	0.020 0
260	0.006 2	0.007 8	0.009 4	0.010 9	0.013 0	0.015 6	0.018 2	0.020 8
270	0.006 5	0.008 1	0.009 7	0.011 3	0.013 5	0.016 2	0.018 9	0.021 6
280	0.006 7	0.008 4	0.010 1	0.011 8	0.014 0	0.016 8	0.019 6	0.022 4
290	0.007 0	0.008 7	0.010 4	0.012 2	0.014 5	0.017 4	0.020 3	0.023 2
300	0.007 2	0.009 0	0.010 8	0.012 6	0.015 0	0.018 0	0.021 0	0.024 0

材长(m)	2.0						
	材 厚 （mm）						
材宽(mm)	45	50	60	70	80	90	100
	材 积 （m³）						
30	0.002 7	0.003 0	0.003 6	0.004 2	0.004 8	0.005 4	0.006 0
40	0.003 6	0.004 0	0.004 8	0.005 6	0.006 4	0.007 2	0.008 0
50	0.004 5	0.005 0	0.006 0	0.007 0	0.008 0	0.009 0	0.010 0
60	0.005 4	0.006 0	0.007 2	0.008 4	0.009 6	0.010 8	0.012 0
70	0.006 3	0.007 0	0.008 4	0.009 8	0.011 2	0.012 6	0.014 0
80	0.007 2	0.008 0	0.009 6	0.011 2	0.012 8	0.014 4	0.016 0
90	0.008 1	0.009 0	0.010 8	0.012 6	0.014 4	0.016 2	0.018 0
100	0.009 0	0.010 0	0.012 0	0.014 0	0.016 0	0.018 0	0.020 0
110	0.009 9	0.011 0	0.013 2	0.015 4	0.017 6	0.019 8	0.022 0
120	0.010 8	0.012 0	0.014 4	0.016 8	0.019 2	0.021 6	0.024 0
130	0.011 7	0.013 0	0.015 6	0.018 2	0.020 8	0.023 4	0.026 0
140	0.012 6	0.014 0	0.016 8	0.019 6	0.022 4	0.025 2	0.028 0
150	0.013 5	0.015 0	0.018 0	0.021 0	0.024 0	0.027 0	0.030 0
160	0.014 4	0.016 0	0.019 2	0.022 4	0.025 6	0.028 8	0.032 0
170	0.015 3	0.017 0	0.020 4	0.023 8	0.027 2	0.030 6	0.034 0
180	0.016 2	0.018 0	0.021 6	0.025 2	0.028 8	0.032 4	0.036 0
190	0.017 1	0.019 0	0.022 8	0.026 6	0.030 4	0.034 2	0.038 0
200	0.018 0	0.020 0	0.024 0	0.028 0	0.032 0	0.036 0	0.040 0
210	0.018 9	0.021 0	0.025 2	0.029 4	0.033 6	0.037 8	0.042 0
220	0.019 8	0.022 0	0.026 4	0.030 8	0.035 2	0.039 6	0.044 0
230	0.020 7	0.023 0	0.027 6	0.032 2	0.036 8	0.041 4	0.046 0
240	0.021 6	0.024 0	0.028 8	0.033 6	0.038 4	0.043 2	0.048 0
250	0.022 5	0.025 0	0.030 0	0.035 0	0.040 0	0.045 0	0.050 0
260	0.023 4	0.026 0	0.031 2	0.036 4	0.041 6	0.046 8	0.052 0
270	0.024 3	0.027 0	0.032 4	0.037 8	0.043 2	0.048 6	0.054 0
280	0.025 2	0.028 0	0.033 6	0.039 2	0.044 8	0.050 4	0.056 0
290	0.026 1	0.029 0	0.034 8	0.040 6	0.046 4	0.052 2	0.058 0
300	0.027 0	0.030 0	0.036 0	0.042 0	0.048 0	0.054 0	0.060 0

材长(m)	2.5							
材宽(mm)	材　厚　(mm)							
	12	15	18	21	25	30	35	40
	材　积　(m³)							
30	0.000 9	0.001 1	0.001 4	0.001 6	0.001 9	0.002 3	0.002 6	0.003 0
40	0.001 2	0.001 5	0.001 8	0.002 1	0.002 5	0.003 0	0.003 5	0.004 0
50	0.001 5	0.001 9	0.002 3	0.002 6	0.003 1	0.003 8	0.004 4	0.005 0
60	0.001 8	0.002 3	0.002 7	0.003 2	0.003 8	0.004 5	0.005 3	0.006 0
70	0.002 1	0.002 6	0.003 2	0.003 7	0.004 4	0.005 3	0.006 1	0.007 0
80	0.002 4	0.003 0	0.003 6	0.004 2	0.005 0	0.006 0	0.007 0	0.008 0
90	0.002 7	0.003 4	0.004 1	0.004 7	0.005 6	0.006 8	0.007 9	0.009 0
100	0.003 0	0.003 8	0.004 5	0.005 3	0.006 3	0.007 5	0.008 8	0.010 0
110	0.003 3	0.004 1	0.005 0	0.005 8	0.006 9	0.008 3	0.009 6	0.011 0
120	0.003 6	0.004 5	0.005 4	0.006 3	0.007 5	0.009 0	0.010 5	0.012 0
130	0.003 9	0.004 9	0.005 9	0.006 8	0.008 1	0.009 8	0.011 4	0.013 0
140	0.004 2	0.005 3	0.006 3	0.007 4	0.008 8	0.010 5	0.012 3	0.014 0
150	0.004 5	0.005 6	0.006 8	0.007 9	0.009 4	0.011 3	0.013 1	0.015 0
160	0.004 8	0.006 0	0.007 2	0.008 4	0.010 0	0.012 0	0.014 0	0.016 0
170	0.005 1	0.006 4	0.007 7	0.008 9	0.010 6	0.012 8	0.014 9	0.017 0
180	0.005 4	0.006 8	0.008 1	0.009 5	0.011 3	0.013 5	0.015 8	0.018 0
190	0.005 7	0.007 1	0.008 6	0.010 0	0.011 9	0.014 3	0.016 6	0.019 0
200	0.006 0	0.007 5	0.009 0	0.010 5	0.012 5	0.015 0	0.017 5	0.020 0
210	0.006 3	0.007 9	0.009 5	0.011 0	0.013 1	0.015 8	0.018 4	0.021 0
220	0.006 6	0.008 3	0.009 9	0.001 6	0.013 8	0.016 5	0.019 3	0.022 0
230	0.006 9	0.008 6	0.010 4	0.012 1	0.014 4	0.017 3	0.020 1	0.023 0
240	0.007 2	0.009 0	0.010 8	0.012 6	0.015 0	0.018 0	0.021 0	0.024 0
250	0.007 5	0.009 4	0.011 3	0.013 1	0.015 6	0.018 8	0.021 9	0.025 0
260	0.007 8	0.009 8	0.011 7	0.013 7	0.016 3	0.019 5	0.022 8	0.026 0
270	0.008 1	0.010 1	0.012 2	0.014 2	0.016 9	0.020 3	0.023 6	0.027 0
280	0.008 4	0.010 5	0.012 6	0.014 7	0.017 5	0.021 0	0.024 5	0.028 0
290	0.008 7	0.010 9	0.013 1	0.015 2	0.018 1	0.021 8	0.025 4	0.029 0
300	0.009 0	0.011 3	0.013 5	0.015 8	0.018 8	0.022 5	0.026 3	0.030 0

续表 8-45

材长(m)	2.5						
	材　厚　(mm)						
材宽(mm)	45	50	60	70	80	90	100
	材　积　(m³)						
30	0.003 4	0.003 8	0.004 5	0.005 3	0.006 0	0.006 8	0.007 5
40	0.004 5	0.005 0	0.006 0	0.007 0	0.008 0	0.009 0	0.010 0
50	0.005 6	0.006 3	0.007 5	0.008 8	0.010 0	0.011 3	0.012 5
60	0.006 8	0.007 5	0.009 0	0.010 5	0.012 0	0.013 5	0.015 0
70	0.007 9	0.008 8	0.010 5	0.012 3	0.014 0	0.015 8	0.017 5
80	0.009 0	0.010 0	0.012 0	0.014 0	0.016 0	0.018 0	0.020 0
90	0.010 1	0.011 3	0.013 5	0.015 8	0.018 0	0.020 3	0.022 5
100	0.011 3	0.012 5	0.015 0	0.017 5	0.020 0	0.022 5	0.025 0
110	0.012 4	0.013 8	0.016 5	0.019 3	0.022 0	0.024 8	0.027 5
120	0.013 5	0.015 0	0.018 0	0.021 0	0.024 0	0.027 0	0.030 0
130	0.014 6	0.016 3	0.019 5	0.022 8	0.026 0	0.029 3	0.032 5
140	0.015 8	0.017 5	0.021 0	0.024 5	0.028 0	0.031 5	0.035 0
150	0.016 9	0.018 8	0.022 5	0.026 3	0.030 0	0.033 8	0.037 5
160	0.018 0	0.020 0	0.024 0	0.028 0	0.032 0	0.036 0	0.040 0
170	0.019 1	0.021 3	0.025 5	0.029 8	0.034 0	0.038 3	0.042 5
180	0.020 3	0.022 5	0.027 0	0.031 5	0.036 0	0.040 5	0.045 0
190	0.021 4	0.023 8	0.028 5	0.033 3	0.038 0	0.042 8	0.047 5
200	0.022 5	0.025 0	0.030 0	0.035 0	0.040 0	0.045 0	0.050 0
210	0.023 6	0.026 3	0.031 5	0.036 8	0.042 0	0.047 3	0.052 5
220	0.024 8	0.027 5	0.033 0	0.038 5	0.044 0	0.049 5	0.055 0
230	0.025 9	0.028 8	0.034 5	0.040 3	0.046 0	0.051 8	0.057 5
240	0.027 0	0.030 0	0.036 0	0.042 0	0.048 0	0.054 0	0.060 0
250	0.028 1	0.031 3	0.037 5	0.043 8	0.050 0	0.056 3	0.062 5
260	0.029 3	0.032 5	0.039 0	0.045 5	0.052 0	0.058 5	0.065 0
270	0.030 4	0.033 8	0.040 5	0.047 3	0.054 0	0.060 8	0.067 5
280	0.031 5	0.035 0	0.042 0	0.049 0	0.056 0	0.063 0	0.070 0
290	0.032 6	0.036 3	0.043 5	0.050 8	0.058 0	0.065 3	0.072 5
300	0.033 8	0.037 5	0.045 0	0.052 5	0.060 0	0.067 5	0.075 0

材长(m)	3.0							
材宽(mm)	材 厚 (mm)							
	12	15	18	21	25	30	35	40
	材 积 (m³)							
30	0.001 1	0.001 4	0.001 6	0.001 9	0.002 3	0.002 7	0.003 2	0.003 6
40	0.001 4	0.001 8	0.002 2	0.002 5	0.003 0	0.003 6	0.004 2	0.004 8
50	0.001 8	0.002 3	0.002 7	0.003 2	0.003 8	0.004 5	0.005 3	0.006 0
60	0.002 2	0.002 7	0.003 2	0.003 8	0.004 5	0.005 4	0.006 3	0.007 2
70	0.002 5	0.003 2	0.003 8	0.004 4	0.005 3	0.006 3	0.007 4	0.008 4
80	0.002 9	0.003 6	0.004 3	0.005 0	0.006 0	0.007 2	0.008 4	0.009 6
90	0.003 2	0.004 1	0.004 9	0.005 7	0.006 8	0.008 1	0.009 5	0.010 8
100	0.003 6	0.004 5	0.005 4	0.006 3	0.007 5	0.009 0	0.010 5	0.012 0
110	0.004 0	0.005 0	0.005 9	0.006 9	0.008 3	0.009 9	0.011 6	0.013 2
120	0.004 3	0.005 4	0.006 5	0.007 6	0.009 0	0.010 8	0.012 6	0.014 4
130	0.004 7	0.005 9	0.007 0	0.008 2	0.009 8	0.011 7	0.013 7	0.015 6
140	0.005 0	0.006 3	0.007 6	0.008 8	0.010 5	0.012 6	0.014 7	0.016 8
150	0.005 4	0.006 8	0.008 1	0.009 5	0.011 3	0.013 5	0.015 8	0.018 0
160	0.005 8	0.007 2	0.008 6	0.010 1	0.012 0	0.014 4	0.016 8	0.019 2
170	0.006 1	0.007 7	0.009 2	0.010 7	0.012 8	0.015 3	0.017 9	0.020 4
180	0.006 5	0.008 1	0.009 7	0.011 3	0.013 5	0.016 2	0.018 9	0.021 6
190	0.006 8	0.008 6	0.010 3	0.012 0	0.014 3	0.017 1	0.020 0	0.022 8
200	0.007 2	0.009 0	0.010 8	0.012 6	0.015 0	0.018 0	0.021 0	0.024 0
210	0.007 6	0.009 5	0.011 3	0.013 2	0.015 8	0.018 9	0.022 1	0.025 2
220	0.007 9	0.009 9	0.011 9	0.013 9	0.016 5	0.019 8	0.023 1	0.026 4
230	0.008 3	0.010 4	0.012 4	0.014 5	0.017 3	0.020 7	0.024 2	0.027 6
240	0.008 6	0.010 8	0.013 0	0.015 1	0.018 0	0.021 6	0.025 2	0.028 8
250	0.009 0	0.011 3	0.013 5	0.015 8	0.018 8	0.022 5	0.026 3	0.030 0
260	0.009 4	0.011 7	0.014 0	0.016 4	0.019 5	0.023 4	0.027 3	0.031 2
270	0.009 7	0.012 2	0.014 6	0.017 0	0.020 3	0.024 3	0.028 4	0.032 4
280	0.010 1	0.012 6	0.015 1	0.017 6	0.021 0	0.025 2	0.029 4	0.033 6
290	0.010 4	0.013 1	0.015 7	0.018 3	0.021 8	0.026 1	0.030 5	0.034 8
300	0.010 8	0.013 5	0.016 2	0.018 9	0.022 5	0.027 0	0.031 5	0.036 0

材长(m)	3.0						
	材 厚 （mm）						
材宽(mm)	45	50	60	70	80	90	100
	材 积 （m³）						
30	0.004 1	0.004 5	0.005 4	0.006 3	0.007 2	0.008 1	0.009 0
40	0.005 4	0.006 0	0.007 2	0.008 4	0.009 6	0.010 8	0.012 0
50	0.006 8	0.007 5	0.009 0	0.010 5	0.012 0	0.013 5	0.015 0
60	0.008 1	0.009 0	0.010 8	0.012 6	0.014 4	0.016 2	0.018 0
70	0.009 5	0.010 5	0.012 6	0.014 7	0.016 8	0.018 9	0.021 0
80	0.010 8	0.012 0	0.014 4	0.016 8	0.019 2	0.021 6	0.024 0
90	0.012 2	0.013 5	0.016 2	0.018 9	0.021 6	0.024 3	0.027 0
100	0.013 5	0.015 0	0.018 0	0.021 0	0.024 0	0.027 0	0.030 0
110	0.014 9	0.016 5	0.019 8	0.023 1	0.026 4	0.029 7	0.033 0
120	0.016 2	0.018 0	0.021 6	0.025 2	0.028 8	0.032 4	0.036 0
130	0.017 6	0.019 5	0.023 4	0.027 3	0.031 2	0.035 1	0.039 0
140	0.018 9	0.021 0	0.025 2	0.029 4	0.033 6	0.037 8	0.042 0
150	0.020 3	0.022 5	0.027 0	0.031 5	0.036 0	0.040 5	0.045 0
160	0.021 6	0.024 0	0.028 8	0.033 6	0.038 4	0.043 2	0.048 0
170	0.023 0	0.025 5	0.030 6	0.035 7	0.040 8	0.045 9	0.051 0
180	0.024 3	0.027 0	0.032 4	0.037 8	0.043 2	0.048 6	0.054 0
190	0.025 7	0.028 5	0.034 2	0.039 9	0.045 6	0.051 3	0.057 0
200	0.027 0	0.030 0	0.036 0	0.042 0	0.048 0	0.054 0	0.060 0
210	0.028 4	0.031 5	0.037 8	0.044 1	0.050 4	0.056 7	0.063 0
220	0.029 7	0.033 0	0.039 6	0.046 2	0.052 8	0.059 4	0.066 0
230	0.031 1	0.034 5	0.041 4	0.048 3	0.055 2	0.062 1	0.069 0
240	0.032 4	0.036 0	0.043 2	0.050 4	0.057 6	0.064 8	0.072 0
250	0.033 8	0.037 5	0.045 0	0.052 5	0.060 0	0.067 5	0.075 0
260	0.035 1	0.039 0	0.046 8	0.054 6	0.062 4	0.070 2	0.078 0
270	0.036 5	0.040 5	0.048 6	0.056 7	0.064 8	0.072 9	0.081 0
280	0.037 8	0.042 0	0.050 4	0.058 8	0.067 2	0.075 6	0.084 0
290	0.039 2	0.043 5	0.052 2	0.060 9	0.069 6	0.078 3	0.087 0
300	0.040 5	0.045 0	0.054 0	0.063 0	0.072 0	0.081 0	0.090 0

材长(m)	4.0							
材宽(mm)	材 厚 （mm）							
	12	15	18	21	25	30	35	40
	材 积 （m³）							
30	0.001 4	0.001 8	0.002 2	0.002 5	0.003 0	0.003 6	0.004 2	0.004 8
40	0.001 9	0.002 4	0.002 9	0.003 4	0.004 0	0.004 8	0.005 6	0.006 4
50	0.002 4	0.003 0	0.003 6	0.004 2	0.005 0	0.006 0	0.007 0	0.008 0
60	0.002 9	0.003 6	0.004 3	0.005 0	0.006 0	0.007 2	0.008 4	0.009 6
70	0.003 4	0.004 2	0.005 0	0.005 9	0.007 0	0.008 4	0.009 8	0.011 2
80	0.003 8	0.004 8	0.005 8	0.006 7	0.008 0	0.009 6	0.011 2	0.012 8
90	0.004 3	0.005 4	0.006 5	0.007 6	0.009 0	0.010 8	0.012 6	0.014 4
100	0.004 8	0.006 0	0.007 2	0.008 4	0.010 0	0.012 0	0.014 0	0.016 0
110	0.005 3	0.006 6	0.007 9	0.009 2	0.011 0	0.013 2	0.015 4	0.017 6
120	0.005 8	0.007 2	0.008 6	0.010 1	0.012 0	0.014 4	0.016 8	0.019 2
130	0.006 2	0.007 8	0.009 4	0.010 9	0.013 0	0.015 6	0.018 2	0.020 8
140	0.006 7	0.008 4	0.010 1	0.011 8	0.014 0	0.016 8	0.019 6	0.022 4
150	0.007 2	0.009 0	0.010 8	0.012 6	0.015 0	0.018 0	0.021 0	0.024 0
160	0.007 7	0.009 6	0.011 5	0.013 4	0.016 0	0.019 2	0.022 4	0.025 6
170	0.008 2	0.010 2	0.012 2	0.014 3	0.017 0	0.020 4	0.023 8	0.027 2
180	0.008 6	0.010 8	0.013 0	0.015 1	0.018 0	0.021 6	0.025 2	0.028 8
190	0.009 1	0.011 4	0.013 7	0.016 0	0.019 0	0.022 8	0.026 6	0.030 4
200	0.009 6	0.012 0	0.014 4	0.016 8	0.020 0	0.024 0	0.028 0	0.032 0
210	0.010 1	0.012 6	0.015 1	0.017 6	0.021 0	0.025 2	0.029 4	0.033 6
220	0.010 6	0.013 2	0.015 8	0.018 5	0.022 0	0.026 4	0.030 8	0.035 2
230	0.011 0	0.013 8	0.016 6	0.019 3	0.023 0	0.027 6	0.032 2	0.036 8
240	0.011 5	0.014 4	0.017 3	0.020 2	0.024 0	0.028 8	0.033 6	0.038 4
250	0.012 0	0.015 0	0.018 0	0.021 0	0.025 0	0.030 0	0.035 0	0.040 0
260	0.012 5	0.015 6	0.018 7	0.021 8	0.026 0	0.031 2	0.036 4	0.041 6
270	0.013 0	0.016 2	0.019 4	0.022 7	0.027 0	0.032 4	0.037 8	0.043 2
280	0.013 4	0.016 8	0.020 2	0.023 5	0.028 0	0.033 6	0.039 2	0.044 8
290	0.013 9	0.017 4	0.020 9	0.024 4	0.029 0	0.034 8	0.040 6	0.046 4
300	0.014 4	0.018 0	0.021 6	0.025 2	0.030 0	0.036 0	0.042 0	0.048 0

材长(m)				4.0			
	材 厚 （mm）						
材宽(mm)	45	50	60	70	80	90	100
	材 积 （m³）						
30	0.005 4	0.006 0	0.007 2	0.008 4	0.009 6	0.010 8	0.012 0
40	0.007 2	0.008 0	0.009 6	0.011 2	0.012 8	0.014 4	0.016 0
50	0.009 0	0.010 0	0.012 0	0.014 0	0.016 0	0.018 0	0.020 0
60	0.010 8	0.012 0	0.014 4	0.016 8	0.019 2	0.021 6	0.024 0
70	0.012 6	0.014 0	0.016 8	0.019 6	0.022 4	0.025 2	0.028 0
80	0.014 4	0.016 0	0.019 2	0.022 4	0.025 6	0.028 8	0.032 0
90	0.016 2	0.018 0	0.021 6	0.025 2	0.028 8	0.032 4	0.036 0
100	0.018 0	0.020 0	0.024 0	0.028 0	0.032 0	0.036 0	0.040 0
110	0.019 8	0.022 0	0.026 4	0.030 8	0.035 2	0.039 6	0.044 0
120	0.021 6	0.024 0	0.028 8	0.033 6	0.038 4	0.043 2	0.048 0
130	0.023 4	0.026 0	0.031 2	0.036 4	0.041 6	0.046 8	0.052 0
140	0.025 2	0.028 0	0.033 6	0.039 2	0.044 8	0.050 4	0.056 0
150	0.027 0	0.030 0	0.036 0	0.042 0	0.048 0	0.054 0	0.060 0
160	0.028 8	0.032 0	0.038 4	0.044 8	0.051 2	0.057 6	0.064 0
170	0.030 6	0.034 0	0.040 8	0.047 6	0.054 4	0.061 2	0.068 0
180	0.032 4	0.036 0	0.043 2	0.050 4	0.057 6	0.064 8	0.072 0
190	0.034 2	0.038 0	0.045 6	0.053 2	0.060 8	0.068 4	0.076 0
200	0.036 0	0.040 0	0.048 0	0.056 0	0.064 0	0.072 0	0.080 0
210	0.037 8	0.042 0	0.050 4	0.058 8	0.067 2	0.075 6	0.084 0
220	0.039 6	0.044 0	0.052 8	0.061 6	0.070 4	0.079 2	0.088 0
230	0.041 4	0.046 0	0.055 2	0.064 4	0.073 6	0.082 8	0.092 0
240	0.043 2	0.048 0	0.057 6	0.067 2	0.076 8	0.086 4	0.096 0
250	0.045 0	0.050 0	0.060 0	0.070 0	0.080 0	0.090 0	0.100 0
260	0.046 8	0.052 0	0.062 4	0.072 8	0.083 2	0.093 6	0.104 0
270	0.048 6	0.054 0	0.064 8	0.075 6	0.086 4	0.097 2	0.108 0
280	0.050 4	0.056 0	0.067 2	0.078 4	0.089 6	0.100 8	0.112 0
290	0.052 2	0.058 0	0.069 6	0.081 2	0.092 8	0.104 4	0.166 0
300	0.054 0	0.060 0	0.072 0	0.084 0	0.096 0	0.108 0	0.120 0

材长(m)				4.6				
材宽(mm)	材　厚　(mm)							
	12	15	18	21	25	30	35	40
	材　积　(m³)							
30	0.0017	0.0021	0.0025	0.0029	0.0035	0.0041	0.0048	0.0055
40	0.0022	0.0028	0.0033	0.0039	0.0046	0.0055	0.0064	0.0074
50	0.0028	0.0035	0.0041	0.0048	0.0058	0.0069	0.0081	0.0092
60	0.0033	0.0041	0.0050	0.0058	0.0069	0.0083	0.0097	0.0110
70	0.0039	0.0048	0.0058	0.0068	0.0081	0.0097	0.0113	0.0129
80	0.0044	0.0055	0.0066	0.0077	0.0092	0.0110	0.0129	0.0147
90	0.0050	0.0062	0.0075	0.0087	0.0104	0.0124	0.0145	0.0166
100	0.0055	0.0069	0.0083	0.0097	0.0115	0.0138	0.0161	0.0184
110	0.0061	0.0076	0.0091	0.0106	0.0127	0.0152	0.0177	0.0202
120	0.0066	0.0083	0.0099	0.0116	0.0138	0.0166	0.0193	0.0221
130	0.0072	0.0090	0.0108	0.0126	0.0150	0.0179	0.0209	0.0239
140	0.0077	0.0097	0.0116	0.0135	0.0161	0.0193	0.0225	0.0258
150	0.0083	0.0104	0.0124	0.0145	0.0173	0.0207	0.0242	0.0276
160	0.0088	0.0110	0.0132	0.0155	0.0184	0.0221	0.0258	0.0294
170	0.0094	0.0117	0.0141	0.0164	0.0196	0.0235	0.0274	0.0313
180	0.0099	0.0124	0.0149	0.0174	0.0207	0.0248	0.0290	0.0331
190	0.0105	0.0131	0.0157	0.0184	0.0219	0.0262	0.0306	0.0350
200	0.0110	0.0138	0.0166	0.0193	0.0230	0.0276	0.0322	0.0368
210	0.0116	0.0145	0.0174	0.0203	0.0242	0.0290	0.0338	0.0386
220	0.0121	0.0152	0.0182	0.0213	0.0253	0.0304	0.0354	0.0405
230	0.0127	0.0159	0.0190	0.0222	0.0265	0.0317	0.0370	0.0423
240	0.0132	0.0166	0.0199	0.0232	0.0276	0.0331	0.0386	0.0442
250	0.0138	0.0173	0.0207	0.0242	0.0288	0.0345	0.0403	0.0460
260	0.0144	0.0179	0.0215	0.0251	0.0299	0.0359	0.0419	0.0478
270	0.0149	0.0186	0.0224	0.0261	0.0311	0.0373	0.0435	0.0497
280	0.0155	0.0193	0.0232	0.0270	0.0322	0.0386	0.0451	0.0515
290	0.0160	0.0200	0.0240	0.0280	0.0334	0.0400	0.0467	0.0534
300	0.0166	0.0207	0.0248	0.0290	0.0345	0.0414	0.0483	0.0552

材长(m)	4.6						
	材　厚　(mm)						
材宽(mm)	45	50	60	70	80	90	100
	材　积　(m³)						
30	0.006 2	0.006 9	0.008 3	0.009 7	0.011 0	0.012 4	0.013 8
40	0.008 3	0.009 2	0.011 0	0.012 9	0.014 7	0.016 6	0.018 4
50	0.010 4	0.011 5	0.013 8	0.016 1	0.018 4	0.020 7	0.023 0
60	0.012 4	0.013 8	0.016 6	0.019 3	0.022 1	0.024 8	0.027 6
70	0.014 5	0.016 1	0.019 3	0.022 5	0.025 8	0.029 0	0.032 2
80	0.016 6	0.018 4	0.022 1	0.025 8	0.029 4	0.033 1	0.036 8
90	0.018 6	0.020 7	0.024 8	0.029 0	0.033 1	0.037 3	0.041 4
100	0.020 7	0.023 0	0.027 6	0.032 2	0.036 8	0.041 4	0.046 0
110	0.022 8	0.025 3	0.030 4	0.035 4	0.040 5	0.045 5	0.050 6
120	0.024 8	0.027 6	0.033 1	0.038 6	0.044 2	0.049 7	0.055 2
130	0.026 9	0.029 9	0.035 9	0.041 9	0.047 8	0.053 8	0.059 8
140	0.029 0	0.032 2	0.038 6	0.045 1	0.051 5	0.058 0	0.064 4
150	0.031 1	0.034 5	0.041 4	0.048 3	0.055 2	0.062 1	0.069 0
160	0.033 1	0.036 8	0.044 5	0.051 5	0.058 9	0.066 2	0.073 6
170	0.035 2	0.039 1	0.046 9	0.054 7	0.062 6	0.070 4	0.078 2
180	0.037 3	0.041 4	0.049 7	0.058 0	0.066 2	0.074 5	0.082 8
190	0.039 3	0.043 7	0.052 4	0.061 2	0.069 9	0.078 7	0.087 4
200	0.041 4	0.046 0	0.055 2	0.064 4	0.073 6	0.082 8	0.092 0
210	0.043 5	0.048 3	0.058 0	0.067 6	0.077 3	0.086 9	0.096 6
220	0.045 5	0.050 6	0.060 7	0.070 8	0.081 0	0.091 1	0.101 2
230	0.047 6	0.052 9	0.063 5	0.074 1	0.084 6	0.095 2	0.105 8
240	0.049 7	0.055 2	0.066 2	0.077 3	0.088 3	0.099 4	0.110 4
250	0.051 8	0.057 5	0.069 0	0.080 5	0.092 0	0.103 5	0.115 0
260	0.053 8	0.059 8	0.071 8	0.083 7	0.095 7	0.107 6	0.119 6
270	0.055 9	0.062 1	0.074 5	0.086 9	0.099 4	0.111 8	0.124 2
280	0.058 0	0.064 4	0.077 3	0.090 2	0.103 0	0.115 9	0.128 8
290	0.060 0	0.066 7	0.080 0	0.093 4	0.106 7	0.120 1	0.133 4
300	0.062 1	0.069 0	0.082 8	0.096 6	0.110 4	0.124 2	0.138 0

材长(m)	5.0							
	材 厚 (mm)							
材宽(mm)	12	15	18	21	25	30	35	40
	材 积 (m³)							
30	0.001 8	0.002 3	0.002 7	0.003 2	0.003 8	0.004 5	0.005 3	0.006 0
40	0.002 4	0.003 0	0.003 6	0.004 2	0.005 0	0.006 0	0.007 0	0.008 0
50	0.003 0	0.003 8	0.004 5	0.005 3	0.006 3	0.007 5	0.008 8	0.010 0
60	0.003 6	0.004 5	0.005 4	0.006 3	0.007 5	0.009 0	0.010 5	0.012 0
70	0.004 2	0.005 3	0.006 3	0.007 4	0.008 8	0.010 5	0.012 3	0.014 0
80	0.004 8	0.006 0	0.007 2	0.008 4	0.010 0	0.012 0	0.014 0	0.016 0
90	0.005 4	0.006 8	0.008 1	0.009 5	0.011 3	0.013 5	0.015 8	0.018 0
100	0.006 0	0.007 5	0.009 0	0.010 5	0.012 5	0.015 0	0.017 5	0.020 0
110	0.006 6	0.008 3	0.009 9	0.011 6	0.013 8	0.016 5	0.019 3	0.022 0
120	0.007 2	0.009 0	0.010 8	0.012 6	0.015 0	0.018 0	0.021 0	0.024 0
130	0.007 8	0.009 8	0.011 7	0.013 7	0.016 3	0.019 5	0.022 8	0.026 0
140	0.008 4	0.010 5	0.012 6	0.014 7	0.017 5	0.021 0	0.024 5	0.028 0
150	0.009 0	0.011 3	0.013 5	0.015 8	0.018 8	0.022 5	0.026 3	0.030 0
160	0.009 6	0.012 0	0.014 4	0.016 8	0.020 0	0.024 0	0.028 0	0.032 0
170	0.010 2	0.012 8	0.015 3	0.017 9	0.021 3	0.025 5	0.029 8	0.034 0
180	0.010 8	0.013 5	0.016 2	0.018 9	0.022 5	0.027 0	0.031 5	0.036 0
190	0.011 4	0.014 3	0.017 1	0.020 0	0.023 8	0.028 5	0.033 3	0.038 0
200	0.012 0	0.015 0	0.018 0	0.021 0	0.025 0	0.030 0	0.035 0	0.040 0
210	0.012 6	0.015 8	0.018 9	0.022 1	0.026 3	0.031 5	0.036 8	0.042 0
220	0.013 2	0.016 5	0.019 8	0.023 1	0.027 5	0.033 0	0.038 5	0.044 0
230	0.013 8	0.017 3	0.020 7	0.024 2	0.028 8	0.034 5	0.040 3	0.046 0
240	0.014 4	0.018 0	0.021 6	0.025 2	0.030 0	0.036 0	0.042 0	0.048 0
250	0.015 0	0.018 8	0.022 5	0.026 3	0.031 3	0.037 5	0.043 8	0.050 0
260	0.015 6	0.019 5	0.023 4	0.027 3	0.032 5	0.039 0	0.045 5	0.052 0
270	0.016 2	0.020 3	0.024 3	0.028 4	0.033 8	0.040 5	0.047 3	0.054 0
280	0.016 8	0.021 0	0.025 2	0.029 4	0.035 0	0.042 0	0.049 0	0.056 0
290	0.017 4	0.021 8	0.026 1	0.030 5	0.036 3	0.043 5	0.050 8	0.058 0
300	0.018 0	0.022 5	0.027 0	0.031 5	0.037 5	0.045 0	0.052 5	0.060 0

材长(m)	5.0						
材宽(mm)	材　厚　(mm)						
	45	50	60	70	80	90	100
	材　积　(m³)						
30	0.006 8	0.007 5	0.009 0	0.010 5	0.012 0	0.013 5	0.015 0
40	0.009 0	0.010 0	0.012 0	0.014 0	0.016 0	0.018 0	0.020 0
50	0.011 3	0.012 5	0.015 0	0.017 5	0.020 0	0.022 5	0.025 0
60	0.013 5	0.015 0	0.018 0	0.021 0	0.024 0	0.027 0	0.030 0
70	0.015 8	0.017 5	0.021 0	0.024 5	0.028 0	0.031 5	0.035 0
80	0.018 0	0.020 0	0.024 0	0.028 0	0.032 0	0.036 0	0.040 0
90	0.020 3	0.022 5	0.027 0	0.031 5	0.036 0	0.040 5	0.045 0
100	0.022 5	0.025 0	0.030 0	0.035 0	0.040 0	0.045 0	0.050 0
110	0.024 8	0.027 5	0.033 0	0.038 5	0.044 0	0.049 5	0.055 0
120	0.027 0	0.030 0	0.036 0	0.042 0	0.048 0	0.054 0	0.060 0
130	0.029 3	0.032 5	0.039 0	0.045 5	0.052 0	0.058 5	0.065 0
140	0.031 5	0.035 0	0.042 0	0.049 0	0.056 0	0.063 0	0.070 0
150	0.033 8	0.037 5	0.045 0	0.052 5	0.060 0	0.067 5	0.075 0
160	0.036 0	0.040 0	0.048 0	0.056 0	0.064 0	0.072 0	0.080 0
170	0.038 3	0.042 5	0.051 0	0.059 5	0.068 0	0.076 5	0.085 0
180	0.040 5	0.045 0	0.054 0	0.063 0	0.072 0	0.081 0	0.090 0
190	0.042 8	0.047 5	0.057 0	0.066 5	0.076 0	0.085 5	0.095 0
200	0.045 0	0.050 0	0.060 0	0.070 0	0.080 0	0.090 0	0.100 0
210	0.047 3	0.052 5	0.063 0	0.073 5	0.084 0	0.094 5	0.105 0
220	0.049 5	0.055 0	0.066 0	0.077 0	0.088 0	0.099 0	0.110 0
230	0.051 8	0.057 5	0.069 0	0.080 5	0.092 0	0.103 5	0.115 0
240	0.054 0	0.060 0	0.072 0	0.084 0	0.096 0	0.108 0	0.120 0
250	0.056 3	0.062 5	0.075 0	0.087 5	0.100 0	0.112 5	0.125 0
260	0.058 5	0.065 0	0.078 0	0.091 0	0.104 0	0.117 0	0.130 0
270	0.060 8	0.067 5	0.081 0	0.094 5	0.108 0	0.121 5	0.135 0
280	0.063 0	0.070 0	0.084 0	0.098 0	0.112 0	0.126 0	0.140 0
290	0.065 3	0.072 5	0.087 0	0.101 5	0.116 0	0.130 5	0.145 0
300	0.067 5	0.075 0	0.090 0	0.105 0	0.120 0	0.135 0	0.150 0

材长(m)	6.0							
材宽(mm)	材 厚 (mm)							
	12	15	18	21	25	30	35	40
	材 积 (m³)							
30	0.002 2	0.002 7	0.003 2	0.003 8	0.004 5	0.005 4	0.006 3	0.007 2
40	0.002 9	0.003 6	0.004 3	0.005 0	0.006 0	0.007 2	0.008 4	0.009 6
50	0.003 6	0.004 5	0.005 4	0.006 3	0.007 5	0.009 0	0.010 5	0.012 0
60	0.004 3	0.005 4	0.006 5	0.007 6	0.009 0	0.010 8	0.012 6	0.014 4
70	0.005 0	0.006 3	0.007 6	0.008 8	0.010 5	0.012 6	0.014 7	0.016 8
80	0.005 8	0.007 2	0.008 6	0.010 1	0.012 0	0.014 4	0.016 8	0.019 2
90	0.006 5	0.008 1	0.009 7	0.011 3	0.013 5	0.016 2	0.018 9	0.021 6
100	0.007 2	0.009 0	0.010 8	0.012 6	0.015 0	0.018 0	0.021 0	0.024 0
110	0.007 9	0.009 9	0.011 9	0.013 9	0.016 5	0.019 8	0.023 1	0.026 4
120	0.008 6	0.010 8	0.013 0	0.015 1	0.018 0	0.021 6	0.025 2	0.028 8
130	0.009 4	0.011 7	0.014 0	0.016 4	0.019 5	0.023 4	0.027 3	0.031 2
140	0.010 1	0.012 6	0.015 1	0.017 6	0.021 0	0.025 2	0.029 4	0.033 6
150	0.010 8	0.013 5	0.016 2	0.018 9	0.022 5	0.027 0	0.031 5	0.036 0
160	0.011 5	0.014 4	0.017 3	0.020 2	0.024 0	0.028 8	0.033 6	0.038 4
170	0.012 2	0.015 3	0.018 4	0.021 4	0.025 5	0.030 6	0.035 7	0.040 8
180	0.013 0	0.016 2	0.019 4	0.022 7	0.027 0	0.032 4	0.037 8	0.043 2
190	0.013 7	0.017 1	0.020 5	0.023 9	0.028 5	0.034 2	0.039 9	0.045 6
200	0.014 4	0.018 0	0.021 6	0.025 2	0.030 0	0.036 0	0.042 0	0.048 0
210	0.015 1	0.018 9	0.022 7	0.026 5	0.031 5	0.037 8	0.044 1	0.050 4
220	0.015 8	0.019 8	0.023 8	0.027 7	0.033 0	0.039 6	0.046 2	0.052 8
230	0.016 6	0.020 7	0.024 8	0.029 0	0.034 5	0.041 4	0.048 3	0.055 2
240	0.017 3	0.021 6	0.025 9	0.030 2	0.036 0	0.043 2	0.050 4	0.057 6
250	0.018 0	0.022 5	0.027 0	0.031 5	0.037 5	0.045 0	0.052 5	0.060 0
260	0.018 7	0.023 4	0.028 1	0.032 8	0.039 0	0.046 8	0.054 6	0.062 4
270	0.019 4	0.024 3	0.029 2	0.034 0	0.040 5	0.048 6	0.056 7	0.064 8
280	0.020 2	0.025 2	0.030 2	0.035 3	0.042 0	0.050 4	0.058 8	0.067 2
290	0.020 9	0.026 1	0.031 3	0.036 5	0.043 5	0.052 2	0.060 9	0.069 6
300	0.021 6	0.027 0	0.032 4	0.037 8	0.045 0	0.054 0	0.063 0	0.072 0

材长(m)				6.0			
	材 厚 （mm）						
材宽(mm)	45	50	60	70	80	90	100
	材 积 （m³）						
30	0.008 1	0.009 0	0.010 8	0.012 6	0.014 4	0.016 2	0.018 0
40	0.010 8	0.012 0	0.014 4	0.016 8	0.019 2	0.021 6	0.024 0
50	0.013 5	0.015 0	0.018 0	0.021 0	0.024 0	0.027 0	0.030 0
60	0.016 2	0.018 0	0.021 6	0.025 2	0.028 8	0.032 4	0.036 0
70	0.018 9	0.021 0	0.025 2	0.029 4	0.033 6	0.037 8	0.042 0
80	0.021 6	0.024 0	0.028 8	0.033 6	0.038 4	0.043 2	0.048 0
90	0.024 3	0.027 0	0.032 4	0.037 8	0.043 2	0.048 6	0.054 0
100	0.027 0	0.030 0	0.036 0	0.042 0	0.048 0	0.054 0	0.060 0
110	0.029 7	0.033 0	0.039 6	0.046 2	0.052 8	0.059 4	0.066 0
120	0.032 4	0.036 0	0.043 2	0.050 4	0.057 6	0.064 8	0.072 0
130	0.035 1	0.039 0	0.046 8	0.054 6	0.062 4	0.070 2	0.078 0
140	0.037 8	0.042 0	0.050 4	0.058 8	0.067 2	0.075 6	0.084 0
150	0.040 5	0.045 0	0.054 0	0.063 0	0.072 0	0.081 0	0.090 0
160	0.043 2	0.048 0	0.057 6	0.067 2	0.076 8	0.086 4	0.096 0
170	0.045 9	0.051 0	0.061 2	0.071 4	0.081 6	0.091 8	0.102 0
180	0.048 6	0.054 0	0.064 8	0.075 6	0.086 4	0.097 2	0.108 0
190	0.051 3	0.057 0	0.068 4	0.079 8	0.091 5	0.102 6	0.114 0
200	0.054 0	0.060 0	0.072 0	0.084 0	0.096 0	0.108 0	0.120 0
210	0.056 7	0.063 0	0.075 6	0.088 2	0.100 8	0.113 4	0.126 0
220	0.059 4	0.066 0	0.079 2	0.092 4	0.105 6	0.118 8	0.132 0
230	0.062 1	0.069 0	0.082 8	0.096 6	0.110 4	0.124 2	0.138 0
240	0.064 8	0.072 0	0.086 4	0.100 8	0.115 2	0.129 6	0.144 0
250	0.067 5	0.075 0	0.090 0	0.105 0	0.120 0	0.135 0	0.150 0
260	0.070 2	0.078 0	0.093 6	0.109 2	0.124 8	0.140 4	0.156 0
270	0.072 9	0.081 0	0.097 2	0.113 4	0.129 6	0.145 8	0.162 0
280	0.075 6	0.084 0	0.100 8	0.117 6	0.134 4	0.151 2	0.168 0
290	0.078 3	0.087 0	0.104 4	0.121 8	0.139 2	0.156 6	0.174 0
300	0.081 0	0.090 0	0.108 0	0.126 0	0.144 0	0.162 0	0.180 0

材长(m)	7.0							
	材　厚　（mm）							
材宽(mm)	12	15	18	21	25	30	35	40
	材　积　（m³）							
30	0.002 5	0.003 2	0.003 8	0.004 4	0.005 3	0.006 3	0.007 4	0.008 4
40	0.003 4	0.004 2	0.005 0	0.005 9	0.007 0	0.008 4	0.009 8	0.011 2
50	0.004 2	0.005 3	0.006 3	0.007 4	0.008 8	0.010 5	0.012 3	0.014 0
60	0.005 0	0.006 3	0.007 6	0.008 8	0.010 5	0.012 6	0.014 7	0.016 8
70	0.005 9	0.007 4	0.008 8	0.010 3	0.012 3	0.014 7	0.017 2	0.019 6
80	0.006 7	0.008 4	0.010 1	0.011 8	0.014 0	0.016 8	0.019 6	0.022 4
90	0.007 6	0.009 5	0.011 3	0.013 2	0.015 8	0.018 9	0.022 1	0.025 2
100	0.008 4	0.010 5	0.012 6	0.014 7	0.017 5	0.021 0	0.024 5	0.028 0
110	0.009 2	0.011 6	0.013 9	0.016 2	0.019 3	0.023 1	0.027 0	0.030 8
120	0.010 1	0.012 6	0.015 1	0.017 6	0.021 0	0.025 2	0.029 4	0.033 6
130	0.010 9	0.013 7	0.016 4	0.019 1	0.022 8	0.027 3	0.031 9	0.036 4
140	0.011 8	0.014 7	0.017 6	0.020 6	0.024 5	0.029 4	0.034 3	0.039 2
150	0.012 6	0.015 8	0.018 9	0.022 1	0.026 3	0.031 5	0.036 8	0.042 0
160	0.013 4	0.016 8	0.020 2	0.023 5	0.028 0	0.033 6	0.039 2	0.044 8
170	0.014 3	0.017 9	0.021 4	0.025 0	0.029 8	0.035 7	0.041 7	0.047 6
180	0.015 1	0.018 9	0.022 7	0.026 5	0.031 5	0.037 8	0.044 1	0.050 4
190	0.016 0	0.020 0	0.023 9	0.027 9	0.033 3	0.039 9	0.046 6	0.053 2
200	0.016 8	0.021 0	0.025 2	0.029 4	0.035 0	0.042 0	0.049 0	0.056 0
210	0.017 6	0.022 1	0.026 5	0.030 9	0.036 8	0.044 1	0.051 5	0.058 8
220	0.018 5	0.023 1	0.027 7	0.032 3	0.038 5	0.046 2	0.053 9	0.061 6
230	0.019 3	0.024 2	0.029 0	0.033 8	0.040 3	0.048 3	0.056 4	0.064 4
240	0.020 2	0.025 2	0.030 2	0.035 3	0.042 0	0.050 4	0.058 8	0.067 2
250	0.021 0	0.026 3	0.031 5	0.036 8	0.043 8	0.052 5	0.061 3	0.070 0
260	0.021 8	0.027 3	0.032 8	0.038 2	0.045 5	0.054 6	0.063 7	0.072 8
270	0.022 7	0.028 4	0.034 0	0.039 7	0.047 3	0.056 7	0.066 2	0.075 6
280	0.023 5	0.029 4	0.035 3	0.041 2	0.049 0	0.058 8	0.068 6	0.078 4
290	0.024 4	0.030 5	0.036 5	0.042 6	0.050 8	0.060 9	0.071 1	0.081 2
300	0.025 2	0.031 5	0.037 8	0.044 1	0.052 5	0.063 0	0.073 5	0.084 0

材长（m）	7.0						
材宽（mm）	材　厚　（mm）						
	45	50	60	70	80	90	100
	材　积　（m³）						
30	0.009 5	0.010 5	0.012 6	0.014 7	0.016 8	0.018 9	0.021 0
40	0.012 6	0.014 0	0.016 8	0.019 6	0.022 4	0.025 2	0.028 0
50	0.015 8	0.017 5	0.021 0	0.024 5	0.028 0	0.031 5	0.035 0
60	0.018 9	0.021 0	0.025 2	0.029 4	0.033 6	0.037 8	0.042 0
70	0.022 1	0.024 5	0.029 4	0.034 3	0.039 2	0.044 1	0.049 0
80	0.025 2	0.028 0	0.033 6	0.039 2	0.044 8	0.050 4	0.056 0
90	0.028 4	0.031 5	0.037 8	0.044 1	0.050 4	0.056 7	0.063 0
100	0.031 5	0.035 0	0.042 0	0.049 0	0.056 0	0.063 0	0.070 0
110	0.034 7	0.038 5	0.046 2	0.053 9	0.061 6	0.069 3	0.077 0
120	0.037 8	0.042 0	0.050 4	0.058 8	0.067 2	0.075 6	0.084 0
130	0.041 0	0.045 5	0.054 6	0.063 7	0.072 8	0.081 9	0.091 0
140	0.044 1	0.049 0	0.058 8	0.068 6	0.078 4	0.088 2	0.098 0
150	0.047 3	0.052 5	0.063 0	0.073 5	0.084 0	0.094 5	0.105 0
160	0.050 4	0.056 0	0.067 2	0.078 4	0.089 6	0.100 8	0.112 0
170	0.053 6	0.059 5	0.071 4	0.083 3	0.095 2	0.107 1	0.119 0
180	0.056 7	0.063 0	0.075 6	0.088 2	0.100 8	0.113 4	0.126 0
190	0.059 9	0.066 5	0.079 8	0.093 1	0.106 4	0.119 7	0.133 0
200	0.063 0	0.070 0	0.084 0	0.098 0	0.112 0	0.126 0	0.140 0
210	0.066 2	0.073 5	0.088 2	0.102 9	0.117 6	0.132 3	0.147 0
220	0.069 3	0.077 0	0.092 4	0.107 8	0.123 2	0.138 6	0.154 0
230	0.072 5	0.080 5	0.096 6	0.112 7	0.128 8	0.144 9	0.161 0
240	0.075 6	0.084 0	0.100 8	0.117 6	0.134 4	0.151 2	0.168 0
250	0.078 8	0.087 5	0.105 0	0.122 5	0.140 0	0.157 5	0.175 0
260	0.081 9	0.091 0	0.109 2	0.127 4	0.145 6	0.163 8	0.182 0
270	0.085 1	0.094 5	0.113 4	0.132 3	0.151 2	0.170 1	0.189 0
280	0.088 2	0.098 0	0.117 6	0.137 2	0.156 8	0.176 4	0.196 0
290	0.091 4	0.101 5	0.121 8	0.142 1	0.162 4	0.182 7	0.203 0
300	0.094 5	0.105 0	0.126 0	0.147 0	0.168 0	0.189 0	0.210 0

续表 8-45

材长（m）				8.0				
	材 厚 （mm）							
材宽（mm）	12	15	18	21	25	30	35	40
	材 积 （m³）							
30	0.0029	0.0036	0.0043	0.0050	0.0060	0.0072	0.0084	0.0096
40	0.0038	0.0048	0.0058	0.0067	0.0080	0.0096	0.0112	0.0128
50	0.0048	0.0060	0.0072	0.0084	0.0100	0.0120	0.0140	0.0160
60	0.0058	0.0072	0.0086	0.0101	0.0120	0.0144	.0016 8	0.0192
70	0.0067	0.0084	0.0101	0.0118	0.0140	0.0168	0.0196	0.0224
80	0.0077	0.0096	0.0115	0.0134	0.0160	0.0192	0.0224	0.0256
90	0.0086	0.0108	0.0130	0.0151	0.0180	0.0216	0.0252	0.0288
100	0.0096	0.0120	0.0144	0.0168	0.0200	0.0240	0.0280	0.0320
110	0.0106	0.0132	0.0158	0.0185	0.0220	0.0264	0.0308	0.0352
120	0.0115	0.0144	0.0173	0.0202	0.0240	0.0288	0.0336	0.0384
130	0.0125	0.0156	0.0187	0.0218	0.0260	0.0312	0.0364	0.0416
140	0.0134	0.0168	0.0202	0.0235	0.0280	0.0336	0.0392	0.0448
150	0.0144	0.0180	0.0216	0.0252	0.0300	0.0360	0.0420	0.0480
160	0.0154	0.0192	0.0230	0.0269	0.0320	0.0384	0.0448	0.0512
170	0.0163	0.0204	0.0245	0.0286	0.0340	0.0408	0.0476	0.0544
180	0.0173	0.0216	0.0259	0.0302	0.0360	0.0432	0.0504	0.0576
190	0.0182	0.0228	0.0274	0.0319	0.0380	0.0456	0.0532	0.0608
200	0.0192	0.0240	0.0288	0.0336	0.0400	0.0480	0.0560	0.0640
210	0.0202	0.0252	0.0302	0.0353	0.0420	0.0504	0.0588	0.0672
220	0.0211	0.0264	0.0317	0.0370	0.0440	0.0528	0.0616	0.0704
230	0.0221	0.0276	0.0331	0.0386	0.0460	0.0552	0.0644	0.0736
240	0.0230	0.0288	0.0346	0.0403	0.0480	0.0576	0.0672	0.0768
250	0.0240	0.0300	0.0360	0.0420	0.0500	0.0600	0.0700	0.0800
260	0.0250	0.0312	0.0374	0.0437	0.0520	0.0624	0.0728	0.0832
270	0.0259	0.0324	0.0389	0.0454	0.0540	0.0648	0.0756	0.0864
280	0.0269	0.0336	0.0403	0.0470	0.0560	0.0672	0.0784	0.0896
290	0.0278	0.0348	0.0418	0.0487	0.0580	0.0696	0.0812	0.0928
300	0.0288	0.0360	0.0432	0.0504	0.0600	0.0720	0.0840	0.0960

材长(m)	8.0						
	材　厚　(mm)						
材宽(mm)	45	50	60	70	80	90	100
	材　积　(m³)						
30	0.010 8	0.012 0	0.014 4	0.016 8	0.019 2	0.021 6	0.024 0
40	0.014 4	0.016 0	0.019 2	0.022 4	0.025 6	0.028 8	0.032 0
50	0.018 0	0.020 0	0.024 0	0.028 0	0.032 0	0.036 0	0.040 0
60	0.021 6	0.024 0	0.028 8	0.033 6	0.038 4	0.043 2	0.048 0
70	0.025 2	0.028 0	0.033 6	0.039 2	0.044 8	0.050 4	0.056 0
80	0.028 8	0.032 0	0.038 4	0.044 8	0.051 2	0.057 6	0.064 0
90	0.032 4	0.036 0	0.043 2	0.050 4	0.057 6	0.064 8	0.072 0
100	0.036 0	0.040 0	0.048 0	0.056 0	0.064 0	0.072 0	0.080 0
110	0.039 6	0.044 0	0.052 8	0.061 6	0.070 4	0.079 2	0.088 0
120	0.043 2	0.048 0	0.057 6	0.067 2	0.076 8	0.086 4	0.096 0
130	0.046 8	0.052 0	0.062 4	0.072 8	0.083 2	0.093 6	0.104 0
140	0.050 4	0.056 0	0.067 2	0.078 4	0.089 6	0.100 8	0.112 0
150	0.054 0	0.060 0	0.072 0	0.084 0	0.096 0	0.108 0	0.120 0
160	0.057 6	0.064 0	0.076 8	0.089 6	0.102 4	0.115 2	0.128 0
170	0.061 2	0.068 0	0.081 6	0.095 2	0.108 8	0.122 4	0.136 0
180	0.064 8	0.072 0	0.086 4	0.100 8	0.115 2	0.129 6	0.144 0
190	0.068 4	0.076 0	0.091 2	0.106 4	0.121 6	0.136 8	0.152 0
200	0.072 0	0.080 0	0.096 0	0.112 0	0.128 0	0.144 0	0.160 0
210	0.075 6	0.084 0	0.100 8	0.117 6	0.134 4	0.151 2	0.168 0
220	0.079 2	0.088 0	0.105 6	0.123 2	0.140 8	0.158 4	0.176 0
230	0.082 8	0.092 0	0.110 4	0.128 8	0.147 2	0.165 6	0.184 0
240	0.086 4	0.096 0	0.115 2	0.0134 4	0.153 6	0.172 8	0.192 0
250	0.090 0	0.100 0	0.120 0	0.140 0	0.160 0	0.180 0	0.200 0
260	0.093 6	0.104 0	0.124 8	0.145 6	0.166 4	0.187 2	0.208 0
270	0.097 2	0.108 0	0.129 6	0.151 2	0.172 8	0.194 4	0.216 0
280	0.100 8	0.112 0	0.134 4	0.156 8	0.179 2	0.201 6	0.224 0
290	0.104 4	0.116 0	0.139 2	0.162 4	0.185 6	0.208 8	0.232 0
300	0.108 0	0.120 0	0.144 0	0.168 0	0.192 0	0.216 0	0.240 0

第二节 竹 材

在工程施工中，竹材主要是用于临时房屋的搭建、作脚手架、竹跳板等。竹材种类很多，多产于南方各省，常用的主要品种有毛竹、刚竹和淡竹等。

(1)**毛竹**。毛竹又名楠竹、茅竹、江南竹、孟宗竹。高 10～20m，胸径 10～20cm。毛竹产量最大，用途也最大。以长生 4 年以上，条干顺直，根梢粗细均匀，竹皮上有霜状白粉，皮为鸭蛋青色，根部管壁厚在 1cm 以上，梢部在 0.5cm 以上，无枯麻、虫蛀、刀伤、破裂等缺陷的为好。

(2)**刚竹**。刚竹又名为台竹、苦竹。高 10～13m，胸径约 10cm 左右，根部厚一般 6～7mm。产量和用途仅次于毛竹。刚竹粗的叫台蓬，细的叫夹竹、新鲜刚竹皮呈白色，以生长 2 年以上，无枯裂麻脆等缺陷的为好。

(3)**淡竹**。淡竹又名为白夹竹、钓鱼竿。长 6～13m，胸径 3～6cm，细长节疏，材质柔韧，易于劈篾，可制作工艺品。以生长 4 年以上，皮白肉厚，竹节平细，无枯裂麻脆等缺陷的为好。

普通竹材平均比重 0.6～1.2。

竹材收缩率以长向最小，宽向次之，厚向最大。

竹材风干速度，整根约需 3 个月；劈竹约 14 天。

竹 材 收 缩 率 表 8-46

| 竹 种 | 收缩率（%） | | | | | |
| | 长 向 | | 宽 向 | | 厚 向 | |
	内侧	外侧	内侧	外侧	内侧	外侧
毛竹	0.056 6	0.030 9	0.351 5	0.718 7	0.614 1	0.610 9
刚竹	0.040 1	0.040 0	0.826 6	1.042 7	1.664 7	1.2857
淡竹	0.033 0	0.029 3	0.0856 3	0.844 5	2.082 2	1.929 0

竹 材 强 度 表 8-47

| 竹 种 | 部 位 | 抗 拉 强 度 | | | 抗压强度 | 抗弯强度 |
| | | 内侧 | 外侧 | 总平均 | | |
		MPa(kgf/cm²)				
毛竹	下部	72(730.0)	319(3 254.0)	190(1 938.5)	57.5(586.67)	
	中部	104(1 060.5)	311(3 166.4)		63.6(648.84)	
	上部	87(887.4)	245(2 532.5)		58.5(597.19)	
	平均	88(892.6)	293(2 984.3)		59.9(610.90)	
刚竹	下部	184(1 876.2)	413(4 207.6)	278(2 833.5)	43.4(442.96)	49.5～90 (508～915)
	中部	127(1 295.5)	379(3 868.5)		33.6(342.75)	
	上部	222(2 259.3)	343(3 494.0)		82.0(835.95)	
	平均	178(1 810.3)	378(3 865.7)		53.0(540.55)	
淡竹	下部	60(608.4)	232(2 363.2)	179(1 821.8)	40.4(411.56)	
	中部	219(2 237.6)	309(3 148.3)		45.00(458.85)	
	上部	92(940.7)	160(1 632.4)		82.0(835.95)	
	平均	124(1 262.2)	234(2 381.3)		40.3(411.28)	

注：竹材干裂对抗拉强度影响不大，对抗压强度稍有减少。

以毛竹（楠竹）材（GB/T 2690—2000）为例。

毛竹材是竹材中的一种。用途有：①直接用作建筑脚手架、棚架、竹跳板及临时房屋的搭建；②加工用作竹制成品、半成品；③纸浆用。

直接用、加工用竹材要求竹龄在 6 年以上，经顺盘修枝后的伐倒毛竹材。

毛竹材的计量单位：直接用、加工用竹材长度以米（m）、直径以厘米（cm）、数量以根为单位。纸浆用竹材以吨（t）为单位。

1. 直接用、加工用竹材的尺寸

表 8-48

径　级	长　级	梢　径
≤6cm	≥5m	≥2cm
7～9cm	≥7m	≥3cm
≥10cm	≥8m	≥4cm

注：①直接用竹材原则上应保持自然长度。

②纸浆用竹材的长级、径级尺寸、竹龄不限。

2. 直接用、加工用竹材的材质指标

表 8-49

缺 陷 名 称	计 算 方 法	允 许 限 度
弯曲	最大弯曲拱高不得超过内曲水平长	8%
干枯	检尺长范围内	不许有
霉变	检尺长范围内	不许有
虫蛀	检尺长范围内	不许有
虫眼	检尺长范围内直径超过 5mm 的虫孔	不许有
缩节	检尺长范围内不得超过	3 个
破裂	检尺长范围内两端各不超过	2 个节
外伤	弧长宽度不得超过所在圆周长的	30%
	纵向最大处长度不得超过检尺长的	10%
	深度不得超过	3mm

注：①本表未列缺陷不计。

②纸浆用竹材除干枯、霉变、虫蛀外，其他缺陷不限。

③特殊用竹材的技术要求由供需双方商定。

3. 毛竹材的检量

1）检量工具

检量长度使用按米制标准刻度的杆尺或卷尺。

检量径级使用经质量技术监督主管部门批准指定厂家生产的围尺或卡尺。

2）检量方法

（1）长度检量

自根端砍口上缘起（有打水眼的水运竹材，应以水眼内侧计算）量至规定梢径尺寸止，按 0.5m 进级。

（2）径级检量

自根端砍口上缘起至 1.5m 处检量，如遇竹节或缩节应向梢端方向移至正常部位量取，按 1cm 进级，不足 1cm 四舍五入。使用卡尺时，以其长、短径的平均数经进舍后为检尺径；使用围尺时，按换算后的直径经进舍后为检尺径。

第三节 竹 木 制 品

竹木制品有胶合板、竹编胶合板、硬质纤维板、中密度纤维板、刨花板和人造板等,主要用于建筑、车船装修和家具等方面。

一、胶合板

胶 合 板 的 分 类

表 8-50

分 类 依 据		类 别			
按总体外观分	按构成分	单板胶合板	木芯胶合板		复合胶合板
			细木工板	层积板	
	按外形和形状分	平面的			成型的
按主要特征分	按耐久性分	干燥条件下使用	潮湿条件下使用		室外条件下使用
	按力学性能分				
	按表面外观分				
	按表面加工状况分	未砂光板	砂光板	预饰面板	贴面板(装饰单板、薄膜、浸渍纸等)
	按用途分	普通胶合板		特种胶合板	

(一)普通胶合板(GB/T 9846—2015)

普通胶合板是由三层或以上的单板组成的木材制品,层与层之间以胶粘剂黏合。普通胶合板表板可以是整幅单板,也可以是由几片等宽或不等宽的单板沿边缘拼接在一起。胶合板面板的树种为该胶合板的树种。

胶合板面板或背板应为同一树种,表板应紧面朝外。

面板拼接:优等品的面板板宽在 1 220mm 以内的,其面板应为整张板或用两张单板在大致位于板的正中进行拼接,接缝应严密。优等品的面板拼接时应适当配色且纹理相似。

一等品的面板拼接应密缝,木色相近且纹理相似,拼接单板的条数不限。

合格品的面板及各等级板的背板,其拼接单板条数不限。

各等级品的面板的拼缝均应大致平行于板边。

在正常干燥条件下,阔叶树材胶合板表板厚度不得大于 3.5mm,内层单板厚度不得大于 5mm;针叶树材胶合板内层、表层单板厚度均不得大于 6.5mm;所有表板厚度均不得小于 0.55mm。

普通胶合板甲醛释放量按 GB 18580 规定。(见表 16-81,E_1 可直接用于室内,E_2 为饰面处理后,方允许用于室内)。

1. 普通胶合板的分类和分等

表 8-51

分类依据	类别、等级
按树种分	阔叶树材(含热带阔叶树材)、针叶树材
按性能分	Ⅰ类胶合板,即耐气候胶合板,供室外条件下使用,能通过煮沸试验
	Ⅱ类胶合板,即耐水胶合板,供潮湿条件下使用,能通过 63℃±3℃热水浸渍试验
	Ⅲ类胶合板,即不耐潮胶合板,供干燥条件下使用,能通过 20℃±3℃冷水浸泡试验
按外观质量分	优等品、一等品、合格品
按表面加工状态分	砂光板(含两面砂光板)、未砂光板

2.普通胶合板的规格尺寸

(1)整张胶合板幅面尺寸(mm)

表 8-52

幅面宽度	幅面长度				
915	915	1 220	1 830	2 135	—
1 220	—	1 220	1 830	2 135	2 440

注:普通胶合板的长度、宽度尺寸偏差:±1.5mm/m,最大±3.5mm。

(2)胶合板厚度偏差要求(mm)

表 8-53

公称厚度范围 t	未砂光板		砂光板(面板砂光)	
	板内厚度公差	公称厚度偏差	板内厚度公差	公称厚度偏差
$t \leqslant 3$	0.5	$+0.4$ -0.2	0.3	± 0.2
$3 < t \leqslant 7$	0.7	$+0.5$ -0.3	0.5	± 0.3
$7 < t \leqslant 12$	1.0	$+(0.8+0.03t)$ $-(0.4+0.03t)$	0.6	$+(0.2+0.03t)$ $-(0.4+0.03t)$
$12 < t \leqslant 25$	1.5		0.6	$+(0.2+0.03t)$ $-(0.3+0.03t)$
$t > 25$			0.8	

3.普通胶合板的强度要求(MPa)

表 8-54

树种名称/木材名称/国外商品材名称	类　别	
	Ⅰ、Ⅱ类	Ⅲ类
椴木、杨木、拟赤杨、泡桐、橡胶木、柳安、奥克榄、白梧桐、异翅香、海棠木、桉木	≥0.70	≥0.70
水曲柳、荷木、枫香、槭木、榆木、柞木、阿必东、克隆、山樟	≥0.80	
桦木	≥1.00	
马尾松、云南松、落叶松、云杉、辐射松	≥0.80	

4.普通胶合板的含水率要求(%)

表 8-55

胶合板材种	类　别	
	Ⅰ、Ⅱ类	Ⅲ类
阔叶树材(含热带阔叶树材)	5～14	5～16
针叶树材		

5.普通胶合板的曲静强度和弹性模量要求(MPa)

表 8-56

试验项目		公称厚度 t(mm)				
		$7{\leqslant}t{\leqslant}9$	$9<t{\leqslant}12$	$12<t{\leqslant}15$	$15<t{\leqslant}21$	$t>21$
静曲强度　不小于	顺纹	32.0	28.0	24.0	22.0	24.0
	横纹	12.0	16.0	20.0	20.0	18.0
强性模量　不小于	顺纹	5 500	5 000	5 000	5 000	5 500
	横纹	2 000	2 500	3 500	4 000	3 500

6.普通胶合板外观分等的允许缺陷

(1)阔叶树材胶合板外观分等的允许缺陷

表 8-57

缺陷种类	检验项目	面板			背板
		胶合板等级			
		优等品	一等品	合格品	
(1)针节	—	允许			
(2)活节	最大单个直径(mm)	10	20	不限	
(3) 半活节、死节、夹皮	每平方米板面上总个数	不允许	4	6	不限
(3) 半活节	最大单个直径(mm)	不允许	15(自 5 以下不计)	不限	
(3) 死节	最大单个直径(mm)	不允许	4(自 2 以下不计)	15	不限
(3) 夹皮	单个最大长度(mm)	不允许	20(自 5 以下不计)	不限	
(4)木材异常结构	—	允许			
(5)裂缝	单个最大宽度(mm)	不允许	1.5 椴木 0.5	3,椴木 1.5, 南方材 4	6
(5)裂缝	单个最大长度(mm)	不允许	200 南方材 250	400 南方材 450	800 南方材 1 000
(6)虫孔、排钉孔、孔洞	最大单个单径(mm)	不允许	4	8	15
(6)虫孔、排钉孔、孔洞	每平方米板面上个数	不允许	4	不允许呈筛孔状	
(7)变色	不超过板面积(%)	不允许	30	不限	
		注 1:浅色斑条按变色计。 注 2:一等品深色斑条宽度不得超过 2mm,长度不得超过 20mm。 注 3:桦木除特等板外,允许有伪心材,但一等品的色泽应调和。 注 4:桦木一等品不允许有密集的褐色或黑色髓斑。 注 5:优等品和一等品的异色边心材按变色计			
(8)腐朽	—	不允许		允许有不影响强度的初腐现象,但面积不超过板面积的1%	允许有初腐
(9)树胶道	单个最大长度(mm)		150		
(9)树胶道	单个最大宽度(mm)	不允许	10	不限	
(9)树胶道	每平方米板面上个数		4		
(10)表板拼接离缝	单个最大宽度(mm)		0.5	1	2
(10)表板拼接离缝	单个最大长度为板长(%)	不允许	10	30	50
(10)表板拼接离缝	每米板宽内条数		1	2	不限

续表 8-57

缺陷种类	检验项目		面板			背板
			胶合板等级			
			优等品	一等品	合格品	
(11)表板叠层	单个最大宽度(mm)		不允许		8	10
	单个最大长度为板长(%)				20	不限
(12)芯板叠离	紧贴表板的芯板叠离	单个最大宽度(mm)	不允许	2	6	8
		每米板宽内条数		2	不限	
	其他各层离缝最大宽度(mm)			8		—
(13)长中板叠离	单个最大宽度(mm)		不允许	8		
(14)鼓泡、分层	—		不允许			
(15)凹陷、压痕、鼓包	单个最大面积(mm²)		不允许	50	400	不限
	每平方米板面上个数			1	4	
(16)毛刺沟痕	不超过板面积(%)		不允许	1	20	有
	深度不得超过(mm)			0.2	不允许穿透	
(17)表板砂透	每平方米板面上(mm²)		不允许		400	不限
(18)透胶及其他人为污染	不超过板面积(%)		不允许	0.5	30	不限
(19)补片、补条	允许制作适当且填补牢固的，每平方米板面上的个数		不允许	3	不限	不限
	累计面积不超过板面积(%)			0.5	3	
	缝隙不得超过(mm)			0.5	1	2
(20)内含铝质书钉	—		不允许			—
(21)板边缺损	自公称幅面内不得超过(mm)		不允许		10	
(22)其他缺陷	—		不允许	按最类似缺陷考虑		

(2)针叶树材胶合板外观分等的允许缺陷

表 8-58

缺陷种类	检验项目		面板			背板
			胶合板等级			
			优等品	一等品	合格品	
(1)针节	—		允许			
(2)	活节、半活节、死节	每平方米板面上总个数	5	8	10	不限
	活节	最大单个直径(mm)	20	30（自 10 以下不计）	不限	
	半活节、死节	最大单个直径(mm)	不允许	5	30（自 10 以下不计）	不限
(3)木材异常结构	—		允许			

缺陷种类	检验项目	面板			背板
		胶合板等级			
		优等品	一等品	合格品	
(4)夹皮、树脂囊	每平方米板面上总个数	3	4（自10以下不计）	10（自15以下不计）	不限
	单个最大长度(mm)	15	30	不限	
(5)裂缝	单个最大宽度(mm)	不允许	1	2	6
	单个最大长度(mm)		200	400	1 000
(6)虫孔、排钉孔、孔洞	最大单个直径(mm)	不允许	2	10	15
	每平方米板面上个数		4	10（自3mm以下不计）	不允许呈筛孔状
(7)变色	不超过板面积(%)	不允许	浅色10	不限	
(8)腐朽	—	不允许		允许有不影响强度的初腐现象，但面积不超过板面积的1%	允许有初腐
(9)树脂漏(树脂条)	单个最大长度(mm)	不允许	150	不限	
	单个最大宽度(mm)		10		
	每平方米板面上个数		4		
(10)表板拼接离缝	单个最大宽度(mm)	不允许	0.5	1	2
	单个最大长度为板长(%)		10	30	50
	每米板宽内条数		1	2	不限
(11)表板叠层	单个最大宽度(mm)	不允许		2	10
	单个最大长度为板长(%)			20	不限
(12)芯板叠离	紧贴表板的芯板叠离 单个最大宽度(mm)	不允许	2	4	8
	每米板宽内条数		2	不限	
	其他各层离缝的最大宽度(mm)	8			—
(13)长中板叠离	单个最大宽度(mm)	不允许	8		—
(14)鼓泡、分层		不允许			
(15)凹陷、压痕、鼓包	单个最大面积(mm²)	不允许	50	400	不限
	每平方米板面上个数		2	6	
(16)毛刺沟痕	不超过板面积(%)	不允许	5	20	不限
	深度不得超过(mm)		0.5	不允许穿透	不允许穿透
(17)表板砂透	每平方米板面上(mm²)	不允许		400	不限
(18)透胶及其他人为污染	不超过板面积(%)	不允许	1	不限	
(19)补片、实条	允许制作适当且填补牢固的，每平方米板面上个数	不允许	6	不限	
	累计面积不超过板面积(%)		1	5	不限
	缝隙不得超过(mm)		0.5	1	2

续表 8-58

缺陷种类	检验项目	面板			背板
		胶合板等级			
		优等品	一等品	合格品	
(20)内含铝质书钉	—		不允许		—
(21)板边缺损	自公称幅面内不得超过(mm)	不允许		10	
(22)其他缺陷	—	不允许	按最类似缺陷考虑		

(3)热带阔叶树材胶合板外观分等的允许缺陷

表 8-59

缺陷种类		检验项目	面板			背板
			胶合板等级			
			优等品	一等品	合格品	
(1)针节			允许			
(2)活节		最大单个直径(mm)	10	20	不限	
(3)	半活节、死节	每平方米板面上个数	不允许	3	5	不限
	半活节	最大单个直径(mm)		10(自5以下不计)	不限	
	死节	最大单个直径(mm)		4(自2以下不计)	15	不限
(4)木材异常结构		—	允许			
(5)裂缝		单个最大宽度(mm)	不允许	1.5	2	6
		单个最大长度(mm)		250	350	800
(6)夹皮		每平方米板面上总个数	不允许	2	4	不限
		单个最大长度(mm)		10(自5以下不计)	不限	
(7)蛀虫造成的缺陷	虫孔	每平方米板面上个数	不允许	8(自1.5mm以下不计)	不允许呈筛孔状	
		单个最大直径(mm)		2		
	虫道	每平方米板面上个数	不允许	2		
		单个最大长度(mm)		10		
(8)排钉孔、孔洞		单个最大直径(mm)	不允许	2	8	15
		每平方米板面上个数		1	不限	
(9)变色		不超过板面积(%)	不允许	5	不限	
(10)腐朽		—	不允许		允许有不影响强度的初腐现象，但面积不超过板面积的1%	允许有初腐
(11)树胶道		单个最大长度(mm)	不允许	150	不限	
		单个最大宽度(mm)		10		
		每平方米板面上个数		4		

缺陷种类	检验项目		面板			背板
			胶合板等级			
			优等品	一等品	合格品	
(12)表板拼接离缝	单个最大宽度(mm)		不允许		1	2
	单个最大长度,相对于板长的百分比(%)				30	50
	每米板宽内条数				2	不限
(13)表板叠层	单个最大宽度(mm)		不允许		2	10
	单个最大长度,相对于板的百分比(%)				10	不限
(14)芯板叠离	紧贴表板的芯板叠离	单个最大宽度(mm)	不允许	2	4	8
		每米板宽内条数	2		不限	
	其他各层离缝的最大宽度(mm)		不允许	8		—
(15)长中板叠离	单个最大宽度(mm)		不允许	8		—
(16)鼓泡、分层			不允许			—
(17)凹陷、压痕、鼓包	单个最大面积(mm²)		不允许	50	400	不限
	每平方米板面上个数			1	4	
(18)毛刺沟痕	不超过板面积(%)		不允许	1	25	不限
	最大深度(mm)			0.4	不允许穿透	
(19)表板砂透	每平方米板面上(mm²)		不允许		400	不限
(20)透胶及其他人为污染	不超过板面积(%)		不允许	0.5	30	不限
(21)补片、补条	允许制作适当且填补牢固的,每平方米板面上个数		不允许	3	不限	不限
	累计面积不超过板面积(%)			0.5	3	
	最大缝隙宽度(mm)			0.5	1	2
(22)内含铝质书钉	—		不允许			
(23)板边缺损	自公称幅面内不得超过(mm)		不允许	10		
(24)其他缺陷			不允许	按最类似缺陷考虑,不影响使用		

注:①髓斑和斑条按变色计。

②优等品和一等品的异色边心材按变色计。

7. 普通胶合板的标志和储运要求

(1)标志

在每张胶合板背板的右下角或侧面加盖标明产品名称、类别、等级、甲醛释放量级别等标志。

等级标记用⑯、△、⑯分别代表普通胶合板的各个等级。

(2)包装

产品应按不同类型、规格分别妥善包装。每个包装应附有注明产品名称、面板和芯板的树种和厚度、类别、等级、生产厂名、商标、幅面尺寸、数量、产品标准号和甲醛释放限量标志的检验标签。

(3)运输和储存

产品在运输和储存过程中应注意防潮、防雨、防晒、防变形。

(二)难燃胶合板(GB/T 18101—2013)

难燃胶合板是经过阻燃处理,燃烧性能达到难燃等级的胶合板,包括难燃普通胶合板和难燃装饰单板贴面胶合板。难燃普通胶合板面板树种为该板的树种。

难燃普通胶合板依据外观质量分为优等品、一等品和合格品,应符合普通胶合板的相关规定。

难燃装饰单板贴面胶合板外观质量分为优等品、一等品和合格品,应符合 GB/T 15104—2006 中5.3的规定。

难燃胶合板的符号与缩略语

F_s　　　　　燃烧长度,单位为毫米(mm)

$FIGRA$　　　用于分级的燃烧增长速率指数

LFS　　　　火焰横向蔓延长度,单位为米(m)

THR_{600s}　　时间为600s内的总放热量,单位为兆焦(MJ)

$SMOGRA$　　烟气生成速率指数,单位为平方米每二次方秒(m^2/s^2)

TSP_{600s}　　试验600s总烟气生成量,单位为平方米(m^2)

ZA_3　　　　准安全三级

1. 难燃胶合板的分类

表 8-60

分类依据	类别
按结构分	难燃三层胶合板、难燃多层胶合板
按燃烧性能等级分	难燃 B1-B 级胶合板、难燃 B1-C 级胶合板
按表面加工状况分	难燃普通胶合板(包括难燃未砂光胶合板、难燃砂光胶合板)、难燃装饰单板贴面胶合板
按耐久性能分	干燥条件下用、潮湿条件下用、室外条件下用

2. 难燃胶合板的规格尺寸和偏差

难燃普通胶合板的幅面尺寸、长度和宽度公差、厚度公差、边缘直度公差、垂直公差和翘曲度应符合普通胶合板相关规定,见表 8-52 和表 8-53 等。

难燃装饰单板贴面胶合板的规格尺寸及其偏差应符合 GB/T 15104—2006 中的 5.2 规定。

3. 难燃胶合板的理化性能

难燃普通胶合板含水率应符合普通胶合板的规定,见表 8-55。

难燃普通胶合板胶合强度应符合普通胶合板的规定,见表 8-54。

难燃普通胶合板甲醛释放量应符合 GB 18580 中的规定。

难燃装饰单板贴面胶合板的理化性能除甲醛释放量按 GB 18580 中的相关规定外,其他应符合 GB/T 15104—2006 中 5.4 的规定。

4. 难燃 B1—B 级和 B1—C 级胶合板的燃烧性能

表 8-61

燃烧性能等级	试验标准	分级判据
难燃 B1—B 级	GB/T 20284	$FIGRA_{0.2MJ} \leqslant 120W/s$ $LFS <$试样边缘 $THR_{600s} \leqslant 7.5MJ$
	GB/T 8626 点火时间＝30s	60s 内 $F_s \leqslant 150mm$ 无燃烧滴落物引燃滤纸
难燃 B1—C 级	GB/T 20284	$FIGRA_{0.4MJ} \leqslant 250W/s$ $LFS <$试样边缘 $THR_{600s} \leqslant 15MJ$
	GB/T 8626 点火时间＝30s	60s 内 $F_s \leqslant 150mm$ 无燃烧滴落物引燃滤纸

5. 难燃胶合板的产烟特性、产烟毒性和燃烧滴落物、微粒指标

表 8-62

检测项目	试验标准	技术要求
产烟特性	GB/T 20284	$SMOGRA \leqslant 30m^2/s^2$
		$TSP_{600s} \leqslant 50m^2$
产烟毒性	GB/T 20285	达到 ZA₃
燃烧滴落物、微粒	GB/T 20284	600S 内燃烧滴落物、微粒,持续时间不超过 10s

6. 难燃胶合板表板对阻燃剂渗析的要求

表 8-63

等 级	要 求	等 级	要 求
优等品、一等品	不允许	合格品	轻微

(三)结构用竹木复合板(GB/T 21128—2007)

结构用竹木复合板是以竹片、竹篾、木单板、锯制木板为构成单元经组合胶压制成的,具有良好的力学性能,能作承载构件使用的板。

结构用竹木复合板按耐久性能分为:特类结构用竹木复合板,供室外条件下使用,Ⅰ类结构用竹木复合板,供室内条件下使用。按产品质量分为 A 级、B 级、C 级三个等级。

1. 结构用竹木复合板的规格尺寸

长度 2 440mm;宽度 1 220mm;厚度 8、12、16、18mm。

2. 结构用竹木复合板规格尺寸允许偏差(mm)

表 8-64

长 度		宽 度		厚 度	
范围	允许偏差	范围	允许偏差	范围	允许偏差
≤2 500	±2	≤500	±1	≤15	±0.5
>2 500	±4	>500	±2	>15	±1.0

3. 结构用竹木复合板垂直度、边缘直度和翘曲度公差

垂直度公差为 1mm/m;边缘直度公差为 1mm/m;翘曲度不得超过 1.5%。

4. 结构用竹木复合板的理化性能

表 8-65

检验项目		单 位	A 级	B 级	C 级
含水率		%	≤14		
弹性模量	顺纹	MPa	≥9 000	≥6 000	≥3 000
	横纹		≥2 500		
静曲强度	顺纹	MPa	≥90	≥60	≥30
	横纹		≥20		
水平剪切强度		MPa	≥3		
浸渍剥离试验		—	试件每一边的任一胶层剥离长度≤25mm		
甲醛释放限量ª	E₁	mg/L	≤1.5		
	E₂		≤5.0		
集中静载与冲击荷载试验ᵇ			应符合 GB 50206 的规定		
均布荷载试验ᶜ			应符合 GB 50206 的规定		

注:①ª E₁ 为可直接用于室内的结构用竹木复合板,E₂ 为应饰面处理后允许用于室内的结构用竹木复合板。
②ᵇ 用作楼面板或屋面板的竹木复合板应进行集中静载与冲击荷载试验。
③ᶜ 用作楼面板或屋面板的竹木复合板应进行均布荷载试验。

5.表面为竹材的结构用竹木复合板的外观质量

表 8-66

缺陷名称	正　面	背　面
表面缝隙	宽度≤1mm,允许; 1mm<宽度≤3mm,填补牢固,允许; 宽度>3mm,不允许	宽度≤2mm,允许; 2mm<宽度≤3mm,填补牢固,允许; 宽度>3mm,不允许
表面污染	总面积不得超过板面积的 1%; 单一最大污染面积≤500mm²	总面积不超过板面积的 5%
表面压痕	压痕深度≥1mm,20～50mm²,允许 2 处/m²	压痕深度≥1mm,20～50mm²,允许 4 处/m²
边角缺损	不允许	
芯层缝隙	宽度≤5mm,填补牢固,允许; 宽度>5mm,不允许	
叠层	厚度≥2mm 的竹片、竹篾,重叠宽度≤2mm	
腐朽	不允许	
鼓泡、分层	不允许	

注:表面为木材的结构用竹木复合板外观质量要求按普通胶合板合格品的规定执行(表 8-57～表 8-59),其中,竹材作为芯层时,其芯层缝隙和叠层的缺陷应符合本表的规定。

(四)混凝土模板用胶合板(GB/T 17656—2008)

混凝土模板用胶合板是用木材单板制成的,包括:未经表面处理的混凝土模板用胶合板(简称素板);经树脂饰面处理的混凝土模板用胶合板(简称涂胶板);经浸渍胶膜纸贴面处理的混凝土模板用胶合板(简称覆膜板)。

混凝土模板用胶合板的用材树种:马尾松、云南松、落叶松、辐射松、杨木、桦木、荷木、枫香、拟赤杨、柳安、奥克榄、克隆、阿必东等。混凝土模板用胶合板的面板树种为该胶合板的树种。

混凝土模板用胶合板(包括树脂饰面处理和覆膜用)的胶黏剂应采用酚醛树脂或性能相当的树脂。

混凝土模板用胶合板(素板、涂胶板、覆膜板)按外观质量分为 A 等品、B 等品。

模板用胶合板的层数不小于 7 层;表板厚度≥1.2mm,覆模板表板厚度≥0.8mm。同一层表板应为同一树种,表板应紧面朝外。

1.混凝土模板用胶合板长度和宽度的规格尺寸(mm)

表 8-67

幅面尺寸				公　差			
模　数　制		非 模 数 制		模 数 制		非 模 数 制	
宽度	长度	宽度	长度	宽度	长度	宽度	长度
—	—	915	1 830	0 −3		±2	
900	1 800	1 220	1 830				
1 000	2 000	915	2 315				
1 200	2 400	1 220	2 440				
—	—	1 250	2 600				

注:其他规格尺寸由供需双方协议。

2.混凝土模板用胶合板厚度的规格尺寸(mm)

表 8-68

公称厚度	平均厚度与公称厚度间允许偏差	每张板内厚度最大允差
12~<15	±0.5	0.8
15~<18	±0.6	1.0
18~<21	±0.7	1.2
21~<24	±0.8	1.4

3.混凝土模板用胶合板的垂直度、四边边缘直度和翘曲度要求

混凝土模板用胶合板的垂直度不得超过 0.8mm/m。

混凝土模板用胶合板的四边边缘直度不得超过 1mm/m。

混凝土模板用胶合板的翘曲度:A 等品不得超过 0.5%;B 等品不得超过 1%。

4.混凝土模板用胶合板的物理力学性能

表 8-69

项 目		单位	厚 度 (mm)			
			12~<15	15~<18	18~<21	21~<24
含水率		%	6~14			
胶合强度		MPa	≥0.70			
静曲强度	顺纹	MPa	≥50	≥45	≥40	≥35
	横纹		≥30	≥30	≥30	≥25
弹性模量	顺纹	MPa	≥6 000	≥6 000	≥5 000	≥5 000
	横纹		≥4 500	≥4 500	≥4 000	≥4 000
浸渍剥离性能		—	浸渍胶膜纸贴面与胶合板表层上的每一边累计剥离长度不超过25mm			

注:①当测定胶合强度全部试件的平均木材破坏率超过 60%或 80%时,胶合板强度指标值可比本表规定的指标值分别低 0.10MPa 或 0.20MPa。

②模板工程设计时,混凝土模板用胶合板抗弯性能修正系数:

顺纹静曲强度修正系数为 0.6;

横纹静曲强度修正系数为 0.9;

顺纹弹性模量修正系数为 0.7;

横纹弹性模量修正系数为 0.7。

5.混凝土模板用胶合板的外观质量

(1)素板外观分等的允许缺陷

表 8-70

缺陷种类	检量项目	检量单位	面 板		背板
			A 等品	B 等品	
针节	—	—	允许		
活节、半活节、死节	每平方米板面上总个数	—	5	不限	不限
	活节 单个最大直径	mm	25	不限	
	半活节、死节 单个最大直径	mm	15	30	
木材异常结构	—	—	允许		
夹皮、树脂囊	每平方米板面上总个数	—	2	不限	不限
	单个最大长度	mm	80	120	

缺陷种类	检量项目		检量单位	面板		背板
				A等品	B等品	
裂缝	单个最大宽度		mm	1.5	4	6
	单个最大长度占板长的百分比	不超过	%	20	30	40
	每米板宽内条数		—	2	不限	
孔洞、虫孔、排钉孔	单个最大直径		mm	3	10	20
	每平方米面板上总个数		—	4	10(自5mm以下不计)	不呈筛孔状不限
变色	—		—	不允许	允许	
腐朽	—		—	不允许		
树脂漏	—		—	允许		
表板拼接离缝	单个最大宽度		mm	不允许	120	2
	单个最大长度占板长的百分比	不超过	%		20	30
	每米板宽内条数		—		2	4
表板叠层	单个最大宽度		mm	不允许	8	10
	单个最大长度占板长的百分比	不超过	%		20	40
芯板离缝	紧贴表板的芯板离缝单个最大宽度		mm	2	4	6
	上述离缝每米板宽内条数			2	3	4
	其他芯板离缝的最大宽度		mm	6		
芯板叠层	单个最大宽度		mm	4	12	
	每层每米板宽内条数			2	不限	
长中板叠离	单个最大宽度		mm	3	8	
鼓泡、分层	—		—	不允许		
凹陷、压痕、鼓包	单个最大面积		mm²	不允许	3 000	不限
	每平方米板面上总个数		—		2	
	凹凸高度	不超过	mm		1	
毛刺沟痕	占板面积的百分比	不超过	%	3	20	不限
	深度	不超过	mm	0.5	不穿透,允许	
表面砂(刮)透	每平方米板面上的面积		mm²	不允许	1 000	2 000
表面漏砂(刮)	占板面积的百分比	不超过	%	不允许	30	40
补片、补条	每平方米板面上总个数		—	不允许	5	10
	累计面积占板面面积的百分比	不超过	%		5	不限
	缝隙	不超过	mm		1	1.5
板边缺损	自板边测量的缺损的长度或宽度	不超过	mm	不允许	8	
其他缺陷	—		—	不允许	按最类似缺陷考虑	

(2)涂胶板外观分等的允许缺陷

表 8-71

缺陷种类	检量项目		检量单位	A 等品	B 等品
缺胶	—		—	不允许	
凹陷、压痕、鼓包	单个最大面积		mm²	不允许	1 000
	每平方米板面上总个数		—		2
	凹凸高度	不超过	mm		1
鼓泡、分层				不允许	
色泽不均	占板面积的百分比	不超过	%	3	10
其他缺陷	—		—	不允许	按最类似缺陷考虑

注:基材板的外观质量应符合表 8-70 的要求。

(3)覆膜板外观分等的允许缺陷

表 8-72

缺陷种类	检量项目		检量单位	A 等品	B 等品
裂膜纸重叠	占板面积的百分比	不超过	%	不允许	2
缺纸	—		—	不允许	
凹陷、压痕、鼓包	单个最大面积		mm²	不允许	1 000
	每平方米板面上总个数		—		1
	凹凸高度	不超过	mm		0.5
鼓泡、分层				不允许	
划痕	单个最大长度		mm	不允许	200
	每米板宽内条数		—		2
其他缺陷	—		—	不允许	按最类似缺陷考虑

注:基材板的外观质量应符合表 8-70 的要求。

(4)其他要求

①限制缺陷的数量、累积尺寸或范围应按整张板面积的平均每平方米上的数量进行计算,板宽度或长度上缺陷应按最严重一端的平均每米内的数量进行计算,其结果应取最接近相邻整数中的大数值。

②从表板上可以看到的内层单板的各种缺陷不得超过每个等级表板的允许限度。因紧贴表板的芯板孔洞使板面产生凹陷时,按各个等级所允许的凹陷计。非紧贴表板的各层单板因孔洞在板边形成的缺陷,其深度不得超过该缺陷的 1/2,超过者按离缝计。

③混凝土模板用胶合板的节子或孔洞直径按常规系指与木纹垂直方向直径。节子或孔洞的直径按其轮廓线的切线间的垂直距离测定。

④板的表面应进行砂光或刮光,如经供需双方协议,可单面砂(刮)光或不砂(刮)光。

⑤对非模数制板,公称幅面尺寸以外的各种缺陷均不计。

⑥树脂饰面混凝土模板用胶合板应双面涂树脂。如果两面等级不同,则应有明确标示。四边要涂上防水的封边涂料。

⑦覆膜混凝土模板用胶合板应双面覆膜。如两面等级不同,则应有明确标示。四边要涂上防水的封边涂料。

⑧在堆放平整及不受潮的储存条件下,生产厂受理产品质量争议的时效为自出厂之日起一年内。

6.混凝土模板用胶合板的标志、标签、包装及储运要求

同普通胶合板。

(五)混凝土模板用浸渍胶膜纸贴面胶合板(LY/T 1600—2002,非现行标准资料,仅供参考)

混凝土模板用浸渍胶膜纸贴面胶合板是以酚醛树脂或其他性能相近的树脂浸渍专用纸,并干燥到一定固化程度后铺装在胶合板基材表面,经热压而成的覆膜胶合板。胶合板基材结构符合GB/T 17656规定。混凝土模板用浸渍胶膜纸贴面胶合板按贴面分为:单面浸渍胶膜纸贴面混凝土模板用胶合板和双面浸渍胶膜纸贴面混凝土模板用胶合板。按成品板的外观质量分成三个等级:优等品、一等品和合格品。

混凝土模板用浸渍胶膜纸贴面胶合板基材的胶黏剂的胶黏性能应符合室外用胶合板的要求,浸渍胶膜纸用的树脂应采用酚醛树脂或其他性能相当的树脂,所制成的产品适应室外使用。

1. 贴面胶合板长度和宽度的规格尺寸(mm)

表 8-73

幅 面 尺 寸				公 差			
模 数 制		非 模 数 制		模 数 制		非模数制	
宽度	长度	宽度	长度	宽度	长度	宽度	长度
600	1 800	915	1 830	0 -3		±3	
900	1 800	1 220	1 830				
1 000	2 000	915	2 135				
1 200	2 400	1 220	2 440				

注:其他规格尺寸由供需双方协议。

2. 贴面胶合板厚度的规格尺寸(mm)

表 8-74

公 称 厚 度	平均厚度与公称厚度间允许偏差	每张板内厚度最大允差
12.0	±0.5	0.8
15.0	±0.6	1.0
18.0	±0.7	1.2
21.0	±0.8	1.4

注:表中的公称厚度值是基材厚度与浸渍胶膜纸厚度之和。

3. 贴面胶合板的对角线长度差、边缘不直度和翘曲度要求(mm)

表 8-75

项 目		指 标	
两对角线长度之差	公称长度	≤1 830	3
		>1 830	4
四边边缘不直度		均不得超过1mm/m	
翘曲度(%)	优等品	0.5	
	一等品		
	合格品	1	

4. 混凝土模板浸渍胶膜纸贴面胶合板的物理力学性能指标

表 8-76

检 验 项 目		单 位	各项性能指标的要求
含水率		%	6~14
胶合板强度		MPa	≥0.7
表面胶合强度		MPa	≥1.0
浸渍剥离性能		—	试件贴面胶层与胶合板表层上的每一边累计剥离长度不超过25mm
静曲强度	顺纹	MPa	≥57
	横纹		50
弹性模量	顺纹	MPa	≥6 000
	横纹		≥5 000

5. 混凝土模板用浸渍胶膜纸贴面胶合板外观分等的允许缺陷

表 8-77

缺 陷 种 类		检 量 项 目	单 位	优等品	一等品	合格品
污斑		不超过板面积	%	不允许	1	10
光泽不均		不超过板面积	%	不允许	5	10
表面划痕		最大长度	mm	不允许	200	500
		每米板宽内条数	条	不允许	2	4
凹陷、压痕、鼓包		单个最大面积	mm²		300	1 000
		每平方米板面上总个数	个	不允许	1	2
		凹凸高度不超过	mm		0.5	
鼓泡、分层				不允许		
纸板错位	长边	自板边不超过	mm	不允许	只允许一边，宽度≤5mm	
	短边					
纸张撕裂		撕裂最大长度	mm	不允许		100
		每张板面允许个数	个	不允许		1
板边缺损		自板边不超过	mm	不允许		5

注①混凝土模板用浸渍胶膜纸贴面胶合板基材质量要求应不低于 GB/T 17656 中一等品的技术要求。

②混凝土模板用双面浸渍胶膜纸贴面胶合板必须保证有一面的外观质量符合所标明的质量要求,另一面的外观质量不低于合格品的要求。

③混凝土模板用单面浸渍纸贴面胶合板的贴面外观质量应符合所标明的等级要求,背面必须符合相应基材的外观质量要求。

④限制缺陷的数量、累积尺寸或范围应按整张板面积的平均每平方米上的数量进行计算,板宽度(或长度)上缺陷应按最严重一端平均每米内的数量进行计算。其结果应取最接近的整数(整数后有小数点时,取相邻整数最大值)。

⑤对非模数制板,公称幅面尺寸以外的各种缺陷均不计。

6. 贴面胶合板出厂前必须用防水类树脂对板边进行密封处理

贴面胶合板的标志、标签、包装和储运要求同普通胶合板。

(六)竹编胶合板(GB/T 13123—2003)

竹编胶合板是竹篾席或以竹篾席为表层、以竹帘添加少量竹碎料为芯层,经施加胶黏剂、热压而成的板材;或表面用浸渍胶膜纸覆盖在竹编胶合板上制成的板材。

竹编胶合板按外观质量分为优等品、一等品、合格品三个等级。

1. 竹编胶合板的分类

表 8-78

分类依据	类　别
按胶黏性能分	Ⅰ类竹编胶合板(耐气候、耐水煮);Ⅱ类竹编胶合板(耐水浸、不耐水煮)
按厚度分	薄型竹编胶合板(公称厚度≤6mm);厚型竹编胶合板(公称厚度>6mm)
按结构分	①竹篾席竹编胶合板;②以竹篾席为表层、以竹帘添加少量竹碎料为芯层竹编胶合板;③浸渍纸覆面竹编胶合板

2. 竹编胶合板的幅面尺寸及允许偏差(mm)

表 8-79

长　度	偏　差	宽　度	偏　差	两对角线之差	
1 830		915		公称长度	1 830～2 135	≤5
2 135	+5	1 000	+5		
2 135		915			>2 135～3 000	≤6
2 440		1 220			

注:对特殊要求的板,经协议其幅面可不受本表的限制。

3. 竹编胶合板的厚度及允许偏差(mm)

表 8-80

	公 称 厚 度	厚 度 偏 差	每张板内厚度的最大允许偏差
竹编胶合板	2～6	+0.5 / -0.6	0.9
	>6～11	+0.8 / 1.0	1.2
	>11～19	+1.2 / -1.5	1.5
	>19	±1.5	1.6
覆面竹编胶合板	2～6	±0.3	0.5
	>6～11	±0.5	1.0
	>11～19	±1.0	1.5
	>19	±1.0	2.0

注:竹编胶合板、覆面竹编胶合板厚度一般为 2,3,4,5,6,7,9,11,13,15mm 等。经供需双方协议可以生产其他厚度的覆面竹编胶合板。

4. 竹编胶合板的物理力学性能

表 8-81

项　目	单位	薄　型		厚　型	
		Ⅰ类	Ⅱ类	Ⅰ类	Ⅱ类
含水率	%	≤15			
静曲强度	MPa	≥70	≥60	≥60	≥50
弹性模量	MPa	≥5 000			
冲击韧性	kJ/m²	≥50			
水煮—干燥处理后静曲强度	MPa	≥30		≥30	
水浸—干燥处理后静曲强度	MPa		≥30		≥30

注:覆面竹编胶合板,应符合相应结构的物理力学指标。

5.胶合板的外观质量

表 8-82

胶合板名称	缺陷名称	检测项目	允许范围		
			优等品	一等品	合格品
竹编胶合板	腐朽、霉斑		不允许		
	板边缺损	自公称幅面内不得超过(mm)	不允许	≤5	≤10
	鼓泡、分层		不允许		
	篾片脱胶	单个最大面积(mm²)	不允许		1 000
		每平方米上个数			1
	表面污染		不明显	允许	
	面板压痕	单个最大面积(mm²)	不允许	50	200
		每平方米上个数		2	4
覆面竹编胶合板	表面压痕		不允许	不明显	允许
	鼓泡、分层		不允许		
	鼓包	单个最大面积(mm²)	不允许	≤30	≤30
		每平方米上个数		3	5
	局部缺损	单个最大面积(mm²)	不允许		≤100
		每平方米上个数			1
	板边缺损	自公称幅面内不得超过(mm)	不允许	≤5	≤10
翘曲度(%)		不大于	0.5	1.0	2.0

注:薄型板不检测翘曲度。

6.其他要求

竹编胶合板在储运过程中应防潮、防雨、防晒和防止机械损坏。

(七)混凝土模板用竹材胶合板(LY/T 1574—2000)

竹材胶合板是以竹片、竹帘、竹席为主要构成单元,经上胶和热压而制成。竹材胶合板按表面特征分为 A 类(浸渍胶膜纸贴面)和 B 类(无贴面)两种。竹材胶合板按纵向弹性模量分为:75、70、65、60、55、50 六种型号。竹材胶合板 A 类板分为优等品、一等品和合格品三个等级;B 类板分为一等品和合格品两个等级。

1.竹材胶合板型号表示方法

产品标记按下列顺序排列:

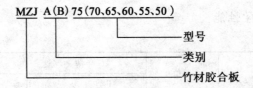

举例:弹性模量 6 500MPa 的 A 类竹材胶合板记作:MZJA65

2.竹材胶合板的规格尺寸

竹材胶合板幅面尺寸(mm)　　　　　　表 8-83

长　度	宽　度	长　度	宽　度
1 830	915	2 135	915
1 830	1 220	2 440	1 220
2 000	1 000		

竹材胶合板的厚度公称尺寸 12mm、15mm 和 18mm 三种。

3.竹材胶合板的物理力学性能

竹材胶合板的结构允许各构成单元的不同组合，但必须遵守对称原则。

胶黏剂应使用酚醛树脂胶或其他性能相当的胶黏剂。

A 类竹材胶合板物理力学性能指标　　　　　表 8-84

项　目			单　位	75 型	65 型	55 型
含水率			%		5～14	
静曲强度	干状	纵向	MPa(不小于)	90	80	70
		横向		60	55	50
	湿状	纵向		70	65	60
		横向		50	45	40
弹性模量	干状	纵向	MPa(不小于)	7 500	6 500	5 500
		横向		5 500	4 500	3 500
	湿状	纵向		6 000	5 000	4 000
		横向		4 000	3 500	3 000
胶合性能			—		无完全脱离	
吸水厚度膨胀率			%		≤5	
表面耐磨(磨耗值)			mg/100r		≤70	
表面耐龟裂			—		≤1 级	

B 类竹材胶合板物理力学性能指标　　　　　表 8-85

项　目			单　位	70 型	60 型	50 型
含水率			%		5～14	
静曲强度	干状	纵向	MPa(不小于)	90	70	50
		横向		50	40	25
	湿状	纵向		70	55	40
		横向		45	35	20
弹性模量	干状	纵向	MPa(不小于)	7 000	6 000	5 000
		横向		4 000	3 500	2 500
	湿状	纵向		6 000	5 000	4 000
		横向		3 500	3 000	2 000
胶合性能			—		无完全脱离	
吸水厚度膨胀率			%		≤8	

注：纵向指平行于板长方向，横向指垂直于板长方向。

4.竹材胶合板的外观质量要求

表 8-86

类别	缺陷名称	优等品		一等品		合格品
		正面	背面	正面	背面	任意面
A 类竹材胶合板	表面污染	不允许		20～50mm²，允许 3 处/m²		总面积不超过板面的 3%
	划痕	不允许		不允许		长度≤200mm，允许 2 处/m²
	表面压痕鼓包	不允许		20～50mm²，允许 2 处/m²，压痕深度 1mm 以下，允许		20～50mm²，允许 4 处/m²，压痕深度 1mm 以下，允许

续表 8-86

类别	缺陷名称	优等品		一等品		合格品
		正面	背面	正面	背面	任意面
A类竹材胶合板	表面色差	总面积不超过板面的10%		总面积不超过板面的30%		允许
	胶膜纸缺损	不允许		不允许		总面积不超过300mm²
	芯层缺损	深度≤2mm,公称尺寸之内允许2处/张				
	边角缺损	公称尺寸之内不允许				
	崩边	≤3mm		≤5mm		
	芯层缝隙	≤5mm				
	叠层	厚度≥2mm的竹片、竹篾,重叠宽度≤3mm;厚度<2mm的竹片、竹篾,允许				
	鼓泡、分层	不允许				
	龟裂	不允许		密集面积≤板面的3%或线状长度≤100mm		密集面积≤板面的10%或线状长度≤200mm

类别	缺陷名称	一等品		合格品
		正面	背面	任意面
B类竹材胶合板	表面污染	总面积不超过板面的5%		允许
	表面压痕鼓包	≤50mm²,允许2处/m² 压痕深度1mm以下,允许		≤400mm²,允许4处/m² 压痕深度1mm以下,允许
	边角缺损	宽度≤5mm,公称尺寸之内允许1处/张		宽度≤5mm,公称尺寸之内允许2处/张
	表面缝隙	允许宽度≤2mm; 2mm<宽度≤3mm, 长度≤50%板长, 允许1条/张		允许宽度≤3mm; 3mm<宽度≤4mm, 允许累计长度≤2 000mm
	芯层缝隙	≤5mm		≤6mm
	叠层	厚度≥2mm的竹片、竹篾,重叠宽度≤3mm;厚度<2mm的竹片、竹篾,允许		
	鼓泡、分层	不允许		

竹材胶合板在储运过程中应防潮、防雨淋和防暴晒。

(八)竹胶合板模板(JG/T 156—2004)

竹胶合板模板是由竹席、竹帘、竹片等多种组胚结构及与木单板等其他材料复合而成,专用于混凝土施工。

竹胶合板模板分为优等品和合格品两个等级。

1.竹胶合板模板的分类

表 8-87

分类依据	类别和代号				
	竹席模板 ZX	竹帘模板 ZL	竹片模板 ZP	竹席竹帘模板 ZXL	竹席竹片模板 ZXP
按组胚结构分	有多层竹席组胚	由不少于3层的竹帘和竹片对称组胚		除由不少于3层的竹帘或竹片对称组胚外,两个表面还各有1层以上的竹席表板	
按表面处理分	素面板 ZXS、ZLS、ZPS、 ZXLS、ZXPS	复木板 ZXM、ZLM、ZPM、 ZXLM、ZXPM	涂膜板 ZXT、ZLT、ZPT、 ZXLT、ZXPT	复膜板 ZXF、ZLF、ZPF、 ZXLF、ZXPF	复膜复木板 ZXFM、ZLFM、ZPFM、 ZXLFM、ZXPFM

2.竹胶合板模板长度、宽度尺寸及允许偏差(mm)

表 8-88

长　度	宽　度	长度、宽度允许偏差	两对角线长度之差
1 830	915		≤2
1 830	1 220		≤3
2 000	1 000	±2	
2 135	915		
2 440	1 220		≤4
3 000	1 500		

注:竹模板规格也可根据用户需要生产。

3.竹胶合板模板厚度尺寸及允许偏差(mm)

表 8-89

厚　度	等　级	
	优等品	合格品
9、12	±0.5	±0.1
15	±0.6	±1.2
18	±0.7	±1.4

竹模板的板面翘曲度允许偏差,优等品不应超过 0.2%,合格品不超过 0.8%。

竹模板的四边不直度均不应超过 1mm/m。

4.竹胶合板模板的物理力学性能

表 8-90

项　目		单　位	优　等　品	合　格　品
含水率		%	≤12	≤14
静曲弹性模量	板长向	N/mm²	≥7.5×10³	≥6.5×10³
	板宽向	N/mm²	≥5.5×10³	≥4.5×10³
静曲强度	板长向	N/mm²	≥90	≥70
	板宽向	N/mm²	≥60	≥50
冲击强度		kJ/m²	≥60	≥50
胶合性能		mm/层	≤25	≤50
水煮、冰冻、干燥的保存强度	板长向	N/mm²	≥60	≥50
	板宽向	N/mm²	≥40	≥35
折减系数		—	0.85	0.80

5.竹胶合板模板的外观质量

(1)竹模板的外观质量

表 8-91

项目	检测要求	单位	优　等　品		合　格　品	
			表板	背板	表板	背板
腐朽、霉斑	任意部位	—	不允许			
缺损	自公称幅面内	mm²	不允许		≤400	
鼓泡	任意部位	—	不允许			

项 目	检 测 要 求	单位	优 等 品		合 格 品	
			表板	背板	表板	背板
单板脱胶	单个面积 20~500mm²	个/m²	不允许		1	3
	单个面积 20~1 000mm²				不允许	2
表面污染	单个污染面积 100~2 000mm²	个/m²	不允许		4	不限
	单个污染面积 100~5 000mm²				2	
凹陷	最大深度不超过 1mm 单个面积	mm²	不允许	10~500	10~1 500	
	单位面积上数量	个/m²	不允许	2	4	不限

(2)涂膜板的外观质量与性能要求

表 8-92

项 目	单 位	优 等 品	合 格 品
涂层流淌不平	—	不允许	
涂层缺损	mm²	不允许	≤400
涂层鼓泡		不允许	
表面耐磨性	g/100r	≤0.03	≤0.05
耐老化性		无开裂	
耐碱性	—	无裂隙、鼓泡、脱胶 无明显变色或光泽变化	无裂隙、鼓泡、脱胶

注:涂膜板同时还应满足表 8-91 的要求。

(3)复膜板的外观质量与性能要求

表 8-93

项 目	单 位	优 等 品	合 格 品
浸渍纸破碎	—	不允许	
浸渍纸缺损	mm²	不允许	≤400
复膜面缝隙与鼓泡	—	不允许	
表面耐磨性	g/100r	≤0.07	≤0.09
耐老化性	—	无开裂	
耐碱性	—	无裂隙、鼓泡、脱胶 无明显变色或光泽变化	无裂隙、鼓泡、脱胶

注:复膜板同时还应满足表 8-91 的要求。

产品出厂时,竹模板的四边应采用封边处理。封边涂料应防水并涂刷均匀、牢固,无漏涂。

竹模板储存时,地面应平整,板材不得直接与地面接触;应通风良好,防止潮湿和日晒雨淋。

(九)建筑模板用木塑复合板(GB/T 29500—2013)

建筑模板用木塑复合板是采用挤出工艺和模压工艺制造而成的。

产品按结构分为空芯建筑模板用木塑复合板(K)和实芯建筑模板用木塑复合板(S);实芯建筑模板用木塑复合板按强度分为Ⅰ类建筑模板用木塑复合板、Ⅱ类建筑模板用木塑复合板和Ⅲ类建筑模板用木塑复合板。

产品表面不应有影响使用的划伤、凹痕、孔点、气泡、裂纹和其他明显杂质等缺陷。

1.木塑复合板的标记

标记的顺序依次为产品名称、结构分类、强度分类、长度、宽度、厚度以及本标准编号。

示例:长度为 1 830mm、宽度为 915mm、厚度为 8mm、具有Ⅰ类强度的实芯建筑模板用木塑复合板,标记为:

建筑模板用木塑复合板-S-Ⅰ-1 830×915×8-GB/T 29500—2013。

2.木塑复合板的规格尺寸及允许偏差

木塑复合板的幅面尺寸为 915mm×1 830mm 和 1 220mm×2 440mm,厚度为 8～25mm,其他幅面尺寸产品由供需双方商定。

(1)木塑复合板的尺寸及允许偏差

表 8-94

项　目	要　求
厚度(mm)	厚度<12 时,偏差±0.4;厚度≥12 时,偏差±0.5
长度和宽度(mm/m)	0～+4

(2)木塑复合板两对角线长度之差(mm)

表 8-95

长　度	宽　度	两对角线长度之差
1 830	915	≤3
2 440	1 220	≤5

注:其他规格尺寸产品两对角线长度之差由供需双方商定。

3.木塑复合板的物理性能

表 8-96

检　验　项　目		指　标			
		实芯			空芯
		Ⅰ类	Ⅱ类	Ⅲ类	
静曲强度(MPa)		≥18	≥24	≥35	—
弹性模量(MPa)		≥1 200	≥2 200	3 500	—
最大破坏荷载(N)		—			≥1 500
维卡软化温度(℃)		≥75			
落球冲击试验(mm)		—			凹坑直径小于12mm,且表面无裂纹
简支梁冲击强度(kJ/m²)		≥12.0			
耐碱性		表面无鼓泡、龟裂			
抗冻融性能	静曲强度(或最大荷载)保留率(%)	≥80			
	外观质量	无开裂、龟裂、鼓泡			
高温试验	静曲强度(或最大荷载)保留率(%)	≥80			
	外观质量	无开裂、龟裂、鼓泡			
表观密度(g/cm³)		—			
邵氏硬度 D		—			
握螺钉力(N)		—			
吸水率(%)		—			

注:①表观密度、邵氏硬度 D、握螺钉力和吸水率等性能指标由供需双方商定。

②通常情况下试件无需做恒温和恒湿处理,如有特殊要求,可在温度(20±2)℃以及湿度(50±5)%的环境条件下放置48h。

4. 产品储存

产品储存过程中应平整堆放，板垛高度不宜超过 1.5m。

（十）单板层积材（GB/T 20241—2006）

单板层积材是多层整幅（或经拼接）单板按顺纹为主组坯胶合而成的板材，包括非结构用单板层积材和结构用单板层积材。

结构用单板层材积常用树种包括：落叶松、马尾松、湿地松、云南松、欧洲赤松、辐射松、北美黄杉、云杉、冷杉等。常用胶粘剂为酚醛树脂胶或性能不低于酚醛树脂胶的其他胶粘剂。

1. 单板层积材的分类和用途

表 8-97

分类依据	类别和等级	
	非结构用单板层积材	结构用单板层积材
按用途分	用于家具制作和室内装饰装修，如制作木制品、分室墙、门、门框、室内隔板等，适用于室内干燥环境	用于制作瞬间或长期承受荷载的结构部件，如大跨度建筑设施的梁或柱、木结构房屋、车辆、船舶、桥梁等的承载结构部件，具有较好的结构稳定性、耐久性。通常要根据不同的用途进行防腐、防虫和阻燃等处理
按材质缺陷和加工缺陷分	优等品、一等品、合格品	—
按组坯和静曲强度分	—	优等品、一等品、合格品
按防腐处理分	未经防腐处理的单板层积材、经防腐处理的单板层积材	
按防虫处理分	未经防虫处理的单板层积材、经防虫处理的单板层积材	
按阻燃处理分	未经阻燃处理的单板层积材、经阻燃处理的单板层积材	

2. 单板层积材的规格尺寸

表 8-98

类别	项目		规格尺寸	尺寸偏差	
非结构用单板层积材	长度	mm	1 830～6 405	+10.0 0	
	宽度		915,1 220,1 830,2 440	+5.0 0	
	厚度		19,20,22,25,30,32,35,40,45,50,55,60	≤20	±0.3
				>20～≤40	±0.4
				>40	±0.5
	边缘直度（mm/m）		—	1.0	
	垂直度（mm/m）		—	1.0	
	翘曲度（％）		—	1.0	
结构用单板层积材	长度	mm	≥1 830	+10.0 0	
	宽度		915,1 220,1 830,2 440	+5.0 0	
	厚度		≥19	公称厚度的 0～7％,但不超过±0.3	
	边缘直度（mm/m）		—	1.0	
	垂直度（mm/m）		—	1.0	
	翘曲度（％）		—	1.0	

3.单板层积材的外观质量和理化性能要求

(1)非结构用单板层积材

①非结构用单板层积材的外观质量

表 8-99

检 量 项 目		优 等 品	一 等 品	合 格 品
半活节和死节	单个最大长径(mm)	10	20	不限
孔洞、脱落节、虫孔	单个最大长径(mm)	不允许	≤10允许;超过此规定且≤40若经修补则允许	≤40允许;超过此规定若经修补则允许
夹皮、树脂道	每平方米板面上个数	3	4(自10以下不计)	10(自15以下不计)
	单个最大长度(mm)	15	30	不限
腐朽		不允许		
表板开裂或缺损		不允许	长度<板长的20%,宽度<1.5mm	长度<板长的50%,宽度<6mm
鼓泡、分层		不允许		
补片、补条	经制作适当且填补牢固的,每平方米板面上个数	不允许	6	不限
	累计面积不超过板面积的百分比(%)		1	5
	最大缝隙(mm)		0.5	1
其他缺陷		按最类似缺陷考虑		

注:各层单板宜为同一厚度、同一树种或物理性能相似的树种,同一层表板应为同一树种,并应紧面朝外。

②非结构用单板层积材的理化性能

含水率:6%～14%。

浸渍剥离:试件同一胶层的任一边胶线剥离长度不超过该边胶线长度的1/3。

甲醛释放限量值。

表 8-100

级 别 标 志	限量值(mg/L)	备 注
E_1	≤1.5	——	可直接用于室内
E_2	≤5.0	必须经过饰面处理后,方可允许用于室内

(2)结构用单板层材积

①结构用单板层积材的外观质量

表 8-101

检 量 项 目		要 求
表板活节、半活节		允许
表板死节、孔洞、虫孔	最大单个直径(mm)	60允许,>60且<100若经修补则允许
表板夹皮、树脂道	每平方米板面上个数	10(自15以下不计)
	单个最大长度(mm)	60
腐朽		不允许
表板裂缝	单个最大宽度(mm)	2
	单个最大长度(mm)	200

1031

续表 8-101

检量项目		要求
表板叠层		不允许
内层表板叠离	单个最大宽度(mm)	4
	每米板宽内条数	≤2
鼓泡、分层		不允许
凹陷、压痕、鼓包	最大单个面积(mm²)	400
	每平方米板面上总个数	≤6
毛刺沟痕	不超过板面积(%)	20
	深度不得超过(mm)	1
表板砂透		不允许
补片、补条	缝隙不得超过(mm)	1
内含铝质书钉		不允许
板边缺损		在公称尺寸内不允许
其他缺陷		按最类似缺陷考虑

②结构用单板层积材的组坯要求

表 8-102

检量项目		优等品	一等品	合格品
单板层数[a]	最少层数	12	9	6
单板接长	相邻单板接缝间距与单板厚度的最小倍数[b]		30	
	接缝水平间距小于10倍单板厚度的最小层数间隔(不含横向组坯的单板)	6	4	2
	拼缝	无离缝	—	—

注:①[a] 若与最外层单板相邻单板为横向放置,此层及最外层均不计入。

②[b] 若供需双方协议要求使用不同厚度的单板,以最厚单板的厚度计算。

③结构用单板层积材的弹性模量和静曲强度

表 8-103

弹性模量级别	弹性模量(MPa)		静曲强度(MPa)		
	平均值	最小值	优等品	一等品	合格品
180E	18.0×10³	15.0×10³	67.5	58.0	48.5
160E	16.0×10³	14.0×10³	60.0	51.5	43.0
140E	14.0×10³	12.0×10³	52.5	45.0	37.5
120E	12.0×10³	10.5×10³	45.0	38.5	32.0
110E	11.0×10³	9.0×10³	41.0	35.0	29.5
100E	10.0×10³	8.5×10³	37.5	32.0	27.0
90E	9.0×10³	7.5×10³	33.5	29.0	24.0
80E	8.0×10³	7.0×10³	30.0	25.5	21.5
70E	7.0×10³	6.0×10³	26.0	22.5	18.5
60E	6.0×10³	5.0×10³	22.5	19.0	16.0

④结构用单板层积材的水平剪切强度(MPa)

表 8-104

水平剪切强度级别[a]	垂 直 加 载	平 行 加 载
65V-55H	6.5	5.5
60V-51H	6.0	5.1
55V-47H	5.5	4.7
50V-43H	5.0	4.3
45V-38H	4.5	3.8
40V-34H	4.0	3.4
35V-30H	3.5	3.0

注:[a] 表示产品垂直加载和水平加载水平剪切强度的质量水平。

⑤结构用单板层积材其他理化性能要求

含水率:6%～14%。

浸渍剥离:试件 4 个侧面剥离总长度不超过胶层总长度的 5%,且任一胶层剥离长度(小于 3mm 的剥离长度不计)不超过该胶层四边之和的 1/4。

防虫剂种类和载药量:应符合日本农林水产省告示第 236 号《单板层积材》(2003 年)的规定。

结构:

单板为整幅单板或经接长的单板,厚度应≥2mm。

表板可以是整张单板,也可以由单板通过板端斜接而成。

4.单板层积材的包装、标志和储运要求

(1)非结构用单板层积材

①产品标记

产品入库前,应在产品适当的部位标记生产日期、产品名称、规格、等级。

②包装标签

产品出厂时,包装标签应有生产厂家名称、地址、出厂日期、产品名称、树种、商标、等级、甲醛释放量、级别、规格、数量及防潮、防晒等标记。

③包装

产品出厂时应按产品规格、等级、甲醛释放量级别分别包装。应注明依据标准、批号、树种、甲醛释放量、规格、等级。包装要做到产品免受磕碰、划伤和污损。

④运输和储运

产品在运输和储存过程中应平整堆放,防止污损、不得受潮、雨淋和暴晒。

(2)结构用单板层积材

①产品标记

产品入库前,应在产品适当的部位标记产品名称、规格、等级。水平剪切强度级别、弹性模量、级别、生产日期。如果产品经防虫处理,应标记防虫剂种类。当产品用于专门的部件时,应对使用场所和其他有关事项进行说明。

②包装标签

产品出厂时,包装标签应有生产厂家名称、地址、出厂日期、产品名称、商标、树种、等级、水平剪切强度级别、弹性模量级别、规格、数量及防潮和防晒等标记,如果产品经防虫处理,应标记防虫剂种类。

③包装

产品出厂时应按产品等级、级别、规格分别包装。企业应提供生产厂质量检验部门的产品质量检验报告,检验报告应注明依据标准、批号、树种、等级、级别、规格及相应的理化性能检验结果。包装要做到产品免受磕碰、划伤和污损。

④储运要求

同非结构单板层积材。

(十一)竹篾层积材(LY/T 1072—2002)

竹篾层积材是以竹篾施加合成树脂胶粘剂,经顺纤维方向铺装、热压而成的板材。竹篾层积材按外观质量分为一等品、合格品两个等级。

1. 竹篾层积材的规格尺寸(mm)

表 8-105

项　目	规　格　尺　寸	偏　差
长度	40、500	±1
	1 000、1 500、2 000、2 500	±3
	3 000、3 400、4 200、5 400	±5
宽度	140、160、180、…400	±1
	500、600、700、800	±2
	900、1 000、1 100	±3
厚度	10、15、20	±0.8
	25、30	±1.0

2. 竹篾层积材规格尺寸的技术要求(mm)

表 8-106

项　目			指　标
边缘不直度不大于	边长	<400	1
		400～1 000	2
		>1 000	3
翘曲度(mm/mm)		不大于	2/1 000
两对角线之差(mm/mm)		不大于	2/1 000

3. 竹篾层积材的外观质量(mm)

表 8-107

缺陷名称	允许限度	
	一等品	合格品
鼓泡	不允许	不允许
脱胶	不允许	每平方米2处,每处长≤50
边角缺损	不允许	≤5

4. 竹篾层积材的物理力学性能

表 8-108

指标名称	单位	指标值
密度	g/cm³	≤1.2
含水率	%	6～8
吸水率	%	≤12
静曲强度	MPa	≥120

续表 8-108

指 标 名 称	单 位	指 标 值
弹性模量	MPa	$\geqslant 8.0 \times 10^3$
冲击韧性	kJ/m²	$\geqslant 110$
低温冲击韧性	kJ/m²	$\geqslant 80$
滞燃性能	氧指数	$\geqslant 28$

5. 其他要求

竹篾层积材在储运过程中,应防潮、防水、防人为和机械损伤。

(十二)刨光材(GB/T 20445—2006)

刨光材也称刨光锯材,是经过刨光符合技术要求的锯材或集成材。刨光材按外观质量和加工质量分为特等、一等、二等、三等四个等级。适用于工业、农业、建筑、家具、包装及其他用途。

刨光材适用树种包括:

阔叶类:柞木、硕桦(风桦)、白桦、水曲柳、槭木(色木)、椴树、核桃楸(楸子)、榆木。

针叶类:落叶松、樟子松、红松、云杉、冷杉。

经供需双方协商,其他树种也可用于生产刨光材。

1. 刨光材的规格尺寸

表 8-109

尺　寸			尺寸进级		尺寸允许偏差		
长度(m)	宽度(mm)	厚度(mm)	长度(m)	宽度(mm)	长度(m)	宽度(mm)	厚度(mm)
1~8	20~300	10~68	< 2m 的按 0.1m 进级;≥ 2m 的按 0.2m 进级	5	<2m, $^{+2}_{-0.2}$cm；≥2m, $^{+4}_{0}$cm	<25mm,±1mm;25~100mm,±2mm;>100mm,±3mm	±2

2. 刨光材的质量标准

表 8-110

缺陷名称	检量项目	允 许 限 度			
		特 等	一 等	二 等	三 等
死节	最大尺寸不得超过材宽(%)	0	0	5	不限
	任意材长 1m 范围内数量不得超过(个)	0	0	3	不限
活节	最大尺寸不得超过(mm)	0	5	8	不限
	任意材长 1m 范围内数量不得超过(个)	0	3	5	不限
裂纹、夹皮	材长度不得超过材长(%)	0	1	5	不限
虫眼	任意长 1m 范围内数量不得超过(个)	0	0	3	不限
钝棱	最严重缺角尺寸不得超过材宽(%)	0	5	15	20
腐朽	面积不得超过所在材面面积(%)	0	0	5	10
斜纹	斜纹倾斜程度不得超过(%)	2	3	10	50
翘曲	横弯最大拱高不得超过水平长(%)	0.1	0.2	0.5	1.0
	顺弯最大拱高不得超过水平长(%)	0.1	0.2	0.5	1.0
未刨部分或刨痕	刨光面	无	局部	<2cm²	≤10cm²
	深度极限(mm)	0.1	0.2	0.3	0.3

续表 8-110

缺陷名称	检量项目	允许限度			
		特　等	一　等	二　等	三　等
刨光面波纹	肉眼所能见	无	无	一个面局部 $<2cm^2$	允许局部 $<3cm^2$
	深度(mm)	0	0	0.1	0.2
色差	同一平面肉眼检查	不明显	可见,一处小于 宽度 50%	明显,二处小于 宽度 50%	明显,不限
表面对角 线差值	两表面(mm)	≤0.1	≤0.2	≤0.5	≤0.7
不垂直度	两相邻材面之间(%)	≤0.2		≤0.4	

注:刨光拼板的要求不得低于三等。

(十三)细木工板(GB/T 5849—2006)

细木工板是具有实木板芯的胶合板,细木工板按外观质量和翘曲度分为优等品、一等品和合格品。

细木工板以面板树种和板芯是否胶拼进行命名。如面板为水曲柳单板,板芯不胶拼的细木工板,称为水曲柳不胶拼细木工板。

细木工板表板应紧面朝外。三层细木工板的表板厚度不应小于 1.0mm。

1.细木工板的分类

表 8-111

分类依据	类　别
按板芯结构分	实心细木工板——以实体板芯制作的细木工板
	空心细木工板——以方格板芯制作的细木工板
按板芯拼接状况分	胶拼细木工板——板芯材料之间的连接采用胶粘剂连接
	不胶拼细木工板——板芯材料之间的连接不采用胶粘剂连接
按表面加工状况分	单面砂光细木工板、双面砂光细木工板、不砂光细木工板
按使用环境分	室内用细木工板、室外用细木工板
按层数分	三层细木工板、五层细木工板、多层细木工板
按用途分	普通用细木工板、建筑用细木工板

2.细木工板的规格尺寸和偏差

(1)细木工板的宽度和长度(mm)

表 8-112

宽　度	长　度					长宽度偏差
915	915	—	1 830	2 135	—	+5
1 220	—	1 220	1 830	2 135	2 440	0

(2)细木板的厚度(mm)

表 8-113

基本厚度	不　砂　光		砂光(单面或双面)	
	每张板内厚度公差	厚度偏差	每张板内厚度公差	厚度偏差
≤16	1.0	±0.6	0.6	±0.4
>16	1.2	±0.8	0.8	±0.6

(3)细木工板的垂直度、边缘直度、翘曲度、波纹度和板芯质量要求

表 8-114

项　目		指　标		
相邻边垂直度(mm/m)	不超过	1.0		
边缘直度(mm/m)	不超过	1.0		
翘曲度(%)	不超过	优等品 0.1	一等品 0.2	合格品 0.3
波纹度(mm)	不超过	砂光面 0.3;不砂光面 0.5		
板芯质量 相邻芯条接缝间距(mm)	不小于	50		
芯条长度(mm)	不小于	100		
芯条宽厚比	不大于	3.5		
芯条缝隙(mm)	不大于	侧面缝隙 1;端面缝隙 3		
板芯修补		允许用木条、木块和单板进行加胶修补		

3. 细木工板的物理力学性能

(1)细木工板的含水率、横向静曲强度、浸渍剥离性能要求

表 8-115

检 验 项 目		单　位	指　标　值
含水率		%	6.0~14.0
横向静曲强度	平均值	MPa	≥15.0
	最小值	MPa	≥12.0
浸渍剥离性能		mm	试件每个胶层上的每一边剥离长度均不超过 25mm
表面胶合强度		MPa	≥0.60

(2)细木工板的胶合强度(MPa)

表 8-116

树　　种	指　标　值
椴木、杨木、拟赤杨、泡桐、柳桉、杉木、奥克榄、白梧桐、异翅香、海棠木	≥0.70
水曲柳、荷木、枫香、槭木、榆木、柞木、阿必东、克隆、山樟	≥0.80
桦木	≥1.00
马尾松、云南松、落叶松、云杉、辐射松	≥0.80

注:①其他国家阔叶树材或针叶树材制成的细木工板,其胶合强度指标值可根据其密度分别比照本表所规定的椴木、水曲柳或马尾松的指标值;其他热带阔叶树材制成的细木工板,其胶合强度指标值可根据树种的密度比照本表的规定,亲密度自 0.60g/cm³ 以下的采用柳桉的指标值,超过的则采用阿必东的指标值。供需双方对树种的密度有争议时,按 GB/T 1933 的规定测定。

②三层细木工板不做胶合强度和表面胶合强度检验,其表板厚度应≥1.0mm。

③当表板厚度＜0.55mm 时,细木工板不做胶合强度检验。

④当表板厚度≥0.55mm 时,五层及多层细木工板不做表面胶合强度和浸渍剥离检验。

⑤对不同树种搭配制成的细木工板的胶合强度指标值。应取各树种中要求最小的指标值。

⑥如测定胶合强度试件的平均木材破坏率超过 80% 时,则其胶合强度指标值可比本表所规定的值低 0.20MPa。

4. 室内用细木工板甲醛释放限量(mg/L)

表 8-117

级 别 标 志	限　量	适 用 范 围
E_0	≤0.5	可直接用于室内
E_1	≤1.5	可直接用于室内
E_2	≤5.0	经饰面处理后达到 E_1 级方可用于室内

5.细木工板的外观质量

（1）阔叶树材细木工板外观分等的允许缺陷

表 8-118

检量缺陷名称	检量项目		面板			背板
			细工木板等级			
			优等品	一等品	合格品	
(1)针节	—			允许		
(2)活节	最大单个直径(mm)		10	20	不限	
(3)半活节、死节、夹皮	每平方米板面上总个数			4	6	不限
	半活节	最大单个直径(mm)	不允许	15(自5以下不计)	不限	
	死节	最大单个直径(mm)		4(自2以下不计)	15	不限
	夹皮	最大单个长度(mm)		20(自5以下不计)	不限	
(4)木材异常结构	—			允许		
(5)裂缝	每米板宽内条数			1	2	不限
	最大单个宽度(mm)		不允许	1.5	3	6
	最大单个长度为板长的百分比(%)			10	15	30
(6)虫孔、排钉孔、孔洞	最大单个直径(mm)		不允许	4	8	15
	每平方米板面上个数			4	不呈筛孔状不限	
(7)变色[a]	不超过板面积的百分比(%)		不允许	30	不限	
(8)腐朽	—		不允许		允许初腐,但面积不超过板面积的1%	允许初腐
(9)表板拼接离缝	最大单个宽度(mm)		不允许	0.5	1	2
	最大单个长度为板长的百分比(%)			10	30	50
	每米板宽内条数			1	2	不限
(10)表板叠层	最大单个宽度(mm)		不允许		8	10
	最大单个长度为板长的百分比(%)				20	不限
(11)芯板叠离	紧贴表板的芯板叠离	最大单个宽度(mm)	不允许	2	8	10
		每米板长内条数		2	不限	
	其他各层离缝的最大宽度(mm)			10		—
(12)鼓泡、分层	—			不允许		
(13)凹陷、压痕、鼓包	最大单个面积(mm²)		不允许	50	400	不限
	每平方米板面上个数			1	4	
(14)毛刺沟痕	不超过板面积的百分比(%)		不允许	1	20	不限
	深度			不允许穿透		
(15)表板砂透	每平方米板面上不超过(mm²)		不允许		400	10 000
(16)透胶及其他人为污染	不超过板面积的百分比(%)		不允许	0.5	10	30

续表 8-118

检量缺陷名称	检量项目	面板			背板
		细工木板等级			
		优等品	一等品	合格品	
(17)补片、补条	允许制作适当且填补牢固的，每平方米板面上的数	不允许	3	不限	不限
	不超过板面积的百分比(%)		0.5	3	
	缝隙不超过(mm)		0.5	1	2
(18)内含铝质书钉	—	不允许			
(19)板边缺损	自基本幅面内不超过(mm)	不允许		10	
(20)其他缺陷	—	不允许	按最类似缺陷考虑		

注：ᵃ 浅色斑条按变色计；一等品板深色斑条宽度不允许超过 2mm，长度不允许超过 20mm；桦木除优等品板外，允许有伪心材，但一等品板的色泽应调和；桦木一等品不允许有密集的褐色或黑色髓斑；优等品和一等品板的异色边心材按变色计。

(2)针叶树材细木工板外观分等的允许缺陷

表 8-119

检量缺陷名称	检量项目		面板			背板
			细工木板等级			
			优等品	一等品	合格品	
(1)针节	—		允许			
(2)活节、半活节、死节	每平方米板面上总个数		5	8	10	不限
	活节	最大单个直径(mm)	20	30 (自 10 以下不计)	不限	
	半活节、死节	最大单个直径(mm)	不允许	5	30 (自 10 以下不计)	不限
(3)木材异常结构	—		允许			
(4)夹皮、树脂道	每平方米面上总个数		3	4(自 10mm 以下不计)	10(自 15mm 以下不计)	不限
	最大单个长度(mm)		15	30	不限	
(5)裂缝	每米板宽内条数		不允许	1	2	不限
	最大单个宽度(mm)			1.5	3	6
	最大单个长度为板长的百分比(%)			10	15	30
(6)虫孔、排钉孔、孔洞	最大单个直径(mm)		不允许	2	6	15
	每平方米板面上个数			4	10(自 3mm 以下不计)	不呈筛孔状不限
(7)变色	不超过板面积的百分比(%)		不允许	浅色 10	不限	
(8)腐朽	—		不允许		允许初腐，但面积不超过板面积的 1%	允许初腐
(9)树脂漏(树脂条)	最大单个长度(mm)		不允许	150	不限	
	最大单个宽度(mm)			10		
	每平方米板面上的个数			4		
(10)表板拼接离缝	最大单个宽度(mm)		不允许	0.5	1	2
	最大单个长度为板长的百分比(%)			10	30	50
	每米板宽内条数			1	2	不限

续表 8-119

检量缺陷名称	检量项目		面板			背板
			细工木板等级			
			优等品	一等品	合格品	
(11)表板叠层	最大单个宽度(mm)		不允许		2	10
	最大单个长度为板长的百分比(%)				20	不限
(12)芯板叠离	紧贴表板的芯板叠离	最大单个宽度(mm)	不允许	2	4	10
		每米板长内条数		2	不限	
	其他各层离缝的最大宽度(mm)		10			—
(13)鼓泡、分层	—		不允许			
(14)凹陷、压痕、鼓包	最大单个面积(mm²)		不允许	50	400	不限
	每平方米板面上个数			2	6	
(15)毛刺沟痕	不超过板面积的百分比(%)		不允许	5	20	不限
	深度		不允许穿透			
(16)表板砂透	每平方米板面上不超过(mm²)		不允许		400	10 000
(17)透胶及其他人为污染	不超过板面积的百分比(%)		不允许	1	10	30
(18)补片、补条	允许制作适当且填补牢固的,每平方米板面上的个数		不允许	6	不限	
	不超过板面积的百分比(%)			1	5	不限
	缝隙不超过(mm)			0.5	1	2
(19)内含铝质书钉	—		不允许			
(20)板边缺损	自基本幅面内不超过(mm)		不允许		10	
(21)其他缺陷	—		不允许	按最类似缺陷考虑		

(3)热带阔叶树材细木工板外观分等的允许缺陷

表 8-120

检量缺陷名称	检量项目		面板			背板
			细工木板等级			
			优等品	一等品	合格品	
(1)针节	—		允许			
(2)活节	最大单个直径(mm)		10	20	不限	
(3)半活节、死节	每平方米板面上总个数		3		5	不限
	半活节	最大单个直径(mm)	不允许	10(自5以下不计)	不限	
	死节	最大单个直径(mm)		4(自2以下不计)	15	不限
(4)木材异常结构	—		允许			
(5)裂缝	每米板宽内条数		1	2	不限	
	最大单个宽度(mm)		不允许	1.5	2	6
	最大单个长度为板长的百分比(%)			10	15	30
(6)夹皮	每平方米板面上总个数		2	4	不限	
	最大单个长度(mm)		不允许	10(自5以下不计)	不限	

续表 8-120

检量缺陷名称		检量项目	面板			背板
			细工木板等级			
			优等品	一等品	合格品	
(7)蛀虫造成的缺陷	虫孔	每平方米板面上个数	不允许	8(自 1.5mm 以下不计)	不呈筛孔状不限	
		最大单个长度(mm)		2		
	虫道	每平方米板面上个数	不允许	2	不呈筛孔状不限	
		最大单个长度(mm)		10		
(8)排钉孔、孔洞		最大单个直径(mm)	不允许	2	8	15
		每平方米板面上个数		1	不限	
(9)变色		不超过板面积(%)	不允许	5	不限	
(10)腐朽		—	不允许		允许初腐,但面积不超过板面积的1%	允许初腐
(11)表板拼接离缝		最大单个宽度(mm)	不允许		1	2
		最大单个长度为板长的百分比(%)			30	50
		每米板宽内条数			2	不限
(12)表板叠层		最大单个宽度(mm)	不允许		2	10
		最大单个长度为板长的百分比(%)			10	不限
(13)芯板叠离	紧贴表板的芯板叠离	最大单个宽度(mm)	不允许	2	4	10
		每米板长内条数		2	不限	
	其他各层离缝的最大宽度(mm)		10			—
(14)鼓泡、分层		—	不允许			
(15)凹陷、压痕、鼓包		最大单个面积(mm)²	不允许	50	400	不限
		每平方米板面上个数		1	4	
(16)毛刺沟痕		不超过板面积的百分比(%)	不允许	1	25	不限
		深度	不允许穿透			
(17)表板砂透		每平方米板面上不超过(mm²)	不允许		400	10 000
(18)透胶及其他人为污染		不超过板面积的百分比(%)	不允许	0.5	10	30
(19)补片、补条		允许制作适当且填补牢固的,每平方米板面上的数	不允许	3	不限	不限
		不超过板面积的百分比(%)		0.5	3	
		缝隙不超过(mm)		0.5		
(20)内含铝质书钉		—	不允许			
(21)板边缺损		自基本幅面内不超过(mm)	不允许	10		
(22)其他缺陷		—	不允许	按最类似缺陷考虑		

注:①髓斑和斑条按变色计。

②优等品和一等品板的异色边芯材按变色计。

(十四)胶合板材积换算表

表 8-121

幅面(mm×mm)	公称面积(m²)	每立方米约张数(小数四舍五入)								
		三层			五层		七层	九层	十一层	
		胶 合 板 厚 度 (mm)								
		3	3.5	4	5	6	7	9	11	12
915×915	0.837 2	398	341	299	239	199	171	133	109	100
915×1 830	1.674 5	199	171	149	119	100	85	66	54	50
915×2 135	1.953 5	171	146	128	102	85	73	57	47	43
1 220×1 220	1.488 4	224	192	168	134	112	96	75	61	56
1 220×1 830	2.232 6	149	128	112	90	75	64	50	41	37
1 220×2 135	2.604 7	128	110	96	77	64	55	43	35	32
1 220×2 440	2.976 8	112	96	84	67	56	48	37	31	28
1 525×1 525	2.325 6	143	123	107	86	72	61	48	39	36
1 525×1 830	2.790 8	119	102	90	72	60	51	40	33	30

注:根据物资统计规定 1m³ 胶合板折原木 3.3m³。

二、刨花板、纤维板

(一)刨花板(GB/T 4897—2015)

刨花板是由木材碎料(木刨花、锯末或类似材料)或非木材植物碎料(亚麻屑、甘蔗渣、麦秸、稻草或类似材料)与胶粘剂一起热压而成的板材。

1. 刨花板的分类

表 8-122

分 类 依 据			类 别
按类型分			普通型、家具型、承载型、重载型
按功能分			阻燃刨花板、防虫害刨花板、抗真菌刨花板
按状态和用途分	干燥状态下使用		普通型刨花板 P1 型
			家具型刨花板 P2 型
			承载型刨花板 P3 型
			重载型刨花板 P4 型
	潮湿状态下使用		普通型刨花板 P5 型
			家具型刨花板 P6 型
			承载型刨花板 P7 型
			重载型刨花板 P8 型
	高湿状态下使用		普通型刨花板 P9 型
			家具型刨花板 P10 型
			承载型刨花板 P11 型
			重载型刨花板 P12 型

2. 刨花板的规格尺寸

刨花板幅面尺寸为 1 220mm×2 440mm。

注:经供需双方协议,可生产其他特殊幅面尺寸的刨花板。

刨花板厚度由供需双方商定常用的。

3. 刨花板出厂时的共同指标

表 8-123

序号	项　目		单　位	指　标	
				厚度≤12mm	厚度>12mm
1	尺寸偏差	板内和板间厚度(未砂光板)	mm	+1.5 -0.3	+1.7 -0.5
		板内和板间厚度(砂光板)		±0.3	
		长度和宽度		±2/m,最大值±5	
2	垂直度	<	mm/m	2	
3	边缘直度	≤	mm/m	1	
4	平整度	≤	mm	12	
5	理化性能	板内平均密度偏	%	±10	
6		含水率	%	3~13	
7		甲醛释放量		符合 GB 18580 的规定	

4. 刨花板的外观质量

表 8-124

缺　陷　名　称	允　许　值
断痕、透裂	不允许
单个面积>40mm² 的胶斑、石蜡斑、油污斑等污染点	不允许
边角残损	在公称尺寸内不允许
压痕	肉眼不允许

5. 刨花板其他物理力学性能

（1）干燥状态下使用的刨花板

表 8-125

型号	项　目	单位	普通型规格限(μ_L)家具型、承载型、重载型规格限(μ_u,μ_L)					
			基本厚度范围(mm)					
			≤6	>6~13	>13~20	>20~25	>25~34	>34
普通型(P1 型)	静曲强度(MOR)	MPa	11.5	10.5	10.0	9.5	8.5	6.0
	内胶合强度	MPa	0.30	0.28	0.24	0.18	0.16	0.14
家具型(P2 型)	静曲强度(MOR)	MPa	12.0	11.0	11.0	10.5	9.5	7.0
	弹性模量(MOE)	MPa	1 900	1 800	1 600	1 500	1 350	1 050
	内胶合强度	MPa	0.45	0.40	0.35	0.30	0.25	0.20
	表面胶合强度	MPa	0.8	0.8	0.8	0.8	0.8	0.8
	2h 吸水厚度膨胀率	%	8.0					

型号	项目	单位	普通型规格限(μ_L)家具型、承载型、重载型规格限(μ_u,μ_L)					
			基本厚度范围(mm)					
			≤6	>6~13	>13~20	>20~25	>25~34	>34
承载型(P3 型)	静曲强度(MOR)	MPa	15	15	15	13	11	8
	弹性模量(MOE)	MPa	2 200	2 200	2 100	1 900	1 700	1 200
	内胶合强度	MPa	0.45	0.40	0.35	0.3	0.25	0.20
	24h 吸水厚度膨胀率	%	22.0	19.0	16.0	16.0	16.0	15.0
重载型(P4 型)	静曲强度(MOR)	MPa	—	20	18	16	15	13
	弹性模量(MOE)	MPa		3 100	2 900	2 550	2 400	2 100
	内胶合强度	MPa		0.60	0.50	0.40	0.35	0.25
	24h 吸水厚度膨胀率	%		16.0	15.0	15.0	15.0	14.0

注:①规格限指规定的用以判定单位产品某计量质量特征是否合格的界限值。

②下列力学性能项目的指标要求是下规格限 μ_L:

——静曲强度(MOR);

——弹性模量(MOE);

——内胶合强度;

——表面胶合强度;

——循环试验后内胶合强度;

——沸水煮后内胶合强度;

——70℃水中浸渍处理后静曲强度;

——握螺钉力。

③下列物理性能项目的指标为上规格限 μ_U:

——吸水厚度膨胀率;

——循环试验后吸水厚度膨胀率。

④除 P1 型刨花板外,其余所有型板的板面握螺钉力应不小于 900N,板边握螺钉力应不小于 600N。厚度不小于 15mm 的试件可直接测定板面和板边握螺钉力。若试件厚度不足 15mm,只测定板面握螺钉力,此时可用两个或多个试件胶合成 1 件,使总厚度不小于 15mm。

⑤尺寸稳定性和含砂量为刨花板的附加性能。在需方对尺寸稳定性和含砂量等性能有要求时,由供需双方协商确定其性能指标。

(2)潮湿状态下使用的刨花板

表 8-126

型号	项目		单位	规格限(μ_U,μ_L)					
				基本厚度范围(mm)					
				≤6	>6~13	>13~20	>20~25	>25~34	>34
普通型 (P5 型)	静曲强度(MOR)		MPa	13	13	12	11	10	7
	内胶合强度		MPa	0.30	0.28	0.24	0.20	0.17	0.14
	24h 吸水厚度膨胀率		%	23.0	18.0	15.0	13.0	13.0	12.0
	防潮性能	选项 1: 循环试验后内胶合强度	MPa	0.14	0.13	0.11	0.08	0.07	0.06
		循环试验后吸水厚度膨胀率	%	23.0	21.0	20.0	18.0	17.0	15.0
		选项 2: 沸水煮后内胶合强度	MPa	0.09	0.08	0.07	0.06	0.05	0.04
		选项 3: 70℃水中浸渍处理后静曲强度	MPa	4.9	4.6	4.2	3.9	3.5	2.5

型 号	项 目		单位	规格限（μ_U，μ_L）					
				基本厚度范围（mm）					
				≤6	>6～13	>13～20	>20～25	>25～34	>34
家具型 （P6 型）	静曲强度（MOR）		MPa	14	14	13	12	11	8
	弹性模量（MOE）		MPa	1 900	1 900	1 900	1 700	1 400	1 200
	内胶合强度		MPa	0.45	0.45	0.40	0.35	0.30	0.25
	表面胶合强度		MPa	0.8	0.8	0.8	0.8	0.8	0.8
	24h 吸水厚度膨胀率		%	20.0	16.0	14.0	13.0	13.0	12.0
	防潮性能	选项1： 循环试验后内胶合强度 循环试验后吸水厚度膨胀率	MPa %	0.18 20.0	0.15 18.0	0.13 16.0	0.12 14.0	0.10 13.0	0.09 11.0
		选项2： 沸水煮后内胶合强度	MPa	0.09	0.09	0.08	0.07	0.07	0.06
		选项3： 70℃水中浸渍处理后静曲强度	MPa	5.6	4.9	4.5	4.2	3.9	3.2
承载型 （P7 型）	静曲强度（MOR）		MPa	18	17	16	14	12	9
	弹性模量（MOE）		MPa	2 450	2 450	2 400	2 100	1 900	1 550
	内胶合强度		MPa	0.50	0.45	0.40	0.35	0.30	0.30
	24h 吸水厚度膨胀率		%	16.0	13.0	11.0	11.0	11.0	10.0
	防潮性能	选项1： 循环试验后内胶合强度 循环试验后吸水厚度膨胀率	MPa %	0.23 16.0	0.20 15.0	0.20 13.0	0.18 12.0	0.16 11.0	0.14 10.0
		选项2： 沸水煮后内胶合强度	MPa	0.15	0.14	0.14	0.12	0.10	0.09
		选项3： 70℃水中浸渍处理后静曲强度	MPa	6.7	6.4	5.6	4.9	4.2	3.5
重载型 （P8 型）	静曲强度（MOR）		MPa		21	19	18	16	14
	弹性模量（MOE）		MPa		3 000	2 900	2 700	2 400	2 200
	内胶合强度		MPa		0.75	0.70	0.65	0.60	0.45
	24h 吸水厚度膨胀率		%		10.0	10.0	10.0	10.0	9.0
	防潮性能	选项1： 循环试验后内胶合强度 循环试验后吸水厚度膨胀率	MPa %	—	0.34 11.0	0.32 10.0	0.29 10.0	0.27 10.0	0.20 8.0
		选项2： 沸水煮后内胶合强度	MPa		0.23	0.21	0.20	0.18	0.14
		选项3： 70℃水中浸渍处理后静曲强度	MPa		7.7	7.0	6.3	6.0	5.6

注：①～⑤同表 8-125。

　　⑥由供需双方协商确定先用方法，三种试验项目（选项1、选项2、选项3）只需任选一种。

（3）高湿状态下使用的刨花板

表 8-127

型 号	项 目		单位	规格限(μ_U,μ_L)					
				基本厚度范围(mm)					
				≤6	>6～13	>13～20	>20～25	>25～34	>34
普通型 (P9 型)	静曲强度(MOR)		MPa	14	13	12	11	10	7
	内胶合强度		MPa	0.30	0.28	0.24	0.20	0.17	0.14
	24h 吸水厚度膨胀率		%	14.0	12.0	12.0	10.0	10.0	10.0
	防潮性能	选项1： 循环试验后内胶合强度	MPa	0.18	0.17	0.14	0.11	0.10	0.08
		循环试验后吸水厚度膨胀率	%	15.0	13.0	12.0	11.0	10.0	9.0
		选项2： 沸水煮后内胶合强度	MPa	0.15	0.14	0.12	0.09	0.08	0.07
		选项3： 70℃水中浸渍处理后静曲强度	MPa	8.4	7.8	7.2	6.6	5.4	4.2
家具型 (P10 型)	静曲强度(MOR)		MPa	18	16	15	13	12	10
	弹性模量(MOE)		MPa	2 200	2 000	1 900	1 700	1 600	1 400
	内胶合强度		MPa	0.50	0.45	0.40	0.35	0.30	0.25
	表面胶合强度		MPa	0.8	0.8	0.8	0.8	0.8	0.8
	24h 吸水厚度膨胀率		%	14.0	12.0	12.0	10.0	10.0	10.0
	防潮性能	选项1： 循环试验后内胶合强度	MPa	0.28	0.22	0.18	0.16	0.14	0.12
		循环试验后吸水厚度膨胀率	%	13.0	12.0	11.0	10.0	9.0	8.0
		选项2： 沸水煮后内胶合强度	MPa	0.25	0.22	0.20	0.17	0.15	0.12
		选项3： 70℃水中浸渍处理后静曲强度	MPa	11.2	9.6	9.0	7.8	7.2	6.0
承载型 (P11 型)	静曲强度(MOR)		MPa	19	18	16	15	14	12
	弹性模量(MOE)		MPa	2 600	2 600	2 400	2 100	1 900	1 700
	内胶合强度		MPa	0.55	0.50	0.45	0.40	0.35	0.30
	24h 吸水厚度膨胀率		%	13.0	12.0	10.0	10.0	10.0	9.0
	防潮性能	选项1： 循环试验后内胶合强度	MPa	0.30	0.25	0.22	0.20	0.17	0.15
		循环试验后吸水厚度膨胀率	%	10.0	10.0	9.0	9.0	8.0	8.0
		选项2： 沸水煮后内胶合强度	MPa	0.30	0.28	0.20	0.17	0.15	0.12
		选项3： 70℃水中浸渍处理后静曲强度	MPa	11.4	10.8	9.6	9.0	8.4	7.2
重载型 (P12 型)	静曲强度(MOR)		MPa	—	22	20	18	17	16
	弹性模量(MOE)		MPa		3 350	3 100	2 900	2 800	2 600
	内胶合强度		MPa		0.75	0.70	0.65	0.60	0.55
	24h 吸水厚度膨胀率		%		9.0	8.0	8.0	8.0	7.0
	防潮性能	选项1： 循环试验后内胶合强度	MPa		0.45	0.42	0.39	0.36	0.33
		循环试验后吸水厚度膨胀率	%		10.0	9.0	9.0	8.0	7.0
		选项2： 沸水煮后内胶合强度	MPa		0.37	0.35	0.32	0.30	0.27
		选项3： 70℃水中浸渍处理后静曲强度	MPa		13.2	12.0	10.8	10.2	9.6

注：①～⑤同表 8-125。

⑥由供需双方协商确定选用方法，三种试验项目(选项1、选项2、选项3)只需任选一种。

6.检验时限

需方对拨交产品进行检验时,应从发货之日起三个月内向供方提出,并请法定检验机构按标准进行检验。

刨花板在运输和储存过程中应注意防潮、防雨、防晒、防变形。

刨花板的计量以立方米(m³)为计量单位(允差不得计算在内)。

(二)麦(稻)秸秆刨花板(GB/T 21723—2008)

麦(稻)秸秆刨花板是以麦(稻)秸秆为原料,以异氰酸酯(MDI)树脂为胶黏剂,通过粉碎、干燥、分选、施胶、成型、预压、热压、冷却、裁边和砂光等工序制成的板材。

麦(稻)秸秆刨花板适用于干燥条件下室内装修、家具制作和包装等。

1.麦(稻)秸秆刨花板的分类

表 8-128

分 类 依 据	类 别
按制造方法分	平压法麦(稻)秸秆刨花板、辊压法麦(稻)秸秆刨花板、挤压法麦(稻)秸秆刨花板
按表面状态分	未砂光板、砂光板、装饰材料饰面板(装饰材料如涂料、装饰单板、浸渍胶膜纸、装饰层压板、薄膜等)
按表面形状分	平压板、模压板
按板的构成分	均质结构麦(稻)秸秆刨花板、三层结构麦(稻)秸秆刨花板、渐变结构麦(稻)秸秆刨花板、空心结构麦(稻)秸秆刨花板

2.麦(稻)秸秆刨花板的规格尺寸及偏差

表 8-129

幅面尺寸		厚度(mm)		对角线之差(mm)		边缘直度(mm/m)	翘曲度(%)
幅面尺寸(mm×mm)	长、宽偏差(mm)	基本厚度	板内和板间厚度偏差	板长度	允许值不大于		
1 220×2 440 1 830×2 440	0 +5	3、6、8、10、12、14、15、16、17、18、20、22、25、30、40	砂光板±0.3; 未砂光板 $\frac{-0.1}{+1.9}$	≤1 220	3	1.0	≤1.0
				>1 220~1 830	4		
				>1 830~2 440	5		
				>2 440	6		

注:①其他幅面尺寸和厚度的麦(稻)秸秆刨花板由供需双方协商。

②厚度≤10mm的麦(稻)秸秆刨花板不测翘曲度。

3.麦(稻)秸秆刨花板的外观质量

表 8-130

缺 陷 名 称	要 求
断痕、透裂	不允许
单个面积>40mm² 的胶斑、石蜡斑、油污斑等污染点	不允许
边角缺损	在基本尺寸内不允许
边部钝棱	不允许

4.麦(稻)秸秆刨花板的理化性能

表 8-131

性 能	单 位	基本厚度 t(mm)							
		$3<t\leqslant4$	$4<t\leqslant6$	$6<t\leqslant13$	$13<t\leqslant20$	$20<t\leqslant25$	$25<t\leqslant32$	$32<t\leqslant40$	$t>40$
含水率	%	4~13							
密度	g/cm³	0.65~0.88							
板内平均密度偏差	%	±8.0							
静曲强度	MPa	≥14	≥15	≥14	≥13	≥11.5	≥10	≥8.5	≥7
弯曲弹性模量	MPa	≥1 800	≥1 950	≥1 800	≥1 600	≥1 500	≥1 350	≥1 200	≥1 050
内结合强度	MPa	≥0.45	≥0.45	≥0.40	≥0.35	≥0.30	≥0.25	≥0.20	≥0.20
表面结合强度	MPa	≥0.8							
24h 吸水厚度膨胀率	%	≤6.0							
握螺钉力	N	板面≥1 100,板边≥700							

注:厚度小于 16mm 的不测握螺钉力。

5.麦(稻)秸秆刨花板的计量

麦(稻)秸秆刨花板的计量以立方米(m^3)为计量单位。

麦(稻)秸秆刨花板储运中应注意防潮、防雨、防晒和防变形等。

(三)挤压法空心刨花板(LY/T 1856—2009)

挤压法空心刨花板是将木质原料加工成刨花,经干燥、施胶后,加入安装有金属排管的挤压机中经加热连续冲剂成的空心板材,适用于干燥条件下非承载用,计量单位为立方米(m^3)。

1.空心刨花板的幅面尺寸(mm)

表 8-132

宽 度	长 度	宽 度	长 度
1 250	2 000、2 100、3 000	900	2 000、2 100、3 000

2.空心刨花板的厚度

厚度通常为:24mm、28mm、30mm、33mm、34mm、36mm、38mm 等。

3.空心刨花板规格尺寸的允许偏差(mm)

表 8-133

项 目	允 许 偏 差	项 目	允 许 偏 差
长度	负偏差不允许	厚度	−0.2~+0.5
宽度	+1		

4.空心刨花板的理化性能

表 8-134

项 目	单 位	指 标 值
含水率	%	5~13
长度尺寸变化率	%	≤15
吸水厚度膨胀率	%	≤5

续表8-134

项　　目	单　　位	指标值
板密度	kg/m³	＜550
板密度偏差	%	±15
静曲强度	MPa	≥1.0
内结合强度	MPa	≥0.10
甲醛释放量	mg/100g	E_1级:≤8 E_2级:>8～≤30

5.空心刨花板的外观质量

表8-135

缺陷名称	指　　标	缺陷名称	指　　标
断痕、透裂	不允许	金属夹杂物	不允许
胶斑、石蜡斑、油污斑等污染点	单个面积>40mm²,不允许	边角缺损	在基本尺寸内,不允许

(四)建筑用秸秆植物板材(GB/T 27796—2011)

建筑用秸秆植物板材是以硫铝酸盐水泥、改性镁质胶凝材料、通用硅酸盐水泥为胶凝材料,以中低碱玻璃纤维或耐碱玻璃纤维为增强材料,加入粉碎农作物秸秆、稻壳或木屑(植物纤维质量分数应不小于10%)为填料生产的工业与民用建筑的非承重墙板。

1.秸秆板的分类及代号

表8-136

分类方法	名　　称	代　　号
按断面构造分类	空心墙板	K
	实心墙板	S

注:秸秆板可采用不同企口和开口形式,但均应满足标准的规定。

2.两种秸秆空心墙板外形示意图

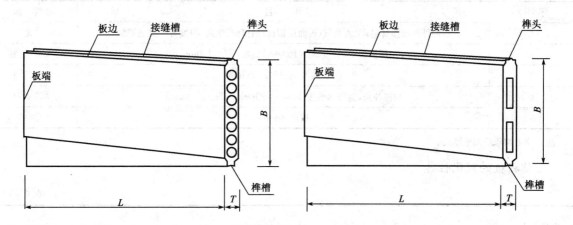

图8-7　秸秆空心墙板外形示意图

L-板长;*B*-板宽;*T*-板厚

注:此图仅为表达几何尺寸和解释名词用。

3.秸秆板的标记

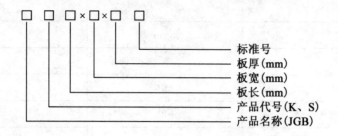

标准号
板厚(mm)
板宽(mm)
板长(mm)
产品代号(K、S)
产品名称(JGB)

标记示例:

板长为 3 000mm,宽为 600mm,厚为 100mm 的空心墙板,标记为:建筑用秸秆植物板材 JGBK 3 000×600×100GB/T 27796—2011。

4.秸秆板的规格尺寸

板长 L 宜≤3.3m,为层高减去楼板顶部结构件(如梁、楼板)厚度及技术处理空间尺寸,应符合设计要求,由供需双方协商确定。

板宽 B,主规格为 600mm。

板厚 T,主规格为 100mm、120mm、180mm。

其他规格尺寸可由供需双方协商确定,其相关技术指标应符合相近规格产品的要求。

5.秸秆板规格尺寸允许偏差(mm)

表 8-137

序号	项　目	允许偏差	序号	项　目	允许偏差
1	长度	±5	4	板面表面平整	≤2
2	宽度	±2	5	对角线差	≤6
3	厚度	±1.5	6	侧向弯曲	≤$L/1\,000$

6.秸秆板的外观质量

表 8-138

序　号	项　目	指标
1	板面外露增强材料;飞边毛刺;板面泛霜;板的横向、纵向、厚度方向贯通裂缝	无
2	板面裂缝,长度 50~100mm,宽度 0.5~1.0mm	≤2 处/板
3	蜂窝气孔,长径 5~30mm	≤3 处/板
4	缺棱掉角,宽度×长度 10mm×25mm~20mm×30mm	≤2 处/板
5	壁厚[a](mm)	≥12

注:[a] 空心墙板应测壁厚。

7.秸秆板的理化性能

表 8-139

序号	项　目	指标		
		板厚 100mm	板厚 120mm	板厚 180mm
1	抗冲击性能	经 5 次抗冲击试验后,板面无裂纹		
2	抗弯承载(板自重倍数)	≥1.5		

续表 8-139

序号	项 目	指标		
		板厚 100mm	板厚 120mm	板厚 180mm
3	软化系数	≥0.80		
4	面密度(kg/m²)	≤90	≤110	≤130
5	含水率(%)	≤10		
6	干燥收缩值(mm/m)	≤0.6		
7	吊挂力	荷载 1 000N 静置 24h,板面无宽度超过 0.5mm 的裂缝		
8	抗冻性[a]	不得出现可见的裂纹且表面无变化		
9	空气声计权隔声量	≥35	≥40	≥45
10	耐火极限(h)	≥1		
11	抗返卤性能	无水珠、无返潮		
12	氯离子含量(%)	≤10		
13	导热系数[W/(m·K)]	实心墙板≤0.35		

注:①当胶凝材料为改性镁质胶凝材料时,检测 3、11、12 项。

②[a] 夏热冬暖地区不检此项。

8.秸秆板的储运要求

运输过程中应用绳索绞紧,支撑合理,防止撞击,避免破损和变形,必要时应有篷布遮盖,防止雨淋。

墙板产品在常温常湿条件下储存,环境条件应保持干燥通风。存放场地应坚实平整、搬抬方便。可库房存放,不宜露天存放。露天储存应采取措施,防止浸蚀介质和雨水浸害。墙板产品成型后,水泥基墙板在工厂内存放时间不应少于 28 天。

产品应按型号、规格分类储存。存放场地应平整,下部用方木或砖垫高。侧立堆放的墙板,板面与铅垂面夹角不应大于 15°;堆长不超过 4m,堆层两层。水平堆放的墙板,堆高不超过 2m。

储存期限:产品储存超过 6 个月,应翻换板面朝向和侧边位置;储存期限超过 12 个月,产品在出厂或使用前应按标准进行抽检。

(五)湿法硬质纤维板(GB/T 12626.1~3—2009,GB/T 12626.4~9—2015)

湿法硬质纤维板是以木材或其他植物纤维为原料,板坯成型含水率高于 20%,主要运用纤维间的黏性与其固有的黏合特性使其结合的纤维板,板的密度大于 800kg/m³。

产品在运输和储存过程中应注意平整堆放,防潮、防雨、防晒、防变形。

1.湿法硬质纤维板的分类

表 8-140

分类依据	类 别	
按原料分	木材湿法硬质纤维板、非木材湿法硬质纤维板	
按表面加工状况分	未砂光板、砂光板、装饰板(直接用于装饰)	
按用途分	普通用板	承载用板
	干燥条件下使用、潮湿条件下使用、高温条件下使用、室外条件下使用	干燥条件下使用、潮湿条件下使用

2. 湿法硬质纤维板的共同指标

表 8-141

项　目		指　标		
厚度偏差ᵃ	基本厚度范围(mm)	≤3.5	>3.5~5.5	>5.5
	未砂光板(mm)	±0.4	±0.5	±0.7
	砂光板(mm)	±0.3	±0.3	±0.3
	装饰板(mm)	±0.6	±0.6	±0.6
长度和宽度偏差		±2mm/m,最大±5mm		
垂直度(mm/m)		≤2		
板内密度偏差(%)		±10		
含水率		3~13		
外观质量ᵇ		分层、鼓泡、裂痕、水湿、炭化、边角松软不允许		

注:①ᵃ 任意一点的厚度与基本厚度之差。

②ᵇ 外观质量中其他缺陷,如水渍、油污斑点、斑纹、黏度、压痕等要求可根据供需双方合同商定。

3. 常用湿法硬质纤维板的尺寸(供参考)

幅面尺寸(mm×mm):610×1 220、915×1 830、1 000×2 000、915×2 135、1 220×1 830,厚度(mm):
2.5、3、3.2、4、5、5.5 等。

4. 湿法硬质纤维板的物理力学性能指标

表 8-142

硬质纤维板类别	性　能		单位	基本厚度(mm)		
				≤3.5	>3.5~5.5	>5.5
				性　能　指　标		
干燥条件下使用的普通用板	静曲强度	不小于	MPa	25	25	20
	内结合强度			0.35	0.35	0.35
	24h吸水厚度膨胀率	不大于	%	40	35	30
潮湿条件下使用的普通用板	静曲强度	不大于	MPa	32	32	30
	内结合强度			0.55	0.55	0.50
	2h沸水煮后内结合强度			0.25	0.25	0.25
	24h吸水厚度膨胀率	不大于	%	22	18	15
高湿条件下使用的普通用板	静曲强度	不小于	MPa	32	32	30
	弹性模量			2 500	2 500	2 300
	内结合强度			0.6	0.6	0.5
	2h沸水煮后内结合强度			0.3	0.3	0.3
	24h吸水厚度膨胀率	不大于	%	17	15	12
室外条件下使用的普通用板	静曲强度	不小于	MPa	40	35	32
	弹性模量			3 600	3 100	2 900
	内结合强度			0.7	0.6	0.5
	防潮性能(二选一)	2h沸水煮后内结合强度		0.4	0.35	0.3
		70℃水浸泡后静曲强度		8	7	6
	24h吸水厚度膨胀率	不大于	%	12	10	8

硬质纤维板类别	性　　能		单位	基本厚度(mm)		
				≤3.5	>3.5~5.5	>5.5
				性 能 指 标		
干燥条件下使用的承载用板	静曲强度		不小于 MPa	32	32	30
	弹性模量			2 500	2 500	2 300
	内结合强度			0.6	0.6	0.6
	24h 吸水厚度膨胀率		不大于 %	35	30	25
潮湿条件下使用的承载用板	静曲强度		不小于 MPa	38	34	32
	弹性模量			3 700	3 100	2 900
	内结合强度			0.80	0.70	0.65
	防潮性能(二选一)	2h 沸水煮后内结合强度		0.40	0.35	0.32
		70℃水浸泡后静曲强度		8	7	6
	24h 吸水厚度膨胀率		不大于 %	17	15	12

(六)中密度纤维板(GB/T 11718—2009)

中密度纤维板是以木质纤维或其他植物纤维为原料,经纤维制备,施加合成树脂,在加热加压条件下,压制成厚度不小于1.5mm,名义密度范围在650~800kg/m³之间的板材(名义密度范围仅作为一个指导,若制品的密度在名义密度范围的±10%内,并符合指定类型中密度纤维板的所有性能要求,可以将此产品归类到中密度纤维板),代号:MDF。

中密度纤维板的产品性能要求,不作为工程设计应用的特征值。若中,密度纤维板被归类为承重板或指定建筑结构,应用以及将其替代用于特定的承重用途时,其相关的特征性能还应符合国家有关标准(规范)要求。

中密度纤维板按外观质量分为优等品、合格品两个等级。

中密度纤维板的缩略语:

EXT——用于地表的室外状态下;

F——抗真菌性能;

FN——用于家具制造、橱柜制作和细木工制品以及以此为基材进行表面装饰处理;

FR——阻燃性能;

GP——用于非家具或非结构等级的特定性能要求的普通应用;

HMR——用于高湿度状态下;

I——防虫害性能;

LB——建筑结构或承重应用;

MR——用于潮湿状态下;

REG——仅适用于干燥状态下。

1. 中密度纤维板的分类

表 8-143

类　　型	适 用 条 件	类 型 符 号
普通型中密度纤维板	干燥	MDF-GP REG
	潮湿	MDF-GP MR
	高湿度	MDF-GP HMR
	室外	MDF-GP EXT

类　　型	适 用 条 件	类 型 符 号
家具型中密度纤维板	干燥	MDF-FN REG
	潮湿	MDF-FN MR
	高湿度	MDF-FN HMR
	室外	MDF-FN EXT
承重型中密度纤维板	干燥	MDF-LB REG
	潮湿	MDF-LB MR
	高湿度	MDF-LB HMR
	室外	MDF-LB EXT

注：①表中的分类包括了目前现有的所有定型产品，也包括将来在市场上有可能出现的未定型产品。

②除按本表分类外，还可附加分类为阻燃(FR)、防虫害(I)、抗真菌(F)等。

2. 中密度纤维板的幅面尺寸

宽度为 1 220mm(1 830mm)，长度为 2 440mm。特殊幅面尺寸由供需双方确定。

3. 中密度纤维板的尺寸偏差、密度及偏差、含水率

表 8-144

性　　能		单 位	公称厚度范围(mm)	
			≤12	>12
厚度偏差	不砂光板	mm	−0.30～+1.50	−0.50～+1.70
	砂光板	mm	±0.20	±0.30
长度与宽度偏差		mm/m	±2.0	
垂直度		mm/m	<2.0	
密度		g/cm³	0.65～0.80(允许偏差为±10%)	
板内密度偏差		%	±10.0	
含水率		%	3.0～13.0	

注：每张砂光板内各测量点的厚度不应超过其算术平均值±0.15mm。

4. 砂光中密度纤维板的外观质量

表 8-145

名　　称	质 量 要 求	允 许 范 围	
		优等品	合格品
分层、鼓泡或炭化	—	不允许	
局部松软	单个面积≤2 000mm²	不允许	3 个
板边缺损	宽度≤10mm	不允许	允许
油污斑点或异物	单个面积≤40mm²	不允许	1 个
压痕	—	不允许	允许

注：①同一张板不应有两项或以上的外观缺陷。

②不砂光板的表面质量由供需双方确定。

5. 中密度纤维板的物理力学性能

(1)普通型中密度纤维板(MDF-GP)的物理力学性能要求

①干燥状态下使用的普通型中密度纤维板(MDF-GP REG)性能要求

表 8-146

性 能	单位	公称厚度范围(mm)						
		1.5~3.5	>3.5~6	>6~9	>9~13	>13~22	>22~34	>34
静曲强度	MPa	27.0	26.0	25.0	24.0	22.0	20.0	17.0
弹性模量	MPa	2 700	2 600	2 500	2 400	2 200	1 800	1 800
内结合强度	MPa	0.60	0.60	0.60	0.50	0.45	0.40	0.40
吸水厚度膨胀率	%	45.0	35.0	20.0	15.0	12.0	10.0	8.0

②潮湿状态下使用的普通型中密度纤维板(MDF-GP MR)性能要求

表 8-147

性 能		单位	公称厚度范围(mm)						
			1.5~3.5	>3.5~6	>6~9	>9~13	>13~22	>22~34	>34
静曲强度		MPa	27.0	26.0	25.0	24.0	22.0	20.0	17.0
弹性模量		MPa	2 700	2 600	2 500	2 400	2 200	1 800	1 800
内结合强度		MPa	0.60	0.60	0.60	0.50	0.45	0.40	0.40
吸水厚度膨胀率		%	32.0	18.0	14.0	12.0	9.0	9.0	7.0
防潮性能	选项1:循环试验后内结合强度	MPa	0.35	0.30	0.30	0.25	0.20	0.15	0.10
	循环试验后吸水厚度膨胀率	%	45.0	25.0	20.0	18.0	13.0	12.0	10.0
	选项2:沸腾试验后内结合强度	MPa	0.20	0.18	0.16	0.15	0.12	0.10	0.10
	选项3:湿静曲强度(70℃热水浸泡)	MPa	8.0	7.0	7.0	6.0	5.0	4.0	4.0

③高湿度状态下使用的普通型中密度纤维板(MDF-GP HMR)性能要求

表 8-148

性 能		单位	公称厚度范围(mm)						
			1.5~3.5	>3.5~6	>6~9	>9~13	>13~22	>22~34	>34
静曲强度		MPa	28.0	26.0	25.0	24.0	22.0	20.0	18.0
弹性模量		MPa	2 800	2 600	2 500	2 400	2 000	1 800	1 800
内结合强度		MPa	0.60	0.60	0.60	0.50	0.45	0.40	0.40
吸水厚度膨胀率		%	20.0	14.0	12.0	10.0	7.0	6.0	5.0
防潮性能	选项1:循环试验后内结合强度	MPa	0.40	0.35	0.35	0.30	0.25	0.20	0.18
	循环试验后吸水厚度膨胀率	%	25.0	20.0	17.0	15.0	11.0	9.0	7.0
	选项2:沸腾试验后内结合强度	MPa	0.25	0.20	0.20	0.18	0.15	0.12	0.10
	选项3:湿静曲强度(70℃热水浸泡)	MPa	12.0	10.0	9.0	8.0	8.0	7.0	7.0

(2)承重型中密度纤维板(MDF-LB)的物理力学性能要求

①干燥状态下使用的承重型中密度纤维板(MDF-LB REG)性能要求

表 8-149

性能	单位	公称厚度范围(mm)						
		1.5~3.5	>3.5~6	>6~9	>9~13	>13~22	>22~34	>34
静曲强度	MPa	36.0	34.0	34.0	32.0	28.0	25.0	23.0
弹性模量	MPa	3 100	3 000	2 900	2 800	2 500	2 300	2 100
内结合强度	MPa	0.75	0.70	0.70	0.70	0.60	0.55	0.55
吸水厚度膨胀率	%	45.0	35.0	20.0	15.0	12.0	10.0	8.0

②潮湿状态下使用的承重型中密度纤维板(MDF-LB MR)性能要求

表 8-150

性能		单位	公称厚度范围(mm)						
			1.5~3.5	>3.5~6	>6~9	>9~13	>13~22	>22~34	>34
静曲强度		MPa	36.0	34.0	34.0	32.0	28.0	25.0	23.0
弹性模量		MPa	3 100	3 000	3 000	2 800	2 500	2 300	2 100
内结合强度		MPa	0.75	0.70	0.70	0.70	0.60	0.55	0.55
吸水厚度膨胀率		%	30.0	18.0	14.0	12.0	8.0	7.0	7.0
防潮性能	选项1:循环试验后内结合强度	MPa	0.35	0.30	0.30	0.25	0.20	0.15	0.12
	循环试验后吸水厚度膨胀率	%	45.0	25.0	20.0	18.0	13.0	11.0	10.0
	选项2:沸腾试验后内结合强度	MPa	0.20	0.18	0.18	0.15	0.12	0.10	0.08
	选项3:湿静曲强度(70℃热水浸泡)	MPa	9.0	8.0	8.0	8.0	6.0	4.0	4.0

③高湿度状态下使用的承重型中密度纤维板(MDF-LB HMR)性能要求

表 8-151

性能		单位	公称厚度范围(mm)						
			1.5~3.5	>3.5~6	>6~9	>9~13	>13~22	>22~34	>34
静曲强度		MPa	36.0	34.0	34.0	32.0	28.0	25.0	23.0
弹性模量		MPa	3 100	3 000	3 000	2 800	2 500	2 300	2 100
内结合强度		MPa	0.75	0.70	0.70	0.70	0.60	0.55	0.55
吸水厚度膨胀率		%	20.0	14.0	12.0	10.0	7.0	6.0	5.0
防潮性能	选项1:循环试验后内结合强度	MPa	0.40	0.35	0.35	0.35	0.30	0.27	0.25
	循环试验后吸水厚度膨胀率	%	25.0	20.0	17.0	15.0	11.0	9.0	7.0
	选项2:沸腾试验后内结合强度	MPa	0.25	0.20	0.20	0.18	0.15	0.12	0.10
	选项3:湿静曲强度(70℃热水浸泡)	MPa	15.0	15.0	15.0	15.0	13.0	11.5	10.5

表 8-147、表 8-148、表 8-150、表 8-151 中的防潮性能规定了三种可供选择的试验方法(选项 1、选项 2 与选项 3),三种选项只需符合其中任一项,由供需双方协商确定。

6.中密度纤维板的甲醛释放限量

表 8-152

方法	气候箱法	小型容器法	气体分析法	干燥器法	穿孔法
单位	mg/m³	mg/m³	mg/(m² · h)	mg/L	mg/100g
限量值	0.124	—	3.5		8.0

注:①甲醛释放量应符合气候箱法、气体分析法或穿孔法中的任一项限量值,由供需双方协商选择。

②如果小型容器法或干燥器法应用于生产控制检验,则应确定其与气候箱法之间的有效相关性,即相当于气候箱法对应的限量值。

7.纤维板的储运要求

纤维板在储运过程中应防潮、防雨、防晒、防变形。

纤维板的计量以立方米(m³)为计量单位。

(七)难燃中密度纤维板(GB/T 18958—2013)

难燃中密度纤维板是经过阻燃处理,具有难以进行有焰燃烧性质的中密度纤维板。

难燃中密度纤维板的外观、规格尺寸、密度及偏差物理力学性能和含水率等通用技术要求符合 GB/T 11718《中密度纤维板》的规定,其中甲醛释放量符合 GB 18580 的规定(表 16-81)。

1.难燃中密度纤维板的分类

表 8-153

分 类 依 据	类 别	分 类 依 据	类 别
按用途分	普通型、家具型、承重型	按外观质量分	优等品、合格品
按燃烧性能等级分	B1-B 级、B1-C 级		

2.难燃中密度纤维板表面对阻燃剂渗析的要求

表 8-154

等 级	要 求	等 级	要 求
优等品	不允许	合格品	轻微

3.难燃中密度纤维板产烟特性和毒性、燃烧滴落物、微粒指标

表 8-155

检 测 项 目	试 验 标 准	技 术 要 求
产烟特性	GB/T 20284	SMOGRA[①]≤30m²/s²
		TSP$_{600s}$[②]≤50m²
产烟毒性	GB/T 20285	达到 ZA₃[③]
燃烧滴落物/微粒	GB/T 20284	600s 内燃烧滴落物/微粒,持续时间不超过 10s

注:①SMOGRA 烟气生成速率指数,单位为平方米每二次方秒(m²/s²)。

②TSP$_{600s}$ 试验 600s 总烟气生成量,单位为平方米(m²)。

③ZA₃ 准安全三级。

4.难燃中密度纤维板烧烧性能检测项目及指标

表8-156

分　级	试验标准	分级判据
难燃 B1—B级	GB/T 20284	$FIGRA_{0.2MJ}\leqslant120W/s$ LFS②＜试样边缘 THR_{600s}③$\leqslant7.5MJ$
	GB/T 8626 点火时间＝30s	60s 内 $F_s\leqslant150mm$
难燃 B1—C级	GB/T 20284	$FIGRA_{0.4MJ}\leqslant120W/s$ LFS②＜试样边缘 THR_{600s}③$\leqslant15MJ$
	GB/T 8626 点火时间＝30s	60s 内 $F_s\leqslant150mm$

注：①FIGRA　用于分级的燃烧增长速率指数。
②LFS　火焰横向蔓延长度，单位为米(m)。
③THR_{600s}　时间为 600s 内的总放热量，单位为兆焦(MJ)。

(八)轻质纤维板(LY/T 1718—2007)

轻质纤维板是以木质纤维或其他植物纤维为原料，添加(或不添加)胶黏剂、助剂加工制成的密度小于或等于 $450kg/m^3$ 的板材。

轻质纤维板按特性分为：普通型轻质纤维板——无特殊加工处理，无负载条件下使用；功能性轻质纤维板——经特殊加工处理，有阻燃、隔热等功能，在半负载或特殊功能要求条件下使用。轻质纤维板按原材料分为：木质纤维轻质纤维板和其他植物纤维轻质纤维板。

1.轻质纤维板的规格尺寸和允许偏差

表8-157

规　格		极　限　偏　差					
长×宽 (mm×mm)	厚度 (mm)	长度 (mm)	宽度 (mm)	厚度(未砂光板) (mm)	边缘直度 (mm/m)	垂直度 (mm/m)	翘曲度 (%)
1 830×915	6、8、10	+5	+4	±1.1	1.0	1.0	1.0
1 830×1 220 2 440×1 220	12、16、18、20、25、30			±1.2			

注：其他幅面尺寸和板厚尺寸可由供需双方协商。

2.轻质纤维板的理化性能

表8-158

板种	密度 $\rho(g/cm^3)$	含水率(%)	静曲强度(MPa)	2h 吸水厚度膨胀率(%)	导热系数[W/(m·K)]	阻燃(级)
普通型	$0.35\leqslant\rho<0.45$	4~12	≥3.0	≤10	—	—
	$0.25\leqslant\rho<0.35$		≥2.0	≤12		
	$\rho<0.25$		≥1.1	≤15		
功能型	$0.35\leqslant\rho<0.45$	4~12	≥3.0	≤10	0.05~0.10	B_2
	$\rho<0.35$		≥2.0	≤12		

3.轻质纤维板的外观质量(双面)

表 8-159

缺 陷 名 称	计量方法(说明)	允 许 限 度
划痕	每平方米划痕个数	≤3
裂纹	结构不均等造成板面裂痕	不允许
分层	不加外力板边可见裂纹	
炭化	纤维组分过度降解	
板边缺损	宽度≥8mm	
胶斑	占板面积的百分数	≤0.5
污点	(单个最大直径不能超过 1cm)	

4.轻质纤维板的甲醛释放限量

表 8-160

限 量 标 志	限 量	使 用 范 围
E₁	≤9mg/100g	可直接用于室内

(九)聚氯乙烯薄膜饰面人造板(LY/T 1279—2008)

聚氯乙烯薄膜饰面人造板是以人造板为基材,表面覆贴聚氯乙烯薄膜而制成的饰面板(简称 PVC 饰面板)。PVC 饰面板根据外观质量分为优等品、一等品、合格品三个等级。

1.PVC 饰面板的分类

表 8-161

根据所用基材分类	a)PVC 饰面胶合板; b)PVC 饰面纤维板; c)PVC 饰面刨花板
根据饰面分类	a)单饰面人造板; b)双饰面人造板
根据应用范围分类	a)用于做桌台面、柜台面的 PVC 饰面板; b)用于建筑物耐久墙面及家具立面用 PVC 饰面板; c)做建筑物的普通墙壁、门等的 PVC 饰面板; d)为建筑物的特殊墙壁使用的 PVC 饰面板

2.PVC 饰面板的规格尺寸及允许偏差和其他要求

表 8-162

长度(mm)		宽度(mm)		公称厚度(mm)		对角线之差	翘曲度	边缘直度
规格尺寸	允许偏差	规格尺寸	允许偏差	公称厚度	平均厚度与公称厚度间允许偏差			
1 830	±2	915	±2	<4.0	±0.2	符合相应基材标准规定	>6mm 的板翘曲度不得大于1.0%,≤6mm的板不测定	符合相应基材标准规定
2 000		1 000		4.0~<7.0	±0.3			
2 135		915		7.0~<20	±0.4			
2 440		1 220		20 以上	±0.5			

3. PVC 饰面板的理化性能

表 8-163

性　　能	不同基材的 PVC 饰面板性能要求		
	PVC 饰面刨花板	PVC 饰面纤维板	PVC 饰面胶合板
含水率	4.0%～13.0%		6.0%～14.0%
表面胶合强度	≥0.4MPa		
表面耐划痕性能	≥1.5N 试件表面无整圈划痕		
表面耐冷热循环性能	试件表面不允许开裂、鼓包、起皱折、变色及凹凸纹理，且尺寸要稳定		
色泽稳定性能	试件表面不允许开裂、鼓包、起皱折、凹凸纹理、变色及出现光泽变化		
表面耐干热性能	试件表面不允许有开裂、鼓包、剥离及明显变色和光泽的变化		
表面耐污染性能	试件表面不允许有残留颜色，不允许有开裂、鼓包、软化及明显变色和光泽的变化		
表面耐磨性能	≥80r		
耐剥离力	最低值 40N，平均值 45N		
抗冲击性能	试件表面不允许产生开裂及剥离		

注：PVC 饰面板的甲醛释放量应符合 GB 18580 的要求。聚氯乙烯薄膜有害物质含量应符合 GB 18585 的要求（表 16-88）。

4. PVC 饰面板的外观质量

表 8-164

缺 陷 名 称	等　　级		
	优等品	一等品	合格品
PVC 薄膜印刷色泽不均	不允许	轻微	不明显
气泡、鼓包	不允许	不允许	轻微
皱纹	不允许	轻微	不明显
疵点	不允许	轻微，每平方米板面不超过 2 处	不明显，每平方米板面不超过 3 处
压痕	不允许	轻微	最大面积不超过 15mm²，每平方米板面不超过 3 处
划痕	不允许	宽度不超过 0.3mm，长度不超过 100mm，每平方米板面总长度不超过 300mm	宽度不超过 0.5mm，长度不超过 100mm，每平方米板面总长度不超过 300mm
板边缺损	不允许	不大于 2mm	不大于 5mm

注：①轻微是指正常视力在距离板面 0.5m 以内可见到，不明显是指在距板面 1m 可见到，明显是指在 1m 以外可见到。

②双面 PVC 饰面板必须保证有一面的外观质量符合所标明的等级要求，另一面的外观质量不低于合格品的要求。

③单面 PVC 饰面板的装饰面外观质量应符合所标明的等级要求，背面应符合相应基材的外观质量要求。

5. PVC 饰面板的存放

PVC 饰面板存放基础应平整，放置整齐，存放地点应远离火源。板面不得直接与地面接触，地面应放置厚度不小于 50mm 等厚垫条，垫条间距不得大于 500mm。

（十）干法生产高密度纤维板（GB/T 31765—2015）

高密度纤维板是以木材或其他植物为原料，经纤维制备，施加胶粘剂，在加热加压条件下经辊压法或平压法制成。高密度纤维板厚度不小于 1.5mm，密度大于 800kg/m³±10%，板的含水率 3%～13%。

产品按外观质量分为优等品、合格品；按板面处理分为砂光板和不砂光板。

1. 高密度纤维板按使用场合的分类及用途

普通型高密度纤维板（HDF-GP REG）——在干燥状态下使用（通常指温度 20℃、相对湿度不高于65%或一年内仅几个星期超过65%的环境状态），可用作门板、隔板、装饰装修材料、包装材料等。

潮湿型高密度纤维板（HDF-GP MR）——在潮湿状态下使用（通常指温度20℃、相对湿度高于65%但不超过85%，或一年内仅几个星期超过85%的环境状态），可用作木质复合地板的基材、包装材料、公共设施墙板材料等。

高湿型高密度纤维板（HDF-GP HMR）——在高湿状态下使用（通常指温度高于20℃、相对湿度高于85%或偶有可能与水接触的环境状态），主要作为包装材料、公共设施墙板材料等。

2.高密度纤维板的规格尺寸

板的长度：2 440～3 600mm；

板的宽度：1 220～2 130mm；

板的厚度：1.5～22.0mm。

3.高密度纤维板外观质量要求

表8-165

名　称	质 量 要 求	允 许 范 围	
		优等品	合格品
分层、鼓泡或炭化	—	不允许	
局部松软	单个面积小于或等于2 000mm²	不允许	3个
边角缺损	宽度小于或等于10mm	不允许	2处
油污、斑点或异物	单个面积小于或等于40mm²	不允许	1个
压痕、砂痕	—	不允许	允许

注：同一张板不应有两项以上的外观缺陷。

4.高密度纤维板性能指标

(1)普通型高密度纤维板（HDF-GP REG）性能

表8-166

性　能		单位	厚 度 范 围（mm）				
			1.5～3.5	>3.5～6	>6～9	>9～13	>13～22
静曲强度	不小于	MPa	38.0	37.0	36.0	35.0	35.0
弹性模量		MPa	3 900	3 800	3 600	3 500	3 200
内结合强度		MPa	0.95	0.90	0.85	0.80	0.80
表面结合强度		MPa	0.80	0.90	1.00	1.20	1.20

(2)潮湿型高密度纤维板（HDF-GP MR）性能

表8-167

性　能		单位	厚度范围（mm）				
			1.5～3.5	>3.5～6	>6～9	>9～13	>13～22
静曲强度	不小于	MPa	42.0	42.0	42.0	40.0	38.0
弹性模量		MPa	3 900	3 800	3 600	3 500	3 200
内结合强度		MPa	1.20	1.20	1.20	1.00	1.00
表面结合强度		MPa	0.80	0.90	1.00	1.20	1.20
吸水厚度膨胀率	不大于	%	16.0	14.0	12.0	10.0	6.0

续表 8-167

性 能		单位	厚度范围(mm)				
			1.5~3.5	>3.5~6	>6~9	>9~13	>13~22
防潮性能	选项1:循环试验后内结合强度　不小于	MPa	0.40	0.40	0.40	0.35	0.35
	循环试验后吸水厚度膨胀率　不大于	%	18.0	16.0	14.0	11.0	11.0
	选项2:沸水试验后内结合强度	MPa	0.40	0.40	0.40	0.30	0.30
	选项3:70℃浸泡后湿静曲强度	MPa	15.0	15.0	15.0	15.0	13.0

(3)高湿型高密度纤维板(HDF-GP HMR)性能

表 8-168

项　目		单位	厚度范围(mm)			
			3.5~6	>6~9	>9~13	>13~22
静曲强度	不小于	MPa	42.0	42.0	40.0	38.0
弹性模量		MPa	3 800	3 600	3 500	3 200
内结合强度		MPa	1.20	1.20	1.00	1.00
表面结合强度		MPa	0.90	1.00	1.20	1.50
吸水厚度膨胀率	不大于	%	12.0	10.0	8.0	5.0
防潮性能	选项1:循环试验后内结合强度　不小于	MPa	0.50	0.50	0.45	0.45
	循环试验后吸水厚度膨胀率　不大于	%	14.0	12.0	10.0	9.0
	选项2:沸水试验后内结合强度　不小于	MPa	0.50	0.50	0.40	0.40
	选项3:70℃浸泡后湿静曲强度	MPa	20.0	20.0	20.0	18.0

第九章 爆破器材

爆破器材又叫火工产品,分军用与民用两大类。

民用爆破器材又叫工业爆破器材,工业爆破器材包括炸药、雷管和导火索,在工程建设中主要用作石方爆破、隧道开凿和石料开采等。爆破器材都属危险品,在储存,运输和使用方面,必须严格按照有关安全要求的规定办理,否则会造成严重的生命和财产损失。

第一节 工业炸药

一、工业炸药的分类和命名

1.分类(GB 28286—2012)

工业炸药按适用不同爆破作业场所一般分为:

(1)露天型炸药适用于露天爆破工程的作业场所;

(2)岩石型炸药适用于无可燃气和(或)矿尘爆炸危险的井巷爆破工程或露天爆破工程的作业场所;

(3)煤矿许用型炸药适用于有可燃气和(或)矿尘爆炸危险的井巷爆破工程的作业场所。

2.分级

(1)按起爆感度分为:有雷管感度和无雷管感度。

(2)按爆炸作功能力高低分为:一级和二级。

(3)按使用矿井的可燃气安全等级和适用的爆破作业场所分为:一级、二级和三级。

3.命名(摘自 GB/T 17582—2011)

工业炸药的全称一般由产品序号或安全级别、产品的用途及产品的类别组成。

常用工业炸药命名示例 表9-1

全 称	简 称	代 号
2号岩石乳化炸药	2-岩-乳化	2-Y-RH
三级煤矿许用乳化炸药	Ⅲ-煤-乳化	Ⅲ-M-RH
岩石粉状乳化炸药	岩-粉乳	Y-FR
三级煤矿许用粉状乳化炸药	Ⅲ-煤-粉乳	Ⅲ-M-FR
2号岩石水胶炸药	2-岩-水胶	2-Y-SJ
三级煤矿许用水胶炸药	Ⅲ-煤-水胶	Ⅲ-M-SJ
多孔粒状铵油炸药	多孔粒	DKL
岩石膨化硝铵炸药	岩-膨化	Y-PH
二级煤矿许用膨化硝铵炸药	Ⅱ-煤-膨化	Ⅱ-M-PH
乳化铵油炸药	重铵油	ZAY
1号铵油炸药	1-铵油	1-AY
改性铵油炸药	改铵油	GAY
1号胶质硝化甘油炸药	1-胶硝甘	1-JXG
1号岩石粉状硝化甘油炸药	1-岩-粉硝甘	1-Y-FXG
2号岩石铵梯炸药	2-岩-铵梯	2-Y-AT

二、常用炸药简介

(一)硝铵类炸药

厂制硝铵类炸药一般为淡黄色或黄褐色粉末,味苦,对冲击、摩擦不敏感,长时间加热后会慢慢燃烧,离火即熄灭,加热至 150~170℃时熔化并分解。易溶于水,吸湿能力强,保存时间过长,吸湿后呈固结硬化状态,且不能充分爆炸,易发生瞎炮。湿度达 3‰后即拒爆,吸湿后爆炸时发生大量有毒气体。因此,在 100kg 炸药中含水超过 0.5kg,就不能用在井下爆破,超过 1.5kg,就不能用在露天爆破,须干燥后才能使用。硝铵类炸药对铜、铝、铁有腐蚀作用,因此,插入药包的雷管如超过一昼夜以上,应加以防护。

硝铵类炸药包括铵梯炸药、铵梯油炸药、铵松蜡炸药和铵油炸药。

1. 铵梯炸药

以硝酸铵和梯恩梯为主,加入可燃剂等组成的粉状混合炸药。

铵梯炸药的主要品种有煤矿许用铵梯炸药,岩石铵梯炸药和露天铵梯炸药。如在其各自的组成成分中加入抗水剂,使炸药具有一定的抗水能力时,则称为抗水铵梯炸药,分有抗水煤矿许用铵梯炸药、抗水岩石铵梯炸药和抗水露天铵梯炸药。

(1)煤矿许用铵梯炸药(又名安全炸药)

药内有定量食盐吸收热量,降低爆炸温度,使反应放慢,但不降低起爆敏感性。宜用于有煤尘、沼气爆炸危险的煤矿爆破工程。

(2)岩石铵梯炸药

宜用于露天及无沼气和矿尘爆炸危险的地下爆破工程。

(3)露天铵梯炸药

炸后产生有毒气体多,只能用于露天爆破工程。

2. 铵梯油炸药

铵梯油炸药曾叫新 2 号岩石粉状铵梯炸药,主要以硝酸铵加入梯恩梯、木粉、复合油(柴油、松香、机油、重油等)和复合添加剂等制成。

铵梯油炸药适用于无瓦斯和矿尘爆炸危险的爆破工程。

3. 铵松蜡炸药

铵松蜡炸药是由硝酸铵、木粉、松香、石蜡组成的一种混合硝铵类炸药。具有加工简单,成本低廉,加工、储运和使用安全,防水,防结块等优点。能用雷管起爆,威力可达到或超过 2 号岩石硝铵炸药。

4. 铵油炸药

铵油炸药多是现场配制的炸药,由硝酸铵和柴油混合而成,也有加入少量木炭的。铵油炸药难以起爆,且因主要成分是硝酸铵而易受潮。但成本低,加工容易。铵油炸药的威力稍低于 2 号岩石铵梯炸药。

1 号铵油炸药主要用于露天较坚硬岩石和无瓦斯及矿尘爆炸危险的矿井的各项爆破。

2 号铵油炸药主要用于露天中硬以下岩石中爆破及硐室大爆破。

3 号铵油炸药主要用于露天大爆破。

铵油炸药受潮含量超过 0.5%时不能用于坑道和隧道爆破。含水率超过 3%时,不宜用于一般爆破。

(二)硝化甘油类炸药

硝化甘油被硝化棉吸收后,与氧化剂和可燃物混合而成的炸药。

硝化甘油炸药有粉状和可塑性胶体两种,具有可塑性的硝化甘油炸药又叫作胶质炸药,并分为普通和难冻两种。硝化甘油炸药具有刺激性的甜味,有毒,与皮肤接触会引起头痛和心脏剧烈跳动。敏感性很高,冲击、摩擦、火花都可使之爆炸。库存温度较高或储存时间较久时容易渗油,渗油的硝化甘油炸药很危险,受到轻微摩擦或冲击都会爆炸,因此在使用前要打开包皮纸查看有无油点,严重渗油的必须禁止使用。库房温度过高,储存时间过久的硝化甘油炸药还容易分解、自爆,故储存温度不得高于30℃。半冻结的硝化甘油炸药非常危险,晶粒间稍有摩擦,即会发生爆炸,应禁止使用。全冻的和因长期储存而干结硬化的硝化甘油炸药,由于传爆性能降低而容易拒爆,但对冲击和摩擦仍很敏感。硝化甘油炸药一般不吸水,可用于水中爆炸。

胶质硝化甘油炸药呈透明淡棕黄色,密度大,有高度的爆炸性能。宜用于坚硬岩石的爆破和除有沼气和矿尘爆炸危险以外的一切地下和露天爆破工程,并有良好的抗水性,可用于水中爆破。诱爆度高,不易发生瞎炮。

(三)芳香族硝基炸药

这类炸药主要有梯恩梯(又称三硝基甲苯,代号 TNT)和苦味酸(又称黄色炸药)等。

1. 梯恩梯

梯恩梯为淡黄或黄褐色,有粉状、片状,压榨或熔铸成块状。味苦,有毒。块状不吸湿,粉的吸湿。不溶于水,骤热或密闭燃烧即爆炸。200kg 以下露天遇火燃烧冒浓烟而不爆炸。对冲击和摩擦敏感度不大。松散的或压缩的梯恩梯起爆敏感度高,用普通雷管可以起爆,熔铸的不易起爆。受日光照射会分解析出油质。爆炸后产生有毒气体,是一种猛性炸药,但价格高,梯恩梯常作为硝铵类炸药的敏化剂。

当梯恩梯着了火要用水扑救,不得用砂、石、砖瓦等覆盖。

2. 苦味酸

为浅黄色晶体,有粉状、压榨或熔铸成块状。味极苦,有毒无臭,能溶于热水,潮湿时很易与金属(锡、铝除外)化合生成危险的苦味酸盐,此种盐类极敏感,遇到火或摩擦震动都能发生剧烈爆炸。粉状或压缩的苦味酸,可以用雷管起爆,熔铸的苦味酸须用中间起爆药。爆炸后产生有毒气体。苦味酸价格昂贵。

(四)黑火药

黑火药是弱性炸药,主要成分为硝酸钾(占 60%～70%)、硫黄(占 15%～25%)和木炭粉(15%～25%),有粒状和粉状。对冲击和摩擦的敏感性高,遇火花或热到 280℃即爆炸,易溶于水,吸湿性强,受潮后不能使用。在工程中除开采料石外,很少使用黑火药。

黑火药还可作导火索药芯和电雷管的延期药等。

(五)含水炸药

配方中含有相当数量水的混合炸药。一般指浆状炸药、水胶炸药和乳化炸药等。

1. 浆状炸药

由可燃剂和敏化剂分散在氧化剂(以硝酸铵为主,通常可加入其他硝酸盐等)的饱和水溶液中,经稠化,再经交联后制成的悬浮体或凝胶状含水炸药。

2. 水胶炸药

以硝酸甲胺为主要敏化剂的含水炸药即由硝酸甲胺、氧化剂、辅助敏化剂、辅助可燃剂、密度调节剂等材料溶解、悬浮于有胶凝剂的水溶液中,再经化学交联而制成的凝胶状含水炸药。

3. 乳化炸药

通过乳化剂的作用,使氧化剂的水溶液的微滴均匀地分散在含有空气泡或空心微球等多孔性物质的油相连续介质中,形成的一种油包水型的含水炸药。

三、常用炸药的组成成分和性能

(一)硝铵类炸药

表 9-2

硝铵类炸药的性能

标准号	类别	炸药名称	水分(%)不大于	殉爆距离(cm)不小于 浸水前	殉爆距离(cm)不小于 浸水后	猛度(mm)不小于	药卷密度(g/cm³)	爆速(m/s)不低于	作功能力(铅铸法)(mL)不小于	炸药有效期(月)	炸药有效期内 殉爆距离(cm)不小于	炸药有效期内 水分(%)不大于	有毒气体量(L/kg)不大于	适用范围
GB 12437—2000	粉状露天铵梯炸药	1号露天铵梯炸药	0.50	4		11	0.85~1.10		278	4	2	1.0		露天爆破工程
		2号露天铵梯炸药	0.50	3		8	0.85~1.10	2 100	228	4	2	1.0		
		2号抗水露天铵梯炸药	0.50	3	2	8	0.85~1.10	2 100	228	4	2	1.0		
		3号露天铵梯炸药	0.50	2		5	0.85~1.10		208	4	1	1.0		
	粉状岩石铵梯炸药	2号岩石铵梯炸药	0.30	5		12	0.95~1.10	3 200	298	6	3	0.5	80	露天及无沼气和矿尘爆炸危险的地下爆破工程
		2号抗水岩石铵梯炸药	0.30	5	4	12	0.95~1.10	3 200	328	6	3	0.5		
		3号岩石铵梯炸药	0.30	6		13	0.95~1.10	3 300	338	6	3	0.5		
		4号抗水岩石铵梯炸药	0.30	6	4	14	1.00~1.20	3 500		8	3	0.5		有沼气或煤矿尘爆炸危险的煤矿爆破工程
	粉状煤矿许用	2号煤矿许用铵梯炸药	0.30	5		10	0.95~1.10	2 600	228	4	3	0.5	80	
		2号抗水煤矿许用铵梯炸药	0.30	4	3	10	0.95~1.10	2 600	228	4	2	0.5		
		3号煤矿许用铵梯炸药	0.30	4		10	0.95~1.10	2 500	218	4	2	0.5		
WJ 610—77	铵油炸药	1号铵油炸药	0.25	6		12	0.9~1.0	3 300	300	0.5	2	0.5		露天或无瓦斯、矿尘爆炸危险的矿井中硬以上矿岩
		2号铵油炸药	0.8			钢管	0.8~0.9	钢管	250	0.5		1.5		露天中硬以下岩的中爆破或硐室大爆破
		3号铵油炸药	0.8			18	0.9~1.0	3 800	250	0.5		1.5		露天大爆破
	铵松蜡炸药	1号铵松蜡炸药	0.25	4		12	0.9~1.0	3 300	300	6	3	0.6		有水无瓦斯、矿尘爆炸危险的中硬以上矿岩
		2号铵松蜡炸药	0.25	2		12	0.9~1.0	3 300	310	4	3	0.6		潮湿的无瓦斯、矿尘爆炸危险的中硬以上矿岩
	铵梯油炸药	2号岩石铵梯油炸药	0.3	4		12	0.95~1.10	3 200	320	6	3	0.5	≤100	无瓦斯及矿尘爆炸危险的岩、土爆破工程
		2号抗水岩石铵梯油炸药	0.3	3	2	12	0.95~1.10	3 200	320	6	2	0.5	≤100	无瓦斯及矿尘爆炸危险的岩石爆破工程
		3号抗水岩石铵梯油炸药	0.3	2		12	0.95~1.10	3 000	300	6	2	0.5	≤100	涌水量不大的水孔爆破工程

注：①炸药的有效期自制造完成之日起计算。1号铵油炸药在雨季的有效期为7天。
②测试敞筒煤矿许用铵梯炸药的爆炸性能时，不带敞筒。
③使用2号或3号铵油炸药时，应以10%以下的2号岩石铵梯炸药或1号岩石铵梯炸药和铵松蜡炸药等为起爆药。
④粉状煤矿许用铵梯炸药的可燃气安全度应为合格。

（二）粉状乳化炸药（WJ 9025—2004）

粉状乳化炸药是由氧化剂水溶液和可燃剂溶液乳化混合成乳胶基质，经喷雾制粉而成的粉状混合炸药。

表 9-3

硝铵类炸药的组成成分

标准号	类别	炸药名称	硝酸铵	梯恩梯	木粉	食盐	抗水剂 沥青、石蜡(1:1)	抗水剂 其他	柴油	松香	复合油相	复合添加剂(外加)
	粉状露天铵梯炸药	1号露天铵梯炸药	80.0~84.0	9.0~11.0	7.0~9.0							
		2号露天铵梯炸药	84.0~88.0	4.0~6.0	8.0~10.0							
		2号抗水露天铵梯炸药	84.0~88.0	4.0~6.0	7.2~9.2		0.6~1.0					
		3号露天铵梯炸药	86.0~90.0	2.5~3.5	8.0~10.0							
GB 12437—2000	粉状岩石铵梯炸药	2号岩石铵梯炸药	83.5~86.5	10.0~12.0	3.5~4.5							
		2号抗水岩石铵梯炸药	83.5~86.5	10.5~11.5	2.7~3.7		0.6~1.0					
		3号岩石铵梯炸药	80.5~83.5	13.0~15.0	3.5~4.5							
		4号抗水岩石铵梯炸药	77.7~80.7	18.5~21.5				0.5~1.0				
	粉状煤矿许用铵梯炸药	2号煤矿许用铵梯炸药	69.5~72.5	9.5~10.5	3.5~4.5	14.0~16.0						
		2号抗水煤矿许用铵梯炸药	70.5~73.5	9.5~10.5	1.7~2.7	14.0~16.0	0.6~1.0					
		3号煤矿许用铵梯炸药	65.5~68.5	9.5~10.5	2.5~3.5	19.0~21.0						
		3号抗水煤矿许用铵梯炸药	65.5~68.5	9.5~10.5	2.1~3.1	19.0~21.0	0.3~0.5					
	铵油炸药	1号铵油炸药	92±1.5		4±0.5				4±1			
		2号铵油炸药	92±1.5		6.2±1				1.8±0.5			
WJ 610—77		3号铵油炸药	94.5±1.5						5.5±1.5			
	铵松蜡炸药	1号铵松蜡炸药	91±1.5		6.5±1		石蜡 0.8±0.2			1.7±0.3		
		2号铵松蜡炸药	91±1.5		5±0.5		石蜡 0.8±0.2			1.7±0.3		
	铵梯油炸药	2号岩石铵梯油炸药	87.5±1.5	7±0.7	4±0.5				1.5±0.5		1.5±0.3	0.1±0.005
		2号抗水岩石铵梯油炸药	89±2.0	5±0.5	4±0.5						2.0±0.3	0.1±0.005
		3号抗水岩石铵梯油炸药	90.5±2.0	3±0.3	4±0.5						2.5±0.3	0.1±0.005

组成成分(%)（按质量计）

注：①1号铵油和铵松蜡炸药为轮碾机热加工，2号和3号铵油炸药为冷加工。允许在该类炸药组成分外，加入少量防结块剂，如加入0.1%~0.2%十八烷胺（冷加工可加入十二烷胺）。
②铵梯类炸药，允许在组分以外另加不多于0.5%的添加剂。
③木粉可用甘蔗渣粉、棉子饼粉代替。
④被筒煤矿许用铵油炸药的芯药为2号、3号煤矿许用铵梯炸药或抗水煤矿许用铵梯炸药，被筒内食盐量为芯药的45%~50%。
⑤用户依照国家关于沼气等级和煤矿"安全规程的规定，选用煤矿许用铵梯炸药。

1. 分类和适用范围

粉状乳化炸药按使用范围分为岩石粉状乳化炸药和煤矿许用粉状乳化炸药两大类。

岩石粉状乳化炸药适用于露天及无可燃气和(或)矿尘爆炸危险的地下爆破工程;煤矿许用粉状乳化炸药适用于有可燃气和(或)煤尘爆炸危险的地下爆破工程。

2. 粉状乳化炸药的主要性能指标

表 9-4

炸药名称	主要性能指标									
	药卷密度(g/cm³)	殉爆距离(cm)	猛度(mm)	爆速(m/s)	作功能力(mL)	炸药爆炸后有毒气体含量(L/kg)	可燃气安全度(以半数引火量计)(g)	抗爆燃性	撞击感度(%)	摩擦感度(%)
岩石粉状乳化炸药	0.85～1.05	≥5	≥13.0	≥3 400	≥300	≤80	—	—	≤15	≤8
一级煤矿许用粉状乳化炸药	0.85～1.05	≥5	≥10.0	≥3 200	≥240	≤80	≥100	合格	≤15	≤8
二级煤矿许用粉状乳化炸药	0.85～1.05	≥5	≥10.0	≥3 000	≥230	≤80	≥180	合格	≤15	≤8
三级煤矿许用粉状乳化炸药	0.85～1.05	≥5	≥10.0	≥2 800	≥220	≤80	≥400	合格	≤15	≤8

3. 炸药的包装标志颜色和储存

岩石型粉状乳化炸药的标志应采用红色字样,煤矿许用型粉状乳化炸药的标志应采用蓝色或黑色字样。

粉状乳化炸药应储存在通风良好的干燥仓库内,不应与雷管共存放。

岩石粉状乳化炸药的保质期为 180 天,煤矿许用粉状乳化炸药的保质期为 120 天。

(三)乳化炸药

乳化炸药是以硝酸盐水溶液与油类经乳化而成的油包水型膏状含水炸药。

乳化炸药按用途分为:岩石乳化炸药、露天乳化炸药和煤矿许用乳化炸药。

岩石乳化炸药适用于无沼气和(或)矿尘爆炸危险的爆破工程。露天乳化炸药适用于露天爆破工程。煤矿许用乳化炸药适用于有沼气和(或)煤尘爆炸危险的爆破工程。

乳化炸药主要性能指标(GB 18095—2000)　　　　　　　　表 9-5

项　目		岩石乳化炸药		煤矿许用乳化炸药			露天乳化炸药	
		1 号	2 号	一级	二级	三级	有雷管感度	无雷管感度
药卷密度(g/cm³)		0.95～1.30		0.95～1.25			1.10～1.30	—
炸药密度(g/cm³)		1.00～1.30		1.00～1.30			1.15～1.35	1.0～1.35
爆速(m/s)	不小于	4 500	3 200	3 000	3 000	2 800	3 000	3 500
猛度(mm)	不小于	16	12	10	10	8	10	—
殉爆距离(cm)	不小于	4	3	2	2	2	2	—
作功能力(mL)	不小于	320	260	220	220	210	240	—
撞击感度		爆炸概率≤8%						
摩擦感度		爆炸概率≤8%						
热感度		不燃烧不爆炸						
炸药爆炸后有毒气体含量(L/kg)		≤80					—	
可燃气安全度		—		合格			—	
使用保证期(天)		180		120			120	15

注：①使用保证期自炸药制造完成之日起计算。

　　②混装车生产的无雷管感度露天乳化炸药的爆速应不小于 4 200m/s。

(四)膨化硝铵炸药(WJ 9026—2004)

膨化硝铵炸药是由膨化硝酸铵、燃料油和木粉等组成的粉状混合炸药。

膨化硝铵炸药按使用范围分为岩石膨化硝铵炸药和煤矿许用膨化硝铵炸药两大类。

岩石膨化硝铵炸药适用于露天及无可燃气和(或)矿尘爆炸危险的地下爆破工程；煤矿许用膨化硝铵炸药适用于有可燃气和(或)煤尘爆炸危险的爆破工程。

1.膨化硝铵炸药的组分

表 9-6

炸药名称	组分含量(以质量分数计)(%)			
	膨化硝酸铵	油相(柴油、机械油、石蜡等)	木　粉	食　盐
岩石膨化硝铵炸药	90.0～94.0	3.0～5.0	3.0～5.0	—
一级煤矿许用膨化硝铵炸药	81.0～85.0	2.5～3.5	4.5～5.5	8～10
一级抗水煤矿许用膨化硝铵炸药	81.0～85.0	2.5～3.5	4.5～5.5	8～10
二级煤矿许用膨化硝铵炸药	80.0～84.0	3.0～4.0	3.0～4.0	10～12
二级抗水煤矿许用膨化硝铵炸药	80.0～84.0	3.0～4.0	3.0～4.0	10～12

注：抗水煤矿许用膨化硝铵炸药与非抗水煤矿许用膨化硝铵炸药的油相含量相同，仅油相成分不同。

2. 膨化硝铵炸药的理化性能

表 9-7

炸药名称	理化性能指标												
	水分(以质量分数计)(%)	殉爆距离(cm)		猛度(mm)	药卷密度(g/cm³)	爆速(m/s)	做功能力(mL)	保质期(d)	保质期内		炸药爆炸后有毒气体含量(L/kg)	可燃气安全度(以半数引火量计)(g)	抗爆燃性
		浸水前	浸水后						殉爆距离(cm)	水分(%)			
岩石膨化硝胺炸药	≤0.30	≥4	—	≥12.0	0.80~1.00	≥3.2×10³	≥298	180	≥3	≤0.50	≤80	—	—
一级煤矿许用膨化硝胺炸药	≤0.30	≥4	—	≥10.0	0.85~1.05	≥2.8×10³	≥228	120	≥3	≤0.50	≤80	≥100	合格
一级抗水煤矿许用膨化硝胺炸药	≤0.30	≥4	≥2	≥10.0	0.85~1.05	≥2.8×10³	≥228	120	≥3	≤0.50	≤80	≥100	合格
二级煤矿许用膨化硝胺炸药	≤0.30	≥3	—	≥10.0	0.85~1.05	≥2.6×10³	≥218	120	≥2	≤0.50	≤80	≥180	合格
二级抗水煤矿许用膨化硝铵炸药	≤0.30	≥3	≥2	≥10.0	0.85~1.05	≥2.6×10³	≥218	120	≥2	≤0.50	≤80	≥180	合格

3. 储存

膨化硝铵炸药应储存在通风良好的干燥仓库内,不能与雷管及其他起爆器材共存放。

(五)水胶炸药(18094—2000)

水胶炸药是以硝酸甲胺为主要敏化剂,加入氧化剂、可燃剂、密度调节剂等材料,经溶解、混合后,悬浮于有胶凝剂的水溶液中,再经化学交联而制成的一种凝胶状的工业炸药。

1. 分类及适用范围

水胶炸药按用途主要分为岩石、煤矿许用及露天三种类型。

岩石水胶炸药适用于无沼气和(或)矿尘爆炸危险的爆破工程。

煤矿许用水胶炸药适用于有沼气和(或)煤尘爆炸危险的爆破工程。

露天水胶炸药适用于露天爆破工程。

2. 水胶炸药主要性能指标

表 9-8

项目	指标					
	岩石水胶炸药		煤矿许用水胶炸药			露天水胶炸药
	1号	2号	一级	二级	三级	
炸药密度(g/cm³)	1.05~1.30			0.95~1.25		1.05~1.30
殉爆距离(cm)	≥4	≥3	≥3	≥2	≥2	≥3

续表 9-8

项　目	指　标					
	岩石水胶炸药		煤矿许用水胶炸药			露天水胶炸药
	1号	2号	一级	二级	三级	
爆速 (m/s)	≥4.2×10³	≥3.2×10³	≥3.2×10³	≥3.2×10³	≥3.0×10³	≥3.2×10³
猛度 (mm)	≥16	≥12	≥10	≥10	≥10	≥12
做功能力 (mL)	≥320	≥260	≥220	≥220	≥180	≥240
炸药爆炸后 有毒气体含量 (L/kg)	≤80					—
可燃气安全度	—		合格			—
撞击感度	爆炸概率≤8%					
摩擦感度	爆炸概率≤8%					
热感度	不燃烧　不爆炸					
使用保证期 (d)	270		180			180

注：①表内数字均为使用保证期内有效，使用保证期自炸药制造完成之日起计算。

　②不具有雷管感度的炸药可不测殉爆距离、猛度、作功能力。

　③以上指标均采用ϕ32mm 或ϕ35mm 的药卷进行测试。

3. 水胶炸药的包装和储运要求

药卷规格(外径)一般为ϕ32mm±1mm 或ϕ35mm±1mm，也可根据用户要求规格生产。每一包装件内药卷质量应不超过 30kg。

水胶炸药必须在通风良好的干燥仓库内储存，储存温度为室温。不得与雷管及其他起爆器材共存放。

(六)太乳炸药(WJ 9003—1992)

太乳炸药以太安为主要成分，加入适量胶乳等组成的混合片状炸药。是一种挠性炸药，主要用于爆炸压接和爆炸焊接等加工。

1. 太乳炸药的组成成分

表 9-9

名　称	成　分　(%)		
	太　安	配合胶乳(干量)	四氧化三铅(工业纯)
太乳炸药	75±1	20±0.5	5±0.25

注：配合胶乳技术要求见表 9-10。

配合胶乳中的天然胶乳及配合剂(氢氧化钾、酪素、硫黄、促进剂 PX、氧化锌、防老剂 D 等)均应符合《胶乳工业原材料技术条件与试验方法》规定外，配合胶乳本身还必须达到下述指标要求。

表 9-10

检 验 项 目	总固体含量(%)(m/m)	黏度(Pa·s)	pH 值
指标要求	48~52	≤80×10	9.5~11

2.太乳炸药的性能

表 9-11

序 号	指标名称	指 标
1	外观	平整,不许有空洞、分层、松散、发黏和变形
2	厚度(mm)	5.0±0.5
3	密度(g/cm³)	0.85~0.98
4	爆速(m/s)	3 200~4 200
5	起爆感度	全爆
6	永久变形	≤25%(定伸 200%)
7	伸长率	≥250%
8	有效期	两年

3.包装

(1)太乳炸药使用木箱、瓦楞纸箱包装。

(2)装箱要求

①太乳炸药为片状。其规格为长 520mm、宽 340mm、厚 5mm,重量为 800g。

②装箱时太乳炸药两表面应涂上一层薄薄的滑石粉。

③太乳炸药每 5 片为一包,整齐地装入塑料袋中,若干个包为一纸箱或木箱,箱中应附产品说明书及合格证各一份,箱内上下应有垫、盖板。纸箱外用两根以上打包带紧固牢靠,木箱应牢固封盖。

④每纸箱装药净重不超过 25kg,每木箱装药净重不超过 45kg。

(七)胶质硝化甘油炸药(GB 13229—91)

1.胶质硝化甘油炸药的组分和性能

表 9-12

组分和指标名称		1 号胶质硝化甘油炸药		2 号胶质硝化甘油炸药	
		1 号普通	1 号难冻	2 号普通	2 号难冻
硝化甘油(%)	(m/m)	40±1		40±1	
混合硝酸酯(%)	(m/m)		40±1		40±1
硝酸铵(%)	(m/m)	52.3±1.5	52.3±1.5	52.6±1.5	52.6±1.5
胶棉(%)	(m/m)	1.7±0.3	1.7±0.3	1.7±0.3	1.7±0.3
淀粉(%)	(m/m)	3±0.5	3±0.5		
木粉(%)	(m/m)	3±0.5	3±0.5	5.7±0.5	5.7±0.5
外观		淡黄色至棕色,有塑性			
渗油性,两层药卷纸交接处油迹带宽度 (mm)	不大于	5		5	
密度(g/cm³)		1.4~1.6		1.4~1.6	
水分(%)(m/m)	不大于	1		1	
75℃阿贝尔安定性,(min)	不小于	10		10	
猛度(mm)	不小于	15		15	
作功能力(mL)	不小于	360		360	
殉爆距离(cm)	不小于	8		8	
爆速(m/s)	不小于	6 000		6 000	
耐水度级别		1		1	
爆炸后有毒气体含量(L/kg)	不大于	100			

续表 9-12

组分和指标名称	1号胶质硝化甘油炸药		2号胶质硝化甘油炸药	
	1号普通	1号难冻	2号普通	2号难冻
储运期限(月)	24			
使用、运输温度(℃)	≥10	≥-25	≥10	≥-25

注:①表中混合硝酸酯系指硝化甘油和硝化乙二醇的混合物,其中硝化乙二醇含量为25%～42%。

②耐水度级别与浸水时间的关系:

耐水级别	浸水时间(h)	耐水级别	浸水时间(h)
1	72以上	5	4～7
2	32～71	6	1～3
3	16～31	7	1以下
4	8～15		

2. 硝化甘油炸药的储运要求

(1)本产品必须遵守国家制定的危险货物储运、运输规定。

(2)本产品避免与酸、碱、油类接触,不得与雷管一起储存与运输。

(3)普通胶质硝化甘油炸药的使用、运输温度应不低于10℃,难冻胶质硝化甘油炸药不低于-25℃。冻结或半冻结之产品完全解冻前禁止运输与使用。

(4)本产品储运期限为24个月。

四、炸药的包装

1. 常用工业炸药的包装

表 9-13

类别	炸药名称 / 包装	粉状铵梯炸药	胶质硝化甘油炸药		乳化炸药	粉状乳化炸药
药卷包装	药卷长度(mm)		200			
	药卷外径(mm)	32,35,38,42,(被筒)	25	35	32,35	
	药卷重量(g)	100,150,200	128	250		
	中包药卷个数		工厂自定			
	装箱药卷净重(kg) 瓦楞纸箱	≤30	25		30	≤30
	木箱					
散装包装	每件炸药净重(kg)	≤40			40	≤40

类别	炸药名称 / 包装	铵梯油炸药			铵油炸药、铵松蜡炸药	膨化硝铵炸药
药卷包装	药卷外径(mm)	32	35	35	32	32,35
	装药净重(g)	150	150	200	150	150,200
	20个药卷中包净重(kg)	3	3	4	3	
	每箱净重(kg)	24			24	≤30(瓦楞纸箱)

类　别	炸 药 名 称　包　装	铵梯油炸药	铵油炸药、铵松蜡炸药	膨化硝铵炸药
散装包装	袋(箱)装中包净重(kg)	≤32	≤50	
	袋装大包净重(kg)	≤40		≤40

注:①药卷包装,每100g炸药用的包装物总量不大于4.5g、5.5g(粉状铵梯)、6g(粉状乳化、膨化硝铵)。
　　②煤矿用的药卷表面涂以蓝颜色或蓝色带。
　　③包装箱表面应标有产品名称、制造批号、制造日期、厂名、每箱药卷根数、净重、毛重、防潮、包装箱外形尺寸和爆炸品标志。
　　④胶质硝化甘油炸药的药卷直径另有32mm和65mm规格,其包装规格由双方商定。

2.工业炸药的质量保证期(GB 28286—2012)

(1)岩石型炸药不小于180天;

(2)煤矿许用型炸药和有雷管感度露天型炸药不小于120天;

(3)无雷管感度露天型炸药不小于30天;

(4)现场混装炸药不小于7天或由供需双方商定。

工业炸药质量保证期也可由供需双方商定或由企业技术文件规定。

3.炸药的外包装标志

所有工业炸药的外包装均应有标志。

岩石型和露天型炸药的标志应采用红色字样,煤矿许用型炸药的标志采用蓝色或黑色字样。

第二节　起爆器材

起爆器材包括雷管、导火索、导爆索。

一、雷管

雷管是用来起爆炸药的。工业用雷管按点火方式分为火雷管和电雷管;雷管按装药量多少分号,号数大的,装药量多。工业用雷管一般为6号和8号。雷管按管壳材料分为纸壳、钢壳、铝壳、防锈铝壳、铜壳、覆铜钢壳和塑料壳等。电雷管等按脚线材料分为铜脚线雷管和铁脚线雷管等;按延期时间又分为瞬发雷管、秒延期雷管和毫秒延期雷管;按有无沼气或煤尘爆炸危险的工作面分普通电雷管和煤矿许用电雷管。

火雷管,用导火索来引爆的雷管,叫火雷管。火雷管除在有沼气和矿尘较多的矿井中不准使用外,可用于一般爆破工程。在潮湿的工作地点,纸壳雷管应加强防潮,以免受潮失效。电雷管,用电引爆的雷管,叫电雷管。分瞬发电雷管(又称即发雷管)、秒延期电雷管(又叫段发电雷管)和毫秒延期电雷管(又叫毫秒电雷管)。电雷管的构造与火雷管基本相同,只是增加了一个电气点火装置。延期电雷管与即发电雷管不同点只是延期电雷管在电气点火装置与起爆药之间有一段缓燃导火索。根据导火索燃烧时间不同,延期电雷管延长爆炸的时间也不相同。秒延期电雷管延长时间以妙计,毫秒延期电雷管延长的时间以毫秒计。

普通瞬发电雷管和普通延期电雷管只适用于无沼气或煤尘爆炸危险的工作面;有沼气和煤尘爆炸危险的工作面,只能用煤矿许用瞬发电雷管和煤矿许用毫秒延期电雷管。

一个作业面需要同时爆炸的,一般用即发电雷管;需要不同时爆炸制造临空面以扩大爆破效果的,用延期电雷管。

(一)工业雷管命名(WJ/T 9031—2004)

工业雷管的命名以反映产品的主要性能为主,其全称由名称和规格型号两部分组成。名称用汉字表示,规格型号用代号表示。

(1)工业雷管的名称一般由特性、延期类别和工业雷管类别组成。

(2)工业雷管的规格型号一般由管壳材料代号、延期类别代号及系列号数、电感度类别代号、起爆能力号数、特性代号及性能数值组成,其中第二部分和第三部分之间用"—"隔开。

(3)雷管的规格型号代号

表 9-14

管　壳		延期类别		电感度		特性	
管壳材料	代号	延期类别	代号	电感度类别	代号	特性	代号
纸	Z	毫秒	MS	普通感度	A	抗可燃气(煤矿许用)	Q
塑料	S	1/4秒	QS	钝感	B	抗水	S
钢	G	半秒	HS	高钝感	C	抗油	U
铝及铝合金	L	秒	S	特钝感	D	抗静电	J
铜	T					抗射频	P
覆(镀)铜钢	F					耐温	W
法兰钢						耐压	Y
						耐温耐压	YW
						高强度	G
						单向	D
						双向	X

注:①无延期类别的工业雷管,其名称中"瞬发"二字可省略。

②如起爆能力号数和特性均需列出,编写规格型号时,起爆能力号数和特性代号之间用"/"隔开。

(4)常用工业雷管命名示例

表 9-15

序号	工业雷管全称		含　义
	名　称	规格型号	
1	火雷管	G-8	钢壳 8 号火雷管
2	电雷管	Z-8	纸壳瞬发 8 号电雷管
3	秒电雷管	ZS3-6	纸壳秒 3 系列 6 号电雷管
4	半秒电雷管	GHS1-8	钢壳半秒 1 系列 8 号电雷管
5	1/4 秒电雷管	GQS1-8	钢壳 1/4 秒 1 系列 8 号电雷管
6	毫秒电雷管	GMS1-8	钢壳毫秒 1 系列 8 号电雷管
7	煤矿许用电雷管	Z-8/Q	纸壳煤矿许用 8 号电雷管
8	煤矿许用毫秒电雷管	FMS2-8/Q	覆铜钢壳毫秒 2 系列煤矿许用 8 号电雷管
9	耐温电雷管	G-8/W180	钢壳耐温 180℃　8 号瞬发电雷管
10	耐压电雷管	G-8/Y60	钢壳耐压 60MPa　8 号瞬发电雷管
11	耐温耐压电雷管	T-8/W180Y60	铜壳耐温 180℃耐压 60MPa　8 号瞬发电雷管
12	地震勘探电雷管	G-B8/T1	钢壳钝感同步发火时间差 1ms　8 号瞬发电雷管
13	抗水电雷管	G-8/S40	钢壳抗水深度为 40m　8 号瞬发电雷管
14	抗静电电雷管	L-8/J81	铝合金壳抗静电 81mJ　8 号瞬发电雷管

序号	工业雷管全称		含义
	名称	规格型号	
15	抗静电电雷管	TMS3-C8/J81	铜壳毫秒 3 系列高钝感抗静电 81mJ　8 号瞬发电雷管
16	耐温磁电雷管	G-8/W180	钢壳耐温 180℃　8 号瞬发电雷管
17	毫秒磁电雷管	LMS4-6	铝壳毫秒 4 系列 6 号电雷管
18	导爆管雷管	G-8	钢壳 8 号瞬发导爆管雷管
19	秒导爆管雷管	FS1-8	覆铜钢壳秒 1 系列 8 号导爆管雷管
20	半秒导爆管雷管	FHS1-8	覆铜钢壳半秒 1 系列 8 号导爆管雷管
21	毫秒导爆管雷管	GMS2-8	钢壳毫秒 2 系列 8 号导爆管雷管
22	高强度毫秒导爆管雷管	FMS1-8/G	覆铜钢壳毫秒 1 系列 8 号高强度导爆管雷管
23	抗水导爆管雷管	G-8/S20	钢壳抗水深度为 20m　8 号瞬发导爆管雷管
24	抗水秒导爆管雷管	GS1-8/S20	钢壳秒 1 系列抗水深度为 20m　8 号导爆管雷管
25	抗水半秒导爆管雷管	GHS1-8/S20	钢壳半秒 1 系列抗水深度为 20m　8 号导爆管雷管
26	抗水 1/4 秒导爆管雷管	GQS1-8/GS20	钢壳 1/4 秒 1 系列高强度抗水深度为 20m　8 号导爆管雷管
27	抗水毫秒导爆管雷管	GMS1-8/GS20	钢壳毫秒 1 系列高强度抗水深度为 20m　8 号导爆管雷管
28	单向继爆管	F-D	覆铜钢壳单向瞬发继爆管
29	双向继爆管	F-X	覆铜钢壳双向瞬发继爆管
30	单向毫秒继爆管	FMS1-D	覆铜钢壳毫秒 1 系列单向毫秒继爆管

(二)火雷管(GB 13230-91)

(1)规格:火雷管分 6 号和 8 号两种。雷管的管壳内径为 6.15~6.4mm。传火孔直径大于或等于 1.9mm。

(2)装药量:主装药为黑索金或太安;6 号雷管净装药不低于 0.4g,8 号雷管净装药不低于 0.6g,允许外加适量的添加剂。副装药为二硝基重氮酚、D·S 共沉淀、K·D 覆盐、叠氮化铅等起爆药或其他有特殊性能的药剂。副装药装药量必须保证雷管主装药完全爆轰。

(3)空位深度:非金属壳不小于 15mm。

金属壳不小于 10mm。

(4)性能:雷管在震动试验机上震动 10min,不允许爆炸、洒药粉和目视加强帽移动。6 号雷管应能炸穿 4mm 厚铅板;8 号雷管应能炸穿 5mm 厚铅板。其穿孔直径≥雷管外径。

(5)包装和储运保质期:

每 100 发雷管装一纸盒并蜡封防潮。

每 50 或 75 盒雷管装一箱。

雷管在原包装条件下,存放在自然通风良好、干燥的库房内,其保质期自制造完成日期起为两年。

(三)电雷管(GB 8031—2005)

(1)

注:煤矿许用电雷管的管壳只允许用铜、覆铜钢和纸等制造。

（2）电雷管的规格

根据雷管中主装药量的不同，分为 6 号和 8 号两种。

延期电雷管的延期时间系列见表 9-16。

（3）延期电雷管的延期时间系列要求

表 9-16

段别	第1毫秒系列(ms) 名义延期时间	下规格限	上规格限	第2毫秒系列(ms) 名义延期时间	下规格限	上规格限	第3毫秒系列(ms) 名义延期时间	下规格限	上规格限	1/4秒系列(s) 名义延期时间	下规格限	上规格限	半秒系列(s) 名义延期时间	下规格限	上规格限	秒系列(s) 名义延期时间	下规格限	上规格限
1	0	0	12.5	0	0	12.5	0	0	12.5	0	0	0.125	0	0	0.25	0	0	0.50
2	25	12.6	37.5	25	12.6	37.5	25	12.6	37.5	0.25	0.126	0.375	0.50	0.26	0.75	1.00	0.51	1.50
3	50	37.6	62.5	50	37.6	62.5	50	37.6	62.5	0.50	0.376	0.625	1.00	0.76	1.25	2.00	1.51	2.50
4	75	62.6	92.5	75	62.6	87.5	75	62.6	87.5	0.75	0.626	0.875	1.50	1.26	1.75	3.00	2.51	3.50
5	110	92.6	130.0	100	87.6	112.4	100	87.6	112.5	1.00	0.876	1.125	2.00	1.76	2.25	4.00	3.51	4.50
6	150	130.1	175.0	—	—	—	125	112.6	137.5	1.25	1.126	1.375	2.50	2.26	2.75	5.00	4.51	5.50
7	200	175.1	225.0	—	—	—	150	137.6	162.5	1.50	1.376	1.625	3.00	2.76	3.25	6.00	5.51	6.50
8	250	225.1	280.0				175	162.6	187.5				3.50	3.26	3.75	7.00	6.51	7.50
9	310	280.1	345.0				200	187.6	212.5				4.00	3.76	4.25	8.00	7.51	8.50
10	380	345.1	420.0				225	212.6	237.5				4.50	4.26	4.74	9.00	8.51	9.50
11	460	420.1	505.0				250	237.6	262.5				—	—	—	10.00	9.51	10.49
12	550	505.1	600.0				275	262.6	287.5							—	—	—
13	650	600.1	705.0				300	287.6	312.5									
14	760	705.1	820.0				325	312.6	337.5									
15	880	820.1	950.0				350	337.6	362.5									
16	1020	950.1	1110.0				375	362.6	387.5									
17	1200	1110.1	1300.0				400	387.6	412.5									
18	1400	1300.1	1550.0				425	412.6	437.5									
19	1700	1550.1	1850.0				450	437.6	462.5									
20	2000	1850.1	2149.9				475	462.6	487.5									
21	—	—	—	—	—	—	500	487.6	518.4	—	—	—	—	—	—	—	—	—

注：①第 2 毫秒系列为煤矿许用毫秒延期电雷管。该系列为强制性的。

②除末段外任何一段延期电雷管的上规格限（U）规定为该段名义延期时间与上段名义延期时间的中值（精确到表中的位数），下规格限（L）规定为该段名义延期时间与下段名义延期时间的中值（精确到表中的位数）加一个末位数；末段延期电雷管的上规格限规定为本段名义延期时间与本段下规格限之差，再加上本段名义延期时间。

（4）延期电雷管脚线颜色区别段数表

表 9-17

段号	1	2	3	4	5
脚线颜色	灰红	灰黄	灰蓝	灰白	绿红

注：每发延期电雷管应有区分段别的明显标志。

(5)电雷管的技术要求

表 9-18

项　目			指　标　和　要　求		
外观		表面	不应有目视可见的浮药、锈蚀、砂眼、开裂、残缺		
	脚线	PVC 绝缘线	由两根不同颜色电线组成,不应有绝缘层破损和芯线锈蚀		
		长度	2m×(1±5%)		
全电阻		铜芯脚线	2m 长脚线≤4Ω,上下限差值≤1Ω		
		镀锌钢芯脚线	2m 长脚线≤6.3Ω,上下限差值≤2Ω		
管壳材料			煤矿许用电雷管不许使用铝壳		
抗震性能			经震动试验后,不发生爆炸、结构损坏、短路、断路和电阻不稳等现象,全电阻应符合要求		
起爆能力			6 号雷管能炸穿 4mm 厚度铅板;8 号雷管能炸穿 5mm 厚度铅板。穿孔直径应不小于雷管外径		
抗拉性能			在 19.6N 静拉力下持续 1min,封口塞和脚线不发生目视可见的损坏和移动		
抗水性能		普通型	浸入压力 0.01MPa 水中 1h 后,取出作发火试验应爆炸完全		
		抗水型	浸入压力 0.2MPa 水中 24h 后,取出作发火试验应爆炸完全		
耐温性能			在 100℃环境中 4h 不发生爆炸		
可燃气安全度			煤矿许用电雷管在浓度为 9% 的可燃气中起爆,不应引爆可燃气		
			普　通　型	钝　感　型	高钝感型
安全电流　通恒定直流电 5min 不爆炸(A)≥			0.20	0.30	0.80
最小发火电流(A)≤			0.45	1.00	2.50
发火冲能(A²ms)			2.0~7.9	8.0~18.0	80.0~140.0
串联 20 发的起爆电流(恒定直流电)(A)≤			1.2	1.5	3.5
测静电感度时的充电电压(kV)≥			8	10	10
静电感度　在电容 2 000pF,串联电阻 0Ω			在以上充电电压下,对电雷管的脚线-管壳放电,不应发火		

(6)电雷管的有效期和储存要求

电雷管的有效期自制造完成日起,在原包装条件下为一年半。

电雷管应在原包装条件下保管,储存环境要通风良好,干燥、防火、防盗。

(四)导爆管雷管(GB 19417—2003)

导爆管雷管是由导爆管的冲击波冲能激发的雷管。分为 6 号和 8 号导爆管雷管。

(1)分类:导爆管雷管按抗拉性能分为普通型导爆管雷管和高强度型导爆管雷管;

按延期时间分为毫秒导爆管雷管(MS)、1/4 秒导爆管雷管(QS)、半秒导爆管雷管(HS)和秒导爆管雷管(S)。

(2)导爆管雷管的性能要求

表 9-19

项 目		指 标 和 要 求
外 观		应有明显易辨认的段别标志
		火雷管表面无明显浮药、锈蚀、严重砂眼和裂缝。允许有轻微污垢、口部裂纹和机械损伤
		导爆管不应有破损、断药、拉细、进水、管内杂质、塑化不良、封口不严
		导爆管与火雷管结合应牢固,不应脱出或松动
导爆管长度		基本长度为 3m,允差 0～－0.1m。也可按合同规定
抗震性能		经连续震动 10min 试验后,不发生爆炸、结构松散和损坏现象
起爆能力		6 号雷管能炸穿 4mm 厚度铅板;8 号雷管能炸穿 5mm 厚度铅板。穿孔直径应不小于雷管外径
抗水性能	普通型	浸入水深 1m,8h 后,取出作测时试验,不应瞎火或半爆
	抗水型	浸入水深 20m,24h 后,取出作测时试验,不应瞎火或半爆
抗拉性能	普通型	在 19.6N 静拉力下持续 1min,导爆管不应从卡口塞内脱出
	高强度型	在 78.4N 静拉力下持续 1min,导爆管不应从卡口塞内脱出
抗油性能		高强度型导爆管雷管浸入温度为 75℃±5℃、压力为 0.3MPa±0.02MPa 的 0 号柴油内,自然降温,24h 后取出做发火试验,不应瞎火或半爆

(3)各段别导爆管雷管的延期时间

表 9-20

段别	延期时间(以名义秒量计)							
	毫秒导爆管雷管(ms)			1/4 秒导爆管雷管(s)	半秒导爆管雷管(s)		秒导爆管雷管(s)	
	第一系列	第二系列	第三系列	第一系列	第一系列	第二系列	第一系列	第二系列
1	0	0	0	0	0	0	0	0
2	25	25	25	0.25	0.50	0.50	2.5	1.0
3	50	50	50	0.50	1.00	1.00	4.0	2.0
4	75	75	75	0.75	1.50	1.50	6.0	3.0
5	110	100	100	1.00	2.00	2.00	8.0	4.0
6	150	125	125	1.25	2.50	2.50	10.0	5.0
7	200	150	150	1.50	3.00	3.00	—	6.0
8	250	175	175	1.75	3.60	3.50	—	7.0
9	310	200	200	2.00	4.50	4.00	—	8.0
10	380	225	225	2.25	5.50	4.50	—	9.0
11	460	250	250	—	—	—	—	—
12	550	275	275	—	—	—	—	—
13	650	300	300	—	—	—	—	—
14	760	325	325	—	—	—	—	—
15	880	350	350	—	—	—	—	—
16	1 020	375	400	—	—	—	—	—

段别	延期时间(以名义秒量计)							
	毫秒导爆管雷管(ms)			1/4秒导爆管雷管(s)	半秒导爆管雷管(s)		秒导爆管雷管(s)	
	第一系列	第二系列	第三系列	第一系列	第一系列	第二系列	第一系列	第二系列
17	1 200	400	450	—	—	—	—	—
18	1 400	425	500	—	—	—	—	—
19	1 700	450	550	—	—	—	—	—
20	2 000	475	600	—	—	—	—	—
21	—	500	650	—	—	—	—	—
22	—	—	700	—	—	—	—	—
23	—	—	750	—	—	—	—	—
24	—	—	800	—	—	—	—	—
25	—	—	850	—	—	—	—	—
26	—	—	950	—	—	—	—	—
27	—	—	1 050	—	—	—	—	—
28	—	—	1 150	—	—	—	—	—
29	—	—	1 250	—	—	—	—	—
30	—	—	1 350	—	—	—	—	—

(4)导爆管雷管的包装和保质期

导爆管雷管的每个包装箱净重不大于 20kg。

导爆管雷管在原包装条件下,储存在不采暖、干燥、空气流通的库房内。

导爆管雷管自制造之日起,保质期为两年。

(五)塑料导爆管(WJ/T 2019—2004)

塑料导爆管按其抗拉性能分为普通导爆管(DBGP)和高强度导爆管(DBGG)两类。塑料导爆管按使用特性分为耐温(NW)、耐硝酸铵溶液(NX)、耐乳化基质(NR)、抗油(KY)和变色(BS)五种。

1. 塑料导爆管的标记

塑料导爆管由类别代号、特性代号和性能数值组成。其中类别代号和特性代号之间用"—"隔开。如:耐乳化基质(NR)型高强度导爆管(DBGG)的代号为 DBGG—NR。

2. 塑料导爆管的性能要求

表 9-21

项 目	指标和要求
外观	管壁无破孔、无明显的硬块、白点和嵌入杂质;管外表面无明显的划痕、鳞纹;管内无可见的堵药、断药、水和机械杂质
外径(mm)	2.8～3.2mm,公差±0.15mm。或双方协商的其他规格
爆速(m/s)	在温度为 20℃±10℃的条件下,应≥1600,且同批管爆速极差≤100
起爆感度	在 -40～50℃范围内,用一发 8 号雷管能同时起爆 20 根导爆管
传爆可靠性	在 20℃±10℃条件下起爆导爆管,应能正常传爆,且除起爆端外管壁不被击穿
抗震性能	在试验机上震动 5min,测试传爆可靠性符合要求
低温耐折性	在 -40℃±3℃条件下储存 1 小时后进行试验,应不开裂、不折断。传爆可靠性应符合要求

项 目	指 标 和 要 求		
抗油性能	抗油型导爆管在 80℃±5℃、压力为 0.3MPa±0.02MPa 的 0 号柴油中保持压力 自然降温 24 小时后,测试传爆可靠性应符合要求		
变色性能	变色导爆管传爆前后,管壁颜色应发生明显改变		
抗拉性能	条件	普通导爆管(DBGP)	高强度导爆管(DBGG)	
	测试温度(℃)	20±5	20±5	80±5
	承受拉力(N)	≥68.6	≥196	≥58.8
	持续时间(min)	1		

二、导火索和导爆索

(一)工业导火索(GB 9108—1995)

工业导火索通常称之为导火索。工业导火索以火点燃,用于引爆火雷管或黑火药包,导火索以黑火药为药芯,外包棉线、导火线纸或玻璃纤维、塑料等,以沥青为防潮剂制成。

工业导火索宜于露天或无爆炸性气体和粉尘的环境下使用。

工业导火索按燃烧速度分为普通导火索和缓燃导火索两种,普通导火索每米的燃烧时间为 100～125s,缓燃导火索每米的燃烧时间为 180～215s。普通型导火索按批燃烧时间极差分为优级品和一级品两个等级。

普通导火索的表面为棉线和纸的本色,缓燃导火索的外层线中有一根绿色线。

工业导火索性能 表 9-22

指 标		普 通 导 火 索		缓 燃 导 火 索
		优 级 品	一 级 品	
燃烧时间(s/m)		100～125		180～215
批燃烧时间极差(s/m)		≤10	≤15	≤25
直径 (mm)	药芯	≥2.2		
	导火索	5.5±0.3		
抗水性		在 20℃静水深 1m 浸 4h,燃烧正常		
耐热性		在 45℃恒温箱中 2h,不黏结,不破坏外壳		
耐寒性		在−25℃环境下 1h,不裂纹,不折断		
索卷长度(m)		250±⁵₅,100±¹₀,最短索段≥2		
有效期		储存在干燥、通风、温度不大于 28℃,相对湿度不超过 70%的库房内,有效期 24 个月		
包装		每 500m 或 1000m 为一包装单元		

注:①燃烧时间的最大值与最小值之差,为燃烧时间极差。

②导火索在燃烧传火时无断火、透火、外壳燃烧及爆声为正常。

(二)工业导爆索(GB 9786—2015)

工业导爆索用于露天或无可燃气和煤尘爆炸危险场所的爆破作业。

1. 分类

工业导爆索按每米长度上的不同装药量表示不同输出能量分为:低能导爆索——装药量<9g/m;代号 DB+每米标称装药量克数,如 DB5,表示装药量 5g/m 的低能导爆索。中能导爆索——装药量 9～18g/m;代号 PB+每米标称装药量克数,如 PB11,表示装药量 11g/m 的中能导爆索。高能导爆索——

装药量≥18g/m;代号 GB+每米标称装药量克数,如 GB40,表示装药量 40g/m 的高能导爆索。

2. 工业导爆索的性能要求

表 9-23

项　目	指标和要求
外观	外涂层应均匀一致,不得有气泡、凸起、杂质、砂眼、裂纹,及严重的折伤和油污
	外层线不得同时缺两根及两根以上,缺(并)一根外包线的索段长度不得超过 7m
	索卷中两段之间应有连接管或细绳、胶带等连接。索头应套有索头帽或涂防潮剂
导爆索索干表面颜色	表面颜色应为橙色(出口产品按用户要求确定)。索干表面应有警示标识和登记标识
爆速	不低于 6 000m/s
传爆性能	用一发 8 号雷管引爆后,应爆轰完全
耐热性能	在 72℃±2℃ 条件下 2h 后,导爆索不自燃、不自爆,表面无破裂。引爆后,应爆轰完全
抗拉性能	导爆索承受 400N 静拉力保持 30min 后,按规定试验不应拉断,引爆后应爆轰完全
抗水性能	浸入水深 1m,水温 10～25℃ 的静水中,5h 后,引爆应爆轰完全
索卷尺寸	索卷长度 50m±0.5m;每个索卷中的索段数量不超过 5 段,其中最短段的长度应不小于 2m
耐寒性能	在 -40℃±2℃ 条件下冷冻 2h 后,导爆索不得洒药及露出内层线;涂层不得破裂,引爆后应爆轰完全

3. 工业导爆索的包装、储存和保持期

工业导爆索索卷宜用蜡纸包裹或装袋内,然后装箱,每箱装量可由供需双方商定(前标准为 500m)。并附产品合格证和使用说明。

工业导爆索应储存在符合 WJ9049 规定的条件下。一般要求通风、干燥、温度不超过 40℃ 的库房内,不得与易燃物、易爆物、雷管及油脂共存。

工业导爆索保质期为 5 年。

第三节　爆破器材的储存

爆破器材属危险品,对它的运输、保管和使用,必须严格按照《爆破安全规程》(GB 6722)进行。

一、爆破器材库的储存量(GB 6722—2003)

(1)地面总库的总容量:炸药不得超过本单位半年生产用量;起爆器材不得超过一年生产用量。地面分库的总容量:炸药不得超过三个月生产用量;起爆器材不得超过半年生产用量。

(2)硐室式库的最大容量不得超过 100t。

(3)井下只准建分库,其库容量不得超过:炸药三昼夜生产用量;起爆器材十昼夜生产用量。

(4)乡、镇所属以及个体经营的矿场、采石场及岩土工程等使用单位,其集中管理的小型爆破器材库的最大储存量应不超过一个月的用量,并应不大于表 9-24 的规定。

小型爆破器材库的最大储存量 表 9-24

库　房　名　称	单　位	最大储存量
硝铵类炸药	kg	3 000
硝化甘油炸药	kg	500
雷管	发	20 000
导火索	m	30 000
导爆索	m	30 000
塑料导爆管	m	60 000

(5)地面库单一库房的最大允许存药量

表 9-25

序　号	爆破器材名称	单一库房最大允许存药量(t)
1	硝化甘油炸药	20
2	黑索金	50
3	太安	50
4	梯恩梯	150
5	黑梯药柱、起爆药柱	50
6	硝铵类炸药	200
7	射孔弹	3
8	爆炸筒	15
9	导爆索	30
10	黑火药、无烟火药	10
11	导火索、点火索、点火筒	40
12	雷管、继爆管、高压油井雷管、导爆管起爆系统	10
13	硝酸铵、硝酸钠	500

注:雷管、导爆索、导火索、点火筒、继爆管及专用爆破器具按其装药量计算存药量。

二、爆破器材的存放要求(GB 6722—2003)

爆破器材宜单一品种专库存放。若受条件限制,同库存放不同品种的爆破器材则应符合表 9-26 规定。

爆破器材同库存放的规定　　　　　　　　　　　　　　　　　　　表 9-26

爆破器材名称	雷管类	黑火药	导火索	硝铵类炸药	属 A₁ 级单质炸药类	属 A₂ 级单质炸药类	射孔弹类	导爆索类
雷管类	○	×	×	×	×	×	×	×
黑火药	×	○	×	×	×	×	×	×
导火索	×	×	○	○	○	○	○	○
硝铵类炸药	×	×	○	○	○	○	○	○
属 A₁ 级单质炸药类	×	×	○	○	○	○	○	○
属 A₂ 级单质炸药类	×	×	○	○	○	○	○	○
射孔弹类	×	×	○	○	○	○	○	○
导爆索类	×	×	○	○	○	○	○	○

注:①○表示可同库存放,×表示不应同库存放。

②雷管类包括火雷管、电雷管、导爆管雷管。

③属 A₁ 级单质炸药类为黑索金、太安、奥克托金和以上述单质炸药为主要成分的混合炸药或炸药柱(块)。

④属 A₂ 级单质炸药类为梯恩梯和苦味酸及以梯恩梯为主要成分的混合炸药或炸药柱(块)。

⑤导爆索类包括各种导爆索和以导爆索为主要成分的产品,包括继爆管和爆裂管。

⑥硝铵类炸药,包括以硝酸铵为主要组分的各种民用炸药。

⑦当不同品种的爆破器材同库存放时,单库允许的最大存药量仍应符合表 9-25 的规定;当危险级别相同的爆破器材同库存放时,同库存放的总药量不应超过其中一个品种的单库最大允许存药量;当危险级别不同的爆破器材同库存放时,同库存放的总药量不应超过危险级别最高的品种的单库最大允许存药量。

第十章 五金制品

　　五金制品主要有焊条、标准紧固件、水暖器材和建筑五金等。焊条和标准紧固件在工程中是钢筋焊接和结构拼装的重要物资，也是施工机械维修的常用物资；水暖器材是蒸汽养护、施工供水、供气和生活供水的常用器材；建筑五金主要用于房屋建筑。

第一节 焊接产品

一、焊条、焊丝和焊带

(一)焊接材料的产品类型、尺寸及供货状态(GB/T 25775—2010)

焊接材料包括焊条、焊丝及填充丝、焊带等产品。

1.焊接材料产品类型及适用的焊接方法

表 10-1

产品类型	适用的焊接方法[a]
焊条	焊条电弧焊(111)
实心填充丝	钨极惰性气体保护电弧焊 TIG(141)、氧燃气焊(31)、等离子弧焊(15)
实心焊丝(非电极)	钨极惰性气体保护电弧焊 TIG(141)、等离子弧焊(15)、激光焊(52)、电子束焊(51)
实心焊丝(电极)	气电立焊(73)、电渣焊(72)、熔化极惰性气体保护电弧焊 MIG(131)、熔化极非惰性气体保护电弧焊 MAG(135)、埋弧焊(12)
药芯填充丝	钨极惰性气体保护电弧焊 TIG(141)、氧燃气焊(31)、等离子弧焊(15)
药芯焊丝(非电极)	激光焊(52)、钨极惰性气体保护电弧焊 TIG(141)
药芯焊丝(电极)	气电立焊(73)、电渣焊(72)、等离子弧焊(15)、埋弧焊(12)、非惰性气体保护的药芯焊丝电弧焊(136)、自保护药芯焊丝电弧焊(114)
实心焊带	电渣焊(72)、埋弧焊(12)
药芯焊带	气电立焊(73)、电渣焊(72)、埋弧焊(12)
金属箔片	激光焊(52)、电子束焊(51)

注：①[a] 本标准中的产品类型并不仅限于表中列出的焊接方法。
　　②表中括号中的代号按 GB/T 5185 的规定执行。

2.焊条、焊丝、焊带及填充丝的尺寸及公差(mm)

表 10-2

产品类型	实心焊丝		药芯焊丝	填充丝	焊条
焊接方法代号	15、51、52、131、135、141	12、72、73	12、15、52、72、73、114、136、141	15、31、141	111

产品类型	实心焊丝		药芯焊丝	填充丝			焊条			
焊丝直径	直径公差	直径公差	直径公差	直径公差	长度	长度公差	焊芯直径	直径公差	长度	长度公差
0.5	+0.01/−0.03	—	—	—		—				
0.6	+0.01/−0.03	—	+0.02/−0.05							
0.8	+0.01/−0.04	—	+0.02/−0.05							
0.9	+0.01/−0.04	—	+0.02/−0.05				—	—	—	—
1.0	+0.01/−0.04	—	+0.02/−0.05							
1.2	+0.01/−0.04	±0.04	+0.02/−0.05							
1.4	+0.01/−0.04	±0.04	+0.02/−0.05							
1.6	+0.01/−0.04	±0.04	+0.02/−0.06				1.6 2.0 2.5	±0.06	200～350	
1.8	+0.01/−0.04	±0.04	+0.02/−0.06							
2.0	+0.01/−0.04	±0.04	+0.02/−0.06	±0.1	500～1000	±5				
2.4	+0.01/−0.04	±0.04	+0.02/−0.06							
2.5	+0.01/−0.04	±0.04	+0.02/−0.06							
2.8	+0.01/−0.07	±0.04	+0.02/−0.06							±5
3.0	+0.01/−0.07	±0.06	+0.02/−0.06				3.2 4.0 5.0 6.0	±0.010	275～450[a]	
3.2	+0.01/−0.07	±0.06	+0.02/−0.07							
4.0	+0.01/−0.07	±0.06	+0.02/−0.07							
5.0	—	±0.06	+0.02/−0.08							
6.0	—	±0.06	+0.02/−0.08							
8.0	—	±0.06	+0.02/−0.08				8.0	±0.1		

注：①对于特殊情况,如重力焊焊条,焊条长度最大可至 1000mm。

②实心焊带：公称厚度≤1.0mm,公差为±0.5mm；公称宽度≤100mm,公差为 0～+0.5mm；公称宽度>100mm,公差为0～+0.8mm。

③根据供需双方协商,允许制造其他尺寸的焊条、焊丝、填充丝及实心焊带。

④药芯焊带和金属箔片的尺寸及公差执行相关产品标准规定。

3.焊接材料的供货状态

(1)焊条

焊条药皮应均匀、紧密地包覆在焊芯周围,以保证焊接时熔化均匀。药皮表面应光滑平整、无裂纹和其他影响焊接操作的表面缺陷。焊条药皮应具有足够的强度,不应在正常搬运或使用过程中损坏。焊条夹持端长度应至少 15mm,焊条引弧端允许涂引弧剂。

(2)焊丝、填充丝和焊带

焊丝、填充丝和焊带表面应光滑,无毛刺、划痕、锈蚀、氧化皮等缺陷,也不应有其他不利于焊接操作或对焊缝金属有不良影响的杂质。允许采用任何不影响焊接操作和焊缝金属性能的表面处理方法,药芯焊丝、填充丝及焊带的药芯填充物应该沿长度方向均匀分布,以保证熔敷金属化学成分和力学性能不受影响。

焊丝和焊带应按表 10-3 中规定的盘状或卷状供货。其缠绕不应有打结、波浪、折弯及其他影响连续送丝的缺陷。焊丝的始端和末端的固定应牢固可靠。

无支架卷状焊接材料应至少在卷的四周接近于等距离的三个位置捆紧。

钢的实心焊丝和填充丝的翘距应按相关产品标准的规定,如果产品标准无规定,则应执行以下规定:焊丝盘外径不大于200mm的,翘距不大于25mm,其他直径的焊丝盘,翘距不大于50mm。焊丝的松弛直径、翘距和其他状态应保证在自动焊和半自动焊设备上连续送丝。

每一批焊接材料、均应由制造商、经销商或第三方机构出具质量证明。

4.焊丝焊带的供货形式

(1)盘卷示意图

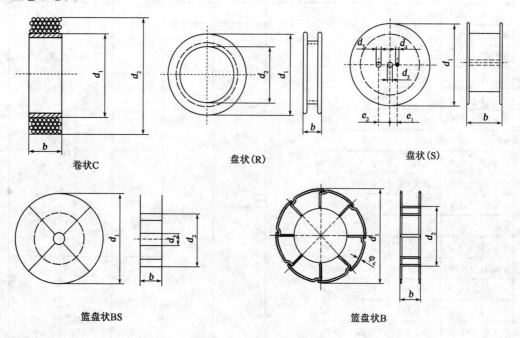

卷状C　　　　盘状(R)　　　　盘状(S)

篮盘状BS　　　　篮盘状B

图10-1　焊丝、焊带盘卷示意图

(2)焊丝和焊带盘和卷的尺寸及公差(mm)

表10-3

供货形式	代号	外径 d_1	内径 d_2	幅宽 b	内孔 d_3	驱动孔			
						直径		离轴距	
						d_4	d_5	e_1	e_2
盘状(S)	S 100	100±2	—	45+0/−2	16.5+1/−0	—	—	—	—
盘状(S)	S 200	200±3	—	55+0/−3	50.5+2.5/−0	10+1/−0	—	44.5±0.5	—
盘状(S)	S 270	270±5	—	100+3/−3	50.5+2.5/−0	10+1/−0	—	44.5±0.5	—
盘状(S)	S 300	300±5	—	100+3/−3	50.5+2.5/−0	10+1/−0	—	44.5±0.5	—
盘状(S)	S 350	350±5	—	100+3/−3	50.5+2.5/−0	10+1/−0	—	44.5±0.5	—
盘状(S)	S 560	560+0/−10	a	305+0/−10	35.0±1.5	16.7±0.7	16.7±0.7	63.5±1.5	63.5±1.5
盘状(S)	S 610	610+0/−10	a	345+0/−10	35.0±1.5	16.7±0.7	16.7±0.7	63.5±1.5	63.5±1.5
盘状(S)	S 760E	760+0/−10	—	290+10/−1	40.5+1/−0	25+1/−0	35+1/−0	65±1	110±1
盘状(S)	S 760A	760+0/−10	a	345+0/−10	35.0±1.5	16.7±0.7	16.7±0.7	63.5±1.5	63.5±1.5
盘状(R)	R 435	435±5	300+15/−0	90+0/−15	—	—	—	—	—
篮盘状(B)	B 300	300+0/−5	180±2	100±3	—	—	—	—	—
篮盘状(B)	B 450	≤450	300±5	100±3	—	—	—	—	—
篮盘状(BS)	BS 300	300±5	189±0.5	103+0/−3	50.5+2.5/−0	—	—	—	—
卷状(C)	C 435	≤435	300+15/−0	90+0/−15	—	—	—	—	—
卷状(C)	C 450	≤450	300+15/−5	100+10/−5	—	—	—	—	—
卷状(C)	C 800	≤800	600+20/−0	120+10/−5	—	—	—	—	—

注:①^a d_2 数值的确定应保证送丝顺畅。

②根据供需双方协议,允许采用其他供货形式。

(二)非合金钢及细晶粒钢焊条(GB/T 5117—2012)

1.非合金钢及细晶粒钢焊条的型号表示方法

焊条型号按熔敷金属力学性能、药皮类型、焊接位置、电流类型、熔敷金属化学成分和焊后状态等进行划分。

焊条型号由五部分组成,编制方法如下:

第一部分:字母"E"表示焊条;

第二部分:"E"后面的第一位和第二位数字表示熔敷金属抗拉强度的最小值(见表10-4);

第三部分:"E"后面的第三位和第四位数字表示药皮类型、焊接位置、电流类型(见表10-5);

第四部分:第四位数字后面可用"无标记"或短划"—"加字母、数字或字母与数字的组合,表示熔敷金属化学成分,分类代号(表10-6);

第五部分:熔敷金属化学成分之后的代号表示焊后状态(无标记—焊态、P—热处理状态、AP—焊态或焊后热处理)。

除以上强制分类代号外,根据供需双方协调,可选择附加代号。在型号后附加字母"U"时,表示在规定试验温度下,冲击吸收能量可达到≥47J。在字母"U"后附加"HX"的为扩散氢代号,其中 X 代表15、10 或 5 时,表示每100g 熔敷金属中扩散氢含量分别为≤15mL、≤10mL、≤5mL。

型号示例:

示例1:

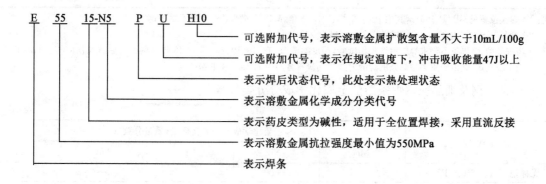

示例2:

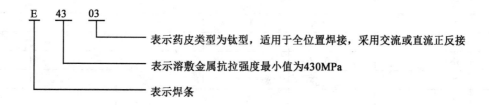

(1)非合金钢及细晶粒钢焊条熔敷金属抗拉强度代号

表 10-4

抗拉强度代号	最小抗拉强度值(MPa)	抗拉强度代号	最小抗拉强度值(MPa)
43	430	55	550
50	490	57	570

（2）非合金钢及细晶粒钢焊条药皮类型代号

表 10-5

代号	药皮类型	焊接位置a	电流类型
03	钛型	全位置b	交流和直流正、反接
10	纤维素	全位置	直流反接
11	纤维素	全位置	交流和直流反接
12	金红石	全位置b	交流和直流正接
13	金红石	全位置b	交流和直流正、反接
14	金红石＋铁粉	全位置b	交流和直流正、反接
15	碱性	全位置b	直流反接
16	碱性	全位置b	交流和直流反接
18	碱性＋铁粉	全位置b	交流和直流反接
19	钛铁矿	全位置b	交流和直流正、反接
20	氧化铁	PA、PB	交流和直流正接
24	金红石＋铁粉	PA、PB	交流和直流正、反接
27	氧化铁＋铁粉	PA、PB	交流和直流正、反接
28	碱性＋铁粉	PA、PB、PC	交流和直流反接
40	不做规定	由制造商确定	
45	碱性	全位置	直流反接
48	碱性	全位置	交流和直流反接

注：①a 焊接位置见 GB/T 16672,其中 PA＝平焊、PB＝平角焊、PC＝横焊、PG＝向下立焊；

②b 此处"全位置"并不一定包含向下立焊,由制造商确定。

③药皮类型 12 焊条不要求焊缝射线探伤试验,药皮类型 15、16、18、19、20、45 和 48 焊条的焊缝射线探伤应符合 GB/T 3323 中的Ⅰ级规定,其他药皮类型焊条的焊缝射线探伤应符合 GB/T 3323 中Ⅱ级规定。

（3）非合金钢及细晶粒钢焊条熔敷金属化学成分分类代号

表 10-6

分类代号	主要化学成分的名义含量(质量分数)(%)				
	Mn	Ni	Cr	Mo	Cu
无标记、−1、−P1、−P2	1.0	—	—	—	—
−1M3	—	—	—	0.5	—
−3M2	1.5	—	—	0.4	—
−3M3	1.5	—	—	0.5	—
−N1	—	0.5	—	—	—
−N2	—	1.0	—	—	—
−N3	—	1.5	—	—	—
−3N3	1.5	1.5	—	—	—
−N5	—	2.5	—	—	—
−N7	—	3.5	—	—	—
−N13	—	6.5	—	—	—
−N2M3	—	1.0	—	0.5	—
−NC	—	0.5	—	—	0.4
−CC	—	—	0.5	—	0.4
−NCC	—	0.2	0.6	—	0.5
−NCC1	—	0.6	0.6	—	0.5
−NCC2	—	0.3	0.2	—	0.5
−G	其他成分				

2. 非合金钢及细晶粒钢焊条的规格尺寸见表 10-2

3. 非合金钢及细晶粒钢焊条熔敷金属化学成分

表 10-7

焊条型号	化学成分(质量分数)(%)									
	C	Mn	Si	P	S	Ni	Cr	Mo	V	其他
E4303	0.20	1.20	1.00	0.040	0.035	0.30	0.20	0.30	0.08	—
E4310	0.20	1.20	1.00	0.040	0.035	0.30	0.20	0.30	0.08	—
E4311	0.20	1.20	1.00	0.040	0.035	0.30	0.20	0.30	0.08	—
E4312	0.20	1.20	1.00	0.040	0.035	0.30	0.20	0.30	0.08	—
E4313	0.20	1.20	1.00	0.040	0.035	0.30	0.20	0.30	0.08	—
E4315	0.20	1.20	1.00	0.040	0.035	0.30	0.20	0.30	0.08	—
E4316	0.20	1.20	1.00	0.040	0.035	0.30	0.20	0.30	0.08	—
E4318	0.03	0.60	0.40	0.025	0.015	0.30	0.20	0.30	0.08	—
E4319	0.20	1.20	1.00	0.040	0.035	0.30	0.20	0.30	0.08	—
E4320	0.20	1.20	1.00	0.040	0.035	0.30	0.20	0.30	0.08	—
E4324	0.20	1.20	1.00	0.040	0.035	0.30	0.20	0.30	0.08	—
E4327	0.20	1.20	1.00	0.040	0.035	0.30	0.20	0.30	0.08	—
E4328	0.20	1.20	1.00	0.040	0.035	0.30	0.20	0.30	0.08	—
E4340	—	—	—	0.040	0.035	—	—	—	—	—
E5003	0.15	1.25	0.90	0.040	0.035	0.30	0.20	0.30	0.08	—
E5010	0.20	1.25	0.90	0.035	0.035	0.30	0.20	0.30	0.08	—
E5011	0.20	1.25	0.90	0.035	0.035	0.30	0.20	0.30	0.08	—
E5012	0.20	1.20	1.00	0.035	0.035	0.30	0.20	0.30	0.08	—
E5013	0.20	1.20	1.00	0.035	0.035	0.30	0.20	0.30	0.08	—
E5014	0.15	1.20	0.90	0.035	0.035	0.30	0.20	0.30	0.08	—
E5015	0.15	1.60	0.90	0.035	0.035	0.30	0.20	0.30	0.08	—
E5016	0.15	1.60	0.75	0.035	0.035	0.30	0.20	0.30	0.08	—
E5016-1	0.15	1.60	0.75	0.035	0.035	0.30	0.20	0.30	0.08	—
E5018	0.15	1.60	0.90	0.035	0.035	0.30	0.20	0.30	0.08	—
E5018-1	0.15	1.60	0.90	0.035	0.035	0.30	0.20	0.30	0.08	—
E5019	0.15	1.25	0.90	0.035	0.035	0.30	0.20	0.30	0.08	—
E5024	0.15	1.25	0.90	0.035	0.035	0.30	0.20	0.30	0.08	—
E5024-1	0.15	1.25	0.90	0.035	0.035	0.30	0.20	0.30	0.08	—
E5027	0.15	1.60	0.75	0.035	0.035	0.30	0.20	0.30	0.08	—
E5028	0.15	1.60	0.90	0.035	0.035	0.30	0.20	0.30	0.08	—
E5048	0.15	1.60	0.90	0.035	0.035	0.30	0.20	0.30	0.08	—
E5716	0.12	1.60	0.90	0.03	0.03	1.00	0.30	0.35	—	—
E5728	0.12	1.60	0.90	0.03	0.03	1.00	0.30	0.35	—	—
E5010-P1	0.20	1.20	0.60	0.03	0.03	1.00	0.30	0.50	0.10	—
E5510-P1	0.20	1.20	0.60	0.03	0.03	1.00	0.30	0.50	0.10	—
E5518-P2	0.12	0.90~1.70	0.80	0.03	0.03	1.00	0.20	0.50	0.05	—

焊条型号	化学成分(质量分数)(%)									
	C	Mn	Si	P	S	Ni	Cr	Mo	V	其他
E5545-P2	0.12	0.90~1.70	0.80	0.03	0.03	1.00	0.20	0.50	0.05	—
E5503-1M3	0.12	0.60	0.40	0.03	0.03	—	—	0.40~0.65	—	—
E5010-1M3	0.12	0.60	0.40	0.03	0.03	—	—	0.40~0.65	—	—
E5011-1M3	0.12	0.60	0.40	0.03	0.03	—	—	0.40~0.65	—	—
E5015-1M3	0.12	0.90	0.60	0.03	0.03	—	—	0.40~0.65	—	—
E5016-1M3	0.12	0.90	0.60	0.03	0.03	—	—	0.40~0.65	—	—
E5018-1M3	0.12	0.90	0.80	0.03	0.03	—	—	0.40~0.65	—	—
E5019-1M3	0.12	0.90	0.40	0.03	0.03	—	—	0.40~0.65	—	—
E5020-1M3	0.12	0.90	0.40	0.03	0.03	—	—	0.40~0.65	—	—
E5027-1M3	0.12	1.00	0.40	0.03	0.03	—	—	0.40~0.65	—	—
E5518-3M2	0.12	1.00~1.75	0.80	0.03	0.03	0.90	—	0.25~0.45	—	—
E5515-3M3	0.12	1.00~1.80	0.80	0.03	0.03	0.90	—	0.40~0.65	—	—
E5516-3M3	0.12	1.00~1.80	0.80	0.03	0.03	0.90	—	0.40~0.65	—	—
E5518-3M3	0.12	1.00~1.80	0.80	0.03	0.03	0.90	—	0.40~0.65	—	—
E5015-N1	0.12	0.60~1.60	0.90	0.03	0.03	0.30~1.00	—	0.35	0.05	—
E5016-N1	0.12	0.60~1.60	0.90	0.03	0.03	0.30~1.00	—	0.35	0.05	—
E5028-N1	0.12	0.60~1.60	0.90	0.03	0.03	0.30~1.00	—	0.35	0.05	—
E5515-N1	0.12	0.60~1.60	0.90	0.03	0.03	0.30~1.00	—	0.35	0.05	—
E5516-N1	0.12	0.60~1.60	0.90	0.03	0.03	0.30~1.00	—	0.35	0.05	—
E5528-N1	0.12	0.60~1.60	0.90	0.03	0.03	0.30~1.00	—	0.35	0.05	—
E5015-N2	0.08	0.40~1.40	0.50	0.03	0.03	0.80~1.10	0.15	0.35	0.05	—
E5016-N2	0.08	0.40~1.40	0.50	0.03	0.03	0.80~1.10	0.15	0.35	0.05	—

焊条型号	化学成分(质量分数)(%)									
	C	Mn	Si	P	S	Ni	Cr	Mo	V	其他
E5018-N2	0.08	0.40～1.40	0.50	0.03	0.03	0.80～1.10	0.15	0.35	0.05	—
E5515-N2	0.12	0.40～1.25	0.80	0.03	0.03	0.80～1.10	0.15	0.35	0.05	—
E5516-N2	0.12	0.40～1.25	0.80	0.03	0.03	0.80～1.10	0.15	0.35	0.05	—
E5518-N2	0.12	0.40～1.25	0.80	0.03	0.03	0.80～1.10	0.15	0.35	0.05	—
E5015-N3	0.10	1.25	0.60	0.03	0.03	1.10～2.00	—	0.35	—	—
E5016-N3	0.10	1.25	0.60	0.03	0.03	1.10～2.00	—	0.35	—	—
E5515-N3	0.10	1.25	0.60	0.03	0.03	1.10～2.00	—	0.35	—	—
E5516-N3	0.10	1.25	0.60	0.03	0.03	1.10～2.00	—	0.35	—	—
E5516-3N3	0.10	1.60	0.60	0.03	0.03	1.10～2.00	—	—	—	—
E5518-N3	0.10	1.25	0.80	0.03	0.03	1.10～2.00	—	—	—	—
E5015-N5	0.05	1.25	0.50	0.03	0.03	2.00～2.75	—	—	—	—
E5016-N5	0.05	1.25	0.50	0.03	0.03	2.00～2.75	—	—	—	—
E5018-N5	0.05	1.25	0.50	0.03	0.03	2.00～2.75	—	—	—	—
E5028-N5	0.10	1.00	0.80	0.025	0.020	2.00～2.75	—	—	—	—
E5515-N5	0.12	1.25	0.60	0.03	0.03	2.00～2.75	—	—	—	—
E5516-N5	0.12	1.25	0.60	0.03	0.03	2.00～2.75	—	—	—	—
E5518-N5	0.12	1.25	0.80	0.03	0.03	2.00～2.75	—	—	—	—
E5015-N7	0.05	1.25	0.50	0.03	0.03	3.00～3.75	—	—	—	—
E5016-N7	0.05	1.25	0.50	0.03	0.03	3.00～3.75	—	—	—	—
E5018-N7	0.05	1.25	0.50	0.03	0.03	3.00～3.75	—	—	—	—
E5515-N7	0.12	1.25	0.80	0.03	0.03	3.00～3.75	—	—	—	—
E5516-N7	0.12	1.25	0.80	0.03	0.03	3.00～3.75	—	—	—	—
E5518-N7	0.12	1.25	0.80	0.03	0.03	3.00～3.75	—	—	—	—

焊条型号	化学成分(质量分数)(%)									
	C	Mn	Si	P	S	Ni	Cr	Mo	V	其他
E5515-N13	0.06	1.00	0.60	0.025	0.020	6.00~7.00	—	—	—	—
E5516-N13	0.06	1.00	0.60	0.025	0.020	6.00~7.00	—	—	—	—
E5518-N2M3	0.10	0.80~1.25	0.60	0.03	0.02	0.80~1.10	0.10	0.40~0.65	0.02	Cu:0.10 Al:0.05
E5003-NC	0.12	0.30~1.40	0.90	0.03	0.03	0.25~0.70	0.30	—	—	Cu:0.20~0.60
E5016-NC	0.12	0.30~1.40	0.90	0.03	0.03	0.25~0.70	0.30	—	—	Cu:0.20~0.60
E5028-NC	0.12	0.30~1.40	0.90	0.03	0.03	0.25~0.70	0.30	—	—	Cu:0.20~0.60
E5716-NC	0.12	0.30~1.40	0.90	0.03	0.03	0.25~0.70	0.30	—	—	Cu:0.20~0.60
E5728-NC	0.12	0.30~1.40	0.90	0.03	0.03	0.25~0.70	0.30	—	—	Cu:0.20~0.60
E5003-CC	0.12	0.30~1.40	0.90	0.03	0.03	—	0.30~0.70	—	—	Cu:0.20~0.60
E5016-CC	0.12	0.30~1.40	0.90	0.03	0.03	—	0.30~0.70	—	—	Cu:0.20~0.60
E5028-CC	0.12	0.30~1.40	0.90	0.03	0.03	—	0.30~0.70	—	—	Cu:0.20~0.60
E5716-CC	0.12	0.30~1.40	0.90	0.03	0.03	—	0.30~0.70	—	—	Cu:0.20~0.60
E5728-CC	0.12	0.30~1.40	0.90	0.03	0.03	—	0.30~0.70	—	—	Cu:0.20~0.60
E5003-NCC	0.12	0.30~1.40	0.90	0.03	0.03	0.05~0.45	0.45~0.75	—	—	Cu:0.30~0.70
E5016-NCC	0.12	0.30~1.40	0.90	0.03	0.03	0.05~0.45	0.45~0.75	—	—	Cu:0.30~0.70
E5028-NCC	0.12	0.30~1.40	0.90	0.03	0.03	0.05~0.45	0.45~0.75	—	—	Cu:0.30~0.70
E5716-NCC	0.12	0.30~1.40	0.90	0.03	0.03	0.05~0.45	0.45~0.75	—	—	Cu:0.30~0.70
E5728-NCC	0.12	0.30~1.40	0.90	0.03	0.03	0.05~0.45	0.45~0.75	—	—	Cu:0.30~0.70
E5003-NCC1	0.12	0.50~1.30	0.35~0.80	0.03	0.03	0.40~0.80	0.45~0.70	—	—	Cu:0.30~0.75
E5016-NCC1	0.12	0.50~1.30	0.35~0.80	0.03	0.03	0.40~0.80	0.45~0.70	—	—	Cu:0.30~0.75

焊条型号	化学成分(质量分数)(%)									
	C	Mn	Si	P	S	Ni	Cr	Mo	V	其他
E5028-NCC1	0.12	0.50~1.30	0.80	0.03	0.03	0.40~0.80	0.45~0.70	—	—	Cu:0.30~0.75
E5516-NCC1	0.12	0.50~1.30	0.35~0.80	0.03	0.03	0.40~0.80	0.45~0.70			Cu:0.30~0.75
E5518-NCC1	0.12	0.50~1.30	0.35~0.80	0.03	0.03	0.40~0.80	0.45~0.70	—		Cu:0.30~0.75
E5716-NCC1	0.12	0.50~1.30	0.35~0.80	0.03	0.03	0.40~0.80	0.45~0.70			Cu:0.30~0.75
E5728-NCC1	0.12	0.50~1.30	0.80	0.03	0.03	0.40~0.80	0.45~0.70	—		Cu:0.30~0.75
E5016-NCC2	0.12	0.40~0.70	0.40~0.70	0.025	0.025	0.20~0.40	0.15~0.30	—	0.08	Cu:0.30~0.60
E5018-NCC2	0.12	0.40~0.70	0.40~0.70	0.025	0.025	0.20~0.40	0.15~0.30	—	0.08	Cu:0.30~0.60
E50XX-G[a]										
E55XX-G[a]										
E57XX-G[a]										

注:①表中单值均为最大值。
　　②[a] 焊条型号中"XX"代表焊条的药皮类型,见表 10-5。

4. 非合金钢及细晶粒钢焊条的力学性能

表 10-8

焊条型号		抗拉强度 R_m (MPa)	屈服强度[①] R_{eL}(MPa)	断后伸长率 A (%)	冲击试验温度 (℃)
		不 小 于			
碳钢	E4310、E4311、E4315、E4316、E4318、E4327	430	330	20	−30
	E4319、E4328				−20
	E4303、E4340				0
	E4320				—
	E4312、E4313、E4324			16	—
	E5003	490	400	20	0
	E5015、E5016、E5018、E5027、E5048				−30
	E5010、E5011	490~650			
	E5012、E5013、E5014、E5024	490		16	—
	E5019、E5024-1、E5028			20	−20
	E5016-1、E5018-1				−45
	E5716	570	490	16	−30
	E5728				−20
管线钢	E5010-P1	490	420	20	−30
	E5510-P1、E5518-P2、E5545-P2	550	460	17	
碳钼钢	E5010-1M3	490	420	20	—
	E5003-1M3、E5011-1M3、E5015-1M3、E5016-1M3、E5018-1M3、E5019-1M3、E5020-1M3、E5027-1M3	490	400	20	

焊条型号		抗拉强度 R_m（MPa）	屈服强度① R_{eL}（MPa）	断后伸长率 A（%）	冲击试验温度（℃）
		不 小 于			
锰钼钢	E5518-3M2、E5515-3M3、E5516-3M3、E5518-3M3	550	460	17	−50
镍钢	E5015-N1、E5016-N1、E5028-N1	490	390	20	−40
	E5515-N1、E5516-N1、E5528-N1	550	460	17	
	E5018-N2	490	390	20	−50
	E5015-N2、E5016-N2				−40
	E5515-N2、E5516-N2、E5518-N2	550	470～550		−40
	E5015-N3、E5016-N3	490	390	20	−40
	E5515-N3、E5516-N3、E5516-3N3、E5518-N3	550	460	17	−50
	E5015-N5、E5016-N5、E5018-N5	490	390	20	−75
	E5028-N5				−60
	E5515-N5、E5516-N5、E5518-N5	550	460	17	−60
	E5015-N7、E5016-N7、E5018-N7	490	390	20	−100
	E5515-N7、E5516-N7、E5518-N7	550	460	17	−75
	E5515-N13、E5516-N13				−100
耐候钢	E5003-NC、E5016-NC、E5028-NC、E5003-CC、E5016-CC、E5028-CC、E5003-NCC、E5016-NCC、E5028-NCC、E5003-NCC1、E5016-NCC1、E5028-NCC1	490	390	20	0
	E5716-NC、E5728-NC、E5716-CC、E5728-CC、E5716-NCC、E5728-NCC、E5716-NCC1、E5728-NCC1	570	490	16	
	E5516-NCC1、E5518-NCC1	550	460	17	−20
	E5016-NCC2、E5018-NCC2	490	420		
镍钼钢	E5518-N2M3	550	460	17	−40
其他	E50XX-G②	490	400	20	—
	E55XX-G②	550	460	17	—
	E57XX-G②	570	490	16	

注：①当屈服发生不明显时，应测定规定塑性延伸强度 $R_{p0.2}$。

②焊条型号中"XX"代表焊条的药皮类型见表 10-5。

③熔敷金属拉伸试验结构应符合本表规定。

④焊缝金属夏比 V 形缺口冲击试验温度按本表要求，测定五个冲击试样的冲击吸收能量。在计算五个冲击吸收能量的平均值时，应去掉一个最大值和一个最小值。余下的三个值中有两个应不小于27J，另一个允许小于27J，但应不小于20J，三个值的平均值不应小于27J。

⑤如果焊条型号中附加了可选择的代号"U"，焊缝金属夏比 V 形缺口冲击要求则按本表规定的温度，测定三个冲击试样的冲击吸收能量。三个值中仅有一个值允许小于47J，但应不小于32J，三个值的平均值应不小于47J。

5.非合金钢及细晶粒钢焊条的外观质量

表 10-9

项　目	要　求
药皮	焊条药皮均匀、紧密地包裹在焊芯周围,药皮上不得有影响焊接质量的裂纹、气泡、杂质及脱落等缺陷
	焊条引弧端药皮应倒角,露出焊芯端面。沿焊条圆周的露芯应≤圆周的 1/2。碱性药皮类型的焊条,长度方向上露芯长度应≤焊芯直径的 1/2 或 1.6mm 两者的较小值。其他药皮类型的焊条,长度方向上露芯长度应≤焊芯直径的 2/3 或 2.4mm 两者的较小值
偏心度 (%)	直径≤2.5mm 的焊条,≤7
	直径为 3.2mm 和 4.0mm 的焊条,≤5
	直径≥5.0mm 的焊条,≤4

6.非合金钢及细晶粒钢焊条的包装

焊条按批号每 1kg、2kg、2.5kg、5kg 净重或按相应根数进行封口包装,若干包焊条装一箱,以保证正常储运过程中不破损。

7.非合金钢及细晶粒钢焊条的工艺性能和主要用途参考

(1)E4303、E5003 型焊条

这类焊条为钛钙型。药皮中含 30% 以上的氧化钛和 20% 以下的钙或镁的碳酸盐矿,熔渣流动性良好,脱渣容易,电弧稳定,熔深适中,飞溅少,焊波整齐。这类焊条适用于全位置焊接,焊接电流为交流或直流正、反接,主要焊接较重要的碳钢结构。

(2)E4310、E5010 型焊条

该焊条为高纤维素纳型。药皮中纤维素含量较高,电弧稳定。焊接时有机物在电弧区分解产生大量的气体,保护熔敷金属。电弧吹力大,熔深较深,熔化速度快,熔渣少,脱渣容易,熔渣覆盖较差。通常限制采用大电流焊接。这类焊条适用于全位置焊接,适用于立、仰焊的多道焊和有较高射线探伤要求的焊缝。特别适用于向下立焊。焊接电流为直流反接,主要焊接一般的碳钢结构,如管道的焊接等,也可用于打底焊接。

(3)E4312、E5011 焊条

这两类焊条为高纤维素钾型。药皮在与 E4310 型焊条药皮相似的基础上添加了少量的钙与钾的化合物,电弧稳定。焊接电流为交直流两用或直流反接,适用于全位置焊接。焊接工艺性能与 E4310 相似,但采用直流反接焊接时,熔深浅。这类焊条主要焊接一般的碳钢结构,如管道的焊接等,也可用于打底焊接。

(4)E4312 型焊条

该焊条为高钛钠型。药皮中含 35% 以上的氧化钛,还含有少量的纤维素、锰钛、硅酸盐及钠水玻璃等,电弧稳定,再引弧容易,通常适用于向上立或向下立焊接。焊接电流为交流或直流正接。这类焊条主要焊接一般的碳钢结构、薄板结构以及在简单装配条件下对大的根部间隙进行焊接。也可用于盖面焊。

(5)E4313 型焊条

该焊条为高钛钾型。药皮在与 E4312 型焊条药皮相似的基础上采用钾水玻璃作黏结剂,电弧比 E4312 稳定,工艺性能,焊缝成型比 E4312 好。这类焊条适用于全位置焊接,焊接电流为交流或直流正、反接,主要焊接一般的碳钢结构特别适用于金属薄板的焊接,也可用于盖面焊接。

(6)E5014 型焊条

该焊条为铁粉钛型。药皮在与 E4312、E4313 型焊条药皮相似的基础上添加了少量铁粉,熔敷效率较高,适用于全位置焊接,焊缝表面光滑,焊波整齐,脱渣性很好,角焊风略凸,焊接电流为交流或直流正、反接。这类焊条主要焊接一般的碳钢结构。

(7)E4324、E5024 型焊条

这两类焊条为铁粉钛型。药皮与 E5014 型焊条药皮相似,铁粉量比 E5014 多,药皮比 E5014 厚,熔敷效率高,适宜平焊、横焊和平角焊,飞溅少,焊缝表面光滑,焊接电流为交流或直流正、反接。这类焊条主要焊接一般的碳钢结构,用于角焊缝和搭接焊缝。

(8)E4320 型焊条

该焊条为氧化铁型。药皮中含有多量的氧化铁及较多的锰铁脱氧剂,电弧吹力大,熔深较深,电弧稳定,再引弧容易,熔化速度快,渣覆盖好,脱渣性好,焊缝成型好,略带凹度,飞溅稍大。这类焊条不宜焊薄板,适用于平焊、横焊及平角焊,焊接电流为交流或直流正接,主要焊接较重要的碳钢结构,用于角焊缝和搭接焊缝。

(9)E4319、E5019 型焊条

这两类焊条包含钛和铁的氧化物,通常在钛铁矿获取。虽然它们不属于碱性药皮类型焊条,但是可以制造出高韧性的焊缝金属。

(10)E4327、E5027 型焊条

这两类焊条为铁粉氧化铁型。药皮在与 E4320 型焊条药皮基本相似的基础上添加了大量的铁粉,熔敷效率很高,电弧吹力大,焊缝成型好,飞溅少,脱渣好,焊缝稍凸。这类焊条适用于平焊、平角焊、焊接电流为交流或直流正接,可采用大电流焊接,主要焊接较重要的碳钢结构,用于高速角焊缝和搭接焊缝。

(11)E4315、E5015 型焊条

这两类焊条为低氢钠型。药皮主要组成物是碳酸盐矿和萤石,碱度较高。熔渣流动性好,焊接工艺性能一般,焊波较粗,角焊缝略凸,熔深适中,脱渣性较好,焊接时要求焊条干燥,并采用短弧焊。这类焊条可全位置焊接,焊接电流为直流反接。这类焊条的熔敷金属具有良好的抗裂性和力学性能,可以得到低氢含量、高冶金性能的焊缝。主要焊接重要的碳钢结构,也可焊接于焊条强度相当的低合金钢结构。

(12)E4316、E5016 型焊条

这两类焊条为低氢钾型。药皮在与 E4315 和 E5015 型焊条药皮基本相似的基础上添加了稳弧剂,如钾水玻璃等,电弧稳定。工艺性能、焊接位置与 E4315 和 E5015 型焊条相似,焊接电流为交流焊接。这类焊条的熔敷金属具有良好的抗裂性能和力学性能,可以得到低氢含量,高冶金性能的焊缝。主要焊接重要的碳钢结构,也可焊接与焊条强度相当的低合金钢结构。

(13)E5018 型焊条

该焊条为铁粉低氢型。药皮在与 E5015 和 E5016 型焊条药皮基本相似的基础上添加了约 25% 左右的铁粉,药皮略厚,焊接电流为交流或直流反接,焊接时应采用短弧。这类焊条适用于全位置焊接,焊缝成型较好,但角焊缝较凸,飞溅较少,熔深适中,电流承载力和熔敷效率较高。主要焊接重要的碳钢结构,也可焊接与焊条强度相当的低合金钢结构。

(14)E5048 焊条

该焊条为铁粉低氢型。具有良好的向下立焊性能。其他方面与 E5018 型焊条一样。

(15)E4328、E5018-1 型焊条

这两类焊条为铁粉低氢型。药皮与 E5018 型焊条相似,药皮中添加了大量的铁粉,药皮很厚,熔敷效率很高。这两类焊条适用于平焊、横焊、平角焊,焊接电流为交流或直流反接。主要焊接重要的碳钢结构,也可焊接与焊条强度相当的低合金钢结构,能得到低氢含量、高冶金性能的焊缝。

(16)E5016-1、E5028 型焊条

该焊条除取 E5016、E5018 型焊条锰含量的上限外,其工艺性能和焊缝金属化学成分与 E5016、E5018 型一样。该焊条通常用于焊缝脆性转变温度较低的结构。

(17)E4340 型焊条

该类焊条不属于上述任何焊条类型。其制造是为了达到购买商的特定使用要求。焊接位置由供应

商和购买商之间协议确定,如要求在圆孔内部焊接("塞焊")或者在槽内进行的特殊焊接。由于药皮类型40并无具体指定,此药皮类型可按照具体要求有所不同。

(18)E5545型焊条

该类焊条为碱性焊条,使用于全位置焊接。焊接电流为直流反接。主要用于向下立焊。其他方面与E4315、E5015焊条一样。

注:药皮焊条的焊接特性、焊缝金属的力学性能,主要受药皮影响。药皮中的组成物概括有以下六类:造渣剂;脱氧剂;造气剂;稳弧剂;黏结剂;合金化元素(如需要)。

(三)热强钢焊条(GB/T 5118—2012)

1. 热强钢焊条(原为低合金钢焊条)的型号表示方法

焊条型号按熔敷金属力学性能、药皮类型、焊接位置、电流类型、熔敷金属化学成分和焊后状态等进行划分。

焊条型号由四部分组成,编制方法如下:

第一部分:字母"E"表示焊条;

第二部分:字母"E"后面的第一位和第二位数字表示熔敷金属抗拉强度的最小值(见表10-10);

第三部分:字母"E"后面的第三位和第四位数字表示药皮类型、焊接位置、电流类型(见表10-11);

第四部分:短划"—"后的字母、数字或字母与数字的组合,表示熔敷金属化学成分分类代号(见表10-12);

除以上强制分类代号外,根据供需双方协商,可在型号后附加扩散氢代号"HX",其中X代表15、10或5时,表示每100g熔敷金属中扩散氢含量分别为≤15mL、≤10mL、≤5mL。

型号示例:

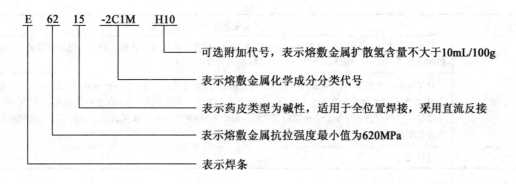

(1)热强钢焊条熔敷金属抗拉强度代号

表10-10

抗拉强度代号	最小抗拉强度值(MPa)	抗拉强度代号	最小抗拉强度值(MPa)
50	490	55	550
52	520	62	620

(2)热强钢焊条药皮类型代号

表10-11

代号	药皮类型	焊接位置①	电流类型	药皮说明
03	钛型	全位置③	交流和直流正、反接	包含二氧化钛和碳酸钙的混合物,同时具有金红石焊条和碱性焊条的某些性能

代号	药皮类型	焊接位置①	电流类型	药皮说明
10②	纤维素	全位置	直流反接	属于高纤维素钠型，其强电弧特性特别适用于向下立焊。适用于直流焊接
11②	纤维素	全位置	交流和直流反接	属于高纤维素钾型，其强电弧特性特别适用于向下立焊。适用于交直流两用焊接，直接焊接时使用直流反接
13	金红石	全位置③	交流和直流正、反接	属于高钛钾型，特别适用于金属薄板焊接
15	碱性	全位置③	直流反接	碱性较高，只适用于直流反接，可以得到低氢含量、高冶金性能的焊缝
16	碱性	全位置③	交流和直流反接	碱性较高，适用于交流焊接，可以得到低氢含量、高冶金性能的焊缝
18	碱性＋铁粉	全位置（PG 除外）	交流和直流反接	含有大量铁粉，可提高电流承载力和熔敷效率，其他与药皮类型 16 相似
19②	钛铁矿	全位置③	交流和直流正、反接	含有钛和铁的氧化物，可以制造出高韧性的焊接金属
20②	氧化铁	PA、PB	交流和直流正接	含有大量铁氧化物，熔渣流动性好，适用平焊和模焊。主要用于角焊缝和搭接焊缝的焊接
27②	氧化铁＋铁粉	PA、PB	交流和直流正接	含有大量铁粉，其他与药皮类型 20 相似。主要用于高速角焊缝和搭接焊缝的焊接
40	不做规定	由制造商确定		药皮类型属于特殊类型

注：①焊接位置见 GB/T 16672，其中 PA＝平焊、PB＝平角焊、PG＝向下立焊；
　　②仅限于熔敷金属化学成分代号 1M3；
　　③此处"全位置"并不一定包含向下立焊，由制造商确定；
　　④药皮类型 15、16、18、19 和 20 焊条的焊缝射线探伤应符合 GB/T 3323 中的 I 级规定，其他药皮类型焊条的焊缝射线探伤应符合 GB/T 3323 中的 II 级规定。

(3)热强钢焊条熔敷金属化学成分分类代号

表 10-12

分类代号	主要化学成分的名义含量
—1M3	此类焊条中含有 Mo，Mo 是在非合金钢焊条基础上的唯一添加合金元素。数字 1 约等于名义上 Mn 含量两倍的整数，字母"M"表示 Mo，数字 3 表示 Mo 的名义含量，大约 0.5%
—×C×M×	对于含铬－钼的热强钢，标识"C"前的整数表示 Cr 的名义含量，"M"前的整数表示 Mo 的名义含量。对于 Cr 或者 Mo，如果名义含量少于 1%，则字母前不标记数字。如果在 Cr 和 Mo 之外还加入了 W、V、B、Nb 等合金成分，则按照此顺序，加于铬和钼标记之后。标识末尾的"L"表示含碳量较低。最后一个字母后的数字表示成分有所改变
—G	其他成分

2.热强钢焊条的规格尺寸（表 10-2）

3.热强钢焊条熔敷金属化学成分（质量分数）（%）

表 10-13

焊条型号	C	Mn	Si	P	S	Cr	Mo	V	其他ᵃ
EXXXX—1M3	0.12	1.00	0.80	0.030	0.030	—	0.40～0.65	—	—
EXXXX—CM	0.05～0.12	0.90	0.80	0.030	0.030	0.40～0.65	0.40～0.65	—	—
EXXXX—C1M	0.07～0.15	0.40～0.70	0.30～0.60	0.030	0.030	0.40～0.60	1.00～1.25	0.05	—
EXXXX—1CM	0.05～0.12	0.90	0.80	0.030	0.030	1.00～1.50	0.40～0.65	—	—
EXXXX—1CML	0.05	0.90	1.00	0.030	0.030	1.00～1.50	0.40～0.65	—	—
EXXXX—1CMV	0.05～0.12	0.90	0.60	0.030	0.030	0.80～1.50	0.40～0.65	0.10～0.35	—
EXXXX—1CMVNb	0.05～0.12	0.90	0.60	0.030	0.030	0.80～1.50	0.70～1.00	0.15～0.40	Nb：0.10～0.25
EXXXX—1CMWV	0.05～0.12	0.70～1.10	0.60	0.030	0.030	0.80～1.50	0.70～1.00	0.20～0.35	W：0.25～0.50

焊条型号	C	Mn	Si	P	S	Cr	Mo	V	其他[a]
EXXXX—2C1M	0.05～0.12	0.90	1.00	0.030	0.030	2.00～2.50	0.90～1.20		—
EXXXX—2C1ML	0.05	0.90	1.00	0.030	0.030	2.00～2.50	0.90～1.20		—
EXXXX—2CML	0.05	0.90	1.00	0.030	0.030	1.75～2.25	0.40～0.65		—
EXXXX—2CMWVB	0.05～0.12	1.00	0.60	0.030	0.030	1.50～2.50	0.30～0.80	0.20～0.60	W:0.20～0.60 B:0.001～0.003
EXXXX—2CMVNb	0.05～0.12	1.00	0.60	0.030	0.030	2.40～3.00	0.70～1.00	0.25～0.50	Nb:0.35～0.65
EXXXX—2C1MV	0.05～0.15	0.40～1.50	0.60	0.030	0.030	2.00～2.60	0.90～1.20	0.20～0.40	Nb:0.10～0.050
EXXXX—3C1MV	0.05～0.15	0.40～1.50	0.60	0.030	0.030	2.60～3.40	0.90～1.20	0.20～0.40	Nb:0.010～0.050
EXXXX—5CM	0.05～0.10	1.00	0.90	0.030	0.030	4.0～6.0	0.45～0.65	0.45～0.65	Ni:0.40
EXXXX—5CML	0.05	1.00	0.90	0.030	0.030	4.0～6.0	0.45～0.65		Ni:0.40
EXXXX—5CMV	0.12	0.5～0.9	0.50	0.030	0.030	4.5～6.0	0.40～0.70	0.10～0.35	Cu:0.5
EXXXX—7CM	0.05～0.10	1.00	0.90	0.030	0.030	6.0～8.0	0.45～0.65		Ni:0.40
EXXXX—7CML	0.05	1.00	0.90	0.030	0.030	6.0～8.0	0.45～0.65		Ni:0.40
EXXXX—9C1M	0.05～0.10	1.00	0.90	0.030	0.030	8.0～10.5	0.85～1.20		Ni:0.40
EXXXX—9C1ML	0.05	1.00	0.90	0.030	0.030	8.0～10.5	0.85～1.20		Ni:0.40
EXXXX—9C1MV	0.08～0.13	1.25	0.30	0.01	0.01	8.0～10.5	0.85～1.20	0.15～0.30	Ni:1.0 Mn+Ni≤1.50 Cu:0.25 Al:0.04 Nb:0.02～0.10 N:0.02～0.07
EXXXX—9C1MV1[b]	0.03～0.12	1.00～1.80	0.60	0.025	0.025	8.0～10.5	0.80～1.20	0.15～0.30	Ni:1.0 Cu:0.25 Al:0.04 Nb:0.02～0.10 N:0.02～0.07
EXXXX—G	其他成分								

注：①表中单值均为最大值。

②[a] 如果有意添加表中未列出的元素,则应进行报告,这些添加元素和在常规化学分析中发现的其他元素的总量不应超过 0.05%。

③[b] Ni+Mn 的化合物能降低 ACl 点温度,所要求的焊后热处理温度可能接近或超过了焊缝金属的 ACl 点。

4. 热强钢焊条的力学性能

表 10-14

焊条型号[a]	抗拉强度 R_{m} (MPa)	屈服强度[b] R_{eL} (MPa)	断后伸长率 A (%)	预热和道间温度 (℃)	焊后热处理[c]	
					热处理温度 (℃)	保温时间[d] (min)
E50XX—1M3	≥490	≥390	≥22	90～110	605～645	60
E50YY—1M3	≥490	≥390	≥20	90～110	605～645	60
E55XX—CM	≥550	≥460	≥17	160～190	675～705	60
E5540—CM	≥550	≥460	≥14	160～190	675～705	60
E5503—CM	≥550	≥460	≥14	160～190	675～705	60
E55XX—C1M	≥550	≥460	≥17	160～190	675～705	60
E55XX—1CM	≥550	≥460	≥17	160～190	675～705	60
E5513—1CM	≥550	≥460	≥14	160～190	675～705	60

焊条型号[a]	抗拉强度 R_m （MPa）	屈服强度[b] R_{eL} （MPa）	断后伸长率 A （%）	预热和道间温度 （℃）	焊后热处理[c] 热处理温度 （℃）	保温时间[d] （min）
E52XX—1CML	≥520	≥390	≥17	160～190	675～705	60
E5540—1CMV	≥550	≥460	≥14	250～300	715～745	120
E5515—1CMV	≥550	≥460	≥15	250～300	715～745	120
E5515—1CMVNb	≥550	≥460	≥15	250～300	715～745	300
E5515—1CMWV	≥550	≥460	≥15	250～300	715～745	300
E62XX—2C1M	≥620	≥530	≥15	160～190	675～705	60
E6240—2C1M	≥620	≥530	≥12	160～190	675～705	60
E6213—2C1M	≥620	≥530	≥12	160～190	675～705	60
E55XX—2C1ML	≥550	≥460	≥15	160～190	675～705	60
E55XX—2CML	≥550	≥460	≥15	160～190	675～705	60
E5540—2CMWVB	≥550	≥460	≥14	250～300	745～775	120
E5515—2CMWVB	≥550	≥460	≥15	320～360	745～775	120
E5515—2CMVNb	≥550	≥460	≥15	250～300	715～745	240
E62XX—2C1MV	≥620	≥530	≥15	160～190	725～755	60
E62XX—3C1MV	≥620	≥530	≥15	160～190	725～755	60
E55XX—5CM	≥550	≥460	≥17	175～230	725～755	60
E55XX—5CML	≥550	≥460	≥17	175～230	725～755	60
E55XX—5CMV	≥550	≥460	≥14	175～230	740～760	240
E55XX—7CM	≥550	≥460	≥17	175～230	725～755	60
E55XX—7CML	≥550	≥460	≥17	175～230	725～755	60
E62XX—9C1M	≥620	≥530	≥15	205～260	725～755	60
E62XX—9C1ML	≥620	≥530	≥15	205～260	725～755	60
E62XX—9C1MV	≥620	≥530	≥15	200～315	745～775	120
E62XX—9C1MV1	≥620	≥530	≥15	205～260	725～755	60
EXXXX—G[e]	供需双方协商确认					

注：①[a] 焊条型号中 XX 代表药皮类型 15、16 或者 18，YY 代表药皮类型 10、11、19、20 或 27。

②[b] 当屈服发生不明显时，应测定规定塑性延伸强度 $R_{p0.2}$。

③[c] 试件放入炉内时，以 85～275℃/h 的速率加热到规定温度。达到保温时间后，以不大于 200℃/h 的速率随炉冷却至 300℃以下。试件冷却至 300℃以下的任意温度时，允许从炉中取出，在静态大气中冷却至室温。

④[d] 保温时间公差为 0～10min。

⑤[e] 熔敷金属抗拉强度代号见表 10-10，药皮类型代号见表 10-11。

3）热强钢焊条的外观质量要求及包装同非合金钢及细晶粒钢焊条。

（四）不锈钢焊条（GB/T 983—2012）

1. 不锈钢焊条的型号表示方法

焊条型号按熔敷金属化学成分、焊接位置和药皮类型等进行划分。

焊条型号由四部分组成，编制方法如下：

第一部分：字母"E"表示焊条；

第二部分：字母"E"后面的数字表示熔敷金属化学成分分类代号（表 10-16）；数字后面带有"L"表示碳含量较低，带有"H"表示碳含量较高；带有化学成分元素符合表示有特殊要求。

第三部分:短划"—"后的第一位数字表示焊接位置(表 10-15)。

第四部分:最后一位数字表示药皮类型和电流类型(表 10-15)。

型号示例:

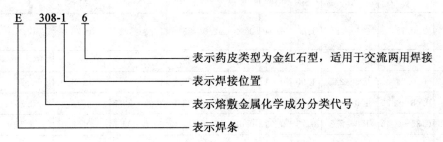

E 308-1 6

表示药皮类型为金红石型,适用于交流两用焊接

表示焊接位置

表示熔敷金属化学成分分类代号

表示焊条

不锈钢焊条的焊接位置代号和药皮类型代号。

表 10-15

焊接位置代号		药皮类型代号			
代号	焊接位置①	代号	药皮类型	电流类型	药皮类型说明
—1	PA、PB、PD、PF	5	碱性	直流	含有大量碱性矿物质和化学物质,焊条通常只使用直流反接
—2	PA、PB	6	金红石	交流和直流②	含有大量金红石矿物质及低电离元素,焊条可使用交直流焊接
—4	PA、PB、PD、PF、PG	7	钛酸型	交流和直流③	属于改进的金红石类,熔渣流动性好,引弧性能良好,电弧易喷射过度。不适用于薄板的向上立焊

注:①焊接位置见 GB/T 16672,PA=平焊、PB=平角焊、PD=仰角焊、PF=向上立焊、PG=向下立焊。

②46 型焊条采用直流焊接。

③47 型焊条采用直流焊接。

2. 不锈钢焊条的规格尺寸(表 10-2)

3. 不锈钢焊条熔敷金属化学成分及分类代号

表 10-16

焊接型号a	化学成分(质量分数)b(%)									
	C	Mn	Si	P	S	Cr	Ni	Mo	Cu	其他
E209—XX	0.06	4.0～7.0	1.00	0.04	0.03	20.5～24.0	9.5～12.0	1.5～3.0	0.75	N:0.10～0.30 V:0.10～0.30
E219—XX	0.06	8.0～10.0	1.00	0.04	0.03	19.0～21.5	5.5～7.0	0.75	0.75	N:0.10～0.30
E240—XX	0.06	10.5～13.5	1.00	0.04	0.03	17.0～19.0	4.0～6.0	0.75	0.75	N:0.10～0.30
E307—XX	0.04～0.14	3.30～4.75	1.00	0.04	0.03	18.0～21.5	9.0～10.7	0.5～1.5	0.75	—
E308—XX	0.08	0.5～2.5	1.00	0.04	0.03	18.0～21.0	9.0～11.0	0.75	0.75	—
E308H—XX	0.04～0.08	0.5～2.5	1.00	0.04	0.03	18.0～21.0	9.0～11.0	0.75	0.75	—
E308L—XX	0.04	0.5～2.5	1.00	0.04	0.03	18.0～21.0	9.0～12.0	0.75	0.75	—
E308Mo—XX	0.08	0.5～2.5	1.00	0.04	0.03	18.0～21.0	9.0～12.0	2.0～3.0	0.75	—
E308LMo—XX	0.04	0.5～2.5	1.00	0.04	0.03	18.0～21.0	9.0～12.0	2.0～3.0	0.75	—
E309L—XX	0.04	0.5～2.5	1.00	0.04	0.03	22.0～25.0	12.0～14.0	0.75	0.75	—
E309—XX	0.15	0.5～2.5	1.00	0.04	0.03	22.0～25.0	12.0～14.0	0.75	0.75	—
E309H—XX	0.04～0.15	0.5～2.5	1.00	0.04	0.03	22.0～25.0	12.0～14.0	0.75	0.75	—
E309LNb—XX	0.04	0.5～2.5	1.00	0.04	0.03	22.0～25.0	12.0～14.0	0.75	0.75	Nb+Ta: 0.70～1.00

续表 10-16

焊接型号[a]	化学成分(质量分数)[b](%)									
	C	Mn	Si	P	S	Cr	Ni	Mo	Cu	其他
E309Nb—XX	0.12	0.5～2.5	1.00	0.04	0.03	22.0～25.0	12.0～14.0	0.75	0.75	Nb+Ta: 0.70～1.00
E309Mo—XX	0.12	0.5～2.5	1.00	0.04	0.03	22.0～25.0	12.0～14.0	2.0～3.0	0.75	—
E309LMo—XX	0.04	0.5～2.5	1.00	0.04	0.03	22.0～25.0	12.0～14.0	2.0～3.0	0.75	—
E310—XX	0.08～0.20	1.0～2.5	0.75	0.03	0.03	25.0～28.0	20.0～22.5	0.75	0.75	—
E310H—XX	0.35～0.45	1.0～2.5	0.75	0.03	0.03	25.0～28.0	20.0～22.5	0.75	0.75	—
E310Nb—XX	0.12	1.0～2.5	0.75	0.03	0.03	25.0～28.0	20.0～22.0	0.75	0.75	Nb+Ta 0.70～1.00
E310Mo—XX	0.12	1.0～2.5	0.75	0.03	0.03	25.0～28.0	20.0～22.0	2.0～3.0	0.75	—
E312—XX	0.15	0.5～2.5	1.00	0.04	0.03	28.0～32.0	8.0～10.5	0.75	0.75	—
E316—XX	0.08	0.5～2.5	1.00	0.04	0.03	17.0～20.0	11.0～14.0	2.0～3.0	0.75	—
E316H—XX	0.04～0.08	0.5～2.5	1.00	0.04	0.03	17.0～20.0	11.0～14.0	2.0～3.0	0.75	—
E316L—XX	0.04	0.5～2.5	1.00	0.04	0.03	17.0～20.0	11.0～14.0	2.0～3.0	0.75	—
E316LCu—XX	0.04	0.5～2.5	1.00	0.04	0.03	17.0～20.0	11.0～16.0	1.20～2.75	1.00～2.50	—
E316LMn—XX	0.04	5.0～8.0	0.90	0.04	0.03	18.0～21.0	15.0～18.0	2.5～3.5	0.75	N:010～0.25
E317—XX	0.08	0.5～2.5	1.00	0.04	0.03	18.0～21.0	12.0～14.0	3.0～4.0	0.75	—
E317L—XX	0.04	0.5～2.5	1.00	0.04	0.03	18.0～21.0	12.0～14.0	3.0～4.0	0.75	—
E317MoCu—XX	0.08	0.5～2.5	0.90	0.035	0.03	18.0～21.0	12.0～14.0	2.0～2.5	2	—
E317LMoCu—XX	0.04	0.5～2.5	0.90	0.035	0.03	18.0～21.0	12.0～14.0	2.0～2.5	2	—
E318—XX	0.08	0.5～2.5	1.00	0.04	0.03	17.0～20.0	11.0～14.0	2.0～3.0	0.75	Nb+Ta: 6×C～1.00
E318V—XX	0.08	0.5～2.5	1.00	0.035	0.03	17.0～20.0	11.0～14.0	2.0～2.5	0.75	V:0.30～0.70
E320—XX	0.07	0.5～2.5	0.60	0.04	0.03	19.0～21.0	32.0～36.0	2.0～3.0	3.0～4.0	Nb+Ta: 8×C～1.00
E320LR—XX	0.03	1.5～2.5	0.30	0.020	0.015	19.0～21.0	32.0～36.0	2.0～3.0	3.0～4.0	Nb+Ta: 8×C～0.40
E330—XX	0.18～0.25	1.0～2.5	1.00	0.04	0.03	14.0～17.0	33.0～37.0	0.75	0.75	—
E330H—XX	0.35～0.45	1.0～2.5	1.00	0.04	0.03	14.0～17.0	33.0～37.0	0.75	0.75	—
E330MoMn—WNb—XX	0.20	3.5	0.70	0.035	0.030	15.0～17.0	33.0～37.0	2.0～3.0	0.75	Nb:1.0～2.0 W:2.0～3.0
E347—XX	0.08	0.5～2.5	1.00	0.04	0.03	18.0～21.0	9.0～11.0	0.75	0.75	Nb+Ta: 8×C～1.00
E347L—XX	0.04	0.5～2.5	1.00	0.040	0.030	18.0～21.0	9.0～11.0	0.75	0.75	Nb+Ta: 8×C～1.00
E349—XX	0.13	0.5～2.5	1.00	0.04	0.03	18.0～21.0	8.0～10.0	0.35～0.65	0.75	Nb+Ta: 0.75～1.20 V:0.10～0.30 Ti≤0.15 W:1.25～1.75
E383—XX	0.03	0.5～2.5	0.90	0.02	0.02	26.5～29.0	30.0～33.0	3.2～4.2	0.6～1.5	—
E385—XX	0.03	1.0～2.5	0.90	0.03	0.02	19.5～21.5	24.0～26.0	4.2～5.2	1.2～2.0	—

焊接型号[a]	化学成分（质量分数）[b]（%）									
	C	Mn	Si	P	S	Cr	Ni	Mo	Cu	其他
E409Nb—XX	0.12	1.0	1.00	0.04	0.03	11.0~14.0	0.60	0.75	0.75	Nb+Ta：0.50~1.50
E410—XX	0.12	1.0	0.90	0.04	0.03	11.0~14.0	0.70	0.75	0.75	—
E410NiMo—XX	0.06	1.0	0.90	0.04	0.03	11.0~12.5	4.0~5.0	0.40~0.70	0.75	—
E430—XX	0.10	1.0	0.90	0.04	0.03	15.0~18.0	0.6	0.75	0.75	—
E430Nb—XX	0.10	1.0	1.00	0.04	0.03	15.0~18.0	0.60	0.75	0.75	Nb+Ta：0.50~1.50
E630—XX	0.05	0.25~0.75	0.75	0.04	0.03	16.00~16.75	4.5~5.0	0.75	3.25~4.00	Nb+Ta：0.15~0.30
E16—8—2—XX	0.10	0.5~2.5	0.60	0.03	0.03	14.5~16.5	7.5~9.5	1.0~2.0	0.75	—
E16—25MoN—XX	0.12	0.5~2.5	0.90	0.035	0.030	14.0~18.0	22.0~27.0	5.0~7.0	0.75	N：≥0.1
E2209—XX	0.04	0.5~2.0	1.00	0.04	0.03	21.5~23.5	7.5~10.5	2.5~3.5	0.75	N：0.08~0.20
E2553—XX	0.06	0.5~1.5	1.00	0.04	0.03	24.0~27.0	6.5~8.5	2.9~3.9	1.5~2.5	N：0.10~0.25
E2593—XX	0.04	0.5~1.5	1.00	0.04	0.03	24.0~27.0	8.5~10.5	2.9~3.9	1.5~3.0	N：0.08~0.25
E2594—XX	0.04	0.5~2.0	1.00	0.04	0.03	24.0~27.0	8.0~10.5	3.5~4.5	0.75	N：0.20~0.30
E2595—XX	0.04	2.5	1.2	0.03	0.025	24.0~27.0	8.0~10.5	2.5~4.5	0.4~1.5	N：0.20~0.30 W：0.4~1.0
E3155—XX	0.10	1.0~2.5	1.00	0.04	0.03	20.0~22.5	19.0~21.0	2.5~3.5	0.75	Nb+Ta：0.75~1.25 Co：18.5~21.0 W：2.0~3.0
E33—31—XX	0.03	2.5~4.0	0.9	0.02	0.01	31.0~35.0	30.0~32.0	1.0~2.0	0.4~0.8	N：0.3~0.5

注：①表中单值均为最大值。
　②[a] 焊条型号中—XX 表示焊接位置和药皮类型，见表 10-15。
　③[b] 化学分析应按表中规定的元素进行分析。如果在分析过程中发现其他化学成分，则应进一步分析这些元素的含量，除铁外，不应超过 0.5%。

4. 不锈钢焊条的力学性能

表 10-17

焊条型号	抗拉强度 R_m（MPa）	断后伸长率 A（%）	焊后热处理
E209—XX	690	15	—
E219—XX	620	15	—
E240—XX	690	25	—
E307—XX	590	25	—
E308—XX	550	30	—
E308H—XX	550	30	—
E308L—XX	510	30	—
E308Mo—XX	550	30	—
E308LMo—XX	520	30	—

焊条型号	抗拉强度 R_m（MPa）	断后伸长率 A（%）	焊后热处理
E309L—XX	510	25	—
E309—XX	550	25	—
E309H—XX	550	25	—
E309LNb—XX	510	25	—
E309Nb—XX	550	25	—
E309Mo—XX	550	25	—
E309LMo—XX	510	25	—
E310—XX	550	25	—
E310H—XX	620	8	—
E310Nb—XX	550	23	—
E310Mo—XX	550	28	—
E312—XX	660	15	—
E316—XX	520	25	—
E316H—XX	520	25	—
E316L—XX	490	25	—
E316LCu—XX	510	25	—
E316LMu—XX	550	15	—
E317—XX	550	20	—
E317L—XX	510	20	—
E317MoCu—XX	540	25	—
E317LMoCu—XX	540	25	—
E318—XX	550	20	—
E318V—XX	540	25	—
E320—XX	550	28	—
E320LR—XX	520	28	—
E330—XX	520	23	—
E330H—XX	620	8	—
E330MoMnWNb—XX	590	25	—
E347—XX	520	25	—
E347L—XX	510	25	—
E349—XX	690	23	—
E383—XX	520	28	—
E385—XX	520	28	—
E409Nb—XX	450	13	②
E410—XX	450	15	③
E410NiMo—XX	760	10	④

焊条型号	抗拉强度 R_m（MPa）	断后伸长率 A（%）	焊后热处理
E430—XX	450	15	②
E430Nb—XX	450	13	②
E630—XX	930	6	⑤
E16—8—2—XX	520	25	—
E16—25MoN—XX	610	30	—
E2209—XX	690	15	—
E2553—XX	760	13	—
E2593—XX	760	13	—
E2594—XX	760	13	—
E2595—XX	760	13	—
E3155—XX	690	15	—
E33—31—XX	720	20	—

注：①表中单值均为最小值。

②加热到 760~790℃，保温 2h，以不高于 55℃/h 的速度炉冷至 595℃以下，然后空冷至室温。

③加热到 730~760℃，保温 1h，以不高于 110℃/h 的速度炉冷至 315℃以下，然后空冷至室温。

④加热到 595~620℃，保温 1h，然后空冷至室温。

⑤加热到 1 025~1 050℃，保温 1h，空冷至室温，然后在 610~630℃，保温 4h 沉淀硬化处理，空冷至室温。

⑥熔敷金属耐腐蚀性能、焊缝铁素体含量由供需双方协商确定。

5. 不锈钢焊条的外观质量

表 10-18

项目	要求
药皮	焊条药皮均匀，紧密地包裹在焊芯周围，不得有影响焊接质量的裂纹、气泡、杂质及脱落等缺陷
	焊条引弧端药皮应倒角，露出焊芯端面。沿焊条圆周的露芯应≤圆周的 1/2。焊条长度方向上露芯长度应≤焊芯直径的 2/3 或 2.4mm 两者的较小值
偏心度（%）	直径≤2.5mm 的焊条，≤7
	直径≤3.2mm(3.0mm) 和 4.0mm 的焊条，≤5
	直径≤5.0mm(4.8mm) 的焊条，≤4

6. 不锈钢焊条熔敷金属的性能及用途（参考）

（1）E209：通常用于焊接相同类型的不锈钢，也可以用于异种钢的焊接，如低碳钢和不锈钢，还可以直接在低碳钢上堆焊以防腐蚀。

（2）E219：通常用于焊接相同类型的不锈钢，也可以用于异种钢的焊接，如低碳钢和不锈钢，还可以直接在低碳钢上堆焊以防腐蚀。

（3）E240：通常用于焊接相同类型的不锈钢，也可以用于异种钢的焊接，如低碳钢和不锈钢，还可以直接在低碳钢上堆焊以防腐蚀和耐磨损。

（4）E307：通常用于异种钢的焊接，如奥氏体锰钢与碳钢锻件或铸件的焊接。焊缝强度中等，具有良好的抗裂性。

（5）E308：通常用于焊接相同类型的不锈钢，如 Cr18Ni9、Cr18Ni12 型不锈钢。

（6）E308H：除含碳量限制在上限外，熔敷金属合金元素含量与 E308 相同。由于含碳量高，在高温下具有较高的抗拉强度和蠕变强度。

（7）E308L：除含碳量低外，熔敷金属合金元素含量与 E308 相同。由于含碳量低，在不含铌、钛等稳定剂时,也能抵抗因碳化物析出而产生的晶间腐蚀。但与铌稳定化的焊缝相比,其高温强度较低。

(8)E308Mo:除钼含量较高外,熔敷金属合金元素含量与 E308 相同。通常用于焊接相同类型的不锈钢。当希望熔敷金属中的铁素体含量超过 E316 型焊条时,也可以用于 Cr18Ni12Mo 型不锈钢锻件的焊接。

(9)E308LMo:通常用于焊接相同类型的不锈钢。当希望熔敷金属中铁素体含量超过 E316 型焊条时,也可以用于 Cr18Ni12Mo 型不锈钢锻件的焊接。

(10)E309:通常用于焊接相同类型的不锈钢。也可以用于焊接在强腐蚀介质中使用的要求、焊缝合金元素含量较高的不锈钢或用于异种钢的焊接,如 Cr18Ni9 型不锈钢与碳钢的焊接。

(11)E309L:除含碳量较低外,熔敷金属合金元素含量与 E309 相同。由于含碳量低,因此在不含铌、钛等稳定剂时,也能抵抗因碳化物析出而产生的晶间腐蚀。但与铌稳定化的焊缝相比,其高温强度较低。

(12)E309Nb:除含碳量较低并加入铌以外,熔敷金属合金元素含量与 E309 相同。铌使焊缝金属的抗晶间腐蚀能力和高温强度提高。通常用于 0Cr18Ni11Nb 型复合钢板的焊接或在碳钢上堆焊。

(13)E309Mo:除含碳量较低并加入钼外,熔敷金属中的合金元素含量与 E309 相同。通常用于 0Cr17Ni12Mo2 型复合钢板的焊接或在碳钢上堆焊。

(14)E309LMo:熔敷金属合金元素含量除含碳量低以外与 E309Mo 相同。熔敷金属含碳量低,因此焊缝抗晶间腐蚀能力较强。

(15)E310:通常用于焊接相同类型的不锈钢,如 0Cr25Ni20 型不锈钢。

(16)E310H:除含碳量较高外,熔敷金属合金元素的含量与 E310 相同。通常用于相同类型的耐热、耐腐蚀不锈钢铸件的焊接和补焊。不宜在高硫气氛中或者有剧烈热冲击条件下使用,因为在 820℃～870℃下长时间停留时,可促使形成 σ 相和二次碳化物,降低耐腐蚀性能和韧性。

(17)E309Nb:除降低含碳量并加入铌外,熔敷金属合金元素含量与 E310 相同。通常用于焊接耐热的铸件,如 0Cr18Ni11Nb 型复合钢板或在碳钢上堆焊。

(18)E310Mo:除降低含碳量并加入钼外,熔敷金属合金元素含量与 E310 相同。通常用于耐热铸件,如 0Cr17Ni12Mo2 型复合钢板的焊接,或在碳钢上堆焊。

(19)E312:通常用于高镍合金与其他金属的焊接。焊缝金属为奥氏体基体上与分布其上的大量铁素体构成的双相组织,即使在被大量奥氏体形成元素所稀释时仍保护双相组织,因此具有较高的抗裂能力。不宜在 420℃ 以下温度使用,以避免二次脆化相的形成。

(20)E316:通常用于焊接 0Cr17Ni12Mo2 型不锈钢及相类似的合金。由于钼提高了焊缝的抗蠕变能力,因此也可以用于焊接在较高温度下使用的不锈钢。当焊缝金属存在连续或非连续网状铁素体和焊缝金属的铬钼比小于 8.2～1,并且焊缝金属在腐蚀介质中时,焊缝金属可能会发生快速腐蚀。

(21)E316H:除碳含量限制在上限外,熔敷金属合金元素含量与 E316 相同。由于含碳量较高,在高温下具有较高的抗拉强度和蠕变强度。

(22)E316L:除含碳量较低外,熔敷金属合金元素含量与 E316 相同。由于含碳量低,因此在不含铌、钛等稳定剂时,也能抵抗因碳化物析出而产生的晶间腐蚀。通常用于焊接低碳含钼奥氏体钢。当焊缝金属含碳量限制在 0.04% 以下时,在绝大多数情况下都可以防止晶间腐蚀。高温强度不如 E316H 型焊条。

(23)E317:熔敷金属中合金元素含量(特别是钼)略高于 E316 型焊条。通常用于焊接相同类型的不锈钢,可在强腐蚀条件下使用。

(24)E317L:除含碳量较低外,熔敷金属中合金元素的含量与 E317 相同。由于含碳量低,因此在不含铌、钛等稳定剂时,也能抵抗因碳化物析出而产生的晶间腐蚀,焊缝强度不如 E317 型焊条。

(25)E317MoCu:熔敷金属中含铜量较高,因此具有较高的耐腐蚀性能。通常用于焊接相同类型的含铜不锈钢。

(26)E317LMoCu：熔敷金属中含钼量较高并含有铜，因此在硫酸介质中具有较高的耐腐蚀能力。通常用于焊接在稀、中浓度硫酸介质中工作的同类型超低碳不锈钢。

(27)E318：除加铌外，熔敷金属中合金元素含量与 E316 相近，铌提高了焊缝金属抗晶间腐蚀能力。通常用于焊接相同类型不锈钢。

(28)E318V：除加钒外，熔敷金属中合金元素与 E316 相近，钒提高了焊缝金属热强性和抗腐蚀能力。通常用于焊接相同类型含钒不锈钢。

(29)E320：熔敷金属中加入铌后，提高了抗晶间腐蚀能力。通常用于焊接各种化工设备，如在硫酸、亚硫酸及其盐类等强腐蚀介质中工作的相同类型不锈钢。也可以用于焊接不进行后热处理的相同类型的不锈钢。当熔敷金属中不含铌时，可用于含铌不锈钢铸件的补焊，但焊后必须进行固熔处理。

(30)E320LR：除碳、硅、硫、磷的含量较低外，熔敷金属合金元素含量与 E320 相同。常用于为获得含有铁素体的奥氏体不锈钢的焊接。焊缝强度比 E320 型焊条低。

(31)E330：通常用于焊接在 980℃ 以上工作的、要求具有耐热性能的设备，并广泛用于相同类型的不锈钢铸件的补焊及铸造合金与锻造合金的焊接。

(32)E330H：除含碳量较高外，熔敷金属合金元素与 E330 相同。常用于相同类型的耐热及耐腐蚀高合金铸件的焊接和补焊。

(33)E330MoMnWNb：除加入钨、铌及较高的锰、钼外，熔敷金属中合金元素含量与 E330 相同。通常用于在 850～950℃ 高温下工作的耐热及耐腐蚀高合金钢，如 Cr20Ni30 和 Cr18Ni37 型不锈钢等的焊接和补焊。

(34)E347：用铌或铌加钽作稳定剂，提高抗晶间腐蚀的能力。常用于焊接以铌或钛作稳定剂成分相近的铬镍合金。

(35)E349：熔敷金属中加入钼、钨及铌后，使焊缝金属具有良好的高温强度。熔敷金属中的铁素体含量较高，有助于提高焊缝的抗裂性能。常用于焊接相同类型的不锈钢。

(36)E383：通常用于焊接与其成分相近的母材和其他类型不锈钢。E383 型焊缝金属可在硫酸和磷酸介质中应用。由于碳、硫和磷的含量低，可减少焊缝金属热裂纹和常在奥氏体不锈钢焊缝金属中产生的裂纹。

(37)E385：通常用于焊接在硫酸和一些含有氯化物介质使用的不锈钢。当要求改善在某些介质中的耐腐蚀性能时，也可用于焊接 00Cr19Ni13Mo 型不锈钢。由于碳、硅、硫、磷的含量低，可减少焊缝金属热裂纹和常在奥氏体不锈钢焊缝金属中产生的裂纹。

(38)E410：焊接接头属于空气淬硬型材料，因此焊接时需要进行预热和后热处理，以获得良好的塑性。通常用于焊接相同类型的不锈钢，也用于在碳钢上堆焊，以提高抗腐蚀和擦伤的能力。

(39)E410NiMo：与 E410 型焊条相比，熔敷金属中镍含量较高，以限制焊缝组织中的铁素体含量，减少对机械性能的有害影响。焊缝的焊后热处理温度不应超过 620℃，温度过高时，可能使焊缝组织中未回火的马氏体在冷却到室温后重新淬硬。

(40)E430：熔敷金属中含铬量较高，在通常使用条件下，具有优良的耐腐蚀性能，在热处理后又可获得足够的塑性。焊接时，通常需要进行预热和后热处理。只有经过热处理后，焊接接头才能获得理想的机械性能和抗腐蚀能力。

(41)E630：通常用于焊接 Cr16Ni4 型沉淀硬化不锈钢。熔敷金属化学成分限制了马氏体组织中网状铁素体的存在，减少了对机械性能的不利影响。根据使用条件和焊接接头的尺寸不同，焊缝可在焊后经沉淀硬化处理或经固溶和沉淀硬化处理，也可在焊后状态下使用。

(42)E16-8-2：通常用于焊接高温、高压不锈钢管路。熔敷金属铁素体含量一般在 5FN 以下。焊缝具有良好的热塑性能，即使在较大的拘束条件下，仍具有较强的抗裂能力，并且不论在焊后状态下还是在固熔处理后都具有较好的性能。腐蚀试验表明 E16-8-2 型焊条的耐腐蚀性能稍差于 0Cr17Ni12Mo2 型不锈钢。当焊缝在强腐蚀介质中工作时，与介质相接触的焊道应使用更抗腐蚀的焊条进行焊接。

(43)E16-25MoN：通常用于焊接淬火状态下的低合金钢、中合金钢、刚性较大的结构件及相同类型的耐热钢等，如用于淬火状态下的 30CrMnSi 钢。也可用于异种金属的焊接，如不锈钢与碳钢的焊接。

(44)E2209：通常用于焊接含铬量约为 22％的双相不锈钢。熔敷金属的显微组织为奥氏体-铁素体基体的双相结构。使焊缝金属的强度增加，并能提高抗点腐蚀性能和应力腐蚀开裂的能力。

(45)E2553：通常用于焊接含铬量约为 25％的双相不锈钢。焊缝金属的显微组织为奥氏体-铁素体基体的双相结构。增加了焊缝金属的强度，并能提高抗点腐蚀性能和应力腐蚀开裂的能力。

7. 不锈钢焊条的包装

焊条按批号每 1kg、2kg、2.5kg、5kg 净重或按相应根数包装。包装应封口，若干包焊条装一箱，以保证正常贮运过程中的破损。

(五)堆焊焊条（GB/T 984—2001）

1. 堆焊焊条的型号表示方法

焊条型号按熔敷金属化学成分、药皮类型和焊接电流种类等进行划分；只有碳化钨管状焊条型号根据芯部碳化钨粉的化学成分和粒度进行划分。

(1)焊条型号编制方法如下

第一个字母"E"表示焊条；第二个字母"D"表示用于表面耐磨堆焊；字母"D"后面用一或两位字母、元素符号表示焊条熔敷金属化学成分分类代号(表 10-20)，化学成分分类代号后面可以附加一些主要成分的元素符号；其后可以用数字、字母对型号进行细分类，细分类代号可用短划"—"与前面符号分开，也可不用短划"—"；型号中的最后两位数字表示药皮类型和焊接电流种类，用短划"—"与前面符号分开(表 10-21)。

当药皮类型和焊接电流种类不要求限定时，型号可简化，如 EDPCrMo-Al-03 可简化为EDPCrMo-Al。

型号示例：

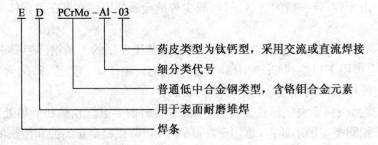

(2)碳化钨管状焊条型号编制方法如下

第一个字母"E"表示焊条；第二个字母"D"表示用于表面耐磨堆焊；字母"D"后面用字母"G"和元素符号"WC"表示碳化钨管状焊条；其后用数字 1、2、3 表示芯部碳化钨粉化学成分分类代号(表 10-22)，短划"—"后面为碳化钨粉粒度代号，用通过筛网和不通过筛网的两个目数表示，以斜线"/"相隔，或只用通过筛网的一个目数表示(表 10-23)。

型号示例：

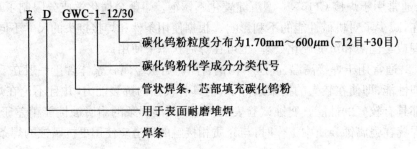

2. 堆焊焊条的规格尺寸(mm)

表 10-19

类别	冷拔焊芯		铸造焊芯		复合焊芯		碳化钨管状	
	直径	长度	直径	长度	直径	长度	直径	长度
基本尺寸	2.0 2.5	230～300	3.2 4.0 5.0	230～350	3.2 4.0 5.0	230～350	2.5 3.2 4.0 5.0	230～350
	3.2 4.0	300～450						
	5.0 6.0 8.0	350～450	6.0 8.0	300～350	6.0 8.0	350～450	6.0 8.0	350～450
极限偏差	±0.08	±3.0	±0.5	±10	±0.5	±10	±1.0	±10

注:①根据供需双方协议,也可生产其他尺寸的焊条。
　　②焊条夹持端长度为15～30mm。

3. 堆焊焊条的熔敷金属化学成分分类

表 10-20

型 号 分 类	熔敷金属化学成分分类	型 号 分 类	熔敷金属化学成分分类
EDP××-××	普通低中合金钢	EDZ××-××	合金铸铁
EDR××-××	热强合金钢	EDZCr××-××	高铬铸铁
EDCr××-××	高铬钢	EDCoCr××-××	钴基合金
EDMn××-××	高锰钢	EDW××-××	碳化钨
EDCrMn××-××	高铬锰钢	EDT××-××	特殊型
EDCrNi××-××	高铬镍钢	EDNi××-××	镍基合金
EDD××-××	高速钢		

4. 堆焊焊条的药皮类型和焊接电流种类

表 10-21

型　　号	药皮类型	焊接电流种类	药 皮 说 明
ED××-00	特殊型	交流或直流	—
ED××-03	钛钙型		含30%以上的氧化钛和20%以下的钙或镁的碳酸盐矿石,熔渣流动性良好,电弧较稳定,熔深适中,脱渣容易,飞溅少,焊波美观。适用于交流或直流焊接
ED××-15	低氢钠型	直流	主要组成物为钙或镁的碳酸盐矿石和氧化物,熔渣为碱性,流动性好,焊接性能一般,应短弧操作。焊接时要求焊条药皮很干燥。此类型药皮具有良好的抗裂性能和力学性能,适用于直流焊接
ED××-16	低氢钾型	交流或直流	具有低氢钠型焊条各种特性,药皮中加入稳弧组成物,并增加硅酸钾做黏合剂,可交流施焊
ED××-08	石墨型		除含有酸性、碱性氧化物外,加入较多量石墨。焊接时烟雾较大,工艺性能较好,飞溅少,溶深较浅,引弧容易,适用于交流或直流焊接,施焊时一般采用小规范为宜

5. 芯部碳化钨粉的化学成分(％)

表 10-22

型 号	C	Si	Ni	Mo	Co	W	Fe	Th
EDGWC1-××	3.6~4.2	≤0.3	≤0.3	≤0.6	≤0.3	≥94.0	≤1.0	≤0.01
EDGWC2-××	6.0~6.2					≥91.5	≤0.5	
EDGWC3-××	由供需双方商定							

注:芯部碳化钨粉 WC1 和 WC2 的质量分数应为 $(60^{+4}_{-2})\%$,WC3 的质量分数由供需双方商定。

6. 碳化钨粉的粒度

表 10-23

型 号	粒 度 分 布
EDGWC×-12/30	1.70mm~600μm(−12 目+30 目)
EDGWC×-20/30	850~600μm(−20 目+30 目)
EDGWC×-30/40	600~425μm(−30 目+40 目)
EDGWC×-40	<425μm(−40 目)
EDGWC×-40/120	425~125μm(−40 目+120 目)

注:①焊条型号中的"×"代表"1"或"2"或"3"。
②允许通过("−")筛网的筛上物≤5％,不通过("+")筛网的筛下物≤20％。

7. 堆焊焊条的外观质量和工艺性能要求

表 10-24

项 目		要 求
药皮		焊芯和药皮不得有影响焊缝质量均匀性的缺陷
		焊条引弧端药皮应倒角,露出焊芯端面,露芯长度应≤2mm
		药皮应具有足够的强度,不得在正常的搬运和使用中损坏
		药皮应具有一定的耐潮性,不得在开启包装后因很快吸潮而影响使用
偏心度(％)	冷拔焊芯	直径≤4.0mm 的焊条,≤7
		直径>4.0mm 的焊条,≤5
	铸造焊芯	≤10
	其他焊芯	由供需双方商定
工艺性能		电弧应容易引燃,在焊接中燃烧平稳;药皮均匀熔化,无成块脱落现象;飞溅不得过大、过多;焊缝成形正常,熔渣容易清除
		熔敷金属不允许存在影响使用性能的缺陷

8. 堆焊熔敷金属化学成分及硬度

表 10-25

熔敷金属化学成分（%）

序号	焊条型号	C	Mn	Si	Cr	Ni	Mo	W	V	Nb	Co	Fe	B	S	P	其他元素总量	熔敷金属硬度 HRC（HB）
1	EDPMn2-××	0.20	3.50	—	—	—	—	—	—	—	—	余量	—	—	—	—	(220)
2	EDPMn4-××	0.20	4.50	—	—	—	—	—	—	—	—	余量	—	—	—	2.00	30
3	EDPMn5-××	0.20	5.20	—	—	—	—	—	—	—	—	余量	—	—	—	—	40
4	EDPMn6-××	0.45	6.50	1.00	—	—	—	—	—	—	—	余量	—	—	—	—	50
5	EDPCrMo-A0-××	0.04~0.20	0.50~2.00	1.00	0.50~3.50	—	1.50	—	—	—	—	余量	—	0.035	0.035	1.00	—
6	EDPCrMo-A1-××	0.25	2.00	—	2.00	—	—	—	—	—	—	余量	—	—	—	2.00	(220)
7	EDPCrMo-A2-××	0.50	—	—	3.00	—	—	—	—	—	—	余量	—	—	—	—	30
8	EDPCrMo-A3-××	—	—	—	2.50	—	2.50	—	—	—	—	余量	—	—	—	—	40
9	EDPCrMo-A4-××	0.30~0.60	—	—	5.00	—	4.00	—	—	—	—	余量	—	—	—	—	50
10	EDPCrMo-A5-××	0.50~0.80	0.50~1.50	—	4.00~8.00	—	1.00	—	—	—	—	余量	—	—	—	—	—
11	EDPCrMnSi-A1-××	0.30~1.00	2.50	1.00	3.50	—	—	—	0.35	—	—	余量	—	0.035	0.035	1.00	50
12	EDPCrMnSi-A2-××	1.00~2.00	0.50~2.00	1.00	3.00~5.00	—	—	—	—	—	—	余量	—	—	—	—	
13	EDPCrMoV-A0-××	0.10~0.30	—	—	1.80~3.80	1.00	1.00	—	0.35	—	—	余量	—	—	—	—	50
14	EDPCrMoV-A1-××	0.30~0.60	—	—	8.00~10.00	—	3.00	—	0.50~1.00	—	—	余量	—	—	—	4.00	55
15	EDPCrMoV-A2-××	0.45~0.65	—	—	4.00~5.00	—	2.00~3.00	—	4.00~5.00	—	—	余量	—	—	—	—	
16	EDPCrSi-A-××	0.35	0.80	1.80	6.50~8.50	—	—	—	—	—	—	余量	0.20~0.40	0.03	0.03	—	45
17	EDPCrSi-B-××	1.00	—	1.50~3.00	—	—	—	—	—	—	—	余量	0.50~0.90	—	—	—	60

续表 10-25

序号	焊条型号	熔敷金属化学成分(%)															熔敷金属硬度 HRC(HB)
		C	Mn	Si	Cr	Ni	Mo	W	V	Nb	Co	Fe	B	S	P	其他元素总量	
18	EDRCrMnMo-××	0.60	2.50	1.00	2.00		1.00	—								—	40,45*
19	EDRCrW-××	0.25~0.55			2.00~3.50		—	7.00~10.00								1.00	48
20	EDRCrMoWV-A1-××	0.50		—	5.00	—	2.50		1.00		—			0.035	0.04	—	55
21	EDRCrMoWV-A2-××	0.30~0.50	0.30~0.70	0.80~1.60	5.00~6.50	—	2.00~3.00	2.00~3.50	1.00~3.00								50
22	EDRCrMoWV-A3-××	0.70~1.00	0.30~0.70	0.80~1.60	3.00~4.00		3.00~5.00	4.50~6.00	1.50~3.00							1.50	
23	EDRCrMoWCo-A-××	0.08~0.12			2.00~4.20		3.80~6.20	5.00~8.00	0.50~1.10		12.70~16.30					—	52~58*
24	EDRCrMoWCo-B-××	0.08~0.12			1.80~3.20		7.80~11.20	8.80~12.20	0.40~0.80	—	15.70~19.30	余量		—	—	—	62~66*
25	EDCr-A1-××	0.15														2.50	40
26	EDCr-A2-××	0.20			10.00~16.00	6.00	2.50	2.00		—				0.03	0.04		37
27	EDCr-B-××	0.25														5.00	45
28	EDMn-A-××	1.10	11.00~16.00														
29	EDMn-B-××		11.00~18.00				2.50				—						
30	EDMn-C-××	0.50~1.00	12.00~16.00	1.30	2.50~5.00	2.50~5.00		—									(170)
31	EDMn-D-××		15.00~20.00		4.50~7.50		—		0.40~1.20					0.035	0.035		
32	EDMn-E-××															1.00	
33	EDMn-F-××	0.80~1.20	17.00~21.00		3.00~6.00	1.00			—								—

续表 10-25

序号	焊条型号	熔敷金属化学成分(%) C	Mn	Si	Cr	Ni	Mo	W	V	Nb	Co	Fe	B	S	P	其他元素总量	熔敷金属硬度 HRC(HB)
34	EDCrMn-A-××	0.25	6.00~8.00	1.00	12.00~14.00	—	—	—	—	—	—	余量	—	—	—	—	30
35	EDCrMn-B-××	0.80	11.00~18.00	1.30	13.00~17.00	2.00	2.00	—	—	—	—	余量	—	—	—	4.00	(210)
36	EDCrMn-C-××	1.10	12.00~18.00	2.00	12.00~18.00	6.00	4.00	—	—	—	—	余量	—	—	—	3.00	28
37	EDCrMn-D-××	0.50~0.80	24.00~27.00	1.30	9.50~12.50	—	—	—	—	—	—	余量	—	—	—	—	(210)
38	EDCrNi-A-××	0.18	0.60~2.00	4.80~6.40	15.00~18.00	7.00~9.00	—	—	—	—	—	余量	—	—	—	—	(270~320)
39	EDCrNi-B-××	0.18	0.60~5.00	3.80~6.50	14.00~21.00	6.50~12.00	3.50~7.00	—	—	0.50~1.20	—	余量	—	—	—	2.50	37
40	EDCrNi-C-××	0.20	2.00~3.00	5.00~7.00	18.00~20.00	7.00~10.00	—	—	—	—	—	余量	—	—	—	—	—
41	EDD-A-××	0.70~1.00	0.60	0.80	3.00~5.00	—	4.00~6.00	5.00~7.00	1.00~2.50	—	—	余量	—	0.03	0.04	1.00	55
42	EDD-B1-××	0.50~0.90	0.60	0.80	3.00~5.00	—	5.00~9.50	1.00~2.50	0.80~1.30	—	—	余量	—	0.03	0.04	1.00	55
43	EDD-B2-××	0.60~1.00	0.40~1.00	1.00	3.00~5.00	—	7.00~9.50	0.50~1.50	0.50~1.50	—	—	余量	—	0.035	0.035	1.00	55
44	EDD-C-××	0.30~0.50	0.60	0.80	3.00~5.00	—	5.00~9.00	1.00~2.50	0.80~1.20	—	—	余量	—	0.03	0.04	1.00	55
45	EDD-D-××	0.70~1.00	—	—	3.80~4.50	—	—	17.00~19.50	1.00~1.50	—	—	余量	—	0.035	0.035	1.50	55
46	EDZ-A0-××	1.50~3.00	0.50~2.00	1.50	4.00~8.00	—	1.00	—	—	—	—	余量	—	0.035	0.035	1.00	55
47	EDZ-A1-××	2.50~4.50	—	—	3.00~5.00	—	3.00~5.00	—	—	—	—	余量	—	—	—	—	55

续表 10-25

序号	焊条型号	熔敷金属化学成分(%)															熔敷金属硬度 HRC(HB)
		C	Mn	Si	Cr	Ni	Mo	W	V	Nb	Co	Fe	B	S	P	其他元素总量	
48	EDZ-A2-××	3.00~4.50	1.50	2.50	26.00~34.00		2.00~3.00									3.00	60
49	EDZ-A3-××	4.80~6.00			35.00~40.00		4.20~5.80							—	—	—	
50	EDZ-B1-××	1.50~2.20						8.00~10.00								1.00	50
51	EDZ-B2-××	3.00			4.00~6.00	—		8.50~14.00								3.00	60
52	EDZ-E1-××	5.00~6.50	2.00~3.00	0.80~1.50	12.00~16.00					Ti: 4.00~7.00		余量				1.00	
53	EDZ-E2-××	4.00~6.00	0.50~1.50	1.50	14.00~20.00				1.50	—	—			0.035	0.035		
54	EDZ-E3-××	5.00~7.00	0.50~2.00	0.50~2.00	18.00~28.00		5.00~7.00	3.00~5.00	—				—				
55	EDZ-E4-××	4.00~6.00	0.50~1.50	1.00	20.00~30.00			2.00	0.50~1.50	4.00~7.00							
56	EDZCr-A-××	1.50~3.50	1.50~3.00	1.50	28.00~32.00	5.00~8.00										—	40
57	EDZCr-B-××		1.00		22.00~32.00	3.00~5.00							—	—	—	7.00	45
58	EDZCr-C-××	2.50~5.00	8.00	1.00~4.80	25.00~32.00											2.00	48
59	EDZCr-D-××	3.00~4.00	1.50~3.50	3.00	22.00~32.00								0.50~2.50			6.00	58
60	EDZCr-A1A-××	3.50~4.50	4.00~6.00	0.50~2.00	20.00~25.00		0.5			Ti: 1.20~1.80			—				
61	EDZCr-A2-××	2.50~3.50	0.50~1.50	0.50~1.50	7.50~9.00		—							0.035	0.035	1.00	
62	EDZCr-A3-××	2.50~4.50	0.50~2.00	1.00~2.50	14.00~20.00		1.5			—							

续表 10-25

序号	焊条型号	熔敷金属化学成分（%）															熔敷金属硬度 HRC（HB）
		C	Mn	Si	Cr	Ni	Mo	W	V	Nb	Co	Fe	B	S	P	其他元素总量	
63	EDZCr-A4-××	3.50~4.50	1.50~3.50	1.50	23.00~29.00	—	1.00~3.00	—	—	—	—	余量	—	0.035	0.035	1.00	—
64	EDZCr-A5-××	1.50~2.50		2.0	24.00~32.00	4.00	4.00	—	—	—	—	余量	—	0.035	0.035	1.00	—
65	EDZCr-A6-××	2.50~3.50	0.50~1.50	1.00~2.50	24.00~30.00	—	0.50~2.00	—	—	—	—	余量	—	0.035	0.035	1.00	—
66	EDZCr-A7-××	3.50~5.00		0.50~2.50	23.00~30.00	—	2.00~4.50		—	—	—	余量	—	0.035	0.035	1.00	—
67	EDZCr-A8-××	2.50~4.50		1.50	30.00~40.00	—	2.0		—	—	—	余量	—	0.035	0.035	1.00	—
68	EDCoCr-A-××	0.70~1.40			25.00~32.00	—	—	3.00~6.00	—	—	余量	5.00	—	—	—	4.00	40
69	EDCoCr-B-××	1.00~1.70	2.00	2.00		—	—	7.00~10.00	—	—	余量	5.00	—	—	—	4.00	44
70	EDCoCr-C-××	1.70~3.00			25.00~33.00	3.00	—	11.00~19.00	—	—	余量	5.00	—	—	—	4.00	53
71	EDCoCr-D-××	0.20~0.50		—	23.00~32.00	2.00~4.00	4.50~6.50	9.50	—	—	余量	—	—	0.03	—	7.00	28~35
72	EDCoCr-E-××	0.15~0.40	1.50	1.00	24.00~29.00	—	—	0.50	—	—	—	—	—	0.03	0.03	1.00	—
73	EDW-A-××	1.50~3.00	2.00	4.00	—	—	—	40.00~50.00	—	—	—	余量	—	—	—	—	60
74	EDW-B-××	1.50~4.00	3.00	4.00	3.00	3.00	7.00	50.00~70.00	—	—	—	余量	—	—	—	3.00	60
75	EDTV-××	0.25	2.00~3.00	1.00	—	—	2.00~3.00	—	5.00~8.00	—	—	—	0.15	0.03	0.03	—	（180）
76	EDNiCr-C	0.50~1.00	—	3.50~5.50	12.00~18.00	余量	—	—	—	—	1.00	3.50~5.50	2.50~4.50	0.03	0.03	1.00	—
77	EDNiCrFeCo	2.20~3.00	1.00	0.60~1.50	25.00~30.00	10.00~33.00	7.00~10.00	2.00~4.00	—	—	10.00~15.00	20.00~25.00	—	0.03	0.03	1.00	—

注：①若存在其他元素，也应进行分析，以确定是否符合"其他元素总量"一栏的规定。
②化学成分的单值均为最大值。硬度的单值均为最小平均值。
③＊为经热处理的硬度值，热处理规范在说明书中规定。

9.堆焊焊条的包装

焊条按批号每 1kg、2kg、2.5kg、5kg、10kg 净重或相应根数进行封口包装、若干包焊条装一箱,以保证正常储运过程中不损坏。

10.堆焊焊条性能及用途(参考)

(1)EDPMn、EDPCrMo、EDPCrMnSi、EDPCrMoV、EDPCrSi 型为普通低中合金钢堆焊焊条。一般用于常温及非腐蚀条件下工作的零部件的堆焊。含碳低的硬度较低,韧性较好,适用于在激烈的冲击载荷下工作的部件,如车轮、车钩、轴、齿轮、铁轨等磨损部件的堆焊。含碳高的硬度高,韧性较差,适用于带有磨料磨损的冲击载荷条件下工作的零件,如推土机刃板、挖泥斗牙、混凝土搅拌机叶牙、水力机械及矿山机械零件等的堆焊。

(2)EDRCrMnMo、EDRCrW、EDRCrMoWV 型为热强合金钢堆焊焊条。熔敷金属除 Cr 外还含有 Mo、W、V 或 Ni 等其他合金元素,在高温中能保持足够的硬度和抗疲劳性能,主要用于锻模、冲模、热剪切机刀刃、轧辊等堆焊。

EDRCrMoWCo 型适用于工作条件差的热模具,如镦粗、拉伸、冲孔等模具的堆焊,也可用于金属切削刀具的堆焊。

(3)EDCr 型为高铬钢堆焊焊条。堆焊层具有空淬特性,有较高的中温硬度,耐蚀性较好。常用于金属间磨损及受水蒸气、弱酸、气蚀等作用下的部件,如阀门密封面、轴、搅拌机浆、螺旋输送机叶片等的堆焊。

(4)EDMn 型为高锰钢堆焊焊条。该类焊条堆焊后硬度不高,但经加工硬化后可达 450HB～500HB。适用于严重冲击载荷和金属间磨损条件下工作的零部件,如破碎机颚板、铁轨道岔等的堆焊。

(5)EDCrMn 型为高铬锰钢堆焊焊条。熔敷金属具有较好的耐磨、耐热、耐腐蚀和气蚀性能。EDCrMn-B 型用于水轮机受气蚀破坏的零件,如叶片、导水叶等的堆焊。EDCrMn-A、EDCrMn-C、EDCrMn-D 型适用于阀门密封面的堆焊。

(6)EDCrNi 型为高铬镍钢堆焊焊条。熔敷金属具有较好的抗氧化、气蚀、腐蚀性能和热强性能。加入 Si 或 W 能提高耐磨性,可以堆焊 600～650℃ 以下工作的锅炉阀门、热锻模、热轧辊等。

(7)EDD 型为高速钢堆焊焊条。熔敷金属具有很高的硬度、耐磨性和韧性,适用于工作温度不超过 600℃ 的零部件的堆焊。含碳高的适用于切割及机械加工。含碳低的热加工及韧性较好,通常可用于刀具、剪刀、绞刀、成型模、剪模、导轨、锭钳、拉刀及其他类似工具的堆焊。

(8)EDZ 型为合金铸铁堆焊焊条。熔敷金属含有少量 Cr、Ni、Mo 或 W 等合金元素,除提高耐磨性能外,也改善耐热、耐蚀及抗氧化性能和韧性。常用于混凝土搅拌机、高速混砂机、螺旋送料机等主要受磨料磨损部件的堆焊。

(9)EDZCr 型为高铬铸铁堆焊焊条。熔敷金属具有优良的抗氧化和耐气蚀性能、硬度高、耐磨料磨损性能好。常用于工作温度不超过 500℃ 的高炉料钟、矿石破碎机、煤孔挖掘器等耐磨耐蚀件的堆焊。

(10)EDCoCr 型为钴基合金堆焊焊条。熔敷金属具有综合耐热性、耐腐蚀性及抗氧化性能,在 600℃ 以上的高温中能保持高的硬度。调整 C 和 W 的含量可改变其硬度和韧性,以适应不同用途的要求。含碳量愈低,韧性愈好,而且能够承受冷热条件下的冲击,适用于高温高压阀门、热锻模、热剪切机刀刃等的堆焊。高碳的硬度高,耐磨性能好,但抗冲击能力弱,且不易加工,常用于牙轮钻头轴承、锅炉旋转叶轮、粉碎机刀口、螺旋送料机等部件的堆焊。

(11)EDW 型为碳化钨堆焊焊条。熔敷金属的基体组织上弥散地分布着碳化钨颗粒,硬度很高,抗高、低应力磨料磨损的能力较强,可在 650℃ 以下工作,但耐冲击力低,裂缝倾向大。适用于受岩石强烈磨损的机械零件,如混凝土搅拌机叶片,推土机,挖泥机叶片,高速混砂箱等表面的堆焊。

(12)EDTV 型为特殊型堆焊焊条。用于铸铁压延模、成型模以及其他铸铁模具的堆焊。

(13)EDNi 型为镍基合金堆焊焊条。熔敷金属具有综合耐热性、耐腐蚀性,由于含有大量的碳化物,对应力开裂较敏感。主要适用于低应力磨损场合,如泥浆泵、活塞泵套筒、螺旋进料机、挤压机螺杆、搅拌机等部件的堆焊。

（14）EDGWC 型为碳化钨管状堆焊焊条。WC$_1$ 型粉是 WC 和 W$_2$C 的混合物。WC$_2$ 型粉是 WC 结晶体。焊缝的硬度一般在 30～60HRC，耐磨性能极为优良，适用于低冲击的耐磨场合，如钻井机、挖掘机等。某些工具也用这类焊条进行表面堆焊，如油井钻头、农用工具等。

（六）铸铁焊条及焊丝（GB/T 10044—2006）

1. 铸铁焊条及焊丝的型号表示方法

铸铁焊接用纯铁及碳钢焊条按焊芯化学成分分类；其他型号的铸铁焊条和药芯焊丝根据熔敷金属的化学成分及用途划分型号；填充焊丝和气体保护焊丝根据本身的化学成分及用途划分型号。

（1）焊条型号编制方法

第一个字母"E"表示焊条；第二个字母"Z"表示用于铸铁焊接；字母"EZ"后用熔敷金属的主要化学元素符号或金属类型代号表示（见表 10-26），再细分时用数字表示（见表 10-27、表 10-28）。

型号示例：

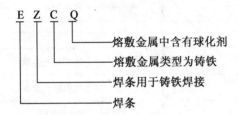
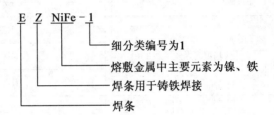

（2）填充焊丝型号编制方法

第一个字母"R"表示焊丝；第二个字母"Z"表示用于铸铁焊接；字母"RZ"后用焊丝的主要化学元素符号或金属类型代号表示（见表 10-26）。

（3）气体保护焊丝型号编制方法

前两个字母"ER"表示气体保护焊丝；第三个字母"Z"表示用于铸铁焊接；字母"ERZ"后用焊丝的主要化学元素符号或金属类型代号表示（见表 10-26、表 10-30）。

型号示例：

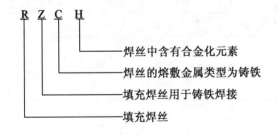
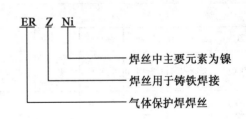

（4）药芯焊丝型号表示方法

前两个字母"ET"表示药芯焊丝；字母"ET"后的数字"3"表示药芯焊丝为自我保护类型；数字"3"后面的字母"Z"表示用于铸铁焊接；在"ET3Z"后用焊丝熔敷金属的主要化学元素符号或金属类型代号表示（见表 10-26、表 10-27）。

型号示例：

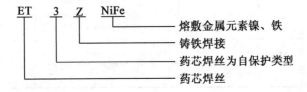

（5）铸铁焊条及焊丝的类别及型号

表 10-26

类 别	型 号	名 称
铁基焊条	EZC	灰口铸铁焊条
	EZCQ	球墨铸铁焊条
镍基焊条	EZNi	纯镍铸铁焊条
	EZNiFe	镍铁铸铁焊条
	EZNiCu	镍铜铸铁焊条
	EZNiFeCu	镍铁铜铸铁焊条
其他焊条	EZFe	纯铁及碳钢焊条
	EZV	高钒焊条
铁基填充焊丝	RZC	灰口铸铁填充焊丝
	RZCH	合金铸铁填充焊丝
	RZCQ	球墨铸铁填充焊丝
镍基气体保护焊焊丝	ERZNi	纯镍铸铁气保护焊丝
	ERZNiFeMn	镍铁锰铸铁气保护焊丝
镍基药芯焊丝	ET3ZNiFe	镍铁铸铁自保护药芯焊丝

（6）铸铁焊条及焊丝的分类代号

①焊条和药芯焊丝熔敷金属化学成分（%）

表 10-27

型号	C	Si	Mn	S	P	Fe	Ni	Cu	Al	V	球化剂	其他元素总量
						焊　条						
EZC	2.0~4.0	2.5~6.5	≤0.75	≤0.10	≤0.15	余量	—			—	—	—
EZCQ	3.2~4.2	3.2~4.0	≤0.80				—				0.04~0.15	
EZNi-1		≤2.5	≤1.0				≥90	—	—			
EZNi-2						≤8.0	≥85		≤1.0			
EZNi-3	≤2.0	≤4.0	≤2.5	≤0.03				≤2.5	1.0~3.0			≤1.0
EZNiFe-1						余量	45~60		≤1.0			
EZNiFe-2					—				1.0~3.0			
EZNiFeMn		≤1.0	10~14				35~45		≤1.0			
EZNiCu-1	0.35~0.55	≤0.75	≤2.3	≤0.025		3.0~6.0	60~70	25~35				
EZNiCu-2							50~60	35~45				
EZNiFeCu	≤2.0	≤2.0	≤1.5	≤0.03		余量	45~60	4~10				
EZV	≤0.25	≤0.70	≤1.50	≤0.04	≤0.04		—			8~13	—	

型号	C	Si	Mn	S	P	Fe	Ni	Cu	Al	V	球化剂	其他元素总量
药 芯 焊 丝												
ET3ZNiFe	≤2.0	≤1.0	3.0～5.0	≤0.03	—	余量	45～60	≤2.5	≤1.0	—	—	≤1.0

②纯铁及碳钢焊条焊芯化学成分(%)

表 10-28

型号	C	Si	Mn	S	P	Fe
EZFe-1	≤0.04	≤0.10		≤0.010	≤0.015	
EZFe-2	≤0.10	≤0.03	≤0.60	≤0.030	≤0.030	余量

③填充焊丝化学成分(%)

表 10-29

型号	C	Si	Mn	S	P	Fe	Ni	Ce	Mo	球化剂
RZC-1	3.2～3.5	2.7～3.0	0.60～0.75		0.50～0.75					
RZC-2	3.2～4.5	3.0～3.8	0.30～0.80	≤0.10	≤0.50		—		—	—
RZCH	3.2～3.5	2.0～2.5	0.50～0.70		0.20～0.40	余量	1.2～1.6		0.25～0.45	
RZCQ-1	3.2～4.0	3.2～3.8	0.10～0.40	≤0.015	≤0.05		≤0.50	≤0.20		
RZCQ-2	3.5～4.2	3.5～4.2	0.50～0.80	≤0.03	≤0.10		—	—	—	0.04～0.10

④气体保护焊丝化学成分(%)

表 10-30

型号	C	Si	Mn	S	P	Fe	Ni	Cu	Al	其他元素总量
ERZNi	≤1.0	≤0.75	≤2.5	≤0.03		≤4.0	≥90	≤4.0	—	≤1.0
ERZNiFeMn	≤0.50	≤1.0	10～14	≤0.03	—	余量	35～45	≤2.5	≤1.0	

2.焊条的直径、长度和夹持端尺寸(mm)

表 10-31

焊芯类别	焊条直径		焊条长度		焊条直径	夹持端长度		
	基本尺寸	极限偏差	基本尺寸	极限偏差		基本尺寸	极限偏差	
							冷拔焊芯	铸造焊芯
铸造焊芯	4.0	±0.3	350～400	±4.0	2.5	15	±5	±8
	5.0,6.0,8.0,10.0		350～500		3.2～6.0	20		
冷拔焊芯	2.5	±0.05	200～300	±2.0	>6.0	25		
	3.2,4.0,5.0		300～450					
	6.0		400～500					

注:允许以 φ3.0mm 代替 φ3.2mm 焊条,以 φ5.8mm 代替 φ6.0mm 焊条。

3. 焊丝的尺寸(mm)

表 10-32

焊丝类别	填充焊丝尺寸				气体保护焊丝和药芯焊丝直径	
	焊丝横截面尺寸		焊丝长度			
	基本尺寸	极限偏差	基本尺寸	极限偏差	直径基本尺寸	极限偏差
铁基填充焊丝	3.2		400~500		1.0,1.2,1.4,1.6	±0.05
	4.0,5.0,6.0,8.0,10.0	±0.8	450~550	±5	2.0,2.4,2.8,3.0	±0.08
	12.0		550~650		3.2,4.0	±0.10

注:填充焊丝允许制造截面为圆形或方形。

4. 焊条和焊丝的外观质量和工艺性能要求

表 10-33

项 目			要 求
外观质量	焊条	药皮	药皮应均匀,紧密包裹在焊芯周围,整根焊条上不得有影响焊条质量的裂纹、气泡、杂质及剥落等缺陷
			引弧端药皮应倒角,露出焊芯端面。焊条长度方向上露芯长度≤焊芯直径的2/3。各种直径的焊条沿圆周的露芯不应大于圆周的一半
			药皮应具有足够的强度,不得在正常的搬运和使用中损坏
			药皮应具有一定的耐吸潮性,不得在开启包装后因吸潮而影响使用
		偏心度(%) 冷拔焊芯	直径2.5mm的焊条,≤7
			直径3.4mm、4.0mm的焊条,≤5
			直径≥5.0mm的焊条,≤4
		偏心度(%) 铸造焊芯	直径≤4.0mm的焊条,≤15
			直径5.0mm、6.0mm的焊条,≤10
			直径≥8.0mm的焊条,≤7
	填充焊丝表面及断口		铸造焊丝表面应光滑、清洁,不得有影响焊接质量的裂纹、气孔、夹渣等缺陷以及氧化皮、油污等脏物
			铸造焊丝断口不得有影响焊接质量的裂纹、气孔、夹渣
	气体保护焊丝和药芯焊丝的光洁度和均匀度		表面平滑光洁,无毛刺、凹坑、划痕、锈皮、折叠(药芯焊丝上的纵缝除外)和对焊接工艺、焊接设备操作或焊缝金属性能有不良影响的杂质
			任何连续长度的焊丝应有同一批材料制造,焊接接头(如有)应不影响焊丝在自动和半自动焊接设备上均匀、连续的送进
			药芯焊丝的芯部成分应在焊丝长度方向上均匀分布
焊接工艺性能	焊条		引弧容易,焊接中电弧燃烧稳定,飞溅不得过大。药皮熔化应均匀,无成块脱落现象,容易清渣
	填充焊丝		熔化均匀,铁水流动性及焊缝成型较好
	气体保护焊丝和药芯焊丝		电弧稳定,焊缝成型较好

5. 焊条焊丝的包装(净重量)

焊条分为:1,2,2.5,5kg 小包,装箱后有 5,10,20,25,50kg;

填充焊丝分为:2,5,10,20,30kg;

无撑卷焊丝:20,45kg;

带撑卷焊丝:20,25kg;

盘焊丝:10,20,25,270kg;

筒焊丝:90,230,500kg。

6. 铸铁焊条及焊丝的性能及用途(供参考)

1)铁基焊条

(1)EZC 型灰口铸铁焊条

EZC 型是钢芯或铸铁芯、强石墨化型药皮铸铁焊条,可交、直流两用。

a. 钢芯铸铁焊条药皮中加入适量石墨化元素,焊缝在缓慢冷却时可变成灰口铸铁。冷却速度快,就会产生白口而不易加工。冷却速度对切削加工性和焊缝组织影响很大。因此,操作工艺与一般冷焊焊条不同,该焊条要求连续施焊,焊后保温,以使焊缝缓冷。

灰口铸铁焊缝的组织、性能、颜色,基本与母材相近,但由于塑性差,不能松弛焊接应力,抗热应力裂纹性能较差。小型薄壁件刚度较小部位的缺陷可以不预热焊,而一般则应预热至 400℃ 左右再焊或热焊,焊后缓冷,这样可以防止裂纹和白口。

b. 铸铁芯铸铁焊条,采用石墨化元素较多的灰口铸铁浇铸成焊芯,外涂石墨化型药皮,焊缝在一定冷却速度下成为灰口铸铁。

这种焊条特点是配合适当焊接工艺措施,不预热焊接时可以基本上避免白口,切削加工性能较好。可以广泛用于不易产生裂纹的铸件部位。由于灰口铸铁焊缝塑性低,采用铸铁芯焊条补焊时焊缝区温度很高,在刚性大的部位容易引起较大的内应力并易产生裂纹。因此,补焊较大刚度处(不在铸件的边角部位,不能自由地热胀冷缩时)需局部加热或整体预热。

热焊时,用石墨化能力较弱的焊条,以免焊缝石墨片粗大、强度和硬度降低。冷焊及半热焊时,用石墨化能力较弱的焊条。碳、硅含量较高的 EZC 型焊条通常用于冷焊和半热焊。碳、硅含量较低的 EZC 型焊条用于热焊和半热焊。

(2)EZCQ 型铁基球墨铸铁焊条

EZCQ 型是钢芯或铸铁芯、强石墨化型药皮的球墨铸铁焊条,可交、直流两用。药皮中加入一定量的球化剂,可使焊缝金属中的碳的缓冷过程中呈球状析出,从而使焊缝具有良好的塑性和机械性能。此外,焊缝的颜色与母材相匹配,焊接工艺与 EZC 型焊条基本相同。

EZCQ 型焊条的焊缝可承受较高的残余应力而不产生裂纹。但最好采用预热及缓慢冷却速度,以防止母材及焊缝产生应力裂纹及白口。重要的铸件可以焊后进行热处理得到所需要的性能和组织。

2)镍基焊条

(1)EZNi 型纯镍铸铁焊条

EZNi 型是纯镍芯、强石墨化药皮的铸铁焊条,交、直流两用,可进行全位置焊接。施焊时,焊件可不预热,是铸铁冷焊焊条中抗裂性、切削加工性、操作工艺及机械性能等综合性能较好的一种焊条。广泛用于铸铁薄件及加工面的补焊。

(2)EZNiFe 型镍铁铸铁焊条

EZNiFe 型是镍铁芯、强石墨化药皮的铸铁焊条,交、直流两用,可进行全位置焊接。施焊时,焊件可不预热,具有强度高、塑性好、抗裂性优良、与母材熔合好等特点。可用于重要灰口铸铁及球墨铸铁的补焊。

(3)EZNiCu 型镍铜铸铁焊条

EZNiCu 型是镍铜合金焊芯、强石墨化药皮的铸铁焊条,交、直流两用,可进行全位置焊接。其工艺性能和切削加工性能接近 EZNi 及 EZNiFe 型焊条,但由于收缩率较大,焊缝金属抗拉强度较低,不宜用于刚度大的铸件补焊。可在常温或低温预热(至 300℃左右)焊接。用于强度要求不高,塑性要求好的灰口铸铁件的补焊。

(4)EZNiFeCu 型镍铁铜铸铁焊条

EZNiFeCu 型是镍铁铜合金芯和镀铜镍铁芯、强石墨化药皮的铸铁焊条,交、直流两用,可进行全位置焊接。具有强度高、塑性好、抗裂性优良、与母材熔合好等特点。切削加工性能与 EZNiFe 型焊条相似。可用于重要灰口铸件及球墨铸铁的补焊。

3)其他焊条

(1)EZFe-1 型纯铁焊条

EZFe-1 型是纯铁芯药皮焊条。焊缝金属具有良好的塑性和抗裂性能,但熔合区白口较严重,加工性能较差。适于补焊铸铁非加工面。

(2)EZFe-2 型碳钢焊条

EZFe-2 型是低碳钢芯、低熔点药皮的低氢型碳钢焊条。该焊条与 GB 5117—95 非合金钢及细晶粒钢中的一般碳钢焊条不同。焊缝与母材的结合较好,有一定强度,但熔合区白口较严重,加工困难。适用于补焊铸铁非加工面。

(3)EZV 型高钒焊条

EZV 型是低碳钢芯、低氢型药皮焊条。药皮中含有大量钒铁,碳化钒均匀分散在焊缝铁素体上,焊缝为高钒钢。特点是焊缝致密性好,强度较高,但熔合区白口较严重,加工困难。适用于补焊高强度灰口铸铁及球墨铸铁。在保证熔合良好的条件下,尽可能采用小电流。

4)铁基填充焊丝

(1)RZC 型灰口铸铁填充焊丝

RZC 型是采用石墨化元素较多的灰口铸铁浇铸成焊丝。适用于中小型薄壁件铸铁的气焊。可以配合焊粉使用。可采用热焊或不预热焊法。

热焊是焊前把工件预热至 600℃左右,在 400℃以上焊补,焊后在 600~700℃保温消除应力。焊缝可加工,其硬度、强度及颜色与母材相同。

不预热焊是焊前工件不预热或局部预热,焊后缓冷。焊缝呆加工,其硬度、强度及颜色与母材基本相同。

(2)RZCH 型合金铸铁填充焊丝

RZCH 型焊丝中含有一定数量的合金元素,焊缝强度较高。适用于高强度灰口铸铁及合金铸铁等气焊。可以配合焊粉使用,补焊工艺与 RZC 型基本相同。根据需要,焊后可以进行热处理。

(3)RZCQ 型球墨铸铁填充焊丝

RZCQ 型焊丝中含有一定数量的球化剂,焊缝中的石墨呈球状,具有良好的塑性和韧性。适用于球墨铸铁、高强度灰口铸铁及可锻铸铁的气焊。补焊工艺与 RZC 型基本相同。焊后进行热处理。

5)镍基气体保护焊焊丝

(1)ERZNiFeMn 型

这种实芯连续焊丝用于和 ERZNiFeMn 型焊条相同的应用场合。这类焊丝的强度和塑性使它适宜于焊接较高强度等级的球墨铸铁件。

（2）ERZNi 型

这种实芯连续焊丝为纯镍铸铁焊丝，不含脱氧剂，用于焊接需要机械加工的、高稀释焊缝的铸铁件。

（3）保护气体

应使用制造商推荐的保护气体。

6）镍基药芯焊丝

EZT3ZNiFe 型是用于不外加保护气体操作的连续自保护药芯焊丝，但如果制造商推荐也可以使用外加保护气体。这类焊丝的成分除去锰含量更高外，其他与 EZNiFe 型焊条类似。它用于和 EZNiFe 型焊条同样场合。通常用于厚母材或采用自动焊工艺的场合。该焊丝含有 $3\%\sim5\%$ 锰，有利于提高焊缝金属抗热裂纹的能力和改善焊缝金属的强度和塑性。

（七）铜及铜合金焊丝（GB/T 9460—2008）

1. 铜及铜合金焊丝的分类和型号划分

铜及铜合金焊丝按化学成分分为铜、黄铜、青铜、白铜等 4 类；焊丝又分为实心焊丝和填充丝。

焊丝型号按化学成分进行划分（表 10-35）。

2. 铜及铜合金焊丝的型号编制方法

焊丝型号由三部分组成。第一部分为字母"SCu"，表示铜及铜合金焊丝；第二部分为四位数字，表示焊丝型号；第三部分为可选部分，表示化学成分代号。

示例：

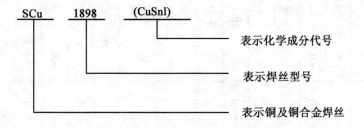

3. 铜及铜合金焊丝的尺寸及允差（mm）

表 10-34

包 装 形 式	焊 丝 直 径	允 许 偏 差
直条	1.6、1.8、2.0、2.4、2.5、2.8、3.0、3.2、4.0、4.8、5.0、6.0、6.4	±0.1
焊丝卷[a]		
直径 100mm 和 200mm 焊丝盘	0.8、0.9、1.0、1.2、1.4、1.6	+0.01 −0.04
直径 270mm 和 300mm 焊丝盘	0.5、0.8、0.9、1.0、1.2、1.4、1.6、2.0、2.4、2.5、2.8、3.0、3.2	

注：①根据供需双方协议，可生产其他尺寸、偏差的焊丝。

②[a] 当用于手工填充丝时，其直径允许偏差为±0.1mm。

③直条焊丝长度为 500～1 000mm，允许偏差为±5mm。

4. 铜及铜合金焊丝的表面质量和送丝性能

焊丝表面应光滑，无毛刺、凹坑、划痕、裂纹等缺陷。不应有不利于焊接操作或对焊缝金属有不良影响的杂质。

缠绕的焊丝应用于在自动和半自动焊机上连续送丝。

表 10-35

5. 铜及铜合金焊丝的化学成分

焊丝型号	化学成分代号	类别	化学成分(质量分数)(%)												
---	---	---	Cu	Zn	Sn	Mn	Fe	Si	Ni+Co	Al	Pb	Ti	S	P	其他
SCu1897[a]	CuAg1	铜	≥99.5(含Ag)	—	—	≤0.2	≤0.05	≤0.1	≤0.3		≤0.01				0.01~0.05	≤0.2
SCu1898	CuSn1	铜	≥98.0	—	≤1.0	≤0.50	—	≤0.5	—	≤0.01	≤0.02	—	—	≤0.15	≤0.5
SCu1898A	CuSn1MnSi	铜	余量	—	0.5~1.0	0.1~0.4	≤0.03	0.1~0.4	≤0.1		≤0.01			≤0.015	≤0.2
SCu4700	CuZn40Sn	黄铜	57.0~61.0	余量	0.25~1.0	—	0.25~1.0	—	≤0.5		≤0.05				≤0.5
SCu4701	CuZn40SnSiMn	黄铜	58.5~61.5	余量	0.2~0.5	0.05~0.25	≤0.25	0.15~0.4	≤0.2		≤0.02				≤0.2
SCu6800	CuZn40Ni	黄铜	56.0~60.0	余量	0.8~1.1			0.04~0.15	0.2~0.8	≤0.01					≤0.5
SCu6810	CuZn40Fe1Sn1	黄铜		余量		0.01~0.50	0.25~1.20	0.04~0.25			≤0.05				
SCu6810A	CuZn40SnSi	黄铜	58.0~62.0	余量	≤1.0	≤0.3	≤0.2	0.1~0.5			≤0.03				≤0.2
SCu7730	CuZn40Ni10	黄铜	46.0~40.0	余量				0.04~0.25	9.0~11.0		≤0.05			≤0.25	≤0.5
SCu6511	CuSi2Mn1	青铜	余量	≤0.2	0.1~0.3	0.5~1.5	≤0.1	1.5~2.0		≤0.01	≤0.02			≤0.02	
SCu6560	CuSi3Mn	青铜	余量	≤1.0	≤1.0	≤1.5	≤0.5	2.8~4.0							
SCu6560A	CuSi3Mn1	青铜	余量	≤0.4		0.7~1.3	≤0.2	2.7~3.2		≤0.05	≤0.05			≤0.05	≤0.5
SCu6561	CuSi2Mn1Sn1Zn1	青铜	余量	≤1.5	≤1.5	≤1.5	≤0.5	2.0~2.8							
SCu5180	CuSn5P	青铜	余量	—	4.0~6.0					≤0.01	≤0.01			0.1~0.4	
SCu5180A	CuSn6P	青铜	余量	≤0.1	4.0~7.0										
SCu5210	CuSn8P	青铜	余量	≤0.2	7.5~8.5		≤0.1		≤0.2		≤0.02			0.01~0.4	≤0.2

续表 10-35

焊丝型号	化学成分代号	化学成分（质量分数）（%）												
		Cu	Zn	Sn	Mn	Fe	Si	Ni+Co	Al	Pb	Ti	S	P	其他
青 铜														
SCu5211	CuSn10MnSi	余量	≤0.1	9.0~10.0	0.1~0.5	≤0.1	0.1~0.5	—	≤0.01	—	—	—	≤0.1	≤0.5
SCu5410	CuSn12P		≤0.05	11.0~13.0	—	—	—	—	≤0.005	≤0.02	—	—	0.01~0.4	≤0.4
SCu6061	CuAl5Ni2Mn			—	0.1~1.0	≤0.5	—	1.0~2.5	4.5~5.5					≤0.5
SCu6100	CuAl7		≤0.2	—	—	—	≤0.1	—	6.0~8.5	—				
SCu6100A	CuAl8			≤0.1	≤0.5	≤0.5	≤0.2	≤0.5	7.0~9.0					≤0.2
SCu6180	CuAl10Fe		≤0.1	—	—	≤1.5	—	—	8.5~11.0					≤0.5
SCu6240	CuAl11Fe3			—	—	2.0~4.5	≤0.1	—	10.0~11.5	≤0.02			—	≤0.4
SCu6325	CuAl8Fe4Mn2Ni2			—	0.5~3.0	1.8~5.0	—	0.5~3.0	7.0~9.0					≤0.4
SCu6327	CuAl8Ni2Fe2Mn2		≤0.2	—	0.5~2.5	0.5~2.5	≤0.2	—	7.0~9.5					≤0.4
SCu6328	CuAl9Ni5Fe3Mn2		≤0.1	—	0.6~3.5	3.0~5.0	—	4.0~5.5	8.5~9.5					≤0.5
SCu6338	CuMn13Al8Fe3Ni2		≤0.15	—	11.0~14.0	2.0~4.0	≤0.1	1.5~3.0	7.0~8.5					
白 铜														
SCu7158[b]	CuNi30Mn1FeTi	余量	—	—	0.5~1.5	0.4~0.7	≤0.25	29.0~32.0	—	≤0.02	0.2~0.5	≤0.01	—	≤0.5
SCu7061[c]	CuNi10		—	—	0.5~2.0	0.5~2.0	≤0.2	9.0~11.0	—	≤0.02	0.1~0.5	≤0.02	≤0.02	≤0.4

注：①应对表中所列规定值的元素进行化学分析，但常规分析存在其他元素时，应进一步分析，以确定这些元素是否超出"其他"规定的极限值。

②"其他"包含未规定数值的元素的元素总和。

③根据供需双方协议，可生产使用其他型号焊丝。用SCuZ表示，化学成分代号由制造商确定。

④ᵃAs的质量分数不大于0.05%，Ag的质量分数:0.8%~1.2%。

⑤ᵇ碳的质量分数不大于0.04%。

⑥ᶜ碳的质量分数不大于0.05%。

6. 铜及铜合金焊丝的包装重量（净重量）：

直条焊丝：2.5,5,10,25,50kg；

焊丝卷：10,15,20,25,50kg；

焊丝盘：1,4.5,5,10,12.5,15kg。

7. 铜及铜合金焊丝简要说明

1）一般特性

（1）钨极气体保护电弧焊通常采用直流正接方法。

（2）熔化极气体保护电弧焊通常采用直流反接方法。

（3）两种方法使用的保护气体通常是氩、氦或两者的混合气体。通常不推荐含氧的气体。

（4）母材应无水汽和所有其他污染物，包括表面氧化物。

2）纯铜焊丝

SCu1898(CuSn1)是含有磷、硅、锡、锰等微量元素的脱氧铜焊丝。磷和硅主要是作为脱氧剂加入的。其他元素是为利于焊接或为满足焊缝的性能而加入的。SCu1898 焊丝通常用于脱氧或电解韧铜的焊接。但与氢反应和氧化铜偏析时，可降低焊接接头的性能。SCu1898 焊丝可用来焊接质量要求不高的母材。

（1）在大多数情况下，特别是焊接厚板时，要求焊前预热。合适的预热温度为 205～540℃。

（2）对较厚母材的焊接，应优先考虑熔化极气体保护电弧焊方法，一般采用常用的焊接接头形式，以利于施焊。当焊接板厚不大于 6.4mm 母材时，通常不需要预热。当焊接板厚大于 6.4mm 母材时，要求在 205～540℃范围内预热。

3）黄铜焊丝

（1）SCu4700(CuZn40Sn)是含少量锡的黄铜焊丝。熔融金属具有良好的流动性，焊缝金属具有一定的强度和耐蚀性。可用于铜、铜镍合金的熔化极气体保护电弧焊和惰性气体保护电弧焊。焊前需经 400～500℃预热。

（2）SCu6800(CuZn40Ni)、SCu6810A(CuZn40SnSi)是含少量铁、硅、锰的锡黄铜焊丝。熔融金属流动性好，由于含有硅，可有效地抑制锌的蒸发。这类焊丝可用于铜、钢、铜镍合金、灰口铸铁的熔化极气体保护电弧焊和惰性气体保护电弧焊，以及镶嵌硬质合金刀具。焊前需经 400～500℃预热。

4）青铜焊丝

（1）硅青铜焊丝

a. SCu6560(CuSi3Mn)是含有约 3%硅和少量锰、锡或锌的硅青铜焊丝。这种焊丝用于钨极气体保护电弧焊和熔化极气体保护电弧焊，焊接铜硅和铜锌母材以及它们与钢的焊接。

b. 当用 SCu6560 焊丝进行熔化极气体保护电弧焊时，一般最好采用小熔池的施焊方法，层间温度低于 65℃，以减少热裂纹。采用窄焊道减少收缩应力，提高冷却速度越过热脆温度范围。

c. 当用 SCu6560 焊丝进行熔化极和钨极气体保护电弧焊时，采用小熔池的施焊方法，即使不预热也可以得到最佳的效果。可进行全位置焊接，但优先选用平焊位置。

（2）磷青铜焊丝

a. SCu5180(CuSn5P)、SCu5210(CuSn8P)是含锡约 5%、8%和含磷不大于 0.4%的磷青铜焊丝。锡提高焊缝金属的耐磨性能，并扩大了液相点和固相点之间的温度范围，从而增加了焊缝金属的凝固时间，增大了热脆倾向。为了减少这些影响，应该以小熔池、快速焊为宜。这类焊丝可用来焊接青铜和黄铜。如果焊缝中允许含锡，它们也可以用来焊接纯铜。

b. 当用该类焊丝进行钨极气体保护电弧焊时，要求预热，仅用平焊位置施焊。

（3）铝青铜焊丝

a. SCu6100(CuAl7)是一种无铁铝青铜焊丝。它是承受较轻载荷的耐磨表面的堆焊材料，是耐腐蚀介质，如盐或微碱水的堆焊材料，以及抗各种温度和浓度的常用耐酸腐蚀的堆焊材料。

b. SCu6180(CuAl10Fe)是一种含铁铝青铜焊丝,通常用来焊接类似成分的铝青铜、锰硅青铜、某些铜镍合金、铁基金属和异种金属。最通常的异种金属是铝青铜与钢、铜与钢的焊接。该焊丝也用于耐磨和耐腐蚀表面的堆焊。

c. SCu6240(CuAl11Fe3)是一种高强度铝青铜焊丝,用于焊接和补焊类似成分的铝青铜铸件,以及熔敷轴承表面和耐磨、耐腐蚀表面。

d. SCu6100A(CuAl8)、SCu6328(CuAl9Ni5Fe3Mn2)是镍铝青铜焊丝,用于焊接和修补铸造的或锻造的镍铝青铜母材。

e. SCu6338(CuMn13Al8Fe3Ni2)是锰镍铝青铜焊丝,用于焊接或修补类似成分的铸造的或锻造的母材。该焊丝也可用于要求高抗腐蚀、浸蚀或气蚀处的表面堆焊。

f. 由于在熔融的熔池中会形成氧化铝,故不推荐这些焊丝用于氧燃气焊接方法。

g. 铜铝焊缝金属具有较高的抗拉强度、屈服强度和硬度的特点。是否预热取决于母材的厚度和化学成分。

h. 最好采用平焊位置焊接。在有脉冲电弧焊设备和焊工操作技术良好的情况下,也可进行其他位置的焊接。

5)白铜焊丝

(1)SCu7158(CuNi30Mn1FeTi)、SCu7061(CuNi10)焊丝中分别含有30%、10%的镍,强化了焊缝金属并改善了抗腐蚀能力,特别是抗盐水腐蚀。焊缝金属具有良好的热延展性和冷延展性。白铜焊丝用来焊接绝大多数的铜镍合金。

(2)当这类焊丝进行钨极气体保护电弧焊和熔化极气体保护电弧焊时,不要求预热。可以全位置焊接。应尽可能保持短弧施焊,以保证适当的保护气体屏蔽而尽量减少气孔。

(八)低合金钢药芯焊丝(GB/T 17493—2008)

1. 低合金钢药芯焊丝的分类和型号划分

焊丝按药芯类型分为非金属粉型药芯焊丝和金属粉型药芯焊丝。

非金属粉型药芯焊丝按化学成分分为钼钢、铬钼钢、镍钢、锰钼钢和其他低合金钢等五类;金属粉型药芯焊丝按化学成分分为铬钼钢、镍钢、锰钼钢和其他低合金钢等四类。

非金属粉型药芯焊丝型号按熔敷金属的抗拉强度和化学成分、焊接位置、药芯类型和保护气体进行划分;金属粉型药芯焊丝型号按熔敷金属的抗拉强度和化学成分进行划分。

2. 低合金钢药芯焊丝型号编制方法

(1)非金属粉型药芯焊丝型号用 E×××T×-××(-J H×)来表示,其中括号内的符号为可选附加代号。具体说明如下:

①字母"E"表示焊丝;

②字母"E"后的第一和第二个符号"××"表示熔敷金属的最低抗拉强度(见表10-40);

③字母"E"后的第三个符号"×"表示推荐的焊接位置(见表10-38);

④字母"T"表示非金属粉型药芯焊丝;

⑤字母"T"后的符号"×"表示药芯类型及电流种类(见表10-38);

⑥第一个短划"—"后的符号"×"表示熔敷金属化学成分代号(见表10-39);

⑦熔敷金属化学成分代号后的符号"×"表示保护气体类型,"C"表示 CO_2 气体,"M"表示 Ar+(20%～25%)CO_2 混合气体。当该位置没有符号时,表示不采用保护气体,为自保护型(见表10-38);

⑧若型号中出现第二个短划"—"及字母"J"时,表示焊丝具有更低温度的冲击性能(字母"J"为可选附加代号);

⑨若型号中出现第二个短划"—"及字母"H×"时,表示熔敷金属扩散氢含量,×为扩散氢含量最大值(字母"H×"为可选附加代号)。

型号示例：

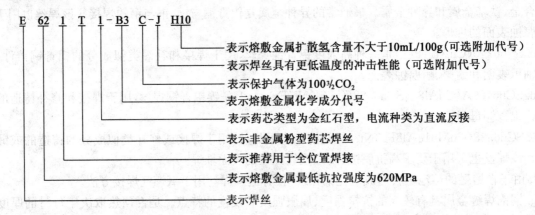

E 62 1 T 1-B3 C-J H10

表示熔敷金属扩散氢含量不大于10mL/100g（可选附加代号）
表示焊丝具有更低温度的冲击性能（可选附加代号）
表示保护气体为100%CO₂
表示熔敷金属化学成分代号
表示药芯类型为金红石型，电流种类为直流反接
表示非金属粉型药芯焊丝
表示推荐用于全位置焊接
表示熔敷金属最低抗拉强度为620MPa
表示焊丝

（2）金属粉型药芯焊丝型号用 E××C-×（-H×）来表示，其中括号内的符号为可选附加代号。具体说明如下：

①字母"E"表示焊丝；

②字母"E"后的两个符号"××"表示熔敷金属的最低抗拉强度；

③字母"C"表示金属粉型药芯焊丝；

④第一个短划"－"后的符号"×"表示熔敷金属化学成分代号；

⑤若型号中出现第二个短划"－"及字母"H×"时，表示熔敷金属扩散氢含量，×为扩散氢含量最大值（字母"H×"为可选附加代号）。

型号示例：

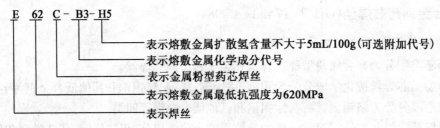

E 62 C-B3-H5

表示熔敷金属扩散氢含量不大于5mL/100g（可选附加代号）
表示熔敷金属化学成分代号
表示金属粉型药芯焊丝
表示熔敷金属最低抗强度为620MPa
表示焊丝

3. 焊丝的尺寸（mm）

表10-36

焊丝直径	0.8、0.9、1.0、1.2、1.4	1.6、1.8、2.0、2.4、2.8	3.0、3.2、4.0
极限偏差	+0.02 −0.05	+0.02 −0.06	+0.02 −0.07

注：根据供需双方协商，可生产其他尺寸的焊丝。

4. 焊丝的外观质量

表10-37

项　目	要　求
外观质量	表面应光滑、无毛刺、凹坑、划痕、锈蚀、氧化皮和油污等缺陷，不得有其他不利于焊接操作或对焊缝金属有不良影响的杂质
	焊丝的填充粉应分布均匀
送丝性能	缠绕的焊丝应能在自动和半自动焊机上连续送丝。焊丝接头处应适当加工，以保证均匀连续送丝
角焊缝试验	经目测角焊缝应无咬边、焊瘤、夹渣和表面气孔等；两纵向断裂表面无裂纹、气孔和夹渣
	焊缝根部未熔合的总长度不大于焊缝总长度的20%
	焊脚尺寸≤10mm

5. 药芯类型、焊接位置、保护气体及电流种类

表 10-38

焊丝	药芯类型	药芯特点	型号	焊接位置	保护气体a	电流种类
非金属粉型	1	金红石型,熔滴呈喷射过渡	E××0T1-×C	平、横	CO_2	直流反接
			E××0T1-×M	平、横	Ar+(20%~25%)CO_2	
			E××1T1-×C	平、横、仰、立向上	CO_2	
			E××1T1-×M	平、横、仰、立向上	Ar+(20%~25%)CO_2	
	4	强脱硫、自保护型,熔滴呈粗滴过渡	E××1T4-×	平、横	—	
	5	氧化钙-氟化物型,熔滴呈粗滴过渡	E××0T5-×C	平、横	CO_2	
			E××0T5-×M		Ar+(20%~25%)CO_2	
			E××1T5-×C	平、横、仰、立向上	CO_2	直流反接或正接b
			E××1T5-×M	平、横、仰、立向上	Ar+(20%~25%)CO_2	
	6	自保护型,熔滴呈喷射过渡	E××0T6-×	平、横	—	直流反接
	7	强脱硫、自保护型,熔滴呈粗滴过渡	E××0T7-×		—	直流正接
			E××1T7-×	平、横、仰、立向上	—	
	8	自保护型,熔滴呈喷射过渡	E××0T8-×	平、横	—	
			E××1T8-×	平、横、仰、立向上	—	
	11	自保护型,熔滴呈喷射过渡	E××0T11-×	平、横	—	
			E××1T11-×	平、横、立向下	—	
	×c	c	E××0T×-G	平、横		c
			E××1T×-G	平、横、仰、立向上或向下		
			E××0T×-GC	平、横	CO_2	
			E××1T×-GC	平、横、仰、立向上或向下	CO_2	
			E××0T×-GM	平、横	Ar+(20%~25%)CO_2	
			E××1T×-GM	平、横、仰、立向上或向下	Ar+(20%~25%)CO_2	
	G	不规定	E××0TG-×	平、横	不规定	不规定
			E××1TG-×	平、横、仰、立向上或向下		
			E××0TG-G	平、横		
			E××1TG-G	平、横、仰、立向上或向下		
金属粉型		主要为纯金属和合金,熔渣极少,熔滴呈喷射过渡	E××C-B2,-B2L E××C-B3,-B3L E××C-B6,-B8 E××C-Ni1,-Ni2,-Ni3 E××C-D2	不规定	Ar+(1%~5%)O_2	不规定
			E××C-B9 E××C-K3,-K4 E××C-W2		Ar+(5%~25%)CO_2	
		不规定	E××C-G		不规定	

注:①a 为保证焊缝金属性能,应采用表中规定的保护气体。如供需双方协商也可采用其他保护气体。

②b 某些 E××1T5-×C,-×M焊丝,为改善立焊和仰焊的焊接性能,焊丝制造厂也可能推荐采用直流正接。

③c 可以是上述任一种药芯类型,其药芯特点及电流种类应符合该类药芯焊丝相对应的规定。

6. 熔敷金属化学成分（质量分数）（%）

表 10-39

型号	C	Mn	Si	S	P	Ni	Cr	Mo	V	Al	Cu	其他元素总量
钼钢焊丝（非金属粉型）												
E49×T5-A1C, -A1M	0.12	1.25	0.80	0.030	0.030			0.40~0.65			—	—
E55×T1-A1C, -A1M												
铬钼钢焊丝（非金属粉型）												
E55×T1-B1C, -B1M	0.05~0.12	1.25	0.80	0.030	0.030		0.40~0.65	0.40~0.65			—	—
E55×T1-B1LC, -B1LM	0.05											
E55×T1-B2C, -B2M	0.05~0.12						1.00~1.50					
E55×T5-B2C, -B2M	0.05~0.12											
E55×T1-B2LC, -B2LM	0.05											
E55×T5-B2LC, -B2LM	0.05											
E55×T1-B2HC, -B2HM	0.10~0.15											
E62×T1-B3C, -B3M	0.05~0.12						2.00~2.50	0.90~1.20				
E62×T5-B3C, -B3M	0.05~0.12											
E69×T1-B3C, -B3M	0.05~0.12											
E62×T1-B3LC, -B3LM	0.05											
E62×T1-B3HC, -B3HM	0.10~0.15											
E55×T1-B6C, -B6M	0.05~0.12				0.040	0.40	4.0~6.0	0.45~0.65				
E55×T5-B6C, -B6M	0.05~0.12											
E55×T1-B6LC, -B6LM	0.05		1.00									
E55×T5-B6LC, -B6LM	0.05											
E55×T1-B8C, -B8M	0.05~0.12		0.50	0.015	0.030	0.80	8.0~10.5	0.85~1.20			0.50	
E55×T5-B8C, -B8M	0.05~0.12											
E55×T1-B8LC, -B8LM	0.05											
E55×T5-B8LC, -B8LM	0.05											
E62×T1-B9C[c], -B9M[a]	0.08~0.13	1.20	0.50	0.015	0.020	0.80	8.0~10.5	0.85~1.20	0.15~0.30	0.04	0.25	

续表10-39

型　号	C	Mn	Si	S	P	Ni	Cr	Mo	V	Al	Cu	其他元素总量
非金属粉型　镍钢焊丝												
E43×T1-Ni1C,-Ni1M	0.12	1.50	0.80	0.030	0.030	0.80~1.10	0.15	0.35	0.05	1.8[b]	—	—
E49×T1-Ni1C,-Ni1M												
E49×T6-Ni1												
E49×T8-Ni1												
E55×T1-Ni1C,-Ni1M												
E55×T5-Ni1C,-Ni1M												
E49×T8-Ni2						1.75~2.75						
E55×T8-Ni2												
E55×T1-Ni2C,-Ni2M												
E55×T5-Ni2C,-Ni2M												
E62×T1-Ni2C,-Ni2M												
E55×T5-Ni3C,-Ni3M[c]						2.75~3.75	—	—	—			
E62×T5-Ni3C,-Ni3M												
E55×T11-Ni3												
非金属粉型　锰钼钢焊丝												
E62×T1-D1C,-D1M	0.12	1.25~2.00	0.80	0.030	0.030	—	—	0.25~0.55	—			
E62×T5-D2C,-D2M	0.15	1.65~2.25										
E69×T5-D2C,-D2M												
E62×T1-D3C,-D3M	0.12	1.00~1.75						0.40~0.65				
非金属粉型　其他低合金钢焊丝												
E55×T5-K1C,-K1M	0.15	0.80~1.40	0.80	0.030	0.030	0.80~1.10	0.15	0.20~0.65	0.05	1.8[b]	—	—
E49×T4-K2		0.50~1.75				1.00~2.00		0.35				
E49×T7-K2												
E49×T8-K2												
E49×T11-K2												
E55×T8-K2												
E55×T1-K2C,-K2M												
E55×T5-K2C,-K2M												
E62×T1-K2C,-K2M												
E62×T5-K2C,-K2M												

续表 10-39

型号	C	Mn	Si	S	P	Ni	Cr	Mo	V	Al	Cu	其他元素总量
非金属粉型　其他低合金钢焊丝												
E69×T1-K3C,-K3M	0.15	0.75~2.25	0.80	0.030	0.030	1.25~2.60	0.15	0.25~0.65	0.05	—	—	
E69×T5-K3C,-K3M	0.15	0.75~2.25	0.80	0.030	0.030	1.25~2.60	0.15	0.25~0.65	0.05	—	—	
E76×T1-K3C,-K3M	0.15	0.75~2.25	0.80	0.030	0.030	1.25~2.60	0.15	0.25~0.65	0.05	—	—	
E76×T5-K3C,-K3M	0.15	0.75~2.25	0.80	0.030	0.030	1.25~2.60	0.15	0.25~0.65	0.05	—	—	
E76×T1-K4C,-K4M	0.15	1.20~2.25	0.80	0.030	0.030	1.75~2.60	0.20~0.60	0.20~0.65	0.03	—	—	
E76×T5-K4C,-K4M	0.15	1.20~2.25	0.80	0.030	0.030	1.75~2.60	0.20~0.60	0.20~0.65	0.03	—	—	
E83×T5-K4C,-K4M	0.15	1.20~2.25	0.80	0.030	0.030	1.75~2.60	0.20~0.60	0.20~0.65	0.03	—	—	
E83×T1-K5C,-K5M	0.10~0.25	0.60~1.60	0.80	0.030	0.030	0.75~2.00	0.20~0.70	0.15~0.55		—	—	
E49×T5-K6C,-K6M	0.15	0.50~1.50	0.80	0.030	0.030	0.40~1.00	0.20	0.15	0.05	1.8[b]	—	
E43×T8-K6	0.15	0.50~1.50	0.80	0.030	0.030	0.40~1.00	0.20	0.15		1.8[b]	—	
E49×T8-K6	0.15	0.50~1.50	0.80	0.030	0.030	0.40~1.00	0.20	0.15		1.8[b]	—	
E69×T1-K7C,-K7M	0.15	1.00~1.75	0.40	0.030	0.030	2.00~2.75				1.8[b]	—	
E62×T8-K8	0.15	1.00~2.00	0.60	0.030	0.030	0.50~1.50	0.20	0.20	0.05	1.8[b]	—	
E69×T1-K9C,-K9M	0.07	0.50~1.50	0.60	0.015	0.015	1.30~3.75		0.50		1.8[b]	0.06	
E55×T1-W2C,-W2M	0.12	0.50~1.30	0.35~0.80	0.030	0.030	0.40~0.80	0.45~0.70			—	0.30~0.75	
E×××T×-G[c],-GC[c],-GM[c]	—	≥0.50	1.00	0.030	0.030	≥0.50	≥0.30	≥0.20	≥0.10	1.8[b]	—	—
E×××TG-G[c]	—	≥0.50	1.00	0.030	0.030	≥0.50	≥0.30	≥0.20	≥0.10	1.8[b]	—	—
金属粉型　铬钼钢焊丝												
B55C-B2	0.05~0.12	0.40~1.00	0.25~0.60	0.030	0.025	0.20	1.00~1.50	0.40~0.65	0.03	—	—	
B49C-B2L	0.05	0.40~1.00	0.25~0.60	0.030	0.025	0.20	1.00~1.50	0.40~0.65	0.03	—	—	
B62C-B3	0.05~0.12	0.40~1.00	0.25~0.60	0.030	0.025	0.20	2.00~2.50	0.90~1.20	0.03	—	0.35	
B55C-B3L	0.05	0.40~1.00	0.25~0.60	0.030	0.025	0.20	2.00~2.50	0.90~1.20	0.03	—	0.35	
B55C-B6	0.10	0.40~1.00	0.25~0.60	0.025	0.025	0.60	4.50~6.00	0.45~0.65	0.03	—	0.35	
B55C-B8	0.10	0.40~1.00	0.50	0.025	0.025	0.20	8.00~10.50	0.80~1.20	0.03	—	0.35	
B62C-B9[d]	0.08~0.13	1.20	0.50	0.015	0.020	0.80	8.00~10.50	0.85~1.20	0.15~0.30	0.04	0.20	0.50

续表 10-39

镍钢焊丝 金属粉型

型号	C	Mn	Si	S	P	Ni	Cr	Mo	V	Al	Cu	其他元素总量
E55C-Ni1	0.12	1.50	0.90	0.030	0.025	0.80~1.10	—	0.30	0.03	—	0.35	0.50
E49C-Ni2	0.08	1.25				1.75~2.75		—				
E55C-Ni2	0.12	1.50				1.75~2.75						
E55C-Ni3	0.12	1.50				2.75~3.75						

锰钼钢焊丝 金属粉型

型号	C	Mn	Si	S	P	Ni	Cr	Mo	V	Al	Cu	其他元素总量
E62C-D2	0.12	1.00~1.90	0.90	0.030	0.025	—	—	0.40~0.60	0.03	—	0.35	0.50

其他低合金钢焊丝 金属粉型

型号	C	Mn	Si	S	P	Ni	Cr	Mo	V	Al	Cu	其他元素总量
E62C-K3	0.15	0.75~2.25	0.80	0.025	0.025	0.50~2.50	0.15	0.25~0.65	0.03	—	0.35	0.50
E69C-K3												
E76C-K3								0.15~0.65				
E76C-K4												
E83C-K4												
E55C-W2	0.12	0.50~1.30	0.35~0.80	0.030		0.40~0.80	0.45~0.70	—			0.30~0.75	
E××C-G[e]	—	—	—	—	—	≥0.50	≥0.30	≥0.20	—	—	—	—

注:①除另有注明外,所列单值均为最大值。
②[a]Nb:0.02%~0.10%;N:0.02%~0.07%;(Mn+Ni)≤1.50%。
③[b]仅适用于自保护焊丝。
④[c]对于 E××T-G 和 E××TC-G 型号,元素 Mn、Ni、Cr、Mo 或 V 至少有一种应符合要求。
⑤[d]Nb:0.02%~0.10%;N:0.02%~0.03%;(Mn+Ni)≤1.50%。
⑥[e]对于 E××C-G 型号,元素 Ni、Cr 或 Mo 至少有一种应符合要求。

7. 熔敷金属的力学性能

表 10-40

型　号a	试样状态	抗拉强度 R_m（MPa）	规定非比例延伸强度 $R_{p0.2}$（MPa）	伸长率 A（%）	冲击性能b 吸收功 A_{kv}（J）	试验温度（℃）
非金属粉型						
E49×T5-A1C,-A1M	焊后热处理	490~620	≥400	≥20	≥27	-30
E55×T1-A1C,-A1M						
E55×T1-B1C,-B1M,-B1LC,-B1LM		550~690	≥470	≥19		
E55×T1-B2C,-B2M,-B2LC,-B2LM,-B2HC,-B2HM						
E55×T5-B2C,-B2M,-B2LC,-B2LM						
E62×T1-B3C,-B3M,-B3LC,-B3LM,-B3HC,-B3HM	焊后热处理	620~760	≥540	≥17		
E62×T5-B3C,-B3M						
E69×T1-B3C,-B3M		690~830	≥610	≥16		
E55×T1-B6C,-B6M,-B6LC,-B6LM						
E55×T5-B6C,-B6M,-B6LC,-B6LM						
E55×T1-B8C,-B8M,-B8LC,-B8LM		550~690	≥470	≥19		
E55×T5-B8C,-B8M,-B8LC,-B8LM						
E62×T1-B9C,-B9M		620~830	≥540	≥16		
E43×T1-Ni1C,-Ni1M		430~550	≥340	≥22		-30
E49×T1-Ni1C,-Ni1M		490~620	≥400	≥20		
E49×T6-Ni1	焊态					
E49×T8-Ni1						
E55×T1-Ni1C,-Ni1M		550~690	≥470	≥19		
E55×T5-Ni1C,-Ni1M	焊后热处理					-50
E49×T8-Ni2		490~620	≥400	≥20		
E55×T8-Ni2	焊态					-30
E55×T1-Ni2C,-Ni2M		550~690	≥470	≥19		-40
E55×T5-Ni2C,-Ni2M	焊后热处理					-60
E62×T1-Ni2C,-Ni2M	焊态	620~760	≥540	≥17		-40
E55×T5-Ni3C,-Ni3M	焊后热处理	550~690	≥470	≥19		-70
E62×T5-Ni3C,-Ni3M		620~760	≥540	≥17		
E55×T11-Ni3	焊态	550~690	≥470	≥19	≥27	-20
E62×T1-D1C,-D1M	焊态	620~760	≥540	≥17		-40
E62×T5-D2C,-D2M	焊后热处理					-50
E69×T5-D2C,-D2M		690~830	≥610	≥16		-40
E62×T1-D3C,-D3M		620~760	≥540	≥17		-30
E55×T5-K1C,-K1M		550~690	≥470	≥19		-40
E49×T4-K2		490~620	≥400	≥20		-20
E49×T7-K2						
E49×T8-K2						-30
E49×T11-K2	焊态					0
E55×T8-K2						
E55×T1-K2C,-K2M		550~690	≥470	≥19		-30
E55×T5-K2C,-K2M						
E62×T1-K2C,-K2M		620~760	≥540	≥17		-20
E62×T5-K2C,-K2M						-50

型 号[a]	试样状态	抗拉强度 R_m（MPa）	规定非比例延伸强度 $R_{p0.2}$（MPa）	伸长率 A（%）	冲击性能[b] 吸收功 A_{kV}（J）	试验温度（℃）
非金属粉型						
E69×T1-K3C,-K3M	焊态	690~830	≥610	≥16	≥27	−20
E69×T5-K3C,-K3M						−50
E76×T1-K3C,-K3M		760~900	≥680	≥15		−20
E76×T5-K3C,-K3M						−50
E76×T1-K4C,-K4M						−20
E76×T5-K4C,-K4M						−50
E83×T5-K4C,-K4M		830~970	≥745	≥14		
E83×T1-K5C,-K5M						—
E49×T5-K6C,-K6M		490~620	≥400	≥20	≥27	−60
E43×T8-K6		430~550	≥340	≥22		−30
E49×T8-K6		490~620	≥400	≥20		
E69×T1-K7C,-K7M		690~830	≥610	≥16		−50
E62×T8-K8		620~760	≥540	≥17		−30
E69×T1-K9C,-K9M		690~830[c]	560~670	≥18	≥47	−50
E55×T1-W2C,-W2M		550~690	≥470	≥19	≥27	−30
金属粉型						
E49C-B2L	焊后热处理	≥515	≥400	≥19	—	
E55C-B2		≥550	≥470			
E55C-B3L				≥17		
E62C-B3		≥620	≥540			
E55C-B6		≥550	≥470			
E55C-B8						
E62C-B9		≥620	≥410	≥16		
E49C-Ni2	焊态	≥490	≥400	≥24	≥27	−60
E55C-Ni1		≥550	≥470			−45
E55C-Ni2	焊后热处理	≥550	≥470			−60
E55C-Ni3						−75
E62C-D2	焊态	≥620	≥540	≥17	≥27	−30
E62C-K3				≥18		
E69C-K3		≥690	≥610	≥16		−50
E76C-K3		≥760	≥680	≥15		
E76C-K4						
E83C-K4		≥830	≥750	≥15		
E55C-W2		≥550	≥470	≥22		−30

注：①对于 E×××T×-G、-GC、-GM、E×××TG-× 和 E×××TG-G 型焊丝，熔敷金属冲击性能由供需双方商定。

②对于 E××C-G 型焊丝，除熔敷金属抗拉强度外，其他力学性能由供需双方商定。

③[a] 在实际型号中"×"用相应的符号替代（见型号示例）。

④[b] 非金属粉型焊丝型号中带有附加代号"J"时，对于规定的冲击吸收功，试验温度应降低10℃。

⑤[c] 对于 E69T1-K9C、-K9M 表示的抗拉强度范围不是要求值，而是近似值。

⑥焊缝射线探伤应符合 GB/T 3323—2005 附录 C 中表 C.4 的Ⅱ级规定。

⑦焊丝的硬度、耐腐蚀性、高温和低温环境下的力学性能、耐磨性以及对于异种金属焊接的适用性，由供需双方商定进行附加试验。

8.熔敷金属扩散氢含量

表 10-41

扩散氢可选附加代号	扩散氢含量(水银法或色谱法)(mL/100g)
H15	≤15.0
H10	≤10.0
H5	≤5.0

9.低合金钢药芯焊丝的包装

表 10-42

包 装 形 式	尺寸(mm)		净重量(kg)
卷装(无支架)	由供需双方商定		
卷装(有支架)	内径	170	5、6、7
		300	10、15、20、25、30
盘装	外径	100	0.5、1.0
		200	4、5、7
		270、300	10、15、20
		350	20、25
		560	100
		610	150
		760	250、350、450
桶装	外径	400	由供需双方商定
		500	
		600	150、300

有支架焊丝卷的包装尺寸

焊丝净重量(kg)	芯轴内径(mm)	绕至最大宽度(mm)
5、6、7	170±3	75
10、15	300±3	65 或 120
20、25、30	300±3	120

注:有支架焊丝卷衬圈、焊丝盘和焊丝桶的设计和制造,应能防止在正常的搬运和使用中变形,并应清洁和干燥,以保持焊丝的清洁。

10.低合金钢药芯焊丝的说明及应用(供参考)

1)非金属粉型焊丝

非金属粉型焊丝的药芯以造渣的矿物质粉为主,含有部分纯金属粉和合金粉。

(1)对于一种给定的焊丝,除非特别注意焊接工艺、试样制备细节(甚至试样在焊缝中的位置)、试验温度和试验机的操作等,否则一块试件与另一块试件,甚至一个冲击试样与另一个冲击试样的试验结果之间可能存在明显的差别。

(2)气体保护和自保护焊丝,其熔敷金属的碳含量对淬硬性的作用是不同的。气体保护焊丝通常采用 Mn-Si 脱氧系统,碳含量对硬度的影响可遵从于许多典型的碳当量公式。许多自保护焊丝采用铝合金体系来提供保护和脱氧,铝的作用之一是改善对淬硬性的作用。因此,采用自保护焊丝获得的硬度水平要低于典型的碳当量公式的指示水平。

(3)E××0T×-×× 型药芯焊丝主要推荐用于平焊和横焊位置,但在焊接中采用适当的电流和较小的焊丝尺寸,也可用在其他位置上。对于直径小于 2.4mm 的焊丝,使用制造厂推荐的电流范围的下限,就可以用于立焊和仰焊。其他较大直径的焊丝通常用于平焊和横焊位置的焊接。

(4)焊丝型号 E×××T×-×× 中 T 后面的 ×(1、4、5、6、7、8、11 或 G)表示不同的药芯类型,每类焊丝有类似药芯成分,具有特殊的焊接性能及类似的渣系。但"G"类焊丝除外,其每个焊丝之间工艺特性可能差别很大。

a. E×××T1-××类焊丝

E×××T1-×C类焊丝采用CO_2作保护气体,但是在制造者推荐用于改进工艺性能时,尤其是用于立焊和仰焊时,也可以采用$Ar+CO_2$的混合气体,混合气体中增加Ar的含量会增加焊缝金属中锰和硅的含量,以及铬等某些其他合金的含量,这会提高屈服强度和抗拉强度,并可能影响冲击性能。

E×××T1-×M类焊丝采用$Ar+(20\%\sim25\%)CO_2$作保护气体,采用减少Ar含量的Ar/CO_2混合气体或采用CO_2保护气体会导致电弧特性和立焊及仰焊焊接特性发生某些变化,同时可能减少焊缝金属中锰、硅和某些其他合金成分,这会降低屈服强度和抗拉强度,并可能影响冲击性能。

该类焊丝用于单道焊和多道焊,采用直流反接。大直径(≥2.0mm)焊丝可用于平焊和平角焊,小直径(≤1.6mm)可用于全位置焊,该类焊丝药芯为金红石型,熔滴呈喷射过渡,飞溅小,焊缝成型较平或微凸状,溶渣适中,覆盖完全。

b. E×××T4-×类焊丝

该类焊丝是自保护型,采用直流反接。用于平焊位置和横焊位置的单道焊和多道焊,尤其可用来焊接装配不良的接头。该类焊丝药芯具有强脱硫能力,熔滴呈粗滴过渡,焊缝金属抗裂性能良好。

c. E×××T5-×类焊丝

E×××T5-×C,-×M类焊丝也可如E×××T1-×C,-×M类焊丝一样,在实际生产中根据需要分别对保护气体稍作调整。

E×××0T5-××类焊丝主要用于平焊位置和平角焊位置的单道焊和多道焊,根据制造厂的推荐采用直流反接或正接。该类焊丝药芯为氧化钙-氟化物型,熔滴呈粗滴过渡,焊道成型微凸状,熔渣薄且不能完全覆盖焊道,焊缝金属具有优良的冲击性能及抗热裂和冷裂性能。

某些E××1T5-××类焊丝采用直流正接可用于全位置焊接。

d. E×××T6-×类焊丝

该类焊丝是自保护型,采用直流反接。熔滴呈喷射过渡,焊缝熔深大,易脱渣。可用于平焊和横焊位置的单道焊和多道焊。焊缝金属具有较高的低温冲击性能。

e. E×××T7-×类焊丝

该类焊丝是自保护型,采用直流正接。熔滴呈喷射过渡,用于单道焊或多道焊。大直径焊丝用于高熔敷率的平焊和横焊,小直径焊丝用于全位置焊接。焊丝药芯有强脱硫能力,焊缝金属具有很好的抗裂性能。

f. E×××T8-×类焊丝

该类焊丝是自保护型,采用直流正接。熔滴呈喷射过渡,可用于全位置的单道焊或多道焊。焊缝金属具有良好的低温冲击性能和抗裂性能。

g. E×××T11-×类焊丝

该类焊丝是自保护型,采用直流正接。熔滴呈喷射过渡,适用于全位置单道焊或多道焊。有关板厚方向的限制可向制造厂咨询。

h. E×××T1×-G,E×××TG-×,E×××TG-G类焊丝

该类焊丝设定为以上确定类别之外的一种药芯焊丝,熔敷金属的拉伸性能应符合标准的要求,分类代号中的"G"表示合金元素的要求、熔敷金属的冲击性能、试样状态、药芯类型、保护气体或焊接位置等等,需由供需双方商定。

2)金属粉型焊丝

金属粉型焊丝的药芯以纯金属粉和合金粉为主,熔渣极少,熔敷效率较高,可用于单道或多道焊。

(1)E55C-B2型焊丝

该类焊丝用于焊接在高温和腐蚀情况下使用的1/2Cr-1/2Mo、1Cr-1/2Mo和1-1/4Cr-1/2Mo钢。

它们也用作 Cr-Mo 钢与碳钢的异种钢连接。可呈现喷射、短路或粗滴等过渡形式。控制预热，道间温度和焊后热处理对避免裂纹非常重要。

（2）E49C-B2L 型焊丝

该类焊丝除了低碳含量（≤0.05%）及由此带来较低的强度水平外，与 E55C-B2 型焊丝是一样的。同时硬度也有所降低，并在某些条件下改善抗腐蚀性能，具有较好的抗裂性。

（3）E62C-B3 型焊丝

该类焊丝用于焊接高温、高压管子和压力容器用 2-1/4Cr-1Mo 钢。它们也可用来连接 Cr-Mo 钢与碳钢。控制预热、道间温度和焊后热处理对避免裂纹非常重要。这类焊丝在焊后热处理状态下进行分类的，当它们在焊态下使用时，由于强度较高，应谨慎。

（4）E55C-B3L 型焊丝

该类焊丝除了低碳含量（≤0.05%）和强度较低外，与 E62C-B3 型焊丝是一样的，具有较好的抗裂性。

（5）E55C-Ni1 型焊丝

该类焊丝用于焊接在−45℃低温下要求良好韧性的低合金高强度钢。

（6）E49C-Ni2、E55C-Ni2 型焊丝

该类焊丝用于焊接 2.5Ni 钢和在−60℃低温下要求良好韧性的材料。

（7）E55C-Ni3 型焊丝

该类焊丝通常用于焊接低温运行的 3.5Ni 钢。

（8）E62C-D2 型焊丝

该类焊丝含有钼，提高了强度，当采用 CO_2 作为保护气体焊接时，提供高效的脱氧剂来控制气孔。在常用的和难焊的碳钢与低合金钢中，它们可提供射线照相高质量的焊缝及极好的焊缝成型。采用短路和脉冲弧焊方法时，它们显示出极好的多种位置的焊接特性。焊缝致密性与强度的结合使得该类焊丝适合于碳钢与低合金高强度钢在焊态和焊后热处理状态的单道焊和多道焊。

（9）E55C-B6 型焊丝

该类焊丝含有 4.5%～6.0%Cr 和约 0.5%Mo，是一种空气淬硬的材料，焊接时要求预热和焊后热处理。用于焊接相似成分的管材。

（10）E55C-B8 型焊丝

该类焊丝含有 8.0%～10.5%Cr 和约 1.0%Mo，是一种空气淬硬的材料，焊接时要求预热和焊后热处理。用于焊接相似成分的管材。

（11）E62C-B9 型焊丝

该类焊丝是 9Cr-1Mo 焊丝的改型，其中加入 Nb 和 V，可提高高温下的强度、韧性、疲劳寿命、抗氧化性和耐腐蚀性能。除了标准分类要求外，应确定冲击韧性或高温蠕变强度。由于 C 和 Nb 不同含量的影响，规定值和试验要求必须由供需双方协商确定。

该类焊丝的热处理非常关键，必须严格控制。显微组织完全转变为马氏体的温度相对较低，因此，在完成焊接和进行焊后热处理之前，建议使焊件冷却到 100℃以下，使其尽可能多地转变成马氏体。允许的最高焊后热处理温度也是很关键的，因为珠光体向奥氏体转变的开始温度 Ac_1 也相对较低，当焊后热处理温度接近 Ac_1，可能引起微观组织的部分转变。为有助于进行合适的焊后热处理，提出了限制 (Mn+Ni) 的含量（见表 10-39 注⑤[d]）。Mn 和 Ni 会降低 Ac_1 温度，通过限制 Mn+Ni，焊后热处理温度将比 Ac_1 足够低，以避免发生部分转变。

（12）E62C-K3、E69C-K3 和 E76C-K3 型焊丝

该类焊丝焊缝金属的典型成分为 1.5%Ni 和不大于 0.35%Mo。这些焊丝用于许多最低屈服强度为 550～760MPa 的高强度应用中，主要在焊态下使用。典型的应用包括船舶焊接、海上平台结构焊接以及其他许多要求低温韧性的钢结构焊接。

该类型的其他焊丝的熔敷金属 Mn、Ni 和 Mo 较高,通常具有高的强度。

(13)E76C-K4 和 E83C-K4 型焊丝

该类焊丝与 E××C-K3 型焊丝产生相似的熔敷金属,但加有约 0.5％的 Cr,提高了强度,满足了超过 830MPa 抗拉强度的许多应用需求。

(14)E55C-W2 型焊丝

该类焊丝的焊缝金属中加入约 0.5％的 Cu,可与许多耐腐蚀的耐候结构钢相匹配。为满足焊缝金属强度、塑性和缺口韧性要求,也推荐加入 Cr 和 Ni。

(15)E××C-G 型焊丝

该类焊丝设定为以上确定类别之外的一种药芯焊丝,熔敷金属的抗拉强度应符合标准要求,分类代号中的"G"表示合金元素的要求、熔敷金属的其他力学性能、试样状态、保护气体等等,需由供需双方商定。

(九)气体保护电弧焊用碳钢、低合金钢焊丝(GB/T 8110—2008)

1. 气体保护电弧焊用碳钢、低合金钢焊丝的分类和型号划分

气体保护电弧焊用碳钢、低合金钢焊丝(简称焊丝)按化学成分分为碳钢、碳钼钢、铬钼钢、镍钢、锰钼钢和其他低合金钢等 6 类;焊丝又分为实心焊丝和填充焊丝。

焊丝型号按化学成分和采用熔化极气体保护电弧焊时熔敷金属的力学性能进行划分。

2. 焊丝的型号编制方法

焊丝的型号由三部分组成。第一部分用字母"ER"表示焊丝;第二部分两位数字表示焊丝熔敷金属的最低抗拉强度;第三部分为短划"-"后的字母或数字,表示焊丝化学成分代号。

根据供需双方协商,可在型号后附加扩散氢代号 H×,其中×代表 15、10 或 5。

示例:

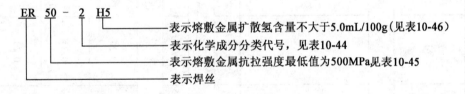

ER 50 - 2 H5
　　　　　　　表示熔敷金属扩散氢含量不大于 5.0mL/100g(见表10-46)
　　　　　　　表示化学成分分类代号,见表10-44
　　　　　　　表示熔敷金属抗拉强度最低值为 500MPa 见表10-45
　　　　　　　表示焊丝

3. 焊丝的尺寸及允差(mm)

表 10-43

包装形式	焊丝直径	允许偏差
直条	1.2、1.6、2.0、2.4、2.5	+0.01 −0.04
	3.0、3.2、4.0、4.8	+0.01 −0.07
焊丝卷	0.8、0.9、1.0、1.2、1.4、1.6、2.0、2.4、2.5	+0.01 −0.04
	2.8、3.0、3.2	+0.01 −0.07
焊丝桶	0.9、1.0、1.2、1.4、1.6、2.0、2.4、2.5	+0.01 −0.04
	2.8、3.0、3.2	+0.01 −0.07
焊丝盘	0.5、0.6	+0.01 −0.03
	0.8、0.9、1.0、1.2、1.4、1.6、2.0、2.4、2.5	+0.01 −0.04
	2.8、3.0、3.2	+0.01 −0.07

注:①根据供需双方协议,可生产其他尺寸及偏差的焊丝。

②直条焊丝长度为 500～1 000mm,允许偏差为±5mm。

表 10-44

4.焊丝化学成分（质量分数）（%）

焊丝型号	C	Mn	Si	P	S	Ni	Cr	Mo	V	Ti	Zr	Al	Cuᵃ	其他元素总量
碳 钢														
ER50-2	0.07	0.90~1.40	0.40~0.70							0.05~0.15	0.02~0.12	0.05~0.15		0.50
ER50-3		0.90~1.40	0.45~0.75							—	—	—		
ER50-4	0.06~0.15	1.00~1.50	0.65~0.85	0.025	0.025	0.15	0.15	0.15	0.03				0.50	
ER50-6		1.40~1.85	0.80~1.15											
ER50-7	0.07~0.15	1.50~2.00ᵇ	0.50~0.80											
ER49-1	0.11	1.80~2.10	0.65~0.95	0.030	0.030	0.30	0.20	—	—					
碳 钼 钢														
ER49-A1	0.12	1.30	0.30~0.70	0.025	0.025	0.20	—	0.40~0.65	—	—	—	—	0.35	0.50
铬 钼 钢														
ER55-B2	0.07~0.12	0.40~0.70	0.40~0.70	0.025		0.20	1.20~1.50	0.40~0.65	—					
ER49-B2L	0.05	0.40~0.70	0.40~0.70											
ER55-B2-MnV	0.06~0.10	1.20~1.60	0.60~0.90	0.030		0.25	1.00~1.30	0.50~0.70	0.20~0.40					
ER55-B2-Mn	0.07~0.12	1.20~1.70	0.60~0.90	0.025	0.025		0.90~1.20	0.45~0.65					0.35	0.50
ER62-B3	0.07~0.12	0.40~0.70	0.40~0.70			0.20	2.30~2.70	0.90~1.20		—	—	—		
ER55-B3L	0.05	0.40~0.70	0.50											
ER55-B6	0.10					0.60	4.50~6.00	0.45~0.65						
ER55-B8	0.10					0.50	8.00~10.50	0.80~1.20						
ER62-B9ᶜ	0.07~0.13	1.20	0.15~0.50	0.010	0.010	0.80	8.00~10.50	0.85~1.20	0.15~0.30			0.04	0.20	

续表 10-44

焊丝型号	C	Mn	Si	P	S	Ni	Cr	Mo	V	Ti	Zr	Al	Cu[a]	其他元素总量
镍 钢														
ER55-Ni1	0.12	1.25	0.40~0.80	0.025	0.025	0.80~1.10	0.15	0.35	0.05	—	—	—	0.35	0.50
ER55-Ni2						2.00~2.75	—	—	—					
ER55-Ni3						3.00~3.75	—	—	—					
锰 钼 钢														
ER55-D2	0.07~0.12	1.60~2.10	0.50~0.80	0.025	0.025	0.15	—	0.40~0.60	—	—			0.50	0.50
ER62-D2														
ER55-D2-Ti	0.12	1.20~1.90	0.40~0.80			—		0.20~0.50		0.20				
其他低合金钢														
ER55-1	0.10	1.20~1.60	0.60	0.025	0.020	0.20~0.60	0.30~0.90	—	—	—			0.20~0.50	
ER69-1	0.08	1.25~1.80	0.20~0.55	0.010	0.010	1.40~2.10	0.30	0.25~0.55	0.05					0.50
ER76-1	0.09	1.90~2.60				1.90~2.60	0.50		0.04	0.10	0.10	0.10	0.25	
ER83-1	0.10	1.40~1.80	0.25~0.60			2.00~2.80	0.60	0.30~0.65	0.03					
ERXX-G							供需双方协商确定							

注:①表中单值均为最大值。

②ᵃ 如果焊丝镀铜,则焊丝中 Cu 含量和镀铜层中 Cu 含量之和不应大于 0.50%。

③ᵇ Mn 的最大含量可以超过 2.00%,但每增加 0.05% 的 Mn,最大含 C 量应降低 0.01%。

④ᶜ Nb(Cb):0.02%~0.10%;N:0.03%~0.07%;(Mn + Ni)≤1.50%。

5.气体保护电弧焊用碳钢、低合金钢焊丝力学性能

表 10-45

焊丝型号	保护气体①	熔敷金属拉伸试验				冲击试验		
		抗拉强度② R_m(MPa) 不小于	屈服强度② $R_{p0.2}$(MPa) 不小于	伸长率 A (%)不小于	试样状态	试验温度 (℃)	V 形缺口 冲击吸收功 (J)不小于	试验状态
碳　钢								
ER50-2	CO₂	500	420	22	焊态	−30	27	焊态
ER50-3						−20		
ER50-4						不要求		
ER50-6								
ER50-7						−30	27	焊态
ER49-1		490	372	20		室温	47	
碳　钼　钢								
ER49-A1	Ar+(1%~5%)O₂	515	400	19	焊后热处理	不要求		
铬　钼　钢								
ER55-B2	Ar+(1%~5%)O₂	550	470	19		不要求		
ER49-B2L		515	400					
ER55-B2-MnV	Ar+20%CO₂	550	440	20	焊后热处理	室温	27	焊后热处理
ER55-B2-Mn								
ER62-B3	Ar+(1%~5%)O₂	620	540	17		不要求		
ER55-B3L		550	470					
ER55-B6								
ER55-B8								
ER62-B9	Ar+5%O₂	620	410	16				
镍　钢								
ER55-Ni1	Ar+(1%~5%)O₂	550	470	24	焊态	−45	27	焊态
ER55-Ni2					焊后热处理	−60		焊后热处理
ER55-Ni3						−75		
锰　钼　钢								
ER55-D2	CO₂	550	470	17	焊态	−30	27	焊态
ER62-D2	Ar+(1%~5%)O₂	620	540	17				
ER55-D2-Ti	CO₂	550	470	17				
其他低合金钢								
ER55-1	Ar+20%CO₂	550	450	22	焊态	−40	60	焊态
ER69-1	Ar+2%O₂	690	610	16				
ER76-1		760	660	15		−50	68	
ER83-1		830	730	14				
ERXX-G	供需双方协商							

注:①分类时限定的保护气体类型,在实际应用中并不限制采用其他保护气体类型,但力学性能可能会产生变化。

②对于 ER50-2、ER50-3、ER50-4、ER50-6、ER50-7 型焊丝,当伸长率超过最低值时,每增加 1%,抗拉强度和屈服强度可减少 10MPa,但抗拉强度最低值不得小于 480MPa,屈服强度最低值不得小于 400MPa。

③焊缝射线探伤应符合 GB/T 3323 附录 C 中表 C.4 的 Ⅱ 级规定。

6.熔敷金属扩散氢含量

表 10-46

可选用的附加扩散氢代号	扩散氢含量(mL/100g)
H15	≤15.0
H10	≤10.0
H5	≤5.0

注:应注明所采用的测定方法。

7.焊丝表面质量和送丝性能

焊丝表面应光滑,无毛刺、划痕、锈蚀、氧化皮等缺陷,也不应有其他不利于焊接操作或对焊缝金属有不良影响的质杂。镀铜焊丝的镀层应均匀牢固,不应出现起鳞与剥离。焊丝表面也可采用其他不影响焊接和力学性能的处理方法。

缠绕的焊丝应适于在自动和半自动焊机上连续送丝。焊丝接头处应适当加工,以保证能均匀连续送丝。

8.碳钢、低合金钢焊丝的包装

表 10-47

包　装　形　式		尺　寸　(mm)	净　重　量　(kg)
直条		—	1、2、5、10、20
无支架焊丝卷		供需双方协商确定	
有支架焊丝卷	内径	170	6
		300	10、15、20、25、30
焊丝盘	外径	100	0.5、0.7、1.0
		200	4.5、5.0、5.5、7
		270、300	10、15、20
		350	20、25
		560	100
		610	150
		760	250、350、450
焊丝桶	外径	400	供需双方协商确定
		500	
		600	150、300
有支架焊丝卷的标准尺寸和净重量			
焊丝净重量(kg)	芯轴内径(mm)		绕至最大宽度(mm)
6	170±3		75
10、15	300±3		65 或 120
20、25、30	300±3		120

9.焊丝的简要说明和用途

1)ER50-2

ER50-2 焊丝主要用于镇静钢、半镇静钢和沸腾钢的单道焊,也可用于某些多道焊的场合。由于添加了脱氧剂,这种填充金属能够用来焊接表面有锈和污物的钢材,但可能损害焊缝质量,它取决于表面条件。ER50-2 填充金属广泛地用于用 GTAW 方法生产的高质量和高韧性焊缝。这些填充金属亦很好地适用于在单面焊接,而不需要在接头反面采用根部气体保护。这些钢的典型标准为 ASTM A36、A285-C、A515-55 和 A516-70,它们的 UNS 号分别为 K02600、K02801、K02001 和 K02700。

2)ER50-3

ER50-3 焊丝适用于焊接单道和多道焊缝。典型的母材标准通常与 ER50-2 类别适用的一样。ER50-3 焊丝是使用广泛的 GMAW 焊丝。

3)ER50-4

ER50-4 焊丝适用于焊接其条件要求比 ER50-3 焊丝填充金属能提供更多脱氧能力的钢种。典型的母材标准通常与 ER50-2 类别适用的一样。本类别不要求冲击试验。

4)ER50-6

ER50-6 焊丝适用于单道焊,又适用于多道焊。它们特别适合于期望有平滑焊道的金属薄板和有中等数量铁锈或热轧氧化皮的型钢和钢板。在进行 CO_2 气体保护或 $Ar+O_2$ 或 $Ar+CO_2$ 混合气体保护焊接时,这些焊丝允许较高的电流范围。然而,当采用二元和三元混合保护气体时,这些焊丝要求比上述焊丝有较高的氧化性。典型的母材标准通常与 ER50-2 类别适用的一样。

5)ER50-7

ER50-7 焊丝适用于单道焊和多道焊。与 ER50-3 焊丝填充金属相比,它们可以在较高的速度下焊接。与那些填充金属相比,它们还提供某些较好的润湿作用和焊道成形。在进行 CO_2 保护气体或 $Ar+O_2$ 混合气体或 $Ar+CO_2$ 混合气体焊接时,这些焊丝允许采用较高的电流范围。然而,当采用二元或三元混合气体时,这些焊丝要求像上面所述的焊丝有较高的氧化性(更多的 CO_2 或 O_2)。典型的母材标准通常与 ER50-2 类别适用的一样。

6)ER49-1

ER49-1 焊丝适用于单道焊和多道焊,具有良好的抗气孔性能,用以焊接低碳钢和某些低合金钢。

7)ER49-A1(1/2Mo)

ER49-A1 焊丝的填充金属,除了加有 0.5%Mo 外,与碳钢焊丝填充金属相似。添加钼提高焊缝金属的强度,特别是高温下的强度,使抗腐蚀性能有所提高。然而,它降低焊缝金属的韧性。典型的应用包括焊接 C-Mo 钢母材。

8)ER55-B2(1-1/4Cr-1/2Mo)

ER55-B2 焊丝的填充金属用于焊接在高温和腐蚀情况下使用的 1/2Cr-1/2Mo、1Cr-1/2Mo 和 1-1/4Cr-1/2Mo 钢。它们也用来连接 Cr-Mo 钢与碳钢的异种钢接头。可使用气体保护电弧焊的所有过渡形式。控制预热,层间温度和焊后热处理对避免裂纹是非常关键的。焊丝在焊后热处理状态下进行试验。

9)ER49-B2L(1-1/4Cr-1/2Mo)

ER49-B2L 焊丝的填充金属,除了低的含碳量(≤0.05%)及由此带来较低的强度水平外,与 ER55-B2 焊丝的填充金属是一样的。同时硬度也有所降低,并在某些条件下改善抗腐蚀性能。这种合金具有较好的抗裂性,较适合于在焊态下,或当严格的焊后热处理作业可能产生问题时使用的焊缝。

10)ER62-B3(2-1/4Cr-1Mo)

ER62-B3 焊丝的填充金属用于焊接高温、高压管子和压力容器用 2-1/4Cr-1Mo。它们也可用来连接 Cr-Mo 钢与碳钢的结合。通过控制预热、层间温度和焊后热处理对避免裂纹非常重要。这些焊丝是在焊后热处理状态下进行分类的。当它们在焊态下使用,由于强度较高,应谨慎使用。

11)ER55-B3L(2-1/4Cr-1Mo)

ER55-B3L 焊丝的填充金属除了低碳含量(≤0.05%)和强度较低外,与 ER62-B3 类别是一样的。这些合金具有较高的抗裂性而适合于焊态下使用的焊缝。

12)ER55-Nil(1.0Ni)

ER55-Nil 焊丝用于焊接在-45℃低温下要求好的韧性的低合金高强度钢。

13)ER55-Ni2(2-1/4Ni)

ER55-Ni2 焊丝用于焊接 2.5Ni 钢和在-60℃低温下要求良好韧性的材料。

14)ER55-Ni3(3-1/4Ni)

ER55-Ni3 通常用于焊接低温运行的 3.5Ni 钢。

15)ER55-D2、ER62-D2(1/2Mo)

ER55-D2 和 ER62-D2 之间的不同点在于保护气体不同和力学性能要求不同。这些类别的填充金属含有钼提高了强度和当采用 CO_2 作为保护气体焊接时,提供高效的脱氧剂来控制气孔。在常用的和难焊的碳钢与低合金钢中,它们可提供射线探伤高质量的焊缝及极好的焊缝成形。采用短路和脉冲弧焊方法时,它们显示出极好的多种位置的焊接特性。焊缝致密性与强度的结合使得这些类别的填充金属适合于碳钢与低合金高强度钢在焊态和焊后热处理状态的单道焊和多道焊。

16)ER55-1

ER55-1 是耐大气腐蚀用焊丝,由于添加了 Cu、Cr、Ni 等合金元素,焊缝金属具有良好的耐大气腐蚀性能,主要用于铁路货车用 Q450NQR1 等钢的焊接。

17)ER69-1、ER76-1 和 ER83-1

这些填充金属通常应用于高强度和高韧性材料。这些填充金属同样用于要求抗拉强度超过 690MPa 和在 −50℃ 低温下具有高韧性结构钢的焊接。采用的线能量大小不同,这些类别的焊丝的焊缝熔敷金属的力学性能会发生变化。

18)ER55-B6(5Cr-1/2Mo)

ER55-B6 焊丝含有 4.5%～6.0% 铬和约 0.5% 钼。本类别填充金属用于焊接相似成分的母材,通常为管子或管道。该合金是一种空气淬硬的材料,因此,当用这种填充金属进行焊接时要求预热和焊后热处理。

19)ER55-B8(9Cr-1Mo)

ER55-B8 焊丝含有 8.0%～10.5% 铬和约 1.0% 钼。本类别填充金属用于焊接相似成分的母材,通常为管子或管道。该合金是一种空气淬硬的材料,因此,当用这种填充金属进行焊接时要求预热和焊后热处理。

20)ER62-B9[9Cr-1Mo-0.2V-0.07Nb(Cb)]

ER62-B9 是 9Cr-1Mo 焊丝的改型,其中加入铌(钶)和钒,可提高在高温下的强度、韧性、疲劳寿命、抗氧化性和耐腐蚀性能。由于该合金具有较高的高温性能,所以目前用不锈钢和铁素体钢制造的部件可以用单一合金制造。可消除异种钢焊缝所带来的问题。除了标准规定的分类要求外,应确定冲击韧性或高温蠕变强度性能。由于碳和铌(钶)不同含量的影响,规定值和试验要求必须由供需双方协商确定。

本合金的热处理是非常关键的,必须严格控制。显微组织完全转变为马氏体的温度相对较低,因此,在完成焊接和进行焊后热处理之前,推荐使焊件冷却到至少 93℃,使其尽可能多地转变成马氏体。允许的最高焊后热处理温度也是很关键的。因为蠕变温度的下限 Ac_1 也相对较低。为有助于进行合适的焊后热处理,提出了限制(Mn+Ni)的含量(见表10-44 注④)。Mn 和 Ni 的组合趋向于降低 Ac_1 温度,当焊后热处理温度接近 Ac_1,可能引起微观组织的部分转变。通过限制 Mn+Ni,焊后热处理温度将此 Ac_1 足够低,以避免部分转变的发生。

21)ER××-G

ER××-G 焊丝是不包括在前面类别中的那些填充金属。对它们仅规定了某些力学性能要求。焊丝用于单道焊和多道焊。关于这些类别的成分、性能和其他特性由供需双方协商确定。

(十)不锈钢焊丝和焊带(GB/T 29713—2013)

不锈钢焊丝和焊带包括焊丝、焊带和填充丝。适用于熔化极或非熔化极气体保护电弧焊、埋弧焊、电渣焊、等离子焊及激光焊。

填充丝是焊丝的一种类型,焊接时仅作为填充金属,不传导电流。一般以直条、盘状、卷状或桶装供货,通常用于非熔化极气体保护电弧焊、等离子弧焊和激光焊等焊接工艺方法。

焊带是焊接材料的一种类型,焊接时既作为填充金属又传导电流。一般以卷状供货,通常用于埋弧焊和电渣焊。

1. 不锈钢焊丝和焊带的型号表示方法

焊丝及焊带型号由两部分组成:

(1)第一部分的首位字母表示产品分类,其中"S"表示焊丝,"B"表示焊带;

(2)第二部分为字母"S"或字母"B"后面的数字或数字与字母的组合表示化学成分分类,其中"L"表示碳含量较低,"H"表示碳含量较高,如有其他特殊要求的化学成分,该化学成分用元素符号表示放在后面,见表10-48。

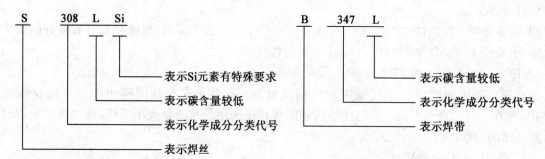

2. 不锈钢焊丝和焊带的表面质量要求

焊丝及焊带表面应光滑,无毛刺、凹坑、划痕等缺陷,也不应有其他不利于焊接操作或对焊缝金属有不良影响的杂质。

3. 不锈钢焊丝和焊带的尺寸及包装

焊丝及焊带应进行适宜的包装,供货状态应符合 GB/T 25775 规定。

不锈钢焊丝、焊带的尺寸符合 GB/T 25775 规定。

4. 不锈钢焊丝、焊带的化学成分

表 10-48

化学成分分类	化学成分(质量分数)(%)										
	C	Si	Mn	P	S	Cr	Ni	Mo	Cu	Nb[a]	其他
209	0.05	0.90	4.0~7.0	0.03	0.03	20.5~24.0	9.5~12.0	1.5~3.0	0.75	—	N:0.10~0.30 V:0.10~0.30
218	0.10	3.5~4.5	7.0~9.0	0.03	0.03	16.0~18.0	8.0~9.0	0.75	0.75	—	N:0.08~0.18
219	0.05	1.00	8.0~10.0	0.03	0.03	19.0~21.5	5.5~7.0	0.75	0.75	—	N:0.10~0.30
240	0.05	1.00	10.5~13.5	0.03	0.03	17.0~19.0	4.0~6.0	0.75	0.75	—	N:0.10~0.30
307[b]	0.04~0.14	0.65	3.3~4.8	0.03	0.03	19.5~22.0	8.0~10.7	0.5~1.5	0.75	—	—
307Si[b]	0.04~0.14	0.65~1.00	6.5~8.0	0.03	0.03	18.5~22.0	8.0~10.7	0.75	0.75	—	—
307Mn[b]	0.20	1.2	5.0~8.0	0.03	0.03	17.0~20.0	7.0~10.0	0.5	0.5	—	—
308	0.08	0.65	1.0~2.5	0.03	0.03	19.5~22.0	9.0~11.0	0.75	0.75	—	—

化学成分分类	化 学 成 分（质 量 分 数）（%）										
	C	Si	Mn	P	S	Cr	Ni	Mo	Cu	Nbª	其他
308Si	0.08	0.65～1.00	1.0～2.5	0.03	0.03	19.5～22.0	9.0～11.0	0.75	0.75	—	—
308H	0.04～0.08	0.65	1.0～2.5	0.03	0.03	19.5～22.0	9.0～11.0	0.50	0.75	—	—
308L	0.03	0.65	1.0～2.5	0.03	0.03	19.5～22.0	9.0～11.0	0.75	0.75	—	—
308LSi	0.03	0.65～1.00	1.0～2.5	0.03	0.03	19.5～22.0	9.0～11.0	0.75	0.75	—	—
308Mo	0.08	0.65	1.0～2.5	0.03	0.03	18.0～21.0	9.0～12.0	2.0～3.0	0.75	—	—
308LMo	0.03	0.65	1.0～2.5	0.03	0.03	18.0～21.0	9.0～12.0	2.0～3.0	0.75	—	—
309	0.12	0.65	1.0～2.5	0.03	0.03	23.0～25.0	12.0～14.0	0.75	0.75	—	—
309Si	0.12	0.65～1.00	1.0～2.5	0.03	0.03	23.0～25.0	12.0～14.0	0.75	0.75	—	—
309L	0.03	0.65	1.0～2.5	0.03	0.03	23.0～25.0	12.0～14.0	0.75	0.75	—	—
309LDᶜ	0.03	0.65	1.0～2.5	0.03	0.03	21.0～24.0	10.0～12.0	0.75	0.75	—	—
309LSi	0.03	0.65～1.00	1.0～2.5	0.03	0.03	23.0～25.0	12.0～14.0	0.75	0.75	—	—
309LNb	0.03	0.65	1.0～2.5	0.03	0.03	23.0～25.0	12.0～14.0	0.75	0.75	10×C～1.0	—
309LNbDᶜ	0.03	0.65	1.0～2.5	0.03	0.03	20.0～23.0	11.0～13.0	0.75	0.75	10×C～1.2	—
309Mo	0.12	0.65	1.0～2.5	0.03	0.03	23.0～25.0	12.0～14.0	2.0～3.0	0.75	—	—
309LMo	0.03	0.65	1.0～2.5	0.03	0.03	23.0～25.0	12.0～14.0	2.0～3.0	0.75	—	—
309LMoDᶜ	0.03	0.65	1.0～2.5	0.03	0.03	19.0～22.0	12.0～14.0	2.3～3.3	0.75	—	—
310ᵇ	0.08～0.15	0.65	1.0～2.5	0.03	0.03	25.0～28.0	20.0～22.5	0.75	0.75	—	—
310Sᵇ	0.08	0.65	1.0～2.5	0.03	0.03	25.0～28.0	20.0～22.5	0.75	0.75	—	—
310Lᵇ	0.03	0.65	1.0～2.5	0.03	0.03	25.0～28.0	20.0～22.5	0.75	0.75	—	—
312	0.15	0.65	1.0～2.5	0.03	0.03	28.0～32.0	8.0～10.5	0.75	0.75	—	—
316	0.08	0.65	1.0～2.5	0.03	0.03	18.0～20.0	11.0～14.0	2.0～3.0	0.75	—	—
316Si	0.08	0.65～1.00	1.0～2.5	0.03	0.03	18.0～20.0	11.0～14.0	2.0～3.0	0.75	—	—
316H	0.04～0.08	0.65	1.0～2.5	0.03	0.03	18.0～20.0	11.0～14.0	2.0～3.0	0.75	—	—
316L	0.03	0.65	1.0～2.5	0.03	0.03	18.0～20.0	11.0～14.0	2.0～3.0	0.75	—	—
316LSi	0.03	0.65～1.00	1.0～2.5	0.03	0.03	18.0～20.0	11.0～14.0	2.0～3.0	0.75	—	—
316LCu	0.03	0.65	1.0～2.5	0.03	0.03	18.0～20.0	11.0～14.0	2.0～3.0	1.0～2.5	—	—

| 化学成分分类 | 化学成分(质量分数)(%) | | | | | | | | | | |
	C	Si	Mn	P	S	Cr	Ni	Mo	Cu	Nb^a	其他
316LMn^b	0.03	1.0	5.0~9.0	0.03	0.02	19.0~22.0	15.0~18.0	2.5~4.5	0.5	—	N:0.10~0.20
317	0.08	0.65	1.0~2.5	0.03	0.03	18.5~20.5	13.0~15.0	3.0~4.0	0.75	—	—
317L	0.03	0.65	1.0~2.5	0.03	0.03	18.5~20.5	13.0~15.0	3.0~4.0	0.75	—	—
318	0.08	0.65	1.0~2.5	0.03	0.03	18.0~20.0	11.0~14.0	2.0~3.0	0.75	8×C~1.0	—
318L	0.03	0.65	1.0~2.5	0.03	0.03	18.0~20.0	11.0~14.0	2.0~3.0	0.75	8×C~1.0	
320^b	0.07	0.60	2.5	0.03	0.03	19.0~21.0	32.0~36.0	2.0~3.0	3.0~4.0	8×C~1.0	
320LR^b	0.025	0.15	1.5~2.0	0.015	0.02	19.0~21.0	32.0~36.0	2.0~3.0	3.0~4.0	8×C~0.40	
321	0.08	0.65	1.0~2.5	0.03	0.03	18.5~20.5	9.0~10.5	0.75	0.75	—	Ti:9×C~1.0
330	0.18~0.25	0.65	1.0~2.5	0.03	0.03	15.0~17.0	34.0~37.0	0.75	0.75	—	—
347	0.08	0.65	1.0~2.5	0.03	0.03	19.0~21.5	9.0~11.0	0.75	0.75	10×C~1.0	
347Si	0.08	0.65~1.00	1.0~2.5	0.03	0.03	19.0~21.5	9.0~11.0	0.75	0.75	10×C~1.0	
347L	0.03	0.65	1.0~2.5	0.03	0.03	19.0~21.5	9.0~11.0	0.75	0.75	10×C~1.0	
383^b	0.025	0.50	1.0~2.5	0.02	0.03	26.5~28.5	30.0~33.0	3.2~4.2	0.7~1.5	—	—
385^b	0.025	0.50	1.0~2.5	0.02	0.03	19.5~21.5	24.0~26.0	4.2~5.2	1.2~2.0	—	—
409	0.08	0.8	0.8	0.03	0.03	10.5~13.5	0.6	0.50	0.75		Ti:10×C~1.5
409Nb	0.12	0.5	0.6	0.03	0.03	10.5~13.5	0.6	0.75	0.75	8×C~1.0	
410	0.12	0.5	0.6	0.03	0.03	11.5~13.5	0.6	0.75	0.75		
410NiMo	0.06	0.5	0.6	0.03	0.03	11.0~12.5	4.0~5.0	0.4~0.7	0.75		
420	0.25~0.40	0.5	0.6	0.03	0.03	12.0~14.0		0.75	0.75	—	
430	0.10	0.5	0.6	0.03	0.03	15.5~17.0	0.6	0.75	0.75	—	
430Nb	0.10	0.5	0.6	0.03	0.03	15.5~17.0	0.6	0.75	0.75	8×C~1.2	
430LNb	0.03	0.5	0.6	0.03	0.03	15.5~17.0	0.6	0.75	0.75	8×C~1.2	
439	0.04	0.8	0.8	0.03	0.03	17.0~19.0	0.6	0.5	0.75	—	Ti:10×C~1.1
446LMo	0.015	0.4	0.4	0.02	0.02	25.0~27.5	Ni+Cu:0.5	0.75~1.50	Ni+Cu:0.5	—	N:0.015
630	0.05	0.75	0.25~0.75	0.03	0.03	16.00~16.75	4.5~5.0	0.75	3.25~4.00	0.15~0.30	—
16-8-2	0.10	0.65	1.0~2.5	0.03	0.03	14.5~16.5	7.5~9.5	1.0~2.0	0.75	—	

化学成分分类	化学成分（质量分数）（%）										
	C	Si	Mn	P	S	Cr	Ni	Mo	Cu	Nb[a]	其他
19—10H	0.04～0.08	0.65	1.0～2.0	0.03	0.03	18.5～20.0	9.0～11.0	0.25	0.75	0.05	Ti:0.05
2209	0.03	0.90	0.5～2.0	0.03	0.03	21.5～23.5	7.5～9.5	2.5～3.5	0.75	—	N:0.08～0.20
2553	0.04	1.0	1.5	0.04	0.03	24.0～27.0	4.5～6.5	2.9～3.9	1.5～2.5	—	N:0.10～0.25
2594	0.03	1.0	2.5	0.03	0.02	24.0～27.0	8.0～10.5	2.5～4.5	1.5	—	N:0.20～0.30　W:1.0
33-31	0.015	0.50	2.00	0.02	0.01	31.0～35.0	30.0～33.0	0.5～2.0	0.3～1.2		N:0.35～0.60
3556	0.05～0.15	0.20～0.80	0.50～2.00	0.04	0.015	21.0～23.0	19.0～22.5	2.5～4.0	—	0.30	d
Z[e]	其他成分										

注：①表中单值均为最大值。

②[a] 不超过 Nb 含量总量的 20%，可用 Ta 代替。

③[b] 熔敷金属在多数情况下是纯奥氏体，因此对微裂纹和热裂纹敏感。增加焊缝金属中的 Mn 含量可减少裂纹的发生，经供需双方协商，Mn 的范围可以扩大到一定等级。

④[c] 这些分类主要用于低稀释率的堆焊，如电渣焊带。

⑤[d] N:0.10～0.30；Cu:16.0～21.0；W:2.0～3.5；Ta:0.30～1.25；Al:0.10～0.50；Zr:0.001～0.100；La:0.005～0.100；B:0.02。

⑥[e] 表中未列的焊丝及焊带可用相类似的符号表示，词头加字母"Z"。化学成分范围不进行规定，两种分类之间不可替换。

5. 不锈钢焊丝及焊带的熔敷金属拉伸性能参考值

表 10-49

化学成分分类	抗拉强度 R_m（MPa）	断后伸长率 A（%）	焊后热处理
307	590	25	—
307Mn	500	25	—
308	550	25	—
308Si	550	25	—
308H	550	30	—
308L	510	25	—
308LSi	510	25	—
308Mo	620	20	—
308LMo	510	30	—
309	550	25	—
309Si	550	25	—
309L	510	25	—
309LD	510	20	—
309LSi	510	25	—
309LNb	550	25	—
309LNbD	510	20	—
309Mo	510	25	—
309LMo	550	25	—
309LMoD	510	20	—
310	550	20	—

化学成分分类	抗拉强度 R_m（MPa）	断后伸长率 A（%）	焊后热处理
310S	550	20	—
310L	510	20	—
312	650	15	—
316	510	25	—
316Si	510	25	—
316H	550	25	—
316L	510	25	—
316LSi	510	25	—
316LCu	510	25	—
316LMn	510	25	—
317	550	25	—
317L	480	25	—
318	550	25	—
318L	510	25	—
320	550	25	—
320LR	520	25	—
321	550	25	—
330	550	10[a]	—
347	550	25	—
347Si	550	25	—
347L	510	25	—
383	500	25	—
385	510	25	—
409	380	15	—
409Nb	450	15	b
410[b]	450	15	a 或 b
410NiMo	750	15	d
420	450	15	c
430	450	15	e
430Nb	450	15	e
430LNb	410	15	—
439	410	15	—
630	930	5	f
16-8-2	510	25	—
19-10H	550	30	—
2209	550	20	—
2594	620	18	—
33-31	720	25	—

注：①表中单值均为最小值。

②[a] 此类焊丝、填充丝及焊带的熔敷金属中的碳较高，适于在高温下服役。室温下断后伸长率相对于使用温度时有些低，熔敷金属的断后伸长率低于母材。

③[b] 加热到 730～760℃，保温 1h，炉冷至 600℃，然后空冷。

④[c] 加热到 840～870℃，保温 2h，炉冷至 600℃，然后空冷。

⑤[d] 加热到 580～620℃，保温 2h，空冷。

⑥[e] 加热到 760～790℃，保温 2h，炉冷至 600℃，然后空冷。

⑦[f] 加热到 1 025～1 050℃，保温 1h，空冷至室温，然后加热到 610～630℃，保温 4h，空冷。

第二节　阀门和水暖器材

一、阀门

阀门是流体输送系统中的控制部件,是一种管路附件,具有截断、调节、导流、防止逆流、稳压、分流或溢流泄压等功能,其用途极为广泛,主要用于工业、民用管道或机械设备管道上,作为改变通路断面和介质流动方向,控制管道内介质流动之用。

阀门按公称压力分为:

真空阀门,即公称压力低于标准大气压,绝对压力<0.1MPa 的阀门;标记 PN<1;

低压阀门,公称压力≤1.6MPa 的阀门,标记 PN≤16;

中压阀门,公称压力>1.6~10.0MPa 的阀门,标记 PN>16~100;

高压阀门,公称压力>10.0~100.0MPa 的阀门,标记 PN>100~1 000;

超高压阀门,公称压力>100MPa 的阀门,标记 PN>1 000。

PN:与管道系统元件的力学性能和尺寸特性相关,用于参考的字母和数字组合的标识。它由字母 PN 和后跟无因次的数字组成。

字母 PN 后跟的数字不代表测量值,不应用于计算目的,除非在有关标准中另有规定。

(一)阀门的型号编制方法(JB/T 308—2004)

1.阀门的型号结构

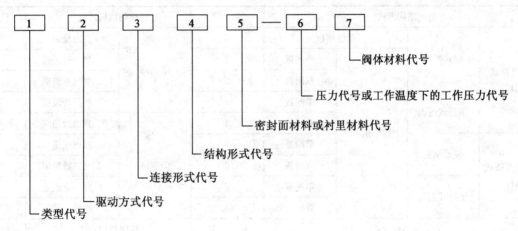

2.阀门的代号

1)类型代号

表 10-50

阀 门 类 型	代号	阀 门 类 型	代号	第二功能作用名称	代号
闸阀	Z	球阀	Q	保温型	B
截止阀	J	排污阀	P	低温型	D[1]
节流阀	L	弹簧荷载安全阀	A	防火型	F
减压阀	Y	杠杆式安全阀	GA	缓闭型	H
旋塞阀	X	止回阀和底阀	H	排渣型	P
柱塞阀	U	蒸汽疏水阀	S	快速型	Q
蝶阀	D	隔膜阀	G	波纹管型(阀杆密封)	W

注:①低温型指允许使用温度低于−46℃的阀门。
　　②当阀门还具有其他功能或带有其他特异结构时,在阀门类型代号前面再加注一个汉语拼音字母(按表中"第二功能作用名称及代号"规定)。

1151

2)驱动方式代号

表 10-51

驱动方式	代号	驱动方式	代号
电磁动	0	锥齿轮	5
电磁—液动	1	气动	6
电—液动	2	液动	7
蜗轮	3	气—液动	8
正齿轮	4	电动	9

注:①代号1、代号2及代号8是用在阀门启闭时,需有两种动力源同时对阀门进行操作。
　　②安全阀、减压阀、疏水阀、手轮直接连接阀杆操作结构形式的阀门,本代号省略,不表示。
　　③对于气动或液动机构操作的阀门:常开式用6K、7K表示;常闭式用6B、7B表示。
　　④防爆电动装置的阀门用9B表示。

3)连接形式代号

表 10-52

连接形式	代号	连接形式	代号
内螺纹	1	对夹	7
外螺纹	2	卡箍	8
法兰式	4	卡套	9
焊接式	6	—	—

注:各种连接形式的具体结构、采用标准或方式(如:法兰面形式及密封方式、焊接形式、螺纹形式及标准等),不在连接代号后加符号表示,应在产品的图样、说明书或订货合同等文件中予以详细说明。

4)阀门结构形式代号

表 10-53

闸阀结构形式			代号	球阀结构形式	代号
阀杆升降式（明杆）	楔式闸板	弹性闸板	0	活动球 直通流道	1
		单闸板	1	Y型三通流道	2
		双闸板	2	L型三通流道	4
	平行式闸板	单闸板	3	T型三通流道	5
		双闸板	4	直通流道	7
	刚性闸板	单闸板	5	四通流道	6
阀杆非升降式（暗杆）	楔形闸板	双闸板	6	固定球 T型三通流道	8
		单闸板	7	L型三通流道	9
	平行式闸板	双闸板	8	半球直通	0
安全阀结构形式			**代号**	**蝶阀结构形式**	**代号**
弹簧载荷弹簧封闭结构		带散热片全启式	0	密封型 单偏心	0
		微启式	1	中间垂直板	1
		全启式	2	双偏心	2
		带扳手全启式	4	三偏心	3
扛杆式		单杠杆	2	连接机构	4
		双杠杆	4	单偏心	5
弹簧载荷弹簧不封闭结构且带扳手结构		微启式、双联阀	3	中间垂直板	6
		微启式	7	非密封型 双偏心	7
		全启式	8	三偏心	8
带控制机构全启动			6	连接机构	9
脉冲式			9	—	

截止阀、节流阀和柱塞阀结构形式		代　号	止回阀结构形式		代　号
阀瓣非平衡式	直通流道	1	升降式阀瓣	直通流道	1
	Z 型流道	2		立式结构	2
	三通流道	3		角式流道	3
	角式流道	4		单瓣结构	4
	直通流道	5	旋启式阀瓣	多瓣结构	5
阀瓣平衡式	直通流道	6		双瓣结构	6
	角式流道	1	蝶形止回式		7

旋塞阀结构形式		代　号	减压阀结构形式	代　号
填料密封	直通流道	3	薄膜式	1
	T 型三通流道	4	弹簧薄膜式	2
	四通流道	5	活塞式	3
油密封	直通流道	7	波纹管式	4
	T 型三通流道	8	杠杆式	5

蒸汽疏水阀结构形式	代　号	排污阀结构形式		代　号
浮球式	1	液面连续排放	截止型直通式	1
浮桶式	3		截止型角式	2
液体或固体膨胀式	4	液底间断排放	截止型直流式	5
钟形浮子式	5		截止型直通式	6
蒸汽压力式或膜盒式	6		截止型角式	7
双金属片式	7		浮动闸板型直通式	8
脉冲式	8	—		
圆盘热动力式	9	—		

隔膜阀结构形式	代　号	隔膜阀结构形式	代　号
屋脊流道	1	直通流道	6
直流流道	5	Y 形角式流道	8

5）密封面或衬里材料代号

表 10-54

密封面或衬里材料	代　号	密封面或衬里材料	代　号
锡基轴承合金（巴氏合金）	B	尼龙塑料	N
搪瓷	C	渗硼钢	P
渗氮钢	D	衬铅	Q
氟塑料	F	奥氏体不锈钢	R
陶瓷	G	塑料	S
Cr13 系不锈钢	H	铜合金	T
衬胶	J	橡胶	X
蒙乃尔合金	M	硬质合金	Y

注：①除隔膜阀外，当密封副的密封面材料不同时，以硬度低的材料表示。

②阀座密封面或衬里材料代号执行本表规定。

③隔膜阀以阀体表面材料代号表示。

④阀门密封副材料为阀门本体材料时，密封面材料代号用"W"表示。

6）压力代号

（1）公称压力：按 GB/T 1048 要求。PN 数值从以下系列中选择，DIN 系列：PN2.5、PN6、PN10、PN16、PN25、PN40、PN63、PN100；ANSI 系列：PN20、PN50、PN110、PN150、PN260、PN420。必要时允许选用其他 PN 数值。（压力级采用 10 倍的兆帕单位[MPa]数值表示）。

（2）工作压力：当介质最高温度大于 425℃时，标注最高工作温度下的工作压力代号。

（3）压力等级采用磅级(1b)或 K 级单位的阀门，压力代号后应有 1b 或 K 的单位符号。

7）阀体材料代号

表 10-55

阀 体 材 料	代 号	阀 体 材 料	代 号
碳钢	C	铬镍钼系不锈钢	R
Cr13 系不锈钢	H	塑料	S
铬钼系钢	I	铜及铜合金	T
可锻铸铁	K	钛及钛合金	Ti
铝合金	L	铬钼钒钢	V
铬镍系不锈钢	P	灰铸铁	Z
球墨铸铁	Q		

注：①CF3、CF8、CF3M、CF8M 等材料牌号可直接标注在阀体上。

②公称压力小于或等于 1.6MPa 的灰铸铁阀门的阀体材料代号予以省略。

③公称压力大于或等于 2.5MPa 的碳素钢阀门的阀体材料代号予以省略。

3.阀门的命名

对于连接形式为"法兰"、结构形式为：闸阀的"明杆"、"弹性"、"刚性"和"单闸板"，截止阀、节流阀的"直通式"，球阀的"浮动球"、"固定球"和"直通式"，蝶阀的"垂直板式"，隔膜阀的"屋脊式"，旋塞阀的"填料"和"直通式"，止回阀的"直通式"和"单瓣式"，安全阀的"不封闭式"，"阀座密封面材料"在命名中均予以省略。

4.阀门型号和名称编制示例

（1）电动、法兰连接、明杆楔式双闸板，阀座密封面材料由阀体直接加工，公称压力 0.1MPa、阀体材料为灰铸铁的闸阀： Z942W-1 电动楔式双闸板闸阀。

（2）手动、外螺纹连接、浮动直通式，阀座密封面材料为氟塑料、公称压力 4.0MPa、阀体材料为 1Cr18Ni9Ti 的球阀： Q21F-40P 外螺纹球阀。

（3）气动常开式、法兰连接、屋脊式结构并衬胶、公称压力 0.6MPa、阀体材料为灰铸铁的隔膜阀：$G6_K41J$-6 气动常开式衬胶隔膜阀。

（4）液动、法兰连接、垂直板式、阀座密封材料为铸铜、阀瓣密封面材料为橡胶、公称压力0.25MPa、阀体材料为灰铸铁的蝶阀： D741X-2.5 液动蝶阀。

（5）电动驱动对接焊连接、直通式、阀座密封面材料为堆焊硬质合金、工作温度 540℃时工作压力 17.0MPa、阀体材料铬钼钒钢的截止阀： $J961Y$-P_{54}170V 电动焊接截止阀。

5.阀门的特点和用途（参考）

表 10-56

结构种类	特 点 和 用 途	
闸阀	流体阻力小，启、闭力较小，介质可从两个方向流动，结构复杂，高度尺寸大，密封面易擦伤	用于启、闭管路内水或其他流动介质
截止阀	结构简单，密封性好，制造维修方便，但流体阻力、启、闭力较阀稍大	
旋塞阀	结构简单，外形尺寸小，启、闭速度快，启闭力较大，密封面易磨损，不适用于高温高压介质中	
球阀	结构简单，外形阻力小，流体阻力小，但不适于高温介质	
止回阀	用于自动防止管路内介质倒流	

结构种类	特点和用途
底阀	属于止回阀类,专用于泵的吸入端底部,保证泵的启动和防止杂物流入泵内造成事故
节流阀	属于截止阀类,阀瓣呈圆锥形,主要用于调节介质流量
安全阀	当管路及设备内介质压力超过规定数值时,能自动开启,排除介质,减到规定压力
减压阀	使介质通过阀瓣时,产生阻力而自动降低阀后压力到恒定值
蝶阀	结构简单,外形尺寸小,重量轻,性能与闸阀相同并可作节流用
疏水阀	用于蒸汽设备或管路上,供排除冷凝水、防止蒸汽损耗和泄漏

(二)金属阀门的结构长度(GB/T 12221—2005)

金属阀门包括公称压力 PN≤42.0MPa,公称通径 DN3～400mm 的闸阀、截止阀、球阀、蝶阀、旋塞阀、隔膜阀、止回阀。

金属阀门结构长度按结构形式分为:直通式阀门结构长度、角式阀门结构长度和对夹式阀门结构长度;

按端部连接方式分为:法兰连接阀门的结构长度、焊接端阀门的结构长度、对夹连接阀门的结构长度、内螺纹连接阀门结构长度和外螺纹连接阀门结构长度。

1. 金属阀门结构示意图

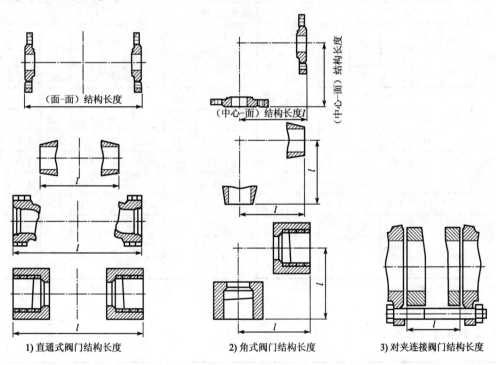

1)直通式阀门结构长度　　2)角式阀门结构长度　　3)对夹连接阀门结构长度

图 10-2　阀门结构示意图

2. 外螺纹连接阀门结构长度基本系列(mm)

表 10-57

公称通径 DN	基本系列代号			
	W1	W2	W3	W4
	结构长度			
	直通式		角式	
3	70	80	35	40
6				

续表 10-57

公称通径 DN	基本系列代号			
	W1	W2	W3	W4
	结构长度			
	直通式		角式	
10	90	100	45	50
15	100	110	50	55
20	110	130	55	65
25	130	140	65	70
32	145	160		80
40	150	160		90

注：结构长度的极限偏差为±1.6mm。

3. 内螺纹连接阀门结构长度基本系列(mm)

表 10-58

公称通径 DN	基本系列代号																	
	N1	N2	N3	N4	N5	N6	N7	N8	N9	N10	N11	N12	N13	N14	N15	N16	N17	N18
	结构长度																	
6					46			—	48				—	—	—	—	—	—
8	—	—	—					50										
10					48				56				80	80	80	80	80	80
15	42	50	52	56	60	65	65	65	68	80	90	90	90	90	90	90	90	90
20	45	60	60	67	65	70	75	85	78	90	100	100	100	100	100	100	100	100
25	52	65	70	78	75	80	90	110	86	110	115	120	110	120	120	110	120	120
32	55	75	80	88	85	90	105	120	100	130	130	140	120	140	120	140	130
40	60	85	86	104	95	100	120	140	106	150	150	170	135	140	170	135	170	150
50	70	95	104	120	110	110	140	165	130	170	180	200	170	170	200	155	180	170
65	82	115			120	130	165	203		220	190	260						
80	90	130	—				254	—	250		290							
100	110	145					—	—	300									

注：①适用于直通式和角式结构。
②结构长度的极限偏差为±1.6mm。

4. 法兰连接阀门结构长度基本系列(mm)

表 10-59

公称通径 DN	基本系列代号																			
	1	2	3	4	5	7	8[a]	9[a]	10	11[a]	12	13	14	15	18	19	21	22	23	24[a]
	结构长度																			
10	130	210	102	—	—	108	85	105	—	—	130			80		—		—	—	
15	130	210	108	140	165	108	90	105	108	57	130		—	80		152		170	83	
20	150	230	117	152	190	117	95	115	117	64	130	—	—	90		178		190	95	
25	160	230	127	165	216	127	100	115	127	70	140		120	100	—	216		210	108	
32	180	260	140	178	229	146	105	130	140	76	165		140	110		229		230	114	
40	200	260	165	190	241	159	115	130	165	82	165	106	140	240	120	241		260	121	

公称通径 DN	1	2	3	4	5	7	8ᵃ	9ᵃ	10	11ᵃ	12	13	14	15	18	19	21	22	23	24ᵃ
								结 构 长 度												
50	230	300	178	216	292	190	125	150	203	102	203	108	150	250	135	216	267	250	300	146
65	290	340	190	241	330	216	145	170	216	108	222	112	170	270	165	241	292	280	340	165
80	310	380	203	283	356	254	155	190	241	121	241	114	180	280	185	283	318	310	390	178
100	350	430	229	305	432	305	175	215	292	146	305	127	190	300		305	356	350	450	216
125	400	500	254	381	508	356	200	250	330	178	356	140	200	325		381	400	400	525	254
150	480	550	267	403	559	406	225	275	356	203	394	140	210	350		403	444	450	600	279
200	600	650	292	419	660	521	275	325	495	248	457	152	230	400		419	533	550	750	330
250	730	775	330	457	787	635	325		622	311	533	165	250	450		457	622	650		394
300	850	900	356	502	838	749	375		698	350	610	178	270	500		502	711	750		419
350	980	1025	381	762	889		425		787	394	686	190	290	550		572	838	850		
400	1 100	1 150	406	838	991		475		914	457	762	216	310	600		610	864	950		
450	1 200	1 275	432	914	1 092				978		864	222	330	650		660	978	1 050		
500	1 250	1 400	457	991	1 194				978		914	229	350	700		711	1 016	1 150		
600	1 450	1 650	508	1 143	1 397				1 295		1 067	267	390	800		787	1 346	1 350		
700	1 650		610	1 346	1 549				1 448			292	430	900		—	1 499	1 450		
800	1 850		660						1 956			318	470	1 000			1 778	1 650		
900	2 050		711						1 956			330	510	1 100			2 083			
1 000	2 250		811									410	550	1 200	—					
1 200												470	630							
1 400								—				530	710						—	
1 600						—						600	790							—
1 800							—					670	870	—						
2 000												760	950							
2 200		—										800	1 000			—		—		
2 400			—	—								850	1 100				—			
2 600	—		—									900	1 200	—						
2 800												950	1 300							
3 000												1 000	1 400							
3 200												1 100								
3 400												1 200								
3 600												1 200	—							
3 800												1 200								
4 000												1 300								

注：①代号系列注上角标ᵃ 的为角式阀门的结构长度，未注上角标的为直通式的结构长度。
　　②结构长度的极限偏差：
　　　结构长度：≤250mm±2mm；
　　　　　　　　＞250～500mm±3mm；
　　　　　　　　＞500～800mm±4mm；
　　　　　　　　＞800～1 000mm±5mm；
　　　　　　　　＞1 000～1 600mm±6mm；
　　　　　　　　＞1 600～2 250mm±8mm；
　　　　　　　　＞2 250mm±10mm。

5.直通式焊接端阀门结构长度基本系列(mm)

表 10-60

公称通径 DN	基本系列代号																				
	H1	H2	H3	H4	H5	H6	H7	H8	H9	H10	H11	H12	H13	H14	H15	H16	H17	H18	H19	H20	H21
	结 构 长 度																				
6 / 10	102	—	—		—				—		—	102	—	—	—	—					
15	108	140	165		165				216		264	108	140	152	140	140					
20	117	152	190		190		229		229		273	117	152	178	152	152		—	—		
25	127	165	216	133	216	140	254	140	254	186	308	127	165	203	216	165				190	
32	140	178	229	146	229	165	279	165	279	232	349	140	184	216	229	178				—	
40	165	190	241	152	241	178	305	178	305	232	384	165	203	229	241	190	190			241	
50	216	216	292	178	292	216	368	216	368	279	451	203	229	267	267	216	216	230	267	283	
65	241	241	330	216	330	254	419	254	419	330	508	216	279	292	292	241	241	290	305	330	
80	283	283	356	254	356	305	381	305	470	368	578	241	318	318	318	283	283	310	330	387	
100	305	305	406	305	432	356	457	406	546	457	673	292	368	356	356	305	305	350	356	457	559
125	381	381	457	381	508	432	559	483	673	533	794	356	—	400	400	381	—	400	381	—	—
150	403	403	495	457	559	508	610	559	705	610	914	406	470	444	444	403	457	480	457	559	711
200	419	419	597	584	660	660	737	711	832	762	1 022	495	597	559	533	419	521	600	521	686	845
250	457	457	673	711	787	787	838	864	991	914	1 270	622	673	622	622	457	559	730	559	826	889
300	502	502	762	813	838	914	965	991	1 130	1 041	1 422	698	775	711	711	502	635	850	635	965	1 016
350	572	762	826	889	889	991	1 029	1 067	1 257	1 118		787			838	572	762	980	762		
400	610	838	902	991	991	1 092	1 130	1 194	1 384	1 245		914			864	610	838	1 100	838		
450	660	914	978	1 092	1 092		1 219	1 346	1 537	1 397		978			978	660	914		914		
500	711	991	1 054	1 194	1 194		1 321	1 473	1 664						1 016	711	991		991		
550	762	1 092	1 143	—	1 295		—		—			1067			1 118	—	1 092		1 092		
600	813	1 143	1 232	1 397	1 397		1 549		1 943			1295			1 346	813	1 143		1 143		
650	864	1 245	1 308		1 448												1 245		1 245		
700	914	1 346	1 397		1 549				—			1 448			1 499		1 346		1 346		
750		1 397	1 524		1 651							1 524			1 594		1 397		1 397		
800	965	1 524	1 651		1 778												1 524		1 524		
850	1016	1 626	1 778		1 930												1 626		1 626		
900		1 727	1 880		2 083							1 996			2 083		1 727		1 727		

注:结构长度极限偏差:

公称通径DN≤250mm±1.5mm;

DN≥275mm±3.0mm。

6.角式焊接端阀门结构长度基本系列(mm)

表 10-61

公称通径DN	H22	H23	H24	H25	H26	H27	H28	H29	H30
	基本系列代号								
	结 构 长 度								
6	51	—	—		—		—	—	—
10									
15	57	76	83		83		—	108	132
20	64	89	95	—	95		114	114	137
25	70	102	108		108		127	127	154
32	76	108	114		114		140	140	175
40	83	114	121		121		152	152	192
50	102	133	146	108	146		184	184	225
65	108	146	165	127	165		210	210	254
80	121	159	178	152	178	152	190	235	289
100	146	178	203	178	216	178	229	273	337
125	178	200	229	216	254	216	279	336	397
150	203	222	248	254	279	254	305	352	457
200	248	279	298	—	330	330	368	416	511
250	311	311	337		394	394	419	495	635
300	349	356	381		419	457	483	565	711
350	394	—	—		—	495	514	629	—
400	457					—	660	—	
450	483						737		
500	—						826		
550							—		
600							991		

注:结构长度极限偏差:
分称通径　　DN≤250mm±0.75mm;
　　　　　　DN≥275mm±1.5mm。

7.对夹连接阀门结构长度基本系列(mm)

表 10-62

公称通径DN	J1	J2	J3	J4	J5	J6	J7	J8	J9	J10	J11	J12	J13	J14	J15	J16	J17	J18
	基本系列代号																	
	结 构 长 度																	
10												—	—	—	60			
15												16	25	60	65			
20	—		—									19	31.5	—	—			
25												22	35.5	65	80			
32												28	40	80	90			
40	33		33									31.5	45	90	115			

续表10-62

公称通径 DN	基本系列代号																	
	J1	J2	J3	J4	J5	J6	J7	J8	J9	J10	J11	J12	J13	J14	J15	J16	J17	J18
	结构长度																	
50	43		43		60	60	60	60	70	70	70	40	56	115	140	48	40	40
65	46		46		66	66	66	66	83	83	83	46	63	140	160	—		
80		49	64	49	73	73	73	73			86	50	71	160	180	51	50	50
100	52	56		56			79	79	102	102	105	60	80					
125		64	70	64	—	—	—	—			—	90	110			57	60	60
150	56	70	76	70	98	98	137	137	159	159	159	106	125					
200	60	71	89	71	127	127	161	161	206	206	206	140	160			70		
250	68	76	114	76	146	146	213	213	241	248	254		200				70	70
300	78	83		83	181	181	229	229	292	305	305		250			76		80
350		92	127	127	184	222	273	273	356	356			280					92
400	102	102	140	140	190	232	305	305	384	384						80	80	120
450	114	114	152	160	203	264	362	362	451	468						89		
500	127	127		170	219	292	368	368		533						114	90	132
550	154		—													—		
600		154	178	200	222	317	394	438	495	559					—	114	100	132
650	165																	
700			229															
750	190				305	368	460	505										
800			241															
900	203				368	483	635	635										
1 000	216	—	300															
1 200	254		350		524	629												
1 400	279		390															
1 600	318		440															
1 800	356		490															
2 000	406		540															

注:尺寸极限偏差 DN≤900mm 为±2mm,DN1 000～2 000mm 为±3mm。

8. 工程常用阀门的结构长度

1)法兰连接闸阀结构长度(mm)

表10-63

公称通径 DN	公称压力 PN (MPa)							
	10～25/1.0～2.5		25～50/2.5～5.0	仅适用于 25/2.5	40/4	100/10	63～100/6.3～10	160/16
	结构长度						—	
	短	长						
10	102		—		—			—
15	108	—	140	—	140	165	—	170
20	117		152		152	190		190

公称通径DN	公 称 压 力 PN (MPa)							
	10～25/1.0～2.5		25～50/2.5～5.0	仅适用于25/2.5	40/4	100/10	63～100/6.3～10	160/16
	结 构 长 度							
	短	长						
25	**127**		**165**		165	216		**210**
32	**140**	—	**178**	—	178	229	—	**230**
40	**165**	**240**	**190**	**240**	190	241		**260**
50	**178**	**250**	216	**250**	216	292	**250**	**300**
65	**190**	**270**	241	**270**	241	330	**280**	**340**
80	**203**	**280**	283	**280**	283	356	**310**	**390**
100	**229**	**300**	305	**300**	305	432	**350**	**450**
125	**254**	**325**	381	**325**	381	508	**400**	**525**
150	**267**	**350**	403	**350**	403	559	**450**	**600**
200	**292**	**400**	419	**400**	419	660	**550**	**750**
250	**330**	**450**	457	**450**	457	787	**650**	
300	**356**	**500**	502	**500**	502	838	**750**	
350	**381**	**550**	762	**550**	572	889	**850**	
400	**406**	**600**	838	**600**	610	991	**950**	
450	**432**	**650**	914	**650**	660	1 092	**1 050**	—
500	**457**	**700**	991	**700**	711	1 194	**1 150**	
600	**508**	**800**	1 143	**800**	787	1 397	**1 350**	
700	**610**	**900**					**1 450**	
800	**660**	**1 000**	—	—	—	—	**1 650**	
900	**711**	**1 100**						
1 000	**811**	**1 200**						
1 200	1 015	—	—	—	—	—	—	—
1 400	1 080							
1 600	1 300							
1 800	1 500							
2 000	1 675	—	—	—	—	—	—	—
基本系列	3	15	4	15	4/19	5	22	23

注:表中的黑体字表示的尺寸为优先选用。

2)蝶阀和蝶式止回阀结构长度（mm）

表10-64

公称通径DN	双法兰连接结构长度		对夹式连接结构长度			
	公 称 压 力 PN （MPa）					
	≤20/2.0	≤25/2.5	≤25/2.5			≤40/4.0
	短	长	短	中	长	
40	**106**	140	33	—	33	
50	**108**	150	43	—	43	—
65	**112**	170	46		46	
80	**114**	180		49	64	49
100	**127**	190	52	56		56
125	**140**	200	56	64	70	64
150	**140**	210		70	76	70
200	**152**	230	60	71	89	71
250	165	**250**	68	76	114	76
300	178	**270**	78	83		83
350	190	**290**		92	127	127
400	216	**310**	102	102	140	140
450	222	**330**	114	114	152	160
500	229	**350**	127	127		170
550	—	—	154			—
600	267	**390**		154	178	200
650	—	—	165			
700	292	**430**			229	
750	—	—	190		—	
800	318	**470**			241	
900	330	**510**	203	200		
1 000	410	**550**	216	—	300	
1 200	470	**630**	254	276	360	
1 400	530	**710**	279		390	
1 600	600	**790**	318		440	—
1 800	670	**870**	356		490	
2 000	760	**950**	406		540	
2 200	800	**1 000**	—		590	
2 400	850	**1 100**			650	
2 600	900	**1 200**			700	
2 800	950	**1 300**			760	
3 000	1 000	**1 400**			810	
3 200	1 100		—		870	—
3 400	1 200					
3 600	1 200	—			—	
3 800	1 200					
4 000	1 300					
基本系列	13	14	J1	J2	J3	J2/J4

注:表中的黑体字表示的尺寸为优先选用。

3)法兰连接球阀和旋塞阀结构长度(mm)

表 10-65

公称通径 DN	公称 压 力 PN (MPa)						
	10~25/1.0~2.5			25~50~2.5~5.0		63/6.3	100/10.0
	结 构 长 度						
	短	中	长	短	长	b	
10	102	**130**	130	—	130		—
15	108	**130**	130	140	130		**165**
20	117	**130**	150	152	150		**190**
25	127	**140**	160	165	160		**216**
32	140	**165**	180	178	**180**		**229**
40	165	**165**	200	190	**200**		**241**
50	178	**203**	230	216	**230**	292	**292**
65	190	**222**	290	241	**290**	330	**330**
80	203	**241**	310	283	**310**	356	**356**
100	229	**305**	350	305	**350**	406	**432**
125	245	**356**	400	**381**	**400**	—	**508**
150	267	**394**	480	**403**	480	495	**559**
200	292	**457**	600	419(502)a	600	597	**660**
250	330	**533**	730	457(568)a	730	673	**787**
300	356	**610**	850	502(648)a	850	762	**838**
350	381	**686**	980	**762**	980	826	**889**
400	406	**762**	1 100	**838**	1 100	902	**991**
450	432	**864**	1 200	**914**	1 200	978	**1 092**
500	457	**914**	1 250	**919**	1 250	1 054	**1 194**
600	508	**1 067**	1 450	**1 143**	1 450	1 232	**1 397**
700						1 397	1 700
基本系列	3	12	1	4	1	5	5

注:①不适用于公称通径大于40mm以上的上装式全通径球阀以及公称通径大于300mm的旋塞阀和全通径球阀。

②表中的黑体字表示的尺寸为优先选用。

③a 用于全通径球阀。

④b 仅适用于球阀。

4)法兰连接截止阀、节流阀及止回阀结构长度(mm)

表 10-66

公称通径 DN	公称 压 力 PN (MPa)										
	10~20/1.0~2.0		25~50/2.5~5.0		100/10.0		10~20/1.0~2.0		25~63/2.5~6.3	100/10.0	
	直 通 式						角 式				
	短	长	短	长	短	长	短	长		短	长
10	—	130	—	130	—	210	—	85	85	—	105
15	108	130	152	130	165	210	57	90	90	83	105
20	117	150	178	150	190	230	64	95	95	95	115
25	127	160	216	160	216	230	70	100	100	108	115

公称通径 DN	公称压力 PN (MPa)										
	10~20/1.0~2.0		25~50/2.5~5.0		100/10.0		10~20/1.0~2.0		25~63/2.5~6.3	100/10.0	
	直通式						角式				
	短	长	短	长	短	长	短	长		短	长
32	140	180	229	180	229	260	76	105	105	114	130
40	165	200	241	200	241		82	115	115	121	130
50	203	230	267	230	292	300	102	125	125	146	150
65	216	290	292	290	330	340	108	145	145	165	170
80	241	310	318	310	356	380	121	155	155	178	190
100	292	350	356	350	432	430	146	175	175	216	215
125	330	400	400	400	508	500	178	200	200	254	250
150	356	480	444	480	559	550	203	225	225	279	275
200	495	600	533	600	660	650	248	275	275	330	325
250	622	730	622	730	787	775	311	325	325	394	
300	698	850	711	850	838	900	350	375	375	419	
350	787	980	838	980	889	1 025	394	425	425		
400	914	1 100	864	1 100	991	1 150	457	475	475		
450	978	1 200	978	1 200	1 092	1 275	483	500	500		
500	978	1 250	1 016	1 250	1 194	1 400					
600	1 295	1 450	1 346	1 450	1 397	1 650	—	—	—	—	—
700	1 448(900)ᵃ	1 650	1 499	1 650	1 549	—					
800	(1 000)ᵃ	1850	1778	1850	—	—					
900	1 956(1 100)ᵃ	2 050	2 083	2 050	—	—					
1 000	(1 200)ᵃ	2 250	—	2 250	—	—					
基本系列	10	1	21	1	5	2	11	8	8	24	9

注:ᵃ 仅适用于多瓣旋启式止回阀。

5)法兰连接铜合金的闸阀、截止阀及止回阀结构长度(mm)

表10-67

公称压力 PN(MPa)	公称压力 PN (MPa)		
	10~25/1.0~2.5		40/4.0
	结 构 长 度		
	短	长	
10	45	80	108
15	55		
20	57	90	117
25	68	100	127
32	73	110	146
40	77	120	159
50	84	135	190
65	100	165	216
80	120	185	254
100	140	—	—
基本系列	—	18	7

(三)铁制和铜制螺纹连接阀门(GB/T 8464—2008)

铁制和铜制螺纹连接阀门包括闸阀、截止阀、球阀和止回阀。其中灰铸铁阀门和可锻铸铁阀门公称压力≤PN 16,公称尺寸≤DN 100;球墨铸铁阀门公称压力≤PN25,公称尺寸≤DN100;铜合金阀门公称压力≤PN40,工作温度≤180℃。

铁制和铜制螺纹连接阀门适用工作介质为水、非腐蚀性液体、空气、饱和蒸汽等。

铁制阀门的压力－温度额定值执行 GB/T 17241.7 的规定。铜合金阀门的压力－温度额定值执行 GB/T 15530.8 的规定。对采用弹性密封副结构或内部零件采用非金属材料的阀门,允许其使用的压力－温度等级低于阀门壳体材料的压力－温度等级,应取其较低值,并在铭牌上标明。

螺纹连接阀门的结构长度按 GB/T 12221 的规定(表 10-57、表 10-58),或按订货合同的要求。

螺纹连接阀门阀体端部采用圆柱管螺纹或圆锥管螺纹时,螺纹尺寸和精度应符合 GB/T 7307、GB/T 7306.1、GB/T 7306.2 和 GB/T 12716 的规定;有特殊要求的应在订货合同中注明。

管螺纹表面粗糙度 R_a 不大于 $6.3\mu m$,表面质量应符合 GB/T 3287 中的规定。

阀体两端管螺纹轴线角偏差不大于 1°。

用于生活饮用水管道上的阀门的卫生性能应符合 GB/T 17219 中的规定。

1.铁制和铜制螺纹连接阀门的典型结构形式

1)闸阀

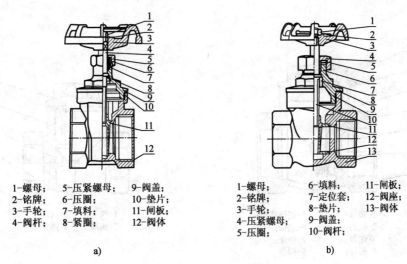

1-螺母;	5-压紧螺母;	9-阀盖;
2-铭牌;	6-压圈;	10-垫片;
3-手轮;	7-填料;	11-闸板;
4-阀杆;	8-紧圈;	12-阀体

a)

1-螺母;	6-填料;	11-闸板;
2-铭牌;	7-定位套;	12-阀座;
3-手轮;	8-垫片;	13-阀体
4-压紧螺母;	9-阀盖;	
5-压圈;	10-阀杆;	

b)

图 10-3　螺纹连接闸阀结构形式图

2)截止阀

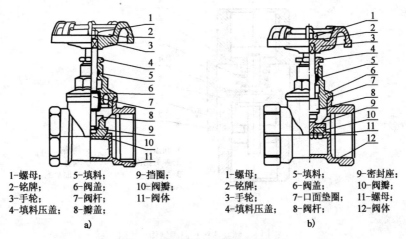

1-螺母;	5-填料;	9-挡圈;
2-铭牌;	6-阀盖;	10-阀瓣;
3-手轮;	7-阀杆;	11-阀体
4-填料压盖;	8-瓣盖;	

a)

1-螺母;	5-填料;	9-密封座;
2-铭牌;	6-阀盖;	10-阀瓣;
3-手轮;	7-口面垫圈;	11-螺母;
4-填料压盖;	8-阀杆;	12-阀体

b)

图 10-4　螺纹连接截止阀结构形式图

3)球阀

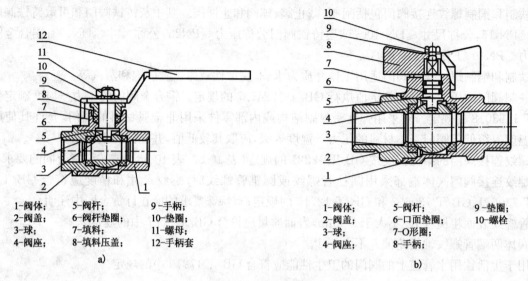

1—阀体; 5—阀杆; 9—手柄;
2—阀盖; 6—阀杆垫圈; 10—垫圈;
3—球; 7—填料; 11—螺母;
4—阀座; 8—填料压盖; 12—手柄套

a)

1—阀体; 5—阀杆; 9—垫圈;
2—阀盖; 6—口面垫圈; 10—螺栓
3—球; 7—O形圈;
4—阀座; 8—手柄;

b)

图 10-5 螺纹连接球阀结构形式图

4)止回阀

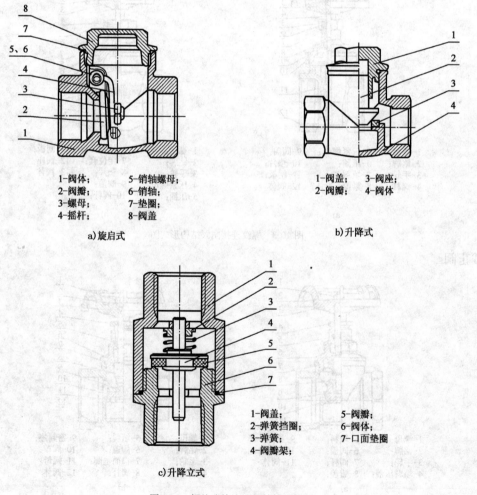

1—阀体; 5—销轴螺母;
2—阀瓣; 6—销轴;
3—螺母; 7—垫圈;
4—摇杆; 8—阀盖

a)旋启式

1—阀盖; 3—阀座;
2—阀瓣; 4—阀体

b)升降式

1—阀盖; 5—阀瓣;
2—弹簧挡圈; 6—阀体;
3—弹簧; 7—口面垫圈
4—阀瓣架;

c)升降立式

图 10-6 螺纹连接止回阀结构形式图

2.管螺纹头部扳口对边的最小尺寸和阀体通道最小直径(mm)

表 10-68

公称通径DN	扳口对边最小尺寸			阀体通道最小直径
	铜合金材料	可锻铸铁材料、球墨铸铁材料	灰铸铁材料	
8	17.5	—	—	6
10	21	—	—	6
15	25	27	30	9
20	31	33	36	12.5
25	38	41	46	17
32	47	51	55	23
40	54	58	62	28
50	66	71	75	36
65	83	88	92	49
80	96	102	105	57
100	124	128	131	75

注:管螺纹头部的扳口,应有足够的强度。

3.阀体的最小壁厚(mm)

表 10-69

公称通径DN	铁制阀门阀体最小壁厚					铜合金制阀门阀体最小壁厚				
	灰铸铁	可锻铸铁		球墨铸铁		PN10	PN16	PN20	PN25	PN40
	PN10	PN10	PN16	PN16	PN25					
6		—				1.4	1.6	1.6	1.7	2.0
8		—				1.4	1.6	1.6	1.7	2.0
10		—				1.4	1.6	1.7	1.8	2.1
15	4	3	3	3	4	1.6	1.8	1.8	1.9	2.4
20	4.5	3	3.5	3.5	4.5	1.6	1.8	2.0	2.1	2.6
25	5	3.5	4	4	5	1.7	1.9	2.1	2.4	3.0
32	5.5	4	4.5	4.5	5.5	1.7	1.9	2.4	2.6	3.4
40	6	4.5	5	5	6	1.8	2.0	2.5	2.8	3.7
50	6	5	5.5	5.5	6.5	2.0	2.2	2.8	3.2	4.3
65	6.5	6	6	6	7	2.8	3.0	3.0	3.5	5.1
80	7	6.5	6.5	6.5	7.5	3.0	3.4	3.5	4.1	5.7
100	7.5	6.5	7.5	7	8	3.6	4.0	4.0	4.5	6.4

4.阀杆最小直径(mm)

表 10-70

公称通径DN	PN10、PN16	PN20		PN25		PN40	
	闸阀和截止阀	闸阀	截止阀	闸阀	截止阀	闸阀	截止阀
8	5.5	5.5	6.0	6.0	6.0	6.5	6.5
10	5.5	5.5	6.0	6.0	6.0	6.5	6.5
15	6.0	6.0	6.5	6.5	6.5	7.5	7.5
20	6.5	6.5	7.0	7.0	7.0	8.0	8.0
25	7.5	7.5	8.0	8.0	8.0	9.5	9.5
32	8.5	8.5	9.5	9.5	9.5	11.0	11.0
40	9.5	9.5	10.5	10.5	10.5	12.0	12.0
50	10.5	10.5	11.0	11.0	12.0	12.5	14.0
65	12.0	12.0	12.5	12.5	13.5	14.0	15.5
80	13.5	13.5	14.0	14.0	15.0	16.0	17.5
100	15.0	15.0	15.5	15.5	16.5	17.5	19.0

注:表中阀杆的最小直径系指与填料配合段的直径。

5.抗扭力和抗弯曲性能

表 10-71

项 目	公称通径 DN	8	10	15	20	25	32	40	50	65	80	100
施加扭矩值	扭矩（N·m）	20	35	75	100	125	160	200	250	300	370	465
施加弯曲值	力矩（N·m）	30	70	105	225	340	475	610	1100	1550	1900	2500

注：①按表所示的扭矩对阀门施加扭矩 10s 后，应无破损、变形，并符合壳体试验和密封性能要求。

②按表中所示的力矩对阀门施加弯曲力 10s 后，应无破损及明显变形，并符合壳体试验和密封性能要求。

(四)法兰连接铁制闸阀(GB/T 12232－2005)

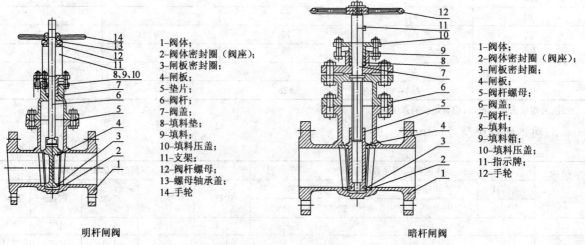

1-阀体；
2-阀体密封圈（阀座）；
3-闸板密封圈；
4-闸板；
5-垫片；
6-阀杆；
7-阀盖；
8-填料垫；
9-填料；
10-填料压盖；
11-支架；
12-阀杆螺母；
13-螺母轴承盖；
14-手轮

明杆闸阀

1-阀体；
2-阀体密封圈（阀座）；
3-闸板密封圈；
4-闸板；
5-阀杆螺母；
6-阀盖；
7-阀杆；
8-填料；
9-填料箱；
10-填料压盖；
11-指示牌；
12-手轮

暗杆闸阀

图 10-7　铁制闸阀示意图

法兰连接铁制闸阀规格及阀体的最小壁厚

表 10-72

壳体材料	灰 铸 铁				球 墨 铸 铁		旁通阀公称通径 DN
	公称压力 PN						
公称通径 DN	1	2.5	6	10	16	25	
	最小壁厚（mm）						
50	—	—	—	7	7	8	
65	—	—	—	7	7	8	
80	—	—	—	8	8	9	
100	—	—	—	9	9	10	
125	—	—	—	10	10	12	
150	—	—	—	11	11	12	
200	—	—	—	12	12	14	
250	—	—	—	13	13	—	—
300	13	—	—	14	14	—	
350	14	—	—	14	15	—	
400	15	—	—	15	16	—	
450	15	—	—	16	17	—	
500	16	16	—	16	18	—	
600	18	18	—	18	18	—	
700	20	20	—	20*	20	—	
800	20	22	—	22*	22	—	100
900	20	22	—	24*	24	—	
1 000	20	24	—	26*	26	—	

壳体材料	灰 铸 铁				球 墨 铸 铁		旁通阀公称通径 DN
公称通径 DN	公称压力 PN						
	1	2.5	6	10	16	25	
	最小壁厚(mm)						
1 200	22	26*	26*	28*	28	—	
1 400	25	26*	28*	30*	—	—	
1 600	—	30*	32*	35*			150
1 800		32*					
2 000		34*					

注：①公称通径大于 250mm 的闸阀应有增强壳体刚度的加强筋。
　　②表中壁厚数值仅适用于灰铸铁 HT200(带 * 为 HT250)和球墨铸铁 QT450－10,对其他牌号的材料需另行计算。
　　③结构长度符合 GB/T 12221 的规定。

(五)铁制截止阀、升降式止回阀及节流阀(GB/T12233—2006)

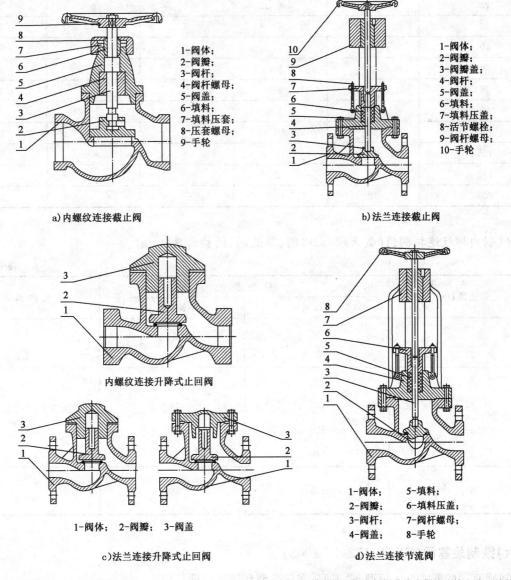

a) 内螺纹连接截止阀
1-阀体；
2-阀瓣；
3-阀杆；
4-阀杆螺母；
5-阀盖；
6-填料；
7-填料压套；
8-压套螺母；
9-手轮

b) 法兰连接截止阀
1-阀体；
2-阀瓣；
3-阀瓣盖；
4-阀杆；
5-阀盖；
6-填料；
7-填料压盖；
8-活节螺栓；
9-阀杆螺母；
10-手轮

内螺纹连接升降式止回阀

c)法兰连接升降式止回阀
1-阀体；　2-阀瓣；　3-阀盖

d)法兰连接节流阀
1-阀体；　　5-填料；
2-阀瓣；　　6-填料压盖；
3-阀杆；　　7-阀杆螺母；
4-阀盖；　　8-手轮

《铁制截止阀与升降式止回阀》(GB/T 12233—2006)的规定也适用于铁制节流阀。阀门分为内螺纹连接和法兰连接

图 10-8　铁制截止阀、升降式止回阀、节流阀示意图

1. 铁制截止阀及升降式止回阀的结构长度

内螺纹连接截止阀及升降式止回阀的结构长度按表10-74的规定。

法兰连接截止阀及升降式止回阀的结构长度按GB/T 12221的规定(表10-66)。

2. 铁制截止阀及升降式止回阀的公称压力为PN10～PN16;公称通径DN15～DN200;适用温度不大于200℃

3. 铁制截止阀及升降式止回阀的规格及阀体的最小壁厚(mm)

表10-73

公称通径DN	公称压力				
	PN10	PN16	PN10	PN16	PN16
	阀体材料				
	灰铸铁		可锻铸铁		球墨铸铁
15	5	5	5	5	5
20	6	6	6	6	6
25	6	6	6	6	6
32	6	7	6	7	7
40	7	7	7	7	7
50	7	8	7	8	8
65	8	8	8	8	8
80	8	9	—	—	9
100	9	10	—	—	10
125	10	12	—	—	12
150	11	12	—	—	12
200	12	14	—	—	14

4. 铁制内螺纹连接阀门(截止阀、止回阀、节流阀)结构长度(mm)

表10-74

公称通径DN	结构长度		允许偏差
	短系列	长系列	
15	65	90	+1.0
20	75	100	−1.5
25	90	120	
32	105	140	+1.0
40	120	170	−2.0
50	140	200	
65	165	260	+1.5 −2.0

(六)铁制旋塞阀(GB/T 12240—2008)

铁制旋塞阀的形式分为短型、常规型、文丘里型和圆孔全通径型。

文丘里型——减小旋塞(阀内转动的塞子)孔口面积,阀体喉部接近文丘里管的旋塞阀。

圆孔全通径型——通道孔、旋塞孔为圆形,并可通过清扫球(刮球)的旋塞阀。

铁制旋塞阀的公称压力为 PN2.5～PN25;公称通径为 DN15～DN600。

1.铁制旋塞阀结构示意图

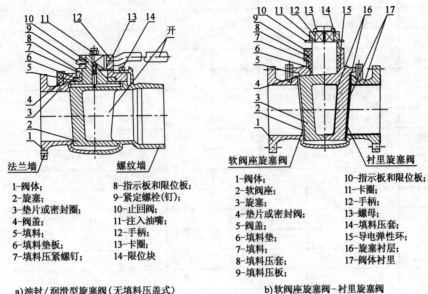

1-阀体;　　　　　8-指示板和限位板;
2-旋塞;　　　　　9-紧定螺栓(钉);
3-垫片或密封圈;　10-止回阀;
4-阀盖;　　　　　11-注入油嘴;
5-填料;　　　　　12-手柄;
6-填料垫板;　　　13-卡圈;
7-填料压紧螺钉;　14-限位块

a)油封/润滑型旋塞阀(无填料压盖式)

1-阀体;　　　　　10-指示板和限位板;
2-软阀座;　　　　11-卡圈;
3-旋塞;　　　　　12-手柄;
4-垫片或密封阀;　13-螺母;
5-阀盖;　　　　　14-填料压套;
6-填料垫;　　　　15-导电弹性环;
7-填料;　　　　　16-旋塞衬层;
8-填料压套;　　　17-阀体衬里
9-填料压板;

b)软阀座旋塞阀-衬里旋塞阀

1-阀体;
2-旋塞;
3-垫片或密封圈;
4-阀盖;
5-填料垫;
6-填料;
7-填料压套;
8-填料压板;
9-指示板和限位板;
10-紧定螺栓(钉);
11-止回阀;
12-注入油嘴;
13-卡圈;
14-填料压盖;
15-限位块;
16-手柄

c)油封/润滑型旋塞阀

1-阀盖;
2-垫片;
3-阀体;
4-旋塞;
5-垫片或密封圈;
6-阀盖;
7-填料垫;
8-填料;
9-填料压套;
10-填料压板;
11-指示板和限位板;
12-紧定螺栓(钉);
13-止回阀;
14-注入油嘴;
15-卡圈;
16-手柄;
17-填料压盖;
18-限位块;
19-垫片;
20-阀盖

d)柱形塞油封/润滑型旋塞阀

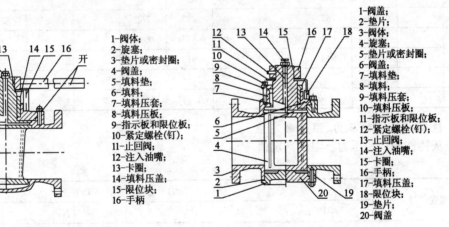

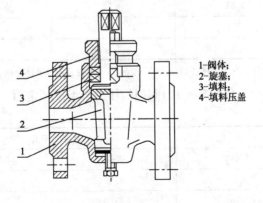

1-阀体;
2-旋塞;
3-填料;
4-填料压盖

e)金属密封旋塞阀

图 10-9　铁制旋塞阀示意图

2.法兰连接铁制旋塞阀结构长度(mm)

表 10-75

公称通径 DN	PN2.5、PN6、PN10				PN16、PN20				PN25			
	短型	常规型	文丘里型	圆口全通径型	短型	常规型	文丘里型	圆口全通径型	短型	常规型	文丘里型	圆口全通径型
15	108	—	—	—	—	—	—	—	—	—	—	—
20	117	—	—	—	—	—	—	—	—	—	—	—
25	127	140	—	140	140	—	—	176	165	—	—	190
32	140	165	—	152	—	—	—	—	—	—	—	—
40	165	165	—	165	165	—	—	222	190	—	—	241
50	178	203	—	191	178	—	178	267	216	—	216	283
65	191	222	—	210	191	—	—	298	241	—	241	330
80	203	241	—	229	203	—	203	343	283	—	283	387
100	229	305	—	305	229	305	229	432	305	—	305	457
125	245	356	—	381	254	356	—	—	—	—	—	—
150	267	394	394	457	267	394	394	546	403	403	403	559
200	292	457	457	559	292	457	457	622	419	502	419	686
250	330	533	533	660	330	533	533	660	457	568	457	826
300	356	610	610	762	356	610	610	762	502	648	502	965
350	—	686	686	—	—	686	686	—	—	762	762	—
400	—	762	762	—	—	762	762	—	—	838	838	—
450	—	864	864	—	—	864	864	—	—	914	914	—
500	—	914	914	—	—	914	914	—	—	991	991	—
550	—	—	—	—	—	—	—	—	—	1 092	1 092	—
600	—	—	1 067	—	—	1 067	1 067	—	—	1 143	1 143	—

3.铁制旋塞阀的压力、温度额定值
1)灰铸铁阀门的压力-温度额定值

表 10-76

温度(℃)	压力-温度额定值(MPa)			
	PN2.5	PN6	PN10	PN16
−10~120	0.25	0.60	1.0	1.60
150	0.23	0.54	0.90	1.44
180	0.21	0.50	0.84	1.34
200	0.20	0.48	0.80	1.28

注:PN16 的灰铸铁旋塞阀,使用工况为温度−10~100℃的油类、一般性介质的液体介质。

2)球墨铸铁(QT400−18,QT450−10)阀门的压力-温度额定值

表 10-77

温度(℃)	压力-温度额定值(MPa)			
	PN10	PN16	PN25	PN20
−29~40	1.00	1.60	2.50	1.55
120	1.00	1.60	2.50	1.55
150	0.95	1.52	2.38	1.48
200	0.90	1.44	2.25	1.39

3)聚四氟乙烯软阀座压力—温度额定值

表 10-78

公称通径 DN	使用温度下的最小非冲击压力值(MPa)							
	40℃	50℃	75℃	100℃	125℃	150℃	175℃	200℃
15~150	4.8	4.7	4.3	3.9	3.6	3.2	2.9	2.5
200~300	3.5	3.4	3.1	2.8	2.5	2.3	2.0	1.7

注:①表列的额定值是指压力和温度稳定为条件,当变化时,额定值可能不同。

②表列的额定值是指阀座材料用(不含回收料和填充料)聚四氟乙烯(PTFE)制成。

4. 铁制旋塞阀的规格和承压壳体最小壁厚(mm)

表 10-79

公称通径 DN	PN10	PN16	PN25	PN20
≤25	6.0	8.0	10.0	—
32	7.0	9.5	12.0	—
40	8.0	11.0	14.5	—
50	9.0	12.0	15.5	—
65	10.0	13.0	16.5	—
80	11.0	15.0	18.5	—
100	13.0	16.0	19.5	—
150	16.0	18.0	22.0	—
200	20.0	22.0	24.0	—
300	—	—	—	20.6
350	—	—	—	22.4
400	—	—	—	25.4
450	—	—	—	26.9
500	—	—	—	28.4
600	—	—	—	31.8

5. 阀体排放孔尺寸

表 10-80

阀门公称通径 DN	排放孔锥螺纹 TS	最小有效锥螺纹长度 T(mm)	凸台最小直径 D(mm)
50~100	1/2"	14	38
150~200	3/4"	14	44
250~600	1"	18	54

注:需要时,DN≥50 的阀门可设置排放孔和螺塞,排放孔处厚度不够可有加强凸台。

(七)排污阀(GB/T 26145—2010)

排污阀分为液体介质用和气体介质用。排污阀的公称尺寸(通径)为 DN15~DN300,主要用于 PN10~PN320 液体介质的压力容器和 PN10~PN160 气体介质的压力管道设备。

排污阀的连接形式为法兰连接和焊接连接;可以采用手动、气动或电动等操作方式。

1. 排污阀的结构示意图

1)液体介质排污阀的典型结构

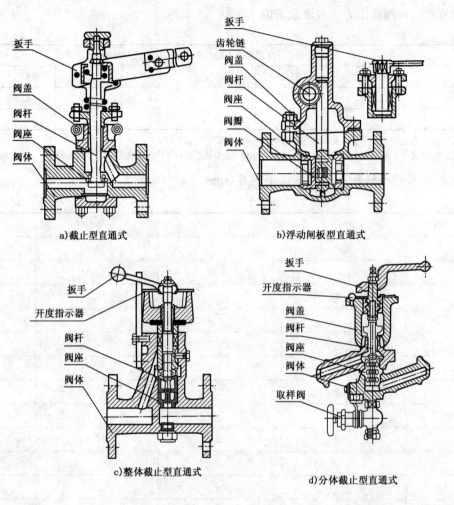

a)截止型直通式   b)浮动闸板型直通式

c)整体截止型直通式   d)分体截止型直通式

图 10-10   液体介质排污阀结构形式示意图

2)气体介质排污阀的典型结构

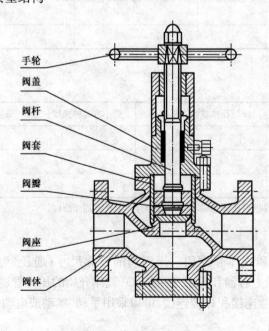

图 10-11   套筒式排污阀示意图

2.法兰连接排污阀的规格及结构长度(mm)

表 10-81

公称通径 DN	公 称 压 力 PN			
	10、16、25、40		63	100、160
	短	长		
15	150	150	150	210
20	150	150	150	230
25	160	160	160	230
32	180	200	180	260
40	200	230	200	260
50	230	250	230	300
65	290	—	290	340
80	310	—	310	380
100	350	—	350	430
125	400	—	400	500
150	480	—	480	550
200	600	—	600	650
250	730	—	730	775
300	850	—	850	900

注:焊接连接排污阀结构长度按订货要求。

(八)给水排水用软密封闸阀(CJ/T 216—2013)

给水排水用软密封闸阀(简称闸阀)的公称尺寸(通径)为 DN50～DN900mm,公称压力为 PN6～PN25(其中 DN≤400 的,公称压力≤PN25;DN>400 的,公称压力≤PN16),最高使用温度为 80℃,主要用于城镇给水排水用。

闸阀的壳体为球墨铸铁材质,连接形式为法兰或承插口。闸阀的操作方式分为:手轮、传动帽、供需双方协商的其他操作方式。施加于手轮的操作力,不宜>360N,并以此确定手轮的直径。传动帽的主要尺寸为:DN50～DN300mm 传动帽的高为 63mm、宽为 35mm;≥DN350mm 传动帽的高为 75mm、宽为 48mm。

闸阀的结构形式分为明杆型(传动螺纹在阀体外)和暗杆型(传动螺纹在阀体内腔)。

适用于城镇供水管道的闸阀,凡与水接触的阀门材料,不得污染水质。闸阀密封件不得使用再生胶,不得含有石棉等有碍健康的材料。

1.给水排水用软密封闸阀示意图

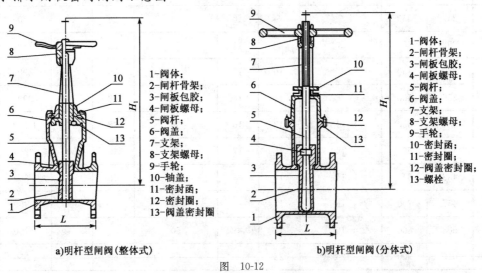

图 10-12

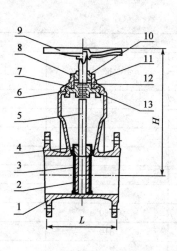

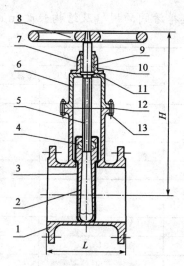

1-阀体;   8-轴盖;
2-闸杆骨架;   9-手轮;
3-闸板包胶;   10-防尘圈;
4-闸板螺母;   11-密封函;
5-阀杆;   12-密封圈;
6-阀盖;   13-阀盖密封圈
7-卡环;

c)暗杆型闸阀(整体式)

1-阀体;   8-手轮;
2-闸杆骨架;   9-密封函;
3-闸板包胶;   10-密封圈;
4-闸板螺母;   11-密封圈;
5-阀杆;   12-阀盖密封圈;
6-阀盖;   13-螺栓
7-轴盖;

d)暗杆型闸阀(分体式)

图 10-12 软密封闸阀示意图

2.闸阀的主要结构尺寸(mm)

表 10-82

公称通径 DN	结构长度 L^a		阀体与阀盖最小壁厚^b				阀杆最小直径^c				最大高度	
	短系列	长系列	PN6	PN10	PN16	PN25	PN6	PN10	PN16	PN25	暗杆型 H	明杆型 H_1
50	178	250	6	6	7		18	18	18		380	420
65	190	270	6.5	6.5	7		18	18	18		410	500
80	203	280	6.5	6.5	8		20	20	20		460	570
100	229	300	7	8	8		20	24	24		540	670
125	254	325	7	8	9		22	28	28		610	820
150	267	350	7	8	10		24	28	28		670	920
200	292	400	8	9	11		28	32	32		780	1 120
250	330	450	9	10	12		28	36	36		890	1 380
300	356	500	9	11	14		36	38	40		990	1 590
350	381	550	11	12	16		36	38	44		1 110	1 800
400	406	600	14	15	17		40	40	50		1 240	1 990
450	432	650	14	15	—		44	46	—		1 350	2 200
500	457	700	16	17	—		50	50	—		1 450	2 400
600	508	800	16	18	—		50	50	—		1 700	2 800
700	610	900	26	28	—		65	65	—		1 850	3 200

续表 10-82

公称通径 DN	结构长度 L^a		阀体与阀盖最小壁厚^b				阀杆最小直径^c				最大高度	
	短系列	长系列	PN6	PN10	PN16	PN25	PN6	PN10	PN16	PN25	暗杆型 H	明杆型 H_1
800	660	1 000	27	28	—		65	65			2 000	3 700
900	710	1 100	28	34			70	70			2 400	4 000

注：①^a 结构长度 L 的公差要求：公称通径≤DN250 时，公差为±2mm，公称通径＞DN250～DN300 时，公差为±3mm；公称通径＞DN500～DN800 时，公差为±4mm。

②^b 阀体与阀盖最小壁厚数值仅适用于球墨铸铁 QT 400－15、QT 450－10。

③^c 阀杆最小直径指阀杆与轴密封封圈配合处的直径。

④法兰连接闸阀的结构长度应符合 GB/T 12221 的规定，需方无指定时按短系列执行。

⑤其他连接形式的闸阀结构长度由供需双方协商在订货合同中注明。

二、带颈螺纹铸铁管法兰(GB/T 17241.3—1998)

管法兰按公称压力 PN 分为 1.0,1.6,2.0,2.5,4.0 和 5.0 各级。按材质分为灰铸铁、球墨铸铁及可锻铸铁(见图 10-13)。

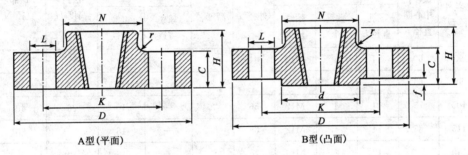

A型(平面)　　　　　B型(凸面)

图 10-13　管法兰示意图

1. PN5.0MPa 的带颈螺纹铸铁管法兰尺寸(mm)

表 10-83

公称通径 DN	连接尺寸					密封面尺寸			最小法兰厚度 C	最小法兰高度 H		最小颈部直径 N	
	法兰外径 D	螺栓孔中心圈直径 K	螺栓			外径 d		高度 f		灰铸铁	球墨铸铁	灰铸铁	球墨铸铁
			通孔直径 L	数量(个)	螺纹规格	灰铸铁	球墨铸铁						
25	125	89.0	18.0	4	M16	68	51	2	17.5	22	27	55	55
32	135	98.5	18.0	4	M16	78	64	2	19.0	25	27	65	65
40	155	114.5	22.0	4	M20	90	73	2	20.5	28	30	70	70
50	165	127.0	18.0	8	M16	106	92	2	22.5	32	33	85	85
65	190	149.5	22.0	8	M20	125	105	2	25.5	36	38	100	100
80	210	168.0	22.0	8	M20	144	127	2	28.5	40	43	120	120
100	255	200.0	22.0	8	M20	176	157	2	32.0	44	48	145	145
125	280	235.0	22.0	8	M20	211	186	2	35.0	48	51	180	180
150	320	270.0	22.0	12	M20	246	216	2	36.5	49	52	205	205
200	380	330.0	26.0	12	M24	303	270	2	41.0	56	62	260	260
250	445	387.5	29.0	16	M27	357	324	2	48.0	60	67	320	320
300	520	451.0	32.5	16	M30	418	381	2	51.0	65	73	375	375

续表 10-83

公称通径 DN	连接尺寸					密封面尺寸			最小法兰厚度 C	最小法兰高度 H		最小颈部直径 N	
	法兰外径 D	螺栓孔中心圈直径 K	螺栓			外径 d		高度 f		灰铸铁	球墨铸铁	灰铸铁	球墨铸铁
			通孔直径 L	数量(个)	螺纹规格	灰铸铁	球墨铸铁						
350	585	514.5	32.5	20	M30	481	413	2	54.0	68	76	415	425
400	650	571.5	35.5	20	M33	535	470	2	57.0	73	83	470	485
450	710	628.5	35.5	24	M33	592	533	2	60.5	—	89	—	535
500	775	686.0	35.5	24	M33	649	584	2	63.5	—	95	—	590
600	915	813.0	42.0	24	M39	770	692	2	70.0	—	106	—	705

2. PN4.0MPa 的带颈螺纹铸铁管法兰尺寸(mm)

表 10-84

公称通径 DN	连接尺寸					密封面尺寸		法兰厚度 C		法兰高度 H	颈部直径 N	圆角半径 r
	法兰外径 D	螺栓孔中心圈直径 K	螺栓			外径 d	高度 f	球墨铸铁	可锻铸铁			
			通孔直径 L	数量(个)	螺纹规格							
10	90	60	14	4	M12	41	2	—	14	22	28	3
15	95	65	14	4	M12	46	2	—	14	22	32	3
20	105	75	14	4	M12	56	2	—	16	26	40	4
25	115	85	14	4	M12	65	3	—	16	28	50	4
32	140	100	19	4	M16	76	3	—	18	30	60	5
40	150	110	19	4	M16	84	3	19.0	18	32	70	5
50	165	125	19	4	M16	99	3	19.0	20	34	84	5
65	185	145	19	8	M16	118	3	19.0	22	38	104	6
80	200	160	19	8	M16	132	3	19.0	24	40	120	6
100	235	190	23	8	M20	156	3	19.0	24	44	140	6
125	270	220	28	8	M24	184	3	23.5	26	48	170	6
150	300	250	28	8	M24	211	3	26.0	28	52	190	8

3. PN2.5MPa 的带颈螺纹铸铁管法兰尺寸(mm)

表 10-85

公称通径 DN	连接尺寸					密封面尺寸		法兰厚度 C		法兰高度 H	颈部直径 N	圆角半径 r
	法兰外径 D	螺栓孔中心圆直径 K	螺栓			外径 d	高度 f	球墨铸铁	可锻铸铁			
			通孔直径 L	数量(个)	螺纹规格							
10	90	60	14	4	M12	41	2	—	14	22	28	3
15	95	65	14	4	M12	46	2	—	14	22	32	3
20	105	75	14	4	M12	56	2	—	16	26	40	4
25	115	85	14	4	M12	65	3	—	16	28	50	4

公称通径 DN	连接尺寸					密封面尺寸		法兰厚度 C		法兰高度 H	颈部直径 N	圆角半径 r
	法兰外径 D	螺栓孔中心圆直径 K	螺栓			外径 d	高度 f	球墨铸铁	可锻铸铁			
			通孔直径 L	数量(个)	螺纹规格							
32	140	100	19	4	M16	76	3	—	18	30	60	5
40	150	110	19	4	M16	84	3	19.0	18	32	70	5
50	165	125	19	4	M16	99	3	19.0	20	34	84	5
65	185	145	19	8	M16	118	3	19.0	22	38	104	6
80	200	160	19	8	M16	132	3	19.0	24	40	120	6
100	235	190	23	8	M20	156	3	19.0	24	44	142	6
125	270	220	28	8	M24	184	3	19.0	26	48	162	6
150	300	250	28	8	M24	211	3	20.0	28	52	192	8

4. PN2.0MPa 的带颈螺纹铸铁管法兰尺寸(mm)

表 10-86

公称通径 DN	连接尺寸					密封面尺寸		最小法兰厚度 C		最小法兰高度 H	最小颈部直径 N
	法兰外径 D	螺栓孔中心圆直径 K	螺栓			外径 d	高度 f	灰铸铁	球墨铸铁		
			通孔直径 L	数量(个)	螺纹规格						
25	110	79.5	16.0	4	M14	51	2	11.0	14.0	18	50
32	120	89.0	16.0	4	M14	64	2	13.0	15.5	21	60
40	130	98.5	16.0	4	M14	73	2	14.5	17.5	22	65
50	155	120.5	18.0	4	M16	92	2	16.0	19.0	25	80
65	180	139.5	18.0	4	M16	105	2	17.5	22.5	28	90
80	190	152.5	18.0	4	M16	127	2	19.0	24.0	30	110
100	230	190.5	18.0	8	M16	157	2	24.0	24.0	33	135
125	255	216.0	22.0	8	M20	186	2	24.0	24.0	37	165
150	280	241.5	22.0	8	M20	216	2	25.5	25.5	40	190
200	345	298.5	22.0	8	M20	270	2	28.5	28.5	44	245
250	405	362.0	26.0	12	M24	324	2	30.0	30.0	49	305
300	485	432.0	26.0	12	M24	381	2	32.0	32.0	56	355
350	535	476.0	29.5	12	M27	413	2	35.0	35.0	57	390
400	600	540.0	29.5	16	M27	470	2	36.5	36.5	64	445
450	635	578.0	32.5	16	M30	533	2	39.5	39.5	68	500
500	700	635.0	32.5	20	M30	584	2	43.0	43.0	73	555
600	815	749.5	35.5	20	M33	692	2	48.0	48.0	83	660

5.PN1.0和1.6MPa的带颈螺纹铸铁管法兰尺寸(mm)

表 10-87

公称通径 DN	连接尺寸					密封面尺寸		法兰厚度 C			法兰高度 H	颈部直径 N	圆角半径 r
	法兰外径 D	螺栓孔中心圆直径 K	螺 栓			外径 d	高度 f	灰铸铁	球墨铸铁	可锻铸铁			
			通孔直径 L	数量(个)	螺纹规格								
10	90	60	14	4	M12	41	2	14	—	14	20	28	3
15	95	65	14	4	M12	46	2	14		14	22	32	3
20	105	75	14	4	M12	56	2	16		16	26	40	4
25	115	85	14	4	M12	65	3	16		16	26	50	4
32	140	100	19	4	M16	76	3	18		18	28	60	5
40	150	110	19	4	M16	84	3	18	19.0	18	28	70	5
50	165	125	19	4	M16	99	3	20	19.0	20	30	84	5
65	185	145	19	4	M16	118	3	20	19.0	20	34	104	6
80	200	160	19	8	M16	132	3	22	19.0	20	36	120	6
100	220	180	19	8	M16	156	3	24	19.0	22	44	140	6
125	250	210	19	8	M16	184	3	26	19.0	22	48	170	6
150	285	240	23	8	M20	211	3	26	19.0	24	48	190	8

三、可锻铸铁管路连接件

可锻铸铁管路连接件公称通径6～150mm,适用于高工作温度不超过300℃的水、油、空气、煤气、蒸汽等输送管的管路连接。最大允许工作压力在−20～120℃时为2.5MPa,随温度升高,耐压下降,当使用温度300℃时为2MPa。如超出规定的压力和温度范围使用时,应与制造方协商。

(一)管螺纹(GB/T 7306.1～2—2000)

管螺纹分55圆柱管螺纹和55圆锥管螺纹。圆锥管螺纹密封性能好,圆柱管螺纹密封性能较差。

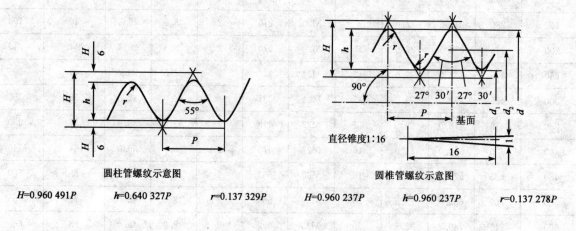

圆柱管螺纹示意图

$H=0.960\,491P$ $h=0.640\,327P$ $r=0.137\,329P$

圆椎管螺纹示意图

$H=0.960\,237P$ $h=0.960\,237P$ $r=0.137\,278P$

图 10-14

1. 圆锥管螺纹尺寸(GB/T 7306.2—2000)

表 10-88

公称通径 D_g		每英寸牙数 (25.4mm) n	螺距 P	螺纹高度 h	基面上的直径			基面距
mm	in				大径 d	中径 d_2	小径 d_1	
				mm				
6	1/8	28	0.907	0.581	9.728	9.147	8.566	4.0
8	1/4	19	1.337	0.856	13.157	12.301	11.445	6.0
10	3/8	19	1.337	0.856	16.662	15.806	14.950	6.4
15	1/2	14	1.814	1.162	20.955	19.793	18.631	8.2
20	3/4	14	1.814	1.162	26.441	25.279	24.117	9.5
25	1	11	2.309	1.479	33.249	31.770	30.291	10.4
32	1¼	11	2.309	1.479	41.910	40.431	38.952	12.7
40	1½	11	2.309	1.479	47.803	46.324	44.845	12.7
50	2	11	2.309	1.479	59.614	58.135	56.656	15.9
65	2½	11	2.309	1.479	75.184	73.705	72.226	17.5
80	3	11	2.309	1.479	87.884	86.405	84.926	20.6
90	3½	11	2.309	1.479	100.330	98.851	97.372	22.2
100	4	11	2.309	1.479	113.030	111.551	110.072	25.4
125	5	11	2.309	1.479	138.430	136.951	135.472	28.6
150	6	11	2.309	1.479	163.830	162.351	160.872	28.6

注:基面距为管端到基面的距离。

2. 圆柱管螺纹的尺寸(GB/T 7306.1—2000)

表 10-89

公称通径 D_g		每英寸牙数 (25.4mm) n	螺距 P	螺纹高度 h	基本直径		
mm	in				大径 d	中径 d_2	小径 d_1
				mm			
6	1/8	28	0.907	0.581	9.728	9.147	8.566
8	1/4	19	1.337	0.856	13.157	12.301	11.445
10	3/8	19	1.337	0.856	16.662	15.806	14.950
15	1/2	14	1.814	1.162	20.955	19.793	18.631
20	3/4	14	1.814	1.162	26.441	25.279	24.117
25	1	11	2.309	1.479	33.249	31.770	30.291
32	1¼	11	2.309	1.479	41.910	40.431	38.952
40	1½	11	2.309	1.479	47.803	46.324	44.845
50	2	11	2.309	1.479	59.614	58.135	56.656
65	2½	11	2.309	1.479	75.184	73.705	72.226
80	3	11	2.309	1.479	87.884	86.405	84.926
90	3½	11	2.309	1.479	100.330	98.851	97.372

续表 10-89

公称通径 D_g		每英寸牙数 (25.4mm)	螺距 P	螺纹高度 h	基 本 直 径		
		n			大径 d	中径 d_2	小径 d_1
mm	in				mm		
100	4	11	2.309	1.479	113.030	111.551	110.072
125	5	11	2.309	1.479	138.430	136.951	135.472
150	6	11	2.309	1.479	163.830	162.351	160.872

3. 管螺纹标记(GB/T 7306.1~2—2000)

管螺纹标记由螺纹特征代号和尺寸代号组成。管螺纹特征代号:

圆柱内螺纹——R_P,与圆柱内螺纹相配合的圆锥外螺纹——R_1;圆锥内螺纹——R_c,与圆锥内螺纹相配合的圆锥外螺纹——R_2;左旋螺纹——LH(加注在尺寸代号后)

表示螺纹副时,螺纹的特征代号为 R_c/R_z 和 R_P/R_1

管螺纹尺寸代号:

螺纹尺寸代号以通径的英寸数(分数或整数)表示,排在特征代号后。

示例:$R_P3/4$,R_13,$R_P3/4LH$,R_P/R_13

$R_C3/4$,R_23,$R_C3/4LH$,R_C/R_23

(二)可锻铸铁管路连接件(GB/T 3287—2011)

可锻铸铁管路连接件(简称"管件")指定与符合 GB/T 7306.1 或 GB/T 7306.2 规定的螺纹相连接。管件分黑品管件和热镀锌管件。

管件要求镀锌保护层时采用热镀工艺。黑色金属材料管件镀锌层的选择可与订货方商定。镀锌层相关表面锌的重量≥500 g/m²,五件管件锌的重量平均值,相当于平均覆盖厚度为 70μm,个别样件锌的重量≥450 g/m²(63μm)。

管件密封管螺纹应符合 GB/T 7306.1~2 的规定,外螺纹为圆锥形(R),内螺纹可以是圆柱形(R_P)或圆锥形(R_C)。活接头螺母的螺纹与螺母配合的螺纹应符合 GB/T 7307 的规定,允许采用公制螺纹,应符合 GB/T 192、GB/T 193、GB/T 196 和 GB/T 197 中外螺纹 6 级、内螺纹 7 级的规定。锁紧螺母应符合 GB/T 7307 的规定。

管件包括活接头的组成部件应能承受[水压设计试验压力(检验)]所给定的试验压力。各种规格的管件均应按水压设计试验压力进行试验。

水压设计试验压力值如下:

管件规格 1/8~4 吋的,试验压力为 10MPa;管件规格 5 吋和 6 吋的,试验压力为 6.4MPa。

在某种温度下,如压力大于 1.5 倍最大允许工作压力时,即使压力低于 10MPa 或 6.4MPa,允许发生泄漏。

管件的安装长度是指安装后的管子端面到管件轴线的平均距离或两个管子端面之间的平均距离。

1. 管件的分类

表 10-90

分类依据	类 别 及 型 式				
按表面状态分	黑品管件符号:Fe		热镀锌管件符号:Zn		
按结构形式分	A 弯头	B 三通	C 四通	D 短月弯	E 单弯三通及双弯弯头
	G 长月弯	M 外接头	P 锁紧螺母	T 管帽管堵	N 内外螺丝内接头
	U 活接头	UA 活节弯头	Za 侧孔弯头、侧孔三通		

2.管路连接件的形式和尺寸
1)弯头、三通、四通

表 10-91

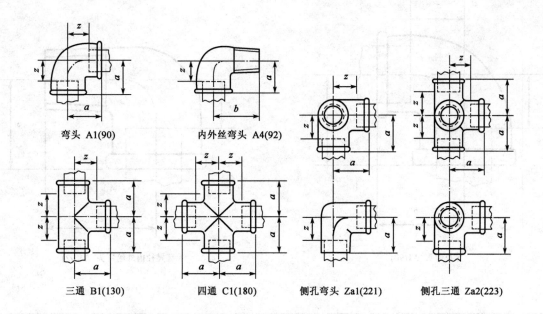

弯头 A1(90) 内外丝弯头 A4(92)

三通 B1(130) 四通 C1(180) 侧孔弯头 Za1(221) 侧孔三通 Za2(223)

公称尺寸 D_N						管件规格(h)						尺寸(mm)		安装长度 z(mm)
A1	A4	B1	C1	Za1	Za2	A1	A4	B1	C1	Za1	Za2	a	b	
6	6	6	—	—	—	1/8	1/8	1/8	—	—	—	19	25	12
8	8	8	(8)	—	—	1/4	1/4	(1/4)	(1/4)	—	—	21	28	11
10	10	10	10	(10)	(10)	3/8	3/8	3/8	3/8	(3/8)	(3/8)	25	32	15
15	15	15	15	15	(15)	1/2	1/2	1/2	1/2	1/2	(1/2)	28	37	15
20	20	20	20	20	(20)	3/4	3/4	3/4	3/4	3/4	(3/4)	33	43	18
25	25	25	25	(25)	(25)	1	1	1	1	(1)	(1)	38	52	21
32	32	32	32	—	—	1¼	1¼	1¼	1¼	—	—	45	60	26
40	40	40	40	—	—	1½	1½	1½	1½	—	—	50	65	31
50	50	50	50	—	—	2	2	2	2	—	—	58	74	34
65	65	65	(65)	—	—	2½	2½	2½	(2½)	—	—	69	88	42
80	80	80	(80)	—	—	3	3	3	(3)	—	—	78	98	48
100	100	100	(100)	—	—	4	4	4	(4)	—	—	96	118	60
(125)	—	(125)	—	—	—	(5)	—	(5)	—	—	—	115	—	75
(150)	—	(150)	—	—	—	(6)	—	(6)	—	—	—	131	—	91

注:括号中的尺寸为可选择的尺寸,由厂方自行规定。(下同)

2)异径弯头

表 10-92

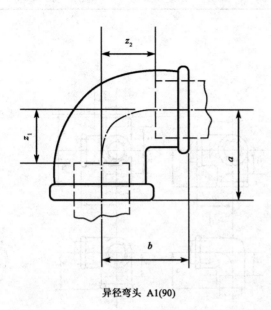

异径弯头 A1(90)

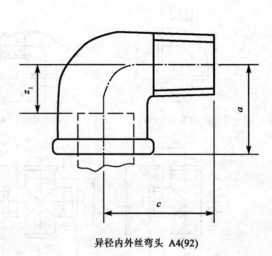

异径内外丝弯头 A4(92)

公称尺寸 D_N		管件规格 (吋)		尺寸 (mm)			安装长度 (mm)	
A1	A4	A1	A4	a	b	c	z_1	z_2
(10×8)	—	(3/8×1/4)	—	23	23	—	13	13
15×10	15×10	1/2×3/8	1/2×3/8	26	26	33	13	16
(20×10)	—	(3/4×3/8)	—	28	28	—	13	18
20×15	20×15	3/4×1/2	3/4×1/2	30	31	40	15	18
25×15	—	1×1/2	—	32	34	—	15	21
25×20	25×20	1×3/4	1×3/4	35	36	46	18	21
32×20	—	1¼×3/4	—	36	41	—	17	26
32×25	32×25	1¼×1	1¼×1	40	42	56	21	25
(40×25)	—	1½×1	—	42	46	—	23	29
40×32	—	1½×1¼	—	46	48	—	27	29
50×40	—	2×1½	—	52	56	—	28	36
(65×50)	—	2½×2	—	61	66	—	34	42

3)45°弯头

表 10-93

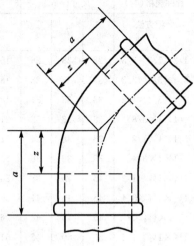

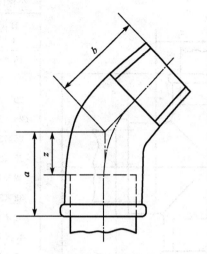

45°弯头 A1/45°(120)　　　　　　45°内外丝弯头 A4/45°(121)

公称尺寸 D_N		管件规格(吋)		尺寸(mm)		安装长度 z (mm)
A1/45°	A4/45°	A1/45°	A4/45°	a	b	
10	10	3/8	3/8	20	25	10
15	15	1/2	1/2	22	28	9
20	20	3/4	3/4	25	32	10
25	25	1	1	28	37	11
32	32	1¼	1¼	33	43	14
40	40	1½	1½	36	46	17
50	50	2	2	43	55	19

4)中大异径三通

表 10-94

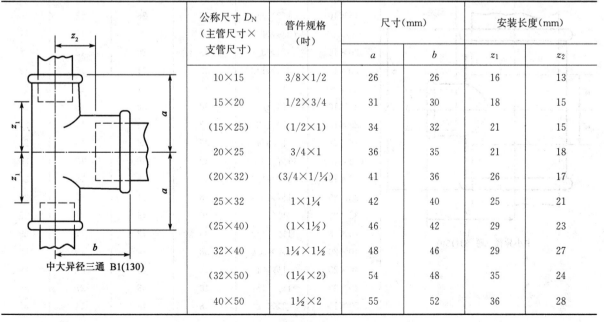

中大异径三通 B1(130)

公称尺寸 D_N（主管尺寸× 支管尺寸）	管件规格 (吋)	尺寸(mm)		安装长度(mm)	
		a	b	z_1	z_2
10×15	3/8×1/2	26	26	16	13
15×20	1/2×3/4	31	30	18	15
(15×25)	(1/2×1)	34	32	21	15
20×25	3/4×1	36	35	21	18
(20×32)	(3/4×1/1¼)	41	36	26	17
25×32	1×1¼	42	40	25	21
(25×40)	(1×1½)	46	42	29	23
32×40	1¼×1½	48	46	29	27
(32×50)	(1¼×2)	54	48	35	24
40×50	1½×2	55	52	36	28

5)侧小异径三通

表 10-95

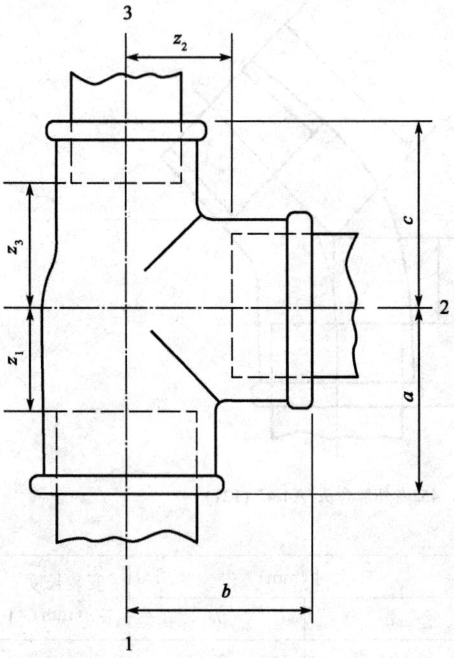

侧小异径三通 B1(130)

公称尺寸 D_N	管件规格(吋)	尺寸(mm)			安装长度(mm)		
标记方法 1 2 3	标记方法 1 2 3	a	b	c	z_1	z_2	z_3
15×15×10	1/2×1/2×3/8	28	28	26	15	15	16
20×20×10	3/4×3/4×3/8	33	33	28	18	18	18
20×20×15	3/4×3/4×1/2	33	33	31	18	18	18
(25×25×10)	(1×1×3/8)	38	38	32	21	21	22
25×25×15	1×1×1/2	38	38	34	21	21	21
25×25×20	1×1×3/4	38	38	36	21	21	21
32×32×15	1¼×1¼×1/2	45	45	38	26	26	25
32×32×20	1¼×1¼×3/4	45	45	41	26	26	26
32×32×25	1¼×1¼×1	45	45	42	26	26	25
40×40×15	1½×1½×1/2	50	50	42	31	31	29
40×40×20	1½×1½×3/4	50	50	44	31	31	29
40×40×25	1½×1½×1	50	50	46	31	31	29
40×40×32	1½×1½×1¼	50	50	48	31	31	29
50×50×20	2×2×3/4	58	58	50	34	34	35
50×50×25	2×2×1	58	58	52	34	34	35
50×50×32	2×2×1¼	58	58	54	34	34	35
50×50×40	2×2×1½	58	58	55	34	34	36

6)中小异径三通

表 10-96

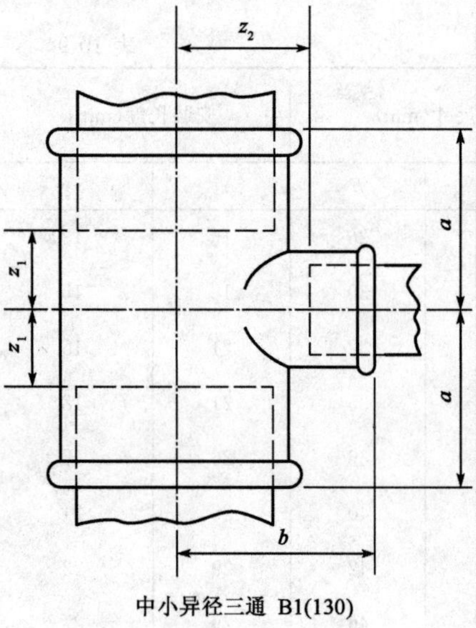

中小异径三通 B1(130)

公称尺寸 D_N (主管尺寸× 支管尺寸)	管件规格 (吋)	尺寸 (mm)		安装长度 (mm)	
		a	b	z_1	z_2
10×8	3/8×1/4	23	23	13	13
15×8	1/2×1/4	24	24	11	14
15×10	1/2×3/8	26	26	13	16
(20×8)	(3/4×1/4)	26	27	11	17
20×10	3/4×3/8	28	28	13	18
20×15	3/4×1/2	30	31	15	18
(25×8)	(1×1/4)	28	31	11	21
25×10	1×3/8	30	32	13	22
25×15	1×1/2	32	34	15	21
25×20	1×3/4	35	36	18	21
(32×10)	(1¼×3/8)	32	36	13	26
32×15	1¼×1/2	34	38	15	25
32×20	1¼×3/4	36	41	17	26
32×25	1¼×1	40	42	21	25
40×15	1½×1/2	36	42	17	29
40×20	1½×3/4	38	44	19	29
40×25	1½×1	42	46	23	29
40×32	1½×1¼	46	48	27	29
50×15	2×1/2	38	48	14	35

续表 10-96

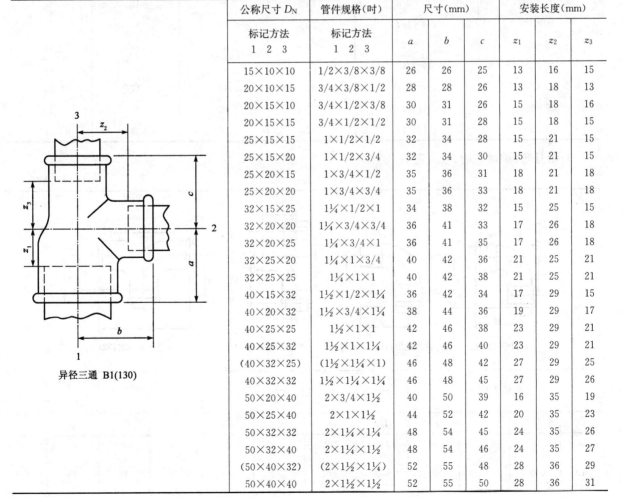

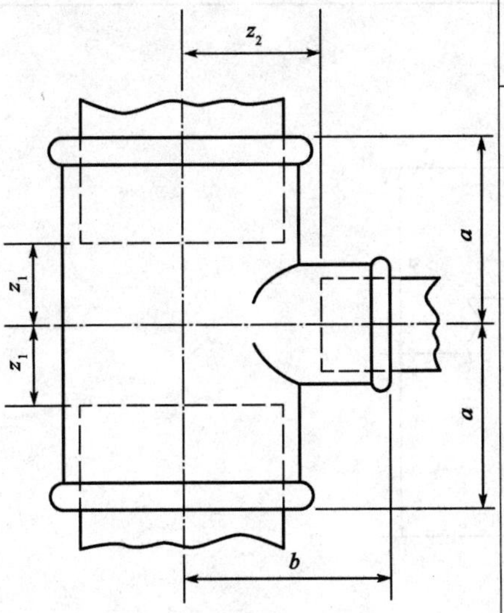

公称尺寸 D_N（主管尺寸×支管尺寸）	管件规格（吋）	尺寸（mm）		安装长度（mm）	
		a	b	z_1	z_2
50×20	2×3/4	40	50	16	35
50×25	2×1	44	52	20	35
50×32	2×1¼	48	54	24	35
50×40	2×1½	52	55	28	36
65×25	2½×1	47	60	20	43
65×32	2½×1¼	52	62	25	43
65×40	2½×1½	55	63	28	44
65×50	2½×2	61	66	34	42
80×25	3×1	51	67	21	50
(80×32)	(3×1¼)	55	70	25	51
80×40	3×1½	58	71	28	52
80×50	3×2	64	73	34	49
80×65	3×1½	72	76	42	49
100×50	4×2	70	86	34	62
100×80	4×3	84	92	48	62

中小异径三通 B1(130)

7)异径三通

表 10-97

公称尺寸 D_N	管件规格（吋）	尺寸（mm）			安装长度（mm）		
标记方法 1 2 3	标记方法 1 2 3	a	b	c	z_1	z_2	z_3
15×10×10	1/2×3/8×3/8	26	26	25	13	16	15
20×10×15	3/4×3/8×1/2	28	28	26	13	18	13
20×15×10	3/4×1/2×3/8	30	31	26	15	18	16
20×15×15	3/4×1/2×1/2	30	31	28	15	18	15
25×15×15	1×1/2×1/2	32	34	28	15	21	15
25×15×20	1×1/2×3/4	32	34	30	15	21	15
25×20×15	1×3/4×1/2	35	36	31	18	21	18
25×20×20	1×3/4×3/4	35	36	33	18	21	18
32×15×25	1¼×1/2×1	34	38	32	15	25	15
32×20×20	1¼×3/4×3/4	36	41	33	17	26	18
32×20×25	1¼×3/4×1	36	41	35	17	26	18
32×25×20	1¼×1×3/4	40	42	36	21	25	21
32×25×25	1¼×1×1	40	42	38	21	25	21
40×15×32	1½×1/2×1¼	36	42	34	17	29	15
40×20×32	1½×3/4×1¼	38	44	36	19	29	17
40×25×25	1½×1×1	42	46	38	23	29	21
40×25×32	1½×1×1¼	42	46	40	23	29	21
(40×32×25)	(1½×1¼×1)	46	48	42	27	29	25
40×32×32	1½×1¼×1¼	46	48	45	27	29	26
50×20×40	2×3/4×1½	40	50	39	16	35	19
50×25×40	2×1×1½	44	52	42	20	35	23
50×32×32	2×1¼×1¼	48	54	45	24	35	26
50×32×40	2×1¼×1½	48	54	46	24	35	27
(50×40×32)	(2×1½×1¼)	52	55	48	28	36	29
50×40×40	2×1½×1½	52	55	50	28	36	31

异径三通 B1(130)

8)异径四通

表 10-98

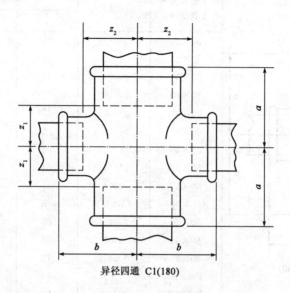

异径四通 C1(180)

公称尺寸 D_N（主管尺寸×支管尺寸）	管件规格(吋)	尺寸(mm)		安装长度(mm)	
		a	b	z_1	z_2
(15×10)	(1/2×3/8)	26	26	13	16
20×15	3/4×1/2	30	31	15	18
25×15	1×1/2	32	34	15	21
25×20	1×3/4	35	36	18	21
(32×20)	(1¼×3/4)	36	41	17	26
32×25	1¼×1	40	42	21	25
(40×25)	(1½×1)	42	46	23	29

9)短月弯、单弯三通、双弯弯头

表 10-99

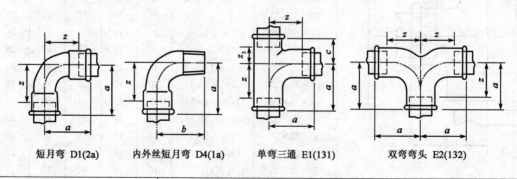

短月弯 D1(2a)　　内外丝短月弯 D4(1a)　　单弯三通 E1(131)　　双弯弯头 E2(132)

公称尺寸 D_N				管件规格(吋)				尺寸(mm)		安装长度(mm)	
D_1	D_4	E_1	E_2	D_1	$D4$	E_1	E_2	$a=b$	c	z	z_3
8	8			1/4	1/4	—	—	30	—	20	—
10	10	10	10	3/8	3/8	3/8	3/8	36	19	26	9

公称尺寸 D_N				管件规格（吋）				尺寸 （mm）		安装长度 （mm）	
D_1	D_4	E_1	E_2	D_1	$D4$	E_1	E_2	$a=b$	c	z	z_3
15	15	15	15	1/2	1/2	1/2	1/2	45	24	32	11
20	20	20	20	3/4	3/4	3/4	3/4	50	28	35	13
25	25	25	25	1	1	1	1	63	33	46	16
32	32	32	32	1¼	1¼	1¼	1¼	76	40	57	21
40	40	40	40	1½	1½	1½	1½	85	43	66	24
50	50	50	50	2	2	2	2	102	53	78	29

10)中小异径单弯三通

表 10-100

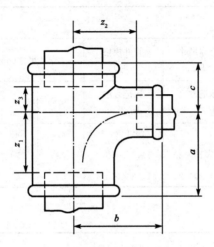

中小异径单弯三通 E1(131)

公称尺寸 D_N （主管×支管）	管件规格（吋）	尺寸（mm）			安装长度（mm）		
		a	b	c	z_1	z_2	z_3
20×15	3/4×1/2	47	48	25	32	35	10
25×15	1×1/2	49	51	28	32	38	11
25×20	1×3/4	53	54	30	36	39	13
32×15	1¼×1/2	51	56	30	32	43	11
32×20	1¼×3/4	55	58	33	36	43	14
32×25	1¼×1	66	68	36	47	51	17
(40×20)	(1½×3/4)	55	61	33	36	46	14
(40×25)	(1½×1)	66	71	36	47	54	17
(40×32)	(1½×1¼)	77	79	41	58	60	22
(50×25)	(2×1)	70	77	40	46	60	16
(50×32)	(2×1¼)	80	85	45	56	66	21
(50×40)	(2×1½)	91	94	48	57	75	24

11) 侧小异径单弯三通

表 10-101

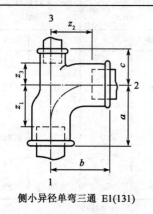

侧小异径单弯三通 E1(131)

公称尺寸 D_N	管件规格(吋)	尺寸(mm)			安装长度(mm)		
标记方法 1 2 3	标记方法 1 2 3	a	b	c	z_1	z_2	z_3
20×20×15	3/4×3/4×1/2	50	50	27	35	35	14

12) 异径单弯三通

表 10-102

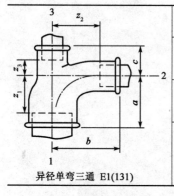

异径单弯三通 E1(131)

公称尺寸 D_N	管件规格 (吋)	尺寸(mm)			安装长度(mm)		
标记方法 1 2 3	标记方法 1 2 3	a	b	c	z_1	z_2	z_3
20×15×15	3/4×1/2×1/2	47	48	24	32	35	11
25×15×20	1×1/2×3/4	49	51	25	32	38	10
25×20×20	1×3/4×3/4	53	54	28	36	39	13

13) 异径双弯弯头

表 10-103

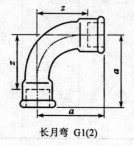

异径双弯弯头 E2(132)

公称尺寸 D_N 1 2	管件规格(吋) 1 2	尺寸 (mm)		安装长度 (mm)	
		a	b	z_1	z_2
(20×15)	(3/4×1/2)	47	48	32	35
(25×15)	(1×3/4)	53	54	36	39
(32×25)	(1¼×1)	66	68	47	51
(40×32)	(1½×1¼)	77	79	58	60
(50×40)	(2×1½)	91	94	67	75

14) 长月弯

表 10-104

 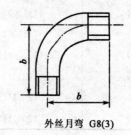

长月弯 G1(2)　　　　　内外丝月弯 G4(1)　　　　　外丝月弯 G8(3)

公称尺寸 D_N			管件规格（吋）			尺寸（mm）		安装长度 z(mm)
G1	G4	G8	G1	G4	G8	a	b	
—	(6)	—	—	(1/8)	—	35	32	28
8	8	—	1/4	1/4	—	40	36	30
10	10	(10)	3/8	3/8	(3/8)	48	42	38
15	15	15	1/2	1/2	1/2	55	48	42
20	20	20	3/4	3/4	3/4	69	60	54
25	25	25	1	1	1	85	75	68
32	32	(32)	1¼	1¼	(1¼)	105	95	86
40	40	(40)	1½	1½	(1½)	116	105	97
50	50	(50)	2	2	(2)	140	130	116
65	(65)	—	2½	(2½)	—	176	165	149
80	(80)	—	3	(3)	—	205	190	175
100	(100)	—	4	(4)	—	260	245	224

15）45°月弯

表 10-105

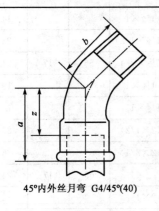

45°内外丝月弯 G4/45°(40)

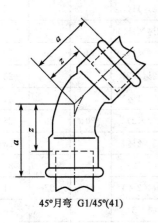

45°月弯 G1/45°(41)

公称尺寸 D_N		管件规格（吋）		尺寸 (mm)		安装长度 z (mm)
G1/45°	G4/45°	G1/45°	G4/45°	a	b	
—	(8)	—	(1/4)	26	21	16
(10)	10	(3/8)	3/8	30	24	20
15	15	1/2	1/2	36	30	23
20	20	3/4	3/4	43	36	28
25	25	1	1	51	42	34
32	32	1¼	1¼	64	54	45
40	40	1½	1½	68	58	49
50	50	2	2	81	70	57
(65)	(65)	(2½)	(2½)	99	86	72
(80)	(80)	(3)	(3)	113	100	83

16)管箍(外接头)

表 10-106

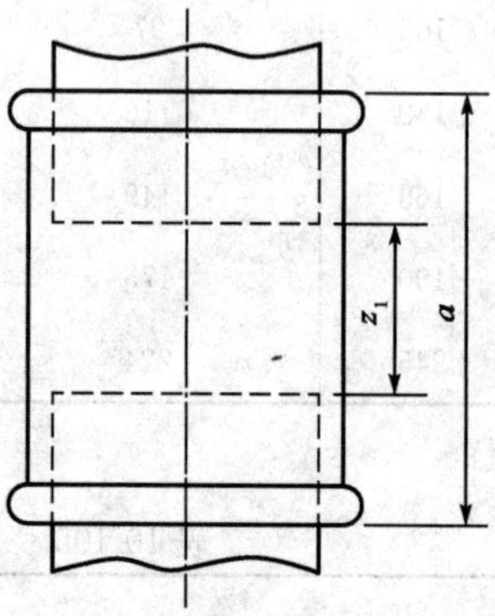

外接头 M2(270)
左右旋外接头 M2R-L(271)

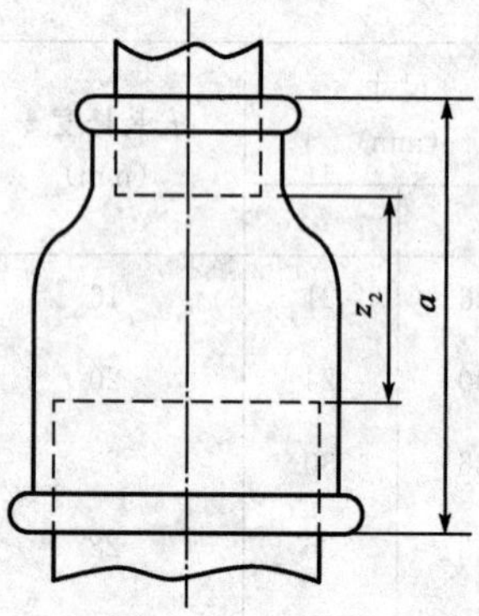

异径外接头 M2(240)

公称尺寸 D_N			管件规格(吋)			尺寸 a (mm)	安装长度 (mm)	
M2	M2R-L	异径 M2	M2	M2R-L	异径 M2		z_1	z_2
6	—		1/8	—	—	25	11	—
8	—	8×6	1/4	—	1/4×1/8	27	7	10
		(10×6)			(3/8×1/8)			13
10	10	10×8	3/8	3/8	3/8×1/4	30	10	10
		15×8			1/2×1/4			13
15	15	15×10	1/2	1/2	1/2×3/8	36	10	13
		(20×8)			(3/4×1/4)			14
20	20	20×10	3/4	3/4	3/4×3/8	39	9	14
		20×15			3/4×1/2			11
		25×10			1×3/8			18
25	25	25×15	1	1	1×1/2	45	11	15
		25×20			1×3/4			13
		32×15			1¼×1/2			18
32	32	32×20	1¼	1¼	1¼×3/4	50	12	16
		32×25			1¼×1			14
		(40×15)			(1½×1/2)			23
		40×20	1½	1½	1½×3/4	55	17	21
40	40	40×25			1½×1			19
		40×32			1½×1¼			17
		(50×15)			(2×1/2)			28
		(50×20)			(2×3/4)			26
(50)	(50)	50×25	(2)	(2)	2×1	65	17	24
		50×32			2×1¼			22
		50×40			2×1½			22
		(65×32)			(2½×1¼)			28
(65)	—	(65×40)	(2½)		(2½×1½)	74	20	28
		(65×50)			(2½×2)			23
		(80×40)			(3×1½)			31
(80)	—	(80×50)	(3)	—	(3×2)	80	20	26
		(80×65)			(3×2½)			23
		(100×50)			(4×2)			34
(100)	—	(100×65)	(4)	—	(4×2½)	94	22	31
		(100×80)			(4×3)			28
(125)	—		(5)	—	—	109	29	—
(150)	—		(6)	—	—	120	40	—

17)内外丝接头

表 10-107

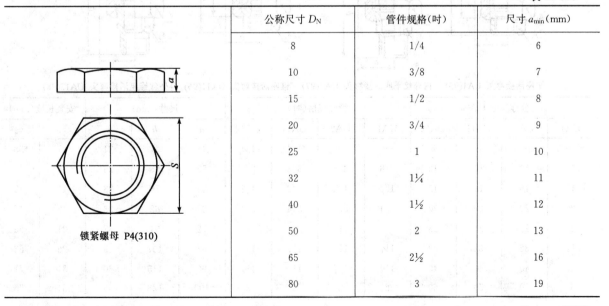

内外丝接头 M4(529a)

异径内外丝接头 M4(246)

公称尺寸 D_N		管件规格(吋)		尺寸 a(mm)	安装长度 z (mm)
M4	异径 M4	M4	异径 M4		
10	10×8	3/8	3/8×1/4	35	25
15	15×8	1/2	1/2×1/4	43	30
	15×10		1/2×3/8		
20	(20×10)	3/4	(3/4×3/8)	48	33
	20×15		3/4×1/2		
25	25×15	1	1×1/2	55	38
	25×20		1×3/4		
32	32×20	1¼	1¼×3/4	60	41
	32×25		¼×1		
—	40×25	—	1½×1	63	44
	40×32		1½×1¼		
—	(50×32)	—	(2×1¼)	70	46
	(50×40)		(2×1½)		

18)锁紧螺母

锁紧螺母可以是平的,或凹入式的,允许加工一个表面。

s 尺寸(扳手对边宽度)由制造商自己决定。

螺纹应符合 GB/T 7307 的规定。

表 10-108

锁紧螺母 P4(310)

公称尺寸 D_N	管件规格(吋)	尺寸 a_{min}(mm)
8	1/4	6
10	3/8	7
15	1/2	8
20	3/4	9
25	1	10
32	1¼	11
40	1½	12
50	2	13
65	2½	16
80	3	19

19)活接头

表 10-109

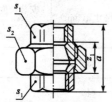

平座活接头 U1(330)

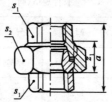
锥座活接头 U11(340)

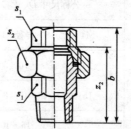
内外丝锥座活接头 U12(341)

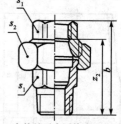
内外丝平座活接头 U2(331)

公称尺寸 D_N				管件规格(吋)				尺寸(mm)		安装长度(mm)	
U1	U2	U11	U12	U1	U2	U11	U12	a	b	z_1	z_2
—	—	(6)	—	—	—	(1/8)	—	38	—	24	—
8	8	8	8	1/4	1/4	1/4	1/4	42	55	22	45
10	10	10	10	3/8	3/8	3/8	3/8	45	58	25	48
15	15	15	15	1/2	1/2	1/2	1/2	48	66	22	53
20	20	20	20	3/4	3/4	3/4	3/4	52	72	22	57
25	25	25	25	1	1	1	1	58	80	24	63
32	32	32	32	1¼	1¼	1¼	1¼	65	90	27	71
40	40	40	40	1½	1½	1½	1½	70	95	32	76
50	50	50	50	2	2	2	2	78	106	30	82
65	—	65	65	2½	—	2½	2½	85	118	31	91
80	—	80	80	3	—	3	3	95	130	35	100
—	—	100	—	—	—	4	—	100	—	38	—

20)活接弯头

表 10-110

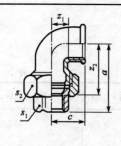
平座活接弯头 UA1(95)

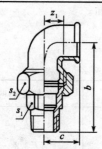
内外丝平座活接弯头 UA2(97)

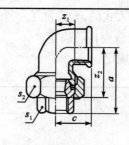
锥座活接弯头 UA11(96)

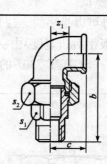
内外丝锥座活接弯头 UA12(98)

公称尺寸 D_N				管件规格(吋)				尺寸(mm)			安装长度(mm)	
UA1	UA2	UA11	UA12	UA1	UA2	UA11	UA12	a	b	c	z_1	z_2
—	—	8	8	—	—	1/4	1/4	48	61	21	11	38
10	10	10	10	3/8	3/8	3/8	3/8	52	65	25	15	42
15	15	15	15	1/2	1/2	1/2	1/2	58	76	28	15	45
20	20	20	20	3/4	3/4	3/4	3/4	62	82	33	18	47
25	25	25	25	1	1	1	1	72	94	38	21	55
32	32	32	32	1¼	1¼	1¼	1¼	82	107	45	26	63
40	40	40	40	1½	1½	1½	1½	90	115	50	31	71
50	50	50	50	2	2	2	2	100	128	58	34	76

21)垫圈

表 10-111

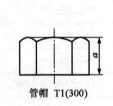

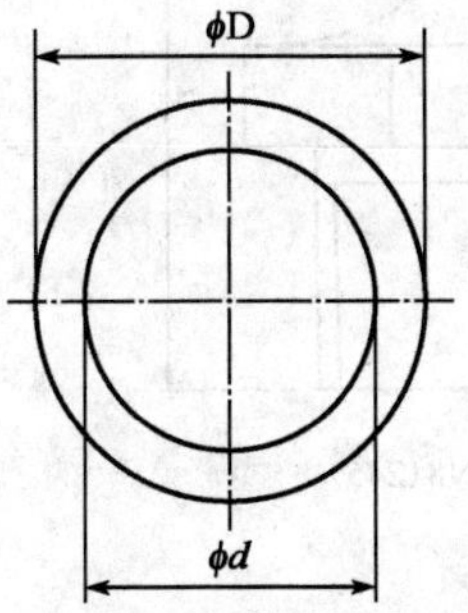

平座活接头和活接弯头垫圈
U1(330)、U2(331)、UA1(95)和UA2(97)

活接头和活接弯头		垫圈尺寸（mm）		活接头螺母的螺纹尺寸代号（仅作参考）
公称尺寸 D_N	管件规格（吋）	d	D	
6	1/8	—	—	G½
8	1/4	13	20	G⅝
		17	24	G¾
10	3/8	17	24	G¾
		19	27	G⅞
15	1/2	21	30	G1
		24	34	G1⅛
20	3/4	27	38	G1¼
25	1	32	44	G1½
32	1¼	42	55	G2
40	1½	46	62	G2¾
50	2	60	78	G2¾
65	2½	75	97	G3½
80	3	88	110	G4
100	4	—	—	G5
				G5½

22)管帽和管堵

表 10-112

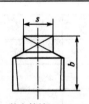
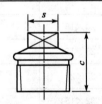

管帽 T1(300)　　外方管堵 T8(291)　　带边外方管堵 T9(290) 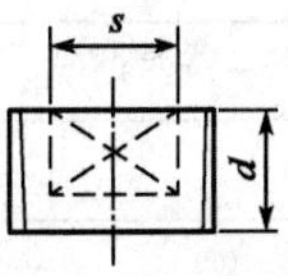　　内方管堵 T11(596)

公称尺寸 D_N				管件规格（吋）				尺寸（mm）不小于			
T1	T8	T9	T11	T1	T8	T9	T11	a	b	c	d
(6)	6	6	—	(1/8)	1/8	1/8	—	13	11	20	—
8	8	8	—	1/4	1/4	1/4	—	15	14	22	—
10	10	10	(10)	3/8	3/8	3/8	(3/8)	17	15	24	11
15	15	15	(15)	1/2	1/2	1/2	(1/2)	19	18	26	15
20	20	20	(20)	3/4	3/4	3/4	(3/4)	22	20	32	16
25	25	25	(25)	1	1	1	(1)	24	23	36	19
32	32	32	—	1¼	1¼	1¼	—	27	29	39	—
40	40	40	—	1½	1½	1½	—	27	30	41	—
50	50	50	—	2	2	2	—	32	36	48	—
65	65	65	—	2½	2½	2½	—	35	39	54	—
80	80	80	—	3	3	3	—	38	44	60	—
100	100	100	—	4	4	4	—	45	58	70	—

注:管帽可以是六边形、圆形或其他形状。

23)内接头(外螺丝)

表 10-113

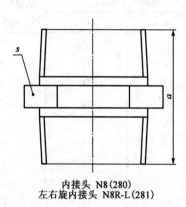

内接头 N8(280)
左右旋内接头 N8R-L(281)

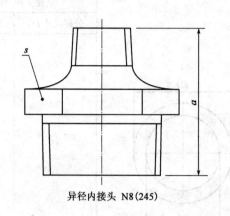

异径内接头 N8(245)

公称尺寸 D_N			管件规格(吋)			尺寸 a(mm)
N8	N8R-L	异径 N8	N8	N8R-L	异径 N8	
6	—	—	1/8		—	29
8			1/4		—	36
10	—	10×8	3×8		3/8×1/4	38
15	15	15×8	1/2	1/2	1/2×1/4	44
		15×10			1/2×3/8	
20	20	20×10	3/4	3/4	3/4×3/8	47
		20×15			3/4×1/2	
25	(25)	25×15	1	(1)	1×1/2	53
		25×20			1×3/4	
		(32×15)			(1¼×1/2)	
		32×20	1¼	—	1¼×3/4	57
		32×25			1¼×1	
		(40×20)		—	(1½×3/4)	
40	—	40×25	1½		1½×1	59
		40×32			1½×1¼	
		(50×25)			(2×1)	
50	—	50×32	2	—	2×1¼	68
	—	50×40			2×1½	
65		(65×50)	2½	—	(2½×2)	75
80		(80×50)	3		(3×2)	83
		(80×65)			(3×2½)	
100	—	—	4		—	95

24)内外螺丝

表 10-114

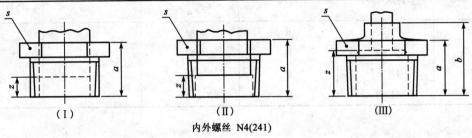

内外螺丝 N4(241)

公称尺寸 D_N	管件规格(吋)	形式	尺寸(mm)		安装长度 z(mm)
			a	b	
8×6	1/4×1/8	I	20	—	13
10×6	3/8×1/8	II	20	—	13
10×8	3/8×1/4	I	20	—	10
15×6	1/2×1/8	II	24	—	17
15×8	1/2×1/4	II	24	—	14
15×10	1/2×3/8	I	24	—	14
20×8	3/4×1/4	II	26	—	16
20×10	3/4×3/8	II	26	—	16
20×15	3/4×1/2	I	26	—	13
25×8	1×1/4	II	29	—	19
25×10	1×3/8	II	29	—	19
25×15	1×1/2	II	29	—	16
25×20	1×3/4	I	29	—	14
32×10	1¼×3/8	II	31	—	21
32×15	1¼×1/2	II	31	—	18
32×20	1¼×3/4	II	31	—	16
32×25	1¼×1	I	31	—	14
(40×10)	(1½×3/8)	II	31	—	21
40×15	1½×1/2	II	31	—	18
40×20	1½×3/4	II	31	—	16
40×25	1½×1	II	31	—	14
40×32	1½×1¼	I	31	—	12
50×15	2×1/2	III	35	48	35
50×20	2×3/4	III	35	48	33
50×25	2×1	II	35	—	18
50×32	2×1¼	II	35	—	16
50×40	2×1½	II	35	—	16
65×25	2½×1	III	40	54	37
65×32	2½×1¼	III	40	54	35
65×40	2½×1½	II	40	—	21
65×50	2½×2	II	40	—	16
80×25	3×1	III	44	59	42
80×32	3×1¼	III	44	59	40
80×40	3×1½	III	44	59	40
80×50	3×2	II	44	—	20

公称尺寸 D_N	管件规格(吋)	型式	尺寸(mm)		安装长度 z(mm)
			a	b	
80×65	3×2½	Ⅱ	44	—	17
100×50	4×2	Ⅲ	51	69	45
100×65	4×2½	Ⅲ	51	69	42
100×80	4×3	Ⅲ	51	—	21

第三节 紧 固 件

一、普通螺纹

(一)普通螺纹的基本尺寸(GB/T 196—2003)

普通螺纹(公称直径 D、d 1~300mm)的基本尺寸见图 10-15。

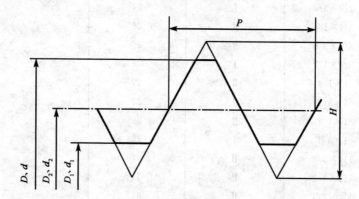

图 10-15 基本尺寸位置图

$$D_2=D-2\times\frac{3}{8}H=D-0.649\,5P;d_2=d-2\times\frac{3}{8}H=d-0.649\,5P;D_1=D-2\times\frac{5}{8}H=D-1.082\,5P;d_1=d-2\times\frac{5}{8}H=d-$$

$$1.082\,5P;H=\frac{\sqrt{3}}{8}P=0.866\,025\,404P$$

(二)普通螺纹的公差(GB/T 197—2003)

根据使用场合,螺纹的公差精度分为三级:

——精密:用于精密螺纹;

——中等:用于一般用途螺纹;

——粗糙:用于制造螺纹有困难的场合,例如在热轧棒料上和深盲孔内加工螺纹。

1. 推荐公差带

1)内螺纹的推荐公差带

表 10-115

公差精度	公差带位置 G			公差带位置 H		
	S	N	L	S	N	L
精密	—	—	—	4H	5H	6H
中等	(5G)	**6G**	(7G)	**5H**	**6H**	**7H**
粗糙	—	(7G)	(8G)	—	7H	8H

2)外螺纹的推荐公差带

表 10-116

公差精度	公差带位置 e			公差带位置 f			公差带位置 g			公差带位置 h		
	S	N	L	S	N	L	S	N	L	S	N	L
精密	—	—	—	—	—	—	—	(4g)	(5g4g)	(3h4h)	**4h**	(5h4h)
中等	—	**6e**	(7e6e)	—	**6f**	—	(5g6g)	6g	(7g6g)	(5h6h)	6h	(7h6h)
粗糙	—	(8e)	(9e8e)	—	—	—	—	8g	(9g8g)	—	—	—

注:S 为短旋合长度;N 为中等旋合长度;L 为长旋合长度。

2. 推荐公差带的选用原则

(1)优先按表 10-115 和表 10-116 的规定选取螺纹公差带。除特殊情况外,表 10-115 和表 10-116 以外的其他公差带不宜选用。推荐公差带仅适用于薄涂镀层的螺纹,如电镀螺纹。

螺纹公差带代号的标注方法见本节一、(三)。

公差带优先选用顺序为:粗字体公差带、一般字体公差带、括号内公差带。带方框的粗字体公差带用于大量生产的紧固件螺纹。

(2)内、外螺纹的公差带组合。

内螺纹公差带能与外螺纹公差带形成任意组合。但是,为了保证内、外螺纹间有足够的螺纹接触高度,推荐完工后的螺纹零件宜优先组成 H/g、H/h 或 G/h 配合。对公称直径小于和等于 1.4mm 的螺纹,应选用 $5H/6h$、$4H/6h$ 或更精密的配合。

(三)螺纹标记代号表示方法(GB/T 197—2003)

螺纹标记由螺纹特征代号、尺寸代号、公差带代号及其他有必要作进一步说明的个别信息组成。螺纹按线数分为单线螺纹和多线螺纹。

单线螺纹指只有一个起始点的螺纹;多线螺纹指具有两个或两个以上起始点的螺纹。

1)螺纹特征代号用字母"M"表示。

2)螺纹尺寸代号

(1)单线螺纹尺寸代用"公称直径 mm×螺距 mm"表示。粗牙螺纹可省略标注螺距项。

示例:公称直径为 8mm、螺距为 1mm 的单线细牙螺纹,用 M8×1 表示:

公称直径为 8mm、螺距为 1.25mm 的单线粗牙螺纹,用 M8 表示。

(2)多线螺纹尺寸代号用"公称直径 mm×Ph 导程 P 螺距 mm"表示。如要进一步表明螺纹的线数,可在后面增加括号用英文说明。

Ph 指米制螺纹:导程是一个点沿着在中径圆柱或中径圆锥上的螺旋线旋转一周所对应的轴向位移。单线螺纹的螺距=导程;多线螺纹的螺距=导程÷线数。

示例:公称直径为 16mm、螺距为 1.5mm、导程为 3mm 的双线螺纹,用 M16×Ph3P1.5 或 M16×Ph3P1.5(two starts)表示。

3)公差带代号

(1)公差带代号包括中径公差代号(前)和顶径公差带代号(后)。各直径的公差带代号由表示公差等级的数值和表示公差带位置的字母(内螺纹用大写字母;外螺纹用小写字母)组成。若中径公差带代号与顶径公差带代号相同,只标注一个公差带代号。螺纹特征代号及螺纹尺寸代号与公差带代号间用"—"分开。示例:

中径公差带为 5g、顶径公差带为 6g 的外螺纹:$M10×1-5g6g$;

中径公差带和顶径公差带为 6g 的粗牙外螺纹:$M10-6g$;

中径公差带为 5H、顶径公差带为 6H 的内螺纹:$M10×1-5H6H$;

中径公差带和顶径公差带为 6H 的粗牙内螺纹:$M10-6H$。

（2）下列情况，中等公差精度的螺纹不标注其公差带代号：

内螺纹——5H 公称直径≤1.4mm 时；——6H 公称直径≥1.6mm 时。螺距为 0.2mm 的螺纹，公差等级为 4 级。

外螺纹——6h 公称直径≤1.4mm 时；——6g 公称直径≥1.6mm 时。

示例： 中径公差带和顶径公差带为 6g、中等公差精度的粗牙外螺纹：M10；

中径公差带和顶径公差带为 6H、中等公差精度为粗牙内螺纹：M10。

4）内、外螺纹配合时，内螺纹公差带代号在前，外螺纹公差带代号在后，中间用"/"分开。

示例： 公差带为 6H 的内螺纹与公差带为 5g6g 的外螺纹组成配合：M20×2-6H/5g6g

公差带为 6H 的内螺纹与公差带为 6g 的外螺纹组成配合（中等公差精度、粗牙）：M6。

5）标记内有必要说明的其他信息包括螺纹的旋合长度和旋向

（1）旋合长度分为短旋合长度组（S）、中等旋合长度组（N）、长旋合长度组（L）。N 组不标注；S 组和 L 组宜分别标注在公差带代号后，中间用"－"分开。

（2）左旋螺纹在旋合长度代号后标注"LH"代号，两者之间用"－"分开。右旋螺纹不标注旋向代号。

示例： 左旋螺纹：M8×1－LH（公差带代号和旋合长度代号被省略）；

M6×0.75－5h6h－S－LH；

M14×Ph6P2－7H－L－LH 或 M14×Ph6P2(three starts)－7H－L－LH。

右旋螺纹：M6（螺距、公差带代号、旋合长度代号和旋向代号被省略）。

（四）普通螺纹的直径与螺距系列（GB/T 193—2003）

1. 直径与螺距标准组合系列（mm）

表 10-117

公称直径 D、d			螺　距 P										
第1系列	第2系列	第3系列	粗　牙	细牙									
				3	2	1.5	1.25	1	0.75	0.5	0.35	0.25	0.2
1			0.25										0.2
	1.1		0.25										0.2
1.2			0.25										0.2
	1.4		0.3										0.2
1.6			0.35										0.2
	1.8		0.35										0.2
2			0.4									0.25	
	2.2		0.45									0.25	
2.5			0.45								0.35		
3			0.5								0.35		
	3.5		0.6								0.35		
4			0.7							0.5			
	4.5		0.75							0.5			
5			0.8							0.5			
	5.5									0.5			
6			1						0.75				
	7		1						0.75				
8			1.25					1	0.75				
		9	1.25					1	0.75				

公称直径 D、d			螺距 P										
第1系列	第2系列	第3系列	粗 牙	细 牙									
				3	2	1.5	1.25	1	0.75	0.5	0.35	0.25	0.2
10			1.5				1.25	1	0.75				
		11	1.5			1.5		1	0.75				
12			1.75				1.25	1					
	14		2			1.5	1.25ᵃ	1					
		15				1.5		1					
16			2			1.5		1					
		17				1.5		1					
	18		2.5		2	1.5		1					
20			2.5		2	1.5		1					
	22		2.5		2	1.5		1					
24			3		2	1.5		1					
		25			2	1.5		1					
		26				1.5							
	27		3		2	1.5		1					
		28			2	1.5		1					
30			3.5	(3)	2	1.5		1					
		32			2	1.5							
	33		3.5	(3)	2	1.5							
		35ᵇ				1.5							
36			4	3	2	1.5							
		38				1.5							
	39		4	3	2	1.5							

公称直径 D、d			螺距 P						
第1系列	第2系列	第3系列	粗 牙	细 牙					
				8	6	4	3	2	1.5
		40					3	2	1.5
42			4.5			4	3	2	1.5
	45		4.5			4	3	2	1.5
48			5			4	3	2	1.5
		50					3	2	1.5
	52		5			4	3	2	1.5
		55				4	3	2	1.5
56			5.5			4	3	2	1.5
		58				4	3	2	1.5
	60		5.5			4	3	2	1.5
		62				4	3	2	1.5
64			6			4	3	2	1.5
		65				4	3	2	1.5
	68		6			4	3	2	1.5
		70			6	4	3	2	1.5

公称直径 D、d			螺距 P						
第1系列	第2系列	第3系列	粗 牙	细 牙					
				8	6	4	3	2	1.5
72					6	4	3	2	1.5
		75				4	3	2	1.5
	76				6	4	3	2	1.5
		78						2	
80					6	4	3	2	1.5
		82						2	
	85				6	4	3	2	
90					6	4	3	2	
	95				6	4	3	2	
100					6	4	3	2	
	105				6	4	3	2	
110					6	4	3	2	
	115				6	4	3	2	
	120				6	4	3	2	
125				8	6	4	3	2	
	130			8	6	4	3	2	
		135			6	4	3	2	
140				8	6	4	3	2	
		145			6	4	3	2	
	150			8	6	4	3	2	
		155			6	4	3			
160				8	6	4	3		
		165			6	4	3			
	170			8	6	4	3		
		175			6	4	3			
180				8	6	4	3		
		185			6	4	3			
	190			8	6	4	3		
		195			6	4	3			
200				8	6	4	3		
		205			6	4	3			
	210			8	6	4	3		
		215			6	4	3			
220				8	6	4	3		
		225			6	4	3			
		230		8	6	4	3		
		235			6	4	3			
	240			8	6	4	3		
		245			6	4	3			

公称直径 D、d			螺距 P						
第1系列	第2系列	第3系列	粗　牙	细　牙					
				8	6	4	3	2	1.5
250				8	6	4	3		
		255			6	4			
	260			8	6	4			
		265			6	4			
		270		8	6	4			
		275			6	4			
280				8	6	4			
		285			6	4			
		290		8	6	4			
		295			6	4			
	300			8	6	4			

注:①ᵃ 仅用于发动机的火花塞。

　　②ᵇ 仅用于轴承的锁紧螺母。

　　③在表内,应选择与直径处于同一行内的螺矩。

　　④优先选用第一系列直径,其次选择第二系列直径,最后选择第三系列直径。

　　⑤尽可能地避免选用括号内的螺距。

2.直径与螺距的特殊系列

如果需要使用比表 10-117 规定还要小的特殊螺距,则应从下列螺距中选择:3mm、2mm、1.5mm、1mm、0.75mm、0.5mm、0.35mm、0.25mm 和 0.2mm。

最大公称直径(mm)

表 10-118

螺　距	最大公称直径	螺　距	最大公称直径
0.5	22	1.5	150
0.75	33	2	200
1	80	3	300

注:对应于本表内的螺距,其所选用的最大特殊直径不宜超出本表所限定的直径范围。

二、螺栓、螺钉和螺柱的机械性能分级(GB/T3098.1—2010)

螺纹直径 3~39mm 的螺栓、螺钉、螺柱的性能等级标记代号由"·"隔开的两部分数字组成:

——点左边的一或二位数字表示公称抗拉强度($R_{m公称}$)的 1/100,以 MPa 计。

——点右边的数字表示公称屈服强度(下屈服强度)($R_{eL,公称}$)或规定非比例延伸 0.2% 的公称应力($R_{P0.2,公称}$)或规定非比例延伸 0.0048d 的公称应力($R_{Pf,公称}$)与公称抗拉强度($R_{m,公称}$)比值的 10 倍。

屈　强　比

表 10-119

点右边的数字	.6	.8	.9
$\dfrac{R_{eL,公称}}{R_{m,公称}}$ 或 $\dfrac{R_{pf0.2,公称}}{R_{m,公称}}$ 或 $\dfrac{R_{pf,公称}}{R_{m,公称}}$	0.6	0.8	0.9

示例:紧固件的公称抗拉强度 $R_{m,公称}$=800 MPa 和屈强比为 0.8,其性能等级标记为"8.8"。

若材料性能与 8.8 级相同,但其实际承载能力又低于 8.8 级的紧固件(降低承载能力的)产品,其性能等级应标记为"08.8"。

公称抗拉强度和屈强比的乘积为公称屈服强度,以 MPa 计。

1. 紧固件各性能等级用钢的化学成分要求

表 10-120

性能等级	材料和热处理	化学成分极限(熔炼分析%)[a]					回火温度℃ min
		C		P	S	B[b]	
		min	max	max	max	max	
4.6[c,d]	碳钢或添加元素的碳钢	—	0.55	0.050	0.060	未规定	—
4.8[d]			0.55	0.050	0.060		
5.6[c]		0.13	0.55	0.050	0.060		
5.8[d]		—	0.55	0.050	0.060		
6.8[d]		0.15	0.55	0.050	0.060		
8.8[f]	添加元素的碳钢(如硼或锰或铬)淬火并回火或	0.15[e]	0.40	0.025	0.025	0.003	425
	碳钢淬火并回火或合	0.25	0.55	0.025	0.025		
	金钢淬火并回火[g]	0.20	0.55	0.025	0.025		
9.8[f]	添加元素的碳钢(如硼或锰或铬)淬火并回火或	0.15[e]	0.40	0.025	0.025	0.003	425
	碳钢淬火并回火或	0.25	0.55	0.025	0.025		
	合金钢淬火并回火[g]	0.20	0.55	0.025	0.025		
10.9[f]	添加元素的碳钢(如硼或锰或铬)淬火并回火或	0.20[e]	0.55	0.025	0.025	0.003	425
	碳钢淬火并回火或	0.25	0.55	0.025	0.025		
	合金钢淬火并回火[g]	0.20	0.55	0.025	0.025		
12.9[f,h,i]	合金钢淬火并回火[g]	0.30	0.50	0.025	0.025	0.003	425
12.9[f,h,i]	添加元素的碳钢(如硼或锰或铬或钼)淬火并回火	0.28	0.50	0.025	0.025	0.003	380

注:[a]有争议时,实施成品分析。

[b]硼的含量可达 0.005%,非有效硼由添加钛和/或铝控制。

[c]对 4.6 和 5.6 级冷镦紧固件,为保证达到要求的塑性和韧性,可能需要对其冷镦用线材或冷镦紧固件产品进行热处理。

[d]这些性能等级允许采用易切钢制造,其硫、磷和铅的最大含量为:硫 0.34%;磷 0.11%;铅 0.35%。

[e]对含碳量低于 0.25%的添加硼的碳钢,其锰的最低含量分别为:8.8 级为 0.6%;9.8 级和 10.9 级为 0.7%。

[f]对这些性能等级用的材料,应有足够的淬透性,以确保紧固件螺纹截面的芯部在"淬硬"状态、回火前获得约 90%的马氏体组织。

[g]这些合金钢至少应含有下列的一种元素,其最小含量分别为:铬 0.30%;镍 0.30%;钼 0.20%;钒 0.10%。当含有二、三或四种复合的合金成分时,合金元素的含量不能少于单个合金元素含量总和的 70%。

[h]对 12.9/12.9 级表面不允许有金相能测出的白色磷化物聚集层。去除磷化物聚集层应在热处理前进行。

[i]当考虑使用 12.9/12.9 级,应谨慎从事。紧固件制造者的能力、服役条件和扳拧方法都应仔细考虑。除表面处理外,使用环境也可能造成紧固件的应力腐蚀开裂。

2. 螺栓、螺钉和螺柱的机械和物理性能

表 10-121

NO.	机械或物理性能		性能等级					8.8		9.8	10.9	12.9/12.9
			4.6	4.8	5.6	5.8	6.8	$d \leqslant$ 16mm[a]	$d >$ 16mm[b]	$d \leqslant$ 16mm		
1	抗拉强度 R_m(MPa)	公称[c]	400		500		600	800		900	1 000	1 200
		min	400	420	500	520	600	800	830	900	1 040	1 220
2	下屈服强度 R_{eL}[d](MPa)	公称[c]	240	—	300							
		min	240	—	300							

NO.	机械或物理性能			4.6	4.8	5.6	5.8	6.8	8.8 d≤16mm[a]	8.8 d>16mm[b]	9.8 d≤16mm	10.9	12.9/12.9
3	规定非比例延伸 0.2% 的应力 $R_{P0.2}$(MPa)		公称[c]	—	—	—	—	—	640	640	720	900	1 080
			min	—	—	—	—	—	640	660	720	940	1 100
4	紧固件实物的规定非比例延伸 0.0048d 的应力 R_{pf}(MPa)		公称[c]	—	320	—	400	480	—	—	—	—	—
			min	—	340[e]	—	420[e]	480[e]	—	—	—	—	—
5	保证应力 S_P(MPa)		公称										
	保证应力比	$S_{P,公称}/R_{eL,min}$ 或 $S_{P,公称}/R_{P0.2,min}$ 或 $S_{P,公称}/R_{Pf,min}$ 或		0.94	0.91	0.93	0.90	0.92	0.91	0.91	0.90	0.88	0.88
6	机械加工试件的断后伸长率 A(%)		min	22	—	20	—	—	12	12	10	9	8
7	机械加工试件的断面收缩率 Z(%)		min			—			52		48	48	44
8	紧固件实物的断后伸长率 A_f（括号中为未最后确定的数）		min	(0.37)	0.24	(0.33)	0.22	0.20	(0.20)	(0.20)	—	(0.13)	—
9	头部坚固性							不得断裂或出现裂缝					
10	维氏硬度(HV)F≥98 N		min	120	130	155	160	190	250	255	290	320	385
			max		220[g]			250	320	335	360	380	435
11	布氏硬度(HBW)F=30D^2		min	114	124	147	152	181	245	250	286	316	380
			max		209[g]			238	316	331	355	375	429
12	洛氏硬度(HRB)		min	67	71	79	82	89			—		
			max		95.0[g]			99.5			—		
	洛氏硬度(HRC)		min			—			22	23	28	32	39
			max			—			32	34	37	39	44
13	表面硬度(HV0.3)		max			—				h		h,i	h,j
14	螺纹未脱碳层的高度 E(mm)		min			—				$1/2H_1$		$2/3H_1$	$3/4H_1$
	螺纹全脱碳层的深度 G(mm)		max			—					0.015		
15	再回火后硬度的降低值 (HV)		max			—					20		
16	破坏扭矩 M_B (Nm)		min					按 GB/T 3098.13 的规定					
17	吸收能量 K_v[l](J)		min	—	27	—			27	27	27	27	m
18	表面缺陷						GB/T 5779.1[n]						GB/T 5779.3

注:①[a] 数值不适用于拴接结构。

　　[b] 对拴接结构 d≥M12。

　　[c] 规定公称值,仅为性能等级标记制度的需要。

　　[d] 在不能测定下屈服强度 R_{eL} 的情况下,允许测量规定非比例延伸 0.2% 的应力 $R_{P0.2}$。

　　[e] 对性能等级 4.8、5.8 和 6.8 的 $R_{Pf,min}$ 数值尚在调查研究中。表中数值是按保证载荷比计算给出的,而不是实测值。

　　[g] 在紧固件的末端测定硬度时,应分别为:250HV、238HB 或 HRB_{max}99.5。

　　[h] 当采用 HV0.3 测定表面硬度及芯部硬度时,紧固件的表面硬度不应比芯部硬度高出 30HV 单位。

　　[i] 表面硬度不应超出 390HV。

　　[j] 表面硬度不应超出 435HV。

　　[k] 试验温度在 -20℃ 下测定。

　　[l] 适用于 d≥16mm。

　　[m] K_v 数值尚在调查研究中。

②12.9 级表示由添加元素的碳钢(如 B 或 Mn 或 Cr 或 Mo)淬火并回火制造的产品。

三、螺母的机械性能分级(GB/T 3098.2—2000)(GB 3098.4—2000)

公称高度≥0.8D的螺母,由可与该螺母相配的最高性能等级的螺栓公称抗拉强度 MPa 的 1/100 表示(即螺栓性能等级标记的第一部分数字)。

公称高度≥0.5D、<0.8D的薄螺母,用"0"及一个数字(4 或 5)标记,数字表示用淬硬芯棒测出的螺母保证应力的 1/100(MPa)(D——螺纹直径)。

1.螺母机械性能分级

表 10-122

类 别	螺纹直径(mm)	性 能 等 级								
		04	05	4	5	6	8	9	10	12
		保证应力(MPa)								
粗牙	≥3~4				520	600	800	900	1 040	1 150(1 140)
	>4~7				580	670	855	915	1 040	1 150(1 140)
	>7~10	380	500	—	590	680	870	940	1 040	1 160(1 140)
	>10~16				610	700	880	950	1 050	1 190(1 170)
	>16~39			510	630	720	920(890)	920	1 060	1 200
细牙	>7~10				690	770	955 (890)		1 100(1 055)	1 200
	>10~16	380	500			780			1 110(1 055)	
	>16~33				720	870	1 030		(1 080)	—
	>33~39					930	1 090		(1 080)	

注:( )中数字为不同热处理状态的数值。

2.六角螺母高度

表 10-123

螺纹直径(mm)	对边宽度(mm)	螺 母 高 度					
		1 型			2 型		
		min(mm)	max(mm)	m/D	min(mm)	max(mm)	m/D
M5	8	4.4	4.7	0.94	4.8	5.1	1.02
M6	10	4.9	5.2	0.87	5.4	5.7	0.95
M7	11	6.14	6.5	0.93	6.84	7.2	1.03
M8	13	6.44	6.8	0.85	7.14	7.5	0.94
M10	16	8.04	8.4	0.84	8.94	9.3	0.93
M12	18	10.37	10.8	0.90	11.57	12	1.00
M14	21	12.1	12.8	0.91	13.4	14.1	1.01
M16	24	14.1	14.8	0.92	15.7	16.4	1.02
M18	27	15.1	15.8	0.88	16.9	17.6	0.98
M20	30	16.9	18	0.90	19	20.3	1.02
M22	34	18.1	19.4	0.88	20.5	21.8	0.93
M24	36	20.2	21.5	0.90	22.6	23.9	1.00

螺纹直径(mm)	对边宽度(mm)	螺 母 高 度					
		1 型			2 型		
		min(mm)	max(mm)	m/D	min(mm)	max(mm)	m/D
M27	41	22.5	23.8	0.88	25.4	26.7	0.99
M30	46	24.3	25.6	0.85	27.3	28.6	0.95
M33	50	27.4	28.7	0.87	30.9	32.5	0.98
M36	55	29.4	31	0.86	33.1	34.7	0.96
M39	60	31.8	33.4	0.86	35.9	37.5	0.96

注:①1 型螺母适用于 4、5、6、8、10 级和≤M16 的 12 级。

②2 型螺母适用于 9 级和 12 级,也可以不热处理的 8 级 2 型螺母代替需进行淬火并回火处理的 8 级 1 型 M16～39 的螺母。

③m—螺母高度;D—螺纹直径。

四、螺栓、螺钉、螺柱和螺母的标志

螺栓、螺钉、螺柱和螺母的标志包括制造者的识别标志和性能等级标志(开槽和十字槽螺钉,不使用标志)。

已完成所有加工工序的,且未加工成机械加工试件的紧固件,它可以有或无表面处理,也可以具有全承载能力或降低承载能力。

降低承载能力的紧固件是指材料性能符合规定,但因几何尺寸的原因,其实际承载能力达不到承载能力的要求的产品。

(一)螺栓、螺钉、螺柱的标志(GB/T 3098.1—2010)

1.性能等级标志

1)全承载能力螺栓、螺钉、螺柱性能等级标志代号

表 10-124

性能等级	4.6	4.8	5.6	5.8	6.8	8.8	9.8	10.9	12.9	12.9
标志代号	4.6	4.8	5.6	5.8	6.8	8.8	9.8	10.9	12.9	12.9

注:标志代号中的“.”可以省略。

2)降低承载能力的紧固件的标志代号在全承载能力紧固件标志代号前加“0”。如“04.6,08.8,012.9”。

3)全承载能力螺栓和螺钉的“时钟面法”标志符号

表 10-125

	性 能 等 级				
	4.6	4.8	5.6	5.8	6.8
标志代号					
	性 能 等 级				
	8.8	9.8	10.9	12.9	
标志代号					

注:①12 点的位置(参照标志)应标志制造者的识别标志,或者标志一个圆点。

②性能等级用一个长划线或两个长划线标志,对 12.9 级用一个圆点标志。

对于小螺栓、螺钉或头部形状不允许按表 10-124 的规定标志时，可按"时钟面法"符号标志性能等级。

2. 识别标志

1）六角头（包括六角花形头）螺栓、螺钉的标志

（1）所有性能等级和公称直径≥5mm 的六角头螺栓和螺钉均要求标志。

（2）在头部顶面用凸字或凹字标志，或在头部侧面用凹字标志。带法兰面的应在法兰上标志。（如图 10-16 所示）。

2）内六角圆柱头螺钉（包括花形圆柱头）及圆头方颈螺栓的标志

（1）所有性能等级和公称直径≥5mm 的内六角圆柱头螺钉及圆头方颈螺栓均要求标志。

（2）在头部顶面用凸字或凹字标志，或在头部侧面用凹字标志（图 10-17）。

3）螺柱的标志

（1）公称直径≥5mm，性能等级为 5.6 及≥8.8 级的产品要求标志，并在螺柱无螺纹杆部用凹字标志（图 10-18）。

（2）如在无螺纹杆部不可能标志，可在螺柱的拧入螺母端标志性能等级，对过盈配合的螺柱应在拧入螺母端标志性能等级。并可省略标志制造者的识别标志。

（3）允许采用表 10-126 的性能等级代号进行标志。

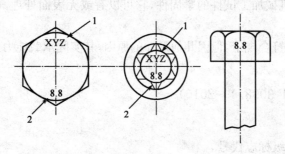

图 10-16　六角头和六角花形头螺栓、螺钉标志示例

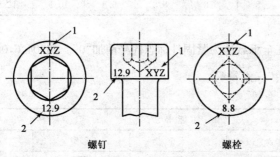

螺钉　　　　　　　螺栓

图 10-17　内六角圆柱头螺钉及圆头方颈螺栓标志示例
1-制造者的识别标志；2-性能等级

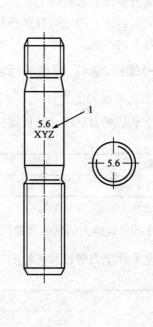

图 10-18　螺柱标志示例

可选用的螺柱标志代号　　　　　　　　　　表 10-126

性能等级	5.6	8.8	9.8	10.9	12.9
标志代号	—	○[a]	+	□[a]	△[a]

注：[a] 允许该符号仅显示个轮廓或整个区域凹陷。

4）其他类型的螺栓和螺钉

以上规定的标志制度也可用于其他类型的螺栓和螺钉以及专用件。沉头、半沉头、圆柱头及盘头螺钉，或有内凹槽或其他内扳拧结构的，均不进行标志。

(二)螺母的标志(GB/T 3098.2—2000)

1.螺母的性能等级标志代号

表 10-127

性能等级		04		05	
标　志					

可选择的标志	性能等级	4	5	6
	标志代号	4	5	6
	标志符号 (时钟面法)			

可选择的标志	性能等级	8	9	10	12
	标志代号	8	9	10	12
	标志符号 (时钟面法)				

注:12级螺母不能用制造者的识别标志代替圆点。

2.螺母的标志

螺纹直径≥5mm 的所有性能等级的六角螺母,必须在螺母的支承面或侧面打凹字,或在倒角面打凸字,或支承面打凹的时钟面法标志(图 10-19)。

代号标志示例图　　　　时钟面法标志示例图

图 10-19　螺母标志示意图

(三)左旋螺纹的标志

1.左旋的螺栓、螺钉和螺柱的标志(GB/T 3098.1—2010)

(1)左旋的螺栓和螺钉应在头部或末端进行标志。

(2)左旋的螺柱应在拧入螺母端标志。

(3)螺纹直径≥5mm 的螺栓、螺钉和螺柱要求标志(图 10-20)。

2.左旋螺母的标志(GB/T 3098.2—2000)

螺纹直径≥5mm 的左旋螺母要求标志(图 10-21)。

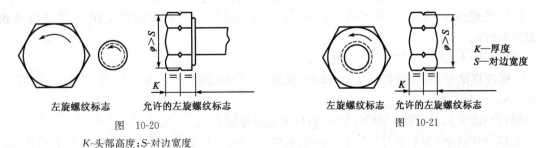

左旋螺纹标志　　允许的左旋螺纹标志　　　左旋螺纹标志　　允许的左旋螺纹标志

图　10-20　　　　　　　　　　　　图　10-21

K—头部高度;S—对边宽度

K—厚度
S—对边宽度

（四）降低承载能力紧固件的标志

降低承载能力紧固件的性能等级标志代号按表 10-128 进行标记，识别标志同螺栓、螺钉、螺柱的要求，但不可使用表 10-126 的标志代号（可选用的螺柱标志代号）。

降低承载能力紧固件的性能等级代号

表 10-128

性能等级	04.6	04.8	05.5	05.8	06.8	08.8	09.8	010.9	012.9	<u>012.9</u>
标志代号[a]	04.6	04.8	05.5	05.8	06.8	08.8	09.8	010.9	012.9	<u>012.9</u>

注：[a] 标志代号中的"."可以省略。

五、紧固件产品的标记（GB/T 1237—2000）

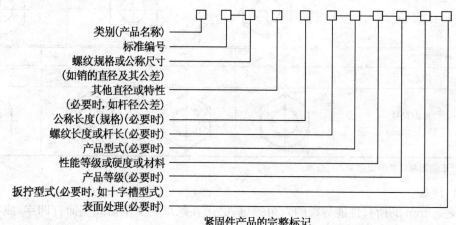

类别（产品名称）
标准编号
螺纹规格或公称尺寸
（如销的直径及其公差）
其他直径或特性
（必要时，如杆径公差）
公称长度（规格）（必要时）
螺纹长度或杆长（必要时）
产品型式（必要时）
性能等级或硬度或材料
产品等级（必要时）
扳拧型式（必要时，如十字槽型式）
表面处理（必要时）

紧固件产品的完整标记

1. 标记的简化原则

（1）类别（名称）、标准年代号及其前面的"－"，允许全部或部分省略。省略年代号的标准应以现行标准为准。

（2）标记中的"－"允许全部或部分省略；标记中"其他直径或特性"前面的"×"允许省略。但省略后不应导致对标记的误解，一般以空格代替。

（3）当产品标准中只规定一种产品型式、性能等级或硬度或材料、产品等级、扳拧形式及表面处理时，允许全部或部分省略。

（4）当产品标准中规定两种及其以上的产品型式、性能等级或硬度或材料、产品等级、扳拧形式及表面处理时，应规定可以省略其中的一种，并在产品标准的标记示例中给出省略后的简化标记。

2. 标记示例

1）外螺纹件

a. 螺纹规格 d＝M12、公称长度 l＝80mm、性能等级为 10.9 级、表面氧化、产品等级为 A 级的六角头螺栓的标记：

螺栓 GB/T 5782—2000-M12×80－10.9-A-O（完整标记）

b. 螺纹规格 d＝M12、公称长度 l＝80mm、性能等级为 8.8 级、表面氧化、产品等级为 A 级的六角头螺栓的标记：

螺栓 GB/T 5782　M12×80（简化标记）

c. 螺纹规格 d＝M6、公称长度 l＝6mm、长度 z＝4mm、性能等级为 33H 级、表面氧化的开槽盘头定位螺钉的标记：

螺钉 GB/T 828—1988-M6×6×4-33H-O（完整标记）

d. 螺纹规格 d＝M6、公称长度 l＝6mm、长度 z＝4mm、性能等级为 14H 级、不经表面处理的开槽盘头定位螺钉的标记：

螺钉 GB/T 828　M6×6×4(简化标记)

2)内螺纹件

a. 螺纹规格 D＝M12、性能等级为 10 级、表面氧化、产品等级为 A 级的 1 型六角螺母的标记：

螺母 GB/T 6170—2000-M12-10-A-O(完整标记)

b. 螺纹规格 D＝M12、性能等级为 8 级、不经表面处理、产品等级为 A 级的 1 型六角螺母的标记：

螺母 GB/T—M12(简化标记)

3)垫圈

a. 标准系列、规格 8mm、性能等级为 300HV、表面氧化、产品等级为 A 级的平垫圈的标记：

垫圈——GB/T 97.1—2002-8-300HV-A-O(完整标记)

b. 标准系列、规格 8mm、性能等级为 140HV、不经表面处理、产品等级为 A 级的平垫圈的标记：

垫圈——GB/T 97.1　8(简化标记)

4)自攻螺钉

a. 螺纹规格 ST3.5、公称长度 l＝16mm、Z 型槽、表面氧化的 F 型十字槽盘头自攻螺钉的标记：

自攻螺钉 GB 845—1985-ST 3.5×16-F-Z-O(完整标记)

b. 螺纹规格 ST3.5、公称长度 l＝16mm、H 型槽、镀锌钝化的 C 型十字槽盘头自攻螺钉的标记：

自攻螺钉 GB 845　ST 3.5×16(简化标记)

5)销

a. 公称直径 d＝6mm、公差为 m6、公称长度 l＝30mm、材料为 C1 组马氏体不锈钢、表面简单处理的圆柱销的标记：

销 GB/T 119.2—2000－6 m6×30－C1－简单处理(完整标记)

b. 公称直径 d＝6mm、公差为 m6、公称长度 l＝30mm、材料为钢、普通淬火（A 型）、表面氧化的圆柱销的标记：

销 GB/T 119.2　6×30(简化标记)

6)铆钉

a. 公称直径 d＝5mm、公称长度 l＝10mm、性能等级为 08 级的开口型扁圆头抽芯铆钉的标记：

抽芯铆钉 GB/T 12618—1990-5×10-08(完整标记)

b. 公称直径 d＝5mm、公称长度 l＝10mm、性能等级为 10 级的开口型扁圆头抽芯铆钉的标记：

抽芯铆钉 GB/T 12618　5×10(简化标记)

7)挡圈

a. 公称直径 d＝30mm、外径 D＝40mm、材料为 35 钢、热处理硬度 25～35HRC、表面氧化的轴肩挡圈的标记：

挡圈 GB/T 886—1986-30×40-35 钢、热处理 25～35HRC-O(完整标记)

b. 公称直径 d＝30mm、外径 D＝40mm、材料为 35 钢、不经热处理及表面处理的轴肩挡圈的标记：

挡圈 GB/T 886　30×40(简化标记)

六、紧固件的拉力荷载和保证荷载

1. 螺栓、螺钉和螺柱拉力荷载的计算公式

最小拉力荷载($F_{m.min}$)＝公称应力截面积($A_{S公称}$)×最小抗拉强度($R_{m\ min}$)

2. 螺栓、螺钉、螺柱和螺母保证荷载的计算公式

保证荷载(F_P)＝公称应力截面积($A_{S公称}$)×公称保证应力($S_{P公称}$)

3. 公称应力截面积计算公式

公称应力截面积

$$(A_{S公称})＝(\pi/4)×[(d_2＋d_3)/2]^2$$

式中:d_2——外螺纹的基本中径;

$\quad d_3$——外螺纹小径,$d_3=d_1-H/6$;

$\quad d_1$——外螺纹的基本小径;

$\quad H$——螺纹原始三角形高度。

4.最小拉力荷载和保证荷载的计算举例

(1)已知直径为20mm的粗牙螺纹,强度为8.8级,求最小拉力荷载:

最小拉力荷载$=A_s \cdot R_{m,min}=245\times830=203350$(N)

(2)已知直径为16mm的细牙螺纹,强度为8.8级,求保证应力荷载:

保证应力荷载$=A_s \cdot S_P=167\times580=96860$(N)

5.最小拉力荷载(GB/T 3098.1—2010)

1)粗牙螺纹最小拉力荷载

表10-129

螺纹规格 (d)	螺纹公称应力截面积 $A_{S,公称}$(mm²)	性 能 等 级								
		4.6	4.8	5.6	5.8	6.8	8.8	9.8	10.9	12.9/12.9
		最小拉力截荷(N)								
M3	5.03	2 010	2 110	2 510	2 620	3 020	4 020	4 530	5 230	6 140
M3.5	6.78	2 710	2 850	3 390	3 530	4 070	5 420	6 100	7 050	8 270
M4	8.78	3 510	3 690	4 390	4 570	5 270	7 020	7 900	9 130	10 700
M5	14.2	5 680	5 960	7 100	7 380	8 520	11 350	12 800	14 800	17 300
M6	20.1	8 040	8 440	10 000	10 400	12 100	16 100	18 100	20 900	24 500
M7	28.9	11 600	12 100	14 400	15 000	17 300	23 100	26 000	30 100	35 300
M8	36.6	14 600[b]	15 400	18 300[b]	19 000	22 000	29 200[b]	32 900	38 100[b]	44 600
M10	58	23 200[b]	24 400	29 000[b]	30 200	34 800	46 400[b]	52 200	60 300[b]	70 800
M12	84.3	33 700	35 400	42 200	43 800	50 600	67 400[c]	75 900	87 700	103 000
M14	115	46 000	48 300	57 500	59 800	69 000	92 000[c]	104 000	120 000	140 000
M16	157	62 800	65 900	78 500	81 600	94 000	125 000[c]	141 000	163 000	192 000
M18	192	76 800	80 600	96 000	99 800	115 000	159 000	—	200 000	234 000
M20	245	98 000	103 000	122 000	127 000	147 000	203 000	—	255 000	299 000
M22	303	121 000	127 000	152 000	158 000	182 000	252 000	—	315 000	370 000
M24	353	141 000	148 000	176 000	184 000	212 000	293 000	—	367 000	431 000
M27	459	184 000	193 000	230 000	239 000	275 000	381 000	—	477 000	560 000
M30	561	224 000	236 000	280 000	292 000	337 000	466 000	—	583 000	684 000
M33	694	278 000	292 000	347 000	361 000	416 000	576 000	—	722 000	847 000
M36	817	327 000	343 000	408 000	425 000	490 000	678 000	—	850 000	997 000
M39	976	390 000	410 000	488 000	508 000	586 000	810 000	—	1 020 000	1 200 000

注:[b] 6az 螺纹(GB/T 22029)的热浸镀锌紧固件,应按GB/T 5267.3中附录A的规定。

$\quad$ [c]对拴接结构为:70 000 N(M12)、95 500 N(M14)和130 000N(M16)。

2)细牙螺纹最小拉力荷载

表10-130

螺纹规格 (d×P)	螺纹公称应力截面积 $A_{S,公称}$(mm²)	性 能 等 级								
		4.6	4.8	5.6	5.8	6.8	8.8	9.8	10.9	12.9/12.9
		最小拉力截荷(N)								
M8×1	39.2	15 700	16 500	19 600	20 400	23 500	31 360	35 300	40 800	47 800
M10×1.25	61.2	24 500	25 700	30 600	31 800	36 700	49 000	55 100	63 600	74 700

螺纹规格 (d×P)	螺纹公称 应力截面积 $A_{S,公称}$(mm²)	性 能 等 级								
		4.6	4.8	5.6	5.8	6.8	8.8	9.8	10.9	12.9/12.9
		最小拉力载荷(N)								
M10×1	64.5	25 800	27 100	32 300	33 500	38 700	51 600	58 100	67 100	78 700
M12×1.5	88.1	35 200	37 000	44 100	45 800	52 900	70 500	79 300	91 600	107 000
M12×1.25	92.1	36 800	38 700	46 100	47 900	55 300	73 700	82 900	95 800	112 000
M14×1.5	125	50 000	52 500	62 500	65 000	75 000	100 000	112 000	130 000	152 000
M16×1.5	167	66 800	70 100	83 500	86 800	100 000	134 000	150 000	174 000	204 000
M18×1.5	216	86 400	90 700	108 000	112 000	130 000	179 000	—	225 000	264 000
M20×1.5	272	109 000	114 000	136 000	141 000	163 000	226 000	—	283 000	332 000
M22×1.5	333	133 000	140 000	166 000	173 000	200 000	276 000	—	346 000	406 000
M24×2	384	154 000	161 000	192 000	200 000	230 000	319 000	—	399 000	469 000
M27×2	496	198 000	208 000	248 000	258 000	298 000	412 000	—	516 000	605 000
M30×2	621	248 000	261 000	310 000	323 000	373 000	515 000	—	646 000	758 000
M33×2	761	304 000	320 000	380 000	396 000	457 000	632 000	—	791 000	928 000
M36×3	865	346 000	363 000	432 000	450 000	519 000	718 000	—	900 000	1 055 000
M39×3	1 030	412 000	433 000	515 000	536 000	618 000	855 000	—	1 070 000	1 260 000

6. 保证荷载(GB/T 3098.1—2010)

1)粗牙螺纹保证荷载

表 10-131

螺纹规格 (d)	螺纹公称 应力截面积 $A_{S,公称}$(mm²)	性 能 等 级								
		4.6	4.8	5.6	5.8	6.8	8.8	9.8	10.9	12.9/12.9
		保证载荷(N)								
M3	5.03	1 130	1 560	1 410	1 910	2 210	2 920	3 270	4 180	4 880
M3.5	6.78	1 530	2 100	1 900	2 580	2 980	3 940	4 410	5 630	6 580
M4	8.78	1 980	2 720	2 460	3 340	3 860	5 100	5 710	7 290	8 520
M5	14.2	3 200	4 400	3 980	5 400	6 250	8 230	9 230	11 800	13 800
M6	20.1	4 520	6 230	5 630	7 640	8 840	11 600	13 100	16 700	19 500
M7	28.9	6 500	8 960	8 090	11 000	12 700	16 800	18 800	24 000	28 000
M8	36.6	8 240[b]	11 400	10 200[b]	13 900	16 100	21 200[b]	23 800	30 400[b]	35 500
M10	58	13 000[b]	18 000	16 200[b]	22 000	25 500	33 700[b]	37 700	48 100[b]	56 300
M12	84.3	19 000	26 100	23 600	32 000	37 100	48 900[c]	54 800	70 000	81 800
M14	115	25 900	35 600	32 200	43 700	50 600	66 700[c]	74 800	95 500	112 000
M16	157	35 300	48 700	44 000	59 700	69 000	91 000[c]	102 000	130 000	152 000
M18	192	43 200	59 500	53 800	73 000	84 500	115 000	—	159 000	186 000
M20	245	55 100	76 000	68 600	93 100	108 000	147 000	—	203 000	238 000

续表10-131

螺纹规格 (d)	螺纹公称 应力截面积 $A_{S,公称}$(mm²)	性 能 等 级								
		4.6	4.8	5.6	5.8	6.8	8.8	9.8	10.9	12.9/12.9
		保证荷载(N)								
M22	303	68 200	93 900	84 800	115 000	133 000	182 000	—	252 000	294 000
M24	353	79 400	109 000	98 800	134 000	155 000	212 000	—	293 000	342 000
M27	459	103 000	142 000	128 000	174 000	202 000	275 000	—	381 000	445 000
M30	561	126 000	174 000	157 000	213 000	247 000	337 000	—	466 000	544 000
M33	694	156 000	215 000	194 000	264 000	305 000	416 000	—	576 000	673 000
M36	817	184 000	253 000	229 000	310 000	359 000	490 000	—	678 000	792 000
M39	976	220 000	303 000	273 000	371 000	429 000	586 000	—	810 000	947 000

注:b 6az螺纹(GB/T 22029)的热浸镀锌紧固件,应按GB/T 5267.3中附录A的规定。

　c 对拴接结构为:50 700 N(M12)、68 800 N(M14)和94 500N(M16)。

2)细牙螺纹保证荷载

表10-132

螺纹规格 (d×P)	螺纹公称 应力截面积 $A_{S,公称}$(mm²)	性 能 等 级								
		4.6	4.8	5.6	5.8	6.8	8.8	9.8	10.9	12.9/12.9
		保证荷载(N)								
M8×1	39.2	8 820	12 200	11 000	14 900	17 200	22 700	25 500	32 500	38 000
M10×1.25	61.2	13 800	19 000	17 100	23 300	26 900	355 000	39 800	50 800	59 400
M10×1	64.5	14 500	20 000	18 100	24 500	28 400	37 400	41 900	53 500	62 700
M12×1.5	88.1	19 800	27 300	24 700	33 500	38 800	51 100	57 300	73 100	85 500
M12×1.25	92.1	20 700	28 600	25 800	35 000	40 500	53 400	59 900	76 400	89 300
M14×1.5	125	28 100	38 800	35 000	47 500	55 000	72 500	81 200	104 000	121 000
M16×1.5	167	37 600	51 800	46 800	63 500	73 500	96 900	109 000	139 000	162 000
M18×1.5	216	48 600	67 000	60 500	82 100	95 000	130 000	—	179 000	210 000
M20×1.5	272	61 200	84 300	76 200	103 000	120 000	163 000	—	226 000	264 000
M22×1.5	333	74 900	103 000	93 200	126 000	146 000	200 000	—	276 000	323 000
M24×2	384	86 400	119 000	108 000	146 000	169 000	230 000	—	319 000	372 000
M27×2	496	112 000	154 000	139 000	188 000	218 000	298 000	—	412 000	481 000
M30×2	621	140 000	192 000	174 000	236 000	273 000	373 000	—	515 000	602 000
M33×2	761	171 000	236 000	213 000	289 000	335 000	457 000	—	632 000	738 000
M36×3	865	195 000	268 000	242 000	329 000	381 000	519 000	—	718 000	839 000
M39×3	1 030	232 000	319 000	288 000	391 000	453 000	618 000	—	855 000	999 000

3) 螺母（粗牙螺纹）保证荷载（GB/T 3098.2—2000）

表 10-133

性 能 等 级　保 证 荷 载（N）

螺纹规格	螺距(mm)	螺纹的应力截面积 A_s(mm²)	04 薄型	05 薄型	4 1型	5 1型	6 1型	8 1型	8 2型	9 2型	10 1型	12 1型	12 2型
M3	0.5	5.03	1 910	2 500	—	2 600	3 000	4 000	—	4 500	5 200	5 700	5 800
M3.5	0.6	6.78	2 580	3 400	—	3 550	4 050	5 400	—	6 100	7 050	7 700	7 800
M4	0.7	8.78	3 340	4 400	—	4 550	5 250	7 000	—	7 900	9 150	10 000	10 100
M5	0.8	14.2	5 400	7 100	—	8 250	9 500	12 140	—	13 000	14 800	16 200	16 300
M6	1	20.1	7 640	10 000	—	11 700	13 500	17 200	—	18 400	20 900	22 900	23 100
M7	1	28.9	11 000	14 500	—	16 800	19 400	24 700	—	26 400	30 100	32 900	33 200
M8	1.25	36.6	13 900	18 300	—	21 600	24 900	31 800	—	34 400	38 100	41 700	42 500
M10	1.5	58	22 000	29 000	—	34 200	39 400	50 500	—	54 500	60 300	66 100	67 300
M12	1.75	84.3	32 000	42 200	—	51 400	59 000	74 200	—	80 100	88 500	98 600	100 300
M14	2	115	43 700	57 500	—	70 200	80 500	101 200	—	109 300	120 800	134 600	136 900
M16	2	157	59 700	78 500	—	95 800	109 900	138 200	—	149 200	164 900	183 700	186 800
M18	2.5	192	73 000	96 000	97 900	121 000	138 200	176 600	170 900	176 600	203 500	—	230 400
M20	2.5	245	93 100	122 500	125 000	154 400	176 400	225 400	218 100	225 400	259 700	—	294 000
M22	2.5	303	115 100	151 500	154 500	190 900	218 200	278 800	269 700	278 800	321 200	—	363 600
M24	3	353	134 100	176 500	180 000	222 400	254 200	324 800	314 200	324 800	374 200	—	423 600
M27	3	459	174 400	229 500	234 100	289 200	330 500	422 300	408 500	422 300	486 500	—	550 800
M30	3.5	561	213 200	280 500	286 100	353 400	403 900	516 100	499 300	516 100	594 700	—	673 200
M33	3.5	694	263 700	347 000	353 900	437 200	499 700	638 500	617 700	638 500	735 600	—	832 800
M36	4	817	310 500	408 500	416 700	514 700	588 200	751 600	727 100	751 600	866 000	—	980 400
M39	4	976	370 900	488 000	497 800	614 900	702 700	897 900	868 600	897 900	1 035 000	—	1 171 000

4)螺母(细牙螺纹)保证荷载

表 10-134

螺纹规格 (d×P)	螺纹公称应力截面积 A_S(mm²)	性能等级								
		04	05	5	6	8		10		12
		保 证 荷 载(N)								
		薄型	薄型	1型	1型	1型	2型	1型	2型	2型
M8×1	39.2	14 900	19 600	27 000	30 200	37 400	34 900	43 100	41 400	47 000
M10×1	64.5	24 500	32 200	44 500	49 700	61 600	57 400	71 000	68 000	77 400
M10×1.25	61.2	23 300	30 600	44 200	47 100	58 400	54 500	67 300	64 600	73 400
M12×1.25	92.1	35 000	46 000	63 500	71 800	88 000	82 000	102 200	97 200	110 500
M12×1.5	88.1	33 500	44 000	60 800	68 700	84 100	78 400	97 800	92 900	105 700
M14×1.5	125	47 500	62 500	86 300	97 500	119 400	111 200	138 800	131 900	150 000
M16×1.5	167	63 500	83 500	115 200	130 300	159 500	148 600	185 400	176 200	200 400
M18×1.5	215	81 700	107 500	154 800	187 000	221 500	—	—	232 200	—
M18×2	204	77 500	102 000	146 900	177 500	210 100			220 300	
M20×1.5	272	103 400	136 000	195 800	236 600	280 200			293 800	
M20×2	258	98 000	129 000	185 800	224 500	265 700	—		278 600	
M22×1.5	333	126 500	166 500	239 800	289 700	343 000	—		359 600	
M22×2	318	120 800	159 000	229 000	276 700	327 500	—		343 400	
M24×2	384	145 900	192 000	276 500	334 100	395 500			414 700	
M27×2	496	188 500	248 000	351 100	431 500	510 900			535 700	
M30×2	621	236 000	310 500	447 100	540 300	639 600	—		670 700	—
M33×2	761	289 200	380 500	547 900	662 100	783 800	—		821 900	—
M36×2	865	328 700	432 500	622 800	804 400	942 800			934 200	
M39×3	1 030	391 400	515 000	741 600	957 900	1 123 000			1 112 000	

7.螺母螺纹公差对保证荷载的影响(参考)

表 10-135

螺纹直径(mm)	保证荷载(%)			螺纹直径(mm)	保证荷载(%)		
	6H	7H	6G		6H	7H	6G
≤2.5	100	—	95.5	>7~16	100	96	97.5
>2.5~7	100	95.5	97	>16~39	100	98	98.5

注:螺母螺纹公差如大于常用的 6H 级,其保证荷载值应按表列系数修正。

8.螺栓在不同温度下的机械性能(参考)

表 10-136

性 能 等 级	温 度 (℃)				
	+20	+100	+200	+250	+300
	屈服点 σ_s 或规定非比例伸长应力(MPa)				
5.6	300	270	230	215	195
8.8	640	590	540	510	480

9．螺纹公称应力截面积

表 10-137

螺纹规格(粗牙) d	螺纹公称应力截面积 $A_{s, 公称}(mm^2)$	螺纹规格(细牙) $d \times P$	螺纹公称应力截面积 $A_{s, 公称}(mm^2)$
M1.6	1.27	M8×1	39.2
M2	2.07	M10×1	64.5
M2.5	3.39	M10×1.25	61.2
M3	5.03	M12×1.25	92.1
M4	8.78	M12×1.5	88.1
M5	14.2	M14×1.5	125
M6	20.1	M16×1.5	167
M8	36.6	M18×1.5	216
M10	58	M20×1.5	272
M12	84.3	M22×1.5	333
M14	115	M24×2	384
M16	157	M27×2	496
M18	192	M30×2	621
M20	245	M33×2	761
M22	303	M36×3	865
M24	353	M39×3	1 030
M27	459		
M30	561		
M33	694		
M36	817		
M39	976		

注：直径越小，螺纹公称应力截面积与有效应力截面积之间的差异越大。

七、普通螺栓螺纹长度和六角产品对边宽度(mm)(GB/T $\frac{3104}{3106}$—1982)

表 10-138

	螺纹直径 d	1.6	2	2.5	3	4	5	6	7	8	10	12	14	16	18	20
螺纹长度 b	$l \leqslant 125$	9	10	11	12	14	16	18	20	22	26	30	34	38	42	46
	$125 \leqslant l \leqslant 200$	—	—	—	—	—	—	—	—	28	32	36	40	44	48	52
	$l > 200$	—	—	—	—	—	—	—	—	—	—	—	57	61	65
六角产品对边宽度 s	标准系列	3.2	4	5	5.5	7	8	10	11	13	16	18	21	24	27	30
	加大系列	—	—	—	—	—	—	—	—	—	—	21	24	27	30	34
	带法兰面 螺栓	—	—	—	—	—	—	7	8	—	10	13	15	18	21	—	27
	带法兰面 螺母	—	—	—	—	—	—	8	10	—	13	15	18	21	24	—	30

	螺纹直径 d	22	24	27	30	33	36	39	42	45	48	52	56	60	64	68
螺纹长度 b	$l \leqslant 125$	50	54	60	66	72	78	84	90	96	102	—	—	—	—	—
	$125 \leqslant l \leqslant 200$	56	60	66	72	78	84	90	96	102	108	116	124	132	140	148
	$l > 200$	69	73	79	85	91	97	103	109	115	121	129	137	145	153	161
六角产品对边宽度 s	标准系列	34	36	41	46	50	55	60	65	70	75	80	85	90	95	100
	加大系列	36	41	46	50	55	60	65	—	—	—	—	—	—	—	—
	带法兰面 螺栓	—	—	—	—	—	—	—	—	—	—	—	—	—	—	—
	带法兰面 螺母	—	—	—	—	—	—	—	—	—	—	—	—	—	—	—

螺纹直径 d		72	76	80	85	90	95	100	105	110	115	120	125	130	140	150
螺纹长度 b	$l\leqslant125$	—	—	—	—	—	—	—	—	—	—	—	—	—	—	—
	$125\leqslant l\leqslant200$	156	164	172	182	192	—	—	—	—	—	—	—	—	—	—
	$l>200$	169	177	185	195	205	215	225	235	245	255	265	275	285	305	325
六角产品对边宽度 s	标准系列	105	110	115	120	130	135	145	150	155	165	170	180	185	200	210
	加大系列	—	—	—	—	—	—	—	—	—	—	—	—	—	—	—
	带法兰面 螺栓	—	—	—	—	—	—	—	—	—	—	—	—	—	—	—
	带法兰面 螺母	—	—	—	—	—	—	—	—	—	—	—	—	—	—	—

注：①d 为外螺纹大径。（螺纹直径）

②b 为螺纹长度。

③l 为螺栓的公称长度。

④s 为六角产品对边宽度。

⑤普通螺栓的螺纹长度符合以下公式：(mm)

$l\leqslant125$　　$b=2d+6$；$l\leqslant125\sim200$　　$b=2d+12$；$l>200$　　$b=2d+25$

八、不锈钢螺栓、螺钉、螺柱、螺母

不锈钢螺栓、螺钉、螺柱、螺母由奥氏体、马氏体、铁素体耐腐蚀不锈钢制造的。

（一）不锈钢螺栓、螺钉和螺柱（GB/T 3098.6—2014）

不锈钢螺栓、螺钉和螺柱适用于螺纹公称直径 $d\leqslant39mm$；直径和螺距符合 GB/T 192、GB/T 193 和 GB/T 9144 普通螺纹及任何形状。不适用于有特殊性能要求的紧固件，如可焊接性。

一般情况，不锈钢紧固件应进行清洁和抛光，推荐采用钝化处理以防腐。

1. 标记

螺栓、螺钉和螺柱的不锈钢组别和性能等级的标记由短划隔开的两部分组成。第一部分标记不锈钢的组别，第二部分标记性能等级。

不锈钢的组别（第一部分）由一个字母和数字组成，其中：A 是奥低体钢；C 是马氏体钢；F 是铁素体钢。字母表示钢的类别，数字表示该类钢的化学成分范围（表 10-141）。

性能等级（第二部分）标记由 2 个或 3 个数字组成，表示紧固件抗拉强度的 1/10。

示例 1：A2-70 表示：奥氏体钢、冷加工、最小抗拉强度 700 MPa。

示例 2：C4-70 表示：马氏体钢、淬火并回火、最小抗拉强度 700 MPa。

2. 标志

（1）螺纹公称直径 $d\geqslant5mm$ 的六角头螺栓和螺钉，以及内六角或六角花形圆柱头螺钉，均应强制进行标志，包括钢的组别和性能等级（图 10-22、图 10-23、图 10-24）。

（2）制造者识别标志应在标志性能等级代号的所有紧固件产品上进行标志。也推荐在不标志性能等级的紧固件上标志制造者识别标志。紧固件的销售者使用自己的识别标志，也应视为制造者识别标志。

（3）其他类型的螺栓和螺钉也可尽量按要求在头部标志。在不会造成混淆的前提下，允许使用附加标志。

（4）对几何原因造成不能达到拉力或扭矩技术要求的紧固件产品，可标志钢的组别，不标志性能等级（图 10-25）。

（5）螺纹公称直径 $d \geqslant 6$mm 的螺柱应在螺柱的无螺纹部分进行标志。包括钢的组别和性能等级。如在无螺纹杆部不可能标志，则允许在螺柱的拧入螺母端仅标志钢的组别（图 10-26）。

（6）除非在产品标准中另有规定，头部顶面的标志高度，不应包括在头部高度尺寸内。

（7）对左旋螺纹的标志，按 GB/T 3098.1 规定。

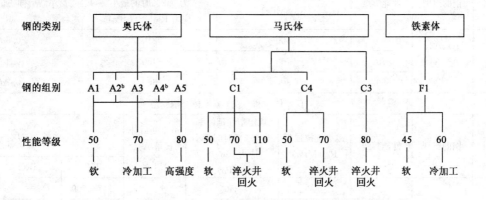

图 10-22　螺栓、螺钉和螺柱不锈钢组别和性能等级标记制度图

注：对超出规定的极限规格（如 $d > 39$mm），只要能符合性能等级的要求，则可以使用本标记制度。

b 含碳量低于 0.03% 的低碳奥氏体不锈钢可增加标记"L"。示例：A4L-80。

c 按 GB/T 5267.4 进行表面钝化处理，可以增加标记"P"。示例：A4-80P。

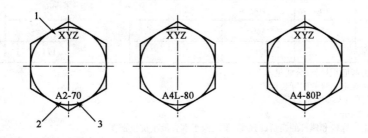

图 10-23　六角头螺栓和螺钉的标志图

1-制造者识别标志；2-钢的组别；3-性能等级

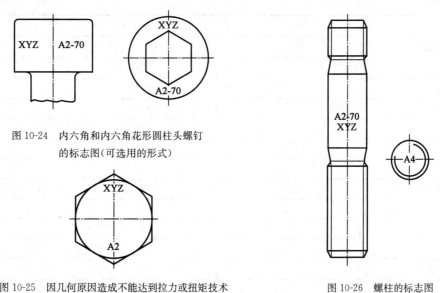

图 10-24　内六角和内六角花形圆柱头螺钉
的标志图（可选用的形式）

图 10-25　因几何原因造成不能达到拉力或扭矩技术
要求的紧固件标志图

图 10-26　螺柱的标志图

3. 不锈钢螺栓、螺钉和螺柱的机械性能(GB/T 3098.6—2014)

表 10-139

奥 氏 体 钢 组					
钢的类别	钢的组别	性能等级	最小抗拉强度 $R_m^{①}$(MPa)	规定塑性延伸率为0.2%时的最小应力 $R_{P0.2}^{①}$(MPa)	最小断后伸长量 $A^{②}$(mm)
奥氏体	A1、A2、A3、A4、A5	50	500	210	0.6d
		70	700	450	0.4d
		80	800	600	0.3d

马 氏 体 和 铁 素 体 钢 组								
钢的类别	钢的组别	性能等级	最小抗拉强度 $R_m^{①}$(MPa)	规定塑性延伸率为0.2%时的最小应力 $R_{P0.2}^{①}$(MPa)	最小断后伸长量 $A^{②}$(mm)	硬 度		
						HB	HRC	HV
马氏体	C1	50	500	250	0.2d d=螺纹直径	147~209	—	155~220
		70	700	410		209~314	20~34	220~330
		110③	1 100	820		—	36~45	350~440
	C3	80	800	640		228~323	21~35	240~340
	C4	50	500	250		147~209	—	155~220
		70	700	410		209~314	20~34	220~330
铁素体	F1④	45	450	250		128~209	—	135~220
		60	600	410		171~271	—	180~285

注:①按螺纹公称应力截面积计算(公式见本节六、3)。
②按标准试验方法规定测量的实际长度。
③淬火并回火,最低回火温度为275℃。
④螺纹公称直径≤24mm。
⑤由马氏体钢制造的螺栓和螺钉的楔负载强度,不应低于本表最小抗拉强度。
⑥对某些材料符合所有技术要求,但因头部几何尺寸造成头部剪切面积较小的紧固件(如沉头、半沉头、扁圆头或低圆柱头),可能达不到本表的抗拉或表 10-140 的扭矩要求。
⑦表中规定的性能等级,可供非标准紧固件参考。

4. 奥氏体钢螺栓和螺钉最小破坏扭矩

表 10-140

螺纹规格 d	最小破坏扭矩 M_B(N·m)		
	性 能 等 级		
	50	70	80
M1.6	0.15	0.2	0.24
M2	0.3	0.4	0.48
M2.5	0.6	0.9	0.96
M3	1.1	1.6	1.8
M4	2.7	3.8	4.3
M5	5.5	7.8	8.8
M6	9.3	13	15
M8	23	32	37
M10	46	65	74
M12	80	110	130
M16	210	290	330

注:对马氏体和铁素体钢紧固件的破坏扭矩值,应由制造者与使用者协议。

5. 不锈钢组别与化学成分

表10-141

类别	组别	化学成分ª(质量分数)(%)											注	说明
		C	Si	Mn	P	S	N	Cr	Mo	Ni	Cu	W		
奥氏体	A1	0.12	1	6.5	0.2	0.15~0.35	—	16~19	0.7	5~10	1.75~2.25	—	b,c,d	该组钢是为机械加工专门设计的,具有较高的硫含量
	A2	0.10	1	2	0.05	0.03	—	15~20	—ᵉ	8~19	4	—	f,g	该组钢使用最广泛,用于厨房设备和化工装置。不适用于非氧化酸类和带氯化物成分的介质,如游泳池和海水
	A3	0.08	1	2	0.045	0.03	—	17~19	—ᵉ	9~12	1	—	h	该组钢为稳定型,性能与A2组钢相同
	A4	0.08	1	2	0.045	0.03	—	16~18	2~3	10~15	4	—	g,i	该组钢为"耐酸钢",通常用于化纤工业,也常用于食品工业和造船工业,一定程度上也应用于含氯化物的场合
	A5	0.08	1	2	0.045	0.03	—	16~18.5	2~3	10.5~14	1	—	h,i	该组钢为稳定型的"耐酸钢",性能与A4组钢相同
马氏体	C1	0.09~0.15	1	1	0.05	0.03	—	11.5~14	—	1	—	—	i	该组钢耐蚀性能有限,用于涡轮、泵和阀
	C3	0.17~0.25	1	1	0.04	0.03	—	16~18	—	1.5~2.5	—	—	i	该组钢腐蚀性C1组钢好,但仍有限,用于泵和阀
	C4	0.08~0.15	1	1.5	0.06	0.15~0.35	—	12~14	0.6	1	—	—	b,i	该组钢耐腐蚀性有限,用于机械加工材料,其他方面与C1组钢类似
铁素体	F1	0.12	1	1	0.04	0.03	—	15~18	—ʲ	1	—	—	k,l	该组钢低含碳量,低含氮量,常用于简单的装置。有磁性,不能淬硬

注:① 除已表明者外,均系最大值。

ᵇ 硫可用硒代。

ᶜ 如镍含量低于8%时,则锰的最小含量应为5%。

ᵈ 镍含量大于8%时,对铜的最小含量不予限制。

ᵉ 由制造者确定钼的含量,但对某些使用场合,如有必要定钼的极限含量时,则应在订单中由用户注明。

ᶠ 如果铬含量低于17%,则镍的最小含量应为12%。

ᵍ 对最大含碳量达到0.03%的奥氏体不锈钢,氮含量最高可以达到0.22%。

ʰ 为稳定型组织,钛含量应≥(5×C%)~0.8%,或者铌和/或钽含量应≥(10×C%)~1.0%,并应按本表规定。

ⁱ 由制造者确定可以有钼。

ʲ 对较大直径制造的产品,为达到规定的机械性能,由制造者确定可以有钼。

ᵏ 含钛量可能为≥(5×C%)~0.8%。

ˡ 铌和/或钽含量为≥(10×C%)~1%。

② 某些特殊用途的材料见表10-142。

③ 除非另有协议,否则在规定的钢的组别范围内的化学成分由制造者最终选择。

④ 在有晶间腐蚀倾向的场合,推荐采用稳定型的A3和A5或者采用采用碳量不超过0.03%的A2和A4组不锈钢。

6. 耐氯化物导致应力腐蚀的奥氏体不锈钢及化学成分

表 10-142

奥氏体不锈钢 (代号/材料编号)	C max	Si max	Mn max	P max	S max	N	Cr	Mo	Ni	Cu
X2CrNiMoN17-13-5 (1.4439)	0.030	1.00	2.00	0.045	0.015	0.12~0.22	16.5~18.5	4.0~5.0	12.5~14.5	
X1NiCrMoCu25-20-5 (1.4539)	0.020	0.70	2.00	0.030	0.010	≤0.15	19.0~21.0	4.0~5.0	24.0~26.0	1.20~2.00
X1NiCrMoCuN25-10-7 (1.4529)	0.020	0.50	1.00	0.030	0.010	0.15~0.25	19.0~21.0	6.0~7.0	24.0~26.0	0.50~1.50
X2CrNiMoN22-5-3[a] (1.4462)	0.030	1.00	2.00	0.035	0.015	0.10~0.22	21.0~23.0	2.5~3.5	4.5~6.5	

注:①[a] 铁素体-奥氏体不锈钢(FA类钢)。该类钢将来很有可能采用。该类钢比 A4 和 A5 钢有更好的性能,尤其是强度。它还有优良的耐点腐蚀和缝隙腐蚀性。

②因氯化物导致应力腐蚀(如室内游泳池)造成螺栓、螺钉和螺柱失效的风险,可通过使用本表给出的材料而降低。

7. 温度对不锈钢紧固件强度的影响

在高温条件下,下屈服强度和规定塑性延伸率为 0.2% 时的应力数值与室温下的数值之比(用%表示),见表 10-143。

受温度影响的 R_{eL} 和 $R_{p0.2}$

表 10-143

钢的组别	R_{eL} 和 $R_{p0.2}$(%)			
	+100 ℃	+200 ℃	+300 ℃	+400 ℃
A2、A3、A4、A5	85	80	75	70
C1	95	90	80	65
C3	90	85	80	60

注:仅适用于性能等级 70 和 80。

低温下不锈钢螺栓、螺钉和螺柱的适用性(奥氏体不锈钢)

表 10-144

钢的组别		最小持续工作温度
A2、A3		−200 ℃
A4、A5	螺栓和螺钉[a]	−60 ℃
	螺柱	−200 ℃

注:[a]加工变形量较大的紧固件时,应考虑合金元素 Mo 能降低奥氏体的稳定性,并提高脆性转变温度的问题。

(二)不锈钢螺母(GB/T 3098.15—2014)

不锈钢螺母适用于螺纹公称直径 D≤39mm;公称高度 m≥0.5D;直径和螺距符合 GB/T 192、GB/T 193 和 GB/T 9144 普通螺纹的要求;对边宽度符合 GB/T 3104 的规定及任何形状。不适用于有锁紧功能及可焊性的螺母。

不锈钢螺母应进行清洁和抛光。

1)标记

螺母的不锈钢组别和性能等级的标记由短划隔开的两部分组成。第一部分标记钢的组别,第二部分标记性能等级。不锈钢螺母第一部分标记方法同不锈钢螺栓、螺钉和螺柱。

性能等级(第二部分)标记:对螺母高度 m≥0.8D(1 型或 2 型或六角法兰螺母)的螺母,由两个数字组成,并表示保证应力的 1/10;对螺母高度 0.5D≤m<0.8D(薄螺母/0 型)的螺母由 3 个数字组成,第

一位数字"0"表示降低承载能力的螺母,后两位数字表示保证应力的1/10。以下是材料标记示例:

示例1: A2-70 表示:奥氏体钢、冷加工、最小保证应力为700MPa($m\geqslant0.8D$ 螺母)。

示例2: C4-70 表示:马氏体钢、淬火并回火、最小保证应力为700MPa($m\geqslant0.8D$ 螺母)。

示例3: A2-035 表示:奥氏体钢、冷加工、最小保证应力为350MPa($0.5D\leqslant m<0.8D$ 螺母)。

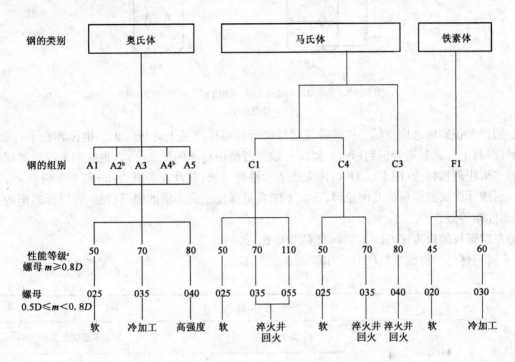

图 10-27　螺母不锈钢组别和性能等级标记制度图

注:对超出规定的极限规格(如 $D>39mm$),只要能符合性能等级的所有适用的机械和物理技术要求,可以使用本标记制度。

b 含碳量低于 0.03% 的低碳奥氏体不锈钢可增加标记"L"。示例:A4L-80。

c 按 GB/T 5267.4 进行表面钝化处理,可以增加标记"P"。示例:A4-80P。

2)标志

(1)螺纹公称直径 $D\geqslant5mm$ 的螺母应强制进行标志,包括钢的组别和性能等级。可以仅在螺母的一个支承面上标志,并只能用凹字。也允许在螺母侧面进行标志(见图 10-27、图 10-28、图 10-29)。

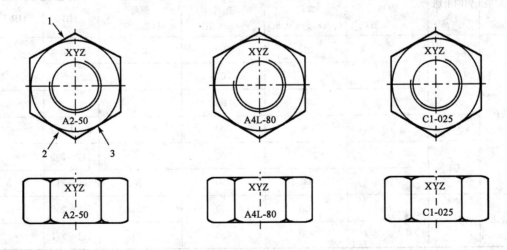

图 10-28　材料和制造者识别标志图

1-制造者识别标志;2-钢的组别;3-性能等级

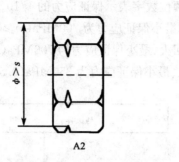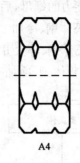

图 10-29　可选用的刻槽标志（仅适用于 A2 和 A4 组钢）图

s-对边宽度

（2）制造者识别标志应在标志性能等级代号的所有螺母产品上进行标志。也推荐在不标志性能等级的螺母产品上标志制造者识别标志。紧固件销售者使用自己的识别标志，也应视为制造者识别标志。

（3）当采用刻槽标志（图 10-29）时，因无法表示性能等级，其性能等级为：50 或 025 级。

（4）对细牙螺纹或螺母的几何原因，造成不能满足保证载荷要求的螺母产品，可以标志钢的组别，但不应标志性能等级。

（5）左旋螺纹的标志按 GB/T 3098.2 的规定执行。

3）不锈钢螺母的机械性能（GB/T 3098.15—2014）

表 10-145

奥 氏 体 钢 组					
钢的类别	钢的组别	性 能 等 级		最小保证应力 S_p（MPa）	
		螺母 $m \geqslant 0.8D$	螺母 $0.5D \leqslant m < 0.8D$	螺母 $m \geqslant 0.8D$	螺母 $0.5D \leqslant m < 0.8D$
奥氏体	A1、A2、A3、A4、A5	50	025	500	250
		70	035	700	350
		80	040	800	400

马 氏 体 和 铁 素 体 钢 组								
钢的类别	钢的组别	性 能 等 级		最小保证应力 S_p（MPa）		硬 度		
		螺母 $m \geqslant 0.8D$	螺母 $0.5D \leqslant m < 0.8D$	螺母 $m \geqslant 0.8D$	螺母 $0.5D \leqslant m < 0.8D$	HB	HRC	HV
马氏体	C1	50	025	500	250	147～209	—	155～220
		70	—	700	—	209～314	20～34	220～330
		110[①]	055[①]	1100	550	—	36～45	350～440
	C3	80	040	800	400	228～323	21～35	240～340
	C4	50	—	500	—	147～209	—	155～220
		70	035	700	350	209～314	20～34	220～330
铁素体	F1[②]	45	020	450	200	128～209	—	135～220
		60	030	600	300	171～271	—	180～285

注：①淬火并回火，最低回火温度为 275 ℃。

　　②螺纹公称直径≤24mm。

4)螺母的不锈钢组别与化学成分。

表 10-146

类别	组别	化学成分ª（质量分数）（%）											注	说明
		C	Si	Mn	P	S	N	Cr	Mo	Ni	Cu	W		
奥氏体	A1	0.12	1	6.5	0.2	0.15~0.35		16~19	0.7	5~10	1.75~2.25	—	b,c,d	见表10-141
	A2	0.10	1	2	0.05	0.03		15~20	—ᵉ	8~19	4	—	f,g	
	A3	0.08	1	2	0.045	0.03		17~19	—ᵉ	9~12	1	—	h	
	A4	0.08	1	2	0.045	0.03		16~18.5	2~3	10~15	4	—	g,i	
	A5	0.08	1	2	0.045	0.03		16~18.5	2~3	10.5~14	1	—	h,i	
马氏体	C1	0.09~0.15	1	1	0.05	0.03		11.5~14	—		1	—	i	
	C3	0.17~0.25	1	1	0.04	0.03		16~18			1.5~2.5	—		
	C4	0.08~0.15	1	1.5	0.06	0.15~0.35		12~14	0.6		1	—	b,i	
铁素体	F1	0.12	1	1	0.04	0.03		15~18	—ⁱ		1	—	k,i	

注：同表 10-141。

5)耐氯化物导致应力腐蚀的奥氏体不锈钢及化学成分见表 10-142。

九、有色金属螺栓、螺钉、螺柱和螺母（GB/T 3098.10—1993）

有色金属螺栓、螺钉、螺柱和螺母是由铜及铜合金或铝及铝合金制造的、螺纹直径为 1.6~39mm 的粗牙螺纹。不适用于紧定螺钉及类似的未规定抗拉强度或螺母保证载荷的螺纹紧固件。

1. 标记及材料

有色金属螺栓、螺钉、螺柱和螺母性能等级的标记代号由字母及数字两部分组成，字母与有色金属材料化学元素符号的字母相同；数字表示性能等级序号。

性能等级的标记代号及适用的有色金属材料牌号　　　　表 10-147

性能等级标记代号	材料牌号	性能等级标记代号	材料牌号
CU1	T2	AL1	LF2
CU2	H63	AL2	LF11、LF5
CU3	HPb58-2	AL3	LF43
CU4	QSn6.5-0.4	AL4	LY8、LD9
CU5	QSil-3	AL5	—
CU6	—	AL6	LC9
CU7	QAl-10-4-4		

注：根据供需双方协议，当供方能够保证机械性能时，可以采用本表以外的材料。

2. 机械性能

1)外螺纹紧固件的机械性能

表 10-148

性能等级	螺纹直径 d(mm)	抗拉强度 σ_b(min) (N/mm^2)	屈服强度 $\sigma_{0.2}$(min) (N/mm^2)	伸长率 δ(min)(%)
CU1	≤39	240	160	14
CU2	≤6	440	340	11
	>6~39	370	250	19
CU3	≤6	440	340	11
	>6~39	370	250	19
CU4	≤12	470	340	22
	>12~39	400	200	33
CU5	≤39	590	540	12
CU6	>6~39	440	180	18
CU7	>12~39	640	270	15
AL1	≤10	270	230	3
	>10~20	250	180	4
AL2	≤14	310	205	6
	>14~36	280	200	6
AL3	≤6	320	250	7
	>6~39	310	260	10
AL4	≤10	420	290	6
	>10~39	380	260	10
AL5	≤39	460	380	7
AL6	≤39	510	440	7

2)螺栓、螺柱和螺钉的最小拉力载荷或螺母的保证载荷

表 10-149

螺纹直径 d 或 D	螺距 P (mm)	公称应力截面积 A_s(mm^2)	性 能 等 级						
			CU1	CU2	CU3	CU4	CU5	CU6	CU7
			最小拉力载荷 $A_s \times \sigma_b$ 或 保证载荷 $A_s \times S_p$(N)						
3	0.5	5.03	1 210	2 210	2 210	2 360	2 970	—	—
3.5	0.6	6.78	1 630	2 980	2 980	3 190	4 000	—	—
4	0.7	8.78	2 110	3 860	3 860	4 130	5 180	—	—
5	0.8	14.2	3 410	6 250	6 250	6 670	8 380	—	—
6	1	20.1	4 820	8 840	8 840	9 450	11 860	—	—
7	1	28.9	6 940	10 690	10 690	13 580	17 050	12 720	—
8	1.25	36.6	8 780	13 540	13 540	17 200	21 590	16 100	—
10	1.5	58.0	13 920	21 460	21 460	27 260	34 220	25 520	—
12	1.75	84.3	20 230	31 190	31 190	39 620	49 740	37 090	—
14	2	115	27 600	42 550	42 550	46 000	67 850	50 600	73 600
16	2	157	37 680	58 090	58 090	62 800	92 630	69 080	100 500
18	2.5	192	46 080	71 040	71 040	76 800	113 300	84 480	122 900
20	2.5	245	58 800	90 650	90 650	98 000	144 500	107 800	156 800
22	2.5	303	72 720	112 100	112 100	121 200	178 800	133 300	193 900

续表 10-149

螺纹直径 d 或 D	螺距 P (mm)	公称应力截面积 A_s (mm²)	性 能 等 级						
			CU1	CU2	CU3	CU4	CU5	CU6	CU7
			最小拉力载荷　$A_s \times \sigma_b$　或　保证载荷　$A_s \times S_p$(N)						
24	3	353	84 720	130 600	130 600	141 200	208 300	155 300	225 900
27	3	459	110 200	169 800	169 800	183 600	270 800	202 000	293 800
30	3.5	561	134 600	207 600	207 600	224 400	331 000	246 800	359 000
33	3.5	694	166 600	256 800	256 800	277 600	—	305 400	444 200
36	4	817	196 100	302 300	302 300	326 800		359 500	522 900
39	4	976	234 200	361 100	361 100	390 400		429 400	624 600

螺纹直径 d 或 D	螺距 P (mm)	公称应力截面积 A_s (mm²)	性 能 等 级					
			AL1	AL2	AL3	AL4	AL5	AL6
			最小拉力载荷 $A_s \times \sigma_b$ 或　保证载荷　$A_a \times S_p$(N)					
3	0.5	5.03	1 360	1 560	1 610	2 110	2 310	2 570
3.5	0.6	6.78	1 830	2 100	2 170	2 850	3 120	3 460
4	0.7	8.78	2 370	2 720	2 810	3 690	4 040	4 480
5	0.8	14.2	3 830	4 400	4 540	5 960	6 530	7 240
6	1	20.1	5 430	6 230	6 430	8 440	9 250	10 250
7	1	28.9	7 800	8 960	8 960	12 140	13 290	14 740
8	1.25	36.6	9 880	11 350	11 350	15 370	16 840	18 670
10	1.5	58.0	15 660	17 980	17 980	24 360	26 680	29 580
12	1.75	84.3	21 080	26 130	26 130	32 030	38 780	42 990
14	2	115	28 750	35 650	35 650	43 700	52 900	58 650
16	2	157	39 250	43 960	48 670	59 660	72 220	80 070
18	2.5	192	48 000	53 760	59 520	72 960	88 320	97 920
20	2.5	245	61 250	68 600	75 950	93 100	112 700	124 900
22	2.5	303	—	84 840	93 930	115 100	139 400	154 500
24	3	353		98 840	109 400	134 100	162 400	180 000
27	3	459	—	128 500	142 300	174 400	211 100	234 100
30	3.5	561		157 100	173 900	213 200	258 100	286 100
33	3.5	694	—	194 300	215 100	263 700	319 200	353 900
36	4	817		228 800	253 300	310 500	375 800	416 700
39	4	976	—	—	302 600	370 900	149 000	497 800

注：S_p 为保证应力。

3)螺栓、螺钉的最小破坏力矩

表 10-150

螺纹直径 d(mm)	性 能 等 级										
	CU1	CU2	CU3	CU4	CU5	AL1	AL2	AL3	AL4	AL5	AL6
	最小破坏力矩(N·m)										
1.6	0.06	0.10	0.10	0.11	0.14	0.06	0.07	0.08	0.1	0.11	0.12
2	0.12	0.21	0.21	0.23	0.28	0.13	0.15	0.16	0.2	0.22	0.25
2.5	0.24	0.45	0.45	0.5	0.6	0.27	0.3	0.3	0.43	0.47	0.5

螺纹直径	性能等级										
d(mm)	CU1	CU2	CU3	CU4	CU5	AL1	AL2	AL3	AL4	AL5	AL6
	最小破坏力矩(N·m)										
3	0.4	0.8	0.8	0.9	1.1	0.5	0.6	0.6	0.8	0.8	0.9
3.5	0.7	1.3	1.3	1.4	1.7	0.8	0.9	0.9	1.2	1.3	1.5
4	1	1.9	1.9	2	2.5	1.1	1.3	1.4	1.8	1.9	2.2
5	2.1	3.8	3.8	4.1	5.1	2.4	2.7	2.8	3.7	4	4.5

3.标志

(1)产品上的标志代号与性能等级的标记代号一致。

(2)螺纹直径≥5mm 的螺栓、螺柱及螺母应制出标志。

(3)螺栓在头部顶面用凸字或凹字标志;或在头部侧面用凹字标志。

(4)螺柱在末端端面用凹字标志。

(5)螺母在支承面或侧面用凹字标志。

(6)左旋螺纹的标志按 GB/T 3098.1 或 GB/T 3098.2 的规定执行。

(7)螺钉的标志按 GB/T 3098.1 的规定执行。

十、钢结构用高强度大六角头螺栓、螺母和垫圈(GB/T 1228～GB/T 1231—2006)

钢结构用高强度大六角头螺栓适用于公路和铁路桥梁、锅炉钢结构、工业厂房、高层民用建筑、塔桅结构、起重机械及其他钢结构摩擦型高强度螺栓连接(见图 10-30)。产品等级 C 级;螺纹为粗牙普通螺纹。

(一)螺栓

1.螺栓的性能等级(GB/T 1228—2006)

螺栓的性能等级分为 8.8S 和 10.9S 两类,其中 8.8 和 10.9 为性能等级,S 表示钢结构用高强度螺栓。其性能等级应在螺栓头部顶面制出凸型标志。××为制造厂标志(见图 10-31)。

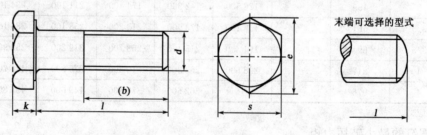

图 10-30 高强度六角头螺栓示意图

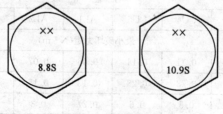

图 10-31 螺栓标志图

2.螺栓的机械性能(GB/T 1231—2006)

表 10-151

性能等级	抗拉强度 R_m(MPa)	规定非比例延伸强度 $R_{p0.2}$(MPa)	断后伸长率 A(%)	断后收缩率 Z(%)	冲击吸收功 A_{kU2}(J)
		不 小 于			
10.9S	1 040～1 240	940	10	42	47
8.8S	830～1 030	660	12	45	63

注:当螺栓的材料直径≥16mm时,根据用户要求,制造厂还应增加常温冲击试验,其结果应符合本表的规定。

3.螺栓的拉力载荷(GB/T 1231—2006)

表 10-152

螺纹 规 格		M12	M16	M20	(M22)	M24	(M27)	M30
公称应力载面积(mm²)		84.3	157	245	303	353	459	561
性能等级	10.9S	拉力载荷(N)	87 700～104 500	163 000～195 000	255 000～304 000	315 000～376 000	367 000～438 000	477 000～569 000	583 000～696 000
	8.8S		70 000～86 800	130 000～162 000	203 000～252 000	251 000～312 000	293 000～364 000	381 000～473 000	466 000～578 000

注:进行螺栓实物楔负载试验时,当拉力载荷在上表的规定范围内,断裂应发生在螺纹部分或螺纹与螺杆交接处。

4.螺栓的硬度(GB/T 1231—2006)

表 10-153

性能等级	维氏硬度 HV30		洛氏硬度 HRC	
	min	max	min	max
10.9S	312	367	33	39
8.8S	249	296	24	31

注:当螺栓的螺杆长/螺纹直径≤3时,如不能做楔负载试验,允许做芯部硬度试验。芯部硬度值应符合上表规定。

5.高强度螺栓的规格尺寸和理论重量(GB/T 1228—2006)

表 10-154

		螺栓直径 d(mm)												
		M12	M16	M20	(M22)	M24	(M27)	M30	M12	M16	M20	(M22)	M24	(M27)	M30
螺帽厚 K		7.5	10	12.5	14	15	17	18.7							
对边距 S	最大	21	27	34	36	41	46	50							
	最小	20.16	26.16	33	35	40	45	49							
e		22.78	29.56	37.29	39.55	45.2	50.85	55.37							
螺距 P		1.75	2	2.5	2.5	3	3	3.5							

（左侧注明 MM）

续表 10-154

螺杆长 l(mm)	螺纹近似长度(b)(mm)							每1000个钢螺栓的理论重量(kg)						
	M12	M16	M20	(M2)	M24	(M27)	M30	M12	M16	M20	(M22)	M24	(M27)	M30
35	25							49.4						
40								54.2						
45		30						57.8	113.0					
50								62.5	121.3	207.3				
55			35					67.3	127.9	220.3	269.3			
60	30			40				72.1	136.2	233.3	284.9	357.2		
65					45			76.8	144.5	243.6	300.5	375.7	503.2	
70						50		81.6	152.8	256.5	313.2	394.2	527.1	658.2
75							55	86.3	161.2	269.5	328.6	409.1	551.0	687.5
80									169.5	282.5	344.5	428.6	570.2	716.8
85	35	35							177.8	295.5	360.1	446.1	594.1	740.3
90									186.4	308.5	375.8	464.7	617.9	769.6
95			40						194.4	321.4	391.4	483.2	641.8	799.0
100									202.8	334.4	407.0	501.7	665.7	828.3
110									219.4	360.4	438.3	538.8	713.5	886.9
120			45						236.1	386.3	469.6	575.9	761.3	945.6
130				50					252.7	412.3	500.8	612.9	809.1	1 004.2
140					50					438.3	532.1	650.0	856.9	1 062.8
150						55	60			464.2	563.4	687.1	904.7	1 121.5
160										490.2	594.6	724.2	952.4	1 180.1
170											625.9	761.2	1 000.2	1 238.7
180											657.2	798.3	1 048.0	1 297.4
190											688.4	835.4	1 095.8	1 356.0
200											719.7	872.4	1 143.6	1 414.7
220											782.2	946.6	1 239.2	1 531.9
240												1 020.7	1 334.7	1 649.2
260													1 430.3	1 766.5

(二)螺母

1. 螺母的分级(GB/T 1229—2006)

螺母按性能等级分为10H级和8H级两类。8和10为性能等级,H表示大六角头螺母(见图10-32)。

2. 螺母的保证载荷(GB/T 1231—2006)

表 10-155

螺纹规格		M12	M16	M20	(M22)	M24	(M27)	M30
10H	保证载荷(N)	87 700	163 000	255 000	315 000	367 000	477 000	583 000
8H	保证载荷(N)	70 000	130 000	203 000	251 000	293 000	381 000	466 000

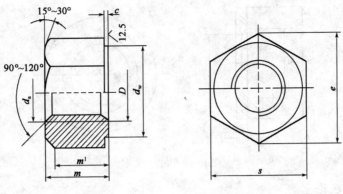

图 10-32　高强度大六角头螺母示意图

3. 螺母的硬度(GB/T 1231—2006)

表 10-156

性能等级	洛 氏 硬 度		维 氏 硬 度	
	min	max	min	max
10H	98 HRB	32 HRC	222 HV30	304 HV30
8H	95 HRB	30 HRC	206 HV30	289 HV30

4. 螺母的规格和单位重量(GB/T 1229—2006)

表 10-157

螺纹规格 D(mm)			M12	M16	M20	(M22)	M24	(M27)	M30
主要尺寸 (mm)	厚 m	最大值	12.3	17.1	20.7	23.6	24.2	27.6	30.7
		最小值	11.87	16.4	19.4	22.3	22.9	26.3	29.1
	e	不小于	22.78	29.56	37.29	39.55	45.20	50.85	55.37
	对边距 s	最大值	21	27	34	36	41	46	50
		最小值	20.16	26.16	33	35	40	45	49
每 1 000 个螺母的理论重量(kg)			27.68	61.51	118.77	146.59	202.67	288.51	374.01

注:括号内的规格为第二选择系列。

5. 螺母的等级标志

图 10-33　螺母标志示意图

(三)高强度垫圈(GB/T 1230—2006)

1. 垫圈的硬度(GB/T 1231—2006)

垫圈的硬度为 329~436 HV30(35~45HRC)。

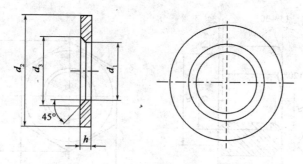

图 10-34　垫圈示意图

2.垫圈的规格和理论重量

表 10-158

规格(螺纹大径)(mm)	12	16	20	(22)	24	(27)	30
垫圈孔径 d_1(mm)	13～13.43	17～27.43	21～21.52	23～23.52	25～25.52	28～28.52	31～31.62
垫圈外径 d_2(mm)	23.7～25	31.4～33	38.4～40	40.4～42	45.4～47	50.1～52	54.1～56
公称厚度 h(mm)	3	4	4	5	5	5	5
每1 000个垫圈理论质量(kg)	10.47	23.40	33.55	43.34	55.76	66.52	75.42

(四)大六角头螺栓、螺母、垫圈用材料及连接副的技术要求(GB/T 1231—2006)

1.材料

表 10-159

类　别	性能等级	材　料	标准编号	适用规格
螺栓	10.9S	20MnTiB ML 20MnTiB	GB/T 3077 GB/T 6478	≤M24
		35VB		≤M30
	8.8S	45、35	GB/T 699	≤M20
		20MnTiB、40Cr ML20MnTiB	GB/T 3077 GB/T 6478	≤M24
		35CrMo	GB/T 3077	≤M30
		35VB		
螺母	10H	45、35	GB/T 699	
	8H	ML35	GB/T 6478	
垫圈	35HRC～45HRC	45、35	GB/T 699	

注：35VB 钢的化学成分见表 10-160；机械性能见表 10-161。

35VB 钢的化学成分

表 10-160

化学成分	C	Mn	Si	P	S	V	B	Cu
范围(%)	0.31～0.37	0.50～0.90	0.17～0.37	≤0.04	≤0.04	0.05～0.12	0.001～0.004	≤0.25

35VB 钢的机械性能

表 10-161

试样热处理制度 (试样直径 25mm)	抗拉强度 R_m(MPa)	规定非比例延伸 强度 $R_{p0.2}$(MPa)	断后伸长率 A(%)	断后收缩率 Z(%)	冲击吸收功 A_{kU2}(J)
			不　小　于		
淬火 870 ℃水冷 回火 550 ℃水冷	785	640	12	45	55

注：钢材应进行冷顶锻试验，不允许有裂口或裂缝。

2.连接副的技术要求

连接副的扭矩系数:

(1)高强度大六角头螺栓连接副应按保证扭矩系数供货,同批连接副的扭矩系数平均值为0.110～0.150,扭矩系数标准偏差应小于或等于0.010 0。每一连接副包括1个螺栓、1个螺母、2个垫圈,并应分属同批制造。

(2)扭矩系数保证期为自出厂之日起6个月,用户如需延长保证期,可由供需双方协议解决。

螺栓、螺母的螺纹:

(1)螺纹的基本尺寸按GB/T 196粗牙普通螺纹的规定。螺栓螺纹公差带按GB/T 197的6 g,螺母螺纹公差带按GB/T 197的6H。

(2)螺纹牙侧表面粗糙度的最大参数值Ra应为12.5μm。

表面处理

螺栓、螺母和垫圈均应进行保证连接副扭矩系数和防锈的表面处理,表面处理工艺由制造厂选择。

十一、钢结构用扭剪型高强度螺栓连接副(GB/T 3632—2008)

钢结构用扭剪型高强度螺栓连接副适用于工业与民用建筑、桥梁、塔桅结构、锅炉钢结构、起重机械及其他钢结构用。产品等级为C级,螺纹为粗牙普通螺纹。

螺栓连接副形式(包括一个螺栓、一个螺母和一个垫圈),见图10-35。

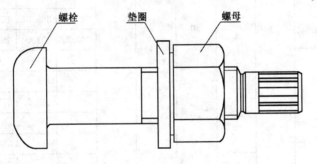

图10-35 螺栓连接副形式图

1.螺栓

1)螺栓的主要规格尺寸和重量

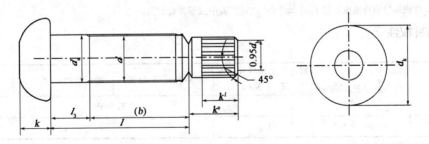

图10-36 螺栓示意图

表10-162

螺纹规格 d(mm)	M16	M20	(M22)[a]	M24	(M27)[a]	M30	M16	M20	(M22)[a]	M24	(M27)[a]	M30
螺帽高度公称尺寸 K(mm)	10	13	14	15	17	19						
直径 d_k(最大)(mm)	30	37	41	44	50	55						

续表 10-162

螺纹规格 d(mm)	M16	M20	(M22)ᵃ	M24	(M27)ᵃ	M30	M16	M20	(M22)ᵃ	M24	(M27)ᵃ	M30
k^u(mm)	17	19	21	23	24	25						
螺距 P(mm)	2	2.5	2.5	3	3	3.5						

螺杆长度公称尺寸 l(mm)	螺纹近似长度 (b)(mm) M16	M20	(M22)ᵃ	M24	(M27)ᵃ	M30	每1000件钢螺栓的理论重量(kg) M16	M20	(M22)ᵃ	M24	(M27)ᵃ	M30
40							106.59					
45	30						114.07	194.59				
50		35					121.54	206.28	261.90			
55			40				128.12	217.99	276.12	332.89		
60							135.60	229.68	290.34	349.89		
65				45			143.08	239.98	304.37	366.88	490.64	
70					50		150.54	251.67	317.23	383.88	511.74	651.05
75						55	158.02	263.37	331.45	398.72	532.83	677.26
80							165.49	275.07	345.68	415.72	552.01	703.47
85	35						172.97	286.77	359.90	432.71	573.11	726.96
90							180.44	298.46	374.12	449.71	594.21	753.17
95		40					187.91	310.17	388.34	466.71	615.30	779.38
100							195.39	321.86	402.57	483.70	636.39	805.59
110			45				210.33	345.25	431.02	517.69	678.59	858.02
120							225.28	368.65	459.46	551.68	720.78	910.44
130				50			240.22	392.04	487.91	585.67	762.97	962.87
140					56	60		415.44	516.35	619.66	805.16	1 015.29
150								438.83	544.80	653.65	847.35	1 067.71
160								462.23	573.24	687.63	889.54	1 120.14
170									601.69	721.62	931.73	1 172.56
180									630.13	755.61	973.92	1 244.98
190									658.58	789.61	1 016.12	1 277.40
200									687.03	823.59	1 058.31	1 329.83
220									743.91	891.57	1 142.69	1 434.67

注：①ᵃ 括号内的规格为第二选择系列，应优先选用第一系列（不带括号）的规格。
②每1000件钢螺栓的理论重量按 7.85 kg/dm³ 计算。表中数值为近似值。

2）螺栓的机械性能

表 10-163

性能等级	抗拉强度 R_m(MPa)	规定非比例延伸强度 $R_{p0.2}$(MPa)	断后伸长率 A(%)	断后收缩率 Z(%)	冲击吸收功 A_{kU2}(−20℃)(J)
			不小于		
10.9 S	1 040～1 240	940	10	42	27

注：低温冲击试验根据用户要求进行。

3）螺栓的拉力荷载

表 10-164

螺纹规格 d	M16	M20	M22	M24	M27	M30
公称应力截面积 A_s(mm²)	157	245	303	353	459	561
10.9S拉力荷载(kN)	163～195	255～304	315～376	367～438	477～569	583～696

注：对螺栓实物进行楔形负荷试验时，当拉力载荷在本表规定的范围内，断裂应发生在螺纹部分或螺纹与螺杆交接处。

4)螺栓的芯部硬度

表 10-165

性能等极	维氏硬度 HV30	洛氏硬度 HRC
10.9S	312~367	33~39

注:当螺栓 $L/d \leqslant 3$ 时,如不能进行锲负载试验,允许用拉力载荷试验或芯部硬度试验代替,芯部硬度应符合本表规定。

2. 螺母

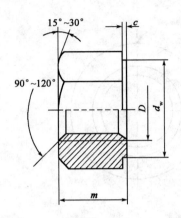
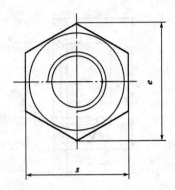

图 10-37 螺母示意图

1)螺母的规格尺寸和理论重量

表 10-166

螺纹规格 D(mm)		M16	M20	(M22)[a]	M24	(M27)[a]	M30
螺距 P(mm)		2	2.5	2.5	3	3	3.5
d_w(mm) 不小于		24.9	31.4	33.3	38.0	42.8	46.5
e(mm) 不小于		29.56	37.29	39.55	45.20	50.85	55.37
螺母高度 m (mm)	max	17.1	20.7	23.6	24.2	27.6	30.7
	min	16.4	19.4	22.3	22.9	26.3	29.1
c(mm)	max	0.8	0.8	0.8	0.8	0.8	0.8
	min	0.4	0.4	0.4	0.4	0.4	0.4
对边距 s (mm)	max	27	34	36	41	46	50
	min	26.16	33	35	40	45	49
支承面对螺纹轴线的全跳动公差 (mm)		0.38	0.47	0.50	0.57	0.64	0.70
每 1 000 件钢螺母的重量 ($\rho=7.85$ kg/dm³)($\approx$kg)		61.51	118.77	146.59	202.67	288.51	374.01

注:[a] 括号内的规格为第二选择系列,应优先选用第一系列(不带括号)的规格。

2)螺母的保证荷载

表 10-167

螺纹规格 D		M16	M20	M22	M24	M27	M30
公称应力截面积 A_s(mm²)		157	245	303	353	459	561
保证应力 S_p(MPa)				1040			
10 H	保证荷载($A_s \times S_p$)(kN)	163	255	315	367	477	583

3)螺母的硬度

表 10-168

性能等级	洛 氏 硬 度		维 氏 硬 度	
	min	max	min	max
10 H	98 HRB	32 HRC	222 HV30	304 HV30

3. 垫圈

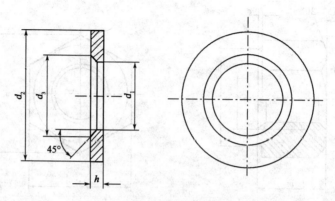

图 10-38 垫圈示意图

1)垫圈的规格尺寸和理论重量

表 10-169

规格(螺纹大径)		16	20	(22)ᵃ	24	(27)ᵃ	30
孔内径 d_1(mm)	min	17	21	23	25	28	31
	max	17.43	21.52	23.52	25.52	28.52	31.62
垫圈外径 d_2(mm)	min	31.4	38.4	40.4	45.4	50.1	54.1
	max	33	40	42	47	52	56
厚度 h(mm)	公称	4.0	4.0	5.0	5.0	5.0	5.0
	min	3.5	3.5	4.5	4.5	4.5	4.5
	max	4.8	4.8	5.8	5.8	5.8	5.8
d_3	min	19.23	24.32	26.32	28.32	32.84	35.84
	max	20.03	25.12	27.12	29.12	33.64	36.64
每1000件钢垫圈的重量 ($\rho=7.85$ kg/dm³)($\approx$kg)		23.40	33.55	43.34	55.76	66.52	75.42

注:ᵃ 括号内的规格为第二选择系列,应优先选用第一系列(不带括号)的规格。

2)垫圈的硬度

垫圈的硬度为 329～436 HV30(35～45 HRC)。

4. 连接副紧固轴力

表 10-170

螺 纹 规 格		M16	M20	M22	M24	M27	M30
每批紧固轴力的平均值(kN)	公称	110	171	209	248	319	391
	min	100	155	190	225	290	355
	max	121	188	230	272	351	430
紧固轴力标准偏差 $\sigma\leqslant$(kN)		10.0	15.5	19.0	22.5	29.0	35.5

注:当 l 小于表 10-171 中规定数值时,可不进行紧固轴力试验。

表 10-171

螺纹规格(mm)	M16	M20	M22	M24	M27	M30
l(mm)	50	55	60	65	70	75

5.螺栓、螺母和垫圈推荐用材料

表 10-172

类别	性能等级	推荐材料	标准编号	适用规格
螺栓	10.9S	20MnTiB ML20MnTiB	GB/T 3077 GB/T6478	≤M24
		35VB 35CrMn	GB/T 3077	M27、M30
螺母	10 H	45、35 ML35	GB/T 699 GB/T 6478	≤M30
垫圈	—	45、35	GB/T 699	

注：①经供需双方协议,也可使用其他材料,但应在订货合同中注明,并在螺栓或螺母产品上增加标志 T(紧跟 S 或 H)。
　　②35VB 钢的化学成分见表 10-160,机械性能见表 10-161。

6.螺栓、螺母的标志

(1)螺栓在头部顶面或球面用凸字制出性能等级和制造者的识别标志[见图 10-39 a)]。其中"·"可以省略;字母 S 表示钢结构用高强度螺栓;××为制造者的识别标志。

(2)螺母在顶面用凹字制出性能等级和制造者的识别标志[见图 10-39b)]其中,字母 H 表示钢结构用高强度大六角螺母;××为制造者的识别标志。

(3)螺栓和螺母使用表 10-172 以外的材料时,应在螺栓及螺母产品上增加标志 T[见图 10-39 c)、d)]。

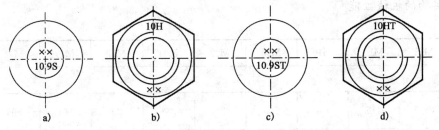

图 10-39　螺栓、螺母标志图

7.连接副的螺纹技术要求

1)螺栓、螺母的螺纹

螺纹的基本尺寸应符合 GB/T 196 对粗牙普通螺纹的规定。螺栓螺纹公差带应符合 6 g(GB/T 197),螺母螺纹公差带应符合 6H(GB/T 197)的规定。

2)表面处理

为保证连接副紧固轴力和防锈性能,螺栓、螺母和垫圈应进行表面处理(可以是相同的或不同的),并由制造者确定,经处理后的连接副紧固轴力应符合表 10-170 的规定。

十二、钢网架螺栓球节点用高强度螺栓(GB/T 16939—1997)

钢网架球节点用高强度螺栓规格为 M12～M64,适用于钢网架螺栓球节点的连接。螺栓的螺纹公差为 6 g,机械性能等级为:M12～M36 为 10.9S 级;M39～M64 为 9.8S 级。

1. 钢网架球节点螺栓示意图

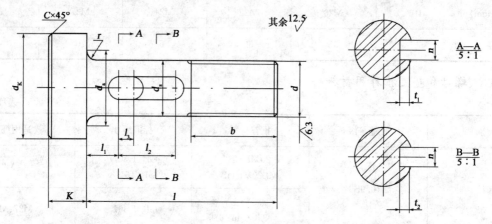

图10-40 球节点螺栓示意图

2. 螺栓的推荐材料及试件机械性能

表 10-173

螺纹规格 d	性能等级	推荐材料	抗拉强度 σ_b(MPa)	屈服强度 $\sigma_{0.2}$(MPa)	伸长率 δ_5(%)	收缩率 ψ(%)
M12~M24	10.9S	20MnTiB、40Cr、35CrMo	1 040~1 240	≥940	≥10	≥42
M27~M36		35VB、40Cr、35CrMo				
M39~M64×4	9.8S	35CrMo、40Cr	900~1 100	≥720	≥10	≥42

注:35VB 钢化学成分见表 10-160。

3. 螺栓实物的机械性能

表 10-174

螺纹规格 d	M12	M14	M16	M20	M22	M24	M27	M30	M33	M36
性能等级	10.9S									
应力截面积 A_a(mm²)	84.3	115	157	245	303	353	459	561	694	817
拉力荷载(kN)	88~105	120~143	163~195	255~304	315~376	367~438	477~569	583~696	722~861	80~103

螺纹规格 d	M39	M42	M45	M48	M52	M56×4	M60×4	M64×4
性能等极	9.8S							
应力载面积 A_a(mm²)	976	1 120	1 310	1 470	1 760	2 144	2 485	2 851
拉力荷载(kN)	878~1 074	1 008~1 232	1 179~1 441	1 323~1 617	1 584~1 936	1 930~2 358	2 237~2 734	2 566~3 136

硬度:

螺纹规格为 M39~M64×4 的螺栓可用硬度试验代替拉力荷载试验。常规硬度值为 32~37HRC,如对试验有争议时,应进行芯部硬度试验,其硬度值应不低于 28HRC。如对硬度试验有争议时,应进行螺栓实物的拉力载荷试验,并以此为仲裁试验。拉力荷载值应符合表 10-174 的规定。

4. 钢网架球节点用高强度螺栓的规格尺寸（mm）

表 10-175

螺纹规格 d	M12	M14	M16	M20	M22	M24	M27	M30	M33	M36	M39	M42	M45	M48	M52	M56×4	M60×4	M64×4
螺距 P	1.75	2	2	2.5	2.5	3	3	3.5	3.5	4	4	4.5	4.5	5	5	4	4	4
螺纹长度 b min	15	17	20	25	27	30	33	37	40	44	47	50	55	58	62	66	70	74
螺纹长度 b max	18.5	21	24	30	32	36	39	44	47	52	55	59	64	68	72	74	78	82
$c \approx$	1.5	1.5	1.5	2.0	2.0	2.0	2.5	2.5	2.5	3.0	3.0	3.0	3.0	3.5	3.5	3.5	3.5	3.5
螺帽直径 d_k max	18	21	24	30	34	36	41	46	50	55	60	65	70	75	80	90	95	100
螺帽直径 d_k min	17.38	20.38	23.38	29.38	33.38	35.38	40.38	45.38	49.38	54.26	59.26	64.26	69.26	74.26	79.26	89.13	94.13	99.13
d_a max	12.35	14.35	16.35	20.42	22.42	24.42	27.42	30.42	33.50	36.50	39.50	42.50	45.50	48.50	52.60	56.60	60.60	64.60
d_a min	11.65	13.65	15.65	19.58	21.58	23.58	26.58	29.58	32.50	35.50	38.50	41.50	44.50	47.50	51.40	55.40	59.40	63.40
螺帽厚 K 公称	6.4	7.5	10	12.5	14	15	17	18.7	21	22.5	25	26	28	30	33	35	38	40
螺帽厚 K max	7.15	8.25	10.75	13.4	14.9	15.9	17.9	19.75	22.05	23.55	26.05	27.05	29.05	31.05	34.25	36.25	39.25	41.25
螺帽厚 K min	5.65	6.75	9.25	11.6	13.1	14.1	16.1	17.65	19.95	21.45	23.95	24.95	26.95	28.95	31.75	33.75	36.75	38.75
r min	0.8	0.8	0.8	1.0	1.0	1.0	1.5	1.5	1.5	2.0	2.0	2.0	2.0	2.5	2.5	2.5	2.5	2.5
d_a max	15.20	17.29	19.20	24.40	26.40	28.40	32.40	35.40	38.40	42.40	45.40	48.60	52.60	56.60	62.60	67.00	71.00	75.00
螺杆长度 l 公称	50	54	62	73	75	82	90	98	101	125	128	136	145	148	162	172	196	205
螺杆长度 l max	50.80	54.95	62.95	73.95	75.95	83.1	91.1	99.1	102.1	126.25	129.25	137.25	146.25	149.25	163.25	173.25	197.45	206.45
螺杆长度 l min	49.20	53.05	61.05	72.05	74.05	80.9	88.9	96.9	99.9	123.75	126.75	134.75	143.75	146.75	160.75	170.75	194.55	203.55
l_1 公称	18	18	22	24	24	24	28	28	28	43	43	43	43	48	48	53	53	58
l_1 max	18.35	18.35	22.42	24.42	24.42	24.42	28.42	28.42	28.42	43.50	43.50	43.50	43.50	48.50	48.50	53.60	53.60	58.60
l_1 min	17.65	17.65	21.58	23.58	23.58	23.58	27.58	27.58	27.58	42.50	42.50	42.50	42.50	47.50	47.50	52.40	52.40	57.40
l_2 参考	10	10	13	16	18	18	20	24	24	26	26	30	30	38	38	42	53	57
l_3	4	4	4	4	4	4	4	4	4	4	4	4	4	4	4	4	4	4
n	3~3.3	3~3.3	3~3.3	5~5.3	5~5.3	5~5.3	6~6.3	6~6.3	6~6.3	6~6.3	6~6.3	6~6.3	6~6.3	8~8.36	8~8.36	8~8.36	8~8.36	8~8.36
t_1	2.2~2.8	2.2~2.8	2.2~2.8	2.7~3.3	2.7~3.3	2.7~3.3	3.62~4.38	3.62~4.38	3.62~4.38	3.62~4.38	3.62~4.38	3.62~4.38	3.62~4.38	4.62~5.38	4.62~5.38	4.62~5.38	4.62~5.38	4.62~5.38
t_2	1.7~2.3	1.7~2.3	1.7~2.3	2.2~2.8	2.2~2.8	2.2~2.8	2.70~3.30	2.70~3.30	2.70~3.30	2.70~3.30	2.70~3.30	2.70~3.30	2.70~3.30	3.62~4.38	3.62~4.38	3.62~4.38	3.62~4.38	3.62~4.38

5.六角套的形式及尺寸

表 10-176

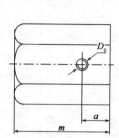 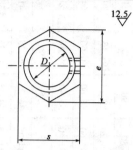

螺纹规格 d	M12	M14	M16	M20	M22	M24	M27	M30	M33
D	13	15	17	21	23	25	28	31	34
D₀		M5			M6			M8	
s	21	24	27	34	36	41	46	50	55
e_min	22.78	26.17	29.56	37.29	39.55	45.20	50.85	55.37	60.79
m	25	27	30		35		40		45
a		8				10			

螺纹规格 d	M36	M39	M42	M45	M48	M52	M56×4	M60×4	M64×4
D	37	40	43	46	49	53	57	61	65
D₀					M10				
s	60	65	70	75	80	85	90	95	100
e_min	66.44	72.02	76.95	82.60	88.25	93.56	99.21	104.86	110.51
m		55			60		70		90
a					15				

注：六角套材质：D13～34:Q235B;D37～65:16Mn、45钢。

6.封板或锥头底厚及螺栓旋入球体长度(mm)

表 10-177

螺纹规格 d	M12	M14	M16	M20	M22	M24	M27	M30	M33
封板/锥头底厚		12		14		16		20	
旋入球体长度	13	15	18	22	24	26	30	33	36
螺纹规格 d	M36	M39	M42	M45	M48	M52	M56×4	M60×4	M64×4
封板/锥头底厚		30			35		40		45
旋入球体长度	40	43	46	50	53	57	62	66	70

十三、普通螺栓

(一)粗牙螺栓

粗牙螺栓即公制粗牙螺栓。螺栓的产品等级分为 A、B 和 C 三级产品等级由产品质量和公差大小确定，A 级最精确，C 级最不精确。螺栓的规格分为商品规格、通用规格和尽量不采用的规格三部分。螺栓的机械性能一般只保证螺纹直径小于或等于 39mm 的。

本部分介绍的各种螺栓(图 10-41)的规格是综合商品规格、通用规格和尽量不采用的规格三部分，螺纹直径最大取至 64mm。用户如需螺纹直径大于 39mm 的螺栓，并对产品等级和机械性能等级有要求的，应与生产厂协商订货。

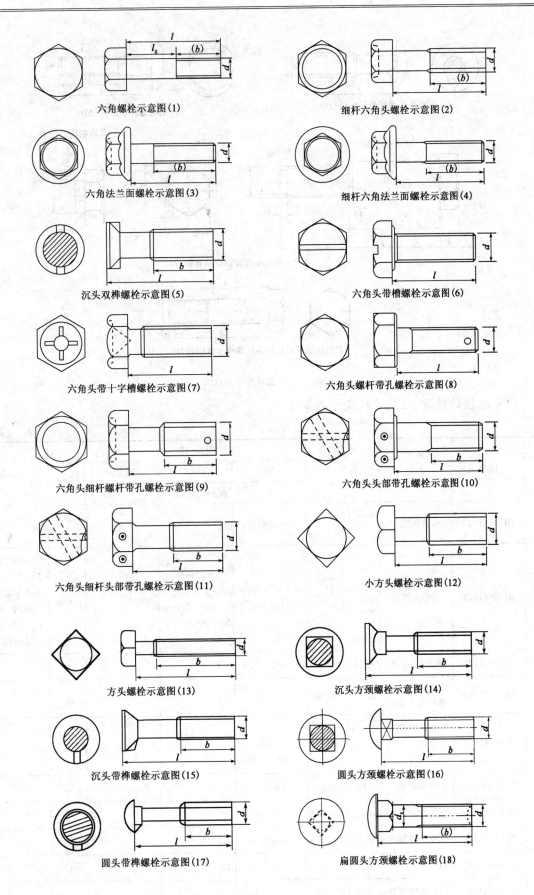

六角螺栓示意图(1)

细杆六角头螺栓示意图(2)

六角法兰面螺栓示意图(3)

细杆六角法兰面螺栓示意图(4)

沉头双榫螺栓示意图(5)

六角头带槽螺栓示意图(6)

六角头带十字槽螺栓示意图(7)

六角头螺杆带孔螺栓示意图(8)

六角头细杆螺杆带孔螺栓示意图(9)

六角头头部带孔螺栓示意图(10)

六角头细杆头部带孔螺栓示意图(11)

小方头螺栓示意图(12)

方头螺栓示意图(13)

沉头方颈螺栓示意图(14)

沉头带榫螺栓示意图(15)

圆头方颈螺栓示意图(16)

圆头带榫螺栓示意图(17)

扁圆头方颈螺栓示意图(18)

图 10-41

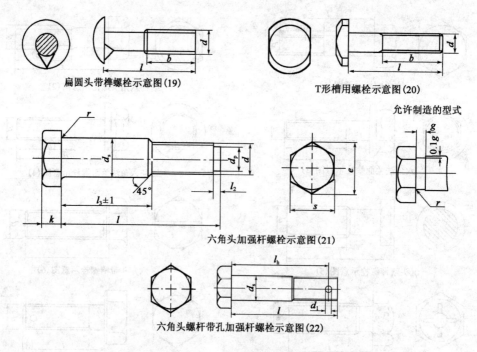

扁圆头带榫螺栓示意图(19)　　　　　T形槽用螺栓示意图(20)

允许制造的型式

六角头加强杆螺栓示意图(21)

六角头螺杆带孔加强杆螺栓示意图(22)

图 10-41　普通螺栓示意图

1. 粗牙螺栓的材质、性能等级及产品等级

表 10-178

序号	图号	名称	标准号	材质			产品等级	说明
				钢	不锈钢	铜或铝		
				机械性能级别				
1	图 10-41(1)	六角头螺栓	GB/T 5780—2000	3.6;4.6;4.8	—	—	C	
2	图 10-41(1)	六角头螺栓	GB/T 5782—2000	5.6;8.8;10.9 ≤M16 有 9.8	$d \leqslant 24mm$ A2—70;A4—70 $d > 24 \sim 39mm$ A2—50;A4—50	CU2;CU3 AL4	A;B	A 级:$d \leqslant 24$, $L \leqslant 150$ 或 $L \leqslant 10d$ 小值(mm) B 级:$d > 24$, $L > 150$ 或 $L > 10d$ 小值(mm)
3	图 10-41(2)	六角头螺栓细杆	GB/T 5784—86	5.8;6.8;8.8	—	—	B	
4	图 10-41(3)	六角头法兰面螺栓加大系列	GB/T 5789—86	8.8~12.9	—	—	B	
5	图 10-41(4)	六角头法兰面螺栓加大系列细杆	GB/T 5790—86	8.8~10.9	—	—	B	
6	图 10-41(13)	方头螺栓	GB 8—88	4.8	—	—	C	
7	图 10-41(14)	沉头方颈螺栓	GB/T 10—2013	4.6;4.8	—	—	C	
8	图 10-41(15)	沉头带榫螺栓	GB/T 11—2013	4.6;4.8	—	—	C	
9	图 10-41(16)	圆头方颈螺栓	GB/T 12—2013	4.6;4.8	A2—50;A2—70	—	C	
10	图 10-41(17)	圆头带榫螺栓	GB/T 13—2013	4.6;4.8	—	—	C	

序号	图号	名称	标准号	材质			产品等级	说明
				钢	不锈钢	铜或铝		
				机械性能级别				
11	图 10-41(18)	扁圆头方颈螺栓	GB/T 14—2013	4.6;4.8;8.8	A2—50;A2—70	—	C	
12	图 10-41(21)	六角头加强杆螺栓	GB/T 27—2013	8.8	—	—	A;B	A 级:$d \leqslant 24$,$L \leqslant 150$ 或 $L \leqslant 10d$ 小值(mm)
13	图 10-41(22)	六角头螺杆带孔加强杆螺栓	GB/T 28—2013	8.8	—	—	A;B	B 级:$d > 24$,$L > 150$ 或 $L > 10d$ 小值(mm)
14	图 10-41(19)	扁圆头带榫螺栓	GB/T 15—2013	4.8	—	—	C	
15	图 10-41(8)	六角头螺杆带孔螺栓	GB/T 31.1—2013	5.6;8.8;10.9	$d \leqslant 24$mm;A2—50;A2—70 $d > 24 \sim 39$mm A2—70;A4—70	—	A;B	A 级、B 级的规格范围同序号 2 或 12、13 的说明
16	图 10-41(9)	六角头螺杆带孔螺栓 细杆	GB/T 31.2—88	5.8;6.8;8.8	—	—	B	
17	图 10-41(10)	六角头头部带孔螺栓	GB/T 32.1—88	8.8	—	—	A;B	
18	图 10-41(11)	六角头头部带孔螺栓 细杆	GB/T 32.2—88	5.8;6.8;8.8	—	—	B	
19	图 10-41(12)	小方头螺栓	GB/T 35—2013	5.8;8.8	—	—	B	
20	图 10-41(20)	T 型槽用螺栓	GB 37—88	8.8	—	—	B	
21	图 10-41(5)	沉头双榫螺栓	GB 800—88	4.8	—	—	C	
22	图 10-41(16)	小半圆头低方颈螺栓	GB/T 801—1998	4.8;8.8;10.9	—	—	B	
23		六角头螺栓全螺纹	GB/T 5781—2000	4.6;4.8;3.6	—	—	C	
24		六角头螺栓全螺纹	GB/T 5783—2000	5.6;8.8;10.9 $\leqslant$M16 有 9.8	—	—	A;B	
25	图 10-41(6)	六角头带槽螺栓全螺纹	GB/T 29.1—2013	5.6;8.8;10.9	A2—70;A4—70	CU2;CU3 AL4	A	
26	图 10-41(7)	六角头十字槽螺栓全螺纹	GB/T 29.2—2013	5.8	—	—	B	

2. 粗牙螺栓的规格范围

表10-179

螺纹规格 d (mm) — 公称长度范围 l (mm)

序号	图号	名称	标准号	M3	M4	M5	M6	M8	M10	M12	(M14)	M16	(M18)	M20	M(22)	M24	(M27)	M30	(M33)	M36	(M39)	M42	(M45)	M48	(M52)	M56	(M60)	M64
1	图10-41(1)	六角头螺栓	GB/T 5780—2000	20~30	25~40	25~50	30~60	40~80	45~100	55~120	60~140	65~160	80~180	80~200	90~220	100~240	110~260	120~300	130~320	140~360	150~400	180~420	180~440	200~480	200~500	240~500	240~500	260~500
2	图10-41(1)	六角头螺栓	GB/T 5782—2000	20~30	25~40	25~50	30~60	40~80	45~100	50~120	60~140	65~160	70~180	80~200	90~220	90~240	100~260	110~300	130~320	140~360	150~380	160~440	180~440	180~480	200~480	220~500	240~500	260~500
3	图10-41(2)	六角头螺栓细杆	GB 5784—86	20~30	20~40	20~50	25~60	30~80	40~100	45~120	50~140	(55)~150		(65)~150														
4	图10-41(3)	六角法兰面螺栓加大系列	GB 5789—86			10~50	12~60	16~80	20~100	25~120	30~140	35~160		40~200														
5	图10-41(4)	六角法兰面螺栓加大系列	GB 5790—86			30~50	35~60	40~80	45~100	50~120	(55)~140	60~160	60~180	70~200	70~220	80~240	90~260	90~300		110~300		130~300		140~300				
6	图10-41(13)	方头螺栓	GB 8—88						40~100	45~120	50~140	(55)~160	60~180	(65)~200	70~220	80~240	90~260	90~300										
7	图10-41(14)	沉头方颈螺栓	GB/T 10—2013				25~60	25~80	30~100	30~120	45~140	45~160		(55)~200														
8	图10-41(15)	沉头带榫螺栓	GB/T 11—2013				25~60	30~80	35~100	40~120	45~140	45~160		60~200	(65)~200	80~200												
9	图10-41(16)	圆头方颈螺栓	GB/T 12—2013				16~60	16~80	25~100	30~120	40~140	45~160		60~200														

续表 10-179

螺 纹 规 格 d (mm)

公称长度范围 l (mm)

序号	图号	名称	标准号	M3	M4	M5	M6	M8	M10	M12	(M14)	M16	(M18)	M20	M(22)	M24	(M27)	M30	(M33)	M36	(M39)	M42	(M45)	M48	(M52)	M56	(M60)	M64
10	图10-41(17)	圆头带榫螺栓	GB/T 13—2013				20~60	20~80	30~100	35~120	35~140	50~160		60~200		80~200													
11	图10-41(18)	扁圆头方颈螺栓	GB/T 14—2013			20~50	30~60	40~80	45~100	(55)~120		(65)~200		80~200															
12	图10-41(21)	六角头加强杆螺栓	GB/T 27—2013				25~65	25~80	30~120	35~180	40~180	45~200	50~200	55~200	60~200	65~200	75~200	80~230		90~300		110~300		120~300				
13	图10-41(22)	头确头螺杆带孔加强杆螺栓	GB/T 28—2013				25~65	25~80	30~120	35~180	40~180	45~200	50~200	55~200	60~200	65~200	75~200	80~230		90~300		110~300		120~300				
14	图10-41(19)	扁圆头带榫螺栓	GB/T 15—2013				20~60	20~80	30~100	35~120	35~140	50~160		(55)~200		80~200													
15	图10-41(8)	六角头带螺杆带孔螺栓	GB/T 31.1—2013				30~60	35~80	40~100	45~120	50~140	(55)~160	60~180	(65)~200	70~220	80~240	90~300	90~300		110~300		130~300		140~300				
16	图10-41(9)	六角头螺杆带孔螺栓细杆	GB 31.2—88				25~70	30~80	40~100	45~120	50~140	55~150	70~180	65~150														
17	图10-41(10)	六角头头部带孔螺栓	GB 32.1—88				30~60	40~80	45~100	50~120	60~140	65~200	70~180	80~200	90~220	90~240	100~260	110~300		140~360		160~440		180~480				
18	图10-41(11)	六角头头部带孔螺栓细杆	GB 32.2—88				25~60	30~80	40~100	45~120	50~140	(55)~150		(65)~150														

序号	图号	名称	标准号	螺纹规格 d (mm) 公称长度范围 l (mm) M3	M4	M5	M6	M8	M10	M12	(M14)	M16	(M18)	M20	M(22)	M24	(M27)	M30	(M33)	M36	(M39)	M42	(M45)	M48	(M52)	M56	(M60)	M64
19	图10-41(12)	小方头螺栓	GB/T 35—2013			20~50	30~60	35~80	40~100	45~120	(55)~140	(55)~160	60~180	(65)~200	70~260	80~240	90~260	90~300		110~300		130~300		140~300				
20	图10-41(20)	T形槽用螺栓	GB 37—88			25~50	30~60	35~80	40~100	45~120		(55)~160		(65)~200		80~240		90~300		110~300		130~300		140~300				
21	图10-41(5)	沉头双榫螺栓	GB 800—88				30~60	35~80	40~80	45~80																		
22	图10-41(16)	小半圆头低方颈螺栓	GB/T 801—1998				12~60	(14)~80	20~100	20~120		30~160		35~160														
23		六角头螺栓全螺纹	GB/T 5781—2000			10~50	12~60	16~80	20~100	25~120	30~140	30~160	35~180	40~200	45~220	50~240	55~280	60~300	65~360	70~360	80~400	80~420	90~440	100~480	100~500	110~500	120~500	120~500
24		六角头螺栓全螺纹	GB/T 5783—2000		8~40	10~50	12~60	16~80	20~100	25~120	30~140	30~200	35~200	40~200	45~200	50~200	55~200	60~200	65~200	70~200	80~200	80~200	90~200	100~200	100~200	110~200	120~200	120~200
25	图10-41(6)	六角头带槽螺栓全螺纹	GB/T 29.1—2013		6~30	10~50	12~60	16~80	20~100	25~120																		
26	图10-41(7)	带十字槽头六角螺栓全螺纹	GB/T 29.2—2013		8~35	8~40	10~50	12~60																				

注:①表列螺栓的公称长度系列和非全螺纹螺栓的螺纹长度见表10-180,带括号的规格应尽量不采用。
②GB/T 801—1998中M6、M8、M10、M12的螺栓,公称长度在12~50 mm范围内的为全螺纹;M16的螺栓,公称长度在30~60 mm范围内的为全螺纹;M20的螺栓,公称长度在35~70 mm范围内的为全螺纹。

3. 粗牙螺栓的公称长度和螺纹长度

表 10-180

螺纹长度 b (mm)

螺纹规格 d (mm) / 螺栓公称长度 l (mm)	M3	M4	M5	M6	M8	M10	M12	(M14)	M16	(M18)	M20	(M22)	M24	(M27)	M30	(M33)	M36	(M39)	M42	(M45)	M48	(M52)	M56	(M60)	M64
10			7.6																						
12			9.6	9																					
16			13.6	13	12																				
20				17	16	15.5																			
25	12				21	20.5	19.7																		
30		14				25.5	24.7	24																	
35			16				29.7	29	29																
40				18				34	34		32.5														
45								39	39		37.5														
50					22				44		42.5														
(55)																									
60						26																			
(65)																									
70							30																		
80								34	38	42	46														
90												50													
100													54												
110														60	66										
120																72	78	84							
130								40																	
140									44																
150										48	52	56	60	66	72	78	84	90	96						
160																					108				
180																				102					
200																						116			
220																									
240												69	73												
260														79	85	91									
280																	97								
300																		103							
320																			109	115					
340																					121				
360																						129	137	145	
380																									153
400																									
420																									
440																									
460																									
480																									
500																									

注：① 表列螺纹长度不包括全螺纹螺栓。

② 螺纹长度 b＝螺栓公称长度(螺栓长度) l－夹紧长度 l_g。

(二)细牙螺栓

1. 细牙螺栓的材质、性能等级及产品等级

表10-181

序号	图号	名称	标准号	材质				产品等级	说明
				钢	不锈钢	铜或铝		
				机械性能级别				
1	图10-41(1)	六角头螺栓	GB/T 5785—2000	5.6;8.8;10.9 ≤M16 有 9.8	$d \leqslant 24$,A2—70, $d > 24 \sim 39$, A2—50,A4—50	CU2;CU3 AL4	A;B	A级:$d \leqslant 24$,$L \leqslant 150$ 或 L ≤10d 小值(mm) B级:$d > 24$,$L > 150$ 或 L >10d 小值(mm)
2	图10-41(8)	六角头螺栓全螺纹	GB/T 5786—2000	5.6;8.8;10.9				
3	图10-41(8)	六角头螺杆带孔螺栓	GB 31.3—88	5.6;8.8;10.9				
4	图10-41(10)	六角头部带孔螺栓	GB 32.3—88	≤M16 有 9.8				

2. 细牙螺栓的规格范围

表10-182

序号	名称	标准号	螺纹规格 d (mm)																					
			M8×1	M10 ×1 (M10 ×1.25)	M12 ×1.5 (M12 ×1.25)	(M14× 1.5)	M16× 1.5	(M18 ×1.5) (M18 ×2)	M20 ×1.5 (M20 ×2)	(M22 ×1.5) (M22 ×2)	M24 ×2	(M27 ×2)	M30 ×2	(M33 ×2)	M36 ×3	(M39 ×3)	M42 ×3	(M45 ×3)	M48 ×3	(M52 ×4)	M56 ×4	(M60 ×4)	M64 ×4
			公称长度范围 l (mm)																					
1	六角头螺栓	GB/T 5785 —2000	40 ~ 80	45 ~ 100	50 ~ 120	60 ~ 140	65 ~ 160	70 ~ 180	80 ~ 200	90 ~ 220	100 ~ 240	110 ~ 260	120 ~ 300	130 ~ 320	140 ~ 360	150 ~ 380	160 ~ 440	180 ~ 440	200 ~ 480	200 ~ 480	220 ~ 500	240 ~ 500	260 ~ 500
2	六角头螺杆全螺纹	GB/T 5786— 2000	16 ~ 80	20 ~ 100	25 ~ 120	30 ~ 140	35 ~ 160	35 ~ 180	40 ~ 200	45 ~ 220	40 ~ 200	55 ~ 260	40 ~ 200	65 ~ 360	40 ~ 200	80 ~ 380	90 ~ 420	90 ~ 440	100 ~ 480	100 ~ 500	120 ~ 500	120 ~ 500	130 ~ 500
3	六角头螺杆带孔螺栓	GB 31.3 —88	35 ~ 80	40 ~ 100	45 ~ 120	50 ~ 140	(55) ~ 160	60 ~ 180	(65) ~ 200	70 ~ 220	80 ~ 240	90 ~ 260	90 ~ 300	110 ~ 300	110 ~ 300		130 ~ 300	130 ~ 300		140 ~ 300				
4	六角头部带孔螺栓	GB 32.3 —88	40 ~ 80	45 ~ 100	50 ~ 120	60 ~ 140	65 ~ 160	70 ~ 180	80 ~ 200	90 ~ 220	100 ~ 240	110 ~ 260	120 ~ 300		140 ~ 360		160 ~ 440		200 ~ 480				

注:①GB/T 5785—2000,GB/T 5786—2000 没有 M18×2 和 M22×2 规格的螺栓;GB 32.3—88 没有 M18×2 规格的螺栓。

②GB 31.3—88 没有 M10×1,M12×1.25,M18×1.25,M18×1.5 和 M20×1.5 规格的螺栓。

③GB/T 5785—2000 和 GB 32.3—88 的螺纹长度同粗牙螺栓,见表10-180。

(三)钢制螺栓的理论重量(参考)

1.方头螺栓理论重量

表10-183

螺栓公称长度 *l*(mm)	螺纹直径 *d*(mm)												
	10	12	14	16	18	20	22	24	27	30	36	42	48
	每1000件螺栓参考重量(kg)												
40	30.8												
45	33.3	48.3											
50	35.7	51.9	73										
(55)	38.2	55.5	78	107									
60	40.7	59	83	114	152								
(65)	43.1	62.6	88	121	160	206							
70	45.6	66.2	92	127	168	216	277						
80	50.5	73.3	102	140	184	237	302	357					
90	55.4	80.4	112	153	200	257	327	387	522	674			
100	60.3	87.5	122	166	217	278	353	416	560	721			
110		95	132	180	233	298	378	446	599	767	1 185		
120		102	141	192	249	319	403	475	637	814	1 253		
130			151	206	265	339	428	505	675	861	1 321	1 890	
140			161	219	282	360	453	534	713	907	1 388	1 983	2 763
150				232	298	380	470	564	751	954	1 456	2 076	2 885
160				245	314	401	504	593	789	1 001	1 524	2 167	3 007
180					347	442	554	652	865	1 094	1 660	2 355	3 251
200						483	605	711	942	1 188	1 795	2 540	3 494
220							655	770	1 018	1 281	1 931	2 726	3 738
240								829	1 092	1 374	2 067	2 912	3 982
260									1 170	1 468	2 202	3 098	4 226
280										1 561	2 338	3 284	4 470
300										1 655	2 474	3 470	4 713

2.六角螺栓理论重量

表 10-184

螺杆长 l(mm)	螺纹直径 d (mm)																	
	3	4	5	6	8	10	12	(14)	16	(18)	20	(22)	24	(27)	30	(33)	36	(39)
	每1000件螺栓参考重量(kg)																	
20	1.3	2.3																
25	1.5	2.8	4.4															
30	1.8	3.3	5	7.7														
35		3.7	5.6	8.6	10.5													
40		4.1	6.2	9.5	18.2	30												
45			6.9	10.5	19.9	32.7	47.5											
50			7.5	11.4	21.5	35.5	51.4	74										
55				12.3	23.2	38.2	56.3	79	108									
60				13.3	24.9	40.9	59.2	84	115	149								
65					26.6	43.6	63.1	89	122	157	203							
70					28.3	46.3	67	94	129	165	215	275						
80					31.7	51.8	75	105	143	186	237	300	359					
90						57.2	83	116	158	205	260	332	392	519	669			
100						62.6	91	127	172	223	282	359	424	567	721	900		
110							96	138	187	241	305	387	457	609	773	958	1 176	
120							106	149	201	260	327	414	490	651	825	1 015	1 251	1 526
130								159	215	277	348	440	521	690	874	1 091	1 322	1 607
140								170	229	295	371	468	554	732	926	1 154	1 397	1 688
150									243	313	393	495	587	774	978	1 216	1 472	1 800
160									258	332	416	522	620	816	1 030	1 279	1 547	1 888
180										368	461	577	685	900	1 134	1 404	1 697	2 065
200											506	632	751	984	1 239	1 530	1 847	2 242
220												684	812	1 063	1 336	1 648	1 988	2 409
240													878	1 146	1 440	1 774	2 138	2 586
260														1 230	1 544	1 899	2 288	2 763
280															1 648	2 025	2 438	2 940
300															1 752	2 150	2 588	3 116
320																2 276		3 293
340																		3 470
360																		3 647
380																		3 824
400																		4 001

注:表列为C级六角头螺栓理论参考重量。A、B级及全螺纹六角头螺栓可适当参照使用。

十四、螺钉

1. 螺钉的品种、材质和规格尺寸范围

表 10-185

名称	标准号	钢	不锈钢	铜或铝	产品等级	M1.6	M2	M2.5	M3	(M3.5)	M4	M5	M6	M8	M10	M12	(M14)	M16	M20	M24	M30	M36	M42	M48	M56	M64
		机械性能级别				螺纹规格 d (mm) 公称长度范围 (mm)																				
开槽圆柱头螺钉	GB/T65 —2000	4.8、5.8			A	2~16	3~20	3~25	4~30	5~35	5~40	6~50	8~60	10~80	12~80											
开槽盘头螺钉	GB/T67 —2008	4.8、5.8	A2-50 A2-70	Cu2 Cu3 Al4	A	2~16	2.5~20	3~25	4~30	5~35	5~40	6~50	8~60	10~80	12~80											
开槽沉头螺钉	GB/T68 —2000	4.8、5.8			A	2.5~16	3~20	4~25	5~30	6~35	6~40	8~50	8~60	10~80	12~80											
开槽沉半头螺钉	GB/T69 —2000	4.8、5.8			A	2.5~16	3~20	4~25	5~30	6~35	6~40	8~50	8~60	10~80	12~80											
十字槽盘头螺钉	GB/T818 —2000	4.8			A	3~16	3~20	3~25	4~30	5~35	5~40	6~45	8~60	10~60	12~60											
十字槽沉头螺钉	GB/T 819.1~2 —2000	4.8、8.8	A2-70	Cu2 Cu3	A	3~16	3~20	3~25	4~30	5~35	5~40	6~50	8~60	10~60	12~60											
十字槽半沉头螺钉	GB/T820 —2000	4.8	A2-50 A2-70	Cu2 Cu3 Al4	A	3~16	3~20	3~25	4~30	5~35	5~40	6~50	8~60	10~60	12~60											
内六角圆柱头螺钉	GB/T70.1 —2008	8.8 10.9 12.9	A2-70 A3-70 A4-70 A5-70 A2-50 A3-50 A4-50 A5-50	Cu2 Cu3		2.5~16	3~20	4~25	5~30		6~40	8~50	10~60	12~80	16~100	20~120	25~140	25~160	30~200	40~200	45~200	55~200	60~300	70~300	80~300	90~300

续表 10-185

名称	标准号	材质 机械性能级别 钢	不锈钢	铜或铝	产品等级	公称长度范围 d（mm） M1.6	M2	M2.5	M3	(M3.5)	M4	M5	M6	M8	M10	M12	(M14)	M16	M20	M24	M30	M36	M42	M48	M56	M64
内六角花形低圆柱头螺钉	GB/T 2671.1—2004	4.8、5.8	A2-50 A2-70 A3-50 A3-70		A				4~30	5~35	5~40	6~50	8~60	10~80	12~80											
内六角花形圆柱头螺钉	GB/T 2671.2—2004	8.8、9.8、10.9、12.9	A2-70 A3-70 A4-70 A5-70	Cu2 Cu3	A		3~20	4~25	5~30	5~35	6~40	8~50	10~60	12~80	16~100	20~120	25~140	25~160	30~200							
内六角花形盘头螺钉	GB/T 2672—2004	4.8			A		3~20	3~25	4~30	5~35	5~40	6~50	8~60	10~80	12~80											
内六角花形沉头螺钉	GB/T 2673—2007	4.8	A2-70 A3-70		A			3~25	4~30		5~40		8~60	10~80	12~80	20~80	25~80	25~80	35~80							
内六角花形半沉头螺钉	GB/T 2674—2004	4.8			A				4~30	5~35	5~40	6~50	8~60	10~60	12~60											
十字槽圆柱头螺钉	GB/T 822—2000	4.8、5.8	A2-70	Cu2 Cu3 AL4	A		3~20	3~25	4~30	5~35	5~40	6~50	8~60	10~80	12~60											
开槽带孔球面圆柱头螺钉	GB 832—88	4.8	A1-50 A4-50	—	A	2.5~16	2.5~20	3~25	4~30		6~40	8~50	10~60	12~60	20~60											
开槽大圆柱头螺钉	GB 833—88	4.8	A1-50 A4—50	—	A	2.5~5	3~6	4~8	4~10		5~12	6~14	8~16	10~16	12~20											

续表 10-185

名称	标准号	钢	不锈钢	铜或铝	产品等级	螺纹规格 d（mm） 公称长度范围（mm）																				
		机械性能级别				M1.6	M2	M2.5	M3	(M3.5)	M4	M5	M6	M8	M10	M12	(M14)	M16	M20	M24	M30	M36	M42	M48	M56	M64
滚花高头螺钉	GB 834—88	4.8	A1-50 A4-50	—	A	2~8	2.5~10	3~12	4~16		5~16	6~20	8~25	10~30	12~35											
滚花平头螺钉	GB 835—88	4.8	A1-50 A4-50	—	A	2~12	4~16	5~16	6~20		8~25	10~25	12~30	16~35	20~45											
滚花小头螺钉	GB 836—88	4.8	A1-50 A4-50	—	A	3~16	4~20	5~20	6~25		8~30	10~35	12~40													
塑料滚花头螺钉	GB 840—88		A1-50 A4-50	—							8~30	10~40	12~40	16~45	20~60	25~60		30~80								
开槽球面大圆柱头螺钉	GB 947—88				A	2~5	2.5~6	3~8	4~10		5~12	6~14	8~16	10~20	12~20											
内六角沉头螺钉	GB/T 70.3 —2008	8.8 10.9 12.9		—	A				8~30		8~40	8~50	8~60	10~80	12~100	20~100	25~100	30~100	35~100							
内六角平圆头螺钉	GB/T 70.2 —2008	8.8 10.9 12.9		—	A				6~12		8~16	10~30	10~30	16~40	16~40	16~50		20~50								

注：①螺钉的长度规格为 2,2.5,3,4,5,6,8,10,12,(14),16,20,25,30,35,40,45,50,(55),60,65,70,(75),80,90,100,110,120,130,140,150,160,180,200,220,240,260,280,300 mm；所有内六角内六角花形螺钉多数无75mm规格，另 GB 2672—2004,GB2673—2007,GB2674—2004 无65 mm 规格；塑料滚花头螺钉无 14,55,65,75 mm 规格。

②尽可能不采用括号内的规格。

2. 常用钢螺钉的参考重量

1) 内六角圆柱头螺钉的重量

表 10-186

螺纹规格 d / 公称长度 l(mm)	M1.6	M2	M2.5	M3	M4	M5	M6	M8	M10	M12	(M14)	M16	M20	M24	M30	M36	M42	M48	M56	M64
							每 1 000 件钢螺钉的重量($\rho=7.85$ kg/dm³)≈(kg)													
2.5	0.085																			
3	0.090	0.155																		
4	0.100	0.175	0.345																	
5	0.110	0.195	0.375	0.67																
6	0.120	0.215	0.405	0.71	1.50															
8	0.140	0.255	0.465	0.80	1.65	2.45														
10	0.160	0.295	0.525	0.88	1.80	2.70	4.70													
12	0.180	0.355	0.585	0.96	1.95	2.95	5.07	10.9												
16	0.220	0.415	0.705	1.16	2.25	3.45	5.75	12.1	20.9											
20		0.495	0.825	1.36	2.65	4.01	6.53	13.4	22.9	32.1										
25			0.975	1.61	3.15	4.78	7.59	15.0	25.4	35.7	48.0	71.3								
30				1.86	3.65	5.55	8.30	16.9	27.9	39.3	53.0	77.8	128							
35					4.15	6.32	9.91	18.9	30.4	42.9	58.0	84.4	139							
40					4.65	7.09	11.0	20.9	32.9	46.5	63.0	91.0	150	270						
45						7.86	12.1	22.9	36.1	50.1	68.0	97.6	161	285	500					
50						8.63	13.2	24.9	39.3	54.5	73.0	106	172	300	527					
55							14.3	26.9	42.5	58.9	78.0	114	183	316	554	870				
60							15.4	28.9	45.7	63.4	84.0	122	194	330	581	910	1 370			
65								31.0	48.9	67.8	90.0	130	205	345	608	950	1 420			
70								33.0	52.1	71.3	96.0	138	216	363	635	990	1 470	2 040		
80								37.0	58.2	80.2	108	154	241	399	690	1 070	1 580	2 180	3 340	
90									64.9	89.1	120	170	266	435	745	1 150	1 680	2 320	3 530	5 220
100									71.2	98.0	132	186	291	471	800	1 230	1 790	2 460	3 720	5 470
110										107	144	202	316	507	855	1 310	1 890	2 600	3 920	5 730
120										116	156	218	341	543	910	1 390	2 000	2 740	4 110	5 980
130											168	134	366	579	965	1 470	2 100	2 880	4 300	6 230
140											180	250	391	615	1 020	1 550	2 210	3 020	4 490	6 490
150												266	416	651	1 080	1 630	2 320	3 160	4 680	6 740
160												282	441	687	1 130	1 710	2 420	3 300	4 880	6 900
180													491	759	1 240	1 870	2 640	3 590	5 270	7 250
200													541	831	1 350	2 030	2 860	3 870	5 650	7 750
220														903	1 460	2 190	3 080	4 150	6 040	8 250
240														975	1 570	2 250	3 300	4 430	6 420	8 750
260															1 680	2 410	3 520	4 710	6 810	9 260
280															1 790	2 570	3 740	4 990	7 200	9 760
300															1 900	2 730	3 960	5 270	7 580	10 300

2）开槽盘头螺钉的重量

表 10-187

螺纹规格 d			M1.6	M2	M2.5	M3	(M3.5)ᵃ	M4	M5	M6	M8	M10
钉杆长度 l(mm)			每1000件钢螺钉的重量($\rho=7.85\ kg/dm^3$),($\approx$kg)									
公称	min	max										
2	1.8	2.2	0.075									
2.5	2.3	2.7	0.081	0.152								
3	2.8	3.2	0.087	0.161	0.281							
4	3.76	4.24	0.099	0.18	0.311	0.463						
5	4.76	5.24	0.11	0.198	0.341	0.507	0.825	1.16				
6	5.76	6.24	0.122	0.217	0.371	0.551	0.885	1.24	2.12			
8	7.71	8.29	0.145	0.254	0.431	0.639	1	1.39	2.37	4.02		
10	9.71	10.29	0.168	0.292	0.491	0.727	1.12	1.55	2.61	4.37	9.38	
12	11.65	12.35	0.192	0.329	0.551	0.816	1.24	1.7	2.86	4.72	10	18.2
(14)	13.65	14.35	0.215	0.366	0.611	0.904	1.36	1.86	3.11	5.1	10.6	19.2
16	15.65	16.35	0.238	0.404	0.671	0.992	1.48	2.01	3.36	5.45	11.2	20.2
20	19.58	20.42		0.478	0.792	1.17	1.72	2.32	3.85	6.14	12.6	22.2
25	24.58	25.42			0.942	1.39	2.02	2.71	4.47	7.01	14.1	24.7
30	29.58	30.42				1.61	2.32	3.1	5.09	7.9	15.7	27.2
35	34.5	35.5					2.62	3.48	5.71	8.78	17.3	29.7
40	39.5	40.5						3.87	6.32	9.66	18.9	32.2
45	44.5	45.5							6.94	10.5	20.5	34.7
50	49.5	50.5							7.56	11.4	22.1	37.2
(55)	54.05	55.95								12.3	23.7	39.7
60	59.05	60.95								13.2	25.3	42.2
(65)	64.05	65.95									26.9	44.7
70	69.05	70.95									28.5	47.2
(75)	74.05	75.95									30.1	49.7
80	79.05	80.95									31.7	52.2

注：①阶梯实线间为商品长度规格。

②公称长度在阶梯虚线以上的螺钉,制出全螺纹（b＝l−a）。a——无螺纹长度,b——螺纹长度。

③ᵃ 尽可能不采用括号内规格。

3）内六角花形沉头螺钉的重量

表 10-188

螺纹规格 d			M6	M8	M10	M12	(M14)ᵃ	M16	M20
	槽号 No.		30	40	50	55	55	60	80
内六角花形	直径 A 参考(mm)		5.6	6.75	8.95	11.35	11.35	13.45	17.75
	深度 t(mm)	max	1.8	2.5	2.7	3.5	3.7	4.1	6
		min	1.4	2.1	2.3	3.02	3.22	3.62	5.42
全长度 l(mm)			每1000件钢螺钉的重量($\rho=7.85\ kg/dm^3$),($\approx$kg)						
公称	max	min							
8	7.7	8.3	1.75						
10	9.7	10.3	2.1	4.57					
12	11.6	12.4	2.44	5.19	7.47				

续表 10-188

螺纹规格 d			M6	M8	M10	M12	(M14)a	M16	M20
(14)a	13.6	14.4	2.78	5.81	8.45				
16	15.6	16.4	3.12	6.43	9.44				
20	19.6	20.4	3.18	7.68	11.4	16.89			
25	24.6	25.4	4.67	9.23	13.86	20.45	29.68	39.72	
30	29.6	30.4	5.52	10.79	16.31	24.01	34.56	46.26	
35	34.5	35.5	6.38	12.34	18.77	27.57	39.43	52.8	81.98
40	39.5	40.5	7.24	13.9	21.22	31.14	44.31	59.34	92.22
45	44.5	45.5	8.1	15.45	23.68	34.7	49.18	65.89	102.5
50	49.5	50.5	8.95	17.01	26.13	38.26	54.06	72.43	112.7
(55)a	54.4	55.6	9.81	18.56	28.59	41.82	58.93	78.97	122.9
60	59.4	60.6	10.67	20.12	31.05	45.38	63.8	85.51	133.2
70	69.4	70.6		23.23	35.96	52.51	73.55	98.6	153.7
80	79.4	80.6		26.34	40.87	59.63	83.3	111.7	174.1

注:①阶梯实线间为商品长度规格范围。

②虚线以上的长度,螺纹制到头部$[b=l-(k+a)]$,见 GB/T 3106。

③a 尽可能不采用括号内规格。

4)十字槽半沉头螺钉的重量

表 10-189

螺纹规格 d			M1.6	M2	M2.5	M3	(M3.5)	M4	M5	M6	M8	M10
长度 l(mm)			每1000件钢($\rho=7.85$ kg/dm³)螺钉的重量,($\approx$kg)									
公称	min	max										
3	2.8	3.2	0.067	0.119	0.212							
4	3.76	4.24	0.078	0.138	0.242	0.351						
5	4.76	5.24	0.09	0.156	0.272	0.395	0.669	0.99				
6	5.76	6.24	0.102	0.175	0.302	0.439	0.729	1.07	1.49			
8	7.71	8.29	0.125	0.212	0.362	0.527	0.849	1.23	1.73	2.79		
10	9.71	10.29	0.145	0.249	0.422	0.615	0.969	1.39	1.97	3.14	6.89	
12	11.65	12.35	0.165	0.287	0.482	0.703	1.09	1.54	2.21	3.49	7.53	11.4
(14)	13.65	14.35	0.185	0.325	0.543	0.791	1.21	1.7	2.45	3.84	8.17	12.5
16	15.65	16.35	0.205	0.362	0.603	0.879	1.33	1.85	2.69	4.19	8.81	13.5
20	19.58	20.42		0.436	0.723	1.06	1.57	2.17	3.17	4.89	10.1	15.5
25	24.58	25.42			0.874	1.28	1.87	2.56	3.77	5.77	11.7	18
30	29.58	30.42				1.5	2.17	2.95	4.37	6.64	13.3	20.6
35	34.5	35.5					2.47	3.34	4.97	7.52	14.9	23.1
40	39.5	40.5						3.73	5.57	8.39	16.5	25.6
45	44.5	45.5							6.16	9.27	18.1	28.1
50	49.5	50.5							6.76	10.1	19.7	30.7
(55)	54.05	55.95								11	21.3	33.2
60	59.05	60.95								11.9	22.9	35.7

注:①阶梯实线间为商品长度规格。

②公称长度在阶梯虚线以上的螺钉,制出全螺纹($b=l-a$)。

③尽可能不采用括号内规格。

5)十字槽圆柱头螺钉的重量

表 10-190

螺纹规格 d			M2.5	M3	(M3.5)	M4	M5	M6	M8
钉杆长 l(mm)			每 1 000 件钢螺钉的重量(ρ＝7.85 kg/dm³),(≈kg)						
公称	min	max							
2	1.8	2.2							
3	2.8	3.2	0.272						
4	3.76	4.24	0.302	0.515					
5	4.76	5.24	0.332	0.560	0.786	1.09			
6	5.76	6.24	0.362	0.604	0.845	1.17	2.06		
8	7.71	8.29	0.422	0.692	0.966	1.33	2.20	3.56	
10	9.71	10.29	0.482	0.780	1.08	1.47	2.55	3.92	7.85
12	11.65	12.35	0.542	0.868	1.20	1.63	2.80	4.27	8.49
16	15.65	16.35	0.662	1.04	1.44	1.95	3.30	4.98	9.77
20	19.58	20.42	0.782	1.22	1.68	2.25	3.78	5.69	11.0
25	24.58	25.42	0.932	1.44	1.98	2.64	4.40	6.56	12.6
30	29.58	30.42		1.66	2.28	3.02	5.02	7.45	14.2
35	34.5	35.5			2.57	3.41	5.62	8.25	15.8
40	39.5	40.5				3.80	6.25	9.20	17.4
45	44.5	45.5					6.88	10.0	18.9
50	49.5	50.5					7.50	10.9	20.6
60	59.05	60.95						12.7	23.7
70	69.05	70.95							26.8
80	79.05	80.95							29.8

注:①阶梯实线间为商品长度规格。

②公称长度在阶梯虚线以上的螺钉,制出全螺纹($b＝l-a$)。

③尽可能不采用括号内规格。

十五、普通螺母

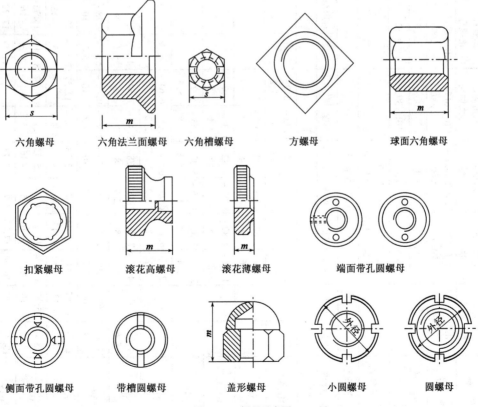

图 10-42　螺母示意图

六角螺母　　六角法兰面螺母　　六角槽螺母　　方螺母　　球面六角螺母

扣紧螺母　　滚花高螺母　　滚花薄螺母　　端面带孔圆螺母

侧面带孔圆螺母　　带槽圆螺母　　盖形螺母　　小圆螺母　　圆螺母

（一）粗牙螺母

表 10-191

单位：mm

名称	六角螺母		1型六角螺母		六角薄螺母		六角薄螺母无倒角		2型六角螺母		六角法兰面螺母		1型六角开槽螺母		1型六角开槽螺母		2型六角开槽螺母		六角开槽薄螺母		方螺母	
标准号	GB/T41—2000		GB/T6170—2000		GB/T6021—2000		GB/T6174—2000		GB/T6175—2000		GB/T6177.1—2000		GB6178—86		GB6179—86		GB6180—86		GB6181—86		GB39—88	
产品等级	C		A、B		A、B		B		A、B		A、B		A、B		C		A、B		A、B		C	
性能等级 钢	4、5		6、8、10		04、05		110HV30,min		9、12		8~12		6、8、10		4、5		9、12		04、05		4、5	
不锈钢	—		d≤24,A2-70、A4-70 d>24~39,A2-50、A4-50				—		—		A2-70		—		—		—		A2-50		—	
铜或铝	—		—		Cu2、Cu3、AL4		—		—		—		—		—		—		—		—	
螺纹规格(mm)	对边距	厚度	对边距	厚度	对边距	厚度	对边距	厚度	对边距	厚度	对边距	厚度	对边距	厚度	对边距	厚度	对边距	厚度	对边距	厚度	对边距	厚度
M1.6			3.02~3.2	1.05~1.3	3.02~3.2	0.75~1	2.9~3.2	0.75~1														
M2			3.82~4	1.35~1.6	3.82~4	0.95~1.2	3.7~4	0.95~1.2														
M2.5			4.82~5	1.75~2	4.82~5	1.35~1.6	4.7~5	1.35~1.6														
M3			5.32~5.5	2.15~2.4	5.32~5.5	1.55~1.8	5.2~5.5	1.55~1.8													5.2~5.5	1.4~2.4
M4			6.78~7	2.9~3.2	6.78~7	1.95~2.2	6.64~7	1.95~2.2					6.78~7	4.7~5							6.64~7	2~3.2
M5	7.64~8	4.4~5.6	7.78~8	4.4~4.7	7.78~8	2.45~2.7	7.64~8	2.45~2.7	7.78~8	4.8~5.1	7.78~8	4.7~5	7.78~8	6.4~6.7	7.64~8	5.2~6.7	7.85~8	6.6~6.9	7.78~8	4.8~5.1	7.64~8	2.8~4
M6	9.64~10	4.9~6.4	9.78~10	4.9~5.2	9.78~10	2.9~3.2	9.64~10	2.90~3.2	9.78~10	5.4~5.7	9.78~10	5.7~6	9.78~10	7.34~7.7	9.64~10	6.2~7.7	9.78~10	7.94~8.3	9.78~10	5.4~5.7	9.64~10	3.8~5
M8	12.57~13	6.4~7.9	12.73~13	6.44~6.8	12.73~13	3.7~4	12.57~13	3.70~4	12.73~13	7.14~7.5	12.73~13	7.6~8	12.73~13	9.44~9.8	12.57~13	8.3~9.8	12.73~13	9.64~10	12.73~13	7.14~7.5	12.57~13	5~6.5
M10	15.57~16	8~9.5	15.73~16	8.04~8.4	15.73~16	4.7~5	15.57~16	4.7~5	15.73~16	8.94~9.3	14.73~15	9.6~10	15.73~16	11.97~12.4	15.57~16	10.6~12.4	15.73~16	11.87~12.3	15.73~16	8.94~9.3	15.57~16	6.5~8
M12	17.57~18	10.4~12.2	17.73~18	10.37~10.8	17.73~18	5.7~6	17.73~18	11.57~12	17.73~18	11.57~12	17.73~18	11.6~12	17.73~18	15.37~15.8	17.57~18	14~15.8	17.73~18	15.57~16	17.73~18	11.57~12	17.57~18	8.5~10
(M14)	20.16~21	12.1~13.9	20.67~21	12.1~12.8	20.67~21	6.42~7			20.67~21	13.4~14.1	20.67~21	13.3~14	20.67~21	17.37~17.8	20.16~21	16~17.8	20.67~21	18.58~19.1	20.67~21	13.4~14.1	20.16~21	9.2~11

续表 10-191

单位: mm

名 称	六角螺平		1型六角螺母		六角薄螺母		六角薄螺母无倒角		2型六角螺母		六角法兰面螺母		1型六角开槽螺母		1型六角开槽螺母		2型六角开槽螺母		六角开槽薄螺母		方螺母	
标准号	GB/T 41—2000		GB/T 6170—2000		GB/T 6021—2000		GB/T 6174—2000		GB/T 6175—2000		GB/T 6177.1—2000		GB 6178—86		GB 6179—86		GB 6180—86		GB 6181—86		GB 39—88	
产品等级	C		A,B		A,B		B		A,B		A,B		A,B		C		A,B		A,B		C	
性能等级 钢	4,5		6,8,10		04,05		110HV30,min		9,12		8~12		6,8,10		4,5		9,12		04,05		4,5	
性能等级 不锈钢	—		d≤24,A2-70,A4-70 d>24,A2-50,A4-50		—		—		—		A2-70		—		—		—		A2-50		—	
性能等级 铜或铝	—		Cu2、Cu3、Al4		—		—		—		—		—		—		—		—		—	
螺纹规格 (mm)	对边距	厚度	对边距	厚度	对边距	厚度	对边距	厚度	对边距	厚度	对边距	厚度	对边距	厚度	对边距	厚度	对边距	厚度	对边距	厚度	对边距	厚度
M16	23.16~24	14.1~15.9	23.67~24	14.1~14.8	23.67~24	7.42~8			23.67~24	15.7~16.4	23.67~24	15.3~16	23.67~24	20.28~20.8	23.16~24	18.7~20.8	23.67~24	20.58~21.1	23.67~24	15.7~16.4	23.16~24	11.2~13
(M18)	26.16~27	15.1~16.9	26.16~27	15.1~15.8	26.16~27	8.42~9															26.16~27	13.2~15
M20	29.16~30	16.9~19	29.16~30	16.9~18	29.16~30	9.1~10			29.16~30	19~20.3	29.16~30	18.7~20	29.16~30	23.16~24	29.16~30	21.9~24	29.16~30	25.46~26.3	29.16~30	19~20.3	29.16~30	14.2~16
(M22)	33~34	18.1~20.2	33~34	18.1~19.4	33~34	9.9~11															33~34	16.2~18
M24	35~36	20.2~22.3	35~36	20.2~21.5	35~36	10.9~12			35~36	22.6~23.9			35~36	28.66~29.5	35~36	27.4~29.5	35~36	31.06~31.9	35~36	22.6~23.9	35~36	16.9~19
(M27)	40~41	22.6~24.7	40~41	22.5~23.8	40~41	12.4~13.5																
M30	45~46	24.3~26.4	45~46	24.3~25.6	45~46	13.9~15			45~46	27.3~28.6			45~46	33.6~34.6	45~46	32.1~34.6	45~46	36.7~37.6	45~46	27.3~28.6		
(M33)	49~50	27.4~29.5	49~50	27.4~28.7	49~50	15.4~16.5																
M36	53.8~55	29.4~31.9	53.8~55	29.4~31	53.8~55	16.9~18			53.8~55	33.1~34.7			53.8~55	39~40	53.8~55	37.5~40	53.8~55	42.7~43.7	53.8~55	33.1~34.7		
(M39)	58.8~60	31.8~34.2	58.8~60	31.8~33.4	58.8~60	18.2~19.5																

续表 10-191

mm

名称	六角螺平	1型六角螺母	六角薄螺母	六角薄螺母无倒角	2型六角螺母	六角法兰面螺母	1型六角开槽螺母	1型六角开槽螺母	2型六角开槽螺母	六角开槽薄螺母	方螺母
标准号	GB/T41—2000	GB/T6170—2000	GB/T6021—2000	GB/T6174—2000	GB/T6175—2000	GB/T6177.1—2000	GB6178—86	GB6179—86	GB6180—86	GB6181—86	GB39—88
产品等级	C	A,B	A,B	B	A,B	A,B	A,B	C	A,B	A,B	C
性能等级 钢	4,5	6,8,10	04,05	110HV30,min	9,12	8~12	6,8,10	4,5	9,12	04,05	4,5
性能等级 不锈钢	—	d≤24,A2—70,A4—70; d>24~39,A2—50,A4—50	A2—50,A4—70,A4—50	—	—	A2—70	—	—	—	A2—50	—
性能等级 铜或铝	—	—	Cu2,Cu3,Al4	—	—	—	—	—	—	—	—

螺纹规格 (mm)，对边距 / 厚度 (mm)：

螺纹规格 (mm)	六角螺平 对边距 / 厚度	1型六角螺母 对边距 / 厚度	六角薄螺母 对边距 / 厚度
M42	63.1~65 / 32.4~34.9	63.1~65 / 32.4~34	63.1~65 / 19.7~21
(M45)	68.1~70 / 34.4~36.9	68.1~70 / 34.4~36	68.1~70 / 21.2~22.5
M48	73.1~75 / 36.4~38.9	73.1~75 / 36.4~38	73.1~75 / 22.7~24
(M52)	78.1~80 / 40.4~42.9	78.1~80 / 40.4~42	78.1~80 / 24.7~26
M56	82.8~85 / 43.4~45.9	82.8~85 / 43.4~45	82.8~85 / 26.7~28
(M60)	87.8~90 / 46.4~48.9	87.8~90 / 46.4~48	87.8~90 / 28.7~30
M64	92.8~95 / 49.4~52.4	92.8~95 / 49.1~51	92.8~95 / 30.4~32

续表 10-191

名　称	六角厚螺母		球面六角螺母		扣紧螺母		滚花高螺母		滚花薄螺母		端面带孔圆螺母		侧面带孔圆螺母		带槽圆螺母		六角盖形螺母	
标准号	GB 56—88		GB 804—88		GB 805—88		GB 806—88		GB 807—88		GB 815—88		GB 816—88		GB 817—88		GB/T 923—2009	
产品等级	B		A、B				A		A								A、B	
性能等级 钢	5、8、10		8、10				5		5								6	
不锈钢					材料 65Mn						材料 A3		材料 A3		材料 A3		A1－50	
铜或铝																	Cu3、Cu6	
螺纹规格 (mm)	厚度	对边距	厚度	对边距	厚度	对边距	厚度	外径	厚度	外径	厚度	外径	厚度	外径	厚度	外径	厚度	对边距
M1.4									1.75~2	5.78~6					1.35~1.6	2.86~3		
M1.6							4.4~4.7	6.78~7	2.25~2.5	6.78~7					1.75~2	3.82~4		
M2							4.7~5	7.78~8	2.25~2.5	7.78~8	1.75~2	5.32~5.5	1.75~2	5.32~5.5	1.95~2.2	4.32~4.5		
M2.5							5.2~5.5	8.78~9	2.25~2.5	8.78~9	1.95~2.2	6.78~7	1.95~2.2	6.78~7	2.25~2.5	5.32~5.5		
M3							6.64~7	10.73~11	2.75~3	10.73~11	2.25~2.5	7.78~8	2.25~2.5	7.78~8	2.7~3	5.82~6	7.64~8	6.78~7
M4							7.64~8	11.73~12	2.75~3	11.73~12	3.2~3.5	9.78~10	3.2~3.5	9.78~10	3.2~3.5	7.78~8	9.64~10	7.78~8
M5							9.64~10	15.73~16	3.7~4	15.73~16	3.9~4.2	11.73~12	3.9~4.2	11.73~12	3.9~4.2	9.78~10	11.57~12	9.83~10
M6			9.71~10.29	9.78~10	3	9.73~10	11.57~12	19.67~20	4.7~5	19.67~20	4.7~5	13.73~14	4.7~5	13.73~14	4.7~5	10.73~11	14.57~15	12.73~13
M8			11.65~12.35	12.73~13	4	12.73~13	15.57~16	23.67~24	5.7~6	23.67~24	6.14~6.5	17.73~18	6.14~6.5	17.73~18	6.14~6.5	13.73~14	17.57~18	15.73~16
M10			15.65~16.35	15.73~16	5	15.73~16	19.48~20	29.67~30	7.64~8	29.67~30	7.64~8	21.67~22	7.64~8	21.67~22	7.64~8	17.73~18	21.48~22	17.73~18
M12			19.58~20.42	17.73~18	5	17.73~18									9.64~10	21.67~22	24.48~25	20.67~21
(M14)					6	20.67~21												

mm

续表 10-191

单位：mm

名称	六角厚螺母		球面六角螺母		扣紧螺母		滚花高螺母		滚花薄螺母		端面带孔圆螺母		侧面带孔圆螺母		带槽圆螺母		六角盖形螺母	
标准号	GB 56—88		GB 804—88		GB 805—88		GB 806—88		GB 807—88		GB 815—88		GB 816—88		GB 817—88		GB/T 923—2009	
产品等级	B		A、B				A		A								A、B	
性能等级 钢	5、8、10		8、10		材料 65Mn		5		5		材料 A3		材料 A3		材料 A3		6	
不锈钢																	A1-50	
铜或铝																	Cu3、Cu6	
螺纹规格（mm）	对边距	厚度	对边距	厚度	对边距	厚度	外径	厚度	外径	厚度	外径	厚度	外径	厚度	外径	厚度	对边距	厚度
M16	23.16~24	24.16~25	23.67~24	24.58~25.42	23.67~24	6											23.67~24	27.48~28
(M18)	26.16~27	27.16~28			26.16~27	7											26.16~27	31~32
M20	29.16~30	30.4~32	29.16~30	31.5~32.5	29.16~30	7											29.16~30	33~34
(M22)	33~34	33.4~35			33~34	7											33~34	38~39
M24	35~36	36.4~38	35~36	37.5~38.5	35~36	9											35~36	41~42
(M27)	40~41	40.4~42			40~41	9											36	42
M30	45~46	46.4~48	45~46	47.5~48.5	45~46	9												
(M33)																		
M36	53.8~55	53.1~55	53.8~55	54.4~55.6	53.8~55	12												
(M39)																		
M42	63.8~65	63.1~65	63.8~65	64.4~65.6	63.8~65	12												
M48	73.1~75	73.1~75	73.1~75	74.4~75.6	73.1~75	14												

续表10-191

名称	蝶形螺母 圆翼		蝶形螺母 方翼		蝶形螺母 冲压			蝶形螺母 压铸		组合式盖形螺母	
标准号	GB/T 62.1—2004		GB/T 62.2—2004		GB/T 62.3—2004			GB/T 62.4—2004		GB/T 802.1—2008	
产品等级										A级、B级	
性能等级(保证扭矩)	I级、II级		I级、II级		II级、III级			II级		见表10-192	
螺纹规格 (mm)	厚度 m/k	外径 dk/L	厚度 m/k	外径 dk/L	厚度 m/k 高型(A型)II级	低型(B型)III级	外径 dk/L	厚度 m/k	外径 dk/L	公称厚度 m/h	对边距 最小/公称
M2	2/6	4/12									
M2.5	3/8	5/16									
M3	3/8	5/16	3/9	6.5/17	3.5/6.5	1.4/6.5	10/16	2.4/8.5	5/16	4.5/7	6.78/7
M4	4/10	7/20	3/9	6.5/17	4/8.5	1.6/8.5	12/19	3.2/11	7/21	5.5/9	7.78/8
M5	5/12	8.6/25	4/11	8/21	4.5/9	1.8/9	13/22	4/11	8.5/21	6.5/11	9.78/10
M6	6/16	10.5/32	4.5/13	10/27	5/9.5	2.4/9.5	15/25	5/14	10.5/23	8/15	12.73/13
M8	8/20	14/40	6/16	13/31	6/11	3.1/11	17/28	6.5/16	13/30	10/18	15.73/16
M10	10/25	18/50	7.5/18	16/36	7/12	3.8/12	20/35	8/19	16/37	12/22	17.73/18
M12	12/30	22/60	9/23	20/48						13/24	20.67/21
(M14)	14/35	26/70	9/23	20/48						15/26	23.67/24
M16	14/35	26/70	12/35	27/68						17/30	26.16/27
(M18)	16/40	30/80	12/35	27/68						19/35	29.16/30
M20	18/45	34/90	12/35	27/68						21/38	33/34
(M22)	20/50	38/100								22/40	35/36
M24	22/56	40/112									

公差:冲压 高型(A型)II级 ±0.5/±1,±0.8/±1;低型(B型)III级 ±0.3/±1,±0.4/±1,±0.5/±1

注:产品等级为A、B级的产品,A级用于D≤16 mm,B级用于D>16 mm。
①保证扭矩:I级适用于钢、铁,不锈钢;II级适用于黄铜。
②蝶形螺母材质有有钢,不锈钢1Cr18Ni9、铜H62各种。

表10-192

(二)细牙螺母

名称	1型六角螺母 GB/T6171—2000		六角薄螺母 GB/T6173—2000		2型六角螺母 GB/T6176—2000		小六角特扁螺母 GB808—88		小圆螺母 GB810—88		圆螺母 GB812—88		1型六角开槽螺母 GB9457—88		2型六角开槽螺母 GB9458—88		组合式盖形螺母 GB/T802.1—2008	
产品等级	A,B		A,B		A,B		A,B						A,B		A,B		A,B	
性能等级 钢	6,8,10		04,05		8,10,12		A,B		材料45钢		材料45钢		6,8,10		8,10		6,8	
性能等级 不锈钢	d≤M24:A2-70;d>M24~39:A2-50,A4-50		d≤M24:A2-035 A4-0.35;d>M24~39:A2-0.25,A4-0.25		—		—		—		—		—		—		A2-50,A2-70 A4-50,A4-70	
性能等级 铜或铝	Cu2,Cu3,Al4		Cu2,Cu3,Al4		—		—		—		—		—		—		Cu2,Cu3 Al4	
螺纹规格(mm)	厚度	对边距	厚度	对边距	厚度	对边距	厚度	对边距	厚度	外径	厚度	外径	厚度	对边距	厚度	对边距	厚度	对边距
M4×0.5							1.3~1.7	6.78~7										
M5×0.5							1.3~1.7	7.78~8										
M6×0.75							2~2.4	9.78~10										
M8×0.75							2~2.4	11.73~12										
M8×1	6.44~6.8	12.73~13	3.7~4	12.73~13	7.14~7.5	12.73~13	2.6~3	11.73~12					9.04~9.8	12.73~13	10.07~10.5	12.73~13	12.73~13	15
M10×0.75							2~2.4	13.73~14										
M10×1	8.04~8.4	15.73~16	4.7~5	15.73~16	8.94~9.3	15.73~16	2.6~3	13.73~14	6	20	8	22	11.97~12.4	15.73~16	12.87~13.3	15.73~16	15.73~16	18
(M10×1.25)	8.04~8.4	15.73~16	4.7~5	15.73~16	8.94~9.3	15.73~16							11.97~12.4	15.73~16	12.87~13.3	15.73~16	15.73~16	18
M12×1							2.6~3	16.73~17	6	22	8	25	15.37~15.8	17.73~18	16.57~17	17.73~18	17.73~18	22
(M12×1.25)	10.37~10.8	17.73~18	5.7~6	17.73~18	11.57~12	17.73~18	3.26~3.74	16.73~17									17.73~18	18

续表10-192

名称	1型六角螺母		六角薄螺母		2型六角螺母		小六角特扁螺母		小圆螺母		圆螺母		1型六角开槽螺母		2型六角开槽螺母		组合式盖形螺母	
标准号	GB/T 6171—2000		GB/T 6173—2000		GB/T 6176—2000		GB 808—88		GB 810—88		GB 812—88		GB 9457—88		GB 9458—88		GB/T 802.1—2008	
产品等级	A,B		A,B		A,B		A,B						A,B		A,B		A,B	
性能等级 钢	6,8,10		04,05		8,10,12				材料45钢		材料45钢		6,8,10		8,10		6,8	
不锈钢	$d \leq M24$:A2-70 A4-70;$d > M24$:A2-50,A4-50		$d \leq M24$:A2-035 A4-0.35;$d > M24 \sim 39$:A2-~39,A4-0.25 0.25,A4-0.25		—		—		—		—		—		—		A2-50,A2-70 A4-50,A4-70	
铜或铝	Cu2,Cu3,Al4		Cu2,Cu3,Al4		—		—		—		—		—		—		Cu2,Cu3,Al4	
螺纹规格(mm)	厚度	对边距	厚度	对边距	厚度	对边距	厚度	对边距	外径	厚度	外径	厚度	厚度	对边距	厚度	对边距	厚度	对边距
M12×1.5	10.37~10.8	17.73~18	5.7~6	17.73~18	11.57~12	17.73~18							15.37~15.8	17.73~18	16.57~17	17.73~18	22	17.73~18
M14×1							2.8~3.2	18.67~19										
(M14×1.5)	12.1~12.8	20.67~21	6.42~7	20.67~21	13.4~14.1	20.67~21			25	6	28	8	17.73~17.8	20.67~21	18.58~19.1	20.67~21	24	20.67~24
M16×1							2.8~3.2	21.67~22										
M16×1.5	14.1~14.8	23.67~24	7.42~8	23.67~24	15.7~16.4	23.67~24	3.76~4.24	21.67~22	28	6	30	8	20.28~20.8	23.67~24	21.88~22.4	23.67~24	26	23.67~24
M18×1							2.96~3.44	23.16~24										
(M18×1.5)/(M18×2)	15.1~15.8	26.16~27	8.42~9	26.16~27	16.9~17.6	26.16~27.0	3.76~4.24	23.16~24	30	6	32	8	20.96~21.8	26.16~27	22.76~23.6	26.16~27	30	26.16~27
M20×1							3.26~3.74	26.16~27										
M20×1.5	16.9~18	29.16~30	9.1~10	29.16~30	19~20.3	29.16~30			32	6	35	8	23.16~24	29.16~30	25.46~26.3	29.16~30	35	29.16~30
(M20×2)	16.9~18	29.16~30	9.1~10	29.16~30	19~20.3	29.16~30							23.16~24	29.16~30	25.46~26.3	29.16~30	35	29.16~30

mm

单位：mm

名称	1型六角螺母		六角薄螺母		2型六角螺母		小六角特扁螺母		小圆螺母		圆螺母		1型六角开槽螺母		2型六角开槽螺母		组合式盖形螺母	
标准号	GB/T 6171—2000		GB/T 6173—2000		GB/T 6176—2000		GB 808—88		GB 810—88		GB 812—88		GB 9457—88		GB 9458—88		GB/T 802.1—2008	
产品等级	A,B		A,B		A,B		A,B		—		—		A,B		A,B		A,B	
性能等级 钢	6,8,10		04,05		8,10,12		材料45钢		材料45钢		材料45钢		6,8,10		8,10		6,8	
不锈钢	d≤M24:A2-70 A4-70;d>M24~39:A2-50, A4-50		d≤M24:A2-035 A4-0.35;d>M24~39:A2-0.25,A4-0.25		—		—		—		—		—		—		A2-50,A2-70 A4-50,A4-70	
铜或铝	Cu2,Cu3,AI4		Cu2,Cu3,AI4		—		—		—		—		—		—		Cu2,Cu3 AI4	
螺纹规格 (mm)	厚度	对边距	厚度	对边距	厚度	对边距	厚度	对边距	外径	厚度	外径	厚度	厚度	对边距	厚度	对边距	厚度	对边距
M22×1									35	8	38	10						
(M22×1.5) (M22×2)	18.1~19.4	33~34	9.7~11	33~34	20.5~21.8	33~34	3.26~3.74	29.16~30					26.56~27.4	33~34	28.96~29.8	33~34	38	33~34
M24×1							3.26~3.74	31~32	38	8	42	10						
M24×1.5 M25×1.5②							3.76~4.24	31~32	42	8	45	10						
M24×2	20.2~21.5	35~36	10.9~12	35~36	22.6~23.9	35~36							28.66~29.5	35~36	30.9~31.9	35~36	40	35~36
M27×1.5									45	8	48	10						
(M27×2)	22.5~23.8	40~41	12.4~13.5	40~41	25.4~26.7	40~41							30.8~31.8	40~41	33.7~34.7	40~41		
M30×1.5									48	8	52	10						
M30×2	24.3~25.6	45~46	13.9~15	45~46	27.3~28.6	45~46							33.6~34.6	45~46	36.6~37.6	45~46		
M33×1.5 M35×1.5②																		

续表 10-192

名称	1型六角螺母		六角薄螺母		2型六角螺母		小六角特扁螺母		小圆螺母		圆螺母		1型六角开槽螺母		2型六角开槽螺母		组合式盖形螺母
标准号	GB/T 6171—2000		GB/T 6173—2000		GB/T 6176—2000		GB 808—88		GB 810—88		GB 812—88		GB 9457—88		GB 9458—88		GB/T 802.1—2008
产品等级	A、B		A、B		A、B		A、B						A、B		A、B		A、B
性能等级 钢	6、8、10		04、05		8,10,12				材料45钢		材料45钢		6、8、10		8、10		6、8
性能等级 不锈钢	$d \leqslant$ M24:A2-70 A4-70;$d >$ M24~39:A2-50, A4-50		$d \leqslant$ M24:A2-035 A4-0.35;$d >$ M24~39:A2-0.25,A4-0.25		—		—		—		—						A2-50,A2-70 A4-50,A4-70
性能等级 铜或铝	Cu2, Cu3, AI4		Cu2, Cu3, AI4		—												Cu2,Cu3 AI4
螺纹规格 (mm)	厚度	对边距	厚度	对边距	厚度	对边距	厚度	对边距	外径	厚度	外径	厚度	厚度	对边距	厚度	对边距	厚度
(M33×22)	27.4~28.7	49~50	15.2~16.5	49~50	30.9~32.5	49~50							36.7~37.7	49~50	40.5~41.5	49~50	
M36×1.5									52	8	55	10					
M36×3	29.4~31	53.8~55	16.9~18	53.8~55	33.1~34.7	53.8~55							39~40	53.8~55	42.7~43.7	53.8~55	
M39×1.5 M40×1.5②									55	8	58	10					
(M39×3)	31.8~33.4	58.8~60	18.2~19.5	58.8~60													
M42×1.5									58	8	62	10					
M42×3	32.4~34	63.1~65	19.7~21	63.1~65													
M45×1.5									62	8	68	10					
(M45×3)	34.4~36	68.1~70	21.1~22.5	68.1~70													
M50×1.5② M48×1.5									68	10	72	12					
M48×3	36.4~38	73.1~75	22.7~24	73.1~75													

续表 10-192

单位：mm

名称	1型六角螺母	六角薄螺母	2型六角螺母	小六角特扁螺母	小圆螺母	圆螺母	1型六角开槽螺母	2型六角开槽螺母	组合式盖形螺母
标准号	GB/T 6171—2000	GB/T 6173—2000	GB/T 6176—2000	GB 808—88	GB 810—88	GB 812—88	GB 9457—88	GB 9458—88	GB/T 802.1—2008
产品等级	A、B	A、B	A、B	A、B	—	—	A、B	A、B	A、B
性能等级 钢	6,8,10	04,05	8,10,12	—	材料45钢	材料45钢	6,8,10	8,10	6,8
性能等级 不锈钢	d≤M24:A2-70 A4-70；d>M24~39:A2-50,A4-50	d≤M24:A2-035 A4-0.35；d>M24~39:A2-0.25,A4-0.25	—	—	—	—	—	—	A2-50,A2-70 A4-50,A4-70
性能等级 铜或铝	Cu2、Cu3、AL4	Cu2、Cu3、AL4	—	—	—	—	—	—	Cu2、Cu3 AL4
测量项目	厚度 / 对边距	厚度 / 对边距	厚度 / 对边距	厚度 / 对边距	厚度 / 外径	厚度 / 外径	厚度 / 对边距	厚度 / 对边距	厚度 / 对边距
M52×1.5					10 / 72	12 / 78			
(M52×4)	40.4~42 / 78.1~80	24.7~26 / 78.1~80							
M56×2					10 / 78	12 / 85			
M56×4	43.4~45 / 82.8~85	26.7~28 / 82.8~85							
M60×2					10 / 80	12 / 90			
(M60×4)	46.4~48 / 87.8~90	28.7~30 / 87.8~90							
M64×2					10 / 85	12 / 95			
M64×4	49.1~51 / 92.8~95	30.4~32 / 92.8~95							

注：①产品等级为A、B级的产品，A级用于螺纹直径≤16 mm；B级用于螺纹直径>16 mm。
②仅用于滚动轴承锁紧装置。

(三)大规格螺母

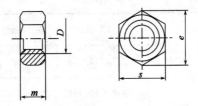

图 10-43

1. 六角螺母(JB/ZQ 4330—97)

六角螺母规格尺寸(mm)　表 10-193

螺纹规格 $D \times P$	(M68) (M68×4)	M72×6 72×4	(M76×6) (M76×4)	M80×6 80×4	(M85×6) (M85×4)	M90×6 90×4	M100×6 100×4	M110×6 110×4	M125×6 125×4	M140×6 —	M160×6 —
m　max	54	58	61	64	68	72	80	88	100	112	128
s　max	100	105	110	115	120	130	145	155	180	200	230
e　min	110.51	116.16	121.81	127.46	133.11	144.08	161.02	172.32	200.58	220.80	254.70
重量(kg/ 1 000 件)	2 300	2 670	3 040	3 440	3 930	4 930	6 820	8 200	13 000	17 500	26 500

注:①括号内规格尽量不采用。
　　②P 为螺距。
　　③机械性能等极按协议执行。

2. 圆螺母(JB/ZQ 4328—2006)

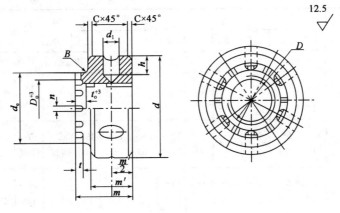

图 10-44

圆螺母规格尺寸(mm)　表 10-194

螺纹 规格 D	m	m'	d	d_a	d_1	h	C	t	n	R	槽数	开口销	每个约 重(kg)
M90	100	75	170	115	28	28	10	18	14	5	10	12×140	9.5
M100	110	85	190	130	30	33						12×160	13.7
M115	125	95	220	150	35	39	15	25	17	10	12	15×180	19.5
M130	145	110	245	170	40	43						15×200	30.5
M150	165	125	285	195	50	50						15×225	43.5
M175	195	150	330	230	58	57	20	30	21	15	12	18×260	68.5
M200	220	170	380	260	65	68						18×290	108.0

注:①螺纹规格 $D=90\sim200$mm,螺距为 4mm 和 6mm。
　　②螺母材质为 Q235A。

（四）钢制螺母理论重量（参考）

表 10-195

名　称	螺 纹 直 径 （mm）																
	3	4	5	6	8	10	12	(14)	16	(18)	20	(22)	24	(27)	30	(33)	36	(39)
	每 1 000 件螺母参考重量(kg)																	
方螺母	0.22	0.5	0.85	1.92	4.2	8.3	13	18.1	29.3	44	59	90	102	—	—	—	—	
1 型六角螺母	0.27	0.58	1	1.9	4.2	8	12	19	29	37	52	74	89	133	158	243	317	415
2 型六角螺母	—	—	1.14	2.2	4.7	8.8	13.3	21	32.3		58		100		207		357	
六角厚螺母									46	66	93	136	160	238	352		573	
六角薄螺母	0.2	0.4	0.6	1.2	2.4	4.6	7		15		28		48		106		182	
六角法兰面螺母	—		1.3	2.5	5.4	8.5	15		23		35		64					
1 型六角槽螺母		0.8	1.3	2.5	5.4	10	15		25	37	46	65	97	115	168	233	302	394
2 型六角槽螺母			1.4	2.7	5.8	11.2	17	26.4	40	51	72	106	125	184	256	334	434	—

十六、木螺钉

表 10-196

名　称	标准号	公 称 直 径 （mm）														
		1.6	2	2.5	3	3.5	4	(4.5)	5	(5.5)	6	(7)	8	10	12	16	20
		公 称 长 度 范 围 （mm）														
开槽圆头木螺钉	GB 99—86	6～12	6～14	6～22	8～25	8～38	12～65	14～80	16～90	20～90	20～120	38～120	38～120	65～120			
开槽沉头木螺钉	GB 100—86	6～12	6～16	6～25	8～30	8～40	12～70	16～85	18～100	25～100	25～120	40～120	40～120	75～120			
开槽半沉头螺钉	GB 101—86	6～12	6～16	6～25	8～30	8～40	12～70	16～85	18～100	30～100	30～120	40～120	40～120	70～120			
六角头木螺钉	GB 102—86	—	—	—	—	—	—	—	35～65	—	40～80	40～120	65～140	80～180	120～250		
十字槽圆头木螺钉	GB 950—86	—	6～16	6～25	8～30	8～40	12～70	16～85	18～100	25～100	25～120	40～120	40～120	70～120			
十字槽沉头木螺钉	GB 951—86	—	6～16	6～25	8～30	8～40	12～70	16～85	18～100	25～100	25～120	40～120	40～120	70～120			
十字槽半沉头木螺钉	GB 952—86	—	6～16	6～25	8～30	8～40	12～70	16～85	18～100	25～100	25～120	40～120	40～120	70～120			

注：①木螺钉的公称长度规格：六角头木螺钉为 35、40、50、65、80、100、120、140、160、180、200、(225)、(250)mm；其余木螺钉为 6、8、10、12、14、16、18、20、(22)、25、30、(32)、35、(38)、40、45、50、(55)、60、(65)、70、(75)、80、(85)、90、100、120mm。

②尽可能不采用括号内的规格。

十七、自攻螺钉

1. 自攻螺钉的机械性能（GB/T 3098.5—2000）

自攻螺钉由冷镦、渗碳钢制造。螺钉热处理后的表面硬度应≥450 HV0.3。芯部硬度应：螺纹≤ST3.9 的为 270～390 HV5；螺纹≥4.2 的为 270～390 HV10。当螺钉拧入试验板时，能功出与其匹配的内螺纹，而螺钉的螺纹不损坏。

自攻螺钉的破坏扭矩及渗碳层深度　　　　　　　　　　　　表 10-197

螺纹规格	破坏扭矩 min(N·m)	渗碳层深度(mm)
ST2.2	0.45	0.04～0.10
ST2.6	0.9	
ST2.9	1.5	0.05～0.18
ST3.3	2	
ST3.5	2.7	
ST3.9	3.4	
ST4.2	4.4	0.10～0.23
ST4.8	6.3	
ST5.5	10	
ST6.3	13.6	0.15～0.28
ST8	30.5	

2. 自攻螺钉的规格尺寸

表 10-198

螺纹规格		ST2.2	ST2.9	ST3.5	ST4.2	ST4.8	ST5.5	ST6.3	ST8	ST9.5
螺纹大径	(mm)	2.24	2.9	3.53	4.22	4.8	5.46	6.25	8.0	
试验低碳钢板孔径(HRB70—85)		1.955	2.465	2.973	3.48	4.065	4.785	5.525	6.935	

名　称	标准号	产品等级	公 称 长 度 范 围 (mm)								
十字槽盘头自攻螺钉	GB 845—85	A	4.6～16	6.5～19	9.5～25	9.5～32	9.5～38	13～38	13～38	16～50	16～50
十字槽沉头自攻螺钉	GB 846—85	A	4.5～16	6.5～19	9.5～25	9.5～32	9.5～32	13～38	13～38	16～50	16～50
十字槽半沉头自攻螺钉	GB 847—85	A	4.5～16	6.5～19	9.5～25	9.5～32	9.5～32	13～38	13～38	16～50	16～50
开槽盘头自攻螺钉	GB 5285—85	A	4.5～16	6.5～19	6.5～22	9.5～25	9.5～32	13～22	13～38	16～50	16～50
开槽沉头自攻螺钉	GB 5283—85	A	4.5～16	6.5～19	9.5～25	9.5～32	9.5～32	13～38	13～38	16～50	16～50
开槽半沉头自攻螺钉	GB 5284—85	A	4.5～16	6.5～19	9.5～22	9.5～25	9.5～32	13～32	13～38	16～50	16～50
六角头自攻螺钉	GB 5285—85	A	4.5～50	6.5～50	6.5～50	9.5～50	9.5～50	13～50	13～50	13～50	16～50

注：①自攻螺钉分 C 型和 F 型，C 型为尖头，F 型为平头。
　　②自攻螺钉的长度规格分为：4.5，6.5，9.5，13，16，19，22，25，32，38，45，50mm。

十八、垫圈

(一)圆垫圈

表10-199

单位:mm

名称	小垫圈 GB/T 848—2002			平垫圈 GB/T 97.1—2002 A 钢,不锈钢			平垫圈 GB/T 95—2002 C 钢			倒角型平垫圈 GB/T 97.2—2002			销轴用平垫圈 GB/T 97.3—2000 A 钢			大垫圈 GB/T 96.1—2002 A 钢,不锈钢			大垫圈 GB/T 96.2—2002 C 钢			特大垫圈 GB 5287—2002 钢		
公称尺寸/(mm)(螺纹规格)	内径	外径	厚度	内径	外径	厚度	内径	外径	厚度	内径	外径	厚度	内径	外径	厚度	内径	外径	厚度	内径	外径	厚度	内径	外径	厚度
1.6	1.7~1.84	3.2~3.5	0.25~0.35	1.7~1.84	3.7~4	0.25~0.35	1.8~2.05	3.25~4	0.2~0.4															
2	2.2~2.34	4.2~4.5	0.25~0.35	2.2~2.34	4.7~5	0.25~0.35	2.4~2.65	4.25~5	0.2~0.4															
2.5	2.7~2.84	4.7~5	0.45~0.55	2.7~2.84	5.7~6	0.45~0.55	2.9~3.15	5.25~6	0.4~0.6															
3	3.2~3.38	5.7~6	0.45~0.55	3.2~3.38	6.64~7	0.45~0.55	3.4~3.7	6.1~7	0.4~0.6				3~3.14	5.7~6	0.7~0.9	3.2~3.38	8.64~9	0.7~0.9	3.4~3.7	8.1~9	0.6~1			
(3.5)	3.7~3.88	6.64~7	0.45~0.55				3.9~4.2	7.1~8	0.4~0.6							3.7~3.88	10.57~11	0.7~0.9	3.9~4.2	9.9~11	0.6~1			
4	4.3~4.48	7.64~8	0.45~0.55	4.3~4.48	8.64~9	0.7~0.9	4.5~4.8	8.1~9	0.6~1				4~4.18	7.64~8	0.7~0.9	4.3~4.48	11.57~12	0.9~1.1	4.5~4.8	10.9~12	0.8~1.2			
5	5.3~5.48	8.64~9	0.9~1.1	5.3~5.48	9.64~10	0.9~1.1	5.5~5.8	9.1~10	0.8~1.2	5.3~5.48	9.64~10	0.9~1.1	5~5.18	9.64~10	0.9~1.1	5.3~5.48	14.57~15	1~1.4	5.5~5.8	13.9~15	0.8~1.2	5.5~5.8	16.9~18	1.7~2.3
6	6.4~6.62	10.57~11	1.4~1.8	6.4~6.62	11.57~12	1.4~1.8	6.6~6.96	10.9~12	1.3~1.9	6.4~6.62	11.57~12	1.4~1.8	6~6.18	11.57~12	1.4~1.8	6.4~6.62	17.57~18	1.4~1.8	6.6~6.96	16.9~18	1.3~1.9	6.6~6.96	20.7~22	1.7~2.3
8	8.4~8.62	14.57~15	1.8~2.2	8.4~8.62	15.57~16	1.4~1.8	9~9.36	14.9~16	1.3~1.9	8.4~8.62	15.57~16	1.4~1.8	8~8.22	14.57~15	1.8~2.2	8.4~8.62	23.48~24	1.8~2.2	9~9.36	22.7~24	1.7~2.3	9~9.36	26.7~28	2.4~3.6
10	10.5~10.77	17.57~18	1.8~2.2	10.5~10.77	19.48~20	1.8~2.2	11~11.43	18.7~20	1.7~2.3	10.5~10.77	19.48~20	1.8~2.2	10~10.22	17.57~18	2.3~2.7	10.5~10.77	29.48~30	2.3~2.7	11~11.43	28.7~30	2.2~2.8	11~11.43	32.4~34	2.4~3.6
12	13~13.27	19.48~20	1.8~2.2	13~13.27	23.48~24	2.3~2.7	13.5~13.93	22.7~24	2.2~2.8	13~13.27	23.48~24	2.3~2.7	12~12.27	19.48~20	2.7~3.3	13~13.27	36.38~37	2.7~3.3	13.5~13.93	36.4~37	2.4~3.6	13.5~13.93	42.4~44	3.4~4.6
(14)	15~15.27	23.48~24	2.3~2.7	15~15.27	27.48~28	2.3~2.7	15.5~15.93	26.7~28	2.2~2.8	15~15.27	27.48~28	2.3~2.7	14~14.27	21.48~22	2.7~3.3	15~15.27	43.38~44	2.7~3.3	15.5~15.98	42.4~44	2.4~3.6	15.5~15.93	48.1~50	3.4~4.6
16	17~17.27	27.48~28	2.3~2.7	17~17.27	29.48~30	2.7~3.3	17.5~17.93	28.7~30	2.4~3.6	17~17.27	29.48~30	2.7~3.3	16~16.27	23.48~24	2.7~3.3	17~17.27	49.38~50	2.7~3.3	17.5~17.93	48.4~50	2.4~3.6	17.5~18.2	54.1~56	4~6

续表 10-199

单位：mm

名称	小垫圆			平垫圆			倒角型平垫圈			销轴用平垫圈			平垫圈			大垫圈			大垫圈			特大垫圈		
标准号	GB/T 848—2002			GB/T 97.1—2002			GB/T 97.2—2002			GB/T 97.3—2000			GB/T 95—2002			GB/T 96.1—2002			GB/T 96.2—2002			GB 5287—2002		
材质、产品等级	钢、不锈钢　A			钢、不锈钢　A						钢　A			钢　C			钢、不锈钢　A			钢　C			钢　C		
公称尺寸（螺纹规格）	内径	外径	厚度	内径	外径	厚度	内径	外径	厚度	内径	外径	厚度	内径	外径	厚度	内径	外径	厚度	内径	外径	厚度	内径	外径	厚度
(18)	19~19.33	29.48~30	2.7~3.3	19~19.33	33.38~34	2.7~3.3	19~19.33	33.38~34	2.7~3.3	18~18.27	27.48~28	3.7~4.3	20~20.43	32.4~34	2.4~3.6	19~19.33	55.26~56	3.7~4.3	20~20.43	54.9~56	3.4~4.6	20~20.84	58.1~60	4~6
20	21~21.33	33.38~34	2.7~3.3	21~21.33	36.38~37	2.7~3.3	21~21.33	36.38~37	2.7~3.3	20~20.33	29.48~30	3.7~4.3	22~22.52	35.4~37	2.4~3.6	21~21.33	59.26~60	3.7~4.3	22~22.52	58.1~60	3.4~4.6	22~22.84	70.1~72	5~7
(22)	23~23.33	36.38~37	2.7~3.3	23~23.33	38.38~39	2.7~3.3	23~23.33	38.38~39	2.7~3.3	22~22.33	33.38~34	3.7~4.3	24~24.52	37.4~39	2.4~3.6	23~23.52	64.8~66	4.4~5.6	24~24.84	64.9~66	4~6	24~24.84	78.1~80	5~7
24	25~25.33	38.38~39	3.7~4.3	25~25.33	43.38~44	3.7~4.3	25~25.33	43.38~44	3.7~4.3	24~24.33	36.38~37	3.7~4.3	26~26.52	42.4~44	3.4~4.6	25~25.52	70.8~72	4.4~5.6	26~26.84	70.1~72	4~6	26~26.84	82.8~85	5~7
(27)	28~28.33	43.38~44	2.7~3.3	28~28.33	49.38~50	3.7~4.3	28~28.33	49.38~50	3.7~4.3	27~27.52	38~39	4.4~5.6	30~30.52	48.4~50	3.4~4.6	30~30.52	83.6~85	5.4~6.6	30~30.84	82.8~85	5~7	30~30.84	95.8~98	5~7
30	31~31.33	49.38~50	3.7~4.3	31~31.39	55.26~56	3.7~4.3	31~31.39	55.26~56	3.7~4.3	30~30.52	43~44	4.4~5.6	33~33.62	54.1~56	3.4~4.6	33~33.62	90.6~92	5.4~6.6	33~33.84	89.8~92	5~7	33~34	102.8~105	5~7
(33)	34~34.62	54.8~56	4.4~5.6	34~34.62	58.8~60	4.4~5.6	34~34.62	58.8~60	4.4~5.6	33~33.62	46~47	4.4~5.6	36~37	58.1~60	4~6	36~36.62	103.6~105	5.4~6.6	36~37	102.8~105	5~7	36~37	112.8~115	6.8~9.2
36	37~37.62	58.8~60	4.4~5.6	37~37.62	64.8~66	4.4~5.6	37~37.62	64.8~66	4.4~5.6	36~36.62	49~50	5.4~6.6	39~40	64.1~66	4~6	39~39.62	108.6~110	7~9	39~40	107.8~110	5~7	39~40	122.5~125	6.8~9.2
(39)				42~42.62	70.8~72	5.4~6.6	42~42.62	70.8~72	5.4~6.6				42~43	70.1~72	5~7									
42				45~45.62	76.8~78	7~9	45~45.62	76.8~78	7~9				45~46	76.1~78	6.8~9.2									
(45)				48~48.62	83.6~85	7~9	48~48.62	83.6~85	7~9	45~45.62	58.8~60	5.4~6.6	48~49	82.8~85	6.8~9.2									
48				52~52.74	90.6~92	7~9	52~52.74	90.6~92	7~9				52~53.2	89.8~92	6.8~9.2									
(52)				56~56.74	96.6~98	7~9	56~56.74	96.6~98	7~9				56~57.2	95.8~98	6.8~9.2									
56				62~62.74	103.6~105	9~11	62~62.74	103.6~105	9~11				62~63.2	102.8~105	8.8~11.2									
(60)				66~66.74	108.6~110	9~11	66~66.74	108.6~110	9~11	60~60.74	76.8~78	9~11	66~67.2	107.8~110	8.8~11.2									
64				70~70.74	113.6~115	9~11	70~70.4	113.6~115	9~11				70~71.2	112.8~115	8.8~11.2									

（二）弹簧垫圈

表10-200

名称	标准型弹簧垫圈 GB93—87			轻型弹簧垫圈 GB859—87			重型弹簧垫圈 GB7244—87			鞍形弹簧垫圈 GB7245—87			波形弹簧垫圈 GB7246—87		
规格号（螺纹大径）(mm)	内径	宽	厚	内径	宽	厚	内径	宽	厚	内径	宽	厚	内径	宽	厚
						(mm)									
2	2.1~2.35	0.42~0.58	0.42~0.58												
2.5	2.6~2.85	0.57~0.73	0.57~0.73												
3	3.1~3.4	0.7~0.9	0.7~0.9	3.1~3.4	0.9~1.1	0.52~0.68				3.1~3.4	0.9~1.1	0.52~0.68	3.1~3.4	0.9~1.1	0.52~0.68
4	4.1~4.4	1~1.2	1~1.2	4.1~4.4	1.1~1.3	0.7~0.9				4.1~4.4	1.1~1.3	0.7~0.9	4.1~4.4	1.1~1.3	0.7~0.9
5	5.1~5.4	1.2~1.4	1.2~1.4	5.1~5.4	1.4~1.6	1~1.2				5.1~5.4	1.4~1.6	1~1.2	5.1~5.4	1.4~1.6	1~1.2
6	6.1~6.68	1.5~1.7	1.5~1.7	6.1~6.68	1.9~2.1	1.2~1.4	6.1~6.68	2.45~2.75	1.65~1.95	6.1~6.68	1.9~2.1	1.2~1.4	6.1~6.68	1.9~2.1	1.2~1.4
8	8.1~8.68	2~2.2	2~2.2	8.1~8.68	2.35~2.65	1.5~1.7	8.1~8.68	3~3.4	2.25~2.55	8.1~8.68	2.35~2.65	1.5~1.7	8.1~8.68	2.35~2.65	1.5~1.7
10	10.2~10.9	2.45~2.75	2.45~2.75	10.2~10.9	2.85~3.15	1.9~2.1	10.2~10.9	3.6~4	2.85~3.15	10.2~10.9	2.85~3.15	1.9~2.1	10.2~10.9	2.85~3.15	1.9~2.1
12	12.2~12.9	2.95~3.25	2.95~3.25	12.2~12.9	3.3~3.7	2.35~2.65	12.2~12.9	4.1~4.5	3.3~3.7	12.2~12.9	3.3~3.7	2.35~2.65	12.2~12.9	3.3~3.7	2.35~2.65
(14)	14.2~14.9	3.4~3.8	3.4~3.8	14.2~14.9	3.8~4.2	2.85~3.15	14.2~14.9	4.6~5	3.9~4.3	14.2~14.9	3.8~4.2	2.85~3.15	14.2~14.9	3.8~4.2	2.85~3.15
16	16.2~16.9	3.9~4.3	3.9~4.3	16.2~16.9	4.3~4.7	3~3.4	16.2~16.9	5.1~5.5	4.6~5	16.2~16.9	4.3~4.7	3~3.4	16.2~16.9	4.3~4.7	3~3.4
(18)	18.2~19.04	4.3~4.7	4.3~4.7	18.2~19.04	4.8~5.2	3.4~3.8	18.2~19.04	5.6~6	5.1~5.5	18.2~19.04	4.8~5.2	3.4~3.8	18.2~19.04	4.8~5.2	3.4~3.8
20	20.2~21.04	4.8~5.2	4.8~5.2	20.2~21.04	5.3~5.7	3.8~4.2	20.2~21.04	6.1~6.7	5.8~6.2	20.2~21.04	5.3~5.7	3.8~4.2	20.2~21.04	5.3~5.7	3.8~4.2
(22)	22.5~23.34	5.3~5.7	5.3~5.7	22.5~23.34	5.8~6.2	4.3~4.7	22.5~23.34	6.9~7.5	6.3~6.9	22.5~23.34	5.8~6.2	4.3~4.7	22.2~23.34	5.8~6.2	4.3~4.7
24	24.5~25.5	5.8~6.2	5.8~6.2	24.5~25.5	6.7~7.3	4.8~5.2	24.5~25.5	7.2~7.8	6.8~7.4	24.5~25.5	6.7~7.6	4.8~5.2	24.5~25.5	6.7~7.6	4.8~5.2
(27)	27.5~28.5	6.5~7.1	6.5~7.1	27.5~28.5	7.7~8.3	5.3~5.7	27.5~28.5	8.2~8.8	7.7~8.3	27.5~28.5	7.7~8.3	5.3~5.7	27.5~28.5	7.7~8.3	5.3~5.7
30	30.5~31.5	7.2~7.8	7.2~7.8	30.5~31.5	8.7~9.3	5.8~6.2	30.5~31.5	9~9.6	8.7~9.3	30.5~31.5	8.7~9.3	5.8~6.2	30.5~31.5	8.7~9.3	5.8~6.2
(33)	33.5~34.7	8.2~8.8	8.2~8.8				33.5~34.7	9.9~10.5	9.6~10.2						
36	36.5~37.7	8.7~9.3	8.7~9.3				36.5~37.7	10.7~11.3	10.5~11.1						
(39)	39.5~40.7	9.7~10.3	9.7~10.3												

(三)专用垫圈

1.工字钢、槽钢用方斜垫圈(GB 852—88工字钢 GB 853—88槽钢)

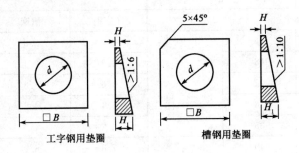

工字钢用垫圈　　　　　槽钢用垫圈

图　10-45

方斜垫圈规格尺寸　　　　　　　　表10-201

适用螺栓公称直径	内径 d	边长 B	薄边厚 H	厚边厚度 H_1(mm)		每1000个约重(kg)	
mm				工字钢用	槽钢用	工字钢用	槽钢用
6	6.6~6.96	16		4.7	3.6	5.70	4.50
8	9~9.36	18		5	3.8	7.10	5.67
10	11~11.43	22	2	5.7	4.2	11.6	9.19
12	13.5~13.93	28		6.7	4.8	18.5	17.7
16	17.5~17.93	35		7.8	5.4	37.5	29.0
(18)	20~20.52	40		9.7	7	63.7	49.8
20	22~22.52	40		9.7	7	60.4	47.3
(22)	24~24.52	40		9.7	7	56.9	42.4
24	26~26.52	50	3	11.3	8	109	84.0
(27)	30~30.52	50		11.3	8	102	78.0
30	33~33.62	60		13	9	174	130
36	39~39.62	70		14.7	10	259	190

注:( )内尺寸,尽可能不采用;标准内无单位重量,表列仅供参考。

2.轻型工字钢、槽钢用方斜垫圈(JB/ZQ 4337—2006工字钢 JB/ZQ 4338—2006槽钢)

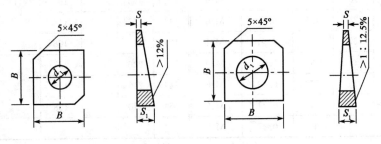

轻型工字钢用垫圈　　　　　轻型槽钢用垫圈

图　10-46

轻型方斜垫圈规格尺寸　　　　　　　　　　表 10-202

规格 （螺纹大径）	内径 d	边长 B	薄边厚 S	厚边厚度 S₁(mm)		每 1 000 个约重(kg)	
mm				工字钢	槽钢	工字钢	槽钢
6	7	16	2	3.9	3.3	5	5
8	9	18		4.2	3.4	6	6
10	11	22		4.6	3.8	10	9
12	13	28		5.4	4.2	15	16
16	17	35		6.2	4.7	29	25
20	22	40		7.8	6.2	52	44
24	26	50	3	9.0	7.0	93	77
30	32	60		10.2	7.8	140	120
36	38	70		11.4	8.6	210	170

3.高强度螺栓专用垫圈(JB/ZQ 4080—2006)

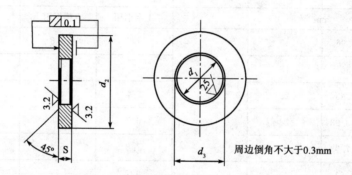

周边倒角不大于 0.3mm

图　10-47

专用垫圈规格尺寸(mm)　　　　　　　　　　表 10-203

孔内径 d₁	垫圈外径 d₂	d₃	厚度 S	每个重量(kg)	适用于螺纹直径	孔内径 d₁	垫圈外径 d₂	d₃	厚度 S	每个重量(kg)	适用于螺纹直径
6.4	11	7	2	0.001	M6	58	100	64	11	0.52	M56
8.4	16 ±1	9.5	2.5	0.003	M8	66	110 ±2	72		0.60	M64
10.5	20	11.5		0.005	M10	74	120	80	12	0.75	M72
13	24	14	3	0.007	M12	82	140	88	14	1.11	M80
(15)	28 ±1	16	3.5	0.01	(M14)	93	160 ±5	98		1.67	M90
17	30	18	4	0.02	M16	104	175	108	16	1.95	M100
21	35	23	4.5	0.03	M20	114	185	118		2.09	M110
25	45 ±1	27	5	0.04	M24	(124)	210 ±5	128		2.83	(M120)
31	55	34	6	0.08	M30	129	220	133		4.30	M125
37	65	40	7	0.13	M36	144	240	148	22	5.00	M140
43	75 ±2	46	8	0.21	M42	164	270 ±5	168		6.24	M160
50	90	53	10	0.37	M48						

注:①用于螺纹规格小于或等于 M90 的垫圈,其材料的抗拉强度不小于 900N/mm²。
　　②用于螺纹规格 M100—M160 的垫圈,其材料的抗拉强度不低于 700N/mm²。

4. 弹簧垫圈(JB/ZQ 4010—2006)

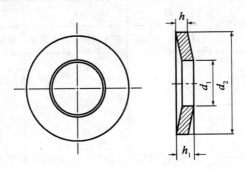

图　10-48

垫圈规格尺寸(mm)　　　　　　　　　　　表 10-204

规格 (螺纹大径)	d_1		d_2		h	h_1		弹力 N	压紧力 N	重量 (kg/1 000 件)
	基本尺寸	极限偏差	基本尺寸	极限偏差		h_{1max}	h_{1min}			
6	6.4	+0.36 0	14	0 −0.43	1.5	2.00	1.70	8 500	9 250	1.43
8	8.4		18		2	2.60	2.24	14 900	17 000	3.13
10	10.5	+0.43 0	23	0 −0.52	2.5	3.20	2.80	22 100	27 100	6.45
12	13		29		3	3.95	3.43	34 100	39 500	12.40
16	17		39	0 −0.62	4	5.25	4.58	59 700	75 000	30.40
20	21	+0.52 0	45		5	6.40	5.60	93 200	117 000	48.80
24	25		56	0 −0.74	6	7.75	6.77	131 000	169 000	92.90
30	31		70		7	9.20	8.00	172 000	269 000	170.00

注：①h_{1max}用于供货尺寸。

②H_{1min}为经静负荷试验卸载之后的最小尺寸。

③弹力是在压平状态下，弹簧行程($h_{1min}-h$)时，计算弹力的双倍。

④压紧力适用于负荷试验。

5. 大弹簧垫圈(JB/ZQ 4339—2006)

其余 6.3

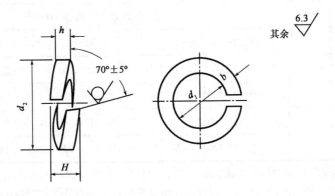

图　10-49

垫圈规格尺寸(mm)　　　　　　表 10-205

规格 (螺纹大径)	内径 d_1		外径 d_2	H		b		h		每 1 000 个约重 (kg)
	基本尺寸	极限偏差		H_{max}	H_{min}	基本尺寸	极限偏差	基本尺寸	极限偏差	
52	53		83							182
56	57		87							193
60	61		91							203
64	65	+1.5 0	95	18.9	16	14	±0.25	8	±0.25	218
72	73		103							240
80	81		111							262
90	91		121							290
100	101		131							318

注:材料:65Mn。

十九、铆钉

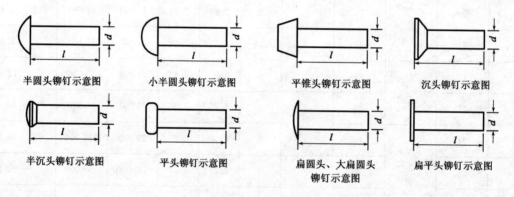

半圆头铆钉示意图　　小半圆头铆钉示意图　　平锥头铆钉示意图　　沉头铆钉示意图

半沉头铆钉示意图　　平头铆钉示意图　　扁圆头、大扁圆头铆钉示意图　　扁平头铆钉示意图

图 10-50　铆钉示意图

(一)粗制铆钉

表 10-206

名　　　称	标准号	公　称　直　径 d (mm)										
		10	12	(14)	16	(18)	20	(22)	24	(27)	30	36
		公　称　长　度 (l) 范　围 (mm)										
半圆头铆钉	GB 863.1—86	—	20~90	22~100	26~110	32~150	32~150	38~180	52~180	55~180	55~180	58~200
小半圆头铆钉	GB 863.2—86	12~50	16~60	20~70	25~80	28~90	30~200	35~200	38~200	40~200	42~200	48~200
平锥头铆钉	GB 864—86	—	20~100	20~100	24~110	20~150	20~150	38~180	50~180	58~180	65~180	70~200
沉头铆钉	GB 865—86	—	20~75	20~100	24~100	28~150	30~150	38~180	50~180	55~180	60~200	65~200
半沉头铆钉	GB 866—86	—	20~75	20~100	24~100	28~150	30~150	38~180	50~180	55~180	60~180	65~200

注:①粗制铆钉的长度规格为 12、14、16、18、20、22、24、26、28、30、32、35、38、40、42、45、48、50、52、55、58、60、65、70、75、80、85、90、
95、100、110、120、130、140、150、160、170、180、190、200mm;表中小半圆头铆钉公称长度无 24mm、26mm,增加 25mm、62mm。
②尽可能不采用括号内的规格。

(二)精制铆钉

表 10-207

名称	标准号	公称直径 d (mm) 〔公称长度 (l) 范围 (mm)〕																	
		0.6	0.8	1	(1.2)	1.4	(1.6)	2	2.5	3	(3.5)	4	5	6	8	10	12	(14)	16
半圆头铆钉	GB 867—86	1~6	1.5~8	2~8	2.5~8	3~12	3~12	3~16	5~20	5~26	7~26	7~50	7~55	8~60	16~65	16~85	20~90	22~100	26~110
平锥头铆钉	GB 868—86							3~16	4~20	6~24	6~28	8~32	10~40	12~40	16~60	16~90	18~110	18~110	24~110
平头铆钉	GB 109—86							4~8	5~10	6~14	6~18	8~22	10~26	12~30	16~30	20~30			
扁圆头铆钉	GB 871—86				1.5~6	2~8	2~8	2~13	3~16	3.5~30	5~36	5~40	6~50	7~50	9~50	10~50			
扁平头铆钉	GB 872—86				1.5~6	2~7	2~8	2~13	3~15	3.5~30	5~36	5~40	6~50	7~50	9~50	10~50			
大扁圆头铆钉	GB 1011—86							3.5~16	3.5~20	3.5~24	6~28	6~32	8~40	10~40	14~50				
沉头铆钉	GB 869—86			2~8	2.5~8	3~12	3~12	3.5~16	5~18	5~22	6~24	6~30	6~50	6~50	12~60	16~75	18~75	20~100	24~100
半沉头铆钉	GB 870—86			2~8	2.5~8	3~12	3~12	3.5~16	5~18	5~22	6~24	6~30	6~50	6~50	12~60	16~75	18~75	20~100	24~100
120°沉头铆钉	GB 954—86				1.5~6	2.5~8	2.5~10	3~10	4~15	5~20	6~36	6~42	7~50	8~50	10~50				
120°半沉头铆钉	GB 1012—86								5~24	6~28	6~32	8~40	10~40						
平锥头半空心铆钉	GB 1013—86					3~8	3~10	4~14	5~16	6~18	8~20	8~24	10~40	12~40	14~50	18~50			
大扁圆头半空心铆钉	GB 1014—86						3~10	4~14	5~16	6~18	8~20	8~24	10~40	12~40	14~40				
扁圆头半空心铆钉	GB 873—86				1.5~6	2~8	2~8	2~13	3~16	3.5~30	5~36	5~40	6~50	7~50	9~50	10~50			
扁平头半空心铆钉	GB 875—86				1.5~6	2~7	2~8	2~13	3~15	3.5~30	5~36	5~40	6~50	7~50	9~50	10~50			
沉头半空心铆钉	GB 1015—86					3~8	3~10	4~14	5~16	6~18	8~20	8~24	10~40	12~40	14~50	18~50			
120°沉头半空心铆钉	GB 874—86				1.5~6	2.5~8	2.5~10	3~10	4~15	5~20	6~36	6~42	7~50	8~50	10~50				
标牌铆钉	GB 827—86					3~6	3~6	3~8	3~10	4~12	—	6~18	8~20						

注：①精制铆钉的长度规格为 1、1.5、2、2.5、3、3.5、4、5、6、7、8、9、10、11、12、13、14、15、16、17、18、19、20、22、24、26、28、30、32、34、36、38、40、42、44、46、48、50、52、55、58、60、62、65、68、70、75、80、85、90、95、100、110mm；平锥头半空心铆钉和沉头半空心铆钉直径 3.5mm 无 8~20 间的单数；标准铆钉为 3、4、5、6、8、10、12、15、18、20mm。

②尽可能不采用括号内的规格。

(三)抽芯铆钉(GB/T 3098.19—2004)

抽芯铆钉分为开口型和封闭型两种。其机械性能等级由二位数字组成,表示不同的钉体与钉芯材料组合或机械性能。

1.抽芯铆钉的机械性能等级

表 10-208

性能等级	钉体材料			钉芯材料	
	种类	材料牌号	标准编号	材料牌号	
06	铝	1035		7A03 5183	GB/T 3190
08	铝合金	5005、5A05	GB/T 3190	10、15、35、45	GB/T 699 GB/T 3206
10		5052、5A02			
11		5056、5A05			
12		5052、5A02		7A03 5183	GB/T 3190
15		5056、5A05		0Cr18Ni9 1Cr18Ni9	GB/T 4232
20	铜	T1 T2 T3	GB/T 14956	10、15、35、45	GB/T 699 GB/T 3205
21				青铜[a]	[a]
22				0Cr18Ni9 1Cr18Ni9	GB/T 4232
23	黄铜	[a]	[a]	[a]	[a]
30	碳素钢	08F、10	GB/T 699 GB/T 3206	10、15、35、45	GB/T 699 GB/T 3206
40	镍铜合金	28−2.5−1.5 镍铜合金 (NiCu28−2.5−1.5)	GB/T5235		
41				0Cr18Ni9 2Cr13	GB/T 4232
50	不锈钢	0Cr18Ni9 1Cr18Ni9	GB/T 1220	10、15、35、45	GB/T 699 GB/T 3206
51				0Cr18Ni9 2Cr13	GB/T 4232

注:[a] 数据待生产验证(含选用材料牌号)。

2.开口型铆钉

1)最小剪切载荷

表 10-209

钉体直径 d(mm)	性 能 等 级							
	0.6	0.8	10 12	11 15	20 21	30	40 41	50 51
	最 小 剪 切 载 荷 (N)							
2.4	—	172	250	350	—	650	—	—
3.0	240	300	400	550	760	950	—	1 800[a]
3.2	285	360	500	750	800	1 100[a]	1 400	1 900[a]
4.0	450	540	850	1 250	1 500[a]	1 700	2 200	2 700
4.8	660	935	1 200	1 850	2 000	2 900[a]	3 300	4 000
5.0	710	990	1 400	2 150	—	3 100	—	4 700
6.0	940	1 170	2 100	3 200	—	4 300	—	—
6.4	1 070	1 460	2 200	3 400	—	4 900	5 500	—

注:[a] 数据待生产验证(含选用材料牌号)。

2)最小拉力载荷

表 10-210

钉体直径 d(mm)	性 能 等 级							
	0.6	0.8	10	11	20	30	40	50
		12	15	21		41	51
	最 小 拉 力 载 荷(N)							
2.4	—	258	350	550	—	700	—	—
3.0	310	380	550	850	950	1 100	—	2 200[a]
3.2	370	450	700	1 100	1 000	1 200	1 900	2 500[a]
4.0	590	750	1 200	1 800	1 800	2 200	3 000	3 500
4.8	860	1 050	1 700	2 600	2 500	3 100	3 700	5 000
5.0	920	1 150	2 000	3 100		4 000	—	5 800
6.0	1 250	1 560	3 000	4 600		4 800	—	
6.4	1 430	2 050	3 150	4 850	—	5 700	6 800	

注:[a] 数据待生产验证(含选用材料牌号)。

3)钉头保持能力

表 10-211

钉体直径 d(mm)	性 能 等 级	
	06、08、10、11、12、15、20、21、40、41	30、50、51
	钉 头 保 持 能 力(N)	
2.4	10	30
3.0	15	35
3.2	15	35
4.0	20	40
4.8	25	45
5.0	25	45
6.0	30	50
6.4	30	50

4)钉芯断裂载荷

表 10-212

钉体材料	铝	铝	铜	钢	镍铜合金	不锈钢
钉芯材料	铝	钢、不锈钢	钢、不锈钢	钢	钢、不锈钢	钢、不锈钢
钉体直径 d(mm)	钉 芯 断 裂 载 荷(N) max					
2.4	1 100	2 000	—	2 000	—	—
3.0	—	3 000	3 000	3 200	—	4 100
3.2	1 800	3 500	3 000	4 000	4 500	4 500
4.0	2 700	5 000	4 500	5 800	6 500	6 500
4.8	3 700	6 500	5 000	7 500	8 500	8 500
5.0	—	6 500		8 000	—	9 000
6.0		9 000	—	12 500		—
6.4	6 300	11 000		13 000	14 700	—

3.封闭型铆钉

1)最小剪切载荷

表 10-213

钉体直径 d(mm)	性 能 等 级				
	0.6	11 15	20 21	30	50 51
	最小剪切载荷(N)				
3.0	—	930	—	—	—
3.2	460	1 100	850	1 150	2 000
4.0	720	1 600	1 350	1 700	3 000
4.8	1 000[a]	2 200	1 950	2 400	4 000
5.0	—	2 420	—	—	—
6.0	—	3 350	—	—	—
6.4	1 220	3 600[a]	—	3 600	6 000

注：[a] 数据待生产验证(含选用材料牌号)。

2)最小拉力载荷

表 10-214

钉体直径 d(mm)	性 能 等 级				
	0.6	11 15	20 21	30	50 51
	最小拉力载荷(N)				
3.0	—	1 080	—	—	—
3.2	540	1 450	1 300	1 300	2 200
4.0	760	2 200	2 000	1 550	3 500
4.8	1 400[a]	3 100	2 800	2 800	4 400
5.0	—	3 500	—	—	—
6.0	—	4 285	—	—	—
6.4	1 580	4 900[a]	—	4 000	8 000

注：[a] 数据待生产验证(含选用材料牌号)。

3)钉芯断裂载荷

表 10-215

钉体材料	铝	铝	钢	不锈钢
钉芯材料	铝	钢、不锈钢	钢	钢、不锈钢
钉体直径 d (mm)	钉芯断裂载荷(N)			
	max			
3.2	1 780	3 500	4 000	4 500
4.0	2 670	5 000	5 700	6 500
4.8	3 560	7 000	7 500	8 500
5.0	4 200	8 000	8 500	—
6.0	—	—	—	—
6.4	8 000	10 230	10 500	16 000

4.钉芯拆卸力

应大于 10 N,且仅适用于开口型抽芯铆钉。

二十、销

(一)开口销(GB/T 91—2000)

图 10-51

开口销的规格尺寸

表 10-216

长度 l(mm)			公 称 直 径 (mm)															
公称	min	max	0.6	0.8	1	1.2	1.6	2	2.5	3.2	4	5	6.3	8	10	13	16	20
4	3.5	4.5																
5	4.5	5.5																
6	5.5	6.5																
8	7.5	8.5																
10	9.5	10.5																
12	11	13																
14	13	15																
16	15	17			商品													
18	17	19																
20	19	21																
22	21	23																
25	24	26																
28	27	29																
32	30.5	33.5						规格										
36	34.5	37.5																
40	38.5	41.5																
45	43.5	46.6																
50	48.5	51.5																
56	54.5	57.5																
63	61.5	64.5									范围							
71	69.5	72.5																
80	78.5	81.5																
90	88	92																
100	98	102																
112	110	114																
125	123	127																
140	138	142																
160	158	162																
180	178	182																
200	198	202																
224	222	226																
250	248	252																
280	278	282																

注:经供需双方协议,允许采用公称直径为 3、6 和 12mm 的开口销。

(二)圆锥销(GB/T 117—2000)

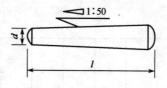

图 10-52

圆锥销的规格尺寸

表 10-217

公称长度 l(mm) \ 公称直径(d)(mm)	0.6	0.8	1	1.2	1.5	2	2.5	3	4	5	6	8	10	12	16	20	25	30	40	50
4																				
5																				
6																				
8																				
10																				
12																				
14					商															
16																				
18							品													
20																				
22																				
24								规												
26																				
28																				
30																				
32																				
35									格											
40																				
45																				
50																				
55												范								
60																				
65																				
70																				
75																				
80													围							
85																				
90																				
95																				
100																				
120																				
140																				
160																				
180																				
200																				

(三)带孔销(JB/ZQ 4359—2006)

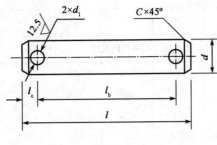

图　10-53

1.带孔销规格尺寸(mm)

表 10-218

外径 d	基本尺寸	30	36	40	45	50	60	70	80	90	100
	极限偏差	−0.065 −0.195		−0.08 −0.24				−0.10 −0.29		−0.12 −0.34	
孔直径 d_1	基本尺寸	6.3		8			10			12	
	极限偏差	+0.22 0		+0.22 0						+0.27 0	
C		3		4				5		6	
l_c		8		10			12	13		15	
开口销尺寸 (GB/T 91)		6.3×45		8×50	8×60	10×70	10×80	10×90	13×100	13×120	13×140

2.带孔销两孔之间长度范围(mm)

表 10-219

全长 l	外 径 d									
	30	36	40	45	50	60	70	80	90	100
	两孔间长度　　L_b(H13)									
60	44									
70	54	50								
80	64	60	60							
90	74	70	70	70						
100	84	80	80	80	76					
110	94	90	90	90	86					
120	104	100	100	100	96	96				
130	114	110	110	110	106	106				
140	124	120	120	120	116	116				
150	134	130	130	130	126	126	124			
160	144	140	140	140	136	136	134	130		
170	154	150	150	150	146	146	144	140		
180	164	160	160	160	156	156	154	150		
190	174	170	170	170	166	166	164	160		
200	184	180	180	180	176	176	174	170		

续表 10-219

全长 l	外径 d									
	30	36	40	45	50	60	70	80	90	100
	两孔间长度 L_b(H13)									
210	194	190	190	190	186	186	184	180	180	
220	204	200	200	200	196	196	194	190	190	
230	214	210	210	210	206	206	204	200	200	
240	224	220	220	220	216	216	214	210	210	210
250	234	230	230	230	226	226	224	220	220	220
260	244	240	240	240	236	236	234	230	230	230
270	254	250	250	250	246	246	244	240	240	240
280	264	260	260	260	256	256	254	250	250	250
290	274	270	270	270	266	266	264	260	260	260
300		280	280	280	276	276	274	270	270	270
320			300	300	296	296	294	290	290	290
340			320	320	316	316	314	310	310	310
360			340	340	336	336	334	330	330	330
380				360	356	356	354	350	350	350
400					376	376	374	370	370	370
420						396	394	390	390	390
440						416	414	410	410	410
460							434	430	430	430
480								450	450	450
500								470	470	470

3. 带孔销的重量(mm)

表 10-220

全长 l	外径 d									
	30	36	40	45	50	60	70	80	90	100
	每 1 000 个约重(kg)									
60	319									
70	315	501								
80	431	577	758							
90	486	652	855	1 090						
100	541	727	955	1 210	1 480					
110	596	802	1 050	1 340	1 640					
120	652	877	1 150	1 460	1 790	2 590				
130	706	952	1 250	1 590	1 940	2 810				
140	762	1 030	1 350	1 710	2 090	3 030				
150	818	1 100	1 450	1 840	2 240	3 250	4 440			

全长 l	外 径 d									
	30	36	40	45	50	60	70	80	90	100
	每 1 000 个约重(kg)									
160	874	1 180	1 540	1 960	2 400	3 480	4 760	6 170		
170	930	1 250	1 640	2 000	2 560	3 700	5 040	6 560		
180	985	1 330	1 740	2 210	2 720	3 920	5 350	6 960		
190	1 040	1 410	1 840	2 340	2 870	4 130	5 650	7 300		
200	1 090	1 480	1 940	2 460	3 020	4 360	5 960	7 750		
210	1 150	1 550	2 040	2 590	3 180	4 580	6 260	8 150	10 300	
220	1 220	1 630	2 140	2 710	3 330	4 800	6 560	8 540	10 830	
230	1 260	1 710	2 240	2 840	3 480	5 030	6 660	8 950	11 330	
240	1 320	1 780	2 330	2 960	3 640	5 250	7 160	9 340	11 830	14 620
250	1 370	1 860	2 430	3 090	3 780	5 430	7 460	9 710	12 330	15 240
260	1 430	1 930	2 530	3 210	3 940	5 680	7 760	10 110	12 820	15 850
270	1 480	2 010	2 630	3 330	4 100	5 900	8 060	10 510	13 320	16 450
280	1 540	2 090	2 730	3 460	4 250	6 120	8 360	10 900	13 820	17 080
290	1 600	2 160	2 830	3 590	4 400	6 350	8 660	11 300	14 320	17 700
300		2 230	2 930	3 710	4 560	6 580	8 960	11 700	14 820	18 380
320			3 120	3 960	4 870	7 030	9 580	12 500	15 820	19 520
340			3 320	4 210	5 180	7 470	10 180	13 270	16 820	20 890
360			3 520	4 460	5 490	7 920	10 760	14 060	17 820	22 000
380				4 710	5 780	8 350	11 390	14 850	18 820	23 240
400					6 100	8 780	12 000	15 600	19 820	24 450
420						9 230	12 600	16 430	20 820	25 720
440						9 680	13 210	17 250	21 820	26 920
460							13 800	18 010	22 810	28 180
480								18 800	23 810	29 420
500								19 600	24 810	30 650

(四)开槽无头螺钉(螺纹圆柱销)(GB/T 878—2007)

表 10-221

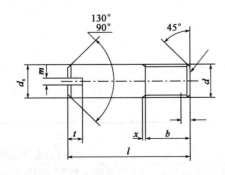

a 平端(GB/T2)。
b 不完整螺纹的长度a<2P。
c 45°仅适用于螺纹小径以内的末端部分。

单位:mm

螺纹规格 d		M1	M1.2	M1.6	M2	M2.5	M3	(M3.5)[a]	M4	M5	M6	M8	M10
螺距 P		0.25	0.25	0.35	0.4	0.45	0.5	0.6	0.7	0.8	1	1.25	1.5
b		1.2	1.4	1.9	2.4	3	3.6	4.2	4.8	6	7.2	9.6	12
d_s	min	0.86	1.06	1.46	1.86	2.36	2.85	3.32	3.82	4.82	5.82	7.78	9.78
	max	1.0	1.2	1.6	2.0	2.5	3.0	3.5	4.0	5.0	6.0	8.0	10.0
m	公称	0.2	0.25	0.3	0.3	0.4	0.5	0.5	0.6	0.8	1	1.2	1.6
	min	0.26	0.31	0.36	0.36	0.46	0.56	0.56	0.66	0.86	1.06	1.26	1.66
	max	0.40	0.45	0.50	0.50	0.60	0.70	0.70	0.80	1.0	1.2	1.51	1.91
t	min	0.63	0.63	0.88	1.0	1.10	1.25	1.5	1.75	2.0	2.5	3.1	3.75
	max	0.78	0.79	1.06	1.2	1.33	1.5	1.78	2.05	2.35	2.9	3.6	4.25
x	max	0.6	0.6	0.9	1	1.1	1.25	1.5	1.75	2	2.5	3.2	3.8

全长 l — 商品规格尺寸(✓)

公称	min	max	M1	M1.2	M1.6	M2	M2.5	M3	(M3.5)	M4	M5	M6	M8	M10
2.5	2.3	2.7	✓											
3	2.8	3.2	✓	✓										
4	3.7	4.3	✓	✓	✓									
5	4.7	5.3		✓	✓	✓	✓							
6	5.7	6.3			✓	✓	✓	✓						
8	7.7	8.3				✓	✓	✓	✓	✓				
10	9.7	10.3					✓	✓	✓	✓				
12	11.6	12.4							✓	✓	✓	✓		
(14)[a]	13.6	14.4								✓	✓	✓	✓	
16	15.6	16.4									✓	✓	✓	✓
20	19.6	20.4									✓	✓	✓	✓
25	24.6	25.4										✓	✓	✓
30	29.5	30.4											✓	✓
35	34.5	35.5												✓

注：开槽无头螺钉的材质有钢、不锈钢和有色金属；其机械性能等级分别为：钢：14H、22H、45H；不锈钢：A1－12H；有色金属：CU2、CU3、AL4。

第四节　建　筑　五　金

一、钢钉(GB 27704—2011)

1. 钢钉的分类

表 10-222

分类依据	类　别	
按使用方式分	手动工具锤击用钢钉	动力工具击打用钢钉
按形状或使用用途分	普通钉、地板钉、水泥钉、托盘钉、鼓头形钉、油毡钉、石膏板钉、双帽钉	普通卷钉用钉、塑排钉用钉、油毡卷钉用钉、纸排连接钉用钉、钢排连接钉用钉、T形头胶排钉

2.低碳钢钢钉的抗拉强度

表 10-223

公称直径(mm)	抗拉强度(MPa)	公称直径(mm)	抗拉强度(MPa)
>0.80~1.20	880~1 320	>2.50~3.50	685~1 120
>1.20~1.80	785~1 220	>3.50~5.00	590~1 030
>1.80~2.50	735~1 170	>5.00~10.00	540~930

使用优质碳素钢材料制造的钢钉抗拉强度应符合 YB/T 5303 的规定。

使用不锈钢材料制造的钢钉抗拉强度应符合 GB/T 4232 的规定。

3.钢钉的硬度

经过热处理获得较高硬度的钢钉,钉杆直径大于 2.2mm 的钢钉硬度应不小于 49 HRC;钉杆直径小于或等于 2.2mm 的钢钉硬度应不小于 45 HRC。

注:未经热处理的钢钉对硬度不做要求。

(一)普通钢钉

1.普通钢钉外形汇总

表 10-224

形 状	种 类	符 号	图 例
钉帽形状	花纹形帽	H	
	平头形帽	P	
钉杆形状	圆形杆	Y	
	螺旋纹形杆	LX	
	环纹形杆	HW	
	斜槽形杆	XC	
钉尖形状	菱形尖	L	

2. 普通钢钉规格尺寸

表 10-225

规格	钉长度 L(mm)	光杆钉杆直径 d(mm)	螺旋(斜槽)直径 d₁(mm)	环纹直径 d₂(mm)	螺旋、环纹允许偏差(mm)	喉长 L(mm)(参考)	钉尖角度 α(°)	帽径 D(mm)	帽厚 t(mm)(参考)	网纹间距 p(mm)(参考)
1.20×16	16	1.20	—	—	—	—	30±2	3.00	0.70	
1.20×20	20	1.20	—	—	—	—		3.00		
1.40×20	20	1.40	—	—	—	—		3.50	0.80	
1.40×25	25	1.40	—	—	—	—		3.50		
1.60×25	25	1.60	1.85	1.80	±0.10	3.00		3.90	0.90	0.80
1.60×30	30	1.60			±0.10			3.90		
1.80×30	30	1.80	2.05	2.00	±0.10	3.00		4.40	1.00	
1.80×35	35	1.80			±0.10			4.40		
2.00×40	40	2.00	2.25	2.20	±0.10	7.00		4.60	1.20	
2.20×40	40	2.20	2.45	2.40	±0.10	8.50		4.80	1.40	
2.50×45	45	2.50	2.75	2.70	±0.10	0.90		5.90	1.50	
2.50×50	50	2.50			±0.10			5.90		
2.80×50	50	2.80	3.05	3.00	±0.10	12.00		6.60	1.60	
2.80×60	60	2.80			±0.10			6.60		
3.10×65	65	3.10	3.35	3.30	±0.10	14.00	35±2	7.30	1.80	1.20
3.10×70	70	3.10			±0.10			7.30		
3.10×75	75	3.10			±0.10			7.30		
3.40×75	75	3.40	3.65	3.60	±0.10	25.00		7.90	2.00	
3.40×80	80	3.40			±0.10			7.90		
3.70×90	90	3.70	3.95	3.90	±0.10	35.00		8.60	2.20	
4.00×90	90	4.00	4.25	4.20	±0.10	35.00		9.50	2.90	
4.10×100	100	4.10	4.35	4.30	±0.10	—		9.50		
4.10×120	120	4.10			±0.10	—		9.50		
4.50×110	110	4.50	—	—	—	—		10.00	3.20	1.40
4.50×130	130	4.50	—	—	—	—		10.00		
5.00×130	130	5.00	—	—	—	—		11.00	3.50	
5.00×150	150	5.00	—	—	—	—		11.00		

钉长度 L 允许偏差：±1.20、±1.60、±2.00、±2.40、±2.80、±3.20、±3.60、±4.00（随长度分段）。
光杆钉杆直径 d 允许偏差：±0.03、±0.04、±0.05（随直径分段）。
帽径 D 允许偏差：±0.35、±0.40、±0.45、±0.50、±0.55（随帽径分段）。

注：①斜槽纹普通钉的直径以成品线最大线径为准。使用斜槽纹线材制作的普通钉对钉帽的圆度不作过严要求，以客户接受为限。
②对于螺旋纹普通钉，当钉杆直径≥4.1mm时，同一截面应是5道螺旋纹；当钉杆直径<4.1mm时，同一截面应是4道螺旋纹。
③表中"—"表示无此规格。
④碟角θ为参考值，推荐使用120°。螺旋纹角度为参考值，推荐为70°。

(二)地板钉

表 10-226

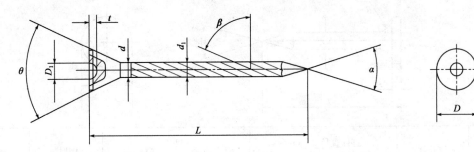

规格	钉长度 L(mm)		钉杆直径 d(mm)		螺旋直径 d₁(mm)		钉尖角度 α(°)	帽径 D(mm)		帽上凹穴直径 D₁ (mm)(参考)	帽厚 t(mm) (参考)	螺旋角度 β(°)
2.00×30	30	±1.20	2.00	±0.04	2.20	±0.10	32±2	3.50	±0.30	1.50	0.50	62
2.20×40	40		2.20		2.40			3.80				
2.50×30	30		2.50		2.75			4.40	±0.35	2.00	1.00	70
2.50×50	50	±1.60						4.40				±2
2.80×60	60	±2.40	2.80		3.10			4.60				
3.10×70	70	±2.80	3.10		3.40			5.40				
3.25×60	60	±2.40	3.25	±0.05	3.50			5.70				
3.40×80	80	±3.20	3.40		3.70			5.90				
4.50×60	60	±2.40	4.50		4.75			7.90	±0.40	2.50		

注:碟角 θ 为参考值,推荐使用25°、45°、60°。

(三)水泥钉

1.水泥钉外形汇总

表 10-227

形　状	种　类	符　号	图　例
钉帽形状	平头形帽	P	
	圆台帽	Y	
钉杆形状	圆形杆	Y	
	斜槽形杆	XC	
	直槽形杆	ZC	
钉尖形状	锥形尖	Z	
	菱形尖	L	

2.平头帽形水泥钉规格尺寸

表 10-228

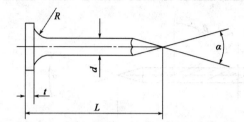 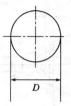

规格	钉长度 L(mm)	钉杆直径 d(mm)		钉尖角度 α(°)	帽径 D (mm)	帽厚 t (mm)≥	补强圆角 R(参考)
		光杆	斜(直)槽				
1.70×16	16	1.70		32			
1.80×14	14	1.80			3.50	0.60	
1.80×16	16		—		±0.30		1.00
1.80×18	18						
1.80×20	20						
2.00×18	18	2.00			4.00	0.80	
2.00×20	20						
2.20×20		±1.20			4.30		
2.20×23	23	2.20					
2.20×25	25	±0.04					
2.50×22	22					1.00	1.20
2.50×25	25	2.50			5.00		
2.50×28	28						
2.50×30	30		+0.08		±0.35		
2.80×18	18		−0.02	±5			
2.80×25	25						
2.80×32	32	2.80			5.50		
2.80×35	35	±1.60					
2.80×40	40						
2.80×50	50	±2.00				1.20	1.50
3.00×30	30		+0.10	35			
3.00×35	35	±1.60	−0.04		6.00		
3.00×40	40	3.00					
3.00×45	45						
3.00×50	50	±2.00			±0.40		
3.40×50		±0.05	+0.12				
3.40×60	60	3.40	−0.04		6.10		
3.40×65	65					1.40	2.00
3.70×50	50	±2.40					
3.70×60	60	3.70			6.60		

规格	钉长度 L(mm)	钉杆直径 d(mm)		钉尖角度 α(°)	帽径 D (mm)	帽厚 t (mm)≥	补强圆角 R(参考)
		光杆	斜(直)槽				
3.80×50	50						
3.80×60	60	3.80			6.80		
3.80×65	65					±0.40	
4.10×60	60						
4.10×70	70	±2.40	4.10			7.40	
4.10×65	65						
4.50×65							
4.50×70	70		4.50	+0.15 −0.04	35 ±5	8.10	1.40	2.00
4.50×75	75						
4.50×80	80					±0.45	
4.80×80		±3.20	4.80			8.60	
4.80×90	90						
5.00×90			5.00			9.00	
5.00×100	100	±3.60					
5.50×100			5.50			9.90	±0.50
5.50×130	130	±4.00		—			

注:①当斜槽形杆或直槽形杆水泥钉杆直径≥3.0mm时,钉杆上斜槽或直槽的数量为10道。
②当斜槽形杆或直槽形杆水泥钉杆直径<3.0mm时,钉杆上斜槽或直槽数量为8道。

3.圆台帽形水泥钉规格尺寸

表 10-229

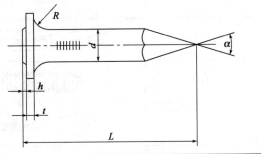 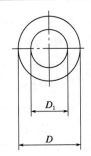

名 称	钉长度 L(mm)	钉杆直径 d(mm)	钉尖角度 α(°)	帽径 D (mm)	帽厚 t (mm)≥	台高 h (mm)参考	台径 D₁ (mm)(参考)
1.70×20	20	1.70					1.70
1.80×20	20	1.80		3.50 ±0.30	0.60		1.80
2.00×25	25	±1.20 2.00		4.00	0.80		2.00
2.20×30	30	2.20		4.30		0.30	2.20
2.50×30	30	2.50	32±5		1.00		
2.50×35	35	2.50		5.00 ±0.35			2.50
2.50×40	40	±1.60 2.50					
2.80×40	40	2.80		5.50	1.20	0.50	2.80
2.80×50	50	±2.00 2.80					

注:钉杆直径 d(mm) 公差 ±0.04

名　　称	钉长度 L(mm)		钉杆直径 d(mm)		钉尖角度 α(°)	帽径 D (mm)		帽厚 t (mm)≥	台高 h (mm)参考	台径 D₁ (mm)(参考)
3.20×60	60	±2.40	3.20			5.80	±0.35	1.20		3.20
3.40×50	50	±2.00	3.40			6.10				3.40
3.40×60	60	±2.40	3.40			6.10				3.40
3.70×60	60		3.70			6.40			0.50	3.60
3.80×70	70	±2.80	3.80		35±5	6.40		1.40		
3.80×80	80		3.80	±0.05		6.50	±0.40			3.80
3.80×90	90	±3.20	3.80			6.50				
3.80×100	100	±3.60	3.80			6.50				
4.10×70	70	±2.80	4.10			7.00				4.10
4.50×80	80		4.50			7.70				4.50
4.80×90	90	±3.20	4.80		38±5	8.20	±0.45	1.70	0.70	4.80
5.00×100	100	±3.60	5.00			8.50				5.00

(四)托盘钉

1.托盘钉外形汇总

表 10-230

形　状	种　类	符　号	图　　例
钉帽形状	平光形帽	P	⊕
钉杆形状	螺旋纹形杆	LX	
	环纹形杆	HW	
钉尖形状	菱形尖	L	钉尖角度40°、50°、60°
	无尖	W	

2.菱尖螺旋纹托盘钉规格尺寸(mm)

表 10-231

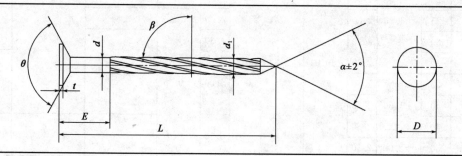

续表 10-231

规　格	钉长度 L	钉杆直径 d	螺旋、环纹直径 d_1		喉长 E (参考)	帽径 D		帽厚 $t \geqslant$	环纹间距 p(参考)
2.68×38.10	38.10								
2.68×44.50	44.50	2.68	3.00	2.95	14	6.40			
2.68×50.80	50.80								
2.68×57.20	57.20								
2.87×38.10	38.10				16				
2.87×41.30	41.30								
2.87×44.50	44.50								
2.87×50.80	50.80	2.87	3.17	3.12		7.05			
2.87×57.20	57.20								
2.87×60.30	63.30	±1.50	±0.05		±0.12	19	±0.20	0.60	1.20
2.87×63.50	60.50								
2.87×76.20	76.20								
3.05×41.30	41.30				16				
3.05×44.50	44.50								
3.05×50.80	50.80								
3.05×57.20	57.20	3.05	3.35	3.30		7.15			
3.05×60.30	60.30								
3.05×63.50	63.50				19				
3.05×76.20	76.20								

注：①托盘钉的钉尖为无尖或菱尖。

②搓丝角度 β 为参考值，推荐使用 65°。

③碟角 θ 为参考值，推荐使用 130°。

(五)油毡钉

表 10-232

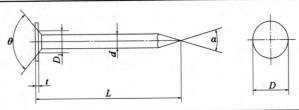

规　格	钉长度 L(mm)	钉杆直径 d(mm)	钉尖角度 α(参考)	帽径 D(mm)	碟径 D_1(mm)参考	帽厚 t(mm)(参考)
3.05×12.70	12.70					
3.05×15.90	15.90					
3.05×19.00	19.00	±1.20				
3.05×22.20	22.20					
3.05×25.40	25.40					
3.05×28.60	28.60	3.05　±0.05	35°	9.5　±0.50	5.60	0.70
3.05×31.80	31.80					
3.05×38.10	38.10					
3.05×44.50	44.50	±1.60				
3.05×50.80	50.80					
3.05×63.50	63.50					
3.05×76.20	76.20					

注：①油毡钉的钉杆可以为光杆、压花等。

②碟角 θ 为参考值，推荐使用 130°。

（六）鼓头钉

1.鼓头钉外形汇总

表 10-233

形 状	种 类	符 号	图 例
钉帽形状	平头形帽	P	
	花纹形帽	H	
	凹穴帽	A	
钉杆形状	圆形杆	Y	
钉尖形状	菱形尖	L	

2.网纹鼓头钉规格尺寸

表 10-234

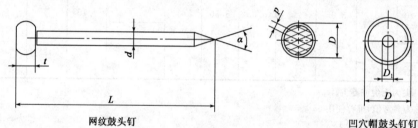

网纹鼓头钉　　　　　凹穴帽鼓头钉钉帽

注：穴径D_1为参考值，推荐为0.5mm，D为钉帽直径

规 格	钉长度L(mm)	钉杆直径d(mm)	钉尖角度(°)	帽径D(mm)	帽厚t(mm)	网纹间距p(mm)(参考)
1.00×12	12	1.00		1.40	±1.00	
1.00×15	15					
1.25×20	20	1.25 ±1.20		1.80		
1.25×25	25					
1.40×20	20	1.40	±0.03	2.00		
1.40×30	30				±0.20	
1.60×25	25	1.60		2.30		无网纹
1.60×30	30		32±5			
1.60×40	40				±0.20	
1.80×25	25	1.80 ±1.60		2.60		
1.80×30	30				1.80	
1.80×40	40					
2.00×30	30	2.00	±0.04	2.80	±0.30	
2.00×40	40					
2.00×45	45					
2.00×50	50					

规　格	钉长度 L(mm)	钉杆直径 d (mm)	钉尖角度(°)	帽径 D(mm)	帽厚 t(mm)	网纹间距 p (mm)(参考)
2.50×40	40	2.50		3.60	2.30	1.00
2.50×45	45					
2.50×50	50					
2.50×65	65					
2.80×40	40	±0.04				
2.80×45	45					
2.80×50	50	2.80		4.00	2.60	
2.80×55	55					
2.80×60	60					
2.80×65	65	±2.00	35±5	±0.30	±0.30	
3.15×50	50					1.20
3.15×65	65	3.15		4.50	3.00	
3.15×75	75					
3.75×75	75					
3.75×90	90	3.75	±0.05	5.30	3.50	1.40
3.75×100	100					
4.50×100	100	4.50		6.30	4.30	
5.60×125	125	5.60		7.80	5.00	
5.60×150	150					

注:钉帽可分有穴和无穴

(七)石膏板钉

1.石膏板钉外形汇总

表 10-235

形　状	种　类	符　号	图　例
头部形状	杯形帽	B	
钉杆形状	圆形杆	Y	
	螺旋纹形杆	LX	
	环纹形杆	H	
钉尖形状	菱形尖	L	

2.环纹石膏板钉规格尺寸

表 10-236

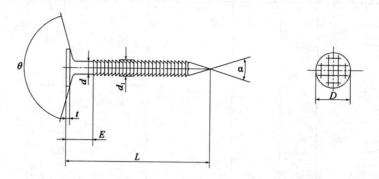

规　格	钉长度 L(mm)	钉杆直径 d(mm)	螺旋、环纹直径 d_1(mm)	喉长 E(mm)(参考)	钉尖角度 α(°)	帽径 D(mm)	帽厚 t(mm)
2.32×31.80	31.80						
2.32×34.90	34.90						
2.32×38.10	38.10						
2.32×41.30	41.30	2.32	2.60			7.20	
2.32×44.50	44.50						
2.32×47.60	47.60						
2.50×31.80	31.80			5			
2.50×34.90	34.90	±1.50	±0.05	±0.10	±1.50	25±5	±0.20	0.65	±0.15
2.50×38.10	38.10						
2.50×41.30	41.30	2.50	2.80			7.50	
2.50×44.50	44.50						
2.50×47.60	47.60						
2.50×50.80	50.80						
2.80×30.00	30.00	2.80	3.10	7		8.20	

注:碟角 θ 为参考值,推荐使用150°。

(八)双帽钉

表 10-237

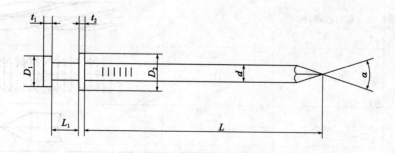

规　格	钉长度 L(mm)	钉杆直径 d(mm)		钉尖 α 角度(°)	上帽帽径 D_1(mm)		下帽帽径 D_2(mm)		上帽帽厚 t_1(mm)		下帽帽厚 t_2(mm)		两帽间距 L_1(mm)
2.90×45	45	2.90	±0.05		4.70		6.70		1.70		1.10		6.50
3.40×57	57	3.40			5.90		7.10		2.00		1.30		6.50
3.80×70	70	3.80			6.40		7.90		2.30		1.50		8.00
3.80×73	73	3.80	±0.08	30～40	6.40	±0.30	7.90	±0.30	2.30	±0.20	1.50	±0.20	8.00
4.10×76	76	4.10			7.10		8.70		2.50		1.60		9.50
4.90×89	89	4.90			7.90		9.50		3.00		2.00		9.50
5.30×102	102	5.30			8.30		11.10		3.10		2.10		11.00

（L 栏标注 ±1.50）

(九)普通卷钉用钉

1.普通卷钉用钉外形汇总

表 10-238

形　状	种　类	符　号	图　例
钉帽形状	平头螺纹形帽	PW	
	平头形帽	P	
钉杆形状	圆形杆	Y	
	环纹形杆	HW	
	螺旋纹形杆	LX	
钉尖形状	菱形尖	L	

2. 普通卷钉用钉规格尺寸

表10-239

规格	钉长度 L(mm)		钉杆直径 d(mm)		螺旋纹直径 d_1(mm)	环纹直径 d_2(mm)	螺旋纹 环纹 允许偏差(mm)	钉尖角度 α(°)(参考)	帽径 D(mm)		碟径 D_1(mm)(参考)	帽厚 t(mm)	
2.10×25	25	±1.20	2.10	±0.04	2.40	2.30	±0.10	35	4.80	±0.30	3.50	0.70	±0.10
2.10×32	32												
2.10×38	38	±1.50											
2.10×45	45												
2.10×50	50												
2.30×32	32	±1.20	2.30	±0.04	2.60	2.50	±0.10	35	5.60	±0.30	4.00	0.80	±0.10
2.30×38	38												
2.30×45	45	±1.50											
2.30×50	50												
2.30×57	57	±2.00											
2.50×45	45	±1.50	2.50	±0.04	2.80	2.70	±0.10	35	6.00	±0.30	4.00	0.80	±0.10
2.50×50	50												
2.50×55	55												
2.50×57	57	±2.00											
2.50×60	60												
2.50×65	65												

续表 10-239

规格	钉长度 L(mm)		钉杆直径 d(mm)		螺旋纹直径 d_1(mm)	环纹直径 d_2(mm)	螺旋纹、环纹允许偏差(mm)	钉头角度 α(°)(参考)	帽径 D(mm)		碟径 D_1(mm)(参考)	帽厚 t(mm)	
2.87×50	50	±2.00	2.87	±0.04	3.20	3.10	±0.10	35	7.00	±0.30	5.00	1.00	±0.10
2.87×55	55												
2.87×57	57												
2.87×60	60												
2.87×65	65												
2.87×70	70	±2.40	2.87	±0.04	3.20	3.10	±0.10	35	7.00	±0.30	5.00	1.00	±0.1
2.87×75	75												
3.05×60	60	±2.00	3.05	±0.05	3.30	3.20	±0.10	35	7.00	±0.30	5.00	1.10	±0.10
3.05×65	65												
3.05×70	70												
3.05×75	75	±2.40											
3.05×80	80												
3.05×83	83												
3.05×85	85												
3.05×90	90												
3.33×70	70	±2.40	3.33	±0.05	3.60	3.50	±0.10	35	7.20	±0.30	5.60	1.10	±0.10
3.33×75	75												
3.33×80	80												
3.33×83	83												
3.33×85	85												
3.33×90	90												
3.33×100	100												

续表 10-239

规格	钉长度 L(mm)	钉杆直径 d(mm)	螺旋纹直径 d_1(mm)	环纹直径 d_2(mm)	螺旋纹、环纹允许偏差(mm)	钉尖角度 α(°)(参考)	帽径 D(mm)	碟径 D_1(mm)(参考)	帽厚 t(mm)
3.40×45	45 ±1.50	3.40 ±0.05	3.70	3.60	±0.10	35	7.20 ±0.30	5.60	1.10 ±0.10
3.40×50	50 ±1.50	3.40 ±0.05	3.70	3.60	±0.10	35	7.20 ±0.30	5.60	1.10 ±0.10
3.40×57	57 ±2.00	3.40 ±0.05	3.70	3.60	±0.10	35	7.20 ±0.30	5.60	1.10 ±0.10
3.40×60	60 ±2.00	3.40 ±0.05	3.70	3.60	±0.10	35	7.20 ±0.30	5.60	1.10 ±0.10
3.40×65	65 ±2.00	3.40 ±0.05	3.70	3.60	±0.10	35	7.20 ±0.30	5.60	1.10 ±0.10
3.40×70	70 ±2.40	3.40 ±0.05	3.70	3.60	±0.10	35	7.20 ±0.30	5.60	1.10 ±0.10
3.40×75	75 ±2.40	3.40 ±0.05	3.70	3.60	±0.10	35	7.20 ±0.30	5.60	1.10 ±0.10
3.40×80	80 ±2.40	3.40 ±0.05	3.70	3.60	±0.10	35	7.20 ±0.30	5.60	1.10 ±0.10
3.40×85	85 ±2.40	3.40 ±0.05	3.70	3.60	±0.10	35	7.20 ±0.30	5.60	1.10 ±0.10
3.40×90	90 ±2.40	3.40 ±0.05	3.70	3.60	±0.10	35	7.20 ±0.30	5.60	1.10 ±0.10
3.40×100	100 ±2.40	3.40 ±0.05	3.70	3.60	±0.10	35	7.20 ±0.30	5.60	1.10 ±0.10
3.75×70	70 ±2.40	3.75 ±0.05	3.70	3.60	±0.10	35	7.20 ±0.30	5.60	1.10 ±0.10
3.75×75	75 ±2.40	3.75 ±0.05	3.70	3.60	±0.10	35	7.20 ±0.30	5.60	1.10 ±0.10
3.75×80	80 ±2.40	3.75 ±0.05	3.70	3.60	±0.10	35	7.20 ±0.30	5.60	1.10 ±0.10
3.75×85	85 ±2.40	3.75 ±0.05	3.70	3.60	±0.10	35	7.20 ±0.30	5.60	1.10 ±0.10
3.75×90	90 ±2.40	3.75 ±0.05	3.70	3.60	±0.10	35	7.20 ±0.30	5.60	1.10 ±0.10
3.75×100	100 ±2.40	3.75 ±0.05	4.10	4.00	±0.10	35	7.60 ±0.30	5.60	1.30 ±0.10
4.10×57	57 ±2.40	4.10 ±0.05	4.10	4.00	±0.10	35	7.60 ±0.30	5.60	1.30 ±0.10
4.10×60	60 ±2.40	4.10 ±0.05	4.10	4.00	±0.10	35	7.60 ±0.30	5.60	1.30 ±0.10
4.10×64	64 ±2.40	4.10 ±0.05	4.10	4.00	±0.10	35	7.60 ±0.30	5.60	1.30 ±0.10
4.10×75	75 ±2.40	4.10 ±0.05	4.40	4.30	±0.10	35	7.60 ±0.50	5.60	1.40 ±0.10
4.10×83	83 ±2.40	4.10 ±0.05	4.40	4.30	±0.10	35	7.60 ±0.50	5.60	1.40 ±0.10
4.10×90	90 ±2.40	4.10 ±0.05	4.40	4.30	±0.10	35	7.60 ±0.50	5.60	1.40 ±0.10
4.10×100	100 ±2.40	4.10 ±0.05	4.40	4.30	±0.10	35	7.60 ±0.50	5.60	1.40 ±0.10

注：碟角 θ 为参考值，推荐使用130°。

(十)钢排连接钉用钉(mm)

表 10-240

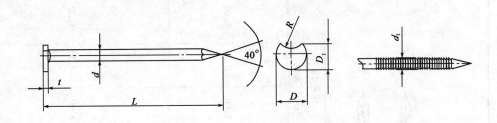

规 格	钉长度 L		钉杆直径 d	环纹直径 d_1	帽径 D		帽径 D_1(参考)	帽厚 t	
2.80×50	50.80	±1.80						1.08	±0.14
2.80×60	57.20		2.87	3.10					
2.80×65	63.50	±2.00	±0.04	±0.10	7.00	±0.30	5.80		
3.00×75	75.40		3.06	3.20				1.46	±0.19
3.30×90	88.20		3.33	3.50				1.96	±0.20

(十一)塑排钉用钉

1. 塑排钉用钉外形汇总

表 10-241

形 状	种 类	符 号	图 例
钉帽形状	花纹形帽	W	
	平头形帽	P	
钉杆形状	圆形杆	Y	
	环纹形杆	HW	
	螺旋纹形杆	LX	
钉尖形状	菱形尖	L	

2. 塑排钉用钉的规格尺寸

表 10-242

规格	钉长度 L(mm)	钉杆直径 d(mm)	螺旋纹直径 d_1(mm)	环纹直径 d_2(mm)	螺旋纹、环纹允许偏差(mm)	钉尖角度 α(°)(参考)	帽径 D(mm)	碟径 D_1(mm)(参考)	帽厚 t(mm)
2.8×50	50								
2.87×57	57								
2.87×60	60	2.87	3.20	3.10	±0.10	35	7.00	5.00	1.00
2.87×64	64	±0.04					±0.30	±0.30	±0.10
2.87×76	76								
	0 −1.50								
3.05×50	50								
3.05×57	57								
3.05×60	60	3.05	3.30	3.20	±0.10	35	7.00	5.00	1.20
3.05×64	64	±0.05					±0.30	±0.30	±0.10
3.05×76	76								
3.05×83	83								
3.05×86	86								
3.05×90	90	0 −1.50							

续表 10-242

规格	钉长度 L(mm)	钉杆直径 d(mm)	螺旋纹直径 d_1(mm)	环纹直径 d_2(mm)	螺旋纹、环纹允许偏差(mm)	钉尖角度 α(°)(参考)	帽径 D(mm)	碟径 D_1(mm)(参考)	帽厚 t(mm)
3.33×57	57	3.33 ±0.05	3.60	3.50	±0.10	35	7.00 ±0.30	5.00 ±0.30	1.20 ±0.10
3.33×60	60	3.33 ±0.05	3.60	3.50	±0.10	35	7.00 ±0.30	5.00 ±0.30	1.20 ±0.10
3.33×64	64	3.33 ±0.05	3.60	3.50	±0.10	35	7.00 ±0.30	5.00 ±0.30	1.20 ±0.10
3.33×76	76	3.33 ±0.05	3.60	3.50	±0.10	35	7.00 ±0.30	5.00 ±0.30	1.20 ±0.10
3.33×83	83	3.33 ±0.05	3.60	3.50	±0.10	35	7.00 ±0.30	5.00 ±0.30	1.20 ±0.10
3.33×86	86	3.33 ±0.05	3.60	3.50	±0.10	35	7.00 ±0.30	5.00 ±0.30	1.20 ±0.10
3.33×90	90	3.33 ±0.05	3.60	3.50	±0.10	35	7.00 ±0.30	5.00 ±0.30	1.20 ±0.10
3.43×57	57	3.43 ±0.05	3.70	3.60	±0.10	35	7.20 ±0.30	5.20 ±0.30	1.30 ±0.10
3.43×60	60	3.43 ±0.05	3.70	3.60	±0.10	35	7.20 ±0.30	5.20 ±0.30	1.30 ±0.10
3.43×64	64	3.43 ±0.05	3.70	3.60	±0.10	35	7.20 ±0.30	5.20 ±0.30	1.30 ±0.10
3.43×76	76	3.43 ±0.05	3.70	3.60	±0.10	35	7.20 ±0.30	5.20 ±0.30	1.30 ±0.10
3.43×83	83	3.43 ±0.05	3.70	3.60	±0.10	35	7.20 ±0.30	5.20 ±0.30	1.30 ±0.10
3.43×86	86	3.43 ±0.05	3.70	3.60	±0.10	35	7.20 ±0.30	5.20	1.30
3.43×90	90	3.43 ±0.05	3.70	3.60	±0.10	35	7.20 ±0.30	5.20	1.30
3.75×57	57	3.75 ±0.05	4.00	3.90	±0.10	35	7.60 ±0.30	5.20	1.30
3.75×60	60	3.75 ±0.05	4.00	3.90	±0.10	35	7.60 ±0.30	5.20	1.30
3.75×64	64	3.75 ±0.05	4.00	3.90	±0.10	35	7.60 ±0.30	5.20	1.30
3.75×76	76	3.75 ±0.05	4.00	3.90	±0.10	35	7.60 ±0.30	5.20	1.30
3.75×83	83	3.75 ±0.05	4.00	3.90	±0.10	35	7.60 ±0.30	5.20	1.30
3.75×86	86	3.75 ±0.05	4.00	3.90	±0.10	35	7.60 ±0.30	5.20	1.30
3.75×90	90	3.75 ±0.05	4.00	3.90	±0.10	35	7.60 ±0.30	5.20	1.30
4.10×57	57	4.10 ±0.05	4.40	4.30	±0.10	35	7.60 ±0.30	5.20	1.40
4.10×60	60	4.10 ±0.05	4.40	4.30	±0.10	35	7.60 ±0.30	5.20	1.40
4.10×64	64	4.10 ±0.05	4.40	4.30	±0.10	35	7.60 ±0.30	5.20	1.40
4.10×76	76	4.10 ±0.05	4.40	4.30	±0.10	35	7.60 ±0.30	5.20	1.40
4.10×83	83	4.10 ±0.05	4.40	4.30	±0.10	35	7.60 ±0.30	5.20	1.40
4.10×86	86	4.10 ±0.05	4.40	4.30	±0.10	35	7.60 ±0.30	5.20	1.40

注：碟角 θ 为参考值，推荐使用 130°。

(十二)油毡卷钉用钉

表 10-243

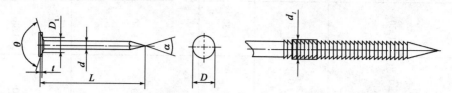

规 格	钉长度 L	(mm)	钉杆直径 d(mm)		环纹直径 d_1(mm)		钉尖角度 α (°)参考	帽径 D (mm)		碟径 D_1 (mm)(参考)	帽厚 t (mm)	
3.05×22	22	±1.00	3.05	±0.05	3.20	±0.10	35	9.50	±0.30	5.60	0.70	±0.10
3.05×25	25											
3.05×32	32	±1.20										
3.05×38	38	±1.50										
3.05×45	45	±1.50										

注:碟角 θ 为参考值,推荐使用 130°。

(十三)T 形头胶排钉(mm)

表 10-244

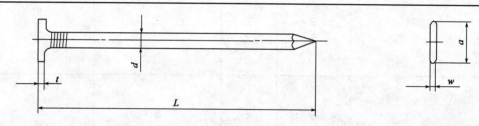

规 格	钉长度 L	钉杆直径 d	帽长 a		帽厚 t	
2.00×25	25	2.03	6.00	±0.20	1.40	±0.13
2.00×32	32					
2.20×18	18					
2.20×25	25					
2.20×32	32					
2.20×38	38	2.18				
2.20×45	45					
2.20×50	50	±0.80	0 −0.02	6.00	1.53	
2.20×57	57					
2.20×64	64					
2.50×32	32			±0.25		
2.50×38	38					
2.50×45	45					
2.50×50	50	2.51	8.12		1.59	±0.19
2.50×55	55					
2.50×65	64					

注:钉头厚度 w 和钉杆部直径 d 用相同尺寸,其允许误差为 $^{+0.04}_{0}$。

(十四)纸排连接钉用钉

表 10-245

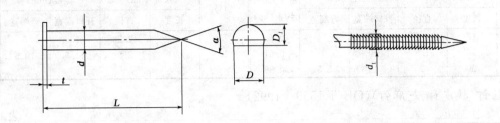

规　格	钉长度 L(mm)	钉杆直径 d(mm)		环纹直径 d_1(mm)		钉尖角度 α (°)参考	帽径 D (mm)		帽小径 D_1 (mm)(参考)	帽厚 t (mm)	
2.87×50	50	±2.00	±2.87 ±0.04	3.10	±0.10	38	7.20	±0.50	5.25	1.40	±0.10
2.87×60	60										
2.87×65	65										
2.87×70	70										
2.87×75	75										
3.05×60	60	±2.00	3.05 ±0.05	3.20	±0.10	38	7.20	±0.50	5.25	1.40	±0.10
3.05×65	65										
3.05×70	70										
3.05×75	75										
3.05×80	80										
3.05×85	85										
3.05×90	90										
3.05×100	100										
3.15×60	60	±2.00	3.15 ±0.05	3.30	±0.10	38	7.20	±0.50	5.25	1.40	±0.10
3.15×65	65										
3.15×70	70										
3.15×75	75										
3.15×80	80										
3.15×85	85										
3.15×90	90										
3.15×100	100										
3.33×60	60	±2.00	3.30 ±0.05	3.50	±0.10	38	7.20	±0.50	5.25	1.40	±0.10
3.33×65	65										
3.33×70	70										
3.33×75	75										
3.33×80	80										
3.33×85	85										
3.33×90	90										
3.33×100	100										

（十五）其他常用钉

1.骑马钉（止钉）

表 10-246

型号	尺寸(mm)		宽度(mm)		每1000个约重(kg)	型号	尺寸(mm)		宽度(mm)		每1000个约重(kg)
	长度	直径	开口端宽	弯端宽			长度	直径	开口端宽	弯端宽	
13	13	1.8	8.5	7	0.48	25	25	2.2	13	9	1.36
16	16	1.8	10	8	0.61	30	30	2.8	14.5	10.5	2.43
20	20	2	12	8.5	0.89						

2.鞋钉（秋皮钉、芝麻钉）（QB/T 1559—1992）

表 10-247

全长(mm)		10	13	16	19	22	25
普通型	钉帽直径不小于(mm)	3.1	3.4	3.9	4.4	4.7	4.9
	每100克个数(参考)	1100	660	410	290	230	190
重型	钉帽直径不小于(mm)	4.5	5.2	5.9	6.1	6.6	7.0
	每100克个数(参考)	640	420	290	210	160	130

3.圆柱头多线瓦楞螺钉（白铁瓦楞钉）

表 10-248

钉长(mm)	65	75	90	100
直径(mm)	6.7			

4.瓦楞钉

表 10-249

钉身直径		3.73	3.37	3.02	2.74	2.38
钉帽直径	mm	20	20	18	18	14
除帽长度		每1000只约重(kg)				
38		6.3	5.58	4.53	3.74	2.3
44.5		6.75	6.01	4.9	4.03	2.38
50.8		7.35	6.44	5.25	4.32	2.46
63.5		8.35	7.3	6.17	4.9	—

5.瓦楞垫圈和羊毛毡垫圈

表 10-250

名 称	公称直径(mm)	内径(mm)	外径(mm)	厚度(mm)
瓦楞垫圈	7	7	32	1.5
羊毛毡垫圈	6	6	30	4.8、6.4、8

二、混凝土用膨胀型锚栓（GB/T 22795—2008）

混凝土用膨胀型锚栓是由碳钢、合金钢或不锈钢制造的、螺纹规格为 M5～M24，是适用于普通混凝土上锚固的紧固锚栓。碳钢制膨胀锚栓表面应镀锌处理。

混凝土用膨胀型锚栓分为：螺杆型（LG 型）、内迫型（NP 型）、外迫型（WP 型）、锥帽型（ZM 型）、套管加强型（TGQ 型）、套管型（TG）型、双套管型（STG 型）和击钉型（JD 型）8 种形式。

1.螺杆型膨胀锚栓（LG 型）

螺杆型膨胀锚栓由锥形螺杆、膨胀片、六角螺母和平垫圈组成，其基本尺寸见表 10-251。

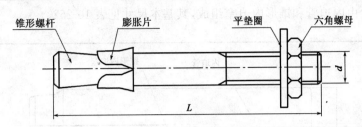

螺纹规格	M6	M8	M10	M12	M14	M16	M20	M24
公称直径 d(mm)	6	8	10	12	14	16	20	24
L(mm)公称								
40	√							
45	√							
50		√						
55	√	√						
60		√	√					
65	√	√	√					
70	√	√	√	√				
75			√	√				
80		√	√	√	√			
85	√	√	√	√		√		
90		√	√			√		
95		√	√	√	√			
100	√	√	√	√		√		
105		√				√		
110		√		√	√			
115		√	√	√				
120		√	√	√		√	√	
125						√		
130		√	√	√	√			
135		√		√				
140			√	√		√		
145						√		
150			√	√				
160			√	√	√		√	
170				√			√	
175						√		
180				√	√	√	√	
190						√		√
200				√		√	√	
215						√	√	√
220						√	√	
240				√		√		
250						√		√
260							√	
300				√				√

注:①锚栓的公称长度公差按 GB/T 3103.1 的规定。

②打"√"为商品规格。

2.内迫型膨胀锚栓(NP 型)

内迫型膨胀锚栓由内迫管和锥形内迫塞组成,其基本尺寸见表10-252。

表 10-252

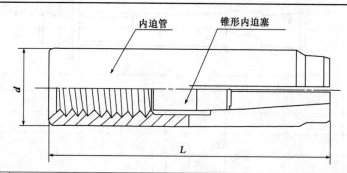

螺纹规格	M6	M8	M10	M12	M12[a]	M16	M20
公称直径 d(mm)	8	10	12	15	16	20	25
L(mm)公称							
25	√	√					
30	√	√	√				
40			√				
50				√	√		
65						√	
80							√

注:①～②同表 10-251。
　　③[a] 加强型。

3.外迫型膨胀锚栓(WP 型)

外迫型膨胀锚栓由外迫管和锥形外迫塞组成,其基本尺寸见表10-253。

表 10-253

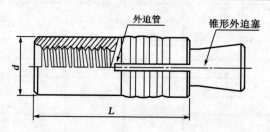

螺纹规格	M6	M8	M10	M12	M16
公称直径 d(mm)	10	12	14	18	22
L(mm)公称					
30	√				
35		√			
40			√		
52				√	
60					√

注:同表 10-251。

4.锥帽型膨胀锚栓(ZM 型)

锥帽型膨胀锚栓由六角头螺栓、平垫圈、套管和锥形螺母组成,其基本尺寸见表10-254。

表 10-254

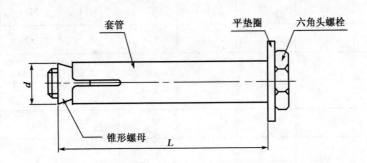

螺纹规格	M6	M8	M10	M12	M16
公称直径 d(mm)	8	10	12	16	20
L(mm)公称					
45	√				
50	√	√			
60		√	√		
70		√	√	√	
80		√	√	√	
90				√	
100			√	√	
105				√	
110				√	√
130				√	

注:同表 10-251

5.套管加强型膨胀锚栓(TGQ 型)

套管加强型膨胀锚栓由螺栓、套管、六角螺母、弹簧垫圈和平垫圈组成,其基本尺寸见表 10-255。

表 10-255

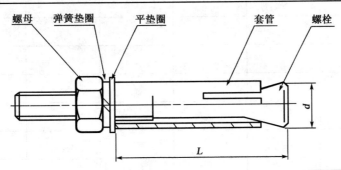

螺纹规格	M6	M8	M10	M12	M14	M16	M18	M20
公称直径 d(mm)	10	12	14	16	18	22	25	25
L(mm)公称								
40	√							
50		√						
60			√					
75				√				

续表 10-255

螺纹规格	M6	M8	M10	M12	M14	M16	M18	M20
公称直径 d(mm)	10	12	14	16	18	22	25	25
L(mm)公称								
85					✓			
100						✓		
115							✓	✓

注:同表 10-251。

6.套管型膨胀锚栓(TG 型)

套管型膨胀锚栓由锥形螺杆、套管和六角法兰面螺母组成,其基本尺寸见表 10-256。

表 10-256

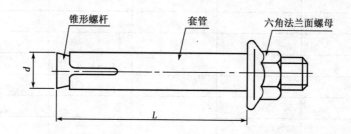

螺纹规格	M5	M6	M8	M10	M12	M16
公称直径 d(mm)	6.5	8	10	12	16	20
L(mm)公称						
18	✓					
25	✓	✓				
40		✓	✓			
50						
60		✓	✓	✓		
65		✓			✓	
75	✓			✓		✓
85		✓			✓	
120			✓			
125			✓			

注:同表 10-251。

7.双套管型膨胀锚栓(STG 型)

双套管型膨胀锚栓由螺杆、螺母、平垫圈、抗剪套管、间隔套管、膨胀片和锥形螺母组成,其基本尺寸见表 10-257。

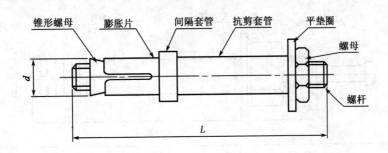

螺纹规格	M6	M8	M10	M12	M16	M20	M24
公称直径 d(mm)	10	12	15	18	24	28	32
L(mm)公称							
85	√						
90		√					
100	√		√				
105		√					
110			√				
115			√				
120		√		√			
125	√		√				
130		√					
135			√	√			
140				√			
150			√		√		
160				√			
165				√	√		
170					√	√	
190					√	√	
200						√	
220						√	
230						√	
250							√
280							√

注:同表 10-251。

8. 击钉型膨胀锚栓(JD 型)

击钉型膨胀锚栓由螺杆,嵌入式垫片螺母和击钉组成,其基本尺寸见表 10-258。

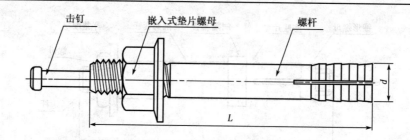

螺纹规格	M6	M8	M10	M12	M16	M20
公称直径 d(mm)	6	8	10	12	16	20
L(mm)公称						
40		√				
45	√					
50	√	√	√			
60	√		√	√		
65	√	√		√		
70		√	√			
75		√	√	√		
80		√	√		√	
90				√		
100			√	√	√	√
120			√	√	√	
130						√
150			√		√	√
154				√		
190					√	√
230						√

注:同表 10-251。

9.锚栓的标记

(1)标记方法按 GB/T 1237 规定。

(2)标记示例

公称直径 d=12mm、长度 l=100mm、由碳钢制造的、表面镀锌处理的螺杆型膨胀锚栓的标记:

锚栓 GB/T 22795 M12×100－LG

公称直径 d=12mm、长度 l=100mm、由碳钢制造的、表面镀锌处理的内迫型膨胀锚栓的标记:

锚栓 GB/T 22795 M12X100－NP

公称直径 d=12mm、长度 l=100mm、由碳钢制造的、表面镀锌处理的外迫型膨胀锚栓的标记:

锚栓 GB/T 22795 M12×100－WP

公称直径 d=12mm、长度 l=100mm、由碳钢制造的、表面镀锌处理的锥帽型膨胀锚栓的标记:

锚栓 GB/T 22795 M12×100－ZM

公称直径 d=12mm、长度 l=100mm、由碳钢制造的、表面镀锌处理的套管加强型膨胀锚栓的标记:

锚栓 GB/T 22795 M12×100－TGQ

公称直径 d=12mm、长度 l=100mm、由碳钢制造的、表面镀锌处理的套管型膨胀锚栓的标记:

锚栓　GB/T 22795　M12×100—TG

公称直径 d＝12mm、长度 l＝100mm、由碳钢制造的、表面镀锌处理的双套管型膨胀锚栓的标记：

锚栓　GB/T 22795　M12×100—STG

公称直径 d＝12mm、长度 l＝100mm、由碳钢制造的、表面镀锌处理的击钉型膨胀锚栓的标记：

锚栓 GB/T 22795　M12×100—JD

三、六角头预应力螺栓（JB/ZQ 4322—2006）

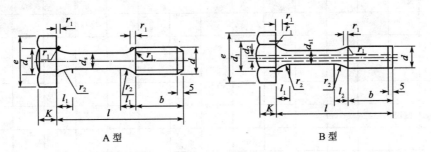

A 型　　　　　　　　　　B 型

图 10-54　锚栓

1. 六角头预应力螺栓规格尺寸（mm）

表 10-259

螺纹规格 $d\times p$	基 本 尺 寸									F_k mm²	F_T mm²	B 型有关尺寸					安装尺寸		
	b	d_1	d_s	K	e	S	l_1	r_1	r_2			d_{s1}	d_2	l_2	F_{kB} mm²	F_{TB} mm²	T_1	T_2	t
M27×2	35	27	20	17	45.6	41	13.3	2	45	473	314	21	10	11.0	394	267	44	51	4
M30×2	39	30	22	19	51.3	46	12.1	3	45	596	380	23	10	9.4	517	337	47	54	4
M33×2	43	33	24	21	55.8	50	14.0	3	45	733	452	25	10	12.0	654	412	51	58	4
M36×3	46	36	26	23	61.3	55	15.7	3	45	820	531	27	10	14.0	741	493	59	68	6
M39×3	50	39	28	25	67.0	60	16.9	4	60	979	616	29	10	14.2	900	581	63	72	6
M42×3	54	42	30	26	72.6	65	18.8	4	60	1 153	707	31	10	16.7	1 074	676	67	76	6
M45×3	58	45	33	28	78.3	70	18.8	4	60	1 341	855	34	10	16.7	1 262	829	71	80	6
M48×3	62	48	35	30	83.9	75	20.3	4	60	1 542	962	36	10	18.6	1 463	939	75	84	6
M52×3	67	52	39	33	89.6	80	23.5	4	80	1 834	1 195	40	10	21.3	1 755	1 178	80	89	6
M56×4	72	56	41	35	95.1	85	20.7	6	80	2 050	1 320	43	20	14.8	1 736	1 138	89	100	8
M60×4	78	60	44	38	100.7	90	23.1	6	80	2 383	1 521	46	20	18.3	2 069	1 348	94	105	8
M64×4	83	64	47	40	106.4	95	24.9	6	80	2 742	1 735	49	20	20.3	2 428	1 572	100	111	8
M68×4	88	68	51	43	112.0	100	23.7	7	100	3 126	2 043	52	20	20.7	2 812	1 810	105	116	8
M72×4	93	72	54	45	117.7	105	26.1	7	100	3 535	2 290	55	20	23.7	3 221	2 062	110	121	8
M76×4	99	76	57	48	123.3	110	28.2	7	100	3 969	2 552	58	20	26.3	3 655	2 328	115	126	8
M80×4	104	80	60	50	129.0	115	30.4	7	100	4 429	2 827	61	20	28.2	4 115	2 608	120	131	8
M90×4	117	90	68	57	145.8	130	34.4	8	130	5 687	3 632	69	20	31.6	5 373	3 425	133	144	8
M100×4	130	100	76	63	162.7	145	38.3	8	130	7 102	4 536	77	20	36.8	6 788	4 343	146	157	8

注：①F_k 为 A 型螺纹有效截面积。

　　②F_T 为 A 型中部截面积。

　　③F_{kB} 为 B 型螺纹有效截面积。

　　④F_{TB} 为 B 型中部截面积。

　　⑤螺栓用材料：25CrMo；螺纹公差：6 g；产品等级：B 级。

2. 六角头预应力螺栓重量(mm)

表 10-260

螺纹规格 d×p	M27 ×2	M30 ×2	M33 ×2	M36 ×3	M39 ×3	M42 ×3	M45 ×3	M48 ×3	M52 ×3	M56 ×4	M60 ×4	M64 ×4	M68 ×4	M72 ×4	M76 ×4	M80 ×4	M90 ×4	M100 ×4
长度 l								每个约重(kg)										
140	0.60																	
150	0.63																	
160	0.65	0.83																
170	0.68	0.86																
180	0.70	0.89	1.10															
190	0.73	0.92	1.14	1.42														
200	0.75	0.95	1.17	1.46	1.76													
220	0.80	1.01	1.21	1.54	1.86	2.21												
240	0.85	1.07	1.25	1.63	1.96	2.32	2.80											
260	0.90	1.13	1.29	1.71	2.05	2.43	2.93	3.45										
280	0.95	1.19	1.33	1.79	2.15	2.54	3.07	3.60	4.47									
300	1.00	1.25	1.37	1.87	2.25	2.65	3.20	3.75	4.66	5.37								
320	1.05	1.31	1.41	1.95	2.35	2.76	3.34	3.90	4.84	5.58	6.59							
340	1.10	1.37	1.45	2.03	2.45	2.87	3.47	4.05	5.03	5.79	6.83	7.89						
360	1.15	1.43	1.49	2.11	2.55	2.98	3.60	4.20	5.22	6.00	7.07	8.16	9.62					
380		1.49	1.53	2.19	2.65	3.09	3.73	4.35	5.41	6.20	7.31	8.43	9.94	11.31				
400		1.55	1.57	2.27	2.75	3.21	3.86	4.50	5.60	6.41	7.55	8.71	10.26	11.67	13.26			
420			1.61	2.35	2.85	3.31	3.99	4.65	5.79	6.62	7.79	8.98	10.58	12.03	13.66	15.35		
440			1.65	2.43	2.95	3.42	4.12	4.80	5.98	6.83	8.03	9.25	10.90	12.39	14.06	15.80		
460				2.51	3.05	3.53	4.25	4.95	6.17	7.04	8.27	9.52	11.22	12.75	14.46	16.24		
480					3.15	3.64	4.38	5.10	6.36	7.25	8.51	9.79	11.54	13.11	14.86	16.68	22.36	
500					3.20	3.75	4.51	5.25	6.55	7.46	8.75	10.06	11.86	13.47	15.26	17.13	22.93	
550							4.85	5.62	7.02	7.99	9.35	10.74	12.66	14.37	16.26	18.25	24.36	31.46
600								5.99	7.49	8.50	9.95	11.41	13.46	15.27	17.26	19.37	25.79	33.24
650									7.96	9.02	10.55	12.09	14.26	16.17	18.26	20.49	27.22	35.02
700										9.54	11.15	12.76	15.06	17.07	19.26	21.61	27.65	36.79
750											11.75	13.44	15.86	17.97	20.26	22.73	30.08	38.57
800												14.11	16.66	18.87	21.26	23.85	31.51	40.34
850													17.46	19.77	22.26	24.97	32.94	42.12
900														20.67	23.26	26.09	34.37	43.89
950															24.26	27.21	35.80	45.67
1 000																28.33	37.23	47.44

注:重量以 A 型螺栓尺寸计算。

3.应用示例

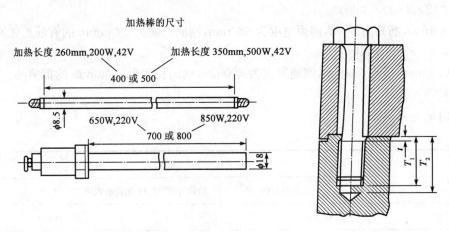

加热棒的尺寸

加热长度260mm,200W,42V 加热长度350mm,500W,42V

400 或 500

φ8.5

650W,220V 850W,220V

700 或 800

φ18

T_1 T_2 t

图 10-55 螺栓应用示例图

四、金属筛网

(一)钢板网(QB/T 2959—2008)

钢板网通常采用低碳钢、不锈钢等材料制作。适用于工业与民用建筑、装备制造业、交通、水利、市政工程以及耐用消费品等方面。

1.钢板网的分类

表 10-261

分类依据	类 别 及 代 号		
按产品形式分	普通钢板网(各类用板材拉制而成的以菱形孔为主的网)	有筋扩张网(以低碳钢热镀锌板为主要材料,经机械拉伸加工制成、有连续凸出的筋骨的钢板网)	批荡网(以低碳钢热镀锌板为主要材料,经机械滚切扩张工艺制成的钢板网)
按用途分	普通钢板网(P)	建 筑 网	
		有筋扩张网(Y)	批荡网(D)
按材料分	低 碳 钢	不锈钢(B)	其他(Q)
	非镀锌(F)	镀锌(D)	

2.产品标记

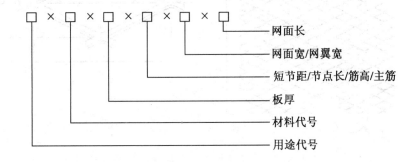

□×□×□×□×□×□ —— 网面长
—— 网面宽/网翼宽
—— 短节距/节点长/筋高/主筋
—— 板厚
—— 材料代号
—— 用途代号

标记示例:

材质为不锈钢,板厚为 1.2mm,短节距为 12mm,网面宽度为 2 000mm,网面长度为 4 000mm 的普通钢板网。

    PB 1.2×12×2 000×4 000

    板厚为 0.4mm,筋高为 8mm,网面宽度为 686mm,网面长度为 2 440mm 的有筋扩张网。

    YD 0.4×8×686×2 440

    板厚为 0.35mm,节点长 4mm,网面宽度为 690mm,网面长度为 2 440mm 的批荡网。

    DD 0.35×4×690×2 440

3. 钢板网的技术要求

表 10-262

项 目			要 求		
弯曲性能			钢板网(厚度>3m 的除外)弯曲 90°无折断现象		
表面质量	整张网面断丝 ≤		规格(mm)		断丝(根)
			$L>1 000$		3
			$L≤1 000$		1
	网面		每张网面的 4 端至少要有一端全部是菱形孔的节点;整张网面网格无明显歪斜		
	表面		采用镀锌、浸塑、喷塑等方式处理的钢板网表面应光洁、色泽均匀,不得有脱皮、气泡、露底、龟裂及烧焦等缺陷;未经表面处理的钢板网不允许有锈蚀		
尺寸偏差			丝梗宽度 b 的极限偏差≤基本尺寸的±10%,允许 $L≥1 000$mm 的钢板网整张网面超偏差宽丝梗不得超过 4 根(连续不超过 2 根),其最大宽度<相邻丝梗宽度的 125%;$L<1 000$mm 的钢板网整张网面超偏差宽丝梗不得超过 2 根,其最大宽度<相邻丝梗宽度的 130%		
			非镀锌低碳钢网丝梗厚度 d 应符合 GB/T 912 或 GB/T 3274 材料厚度的规定,镀锌低碳钢网丝梗厚度 d 应符合 GB/T 2518 材料厚度的规定		

4. 钢板网的形式及尺寸

1)普通钢板网

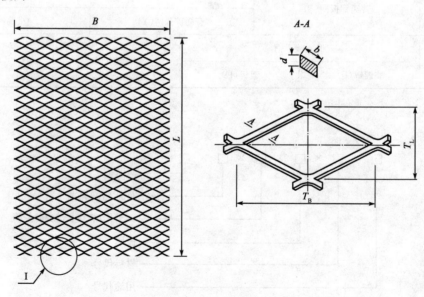

图 10-56　普通钢板网示意图

b-丝梗密度;d-丝梗厚度

普通钢板网规格尺寸(mm) 表 10-263

丝径 d	网格尺寸			网面尺寸		钢板网理论重量(kg/m²)
	T_L	T_B	b	B	L	
0.3	2	3	0.3	100～500		0.71
	3	4.5	0.4			0.63
0.4	2	3	0.4	500	—	1.26
	3	4.5	0.5			1.05
0.5	2.5	4.5	0.5	500		1.57
	5	12.5	1.11	1 000		1.74
	10	25	0.96	2 000	600～4 000	0.75
0.8	8	16	0.8	1 000		1.26
	10	20	1.0		600～5 000	1.26
	10	25	0.96			1.21
1.0	10	25	1.10		600～5 000	1.73
	15	40	1.68			1.76
1.2	10	25	1.13			2.13
	15	30	1.35			1.7
	15	40	1.68			2.11
1.5	15	40	1.69		4 000～5 000	2.65
	18	50	2.03			2.66
	24	60	2.47			2.42
2.0	12	25	2			5.23
	18	50	2.03			3.54
	24	60	2.47			3.23
3.0	24	60	3.0	2 000	4 800～5 000	5.89
	40	100	4.05		3 000～3 500	4.77
	46	120	4.95		5 600～6 000	5.07
	55	150	4.99		3 300～3 500	4.27
4.0	24	60	4.5		3 200～3500	11.77
	32	80	5.0		3 850～4 000	9.81
	40	100	6.0		4 000～4 500	9.42
5.0	24	60	6.0		2 400～3 000	19.62
	32	80	6.0		3 200～3 500	14.72
	40	100	6.0		4 000～4 500	11.78
	56	150	6.0		5 600～6 000	8.41
6.0	24	60	6.0		2 900～3 500	23.55
	32	80	7.0		3 300～3 500	20.60
	40	100			4 150～4 500	16.49
	56	150			5 800～6 000	11.77
8.0	40	100	8.0		3 650～4 000	25.12
			9.0		3 250～3 500	28.26
	60	150			4 850～5 000	18.84
10.0	45	100	10.0	1 000	4 000	34.89

注:0.3～0.5 一般长度为卷网。网板网长度根据市场可供钢板作调整。

2)有筋扩张网

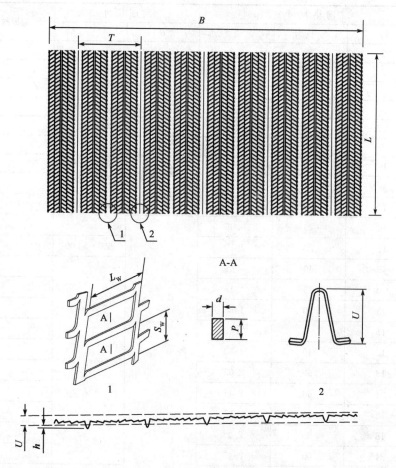

图 10-57　有筋扩张网示意图

有筋扩张网规格尺寸（mm）

表 10-264

网格尺寸				网面尺寸			材料镀锌层双面重量（g/m²）	钢板网理论重量（kg/m²）					
								d					
S_W	L_W	P	U	T	B	L		0.25	0.3	0.35	0.4	0.45	0.5
5.5	8	1.28	9.5	97	686	2 440	≥120	1.16	1.40	1.63	1.86	2.09	2.33
11	16	1.22	8	150	600	2 440	≥120	0.66	0.79	0.92	1.05	1.17	1.31
8	12	1.20	8	100	900	2 440	≥120	0.97	1.17	1.36	1.55	1.75	1.94
5	8	1.42	12	100	600	2 440	≥120	1.45	1.76	2.05	2.34	2.64	2.93
4	7.5	1.20	5	75	600	2 440	≥120	1.01	1.22	1.42	1.63	1.82	2.03
3.5	13	1.05	6	75	750	2 440	≥120	1.17	1.42	1.65	1.89	2.12	2.36
8	10.5	1.10	8	50	600	2 440	≥120	1.18	1.42	1.66	1.89	2.13	2.37

3)批荡网

批荡网规格尺寸

表 10-265

d	P	网格尺寸（mm）		网面尺寸（mm）			材料镀锌层双面重量（g/m²）	钢板网理论重量（kg/m²）
		T_L	T_B	T	L	B		
0.4	1.5	17	8.7					0.95
0.5	1.5	20	9.5	4	2 440	690	≥120	1.36
0.6	1.5	17	8					1.84

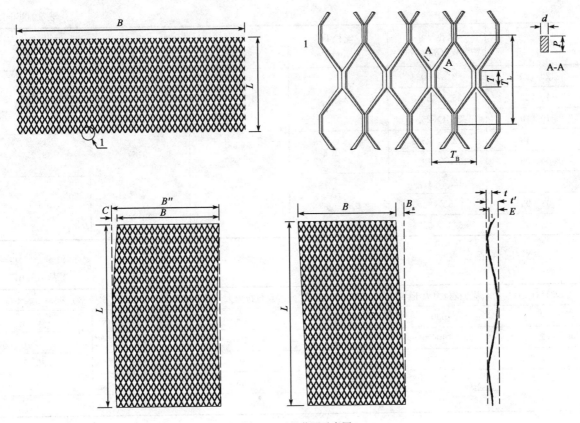

图 10-58　批荡网示意图

(二)镀锌电焊网(QB/T 3897—1999)

镀锌电焊网(简称电焊网)适用于建筑、种植、养殖、围栏等用途。

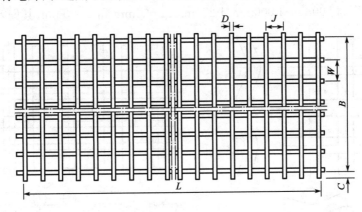

图 10-59　电焊网示意图

B-网宽;D-丝径;L-网长;C-网边露头长;J-经向网孔长;W-纬向网孔长

1. 产品代号

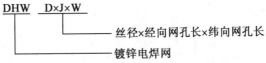

标记示例:丝径 0.70mm,经向网孔长 12.7mm,纬向网孔长 12.7mm 的镀锌电焊网表示为:
DHW　0.70×12.70×12.70

2.电焊网的网号和尺寸

表 10-266

网　号	网孔尺寸 ($J \times W$)(mm×mm)	丝径 D (mm)	幅面尺寸(mm)		网边露头长 (mm)
			长 L	宽 B	
20×20	50.8×50.8	1.8～2.5	30 000 30 480	914	≤2.5
10×20	25.4×50.8				
10×10	25.4×25.4				
04×10	12.7×25.4	1～1.8			≤2
06×06	19.05×19.05				
04×04	12.7×12.7				
03×03	9.53×9.53	0.5～0.9			≤1.5
02×02	6.35×6.35				

3.电焊网焊点强度

表 10-267

丝径(mm)	焊点抗拉力大于(N)	丝径(mm)	焊点抗拉力大于(N)	丝径(mm)	焊点抗拉力大于(N)
2.5	500	1.4	160	0.7	40
2.2	400	1.2	120	0.6	30
2.0	330	1.0	80	0.55	25
1.8	270	0.9	65	0.5	20
1.6	210	0.8	50		

（三）工业用金属丝编织方孔筛网(GB/T 5330—2003)

工业用金属丝编织方孔筛网分为平纹编织和斜纹编织两种,适用于固体颗粒的筛分,液体、气体物质的过滤及其他工业用途,其网孔基本尺寸为 0.02mm～16.0mm,标准网卷长度为 25m 和 30.5m,公差为 $^{+0.5}_{0}$m。网幅宽度为 800mm、1 000mm、1 250mm、1 600mm 和 2 000mm,其偏差为 $^{+20}_{0}$。

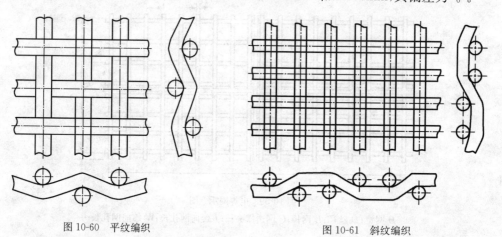

图 10-60　平纹编织　　　　　　　　图 10-61　斜纹编织

1.方孔筛网的型号和规格表示方法

1)型号

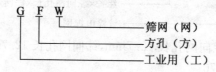

2)规格 用网孔基本尺寸和金属丝直径表示

2. 标记

用型号、规格、编织形式和本标准编号表示。

示例:

网孔基本尺寸为 1.00mm,金属丝直径为 0.355mm 的工业用金属丝平纹编织方孔筛网标记为:

GFW 1.00/0.355(平纹)GB/T 5330—2003

网孔基本尺寸为 0.063mm,金属丝直径为 0.045mm,工业用金属丝斜纹编织筛网标记为:

GFW 0.063/0.045(斜纹)GB/T 5330—2003

3. 工业用金属丝编织方孔筛网的技术要求

表 10-268

项 目	要 求
网面	平整、清洁、编织紧密、不得有机械损伤、锈斑,允许有经丝接头,但应编结良好。经纬丝交织点应紧密牢固,不得有明显松动移位现象
编织缺陷	不得存在破洞、半截纬、严重稀密道、较大裂口、网面严重打卷、网斜超差、严重机械损伤、经纬交织牢固度不符合要求等严重缺陷;允许存在单根断丝、窝纬、回鼻、小松线、小跳线、错纹、网面轻度不平、轻微打卷、点状油污、小染物织入网内、轻度小波浪边等一般缺陷,一般缺陷的限量按规定执行
金属网卷曲	网孔尺寸≥0.18mm 的筛网,1m 长网面的自然卷曲直径>80mm;网孔尺寸<0.18mm 的筛网,1m 长网面的自然卷曲直径>60mm
网斜	织幅宽度上,筛网经纬丝不垂直度应<4°

4. 工业用金属丝编织方孔筛网结构参数及目数

表 10-269

网孔基本尺寸(mm)			金属丝直径	筛分面积百分率	单位面积网重量(kg/m²)				相当英制目数
R10 系列	R20 系列	R40/3 系列	(mm)	A_0(%)	低碳钢	黄铜	锡青铜	不锈钢	(目/25.4mm)
16.0	16.0	16.0	3.15	69.8	6.58	7.29	7.40	6.67	1.33
			2.24	76.9	3.49	3.87	3.93	3.54	1.39
			2.00	79.0	2.82	3.13	3.18	2.86	1.41
			1.80	80.8	2.31	2.56	2.60	2.34	1.43
			1.60	82.6	1.85	2.05	2.08	1.87	1.44
	14.0		2.80	69.4	5.93	6.57	6.67	6.00	1.51
			2.24	74.3	3.92	4.35	4.41	3.97	1.56
			1.80	78.5	2.60	2.89	2.93	2.64	1.61
			1.40	82.6	1.62	1.79	1.82	1.64	1.65
		13.2	2.80	68.1	6.22	6.90	7.00	6.30	1.59
12.5	12.5		2.50	69.4	5.29	5.87	5.95	5.36	1.69
			2.24	71.9	4.32	4.79	4.86	4.38	1.72
			2.00	74.3	3.50	3.88	3.94	3.55	1.75
			1.80	76.4	2.88	3.19	3.24	2.91	1.78
			1.60	78.6	2.31	2.56	2.59	2.34	1.80
			1.25	82.6	1.44	1.60	1.62	1.46	1.85

续表 10-269

网孔基本尺寸(mm)			金属丝直径	筛分面积百分率	单位面积网重量(kg/m²)				相当英制目数
R10 系列	R20 系列	R40/3 系列	(mm)	A_0(%)	低碳钢	黄铜	锡青铜	不锈钢	(目/25.4mm)
	11.2	11.2	2.50	66.8	5.79	6.42	6.52	5.87	1.85
			2.24	69.4	4.74	5.26	5.33	4.80	1.89
			2.00	72.0	3.85	4.27	4.33	3.90	1.92
			1.80	74.2	3.17	3.51	3.56	3.21	1.95
			1.60	76.6	2.54	2.82	2.86	2.57	1.98
			1.12	82.6	1.29	1.43	1.45	1.31	2.06
10.0	10.0		2.50	64.0	6.35	7.04	7.14	6.43	2.03
			2.24	66.7	5.21	5.77	5.86	5.27	2.08
			2.00	69.4	4.23	4.69	4.76	4.29	2.12
			1.80	71.8	3.49	3.87	3.92	3.53	2.15
			1.60	74.3	2.80	3.11	3.15	2.84	2.19
			1.40	76.9	2.18	2.42	2.46	2.21	2.23
			1.12	80.9	1.43	1.59	1.61	1.45	2.28
		9.50	2.24	65.5	5.43	6.02	6.11	5.50	2.16
			2.00	68.2	4.42	4.90	4.97	4.47	2.21
			1.80	70.7	3.64	4.04	4.10	3.69	2.25
			1.60	73.2	2.93	3.25	3.30	2.97	2.29
			1.40	76.0	2.28	2.53	2.57	2.31	2.33
			1.00	81.9	1.21	1.34	1.36	1.23	2.42
	9.00		2.24	64.1	5.67	6.28	6.38	5.74	2.26
			2.00	66.9	4.62	5.12	5.20	4.68	2.31
			1.80	69.4	3.81	4.22	4.29	3.86	2.35
			1.60	72.1	3.07	3.40	3.45	3.11	2.40
			1.40	74.9	2.39	2.65	2.69	2.42	2.44
			1.00	81.0	1.27	1.41	1.43	1.29	2.54
8.00	8.00	8.00	2.24	61.0	6.22	6.90	7.00	6.30	2.48
			2.00	64.0	5.08	5.63	5.72	5.15	2.54
			1.80	66.6	4.20	4.65	4.72	4.25	2.59
			1.60	69.4	3.39	3.75	3.81	3.43	2.65
			1.40	72.4	2.65	2.94	2.98	2.68	2.70
			1.25	74.8	2.15	2.38	2.41	2.17	2.75
			1.00	79.0	1.41	1.56	1.59	1.43	2.82
		7.10	1.80	63.6	4.62	5.12	5.20	4.68	2.85
			1.60	66.6	3.74	4.14	4.20	3.79	2.92
			1.40	69.8	2.93	3.25	3.29	2.97	2.99
			1.25	72.3	2.38	2.63	2.67	2.41	3.04
			1.12	74.6	1.94	2.15	2.18	1.96	3.09

网孔基本尺寸(mm)			金属丝直径	筛分面积百分率	单位面积网重量(kg/m²)				相当英制目数
R10 系列	R20 系列	R40/3 系列	(mm)	A₀(%)	低碳钢	黄铜	锡青铜	不锈钢	(目/25.4mm)
		6.70	1.80	62.1	4.84	5.37	5.45	4.90	2.99
			1.60	65.2	3.92	4.34	4.41	3.97	3.06
			1.40	68.4	3.07	3.41	3.46	3.11	3.14
			1.25	71.0	2.50	2.77	2.81	2.53	3.19
			1.12	73.4	2.04	2.26	2.29	2.06	3.25
6.30	6.30		1.80	60.5	5.08	5.63	5.72	5.15	3.14
			1.40	66.9	3.23	3.58	3.64	3.27	3.30
			1.12	72.1	2.15	2.38	2.42	2.17	3.42
			1.00	74.5	1.74	1.93	1.96	1.76	3.48
			0.800	78.7	1.14	1.27	1.29	1.16	3.58
	5.60	5.60	1.60	60.5	4.52	5.01	5.08	4.57	3.53
			1.40	64.0	3.56	3.94	4.00	3.60	3.63
			1.25	66.8	2.90	3.21	3.26	2.93	3.71
			1.12	69.4	2.37	2.63	2.67	2.40	3.78
			0.900	74.2	1.58	1.75	1.78	1.60	3.91
			0.800	76.6	1.27	1.41	1.43	1.29	3.97
5.00	5.00		1.60	57.4	4.93	5.46	5.54	4.99	3.85
			1.40	61.0	3.89	4.31	4.38	3.94	3.97
			1.25	64.0	3.18	3.52	3.57	3.22	4.06
			1.00	69.4	2.12	2.35	2.38	2.14	4.23
			0.900	71.8	1.74	1.93	1.96	1.77	4.31
		4.75	1.60	56.0	5.12	5.68	5.76	5.19	4.00
			1.40	59.7	4.05	4.49	4.55	4.10	4.13
			1.25	62.7	3.31	3.67	3.72	3.35	4.23
			0.900	70.7	1.82	2.02	2.05	1.84	4.50
	4.50		1.60	54.4	5.33	5.91	6.00	5.40	4.16
			1.40	58.2	4.22	4.68	4.75	4.27	4.31
			1.12	64.1	2.84	3.14	3.19	2.87	4.52
			1.00	66.9	2.31	2.56	2.60	2.34	4.62
			0.900	69.4	1.91	2.11	2.14	1.93	4.70
			0.800	72.1	1.53	1.70	1.73	1.55	4.79
			0.630	76.9	0.98	1.09	1.11	1.00	4.95
4.00	4.00	4.00	1.40	54.9	4.61	5.11	5.19	4.67	4.70
			1.25	58.0	3.78	4.19	4.25	3.83	4.84
			1.12	61.0	3.11	3.45	3.50	3.15	4.96
			0.900	66.6	2.10	2.33	2.36	2.13	5.18
			0.710	72.1	1.36	1.51	1.53	1.38	5.39

网孔基本尺寸(mm)			金属丝直径 (mm)	筛分面积百分率 A₀(%)	单位面积网重量(kg/m²)				相当英制目数 (目/25.4mm)
R10 系列	R20 系列	R40/3 系列			低碳钢	黄铜	锡青铜	不锈钢	
	3.55		1.25	54.7	4.13	4.58	4.65	4.19	5.29
			1.00	60.9	2.79	3.09	3.14	2.83	5.58
			0.900	63.6	2.31	2.56	2.60	2.34	5.71
			0.800	66.6	1.87	2.07	2.10	1.89	5.84
			0.630	72.1	1.21	1.34	1.36	1.22	6.08
			0.560	74.6	0.97	1.07	1.09	0.98	6.18
		3.35	1.250	53.0	4.31	4.78	4.85	4.37	5.52
			0.900	62.1	2.42	2.68	2.72	2.45	5.98
			0.560	73.4	1.02	1.13	1.15	1.03	6.50
3.15	3.15		1.25	51.3	4.51	5.00	5.07	4.57	5.77
			1.12	54.4	3.73	4.14	4.20	3.78	5.95
			0.900	60.5	2.54	2.82	2.86	2.57	6.27
			0.800	63.6	2.06	2.28	2.32	2.08	6.43
			0.710	66.6	1.66	1.84	1.87	1.68	6.58
			0.630	69.4	1.33	1.48	1.50	1.35	6.72
			0.560	72.1	1.07	1.19	1.21	1.09	6.85
			0.500	74.5	0.87	0.96	0.98	0.88	6.96
	2.80	2.80	1.12	51.0	4.06	4.50	4.57	4.12	6.48
			0.900	57.3	2.78	3.08	3.13	2.82	6.86
			0.800	60.5	2.26	2.50	2.54	2.29	7.06
			0.710	63.6	1.82	2.02	2.05	1.85	7.24
			0.630	66.6	1.47	1.63	1.65	1.49	7.41
			0.560	69.4	1.19	1.31	1.33	1.20	7.56
			0.500	72.0	0.96	1.07	1.08	0.97	7.70
2.50	2.50		1.00	51.0	3.63	4.02	4.08	3.68	7.26
			0.800	57.4	2.46	2.73	2.77	2.49	7.70
			0.710	60.7	1.99	2.21	2.24	2.02	7.91
			0.630	63.8	1.61	1.79	1.81	1.63	8.12
			0.560	66.7	1.30	1.44	1.46	1.32	8.30
			0.500	69.4	1.06	1.17	1.19	1.07	8.47
			0.450	71.8	0.87	0.97	0.98	0.88	8.61
		2.36	1.80	32.2	9.89	10.96	11.13	10.02	6.11
			1.00	49.3	3.78	4.19	4.25	3.83	7.56
			0.800	55.8	2.57	2.85	2.89	2.61	8.04
			0.710	59.1	2.09	2.31	2.35	2.11	8.27
			0.630	62.3	1.69	1.87	1.90	1.71	8.49
			0.560	65.3	1.36	1.51	1.53	1.38	8.70
			0.500	68.1	1.11	1.23	1.25	1.12	8.88

网孔基本尺寸(mm)			金属丝直径 (mm)	筛分面积百分率 A_0(%)	单位面积网重量(kg/m²)				相当英制目数 (目/25.4mm)
R10 系列	R20 系列	R40/3 系列			低碳钢	黄铜	锡青铜	不锈钢	
			0.900	50.9	3.28	3.63	3.69	3.32	8.09
			0.710	57.7	2.17	2.41	2.44	2.20	8.61
			0.630	60.9	1.76	1.95	1.98	1.78	8.85
	2.24		0.560	64.0	1.42	1.58	1.60	1.44	9.07
			0.500	66.8	1.16	1.28	1.30	1.17	9.27
			0.450	69.3	0.96	1.06	1.08	0.97	9.44
			0.400	72.0	0.77	0.85	0.87	0.78	9.62
			0.900	47.6	3.55	3.93	3.99	3.59	8.76
			0.710	54.5	2.36	2.62	2.66	2.39	9.37
			0.630	57.8	1.92	2.12	2.16	1.94	9.66
2.00	2.00	2.00	0.560	61.0	1.56	1.72	1.75	1.58	9.92
			0.500	64.0	1.27	1.41	1.43	1.29	10.16
			0.450	66.6	1.05	1.16	1.18	1.06	10.37
			0.315	74.6	0.54	0.60	0.61	0.55	10.97
			0.800	47.9	3.13	3.47	3.52	3.17	9.77
			0.630	54.9	2.07	2.30	2.33	2.10	10.45
	1.80		0.560	58.2	1.69	1.87	1.90	1.71	10.76
			0.500	61.2	1.38	1.53	1.55	1.40	11.04
			0.450	64.0	1.14	1.27	1.29	1.16	11.29
			0.400	66.9	0.92	1.02	1.04	0.94	11.55
			0.800	46.2	3.25	3.60	3.66	3.29	10.16
			0.630	53.2	2.16	2.40	2.43	2.19	10.90
		1.70	0.500	59.7	1.44	1.60	1.62	1.46	11.55
			0.450	62.5	1.20	1.33	1.35	1.21	11.81
			0.400	65.5	0.97	1.07	1.09	0.98	12.10
			0.800	44.4	3.39	3.75	3.81	3.43	10.58
			0.630	51.5	2.26	2.51	2.54	2.29	11.39
			0.560	54.9	1.84	2.04	2.07	1.87	11.76
1.60	1.60		0.500	58.0	1.51	1.68	1.70	1.53	12.10
			0.450	60.9	1.25	1.39	1.41	1.27	12.39
			0.400	64.0	1.02	1.13	1.14	1.03	12.70
			0.355	67.0	0.82	0.91	0.92	0.83	12.99
			0.710	44.0	3.03	3.36	3.41	3.07	12.04
			0.560	51.0	2.03	2.25	2.29	2.06	12.96
			0.500	54.3	1.67	1.85	1.88	1.69	13.37
1.40	1.40		0.450	57.3	1.39	1.54	1.56	1.41	13.73
			0.400	60.5	1.13	1.25	1.27	1.14	14.11
			0.355	63.6	0.91	1.01	1.03	0.92	14.47
			0.315	66.6	0.73	0.81	0.83	0.74	14.81

续表 10-269

网孔基本尺寸(mm)			金属丝直径	筛分面积百分率	单位面积网重量(kg/m²)				相当英制目数
R10 系列	R20 系列	R40/3 系列	(mm)	A_0(%)	低碳钢	黄铜	锡青铜	不锈钢	(目/25.4mm)
			0.630	44.2	2.68	2.97	3.02	2.72	13.51
			0.560	47.7	2.20	2.44	2.48	2.23	14.03
			0.500	51.0	1.81	20.1	2.04	1.84	14.51
1.25	1.25		0.450	54.1	1.51	1.68	1.70	1.53	14.94
			0.400	57.4	1.23	1.37	1.39	1.25	15.39
			0.355	60.7	1.00	1.11	1.12	1.01	15.83
			0.315	63.8	0.81	0.89	0.91	0.82	16.23
			0.280	66.7	0.65	0.72	0.73	0.66	16.60
			0.630	42.5	2.79	3.09	3.13	2.82	14.03
			0.560	46.0	2.29	2.54	2.58	2.32	14.60
		1.18	0.500	49.3	1.89	2.09	2.13	1.91	15.12
			0.450	52.4	1.58	1.75	1.78	1.60	15.58
			0.400	55.8	1.29	1.43	1.45	1.30	16.08
			0.355	59.1	1.04	1.16	1.17	1.06	16.55
			0.315	62.3	0.84	0.93	0.95	0.85	16.99
			0.560	44.4	2.37	2.63	2.67	2.40	15.12
			0.500	47.8	1.96	2.17	2.20	1.99	15.68
		1.12	0.450	50.9	1.64	1.82	1.84	1.66	16.18
			0.400	54.3	1.34	1.48	1.50	1.35	16.71
			0.355	57.7	1.09	1.20	1.22	1.10	17.22
			0.315	60.9	0.88	0.97	0.99	0.89	17.70
			0.250	66.8	0.58	0.64	0.65	0.59	18.54
			0.560	41.1	2.55	2.83	2.87	2.59	16.28
			0.500	44.4	2.12	2.35	2.38	2.14	16.93
			0.450	47.6	1.77	1.97	2.00	1.80	17.52
1.00	1.00	1.00	0.400	51.0	1.45	1.61	1.63	1.47	18.14
			0.355	54.5	1.18	1.31	1.33	1.20	18.75
			0.315	57.8	0.96	1.06	1.08	0.97	19.32
			0.280	61.0	0.78	0.86	0.88	0.79	19.84
			0.250	64.0	0.64	0.70	0.71	0.64	20.32

5. 工业用金属丝编织方孔筛网(补充尺寸)结构参数及目数

表 10-270

网孔基本尺寸 (mm)	金属丝直径 (mm)	筛分面积百分率 A_0(%)	单位面积网重量(kg/m²)				相当英制目数 (目/25.4mm)
			低碳钢	黄铜	锡青铜	不锈钢	
7.50	1.40	71.0	2.80	3.10	3.15	2.83	2.85
7.50	1.25	73.5	2.27	2.51	2.55	2.30	2.90

续表 10-270

网孔基本尺寸 (mm)	金属丝直径 (mm)	筛分面积百分率 A_0(%)	单位面积网重量(kg/m²)				相当英制目数 (目/25.4mm)
			低碳钢	黄铜	锡青铜	不锈钢	
7.50	1.12	75.7	1.85	2.05	2.08	1.87	2.95
6.00	1.12	71.0	2.24	2.48	2.52	2.27	3.57
6.00	1.00	73.5	1.81	2.01	2.04	1.84	3.63
6.00	0.900	75.6	1.49	1.65	1.68	1.51	3.68
5.30	1.12	68.2	2.48	2.75	2.79	2.51	3.96
5.30	1.00	70.8	2.02	2.23	2.27	2.04	4.03
5.30	0.900	73.1	1.66	1.84	1.87	1.68	4.10
4.25	0.900	68.1	2.00	2.21	2.25	2.02	4.93
4.25	0.800	70.8	1.61	1.78	1.81	1.63	5.03
4.25	0.710	73.4	1.29	1.43	1.45	1.31	5.12
3.75	0.710	70.7	1.44	1.59	1.61	1.45	5.70
3.75	0.630	73.3	1.15	1.28	1.29	1.17	5.80
3.75	0.560	75.7	0.92	1.02	1.04	0.94	5.89
3.00	0.710	65.4	1.73	1.91	1.94	1.75	6.85
3.00	0.630	68.3	1.39	1.54	1.56	1.41	7.00
3.00	0.560	71.0	1.12	1.24	1.26	1.13	7.13
2.65	0.630	65.3	1.54	1.70	1.73	1.56	7.74
2.65	0.560	68.2	1.24	1.38	1.40	1.26	7.91
2.65	0.500	70.8	1.01	1.12	1.13	1.02	8.06
2.12	0.560	62.6	1.49	1.65	1.67	1.51	9.48
2.12	0.500	65.5	1.21	1.34	1.36	1.23	9.69
2.12	0.450	68.0	1.00	1.11	1.13	1.01	9.88
1.90	0.500	62.7	1.32	1.47	1.49	1.34	10.58
1.90	0.450	65.4	1.09	1.21	1.23	1.11	10.81
1.90	0.400	68.2	0.88	0.98	0.99	0.89	11.04
1.50	0.450	59.2	1.32	1.46	1.48	1.34	13.03
1.50	0.400	62.3	1.07	1.19	1.20	1.08	13.37
1.50	0.355	65.4	0.86	0.96	0.97	0.87	13.69
1.32	0.450	55.6	1.45	1.61	1.63	1.47	14.35
1.32	0.400	58.9	1.18	1.31	1.33	1.20	14.77
1.32	0.355	62.1	0.96	1.06	1.08	0.97	15.16
1.06	0.355	56.1	1.13	1.25	1.27	1.15	17.95
1.06	0.315	59.4	0.92	1.02	1.03	0.93	18.47
1.06	0.280	62.6	0.74	0.82	0.84	0.75	18.96
0.950	0.315	56.4	1.00	1.10	1.12	1.01	20.08
0.950	0.280	59.7	0.81	0.90	0.91	0.82	20.65
0.950	0.250	62.7	0.66	0.73	0.74	0.67	21.17
0.750	0.280	53.0	0.97	1.07	1.09	0.98	24.66
0.750	0.250	56.3	0.79	0.88	0.89	0.80	25.40
0.750	0.200	62.3	0.53	0.59	0.60	0.54	26.74

续表 10-270

网孔基本尺寸 (mm)	金属丝直径 (mm)	筛分面积百分率 $A_0(\%)$	单位面积网重量(kg/m²)				相当英制目数 (目/25.4mm)
			低碳钢	黄铜	锡青铜	不锈钢	
0.670	0.280	49.7	1.05	1.16	1.18	1.06	26.74
0.670	0.250	53.0	0.86	0.96	0.97	0.87	27.61
0.670	0.200	59.3	0.58	0.65	0.66	0.59	29.20
0.530	0.250	46.2	1.02	1.13	1.14	1.03	32.56
0.530	0.200	52.7	0.70	0.77	0.78	0.70	34.79
0.530	0.160	59.0	0.47	0.52	0.53	0.48	36.81
0.475	0.200	49.5	0.75	0.83	0.85	0.76	37.63
0.475	0.180	52.6	0.63	0.70	0.71	0.64	38.78
0.475	0.160	56.0	0.51	0.57	0.58	0.52	40.00
0.375	0.200	42.5	0.88	0.98	0.99	0.89	44.17
0.375	0.160	49.1	0.61	0.67	0.68	0.62	47.48
0.375	0.125	56.3	0.40	0.44	0.45	0.40	50.80
0.335	0.200	39.2	0.95	1.05	1.07	0.96	47.48
0.335	0.160	45.8	0.66	0.73	0.74	0.67	51.31
0.335	0.125	53.0	0.43	0.48	0.49	0.44	55.22

(四)预弯成型金属丝编织方孔网(GB/T 13307—2012)

预弯成型金属丝编织方孔网(简称预弯成型网)的网孔基本尺寸为 125～2mm,网幅宽度为 900mm、1 000mm、1 250mm、1 600mm 和 2 000mm。根据双方协商也可制造其他幅宽的网,工程用筛网主要作筛选砂、石料等。

1.预弯成形网结构形式

表 10-271

结构形式代码	图 示	名 称	网重换算系数[a]
A		双向弯曲 金属丝编织网	1.00
B		单向隔波弯曲 金属丝编织网	1.03
C		双向隔波弯曲 金属丝编织网	1.06

结构形式代码	图 示	名 称	网重换算系数ᵃ
D	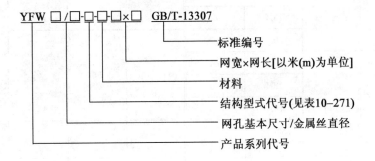	锁紧(定位)弯曲 金属丝编织网	1.03
E		平顶弯曲 金属丝编织网	1.00

注:ᵃ 网重换算系数仅供参考,实际数值受张力、编织方法影响。

2. 标记

YFW □/□-□-□□×□ GB/T-13307

- 标准编号
- 网宽×网长[以米(m)为单位]
- 材料
- 结构型式代号(见表10-271)
- 网孔基本尺寸/金属丝直径
- 产品系列代号

产品标记示例:

示例1:网孔基本尺寸为10mm,金属丝直径为2.50mm,网宽1200mm,网长5000mm,B2F 材料,A型编织预弯成型网标记:

YFW 10/2.50-A-B2F-1.2×5　GB/T 13307

示例2:网孔基本尺寸为2.5mm,金属丝直径为1.25mm,网宽1000mm,网长25000mm,1Cr18Ni9材料,B型编织预弯成型网标记:

YFW 2.5/1.25-B-1Cr18Ni9-1×25　GB/T 13307

3. 预弯成型网的技术要求

表 10-272

项 目	要 求		
表面质量	网面应平整、清洁,不得有机械损伤、锈斑、倒条、搭头、跳线、断纬等缺陷;不得有破断金属丝;经丝与纬丝相互垂直,允许角度为90°±2°;边缘金属丝外伸长度应整齐一致;大网孔数量不得多于测量区域内网孔数量的10%		
编织缺陷	网孔基本尺寸 (mm)	跳线、断纬和不超过500mm长度 倒条总量　不多于(个/10m²)	搭头尺寸不超过3~5个网孔基本 尺寸的数量　不多于(个/10m²)
	>25	3	0
	>16~25	5	1
	>8.5~16	6	1
	>2.65~8.5	7	2
	2.00~2.65	8	2
网块的截取	以成块或成卷的方式供应,由供需双方协商		

4. 预弯成型网的规格尺寸

表 10-273

左半部分

网孔基本尺寸 w(mm) 主要尺寸 R10系列	补充尺寸 R20系列	补充尺寸 R40/3系列	金属丝直径基本尺寸 d(mm)	筛分面积百分率(%)
125	125	125	10.0	86
			12.5	83
			16.0	79
			20.0	74
			25.0	69
	112		10.0	84
			12.5	81
			16.0	77
			20.0	72
		106	10.0	84
			12.5	80
			16.0	75
			20.0	71
			25.0	65
100	100		10.0	83
			12.5	79
			16.0	74
			20.0	69
			25.0	64
	90	90	10.0	81
			12.5	77
			16.0	72
			20.0	67
80	80		10.0	79
			12.5	75
			16.0	69
			20.0	64
		75	10.0	78
			12.5	73
			16.0	69
			20.0	62

右半部分

网孔基本尺寸 w(mm) 主要尺寸 R10系列	补充尺寸 R20系列	补充尺寸 R40/3系列	金属丝直径基本尺寸 d(mm)	筛分面积百分率(%)
	71		10.0	77
			12.5	72
			16.0	67
			20.0	61
63	63	63	8.00	79
			10.0	74
			12.5	70
			16.0	64
	56		8.00	77
			10.0	72
			12.5	67
			16.0	61
		53	8.00	75
			10.0	71
			12.5	65
			16.0	59
50	50		6.30	79
			8.00	74
			10.0	69
			12.5	64
			16.0	57
	45	45	6.30	77
			8.00	72
			10.0	67
			12.5	61
			16.0	54
40	40		6.30	75
			8.00	69
			10.0	64
			12.5	58

网孔基本尺寸 w(mm)			金属丝直径基本尺寸 d(mm)	筛分面积百分率(%)	网孔基本尺寸 w(mm)			金属丝直径基本尺寸 d(mm)	筛分面积百分率(%)
主要尺寸	补充尺寸				主要尺寸	补充尺寸			
R10 系列	R20 系列	R40/3 系列			R10 系列	R20 系列	R40/3 系列		
		37.5	6.30	74					
			8.00	68				4.00	68
			10.0	63			19	5.00	63
			12.5	56				6.30	56
	35.5		5.00	77				8.00	50
			6.30	72				3.15	72
			8.00	67				4.00	67
			10.0	61		18		5.00	61
31.5	31.5	31.5	5.00	74				6.30	55
			6.30	69				8.00	48
			8.00	64				2.50	75
			10.0	58				3.15	70
	28		5.00	72	16	16	16	4.00	64
			6.30	67				5.00	58
			8.00	60				6.30	51
			10.0	54				2.50	72
		26.5	5.00	71				3.15	67
			6.30	65		14		4.00	60
			8.00	59				5.00	54
			10.0	53				6.30	48
25	25		4.00	74				3.15	65
			5.00	69				4.00	59
			6.30	64			13.2	5.00	53
			8.00	57				6.30	46
			10.0	51				2.50	69
	22.4	22.4	4.00	72				3.15	64
			5.00	67	12.5	12.5		4.00	57
			6.30	61				5.00	51
			8.00	54				6.30	44
20	20		3.15	75				2.50	67
			4.00	69				3.15	61
			5.00	64	11.2	11.2		3.55	58
			6.30	58				4.00	54
			8.00	51				5.00	48

网孔基本尺寸 w(mm)			金属丝直径基本尺寸 d(mm)	筛分面积百分率(%)	网孔基本尺寸 w(mm)			金属丝直径基本尺寸 d(mm)	筛分面积百分率(%)
主要尺寸	补充尺寸				主要尺寸	补充尺寸			
R10 系列	R20 系列	R40/3 系列			R10 系列	R20 系列	R40/3 系列		
10	10		2.00	69	5.6	5.6		2.50	48
			2.50	64				3.15	41
			3.15	58	5	5		1.60	57
			4.00	51				2.00	51
			5.00	44				2.50	44
		9.5	2.24	65				3.15	38
			3.15	56			4.75	1.60	56
			4.00	50				1.80	53
			5.00	43				2.24	47
	9		1.80	69				3.15	36
			2.24	64		4.5		1.40	58
			2.50	61				1.80	51
			3.15	55				2.24	45
			4.00	48				2.50	41
8	8	8	2.00	64	4	4	4	1.25	58
			2.50	28				1.60	51
			3.15	51				2.00	45
			3.55	48				2.24	41
			4.00	44				2.50	38
	7.1		1.80	64		3.55		1.25	56
			2.00	61				1.40	51
			2.50	55				1.60	48
			3.15	48				1.80	44
		6.7	1.80	62				2.00	41
			2.50	53			3.35	1.00	59
			3.15	46				1.25	53
			4.00	39				1.80	42
6.3	6.3		1.60	64				2.24	36
			2.00	58				1.12	54
			2.50	51				1.40	48
			3.15	44	3.15	3.15		1.60	44
	5.6	5.6	1.60	60				1.80	41
			2.00	54				2.00	37

续表 10-273

网孔基本尺寸 w(mm)			金属丝直径基本尺寸 d(mm)	筛分面积百分率(%)
主要尺寸	补充尺寸			
R10 系列	R20 系列	R40/3 系列		
	2.8	2.8	0.90	57
			1.12	51
			1.40	45
			1.80	37
2.5	2.5		1.00	51
			1.12	48
			1.25	44
			1.40	41
			1.60	37
		2.36	0.80	56
			1.00	49

网孔基本尺寸 w(mm)			金属丝直径基本尺寸 d(mm)	筛分面积百分率(%)
主要尺寸	补充尺寸			
R10 系列	R20 系列	R40/3 系列		
		2.36	1.40	39
			1.60	32
	2.24		0.71	58
			0.90	51
			1.12	44
			1.40	38
2	2	2	0.71	54
			0.80	51
			0.90	48
			1.12	41
			1.25	38

注：网孔基本尺寸优先选用 R10 系列，其次选用 R20 系列。如果需要也可选用 R40/3 系列。

五、钢丝

(一)一般用途低碳钢丝(YB/T 5294—2009)

低碳钢丝按用途分为三类：

1)普通用

2)制钉用

3)建筑用

低碳钢丝按交货状态分为：

冷拉钢丝　代号：WCD

退火钢丝　代号：TA

镀锌钢丝　代号：SZ

钢丝的用途和交货状态及镀锌钢丝的锌层级别应在合同中注明，(镀锌层质量应符合 YB/T 5357 的规定)。当需方未在合同中注明锌层级别时，一般按 F 级镀层重量交货。

一般用途低碳钢丝规格性能

表10-274

直径(mm)	理论重量(kg/km)	相当英制		每公斤长度(m)	抗拉强度(MPa)					180度弯曲试验(次)		伸长率(%)(标距100mm)		标准捆重(kg)	非标准捆最低重量(kg)
		线规号BWG	直径(mm)		冷拉普通钢丝	制钉用冷拉钢丝	建筑用冷拉钢丝	退火钢丝	镀锌钢丝	冷拉普通钢丝	建筑用冷拉钢丝	建筑用冷拉钢丝	镀锌钢丝		
0.20	0.247	33	0.20	4 049											
(0.22)	0.298	32	0.23	3 356											
0.25	0.385	31	0.25	2 595	≤980	—	—							5	0.5
(0.28)	0.483			2 069											
0.30	0.555	30	0.31	1 802						特殊需要时,由供需双方商定					
		29	0.33												
0.35	0.755	28	0.36	1 324											
0.40	0.987	27	0.41	1 014							—	—	≥10	10	1
0.45	1.25	26	0.46	801											
0.50	1.54	25	0.51	649											
0.55	1.87	24	0.56	536	≤980										
0.60	2.22			451											
		23	0.64			—									2
0.70	3.02	22	0.71	331											
0.80	3.95	21	0.81	253										25	
0.90	4.99	20	0.89	200											
1.00	6.17			162	≤980	880~1 320	—	295~540	295~540						
		19	1.07												
1.20	8.88	18	1.25	113											3
1.40	12.1	17	1.47	82.8											
1.60	15.8	16	1.65	63.3	≤1 060	785~1 220	—			≥6	—	—			
1.80	20.0	15	1.83	50											
2.0	24.7			40.6											
2.2	29.8	14	2.11	33.5	≤1 010	735~1 170	—								4
2.5	38.5	13	2.41	26.0									≥12		
2.8	48.3	12	2.77	20.7											
3.0	55.5	11	3.05	18	≤960	685~1 120	≥550							50	
3.5	75.5	10	3.4	13.2											
		9	3.76												
4.0	98.7	8	4.19	10.10	≤890	590~1 030	≥550			≥4	≥4	≥2			10
4.5	125.0	7	4.57	8.0											
5.0	154.0	6	5.16	6.49											
5.5	187	5	5.59	5.36	≤790	540~930	≥550								12
6.0	222	4	6.05												
>6.0					≤690	—	—			—	—	—			

注:①BWG为伯明翰线规代号。
　②标准捆交货时,应在合同中注明。未注明的由供方确定重量。
　③标准每捆重量允许有不超过规定重量+1%-4%的偏差。
　④非标准捆的钢丝应由一根钢丝组成,重量由供需双方商定,但最低重量应符合本表规定。

(二)一般用途涂塑钢丝(YB/T 4450—2015)

一般用途涂塑钢丝 是将被覆材料挤压在芯线(退火低碳钢丝、镀锌钢丝、冷控低碳钢丝)上制成紧密结合,不剥离的固体被膜的0.5~6.0mm涂塑钢丝产品。适用于一般编织网及捆绑等用途。

涂塑钢丝的被覆材料包括：聚氯乙烯(PVC)、聚乙烯(PE)、聚丙烯(PP)和尼龙(PA6)等。

1. 一般用途涂塑钢丝的分类及代号

表10-275

种类	代号			
	聚氯乙烯(PVC)	聚乙烯(PE)	聚丙烯(PP)	尼龙(PA6)
涂塑退火钢丝	TA~V	TA~E	TA~P	TA~A
涂塑镀锌钢丝	SZ~V	SZ~E	SZ~P	SZ~A
涂塑冷拉钢丝	WCD~V	WCD~E	WCD~P	WCD~A

2. 一般用途涂塑钢丝的规格尺寸(mm)

表10-276

公称直径	被覆线径	芯线径	被覆线径允许偏差			芯线径允许偏差			最小被覆膜厚度
			涂塑退火钢丝	涂塑镀锌钢丝	涂塑冷拉钢丝	退火钢丝	镀锌钢丝	冷拉钢丝	
0.50~0.35	0.50	0.35	±0.03	±0.03	±0.03				—
0.60~0.45	0.60	0.45							—
0.90~0.60	0.90	0.60				±0.02	±0.03	±0.02	0.10
0.90~0.70	0.90	0.70							—
1.00~0.70	1.00	0.70							0.10
1.00~0.80	1.00	0.80							—
1.20~0.80	1.20	0.80	±0.04	±0.04	±0.04				0.13
1.20~0.90	1.20	0.90							0.10
1.40~0.90	1.40	0.90				±0.03	±0.04	±0.03	0.17
1.40~1.00	1.40	1.00							0.13
1.60~1.00	1.60	1.00							0.20
1.60~1.20	1.60	1.20							0.13
1.80~1.20	1.80	1.20							0.20
1.80~1.40	1.80	1.40							0.13
2.00~1.40	2.00	1.40	±0.05	±0.05	±0.05				0.20
2.00~1.60	2.00	1.60							0.13
2.30~1.60	2.30	1.60				±0.04	±0.05	±0.04	0.24
2.30~1.80	2.30	1.80							0.17
2.60~1.80	2.60	1.80							0.27
2.60~2.00	2.60	2.00							0.20
2.90~2.00	2.90	2.00							0.30
2.90~2.30	2.90	2.30							0.20
3.20~2.30	3.20	2.30	±0.07	±0.07	±0.07				0.30
3.20~2.60	3.20	2.60							0.20
3.50~2.60	3.50	2.60				±0.06	±0.06	±0.06	0.30
3.50~2.90	3.50	2.90							0.20
4.00~2.90	4.00	2.90							0.37
4.00~3.20	4.00	3.20							0.27
4.50~3.20	4.50	3.20							0.44
4.50~3.50	4.50	3.50							0.34
5.00~3.50	5.00	3.50	±0.08	±0.08	±0.08				0.50
5.00~4.00	5.00	4.00				±0.07	±0.08	±0.07	0.34
5.50~4.00	5.50	4.00							0.50
5.50~4.50	5.50	4.50							0.34
6.00~4.50	6.00	4.50	±0.10	±0.10	±0.10				0.50
6.00~5.00	6.00	5.00				±0.08	±0.10	±0.08	0.34

注：①中间规格线径的允许偏差按相邻、较严的规格考核。
②被覆膜进行试验后，试样的最小被覆膜厚度(见本表)不能小于最小被覆膜厚度标准。最小被覆膜厚度标准按下列公式计算：
最小被覆膜厚度标准＝(标准被覆线径－标准芯线径)/3
③被覆线径与芯线径差小于0.30mm，不考核最小被覆膜厚度。

3.涂塑钢丝的抗拉强度

表 10-277

公称直径 (mm)	被覆线径 (mm)	芯线径 (mm)	抗拉强度 R_m(MPa)		
			涂塑退火钢丝	涂塑镀锌钢丝	涂塑冷拉钢丝
0.50～0.35	0.50	0.35			≤980
0.60～0.45	0.60	0.45			
0.90～0.60	0.90	0.60			
0.90～0.70	0.90	0.70			
1.00～0.70	1.00	0.70			
1.00～0.80	1.00	0.80			
1.20～0.80	1.20	0.80			880～1 320
1.20～0.90	1.20	0.90			
1.40～0.90	1.40	0.90			
1.40～1.00	1.40	1.00			
1.60～1.00	1.60	1.00			
1.60～1.20	1.60	1.20			
1.80～1.20	1.80	1.20			
1.80～1.40	1.80	1.40			
2.00～1.40	2.00	1.40			
2.00～1.60	2.00	1.60			785～1 220
2.30～1.60	2.30	1.60			
2.30～1.80	2.30	1.80			
2.60～1.80	2.60	1.80	295～540	295～540	
2.60～2.00	2.60	2.00			
2.90～2.00	2.90	2.00			
2.90～2.30	2.90	2.30			735～1 170
3.20～2.30	3.20	2.30			
3.20～2.60	3.20	2.60			
3.50～2.60	3.50	2.60			
3.50～2.90	3.50	2.90			
4.00～2.90	4.00	2.90			
4.00～3.20	4.00	3.20			685～1 120
4.50～3.20	4.50	3.20			
4.50～3.50	4.50	3.50			
5.00～3.50	5.00	3.50			
5.00～4.00	5.00	4.00			
5.50～4.00	5.50	4.00			590～1 030
5.50～4.50	5.50	4.50			
6.00～4.50	6.00	4.50			
6.00～5.00	6.00	5.00			540～930

注：①经供需双方协商，聚氯乙烯(PVC)的耐候性可按GB/T 8815—2008中6.12的有关规定，也可按照YB/T 4450标准进行试验，试验后试样不能有裂纹，破裂或变色的情况。
②聚乙烯(PE)、聚丙烯(PP)和尼龙(PA6)被覆膜的耐候性由双方协商确定。
③被覆线径不小于2.30mm进行缠绕试验，被覆膜进行试验后，试样不应有裂纹。
④被覆线径不小于2.30mm应进行附着性检验，当被覆膜试验后，试样被覆膜和芯线不应分离。
⑤被覆线的表面不能有划痕、破裂、颜色不均，凸凹等缺陷。